谨以此书纪念我的恩师

浙江大学计算机系创始人何志均教授

RISC-V CPU芯片设计
香山源代码剖析

第一卷

毛德操◎著

ZHEJIANG UNIVERSITY PRESS
浙江大学出版社
·杭州·

图书在版编目(CIP)数据

RISC-V CPU 芯片设计 ：香山源代码剖析 / 毛德操著
. -- 杭州 ：浙江大学出版社, 2024.6（2025.2 重印）
ISBN 978-7-308-24959-1

Ⅰ. ①R… Ⅱ. ①毛… Ⅲ. ①芯片－设计 Ⅳ.
①TN402

中国国家版本馆 CIP 数据核字(2024)第 096206 号

RISC-V CPU 芯片设计：香山源代码剖析
毛德操　著

策划编辑　吴昌雷
责任编辑　吴昌雷
责任校对　王　波
封面设计　雷建军
出版发行　浙江大学出版社
　　　　　(杭州天目山路 148 号　邮政编码 310007)
　　　　　(网址：http://www.zjupress.com)
排　　版　杭州晨特广告有限公司
印　　刷　杭州宏雅印刷有限公司
开　　本　889mm×1194 mm　1/16
印　　张　110
字　　数　3904 千
版 印 次　2024 年 6 月第 1 版　2025 年 2 月第 3 次印刷
书　　号　ISBN 978-7-308-24959-1
定　　价　280.00 元（共三卷）

前 言

历时三年又半，这本书终于要脱稿付印了。想起我的知心老友胡希明教授，当得知我正在写这本书的时候，他对我说：抓紧写，这可能是你这辈子能做的最后一件事了。现在书即将出版，他与我却已天人永隔。我们两人相识已有三十多年，人生得一知己足矣，我现在的感触就更深更痛切了。

又想起我的恩师，浙江大学计算机系（现已成长为浙江大学的计算机科学与技术学院和软件学院）的创始人何志均教授。改革开放之初他参加浙江大学赴美访问团，回来时带来了当时美国大学计算机系在用的两本教科书，M.Moris Mano的*Computer System Architecture*和*Digital Logic and Computer Design*，问我有没有劲头把这两本书翻译出来。那时候大家一心想的是要把损失掉的时间补回来；既然恩师这么问我，我当然是义无反顾。其实我主要就是靠边学习边翻译这两本书入了计算机的门，尤其是在M.Morris Mano的书中我首次接触到“寄存器传输语句（Register-Transfer Statement）”，当时就觉得这种接近于编程语言的表述方式真好（尽管那时候还很粗糙，尚在对硬件描述语言的探索之中）。所以，我最初学的就是硬件；后来转到了软件，特别是操作系统方面，想不到在暮年又转回了系统结构，所以才能写出这本介绍RISC-V系统结构和剖析开源项目香山SoC源代码的书。而香山项目所采用的语言Chisel，作为一种“高级硬件描述语言”，其核心正是RTL即Register-Transfer Level，与我当初看到的颇为接近，想不到又“旧地重游”了。我想，这或许正是我可以告慰恩师的事情。

其实一开始我并不知道国内有香山这么个开源项目，起初我想写的是UC Berkley的RISC-V参考设计rocket-chip，后来UMass（马萨诸塞州立大学）同学群中有个校友叫肖晟（比我年轻很多），是在湖南大学当教授的，他告诉我国内有这么个项目，并且源代码已经公开发布在Github上。听他说了后，我才去下载了香山的代码，看了之后甚至觉得有点惊讶，因为香山实际上已经达到了相当高的水平。进而我又觉得其实香山比rocket-chip更适合被用作RISC-V的参考设计，因为前者似乎更偏向学术一点，而香山则更偏向实际应用。这样，我才把写作的题材转到了香山。后来我与香山团队取得了联系，得到他们的热情支持。本书有几个章节的初稿，就曾发给他们，请他们审阅；他们也确实提供了修改建议，这些建议都已体现在付印的这个版本中。

RISC-V是对CPU指令系统架构的设计和定义，所以香山所实现的首先当然是RISC-V的CPU，但是香山的实现又超出了 CPU 本身，实际上是对于“多（CPU）核”的 SoC 即“片上系统”的实现；而且香山的实现又是一种高度参数化，配置极其灵活的“（芯片设计）生成器”，而不是单一芯片的设计，这在很大程度上得益于采用了 Chisel 语言。与此相应，本书的内容既是对“香山 CPU”的，也是对“香山 SoC”的，而且是基于 Chisel 语言（而不是例如 Verilog 语言）的。

去年秋天我回中国的时候，还应邀访问了香山团队所在的北京开源芯片研究院，并且荣幸地接受他们的聘请担任他们的顾问（学术顾问）。在开源芯片研究院参观访问的短短两三天中，有个事情特别使我赞赏：他们有个“一生一芯（One student one chip）”计划，在全国高校广招有兴趣学习芯片设计的学生，不论背景，让他们每人设计一款芯片，并择优给予流片试验，从中发现人才。我觉得这个计划真是太好了，事实上有些学生因为高考临场发挥不好而没能进入自己心仪的学校和专业，这是很可惜的事。据说甚至有交通专科院校、水利专科院校的学生，因为参加“一生一芯”计划脱颖而出，后来考上了中国科学院大学的研究生，有的还出国深造。由此我又联想到，我的写作风格就是尽量通俗易懂，宁可啰嗦一点也不要让人摸不着头脑，在很大程度上其实是面向自学的，这对于“一生一芯”计划的参加者倒还挺适合，因为他们在很大程度上是在自学。所以后来我带着这个目的把本书的内容又过了一遍，力求更通俗易懂，更适合自学。

我在北京还见到了中国开源软件推进联盟的创始人陆首群教授，他是我老师一辈的人了。陆老得知我在写作本书后也是大加鼓励，又提醒我还是中国开源软件推进联盟的专家委员会副主任委员；我说我自愧对开源事业贡献很少，希望这本书的出版能有所小补。事实上，这几十年下来，我基本上是非开源不碰不沾的；我的这点知识，除来自学校、书本资料和实际工作经验外，就几乎全都来自开源软件。在我看来，最好的教材莫过于开源软件的代码，因为程序代码摒除了所有的歧义，而程序本身的正确性又经过了许多人的实践检验。正因如此，我才更觉得写出了这些代码的香山团队真是值得赞赏。

本书的写作之初，我与浙大出版社商定的计划只是写上五六百页，动手写了一些后就发觉五六百页根本不够，因为至少需要把 Chisel 语言、Diplomacy 和 TileLink 单独成章放在前面，还需要对 RISC 架构和计算机“微结构”即计算机组成方面的背景知识有所介绍，要不然程序代码就成了无源之水。于是就与出版社联系说要有八百多页，分上下两册。然后又发现八百多页也不够，得要有一千二三百页，最后成稿竟是一千七百多页。感谢浙大出版社，每次改变计划都得到了他们的支持，他们实际上给了我最大的自由度。

本书虽然名叫“RISC-V CPU 芯片设计”，但香山本身其实是多 CPU 核的 SoC 芯片设计。而且香山的设计意图是提供高度参数化的 CPU/SoC 设计的“生成器”，而不只是某款具体芯片的设计；用户可以通过参数配置让其生成一个最简的芯片设计（具体实现），也可以让其生成一个最高端的芯片设计。这样，香山的代码就得按最高要求“顶格”编写。于是，对代码的剖析/讲解就不只局限于 CPU 本身，而且也得“顶格”。所以，本书实际上需要对过去这几十年来计算机结构和组成方面的进展及其所达到的高度（所谓"State of the Art"）进行几乎是全方位的介绍。实际上在 Patterson 和 Hennessy 的那几本巨著中对此确实有过近乎全方位的介绍，但现在这是具体实现，从原理到具体实现其实是不小的一个坎；再说也不能要求读者都先去读了 Patterson 和 Hennessy 以后才来接触香山的代码。而且，即使是 Patterson 和 Hennessy，事实上也不可能面面俱到。例如对于"超标量流水线"，对于存储协同性等，就需要参考别的著作和论文；即便在 Patterson 和 Hennessy 的书中已有述及的话题，也还需要有其他著作和材料的补充。所以，在这本书中实际需要的是：香山的代码涉及什么就得介绍什么。然而 RISC-V 本身就可以说是对 RISC 技术的集大成者；而香山对 RISC-V 的实现，则又可以说是在计算机具体实现尤其是计算机微结构（以前称计算机组成）方面的集大成者，这就使得本书所涉及的话题变得十分浩瀚。

在这样的背景下，现在本书分成三卷，内容的安排是这样：

第一卷主要介绍 RISC 和计算机微结构的一般原理，RISC-V 的指令集架构（以前称系统结构），以及硬件描述语言 HDL 的一般原理。然后就介绍 Chisel 语言，包括 Chisel 代码的编译和解析过程；还有基于 Chisel 语言的模块间参数协调机制 Diplomacy，以及 CPU 与存储/外设之间的互连机制 TileLink。由于香山支持多核结构，需要保证存储的协同性（Coherency），所以必须采用 TileLink 规程中最复杂的部分即 TL-C。作为开源项目，香山无需从零开始自己编写所有的底层代码和工具，而可以站在他人的肩膀上。事实上，本书第一卷所涉及的代码，包括 Chisel 语言及其模块间参数协调机制 Diplomacy，以及用于存储子系统的规程 TileLink，就基本上都是由 UC Berkley 的各个相关团队和后来的 SiFive 开发的。

第二卷是对香山代码中 CPU 流水线前端和后端的剖析和讲解。本书第二卷中的代码就基本上（近乎全部）都是由香山团队开发的了。由于香山实现的是超标量流水线结构，其前端取指和转移预测的复杂性就占了相当大的比重。香山的后端则既支持指令的脱序（Out-of-Order）执行，又因为是超标量流水线而自然就得支持指令的多发执行。可以这么说，脱序执行和超标量流水线二者的结合实际上构成了当前最复杂的 CPU 后端，也是工业上典型高端 CPU 的后端。

第三卷专讲缓存。缓存是整个存储子系统中最复杂的部分。香山是对 RISC-V SoC 的实现，芯片上不只是 CPU，还包含了一、二、三级缓存。如上所述，由于支持多核，香山 SoC 芯片上的缓存就必须支持最复杂的 TileLink 规程，以确保缓存的协同性。此外，RISC-V 的外设接口采用存储器映射 IO，所以其外设接口也归入存储子系统。还有 TLB，即从虚存地址到物理地址的映射机制，也放在第三卷中。本书第三卷中关于次级缓存的代码来自另一个开源项目 HuanCun，这显然就是"缓存"的汉语拼音，代码的贡献者也是香山团队中的一个开发组。

由于香山的代码需要"顶格"编写，所以香山事实上实现了业界迄今在计算机架构和微结构方面所取得的绝大部分重要成就。从这个意义上说，本书其实也可用作"高级计算机架构及组成"即 Advanced Computer Architecture and Organization 课程的教材或补充教材。

不过，尽管香山的程序代码是"顶格"编写，实际生成芯片设计的时候却不必都采用最复杂的技术和最大的规模，也可以通过参数配置选择生成一个最小系统，Chisel 语言支持高度参数化的能力在这里就体现出来了。

我最初下载的香山源代码还是 2021 年的版本，在写作的过程中香山一直在发展（现在也还在发展，但已经大体定型），所以写作的过程中一直在跟踪追赶。但是最终总得“定格”于其中的某个版本，所以本书最后定格的是香山 2023 年 4 月的版本，并参照了 2024 年 1 月的版本（也许并不全面）；HuanCun 则是 2022 年的版本。

最后还有个绕不过去的问题，就是书中的错误。这么厚一本书，1700 多页，题材又这么广泛，要说没有错误，那真是“打死我也不信”。首先我对一些原理和方法的理解本身就可能有错；即便理解都正确，我的表述也可能有错。当然，我对具体程序代码的理解更可能有错，有时候甚至看也会看错，人脑毕竟不像 CPU 那样准确。因此，书中有错应该是确定无疑的，问题是不知道错误究竟在哪里，有多少（应该不会少），是什么性质的错误。然而无人抛砖何以引玉？再说书中正确的部分应该远远超过错误的部分，对读者应该还是能有所帮助的。所以只能在这里提醒读者注意：书中随处可能有错，请务必注意批判式阅读，要独立思考，要举一反三，凡事要问个“为什么”，要在不疑处有疑。另外也真诚地希望广大读者和业界同仁对本书提出意见和指正，以便改进和完善。

还有个事也要提一下，由于本书篇幅太大，所以在版面的安排上行距很密，可能使阅读体验有所减低。然而这是不得已而为之，要不然书本就更厚了，还望读者谅解。

当然，还要感谢浙江大学出版社，尤其是本书的责任编辑吴昌雷先生。我和浙江大学出版社的合作已有二十年出头，一路走来颇觉愉快；和吴先生的合作也已多年，感谢他的耐心与宽容，更感谢他的细致工作。事实上他也确实在书稿中发现了不少低级错误，要不然本书的质量就更不堪了。

浙大网新科技股份有限公司首席科学家

中国开源软件推进联盟专家委员会副主任委员

北京开源芯片研究院顾问

毛德操

2024 年 4 月 25 日

目　录

第一卷

第 1 章　超大规模集成电路 VLSI ······ 1
1.1　模拟电路与数字电路 ······ 1
1.2　半导体 ······ 3
1.3　晶体管 ······ 6
1.4　MOS 场效应管与 CMOS ······ 7
1.5　集成电路 ······ 10
1.6　ASIC 和 FPGA ······ 13

第 2 章　硬件描述语言 HDL ······ 18
2.1　RTL 及其综合 ······ 19
2.2　VHDL 语言 ······ 22
2.3　Verlog 和 System Verilog 语言 ······ 28
2.4　高级编程语言与高级 HDL ······ 36
2.5　Chisel 语言与 Scala 语言 ······ 39
2.5.1　Scala 语言简介 ······ 40
2.5.2　Chisel 语言的内嵌 ······ 53

第 3 章　Chisel 编译的前端 ······ 56
3.1　Annotation 与编译过程 ······ 56
3.2　从命令行开始 ······ 60
3.3　Chisel 的 Shell 和命令行选项 ······ 65
3.4　Chisel 的编译过程 ······ 80

第 4 章　Chisel 代码的 Elaborate 和 Convert ······ 105
4.1　Chisel 代码的 Elaborate ······ 105
4.2　Chisel 输出的 Convert ······ 128

第 5 章　Chisel 的基本语素 ······ 145
5.1　组合电路 ······ 145
5.2　Chisel 的 Data 类 ······ 149
5.3　Bundle 和 Vec ······ 154

5.4 Wire …… 162
5.5 比较器 …… 164
5.6 Mux …… 166
5.7 PriorityMux …… 167
5.8 OneHot …… 169
5.9 Mux1H …… 170
5.10 Bundle 上的信号传输 …… 173
5.11 When 语句 …… 178
5.12 寄存器 …… 183
5.13 移位寄存器 …… 190
5.14 Counter …… 193
5.15 存储器 Mem …… 196
5.16 RawModule 和 Module …… 202
5.17 BlackBox 和 ExtModule …… 213
5.18 Pipe …… 219
5.19 PipelineConnect …… 223
5.20 Queue …… 226

第 6 章 Chisel 编译的后端 …… 231
6.1 VerilogEmitter …… 247
6.2 第一步：对中间结果的预处理 runTransforms() …… 254
6.3 第二步：emit_verilog() …… 269
6.3.1 build_netlist() …… 269
6.3.2 build_ports() …… 273
6.3.3 build_streams() …… 274
6.3.4 emit_streams() …… 286

第 7 章 RISC 处理器 …… 293
7.1 RISC-1 和 RISC-2 …… 299
7.2 SPARC …… 303
7.3 MIPS …… 305
7.4 ARM …… 308
7.4.1 ARM 的 Thumb 指令 …… 313
7.4.2 ARM 的 DSP 扩充 …… 314
7.4.3 ARM 的 SIMD 扩充 …… 314
7.4.4 ARM 的 Jazelle 指令 …… 314
7.4.5 ARM 的安全性扩充 …… 314
7.4.6 ARM 的客户指令 …… 315
7.4.7 ARM 的 Cortex 系列 …… 316
7.5 其它 RISC 处理器 …… 318

第 8 章 计算机的微结构 …… 319
8.1 时钟频率的提高 …… 321
8.2 指令执行的流水线化 …… 322
8.3 数据依赖及延迟 …… 326
8.4 条件转移的预判 …… 327
8.5 深度流水线 …… 330
8.6 指令的脱序（Out-Of-Order）执行 …… 332
8.7 Reorder Buffer …… 333
8.8 Reservation Station …… 333
8.9 寄存器重命名 …… 335
8.10 CISC 指令的流水线困境 …… 335
8.11 超级标量流水线 …… 336
8.12 超标量流水线中的转移预判 …… 339
8.13 超标量流水线中的数据依赖和脱序执行 …… 339
8.14 超标量流水线中的指令派发 …… 340
8.15 VLIW/EPIC 结构 …… 340
8.16 访存延迟和多线程 …… 343
8.17 香山 SoC 的微结构 …… 344

第 9 章 RISC-V 的系统结构及其实现 …… 346
9.1 RISC-V 的基本 ISA …… 353
9.2 RV32M/RV64M 标准扩充 …… 355
9.3 原子操作标准扩充 RV32A/RV64A …… 356
9.3.1 存储一致性的问题 …… 356
9.3.2 缓存协同性的问题 …… 363
9.3.3 操作次序的改变与存储模型 …… 365
9.4 浮点运算标准扩充 RV32F/RV32D/RF32Q …… 368
9.5 压缩指令扩充 RV32C …… 373
9.6 向量运算标准扩充 RV32V …… 377
9.7 CSR 指令 …… 378
9.8 RISC-V 处理器的运行模式 …… 380
9.9 特权指令 …… 382
9.10 虚存映射 …… 384
9.11 CSR 寄存器 …… 387
9.12 物理存储属性 PMA 与物理存储保护 PMP …… 389
9.13 高管态（Hypervisor 模式） …… 391

第 10 章 参数协调与 Diplomacy …… 395
10.1 参数的一致化 …… 400
10.2 LazyModule …… 436

10.3 节点间的绑定 ······ 443
10.4 节点的 instantiate ······ 445

第 11 章 存储子系统与 TileLink ······ 455
11.1 TLBuffer ······ 495
11.2 TLXbar ······ 499
11.3 TLArbiter ······ 511

第 12 章 外设与 AXI4 ······ 518
12.1 AXI4 ······ 519
12.2 AXI4Xbar ······ 532
12.3 AXI4Arbiter ······ 538
12.4 AXI4ToTL ······ 539
12.5 TLToAXI4 ······ 545
12.6 AXI4Deinterleaver ······ 551
12.7 AXI4UserYanker ······ 555
12.8 AXI4Fragmenter ······ 557
12.9 AXI4IdIndexer ······ 563
12.10 TLWidthWidget ······ 565

第 13 章 时钟与时钟域 ······ 573
13.1 计算机系统的时钟 ······ 573
13.2 时钟信号的自动配备 ······ 579
13.3 时钟域 ······ 586
13.4 跨时钟域的信号对接 ······ 593
13.5 CreditedCrossing ······ 595
13.6 AsyncCrossing ······ 599
13.7 RationalCrossing ······ 603

第 14 章 配置与参数 ······ 610
14.1 硬件设计的参数化 ······ 610
14.2 参数的搜索与覆盖 ······ 613

第二卷

第 15 章 香山 SoC 的顶层 ······ 633
15.1 XSTop 与 XSCore ······ 642
15.2 香山代码的解析 ······ 658
15.3 配置与参数 ······ 659

第 16 章 PMA 与 PMP ······ 667

第 17 章 香山 SoC 的指令缓存 ICache ······ 685
17.1 SRAMTemplate ······ 693
17.2 指令缓存的读出管道 ······ 698
17.3 元数据阵列 ······ 716
17.4 数据阵列 ······ 721
17.5 MSHR ······ 729
17.6 IPrefetchPipe ······ 736

第 18 章 流水线前端和 IFU ······ 741
18.1 取指单元 IFU ······ 753
18.2 IFU 流水线的 f0 和 f1 阶段 ······ 759
18.3 IFU 流水线的 f2 阶段 ······ 761
18.4 指令预译码 ······ 765
18.5 16 位指令的展开 ······ 769
18.6 IFU 流水线的第三阶段 ······ 773
18.7 PredChecker ······ 783
18.8 IFU 的回写阶段 ······ 792
18.9 指令缓冲区 Ibuffer ······ 795

第 19 章 流水线前端的 Ftq ······ 802

第 20 章 转移预测-BPU ······ 854
20.1 BPU 的输入 ······ 859
20.1.1 对 BPU 的预测请求 ······ 859
20.1.2 对 BPU 的历史记录更新 ······ 861
20.2 BPU 的输出 ······ 868
20.3 转移预测器 Predictor ······ 871
20.4 针对 br 指令的 FauFTB 预测器 ······ 891
20.5 Tage 预测器 ······ 902
20.6 FTB/BTB 预测器 ······ 924
20.7 针对 jalr 指令的 ITTage 预测器 ······ 929
20.8 针对 ret 指令的 RAS 预测器 ······ 940
20.9 转向与冲刷 ······ 946
20.9.1 IFU 的转向指示 fromIfuRedirect ······ 950
20.9.2 后端转向指示 backendRedirect ······ 953
20.9.3 BPU 冲刷命令的来历 ······ 957
20.9.4 IFU 对错入指令的冲刷 ······ 961
20.10 重温前端的取指流程 ······ 964

20.10.1 从 IFU 到 Ftq ··· 964
20.10.2 从 Ftq 到 BPU ··· 968
20.10.3 从 BPU 到 Ftq ··· 972
20.10.4 从 Ftq 到 IFU ··· 974
20.10.5 复位向量 ··· 977

第 21 章 XSCore 的后端- CtrlBlock ··· 980

第 22 章 指令的译码和派发 ··· 995
22.1 寄存器映射 Rename ··· 1011
22.1.1 寄存器映射的原理 ··· 1011
22.1.2 寄存器映射表 Rat ··· 1013
22.1.3 Rename 建立寄存器号映射的第一阶段 ··· 1018
22.1.4 融合指令的寄存器映射 ··· 1028
22.1.5 Rename 建立寄存器映射的第二阶段 ··· 1033
22.1.6 物理寄存器组 ··· 1038
22.2 指令的派发 ··· 1042

第 23 章 指令的执行 ··· 1052
23.1 指令调度模块 ··· 1059
23.1.1 指令向 RS 的分发-Dispatch2Rs ··· 1061
23.1.2 ReservationStation ··· 1077
23.2 指令执行模块 FuBlock ··· 1110

第 24 章 指令执行单元 ··· 1122
24.1 算术逻辑单元 Alu ··· 1123
24.2 跳转单元 Jump ··· 1137
24.3 乘法单元和除法单元 ··· 1139
24.4 Fence 单元 ··· 1144
24.5 浮点单元 ··· 1148
24.6 BKU ··· 1154
24.7 回写仲裁 ··· 1157

第 25 章 CSR 指令及其执行 ··· 1163

第 26 章 执行结果的回写与交割 ··· 1191
26.1 对调度器 Scheduler 的回写 ··· 1204
26.2 对物理寄存器组 Regfile 的回写 ··· 1206
26.3 对 Rob 的回写 ··· 1208
26.4 Rob 输出的去向和作用 ··· 1232

第三卷

第 27 章 香山 SoC 的 MemBlock ······ 1237
27.1 外设接口 Uncache ······ 1240
27.2 MemBlock 的总体结构 ······ 1247
27.3 原子操作执行单元 AtomicsUnit ······ 1265
27.4 数据加载单元 LoadUnit ······ 1276
27.5 数据存储单元 StoreUnit ······ 1302
27.6 访存队列 LSQ ······ 1309
27.6.1 加载队列 LoadQueue ······ 1314
27.6.2 存储队列 StoreQueue ······ 1338
27.7 存储依赖预测与 SSIT ······ 1378
27.8 SMS 数据预读 ······ 1392

第 28 章 香山 SoC 的数据缓存 DCache ······ 1418
28.1 DCache 中的存储模块 ······ 1429
28.2 加载流水线 LoadPipe ······ 1429
28.3 主流水线 MainPipe ······ 1440
28.4 AMO 指令执行单元 ······ 1478
28.5 补块流水线 RefillPipe ······ 1480
28.6 缺块队列 MissQueue ······ 1483
28.7 缓存块回写队列 WritebackQueue ······ 1494
28.8 Probe 队列 ······ 1505

第 29 章 香山 SoC 的次级缓存 HuanCun ······ 1510
29.1 Slice 中的五个上位通道 ······ 1519
29.2 Slice 中的五个下位通道 ······ 1534
29.3 HuanCun 中的 Slice ······ 1542
29.3.1 Slice 中的数据存储 ······ 1543
29.3.2 MSHR ······ 1550
29.3.3 Slice 及其对 MSHR 的调度 ······ 1565
29.4 HuanCun 的数据预读机制 BOP ······ 1585

第 30 章 香山 SoC 的片上存储器 ······ 1597
30.1 简单存储阵列 ······ 1600
30.2 相关存储器 CAMTemplate ······ 1607
30.3 缓存与集合关联 ······ 1610
30.3.1 DCache 中的缓存 ······ 1610

30.3.2 次级缓存中的存储模块 …… 1632
30.3.3 ICache 中的存储模块 …… 1642
30.3.4 TLB 中的存储模块 …… 1648

第 31 章 香山 SoC 的外部接口与中断 …… 1653
31.1 香山 SoC 的内存接口 …… 1659
31.2 香山 SoC 的外设接口 …… 1663
31.3 香山 SoC 的中断机制 …… 1668

第 32 章 香山 SoC 的虚存与 MMU …… 1681
32.1 TLB 的实现 …… 1694
32.2 L2TLB …… 1717
32.3 PTW 与 LLPTW …… 1739

第 1 章 超大规模集成电路 VLSI

本书的主题是 RISC-V 处理器及其实现，重点在于向读者介绍和分析这种处理器的逻辑构成。但是处理器在物理上是一种半导体超大规模集成电路，了解一些有关半导体和集成电路方面的基础知识无疑有助于更好地理解处理器的原理和实现。然而半导体物理和集成电路工艺都是高深且专业性很强的学问，一般从事处理器逻辑设计的人士也无须在这个方面钻得太深，只要对之有个大概的了解即可。再说，作者也并非这方面的专业人士，因而无意也无力在这方面涉入很深，而只能对此做一些科普式的介绍。

1.1 模拟电路与数字电路

与信息（而不是动力）相关的电路，都是所谓“弱电”电路。人们把例如供电线路排除在“弱电”之外，那属于“强电”。而弱电电路，主要都是用于与信息相关的处理，并又分成模拟和数字两大类。

在模拟电路中，人们用电的某种物理表现来“模拟”现实世界中的一些物理量和物理现象。例如用电路中某两点之间的电压高低来模拟某个物体的运动速度，速度越快，电压也就越高，电压的方向与大小忠实地反映着速度的高低。显然，电压与速度之间必须维持线性的关系，要不然就不能忠实反映现实世界中的物理量与物理过程。所以模拟电路的关键属性之一就是其“保真度”，而模拟电路最大的问题也在于“失真”。

另一方面，现实世界中物理量的变化，从宏观上说，其大小即幅度的变化轨迹通常是连续的，仅在特殊的情况下（例如打开一个开关时）才是跳变的。既然要真实反映现实世界中的物理量，模拟电路中电信号的变化也就必须是连续的。如果现实物理量的变化曲线可导，那么模拟电路中电信号变化的曲线也就必须是可导的。实际上，人们通常把幅度变化连续的信号都称为“模拟信号”。不过，由于电路中电感、电容、电阻的存在，理想的跳变只是理论上存在，即便是打开一个开关，电路上的电压上升也有个“暂态过程”，也不是理想的跳变。

用来模拟外部物理量的电信号，除电压之外还有电流，但是电流只要流经电阻器就在其两端产生压降，所以用电流强度模拟与用电压模拟实质上是同一回事。

一般的模拟电路都采用单组直流电源供电，因而只有一个方向的电压和电流，其极性不能反转。所以在模拟电路中只能将交变成分叠加在某个恒定的直流成分之上，交变成分的幅度超过这个直流成分的时候就认为是正向，反之则为负向。如果需要从中抽取交变成分，即“交流信号”，就得用“隔直电容器”隔断其直流成分，因为直流成分是不能通过电容器的。

主要的模拟电路和器件有放大器、滤波器、锁相环、检波器、鉴频/鉴相器、比较器等等。

数字电路则是对“数字化”以后的物理量进行模拟和处理。现实物理量在任一瞬间的幅度，经“取样”和“数字化”转换以后就成为一个按某种规则（一般为二进制）编码的数值。编码的“字长”，即数值的“宽度”，例如 8 位、16 位、32 位，是具体数字电路的一个重要属性，决定了其反映外部物理量的精度。具体到其中的每个二进制位，由于一个二进制位只有 0 和 1 两种数值，体现为两种状态，可以用电流的通断加以表示，所以数字电路也称为开关电路，或者说数字电路是由一定数量并行而又互相关联的开关电路构成的。这样，被取样的物理量的幅度就反映在这一组二进制位的状态及其所代表的数值之中。由于每个二进制位都只有两种状态，在传输中就不怕失真（除非失真大到了连两种状态都被湮没的程度）。而对二进制数值的处理，则可以用上二进制逻辑。数字电路中不同二进制位的状态（数值）可以不同，但是所遵循的逻辑却是相同的。而将模拟信号转化成数字信号加以处理和计算，然后如有需要再将所得结果转回模拟信号，就称为模拟信号及其所代表物理量的“数字化”。注意一个数字化以后的数值所反映的是某个外部物理量在某个瞬间的幅度，对这个数值的表达是数字化（分成梯级）的，因而是离散的，这与外部物理量变化的连续性总是存在一定的差距。对外部物理变量的取样和数字化转换客观上只能是离散的。这是因为，取样的时间点无论如何密集，终究还是离散的；取样的精度无论多么高超，总归也是近似的。所以，数字化表达的离散性，同时有着时间和幅值这两个方面的意义。另一方面，将模拟信号数字化，进行数值计算和数字信号处理，甚至最后可能还要转回模拟信号，这是因为数值计算和数字信号处理的稳定性和正确性比对于模拟信号的处理要好得多，往往也廉价得多（因为高保真的模拟器件往往很贵）。

如上所述，在数值的“字长”大于 1 的数字电路中，如果我们考虑其中的单个二进制位，那么数字电路实质上就是开关电路，一个二进制位就是一个开关，单个二进制变量也称为开关量，这开/关两个状态正好可以用来表示逻辑上的“是（true）”与“非（false）”，所以数字电路又称为“逻辑电路”。

数字电路，即逻辑电路，又分组合电路与序列电路两种。所谓组合电路，就是单纯用来对二进制位实施“组合逻辑”或称“布尔代数”运算的电路。组合电路的输出完全取决于当时的输入，并且是瞬间的、即时的，输入一变输出马上就变，逻辑意义上没有任何延迟（但是具体的物理实现上总会有一点延迟）。所以，组合电路与时间无关，其本身并没有“状态”的“无状态”电路。构成组合电路的元件有反相器（非门）、与门、或门、与非门、或非门等。而序列电路，或称时序电路，则是具有记忆功能、其本身具有“状态”的电路。单个时序电路（元件）的状态也就是两种，对应着逻辑上的“是”与“非”，或者数值上的 1 和 0。序列电路的输出，即其“当前状态”，不仅取决于当时的输入，也取决于它的“先前状态”，甚至只取决于先前状态而与当前输入暂时无关。所以，序列电路本质上就是有限状态机，在“当前状态”（实际反映的是先前状态）下，因为输入信号的到来而进入“后继状态”，即新的“当前状态”，而老的当前状态就消失了。特别地，还可以把序列电路设计成只有在某个特定输入信号发生跳变的前沿（上升沿）或后沿（下降沿）瞬间才发生状态变化，一旦变化之后就保持其状态（称为“稳态”）不随输入而变，直到特定输入信号又发生跳变的前沿或后沿。这样，如果都以时钟脉冲作为引起序列电路状态变化的“触发”信号，就可以使电路中所有的序列电路同步，那就成了字面意义上的“时序电路”。

序列电路是由组合电路按特定设计构成的，作为组合电路的元件就好比构成序列电路的“砖块”。把组合电路元件连在一起，既可以构成序列电路，也可以仍是组合电路，全在于电路设计的不同。

事实上，序列电路和组合电路常常是混合的，例如以组合电路的输出作为序列电路的输入，或者将序列电路的输出作为组合电路的输入，经过进一步组合才作为整个电路的输出。不过，组合电路可以独立存在，而序列电路离开了组合电路就失去了存在的意义。所以，一个组合电路，即若干组合电路元件的组合，或者组合电路与序列电路的组合，就称为一个电路“模块”。一个模块的输出可以是另一个模块的输入，逻辑上相关的若干模块组合在一起就成为规模更大的模块。对于模块的大小并无规定，但是一般可以用其功能相称（例如“运算模块”），或者以其所含基本组合电路元件（“门”）的数量或者晶体管的数量说明其规模。

典型的序列电路有触发器、锁存器等。触发器中最重要的是 D 触发器，按字长把一定数量的 D 触发器并排在一起，就构成了寄存器。寄存器中的各个 D 触发器代表着二进制数值中的各个二进制位，互相既独立又同步，还可以按一定方式互联，以提供进位、移位等功能。

数字电路的输入和输出都是数字信号，但是需要用来反映、处理、驱动的外部物理量却大多是模拟信号。因此在输入到数字电路之前先要进行从模拟到数字的转换，就是 A/D 转换，这就是信号的“数字化”。经过数字电路的运算处理之后，其输出可能又需要转换回模拟信号，此时就得进行 D/A 转换，D/A 转换后也许还得通过模拟电路加以（电压或电流的）放大。

如上所述，把外部本质上是连续的、即模拟的物理量通过 A/D 转换变成数字信号，即数值表示，经过数字电路的处理，最后再通过 D/A 转换变回模拟信号，与直接用模拟电路加以处理相比，似乎是绕了一个圈子，走了一段弯路，但实际上却有着重大而独特的优越性，也更能体现和利用事物与过程内部所蕴含的逻辑关系。

首先，如上所述，模拟信号在导线上的传输会有衰减，因而需要放大。所以让放大器保持其输出信号与输入信号的线性关系，提供高度的保真是个关键；然而这恰恰是困难所在，尤其是信号的幅度较大，或者说

“动态范围”较大的时候，难度就更大了。为了提高电路的线性，就得采用负反馈等技术手段，这就使电路趋于复杂。相比之下，在数字电路里的放大就只是简单的运算。比方说，要将输入信号放大 4 倍，就只要将输入的每个二进制数值乘 4，实际上只要左移两位就行。再如滤波，在模拟电路中需要有特定规格的电阻电容网络，即 RC 网络，也许还得加上电感，形成 RLC 网络，而在带有处理器的数字电路中，则完全可以通过不同的算法加以实现，而不需要在电路中有那些特定规格的电感电容。其次，模拟信号在传输过程中还可能引入干扰，这些干扰信号会叠加在所传输的模拟信号上使其失真。而数字电路，则只要干扰信号的幅度不大到能湮没 0 与 1 两个状态就行。

模拟电路常常需要由多级放大器之类的基本电路级联构成，如前所述每一级的输出信号一般都是交流成分和直流成分叠加在一起，级联时需要用“隔直电容”隔断其直流成分，在一定条件下可能需要这个电容器有较大的容量，从而有不小的体积。而在数字电路中，则根本就没有“隔直”这样的要求，那只是在每个点的取样值上减去一个常数就行。

在模拟电路中，有时候信号的幅度会很大，电路中的信号强度大了，尤其是当信号的频率也比较高时，其本身就成了干扰源。而数字电路中的信号幅度只是反映在二进制信号的数值大小，信号本身的幅度仍是很小的，这就不至于形成干扰。

另外，用数字电路构成的数字电子计算机，还可以用来进行许多“非数值计算”，例如对于文字的处理，那就是用模拟电路无法做到的了。这是因为，数字计算的本质是逻辑计算，数字电路可以体现逻辑，相比之下模拟电路就只是对物理量单纯的模拟。实际上，数字计算机绝大多数的输出都不是要转换回模拟信号的，而是被写入了文件，这是模拟信号无法达到的结果。

与数字电路相比，模拟电路的缺点还可以举出不少。但是更重要的，是在带有处理器的数字电路中可以通过“编程”使同一电路可被用于种种不同目的，实现“通用”计算，而模拟电路就做不到了。事实上，历史上确实曾经有过“模拟电子计算机”，但是后来被淘汰了。

由此可见，同样是针对外部本质上是连续的物理量，通过 A/D 转换变成数字信号由数字电路加以处理，最后如有需要再通过 D/A 转换变成模拟信号，而又把误差控制在一定的范围之内，有着直接用模拟电路加以处理所不具备的优点。更何况作为数字电路的“数字电子计算机”所处理的对象并不限于外界的模拟信号，对文字信号的处理就是个鲜明的例子。进一步，当电路技术发展到采用集成电路，尤其是大规模集成电路的时候，数字电路所带来的好处就更突出了，这是因为，数字电路中的“砖块”即基本元件只是晶体管和电阻，这二者都是可以大规模集成的。事实上，大规模集成电路中连电阻也可以用晶体管实现，所以数字集成电路中的“砖块”就一律都是晶体管，而晶体管可以做到很小。相比之下，模拟电路不仅复杂，往往还需要有（较大容量的）电容甚至电感，这就给大规模集成增添了难度，尤其是较大的电容和电感就只能外接。

不过，模拟电路的技术仍很重要，事实上有许多芯片上的电路都是混合电路，即模拟电路与数字电路的混合。专门的 A/D 和 D/A 芯片就不用说了，其它如 Wi-Fi 收发芯片、以太网接口芯片、手机上的无线信号收发芯片等，就都包含着模拟电路的成分，因为这些芯片正是模拟电路与数字电路之间的“接口”，本质上都是 A/D 和 D/A 芯片，而且是把 A/D 和 D/A 集成在了同一块芯片上。

1.2　半导体

半导体物理是一门高深的学问，作者并非工作在半导体物理这个领域，本身对此也是不甚了了，下面只是一些科普介绍，也只是充当一下“搬运工”而已。

自然界的物质材料，不管是自然的还是人造的，对于电的接触传导特性取决于各自的电阻率。如果电阻率极大，大到检测不到哪怕有一点点电流通过，那就是绝缘体，否则就是导（电）体。导体也有良导体与不良导体之分，不良导体的电阻率比较大，所以呈现较大的电阻。但是有一类材料的导电性是特殊的，这一类材料的电阻率在常态下介于导体和绝缘体之间，可是电阻率会随外部条件而有显著的改变，从而可以通过外界条件控制其电阻率的变化，这样的材料就称为半导体材料。

这里所说的外部条件，主要有以下几种：

- 温度 – 严格地说，普通导体的电阻率也随温度有微小的改变，但是改变的幅度微乎其微，一般可以忽略不计。但是有些半导体材料却对温度很敏感，其电阻率随温度高低而有明显的变化。这样的材料就可以用来制作“热敏电阻”。有些半导体材料/器件还可以反过来产生“半导体制冷”的效果。
- 光照 – 有些半导体材料对光照敏感，其电阻率会随光照的强度而有明显变化，这样的材料就可用来制作“光敏电阻”。有些半导体材料还能在电流的作用下发光，LED 照明就是利用了这个原理。反过来，有些半导体材料还能在光的作用下产生电流，将光能转化成电能，太阳能发电就是这样。
- 应力 – 有些半导体材料的电阻率会随所受机械应力的大小而有明显的改变，这样的材料就可用来制作“半导体压力传感器”。
- 磁场 – 有些半导体材料的电阻率会因磁场而有明显的改变，这就是“霍尔效应”。这样的材料可用来制作“霍尔元件”。
- 电场 – 电场的大小和方向也会影响某些半导体材料的电阻率，这就是各种晶体管的由来，下面要重点予以介绍。

材料的电阻率随这些外部条件而有较为明显的改变，我们就称之为“半导体特性”。

纯净的半导体材料称为“本征（Intrinsic）”半导体，主要就是硅和锗两种，都是四价元素（另外还有化合物砷化镓，GaAs）。本征半导体材料的半导体特性不是很明显，但是如果对本征半导体材料“掺杂”，即通过合适的手段掺入微量的“杂质”，其半导体特性就很突出了。不过这个“杂”也不是什么都行，而是局限于三价元素（硼、铝、镓等）和五价元素（磷、砷、锑等）。

物体之所以能导电，是因为里面有“载流子（Charge Carrier）”。液体里面的载流子是离子，固体材料里的载流子一般是自由电子。但是在一些具有“晶格”结构的“晶体”中则情况有所不同，在那里“空穴”也是一种载流子。我们考察一个具体的硅原子或锗原子，四价元素的原子结构最外层上有四个电子，因而这个原子与相邻的四个原子（也是四价）形成共价键，成为一种四面体形状（每一面都是等边三角形）的“晶格”。一个四价的硅原子核或锗原子核端坐在这个四面体的中心，四面体的四个顶点就是相邻的原子，从中心到四个顶点的连线就是四个共价键。在这样的结构中，电子跳出原子核的束缚相对较难，但还是会有相当数量的电子可以跳出来成为自由电子，成为载流子。另一方面，每跳出来一个电子，就在原先平衡的位置上留下一个空穴，两个原子核的共同作用会从相邻的位子上吸引电子过来补充，这个引力比单个原子核的引力更大。按理说，相邻位子上的电子同样也受到相邻原子核的同样引力，似乎应该不为所动，但是一来电子是在运动中，稍有偏离平衡位置就可能被吸引过来；二来如果有外加电场的作用，就更多了一份推力或引力。相邻位子上的电子被吸引过来，填补了这边的空缺，就在其原先的位子上留下了新的空穴，而新的空穴又会吸引相邻位子上的电子过来补充，于是就形成了空穴的移动。在纯净的本征半导体材料中，电子和空穴的数量相等，虽有电子的移动但仍达到一种动态平衡。

然而，如果在四价的半导体材料中掺入五价元素，两种元素在形成共价键并构成“晶格”时就多了一些容易逸出“能带”的自由电子（因为在晶格的构成上是多余的），但是逸出之后又会吸引电子过来补充，因为毕竟原子核中多了一个质子。这些电子就成了电流的“多数载流子”，所形成的半导体材料就叫“N 型半导体”，这里的 N 是 Negative 的意思，N 型半导体是靠电子导电的。所掺入的这些电子是五价元素贡献的，所以掺入的五价元素称为“施主杂质”。

如果掺入的是三价元素，则在形成共价键和构成“晶格”时就缺少了一些电子，形成了“空穴”（空位），空穴会从相邻格点吸引电子过来补充，原先平衡的原子丢失了一个电子就形成了一个新的空穴，这就像是空穴在流动。另一方面，补入三价原子的电子又会逸出（因为毕竟原子核中少了一个质子），就好像空穴流动到了边界之后又回到了原点，这样就引起了电流。虽然严格说来此时的电流仍是因电子的定向流动而产生，但却是因空穴而引起的，给人的印象似乎是因为空穴的流动，是“空穴导电”，空穴成了“多数载流子”。当然，之所以会有空穴，是因为掺入的是三价杂质，每个原子比四价的原子少了一个电子，就好像是向相邻的晶格索要了一个电子，所以掺入的三价元素称为“受主杂质”。另一方面，因为空穴的流动方向与电子相反，与“正电荷”的流动方向一致，所以受三价元素掺杂的半导体称为 P 型半导体，P 是 Positive 的意思。

至于纯净的四价本征半导体，如果不受掺杂，那就既没有因多余而容易逸出的电子，也没有因短缺而形成的空穴，或者说电子和空穴达到了动态平衡，那就没有“多数载流子”了，所以其半导体特性就表现得不突出，不明显。

掺杂的作用有多大呢？有人估算（见维基百科 Semiconductor 词条），1cm^3 的金属材料或半导体材料中所含的原子数量在 10^{22} 这个量级。在金属材料中，每个原子可以贡献至少 1 个自由电子用于承载电流，所以每 1cm^3 的金属材料中的自由电子数量就在 10^{22} 量级。可是在 1cm^3 的纯净锗材料中，同样是 10^{22} 量级的原子，却只有 10^{13} 个自由电子和等量的空穴。可是，如果掺杂 0.001%的砷，就可以额外增添 10^{17} 个自由电子，使导电性增加 10000 倍！

在上列几种影响半导体材料电阻率的外部条件中，电场的影响是作用最大的，因为这构成了各种晶体管的物理基础。虽然这里所说的是“电阻率”，而不是具体的“电阻”，但是电阻率的变化当然引起电阻的变化。而且，电场对电阻率的影响（基本上）是瞬间的，可以认为中间并无延迟。

假定我们有两个电阻，R_0 和 R_L，并且把它们串联起来连接在一个直流电源的两端，R_L 在上，R_0 在下，R_L 与电源的“热端”相连。我们假定直流电源的“热端”为 V^+，如果是电池就是它的正极，而“冷端”就是负极，在此用作电源的基准即 0V，一般称之为“地”。有些电路的电源极性是倒过来的，热端为 V^-，而以电源的正极接地。但是我们在这里假定“热端”为 V^+。一般的晶体管都采用硅材料或锗材料，这两种都是半导体材料，但是极性相反，在采用硅晶体管的电路中都以 V^+为热端，而在采用锗晶体管的电路中则以 V^-为热端。现代的晶体管电路大多采用硅晶体管，所以我们也假定以 V^+为电源的热端。硅和锗同为四价元素，两种晶体管之所以有如此不同是因为二者的原子结构不同，锗比硅多一层电子轨道，所使用的掺杂也不同。

如果 R_0 和 R_L 都是以普通材料制成，R_0 和 R_L 的电阻率都是常数，那么这两个电阻就构成一个分压器，两个电阻连结点上对地的电压就是恒定的 $R_0/(R_0+R_L)$，这个连接点就是电路的输出端。然而，如果 R_0 是以半导体材料制成，其电阻率会随外加的电场而有显著的变化，那就不一样了。我们可以用输入信号作用于这个半导体器件，在上面建立起电场，使其电阻率发生显著的变化，而电阻率的变化又势必引起电阻的变化，因为在此过程中器件的结构并未发生变化。于是，电阻 R_0 的阻值就随输入信号而变化。只要适当选择电源电压和 R_0 与 R_L 的比值，就可以在电路的输出端上得到波形与输入信号相同，但是幅度更大的输出信号电压 V_{out}。换言之，半导体器件 R_0 有了信号放大作用，成了一个放大器。这样的半导体器件，就是“晶体管”。经放大以后的输出信号幅度大小，我们可以这样来理解：假定电场的变化可以使 R_0 变得接近于无穷大，那么在 R_L 上的压降就可以忽略不计，此时输出电压接近于电源电压 V^+。反过来，如果电场的变化可以使 R_0 变得接近于 0，那么输出电压就接近于 0。所以，在理想的条件下，输出信号的幅度变化范围为 0 到电源电压 V^+。

所以，晶体管是一个三端器件，其中的两端相当于电阻器的两端，第三端就是供输入信号建立电场的电极，所以人们常常称这样的晶体管为“三极管”。

如果输入信号的幅度相对于具体晶体管而言足够大，所建立的电场一下子就使晶体管“饱和”而“导通”，即其 R_0 相当于 0，其输出电压就接近于 0。反过来，如果输入信号接近于 0，电场一撤，晶体管就“截止”了，即 R_0 相当于无穷大，输出信号就接近于 V^+。另外，输入信号的跳变速度也要足够快，使晶体管的导通与截止都是发生于瞬间，而不让输出电压停留在过渡状态，那就是在 0 与 V^+之间干净利索地跳变，而不是渐变，那么这个晶体管就成了一个开关（而不是放大器），由此而构成的电路就成了开关电路。

以上说的是外加电场的大小对半导体材料导电率（或者反过来就是电阻率）的影响，以及因此而来的放大和开关作用。事实上电场的方向也有很大的影响，不过主要是当 P 型半导体与 N 型半导体紧密结合在一起形成一个“PN 结”的情况下。

将一个电压作用在一个 PN 结上，就构成一个外加电场。如果这个电场的方向与 PN 结的方向一致，这个 PN 结就处于导通的状态，此时流经 PN 结的电流强度基本决定于外加的电压，相当于一个阻值不大的电阻，但是在 PN 结上有个基本固定的压降，这个压降取决于所用的衬底半导体材料。例如，对于硅材料，这个压降大约是 0.6 V，对于锗材料则大约是 0.15 V。然而，如果外加电场的方向与 PN 结的方向相反，则这个 PN 结就处于截止的状态，此时流经 PN 结的只是细微的漏电电流。由单个 PN 结构成的半导体器件称为“二极管（Diode）”，因为只有两个电极。PN 结的这个单向导电的特性很重要，被利用来实现“整流”和“检波”这两项功能。所谓“整流”，简单地说就是化交流为直流。将一个由交流电源供电的电路中正向串入一个二极管，由于其单向导电作用，就把交流电源中的负半周都“切除”了。然后，对于通过了二极管的正半周电流通过 LC 即电感/电容网络或 RC（电阻/电容）网络加以平滑“整形”。就把交流电源转化成了基本上平稳的直流电源。而检波，则是从调幅发送的无线电信号中“检出”调制在其上的低频信号。低频信号调幅在高频的“载波”信号上才能作为无线电信号发送，其幅度随低频信号的极性和幅度而变，低频信号的波形就变成载波信号（幅度）的“包络线”。要从载波信号中“检出”低频信号，就要像整流一样，把载波信号的负半周切掉，然后用电容把载波信号的频率成分滤掉，剩下的就是调制在载波上的低频信号。从前的无线电爱好者们小时候往往是从“矿石收音机”起步的，这个“矿石”实际上是一小块磷铜矿，其表面上有一些天然形成的PN 结。此时以盛放矿石的金属底座为一极，以一根铜针为另一极，使铜针正好接触到矿石上的PN 结（边试边听），就相当于形成了一个二极管。于是就可以收听到通过天线接收到的调幅无线电广播了。

1.3 晶体管

中文“晶体管”这个词，在英文中是 Transistor，其字面上并无“晶体”的意思；但是实际上“晶体”二字用得很准确，正是因为半导体材料构成了晶体，并且又使晶格结构中因掺杂造成电子的冗余或短缺而有了多余的电子或空穴才有了这样的半导体器件。至于那个“管”字，应该是与晶体管出现之前的“电子管”相对应而来的。“晶体管”一般是指三极管，二极管的英文名是 Diode，按理说也是“晶体”的“管”，但是一般都特称其为二极管。

前面讲过，外加的电场能改变半导体材料的电阻率，这是作为半导体器件的晶体管之所以能有（电信号）放大、开关等作用的基础。至于怎样在半导体材料上建立电场，那就是关键所在了，现在主要有两种方法。

一种是“结型晶体管（Junction Transistor）”所采用的技术。结型晶体管又称“双极性结型晶体管，Bipolar Junction Transistor，BJT”或“双极性晶体管（Bipolar Transistor）”。这里先要解释一下什么叫“双极性”，什么叫“结型”。如上所说，电流之所以能在导体中流动，是因为导体中有“载流子（Charge Carrier）”，一般导体中的载流子就是电子，所以“电流”实际上是“电子流”。如果在本征半导体材料的“衬底（Substrate）”或者说基片上通过掺杂三价元素形成一个 P 型半导体的区域，同时又紧挨着再通过掺杂五价元素形成一个 N 型半导体的区域就构成了一个“PN 结”，然后紧挨着这个 N 区域又掺杂一个 P 区域，就形成了两个 PN 结“背靠背”并且共用同一个 N 掺杂区。结型晶体管就是由此而构成的。两个 PN 结背靠背并且共用中间那个掺杂区，只有两种可能，那就是 P-N-P 或 N-P-N，这样就形成了三个电极。其中在中间的那个电极称为基极 b（b 表示 Base），是用来建立外加电场的，两头的电极一个称为发射极 e（e 表示 Emit），另一个称为集电极 c（c 表示 Collect）。其中作为基极的掺杂区必须很薄，一般是零点几微米甚至更薄，而用作发射极的掺杂区的掺杂浓度要远大于基区杂质浓度，而集电极的掺杂浓度则低于发射极。所以这两个 PN 结的构造并不是对称的，发射极和集电极不可互换。使用时，要使“发射结”正向偏置，即给发射极与基极之间的 PN 结加上正向的电压，让发射结像一个正向导通的二极管一样，其电流强度取决于基极与发射极之间的电压，并且很小的电压变化就能引起较大的电流变化。而“集电结”，即基极与集电极之间的那个 PN 结，则是反向偏置的，所以这个 PN 结理应处于截止状态。这样，从发射极进入基极的电流本应都由基极流出。可是，由于基极的尺寸极薄，进入基极的载流子就好像因惯性站不住脚或过于拥挤转不过弯来一样，会“扩散”挤入反向偏置的集电结，由集电极加以“收集（collect）”并流出。不仅如此，而且从集电极流出的电流是从基极流出的好几倍甚至数十倍。这样，基极上微小的电压（电场）变化引起基极电流的微小变化，却引起了集电极电流数倍乃至数十倍的变化，换言之，晶体管有了“电流增益”。另一方面，如果把发射极与集电极的端到端看成一个电阻，则基极上微小的电压（电场）变化引起了电阻值的明显变化。

显然，这与把两个二极管反向串联在一起是两码事，但是这里面有两种极性的 PN 结，所以才称为“双极性结型晶体管”。

另一种是“场效应晶体管（Field-Effect Transistor，缩写成 FET）”所采用的技术。顾名思义，这是基于电场效应的晶体管。场效应管的衬底就是掺杂的，以 N 型场效应管为例，其衬底就是 P 型（掺杂的）衬底，一般表示为 p-substrate。然后在此衬底片上制作两个并排的 N 掺杂区，一般表示为 n^+。P 型衬底上位于两个 N 掺杂区之间的部分就构成一个载流子“沟道（channel）”，而 N 掺杂区与 P 型衬底之间就形成 PN 结。所以这也是两个 PN 结背靠背相连，但是两个 PN 结之间有段很小的距离，有个沟道。一般沟道的长度极小，而宽度则要大得多。两个 N 掺杂区就是两个电极，一个叫“源极（Source）”，一个叫“漏极（Drain）”。沟道上还有个用来建立电场的“栅极（Gate）”。源极和漏极之间的电流要流经沟道，而沟道的实际大小，即其畅通程度就受由栅极所建立电场的控制。这就好像一个橡皮水管，外力可以把水管压扁，甚至掐断。因为衬底是 P 型掺杂的，但是沟道是在两个 N 掺杂电极之间，所以就称 N 沟道场效应管。如果衬底改成 N 型掺杂，那就是 P 沟道场效应管。P 沟道和 N 沟道场效应管，由于沟道中的载流子相反，所需要电场的方向也相反。所以，一个控制信号，如果加在 P 沟道场效应管的栅极上能使其导通，那么要是加在 N 沟道场效应管的栅极上就正好使其截止，反之亦然。不过，栅极只是用来建立电场，栅极上是没有什么电流的，事实上栅极与衬底之间有个绝缘层。这样，设想前面所说由电阻 R_L 和晶体管 R_0 串联构成的开关电路，如果 R_L 也是个晶体管，两个晶体管串联成上下两臂，使上臂导通时下臂正好截止，反过来上臂截止时下臂正好导通，那么效果上就比采用电阻 R_L 更好。因为晶体管截止时的电阻几乎是无穷大，而导通时的电阻几乎是 0。这就启发了人们，把 P 沟道和 N 沟道两种互补的场效应管成对串接起来形成开关电路，是十分理想的。两个场效应管的栅极可以连在一起，因为两个管子中需要建立的电场正好互补。实际上生产的时候就可以设法把两种场效应管集成在同一个芯片上，两个场效应管的栅极在芯片上就连在一起，两个场效应管的漏极也连在一起，并作为开关电路的输出。这样对外是四个电极，除其中两个是电源外，一个是作为控制的输入，另一个就是输出。这就是“互补场效应管”即 CMOS 的由来，字母 C 意为 Complementary。

1.4　MOS 场效应管与 CMOS

MOS，是“金属-氧化物-半导体”即“Metal Oxide Semiconductor”的缩写，意思是在半导体材料（实际上是硅材料）的表面上，既有氧化物（实际上是二氧化硅 SiO_2）构成的绝缘层，又有金属材料构成的导电层，由此而构成的半导体器件，通常都是场效应管（FET），即 MOSFET。

场效应管的思路其实早在 1930 年代就有了，远在发明结型晶体管之前，但是直到 1960 年代才变得技术上可行。1960 年代中期，互补 MOS 即 CMOS 器件的出现，即同时采用 N 型和 P 型场效应管，让二者互补，更获得了革命性的迅猛发展。尤其是将 CMOS 技术用于数字电路，即开关电路，更有明显的优越性，可以用更少的元件构成所需的开关电路。而且，在集成电路中，CMOS 器件的“占地”也可以更小，从而有利于提高集成度，同时也降低了制造成本。

MOS 和 CMOS 的技术最适合用来实现数字电路，但也可以用于模拟电路，只不过 MOSFET 的速度低于结型晶体管，所引入的噪声也大于结型晶体管。可是 MOS/CMOS 的技术发展很快，器件的速度在过去几十年中提高了好几个量级，现在 CMOS 器件的速度与结型晶体管的速度已经可以相比，GHz 级别甚至速度更高的 CMOS 器件早已经不稀奇了。

MOS 场效应管的衬底几乎无一例外都采用硅材料，但是因掺杂的不同而有 P 型和 N 型之分。不过注意采用 P 型衬底的倒是 N 型场效应管，因为它的源极和漏极都是 N 掺杂的；而采用 N 型衬底的却是 P 型场效应管，因为它的源极和漏极都是 P 掺杂的。

CMOS 的基础是 MOS，所以这里先简单介绍一下 MOS 场效应管。下面即是 N 型场效应管的示意图，也是其在电路图中的符号：

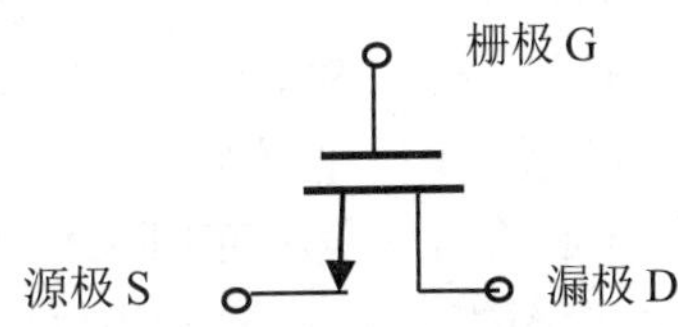

这里，源极 S（Source）和漏极 D（Drain）就好像一个开关的两端，这两端其实是对称的，可以互换，但是我们在概念上仍认为源极是连接到电路的 Source，通常是电源。而漏极，则通常都是连接到电路的输出端。在源极上画着一个箭头，表示电流的方向，对于 N 型场效应管，这个箭头是向外的。如果是 P 型场效应管则把箭头转一个向。既然源极和漏极实际上是可以互换的，那究竟哪一个是源极哪一个是漏极呢？对于 N 型场效应管，在电路中连接到电源正端的是漏极，换言之人们总是把 N 型场效应管的漏极连接到电源的正端。

反之，对于 P 型场效应管，则在电路中连接到电源正端的是源极，换言之人们总是把 P 型场效应管的源极连接到电源的正端。所以，画在源极上的那个箭头就指示着场效应管中电流（而不是电子流）的方向。这个开关的状态，即是开还是关，受“栅极”（也可称“门极”，作者觉得还是称门极更贴切）电位的控制。对于 N 型场效应管，当门极的电压高于一个门槛值的时候，由此而生的电场就使开关导通，反之则使开关关断。这都是门极与衬底之间的电场在起作用，所以称为“场效应”管。对于 P 型场效应管，则反过来，当门极的电压低于门槛值的时候导通，高于门槛值时关断。由于将场效应管用作开关时其门极只是控制源极与漏极之间的通断，与导通后的电流强度无关，我们就只需关心其电位高低是否超过了门槛值，而无需考虑二者间的关系是否线性。相比之下，如果是模拟电路，尤其是放大器，那是否线性就极其重要了。此外，开关导通之后的电流略有些起伏，频率响应是否均匀，乃至有些噪声进来，只要幅度不达到一定的程度，就都无关紧要。凡此种种，都使数字电路对晶体管的各方面要求都大大降低。所以，模拟电路一般需要采用结型晶体管，而数字电路大可以放心采用场效应管。

门极与衬底之间就像一个很小的电容，与源极和漏极之间也是，对于低频信号的输入阻抗接近无穷大，频率很高时才对前级构成一点不大的负载。

在上面 N 型 MOS 场效应管的示意图中，有形似电容的两个平行线段，其中较长的那个代表着半导体芯片的“衬底（Substrate）”，对于 N 型场效应管需要使用 P 型衬底，即 p-Substrate。在 P 型衬底上有并排而相距为 L 的两个区域是受到 N 型“掺杂（N-doped）”的，这就是源极和漏极。衬底上位于源极和漏极之间，长度为 L 的这个区间就形成一个电荷在两个电极间流通的“沟道（Channel）”。沟道的表面上方，隔开一个薄薄的绝缘层，则是一层金属，那就是称为“栅极（Gate）”的电极。沟道的宽度为 W，整个沟道的面积就是 $L\times W$，通常 W 都比 L 大得多，一般是数倍于 L。而门极的面积大小则需要盖住整个沟道，所以也是 $L\times W$。源极和漏极之间的沟道就是受门极电场控制的区域，那就好似一个橡皮水管一样，从侧面使劲压紧或放开水管，就可以掐断或开通水流。至于两个平行线段之间的空白，则是中间的绝缘层，那是对衬底材料进行氧化而形成的二氧化硅（SiO_2），栅极所造成的电场就透过这绝缘层作用在源极与漏极之间的 P 型衬底上，影响着源极与漏极之间的电荷运动，从而控制着开关的通断。这样，在衬底之上有氧化层和金属层，通过电场控制着这个晶体管的电流通断，所以就称为“金属-氧化物-半导体-场效应管”，即“Metal-Oxide-Semiconductor Field Effect Transistor”，缩写成 MOSFET。

具体到 W 与 L 的尺寸，如前所述，W 一般是 L 的数倍，而 L 的尺寸，在早期作为分立元件的晶体管芯片上大约是在数百微米到数十微米的量级，随着半导体技术的发展，这个尺寸越来越小，从微米到数百纳米，再到数十纳米，现在已经到了纳米的量级。所谓摩尔定律，即半导体芯片的集成密度每过 18 个月就翻上一番，就是这样来的。

注意上面所说的“开通”只是大致的意思，实际上在开通的状态下也是有电阻的。这个电阻是在 MOSFET 电流饱和状态下的电阻，具体的电阻大小可以通过改变沟道的形状和大小来调整，一般而言，W 越大而 L 越小，电阻就越小，反之 W 越小而 L 越大，电阻就越大。所以电流饱和状态下的电阻与所加的电压无关，而与制造时的参数，主要是 W 和 L 的大小有关。

要将一个 MOSFET 用作电阻器时，必须保证其处于饱和状态。为此，可以将其栅极与漏极连在一起，使栅极永远具有与漏极相同的电平。这样一来，原先的三个电极实际上就合并成了两个电极，Transistor 就变成了 Diode。所以这种模式称为“Diode-Connected”，意为“连成二极管的”。

不过“Diode-Connected”也并非唯一可以让 MOSFET 用作电阻器的手段，因为 MOSFET 的饱和状态是一个区间，在这个区间内仍可以通过调节其栅极的“偏置电压”而使其呈现不同的电阻，只是可以变动的范围不大。所以，我们可以把制造时的参数 W 和 L 看成是决定 MOSFET 在饱和状态下所呈现电阻的静态参数，而把在具体的电路中对栅极的偏置看成动态参数。在（制造时的）静态参数决定的范围内，还可以通过（电路中的）动态参数进行微调。

MOSFET 的这个性质很有意义，因为这样一来就可以（在小信号、小功率的条件下）把一个晶体管用作一个电阻器，一起集成在芯片中。而数字电路的构成，除晶体管之外就只是电阻器（没有电容器，没有电感器），于是满芯片就都是晶体管，只是对于用作电阻器的晶体管需要根据所需的电阻决定其形状尺寸，而数字电路中要用的电阻又几乎都是千篇一律，一致性很好。正因为这样，人们就用所含晶体管的数量来描述集成的规模，因为一个电阻器也就是一个晶体管。

一个场效应管，说是有 S、D、G 三个电极，实际上却应该是 4 个，因为衬底本身实际上也构成一个电极，这个电极一般称为 B(Bulk)电极。衬底电极 B 应该连接到电源正负两端之一。对于 N 型 MOS，即 NMOS，其衬底应该被连接到电源的负端，使其成为电路中电位最低的地方（对 PMOS 则相反）。这样，在 S 和 D 两个电极间流通的正电荷一旦逸出通道而进入衬底，就好像进入了黑洞一般，再也不可能回到电位比这更高的地方。这对于作为分列元件的场效应晶体管而言似乎不甚重要，但是对于集成在同一片衬底上的多个场效应晶体管就很重要了，因为这就排除了相邻晶体管之间互相干扰的可能。这第四个电极的存在有时候也反映在电路图中，在 MOSFET 的符号上于 S 和 D 两个电极之间再加上一条线，作为其 B 电极。

总之，NMOS 采用 P 型衬底 p-Substrate，在衬底上通过 N 型掺杂形成 S 和 D 两个电极，衬底即 B 电极则连接到电源的负端，所形成的是 NMOS 场效应管 NMOSFET，或称 NFET。与之相反，PMOS 则采用 N 型衬底 n-Substrate，在衬底上通过 P 型掺杂形成 S 和 D 两个电极，衬底即 B 电极则连接到电源的正端，所形成的是 PMOS 场效应管 PMOSFET，或称 PFET。显然，PMOS 与 NMOS 是互补的。如前所述在电路中成对采用 PMOS 与 NMOS 的场效应管能使电路简化并性能更佳，这就形成了“互补的”MOS 场效应管电路，所以就称为 CMOS。

然而要把 PMOSFET 和 NMOSFET 集成在同一块硅片（称为 wafer）上却有个问题，因为 PMOS 要求 N 型衬底，要把衬底连接到电源的正端，而 NMOS 则要求 P 型衬底，要把衬底连接到电源的负端。为此，人们采用了一种“挖井”的方法，例如在以 NMOS 为主的 P 型衬底上做出一个小小的 N 井，在这个 N 井里铺上 N 型衬底，再在这 N 型衬底上做一个 PMOS 场效应管。当然，要把这块小小的 N 型衬底连接到电源的正极，而 NMOS 的 P 型衬底则仍连接到电源的负极。这样，就可以把 PMOS 和 NMOS 集成在同一个硅片上，成为真正意义上的 CMOS 器件。所以，CMOS 的芯片上有两种不同类型的 MOS 场效应管，数量相等。

当然，通过在衬底上掺杂形成的源极和漏极需要引出，为此要在掺杂区域的表面淀积一层金属，以便焊上导线。衬底也同样需要加以引出，但那是在衬底上未加掺杂的区域淀积一层金属。至于栅极则本来就是一层金属。

在 MOSFET 制造技术的发展之初，场效应晶体管是作为分立元件提供的。生产的时候在一块圆形硅单晶材料底片即 Wafer 的表面上划分出许多矩形的区域，每个区域称为一个“印模（Die）”，每个 Die 就是以后的一个场效应晶体管。然后通过掺杂、氧化、淀积等工艺同时在每个 Die 中发展起一个 MOSFET，最后加以切割，并焊上引线加以封装，就成批制造出了一个个的 MOS 场效应管。硅单晶材料棒的纯度须达到 99.9999999%，即“9N”，甚至更高，代价不菲；但是一根硅单晶材料棒可以切片成很多 Wafer，一片 Wafer 又可以制成许多晶体管。在 1970 年代中的时候，材料棒即 Wafer 的直径是 4 吋，切片的厚度大约 500 微米，即 0.5 毫米。随着半导体技术的发展，现在已经有 12 吋的硅单晶材料棒，甚至 18 吋的材料棒也已进入人们的视野。不过现在切片倒比以前厚了，因为随着集成规模的增大，现在的“芯片模子”Die 普遍增大了许多，太薄了会影响机械强度。

下面是一对互补场效应管的示意图和电路图：

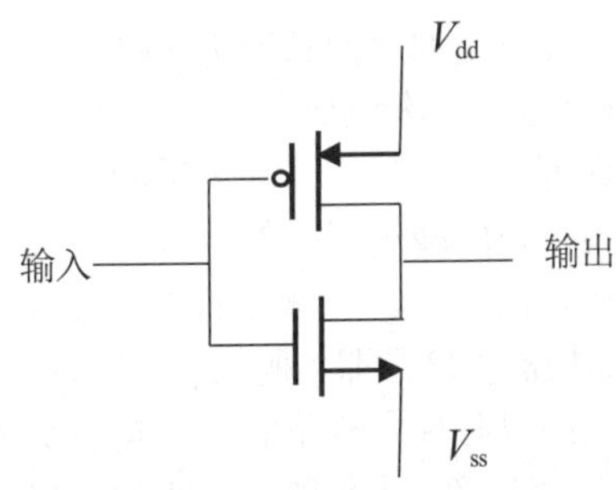

图中有上下两个 MOS 场效应管，位于下方的是个 N 型 FET，上方的则是个 P 型 FET。两个场效应管是互补的。N 型 FET 源极上的箭头朝外，P 型 FET 源极上的箭头朝内。N 型 FET 的源极接电源的 V_{ss}，即接地，而 P 型 FET 的源极却是接到电源的正端，即（相对于 N 型 FET 的）V_{dd}。另外，为强调两个场效应管的互补，上方 P 型 FET 的栅极上多了个小圆圈，表示反相。这样，如果输入信号的电位使下方的 FET 导通，就同时使上方的 FET 截止，反之亦然。对于下方的 N 型 FET 而言，上方的那个 P 型 FET 就相当于它的负载电阻 R_L，而且这个 R_L 的阻值是在变化的。当输入信号使下方的 FET 导通的时候，上面那个 FET 截止，相当于使 R_L 的阻值变成极大，也相当于把输出端直接接地。而当输入信号使下方的 FET 截止的时候，上面那个 FET 导通，相当于使 R_L 的阻值接近于 0，也相当于把输出端直接连到电源 V_{dd}。这样，两个互补的 FET 合在一起，就有了互相配合差动的性质，构成了一个干净利索的开关，而且对后级负载的驱动能力更强。显然，对于开关电路，这是很理想的一种特性，所以 CMOS 有其独特的优点。

1.5 集成电路

把一个电路所含的多个半导体器件集合在一起，制作在同一个半导体材料衬底，或称“基片”上，并按电路要求在基片上互连，就成了“集成电路”。集成电路实际采用的衬底材料，几乎清一色全都是硅单晶材料。对于数字电路，所集成的器件几乎全都是场效应管，尤其是互补的 CMOS 场效应管，而很少采用结型晶体管。数字集成电路上也基本上没有电阻，更没有电容、电感，因为数字电路本来就极少用到电容、电感，而电阻可以用场效应管替代。前面已经大致介绍过在衬底上制作单个场效应管的结构和方法，也介绍过在例如 P 型衬底上制作 N 型孤岛的方法。另一方面，由于衬底作为场效应管的“第四极”一般都是接地的，这就解决了载流子在相邻器件间乱窜造成互相干扰的问题。这样，剩下的就是如何解决器件间互连的问题了。

说是在基片上集成，实际上是在基片上一个个的 Die 中集成，因为最后被包装成“芯片”的是切割开来的单个 Die，而不是整个基片。

可想而知，要在基片的表面上实现互连是不现实的。集成在基片表面上的一个个器件就像城市里的一幢幢建筑和一个个街区，在建筑之间和街区之间只能有公用的街道和马路，而不可能容纳下那么多纵横交错的小道。为此，采用的方法就是把所有的道路全都架空，所有的交通全都走在屋顶上空。而且架空的道路也至少得有两层，一层供东西向连通，一层供南北向连通，在东西向和南北向道路的交点上有梯子可以上下。不过同一条东西向或南北向的道路可以按需要分割成好几段，用于不同的连接。为此，就得在所集成器件的上方再盖上一个绝缘层，然后铺上一层金属，再把这层金属划分成许多纵向或横向的平行线条，这就牵涉到要在金属层上印刷线条，再把线条以外的部分腐蚀掉等项工艺。然后再在上面盖上一个绝缘层，再铺上一层金属，在这一层上走不同的方向。再然后，在纵向和横向线条需要互连的地方还要钻孔，并在孔内沉淀上金属使之连通。整个过程与双面印刷电路板的布线相似，只是尺寸的大小要相差好几个量级。可想而知，双层布线是起码的要求，也许还需要更多层，就像多层印刷电路板一样。

以上所述只是针对基片上许许多多 Die 中的一块而言，实际上同一块基片上有很多同样的 Die，每个 Die 都将是一个“芯片”，这些 Die 都是一样的大小，上面要集成同样的器件和电路。最后还要把这些 Die 切割开来，加以封装和测试，合格的就是成品“芯片”。

概念上说，栅极是个金属片，其长度就是沟道的长度 L，称为“栅长（Gate Length）”，其宽度就是沟道的宽度 W，称为“栅宽”，一般都是 W 大于 L。沟道长度与 FET 的特性，尤其是 FET 的频率特性即开关速度有很重要的关系，当然是沟道愈短则速度愈高；另一方面沟道的长度也决定了集成密度。所以，要提高集成密度和提高性能，就得缩短沟道的长度，也即减小栅极的“长度”。由于栅极的 W 一般都大于 L 数倍甚至数十倍，从形状上说栅极的宽度成了金属片的长度，而栅极的长度反倒成了金属片的宽度。如果金属片的宽度一再缩小，最后就成了一条金属线。栅极的长度，即“栅长”，就取决于金属线条的宽度。这条金属线能做到多细，电路中的导线也就能做到多细。所以芯片中线条的最小宽度是个关键性的参数，FET 的技术上能够达到的最小线宽，实际上也就是 FET 的沟道长度，人们称之为“特征尺寸”。人们所说的 28nm 工艺（也称“制程”）、14nm 工艺、7nm 工艺，指的就是这个特征尺寸。曾几何时，这个特征尺寸还在数百纳米，甚至在微米的量级，现在却到了 7nm 甚至更低。

缩小特征尺寸所带来的好处，首先就是使集成的密度得到提高，在同样大小的 Die 中能容纳更多的 MOSFET 晶体管，芯片上电路的规模和复杂度就可以提高。遥想当年，摩托罗拉公司推出 MC68000 处理器芯片，说是在单块芯片上集成了 68000 个晶体管，人们听了觉得很兴奋，可是现在一个芯片（一个 Die）上集成上亿个晶体管一点也不稀奇了。所谓集成电路的“摩尔定律”，即（单片）集成电路上的晶体管数量每过 18 个月便会增加一倍，就是因为特征尺寸的缩小而来的。当然，芯片的体积重量也可以随之缩小和减轻。更重要的是，随着集成密度的提高，电路的性能也能提高，尤其是时钟频率可以提高，因为元件的尺寸和连线的长度都缩小了。随着特征尺寸的缩小，场效应管中的沟道也随之缩短；而线条的缩短则使其电感和分布电容都因之缩小，使电路的特征频率升高，从而使电路可以工作在更高的时钟频率。就超大规模集成的 SoC（System on Chip）芯片而言，提高芯片制作的工艺水平，缩小芯片的特征尺寸，例如从 28nm 制程提高到 14nm 制程，就是提高芯片的时钟频率和运行速度的主要手段。实际上，在别的手段都已穷尽之后，这就是唯一的手段了。另外，电路的功耗也可以随之下降，电源的电压也可以进一步降低。现在最先进的特征尺寸即芯片上的最小线宽已经达到了 5nm，甚至两三个纳米，离 1nm 也已不远，再要缩小已经不太现实。据估算，10 个硅原子排在一起，就是 1nm，因而除非有根本性的突破，再要进一步缩小特征尺寸的可能性已经很小了。所以有人在研究用别的材料，例如石墨烯，来取代硅材料，但那条路恐怕还很长，究竟能带来多大好处也还有待实践检验。看来，摩尔定律大概真的是要走到头了。

还应说明，特征尺寸之所以能在过去这几十年中一降再降，很大程度上是因为用来实现的是数字电路，而不是模拟电路。如前所述，数字电路所实现的是逻辑，从输入到输出一路下来全是小信号，信号的幅度只要能满足区分 0 和 1 这两个状态的需要就可以了。换成模拟电路，那就有信号幅度、功率、线性等一堆的要求，那就不一样了。当然模拟集成电路的尺寸也在缩小，但与数字电路还是不能相比。

实际上，即使特征尺寸不再进一步缩小，只是停留在 2nm、3nm，或者哪怕 7nm、14nm 的水平上，那也已经是很强大的技术基础，在这个基础上能够发展起的物质文明已经是不可估量的了。

不管特征尺寸是多大，只要是采用硅材料的 MOS/CMOS 技术，大规模集成电路的生产流程大体上还是相同的。流程中所用的具体设备和方法细节可以不同，从而有“28nm 制程”、“14nm 制程”、“7nm 制程”之分，但宏观的生产流程并未改变，大体上都要经过下述的工序：

- 拉单晶 – 把纯净的硅材料拉成单晶材料棒，单晶的纯度要达到“9N”甚至更高。材料棒的直径有 4 吋、8 吋、12 吋等规格，现在已经有了 18 吋的材料棒。可想而知，单晶的纯度与所要求的特征尺寸密切相关，所要求的特征尺寸越小，制程越精细，对纯度的要求就越高。
- 切片 – 把材料棒切成薄片，称为“晶圆（Wafer）”，即圆形晶片，这就是准备用作衬底的基片。一个 Wafer 不是只用来生产一个芯片，而是用来生产一批芯片。实际制作时会把一个 Wafer 划分成很多大小相同的矩形 Die，排成一个阵列。集成在每个 Die 上的电路都是一模一样的，就好比在 Wafer 上盖满了同一个图章。Die 的大小则取决于所欲集成在上面的电路规模，这是要经过设计的。显然，同一个 Wafer 能产出的芯片数量取决于 Wafer 和 Die 二者的尺寸。
- 抛光和清洗 – Wafer 基片的表面必须十分平整、十分干净，切割出来的 Wafer 须经过严格的抛光和清洗。
- 掺杂 – 在每个 Die 中按设计的掺杂掩模版图（模具）对衬底掺杂，包括对衬底本身的掺杂，对每个场效应管的源极和漏极的掺杂，还有对互补井的掺杂。当然，这道工序对加工精度的要求也是极高。
- 氧化层 – 掩蔽物，在每个场效应管的沟道上空，准备要印制栅极的地方要有一层薄薄的二氧化硅，以后在每个金属层上面也要有一层二氧化硅。二氧化硅是很好的绝缘材料。
- 镀金 – 在掺杂区或绝缘层的表面镀上一层金属，这是准备用来形成导线的。
- 印模 – 芯片上的每一层都有个版图，掺杂要有掺杂的版图，氧化层要有氧化层的版图，布线层要有布线层的版图，这些版图要一次一次地印到 Wafer 上，而且位置必须对得很准。这道工序实际上融合在下述刻蚀和光刻两道工序中。
- 涂胶 – 按布线掩模版图在金属层上印上“光刻胶”，也叫感光胶，感光胶又有“正”、“负”之分。
- 光刻 – 用紫外光、深紫外光（Deep Ultra-Violet），甚至极紫外光（EUV，Extreme Ultra-Violet）照射（曝光），把掩模版图印到涂在芯片上的胶层，这样才能在硅片表面形成所需的掩膜。有了这些掩膜，才能透过掩膜进行掺杂、氧化、刻蚀等工艺。掩膜的精度极其重要，直接决定了芯片上线条的最小宽度和场效应管栅极的宽度（其实是沟道长度），也就是芯片的特征尺寸。所谓 7nm、14nm，就是由光刻的精度来保证的。所以光刻是芯片制作中最关键的一道工序。
- 刻蚀（etch） – 按布线掩模版图把金属层或氧化层上不需要的区域腐蚀掉。这也需要有很高的精度，但比对光刻工序的精度要求低。

- 清洗 – 经光刻腐蚀以后的金属表面当然要经过清洗。上面从氧化层和镀金到清洗的流程要重复进行多次，因为布线版图至少就有竖向和横向两个，上层与下层之间还要在绝缘层上钻孔互连。
- 切割 – 上述的工序都完成之后，就按 Die 的边界把 Wafer 切割开来，得到一堆 Die 片。
- 封装 – 把切割出来的 Die 加以封装，焊上管脚，每个 Die 就是一个芯片。
- 测试 – 对封装后的芯片加以测试，剔除其中不合格的产品。现在也有在切割前就在晶圆上进行测试的技术，这样有助于及早发现问题，如果有问题就不必切割了。

这些工序，并不是只要从头走上一遍就行，切片之后到切割之前的那些工序得要反复走上许多遍。一块芯片的制作需要使用先后几十块上百块的模板，每块模板的版图都要先通过光刻转移印制到芯片上以形成掩膜，然后才能透过所形成的掩膜对硅片进行掺杂、氧化、镀金、蚀刻等工序。每道工序都有自己的版图。试想一下掺杂，每个场效应管都有源极和漏极两个掺杂区，要透过掩膜才能在指定的地点对硅片实施掺杂，可是一个芯片上有几亿个场效应管。

以上所述的各道工序，除拉单晶可以由专门的半导体材料商提供，封装和测试可以外包之外，其余各道工序都是由芯片制造厂商提供，这样的制造商在国外称为“Fab”，即 Fabricator。但是一般而言芯片制造商不管集成的内容，所用各种掩模版图的原始图纸都是由芯片设计商（Dcsigner）提供。而芯片设计商，甚至号称芯片公司的生产商，则大多是“无厂半导体公司”，即所谓 Fabless。这是因为，要成为一家有芯片制作（加工）能力的工厂，其所需的投入实在太大了。另一方面，真要是建起一家芯片生产厂，则又产能很大，需要有大量的销售才能使其机器设备（和人员）不致空转。所以，历史上就形成了芯片设计与芯片“代工”，即 Fabless 与 Fab 相分离的模式。芯片代工厂，即芯片制造厂，只是代人加工，只不过他们是来图加工，而不是来料加工。料是由代工厂商向外采购的，委托生产者需要提供的只是版图。甚至往往版图也可以由制造厂商代劳，委托者只需要提供全套配线表（net-list），配线表中说明的是，例如将“与门 12345 号”的输出连到“寄存器 6789 号”的 bit7，如此等等，当然一根线也不能少。

一个新设计的芯片，制造商从设计商手里接过原始版图，要根据版图制作出全套的掩模，再在至少一块晶圆上走过所有这些流程，生产出一批样片，这个过程称为“流片”。如果设计中有点什么问题，这些芯片就都报废了。芯片本身的价值也许不是很高，但这整个流程的花费却是不小，这是一笔很可观的开支。一次流片失败之后，对设计进行修改，又要再流一次片，如此反复直到成功。这个过程与软件调试（debug）是一样的道理，但这是硬件调试，每次流片都要付出不菲的代价，并且还有时间的投入。为解决这个问题，最好当然是在流片之前就有软件工具对电路进行模拟，注意这是对信号在（集成在芯片上以后的）电路中的流程与输入/输出间关系的模拟，与“模拟电路”毫无关系。这样，电路设计中的问题就可以及早被发现，及早得到纠正，这就可以省去流片的开销。所以，对电路设计的软件模拟和验证是一个极重要的技术方向。这样的功能，一般都是由称为“电子设计自动化（Electrical Design Automation）”软件即 EDA 软件提供。EDA 软件是一种大型软件，可以提供对硬件描述即电路逻辑设计进行“综合（Synthesize）”以生成配线表，对逻辑的验证（Verify），对电路中信号的波形分析模拟，直到进行芯片的版面布局、布线、版图生成、再进行片上信号模拟等“一条龙”式的作业，并可循环反复，逐步逼近成功，然后再去流片，这样就比较有把握了。

EDA 软件是相当复杂、智能化程度很高的软件，里面体现了很多专业知识。比方说，电路图上貌似很简单的一条导线，经过布线排版之后就有了一定的走向、形状、长度，并且被放到了具体的环境中加以考虑，这条导线有一定的电阻和电感，还有对地、对其它线条或器件间的电容，电容的大小又与绝缘层的厚度和介电常数有关，线条与线条之间还可能有互感，这些因素单独看似乎都微不足道，但是合在一起而形成的网络却可能使信号的波形有了变化，或者有了一定的延迟，这个延迟又要结合时钟周期的长短加以考虑，如果延迟太大就可能会有问题。显然这些方面的计算是相当复杂的，且不说还要对 FET 内部的物理过程进行计算，因为特征尺寸不一样，场效应管的沟道长度就不一样了，而沟道的宽度通常也会随之而不同，使 FET 的各项参数都发生变化。另外，EDA 软件还需提供许多作为标准件的基本电路模块，以减小设计者的工作负荷。EDA 软件还需对电路中的一些结构进行标准化处理。比方说，电路中有两个门的输出汇聚到了同一点上，这两个门就必须是具有“高阻”状态的“三态门”，要不然就可能会造成晶体管的损坏；可是设计者往往专注于电路的逻辑而并未注意到这个问题，或者无暇顾及这样的问题，这就需要 EDA 软件能检测到电路中的这种汇聚，并将所汇聚的两个（或更多）门改成标准的三态门。

当然，这里还有个怎么把具体的电路设计输入到 EDA 的问题。早期曾经由 EDA 提供一个电路图输入界面，让使用者在图形界面上用鼠标器点击创建各种标准元器件的图形，如与门、或门、触发器，寄存器、电源等，以及元器件之间的连线。当电路较大的时候，就需要分层次分模块输入，然后逐层加以整合。但是可想而知这是一项十分费时费力的工作，而且很容易出错。还不如采用文字说明方式的输入，并为此设计了一些“硬件描述语言（Hardware Description Language）”，即 HDL。其中最为流行的有两种，即 VHDL 和 Verilog。用 HDL 描述电路，尤其是数字电路，就好似用编程语言写程序一样。这是下一章要讲述的话题。

另一方面，半导体生产厂商也在设法尽力减轻客户的负担，例如将多个芯片的设计合在一块晶圆上流片，这样就可以在一定程度上减小客户的开销，因为一块晶圆中有许多 Die，如果独家流片失败就是整块晶圆和整个流程全都废了，价格不菲；而如果将多家的芯片设计合在一个晶圆上流片，那么晶圆和整个流程的费用就可以由多家客户分摊。

1.6　ASIC 和 FPGA

集成电路的规模，从小规模集成，到大规模集成（Large Scale Integration，LSI），再到超大规模集成（Very-Large Scale Integration，VLSI），现在“超大”二字也已经不足以形容电路的规模了。

ASIC，即 Application Specific Integrated Circuit。所谓“Application Specific”，意思是说并非面向大市场的通用集成电路，而是某种特定应用专用的，或者说个性化的、半定制的集成电路，应特定客户的要求而生产的集成电路。因为并非通用，其销售量或生产批量就比较小。从前业界都是用许多小规模的标准化/商品化芯片搭在一个印刷电路板上，构造出具体应用所需的模块。比方说，74LS04 就是把六个分别引出的反相器即非门集成在一个芯片里，74LS03 则是把四个分别引出的（二输入）与非门集成在同一个芯片里。这些芯片都是通用的，因而可以大量生产，大量销售。随着集成规模的增大，芯片对于应用的针对性就越来越强，市场的针对性也越来越强，许多芯片就不能像通用芯片那样作为大宗商品来生产销售了。

另一方面，电路的规模大了，对材料和工艺的要求就高，生产成本自然就上去了。如果是大批量生产，成品率又高，那倒还可以把成本摊薄，但若批量不大就很难把成本降下来。这里面尤以芯片设计和投产之前“流片”的成本更为突出，所以如何减轻设计和流片的成本就是个大问题。

实际上，一般而言设计者确实并非总是有必要指定生产商如何在晶圆上构筑场效应管，以及如何进一步用场效应管构筑与门、或门、寄存器。这就好比设计人员没有必要指示建筑商如何烧制砖块和制作门窗一样，那只是在很特殊的情况下才有必要，一般情况下大可采用各种标准件。或者，用软件开发打个比方，软件开发者没有必要自己从头写 sin()、cos()函数，那些函数在标准库中都有。然而那恰恰就是最初时采用的“全定制”方法。之所以在 VLSI 技术的发展之初所采用的都是“全定制”方法，也是有原因的。这是因为，按当时的集成密度，比之于想要集成在芯片上的内容，总还是有点捉襟见肘，设计人员需要在芯片上把每一点潜力都挖掘出来，这就像早期的软件开发人员得要细抠一条条的汇编指令一样。另外，作为 VLSI 技术的主流应用，当时的处理器和许多模块的结构也在迅猛发展和改变之中。但是，到了集成电路技术与所欲集成的电路规模和性能要求二者之间的矛盾不那么突出的时候，这个问题就值得考虑了。而集成电路生产商，其实也乐意在芯片上提供一些现成的常用组合电路和时序电路的标准模板，供设计人员选用，这样既省事又减少了出错的机会，既可以节省开支又可以缩短试制所需的时间。

这本来是好事，可是一开始却遭到了怀疑和抵制，于是人们就用上了一个新名词：ASIC，即“Application Specific Integrated Circuit”，强调这种方法只是面向具体应用，不像 CPU 等通用芯片那么高精尖。实际上，这就是一种基于标准模板的，从而是“半定制”的集成电路设计与加工方法。

自从 ASIC 这种方法出现之后，慢慢地越来越多的人都倾向于采用这种方法。即使是 CPU 的设计和生产，现在也大多不再固守原来的立场，也更乐意采用 ASIC 方法，传统意义上的“全定制”现在已经不多了。就像现在除有特殊需要外已经没有软件开发人员还用汇编语言编程。

不过所谓“全定制”与“半定制”的划分也不是那么明确。比方说，采用第三方提供的标准模板，这算全定制还是半定制？事实上，集成电路生产商的仓库里一旦有了某种模板，以后再要用就省事了。至于一些“大客户”，早就在生产商那里积累了很多属于自己专用的标准模板。所以，常看到一些文献上讲 ASIC 也分

“全定制”和“半定制”，这条边界已经很模糊了。

上面讲的 ASIC 和半定制芯片，是就设计和生产的流程而言，而不是对产品的用途而言。当生产商向它的客户交货的时候，不管这客户是否为最终用户，芯片的用途就已经固定下来了，CPU 就是 CPU，Wi-Fi 接口芯片就是 Wi-Fi 接口芯片。然而后来又发展起一种芯片，一种技术，称为“现场可编程（Field Programmable）”，所谓“现场”是指实际使用这种芯片的现场，所谓“编程”是指改变其内部众多标准元件之间的连接以实现不同的功能。所以，“现场可编程”实际上是“最终用途可变”的意思。这样，对于集成电路生产商而言，其客户是“现场可编程”芯片的提供商，向客户交货的芯片当然会满足客户对于功能、结构、性能的要求，然而芯片的最终用途却是不定的。而“现场可编程”芯片的提供商，在将其产品销售给客户时，其最终用途也是不确定的，某种意义上是一张可以画成“最新最美的画图”的白纸。那什么时候才把最终用途定下来呢？有两种情况：一种是在将芯片装入具体的设备之前就将其内容“烧死”；另一种是到设备开机以后才从只读存储器 ROM 中加载，那才是字面意义上的“现场”可编程。当然，ROM 及其内容也是由具体设备的提供商装入设备中的。

“现场可编程”的芯片主要有两种，一种是 FPGA，即“现场可编程门阵列（Field Programmable Gate Array）”，另一种是 CPLD，即“复杂可编程逻辑器件（Complex Programmable Logic Device）”。CPLD 虽然号称“复杂”，实际上却比 FPGA 简单，规模也小。

FPGA 和 CPLD 都是从 PLD 即“可编程逻辑器件（Programmable Logic Device）”发展过来的。早期的 PLD 主要有两种，一种是 PLA（Programmable Logic Array），另一种是 PAL（Programmable Array Logic）。二者都是组合电路，都是门阵列，只是组合的方式不同。既然都是组合电路，就有个真值表，原则上就可以用一个（容量较大的）EPROM 芯片替代，所谓“现场可编程”只是往 EPROM 中写内容。但是不久就发展到了序列电路，实际上从门到触发器只是一步之遥；然而到了序列电路就不是一个简单的真值表的问题了。

FPGA 和 CPLD 就是这样发展起来的，现在 FPGA 的重要性和使用的广泛性都远远超过了 CPLD，这里面 FPGA 芯片的主要厂商 Xilinx 有着相当大的贡献。FPGA 继续自称“门阵列（Gate Array）”，不免过于谦虚，其实远远不是门阵列这么简单。实际上 FPGA 芯片内部既有组合电路，又有序列电路，还有用于连接的可编程“导线”。现在甚至还有加上了 CPU，使之成为“现场可编程”的 SoC 即片上计算机系统。当然，“可编程”的不是 CPU 部分，而是作为 CPU 外围的那一部分。所以，FPGA 是个“百宝箱”式的标准元件/构件套装。套装中的标准元件/构件的数量按一定的比例配备，符合典型数字电路对各种元件的要求。当然，用“套装”来构成具体的电路，难免会有些元件冗余，有些元件短缺，那就只能以“短板”为准，而多余的元件就弃之不用了，但是即使有许多元件弃之不用也仍然很经济，因为 FPGA 芯片是大批量生产的，用户不再需要流片。

FPGA 芯片厂商向半导体生产厂商定制的是 FPGA 芯片，这可以是全定制的，也可以是半定制的，不过一般都是半定制的，即采用生产厂商库存标准构件版图的 ASIC 芯片。生产出来后，FPGA 厂商销售的也是“空白”的、未加编程的 FPGA 芯片，芯片的最终用途不定，要由设备厂商乃至最终用户自行编程确定。这样，只要具体 FPGA 芯片的规模够大，RISC-V 处理器的设计者和提供者当然也可以把它“编程”成一个 RISC-V 处理器。

那么，FPGA 芯片这种标准构件套装中有些什么构件，又怎样将这些构件连接/装配成能够满足最终用途的模块乃至系统呢？一个典型 FPGA 芯片中所含的构件有下面这么一些：

- I/O Block，即输入输出块 IOB，作为 FPGA 芯片的外部接口，类似于芯片的引线/管脚。
- CLB（Configurable Logic Block），“可配置逻辑块”。这是 FPGA 芯片的核心，是构成数字电路的基本构件。FPGA 芯片中有大量的 CLB，这些 CLB 靠下述的“可编程互连”互相连接。
- 存储块（Block Memory），可以看作是特殊的 CLB。
- 特殊电路模块，如 DSP 等。有些是由 CLB 搭建而成，是通过对 CLB 编程“软”实现的模块。也有些是直接在芯片上“硬”实现的模块。如上所述，在 FPGA 芯片上甚至还可以有处理器核。
- 可编程互连（Programmable Interconnection）。这是 FPGA 芯片中除 CLB 之外的又一核心内容。CLB 中的元件需要按设计要求互连才能构成电路，这样的互连必须是“可编程”的才能构成具体的电路，其作用与 VLSI 芯片中的互连层相似。可是 VLSI 芯片上的互连是在芯片制作的时候就完成了的“硬连接”，并不需要也不允许可编程，成本也（相对）很低。而 FPGA 中可编程的“软连接”却要复杂得多，成本也高得多。

不同的应用对于这些构件的数量有不同的需求。首先是总量上的要求，然后是对于具体比例的要求。有些应用可能要求 CLB 多一些，有些则可能要求 IOB 多一些，FPGA 提供商就因此提供许多不同型号、不同规格的芯片，供客户选用。

下面是个 FPGA 芯片结构的示意图：

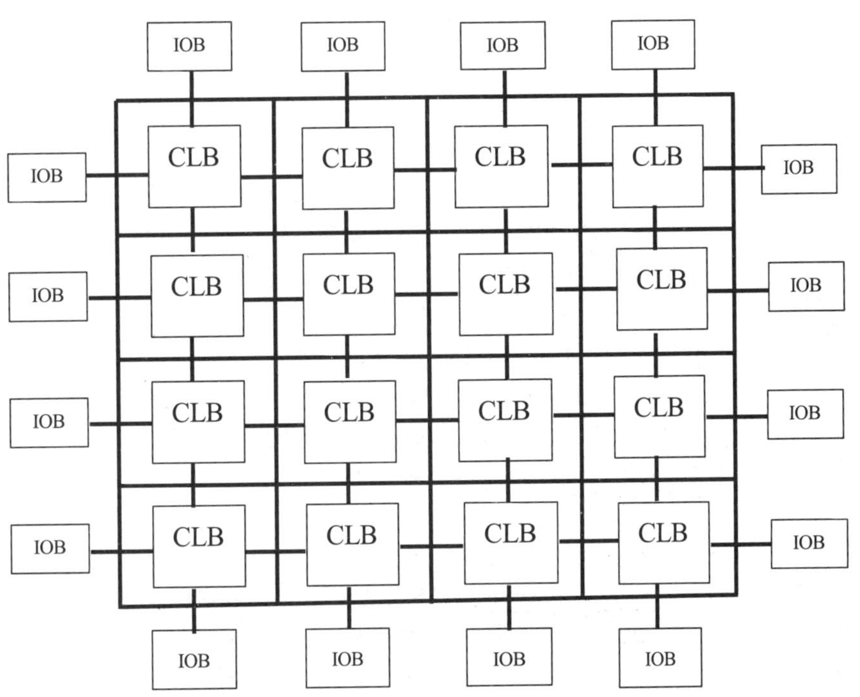

从图中可以看出，大量的 CLB 是 FPGA 芯片的核心。其余的成分都是围绕着 CLB，为 CLB 提供服务和协助，以构成特定规模和逻辑的数字电路。注意 FPGA 芯片上还有电源部分，一般还有产生时钟脉冲的锁相环（PLL）电路，用于测试的 JTAG 电路等，为免冲淡主题这里都未画出。

图中只画了 16 个 CLB，但是实际上一个 FPGA 芯片中有大量的 CLB。

CLB 的主体是“逻辑单元”，一个逻辑单元就是一块多输入、单输出的组合电路加一个触发器，这个触发器也可以绕过。要是绕过触发器，那就是一个纯粹的组合电路。如果用上这个触发器，那就可以构成一个寄存器中的一位。如果把 32 个逻辑单元并排在一起，那就是个带组合电路输入的 32 位寄存器。下面是 CLB 内部逻辑单元基本骨架的示意图：

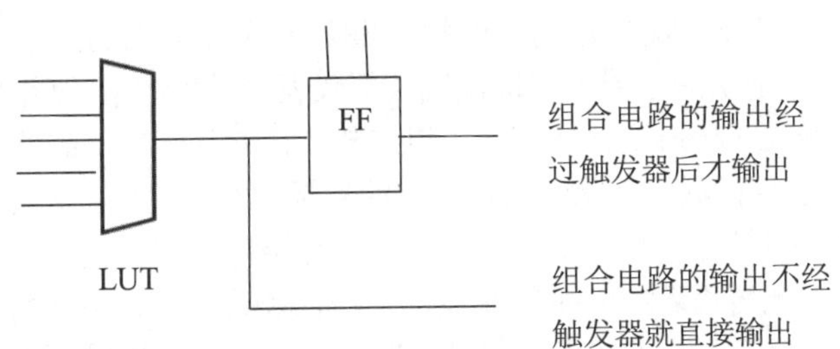

图中左边的梯形代表组合电路，这个组合电路有五个输入，经过布尔运算产生一个输出，这个输出可以被用作触发器的输入，也可以绕过触发器直接被用作整个逻辑单元的输出。这里的问题是，怎样才能构造一个对五个输入信号进行逻辑整合，而又是灵活可变、可编程的电路。当然，办法不止一个，但是最灵活，最规则，也最为经济的办法还是采用“便查表（Look Up Table）”的办法，所以图中写着 LUT。这个办法，实际上就是把真值表存储在一个五位地址的存储器组，或者一个静态存储器中。五位地址，即五个二进制信号有 2^5 个组合，所以这个存储器组的大小是 32。因为输出只是一个二进制信号，每个存储器的字长就是 1 位。

下图是 LUT 的示意图，可是要画出 2^5 即 32 个存储单元太麻烦了，所以这里假定只有两位地址，因而只有 2^2 即 4 个存储单元，但是原理是一样的。

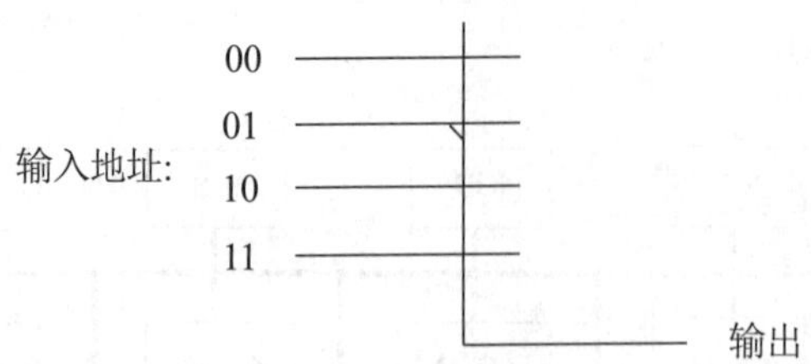

这里左边的 4 条横线代表 4 个存储单元，竖线代表存储器的输出。如果两个输入信号数值所构成的地址是 01，那么这个存储单元的输出就被连接到存储器的输出，此时的输出就是存储在 01 这个单元中的一位二进制数值。

当然，要实现这样一个真值表，也是要占用不少资源的。一个 5 输入的一位 LUT，少说也得几十个门才能实现。相比之下，AISC 芯片上的电路是在制作的时候就固定死的，实现 5 个输入的组合逻辑也许还用不到十个门。所以 FPGA 可以“现场编程”的灵活性，是用资源上的不菲代价换来的。这个代价，说到底就是芯片上的场效应管及其在衬底上所占的面积。FPGA 芯片上的许多场效应管和占地面积实际上只是用于“现场可编程”的实现。这也就是普通 ASIC 与作为特殊 ASIC（或全定制 VLSI）的 FPGA 之间的区别。然而，由于是预先的大规模生产，资源上的不菲代价所换来的灵活性对于用户常常更为重要也更为经济，因为这样一来用户就不用动辄就要流片了，用户大可在同一块 FPGA 芯片上反复调试，每次改变的只是“程序”而已。

如上所述，由单个基本逻辑单元构成的是带组合电路输入的一位触发器。如果把 32 个逻辑单元并排在一起，那就是个带组合电路输入的 32 位寄存器。进一步把这 32 个触发器横向连接起来，那就可以是一个 32 位的移位寄存器。把移位寄存器的最低位与最高位也连接起来，就是一个环形移位寄存器。至于 32 个逻辑单元输入端的组合电路，则还可以做成加法电路，那样就可以做成 32 位加法器连寄存器（也可以不连寄存器）了。更进一步，让其中每个逻辑单元都带上加法进位电路，那就俨然是个 ALU 了。事实上，FPGA 中 CLB 内部的逻辑单元就是一个包括组合电路、触发器、移位电路、进位电路的基本构件。当然，这里没有算上控制电路和时钟脉冲电路，但是实际上 FPGA 芯片上都有。所以，以组合电路加触发器作为基本逻辑单元，确实是最灵活并且构造潜力也最强的“万能”逻辑构件。

显然，虽然名曰“现场可编程”的“门阵列”，其实 FPGA 芯片上远不只是一大堆的门，而是包括门和触发器二者的基本逻辑单元的阵列，还可能包含更高级的基本数字电路的阵列，所以实际上已经远远超出了“门阵列”的范畴。不过触发器和别的序列电路也都是用门构建的，从这个意义上说“门阵列”也并不错。实际上，说到底是 CMOS 场效应管的阵列。

有了 CLB，还要能把它们互连起来，构成所需的电路。那就是“可编程互连”的事了。上面示意图中画着的是横竖两个方向的单根线条，但是实际上图中的每根线条都代表着一束线条，甚至可以说是一大把线条。这些线条的交叉点上都是“十字开关（cross switch）”，可以选择让横向与竖向的导线连通，也可以让其自身在此断开不再前行。这样才能达到“可编程”，灵活构建互连的目标。不言而喻，这也要消耗不少资源。相比之下在普通 ASIC 或 VLSI 芯片上只是在横竖线条交叉点上在绝缘层打孔并沉淀上金属使其上下连接，因为那是在制作的时候就固定下来了，无需“现场可编程”。还是上面那句话，“现场可编程”是以不菲的代价换来的。为“现场可编程”还不仅仅是芯片上的资源，显然 FPGA 芯片做不到像普通全定制 VLSI 乃至 ASIC 芯片那样既在性能上把芯片的潜力挖掘得淋漓尽致，又在功耗上降到不能再降。

但是“现场可编程”带来的好处却也是怎么强调都不为过。首先是降低了入门开发芯片和数字系统的门槛。试想，如果每开发一个芯片都要经过“流片”的过程与开销，那么许多开发者都只好望而却步。而有了“现场可编程”的 FPGA 芯片，跨过这个门槛就容易了。事实上，现在只要花上几百美元甚至更低就可以买一块普通 FPGA 的开发板，在上面开始自己的开发。由于 FPGA 芯片可以反复编程，就可以对电路不断地修改调试，直到成功。这对于中小企业，对于新创企业，对于研究者，乃至对于业余爱好者都具有格外重要的意义。至于芯片上有相当一部分资源只是用来实现“现场可编程”，并且有相当一部分资源都废弃不用而浪费了，那也只是意味着选用芯片时需要“高配”，需要升格采用规模更大一些的芯片。由于 FPGA 芯片的生产和销售的批量都很大，实际上芯片的单价并不高。当然，如果是定型了的产品，而且是大批量生产，那 ASIC 和全定制 VLSI 芯片的价格折算下来还是会比 FPGA 芯片低。那时候想要改用 ASIC 乃至 VLSI 也不难，因为电路已经调试好了。

另外，不管是 ASIC 还是 FPGA，还有许多作为商品的第三方“IP（Intelligent Property）”可以选购采用。这一般是规模较大的电路设计，远远大于芯片制造厂商提供的那些标准件。而且，有些 IP 还是开源的。这样，第三方 IP 就可以用纯粹软件的方式提供，用户自己把它“烧”进 FPGA 就可以了。

那么对 FPGA 芯片的“编程”是怎样进行的呢？FPGA 芯片厂商一般都会提供一个开发环境，例如 Vivado 就是 Xilinx 公司最新款的开发环境。这是一个大型软件，让使用者可以在这个环境中输入电路图或对于电路的描述，然后加以编译，生成需要写入芯片的位图文件。不过将位图文件写入芯片则需要有个“开发板”。在写入芯片前还可以在计算机上进行反复的模拟和调试。现在一般都用“硬件描述语言”即 HDL 编写对于电路的描述，就像写程序一样。事实上，现在的电路规模，在屏幕上画电路图已经不现实了。FPGA 开发环境使用的 HDL 通常是 VDHL 或 Verilog，近年也有采用 C/C++和其它高级语言的，对此下一章中还要加以介绍。

作为一种 RISC-V 的 SoC 即片上计算机系统，香山所提供的设计当然也既可以作为 ASIC 流片和投产，也可以在 FPGA 芯片上加以实现。

第 2 章

硬件描述语言 HDL

要设计一种作为产品的数字电路，无论最终是要对 FPGA 进行“编程”，还是要向半导体厂家定制 ASIC 或全定制 VLSI 芯片，或者哪怕只是为了学习和研究，总得有个对电路进行抽象描述的手段。早期的许多计算机和电子产品说明书中都附有电路图，这当然是对具体电路的一种很好的抽象描述，但是当电路的规模大到一定程度，电路复杂到一定程度的时候这就变得不太现实，再说电路图的阅读也不方便，有时候顺着图上的一根线走上好一阵才知道原来是通到了一个什么或门与门。即使是计算机辅助，也还是不太解决问题，因为计算机屏幕的容量有限。所以，对电路进行文字的抽象和描述就成了一个迫切的课题。

一般而言，对电路的描述有这么几个级别/层次的抽象和描述：

- 物理层/晶体管层的描述：对芯片上具体构造的图形描述，即芯片的分层版图。
- 电路层的抽象和描述：用图形或文字表示/描述电路中的晶体管、连线、电阻等器件及其互连，既包括它们的符号表示（包括图形符号，也包括文字符号例如 AND、XOR 等），也包括配线表。
- 功能层/逻辑层的抽象和描述：用图形或文字表示/描述所形成的功能/逻辑器件，如加法器、比较器、寄存器、存储单元等及其互连。
- 系统层/模块层的抽象和描述：用图形或文字表示/描述构成系统的各个模块及其互连，如 ALU、译码器、总线、内存等。

物理层的描述是半导体生产厂家所关心的，因为他们真正要在半导体晶圆上制作和构造出这些器件。在他们眼里，芯片上就是一对一对的 CMOS 场效应管及其互连，这些晶体管不是一个一个制作出来，而是根据一层层的版图、采用一定的工艺和流程，整个芯片（实际上是整个晶圆）一次性制作出来的。如果所有的版图全由客户提供，那就是彻底的“全定制”。但也可以由生产厂商根据客户提供的“Net-list”即“配线表”和逻辑描述，采用厂家提供的“标准件”进行排版走线，用这样产生的版图制作，那就是“半定制”即 ASIC。至于客户，即数字电路的研究和开发人员一般可以不必关心这些细节，他们主要是从逻辑上，而不是从物理上考虑问题。他们只需要关心采用什么样的逻辑器件、怎样互连构成所需的电路。至于 CMOS 晶体管怎么制作等，他们完全可以信赖生产厂家。另一方面，如果是采用半预制的 FPGA 芯片，则在最后形成产品的阶段甚至并不涉及芯片生产厂商，而是自己生成供写入芯片的位图，这与 Net-list 实质上是一回事。

但是，对于研发人员而言，Net-list 所提供的只是枯燥繁杂的物理连接，比方说把 AndGate1234 的输出连到 XorGate43721 的两个输入之一，这里面看不出什么逻辑关系。至于准备写入 FPGA 芯片的位图，那就更是天书一样，更不是人们可以理解的了。所以显然还需要有更高层次的抽象和描述。

再往上一层，到了（逻辑）电路层的抽象，就进入了研发人员的视野。这一层上所描述的是逻辑电路的构成，包括小规模的、器件级的组合电路（如各种门）与时序电路（如触发器、寄存器）及其互连。事实上配线表 Net-list 在某种意义上也属于这一层，只不过那是供生产厂家使用，而不是供人们阅读理解，应该说是介乎物理层与电路层之间。研发人员固然关心各种器件的逻辑意义和器件间的互连，然而配线表不能给人以哪怕是稍为宏观一点的视野，对于人而言虽属可读，但却是难以理会的；人们需要通过直观的符号来描述和理解电路的逻辑构成。这样的符号有两种：一种是图形的，就是画在电路图中的那些符号；另一种是文字的，例如“a = b & c”，就既说明了这里有个与门，也说明了这个与门的两个输入端是分别连接到 b 和 c，其输出端则表示成信号 a。再如触发器和寄存器的构成。触发器是由按特定方式互连的组合电路构成的，但是人们却是按其功能和作用，作为一个整体来理解和记忆，所以就要另外有个符号，隐去其内部构造，作为一个基本器件出现在对于电路的描述中。至于寄存器，则是逻辑上紧密关联的一排并列的触发器，那也要另外有个符号。或者，也可以按寄存器所承载的数据类型理解成这是某类型数据在寄存器中的体现。这样，不管是图形描述还是文字描述，电路的逻辑含义就可以一目了然。然而，对于稍为复杂一点的电路，规模稍为大一点的电路，这样的描述就仍是过于微观和琐碎，容易让人有“瞎子摸象”的感觉，人们显然还需要有更宏观的理解，所以还需要有更高一层的抽象和描述。

2.1 RTL 及其综合

这就到了功能层/逻辑层的抽象和描述，这一层的描述是一种称为 RTL 即“寄存器传输层（Register Transfer Level）”的描述。这当然是指数字电路，因为模拟电路中是没有寄存器的。寄存器，以及信息在寄存器之间的传递，有着特殊的意义，因为寄存器是有记忆功能、有状态的。其特点是：只要把输入信息“打入”了寄存器，或者说“交给”了寄存器，它便记住、并稳定地向外提供所记住的信息；至于输入端的信息，则可以自由变化了，直到下一次又把它“打入”寄存器。不难理解，寄存器的这个特点，正是构成一切过程性操作的基础；没有类似于寄存器这样的器件就无法实现任何过程性操作。这是因为，所有的过程性操作都是分步骤实现的，前一步操作的结果（状态）是后一步操作的前提，在后一步操作的进行中必须维持不变。所以，若干寄存器的组合，甚或单个寄存器就可以构成一个有限状态机，而计算机中的许多功能模块本质上都是有限自动机。比方说 CPU，就是在取指令/译码/取数据/执行/回写这些状态中循环。在循环的过程中，从内存读入指令后需要存放在一个寄存器中以供译码，译码的结果也需要有个寄存器存放起来以供执行；然后从内存读入数据，或者使用已经在某个寄存器中的数据，那当然也是在寄存器中；执行具体的运算是在 ALU 中，但是运算结果显然需要被存放在某个寄存器中；如果有需要把结果回写到内存，回写时也需要有个寄存器给定存储地址。另外，指令的读取是根据一个称为“指令计数器”即 PC 的寄存器所给出的地址读出的。凡此种种，无一是能离得开寄存器的。所以，关于寄存器之间连接的描述，以及信息如何在寄存器间流通传递的描述，对于人们对计算机硬件（电路）的构成和原理的理解起着纲领性的作用。可以说，没有 RTL 的描述，人们就根本搞不清计算机的原理与组成。

比方说，Intel X86 的结构手册第二卷是指令手册，其中对于每条指令究竟做了些什么操作都有符号描述，这就是一种 RTL 描述。具体如 XADD（Exchange and Add）指令，这条指令是对内存单元的读-改-存原子操作，其 RTL 描述就是：

```
TEMP ← SRC + DEST        //DEST 是个内存单元，SRC 是一个寄存器，把二者的内容相加。
SRC ← DEST
DEST ← TEMP
```

这里的 DEST 是个内存单元，SRC 和 TEMP 都是寄存器。这些语句中的箭头，就表示把信息“打入”、“存入”，或者说“交给”一个寄存器或存储单元。出现在箭头左边的必须是寄存器或存储单元；箭头右边则是信息来源，可以来自寄存器也可以来自组合电路的输出。一旦把箭头右边的信息传输进了，或者说“打入”了箭头左边的那个寄存器，这些信息就无需维持不变了。这里第一个 RTL 语句所描述的是将二者的内容相加，把结果暂存在一个（CPU 内部的）寄存器 TEMP 中，这是第一步。注意这就隐含着一个加法器的存在。另一方面，寄存器可以只有一位（那就是触发器），也可以是多位，在当时 Intel X86 的 CPU 中这些寄存器就是 32 位的。第二步是将内存单元 DEST 的内容传输到寄存器 SRC 中，这是指令执行结束后寄存器 SRC 的值。第三步则是将内部寄存器 TEMP 中暂存着的内容传入 DEST，即写入这个内存单元中。这样就实现了用寄存器 SRC 的内容经运算后将内存单元 DEST 的内容置换出来的作用，而且写入 DEST 的内容是在其原值的基础上与 SRC 的值相加而形成的。这就是对内存单元 DEST 的“读-改-写”操作。这三步操作是在同一条指令内一气呵成，是不可被中断的，所以是不可分割的“原子操作”。

这是抽象程度比较高，比较粗线条的 RTL 描述，当然也有更精细的 RTL 描述。Morris Mano 在他的教科书中就采用他自己的 RTL 语言描述计算机电路的组成，例如：

T_0: AR ← PC

T_1: IR ← M[AR]，PC← PC+1

T_2: D_0,…,D_7 ← Decode IR(12-14), AR ← IR(0-11), I ← IR(15)

这里描述的是一个作为模型的 16 位处理器的取指和译码周期。其中 $T_0/T_1/T_2$ 是一个时钟脉冲计数器的输出，标志着指令执行的第一个节拍、第二个节拍等。这只是个逻辑信号，也可以与时间无关，反正只要这个逻辑信号为 true 就执行冒号后面的操作，而不管这个信号究竟代表着什么。这里的 T_0 等如果需要也可以再与别的信号组合，例如 xT_0 就表示时间是 T_0 并且 x 为 true。当然，也可以表达成 x&T_0，这只是具体语法规则的事。这样的组合电路描述可以很复杂，其中的每个信号都可以是某个门的输出，也可以是某个触发器的输出，不过这里只是简单地说 T_0、T_1。在指令周期的第一个节拍即 T_0 中，程序计数器 PC 的值被传入地址寄存器 AR。实际上是将 PC 的内容置于 AR 的输入端，因为 AR 是个寄存器，其输入端的内容是要由时钟脉冲“打入”寄存器的，这个时钟脉冲就是让时钟计数器的值从 T_0 变成 T_1 的那个时钟脉冲。然后，在时间 T_1，从由地址寄存器 AR 给定地址的内存单元中读出数据至指令寄存器 IR，并且使 PC 的值变成 PC+1，指向下一条指令。当然，这都需要由下一个脉冲打入。接着是时钟节拍 T_2。在这个节拍中，CPU 对指令寄存器的 bit12~14 加以译码，这显然是指令中的操作码位段，译码的结果是 D_0~D_7，这可以是一个寄存器，也可以只是一排导线（因为 D_0~D_7 实际上来自 IR，所以也可以认为具有记忆功能）。注意译码器是个组合电路，无需时钟脉冲驱动，只要出现在译码器输入端的信号稳定不变（这一点由指令寄存器 IR 保证），译码器的输出也就稳定不变。同时，又把指令寄存器 IR 的 bit0~11（由下一个时钟脉冲，下同）打入地址寄存器 AR，准备从内存读入数据，又把 IR 的 bit15 打入一个触发器 I，这是个间接寻址标志位。

这样的描述，实际上已经上升到了系统/模块这一层。因为这里是把译码器、寄存器、存储器当成部件的；但是所描述的都是信号在寄存器（或内存单元）之间的传输，所以是 RTL，是寄存器传输这个层次。如果想要再上升到关于内存与 CPU 之间连接和操作的描述，那就要有更高层次的描述。

显然，这样的描述既说清楚了 CPU 中的操作流程，也说明了 CPU 的电路组成，因为这里有 PC，有 AR、IR，还有个触发器 I 和译码器 Decode。进一步，这也说明了器件之间的互连，例如从 PC 的输出端到 AR 的输入端需要有互连，但这是有条件的，那就是 T_0 为 true。所以这个连接是受 T_0 控制的。这样的 RTL 描述既简洁又准确，又容易理解。之所以容易理解，是因为这至少在表面上是关于操作流程、信号流程的描述，这样的动态描述比较符合人们的思维习惯，使人比较容易理解。但是实际的电路制作所需要的却是关于诸如 PC、AR、IR 等器件及其连接的静态描述，这些静态的信息隐藏在 RTL 描述之中，所以需要把这些信息抽取出来并“综合（Synthesis）”起来。

固然电路图或者方框图也可以被用作 RTL 描述,可是像上述这样的文字描述比电路图更方便，更精确，也更容易理解。不仅如此，这里还有如何从 RTL 描述中抽取和“综合（Synthesis）”的问题。最后交到生产厂家的得是版图或配线表；不管是文字的还是图形的 RTL 描述，最后总归得要转换成配线表，再进一步转换成版图。考虑到电路的规模与复杂性，这样的“综合”只能使用软件工具，而对文字描述的综合要比对图形描述的综合容易得多。实际上这也是由电路的性质决定的，电路图不同于建筑图和机械图，对后者也许更适合使用图形描述；对简单电路采用图形描述也很好，但是对复杂电路就不一样了。

可是当时并未形成被广泛接受的标准 RTL 语言，各个作者、各个厂家都在使用自创的 RTL 表示方法。然而这也确实为“硬件描述语言”即 HDL 的问世打下了基础。另一方面，对这些 RTL 描述方法加以进一步改进的可能也是很明显的。例如，“T_0: AR ← PC”这个表达，如果改成“if(T_0) AR := PC”或“when(T_0) AR := PC”，那就更符合人们的思维习惯了。实际上，那时候对于 HDL 的需求已经很强烈，HDL 已是呼之欲出。

“综合（Synthesis）”这个词，在这里表示从 RTL 的动态描述中抽取信息，然后加以合成，重组出对于电路的静态描述的这么一个过程。RTL 的描述未必全是动态的，里面也有静态的，但是抽象程度往往比较高，例如前述的“a = b & c”这个语句，这就是静态的组合电路，但是里面就蕴含着一个与门，也需要从中抽取这个信息纳入对电路的综合。进一步，这里又有在多种因素间调和折中的问题。一个设计，得要结合种种约束条件加以综合考虑，比方说时序上的要求，芯片上的可用资源，对于芯片引线的安排，电路中各个模块在芯片上的布局与走线等，这些因素都要与电路本身的逻辑和功能/性能放在一起考虑和权衡。这个过程，只要所综合的电路规模稍大，电路稍为复杂，边界条件稍为苛刻（例如时钟频率较高，或者对电源消耗有严格要求，等等)，那就是工作量极大，很难由人工完成的工作；因而只能寄希望于自动化，寄希望于计算机软件。所以，对 RTL，乃至对 HDL 进行综合的过程，就称为 EDA（Electronic Design Automation），实现这个过程的计算机软件，一般就称为 EDA 软件、EDA 工具。EDA 软件是从早期的电路 CAD 软件发展过来的，最初的电路 CAD 软件只是用于印刷电路板布线，后来慢慢发展到芯片设计。

EDA 软件的功能和作用大致分成两块。一块是与综合有关的，这一块又分两个部分，第一部分就是“综合”，根据对具体电路的 HDL 描述产生配线表，并加以优化。第二部分是版图的设计，首先是“Place and Route”，即排版和走线（P&R），根据配线表和约束条件决定各个元器件在版面上的位置，并试着走线，直到配线表中所有的连接都能在约束条件（例如芯片的尺寸）之内得到满足。这个过程一般需要反复进行多次，不仅要把线走下来，还要考虑最优。当然，真正的最优是达不到的，对最优的追求是个 NP 完全问题，但是总得要尽量优化，EDA 软件的好坏在这里就体现出来了。然后是生成分层版图。这也是与综合有关的，也属于直接面向生产的一块。另一块则是模拟（Simulation），根据硬件描述来模拟电信号在这个电路中的流动，分析其波形变化和延迟，甚至也包括电源消耗、散热、电磁干扰，最终生成报告供设计者参考。

所以，HDL 有两方面的功能。一方面是帮助人们对具体电路的表述与理解，因而需要有较好的可读性，要迎合人们的思维习惯。另一方面是为生产服务，要易于综合，HDL 语言的设计与定义必须考虑在 EDA 这一层上的实现。

事实上，硬件描述语言 HDL 的出现犹如水到渠成，所以在一段不长的时间里就冒出来不少的 HDL。所谓“硬件描述语言”，有高层和低层之分。高层 HDL 所描述的实际上就纯粹是电路的逻辑，其中也体现着信号在所述电路中的流动，但基本上不包括“硬件”的其他特征，还不如称之为“电路描述语言”更贴切一些。低层 HDL，主要当然也是描述电路，但更贴近对电路中各器件物理属性的描述，例如线条的长度，电信号的波形与延迟，这些就不只是逻辑了。早期的 HDL 大多是低层的，其中影响特别大、使用特别广泛的有两种，一种是 VHDL，另一种是 Verilog，这两种语言到现在也还是 HDL 的主流。不过这两种 HDL 对电路的描述离物理层较近，基本上只是静态描述，所以对一般人而言显得既烦琐又不太容易理解（就像我们阅读汇编代码时的感觉），所以这不属于“高级语言”（其实应该称为“高层语言”）。其实那时候的软件设计早已是以高级语言为主（很少使用汇编语言），人们在高级语言的设计方面已经有了丰富的经验和积累，所以有些人就想要有比 VHDL 和 Verilog 更高层的 HDL 语言，使设计人员可以更专注于电路的逻辑，提高电路设计的效率；因为那时候的电路规模已经相当大，需要把设计人员从低层的细节中摆脱出来，低层的事情可以交给电路 CAD 软件和（后来的）EDA 软件。这些人最熟悉的就是 C/C++语言，他们觉得稍加修改或开发就可以用于电路的描述；所以就有把 C/C++和 System C 用作 HDL 的实践。更进一步，就有了更高级的 Chisel 语言的出现。不过从事电路设计的人大多并非从软件转过来，从来就是学的电子工程，他们并不熟悉 C/C++，甚至往往觉得 C/C++比 VHDL 和 Verilog 还难学。同样的情况更发生于 Chisel 语言，事实上确实有些电路设计人员拒绝学习 Chisel，觉得还不如 VHDL 和 Verilog 更容易掌握。但是，一旦掌握了 Chisel 语言，能够得心应手加以使用，那工作效率的提升就不是一点点的事了。

事实上，现在的 EDA 软件一般也是只支持 VHDL 和 Verilog，而不直接支持“高级 HDL”，VHDL 和 Verilog 就是 EDA 软件所接受的标准语言。原因很简单，因为那样做代价不菲又不胜其烦；你今天可以有这个高级语言，明天又可能有另一个高级语言，它支持不过来。所以，凡是推出一种高级 HDL，就得提供从这种语言到 VHDL/Verilog 的编译工具，让使用者可以把用高级语言编写的硬件描述编译成 VHDL 或 Verilog，然后再用 EDA 软件加以综合。所以从高级 HDL 的硬件描述到交付流片和生产是个分两步走的过程，第一步是先把高级 HDL 描述编译成低层的 VHDL/Verilog 代码，第二步才是用 EDA 软件对 VHDL/Verilog 代码进行编译和综合，生成交付流片和生产的文档。

VHDL 和 Verilog 这两种 HDL 都是低层 HDL，如果拿程序设计语言打个比方，就都相当于汇编语言。二者的使用都很广泛，也很难说哪一个更好。试想，对于同一个 CPU，如果有两种汇编语言，这两种汇编语言在必要的功能上肯定是等价的，区别只是在于表达风格和使用者的主观感受，要不然较弱的一方就肯定会补上所缺失的环节。既然 VHDL 和 Verilog 所描述的对象相同，又处在同一层次，功能上自然就很接近。

下面对 VHDL 和 Verilog 这两种硬件描述语言作一简单的介绍。但是当然，在区区数页的篇幅中不可能对任何一种语言进行系统的介绍，这里只能让读者对之略有点感性的认识，如此而已。要对这两种语言有比较系统和深入的了解应该阅读有关专著。

2.2 VHDL 语言

20 世纪 70 年代与 80 年代之交，集成电路的规模从中小规模转入大规模，并有继续发展成超大规模的势头，这就有了计算机辅助电路/芯片设计的要求。当时各个半导体厂商各干各的，各自发展起自己的独家硬件描述语言。在这种形势下，美国国防部（DoD）于 1981 年提出了一个称为“甚高速集成电路（Very High Speed Integrated Circuit）”即 VHSIC 的计划，计划中有一项要求就是开发出一种标准的硬件描述语言，用以统一那些参与该计划的厂商之间以及厂商与官方之间的文档和设计语言，以及对产品设计的验证和模拟方法。这种语言就是 VHDL，这里的 V 就表示 VHSIC，意为 VHSIC 计划的 HDL。语言的原型 1983 年就出来了，1985 年公布，1987 年就成了 IEEE 的标准，即 IEEE Std 1076-1987，后来又有多次扩充和更新，现在最新的版本是 IEEE Std 1076-2019。

VHDL 语言的设计思路与风格受 Ada 语言的影响，后者是当时 DoD 力推的“官方”通用编程语言（是一种高级编程语言），所以虽然 VHDL 在功能和作用上只是接近于汇编语言，但是风格上倒也有点像是高级语言。

下面我们通过若干示例说明 VHDL 描述的规则与风格，顺便进行一些介绍。这些示例是从 Wikipedia 的 VHDL 网页和 VHDL 参考手册摘录的。

在 VHDL 的硬件描述中，至少要有一块 entity 说明和一块 architecture 说明，二者是配套的。前者是关于电路输入输出界面的描述，后者是关于其内部实现的描述，合在一起就是对一个电路的完整描述。另外，也像程序设计语言一样，硬件描述也可以 import 别的硬件描述库。下面是关于一个与门的描述，文中加黑的都是 VHDL 语言的保留字：

```
-- (this is a VHDL comment)                //VHDL 描述中的注释语句以“--”开头，到行尾结束。
/*                                         //也可以放在/* */里面
   this is a block comment (VHDL-2008)
*/
-- import std_logic from the IEEE library
library IEEE;                              //说明要导入 IEEE 这个硬件描述库
use IEEE.std_logic_1164.all;               //具体要导入的是那里面的 std_logic_1164

-- this is the entity
entity ANDGATE is                    //entity 是对外部接口的描述，这个 entity 名为 ANDGATE。
  generic (I1toO, I2toO: DELAY_LENGTH := 4 ns);     //这个参数说明也可以没有，这是对电路延迟的说明。
  port (                                            //这个 entity 的外部端口，除 port 外还可以有 type、constant 等成分。
    I1 : in std_logic;                              //端口上有两个输入信号
    I2 : in std_logic;                              //两个输入信号的定义与内部实现均来自标准库 std_logic。
    O : out std_logic);                             //和一个输出信号，输出信号的定义与实现也来自标准库 std_logic。
end entity ANDGATE;

-- this is the architecture
architecture RTL of ANDGATE is    //architecture 是对内部实现的描述
begin
  O <= I1 and I2;                                   //这是 RTL 描述，and 是运算符/操作符。
end architecture RTL;
```

在 entity 说明中除 port 外还可以有 type、constant 等别的成分，其中 constant 成分特别值得一说，例如“constant Setup: Time := 12 ns”、“constant PulseWidth := 50 ns”，虽然与逻辑无关但显然也很重要。另外，in 和 out 信号的类型这里引用了 std_logic，但也可以是例如 Word、Bit 等。在 end entity 前面还可以有个保留字 begin，begin 与 end 之间是“entity 语句”。例如，倘若中间有一行“CheckTiming(I1, I2, O)”，这就是一个 entity 语句，这里调用了一个函数 CheckTiming()，用于电路模拟。顺便还要说明一下，如前所述，HDL 号称硬件描述语言，实际上却是电路描述语言，因为 HDL 描述中并不涉及机械尺寸；但是这个话并不绝对，因为首先芯片是有尺寸的，另外在走线的时候也要考虑线条的长度。还有，对于信号的波形和电路的延迟，当然也要涉及时间。其实这正是低层 HDL 和高层 HDL 的区别所在，高层 HDL 所关心的就只是逻辑，而并不关心物理细节。

与 entity 说明配套的是 architecture 说明，说明中的“RTL”一词并非 VHDL 的保留字，而是程序员选用的标识符，其性质与变量名一样，可以是任何名称。但是里面的 and 是保留字，这个 and 就蕴含着一个与门。另外，操作符“<=”，以及别的操作符，也相当于保留字，在保留字 begin 前面还可以有个关于所引用信号（类似于局部变量）的列表。虽然“RTL”只相当于一个任意的变量名，但是后面的“of ANDGATE”就将其与名为 ANDGATE 的这个 entity 挂上了钩。

这样，在别的 entity 和 architecture 中就可以引用这个 ANDGATE 了。但是注意这里可以被引用的是 ANDGATE 而不是 RTL。另一方面，EDA 软件根据这段代码（加上若干附加设计文件）就可以综合出这个电路的配线表，甚至这一小块电路的版图。

光看这样一个示例还不够，还要多看几个，下面是从 VHDL 语言参考手册中摘录的：

```
entity Full_Adder is
port (
    X, Y, Cin: in Bit;                      //输入 X、Y、Cin 是二进制位
    Cout, Sum: out Bit) ;                   //输出 Cout 和 Sum 也是二进制位
end Full_Adder ;                        //保留字 end 后面的 entity 是可以省略的

-- A body of entity Full_Adder:
architecture DataFlow of Full_Adder is  //这里就不称“RTL”而称“DataFlow”
    signal A,B: Bit;                    //所引用信号的列表，类似局部变量。
begin
    A <= X xor Y;                           //在 VHDL 语言中，保留字 xor、and、or 等都表示逻辑运算和逻辑门。
    B <= A and Cin;                         //A 和 B 都是内部的中间信号/导线
    Sum <= A xor Cin;                       //信号 Cin 和 Sum 已在 entity 中说明
    Cout <= B or (X and Y);
end architecture DataFlow ;
```

这是对一个全加器的描述，全加器的原理就不用解释了。

数字电路中最基本的数据类型当然是 Bit，即二进制位。一个 Bit 的状态，或者说一个 Bit 类数据的值，一般理解就是非 0 即 1。但这是从逻辑上考虑，从物理上考虑就不是这样，再加上软件模拟的需要，VHDL 语言中一个 Bit 的值可以有 9 种之多：

```
'U'  Uninitialized                                   //未经初始化
'X'  Forcing Unknown (synthesizable unknown)         //不确定
'0'  Forcing Low (synthesizable logic 0)             //0，false。
'1'  Forcing High (synthesizable logic 1)            //1，true。
'Z'  High Impedance (synthesizable tri-state buffer) //高阻
'W'  Weak Unknown
```

'L' Weak Low
'H' Weak High
'_' Don't Care //无关，任意。

这里除“未经初始化”状态 U 以外的前面四种都是“Synthesizable”，都是“可综合”的，都是在电路中有物理存在的，后面 4 种则只是因为要对电路进行软件模拟而定义，我们在这里只关心 Synthesizable。

首先，“不确定”状态 X 确实是物理上存在的。一般而言，电信号的幅度高于某个阈值，我们就认为是 1；低于另一个较低的阈值就认为是 0，可是如果信号的幅度一直在临界状态即两个阈值之间小幅波动，我们就无法确定其究竟是 1 还是 0 了。但是这个状态是可以在 EDA 软件的帮助下给排除掉的，EDA 软件需要保证在所生成的物理电路中对信号的驱动干净利索，0 就是 0，1 就是 1。

另一个状态是“High Impedance”，即“高阻”状态。我们考虑一个电路器件的输出端，尤其是一个 CMOS 场效应管对的输出：当器件的状态为 1 时它能输出一定的电流，从而能驱使别的电路器件也转入 1 状态，此时这个器件的作用有如一个电源，电源有内阻，但不能太高，太高了就不能向外提供足够的电流。当器件的状态为 0 时，则其输出端会从外吸收电流，从而使别的电路器件因为失去电流输入而跟着转入 0 状态，这时候器件输出端的作用有如一个电阻，但电阻不能太高，要不然就不能充分吸收电流。场效应管就正好能满足这个条件，它导通时内阻（相对）很小，而截止时则接近于绝缘。所以一对 CMOS 场效应管的输出就只有这样两个状态。可是如果一个器件的输出端是“高阻”，即处于阻值很高，从而既不向外提供电流、也不从外吸收电流的状态，这个器件就好像不存在一样。这就是所谓“三态（tri-state）”，就是一个器件的输出除 1 和 0 两个状态之外还有第三个状态“高阻”。这个性质常被用来构成所谓“线与（Wired-And）”和“线或（Wired-Or）”，也被用于总线驱动。

“线与”的构成原理是这样：假定有个用 N 型或 P 型场效应管（不是 CMOS）构成的驱动门（驱动门的输出与输入同相），其电路中没有上臂，而在外部用一个电阻（而不是与下臂互补的场效应管）作为其上臂，则当输入为 1 时因下臂截止而输出为 1（因被外部的电阻把电平拉高），输入为 0 时则因下臂导通而输出为 0。现在把两个这样的驱动门 b 和 c 的输出并在一起，共用作为上臂的电阻，再看这个输出端的电平与两个输入之间的关系。显然，当两个输入同为 1 的时候 b 和 c 的下臂均截止，所以输出端的电平被作为上臂的电阻拉高（所以也称上拉电阻）；两个输入同为 0 时，则 b 和 c 的下臂均导通，所以输出端的电平被拉低；当 b 和 c 的输入一个是 1 一个是 0 时，则其中有一个下臂导通，所以输出仍为 0。显然，列一下真值表就可知道，这种情况下的输出是两个输入的 AND，所以相当于一个与门。但是这个与门不是通过内部逻辑连接实现的，而只是用一根导线把两个场效应管的输出连在一起就实现了相与的关系，即 a = b&c，所以称为“线与”。下面是个原理示意图：

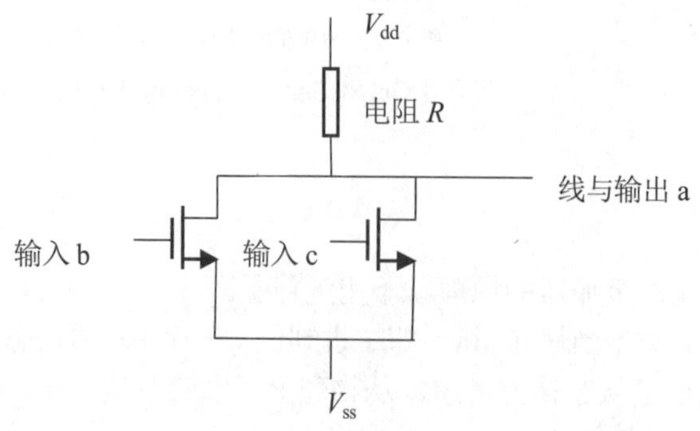

这里有两个场效应管，其栅极分别被用作逻辑信号输入 b 和 c。由于不是场效应管对，就读没有上臂，但是在外部有一电阻 R 上拉。这样，只要有一个场效应管的输入使之导通，输出 a 的电位就是低（因为与 V_{ss} 接通）。只有在两个场效应管全都截止的时候 a 的电位才是高。显然，这是输入 b 和 c 相与的关系，但这个“与门”是在 a 这根导线上实现的，所以叫线与。而实现线与的条件，是两个场效应管的输出端可以进入高阻状态而实现的（不像 CMOS 管对那样不是从外界吸收电流就是向外界输出电流，不是 0 就是 1）。两个场效应管是这样，更多个场效应管也是一样，所以用线与实现多输入与门是最简单的方法。类似的原理也可以用来构成“线或”。

上面用的是单个场效应管，但是这个概念可以推广到任意（输出与输入同相的）“驱动门”，或称“同门”。当然，也可以推广到“反相门”。

但是考虑一下，如果把这里的两个场效应管换成两个 CMOS 管对会怎样？CMOS 管对有上下两臂，不是上臂导通下臂截止就是下臂导通上臂截止。如果把两个 CMOS 管对的输出，即上下臂的连接点用导线连载一起，会发生什么？在这样的情况下，如果其中之一的上臂导通，另一个下臂导通，那就造成了 V_{dd} 与 V_{ss} 间的短路，这个短路电流会把场效应管烧坏。所以，这就不仅仅是能不能形成线与的问题了，而是压根就不可以把两个 CMOS 管对的输出连在一起。换言之，在使用 CMOS 管对的条件下，是不可以把分别为 1 和 0 的两个信号对接在一起的。

然而这样的情况恰恰是有需要，并且是十分重要的。考虑计算机上的总线，总线上插着许多板卡，那要在 CPU 选中某个外设时它才可以向 CPU 发送信息，别的外设就得像不存在一样，绝不能出来打岔。就其中某根特定的信号线而言，如果允许有的板卡上输出 1，有的板卡上输出 0，那不就短路了！

于是人们就设计出一种“三态门”，这种门的输出可以处于三种状态之一，就是逻辑 1、逻辑 0 和高阻。如果输出是高阻，这个门便好像不存在一样。最简单的三态门就是单输入的“驱动门”。三态驱动门除一个输入信号和一个输出信号外，还有个门控信号 OE（Output Enable），通过门控信号可以使三态驱动门进入高阻状态，就好比把门关了，与外界无关。下面是一个三态驱动门的示意图：

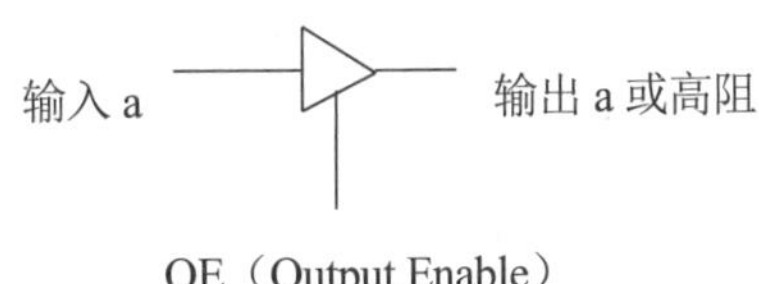

只有在门控信号 OE 把这个驱动门打开的时候，其输出才随输入改变。如果通过 OE 把这个驱动门关闭，则其输出就转入高阻状态，不随其输入改变状态，就像根本不存在一样。可想而知，插在总线上的外设，其每一根输出线上都应该有个这样的三态门。进一步，哪怕不是在总线上，而是在同一块芯片上，只要有两个或多个信号汇聚到同一个点上，就都必须使用这样的三态门。当然，三态门并不非得是驱动门，也可以是三态与门、三态或门等，不过一般都是用一个普通与门加上一个三态驱动门来构成三态与门。三态或门也是一样。

由此可见，VHDL 允许一个信号不光有 1 和 0 两个状态，还可以是高阻状态，这是非常必要的。不仅 VHDL，Verilog 也是如此，事实上低层 HDL 语言都是如此。

可是，超大规模集成电路中的基本元件恰恰都是 CMOS 场效应管对，实际上总是两个类型互补的晶体管成对使用，其上下两臂总是一臂导通一臂截止，像跷跷板一样。要使其中若干 CMOS 管对的上臂断开，或永远截止，从而能呈现高阻，就得加以特殊处理，这样就会影响芯片上电路元件的均匀一致，所以使用线与和线或在这样的条件下也许是得不偿失的，多输入与门/或门也许宁可通过常规的方法级连构成。更大的问题在于对三态门的需求，那就只能特事特办了。另一方面，高级 HDL 语言如 Chisel 语言中的逻辑变量天然就是二值逻辑，很难使其具有第三种值。好在必须使用三态门的都是在有多个信号汇聚于一点的场合，例如二选一的 Mux 电路，解决的方案就是把这样的电路作为标准件处理，让下层 HDL 或 EDA 去解决这个问题。另外，对于电路中多个信号在同一点上的汇聚，其实 EDA 软件也是可以（例如在配线表中）自动检测到的，可以让 EDA 软件自动插入 Mux 电路。

所以尽管 VHDL 是支持三态的，但也仍可以把三态的问题推给 EDA，我们可以看一下对一个 Mux 的 VHDL 描述。多路器（多路转接开关）MUX 是数字电路中常用的一种器件。多路器有 2^n 个输入（信号），只有一个输出，用一个 n-1 位的控制信号将其中的某个输入信号选通到 MUX 的输出。下面的例子是对于一个 2 位 MUX 即 4 输入 MUX 的 VHDL 描述：

```
entity MUX is
    port (A, B, C, D: in BIT; CTRL: in BIT_VECTOR(0 to 1); Z: out BIT);        //注意不要把这个 Z 与信号的 Z 状态相混淆
end MUX

architecture MUX_BEHAVIOR of MUX is          //系动词 is 的表语从句是下面的 bigin/end。
    constant MUX_DELAY: TIME := 10 ns;       //这个 constant 语句只是中间插入的补语。
    begin
    PMUX: process (A, B, C, D, CTRL)         //对行为的描述通过 process 进行
     variable TEMP: BIT;                     //局部变量，在生成的电路中只供内部使用。
    begin                                    //这个 begin/end 就相当于花括号
        case CTRL is
            when "00" => TEMP := A:          //操作符 "=>" 表示"导致"，相当于给后面加上{}。
            when "01" => TEMP := B;
            when "10" => TEMP := C;
            when "11" => TEMP := D;
        end case

        Z <= TEMP after MUX_DELAY;           //根据 CTRL 的编码确定使哪个输入出现在输出端 Z。
                                             //但是这里有个 10 ns 的延迟 MUX_DELAY，这就引入了时间因素。
    end process PMUX;
end MUX_BEHAVIOR;
```

VHDL 所描述电路的运行天然就是并发的而不是顺序串行的，如果电路中某个点上有两个分支，则流经这两个分支的信号（电流）当然不是流完一个分支再流另一个分支，所以对于电路是“描述”而不是“程序”。但是里面也有串行执行的成分，那就是 process。这里的语义是：PMUX 是个 process，其形式与函数定义相仿，但是圆括号里面所列的不叫“参数”，而叫“敏感信号”，意思是每当任何一个敏感信号改变其状态时就要执行这个过程。

这个 process 的敏感信号表是（A,B,C,D,CTRL），每当这些信号中有任何一个改变了状态时，这个 process 从 begin 到 end 之间的代码就会按所述次序执行一遍，然后就被挂起，直到又有敏感信号改变状态。注意 MUX 是个组合电路，所以这里没有时钟信号。

我们在这里主要关注的，是四路输入怎样汇聚于一点。显然这里有 A、B、C、D 四路输入，在控制信号 CTRL 的作用下有选择地与输出 TEMP 相接。可是电路中并不是在运行的时候因为控制信号的不同而临时建立硬件上的连接，硬件上的连接是静态存在的，而控制信号所起的作用只是动态的选通。既然如此，那就是把四个信号汇聚到了同一点上，那就是 TEMP。显然，A、B、C、D 这四个信号的输出端必须使用三态门，按理对于这四个信号应说明是“High Impedance”即高阻，还应有对于 OE 的控制。然而这里一概没有，那就是把问题推给了 EDA 软件。

下面我们看一下对时序电路 D 触发器 DFF（D Flip-Flop）的 VHDL 描述：

```
entity DFF is port (D, CLK, RST: in BIT; Q: out BIT);
end DFF;

architecture behavior of DFF is
begin
     process(RST, CLK) is                         //CLK 在敏感信号表中
     begin
          if RST then Q <= '0';
```

```
            elsif rising_edge(CLK) then Q <= D;          //这里实际上也有 D 和常数 0 二者在 Q 这一点上的汇聚
            end if;
        end process DFF;
end behavior
```

这个 DFF 的内部结构是个 process，其敏感信号是复位信号 RST 和时钟信号 CLK。这二者只要有一个发生状态改变就要重新执行一下这个 process。在这个 process 内部，“if RST then Q <= '0'”在前，只要 RST 信号为 1，输出 Q 就一定是 0；所以 EDA 软件在所生成的电路中也要让复位信号 RST 的控制域大于 CLK 信号。然后，如果 RST 信号为 0，CLK 信号就有作用了，但也只是在其上升沿 rising_edge，即 CLK 信号从 0 变成 1 的时候才有作用，从 1 变成 0 的下降沿就不起作用。

同样是对这个 D 触发器，也可以换一种描述，下面只列出其 process 部分：

```
    DFF : process(RST, CLK) is
    begin
        if RST then Q <= '0';
        elsif CLK'event and CLK = '1' then Q <= D;
        end if;
    end process DFF;
```

这里不说 rising_edge，而是说如果 CLK 这个信号发生了什么事件，并且在这个事件后信号值是 1，那就把输入 D 的值传给输出 Q。显然，这只是对同一个事情换一种说法而已。

下面再看对一个计数器的描述：

```
entity COUNTER is
  generic (WIDTH : in natural := 32);                    //这个计数器的宽度是 32 位
  port (
    RST : in std_logic;
    CLK : in std_logic;
    LOAD : in std_logic;
    DATA : in std_logic_vector(WIDTH-1 downto 0);        //std_logic_vector 是标准库中定义的类型。
    Q : out std_logic_vector(WIDTH-1 downto 0));
end entity COUNTER;

architecture RTL of COUNTER is
begin
  process(all) is                                        //把所定义的所有信号都列作敏感
  begin
    if RST then
      Q <= (others => '0');
    elsif rising_edge(CLK) then
      if LOAD then
        Q <= DATA;
      else
        Q <= std_logic_vector(unsigned(Q) + 1);          --Addition is unsigned, converted back to std_logic_vector
                                                         //只要没有 RST 和 LOAD，每个时钟脉冲就使计数器加 1。
      end if;
```

```
        end if;
    end process;
end architecture RTL;
```

读者应该已经能大致看懂这段代码，这里就不作解释了。

这里我们看到的都是单个基本器件一级，最多是 RTL 一级的描述。但是在一个模块的 architecture 里可以引用别的 architecture，在 entity 上面可以构建别的 entity；就像用砖块可以造出一个大楼，VHDL 当然可以用来描述大型的系统。但是我们已经看到，VHDL 的描述终究还是比较贴近物理层，抽象的程度不高，所以说 VHDL 语言更接近汇编语言而不是高级语言。

VHDL 本来就是个不小的语言，要在这么小的篇幅中对其作一介绍是不现实的，有兴趣或需要的读者应该参考有关的专著。但是至少这里给了读者一些感性的认识，并有助读者理解为什么说 VHDL 是低层的，或者说“低级”的 HDL；它与高层的，或者说“高级的”HDL 有什么不同；VHDL 与 EDA 软件又是什么关系。

2.3 Verlog 和 System Verilog 语言

Verilog 语言的出现与 VHDL 基本上是在同一时期，但是不同于 VHDL 的具有官方背景，Verilog 的产生和发展很大程度上是“野生”的，都是由民间的一些厂商在推动，其中 Cadence 这个公司在 Verilog 语言的发展的过程中起了不小的作用，这个公司也是主流 EDA 软件提供商之一。Verilog 语言迟至 1995 年才被接受成了 IEEE 标准，这就是 IEEE 1364-1995。

与 VHDL 深受 Ada 语言影响不同，Verilog 则更接近于 C 语言。这个区别应该也是后来 Verilog 的使用比 VHDL 更加普遍的原因之一。

下面通过若干示例说明 Verilog 语言的规则与风格，这些示例主要来自 Verilog 参考手册。

第一个示例是对一个 D 触发器 DFF 的描述：

```
module DFF (Q, CLK, DAT);            //模块 DEF 有 3 个外部输入/输出端口
    input CLK;
    input [7:0] DAT;                 //DAT 是 8 位数据，相当于 VHDL 语言中的向量。
    output [7:0] Q;
always @(posedge clk)                //clk 就是 CLK，不分大小写。@表示等待事件发生，posedge 即信号的上升沿。
    Q = DAT;                         //posedge 意为 positive edge。
specify                              // specify/endspecify 之间是 specify block，说明对时序的要求
$setup (DAT, posedge CLK, 10);
endspecify
endmodule
```

Verilog 语言中的 module 相当于 VHDL 语言中的 entity 加 architecture，把二者合在一起。对模块接口的描述颇似早期 C 语言中的函数定义，但也不完全一样。VHDL 把模块的外部接口与内部实现分开加以描述，Verilog 则把二者放在一起描述，各有各的理由，也很难说何者更好。

Verilog 中的关键字（除操作符外）均以字母开头，不允许用特殊字符，但有几个例外：凡是“系统调用”都以$打头，例如$display（相当于 printf）和$stop 等，这些“系统调用”都是用于程序调试和软件模拟；编译指引则以“’”打头，例如’include，’define。这里的$setup 就是一个“系统调用”，实际上是调用一个“不加综合”的函数/过程，这里面的内容不会被综合在配线表中，但是对 P&R，即“排版布线”也有影响，这里对$setup 的调用说的是：输入信号 DAT 出现在输出端 Q 的时间相对于 CLK 上升沿的延迟不得大于 10 ns。另外，对于有关时序的说明要放在一个 specify block 中，就是 specify/endspecify 之间。注意 specify block 的有无并不影响模块内部实现的逻辑，而只是说明时间限制。VHDL 语言中没有 specify block，但语句中也有

例如“after MUX_DELAY”这样的成分，实际上还有 CheckTiming()这样的函数，还有例如“constant Setup: Time := 12 ns”、“constant PulseWidth: Time := 50 ns;”这样的语言成分，只不过前面所引的示例中没有用到而已。

这个 D 触发器没有复位信号 RST，如果有也很简单，这与前面 VHDL 的描述中是很接近的。在 VHDL 描述中通过“if rising_edge(CLK)”或“if CLK'event and CLK = '1'”说明操作发生于时钟脉冲的上升沿，在 Verilog 语言中则是“always @(posedge clk)”。语义同样明确清晰。

读者也许会有个问题：Verilog 是低层 HDL，所以才有针对时序的 specify block；可是在只关心逻辑的高层 HDL 中还有没有 specify block 这样的机制？如果没有，那把高层 HDL 描述编译成低层 HDL 描述的时候这些信息从哪来呢？事实上是确实没有，从高层 HDL 描述编译而来的低层 HDL 描述中没有这些信息，因为编译器当然不能无中生有。但是现在的 EDA 软件已经不是当初的电路 CAD 软件，现代 EDA 软件所综合的对象已经从印刷电路板和小规模集成电路变成了超大规模集成电路，软件本身所拥有的“知识”和能力也已大大提升，加上其它技术手段的辅助，硬件描述中没有这些信息也不会带来什么问题。

当初，在将 HDL 描述用于印刷板布线的时候，所用的都是小规模的分立元件，印刷板上的走线（相对于时钟频率）都很长，在这样的条件下 HDL 描述中对时序的说明和要求是很关键的。可是到了超大规模集成，所有的元器件都在同一块芯片上，每个门的延迟都是很均匀的。走线长度相对于时钟频率仍可能较长，但 EDA 软件对于目标芯片将采用的制程，以及因之而来的种种参数都知道得清清楚楚，对电路的全局也有更好的把握，还可以生成出种种波形图供设计人员参考。另外，EDA 的输入也不是仅仅来自 HDL 的代码，还有别的辅助文件。在这样的条件下，时序当然仍是十分重要，甚至更加重要，但 HDL 描述中对时序的说明和要求却不是那么重要了。

在上面这个示例中，时钟信号 CLK 是个一位，即一个 bit 的信号。在 Verilog 语言中 Bit 不是一个独立的数据类型，只是数据的宽度为 1 而已。一个 bit 的信号可以处在 4 种不同的状态，可以取 4 种不同的值：

```
0 - represents a logic zero, or a false condition
1 - represents a logic one, or a true condition
x - represents an unknown logic value              //未知
z - represents a high-impedance state              //高阻
```

显然，这相当于 VHDL 语言中 4 种 Synthesizable 的值，用于软件模拟实际上也够了。

数据宽度可以在数值前面加以说明，例如：

```
4'b1001   // is a 4-bit binary number                                   //4 位二进制数
5 'D 3    // is a 5-bit decimal number                                  //5 位十进制数（不是 5 个十进制位）
3'b01x    // is a 3-bit number with the least significant bit unknown   //3 位二进制数，末位未知。
'h 837FF  // is a hexadecimal number                                    //十六进制数，宽度未加说明。
'o7460    // is an octal number                                         //八进制数，宽度未加说明。
12'h123   //Hexadecimal 123 (using 12 bits)                             //数据宽度是 12 位，数值是 16 进制数 123。
20'd44    //Decimal 44                                                  //数据宽度 20 位，数值是十进制数 44。
12'hx     // is a 12-bit unknown number                                 //12 位 16 进制数，数值未知。
16'hz     // is a 16-bit high-impedance number                          //16 位 16 进制数，处于高阻状态。
```

像 VHDL 一样，Verilog 也提供对于高阻状态和三态器件的描述；甚至还更进一步，Verilog 把 tri、triand、trior、trireg，还有 wand、wor，都定义成保留字，用来构建三态门、线与、线或等电路，这里的 w 表示 Wire。但是如前所述，对于超大规模集成电路的描述这些保留字的意义已经不大。

前面的语句“Q = DAT;”中的操作符“=”称为“阻塞过程式赋值（blocking procedural assignment）”，表示顺序操作，这个语句的执行可以“阻塞”后续语句的执行（不过前面的示例中就这么一个语句）。与此相对还有个“不阻塞赋值（nonblocking assignment）”操作符“<=”。在由 begin/end 分隔的同一块代码中，由“<=”

实施的赋值是同时发生的。下面这个示例就说明了这二者的区别：

```
module evaluates2 (out);
output out;
reg a, b, c;                    //三个 reg（寄存器）：a，b，c。
initial begin                       //初始化阶段，依次将 a 赋值为 0，b 赋值为 1，c 赋值为 0。
    a = 0;                          //a 最先赋值
    b = 1;                          //b 的赋值在 a 之后
    c = 0;                          //c 的赋值在最后
end
always c = #5 ~c;                   //在第 5 个时间单位，将 c 的值反相。这与 VHDL 的 after 相似。
always @(posedge c) begin       //每当 c 的值从 0 变成 1（由波形的上升沿触发）时，执行以下操作：
    a <= b;                         //由于两个赋值操作都是"不阻塞"，所以会同时发生
    b <= a;
end
endmodule
```

这里的“a <= b”和“b <= a”两个语句都是不阻塞赋值。假定在此之前 a 为 0 而 b 为 1，如果是阻塞赋值，那么执行完这两个语句 a 和 b 都会是 1。但因为是不阻塞赋值，两个寄存器的赋值会同时发生，所以只是交换了一下数值，变成 a 为 1 而 b 为 0。

注意“<=”这个符号。对于寄存器这是不阻塞赋值，但对于数值的比较则是“小于等于”。

另外，#5 表示在第 5 个时间单元，这主要是用于软件模拟的。

在 Verilog 语言中 reg 是个保留字，表示寄存器或触发器。下一个示例略为复杂一点，这是一个对时钟信号进行 20 计数分频的模块，每个时钟脉冲的来到都使计数器加 1，加到 20 就又归零，并输出一个脉冲 tc。

```
module Div20x (rst, clk, cet, cep, count, tc);
// TITLE 'Divide-by-20 Counter with enables'
// enable CEP is a clock enable only
// enable CET is a clock enable and enables the TC output

parameter size = 5;             //关于计数器宽度的参数
parameter length = 20;          //关于计数值，即分频比的参数

input rst;      // These inputs/outputs represent connections to the module.
input cet;
input cep;

output [size-1:0] count;        //count 是个输出信号，其宽度取决于参数 size。
output tc;                      //这是 tc 这个信号的方向

reg [size-1:0] count;           // Signals assigned within an always (or initial) block must be of type reg
                                //count 又是个寄存器，其宽度取决于参数 size
wire tc;                        // Other signals are of type wire      //tc 这个信号物理上是一根导线（并非寄存器）

// The always statement below is a parallel execution statement that executes any time the signals
```

```
// rst or clk transition from low to high

always @ (posedge clk or posedge rst)  //时钟信号或复位信号的上升沿都会触发运行：
  if (rst)                             // This causes reset of the cntr      //复位信号使计数器清零
    count <= {size{1'b0}};             //复位时写入计数器 count 的内容是：一共 size 位，每一位都是 0。
  else if (cet && cep)                 // Enables both true   //如果是时钟脉冲的上升沿，并且 cet 和 cep 均为 true：
    begin

      if (count == length-1)               //如果计数值达到了 length-1，在这里是 2—1=19:

        count <= {size{1'b0}};             //就把计数器清零。计数范围是 0 ~ (length-1)。
      else
        count <= count + 1'b1;         //如果还没有计数到 length-1，就使计数器加 1。
    end

// the value of tc is continuously assigned the value of the expression

assign tc = (cet && (count == length-1));   //只要 cet 为 true，就使 tc 连接到比较器“==”的输出。

                                            //与 VHDL 不同，在 Verilog 语言中表示逻辑与运算的是“&&”。
endmodule
```

注意这里对变量 tc 的说明，一方面说明这是个输出信号，一方面又说明这是个 wire 即导线，而不是寄存器或触发器，导线本身并没有保持其状态不变的功能，一定得要受别的输出驱动。而保留字 assign 则称为“连续赋值（continuous assign）”，对 wire 的驱动就是最典型的连续赋值，物理上就是把导线连到某个电路的输出。在连续赋值语句中可以说明驱动信号强度和时间延迟，这里都省略了，表示信号强度足够驱动该导线的输出为 1 或 0（不至于落入不确定状态），并且延迟为 0（可以忽略不计）。

另外，这里“cet && (count == length-1)”蕴含着一个比较器和一个与门。这里==是比较算符，&&是“逻辑与”算符（HVDL 语言中的“逻辑与”算符是 and）。算符隐含着它的电路实现，所以这两个算符都隐含着相应的电路器件。保留字 and 在 Verilog 语言中不能被用作表示“逻辑与”的算符，而是表示一个与门，例如：

```
and #5 a1(out, in1, in2)
```

这里的 and 表示与门，这个语句的语义是：有个与门 a1，它有 3 个输入/输出，即 out、in1、in2。另外，这个与门的延迟是 5 个时间单位。所以 and 这个保留字的语义和 reg 相仿。不仅 and，还有 or、xor、nand、nor、nxor 也是一样。这里的#5 也可以是例如#(5,7)，那就表示上升沿的延迟是 5，下降沿的延迟是 7，总之“#”这个符号是用来表示时间的。

如上所述，阻塞赋值语句是顺序执行的，不阻塞赋值才是并行的，所以如果一块描述代码中都是阻塞赋值，那就是过程性的描述。下面这个示例就是个很典型的过程性描述，这是对交通红绿灯的描述：

```
module traffic_lights;
  reg clock, red, amber, green;     // clock, red, amber, green，全是寄存器变量。
  parameter on = 1, off = 0, red_tics = 350, amber_tics = 30, green_tics = 200;   // 红/黄/绿灯的亮灯时间
  // initialize colors.                              //对三个灯的初始化是全都关掉
  initial red = off;
  initial amber = off;
  initial green = off;
  always begin           // sequence to control the lights.
    red = on;                    // turn red light on
```

```
    light(red, red_tics);          // and wait.         //调用 light()，让红灯亮一段时间。
    green = on;          // turn green light on
    light(green, green_tics);      // and wait.         //调用 light()，让绿灯亮一段时间。
    amber = on;                    // turn amber light on
    light(amber, amber_tics);      // and wait.         //再调用 light()，让黄灯也亮一段时间。
  end

// task to wait for 'tics' positive edge clocks before turning 'color' light off.
  task light;                                           //task 就相当于函数，下面直到 begin 是调用参数表。
    output color;
    input [31:0] tics;                                  //相当于 light(output color, input [31:0] tics)
    begin
      repeat (tics) @ (posedge clock);                  //重复若干个时钟周期，等待时钟上升沿的到来，但不做任何事情。
      color = off;                                      // turn light off.   //然后把灯关掉
    end
  endtask

  always begin          // waveform for the clock.      //clock 信号波形的生成：
    #100 clock = 0;                                     //过 100 个时间单位，把 clock 设为 0。
    #100 clock = 1;                                     //再过 100 个个时间单位，把 clock 设为 1。如此往复循环
  end
endmodule               // traffic_lights.
```

代码中的“always begin … end”表示永远在“begin … end”这个过程中循环，相当于无限循环语句。注意多个 always 语句之间是独立和并行的。上面的描述中有两个 always 语句，一个是关于红绿灯的点亮和熄灭，另一个是关于 clock 信号波形的生成。

先看后者，这个 always 循环中的操作是这样：过 100 个时间单位，把 clock 设为 0；再过 100 个时间单位，把 clock 设为 1。注意这里的赋值是阻塞赋值，所以是顺序执行的。这样循环往复，就使 clock 的值呈现一个周期为 200 个时间单元、占空比为 50%的方波。这个 clock 是用户自定义的时钟，而“#100 clock = 0”语句中的#100 则用的是系统时钟，clock 相当于对系统时钟的 200 分频。至于系统时钟的一个时间单位是多大，这是个全局参数，是可以通过一个“SDF（Standard Delay Format）”文件加以设置的。

再看前面那个 always 循环。在那个循环中，每点亮一个灯以后就调用一个函数 light()，只是在 Verilog 语言中称这样的函数为 task。在 light()的代码中，先是一个 repeat 语句，这个 repeat 语句相当于 for 语句或 while 语句，在这里就相当于 while(tics--)，每次循环都要等自定义时钟信号 clock 的上升沿出现。

显然，这个 repeat 语句的语义是关于发生在电路中的操作和行为，而不是关于这个电路本身，并不是要把实现“@ (posedge clock)”这个功能的电路重复多份。

再回头看前面示例中的 if 语句：

```
if (count == length-1) count <= {size{1'b0}};
```

这也是关于发生在电路中的操作和行为，就是要不要执行“count <= {size{1'b0}}”这个操作，有没有这个行为，而不是有没有实现这个操作的电路，这个电路是肯定存在的。但是这个语句却蕴含着一个比较器和对于寄存器的内容“打入”。

但是 HDL 中需不需要有可以根据实际需要将某块作为样板的电路在芯片上重复多份，或者动态决定芯片上应不应该有某块电路的机制？这当然需要，不仅需要而且重要。事实上，没有这样的机制，就没有电路设计的参数化，就没有“可配置”的电路设计。这样的机制，VHDL 和 Verilog 都有，称为（电路）“生成（generate）”。

我们看下面这个示例（引自 IEEE Std 1364-2005 标准文本），这个示例描述的是个从“格雷（gray）码”

到二进制编码的转换模块。一个 N 位的格雷码，转换成二进制编码仍是 N 位，这个 N 位二进制码中每一位的值（0 或 1）都要根据所给定的格雷码数值（也是一串二进制位）按一定的算法计算得到。为简化计算也可以用查表和计算相结合的方法，现在这个示例就是采用这个方法，所查的表就是 gray[N，N]：

```
//A parameterized gray-code–to–binary-code converter module using a loop to generate continuous assignments

module gray2bin1 (bin, gray);
    parameter SIZE = 8;                        // this module is parameterizable  //参数 SIZE 表示格雷码的长度
    output [SIZE-1:0] bin;                     //输出数据 bin 即二进制编码的长度取决于 SIZE，这我们在前面就看到过。
    input [SIZE-1:0] gray;                     //输入数据 gray 即格雷码，其长度也取决于 SIZE。
    genvar i;                                  //生成变量，这是用于生成语句的控制变量。
    generate                                   //生成电路描述的 generate 语句：
    for (i=0; i<SIZE; i=i+1) begin:bit         //重复这块描述于 begin/end 之间，名为 bit 的电路：
    assign bin[i] = ^gray[SIZE-1:i];           //算符^表示“reduction xor”，即自左往右逐位异或。
    // i refers to the implicitly defined localparam whose value in each instance
    // of the generate block is the value of the genvar when it was elaborated.
    end
    endgenerate                                //generate 语句至此结束
endmodule
```

这里的保留字 genvar 和 generate/endgenerate，就是对一个“生成结构”的描述，而参数 SIZE 就是个可配置参数。我们在这里并不关心格雷码如何转化成二进制编码的细节，我们关心的是这个“生成结构”和“生成语句”。“生成结构”由生成控制变量 genvar 和生成语句 generate/endgenerate 两部分组成，genvar 定义了用在生成语句里的控制变量，生成语句则可以是使用 for 语句的循环生成语句，或使用 if 或 case 语句的条件生成语句。注意这个 for 语句中 begin 后面的“:bit”，这表示将此 begin/end 之间的这块电路命名为 bit，或者说是名为 bit 的一个“域”。因为这个域是在模块 gray2bin1 内部，所以在模块外部就可以用 gray2bin1.bit 指称这个域。进一步，如果在这个域里又创建了一个结构成分 x，则可以用 gray2bin1.bit.x 指称这个成分。

在这里，有了这个生成语句，EDA 软件就会生成 8 份这样的电路，每份电路用于所产生 8 位二进制编码中的每一位。这就是循环生成语句。

循环生成语句也可以不用 generate/endgenerate 这对保留字，因为既然在 for 语句中引用了生成控制变量，EDA 软件（Verilog 编译）就可以知道这是个生成语句，所加的保留字实际上是冗余的。例如：

```
module mod_c;
    genvar i;
    for (i=1; i<5; i=i+1) begin: a
      ...
    end
endmodule
```

这里就没有用 generate/endgenerate，但是循环变量 i 是 genvar，EDA 软件就知道这是个循环生成语句。

在 genvar 与 for 语句之间可以插入别的语句，但是在别的语句中不可以引用生成控制变量，即说明于 genvar 语句中的变量。所以，保留字 generate/endgenerate 的使用只是为提高可读性。

生成语句也可以嵌套，例如：

```
module mod_a;
  genvar i, j;
```

```
// "generate", "endgenerate" keywords are not required
for (i=0; i<5; i=i+1) begin:a                    //这个域是 mod_a.a
  for (j=0; j<3; j=j+1) begin:b                  //这个域是 mod_a.a.b
    ...
  end
end
endmodule
```

这里的 genvar 语句说明了两个生成控制变量 i 和 j，用于下面两个嵌套的 for 语句。

生成语句也可以是条件式的，就是采用 if 或 case 语句，而不是 for 语句，所控制的是芯片上有没有这么一块电路，而不是有多少份。我们看下面这个示例：

```
module multiplier(a,b,product);
parameter a_width = 8, b_width = 8;                    //两个乘数的宽度都是8位
localparam product_width = a_width+b_width;            //乘积的宽度是16位
// cannot be modified directly with the defparam
// statement or the module instance statement #
input [a_width-1:0] a;                                 //乘数A
input [b_width-1:0] b;                                 //乘数B
output [product_width-1:0] product;                    //乘积
generate
  if((a_width < 8) || (b_width < 8)) begin: mult
    CLA_multiplier #(a_width,b_width) u1(a, b, product);        //创建一个CLA_multiplier模块的实体u1。
                     //CLA_multiplier是个已定义的模块，#( a_width,b_width)是对其两个参数的设定。
    // instantiate a CLA multiplier
  end
  else begin: mult
    WALLACE_multiplier #(a_width,b_width) u1(a, b, product);    //或创建WALLACE_multiplier模块的实体
    // instantiate a Wallace-tree multiplier
  end              //这样，multiplier.mult.u1或者是个CLA_multiplier模块，或者是个WALLACE_multiplier模块。
endgenerate
// The hierarchical instance name is mult.u1
endmodule
```

条件生成语句可以是“if(…) begin …end”，也可以是“if(…) begin …end else begin … end”，else 后面还可以再来 if。对其中的每个 begin/end 域都可以命名（如果自己不命名 EDA 软件就会给指定一个）。对于 if/else 的句型两个域的命名总是相同的，因为只有其中一个会在电路中实际存在。这里的这个条件生成语句的语义是：视参数 a_width 和 b_width（两个乘数的宽度）的设定，（在芯片上）要么创建（instantiate）一个 CLA_multiplier 模块的实体 u1，要么创建一个 WALLACE_multiplier 模块的实体，也叫 u1。这样，在外部引用 multiplier.mult.u1，就或者是个 CLA_multiplier 模块，或者是个 WALLACE_multiplier 模块。

注意这里的符号“#”。在 Verilog 语言中，#主要用来表示时间关系；但也还有一个重要的作用，就是在引用别的模块定义的时候设定其参数。当然参数得要对号。以这里所引用的 CLA_multiplier 来说，这里设置的参数就是 a_width 和 b_width。这也很好理解，因为任何乘法器的具体组成都取决于两个乘数的宽度。

这个示例中的 if 语句放在 generate/endgenerate 结构内部，让人一目了然，但是实际上不用这 generate/endgenerate 也是一样。因为用作条件生成的 if 语句有个特点，就是都以出现在 parameter 语句中的参数作为判断条件。例如这里的 a_width 和 b_width，就都是明确列为 parameter 的，所以 generate/endgenerate

也可以不用。再如在下面这个示例中：

```
module test;
parameter p = 0, q = 0;                    //p和q都是参数
wire a, b, c;
//--------------------------------------------------------
// Code to either generate a u1.g1 instance or no instance.
// The u1.g1 instance of one of the following gates:
// (and, or, xor, xnor) is generated if
// {p,q} == {1,0}, {1,2}, {2,0}, {2,1}, {2,2}, {2, default}
//--------------------------------------------------------
if (p == 1)
  if (q == 0)
    begin : u1        // If p==1 and q==0, then instantiate
      and g1(a, b, c);      // AND with hierarchical name test.u1.g1        //创建一个与门，名叫g1。
    end
  else if (q == 2)
    begin : u1            // If p==1 and q==2, then instantiate
      or g1(a, b, c);   // OR with hierarchical name test.u1.g1             //或者创建一个或门，也叫g1。
    end
  // "else" added to end "if (q == 2)" statement
  else ;              // If p==1 and q!=0 or 2, then no instantiation      //因为有可能q既不是0也不是2
else if (p == 2)
  case (q)                                                                 //case语句用于条件生成
  0, 1, 2:
    begin : u1        // If p==2 and q==0,1, or 2, then instantiate
      xor g1(a, b, c);      // XOR with hierarchical name test.u1.g1
    end
  default:
    begin : u1            // If p==2 and q!=0,1, or 2, then instantiate
      xnor g1(a, b, c);     // XNOR with hierarchical name test.u1.g1
    end
  endcase
endmodule    //如果在模块外引用 test.u1.g1，所指的就是其中之一，或者无定义。
```

这个示例中用于条件生成的 if 语句中还嵌套了也是用于条件生成的 case 语句。之所以这个 if 语句和 case 语句都是条件生成语句，而不是普通的条件语句，是因为用作判定条件的都是参数 parameter（在这里是 p 和 q）。凡是 parameter 参数的值都是静态设定而不是动态变化的。人在阅读代码时也许会有疏忽，但是 EDA 软件不会。所以在这里就没有使用 generate/endgenerate。当然用上也可以，而且可读性更好。

有了这样的生成机制，一块代码所描述的对象就既可以是一个特定的电路，也可以是一类电路。例如前面的 multiplier，通过不同的参数设置就可以使其所描述的 multiplier 是采用 CLA_multiplier 还是 WALLACE_multiplier，但反正是 multiplier。显然这对于软件是否“可重用”起着决定的作用。一块代码，尤其是大型的代码，既可以是对某一特定电路的描述，也可以是对某一同类电路的“生成器”。程序员当然应该尽力使自己写的代码是“生成器”而不只是专对一特定电路的描述。所以 Verilog（VHDL 也是一样）把这个负担压在了 EDA 软件的肩上。

然而尽管 Verilog/VHDL 都朝参数化的方向上作了努力，但走的距离还是不远。以这里对参数 p 和 q 的设

置为例，这还只是相当于 C 语言中#define 的方式和程度，需要改变所生成电路时就得找到这个地方作出修改。那么，是否可以把这个功能提上来，比方说只要通过命令行选项，例如“--cla”或“--wallace”，就可以生成具体的 Verilog 代码？再如前面的 multiplier，能否将对于 a_width 和 b_width 的种种不同设定写在不同的配置文件中，然后通过命令行选项说明采用哪一个配置文件？在 Verilog 的 parameter 语句中，可不可以说明是间接来自对另外两个参数的某种计算结果？原理上是可以的，但是 Verilog 并不支持这样的灵活性，所以 Verilog 离把代码写成“生成器”的要求还相去甚远。事实上，这也正是为什么要有 Chisel 语言的原因之一。

当然，以上只是一个简介，不可能对 Verilog 的方方面面都有介绍。例如 Verilog 和 VHDL 都有许多功能是专为调试和模拟设计的，这里就没有介绍。以 fork/join 的并发机制为例，这就是专为软件模拟设计的。电路中信号的流动本来就都是并发的，也没有“线程”的概念。之所以要有 fork/join 这样的机制，就是为了要在本质上是串行的计算机上模拟本质上是并行的电路。

但是人们不久就注意到，Verilog 对硬件进行描述的手段可以说已经相当齐全，用来对电路进行模拟的手段也有一些（但也还应提高和健全），然而对硬件进行验证（Verification）和测试（Testing）手段的描述却还比较薄弱。虽然 EDA 软件也能从对电路的描述归纳出一些模拟和测试，但是这里面未必准确体现设计者的意图。于是在 Verilog 的基础上又有了一个 System Verilog，作为对 Verilog 的扩充。实际上 System Verilog 是个加强版的 Verilog，不过人们往往还是统称 Verilog，而不太刻意强调这是 System Verilog。实际上二者的核心部分、实质性的部分，即其 Synthesizable、“可综合”的那一部分，是一样的。

多年的实践之后，VHDL 和 Verilog 实际上就成了几乎所有 EDA 软件的标准输入语言。一般的 EDA 软件从 VHDL 或 Verilog 的描述出发，让使用者可以模拟、测试自己的设计，直至定型后就编译生成要提供给生产厂商的 Net-list，甚至进一步进行排版和布线；或者就生成供载入 FPGA 芯片的位图。但是，对于数字逻辑和电路的设计而言，VHDL 和 Verilog 语言都更像是汇编语言，而不是高级语言，它与电路的细节贴得太近，用起来比较繁琐。

硬件描述，就其本质上说是一种软件，而硬件描述语言的发展则使其在形式和手段上更向传统的软件靠拢。这个过程最终应该会使二者融合，这其实也是半导体设计行业中的期待和努力方向；人们也一直都在探讨如何将现成的编程高级语言，例如 C/C++等，用于硬件描述。

2.4 高级编程语言与高级 HDL

VHDL/Verilog 语言的问世暂时满足了芯片设计行业对 HDL 的需求。但是慢慢地人们就感受到了此种低层次 HDL 的不足之处。这里所谓“低层次”或者“低级”并无贬义，而只是说这样的 HDL 太贴近物理层，使用起来过于繁琐，用 VHDL/Verilog 编写硬件描述就好像用汇编语言编写计算机程序一样。这里的高和低是指抽象程度的高低。随着计算机硬件的发展，特别是大规模集成电路的发展，需要编写的电路规模越来越大，人们也越来越感觉需要有更高级、抽象化程度更高的 HDL 语言，使设计人员能从大量的细节中解脱出来，这跟当初计算机编程从汇编语言向高级语言，甚至更高级的脚本语言的发展是一样的道理。而底层的电路 CAD 软件向 EDA 软件的进展，及其智能化程度的提高，也为此提供了条件，因为原先低层 HDL 的一些功能可以自动化，可以“下放”交给 EDA 去完成了，毕竟 EDA 的“A”就是 Automation。可是，要从头设计一种高级 HDL 语言，并将其编译器实现出来，这又显然工作量很大。再说，如果真要从头设计这样一种高级 HDL 语言，其语法语义将会是什么样的呢？不难得出结论，实际上必然会很接近已有的高级编程语言。既然如此，为什么不设法将现有的高级编程语言用作高级 HDL？固然二者的语义有很大不同，但语法在很大程度上是可以套用的。于是就有人开始研究将现有高级编程语言用作高级 HDL 的可能和途径。

Verilog 语言的风格比较接近 C 语言，其实是更接近 C++语言，module 的定义就好像是对 class 的定义。然而用惯 C/C++的人一看 Verilog 的代码就会感到有点不明所以。以前面的 module gray2bin1 为例：

```
module gray2bin1 (bin, gray);
    parameter SIZE = 8;
    output [SIZE-1:0] bin;
```

```
    input [SIZE-1:0] gray;
    …
endmodule
```

他们会想，这你为什么不表示成“module gray2bin1 (output [SIZE-1:0] bin, input [SIZE-1:0] gray) {…}”？岂不是又自然又直观？再说，你那里面的这些语素，又有什么是用 C/C++语言表达不了的？

确实，将高级编程语言用于硬件描述有其合理性和可行性。我们不妨以 C 语言为例进行一番考察和思考。如果把电路的构成以及信息在电路中的流通写成一段 C 程序，那么程序中的变量可以用来代表电路中的寄存器/触发器或存储器件，或者用来代表凡是可以写入寄存器的数据，即信号；一个计算式就相当于一个组合电路，例如逻辑算符就代表与门、或门等，比较算符就代表比较器，算术算符就代表加法器等，实际上 Verilog 也正是这样做的。将一个计算式的计算结果赋值给一个代表着寄存器的变量就相当于把组合电路的输出“打入”这个变量所代表的寄存器，时钟脉冲的作用可以是隐含的，也可以是显式表示的，例如@ (posedge clk) 就可以是个函数名。寄存器的宽度取决于变量的类型，如果是“unsigned int”就代表 32 位寄存器，如果变量类型是 boolean 就代表单个触发器；或者 32 根的“排线”和单根的导线。

例如一个简单的语句“a = b | c”，编译这段 C 程序的时候就会检查 a 是什么类型，比方说是 32 位无符号整数，那就是 32 位寄存器，或者有待写入 32 位寄存器的数据，那样 b 和 c 就都得是 32 位寄存器的输出，而“b | c”就是对两个寄存器输出的“按位相或”，那就需要 32 个并排的或门。而如果 a 的类型是 boolean，那么 a 就是个 1 位触发器，b 和 c 的类型就也得是 boolean，那算符“|”就是单个或门。所以，逻辑运算的算符代表着基本的逻辑器件，那就是门，而逻辑算式则代表着组合电路。至于变量 a 后面的“=”号，在这里则表示电路中的导线连接。

问题是，这意味着语义的改变，原来“b | c”表示程序中两个变量之间的逻辑运算，现在要用来表示电路中的一个或门，而且 b 和 c 也不再是内存中的两个变量，而是电路中的两个信号了。一个语言的语义是由这种语言的编译器实现的，所以这就意味着必须修改 C 语言的编译，这就不是个小事了。如果打定主意不去改动 C 编译，那也可以为硬件描述另外定义一些表达方式，例如为硬件描述提供一些库函数，包括例如 or() 和 connect()，而把“a = b | c”改写成 connect(a, or(b, c))，再在这些库函数中实现硬件描述的语义。这样就绕过了因语义的不同而需要修改 C 编译的问题，但是用 connect(a, or(b, c))代替“a = b | c”，这可能使人觉得既不自然也不方便。

在 C++和 Java 一类面向对象、具有“算符重载”功能的语言中，这个问题就不那么突出，可以保持原来的表达方式不变，而把硬件中的信号定义成不同的类，在这些类的算符重载函数中实现不同的语义。那样就（相对）简单一些，给人的感觉也会好得多。不过，尽管如此，其实相对而言还是不够自然、不够简便的，后面我们看了 Scala 语言以后回过头来看别的高级语言就会有比较强烈的感受。但是，在需要提供一些库函数，在库函数中实现用于硬件描述的不同语义，这一点是相同的，只是可以在既无需对编译器进行修改，也无需改变表达方式的前提下，在一组库函数中实现新的语义。

现在的问题就是如何实现这新的语义。一种方案是一竿子打到底，在库函数中提供原本要由 EDA 软件提供的功能。这当然是很难的，除非 EDA 开发商愿意参与，甚至把这个事情接管过去，或者开放 EDA 软件的内部接口，这似乎不太现实。反过来要让 C/C++等高级语言的库函数提供电路综合的功能也是不切实际的过高要求。另一种方案是不要包办一切，自己不对所描述的电路进行综合，而只是将用 C 语言编写的硬件描述“翻译”成 Verilog/VHDL 代码，将其交给 EDA 去加以综合，程序运行的结果就是所生成的 Verilog/VHDL 代码。这个方案比较现实。

这样，综上所述，将现存的高级编程语言用作高级 HDL 语言，有这么几种可能：

首先，如果 EDA 软件能接受例如用 C/C++语言编写的硬件描述作为其输入，那是最理想的。然而要让 EDA 软件接受 C/C++语言是过高的要求。EDA 软件基本上都是大型商品软件，没有特别大的商业利益就很难让有关厂商对其产品进行重大的升级改造。另一方面，EDA 软件本身也面临不断升级的压力，因为芯片制程的提高和改进都要求 EDA 软件也要有相应的提高和改进，其实这才是 EDA 厂商的“正业”。

退而求其次，是改写例如 C/C++等语言的编译器，在编译器中实现新的语义。这也是过高的要求，实际上相当于另外设计了一种新的语言，所以也不现实。

再退而求其次，就是保持编译器不变，而以库函数的方式提供新的语义，下面就是怎样在库函数（包括类型定义）中实现新的语义，这有两种方案。

一种方案是在库函数中一竿子打到底，直接提供对所描述电路进行综合（Synthesize）直至生成配线表甚至布线版图的功能，显然这也不现实。

另一种方案，是自己不对所描述的电路进行综合，而只是将用 C 语言编写的硬件描述“翻译”成 Verilog/VHDL 代码，将其交给 EDA 去加以综合，程序运行的结果就是所生成的 Verilog/VHDL 代码。这是现实可行的方案。

所以，解决这个问题的可行办法，就是通过库程序的使用让作为硬件描述的 C/C++程序在运行中生成出相应的 Verilog/VHDL 代码，然后以所生成 Verilog/VHDL 代码作为 EDA 软件的输入，进行电路综合。这样，EDA 软件还是原来的 EDA 软件，对 EDA 软件的要求还是和原来一样；对 C/C++的编译也可以不需要有任何修改，因为所有的功能增强实际上都是通过库程序实现。

剩下的问题就是硬件描述在所采用的高级语言中是否显得自然，是否方便，是否符合人们的思维习惯的问题了。如前所述，其实这也不是个小问题。

如果是 C 语言，那就只能用比较原始和别扭的方法，例如“a = b | c”可能就得写成 connect(a, or(b, c))，这对于 C 程序员也许并不觉得不自然，但至少不方便；而对于硬件出身、用惯了 Verilog/VHDL 的人就很可能会觉得别扭，觉得不自然。

如果是 C++或 Java 语言，或其它面向对象、具有“算符重载”功能的语言，那就（相对）简单一些，给人的感觉也会好得多。但是，尽管如此，其实相对而言还是不够自然、不够方便的，后面我们看了 Scala 语言以后回过头来看别的高级语言就会有比较强烈的感受。

这里的实质性问题，是一般的高级编程语言本来并不适合用来描述需要“综合”的硬件，因为与传统的底层 HDL 太不一样，即使是高层的 HDL，也得适合于硬件描述。所以，如果用比方说 C 语言，那实际上是把一种基于 C 语言语法的一种 HDL“嵌入（embeded）”在了 C 语言中，这种 HDL 的“原语”，即基本语素，就是例如 connect()、or()、and()、add()等；但是与例如“a = b | c”、“int result = reg1 + reg2”一比较就显出其不自然和不简洁了。所以，即使要 embed，也得找一个好的宿主。在不同宿主语言上发展起来的 HDL 是不同的 HDL，这就好比在不同土地上长出的庄稼是不同的庄稼。

关于把一种 HDL“嵌入”在另一种语言中这个问题，打个比方说一下也许更好理解：当我们说到芯片的设计和制作的时候，其实是另成一种专业语言的，例如寄存器传输啦，例如流片啦，例如 ASIC 啦，那都是“术语”，都属于某种专业语言，不在这一行中的人听不懂。但是这种“行话”、这种专业语言、又是“嵌入”在汉语中的，它的语法基本上就是汉语的语法。而且汉语中不属于这个专业语言的许多成分对其还有帮助，例如高度参数化的实现就是其中之一。然而，我们用于芯片设计和制作的这种专业语言所嵌入的宿主语言，也是作为其基础的语言，是否很适合这种专业语言，是否自然，是否简洁，是否符合人们的思维习惯呢？事实上我们现在所用的这种行业语言，是嵌入在汉语白话文中的，大家都觉得挺适合；可是，要是改用之乎者也的汉语文言为宿主语言呢？你去试试？

所以，我们在下面看了对 Scala 语言介绍和“嵌入”Scala 中的 Chisel 语言的介绍，再在后面看到许多 Chisel 代码，就会明白用 Scala 语言作为高级 HDL 的宿主，确实是再合适不过了。事实上，Chisel 就是一种内嵌在 Scala 语言中的一种高级硬件描述语言。

内嵌在例如 Scala 语言中的 HDL，既然仍是一种语言，那就还是离不开编译（或解释），但是这种编译必然是使用宿主语言的，具体就体现在一对类型定义和库程序中。这就好比，对“寄存器”一词的解释一定是使用汉语的一样。

2.5　Chisel 语言与 Scala 语言

从前面的讨论可知，芯片行业对于作为高级语言的 HDL 有着强劲的需求，但要从零开始设计一种高级 HDL，包括其编译器的开发，这工作量又太大，最好是能套用现有的高级编程语言。再说，人们对高级编程语言的开发和使用已经积累起很丰富的理论和经验。

从上面将 C/C++等编程语言用作 HDL 的讨论可知，其实任何高级语言，尤其是面向对象的高级语言，都可以被用作开发高级HDL的基础。其中尤以Scala语言特别引起了美国加州大学伯克利分校（UC Berkeley）即 UCB 一群师生的注意和兴趣。

UCB 计算机与电子工程系的研究方向很广泛，其中之一当然是 RISC 处理器的系统结构与具体实现，他们就是 RISC-V 的提议者和发起者。所以 UCB 理所当然就成了 RISC-V 研发的中心重镇。作为 RISC-V 系统结构的一种具体实现，USB 的师生们启动了一个称为“Rocket Chip”的研究项目。另外，他们也有一个对于硬件描述语言的研究项目，正好可以为“Rocket Chip”项目提供更好的硬件描述语言。经过研究，他们选择了 Scala 语言作为基础，并以 Scala 语言为基础，定义了一种名叫 Chisel 的硬件描述语言。Chisel 这个词的来历，当然与木工的凿子无关，而是“Constructing Hardware In a Scala Embedded Language”的首字符缩写。这就明确说明，Chisel 是一种内嵌在 Scala 语言中的硬件构造/描述工具。他们采用的就是将 HDL“嵌入”在高级编程语言这条技术路线，所嵌入的宿主就是 Scala 语言。

所以，Rocket Chip 的（硬件描述）代码就是用 Chisel/Scala 编写的，由 Chisel 编译器将代码编译成 Verilog 代码，然后用 EDA 软件将 Verilog 代码综合（包括 Verilog 编译）转换成物理层文档。而中国科学院的“香山”项目，也因此而选择了使用 Chisel 语言。不过，倒也并非凡是要实现 RISC-V 就都得采用 Chisel 语言，实际上有些 RISC-V 项目就是直接用 System Verilog 或 Verilog 语言编写，还有些项目则采用 VHDL 或别的语言。但是选用 Chisel 语言显然是有优越性的。

Scala 语言是一种极具特色的面向对象高级编程语言，Scala 意为“Scalable Language”，从设计之初就充分考虑了可扩充性的问题。在 Scala 语言中，不仅算符可以重载，另外还有许多独特的优点，使它特别适合用来实现内嵌的“领域专门语言（Domain-Specific Language）”。而硬件描述语言当然就是一种领域专门语言。如前所述，人们可以在一种语言的基础上“内嵌”另一种语言，但是这另一种语言也得让人看起来和用起来真的觉得是一种自然而方便的语言才行。在这方面，C 语言就不是一种适合用来内嵌的语言。例如，如果要把赋值语句写成对函数 assign()的调用，人们就会觉得不自然也不方便了。所以，要开发一种内嵌在别的语言中的“领域专门语言”，得要选择一种适合实现内嵌的语言作为基础，而这样的语言事实上并不多，Scala 语言可以说是一种难得的选择，如果不是“绝无仅有”的话。

Scala 语言是建立在 Java 基础上的，经编译以后产生的是 Java 虚拟机上的可执行代码。与 Java 一样，Scala 是一种既可解释执行又可编译执行的语言。解释执行比较方便，尤其是对程序调试，但是运行效率不像编译产生的目标代码那么高。不过对硬件描述的程序执行，不管是为电路模拟还是为低层硬件描述的生成，都不是几百次几千次的反复运行，所以这一点并不显得很重要。Scala 语言的编译器/解释器是高度智能化的，所以它的使用很灵活。例如其类型推断功能，就会根据上下文推定新出现变量的类型。比方说“a = b | c”，如果先前曾有说明 c 的类型为 bool，但是对 a 和 b 都未加说明，它就可以自动推定 a 和 b 均为 bool 变量。

正因为 Scala 语言的种种优点，才选择了这个语言作为内嵌 Chisel 语言的宿主和基础。

但是 Chisel 并不是唯一内嵌在 Scala 中的硬件描述语言，同样也是在 UCB 还有一个 Firrtl 语言，意为“Flexible Internal Representation for RTL”，那也是内嵌在 Scala 语言中的，用 Firrtl 语言的描述更接近于 RTL 代码，离 Verilog 更近一些。Chisel 和 Firrtl 两个语言融合交汇，难分难解。实际上应该视 Firrtl 为 Chisel 语言的底层，是 Chisel 语言的一部分。事实上，Chisel 的编译也是分两步走，其前端将 Chisel 代码翻译成 Firrtl，后端再将 Firrtl 代码翻译成 Verilog。

Chisel 语言问世以来，就与 Firrtl 携手共进，都经历了几个版本的更新，有些功能模块就在二者之间移来移去。现在的版本是 Chisel3。

2.5.1 Scala 语言简介

Scala 语言是 Java“家族”中很有特色的一种语言。Java 语言的创始人高思灵（James Gosling）曾说“如果让我在 Java 之外再选择一种语言，那就是 Scala 了”。除本身就是一种表达力十分丰富，功能非常强大，又极其简洁的高级编程语言之外，这个语言还特别适合在上面开发内嵌“领域专门语言”的宿主。UCB 的人之所以选择在 Scala 语言的基础上设计和开发出 Chisel 语言，将其内嵌在 Scala 语言中，绝非随意“脑袋一拍”就做出的决定。

Scala 语言的设计很巧妙，这使其特别适合用来作为内嵌“领域专门语言（Domain Specific Language）”即 DSL 的基础。Scala 这个名称，来自 Scalable 这个单词，意思就是可扩充，所以这个语言在设计的时候就考虑到了让使用者可以比较方便地加以扩充，包括将满足自己特殊要求的语言“内嵌”在 Scala 语言中。而硬件描述语言，当然也是一种“领域专门”的语言。

任何一种编程语言，就其所表达的手段和内容而言显然都是“可扩充”的，具体的方法就是通过各种程序库的建设来提高其功能（原来只是潜力）和表达力。以 C 语言为例，printf()的存在就是一种扩充，那就是来自基本的“标准 C 语言库”。如果没有那么多形形色色的库，只剩下干巴巴的那些基本语句，程序员们的（编程）语言表达能力就很有限了。要是没有 printf()，要写出“Hello World”这个程序就是个相当困难的事。

但是程序库所带来的表达手段和内容的扩充并不等于对语言本身的扩充，对程序库中函数（包括过程，本书对此不作区分）的调用和数据类型的引用都是在所用语言的框架中进行的，必须严格遵循所用语言的语法。实际上，程序库中的那些函数名和数据类型名称并非所用语言中的保留字，其使用方式远没有对保留字的使用那样方便。这对于语言的控制结构表现得尤为明显。比方说，C 和 Java 语言都有 if(){…}else{…}的控制结构，如果我们想要在此以外再加上一种语义有所不同的 when(){…}otherwise{…}结构（后面我们将看到 Chisel 语言中就有这个控制结构，并且确有必要），那就无法通过编译，因为 C 和 Java 等语言的编译器都不认这个 when/otherwise，也没有这个语法规则。你要往一个语言中增添关键字和语法规则，那就是一种新的语言，你就得提供这个语言的编译器。诚然，你也可以在程序库中加一个函数 when()，但是这个函数与后面{}中的内容却并无联系。事实上你想要表达的语义在 C 和 Java 的语法中都能表达（要不然就不是“通用（General Purpose）”程序设计语言了）但是方便和直观自然的程度就不一样了。各种语言的表达方式是否自然，是否符合习惯，是不一样的。尤其是在一些特定领域和行业的应用中，这个问题表现得尤为突出，这也是为什么需要有“领域专门语言”DSL 的原因，事实上 Verilog 和 VHDL 就是电路设计/综合这个领域的 DSL。当然 DSL 可以从头设计和开发，就像 Verilog 和 VHDL 那样；但是那样太麻烦了，最好还是拿一个现成的语言，把所需的 DSL“内嵌”在现成的语言中。所谓内嵌，是指所实现的新语言完全是在宿主语言的框架和语法内实现，因而无需从头开发一个编译器。然而这就不是在任何语言的框架中都适合那样的“内嵌”，而需要这个宿主语言能适合这样的“内嵌”才行，要不然能实现的“内嵌”看着就不像个语言，用起来就觉着别扭。而 Scala 就做到了适合“内嵌”这一点。当然 Scala 并不是仅仅为支持内嵌而设计，可是我们最关心的恰恰就是这个，因为我们真正需要的是用于硬件描述的高级语言，即面向电路设计的更“高级”、表达力更丰富的语言，就像有了汇编语言之后还要有更高级的 C 甚至 C++语言一样。

Scala 对于内嵌的支持，其实也是通过库函数实现的，所以无需为“内嵌”的 DSL 从头另写一个编译器，而只要为其提供一个 Scala 语言的函数库就行；但是给人的感觉却像是把另一种经过增强的语言糅合到了 Scala 语言中。如上所述，这是因为 Scala 独特而巧妙的设计才有的结果。须知这样的结果并非轻易就能得到，以 C 和 C++语言为例，C++语言是对 C 语言的增强和扩充，但是 C 编译器就不能用于 C++代码的编译，因为 C++的一些语法并不符合 C 的语法。相比之下，Chisel 语言是对 Scala 语言的增强和扩充，但是 Chisel 代码就完全是在 Scala 的环境中执行；对于 Scala 的运行环境（编译或解释）而言，所有的 Chisel 代码都是合法的 Scala 代码。

从使用的角度，Scala 既可以被用作由解释器解释执行的脚本语言，也可以被用作编译型的编程语言。用作脚本语言时，只要通过命令行启动 Scala 语言的运行环境 scala，就可以在 scala 提供的命令行界面上输入程序，程序中不需要有 main()函数，然后键入你需要调用的函数或需要引用的变量名就行。用作编译型语言时，则程序中要有一个作为程序入口的 main()函数，并须经过 Scala 的编译，编译所生的目标代码为 Java 虚拟机的“字节码（byte code）”，然后在 Scala 运行环境中运行，最终是在 Java 虚拟机 JVM 上执行。所以说 Scala

语言属于 Java 这个“家族”。不过注意，编译所产生目标码是 Java 字节码，这并不意味着 Scala 与 Java 的语法语义也是近亲，这就好比不同高级语言的程序经编译以后所产生的都是具体 CPU 的机器码一样。

Scala 既是一种面向对象的语言，又是一种“函数式语言（Functional Programming Language）”（不过也并非“纯粹的”函数式语言）。这二者的结合，加上对语言的精心设计，使 Scala 成为了一种功能很强的程序设计语言，同时又是一种可以扩充，支持领域专门语言“内嵌”的语言。下面我们就对 Scala 语言作些简略的介绍，重点放在其对内嵌的支持。Scala 语言是个比较复杂的语言，我们不可能在这里提供对 Scala 的全面介绍，要对 Scala 有比较全面了解的读者可以参考相关的专著和文献，Scala 语言创始人 Martin Odersky 的 *Programming in Scala* 是关于这个语言的权威著作；另一本堪称经典的著作是 Dean Wampler & Alex Payne 的 *Programming Scala*。

首先，Scala 的编译器/解释器比较聪明，比较“智能化”，有着比较完善的类型推断（type inference）功能，所以写程序的时候无须对每个变量都加上例如像“int n”那样的类型说明。事实上机械的类型说明确实使程序员们感到厌烦，本是一目了然的事，你非得要我一丝不苟给每个变量都加上类型说明。而 Scala 语言的编译/解释器就比较聪明了，它会根据你给变量的赋值以及上下文自动推断，比方说你在程序中没有明确说明变量 n 的类型，但是程序中给 n 赋的值却是 1、2、3、…，它就推断这一定是整数型。同样，如果程序中又把 n 的值赋给另一个未加类型说明的变量 k，那么 k 也一定是整数型。如果这样的推断导致随后的编译发生类型冲突，那就给程序员发错误信息，让程序员补上一点类型信息，要是没有冲突就通过了。这样，程序员就可以省事不少。当然这并不意味着不允许加上类型说明，你要加类型说明尽可自便，而且有时候也确实不得不加。比方说，定义一个函数时，对于调用参数（形式参数）就必须有类型说明。这是因为编译器通常看不到这些参数的上下文，一般而言难以知道这个函数是在什么地方受到调用的，这就不知道相应的实参是什么类型，因而也就无从推断函数的形参是什么类型，所以必须加以说明。可见，语言的设计与其编译器的智能化程度是密切相关的，如果编译器没有这么“聪明”，就不能有这样的语法规则。

但是，C 语言的传统是类型在变量名的前面，现在类型可以省略了，就带来一个问题，就是有可能会把变量名错认成类型。为此，Scala 就把类型和变量名的次序换过来，先是变量名，然后才是类型，但是类型可以省略。由于变量名与变量名之间须有逗号分隔，或者后面是赋值号或换行，就不会把下一个变量名误认作前一个变量的类型（变量名与类型之间须有冒号分隔）。

为减少程序员的麻烦，只要同一行中没有多个语句，语句后面的分号也可以省略。

另外 Scala 语言中没有 switch 语句，但有 match 语句，match 语句的形式与 switch 语句很相似，但是其内部 case 语句的功能比传统 switch 语句内部的 case 语句强得多，原则上每个 case 语句都可以是个复杂的条件语句，条件中可以包含很多计算，而并非像传统 switch 语句内部的 case 语句那样只是简单的数值比对。Scala 的 match 语句内部也没有 break 语句和 continue 语句。但是 match 语句的内部必须有一个 case 语句符合 match 所述的条件，要不然编译出错，或执行时发生“异常（exception）”；如果确实没有就加上“case _”，后面的操作部分可以是空。这里的“_”也是 Scala 语言的一个特色，相当于我们一般所说的“通配符”，即“*”，或者“占位符”，表示“不管什么”，“无论如何”。

Scala 语言本身提供的控制结构是不多的，只有 if、while、for、try、match 这么几种，此外就是对一些函数/过程的调用了。但是 Scala 语言的语法/语义支持使用者对语言加以扩充，添加自己所需的控制结构，而无需修改 Scala 语言的编译器（下面会讲到）。这就使 Scala 语言控制结构的集合成为了一个开放集合，而不是封闭的集合，使用者想要有什么样的控制结构就可以往里面加什么结构。正是因为这样，UC Berkley 的团队才能以 Scala 为基础，将其扩充成高级的硬件描述/硬件模拟语言 Chisel，使 Chisel 成为“内嵌”在 Scala 中的一种“领域专门语言”，即 DSL。

如前所述，Scala 是一种面向对象的语言。对于面向对象读者应该很熟，这里就不多说了。但是，比之 Java，有个事是值得说一下的。在 Java 中有 interface，里面定义了一个具体界面上所提供的函数，但是并不提供函数的具体实现，然后某个类，即 class 的定义就可以通过保留字 implements 提供该类型对这个界面的实现。在 Scala 语言中没有 interface，但是有个反映某种类型在某方面的功能和特性的描述，叫做 trait，里面既可以有抽象函数，也可以有具体的函数实现，还可以有作为变量的结构成分。而具体的 class 可以通过 extends 或 with 保留字加以继承，在继承中也可以用自己对某个函数的实现覆盖（overloading）其在相应 trait 中的实现。例如假定有个 trait 是 Trait1，那么 class 的定义就可以是这样：

class Something extends Trait1 {…}

或者，如果这个 class 继承了父类 Supper，同时又继承了 Trait1，那就可以是：

class Something extends Supper with Trait1 {…}

所以，trait 这个机制实际上是一种多方继承的机制，但是 trait 与 class 不同，它只可以被继承，而其自身不能独立存在，所以不能有例如“x = new Trait1”这样的实例化。不过 trait 与抽象类型确实是比较接近的，二者只有细小的区别。事实上 trait 的概念与我们日常的体验倒是挺贴近的，我们在说到一种什么东西的时候，常常会说这种东西在“这个方面”有些什么特点与功能，在“那个方面”又有些什么特点与功能，一个 trait 就是对一个“方面/侧面”的描述与定义。所以，“class Something extends Trait1”这个定义表示 Something 类的对象都“带有”Trait1 所述的这一方面的特性。比方说家猫类动物都带有会捉老鼠这一方面的特性。

在 Scala 语言中，一个 class 既可以是对另一个 class 的继承和扩充，也可以是对一个 trait 的继承和扩充。

Scala 语言中 class 的定义可以带参数，所带的参数自动就成为这个 class 的结构成分，而且因形参与实参的结合而有了初始的赋值，不再需要在程序中通过例如 setXvalue ()一类的方法加以设置。这既使 Scala 语言程序的代码变得简练，提升了语言的直观表达力，也减少了程序员的许多麻烦。

还有个不同之处是，在 Scala 语言中，任何语言项（item），或者说“语素”，全都是对象（Object），一个具体的数值也是一个对象。比方说一个数值 2，在许多同样也是面向对象的语言中是不作为对象的，但是在 Scala 语言中这也是个对象。假定我们为整数类定义了一个方法 add()，那就可以写出例如“2.add(3)”那样的语句。注意在一般的编程语言中 2 只是一个数值，并不属于某个特定的类，所以就不能有“2.add(3)”这样的函数调用。另外这当然也说明所有的变量都是 Object，因而所有的变量实际上都是指向一个某类对象的数据结构指针。

进一步，Scala 语言有一种“中位表示方式（infix notation）”，允许把 2.add(3)表示成 2 add (3)，即将作为对象的 2 与方法名 add 之间的“.”换成空格，并在 add 与调用参数表之间加上空格（这在别的语言中也允许）。而且，如果调用参数只有一个，那就可以把参数表的括号也省略，这样，“2.add(3)”就成了“2 add 3”，这显然更符合人们习惯的表达方式。进一步，如果在函数定义的时候就把函数名 add 换成+，那就不是 add()而是+()；结合中位表示方式和关于省略括号的规定，就可以表示成“2 + 3”了。显然，Scala 的这些语法规则有助于程序员写出可读性更好也更简洁的代码。

Scala 语言中的数据对象分两种，一种是 val，例如“val a = b & c”，保留字 val 意为 Value。对于说明成 val 的“变量”只能有一次“赋值”，一般是在其所在对象进行初始化的时候，以后就不能再有变动了，这叫 Immutable，即不可更改。其实 val“变量”不能叫变量，而只是个变量名，后面的赋值号也不是“赋值”，而应理解成“定义为”。所以在这个例子中应该这样理解：有个名叫 a 的对象，定义成（b & c）。既然是定义，一经定义之后当然就不能变了。另一种是 var，这个保留字才表示“变量”，这实际上是对于一个容器的 Reference，即对容器的引用，容器的内容是可以改变的，所以是“变量”，这叫 Mutable，即可以改变。Scala 语言对此二者分得很清楚，如果在程序中不小心想要写入（那就是重定义）一个 val，编译就会提示出错犯规。

另外，任何一个函数，其所有的调用参数（输入参数）都是强制按 Immutable，即按 val 对待的。即使实际得到调用时的实参来自一个 var 变量，在所调用的这个函数中也是按 val 对待。

Scala 同时又是一种支持“函数式编程”的“函数式程序设计语言”，对此就需要多费些口舌了。

所谓函数式编程（Functional Programming），是与“指令式编程（Imperative Programming）”相对立的。我们用 C 或 Java、Pascal 等语言编程，就是典型的指令式编程，程序中的一个个语句就是对一个个操作步骤的一道道指令，所以又称“过程式编程（Procedural Programming）”。而函数式编程，所写的则是一个个的映射/变换，一个函数就是一种映射；f(a)就是从 a 的定义域 A 到值域 B 的映射 A=>B。从程序设计的角度，所谓函数的“定义域”就是参数的类型（如果是单个参数），或者众多参数的类型组合（如果有多个参数），所以一个函数的调用参数表中所列各参数的类型的组合就决定了这个函数/这个映射的定义域，也称为该参数的“签名（signature）”。而函数返回值的类型，则就是这个函数的值域。至于 f(a)则说明映射的规则和步骤。作为一种映射，来自定义域中的调用（映射）参数本身是不会受到改变的，所以其调用参数全都是 Immutable；返回值则是因每次映射而从值域中取出来的，并不是经过修改后的某个调用参数。例如，考虑一个语句“a =

a+1”，按指令式编程的理解是对 a 进行修改，在其数值上加 1，使其变成 a+1。按函数式编程的理解则是将 a 这个变量的值映射成另一个值，映射的规则是“a+1”，并将所得结果赋回给变量 a。既然如此，就必须明确说明这个 a 是可以改变的，是 Mutable 的 var，而不是 val，通过这样让编译器把住这个关。所以，在函数式编程中，函数的每一个调用参数都是 val，不允许对调用参数的值作出变动，更不允许像在 C 语言中那样通过调用参数（变量地址）返回什么值。另一方面，既然是映射，就不允许有任何副作用。实践表明，C 程序中的许多 Bug 往往就是因为这两条而来的。

Scala 函数就是这样，凡是调用参数（输入形参）一律都是不可更改的 Immutable，即 val，这是由编译器加以保证的。但是函数内部可以有 var，其值可以来自输入参数，或对输入参数运算的结果。在函数内部，如果把输入参数赋值给一个 var，那以后修改的就是这个 var，与输入无关了。

在指令式语言的程序中，一个个的语句就像一道道指令，这些指令是有先后次序的，属于过程性的说明。之所以称为“程序”，就暗示着这里面有过程有次序。最典型的就是比方说教你炒菜：先把锅子烧热，再加油，油烧到什么程度就把菜倒下去，环环相扣，次序不能颠倒。而函数式语言的“程序”（严格地说不能称为程序，但一般还是这么说），则是陈述性的，只是告诉你有这个事，有那个事，什么 val 是通过哪个映射得来的，这里面没有先后之分。最典型的就是比方对一个城市的交通系统的介绍，从什么地方到什么地方有条什么路，什么路的北面是什么路，这里面并没有先后之分，也谈不上什么“序”。所以在函数式语言的“程序”中语句不分先后，把次序换一下也无所谓，语句的先后次序与语义无关。这样的陈述也称“功能性”描述，比方说一个器件有这个功能，有那个功能，这也与先后次序无关。那有没有办法把过程性的程序改写成函数式呢？以炒菜的过程为例可以改成这样说：“如果锅子是冷的并且是空的就先把它烧热；如果锅子已经烧热但还没有倒油就把油倒下去；如果锅子里有油并已烧热就把菜倒下去”。这样的说明就是“陈述性”、“功能性”的了，你把这些语句的先后打乱也仍旧一样。

带着对函数式编程的理解，我们考虑对电路的描述。一个电路，我们可以把它看作一个将输入信号映射成输出信号的函数。出现在其输入端的信号就相当于对此函数的调用参数，而产生在其输出端的信号就是映射的结果。不管这个电路对输入信号做了什么处理和加工，那都只是某种映射的实现过程，都不会（在物理上）回过头来改变其输入端的信号，而只是复制输入信号并加以某种转换（映射），将所生成的信号作为电路的输出。即便对前面的电路有反馈，也不是通过修改输入信号实现，而是将其输出信号的某一部分反馈到前面的电路，作为其若干输入信号之一。所以电路天生就是函数式的，因此对电路的描述也自然应该是函数式的，其中微观上的过程性描述只应局限于对映射规则的说明，就好像我们在计算一个函数式的时候也得遵循结合律一样。有些描述，看似是指令性、过程性的，但实际上却是函数式的，例如：

```
a = b & c;
x = a | y;
```

表面上看似乎这是过程性的指令，第一步先产生 a，第二步才是计算 x，计算时要用到 a。但是从电路描述的角度看，这却可以认为是函数式的，因为你先说 x 的值来自 a 和 y，然后说其中 a 的值来自 b 和 c，这也一样。在实际的电路中，你先连上这根线也行，先连上那根线也行，次序无所谓，总而言之是一根线也不能少，把所有的线都连上才行。语句的次序与语义无关，这正是函数式编程的一大特征，也是电路描述的一大特征。

函数式语言代码中的函数与电路中“功能模块”的相似性，使 Scala 这样的语言天然就适合被用作硬件描述语言。事实上，“functional”这个词既可以理解成“函数式”，又可以理解成“功能性”。

这里还要注意，上面是从“硬件描述”这个角度而言，如果是从信号在电路中流动这个角度而言，那就不一样了，信号从电路的输入端出发，向输出端流去，中间要先经过什么，再经过什么，那就显然是过程性的了。所以要把关于电路（连接）的描述与信号在电路中的流动区分开来。

说到这里，读者也许会有个疑问，要是并不规定函数的输入参数不可更改，但是我在编写程序的时候注意不去更改，那不是也一样吗？比方说在 C 语言中，就是可以拿一个变量的地址（例如&a）作为调用参数、使得在被调用的函数中修改这个变量的值，可是我管住自己不这样用，那不也是一样吗？是的，如果你保证不这样用，那也可以；可是你如果这样用了也没有谁拦住你，因为这在 C 语言的语法/语义中是允许的。可是在有些编程语言中其语法/语义规则就排除了这个可能，你要这样用了就通不过编译器的编译。事实上，计算机就是一个顺序执行的计算装置，到了汇编指令这一级，任何操作都是指令性、过程性的，可是加上一定的规则就可以（在编译器的帮助下）实现各种不同的语法和语义，这就是高级语言与低级语言的区别。而 C 语言，则正是一种保留了低级的功能和特征、又很少加以限制（在有些情况下这倒是必要的）的高级语言。相比之下，Scala 则是一种基本排除了低级的功能和特征，即使没有排除也有严格限制的函数式编程语言，很适合用于电路描述。

在 Scala 语言中，函数定义的一般形式为：

def someFunction(…): Int = {…}

这里保留字 def 表示这是个函数定义，函数名后面括号里是调用参数表，对于每个调用参数都必须说明其类型。但是如果没有调用参数，那就可以把一对括号省略掉。后面的冒号:加数据类型 Int 是函数的类型，即这个函数的返回值类型。再后面的赋值号表示“定义为”，花括号里面就是函数的本体（body），那就是关于具体映射的说明。不过函数的代码本体中不需要有 return 语句，函数执行结束时的那个语句的值是什么，返回值就是什么。比方说，如果函数结束运行时的那个语句是 n+1，而此时的 n 为 5，类型是 Int，那么返回值就是 6，其类型就是 Int。有些“函数”没有返回值，则函数的类型为 Unit，这 Unit 就相当于 C 和 Java 中的 void。这样的函数其实是过程，过程的作用和意义在于其副作用，是专门用来提供某些内容的输入/输出（例如打印、写文件等）和模块间通信的。只要返回类型不是 Unit，就是真正意义上的函数，那就是不允许有副作用的了。一个函数，排除了副作用的存在，其输入参数和输出又都是不可更改的 val，而内部即使有 var 也只在本函数内部有效，那么这个函数就是一个数学意义上的、纯粹的函数，即输入与输出之间的映射，这样的计算只要通过了单元测试就是“放诸四海而皆准”的了。这也告诉我们，在函数式编程中应该把过程与函数分离开来，比方说有个（与 C 程序中 printf 类似的）println()，那就是一个（输出）过程，就不宜在本应是函数的代码中到处乱放，而应该集中放在一个过程中。在纯函数中只能把需要打印的内容作为 String 类型的返回值，由上一层的过程或（不纯粹的）函数来调用 println()。其实逻辑电路的结构也是这样，输入/输出就是输入/输出，内部逻辑就是内部逻辑，二者要分得清清楚楚。

如前所述，在函数定义的调用参数表中必须提供参数类型，例如“x: Int, y: Long”，Scala 对调用参数的类型是不作推断的。因为既然函数内部不可以对调用参数赋值，在函数内部的代码中就没有了可供推断的线索，只有在实际调用这个函数的地方才能找到信息的源头，但是对函数的调用与函数的定义却常常不在一起。

但是 Scala 对函数本身的类型，即函数返回值的类型，却可以有类型推断，所以函数定义中紧挨赋值号前面的类型说明是可以省略的，当然最好还是写上以提高代码的可读性。

Scala 语言允许函数有多个返回值，即同时完成多个映射，而不是像一般编程语言中那样只可以有一个返回值。例如“(x, y, z) = func1(a)”，这就说明 func1()这个函数有三个返回值，把这三个返回值分别赋值给变量 x、y、z。有时候对多个返回值中的一个或几个不感兴趣，想要忽略，那就可以这样：“(x, _, z) = func1(a)”。这里的“_”是个占位符，表示随便什么都可以，但如果出现在赋值号左边就表示丢弃。

当然，对于有多个返回值的函数要在其返回值类型说明中依次列举多个返回值的类型。

虽然函数定义的一般形式是这样，但是 Scala 的语法中规定了一些有趣的规则。首先，如果返回类型为 Unit，就可以把定义中的返回类型说明“: Unit”略去。不过没有返回类型并不反过来说明这个函数的返回类型就是 Unit，因为返回类型一般都可以推断，从而也可以省略，但是如果返回类型是 Unit 则通常都被省略。

在 Scala 语言中，如果一个函数没有输入参数，在定义中和调用时就可以省略那对括号。一个约定俗成的规矩是，如果这个函数不带参数，而且没有副作用，是“函数”而不是“过程”，就不使用括号；如果有副作用则还是用上括号。这样，如果有个函数 someFunc()的输入参数表为空，那就只要说 someFunc 就可以了。所以，有时候我们在 Scala 代码中会看到，例如：

val a = someFunc

表面上像是两个变量之间的赋值，其实是把（无调用参数的）函数 someFunc()的返回值赋给变量 a。或者更严格地说就是“（数据成分）a 定义为函数 someFunc()的返回值”。

调用一个过程的时候，如果只有一个参数，还可以把参数表两端的括号改成花括号，例如“println("Hello, world! ")”就可以写成“println{"Hello, world! "}”。

进一步，如果函数本体的花括号中只有一个语句，或者没有语句，就可以把花括号略去。例如，比方说函数的定义是“def someFunction1 = 5”，那就表示函数 someFunction1 没有调用参数，并且其返回值就是 5。这样一来，这与“val someFunction1 = 5”似乎就没有什么区别了？事实上确实也没有多大区别，因为 val 后面的赋值号本来就是“定义为”的意思。唯一的区别，是 val 所定义的值是在初始化的时候就计算好了的，而函数的返回值是调用的时候才计算。

如果连赋值号“=”也略去，那就说明暂无定义，只是一个申明，所以是个抽象函数。

另外，函数还可以动态定义，就是在调用一个函数的时候，或者在要将一个函数作为对另一个函数的调用参数的时候，才在程序代码中临时给出这个函数的定义，这是 λ 演算的风格。动态给出的函数都是匿名的，其形式就是一对花括号，花括号里面是函数的本体，即其程序代码，这叫“函数正文（Function Literal）”。不过，没有了函数名，也就没有了函数的调用参数表，那这个函数的类型是什么，是从什么到什么的映射呢？所以对匿名函数得要有个类型定义。注意我们说一个函数的类型时通常只是指其返回值类型，因为我们已经看到了它的调用参数表，但是严格说来一个函数的类型应该表明这是从什么到什么的映射。对于匿名的函数这就更加重要。所以 Scala 语言中的函数类型就是关于映射的说明，其一般形式为“(x_1: T_1, …, x_n: T_n) => expr”。这个类型说明表示函数的输入参数 $x_1…x_n$ 各自的类型为 $T_1…T_n$，表达式 expr 则是映射的规则，即函数本体，返回类型可按 expr 推断。符号“=>”后面也可以不是表达式 expr 而只是一个返回类型，那就是定义了一个抽象函数，这有点像 C 语言中的 typedef。提供动态定义的匿名函数即“Function Literal”时，在所提供的地方应该有关于这个函数的类型说明，表示这个地方需要提供一个什么样的函数，例如“Int => Boolean”就表示这是从整数到布尔值的映射，函数的调用参数是个整数，返回值则是个布尔值。

对函数类型的说明不只是用于匿名函数，对作为调用参数传递的“高阶函数”也需要有函数类型说明，例如“gen : Int => Boolean”，就说明作为参数的 gen 是个函数，这个函数的类型是“Int => Boolean”。调用时的实参也可以不叫 gen()，但必须是同样的类型，而且这个函数在被调用的这个函数内部就叫 gen()。另外，调用时的实参也可以不是预先定义好的函数，而是动态给定的函数正文即“Function Literal”。

作为参数传递的函数有一种特殊情况，就是在被调用函数的调用参数表中对形式参数的类型说明是例如这样：“block: => Unit”。这表示参数 block 是个函数，这个函数的返回类型为 Unit。注意在映射号=>左边是空白，这并非用来表示没有调用参数，要表示没有调用参数得要用一对空括号()。像这样映射号=>左边的空白表示这个名为 block 的函数是个“按名调用（call by name）”的函数。所谓“按名调用”其实应该说是形参与实参的“按名结合”，或者“按名传递”；而不是“按值结合”，“按值传递”；就是作为实参传递的是这个函数本身，是这个函数的本体，而不是这个函数（经计算以后的）的值，这在 C 语言中就是以函数指针作为调用参数。

再如“(T, T) => T”，这也代表着一个函数，这个函数的两个调用参数的类型都是泛型 T，返回值的类型也是泛型 T。Scala 语言也支持泛型的使用，这与别的面向对象编程语言并无不同。

读者也许觉得奇怪，怎么 Scala 有这么多好似稀奇古怪的规则，这会给编译器的开发带来多少困难，编译器的前端即语法解析会变得很复杂。是的，不仅如此，后面还有更大的；但正是这些看似古怪的规则铺就了让 Scala 适合被用作“行业专门语言”宿主的道路。

在上面所述的这些基础上，Scala 还进一步支持函数定义的“柯里”分解，即 Currying（名词 Curry 转化成了动词）。Haskell Curry（1900-1982）是已故的美国数学家和逻辑学家，国际上函数式编程学术圈有个集体创作的函数式编程语言 Haskell，就是以他命名的。Haskell Curry 提出了一种函数分解的方法，可以将多参函数分解成单参函数的序列。假定有个函数 $f(x:Int, y:Int) = x^2+y^2$，我们在调用（或者定义）的时候可以把它分解成 $f(x, y) = f_1(x)(y)$，这里的 $f_1(x)$所返回的不是具体的数值，而是另一个函数，因为还没有给定 y 就无法计算 f(x, y)的目标值。这样，令 $f_1(x)$所返回的函数为 $f_2(y:Int)$，则 $f(x, y) = f_2(y)$。例如先以实参 3 替换形参 x 代入 f(x, y)，则 $f_2(y)=9+y^2$。再以 y=4 代入 f_2，就得到 25，那就是 f(3, 4)。这里的关键，是 f_2 既不是预先定义的，也不出现在程序代码中，是个隐形的匿名函数。不仅如此，f_1 也是个隐形的函数，这个函数之被称为 f_1 或别的什么名称无关紧要，但显然是来自 f 的定义。只要在语义上规定：如果把 f(x,y)写成 f(x)就表示返回一个像 f2(y)那样的匿名函数，就可以将其表示成 f(x, y) = f(x)(y)。这就是多参函数的柯里分解，即 Currying。当然，程序中对函数的柯里分解需要编译器的支持，语言的语义就体现在它的编译器中，编译器需要根据 f(x, y)的定义生成出匿名函数的定义。

实际上，Curry 的方法来自他对 λ 演算的研究。在 λ 演算中就有“λ(x,y) => λxλy”这样的规则。

进一步，上述函数的形参 y 也可以是个函数，例如“(Int) => Boolean”，表示 y 是个从整数到布尔值 Boolean 的映射，至于这个函数具体是什么定义则可以在调用的时候再给定。这样，对函数 f 的调用就成了这样：f(x)((Int) =>Unit)，这里第二个圆括号里面只有一个参数（这是个函数），从而可以把圆括号变成花括号（前面早就留下了伏笔！），那就成了 f(x){(Int) =>Unit}。而匿名函数又是可以被这个函数的文字表述（function literal）代替的(见上)，于是又成了 f(x){…}。这是因为：f(x)的返回值就是 f2，而 f2 可以是个 Function literal，那就是一对花括号里面的内容。显然，这里运用了对函数 f(x)的柯里分解即 Currying。

到了这一步，我们所需要的类似于 if 这样的新结构就呼之欲出了。比方说，把上面的函数名 f1 换成 when，在 Scala 的某个库的 package 里定义上一个函数 when(Boolean, Int=>Unit)（实际上要定义的是 object when，后面会讲到），就可以在程序中有形似 when(n>5){…}这样的调用。这实际上只是对函数调用 when(Boolean, Int=>Unit)的柯里分解，花括号中的内容是对匿名函数的动态定义。但是对于程序员和代码的阅读者而言就觉得这是往 Scala 语言中添加了一个保留字 when，函数的定义则就好像是一条语法规则。要是程序中另外有个变量名或函数名也叫 when，其使用不符合这个函数调用界面的定义，编译器就会提示出错并停止编译。所有这些步骤都是在 Scala 语法和语义的框架里进行，完全符合 Scala 的语法语义；因而无需对 Scala 的编译器进行任何改变，就对 Scala 语言进行了扩充。如果类似这样的扩充不是一个两个，就实质上构成了另一种语言，尤其是某种“行业专门（Domain Specific）”语言，那么这种语言就是“内嵌”在 Scala 语言中。显然，并非任何语言都能很好支持内嵌；Scala 语言之所以能堪称天衣无缝地支持内嵌，是因为它独特的语法语义，对柯里分解的支持就是其中重要的一条。所以对 Scala 语法语义的设计确实是颇具匠心的。

还有个很值得一提的事，就是 Scala 语言对于序列对象，包括 Seq、List、Array、Vec 等对象的处理具有极强的表达力，或者说语句的功能极强。下面举例加以说明：

```
val annotationsx = Seq(new phases.GetIncludes).map(phases.DeletedWrapper(_)).foldLeft(annotations)((a, p) => p.transform(a))
```

这里 Seq(new phases.GetIncludes)是一个序列，这个序列的元素是 GetIncludes 类对象，因为这是来自 package firrtl.options.phases，所以是 phases.GetIncludes。而 map()和 foldLeft()则都是定义于 Seq 的方法函数。这个语句的语义是：对于 GetIncludes 对象序列 Seq 中的每一个元素，依次调用 map()函数，对每一个元素执行 phases.DeletedWrapper(_)，这就相当于一个 while 或 for 循环了，循环所得的结果是另一个 Seq。然后对 mao 循环所得的序列执行另一个循环，即 foldLeft()循环，这次在循环中执行的操作是 foldLeft(annotations)((a, p) => p.transform(a))，这是个函数。函数的参数分两段，第一段参数 annotations 就是 map 循环的输出，这里 annotations 是形参，实参来自 map 循环的输出。第二段参数是(a, p)，这是两个形参，其中 a 依次来自 annotations 中的各个元素，形参 p 的实参则来自当前所在的 Phase。事实上 val annotationsx 定义于 class Stage，这是对 trait Phase 的扩充，所以这里的 p 就是一个 Stage 类对象，p.transform(a)则是调用 class Stage 所提供的 transform()函数。这里的（左折叠）foldLeft()是一种功能极强的循环，后面还会讲到。

再如：

```
val flushVec = data.zip(valid).map{ case (d, v) => flushFunc(d, io.flush) && v }
```

这里的 data 和 valid 是两个等长的向量（其中 valid 恰好是布尔向量），zip()是定义于各种序列的方法函数，我们称其为（成对）“扣合”，就好像把一条拉链的两边扣合在一起那样。扣合的结果是个同样长度的二元组向量，map 函数对其执行循环操作，操作的内容实际上是个 switch 语句，一个 case 就是一个 if 语句，而且像函数一样有形式参数，这里的形参是(d, v)，其中形参 d 的实参来自向量 data，v 的实参来自向量 valid。

同样的情况也可以发生在显式的循环语句中，例如：

```
for ((a, b) <- this zip that) a := b
```

这个 for 循环有两个形参 a 和 b，实参来自向量（或 List 等）this 和 that 的扣合。

还有一种特殊的扣合，称为 zipWithIndex：

```
for ((in, (g, i)) <- io.in zip grant.zipWithIndex) in.ready := Mux(locked, lockIdx === i.asUInt, g) && io.out.ready
```

这里有两个嵌套的扣合，外层的扣合发生在 io.in 与二元组序列 grant.zipWithIndex 之间，for 语句的形参是 in 和(g, i)。内层的扣合则是 zipWithIndex，这里只有一个序列 grant，但是为其配上序号即 index，然后拿 grant 与 index 序列扣合，所以形参 g 的实参来自序列 grant，而 i 来自与之配对的序号。

只谈语法/语义总是比较抽象，结合实际代码学习可以使我们更好地理解和记忆。Scala 语言的创始人在其 *Programming in Scala* 一书中提供了一个用 Scala 语言描述逻辑电路并加以模拟的示例，这里就结合这个实例进行一些讲解，使读者对 Scala 语言本身增添一些感性认识。本节以下代码均引自该书，但有所编排，并加上了注解，字体加黑和加斜只是为了让语义更加清晰，没有别的含义。

```
package org.stairwaybook.simulation      //Scala 的代码都组织在一个个的 package 中，代码的编译以 package 为单元，
                                         //一个 package 中可以有多个扩展名为.scala 的源文件。
                                         //这里的这个 package 的代码可以从 Github 网站下载。

abstract class BasicCircuitSimulation extends Simulation {      //这是一个抽象类，是对 Simulation 类的扩充。
  def InverterDelay: Int            //这其实是个无参数的抽象函数。因为无参，就省略了用于参数表的括号。
                                    //这个抽象函数（实际上是得到落实以后的实体函数）返回一个反相器所导致的信号延迟。
  def AndGateDelay: Int             //同上，意在返回一个与门所导致的信号延迟。
  def OrGateDelay: Int              //同上，意在返回一个或门所导致的信号延迟。

  class Wire {                      //对导线的抽象，一个 Wire 对象代表着一根导线。
    private var sigVal = false                        //表示导线上的电平（高或低），即逻辑状态 true/false。
    private var actions: List[Action] = List()        //actions 是一个 List，代表该导线上的行为/事件序列。
                                    //这里用 List()而不是"new List"，是因为 List 在 Scala 语言中定义为 object，而不是 class。
    def getSignal = sigVal                            //读取该导线的逻辑状态，getSignal()返回 sigVal 的值。
    def setSignal (s: Boolean) = if (s != sigVal) {   //设置该导线的逻辑状态，
                                    //这是个过程，所以可略去类型说明。又因只有一个 if 语句，所以无需使用花括号。
      sigVal = s
      actions foreach (_ ())        //foreach()是定义于 List 类的一个方法，中间的点号可以不用（中位表示法）。
                                    //这里的"_"是通配符，表示 List 中所列的任何一个元素。
    }  //end setSignal()
    def addAction (a: Action) = {               //函数定义无（返回值）类型说明": Type"，表明这是一个过程。
      actions = a :: actions                    //把新的"行动（Action）"a 拼接在 List 的头部，一个行动就是一个过程。
      a()                                       //然后调用一下这个（行动）过程
                                                //每个行动可以改变或不改变该导线的逻辑状态，用于电路模拟。
    }  //end addAction()
  }  //end class Wire

  def inverter (input: Wire, output: Wire) = {      //对反相器（非门）的抽象和模拟。
                          //这是个过程，作用是在电路中添加一个反相器。一个反相器有 input 和 output 两根导线。
    def invertAction() {  //嵌套定义于 inverter()内部的一个过程，该过程定义了反相操作，即把输入信号反相后作为输出。
```

```
        val inputSig = input.getSignal          //读取导线 input 的状态
        afterDelay(InverterDelay) {             //经过一段时间 InverterDelay 的延迟以后，
          output setSignal !inputSig            //就把输入状态反相(!inputSig)后写到导线 output 上，等价于 output.setSignal(!inputSig)。
        }   //end afterDelay
      }   //end invertAction()
      input addAction invertAction              //函数 inverter()中的实际操作就是这一行，别的是函数定义，
            //这就是 input.addAction(invertAction)，这里是中位表示式，相当于把 2.add(3)写成 2 + 3。
            //实际上调用 Wire.addAction()（input 的类型是 Wire），把函数/过程 invertAction()加到导线 input 的 List 中。
            //注意这里没有直接调用函数 invertAction()，而只是把它加到 input 的 List 中，
            //但是 addAction()内部在把它加到 input 的 List 中之余也会执行一下 invertAction()，见上。
            //下面对于 andGate()和 orGate 也是同样，不再赘述。
    } //end inverter()

    def andGate(a1: Wire, a2: Wire, output: Wire) = {      //对与门的抽象和模拟。在电路中添加一个与门。
                                                          //一个与门有 a1 和 a2 两个输入导线和一个输出导线。
      def andAction() = {                                 //定义于 andGate()内部的与门内部操作过程。
        val a1Sig = a1.getSignal                          //读取输入状态
        val a2Sig = a2.getSignal
        afterDelay(AndGateDelay) {                        //经过一段时间 AndGateDelay 的延迟以后，
          output setSignal (a1Sig & a2Sig)                //把 a1Sig & a2Sig 写入输出
        }   //end afterDelay
      } //end andAction()
      a1 addAction andAction        //调用 Wire.addAction()，把函数 andAction()加到导线 a1 的 List 中。
      a2 addAction andAction        //再把函数 andAction()加到导线 a2 的 List 中。
    } //end def andGate

    def orGate(o1: Wire, o2: Wire, output: Wire) {      //对或门的抽象和模拟，在电路中添加一个或门。
                                                       //一个或门有 o1 和 o2 两根输入线和一根输出线。
      def orAction() {                                 //或门的 Action 是 orAction()
        val o1Sig = o1.getSignal
        val o2Sig = o2.getSignal
        afterDelay(OrGateDelay) {                      //或门有或门的延迟，即 OrGateDelay。
          output setSignal (o1Sig | o2Sig)             //等价于 output.setSignal (o1Sig | o2Sig)
        }   //end afterDelay
      }   //end orAction()
      o1 addAction orAction                            //调用 Wire.addAction()，把 orAction()加到导线 o1 的 List 中。
      o2 addAction orAction                            //同上
    } //end def orGate

    def probe(name: String, wire: Wire) {              //打印导线的状态，相当于在程序中插入打印调试信息。
      def probeAction() {
        println(name +" "+ currentTime +" newvalue = "+ wire.getSignal)
      }
      wire addAction probeAction                       //probe()也是个 Action，将其加入目标导线的行动 List。
    }   //end def probe
  }   //end abstract class BasicCircuitSimulation
```

这是个抽象类，因为其中的 InverterDelay()、AndGateDelay()、OrGateDelay()三个函数只有申明而并无定义。这三个函数都没有调用参数，因而可以把用于调用参数表的括号省略掉，看起来就和变量定义差不多了；然而前面的关键字 def 告诉我们这是个函数，否则前面应该是 val 或 var。所以，对 BasicCircuitSimulation 这个抽象类需要加以扩充/落实，补上这几个函数的定义才行。不过我们暂时搁一下，先看看这个类所继承/扩充的父类 Simulation，因为子类的“身体”里就包含着从其父类继承而来的结构成分和方法函数。Simulation 类的代码在同一个 package 中，Martin Odersky 的书中也列出了它的代码：

```
abstract class Simulation {
  type Action = () => Unit          //这是个类型定义。“() => Unit”代表着一个匿名函数（过程），无调用参数。
  case class WorkItem(time: Int, action: Action)     // case class 是一种特殊的 class，创建时无需使用 new 保留字。
                     //case class 的对象可以被用在 match 语句内的 case 子句中。
                     //这个类内部就是两个成分，通过形参和实参的结合完成初始化，所以后面没有花括号。
  private var curtime = 0                        //模拟的起始时间为 0
  def currentTime: Int = curtime                 //这是个函数，用来返回当前时间 curtime，因为后者是 private 变量。
                                                 //函数的实现只有一个语句，就是返回 curtime，因而可以省略花括号。
  private var agenda: List[WorkItem] = List()    //agenda 是个 WorkItem 对象的 List。

  private def insert(ag: List[WorkItem], item: WorkItem): List[WorkItem] = {   //将一个工作项插入表列 ag
    if (ag.isEmpty || item.time < ag.head.time) item :: ag
                        //如果队列为空，或者该工作项的时间在表头工作项之前，就把这工作项放在表列头。
    else ag.head :: insert(ag.tail, item)        //要不然就按时间先后插入表列中合适的位置上，这是递归调用。
  }  //end insert()

  def afterDelay(delay: Int)(block: => Unit) {    //这就是函数定义的“柯里”分解。函数的类型和赋值号被省略，这是个过程。
          //第二个参数(block: => Unit)代表着一个“按名调用”的函数（相当于 C 语言中的函数指针），函数代码另行给定。
    val item = WorkItem(currentTime + delay, () => block)     //创建一个新的工作项，通过给定实参对该抽象类进行扩充。
                        //第一个参数 time 的实参表明其触发时间为 currentTime + delay;
                        //第二个参数 Action 是个函数，这里以上面传下来的“按名调用”函数 block 为调用实参。
    agenda = insert(agenda, item)              //将此工作项插入 agenda 队列
  }  //end afterDelay ()

  private def next() {          //执行 agenda 队列中的下一个工作项（如果还有的话）
    (agenda: @unchecked) match {              //对队列 agenda 进行比对，如果符合条件就对该队列执行相应的操作：
       // @ unchecked 是个 annotation，通知编译器这个语句有不够严谨之处，不必太严格。
      case item :: rest =>                    //从这里就可以看出 match/case 语句的功能比传统的 switch 语句强很多：
                //只要表列 agenda 的形态是 item :: rest，即表列头有个工作项 item，后面不管有什么（包括 Nil），就：
        agenda = rest                 //从 agenda 队列头部摘下工作项 item，剩下的就是 rest。
        curtime = item.time           //将 curtime 设置成该工作项所给定的启动时间，
                                        //这意味着模拟的过程跳过了一段（从已执行的前一工作项至此的）空闲时间。
        item.action()                 //执行该工作项所规定的行动
    }  //end match
  }  //end next()

  def run() {                 //启动执行整个模拟过程
    afterDelay(0) {           //将花括号内的内容作为 afterDelay()的第二个参数，即 block: => Unit
      println("*** simulation started, time = " + currentTime + " ***")
```

```
    }       //这里在花括号中给出了 afterDelay()的第二个参数 block 的代码，就是 println()。
            //由于 delay 是 0，所以在这里创建的这个 item 会被 insert()到 agenda 队列的最前面。
    while (!agenda.isEmpty) next()      //只要 agenda 表列非空，就逐个执行表列中的工作项。
                                        //在执行一个工作项所规定的行动时有可能会将新的工作项插入这个表列。
  }  //end run()
}  //end abstract class Simulation
```

这里有几点需要加以说明。

首先，类型定义“type Action = () => Unit”把 Action 定义成“() => Unit”，意思是说：这是一个函数，这个函数没有输入参数，返回值是 Unit，即没有返回值，所以是个过程（而不是真正的函数）。

其次，工作项 WorkItem 是个 case 类，之所以叫 case 类，是因为这个类的对象可以直接放在 match 语句中作为 case 分句的判断条件。这里 afterDelay()中创建的 item 就是个 WorkItem 类对象，这个 val item 只在函数 afterDelay()内部有效，但是程序中将其添加到了 agenda 序列中。下面 next()的 match 语句中也引用 item，但是这个 item 与 afterDelay()中创建的那个 item 并无直接的关系，而是说凡是 agenda 序列中的元素，就称之为 item，不过这个 item 必须是个 case class 的对象。另外，创建 case 类对象时不需要使用 new 保留字，因为只要是 case class，程序中就会有个伴生的、与其配套的同名 object，如果没有就由编译器自动给生成一个。所以，在“val item = WorkItem(…)”这个语句中的 WorkItem 其实是指 object WorkItem，而后者会创建一个 WorkItem 对象。而 agenda 则是个 WorkItem 对象的序列（List）。

再看 WorkItem 的定义：“case class WorkItem(time: Int, action: Action)”。这里有两个参数，这是创建该类对象时的“构造参数”，在 Scala 语言中构造参数同时就成为该类对象内部的结构成分，也不需要再被赋值，因为相应的调用实参就是这个结构成分的值。另外，在这后面没有花括号。这是可以的，这说明：第一这个类的对象中除作为构造参数的结构成分以外就没有别的结构成分；第二这个类并没有“构造函数”，因为没有什么需要初始化的；第三这个类也并不提供什么“方法”函数。注意这是对 class 的定义而言，如果是函数定义就不同了，如果是函数定义，后面没有花括号，也没有表示“定义为”的赋值号，那就表示这个函数尚未定义，是个抽象函数。

还有就是 next()这个函数中的 match 语句中在 agenda 后面加了个批注（annotation）“@unchecked”，这是在告知编译器：我知道这地方语法上有不够严谨之处，但是没有问题，编译时不必太严格。那么是什么不够严谨呢？原来，match 语句的语法是很严谨的，要求下面一个个的 case 把所有的可能都覆盖住，可是这里只有一个 case 语句，明显是把 agenda 这个序列为空的可能给漏掉了。按理这时候编译器就会发出一个警告，加了这个批注，编译器就不发警告了，因为这说明程序员知道这个情况，并非出于疏忽。然而程序员是否真的知道这个情况呢？是的，因为对 next()的调用是这样：while (!agenda.isEmpty) next()。如果 agenda 为空就不会调用 next()了。

最后，这是个抽象类（abstract class）。一个类之所以是抽象类，主要的原因是里面还有抽象函数没有“落地”，或者还有 val 尚未得到定义（对 val 的“赋值”其实是定义），总之是还有什么东西悬而未决。但是即使所有的内容都已落实，程序员仍可将一个类说明为 abstract，目的是不让直接创建此类对象，也不让引用其提供的方法函数，在 Scala 语言中，只有通过一个对象才能调用作为其内部成分的方法函数，而不能直接调用一个类的方法函数。例如，在函数 inverter()里调用了“input.addAction()”，尽管 input 是个 Wire 类对象，却不可以调用 Wire.addAction()（但对定义于 object 内部的函数是可以调用的）。既然 Simulation 是个抽象类，那就必须定义具体类来继承/扩充/落实这个抽象类，那样才可以创建该具体类的对象并执行其构造函数，或调用其提供的方法函数，而具体类对象里面则包含了其所继承和扩充的抽象类的内容。

前面定义的 BasicCircuitSimulation 类，就是对后面这个 Simulation 的继承和扩充。按理应该把 Simulation 放在前面介绍，但是像现在这样倒反而更容易理解。然而 BasicCircuitSimulation 类中只定义了反相器、与门、或门，对于我们所要描述和模拟的电路还不够，因为我们还要有半加器和全加器。另一方面，更重要的是，BasicCircuitSimulation 类仍是抽象类，所以又在此基础上再定义了一个 CircuitSimulation 类，进一步加以扩充，不过这仍是个抽象类：

```
abstract class CircuitSimulation extends BasicCircuitSimulation {
  def halfAdder(a: Wire, b: Wire, s: Wire, c: Wire) {     //显然这也是个过程，因为返回类型被省略了。
                                            //a 和 b 是需要相加的两个 bit，s 代表和 sum，c 代表进位 carry。
     val d, e = new Wire                    //创建两个 Wire 对象 d 和 e，代表两根导线，两个 bit。
     orGate(a, b, d)                        //添加一个或门，d = a | b
     andGate(a, b, c)                       //添加一个与门，c = a & b，如果 a 和 b 均为 1，就有进位。
     inverter(c, e)                         //添加一个反相器，e = !c
     andGate(d, e, s)                       //s = d & e = (a | b) & (!c) = (a | b) & !(a & b)，这就是 a 与 b 的异或。
  }  //end halfAdder()
  def fullAdder(a: Wire, b: Wire, cin: Wire, sum: Wire, cout: Wire) {  //全加器比半加器多个进位输入 cin
     val s, c1, c2 = new Wire               //创建三个 Wire 对象 s, c1, c2，s 由于中间和（并非终极和）。
     halfAdder(a, cin, s, c1)               //先将进位输入 cin 与 a 半加，产生中间和 s 和进位 c1。
     halfAdder(b, s, sum, c2)               //再将中间和 s 与 b 相加，产生终极和 sum 和进位 c2。
     orGate(c1, c2, cout)                   //全加器的进位输出为(c1 | c2)
  }  //end fullAdder()
}  //end abstract class CircuitSimulation
```

这仍旧是抽象类，因为其父类中未加定义的成分 InverterDelay、AndGateDelay、OrGateDelay 在这里仍未得到定义。

前述 BasicCircuitSimulation 和这里 CircuitSimulation 两个抽象类的定义可以放在同一个.scala 源文件中，属于同一个 package。下面就看情况了。如果着眼于运行效率，就要做成一个应用软件，以便反复多次地高速运行，那就还需要再定义一个具体类，至少要补上这三个延迟时间，并定义一个 object（见后），在里面添上一个 main()函数，这样就可以把它编译成一个可执行应用软件。或者就在 Scala 运行环境 scala 的支持和控制下作为脚本运行，运行效率低一点，那就不需要有 main()函数了，直接在键盘上打入具体类或 object 的定义和所需调用的函数即可。例如：

```
scala> import org.stairwaybook.simulation._          // "._" 表示所有的内容
import org.stairwaybook.simulation._
```

然后键入：

```
scala> object MySimulation extends CircuitSimulation {        //object 也可以是对 class 的继承和扩充
      def InverterDelay = 1      //注意这不是把 1 赋值给 InverterDelay。这是个函数，该函数只有一行语句，就是返回 1。
      def AndGateDelay = 3       //同上
      def OrGateDelay = 5
    }
defined module MySimulation      //这是 scala 对键入内容的响应
```

这里所定义的 MySimulation 并非一个类，而是一个 object，其定义和创建连在一起，一启动运行 scala 就自动创建了。凡 object 都是 Singleton，就是程序中只此一份，所以不可以再有第二个名为 MySimulation 的 object。对 class 需要使用 new 保留字加以实例化，每使用一次就创建一个该类对象即 Object；但是如果直接就使用保留字 object 就不需要再实例化了，这是程序（实际上是运行环境或编译器）自动为你创建好了的。注意 object 与 Object 的不同。关于 object 以后还要结合代码再加介绍，这里就不多说了。这里的这个 object 是对 CircuitSimulation 类的继承和扩充，并且把后者之所以为抽象的三个缺项补齐了，那就是 InverterDelay() 等三个函数。这三个函数都没有调用参数，所以不需要有括号。另一方面，函数的类型都是 Int，即返回一个整数，但是 Scala 语言中不用 return 这个关键字，所以直接就是 1、3、5。因为函数定义中只有这么一个语句，就无需使用花括号，虽然用也可以。这样，在 Scala 语言中，形式上像这样的函数就与变量很接近，只是前面的保留字不同，对于函数和过程是 def，对于变量则是 val 或 var。实际上，严格说来 val 并非变量，而是一个具体值的名称和定义，我们只是在习惯上称之为“变量”。

定义（并创建）了 MySimulation 这个 Singleton 对象之后，我们可以在 Scala 运行环境中 import 这个对象，这样就可以调用其中的函数，并且调用时也可以无需说明是属于哪一个对象：

```
scala> import MySimulation._
import MySimulation._                    //这是 scala 对键入内容的响应
```

这里的“scala>”是运行环境的提示，“import MySimulation”是键入的命令。当然，键入的命令也得符合 Scala 的语法，一个命令行就是一个 Scala 语句。至于下面一行“import MySimulation”，则是 scala 对此命令的响应信息。这样，由于刚执行了“import MySimulation._”，如果我们说 Wire，scala 就会去 MySimulation 中寻找，找不到就沿着其继承链往上一直上溯。现在我们就需要创建几个 Wire 对象，作为整个 MySimulation 模块的输入/输出：

```
scala> val input1, input2, sum, carry = new Wire
input1: MySimulation.Wire = BasicCircuitSimulation$Wire@111089b        //这是 scala 对键入内容的响应
input2: MySimulation.Wire = BasicCircuitSimulation$Wire@14c352e
sum: MySimulation.Wire = BasicCircuitSimulation$Wire@37a04c
carry: MySimulation.Wire = BasicCircuitSimulation$Wire@1fd10fa
```

这个命令行定义/创建了 input1 等 4 个 Wire 类的 val 对象，scala 回应所创建的 4 个对象，其中 input1 在运行环境内部其实是 BasicCircuitSimulation$Wire@111089b，这是把其所定义的类和一个代号结合在一起，以便唯一地确定所指的对象。这种方法称为 Marshaling。有了这些对象之后，可以通过调用 Wire.probe()打印其当前状态，即 wire.getSignal()的结果：

```
scala> probe("sum", sum)              //调用 BasicCircuitSimulation.probe()
sum 0 newvalue = false                //这是 scala 对键入内容的响应

scala> probe("carry", carry)
carry 0 newvalue = false
```

这里调用了 probe()两次，一次是对 sum，另一次是对 carry。执行的结果表明这两个 Wire 的状态都是 false，因为现在还处于空闲状态，还没有被连接到电路中。相应信息中的 0 表示当前时间为 0，模拟还没有开始。读者不妨回到前面看一下 Wire.probe()这个函数的定义，那里只是通过 addAction 把一个 Action 插入了具体 Wire 对象内部的 actions 队列，并执行这个行动，所以这里才会打印出程序中所安排的信息。

下面就要将这些导线连入电路了：

```
scala> halfAdder(input1, input2, sum, carry)
```

这里把 4 个 Wire 对象作为参数调用 halfAdder()，作为半加器电路的输入。但是真正的计算尚未开始，因为实际的计算都是在具体的 Action 中进行的，这里虽然把一个个的工作项挂入了 agenda 队列，但是模拟尚未开始。所以还来得及设置输入信号的状态：

```
scala> input1 setSignal true
```

在 Scala 的语法中，这个语句等价于“input1.setSignal(true)”，所以这个命令行把 input1 设置成了 true，即二进制 1。

再把 input2 也设置成二进制 1：

```
scala> input2 setSignal true
```

所以这里要计算的是半加器上的 1+1。至此，对电路的模拟已是万事俱备只欠东风，就差启动了。这个临门一脚就是对 run()的调用：

```
scala> run()                    //调用 Simulation.run()
*** simulation started, time = 8 ***
carry 11 newvalue = true
sum 15 newvalue = false
```

响应信息表明，模拟是在当前时间为 8 这一点上开始的。由于反相器、与门、或门这些电路的延迟（每个与门的延迟是 3），到 11 这个时间点上得到了进位 carry 为 1，然后在 15 这个时间点上得到了和 sum 为 0。注意这些延迟是模拟过程中的逻辑时钟上的延迟，而不是物理时间的延迟，所反映的是反相器、与门、或门这些电路元件所引入的延迟，与程序本身的执行时间无关。

通过以上这个示例，读者既接触到了实际的 Scala 代码，也对电路模拟的过程有了些体会。但是这个示例并未把 Scala 作为硬件描述语言来使用，因为既未生成出构建这些电路所需的例如配线表等文档，也没有生成可供 EDA 软件综合的 Verilog 代码。如果在比方说 andGate()的代码中，除进行 output=(a1Sig & a2Sig)的计算之外还能输出对于一个与门的 Verilog（或 VHDL）语言描述，以及对各个 Wire 联接的描述，并写入文件，那么在模拟结束之后就可以得到一个对整个半加器或全加器的 Verilog 或 VHDL 硬件描述，然后就可以用 EDA 软件加以综合，生成配线表 net-list 乃至版图和辅助文件，供芯片工厂加工生产了。另外，以 OrGateDelay 为例，这里设定成 5；可是怎么知道延迟是 5 呢？实际上，在 EDA 软件内部，这是要结合时钟频率和芯片所采用的制程，还要结合排版后的引线长度等因素，经过复杂的计算才能得知的，所以 OrGateDelay 是个函数，这个函数实际上并不简单。不过，尽管如此，这个例子还是说明了对电路的“模拟”是怎么回事。本书聚焦于电路描述的“可综合”一面，而不涉及对电路的模拟，这个例子在一定程度上对此作了些补充。

所以，Scala 语言并不直接就是硬件描述语言，还需要加以扩充，才能形成“内嵌”在 Scala 中的硬件描述语言，即高层次的 HDL。说其是“高层次”是相对于 Verilog 和 VHDL 而言。当然，这样的语言也是一种“领域专用”语言，即 DSL，而不是通用语言。不过，在某种意义上，就把 Scala 直接当成硬件描述语言也未始不可；就像 C 语言，通过大量的库程序扩充，也可以被用作硬件描述语言。但那样的硬件描述可读性比较差，对电路的表述显得笨拙，离硬件设计人员惯用或容易理解和接受的表达方式也相距甚远。以后，当读者接触到了许多 Chisel 代码以后，再回过来看看，作些对比，就可以对 Chisel 语言的设计与实现有更深刻的领会了。

2.5.2　Chisel 语言的内嵌

前面我们曾用汉语和汉语中的“行话”来比喻高级语言与嵌入在高级语言中的“行业专门语言”的关系。确实，人们在使用汉语时常常会有一些“术语”和“行话”，那就属于“行业专门语言”。那么怎样才能把一种“行业专门语言”嵌入到汉语中去呢？关键是要有一本该行业的术语字典。比方说医学的“行话”得要有本医疗用语字典，计算机就得有本计算机术语字典。在这些术语字典中，用来解释一个个术语的“词条”中所用的语言就得是大白话，就得完全符合汉语的语法和规则，要不然人家还是看不懂。

同样的道理，要把 Chisel 语言嵌入在 Scala 语言中，也得有本“Chisel 术语字典”，那就是 Chisel 的语言库，都在 package chisel 中。至于 Chisel 的编译器/解释器，那是为了把 Chisel 代码中的可综合成分翻译成 Verilog，而不是翻译成 Scala。Chisel 语言库中全是关于一些 class、trait、object 的定义，这些定义全是用 Scala 语言编写的，当然符合 Scala 的语法；这就像计算机术语字典就是用中文写的一样。

以前述的 when 语句为例，这就属于 Chisel 语言，相当于 Chisel 语言中的一个“原语”，when 就像是 Chisel 语言中的一个保留字。然而那就是用 Scala 语言编写的一个 object。对此后面还将详细介绍，但是现在不妨粗粗看一下，体会一下 Chisel 语言是怎么“嵌入”在 Scal 语言中的：

```
object when {
  def apply(cond: => Bool)(block: => Any)(implicit sourceInfo: SourceInfo, compileOptions: CompileOptions): WhenContext = {
    new WhenContext(sourceInfo, Some(() => cond), block, 0, Nil)
                                    //把按名调用的参数block原样下传，创建一个WhenContext对象
  }
  def cond: Bool = {
    implicit val compileOptions = ExplicitCompileOptions.Strict
    implicit val sourceInfo = UnlocatableSourceInfo
    val whens = Builder.whenStack
    whens.foldRight(true.B) {
      case (ctx, acc) => acc && ctx.localCond()
    }
  }
} //end object when
```

这是一个 Scala 语言中的 object，Scala 编译在程序中遇到 when 这个词的时候，因为是 object，就会去调用 object.apply()。调用的参数分两截，这就是对函数定义的柯里分解，但是这里的第二截参数是 implicit，是隐含的，实际调用时可以给出实参，但一般是不给的；而第一节参数，即 cond 和 block，则是必须的了，其中 cond 是个返回布尔值的函数，block 是个返回 Any 即任何类型的函数，而且两个函数都是按名调用。这样，Chisel 程序代码中用到 when 保留字时就一定要符合 when.apply()的调用界面定义，那就是:“when(…){…}”。这里保留字 when 后面的括号中是作为条件的函数 cond，再后面的花括号内就是函数 block 的动态定义。对于 Scala 编译这是函数调用的类型匹配，这是必须的；而对于 Chisel 则就是对 when 语句的语法。所以，Chisel 把它的语法“嵌入”到了 Scala 函数调用的类型匹配之中。

至于 when 语句的实现，则是以 cond 和 block 的内容为输入参数创建一个 WhenContext 对象，这是对 when 语句所具语义的实现：

```
final class WhenContext private[chisel3] (sourceInfo: SourceInfo, cond: Option[() => Bool], block: => Any, … ) {
  …
  def elsewhen (elseCond: => Bool)(block: => Any)(implicit sourceInfo: SourceInfo, compileOptions: CompileOptions)
      : WhenContext = {
    new WhenContext(sourceInfo, Some(() => elseCond), block, firrtlDepth + 1, cond ++: altConds)
  }

  def otherwise(block: => Any)(implicit sourceInfo: SourceInfo, compileOptions: CompileOptions): Unit =
                                    new WhenContext(sourceInfo, None, block, firrtlDepth + 1, cond ++: altConds)
  …
    //以上都是函数定义，下面才是WhenContext这个类的“构造函数”即其初始化过程：
  if (firrtlDepth > 0) { pushCommand(AltBegin(sourceInfo)) }
  cond.foreach( c => pushCommand(WhenBegin(sourceInfo, c().ref)) )   //告诉编译后端，要把when的语义写入Verilog代码
  Builder.pushWhen(this)
```

```
  try {
    scopeOpen = true
    block                          //这时候才执行按名调用的函数block()
  } catch {
    …
  }
  scopeOpen = false
  Builder.popWhen()
  cond.foreach(_ => pushCommand(WhenEnd(sourceInfo,firrtlDepth)))    //WhenBegin与WhenEnd之间是电路中的条件处理
  if (cond.isEmpty) { pushCommand(OtherwiseEnd(sourceInfo,firrtlDepth)) }
}
```

WhenContext 类中定义了一些函数，主要有 elsewhen()和 otherwise()，这都是受到调用才执行的，但是后面从 if (firrtlDepth > 0)开始向下那些代码就读属于 WhenContext 对象的初始化过程了。所以，在创建 WhenContext 对象时就会执行这里的 pushCommand()函数，其作用是通知 Chisel 编译的后端，要在 Verilog 代码中写入一段关于电路中信号条件流通的内容，至于具体什么内容就看那个按名调用的函数 block()的执行结果。这就是在硬件中有所反映的语言成分，就是所谓“可综合”的成分。这中间要用到 Builder，那也是 Scala 语言中的一个 object，但也是在 package chisel 中定义的，也属于 Chisel 库中的内容。Builder 这个 object 本身并不是“可综合”的，但是它帮助“可综合”内容的“综合”，即把它们写到 Verilog 代码中去。

显然，对 WhenContext 对象的初始化过程实际上把 Chisel 代码中的“when(…){…}”语句翻译成了 Verilog 代码，这是“Chisel 编译”的一部分，因而 WhenContext 类实际上也是 Chisel 编译器的一部分，而 WhenContext 类的代码对于 Scala（编译）而言就是“大白话”。所以，“Chisel 代码”是用 Scala 语言写成的，对 Chisel 代码的编译寓于对这些 Scala 代码的执行之中，Chisel 语言是“嵌入”在 Scala 语言之中。

回到 WhenContext 类中的函数 elsewhen()和 otherwise()。由于 when.apply()返回的就是一个 WhenContext 对象，当然就可以接着调用其 elsewhen()函数或 otherwise()函数。于是，连“when(…){…}”在内就可以有下面这么些句型：

```
when(…){…}
when(…){…}.otherwise{…}”
when(…){…}.elsewhen(…){…}
when(…){…}.elsewhen(…){…}.otherwise{…}
```

这些句型分别相当于“if(…){…}”，“if(…){…}else{…}”，“if(…){…}elseif(…){…}else{…}”。但是注意二者的语义是不同的，if 语句中的条件是程序中某个或某些变量（在当时）的值，而 when 语句的条件则是电路中某个或某几个信号（在当时）的状态；这是完全不同的两码事。稍作思考便知，在硬件描述语言中必须要有像 when 这样基于电路中信号（而不是基于程序中变量）的条件语句，但问题是怎么提供，而 Scala 的方案确实独具匠心。

当然，像“when(…){…}.otherwise(…)”那样的句型都体现了 Chisel 语言的语法，但都是通过 Scala 语言中函数调用的参数类型匹配加以实现。

这里只是以 when 语句为例，实际上有很多，读者在后面看了许多 Chisel 代码之后就会有更深的理解。

第3章 Chisel 编译的前端

如前所述，Chisel 语言是“内嵌”在 Scala 语言中，在 Scala 语法/语义的框架内部实现的。Chisel 并不提供自己真正意义上的编译器或运行环境，而是直接依靠 Scala 的编译和运行环境实现对 Chisel 代码的编译或解释执行。这说明，不管形式上如何，实质上 Chisel 就是通过库程序的方式对 Scala 加以扩充增强而实现的。对于面向对象的 Scala 语言，这就意味着 Chisel 需要在 Scala 的框架中定义很多的 class、trait、object 等作为“库程序”的成分，靠这些成分达到目的。其中有些是 Chisel 程序员能“看”到的，是为程序员提供的硬件描述手段；有些则躲在幕后，旨在提供将 Chisel 代码，即用 Chisel 语言书写的高级硬件描述转换成 EDA 软件能接受的 Verilog 低级硬件描述（在某种意义上也可以说是编译/解释，本书中就称此为“编译”和“编译器”）。至于怎么进一步将 Verilog 代码转换成芯片工厂能接受的芯片设计文档（俗称为“Tape”），那就是 EDA 软件的事了。Chisel 在其发展的历程中也经历了几个版本，现在是 Chisel-3。

对于怎样用 Chisel 语言撰写硬件描述，我们将在后面，尤其是对 Xiangshan 即“香山”的代码分析中见到大量实例，通过实例学习是最好的学习方式之一，所以就不专门介绍 Chisel 语言的编程了，有需要的读者可以参考 Martin Schoeberl 的 *Digital Design with Chisel* 以及网上的 chisel-bootcamp 等资料。

但是对于 Chisel 怎样实现从 Chisel 代码到 Verilog 代码的转换，却基本上没有资料加以比较有系统的介绍，然而这方面的了解对于深入阅读和理解 Chisel 代码却相当重要，因此本书不惜以较大的篇幅加以分析和介绍。另一方面，这也使读者能接触和熟悉更多的 Scala 代码。本书所引源代码均来自 chisel-3、firrtl、rocketchip、Xiangshan 等开源软件，第一卷中所引代码除有特别说明以外都来自 chisel3-master、firrtl-master、rocket-chip-master，大体上都是按原样列出，但是为节省空间和篇幅作了些调整，读者应将所引代码视作摘要。代码中原来就有些注释，作者也加了不少，但是作者所加注释中都有中文，所以不致混淆。不过 Xiangshan 的代码中原本也有些中文注释，凡是可能因此而导致混淆的地方作者所加注释都以“///”（而不是“//”）开头。另外，所列代码中有些变量名、函数名，还有些操作符可能使用加粗或斜体，那只是为引起注意，并无特殊的含义。

但是，尽管如此，读者还是应该把本书所列的所有代码看成“摘要”而非绝对意义上的“源代码”。尤其是代码中一些为调试（Debug）、测试（Test）、性能统计而存在的一些内容，为了要减少篇幅就给省略了。代码中也有些原本就加上注释号予以废除的代码，或者注明已经过时（obsolete）的内容，也都不再列出。

另外还要说明，Scala 语言中 class 的定义并非可以独立加以引用的具体对象。假定有个 class Clazz，里面定义了一个函数 func1()。那么如果创建了一个 Clazz 类对象 clazz，就可以通过 clazz.func1()引用该类对象的 func1()函数，然而通过 Clazz.func1()加以引用则按理说是不可以的。然而为叙述的方便和简练，本书中有时候就会这样引用，尽管这实际上是与 Scala 的语法不符的。还有，本书在述及函数时一般都会在函数名后面加上一对空括号，例如 func1()，以强调这是个函数，但这并不意味着这个函数就没有调用参数。本书中的行文叙述，偏重尽量让读者容易阅读理解，而不是采用“学究式”的一丝不苟，所以许多叙述如要细抠是有问题的，这也要在此预作说明。

3.1 Annotation 与编译过程

Annotation 及其序列 AnnotationSeq 在 Chisel 代码的编译过程中起着重要的作用。一说 Annotation，读者也许就想到 Java 语言中以@开头的加注语句，Scala 语言也用那样的加注语句，但是 Chisel 编译器中所用的 Annotation 是另一回事。在 Chisel 编译器中，Annotation 是编译过程中各种与编译目标相关的信息载体，是对这些信息的说明和描述，Annotation 这个词本来就是“说明”的意思。比方说，ChiselOutputFileAnnotation 就是关于输出文件的说明，启动编译时可能在命令行中给定输出文件的文件名，在编译器内部就得把这个命令行参数盛放在一个 ChiselOutputFileAnnotatio 中（实际上输出的是 Firrtl 文件）。当然，这只是一个相对而言不那么重要的 Annotation；而命令行中给定的关于源文件，甚至源代码本身的信息，以及用来盛放这些信息的 Annotaion，那就重要了。另外，编译是一项比较复杂的工作，实际上分成多个阶段、多个步骤，在前后两个步骤之间需要传递前一个步骤输出的中间结果，这也需要用 Annotation 作为载体。显然，从命令行开始，作为命令行参数输入的信息是多种多样的，每个命令行选项就是一种不同类别、不同面向的信息，所以绝不是单一的 Annotation 所能承载，编译过程中不同步骤之间也是如此；所以在编译过程中流转的不是单一的 Annotation，而是 Annotation 的序列，即 AnnotationSeq。打个比方，AnnotationSeq 就好比加工流水线传送带上的工件，其源头是各种命令行参数，甚至包括从源文件中读出的内容，或者已经输入的代码，进入流水线后就成了 AnnotationSeq；而编译过程中的各个步骤，就好比流水线中的各个工位；每个工位都从流水线上取下传送带上的 AnnotationSeq，进行一番加工，使其成为另一个不同的 AnnotationSeq，并将其放回传送带传递给下一个工位。所不同的是：流水线是连续运转的，新的工件会源源不断进入传送带，而针对具体目标的编译过程则是一次性的，虽然是流水操作但并不构成真正的流水线。

定义一种具体语言的是其“规格书（Specification）”，但是归根结底要由其编译器加以实现，所以一种语言的编译器就代表了这种语言。所以，本书中讲到 Chisel 的时候常常是指其编译器，也就是 chisel3-master 这个程序包中的代码（可从 Github 下载）；而“Chisel 代码”则是指用 Chisel 语言编写的程序代码，例如香山的代码 XiangShan-master 就是 Chisel 代码。不过在 chisel3-master 中也有一些作为示例或测试用例的代码，那些就属于“Chisel 代码”而不是 Chisel 编译（器）本身的代码了。另外，本书对 Chisel 和 Firrtl 这两种语言不作严格区分，将 Firrtl 视作 Chisel 的一部分。

Chisel 定义了一个 trait Annotation。由于是 trait 而不是 class，就不能为其创建具体的对象。所以，当我们说“一个 Annotation”时，说的一定是继承了这个 trait 的某个具体类的对象，是某个带有 Annotation 这个侧面的某类对象，然而这又确实是一个广义的 Annotation。下面是 trait Annotation 的摘要（本书所引的所有源码均应视为摘要）：

```
/** Base type of auxiliary information */
trait Annotation extends Product {      //Product 是由 Scala 提供的最基本的类型，无需深究。
  /** Update the target based on how signals are renamed */
  def update(renames: RenameMap): Seq[Annotation]

  /** Optional pretty print */
  def serialize: String = this.toString              //将一个 annotation 加以 serialize()，所得结果就是一个字符串即 String。

  /** Recurses through ls to find all [[Target]] instances */
  private def extractComponents (ls: Traversable[_]): Traversable[Target] = {…}
  /** Returns all [[firrtl.annotations.Target Target]] members in this annotation */
  def getTargets: Seq[Target] = extractComponents(productIterator.toIterable).toSeq
  private[firrtl] def dedup: Option[(Any, Annotation, ReferenceTarget)] = None

    //这里所谓的 Target、Component 等均是 Scala 层面上的，并非用户定义的具体内容。
}
```

所以，只要是个 Annotation，就可以通过其 serialize()方法（本书对于“方法”和“函数”这两个词不做区分，怎么顺口就怎么说）将其“串行化”成一个字符串。

以 trait Annotation 为基础，Chisel 进一步定义了 trait NoTargetAnnotation：

```
/** If an Annotation does not target any [[Named]] thing in the circuit, then all updates just return the Annotation itself */
trait NoTargetAnnotation extends Annotation {
  def update(renames: RenameMap): Seq[NoTargetAnnotation] = Seq(this)
  override def getTargets: Seq[Target] = Seq.empty       //getTargets()返回的是空序列，所以是 NoTarget。
}
```

Chisel 的许多具体的 Annotation 类都是以 NoTargetAnnotation 为基础，对其进行扩充而来的。实际上 Chisel 还定义了 trait SingleTargetAnnotation 和 trait MultiTargetAnnotation，但是相对而言就没有那么重要了。不说“几乎所有”，至少 Chisel 的绝大部分的 Annotation 类都是对 trait NoTargetAnnotation 的扩展，下面略举数例：

```
case class ChiselOutputFileAnnotation(file: String) extends NoTargetAnnotation with …
case class ChiselCircuitAnnotation(circuit: Circuit) extends NoTargetAnnotation with …
case class CircuitSerializationAnnotation(circuit: Circuit, filename: String, format: Format) extends NoTargetAnnotation with …
case class ChiselGeneratorAnnotation(gen: () => RawModule) extends NoTargetAnnotation with …
case class TargetDirAnnotation(directory: String = ".") extends NoTargetAnnotation with …
case class ProgramArgsAnnotation(arg: String) extends NoTargetAnnotation with …
case class InputAnnotationFileAnnotation(file: String) extends NoTargetAnnotation with …
case class OutputAnnotationFileAnnotation(file: String) extends NoTargetAnnotation with …
case class FirrtlFileAnnotation(file: String) extends NoTargetAnnotation with …
case class FirrtlSourceAnnotation(source: String) extends NoTargetAnnotation with …
case class FirrtlCircuitAnnotation(circuit: Circuit) extends NoTargetAnnotation with …
case class RunFirrtlTransformAnnotation(transform: Transform) extends NoTargetAnnotation
```

实际上有数十种之多。其中类名以 Chisel 开头的都是用于 Chisel 阶段即编译前端的“Chisel Annotation”，以 Firrtl 开头的都是用于 Firrtl 阶段即编译后端的“Firrtl Annotation”，其余则并不专属于哪个阶段。实际上用于 Firrtl 阶段的 Annotation 更多。整个编译过程，就是从 Chisel Annotation 开始，逐步转变成 Firrtl Annotation，再转变成 Verilog 代码。

在所有这些 Annotation 中，有几种是特别重要的。很大程度上可以说整个编译的过程就体现在这些 Annotation 的（单向）转换中：

- ChiselGeneratorAnnotation。这个 Annotation 所承载的是编译对象即 Chisel 源代码。在命令行中输入源代码，听起来好像有点不可思议，但是在 Scala 的交互执行环境下可以先把一个个的 class/trait 和 object 的代码先输入进去，最后需要在命令行中输入的代码只是创建一个顶层 Module 的代码，那可能只是一行代码、一个语句而已。此外，在代码中还可以 import 别的 packahe，就像 C 语言中的#include 一样。当然，在命令行中输入代码并非唯一的方法，更自然的方法也许是在命令行中给定源文件的文件名，但即便那样从文件读入的代码也会被包装在 ChiselGeneratorAnnotation 中。
- RunFirrtlTransformAnnotation。这个 Annotation 指定在编译过程中的代码生成阶段采用何种目标代码“发射器”即 Emitter，换言之就是将 Chisel 源代码编译成何种语言的目标代码。例如，在命令行中如果有个“-X verilog”选项，则采用的就是 VerilogEmitter，最后生成的目标代码就是 verilog 代码。这个信息就承载在 RunFirrtlTransformAnnotation 中。编译的过程分成前端和后端两段，前端主要是对 Chisel 代码的解析（称为“Elaborate”），所产生中间结果的格式和语义只对编译器本身有意义；但是后端所生成的目标代码则是编译器的输出，而 Chisel 编译器支持多种目标语言，不只是 Verilog 一种（但是为一般 EDA 软件所接受的就是 Verilog 和 SystemVerilog），所以在命令行中要通过“-X”选项加以指定。不过，如果没有在命令行中指定，则 Chisel 编译的默认目标语言就是 Verilog。
- ChiselCircuitAnnotation。代码解析即 Elaborate 这个步骤所产生的中间结果，本质上就是对一个具体电路（Circuit）的描述。所谓硬件描述实际上是对于电路的描述。不过作为中间结果的这种描述不能为 EDA 软件所接受，一般而言对于人也是不可读的，还有待于编译后端的进一步处理。这个中间结果，就承载在 ChiselCircuitAnnotation 中。所以，在某种意义上，Elaborate 这个阶段的作用就是根据 ChiselGeneratorAnnotation 产生了 ChiselCircuitAnnotation。

- FirrtlCircuitAnnotation。Chisel 的编译器，实际上是把 Chisel-Firrtl 和 Firrtl-Verilog 两个编译器串在一起而成。其中 Chisel-Firrtl 部分相当于编译的前端，Firrtl-Verilog 部分相当于编译的后端。在某种意义上，也可以把前端看成是个 Chisel 编译器，后端则是个 Firrtl 编译器，把两个编译器串在一起就是从 Chisel 语言到 Verilog 语言的编译器。但是这里有个问题，就是 Chisel 编译器和 Firrtl 编译器其实是由不同团队独立开发的，所以前端所产生的中间结果，即 ChiselCircuitAnnotation，Firrtl 编译器是不认的，Firrtl 认的是 FirrtlCircuitAnnotation。这样，前端在把中间结果交给后端之前还需要把 ChiselCircuitAnnotation 转换成 FirrtlCircuitAnnotation。这一步在 Chisel 编译中称为 Convert，因为这确实就是一次格式转换。当然，在“正规”的编译器中这一步是不存在的，因为一般不会用两个编译器合成一个编译器。
- EmittedVerilogCircuitAnnotation。把承载着中间结果的 FirrtlCircuitAnnotation 交给后端，后端的任务就是根据 FirrtlCircuitAnnotation“生成（Emit，字面的意义是发送、放射）”或者说转换成 Verilog 代码。目标代码刚生成的时候就盛放在 EmittedVerilogCircuitAnnotation 中。这个步骤在 Chisel/Firrtl 的编译器中称为 Compiler，但是这显然只是对 Firrtl 而言，因为整个编译的过程实际上从前端就开始了，而且应该说前端才是编译器的主体，因为后端在 Firrtl 这一层上的“编译”倒是比较机械的，对 Chisel 代码真正意义上的编译，关键在于 Elaborate。但是既然 Chisel/Firrtl 编译器的代码中称这一步为 Compiler，那就说是 Compiler 吧，只是刚接触这个编译器的人看了容易感觉摸不着头脑。

上面的介绍容易使读者觉得前端和后端、Chisel 和 Firrtl 是划分得清清楚楚的，可以井水不犯河水。从逻辑的意义上确实可以认为是这样，实际操作上可以先启动 Chisel 编译，把中间结果存放在文件里，然后再启动 Firrtl 编译，把中间结果再编译成目标代码，有不少的 Annotation 就是为这样的工作模式而设的。但是现在一般更倾向于把两个编译串在一起、一气呵成。另外，从程序结构上看，Chisel 在上层，Firrtl 在下层，上层当然会引用、调用下层的程序资源。事实上，就连 Annotation 这个 trait，也是在 Firrtl 的软件包 firrtl-master 中定义的。所以二者实际上很难分得清清楚楚。但是有一点是明显的，应该是 Firrtl 的开发在先，Chisel 在后。

在整个编译过程的各个步骤之间流转的不只是单个的 Annotation，例如 ChiselGeneratorAnnotation 和 RunFirrtlTransformAnnotation 这二者就需要连在一起，前者承载着源代码，后者指明了要用哪一个 Emitter，生成什么目标代码，这是不能“失散”的。所以 Firrtl 又定义了 class AnnotationSeq 和 object AnnotationSeq：

```
/** Container of all annotations for a Firrtl compiler */
class AnnotationSeq private (private[firrtl] val underlying: List[Annotation]) {
        //这个类只有一个成分，就是 underlying，对 underlying 的赋值就构成了所创建对象的初始化，并返回该对象。
  def toSeq: Seq[Annotation] = underlying.toSeq    //toSeq()没有参数，故可省略括号。
      // toSeq()将 List[Annotation]对象 underlying 转换成一个 Seq[Annotation]，并返回该序列。
}

object AnnotationSeq {
  def apply(xs: Seq[Annotation]): AnnotationSeq = new AnnotationSeq(xs.toList)
    //将一个 Seq[Annotation]转化成一个 List，再包装成一个 AnnotationSeq 对象。
}
```

这里有两个同名的 AnnotationSeq，一个是 class，一个是 object。按 Scala 语言的规定，可以在程序中用 new 操作符创建一个某类对象，如果有同名的 object 存在也可以通过引用该 object 创建一个对应类的对象，这时候就不使用 new 操作符，而是直接引用 object 的名称。引用 object 的名称时，实际上是调用该 object 中的 apply()函数，如果该 object 中定义了 apply()函数的话。在 Scala 语言中 object 是独家的所谓 Singleton 对象，程序中不允许有多个同名的 object 存在（同名的 class 则可以存在于不同的 package 中）。如果同名的 class 和 object 定义于同一个源文件中，就说这个 object 是同名 class 的“伴生（companion）”object，或者配套 object。只要在 object 的定义中有个 apply()函数，程序中引用这个 object 的名称时就会调用其 apply()函数，而不用说明“.apply()”。以这里的 object AnnotationSeq 为例，如果代码中像引用一个变量一样地引用 AnnotationSeq，那就是调用其 apply()函数，而引用时的参数就作为 apply()的参数。所以，如果一个 object 有同名的 class，则对此 object 的引用通常就导致其同名 class 对象的创建。从某种意义上说，object 本身是无需创建、先天就已经存在，且独此一份的对象，而 class 则需要创建才产生具体存在的对象，而且可以多次创建同类的对象。所以，提供 apply()函数的 object，一般就成为同名类型对象的“生产工厂（factory）”，调用一次它的 apply()函数就产出一个对象。

在 Scala 语言中，对于 class 的定义是可以带构造参数的，所带参数即成为这个类的结构成分，并自动按实参的内容加以初始化（赋值）。这里的参数 underlying 是若干 Annotation 对象的 List。以这个 List 为参数创建一个 AnnotationSeq，就把这些 Annotation 整合在了一起，作为一个整体流转。

3.2 从命令行开始

与别的编译器一样，Chisel 编译（连同 Firrtl）也只是一种应用软件，通过命令行启动其执行时会以其 main()函数为入口。同时，按 Scala 的设计，提供这个 main()函数的又必须是个 object，而不是 class。这是因为，class 只是对于类的定义，并非具体存在的对象，程序刚开始执行时还没有这个类的对象存在；而 object 则是无需创建就已经存在的对象，是在软件装载的时候就由 Java 虚拟机创建并初始化了的，所以直接就可以调用它内部的函数。

在 Chisel 的代码中，在 object ChiselMain 和 object FirrtlMain 中各有一个 main()函数。二者分别定义于 chisel3-master 和 firrtl-master 这两个软件包中。所以如果要对 Chisel 或 Firrtl 的代码进行编译，这就是两个不同的编译器，一个是 ChiselMain，一个是 FirrtlMain。对这两个编译器的代码本身也可以（用 Scala 语言的编译器 scalac）加以编译，对于 Scala 而言这无非就是用 Scala 语言编写的应用软件。不过也可以在 Scala 的交互执行环境中解释执行这两个编译器，而且现在也以这样的运行模式居多。在 Scala 的交互运行（解释执行）环境 sbt 中，启动运行程序 ChiselMain 的命令行可以是这样：

```
sbt> runMain chisel3.stage.ChiselMain --module <module>
```

这里的 sbt>是 Scala 交互运行环境的提示符，这是“Scala Building Tool”的缩写，在操作系统环境中运行 sbt 需要先启动 scala。这里的 runMain 是 sbt 提供给用户的命令，表示要运行某个 object 内部的 main()函数。这里作为示例列出的是最简短的命令行，只给出了一个命令行参数/选项，就是“--module”，这意味着别的选项都采用默认值。后面的<module>就是需要加以编译的模块，这可以是个“生成函数”的代码，由这个生成函数创建一个具体的 Module 类对象，例如“new MyModule()”。Module 是 Chisel 提供的一个抽象类，当我们说“Module 类对象”时实际所指的是某个继承/扩充了 Module 类的具体类对象，这里的 MyModule 就是这样的具体类。Chisel 编译所编译/处理的目标必须是个 Module 类对象的代码，但是当然在一个 Module 类对象的内部还可以嵌套创建别的 Module 类对象。既然“--module”选项就是有待编译的对象，自然就不可以省略了。当然，这里假定 class MyModule 的代码，以及在其内部得到引用的其它成分的代码都已事先载入 sbt 这个运行环境。这些成分的代码，有一些是 Chisel 作为“原语”提供的（既然所运行的是 ChiselMain），这些不用用户提供，并且也许已经由 Scala 编译器 scalac 将其编译成 JVM 可执行代码，sbt 在装载 chisel3.stage.ChiselMain 的时候就（根据 import）把所有这些由 Chisel 提供的资源全都装载进去了。但是由用户实现的部分，也就是用户编写的 Chisel 代码，也需要事先已经载入 sbt 环境（比方说通过键盘输入）。或者，<module>也可以是作为编译目标的那个 Module 类源文件的文件名。但是要注意，以 MyModule 为例，Chisel 编译器（ChiselMain 就是）所编译的目标并非已经创建的 MyModule 类对象，而是这个类的 Chisel 代码，所以需要有一行“new MyModule()”。下面我们将看到，创建 MyModule 类对象，对其进行初始化的过程实际上就是对其代码进行编译的过程。所以，总而言之，参数<module>实际所指的就是一个 Module 具体类的代码。

在这里，我们关心的是 Chisel 和 Firrtl 编译器本身的代码。ChiselMain 和 FirrtlMain 这两个 object 的定义是这样：

```
object ChiselMain extends StageMain(new ChiselStage)
object FirrtlMain extends StageMain(new FirrtlStage)
```

ChiselMain 是 Chisel 编译，FirrtlMain 是 Firrtl 编译，其中 StageMain 是二者公共的部分，ChiselStage 和 FirrtlStage 则是二者不同的部分，即对于 StageMain 的不同扩充。

我们在这里只关心 ChiselMain，实际上 ChiselMain 在很大程度上也包含了 FirrtlMain，它所实现的就是前述把两个编译器串接在一起的方案，虽然也并不排除把它用作单纯的 Chisel 编译。

表面上看 ChiselMain 就这么一行代码，而且似乎并未提供其 main()函数，但这是对 StageMain 的继承和扩充，其体内自动就包含了一个 StageMain 对象，那里面就有 main()函数，而这个 StageMain 对象的创建又是以一个 ChiselStage 对象为构造参数。我们先看 StageMain：

```
class StageMain(val stage: Stage) {  //参数 stage 成为 StageMain 中的第一个结构成分
  /** The main function that serves as this stage's command line interface.
    * @param args command line arguments                //参数 args 就是命令行参数
    */
  final def main (args: Array[String]): Unit = try {
    stage.execute(args, Seq.empty)    //在我们这里 stage 是个 ChiselStage 对象，所以调用的是 ChiselStage.execute()。
      //但 ChiselStage 本身并未定义这个函数，只是从 Stage 继承了这个函数（见后），
     //所以这里实际调用的是 Stage.execute()，后者则又会调用 Stage.transform()（见后）。
     //这里的参数 Seq.empty 本应是个 AnnotationSeq，可见一开始时的 AnnotationSeq 是空白的。
  } catch {             //如果执行失败：
    case a: StageError => System.exit(a.code.number)
    case a: OptionsException =>
      StageUtils.dramaticUsageError(a.message)
      System.exit(1)
  }  //如果抛开发生异常的可能，那么在这个 main()中就只是一项操作，那就是在 try{}中调用 stage.execute()。
    //所以一旦程序从 Stage.execute()返回，整个程序的运行就结束了。
    //注意 main()传给 Stage.execute()的 annotations 是空序列 Seq.empty，在编译的过程中会一步步生成出来，越来越长。
}  //end class StageMain
```

这里确实提供了 main()函数，虽说这是在一个 class 中，但是因为这个 class 为 object ChiselMain 所继承，就等同于这个 object 中的 main()函数。这个 main()函数的调用参数 args 数组，就是来自用户在命令行中给定的各个选项。函数 main()的类型是 Unit，相当于 Java 和 C/C++中的 void，所以实质上是个过程。此外，StageMain 对象中还有个结构成分，就是作为构造参数的 stage，这是个 Stage 类对象，这里的实参是个 ChiselStage 类对象。Stage 是个抽象类，ChiselStage 才是具体类，后者是对前者的扩充。相比之下，object FirrtlMain 同样也扩充 StageMain，但是所给的实参就是个 FirrtlStage 对象了。

所以，当 mian()调用 stage.execute()这个函数的时候，所调用的本应是 ChiselStage 的 execute()函数，但是我们在下面会看到，class ChiselStage 本身并未提供 execute()函数，而是从抽象类 Stage 继承了这个函数。

顺便提一下，这里的 try-catch 过程，读者想必一看就都熟悉，但是其 catch 部分需要一点说明。Scala 语言中并无 switch 语句，但是有 match 语句，而 catch 语句倒是有点像 switch 语句。然而 Scala 的 case 语句实

际上接近于 if 语句（可以像 if 语句一样复杂，不像 C 语言 switch 语句中的 case 那样只能用作简单的数值比对），而符号“=>”意为 then，相当于 if 后面的花括号。注意在每个 case 的最后不可以有 break/continue，那是自动隐含的。特别需要说明的是，这里 case 语句中的变量 a 就好像是函数调用时的形式参数，其实参是由 catch 提供的，那就是发生异常的原因，就 Stage.execute()的执行而言，所发生异常的类型不是 StageError 就是 OptionsException。这里“case a: StageError”表示如果 a 是个 StageError 类对象；后面“a.code.number”中的 a 也是指这个对象，就像在函数中对于形式参数的引用一样。

回到抽象类 Stage 和具体类 ChiselStage 这个话题。抽象类 Stage 是对 trait Phase 的扩充，所以我们需要从 trait Phase 开始说起。

Chisel 编译将从输入 Chisel 代码到输出目标代码（如 Verilog）的转换分成若干个 Phase，即若干个阶段。所以首先就定义了（实际上来自 Firrtl）一个 trait，名称就叫 Phase，代表着各个特定阶段的性质：

```
trait Phase extends TransformLike[AnnotationSeq] with DependencyAPI[Phase] {
  /** The name of this Phase, used to generate debug/error messages or when deleting
    * annotations. This will default to the `simpleName` of the class.
    * @return this phase's name
    * @note Override this with your own implementation for different naming behavior.
    */
  lazy val name: String = this.getClass.getName      //定义 name 为调用 getClass.getName()的返回结果
}  //end trait Phase              //实质的内容都在 TransformLikc 和 DependencyAPI 中
```

在 Scala 语言中，就像在 Java 或 C++语言中一样，实际存在于存储空间的物化个体称为“对象”即 Object（注意与 object 的区别）。Scala 的运行系统或编译需要为每个具体的对象分配一块存储空间。其内部的结构和功能/性状则来自其所属“类”即 class 的定义。显然，一个 class 只要有一份结构说明即可，无须重复提供。进一步，不同类型的对象固然有不同的结构和功能/性状，然而也可能在某些方面即某些“侧面”有相同的属性，例如狗和猫都有会“叫”的一面。对于这种为多个类别所共有的侧面，也可以并且应当加以抽象提炼，通过“提取公因子”的方法另行加以定义说明，例如“叫”就是声带的震动，所以在“叫”这个侧面中也许会有关于声带的描述，狗和猫的声带就有不同。在具体 class 的定义中则只要说明这个类具有哪一个或哪几个侧面就行。对于这样的“侧面”的定义/说明，就是 trait。在一定程度上 trait 有点像 Java 语言中的 interface，但也有不同。在 trait 中也是可以有数据成分的，实际上与 class 一样，只是不能直接为其创建对象，因为那一般而言只是某种属性而已，一定得依附在某个 class 身上才行。当我们说“class X extends A with B”时，实际上是让 class X 同时从 class A 和 trait B 继承，创建 X 类对象时其数据结构中含有定义于 class A 和 trait B 的全部数据成分，也有指向 class A 和 trait B 所提供所有函数的指针。所以 Scala 语言支持多方继承，不过一个 class 所 extends、所正式继承的 class（或 trait）只可以有一个；此外就是从所 with 的 trait 继承，而且可以 with 多个 trait，例如“class X extends A with B with C with D”。进一步，在创建 X 对象、对其进行初始化时首先要进行的是对其内部所含 A 类对象、即 class A 所定义数据成分的初始化，先执行 class A 的构造函数，然后是对 trait B、C、D 中所定义数据成分的初始化，执行那些 trait 的构造函数，最后才是 class X 本身的构造函数，那就是 class X 所扩充的部分。这个初始化过程是递归的，要是 class A 或 trait B 又继承别的 class 和 trait，就再上溯到那些 class 和 trait，这是一种深度优先的遍历。

这里的 Phase 就是一个 trait，这是对另一个 trait 即 TransformLike 的继承和扩充，同时又带上了另一个侧面，即另一个 trait 的功能/性状，那就是 DependencyAPI。注意这里 trait Phase 继承/扩充的是 TransformLike[AnnotationSeq]，而不只是 TransformLike。这是因为 TransformLike 使用“泛型”即 Template，这里指定了所继承和扩充的 TransformLike 中所使用的泛型必须是 AnnotationSeq。同样，DependencyAPI 也使用泛型，这里指定了其使用的泛型必须是 Phase。

从 trait Phase 的定义中可见，这里对 TransformLike 加 DependencyAPI 所作的扩充只是添加了一个“变量”name，其类型是 String，其属性是 val。如前所述，val 与 var 是不同性质的两种“变量”，val 是 immutable，即一经赋值即不可更改，而 var 则是可以重复赋值的。从这个意义上说，val 其实不是“变量”，而只是一种定义，把 name 定义为一个特定的 String，或者说 name 代表着一个特定的 String，只是这个定义也像变量一样需要被记录在一块独立的存储空间。但是我们已经习惯于说“变量”，所以姑且仍旧称之为变量，只是要时刻注意 val 和 var 的区别。注意在“val name”前面还有个保留字 lazy，这表示在初始化时不对其进行赋值，而要到其被引用的时候才进行计算，一旦得到计算结果以后就固定下来。不管是 class 还是 trait，花括号中的内容就是其“构造函数”，其中有些是函数定义，那要在被调用时才执行，其余的语句原则上都要在初始化时加以执行，但冠有 lazy 保留字的除外。

但是 Phase 当然不只是一个名称的事，这是对编译过程中一个步骤的描述，不同的 Phase 应该有不同的处理。这是因为，trait Phase 是对 trait TransformLike 的继承和扩充，而 trait TransformLike 中定义了一个抽象函数 transform()，旨在由具体继承了 trait Phase 的某个类对这个函数加以落实，提供该具体 Phase 的 transform 操作方法。所以，后面所看到的对 p.transform()的调用，这个 p 就是直接间接继承了 trait Phase 的某类对象，所调用的就是由该类所落实的抽象函数 TransformLike.transform()。

抽象类 Stage 就是对 trait Phase 的扩充，从而也是对 TransformLike 的扩充，这是对编译过程中一个阶段的描述。这里 trait Phase 表示一个阶段，class Stage 也表示一个阶段，后者是对前者的扩充，也是对前者的具体化，所以不妨把 Phase 理解成抽象阶段，把 Stage 理解成更具体更实在的阶段：

```
package firrtl.options    //抽象类 Stage 是在这个 package 中定义的，这个 package 在 firrtl-master 中。

abstract class Stage extends Phase {
            /** A utility that helps convert command line options to annotations */
  val shell: Shell      //提供类似于操作系统 Shell 层面上的功能，这里只是抽象的类型定义，尚待落实。
    /** Run this stage on some input annotations
    * @param annotations input annotations
    * @return output annotations
    */
  protected def run(annotations: AnnotationSeq): AnnotationSeq          //有待落实的抽象函数

  /** Execute this stage on some input annotations. Annotations will be read from any input annotation files.
    * @param annotations input annotations
    * @return output annotations
    * @throws firrtl.options.OptionsException if command line or annotation validation fails
    */
  final def transform (annotations: AnnotationSeq): AnnotationSeq = {
    val annotationsx = Seq(new phases.GetIncludes).map(phases.DeletedWrapper(_))
                                          .foldLeft(annotations)((a, p) => p.transform(a))
        //创建一个 GetIncludes 对象，并将其转换成一个序列，对此序列执行 map()操作。
        //这里 phases 是个 package 的名称，即 firrtl.options.phases；GetIncludes 是个 class。
        //GetIncludes 是对 Phase 的扩充，初始化时会递归地读入文件中的 Annotation 系列（见后）。
        //前面的 Seq()则将其转换成一个序列（尽管只有一个元素），再对此序列执行 map()操作。
        //对此序列执行 map()操作，就是对序列中的每个元素调用所给定的函数，就像一个 for 循环。
        //这里调用的是 phases 中的 object DeletedWrapper，其实参为占位符“_”，表示任何 Phase 对象。
        //对于 GetIncludes 和 DeletedWrapper 后面还要详细介绍。
        //再对 map()所得结果（仍是一个序列）执行 foldLeft()操作(见后述)。
        //执行 foldLeft()操作的起点就是作为参数传下的 annotations，每一步所得仍为 annotations；
        // foldLeft()每一步操作的对象都是一个 annotations 和一个 Phase 对象，即二元组（a, p）；
        //对此二元组实施的操作是 p.transform(a)，对其实施某种变换。
```

```
        //这里的 p 代表着“Phase 对象”，实际上是带有（with）Phase 这个侧面的某类对象。
        //将最终所得结果赋值给 Seq 对象 annotationsx。
    Logger.makeScope (annotationsx) {    //Logger 是个 object，处理运行日志。
        //Logger 是个 object，其函数 makeScope 的调用界面是：
        //              def makeScope[A](options: AnnotationSeq)(codeBlock: => A): A
        //所以这里花括号中的内容实际上是一个“按名调用”的(codeBlock: => A)匿名函数定义。
        //编译器会给每个匿名函数都生成一个只供内部使用的名称，所以匿名不等于无名。
        //尽管 Logger 的本意只是关乎运行日志，但是在其 makeScope()中会执行下面这段代码，这才是关键所在：
     Seq (new phases.AddDefaults,                 //class AddDefaults 是对 trait Phase 的扩充
          new phases.Checks,                   //class Checks 也是对 trait Phase 的扩充
          new Phase { def transform(a: AnnotationSeq) = run(a) },
                         //这是对 trait Phase 的动态扩充，其 transform()函数已经具体化，就是对 Stage.run()的调用。
          new phases.WriteOutputAnnotations    //class WriteOutputAnnotations 也是对 trait Phase 的扩充
       ).map(phases.DeletedWrapper(_)).foldLeft(annotationsx)((a, p) => p.transform(a))
        //这个 Seq 序列中有 4 个元素。其中 AddDefaults、Checks、WriteOutputAnnotations 都是扩充了 Phase 的 class。
    // Phase {def transform(a: AnnotationSeq) = run(a)}其实是对 Phase 进行动态扩充而成的匿名 class。
        //执行 Logger.makeScope()的时候，先要依次创建 phases.AddDefaults、phases.Checks 等 4 个对象，
        //然后用这 4 个对象构成一个序列，再对此序列执行 map(phases.DeletedWrapper(_)).foldLeft(annotationsx)。
        //经这里 map()和 foldLeft()的处理（与前面相同），
        //最后的 p.transform(a)是依次调用这四个 class 的 transform()，以 annotationsx 为参数。
    }
  }  //end transform()

  /** Run this stage on a mix of arguments and annotations
    * @param args command line arguments
    * @param initialAnnotations annotation
    * @return output annotations
    * @throws firrtl.options.OptionsException if command line or annotation validation fails
    */
  final def execute (args: Array[String], annotations: AnnotationSeq): AnnotationSeq = transform(shell.parse(args, annotations))
                                   //这里所调用的就是上面这个 transform()。
      //这里的 shell 是个 Shell 类对象，见前面的 shell: Shell，具体在 class ChiselStage 中创建。
      //调用 transform()前先要由 shell.parse()根据参数 args 对上面传下来的 annotations 进行一些处理。
      //但是从 main()传下的 annotations 是 Seq.empty，只是一个空的序列，不起作用；
      //所以实际传给 transform()的 annotations 是由 shell.parse()根据命令行参数生成出来的，这是 annotations 原始的来源。
      //然后对其进行 transform()，将其转换成另一个 AnnotationSeq，并返回该结果。
      //整个函数只有一个语句，就是 transform()，所以一旦程序从 transform()返回，execute()也就结束。
}  //end abstract class Stage
```

这个抽象类的构造函数中只有一个抽象的数据成分 shell，别的都是函数定义，要在被调用时才执行。

显然，这里落实了 trait TransformLike 中的抽象函数 transform()，也提供了前面 main()函数中调用的 stage.execute()这个函数。但是 class Stage 仍是个抽象类，其中的函数 run()和结构成分 shell 均未落实，意图是由不同的具体类加以继承并提供自己的 run()函数并确定具体 shell 的创建。Scala 语言不允许调用定义于抽象类中的函数，对于函数的调用必须经过具体的对象才能进行，而对于抽象类是不能创建对象的，所以还有待于具体类对抽象类的扩充和对象的创建。Chisel3 的代码中继承和扩充抽象类 Stage 的具体类只有两个，就是 class ChiselStage 和 class FirrtlStage。事实上，前面创建 StageMain 对象时作为参数的就是为此而创建的一个

ChiselStage 对象。正因为这个构造参数是 ChiselStage，才使扩充了 StageMain 的那个 object 成为 ChiselMain（如果参数是 FirrtlStage 就成了 FirrtlMain）。

ChiselStage 是个体量有点大的 class（见后），其 execute()函数却是从 Stage 继承的。而抽象类 Stage 中的代码已经够我们先顺着其 execute()函数往下分析一阵了，所以我们把 ChiselStage 暂时搁置一下，先从这里的 execute()函数向下作些考察。另一方面，虽然 Scala 不允许用类似 Stage.execute()这样的形式引用一个 class 的函数（非得要引用其具体对象例如 stage.execute()才行），但是为叙述方便我们在行文时就直接说 Stage.execute()，因为只是作为解释和叙述不一定要遵循 Scala 的语法。

显然，Stage.execute()只有一行代码，那就是对 transform()的调用。但是这里的调用参数却大有文章，这个参数是 shell.parse(args, annotations)。注意这个 shell 并非操作系统的 shell，而是抽象类 Stage 中的那个 val shell，这是由 Firrtl 定义的 class Shell 的一个对象，不过在抽象类 Stage 中这尚未落实，但是下面我们将看到 Chisel 有 Chisel 的 Shall 具体类。这个 Shell 的 parse()函数，所解析的是命令行参数，把每个命令行参数都转换成一个 Annotation，并将其添加到 Annotation 序列 annotations 中。这个 annotations，原先是从 main()函数传下来的参数，其初值为 Seq.empty。这样，shell.parse()将命令行中的各个选项逐个转换成 Annotation 并添加到这个 annotations 中。这样，当程序进入 Stage.transform()时，调用参数就是单一的序列 annotations，命令行参数 args 已经消失了。可想而知，这个 annotations 中至少应该有 ChiselGeneratorAnnotation。

3.3 Chisel 的 Shell 和命令行选项

虽然我们要把 ChiselStage 搁置一下，但是先得看一下具体类 ChiselStage 中对 val shell 的定义，因为抽象类 Stage 中只是说它的类型是 Shell，却并未具体创建其对象。事实上 class ChiselStage 中的 val shell 定义为：

```
val shell: Shell = new Shell("chisel") with ChiselCli with FirrtlCli
```

意思是，创建一个名为“chisel”的 Shell 类对象，但这并不是狭义的 Shell 类对象，而是一个对 class Shell 进行动态扩充，使其继承了 ChiselCli 和 FirrtlCli 两个 trait 的匿名类对象。当然，这也仍是个广义的 Shell 类对象。这里的 ChiselCli 和 FirrtlCli，分别是 Chisel 和 Firrtl 的命令行界面，“Cli”显然是“Command Line Interface”的缩写。这是两个重要的 trait，需要好好看一下。其中 ChiselCli 是针对编译前端的，FirrtlCli 则是针对编译后端。先看 ChiselCli：

```
trait ChiselCli { this: Shell =>       //表示这个trait只能与Shell类配套使用
  parser.note("Chisel Front End Options")
  Seq(NoRunFirrtlCompilerAnnotation, PrintFullStackTraceAnnotation,       //object NoRunFirrtlCompilerAnnotation等
          ChiselOutputFileAnnotation, ChiselGeneratorAnnotation ).foreach(_.addOptions(parser))
      //注意是NoRunFirrtlCompilerAnnotation，而不是NoRunFirrtlCompilerAnnotation()，所以不会调用其apply()函数。
}
```

这个 trait 一开头的“this: Shell =>”表示这个 trait 只用于 Shell 类，并且在这个 trait 中可以反过来引用 Shell 类对象中的结构成分，但不是 Shell 类就不允许带有这个 trait。下面实质性的代码就是一行，就是创建一个 Seq 序列，里面有四个 Annotation，并对其中的每个 Annotation 都执行 addOptions()，把这些 Annotation 所分别关注和面向的命令行选项 Options 都添加到 parser 中，实际上是命令行参数解析器的一个对照表中。这里的 parser 是 Shell 中的一个成分，这是个 OptionParser 类对象。我们在前面看到对命令行的解析操作 shell.parse()，实际上就是由 parser 进行的。但是，OptionParser 是个通用的、框架性的工具，它并不知道对于命令行中具体什么选项该怎么办，得要事先教会它才行；具体的办法就是将需要关注的选项一个个添加到它内部的一个对照表中，这样它才可以在解析的时候逐项进行比对，addOptions()起的就是这个作用。不过，不同的 Annotation 有不同的关切，面向不同的命令行选项，所以每个 Annotation 都有一个或几个 ShellOption（见后），里面就是自己对相关命令行选项的规定。可想而知，一个个的 Annotation 都得把自己所关切的命令行选项添加到 parser 中。注意这里所引用的 4 个 Annotation，4 个 object，以 NoRunFirrtlCompilerAnnotation 为例，这里写

的不是 NoRunFirrtlCompilerAnnotation()，所以不会调用它的 apply()函数，而只是在 foreach()中调用它的 addOptions()函数。函数 addOptions()定义于 trait HasShellOptions，凡是 with HasShellOptions 的 Annotation 都继承了这个函数。当然，并非所有的 Annotation 都带有这个 trait，许多 Annotation 与命令行毫无关系。

如前所述，创建对象时在其初始化过程中先要执行所继承的 class 和 trait 的构造函数，所以这里针对四个 Annotation 的 addOptions()操作在创建 Shell 对象时就会得到执行，把各个具体 Annotation 内部 ShellOption 的内容加载到 parser 中。例如，ChiselGeneratorAnnotation 所关注的命令行选项就是“--module”，事实上，命令行中有“--module”选项才会创建一个 ChiselGeneratorAnnotation 对象。同样的道理，这里序列中的前面三个 object 分别说明在什么情况下、命令行中有什么选项才要创建那些 Annotation。

再看 FirrtlCli，Firrtl 的命令行界面上有更多的选项，可能会创建更多的 Annotation：

```
trait FirrtlCli { this: Shell =>
  parser.note("FIRRTL Compiler Options")
  Seq(FirrtlFileAnnotation, OutputFileAnnotation, InfoModeAnnotation, FirrtlSourceAnnotation,
    RunFirrtlTransformAnnotation,
    firrtl.EmitCircuitAnnotation,
    firrtl.EmitAllModulesAnnotation,
    NoCircuitDedupAnnotation, WarnNoScalaVersionDeprecation, PrettyNoExprInlining,
    DisableFold, OptimizeForFPGA, CurrentFirrtlStateAnnotation).map(_.addOptions(parser))

  phases.DriverCompatibility.TopNameAnnotation.addOptions(parser)
  phases.DriverCompatibility.EmitOneFilePerModuleAnnotation.addOptions(parser)
}
```

用于后端的 Annotation 有十余种之多。其中 RunFirrtlTransformAnnotation、EmitCircuitAnnotation、EmitAllModulesAnnotation 有着特别的重要性。在这三个 Annotation 类别中，后两个类别与我们此刻的关切是最直接的，而且其中 EmitCircuitAnnotation 的 ShellOption 十分典型，所以我们先看一下 EmitCircuitAnnotation：

```
case class EmitCircuitAnnotation (emitter: Class[_ <: Emitter]) extends EmitAnnotation
```

这是个 case class，是对 trait EmitAnnotation 的扩充，但是实际上并没有什么扩充，只是具体给定了构造参数 emitter，并把 trait 转成了 case class，从而允许为其创建对象，trait EmitAnnotation 的定义是这样：

```
// ***** Annotations for telling the Emitters what to emit *****
sealed trait EmitAnnotation extends NoTargetAnnotation {
  val emitter: Class[_ <: Emitter]     //表示可以是从 Emitter 类直接间接派生的任何子类，这是个抽象成分。
}
```

注意对于 trait 是不能创建对象的，对 class 才可以，包括 case class。

这就是说，一个 EmitCircuitAnnotation 类的 Annotation 对象只包含一个数据成分，那就是一个 Emitter 类的子类对象。但是，既然是 case class，就一定有个同名的伴生 object，即使没有也会由 Scala 编译给自动创建一个，不过这里（同一个源文件中）确实就是有这个 object：

```
object EmitCircuitAnnotation extends HasShellOptions {   //表示要求编译生成的结果是关于电路的描述
  val options = Seq(
    new ShellOption[String](
      longOption = "emit-circuit",                //命令行中的选项为“--emit-circuit”
```

```
      toAnnotationSeq = (a: String) =>                    // toAnnotationSeq()是个函数，从一个String映射到一个AnnotationSeq
        a match {
          case "chirrtl" => Seq(RunFirrtlTransformAnnotation(new ChirrtlEmitter), EmitCircuitAnnotation(classOf[ChirrtlEmitter]))
                                              //如果给定的是“--emit-circuit chirrtl”，就创建并返回这样一个Annotaion序列。
          case "mhigh" => Seq(RunFirrtlTransformAnnotation(new MinimumHighFirrtlEmitter),
                                                              EmitCircuitAnnotation(classOf[MinimumHighFirrtlEmitter]))
                                              //对于Firrtl的目标代码生成有mhigh、high、middle、low等四种不同级别
          case "high" => Seq(RunFirrtlTransformAnnotation(new HighFirrtlEmitter),
                                                              EmitCircuitAnnotation(classOf[HighFirrtlEmitter]))
          case "middle" => Seq(RunFirrtlTransformAnnotation(new MiddleFirrtlEmitter),
                                                              EmitCircuitAnnotation(classOf[MiddleFirrtlEmitter]))
          case "low" => Seq(RunFirrtlTransformAnnotation(new LowFirrtlEmitter),
                                                              EmitCircuitAnnotation(classOf[LowFirrtlEmitter]))
          case "verilog" | "mverilog" => Seq(RunFirrtlTransformAnnotation(new VerilogEmitter),
                                                              EmitCircuitAnnotation(classOf[VerilogEmitter]))
                                              //如果给定的是“--emit-circuit verilog”，就创建并返回这样一个Annotaion序列。
          case "sverilog" => Seq(RunFirrtlTransformAnnotation(new SystemVerilogEmitter),
                                                              EmitCircuitAnnotation(classOf[SystemVerilogEmitter]))
          case "experimental-btor2" => Seq(RunFirrtlTransformAnnotation(new Btor2Emitter),
                                                              EmitCircuitAnnotation(classOf[Btor2Emitter]))
          case "experimental-smt2" => Seq(RunFirrtlTransformAnnotation(new SMTLibEmitter),
                                                              EmitCircuitAnnotation(classOf[SMTLibEmitter]))
          case _ => throw new PhaseException(s"Unknown emitter '$a'! (Did you misspell it?)")
        },
      helpText = "Run the specified circuit emitter (all modules in one file)",          //本选项的提示
      shortOption = Some("E"),                    //或者也可以用“短选项”模式的“-E”
       // the experimental options are intentionally excluded from the help message
      helpValueName = Some("<chirrtl|high|middle|low|verilog|mverilog|sverilog>")  //本选项的取值范围
),  //end new ShellOption

    new ShellOption[String](
      longOption = "emit-circuit-protobuf",                //命令行中的选项为“--emit-circuit-protobuf”
        toAnnotationSeq = (a: String) => a match {
          case "chirrtl" => Seq(RunFirrtlTransformAnnotation(new ProtoEmitter.Chirrtl),
                                                      EmitCircuitAnnotation(classOf[ProtoEmitter.Chirrtl]))
         …                                            //略去case "mhigh"等
          case _ => throw new PhaseException(s"Unknown emitter '$a'! (Did you misspell it?)")
        },
      helpText = "Run the specified circuit emitter generating a Protocol Buffer format",
      shortOption = Some("P"),
       // the experimental options are intentionally excluded from the help message
      helpValueName = Some("<chirrtl|mhigh|high|middle|low|low-opt>")
    )  //end new ShellOption
  )  //end val options
}  //end object EmitCircuitAnnotation
```

这个 object 中只有一个数据成分 val options，但这是一个 ShellOption 对象的序列。这里的序列中包含两个 ShellOption 对象，其一是为命令行选项“emit-circuit”定义的，里面都是表示选项的参数是什么就用什么 Emitter 为参数创建什么样的 Annotation 序列。其二是为命令行选项“emit-circuit-protobuf”定义的，里面也都是这样的 case 语句，但那都是针对 ProtoBuf 格式的。每个 ShellOption 对象的内部列举了一连串的 Option，即可以被用在命令行中针对该特定选项的参数。例如“verilog”就是可以用作“emit-circuit”选项的参数，但是例如“vhdl”就不被接受。注意这里的 RunFirrtlTransformAnnotation()和 EmitCircuitAnnotation()都是带括号的，所以都会调用其 apply()函数，创建相应的 Annotation 对象。这样，对命令行进行解析之后产生出一些什么 Annotation，就取决于在命令行中输入了一些什么选项。

ShellOption 类的定义是这样：

```
/** Contains information about a [[Shell]] command line option
  * @tparam the type of the command line argument
  * @param longOption a long, double-dash option
  * @param toAnnotationSeq a function to convert the type into an [[firrtl.AnnotationSeq AnnotationSeq]]
  * @param helpText help text
  * @param shortOption an optional single-dash option
  * @param helpValueName a string to show as a placeholder argument in help text
  */
final class ShellOption[A: Read](val longOption: String, val toAnnotationSeq: A => AnnotationSeq, val helpText: String,
                                 val shortOption: Option[String] = None, val helpValueName: Option[String] = None) {
                    //参数toAnnotationSeq实际上是个函数，类型为 A => AnnotationSeq，A是从命令行的读入。
  /** Add this specific shell (command line) option to an option parser
    * @param p an option parser
    */
  final def addOption(p: OptionParser[AnnotationSeq]): Unit = {...}   //我们不拟过于深入，这里就从略了。
}   //end class ShellOption
```

每个 ShellOption 对象都有 longOption 等五个数据成分，这五个数据成分都是在创建该类对象时作为构造参数的，不过其中的 shortOption 和 helpValueName 有默认值，所以实际上可以只给三个。其中的关键是 toAnnotationSeq，这是个函数，所提供的是从泛型 A 类的对象（实际上是 String 类对象）映射到一个 AnnotationSeq 的方法；实际上就是关于命令行中给定本选项的什么参数导致创建什么 Annotation 序列的规则。前面 ChiselCli 和 FirrtlCli 两个 trait 中对所列的各种 Annotation 调用其 addOptions()，就是要把这些 Annotation 类所给的 ShellOption 都装载到 Shell 的 parser 中备用。由于 toAnnotationSeq()函数中可以用 match/case 语句提供多个 case 的映射，实际上一个 toAnnotationSeq()函数可以提供针对属于同一选项的多种具体参数值（例如既可以是“verilog”，也可以是“sverilog”）的映射。以 object EmitCircuitAnnotation 为例，其 val options 就是内含两个 ShellOption 类对象的序列，其中关于“emit-circuit”选项这个 ShellOption 的 toAnnotationSeq()函数，其 match 语句中就有 10 个 case。根据这 10 个 case，如果命令行中的参数是“verilog”，或者是“sverilog”，就构建一个 Annotation 的序列，即：

Seq(RunFirrtlTransformAnnotation(new VerilogEmitter), EmitCircuitAnnotation(classOf[VerilogEmitter]))

序列中的第一个 Annotation 是 RunFirrtlTransformAnnotation，其构造参数是“new VerilogEmitter”，即为其创建一个 VerilogEmitter 类对象，然后包装在一个 RunFirrtlTransformAnnotation 中。第二个 Annotation 是 EmitCircuitAnnotation，它的构造参数是具体 Emitter 的类型（而不是这个 Emitter 对象本身），所以是 classOf[VerilogEmitter]。命令行参数为“verilog”的这个 case 是这样，别的 case 也是类似。

原则上对应于每个命令行选项都有个 Annotation，从 Chisel 所定义各种 Annotaion 的 ShellOption 可以看出 Chisel 有些什么命令行选项。作者找不到列举这些 Chisel 命令行选项的手册，所以觉得在这里列举一下这些 Annotaion 的 ShellOption 摘要，也许会对读者有所帮助，不过这里列得也不完全，有些 Annotation，例如与 Log 有关的，就省略了。上面已经列出的 EmitCircuitAnnotation 这里就不重复了。这些 Annotation 都是 case class，所以都有配套的 object，这里基本上只列出 object，因为 ShellOption 对象都是在伴生 object 中创建的。

首先是用来承载源代码的 ChiselGeneratorAnnotation：

```
/** An [[firrtl.annotations.Annotation]] storing a function that returns a Chisel module
  * @param gen a generator function
  */
case class ChiselGeneratorAnnotation (gen: () => RawModule) extends NoTargetAnnotation with Unserializable {
  /** Run elaboration on the Chisel module generator function stored by this [[firrtl.annotations.Annotation]] */
  def elaborate: AnnotationSeq = (new chisel3.stage.phases.Elaborate).transform(Seq(this))
}

object ChiselGeneratorAnnotation extends HasShellOptions {
  /** Construct a [[ChiselGeneratorAnnotation]] with a generator function that will try to construct a
    * Chisel Module from using that Module's name.
    * The Module must both exist in the class path and not take parameters.
    * @param name a module name
    * @throws firrtl.options.OptionsException if the module name is not found or if no parameterless constructor
    * for that Module is found
    */
  def apply (name: String): ChiselGeneratorAnnotation = {
    val gen = () => try {       //gen是个函数，这个函数没有输入参数（所以是空括号对），返回值则是try{}的结果。
      Class.forName(name).asInstanceOf[Class[_ <: RawModule]].newInstance()
            //结果是抽象类RawModule的某个名为name的直接或间接子类的源代码，作为一个对象（Instance）。
    } catch {
      case e: ClassNotFoundException => throw new OptionsException(
       s"Unable to locate module '$name'! (Did you misspell it?)", e)
      case e: InstantiationException => throw new OptionsException(
                                          s"Unable to create instance of module '$name'! (Does this class take parameters?)", e)
    }
    ChiselGeneratorAnnotation(gen)       //将gen这个模块包装在一个ChiselGeneratorAnnotation对象中
  }

  val options = Seq(
    new ShellOption[String](
      longOption = "module",      //命令行中的选项为“--module”
      toAnnotationSeq = (a: String) => Seq(ChiselGeneratorAnnotation(a)),
                  //字符串a为“--module”后面的模块名，以此为参数name调用这个object的apply()函数
      helpText = "The name of a Chisel module to elaborate (module must be in the classpath)",
      helpValueName = Some("<package>.<module>") ) )
}   //end object ChiselGeneratorAnnotation
```

在所有的 Annotation 中，这恐怕是最不好理解的。这里在创建 ChiselGeneratorAnnotation 类对象时给定的参数是一个“生成函数”gen，一个没有调用参数，而返回值为一个 try 语句的输出；可是这个 gen 又被说成是 val gen。其实，Scala 语言中的 def 与 val 确实非常接近，因为对于 val 都有个“赋值函数”，或者说 val 总是定义为某个函数的返回值。但是这里面有个区别：如果是通过 def 定义的函数，那就是在调用时才执行，

调用一次就从头执行一次；而如果是 val，那就是按语句出现的顺序加以执行，而且只执行一次，以后在引用这个 val 的值的时候就不重复计算了。这里把它说明成 val，就是要保证按程序中的次序执行，先试图找到以 name 为名的 class 并为其创建一个对象，这个 class 必须是抽象类 RawModule 的直接或间接子类。而这个 name，则又是调用 object ChiselGeneratorAnnotation 时给定的参数。那么这个 name 又是从哪里来的呢？我们看下面 val options 序列中那个 ShellOption。这个 ShellOption 是这样：如果命令行中键入“--module xyz”，则“xyz”就是 toAnnotationSeq()的参数 a，这个参数就被用作调用 ChiselGeneratorAnnotation.apply()的参数，在那里用于创建生成模块 gen，然后以 gen 为参数创建 ChiselGeneratorAnnotation 对象：

```
/** An [[firrtl.annotations.Annotation]] storing a function that returns a Chisel module
  * @param gen a generator function
  */
case class ChiselGeneratorAnnotation (gen: () => RawModule) extends NoTargetAnnotation with Unserializable {
    /** Run elaboration on the Chisel module generator function stored by this [[firrtl.annotations.Annotation]] */
  def elaborate: AnnotationSeq = (new chisel3.stage.phases.Elaborate).transform(Seq(this))
}
```

ChiselGeneratorAnnotation 是个 case class，其构造参数就是生成函数 gen()，不过这是按值调用，所以在创建 ChiselGeneratorAnnotation 对象前先要计算 gen()的值，在上面 object ChiselGeneratorAnnotation 中的 apply() 函数中，则先把 val gen 的值先计算好，然后就用作创建 ChiselGeneratorAnnotation 对象的参数，这二者在这里是一致的，所以，承载在 ChiselGcneratorAnnotation 中的是个 RawModule 模块的代码。

另外，class ChiselGeneratorAnnotation 提供了一个函数 elaborate()，那就是对这个 Annotation 所承载 chisel 源代码的解析。

然后是 RunFirrtlTransformAnnotation，这个 Annotation 所承载的信息主要是用什么 Emitter，或者说编译的目标（例如 Verilog、SystemVerilog、Firrtl 等），不过也不尽然，例如选项“--change-name-case”同样也产生一个 RunFirrtlTransformAnnotation，可是所承载的信息却只是关于采用（一律）大写或小写。实际上用得最多的则是“--compile”或“-X”，那就是关于 Emitter 和编译目标的了：

```
/** Holds the unambiguous class name of a [[Transform]] to run
  *   - will be append to [[FirrtlExecutionOptions.customTransforms]]
  *   - set with `-fct/--custom-transforms`
  * @param transform the full class name of the transform
  */
case class RunFirrtlTransformAnnotation(transform: Transform) extends NoTargetAnnotation
                //包装在RunFirrtlTransformAnnotation中的是一种带有trait Transform的某类对象。

object RunFirrtlTransformAnnotation extends HasShellOptions {
  def apply (transform: TransformDependency): RunFirrtlTransformAnnotation =
                                                    RunFirrtlTransformAnnotation(transform.getObject())
  val options = Seq(
    new ShellOption[Seq[String]](
      longOption = "custom-transforms",                //命令行中的选项为“--custom-transforms”
      toAnnotationSeq = _.map(txName =>               //选项中所给定参数是一种自定义Transform的名称
        try {
          val tx = Class.forName(txName).asInstanceOf[Class[_ <: Transform]].newInstance()
          RunFirrtlTransformAnnotation(tx)
```

```
        } catch { … }
      ),
      helpText = "Run these transforms during compilation",
      shortOption = Some("fct"),                    //或者也可以用“短选项”模式的“-fct”
      helpValueName = Some("<package>.<class>")
    ),
    new ShellOption[String](
      longOption = "change-name-case",              //命令行中的选项为“--change-name-case”
      toAnnotationSeq = _ match {
        case "lower" => Seq(RunFirrtlTransformAnnotation(new firrtl.features.LowerCaseNames))
        case "upper" => Seq(RunFirrtlTransformAnnotation(new firrtl.features.UpperCaseNames))
        case a => throw new OptionsException(s"Unknown case '$a'. Did you misspell it?")
      },
      helpText = "Convert all FIRRTL names to a specific case",
      helpValueName = Some("<lower|upper>")
    ),
    new ShellOption[String](
      longOption = "compiler",                      //命令行中的选项为“--compiler”
      toAnnotationSeq = a => Seq(stringToEmitter(a)),  //创建所指定的Emitter和RunFirrtlTransformAnnotation，见下。
      helpText = "The FIRRTL compiler to use (default: verilog)",
      shortOption = Some("X"),                      //或者也可以用“短选项”模式的“-X”
      helpValueName = Some("<none|high|middle|low|verilog|mverilog|sverilog>")    //本选项的取值范围
    )
  )  //end val options

  private[firrtl] def stringToEmitter (a: String): RunFirrtlTransformAnnotation = {    //创建以字符串a为名称的Emitter对象
    val emitter = a match {
      case "none" => new ChirrtlEmitter
      case "mhigh" => new MinimumHighFirrtlEmitter
      case "high" => new HighFirrtlEmitter
      case "low" => new LowFirrtlEmitter
      case "middle" => new MiddleFirrtlEmitter
      case "verilog" => new VerilogEmitter
      case "mverilog" => new MinimumVerilogEmitter
      case "sverilog" => new SystemVerilogEmitter
      case _ => throw new OptionsException(s"Unknown compiler name '$a'! (Did you misspell it?)")
    }
    RunFirrtlTransformAnnotation(emitter)           //产生承载着例如VerilogEmitter对象的RunFirrtlTransformAnnotation。
  }
} //end object RunFirrtlTransformAnnotation
```

与 EmitCircuitAnnotation 相对的，是 EmitAllModulesAnnotation，前者要求生成编译结果（例如 Verilog 代码），将生成的代码写入输出文件，后者则只要求把所产生的模块写入输出文件。为此可以在命令行中使用选项“--emit-modules”或“-e”：

```
case class EmitAllModulesAnnotation(emitter: Class[_ <: Emitter]) extends EmitAnnotation
```

```
// ***** Annotations for telling the Emitters what to emit *****
sealed trait EmitAnnotation extends NoTargetAnnotation { val emitter: Class[_ <: Emitter] }

object EmitAllModulesAnnotation extends HasShellOptions {
  val options = Seq(
    new ShellOption[String](
      longOption = "emit-modules",                //命令行中的选项为“--emit-modules”
      toAnnotationSeq = (a: String) =>
        a match {
          case "chirrtl" => Seq(RunFirrtlTransformAnnotation(new ChirrtlEmitter),
                                      EmitAllModulesAnnotation(classOf[ChirrtlEmitter]))
          case "mhigh" => …
          case "high" => …
          case "middle" => …
          case "low" => …
          case "verilog" | "mverilog" => Seq(RunFirrtlTransformAnnotation(new VerilogEmitter),
                                      EmitAllModulesAnnotation(classOf[VerilogEmitter]))
          case "sverilog" => Seq(RunFirrtlTransformAnnotation(new SystemVerilogEmitter),
                                      EmitAllModulesAnnotation(classOf[SystemVerilogEmitter]))
          case _ => throw new PhaseException(s"Unknown emitter '$a'! (Did you misspell it?)")
        },
      helpText = "Run the specified module emitter (one file per module)",
      shortOption = Some("e"),
      helpValueName = Some("<chirrtl|high|middle|low|verilog|mverilog|sverilog>")
    )  //end new ShellOption
  )  //end val options
}  //end object EmitAllModulesAnnotation
```

如果对 Chisel 代码的编译不是一竿子到底，而是先只做 Chisel 编译，甚至 Chisel 编译也不是一次完成，就需要把中间结果以 Annotation 序列的形式保存在一个中间文件里，在命令行中可以通过使用“--output-annotation-file”或“-foaf”选项指定该文件名。这个信息承载在 OutputAnnotationFileAnnotation 里：

```
/** An explicit output _annotation_ file to write to
  *   - set with `-foaf/--output-annotation-file`
  * @param value output annotation filename
  */
case class OutputAnnotationFileAnnotation(file: String) extends NoTargetAnnotation with StageOption

object OutputAnnotationFileAnnotation extends HasShellOptions {
  val options = Seq(
    new ShellOption[String](
      longOption = "output-annotation-file",              //命令行中的选项为“--output-annotation-file”
      toAnnotationSeq = (a: String) => Seq(OutputAnnotationFileAnnotation(a)),      //a就是该选项的给定参数，是个文件名。
      helpText = "An output annotation file",
      shortOption = Some("foaf"),                      //或者也可以用“短选项”模式的“-foaf”
```

```
      helpValueName = Some("<file>")
    )
  )
}  //end object OutputAnnotationFileAnnotation
```

在命令行中可以通过使用“--target-dir”或“--td”选项指定所有输出文件的目录，承载这个信息的 Annotation 是 TargetDirAnnotation：

```
/** Holds the name of the target directory
  *   - set with `-td/--target-dir`
  *   - if unset, a [[TargetDirAnnotation]] will be generated with the
  * @param value target directory name
  */
case class TargetDirAnnotation(directory: String = ".") extends NoTargetAnnotation with StageOption

object TargetDirAnnotation extends HasShellOptions {
  val options = Seq(
    new ShellOption[String](
      longOption = "target-dir",                                      //命令行中的选项为“--target-dir”
      toAnnotationSeq = (a: String) => Seq(TargetDirAnnotation(a)),   //a就是该选项的给定参数，是个目录名。
      helpText = "Work directory (default: '.')",                     // ‘.’ 表示当前目录
      shortOption = Some("td"),                                       //或者也可以用“短选项”模式的“-td”
      helpValueName = Some("<directory>")
    )
  )
}
```

Chisel 编译对象的内容也可以来自保存着的 Annotation 序列中间文件，以供继续往下编译，文件名可以通过命令行选项“--annotation-file”或“-faf”给定，这个信息承载在 InputAnnotationFileAnnotation 中：

```
/** Holds a filename containing one or more [[annotations.Annotation]] to be read
  *   - this is not stored in [[FirrtlExecutionOptions]]
  *   - set with `-faf/--annotation-file`
  * @param value input annotation filename
  */
case class InputAnnotationFileAnnotation(file: String) extends NoTargetAnnotation with StageOption

object InputAnnotationFileAnnotation extends HasShellOptions {
  val options = Seq(
    new ShellOption[String](
      longOption = "annotation-file",                                          //命令行中的选项为“--annotation-file”
      toAnnotationSeq = (a: String) => Seq(InputAnnotationFileAnnotation(a)),  //a就是该选项的给定参数，是输入文件名。
      helpText = "An input annotation file",
      shortOption = Some("faf"),                                               //或者也可以用“短选项”模式的“-faf”
      helpValueName = Some("<file>")
    )
```

```
  )
}
```

Chisel 代码的编译默认是连 Firrtl 编译一气呵成的，但也可以通过命令行选项“--no-run-firrtl”或“-chnrf”要求只做 Chisel 编译不做 Firrtl 编译。用来承载这个信息的 Annotation 是 NoRunFirrtlCompilerAnnotation：

```
/** Disable the execution of the FIRRTL compiler by Chisel
  */
case object NoRunFirrtlCompilerAnnotation extends NoTargetAnnotation
                                         with ChiselOption with HasShellOptions with Unserializable {
  val options = Seq(
    new ShellOption[Unit](
      longOption = "no-run-firrtl",                    //命令行中的选项为“--no-run-firrtl”
      toAnnotationSeq = _ => Seq(NoRunFirrtlCompilerAnnotation),
      helpText = "Do not run the FIRRTL compiler (generate FIRRTL IR from Chisel and exit)",
      shortOption = Some("chnrf") ) )
}
```

整个 Chisel 编译阶段的输出文件名可以通过命令行选项“--chisel-output-file”给定，用来承载这个信息的 Annotation 是 ChiselOutputFileAnnotation：

```
case class ChiselOutputFileAnnotation(file: String) extends NoTargetAnnotation with ChiselOption with Unserializable

object ChiselOutputFileAnnotation extends HasShellOptions {
  val options = Seq(
    new ShellOption[String](
      longOption = "chisel-output-file",                    //命令行中的选项为“--chisel-output-file”
      toAnnotationSeq = (a: String) => Seq(ChiselOutputFileAnnotation(a)),      //a就是该选项的给定参数，是输出文件名。
      helpText = "Write Chisel-generated FIRRTL to this file (default: <circuit-main>.fir)",
      helpValueName = Some("<file>") ) )
}
```

Firrtl 编译阶段的输入文件名可以通过命令行选项“--input-file”或“-i”给定，用来承载这个信息的 Annotation 是 FirrtlFileAnnotation：

```
/** An explicit input FIRRTL file to read
  *  - set with `-i/--input-file`
  *  - If unset, an [[FirrtlFileAnnotation]] with the default input file __will not be generated__
  * @param file input filename
  */
case class FirrtlFileAnnotation(file: String) extends NoTargetAnnotation with CircuitOption {
  def toCircuit(info: Parser.InfoMode): FirrtlCircuitAnnotation = {
    val circuit = try {
      FirrtlStageUtils.getFileExtension(file) match {
        case ProtoBufFile => proto.FromProto.fromFile(file)
        case FirrtlFile    => Parser.parseFile(file, info)
```

```
            }
        } catch {
            case a @ (_: FileNotFoundException | _: NoSuchFileException) =>
                throw new OptionsException(s"Input file '$file' not found! (Did you misspell it?)", a)
        }
        FirrtlCircuitAnnotation(circuit)
    }
}

object FirrtlFileAnnotation extends HasShellOptions {
    val options = Seq(
        new ShellOption[String](
            longOption = "input-file",                        //命令行中的选项为“--input-file”
            toAnnotationSeq = a => Seq(FirrtlFileAnnotation(a)),    //a就是该选项的给定参数，是Firrtl编译阶段的输入文件名。
            helpText = "An input FIRRTL file",
            shortOption = Some("i"),                          //或者也可以用“短选项”模式的“--i”
            helpValueName = Some("<file>")
        )
    )
}
```

Firrtl 编译阶段的输出文件名可以通过命令行选项“--output-file”或“-o”给定，用来承载这个信息的 Annotation 是 OutputFileAnnotation：

```
/** An explicit output file the emitter will write to
  *   - set with `-o/--output-file`
  *  @param file output filename
  */
case class OutputFileAnnotation(file: String) extends NoTargetAnnotation with FirrtlOption

object OutputFileAnnotation extends HasShellOptions {
    val options = Seq(
        new ShellOption[String](
            longOption = "output-file",                          //命令行中的选项为“--output-file”
            toAnnotationSeq = a => Seq(OutputFileAnnotation(a)),   //a就是该选项的给定参数，是Firrtl编译阶段的输出文件名。
            helpText = "The output FIRRTL file",
            shortOption = Some("o"),                             //或者也可以用“短选项”模式的“-o”
            helpValueName = Some("<file>")
        )
    )
}
```

还有一种 InfoModeAnnotation，也是用于 Firrtl 编译阶段，用来承载一些附加信息，相应的命令行选项是“--info-mode”，具体可选用的是“use”、“ignore”、“gen”、“append”等。如果不打这个选项就会默认“use”。其实这是很鸡毛蒜皮的事，但既然有这么个命令行选项就也在这里提一下：

```
/** Sets the info mode style
  *   - set with `--info-mode`
  * @param mode info mode name
  * @note This cannot be directly converted to [[Parser.InfoMode]] as that depends on
  *        an optional [[FirrtlFileAnnotation]]
  */
case class InfoModeAnnotation(modeName: String = "use") extends NoTargetAnnotation with FirrtlOption {
  require(
    modeName match { case "use" | "ignore" | "gen" | "append" => true; case _ => false },
                                        s"Unknown info mode '$modeName'! (Did you misspell it?)"
  )

  /** Return the [[Parser.InfoMode]] equivalent for this [[firrtl.annotations.Annotation Annotation]]
    * @param infoSource the name of a file to use for "gen" or "append" info modes
    */
  def toInfoMode(infoSource: Option[String] = None): Parser.InfoMode = modeName match {
    case "use" => Parser.UseInfo
    case "ignore" => Parser.IgnoreInfo
    case _ =>
      val a = infoSource.getOrElse("unknown source")
      modeName match {
        case "gen" => Parser.GenInfo(a)
        case "append" => Parser.AppendInfo(a)
      }
  }
}

object InfoModeAnnotation extends HasShellOptions {
  val options = Seq(
    new ShellOption[String](
      longOption = "info-mode",        //命令行中的选项为"--info-mode"
      toAnnotationSeq = a => Seq(InfoModeAnnotation(a)),
      helpText = s"Source file info handling mode (default: ${apply().modeName})",
      helpValueName = Some("<ignore|use|gen|append>")
    )
  )
}
```

Firrtl 编译阶段的输入，除非是从 Chisel 编译开始一气呵成下来，其输入总是来自文件，文件名需要在命令行中通过“--firrtl-source”选项给定，相关的信息承载在 FirrtlSourceAnnotation 中：

```
/** Holds a [[scala.Predef.String String]] containing FIRRTL source to read as input
  *   - set with `--firrtl-source`
  * @param value FIRRTL source as a [[scala.Predef.String String]]
  */
case class FirrtlSourceAnnotation(source: String) extends NoTargetAnnotation with CircuitOption {
```

```
  def toCircuit(info: Parser.InfoMode): FirrtlCircuitAnnotation = FirrtlCircuitAnnotation(Parser.parseString(source, info))
}

object FirrtlSourceAnnotation extends HasShellOptions {
  val options = Seq(
    new ShellOption[String](
      longOption = "firrtl-source",      //命令行中的选项为"--firrtl-source"
      toAnnotationSeq = a => Seq(FirrtlSourceAnnotation(a)),
      helpText = "An input FIRRTL circuit string",
      helpValueName = Some("<string>")
    )
  )
}
```

Firrtl 的编译可以分次进行，这次的产生的中间结果可以保存起来，下次再继续。当然下次再继续的时候就不从头开始了，这时候就要告诉 Firrtl 从哪一步开始，所用的命令行选项是“--start-from”，不过现在恐怕很少有人会这样做了。用来承载这个信息的 Annotation 则是 CurrentFirrtlStateAnnotation：

```
/** Indicate to the FIRRTL compiler that specific transforms have already been run.
  * The intended use of this is for advanced users who want to skip specific transforms in the FIRRTL compiler.
  * It is far safer for users to use the command line options to the FIRRTL compiler via `--start-from = <form>`.
  * @param currentState a sequence of transforms that have already been run on the circuit
  */
case class CurrentFirrtlStateAnnotation(currentState: Seq[TransformDependency]) extends NoTargetAnnotation with FirrtlOption

private[stage] object CurrentFirrtlStateAnnotation extends HasShellOptions {
  /** This is just the transforms necessary for resolving types and checking that everything is okay. */
  private val dontSkip: Set[TransformDependency] = Set(              //关于Dependency见后面介绍
    Dependency[firrtl.stage.transforms.CheckScalaVersion],              //第一步是CheckScalaVersion
    Dependency(passes.ResolveKinds),                                    //第二步是ResolveKinds，余类推。
    Dependency(passes.InferTypes),
    Dependency(passes.ResolveFlows)
  ) ++ Forms.Checks

  override val options = Seq(
    new ShellOption[String](
      longOption = "start-from",                     //命令行中的选项为"--start-from"
      toAnnotationSeq = a =>
       (a match {
         case "chirrtl" => Seq.empty
         case "mhigh" => Forms.MinimalHighForm
         case "high" => Forms.HighForm
         case "middle" => Forms.MidForm
         case "low" => Forms.LowForm
         case "low-opt" => Forms.LowFormOptimized
         case _ => throw new OptionsException(s"Unknown start-from argument '$a'! (Did you misspell it?)")
```

```
        }).filterNot(dontSkip) match {
          case b if a.isEmpty => Seq.empty
          case b => Seq(CurrentFirrtlStateAnnotation(b))
        },
      helpText = "",
      helpValueName = Some("<chirrtl|mhigh|high|middle|low|low-opt>")
    )  //end new ShellOption
  )  //end val options
}  //end object CurrentFirrtlStateAnnotation
```

如果在命令行中加上“--target:fpga”项，那就表示所生成的结果最后要在 FPGA 芯片中实现，所以应针对 FPGA 进行一些优化，大多是与存储器和外设有关。这个目标涉及一连串的 Annotation，所以代码中定义的不是一个 Annotation，而是一个 object OptimizeForFPGA：

```
/**
   * This flag enables a set of options that guide the FIRRTL compilation flow to ultimately generate Verilog that is
   * more amenable to using for synthesized FPGA designs. Currently, this flag affects only memories, as the need
   * to emit memories that support downstream inference of hardened RAM macros. These options are not intended
   * to be specialized to any particular vendor; instead, they aim to emit simple Verilog that more closely reflects
   * traditional human-written definitions of synchronous-read memories.
   *
   * 1) Enable the [[firrtl.passes.memlib.InferReadWrite]] transform to reduce port count, where applicable.
   *
   * 2) Use the [[firrtl.transforms.SimplifyMems]] transform to Lower aggregate-typed memories with always-high
   *       masks to packed memories without splitting them into multiple independent ground-typed memories.
   *
   * 3) Use the [[firrtl.passes.memlib.SeparateWriteClocks]] transform to ensure that each write port of a
   *       multiple-write, synchronous-read memory with 'undefined' collision behavior ultimately maps to a separate
   *       clocked process in the emitted Verilog. This avoids the issue of implicitly constraining cross-port collision
   *       and write ordering behavior and helps simplify inference of true dual-port RAM macros.
   *
   * 4) Use the [[firrtl.passes.memlib.SetDefaultReadUnderWrite]] to specify that memories with undefined
   *       read-under-write behavior should map to emitted microarchitectures characteristic of "read-first" ports by
   *       default. This eliminates the difficulty of inferring a RAM macro that matches the strict semantics of
   *       "write-first" ports.
   *
   * 5) Add a [[firrtl.passes.memlib.PassthroughSimpleSyncReadMemsAnnotation]] to allow some
   *       synchronous-read memories and readwrite ports to pass through [firrtl.passes.memlib.VerilogMemDelays]]
   *       without introducing explicit pipeline registers or splitting ports.
   */
object OptimizeForFPGA extends HasShellOptions {
  private val fpgaAnnos = Seq(
    InferReadWriteAnnotation,
    RunFirrtlTransformAnnotation(new InferReadWrite),
    RunFirrtlTransformAnnotation(new SeparateWriteClocks),
    DefaultReadFirstAnnotation,
```

```
    RunFirrtlTransformAnnotation(new SetDefaultReadUnderWrite),
    RunFirrtlTransformAnnotation(new SimplifyMems),
    PassthroughSimpleSyncReadMemsAnnotation
  )
  val options = Seq(
    new ShellOption[Unit](
      longOption = "target:fpga",              //命令行中的选项为“--target:fpga”
      toAnnotationSeq = a => fpgaAnnos,        //见上
      helpText = "Choose compilation strategies that generally favor FPGA targets"
    )
  )
}
```

也有不带 ShellOption 的 Annotation，ChiselCircuitAnnotation 就是，这是用来承载 Chisel 编译所产生中间结果的，所以与命令行选项无关：

```
/** Stores a Chisel Circuit
  * @param circuit a Chisel Circuit
  */
case class ChiselCircuitAnnotation(circuit: Circuit) extends NoTargetAnnotation
                                                          with ChiselOption with Unserializable {
  /* Caching the hashCode for a large circuit is necessary due to repeated queries.
   * Not caching the hashCode will cause severe performance degredations for large [[Circuit]]s.
   */
  override lazy val hashCode: Int = circuit.hashCode
}
```

还有一种不带 ShellOption 的 Annotation 也很重要，几乎是无处不在，那就是 DeletedAnnotation。在编译的过程中，每一个步骤的输入都是个 Annotation 序列，经过这一步骤的处理，其输出是另一个 Annotation 序列。这两个序列的内容有些是相同的，有些是不同的。不同之处在于输入序列中的有些 Annotation 被替换成了一些新的 Annotation。本来，既然已被替换，那就任其消失也未尝不可；但是那样不利于碰到问题时的检查和回溯，最好是将其保存下来，但打上“已删除”的标记。前面说起过的 DeletedAnnotation 就是用于这个目的，它的内容是另一个 Annotation，但是被包裹（Wrap）在 DeletedAnnotation 中，说明已被替换或删除。

以上所列并非一个完整的命令行选项列表，也不是一个完整的 Annotation 列表，但是与我们理解 Chisel 编译、从而理解 Chisel 语言所提供“原语”有关的命令行选项和 Annotation 都在这里了。实际上，就对于编译过程的理解而言，重要的就是最前面那三种，别的都不重要。之所以还要不厌其烦地列出这些 Annotation 的用途，是因为我们在后面的代码中时常会见到这些 Annotation，预先说明一下也有好处，要不然看了毫无头绪。

这样，在创建 class ChiselStage 对象时的初始化过程中，就会创建一个 Shell 对象并把 ChiselCli 和 FirrtlCli 这两个 trait 所提供的所有 Annotation 的 ShellOption 都 addOptions()到这个 Shell 对象的命令行解析器 parser 中，使其有了具体的解析规则，然后就用这解析器对命令行进行解析，以生成原始的 AnnotationSeq 供编译。编译过程中的每一步都是对一个输入 AnnotationSeq 的变换，将其变换成一个输出 AnnotationSeq 作为下一步的输入。在每一步的变换中，输入 AnnotationSeq 中的有些 Annotation 就成了 DeletedAnnotation，但是又创建出一些新的 Annotation，直到最后有个承载着编译结果的 Annotation。在此过程中，AnnotationSeq 变得越来越长，但其中的很多都成了 DeletedAnnotation。

3.4 Chisel 的编译过程

现在让我们回到前面从 object ChiselMain 到 ChiselStage 和抽象类 Stage 这个脉络上。

当程序执行到 ChiselStage 从抽象类 Stage 继承的 execute()函数时，这个函数的代码是这样：

```
abstract class Stage extends Phase {        //这是对 trait Phase 的扩充
  …
  final def transform(annotations: AnnotationSeq): AnnotationSeq = {…}      // transform()就是这个特定Stage对AnnotationSeq的变换
  final def execute(args: Array[String], annotations: AnnotationSeq): AnnotationSeq = transform (shell.parse(args, annotations))
                                                                  //shell.parse()的返回值是个AnnotationSeq
}
```

先调用 Shell 对象的 parse()函数，把命令行参数和选项都转化到 annotations 序列中（其初值为空），成为原始的 AnnotationSeq 作为待编译的对象。其中肯定有 ChiselGeneratorAnnotation，其内容就是需要编译的程序代码。

可想而知，如果命令行中给定了关于编译所生目标的选项，并且这个选项的值为“verilog”，annotations 中就会有 RunFirrtlTransformAnnotation 和 EmitCircuitAnnotation 这两个 Annotation。别的就看命令行中输入了多少个编译选项了。这样，当程序调用从 class Stage 继承的 transform()这个函数时，所给的实参就是这个 annotations，里面包含了来自命令行的所有信息，而命令行参数 args 已经退出了舞台。

函数 Stage.transform()无疑是核心所在。这个函数的输入是 annotations，这就是从命令行参数转换而来的 AnnotationSeq。函数的输出也是一个 AnnotationSeq，这就包含了编译所得的结果，仍以 Annotation 的形式存在于这个序列中，所以 transform()的作用就是把一个 Annotation 序列转换成另一个 Annotation 序列。

前面 Stage.execute()中调用了 transform()，其代码中的第一个语句是：

```
“val annotationsx = Seq(new phases.GetIncludes)                  //创建一个 GetIncludes 对象，将其做成一个序列。
      .map(phases.DeletedWrapper(_))   //对该序列进行 map()，将 GetIncludes 用作创建 DeletedWrapper 对象的参数。
          .foldLeft(annotations)((a, p) => p.transform(a))”        //这里 a 来自 annotations，p 是个 DeletedWrapper 对象，
                                                   //class DeletedWrapper 的 transform()函数是从 trait Translator 继承的。
```

对这个语句需要好好抠一下。

先说明一下这是要干什么。从命令行参数转换而来的 Annotation 序列 annotations 中，有可能包含了一个 InputAnnotationFileAnnotation。这是因为命令行中可能有个“--annotation-file”或者“-faf”选项，说明待编译内容来自一个文件，并且文件的内容本身就是一个 Annotation 序列，应该是由某些前期操作写入文件的。显然，如果 annotations 中含有 InputAnnotationFileAnnotation，就得把文件的内容读进来。而且，如果读进来的 Annotation 序列中又有 InputAnnotationFileAnnotation，读入文件内容的操作就得递归进行。这就是 GetIncludes 的作用，所谓 Includes 并非 C 代码文件中的#include，但是也有相似之处。

文件内容读进来后，原来的 InputAnnotationFileAnnotation 已经被替换成从文件中读入的 Annotation 序列，原先的 InputAnnotationFileAnnotation 就失去了作用，理应将其去除。然而为保留整个编译的过程可查可追溯，我们需要仍保留这个 InputAnnotationFileAnnotation 但将其标注成“已删除”。Chisel 为此就专门定义了一个 Annotation，叫 DeletedAnnotation，让本来要去除的 Annotation 以 DeletedAnnotation 的形式留在 Annotation 序列中。这一步操作是由 DeletedWrapper 完成的。注意这里创建 DeletedWrapper 操作的参数“_”是指 Seq 中的元素，在这里就是所创建的 GetIncludes 对象，对此序列中的每个元素实施 DeletedWrapper 操作，将这个元素包装在 DeletedAnnotation 对象中，map()的输出序列就是 DeletedAnnotation 对象的序列了。原来的序列已经被“映射（map）”成了另一个序列。后面的 foldLeft()操作，就是对这个新的序列而进行。

明白了这个背景，我们先看 class GetIncludes，该类对象在其 transform()函数受到调用时会通过 getIncludes()扫描整个 annotations，如果有 InputAnnotationFileAnnotation 就读入指定的输入文件。读入的内容也是个 Annotation 序列，所以就对其递归调用 getIncludes()，直到读入的 Annotation 序列中不再含有 InputAnnotationFileAnnotation 为止：

```
  /** Recursively expand all [[InputAnnotationFileAnnotation]]s in an [[AnnotationSeq]] */
class GetIncludes extends Phase {      //这是对trait Phase的扩充，所以GetIncludes属于Phase类。
  override def prerequisites = Seq.empty
  override def optionalPrerequisiteOf = Seq.empty
  override def invalidates(a: Phase) = false

  /** Read all [[annotations.Annotation]] from a file in JSON or YAML format
    * @param filename a JSON or YAML file of [[annotations.Annotation]]
    * @throws annotations.AnnotationFileNotFoundException if the file does not exist
    */
  private def readAnnotationsFromFile(filename: String): AnnotationSeq = {
    val file = new File(filename).getCanonicalFile
    if (!file.exists) { throw new AnnotationFileNotFoundException(file) }
    JsonProtocol.deserialize(file)
  }

  /** Recursively read all [[Annotation]]s from any [[InputAnnotationFileAnnotation]]s while
    * making sure that each file is only read once
    * @param includeGuard filenames that have already been read
    * @param annos a sequence of annotations
    * @return the original annotation sequence with any discovered annotations added
    */
  private def getIncludes (includeGuard: mutable.Set[String] = mutable.Set())(annos: AnnotationSeq): AnnotationSeq = {
    annos.flatMap {   //对于序列annos中的每个Annotation，flatMap是打破原有层次的map：
      case a @ InputAnnotationFileAnnotation(value) =>          //仅对这个Annotation进行操作
        if (includeGuard.contains(value)) {          //参数includeGuard是个已装载文件名的集合，最初为空。
                                                     //这是为了防止重复装载同一个文件而设的。
          StageUtils.dramaticWarning(s"Annotation file ($value) already included! (Did you include it more than once?)")
          None                                       //该文件前已读入，所以跳过这个InputAnnotationFileAnnotation。
        } else {            //如果这个文件名没有出现在includeGuard这个集合中：
          includeGuard += value                      //就把这个文件名加入集合includeGuard
          getIncludes(includeGuard)(readAnnotationsFromFile(value))
            //然后读入这个文件，并对读入的内容递归调用getIncludes()。
            //注意读入的文件内容本身就是个AnnotationSeq，这个AnnotationSeq会进入下一轮getIncludes()。
        }
      case x => Seq(x)      //如果不是InputAnnotationFileAnnotation就照抄，没有影响。
                            //在最后一轮getIncludes()中，因为已经没有需要替换的内容，整个AnnotationSeq会经这里返回。
                            //注意最后返回的AnnotationSeq中已经没有InputAnnotationFileAnnotation。
    }
  }  //end getIncludes()
```

```
  def transform (annotations: AnnotationSeq): AnnotationSeq = getIncludes()(annotations)
}   //end GetIncludes
```

这个类的对象并无什么有效的数据成分，只是提供了几个函数，这些函数所处理的对象都是作为调用参数给定的。所以，GetIncludes 只是提供了一组函数，供 DeletedWrapper 调用。调用的入口就是 transform ()。

由 getIncludes()所提供的函数是把 InputAnnotationFileAnnotation 替换成了从文件读入的 Annotation 序列，而不是把从文件读入的 Annotation 序列添加到原来的这个序列中。在 Scala 语言中，函数的输入参数一律是不可更改的，这里的输入参数 annos 当然也是不可更改。虽然函数的返回值也是个 AnnotationSeq，但那是另外生成的，annos 中的有些元素被照抄了过去（见“case x => Seq(x)”），有些则被替换了，实际返回的其实在物理上是另一个 AnnotationSeq（哪怕内容相同）。这样，在 transform()所返回的 AnnotationSeq 中已经没有 InputAnnotationFileAnnotation。

创建了包含着这个 GetIncludes 对象的序列 Seq 后，在 map()中还要以此为参数（通过 object DeletedWrapper）创建一个 DeletedWrapper 对象，但是我们在下面将看到，class DeletedWrapper 的构造函数其实也是空的，它也只是提供了一组函数供调用。其唯一的构造成分就是一个 Phase 类对象，实际上就是个 GetInclude 对象，而 GetIncludes 类是对 trait Phase 的扩充，所以 GetIncludes 对象属于 Phase 类对象。也可以认为，这是把 GetIncludes 对象包装成了 DeletedWrapper 对象。重要的是，DeletedWrapper 并未主动去调用 GetIncludes 的函数。对后者所提供的 transform()的调用是在后面的 foldLeft()中。

代码中之所以把创建的 GetIncludes 对象放在一个 Seq 序列里面，是为了可以通过对序列的 map()和 foldLeft()操作使程序的表达更加精炼。就现在这个场景而言，因为序列中只有一个元素，所以效果也未必鲜明。但是如果序列中有多个元素，则 map()和 fildLeft()的作用都相当于对整个序列的 for 循环。把多个 map()和 foldLeft()串起来放在同一个语句中，其作用就像是一连串的嵌套 for 循环，那在别的语言中可能是不小的一块代码。所以 Scala 语言中对序列的处理特别精炼，具有极强的表达力，而 Seq(…).map(…).foldLeft(…)，就成了一种类似于模板一样的惯用语。

DeletedWrapper 对象的作用，在其 transform()函数得到调用的时候，就是从输入的 Annotation 序列中找到被其所包裹对象（在这里是 GetIncludes）替换掉的 Annotation，将其打包（Wrap）在 DeletedAnnotation 中，这个 DeletedAnnotation 仍将留在所输出的 Annotation 序列中，但已被标注为“已删除”。具体的方法是，DeletedWrapper 对象在其 transform()函数得到调用的时候先将原初的 Annotation 序列保存一个副本，然后让其所包裹的对象、在这里是 GetIncludes 对象，去进行它的处理；处理完了以后比对一下，原初的什么 Annotation 在新的序列中不见了踪影，就为其创建一个 DeletedAnnotation 并放入新产生的序列中。

DeletedAnnotation 的定义是这样：

```
case class DeletedAnnotation (xFormName: String, anno: Annotation) extends NoTargetAnnotation {
  override def serialize: String = s"""DELETED by $xFormName\n${anno.serialize}"""
}
```

这里的构造参数（同时也是其内部数据成分）xFormName 说明这是在哪一个变换阶段删除的，anno 就是被删除的那个 Annotation。

具体的操作要由 DeletedWrapper 完成，DeletedWrapper 的定义则是这样：

```
/** Wrap a [[firrtl.options.Phase Phase]] such that any [[firrtl.annotations.Annotation Annotation]] removed by the
  * wrapped [[firrtl.options.Phase Phase]] will be added as [[firrtl.annotations.DeletedAnnotation DeletedAnnotation]]s.
  * @param p a [[firrtl.options.Phase Phase]] to wrap
  */
class DeletedWrapper (p: Phase) extends Phase with Translator[AnnotationSeq, (AnnotationSeq, AnnotationSeq)] {
                              //在我们这个情景中，p是个GetIncludes对象。
```

```
  override def prerequisites = Seq.empty
  override def optionalPrerequisiteOf = Seq.empty
  override def invalidates(a: Phase) = false
  override lazy val name: String = p.name

  def aToB (a: AnnotationSeq): (AnnotationSeq, AnnotationSeq) = (a, a)      //把一个Seq重复一下变成两个

  def bToA (b: (AnnotationSeq, AnnotationSeq)): AnnotationSeq = { //这是经过internalTransform()处理以后：
    val (in, out) = (mutable.LinkedHashSet() ++ b._1,   mutable.LinkedHashSet() ++ b._2)    //++表示添加元素
                    //b是经internalTransform()处理后产生的Seq，内含两个AnnotationSeq，即b._1和b._2。
                    //在我们现在这个情境中，b._1是原初的AnnotationSeq，b._2是由GetIncludes输出的AnnotationSeq。
    (in -- out).map {    // "--" 符号表示从in中减去out（注意是双减号），那就是被GetIncludes替换掉的Annotation：
      case DeletedAnnotation(n, a) => DeletedAnnotation(s"$n+$name", a)       //name是trait Phase中的一个成分
                    //如果原来就是DeletedAnnotation，就改个名，说明这又经过了DeletedWrapper的处理。
      case a => DeletedAnnotation(name, a)     //原非DeletedAnnotation，就为其创建一个DeletedAnnotation。
                    //这个a，实际上就是InputAnnotationFileAnnotation。
    }.toSeq ++ b._2
  }

  def internalTransform (b: (AnnotationSeq, AnnotationSeq)): (AnnotationSeq, AnnotationSeq) = (b._1, p.transform(b._2))
    //输入b就是aToB()输出的Seq，内含两个相同的Seq即即b._1和b._2，
    //这里调用的就是GetIncludes的transform()，对b._2进行变换，b._1则保持不变。
    //所以，经过这样处理以后，b._1中仍有InputAnnotationFileAnnotation，但b._2中已被替换掉。
}   //end class DeletedWrapper

object DeletedWrapper {
  /** Wrap a [[firrtl.options.Phase Phase]] in a [[DeletedWrapper]]
    * @param p a [[firrtl.options.Phase Phase]] to wrap
    */
  def apply(p: Phase): DeletedWrapper = new DeletedWrapper(p)
}
```

注意 DeletedWrapper 本身并未定义自己的 transform()函数，而是从 trait Translator 继承了它的 transform()。而 trait Translator 的 transform()函数，则反过来先调用由 DeletedWrapper 加以落实的抽象函数 aToB()，再调用其 internalTransform()，最后是 bToA()。

```
/** A [[firrtl.options.TransformLike TransformLike]] that internally "translates" the input type to some other type,
  * transforms the internal type, and converts back to the original type.
  *
  * This is intended to be used to insert a [[firrtl.options.TransformLike TransformLike]] parameterized by type `B`
  * into a sequence of [[firrtl.options.TransformLike TransformLike]]s parameterized by type `A`.
  * @tparam A the type of the [[firrtl.options.TransformLike TransformLike]]
  * @tparam B the internal type
  */
trait Translator[A, B] extends TransformLike[A] {
  protected implicit def aToB(a: A): B                                    //抽象函数
```

```
    protected implicit def bToA(b: B): A                    //抽象函数
    protected def internalTransform(b: B): B                //抽象函数

    /** Convert the input object to the internal type, transform the internal type, and convert back to the original type
      */
    override final def transform(a: A): A = bToA (internalTransform (aToB(a)))
                                   //先将A类对象a转换成B类，然后进行内部变换，再转换回A类
}
```

显然，在我们现在这个情景中，DeletedWrapper 对象的 internalTransform()中那个 p.transform()所调用的是 GetIncludes 的 transform()，把文件中的 Annotation 序列读进来并加以替换处理之后，在其所返回的(AnnotationSeq, AnnotationSeq)中前面那个 b._1 是原初的序列，后面那个 b._2 是经过替换后产生的新的序列，在 b._2 中已经没有了 InputAnnotationFileAnnotation，当然 b._2 中也多出了一些 Annotation。然后在 bToA()中从 b._1 减去 b._2，所得结果就是被替换掉的那些 Annotation，这就是需要将其包装成 DeletedAnnotation 的 Annotation 的序列。

回到前面 Stage.transform()中的那个语句，对 GetIncludes 序列（实际上仅含一个元素）所作的 map()是以其所含元素为参数调用 object DeletedWrapper 的 apply 函数，创建 DeletedWrapper 对象，把 GetInclude 对象包装起来，这一步 map()所得是个 DeletedWrapper（对象）序列。然后对此序列实施 foldLeft()，即“从左边折叠”的操作，在折叠的每一步中进行的操作是调用 p.transform(a)，这里的 p 是指 DeletedWrapper 对象，DeletedWrapper 类是对 Phase 的扩充，a 则是指 annotations。

为方便参照和理解，这里再次列出这个语句：

```
Seq(new phases.GetIncludes).map(phases.DeletedWrapper(_)).foldLeft(annotations)((a, p) => p.transform(a))
```

这里实施 foldLeft()的主体是一个 DeletedWrapper 对象的序列（尽管实际上只有一个元素），所进行的操作是 foldLeft()，就是对一个序列进行从左到右的“折叠”。参数 annotations 是折叠的起点，称为“种子（seed）”。所谓“左折叠”，就是从“种子”开始，逐个与该序列中的每个元素进行某种二元的计算/操作，每步计算所得的结果仍是个 annotations，那就是下一步计算的种子。而 foldLeft()的第二个调用参数，则就是每一步折叠计算中所用的“算符”，或函数 op。在这里，这个“算符”op 是匿名函数“(a, p) => p.transform(a)”。这个函数有两个输入参数，第一个参数 a 就是种子 annotations，第二个参数 p 就是序列中的那个 DeletedWrapper 对象。所以，这里调用的 p.transform()就是 DeletedWrapper.transform()，以 annotations 为调用参数。下面的过程就不用再作解释了。折叠完了以后的输出仍是一个 annotations，那就成了 annotationsx，x 表示 expanded。

折叠操作，例如这里使用的 foldLeft()，与 map()的不同在于：map()对序列中各个元素的操作是独立的，而 foldLeft()的操作则是以前一步操作的结果作为后一步操作的种子；另外，对一个序列进行 map()所得的结果仍是个序列，而折叠的结果则是与其“种子”同类的对象，尽管这个对象有可能也是个序列。

Stage.transform()中的这个语句，是针对 InputAnnotationFileAnnotation 的，如果在输入 annotations 并不含有这个 Annotation，或者在命令行中没有“--annotation-file”或“-faf”选项，那就实际上不起作用，但程序中仍需走过这个过场。

从文件读入作为中间结果的 Annotation 序列其实很少用到，但是在程序中应该考虑到这个可能。在命令行通过“--module”选项给定编译对象才是关键，由此而来的 Annotation 就是 ChiselGeneratorAnnotation。就 Chisel 编译而言，即便是从 Annotation 文件读入，里面也必定包含着 ChiselGeneratorAnnotation，那才是编译对象（注意这“编译对象”与程序中作为信息单元的对象是两码事，但 ChiselGeneratorAnnotation 确实也是个对象）的源头，即 Chisel 源代码。

回到 Stage.transform()的代码中。有了 annotationsx 这个包含着编译对象的 AnnotationSeq 以后，下面是以此为参数对 Logger.makeScope()的调用，这里的 Logger 显然是个 object。初一看 Logger，也许会觉得这里的

代码大概只是关于运行日志，因而无关紧要，然而事实并非如此。Logger.makeScope()的调用界面是：

```
/** Set a scope for this logger based on available annotations
  * @param options a sequence annotations
  * @param codeBlock some Scala code over which to define this scope
  * @tparam A return type of the code block
  * @return the original return of the code block
  */
def makeScope[A] (options: AnnotationSeq)(codeBlock: => A): A = {
  val runState: LoggerState = {
    val newRunState = updatableLoggerState.value.getOrElse(new LoggerState)
    if (newRunState.fromInvoke) {
      newRunState
    } else {
      val forcedNewRunState = new LoggerState
      forcedNewRunState.fromInvoke = true
      forcedNewRunState
    }
  }
  updatableLoggerState.withValue(Some(runState)) {
    setOptions(options)
    codeBlock                //执行codeBlock这个按名调用函数，其返回值的类型为A，这就是makeScope()的返回值。
  }
}   //end makeScope()
```

这个函数有两个参数，AnnotationSeq 只是其中的第一个，后面还有第二个参数，那显然是个匿名函数，codeBlock 只是形式参数的名称，其类型为“=> A”。一般的函数定义都是从调用参数类型到返回值类型的映射，即使没有调用参数也要放上一对空的括号，例如“() => Unit”，可是这里“=>”的左边却是空的。在 Scala 语言中，以函数（而不是函数值）作为调用参数时，这样的形/实参数结合称为“按名调用（call-by-name）”。一般用函数作为调用参数时都是“按值调用”的，即在被传递到子程序之前要先加计算（执行），将函数的返回值用作调用实参。而按名调用的函数，则在调用前不加计算，这个函数要在子程序中才被调用。其实所谓 call-by-name 应该说是实参和形参的“按名结合”，而一般的结合方式是“按值结合”。说得再扼要一点，就是参数的传递是传（函数）名还是传（函数）值。熟悉 C 语言的读者一说就明白，这里传的是函数指针，而不是函数值。不过 Scala 语言还允许在需要传递的时候才临时动态地定义一个函数，那就是一对花括号里面的一块代码，编译器会为其创建一个匿名函数。注意一个函数之是否“按名结合”，是在被调用函数的参数表里加以说明的，而不是在定义（被用作调用参数的）那个函数的时候。同一个函数，在被用作调用参数时有可能在很多场合下都是“按值结合”，但在另一些场合下是“按名结合”。一个函数的调用参数表中说明某个参数是“按名结合”的函数，只是说这个函数在我这儿、在这个函数中是按名结合的。

纵观这个函数，前面关于 LoggerState 的处理我们并不关心，关键是在 updatableLoggerState.withValue()的执行中调用了按名调用的函数 codeBlock。

为免来回翻阅之苦，这里再把 Stage.transform()中的这个语句（第二个语句）列出于下：

```
Logger.makeScope (annotationsx) {                 //调用这个函数时花括号里面的代码就是 codeBlock，在此函数中得到执行。
  Seq (new phases.AddDefaults,                                    //这些都是对 trait Phase 的扩充，都属于 Phase 子类。
      new phases.Checks,
      new Phase { def transform(a: AnnotationSeq) = run(a) },  //这是个动态定义的 Phase 子类，落实了抽象函数。
```

```
        new phases.WriteOutputAnnotations
    ).map(phases.DeletedWrapper(_)).foldLeft(annotationsx)((a, p) => p.transform(a))
  }
```

这里，annotations 是第一个参数 options 的实参，后面花括号里的内容是第二个参数 codeBlock 的实参，在这里是一个动态定义的匿名函数。这个匿名函数与形参 codeBlock 结合，所以也能“按名”调用。

花括号里的这个函数 codeBlock()，只有一个语句，这个语句实质上就是 Stage.transform()的全部。由于这个函数是“按名调用”，所以并不先加执行，但是在 Logger.makeScope()内部会受调用而得到执行，这个“得到执行”才是关键。至于 Logger.makeScope()本身，则只是要将这块代码放到专门为其创建的一个与 Log 有关的 Scope 中执行，如此而已。

再看需要得到执行的代码，就是这里花括号里的那个语句。这个语句的格式与前面看到的那一行很相似，但是在 Seq 这个序列中有 4 个 Phase 对象。这里创建了 4 个 Phase 类对象的序列，然后对此序列实施 map()；map 的操作也是把序列中的每个元素包装成 DeletedWrapper；再对所得的 DeletedWrapper 对象序列实施 foldLeft()，而且同样也是以输入的 Annotation 序列 annotationsx 作为折叠的“种子”；折叠时的具体操作也同样是 p.transform(a)，只是这里的 p 依次代表着 4 个不同的 DeletedWrapper 对象。

前面那个序列中的 Phase 类对象只有一个，就是 GetIncludes。现在则有 4 个，代表着编译过程中的 4 个步骤，就是 AddDefaults、Checks，还有一个动态扩充的{ def transform(a: AnnotationSeq) = run(a) } ，最后还有个 WriteOutputAnnotations。分别被包装在 4 个 DeletedWrapper 中。所以，这里的 p.transform(a)要被调用四次。先通过 AddDefaults 对 annotationsx 进行一次处理，所得结果是个不同的 annotationsx。再由 Checks 对其进行 一次处理，余可类推。注意在此过程中 annotationsx 是在变化的。每一步操作都返回一个变化了的 annotationsx。每一步都在 annotationsx 中将一些 Annotation 标注成 Deleted，或者在已经存在的 DeletedAnnotation 的名称上加上自己的名字，表示这个 Annotation 已经经过我的处理；当然每一次也会增添若干新的 Annotation，作为被删除 Annotation 的替代。执行完这个语句，就完成了编译的 4 个步骤，Stage.transform()也就返回了。

编译的第一个阶段是 AddDefaults，顾名思义这是要向 AnnotationSeq 中添加一些默认可以缺省的 Annotation（例如有关文件所在目录的信息 TargetDirAnnotation）；然后 Checks 是要进行一些语义上的检查（例如对给定的输出文件路径进行检查），WriteOutputAnnotations 则要将转换所得的 AnnotationSeq 写入输出文件。唯独对 Phase 进行动态扩充而得的那个匿名 class 对象，按编译的过程推断就一定就是要对输入代码进行转换，这就是编译过程的关键所在。限于篇幅我们不可能面面俱到，所以先在这里看一下其中的第二步 Checks，让读者有点感觉，然后就专门关注第三步那个匿名 class。第二步 Checks 的代码是这样：

```
class Checks extends Phase {
  override def prerequisites = Seq(Dependency[GetIncludes], Dependency[AddDefaults])
  override def optionalPrerequisiteOf = Seq.empty
  override def invalidates(a: Phase) = false

  /** Validate an [[AnnotationSeq]] for [[StageOptions]]
    * @throws OptionsException if annotations are invalid
    */
  def transform (annotations: AnnotationSeq): AnnotationSeq = {
    val td, outA = collection.mutable.ListBuffer[Annotation]()          //创建2个缓冲区，承载2个集合。
    annotations.foreach {                          //扫描整个Annotation序列：
      case a: TargetDirAnnotation => td += a                           //如遇这种Annotation就将其加入到td中
      case a: OutputAnnotationFileAnnotation => outA += a              //如遇这种Annotation就将其加入到outA中
      case _ =>                                                        //对别的Annotation就不做什么
```

```
    }

    if (td.size != 1) {          //如果 td 这个集合大于 1，或者是 0：
      val d = td.map { case TargetDirAnnotation(x) => x }
      throw new OptionsException(
        s"""|Exactly one target directory must be specified, but found `${d.mkString(", ")}` specified via:
            |     - explicit target directory: -td, --target-dir, TargetDirAnnotation
            |     - fallback default value""".stripMargin
      )
    }

    if (outA.size > 1) {         //如果outA这个集合大于1
      val x = outA.map { case OutputAnnotationFileAnnotation(x) => x }
      throw new OptionsException(
        s"""|At most one output annotation file can be specified, but found '${x.mkString(", ")}' specified via:
            |     - an option or annotation: -foaf, --output-annotation-file, OutputAnnotationFileAnnotation"""
      )
    }
    annotations              //如果没有发生异常，平安到达此地，就通过了检查，返回这个序列。
  }  //end transform()
}  //end class Checks
```

显然，这个 Checks 类的 transform()函数很简单；而依次调用上述四个步骤的 transform()函数，这个过程似乎也很直截了当。但是其中的第三步，那个匿名 class 对象，却没有这么简单。也不奇怪，那才是编译过程的核心所在，别的那些只是外围，所以下面就专门关注这个第三步。

在这个动态定义的第三步中，所作的 transform()就是对函数 run()的调用，作为调用参数的 AnnotationSeq 当然仍是 annotationsx。问题是，这个 run()函数是哪一个。抽象类 Stage 中只是提供了一个抽象函数 run()，而并未给出具体的定义。另一方面，虽然这是在 Stage.transform()中调用这个函数，但是抽象类 Stage 是不能被实例化创建对象的，程序的执行肯定是在某个扩展了 Stage 类的具体类对象中运行。事实上，在这里，这个具体类就是 ChiselStage，那就是对 Stage 类的扩充和落实，class ChiselStage 给出了它自己的 run()函数定义。

从 ChiselMain 的 main()函数开始，至此已经走过的执行路径为：

ChiselMain.main() == StageMain.main() > Stage.execute() > Stage.transform() > Logger.makeScope() > Phase.transform()]

其中最后那个 Phase.transform()是指由继承了 trait Phase 的“Phase 类”对象加以落实的 transform()函数，此刻我们关心的就是那个动态定义的无名类对象的 transform()函数，它调用的函数 run()则是由 class ChiselStage 提供。

我们在前面暂时搁置了 ChiselStage，现在到了时候来看一下 ChiselStage 类的定义，尤其是其 run()函数：

```
class ChiselStage extends Stage {
  override def prerequisites = Seq.empty                  //这是先决条件的序列
  override def optionalPrerequisites = Seq.empty          //这是可选先决条件的序列
  override def optionalPrerequisiteOf = Seq(Dependency[firrtl.stage.FirrtlStage])
  override def invalidates(a: Phase) = false
```

```
val shell: Shell = new Shell("chisel") with ChiselCli with FirrtlCli
val targets: Seq[PhaseManager.PhaseDependency] = ChiselPhase.targets   //这是指后面要说的 object ChiselPhase
final lazy val phaseManager = {        // phaseManager 的值来自花括号里面的匿名赋值函数，注意这是个 lazy val。
                                       //赋值函数的返回值是一个ChiselPhase对象。所以phaseManager的类型就是ChiselPhase。
  val _targets = targets          //这个 targets 是 ChiselStage 内部的 targets，见上。
  new ChiselPhase { override val targets = _targets }   //这是 class ChiselPhase，_targets 来自到此刻为止的 targets。
        //最后赋值给 val phaseManager 的就是这个 ChiselPhase 对象，所以 phaseManage 的类型就是 ChiselPhase。
}

def run(annotations: AnnotationSeq): AnnotationSeq = phaseManager.transform(annotations)
        //抽象类Stage中的run()是个抽象函数，现在得到了落实。phaseManager.transform()就是ChiselPhase中的transform()。
  //注意 phaseManager 是个 lazy 变量。这是因为 targets 要到最后一刻才能确定。ChiselPhase 类的定义见后。

/** Convert a Chisel module to a CHIRRTL string
  * @param gen a call-by-name Chisel module
  * @param args additional command line arguments to pass to Chisel
  * param annotations additional annotations to pass to Chisel
  * @return a string containing the Verilog output
  */
final def emitChirrtl(gen: => RawModule, args: Array[String] = Array.empty, annotations: AnnotationSeq = Seq.empty): String = {
  //生成 Chirrtl 代码。参数 gen 是一个 call-by-name 的函数，对其执行 Stage.execute()，然后对结果执行 map()和 mkString()：
   val annos = execute(Array("--no-run-firrtl") ++ args, ChiselGeneratorAnnotation(() => gen) +: annotations)
                  //执行 stage.execute()，在命令行参数前面添加一个选项“--no-run-firrtl”，执行后返回一个 AnnotationSeq。
  annos.collectFirst {
      case a: ChiselCircuitAnnotation => CircuitSerializationAnnotation(a.circuit, "", FirrtlFileFormat).getBytes
    }.get.map(_.toChar).mkString
}   //end emitChirrt()

/** Convert a Chisel module to a FIRRTL string
  * @param gen a call-by-name Chisel module
  * @param args additional command line arguments to pass to Chisel
  * param annotations additional annotations to pass to Chisel
  * @return a string containing the FIRRTL output
  */
final def emitFirrtl(gen: => RawModule, args: Array[String] = Array.empty, annotations: AnnotationSeq = Seq.empty): String = {
  //生成 Firrtl 代码。参数 gen 是一个 call-by-name 的函数，对其执行 Stage.execute()，然后对结果执行 map()和 mkString()：
   execute(Array("-X", "high") ++ args, ChiselGeneratorAnnotation(() => gen) +: annotations) .collect {   //添加一个选项“-X high”
      case EmittedFirrtlCircuitAnnotation(a) => a
      case EmittedFirrtlModuleAnnotation(a)    => a
    }.map(_.value).mkString("")
}   //end emitFirrtl()

/** Convert a Chisel module to Verilog
  * @param gen a call-by-name Chisel module
  * @param args additional command line arguments to pass to Chisel
  * param annotations additional annotations to pass to Chisel
```

```
  * @return a string containing the Verilog output
  */
final def emitVerilog (gen: => RawModule, args: Array[String] = Array.empty, annotations: AnnotationSeq = Seq.empty): String = {
   //生成 Verilog 代码。参数 gen 是一个 call-by-name 的函数，对其执行 Stage.execute()，然后对结果执行 map()和 mkString():
  execute(Array("-X", "verilog") ++ args, ChiselGeneratorAnnotation(() => gen) +: annotations)   //添加一个选项"-X verilog"
    .collectFirst {
      case EmittedVerilogCircuitAnnotation(a) => a
      case EmittedVerilogModuleAnnotation(a) => a
    }.map(_.value).mkString("")        //map()的参数"_.value"，表示执行后所得序列中各个元素的 value()函数。
}  //end emitVerilog()

/** Convert a Chisel module to SystemVerilog
  * @param gen a call-by-name Chisel module
  * @param args additional command line arguments to pass to Chisel
  * param annotations additional annotations to pass to Chisel
  * @return a string containing the SystemVerilog output
  */
final def emitSystemVerilog(gen: => RawModule, args: Array[String] = Array.empty, annotations: AnnotationSeq = Seq.empty) :
    String = {  //生成 SystemVerilog 代码。参数 gen 见上，对其执行 Stage.execute()，然后对结果执行 map()和 mkString():
  execute(Array("-X", "sverilog") ++ args, ChiselGeneratorAnnotation(() => gen) +: annotations)   //添加一个选项"-X sverilog"
    .collectFirst {
      case EmittedVerilogCircuitAnnotation(a) => a
      case EmittedVerilogModuleAnnotation(a)   => a
    }.map(_.value).mkString("")
}  //end emitSystemVerilog()
}  //end class ChiselStage
```

这个类是对抽象类 Stage 的扩充和具体化。如前所述，object ChiselMain 是对 class StageMain 的扩充，而 ChiselStage 类对象又是构造 StageMain 的参数。所以，早在 object ChiselMain 加载的时候，其初始化过程就包含了对其中 class StageMain 部分的初始化，为此就要先创建一个 ChiselStage 类对象并对其进行初始化。看一下代码就知道，对 ChiselStage 对象的初始化就是对其 val shell 和 val targets 这两个数据成分的初始化，因为其余都是函数，而 lazy val phaseManager 也要等首次得到引用时才加以计算。其中的 shell 就是 Shell 类对象的创建和初始化，包括 ChiselCli 和 FirrtlCli 两个界面上许多 Annotation 所提供 ShellOption 的加载，这我们在前面已经看过了。而 targets 则来自一个 object ChiselPhase，这个 object 的定义是这样：

```
private[chisel3] object ChiselPhase {
  val targets: Seq[PhaseManager.PhaseDependency] =          //这是 object ChiselPhase 所给出的原始依赖列表
        //表中按依赖关系列出了 Chisel 编译中各个步骤的先后次序，每一步都是用来实现该步骤操作的 class 名称及路径。
    Seq( Dependency[chisel3.stage.phases.Checks],           //class Checks，在 package chisel3.stage.phases 中。
         Dependency[chisel3.stage.phases.AddImplicitOutputFile],       //Dependency 是指 object Dependency
         Dependency[chisel3.stage.phases.AddImplicitOutputAnnotationFile],
         Dependency[chisel3.stage.phases.MaybeAspectPhase],
         Dependency[chisel3.stage.phases.AddSerializationAnnotations],
         Dependency[chisel3.stage.phases.Convert],
         Dependency[chisel3.stage.phases.MaybeFirrtlStage] )
}
```

所以，ChiselPhase.targets 这个序列给定了 Chisel 编译过程所经历各个阶段的依赖关系。序列中排在后面的阶段依赖于排在前面的阶段，必须要经过前面各个阶段的处理并正常完成才能进行后面的处理，例如 Convert 就依赖于此前的各个阶段，所以不经过从 Checks 一直到 AddSerializationAnnotations 的各个阶段就不能进入 Convert 阶段的处理。注意这些阶段与前面的四大步骤不在同一层次上，这是在前述的第三个步骤中又细分出来这么些阶段。这里也有个 Checks，但这是与前面不同的另一个 Checks，事实上 Chisel、Firrtl、rocket-chip 在不同的 package 中定义了好几个不同的 Checks。

显然，这个 object 没有 apply()函数，其唯一的结构成分就是 targets，这是一个 PhaseDependency 的序列。而 PhaseDependency，定义于 object PhaseManager 之中，实际上就是专用于描述不同 Phase 之间的依赖关系 Dependency。

```
object PhaseManager {
  /** The type used to represent dependencies between [[Phase]]s */
  type PhaseDependency = Dependency[Phase]
}
```

这里的 Dependency，是 object Dependency，用来描述同类事物之间的依赖关系。除用于 Phase 外也用于 Transform，所以除 object PhaseManager 之外还有 object TransformManager，形式上与 PhaseManager 一样，只是把 TransformDependency 定义成 Dependency[Transform]。除两个 object 外，还有同名的 class PhaseManager 和 class TransformManager；前面 ChiselStage 中的 phaseManager 是个 ChiselPhase 对象，而 class ChiselPhase 又是对 PhaseManager 类的扩充：

```
private[chisel3] class ChiselPhase extends PhaseManager(ChiselPhase.targets) {
  override val wrappers = Seq( (a: Phase) => DeletedWrapper(a) )
}

class PhaseManager (val targets: Seq[PhaseManager.PhaseDependency],
val currentState: Seq[PhaseManager.PhaseDependency] = Seq.empty, val knownObjects: Set[Phase]= Set.empty)
                                        extends DependencyManager[AnnotationSeq, Phase] with Phase {
  import PhaseManager.PhaseDependency              // PhaseDependency就是Dependency[Phase]
  protected def copy(a: Seq[PhaseDependency], b: Seq[PhaseDependency], c: ISet[Phase]) = new PhaseManager(a, b, c)
}
```

创建这个 PhaseManager 对象时的初始化，就是把整个 PhaseDependency 的代码都 import 进来。

PhaseDependency 类是对 trait DependencyManager 的扩充，这是个相当大的 trait，四百多行代码，我们只能以摘要的形式集中看它的 transform()函数和与之密切相关的内容。

之所以要这么穷追不舍，一直要追到 trait DependencyManager，是因为：ChiselStage 中的函数 run()所调用的 phaseManager.transform()，实际上就是 ChiselPhase.transform()，可是 ChiselPhase 的 transform()是辗转从 DependencyManager 继承下来的。所以 ChiselStage.run()实际上就是对 DependencyManager. transform()的调用：

```
/** A [[firrtl.options.TransformLike TransformLike]] that resolves a linear ordering of dependencies based on requirements.
  * @tparam A the type over which this transforms
  * @tparam B the type of the [[firrtl.options.TransformLike TransformLike]]
  */
trait DependencyManager[A, B <: TransformLike[A] with DependencyAPI[B]] extends TransformLike[A] with DependencyAPI[B] {
  import DependencyManagerUtils.CharSet
  override def prerequisites = currentState
```

```
override def optionalPrerequisites = Seq.empty
override def optionalPrerequisiteOf = Seq.empty
override def invalidates(a: B): Boolean = (_currentState &~ _targets)(oToD(a))

 /** Requested [[firrtl.options.TransformLike TransformLike]]s that should be run. Internally, this will be
   * converted to a set based on the ordering defined here.
   */
def targets: Seq[Dependency[B]]                    //class PhaseManager中的val targets就是对此的覆盖
…
private lazy val _currentState: LinkedHashSet[Dependency[B]] = currentState
                                                    .foldLeft(new LinkedHashSet[Dependency[B]]()) { case (a, b) => a += b }
…
lazy val transformOrder: Seq[B] = {…}              //这是根据prerequisites等整理的属性结构

/** A sequence of wrappers to apply to the resulting [[firrtl.options.TransformLike TransformLike]] sequence.
   * This can be used to, e.g., add automated pre-processing and post-processing.
   */
def wrappers: Seq[(B) => B] = Seq.empty            //在class ChiselPhase中被覆盖成  Seq((a: Phase)=>DeletedWrapper(a))
…
 /** A version of the [[firrtl.options.DependencyManager.transformOrder transformOrder]] that flattens
   * the transforms of any internal [[firrtl.options.DependencyManager DependencyManager]]s. */
lazy val flattenedTransformOrder: Seq[B] = transformOrder.flatMap {        //将树形结构转化成线性序列，然后map:
        case p: DependencyManager[A, B] => p.flattenedTransformOrder
        case p => Some(p)
    }  //依赖关系的说明可以嵌套，例如在一个依赖序列中说B依赖于A，但是在关于A的定义中又说A依赖于Seq(x,y)，
        //那就要把它们整合在一起，才能形成一个线性的所谓flattenedTransformOrder。但又要去除重复，还要防止循环。
        //DependencyManager之所以复杂即在于此。

final override def transform (annotations: A): A = {                //这就是前面要调用的ChiselPhase.transform()，这是重点:
    /* A local store of each wrapper to it's underlying class. */
  val wrapperToClass = new HashMap[B, Dependency[B]]

   /* The determined, flat order of transforms is wrapped with surrounding transforms while populating
   * wrapperToClass so that each wrapped transform object can be dereferenced to its underlying class.
   * Each wrapped transform is then applied while tracking the state of the underlying A. If the state ever
   * disagrees with a prerequisite, then this throws an exception. */
  flattenedTransformOrder.map { t =>        //对序列flattenedTransformOrder中的每一项t执行以下操作:
        val w = wrappers.foldLeft(t) { case (tx, wrapper) => wrapper(tx) }              //以tx为参数，wrappers见上。
        wrapperToClass += (w -> t)
        w}                    //先map，map的结果w是个wrapper序列（见上），然后对此序列实施foldLeft:
  .foldLeft((annotations, _currentState)) {
                              //对map()所得序列w做foldLeft，以(annotations, _currentState)为种子，折叠函数见下:
    case ((a, state), t) =>                    //如果(annotations, _currentState)为(a, state)，其实这是唯一的case:
      if (!t.prerequisites.toSet.subsetOf(state)) {
        throw new DependencyManagerException(
            s"""|Tried to execute '$t' for which run-time prerequisites were not satisfied:
```

```
              |  state: ${state.mkString("\n        -", "\n        -", "")}
              |  prerequisites: ${prerequisites.mkString("\n        -", "\n        -", "")}""".stripMargin
        )  //必须满足依赖关系中的先决条件
      }  //end if
      val logger = t.getLogger
      logger.info(s"======== Starting ${t.name} ========")
      val (timeMillis, annosx) = firrtl.Utils.time { t.transform(a) }        //这一行是关键
          //序列flattenedTransformOrder中的元素都是按依赖关系排好的，每个元素t都代表编译过程中的一个具体阶段。
          //每个具体的阶段都有自己的transform()函数，依次加以调用就是t.transform(a)，foldLeft()就是个循环的过程。
          //参数a是个AnnotationSeq，那就是本阶段的输入Annotation序列（可能包含程序代码）。
          // t.transform(a)的输出则是经本阶段转换后的另一个AnnotationSeq，将其赋给val annosx。并统计所耗时间。
      logger.info(s"""----------------------------${"-" * t.name.size}---------\n""")
      logger.info(f"Time: $timeMillis%.1f ms")
      logger.info(s"======== Finished ${t.name} ========")
      val statex = (state + wrapperToClass(t)).map(dToO).filterNot(t.invalidates).map(oToD)
      (annosx, statex)   //返回值annosx就是本阶段transform(a)的输出，statex则是本阶段的状态。
    //case ((a, state), t)至此为止
  }._1   //end foldLeft()，并从返回值中取其第一个元素，那就是annosx
 }  //end transform()
}  //end trait DependencyManager
```

DependencyManager 的 transform()函数所进行的操作，是对经过整合的序列 flattenedTransformOrder 而进行的。依赖关系的说明可以是嵌套的，以 object ChiselPhase 中所列的 7 个阶段而言，其中每个阶段都对应着一个 class，每个 class 内部都定义了三个与依赖相关的序列（可以是空的）。第一个序列是 prerequisites，这是作为先决条件的序列，这个序列中所列各项绝对得要在本阶段之前执行，但是可能并未包括在前面所列的 7 个阶段之内，那就得补进去。第二个序列是 optionalPrerequisites，这个序列中的各项是否要先加执行是有条件的，但是只要条件符合就必须执行在先。第三个序列是 optionalPrerequisiteOf，表示本阶段对于该序列中所列各项而言是 optionalPrerequisites。而 DependencyManager，则要根据依赖序列所涉各项加以综合，整理出一份线性的（flattened）执行次序，那当然也是一个序列。注意这里的 transformOrder 是由此整理出来的树形结构，对其进行 flatMap 就是先将其整理成一维的线性序列，然后进行 map()。

这个 transform()函数的代码，其核心只是一个语句，但是这个语句所描述的却是一个复杂的过程，这就是对 flattenedTransformOrder 这个序列先进行 map 处理，再进行 foldLeft 处理，所作处理就是先后两个花括号里面的内容，所以这个语句实际上可以转化成许多语句。这里不说别的，我们就聚焦在对 t.transform(a)的调用上。这个语句中的 t 代表着 flattenedTransformOrder 这个序列中的一个元素，实际上就是编译过程中的一个 Phase、一个阶段，例如 AddImplicitOutputFile，例如 Convert。每个 Phase 都须提供自己的 transform()函数，这里调用的就是具体 Phase 的 transform()，以当时的 Annotation 序列 annotations 为参数，每次变换后都返回新的 annotations 序列，并将其赋值给 annosx，并将其用作下一阶段变换的输入。这与前面对 Checks 等 4 个步骤的执行是同样的方法，但在不同的层次。这样，在调用了 flattenedTransformOrder 序列中最后一个元素，即编译的最后一个阶段的 transform()以后，annosx 就是整个编译过程的输出。

所以，在 ChiselMain 的整个执行过程中实际上有嵌套的两层循环。外层的循环是在 Stage.transform()中调用 Logger.makeScope()的参数中，那个循环是：

```
Seq (new phases.AddDefaults,
     new phases.Checks,
     new Phase { def transform(a: AnnotationSeq) = run(a) },
```

```
        new phases.WriteOutputAnnotations
    ).map(phases.DeletedWrapper(_)).foldLeft(annotationsx)((a, p) => p.transform(a))
```

其中的第三个 Phase 在其 transform()函数中调用 run()，就引入了内层的循环，那就是 DependencyManager 对 ChiselPhase.targets 的处理：

```
    Seq( Dependency[chisel3.stage.phases.Checks],
        Dependency[chisel3.stage.phases.AddImplicitOutputFile],
        Dependency[chisel3.stage.phases.AddImplicitOutputAnnotationFile],
        Dependency[chisel3.stage.phases.MaybeAspectPhase],
        Dependency[chisel3.stage.phases.AddSerializationAnnotations],
        Dependency[chisel3.stage.phases.Convert],
        Dependency[chisel3.stage.phases.MaybeFirrtlStage] )
```

所以，如果以内层循环展开外层循环中匿名的第三个 Phase，那么实际执行的序列就是：

```
        phases.AddDefaults,
        phases.Checks,
        phases.匿名：
        Dependency[chisel3.stage.phases.Checks],
                Dependency[chisel3.stage.phases.AddImplicitOutputFile],
                Dependency[chisel3.stage.phases.AddImplicitOutputAnnotationFile],
                Dependency[chisel3.stage.phases.MaybeAspectPhase],
                Dependency[chisel3.stage.phases.AddSerializationAnnotations],
                Dependency[chisel3.stage.phases.Convert],
                Dependency[chisel3.stage.phases.MaybeFirrtlStage]
        phases.WriteOutputAnnotations
```

注意外层的循环与 DependencyManager 无关，那是 class Stage 自己通过 map 操作实现的。

这里外层的 Checks 与内层的 Checks 不是同一个类。Chisel 的代码中有好几个 class Checks，分别定义于不同的 package 中，这里外层的 class Checks 定义于 package firrtl.options.phases，内层的 class Checks 则定义于 package chisel3.stage.phases。

这也提醒我们，当程序在 DependencyManager 的控制下执行完内层循环，从那个匿名 Phase 类的 transform()函数返回时，后面还有个 class WriteOutputAnnotations 的 transform()函数需要被执行。

在 DependencyManager 控制下执行的内层循环有 7 个 Phase，就是 7 步操作，其中关键的一步是 Convert，毕竟编译说到底就是转换。其余各步都围绕着 Convert，是为 Convert 服务的。我们在这里没有必要一步步细看，但是也从中挑出几步，大致看看在做些什么。

第一步是 Checks，就是由 class Checks 实现的（对 annotations 的）操作，这是在 package chisel3.stage 中：

```
/** Sanity checks an [[firrtl.AnnotationSeq]] before running the main [[firrtl.options.Phase]]s of [[chisel3.stage.ChiselStage]]. */
class Checks extends Phase {
  override def prerequisites = Seq.empty
  override def optionalPrerequisites = Seq.empty
  override def optionalPrerequisiteOf = Seq(Dependency[Elaborate])
  override def invalidates(a: Phase) = false
```

```
  def transform (annotations: AnnotationSeq): AnnotationSeq = {
    val noF, st, outF = collection.mutable.ListBuffer[Annotation]()      //建立三个缓冲区
    annotations.foreach {                                      //对于annotations中的每个Annotation：
      case a: NoRunFirrtlCompilerAnnotation.type => a +=: noF          //将NoRunFirrtlCompilerAnnotation添加到noF
      case a: PrintFullStackTraceAnnotation.type => a +=: st           //将PrintFullStackTraceAnnotation添加到st
      case a: ChiselOutputFileAnnotation => a +=: outF                 //将ChiselOutputFileAnnotation添加到outF
      case _ =>                                                        //只要不是上述三种annotation就不做什么
    }
    if (noF.size > 1) { throw new OptionsException(          //最多只能有一个NoRunFirrtlCompilerAnnotation
          s"""|At most one NoRunFirrtlCompilerAnnotation can be specified, but found '${noF.size}'. Did you duplicate:
              |      - option or annotation: -chnrf, --no-run-firrtl, NoRunFirrtlCompilerAnnotation
              |""".stripMargin)
    }
    if (st.size > 1) { throw new OptionsException(           //最多只能有一个PrintFullStackTraceAnnotation
          s"""|At most one PrintFullStackTraceAnnotation can be specified, but found '${noF.size}'. Did you duplicate:
              |      - option or annotation: --full-stacktrace, PrintFullStackTraceAnnotation
              |""".stripMargin)
    }
    if (outF.size > 1) { throw new OptionsException(         //最多只能有一个ChiselOutputFileAnnotation
          s"""|At most one Chisel output file can be specified but found '${outF.size}'. Did you duplicate:
              |      - option or annotation: --chisel-output-file, ChiselOutputFileAnnotation
              |""".stripMargin)
    }
    Annotations          //如果没有发生异常，平安到达此地，就通过了检查，返回这个序列。
  }  //end annotations.foreach
}
```

这都属于鸡毛蒜皮，检查一下，ChiselOutputFileAnnotation 等三种 Annotation 只能出现一次。

再看 AddImplicitOutputFile：

```
/** Add a output file for a Chisel circuit, derived from the top module in the circuit, if no [[ChiselOutputFileAnnotation]] already exists.
  */
class AddImplicitOutputFile extends Phase {
  override def prerequisites = Seq(Dependency[Elaborate])
  override def optionalPrerequisites = Seq.empty
  override def optionalPrerequisiteOf = Seq.empty
  override def invalidates(a: Phase) = false

  def transform (annotations: AnnotationSeq): AnnotationSeq =
    annotations.collectFirst{ case _: ChiselOutputFileAnnotation => annotations }.getOrElse{
      val x: Option[AnnotationSeq] = annotations.collectFirst{ case a: ChiselCircuitAnnotation =>
                                                   ChiselOutputFileAnnotation(a.circuit.name) +: annotations }
      x.getOrElse(annotations)
    }
}
```

所谓“添加隐含输出文件（名）”，就是在 annotations 中寻找有没有 ChiselOutputFileAnnotation，如果有就行了。如果没有，则寻找有没有 ChiselCircuitAnnotation，如果有就从中摘取该电路的名称，以此名称作为文件名，创建一个 ChiselOutputFileAnnotation，并将其添加到 annotations 中。

别的几个步骤（阶段）就留给读者自己了，这里只说其中关键的一步 Convert。编译过程离不开代码的转换，实现这个步骤的就是 class Convert，当然这也是对 trait Phase 的扩充。凡是作为处理阶段列在 Dependency 序列中的都必须是对 trait Phase 的扩充，而 trait Phase 虽然是对 TransformLike 的扩充，但且带有 DependencyAPI 这个 trait，这是 Phase 类对象可以被用在 Dependency 序列中的基础：

```
trait Phase extends TransformLike[AnnotationSeq] with DependencyAPI[Phase] { lazy val name: String = this.getClass.getName }
```

本来我们要接着看 class Convert 了，在 ChiselPhase.targets 中所列的 7 个阶段中，Convert 显然是最重要的。然而看一下 class Convert 的 prerequisites，却发现 Convert 依赖于 Elaborate，其实这更重要:

```
class Convert extends Phase {
  override def prerequisites = Seq(Dependency[Elaborate])              //Convert 依赖于 Elaborate
  …
}
```

这个 Elaborate 阶段是 ChiselPhase.targets 中没有的，但是如前所述 DependencyManager 会把它们整合在一起，所以在实际执行时会先执行 Elaborate，然后才是 Convert。实际上 Elaborate 才是 Chisel 编译的核心。

所以我们就先看 class Elaborate 代码：

```
/* Elaborate all [[chisel3.stage.ChiselGeneratorAnnotation]]s into [[chisel3.stage.ChiselCircuitAnnotation]]s. */

class Elaborate extends Phase {
  override def prerequisites = Seq.empty
  override def optionalPrerequisites = Seq.empty
  override def optionalPrerequisiteOf = Seq.empty
  override def invalidates(a: Phase) = false

  def transform (annotations: AnnotationSeq): AnnotationSeq = annotations.flatMap {
                                                        //对于 annotations 中的每一个元素 a，执行以下操作：
    case ChiselGeneratorAnnotation(gen) => try {    // ChiselGeneratorAnnotation 包含着生成函数 gen，那就是 Chisel 代码：
          val (circuit, dut) = Builder.build(Module(gen()), new DynamicContext(annotations))
          Seq(ChiselCircuitAnnotation(circuit), DesignAnnotation(dut))     //对 ChiselGeneratorAnnotation 进行处理的返回值
                // ChiselGeneratorAnnotation 被替换成这个序列，本身则变成一个 DeletedAnnotation。
      } catch {
          /* if any throwable comes back and we're in "stack trace trimming" mode, then print an error and trim the stack trace */
          case scala.util.control.NonFatal(a) =>
              if (!view[ChiselOptions](annotations).printFullStackTrace) {a.trimStackTraceToUserCode()}
              throw(a)
      }   //end try-catch
    case a => Some(a)                          //如果 a 是别的 Annotation 就原样照抄，也在返回值中。Some()表示非空。
  }
}   //end class Elaborate
```

可见，Elaborate 阶段是专门针对 ChiselGeneratorAnnotation 的，Chisel 编译阶段的 annotations 中有形形色色的 Annotation，其中必有一个是 ChiselGeneratorAnnotation，因为 ChiselGeneratorAnnotation 所承载的内容就是有待编译的 Chisel 代码，要不然就没有了编译对象，成了无的放矢。而 Elaborate，就是对 Chisel 代码进行语法和语义的解析，所产生的是对于电路的相对低层（与 Chisel 语言描述相比）的描述，供编译后端据以生成目标代码（如 Verilog 代码）。一般编译器对源代码进行解析以后形成的是一种"抽象语法树（Abstract Syntax Tree）"即 AST，但是 Chisel 的编译有所不同，它无需关心语法，那是借助 Scala 语言的，Chisel 语言是"内嵌（embeded）"在 Scala 语言中，所以就省去了不少麻烦。

Elaborate 阶段所产生的中间结果，是一个包装在 ChiselCircuitAnnotation 中的 Circuit 类对象，代表着 Chisel 源代码所描述的电路：

```
case class Circuit (name: String, components: Seq[Component], annotations: Seq[ChiselAnnotation] = Seq.empty)
```

这是个 case class，代码中并未定义与之配套的 object Circuit，因而 Scala 编译会自动为其生成一个，其 apply()函数的参数与此相同，即 name、components 和 annotations。其中 annotations 有默认值 Seq.empty，所以创建 Circuit 时可以只给前面两个参数，那就是电路的名称和电路中所含的零部件（包括导线连接）。

对 ChiselGeneratorAnnotation 所承载内容即生成函数的解析（Elaborate）过程，其实就是通过 Builder.build() 创建该生成函数所描述模块的过程，其返回值就是一个 Circuit 对象。这里的 Builder 是个 object。顾名思义 Builder.build()是一个"建造"的过程。事实上，对一个模块即 Module 对象的源代码进行解析的过程正是根据源代码创建这个 Module 对象的过程，这是个寓解析于创建之中的过程。对于 Chisel 这是解析的过程，对于 Scala 则是执行代码构建模块对象的过程。对 Chisel 代码的解析有语法和语义两个方面，其中语法部分的解析在很大程度上借助 Scala，语义方面的解析则通过 Chisel 所定义的众多 class 和 object 得以实现。注意在 Scala 这一层上的代码执行也需要对代码进行解析，但那是 Scala 语言的解析，我们说的是 Chisel 语言的解析。

然后，就以此 Circuit 对象为参数创建一个 ChiselCircuitAnnotation，并返回这个 Annotation。实际上同时还创建并返回了一个 DesignAnnotation，那是用于测试的，并不在本书所关心之列。注意 Elaborate 阶段所产生和返回的只是 ChiselCircuitAnnotation（和 DesignAnnotation），DependencyManager 自会将其拼接进 annotations 序列，因为对 Elaborate.transform()的调用是在一个 foldLeft 操作之中。

Builder.build()的第一个参数是 Module(gen())。这里的 gen 就是承载在 ChiselGeneratorAnnotation 中的那个生成函数，所"生成"的是一个 class 的源代码，就是待编译的 Chisel 代码，这里是作为"按名调用"（函数指针）传给 Module()的。而 Module 则是指 object Module，其 apply()函数的调用界面是"def apply[T <: BaseModule](bc: => T): T"，这里的调用参数是"bc: => T"，这决定了生成函数 gen 的传递是"按名"而不是"按值"，并规定为其创建对象的那个 class 必须是泛型 T，而泛型 T 必须是对 BaseModule 的直接或间接扩充。另外，在调用 Builder.build()时还须为其准备好一个 DynamicContext 类对象，其摘要如下：

```
private[chisel3] class DynamicContext(val annotationSeq: AnnotationSeq) {
  val globalNamespace = Namespace.empty
  val components = ArrayBuffer[Component]()              //该Module所包含的零部件
  val annotations = ArrayBuffer[ChiselAnnotation]()      //所涉及的Annotation
  var currentModule: Option[BaseModule] = None           //当前处于哪个Module（Module可以嵌套）
  …
  var whenStack: List[WhenContext] = Nil                 //当前处于哪个when语句中（可以嵌套）
  var currentClock: Option[Clock] = None
  var currentReset: Option[Reset] = None
  val errors = new ErrorLog
  val namingStack = new NamingStack                      //与内部的命名有关
}
```

这是因为，一个 Module 对象的创建过程中需要临时记录一些信息，比方说源代码中可能有 when 语句，而 when 语句可以嵌套，那么当前正在解析/构造的成分又是在哪个 when 语句的作用域之中呢？这就需要有个动态的记录。而 Module 本身也是可以嵌套的，在一个 Module 内部可以有别的 Module（作为其部件），嵌套多深事先也并不知道，所以就需要有个类似于堆栈那样的机制，每要创建一个 Module 对象时就为其准备下一个动态的上下文。

就 Chisel 语言编译而言，Elaborate 是整个编译过程中最复杂、最关键的阶段，所以我们在下一章中专门予以讲解。在这里，一言以蔽之就是：Elaborate 是将承载在 ChiselGeneratorAnnotation 中的 Chisel 源代码转换成承载在 ChiselCircuitAnnotation 中的中间层电路描述的过程。

将 ChiselGeneratorAnnotation 转化成了 ChiselCircuitAnnotation，本来可以将整个 annotations 交付 Chisel 编译的后端即 Firrtl 编译，以生成目标代码了。可是这里还有个特殊的问题，就是 Firrtl 编译所接受的输入，虽然也是一个 Annotation 序列，而且 Chisel 编译所采用的 Annotation 定义也是从 Firrtl 借用（import）过去的，但是 Chisel 的电路描述格式，即 ChiselCircuitAnnotation 及其所承载的信息格式，却与 Firrtl 编译所用的格式不同。所以 Firrtl 编译不认 ChiselCircuitAnnotation，Firrtl 编译认的是 FirrtlCircuitAnnotation。这显然是因为 Firrtl 在 Chisel 之先就已经存在了。其实一般的编译器中不存在 Convert 这个阶段，因为一般编译器的开发都是一气呵成，不像 Chisel 那样分在两个团队。所以虽然可以把 Chisel 编译和 Firrtl 编译串在一起，成为从 Chisel 到 Verilog 看似一步到位的编译，其内部却是分两步走的，所以才需要有这个 Convert 阶段。

Convert 阶段的实施者是 class Convert，下面是这个 class 的代码：

```
/** This prepares a [[ChiselCircuitAnnotation]] for compilation with FIRRTL. This does three things:
  *   - Uses [[chisel3.internal.firrtl.Converter]] to generate a [[FirrtlCircuitAnnotation]]
  *   - Extracts all [[firrtl.annotations.Annotation]]s from the [[chisel3.internal.firrtl.Circuit]]
  *   - Generates any needed [[RunFirrtlTransformAnnotation]]s from extracted [[firrtl.annotations.Annotation]]s
  */
class Convert extends Phase {
  override def prerequisites = Seq(Dependency[Elaborate])            //Convert 依赖于 Elaborate
  override def optionalPrerequisites = Seq.empty
  override def optionalPrerequisiteOf = Seq.empty
  override def invalidates(a: Phase) = false

  def transform (annotations: AnnotationSeq): AnnotationSeq = annotations.flatMap {       //扫描 annotations：
    case a: ChiselCircuitAnnotation =>          //对于其中的 ChiselCircuitAnnotation：
      Some(a) ++              //Some(a)表示 a 确实存在，其值就是 a 本身，算符++表示数组或序列的拼接。
      /* Convert this Chisel Circuit to a FIRRTL Circuit */
      Some(FirrtlCircuitAnnotation (Converter.convert(a.circuit))) ++       //object Converter
          //以 ChiselCircuitAnnotation.circuit 为参数调用 Converter.convert()。
          //再以所得结果为参数创建一个 FirrtlCircuitAnnotation，并将其拼接在 annotations 后面。
      /* Convert all Chisel Annotations to FIRRTL Annotations */
      a.circuit.annotations.map(_.toFirrtl) ++
          //再对 ChiselCircuitAnnotation.circuit 内部的 annotations 进行 map(_.toFirrtl)，
          //逐个调用其 toFirrtl()函数，将其转换成 Firrtl 格式，并将此序列也拼接到 annotations 中。
       //trait ChiselAnnotation 中定义了一个抽象函数 toFirrtl()，由各个具体的 ChiselAnnotation 予以落实。
      a.circuit.annotations.collect { case anno: RunFirrtlTransform => anno.transformClass}.distinct
                                    .map { c: Class[_ <: Transform] => RunFirrtlTransformAnnotation(c.newInstance()) }
          //最后在 circuit.annotations 中寻找某些 with RunFirrtlTransform（这是个 trait）的 Annotation，
```

```
        //为每个 with RunFirrtlTransform 的 Annotation 创建一个 RunFirrtlTransformAnnotation，
        //并将此序列拼接到 annotations 中。最后返回的是整个 annotations。
    case a => Some(a)                    //不是 ChiselCircuitAnnotation 就照抄
  }  //end flatMap
}  //end class Convert
```

显然，Convert 阶段只对 ChiselCircuitAnnotation 进行操作。从中抽取其所承载的内容，即 a.circuit，由 object Converter 对其进行转换，再以转换所得的内容为参数另行构造一个 FirrtlCircuitAnnotation。由 Converter 进行的这个转换并不简单，而且我们至此尚未涉及 Elaborate 阶段的输出，暂时也无从说起，所以我们把它放在 Elaborate 一章中再作介绍。

不过 Convert 阶段所返回的不仅仅是这个 FirrtlCircuitAnnotation，还要扫描包含在 a.circuit 中的那个 annotations 序列，对其中所含的每个 ChiselAnnotation 调用其提供的 toFirrtl()函数。每个 ChiselAnnotation 都会提供自己的 toFirrtl()函数，说明怎么将自己转换成 Firrtl 格式，不过这种转换都不复杂。

ChiselAnnotation 是个 trait，里面提供了一个抽象函数 toFirrtl()。而所谓 ChiselAnnotation，则是在其 class 定义中 extends ChiselAnnotation 或 with ChiselAnnotation 的 Annotation，那些 class（数量不多）都得提供自己的 toFirrtl()函数。可想而知，那都是些需要跨越编译的边界传给 Firrtl 阶段的 Annotation，大部分 Chisel 阶段的 Annotation 此时都已变成 DeletedAnnotation 了。

最后还要在 ChiselCircuitAnnotation.circuit.annotations 中寻找某些 with RunFirrtlTransform 的 Annotation。RunFirrtlTransform 是对 trait ChiselAnnotation 的扩充，少数 Annotation（例如 ChiselLoadMemoryAnnotation）是带有这个 trait 的，如果有就要为其创建一个 RunFirrtlTransformAnnotation 作为替代。

由此可见，在整个编译过程中 Annotation 序列会变得越来越长，不过如前所述，早期的那些 Annotation 会被标注成“已删除”，变成 DeletedAnnotation。

回到前面 object ChiselPhase 中的 targets 这个依赖序列，内中所列的七个阶段还剩下最后一个阶段 MaybeFirrtlStage。为什么说是“Maybe”呢？因为 FirrtlStage 就是后端，就是 Firrtl 编译，对 Chisel 代码的编译是不是一竿子到底直至产生 Verilog 代码为止，是可选的。如果启动 Chisel 编译的时候在命令行中打入一个“--no-run-firrtl”选项，就表示不进行 Firrtl 编译，只要把前端产生的 Annotation 序列写入文件就行。如果不打入这个选项，才说明是要把前端和后端串在一起运行。从前面 case object NoRunFirrtlCompilerAnnotation 所提供的 ShellOption 可知，如果在命令行中有“--no-run-firrtl”这个选项，Shell 在解析命令行参数时就会为其创建一个 NoRunFirrtlCompilerAnnotation。所以，annotations 中是否含有这个 Annotation，就是判断是否需要执行 MaybeFirrtlStage 这个阶段的依据：

```
class MaybeFirrtlStage extends Phase {
  override def prerequisites = Seq(Dependency[Convert])
  override def optionalPrerequisites = Seq.empty
  override def optionalPrerequisiteOf = Seq.empty
  override def invalidates(a: Phase) = false

  def transform (annotations: AnnotationSeq): AnnotationSeq =
    annotations.collectFirst { case NoRunFirrtlCompilerAnnotation => annotations }
                                         .getOrElse{ (new FirrtlStage).transform (annotations) }
    //如果存在 NoRunFirrtlCompilerAnnotation 就没事了，不存在就得进行 FirrtlStage 的 transform()。
}  //end class MaybeFirrtlStage
```

这里的 annotations.collectFirst {…}.getOrElse{…}的语义是：在 annotations 这个序列中寻找第一个花括号里的内容，即“case NoRunFirrtlCompilerAnnotation”，如果找到了就返回这个 case 语句的值，即 annotations，

这就是“get”成功了。如果找不到，“get”失败，就得要“OrElse”，那就是执行第二个花括号里的语句，即“(new FirrtlStage).transform(annotations)”，创建一个 FirrtlStage 对象并执行其 transform()函数，仍以此时的 annotations 为参数。在这里，花括号{}与圆括号()是等价的。

本书下一章中会讲述 Chisel 编译的后端，所以不在这里深入到后端所进行的处理，但是在这里先粗粗看一下，如果真要“打后半场”，那还要进行一些什么操作。我们看一下 class FirrtlStage 的代码：

```
class FirrtlStage extends Stage {
  lazy val phase = new FirrtlPhase
  override def prerequisites = phase.prerequisites
  override def optionalPrerequisites = phase.optionalPrerequisites
  override def optionalPrerequisiteOf = phase.optionalPrerequisiteOf
  override def invalidates(a: Phase): Boolean = phase.invalidates(a)

  val shell: Shell = new Shell("firrtl") with FirrtlCli
  override protected def run(annotations: AnnotationSeq): AnnotationSeq = phase.transform(annotations)
}
```

FirrtlStage 也是对前述抽象类 Stage 的继承和扩充，继承了那里所有的代码。所不同的是这里的 val phase，是一个 FirrtlPhase 对象（class ChiselStage 中的 val phaseManager 是个 ChiselPhase 对象）。

这里的 Shell 也有不同，只带有 FirrtlCli 而与 ChiselCli 无关。当然，只有独立启动 Firrtl 编译时才会用到这个 Shell。

FirrtlStage 并未提供自己的 transform()函数，它的 transform()函数是从抽象类 Stage 继承的，所以又会走过在那里定义的过程，尤其是又会走过 Logger.makeScope(annotationsx){…}这个花括号里所述的过程，又是四个步骤，其第三个步骤又会调用 run(a)。至于这里的函数 run()，也一样是调用 phase.transform()，只不过这里的 phase 是 FirrtlPhase，所以是 FirrtlPhase.transform()。显然关键在于 class FirrtlPhase，其代码如下：

```
class FirrtlPhase extends PhaseManager ( targets = Seq(
                        Dependency[firrtl.stage.phases.Compiler],
                        Dependency[firrtl.stage.phases.ConvertCompilerAnnotations])) {
  override def invalidates(a: Phase) = false
  override val wrappers = Seq(CatchExceptions(_: Phase), DeletedWrapper(_: Phase))
}
```

这个类是对 PhaseManager 的扩充，但是把 PhaseManager 的结构成分 targets 设置成这里所给定的 Dependency 序列。这个序列就是“后半场”的两个阶段：先是 Compiler，然后是 ConvertCompilerAnnotations。显然，这所谓 Compiler 是狭义的，仅指 Firrtl 阶段的编译。

不过，倘若因此而以为这下半场比上半场短了很多，那就错了，因为在 class Compiler 里面还有个不小的依赖列表，引入了一些新的步骤作为执行 Compiler 这一步的先决条件。我们先以摘要形式看一下 class Compiler 中的这个依赖列表，对于 class Compiler 本身的考察则要推迟到它所依赖的步骤之后：

```
class Compiler extends Phase with Translator[AnnotationSeq, Seq[CompilerRun]] {
  override def prerequisites= Seq(Dependency[AddDefaults],
                                  Dependency[AddImplicitEmitter],
                                  Dependency[Checks],
                                  Dependency[AddCircuit],
```

```
                    Dependency[AddImplicitOutputFile] )
  …
}
```

这里要注意，这个 class Compiler 定义于 package firrtl.stage.phases 中，这里所列的 AddDefaults 等阶段都来自 package firrtl.options.phases，与前面来自 package firrtl.stage.phases、用于 ChiselPhase 的那些阶段有些不同，尽管名称一样。

显然，在 Compiler 之前必须先完成这五步操作，所以连同 Compiler 和 ConvertCompilerAnnotations 实际上也是七步、而不只是两步操作。不过这些操作对于我们理解 Firrtl 阶段的编译都不太重要，我们就拿其中 AddCircuit 这一步看一下：

```
/** [[firrtl.options.Phase Phase]] that expands [[FirrtlFileAnnotation]]/[[FirrtlSourceAnnotation]] into [[FirrtlCircuitAnnotation]]s
  * and deletes the originals. This is part of the preprocessing done on an input [[AnnotationSeq]] by [[FirrtlStage]].
  * The types of possible annotations are handled in the following ways:
  *   - [[FirrtlFileAnnotation]]s are read as Protocol Buffers if the file extension ends in `.pb`. Otherwise, these are
  *       assumed to be raw FIRRTL text and is sent to the [[Parser]]. The original [[FirrtlFileAnnotation]] is deleted.
  *   - [[FirrtlSourceAnnotation]]s are run through the [[Parser]]. The original [[FirrtlSourceAnnotation]] is deleted.
  *   - [[FirrtlCircuitAnnotation]]s are left untouched (along with all other annotations).
  * If a [[Parser]] is used, its [[Parser.InfoMode InfoMode]] is read from a "mandatory" [[InfoModeAnnotation]]. If
  * using an [[Parser.InfoMode InfoMode]] that expects a filename, the filename is used for [[FirrtlFileAnnotation]]s
  * and `[anonymous source]` is used for [[FirrtlSourceAnnotation]]s.
  * @note '''This must be run after [[AddDefaults]] as this [[firrtl.options.Phase Phase]] depends on the existence of
  * an [[InfoModeAnnotation]].'''.
  * @define infoModeException firrtl.options.PhasePrerequisiteException if no [[InfoModeAnnotation]] is present
  */
class AddCircuit extends Phase {
  override val prerequisites = Seq(Dependency[AddDefaults], Dependency[Checks])
  override val optionalPrerequisiteOf = Seq.empty
  override def invalidates(a: Phase) = false

  /** Extract the info mode from an [[AnnotationSeq]] or use the default info mode if no annotation exists
    * @param annotations some annotations
    * @return the info mode
    * @throws $infoModeException
    */
  private def infoMode(annotations: AnnotationSeq): Parser.InfoMode = {
    val infoModeAnnotation = annotations.collectFirst { case a: InfoModeAnnotation => a }.getOrElse {
      throw new PhasePrerequisiteException("An InfoModeAnnotation must be present (did you forget to run AddDefaults?)")
    }
    val infoSource = annotations.collectFirst {
      case FirrtlFileAnnotation(f) => f
      case _: FirrtlSourceAnnotation => "anonymous source"
    }.getOrElse("not defined")
    infoModeAnnotation.toInfoMode(Some(infoSource))
  }
```

```
/** Convert [[FirrtlFileAnnotation]]/[[FirrtlSourceAnnotation]] into [[FirrtlCircuitAnnotation]] and delete originals
  * @throws $infoModeException
  */
def transform (annotations: AnnotationSeq): AnnotationSeq = {
  lazy val info = infoMode (annotations)          //先调用上面的 infoMode()，所得结果用于下面的 a.toCircuit()。
  annotations.map {
    case a: CircuitOption => a.toCircuit(info)     //凡有 with CircuitOption 的都转变成 FirrtlCircuitAnnotation
    case a => a                                    //别的照抄
  }
}  //end transform()
}  //end class AddCircuit
```

这里 transform()中的 CircuitOption 是个 trait，里面有个抽象函数 toCircuit()。凡是 with CircuitOption 的 Annotation 则都要提供自己的 toCircuit()函数。这样的 Annotation 有 FirrtlFileAnnotation 和 FirrtlSourceAnnotation。经过 toCircuit()以后，这两种 Annotation 就转变成 FirrtlCircuitAnnotation。但是这样的转换还需要有附加的信息，这些信息来自此前的 AddDefaults 阶段，在那个阶段中会检查 Annotation 序列中是否有 RunFirrtlTransformAnnotation、InfoModeAnnotation 等 Annotation，如果没有就补上默认的信息，现在就要把这些信息都抽取出来归并在一起，放在 FirrtlCircuitAnnotation 中。总之，所有这些步骤都是在为 Firrtl 阶段的 Compiler 进行准备。

至于 Compiler 这个阶段本身，那要到下一章中再作介绍。

最后，别忘了，ChiselPhase 的依赖列表 targets 中还有最后一个阶段，就是 WriteOutputAnnotations。这个阶段的操作就是把生成的结果写出到文件中。如果因为“--no-run-firrtl”而跳过了后端的处理，那么写出的是中间结果；如果没有跳过后端，完整执行了 MaybeFirrtlStage 这个阶段，那么写出的就是最终的输出，例如 Verilog 代码。

在大致了解了整个 Chisel 编译的流程，又比较深入地了解了它的前端所进行的处理以后，我们不妨再回到前面的 class ChiselStage。那里还有 emitChirrtl()、emitFirrtl()、emitVerilog()等函数，也需要作点说明，

前面我们从 ChiselMain.main()开始一直下来，并未看到对这些函数的调用，说明如果按常规在操作系统环境中通过命令行启动 Chisel 编译是用不到这些函数的。但是 class ChiselStage 的设计并不只是面向这种全方位、可以在命令行中输入各种各样的选项、形成各种各样组合的模式，也面向一些特定目标的简略模式。

以 class ChiselStage 中的 emitVerilog()为例：

```
/** Convert a Chisel module to Verilog
  * @param gen a call-by-name Chisel module
  * @param args additional command line arguments to pass to Chisel
  * param annotations additional annotations to pass to Chisel
  * @return a string containing the Verilog output
  */
final def emitVerilog (gen: => RawModule, args: Array[String] = Array.empty, annotations: AnnotationSeq = Seq.empty)
: String = {
  execute(Array("-X", "verilog") ++ args, ChiselGeneratorAnnotation(() => gen) +: annotations)
    .collectFirst {              //从execute()返回的结果中应该有下面两种Annotation之一：
      case EmittedVerilogCircuitAnnotation(a) => a
      case EmittedVerilogModuleAnnotation(a) => a
    }.map(_.value).mkString("")
}
```

这里的参数 args 默认为空，annotations 也默认为空序列。在调用（从抽象类 Stage 继承的）execute()函数时给定的命令行参数 args 就是一个“-X Verilog”选项，表示所生成的目标代码应是 verilog 代码。对于编译的对象，这里也不是通过“--module”选项给定，而是直接就给生成函数 gen，以其代码为参数生成一个 ChiselGeneratorAnnotation，如果原先的 annotations 是空，那这 ChiselGeneratorAnnotation 就是序列中唯一的 Annotation。显然，这是一种固定“配方”的简略模式。

然后就可以在另一个 object 中创建一个 class ChiselStage 的对象并调用它的这个函数。在 Scala 的交互执行环境 sbt 中，是可以在键盘上直接键入 sbt 命令行以执行某个 object 的某个函数的。或者也可以直接从键盘上直接打入 new 命令以创建某个 class 的对象，然后执行其某个函数。

事实上，Chisel3 的代码中确实就有一个 object emitVerilog：

```
object emitVerilog {
  def apply (gen: => RawModule, args: Array[String] = Array.empty, annotations: AnnotationSeq = Seq.empty): Unit = {
    (new ChiselStage).emitVerilog (gen, args, annotations)
  }
}
```

这个 object 的 apply()函数就是先创建一个 class ChiselStage 的对象，然后就调用其 emitVerilog()函数。

当然，用户也可以参考这个 object emitVerilog，自己写一个带有 main()函数的 object，将其做成自己专用的简化版 Chisel 编译器。

另外，Chisel3 的代码中甚至还提供了一个 object ChiselStage，里面提供了 emitChirrtl()、emitFirrtl()、emitVerilog()等方法。不仅如此，还提供了启动执行其特定阶段的方法 elaborate()和 convert()。

下面是 object ChiselStage 的代码：

```
object ChiselStage {
  /** Return a Chisel circuit for a Chisel module
    * @param gen a call-by-name Chisel module
    */
  def elaborate (gen: => RawModule): cir.Circuit = {        //仅执行对 Chisel 代码的解析
    val phase = new ChiselPhase {
      override val targets = Seq( Dependency[chisel3.stage.phases.Checks], Dependency[chisel3.stage.phases.Elaborate] )
    }

     phase.transform(Seq(ChiselGeneratorAnnotation(() => gen), NoRunFirrtlCompilerAnnotation)).collectFirst {
        case ChiselCircuitAnnotation(a) => a
     }.get                    //elaborate()的作用使 gen()/ChiselGeneratorAnnotation 变成 ChiselCircuitAnnotation。
  }

  /** Return a CHIRRTL circuit for a Chisel module
    * @param gen a call-by-name Chisel module
    */
  def convert (gen: => RawModule): fir.Circuit = {          //执行从 Chisel 代码到低层 HDL 的编译过程
    val phase = new ChiselPhase {
      override val targets = Seq(
        Dependency[chisel3.stage.phases.Checks],
        Dependency[chisel3.stage.phases.Elaborate],
        Dependency[chisel3.stage.phases.AddImplicitOutputFile],
```

```
        Dependency[chisel3.stage.phases.AddImplicitOutputAnnotationFile],
        Dependency[chisel3.stage.phases.MaybeAspectPhase],
        Dependency[chisel3.stage.phases.Convert] )
  }

  phase.transform(Seq(ChiselGeneratorAnnotation(() => gen))).collectFirst {
        case FirrtlCircuitAnnotation(a) => a
    }.get                    //convert()的作用使 gen()/ChiselGeneratorAnnotation 变成 FirrtlCircuitAnnotation。
}

/** Return a [[firrtl.ir.Circuit]] for a [[chisel3.internal.firrtl.Circuit]](aka chirrtl)
  * @param chirrtl [[chisel3.internal.firrtl.Circuit]] which need to be converted to [[firrtl.ir.Circuit]]
  */
def convert (chirrtl: cir.Circuit): fir.Circuit = {           //只是执行 Firrtl 阶段的编译
  val phase = new ChiselPhase {
    override val targets = Seq(
      Dependency[chisel3.stage.phases.AddImplicitOutputFile],
      Dependency[chisel3.stage.phases.AddImplicitOutputAnnotationFile],
      Dependency[chisel3.stage.phases.MaybeAspectPhase],
      Dependency[chisel3.stage.phases.Convert] )
  }

  phase.transform(Seq(ChiselCircuitAnnotation (chirrtl))).collectFirst {
        case FirrtlCircuitAnnotation(a) => a
    }.get                    //使 Circuit/ChiselCircuitAnnotation 变成 FirrtlCircuitAnnotation。
}

/** Return a CHIRRTL string for a Chisel module
  * @param gen a call-by-name Chisel module
  */
def emitChirrtl (gen: => RawModule): String = convert (gen).serialize

/** Return a FIRRTL string for a Chisel module
  * @param gen a call-by-name Chisel module
  */
def emitFirrtl (gen: => RawModule): String = {       //只打前半场，只做 Chisel 阶段的编译
  val phase = new PhaseManager(
    Seq(
      Dependency[chisel3.stage.phases.Checks],
      Dependency[chisel3.stage.phases.Elaborate],
      Dependency[chisel3.stage.phases.AddImplicitOutputFile],
      Dependency[chisel3.stage.phases.AddImplicitOutputAnnotationFile],
      Dependency[chisel3.stage.phases.MaybeAspectPhase],
      Dependency[chisel3.stage.phases.Convert],
      Dependency[firrtl.stage.phases.Compiler] )
  )
```

```
    phase.transform(Seq(ChiselGeneratorAnnotation(()=>gen), RunFirrtlTransformAnnotation(new HighFirrtlEmitter)))
    .collectFirst { RunFirrtlTransformAnnotation(new HighFirrtlEmitter)))
    .collectFirst { case EmittedFirrtlCircuitAnnotation(a) => a }.get.value
                          //emitFirrtl()将 gen()/ChiselGeneratorAnnotation 编译成 EmittedFirrtlCircuitAnnotation。
  }  //end emitFirrtl()

  /** Return a Verilog string for a Chisel module
    * @param gen a call-by-name Chisel module
    */
  def emitVerilog (gen: => RawModule): String = {          //从 Chisel 到 Verilog 的全场编译
    val phase = new PhaseManager(
      Seq( Dependency[chisel3.stage.phases.Checks],
           Dependency[chisel3.stage.phases.Elaborate],
           Dependency[chisel3.stage.phases.AddImplicitOutputFile],
           Dependency[chisel3.stage.phases.AddImplicitOutputAnnotationFile],
           Dependency[chisel3.stage.phases.MaybeAspectPhase],
           Dependency[chisel3.stage.phases.Convert],
           Dependency[firrtl.stage.phases.Compiler] )
    )  //end val phase
    phase.transform(Seq(ChiselGeneratorAnnotation(() => gen), RunFirrtlTransformAnnotation(new VerilogEmitter)))
        .collectFirst { case EmittedVerilogCircuitAnnotation(a) => a }.get.value
                          //emitVerilog()使 gen()/ChiselGeneratorAnnotation 变成 EmittedVerilogCircuitAnnotation。
  }  //end emitVerilog()

  /** Return a SystemVerilog string for a Chisel module
    * @param gen a call-by-name Chisel module
    */
  def emitSystemVerilog (gen: => RawModule): String = {          //从 Chisel 到 SystemVerilog
    val phase = new PhaseManager(
      Seq(
        Dependency[chisel3.stage.phases.Checks],
        Dependency[chisel3.stage.phases.Elaborate],
        Dependency[chisel3.stage.phases.AddImplicitOutputFile],
        Dependency[chisel3.stage.phases.AddImplicitOutputAnnotationFile],
        Dependency[chisel3.stage.phases.MaybeAspectPhase],
        Dependency[chisel3.stage.phases.Convert],
        Dependency[firrtl.stage.phases.Compiler] )
    )
    phase.transform(Seq(ChiselGeneratorAnnotation(() => gen), RunFirrtlTransformAnnotation(new SystemVerilogEmitter)))
        .collectFirst { case EmittedVerilogCircuitAnnotation(a) => a }.get.value
                          //emitSystemVerilog()与 emitVerilog()基本一样。
  }  //end emitSystemVerilog()
}  //end object ChiselStage
```

看一下其中 emitVerilog()函数中的依赖序列和执行程序的起点 phase.transform()，就可看出执行这个函数时所走过的流程与前面以 ChiselMain 的 main()函数为入口时走过的流程实质上是一样的。

第 4 章

Chisel 代码的 Elaborate 和 Convert

一种计算机语言，是通过其语法和语义予以定义的；而语法和语义的定义又在很大程度上体现在对一些基本语素的定义中，这些基本语素通常称为该语言的“原语（Primitive）”，意为原本就有的语言成分。

而编译器对该种语言代码的解析，则主要是语法上的解析（parse），就是按语法规则把代码分解到对于基本语素的使用，再将其映射到存储在编译器内部的相应汇编代码片段，就好像展开汇编语言的宏定义或调用汇编语言的库函数一样，并将由此而“生成”的汇编代码“放送（emit）”到作为中间产物的汇编文件中，再对此加以汇编，就生成了程序的二进制代码。

但是程序代码并不全是直接由某种语言的基本语素构成，例如函数和数据结构就可以看成是对基本语素的扩充和组合。通过函数和数据结构的定义及引用来实现对基本语素的扩充，客观上增强了所用编程语言的表达力，并且这些扩充语素的语义和具体实现都是符合该种语言的语法和语义，为使用者所知或容易看到的。然而这些扩充出来的语素一般在形式上不同于基本语素，通常总是以函数和数据结构的形式加以实现，一看就可知道这并非由所使用语言提供的基本语素。Chisel 的不同之处就在于，它在 Scala 基础上扩充所得的许多扩充语素在形式上就好像是 Scala 的基本语素，但又像库函数一样可以看到其语义和具体实现。这些语素，对于 Chisel 而言属于原语，但对于 Scala 而言只是用户定义的函数、类型或数据结构。

要阅读和理解采用 Chisel 语言的程序代码（Chisel 代码），多了解（并理解）一些 Chisel 的基本语素显然是很重要的。传统上对于编程语言的基本语素只是介绍其语义和作用，而并不提供其内部实现，并不“透明”；但是既然 Chisel 的基本语素是通过 Scala 语言实现，Chisel（编译器）本身的代码中又包含这些语素的实现，那么对这些语素内部实现的了解就是很有意义很有帮助又是很方便的了。

另一方面，读者在前一章中看到，Chisel 编译器（或解释运行的环境）对于目标代码有个 Elaborate 即解析的过程，这个过程是寓解析于模块对象的创建之中，实际上就是由 Scala 编译器将各种 object 和 class 对象的构造函数执行一遍。换言之，只要跟着 Chisel 程序中的 Scala 代码走一遍，就可以知道 Chisel 编译器是怎样根据 Chisel 代码生成例如 Verilog 代码的。所以，本章一开头将结合对一段极小的 Chisel 代码的 Elaborate 过程先介绍一些基本的 Chisel 数据类型、操作符和程序结构。然后再在下一章中列举式地介绍更多的 Chisel 语素。所以，本章的内容既是关于 Chisel 的基本语素，又是关于 Chisel 的 Elaborate 过程。

4.1 Chisel 代码的 Elaborate

我们在上一章中讲到，启动 Chisel3（Chisel3 编译器）对 Chisel 代码的编译有好几种不同的途径，而对代码的解析 Elaborate 则是编译过程中必不可缺的一步；这也决定了进入 Elaborate 的途径固然有好几种，但是都殊途同归，都要执行 class Elaborate 的 transform()函数。

上一章的末尾讲到，与 class ChiselStage 相对应还有个 object ChiselStage，内中有个函数 emitVerilog()，调用这个函数就可实现对 Chisel 代码的编译。所谓 emitVerilog()，就是把一段 Chisel 代码转换成 Verilog 代码并将其发送到一个 Verilog 代码文件中，以供 EDA 软件进行“综合（Synthesis）”。下面的 getVerilogString 就是这样一个 object：

```
object getVerilogString {
  def apply(gen: => RawModule): String = ChiselStage.emitVerilog(gen)  //调用 object ChiselStage 的 emitVerilog()
        // gen: => RawModule 表示 call-by-name。函数 gen 所“生成”的代码就是待编译的 Chisel 代码。
}
```

这个 object 只有一个 apply()函数，就是调用 ChiselStage.emitVerilog()。读者应该清楚，这里的 ChiselStage 是指 object ChiselStage，其 apply()函数只有一个参数，就是一个“按名调用（call-by-name，相当于 C 语言中的函数指针）”的函数 gen（意为 generate），我们不妨称之为“生成函数”。这个生成函数如果被调用执行的话，其返回类型是一个 RawModule 对象。不过 RawModule 是抽象类，所以实际上是由 RawModule 派生的某个具体类对象。事实上，gen()所生成的就是需要进行编译的 Chisel 目标代码。换言之，用作编译对象的必须是个 RawModule 子类的代码。

在这里，我们假定要编译的 Chisel 代码就是下面 class PlusOne 的代码：

```
class PlusOne extends Module {         // class PlusOne 是对 Module 的扩充，而后者是对 RawModule 的扩充。
  val io = IO(new SimpleIO)            //IO 是 Chisel 的基本语素，同时又是 Scala 的 object。
  io.out := io.in + 1.asUInt           //这里的:=是 Chisel 的“赋值”操作符，其实是连接符，UInt 是 Chisel 的基本数据类型。
                                       //更重要的是，这里的+号也是 Chisel 操作符，隐含着这里有个加法器，
}
```

这个 class PlusOne 是对一个电路模块的描述。该模块有个简单的输入/输出电路，即 io，其内部又分输入 io.in 和输出 io.out，输入/输出信号所代表的数据类型定义于 class SimpleIO 北部，实际上是 UInt，即 Chisel 版的无符号整数。这个模块的功能和作用，就是在输入信号的数值上加 1，将所得结果作为模块的输出。由于要进行加法运算，这里的操作符（算符）“+”实际上表明模块中还有个加法器电路。由于没有说输出 io.out 是寄存器，这个电路是组合电路而不是时序电路，io.out 的内容随 io.in 随时改变，无需时钟脉冲驱动（加法器也是组合电路）。组合电路的“算符”:=只是简单的电路连接，但时序电路的:=就隐含着时钟脉冲的驱动。

现在就以这个 class（实际上是个 Module）的代码为目标调用 getVerilogString()，对其进行编译。注意当我们说对 Chisel 代码进行编译的时候，实际上存在着两种不同层次的编译。一种是先将 Chisel 编译器的 Scala 代码转换成作为 App，即可以在 Java 虚拟机上运行的 JVM 代码，用来编译例如 class PlusOne 这样的电路描述，这样就可以反复运行，下次就省去了 Scala 编译这一步。或者也可以在 Scala 的交互环境中不加编译就直接用来解释执行，同时实现对 Chisel 编译器和对具体电路描述的编译，优点是非常灵活，缺点是每次运行实质上都要进行一次 Scala 编译，使编译的效率有所降低。另一种角度和层次的编译，是 Chisel 这一层的编译，这是通过运行 Scala 编译器对具体的电路描述进行编译，所产生的输出是与给定 Chisel 模块的代码相对应的 Verilog 代码。或者，如果在 Scala 这一层上是解释执行，那就是集两个层次的编译/解释于一役，直接就输出具体电路描述的 verilog 代码。可想而知，我们关心的当然是后一种，即对于 Chisel 电路描述代码的编译，Scala 这一层的编译不在我们的关心之列。

Chisel3 的代码中有一些测试程序，其中有一个测试就是以 PlusOne 模块为目标调用 getVerilogString()，看其输出的 Verilog 代码中是否包含“assign io_out = io_in + 32'h1”这么一个字符串，如果是就通过了测试。当然，我们在这里不是要测试，而是要看生成函数 gen()是怎么给定的：

```
property("getVerilogString(new PlusOne() should produce a valid Verilog string") {
  val s = getVerilogString(new PlusOne())             // object getVerilogString
  assert(s.contains("assign io_out = io_in + 32'h1"))
}
```

显然，这个测试用例的代码实际上分两个部分。第一部分是作为硬件描述的“new PlusOne()”，这是 Chisel 代码。其余的代码与 Chisel 的编译对象实质上并无关系，其中的 getVerilogString()可以说属于 Chisel 编译，但 assert()只是一般的 Scala 程序而已。然而 Chisel 语言及其编译器也是在 Scala 语言内部实现的，所以这两部分代码可以结合得天衣无缝。对于 Chisel 编译而言，给定的代码就是“new PlusOne()”，这就是传给 object getVerilogString 的参数，即生成函数 gen()。这个 gen()函数的代码只有一个语句，那就是“new PlusOne()”。

如果 gen()这个函数是常规的“按值调用”，那就要先执行“new PlusOne()”，然后将所得结果作为实参传给 getVerilogString()。可是 gen()是“按名调用”，所以在调用 getVerilogString()之前并不执行，而只是将此函数本身，即其定义作为参数传递。要到在 getVerilogString()中受到调用时才执行。

注意这个函数的代码是“new PlusOne()”，而并不就是 class PlusOne 的代码，这一点至关重要。这是因为，只有通过保留字 new 创建一个该类对象，Scala 才会执行该类对象的初始化，即执行这个类的构造函数，这样才会去执行（对于 Chisel 就是 Elaborate）PlusOne 类的代码。对 Chisel 代码的 Elaborate 即解析，则正是寓于执行其 Scala 代码的过程之中，因为 Chisel 代码同时又是 Scala 代码。

我们在前面看到，对 getVerilogString.apply()函数的调用就是对 ChiselStage.emitVerilog()的调用：

```
/** Helper methods for working with [[ChiselStage]] */
object ChiselStage {
  …
/** Return a Verilog string for a Chisel module
     * @param gen a call-by-name Chisel module
     */
  def emitVerilog (gen: => RawModule): String = {
    val phase = new PhaseManager(       //创建一个PhaseManager对象，以下面这个Seq作为其参数targets。
      Seq(
        Dependency[chisel3.stage.phases.Checks],
        Dependency[chisel3.stage.phases.Elaborate],
        Dependency[chisel3.stage.phases.AddImplicitOutputFile],
        Dependency[chisel3.stage.phases.AddImplicitOutputAnnotationFile],
        Dependency[chisel3.stage.phases.MaybeAspectPhase],
        Dependency[chisel3.stage.phases.Convert],
        Dependency[firrtl.stage.phases.Compiler] )
    )
    phase.transform(Seq(ChiselGeneratorAnnotation(() => gen), RunFirrtlTransformAnnotation(new VerilogEmitter)))
                                                    .collectFirst { case EmittedVerilogCircuitAnnotation(a) => a}.get.value
  }  //end emitVerilog()
}  //end object ChiselStage
```

首先创建一个 PhaseManager 对象 phase，这里的 Dependency 序列就成为其结构成分 targets。

然后以“按名调用”的函数 gen 为参数创建一个 ChiselGeneratorAnnotation 对象；再以一个 VerilogEmitter 对象为参数创建一个 RunFirrtlTransformAnnotation 对象；并以这两个 Annotation 对象的序列为参数调用 PhaseManager 的 transform()函数。这样就绕过了 ChiselMain 中主要由 Shell 进行的准备工作，以一个几乎是最低限度的（VerilogEmitter 可以默认）Annotation 序列调用 PhaseManager 的 transform()函数。

注意这里 gen()函数的内容虽然只是一句“new PlusOne()”，但 Chisel 编译在执行这个语句时显然得要有关于 class PlusOne 的定义。如果在 class PlusOne 又引用别的成分，那就又得要有这些成分的定义。所以实际上需要包含在 gen()中的得要是整个硬件描述的完整的代码，不过那些代码也可以放在一个文件中。这里之所以不必如此，是因为这是在 Scala 的交互环境中，那些代码已经事先输入进去。

一旦进入 PhaseManager 的 transform()函数，下面就都一样了。如前一章中所述，PhaseManager 通过其从 trait DependencyManager 继承的成分会依次调用其 targets 序列中各个阶段的 transform()函数，每次都以 annotations 为参数，经过变换输出一个新的 annotations。但是 class Convert 的依赖关系表明 Elaborate 是其先决条件，于是 PhaseManager 就会在 Convert 之前先执行 Elaborate，这就引入了对 class Elaborate 的 transform()函数的执行，前一章曾对这个函数做过一些介绍，现在要进一步深入考察，下面是这个函数的摘要：

```
class Elaborate extends Phase {
  def transform (annotations: AnnotationSeq): AnnotationSeq = annotations.flatMap {     //对于 annotations 中的每一个元素 a:
    case ChiselGeneratorAnnotation(gen) => try {
          val (circuit, dut) = Builder.build (Module(gen()), new DynamicContext(annotations))
     //返回的 circuit 是个 Circuit 对象，这是解析所产生的结果；而 dut 则用于测试，dut 意为“Device Under Test”。
          Seq(ChiselCircuitAnnotation(circuit), DesignAnnotation(dut))
                                                //为 Builder.build()返回的两项结果分别创建 Annotation
       } catch { …}
    case a => Some(a)        //如果 a 不是一个 ChiselGeneratorAnnotation，就原样照抄。Some()表示不得为空。
  }
}    //end class Elaborate
```

这里的 Module 是个 object，将生成函数 gen()用作其 apply()函数的参数时，后面我们在 object Module 的代码中会看到，是“按名调用”而不是“按值调用”的，这个函数会在 Module.apply()中得到调用，那时候就会实际执行函数 gen()里面的代码。再看 Builder.build()，调用 Builder.build()的第一个参数是 Module(gen())，即 Module.apply(gen())，这也是个函数，而且下面我们就将看到，这个函数又是“按名调用”的。第二个参数则是个 DynamicContext 类的对象。下面就是 object Builder 中函数 build()的代码：

```
private[chisel3] object Builder extends LazyLogging {
  def components: ArrayBuffer[Component] = dynamicContext.components
  def annotations: ArrayBuffer[ChiselAnnotation] = dynamicContext.annotations
  …
  private [chisel3] def build[T <: RawModule](f: => T, dynamicContext: DynamicContext): (Circuit, T) = {
                           //由此可见，build()的第一个参数f是个按名传递的函数，那就是Module.apply()。
    dynamicContextVar.withValue(Some(dynamicContext)) {  //一定得与dynamicContext（第二个调用参数）联用：
      checkScalaVersion()
      logger.warn("Elaborating design...")     //开始Elaborate，也就是开始目标模块的构建：
      val mod = f              //这才调用Module.apply()，创建目标模块对象mod，同时也是对其Chisel代码进行解析的过程。
                           //模块mod的代码在生成函数gen()之中，gen()会在Module.apply()里面得到调用。
      mod.forceName(None, mod.name, globalNamespace)
                           //系统内部对于模块命名有一套规则，一个芯片内可能有上万个模块，必须都有命名；
                           //要不然生产、测试都有困难。但这与我们对编译过程的理解无关，所以我们并不关心。
      errors.checkpoint(logger)
      logger.warn("Done elaborating.")        // Elaborate结束，目标模块的构建/初始化也结束了。
      (Circuit(components.last.name, components.toSeq, annotations.toSeq), mod)
                           //以此对象所含的部件清单与此刻为止的Annotation序列为参数创建一个Circuit对象。
                           //返回该Circuit对象和所创建的模块对象mod。
    }
  }  //end build()
}
```

这里又是“按名调用”。函数 build()的第一个参数“f: => T”表明这是“按名调用”的。所以，Module(gen()) 并非在调用 Builder.build()之前执行，而是作为参数 f 传给 Builder.build()，在后者内部执行到“val mod = f”时才会加以执行。

再看一下调用 Builder.build()时的第二个参数，那是个 DynamicContext 类对象，即“动态上下文”，一个 DynamicContext 对象，某种意义上可以想象成对一个具体模块进行代码解析过程中用来临时记载信息的便笺本。特别是，这个上下文记录下了所创建 Module 对象在整个系统中的位置，例如这是个顶层模块？还是在另一个模块的内部，又是在哪一个模块的内部？

DynamicContext 这个类只有数据成分而没有定义任何函数，是个纯粹的数据结构：

```
private[chisel3] class DynamicContext (val annotationSeq: AnnotationSeq) {
  val globalNamespace = Namespace.empty
  val components = ArrayBuffer[Component]()              //这是个数组/缓冲区，是Component对象的容器。
  val annotations = ArrayBuffer[ChiselAnnotation]()       //这是个数组/缓冲区，是Annotation序列的容器。
        //注意components和annotations都是val，它们所指向的数组是不可更改的，但是数组中的内容却是可变的。
  var currentModule: Option[BaseModule] = None            //这是个var，是可以改变的，可以指向另一个模块。
   // This is only used for testing, it can be removed if the plugin becomes mandatory
  var allowReflectiveAutoCloneType = true
   /** Contains a mapping from a elaborated module to their aspect Set by [[ModuleAspect]] */
  val aspectModule: mutable.HashMap[BaseModule, BaseModule] = mutable.HashMap.empty[BaseModule, BaseModule]
   // Set by object Module.apply before calling class Module constructor
   // Used to distinguish between no Module() wrapping, multiple wrappings, and rewrapping
  var readyForModuleConstr: Boolean = false
  var whenStack: List[WhenContext] = Nil                  //电路描述中的when语句可以嵌套形成堆栈
  var currentClock: Option[Clock] = None                  //当前模块的时钟信号来源
  var currentReset: Option[Reset] = None                  //当前模块的复位信号来源
  val errors = new ErrorLog
  val namingStack = new NamingStack                       //模块可以嵌套，所以模块名也形成堆栈。
}
```

这个class内部有两个有关Annotation的成分，一个是作为构造参数传下来的annotationSeq；另一个是annotations，这是一个ChiselAnnotation数组的缓冲区，用来累积annotationSeq中的ChiselAnnotation，即Chisel这个层面上的Annotation。除作为参数传入的annotationSeq，别的都在初始化时设成空白，但是在对输入代码进行Elaborate的过程中会被改变。如上所述，一个DynamicContext对象相当于为对具体模块进行代码解析而提供的便笺本。模块的创建是可以嵌套的，事先也不知道究竟嵌套多深，所以每当需要创建一个具体模块时才临时为其提供一个便笺本。到了这个模块（连同嵌套在这个模块中、作为其部件的所有模块）创建完毕，这个便笺本也就没用了。

这样，在Builder.build()中执行到“val mod = f”这个语句的时候，就来执行“Module(gen())”这个函数了。当然，参数gen()是个“按名调用”的函数。如前所述，Module()就是对object Module的apply()函数的调用，但是object Module内部通过宏定义将其替换成了对do_apply()的调用：

```
object Module extends SourceInfoDoc {
   /** A wrapper method that all Module instantiations must be wrapped in (necessary to help Chisel track internal state).
     * @param bc the Module being created
     * @return the input module `m` with Chisel metadata properly set
     */
  def apply[T <: BaseModule](bc: => T): T = macro InstTransform.apply[T]
```

//宏定义macro InstTransform将对apply()的调用替换成对do_apply()的调用。参数bc是个“按名调用”的函数。

```
/** @group SourceInfoTransformMacro */
def do_apply[T <: BaseModule](bc: => T) (implicit sourceInfo: SourceInfo, compileOptions: CompileOptions): T = {
    //implicit的参数为隐含参数，如果不给实参就使用内部设定值，给实参就以实参为准。
  if (Builder.readyForModuleConstr) { throwException("Error: Called Module() twice without instantiating a Module." +
                                                        sourceInfo.makeMessage(" See " + _))
  }                                        //已经处于创建Module的途中，不可以重入。
  Builder.readyForModuleConstr = true      //用于防止重入

  val parent = Builder.currentModule       //object Builder中的currentModule字段
  val parentWhenStack = Builder.whenStack  //object Builder中的whenStack字段

    // Save then clear clock and reset to prevent leaking scope, must be set again in the Module
  val (saveClock, saveReset) = (Builder.currentClock, Builder.currentReset)   //暂时保存起来
  val savePrefix = Builder.getPrefix()     //与命名有关
  Builder.clearPrefix()
  Builder.currentClock = None              //将currentClock暂时设置成None
  Builder.currentReset = None              //将currentReset暂时设置成None

   // Execute the module, this has the following side effects:
   //    - set currentModule
   //    - unset readyForModuleConstr
   //    - reset whenStack to be empty
   //    - set currentClockAndReset
  val module: T = bc          // bc is actually evaluated here
        //执行作为参数传下的那个按名调用的函数，以创建目标对象，执行其初始化过程。
        //module即为所创建的某类对象，必须是抽象类BaseModule的（直接或间接）子类。
        //在此过程中会设置currentModule等字段，其whenStack会随具体代码而变化。
  if (Builder.whenDepth != 0) {            //目标对象的初始化完成以后，其whenStack的深度应该为0。
     throwException("Internal Error! when() scope depth is != 0, this should have been caught!")
  }
  if (Builder.readyForModuleConstr) {      //这个标志必然已（在BaseModule的初始化中）被清零。
     throwException("Error: attempted to instantiate a Module, but nothing happened. " +
        "This is probably due to rewrapping a Module instance with Module()." + sourceInfo.makeMessage(" See " + _))
  }
  Builder.currentModule = parent           // Back to parent!  //恢复原先的currentModule
  Builder.whenStack = parentWhenStack
  Builder.currentClock = saveClock         // Back to clock and reset scope
      //凡是模块，都会由Builder自动加上Clock和Reset。
  Builder.currentReset = saveReset

   // Only add the component if the module generates one
  val componentOpt = module.generateComponent()    //整理出本模块所含部件的清单
  for (component <- componentOpt) {
     Builder.components += component                //并将代表着这些部件的对象添加到Builder中
```

```
    }                    //Builder中的components字段记录着所有的部件，后面我们还要回到这里。

    Builder.setPrefix(savePrefix)                    //这只是与命名有关，很重要，但不在我们的关心之列。

     // Handle connections at enclosing scope
     // We use _component because Modules that don't generate them may still have one
    if (Builder.currentModule.isDefined && module._component.isDefined) {
        val component = module._component.get
        pushCommand (DefInstance(sourceInfo, module, component.ports))
                //通知底层这里创建了一个模块，最后会反映在所生成Chisel阶段的编译结果中。
        module.initializeInParent(compileOptions)
                //本模块在父模块中的初始化，包括时钟和复位信号与父模块的衔接，以及对输入/输出端口的处理。
    }
    module      //返回所创建的模块对象module
  }  //end do_apply()

      /** Returns the implicit Clock */
  def clock: Clock = Builder.forcedClock              //返回本模块时钟信号的来源
      /** Returns the implicit Reset */
  def reset: Reset = Builder.forcedReset              //返回本模块复位信号的来源
      /** Returns the current Module */
  def currentModule: Option[BaseModule] = Builder.currentModule          //返回本模块
}  //end object Module
```

这个 do_apply()函数的返回值就是所创建的目标 module，其代码作为“按名调用”的函数被用作调用 Builder.build()的第一个参数，第二个参数则是个 DynamicContext 对象。所以 do_apply()就是这个 module 在 Builder.build()中得到创建和初始化的过程，而执行其构造函数的过程同时就是对其源代码进行解析的过程。例如这里的 pushCommand()，就是通知底层这里创建了一个模块，这会反映在最后生成的 Verilog 代码中，所以 module 的创建是“可综合（Synthesizable）”的。我们知道 Chisel 代码同时也是 Scala 代码，而所谓 Chisel 编译，实际上就是把代码中可综合的成分提取出来，翻译成 Verilog 代码。

结合上面所说的那个示例，我们的生成函数是“new PlusOne()”。所以当 Module.do_apply()中的那个语句“val module: T = bc”得到执行的时候，就会为 class PlusOne 创建一个该类对象，并执行其构造函数进行初始化。在 Scala 语言中，class 定义的一对花括号之间就是这个类的构造函数。然而 PlusOne 类是对 Module 类的继承和扩充，对某类对象的初始化也包括对其父类“遗传物质”的初始化，所以要先执行其父类的构造函数。当然，父类可能还有父类，那就一直上溯。Module 是个抽象类，抽象类也有自己的构造函数，也有自己的初始化过程，只是其中有些成分尚未落实，后面会被替代落实。抽象类 Module 是对 RawModule 的扩充，而后者又是对 BaseModule 的扩充，所以对 PlusOne 的初始化要一直上溯到 BaseModule，要从 BaseModule 开始初始化。

为避免冲淡 Module 对象的创建过程，这里就不深入到 BaseModule 里面去了。Module 的创建在 Chisel 语言的硬件描述中扮演着重要的角色，所以本书后面专门有一节对此进行比较系统的介绍。

再看 RawModule，这是对 BaseModule 的扩充。这里顺便说一下，当我们说 A 类是对 B 类的扩充时，意思是 A 类是一种特殊的 B 类，所以 A 类是 B 类的一个子集，其覆盖范围不会大于 B 类：

```
/** Abstract base class for Modules that contain Chisel RTL.
  * This abstract base class is a user-defined module which does not include implicit clock and reset and supports
  * multiple IO() declarations.
```

```
  */
abstract class RawModule(implicit moduleCompileOptions: CompileOptions) extends BaseModule {
  // RTL construction internals
  private val _commands = ArrayBuffer[Command]()        //这是 Chisel 阶段编译前端和后端之间的接口
                                                        //用开保存和累积解析本模块代码所产生的“命令”，即中间结果。
  private[chisel3] def addCommand(c: Command) {         //解析过程中对底层/后端的通知称为 Command
    require(!_closed, "Can't write to module after module close")
    _commands += c                                      //将一个新的 Command 添加到_commands 缓冲区中
  }
  protected def getCommands = {                         //读取积累在_commands 中的所有命令
    require(_closed, "Can't get commands before module close")     //本模块关闭之后才允许读取这些命令
    _commands.toSeq
  }

  // Other Internal Functions
  private var _firrtlPorts: Option[Seq[firrtl.Port]] = None        //本模块所含 Firrtl 层 Port 对象的列表
  val compileOptions = moduleCompileOptions                         //Chisel 代码编译中关于类型检查严格程度的选项列表。
  private[chisel3] def namePorts(names: HashMap[HasId, String]): Unit = {...}
  private[chisel3] override def generateComponent(): Option[Component] = {…}        //暂时搁置，后面会回到这个函数来。
  private[chisel3] def initializeInParent(parentCompileOptions: CompileOptions): Unit = {
    implicit val sourceInfo = UnlocatableSourceInfo
    if (!parentCompileOptions.explicitInvalidate) {
      for (port <- getModulePorts) { pushCommand(DefInvalid(sourceInfo, port.ref)) }        //为每个Port都向底层Push一条命令
    }
  }  //end initializeInParent()
}  //end class RawModule
```

在 BaseModule 的基础上，RawModule 增添了三个数据成分（实际上是四个，因为还有个隐含的构造参数 moduleCompileOptions）。一个是 val _commands，这是一个缓冲区，用来保存和累积解析 Chisel 代码过程中所产生对底层对后端的通知，称为“命令（Command）”。在编译 Chisel 代码的过程中，对代码的解析即 Elaborate 属于前端，而中间结果的生成则属于（Chisel 编译阶段的）后端，中间需要有个随时记录和交付解析结果的地方，这就是前后端之间的接口，_commands 就是这个接口。另一个是 var _firrtlPorts，用来记录本模块所含的Firrtl层Port类对象。Firrtl层的Port类对象与Chisel层的Port类对象有所不同，所以这里的firrtl.Port 表示这是定义于 package firrtl 中的 Port 类对象。还有一个就是 val compileOptions，这是 Chisel 代码编译中关于类型检查严格程度的选项列表。RawModule 的构造函数有个参数 implicit moduleCompileOptions，这个隐含参数的内容就保存在这里。后面有些函数的调用参数中就有这个 implicit 参数，如果不给实参就采用这里记录着的隐含参数。

注意在 BaseModule 中是没有 Clock 和 Reset 信号的，在 RawModule 中也同样没有，那要到 Module 中才加上。从这个角度看，Module 是一种特殊的 RawModule。如果一个模块的电路是纯组合电路，那就可以是 RawModule，而没有必要是 Module，因为组合电路无需时钟脉冲的驱动，也不记忆任何状态无需复位。其实组合电路也不必是个 Module，组合电路只是一组逻辑表达式。RawModule 本身的定义中没有 Clock 和 Reset，并不表示在对其进行扩充的类中也不能添上 Clock 和 Reset 信号作为其对外接口。事实上也正是如此，对 RawModule 进行扩充的类中都会添上 Clock 和 Reset，并从对外接口上引入时钟和复位信号。所以，不妨说 Module 是一种特殊的、从其父模块继承时钟和复位信号的 RawModule；而 RawModule 则是一种特殊的、需要外接时钟和复位信号的 Module。所以，一个“时钟域”的起点应该是 RawModule 而不是 Module，因为一个时钟域的起点得要从外部接入时钟信号，“复位域”也是一样。至于一个时钟与内部的模块，那就可以从其

父模块继承时钟信号，所以应该是 Module 而不是 RawModule。

下面是抽象类 Module 的一个摘要。注意前面看到的是 object Module，现在是 abstract class Module：

```
abstract class Module(implicit moduleCompileOptions: CompileOptions) extends RawModule {
  // Implicit clock and reset pins
  val clock: Clock = IO(Input(Clock())).suggestName("clock")          //在 RawModule 的基础上增添了时钟信号
  val reset: Reset = IO(Input(mkReset)).suggestName("reset")          //在 RawModule 的基础上增添了复位信号
  var _override_clock: Option[Clock] = None                           //在 class Module 中_override_clock 是 None
  var _override_reset: Option[Bool] = None                            //在 class Module 中_override_reset 也是 None
  def mkReset(): Reset
  override def initializeInParent(parentCompileOptions: CompileOptions): Unit

  // Setup ClockAndReset
  Builder.currentClock = Some(clock)          // Some(clock)表示clock不得为空
  Builder.currentReset = Some(reset)

  private[chisel3] override def initializeInParent(parentCompileOptions: CompileOptions): Unit = {
    implicit val sourceInfo = UnlocatableSourceInfo
    super.initializeInParent(parentCompileOptions)
    clock := _override_clock.getOrElse(Builder.forcedClock)          //因_override_clock是None，就连接到Builder.forcedClock。
    reset := _override_reset.getOrElse(Builder.forcedReset)          //同上
  }
}   //end abstract class Module，注意不要与 object Module 混淆。
```

Module 仍是抽象类，因为其中还有尚未落实的抽象函数，不过我们在这里不关心这个。我们关心的是，Module 这个抽象类中有了两个数据成分 clock 和 reset，其类型为 Clock 和 Reset，那也是 Chisel 的基本类型。二者均为 IO 信号，并且都是 Input，即从外部向其提供的输入信号。这样，凡是扩充了抽象类 Module 的具体类，例如 PlusOne，就因为继承而自动就有了时钟脉冲和复位信号的输入，而无需在代码中另加说明。

注意前面生成函数 gen()的类型都是“=> RawModule”，说明 Chisel 编译的对象必须是 RawModule 或其后裔，事实上大多是 Module 的后裔，只有少数例外。二者的区别就在于是否有时钟和复位信号的接入。

在这里，val clock 的类型是显式说明的，出现在类型说明中的 Clock 就是 class Clock，其类型定义的摘要为：

```
sealed class Clock(private[chisel3] val width: Width = Width(1)) extends Element {
  def toString: String = s"Clock$bindingToString"
  def cloneType: this.type = Clock().asInstanceOf[this.type]
  def typeEquivalent(that: Data): Boolean
  def connect(that: Data)(implicit sourceInfo: SourceInfo, connectCompileOptions: CompileOptions): Unit
  def litOption: Option[BigInt] = None
  /** Not really supported */
  def toPrintable: Printable = PString("CLOCK")
  /** Returns the contents of the clock wire as a [[Bool]]. */
  def asBool(): Bool = macro SourceInfoTransform.noArg
  def do_asBool(implicit sourceInfo: SourceInfo, compileOptions: CompileOptions): Bool
  def do_asUInt(implicit sourceInfo: SourceInfo, connectCompileOptions: CompileOptions): UInt
}
```

这个 class 定义的前面有个关键词 sealed，表明除 Chisel 的代码中已经定义的对于 Clock 的扩充类之外，不允许再定义别的类作为对这个类的继承和扩充。从定义摘要中可见，这个类的结构中（除从其父类继承者之外）并无数据成分，全是方法（函数）定义。

那么 Module 中的这个 Clock 对象是怎么来的呢？代码中说这来自 IO(Input(Clock()))，这里 Clock 前面没有保留字 new。我们在上面看到，Clock 并非 case class，所以这里的 Clock 是 object，而且 Clock.apply()没有调用参数：

```
object Clock {
  def apply(): Clock = new Clock
}
```

所以，val clock 归根结底还是来自一个外接的 Clock 类对象，但经过了 Input 和 IO 两重包装。这里的 Input 和 IO 分别是 object Input 和 object IO。由于本书前面并未对此有过介绍，这里就不得不岔开去对此做点介绍。首先是 object Input，这只是把其参数（在这里是 Clock 对象）的信号方向绑定为输入：

```
object Input {
  def apply[T<:Data](source: T)(implicit compileOptions: CompileOptions): T = {
    SpecifiedDirection.specifiedDirection(source)(SpecifiedDirection.Input)
  }
}
```

然后就是通过 object IO 将其绑定成一个输入/输出端口，object IO 的定义为：

```
object IO {
  def apply[T<:Data](iodef: T): T = {
    val module = Module.currentModule.get        // Impossible to fail    //调用 object Module，返回的是个 Module 对象。
    require(!module.isClosed, "Can't add more ports after module close")
                                                 // require 类似 assert，如果 module 已关闭就不能再添加任何成分。
    requireIsChiselType(iodef, "io type")        //参数 iodef 的类型 T 必须是个 ChiselType
     // Clone the IO so we preserve immutability of data types
    val iodefClone = try {
      iodef.cloneTypeFull     //复制（clone）一份参数 iodef 的副本，包括其类型、宽度、方向、数值和绑定。
                              //这里的 cloneTypeFull()是定义于 Data 类的一个方法函数，T 类是从 Data 类间接继承下来。
    } catch {…}
    module.bindIoInPlace(iodefClone)    //将复制的信号添加到本模块的_ports 集合中，本模块中有几个 IO 就有几个端口。
    iodefClone    //返回所克隆的 T 类对象。所以 object IO 并不改变其输入 iodef 的类型、宽度、方向、数值和绑定。
  }
} //end object IO
```

显然，参数 iodef 的类型是个泛型，object IO 的实际类型取决于它的输入，而这里的输入类型是 class Clock，所以它的输出类型也是 class Clock。这个结果在前面被“赋值”给变量 val clock，与给定的类型 Clock 相符。

IO 是个特殊的 object，它的输入是 iodef，输出是 iodef 的“全复制”副本，这是通过 Data 类的 cloneTypeFull()函数复制的。所谓全复制，就是不光复制一个数据对象的数值和类型，还全面复制这个数据对象的其它属性，包括数据的宽度，数据的流通方向，还包括该数据对象的“绑定”。比方说，如果 iodef 来自一个寄存器的输出，那这个数据就是绑定到寄存器的，于是 object IO 的输出 iodefClone 也就绑定到寄存器。这样，如果我们从 object IO 的输出往里看，所看到的就是其原封不动的输入，IO 完全是透明的。

这里调用的 module.bindIoInPlace()是从抽象类 BaseModule 继承下来的，这个函数通过_bindIoInPlace()完成其操作：

```
abstract class BaseModule extends HasId {
  …
  private val _ports = new ArrayBuffer[Data]()        //本(硬件)模块所含输入/输出端口的集合。
  …
  protected def _bindIoInPlace (iodef: Data): Unit = {
      // Compatibility code: Chisel2 did not require explicit direction on nodes
      // (unspecified treated as output, and flip on nothing was input).
      // This sets assigns the explicit directions required by newer semantics on Bundles defined in compatibility mode.
      // This recursively walks the tree, and assigns directions if no explicit direction given by upper-levels (override Input / Output)
      // AND element is directly inside a compatibility Bundle determined by compile options.
      def assignCompatDir(data: Data, insideCompat: Boolean): Unit = {
        data match {
          case data: Element if insideCompat => data._assignCompatibilityExplicitDirection
          case data: Element =>          // Not inside a compatibility Bundle, nothing to be done
          case data: Aggregate => data.specifiedDirection match {
            // Recurse into children to ensure explicit direction set somewhere
            case SpecifiedDirection.Unspecified | SpecifiedDirection.Flip => data match {
              case record: Record =>
                val compatRecord = !record.compileOptions.dontAssumeDirectionality
                record.getElements.foreach(assignCompatDir(_, compatRecord))
              case vec: Vec[_] =>
                vec.getElements.foreach(assignCompatDir(_, insideCompat))
            }   //end case SpecifiedDirection.Unspecified …
            case SpecifiedDirection.Input | SpecifiedDirection.Output =>   // forced assign, nothing to do
          }   //end data.specifiedDirection match
        }   //end data match
      }   //end assignCompatDir()

    assignCompatDir(iodef, false)                    //函数定义见上，确定该IO信号的方向。
    iodef.bind (PortBinding(this))                   //将其绑定为PortBinding，说明这是个Port。
    _ports += iodef                                  //把这个iodef加入到_ports集合中
  }   //end _bindIoInPlace()
      /** Private accessor for _bindIoInPlace */
  private[chisel3] def bindIoInPlace(iodef: Data): Unit = _bindIoInPlace(iodef)
  …
}
```

输入参数 iodef 就是通过 object IO 创建的输入/输出端口，端口上的数据类型是 Data。之所以是个端口 Port，是这里通过 Data 类提供的函数 bind()将其绑定成了 PortBinding。类似的情况也发生在例如寄存器 Reg。创建一个寄存器的时候，寄存器所承载的内容也是 Data，所以代表着寄存器的“变量”类型也是 Data，但是却被绑定到了 RegBinding。与此类似的还有 WireBinding、MemoryPortBinding 和 OpBinding。

综合上面所说，每当模块中定义一个 IO 信号时，就会将此信号记入该模块的_port 集合，这个模块就多了一个 IO 端口。既然 lock 和 Reset 两个都是 IO，方向都是 Input，所创建模块中天然就有了两个输入端口。

所以，不妨把 IO(Input(Clock()))中的 Input 和 IO 理解成形容词，首先 Input 说明（并指定）这个 Clock 对象是个输入信号；然后 IO 又说明这是个 I/O 信号，并将其记入所在模块的_port 集合，说明本模块增添了一个 I/O 端口。同时将信号原封不动地呈现在接口上，尽管物理上已经不是原来的那个 Clock 对象。

这样，一个模块中有个关于部件的_ids 序列，又有个关于输入/输出端口的_ports 序列，再加上“命令”序列_commands。这三个序列合在一起就全面描述了一个模块的可综合成分。

回到 class Module 的代码，我们至此尚未搞清信号 clock 的来源。但是 class Module 提供了一个函数 initializeInParent()，这个函数把信号 clock 连接到 Builder.forcedClock。而在 object Builder 中，则又说其 forcedClock 来自其 currentClock。Builder 的这个 currentClock，则又就是当前 Module 模块的 clock。注意这个“当前 Module 模块”就是正在创建过程中的这个 Module 模块的那个父模块。所以，新创建的 Module 模块从其父模块继承了 clock 信号（和 reset 信号）。至于 initializeInParent()这个函数，则是在 object Module 中调用的。正因为如此，当我们要创建一个 Module 对象例如 PlusOne 时，需要说 Module(new PlusOne)，这里前面那个 Module 是指 object Module，而 class PlusOne 则是对 class Module 的扩充。后面我们还会再讲到 object Module。

前面 class Module 的构造函数中还有对 Builder.currentClock 和 Builder.currentReset 的赋值，把自己的 clock 和 reset 当成了 Builder.currentClock 和 Builder.currentReset。如前所述，Builder 是 Chisel 在构造（电路）模块时的工具和环境。模块是可以嵌套的，在一个模块里面可以创建别的模块，这与子程序调用一样，一个模块有一个模块的“辖域（scope）”，在哪个模块中创建的子模块就使用哪个模块辖域中的 clock 和 reset，同时又开始了自己的辖域，所以要把自己的 clock 设置成当前的 currentClock。对于 reset 信号也是一样。

回到对 PlusOne 类对象的创建，以及对其代码的解析，即在 Module 这个基础上附加（扩充）的那些成分的初始化。

第一个语句是“val io = IO(new SimpleIO)”。从 PlusOne 的代码可见，这个类只有一个数据成分，就是这个 io，这回没有显式说明其类型，所以需要进行类型推断。实际上，类型推断的过程与对象构造的过程是一致的，这里首先要执行的是 new SimpleIO，所以 io 的类型就是 SimpleIO，具体就要看 SimpleIO 的定义：

```
class SimpleIO extends Bundle {
  val in = Input(UInt(32.W))
  val out = Output(UInt(32.W))
}
```

这个类是对 Bundle 类的扩充，其内部实际上包含着一个 Bundle 类对象。所以 SimpleIO 类对象的创建过程中就包含了对于 Bundle 类（对象/结构）的初始化。Bundle 类代表一束导线、一个电信号集合，bundle 这个词本来就是“一捆”、“一束”的意思，这个集合中可以包含不同类型的对象，都是对于一个模块的输入或输出，或者既是输入又是输出。按 SimpleIO 类的定义，这个 Bundle 中有 in 和 out 两个对象。按照上面对于 object Input 的解释，显然 in 的类型就是 UInt(32.W)，就是 32 位无符号整数，这里的字母 W 表示 Width，即整数的字长，而 Input 只是说明其信号的传输方向。用硬件行业的俗语说，这就表示一个宽度为 32 位的“排线”。Input 是这样，Output 也是一样。所以，SimpleIO 是个简单的输入/输出模块，这个模块有输入 in 和输出 out 两个宽度为 32 位的“排线”，排线上的内容被当作无符号整数。二者合在一起，就是一个更大的排线，或称“线扎”。

PlusOne 类构造函数中的下一个语句，是“io.out := io.in + 1.asUInt”。这里的“:=”，一般也称之为“赋值”，但是这与“=”完全是两码事。首先，在这里是不可以用“=”的。如前所述，对于 val 成分的“=”其实不应理解成赋值，而应理解成“定义为”，可是 io.out 已经有定义了。把“:=”理解成“赋值”也不对，实际上这个符号的意义在 Chisel 语言中是“连接到”，“与…相连”。其次，这二者的来历也不一样，“=”是 Scala 语言中的一个算符（operator），对于 val 元素它表示“定义为”，对于 var 变量则确实就是“赋值”。而“:=”在 Scala 语言中并无定义，它只是两个字母的字符串，与例如“ab”并无本质不同。但是在 Chisel 语言中则把它用作表示某种操作的函数名。在 Data 类中就定义了名为:=的函数，所以实质上应是:=()，这个表达式本应该是“io.out.:=(io.in + 1.asUInt)”（注意在 io.out 与:=之间有个点号），只是因为 Scala 语言允许写成“中位表达式”才可以写成“io.out := io.in + 1.asUInt”。而无符号的 Uint、带符号的 Sint 等，则都直接或间接从 Data 继承了这个方法。后面我们会看到，代表着寄存器的 Reg 对象（object Reg），代表着导线的 Wire 对象（object Wire），还有 IO 对象（object IO）等，虽然其本身并不继承 Data 类，但是它们所承载数据的类型都是泛型，而这个泛型的上限又都是 Data，所以都可以用这样的表示方法来调用函数:=()。这里我们看到，Scala 独特的语法语义确实为“行业专门语言”的定义和形成提供了很好的条件，例如语句“io.out := io.in + 1.asUInt”当然比 io.out.:=(io.in + 1.asUInt)或 io.out.connect(io.in + 1.asUInt)更好更自然。

那么 Data 类的方法:=()是怎么个定义，怎么个实现呢？我们看一下 Data 类的定义中与此有关的代码：

```
abstract class Data extends HasId with NamedComponent with SourceInfoDoc {
  …
  final def := (that: => Data) (implicit sourceInfo: SourceInfo, connectionCompileOptions: CompileOptions): Unit = {
    prefix(this) {this.connect(that)(sourceInfo, connectionCompileOptions)}        //prefix 是个 object，与模块/构件的命名有关。
  }          //this 代表发起连接的模块对象，即出现在:=号左边的对象；
   //that 代表出现在:=号右边的函数，这个函数的返回值类型是 Data。

  private[chisel3] def connect(that: Data) (implicit sourceInfo: SourceInfo, connectCompileOptions: CompileOptions): Unit = {
                              //trait SourceInfo 是为 Debug 提供的一些辅助信息，例如在哪一个源文件第几行等。
                              //trait CompileOptions 提供了若干编译选项，例如 connectFieldsMustMatch 等。
    if (connectCompileOptions.checkSynthesizable) {       //如果要求检查是否可以 Synthesize：
      requireIsHardware(this, "data to be connected")             //this 必须是硬件，
      requireIsHardware(that, "data to be connected")             //that 也必须是硬件。软件之间是无法有硬件连接的。
        //出现在:=号前的是 this，是信号传输的 SINK 一方，是信号的接收者，也可以理解成被写入的一方。
        //出现在:=号后面的 that 则是 SOUSE 一方，是信号的提供者。
      this.topBinding match {             //作为 SINK 的一方如果绑定为只读，那就没法建立连接了。
        case _: ReadOnlyBinding => throwException(s"Cannot reassign to read-only $this")
        case _ =>    // fine
      }
      try {       //MonoConnect 是个 object，由 MonoConnect 提供的是单向连接：
        MonoConnect.connect(sourceInfo, connectCompileOptions, this, that, Builder.referenceUserModule)
      } catch {
        case MonoConnectException(message) =>
          throwException(s"Connection between sink ($this) and source ($that) failed @$message")
      }
    } else {       //如果对于电路连接的模式设定是 NotStrict 模式，无需经过 Synthesizable 检查：
      this legacyConnect that          //等价于 this.legacyConnect(that)，legacyConnect()是个函数。
    }
  }
  private[chisel3] def legacyConnect(that: Data)(implicit sourceInfo: SourceInfo): Unit      //这是个抽象函数
}
```

Data 类是个抽象类，因为所定义的有些方法如 legacyConnect()尚未实现。

我们看方法:= ()的定义和实现。其调用参数为“that: => Data”，表示参数名为 that。其类型说明中的算符=>表示这是一个函数。但是“:”与“=>”之间是空白，说明这又是一个“按名调用”的参数。如前所述，熟悉 C 语言的读者不妨将其理解为函数指针。这说明，出现在:=号后面的 that 是个函数，例如(io.in + 1.asUInt)

就是。如果是作为单一“变量”的 that，那也可以看作这个函数就只是返回 that。

另外,这个函数的参数表分列在两对括号中，把参数表分成了两截，Scala 语言允许这样，甚至还可以分得更多。这里前面一截的调用参数是函数 that()，但是后面一截的参数是 implicit，是隐含的，调用的时候如果不给实参就使用内部隐含的参数。不过 Data.:=()中并没有用到这些隐含参数，它只是把这些参数下传给 connect()，在那里就看到这些参数的作用了。其中 SourceInfo 只是为程序调试起一些提示信息，但 CompileOptions 是有实际作用的：

```
trait CompileOptions {
  // Should Record connections require a strict match of fields. If true and the same fields aren't present in both source and sink,
  // a MissingFieldException, MissingLeftFieldException, or MissingRightFieldException will be thrown.
  val connectFieldsMustMatch: Boolean
  // When creating an object that takes a type argument, the argument must be unbound (a pure type).
  val declaredTypeMustBeUnbound: Boolean
  // If a connection operator fails, don't try the connection with the operands (source and sink) reversed.
  val dontTryConnectionsSwapped: Boolean
  // If connection directionality is not explicit, do not use heuristics to attempt to determine it.
  val dontAssumeDirectionality: Boolean
  // Check that referenced Data have actually been declared.
  val checkSynthesizable: Boolean
  // Require explicit assignment of DontCare to generate "x is invalid"
  val explicitInvalidate: Boolean
  // Should the reset type of Module be a Bool or a Reset
  val inferModuleReset: Boolean
} //end trait CompileOptions
```

这里面定义了 7 个 Chisel 编译选项，例如第一项 connectFieldsMustMatch，如果是 true 就表示在连接的时候须检查双方的类型是否严格一致。不过这只是个 trait，用作参数的应该是扩充了或者带有这个 trait 的某类对象。实际上，Chisel 的代码中还提供了一个 object ExplicitCompileOptions，那里面就定义了一个 class CompileOptionsClass，那就是对 CompileOptions 的扩充。

```
object ExplicitCompileOptions {
  case class CompileOptionsClass (...) extends CompileOptions
   // Collection of "not strict" connection compile options. These provide compatibility with existing code.
  implicit val NotStrict = new CompileOptionsClass (             //不严格检查
    connectFieldsMustMatch = false,
    declaredTypeMustBeUnbound = false,
    dontTryConnectionsSwapped = false,
    dontAssumeDirectionality = false,
    checkSynthesizable = false,
    explicitInvalidate = false,
    inferModuleReset = false
  )

   // Collection of "strict" connection compile options, preferred for new code.
  implicit val Strict = new CompileOptionsClass (                //严格检查
    connectFieldsMustMatch = true,
```

```
      declaredTypeMustBeUnbound = true,
      dontTryConnectionsSwapped = true,
      dontAssumeDirectionality = true,
      checkSynthesizable = true,
      explicitInvalidate = true,
      inferModuleReset    = true
  )
}   //end object ExplicitCompileOptions
```

这个 object ExplicitCompileOptions 中定义的 class CompileOptionsClass 其实与 trait CompileOptions 并无区别，只是定义成 class 就可以为之创建对象了。但是 object ExplicitCompileOptions 中创建了两个隐含的 CompileOptionsClass 对象，一个是 NotStrict，如果采用这个就表示对编译的要求不严格；另一个是 Strict，如果采用这个就表示对编译有严格要求。如果不想在这二者中选一，也可以给定一个不同“配方”的编译条件，例如可以有选择地把 checkSynthesizable 设成 true 或 false。所以这里的区别来自对于编译模式的设定，看是用的严格模式 Strict 还是不严格模式 NotStrict。如果采用的是不严格模式，那就比较宽松，但是当然也容易出错。

事实上，这些隐含参数也不光在 Data 类中会用到，在抽象类 Module 和 RawModule 的构造函数中就有这样的隐含参数：

```
abstract class Module(implicit moduleCompileOptions: CompileOptions) extends RawModule {}
abstract class RawModule(implicit moduleCompileOptions: CompileOptions) extends BaseModule {}
```

如果在构造 PlusOne 对象时没有给定这个参数就默认采用内部隐含的设定，在 package object Chisel 中有个隐含的 val defaultCompileOptions，定义成 NotStrict。

再看方法 Data.connect()的实现，它的参数表也分为两截。前面一截就是 that，注意这时候的类型直接就是 Data，而不是一个函数了，因为此时已经是函数 that()的执行结果，这个函数返回的类型是 Data。至于后面那一截参数，则如上所述决定着对于编译的要求是严格模式还是不严格模式。

如果采用的是严格模式，那就要对建立物理连接的条件进行检查核实，物理连接的双方都必须是 Synthesizable，都必须是硬件，对于软件对象当然是不能建立物理连接的。另外，在两种模式下用来建立物理连接的具体方法也有区别。在严格模式下调用的是 MonoConnect.connect()，这是由 object MonoConnect 提供的一个方法，相对复杂一些。MonoConnect 代表和处理的是单向的连接，与之相对的还有个 BiConnect，那是用来建立双向连接的。反之，如果是不严格模式，那就调用 legacyConnect()，这个就比较简单。Legacy 这个词有“传统、老办法”的意思，说明在较老的版本中就是用的这样方法。

我们在这里关心的不是严格模式和不严格模式的区别，而是要知道所谓建立物理连接究竟是怎么回事，所以在这里不想绕得太远，就姑且假定所采用的是不严格模式，看看 legacyConnect()究竟做些什么，毕竟那也是连接。

定义于 class Data 中的 legacyConnect()是个抽象函数，有待在子类型中加以落实。事实上在 Chisel 3 的代码中直接扩充 Data 类的只有两个，一个是 class Element，另一个是 class Aggregate，这两个类各自提供了自己的 legacyConnect()函数。在我们现在这个情景中，UInt 类来自 Element 类，因而调用的是由 class Element 所提供的 legacyConnect()。下面是 Element 类的摘要：

```
abstract class Element extends Data {
  …
  private[chisel3] def legacyConnect(that: Data)(implicit sourceInfo: SourceInfo): Unit = {
    // If the source is a DontCare, generate a DefInvalid for the sink, otherwise, issue a Connect.
    if (that == DontCare) {         //如果将 DontCare 连接到一个 Data 对象：
```

```
      pushCommand(DefInvalid(sourceInfo, Node(this)))                //这里的 Command 是 DefInvalid
    } else {                    //正常连接
      pushCommand(Connect(sourceInfo, Node(this), that.ref))          //这里的 Command 是 Connect
    }
  }
}
```

这里的 pushCommand()就是 Builder.pushCommand()。之所以能在这里直接就引用 pushCommand()，是因为在源文件 Element.scala 的前面有一行"import chisel3.internal.Builder.pushCommand"，已经导入了 pushCommand()。

这个函数把一个 Command 对象添加到当前 Module 对象（在这里是 PlusOne）的_commands 序列（定义于抽象类 RawModule）中，表示这个（电路）模块内部有些什么零部件和物理连接。而 Connect 则是 Command 的一种，class Connect 是对 Command 类的扩充和具体化、明细化。这里之所以说是"push",是因为在把一个新的对象加入到一个序列中的时候是推送到序列的前面即头部，有点像是堆栈的使用。

顺便提一下，由 Aggregate 类提供的 legacyConnect()中，所 push 的 Command 是 BulkConnect 而不是 Connect，具体是 pushCommand(BulkConnect(sourceInfo, Node(this), Node(that)))。这是因为，Element 所代表的是单种信号线（可以是排线），是单个二进制位或其数组，而 Aggregate 代表的是多种信号线的集合，是数据结构。

目前 Chisel 3 的代码中定义了许多种不同的 Command，我们在这里只列出 Command、Connect 和 BulkConnect 的定义，以后我们会看到更多：

```
abstract class Command {
  def sourceInfo: SourceInfo
}

case class Connect(sourceInfo: SourceInfo, loc: Node, exp: Arg) extends Command
case class BulkConnect(sourceInfo: SourceInfo, loc1: Node, loc2: Node) extends Command
```

可见抽象类 Command 中并无数据成分（只有一个函数 sourceInfo()），而不同的具体类 Command 则可以根据需要往里面添加自己的数据成分。就 Connect 而言，所添加的数据成分有二：一是 Node 类对象 loc（应该是 location 的意思），这就是上面的 Node(this)；二是 Arg 类对象 exp，顾名思义那可以是个表达式，这就是上面的 that.ref。由此可见，Connect 命令的物理意义是将由参数 exp 所表示、所输出的物理信号连接到由参数 loc 所表示的物理对象上，exp 是物理信号的 SOURCE，loc 是 SINK。而 BulkConnect，则是两个 Node 之间的连接，逻辑上可能分成若干组，信号流通的方向可能也有不同。

再回顾一下前面，在通过 object Module 创建 PlusOne 这个模块的时候，在 object Module 的 apply()函数中也推送（push）了一个 Command："pushCommand(DefInstance(sourceInfo, module, component.ports))"，那个 Command 是 DefInstance，其定义是这样：

```
case class DefInstance(sourceInfo: SourceInfo, id: BaseModule, ports: Seq[Port]) extends Definition
```

注意其第二个参数 id 的类型是 BaseModule，调用时的实参就是 module。所以凡是创建一个 Module 就会向当前模块（所创建模块的父模块）的_commands 序列推送一个类型为 DefInstance 的命令。这就开始了一个新模块的辖域（scope）。然后，在这个模块的内部，代码中只要创建 Synthesizable、"可综合"的成分，即在硬件的物理上有所对应的成分，也包括由操作符:=代表的导线连接，就都要向当前模块的_commands 序列推送一条相应的命令。反过来，代码中凡是不需要为其推送命令的成分和操作，就不是可综合的，并无对应的硬件成分。而对一个模块的 Chisel 代码的解析，即 Elaborate，就是要为代码中所有可综合的成分都向其所在模块的_commands 序列推送相应的命令，这些成分才是真正的"硬件描述"。

所有这些 Command，都属于 Chisel 的“中间表达（Intermediate Repersention）”即 IR 的一部分。每个 Module 的_commands 序列，实质上就是编译器前端（主要是 Chisel 阶段的 Elaborate）与后端（主要是 Firrtl 阶段的 Compile）之间的分界和接口。前端的作用就是将用 Chisel 语言写成的硬件描述转换成 IR，然后再由后端的代码生成器，例如 VerilogEmitter，生成出具体低层硬件描述语言如 Verilog 的代码。再下一步，就是用 EDA 软件对 Verilog 代码进行“综合（Synthesis）”的事，那就与 Chisel 无关了。

这里还要注意，:=()这个方法是由 this，在现下这个情景中是 PlusOne.io.out 提供的，所谓“连接到 that”是站在 this 的角度上而言。然而如果从信号流通的角度看，却是反过来的，信号实际上是从 that 流向 this。所以当我们笼统地说把什么连接到什么的时候，要注意实际的信号流向是从:=号的后面流向前面。打个比方，当我们说“把计算机连到电源上”的时候，大家都知道电流是从电源插座流入计算机，但是对于一般的电信号就未必清楚了。在这个意义上，说“把 that 赋值给 this”，倒是有明确的方向。还有，在 PlusOne 这个模块内部，信号是从 io.in 流向 io.out，所以这个具体连接上的输入端是 io.out，但是它的名称却是 out，这有时候也能引起困惑，怎么 out 倒成了输入端？其实毫不奇怪，out 是对于模块外部而言，模块的流出总得有个来源。

理解了对于:=这个“算符”的解析处理，我们把目光转向:=符号的右侧，也就是:=(that)的那个“that”，在我们现在这个情景中就是“io.in + 1.asUInt”。同样，这等价于 io.in.+(1.asUInt)，+()是个函数。我们在前面看到，SimpleIO 类中 io.in 的类型是 UInt，所以这个函数应该是由 Uint 类提供的。然而在 class UInt 的定义中并没有这样一个方法，并且在其直接或间接继承的类型 Bits、Element、Data 中也都没有；但是 class Uint 不只是继承/扩充了 class Bits，同时还带有（with）Num 这个侧面即 trait，其界面定义是：

class UInt (width: Width) extends Bits(width) with ***Num***[UInt]

而+()这个方法就是由 trait Num 提供的：

```
trait Num[T <: Data] {
  …
  final def + (that: T): T = macro SourceInfoTransform.thatArg
  ...
}
```

这个函数的具体实现，即等号后面的那部分，说明这是通过一个宏定义 SourceInfoTransform 给出的。这里的“macro”是 Scala 语言中的一个保留字，属于 Scala 语言中 reflect 机制的一部分，而 SourceInfoTransform 则是一个 object（又有一个同名的 class）。至于 thatArg，则是这个 object 提供的一个方法。我们看下面：

```
// Workaround for https://github.com/sbt/sbt/issues/3966
object SourceInfoTransform

class SourceInfoTransform(val c: Context) extends AutoSourceTransform {
  import c.universe._
  def noArg(): c.Tree = { q"$thisObj.$doFuncTerm($implicitSourceInfo, $implicitCompileOptions)" }
  def thatArg (that: c.Tree): c.Tree = { q"$thisObj.$doFuncTerm($that)($implicitSourceInfo, $implicitCompileOptions)" }
  def nArg (n: c.Tree): c.Tree = { q"$thisObj.$doFuncTerm($n)($implicitSourceInfo, $implicitCompileOptions)" }
  def pArg (p: c.Tree): c.Tree = { q"$thisObj.$doFuncTerm($p)($implicitSourceInfo, $implicitCompileOptions)" }
  def inArg (in: c.Tree): c.Tree = { q"$thisObj.$doFuncTerm($in)($implicitSourceInfo, $implicitCompileOptions)" }
  def xArg (x: c.Tree): c.Tree = { q"$thisObj.$doFuncTerm($x)($implicitSourceInfo, $implicitCompileOptions)" }
  def xyArg (x: c.Tree, y: c.Tree): c.Tree = { q"$thisObj.$doFuncTerm($x, $y)($implicitSourceInfo, $implicitCompileOptions)" }
  def xEnArg (x: c.Tree, en: c.Tree): c.Tree = { q"$thisObj.$doFuncTerm($x, $en)($implicitSourceInfo, $implicitCompileOptions)" }
}   //end class SourceInfoTransform
```

这里参数 c 的类型为 Context，这是什么“上下文”呢？这是由 Scala 语言编译器提供（与 Chisel 无关）的上下文。编译 Scala 语言的程序时，会形成一个“抽象句法树（abstract syntax tree）”，即 AST，在这棵句法树上可以找到当前是处在哪一个语句中，以及相关的各种语言成分（所以叫 reflection）。这里 c 的类型是 Context，所以 c.Tree 就是 Context.Tree。这样，以函数 thatArg(that: c.Tree)为例，这里的参数名为 that，就说明在调用这个宏定义的函数中，其（形式）参数名就是 that（见前面的 def + (that: T)）。再如 nArg(n: c.Tree)，其参数名是 n，就说明在调用这个宏定义的函数中，其参数名就是 n。这都是单个参数的。又如 xyArg(x: c.Tree, y: c.Tree)，那就是两参数的，在调用这个宏定义的函数中也是两个参数，一个叫 x，另一个叫 y。余可类推。

再看具体宏操作的实现，仍以 thatArg(that: c.Tree)为例，这是一行执行 q 操作的语法成分替换语句。这里的 q 意为 quasiquote，表示将字符串双引号里面各个以$号开头的符号短语都替换成相应语法成分的符号表示。例如$thisObj，就是所在程序中作为某类对象的 this，在我们这个情景中就是 Uint 对象 this。而$that，则是参数 that 及其类型，在我们这里是“that:UInt”，这些信息都来自 AST 即 c.Tree。其余如“.”号、括号等则保持不变。可是这里的$doFuncTerm 呢？这是一个函数名，是在 class AutoSourceTransform 中提供的：

```
/** "Automatic" source information transform / insertion macros, which generate the function name
  * based on the macro invocation (instead of explicitly writing out every transform).
  */
abstract class AutoSourceTransform extends SourceInfoTransformMacro {
  import c.universe._
  /** Returns the TermName of the transformed function, which is the applied function name with   do_   prepended.
    */
  def doFuncTerm: TermName = {
    val funcName = c.macroApplication match {
      case q"$_.$funcName[..$_](...$_)" => funcName
      case _ => throw new Exception(
     s"Chisel Internal Error: Could not resolve function name from macro application: ${showCode(c.macroApplication)}")
    }
    TermName("do_" + funcName)        //对字符串的+操作表示拼接，这就是函数的返回值。
  }
}
```

这个函数所执行的操作，我们就不细抠了，总之是在句法树 AST 上获取当前所在函数的函数名（在我们现在这个情景中是“+”），找不到就报异常。找到函数名以后，就在其前面加上“do_”，并返回这个 TermName。这样，在我们现下这个情景中，所返回的字符串就是“do_+”。回到前面 thatArg()的代码中，执行 q 操作后的结果就是“this.do_+(that:UInt)(implicitSourceInfo, implicitCompileOptions)”。

有了这个，鉴于 this 的类型是 UInt，我们就到 class Uint 去看它的 do_+()，以及与之有关的一些函数定义：

```
sealed class UInt private[chisel3] (width: Width) extends Bits(width) with Num[UInt] {
  ...
  override def do_+ (that: UInt)(implicit sourceInfo: SourceInfo, compileOptions: CompileOptions): UInt = this +% that    //见下一行
  final def +% (that: UInt): UInt = macro SourceInfoTransform.thatArg                            //见下一行，余类推：
  def do_+% (that: UInt)(implicit sourceInfo: SourceInfo, compileOptions: CompileOptions): UInt = (this +& that).tail(1)
  final def +& (that: UInt): UInt = macro SourceInfoTransform.thatArg
  def do_+& (that: UInt)(implicit sourceInfo: SourceInfo, compileOptions: CompileOptions): UInt =
                                  binop(sourceInfo, UInt((this.width max that.width) + 1), AddOp, that)
                                        //结果所得 UInt 的宽度为 this 和 that 二者中较宽者的宽度加 1
}
```

可见，do_+()是通过"this +% that"实现的，那就是 this.+%(that)。而函数+%()的定义又是由同样的宏定义给出，故伎重演，所以返回的应该是 this.do_+%(that: UInt)，函数 do_+%()则是由"this +& that"实现的，即 thia.+&(that)。函数+&()的实现再次故伎重演，这次返回的是 this.do_+&(that: UInt)。函数 do_+&()的实现终于有了结果，那就是 binop(sourceInfo, UInt((this.width max that.width) + 1), AddOp, that)。

函数 binop()，意为 binary operation，即二元运算，是由 class Bits 提供的，而且 Bits 类提供了两个 binop() 函数：

```
sealed abstract class Bits(private[chisel3] val width: Width) extends Element with ToBoolable {
  ...
  private[chisel3] def binop[T <: Data](sourceInfo: SourceInfo, dest: T, op: PrimOp, other: BigInt): T = {
    requireIsHardware(this, "bits operated on")
    pushOp(DefPrim(sourceInfo, dest, op, this.ref, ILit(other)))        //运算的对方是直接数
  }
  private[chisel3] def binop[T <: Data](sourceInfo: SourceInfo, dest: T, op: PrimOp, other: Bits): T = {
    requireIsHardware(this, "bits operated on")
    requireIsHardware(other, "bits operated on")
    pushOp(DefPrim(sourceInfo, dest, op, this.ref, other.ref))          //运算的对方是变量
  }
  ...
}
```

Bits 类的这两个 binop()，一个是针对直接数的，所以在调用 pushop()时的最后那个参数是 ILit 类对象，即整型直接数 Integer Literal。另一个是针对 Bits 类对象，那可以是无符号整型变量 Uint，也可以是带符号整型变量 SInt，还可以是定点数变量 FixedPoint 和表示一个浮点数区间的 Interval 类对象。另外，在我们这个情景中操作符 op 是加法运算 AddOp。至于加法运算在硬件上怎么实现，那是编译后端乃至 EDA 软件的事了。

这里的pushOp()显然是要将一个运算符push到一个序列中，似乎与前面所述的pushCommand()有所不同，但实际上最终还是落实到 pushCommand()上：

```
private[chisel3] object Builder extends LazyLogging {
  …
  def pushOp[T <: Data](cmd: DefPrim[T]): T = {
    // Bind each element of the returned Data to being a Op
    cmd.id.bind(OpBinding(forcedUserModule, currentWhen()))     //绑定 OpBinding 并与所在模块和具体的 When 控制域绑定。
    pushCommand(cmd).id               //这个命令的类型是 DefPrim
  }
}
```

注意前面在调用这个 pushOp()时没有在前面加上前缀"Builder."，这是因为源文件 Bits.scala 导入（import）了 chisel3.internal.Builder.pushOp。对 AddOp 的直接引用也是这样。

可见，与 pushCommand()相比，pushOp()只是多了一个绑定操作 bind()，具体的绑定是 OpBinding，即操作/运算绑定。另外，所 push 的 Command 是 DefPrim。DefPrim 这个名字提示我们，这应该是关于原语 Primitive 即基本部件或基本操作的定义。事实上，DefPrim 类的定义是这样：

```
case class DefPrim[T <: Data](sourceInfo: SourceInfo, id: T, op: PrimOp, args: Arg*) extends Definition

abstract class Definition extends Command {
```

```
  def id: HasId
  def name: String = id.getRef.name
}
```

显然，DefPrim 是对抽象类型 Definition 的扩充，在后者的基础上增加了 sourceInfo、op、args 三个数据成分，并通过实参给定了 id 的值。创建 DefPrim 对象时的四个参数，第一个 sourceInfo 是关于所在源代码的位置，在什么文件的第几行。第二个参数 id 是操作结果的类型和宽度，例如 Bool()、UInt(32(w))、SInt(width)等。第三个参数 op 就是算符/操作符的名称，例如 AddOp、ShiftLeftOp、BitAndOp、GreaterOp、AsUIntOp 等。第四个参数 args，注意其类型定义为 Arg*，表示类型为 Arg，但可以有多个。比方说在“DefPrim(sourceInfo, Bool(), BitOrOp, this.ref, other.ref)”这个表达式中，就有两个 Arg，第一个是 this.ref，是运算发起者（相当于“主语”）的 Reference 信息；第二个是 other.ref，是操作对象（相当于“宾语”）的 Reference 信息。所谓 Reference 信息，就是一个对象的名称和访问路径（比方说在哪一个模块，哪一个部件，哪一个 When 控制域）等相关的信息。

而 Definition，则又是对 Command 的扩充。所以，总而言之，DefPrim 是一种特殊的 Command。至于用作 DefPrim 对象构造参数的 op，其类型则是 class PrimOp，由于是 case class，所以又有配套的 object，里面包含了许多代表着各种基本操作的符号值：

```
case class PrimOp(name: String) {
  override def toString: String = name
}

object PrimOp {
    //算术运算（加，减，乘，除，取余）：
  val AddOp = PrimOp("add")                    //这里引用的 PrimOp 是 case class，所以不用 new 关键字。
  val SubOp = PrimOp("sub")
  val TimesOp = PrimOp("mul")
  val DivideOp = PrimOp("div")
  val RemOp = PrimOp("rem")
    //移位操作（左移，右移）：
  val ShiftLeftOp = PrimOp("shl")
  val ShiftRightOp = PrimOp("shr")
    //逻辑运算（与，或，异或，非）：
  val BitAndOp = PrimOp("and")
  val BitOrOp = PrimOp("or")
  val BitXorOp = PrimOp("xor")
  val BitNotOp = PrimOp("not")
    //比较操作（小于，小于等于，等等）：
  val LessOp = PrimOp("lt")
  val LessEqOp = PrimOp("leq")
  val GreaterOp = PrimOp("gt")
  val GreaterEqOp = PrimOp("geq")
  val EqualOp = PrimOp("eq")
  val PadOp = PrimOp("pad")
  val NotEqualOp = PrimOp("neq")
  val NegOp = PrimOp("neg")
  val MultiplexOp = PrimOp("mux")              //表示用于多路选择（从多个来源中选择）的 Mux 器件，详见第 5 章。
```

```
    //逻辑归并：
  val AndReduceOp = PrimOp("andr")
  val OrReduceOp = PrimOp("orr")
  val XorReduceOp = PrimOp("xorr")
    //类型转换：
  val ConvertOp = PrimOp("cvt")                    //例如符号扩充
  val AsUIntOp = PrimOp("asUInt")
  val AsSIntOp = PrimOp("asSInt")
  val AsFixedPointOp = PrimOp("asFixedPoint")
  val AsIntervalOp = PrimOp("asInterval")
    //其它：
  …
}  //end object PrimOp
```

这些基本操作，即 Primitive Operation，都是需要在某种硬件模块上完成的。就我们现在的这个情景而言，函数 do_+&()的代码给定了这个 PrimOp 就是 AddOp，就是某种能进行 Add 运算的硬件。顺带提一下，前面“io.in + 1.asUInt”中的 asUInt 也是一个函数，也是通过 do_asUInt()实现，用于类型转换，那也会引起一次 pushOp(DefPrim(sourceInfo, SInt(width), AsSIntOp, ref))操作，AsSIntOp 也是一种 PrimOp。

操作符+和由此而来的 AddOp 所描述的表面上似乎只是一次算术运算，实际上它所描述的却是：这里有个做加法运算的硬件模块，即加法器。“一次算术运算”是动态的、过程性的说明，而“有个加法器”则是静态的、功能性（functional）的说明。前者描述的是发生在已经连接好的电路上的事件，后者描述的是怎么构建具有此种功能的电路。而 Chisel，则是系统层和 RTL 层的硬件描述语言。要是没有 Chisel 所定义的 class UInt 及其提供的:=()、+()、do_+()等函数，Scala 根本就不知道什么是 UInt。可是，要是 Scala 不支持把 this.+(that)写成 this + that，那恐怕就只好写成库函数的形式，例如 Add(this, that)、Sub(this, that)等。所以，Chisel 是因为嵌入在 Scala 中才能有这么自然的表达。

那么为什么 pushOp()要比 pushCommand()多一个 bind()，这是要绑定什么呢？回过去看一下可知，所绑定的对象是个 OpBinding 对象，这是个 case class 的对象，从参数 forcedUserModule 和 currentWhen()可知这与所在的模块和具体的 When 控制域有关。如前所述，要让 Chisel 进行 Elaborate 的应该是一个 Module 类的代码，代表着硬件中的一个电路模块。可是实际的电路模块中常常是嵌套的，一个模块中包含着几个作为其部件的其它模块，所以具体的 DefPrim 要与具体的 Module 绑定，表明是在这个模块中。另外，在数字电路中，常因各种逻辑条件而形成不同的电路分支（也是逻辑分支），Chisel 的语言成分 When 就是用来描述这样的分支。而关于基本操作的描述，则还应说明这是在哪个具体的分支上。关于 When 后面还要专门加以介绍。所以，OpBinding(forcedUserModule, currentWhen())既把 cmd.id 绑定为 Op 即操作符，又绑定了它所在的位置。

至此，我们已经以 PlusOne 这个模块为例走过了在创建其对象的同时对其进行 Elaborate，即对其 Chisel 语言代码进行解析的过程。这个过程，对于 Scala 编译器或解释执行环境而言就是正常执行 Scala 程序的过程；而对于 Chisel“编译器”而言则是对 Chisel 代码进行编译的过程，向当前模块的_commands 推送的命令就是解析的产出。所谓把 Chisel 语言“嵌入”在 Scala 语言中，就是在 Scala 语言中添加了一些（用 Scala 语言实现的）基本语素，这样就不需要有自己从词法/句法到语法的全套解析器了。

当程序从 Module.do_apply()返回的时候，目标对象的创建已经完成，对目标模块 Chisel 代码的解析也已经基本完成。

回到 Builder.build()的代码中，下一步是要以目标模块对象中所含部件的序列和到这一步为止的 Annotation 序列为参数创建一个 Circuit 对象，Builder.build()中的最后一个语句是这样：

```
(Circuit(components.last.name, components.toSeq, annotations.toSeq), mod)
```

这里 components()和 annotations()都是 object Builder 提供的函数，前者返回 dynamicContext.components，后者返回 dynamicContext.annotations。Circuit 类的定义则是这样：

```
case class Circuit (name: String, components: Seq[Component], annotations: Seq[ChiselAnnotation] = Seq.empty)
```

创建 Circuit 对象时，第三个参数 annotations 是可以省略的，如果省略就默认为空序列。第二个参数就是模块中所含部件的序列，包括解析过程中所 push 的所有 Command，所以 Circuit 代表着解析所得结果。对此我们需要回顾一下，在 Module.do_apply()中，在执行完生成函数，创建完目标模块对象后，有这么几行代码：

```
val componentOpt = module.generateComponent()    //从module生成一个包含其所有部件的DefModule对象
      //Opt当然是Option的意思，但并无“选项”之意，Scala语言中的Option表示可能存在也可能不存在。
for (component <- componentOpt) { Builder.components += component } //将此模块的部件汇总到Builder.components中
                         //Builder.components是个ArrayBuffer[Component]，因为顶层模块可以有多个子模块。
```

前面我们略过了这几行代码，现在需要深入了，这里的关键在于 generateComponent()。抽象类 Module 本身并未定义 generateComponent()这个函数，是从 RawModule 继承下来的：

```
abstract class RawModule(implicit moduleCompileOptions: CompileOptions) extends BaseModule {
  …
  private[chisel3] override def generateComponent(): Option[Component] = {
    require(!_closed, "Can't generate module more than once")
    _closed = true
    …
      // All suggestions are in, force names to every node.    //处理对模块所含部件的命名：
    for (id <- getIds) {   //对于通过getIds()从本模块的_ids中读出的每一个部件：
      id match {
        case id: ModuleClone => id.setRefAndPortsRef(_namespace)        // special handling
        case id: BaseModule => id.forceName(None, default=id.desiredName, _namespace)
        case id: MemBase[_] => id.forceName(None, default="MEM", _namespace)
        case id: BaseSim => id.forceName(None, default="SIM", _namespace)
        case id: Data =>                              //对Data类部件的命名，根据部件的绑定：
          if (id.isSynthesizable) {                   //不是Synthesizable就无需命名
            id.topBinding match {                     //Data类的对象可以有不同的绑定，即体现在不同的载体：
              case OpBinding(_, _) => id.forceName(Some(""), default="T", _namespace)                    //算符绑定
              case MemoryPortBinding(_, _) => id.forceName(None, default="MPORT", _namespace)      //存储器端口绑定
              case PortBinding(_) => id.forceName(None, default="PORT", _namespace)                  // I/O端口绑定
              case RegBinding(_, _) => id.forceName(None, default="REG", _namespace)                 //寄存器绑定
              case WireBinding(_, _) => id.forceName(Some(""), default="WIRE", _namespace)           //线排绑定
              case _ =>   // don't name literals
            }
          }  //end if (id.isSynthesizable)   // else, don't name unbound types
      }  //end id match
      id._onModuleClose
    }  //end for (id <- getIds)，以上处理的是对部件的命名，我们对此并不关心。

    closeUnboundIds(names)
```

```
    val firrtlPorts = getModulePorts map { port: Data =>
        //getModulePorts()返回本模块的_ports，即所有的I/O端口。对于其中的每一个I/O端口：
        // Special case Vec to make FIRRTL emit the direction of its element. Just taking the Vec's specifiedDirection
        // is a bug in cases like Vec(Flipped()), since the Vec's specifiedDirection is Unspecified.
      val direction = port match {              //设置该端口的实际信号方向：
        case v: Vec[_] => v.specifiedDirection match {
          case SpecifiedDirection.Input => SpecifiedDirection.Input                                  //Input仍是Input
          case SpecifiedDirection.Output => SpecifiedDirection.Output                                // Output仍是Output
          case SpecifiedDirection.Flip => SpecifiedDirection.flip(v.sample_element.specifiedDirection)  //Flip要反向
          case SpecifiedDirection.Unspecified => v.sample_element.specifiedDirection
        }
        case _ => port.specifiedDirection
      }
      Port(port, direction)    //创建该I/O端口的case class Port对象，
    }  //end val firrtlPorts，end map()
    _firrtlPorts = Some(firrtlPorts)      // firrtlPorts（见上）是一个Port对象的序列

    // Generate IO invalidation commands to initialize outputs as unused, unless the client wants explicit control over their generation.
    val invalidateCommands = {        //因compileOptions中选项explicitInvalidate的设置而不同：
      if (!compileOptions.explicitInvalidate) {       //为_ports中的每一个端口创建一个DefInvalid命令
        getModulePorts map { port => DefInvalid(UnlocatableSourceInfo, port.ref) }   // DefInvalid是一种命令

      } else {  //如果compileOptions.explicitInvalidate，就没有隐含的DefInvalid命令。
        Seq()
      }
    }  //end val invalidateCommands，不是Seq()就是一个DefInvalid命令的序列。
    val component = DefModule(this, name, firrtlPorts, invalidateCommands ++ getCommands)
    //创建一个case class DefModule对象，这是对抽象类Component的扩充。注意DefModule并非Command。
        //DefModule的4个构造参数就是其全部结构成分；最后一个参数是commands序列，包括invalidateCommands。
        //getCommands()是class Module中的一个函数，返回由_commands中所有Command所构成的序列。
        //这个component是个DefModule对象，其中含有本模块所有的Port和解析过程中产生的所有命令。
    _component = Some(component)                 //排除component为空的可能，将所得的component用作本模块的_component。
    _component                                   //返回_component，即所生成的DefModule对象。
  }  //end generateComponent()
}  //end abstract class RawModule
```

这个函数返回一个 DefModule 对象，这个对象代表着本模块及其所含的所有部件，包括本模块的 module 对象，名称，所含 Port 对象的列表和解析过程中所产生的全部 command。注意 DefModule 与作为 Command 的 DefPrim、DefInvalid、DefInstance 等无关，case class DefModule 不是对 Command 的扩充，而是对抽象类 Component 的扩充，但是 DefModule 有个结构成分（也是其构造参数）是 Command 序列：

```
abstract class Component extends Arg {   //抽象类Component中没有数据成分，只有三个抽象函数。
  def id: BaseModule
  def name: String
  def ports: Seq[Port]
```

```
}

case class DefModule(id: RawModule, name: String, ports: Seq[Port], commands: Seq[Command]) extends Component
```

第一个参数 id 的类型是 RawModule，并不是说它必须是 RawModule，而是说必须是扩充了抽象类 RawModule 的某类对象。

所以，前面在创建和解析 Module 对象的末尾所调用的 generateComponent()中对本模块所含端口做了两个事。第一是通过 getModulePorts()获取积累在_ports 中的所有输入/输出端口，逐一进行一些简单处理后为其另行创建一个格式不同的 Port 对象（在 firrtl/ir/IR.scala 中），所得的序列就是 firrtlPorts。第二是为_ports 中的输入/输出端口逐一创建一个 DefInvalid 命令，这个序列就是 invalidateCommands，但这是可选的，取决于 compileOptions 中选项 explicitInvalidate 的设置。

然后在创建 component 这个 DefModule 对象时，参数 ports 就来自 firrtlPorts，参数 commands 则来自 invalidateCommands 和 getCommands()的返回值，后者来自积累在_commands 中的所有命令。前面说过，一个模块里面所积累的资源除_ports 和_commands 外还有_ids。但_ids 中都是子模块，而子模块在创建时已经有一条命令 DefInstance(sourceInfo, module, component.ports)被推送到了_commands 中，所以_commands 中已经有了这个信息。

然后这个 DefModule 对象就作为 component 返回给 Module.do_apply()，在那里被"赋值"给 componentOpt，并被汇总到 Builder.components，最后在创建 Circuit 对象时被用作构造参数之一：

(***Circuit***(components.last.name, ***components***.toSeq, annotations.toSeq), mod)

这是 Builder.build()的两个返回值。前者就是所创建的 Circuit 对象，后者 mod 就是在此过程中所创建的那个 Mudule 对象。而 Elaborate.transform()则将此 Circuit 对象包装在一个 ChiselCircuitAnnotation 中。

这样，Builder.build(Module(gen()), new DynamicContext(annotations))从目标模块的源代码即 gen()开始，在 build()的过程中构建的是以此模块为根的整个模块子树，实际上是对整个模块子树的源代码进行了深度优先的遍历，最后把所产生的所有这些模块的 component 即 DefModule 对象汇总到了 Builder.components 中，用来创建该顶层模块的 Circuit 对象。

由此可见，一旦对源代码的解析即 Elaborate 完成，Chisel 阶段编译所产生的所有信息都已经在 ChiselCircuitAnnotation 中。至于所创建的对象 mod 本身，对于 Chisel 编译而言只是解析过程的副产品。不过 Elaborate.transform()仍为其创建一个 DesignAnnotation，并返回以此二者构成的序列。当然，PhaseManager 所继承的 DependencyManeger 这个侧面会将这个 ChiselCircuitAnnotation 合并进 annotations 序列中。

4.2 Chisel 输出的 Convert

按理说，完成了对源代码的解析，并将解析的结果全都打包在一个 ChiselCircuitAnnotation 中，就可以将此 Annotation 交付编译后端进行目标代码（如 Verilog 代码）的生成了。可是如前所述，后端即 Firrtl 编译却不认这个 ChiselCircuitAnnotation，Firrtl 编译只认 FirrtlCircuitAnnotation。于是就只好再加上一个转换阶段，将 ChiselCircuitAnnotation 转换成 FirrtlCircuitAnnotation，这个阶段就是 Convert。从 object ChisePhase 的依赖序列 targets 中可见，Convert 是在列的，Elaborate 却不在列，但是 Convert 将 Elaborate 列为先决条件，给人的印象似乎 Elaborate 附属于 Convert，实际上却是反过来，Convert 倒是附属于 Elaborate。

Convert 阶段是由 class Convert 实现的：

```
/** This prepares a [[ChiselCircuitAnnotation]] for compilation with FIRRTL. This does three things:
  *   - Uses [[chisel3.internal.firrtl.Converter]] to generate a [[FirrtlCircuitAnnotation]]
  *   - Extracts all [[firrtl.annotations.Annotation]]s from the [[chisel3.internal.firrtl.Circuit]]
```

```
 *    - Generates any needed [[RunFirrtlTransformAnnotation]]s from extracted [[firrtl.annotations.Annotation]]s
 */
class Convert extends Phase {
  override def prerequisites = Seq(Dependency[Elaborate])
  override def optionalPrerequisites = Seq.empty
  override def optionalPrerequisiteOf = Seq.empty
  override def invalidates(a: Phase) = false

  def transform(annotations: AnnotationSeq): AnnotationSeq = annotations.flatMap {
    case a: ChiselCircuitAnnotation =>          //如果是 ChiselCircuitAnnotation：
      Some(a) ++                                //ChiselCircuitAnnotation 仍保留不变
      /* Convert this Chisel Circuit to a FIRRTL Circuit */
      Some(FirrtlCircuitAnnotation (Converter.convert(a.circuit))) ++        //对 Converter.convert()的调用是关键
              //但是执行 object Converter 的 convert()函数，并以所得结果创建一个 FirrtlCircuitAnnotation。
      /* Convert all Chisel Annotations to FIRRTL Annotations */
      a.circuit.annotations.map(_.toFirrtl) ++                  //并对 circuit.annotations 也进行一些格式转换的处理
      a.circuit.annotations.collect { case anno: RunFirrtlTransform => anno.transformClass}.distinct
                                  .map { c: Class[_ <: Transform] => RunFirrtlTransformAnnotation(c.newInstance()) }
    case a => Some(a)                           //其余 Annotation 照抄
  }
}  //end class Convert
```

可见 Convert 阶段是专门针对 ChiselCircuitAnnotation 的，只要在 annotations 中遇到这个 Annotation，就一方面仍保留这个 Annotation，另一方面要通过 object Converter 对封装在 ChiselCircuitAnnotation 中的 Circuit 对象实施 convert()，将其转换成 Firrtl 所定义的 Circuit 即 fir.Circuit（定义于 package firrtl.ir 中的 class Circuit）对象，再为所得结果创建一个 FirrtlCircuitAnnotation。除此以外对别的一些 Annotation 也还有一些附加的处理，但那些就都是鸡毛蒜皮了。

所以，转换的核心在于对 Converter.convert()的调用，但是在考察其代码之前先要了解一下，Chisel 的 Elaborate 阶段的输出，与 Firrtl 编译所接受的输入，即 ChiselCircuitAnnotation 与 FirrtlCircuitAnnotation 这二者之间，究竟有些什么不同。

我们先回顾一下 Chisel 这一层的输出，class ChiselCircuitAnnotation 所承载的是个 Circuit 对象，其核心内容是个 Component 对象序列，Component 是抽象类，所以实际上必是某个扩充了 Component 的具体类对象：

```
abstract class Component extends Arg {
  def id: BaseModule                //所在Module对象
  def name: String                  //部件本身的名称
  def ports: Seq[Port]              //本部件的输入/输出端口，注意Port本身并非Component。
}
```

对抽象类 Component 进行扩充的具体类有两个：

```
case class DefModule (id: RawModule, name: String, ports: Seq[Port], commands: Seq[Command]) extends Component
case class DefBlackBox (id: BaseBlackBox, name: String, ports: Seq[Port],
     topDir: SpecifiedDirection, params: Map[String, Param]) extends Component
```

其中 DefModule 所代表的是有源代码的“白盒子”、“透明盒子”模块；DefBlackBox 所代表的则是不明内情的“黑盒子”，例如外购的第三方知识产权即 IP 模块。

我们在这里关心的当然是 DefModule。如前所述，这里面就是模块所含的输入/输出端口和解析过程中产生的那些“命令（Command）”，这些 Command 定义于 package chisel3.internal.firrtl：

```
package chisel3.internal.firrtl

abstract class Command {
  def sourceInfo: SourceInfo        //trait SourceInfo一般是指所在文件，行号，列号等。
}
```

当然，抽象意义上的 Command 并不含有具体的信息，必须加以具体化，为此首先定义了一个抽象类 Definition，这是对 Command 的扩充：

```
abstract class Definition extends Command {
  def id: HasId                          //本对象的ID，注意ID不一定是个编号，例如Bool()、UInt(w)都可以用作ID。
  def name: String = id.getRef.name      //本对象的名称
}
```

二者的区别，就是 Definition 中有 id 和 name，所定义的对象都是有名有姓的。然后就是对 Definition 进行扩充的各种具体类了，这些都是具体的 Command：

```
case class DefPrim[T <: Data](sourceInfo: SourceInfo, id: T, op: PrimOp, args: Arg*) extends Definition       //算符
case class DefWire(sourceInfo: SourceInfo, id: Data) extends Definition                                        //导线
case class DefReg(sourceInfo: SourceInfo, id: Data, clock: Arg) extends Definition                             //寄存器
case class DefRegInit(sourceInfo: SourceInfo, id: Data, clock: Arg, reset: Arg, init: Arg) extends Definition
    //复位后有初始值的寄存器
case class DefMemory(sourceInfo: SourceInfo, id: HasId, t: Data, size: BigInt) extends Definition              //存储器
case class DefSeqMemory(sourceInfo: SourceInfo, id: HasId, t: Data, size: BigInt,
        readUnderWrite: fir.ReadUnderWrite.Value) extends Definition                    //存储器
case class DefMemPort[T <: Data](sourceInfo: SourceInfo, id: T, source: Node, dir: MemPortDirection,
index: Arg, clock: Arg) extends Definition              //存储器访问端口
case class DefInstance(sourceInfo: SourceInfo, id: BaseModule, ports: Seq[Port]) extends Definition         //子模块
case class Printf(id: printf.Printf, sourceInfo: SourceInfo, clock: Arg, pable: Printable) extends Definition
```

只有 Definition 类的对象才是有名称，有 ID（有识别特征）的。比方说 DefPrim，前面说过这代表着算符/操作符，在所生成的电路中就代表着实现特定运算所需的部件，例如与门、或门、加法器等，这些当然都是需要有名称的。再如代表着导线的 DefWire，这也是需要有名称的。至于 DefReg、DefMemory 等就更不用说了。还有 DefInstance，那表示在本模块中创建的子模块，当然也得有名称。

注意参数 id 在不同的 Command 中有不同的类型，不同的意义。

除这些之外的 Command，就只有 sourceInfo，而没有自己的 name 了，这些都是直接对抽象类 Command 的扩充而来：

```
case class DefInvalid(sourceInfo: SourceInfo, arg: Arg) extends Command                                   //无效
case class WhenBegin(sourceInfo: SourceInfo, pred: Arg) extends Command                                   //电路中条件分支的起点
case class WhenEnd(sourceInfo: SourceInfo, firrtlDepth: Int, hasAlt: Boolean = false) extends Command //条件分支的终点
```

```
case class AltBegin(sourceInfo: SourceInfo) extends Command                                //另一条件分支的起点
case class OtherwiseEnd(sourceInfo: SourceInfo, firrtlDepth: Int) extends Command          //另一条件分支的终点
case class Connect(sourceInfo: SourceInfo, loc: Node, exp: Arg) extends Command            //电路连接
case class BulkConnect(sourceInfo: SourceInfo, loc1: Node, loc2: Node) extends Command     //集束电路连接
case class Attach(sourceInfo: SourceInfo, locs: Seq[Node]) extends Command                 //总线式的电路连接
case class ConnectInit(sourceInfo: SourceInfo, loc: Node, exp: Arg) extends Command
case class Stop(sourceInfo: SourceInfo, clock: Arg, ret: Int) extends Command
```

以 Connect 为例，就是没有名称的（但是有 sourceInfo）；但是其所连接的对象，如 DefReg（寄存器）、DefPrim（如与门/或门、加法器，以及某些组合电路）、DefWire（代表承载着数据的导线或线排）等，却是有名称的。

上面所列的 Command 中，从 WhenBegin 到 OtherwiseEnd 这几条是特殊的，用于电路中基于信号内容的条件分支，对此后面第五章中有详细介绍。

最后还有代表着输入/输出端口的 Port，那就不属于 Command 了（但是也会以 Connect、DefWire 等形式反映在解析所产生的 commands 中）。

```
case class Port(id: Data, dir: SpecifiedDirection)
```

显然，ChiselCircuitAnnotation 中包含着一个硬件模块的所有这些信息。即使这个模块创建了子模块，有关子模块的这些信息也在这个 ChiselCircuitAnnotation 中，这是因为：每当程序从 Module.do_apply()返回时都会先将本模块的 component 即 DefModule 复制到 Builder.components 中，后者起着汇总的作用。

本来，作为前端的 Chisel 编译阶段只要把这个 ChiselCircuitAnnotation 交给后端即 Firrtl 编译就行，可是 Firrtl 和 Chisel 是独立开发的，所以两边的格式不同。就好像火车有宽轨与窄轨，开到边境就要换轮轴一样。

例如 Chisel 和 Firrtl 的代码中各自定义了一个不同的 case class Circuit，而且提供这个定义的源文件也都叫 IR.scala。所不同的是，定义了我们此前所见的那个 Circuit 类的源文件 IR.scala 是在 chisel3-master 中，属于 package chisel3.internal.firrtl；而定义了另一个 Circuit 类的源文件 IR.scala 则是在 firrtl-master 中，属于 package firrtl。

这两个 Circuit 类的结构是不一样的，前者即 Chisel3 所定义的那个 case class Circuit 只有三个作为构造参数的数据成分，其类型依次为 String、Seq[Component]和 Seq[ChiselAnnotation]：

```
case class Circuit (name: String, components: Seq[Component], annotations: Seq[ChiselAnnotation] = Seq.empty)
```

后者即 Firrtl 定义的那个 Circuit 则为：

```
case class Circuit (info: Info, modules: Seq[DefModule], main: String) extends FirrtlNode with HasInfo with UseSerializer {
  def mapModule(f: DefModule => DefModule): Circuit = this.copy(modules = modules.map(f))
  def mapString(f: String => String): Circuit = this.copy(main = f(main))
  def mapInfo(f: Info => Info): Circuit = this.copy(f(info))
  def foreachModule(f: DefModule => Unit): Unit = modules.foreach(f)
  def foreachString(f: String => Unit): Unit = f(main)
  def foreachInfo(f: Info => Unit): Unit = f(info)
}
```

虽然这个 Circuit 类也有三个作为构造参数的数据成分，其类型依次为 Info、Sequence[DefModule]和 String。而且 DefModule 正是对 Component 的扩充，那个 Circuit 中的 Component 多半就是 DefModule（因为另一种

Component 就是 DefBlackBox），但是毕竟调用界面不同。此外，Firrtl 所定义的这个 Circuit 类还提供了 6 个函数（后 3 个是过程），这些函数的作用都和 map()相仿，所以都是以一个函数 f()为调用参数。显然，二者是无法直接相通的。

ChiselCircuitAnnotation 所包含的信息属于中间层，即 IR（Intermediate Representation）层。Firrtl 就是以中间层表述为输入，Firrtl 本来就是"Flexible Intermediate Representation for RTL"的缩写，问题是它作为输入的中间层表述与 Chisel 输出的中间层表述不同。许多结构的名称倒是一样，但是内容与格式两方面都有明显的差异。Firrtl 有它自己的一套定义，从最基本的抽象类 FirrtlNode 开始向上一层层定义，这些定义都在 package firrtl.ir 中。

首先是抽象类 FirrtlNode 的定义：

```
/** Intermediate Representation */
abstract class FirrtlNode {
  def serialize: String                          //抽象函数
}

abstract class Info extends FirrtlNode with UseSerializer {      //抽象类Info是对FirrtlNode的扩充
  def ++(that: Info): Info                      //抽象函数
}
```

然后就是一整套的 IR 定义，为节省篇幅下面大多只列出它们的界面定义。首先就是 class Circuit：

```
case class Circuit (info: Info, modules: Seq[DefModule], main: String) extends FirrtlNode with HasInfo with UseSerializer {…}
```

这是 Firrtl 版的 class Circuit。下面是抽象类 Statement，这相当于 Chisel 版的抽象类 Command：

```
abstract class Statement extends FirrtlNode {
  def mapStmt(f: Statement => Statement): Statement
  def mapExpr(f: Expression => Expression): Statement
  def mapType(f: Type => Type): Statement
  def mapString(f: String => String): Statement
  def mapInfo(f: Info => Info): Statement
  def foreachStmt(f: Statement => Unit): Unit
  def foreachExpr(f: Expression => Unit): Unit
  def foreachType(f: Type => Unit): Unit
  def foreachString(f: String => Unit): Unit
  def foreachInfo(f: Info => Unit): Unit
}  //end abstract class Statement
```

Firrtl 的风格就是这样，在抽象类中定义了许多抽象函数，作为具体类的实现样板，具体类根据具体情况对这些抽象函数加以落实，有些也许就是空函数。当然具体类可以按自己的需要补充别的函数和数据成分，只不过这些函数是按规定得要提供的。

然后就是各种具体的 Statement，相当于各种具体的 Command：

```
case class CDefMemory(info:Info, name:String, tpe:Type, size:BigInt, seq:Boolean,
                readUnderWrite: ReadUnderWrite.Value = ReadUnderWrite.Undefined) extends Statement
```

```
case class CDefMPort(info: Info, name: String, tpe: Type, mem: String, exps: Seq[Expression], direction: MPortDir)) extends Statement
case class DefWire(info: Info, name: String, tpe: Type) extends Statement with …
case class DefRegister(info: Info, name: String, tpe: Type, clock: Expression, reset: Expression, init: Expression) extends Statement
case class DefInstance(info: Info, name: String, module: String, tpe: Type = UnknownType) extends Statement
case class DefMemory(info: Info, name: String, dataType: Type, depth: BigInt, writeLatency: Int,
                readLatency: Int, readers: Seq[String], writers: Seq[String], readwriters: Seq[String],
                readUnderWrite: ReadUnderWrite.Value = ReadUnderWrite.Undefined) extends Statement
case class DefNode(info: Info, name: String, value: Expression) extends Statement
case class Conditionally(info: Info, pred: Expression, conseq: Statement, alt: Statement) extends Statement  //用于电路中的条件分支
case class Block(stmts: Seq[Statement]) extends Statement  //用于电路中的条件分支
case class Connect(info: Info, loc: Expression, expr: Expression) extends Statement
case class PartialConnect(info: Info, loc: Expression, expr: Expression) extends Statement
case class IsInvalid(info: Info, expr: Expression) extends Statement
case class Attach(info: Info, exprs: Seq[Expression]) extends Statement
```

我们在前面见过 Chisel 版的 class PrimOp 和 object PrimOp，Firrtl 也有 PrimOp，但是定义不同，在 Firrtl 中 PrimOp 是个抽象类：

```
abstract class PrimOp extends FirrtlNode {
  def serialize: String = this.toString
  def propagateType(e: DoPrim): Type = UnknownType
  def apply(args: Any*): DoPrim = {
    val groups = args.groupBy {
      case x: Expression   => "exp"
      case x: BigInt       => "int"
      case x: Int          => "int"
      case other => "other"
    }
    val exprs = groups.getOrElse("exp", Nil).collect {
      case e: Expression => e
    }
    val consts = groups.getOrElse("int", Nil).map {
      _ match {
        case i: BigInt     => i
        case i: Int        => BigInt(i)
      }
    }
    groups.get("other") match {
      case None       =>
      case Some(x)    => sys.error(s"Shouldn't be here: $x")
    }
    DoPrim(this, exprs, consts, UnknownType)
  }
}  //end abstract class PrimOp
```

对抽象类 PrimOp 的扩充那就多了，有数十种之多，例如：

```
case object Add extends PrimOp {…}
case object Eq extends PrimOp {…}
case object Shl extends PrimOp {…}
case object Not extends PrimOp {…}
```

Firrtl 中还定义了一个抽象类 Expression，用来表示各种表达式：

```
abstract class Expression extends FirrtlNode {
  def tpe: Type
  def mapExpr(f: Expression => Expression): Expression
  def mapType(f: Type => Type): Expression
  def mapWidth(f: Width => Width): Expression
  def foreachExpr(f: Expression => Unit): Unit
  def foreachType(f: Type => Unit): Unit
  def foreachWidth(f: Width => Unit): Unit
}
```

对抽象类 Expression 的扩充则有：

```
case class Reference(name: String, tpe: Type = UnknownType,
                     kind: Kind = UnknownKind, flow: Flow = UnknownFlow)) extends Expression
case class SubField(expr: Expression, name: String, tpe: Type = UnknownType, flow: Flow = UnknownFlow) extends Expression
case class SubIndex(expr: Expression, value: Int, tpe: Type, flow: Flow = UnknownFlow) extends Expression
case class SubAccess(expr: Expression, index: Expression, tpe: Type, flow: Flow = UnknownFlow) extends Expression
case class Mux(cond: Expression, tval: Expression, fval: Expression, tpe: Type = UnknownType) extends Expression
case class DoPrim(op: PrimOp, args: Seq[Expression], consts: Seq[BigInt], tpe: Type) extends Expression
abstract class Literal extends Expression
```

其中 case class Reference 的伴生 object Reference 是这样：

```
object Reference {
    /** Creates a Reference from a Wire */
  def apply(wire: DefWire): Reference = Reference(wire.name, wire.tpe, WireKind, UnknownFlow)
    /** Creatcs a Reference from a Register */
  def apply(reg: DefRegister): Reference = Reference(reg.name, reg.tpe, RegKind, UnknownFlow)
    /** Creates a Reference from a Random Source */
  def apply(rnd: DefRandom): Reference = Reference(rnd.name, rnd.tpe, RandomKind, UnknownFlow)
    /** Creates a Reference from a Node */
  def apply(node: DefNode): Reference = Reference(node.name, node.value.tpe, NodeKind, SourceFlow)
    /** Creates a Reference from a Port */
  def apply(port: Port): Reference = Reference(port.name, port.tpe, PortKind, UnknownFlow)
    /** Creates a Reference from a DefInstance */
  def apply(i: DefInstance): Reference = Reference(i.name, i.tpe, InstanceKind, UnknownFlow)
    /** Creates a Reference from a DefMemory */
```

```
  def apply(mem: DefMemory): Reference = Reference(mem.name,
                                         passes.MemPortUtils.memType(mem), MemKind, UnknownFlow)
}
```

对于电路模块，Firrtl 定义了一个抽象类 DefModule，作为对最基本的 FirrtlNode 的扩充：

```
/** Base class for modules */
abstract class DefModule extends FirrtlNode with IsDeclaration {
  val info: Info
  val name: String
  val ports: Seq[Port]

  def mapStmt(f: Statement => Statement): DefModule
  def mapPort(f: Port => Port): DefModule
  def mapString(f: String => String): DefModule
  def mapInfo(f: Info => Info): DefModule
  def foreachStmt(f: Statement => Unit): Unit
  def foreachPort(f: Port => Unit): Unit
  def foreachString(f: String => Unit): Unit
  def foreachInfo(f: Info => Unit): Unit
}   //end abstract class DefModule
```

然后在抽象类 DefModule 的基础上定义了（内部）模块 Module 和外部模块 ExtModule 两个具体类，后者相当于 BlackBox：

```
/** Internal Module
  * An instantiable hardware block
  */
case class Module(info: Info, name: String, ports: Seq[Port], body: Statement) extends DefModule with UseSerializer {
  def mapStmt(f: Statement => Statement): DefModule = this.copy(body = f(body))
  def mapPort(f: Port => Port): DefModule = this.copy(ports = ports.map(f))
  def mapString(f: String => String): DefModule = this.copy(name = f(name))
  def mapInfo(f: Info => Info): DefModule = this.copy(f(info))
  def foreachStmt(f: Statement => Unit): Unit = f(body)
  def foreachPort(f: Port => Unit): Unit = ports.foreach(f)
  def foreachString(f: String => Unit): Unit = f(name)
  def foreachInfo(f: Info => Unit): Unit = f(info)
}

/** External Module
  * Generally used for Verilog black boxes
  * @param defname Defined name of the external module (ie. the name Firrtl will emit)
  */
case class ExtModule (info: Info, name: String, ports: Seq[Port], defname: String, params: Seq[Param])
                                                                    extends DefModule with UseSerializer {
  def mapStmt(f: Statement => Statement): DefModule = this
```

```
    def mapPort(f: Port => Port): DefModule = this.copy(ports = ports.map(f))
    def mapString(f: String => String): DefModule = this.copy(name = f(name))
    def mapInfo(f: Info => Info): DefModule = this.copy(f(info))
    def foreachStmt(f: Statement => Unit): Unit = ()
    def foreachPort(f: Port => Unit): Unit = ports.foreach(f)
    def foreachString(f: String => Unit): Unit = f(name)
    def foreachInfo(f: Info => Unit): Unit = f(info)
}
```

模块的特征表现在它的输入输出端口上，Firrtl 对端口的定义是这样：

```
/** [[DefModule]] Port */
case class Port(info: Info, name: String, direction: Direction, tpe: Type)
                        extends FirrtlNode with IsDeclaration with CanBeReferenced with UseSerializer {
  def mapType(f: Type => Type): Port = Port(info, name, direction, f(tpe))
  def mapString(f: String => String): Port = Port(info, f(name), direction, tpe)
}
```

作为输入/输出端口，其信号方向显然是关键性的，Firrtl 中关于信号方向的定义是：

```
/** [[Port]] Direction */
sealed abstract class Direction extends FirrtlNode

case object Input extends Direction { def serialize: String = "input" }
case object Output extends Direction { def serialize: String = "output" }
```

还有些类型定义，这里就不逐一列举了。从总体上看，Firrtl 所提供的类型更贴近硬件，载有更多细节，这是由 Firrtl 所处的地位决定的。

对上述的这些背景有所了解，就可以看看 Converter.convert()的代码了。对 Converter.convert()的调用来自 class Convert 的 transform()，object Converter 是由 Chisel3 提供的。Converter 这个 object 的代码挺大，而且这个 object 的代码很特别，所定义的 convert()函数竟达十一个之多，当然均以输入参数类型的不同而不同。这些 convert()函数互相之间又是有依赖的，从一个 convert()函数可能会调用另一个 convert()函数。所以这里只是以摘要的形式集中看以 Circuit 对象为参数的那个 convert()函数，以及以此函数为切入点而间接调用到的其它 convert()函数。代码中原来是按“先定义后调用”的顺序排列的，所以 convert(Circuit)排在最后，可是那样不便于叙述，所以这里对这些函数的顺序作了调整，改成按调用的路径和先后顺序排列。这样，从 convert(Circuit)开始，这里直接间接得到调用的 convert()函数有 10 个，外加一个 convertSimpleCommand()。至于别的几个函数，这里就从略了。

从前面 class Convert 的 transform()中调用这个 Converter.convert(Circuit)函数的时候，所给的实参是 a.circuit，a 是个 ChiselCircuitAnnotation 对象，a.circuit 就是我们前面看到的那个 Chisel 版的 Circuit 的对象。其返回值却是个 Firrtl 版的 Circuit 对象，Converter.convert()的作用就是转换。

类似的情况不仅仅是对 Circuit，事实上几乎 Chisel 所提供的所有属于“原语”的基本类型在 Firrtl 中都有与之对应的同名类型定义。例如 Chisel 中有 case class DefWire，Firrtl 中就也有 case class DefWire，一般是 Firrtl 所定义的那个类有更多的结构成分，或提供更多的方法函数。代码中凡引用由 Firrtl 所定义的类名时都在前面加上“fir.”前缀以示区别，这是因为 Firrtl 对这些类的定义都在 package firrtl.ir 中，而引用这些类名的 Scala 源文件都在前面有个“import firrtl.{ir => fir}”语句，把 ir 改名为 fir。Converter 的作用，说到底就是把 Chisel 版本中的这些类型的对象全都转换成 Firrtl 版本中对应类型（常常同名）的对象。

下面我们就来看Converter.convert(Circuit)所实现的转换，这里在每个convert()函数前面加上了调用路径：

```
private[chisel3] object Converter {
  …
  //1.[Convert.transform() > convert(Circuit)]            ----对整个 Circuit 对象的转换
 def convert (circuit: Circuit): fir.Circuit = fir.Circuit(fir.NoInfo, circuit.components.map(convert), circuit.name)
    //对 circuit.components 实施 map()，对 circuit 中的每个 component 调用 convert(Component)（见下）进行转换；
    //然后以对所有 component 变换所得结果为基础创建一个 fir.Circuit 对象，
    //这个函数的输入参数类型是 Circuit，返回类型却是 fir.Circuit。这是两个不同的 Circuit 类。

  //2. [convert(Circuit) > convert (Component)]            ----对Circuit对象中各个部件即Component对象的转换
 def convert (component: Component): fir.DefModule = component match {
    //如前所述，DefModule和DefBlackBox二者都是对抽象类Component的扩充，除此之外就没有了。
   case ctx @ DefModule(_, name, ports, cmds) =>         //如果是DefModule：
     fir.Module(fir.NoInfo, name, ports.map(p => convert(p)), convert(cmds.toList, ctx))
        //第一个convert()是convert(Port, SpecifiedDirection)，其二号参数有默认值，故可只给一个实参。
        //第二个convert()是convert(Seq[Command], Component)。
        //用变换结果创建一个fir.Module对象，即由Firrtl定义的Module类对象（与Chisel的定义不同）。
   case ctx @ DefBlackBox(id, name, ports, topDir, params) =>       //如果是DefBlackBox
     fir.ExtModule(fir.NoInfo, name, ports.map(p => convert(p, topDir)), id.desiredName,
                                   params.map { case (name, p) => convert(name, p) }.toSeq)
        //这里的第一个convert()也是convert(Port, SpecifiedDirection)，这里给出了两个实参。
        //第二个convert()是convert(name: String, param: Param)。
        //以变换所得结果创建一个fir.ExtModule类对象，即由Firrtl定义的ExtModule类对象。
 }

  //3.[convert(Circuit) > convert(Component) > convert(Port, SpecifiedDirection)]      ----将端口转换成Firrtl格式
 def convert (port: Port, topDir: SpecifiedDirection = SpecifiedDirection.Unspecified): fir.Port = {
                        //第二个参数有默认值，所以调用时可以只给第一个参数port。
   val resolvedDir = SpecifiedDirection.fromParent(topDir, port.dir)       //Port是有方向的
   val dir = resolvedDir match {
     case SpecifiedDirection.Unspecified | SpecifiedDirection.Output => fir.Output      //端口方向如未加说明就默认为输出
     case SpecifiedDirection.Flip | SpecifiedDirection.Input => fir.Input             //端口方向如为Flip就变为输入
   }
   val clearDir = resolvedDir match {                            //表示端口方向是否得到清晰定义
     case SpecifiedDirection.Input | SpecifiedDirection.Output => true     //端口方向为Input或Output即为清晰定义
     case SpecifiedDirection.Unspecified | SpecifiedDirection.Flip => false
   }
   val info = UnlocatableSourceInfo      // Unfortunately there is no source locator for ports ATM
   val tpe = extractType(port.id, clearDir, info)
   fir.Port(fir.NoInfo, getRef(port.id, info).name, dir, tpe)              //构建一个fir.Port对象
 }

  //4.[convert(Circuit) > convert (Component) > convert (Seq[Command], Component) > convertSimpleCommand()]
                                          // ----代码解析阶段 push 的 Command 一般都属于 SimpleCommand
 /** Convert Commands that map 1:1 to Statements */
```

```
def convertSimpleCommand (cmd: Command, ctx: Component): Option[fir.Statement] = cmd match {
  case e: DefPrim[_] =>
    val consts = e.args.collect { case ILit(i) => i }
    val args = e.args.flatMap {
      case _: ILit => None
      case other => Some(convert(other, ctx, e.sourceInfo))          //这是convert(Arg, Component, SourceInfo)
    }
    val expr = e.op.name match {
      case "mux" =>
        assert(args.size == 3, s"Mux with unexpected args: $args")
        fir.Mux(args(0), args(1), args(2), fir.UnknownType)           //直接创建一个fir.Mux类对象
      case _ =>
        fir.DoPrim(convert(e.op), args, consts, fir.UnknownType)      //这是convert(PrimOp)
            //以变换所得结果创建一个fir.DoPrim类对象
    }
    Some(fir.DefNode(convert(e.sourceInfo), e.name, expr))            //这是convert(SourceInfo)
  case e @ DefWire(info, id) =>
    Some(fir.DefWire(convert(info), e.name, extractType(id, info)))   //这是convert(SourceInfo)
      //以变换所得结果创建一个fir.DefWire类对象。
  case e @ DefReg(info, id, clock) =>
    Some(fir.DefRegister(convert(info), e.name, extractType(id, info), convert(clock, ctx, info),
                                   firrtl.Utils.zero, convert(getRef(id, info), ctx, info)))
      //这里第一个是convert(SourceInfo)，第二个和第三个都是convert(Arg, Component, SourceInfo)，
      //以变换所得结果创建一个fir.DefRegister类对象。
  case e @ DefRegInit(info, id, clock, reset, init) =>
    Some(fir.DefRegister(convert(info), e.name, extractType(id, info), convert(clock, ctx, info),
                                   convert(reset, ctx, info), convert(init, ctx, info)))
      //这里的第一个convert()是convert(SourceInfo)，后面三个都是convert(Arg, Component, SourceInfo)
      //以变换所得结果创建一个fir.DefRegister类对象。
  case e @ DefMemory(info, id, t, size) =>
    Some(firrtl.CDefMemory(convert(info), e.name, extractType(t, info), size, false))
      //以变换结果创建一个firrtl.CdefMemory类对象。
  case e @ DefSeqMemory(info, id, t, size, ruw) =>
    Some(firrtl.CDefMemory(convert(info), e.name, extractType(t, info), size, true, ruw))   //同上
  case e: DefMemPort[_] =>
    val info = e.sourceInfo
    Some(firrtl.CDefMPort(convert(e.sourceInfo), e.name, fir.UnknownType,
              e.source.fullName(ctx), Seq(convert(e.index, ctx, info), convert(e.clock, ctx, info)), convert(e.dir)))
      //这里的第一个convert()是convert(SourceInfo)，
      //第二、第三个都是convert(Arg, Component, SourceInfo)，第四个是convert(MemPortDirection)。
      //以变换所得结果创建一个firrtl.CdefMPort类对象。
  case Connect(info, loc, exp) =>
    Some(fir.Connect (convert(info), convert(loc, ctx, info), convert(exp, ctx, info)))
      //第一个是convert(SourceInfo)，后两个都是convert(Arg, Component, SourceInfo)。以变换结果构建fir.Connect对象。
  case BulkConnect(info, loc, exp) =>
    Some(fir.PartialConnect (convert(info), convert(loc, ctx, info), convert(exp, ctx, info)))
```

```
            //第一个是convert(SourceInfo)，后两个都是convert(Arg, Component, SourceInfo)。
            //以变换所得结果构建fir.PartialConnect对象。
  case Attach(info, locs) =>
    Some(fir.Attach (convert(info), locs.map(l => convert(l, ctx, info))))
            //第一个是convert(SourceInfo)，第二个是convert(Arg, Component, SourceInfo)。
  case DefInvalid(info, arg) =>
    Some(fir.IsInvalid(convert(info), convert(arg, ctx, info)))
            //第一个是convert(SourceInfo)，第二个是convert(Arg, Component, SourceInfo)
  case e @ DefInstance(info, id, _) =>
    Some(fir.DefInstance (convert(info), e.name, id.name))          //这是convert(SourceInfo)，构建fir.DefInstance对象
  case Stop(info, clock, ret) =>
    Some(fir.Stop (convert(info), ret, convert(clock, ctx, info), firrtl.Utils.one))
            //第一个是convert(SourceInfo)，第二个是convert(Arg, Component, SourceInfo)，构建fir.Stop对象。
  case e @ Printf(_, info, clock, pable) =>
    val (fmt, args) = unpack(pable, ctx)
    Some(fir.Print (convert(info), fir.StringLit(fmt),
                       args.map(a => convert(a, ctx, info)), convert(clock, ctx, info), firrtl.Utils.one, e.name))
  case e @ Verification(_, op, info, clk, pred, msg) =>
    val firOp = op match {
      case Formal.Assert => fir.Formal.Assert
      case Formal.Assume => fir.Formal.Assume
      case Formal.Cover => fir.Formal.Cover
    }
    Some(fir.Verification(firOp, convert(info), convert(clk, ctx, info),
                              convert(pred, ctx, info), firrtl.Utils.one, fir.StringLit(msg), e.name))
            //第一个是convert(SourceInfo)，后两个都是convert(Arg, Component, SourceInfo)，构建fir.Verification对象。
  case _ => None                          //其余case在convertSimpleCommand()中无法解决，见下一个convert()。
}  //end convertSimpleCommand()

//5. [convert(Circuit) > convert(Component) > convert (Seq[Command], Component)]          ----对Command序列的转换
/** Convert Chisel IR Commands into FIRRTL Statements
  * @note ctx is needed because references to ports translate differently when referenced within
  *    the module in which they are defined vs. parent modules
  * @param cmds Chisel IR Commands to convert
  * @param ctx Component (Module) context within which we are translating
  * @return FIRRTL Statement that is equivalent to the input cmds
  */
def convert (cmds: Seq[Command], ctx: Component): fir.Statement = {          //把Command转换成fir.Statement
  @tailrec
  def rec (acc: Queue[fir.Statement], scope: List[WhenFrame]) (cmds: Seq[Command]): Seq[fir.Statement] = {
    if (cmds.isEmpty) {
      assert(scope.isEmpty)
      acc
    } else convertSimpleCommand(cmds.head, ctx) match {   --Command全都属于SimpleCommand，但条件分支特殊。
      // Most Commands map 1:1
      case Some(stmt) => rec (acc :+ stmt, scope)(cmds.tail)        //递归调用rec()
```

```
      // When scoping logic does not map 1:1 and requires pushing/popping WhenFrames
      // Please see WhenFrame for more details
      case None => cmds.head match {
                //下面WhenBegin/ WhenEnd/AltBegin/OtherwiseEnd均用于电路中的条件分支，详见本书第五章：
        case WhenBegin(info, pred) =>
          val when = fir.Conditionally(convert(info), convert(pred, ctx, info), fir.EmptyStmt, fir.EmptyStmt)
            //这里的第一个convert()是convert(SourceInfo)，第二个convert()是convert(Arg, Component, SourceInfo)
            //所构建的（Firrtl）对象类型不叫WhenBegin，而叫Conditionally；分支的内容则称为Block。
          val frame = WhenFrame (when, acc, false)
          rec (Queue.empty, frame +: scope)(cmds.tail)                //递归调用rec()
        case WhenEnd(info, depth, _) =>
          val frame = scope.head
          val when = if (frame.alt) frame.when.copy(alt = fir.Block(acc)) else frame.when.copy(conseq = fir.Block(acc))
          // Check if this when has an else
          cmds.tail.headOption match {
            case Some(AltBegin(_)) =>
              assert(!frame.alt, "Internal Error! Unexpected when structure!")    // Only 1 else per when
              rec(Queue.empty, frame.copy(when = when, alt = true) +: scope.tail)(cmds.drop(2))        //递归调用rec()
            case _ => // Not followed by otherwise
              // If depth > 0 then we need to close multiple When scopes so we add a new WhenEnd
              // If we're nested we need to add more WhenEnds to ensure each When scope gets properly closed
              val cmdsx = if (depth > 0) WhenEnd(info, depth - 1, false) +: cmds.tail    else cmds.tail
              rec(frame.outer :+ when, scope.tail)(cmdsx)          //递归调用rec()
          }
        case OtherwiseEnd(info, depth) =>
          val frame = scope.head
          val when = frame.when.copy(alt = fir.Block(acc))
            // TODO For some reason depth == 1 indicates the last closing
            // otherwise whereas depth == 0 indicates last closing when
          val cmdsx = if (depth > 1) OtherwiseEnd(info, depth - 1) +: cmds.tail else cmds.tail
          rec(scope.head.outer :+ when, scope.tail)(cmdsx)          //递归调用rec()
      }  //end cmds.head match
    }  //end else … match
  }  //end rec()
  fir.Block (rec(Queue.empty, List.empty)(cmds))                    //以变换所得结果创建一个Firrtl的Block类对象
}

//6.[ … > convert (Component) > convert (Seq[Command], Component) > convertSimpleCommand() > convert(PrimOp)]
                                                                    //  ----对于 Command 中 PrimOp 的转换
def convert(op: PrimOp): fir.PrimOp = firrtl.PrimOps.fromString(op.name)          //创建一个 fir.PrimOp 对象

//7.[convert(Circuit) > convert (Component) > convert (Seq[Command], Component) > convert(SourceInfo)
                                                                    //  ----对于 Command 中所含 SourceInfo 的转换
def convert(info: SourceInfo): fir.Info = info match {
  case _: NoSourceInfo => fir.NoInfo
  case SourceLine(fn, line, col) => fir.FileInfo(fir.StringLit(s"$fn $line:$col"))
```

```
  }

  //8.[convert(Circuit) > convert (Component) > convert (Seq[Command], Component) > convert(Arg, Component, SourceInfo)]
     //   ----将Command中的内容转换成Firrtl的表达式
  def convert(arg: Arg, ctx: Component, info: SourceInfo): fir.Expression = arg match {
    case Node(id) => convert(getRef(id, info), ctx, info)          //convert(Arg, Component, SourceInfo)
    case Ref(name) => fir.Reference(name, fir.UnknownType)
    case Slot(imm, name) => fir.SubField(convert(imm, ctx, info), name, fir.UnknownType)
    case Index(imm, ILit(idx)) => fir.SubIndex(convert(imm, ctx, info), castToInt(idx, "Index"), fir.UnknownType)
    case Index(imm, value) => fir.SubAccess(convert(imm, ctx, info), convert(value, ctx, info), fir.UnknownType)
    case ModuleIO(mod, name) =>
      if (mod eq ctx.id) fir.Reference(name, fir.UnknownType)
      else fir.SubField(fir.Reference(getRef(mod, info).name, fir.UnknownType), name, fir.UnknownType)
    case ModuleCloneIO(mod, name) =>
      if (mod eq ctx.id) clonedModuleIOError(mod, name, info)
      else fir.Reference(name)
    case u @ ULit(n, UnknownWidth()) => fir.UIntLiteral(n, fir.IntWidth(u.minWidth))
    case ULit(n, w) => fir.UIntLiteral(n, convert(w))
    case slit @ SLit(n, w) => fir.SIntLiteral(n, convert(w))
      val unsigned = if (n < 0) (BigInt(1) << slit.width.get) + n else n
      val uint = convert(ULit(unsigned, slit.width), ctx, info)          //convert(Arg, Component, SourceInfo)
      fir.DoPrim(firrtl.PrimOps.AsSInt, Seq(uint), Seq.empty, fir.UnknownType)
    // TODO Simplify
    case fplit @ FPLit(n, w, bp) =>
      val unsigned = if (n < 0) (BigInt(1) << fplit.width.get) + n else n
      val uint = convert(ULit(unsigned, fplit.width), ctx, info)   //convert(Arg, Component, SourceInfo)
      val lit = bp.asInstanceOf[KnownBinaryPoint].value
      fir.DoPrim(firrtl.PrimOps.AsFixedPoint, Seq(uint), Seq(lit), fir.UnknownType)
    case intervalLit @ IntervalLit(n, w, bp) =>
      val unsigned = if (n < 0) (BigInt(1) << intervalLit.width.get) + n else n
      val uint = convert(ULit(unsigned, intervalLit.width), ctx, info)   //convert(Arg, Component, SourceInfo)
      val lit = bp.asInstanceOf[KnownBinaryPoint].value
      fir.DoPrim(firrtl.PrimOps.AsInterval, Seq(uint), Seq(n, n, lit), fir.UnknownType)
    case lit: ILit =>
      throwException(s"Internal Error! Unexpected ILit: $lit")
  }

  //9.[convert(Circuit) > convert(Component) > convert(String, Param)]          ----将部件参数转换成 Firrtl 格式
  def convert (name: String, param: Param): fir.Param = param match {
    case IntParam(value) => fir.IntParam(name, value)
    case DoubleParam(value) => fir.DoubleParam(name, value)
    case StringParam(value) => fir.StringParam(name, fir.StringLit(value))
    case RawParam(value) => fir.RawStringParam(name, value)
  }
}  //end object Converter
```

可见，对种种 Converter.convert()函数的调用，都是给定一个 Chisel 定义的某种类型的对象，也许还有一些附加信息，用来构造一个 Firrtl 中与之对应的某个类型的对象；一般都是 case class，所以创建时无需使用 new 保留字。Chisel 和 Firrtl 的许多类型都是同名的，但也有些是不同名的。凡是 Firrtl 定义的类型在这里都加上“fir.”前缀，以示来自 Firrtl。

从总体上说，Converter.convert()的作用就是将一个 Chisel 的 Circuit 对象转换成 Firrtl 的 Circuit 对象。所以整个转换过程的总入口是 convert (circuit: Circuit)，然后在 Circuit 内部化解成对各种结构成分的转换：

1. convert (circuit: Circuit)

在 Chisel 的 Circuit 对象中，除 name 以外就是两大成分，其一是 components，这是一个 Component 序列，其二就是 Annotation 序列 annotations。Firrtl 的 Circuit 对象中是不含 Annotation 序列的，需要转换的就是 Component 序列，所以对 Component 序列 components 进行 map()操作，对其中的每个 Component 调用 convert (component: Component)。最后以所得结果和 name 为参数，创建一个 Firrtl 版的 Circuit 对象。

2. convert (component: Component)

Chisel 的 Component 是个抽象类，扩充了这个抽象类的就是 class DefModule 和 class DefBlackBox 两种，当然我们关心的主要是前者。我们在前面看到，在创建/解析一个 Module 对象行将结束的时候，会把这个 Module 所含的端口对象和在缓冲区_commands 中积累的 Command 都打包在一个 DefModule 对象中，作为创建 Circuit 对象的参数。所以，Chisel 的 Circuit 对象中的 component 主要就是 DefModule 对象。与 Chisel 的 DefModule 相对应的是 Firrtl 的 DefModule，所以对 Component 的转换基本上就是从 Chisel 版 DefModule 到 Firrtl 版 DefModule 的转换。而对 Chisel DefModule 的转换又分成两部分，就是对 Port 对象的转换和对 Command 的转换，当然，Command 的数量很大，也比较复杂。

3. convert (port: Port, topDir: SpecifiedDirection = SpecifiedDirection.Unspecified)

每个 Component 中的内容，除了 Command 就是 Port。Firrtl 中与 Chisel 的 Port 相对应的也叫 Port，只是格式不同。

4. convertSimpleCommand (cmd: Command, ctx: Component)

Chisel 的那些 Command，除 WhenBegin/AltBegin/WhenEnd/OtherWiseEnd 以外都属于“简单命令”。调用一次 convertSimpleCommand()就将一个简单命令转换成 Firrtl 的一个 Statement。例如 Chisel 的命令 DefReg，Firrtl 中与此对应的 Statement 是 DefRegister；与 Chisel 的命令 DefMemory 相对应的则是 CDefMemory；与 DefInvalid 对应的是 IsInvalid。都是一对一的对应。

5. convert (cmds: Seq[Command], ctx: Component)

对于 Converter 而言，Chisel 的那些 Command 几乎全都属于 SimpleCommand，即“简单命令”，只有涉及基于信号内容的电路条件分支 when 语句的命令，包括 WhenBegin、WhenEnd、AltBegin、OtherwiseEnd 都不是，所以这里先调用 convertSimpleCommand()进行转换（见上），但涉及 when 语句的命令则留下来另外加以处理。参数 cmds 是个序列，所以对该序列中的每个 Command 都先调用 convertSimpleCommand()一次。但是对那里处理不了的 WhenBegin 等则另作处理，Firrtl 中与之对应的是 Conditionally 和 Block，但处理相对复杂。

6. convert(op: PrimOp)

PrimOp 是一种特殊的 Command，代表着某种算符/操作符。我们在前面看到，class PrimOp 只有一个数据成分，就是 name。例如算符 AddOp 的名称是“add”，ShiftLeftOp 的名称是“shl”。对 PrimOp 的转换就是取其 name 另外创建一个 Firrtl 版的 PrimOp 对象。

7. convert(info: SourceInfo)

Connamd 中都含有 SourceInfo，就是所处理对象所在的文件名，哪一行哪一列。Firrtl 与之对应的是 Info，这也是很简单的格式转换。

8. convert(arg: Arg, ctx: Component, info: SourceInfo)

Command 中含有一些属于表达式的内容，例如无符号直接数 ULit，带符号直接数 SIn、Index、Ref 等，这些信息也要转换成 Firrtl 的 Expression。

9. convert (name: String, param: Param)

对于参数的格式转换。例如 Chisel 和 Firrtl 两边都有 class IntParam，只是格式略有不同。

这样，通过 Converter 的转换，就将包装在 ChiselCircuitAnnotation 的 Circuit 对象变成了 Firrtl 所定义的 Circuit 对象。而上一层的 Convert.transform()则为这 fir.Circuit 对象另行创建一个 FirrtlCircuitAnnotation 对象：

```
/** Holds a FIRRTL [[firrtl.ir.Circuit Circuit]]
  * @param circuit a circuit
  */
case class FirrtlCircuitAnnotation(circuit: Circuit) extends NoTargetAnnotation with FirrtlOption {
  /* Caching the hashCode for a large circuit is necessary due to repeated queries, e.g., in [[Compiler.propagateAnnotations]]
  * Not caching the hashCode will cause severe performance degredations for large [[Annotations]]. */
  override lazy val hashCode: Int = circuit.hashCode
}
```

表面上这与 ChiselCircuitAnnotation 几乎一模一样，但是这里的 Circuit 却不是那个 Circuit。另外，它带有的是 trait FirrtlOption。而 ChiselCircuitAnnotation 带有的是 trait ChiselOption。

回到前面 Convert.transform()的代码中，在完成了对 Converter.convert()的调用以后，下面还有两个语句：

```
a.circuit.annotations.map(_.toFirrtl) ++          //转换成与 Firrtl 格式兼容
a.circuit.annotations.collect { case anno: RunFirrtlTransform => anno.transformClass}        //调用该 anno 的 transformClass()
            .distinct.map { c: Class[_ <: Transform] => RunFirrtlTransformAnnotation(c.newInstance()) }
```

其中第一个语句说的是对 a.circuit.annotations 进行 map()，对其中的每个元素调用其 toFirrtl()。这是 trait ChiselAnnotation 中的一个抽象函数，有些属于 Chisel 这个 Stage 的 Annotation，例如 ParamsChiselAnnotation 等，是对 ChiselAnnotation 的扩充，那就会落实这个 toFirrtl()函数，提供将自己转换成与 Firrtl 格式兼容的方法。不过这些都不是很常用的 Annotation，这里就不深入进去了。

第二个语句所应对的也是比较冷僻的情况，如果序列中有 Annotation 所包装对象的类型是从 trait Transform 扩充而来，就为其创建一个 RunFirrtlTransformAnnotation。所以，Convert 这个阶段所返回的有可能并不只是 FirrtlCircuitAnnotation。

本章通过一个示例 PlusOne 说明了 Chisel 编译前端对 Chisel 代码的解析过程，以及解析以后为与 Firrtl 兼容而进行的格式转换。当然，PlusOne 是个小到不能再小的 Module，但是由小见大，对于 Chisel 代码的 Elaborate 就是这么个过程。再大的 Module，再复杂嵌套的 Module，其基本框架还是一样的。

如前所述，Chisel 代码同时又是 Scala 代码，但是代码中有些语句、有些成分属于“可综合”的硬件描述，那当然是 Chisel 代码；而有些语句、有些成分则是对 Chisel 编译的实现，其本身是不可综合的，那些就只是 Scala 代码。以 if、for 这些控制语句为例，其实 Scala 语言中还有 match 和 case，尤其还有对于序列的 map()和 leftFold()等，实际上是更高级的控制语句。这些控制语句本身不是可综合的，但是却可以用来控制对硬件描述的综合。

比方说，在 PlusOne 的代码中，要是把“io.out := io.in + 1.asUInt”放在一个 if 语句中，例如“if(condition){ io.out := io.in + 1.asUInt }else{ io.out := io.in }”那就表示如果满足条件 condition 就生成包括加法器并把加法器输出连接到 io.out 的硬件电路，否则就生成把 io.in 直接连接到 io.out 的电路，二者只居其一。而用作 if 语句条件的 condition，则并非来自所生成电路上的信号，而是来自例如软件上的某些状态和配置。所以，Chisel 源代码中的 if 语句可以用来控制是否生成某块电路，而不是用来控制所生成电路对于信号和状态的反应。

可是，如果我们要构筑一个电路，以 io.in 上信号的值小于 9 作为是否加 1 的条件，那就不能用 if 语句，因为软件在运行中无法知道所生成硬件电路中 io.in 上的信号究竟是什么，if 是 Scala 语言软件层面上的条件语句，与所描述硬件上的信号内容无关。这时候就需要用到 Chisel 语言中的电路条件分支语句：

```
when(io.in < 9.asUInt){ io.out := io.in + 1.asUInt }.otherwise{ io.out := io.in }
```

这意味着：所生成的电路中有个比较器，以 io.in 和常数 9 为比较器的输入，而比较器的输出则控制着两个电路分支，一个分支中有个加法器，并把加法器的输出连接到 io.out；另一个分支则直接把 io.in 连接到 io.out；所以 io.out 有两个连接。注意这里所说两个分支的电路是同时存在的，只是因信号内容的不同而分别流经这个分支还是那个分支，这与上面所说在 if 语句的控制下或生成这个分支或生成那个分支的电路是完全不同的两码事。当然，这并不是唯一的方法，也可以在电路中采用多路选择器 Mux。但是这个例子说明了 Scala 的 if 语句对于硬件描述的语义，以及 Chisel 的 when 语句与 if 语句的区别。

至于 Scala 的 for 语句，那也只是在硬件描述的生成这个层面上的。比方说，假定硬件描述中有个 for 语句“for(i <- 1 until 9){io.out(i) := io.in + i.asUInt }”，那是说有 8 个 io.out 端口，每个都连接到各自的加法器输出，这里需要有 8 个加法器，每个加法器的两个输入之一均来自 io.in，另一个输入则分别为常数 1 到 8。所以，for 语句所描述的是一个过程，在这个例子中就是生成 8 个加法器电路，并使这些加法器的输出分别连接到 8 个 io.out 端口的过程。而真正的硬件描述，则是函数式、功能式的，在 Chisel 语言中没有与 for 相对应的语言成分，对于信号在电路中的流通是没有“循环”语句的，有的只是信号的“反馈”连接。例如产生时钟信号的环式振荡器就是。但是，如果没有 Scala 的 for 这个循环机制，就得把这个电路描述重复 8 遍才行了。

PlusOne 这个示例毕竟太小了，未能涉及 Chisel 代码中的许多基本元素，例如代表着寄存器和触发器的 Reg、RegInit、RegNext，代表着导线的 Wire，代表着多路选择器的 Mux，代表着按某个信号的值进行逻辑分支的 when，乃至一般的组合电路，这里都未涉及。那样，读者在阅读 Chisel 代码时就会有如看到书上有许多不认识的字，或者即便能读出字音也不明所以，因而有必要对 Chisel 语言的一些基本元素即“原语”作个比较系统的介绍。这些基本元素属于 Chisel 语言，相当于 Chisel 语言的保留字，但对于 Scala 语言而言却只是 object，trait 和 class，或者由它们所提供的函数（例如+()、:=()等）。对于一个 Chisel 模块，一段 Chisel 代码，乃至一个 Chisel 语句或其中的一个片语，一个符号值（例如 a、b 等），都属于 Scala 代码，都需要加以执行。执行这些 Scala 语句的过程实际上就是对嵌入在其中的 Chisel 语句进行解析的过程。

下一章就对 Chisel 语言的一些基本元素作些介绍。

第 5 章 Chisel 的基本语素

每种计算机语言都有一套基本的数据类型和操作符，还有基本的控制结构（例如 if、for），这些都属于该种语言的“原语（Primitive）”，意为基本语素。用以表示基本语素的文字符号就是该种语言的“保留字”。一般而言，语言的说明书或教材中只会告诉你这些语素是怎么定义的，其语义是什么，怎么使用，你只要拿来用就行，但是一般不会告诉你这些语素是怎样实现的，实际上一般也无需关心其内部实现，编译器自会将其编译成汇编代码。但是，如能了解这些原语的定义和实现，就可以明显有助读者对程序代码的理解，从而也明显有助读者对代码所描述对象的理解。就本书的读者而言，这就有助于读懂香山的代码，从而也就有助于理解香山 SoC 的原理与实现。

上一章中以一个很小的 class PlusOne 为示例说明了对 Chisel 代码进行 Elaborate 即解析的过程，同时也看到了 Chisel 语言本身的实现，例如对 Module 类的实现，对 IO、Input 的实现，对连接符“:=”和加法操作符“+”的实现。但是，且不说 class PlusOne 这个示例实在太小，即便是很大的示例也难以囊括 Chisel 所有的语素，所以还是需要对这些语素有个枚举式的介绍。下面我们先看 Chisel 语言中关于组合电路和控制结构的语素，然后再看关于时序电路的语素。

5.1 组合电路

组合电路就是用来实现组合逻辑的电路，这种电路中没有记忆元件，所以电路的输出完全取决于电路的当前输入状态，即其全部输入信号逻辑状态的组合，而与其先前状态无关。或者，也可以说这样的电路是“无状态”的电路，因为其输出状态完全取决于输入状态，输入一变输出马上就变。组合逻辑的基本运算有二元的与（&）、或（|）、异或（^）和一元的非（~）。二元的与、或、异或运算又可和一元的非运算相组合，成为与非、或非、异或非。与此相对应，构成组合电路的基本元件是二输入的与门、或门、异或门和单输入的非门，也叫反相器。把二输入的与门、或门、异或门的输出与非门相连，就可以组合出与非门、或非门、异或非门。在超大规模集成电路中一般不采用多输入即超过两个输入的门电路，即使逻辑上真有需要也大多采用多个二输入的门电路加以组合。

在传统的 TTL 半导体电路中或者中小规模集成电路中，还有采用所谓“线与（Wired-And）”和“线或（Wired-Or）”方法的多输入与门和或门，但是在超大规模集成电路中很少采用，因为那样一来芯片上的电路结构就不划一了。事实上，之所以能构造出线与和线或电路，是利用晶体管在截止时所呈现的高阻状态。晶体管的高阻状态不仅可以用来构筑线与/线或电路，还可以用在总线的接口上。所以像 VHDL 和 Verilog 就允许一个逻辑电路的状态在 true、false 以外还可以是“高阻（Z）”。然而，在采用 CMOS 即互补场效应管的电路中，一个门要么是上臂导通下臂截止，要么就是上臂截止下臂导通，没有一种状态是可以让上下两臂同时截止的，所以 CMOS 电路一般而言是不提供高阻状态的，要提供高阻状态就得有特殊的电路安排，可是那样就使芯片上的电路单元不规整划一了。不过在实际的电路中在有些场合下又确实需要用到高阻状态，典型的例子就是在两个输入中实现二选一的“多路选择器”即 Mux 电路中。既然要实现二选一，就得把两个输入汇聚到同一个点上，但是在选中其中之一时必须让另一个就像不存在一样（而不可以是 true 或 false），那就要用到高阻状态了，因为只有高阻状态才能让其好似不存在一样。对于像这样的电路的实现，现在采用的策略是将其做成标准件供程序员选用，但不向程序员开放高阻状态，以免滥用。

正因为如此，在出现较晚而专门面向 CMOS 超大规模集成电路的 Chisel 语言中，逻辑电路只允许有 true 和 false 两个状态，而没有高阻状态。与此相应，Chisel 语言中也只提供二元或一元的逻辑算符，例如 a&b&c，逻辑上是把 a、b、c 三个逻辑变量相与，实际上是两个&算符的级联。即便最后在芯片上真的采用了线与（可能性很小），那也只是属于用 EDA 软件进行综合时的局部优化。所以，只要搞清三个二元算符、一个一元算符的内部实现，就可以明白 Scala 代码中对于组合电路的描述是如何被转换成 IR 并生成最终的 Verolog 代码。

我们来看这样一个语句：

```
val x = a | b & ~c
```

这里定义了一个（信号）值，名为 x，值的来源是 a、b、c 三个信号值按表达式“a | b & ~c”进行的组合。换言之，x 的值来源于将 a 与另一个信号值相或，而后者又来自将两个信号相与的结果。其中之一是 b，另一个是 c 的反相，即~c ，非 c。之所以是这样，是因为逻辑算符“&”的优先级高于“|”，而“~”的优先级又高于“&”。

由于表达式中没有说明 x 的类型，Scala 语言的运行环境 scala（或 Scala 编译器）就得进行类型推断。推断的依据首先就是 a、b、c 的类型，所以此前的程序中必须已经有了至少对其中之一的定义，要不然就无从推断。在 Scala 语言中没有全局量，每个 val 或 var 不是局部定义就是作为调用参数传下。如果是作为参数传下则在函数定义的参数表中必须说明参数类型，因为对于调用参数无从推断其类型。除类型之外，还必须有关于它们宽度的定义，例如 8.W 就是 8 位（W 表示 Width），因为逻辑算符的语义都是“按位”组合，算符“&”的语义就是按位相与。如果宽度为 1 位，那就是单个布尔量。此时这个 x 的定义代表着这样一个电路：

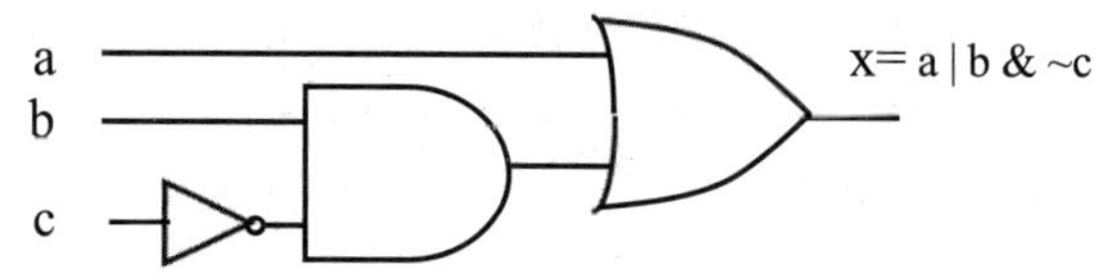

如果宽度 N 大于 1，就相当于把 N 份这样的电路叠在一起。

推断了 val x 的类型之后，scala 就进一步通过执行上面这个语句进行解析、即 Elaborate。首先是 val x 后面这个等号，表示的意思是“定义为”，所以并不需要有什么特别的操作。后面这个表达式则涉及优先级各异的 3 个算符，如果优先级相同就从左到右依次结合。与上一章中所述的加法算符“+”一样，这些“算符”其实都是方法名，所以“a | b & ~c”其实就是“a.|(b.&(c.unary_~()))”，这里函数 unary_~()实现的是一元算符反相。由于 Scala 语言中函数调用的参数是按值传递，在调用 a.|()之前就得先计算其参数 b.&(c. unary_~())的值，而这又要先计算 c. unary_~()的值。所以，最先进行计算的是 c.unary_~()，这个函数定义于 class Bits 中：

```
final def unary_~ (): Bits = macro SourceInfoWhiteboxTransform.noArg
```

与前一章中见到过的那个 macro 相比，这次引用的是 SourceInfoWhiteboxTransform，并且具体的方法是 noArg()，因为 unary_~ ()这个函数没有参数。结果是被转换成对 do_unary_~ ()的调用。不过，虽然 unary_~ () 是在 class Bits 中定义的，而 Uint、Sint、Bool 都是对 Bits 的扩充，但是这三个类对于求非操作的处理都与此略有不同，所以 Uint、Sint、Bool 这三个类都提供了自己的 do_unary_~ ()函数。我们在这里假定 a、b、c 都是逻辑信号，因而都属于 Bool 类，于是：

```
override def do_unary_~ (implicit sourceInfo: SourceInfo, compileOptions: CompileOptions): Bool =
                                                        unop(sourceInfo, Bool(), BitNotOp)
```

我们在上一章中看到的是 binop()，因为“+”是二元算符，现在则是 unop()：

```
private[chisel3] def unop[T <: Data](sourceInfo: SourceInfo, dest: T, op: PrimOp): T = {
  requireIsHardware(this, "bits operated on")
```

```
  pushOp (DefPrim(sourceInfo, dest, op, this.ref))
}
```

显然，这同样也是把一个 DefPrim 命令推送到所在 Module 的命令序列_commands 中，有待后端进行下一步的处理（目标代码生成），只不过这次这个 DefPrim 对象中的操作代码是 BitNotOp。

有了 c.unary_~()的值，就可以进行 b.&()这个函数的计算了。Bool 类的&()函数是这样：

```
def &(that: Bool): Bool = macro SourceInfoTransform.thatArg        //函数“|(…)”和“^(…)”的定义也是一样。
```

看到这个熟悉的句型，读者一定会想到：经过宏替换之后，一定会被转换成对于 do_&()的调用。事实上也正是这样，而 Bool 类的 do_&()函数为：

```
def do_& (that: Bool)(implicit sourceInfo: SourceInfo, compileOptions: CompileOptions): Bool =
                                                    binop(sourceInfo, Bool(), BitAndOp, that)
```

函数 binop()的定义见下：

```
private[chisel3] def binop[T <: Data](sourceInfo: SourceInfo, dest: T, op: PrimOp, other: Bits): T = {
    requireIsHardware(this, "bits operated on")
    requireIsHardware(other, "bits operated on")
    pushOp(DefPrim(sourceInfo, dest, op, this.ref, other.ref))
}
```

显然，别的都差不多，只不过这次的操作代码是 BitAndOp。

知道了 Chisel 对于非、与逻辑的处理，别的如或、异或等都是如出一辙，这里就不再细述了。

这里还要说明，上面的 val x 在最终的硬件实现中只是一个组合电路的输出，在这里就是最后那个或门的输出，它本身并不是一个独立的零部件，但是可以被连接到电路中。同样，a、b、c 本身也不是独立的零部件，而只是别的电路的输出，这些输出在这里被分别连接到了或门、与门、反相器的输入端。这样的电路连接无需使用表示连接的“:=”操作符。另外，电路的连接是静态的，但是电路的输入信号和输出信号却是动态的，a、b、c 三个输入信号的变动可以立即引起输出信号 x 的变动（如果按运算规则要引起变动的话），尽管在实际的硬件中会有个细小的延迟。所以，说 x 是个不可更改（immutable）的“变量”，纯粹是在软件意义上，表示 x 这个信号的来源和组成不可更改，它的定义不可更改（例如不能改成 val x = a | b），而不是说 x 的状态不会变化。

软件上的不允许对同一个 val“赋值”两次，因为 val 是 immutable，正好与硬件上的不允许把多个逻辑电路的输出连接到同一个电路的输入是一致的。硬件上可以把一个逻辑电路的输出同时连接到多个电路的输入，只要这个逻辑电路输出或吸收电流的能力够强，即驱动能力够大就行；但是却不可以把多个逻辑电路的输出同时连接到一个电路的输入。这意味着，代表着一个逻辑电路的“变量”名出现在:=连接符号的左边（作为 SINK）只能有一次，而不可以有第二次，这可以通过语言的编译器加以控制。

之所以不能把多个逻辑电路的输出同时连接到一个电路的输入，也是因为 CMOS 场效应管的采用。试想，要是把两个逻辑电路的输出连接在一起，那么如果其中之一是上臂导通下臂截止，因而输出 true；而另一个逻辑电路是上臂截止下臂导通，因而输出 false；那么把两个逻辑电路的输出连接在一起就成了把两个导通臂串接在电源两端，这就形成了电源的短路，还会把晶体管烧坏。但是如前所述，把多个逻辑电路的输出同时连接到一个电路的输入，有时候又是不可避免的，例如 Mux 就是要在两路输入中实现二选一，那么在 Mux 的内部总归有那么一个点，在这里两路输入汇聚在了一起。这时候的要求就是当选取其中之一时另一个输入就像不存在一样，这就要用到高阻状态了。另一个例子，是后面要讲到的 when 语句，用来创建有条件开通的电路分支，一个输入端完全可能在这个分支中被连接到某个输出，而在那个分支中被连接到另一个输出，显然这时候也要用到高阻状态。说到底，这里需要的就是“门控”，从前许多中小规模的芯片上都有个 OE，即“Output Enable”输入，这就是用来使输出电路进入高阻状态的。但是在采用 CMOS 技术的大规模集成电路中要实现 OE 并不简单，为防滥用，现在都把这样的门控放在标准件中，将其限制在专业的 EDA 软件这一层上，而不让程序员自由使用。这样还有个重要的好处，就是使代码的逻辑变得简单了。所以，准确地说，是不允许一个电路的输入端被不加限制地连接到多个电路的输出端，或者是不允许多个电路的输出被无条件地汇聚在一起。

除直接用于组合逻辑的这些算符之外，还有在条件表达式中用来表示“逻辑与（Logical And）”的算符“&&”和表示“逻辑或（Logical Or）”的算符“||”。这些算符只定义于 Bool 类，在硬件实现中其实与 “&”和“|”是等价的。我们不妨看一下函数&&()和||()的定义：

```
def && (that: Bool): Bool = macro SourceInfoTransform.thatArg                /* Logical and operator */
def || (that: Bool): Bool = macro SourceInfoTransform.thatArg                /* Logical or operator
```

一看就知道，这两个函数经宏替换之后将变成 do_&&()和 do_||()，然后我们接着看 do_&&()和 do_||()：

```
def do_&& (that: Bool)(implicit sourceInfo: SourceInfo, compileOptions: CompileOptions): Bool = this & that
def do_|| (that: Bool)(implicit sourceInfo: SourceInfo, compileOptions: CompileOptions): Bool = this | that
```

这就是说，函数 this.do_&&(that: Bool)是通过 this.&(that: Bool)实现的，那就是上面的函数&()。而 this.do_||(that: Bool)，则也是通过 this.|(that: Bool)，即函数|()实现的。

最后还要说一下表示相等的比较算符。Scala 语言的“等于”比较符是“==”，至少在形式上是与 C 和 Java 语言一样的（实际上有细微差别），这是供 Scala 语言自己使用的，一般都是用于算法的表达，用在程序代码中的条件控制内。可是硬件上也确实需要有比较器，用于两个或两组信号之间的算术比较或逻辑比较。这如果也使用“==”就比较容易混淆，所以 Chisel 语言定义了自己的“等于”比较符，那就是“===”。当然，这实际上也是个函数名，即“===()”以 class SInt 即带符号整数为例，其函数定义为：

```
final def === (that: SInt): Bool = macro SourceInfoTransform.thatArg
def do_=== (that: SInt)(implicit sourceInfo:SourceInfo, compileOptions:CompileOptions): Bool= compop(sourceInfo, EqualOp, that)
```

可见，Chisel 代码中的“===”符号会导致对函数 compop()的调用：

```
private[chisel3] def compop(sourceInfo: SourceInfo, op: PrimOp, other: Bits): Bool = {
  requireIsHardware(this, "bits operated on")
  requireIsHardware(other, "bits operated on")
  pushOp (DefPrim(sourceInfo, Bool(), op, this.ref, other.ref))          //op可以是LessOp、GreaterOp、EqualOp等
}
```

结果是向当前模块的_commands 序列推送一条命令，让后端知道，这里有个硬件比较器。

符号“===”对于 Scala 则无特殊意义，Scala 所有的数据类型中均无这个算符的定义，这只是个用作函数名的字符串而已。这个例子很好地说明，Chisel 是怎样在 Scala 的基础上构造自己所需的语素的。

5.2　Chisel 的 Data 类

在 Chisel 语言中，Data 是个抽象类，由此派生出各种各样的具体类，都是对 Data 类直接或间接的扩展。这里先把 Data 类一族中的主要成员，即主要的基本数据类型，按派生的代际关系列举一下，让读者有个总体上的印象：

```
abstract class Data
    abstract class Element          //独立的单项数据
        abstract class Bits
            class UInt              //无符号整数，UInt 不同于 Scala 的 Int
                class Bool              //是无符号整数的一种特例，Bool 不同于 Boolean。
            class SInt              //有符号整数，SInt 不同于 Scala 的 Int
            class FixedPoint
            class Interval
        abstract class EnumType
        class Clock
            class AsyncReset
            Case object DontCare        // DontCare 是一种特殊的数据，实际上是一种操作。
            trait ToBoolable            //这不是一个类，而是代表着一种属性，就是可转化成布尔量。
            class Analog
    abstract class Aggregate        //多项数据的聚合
        class Vec                   //Vec 不同于 Scala 的 Vector
        abstract class Record       //可以独立访问聚合数据中的特定字段
            abstract class Bundle       //Bundle 是对 Record 的扩充，Bundle 也是 Data。
            class MixedVec
```

注意所有这些类型都是 Chisel 定义和提供的基本数据类型，与 Scala 语言中的例如 Int、Boolean、Vector 等是不同的类型。不仅是类型不同，连意义上的相同都是表面的，实际上有着不同的语义。

以 Chisel 的 Bool 类与 Scala 的 Boolean 类为例，既然 Scala 已经提供了数据类型 Boolean，为什么 Chisel 还要定义自己的 Bool? 关键在于，尽管二者都是布尔量，但是前者所代表的是程序中逻辑意义上的布尔量，软件中的布尔量；而后者则代表着电路中的逻辑信号。比方说，“val c = a & b”这个表达式，如果 a 和 b 的类型为 Scala 语言中的 Boolean，那就是需要在 CPU 上完成的逻辑运算。但是，如果 a 和 b 的类型都是 Chisel 语言中的 Bool，那就意味着将一个与门的输出当作布尔量 c，而与门的两个输入来自 a 和 b。要是 Chisel 不定义自己的布尔类型 Bool，而只是沿用 Scala 的 Boolean，那就不能写成这同样的表达式了。

同样的道理，Scala 已经提供了数据类型 Int，但 Chisel 还是需要定义自己的 SInt，因为 Scala 程序中两个变量间的带符号加法运算与硬件电路中的加法器是两码事。

Data 下面有两个分支，一个是表示“单元数据”，即单项独立数据的 Element，另一个是表示多项数据聚合的 Aggregate。Element 可以是多个二进制位的，但这些二进制位属于一个不可分割的整体，属于同一个信息单元；Aggregate 则把不同类型的，或者属于不同信息单元的数据聚合在一起。抽象类 Record 是对 Aggregate 的扩充，大体上按我们对于由许多“字段（其实往往是位段）”构成的“记录”，对于每个字段都可以用字段名独立访问，这样去理解就行。另一个抽象类 Bundle 则又是对 Record 的扩充，这是个重要的数据类型。实际的 Chisel 代码中很少见到对 Record 和 Aggregate 的静态或动态扩充，但是对 Bundle 的扩充却比比皆是。上一章中我们用作示例的 class PlusOne，里面的 val io，其类型为 class SimpleIO，那就是对抽象类 Bundle 的扩充。

抽象类 Bits 是最重要的 Element 类扩充，Bits 下面又派生出 UInt 类和 SInt 类。另外，Element 还派生出一个 trait ToBoolable，里面提供了一个函数 asBool()，一个类只要是 with ToBoolable，就可以通过它的 asBool() 将其数据内容中的每一位都解释成 Bool 变量。事实上 Bits 就是这样：

```
sealed abstract class Bits(private[chisel3] val width: Width) extends Element with ToBoolable
```

这就是为什么可以把 UInt 对象通过 asBool()（在程序中）用作一排布尔变量。当然，硬件上一个无符号整数的每一位本来就是个布尔量；这里说的是从语言的角度，怎样使编译器可以接受，或者说怎样可以让编译器对代码实施语义上的检查。

我们从抽象类 Data 的摘要开始：

```
/** This forms the root of the type system for wire data types. The data value must be representable as some number (need not
  * be known at Chisel compile time) of bits, and must have methods to pack/unpack structured data to/from bits.
  */
abstract class Data extends HasId with NamedComponent with SourceInfoDoc {
  …
  private var _specifiedDirection: SpecifiedDirection = SpecifiedDirection.Unspecified        //本项数据的流动方向
  private[chisel3] def specifiedDirection: SpecifiedDirection = _specifiedDirection

   // Binding stores information about this node's position in the hardware graph. This information is supplemental (more than is
   // necessary to generate FIRRTL) and is used to perform checks in Chisel, where more informative error messages are possible.
  private var _binding: Option[Binding] = None
                        //一项数据总得体现在某种硬件上，例如寄存器上，例如一排导线上，这就是数据的 Binding。
   // Only valid after node is bound (synthesizable), crashes otherwise
  protected[chisel3] def binding: Option[Binding] = _binding                //调用 binding()就返回_binding 的内容

   // Similar to topBindingOpt except it explicitly excludes SampleElements which are bound but not hardware
  private[chisel3] final def isSynthesizable: Boolean = _binding.map {      //是否“可综合”，即在硬件中有对应物。
    case ChildBinding(parent) => parent.isSynthesizable
    case _: TopBinding => true
    case (_: SampleElementBinding[_] | _: MemTypeBinding[_]) => false
  }.getOrElse(false)

  private[chisel3] def topBindingOpt: Option[TopBinding] = _binding.flatMap {
    case ChildBinding(parent) => parent.topBindingOpt
    case bindingVal: TopBinding => Some(bindingVal)
    case SampleElementBinding(parent) => parent.topBindingOpt
    case _: MemTypeBinding[_] => None
  }

  private[chisel3] def topBinding: TopBinding = topBindingOpt.get

   /** Binds this node to the hardware graph.
     * parentDirection is the direction of the parent node, or Unspecified (default) if the target node is the top-level.
     * binding and direction are valid after this call completes.
```

```
  */
private[chisel3] def bind (target: Binding, parentDirection: SpecifiedDirection = SpecifiedDirection.Unspecified): Unit
                                                                  //把数据“绑定”为某种 Binding

// Both _direction and _resolvedUserDirection are saved versions of computed variables (for efficiency,
// avoid expensive recomputation of frequent operations). Both are only valid after binding is set.
// Direction of this node, accounting for parents (force Input / Output) and children.
private var _direction: Option[ActualDirection] = None        //数据的流动方向
private[chisel3] def direction: ActualDirection = _direction.get

 // Return ALL elements at root of this type. Contasts with flatten, which returns just Bits
private[chisel3] def allElements: Seq[Element]                //返回本项数据（可以是 Aggregate）所含的各个单元数据

private[chisel3] def connect(that: Data) (implicit sourceInfo: SourceInfo, connectCompileOptions: CompileOptions): Unit = {…}
                                                              //建立承载着数据的硬件之间的连接
private[chisel3] def bulkConnect(that: Data) (implicit sourceInfo:SourceInfo, connectCompileOptions:CompileOptions): Unit = {…}
                                                              //聚合数据的按字段对接，大把信号线的连接。
 // Internal API: returns a ref, if bound
private[chisel3] final def ref: Arg = {…}                     //本项数据的引用/访问信息，用作 pushCommand()时的参数。
private[chisel3] def width: Width                             //获取具体类对象的数据宽度，返回类型为 Width。抽象函数。
private[chisel3] def legacyConnect(that: Data)(implicit sourceInfo: SourceInfo): Unit         //抽象函数，具体实现见前一章

def cloneType: this.type                                      //复制本项数据的类型
private[chisel3] def cloneTypeFull: this.type = {             //复制本项数据的完整类型（包括数据方向等）
  val clone = this.cloneType.asInstanceOf[this.type]       // get a fresh object, without bindings
  // Only the top-level direction needs to be fixed up, cloneType should do the rest
  clone.specifiedDirection = specifiedDirection
  clone
}

final def := (that: => Data) (implicit sourceInfo: SourceInfo, connectionCompileOptions: CompileOptions): Unit = {
  prefix(this) { this.connect(that)(sourceInfo, connectionCompileOptions) }             //提供单项数据间的连接
}

final def <> (that: => Data) (implicit sourceInfo: SourceInfo, connectionCompileOptions: CompileOptions): Unit = {
  prefix(this) { this.bulkConnect(that)(sourceInfo, connectionCompileOptions) }          //提供聚合数据的集束连接
}

def isLit(): Boolean = litOption.isDefined                 //（本项数据）是否一个立即数（literal）
def litValue(): BigInt = litOption.get                     //返回立即数的数值，如果本项数据是立即数。

/** Returns the width, in bits, if currently known. */
final def getWidth: Int = if (isWidthKnown) width.get else throwException(s"Width of $this is unknown!")  //获取本项数据的宽度
def asTypeOf[T <: Data](that: T): T = macro SourceInfoTransform.thatArg                             //数据的类型转换
def do_asTypeOf[T <: Data](that: T)(implicit sourceInfo: SourceInfo, compileOptions: CompileOptions): T = {
  val thatCloned = Wire(that.cloneTypeFull)
```

```
    thatCloned.connectFromBits(this.asUInt())
    thatCloned
  }
  final def asUInt(): UInt = macro SourceInfoTransform.noArg          //将本项数据转换成无符号整数 UInt
  /** @group SourceInfoTransformMacro */
  def do_asUInt(implicit sourceInfo: SourceInfo, compileOptions: CompileOptions): UInt          //抽象函数
}  //end abstract class Data
```

Data 类定义了不少抽象函数，这是因为 Data 类有不少子类、孙类，这些类型对概念上的同一操作有不同的实现，所以要到具体类里面才能落实，但是定义一个抽象函数就定下了它的调用界面，包括它的参数表、各项参数的类型和返回值的类型。

从其类型定义的代码摘要，我们可以看出具体 Data 类数据对象的几项重要的属性。

首先，Chisel 数据是有方向的，所以类型定义中有_specifiedDirection、_direction 等数据成分，以及与此相关的若干函数。按 object SpecifiedDirection 中的定义，一项数据的方向可以是 Input、Output、Flip、Unspecified 四种。其中 Input 表示该项数据是外来的信号；Output 表示数据是（本模块）向外输出的。Flip 则是说此项数据的方向是反向的，因为同一个 Bundle 在收发双方看来就是方向相反的，一个认为这是离我而去，是输出；另一个认为这是向我而来，是输入。我们在前面曾看到，不加说明的数据默认就是外向的，所以 Flip 一般而言意味着输入。至于 Unspecified 就是不作规定的了。数据的方向还有 SpecifiedDirection 和 ActualDirection 之分。SpecifiedDirection 是数据在代码中得到定义时给定的，例如“val a = Input(UInt(32.W))”就说明 a 这个 32 位 UInt 的 SpecifiedDirection 是 Input。ActualDirection 则表示信号在特定场景中的实际方向。

Binding 是个 trait，因为逻辑意义上的数据常常有需要被绑定到某种硬件实现的一面：

```
// Location refers to 'where' in the Module hierarchy this lives
sealed trait Binding {
  def location: Option[BaseModule]
}
```

这里所绑定的是数据所在的位置，这是在哪个模块中。所以只提供了一个抽象函数 location()，这个函数应该返回 Option[BaseModule]。所谓 Option 是说也许是空。然后，在 trait Binding 的基础上派生出许多 trait 和 class，例如 TopBinding、ConstrainedBinding、UnconstrainedBinding、ReadOnlyBinding 等，这里就不逐一介绍了。其中的 ConstrainedBinding 表示只能体现在指定类型的硬件模块上，显然这都是软件上所加的限制，便于编译器检测程序中的错误，也与数据在硬件上的体现有关。

除信号流动方向和权限上的绑定之外，数据还可以与不同的硬件属性绑定。例如，同样是一项 UInt 数据，一个 UInt 类对象，如果绑定到 RegBinding，它就代表着一个寄存器，在硬件上体现为一个寄存器；如果绑定到 PortBinding，它就代表着一个 IO 端口，这个 IO 端口上的数据格式是 UInt；如果与 WireBinding 绑定，它就是一排导线即 Wire 上的数据，呈现在这个排线上的就是 UInt 数据。具体可以绑定的硬件有：

```
case class PortBinding(enclosure: BaseModule) extends ConstrainedBinding
case class OpBinding(enclosure: RawModule, visibility: Option[WhenContext])
                    extends ConstrainedBinding with ReadOnlyBinding with ConditionalDeclarable
case class MemoryPortBinding(enclosure: RawModule, visibility: Option[WhenContext])
                    extends ConstrainedBinding with ConditionalDeclarable
case class RegBinding(enclosure: RawModule, visibility: Option[WhenContext])
                    extends ConstrainedBinding with ConditionalDeclarable
case class WireBinding(enclosure: RawModule, visibility: Option[WhenContext])
                    extends ConstrainedBinding with ConditionalDeclarable
```

```
case class MemTypeBinding[T <: Data](parent: MemBase[T]) extends Binding
case class DontCareBinding() extends UnconstrainedBinding
```

前面五种都是所谓 ConstrainedBinding，把数据绑定到了某种硬件就是一种限制条件。其中 PortBinding 将数据对象绑定为输入/输出端口，例如“val io = IO(new SimpleIO)”，就将 SimpleIO 类数据对象（必须是 Bundle）绑定成输入/输出端口。OpBinding 则将一个操作符绑定到它所在的模块和 when 域，看一下 Builder.pushOp() 的代码就可明白：

```
def pushOp[T <: Data](cmd: DefPrim[T]): T = {                    //这是Builder.pushOp()
  // Bind each element of the returned Data to being a Op
  cmd.id.bind (OpBinding(forcedUserModule, currentWhen()))   //把cmd.id绑定到其所在（用户定义）模块和所在的when域
  pushCommand(cmd).id
}
```

RegBinding 当然是把数据对象绑定到寄存器，说明此项数据的载体是个寄存器。后面我们会看到，这是在 object Reg 中绑定的。与此类似，WireBinding 则把数据对象绑定到一组 Wire，说明此项数据的载体是个排线，这是在 object Wire 中绑定的。

MemoryPortBinding 是将数据对象绑定为存储器读写端口。注意存储器读写端口与普通模块的输入/输出端口不同，因为对存储器的访问有些特殊的考虑，这是在抽象类 MemBase 中绑定的，MEM 类是对抽象类 MemBase 的扩充。MemTypeBinding 当然是对于存储器的绑定。

DontCareBinding 是一种特殊的数据，实际上是一种操作。作为数据“赋值”的时候它只能出现在连接号:= 的右边即 RHS，而不可以出现在左边，表示不确定。DontCareBinding 是在 object DontCare 中绑定的。

另外还有对于一些限制条件的绑定，例如“只读”绑定和使用场所的绑定：

```
// A binding representing a data that cannot be (re)assigned to.
sealed trait ReadOnlyBinding extends TopBinding        //只读绑定，表明该数据对象为只读。

// A component that can potentially be declared inside a 'when'
sealed trait ConditionalDeclarable extends TopBinding {    //授权绑定，表示可以用在 when 语句内部。
  def visibility: Option[WhenContext]     //并非所有绑定都可用在 when 语句内部，例如在 when 语句中就不能有 IO 绑定。
}
```

ReadOnlyBinding 的意义不言自明。ConditionalDeclarable 则有点特殊，这是专门针对代码中 when 分支的。代码中的 when 分支，即 when{…}这对花括号里的内容，就好像一个函数一样，在里面可以申明/定义局部的 val。但是却不可以在里面说明一个 val 是 IO，别的都可以。简而言之，是不可以在 when 分支中申明绑定成 PortBinding 的数据。而 trait ConditionalDeclarable，则表示凡是 with 这个 trait 的 Binding 都允许出现在 when 分支中的变量申明/定义中。所以 OpBinding、RegBinding、WireBinding、MemoryPortBinding 四者的定义中都有 with ConditionalDeclarable，而唯独 PortBinding 没有。

说了这么一些，我们来看个实例，仍以上一章中的 class PlusOne 为例：

```
class PlusOne extends Module {
  val io = IO(new SimpleIO)              //在 object IO 中将此 Bundle 绑定成 PortBinding
  io.out := io.in + 1.asUInt
}
```

```
class SimpleIO extends Bundle {
  val in = Input(UInt(32.W))          //在 object Input 中将此 32 位 UInt 的方向绑定为 SpecifiedDirection.Input
  val out = Output(UInt(32.W))        //在 object Output 中将此 UInt 的方向绑定为 SpecifiedDirection.Output
}
```

这里 class SimpleIO 中的 in 是一项 UInt 数据，即无符号整数，其宽度设置成 32 位，方向为 Input。然后整个 SimpleIO 对象是个 Bundle，表示聚合在一起，成为一个整体。再将这个 Bundle 绑定成 IO，即输入/输出端口，其中的 in 是输入，out 是输出。另外，这也说明，在同一个 Bundle 中可以既有输入也有输出。

外部输入 io.in 是信号/数据的提供者，它把数据提供给加法器，加法器的另一个输入来自常数 1，而加法器的输出就处在与 io.in 同等的地位上，也是信号的提供者，就好像 io.in 穿过了加法器，出现在加法器的输出端一样。加法器的输出被连接到 io.out。这个连接号的右边是信号的提供者，是 SOURCE，连接号左边则是信号的消耗者。是 SINK。也就是说，在这样的连接语句中，方向为 Input 的信号/数据倒是信号输出的一方，而方向为 Output 的 io.out 倒是这个连接中接收信号的一方。其实这是个规则，在阅读代码时要了然于心，不要混淆。但是有时候难免一时糊涂，觉得加法器的输出也是输出，io.out 也是输出，怎么把两个输出连在一起呢？实际上，对于这个特定的连接点而言，加法器的输出是 io.out 的输入，io.out 是对外而言，io.out 上的输出总得有个来源（基尔霍夫定律）。

顺便再说一下连接符:=。在 class PlusOne 的代码中，可不可以把:=号换成=号，说"io.out = io.in + 1.asUInt"呢？当然不可以，因为=号的语义是“定义为”，但 io.out 在 class SimpleIO 中已经定义了。这是个 val，不可以重复定义。但是可以说“val a = io.in + 1.asUInt”，就是称加法器的输出为 a。然而 a 只存在于模块内部，外面是看不到的；为了使其成为输出，仍须将其连接到输出端，即“io.out := a”，那样是等价的。

5.3 Bundle 和 Vec

Chisel 所定义的抽象类 Element 代表着单元数据，所谓单元数据，是指该项数据所有的二进制位都互相紧密关联，成为一个不可分割的整体。例如一个 32 位无符号整数，其 32 个二进制位就是不可分割的，数据方向也都相同。另一个抽象类“位组”Bits 是对 Element 类的扩充。而 Uint、Sint、Bool，则都是对抽象类 Bits 的直接或间接扩充。与 Element 相对的是 Aggregate，那就是把若干个单元数据聚合在一起，成为一个数据结构，不同单元数据的方向可以不同。抽象类 Record 是从 Aggregate 的。而 Bundle 又是对 Record 的扩充。如前所述，代码中极少看到对 Record 或 Aggregate 进行扩充而成的具体类，但对 Bundle 的扩充则比比皆是，所以我们就跳过 Aggregate 和 Record，而直奔抽象类 Bundle 的定义：

```
/** Base class for data types defined as a bundle of other data types.
  * Usage: extend this class (either as an anonymous or named class) and define
  * members variables of [[Data]] subtypes to be elements in the Bundle.
  */
abstract class Bundle(implicit compileOptions: CompileOptions) extends Record {
  override def className: String = this.getClass.getSimpleName match {
    case name if name.startsWith("$anon$") => "AnonymousBundle"      // fallback for anonymous Bundle case
    case "" => "AnonymousBundle"                                     // ditto, but on other platforms
    case name => name
  }
  /** The collection of [[Data]]
    * Elements defined earlier in the Bundle are higher order upon serialization.
    */
```

```
  final lazy val elements: SeqMap[String, Data] = {…}   //Bundle 所含 elements 一开始是不知道的，要构造完毕之后才知道。

  def ignoreSeq: Boolean = false   // to allow arbitrary Seqs of Chisel elements.
   /** Returns a field's contained user-defined Bundle element if it appears to be one, otherwise returns None. */
  def getBundleField(m: java.lang.reflect.Method): Option[Data] = m.invoke(this) match {
                //具体 Bundle 对象内部的“字段”，是由用户（程序员）定义的，事先并不知道，要到编译的时候才知道。
                //所以在运行时只能通过 JVM 的 reflect 机制动态获取。
    case d: Data => Some(d)
    case Some(d: Data) => Some(d)
    case _ => None
  }
  def _usingPlugin: Boolean = false
   // Memoize the outer instance for autoclonetype, especially where this is context-dependent
   // (like the outer module or enclosing Bundles).
  private var _outerInst: Option[Object] = None
   // For reflective autoclonetype, record possible candidates for outer instance.
   // _outerInst should always take precedence, since it should be propagated from the original
   // object which has the most accurate context.
  private val _containingModule: Option[BaseModule] = if (_usingPlugin) None else Builder.currentModule
                                                                   //Bundle 所在的 Module。
  private val _containingBundles: Seq[Bundle] = if (_usingPlugin) Nil else Builder.updateBundleStack(this)
                                                                   //含有这个 Bundle 的 Bundle，Bundle 可以嵌套。
  def checkClone(clone: Bundle): Unit = {…}
  override def cloneType: this.type = {val clone = _cloneTypeImpl.asInstanceOf[this.type]; checkClone(clone); clone}
  def _cloneTypeImpl: Bundle = {…}
}   //end abstract class Bundle
```

这里的 elements 在 Record 类中是个抽象函数，但在 Bundle 类中是通过同名的 lazy val 加以落实的。Scala 语言允许以 lazy val 替代同名的无参函数，因为 lazy val 的赋值要等第一次得到引用的时候才进行，所以其等号后面实际上是赋值函数。所不同的是，lazy val 的赋值函数经调用之后就把返回值赋给了这个 val（或者说将此 val 定义成了赋值函数的返回值），以后再引用这个 val 时就不再执行其赋值函数了，而真正的函数则每次调用都要执行一遍。另一方面，由于是定义在抽象类 Record 和 Aggregate 的基础上，所以除这个 lazy val 之外，Bundle 类只是添加了几个 var，这都与需要加以聚合的具体数据成分无关。所以，具体 Bundle 内部的结构成分还有待于对抽象类 Bundle 的静态或动态扩充和落实。

在程序中要定义某个类的子类并创建该子类的对象有两种方法。一种是先静态地定义一个 class，说明这是对什么类的扩充；然后再通过 new 这个子类创建该子类的对象。例如先定义一个类：

```
class Packet extends Bundle {
    val header = UInt(16.W)
    val addr = UInt(16.W)
    val data = UInt(32.W)
}
```

然后，有了这个 class 的定义，就可以通过引用保留字 new 加以创建该类对象，例如 new Packet。

另一种方法则是动态扩充。以对 Bundle 类的扩充为例：

```
class MyModule extends Module {
    val io = IO(new Bundle {
        val in = Input(UInt(64.W))
        val out = Output(SInt(128.W))
    })
}
```

这里通过 new 创建的是个动态扩充了的 Bundle 类对象，所作的扩充即是 Bundle 后面花括号里的内容，实际上就是补上了需要加以聚合的数据成分。这里的 new 所创建的当然不是抽象类 Bundle 的对象，而是一个动态扩充了 Bundle 的匿名类的对象，这个类中有 in 和 out 两个数据成分。其中 in 是作为 Input 的 64 位无符号整数 Uint，out 则是作为 Output 的 128 位带符号整数 Sint。Input 和 Output（均为 object）只是规定了信号传输的方向。

这两种方法可以混合使用，例如：

```
class MyModule extends Module {
    val io = IO(new Bundle {
        val inPacket = Input(new Packet)
        val outPacket = Output(new Packet)
    })                              //这个 io 是个匿名的 Bundle 对象，object IO 只是将其绑定为 I/O 端口。
    val reg = Reg(new Packet)       //reg 是个 Reg 对象，即寄存器，该寄存器的内容是个 Packet 对象。
    reg <> io.inPacket              //将聚合数据 io.inPacket 连接到寄存器，这里的“<>”表示 bulk connect，即集束连接。
    io.outPacket <> reg             //将寄存器连接到 io.outPacket。
}
```

这个例子来自 Chisel3 的一处代码注释。这里的 Packet 定义于上，是个静态定义的 class，名为 Packet，这是对 Bundle 类的扩充，里面有 header、addr、data 三个数据成分。显然，Packet 类的数据长度是 64 位（16+16+32）。然后在 MyModule 中创建匿名类 Bundle 对象 io，这个 Bundle 有 inPacket 和 outPacket 两个成分，每个成分都是通过“new Packet”创建的 Packet 类对象。

这个例子还在 MyModule 类中加了一个数据成分 reg，这是一个 object Reg（后面会讲到），表示寄存器。其宽度就是一个 Packet 的宽度，即 64 位。Packet 类是对 Bundle 类的扩充，而 Bundle 类是从 Data 经 Aggregate 一路传承下来的，所以 Bundle 也是 Data，而 object Reg 就将其绑定为寄存器，并会推送一条 DefReg 命令。经过编译和综合，在硬件层这就是一个 64 位的寄存器，用来承载一个 Packet。或者说，这个寄存器的内容被当成（解释成）一个 Packet。下面通过操作符“<>”加以连接，这个符号表示 bulk connect，即“字段对字段”的批量式的集束连接。先是将 io.inPacket 连接到寄存器，这就是调用函数 reg.<>(io.inPacket)。然后是将寄存器连接到 io.outPacket，这是 io.outPacket.<>(reg)。

寄存器实际上就是一排 D 触发器，而 D 触发器是有输入和输出的，输入是 D 端，输出是 Q 端。所以这里的两个语句中虽然只说是 reg，但是在前一个语句中的 reg 出现在<>符号的左边，连接的是它的输入端即 D 端。而后一个语句中的 reg 则出现在<>符号的右边，连接的是它的输出端即 Q 端。

创建了 MyModule 对象，执行了这个类的构造函数进行初始化之后，io.inPacket 就经由 reg 连接到了 io.outPacket，那么前者的状态变化是不是立即就传递给了后者，就会在输出端表现出来呢？不是的，寄存器的内容需要由时钟脉冲打入。所以，当 io.inPacket 的状态有改变时，这个变动并不立即反映在寄存器的输出，因而 io.outPacket 暂时仍保持着寄存器的先前状态不变，要等下一个时钟脉冲的到来，这才“触发”寄存器的状态改变，这时候 io.outPacket 才随之改变。

事实上，寄存器除输入 D 端和输出 Q 端之外还得有个时钟触发端 C 和一个复位控制端 R。MyModule 类是对 Module 类的扩充，Module 类对象的内部都有 clock 和 reset 两个成分。我们在后面将看到，创建寄存器时候会把这个 clock 信号连接到寄存器的时钟触发端，向底层推送 DefReg 命令时会把这 clock 对象作为参数一起推送下去。所以，把 class MyModule 定义成对 Module 类的扩充，就隐含着内部自动就有时钟信号连接。

顺便看一下 Reg 与 Bundle 之间的集束连接，即 bulk connection 的实现。我们在上一章中看到，class Data 中定义了一个函数 bulkConnect()。由于 Data 类是所有其它数据类的先祖，因而这个函数就为所有其它数据类直接或间接继承。例如 Bundle 扩展的是 Record，而 Record 继承的是 Aggregate，后者就是继承了 Data，所以 Bundle 类也从抽象类 Data 继承了这个函数：

```
def bulkConnect(that: Data)(implicit sourceInfo: SourceInfo, connectCompileOptions: CompileOptions): Unit = {
  if (connectCompileOptions.checkSynthesizable) {     //checkSynthesizable 是一个编译选项
    requireIsHardware(this, s"data to be bulk-connected")      //this 必须可综合
    requireIsHardware(that, s"data to be bulk-connected")      //that 也必须可综合
    (this.topBinding, that.topBinding) match {
      case (_: ReadOnlyBinding, _: ReadOnlyBinding) => throwException(s"Both $this and $that are read-only")
                                                                        //两边均为只读，就不允许连接。
      // DontCare cannot be a sink (LHS)
      case (_: DontCareBinding, _) => throw BiConnect.DontCareCantBeSink
                                              //作为 SINK 这一侧（<>符号的左侧）是 DontCare，那就不能连接。
      case _ =>   // fine                     //除上述两种情况以外都可以连接，继续往下执行。
    }
    try {
      BiConnect.connect(sourceInfo, connectCompileOptions, this, that, Builder.referenceUserModule)
    } catch {     //连接过程中发生异常，连接失败。
      case BiConnectException(message) => throwException(
                                         s"Connection between left ($this) and source ($that) failed @$message")
    }
  } else {   //end if (connectCompileOptions.checkSynthesizable)，如果不要求 checkSynthesizable：
    this legacyConnect that     //这就是 this.legacyConnect(that)，前面已经见过，执行 pushCommand(BulkConnect(…))
  }
}
```

视编译选项 checkSynthesizable 的设置，实际的连接不是由 BiConnect.connect()完成，就是由 legacyConnect()完成。前者由 object BiConnect 所提供的 connect()方法完成。BiConnect.connect()是个比较复杂的函数，因为需要考虑种种不同类对象之间的连接（例如 Reg 与 Bundle 之间），并且一个聚合中的成分本身又可能是个聚合，最后终究要落实到单个基本元件（Element）之间的连接，所以整个过程是递归的，我们就不深入进去了，有兴趣或需要的读者可以自己深入研究。后者 legacyConnect()与我们在前一章中介绍:=操作符时见过的函数同名，但这是 Bundle 类的 legacyConnect()，是从抽象类 Aggregate 继承下来的：

```
sealed abstract class Aggregate extends Data {
  private[chisel3] def legacyConnect(that: Data)(implicit sourceInfo: SourceInfo): Unit = {
    // If the source is a DontCare, generate a DefInvalid for the sink, otherwise, issue a Connect.
    if (that == DontCare) {
      pushCommand (DefInvalid(sourceInfo, Node(this)))
    } else {
      pushCommand (BulkConnect(sourceInfo, Node(this), Node(that)))          //推送BulkConnect命令
    }
  }  //end legacyConnect()
}  //end class Aggregate
```

最后也是落实到推送一条命令，但是注意这次推送的命令是 BulkConnect，这意味着后端编译和 EDA 软件会展开 BulkConnect，实现其中每根导线的连接。

再看一个例子，这也是在 Chisel3 的一处代码注释中（就在前面抽象类 Bundle 定义前面的注释中）：

```
class MyBundle extends Bundle {
  val foo = UInt(16.W)          //16 位无符号整数，定义在前，所以在高位。
  val bar = UInt(16.W)          //16 位无符号整数，定义在后，所以在地位。
}
  // Note that foo is higher order because its defined earlier in the Bundle
val bundle = Wire(new MyBundle)
bundle.foo := 0x1234.U          //0x1234 是一个 16 位无符号整数
bundle.bar := 0x5678.U          //0x5678 是一个 16 位无符号整数
val uint = bundle.asUInt        //把整个 bundle 当成一个 32 位（16 位+16 位）整数
assert(uint === "h12345678".U)  // This will pass    //这个整数应该是 0x12345678
```

这是一个用于演示的代码片段，它可以是在某个函数（包括某个类的构造函数）内部的一段，这无关紧要。这里先定义了一个 MyBundle 类，作为对 Bundle 类的扩充。MyBundle 类中有两个数据成分，或者说“字段”。两个都是 16 位无符号整数。然后就创建一个 MyBundle 类，并通过 object Wire 将其绑定成一束导线。对于 object Wire 后面还要介绍，Wire 与 Reg 有相似之处，但是也有根本的不同，那就是 Wire 不像寄存器那样有记忆的功能。这里要演示的是：第一，在创建 MyBundle 对象的时候，这里对于其数据成分 foo 和 bar 是没有给定初值的，但是可以在创建之后分别予以“赋值”，实际上就是将其连接到给定的常数（字面数值，Literal）上，也是位对位的连接。这里将 foo 连接到 0x1234，将 bar 连接到 0x5678。第二，可以将整个 MyBundle 当作一个无符号整数。因为 foo 和 bar 都是 16 位，并在一起就是 32 位。第三，因为在 MyBundle 中 foo 定义在 bar 之前，所以将整个 MyBundle 当作一个无符号整数时的数值是"h12345678".U，即 0x12345678，foo 在高位，bar 在低位。这个例子说明 Bundle 是怎样把其内部的各个“字段”聚合在一起的，字段与字段之间毫无空隙，并维持其定义的相对位置从高到低、从左到右不变。

对抽象类 Aggregate 的另一种扩充是 Chisel 的向量类，即 class Vec，代表着“向量（Vector）”。与 Bundle 不同的是，一个向量内部的元素全都是同一类型的。另外，由于 Bundle 是“杂种”的，所以其内部成分只好通过“键值对”即用字段名访问。而 Vec 是“纯种”的，概念上相当于数组，所以可以通过下标（index）访问 Vec 中的特定元素。

Scala 语言中本来就有个 Vector 类型，而 Chisel 仍要定义自己的 Vec 类，其原因与 Scala 中有 Boolean 但 Chisel 仍要定义自己的 Bool 类是一样的，因为 Chisel 的 Vec 类是可综合对的，也有自己独特的语义与方法（例如连接方法<>()）：

```
/** A vector (array) of [[Data]] elements. Provides hardware versions of various collection transformation functions
  * found in software array implementations.
  * Careful consideration should be given over the use of [[Vec]] vs [[scala.collection.immutable.Seq Seq]] or some
  * other Scala collection. In general [[Vec]] only needs to be used when there is a need to express the hardware
  * collection in a [[Reg]] or IO [[Bundle]] or when access to elements of the array is indexed via a hardware signal.
  */
sealed class Vec[T <: Data] (gen: => T, val length: Int) extends Aggregate with VecLike[T] {}
                //参数 gen 是个按名调用的函数，这给定了向量中单个元素的类型；参数 length 则为向量长度。
  def toString: String = {…}
  def typeEquivalent(that: Data): Boolean = that match {…}          //检查 this 与 that 的类型是否相符
  def bind(target: Binding, parentDirection: SpecifiedDirection): Unit = {…}
```

```
// Note: the constructor takes a gen() function instead of a Seq to enforce
// that all elements must be the same and because it makes FIRRTL generation simpler.
lazy val self: Seq[T] = {
  val _self = Vector.fill(length)(gen)                    //执行生成函数 gen()
  for ((elt, i) <- _self.zipWithIndex)
    elt.setRef(this, i)
  _self
}

val sample_element: T = gen                               //执行生成函数 gen()
def allElements: Seq[Element] = (sample_element +: self).flatMap(_.allElements)

/** Strong bulk connect, assigning elements in this Vec from elements in a Seq. */
def <> (that: Seq[T])(implicit sourceInfo: SourceInfo, moduleCompileOptions: CompileOptions): Unit = {
  if (this.length != that.length) {                //长度不同就不能连接
    Builder.error("Vec and Seq being bulk connected have different lengths!")
  }
  for ((a, b) <- this zip that) a <> b       //this zip that 就是 this.zip(that)，表示将二者像拉链一样按序配对扣合，
                                             //然后对于每一对(a, b)进行 a <> b，即 bulkConnect，此时的<>就是泛型 T 的<>了。
}
def <> (that: Vec[T])(implicit sourceInfo: SourceInfo, moduleCompileOptions: CompileOptions): Unit
                                                          = this bulkConnect that.asInstanceOf[Data]
                                                   //Vec 对象的“<>”连接是通过 bulkConnect()完成的
def := (that: Seq[T])(implicit sourceInfo: SourceInfo, moduleCompileOptions: CompileOptions): Unit = {
  require(this.length == that.length, s"Cannot assign to a Vec of length ${this.length} from a Seq of different length ${that.length}")
  for ((a, b) <- this zip that) a := b      //Vec 与等长的 Seq 对接，是将双方扣合成二元组的序列，然后在各个二元组中对接。
}
def := (that: Vec[T])(implicit sourceInfo: SourceInfo, moduleCompileOptions: CompileOptions): Unit = this connect that
                                                          // “:=”连接是通过 connect()完成的
/** Creates a dynamically indexed read or write accessor into the array. */
override def apply(p: UInt): T = macro CompileOptionsTransform.pArg        //经宏替换后变成对 do_apply 的调用
def do_apply (p: UInt)(implicit compileOptions: CompileOptions): T = {
  requireIsHardware(this, "vec")
  requireIsHardware(p, "vec index")
  val port = gen     //执行作为 Vec 类构造参数的（按名调用）生成函数 gen()，得到 Vec 的实际类型。

  // Reconstruct the resolvedDirection (in Aggregate.bind), since it's not stored.
  // It may not be exactly equal to that value, but the results are the same.
   val reconstructedResolvedDirection = direction match {
    case ActualDirection.Input => SpecifiedDirection.Input
    case ActualDirection.Output => SpecifiedDirection.Output
    case ActualDirection.Bidirectional(ActualDirection.Default) | ActualDirection.Unspecified =>
      SpecifiedDirection.Unspecified
    case ActualDirection.Bidirectional(ActualDirection.Flipped) => SpecifiedDirection.Flip
  }
```

```
    // TODO port technically isn't directly child of this data structure, but the result of some
    // muxes / demuxes. However, this does make access consistent with the top-level bindings.
    // Perhaps there's a cleaner way of accomplishing this...
    port.bind(ChildBinding(this), reconstructedResolvedDirection)         //整个 Vec 的绑定是一致的
    val i = Vec.truncateIndex(p, length)(UnlocatableSourceInfo, compileOptions)
    port.setRef(this, i)                    //setRef()是由 trait HasId 提供的一个函数
    port                                    //port 是前面通过执行生成函数 gen 得到的，其类型就是泛型 T。
  }

  def apply(idx: Int): T = self(idx)       // Creates a statically indexed read or write accessor into the array.
  def cloneType: this.type = { new Vec(gen.cloneTypeFull, length).asInstanceOf[this.type] }
  def getElements: Seq[Data] = (0 until length).map(apply(_))

  def reduceTree(redOp: (T, T) => T): T = macro VecTransform.reduceTreeDefault
  def reduceTree(redOp: (T, T) => T, layerOp: (T) => T): T = macro VecTransform.reduceTree   //经宏替换之后变成 do_reduceTree()
  def do_reduceTree(redOp: (T, T) => T, layerOp: (T) => T = (x: T) => x)
                                        (implicit sourceInfo: SourceInfo, compileOptions: CompileOptions) : T = {…}
  def _makeLit(elementInitializers: (Int, T)*) (implicit sourceInfo: SourceInfo, compileOptions: CompileOptions): this.type = {…}
     //通过字面数值设置 Vec 对象内部的元素，例如：Vec(2, UInt(8.W)).Lit(1 -> 0x0A.U, 2 -> 0x0B.U)
}    //end class Vec
```

这个类的代码中所涉及的类型 T 是个泛型，因为向量可以是任何数据类型，即由 Data 直接间接派生的所有的类。注意这说明 T 也可以是个 Aggregate，甚至也可以是个 Vec，那就是向量中的元素本身也是向量。Vec 类对象的构造函数有两个参数，其中之一是个“按名调用”的生成函数 gen，调用这个函数所返回的类型就是 T 的类型。而 Vec 就是该类对象的向量，其长度（元素的个数）取决于第二个参数 length。所以，Vec 是一种 T 类数据的结构，一种组织形式。显然，Vec 与 Bundle 的区别就像数组与数据结构的区别一样。另外，整个 Vec 的绑定是一律的，不像 Bundle 中的成分一样可以各有各的绑定。

顺便提一下，bool 向量，即布尔值的向量，是一种特殊的向量，其硬件实现就是一维的“位图”，就是一个无符号整数，这在 Chisel 程序和硬件电路中用得很多。从硬件实现的角度布尔值向量与位图是同一回事，但是从语法的角度这里需要有类型转换，对布尔值向量得要执行其 asUInt()函数才转化成作为无符号整数的位图。不过本书（为叙述方便）对此不那么讲究，直接就称布尔值向量为“位图”。

Vec 类提供了 4 个连接方法，即<> (that: Seq[T])、<> (that: Vec[T])、:= (that: Seq[T])、:= (that: Vec[T])。前两种是集束连接<>，其中之一是 Vec 与 Seq 的连接，另一种才是 Vec 与 Vec 的连接。在 Scala 语言中，向量 Vector 与序列 Seq 本质上都是序列，Chisel 的 Vec 在结构上与此并无不同，但是在操作方法上有很大的不同。将一个 Vec 与等长的 Seq 相连接，就是先将两个序列像拉链一样依次“扣合（zip）”，将依次来自两个序列中的元素配对成二元组（a, b），然后在每一对（a, b）中进行连接。当然，配对时是来自 Vec 的元素 a 在前，以此作为 this，来自 Seq 的元素 b 则作为 that。注意这个时候元素 a 的类型就是泛型 T，而不是 Vec 了。不过泛型 T 终究还是 Data 类，事实上抽象类 Data 中的函数<>()就是通过 bulkConnect()实现。

后两种连接是一般的单项连接:=，也是其中之一是对 Seq，另一种是对 Vec。从代码中可见，操作<>是通过 bulkConnect()实现的，操作:=是通过 connect()实现的。最后不是落实到 BulkConnect 命令的推送，就是落实到 Connect 命令的推送。不过:=连接并不意味着只是单根导线、单个 bit 的连接，比如上一章中所引用的示例 class PlusOne，里面的连接语句“io.out := io.in + 1.asUInt”，这就显然不是单个 bit 的连接，事实上 io.out 和 io.in 的宽度都是 32 位。所以，BulkConnect 的所谓 Bulk，并不意味着是多个二进制位的集束，而是多个对象的集束。

和 UInt、Bool 等一样，也像 Bundle 一样，Vec 类的定义及其对象的创建只是 RTL 层和 Chisel 语言描述的事。对于硬件层（和底层 HDL）而言，有意义的只是对于 Reg、Wire、门、加法器等具体元件的位对位连

接。但是像 Vec、Bundle、IO、Input、Output 这些 Chisel 语素大大有助于概念的清晰和描述的方便。

Vec 对象可以通过 trait VecFactory 创建：

```
trait VecFactory extends SourceInfoDoc {
  /** Creates a new [[Vec]] with `n` entries of the specified data type.
    * @note elements are NOT assigned by default and have no value
    */
  def apply[T <: Data](n: Int, gen: T)(implicit sourceInfo: SourceInfo, compileOptions: CompileOptions): Vec[T]= {
    if (compileOptions.declaredTypeMustBeUnbound) { requireIsChiselType(gen, "vec type") }
    new Vec (gen.cloneTypeFull, n)    // gen.cloneTypeFull()返回元素的类型，n 为向量长度。
  }
  …
}
```

注意这里 apply()函数的第一个参数 n 是向量的长度，第二个参数 gen 在这里是个 T 类对象，而不是函数。但是在通过 new Vec 创建 Vec 对象时的参数 gen.cloneTypeFull 却是对象 gen 所属类型 T 的 cloneTypeFull()函数。另外，注意我们这里所说 Vec 的长度，与数学上的向量长度不是一个概念。这里所说的“向量长度”在数学上相当于向量的维数；一个长度为 n 的 Vector/Vec，其实就只是一个同类元素的序列，类似于数组，所谓向量长度只是数组的大小，与数学上的向量长度不是一个概念。

不过程序中当然无法直接调用定义于一个 trait 中的 apply()函数，除非所有的 class 都 with VecFactory；所以 Chisel 又定义了一个 object Vec：

```
object Vec extends VecFactory
```

这样，在程序中就可以通过例如 Vec(20, UInt(16.W))的方式创建 Vec 类对象了。因为此时程序以参数 20 和 UInt(16.W)调用 object Vec 的 apply()函数，而后者来自 trait VecFactory。

在 Vec 类的定义之前有一块注解，其中给出了一个创建 Vec 对象的示例：

```
val io = IO(new Bundle {
  val in = Input(Vec(20, UInt(16.W)))
  val addr = Input(UInt(5.W))              //用来访问具体 Vec 元素的下标
  val out = Output(UInt(16.W))
})
io.out := io.in(io.addr)     //io.in 是个向量 Vec，对 Vec 中的元素可以通过下标访问，这里的 io.addr 就是下标。
```

在这个程序片段中，数据成分（部件）io 是一个性质为 IO 端口的 Bundle，其内部成分 in 是个作为 Input 的 Vec。这个 Vec 的长度是 20。在这里，所给定的类型是 UInt，而且是宽度为 16 位的 UInt。这里的 UInit 却是指 object UInt。那么为什么 Vec 类构造函数的形参是个生成函数 gen，而不直接就是泛型 T 的某类对象呢？那样的话，在调用 new Vec()时的实参就只是例如 UInt。而以生成函数为形参，则这个例子中的实参用的是 UInt(16.W)这个对象的 cloneTypeFull()函数，那就不但可以把类型传过去，连宽度也可以传过去，UInt 对象的宽度是可以动态指定的。这样，本例中所创建 Vec 对象的 20 个元素，就不仅是类型划一，连宽度也划一了，这正是一个 Vec 所要求的特性。

在 object Vec 之外，Chisel 还提供了一个 object VecInit，意为带有初始值的 Vec：

```
object VecInit extends SourceInfoDoc {
  def apply[T <: Data](elts: Seq[T]): Vec[T] = macro VecTransform.apply_elts
```

```
  def do_apply[T <: Data](elts: Seq[T]) (implicit sourceInfo: SourceInfo, compileOptions: CompileOptions): Vec[T] = {…}
  …
}
```

从这个 object 的 apply()函数可知，这个函数的输入是一个元素类型为泛型 T 的 Seq，输出则是 Vec[T]。换言之，这个函数将一个 Seq 转换成一个 Vec，因而 Vec 的每个元素都是有初值的。当然，这个 Vec 的长度就取决于 Seq 的长度了。

5.4 Wire

Chisel 提供的 object Wire 旨在提供数据与导线的绑定，以及对硬件导线的模拟。原理上 Wire 与 IO 类似，但 Wire 提供的不是输入输出端口的绑定，而是对导线或线束的绑定。Chisel 先是定义了一个 trait WireFactory，里面定义了 object Wire 的 apply()函数：

```
trait WireFactory {                    /* Construct a [[Wire]] from a type template */
  def apply[T <: Data](t: T)(implicit sourceInfo: SourceInfo, compileOptions: CompileOptions): T = {
    if (compileOptions.declaredTypeMustBeUnbound){requireIsChiselType(t, "wire type")}        //t 须是个 Chisel 类
    val x = t.cloneTypeFull                //克隆作为参数传下的那个 T 类对象的类型、宽度、方向、数值，同样的绑定。
      // Bind each element of x to being a Wire
    x.bind (WireBinding(Builder.forcedUserModule, Builder.currentWhen()))     //调用 x 即类型 T 的 bind()函数，
                                                                              //将其绑定到所在的 Module 和 When 域。
    pushCommand(DefWire(sourceInfo, x))        //推送一条 DefWire 命令，告诉 Emitter，这里创建了一个 Wire。
    if (!compileOptions.explicitInvalidate) { pushCommand (DefInvalid(sourceInfo, x.ref)) }
                                 //根据编译选项，可能还要 push 一个 DefInvalid 命令。
                                 //如果选用了 explicitInvalidate 选项，就得另外有个 DontCare 赋值语句。
    x        //返回参数 t 的复制品，同样的类型、宽度、方向、数值，同样的绑定。
         //Wire 本身并非类型，也不改变所给实参的类型，只是将其绑定到具体模块和 When 域中的导线。
  }
}  //end trait WireFactory
```

然后就在 trait WireFactory 的基础上定义 object Wire：

```
object Wire extends WireFactory     //所以，在代码中应用 Wire()实际上就是引用 trait WireFactory。
```

显然，程序中引用 Wire 的时候就会调用其从 WireFactory 的 apply()函数而创建一个 Wire 绑定。这样的绑定就好比在具体对象前面加上一个定语，原来的例如 UInt 就变成了“体现在一排导线上的” UInt。

很好理解，除用于连接之外，硬件的导线本身并没有什么功能和特性（如果不考虑其杂散电感电容和电阻），全要看连接在导线上的是什么。软件上的 Wire 绑定也是一样，它呈现的功能和特性均来自于作为参数的输入信号 t，一个 T 型对象 t，代码中通过 t.cloneTypeFul()对其进行全复制，得到其全复制的副本 x。如果 t 是单个布尔量（Bool，实际是宽度为 1 的 UInt），这个 Wire 就是单根的导线。而如果 t 是个比方说 16 位的 UInt，那这个 Wire 就是一个由 16 根导线并成的“排线”。

Chisel3 的代码中在 object Wire 之前有段注释，说明了对于 Wire 宽度的设定或推断：

```
 val w0 = Wire(UInt())              // width is inferred   //Wire 的宽度根据 Uint 的宽度(默认 32 位)推断而得
 val w1 = Wire(UInt(8.W))           // width is set to 8
```

```
val w2 = Wire(Vec(4, UInt()))           //Wire 宽度的推断，Vec 的长度是 4 个 UInt，默认 128 位。
val w3 = Wire(Vec(4, UInt(8.W)))        // width of each element is set to 8     //4 个 8 位元素，共 32 位。

class MyBundle {
  val unknown = UInt()                  // unknown 的宽度为 Uint 的宽度，默认 32 位。
  val known = UInt(8.W)                 // known 的宽度设定为 8 位
}
val w4 = Wire(new MyBundle)             //Wire 的宽度就是 MyBundle 的宽度，40 位（32+8）。
```

那么，为什么要有 Wire 这么一层“外壳”；既然是连接，不就是隐含着会有一段导线吗？

在连接语句中，出现在连接号“:=”或“<>”左边，作为信号 SINK 的必须是个可写的对象，右边的 SOURCE 则必须可读。可写的对象有三种，即：寄存器 Reg；当前模块中说明成 Output 的 Bundle 字段；子模块中说明成 Input 的 Bundle 字段。可读的对象有四种：寄存器 Reg；算符的输出（例如 io.in + 1.asUInt）；直接数（例如 0x1234.U）；IR 层的 Port 类对象，实际上就是当前模块中说明成 Iutput 的 Bundle 字段和子模块中说明成 Output 的 Bundle 字段。除此之外就不可以直接用作连接语句中的 SOURCE 或 SINK 了，如果要在连接语句中用作 SOURCE 或 SINK，就得包上一层 Wire 外壳。从硬件的角度也很好理解：如果是 Bundle 的一部分，那自然就隐含着是有一截导线的；可你这是个 Data 类对象，那是概念上的东西，怎么体现呢？那就体现在一束导线上吧。

除 object Wire 之外，Chisel 还提供了一个 object WireDefault。目的是让一个 Wire 在创建时就有个初值，有个默认值，所以就把 Wire 连接到一个初始数值上。

```
object WireDefault {
  private def applyImpl[T <: Data](t: T, init: Data) (implicit sourceInfo: SourceInfo, compileOptions: CompileOptions): T = {
                                              //两个参数，为 t 创建一个 Wire 并将其连接到 init。
    implicit val noSourceInfo = UnlocatableSourceInfo
    val x = Wire(t)                           //为作为参数传下的 T 类对象 t 创建一个 Wire，这里是 object Wire。
    requireIsHardware(init, "wire initializer")   //检查参数 init 的合法性
    x := init                                 //将 Wire 对象 x 连接到 init，注意 x 是作为 SINK 出现在:=号左边
    x                                         //返回这个 Wire 对象
  }

  def apply[T <: Data](t: T, init: DontCare.type) (implicit sourceInfo: SourceInfo, compileOptions: CompileOptions): T = {
    applyImpl (t, init)                       //init 是个 DontCare
  }

  def apply[T <: Data](t: T, init: T)(implicit sourceInfo: SourceInfo, compileOptions: CompileOptions): T = {
    applyImpl(t, init)
  }

  def apply[T <: Data](init: T)(implicit sourceInfo: SourceInfo, compileOptions: CompileOptions): T = {
    val model = (init match {
      // If init is a literal without forced width OR any non-literal, let width be inferred
      case init: Bits if !init.litIsForcedWidth.getOrElse(false) => init.cloneTypeWidth(Width())
      case _ => init.cloneTypeFull
    }).asInstanceOf[T]
```

```
    apply(model, init)
  }
}    //end object WireDefault
```

这个 object 有 3 个 apply()函数，其中 apply[T <: Data](t: T, init: T)是基本的，表示创建一个类型为 T 的 Wire，并且一开始就把它连接到同样也是一个 T 类的对象上，具体的创建由 applyImpl()完成。另一个 apply()的参数 init 是个 DontCare，字面上的意思是“无关紧要、无所谓”。注意 DontCare 的类型未必就是给定的具体的 T，所以函数 applyImpl()的第二个参数 init 的类型是 Data 而不是 T，说明这二者的类型可以不同，但归根结底都是某种 Data。第三个 apply()函数只有一个参数 init，这个参数既是 init 又是 t，所以要先通过其 cloneTypeFull()加以复制，然后再调用那个基本的 apply()函数。

上面用到的 DontCare 是个特殊的 object：

```
/** RHS (source) for Invalidate API.
  * Causes connection logic to emit a DefInvalid when connected to an output port (or wire).
  */
final case object DontCare extends Element {
  bind(DontCareBinding(), SpecifiedDirection.Output)            //绑定于 Output 方向，DontCare 不能作为 SINK。
  override val width: Width = UnknownWidth()
  override def cloneType: this.type = DontCare
  override def toString: String = "DontCare()"
  override def litOption: Option[BigInt] = None
  def toPrintable: Printable = PString("DONTCARE")
  def connectFromBits(that: Bits)(implicit sourceInfo:   SourceInfo, compileOptions: CompileOptions): Unit = {
    Builder.error("connectFromBits: DontCare cannot be a connection sink (LHS)")      //不能出现在连接号左边
  }
  def do_asUInt(implicit sourceInfo: chisel3.internal.sourceinfo.SourceInfo, compileOptions: CompileOptions): UInt = {
    Builder.error("DontCare does not have a UInt representation")      //提示不能将 DontCare 用作 UInt
    0.U                                                                 //但是返回 0
  }
  private[chisel3] def typeEquivalent(that: Data): Boolean = that==DontCare    // DontCare's only match themselves.
}
```

DontCare 代表着一种状态，类似于一种特殊的数值，表示任意和不确定。

注意在连接的时候 DontCare 只能出现在:=符号的右边，作为 SOURCE，即数值的提供方，而不允许作为 SINK 即数据的接受方出现在:=的左边，否则就会报错。

DontCare 这个 object 是对抽象类 Element 的扩充，而 Element 则是对 Data 的扩充，所以可以用在要求 Data 类泛型的场合。比方说，前面 object WireDefault 中的函数 applyImpl[T <: Data](t: T, init: Data)要求初始值的类型为 Data，但是在函数 apply[T <: Data](t: T, init: DontCare.type)中却可以用 DontCare 作为初始值。

5.5 比较器

比较器是常要用到的电路，数字式的数值比较器实际上是一种特殊的减法器，根据减法运算的结果输出大于、等于、小于三个状态信号。这也是由 EDA 软件提供的一种标准件。不过 Chisel 语言并不提供“比较器”这么一个类，而是将比较器的存在隐含在>、>=、<、<=、===等算符之中。注意 Scala 的“等于”算符

是"=="，表示软件中这个符号两边的值相同；而 Chisel 的"等于"算符是"==="，三个等号连用，表示电路中的一个比较器，其输出表明两个输入信号的值相同。Chisel 的"不等"算符则是"=/="，也表示比较器，但比较器的输出为大于或小于。

当然，不同数据类型的减法操作不一样，所以对这些比较算符就有不同的实现，这里仅以 UInt 类中定义的比较算符为例说明其实现，其它数据类型的比较算符也与此相似。

```
sealed class UInt private[chisel3] (width: Width) extends Bits(width) with Num[UInt] {
  …
  override def do_< (that: UInt)(implicit sourceInfo: SourceInfo, compileOptions: CompileOptions): Bool =
                                                        compop(sourceInfo, LessOp, that)
  override def do_> (that: UInt)(implicit sourceInfo: SourceInfo, compileOptions: CompileOptions): Bool =
                                                        compop(sourceInfo, GreaterOp, that)
  override def do_<= (that: UInt)(implicit sourceInfo: SourceInfo, compileOptions: CompileOptions): Bool =
                                                        compop(sourceInfo, LessEqOp, that)
  override def do_>= (that: UInt)(implicit sourceInfo: SourceInfo, compileOptions: CompileOptions): Bool =
                                                        compop(sourceInfo, GreaterEqOp, that)

  /** @group SourceInfoTransformMacro */
  def do_=/= (that: UInt)(implicit sourceInfo: SourceInfo, compileOptions: CompileOptions): Bool =
                                                        compop(sourceInfo, NotEqualOp, that)
  /** @group SourceInfoTransformMacro */
  def do_=== (that: UInt)(implicit sourceInfo: SourceInfo, compileOptions: CompileOptions): Bool =
                                                        compop(sourceInfo, EqualOp, that)
}
```

这里省略了对诸如<()、>()、<=()、>=()这些函数的定义，因为那都是通过宏替换转变成例如 do_<()等。从代码中可见，这些函数的实现都落实到对于 compop()的调用，只是参数分别为 LessOp、LessEqOp、GreaterOp、GreaterEqOp、EqualOp、NotEqualOp。这个 compop()，显然是"compare operation"的意思，这个函数定义于 UInt 的父类 Bits 中：

```
sealed abstract class Bits(private[chisel3] val width: Width) extends Element with ToBoolable {
  …
  private[chisel3] def compop(sourceInfo: SourceInfo, op: PrimOp, other: Bits): Bool = {
    requireIsHardware(this, "bits operated on")
    requireIsHardware(other, "bits operated on")
    pushOp(DefPrim(sourceInfo, Bool(), op, this.ref, other.ref))        //向底层推送一条op为诸如EqualOp等的DefPrim命令
  }
}
```

当然，pushOp()下面就是 pushCommand()，这个我们已经见过好多次了。所以 Chisel 的比较算符都是可综合的，都会转化成电路中的比较器。

5.6 Mux

电路中常常要用到“多路器（Multiplexer）”，或者也叫多路开关、多路选择器。不过名曰多路，其实一般都只是二选一，就是根据一个布尔变量的值为 True 或 False 从两个输入中选通其中之一作为输出。正因为其常用，而且特殊，Chisel 就专门提供了一个二选一的 object Mux，作为一个标准件，供设计人员选用。

下面通过 Chisel3 中的一个用于测试的模块 IntervalTest2 为例说明多路器的使用：

```
class IntervalTest2 extends Module {
  val io = IO(new Bundle {
    val p = Input(Bool())
    val in1 = Input(Interval(range"[0,4]"))
    val in2 = Input(Interval(range"[0,6]"))
    val out = Output(Interval())
  })
  io.out := Mux(io.p, io.in1, io.in2)
}
```

这个 IntervalTest2 器件有三个数据输入/输出端口，in1、in2 和 out，再加上一个控制端口 p，电路的核心就是一个 Mux，Mux 的功能用 C 语言中的选择三元组描述是再贴切不过的了，即：“out = p? in1 : in2;”，输出 out 在 p 为 1（true）时与 in1 连通，p 为 0（false）时则与 in2 连通。注意 in1、in2、out 既可以是一位的布尔量，也可以是多位的无符号整数或带符号整数，或任何 Data 类对象。在这里，in1 和 in2 各自代表着一个数值区间 Interval，一个是 0 到 4，另一个是 0 到 6。Chisel 定义了一个 class Interval，和 Uint、SInt 一样，Interval 也是对 Bits 类的扩充。除 class Interval 外，Chisel 还定义了一个 object Interval，这里所引用的就是 object Interval。这样，一个 Mux 器件有两个（数据）输入端，但只有一个输出端，还有一个控制端。

这里有个问题，既然是要在两个输入信号（例如这里的 io.in1 和 io.in2）间实现二选一，那就意味着这两个输入信号一定得汇聚到同一个选择点上，然后通过控制信号（例如这里的 io.p）选通其中之一而关断另一个。所谓“关断”，就得使其仿佛不存在一样，而不能是固定在 true 或 false 状态。显然这就需要用到高阻状态了。但是如前所述在 CMOS 的芯片上要在一个电路单元中实现高阻状态就会使这个单元的电路和结构不再那么规整划一，所以就把这样的处理放在一个标准件中，而不是向程序员开放随意使用高阻状态的使用。

Chisel 对 object Mux 的定义是这样：

```
object Mux extends SourceInfoDoc {
  def apply[T <: Data](cond: Bool, con: T, alt: T): T = macro MuxTransform.apply[T]          //宏替换成 do_apply()
                                                           //根据 cond 的值在 con 和 alt 这两个输入间作出选择
  /** @group SourceInfoTransformMacro */
  def do_apply[T <: Data](cond: Bool, con: T, alt: T) (implicit sourceInfo: SourceInfo, compileOptions: CompileOptions): T = {
    requireIsHardware(cond, "mux condition")
    requireIsHardware(con, "mux true value")
    requireIsHardware(alt, "mux false value")
    val d = cloneSupertype(Seq(con, alt), "Mux")    //复制这两个输入数据的完整类型，如果宽度不等就取其大者。
    val conRef = con match {   // this matches chisel semantics (DontCare as object) to firrtl semantics (invalidate)
      case DontCare =>                   //输入 con 为 DontCare 是特殊情况
        val dcWire = Wire(d)                   //d 的宽度也许大于 conRef
        dcWire := DontCare
```

```
      dcWire.ref                          //返回 dcWire.ref（宽度也许不同）
    case _ => con.ref                     //不是 DontCare 就返回 con.ref
  }               // conRef 在 con 是个 DontCare 时为 dcWire.ref，否则为 con.ref。
  val altRef = alt match {
    case DontCare =>                  //输入 con 为 DontCare 也是特殊情况
      val dcWire = Wire(d)                //d 的宽度也许大于 altRef
      dcWire := DontCare
      dcWire.ref                          //返回 dcWire.ref（宽度也许不同）
    case _ => alt.ref                     //不是 DontCare 就返回 alt.ref
  }               //同样，altRef 在 alt 是个 DontCare 时为 dcWire.ref，否则为 alt.ref。
  pushOp(DefPrim(sourceInfo, d, MultiplexOp, cond.ref, conRef, altRef))  //推送一条操作码为 MultiplexOp 的 DefPrim 命令
 }  //end def do_apply
} //end object Mux
```

显然，在程序中创建一个 Mux，所导致的只是通过 pushOp()向底层推送了一条 DefPrim 命令，其操作码是 MultiplexOp，仅此而已。另外，Mux 与时钟无关，Mux 电路是组合电路。那么 Verilog 的 Emitter 会因此而生成出用来实现 Mux 的组合电路吗？可以这样做，因为 Verilog 是可以有关于高阻状态的描述的；但是也可以把这问题留给 EDA 软件。实际上，具体实现 Mux 的组合电路一般是由 EDA 软件生成的，就像加法器一样，Mux 也是 EDA 软件库中的一个标准件。

5.7 PriorityMux

Mux 所提供的只是二选一，但是实际应用中有时候需要有多选一。解决的办法就是将多个 Mux 级连起来成为一串。所谓“级联”，就是把第一个 Mux 中当控制位为 0 时才选中的那个输入端（false 输入端）连到第二个 Mux 的输出，余类推。这样，如果第一个 Mux 的控制位为 1 就选中了第一个 Mux 上的另一个输入（true 输入端），后面的那些 Mux 就不起作用了。如果第一个 Mux 的控制位为 0，那就看第二个 Mux，余类推。直到最后一个 Mux，它的两个输入端都是连到输入信号的，因为后面再没有别的 Mux 了。在这样的安排下，要从 *N* 个输入选一就使用 *N*-1 个 Mux，*N*-1 个控制位，这 *N*-1 个控制位排在一起就是一个序列，或者也可以看成是一个 UInt。然而这些控制位的作用和地位并不相等，第一个 Mux 的控制位显然是优先级最高的，因为如果这一位是 1 后面那些就不起作用了，所以才叫 PriorityMux。PriorityMux 的控制信号可以有多位同时为 1，但是只有其中优先级（相对）最高的那一位胜出。Chisel3 的代码中提供了一个 object PriorityMux，但这是依赖于另一个 object SeqUtils 的：

```
/** Builds a Mux tree under the assumption that multiple select signals can be enabled. Priority is given to the first select signal.
  * @example {{{
  * val hotValue = chisel3.util.PriorityMux(Seq(
  *   io.selector(0) -> 2.U,
  *   io.selector(1) -> 4.U,
  *   io.selector(2) -> 8.U,
  *   io.selector(4) -> 11.U,
  * ))
  * }}}
  * Returns the output of the Mux tree.
  */
object PriorityMux {
```

```
  def apply[T <: Data](in: Seq[(Bool, T)]): T = SeqUtils.priorityMux(in)                //调用SeqUtils.priorityMux()
  def apply[T <: Data](sel: Seq[Bool], in: Seq[T]): T = apply(sel zip in)
  def apply[T <: Data](sel: Bits, in: Seq[T]): T = apply((0 until in.size).map(sel(_)), in)
}
```

PriorityMux 的具体实现都在 object SeqUtils 中。后者提供了一个函数 priorityMux()

```
private[chisel3] object SeqUtils {
  …
  /** Returns the data value corresponding to the first true predicate.
    */
  def priorityMux[T <: Data](in: Seq[(Bool, T)]): T = macro SourceInfoTransform.inArg      //宏替换成do_priorityMux()

  /** @group SourceInfoTransformMacros */
  def do_priorityMux[T <: Data](in: Seq[(Bool, T)]) (implicit sourceInfo: SourceInfo, compileOptions: CompileOptions): T = {
    if (in.size == 1) {              //已经是最后一个（控制位，输入信号）二元组，后面没有别的Mux了。
      in.head._2                     //最后一个输入信号，连在最后一个Mux的false输入端。
    } else {                         //还有Mux
      Mux(in.head._1, in.head._2, priorityMux(in.tail))          //最终还是落实到Mux，递归。
                                     //如果第一个二元组中的控制位为1就选中第一个输入，否则选中后一个Mux的输出。
    }
  }  //end do_priorityMux()
}  //end object SeqUtils
```

显然，PriorityMux 的电路虽然并不复杂，但也并不简单。

有了 PriorityMux，另一种称为 PriorityEncoder 即优先级编码器的器件就是顺理成章的事，也可以说是 PriorityMux 的副产品。其功能是，给定一个二进制位图，根据其中处于最低位上为 1 的那一位是哪一位，而不管更高位上是 1 还是 0。下面的注释中给了一个例子，就是 PriorityEncoder("b0110".U)的结果是 1，这是因为其中的 bit0 为 0 而 bit1 为 1；虽然 bit2 也是 1，但 bit2 的优先级比 bit1 低，所以就不起作用了。显然，这里是以 bit0 的优先级为最高，越往左优先级越低。下面是 object PriorityEncoder 的代码：

```
/** Returns the bit position of the least-significant high bit of the input bitvector.
  * @example {{{
  * PriorityEncoder("b0110".U)    // results in 1.U   //这是因为bit0为0而bit1为1。
  * }}}
  * Multiple bits may be high in the input.
  */
object PriorityEncoder {
  def apply(in: Seq[Bool]): UInt = PriorityMux(in, (0 until in.size).map(_.asUInt))        //用PriorityMux实现
                                              //通过PriorityMux选通的数值从0开始，然后依次为1，2，3，4，5，…
  def apply(in: Bits): UInt = apply(in.asBools)                                           //转成apply(in: Seq[Bool])
}
```

可见 PriorityEncoder 是通过 PriorityMux 实现的，这里调用的是 PriorityMuxobject 的这个 apply()函数，即：apply[T <: Data](sel: Seq[Bool], in: Seq[T]): T = apply(sel zip in)。这样，当 bit0 为 1 时的输出是 0，如果 bit0 为 0 而 bit1 为 1 则输出 1，然后是 2，3，4，…，依次类推。

5.8 OneHot

电路中常会用到一种称为 OneHot 的器件，对此先要解释一下什么叫 OneHot。设想假定有一个电路的输出信号是一个字节，8 位；但是在这 8 位中永远（在同一时间点上）只有 1 位是 1，也永远有 1 位是 1，即永远有且仅有 1 位是“热”的，是 Hot，其值是 1；其余各位均是冷的，都是 0；这样的信号就叫 OneHot。显然，这个电路只能输出 8 个不同的值，即 1，2，4，8，…。通过输入一个“选择码”，可以选择让这个电路输出其中的某个值，显然这个选择码需要有 3 位，因为 2^3=8。这样，从输入的 3 位选择码就变换成了输出的 8 个“OneHot”值之一。这样的电路器件，我们以前常称之为“3-8 译码器”，因为输入是 3 位的编码数据，而输出是解码的结果，输入的数值是几（从 0 起算），输出的第几位就是 1，就是 Hot。从前是专门有这种“3-8 译码器”芯片的。当然，现在就要将其集成在超大规模的芯片上，数据的宽度也未必只有 8 位。

为此，Chisel 定义了一个 object UIntToOH，就是从 UInt 输入到 OneHot 输出：

```
/** Returns the one hot encoding of the input UInt.
  * @example {{{
  * UIntToOH(2.U)          // results in "b0100".U    //输入为2，输出就是b0100，bit2为1，其余位均为0。
  * }}}
  */
object UIntToOH {
  def apply(in: UInt): UInt = 1.U << in                       //这个apply()没说明输出宽度
  def apply(in: UInt, width: Int): UInt = width match {       //这个apply()就说明了输出宽度
    case 0 => 0.U(0.W)                                          //如果宽度为0，输出就永远是0。
    case 1 => 1.U(1.W)                                          //如果宽度为1，输出就永远是1。
    case _ =>                                                   //别的宽度：
      val shiftAmountWidth = log2Ceil(width)
      val shiftAmount = in.pad(shiftAmountWidth)(shiftAmountWidth - 1, 0)
      (1.U << shiftAmount)(width - 1, 0)                        //将1左移若干位后截取其最低的width位，即(width - 1, 0)。
  }
}
```

UIntToOH 是一种特殊的译码器，之所以说特殊是因为译码输出只能是 2^n。

反过来，也可以有从 OneHot 到 UInt 的变换，那实际上就是编码器了，编码器的输入是 OneHot，即 2^n，输出则是 n 的二进制编码。那就是 object OHToUInt：

```
/** Returns the bit position of the sole high bit of the input bitvector. Inverse operation of [[UIntToOH]].
  * @example {{{
  * OHToUInt("b0100".U)        // results in 2.U    //如果输入的OneHot是b0100，输出就是2。
  * }}}
  * @note assumes exactly one high bit, results undefined otherwise
  */
object OHToUInt {
  def apply(in: Seq[Bool]): UInt = apply(Cat(in.reverse), in.size)
  def apply(in: Vec[Bool]): UInt = apply(in.asUInt, in.size)
  def apply(in: Bits): UInt = apply(in, in.getWidth)

  def apply (in: Bits, width: Int): UInt = {
```

```
        if (width <= 2) {
          Log2(in, width)
        } else {
          val mid = 1 << (log2Ceil(width)-1)
          val hi = in(width-1, mid)
          val lo = in(mid-1, 0)
          Cat(hi.orR, apply(hi | lo, mid))     //递归，宽度减小了；object Cat将连个序列（或位段）拼接在一起。
        }
      }
    }
```

这里用到了一个函数 orR()，这里的 R 表示 Reduce，表示在一个位串里从高位到低位挨位相或。具体的算法这里就不解释了。

5.9 Mux1H

我们知道可以用 Mux 从两个输入中选取其一，选择的依据是一个控制位的 0 或 1，控制位为 1 就选择前面一个（true 输入），为 0 就选择后面那个（false 输入）。但是如果输入不是只有两个，而是更多个，是个序列，那就需要有个从多路输入中选取其中一路的机制和器件。既然是多中选一，单个控制位当然就不够了，需要是个选择码。前面我们看到有个 PriorityMux，但是有时候我们不想有这样的优先级，而希望对所有的控制位都一视同仁。从原理上说，只要选择码是个 OneHot 即“单热”的位图，就可以做到这一点。当然，供选择的序列有多长，这个位图就得多宽，位图中的每一位都对应着输入序列中的一项，选择位为 1 就表示选取，为 0 就表示不选取。所以这样的机制和器件就称为 Mux1H，意为以 OneHot 位图为选择码的 Mux。不言而喻，这个 OneHot 位图也可以编码成一个二进制数值，例如 2、4、8，但是实际构成电路时仍需先将其解码成 OneHot 位图，那就不必多此一举了。

所以，Mux1H 有两个输入，其一是个数据的序列，那就是一串数值，当然也可以来自一组通道、一组寄存器；其二是一个选择码，其宽度与输入数据序列的长度相同，这个选择码必须是个 OneHot，即“单热”，其中只有一位是 1。这样，选择码中的哪一位是 1，就选择输入数据序列中的哪一项数据作为 Mux1H 的输出。

Chisel 为此提供了一个 object Mux1H，让程序员可以用来创建 Mux1H 电路：

```
/** Builds a Mux tree out of the input signal vector using a one hot encoded
  * select signal. Returns the output of the Mux tree.
  * @example {{{
  * val hotValue = chisel3.util.Mux1H(Seq(io.selector(0) -> 2.U, io.selector(1) -> 4.U,
  *                                        io.selector(2) -> 8.U, io.selector(4) -> 11.U, ))
  * }}}
  *
  * @note results unspecified unless exactly one select signal is high
  */
object Mux1H {
  def apply[T <: Data](sel: Seq[Bool], in: Seq[T]): T = apply(sel zip in)                //zip后得一(Bool, T)二元组序列
  def apply[T <: Data](in: Iterable[(Bool, T)]): T = SeqUtils.oneHotMux(in)              //这是关键所在
  def apply[T <: Data](sel: UInt, in: Seq[T]): T = apply((0 until in.size).map(sel(_)), in)  //转化成对apply(Seq[Bool], Seq[T])的调用
  def apply(sel: UInt, in: UInt): Bool = (sel & in).orR       //如果in也是位图就简单了，二者相与并Reduce即可。
}
```

可见，除输入数据本身也是个位图这种简单的特殊情况之外，其余都会归结到对SeqUtils.oneHotMux()的调用。这里的SeqUtils就是object SeqUtils，oneHotMux()是其提供的一个函数。调用这个函数时的实参是个因sel zip in而产生的(Bool, T)二元组序列；T为泛型，T <: Data。

下面就是 object SeqUtils 中与此有关的摘要：

```
private[chisel3] object SeqUtils {
  …
  /** Returns the data value corresponding to the lone true predicate.
    * This is elaborated to firrtl using a structure that should be optimized into and and/or tree.
    *
    * @note assumes exactly one true predicate, results undefined otherwise
    *         FixedPoint values or aggregates containing FixedPoint values cause this optimized structure to be lost
    */
  def oneHotMux[T <: Data](in: Iterable[(Bool, T)]): T = macro SourceInfoTransform.inArg     //宏替换成对do_oneHotMux()的调用
  /** @group SourceInfoTransformMacros */
  def do_oneHotMux[T <: Data](in: Iterable[(Bool, T)]) (implicit sourceInfo: SourceInfo, compileOptions: CompileOptions): T = {
    if (in.tail.isEmpty) {          //如果in这个二元组序列中只有一个元素:
      in.head._2                    //那就返回这个二元组中的第2项，即类型为T的数据，结束。
    }
    else {  //序列in的长度大于1：
      val output = cloneSupertype(in.toSeq map { _._2}, "oneHotMux")  //把序列in中所有的数据项抽取出来

      def buildAndOrMultiplexor[TT <: Data](inputs: Iterable[(Bool, TT)]): T = {
        val masked = for ((s, i) <- inputs) yield Mux(s, i.asUInt(), 0.U)       //最终还是落实到一串Mux
        masked.reduceLeft(_ | _).asTypeOf(output)
      }

      output match {  //序列output是从所有二元组中抽取出来的，实际上就是供选取的输入序列：
        case _: SInt =>                 //如果数据的类型为SInt：
          // SInt's have to be managed carefully so sign extension works
          val sInts: Iterable[(Bool, SInt)] = in.collect { case (s: Bool, f: SInt) => (s, f.asTypeOf(output).asInstanceOf[SInt]) }

          val masked = for ((s, i) <- sInts) yield Mux(s, i, 0.S)       //masked是一串Mux
          masked.reduceLeft(_ | _).asTypeOf(output)                     //返回对这串Mux的reduceLeft(_ | _)结果。

        case _: FixedPoint =>           //如果数据的类型为FixedPoint：
          val (sels, possibleOuts) = in.toSeq.unzip

          val (intWidths, binaryPoints) = in.toSeq.map { case (_, o) =>
            val fo = o.asInstanceOf[FixedPoint]
            require(fo.binaryPoint.known, "Mux1H requires width/binary points to be defined")
            (fo.getWidth - fo.binaryPoint.get, fo.binaryPoint.get)
          }.unzip

          if (intWidths.distinct.length == 1 && binaryPoints.distinct.length == 1) {
            buildAndOrMultiplexor(in)          //返回调用buildAndOrMultiplexor()的结果，见上。
```

```
      }
      else {
        val maxIntWidth = intWidths.max
        val maxBP = binaryPoints.max
        val inWidthMatched = Seq.fill(intWidths.length) (Wire(FixedPoint((maxIntWidth + maxBP).W, maxBP.BP)))
        inWidthMatched.zipWithIndex foreach { case (e, idx) =>   e := possibleOuts(idx).asInstanceOf[FixedPoint] }
        buildAndOrMultiplexor(sels.zip(inWidthMatched))      //返回调用buildAndOrMultiplexor()的结果，见上。
      }

    case agg: Aggregate =>          //如果数据的类型为Aggregate，就加以分解并递归调用oneHotMux()：
      val allDefineWidth = in.forall { case (_, element) => element.widthOption.isDefined }
      if (allDefineWidth) {
        val out = Wire(agg)
        val (sel, inData) = in.unzip
        val inElts = inData.map(_.asInstanceOf[Aggregate].getElements)
        // We want to iterate on the columns of inElts, so we transpose
        out.getElements.zip(inElts.transpose).foreach { case (outElt, elts) =>
          outElt := oneHotMux(sel.zip(elts))        //递归调用
        }
        out.asInstanceOf[T]
      }
      else {
        throwException(s"Cannot Mux1H with aggregates with inferred widths")
      }

    case _ =>            //如果是别的数据类型，例如UInt，这对我们重要：
      buildAndOrMultiplexor(in)       //返回调用buildAndOrMultiplexor()的结果
    }
  }
 }
}
```

显然，根据输入序列 in 中元素类型的不同而有些不同的处理，但是最后都归结到对函数 buildAndOrMultiplexor()的调用，返回的都是调用这个函数的结果。我们把这个函数的代码再单独列出：

```
def buildAndOrMultiplexor[TT <: Data](inputs: Iterable[(Bool, TT)]): T = {
  val masked = for ((s, i) <- inputs) yield Mux(s, i.asUInt(), 0.U)            //最终还是落实到一串Mux
  masked.reduceLeft(_ | _).asTypeOf(output)
}
```

这个函数的输入 inputs 是个二元组(Bool, TT)的序列，但是这里将其说明成一个“可迭代”的 Iterable 序列，对 Iterable 序列可以进行 for 循环操作。在每一轮循环中，(s, i)是来自 inputs 的一个二元组，其中 s 的类型是 Bool，实际上就是选择位图中的一位，i 则是输入序列中的一项数据。对于每一个这样的二元组，电路中都要创建一个 Mux。这个 Mux 的输出在选择位 s 为 1 时就是与其对应的输入数据 i，作为 UInt；选择位 s 为 0 时则输出为 0。这样，一个循环下来，masked 就是一串这样的 Mux，一个 Mux 序列。

然后对这个 Mux 序列进行 reduceLeft，所执行的操作就是(_ | _)，那就是按位相或。当然，其中只有一个

Mux 输出相应的输入数据，其余都是 0。这就是 Mux1H 的输出，这个输出是从输入序列中选取出来的。

Chisel 源代码的注释中提到“Mux tree”，其实这里并没有 tree，而只是一排的 Mux，因为并未把其中一个 Mux 的输出作为另一个 Mux 的输入，结构上并不构成“树”(前面的 PriorityMux 才是个 Mux tree)。

5.10 Bundle 上的信号传输

前面我们介绍过用作 I/O 端口的 Bundle，物理上就是一排导线，抽象类 Bundle 是对另一个抽象类 Record 的扩充，而后者又是对抽象类 Aggregate 的扩充，实际上 Bundle 也是 Aggregate 的意思。在这种原始意义上的 Bundle 中，所有的导线或者说每一个逻辑二进制位上都承载着作为“负载（payload)”的数据信息，而没有为这些数据信息的流通提供任何的控制。

这样的 Bundle，用于一般的逻辑电路连接没有问题，那就像普通的组合电路一样，Bundle 中的输出就像组合电路的输出，Bundle 中的输入就像组合电路的输入。通过 Bundle 相连的两个模块输入输出相连，这边的输出变了那边的输入也就跟着改变。如前所述，信号的流通方向是通过其方向绑定加以说明的。

可是，这样的 Bundle 用于通信就不行了。这是因为，信号的接收方需要知道发送方什么时候发送了一组新的信号。假定双方通过 8 根导线收发字节信息，接收方看到这 8 根导线上没有变化，可这是发送方停下来没有发送？还是在连续发送内容相同的字节？另外，发送方也需要知道接收方准备好了没有。所以，收发双方之间必须有个“握手”的机制。

最低限度的握手机制，就是接收方必须提供一个 ready 信号，说我这边准备好接收了；而发送方则必须提供一个 valid 信号，说我给你发送了一个信号。这样，就需要额外添加至少两根导线，一根用于接收方的 ready 信号，一根用于发送方的 valid 信号。所谓发送一个 valid 信号，就是把 valid 这根导线上的电平抬高成 1，即 true。这个信号无需一直存在，下一个时钟脉冲到来后就可以认为对方已经知道，就可以撤销 valid 信号，使导线上的电平归 0，即 false；valid 信号如此，ready 信号也是一样。这样的“握手”称为双向握手（Two-Way Handshake)。要不是集成在同一个芯片上，而是通过外部导线连接，那这样的握手机制还是太简单，是不够的，万一我发出的 valid 信号你没有收到呢？你得给我一个确认才行，那就叫三向握手(Three-Way Handshake)。但是既然是集成在同一块芯片上，连接可靠，又是受相同的时钟驱动，那也就可以了。实际上，就用 ready 和 valid 两根导线，也可以实现一种不依赖时钟的握手，例如：接收方在看到 valid 信号为 false 的条件下发出 ready，并维持 ready 为 true；发送方看到 ready 就发出 valid，并维持 valid 为 true；接收方看到了 valid，就读取负载数据并撤销 ready，使其变成 false；发送方看到 ready 信号成了 false，就确信数据已被读取，就撤销 valid，使其变成 false。这样就完成了一项数据的收发。

显然，用于通信的 Bundle 必须带上这种握手机制，这样的 Bundle 就是 ReadyValidIO，这是个抽象类，是对同样也是抽象类的 Bundle 的扩充。

如上所述，在大规模集成电路上不同模块之间的通信，由于通信双方是在同一块芯片上，连接可靠，所以采用简单的双向握手就已满足要求。这样的握手，在实际需要传送的有效负载之外需要添加 ready 和 valid 两根控制线（如果是三向握手就还得再加一根 ack 控制线)。为实现通信的双向握手，Chisel 提供了一个抽象类 ReadyValidIO：

```
/** An I/O Bundle containing 'valid' and 'ready' signals that handshake the transfer of data stored in the 'bits' subfield.
  * The base protocol implied by the directionality is that the producer uses the interface as-is (outputs bits)
  * while the consumer uses the flipped interface (inputs bits).
  * The actual semantics of ready/valid are enforced via the use of concrete subclasses.
  * @param gen the type of data to be wrapped in Ready/Valid
  */
abstract class ReadyValidIO[+T <: Data](gen: T) extends Bundle {
   // Compatibility hack for rocket-chip
  private val genType = (DataMirror.internal.isSynthesizable(gen), chisel3.internal.Builder.currentModule) match {
```

```
    case (true, Some(module: Module)) if !module.compileOptions.declaredTypeMustBeUnbound => chiselTypeOf(gen)
    case _ => gen
  }
  val ready= Input(Bool())          //ready是输入，所以这是在发送者的立场上，而不是接收者的立场上。
  val valid = Output(Bool())        //valid是输出，所以这是在发送者的立场上。
  val bits = Output(genType)        //bits是Bundle的负载（payload），其类型通过genType()从输入参数gen获取。
}
```

显然，ReadyValidIO 就是往 Bundle 中增加了 ready 和 valid 两根导线、两个信号，并把 Bundle 中原有的输出信号都放在 bits 中。另外，可以看出这是为发送方定义的。对于接收方 ready 是输出，valid 和 bits 才是输入。这里虽然把 class ReadyValidIO 定义成抽象类，但是实际上却并无尚未落实的抽象函数或抽象变量。

此外 Chisel 还定义了一个 object ReadyValidIO，但是这个 object 不是用来创建 ReadyValidIO 对象，而是在其内部定义了一个隐含的 class AddMethodsToReadyValid，这个 class 并非对 ReadyValidIO 的扩充，而是以 ReadyValidIO 具体类的对象为构造参数，在里面定义了一些可以施加于这个对象的一些方法，尤其是对于队列的操作，为此提供一些方便：

```
object ReadyValidIO {
  implicit class AddMethodsToReadyValid[T<:Data](target: ReadyValidIO[T]) {     //参数target代表着一个模块的通信接口
    /** Indicates if IO is both ready and valid */
    def fire(): Bool = target.ready && target.valid    //虽在同一个接口上，ready却是来自对方，与本地的valid同为true就发送。
    /** Push dat onto the output bits of this interface to let the consumer know it has happened.
      * @param dat the values to assign to bits.
      * @return     dat.
      */
    def enq(dat: T): T = {          //enq就是把数据放在bits线排上，并发出valid。
      target.valid := true.B
      target.bits := dat
      dat
    }
    /** Indicate no enqueue occurs. Valid is set to false, and bits are connected to an uninitialized wire. */
    def noenq(): Unit = {           //没有数据要进入队列，就把valid设成false。
      target.valid := false.B
      target.bits := DontCare
    }
    /** Assert ready on this port and return the associated data bits.
      * This is typically used when valid has been asserted by the producer side.
      * @return The data bits.
      */
    def deq(): T = {                //要从本模块的接口上取出数据，就把ready设成true，从bits字段读出数据。
      target.ready := true.B        //如果是在序列电路中，则target.ready要在下一个时钟脉冲到来时才变成true。
      target.bits                   //即使不在时序电路，把target.ready设成true与target.bits也是同时发生，对方来不及再发送。
    }
    /** Indicate no dequeue occurs. Ready is set to false. */
    def nodeq(): Unit = { target.ready := false.B }       //没有从队列取出数据的要求，就把ready设成false。
  }  //end class AddMethodsToReadyValid
}  //end object ReadyValidIO
```

所以 object ReadyValidIO 并没有什么实质性的内容，我们关心的还是 ReadyValidIO 这个抽象类。

在抽象类 ReadyValidIO 的基础上，又定义了一个 class DecoupledIO，作为对抽象类 ReadyValidIO 的扩充和具体化。其实 ReadyValidIO 中并没有什么抽象成分需要落实，但是既然说明成 abstract 那就是抽象类，不能为止创建对象，现在 DecoupledIO 就是具体类了，尽管对 ReadyValidIO 实质上也谈不上有什么扩充：

```
/** A concrete subclass of ReadyValidIO signaling that the user expects a "decoupled" interface: 'valid' indicates that
  * the producer has put valid data in 'bits', and 'ready' indicates that the consumer is ready to accept the data this cycle.
  * No requirements are placed on the signaling of ready or valid.
  * @param gen the type of data to be wrapped in DecoupledIO
  */
class DecoupledIO[+T <: Data](gen: T) extends ReadyValidIO[T](gen) {          //这样一来DecoupledIO就是具体类了
  override def cloneType: this.type = new DecoupledIO(gen).asInstanceOf[this.type]   //注意这只是cloneType()
}
```

另外，Chisel 还有个 class IrrevocableIO 的定义，这也是对 ReadyValidIO 的扩充，语法上和 DecoupledIO 一样，但是语义上不一样。在 IrrevocableIO 类的端口上，发送方不等对方 ready 就可以把数据写入 bits 字段并抬高 valid，直到对方发出 ready 时就完成发送；但是 valid 一旦发出，在对方发出 ready 之前就不可以改变 bits 的内容，也不允许撤回 valis 信号：

```
/** A concrete subclass of ReadyValidIO that promises to not change the value of 'bits' after a cycle where 'valid' is high
  * and 'ready' is low. Additionally, once 'valid' is raised it will never be lowered until after 'ready' has also been raised.
  * @param gen the type of data to be wrapped in IrrevocableIO
  */
class IrrevocableIO[+T <: Data](gen: T) extends ReadyValidIO[T](gen) {
  override def cloneType: this.type = new IrrevocableIO(gen).asInstanceOf[this.type]
}
```

注意 DecoupledIO 类是对 ReadyValidIO 类的扩充，所以里面不但有作为负载的 gen，还添上了 ready 和 valid 两个控制信号。为方便使用，又定义了一个 object Decoupled，用来创建 DecoupledIO 对象。

```
  /** This factory adds a decoupled handshaking protocol to a data bundle. */
object Decoupled {
  /** Wraps some Data with a DecoupledIO interface. */
  def apply[T <: Data](gen: T): DecoupledIO[T] = new DecoupledIO(gen)          //为参数gen的数据类型创建一个DecoupledIO对象

  // TODO: use a proper empty data type, this is a quick and dirty solution
  private final class EmptyBundle extends Bundle                   //这是对Bundle的扩充，Bundle是没有readu和valid的。

  // Both of these methods return DecoupledIO parameterized by the most generic type: Data
  /** Returns a [[DecoupledIO]] inteface with no payload */
  def apply(): DecoupledIO[Data] = apply(new EmptyBundle)             //如果不给参数就创建一个EmptyBundle
  /** Returns a [[DecoupledIO]] inteface with no payload */
  def empty: DecoupledIO[Data] = Decoupled()                          //EmptyBundle，既没有负载数据也没有ready和valid。

  /** Downconverts an IrrevocableIO output to a DecoupledIO, dropping guarantees of irrevocability.
    * @note unsafe (and will error) on the producer (input) side of an IrrevocableIO
```

```
  */
  @chiselName
  def apply[T <: Data](irr: IrrevocableIO[T]): DecoupledIO[T] = {          //参数irr是个IrrevocableIO
    require(DataMirror.directionOf(irr.bits) == Direction.Output, "Only safe to cast produced Irrevocable bits to Decoupled.")
    val d = Wire(new DecoupledIO(chiselTypeOf(irr.bits)))             //所不同的，是把信号放到了Wire上。
    d.bits := irr.bits
    d.valid := irr.valid
    irr.ready := d.ready
    d                                                                 //返回这个Wire对象
  }
}  //end object Decoupled
```

这样，如果只是说 Bundle{...}，或者定义一个对 Bundle 进行扩充的具体类，那就是只含负载数据，不含 reay 和 valid 的；但如果 Decoupled，则由于是对 ReadyValidIO 的扩充，里面就有 reay 和 valid 信号，并且 valid 是输出。另外，object Decoupled 所创建对象的 valid 是输出，所以是数据的提供方，是 producer，是（负载）数据的发送者。在 producer 对方的接口虽然也是 Decoupled，但是就得通过 object Flipped 将方向反过来，因为自己是接收方而不是发送方：

```
object Flipped {
  def apply[T<:Data](source: T)(implicit compileOptions: CompileOptions): T = {
    SpecifiedDirection.specifiedDirection(source)(SpecifiedDirection.flip(source.specifiedDirection))      //反向
  }
}
```

这样，接收方的接口就可能是这样：val in = IO(Flipped(Decoupled(UInt(8.W))))。这个输入口的负载本是一个 8 位的 UInt，通过 object Decoupled 添上了 ready 和 valid，再通过 object Flipped 加以反向，再通过 object IO 将其变成一个 Port，这就是接收方的输入口。与此相对，发送方就是：val out = IO(Decoupled(UInt(8.W)))，别的都一样，就是数据收发的方向相反。

注意上面 object Decoupled 两个带参数的 apply()函数之一的参数类型是 IrrevocableIO，我们在上面已经说了这也是个扩充了 ReadyValidIO 的具体类，语法上与 Decoupled 一样，但是语义有所不同，在 IrrevocableIO 接口上可以在还没有对方的 ready 信号前就发出 valid 和负载数据，但是一经发出就不可撤销。可是这是怎么做到的呢？我们可以看一下 object Irrevocable：

```
/** Factory adds an irrevocable handshaking protocol to a data bundle. */
object Irrevocable {
  def apply[T <: Data](gen: T): IrrevocableIO[T] = new IrrevocableIO(gen)
  /** Upconverts a DecoupledIO input to an IrrevocableIO, allowing an IrrevocableIO to be used where a DecoupledIO is expected.
    * @note unsafe (and will error) on the consumer (output) side of an DecoupledIO
    */
  def apply[T <: Data](dec: DecoupledIO[T]): IrrevocableIO[T] = {
    require(DataMirror.directionOf(dec.bits) == Direction.Input, "Only safe to cast consumed Decoupled bits to Irrevocable.")
    val i = Wire(new IrrevocableIO(chiselTypeOf(dec.bits)))
    dec.bits := i.bits
    dec.valid := i.valid
    i.ready := dec.ready
    i
```

```
  }
}
```

显然，前面 object Decoupled 中以 IrrevocableIO 对象为参数的 apply()函数中也照抄了这段代码。比较一下以 Data 类对象为参数的 apply()函数，就可发现这里多了个语句，就是为输入对象创建了一个 Wire，把输入的信号都连接到这个 Wire，并以 Wire 的输出为输出，而 Wire 的输出是其输入的复制。这样，就好比把输入信号交给了 Wire 这个中介，即使输入信号有变化也不怕了。

除 class DecoupledIO 的定义外，另外还定义了一个 class Valid，就是只含 valid 不含 ready。这样有个好处，就是 valid 和 bits 都是输出，是同一个方向的。至于 ready 信息，实际上在有些情况下可以通过别的途径获取，而不一定非得绑定在同一个 Bundle 中。下面是 Valid 类的定义。

```
/** A [[Bundle]] that adds a `valid` bit to some data. This indicates that the user expects a "valid" interface between
  * a producer and a consumer. Here, the producer asserts the `valid` bit when data on the `bits` line contains valid
  * data. This differs from [[DecoupledIO]] or [[IrrevocableIO]] as there is no `ready` line that the consumer can use
  * to put back pressure on the producer.
  *
  * In most scenarios, the `Valid` class will "not" be used directly. Instead, users will create `Valid` interfaces
  * using the [[Valid$ Valid factory]].
  * @tparam T the type of the data
  * @param gen some data
  * @see [[Valid$ Valid factory]] for concrete examples
  */
class Valid[+T <: Data](gen: T) extends Bundle {
   /** A bit that will be asserted when `bits` is valid */
  val valid = Output(Bool())
   /** Some data */
  val bits = Output(gen)

  /** True when `valid` is asserted
     * @return a Chisel [[Bool]] true if `valid` is asserted
     */
  def fire(dummy: Int = 0): Bool = valid      //函数fire()表示点火/发射，Valid类只需valid为true就行。

  override def cloneType: this.type = Valid(gen).asInstanceOf[this.type]
}  //end class Valid
```

此外也定义了一个 object Valid，使 Valid 对象的创建可以方便一些：

```
/** Factory for generating "valid" interfaces. A "valid" interface is a data-communicating interface between a
  * producer and a consumer where the producer does not wait for the consumer. Concretely, this means that
  * one additional bit is added to the data indicating its validity.
  * As an example, consider the following [[Bundle]], `MyBundle`:
  * {{{
  *     class MyBundle extends Bundle {
  *        val foo = Output(UInt(8.W))
```

```
 *    }
 * }}}
 *
 * To convert this to a "valid" interface, you wrap it with a call to the [[Valid$.apply `Valid` companion object's apply method]]:
 * {{{
 *    val bar = Valid(new MyBundle)
 * }}}
 *
 * The resulting interface is "structurally" equivalent to the following:
 * {{{
 *    class MyValidBundle extends Bundle {
 *       val valid = Output(Bool())
 *       val bits = Output(new MyBundle)
 *    }
 * }}}
 *
 * In addition to adding the `valid` bit, a [[Valid.fire]] method is also added that returns the `valid` bit. This
 * provides a similarly named interface to [[DecoupledIO]]'s fire.
 * @see [[Decoupled$ DecoupledIO Factory]]
 * @see [[Irrevocable$ IrrevocableIO Factory]]
 */
object Valid {
  /** Wrap some [[Data]] in a valid interface
    * @tparam T the type of the data to wrap
    * @param gen the data to wrap
    * @return the wrapped input data
    */
  def apply[T <: Data](gen: T): Valid[T] = new Valid(gen)
}
```

如前所述，对于 Bundle 中的数据（信号）都要说明其方向，是 Input 还是 Output，这使数据被绑定（bind）在所述的方向上，这个信息在具体数据对象的数据结构中。例如抽象类 Data，它内部就有个成分 var _binding，这就记载着此项数据的各种绑定，数据（流动）方向只是其中之一。如果要其反向，就需加上 Flipped。

5.11 When 语句

Mux 提供了在两个输入信号之间二选一作为输出的简单机制，这个机制属于一种“归并（Reduce）”机制，控制信号（条件）决定了将其中的哪一个输入连接到输出。C 语言中诸如“out = p? in1 : in2;”那样的语句很好地描述了这种二选一的机制。注意这种机制所针对的是数据流而不是控制流，是归并而不是分支。

但是在实际的电路设计中同样需要有一种“分叉”机制，一种让信号分情形流通的机制。按理说 Scala 语言中的 if 就是类似于这样的机制，但 Scala 语言中的 if 所针对的是软件程序中的控制流，让处理器选择执行两块不同的程序。而电路中需要的却不是针对控制流，而是针对数据流的机制，让电路中的信号动态地根据当时的条件流经这一块电路或是那一块电路，然后又汇聚在一起。这个流通的条件，通常是基于信号本身的状态，而信号本身的状态在执行程序的时候是无法预知的。为此，两块电路必须同时存在，因为你不知道实际运行的时候信号会走哪一条路。这与在 if 语句中根据条件生成这一块电路还是那一块电路完全是两码事。

总之，if 是程序的条件执行语句，而 when 则是信号的条件流通语句。

为此 Chisel 语言定义了一个“保留字”when，形式上类似于 Scala 语言中的保留字 if；不过 when 在 Scala 语言中并非保留字，而只是一个 object。当然，程序中对于 object 是直接可以引用的；而且由于 object 是 singleton，同一名称的 object 只可以定义一次，不可能会有歧义。前面我们介绍过 Scala 语言中的一些特殊语法和语义，正是这些特殊的语法和语义使定义新的“保留字”（从而形成一种新的“领域特定语言”）成为现实可行。

这样，表面上 when 似乎是程序中的一种控制结构，实际上却是硬件上的一种控制电路，而且只是组合电路而并非时序电路。

下面通过一个简单的例子说明 When 语句的使用：

```
class ModuleWhen extends Module {
  val io = IO(new Bundle {
    val s = new SimpleIO                    //SimpleIO 内部有 in 和 out 两个成分
    val en = Input(Bool())                  //io 这个 Bundle 中除 SimpleIO 外还有个控制输入 en
  })
  when(io.en) {                             //根据输入 en 的值动态决定，如果 io.en 为 true：
    val inc = Module(new PlusOne).io            //创建一个 PlusOne 模块
    inc.in := io.s.in                           //将这个 Module 插入到 io.s.in 与 io.s.out 之间
    io.s.out := inc.out                         //输出 io.s.out 是输入 io.s.in 经过 PlusOne 处理的结果，
  } .otherwise { io.s.out := io.s.in }      //要不然就直接就是输入 io.s.in，不流经 PlusOne。
}
```

对于前面 io 的定义，读者应该不陌生了。其中的“变量”io.en 是个 Bool 值，用作电路的控制。但是 io.en 来自外界，谁也不知道实际运行的时候会是什么。然后就是 when 语句，其语义是：创建两个电路分支，一个描述于 when(io.en)后面的花括号里，另一个描述于.otherwise 后面的花括号里；电路运行时如果信号 io.en 的值为 true，就启用前一个分支中的电路，否则就启用后一个分支中的电路。在这个例子中，只是信号 io.s.in 往哪个分支中流，以及 io.s.out 的输入从哪里来的问题。从原理上说，所谓“启用”与否，只要连通或切断电路中的连接就行。然而，就是这切断电路，却并非易事。困难不在于电路的分叉，而在于分叉后的汇聚。以上面这个 class ModuleWhen 中的 when 语句为例，分叉的是 io.s.in。要让 io.s.in 有条件地连接到 inc.in 或 io.s.out 的输入端是不难的，用与门卡一下就可以做到。可是两个分支的汇聚就麻烦了。这里的汇聚点是 io.s.out 的输入端，其输入端或来自 inc.out，或来自 io.s.in，inc.out 和 io.s.in 在这一点上汇聚。可是，当 inc.out 选通其中的一个分支时，另一个分支是否能就像不存在一样呢？这与 Mux 的二选一是同样的问题，这里也需要有高阻状态，需要有带 OE 控制（高阻状态）的与门或驱动门，总之还是要依靠底层和 EDA 软件。

这个例子中 when 语句的句型为 when(cond){block1}.otherwise(block2)。注意在执行和解析的时候是两个分支的代码都要执行和解析，两个分支所描述的电路都得生成，when 并非 Scala 的条件执行语句，这里也没有 if 语句。实际上也有不带 otherwise()子句的 when 语句，更重要的是还有级连的 when 语句，其句型是 when(cond1){block1}.elsewhen(cond2){block2}… .elsewhen(condN){blockN}.otherwise(…)。这两种句型中的.otherwise 子句都可以省略，这跟 if 语句中可以没有 else 子句是一样的。注意在 elsewhen 和 otherwise 前面都有个点号，原因等一下就会知道

另外，when 语句可以嵌套，可以嵌套在任何一个 block 中，即在 when 语句的一个分支中又有 when 语句；但必须是整个 when 语句的嵌套，elsewhen 和 otherwise 子句不能脱离 when 而独立存在。

那么 Scala 又是怎么解析、执行这个 when 语句的呢？下面我们会看到，object when 的 apply()函数有两个参数，一个是 cond，另一个是 block，二者都是动态定义并且“按名调用”的函数；其调用界面是：

```
def apply (cond: => Bool)(block: => Any) (implicit sourceInfo: SourceInfo, compileOptions: CompileOptions)
```

形式参数名为 cond 的这个函数，返回值是 true 或 false；形式参数名为 block 的这个函数，返回值是任意类型。

这样，对于 Scala 而言，when 只是个 object，这意味着调用这个 object 的 apply()函数。随后圆括号内的内容是作为实参与 cond 结合的那个动态定义的匿名函数，在上面那个例子中就是 io.en（这个函数唯一的语句就是返回 io.en，而 Scala 语言中不使用 return 关键字）。而 when 语句中花括号里面的那块代码，则是作为实参与 block 结合的那个同样也是动态定义的匿名函数。注意两个函数都是"按名调用"的，所以在调用 when.apply()之前不会执行函数以获取函数的值，而只是把函数的内容传给 when.apply()。由此可见，这里根本就不存在条件执行。至于什么时候调用这两个函数，那就要看 wnen.apply()的代码了。

下面看一下 Chisel 对 object when 的定义：

```
object when {
  def apply (cond: => Bool)(block: => Any) (implicit sourceInfo: SourceInfo, compileOptions: CompileOptions): WhenContext = {
    new WhenContext(sourceInfo, Some(() => cond), block, 0, Nil)          //用 cond 和 block 创建一个 WhenContext 对象
  }

  def cond: Bool = {   /* Returns the current `when` condition */   //列举之所以能到达这一点所满足的所有条件
    implicit val compileOptions = ExplicitCompileOptions.Strict
    implicit val sourceInfo = UnlocatableSourceInfo
    val whens = Builder.whenStack                    // Builder 中为 when 嵌套而设的堆栈，类似于函数调用栈。
    whens.foldRight(true.B) {                        // foldRight()类似 foldLeft，但折叠方向相反。
      case (ctx, acc) => acc && ctx.localCond()      //ctx 是具体的 WhenContext 对象，
              //acc 是记录在那一层上的本次 when 的条件。
    }
  }
}
```

按 Chisel 的一般命名规则，object 或 class 名称的首字符是大写的，但 when 的首字符却是小写，意图就是让它看起来更像个保留字。

先看这个 object 的 apply()函数的定义。这个函数有两个参数。第一个参数是 cond 即控制条件，这里定义 cond 是个高阶函数（因为有个映射符号=>），是个按名（而不是按值）调用的函数，因为=>前面是空白，这相当于 C 程序中的函数指针，这个函数在 when.apply()内部的名称就叫 cond。但是注意 object when 内部又定义了一个函数 cond()，不过那是在 apply()之外，供程序中用来查询之所以能到达所在子句所已经满足的条件，所以这两个 cond()不是一回事。具体到上面这个例子中，给定的实参是 io.en，那就相当于"def thiscond():Bool = io.en"。第二个参数也是个高阶函数，并且也是按名传递，在 when.apply()内部的函数名就叫 block()，函数的具体定义在前面那个例子中就是 when()后面那对花括号连同那里面的内容。

再看 when.apply()这个函数的实现，则只有一个语句，那就是通过 new 关键字创建一个 WhenContext 对象，并返回这个对象。创建 WhenContext 对象时的实参，第一个实参是 sourceInfo，就是创建 object when 对象时作为隐含参数传下的 sourceInfo。第二个实参是 Some(() => cond)，这里"() => cond"表示一个不带参的匿名函数，而 Some(x)则表示 x 不得为空。注意这里的"() => cond"与是否按名调用无关，是否按名调用是在被调用函数的调用参数表中决定的。另外，这个函数的返回值是 cond，那就是本 when 语句中的条件，目的是要把这个条件记载到 WhenContext 中去。下一个实参就是高阶函数 block，按理说 block 就是对（在这个 apply()函数中）名为 block 这个函数的调用了，但是作为实参出现在调用参数表中则有例外。以前讲过，"按名调用"其实应该叫"按名结合"，作为实参的函数是以"按值"还是"按名"与被调用函数中的形参结合要看被调用函数对此形参的定义，是由被调用函数说了算。下面我们会看到，class WhenContext 构造函数的调用参数表中对此形参的定义是按名结合，所以这里作为实参的函数 block()只是按名（作为函数指针）传下去，而并不是先加以执行。后面还有两个参数，下面我们将看到，那个 0 表示 firrtlDepth 为 0；那个 Nil 则表示

altConds 这个 List（目前）为空。

下面我们会看到，不只是 when 分支会创建 WhenContext 对象，elsewhen 和 otherwise 分支也会创建 WhenContext 对象；elsewhen 和 otherwise 的区别在于 elsewhen 还有条件，而 otherwise 则没有条件。

下面我们进一步深入到 class WhenContext，其构造函数中有程序代码，也有函数定义，函数定义在前。为方便阅读，这里调整了一下位置，把代码部分移到了前面：

```
/**   A WhenContext may represent a when, and elsewhen, or an otherwise. Since FIRRTL does not have an
  *   "elsif" statement, alternatives must be mapped to nested if-else statements inside the alternatives
  *   of the preceeding condition. In order to emit proper FIRRTL, it is necessary to keep track of the depth of
  *   nesting of the FIRRTL whens. Due to the "thin frontend" nature of Chisel3, it is not possible to know if a
  *   when or elsewhen has a succeeding elsewhen or otherwise; therefore, this information is added by
  *   preprocessing the command queue.
  */
final class WhenContext (sourceInfo: SourceInfo, cond: Option[() => Bool], block: => Any, firrtlDepth: Int,
                          altConds: List[() => Bool] /* For capturing conditions from prior whens or elsewhens */) {
                    //参数 cond 的类型为 Option[() => Bool]，表示可以是 None，如果有的话就是() => Bool。
  private var scopeOpen = false

  if (firrtlDepth > 0) { pushCommand(AltBegin(sourceInfo)) }            //如果不是因 when 而创建就推送一条 AltBegin 命令
  cond.foreach( c => pushCommand(WhenBegin(sourceInfo, c().ref)) )      //如果给定了条件就推送一条 WhenBegin 命令
  Builder.pushWhen(this)                       //把这个 WhenContext 对象压入 Builder 的动态堆栈 dynamicContext.whenStack
  try {
    scopeOpen = true          //进入了当前 WhenContext 对象的 scope，将其 scopeOpen 设置成 true。
    block                     //执行函数 block()的代码。注意在 block 内部可能又有嵌套的 when。
  } catch {
    case _: scala.runtime.NonLocalReturnControl[_] => throwException("Cannot exit from a when() block with a \"return\"!" +
                                              " Perhaps you meant to use Mux or a Wire as a return value?")
  }
  scopeOpen = false           //block()的代码执行完了，已经碰上了右花括号，scope 不再 open。
  Builder.popWhen()           //从 Builder 的动态堆栈 dynamicContext.whenStack 中抛出这个 WhenContext 对象。
  cond.foreach(_ => pushCommand(WhenEnd(sourceInfo,firrtlDepth)))        //这个 when 分支已经结束，
              //之所以用 cond.foreach，是因为 cond 也许是个空序列，见上面关于 Option[() => Bool]的说明。
  if (cond.isEmpty) { pushCommand(OtherwiseEnd(sourceInfo,firrtlDepth)) }   //这个 elsewhen 或 otherwise 已经结束
              //如果创建了这个 WhenContext 对象，而又没有给定 cond，那就一定是在 otherwise 子句上。

              //以上是 class WhenContext 的构造函数，以下均为方法定义：
  /** Returns the local condition, inverted for an otherwise */
  private[chisel3] def localCond(): Bool = {
    implicit val compileOptions = ExplicitCompileOptions.Strict
    implicit val sourceInfo = UnlocatableSourceInfo
    val alt = altConds.foldRight(true.B) { case (c, acc) => acc & !c() }
    cond.map(alt && _()).getOrElse(alt)
  }

  /** This block of logic gets executed if above conditions have been false and this condition is true. The lazy argument pattern
```

```
     * makes it possible to delay evaluation of cond, emitting the declaration and assignment of the Bool node of the predicate in
     * the correct place.
     */
   def elsewhen (elseCond: =>Bool)(block: =>Any)(implicit sourceInfo:SourceInfo, compileOptions:CompileOptions):WhenContext ={
     new WhenContext(sourceInfo, Some(() => elseCond), block, firrtlDepth + 1, cond ++: altConds)
                   //这是为 elaewhen 分支创建的 WhenContext 对象，注意对参数 firrtlDepth 的实参是 firrtlDepth + 1。
   }  //elsewhen()是 WhenContext 的一个函数，而 when(…){…}返回的正是一个 WhenContext 对象，
                   //所以 elsewhen 前面一定要有个点号，表示函数调用。注意这个函数有 elseCond 这个参数。

   /** This block of logic gets executed only if the above conditions were all false. No additional logic blocks may be appended past
     * the `otherwise`. The lazy argument pattern makes it possible to delay evaluation of cond, emitting the declaration and
     * assignment of the Bool node of the predicate in the correct place.
     */
   def otherwise (block: => Any)(implicit sourceInfo: SourceInfo, compileOptions: CompileOptions): Unit =
     new WhenContext(sourceInfo, None, block, firrtlDepth + 1, cond ++: altConds)
                   //这是为 otherwise 分支创建的 WhenContext 对象，注意对参数 firrtlDepth 的实参是 firrtlDepth + 1。
                   // otherwise 也是个函数，所以在 otherwise 前面也一定要有个点号。注意这个函数没有 cond 这个参数。

   def active(): Boolean = scopeOpen
}  //end class WhenContext
```

先看这个类的构造函数中有关初始化的部分。这里主要是向所在模块的_commands 缓冲区推送相关的命令，与 when 语句相关的命令有 WhenBegin、WhenEnd、AltBegin、OtherwiseEnd。注意 WhenBegin/WhenEnd 是一对，AltBegin/OtherwiseEnd 是另一对（不知为什么不都叫 Otherwise 或都叫 Alt，Alt 意为 Alternatively）。

还有就是对 object Builder 中 dynamicContext.whenStack 的操作，由此也可看出这个 Builder 的必要性。Scala 语言中没有全局变量，但 object 都是全局的。当然，还有对于作为参数传下的 block()这个函数的调用，对这个函数的执行也就是对 when 语句中第一对花括号中的代码进行 Elaborate，即解析的过程。

再看构造函数中的方法定义，主要就是 elsewhen()和 otherwise()这两个函数，标志着另一个分支的开始。不管是 elsewhen()还是 otherwise()，都要进入一个新的 when 域（scope），都要创建一个新的 WhenContext 对象。当然，对于 elsewhen 分支又有新的条件 elseCond，而 otherwise 分支就是无条件的。然而新的 block 是二者都有的，elsewhen 和 otherwise 后面都有一对花括号。注意这里对于形参 firrtlDepth 的实参是 firrtlDepth + 1，表示深度比前面的 when 加了一层。另外，对于形参 altConds（见 class WhenContext 的构造界面）的实参则为“cond ++: altConds”，这里的“++:”表示将当前这个 cond 添加到 altConds 这个序列中。注意这个 altConds 与 elseCond 是两码事，这是创建 WhenContext 对象时的一个构造参数，是出现在整个 when 语句中各项条件的序列，其类型为 List[() => Bool]，是一个条件函数的 List。

最后，我们还要看一下定义在 object when 中的函数 cond()。在 when 语句内部的程序代码中，也就是在一个 when 或 elsewhen、otherwise 后面的花括号中，可以调用这个函数以获知电路中的信号之所以能到达这个分支上是因为满足了什么条件，这当然是为了方便调试和排错，与硬件并无直接关系。在前面那个例子中，如果我们在“when(io.en)”后面的花括号里面加上一行对 when.cond()的调用，这个函数就会返回 io.en。如果我们把这个调用换到 otherwise 后面的花括号中，则会返回!io.en。这看似很简单甚至多此一举，但是 when 语句是可以嵌套的，嵌套得稍为深一些，这就很有用了。以下面这个程序片段为例：

```
when (a) {
  …
  when (b) {
```

```
        …
        when (c) {
            …
        }.otherwise {
            when.cond                  // this is equal to: a && b && !c
        }     //end when(c)…otherwise
    }     //end when(b)
}     //end when(a)
```

这里在第三层 when 的 otherwise 部分放上了对 when.cond 的调用（cond()无调用参数，故可省略括号），它就返回 a && b && !c。

回到前面的那个示例。PlusOne 这个模块存在于所生成电路中 io.en 为 true 的那个分支中，来自 io.s.in 的信号（数据）要经过在 PlusOne 这个模块中被加上 1 以后才连到 io.s.out。但是如果 io.en 为 false 就把 io.s.out 与 io.s.in 直接相连，绕过 PlusOne 这个模块（使其不起作用），PlusOne 这个模块只有在 io.en 为 true 的时候才起作用。至于 io.en，那多半会是某个组合电路的输出。所以，when 语句与程序执行的流程无关，它所影响的是信号在电路中的流程。所给的条件（在上面这个例子中是 io.en）动态地决定了电路在运行中哪一部分是（暂时）有效和实际起作用的，哪一部分是（暂时）无效不起作用的；或者说动态地决定了信号在电路中的流程。

显然，when 这个机制在硬件描述中是极有必要的，而 Scala 语言的特殊语法和语义则使我们能以很自然、很可读的形式表达对于此类硬件（电路）的描述。Chisel 之所以选择 Scala 绝非偶然。

5.12　寄存器

以上所述都是针对组合电路，组合电路的特点是没有记忆功能，属于“布尔代数”所描述的逻辑。当然我们也需要有时序电路，时序电路的基本元件是触发器，尤其是由时钟信号触发的 D 触发器。事实上“时序”电路只是“序列（Sequensial）”电路的特例，用时钟信号触发的序列电路才是时序电路，D 触发器不同于别的触发器，如 RS 触发器、JK 触发器等，D 触发器就是用时钟信号触发的。把若干个 D 触发器并列在一起，就构成了寄存器。所以，可以认为 D 触发器只是寄存器的一种特例，即宽度为 1 的寄存器。而寄存器，则可以是单个 D 触发器，也可以是多个 D 触发器的并列。事实上，由于超大规模集成电路要求电路成分尽量简单划一，现在已经极少使用别的触发器了。

Chisel 提供了一个 object Reg，用来建立数据与寄存器硬件的绑定，一旦绑定后这个数据就代表着一个寄存器了。不过这个 Reg 只是从逻辑功能上描述一个寄存器的特征，而并不涉及其硬件电路构成。一个 D 触发器，是由一定数量的门（与门、或门、反相器）等基本电路元件按特定方式连接构成的。按理说我们似乎应该定义一个 class Reg，在里面描述 D 触发器的构成。然而 Chisel 并不提供这个，因为没有必要。D 触发器是 EDA 软件元件库中的标准件，你只要告诉它这里需要一个宽度是多少的寄存器就行了。所以，Chisel 并没有提供一个 class Reg，也根本不涉及 D 触发器的电路构成。在 Chisel 语言中，绑定成 Reg 的数据对象只是代表着一个用来记住/存储某个变量的器件。寄存器本身是“中性”的，并不属于某种特定的类型，存储在里面的内容是什么类型，这个寄存器的值就是什么类型。例如 Reg(new Packet)就表示一个以 Packet（一个 Bundle）为存储内容的寄存器。这里的 Reg 是指 object Reg，是它将所创建的 Packet 对象绑定成寄存器。就像 Wire 一样，Reg 在这里也起着定语的作用，表示这个 Packet 对象是“体现在寄存器中的”Packet 对象。

那么，我们程序中的“变量”，无论是 val 还是 var，不也都是保持着一个某种类型的值吗？这与 Reg 又有什么区别呢？这些 val 和 var，是软件上的，是 Scala 的 val 和 var，这些变量只是体现在内存中的一小片空间，而不是体现在所描述的硬件（电路）中。而一个绑定成 Reg 的数据对象，则是 Chisel 的“可综合”对象，固然也在内存中占一席之地，它却代表着所设计所描述硬件中的一个器件，每创建一个这样的数据对象就会向底层推送一条命令，经编译和综合之后就会成为集成电路版图上的寄存器，再经芯片加工制造就成了芯片上的一个寄存器。这就是区别所在。

下面就是 Chisel 对 object Reg 的定义和实现：

```
object Reg {
  /** Construct a [[Reg]] from a type template with no initialization value (reset is ignored).
    * Value will not change unless the [[Reg]] is given a connection.
    * @param t The template from which to construct this wire
    */
  def apply[T <: Data](t: T)(implicit sourceInfo: SourceInfo, compileOptions: CompileOptions): T = {
    if (compileOptions.declaredTypeMustBeUnbound) {
      requireIsChiselType(t, "reg type")
    }
    val reg = t.cloneTypeFull                  //从对象 t 复制一个（相同宽度的）T 类对象，称之为 reg。
    val clock = Node(Builder.forcedClock)      //创建一个时钟脉冲节点（Node），名为 clock。
                                               //case class Node 的作用只是为 Builder.forcedClock 的副本命名。
    reg.bind (RegBinding(Builder.forcedUserModule, Builder.currentWhen()))     //将 reg 绑定成 RegBinding，
               //这样就把原来的 T 类对象 reg 绑定成所在模块和 When 域中的寄存器，但是类型仍是 T，并未改变。
    pushCommand(DefReg(sourceInfo, reg, clock))                //推送一条 DefReg 命令
    reg        //返回 reg，这是个绑定成寄存器的 T 类对象，代表着（所承载）数据类型为 T 的寄存器。
  }
}
```

这个 apply()函数，其类型 T 是从抽象类 Data 直接或间接派生的任何具体类，其参数 t 则为给定用作样板的一个 T 类对象。这个函数的返回类型仍是 T，但是这个 T 类对象已经被绑定成寄存器，这个寄存器所承载的数据类型就是这个参数 t 的类型，而且作为实参 t 这个对象的宽度也决定了寄存器的宽度。如果 t 只是一个 bit，即宽度为 1，那寄存器的宽度也就是 1，这就是单个 D 触发器了。

从软件的角度，所创建的这个 reg 之所以具有寄存器的功能和性质，就是因为将其绑定成了 RegBinding。从硬件的角度，则是这里会推送一条 DefReg 命令，这个 DefReg 命令中除 sourceInfo 外还有两个参数，那就是 reg 和 clock，这样，在底层所生成的 Verilog 代码中就会有关于这个寄存器的定义。

有了这个 object Reg，设计者就可以用例如“val r = Reg(UInt(8.W))”这样的语句来创建寄存器。例如：

```
val r0 = Reg(UInt())                    // width is inferred
val r1 = Reg(UInt(8.W))                 // width is set to 8

val r2 = Reg(Vec(4, UInt()))            // width is inferred    //4 个 UInt 的默认宽度，128 位。
val r3 = Reg(Vec(4, UInt(8.W)))  // width of each element is set to 8    //4 个 8 位，共 32 位

class MyBundle {
  val unknown = UInt()          //自动推断为 Uint 的默认宽度，32 位。
  val known = UInt(8.W)         //设置成 8 位
}
val r4 = Reg(new MyBundle)              //寄存器 r4 的宽度为 32+8=40 位
```

上面这几个例子只是表明了怎样创建寄存器和寄存器宽度的确定，但是没有说寄存器与外部怎么连接，也没有涉及寄存器怎么操作。Chisel3 代码的 package chiselTests 中提供了一个示例 class GCD，可以用来说明

寄存器的连接和操作。这是对于一个特定模块的硬件描述，这个模块的作用是用硬件进行最大公约数的计算，下面是这个模块的代码。

```
class GCD extends Module {          //一个计算最大公约数的电路模块：
  val io = IO(new Bundle {
    val a = Input(UInt(32.W))          //输入变量 1
    val b = Input(UInt(32.W))              //输入变量 2
    val e = Input(Bool())                  //用来启动计算的控制变量
    val z = Output(UInt(32.W))         //输入变量 1 和 2 的最大公约数输出（如果 io.v 为 true）
    val v = Output(Bool())                 //一个 Bool 量输出，该 Bool 量为 true 时表示最大公约数存在。
  })
  val x = Reg(UInt(32.W))                  //创建寄存器 x
  val y = Reg(UInt(32.W))              //创建寄存器 y
  when (x > y) { x := x -% y }.otherwise { y := y -% x }  //从 x 减去 y，或从 y 减去 x，取决于是否 x>y。
  when (io.e) { x := io.a; y := io.b }   //如果 io.e 为 true，就将两个寄存器分别连接到两个输入端。
  io.z := x             //将模块的输出 io.z（32 位）连接到寄存器 x 的输出（各个 D 触发器的 Q 端）
  io.v := y === 0.U     //将模块的输出 io.v（1 位）连接到比较器  y === 0.U 的输出，表示公约数已找到。
                        //这是 Chisel 语言中的等号，代表着一个硬件比较器，所比较的是电路中的信号。
                        //而不是 Scala 的比较符==，那比较的是程序中的变量。
}  //end class GCD
```

读者对于计算最大公约数的欧几里得算法想必有所了解。两个运算数分别存储在两个变量（寄存器）中，然后通过一个循环进行辗转相除取余，如果最后能整除，即余数为 0，就得到了这两个运算数的最大公约数。这里有四个要素，即：首先得要有两个能存储运算数以及计算过程中的中间结果的寄存器；第二要有能比较两个运算数相对大小和相等的比较器，第三是要有个能进行除法取余运算的装置；第四是有个能实现辗转相除取余的循环机制。

这里的第一个要素就是 x 和 y 两个寄存器。第二个要素比较器隐含在比较算符“>”和“===”中。就像加法算符“+”隐含着一个加法器一样，比较算符“>”也隐含着一个比较器，在 Elaborate 这段代码时，遇到比较算符“>”就会向下层推送一个表示比较器的“命令”，比较器也是 EDA 元件库中的标准件。其实这里还有第二个比较器，那就是隐含在比较算符“===”里的比较器。一个比较器有三个输出，即大于、小于、等于，不同的比较算符只是引用比较器的不同输出。这里有两个比较器，其中之一的两个输入分别连着寄存器 x 和 y；另一个的两个输入分别连着寄存器 y 和常数 0。寄存器有输入和输出两面，以这里的寄存器 x 为例，当 x 出现在“:=”号左边的时候，这是指其输入；而直接引用寄存器 x 的值时则是指其输出。

第三个要素是有个能进行除法取余运算的装置，我们知道，除法运算的硬件实现是比较困难的，但是整数相除其实可以通过循环的减法实现。所以我们可以对欧几里得算法作些变通，把辗转相除改成辗转相减。比方说我们要求 319 和 377 的最大公约数，因为 377>319，我们就从 377 中减去 319，377-319=58；然后因为 319>58，就计算 319-58=261；接着是 261-58=203，203-58=145，145-58=87，87-58=29，然后 58-29=29。再下一步，就是 29-29=0 了，这说明 319 和 377 之间存在最大公约数，这个最大公约数就是 29。这样就把辗转相除改成了辗转相减。

先粗粗看一下上面的代码。显然，这里的两个 Reg，即寄存器 x 和 y 就起着两个变量的作用。而算符“>”和“===”就隐含着比较器的存在。另外一个算符“-%”，则应该就隐含着进行减法运算的装置，下面会讲到。至于“:=”，前面讲过这是连接符。

但是这里似乎没有见到第四个要素即循环机制！这要到我们深入分析了这段代码之后才能明白。我们从代码中创建了两个寄存器之后的那个 when 语句开始。这个 when(){}.otherwaise{}，前面已有介绍，when 语句并非条件执行，而是信号在所生成电路中的条件流通，所根据的条件来自电路中控制信号的逻辑值，在这里就是比较器的输出。

这里的第一个 when 语句是“when (x > y) { x := x -% y }.otherwise { y := y -% x }”。这里的控制条件是 x>y，这隐含着一个比较器及其输出的逻辑信号。注意这里比较的是两个寄存器的内容，这两个寄存器的类型都是 Uint。当比较器产生的“x>y”这个布尔量为 true 时就开启“x := x -% y”这个电路分支，否则（意味着 x<=y）就开启“y := y -% x”这个电路分支，二者只选其一。只要搞清其中一个分支，另一个分支也就明白了，所以我们只考虑“x := x -% y”。但是对于软件而言 when 只是 object when 中的 apply()函数，otherwise 也是一个函数，是 when.otherwise()，并不存在条件执行的问题，而是 when.apply()和 otherwise()会被依次执行，以生成两个分支的电路。

如前所述，“x := x -% y”其实就是 x.:=(x.-%(y))，这里的“:=”和“-%”都是函数名。函数调用时的参数传递，只要不加特别说明，就都是按值传递的，所以在调用:=()这个函数前先要计算“x.-%(y)”的值，那就得先执行“x.-%(y)”。注意这与 Scala 的减法算符“-”毫无关系，“-%”是 Chisel 另外定义的。Scala 的减法计算发生在 CPU 中，而 Chisel 的减法计算发生在所描述电路的减法器中。

在 class UInt 中有这么几个与减法计算相关的定义：

```
def -% (that: UInt): UInt = macro SourceInfoTransform.thatArg                    //宏替换成 do_-%

def do_-% (that: UInt)(implicit sourceInfo: SourceInfo, compileOptions: CompileOptions): UInt = (this subtractAsSInt that).tail(1)

def subtractAsSInt(that: UInt)(implicit sourceInfo: SourceInfo, compileOptions: CompileOptions): SInt =
            binop(sourceInfo, SInt((this.width max that.width) + 1), SubOp, that)        // SubOp 意味着这里有个“减法器”，
                // “减法器”是加法器与取补电路的组合，来自 that 的数据要经过取补才进入加法器。
```

显然，函数-%()是个宏定义，经展开替换后会转化成对 do_-% ()的调用。而 do_-% ()则通过 subtractAsSInt()完成计算，减法运算等于把减数取负值后相加，这样又把减法运算换成了加法运算，电路的组成理应是取补电路（反相并加 1）和加法器。然而看 subtractAsSInt()的实现，只是通过 binop()向所在 Module 的命令缓冲区中推送了一条操作码为 SubOp 的 DefPrim 命令。这是因为用来进行减法计算的电路也是个标准件，最终还是要经过 EDA 软件的综合，由芯片加工厂将其制作在芯片上。所以这里貌似是对于算法的描述，实际上却是对于实现这个算法的硬件的描述。实现减法运算的电路应该是加法器与取补电路的组合，二者都是 EDA 元件库中的标准件，下面把这二者的组合称为“减法器”。由于在 when 语句的两个分支中都有减法器，我们就不妨称之为减法器 1 和减法器 2。

再看这里寄存器与减法器之间的连接。在一个 when 分支上是从寄存器 x 的输出到减法器 1 上的被减数输入，y 的输出到减法器 1 上的减数输入，减法器 1 的输出则连接到寄存器 x 的输入。在另一个 when 分支上则是减法器 2，但减数和被减数的连接互换，并且减法器 2 的输出是连接到寄存器 y 的输入。这样，寄存器 x 和 y 的输入就来自两个不同电路分支上的减法器输出，并且都是只来自其中的一个减法器。代码中对寄存器 x 和 y 的直接引用和连接意味着从寄存器输出到减法器输入的数据通路是一直都在的，寄存器内容的变动即时地作用于减法器的输入端。而减法器的输出则即时地反映运算的结果（因为减法器是组合电路）。

然而从减法器的输出到寄存器的输入就不一样了，这就要经过:=()的作用了。前面说过，“:=”这个符号的意思是“连接到”，那就是把减法器的输出与寄存器 x 或 y 的输入端连起来。可是寄存器的输入是要由时钟脉冲触发的，出现在其输入端的数据要在时钟脉冲的上升沿到来时才被“打入”寄存器。所以“:=”这个符号有着两重的意义：一个意义是硬件上的静态连接，这是通过集成电路内部的导线实现的。另一个意义是，如果出现在这个符号左边的那个对象（this）是寄存器，其类型定义中带有时钟，例如 x.clock（见前面的 object Reg 中的 val clock），那么它并不立即引起符号左边那个对象的变动，而要等待时钟脉冲上升沿的到来，是动态到来的时钟脉冲上升沿把输入信号“打入”了寄存器，所以:=这个操作符也被称作“更新（update）”操作符。当然，更新是个动态的概念。这样，我们就把一个时钟脉冲的周期看成是时序电路状态变化的“一步”、“一拍”。而接连到来的时钟脉冲，就起着前述循环机制的作用。如果不对时钟脉冲进行控制，任其接连不断到来，由所生成硬件进行的计算就会一拍一拍地一直进行下去。源源不断的时钟脉冲就是前述的第四个要素。

这里似乎有点问题了。所创建的两个寄存器，是没有初始化的，它们的初始内容是随机的，如果计算一直在进行，那么输出端难道就一直输出垃圾数据？是的，所以才需要有下面这个 when 语句，即“when (io.e) { x := io.a; y := io.b }”。只有在控制条件 io.e 为 true 的时候，才把 x“连接到”io.a，y“连接到”io.b；其实电路连接是一直都在的，只是在 io.e 为 true 的时候才把输入的两个运算数“打入”寄存器 x 和 y。

然而，从代码中可见，两个寄存器各自的输入既可以来自 io.a 或 io.b，也可以来自某个减法器的输出。这说明实际上这里需要有个受 io.e 控制的 Mux，当 io.e 为 true 的时候就把寄存器的输入端与 io.a 或 io.b 接通，让时钟脉冲把输入的运算数打入寄存器；要不然就与减法器的输出接通。这里的代码中没有讲到这一点，这是蕴含在 when 语句之中的。程序在执行 when 语句的时候会推送相应的 Command，包括 WhenBegin、WhenEnd、AltBegin、OtherwiseEnd，以让底层知道。下面就是由编译后端和 EDA 软件加以生成和优化了。

从代码中可以看出，输出 io.z 被连接到寄存器 x 的输出，不过 io.z 并非寄存器，并不带有时钟，那就不受时钟脉冲控制了。而 io.v，则被连接到一个比较器“y === 0.U”的输出，当 y 为 0 时这个比较器输出 true，表示最大公约数存在，就是 io.z 上的数值。从此以后，时钟脉冲的到来就不会改变 io.v 和 io.z 的数值了。

这样，从这个模块的外部，把输入输出都连接好之后，只要把 io.e 设置成 true 并在一个或几个时钟节拍后予以撤销（恢复成 false），就启动了一次最大公约数的计算。此后的时钟脉冲就相当于是在驱动一个循环一步步向前，到输出端 io.v 变成 true 时，io.z 就是算得的最大公约数。

两个运算数之间的最大公约数是一定存在的，因为 1 无疑是个公约数。所以 io.v 终究会变成 true。另外，一旦 y 变成了 0，x 和 y 两个寄存器的内容就不会再改变（x 减去 0 仍是 x），因而 io.v 就一直是 true，而 io.z 则维持不变。

这个例子说明，硬件描述所展示的是电路的构成，这与电路的运行，信号（数据）在电路中的流通，以及电路的功能，是两码事。所以在阅读硬件描述代码的时候既要了解电路的构成，还要理解信号在电路中的流通。

上面所讲的寄存器，是创建后不带初始值（初始值随机）的。如果需要使用可以设定初始值的寄存器，则可以用 Chisel 提供的 object RegInit，意为带初始值的寄存器。这样的寄存器，除有个时钟脉冲输入 clock 外，还有个（异步的，即随时都可发生的）reset 输入，只要 reset 输入为 true，寄存器的值就被重置成它的初始值：

```
object RegInit {
  /** Construct a [[Reg]] from a type template initialized to the specified value on reset
    * @param t The type template used to construct this [[Reg]]
    * @param init The value the [[Reg]] is initialized to on reset
    */
  def apply[T <: Data](t: T, init: T)(implicit sourceInfo: SourceInfo, compileOptions: CompileOptions): T = {
    if (compileOptions.declaredTypeMustBeUnbound) { requireIsChiselType(t, "reg type") }
    val reg = t.cloneTypeFull
    val clock = Builder.forcedClock
    val reset = Builder.forcedReset

    reg.bind(RegBinding(Builder.forcedUserModule, Builder.currentWhen()))          //绑定成寄存器
    requireIsHardware(init, "reg initializer")
    pushCommand(DefRegInit(sourceInfo, reg, clock.ref, reset.ref, init.ref))          //推送的命令为 DefRegInit
    reg
  }

  /** Construct a [[Reg]] initialized on reset to the specified value.
    * @param init Initial value that serves as a type template and reset value
```

```
  */
  def apply[T <: Data](init: T)(implicit sourceInfo: SourceInfo, compileOptions: CompileOptions): T = {   //另一个 apply()函数
    val model = (init match {
        // If init is a literal without forced width OR any non-literal, let width be inferred
      case init: Bits if !init.litIsForcedWidth.getOrElse(false) => init.cloneTypeWidth(Width())
                  //如果 init 是个 Bits 类对象的字面值（Litral）但却没有强制宽度，就需要推断其宽度。
      case init => init.cloneTypeFull     //除此以外就都复制 init 对象的宽度（无需推断）
    }).asInstanceOf[T]              //将所克隆的对象类型转回成 T
    RegInit(model, init)            //转而调用上面那个 apply()函数
  }
}  //end object RegInit
```

根据参数表的不同，这个 object 有两个 apply()函数，其中有两个参数的那个是基本的。两个参数，一个是类型为 T 的对象 t，例如前面的 Uint(32.W)；另一个就是初值 init，也是个 T 类对象。只有一个参数的那个 apply()，则就是一个 init，以此对象为基准克隆一个副本 model，就被用作参数 t。

与前面的 object Reg 比较一下，就可知道区别在于：首先这里多了个 val reset；其次是所推送的命令是 DefRegInit，而不是 DefReg，而且这 DefRegInit 对象中有个成分是 reset.ref。别的就都一样了。之所以 RegInit 需要有个复位信号，是为了让它一遇复位就恢复其初值。相比之下，前面的 Reg 既然没有确定的初值，就无所谓复位了。

读者也许会想，这里是否需要有个类似于 OnReset()那样的函数，这样才能在 reset 信号到来时将寄存器的内容重置成它的初始值？这在最终的硬件组成中当然是要有的，需要有相应的电路，但是 EDA 软件会做这个事情，带有初始值的寄存器，或者说有复位功能的寄存器，也是 EDA 软件元件库中的一种标准元件。

只有对于 EDA 标准元件库中不存在的元件，Chisel 程序才需要加以详细描述。所以，Chisel 是 RTL 层的硬件描述语言，而不是元件层乃至晶体管层、芯片掩膜层的硬件描述语言，中间还要有 EDA 软件的参与。

除 Reg 和 RegInit 外，Chisel 还提供了一个 object RegNext。这个 RegNext，与其说是一种不同的寄存器，还不如说是 Reg 的一种特殊的表达方式。Chisel3 的代码中在 object RegNext 的定义之前有个注释，说是“Utility for constructing one-cycle delayed versions of signals”，这句话容易使人以为这个寄存器会（对其输入信号）引入一个（时钟）周期的延迟。其实这里的“one-cycle delayed”应该是“clock syncronized”。看完下面的定义，这一点就会变得清楚。

```
/** Utility for constructing one-cycle delayed versions of signals
  * "The width of a `RegNext` is not set based on the `next` or `init` connections" for [[Element]] types. In the
  * following example, the width of `bar` will not be set and will be inferred by the FIRRTL compiler.
  * {{{
  * val foo = Reg(UInt(4.W))              // width is 4
  * val bar = RegNext(foo)                // width is unset
  * }}}
  * If you desire an explicit width, do not use `RegNext` and instead use a register with a specified width:
  * {{{
  * val foo = Reg(UInt(4.W))              // width is 4
  * val bar = Reg(chiselTypeOf(foo))      // width is 4
  * bar := foo
  * }}}
  * Also note that a `RegNext` of a [[Bundle]] "will have it's width set" for [[Aggregate]] types.
  * {{{
```

```
  * class MyBundle extends Bundle {
  *     val x = UInt(4.W)
  * }
  * val foo = Wire(new MyBundle)       // the width of foo.x is 4
  * val bar = RegNext(foo)             // the width of bar.x is 4
  * }}}
  */
object RegNext {
  /** Returns a register "with an unset width" connected to the signal `next` and with no reset value. */
  def apply[T <: Data](next: T)(implicit sourceInfo: SourceInfo, compileOptions: CompileOptions): T = {
      //参数 next 其实是对一个 Reg 的输入信号的来源/提供者
    val model = (next match {
        case next: Bits => next.cloneTypeWidth(Width())       //如果参数 next 是个 Bits 类对象
        case next => next.cloneTypeFull                        //如果不是 Bits 类对象
      }).asInstanceOf[T]
    val reg = Reg(model)                          //创建一个 Reg
    requireIsHardware(next, "reg next")           //next 必须是个可以被综合成硬件电路的对象
    reg := next                                   //将 next 作为 SOURCE 连接到这个 Reg 的输入端
    reg                                           //返回这个普通的 Reg
  }

  /** Returns a register "with an unset width" connected to the signal `next` and with the reset value `init`. */
  def apply[T <: Data](next: T, init: T)(implicit sourceInfo: SourceInfo, compileOptions: CompileOptions): T = {
      //参数 next 其实是对一个 RegInit 的输入信号提供者
    val model = (next match {
        case next: Bits => next.cloneTypeWidth(Width())       //如果作为参数的 next 是个 Bits 类对象
        case next => next.cloneTypeFull                        //如果不是 Bits 类对象
      }).asInstanceOf[T]
    val reg = RegInit(model, init)   // TODO: this makes NO sense      //创建一个 RegInit
    requireIsHardware(next, "reg next")           //next 必须是个可以被综合成硬件电路的对象
    reg := next                                   //将 next 作为 SOURCE 连接到这个 RegInit 的输入端
    reg                                           //返回这个 RegInit
  }
}  //end object RegNext
```

所以，RegNext(io.in)等价于比方说：“val myreg = Reg(chiselTypeOf(io.in)); myreg := io.in”。即：把参数 next 视作输入端 io.in，按呈现在输入端的数据格式创建一个 Reg，并将其连接到输入端。其实这是不言自明的，因为 RegNext 的 apply()函数中就是这样定义。注意作为 RegNext 输入的是个信号，那是会变的，不是个常数。

另一方面，由于参数 next 只是 RegNext 输入信号的来源，所以如前面的注释中所说，如果 foo 是个 Reg，那么说 RegNext(foo)并不能保证这 RegNext 的宽度与 foo 一致。真要保证二者的宽度一致就得说“val bar = Reg(chiselTypeOf(foo)); bar := foo”，或者把 foo 绑定成 Wire：“val foo = Wire(new MyBundle); val bar = RegNext(foo)”。

另外，既然 RegNext 内部已经将所创建的 Reg 输入端连接到 next，程序中就再不可以让这个 RegNext 作为 SINK 出现在:=号的左边了，因为一个输入端不可以同时作为两个 SOURCE 的 SINK。

从上面两个 RegNext.apply()可以看出，如果输入 next 的状态发生变化，是不会立即反映在 RegNext 的输出端的，因为要等下一个时钟脉冲到来时才能将其打入这个寄存器。所以，RegNext 这个名称中的所谓 Next，意思是要等下一个时钟脉冲的到来。也就是说，输入 next 的状态之进入 RegNext 这个寄存器，是受时钟脉冲同步的，在最坏的情况下可能会等待上一个时钟节拍的长度。

还有一种寄存器是 RegEnable，就是带 Enable 控制端的寄存器：

```
object RegEnable {
  /** Returns a register with the specified next, update enable gate, and no reset initialization.
    * @example {{{
    * val regWithEnable = RegEnable(nextVal, ena)
    * }}}
    */
  def apply[T <: Data](next: T, enable: Bool): T = {
    val r = Reg(chiselTypeOf(next))      //创建的是个普通寄存器
    when (enable) { r := next }          //在enable为true的条件下以next为输入，与RegNext一样，要不然就是个普通的寄存器。
    r
  }

  /** Returns a register with the specified next, update enable gate, and reset initialization.
    * @example {{{
    * val regWithEnableAndReset = RegEnable(nextVal, 0.U, ena)
    * }}}
    */
  def apply[T <: Data](next: T, init: T, enable: Bool): T = {
    val r = RegInit(init)                //创建的是个带初值的寄存器RegInit
    when (enable) { r := next }          //在enable为true的条件下以next为输入，与RegNext一样，要不然就是个RegInit。
    r
  }
}
```

显然，这与 RegNext 实质上是一样的，唯一的区别就是把所创建 Reg 或 RegInit 输入端与输入信号 next 的连接置于一个 when 语句之中，控制的条件就是作为参数的逻辑信号 enable。从代码中可以看出，这里的 when 控制的是寄存器输入端的连接，使这寄存器的输入不是来自 next 就是来自所连接的其它输入信号，就像在寄存器的输入端有个 Mux 一样。

5.13 移位寄存器

具有移位功能的寄存器称为“移位寄存器”。移位寄存器中的每一位，即每个 D 触发器，其输入端可以根据控制条件选通与常规输入端的连接，也可以选通与左邻或右邻触发器输出的连接。这样，在控制信号的作用下，移位寄存器既可以用作常规的寄存器，也可以用来实现向左移位或向右移位。如果每个 D 触发器的输入只能选通与其直接相邻的 D 触发器输入，那就每次（每来一个时钟脉冲）只能左移或右移一位。如果要长程移位，比方说一次就左移或右移 8 位，那就需要不仅可以选通直接相邻位，还要能选通相隔较远的邻位，乃至可以选通同一寄存器中任何一位。当然，这样一来输入电路就变得复杂了。但是复杂的其实是寄存器外部的组合电路，不在寄存器本身，寄存器只是用来暂存外部组合电路的输出结果。

不过 Chisel 的代码中并没有提供这样的移位寄存器作为基本语素，在所推送命令的定义中也没有见到用来创建移位寄存器的命令。

Chisel 的代码中确实有个 object ShiftRegister，但却不是我们一般在说的“移位寄存器”，而只是通过一串寄存器实现 N 个时钟节拍的延迟，这是建立在上述 RegEnable 的基础上。由于 object RegEnable 是在 chisel3.util 这个 package 中定义的，所以，这里引用 RegEnable 时特别写作 util. RegEnabl，以防混淆：

```
object ShiftRegisters {
  /** Returns a sequence of delayed input signal registers from 1 to n.
    * @param in       input to delay                //需要加以延迟的输入数据
    * @param n        number of cycles to delay     //需要延迟的时钟节拍数
    * @param en       enable the shift              //enable 控制信号
    */
  def apply[T <: Data](in: T, n: Int, en: Bool = true.B): Seq[T] = Seq.iterate(in, n + 1)(util.RegEnable(_, en)).drop(1)
      //所返回的是个 RegEnable 寄存器的序列，序列长度为 n+1。然后去掉其中的第一个，
      //这样就是一连串 n 个 RegEnable 寄存器。函数 drop(1)表示从一个序列的头部去掉 1 个元素。
      //在这个序列中，后一个寄存器的输出连到前一个寄存器的输入，逐级相连。
      //这样，最后那个寄存器输入端的数据要经过 n 个时钟节拍以后才会到达第一个寄存器的输出端。

  /** Returns delayed input signal registers with reset initialization from 1 to n.
    * @param in            input to delay
    * @param n             number of cycles to delay
    * @param resetData     reset value for each register in the shift
    * @param en            enable the shift
    *
    */
  def apply[T <: Data](in: T, n: Int, resetData: T, en: Bool): Seq[T] = Seq.iterate(in, n + 1)(util.RegEnable(_, resetData, en)).drop(1)
}   //end object ShiftRegisters
```

显然，这与我们所以为的“移位寄存器”毫无共同之处。这里只是创建了 n 个 RegEnable 寄存器，用这个序列实现时钟节拍的延迟，这只是个 n 节拍延迟器而已。注意这里并未说明各个寄存器的长度，这取决于输入 in，但是最短的寄存器可以只是 1 位，那就是 n 个 D 触发器的级连了。

然后，object ShiftRegister 就是定义在 ShiftRegisters 的基础上：

```
object ShiftRegister {
  /** Returns the n-cycle delayed version of the input signal.
    * @param in       input to delay
    * @param n        number of cycles to delay
    * @param en       enable the shift
    *
    * @example {{{
    * val regDelayTwo = ShiftRegister(nextVal, 2, ena)
    * }}}
    */
  def apply[T <: Data](in: T, n: Int, en: Bool = true.B): T = ShiftRegisters (in, n, en).lastOption.getOrElse(in)
                              /// ShiftRegisters.apply()的返回值是 Seq(T)，是个序列，lastOption 就是序列中的最后一项。
```

```
  /** Returns the n-cycle delayed version of the input signal with reset initialization.
    * @param in             input to delay
    * @param n              number of cycles to delay
    * @param resetData      reset value for each register in the shift
    * @param en             enable the shift
    *
    * @example {{{
    * val regDelayTwoReset = ShiftRegister(nextVal, 2, 0.U, ena)
    * }}}
    */
  def apply[T <: Data](in: T, n: Int, resetData: T, en: Bool): T = ShiftRegisters(in, n, resetData, en).lastOption.getOrElse(in)
}   //end object ShiftRegister
```

这次 apply()函数所返回的类型是 T，而不是 Seq[T]，实际上就是把整个 ShiftRegisters 当成一个模块，模块的输出就是序列中最前面那个寄存器的输出，即有 n 个时钟节拍延迟的那个输出；而模块的输入则是最后面那个寄存器的输入。

所以，移位操作并非定义于这个 object ShiftRegister，Chisel 的代码中也没有别的“移位寄存器”定义。但是移位操作，包括任意位的左移或右移，显然是有必要的。实际上对数据的移位操作定义于抽象类 Bits。而 UInt、SInt、FixedPoint、Interval 则是 Bits 的子类，所以实际上就是定义于所有的整数型子类。事实上，把任何一个这样的数据绑定到寄存器（RegBinding），这个数据的载体就是一个寄存器。从这个意义上说，确实没有必要再另外定义一种“移位寄存器”。

用于实现移位的电路其实是组合电路，而并非寄存器本身，但是这个组合电路得要与寄存器的输入端结合才能形成“移位寄存器”。尽管必须与寄存器结合，但移位的关键仍在于组合电路。设想有个 32 位输入和 32 位输出的组合电路，由于移位可以是左移也可以是右移，每一位输出就可以来自每一位输入。这意味着这个组合电路的每一位输出都得有个 32 选一的机制。且不说 32 个 32 选一的组合逻辑有多复杂，光说一个问题，就是将多个输入信号汇聚于同一点上就得有高阻状态才行，这样才能使得在选取其中之一时别的那些输入就像不存在一样。然而 Chisel 所描述的逻辑中压根就没有高阻这个概念，所以这个机制只能由 EDA 软件提供。事实上，虽然 EDA 软件并不提供作为标准件的移位寄存器，却提供用来实现移位的组合电路标准件。

在 Chisel 语言中，移位是对数据的一种操作，就好像取负、取反那样，而具体的实现（综合）就留给 EDA 软件了。移位操作的定义，首先是在抽象类 Bits 中：

```
sealed abstract class Bits(private[chisel3] val width: Width) extends Element with ToBoolable {
  ...
  final def << (that: UInt): Bits = macro SourceInfoWhiteboxTransform.thatArg                //左移操作，经宏替换变成 do_<<。
  def do_<< (that: UInt)(implicit sourceInfo: SourceInfo, compileOptions: CompileOptions): Bits     //抽象函数
  ...
  final def >> (that: UInt): Bits = macro SourceInfoWhiteboxTransform.thatArg                //右移操作，经宏替换变成 do_>>。
  def do_>> (that: UInt)(implicit sourceInfo: SourceInfo, compileOptions: CompileOptions): Bits     //抽象函数
  ...
}
```

不管是左移还是右移，其操作的对象，即被移位的数据，都是 this，这是个 Bits 类对象，具体可以是由 Bits 派生的 Uint、Sint、FixedPoint，或 Interval。而参数 that，是指移位跨度，其类型是 UInt。

以左移为例，其方法 this.<<()是个宏定义，读者对这个样式已经熟悉了，经过宏替换就成为对 this.do_<<()的调用，但是这在 Bits 类中是个抽象函数，有待于具体化。因为 Bits 类不同子类的左移操作是不一样的，例如无符号的 UInt 和带符号的 SInt 显然有不一样的左移操作。右移方法 this.>>()也是如此。

如上所述，继承/扩展/落实抽象类 Bits 的具体类有 UInt、SInt、FixedPoint、Interval，不同具体类的移位操作略有不同，我们在这里只看一下 UInt 和 SInt 类数据的左移和右移，别的就留给读者举一反三了：

```
sealed class UInt private[chisel3] (width: Width) extends Bits(width) with Num[UInt] {
  …
  override def do_<< (that: UInt)(implicit sourceInfo: SourceInfo, compileOptions: CompileOptions): UInt =
    binop(sourceInfo, UInt(this.width.dynamicShiftLeft(that.width)), DynamicShiftLeftOp, that)
  …
  override def do_>> (that: UInt)(implicit sourceInfo: SourceInfo, compileOptions: CompileOptions): UInt =
    binop(sourceInfo, UInt(this.width), DynamicShiftRightOp, that)
  …
}
```

这是对于 UInt 数据的移位操作，从程序中可见，Chisel 只是推送了一条 DefPrim 命令，内中的 op 字段则分别为 DynamicShiftLeftOp 或 DynamicShiftRightOp，连同移位的数据类型、宽度和本次移位的跨度 that。被移位的数据 this，既可以来自一个寄存器，也可以来自一个组合电路。移位后的输出，即移位电路的输出，其类型仍为 UInt，既可以被打入某个寄存器，也可以只是作为组合电路的输出。

再看对 SInt 数据的移位操作。

```
sealed class SInt private[chisel3] (width: Width) extends Bits(width) with Num[SInt] {
  …
  override def do_<< (that: Int)(implicit sourceInfo: SourceInfo, compileOptions: CompileOptions): SInt =
    binop(sourceInfo, SInt(this.width + that), ShiftLeftOp, validateShiftAmount(that))
  …
  override def do_>> (that: Int)(implicit sourceInfo: SourceInfo, compileOptions: CompileOptions): SInt =
    binop(sourceInfo, SInt(this.width.shiftRight(that)), ShiftRightOp, validateShiftAmount(that))
  …
}
```

显然，不同之处只是这次推送的 DefPrim 命令中的 op 字段换成了 ShiftLeftOp 和 ShiftRightOp，当然数据类型也变成了 SInt。

这些中间命令，在代码生成阶段会被转化成 Verilog 语句，而 Verilog 语句又会由 EDA 软件加以综合，形成供芯片制作（流片）的技术文件。

5.14 Counter

计数器也是电路中常用的零部件。在软件中常要用到 for 循环，for 循环往往就是以计数为基础，通过计数值实现循环控制的。当然，for 循环描述的是软件过程，与硬件电路中的活动没有直接关系。但是在电路中确实也会有过程性的活动，许多电路实际上是有限状态机。比方说，我们也许需要构造一个控制器，这个控制器对输入信号的处理以 4 个时钟周期为一次循环，并规定第一个节拍干什么，第二个节拍干什么等。在这样的电路中，计数器事实上就成了控制器中的“总控”。一种可能的实现是：让计数器输出“节拍 1”、“节拍 2”等 4 个控制信号，将每个控制信号用作一块电路的“使能（enable）”信号。写成 Chisel 代码也许是：

When(step1){…}.elsewhen(step2){…}.elsewhen(step3){…}.otherwise{…}

经编译和 EDA 软件的综合，这个语句就会被翻译成具体的电路。以 step1 为例，这个信号当且仅当计数值 counterValue 等于 1 即“counterValue===1.U”的时候为 true，其花括号里面的电路只有在 step1 为 true 的时候才被开通。当然，这里通常需要在这几块电路的输出端使用高阻状态，以达到如果不被开通就好似不存在一样，但那都是 EDA 软件的事。其实电路中要用到计数器的情况不少，有限自动机只是其中的一个例子。

Chisel 定义了一个 class Counter，供创建计数器之用：

```
class Counter private (r: Range, oldN: Option[Int] = None) {
    //Range是由Scala提供的一个类，里面有start、end、step等字段和length()、head()、last()等函数。
    //第二个参数oldN有默认值，可以不给实参。
  require(r.length > 0, s"Counter range cannot be empty, got: $r")
  require(r.start >= 0 && r.end >= 0, s"Counter range must be positive, got: $r")

  private lazy val delta = math.abs(r.step)
  private lazy val width = math.max(log2Up(r.last + 1), log2Up(r.head + 1))

  /** Number of counts before the counter resets
    * @note Only defined for ranges starting at zero with steps of size 1. Use [[range]] for other use cases.
    */
  def n: Int = oldN match {
    case Some(x) => x              //如果给定了第二个实参，就以此为返回值。
    case None =>                   //如果不给定第二个实参，就要求r.start为0而r.step为1，并返回r.last+1。
      // Reasonable for typical ranges
      require(r.start == 0 && r.step == 1,
                         s"Counter.n only defined on ranges starting at 0 with step == 1, got $r. " + "Use underlying range.")
      r.last + 1                   //r.last()返回r这个Range中的最后一个元素
  }  //end n()

  /** Creates a counter with the specified number of steps.
    * @param n number of steps before the counter resets
    */
  def this(n: Int) { this(0 until math.max(1, n), Some(n)) }

  /** The current value of the counter. */
  val value = if (r.length > 1) RegInit(r.head.U(width.W)) else WireInit(r.head.U)
                                 //r.lenth()返回r这个Range的长度，r.head()返回r这个Range中的第一个元素
                                 //如果r.lenth()不大于1，那就永远只有一个值，此时就不必使用寄存器了。
  /** The range of the counter values. */
  def range: Range = r

  /** Increments the counter by a step.
    * @note The incremented value is registered and will be visible on the next clock cycle
    * @return whether the counter will wrap on the next clock cycle
    */
  def inc(): Bool = {                          //计数的过程就是计数值递增的过程：
    if (r.length > 1) {
```

```
      val wrap = value === r.last.U           //计数到r.last以后就要卷回，value === r.last.U 为比较器输出。
      if (r.step > 0) { value := value + delta.U }    // Increasing range          //如果步长为正就是加法操作
      else { value := value - delta.U }               // Decreasing range          //如果步长为负就是减法操作

      // We only need to explicitly wrap counters that don't start at zero, or end on a power of two.
      // Otherwise we just let the counter overflow naturally to avoid wasting an extra mux.
      if (!(r.head == 0 && isPow2(r.last + delta))) {    //如果r.head不是0，或者(r.last + delta)不是2的某次幂：
        when(wrap) { value := r.head.U }                   //那就在wrap为true时将寄存器的值设成r.head。
      }
      wrap         //注意inc()所返回的在这里是wrap的值，这是一个Bool量，即value === r.last.U。
    } else {
      true.B       //如果r.length不大于1就不用计数了，因为永远只有一个值（前面已经要求r.length > 0）。
    }
  }   //end inc()

  /** Resets the counter to its initial value */
  def reset(): Unit = {
    value := r.head.U    //复位以后恢复到Range中第一个元素的值
  }
}   //end class Counter
```

同时，Chisel 也提供了一个 object Counter，使程序员们无需自己创建 Counter 类对象。另外，以 Range 为参数创建 Counter 对象可能也嫌麻烦，所以 object Counter 中除保留以 Range 为参数之外还提供了一个简化的界面：

```
object Counter{
    /** Instantiate a [[Counter! counter]] with the specified number of counts. */
  def apply (n: Int): Counter = new Counter(n)       //只给一个整数n作为一个Range时，解释成length为n，start为0，step为1。
    /** Instantiate a [[Counter! counter]] with the specified number of counts and a gate. */
  def apply (cond: Bool, n: Int): (UInt, Bool) = {
    val c = new Counter(n)
    val wrap = WireInit(false.B)          //注意这个wrap不是class Counter内部的那个wrap。
    when (cond) { wrap := c.inc() }       //c.inc()的返回值就是class Counter内部那个wrap的当时值。
    (c.value, wrap)                       //注意这个when (cond) {…}的电路永远都在，并非只执行一次。
  }
    /** Creates a counter that steps through a specified range of values. */
  def apply(r: Range, enable: Bool = true.B, reset: Bool = false.B): (UInt, Bool) = {
                                          //第二个和第三个参数都有默认值，所以也可只给一个实参。
    val c = new Counter(r)
    val wrap = WireInit(false.B)
    when(reset) { c.reset() }.elsewhen(enable) { wrap := c.inc() }          //见上面的注释
    (c.value, wrap)
  }
}  //end object Counter
```

这样，在 Chisel 代码中如果说 Counter(4)，就是创建一个从 0 到 3 的 4 步计数器（每个时钟节拍计数一次）。如果说 Counter(b, 4)，就是创建一个从 0 到 3 的 4 步计数器，但是仅当布尔量 b 为 true 时才计数。当然，也可以老老实实，给出整个 Range 作为参数，但是那很少见。

5.15 存储器 Mem

有存储功能的器件不只是寄存器，内存单元也是。二者的区别在于：寄存器的基本构件是触发器，而内存单元的基本构件未必是触发器，例如也可以是一个微小的电容器。另外，寄存器通常是独立存在的，即便常常构成“寄存器组（Register File）”，但也并不妨碍寄存器的独立存在，例如 CPU 中的“程序计数器”PC 就是独立存在的。而内存单元，则都是以较大规模的阵列的形式而成批存在。所以，对内存单元的读写与对寄存器的读写是不一样的。

前面讲过，Mux 的作用是二选一，在两个输入之间选通其中之一，当选择其中之一时，另一个输入就得处于高阻状态，就仿佛不存在一样。可是现在的超大规模集成电路大都采用 CMOS 技术，在 CMOS 的电路中要实现高阻状态就得采取特殊措施，这会导致芯片的版图不规整划一。而存储器，那就不是二选一的事了，那可能是从几百万中选一，所以半导体存储器把这个问题推向了极端。正因为这样，存储器芯片一般不采用 CMOS 电路技术（当然还有别的原因）。可是这样一来对存储器的读/写访问端口就有了特殊性，因为端口的两边采用的是不同技术。还有，在超大规模集成的芯片上常常需要在采用 CMOS 的整体背景中嵌入一块存储器（FPGA 芯片中大都如此），那又是特殊的处理。所以，只能把这些问题推给底层的 EDA 软件，让作为高层 HDL 语言使用者的程序员从这些细节中解放出来，只要在程序中说明一下：这里有个多大的存储器、有几个访问端口，这就行了。

Chisel 为设计人员提供了一个关于存储器的类，这就是 class Mem。为此 Chisel 先定义了一个抽象类 class MemBase，然后以 class Mem 作为对 MemBase 的具体化，不过其实也并无什么扩充，实际上就是 MemBase。但是另一个类 class SyncReadMem，就确实是对 MemBase 有所扩充了。所以，抽象类 MemBase 为可能需要定义的各种存储器类提供了一个共同的起点。我们先看 class MemBase：

```
sealed abstract class MemBase[T <: Data](val t: T, val length: BigInt) extends HasId with NamedComponent with SourceInfoDoc {
                                        //参数 length 即存储器长度的类型是 BigInt，因为 32 位整数可能不够用。
  _parent.foreach(_.addId(this))       //除 val t 和 val length 外，这就是构造函数的全部。其余都是方法定义：

  // REVIEW TODO: make accessors (static/dynamic, read/write) combinations consistent.
  /** Creates a read accessor into the memory with static addressing. See the
    * class documentation of the memory for more detailed information.
    */
  def apply(x: BigInt): T = macro SourceInfoTransform.xArg     //宏替换成 do_apply(idx: BigInt)
                                        //注意这个 apply()是在 class 的定义中，不是在 object 的定义中。
  /** @group SourceInfoTransformMacro */
  def do_apply(idx: BigInt)(implicit sourceInfo: SourceInfo, compileOptions: CompileOptions): T = {
    require(idx >= 0 && idx < length)
    apply(idx.asUInt)                   //转成 apply(x: UInt)，见下。
  }

  /** @group SourceInfoTransformMacro */
  /** Creates a read accessor into the memory with static addressing. See the
    * class documentation of the memory for more detailed information.
    */
```

```
def apply(x: Int): T = macro SourceInfoTransform.xArg        //参数 x 经宏替换后成为 idx
def do_apply(idx: Int)(implicit sourceInfo: SourceInfo, compileOptions: CompileOptions): T =
  do_apply(BigInt(idx))(sourceInfo, compileOptions)      //转成 do_apply(idx: BigInt)

/** Creates a read/write accessor into the memory with dynamic addressing.
  * See the class documentation of the memory for more detailed information.
  */
def apply(x: UInt): T = macro SourceInfoTransform.xArg
/** @group SourceInfoTransformMacro */
def do_apply(idx: UInt)(implicit sourceInfo: SourceInfo, compileOptions: CompileOptions): T =
  makePort(sourceInfo, idx, MemPortDirection.INFER)        //makePort()见后，这只是创建了一个存储器读写端口。

/** Creates a read accessor into the memory with dynamic addressing. See the
  * class documentation of the memory for more detailed information.
  */
def read(x: UInt): T = macro SourceInfoTransform.xArg
/** @group SourceInfoTransformMacro */
def do_read (idx: UInt)(implicit sourceInfo: SourceInfo, compileOptions: CompileOptions): T =
  makePort(sourceInfo, idx, MemPortDirection.READ)       //对存储器的 read()只是创建了一个读内存端口

/** Creates a write accessor into the memory.
  * @param idx memory element index to write into
  * @param data new data to write
  */
def write (idx: UInt, data: T)(implicit compileOptions: CompileOptions): Unit = {
  implicit val sourceInfo = UnlocatableSourceInfo
  makePort(UnlocatableSourceInfo, idx, MemPortDirection.WRITE) := data
              //对存储器的这个 write()就是创建一个写内存端口，并将待写入数据连接到这个端口。
}

/** Creates a masked write accessor into the memory.
  * @param idx memory element index to write into
  * @param data new data to write
  * @param mask write mask as a Seq of Bool: a write to the Vec element in
  *                        memory is only performed if the corresponding mask index is true.
  * @note this is only allowed if the memory's element data type is a Vec
  */
def write (idx: UInt, data: T, mask: Seq[Bool]) (implicit evidence: T <:< Vec[_], compileOptions: CompileOptions): Unit = {
  implicit val sourceInfo = UnlocatableSourceInfo
  val accessor = makePort(sourceInfo, idx, MemPortDirection.WRITE).asInstanceOf[Vec[Data]]
  val dataVec = data.asInstanceOf[Vec[Data]]
  if (accessor.length != dataVec.length) {
    Builder.error(s"Mem write data must contain ${accessor.length} elements (found ${dataVec.length})")
  }
  if (accessor.length != mask.length) {
    Builder.error(s"Mem write mask must contain ${accessor.length} elements (found ${mask.length})")
```

```
    }
    for (((cond, port), datum) <- mask zip accessor zip dataVec)
      when (cond) { port := datum }
  }  //这是对存储器的另一个 write()操作，是带掩膜 mask 的。

  private def makePort(sourceInfo: SourceInfo, idx: UInt, dir: MemPortDirection) (implicit compileOptions: CompileOptions): T = {
    requireIsHardware(idx, "memory port index")
    val i = Vec.truncateIndex(idx, length)(sourceInfo, compileOptions)
    val port = pushCommand (DefMemPort(sourceInfo, t.cloneTypeFull, Node(this), dir, i.ref, Builder.forcedClock.ref)).id
          //推送一条 DefMemPort 命令，而不是关于存储单元阵列的命令，pushCommand()是 object Builder 中的一个函数。
          //下面我们会看到，在 object Mem 中推送的才是 DefMemory 命令。
    // Bind each element of port to being a MemoryPort
    port.bind (MemoryPortBinding(Builder.forcedUserModule, Builder.currentWhen()))        //绑定成 MemoryPortBinding
                //只有 MemoryPortBinding，而并不存在关于存储器本身的绑定。
    port        //返回 port，这是一个绑定为 MemoryPortBinding 的 T 类对象。
  }
}  //end class MemBase
```

存储类定义于泛型 T，其类型最高不能超越 Data，可以是从 Data 类派生的任何数据类型。这一点很好理解，因为存储器就是用来存储数据的。从这个类所定义的方法看，read()的返回值类型为 T，就是某种数据，write()的类型则为 Unit，说明这是个过程而不是函数。其它用来创建存储类对象的方法 apply()，还有 makeport()的返回值类型也都是 T，不过那不是存储着的数据，而是所创建存储单元的 id，那也是数据。

调用 apply()函数时的参数 x，可以是 Int、BigInt，或 UInt，但是最后都落实到对 apply(x: UInt)的调用。读者对于 macro SourceInfoTransform 已经不陌生了。

这里定义了 read()/do_read()和 write()，参数 idx 实际上就是地址，其类型为 UInt。

但是注意这个 read()和 write()说的并非读/写的操作和过程，而是用于构筑读/写内存的电路，read()描述的是存储器读出电路的结构，而 write()描述的是存储器写入电路的结构。从程序中可以看出，二者都需要通过 makePort()创建一个“端口”，即 port，只不过二者的方向不同，一个是 MemPortDirection.READ，另一个是 MemPortDirection.WRITE。而所谓 makePort()，其核心就是推送一条 DefMemPort 命令，下面就是 Verilog 代码生成和 EDA 如何综合的事情了。至于 apply()（注意这不是 object 中的 apply()，而是 class 中的 apply()），实际上是 do_apply()（添加了隐含参数），最终也是落实到对 makePort()的调用，只是在所创建结构中数据流动的方向是 MemPortDirection.INFER，需要根据上下文推断。读者也许会问，这里是 DefMemPort，那对于存储器本身又是什么呢？后面我们会看到，创建存储器本身时推送的命令是 DefMemory。DefMemPort 和 DefMemory，这二者是紧密相连的。光有 DefMemPort 而没有 DefMemory，则“皮之不存毛将焉附”；光有 DefMemory 而没有 DefMemPort 则有了存储器也没用。

读出口和写入口在形式上常常合在一起成为一个双向端口，但实际上读出口和写入口的电路是不同的，这里只是说一个是 MemPortDirection.READ，另一个是 MemPortDirection.WRITE，具体的电路则由 EDA 软件生成。另外，这里在 MemBase 中只有一个读出口和一个写入口，或者说只有一个双向的读写口，但是实际上存储器中常常会有多个读写口，即多个 Port。这要看存储器的大小，如果存储器容量比较大，那只有一个读写口显然就是个瓶颈，所以就要把存储器分割成若干“板块（Bank）”，让不同的读写口（在不同的时间点上）可以选择访问不同的板块，以免互相干扰。当然，具体的电路也要由 EDA 软件加以生成。

具体的 Mem 类，即 class Mem，就是建立在 MemBase 这个抽象类的基础上，只是它实际上并未进行任何扩充：

```
/** A combinational/asynchronous-read, sequential/synchronous-write memory.
```

```
  * Writes take effect on the rising clock edge after the request. Reads are combinational (requests will return data on the same cycle).
  * Read-after-write hazards are not an issue.
  * @note when multiple conflicting writes are performed on a Mem element, the
  * result is undefined (unlike Vec, where the last assignment wins)
  */
sealed class Mem[T <: Data] private (t: T, length: BigInt) extends MemBase(t, length)
```

注意虽然 Mem 类与 MemBase 类实际上并无不同，但 Mem 是具体类而 MemBase 是抽象类，程序中可以创建 Mem 类对象但不可以（直接）创建 MemBase 类对象。不过，虽说 class Mem 是对抽象类 MemBase 的扩充，但仍不涉及存储器本身即具体存储单元阵列的创建，这被安排在 object Mem 中：

```
object Mem {
  /** Creates a combinational/asynchronous-read, sequential/synchronous-write [[Mem]].
    * @param size number of elements in the memory
    * @param t data type of memory element
    */
  def apply[T <: Data](size: BigInt, t: T): Mem[T] = macro MemTransform.apply[T]

  /** Creates a combinational/asynchronous-read, sequential/synchronous-write [[Mem]].
    * @param size number of elements in the memory
    * @param t data type of memory element
    */
  def apply[T <: Data](size: Int, t: T): Mem[T] = macro MemTransform.apply[T]

  /** @group SourceInfoTransformMacro */
  def do_apply[T <: Data](size: BigInt, t: T) (implicit sourceInfo: SourceInfo, compileOptions: CompileOptions): Mem[T] = {
    if (compileOptions.declaredTypeMustBeUnbound) { requireIsChiselType(t, "memory type") }
    val mt = t.cloneTypeFull                          //因为所创建存储器就是为了用来存储此类数据
    val mem = new Mem(mt, size)
    mt.bind(MemTypeBinding(mem))                      //数据仍是数据，但绑定为存储器。
    pushCommand (DefMemory(sourceInfo, mem, mt, size))  //这次的命令是 DefMemory
    mem
  }

  /** @group SourceInfoTransformMacro */
  def do_apply[T <: Data](size: Int, t: T) (implicit sourceInfo: SourceInfo, compileOptions: CompileOptions): Mem[T] =
    do_apply(BigInt(size), t)(sourceInfo, compileOptions)
}  //end object Mem
```

显然，创建 Mem 对象应通过 object Mem，而不能直接就使用 new 保留字加以创建，那样就漏过了对 MemTypeBinding 的绑定，并且还漏过了对 pushCommand()的调用，这次推送的可是 DefMemory，这才是针对存储器本身的命令！由此可见，EDA 软件确实还是把存储单元阵列当成了一种标准件的（实际上在 Chisel 语言中无法描述这方面的底层细节）。但是必须通过 object Mem 创建 Mem 对象才会发出 DefMemory 命令；而在 class Mem 中发出的只是 DefMemPort 命令。

代码前面有个注释，说对内存的读出是“组合的”、“异步”的，不必等待时钟脉冲的到来，给定地址就可以读取器内容；而对内存的写入则是个“序列的”、“同步”的过程，需要等待下一个时钟脉冲的到来。

如上所述，class Mem 实际上就是 class MemBase，可是如果单纯只是为具体类 Mem 就去定义一个抽象类 MemBase，似乎就有点多此一举了。事实上，另外还有个具体类 SyncReadMem 也是从 MemBase 派生的。

我们在上面看到，Mem 类对象有个读出口，也有个写入口，那么如果同时既有写入又有读出，那是读出占先还是写入占先？如果是针对同一个地址的读写，那此时所读出的内容是本次写入前的老内容还是写入后的新内容？这在 class Mem 中是没有明确定义的。而 SyncReadMem，就让你可以明确规定你的这个存储器部件在遇到这样的情况时是以何者为先，从而使所创建的存储器具有严格的读写操作次序（sequence），成为"有序（sequential）"且"同步（synchronous）"的存储器。

为此，在 Firrtl 的代码中定义了一个用来说明操作次序的 object ReadUnderWrit：

```
object ReadUnderWrite extends Enumeration {
  val Undefined = Value("undefined")
  val Old = Value("old")                    //读出占先，所读出的是写入前的老内容。
  val New = Value("new")                    //写入占先，所读出的是写入后的新内容。
}
```

就是说，在对一存储器同时发动写入和读出时，所读出的内容可以有三种不同情况，一种是不确定，另外两种就是"老"和"新"。所谓"老"，就是读出占先，所读出的是写入前的老内容，反之"新"就是写入占先。这个选择被用作创建 SyncReadMem 对象时的参数之一。

值得一提的是，对一存储器同时发动写入和读出时以何者为先，这不只是存储器接口上的事，也是存储单元阵列本身的事（要不然就得忍受性能的下降）。所以 class SyncReadMem 只是提供了 SyncRead 接口上的措施，真正的 SyncReadMem 的实现还得有来自存储器阵列的配合，那就是 EDA 软件的事了。这个类的定义是这样：

```
/** A sequential/synchronous-read, sequential/synchronous-write memory.
  * Writes take effect on the rising clock edge after the request. Reads return data on the rising edge after the request.
  * Read-after-write behavior (when a read and write to the same address are requested on the same cycle) is undefined.
  * @note when multiple conflicting writes are performed on a Mem element, the
  * result is undefined (unlike Vec, where the last assignment wins)
  */
sealed class SyncReadMem[T <: Data] private (t: T, n: BigInt, val readUnderWrite: SyncReadMem.ReadUnderWrite)
                                                                          extends MemBase[T](t, n) {
  def read(x: UInt, en: Bool): T = macro SourceInfoTransform.xEnArg
  /** @group SourceInfoTransformMacro */
  def do_read (addr: UInt, enable: Bool)(implicit sourceInfo: SourceInfo, compileOptions: CompileOptions): T = {
    val a = Wire(UInt())
    a := DontCare
    var port: Option[T] = None
    when (enable) {
      a := addr
      port = Some(read(a))            //这个单参数的 read()，就是 MemBase 的那个 read()，导致对 makePort()的调用。
    }
    port.get                          //在所创建的 port 上执行 get()操作，返回的就是从内存读出的数据。
  }
}  //end class SyncReadMem
```

可见，对 SyncReadMem 的读出操作 read()与 MemBase 是不同的，并且构造参数中多了一个数据成分 readUnderWrite，创建 SyncReadMem 对象时需要提供这个数据成分的值。然而这里并未见到对 readUnderWrite 这个成分的引用，这要到下面的 object SyncReadMem 中才会被引用，那里推送的命令是 DefSeqMemory 而不是 DefMemory，而 DefSeqMemory 中就包含了 readUnderWrite 这个信息。当然，EDA 软件会根据不同的信息综合出不同的存储器阵列。

代码前面的注释中说，对存储端口的读和写都发生在时钟脉冲的上升沿，所以自然就是先读后写（这是因为一旦有了读出的地址，该地址中的内容在时钟脉冲到来之前就会呈现在存储端口上）；但是如果是要求 “Read-after-write” 即先写后读，那就不确定了（无定义）。

同样，设计者的意图是让用户通过 object SyncReadMem 创建 SyncReadMem 对象，而不应直接通过 new 保留字加以创建：

```
object SyncReadMem {
  type ReadUnderWrite = fir.ReadUnderWrite.Value
  val Undefined = fir.ReadUnderWrite.Undefined
  val ReadFirst = fir.ReadUnderWrite.Old
  val WriteFirst = fir.ReadUnderWrite.New

  /** Creates a sequential/synchronous-read, sequential/synchronous-write [[SyncReadMem]].
    * @param size number of elements in the memory              //这是对 BigInt
    * @param t data type of memory element
    */
  def apply[T <: Data](size: BigInt, t: T): SyncReadMem[T] = macro MemTransform.apply[T]
  def apply[T <: Data](size: BigInt, t: T, ruw: ReadUnderWrite) : SyncReadMem[T] = macro MemTransform.apply_ruw[T]
     //第三个参数 ruw 的类型就是 ReadUnderWrite
  /** Creates a sequential/synchronous-read, sequential/synchronous-write [[SyncReadMem]].
    * @param size number of elements in the memory              //这是对 Int
    * @param t data type of memory element
    */
  def apply[T <: Data](size: Int, t: T): SyncReadMem[T] = macro MemTransform.apply[T]
  def apply[T <: Data](size: Int, t: T, ruw: ReadUnderWrite) : SyncReadMem[T] = macro MemTransform.apply_ruw[T]
                                                                    //第三个参数 ruw 的类型就是 ReadUnderWrite

  /** @group SourceInfoTransformMacro */
  def do_apply[T <: Data](size: BigInt, t: T, ruw: ReadUnderWrite = Undefined)
                (implicit sourceInfo: SourceInfo, compileOptions: CompileOptions): SyncReadMem[T] = {
    if (compileOptions.declaredTypeMustBeUnbound) { requireIsChiselType(t, "memory type") }
    val mt = t.cloneTypeFull
    val mem = new SyncReadMem(mt, size, ruw)             //创建 SyncReadMem 对象
    mt.bind(MemTypeBinding(mem))                          //并将其绑定为 MemTypeBinding
    pushCommand (DefSeqMemory(sourceInfo, mem, mt, size, ruw))  //推送 DefSeqMemory 命令，命令中有 ruw 这个参数。
                    //注意这次推送的命令是 DefSeqMemory，DefSeqMemory 不同于 DefMemory。
    mem             //返回所创建的 SyncReadMem 对象
  }

  /** @group SourceInfoTransformMacro */
  // Alternate signatures can't use default parameter values
```

```
def do_apply[T <: Data](size: Int, t: T) (implicit sourceInfo: SourceInfo, compileOptions: CompileOptions): SyncReadMem[T] =
  do_apply(BigInt(size), t)(sourceInfo, compileOptions)                    //转化成以 BigInt 为参数的 do_apply()

 /** @group SourceInfoTransformMacro */
 // Alternate signatures can't use default parameter values
 def do_apply[T <: Data](size: Int, t: T, ruw: ReadUnderWrite)
            (implicit sourceInfo: SourceInfo, compileOptions: CompileOptions): SyncReadMem[T] =
  do_apply(BigInt(size), t, ruw)(sourceInfo, compileOptions)               //转化成以 BigInt 为参数的 do_apply()
}   //end object SyncReadMem
```

显然这里的核心就是推送 DefSeqMemory 命令的那个 do_apply()，具体的 SyncReadMem 对象就是在这里创建的。同时我们也看到，此时所推送的命令是 DefSeqMemory，而不是前面的 DefMemory。这也告诉我们，真正的 SyncReadMem 生成是在 Verilog 和 EDA 软件这一层上的事，Chisel 只是把这个要求传达了下去。

5.16 RawModule 和 Module

上一章中我们结合 class PlusOne 介绍了抽象类 Module，因为前者是对后者的扩充。而抽象类 Module 又是对另一个抽象类 RawModule 的扩充，RawModule 则是对抽象类 BaseModule 的扩充。RawModule 和 Module 这两个抽象类之所以重要，是因为只有对 RawModule 直接间接扩充所得的具体类（包括 Module 具体类）才是 Chisel 代码"成建制"的单位，只有 RawModule 具体类的代码才可以作为 Chisel 编译的核心步骤 Elaborate 的目标，事实上，object ChiselStage 中函数 elaborate 的调用界面就是 elaborate(gen: => RawModule)，另外 ChiselGeneratorAnnotation 的构造参数也是"gen: () => RawModule"。还有 object Builder 的 build()函数，其调用界面也是"build[T <: RawModule](f: => T, dynamicContext: DynamicContext)"。

而 Module 对 RawModule 在结构成分上的扩充，则在于添加了 clock 和 reset 以及相关的处理，使所创建的 Module 对象得以自动（并且被强制）连接到父模块的时钟信号和复位信号，从而与其父模块同处一个时钟域。不过，抽象类 RawModule 中没有提供时钟信号和复位信号，并不意味着由 RawModule 派生的具体类就都是组合电路；RawModule 具体类中通常都会定义自己的时钟信号和复位信号，并将其作为外部输入，从而可以从外部（而不是从父模块）获取时钟和复位信号，这就开辟了一个新的时钟域。所以，一个时钟域的顶点（起点）一定是个 RawModule 具体类对象。

由于实际创建的电路模块绝大多数都是从父模块继承时钟信号和复位信号，都与父模块在同一个时钟域，所以下面我们就专注于 Module。

我们在前面结合对 class PlusOne 的解析对 Module 做过一些介绍，但是那里的介绍是跟着 class PlusOne 的代码走的，再加那时候对 Chisel 的一些基本语素还没有介绍过，所以对 Module 相关内容的介绍显得零散而不够系统。鉴于模块的重要性，有必要对此再作一番更系统更全面的介绍。

Module 对象的创建可以嵌套，一个模块内部可以有多个子模块作为其部件，子模块内部又可以有子模块。要创建一个模块时，标准的模式是：Module(new MyModule)。这里的 MyModule 是一个扩充了抽象类 Module 的具体类，前面的 Module 是指 object Module，其作用是使新创建的 Module 对象承接其父模块的结构上下文，特别是继承其父模块的 clock 和 reset 信号，使其处于父模块所处的时钟域中。而模块内部的寄存器，则都自动采用所在模块的时钟和复位信号。这样，一个时钟域就是一棵树，或者说是个金字塔式的结构。但是作为金字塔顶点的那个模块是特殊的，那个模块的创建还需要有 object Builder 的介入，要由 Builder.build()加以创建，我们在前面看到 class Elaborate 的 transform()函数就是这样：

```
def transform(annotations: AnnotationSeq): AnnotationSeq = annotations.flatMap {
  case ChiselGeneratorAnnotation(gen) => try {
      val (circuit, dut) = Builder.build(Module(gen()), new DynamicContext(annotations))
```

```
        Seq(ChiselCircuitAnnotation(circuit), DesignAnnotation(dut))
      } catch { … }
    case a => Some(a)
  }
```

这里 Builder.build(Module(gen()), new DynamicContext(annotations))中生成函数 gen()的代码实际上总是类似于这样：new MyModule；所以这个语句就相当于这样：Builder.build(Module(new MyModule), …)。通过 Builder.build()构造的不仅是个时钟域，更重要的也是个金字塔式的“构造域”。这是因为，整个金字塔的构建都使用一个 DynamicContext，构造过程中所产生的所有命令都会被汇总在一起，最后生成的 Circuit 对象也是代表着整个金字塔的电路。

事实上，对 Chisel 代码的 Elaborate 即解析是依赖于 Module 的内部结构的。这是因为，Module 对象的内部有个继承自 RawModule 的“命令缓冲区”_commands，而且只有 RawModule 及其子类对象的内部才有，这实质上是 Chisel 编译的前端与后端之间的界面。对 Chisel 代码进行解析，即执行其代码时会将代码中所描述的种种“可综合（Synthesizable）”成分，即可以由 EDA 软件综合成相应硬件结构的成分，以中间“命令（Command）”的形式暂时推送写入这个缓冲区中，留待后端据以进行（目标）代码生成。试想，如果不是以 RawModule 或 Module 对象为单位进行解析，那将中间结果写到哪儿去？上一章中我们结合 PlusOne 这个模块的代码对 Module 进行了一些考察，知道解析的过程是在 Buileder 与 Module，还有 DynamicContext 三者的密切配合下进行的，现在则要进行再深入一些的补充考察。

我们不妨看一下与 Builder.pushCommand()有关的代码：

```
private[chisel3] object Builder extends LazyLogging {
  …
  // All global mutable state must be referenced via dynamicContextVar!!
  private val dynamicContextVar = new DynamicVariable[Option[DynamicContext]](None)
                                                     //其内容可以是个DynamicContext，也可以是空。
  private def dynamicContext: DynamicContext = {
    require(dynamicContextVar.value.isDefined, "must be inside Builder context")
    dynamicContextVar.value.get
  }
  def currentModule: Option[BaseModule] = dynamicContextVar.value match {
    case Some(dyanmicContext) => dynamicContext.currentModule        //如果dyanmicContext非空就返回其currentModule
    case _ => None                                                   //否则（dyanmicContext为空）就返回None
  }
  def forcedUserModule: RawModule = currentModule match {
    case Some(module: RawModule) => module      //如果currentModule是个RawModule对象就返回这个对象，
                                                //以保证这个module的类型肯定是从RawModule派生出来。
    case _ => throwException("Error: Not in a UserModule. Likely cause: Missed Module() wrap,
                        bare chisel API call, or attempting to construct hardware inside a BlackBox."
      // A bare api call is, e.g. calling Wire() from the scala console).
    )
  }
  // TODO(twigg): Ideally, binding checks and new bindings would all occur here
  // However, rest of frontend can't support this yet.
  def pushCommand[T <: Command](c: T): T = {
    forcedUserModule.addCommand(c)          //_commands和函数addCommand()均定义于class RawModule，
                                            //所以必须先检查currentModule确实是从RawModule派生而来。
```

```
    c
  }
  def pushOp[T <: Data](cmd: DefPrim[T]): T = {
    // Bind each element of the returned Data to being a Op
    cmd.id.bind(OpBinding(forcedUserModule, currentWhen()))
    pushCommand(cmd).id
  }
}
```

可见，当 pushCommand()受到调用的时候，首先就要通过 forcedUserModule()检查当前所在的 module 是否从抽象类 RawModule 派生而来，因为命令缓冲区_commands 和 addCommand()均定义于 class RawModule中。如果是在一个并非从 RawModule 派生而来的子类对象（例如抽象类 BaseBlackBox 是对 BaseModule 的扩充，但与 RawModul 无关）的代码中解析，那么在调用到 forcedUserModule()这个函数时就会因此而发生异常，报错“Not in a UserModule”。这里从 val dynamicContextVar 开始到 pushCommand()环环相扣，缺一不可。

DynamicContext 中记载着当前（构造整个金字塔）的整个上下文，这是一个独立的对象，作为传递给Builder.build()的参数：

```
private[chisel3] class DynamicContext(val annotationSeq: AnnotationSeq) {
  val globalNamespace = Namespace.empty
  val components = ArrayBuffer[Component]()            //这里的components不只是属于currentModule
                                    //这是这个数组真正的所在地，Build.components其实是个函数（类似指针），指向这里。
  val annotations = ArrayBuffer[ChiselAnnotation]()    //这是调用Builder.build()时的annotations
  var currentModule: Option[BaseModule] = None         //currentModule有可能并非由RawModule派生，
                                                       //但是_ids、_component、_ports这三者都在BaseModule。
    // This is only used for testing, it can be removed if the plugin becomes mandatory
  var allowReflectiveAutoCloneType = true

  /** Contains a mapping from a elaborated module to their aspect. Set by [[ModuleAspect]] */
  val aspectModule: mutable.HashMap[BaseModule, BaseModule] = mutable.HashMap.empty[BaseModule, BaseModule]

   // Set by object Module.apply before calling class Module constructor
   // Used to distinguish between no Module() wrapping, multiple wrappings, and rewrapping
  var readyForModuleConstr: Boolean = false
      //在Module.apply()中将Builder.readyForModuleConstr设置成true，但实际上指向这里。
      //许多操作只允许对Module对象进行，而不允许对例如是RawModule但并非Module的对象进行。
  var whenStack: List[WhenContext] = Nil       //这是whenStack真正的所在地，Builder.whenStack指向这里。
  var currentClock: Option[Clock] = None
  var currentReset: Option[Reset] = None
  val errors = new ErrorLog
  val namingStack = new NamingStack
}   //end class DynamicContext
```

可见，许多重要的信息都是保存在这里，下面我们将看到（上一章中也讲到过），当完成对一个子模块的解析而要从对于该子模块的 Module.apply()返回，回到上一层模块的时候，要把在解析该子模块的过程中产生的信息，包括_ports、_commands 等，都转移汇总到 DynamicContext 中的 components 这个数组中。到了要从顶层模块的 Module.apply()返回时，则要在 Build.build()中为积累在 DynamicContext 的 components 数组内的信息创建一个 Circuit 对象，把这些信息连同所创建端口的信息都组装进去，然后返回这个 Circuit 对象。而在对一个模块进行解析的过程中，则这些信息都在这个模块自己的_ports、_commands 等缓冲区中。代码中凡是"可综合（Synthesizable）"的成分，不管是一个与门，一个加法器，一个 Mux，一个寄存器，乃至一根导线，一个连接，通通都会以"命令"的形式积累在_commands 中；代码中凡是说明为 IO 的成分，都会因其端口绑定而被记录在_ports 中。这些信息最后都会被复制到 DynamicContext 中。

要创建一个 Module 具体类对象，可以如上一章中所见的 class PlusOne 那样，先定义一个 class 作为对 Module 的扩充，然后通过 new 保留字创建该类对象，这是静态定义的方法。另一个方法是通过"new Module{…}"这样的动态定义方法。Module 是抽象类，不可以通过 new 保留字创建一个抽象类的对象，但是在 Module 后面加上花括号，那就是对 Module 类的扩充，那样就可以了。其实 class Module 中已经没有尚未落实的抽象成分，之所以将其定义为抽象类就是为了不让直接创建（实质上的）空白 Module 对象，因为一般而言不含用户所添加成分的空白 Module 是没有意义的。不过，由于扩充所得的具体类只是其子类，我们仍可称之为（广义的）"Module 类"。

关键是 Chisel 还提供了一个 object Module，使 Module 类对象的创建在 object Module 的控制下进行。这样一方面可以在这里处理上下文的承接，主要是时钟信号和复位信号的继承与连接，还有对 when 堆栈的处理（因为 Module 类对象的创建可能是在 when 分支上）；另一方面就承担着为此 Module 对象的解析过程料理"后事"，将其所积累的硬件信息复制到 DynamicContext 中。所以，创建 Module 具体类对象的标准形式是"Module(new MyModule)"或"Module(new Module{…})"。不过这并不意味着是先创建了例如 MyModule 对象，然后再由 Module.apply()加以处理，而是把 MyModule 对象的创建放在 Module.apply()里面；对于 Module.apply()而言"new MyModule"是个按名调用的函数。具体可见 object Module 的代码：

```
object Module extends SourceInfoDoc {                          //处理目标Module对象出生前后的相关事务
  /** A wrapper method that all Module instantiations must be wrapped in (necessary to help Chisel track internal state).
    * @param bc the Module being created
    * @return the input module `m` with Chisel metadata properly set
    */
  def apply[T <: BaseModule](bc: => T): T = macro InstTransform.apply[T]   //宏替换成do_apply()，参数bc是个按名调用的函数。
  /** @group SourceInfoTransformMacro */
  def do_apply[T <: BaseModule](bc: => T) (implicit sourceInfo: SourceInfo, compileOptions: CompileOptions): T = {
                                    //参数bc是个按名调用的匿名函数，其返回值类型为泛型T，例如"new Module{…}"。
    if (Builder.readyForModuleConstr) {
      throwException("Error: Called Module() twice without instantiating a Module." + sourceInfo.makeMessage(" See " + _))
    }
    Builder.readyForModuleConstr = true               //把这个var设置成true，以防重入。见上面这个语句。
    val parent = Builder.currentModule                //本模块可能是创建于另一个模块（父模块）的内部
    val parentWhenStack = Builder.whenStack           //当前when堆栈在本模块中就成了父模块的when堆栈
    // Save then clear clock and reset to prevent leaking scope, must be set again in the Module
    val (saveClock, saveReset) = (Builder.currentClock, Builder.currentReset)   //把当前的Clock和Reset暂存起来
    val savePrefix = Builder.getPrefix()              //Prefix是用于为匿名模块命名的前缀。
    Builder.clearPrefix()
    Builder.currentClock = None                       //当前Clock和Reset暂时空白
    Builder.currentReset = None
      //此前是在进行新Module对象"出生前"的准备

    // Execute the module, this has the following side effects:
    //      - set currentModule
```

```
    //    - unset readyForModuleConstr
    //    - reset whenStack to be empty
    //    - set currentClockAndReset
    val module: T = bc   // bc is actually evaluated here          //执行/解析按名调用的匿名函数bc()，创建具体的Module对象。

      //模块创建完毕，回到父模块的上下文中，继续完成对此Module对象的解析过程（属于善后处理）：
    if (Builder.whenDepth != 0) {              //新的模块刚创建完毕，它的when堆栈应该是空白，没有未完成的when。
      throwException("Internal Error! when() scope depth is != 0, this should have been caught!")
    }
    if (Builder.readyForModuleConstr) {
      throwException("Error: attempted to instantiate a Module, but nothing happened. " +
                  "This is probably due to rewrapping a Module instance with Module()." + sourceInfo.makeMessage(" See " + _))
    }
    Builder.currentModule = parent      // Back to parent!      //恢复原先的当前模块
    Builder.whenStack = parentWhenStack                         //恢复父模块的when堆栈
    Builder.currentClock = saveClock    // Back to clock and reset scope
    Builder.currentReset = saveReset                            //恢复父模块的Clock和Reset
    // Only add the component if the module generates one
    val componentOpt = module.generateComponent()           //module是刚结束的那个Module对象，
                  // generateComponent()这个函数返回一个DefModule对象，里面有个Seq[Port]和Seq[Command]，见后。
                  //既然对这个Module对象本身的解析已经结束，这时候来收集这些信息就不会有遗漏了。
    for (component <- componentOpt) {       //所收集信息有可能是空（如果模块代码中其实没有硬件描述）
      Builder.components += component       //将收集的信息积累到Builder中，实际上是DynamicContext中。
    }
    Builder.setPrefix(savePrefix)          //恢复保存着的Prefix

    // Handle connections at enclosing scope. We use _component because Modules that don't generate them may still have one
    if (Builder.currentModule.isDefined && module._component.isDefined) {
        //这时候的Builder.currentModule已经恢复成新创模块的父模块，module则是新创模块。
        //如果Builder.currentModule和module._component  二者皆存在，isDefined()表示存在。
      val component = module._component.get
      pushCommand (DefInstance(sourceInfo, module, component.ports))  //这是在父模块中创建的一个模块及其IO端口
      module.initializeInParent(compileOptions)          //在Parent即父模块里面完成，连接子模块的时钟和复位信号。
    }
    module    //返回所创建的Module对象module，对此module的解析已经完成，但module尚在。
  }  //end do_apply()

  /** Returns the implicit Clock */
  def clock: Clock = Builder.forcedClock
  /** Returns the implicit Reset */
  def reset: Reset = Builder.forcedReset
  /** Returns the current Module */
  def currentModule: Option[BaseModule] = Builder.currentModule
}  //end object Module
```

函数 apply()经宏替换之后就是 do_apply()，其参数 bc 的类型是"=> T"，这说明 bc 是个按名传递的函数，要到这个函数被调用时才执行。这个函数的（返回）类型为泛型 T，这个泛型 T 的"天花板"是 BaseModule，所以凡是由 BaseModule 直接或间接派生的具体类对象都有可能作为 object Module 的处理对象。以"Module(new Module{…})"为例，与形参 bc 结合的实参就是"new Module{…}"，这当然是从 BaseModule 派生下来的类型。

再看 do_apply()内部，里面有个语句"val module: T = bc"，说明结构成分 module 的类型是 T，定义为执行函数 bc()所返回的结果，这个结果的类型必须是 T，即一个直接间接继承/扩展了 BaseModule 的某个具体类对象。这才是真正要创建的目标，通过 object Module 包上的外壳只是增添了一些对于代码解析必不可少的操作，所以这个外壳是必须要有的。

对所创建模块的创建和解析完成以后，一方面当然是要恢复原先（属于父模块）的上下文，另一方面要进行这里的两个操作，其一是对 module.generateComponent()的调用，其二是 DefInstance 命令的推送和对 module.initializeInParent()的调用。这里的 module 是指所创建的新模块。值得特别指出的是，这都是在子模块创建完毕之后，回到父模块的上下文中以后进行的，不管是在 module.generateComponent()中，还是在 module.initializeInParent()中，凡是向底层推送命令的，都是推送在父模块的命令缓冲区中，但是这两个函数是由子模块提供的，子模块的类型不同，所推送的命令也就可能不同。

前者的作用是为已经执行/解析完毕的 Module 类对象整理出一个部件（component）表，放在这个 module 的_component 序列中。一般而言，只要所创建的这个模块中含有哪怕一点点可综合的成分，换言之有哪怕一点点硬件描述，这个零件表就不会是空。但是从逻辑上说当然也有可能是空，因为这个 Module 中也许真的什么硬件描述也没有。

后者是当父模块存在，并且子模块的部件表非空的条件下，一方面要推送一个 DefInstance 命令，表示创建了一个（可综合的）子模块。注意这是在父模块的上下文中，因为这是在父模块中创建了一个子模块。另一方面就是调用 module.initializeInParent()，把子模块的时钟信号和复位信号与父模块相接。当然，如果子模块的部件表为空就不做这两件事了，因为所创建的模块对于硬件综合而言就像不存在一样。

再看对 class RawModule 和 class Module 的定义。这二者都是对抽象类 BaseModule 的扩充，BaseModule 是最基本的，其定义是这样：

```
/** Abstract base class for Modules, an instantiable organizational unit for RTL. */
abstract class BaseModule extends HasId {   //trait HasId 只跟具体对象的命名有关，就没有必要再上溯了。
  _parent.foreach(_.addId(this))         //_parent 是具体 BaseModule 对象 this 的 parent 序列，就是各代直系先祖。
                          //变量_parent 继承自 trait HasId。其定义为:
                          //    var _parent: Option[BaseModule] = Builder.currentModule        //来自 Builder
                          //BaseModule 是抽象类，所以这个 this 一定是某个继承了 BaseModule 的具体类对象。
                          //每当创建新的模块时都要在 parent 的数据结构中记录下有这么个子孙，从而就可形成一棵"模块树"。
                          //这是因为，许多（硬件）模块内部都有子模块，而子模块又可能有子模块。
                          //这里调用的是各代先祖模块的 addId()函数。
  // Builder Internals - this tracks which Module RTL construction belongs to.
  if (!Builder.readyForModuleConstr) {throwException("Error: attempted to instantiate a Module without wrapping it in Module().")}
  readyForModuleConstr = false

  Builder.currentModule = Some(this)         //使 object Builder 中的 currentModule 指向本模块
  Builder.whenStack = Nil                    //本模块电路中的 When 结构是可以嵌套形成堆栈的，此刻为空。

  // Module Construction Internals
  protected var _closed = false              //这个模块现在是打开的，尚未关闭。本模块初始化结束予以关闭。
  /** Internal check if a Module is closed */
```

```
private[chisel3] def isClosed = _closed

  // Fresh Namespace because in Firrtl, Modules namespaces are disjoint with the global namespace
  private[chisel3] val _namespace = Namespace.empty
  private val _ids = ArrayBuffer[HasId]()                    //本模块内含部件的 Id 集合
  private[chisel3] def addId(d: HasId) {
    if (Builder.aspectModule(this).isDefined) { aspectModule(this).get.addId(d) }
    else {
      require(!_closed, "Can't write to module after module close")
      _ids += d                                  //把新的 Id 添加到本模块（事实上是新模块的父模块）的_ids 集合中
    }
  } //end addId()

  protected def getIds = {
    require(_closed, "Can't get ids before module close")
    _ids.toSeq
  }

  private val _ports = new ArrayBuffer[Data]()             //本（硬件）模块所含输入/输出端口的集合。
  // getPorts unfortunately already used for tester compatibility
  protected[chisel3] def getModulePorts = {
    require(_closed, "Can't get ports before module close")
    _ports.toSeq                                  //获取本模块的输入/输出端口 List
  }

  protected def _bindIoInPlace(iodef: Data): Unit = {…}      //将一 IO 端口加入到_ports 集合中并注明其方向，详情从略。
  /** Private accessor for _bindIoInPlace */
  private[chisel3] def bindIoInPlace(iodef: Data): Unit = _bindIoInPlace(iodef)

  /** Generates the FIRRTL Component (Module or Blackbox) of this Module.
    * Also closes the module so no more construction can happen inside. */
  private[chisel3] def generateComponent(): Option[Component]   //抽象函数，在这个函数里会把_closed 设成 true
  /** Sets up this module in the parent context */
  private[chisel3] def initializeInParent(parentCompileOptions: CompileOptions): Unit      //抽象函数
  …
  protected def IO[T <: Data](iodef: T): T = chisel3.experimental.IO.apply(iodef)

  // Internal Functions
  /** Keep component for signal names */
  private[chisel3] var _component: Option[Component] = None     //本模块是否含有部件，Some 或 None。
  /** Signal name (for simulation). */
  override def instanceName: String = ...
} //end class BaseModule
```

这个抽象类的定义中有不少数据成分和函数定义，也有若干用于初始化的程序语句。其中数据成分（除lazy 数据外）的赋值和程序语句都是初始化时要执行的，但是所定义的函数都只是在被调用时才加以执行。

在 BaseModul 类所提供的方法函数中，有不少是与具体类对象的命名有关的。这是因为，具体类对象的创建在程序中往往是匿名的，例如这里正在解析的“new PlusOne()”。但是在生成 Verilog 代码的时候，乃至综合以后送交芯片工厂加工的时候，每个模块都得有个名称，通常是类名加编号，例如加法器多少多少号等等。其实不光是大的模块，哪怕小到一个或门，也得有个名称和编号，例如或门几号。所以在解析 Chisel 代码时需要为每个模块命名。另外，对零部件的命名与编号也不只是局部的事，也与全局的上下文有关，那些上下文信息在 object Builder 中。但是命名的事与我们对解析过程的理解无关，所以我们就不关心那些函数了。

从 BaseModule 的构造函数可见，每当在程序中遇到一个 Module()，即要创建一个扩充了抽象类 Module 的某类对象时，就会把新创建的这个对象的 Id 添加到它的父模块的_ids 集合中，因为新模块是在父模块的内部，属于父模块的部件。这样，就可以形成以某个模块为根的模块子树。另外，一个模块的数据结构中还有个_ports 数组，用来记录本模块所具有的输入/输出端口。

抽象类 RawModule 是对 BaseModule 的第一代扩充，但仍是个抽象类。RawModule 本身的定义中没有 Clock 和 Reset，意图是让对其进行扩充的类中自行添上 Clock 和 Reset 信号作为对外接口。所以对 RawModule 进行扩充的类中都会添上 Clock 和 Reset，并从对外接口上引入时钟和复位信号。

但是抽象类 RawModule 中定义了 generateComponent()和 initializeInParent()这两个函数：

```
abstract class RawModule(implicit moduleCompileOptions: CompileOptions) extends BaseModule {
  …
  private var _firrtlPorts: Option[Seq[firrtl.Port]] = None
  private[chisel3] override def generateComponent(): Option[Component] = {
    require(!_closed, "Can't generate module more than once")
    _closed = true                    //从此以后对这个模块的软件处理就关闭了
    val names = nameIds(classOf[RawModule])
    // Ports get first naming priority, since they are part of a Module's IO spec
    namePorts(names)                  //为本模块所含的各种成分和端口（Port）命名
    // Then everything else gets named
    for ((node, name) <- names) { node.suggestName(name) }

    // All suggestions are in, force names to every node.
    for (id <- getIds) {  //对于定义在本模块中的每个数据成分，根据其所属类型和绑定确定其命名前缀：
      id match {
        case id: ModuleClone => id.setRefAndPortsRef(_namespace)        // special handling
        case id: BaseModule => id.forceName(None, default=id.desiredName, _namespace)
        case id: MemBase[_] => id.forceName(None, default="MEM", _namespace)
                                        //如果该数据成分属于MemBase的子类，就以“MEM”为命名前缀。
        case id: BaseSim => id.forceName(None, default="SIM", _namespace)    //这是仅用于软件模拟的
        case id: Data =>                //如果该数据成分属于Data子类，则视其绑定而定：
          if (id.isSynthesizable) {
            id.topBinding match {
              case OpBinding(_, _) => id.forceName(Some(""), default="T", _namespace)
                                        //绑定OpBinding的是运算电路（如加法器），以“T”为前缀。
              case MemoryPortBinding(_, _) => id.forceName(None, default="MPORT", _namespace)
                        //绑定MemoryPortBinding的是内存读写端口，以“MPORT”为前缀。
              case PortBinding(_) => id.forceName(None, default="PORT", _namespace)        //绑定PortBinding的就是I/O端口
              case RegBinding(_, _) => id.forceName(None, default="REG", _namespace)       //绑定RegBinding的就是寄存器
              case WireBinding(_, _) => id.forceName(Some(""), default="WIRE", _namespace)  //绑定WireBinding的就是排线
              case _ =>  // don't name literals
```

```
            }
        } // else, don't name unbound types
    }   //end id match
    id._onModuleClose
  }   //end for (id <- getIds)
  closeUnboundIds(names)

  val firrtlPorts = getModulePorts map { port: Data =>              // getModulePorts()所返回的就是_ports的内容
                                                                     //对于getModulePorts()所返回列表中的每个port:
    // Special case Vec to make FIRRTL emit the direction of its element. Just taking the Vec's specifiedDirection is a bug
    // in cases like Vec(Flipped()), since the Vec's specifiedDirection is Unspecified.
    val direction = port match {                          //根据程序中给定的方向加以设置。
      case v: Vec[_] => v.specifiedDirection match {
        case SpecifiedDirection.Input => SpecifiedDirection.Input
        case SpecifiedDirection.Output => SpecifiedDirection.Output
        case SpecifiedDirection.Flip => SpecifiedDirection.flip(v.sample_element.specifiedDirection)
        case SpecifiedDirection.Unspecified => v.sample_element.specifiedDirection
      }
      case _ => port.specifiedDirection
    }
    Port(port, direction)         //为_ports中的每个元素创建一个case class Port对象，成为firrtlPorts中的一员。
                                  //Port类的定义是case class Port(id: Data, dir: SpecifiedDirection)，一个简单的数据结构。
  }   //end val firrtlPorts
  _firrtlPorts = Some(firrtlPorts)      //_firrtlPorts是class RawModule的一个数据成分，将firrtlPorts列表写入_firrtlPorts。

  // Generate IO invalidation commands to initialize outputs as unused, unless the client wants explicit control over their generation.
  val invalidateCommands = {                         //准备好一个DefInvalid命令序列
    if (!compileOptions.explicitInvalidate) { getModulePorts map { port => DefInvalid(UnlocatableSourceInfo, port.ref) } }
        //如果编译选项没有规定由程序员自行为每个端口发DefInvalid命令，就要为每个port准备一条DefInvalid命令
    else { Seq() }    //要不然就是一个空序列，没有DefInvalid命令，因为编译选项规定由程序员自理。
  }
  val component = DefModule(this, name, firrtlPorts, invalidateCommands ++ getCommands)
                    //用firrtlPorts, invalidateCommands和_commands的内容创建一个class DefModule对象，
                    //这里getCommands()所返回的是推送在_commands中的全部命令。
    //DefModule是对Component类的两种扩充之一（另一种是DefBlackBox）。
  _component = Some(component)          //将所得的component即DefModule对象写入本模块的_component。
                                         //_component是定义于class BaseModule中的一个var。
  _component                             //返回_component
} //end generateComponent()
  //所以 generateComponent()的作用就是将解析过程中所产生信息全都包装在一个 DefModule 对象中

private[chisel3] def initializeInParent (parentCompileOptions: CompileOptions): Unit = {
  implicit val sourceInfo = UnlocatableSourceInfo
  if (!parentCompileOptions.explicitInvalidate) {
    for (port <- getModulePorts) {        //对于已经生成在_firrtlPorts中的每个Port对象:
      pushCommand (DefInvalid(sourceInfo, port.ref))              //注意这个语句
```

```
            //推送一条关于Port的DefInvalid命令，因为子模块的输入输出端口也是父模块的端口。
        }
      }
  }  //end initializeInParent()
}  //end abstract class RawModule
```

这样，就把子模块的全部信息都收集到了 DynamicContext 中，关于子模块中输入/输出端口的信息则收集复制到了父模块中（如果父模块存在的话，对于顶层模块就不需要了）。

至于对 module.initializeInParent()的调用，抽象类 RawModule 中有个 initializeInParent()，但是这个函数在 class Module 中被覆盖了，所以这里取决于 module 的类型是从 RawModule 派生还是从 Module 派生。如果是从 Module 派生，那么其 initializeInParent()是这样：

```
abstract class Module(implicit moduleCompileOptions: CompileOptions) extends RawModule {
  …
  private[chisel3] override def initializeInParent(parentCompileOptions: CompileOptions): Unit = {
    implicit val sourceInfo = UnlocatableSourceInfo
    super.initializeInParent(parentCompileOptions)               //先调用父类即RawModule的initializeInParent()函数
    clock := _override_clock.getOrElse(Builder.forcedClock)      //对于Module模块，其clock的连接是强制的。
    reset := _override_reset.getOrElse(Builder.forcedReset)      //reset也是一样
  }
}
```

之所以 Module 与 RawModule 有不同的 initializeInParent()函数，是因为：RawModule 具体类对象是所创建金字塔的顶点，它上面没有父进程，当然也就不会有 clock 和 reset 的继承。RawModule 是一个时钟域的起点，它并不自动提供 clock 和 reset，而要在具体类中自行定义并从外部获取时钟信号和复位信号。而 Module 则一般是在金字塔的内部，有父模块，并自动继承父模块的时钟信号和复位信号（所以这个时钟信号称作 forcedClock）。

回到 RawModule.generateComponent()的代码中，这里的 DefModule 是个 case class，所以创建时不需要有关键字 new，这是对抽象类 Component 的扩充，其定义如下。

```
case class DefModule(id: RawModule, name: String, ports: Seq[Port], commands: Seq[Command]) extends Component
```

可见作为具体类的 DefModule 实际上就是在抽象类 Component 的基础上增添了一个结构成分 commands，并通过构造参数落实了它的 id、name、ports 三个成分。抽象类 Component 的定义是这样：

```
abstract class Component extends Arg {
  def id: BaseModule              //抽象函数 id()
  def name: String                //抽象函数 name()
  def ports: Seq[Port]            //抽象函数 ports()
}
```

以结构成分 id 为例，在抽象类 Component 中是个函数，但在具体类 DefModule 中落实成一个数据成分。所谓 Component，实际上就是子模块。如果把子模块看成黑盒子，那么所看到的只是其外部接口。在此基础上再加上在解析过程中推送的全部命令，那就是对于一个硬件模块的全部可综合信息了。

至于 class Module，则是对 class RawModule 的扩充，是对 BaseModule 的二代扩充：

```
/** Abstract base class for Modules, which behave much like Verilog modules.
  * These may contain both logic and state which are written in the Module body (constructor).
  * This abstract base class includes an implicit clock and reset.
  * @note Module instantiations must be wrapped in a Module() call.
  */
abstract class Module(implicit moduleCompileOptions: CompileOptions) extends RawModule {
  // Implicit clock and reset pins
  final val clock: Clock = IO(Input(Clock())).suggestName("clock")        //clock是个模块中固有的I/O端口
  final val reset: Reset = IO(Input(mkReset)).suggestName("reset")        //同上

  // TODO It's hard to remove these deprecated override methods because they're used by
  //      Chisel.QueueCompatibility which extends chisel3.Queue which extends chisel3.Module
  private var _override_clock: Option[Clock] = None
  private var _override_reset: Option[Bool] = None
  private[chisel3] def mkReset: Reset = {
    // Top module and compatibility mode use Bool for reset
    val inferReset = _parent.isDefined && moduleCompileOptions.inferModuleReset
    if (inferReset) Reset() else Bool()
  }
  // Setup ClockAndReset
  Builder.currentClock = Some(clock)     //本模块创建后由Builder维持的当前辖域就成了本模块的辖域，由本模块提供时钟。
  Builder.currentReset = Some(reset)     //同上
  Builder.clearPrefix()

  private[chisel3] override def initializeInParent(parentCompileOptions: CompileOptions): Unit = {
    implicit val sourceInfo = UnlocatableSourceInfo
    super.initializeInParent(parentCompileOptions)
    clock := _override_clock.getOrElse(Builder.forcedClock)    //因_override_clock是None，就连接到Builder.forcedClock。
                                                               //在object Builder内部，forcedClock定义为currentClock。
    reset := _override_reset.getOrElse(Builder.forcedReset)    //同上
  }
}  //end class Module
```

可见，class Module 对 class RawModule 的扩充就在于 clock 和 reset 这两个信号。一个 Module（子类）对象，在其父模块的辖域中创建，其 clock 和 reset 信号就被连接到其父模块辖域中的 clock 和 reset，并且开始了自己的辖域。自己辖域中所有寄存器的 clock 都会被连接到 Builder.forcedClock，那就是由这个模块提供的 clock。这个连接是在调用 Reg.apply()的过程中自动实现的，无需程序员关心。

从这个意义上说，Module 是一种特殊的、会从其父模块自动继承时钟和复位信号的 RawModule；而 RawModule 则是需要自行外接时钟和复位信号的 Module。

再回到前面 object Module 的 apply()函数看其构造界面定义："apply[T <: BaseModule](bc: => T)"，泛型 T 的范围是从抽象类 BaseModule 往下，而不是 RawModule 往下。我们知道，RawModule 是对 BaseModule 的扩充，二者的区别在于：BaseModule 中可以有对模块输入/输出端口即 IO(new Bundle{…})的定义，但是除此以外就再不可以有别的可综合成分，因而不可以推送任何命令。而 RawModule 中则可以有别的可综合成分，所以 RawModule 中有个_commands 数组，BaseModule 中就没有这个数组。对抽象类 RawModule 的扩充主要是抽象类 Module，而用户所定义的具体类大多是对 Module 的扩充，尽管也有对 RawModule 的扩充；对 BaseModule 的扩充则除 RawModule 外还有 BlackBox，那也是抽象类。所以，既然 object Module 的 apply() 函数的参数 bc 所返回的类型 T 是 BaseModule 往下，就意味着程序中不仅可以有 Module(new Module{…}，还可以有 Module(new BlackBox{…})。BaseModule 是“黑盒子”，我们不知道它的内部结构，也就不会有构造命令的推送。

5.17 BlackBox 和 ExtModule

上述的 DefModule 只是对 Component 类的两种扩充之一，另一种是 DefBlackBox。顾名思义，前者包装的是模块，包含着内部可综合成分的模块，而后者所包装的则是“黑盒子”。对于黑盒子，我们只知道其外部接口而不知道其内部构造，或者不允许自己加以构造。这样的情况其实是不少的，例如获取使用许可的第三方知识产权，有些就是不提供内部构成的；有些提供代码，但却是 Verilog 代码。对于 Chisel 而言黑盒子也是模块，所以 Chisel 定义了一个抽象类 BaseBlackBox，然后在此基础上扩充出更具体一些的抽象类 BlackBox：

```
private[chisel3] abstract class BaseBlackBox extends BaseModule
```

显然实际上并没有什么扩充，只是为抽象类 BaseModule 冠上了另一个名称，作为进一步定义 BlackBox 类的基础。注意这里扩充的是 BaseModule 而不是 RawModule，而_commands 定义于 RawModule。这就说明在黑盒子中是不会也不可以有命令推送的，黑盒子里除输入输出端口之外就没有、也不可以有任何可综合的成分即硬件描述。

关于 BlackBox 的使用，Chisel 的代码中有一段注释（书写格式已经过一些整理变动）：

```
/** Defines a black box, which is a module that can be referenced from within Chisel, but is not defined
  * in the emitted Verilog. Useful for connecting to RTL modules defined outside Chisel.
  * @example
  * Some design require a differential input clock to clock the all design.
  * With the xilinx FPGA for example, a Verilog template named IBUFDS must be integrated to use differential input:
  * {{{
  *   IBUFDS #(.DIFF_TERM("TRUE"),.IOSTANDARD("DEFAULT")) ibufds (.IB (ibufds_IB), .I(ibufds_I), .O(ibufds_O));
  * }}}
  *
  * To instantiate it, a BlackBox can be used like following:
  * {{{
  * import chisel3._
  * import chisel3.experimental._
  *
  * // Example with Xilinx differential buffer IBUFDS
  * class IBUFDS extends BlackBox(Map("DIFF_TERM" -> "TRUE", "IOSTANDARD" -> "DEFAULT")) {
  *                                                      // Verilog parameters
  *   val io = IO(new Bundle {
  *     val O = Output(Clock())  // IO names will be the same (without 'io_' in prefix).
  *     val I = Input(Clock())
  *     val IB = Input(Clock())
  *   })
  * }
```

```
 * }}}
 * @note The parameters API is experimental and may change
 */
```

这段注释首先说明，在所生成的 Verilog 中是没有“黑盒模块”这么一种定义的，但是 Verilog 代码中有个黑盒子模块 ibufds，其类型是 IBUFDS，这个模块有 ibufds_IB、ibufds_I、ibufds_O 三个 I/O 端口，其中 O 为输出时钟信号，其余二者为输入时钟信号。为此，就可以在 Chisel 代码中定义一个 class IBUFDS，作为对抽象类 BlackBox 的扩充。并在 Verilog 代码中说明将这边的 IB、I、O 三个信号分别映射到那边的 ibufds_IB、ibufds_I、ibufds_O。这样，在 Chisel 代码中就可以创建这个 IBUFDS 类的对象，然后建立与其 I/O 端口的连接了。但是注意，这里的 O、I、IB 都在一个名为 io 的 Bundle 中，但是对应到 ibufds_O 等 I/O 端口时却用的直接是 O/I/IB，而不是 io.O/io.I/io.IB。这是因为抽象类 BlackBox 会自动寻找名为 io 的 Bundle，然后把 io 这一层剥离掉。

所以抽象类 BlackBox 的作用只是在 Chisel 代码中用来表示对其外部端口的连接，其内部不可以有除 IO 以外的其它可综合成分，其类型定义如下：

```
abstract class BlackBox(val params: Map[String, Param] = Map.empty[String, Param])
                                  (implicit compileOptions: CompileOptions) extends BaseBlackBox {
  // Find a Record port named "io" for purposes of stripping the prefix
  private[chisel3] lazy val _io: Record = this.findPort("io").collect { case r: Record => r }.getOrElse(null)        // Must be a Record
      // null handling occurs in generateComponent  //就是这个语句把例如 io.O、io.IB 中的 io 剥离掉，变成了直接的 O、IB。
  // Allow access to bindings from the compatibility package
  protected def _compatIoPortBound() = portsContains(_io)

  private[chisel3] override def generateComponent(): Option[Component] = {            // BlackBox 的 generateComponent()
    _compatAutoWrapPorts()  // pre-IO(...) compatibility hack
    // Restrict IO to just io, clock, and reset
    require(_io != null, "BlackBox must have a port named 'io' of type Record!")
    require(portsContains(_io), "BlackBox must have io wrapped in IO(...)")
    require(portsSize == 1, "BlackBox must only have one IO, called `io`")
    require(!_closed, "Can't generate module more than once")
    _closed = true

    val namedPorts = _io.elements.toSeq.reverse            // ListMaps are stored in reverse order

    // setRef is not called on the actual io.
    // There is a risk of user improperly attempting to connect directly with io
    // Long term solution will be to define BlackBox IO differently as part of it not descending from the (current) Module
    for ((name, port) <- namedPorts) {            // We have to force override the _ref because it was set during IO binding
      port.setRef(ModuleIO(this, _namespace.name(name)), force = true)
    }

    // We need to call forceName and onModuleClose on all of the sub-elements of the io bundle, but NOT on the io bundle itself.
    // Doing so would cause the wrong names to be assigned, since their parent is now the module itself instead of the io bundle.
    for (id <- getIds; if id ne _io) { id._onModuleClose }

    val firrtlPorts = namedPorts map {namedPort => Port(namedPort._2, namedPort._2.specifiedDirection)}
```

```
    val component = DefBlackBox (this, name, firrtlPorts, _io.specifiedDirection, params)
                                    //这里创建的是 DefBlackBox 对象，而不是 DefModule 对象。注意这是由父模块创建的。
    _component = Some(component)
    _component
  }

  private[chisel3] def initializeInParent(parentCompileOptions: CompileOptions): Unit = {
    for ((_, port) <- _io.elements) { pushCommand(DefInvalid(UnlocatableSourceInfo, port.ref)) }
                                    //为每个 port 推送一条 DefInvalid 命令，注意这是由父模块推送的。
  }
}  //end abstract class BlackBox
```

首先，BlackBox 这个类中没有_commands 这个成分。但是它提供了自己的 generateComponent()和 initializeInParent()这两个函数。这样，从 object Module 的 apply()函数中调用这两个函数时，实际被调用的函数就是由子模块提供的这两个函数。当子模块是 BlackBox 时，所创建的就是 DefBlackBox 对象，而不是 DefModule 对象，别的就一样了。同样，只要 BlackBox 子模块定义了 I/O 端口，就会为每个端口向父模块的_commands 数组推送一条 DefInvalid 命令。另外，这个类的构造函数有个参数 params，这是一个 Map，就是不同参数的映射，是个对照表。注意 Map 与 map()完全是两码事。

下面是来自 rocket-chip-master 的一个示例：

```
class BlackBoxExampleModuleImp (outer: BlackBoxExample, blackBoxFile: String)(implicit p: Parameters)
                                    extends LazyRoCCModuleImp(outer) with RequireSyncReset with HasCoreParameters {
  val blackbox = {
    val roccIo = io    //这个io是从LazyRoCCModuleImp类继承的，其类型为RoCCIO(outer.nPTWPorts)
    Module(new BlackBox( Map( "xLen" -> IntParam(xLen),            //这说明blackbox是个BlackBox模块
                              "PRV_SZ" -> IntParam(PRV.SZ),
                              "coreMaxAddrBits" -> IntParam(coreMaxAddrBits),
                              "dcacheReqTagBits" -> IntParam(roccIo.mem.req.bits.tag.getWidth),
                              "M_SZ" -> IntParam(M_SZ),
                              "mem_req_bits_size_width" -> IntParam(roccIo.mem.req.bits.size.getWidth),
                              "coreDataBits" -> IntParam(coreDataBits),
                              "coreDataBytes" -> IntParam(coreDataBytes),
                              "paddrBits" -> IntParam(paddrBits),
                              "FPConstants_RM_SZ" -> IntParam(FPConstants.RM_SZ),
                              "fLen" -> IntParam(fLen),
                              "FPConstants_FLAGS_SZ" -> IntParam(FPConstants.FLAGS_SZ)
            ) ) with HasBlackBoxResource { val io = IO( new Bundle {
                              val clock = Input(Clock())
                              val reset = Input(Reset())
                              val rocc = chiselTypeOf(roccIo)
                           })
        override def desiredName: String = blackBoxFile
        addResource(s"/vsrc/$blackBoxFile.v")    //黑盒子的Verilog代码在一个文件中，参数blackBoxFile就是文件名。
      }  //end with HasBlackBoxResource
    )  //end Module()
  }  //end val blackbox
```

```
  blackbox.io.clock := clock
  blackbox.io.reset := reset
  blackbox.io.rocc.cmd <> io.cmd
  io.resp <> blackbox.io.rocc.resp
  io.mem <> blackbox.io.rocc.mem
  io.busy := blackbox.io.rocc.busy
  io.interrupt := blackbox.io.rocc.interrupt
  blackbox.io.rocc.exception := io.exception
  io.ptw <> blackbox.io.rocc.ptw
  io.fpu_req <> blackbox.io.rocc.fpu_req
  blackbox.io.rocc.fpu_resp <> io.fpu_resp
}  //end class BlackBoxExampleModuleImp
```

这里的 addResource()把文件内容封装在一个 ChiselAnnotation 类对象中（最后也会进入 DefBlackBox）。实际上这个文件名是 RoccBlackBox.v，下面把这个文件摘抄在这里，与上面的代码两相对照或许有助读者理解：

```
module RoccBlackBox
  #( parameter xLen, PRV_SZ, coreMaxAddrBits, dcacheReqTagBits, M_SZ, mem_req_bits_size_width,
                    coreDataBits, coreDataBytes, paddrBits, FPConstants_RM_SZ, fLen, FPConstants_FLAGS_SZ )
  ( input clock,                        //在这里是 clock 而不是 io.clock
    input reset,                        //在这里是 reset 而不是 io.reset
    output rocc_cmd_ready,
    input rocc_cmd_valid,
    input [6:0] rocc_cmd_bits_inst_funct,
    input [4:0] rocc_cmd_bits_inst_rs2,
    input [4:0] rocc_cmd_bits_inst_rs1,
    …
    output rocc_mem_req_valid,
    output [coreMaxAddrBits-1:0] rocc_mem_req_bits_addr,
    output [dcacheReqTagBits-1:0] rocc_mem_req_bits_tag,
    output [M_SZ-1:0] rocc_mem_req_bits_cmd,
    …
    input [FPConstants_FLAGS_SZ-1:0] rocc_fpu_resp_bits_exc );

  assign rocc_cmd_ready = 1'b1;
  assign rocc_resp_valid = 1'b0;
  …
  /* Accumulate rs1 and rs2 into an accumulator */
  reg [xLen-1:0] acc;
  reg doResp;
  reg [4:0] rocc_cmd_bits_inst_rd_d;
  always @ (posedge clock) begin
    if (reset) begin
      acc <= 0;
    end
```

```
    if (rocc_cmd_valid && rocc_cmd_ready) begin
      doResp <= rocc_cmd_bits_inst_xd;
      rocc_cmd_bits_inst_rd_d <= rocc_cmd_bits_inst_rd;
      acc <= acc + rocc_cmd_bits_rs1 + rocc_cmd_bits_rs2;
    end
    else begin
      doResp <= 0;
    end
  end

  assign rocc_resp_valid = doResp;
  assign rocc_resp_bits_rd = rocc_cmd_bits_inst_rd;

  assign rocc_resp_bits_data = acc;
endmodule
```

这里还要说一下，用作 BlackBox 的一般都是第三方 IP（知识产权），但是第三方 IP 的透明程度也有不同，像这里所封装的这个第三方 IP 就给了 Verilog 的源代码，在文件 RoccBlackBox.v 中。对于这样的第三方 IP，就可以把它作为一种"资源（Resource）"结合到 BlackBox 具体类的模块中，就像这里一样。为此，Chisel 定义了一个 trait HasBlackBoxResource：

```
trait HasBlackBoxResource extends BlackBox { self: BlackBox =>
  /** Copies a Java resource containing some text into the output directory. This is typically used to copy a Verilog file
    * to the final output directory, but may be used to copy any Java resource (e.g., a C++ testbench).
    * Resource files are located in project_root/src/main/resources/.
    * Example of adding the resource file project_root/src/main/resources/blackbox.v:
    * {{{
    * addResource("/blackbox.v")
    * }}}
    */
  def addResource (blackBoxResource: String): Unit = {
    val anno = new ChiselAnnotation with RunFirrtlTransform {                //创建一个经扩充的ChiselAnnotation
      def toFirrtl = BlackBoxInlineAnno.fromResource(blackBoxResource, self.toNamed)
      def transformClass = classOf[BlackBoxSourceHelper]
    }
    chisel3.experimental.annotate(anno)
  }
}
```

这是对抽象类 BlackBox 的扩充，它提供了一个函数 addResource()。所添加的 Resource，就是这里的参数 blackBoxResource，在 BlackBoxExampleModuleImp 中就是 RoccBlackBox.v 这个 Verilog 代码文件。这个文件的内容被封装在一个称为 BlackBoxInlineAnno 的 Annotation 中，然后又转换成一个 ChiselAnnotation，这个 Annotation 就成为所创建 BlackBox 具体类对象里的一个结构成分。这样，就这个具体的 BlackBox 而言，对于 EDA 软件就既有 Chisel 编译产生的 Verilog 代码，又有这个 RoccBlackBox 的 Verilog 代码，就像全都来自 Chisel 编译一样。

类似 trait HasBlackBoxResource 一样的，还有 trait HasBlackBoxInline、trait HasBlackBoxPath。

同样是在抽象类 BaseBlackBox 的基础上，Chisel 另外又扩充出一个抽象类 ExtModule：

```
abstract class ExtModule(val params: Map[String, Param] = Map.empty[String, Param]) extends BaseBlackBox {
  private[chisel3] override def generateComponent(): Option[Component] = {
    require(!_closed, "Can't generate module more than once")
    _closed = true
    val names = nameIds(classOf[ExtModule])
     // Name ports based on reflection
    for (port <- getModulePorts) {
      require(names.contains(port), s"Unable to name port $port in $this")
      port.setRef(ModuleIO(this, _namespace.name(names(port))))
    }

     // All suggestions are in, force names to every node.
     // While BlackBoxes are not supposed to have an implementation, we still need to call
     // _onModuleClose on all nodes (for example, Aggregates use it for recursive naming).
    for (id <- getIds) { id._onModuleClose }
    closeUnboundIds(names)

    val firrtlPorts = getModulePorts map {port => Port(port, port.specifiedDirection)}
    val component = DefBlackBox(this, name, firrtlPorts, SpecifiedDirection.Unspecified, params)
                              //所创建的也是 DefBlackBox 对象
    _component = Some(component)
    _component
  }  //end generateComponent()

  private[chisel3] def initializeInParent(parentCompileOptions: CompileOptions): Unit = {
    implicit val sourceInfo = UnlocatableSourceInfo
    for (x <- getModulePorts) {
      pushCommand(DefInvalid(sourceInfo, x.ref))
    }
  }  //end initializeInParent()
}    // abstract class ExtModule
```

这里也提供了 generateComponent()和 initializeInParent()两个函数，与 class BlackBox 几乎一样，但是少了对 Bundle 名“io”的剥离，这属于不重要的细节，所以基本上可以认为二者是一回事。

香山代码中(在不同路径中)曾经有两个 class AMOHelper 的定义，一个是 BlackBox，另一个是 ExtModule；在较新的版本中只保留了一个，就是扩充 ExtModule 的那个，这里把二者并排列出，读者可以看到二者的区别：

```
class AMOHelper() extends BlackBox {
  val io = IO(new Bundle {
    val clock    = Input(Clock())
    val enable   = Input(Bool())
    val cmd      = Input(UInt(5.W))
    val addr     = Input(UInt(64.W))
```

```
class AMOHelper() extends ExtModule {
    val clock     = IO(Input(Clock()))
  val enable      = IO(Input(Bool()))
    val cmd       = IO(Input(UInt(5.W)))
    val addr      = IO(Input(UInt(64.W)))
```

```
    val wdata    = Input(UInt(64.W))              val wdata    = IO(Input(UInt(64.W)))
    val mask     = Input(UInt(8.W))               val mask     = IO(Input(UInt(8.W)))
    val rdata    = Output(UInt(64.W))             val rdata    = IO(Output(UInt(64.W)))
  })                                            }
}
```

不管是 BlackBox 还是 ExtModule，总之是外来的，或者是直接用 Verilog 语言编写的，就像 C 程序中有时候会有一块汇编语言代码。以前的香山程序包中也包括这个 AMOHelper 模块的 Verilog 代码：

```
module AMOHelper(
  input           clock,
  input           enable,
  input           [ 4:0] cmd,
  input           [63:0] addr,
  input           [63:0] wdata,
  input           [ 7:0] mask,
  output reg [63:0] rdata
);

  always @(posedge clock) begin
    if (enable) begin
      rdata <= amo_helper(cmd, addr, wdata, mask);
    end
  end
endmodule
```

最后，不管是 BlackBox 还是 ExtModule，代码解析的时候在 Module.do_apply()中都会推送一条 DefInstance 命令，只是具体的 Instance 不是 DefModule，而是 DefBlackBox。

5.18　Pipe

在实际的电路中，有时候需要把一个信号延迟若干个（时钟脉冲）节拍，使其与另一个信号的到来对齐。为此就需要有个电路，让需要延迟的信号在这个电路中得到延迟，人们形象地称之为“管道（Pipe）”，就好像让水多流经一段管道，消耗一点时间一样。所以 Chisel 提供了一个 class Pipe，用来构建这样的电路。

```
/** Pipeline module generator parameterized by data type and latency.
  * This defines a module with one input, `enq`, and one output, `deq`. The input and output are [[Valid]] interfaces
  * that wrap some Chisel type, e.g., a [[UInt]] or a [[Bundle]]. This generator will then chain together a number of
  * pipeline stages that all advance when the input [[Valid]] `enq` fires. The output `deq` [[Valid]] will fire only
  * when valid data has made it all the way through the pipeline.
  *
  * As an example, to construct a 4-stage pipe of 8-bit [[UInt]]s and connect it to a producer and consumer, you
  * can use the following:
  * {{{
  *     val foo = Module(new Pipe(UInt(8.W)), 4)
```

```
  *     pipe.io.enq := producer.io
  *     consumer.io := pipe.io.deq
  * }}}
  *
  * If you already have the [[Valid]] input or the components of a [[Valid]] interface, it may be simpler to use the
  * [[Pipe$ Pipe factory]] companion object. This, which [[Pipe]] internally utilizes, will automatically connect the input for you.
  * @param gen a Chisel type
  * @param latency the number of pipeline stages
  * @see [[Pipe$ Pipe factory]] for an alternative API
  * @see [[Valid]] interface
  * @see [[Queue]] and the [[Queue$ Queue factory]] for actual queues
  * @see The [[ShiftRegister$ ShiftRegister factory]] to generate a pipe without a [[Valid]] interface
  */
class Pipe[T <: Data](val gen: T, val latency: Int = 1)(implicit compileOptions: CompileOptions) extends Module {
  /** Interface for [[Pipe]]s composed of a [[Valid]] input and [[Valid]] output
    * @define notAQueue
    */
  class PipeIO extends Bundle {
    /** [[Valid]] input */
    val enq = Input(Valid(gen))          //这里的 Valid 是指 object Valid，见后述。
    /** [[Valid]] output. Data will appear here `latency` cycles after being valid at `enq`. */
    val deq = Output(Valid(gen))         //enq 和 deq 是 PipeIO 的两端，都是由 object Valid 产生的 Valid 类对象。
  }
  val io = IO(new PipeIO)                //io 是个 PipeIO
  io.deq <> Pipe(io.enq, latency)        //这里的 Pipe 是 object Pipe，它提供着 io 即 PipeIO 对象的输出，其输入则来自 io.enq。
}
```

创建 Pipe 对象时要给定两个参数，其中 gen 就是需要予以延迟的信号，其类型必须是由 class Data 直接间接派生的某个类型。注意 Data 是个抽象类型，所以实际上不可能是 Data 类本身。另一方面，Data 类是在 Chisel 代码中定义的，所以 gen 必然是某个 Chisel 类型（而不是直接由 Scala 提供的类型），说明这是电路中的信号。另一个参数 latency 默认为 1，表示需要延迟的时钟节拍数。

在 Pipe 类内部定义了一个 PipeIO 类，这是对 Bundle 类的扩充。一个 PipeIO 类对象包含一个输入口 enq 和一个输出口 deq，二者之间是 object Pipe。数据从 enq 端进入 object Pipe，经过若干个时钟周期之后就出现在输出口 deq，时钟周期的个数即延迟的大小则取决于参数 latency。从 Pipe 类的构造函数中可见，一个 Pipe 类对象实际上就是一个 PipeIO 类对象，那只是对外的接口，真正起作用的是 object Pipe。

PipeIO 类对象中的两个端口 enq 和 deq 都是通过 object Valid 创建的 Valid 类对象，我们先看一下 class Valid:

```
/** A [[Bundle]] that adds a `valid` bit to some data. This indicates that the user expects a "valid" interface between
  * a producer and a consumer. Here, the producer asserts the `valid` bit when data on the `bits` line contains valid
  * data. This differs from [[DecoupledIO]] or [[IrrevocableIO]] as there is no `ready` line that the consumer can use
  * to put back pressure on the producer.
  *
  * In most scenarios, the `Valid` class will "not" be used directly. Instead, users will create `Valid` interfaces
  * using the [[Valid$ Valid factory]].
  * @tparam T the type of the data
  * @param gen some data
```

```
  * @see [[Valid$ Valid factory]] for concrete examples
  */
class Valid[+T <: Data](gen: T) extends Bundle {
  /** A bit that will be asserted when `bits` is valid */
  val valid = Output(Bool())        //一项 Valid 数据就是在一个 Bundle 上傍上一个表示信号“有效”的 valid 位。
  /** Some data */
  val bits   = Output(gen)          //这是 Bundle 所载的数据位，其类型和内容取决于参数 gen。

  /** True when `valid` is asserted
    * @return a Chisel [[Bool]] true if `valid` is asserted
    */
  def fire(dummy: Int = 0): Bool = valid        //返回值取决于 valid，valid 位变成 true 就表示已经“发射”。
  override def cloneType: this.type = Valid(gen).asInstanceOf[this.type]
}
```

简而言之，就是把前述 ReadyValidIO 中的 ready 信号拿掉了。

至于 object Valid，那就更简单了：

```
object Valid {
  def apply[T <: Data](gen: T): Valid[T] = new Valid(gen)
}
```

回到前面的 class Pipe，其外部接口 PipeIO 的两个端口 enq 和 deq 之间就是 object Pipe。注意这个 object Pipe 不是用来创建 Pipe 对象，而是为名义上的 Pipe 提供实质内容，因为从 enq 输入到 deq 输出之间的延迟就是由 object Pipe 产生的：

```
/** A factory to generate a hardware pipe. This can be used to delay [[Valid]] data by a design-time configurable number of cycles.
  * Here, we construct three different pipes using the different provided `apply` methods and hook them up together.
  * The types are explicitly specified to show that these all communicate using [[Valid]] interfaces:
  * {{{
  *   val in: Valid[UInt]    = Wire(Valid(UInt(2.W)))
  *   /* A zero latency (combinational) pipe is connected to 'in' */
  *   val foo: Valid[UInt] = Pipe(in.valid, in.bits, 0)
  *   /* A one-cycle pipe is connected to the output of 'foo' */
  *   val bar: Valid[UInt] = Pipe(foo.valid, foo.bits)
  *   /* A two-cycle pipe is connected to the output of 'bar' */
  *   val baz: Valid[UInt] = Pipe(bar, 2)
  * }}}
  *
  * @see [[Pipe Pipe class]] for an alternative API
  * @see [[Valid]] interface
  * @see [[Queue]] and the [[Queue$ Queue factory]] for actual queues
  * @see The [[ShiftRegister$ ShiftRegister factory]] to generate a pipe without a [[Valid]] interface
  * @define returnType the [[Valid]] output of the final pipeline stage
  */
```

```
object Pipe {
  /** Generate a pipe from an explicit valid bit and some data
    * @param enqValid the valid bit (must be a hardware type)
    * @param enqBits the data (must be a hardware type)
    * @param latency the number of pipeline stages
    * @return $returnType
    */
  def apply[T <: Data](enqValid: Bool, enqBits: T, latency: Int) (implicit compileOptions: CompileOptions): Valid[T] = {
    require(latency >= 0, "Pipe latency must be greater than or equal to zero!")
    if (latency == 0) {              //如果参数 latency 为 0，那就是输入/输出直连，无延迟。
      val out = Wire(Valid(chiselTypeOf(enqBits)))
      out.valid := enqValid                 //数据位的连接。注意这里的连接符，下同。
      out.bits := enqBits                   //valid 位的连接
      out
    } else {                         //如果参数 latency 非 0，那就要插入延迟，延迟是通过寄存器实现的。
      val v = RegNext(enqValid, false.B)                //用于数据位的寄存器
      val b = RegEnable(enqBits, enqValid)              //用于 valid 位的寄存器（实为单个 D 触发器）
      val out = apply(v, b, latency-1)(compileOptions)  //递归，以达到所需延迟的时钟周期数。
      TransitName.withSuffix("Pipe_valid")(out, v)
      TransitName.withSuffix("Pipe_bits")(out, b)
    }
  }  //end apply(enqValid: Bool, enqBits: T, latency: Int)

  /** Generate a one-stage pipe from an explicit valid bit and some data
    * @param enqValid the valid bit (must be a hardware type)
    * @param enqBits the data (must be a hardware type)
    * @return $returnType
    */
  def apply[T <: Data](enqValid: Bool, enqBits: T)(implicit compileOptions: CompileOptions): Valid[T] = {
    apply(enqValid, enqBits, 1)(compileOptions)          //不带 latency 参数，就默认为 1。
  }

  /** Generate a pipe for a [[Valid]] interface
    * @param enq a [[Valid]] interface (must be a hardware type)
    * @param latency the number of pipeline stages
    * @return $returnType
    */
  def apply[T <: Data](enq: Valid[T], latency: Int = 1)(implicit compileOptions: CompileOptions): Valid[T] = {
    apply(enq.valid, enq.bits, latency)(compileOptions)
  }  //前面 class Pipe 的代码中的 Pipe(io.enq, latency)，所调用的就是这个 apply()。
}  //end object Pipe
```

显然，所谓一个 Pipe 就是一串寄存器，每个寄存器带来一个时钟节拍的延迟，因为寄存器的内容要靠时钟脉冲打入。要有几个时钟脉冲的延迟，Pipe 的长度就是几个寄存器。另外，Pipe 除对一个 Bundle 所载数据（信号）进行延迟，Bundle 有多宽寄存器就得有多宽之外，还傍上了一个 valid 位，这个 valid 位也同样需要有寄存器加以延迟。不过 valid 只有一位，因而所谓寄存器只是单个 D 触发器。

5.19　PipelineConnect

与上面的 object Pipe 相仿，Chisel3 的 package utility 中还提供了一种类似的机制叫 PipelineConnect。香山的代码中用到了这种机制，所以也有必要作一介绍。

PipelineConnect 是个模块，插在信号的上游（称为左边）与下游（称为下游）之间，并把下游的 ready 信号反馈给上游，把上游的valid信号和数据转发给下游，在上下游之间建立起一个水管似的“管道(Pipeline)”。当然，这个中间模块的核心是寄存器，中间会有至少一个时钟节拍的延迟，但转发的过程本质上是异步的，是根据双向握手传输，所以延迟的时钟节拍数不在考虑之中。这样，PipelineConnect 的存在是透明的，上游以为直接在与下游通信，下游也以为直接再与上游通信。此外，当满足某种条件的时候，还可以自动把管道中的内容“冲刷（flush）”掉。

需要在电路中插入这个模块时可以调用 object PipelineConnect，其代码如下：

```
object PipelineConnect {
  def connect[T <: Data]( left: DecoupledIO[T], right: DecoupledIO[T], rightOutFire: Bool, isFlush: Bool, block: Bool ): T = {
                                          //与左边（上游）和右边（下游）分别建立连接，并实现ready/valid信号的传递。
    val valid = RegInit(false.B)                          //valid是个初值为0的D触发器
    val leftFire = left.valid && right.ready && !block    //左边的valis和右边的ready同为1，且未被block阻塞。
    when (rightOutFire) { valid := false.B }              //如果rightOutFire就把valid这个触发器接0（由下个时钟脉冲打入）。
    when (leftFire) { valid := true.B }                   //如果leftFire（见上），就把valid接1（由下个时钟脉冲打入）。
    when (isFlush) { valid := false.B }                   //如果输入isFlush为1，就把valid接0（由下个时钟脉冲打入）。

    left.ready := right.ready && !block                   //只要不被阻塞，如果right.ready，下一个节拍就有left.ready。
    val data = RegEnable(left.bits, leftFire)             //data是个RegEnable，enable信号是leftFire，输入来自left.bits。
    right.bits := data                                    //寄存器data的输出连到right.bits
    right.valid := valid                                  //触发器valid的输出连到right.valid
    data                                                  //返回寄存器data的当前输出
  }  //end connect()

  def apply[T <: Data]( left: DecoupledIO[T], right: DecoupledIO[T], rightOutFire: Bool, isFlush: Bool,
                                          block: Bool = false.B, moduleName: Option[String] = None): Option[T] = {
    if (moduleName.isDefined) {   //如果通过参数moduleName给定了模块名：
      val pipeline = Module(new PipelineConnectPipe(left.bits))     //从这个apply()进来所创建的是PipelineConnectPipe（见后）
      pipeline.suggestName(moduleName.get)
      pipeline.io.in <> left                              //pipeline的输入来自左边
      pipeline.io.rightOutFire := rightOutFire            //pipeline右边输出的触发来自输入rightOutFire
      pipeline.io.isFlush := isFlush                      //pipeline的isFlush控制信号来自输入isFlush
      pipeline.io.out <> right                            // pipeline的输出去往右边
      pipeline.io.out.ready := right.ready && !block
      None
    }
    else {   //如果模块名无定义就通过上面的connect()另行建立连接，这就不是class PipelineConnectPipe了，但是原理一样。
      // do not use module here to please DCE
      Some(connect(left, right, rightOutFire, isFlush, block))       //直接调用PipelineConnect.connect()
    }
```

```
  }

  def apply[T <: Data, FlushT <: Data]( left: DecoupledIO[T], right: DecoupledIO[T],
                        flushFunc: (T, FlushT) => Bool, flush: FlushT, moduleName: Option[String]): Unit = {
        //参数flushFunc是个函数，按值调用。
    val pipe_buffer = Module(new PipelineConnectBuffer(left.bits, flush, flushFunc))
        //从这个apply()进来所创建的pipe_buffer是PipelineConnectBuffer（见后）
    if(moduleName.nonEmpty) pipe_buffer.suggestName(moduleName.get)
    pipe_buffer.io.in <> left              //pipe_buffer的输入来自左边
    pipe_buffer.io.out <> right            //pipe_buffer的输出去往右边
    pipe_buffer.io.flush := flush          //pipe_buffer的flush控制来自输入flush
  }

  def apply[T <: Data, FlushT <: Data, ExtraT <: Data]
      ( left: DecoupledIO[T], right: DecoupledIO[T], flushFunc: (T, FlushT) => Bool,
        flush: FlushT, extraGen: ExtraT, extraLatency: Int): PipelineConnectBufferWithExtraData[T, FlushT, ExtraT] = {
                                                        //参数flushFunc是个函数，按值调用。
    val pipe_buffer = Module(new PipelineConnectBufferWithExtraData(left.bits, flush, flushFunc, extraGen, extraLatency))
                          //从这个apply()进来所创建的pipe_buffer是PipelineConnectBufferWithExtraData（见后）
    pipe_buffer.io.in <> left              //pipe_buffer的输入来自左边
    pipe_buffer.io.out <> right            //pipe_buffer的输出去往右边
    pipe_buffer.io.flush := flush          //pipe_buffer的flush控制来自输入flush
    pipe_buffer
  }
}  //end object PipelineConnect
```

这个 object PipelineConnect 有三个 apply()函数，根据调用参数的不同而进入不同的 apply()函数，也可以说是因调用参数的不同而建立三种不同的管道。三个不同的 apply()函数决定了中间模块所采用的三种不同类型：class PipelineConnectPipe、class PipelineConnectBuffer 和 class PipelineConnectBufferWithExtraData。显然，调用 PipelineConnect.apply()函数创建管道时给的是什么样的参数，就决定了管道中采用的是哪一种模块。另外，object PipelineConnect 中定义了一个函数 connect()，但是实际上这个函数只是在第一个 apply()函数中用了一下，别的都是各自建立自己的连接，但是连接的原理是一样的。

其中的第一种模块是 class PipelineConnectPipe，这种模块的数据通路上只有一个寄存器：

```
class PipelineConnectPipe[T <: Data](gen: T) extends Module {
  val io = IO(new Bundle() {
    val in = Flipped(DecoupledIO(gen.cloneType))  //数据类型来自参数gen，DecoupledIO添上ready/valid，Flipped加以反向。
    val out = DecoupledIO(gen.cloneType)          //数据类型来自参数gen，只说DecoupledIO而不说Flipped，那就是输出。
    val rightOutFire = Input(Bool())              //来自右边的触发信号
    val isFlush = Input(Bool())
  })
  PipelineConnect.connect(io.in, io.out, io.rightOutFire, io.isFlush, false.B)      //通过PipelineConnect.connect()建立连接
}
```

在 class PipelineConnectPipe 这个中间模块中只有一个寄存器，所以在这个寄存器中的数据未被右边读走之前左边就不能写入，这样的缓冲属于“单缓冲”，或者说是长度为 1 的缓冲队列。

第二种模块是 class PipelineConnectBuffer，那就是“双缓冲”的了，或者说是长度为 2 的缓冲队列了。表面上其数据通路上也只有一个寄存器，但这个寄存器是双倍长度的，寄存器的内容是长度为 2 的向量，而且对这个向量的两个元素可以独立读写，所以实质上是两个寄存器。这两个寄存器按“跷跷板”的方式使用，即其中之一已被左边写入数据而等待右边读出时，左边可以继续写入另一个寄存器。然后，等右边把前面那个寄存器的内容读走之后，两个寄存器的角色就反了过来。下面是 class PipelineConnectBuffer 的代码：

```
class PipelineConnectBuffer[T <: Data, FlushT <: Data](gen: T, flushGen: FlushT, flushFunc: (T, FlushT) => Bool)
                                                                                              extends Module {
  val io = IO(new Bundle() {
    val in = Flipped(DecoupledIO(gen.cloneType))
    val out = DecoupledIO(gen.cloneType)
    val flush = Input(flushGen.cloneType)
  })

  val valid = RegInit(VecInit.fill(2)(false.B))   //valid是个2位寄存器，其初值都是0。
  val data = Reg(Vec(2, gen.cloneType))           //data是个寄存器，其宽度为参数gen的类型宽度的2倍。
  val older = RegInit(false.B)                    //older是个D触发器

  // out
  io.out.valid := valid.asUInt.orR                //只要valid寄存器的2位中至少有一位是1，io.out.valid就是1。
  io.out.bits := data(older)                      //io.out.bits来自寄存器data中的两份数据之一，取决于older的值（0或1）
  when (io.out.fire) {                            //当io.out受到触发时：
    valid(older) := false.B                           //把当前valid位置0
    older := !older                                   //把older位置反（1变0，0变1）
  }

  // in
  io.in.ready := !valid.asUInt.andR               //io.in.ready来自valid寄存器中的两位相或再取反
  val updateVec = WireInit(VecInit.fill(2)(false.B))              //updateVec是两根控制线，看作2位向量。
  when (io.in.valid && !flushFunc(io.in.bits, io.flush)) {        //如果左边的输入valid位为1，并且无flush要求：
    // how to choose: this_empty && (this_older || other_older && other_not_empty)
    when (!valid(0) && (!older || older && valid(1))) {            //如果valid(0)为0，并且 older为0 或 older和valid(1)均为1：
      valid(0) := true.B                                               //下一次就轮到valid(0)了
      data(0) := io.in.bits                                            //把左边的输入数据打入data(0)
      updateVec(0) := true.B                                           //把updateVec(0)设成1，表示已有更新。
    }.elsewhen (!valid(1) && (older || !older && valid(0))) {      //否则就把左边的输入数据打入data(1)
      valid(1) := true.B
      data(1) := io.in.bits
      updateVec(1) := true.B
    }
  }  //end when (io.in.valid && !flushFunc(io.in.bits, io.flush))

  // flush
  val flushVec = data.zip(valid).map{ case (d, v) => flushFunc(d, io.flush) && v }
  flushVec.zip(valid).foreach{ case (f, v) => when (f) { v := false.B }}
}  //end class PipelineConnectBuffer
```

第三种模块是 class PipelineConnectBufferWithExtraData。这是对第二种模块 class PipelineConnectBuffer 的扩充。扩充的目的，是要在原先以输入数据 gen 为负载的数据通道旁边添上一条并行的“额外”数据通道，用来承载另一路输入数据 extraGen。数据 extraGen 与 gen 原则上是两种不同类型的数据。但是当然，这两路数据是紧密相关的，共用相同的握手信号 ready 和 valid：

```
class PipelineConnectBufferWithExtraData[T <: Data, FlushT <: Data, ExtraT <: Data] (
            gen: T, flushGen: FlushT, flushFunc: (T, FlushT) => Bool, extraGen: ExtraT, extraLatency: Int )
                                                        extends PipelineConnectBuffer(gen, flushGen, flushFunc) {
            //这是对PipelineConnectBuffer的扩充，只是在数据gen的旁边并排添上了额外数据extraGen。
  require(extraLatency > 0, "why not use PipelineConnectBuffer?")
  require(extraLatency == 1, "only 1 is supported now")          //只支持1个时钟节拍的延迟

  val extra = IO(new Bundle {
    val in = Input(extraGen.cloneType)
    val out = Output(extraGen.cloneType)
  })

  val extraData = Reg(Vec(2, extraGen.cloneType))              //寄存器extraData的容量是extraGen类型长度的两倍
  for (i <- 0 until 2) {
    when (RegNext(updateVec(i) && !flushVec(i))) { extraData(i) := extra.in }   // “跷跷板”式轮流使用寄存器extraData的两半
  }

  // after out.fire, we assert(!older === RegNext(older))
  extra.out := extraData(!older)                        // extraData的输出。这与PipelineConnectBuffer中的data即gen是并行的。
}  //end class PipelineConnectBufferWithExtraData
```

代码中加了注释，读者应该不会感到困难。

5.20 Queue

我们在软件中常要用到队列，主要是为在某种产品（对象）的“生产者”与“消费者”之间提供适配，即速度上的缓冲与平滑。同样，在硬件上也需要有类似的机制和模块，为此 Chisel 提供了一个 class Queue，供硬件开发者们使用。例如：

```
val q = Module(new Queue(UInt(), 16))
q.io.enq <> producer.io.out              //让producer的输出进入队列，这是由producer控制的。
consumer.io.in <> q.io.deq               //让consumer从队列的出口获得队列元素，这是由consumer控制的。
```

这里创建了一个其类型（队列元素的类型）为 UInt，长度（容量）为 16 的 Queue 对象，并将此对象包装成一个独立的模块 q。作为一个队列，这个 q 有两个输入/输出端口：一个是 enq，意为 enqueue，这是让作为队列元素的 UInt 类对象进入队列的端口；另一个是 deq，意为 dequeue，这是让队列中的元素离开队列的端口。另外，有一个作为“生产者”的 producer 模块，这个模块有个输出口 out；还有一个作为“消费者”的 consumer 模块，它有个输入口 in。如果没有这个队列 q 的存在，那就只好直接把生产者的输出口与消费者直接相连，例如“consumer.io.in <> producer.io.out”。可是这样有个问题，当二者的相对速度有点波动，使消费者来不及消费处理的时候，就可能会发生产品的丢失（假定 producer 和 consumer 之间没有握手）。现在有

了队列 q，就可以在中间起到缓冲平滑的作用。

队列的功能是由 class Queue 提供的：

```
/** A hardware module implementing a Queue
  * @param gen The type of data to queue
  * @param entries The max number of entries in the queue
  * @param pipe True if a single entry queue can run at full throughput (like a pipeline). The "ready" signals are
  *            combinationally coupled.
  * @param flow True if the inputs can be consumed on the same cycle (the inputs "flow" through the queue
  *            immediately). The "valid" signals are coupled.
  * @param useSyncReadMem True uses SyncReadMem instead of Mem as an internal memory element.
  *
  */
@chiselName
class Queue[T <: Data](val gen: T, val entries: Int, val pipe: Boolean = false, val flow: Boolean = false,
             val useSyncReadMem: Boolean = false) (implicit compileOptions: chisel3.CompileOptions) extends Module() {
  require(entries > -1, "Queue must have non-negative number of entries")          //队列长度不得为负
  require(entries != 0, "Use companion object Queue.apply for zero entries")        //队列长度至少是1
  val genType = if (compileOptions.declaredTypeMustBeUnbound) {
    requireIsChiselType(gen)     //gen必须是Chisel类型
    gen
  } else {
    if (DataMirror.internal.isSynthesizable(gen)) {  //如果gen是个可综合类型的（硬件类）对象，例如Reg。
      chiselTypeOf(gen)                      //例如Reg的chiselType可以是UInt、SInt、Bool等。
    } else {                                  //如果gen的类型并非可综合类型
      gen
    }
  }

  val io = IO(new QueueIO(genType, entries))        //创建一个QueueIO对象，用作本队列的输入/输出端口。
  val ram = if (useSyncReadMem) SyncReadMem(entries, genType, SyncReadMem.WriteFirst)
          else Mem(entries, genType)               //队列需要有个缓冲区，要创建在一块存储器中，有不同的存储器可选。
  val enq_ptr = Counter(entries)                   //创建一个Counter，用作入队指针。
  val deq_ptr = Counter(entries)                   //再创建一个Counter，作为出队指针。
  val maybe_full = RegInit(false.B)                //创建一个触发器，用来标志“队列可能已满”。

  val ptr_match = enq_ptr.value === deq_ptr.value      //入队指针与出队指针一致
  val empty = ptr_match && !maybe_full                 //如果入队指针与出队指针一致，又不是maybe_full，那就是队列空。
  val full = ptr_match && maybe_full                   //如果入队指针与出队指针一致，并且maybe_full，那就是队列已满。
  val do_enq = WireDefault(io.enq.fire())              //do_enq是入队控制信号，来自io.enq.fire()。
  val do_deq = WireDefault(io.deq.fire())              //do_deq是出队控制信号，来自io.deq.fire()。

  when (do_enq) {                         //当入队控制信号do_enq为true时：
    ram(enq_ptr.value) := io.enq.bits         //将需要入队的数据写入存储器中入队指针所指向的地方
    enq_ptr.inc()                             //然后入队指针加1，向前推进入队指针
  }
```

```
  when (do_deq) {                       //当出队控制信号do_deq为true时：
    deq_ptr.inc()                              //出队指针加1，向前推进出队指针。存储器中的内容并未改变。
  }
  when (do_enq =/= do_deq) {            //当入队控制信号do_enq不等于出队控制信号do_deq时：
    maybe_full := do_enq                       //将do_enq连接到maybe_full，只要有入无出就可能使队列满。
  }

  io.deq.valid := !empty                //只要队列不空，出队端就有输出。
  io.enq.ready := !full                 //只要队列不满，就可以接受入队。

  if (useSyncReadMem) {         //如果采用的是SyncReadMem即同步读存储器：
    val deq_ptr_next = Mux(deq_ptr.value === (entries.U - 1.U), 0.U, deq_ptr.value + 1.U)
                       //指针deq_ptr_next的值二选一：如计数器已经到了其最大值就选0，否则就选deq_ptr.value + 1。
    val r_addr = WireDefault(Mux(do_deq, deq_ptr_next, deq_ptr.value))
                       //读出地址也是二选一：如do_deq为true就选deq_ptr_next，否则就选deq_ptr的当前值。
    io.deq.bits := ram.read(r_addr)     //从读出地址r_addr读出
  }
  else {                        //采用的是普通的存储器（如果读与写同时到来就不保证孰先孰后）：
    io.deq.bits := ram(deq_ptr.value)   //从出队指针所指的地方读出
  }

  if (flow) {                   //如果参数flow为true，即"直通"模式:
    when (io.enq.valid) { io.deq.valid := true.B }   //当io.enq.valid为true时将io.deq.valid也设为true.
    when (empty) {                      //当队列为空时：
      io.deq.bits := io.enq.bits               //把入队端直接连到出队端
      do_deq := false.B                        //将出队控制信号do_deq连到false（因为此时队列为空）
      when (io.deq.ready) { do_enq := false.B }   //出队端io.deq.ready为true（队列非空）时，把入队控制信号do_enq接到false。
    }   //end when (empty)
  }   //end if (flow)

  if (pipe) {                   //如果参数pipe为true（默认false）：
    when (io.deq.ready) { io.enq.ready := true.B }   //当出队端io.deq.ready时将io.enq.ready连到true。
  }

  val ptr_diff = enq_ptr.value - deq_ptr.value   //入队指针与出队指针的差距，入队在前出队在后。
  if (isPow2(entries)) {        //如果队列的容量entries是2的某次幂，例如2、4、8、16。
    io.count := Mux(maybe_full && ptr_match, entries.U, 0.U) | ptr_diff
        // maybe_full与ptr_match 均为true时Mux输出entries，否则输出0。
        //如果Mux的输出是0，就将其替换成ptr_diff。
  } else {                      //队列的容量entries不是2的某次幂
    io.count := Mux(ptr_match, Mux(maybe_full, entries.asUInt, 0.U),
                          Mux(deq_ptr.value > enq_ptr.value, entries.asUInt + ptr_diff, ptr_diff))
  }
}   //end class Queue
```

注意这些语句所描述的是生成电路的过程，而并非信号在电路中流通的过程。

这个队列的外部接口定义于 class QueueIO：

```
/** An I/O Bundle for Queues
  * @param gen The type of data to queue
  * @param entries The max number of entries in the queue.
  */
class QueueIO[T <: Data](private val gen: T, val entries: Int) extends Bundle {
  //See github.com/freechipsproject/chisel3/issues/765 for why gen is a private val and proposed replacement APIs.

  /* These may look inverted, because the names (enq/deq) are from the perspective of the client,
   *   but internally, the queue implementation itself sits on the other side of the interface so uses the flipped instance.
   */
  /** I/O to enqueue data (client is producer, and Queue object is consumer), is [[Chisel.DecoupledIO]] flipped. */
  val enq = Flipped (EnqIO(gen))              //对于队列的输入端而言数据gen是来自EnqIO的输入
  /** I/O to dequeue data (client is consumer and Queue object is producer), is [[Chisel.DecoupledIO]]. */
  val deq = Flipped (DeqIO(gen))              //deq是队列的输出，但是这输出来自队列内部，所以对于deq这是其来源。
  /** The current amount of data in the queue */
  val count = Output(UInt(log2Ceil(entries + 1).W))     //count是计数值，计数器的宽度为log2Ceil(entries + 1)。
}  //end class QueueIO
```

这里的 enq 和 deq 的类型就是我们在前面看到过的 EnqIO 和 DeqIO，但是都加了反向 Flipped。原因是 EnqIO 和 DeqIO 是站在 Producer 和 Consumer 立场，而现在这是站在队列本身的立场，所以正好反了个向：

```
/** Producer - drives (outputs) valid and bits, inputs ready.
  * @param gen The type of data to enqueue
  */
object EnqIO {          //这是站在Producer的立场，数据gen是Producer的输出：
  def apply[T<:Data](gen: T): DecoupledIO[T] = Decoupled(gen)            //为负载数据gen添上ready和valid
}
/** Consumer - drives (outputs) ready, inputs valid and bits.
  * @param gen The type of data to dequeue
  */
object DeqIO {          //这是站在Consumer的立场，数据gen对于Consumer而言是输入：
  def apply[T<:Data](gen: T): DecoupledIO[T] = Flipped (Decoupled(gen))       //为负载数据gen添上ready和valid，并反向
}
```

为方便使用，Chisel 也定义了一个 object Queue：

```
/** Factory for a generic hardware queue.
  * @param enq input (enqueue) interface to the queue, also determines width of queue elements
  * @param entries depth (number of elements) of the queue
  * @return output (dequeue) interface from the queue
  * @example {{{ consumer.io.in <> Queue(producer.io.out, 16) }}}
  */
object Queue{
  /** Create a queue and supply a DecoupledIO containing the product. */
```

```
  @chiselName
  def apply[T <: Data](enq: ReadyValidIO[T], entries: Int = 2, pipe: Boolean = false, flow: Boolean = false,
                                                 useSyncReadMem: Boolean = false): DecoupledIO[T] = {
    if (entries == 0) {          //容量为0的队列等于把输入和输出直接相连
      val deq = Wire(new DecoupledIO(chiselTypeOf(enq.bits)))
      deq.valid := enq.valid              //不存在Queue，输入端的valid直通输出端。
      deq.bits := enq.bits                //负载数据也是直通。
      enq.ready := deq.ready              //输出端的ready也直通输入端
      deq
    } else {                     //容量不为0，队列确实存在：
      val q = Module(new Queue(chiselTypeOf(enq.bits), entries, pipe, flow, useSyncReadMem))     //创建一个Queue
      q.io.enq.valid := enq.valid        // not using <> so that override is allowed        //把输入enq的valid连到q.io.enq的valid
      q.io.enq.bits := enq.bits           //把输入enq的负载与q.io.enq相连
      enq.ready := q.io.enq.ready         //把q.io.enq的ready输出连到输入enq的ready，以允许enq的数据进入队列。
      TransitName(q.io.deq, q)            //q.io.deq就是队列输出
    }
  }

  /** Create a queue and supply a IrrevocableIO containing the product. Casting from Decoupled is safe here because we know
    * the Queue has Irrevocable semantics; we didn't want to change the return type of apply() for backwards compatibility reasons.
    */
  @chiselName
  def irrevocable[T <: Data](enq: ReadyValidIO[T], entries: Int = 2, pipe: Boolean = false, flow: Boolean = false,
                                                 useSyncReadMem: Boolean = false): IrrevocableIO[T] = {
    val deq = apply(enq, entries, pipe, flow, useSyncReadMem)          //调用apply()创建Queue，其输出就是deq。
    require(entries > 0, "Zero-entry queues don't guarantee Irrevocability")
    val irr = Wire(new IrrevocableIO(chiselTypeOf(deq.bits)))
    irr.bits := deq.bits
    irr.valid := deq.valid
    deq.ready := irr.ready
    irr
  }
} //end object Queue
```

所以，除使用例如 Queue(…)创建队列外，还可以用 Queue.irrevocable(…)创建一个输出口类型为 IrrevocableIO 的队列。IrrevocableIO 的接口上数据的发送方可以在对方尚未发出 ready 之前就发出 valid，对方一旦发出 ready 就读入了数据，但是在此前发送方不得撤回 valid 或改变放在 bits 上的数据。

第 6 章

Chisel 编译的后端

前面讲过对用 Chisel 语言编写的程序代码（Chisel 代码）进行解析（Elaborate）的过程，解析的过程实际上就是在 Chisel 的编译器中把目标代码执行一遍，在执行的过程中对于一些“可综合（Synthesizable）”，即可以转化成所描述硬件的成分会产生一些作为中间产物的 IR（Intermediate Representation）表达，以“命令（Command）”的形式推送（push）到当前 Module 类对象内部的缓冲区_commands 中暂存。正因为这样，对 Chisel 代码的编译都是以 Module 对象为单位，实际上是一个由各种模块嵌套构成的金字塔式结构为单位的，每一个 Module 对象的内部都可以嵌套含有别的 Module 对象作为其结构成分即“部件（Component）”。另外，一个模块的内部一般都有不少的数据对象，逻辑运算门，Mux，加法器，比较器，分支（when）电路，导线连接等组合电路，以及作为时序电路的寄存器和存储器中，这些结构成分都体现在执行代码时所推送的命令中，最终也就体现在硬件中。用 Chisel 语言书写的硬件描述同时就是 Scala 语言的程序，属于 Scala 程序中“可综合”，可以转化成硬件的那一部分，但是离开 Scala 语言就不能单独存在，就好比我们谈论芯片设计的话语同时就是汉语，离开汉语不能单独存在一样。所谓 Chisel 语言，其实是用 Scala 语言定义的种种数据类型和相关的处理方法。而所谓“可综合”，所谓硬件描述，就是在执行过程中会为其推送某种命令的语言成分。对 Chisel 硬件描述代码的编译就是要将其转换成可以直接作为 EDA 软件输入的低层 HDL 代码，从而可由 EDA 软件产生可供半导体芯片加工的文档。人们一般把编译的过程分成前端和后端，前端负责对高级语言代码的解析和中间结果的生成，后端则负责目标代码的生成。对于目前的 Chisel 代码而言，目标代码就是 Verilog 的代码，或者也可以是 Firrtl 的代码。所以前面介绍过的解析过程就相当于 Chisel 编译的前端，下面要介绍的是 Chisel 编译的后端。

Chisel 语言编译/解释器的前端把以 Chisel 语言编写的硬件描述转换成了中间形式，即 IR 表达。但是 IR 是不能通过 EDA 软件加以“综合（Synthesis）”的，因为迄今为止尚无作为工业应用的 EDA 软件直接支持 Chisel 的 IR，即 Firrtl。所以，还必须根据 IR 生成出受 EDA 软件支持的硬件描述语言代码。从原理上说，根据 IR 可以生成各种不同低层 HDL 的代码，但是实际上目前 Chisel 只支持 Verilog 和 System Verilog 两种，而 System Verilog 只是对 Verilog 的扩充，所以实质上只支持 Verilog 这么一种（尚不支持 VHDL）。

Chisel 的 class ChiselStage 和 object ChiselStage 各有一个方法 emitVerilog()（调用参数不同），就是用来将一个用 Chisel 语言编写的硬件模块描述（Chisel 模块）编译成 Verilog 代码。在 Chisel 提供的测试程序中有个 class ModuleSpec，其中的一个用例就是对我们前面见过的 PlusOne 类对象调用 emitVerilog()（PlusOne 是对 Module 的扩充），就可将其编译成相应的 Verilog 代码：

```
property("emitVerilog((new PlusOne()..) shall produce a valid Verilog file in a subfolder") {
  emitVerilog(new PlusOne(), Array("--target-dir", "generated"))          //class PlusOne 是对 Module 的扩充。
        //为所创建 PlusOne 模块生成 Verilog 代码，将所生成的 verilog 代码置于目录“generated”之下。
  val s = Source.fromFile("generated/PlusOne.v").mkString("")          //所生成 Verilog 代码文件即为“PlusOne.v”。
  assert(s.contains("assign io_out = io_in + 32'h1"))     //验证所生成代码中有“assign io_out = io_in + 32'h1”这个 Verilog 语句。
}
```

这里给定待编译的对象是“new PlusOne()”，并指定将所生成的代码文件置于子目录“generated”中。所生成的 Verilog 文件则自动以所编译模块的类名 PlusOne 为文件名，以“.v”为扩展名。其实还有第三个参数 annotations，这可以是一个已经有些内容的 Annotation 序列，但是默认为空序列。

生成了目标文件之后，上面的脚本中又把文件的内容读回到一个字符串 s 中，这个字符串就是所生成的 Verilog 代码，然后验证这里面应该包含一行语句“assign io_out = io_in + 32'h1”，这个语句的意思是把 io_in 加上 32'h1，即 32 位的十六进制数 1 的结果，再赋值给 io_out。名为“赋值（assign）”实际上就是把一个加法器的输出连接到 io_out，而加法器的两个输入则分别来自 io_in 和一个常数 1，但那与这里要进行的比对无关，这里只是要验证所生成的 Verilog 代码中确实有这么一个语句。

这几行程序语句，可以写在一个 Scala 语言的脚本中，由 Scala 解释器加以执行；也可以在 Scala 的交互运行环境中在键盘上输入，由 Scala 的交互环境（其核心就是 Scala 解释器，解释器所执行的实质上就是编译过程，只是不产生 App）加以执行。这是个一气呵成，从 Chisel 代码输入一直到 Verilog 代码输出的过程，我们先对编译前端稍作回顾就可进入对后端的深入考察。

这里的 emitVerilog 是指 object emitVerilog；括号里的内容，包括“new PlusOne()”，是调用这个 object 的 apply()函数时的实参：

```
object emitVerilog {
  def apply (gen: => RawModule, args: Array[String] = Array.empty, annotations: AnnotationSeq = Seq.empty): Unit = {
    (new ChiselStage).emitVerilog(gen, args, annotations)
  }
}
```

参数 gen 是个“按名调用”的函数（相当于函数指针），我们称之为“生成函数”，这是不带参数的。在这里，这个函数的内容就是“new PlusOne()”，所以是不带参数的，其返回结果就是所创建的 PlusOne 类对象。但因为是“按名调用”，所以在作为参数传递时并不先加以执行，而是要到以后在 Scala 程序中被调用的时候才执行。PlusOne 类是对抽象类 Module 的扩充，从而也是对 RawModule 的扩充。在这个生成函数得到执行，从而创建 PlusOne 类对象的时候会执行其构造函数，包括对这个类中所定义的所有数据成分的初始化（lazy 数据除外），并执行其中所有的独立语句。所以，执行“new PlusOne()”的过程就是执行创建这个 Module，对其进行初始化的过程。如前所述，这也是通过 Chisel 的编译器对此模块进行解析的过程，这里的 object emitVerilog 实际上就是 Chisel 编译器的一个入口。

这里先创建一个 ChiselStage 对象，然后调用其函数 emitVerilog()，注意这与 object emitVerilog 同名，但并无关系。这个函数有三个调用参数。第一个参数就是“生成函数”gen，在我们这个情景中就是“new PlusOne()”，这里原封不动下传。第二个参数和第三个参数都有默认值，所以调用时不给实参也可以，其中第二个参数 args 本应是个 Array 即数组，里面都是命令行参数，在我们这个情景中就是“--target-dir generated”。第三个参数可以是个 Annotation 序列，但默认为空序列，因为编译是从零开始。

下面是 class ChiselStage 中 emitVerilog()的代码：

```
class ChiselStage extends Stage {
  …
  final def emitVerilog (gen: => RawModule, args: Array[String]= Array.empty, annotations: AnnotationSeq = Seq.empty): String = {
    execute(Array("-X", "verilog") ++ args, ChiselGeneratorAnnotation(() => gen) +: annotations)
      .collectFirst {          //执行完 execute()之后，对其结果执行 collectFirst()操作：
        case EmittedVerilogCircuitAnnotation(a) => a          //从中检出 EmittedVerilogCircuitAnnotation
        case EmittedVerilogModuleAnnotation(a) => a           //以及 EmittedVerilogModuleAnnotation
      }.map(_.value).mkString("")                //再从这两个 Annotation 中获取所包装的内容，转化成字符串。
  }
}
```

函数 emitVerilog()的调用参数与 emitVerilog.apply()相同，只是原封不动下传。可是这里调用 execute()函数的时候就不一样了。这里添加了一个命令行选项“-X verilog”，强制以 Verilog 代码为编译目标。并且创建了一个 ChiselGeneratorAnnotation 对象，把生成函数 gen 包装在里面，再将这个 Annotation 拼接到 Annotation 序列中。在我们这个情景中，由于 Annotation 序列为空，这就成为该序列中唯一的 Annotation。

执行 execute()这个函数的时候，参数 gen 这个函数的代码就是“new PlusOne”，其返回值当然是个 PlusOne 类对象，class PlusOne 是 RawModule 的后裔，所以允许被用在这里。由于是按名调用，gen()这个函数就不会先加执行，而只是按原样下传。第二个参数 args，现在成了“-X verilog --target-dir generated”。

函数 emitVerilog()的代码从语法上说只有一个语句，但是实际上包含了一大个过程，包括以下三步：

- 调用 execute()函数，这是 ChiselStage 类从抽象类 Stage 继承的。这个函数的执行就是对 Chisel 代码的编译过程，编译后返回一个 Annotation 序列即 AnnotationSeq。
- 通过（AnnotationSeq 的）collectFirst()操作扫描由 execute()返回的 Annotation 序列，从中抽取出 EmittedVerilogCircuitAnnotation 和 EmittedVerilogModuleAnnotation。
- 将所抽取的 EmittedVerilogCircuitAnnotation 和 EmittedVerilogModuleAnnotation 的内容转换成字符串，并返回这个字符串。所以 emitVerilog()的返回类型是 String。

当然，这里 execute()这一步是最复杂的。这个函数的执行过程就是对由生成函数 gen 所提供的 Chisel 代码进行解析和转换的全过程。在我们这个情景中，虽然传下的只是“new PlusOne()”这么一个语句，但是对这个语句的执行过程会涉及 Chisel 语言的方方面面，直接间接涉及其许许多多的语言成分，这些成分就以 Scala 的 object，class，trait 等形式存在于这个 Chisel 编译器中，成为编译器的一部分。执行后的输出结果则是一个以 EmittedVerilogCircuitAnnotation 和 EmittedVerilogModuleAnnotation 为核心的 Annotation 序列。另外，对 class PlusOne 的定义也必须已经存在于编译的环境中，否则就得通过命令行参数给定其文件路径。

从 class ChiselStage 的 execute()开始的流程，我们在前面第三、四两章中已经看到过。所不同的是，那是从 object ChiselMain 的 main()函数进去，在 main()中调用 stage.execute()，而 ChiselMain 中的 stage 就是个 ChiselStage 对象。现在则是从 object emitVerilog 进去，但同样也是调用 ChiselStage 的 execute()。所以，对于这个函数的执行过程，即 Chisel 代码编译过程中前端的流程，就不重复了，这里就从代码生成讲起。对于以 Verilog 为目标代码的编译，代码的生成器是 VerilogEmitter。但是这里要补充说明一下，命令行选项中的参数“verilog”是怎样导致采用 VerilogEmitter 为代码生成器的。

我们在前面 Chisel 编译那一章中看到，只要在命令行中加了“-X verilog”这个选项，编译的过程中就会将其转化成一个包含两个 Annotation 的序列，并将这个序列添加到 annotations 中。这两个 Annotation 分别是 RunFirrtlTransformAnnotation 和 EmitCircuitAnnotation。前者的内容为一个 Emitter 对象，后者的内容为这个 Emitter 的具体类型。如果命令行中给定的选项为“verilog”那么这个 Emitter 就是 VerilogEmitter。

但是也可能在命令行中忘记了给定这个选项，那也不要紧，因为我们在第三章中看到，在执行 Logger.makeScope(annotationsx)这个过程中的第一个步骤就是 AddDefaults，在这个步骤中会默认添上 RunFirrtlTransformAnnotation，以此作为“保底”的措施。当然，AddDefaults 这个步骤是由 class AddDefaults 实现的：

```
/** [[firrtl.options.Phase Phase]] that adds default [[FirrtlOption]] [[firrtl.annotations.Annotation Annotation]]s.
  * This is a part of the preprocessing done by [[FirrtlStage]].
  */
class AddDefaults extends Phase {
  override def prerequisites = Seq.empty
  override def optionalPrerequisiteOf = Seq.empty
  override def invalidates(a: Phase) = false

  val DefaultEmitterTarget: TransformDependency = Dependency[VerilogEmitter]     //如果没有给定就默认VerilogEmitter
```

```
  /** Append any missing default annotations to an annotation sequence */
  def transform(annotations: AnnotationSeq): AnnotationSeq = {
    var bb, em, im = true            //先假设成三者都需要，bb是BlackBox，em是Emitter，im是InfoMode
    annotations.foreach {
      case _: BlackBoxTargetDirAnno => bb = false                      //如果annotations中已经有了这个，bb就不需要了。
      case _: InfoModeAnnotation => im = false                         //如果annotations中已经有了这个，im就不需要了。
      case RunFirrtlTransformAnnotation(_: firrtl.Emitter) => em = false  //如果有了这个，em就不需要了。
      case _ =>
    }

    val default = new FirrtlOptions()
    val targetDir = annotations.collectFirst { case d: TargetDirAnnotation => d }.getOrElse(TargetDirAnnotation()).directory
    (if (bb) Seq(BlackBoxTargetDirAnno(targetDir)) else Seq()) ++      //如果bb为true，就创建一个BlackBoxTargetDirAnno
      // if there is no compiler or emitter specified, add the default emitter
    (if (em) Seq(RunFirrtlTransformAnnotation (DefaultEmitterTarget)) else Seq()) ++     //类推
    (if (im) Seq(InfoModeAnnotation()) else Seq()) ++
    annotations
  }
}
```

在 AddDefaults 这个阶段中，如果 annotations 中尚无 RunFirrtlTransformAnnotation，就要用默认的目标代码生成器 DefaultEmitterTarget，即 VerilogEmitter 为内容创建一个 RunFirrtlTransformAnnotation，并将其添加到 annotations 中去。此外对于 BlackBoxTargetDirAnno 和 InfoModeAnnotation 也是一样。这样，即使 AddDefaults 阶段的输入 annotations 中没有，其输出 annotations 中也就有了这三个 Annotation。当然我们在这里关心的只是 RunFirrtlTransformAnnotation，因为这个 Annotation 指定了所用的（目标）代码生成器。如果在“命令行”中未加指定，这个代码生成器就默认为 VerilogEmitter。

在我们这个情景中，在 class ChiselStage 的 emitVerilog()函数中调用 execute()时倒是明确给定了“verilog”这个参数的，所以实际上在 AddDefaults 阶段之前的 annotations 中就有了 RunFirrtlTransformAnnotation。

不过这里只是默认添加了 RunFirrtlTransformAnnotation，没有添加 EmitCircuitAnnotation，那可以到后端中才添加。顾名思义，EmitCircuitAnnotation 说明在完成对 Chisel 代码的解析之后还要继续进行 Firrtl 这一层的转换并生成对于电路的 Verilog 描述，如果不用转换当然就不需要用到了。

总而言之，只要不是在命令行中指定了使用别的 Emitter，实际使用的 Emitter 就总会是 VerilogEmitter。

这里还要补充说明，虽然最终要达到的目标是一样的，都是要生成 Verilog 代码，但是高层的组合以及提供给用户使用的手段是多种多样的。若是在 Scala 的交互环境中运行则另外还有一条执行路线，一样通往 VerilogEmitter，那就是从 object ChiselStage（不是 class ChiselStage）的 emitVerilog()开始：

```
object ChiselStage {          //注意这是 object ChiselStage，不是 class ChiselStage。
  …
  def emitVerilog(gen: => RawModule): String = {
    val phase = new PhaseManager(
      Seq(
        Dependency[chisel3.stage.phases.Checks],
        Dependency[chisel3.stage.phases.Elaborate],
        Dependency[chisel3.stage.phases.AddImplicitOutputFile],
        Dependency[chisel3.stage.phases.AddImplicitOutputAnnotationFile],
```

```
        Dependency[chisel3.stage.phases.MaybeAspectPhase],
        Dependency[chisel3.stage.phases.Convert],
        Dependency[firrtl.stage.phases.Compiler]  )      //end Seq，Verilog 代码的生成发生在 Compiler 阶段。
    )    //end new PhaseManager，这个 Seq 是创建 PhaseManager 对象的参数。

    phase.transform(Seq(ChiselGeneratorAnnotation(() => gen), RunFirrtlTransformAnnotation(new VerilogEmitter)))
                                        .collectFirst { case EmittedVerilogCircuitAnnotation(a) => a }.get.value
  }  //end emitVerilog()
}  //end object ChiselStage
```

这就更是直截了当，更简洁，写明了是以一个 VerilogEmitter 对象作为创建 RunFirrtlTransformAnnotation 的参数，并且直接就把 RunFirrtlTransformAnnotation 作为 Annotation 序列中的一个元素。我们不妨回顾一下，class PhaseManager 的定义是这样：

```
class PhaseManager (val targets: Seq[PhaseManager.PhaseDependency],
            val currentState: Seq[PhaseManager.PhaseDependency] = Seq.empty, val knownObjects: Set[Phase] = Set.empty)
                                        extends DependencyManager[AnnotationSeq, Phase] with Phase {
  import PhaseManager.PhaseDependency
  def copy(a: Seq[PhaseDependency], b: Seq[PhaseDependency], c: ISet[Phase]) = new PhaseManager(a, b, c)
}
```

上面的 phase 是个 PhaseManager 类对象，括号里的 Seq 就是它的构造参数 targets，另两个参数是默认的。所以，这里的 phase.transform()就是 PhaseManager 类的 transform()。不过 PhaseManager 类本身并未提供 transform()，它的 transform()是从 trait DependencyManager 继承过来的，其作用就是依次调用这个 Seq 中每个 Dependency 所述阶段类型对象的 transform()函数。这个 Seq 中的最后一个阶段所对应的类型是 Compiler，这就是后端的核心所在，Compiler 之前的阶段都属于 Chisel3，唯独 Compiler 属于 Firrtl，这个所谓 Compiler 是从中间 IR 开始的“编译”，而不是从 Chisel 代码开始的编译，实质上只是代码生成。

我们回顾一下在前端中走过的主要关节有两个：一个是 Elaborate，即对 Chisel 代码的解析，把 ChiselGeneratorAnnotation 对象中给定的 Chisel 代码转换成 ChiselCircuitAnnotation 对象以及包装在其中的 Circuit 对象。第二个是 Convert，将 ChiselCircuitAnnotation 对象转换成 FirrtlCircuitAnnotation，主要是将前者所包装的 Chisel 格式的 Circuit 对象转换成了包装在后者中的 Firrtl 格式的 Circuit 对象。

这样，我们就可以开始对后端的考察了。后端的主要节点就是 Compiler，由 class Compiler 加以实现，编译的起点就是 FirrtlCircuitAnnotation。当然，传递到 Compiler 的 Annotation 中含有很多 Annotation，其中的许多已经变成 DeletedAnnotation，但是真正作为 Compiler 输入的就是 FirrtlCircuitAnnotation。

后面我们将看到，后端的 Compiler 这个步骤依赖于 AddImplicitEmitter，所以我们先看一下这一步：

```
/** [[firrtl.options.Phase Phase]] that adds a [[firrtl.EmitCircuitAnnotation EmitCircuitAnnotation]] derived from a
  * [[firrtl.stage.CompilerAnnotation CompilerAnnotation]] if one does not already exist.
  */
class AddImplicitEmitter extends Phase {
  override def prerequisites = Seq(Depenency[AddDefaults])
  override def optionalPrerequisiteOf = Seq.empty
  override def invalidates(a: Phase) = false

  def transform(annos: AnnotationSeq): AnnotationSeq = {
```

```
    val emit = annos.collectFirst { case a: EmitAnnotation => a }
    val emitter = annos.collectFirst { case RunFirrtlTransformAnnotation(e: Emitter) => e }
    val compiler = annos.collectFirst { case CompilerAnnotation(a) => a }

    if (emit.isEmpty && (compiler.nonEmpty || emitter.nonEmpty)) {
      annos.flatMap {
        case a: CompilerAnnotation => Seq (a, RunFirrtlTransformAnnotation(compiler.get.emitter),
                                                    EmitCircuitAnnotation(compiler.get.emitter.getClass))
        case a @ RunFirrtlTransformAnnotation(e: Emitter) => Seq(a, EmitCircuitAnnotation(e.getClass))
        case a => Some(a)
      }
    } else {
      annos
    }
  }   //end transform()
}  //end class AddImplicitEmitter
```

显然，如果在 AnnotationSeq 只有 RunFirrtlTransformAnnotation 而没有 EmitAnnotation，这里就会补上一个 EmitCircuitAnnotation。其内容，即 Emitter 的类型，就来自 RunFirrtlTransformAnnotation。这样，当程序的执行进入 Compiler 这一步的时候，annos 这个 AnnotationSeq 中已经有了 RunFirrtlTransformAnnotation 和 EmitCircuitAnnotation。

不过，在进入 class Compiler 的代码之前得要先介绍两个 case class，因为这是一进入 class Compiler 的代码就要碰到的。

第一个 case class 是 CompilerRun，其定义为：

```
/** An encoding of the information necessary to run the FIRRTL compiler once */
private[stage] case class CompilerRun (stateIn: CircuitState, stateOut: Option[CircuitState],
                          transforms: Seq[Transform], compiler: Option[FirrtlCompiler], currentState: Seq[TransformDependency])
        //注意没有花括号部分。stateIn是输入，输出stateOut是Option[CircuitState]，可以为空。
        //Transforms是需要进行的各步变换，若给定compiler就是SFC或MFC，currentState是个TransformDependency序列。
```

这是个纯粹的数据结构，因为没有定义任何方法。代码中并未提供其配套 object，不过既然是 case class，Scala 就会自动为其补上一个 object CompilerRun，其 apply()函数的作用就是创建一个 CompilerRun 对象。

之所以称为 CompilerRun，下面会看到，就是编译器 Compiler 的一次 Run、一次运行。这是因为，从前端传过来的 Annotation 序列中有可能包含着不止一个的编译目标，这时候就要对这些目标分头进行编译，那就是编译过程的一次 Run，就像一个线程一样。所以，需要对传下来的 Annotation 序列进行分析，将其整理、分拆成一个或多个 CompilerRun 对象。

CompilerRun 中字段 stateIn 和 stateOut 的类型都是 CircuitState，这个 class 及其配套 object 的定义是：

```
/** Current State of the Circuit
  * @constructor Creates a CircuitState object
  * @param circuit The current state of the Firrtl AST

  * @param form The current form of the circuit
  * @param annotations The current collection of [[firrtl.annotations.Annotation Annotation]]
```

```
  * @param renames A map of [[firrtl.annotations.Named Named]] things that have been renamed.
  *     Generally only a return value from [[Transform]]s
  */
case class CircuitState (circuit: Circuit, form: CircuitForm, annotations: AnnotationSeq, renames: Option[RenameMap]) {
          //用来记录Circuit的当前状态，这里的Circuit是指Firrtl.Circuit。除作为参数的这4个数据成分外，其余都是函数：
  /** Helper for getting just an emitted circuit */
  def emittedCircuitOption: Option[EmittedCircuit] = emittedComponents.collectFirst { case x: EmittedCircuit => x }
  /** Helper for getting an [[EmittedCircuit]] when it is known to exist */
  def getEmittedCircuit: EmittedCircuit = emittedCircuitOption match {
    case Some(emittedCircuit) => emittedCircuit
    case None =>
          throw new FirrtlInternalException( s"No EmittedCircuit found! Did you delete any annotations?\n$deletedAnnotations")
  }
  /** Helper function for extracting emitted components from annotations */
  def emittedComponents: Seq[EmittedComponent] = annotations.collect { case emitted: EmittedAnnotation[_] => emitted.value }
  def deletedAnnotations: Seq[Annotation] = annotations.collect { case anno: DeletedAnnotation => anno }

  /** Returns a new CircuitState with all targets being resolved.
    * Paths through instances are replaced with a uniquified final target. Includes modifying the circuit and annotations
    * @param targets
    * @return
    */
  def resolvePaths(targets: Seq[CompleteTarget]): CircuitState = targets match {
    case Nil => this
    case _ =>
      val newCS = new EliminateTargetPaths().runTransform (this.copy(annotations = ResolvePaths(targets) +: annotations))
      newCS.copy(form = form)
  }

  /** Returns a new CircuitState with the targets of every annotation of a type in annoClasses
    * @param annoClasses
    * @return
    */
  def resolvePathsOf(annoClasses: Class[_]*): CircuitState = {
    val targets = getAnnotationsOf(annoClasses: _*).flatMap(_.getTargets)
    if (targets.nonEmpty) resolvePaths(targets.flatMap { _.getComplete }) else this
  }

  /** Returns all annotations which are of a class in annoClasses
    * @param annoClasses
    * @return
    */
  def getAnnotationsOf(annoClasses: Class[_]*): AnnotationSeq = {
    annotations.collect { case a if annoClasses.contains(a.getClass) => a }
  }
}  //end class CircuitState
```

与 class CircuitState 配套的是 object CircuitState：

```
object CircuitState {
  def apply(circuit: Circuit, form: CircuitForm): CircuitState = apply(circuit, form, Seq())
  def apply(circuit: Circuit, form: CircuitForm, annotations: AnnotationSeq): CircuitState =
                                                new CircuitState(circuit, form, annotations, None)
  def apply(circuit: Circuit, annotations: AnnotationSeq): CircuitState = new CircuitState(circuit, UnknownForm, annotations, None)
}
```

CompilerRun 类中另有一个字段 currentState，然而虽然名曰 State，它的类型却不是 CircuitState，而是 Seq[TransformDependency]。

注意 CompilerRun 类中的 transforms 这个数据成分，这是一个 Seq[Transform]。然而 Transform 是一个 trait，本身不能创建对象，所以这个序列中的元素所属的类，要么是直接间接扩充了 trait Transform 的某种具体类，要么是某种直接间接带有 trait Transform 的具体类。事实上 VerilogEmitter 就是这样的类。所以在创建 RunFirrtlTransformAnnotation 对象时可以用 new VerilogEmitter 作为参数，而后者所要求的参数类型正是 Transform。

至于 compiler 这个成分，其类型为 FirrtlCompiler，这现在已经不用了，放在这里只是为了保持兼容，所以 compiler 这个成分一般都是 None，但是如果给了实参那就是 SFC 或 MFC。SFC 意为“Scala-based FIRRTL Compiler”，而 MFC 意为“MLIR-based FIRRTL Compiler”。

第二个需要预先加以了解的 case class 是 Defaults。Defaults 对象的作用就好像是在分析、整理 Annotation 序列的过程中需要用到的笔记本，一开始时是空白，随着分析、整理的进程积累起一些信息，终究还是为 CompilerRun 的生成服务的：

```
/** An encoding of possible defaults for a [[CompilerRun]] */
private[stage] case class Defaults (annotations: AnnotationSeq = Seq.empty, transforms: Seq[Transform] = Seq.empty,
    compiler: Option[FirrtlCompiler] = None, currentState: Seq[TransformDependency] = Seq.empty)   //没有花括号
```

和 CompilerRun 一样，这也是个纯粹的数据结构，四个构造参数就是它的四个结构成分，全是有默认值的。同样，代码中也没有定义其配套的伴生 object，所以 Scala 也会自动为其补上一个 object Defaults，其 apply() 函数也是这四个参数。所以，如果引用的时候不给参数，而说 Defaults()，那就是创建一个其四个字段全是 empty 或 None 的对象，这就好比一个空白的笔记本。

另外，class Compiler 这个类带有从 trait Translator 继承的成分，所以我们还要先看一下 trai Translator：

```
/** A [[firrtl.options.TransformLike TransformLike]] that internally "translates" the input type to some other type,
  * transforms the internal type, and converts back to the original type.
  * This is intended to be used to insert a [[firrtl.options.TransformLike TransformLike]] parameterized by type `B`
  * into a sequence of [[firrtl.options.TransformLike TransformLike]]s parameterized by type `A`.
  * @tparam A the type of the [[firrtl.options.TransformLike TransformLike]]
  * @tparam B the internal type
  */
trait Translator[A, B] extends TransformLike[A] {
  /** A method converting type `A` into type `B`
    * @param an object of type `A`
    * @return an object of type `B`
    */
```

```
  protected implicit def aToB(a: A): B                              //抽象函数

  /** A method converting type `B` back into type `A`
    * @param an object of type `B`
    * @return an object of type `A`
    */
  protected implicit def bToA(b: B): A                              //抽象函数

  /** A transform on an internal type
    * @param b an object of type `B`
    * @return an object of type `B`
    */
  protected def internalTransform(b: B): B                          //抽象函数

  /** Convert the input object to the internal type, transform the internal type, and convert back to the original type
    */
  override final def transform(a: A): A = bToA (internalTransform (aToB(a)))

}   //end trait Translator
```

这里的泛型 A 和 B 可以是任何类型。这个 Trait 中提供了 aToB()、internalTransform()、bToA()三个抽象函数。而所提供的变换，即 transform()，则是一个分三步走的变换/映射过程：第一步是通过 aToB()把类型 A 的对象转换成 B 类；然后对所得的 B 类对象实施 internalTransform()，所得仍是 B 类对象，但可能是不同的 B 类对象；最后再通过 bToA()把所得的 B 类对象转换回 A 类，最后得到的仍是 A 类对象，但多半不会是原先的那个 A 类对象。至于 aToB()、internalTransform()、bToA()具体是什么，那就要在继承了这个 trait 的具体类中加以落实了。其实我们在前面看到过的 class DeletedWrapper 就是 with Translator 的。实际上，Firrtl 阶段的编译而言，需要实现的是 AnnotationSeq 的转换，泛型 A 就是指 AnnotationSeq；为要实现这种转换，我们先通过 aToB()把它变换成一串 CompilerRun，对这 CompilerRun 序列执行 internalTransform()，所以泛型 B 就是指 CompilerRun。最后，再通过 bToA()将所得的结果变换回 AnnotationSeq。

回到 Firrtl 阶段的编译过程，下面就是 class Compiler 的代码。注意这是 firrtl.stage.phases.Compiler（因为另外还有一个 Compiler）：

```
/** Runs the FIRRTL compilers on an [[AnnotationSeq]]. If the input [[AnnotationSeq]] contains more than
  * one circuit (i.e., more than one [[firrtl.stage.FirrtlCircuitAnnotation FirrtlCircuitAnnotation]]), then annotations
  * will be broken up and each run will be executed in parallel.
  *
  * The [[AnnotationSeq]] will be chunked up into compiler runs using the following algorithm. All annotations that
  * occur before the first [[firrtl.stage.FirrtlCircuitAnnotation FirrtlCircuitAnnotation]] are treated as global
  * annotations that apply to all circuits. Annotations after a circuit are only associated with their closest
  * preceeding circuit. E.g., for the following annotations (where A, B, and C are some annotations):
  *
  *      A(a), FirrtlCircuitAnnotation(x), B, FirrtlCircuitAnnotation(y), A(b), C, FirrtlCircuitAnnotation(z)
  *
  * Then this will result in three compiler runs:
  *      - FirrtlCircuitAnnotation(x): A(a), B
```

```
 *    - FirrtlCircuitAnnotation(y): A(a), A(b), C
 *    - FirrtlCircuitAnnotation(z): A(a)
 *
 * A(a) is a default, global annotation. B binds to FirrtlCircuitAnnotation(x). A(a), A(b), and C bind to
 * FirrtlCircuitAnnotation(y). Note: A(b) "may" overwrite A(a) if this is a CompilerAnnotation.
 * FirrtlCircuitAnnotation(z) has no annotations, so it only gets the default A(a).
 */
class Compiler extends Phase with Translator[AnnotationSeq, Seq[CompilerRun]] {
    //这是定义于package firrtl.stage.phases中的firrtl.stage.phases.Compiler
    //trait Translator中的泛型A和B，这里已指定为AnnotationSeq和Seq[CompilerRun]。
  override def prerequisites = Seq(Dependency[AddDefaults],                  //必须先执行这些步骤
                                   Dependency[AddImplicitEmitter],          //定义于package firrtl.stage.phases
                                   Dependency[Checks],                      //注意Chisel和Firrtl各有自己的class Checks
                                   Dependency[AddCircuit],
                                   Dependency[AddImplicitOutputFile])
  override def optionalPrerequisiteOf = Seq.empty
  override def invalidates(a: Phase) = false

  /** Convert an [[AnnotationSeq]] into a sequence of compiler runs. */
  protected def aToB (a: AnnotationSeq): Seq[CompilerRun] = { //将输入的Annotation序列分解/转换成一组CompilerRun的序列
    var foundFirstCircuit = false
    val c = mutable.ArrayBuffer.empty[CompilerRun]          //创建一个CompilerRun对象数组c
    a.foldLeft(Defaults()) {  //对a这个AnnotationSeq，从空白的Defaults开始折叠，依次与序列a中每个元素进行如下操作：
      case (d, FirrtlCircuitAnnotation(circuit)) =>  //d是Defaults，发现a中的这个元素是FirrtlCircuitAnnotation：
        foundFirstCircuit = true                              //发现了第一个FirrtlCircuitAnnotation
        CompilerRun(CircuitState(circuit, ChirrtlForm, d.annotations, None), None, d.transforms, d.compiler, d.currentState) +=: c
              //用FirrtlCircuitAnnotation的内容创建一个CircuitState对象，再以其为参数之一，结合Defaults中的已有信息，
              //创建一个CompilerRun对象，将其加入CompilerRun数组c。注意创建CircuitState对象时的参数d.transforms等，
              //写在d即Defaults对象这个“笔记本”中的内容会出现在每个CompilerRun中。
        d     //返回d作为到当前为止的左折叠结果，返回了d这个Defaults对象，所以下一步又是d与下个元素之间的操作。
              //注意这时候的d可能已不再是原始的Defaults对象了，见下面的d.copy()操作。
              //但是一旦foundFirstCircuit变成true，d的内容就不再改变。
      case (d, a) if foundFirstCircuit =>  //对于下一个(d, a)二元组，即序列中的下一个元素，如果foundFirstCircuit已是true：
        a match {   //具体操作视元素a是何种Annotation而定
          case RunFirrtlTransformAnnotation (transform) =>        //是RunFirrtlTransformAnnotation，给定了所用的Emitter。
            c(0) = c(0).copy(transforms = transform +: c(0).transforms)
                 //c(0)就是数组c中最新创建的那个CompilerRun对象（见上一个case）。
                 //从RunFirrtlTransformAnnotation复制其transform，即VerilogEmitter类对象
                 //注意这个transform，即VerilogEmitter类对象，是放在其余transforms的前面。
            d        //返回d，即在折叠操作中用作“种子”的Defaults对象（其内容在本次折叠中并未改变）
          case CompilerAnnotation (compiler) =>     //CompilerAnnotation已经不再使用，这里仅为兼容。
            c(0) = c(0).copy(compiler = Some(compiler))
            d
          case CurrentFirrtlStateAnnotation(currentState) =>   //其内容来自命令行中的“-- start-from”选项和一个依赖序列
            c(0) = c(0).copy(currentState = currentState ++ c(0).currentState)
            d
```

```
          case annotation =>   //对于其余的种种Annotation则照抄：
            val state = c(0).stateIn
            c(0) = c(0).copy(stateIn = state.copy(annotations = annotation +: state.annotations))
            d
        }  //注意一旦foundFirstCircuit变成true，d的内容就不再改变了。
      case (d, a) if !foundFirstCircuit =>      //foundFirstCircuit是false，尚未碰上第一个FirrtlCircuitAnnotation：
        a match {
          case RunFirrtlTransformAnnotation (transform) => d.copy(transforms = transform +: d.transforms)
              //RunFirrtlTransformAnnotation的发现先于FirrtlCircuitAnnotation，将所承载信息加入Defaults的transforms序列。
              //前端在创建RunFirrtlTransformAnnotation时的参数transform是“new Verilog Emitter”。
              //在输入的annotations中遇到这个Annotation后Defaults.transforms中就有了VerilogEmitter。
              //在第一个FirrtlCircuitAnnotation之前遇到的Annotation应作用于所有的CompilerRun对象。
              //所以这个transform被复制到d，即Defaults对象中。
          case CompilerAnnotation (compiler) => d.copy(compiler = Some(compiler))
              // CompilerAnnotation已经过时不再使用，这里仍作为一个case只是为了兼容。
          case CurrentFirrtlStateAnnotation(currentState) => d.copy(currentState = currentState ++ d.currentState)
              //此种Annotation很少用到，意图是让经验丰富的人可以跳过Firrtl编译过程中某一步或某几步。
          case annotation => d.copy(annotations = annotation +: d.annotations)        //照抄其余的种种Annotation。
        }  //在foundFirstCircuit变成true之前遇到的所有Annotation都会进入d，即Defaults类对象。
    }
    c.toSeq       //把数组c中的内容转换成一个序列，并返回此队列。
  }  //end aToB

  /** Expand compiler output back into an [[AnnotationSeq]]. Annotations used in the construction of the
    * compiler run are removed ([[CompilerAnnotation]]s and [[RunFirrtlTransformAnnotation]]s).
    */
  protected def bToA (b: Seq[CompilerRun]): AnnotationSeq =
        //将经过编译、包含编译结果的CompilerRun序列转换成所生成目标代码的Annotation序列。
    b.flatMap(bb => FirrtlCircuitAnnotation(bb.stateOut.get.circuit) +: bb.stateOut.get.annotations)      //信息都在stateOut中

  /** Run the FIRRTL compiler some number of times. If more than one run is specified,
    * a parallel collection will be used.
    */
  protected def internalTransform (b: Seq[CompilerRun]): Seq[CompilerRun] = {
        //将整理出来的CompilerRun对象序列中的输入stateIn中间结果转换成目标代码stateOut，
    //结果仍是一个CompilerRun对象序列，但是内容已经不同。
    def f (c: CompilerRun): CompilerRun = {        //这是对每一个具体CompilerRun对象执行的函数
      val targets = c.compiler match {        //根据该CompilerRun对象中compiler成分的情况：
        case Some(d) =>          //给定了具体的compiler。如果annotations中有CompilerAnnotation，那就c.compiler非空：
          c.transforms.reverse.map(Dependency.fromTransform(_)) ++ compilerToTransforms(d)
              //c.transforms中应该有来自RunFirrtlTransformAnnotation的transform，即VerilogEmitter。
                  // compilerToTransforms()将c.compiler中的VerilogCompiler转换成VerilogEmitter，见后。
        case None =>          // c.compiler为空。没有CompilerAnnotation，但应该有RunFirrtlTransformAnnotation：
          val hasEmitter = c.transforms.collectFirst { case _: firrtl.Emitter => true }.isDefined
              //例如class VerilogEmitter extends … with Emitter（trait Emitter定义于package firrtl中），则hasEmitter为true。
          if (!hasEmitter) {   //这只有在不存在RunFirrtlTransformAnnotation的情况下才会发生
```

```
            throw new PhasePrerequisiteException("No compiler specified!")
        } else {   //由于RunFirrtlTransformAnnotation肯定会存在，c.transforms就不可能是空。
            c.transforms.reverse.map(Dependency.fromTransform)
                //map()操作所调用的函数是object Dependency的fromTransform()，与上面相比少了compilerToTransforms(d)
        }
    }  //end val targets    //不管CompilerRun.compiler中有没有内容，targets的内容总是来自CompilerRun.transforms。

    val tm = new firrtl.stage.transforms.Compiler(targets, c.currentState)
                //注意这是另一个class Compiler，定义于package firrtl.stage.transforms。
                //参数targets首先来自CompilerRun.compiler中的FirrtlCompiler序列（见上）。
                //如果CompilerRun.compiler为空，则来自CompilerRun.transforms；
                //而CompilerRun.transforms则来自RunFirrtlTransformAnnotation（见aToB()）
    /* Transform order is lazily evaluated. Force it here to remove its resolution time from actual compilation. */
    val (timeResolveDependencies, _) = firrtl.Utils.time { tm.flattenedTransformOrder }
    logger.info(f"Computed transform order in: $timeResolveDependencies%.1f ms")
    /* Show the determined transform order */
    logger.info("Determined Transform order that will be executed:\n" + tm.prettyPrint("    "))
    /* Run all determined transforms tracking how long everything takes to run */
    val (timeExecute, annotationsOut) = firrtl.Utils.time { tm.transform(c.stateIn) }   //调用所创建tm对象的transform()函数
            //执行Firrtl的“编译”，实际上就是代码生成（Emit）。
            //注意这里传给tm.transform()的实参是c.stateIn，而下面更新到stateOut的则是annotationsOut。
    logger.info(f"Total FIRRTL Compile Time: $timeExecute%.1f ms")
    c.copy(stateOut = Some(annotationsOut))    //复制并返回该CompilerRun对象，但更新其stateOut字段。
  }  //end f()

  // internalTransform()的程序是从这里开始的，上面只是对于函数f()的定义。
  if (b.size <= 1) { b.map(f) }            //如果序列中最多只有一个CompilerRun对象，就对其执行函数f()。
  else { collection.parallel.immutable.ParVector(b: _*).par.map(f).seq }
  //如果序列中有多个CompilerRun对象，就并发执行每个CompilerRun对象的函数f()。
}  //end internalTransform()

private def compilerToTransforms(a: FirrtlCompiler): Seq[TransformDependency] = a match {
  case _: firrtl.NoneCompiler => Forms.ChirrtlForm
  case _: firrtl.HighFirrtlCompiler => Forms.MinimalHighForm
  case _: firrtl.MiddleFirrtlCompiler => Forms.MidForm
  case _: firrtl.LowFirrtlCompiler => Forms.LowForm
  case _: firrtl.VerilogCompiler | _: firrtl.SystemVerilogCompiler => Forms.LowFormOptimized
  case _: firrtl.MinimumVerilogCompiler => Forms.LowFormMinimumOptimized
}
} //end class Compiler
```

与别的阶段一样，Compiler 阶段也有先决条件 prerequisites，DependencyManager 会保证这些阶段的操作在 Compiler 之前得到执行，这与前面别的那些阶段是一样的，这里列为先决条件的阶段有些与前端中的阶段同名，但却是定义于不同的 package 中。以 Checks 为例，前端 Chisel 和后端 Firrtl 就各有自己的 class Checks，一个在 package chisel3.stage.phases 中，另一个在 package firrtl.stage.phases 中，不过所进行的处理倒是大同小异。

也与前端一样，DependencyManager 会调用这个 class Compiler 的 transform()函数。然而我们在这里看到这个 class Compiler 并未定义自己的 transform()函数，它的这个函数是从 trait Translator 继承下来的。因此，当 DependencyManager 调用 class Compiler 的 transform()函数时，实际调用的是 trait Translator 提供的 transform()。我们在前面看到，trait Translator 中的这个 transform()所进行的操作是三步，即 aToB()、internalTransform()、bToA()，但是这三个都是抽象函数。现在这三个抽象函数在这个 class Compiler 中都已得到落实。

前面 trait Translator 中的两个泛型 A 和 B，在 class Compiler 的定义中已经指定成 AnnotationSeq 和 Seq[CompilerRun]，说明对于 class Compiler 而言 A 是 AnnotationSeq，而 B 是 Seq[CompilerRun]。所以 aToB()是从 Annotation 序列到 CompilerRun 序列的转换，bToA()则与之相反。换言之，编译的过程是先根据 AnnotationSeq 生成一串 CompilerRun 对象；再对这些 CompilerRun 对象进行某些操作，结果仍是一串 CompilerRun 对象；最后将这串 CompilerRun 对象转换回一个 AnnotationSeq，在这个 AnnotationSeq 就有所生成的 Verilog 代码。

结合 class Compiler 的代码。这里的第一步以输入 annotations 为参数调用其 aToB()函数，在这个函数中通过左折叠操作依次扫描整个 annotations，为其中的每个 FirrtlCircuitAnnotation 创建一个 CompilerRun 对象，每个 CompilerRun 对象代表着一个编译任务。这是因为，在启动编译的命令行中或许会输入了多个"--module"选项，那就有多个编译目标，多项编译任务。当然，大多数的情况下只有一项任务，那就只有一个 CompilerRun 对象。第二步以所得的 CompilerRun 对象序列为参数，调用 class Compiler 的 internalTransform()，以实施每个 CompilerRun 对象所指定和描述的编译任务，所生成结果写入 CompilerRun 对象的 stateOut 字段。最后所得仍是一个 CompilerRun 对象序列，当然实施以后这个新序列中的每个 CompilerRun 对象已经发生了变化，其 stateOut 字段已被设置成编译产生的 annotationsOut（见上）。第三步再以所得 CompilerRun 对象序列为参数，调用 class Compiler 的 bToA()函数，所返回的是作为整个编译过程的输出 annotations。

这里的关键是，既然输入 Annotation 序列 annotations 中可以有多个 FirrtlCircuitAnnotation。那就得对整个 Annotation 序列进行一番整理，搞清哪些 Annotation 属于哪个 FirrtlCircuitAnnotation。对此在 class Compiler 的代码前面有一段注释：

```
/** Runs the FIRRTL compilers on an [[AnnotationSeq]]. If the input [[AnnotationSeq]] contains more than one circuit
  * (i.e., more than one [[firrtl.stage.FirrtlCircuitAnnotation FirrtlCircuitAnnotation]]), then annotations will be
  * broken up and each run will be executed in parallel.
  *
  * The [[AnnotationSeq]] will be chunked up into compiler runs using the following algorithm. All annotations that
  * occur before the first [[firrtl.stage.FirrtlCircuitAnnotation FirrtlCircuitAnnotation]] are treated as global
  * annotations that apply to all circuits. Annotations after a circuit are only associated with their closest
  * preceeding circuit. E.g., for the following annotations (where A, B, and C are some annotations):
  *
  *      A(a), FirrtlCircuitAnnotation(x), B, FirrtlCircuitAnnotation(y), A(b), C, FirrtlCircuitAnnotation(z)
  *
  * Then this will result in three compiler runs:
  *    - FirrtlCircuitAnnotation(x): A(a), B
  *    - FirrtlCircuitAnnotation(y): A(a), A(b), C
  *    - FirrtlCircuitAnnotation(z): A(a)
  *
  * A(a) is a default, global annotation. B binds to FirrtlCircuitAnnotation(x). A(a), A(b), and C bind to
  * FirrtlCircuitAnnotation(y). Note: A(b) "may" overwrite A(a) if this is a CompilerAnnotation.
  * FirrtlCircuitAnnotation(z) has no annotations, so it only gets the default A(a).
  */
```

这就是说，假定 annotations 中有这么一些 Annotation:

A(a), FirrtlCircuitAnnotation(x), B, FirrtlCircuitAnnotation(y), A(b), C, FirrtlCircuitAnnotation(z)

这里有三个 FirrtlCircuitAnnotation，分别是对于三个编译目标 x、y、z 的。此外又有 A(a)、B、A(b)、C 这么几个别的 Annotation，按所述的次序排列。那样，就得整理成三个 CompilerRun，每个 FirrtlCircuitAnnotation 都构成一个独立的 CompilerRun。Annotation 序列中的 A(a)出现在第一个 FirrtlCircuitAnnotation 之前，所以是公共的。第一个 FirrtlCircuitAnnotation 后面，第二个之前还有个 B，那就归第一个 CompilerRun，所以第一个 CompilerRun 的 Annotation 序列就是“FirrtlCircuitAnnotation(x), A(a), B”。同理，第二个 CompilerRun 的 Annotation 序列就是“FirrtlCircuitAnnotation(y), A(a), A(b), C”。第三个 FirrtlCircuitAnnotation 后面没有别的 Annotation 了，所以第三个 CompilerRun 的 Annotation 序列就只有“FirrtlCircuitAnnotation(z) ，A(a)”。

先看 aToB()，这个函数将 annotations 转换成一个 CompilerRun 对象的序列。这里用的是 Scala 对于序列的左折叠操作 foldLeft()，这里再对此作些说明。假定有个序列 s =（s1, s2, s3, …），另有一个作为起点的值 z，那么 s.foldLeft(z)(op)表示调用由序列 s 提供的函数 foldLeft()，这个函数有两个参数，即 z 和 op，只不过把参数写成了两截。这个函数所进行的操作是：先进行 z 与序列中第一个元素 s1 的计算 z op s1，将结果暂存作比方说 z1，然后进行 z1 op s2 计算，余可类推。所以，如果在 Scala 的交互执行环境键入“(List（1，2，3，4，5))foldLeft 10 (_ * _)”，就得到结果 1200，因为这里给定的 op 是乘法运算。注意这里的 op 是个函数。在 aToB()中，这个 op 函数就是花括号里面的一大片内容，而系列 s 就是 a，一个 AnnotationSeq，即 annotations。至于 z，一开始是 Defaults()，其内容是空白，但是随着 foldLeft 的每一步操作，其内容也可能在改变，那就相当于 z1、z2 等，基本取决于具体 Annotation 与 Defaults 对象中当前内容的组合，当然有些情况下 Defaults 的内容并未改变。这里之所以用 foldLeft()而不是 map()，是因为 foldLeft()计入了既往历史（反映在 Defaults 对象的内容中）的作用和积累。

再看 internalTransform()，这个函数的核心在于对函数 f()的执行。如果只有一个 CompilerRun 对象就单线程执行，有多个CompilerRun对象就多线程并发执行，但这并不影响函数 f()的逻辑。函数 f()以一个CompilerRun 对象为输入，为其创建一个 Compiler 对象，并调用其 transform()函数，以完成对具体编译目标的编译，所得结果是承载着目标代码的 annotationsOut，这个 Annotation 被记入具体 CompilerRun 对象的 stateOut 字段。所以，internalTransform()的返回值仍是一个 CompilerRun 序列，只是其内容已经不同了。

但是注意这里创建的Compiler对象tm可不是前面的那个Compiler，现在创建的是firrtl.stage.transforms.Compiler，即定义于 package firrtl.stage.transforms 中的 class Compiler，而前面那个是定义于 package firrtl.stage.phases 中的 class Compiler。

创建下面这个 Compiler 对象时的参数 targets，则来自 CompilerRun 对象中的 compiler 和 transforms 两个字段。从 aToB()的代码中可见：如果 AnnotationSeq 中有 CompilerAnnotation，其内容就是一个 FirrtlCompiler 对象，所以就将其复制到 Defaults 的 compiler 字段，最终又被写入 CompilerRun.compiler 字段。可是如果 AnnotationSeq 中没有 CompilerAnnotation，那 CompilerRun.compiler 字段就是空，但是 CompilerRun.transforms 不会是空，因为 AnnotationSeq 中一定会有 RunFirrtlTransformAnnotation，而 RunFirrtlTransformAnnotation 的内容就是 VerilogEmitter（或其它 Emitter）的类型。这样，在创建这个 Compiler 对象 tm 的时候，其第一个参数 targets 中就会有 VerilogEmitter，并且很可能只有一个 VerilogEmitter。

最后是 bToA()。这个函数扫描 CompilerRun 序列，从每个 CompilerRun 对象的 stateOut 字段中读取其 circuit 部分，将其包装成一个 FirrtlCircuitAnnotation，并将其拼接入原有的 annotations，即该编译单元的 annotationsOut，成为一个综合的 Annotation 序列。

在这三步操作中，实质性的操作是第二步，就是 internalTransform()。而 internalTransform()的核心则是定义于其内部的函数 f()。

我们在前面看到 object ChiselStage 的 emitVerilog()中，调用 phase.transform()时的参数中就有：

```
phase.transform(Seq(ChiselGeneratorAnnotation(() => gen), RunFirrtlTransformAnnotation(new VerilogEmitter)))
```

显然，这里在创建 RunFirrtlTransformAnnotation 时的参数就是一个 VerilogEmitter 对象，换言之被包装在这个 Annotation 中的也就是一个 VerilogEmitter 对象。我们看一下 class RunFirrtlTransformAnnotation 的定义，

看看为什么可以用 VerilogEmitter 对象作为 RunFirrtlTransformAnnotation 的载荷：

```
case class RunFirrtlTransformAnnotation(transform: Transform) extends NoTargetAnnotation
```

可见 RunFirrtlTransformAnnotation 所包装的内容，也是其唯一的结构成分，其类型是 Transform。然而 Transform 是个 trait，所以不可能有 Transform 类对象，而只能是扩充或 with 这个 trait 的某类对象。我们看一下 trait Transform 的定义：

```
/** The basic unit of operating on a Firrtl AST */
trait Transform extends TransformLike[CircuitState] with DependencyAPI[Transform] {
   /** A convenience function useful for debugging and error messages */
  def name: String = this.getClass.getName

   /** Perform the transform, encode renaming with RenameMap, and can delete annotations
     * Called by [[runTransform]].
     * @param state Input Firrtl AST
     * @return A transformed Firrtl AST
     */
  protected def execute(state: CircuitState): CircuitState                    //抽象函数
  def transform (state: CircuitState): CircuitState = execute(state)
     //所以前面对 tm.transform()的调用就是对这个函数的调用，所给实参是那里的 c.stateIn，就是 CompilerRun 中的 stateIn。
  import firrtl.CircuitForm.{ChirrtlForm => C, HighForm => H, MidForm => M, LowForm => L, UnknownForm => U}
  override def prerequisites: Seq[Dependency[Transform]] = …
  override def optionalPrerequisites: Seq[Dependency[Transform]] = …
  …
  override def invalidates(a: Transform): Boolean = {…}
  private[firrtl] def prepare(state: CircuitState): CircuitState = state
   /** Perform the transform and update annotations. */
  final def runTransform(state: CircuitState): CircuitState = {
    val result = execute(prepare(state))
    Transform.remapAnnotations(name, state, result, logger)
  }
}
```

顾名思义，Transform 就是转换，所以这里还有 Dependency 序列 prerequisites，这也和 RunFirrtlTransform 这个名称一致。这里的 transform()调用 execute()，就是要让 execute()完成所需的转换。然而 execute()在这里是个抽象函数，还需要在具体类中加以落实。对 Transform 进行扩充的类有不少，与编译有关的主要就是抽象类 SeqTransform：

```
/** For transformations that are simply a sequence of transforms */
abstract class SeqTransform extends Transform with SeqTransformBased {
  def execute(state: CircuitState): CircuitState = {          //这个函数在class VerilogEmitter中被重载
    val ret = runTransforms(state)
    CircuitState(ret.circuit, outputForm, ret.annotations, ret.renames)
  }
}
```

显然，抽象类 SeqTransform 的 transform()就是 Transform 的 transform()；抽象类 SeqTransform 的 execute()函数则会调用 runTransforms()，这个函数来自 trait SeqTransformBased。但是下面我们会看到，抽象类 SeqTransform 的这个 execute()在 VerilogEmitter 类中被重载覆盖了，既然如此我们就没有必要去关心这个了。

VerilogEmitter 类是对 SeqTransform 的一种扩充，从而也就继承了 trait Transform，当然可以被用作创建 RunFirrtlTransformAnnotation 的参数：

```
class VerilogEmitter extends SeqTransform with Emitter {
    …
    override def execute (state: CircuitState): CircuitState = {…}        //这是后面要讲的重点，注意这个“override”。
                                                    // VerilogEmitter以其execute()函数重载了SeqTransform的execute()
}   //class VerilogEmitter的代码体量很大，有1000多行。
```

注意 VerilogEmitter 用自己的 execute()函数替代了它从 SeqTransform 继承的 execute()函数。这样一来，SeqTransform 的 execute()函数怎么定义对我们就没有意义了，所以对 VerilogEmitter.transform()的调用最后就会落实到 VerilogEmitter.execute()。

从 trait Transform 到 class VerilogEmitter 的派生/继承路线是：Transform > SeqTransform > VerilogEmitter；我们在这里借用“>”这个符号表示派生。而 trait Transform 则又继承了 trait DependencyAPI 和 trait TransformLike。这就是 class VerilogEmitter 的“家世”。这样，只要调用 VerilogEmitter 的 transform()函数，实际上受到调用的是 trait Transform 中的 transform()，那个函数会调用同一 trait 中的抽象函数 execute()，这个 execute()在抽象类 SeqTransform 中得到落实，但在具体类 VerilogEmitter 中又被重载。所以，对 VerilogEmitter.transform()的调用就转化成对 VerilogEmitter.execute()的调用。

再看 class Compiler，这是定义于 package firrtl.stage.transforms 中的 class Compiler。前面那个 Compiler 则是定义于 package firrtl.stage.phases 中的 Compiler，前面 Compiler.internalTransform()中的关键语句就是对 tm.transform(c.stateIn)的调用，这个 tm 就是在那里创建的 firrtl.stage.transforms.Compiler 对象：

```
  /** A [[firrtl.stage.TransformManager TransformManager]] of */
class Compiler (targets: Seq[TransformManager.TransformDependency],
                currentState: Seq[TransformManager.TransformDependency] = Seq.empty,
                knownObjects: Set[Transform] = Set.empty) extends TransformManager(targets, currentState, knownObjects) {
    //这是定义于package firrtl.stage.transforms中的class Compiler
  override val wrappers = Seq((a: Transform) => ExpandPrepares(a),
                              (a: Transform) => CatchCustomTransformExceptions(a),
                              (a: Transform) => UpdateAnnotations(a))
  override def customPrintHandling (tab: String, charSet: CharSet, size: Int)
: Option[PartialFunction[(Transform, Int), Seq[String]]] = {…}
}
```

显然，这个 Compiler 类并未定义自己的 transform()函数。但这个 Compiler 类是对 TransformManager 的扩充，而且它的构造参数 targets 也只是原封不动传给了 TransformManager，在自己的构造函数中根本就没有触及。对于 class TransformManager 我们就不细看了，但是需要看一下它的构造界面：

```
class TransformManager (val targets: Seq[TransformManager.TransformDependency],
     val currentState: Seq[TransformManager.TransformDependency] = Seq.empty, val knownObjects: Set[Transform] = Set.empty)
                          extends Transform with DependencyAPIMigration with DependencyManager[CircuitState, Transform]
```

可见 TransformManager 在继承 Transform 的同时还继承了 DependencyManager，而后者的 transform()函数则会依次调用 targets 中各个元素的 transform()函数，并且 targets 中肯定有个 VerilogEmitter 对象。这样，前面 internalTransform()中对 tm.transform()的调用就落实到了对 VerilogEmitter.transform()的调用，进而就是对 VerilogEmitter.execute()的调用，因为 VerilogEmitter 以其 execute()覆盖了抽象类 SeqTransform 中的 execute()函数。

下面我们就要深入到 VerilogEmitter 的代码，以其 execute()函数为入口，这是 Firrtl 阶段“编译”的核心。

顺便说一下，Firrtl 所提供的 Emitter 不只是 VerilogEmitter 这么一种，还有别的 Emitter。对此 Firrtl 先定义了一个抽象类：

```
sealed abstract class FirrtlEmitter(form: CircuitForm) extends Transform with Emitter {…}
```

可见这个 FirrtlEmitter 也是像 class VerilogEmitter 相似，extends Transform with Emitter，只不过 FirrtlEmitter 是直接继承 Transform，而 VerilogEmitter 去 SeqTransform 拐了个弯，但是实际上一样。然后，从 FirrtlEmitter 又派生出 Firrtl 的种种 Emitter：

```
class ChirrtlEmitter extends FirrtlEmitter(CircuitForm.ChirrtlForm)
class MinimumHighFirrtlEmitter extends FirrtlEmitter(CircuitForm.HighForm){…}
class HighFirrtlEmitter extends FirrtlEmitter(CircuitForm.HighForm)
class MiddleFirrtlEmitter extends FirrtlEmitter(CircuitForm.MidForm)
class LowFirrtlEmitter extends FirrtlEmitter(CircuitForm.LowForm)
```

但是当然，我们只关心 VerilogEmitter，下面我们就要进入 VerilogEmitter.execute()了。

6.1　VerilogEmitter

Firrtl 阶段编译的核心在于目标代码的生成和发送，针对不同的目标代码有不同的 Emitter，其中最重要的无疑是 VerilogEmitter。事实上，对于 Chisel 而言，Verilog/System Verilog 代码也是目前唯一能为大规模商用 EDA 软件接受的输出。SystemVerilogEmitter 是对 VerilogEmitter 的扩充，但是二者相差甚微所以我们只需关心后者就可以了。

如前所述，前面 internalTransform()中对 tm.transform()的调用最终会落实到对 VerilogEmitter.execute()的调用，现在我们就看一下 VerilogEmitter 的 execute()函数：

```
class VerilogEmitter extends SeqTransform with Emitter {
  …
  override def execute(state: CircuitState): CircuitState = {
    val writerToString = (writer: java.io.StringWriter) => writer.toString.replaceAll("""(?m) +$""", "") // trim trailing whitespace

    val newAnnos = state.annotations.flatMap {
      case EmitCircuitAnnotation(a) if this.getClass == a =>           //来自命令行选项“emit-circuit”
        val writer = new java.io.StringWriter
        emit(state, writer)                                    //这是EmitCircuitAnnotation代码生成阶段的主体，输入输出都在state中。
        Seq(EmittedVerilogCircuitAnnotation( EmittedVerilogCircuit(state.circuit.main, writerToString(writer), outputSuffix)) )
                                                               //生成的是EmittedVerilogCircuitAnnotation
      case EmitAllModulesAnnotation(a) if this.getClass == a =>    //来自命令行选项"emit-modules"
        val cs = runTransforms(state)                          //对来自前端的中间结果进行预处理
```

```
        val emissionOptions = new EmissionOptions(cs.annotations)
        val moduleMap = cs.circuit.modules.map(m => m.name -> m).toMap
        cs.circuit.modules.flatMap {
          case dm @ DescribedMod(d, pds, module: Module) =>
              //dm的类型是DescribedMod，在Module基础上增添了descriptions（d）和portDescriptions（pds）两种信息。
            val writer = new java.io.StringWriter
            val renderer = new VerilogRender(d, pds, module, moduleMap, cs.circuit.main, emissionOptions)(writer)
            renderer.emit_verilog()                          //调用VerilogRender.emit_verilog()
            Some(
              EmittedVerilogModuleAnnotation( EmittedVerilogModule(module.name, writerToString(writer), outputSuffix) )
            )
          case module: Module =>
            val writer = new java.io.StringWriter
            val renderer = new VerilogRender(module, moduleMap, cs.circuit.main, emissionOptions)(writer)
            renderer.emit_verilog()                          //也是调用VerilogRender.emit_verilog()
            Some(
              EmittedVerilogModuleAnnotation( EmittedVerilogModule(module.name, writerToString(writer), outputSuffix) )
            )
          case _ => None
        }
      case _ => Seq()
    }
    state.copy(annotations = newAnnos ++ state.annotations)
  }  //end execute()
}  //end class VerilogEmitter，这里仅是关于函数 execute()的摘要。
```

从这个函数的代码可见，VerilogEmitter 只对 EmitCircuitAnnotation 和 EmitAllModulesAnnotation 这两种 Annotation 有反应，对别的 Annotation 都会视若无睹。我们在前端看到，EmitCircuitAnnotation 是因命令行选项“--emit-circuit”而产生的，EmitAllModulesAnnotation 则是因命令行选项“--emit-module”而产生。而 VerilogEmitter 对这两种 Annotation 的处理结果，也分别是 EmittedVerilogCircuitAnnotation 和 EmittedVerilogModuleAnnotation，所承载的内容则分别为 EmittedVerilogCircuit 和 EmittedVerilogModule。

从表面上看，VerilogEmitter 对这两种 Annotation 的处理是不同的，对 EmitCircuitAnnotation 的处理都在 emit()这个函数中。而对 EmitAllModulesAnnotation 的处理则分两种情况，CircuitState 对象中 circuit.modules 的内容可能有两种，除正常的 Module 类对象外也有可能是 DescribedMod。后者是在 Module 基础上增添了 descriptions（代码中的 d）和 portDescriptions（代码中的 pds）两种信息。这是因为当编译对象为“正宗”Firrtl 代码时可能会有一步 Dependency[firrtl.AddDescriptionNodes]的处理，这在从 Chisel 编译过来的中间结果中是没有的。但是从这里的代码中看，二者其实也是大同小异，只是创建的 VerilogRender 对象有点不同，然后就一样了，都是调用 renderer.emit_verilog()。

那么在处理 EmitCircuitAnnotation 时的 emit()究竟是干了些什么呢？我们就来看一下：

[VerilogEmitter.execute() > emit()]

```
class VerilogEmitter extends SeqTransform with Emitter {
  …
  def emit (state: CircuitState, writer: Writer): Unit = {
```

```
    val cs = runTransforms(state)              //对于来自前端的中间结果进行预处理
    val emissionOptions = new EmissionOptions(cs.annotations)
    val moduleMap = cs.circuit.modules.map(m => m.name -> m).toMap
    cs.circuit.modules.foreach {
      case dm @ DescribedMod(d, pds, m: Module) =>
        val renderer = new VerilogRender(d, pds, m, moduleMap, cs.circuit.main, emissionOptions)(writer)
        renderer.emit_verilog()
      case m: Module =>
        val renderer = new VerilogRender(m, moduleMap, cs.circuit.main, emissionOptions)(writer)
        renderer.emit_verilog()                //生成并发送Verilog代码
      case _ => // do nothing
    }
  }  //end emit()
}
```

原来其实也是一样，也是先 runTransforms()，然后对 CircuitState 对象中的 circuit.modules 序列进行处理，也是分 DescribedMod 和 Module 两种情况，也是创建一个 VerilogRender 对象，再调用其 emit_verilog()。总而言之都是大同小异，显然这里的这些代码是可以优化的。

这样，我们只要任选其中的一个分支，理解了这个分支的流程，就理解了全部三个分支的流程。我们就通过这个 emit()的流程来理解 VerilogEmitter。

VerilogEmitter 类的代码体量很大，有 1300 多行，要把整个代码都列出在这儿是不现实的，其实也并无必要，因为一些细节对于我们的理解并不具有重要意义。所以我们分多次，从不同的角度和切入点进行摘要介绍。首先我们看一下这个类大体上的格局：

```
class VerilogEmitter extends SeqTransform with Emitter {
  …
  val outputSuffix = ".v"                 //输出文件的后缀是“.v”，这是Verilog代码。
  val tab = "  "                          //Verilog 代码中的 Tab 键占位宽度
  …
  private val maxCol = 120                //所生成 Verilog 代码中的行宽
  …
    //内部定义了两个与生成代码格式选项有关的 class，但我们对格式上的细节并不关心。
  private[firrtl] class EmissionOptionMap[V <: EmissionOption](val df: V) {…}
  private[firrtl] class EmissionOptions(annotations: AnnotationSeq) {…}
    //内部定义了一个 class VerilogRender，这是实际生成/投放 Verilog 代码的底层执行者。
  class VerilogRender (description: Seq[Description], portDescriptions: Map[String, Seq[Description]], m: Module,
     moduleMap: Map[String, DefModule], circuitName: String, emissionOptions: EmissionOptions)(implicit writer: Writer) {
                   //这里的前面两个参数description和portDescriptions是针对DescribedMod的
    def this (m: Module, moduleMap: Map[String, DefModule], circuitName: String, emissionOptions: EmissionOptions)
          (implicit writer: Writer) = { this(Seq(), Map.empty, m, moduleMap, circuitName, emissionOptions)(writer) }
    def this (m: Module, moduleMap: Map[String, DefModule])(implicit writer: Writer) = {
      this(Seq(), Map.empty, m, moduleMap, "", new EmissionOptions(Seq.empty))(writer)
    }       // class VerilogRender有三个不同的构造界面，创建VerilogRender对象时可以按实际情况选择使用。
    val netlist = mutable.LinkedHashMap[WrappedExpression, InfoExpr]()       //类似于配线表
    val namespace = Namespace(m)
```

```
namespace.newName("_RAND") // Start rand names at _RAND_0
val portdefs = ArrayBuffer[Seq[Any]]()                                //外部端口列表
// maps ifdef guard to declaration blocks
val ifdefDeclares: mutable.Map[String, ArrayBuffer[Seq[Any]]] = …     //代码中IFDEF条件块的列表
val declares = ArrayBuffer[Seq[Any]]()                                //代码中信号/变量申明的列表
val instdeclares = ArrayBuffer[Seq[Any]]()
val assigns = ArrayBuffer[Seq[Any]]()                                 //代码中assign语句的列表
val attachSynAssigns = ArrayBuffer.empty[Seq[Any]]
val attachAliases = ArrayBuffer.empty[Seq[Any]]
 // No (aka synchronous) always blocks, keyed by clock
val noResetAlwaysBlocks = mutable.LinkedHashMap[Expression, ArrayBuffer[Seq[Any]]]()
                    //AlwaysBlocks是所生成Verilog代码中含有always @(posedge clk)之类代码块的列表
 // One always block per async reset register, (Clock, Reset, Content)
 // An alternative approach is to have one always block per combination of clock and async reset,
 // but Formality doesn't allow more than 1 statement inside async reset always blocks
val asyncResetAlwaysBlocks = mutable.ArrayBuffer[(Expression, Expression, Seq[Any])]()
                    //这是另一种AlwaysBlocks，含有 always @(posedge clk or posedge rst)之类代码块的列表。
 // Used to determine type of initvar for initializing memories
var maxMemSize: BigInt = BigInt(0)
 // maps ifdef guard to initial blocks
val ifdefInitials: mutable.Map[String, ArrayBuffer[Seq[Any]]] = …

val initials = ArrayBuffer[Seq[Any]]()
 // In Verilog, async reset registers are expressed using always blocks of the form:
 // always @(posedge clock or posedge reset) begin
 //     if (reset) ...
 // There is a fundamental mismatch between this representation which treats async reset
 // registers as edge-triggered when in reality they are level-triggered.
 // When not randomized, there is no mismatch because the async reset transition at the start
 // of simulation from X to 1 triggers the posedge block for async reset.
 // When randomized, this can result in silicon-simulation mismatch when async reset is held high
 // upon power on with no clock, then async reset is dropped before the clock starts. In this
 // circumstance, the async reset register will be randomized in simulation instead of being reset.
 // To fix this, we need extra initial block logic to reset async reset registers again post-randomize.
val asyncInitials = ArrayBuffer[Seq[Any]]()
 // memories need to be initialized even when randomization is disabled
val memoryInitials = ArrayBuffer[Seq[Any]]()
val simulates = ArrayBuffer[Seq[Any]]()                 //用于模拟(Simulate)的代码块列表
val formals = mutable.LinkedHashMap[Expression, ArrayBuffer[Seq[Any]]]()
…
val moduleTarget = CircuitTarget(circuitName).module(m.name)
} //end class VerilogRender
…
override def execute (state: CircuitState): CircuitState = {…} // VerilogRender的程序执行入口，见前。
} //end class VerilogEmitter
```

这个摘要中略去了除 execute()以外的所有函数定义，只剩下 val 和内嵌 class 定义。VerilogEmitter 类中有三个内嵌的 class 定义，其中两个都是关于代码格式选项，对此我们不感兴趣，因为相关细节并不影响我们对代码的理解。但是另一个，即 class VerilogRender，那就重要了，这是实际生成/投放 Verilog 代码的底层执行者，实际的 Verilog 代码生成都在这里。Render 这个词在计算机图像处理中用得很多，一般都翻译成“渲染”，但是说代码渲染总不太合适。其实 Render 本来就有“投放”的意思，比方说把一个画面“投放”到屏幕上。所以，我们说 VerilogRender 就是 Verilog 代码的投放。实际上 Render 与 Emit 也没有多大区别，因为在 Firrtl 这一层上其实谈不上什么 Compile，所需要的就是 Emit，宏观一点就是 Render。下面我们称 Emit 和 Render 为“发送”和“投放”。

对 class VerilogEmitter 的大体格局有所了解之后，我们换个角度，看看 Verilog 代码是怎么被投放出来的，这就要看 class VerilogRender 内部一些函数的摘要了：

```
class VerilogRender (description: Seq[Description], portDescriptions: Map[String, Seq[Description]], m: Module,
        moduleMap: Map[String, DefModule], circuitName: String, emissionOptions: EmissionOptions) (implicit writer: Writer) {
  def emit_streams(): Unit = {                    //发送一个Verilog模块定义的代码：
    build_description(description).foreach(emit(_))
    emit(Seq("module ", m.name, "(", m.info))          //模块定义的第一行
    for (x <- portdefs) emit(Seq(tab, x))              //括号里是一串端口申明
    emit(Seq(");"))                                    //最后是分号
    …
    for ((clk, content) <- noResetAlwaysBlocks if content.nonEmpty) {   //发送累积在noResetAlwaysBlocks中的always语句：
      emit(Seq(tab, "always @(posedge ", clk, ") begin"))
      for (line <- content) emit(Seq(tab, tab, line))          //具体的内容在line中
      emit(Seq(tab, "end"))
    }  //end for，这就是Verilog代码中“always @(posedge clk) begin”代码块的发送

    for ((clk, reset, content) <- asyncResetAlwaysBlocks if content.nonEmpty) {
                                  //发送积累在asyncResetAlwaysBlocks中的那些always语句：
      emit(Seq(tab, "always @(posedge ", clk, " or posedge ", reset, ") begin"))
      for (line <- content) emit(Seq(tab, tab, line))          //具体的内容在line中
      emit(Seq(tab, "end"))
    }  //end for，这就是Verilog代码中“always @(posedge clk or posedge reset) begin”代码块的发送

    …
    if (formals.keys.nonEmpty) {
      for ((clk, content) <- formals if content.nonEmpty) {
        emit(Seq(tab, "always @(posedge ", clk, ") begin"))
        for (line <- content) emit(Seq(tab, tab, line))
        emit(Seq(tab, "end"))
      }  //end for，这是Verilog代码中另一种“always @(posedge clk) begin”代码块的发送
    }
    emit(Seq("endmodule"))                             //Verilog模块定义的最后一行
  }  //end emit_streams()，所以emit_streams()就是把预先就生成在noResetAlwaysBlocks等缓冲区中的语句发送出去

  def build_streams(s: Statement): Unit = {…}          //生成这些语句，存放在不同的缓冲区中。

  // Turn ports into Seq[String] and add to portdefs
```

```
def build_ports(): Unit = {
  …
  // Turn directions into strings (and AnalogType into inout)
  val dirs = m.ports.map {
    case Port(_, name, dir, tpe) =>
      (dir, tpe) match {
        case (_, AnalogType(_)) => "inout "      // padded to length of output
        case (Input, _) => "input "
        case (Output, _) => "output"
      }
  }
  // Turn types into strings, all ports must be GroundTypes
  val tpes = m.ports.map {
    case Port(_, _, _, tpe: GroundType) => stringify(tpe)
    case port: Port => error(s"Trying to emit non-GroundType Port $port")
  }
  …
}   //end build_ports()

def update (e: Expression, value: Expression, clk: Expression, en: Expression, info: Info) = {   //生成“赋值”语句：
  val lines = noResetAlwaysBlocks.getOrElseUpdate(clk, ArrayBuffer[Seq[Any]]())
  if (weq(en, one)) lines += Seq(e, " <= ", value, ";")
  else {
    lines += Seq("if (", en, ") begin")
    lines += Seq(tab, e, " <= ", value, ";", info)
    lines += Seq("end")
  }
}   //end update()

def invalidAssign(e: Expression) = {
  assigns += Seq("`ifdef RANDOMIZE_INVALID_ASSIGN")
  assigns += Seq("assign ", e, " = ", rand_string(e.tpe, "RANDOMIZE_INVALID_ASSIGN"), ";")
  assigns += Seq("`endif // RANDOMIZE_INVALID_ASSIGN")
}

def regUpdate (r: Expression, clk: Expression, reset: Expression, init: Expression) = {    //生成寄存器“赋值”语句：
  def addUpdate(info: Info, expr: Expression, tabs: Seq[String]): Seq[Seq[Any]] = expr match {
    case m: Mux =>
      if (m.tpe == ClockType) throw EmitterException("Cannot emit clock muxes directly")
      if (m.tpe == AsyncResetType) throw EmitterException("Cannot emit async reset muxes directly")

      val (eninfo, tinfo, finfo) = MultiInfo.demux(info)
      lazy val _if = Seq(tabs, "if (", m.cond, ") begin", eninfo)
      lazy val _else = Seq(tabs, "end else begin")
      lazy val _ifNot = Seq(tabs, "if (!(", m.cond, ")) begin", eninfo)
      lazy val _end = Seq(tabs, "end")
```

```
            lazy val _true = addUpdate(tinfo, m.tval, tab +: tabs)
            lazy val _false = addUpdate(finfo, m.fval, tab +: tabs)
            lazy val _elseIfFalse = {
              val _falsex = addUpdate(finfo, m.fval, tabs)            // _false, but without an additional tab
              Seq(tabs, "end else ", _falsex.head.tail) +: _falsex.tail
            }
            …
        }   //end addUpdate()

        if (weq(init, r)) {         // Synchronous Reset
          val InfoExpr(info, e) = netlist(r)
          noResetAlwaysBlocks.getOrElseUpdate(clk, ArrayBuffer[Seq[Any]]()) ++= addUpdate(info, e, Seq.empty)
        } else {                    // Asynchronous Reset
          assert(reset.tpe == AsyncResetType, "Error! Synchronous reset should have been removed!")
          val tv = init
          val InfoExpr(finfo, fv) = netlist(r)
          // TODO add register info argument and build a MultiInfo to pass
          asyncResetAlwaysBlocks += ( (clk, reset, addUpdate(NoInfo, Mux(reset, tv, fv, mux_type_and_widths(tv, fv)), Seq.empty) ))
        }
      }   //end regUpdate()
      …                                    //还有一些
    }   //end class VerilogRender
```

从上面这些摘要可以看出，最终 Verilig 代码中关于一个模块的定义是由 VerilogRender 中的 emit_streams()函数发送的，是这个函数生成并发送 module/endmodule 的框架，并生成其内部的 always 语句，诸如“always @(posedge clk) begin … end”和“always @(posedge clk or posedge reset) begin … end”这样的语句框架。至于 begin 与 end 之间的那块语句，是预先就生成好在 noResetAlwaysBlocks 和 asyncResetAlwaysBlocks 缓冲区中的。所以，在 emit_streams()之前得要先 build_streams()才行。函数 build_streams()的输入参数类型是 Statement，那就是从 Chisel 的 Command 转换过来的。所以 build_streams()就是将 Statement 转化成 Verilog 语句，存放在 noResetAlwaysBlocks 和 asyncResetAlwaysBlocks 等缓冲区中，然后由 emit_streams()将这些语句纳入 Verilog 的模块定义框架并发送出去。在 build_streams()的过程中，则要调用许多底层的函数，以“赋值”即 update 语句为例，这里就有 update()和 regUpdate()，后者是对寄存器的“赋值”，即把信号线连到寄存器的输入端，所用的符号是“<=”，相当于 Chisel 中的“:=”。

注意从 Chisel 代码编译过来的 Verilog 代码，从语言的角度只是 Verilog 的一个不大的子集，实际上也只需要这么一个不大的子集。这是因为，有些语言成分是 Chisel 这一层上不能表达也无须表达的，例如对逻辑信号高阻状态的表达，以符号#开头的时序表达等。再如对于 Verilog 中的函数调用，实际上已经体现在 Chisel 代码这一层上的函数调用，相当于已经 inline 展开。还有 Verilog 中的生成循环，也已经体现在 Chisel 代码中的循环。当然，这样一来，在 Chisel 代码中推送的命令，数量就可能很大，最后发送的 Verilog 代码可能冗长无比，但是对于 EDA 软件而言这根本就不是问题。当然，Chisel 的那些语素中有一套命名规则，会体现在所推送的命令和最后生成的 Verilog 代码中。

不过这只是事情的一个方面，事情的另一个方面是，从 Chisel 编译产生的大量 Command 转换过来的 Statements 需要经过大量的整理和优化，才能用来生成 Verilog 语句，这是通过从 trait SeqTransformBased 继承下来的函数 runTransforms()进行的。这个函数提供的只是一个框架，就是依次实现一系列的变换，关键在于变换序列的长度和具体变换的复杂度。

6.2 第一步：对中间结果的预处理 runTransforms()

对于来自前端的中间结果，在真正生成目标代码并发送之前还需要一些预处理，这就是 runTransforms()需要完成的工作，注意这是在 VerilogEmitter 的 emit()函数中调用这个函数，但如前所述这个函数是间接从 trait SeqTransformBased 继承的：

```
[VerilogEmitter.execute() > emit() > runTransforms()]

trait SeqTransformBased {
  def transforms: Seq[Transform]                //这是个有待落实的抽象函数，应该返回一个Transform对象的序列。
  protected def runTransforms(state: CircuitState): CircuitState =
                                    transforms.foldLeft(state) { (in, xform) => xform.runTransform(in) }
        //对调用transforms()所返回的序列进行左折叠，对给定的CircuitState依次调用各Transform对象的runTransform()。
}
```

这个函数要执行的操作，是要对函数 transforms()所返回的 Transform 对象序列实施左折叠，折叠的起点就是当前的 CircuitState 对象，折叠中要执行的函数是调用具体 Transform 对象的 runTransform()函数。

但是函数 transforms()在 trait SeqTransformBased 中是个抽象函数，在 VerilogEmitter 中得到了落实：

```
[VerilogEmitter.execute() > emit() > runTransforms() > transforms()]

  /** Preamble for every emitted Verilog file */
  def transforms = new TransformManager(firrtl.stage.Forms.VerilogOptimized, prerequisites).flattenedTransformOrder
```

创建一个 TransformManager 对象，然后返回其 flattenedTransformOrder。这是 TransformManager 类从 trait DependencyManager 继承下来的 lazy val，不过反正总是在创建了 TransformManager 对象以后才引用它的这个 lazy val flattenedTransformOrder。这里的关键是，创建 TransformManager 对象时对于参数 targets 所给定的实参是 object Forms 中的 VerilogOptimized 这个用于预处理加工的步骤序列，而且其中的每一步又可能有对于先行步骤即 prerequisites 的依赖要求，这样就形成了二维的树状乃至网状的依赖关系。而 flattenedTransformOrder 则是对 targets 这些依赖关系进行整理，该引入的引入，有重复的去掉，然后按依赖关系排序，形成一份线性的一维依赖关系序列 Seq[Transform]，这与我们在前端看到的编译过程中的各个步骤其实是一样的。

先看 class TransformManager 的定义：

```
/** A [[Transform]] that ensures some other [[Transform]]s and their prerequisites are executed.
  * @param targets the transforms you want to run
  * @param currentState the transforms that have already run
  * @param knownObjects existing transform objects that have already been constructed
  */
class TransformManager(val targets: Seq[TransformManager.TransformDependency],
                       val currentState: Seq[TransformManager.TransformDependency] = Seq.empty,
                       val knownObjects: Set[Transform] = Set.empty) extends Transform
                           with DependencyAPIMigration with DependencyManager[CircuitState, Transform] {
  override def execute(state: CircuitState): CircuitState = transform(state)
  override def copy(a: Seq[Dependency[Transform]], b: Seq[Dependency[Transform]], c: Set[Transform]) =
```

```
                                        new TransformManager(a, b, c)
}
```

显然，TransformManager 会逐一调用 targets 这个序列中每个元素的 transform()函数。

这里的关键，是创建 TransformManager 对象时参数 targets 的实参 Forms.VerilogOptimized，这是个相当长的变换序列。Forms 是个 object，里面针对编译的不同目标和质量要求给出了不同的变换，即 Transform 序列。而 VerilogOptimized，则是其中的一个变换序列。不过这里的每一步变换，与 Chisel 编译过程中的变换相比，复杂程度就差远了。这里的 transform()只是一道道对来自前端的中间结果进行预处理和加工的简单工序。其中的每一道工序都不复杂，只是这个加工序列相当长，尤其是 VerilogOptimized 这个序列就更长。至于 object Form 之所以称为 Form，应该也是来自 Transform 这个词：

```
object Forms {
  val ChirrtlForm: Seq[TransformDependency] = Seq.empty
    //ChirrtlForm是空白，意味着如果要Emit的目标代码是Chirrtl就无需任何处理。但要Emit别的目标代码就要层层加码。
  …
  val MinimalHighForm: Seq[TransformDependency] = ChirrtlForm ++
    Seq(
      Dependency(passes.CheckChirrtl),                    //对代码结构和命名合法性的检查
      Dependency(passes.CInferTypes),                     //一些类型说明的格式转换
      Dependency(passes.CInferMDir),                      //对存储器端口方向的推断
      Dependency(passes.RemoveCHIRRTL),                   //进一步去除Chisel的残余
      Dependency[annotations.transforms.CleanupNamedTargets]    //一些语法上的处理
    )

  val Checks: Seq[TransformDependency] =
    Seq(
      Dependency(passes.CheckHighForm),                   //又一次对代码结构和命名合法性的检查
      Dependency(passes.CheckTypes),                      //检查类型以及连接双方的类型是否匹配，
      Dependency(passes.CheckFlows),                      //检查信号的流向是否有冲突
      Dependency(passes.CheckWidths)                      //检查数据的宽度是否合理
    )

  val Resolved: Seq[TransformDependency] = MinimalHighForm ++ Checks ++       //注意这是二者相加，再加下面这个Seq：
    Seq(
      Dependency(passes.ResolveKinds),                    //数据类型转化成硬件类型，如PortKind、RegKind。
      Dependency(passes.InferTypes),                      //类型推断
      Dependency(passes.ResolveFlows),                    //理清信号流向（SOURCE/SINK）
      Dependency[passes.InferBinaryPoints],               //推断Interval型数据成分的BinaryPoint所在位置
      Dependency[passes.TrimIntervals],                   //将数据类型Interval转换成SInt
      Dependency[passes.InferWidths],                     //推断未加说明的数据宽度
      Dependency[firrtl.transforms.InferResets]           //推断Reset信号的类型（同步/异步）
    )

  val Deduped: Seq[TransformDependency] = Resolved ++         //在Deduped的基础上再加：
    Seq(
      Dependency[firrtl.transforms.DedupModules],         //去除重名模块（予以改名）
```

```
    Dependency[firrtl.transforms.DedupAnnotationsTransform]        //去除重复的Annotation
  )

val HighForm: Seq[TransformDependency] = ChirrtlForm ++ MinimalHighForm ++ Resolved ++ Deduped

val MidForm: Seq[TransformDependency] = HighForm ++              //还要再加：
  Seq(
    Dependency(passes.PullMuxes),                     //加强对Mux两个分支的说明（见后）
    Dependency(passes.ReplaceAccesses),               //将WSubAccess替换成WSubIndex
    Dependency(passes.ExpandConnects),                //理清每个模块内部的连接
    Dependency(passes.RemoveAccesses),                //去除Circuit中所有的WSubAccess
    Dependency(passes.ZeroLengthVecs),                //去除长度为0的Vector
    Dependency[passes.ExpandWhensAndCheck],           //展开电路中的When结构，转换成电路连接。
    Dependency[passes.RemoveIntervals],               //去除数据类型为Interval的成分，转换成SInt。
    Dependency(passes.ConvertFixedToSInt),            //将数据类型FixedType（来自FixedPoint）换成SInt
    Dependency(passes.ZeroWidth),                     //去除宽度为0的信号
    Dependency[firrtl.transforms.formal.AssertSubmoduleAssumptions]        //用于EDA软件模拟
  )

val LowForm: Seq[TransformDependency] = MidForm ++              //还要再加：
  Seq(
    Dependency(passes.LowerTypes),                    //将层次式描述的Bundle和向量摊平
    Dependency(passes.Legalize),                      //去除跨度为0的右移操作
    Dependency(firrtl.transforms.RemoveReset),        //去除同步Reset信号
    Dependency[firrtl.transforms.CheckCombLoops],     //检查组合电路中的连接有没有成环
    Dependency[checks.CheckResets],                   //检查有否不合理的异步Reset信号
    Dependency[firrtl.transforms.RemoveWires]         //检查有否未加连接的Wire（必须连接到某个Node）
  )

val LowFormMinimumOptimized: Seq[TransformDependency] = LowForm ++       //再加：
  Seq(
    Dependency(passes.RemoveValidIf),                       //消除条件已知的Ifdef
    Dependency(passes.PadWidths),                           //扩展某些信号至应有宽度
    Dependency(passes.memlib.VerilogMemDelays),             //对内存访问端口的优化
    Dependency(passes.SplitExpressions),                    //将复合表达式分解成简单表达式
    Dependency[firrtl.transforms.LegalizeAndReductionsTransform]   //针对And-Reduction运算中的一个Bug
  )

val LowFormOptimized: Seq[TransformDependency] = LowFormMinimumOptimized ++      //还要再加！
  Seq(
    Dependency[firrtl.transforms.ConstantPropagation],      //对于常数赋值和输入输出的优化
    Dependency[firrtl.transforms.CombineCats],              //Cat操作(ConcatOp)将两个位段拼接在一起
    Dependency(passes.CommonSubexpressionElimination),      //相当于提取公因式
    Dependency[firrtl.transforms.DeadCodeElimination]       //消除无用成分
  )
```

```
  val VerilogMinimumOptimized: Seq[TransformDependency] = LowFormMinimumOptimized ++          //还要加:
    Seq(
      Dependency[firrtl.transforms.BlackBoxSourceHelper],              //对BlackBox源文件的处理
      Dependency[firrtl.transforms.FixAddingNegativeLiterals],         //使直接数减法运算更符合Varilator的要求
      Dependency[firrtl.transforms.ReplaceTruncatingArithmetic],       //对加减法运算的优化
      Dependency[firrtl.transforms.InlineBitExtractionsTransform],     //对某些位段操作的优化
      Dependency[firrtl.transforms.InlineAcrossCastsTransform],        //对某些位段拼接的优化
      Dependency[firrtl.transforms.LegalizeClocksTransform],           //使有关Clock和Reset的代码符合lint的要求
      Dependency[firrtl.transforms.FlattenRegUpdate],                  //对寄存器赋值和多层嵌套Mux结构的优化
      Dependency(passes.VerilogModulusCleanup),                        //处理Firrtl/Verilog之间的一个细小语义差别
      Dependency[firrtl.transforms.VerilogRename],                     //避免变量名与Verilog保留字之间的冲突
      Dependency(passes.VerilogPrep),                                  //处理某些端口连接以简化Verilog代码生成
      Dependency[firrtl.AddDescriptionNodes]                           //组装Description与相关的模块和语句
    )

  val VerilogOptimized: Seq[TransformDependency] = LowFormOptimized ++       //这才是VerilogOptimized
    Seq(
      Dependency[firrtl.transforms.InlineBooleanExpressions]         //对组合逻辑的一些优化
    ) ++
    VerilogMinimumOptimized                                          //把这也加上
  …
}  //end object Forms
```

可见，既然要发送的是 Verilog 代码，而且又要求是 VerilogOptimized，即经过优化的 Verilog 代码，那要经历的 Transform 真是长长一大串。对于来自前端的 IR 中间结果需要经过这么长一串的预处理才交付给代码生成。而 runTransforms()，则就是要对来自前端的中间结果进行代码生成前的一连串预处理和加工。这些加工，有的是为保证所生成代码的质量；有的是为使代码的生成简化一些、容易一些；有的是针对实践中发现的问题；有的只是使 EDA 软件或模拟软件 Verilator 在编译 Verilog 代码的过程中更“安静”一点，减少些抱怨。总之，需要什么，觉着怎样加一下工更好，就可以往里面加。

如前所述，runTransforms()这个函数是在 trait SeqTransformBased 中定义的，这个函数的代码就是这么一行语句：transforms.foldLeft(*state*) { (in, xform) => xform.runTransform(in) }。

这里 transforms 就是 TransformManager.flattenedTransformOrder，已经整理好的加工序列，其骨架来自 object Forms 中的 VerilogOptimized。对这个序列进行的左折叠，就是依次进行一步步的加工。加工的起点，以及每一步加工的输入，都是来自 state，即 CircuitState 对象，当然其内容随着每一步加工都可能有所改变。而每一步加工中所执行的操作，则是执行定义加工内容的那个对象的 runTransform()函数；对此可以再看一下 trait Transform 的代码：

```
trait Transform extends TransformLike[CircuitState] with DependencyAPI[Transform] {
  …
  protected def execute(state: CircuitState): CircuitState               //抽象函数
  def transform(state: CircuitState): CircuitState = execute(state)
  final def runTransform(state: CircuitState): CircuitState = {
    val result = execute(prepare(state))                                 //execute()见上，是抽象函数
    Transform.remapAnnotations(name, state, result, logger)
  }
}
```

这意味着，Transform 对象中的 runTransform()函数都是从 trait Transform 继承的，Forms.VerilogOptimized 中所列的每一步都应提供的是自己的 execute()。当然，这又意味着，Forms.VerilogOptimized 中所列每一步的实现都得直接或间接继承 trait Transform。

事实上，Forms.VerilogOptimized 中所列各步的实现有两种，一种是扩充/继承了 trait Transform 的具体类；另一种是 object，但那都是扩充/继承了另一个 trait，即 trait Pass，这也是对 trait Transform 的扩充：

```
/** [[Pass]] is simple transform that is generally part of a larger [[Transform]]
  * Has an [[UnknownForm]], because larger [[Transform]] should specify form
  */
trait Pass extends Transform with DependencyAPIMigration {
  def run(c: Circuit): Circuit                //抽象函数
  def execute(state: CircuitState): CircuitState = state.copy(circuit = run(state.circuit))
}
```

显然，这个 trait 落实了从 trait Transform 继承的抽象函数 execute()，并将其转化成对抽象函数 run()的调用，所以凡是继承了 trait Pass 的 object 都需要提供自己的 run()函数（而不是 execute()函数）。

Forms.VerilogOptimized 这么长长的一大串加工步骤，我们当然不能都去进行考察，下面只以其中的两个步骤为例说明所进行的加工处理。不过在此之前先要作点说明，在 Firrtl 的代码中常会见到如 WRef、WSubField 这样的类型名，这只是为方便而作的 type 定义：

```
package object firrtl {
  …
  type WRef = ir.Reference                    //由前端的Converter从Chisel的Ref或ModuleIO等成分转换过来
  type WSubField = ir.SubField                //由前端的Converter从Chisel的Slot或ModuleIO转换过来
  type WSubIndex = ir.SubIndex                //由前端的Converter从Chisel的Index转换过来
  type WSubAccess = ir.SubAccess              //也是由前端的Converter从Chisel的Index转换过来
  type WDefInstance = ir.DefInstance          //由前端的Converter从Chisel的命令类型DefInstance转换过来
}
```

所以，WSubField 就是 ir.SubField，而后者是在前端的 Converter 中从 Chisel 的 Slot 或 ModuleIO 转换过来。别的那几个也是一样。注意 DefInstance 指的就是模块，参考 object Module 的 do_apply()函数中的语句"pushCommand(DefInstance(sourceInfo, module, component.ports))"。

下面我们考察两个具体的加工步骤。第一个是 PullMuxes，这是个继承了 trait Pass 的 object，其作用是加强对 Mux 两个分支的说明。具体是这样：已经转换成 Firrtl 格式的 Circuit 对象中的 moudules 是一个序列，其中的每一个元素都是个（Firrtl 格式的）Module 对象，其结构成分 body 就是这个模块内含的 Statement，而 Statements 又由 Expression 构成，后者又由一系列的 WSubField、WSubIndex、WSubAccess 等成分构成。而前端推送的关于 Mux 的信息，则隐藏在这些成分中。以 WSubField 为例：

```
case class SubField (expr: Expression, name: String, tpe: Type = UnknownType, flow: Flow = UnknownFlow)
                                        extends Expression with HasName with UseSerializer with RefLikeExpression {…}
```

如果一个 WSubField 的成分 expr 所表示的是 Mux，那么 class Mux 是这样：

```
case class Mux (cond: Expression, tval: Expression, fval: Expression, tpe: Type = UnknownType)    //tval和fval是Mux的两个输入分支
```

```
                                        extends Expression with UseSerializer {…}
```

与 Mux 类似的是 ValidIf。因为这二者都有个条件表达式，至少还有一个当条件为 true 时的 tval 表达式：

```
case class ValidIf (cond: Expression, value: Expression, tpe: Type) extends Expression with UseSerializer {…}
```

现在，以 Mux 为例，只是要为其替换成一个重建的 Mux 类对象，将其 tval 这个成分变成 WSubField(exx.tval, ex.name, ex.tpe, ex.flow)，另一个 fval 也变成 WSubField(exx.fval, ex.name, ex.tpe, ex.flow)。这样，对 Mux 的两个分支的说明就得到了加强，明确说明了这个分支是属于哪一个 Mux。下面是 object PullMuxes 的代码。

[VerilogEmitter.execute() > emit() > runTransforms() > PullMuxes.run()]

```
object PullMuxes extends Pass {          // object PullMuxes是对trait Pass的扩充，而trait Pass又是对trait Transform的扩充：
  override def prerequisites = firrtl.stage.Forms.Deduped
  override def invalidates(a: Transform) = false

  def run (c: Circuit): Circuit = {
    def pull_muxes_e (e: Expression): Expression = e.map(pull_muxes_e) match {
      case ex: WSubField =>
        ex.expr match {
          case exx: Mux => Mux (exx.cond, WSubField(exx.tval, ex.name, ex.tpe, ex.flow),
                                            WSubField(exx.fval, ex.name, ex.tpe, ex.flow), ex.tpe)
                                                    //将原来的Mux对象替换成新建的Mux对象
          case exx: ValidIf => ValidIf(exx.cond, WSubField(exx.value, ex.name, ex.tpe, ex.flow), ex.tpe)
                                                    //将原来的ValidIf对象替换成新建的ValidIf对象
          case _ => ex          //照抄                    // case exx => exx causes failed tests
        }
      case ex: WSubIndex =>
        ex.expr match {
          case exx: Mux => Mux(exx.cond, WSubIndex(exx.tval, ex.value, ex.tpe, ex.flow),
                                            WSubIndex(exx.fval, ex.value, ex.tpe, ex.flow), ex.tpe)
          case exx: ValidIf => ValidIf(exx.cond, WSubIndex(exx.value, ex.value, ex.tpe, ex.flow), ex.tpe)
          case _ => ex          //照抄                    // case exx => exx causes failed tests
        }
      case ex: WSubAccess =>
        ex.expr match {
          case exx: Mux => Mux (exx.cond, WSubAccess(exx.tval, ex.index, ex.tpe, ex.flow),
                                            WSubAccess(exx.fval, ex.index, ex.tpe, ex.flow), ex.tpe)
          case exx: ValidIf => ValidIf(exx.cond, WSubAccess(exx.value, ex.index, ex.tpe, ex.flow), ex.tpe)
          case _ => ex // case exx => exx causes failed tests
        }
      case ex => ex
    }   //end pull_muxes_e()

    def pull_muxes(s: Statement): Statement = s.map(pull_muxes).map(pull_muxes_e)
              //s可能是个复合语句，所以递归调用pull_muxes()，最终都落实到对语句中的每个表达式调用pull_muxes_e()。
```

```
    //上面都是函数定义，真正的（初始化）代码从这里开始执行：
    val modulesx = c.modules.map {
      case (m: Module) => Module(m.info, m.name, m.ports, pull_muxes(m.body))
                                            //如果是firrtl.Module，就对其body进行pull_muxes()处理。
      case (m: ExtModule) => m              //如果是ExtModule就原封不动
    }
    Circuit (c.info, modulesx, c.main)      //创建一个新的Circuit对象，供进一步加工。
      //这里c.info和c.main仍是原来的并未触动，中间的c.modules可能变了。
  } //end run()
} //end object PullMuxes
```

既然里面的成分被替换了，那整个 Module 也要被替换成重建的 Module 对象，Module 类的定义是这样：

```
case class Module(info: Info, name: String, ports: Seq[Port], body: Statement) extends DefModule with UseSerializer {…}
```

可见，具体到 PullMuxes 这一步，所做的处理是很简单的，代码的独立性也很强，但是把很多这样细小的处理串成一个流水线式的结构，合在一起就很可观了。

这里还要说明一下，Firrtl 的 Circuit 对象中的成分 modules 是一串 Module 对象，注意这不是 Chisel 的抽象类 Module，而是 Firrtl 的 Module，每个 Module 中的成分 body 是个 Statement。因为是 Statement，我们就称它"语句"。但是这个"语句"并非我们熟悉的那种程序语句，而是 Firrtl 中定义的一个抽象类，这个抽象类只是对抽象类 FirrtlNode 的扩充，其本身没有什么数据成分，实际上只是一个抽象的概念。但是对 Statement 进行扩充的类，或者说从 Statement 派生的类，那就多了，基本上对应着前端在解析过程中所推送的那些 Command。但是 Command 都是具体的，个别的，例如 DefReg，例如 Connect；而 Statement 可以是"复合语句"，这就是 class Block：

case class Block (stmts: Seq[Statement]) extends Statement with UseSerializer {…}

这就是说，如果一个"语句"，即 Statement，是个 Block，那就成了一串语句，那就是"复合语句"了。

Expression 也是类似，Expression 也是个抽象类，也是对 FirrtlNode 的扩充，也是没有什么数据成分，但是由此派生出不少具体的 Expression 类，例如 SubField 和 SubIndex 这些都是，那些类就都有数据成分了（见上面所引 SubField、Mux、ValidIf）。

二者的区别，是 Statement 所描述，所代表的基本上是行为，是某种动作；而 Expression 所表示的是某个表达式的值，例如 a+1、b&c 等。Expression 对象可以作为 Statement 对象内部的成分，例如下面所说的 class Conditionally 就是这样；但是反过来就没有看到了。

我们要考察的第二个例子是 ExpandWhensAndCheck，这是个 class。作用是要展开电路中的 When 结构，使 When 结构的分叉机制得到具体实施，变成两个在与门控制下的分支，最后由一个 Mux 加以汇聚。这个 class 的代码是这样：

```
[VerilogEmitter.execute() > emit() > runTransforms() > ExpandWhensAndCheck.execute()]

class ExpandWhensAndCheck extends Transform with DependencyAPIMigration {
  override def prerequisites =
    Seq(
      Dependency(PullMuxes),
      Dependency(ReplaceAccesses),
      Dependency(ExpandConnects),
      Dependency(RemoveAccesses)
```

```
    ) ++ firrtl.stage.Forms.Deduped

  override def invalidates(a: Transform): Boolean = a match {
    case ResolveKinds | InferTypes | ResolveFlows | _: InferWidths => true
    case _ => false
  }

  override def execute (a: CircuitState): CircuitState =
    Seq(ExpandWhens, CheckInitialization).foldLeft(a) { case (acc, tx) => tx.transform(acc) }
}
```

这个 class 的 execute()只有一个语句，就是以 object ExpandWhens 和 object CheckInitialization 两个 Transform 对象组成一个序列，再对其进行以 CircuitState 为种子的左折叠。实际的效果就是先后以当时的 CircuitState 为参数先后调用这二者的 transform()，但是当然，这二者的 transform()都是从 trait Transform 继承的，所以如前所述就转化成对 execute()的调用，而 Pass.execite()又回过头来调用 object ExpandWhens 的 run()函数，这个 object 必须提供自己的 run()函数。至于 object CheckInitialization，我们在这里就不关心了；但是函数调用的路线是一样的，因为也是对 object Pass 的扩充。

在深入 object ExpandWhens 的代码之前，我们先说一下 Firrtl 的 class Conditionally。前端的 Converter 把 Chisel 的 WhenBegin/WhenEnd 和 AltBegin/OtherwiseEnd 转换成了一个 Conditionally 类对象：

```
case class Conditionally (info: Info, pred: Expression, conseq: Statement, alt: Statement)
                                        extends Statement with HasInfo with UseSerializer {…}
```

在这个类的对象中，pred 是个表达式，这是 When 的判断条件；conseq 和 alt 都是语句（可以是复合语句），分别表示 When 的两个分支，conseq 是条件得到满足的分支，alt 是条件得不到满足的分支。如果只有一个分支，则 alt 为空语句。将 Conditionally 展开之后，就在两个分支的起点各用一个与门，一个用条件 pred 作为其输入之一，另一个则用 pred 的非，即 NOT(pred)作为其输入之一。Conditionally 是一种 Statement，但是其内部却既有 Expression，又有 Statement，所以 Conditionally 有其特殊性。前面说过 Block 可以使一个 Statement 变成一串 Statement，这是线性的扩展，而 Conditionally 则引入了分叉的机制。

但是 Conditionally 的这种分叉机制总得要有具体实现，这就要把 Conditionally 这个语句替换成在硬件上能具体实现这种机制的语句。这就是 object ExpandWhens 的作用。我们从它的 run()函数开始看：

[VerilogEmitter.execute() > emit() > runTransforms() > ExpandWhensAndCheck.execute() > ExpandWhens.run()]

```
/** Expand Whens
  * This pass does the following things:
  * $ - Remove last connect semantics
  * $ - Remove conditional blocks
  * $ - Eliminate concept of scoping
  * $ - Consolidate attaches
  * @note Assumes bulk connects and isInvalids have been expanded
  * @note Assumes all references are declared
  */
object ExpandWhens extends Pass {
  override def prerequisites =
    Seq(
```

```
    Dependency(PullMuxes),
    Dependency(ReplaceAccesses),
    Dependency(ExpandConnects),
    Dependency(RemoveAccesses)
  ) ++ firrtl.stage.Forms.Resolved

override def invalidates(a: Transform): Boolean = a match {
  case CheckInitialization | ResolveKinds | InferTypes => true
  case _   => false
}

/** Returns circuit with when and last connection semantics resolved */
def run(c: Circuit): Circuit = {          //程序入口
  val modulesx = c.modules.map {
    case m: ExtModule => m              //如果ExtModule就照抄
    case m: Module => onModule(m)       //是Module就对其调用onModule()（见后），以其返回值取代Module。
  }
  Circuit(c.info, modulesx, c.main)      //重新创建一个新的Circuit对象
}  //end run()        //显然，主要的操作全都是在下面的onModule()中完成的

private type NodeLookup = mutable.HashMap[WrappedExpression, String]
/** Maps a reference to whatever connects to it. Used to resolve last connect semantics */
type Netlist = mutable.LinkedHashMap[WrappedExpression, Expression]
        //Netlist是一种key/value的对照表，给定一个key就在表中占了一个位置，这是左值lvalue。
/** Contains all simulation constructs */
type Simlist = mutable.ArrayBuffer[Statement]
/** List of all netlists of each declared scope, ordered from closest to farthest
  * @note Note immutable.Map because conversion from mutable.LinkedHashMap to mutable.
  * Map is VERY slow
  */
type Defaults = Seq[mutable.Map[WrappedExpression, Expression]]

/** Expands a module's when statements */
private def onModule(m: Module): Module = {   //对于每一个Module都要执行的操作：
  val namespace = Namespace(m)
  val simlist = new Simlist
  // Memoizes if an expression contains any WVoids inserted in this pass
  val memoizedVoid = new mutable.HashSet[WrappedExpression] += WVoid

  // Does an expression contain WVoid inserted in this pass?
  def containsVoid(e: Expression): Boolean = e match {
    case WVoid                  => true
    case ValidIf(_, value, _)   => memoizedVoid(value)
    case Mux(_, tv, fv, _)      => memoizedVoid(tv) || memoizedVoid(fv)
    case _                      => false
  }  //end containsVoid()
```

```
// Memoizes the node that holds a particular expression, if any
val nodes = new NodeLookup
// Seq of attaches in order
lazy val attaches = mutable.ArrayBuffer.empty[Attach]
/* Removes connections/attaches from the statement
 * Mutates namespace, simlist, nodes, attaches
 * Mutates input netlist
 * @param netlist maps references to their values for a given immediate scope
 * @param defaults sequence of netlists of surrouding scopes, ordered closest to farthest
 * @param p predicate so far, used to update simulation constructs
 * @param s statement to expand
 */
def expandWhens (netlist: Netlist, defaults: Defaults, p: Expression)(s: Statement): Statement = s match {
   // For each non-register declaration, update netlist with value WVoid for each sink reference
   // Return self, unchanged
  case stmt @ (_: DefNode | EmptyStmt) => stmt              //如果是DefNode或EmptyStmt语句就照抄
  case w: DefWire =>
    netlist ++= (getSinkRefs(w.name, w.tpe, DuplexFlow).map(ref => we(ref) -> WVoid))
                                //we()是object WrappedExpression中的一个函数，k->v表示一个键值对。
    w                           //DefWire语句仍旧照抄
  case w: DefMemory =>
    netlist ++= (getSinkRefs(w.name, MemPortUtils.memType(w), SourceFlow).map(ref => we(ref) -> WVoid))
    w                           //DefMemory语句仍旧照抄
  case w: WDefInstance =>          //来自pushCommand(DefInstance(sourceInfo, module, …))
    netlist ++= (getSinkRefs(w.name, w.tpe, SourceFlow).map(ref => we(ref) -> WVoid))
    w
  case r: DefRegister =>
     // Update netlist with self reference for each sink reference
    netlist ++= getSinkRefs(r.name, r.tpe, DuplexFlow).map(ref => we(ref) -> InfoExpr(r.info, ref))
    r        //仍按原样照抄，但是其信息已被记入netlist中。记入netlist中的信息以ref为键，以InfoExpr(r.info, ref)为值。
   // For value assignments, update netlist/attaches and return EmptyStmt
  case c: Connect =>
    netlist(c.loc) = InfoExpr(c.info, c.expr)          //以c.loc为键，以InfoExpr(c.info, c.expr)为值。
    EmptyStmt                          //把Connect语句替换成EmptyStmt，其信息已在netlist中。
  case c: IsInvalid =>                 //来自pushCommand(DefInvalid(sourceInfo, …))
    netlist(c.expr) = WInvalid
    EmptyStmt                          //把IsInvalid语句替换成EmptyStmt，其信息已在netlist中。
  case a: Attach =>                    //Attach语句用于模拟电路的连接，我们并不关心。
    attaches += a
    EmptyStmt                          //把Attach语句替换成EmptyStmt，其信息已在attaches中。
   // For simulation constructs, update simlist with predicated statement and return EmptyStmt
  case sx: Print =>                    //用于EDA或Verilator模拟，我们并不关心。
    simlist += (if (weq(p, one)) sx else sx.withEn(AND(p, sx.en)))
    EmptyStmt
  case sx: Stop =>                     //用于EDA或Verilator模拟，我们并不关心。
```

```
    simlist += (if (weq(p, one)) sx else sx.withEn(AND(p, sx.en)))
    EmptyStmt
  case sx: Verification =>                    //用于EDA或Verilator模拟，我们并不关心。
    simlist += (if (weq(p, one)) sx else sx.withEn(AND(p, sx.en)))
    EmptyStmt
  // Expand conditionally, see comments below
  case sx: Conditionally =>   //这就是When结构，内含条件pred以及conseqStmt和altStmt两个分支：
    /* 1) Recurse into conseq and alt with empty netlist, updated defaults, updated predicate
     * 2) For each assigned reference (lvalue) in either conseq or alt, get merged value
     *    a) Find default value from defaults
     *    b) Create Mux, ValidIf or WInvalid, depending which (or both) conseq/alt assigned lvalue
     * 3) If a merged value has been memoized, update netlist. Otherwise, memoize then update netlist.
     * 4) Return conseq and alt declarations, followed by memoized nodes
     */
    val conseqNetlist = new Netlist
    val altNetlist = new Netlist
    val conseqStmt = expandWhens(conseqNetlist, netlist +: defaults, AND(p, sx.pred))(sx.conseq)
                           //嵌套调用expandWhens()，因为conseqStmt这个分支中又可能有When嵌套。
                           //下一层调用的参数p在这里是AND(p, sx.pred)，
                           // AND(p, sx.pred)里面的那个p是调用所在这次expandWhens()时的参数p，
                           //p表示本分支中语句有效的条件，顶层调用此函数时的p是1，表示有效。
    val altStmt = expandWhens(altNetlist, netlist +: defaults, AND(p, NOT(sx.pred)))(sx.alt)
                           //嵌套调用expandWhens()，在altStmt这个分支中同样也可能有When嵌套。
                           //下一层调用的参数p在这里是AND(p, NOT(sx.pred))，见上。
    // Process combined maps because we only want to create 1 mux for each node
    //     present in the conseq and/or alt
    val memos = (conseqNetlist ++ altNetlist).map {
      case (lvalue, _) =>
        // Defaults in netlist get priority over those in defaults
        val default = netlist.get(lvalue) match {
          case Some(v) => Some(v)
          case None => getDefault(lvalue, defaults)
        }
        // info0 and info1 correspond to Mux infos, use info0 only if ValidIf
        val (res, info0, info1) = default match {
          case Some(defaultValue) =>
            val (tinfo, trueValue) = unwrap(conseqNetlist.getOrElse(lvalue, defaultValue))
            val (finfo, falseValue) = unwrap(altNetlist.getOrElse(lvalue, defaultValue))
            (trueValue, falseValue) match {
              case (WInvalid, WInvalid) => (WInvalid, NoInfo, NoInfo)
              case (WInvalid, fv)    => (ValidIf(NOT(sx.pred), fv, fv.tpe), finfo, NoInfo)
                           //没有when分支，却有otherwise分支时res为ValidIf(NOT(sx.pred), fv, fv.tpe)
              case (tv, WInvalid)    => (ValidIf(sx.pred, tv, tv.tpe), tinfo, NoInfo)
                           //只有when分支，没有otherwise分支时res为ValidIf(sx.pred, tv, tv.tpe)
              case (tv, fv)          => (Mux(sx.pred, tv, fv, mux_type_and_widths(tv, fv)), tinfo, finfo)
                           //两个分支都有时res为Mux(sx.pred, tv, fv, mux_type_and_widths(tv, fv))
```

```
          }
        case None =>
          // Since not in netlist, lvalue must be declared in EXACTLY one of conseq or alt
          (conseqNetlist.getOrElse(lvalue, altNetlist(lvalue)), NoInfo, NoInfo)
                //在这个情况下res为(conseqNetlist.getOrElse(lvalue, altNetlist(lvalue))
      }  //end val (res, info0, info1)

      res match {    //res是个Expression，但根据这个Expression返回的却是赋给memos的Statement：
        // Don't create a node to hold mux trees with void values
        // "Idiomatic" emission of these muxes isn't a concern because they represent bad code (latches)
        case e if containsVoid(e) =>          //如果res是WVoid
          netlist(lvalue) = e
          memoizedVoid += e  // remember that this was void
          EmptyStmt                           //返回EmptyStmt，那就把空语句EmptyStmt赋给memos。
        case _: ValidIf | _: Mux | _: DoPrim =>  //如果res是ValidIf、Mux、DoPrim之一：
          nodes.get(res) match {              //nodes是前面创建的NodeLookup对象
            case Some(name) =>                //如果已经在nodes中：
              netlist(lvalue) = WRef(name, res.tpe, NodeKind, SourceFlow)
              EmptyStmt                       //那就把空语句EmptyStmt赋给memos
            case None =>                      //如果还不在nodes中：
              val name = namespace.newTemp
              nodes(res) = name               //记入nodes
              netlist(lvalue) = WRef(name, res.tpe, NodeKind, SourceFlow)
               // Use MultiInfo constructor to preserve NoInfos
              val info = new MultiInfo(List(sx.info, info0, info1))
              DefNode(info, name, res)        //那memos就是个DefNode语句
          }  //end nodes.get(res) match
        case _ =>                             //如果res是别的Expression
          netlist(lvalue) = res
          EmptyStmt                           //那就把空语句EmptyStmt赋给memos
      }  //end res match
    }  //end val memos

    Block(Seq(conseqStmt, altStmt) ++ memos)    //把两个分支放在一个Block对象中
                //Block的定义：case class Block(stmts: Seq[Statement]) extends Statement …
                //将Conditionally语句替换成这个Block语句，里面包括两个分支和memos所代表的语句。
  //end case sx: Conditionally
  case block: Block => block.map(expandWhens(netlist, defaults, p))    //递归调用expandWhens()
  case _ => throwInternalError()                                      //如果以上全都不匹配，那就一定错了。
}  //end expandWhens()

val netlist = new Netlist
 // Add ports to netlist
netlist ++= (m.ports.flatMap{ case Port(_, name, dir, tpe) => getSinkRefs(name, tpe, to_flow(dir)).map(ref => we(ref) -> WVoid) })
 // Do traversal and construct mutable datastructures
val bodyx = expandWhens(netlist, Seq(netlist), one)(m.body)    //这是对expandWhens()的顶层调用
```

```
                        //netlist对应形参netlist；Seq(netlist)对应形参defaults；one，就是1，对应形参p。

  val attachedAnalogs = attaches.flatMap(_.exprs.map(we)).toSet
  val newBody = Block (Seq(squashEmpty(bodyx)) ++ expandNetlist(netlist, attachedAnalogs) ++
                                          combineAttaches(attaches.toSeq) ++ simlist)
  Module(m.info, m.name, m.ports, newBody)
}  //end onModule()

/** Returns all references to all sink leaf subcomponents of a reference */
private def getSinkRefs(n: String, t: Type, g: Flow): Seq[Expression] = {
  val exps = create_exps(WRef(n, t, ExpKind, g))
  exps.flatMap {
    case exp =>
      exp.tpe match {
        case AnalogType(w) => None
        case _ =>   flow(exp) match {
                      case (DuplexFlow | SinkFlow) => Some(exp)
                      case _    => None
                    }
      }  //end exp.tpe match
  }  //end exps.flatMap
}  //end getSinkRefs()

/** Returns all connections/invalidations in the circuit
  * @note Remove IsInvalids on attached Analog-typed components
  */
private def expandNetlist (netlist: Netlist, attached: Set[WrappedExpression]) = {
  // Remove IsInvalids on attached Analog types
  def handleInvalid(k: WrappedExpression, info: Info): Statement = if (attached.contains(k)) EmptyStmt else IsInvalid(info, k.e1)
  netlist.map {
    case (k, WInvalid) => handleInvalid(k, NoInfo)
    case (k, InfoExpr(info, WInvalid)) => handleInvalid(k, info)
    case (k, v) =>
      val (info, expr) = unwrap(v)
      Connect(info, k.e1, expr)
  }
}  //end expandNetlist()

/** Returns new sequence of combined Attaches
  * @todo Preserve Info
  */
private def combineAttaches(attaches: Seq[Attach]): Seq[Attach] = {
  // Helper type to add an ordering index to attached Expressions
  case class AttachAcc(exprs: Seq[WrappedExpression], idx: Int)
  // Map from every attached expression to its corresponding AttachAcc
  //    (many keys will point to same value)
```

```
    val attachMap = mutable.LinkedHashMap.empty[WrappedExpression, AttachAcc]
    for (Attach(_, es) <- attaches) {
      val exprs = es.map(we(_))
      val acc = exprs.map(attachMap.get(_)).flatten match {
        case Seq() =>        // None of these expressions is present in the attachMap
          AttachAcc(exprs, attachMap.size)
        case accs =>         // At least one expression present in the attachMap
          val sorted = accs.sortBy(_.idx)
          AttachAcc((sorted.map(_.exprs) :+ exprs).flatten.distinct, sorted.head.idx)
      }
      attachMap ++= acc.exprs.map(_ -> acc)
    }
    attachMap.values.toList.distinct.map(acc => Attach(NoInfo, acc.exprs.map(_.e1)))
  }   //end combineAttaches()
    // Searches nested scopes of defaults for lvalue
    // defaults uses mutable Map because we are searching LinkedHashMaps and conversion to immutable is VERY slow
  @tailrec
  private def getDefault(lvalue: WrappedExpression, defaults: Defaults): Option[Expression] = {
    defaults match {
      case Nil => None
      case head :: tail =>    head.get(lvalue) match {
                                case Some(p) => Some(p)
                                case None     => getDefault(lvalue, tail)
                              }
    }
  }   //end getDefault()

  private def AND(e1: Expression, e2: Expression) = DoPrim(And, Seq(e1, e2), Nil, BoolType)
  private def NOT(e: Expression) = DoPrim(Eq, Seq(e, zero), Nil, BoolType)
}   //end object ExpandWhens
```

代码中加了些注释，读者可以自己细看。

大体上说，ExpandWhens 的核心在于函数 expandWhens()，这个函数所扩展的其实是 Conditionally“语句”，把一个模块所含的 Statement 都检查一遍，把 Conditionally 语句替换成一个 Block，即一个 Statement 的序列，具体就是把这个 Conditionally 所含的 conseq 和 alt 两个分支提出来放在 Block 的前面，然后是对判定条件的实现，这里分三种情况：如果原来的 when/otherwise 语句中的 when 子句非空而 otherwise 为空，那就是 ValidIf(sx.pred, tv, tv.tpe)；反之如果 when 子句为空而 otherwise 非空，那就是 ValidIf(NOT(sx.pred), fv, fv.tpe)；如果二者都非空，两个分支都存在，则是 Mux(sx.pred, tv, fv, mux_type_and_widths(tv, fv))。不仅如此，对于 conseq 和 alt 两个分支还要递归调用 expandWhens()，所以这个 Block 所含的两个分支中如果有 Conditionally 就又会被替换。除此之外，也顺便作了些别的替换处理，但相比之下就都是小事了。

别的就不复杂了，读者可以自己细看。

完成了对中间结果的预处理之后，还要创建 VerilogRender 对象。这是定义在 class VerilogEmitter 内部的一个类。不言而喻，定义于这个类内部的函数都要到被调用的时候才得到调用，真正属于这个类的构造函数而在创建该类对象进行初始化阶段会得到的，是所有的 val、var，以及在所定义函数外面的代码。但是 VerilogRender 在这些方面的初始化都很简单，我们在前面已经大致看过一下，这里就不多费精力了。

这样就为目标代码的生成和发送扫清了道路，下一步就是对VerilogRender对象的emit_verilog()的调用了，这才是关键所在。经过前面这一大圈，读者对 emit()这个函数的印象也许已经有点淡忘，所以这里再列出一下，以增强读者的印象：

```
[VerilogEmitter.execute() > emit(state, writer)]
  def emit(state: CircuitState, writer: Writer): Unit = {
    val cs = runTransforms(state)
    val emissionOptions = new EmissionOptions(cs.annotations)
    val moduleMap = cs.circuit.modules.map(m => m.name -> m).toMap
    cs.circuit.modules.foreach {    //对 circuit.modules 中的每个 Module:
      case dm @ DescribedMod(d, pds, m: Module) =>
        val renderer = new VerilogRender (d, pds, m, moduleMap, cs.circuit.main, emissionOptions)(writer)
        renderer.emit_verilog()
      case m: Module =>
        val renderer = new VerilogRender (m, moduleMap, cs.circuit.main, emissionOptions)(writer)
                              // VerilogRender 对象本身就是针对特定 Module 而创建的。
        renderer.emit_verilog()
      case _ => // do nothing
    }
  }
```

这里分两种情况，一种是普通的 Module，这是直接来自前端；另一种是在前面预处理过程中经历了AddDescriptionNodes 这道工序，在前面添加了 descriptions 和 portDescriptions 两个成分，就是这里的 d 和 pds，变成了 DescribedMod。而 class VerilogRender 的开头两个调用参数其实就是 descriptions 和 portDescriptions，但是也可以不给这两个参数，这是因为这个类的定义有些特殊：

```
class VerilogRender (description: Seq[Description], portDescriptions: Map[String, Seq[Description]],
                     m: Module, moduleMap: Map[String, DefModule], circuitName: String,
                                    emissionOptions: EmissionOptions) (implicit writer: Writer) {
  def this (m: Module, moduleMap: Map[String, DefModule], circuitName: String
                              emissionOptions: EmissionOptions) (implicit writer: Writer) {
    this(Seq(), Map.empty, m, moduleMap, circuitName, emissionOptions)(writer)
  }
  def this(m: Module, moduleMap: Map[String, DefModule])(implicit writer: Writer) = {
    this(Seq(), Map.empty, m, moduleMap, "", new EmissionOptions(Seq.empty))(writer)
  }
  …
}
```

如果不给前两个参数，但是所给实参与另一个 this()匹配，就会被转过去，前两个参数则设成 Seq()和Map.empty。

所以上面的两个 case 实际上是一样的。创建了 VerilogRender 对象 renderer 之后，下一步就是调用其emit_verilog()函数。

6.3 第二步：emit_verilog()

函数 emit_verilog()是 Verilog 代码生成和发送过程的总入口，也是对这个过程的顶层描述：

[VerilogEmitter.execute() > emit(state, writer) > VerilogRender.emit_verilog()]

```
def emit_verilog(): DefModule = {         //下面的 m 是创建 VerilogRender 对象时的一个参数
   build_netlist(m.body)          //生成配线表。这里的 body 是创建 Module 对象时的构造参数，类型为 Statement。
   build_ports()                  //生成 Verilog 端口定义
   build_streams(m.body)          //生成 Verilog 程序代码
   emit_streams()                 //排放所生成的代码
   m                              //返回 DefModule 对象，实际上是 Module 对象。
}
```

这里所调用的都是 class VerilogRender 提供的方法，所以里面引用的 m 就是创建 VerilogRender 对象时的参数 m，这是个 Module，也就是现在要为其转化和排放 Verilog 代码的目标。下面也都一样。

注意这个 Module 并非 Chisel 所定义的抽象类 Module，而是 Firrtl 自己定义的 class Module，这是对抽象类 DefModule 的扩充：

```
/** Internal Module. An instantiable hardware block */
case class Module(info: Info, name: String, ports: Seq[Port], body: Statement) extends DefModule with UseSerializer {
  def mapStmt(f: Statement => Statement): DefModule = this.copy(body = f(body))
  def mapPort(f: Port => Port): DefModule = this.copy(ports = ports.map(f))
  def mapString(f: String => String): DefModule = this.copy(name = f(name))
  def mapInfo(f: Info => Info): DefModule = this.copy(f(info))
  def foreachStmt(f: Statement => Unit): Unit = f(body)
  def foreachPort(f: Port => Unit): Unit = ports.foreach(f)
  def foreachString(f: String => Unit): Unit = f(name)
  def foreachInfo(f: Info => Unit): Unit = f(info)
}
```

所以，上面调用 build_netlist()时的参数 m.body 就是具体 Module 中的 body 成分，那就是这个 Module 所含的“语句”，注意这也不是我们平时所见的程序语句，其类型为 Firrtl 所定义的抽象类 Statement，由此派生的具体类有例如 DefWire、DefRegister、DefMemory、Connect、Attach 等。显然，这些具体语句的设计都是面向低层的硬件描述，而且基本都是来自前端在解析 Chisel 代码时所推送的命令。

从 emit_verilog()的代码可见，整个过程分四步完成，最后返回的是 m，就是 VerilogRender 对象中的那个 Module 对象。在这些步骤中当然会有许多中间结果，前面我们看到 VerilogRender 对象中有许多 val 成分，就是用来盛放这些中间结果的。

6.3.1 build_netlist()

第一步是 build_netlist()。此前的处理已经把有待转换成 Verilog 代码文字输出的信息都集中在一个 Module 对象中，现在要把这个 Module 对象的内容扫描梳理一遍，从中摘取所有代表着连接的信息，将这些信息以“键-值对”的形式存放在一个“配线表”即 netlist 中，后面在生成 Verilog 代码输出时要用到这些信息。然而注意这个所谓配线表可不是最后要交付芯片生产厂商的配线表，那是要由 EDA 软件生成和输出的。另外还要注意，build_netlist()这个函数定义于 class VerilogRender 内部，后者的构造参数 m 的类型是 Module，那就是此前各步操作所得的结果，这个参数对于在 class VerilogRender 内部定义的函数中就像全局量一样直接就可引用，并不需要作为调用参数传递。这对于 build_netlist()和后面那些函数（只要是在 class VerilogRender 内部定义的）全都适用。不过，前面对 build_netlist()的调用倒是给了实参 m.body，这是因为对 build_netlist()的调用参数 s 是 Statement，而 Module.body 的类型正是 Statement：

[VerilogEmitter.execute() > emit(state, writer) > VerilogRender.emit_verilog() > build_netlist()]

```
def build_netlist(s: Statement): Unit = {       // m.body 的类型就是 Statement。
  s.foreach(build_netlist)                       //如果是复合语句就对其中每个语句递归调用 build_netlist()
  s match {
    case sx: Connect => netlist(sx.loc) = InfoExpr(sx.info, sx.expr)          //对于 Connect 语句
                          //val netlist 是 VerilogRender 的一个数据成分，这是一个 mutable 的 LinkedHashMap。
                          //这里将该 Map 中以 Connect.loc 为键的对应值设置成 Connect.info 和 Connect.expr。
    case sx: IsInvalid => error("Should have removed these!")              //IsInvalid 应在预处理过程中已经去除
      // TODO Since only register update and memories use the netlist anymore, I think nodes are unnecessary
    case sx: DefNode =>          //DefNode 是在前端 Converter 中从 DefPrim 转换过来，所有算符都是 DefPrim。
      val e = WRef(sx.name, sx.value.tpe, NodeKind, SourceFlow)
      netlist(e) = InfoExpr(sx.info, sx.value)      //将该 Map 中以 e 为键的对应值设置成 InfoExpr(sx.info, sx.expr)
    case _ =>                    //跳过别的语句
  }
}  //end build_netlist()，执行完之后 val netlist 中含有关于导线连接的信息
```

这个函数中的第一行，是对所给实参 m.body 这个 Statement 对象的递归调用；如果 s 这个 Statement 是个 Block，是一串语句，就要对其中的每一个语句实施 build_netlist()。这里用的 foreach，是 object Foreachers 提供的众多循环控制手段之一，在 object Foreachers 中又定义了 trait StmtForMagnet，那里面就定义了函数 foreach(stmt:Statement)。源文件 VerilogEmitter.scala 前面有“import firrtl.traversals.Foreachers._”，引进了这个函数。这些细节我们就不深抠了。

Statement 是个抽象类，实际得到处理的当然是实体类对象，扩充了抽象类 Statement 的具体类有很多，但是就配线表 netlist 而言我们关心的主要就是 Connect 和 DefNode 两种。此外，到了此时的 Statement 中已经不应该有 IsInvalid 了。除这三者以外的 Statement 具体类都与 netlist 无关，所以就跳过。

我们在前面看到，netlist 是 VerilogRender 对象中的一个 val，这是一个 mutable 的 LinkedHashMap：

```
type Netlist = mutable.LinkedHashMap[WrappedExpression, Expression]
```

因为是 mutable，所以其内容可以变动。因为是 Map，所以其每一项都是一个“键-值”对，那就是把什么连接到哪里的意思。例如 netlist(sx.loc)，就表示该 Map 中以 Connect.loc 这个具体位置为键的那个键值对的值，这里把它设置成一个 InfoExpr 对象，即 InfoExpr(Connect.info, Connect.expr)。注意不同的 Statement 有不同的 InfoExpr(sx.info, sx.expr)，所以上面的代码中有两个 InfoExpr(sx.info, sx.expr)，形式相同但是内容不同，这是两个不同的对象。

而所谓构建配线表，就是往 netlist 这个 Map 中添加键值对。可想而知，既然是 netlist，所关心的就只是电路中的节点和连接，所以这里只对 Connect 和 DefNode 这两种语句起作用，对别的语句就跳过去了。

先看对于 Connect 语句的处理。对于 Connect，写入 netlist 的键就是该 Connect 的 loc，就是:=符号的左边。以“io.out := io.in+1”为例，这里的 io.out 就是 Connect.loc，“io.in+1”就是 Connect.expr。下面是 class Connect 的定义：

```
case class Connect(info: Info, loc: Expression, expr: Expression) extends Statement with HasInfo with UseSerializer {
  def mapStmt(f: Statement => Statement): Statement = this
  def mapExpr(f: Expression => Expression): Statement = Connect(info, f(loc), f(expr))
  def mapType(f: Type => Type): Statement = this
  def mapString(f: String => String): Statement = this
  def mapInfo(f: Info => Info): Statement = this.copy(info = f(info))
  def foreachStmt(f: Statement => Unit): Unit = ()
  def foreachExpr(f: Expression => Unit): Unit = { f(loc); f(expr) }
  def foreachType(f: Type => Unit): Unit = ()
  def foreachString(f: String => Unit): Unit = ()
  def foreachInfo(f: Info => Unit): Unit = f(info)
}
```

而写入 netlist 中每个键-值对的值则是一个 InfoExpr 对象。

```
/** Internal class used for propagating [[Info]] across [[Expression]]s
  * In particular, this is useful in "Netlist" datastructures mapping node or other [[Statement]]s to [[Expression]]s
  * @note This is not allowed to leak from any transform
  */
private[firrtl] case class InfoExpr (info: Info, expr: Expression) extends Expression {
  def foreachExpr(f: Expression => Unit): Unit = f(expr)
  def foreachType(f: Type => Unit): Unit = ()
  def foreachWidth(f: Width => Unit): Unit = ()
  def mapExpr(f: Expression => Expression): Expression = this.copy(expr = f(this.expr))
  def mapType(f: Type => Type): Expression = this
  def mapWidth(f: Width => Width): Expression = this
  def tpe: Type = expr.tpe

  // Members declared in firrtl.ir.FirrtlNode
  override def serialize: String = s"(${expr.serialize}: ${info.serialize})"
}
```

也就是说，对于 Connect 对象的处理，是以其 loc 为键（key），以其 info 和 expr 为值，作为一个键-值对写入 netlist。所以 netlist 实际上就是键与值的对照表。

一个 Connect 对象，就是对一个连接的描述，其中包括三个要素，就是 loc、expr、info。首先是 loc，这是一个表达式，给定了连接的起点。然后是 expr，也是一个表达式，给定了连接的对端，所谓连接就是 loc 与 expr 之间的连接。至于 info 则是一些补充的、附加的说明。按关系数据库的结构来理解，netlist 就是一个表，表中每个记录的结构就是{节点名（loc），连接目标（expr），其它信息（info）}，以节点名字段为键。

所以，如果 Statement 是个 Connect，就执行 netlist(sx.loc) = InfoExpr(sx.info, sx.expr)，即向 Map 中添加一个以 Connect.loc 为键、以内含 Connect.info 和 Connect.expr 的 InfoExpr 对象为值的表项。

再看对于 DefNode 语句的处理。DefNode 是在前端 Converter 中从 DefPrim 转换过来，所有算符都是 DefPrim，例如“pushOp(DefPrim(sourceInfo, dest, op, this.ref))”这个语句，所推送的就是个 DefPrim 命令，其中的 op 可以是各种各样的算符。因为一般而言算符也具有类似 Connect 的结合功能，例如（a+b）就是把 a 和 b 结合起来，所以也要写入 netlist。为此则先创建一个 Wref 对象，然后向 netlist 这个 Map 中添加一个以此 Wref 对象为键，以 InfoExpr 对象为值的表项。

如前所述，Wref 就是 ir.Reference（type WRef = ir.Reference），所以只有 class Reference 而没有 class Wref：

```
case class Reference (name: String, tpe: Type = UnknownType, kind: Kind = UnknownKind, flow: Flow = UnknownFlow)
                                        extends Expression with HasName with UseSerializer with RefLikeExpression {
  def mapExpr(f: Expression => Expression): Expression = this
  def mapType(f: Type => Type): Expression = this.copy(tpe = f(tpe))
  def mapWidth(f: Width => Width): Expression = this
  def foreachExpr(f: Expression => Unit): Unit = ()
  def foreachType(f: Type => Unit): Unit = f(tpe)
  def foreachWidth(f: Width => Unit): Unit = ()
}
```

这个类有 4 个构造参数，同时也是数据成分，即 name、tpe、kind、flow。其中除 name 以外都有默认值。参数 name 和 tpe 的类型为 String 和 Type，意义自明无需解释。参数 kind 的类型为 Kind，具体可以是 WireKind、RegKind、InstanceKind、PortKind、MemKind、ExpKind，还有别的几种特殊的类别。参数 flow 的类型则是 Flow，具体可以是 SourceFlow、SinkFlow、DuplexFlow、UnknownFlow，表示信号的流通方向。除数据成分外，还有一些方法，这些方法都是以一个函数 f()为参数，将此函数作用于不同类型的对象。

不过倒是有个 object WRef，与其配套。但是既然 Reference 是 case class，代码中就应该还有个与之配套的 object Reference，事实上也确实有。Object WRef 是这样：

```
Object WRef {
   /** Creates a WRef from a Wire */
  def apply(wire: DefWire): WRef = new WRef(wire.name, wire.tpe, WireKind, UnknownFlow)
   /** Creates a WRef from a Register */
  def apply(reg: DefRegister): WRef = new WRef(reg.name, reg.tpe, RegKind, UnknownFlow)
   /** Creates a WRef from a Node */
  def apply(node: DefNode): WRef = new WRef(node.name, node.value.tpe, NodeKind, SourceFlow)
   /** Creates a WRef from a Port */
  def apply(port: Port): WRef = new WRef(port.name, port.tpe, PortKind, UnknownFlow)
   /** Creates a WRef from a WDefInstance */
  def apply(wi: WDefInstance): WRef = new WRef(wi.name, wi.tpe, InstanceKind, UnknownFlow)
   /** Creates a WRef from a DefMemory */
  def apply(mem: DefMemory): WRef = new WRef(mem.name, passes.MemPortUtils.memType(mem), MemKind, UnknownFlow)
   /** Creates a WRef from an arbitrary string name */
  def apply(n: String, t: Type = UnknownType, k: Kind = ExpKind): WRef = Reference(n, t, k, UnknownFlow)
  def apply(name: String, tpe: Type, kind: Kind, flow: Flow): WRef = Reference(name, tpe, kind, flow)
  def unapply(ref: Reference): Option[(String, Type, Kind, Flow)] = Some((ref.name, ref.tpe, ref.kind, ref.flow))
}
```

显然，Wref 不只是用在这里。

这样，通过 build_netlist()就把给定的 Statement 序列扫描了一遍，把其中有关算符和连接的语句都收集到了 netlist 中。而 netlist 则是关于电路中节点和连接的一个 Map，或者说关系对照表。注意这个 netlist 并非可以交付给芯片制造厂商的 netlist，后面还要把它糅合到所生成的 Verilog 代码中，并经过 EDA 软件的进一步综合处理才能产生交付生产厂商的 netlist，二者不是一回事。

回到 emit_verilog()，下面第二步是 build_ports()。

6.3.2　build_ports()

第二步是 build_ports()。对于硬件描述中的输入/输出端口，在所生成 Verilog 代码中有规定格式的语句，所以这里先把所有的端口都提取出来，为其生成好 Verilog 的端口说明，留着备用。注意这个函数也是定义于 class VerilogRender 内部，对其构造参数 m 可直接引用，m 就是承载着此前各步处理所得结果的 Module 对象：

```
[VerilogEmitter.execute() > emit(state, writer) > VerilogRender.emit_verilog() > build_ports()]
  // Turn ports into Seq[String] and add to portdefs
  def build_ports(): Unit = {                    //创建对于端口的（Verilog）文字说明：
    def padToMax(strs: Seq[String]): Seq[String] = {            //将字符串填充到规定的最大长度
      val len = if (strs.nonEmpty) strs.map(_.length).max else 0
      strs.map(_.padTo(len, ' '))
    }

    // Turn directions into strings (and AnalogType into inout)
    val dirs = m.ports.map {                     //对于 m.ports 中的每一项：
      case Port(_, name, dir, tpe) =>                 //关于端口方向的文字说明
        (dir, tpe) match {
          case (_, AnalogType(_)) => "inout "         // padded to length of output
          case (Input, _) => "input "
          case (Output, _) => "output"
        }
    }   //end val dirs，这是个字符串的序列。

    // Turn types into strings, all ports must be GroundTypes
    val tpes = m.ports.map {                     //对于 m.ports 中的每一项：
      case Port(_, _, _, tpe: GroundType) => stringify(tpe)      //关于端口类型的文字说明
      case port: Port => error(s"Trying to emit non-GroundType Port $port")
    }   //tpes 也是字符串的序列

    // dirs are already padded
    (dirs, padToMax(tpes), m.ports).zipped.toSeq.zipWithIndex.foreach {   //把对每个端口的说明聚集在一起
                                          //zipWithIndex 是 Scala 提供的一个函数，就是在后面加上序号。
      case ((dir, tpe, Port(info, name, _, _)), i) =>
        portDescriptions.get(name).map {          //portDescriptions 是创建 VerilogRender 对象时传下的参数
          case d =>                               //如果在 portDescriptions 中对此端口还有信息记载
            portdefs += Seq("")                     //val portdefs 是 VerilogRender 的一个数据成分
            portdefs ++= build_description(d)         //在 portdefs 中添加对本端口的补充描述
        }

        if (i != m.ports.size - 1) {
          portdefs += Seq(dir, " ", tpe, " ", name, ",", info)   //将关于一个端口的文字说明添加到 portdefs。
        } else {
          portdefs += Seq(dir, " ", tpe, " ", name, info)
        }
    }   //end foreach
```

```
} //end build_ports()，执行完以后 val portdefs 中含有对每个端口的说明，如“input [U31:0] xyz info”
```

在 Firrtl 的 Module 对象中，成分 ports 的类型是 Seq[Port]，Port 类的定义是这样：

```
/** [[DefModule]] Port */
case class Port(info: Info, name: String, direction: Direction, tpe: Type) extends FirrtlNode
                                                    with IsDeclaration with CanBeReferenced with UseSerializer {
  def mapType(f: Type => Type): Port = Port(info, name, direction, f(tpe))
  def mapString(f: String => String): Port = Port(info, f(name), direction, tpe)
}
```

创建创建 VerilogRender 对象时，如果传下的参数 portDescriptions 非空，而且里面有预处理过程中由 AddDescriptionNodes 这道工序添加的关于某几些端口的说明，就要为这些端口创建补充说明，并将其添加到 portdefs 中：

```
  def build_description(d: Seq[Description]): Seq[Seq[String]] = d.flatMap {
    case DocString(desc) => build_comment(desc.string)
    case Attribute(attr) => build_attribute(attr.string)
  }
```

对端口的补充说明包括 Verilog 注释或属性说明两个方面，所以要分别予以创建：

```
  // turn strings into Seq[String] verilog comments
  def build_comment (desc: String): Seq[Seq[String]] = {
    val lines = desc.split("\n").toSeq                  //在给定的 desc 中寻找换行符，根据换行符分割成 lines。

    if (lines.size > 1) {
      val lineSeqs = lines.tail.map {
        case "" => Seq(" *")
        case nonEmpty => Seq(" * ", nonEmpty)         //多行注释的中间行前面都有个“*”号
      }
      Seq("/* ", lines.head) +: lineSeqs :+ Seq(" */")  //多行注释的前后用“/*”和“*/”符号分隔
    } else {
      Seq(Seq("// ", lines(0)))                         //单行注释用“//”符号
    }
  }

  def build_attribute(attrs: String): Seq[Seq[String]] = {
    Seq(Seq("(* ") ++ Seq(attrs) ++ Seq(" *)"))          // attribute 的前后用“(*”和“*)”符号分隔
  }
```

这样，执行完 build_ports()之后，VerilogRender 数据成分 val portdefs 中就含有关于所有端口的 Verilog 格式说明，按端口顺序逐一列出，例如“input [15:0] in, output [15:0] out”。

6.3.3 build_streams()

第三步是 build_streams()，这就是重点所在了，所谓 streams 就是像溪水一样源源流出的 Verilog 代码。不过这一步所生成的还并不都是 Verilog 代码，尽管其中也有一些确实是 Verilog 的关键字和短语，更多的还只

是对生成 Verilog 语句的指引。到下一步 emit_streams()的时候才根据这些指引生成并发送真正的 Verilog 代码。与 build_netlist()一样，调用 build_streams()时所给的实参也是 m.body，因为 Module.body 的类型就是 Statement：

```
[VerilogEmitter.execute() > emit(state, writer) > VerilogRender.emit_verilog() > build_streams()]
  def build_streams (s: Statement): Unit = {
    val withoutDescription = s match {                //val withoutDescription 是个局部数据成分
      case DescribedStmt(d, stmt) =>                  //DescribedStmt 是在预处理 AddDescriptionNodes 工序中加进来的
        stmt match {
          case sx: IsDeclaration =>                   //如果是 IsDeclaration：
            declares ++= build_description(d)         //把描述信息加到 declares 中
          case _ =>                                   //别的就都过滤掉
        }
        stmt
      case stmt => stmt                               //其它语句照抄
    }  //end val withoutDescription，其内容为过滤掉 DescribedStmt 后的全部语句。

    withoutDescription.foreach(build_streams)         //递归调用 build_streams()
          //至此，本次 build_streams()调用框架中的 withoutDescription 已不含 DescribedStmt。
    withoutDescription match {
      case sx @ Connect(info, loc @ WRef(_, _, PortKind | WireKind | InstanceKind, _), expr) =>
        assign(loc, expr, info)                       //Connect 转化成 Verilog 的赋值语句
      case sx: DefWire =>
        declare("wire", sx.name, sx.tpe, sx.info)     //DefWire 转化成 Verilog 的 wire 语句
      case sx: DefRegister =>                         //DefRegister 转化成 Verilog 的 reg 语句
        val options = emissionOptions.getRegisterEmissionOption(moduleTarget.ref(sx.name))
        val e = wref(sx.name, sx.tpe)     //函数 wref()的定义：def wref(n:String, t: Type) = WRef(n, t, ExpKind, UnknownFlow)
        if (options.useInitAsPreset) {                //这是 RegInit
          declare("reg", sx.name, sx.tpe, sx.info, sx.init)
          regUpdate(e, sx.clock, sx.reset, e)
        } else {                                      //这是一般的 Reg
          declare("reg", sx.name, sx.tpe, sx.info)
          regUpdate(e, sx.clock, sx.reset, sx.init)
        }
        if (!options.disableRandomization) initialize(e, sx.reset, sx.init)
      case sx: DefNode =>                             //DefNode 转化成 Verilog 的 wire 语句
        declare("wire", sx.name, sx.value.tpe, sx.info, sx.value)
      case sx: Stop =>                                //用于 EDA 和 Verilator 软件模拟
        simulate(sx.clk, sx.en, stop(sx.ret), Some("STOP_COND"), sx.info)
      case sx: Print =>                               //用于 EDA 和 Verilator 软件模拟
        simulate(sx.clk, sx.en, printf(sx.string, sx.args), Some("PRINTF_COND"), sx.info)
      case sx: Verification =>                        //用于 EDA 和 Verilator 软件模拟
        addFormal(sx.clk, sx.en, formalStatement(sx.op, sx.pred), sx.info, sx.msg)

     // If we are emitting an Attach, it must not have been removable in VerilogPrep
      case sx: Attach =>                   //Attach 不同于 Connect，用于模拟信号，但在 Verilog 中也是赋值：
        // For Synthesis
```

```
        // Note that this is quadratic in the number of things attached
        for (set <- sx.exprs.toSet.subsets(2)) {
          val (a, b) = set.toSeq match {
            case Seq(x, y) => (x, y)
          }
          // Synthesizable ones as well
          attachSynAssigns += Seq("assign ", a, " = ", b, ";", sx.info)
          attachSynAssigns += Seq("assign ", b, " = ", a, ";", sx.info)
        }
        // alias implementation for everything else
        attachAliases += Seq("alias ", sx.exprs.flatMap(e => Seq(e, " = ")).init, ";", sx.info)
      case sx: WDefInstanceConnector =>                    // WdefInstanceConnector 是对 module 的申明
        val (module, params) = moduleMap(sx.module) match {
          case DescribedMod(_, _, ExtModule(_, _, _, extname, params)) => (extname, params)
          case DescribedMod(_, _, Module(_, name, _, _)) => (name, Seq.empty)
          case ExtModule(_, _, _, extname, params) => (extname, params)
          case Module(_, name, _, _) => (name, Seq.empty)
        }
        val ps = if (params.nonEmpty) params.map(stringify).mkString("#(", ", ", ") ") else ""
        instdeclares += Seq(module, " ", ps, sx.name, " (", sx.info)
        for (((port, ref), i) <- sx.portCons.zipWithIndex) {
          val line = Seq(tab, ".", remove_root(port), "(", ref, ")")
          if (i != sx.portCons.size - 1) instdeclares += Seq(line, ",")
          else instdeclares += line
        }
        instdeclares += Seq(");")
      case sx: DefMemory => …                              //见后述
      case _ =>                                            //除上列语句以外的语句均无效
    }    //end withoutDescription match
  }    //end build_streams()
```

DescribedStmt 是预处理过程中由 AddDescriptionNodes 这个工序引入的。当然，所添加的信息并非凭空而来，而是来自 DocStringAnnotation 和 AttributeAnnotation 这两个 Annotation。不过这些信息本身并非“可综合（Synthesizable）”，在所生成的 Verilog 代码中并无独立的存在，所以这里把它所承载的信息转到 declares 中，然后就把它过滤掉。此后就不再出现在 Statement 序列中了。

真正的 build_streams()是对 withoutDescription 进行的。下面我们就顺着这个函数的代码，看其对各种不同的 Statement 怎样生成代码。

首先是 Connect，其源头当然是 pushCommand(Connect(sourceInfo, Node(this), that.ref))，经前端的 Converter 转换成 Fitrtl 的 Connect，其定义为：

```
case class Connect(info: Info, loc: Expression, expr: Expression) extends Statement …
```

函数 build_streams()的代码中对此的反应是：

```
case sx @ Connect(info, loc @ WRef(_, _, PortKind | WireKind | InstanceKind, _), expr) =>
                                                                        assign(loc, expr, info)
```

显然，Connect 转化成 Verilog 的赋值语句，其中 loc 是作为 SINK 一侧的 lvalue。

函数 assign()的代码是这样：

```
[VerilogRender.emit_verilog() > build_streams() > case sx @ Connect > assign()]
  def assign(e: Expression, infoExpr: InfoExpr): Unit = assign(e, infoExpr.expr, infoExpr.info)    //转成下面带三个参数的 assign()
  def assign(e: Expression, value: Expression, info: Info): Unit = { assigns += Seq("assign ", e, " =  ", value, ";", info) }
      //往 assigns 这个 ArrayBuffer 中添加一条记录，如 info 非空就放在分号后面作为 Verilog 语句的注释。
```

这个 Verilog 语句放在缓冲区 assigns 中，到发送的时候按缓冲区发送。

再看 DefWire，其源头在 pushCommand(DefWire(sourceInfo, x))，由前端的 Converter 转换成 Firrtl 的 DefWire：

case class DefWire(info: Info, name: String, tpe: Type) extends Statement …

函数 build_streams()的代码中对此的反应是：

case sx: DefWire => declare("wire", sx.name, sx.tpe, sx.info)

通过函数 declare()将其转化成 Verilog 的 wire 语句：

```
[VerilogRender.emit_verilog() > build_streams() > case sx: DefWire > declare()]
  // original declare without initial value and with an ifdef guard
  private def declare(b: String, n: String, t: Type, info: Info, ifdef: String): Unit = declare(b, n, t, info, Some(ifdef))
  // original declare without initial value
  def declare(b: String, n: String, t: Type, info: Info): Unit = declare(b, n, t, info, None)
  // declare with initial value
  def declare(b: String, n: String, t: Type, info: Info, preset: Expression) = t match {
    case tx: VectorType => declareVectorType(b, n, tx.tpe, tx.size, info, preset)
    case tx => declares += Seq(b, " ", tx, " ", n, " = ", preset, ";", info)    //将其添加到 declares 缓冲区中
  }

  // original declare without initial value and optinally with an ifdef guard
  private def declare(b: String, n: String, t: Type, info: Info, ifdefOpt: Option[String]): Unit = t match {
    case tx: VectorType => declareVectorType(b, n, tx.tpe, tx.size, info, ifdefOpt)
    case tx =>
      val decl = Seq(b, " ", tx, " ", n, ";", info)
      if (ifdefOpt.isDefined) { ifdefDeclares(ifdefOpt.get) += decl }
      else { declares += decl }    //添加到 declares 缓冲区中
  }
```

如果 DefWire 所指的是个向量，则略为复杂一点，移位还得申明向量长度：

```
[VerilogRender.emit_verilog() > build_streams() > case sx: DefWire > declare() > declareVectorType()]
  // declare vector type with no preset and optionally with an ifdef guard
  private def declareVectorType(b: String, n: String, tpe: Type, size: BigInt, info: Info, ifdefOpt: Option[String]) : Unit = {
    val decl= Seq(b, " ", tpe, " ", n, " [0:", bigIntToVLit(size - 1), "];", info)    //bigIntToVLit(size-1)为向量长度
    if (ifdefOpt.isDefined) { ifdefDeclares(ifdefOpt.get) += decl }
    else { declares += decl }                                //将其添加到 declares 缓冲区中
  }

  // original vector type declare without initial value
```

```
def declareVectorType(b: String, n: String, tpe: Type, size: BigInt, info: Info): Unit = declareVectorType(b, n, tpe, size, info, None)

// declare vector type with initial value
def declareVectorType(b: String, n: String, tpe: Type, size: BigInt, info: Info, preset: Expression): Unit = {
  declares += Seq(b, " ", tpe, " ", n, " [0:", bigIntToVLit(size - 1), "] = ", preset, ";", info)
}
```

下面是 DefRegister，其源头显然在 pushCommand(DefReg(sourceInfo, reg, clock))；但是还有 DefRegInit，即 pushCommand(DefRegInit(sourceInfo, reg, clock.ref, reset.ref, init.ref))。前端 Converter 将此二者都转换成 DefRegister，其定义如下：

```
case class DefRegister(info: Info, name: String, tpe: Type, clock: Expression, reset: Expression, init: Expression) extends Statement …
```

函数 build_streams()的代码中对 DefRegister 的处理是这样：

```
case sx: DefRegister =>                    //DefRegister 转化成 Verilog 的 reg 语句
  val options = emissionOptions.getRegisterEmissionOption(moduleTarget.ref(sx.name))
  val e = wref(sx.name, sx.tpe)            //创建一个 Reference 对象，sx.tpe 为 DefRegister。
  if (options.useInitAsPreset) {           //这个选项来自 PresetRegAnnotation，默认为 false。
    declare("reg", sx.name, sx.tpe, sx.info, sx.init)
    regUpdate(e, sx.clock, sx.reset, e)           //注意这里把最后一个参数设成与第一个相同
  } else {                                 //这才是常规：
    declare("reg", sx.name, sx.tpe, sx.info)
    regUpdate(e, sx.clock, sx.reset, sx.init)
  }
  if (!options.disableRandomization) initialize(e, sx.reset, sx.init)
```

这里的函数 wref()是这样：

```
def wref(n: String, t: Type) = WRef(n, t, ExpKind, UnknownFlow)      //object WRef，创建 Reference 对象。
```

所返回的 WRef 即 Reference 对象被用于 regUpdate()。从代码中可见，这里也是通过 declare()函数生成 Verilog 代码中的 reg 申明，这与 DefWire 没有什么不同，但是对于 DefRegister 后面还有对 regUpdate()的调用，这是要生成对此寄存器“赋值”的语句。对寄存器的 Update（内容更新），就是一般所说的对寄存器“赋值”，也就是寄存器输入端的连接。Verilog 代码中对寄存器 Update 的最简单形式就是例如像“r <= a”，这里 r 是个寄存器，a 可以是个寄存器的输出，也可以是个组合电路的输出。在这里 r 就是当前的这个寄存器，可是关于 a 的信息从哪里来呢？实际上前面在处理 Connect 时已经把连接的左右双方写在 netlist 中了，应该有某个键-值对的左边就是这个寄存器，只要以这个寄存器的名称为键去 netlist 中一查就可知道，所以这不是问题。可是这里还有个问题，就是对 RegInit，即带有初始值的寄存器。这种寄存器在有 Reset 信号存在时应把初始值打入寄存器，只有在没有 Reset 时才把其“正常”的输入打入寄存器。这样一来，寄存器的“赋值”就复杂了，因为所赋的值有两个来源，这里需要有个 Mux 的机制。所以，寄存器“赋值”语句的生成，即 regUpdate()并不简单：

```
[VerilogRender.emit_verilog() > build_streams() > case sx: DefRegister > regUpdate()]
  def regUpdate(r: Expression, clk: Expression, reset: Expression, init: Expression) = {
    def addUpdate(info: Info, expr: Expression, tabs: Seq[String]): Seq[Seq[Any]] = expr match {   //下面要用到这个函数
```

```
  case m: Mux =>                     //参数 expr 所表示的是个 Mux：
    if (m.tpe == ClockType) throw EmitterException("Cannot emit clock muxes directly")
    if (m.tpe == AsyncResetType) throw EmitterException("Cannot emit async reset muxes directly")

    val (eninfo, tinfo, finfo) = MultiInfo.demux(info)
    lazy val   _if = Seq(tabs, "if (", m.cond, ") begin", eninfo)
    lazy val   _else = Seq(tabs, "end else begin")
    lazy val   _ifNot = Seq(tabs, "if (!(", m.cond, ")) begin", eninfo)
    lazy val   _end = Seq(tabs, "end")
    lazy val   _true = addUpdate (tinfo, m.tval, tab +: tabs)   //递归调用，以生成类似“r <= a”那样的赋值表达式。
                              //这些 lazy val 中都不含“<=”这个符号，只有在下面的 case _中才有。
                              //在这个_true 语句的执行中，所生成的 Verilog 寄存器赋值语句将是类似“r <= init”
    lazy val   _false = addUpdate (finfo, m.fval, tab +: tabs)    //递归调用，生成 r <= expr 赋值语句。
    lazy val   _elseIfFalse = {
      val   _falsex = addUpdate(finfo, m.fval, tabs)  // _false, but without an additional tab
      Seq(tabs, "end else ", _falsex.head.tail) +: _falsex.tail
    }

    /* For a Mux assignment, there are five possibilities, with one subcase for asynchronous reset:
     *   1. Both the true and false condition are self-assignments; do nothing
     *   2. The true condition is a self-assignment; invert the false condition and use that only
     *   3. The false condition is a self-assignment
     *      a) The reset is asynchronous; emit both 'if' and a trivial 'else' to avoid latches
     *      b) The reset is synchronous; skip the false condition
     *   4. The false condition is a Mux; use the true condition and use 'else if' for the false condition
     *   5. Default; use both the true and false conditions
     */
    (m.tval, m.fval) match {        //注意 tval 是寄存器的初始值 init，fval 才是其常规输入。
      case (t, f) if weq(t, r) && weq(f, r) => Nil
      case (t, _) if weq(t, r) => _ifNot +: _false :+ _end      //注意_false 是对 addUpdate()的递归调用
      case (_, f) if weq(f, r) =>
        m.cond.tpe match {
          case AsyncResetType => (_if +: _true :+ _else) ++ _true :+ _end
          case _ => _if +: _true :+ _end                  //注意_true 是对 addUpdate()的递归调用
        }
      case (_, _: Mux) => (_if +: _true) ++ _elseIfFalse          //寄存器的常规输入有可能又是来自 Mux
      case _ => (_if +: _true :+ _else) ++ _false :+ _end      //_true 和_false 都是对 addUpdate()递归调用
    }
  case e => Seq(Seq(tabs, r, " <= ", e, ";", info))           //不是 Mux，那就是普通的格式，如 r <= a+1
                                                              //这是 addUpdate()中唯一生成“<=”的地方。
}   //end def addUpdate

  //以上是函数定义，regUpdate()的程序从这里开始：
if (weq(init, r)) {   // Synchronous Reset          //表示二者相同。说明 useInitAsPreset 为 true，默认 false，见前。
  val InfoExpr(info, e) = netlist(r)                //从 netlist 中找到与 r 对应的 InfoExpr
  noResetAlwaysBlocks.getOrElseUpdate(clk, ArrayBuffer[Seq[Any]]()) ++= addUpdate(info, e, Seq.empty)
```

```
    } else {      // Asynchronous Reset
      assert(reset.tpe == AsyncResetType, "Error! Synchronous reset should have been removed!")
      val tv = init
      val InfoExpr(finfo, fv) = netlist(r)                //从 netlist 中找到与 r 对应的 InfoExpr
      // TODO add register info argument and build a MultiInfo to pass
      asyncResetAlwaysBlocks += ((clk, reset, addUpdate(NoInfo, Mux(reset, tv, fv, mux_type_and_widths(tv, fv)), Seq.empty)))
                                    //以 rest 为条件，输入来自 tv 和 fv 两个源头，其中 tv 就是 init。注意这里引入了 Mux。
    }
  }    //end regUpdate()
```

这里通过 weq()判断传下的参数 r 和 init 是否相同，前面在判断代码生成选项 useInitAsPreset 为 true 时特意把调用 regUpdate()的参数 init 设成与 r 相同。这个选项的默认值是 false，但在生成代码前的预处理过程中在 PropagatePresetAnnotations 这道工序中有可能根据 PresetRegAnnotation 将此选项设置成 true。对这里的影响，是将调用 addUpdate()的结果添加到 noResetAlwaysBlocks 还是 asyncResetAlwaysBlocks 这个序列中，一般都是后者，因为寄存器一般都是有 Reset 的。凡有 Reset 的寄存器，Reset 时要将其初始值 init 打入该寄存器，而在没有 Reset 时则将其正常输入打入寄存器。这样就使寄存器的“赋值”复杂化了，因为在寄存器的输入端实质上需要一个 Mux 的机制存在，从寄存器的正常输入和初始值之间二选一。相比之下，另一种不需要二选一的寄存器“赋值”则就简单了。我们搞懂比较复杂的情况，另一种就不在话下

所以，这里在调用 addUpdate()时，其输入表达式 expr 是个 Mux。这个 Mux 以 reset 为条件，reset 为 true 时取值 tv，意为选择条件为 true 时的 value，这就是 init。而 reset 为 false 时的取值 fv，则来自从 netlist 的查询结果。

再看 addUpdate()的代码，前面的那些 lazy val，有些是一些字符串序列，但是字符串中有对变量的引用；其中的_true 和_false 是对 addUpdate()的递归调用。之所以是 lazy，是因为里面那些变量的值要到字符串被引用的时候才最后确定。这里分两种情况，取决于第二个参数 expr 是否代表着 Mux，如果不是就很简单，输出的赋值语句就是 Seq(Seq(tabs, r, " <= ", e, ";", info))。如果是 Mux，就比较复杂了，那就是后面的那些 case 语句，里面的 t 和 f 分别表示 Mux 的 tval 和 fval，注意 t 是寄存器的初始值 init，f 才是其常规输入。但是这里还要判断这个 t 或 f 是否来自寄存器 r 自身的输出。如果 t 和 f 都来自 r 自身的输出，那还要“赋值”干啥？所以这时候的赋值语句是 Nil。只有在 t 和 f 都不来自寄存器 r 自身时，即 case _，此时的赋值语句才是最“正常”的，那就是(_if +: _true :+ _else) ++ _false :+ _end。这里++表示序列的拼接，:+表示字符串拼接。注意这里的_true 和_false 都是对 addUpdate()的递归调用，但是这都是不带 Mux 的调用，因为只有这样才能在 addUpdate()中的 case _下面生成类似“r <= a”这样的赋值语句。具体的字符串替换就留给读者了。

回到前面 build_streams()的代码，下面几个 Statement 都是为电路模拟而设，对 Verilog 代码的模拟可以是在 EDA 软件中，也可以采用 Verilator，后者是个开源的 Verilog 代码模拟软件。不过模拟（simulation）并非本书所关心的话题。Attach 主要是用于模拟信号（注意这是指 Analog，与 simulation 毫无关系）的，我们对模拟电路也不关心，所以我们就跳过这几个 Statement，直奔 WDefInstanceConnector 和 DefMemory。

先看 WDefInstanceConnector，这是在预处理过程中 VerilogPrep 这道工序中从 WDefInstance 转换过来的，而后者则是前端的 Converter 从同名的 Chisel 命令转换过来。在解析 Chisel 代码的过程中，每当代码中创建了一个子模块 Module 的时候，就会推送一条 DefInstance 命令：

```
pushCommand(DefInstance(sourceInfo, module, component.ports))
```

这在 Converter 中被转换成同名的 Firrtl 语句，然而又在预处理过程的 VerilogPrep 这道工序中转换成 WDefInstanceConnector：

```
case class WDefInstanceConnector(info: Info, name: String, module: String, tpe: Type,
                                 portCons: Seq[(Expression, Expression)]) extends Statement …
```

至于 build_streams()对 WDefInstanceConnector 处理则是这样：

```
[VerilogRender.emit_verilog() > build_streams() > case sx: WDefInstanceConnector]
    case sx: WDefInstanceConnector =>
      val (module, params) = moduleMap(sx.module) match {
        case DescribedMod(_, _, ExtModule(_, _, _, extname, params))    => (extname, params)
        case DescribedMod(_, _, Module(_, name, _, _))                  => (name, Seq.empty)
        case ExtModule(_, _, _, extname, params)                        => (extname, params)
        case Module(_, name, _, _)                                      => (name, Seq.empty)
      }
      val ps = if (params.nonEmpty) params.map(stringify).mkString("#(",  ", ",  ") ") else ""
      instdeclares += Seq(module, " ", ps, sx.name, " (", sx.info)      //添入到instdeclares中
      for (((port, ref), i) <- sx.portCons.zipWithIndex) {
        val line = Seq(tab, ".", remove_root(port), "(", ref, ")")
        if (i != sx.portCons.size - 1) instdeclares += Seq(line, ",")   //添入到instdeclares中
        else instdeclares += line                                       //添入到instdeclares中，最后一行后面没有逗号。
      }
      instdeclares += Seq(");")                                         //最后的右括号
```

显然，这就是为子模块生成类似于“module xyz (input a, output b,);”这样的语句。这并不复杂。

最后就是 DefMemory 了。DefMemory 也是前端的 Converter 从 Chisel 的同名命令转换过来的，其源头在于：

```
pushCommand(DefMemory(sourceInfo, mem, mt, size))
pushCommand(DefSeqMemory(sourceInfo, mem, mt, size, ruw))
pushCommand(DefMemPort(sourceInfo,t.cloneTypeFull, Node(this), dir, i.ref, uilder.forcedClock.ref))
```

这里的 mem 就是 Chisel 代码中的一个 Mem 对象；mt 是存储单元的类型，包括其宽度；size 当然是存储器的大小。而 SeqMemory 与普通 Memory 的区别，则在于参数 ruw，这是对 ReadUnderWrite 时的次序规定。

我们在前面以 class PlusOne 为例走过代码解析的过程，但 PlusOne 很小很简单，没有涉及存储器，所以我们没有看到对 DefMemory 命令的推送。

前端的 Converter 将此二者均转换成 CDefMemory：

```
case class CDefMemory(info: Info, name: String, tpe: Type, size: BigInt, seq: Boolean,
        readUnderWrite: ReadUnderWrite.Value = ReadUnderWrite.Undefined) extends Statement
case class CDefMPort(info: Info, name: String, tpe: Type, mem: String, exps: Seq[Expression],
                                        direction: MPortDir) extends Statement
```

之所以有个前缀 C，是说仍带有 Chisel 的色彩和风格，因为在 Firrtl 中是把存储器与存储器访问端口合在一起的，所以在预处理过程中有一道工序 RemoveCHIRRTL，就是要把 Chisel 的色彩和风格去掉，把这二者都合并在一个 DefMemory 语句中。Firrtl 的 DefMemory 语句是这样：

```
case class DefMemory(info: Info, name: String, dataType: Type, depth: BigInt,
        writeLatency: Int, readLatency: Int, readers: Seq[String], writers: Seq[String],
        readwriters: Seq[String], readUnderWrite: ReadUnderWrite.
Value = ReadUnderWrite.Undefined) extends Statement …
```

显然，这个 DefMemory 语句的定义中既包含关于存储器本身的信息，也包含关于存储器访问端口的信息，例如 readers、writers、readwriters，这些都是关于存储器访问端口的信息。

函数 build_streams ()中针对 DefMemory 的代码是这样：

[VerilogRender.emit_verilog() > build_streams() > case sx: DefMemory]

```
case sx: DefMemory =>                          // DefMemory 是对存储器的定义
  val options = emissionOptions.getMemoryEmissionOption(moduleTarget.ref(sx.name))
  val fullSize = sx.depth * (sx.dataType match { case GroundType(IntWidth(width)) => width })
  val decl = if (fullSize > (1 << 29)) "reg /* sparse */" else "reg"
                     //在 Verilog 语言中，reg 是个关键字，却没有 memory 或 mem 这样的关键字。
                     //一个 reg 的一维数组就是一个 Memory，一个 reg 就是一个存储单元。
  declareVectorType(decl, sx.name, sx.dataType, sx.depth, sx.info)
                     //将 decl 中的“reg”扩充写成数组/向量，变成“reg ... [0:N-1]”，N = sx.depth。
  initialize_mem(sx, options)        //见后
   // Currently, no idiomatic way to directly emit write-first RW ports
  val hasComplexRW = (sx.readwriters.nonEmpty && (sx.readLatency != 1 || sx.readUnderWrite == ReadUnderWrite.New))
  if (sx.readLatency > 1 || sx.writeLatency != 1 || hasComplexRW)   //如果过于复杂就提示添加 VerilogMemDelays 预处理
    throw EmitterException(
      Seq( s"Memory ${sx.name} is too complex to emit directly.",
        "Consider running VerilogMemDelays to simplify complex memories.",
        "Alternatively, add the --repl-seq-mem flag to replace memories with blackboxes."
      ).mkString(" ")
    )

  def createMemWire(firrtlRef: Expression, rhs: InfoExpr): Unit = {
        // Don't use declaration-assignment, since this assignment might be emitted earlier than the
        // actual connection to the memory port field in the source FIRRTL
    declare("wire", LowerTypes.loweredName(firrtlRef), firrtlRef.tpe, MultiInfo(sx.info, rhs.info))
    assign(firrtlRef, rhs)
  }   //end createMemWire()

    //下面都是关于存储器访问端口的 Verilog 代码生成：
  for (r <- sx.readers) {        //读端口：
    val data = memPortField(sx, r, "data")                    //存储端口的数据口 data
    val addr = memPortField(sx, r, "addr")                    //存储端口的地址口 addr
    val en = memPortField(sx, r, "en")                        //存储端口的 enable 口 en
    val memPort = WSubAccess(WRef(sx), addr, sx.dataType, UnknownFlow)
    val depthValue = UIntLiteral(sx.depth, IntWidth(sx.depth.bitLength))
    val garbageGuard = DoPrim(Geq, Seq(addr, depthValue), Seq(), UnknownType)
    val clkSource = netlist(memPortField(sx, r, "clk")).expr
    createMemWire(en, netlist(en))                            //见上，生成“wire”+“assign”

    if (sx.readLatency == 1 && sx.readUnderWrite != ReadUnderWrite.Old) {
      val InfoExpr(addrInfo, addrDriver) = netlist(addr)
      declare("reg", LowerTypes.loweredName(addr), addr.tpe, sx.info)
      initialize(WRef(LowerTypes.loweredName(addr), addr.tpe), zero, zero)
      update(addr, addrDriver, clkSource, en, addrInfo)
```

```
    } else {
      createMemWire(addr, netlist(addr))                    //见上，生成“wire”和“assign”
    }

    if (sx.readLatency == 1 && sx.readUnderWrite == ReadUnderWrite.Old) {
      declare("reg", LowerTypes.loweredName(data), data.tpe, sx.info)
      initialize(WRef(LowerTypes.loweredName(data), data.tpe), zero, zero)      //打入复位后的初值
      update(data, memPort, clkSource, en, sx.info)                             //端口的连接
    } else {
      declare("wire", LowerTypes.loweredName(data), data.tpe, sx.info)
      if ((sx.depth & (sx.depth - 1)) == 0) assign(data, memPort, sx.info)
      else garbageAssign(data, memPort, garbageGuard, sx.info)
    }
  }   //end for (r <- sx.readers)

  for (w <- sx.writers) {        //写端口：
    val data = memPortField(sx, w, "data")
    val addr = memPortField(sx, w, "addr")
    val mask = memPortField(sx, w, "mask")
    val en = memPortField(sx, w, "en")

    val clkSource = netlist(memPortField(sx, w, "clk")).expr

    createMemWire(data, netlist(data))                          // “wire” + “assign”
    createMemWire(addr, netlist(addr))                          //同上
    createMemWire(mask, netlist(mask))
    createMemWire(en, netlist(en))

    val memPort = WSubAccess(WRef(sx), addr, sx.dataType, UnknownFlow)
    update(memPort, data, clkSource, AND(en, mask), sx.info)    //写端口的输入端有掩模 mask
  }   //end for (w <- sx.writers)

  for (rw <- sx.readwriters) {        //读写端口：
    val rdata = memPortField(sx, rw, "rdata")
    val wdata = memPortField(sx, rw, "wdata")
    val addr = memPortField(sx, rw, "addr")
    val en = memPortField(sx, rw, "en")
    val wmode = memPortField(sx, rw, "wmode")
    val wmask = memPortField(sx, rw, "wmask")
    val memPort = WSubAccess(WRef(sx), addr, sx.dataType, UnknownFlow)

    val clkSource = netlist(memPortField(sx, rw, "clk")).expr

    createMemWire(wdata, netlist(wdata))                        // “wire” + “assign”
    createMemWire(addr, netlist(addr))                          //同上
    createMemWire(wmode, netlist(wmode))
```

```
        createMemWire(wmask, netlist(wmask))
        createMemWire(en, netlist(en))

        declare("reg", LowerTypes.loweredName(rdata), rdata.tpe, sx.info)
        initialize(WRef(LowerTypes.loweredName(rdata), rdata.tpe), zero, zero)
        update (rdata, memPort, clkSource, en, sx.info)          //端口的连接
        update(memPort, wdata, clkSource, AND(en, AND(wmode, wmask)), sx.info)          //读写端口的输入端有掩模 mask
    }  //end for (rw <- sx.readwriters)
```

在 Verilog 语言中存储器并非一个独立的概念，而只是作为存储单元的寄存器 reg 的数组/向量。所以对存储器的申明就是对 reg 数组的申明。例如

```
reg [7:0] mem [0:255];          //一个 8 位寄存器（存储单元）的数组，数组的大小为 256。
reg arrayb[7:0][0:255];         //一个 1 位寄存器（D 触发器）的二维数组。
```

代码中调用 declareVectorType()的作用就是在“reg”后面补上关于寄存器类型和数组发小的说明。然后就是对 initialize_mem()的调用：

```
[VerilogRender.emit_verilog() > build_streams() > case sx: DefMemory > initialize_mem()]
  def initialize_mem (s: DefMemory, opt: MemoryEmissionOption): Unit = {
    if (s.depth > maxMemSize) { maxMemSize = s.depth }
    val dataWidth = bitWidth(s.dataType)
    val maxDataValue = (BigInt(1) << dataWidth.toInt) - 1

    def checkValueRange(value: BigInt, at: String): Unit = {
      if (value < 0) throw EmitterException(s"Memory ${at} cannot be initialized with negative value: $value")
      if (value > maxDataValue)
        throw EmitterException(s"Memory ${at} cannot be initialized with value: $value. Too large (> $maxDataValue)!")
    }

    opt.initValue match {
      case MemoryArrayInit(values) =>
        if (values.length != s.depth)
          throw EmitterException(
            s"Memory ${s.name} of depth ${s.depth} cannot be initialized with an array of length ${values.length}!"
          )
        val memName = LowerTypes.loweredName(wref(s.name, s.dataType))
        values.zipWithIndex.foreach {
          case (value, addr) =>
            checkValueRange(value, s"${s.name}[$addr]")
            val access = s"$memName[${bigIntToVLit(addr)}]"
            memoryInitials += Seq(access, " = ", bigIntToVLit(value), ";")
        }
      case MemoryScalarInit(value) =>
        checkValueRange(value, s.name)
        // note: s.dataType is the incorrect type for initvar, but it is ignored in the serialization
        val index = wref("initvar", s.dataType)
        memoryInitials += Seq("for (initvar = 0; initvar < ", bigIntToVLit(s.depth), "; initvar = initvar+1)")
```

```
        memoryInitials += Seq(tab, WSubAccess(wref(s.name, s.dataType), index, s.dataType, SinkFlow),
                                                                  " = ", bigIntToVLit(value), ";")
      case MemoryRandomInit =>
        // note: s.dataType is the incorrect type for initvar, but it is ignored in the serialization
        val index = wref("initvar", s.dataType)
        val rstring = rand_string(s.dataType, "RANDOMIZE_MEM_INIT")
        ifdefInitials("RANDOMIZE_MEM_INIT") += Seq(
                          "for (initvar = 0; initvar < ", bigIntToVLit(s.depth), "; initvar = initvar+1)")
        ifdefInitials("RANDOMIZE_MEM_INIT") += Seq(tab, WSubAccess(wref(s.name, s.dataType),
                                                      index, s.dataType, SinkFlow), " = ", rstring, ";")
      case MemoryFileInlineInit(filename, hexOrBinary) =>    //存储器的初始内容可以从文件读入:
        val readmem = hexOrBinary match {
          case MemoryLoadFileType.Binary => "$readmemb"
          case MemoryLoadFileType.Hex => "$readmemh"
        }
        if (emissionOptions.emitMemoryInitAsNoSynth) { memoryInitials += Seq(s"""$readmem("$filename", ${s.name});""") }
        else {
          val inlineLoad = s"""initial begin
                              |    $readmem("$filename", ${s.name});
                              |  end""".stripMargin
          memoryInitials += Seq(inlineLoad)
        }
    }
  }    //end initialize_mem()
```

所谓初始化，是指对于已在 Verilog 代码中申明的 reg 数组进行初始化的代码。这些代码并不复杂但却很费口舌，就留给读者自己了。

回到前面 case sx: DefMemory 的代码中，下面都是关于存储器访问端口的代码生成。访内端口有读端口、写端口、读写端口。对端口的申明都是一样的，都是“wire”加“assign”所以把这二者提取出来放在一个函数 createMemWire()中。另外，对于地址和读出数据还需要有寄存器，因而也要有对于“reg”的申明。另外，对于读出口需要调用 initialize()以生成对器进行（复位后）初始化的 Verilog 代码：

[VerilogRender.emit_verilog() > build_streams() > case sx: DefMemory > initialize()]

```
  def initialize(e: Expression, reset: Expression, init: Expression) = {
    val randString = rand_string(e.tpe, "RANDOMIZE_REG_INIT")
    ifdefInitials("RANDOMIZE_REG_INIT") += Seq(e, " = ", randString, ";")
    reset.tpe match {
      case AsyncResetType =>
        asyncInitials += Seq("if (", reset, ") begin")
        asyncInitials += Seq(tab, e, " = ", init, ";")
        asyncInitials += Seq("end")
      case _ => // do nothing
    }
  }
```

这段代码很简单，就不多说了。

还有，就是不管什么端口都要有外部连接，类似于对寄存器的“a <= b”这样的代码。不过回过头去看一下就知道，读出口和写入口的连接方向是反的，这在读写口上表现得最为清晰：

update (rdata, memPort, clkSource, en, sx.info)

update(memPort, wdata, clkSource, AND(en, AND(wmode, wmask)), sx.info)

函数 update()的代码是这样：

```
[VerilogRender.emit_verilog() > build_streams() > case sx: DefMemory > update()]

  def update(e: Expression, value: Expression, clk: Expression, en: Expression, info: Info) = {
    val lines = noResetAlwaysBlocks.getOrElseUpdate(clk, ArrayBuffer[Seq[Any]]())
    if (weq(en, one)) lines += Seq(e, " <= ", value, ";")
    else {
      lines += Seq("if (", en, ") begin")
      lines += Seq(tab, e, " <= ", value, ";", info)
      lines += Seq("end")
    }
  }
```

至此我们已经把 build_streams()这个函数大体上看了一遍，有些细节就让读者自己慢慢抠了。

6.3.4 emit_streams()

又回到 emit_verilog()，第四步是 emit_streams()。前面那一步是 build_streams()，现在是 emit_streams()。前面所生成的其实也并非目标代码的全部，只是把素材都准备好了。这就好比厨房里已经把菜品都准备好，就等下锅了。有了这些素材，下一步最终形成并发送 Verilog 代码的文字就是直截了当的事了。其实，此前的所有处理都是在为这一步做准备。同样，代码中引用的 m 就是 class VerilogRender 的一个构造参数，其类型是 Module，承载着此前各步处理所得的结果：

```
[VerilogRender.emit_verilog() > emit_streams()]
  def emit_streams(): Unit = {
    build_description(description).foreach(emit(_))
    emit(Seq("module ", m.name, "(", m.info))          //以 Verilog 的关键字“module”开头
    for (x <- portdefs) emit(Seq(tab, x))              //接着是把本模块的端口定义发送出去
    emit(Seq(");"))                                          //例如“module ClockDivider2 (output reg clk_out, input clk_in);”

    ifdefDeclares.toSeq.sortWith(_._1 < _._1).foreach {     //把积累在 ifdefDeclares 缓冲区中的内容发送出去
      case (ifdef, declares) =>
        emit(Seq("`ifdef " + ifdef))
        for (x <- declares) emit(Seq(tab, x))
        emit(Seq("`endif // " + ifdef))
    }

    for (x <- declares) emit(Seq(tab, x))              //把积累在 declares 缓冲区中的申明语句发送出去
    for (x <- instdeclares) emit(Seq(tab, x))          //把积累在 instdeclares 缓冲区中的申明语句发送出去
    for (x <- assigns) emit(Seq(tab, x))               //把积累在 assigns 缓冲区中的 assign 语句发送出去
    if (attachAliases.nonEmpty) {                      //来自 Attach，用于模拟（Analog）信号，我们不关心。
      emit(Seq("`ifdef SYNTHESIS"))
```

```
    for (x <- attachSynAssigns) emit(Seq(tab, x))
    emit(Seq("`elsif verilator"))
    emit (Seq(tab, "`error \"Verilator does not support alias and thus cannot arbirarily connect bidirectional wires and ports\"" ))
    emit(Seq("`else"))
    for (x <- attachAliases) emit(Seq(tab, x))
    emit(Seq("`endif"))
  }

  for ((clk, content) <- noResetAlwaysBlocks if content.nonEmpty) {   //无 reset 的时钟触发：
    emit(Seq(tab, "always @(posedge ", clk, ") begin"))        //例如“always @(posedge clk_in) begin”
    for (line <- content) emit(Seq(tab, tab, line))             //见前面的 regUpdate()
    emit(Seq(tab, "end"))                                       // “end”
  }

  for ((clk, reset, content) <- asyncResetAlwaysBlocks if content.nonEmpty) {   //带 reset 的时钟触发：
    emit(Seq(tab, "always @(posedge ", clk, " or posedge ", reset, ") begin"))
                                                                //例如“always @(posedge clk1 or posedge rst) begin”
    for (line <- content) emit(Seq(tab, tab, line))             //见前面的 regUpdate()
    emit(Seq(tab, "end"))
  }

  if (initials.nonEmpty || ifdefInitials.nonEmpty || memoryInitials.nonEmpty) {
      //initials 和 ifdefInitials 主要用于模拟，memoryInitials 见前面的 initialize_mem()，主要也用于模拟。
    emit(Seq("// Register and memory initialization"))
    emit(Seq("`ifdef RANDOMIZE_GARBAGE_ASSIGN"))
    emit(Seq("`define RANDOMIZE"))
    emit(Seq("`endif"))
    emit(Seq("`ifdef RANDOMIZE_INVALID_ASSIGN"))
    emit(Seq("`define RANDOMIZE"))
    emit(Seq("`endif"))
    emit(Seq("`ifdef RANDOMIZE_REG_INIT"))
    emit(Seq("`define RANDOMIZE"))
    emit(Seq("`endif"))
    emit(Seq("`ifdef RANDOMIZE_MEM_INIT"))
    emit(Seq("`define RANDOMIZE"))
    emit(Seq("`endif"))
    emit(Seq("`ifndef RANDOM"))
    emit(Seq("`define RANDOM $random"))
    emit(Seq("`endif"))

     // the initvar is also used to initialize memories to constants
    if (memoryInitials.isEmpty) emit(Seq("`ifdef RANDOMIZE_MEM_INIT"))
     // Since simulators don't actually support memories larger than 2^31 - 1, there is no reason
     // to change Verilog emission in the common case. Instead, we only emit a larger initvar where necessary
    if (maxMemSize.isValidInt) { emit(Seq("   integer initvar;")) }
    else {
```

```
    // Width must be able to represent maxMemSize because that's the upper bound in init loop
    val width = maxMemSize.bitLength - 1        // minus one because [width-1:0] has a width of "width"
    emit(Seq(s"    reg [$width:0] initvar;"))
  }
  if (memoryInitials.isEmpty) emit(Seq("`endif"))
  emit(Seq("`ifndef SYNTHESIS"))
  // User-defined macro of code to run before an initial block
  emit(Seq("`ifdef FIRRTL_BEFORE_INITIAL"))
  emit(Seq("`FIRRTL_BEFORE_INITIAL"))
  emit(Seq("`endif"))
  emit(Seq("initial begin"))
  emit(Seq("    `ifdef RANDOMIZE"))
  emit(Seq("        `ifdef INIT_RANDOM"))
  emit(Seq("            `INIT_RANDOM"))
  emit(Seq("        `endif"))
  // This enables testbenches to seed the random values at some time
  // before `RANDOMIZE_DELAY (or the legacy value 0.002 if
  // `RANDOMIZE_DELAY is not defined).
  // Verilator does not support delay statements, so they are omitted.
  emit(Seq("        `ifndef VERILATOR"))
  emit(Seq("          `ifdef RANDOMIZE_DELAY"))
  emit(Seq("            #`RANDOMIZE_DELAY begin end"))
  emit(Seq("          `else"))
  emit(Seq("            #0.002 begin end"))
  emit(Seq("          `endif"))
  emit(Seq("        `endif"))
  ifdefInitials.toSeq.sortWith(_._1 < _._1).foreach {
    case (ifdef, initials) =>
      emit(Seq("`ifdef " + ifdef))                    //例如 "`ifdef ABC"
      for (x <- initials) emit(Seq(tab, x))
      emit(Seq("`endif // " + ifdef))                 //例如 "`endif //ABC"
  }
  for (x <- initials) emit(Seq(tab, x))
  for (x <- asyncInitials) emit(Seq(tab, x))
  emit(Seq("    `endif // RANDOMIZE"))

  if (emissionOptions.emitMemoryInitAsNoSynth) {
    for (x <- memoryInitials) emit(Seq(tab, x))
  }
  emit(Seq("end // initial"))
  // User-defined macro of code to run after an initial block
  emit(Seq("`ifdef FIRRTL_AFTER_INITIAL"))
  emit(Seq("`FIRRTL_AFTER_INITIAL"))
  emit(Seq("`endif"))
  emit(Seq("`endif // SYNTHESIS"))
  if (!emissionOptions.emitMemoryInitAsNoSynth) {
```

```
        for (x <- memoryInitials) emit(Seq(tab, x))
      }
    }  //end if (initials.nonEmpty || ifdefInitials.nonEmpty || memoryInitials.nonEmpty)

    if (formals.keys.nonEmpty) {          //用于模拟
      for ((clk, content) <- formals if content.nonEmpty) {
        emit(Seq(tab, "always @(posedge ", clk, ") begin"))
        for (line <- content) emit(Seq(tab, tab, line))
        emit(Seq(tab, "end"))
      }
    }
    emit(Seq("endmodule"))               //整个 Verilog module 的结束
  }  //end emit_streams()
```

把积累在各个缓冲区中的 Verilog 代码都发送出去，emit_streams()的任务就完成了。

注意这里程序中的 emit()与前面的 emit(state, writer)显然是两码事。这里的 emit 只是把给定的字符串或数据打印出去，有点像 printf()，实际上比 printf()简单：

```
[VerilogEmitter.execute() > emit(state, writer) > emit_verilog() > emit_streams() > emit()]
  def emit(x: Any)(implicit w: Writer): Unit = {
    emitCol(x, 0, getLeadingTabs(x), 0)
  }

  private def emitCol(x: Any, top: Int, tabs: String, colNum: Int)(implicit w: Writer): Int = {…}
```

可见，对这个 emit()的调用参数只有一个，其类型是 Any，什么类型都可以。实际的打印则是由 emitCol()完成的，这个函数把内容打印在给定的列（Column）位上。那主要是些打印格式方面的处理，与 Chisel 代码的编译已经关系不大，但是这里有两个问题。

第一个问题是所生成 Verilog 代码中的算符问题。我们知道，在 Chisel 的代码解析阶段，会推送大量的 DefPrim 命令，DefPrim 命令所代表的其实是基本运算表达式：

```
pushOp(DefPrim(sourceInfo, dest, op, this.ref, other.ref))
```

这里的参数 op，就是算符，或者说操作符，有 AddOp、BitAndOp、BitOrOp、ShiftLeftOp 等。前端的 Converter 将 DefPrim 转换成 DoPrim，操作符则转换成 Firrtl 的 PrimOp，具体就是例如 object Add 等：

```
    case class DoPrim (op: PrimOp, args: Seq[Expression], consts: Seq[BigInt], tpe: Type) extends Expression
    abstract class PrimOp extends FirrtlNode {…}
      case object Add extends PrimOp {
          override def toString = "add"
          override def propagateType(e: DoPrim): Type = {…}
      }
```

以 Add 这个 object 为例，如果调用其 toString()函数，则返回值为“add”，可是 Verilog 代码中的加号却是“+”，所以这里还需要有个转换，这就是 op_stream()这个函数要做的事：

```
[VerilogEmitter.execute() > emit(state, writer) > emit_verilog() > emit_streams() > emit() > emitCol() > op_stream()]
  def op_stream (doprim: DoPrim): Seq[Any] = {
```

```
…
doprim.op match {
    case Add => Seq(castIf(a0, true), " + ", castIf(a1))              //Add运算的符号是“+”
    case Addw => Seq(castIf(a0, true), " + ", castIf(a1))
    case Sub => Seq(castIf(a0, true), " - ", castIf(a1))
    case Subw => Seq(castIf(a0, true), " - ", castIf(a1))
    case Mul => Seq(castIf(a0, true), " * ", castIf(a1))
    case Div => Seq(castIf(a0, true), " / ", castIf(a1))
    case Rem => Seq(castIf(a0, true), " % ", castIf(a1))              //相除取余
    case Lt => Seq(castIf(a0, true), " < ", castIf(a1))
    case Leq => Seq(castIf(a0, true), " <= ", castIf(a1))             //小于等于
    case Gt => Seq(castIf(a0, true), " > ", castIf(a1))
    case Geq => Seq(castIf(a0, true), " >= ", castIf(a1))
    case Eq => Seq(castIf(a0, true), " == ", castIf(a1))
    case Neq => Seq(castIf(a0, true), " != ", castIf(a1))
    …
    case AsUInt | AsSInt | AsClock | AsAsyncReset => Seq(a0)          //AsUInt一类的就将其丢弃
    …
    case Not => Seq("~", parenthesize(a0, true))
    case And => Seq(castAs(a0, true), " & ", castAs(a1))              //And运算
    case Or => Seq(castAs(a0, true), " | ", castAs(a1))
    case Xor => Seq(castAs(a0, true), " ^ ", castAs(a1))
    case Andr => Seq("&", cast(a0, true))
    case Orr => Seq("|", cast(a0, true))
    case Xorr => Seq("^", cast(a0, true))
    …
}  //end doprim.op match
} //end op_stream()
```

这样，就把各种算符替换成了 Verilog 所规定的运算符。值得注意的是，像 AsUInt 这样的短语在 Verilog 代码中就不再出现。限于篇幅，这里对 castIf()、castAs()、cast()这些函数就不深究下去，留给读者了。

第二个问题，则是对于一些表达式的字符串生成/打印方法。限于篇幅，这里也不深入了，只是就其中一个事情进行一点考察，就是立即数的打印。在 PlusOne 这个类中有个表达式“io.in + 1.asUInt”，这里别的没有问题，asUInt 已经丢掉了，但是 1 这个立即数在 Verilog 代码中是怎么表达？怎么让人知道这是个 UInt？带着这个问题，我们看一下 emitCol()这个函数中的片段，这里有大量的递归调用：

```
[VerilogEmitter.execute() > emit(state, writer) > emit_verilog() > emit_streams() > emit() > emitCol()]
  private def emitCol(x: Any, top: Int, tabs: String, colNum: Int)(implicit w: Writer): Int = {
    …
    x match {
      case (e: DoPrim) => emitCol (op_stream(e), top + 1, tabs, colNum)    //这就是上面的op_stream()
      case (e: Mux) => {                                                   //如果是Mux：
        if (e.tpe == ClockType) {                                          //对时钟信号不允许使用Mux
          throw EmitterException("Cannot emit clock muxes directly")
        }
        if (e.tpe == AsyncResetType) {                                     //对复位信号也不允许使用Mux
```

```
        throw EmitterException("Cannot emit async reset muxes directly")
      }
      emitCol(Seq(e.cond, " ? ", cast(e.tval), " : ", cast(e.fval)), top + 1, tabs, colNum)
                                                    //Verilog语言对Mux的表示就是从C语言中过来的
    }
    case (e: ValidIf) => emitCol(Seq(cast(e.value)), top + 1, tabs, colNum)
    case (e: WRef) => writeCol(e.serialize)
    case (e: WSubField) => writeCol(LowerTypes.loweredName(e))
    case (e: WSubAccess) => writeCol(s"${LowerTypes.loweredName(e.expr)}[${LowerTypes.loweredName(e.index)}]")
    case (e: WSubIndex) => writeCol(e.serialize)
    case (e: Literal) => v_print(e, colNum)          //这就是对立即数的表示，正是我们此刻所关心的，见后。
    case (e: VRandom) => writeCol(s"{${e.nWords}{`RANDOM}}")
    case (t: GroundType) => writeCol(stringify(t))
    case (t: VectorType) =>                  //对于向量：
      emit(t.tpe, top + 1)                   //先是其元素的类型
      writeCol(s"[${t.size - 1}:0]")         //然后是向量长度
    …
  }  //end x match
} //end emitCol()
```

我们在这里关心的是对立即数的打印，这是通过一个函数 v_print()进行的：

[VerilogEmitter.execute() > emit(state, writer) > emit_verilog() > emit_streams() > emit() > emitCol() > v_print()]

```
def v_print (e: Expression, colNum: Int)(implicit w: Writer) = e match {
  case UIntLiteral(value, IntWidth(width)) =>          //对于无符号整数：
    val contents = s"$width'h${value.toString(16)}"     //先是数据宽度，再是“'h”，然后才是数值本身。
    w.write(contents)                                   //这样，32位UInt的1，就是32'h1
    colNum + contents.size
  case SIntLiteral(value, IntWidth(width)) =>          //有符号整数分不同情况，基本上都是加“'sh”。
    val stringLiteral = value.toString(16)
    val contents = stringLiteral.head match {
      case '-' if value == FixAddingNegativeLiterals.minNegValue(width) => s"$width'sh${stringLiteral.tail}"
      case '-' => s"-$width'sh${stringLiteral.tail}"
      case _ => s"$width'sh${stringLiteral}"
    }
    w.write(contents)
    colNum + contents.size
  case _ => throwInternalError(s"attempt to print unrecognized expression: $e")
}
```

限于篇幅，有些更深入的细节就留给读者了。

走完上述 build_netlist()、build_ports()、build_streams()、emit_streams()这么四步，emit_verilog()就完成了，返回到 emit(state, writer)中，runTransforms()和 emit_verilog()是这里关键的两步，现在已经完成。然后从 emit(state, writer)返回到 VerilogEmitter.execute()。我们不妨重温一下：

```
[VerilogEmitter.execute()]
  override def execute (state: CircuitState): CircuitState = {
    val writerToString =
      (writer: java.io.StringWriter) => writer.toString.replaceAll("""(?m) +$""", "") // trim trailing whitespace

    val newAnnos = state.annotations.flatMap {
      case EmitCircuitAnnotation(a) if this.getClass == a =>
        val writer = new java.io.StringWriter
        emit(state, writer)
        Seq( EmittedVerilogCircuitAnnotation ( EmittedVerilogCircuit(state.circuit.main, writerToString(writer), outputSuffix)) )
      case EmitAllModulesAnnotation(a) if this.getClass == a =>
        …
    }  //end val newAnnos
    state.copy(annotations = newAnnos ++ state.annotations)
  }
}  //end VerilogEmitter.execute()
```

整个Verilog代码发送的过程，不是对输入的EmitCircuitAnnotation进行，就是对EmitAllModulesAnnotation进行。我们在前面看过，对二者的处理实际上是一样的，我们只是选了前者，如果选了后者也是一样。在emit()中发送的全部代码都是交给了writer，都在writer的缓冲区内。完成了emit()以后，就用writer缓冲区中的内容创建一个EmittedVerilogCircuit对象，然后再以此为参数创建一个EmittedVerilogCircuitAnnotation对象，并把这个对象“赋值”给了 val newAnnos。可想而知，如果是走的另一个 case，那 newAnnos 就是EmittedVerilogModuleAnnotation，而不是EmittedVerilogCircuitAnnotation，但二者的实质内容是一样的。最后，将 newAnnos 和 CircuitState 中的 annotations 拼接在一起，复制出来成为一个大 annotations，这就是VerilogEmitter.execute()的返回值。

回到前面 class PlusOne 这个测试用例：

```
property("emitVerilog((new PlusOne()..) shall produce a valid Verilog file in a subfolder") {
  emitVerilog(new PlusOne(), Array("--target-dir", "generated"))
  val s = Source.fromFile("generated/PlusOne.v").mkString("")
  assert(s.contains("assign io_out = io_in + 32'h1"))
}
```

这个用例要求，对PlusOne进行编译所得的Verilog代码中应该有这么一行：“assign io_out = io_in + 32'h1”。看完前面几章，读者就会明白，编译 PlusOne 这个模块之后所产生的 Verilog 代码中确实会有这个语句；对于之所以会如此的来龙去脉也至少已经有了个大致的了解。

当然，把输出的内容都包装在 EmittedVerilogCircuitAnnotation 对象或 EmittedVerilogModuleAnnotation 对象之后，回到高层还有一些善后处理，要把所包装的内容取出来放在一个很大的字符串里，也许还要把这字符串写入文件，那些就都是小事了。

第 7 章

RISC 处理器

RISC 是“Reduced Instruction Set”的缩写，其字面上的意义是“减小/简化了的指令系统”。这里的所谓“Reduced”有两方面的意思，一是指令系统规模的减小，是“小型指令集”；二是指令复杂性的减小，所以翻译成“简约指令集”或“精简指令集”还是比较贴切的。与 RISC 相对应的是 CISC，那是“Complex Instruction Set”的缩写。同样，这里的“Complex”也有两方面的意思，一是指令系统规模的庞大，是“庞大指令集”，二是指令的复杂程度高，是“复杂指令集”。RISC 处理器中的指令所代表的都是基本的操作和运算，犹如建筑上的砖块、门窗等基本构件。而 CISC 处理器中则既有代表着基本构件的指令，又有代表着较大模块、复合“预制构件”的指令。显然，用基本构件可以搭出各种各样的复合构件，所以基本构件的集合大致上是个有边界的集合，而复合构件的集合就可以是无边无际的了。

微处理器问世之初，在系统结构上都是借鉴当时小型机的系统结构，但是指令系统却都是很简单的，里面都是很基本、很简单的指令。逻辑上每条指令的执行都大致在三到四个阶段（称为“机器周期”，machine cycle）中完成，即取指、取操作数、运算和回写，但是每个阶段又要分若干个时钟脉冲周期才能完成。其中取指令（和译码）、取操作数和回写计算结果都可能涉及内存访问，而访问内存的速度比 CPU 内部电路的速度要低得多（时至今日，访问内存比访问 CPU 内部的寄存器还是慢得多，不过距离已经缩小），因而就可能需要动态插入“等待周期”，等待来自内存的数据到位。这样，一条指令的执行所实际消耗的时钟脉冲周期就不固定了，因为运算中的操作数可能就在某个寄存器中，也可能在内存中。至于取指令，则冯·诺依曼结构的计算机将程序视同数据，也存储在内存中（所以称为“存储程序计算机”）。而非冯结构的计算机则将程序另行单独存储，但是终究得要落实到某个存储器中，那时候还没有高速缓存，所以也是一样需要等待。按说取指令的等待时间应该是划一的，因为每条指令都要从内存读入，但是如果指令的长度不一，等待的时间也就不划一了。

后来，随着技术的提高，每个阶段即机器周期所需的时钟周期数趋近于 1，人们就不再划分机器周期和时钟周期，而只说时钟周期的个数了。

有了微处理器这个东西，解决了“有没有”的问题，人们自然就会设法加以改进和提高，另一方面从应用的角度也会提出越来越高的要求。这些要求主要集中在两个方面，一是处理器的功能，二是处理器的运算速度。当时的解决之道仍是借鉴小型机的发展。

首先是指令系统的设计。是让一条指令尽可能多干些工作，从而形成复杂指令集？还是让一条指令只干一件事，完成一个（固定时间长度的）基本操作或运算，从而形成简单指令集？这是个重要的问题。在当时的客观条件下，复杂指令似乎是正确的选择。首先，让一条指令尽可能多干些事情，就可以减少指令的条数，那样就可以少占些存储空间。在存储器还很昂贵的时候，少占存储空间显然很有吸引力。更重要的是，减少了指令的条数，就可以减少因访问内存读取指令而来的等待。另一方面，人们也普遍认为，如果上一步操作的输出正好被用作下一步操作的输入，那就应该趁热打铁一气呵成，没有理由把它拆成两条指令。而且，让一条指令尽可能多干些事情，就可以使算法的表达和实现显得更为简练。这些好像都是不言而喻的，并不需要讨论。事实上当时还有不少人热衷于研究直接执行高级语言程序的计算机，比方说 Fortran 语言，就有人研究如何做成“Fortran 机”，使 Fortran 语言的程序无需编译就可直接在这样的机器上运行。而简单指令，显然是与这个方向背道而驰的。最后，市场营销也起着不小的作用，当时的厂商对于潜在客户的说辞往往是我们这个 CPU 有多少条指令，功能比别人强多了。

这样，慢慢地指令系统就复杂起来了，复杂性体现在几个方面。首先，指令的执行长度（以所耗用时钟周期计）显然不能划一，因为每条指令要干的工作量就不一样，有些指令的执行长度甚至相当地长。其次，CPU 所支持的寻址模式变得复杂，因为在一条指令里可能需要访问内存，而所访问内存单元的地址可能需要经过计算才能知道，而计算的依据可能又在内存中的另一个单元中。这就是"间接"、"变址"、"（下标）索引"等寻址模式的根源。一个典型的例子，是 Dewar 和 Smosna 在他们的 *Microprocessors: A programmer's view* 一书中所引当时 MC68030 处理器的 MOV 指令可以复杂到何种程度。为更好地聚焦于寻址模式，这里的叙述已略作简化，不过这个简化并不影响对于寻址模式的考察：

MOV ([8,A2], A3*4, (3*4)), D4

这条指令总体上是要从内存中某个单元读出一个数据至数据寄存器 D4 中，但是内存单元地址的确定却可以十分灵活又十分复杂。这里先在地址寄存器 A2 的内容、实际上是一个数组的起点上加直接数 8，得到一个地址。用这个地址访问内存，所得结果是另一个地址，这个地址是指向一个数组起点的"基地址"，需要在基地址上加一个位移才能得到目标地址。而这个位移，则是把地址寄存器 A3 的内容乘以 4，再加上(3*4)。这样才得到了这个 MOV 操作的源地址。这里的(3*4)是直接数，不涉及内存单元或寄存器在运行时的动态内容，所以编译器在编译的时候就可计算确定下来。至于这个 MOV 操作的目标，那倒是简单的，就是数据寄存器 D4。这条 MOV 指令所作的操作，实际上是把高级语言程序中一个整数数组中某元素的值，例如 C[J+3]移送放在数据寄存器 D4 中，这里的 J 已经事先存在于寄存器 A3 中，之所以要乘以 4 是因为 C 是个 32 位的整数数组。显然，这一条 MOV 指令所执行的实际上是个过程，而不是一个基本操作。然而 MOV 指令也可以是极简单的寄存器间移送。那么为什么不加以限制，让人按部就班，一步一步来呢？那当然就要增加指令的条数了。确实，要这么弯弯绕绕得出源地址的这些步骤本身是无法减少的，问题是把这些步骤合在一条指令内还是分拆成多条指令，人们的直觉似乎是合在一条指令内比较划算、比较合适。

指令的（字节）长度与寻址模式密切相关，寻址模式愈复杂，需要在指令中给定的信息就愈多，这是很容易理解的。仍以 68030 为例，最长的指令竟可达到 22 字节！而最短的指令长度只有 2 个字节。此外，68030 指令格式中操作码字段的长度也是不固定的，x86 也是如此。

显然，由于多种寻址模式的存在，造成指令的格式不能划一，指令的（执行）长度更无法划一。

CPU 中的控制电路要应对如此繁复的多样性，当然就会很复杂，占用芯片资源也随之增加。当时的集成密度还不高，芯片上的资源还很有限（例如，1976 年的 Z80 微处理器的规模是 8000 个晶体管，1979 年的 68000 微处理器的规模是 68000 个晶体管），控制电路占去了这么多的资源，事实上已经难以扩大寄存器组的规模了，所以 CISC 处理器中寄存器的数量都不会大。

CISC 的系统结构给 CPU 中控制电路的设计带来了很大的复杂性，这样一方面把 CPU 设计的门槛抬得很高，另一方面也使 CPU 的设计周期拉得很长，而且很容易被其中某几条指令的实现拉住后腿，使整个项目陷入困境。而"微程序"、"微指令"的解决方案则使这个问题有所缓解。

一条复杂指令的执行可以分解成若干步"微操作"的序列，每个微操作是逻辑上不能或不宜再进一步分解的基本操作，例如每一步寄存器间传输。指令越复杂，所需的微操作步数就越多。每一个微操作可以用一条"微指令"加以表述，一条（宏观的）"机器指令"对应着（CPU 内部）一个特定的微指令序列，执行指令的过程就是执行具体微操作序列的过程。这样就有了"微程序"的概念，就是每条机器指令都由一段微程序加以实现，要执行一条具体机器指令时就启动 CPU 内部与其对应的一段微程序。所有指令的微程序都固定存储在 CPU 内部的一个高速的半导体存储器中。这个微程序存储器的容量不必很大，因为一个 CPU 的指令数量毕竟是有限的，而每段微程序也不会很长。当然，这样一来，一条指令的执行过程中会需要有多次取微指，即读取微指令的操作，但因为是在 CPU 内部的高速半导体存储器中，就无需插入等待周期，而且取微指令与微指令的执行是合在一起的，并不需要有单独的取指令和译码周期。方案的实现原则上就是把指令的操作码解码成一个指令序号，再拼接上一个时钟周期计数器，就成为微指令地址；从该地址读出的就是当前指令的当前微指令，而微指令实际上直接就是微操作控制字，里面都是对一些电路的控制位，比如说哪一位为 1 就将哪一块组合电路的输出打入哪一个寄存器，哪一位为 0 就关断了哪个寄存器的输入等。当然，一段微程序的最后一条微指令中会有一个控制位让当前指令的时钟周期计数器清零。

我们不妨把微程序理解成固化在 CPU 内部的子程序，一条机器指令的执行实际上就是对一个子程序的调用。这些子程序都是处于"程序调用树"末梢的"叶节点"，在微程序内部不会再调用别的微程序。不同之处是对于微程序的“调用”并不像软件中的子程序调用那样有调用/返回，以及参数传递那样一摊事情，更不涉及堆栈。就只是顺序执行与当前指令相对应的那段微程序中所有的微指令，即一步一步按微操作控制字发出对时序电路和组合电路的不同控制信号。

自从有了微程序的概念和技术之后，CISC 结构的 CPU 就都采用了微程序，因为“硬连接”的控制结构实在太复杂了。但是这又反过来鼓励了复杂指令系统的进一步扩张。这是因为，微程序存储器的大小通常都是 2 的某次幂，一旦原有的微程序存储器被塞满而需要扩充时，这一扩充就是容量加倍，这样一来微程序存储器又显得很宽敞了，还可以再增加指令。当时有的小型机甚至允许用户自行编排微程序，以增添“自定义”的专用机器指令。但是，显然微程序的采用并没有解决指令的表达长度和执行长度都参差不齐的问题。

另一方面，对于处理器运算速度的提高，除半导体技术和工艺的发展外，一个明显的途径就是提高并行度。如果一个 CPU 的指令执行分“取指”、“译码”、“取数”、“运算并回写”等 4 个周期，这 4 个周期的执行互相独立而没有需要共享的资源，井水不犯河水、不会互相冲突，那就可以让 4 条相继的指令并发执行。使得指令 1 进入“运算并回写”周期的时候指令 2 正好进入“取数”周期，而指令 3 才进入“译码”周期，指令 4 则刚进入“取指”周期。这样，虽然每条指令都需要 4 个周期才能完成执行，整体上却是每个周期都有一条指令完成执行。显然，这与工业生产上的流水线是一样的原理，所以就称为程序执行的“流水线（pipeline）”结构。不过像这样“满载”的程序执行流水线只是理想中才有，实际上很难达到这样完美的效果。在程序的执行中常常会有控制流的变化，包括程序跳转（条件转移和无条件转移）和子程序调用和返回（还包括中断和异常），这些指令往往都要到进入“运算并回写”周期以后才能决定下一条指令究竟是哪一条。这个时候按原定顺序（指令的存储顺序）的下一条指令已进入取数周期，再下一条指令已经进入译码周期，再往后一条指令也已进入取指周期。这样一来，就得把后面这三条指令所获得的进展作废，浪费了 3 个周期。但是，尽管如此，也还是比一条一条顺序执行要好得多。这里所说的是假定每条指令的执行都分 4 个周期/阶段，同样的原理也可推广到 N 个周期，只要这 N 个阶段的执行互相独立，互不冲突就行。显然，N 越大，指令执行的过程可以划分得更细（时钟脉冲的周期也可以缩得更小，即时钟频率可以提得越高），并行度就越大，但是“流水线断裂”时的损失也越大。不过，只要每条指令的执行长度都是一样，而且比较简单，那就大体上还是可以离平均“每个时钟脉冲一条指令”不远。然而，如果指令的执行长度不划一，情况就不一样了。在那样的情况下，流水线的长度只能按最长的指令安排，可是这样一来又有许多长度较短的指令会提前结束，却又不能开足马力前行，这就使得流水线的设计变得错综复杂，而且牵一发动全身。

所以，流水线的采用使 CISC 结构 CPU 控制部分的复杂性问题更突出了，不论是用“硬连接”的控制电路还是“微程序”的控制模块，都有这个问题。当然，采用微程序结构的 CPU 原则上也可以有流水线结构，但是实际情况却要复杂得多，关键还是在于指令太复杂太多样，尤其是寻址模式太复杂太多样；例如前一条指令的寻址模式决定了需要多次访问内存，那与后面指令的取数不是又有了冲突？然而，如果不用流水线结构，就没有并行，CPU 的速度就上不去。

令人尴尬的是，那些特别复杂的 CISC 指令和寻址模式实际上却很少用到。有人分析过一些高级语言编译器，发现事实上编译器生成的代码中很少用到这些很“炫”的指令或寻址模式，倒是大多都老老实实地在使用一些基本的指令和相对简单的寻址模式。那些让人觉得很复杂的指令和寻址模式只是在汇编语言的程序中才用得多一点，但与程序的总长度一比就又占比很低。这就难免令人生出“这是何苦来哉”的感叹。

指令的执行时间参差不齐，访内的次数又不固定，除电路结构上不好处理以外，还带来另一个不好的副作用，就是使中断延迟也变得参差不齐了。指令的执行是不能被中断的，中断只能发生在一条指令结束执行的时候，所以中断响应的启动一般都会有点延迟，需要等待当前指令完成其执行。可是这等待的时间有多长，可否预测呢？显然，如果指令的执行时间参差不齐，这个延迟也就参差不齐，而预测的延迟时间就得按执行时间最长的指令计算（尽管在实际运行中可能不那么糟糕），这对于要求较高的实时处理当然是不利的。

事实上，同样的问题在小型机乃至超级计算机的系统结构中也都存在。当年有个盛名一时的克雷（Cray）超级计算机公司，其创始人克雷（Seymour Cray）1964 年在当时的 CDC 公司主持 CDC6600 机的设计，他在运算指令中就只用两种寻址模式，即寄存器对寄存器，还有寄存器对直接数，运算指令不涉及内存，要使用内存中的数据就得另用 Load 指令先装载到寄存器中，反之要将计算结果写入内存也要用 Store 指令从寄存器中写入内存。他的指令系统规模也比较小，只有 74 个操作码，即 74 条指令，这样一来 CPU 的时钟频率竟可提高到十倍。后来他创建克雷超级计算机公司，也把相关的经验运用到了克雷超级计算机的设计中。当然，那时候的系统结构与现在的典型 RISC 结构还是有许多不同，但克雷堪称 RISC 结构的先行者。

克雷以后，又有人在这方面进行了有益的探索，特别是 1975-1980 年间 IBM 801 机的设计（1976 年即已发表，后面慢慢改进），这个机器最初是 24 位的小型机，1981 年又做成了 32 位的微处理器芯片，该项目后来导致了 PowerPC 芯片的问世，这个 IBM 801 机所采用的就是可以被称为 RISC 的结构，这个项目的主持人 John Cocke 后来被许多人尊为“RISC 之父”，尽管当时还没有 RISC 这个说法。这个项目的结束已经是 1980 年（其产品在商业上并不成功），UC Berkley 的 RISC-I 芯片的研制就开始于 1981 年。作为时间上的比较和参考，当时 Zilog 公司的 8 位微处理器芯片 Z80 问世于 1976 年，摩托罗拉的 68000，即“68k”，则是 1979 年问世的，后者 68k 是典型的 CISC 结构，甚至可说是极端的 CISC 结构。

特别值得一提的是，1979 年 UC Berkley 的 David Patterson 教授休学术假，去了当时的 DEC 公司帮助改进 VAX 机的设计。起先只是想对这个机器的微程序模块作些改进，但是后来就得出结论，这个微程序本身就是问题。他说微程序本身就是问题，并不意味着他认为改用“硬连接”的控制电路就会好一些，事实上那样更麻烦；而是说使微程序的采用有其必要的 CISC 结构是个问题，那么多复杂的寻址模式显然是个问题，在同一条指令内又要访问内存、又要进行计算就是问题。试想如果把微程序进行某种重组，并将其展开在存储于内存的（宏）程序中，使机器指令的粒度降到接近于微指令的级别，即一条机器指令只做一个基本操作或运算，从而把宏指令的流水线变成（接近于）微指令的流水线，那么情况就会好得多。事实上，正是 Patterson 首次明确提出了简约指令集这个概念（这方面的实践其实已经存在），并且提议使用“Reduced Instruction Set Computer”这个术语。

前面讲过，不妨把微程序想象成子程序，而机器指令实质上就是子程序的入口地址，指令名相当于函数名。这样计算机中就有了两个层次的子程序调用。首先是机器指令的序列，即存储在内存中的可执行程序内部也有子程序调用，那属于顶层的子程序调用。而每一条机器指令实质上又是对微程序的调用，那属于底层的子程序调用。然而为什么不能把二者融合在一起，使这二层结构“扁平化”成单层呢？在 C++等高级语言中，可以把一个函数（子程序）说明成 inline，这样编译器就会把这个函数的代码展开/替换在调用这个函数的地方，实际上相当于宏定义展开。当然这样会使代码的体积变大一些，但是现在内存已经相当便宜了。另外，C++为什么要把一个函数说明成 inline，这有什么好处呢？这是因为，如果函数本身很小，就几条指令，那么因子程序调用和返回所附加的开销就显得不划算了，还不如直接就展开在需要调用这个函数的地方。但是函数调用的形式有助于概念的清晰和程序的可读性，所以就让编译器来做编译时的展开和替换。而微程序的展开，则形式上与此相似，但是动机不一样。之所以要去除微程序，把本应出现在微程序中的微指令序列（加以适当重组后）作为机器指令展开，是因为 CISC 的复杂指令集使流水线的实现变得太困难了。这里的关键不在于用不用微程序，而在于把 CISC 改成 RISC。

当然，把本来存储于 CPU 内部高速半导体存储器中的微程序展开到 CPU 外部的内存中，会使取指令的速度下降，但是这可以通过在 CPU 芯片中加上采用 SRAM 的高速缓存来解决，SRAM 即静态 RAM 的存取速度比 DRAM 即动态 RAM 要快很多，可以达到与 CPU 中的电路一样。而大规模集成电路技术的发展又使这个方案变得很现实。当然，SRAM 比 DRAM 贵很多，用 SRAM 构成大规模的内存一般而言是不合适的，但是用作小规模的缓存还是可以的。当然，SRAM 缓存中的数据最终还是来自 DRAM 内存，但那是成批操作，这就好像批发与零售的关系一样。再说，流水线的采用也使这个问题有所缓解。

所以，RISC 结构的出现并非某个天才人物头脑中灵光一闪的产物，而是其来有自，取决于各种因素所带来得失利弊的权衡，到了在技术上和经济上都比较划算的时候，就水到渠成了。然而在此过程中的各个节点上，杰出人士独特的精辟见解和不倦的探索也不容抹杀，他们所作的贡献也是不可磨灭的。

Petterson 教授 1979 年在 DEC 公司得出上述的见解，1980 年就在 UC Berkley 与另一位教授 Séquin 一起带着一群研究生开展了对于 RISC 的研究，目的就是要研发一款 RISC 结构的 32 位 CPU 芯片，以证明 RISC 结构的可行性与优越性。他们的项目就称为 RISC-I，后来改成 RISC-II，所开发的 CPU 芯片就是 RISC-I。本书的主题是 RISC-V，那就是 RISC-5，与 RISC-I 和 RISC-II 即 RISC-1 和 2 显然有着传承的关系，所以后面还要对 RISC-I 作一些介绍。不过 RISC-V 是后来的事，当时的 RISC-I 和 RISC-II 转化成了 SUN 公司的 SPARC，到现在还在发展。

UC Berkley 的这个团队的工作，引起了同在硅谷地区的斯坦福大学 John Hennessy 教授的注意，1981 年他在斯坦福也组织了一个团队，带着一群学生也进行 RISC 芯片的研究，他们的成果就是 MIPS，后面也要加以介绍。

Hennessy 和 Patterson 志同道合，成了密切的合作者，他们共同撰写的 *Computer Architecture: A Quantitative Approach* 和 *Computer Organization and Design* 两本书都是业内经典。

由于 Patterson 和 Hennessy 对 RISC 技术的贡献，他们二人共同获颁 2017 年的图灵奖（在此之前，John Cocke 因其对编译技术和 RISC 结构的贡献获颁 1987 年图灵奖，许多人尊 John Cocke 为"RISC 之父"，事实上 John Cocke 在 IBM 801 机的设计中起了关键作用）。

虽然 RISC-I 和 MIPS 有许多不同，但同为 RISC 处理器芯片，它们在最本质最关键的方面有着共同的特点，这也是 RISC 即简约指令集的特点：

- 指令系统的规模很小，每条指令所完成的都是基本的操作/运算，不含复杂指令。
- 没有微程序，一条指令所执行的操作就类似于/接近于一条微指令。
- 指令的格式基本固定，指令的编码长度（以字节计）划一，执行长度（以时钟周期计）划一。
- 寻址模式简单，运算与访内分离。执行运算的指令只对已经存在于寄存器中的数据或指令本身提供的直接数进行，计算结果也只放在寄存器内。而访内指令则从内存装载一个操作数至寄存器，或将一个寄存器的内容写入内存。换言之，在同一条指令内不会既访问内存又进行算术/逻辑运算。访内指令也不会在同一条指令中访问内存多次，或读/写多个操作数。
- 具有规模相对较大的寄存器组（Register File）。
- 采用流水线结构，宏观上大致达到平均每个时钟周期执行一条指令。
- 带有一定规模的高速缓存。

值得注意的是，寻址模式单一其实是比指令系统的规模更重要、更关键的因素。事实上，PowerPC 有 230 条指令，而最小的 CISC 指令系统只有 8 条指令，但是 PowerPC 仍被认作是 RISC，而后者仍是 CISC。问题在于，结合各种寻址模式的变化和组合，表面上的一条指令实质上可以转化出许多条指令，转化出来的许多指令会迫使流水线的长度变化无常并大大延伸。"简约指令集"主要是指"简约指令"的集合，而不是规模缩小了的指令集合。

另外，高速缓存也不是 RISC 所独有，一些 CISC 芯片上也有高速缓存，但是 RISC 芯片上的高速缓存通常都比较大。这是因为芯片上因 CPU 控制部分简化而空出来的面积可以被用于高速缓存和寄存器组。

这样一来，由于每条指令的执行时间长度相同。中断响应的延迟也就固定不变，有了确定性。

Patterson 和 Hennessy 两个团队对 RISC 的研究引起了广泛的关注和响应，对 RISC 的概念和技术起了极大的推进作用，这样就在 RISC 这个领域自然形成了几个流派：

- 源自 RISC-I 和 SPARC。
- 源自 MIPS。
- 从 IBM 801 到 PC-RT，RT6000，再到 PowerPC。
- 起源于英国的 ARM。
- 其他。

但是也有来自 CISC 阵营的怀疑和反对。事实上，CISC 本身也并非一无是处，精心设计的 CISC 芯片在许多条件下仍有竞争力。其实许多技术并非 RISC 所专有，CISC 同样也可以采用，尽管在具体实现上更复杂一些，难度更大一些。

首先是（指令执行）流水线的采用，现今比较高端的 CISC 处理器中也采用流水线，而且可能是非常深度的流水操作，即划分的操作阶段（工位）很多、拉得很长的流水线。据说 Intel X86 架构 Pentium 4 的流水线有 20 个以上的阶段。这也容易理解，指令的执行长度不一，就得按最长的指令设计流水线。当然，这会使流水线的设计更加复杂。

其次是高速缓存的采用，那也不是 RISC 专用的，CISC 也可以用。CPU 中的寄存器等电路都是高速的 CMOS 电路，而内存则都是动态 RAM（DRAM），速度相比于 CMOS 要慢上很多。这个问题在微处理器和超大规模集成电路技术发展的早期还不是很突出，因为那时候 CPU 本身的速度也不是很高。然而随着集成电路技术的发展，正如摩尔定律所述，芯片的容量和速度每过 18 个月左右就会翻倍，可是 DRAM 的速度却进展不大，这个差距就越来越显著了。其实同样的问题远在微处理器和超大规模集成电路出现之前就已有过，早期计算机的 CPU 采用电子管或晶体管，而内存则是磁芯存储器，二者的速度也是相差甚巨。这样，每当 CPU 需要访问内存，无论是取指令还是读写数据，就会被内存拖住后腿。解决的办法就是在 CPU 与内存之间加上一层高速缓冲存储，即 Cache。现代的高速缓存都采用静态存储器 SRAM，SRAM 也采用 MOS 技术，其速度与 CPU 内部的电路是一样的。另外，高速缓存需要采用按内容（而不是地址）访问的“相关存储器”，即 CAM（Content Addressable Memory）。我们不妨把这样的存储器想象成一个对照表，或者一个小小的数据库，给定一个内存地址，它就返回存储在这个内存地址中、但又缓冲存储在这个高速缓存中的数据，在这个过程中地址就是“内容”，而真正的内容只是附加信息。从给定地址到获取所在表项这个环节是“按内容”寻址的，内容就是所给定的目标地址。获取所在表项以后到读取该表项中的数据就很自然了。这样，CPU 需要读写内存时总是从高速缓存读写，如果命中（hit），内存中的这个数据恰好在高速缓存中，那就立即解决了，速度就像读写一个寄存器一样。如果不命中，那 CPU 就只好等待，让高速缓存从内存中把这个数据读进来（也许还需要把已经在缓存中的数据写出去以腾出空间）。高速缓存与内存之间的读写是成批的，一次读写一条“缓冲线（cache-line）”，即连续的 64 个字节或 128 个字节。像这样对连续地址的成批读写，称为内存的阵发（burst）存取模式，速度比分次读出要快很多。当然，这里的关键是寄希望于 CPU 对内存的访问是成簇的，就是既然你这次从这个地址读写，那你下次就很可能会读与其临近的地址，要是不成簇当然就不划算了。幸好，CPU 对内存的访问大多都是成簇的，最典型的就是取指令，只是在跳转和子程序调用/返回的时候才不连续。当然，高速缓存越大越好，但是其成本很高，在芯片上占地也很大，所以这里有个权衡的问题。

采用了高速缓存之后，速度就提高了很多，但是又感觉高速缓存与内存之间还是不甚匹配，差距还是太大，有必要在中间再来一层缓存，于是就把紧贴 CPU 的那一层缓存称为第一层缓存，即 L1 缓存，而 L1 与内存之间那一层则为 L2 缓存。对 L2 缓存的性能要求就不像 L1 那么高了，而容量则可以大一些。实际上，L1 缓存都是直接做在 CPU 芯片上的；L2 则在两可之间，也有做在 CPU 芯片上，也有独立在 CPU 之外。不过，无论是一层缓存还是二层缓存，都不能绝对消除 CPU 的等待，而只是使平均等待时间大大下降，对 CPU 的利用率大大提高。显然，高速缓存的采用与 CPU 之为 RISC 或 CISC 并无关系。另一方面，即使采用了高速缓存，CPU 仍有可能需要停下来等待，这也与 CPU 之为 RISC 或 CISC 并无关系。

采用了高速缓存之后，是把数据与指令放在同一个缓存中？还是分开放在两个缓存中？我们知道，在冯·诺依曼结构的计算机中，指令与数据是放在同一个存储器中的，指令只是一种特殊的数据，而且机器在运行中也有可能修改指令（实际使用中几乎没有）。如果不采用流水线，指令与数据分开存放和统一存放关系不是很大，反正是取指令的时候不读写数据，读写数据的时候不取指令。然而采用了流水线之后情况就不一样了。采用了流水线之后，前面的指令进入读数据的阶段正是需要取后面的指令的时候，如果指令与数据在同一个缓存中，这就有了冲突。所以，在采用流水线的条件下，高速缓存，主要是 L1 缓存，还是把指令与数据分开存放在两个缓存中为好。这样的结构，就称为“哈佛结构”，这当然是一种“非冯”结构，RISC 与 CISC 在高速缓存这方面都可以是哈佛结构。

如前所述，不管是采用一层缓存还是两层缓存，都不能彻底消除 CPU 因访问内存不命中而引起的等待，当流水线中指令的执行（包括取指）需要等待时，最简单的办法当然是让整个流水线都暂停，使 CPU 停下来等待。发生这种情况的机会，事实上还是不少的，所以这里面其实还有进一步提升 CPU 效率的空间。对策之一是所谓“脱序”执行，即 Out-of-Order 的执行。其基本思路是这样：如果一条指令因为等待访问内存而暂停，那么后面仅有依赖于前面那条指令执行结果的那些指令才需要跟着暂停，而不依赖于这条指令的那些指令仍是可以执行的，应该让这些指令提前执行。所以，只有严格按照程序中的指令顺序“正序（In Order）”的执行才需要一律暂停。而 Out-of-Order 的执行，就是让满足执行条件的那些指令先继续执行，而让直接间接正在等待的指令先挂在一个队列内，等条件满足的时候再来执行。这实际上就是“数据流（Data Flow）”理论中“数据驱动（Data Driven）”的思路，数据驱动就是让每个模块在并且仅在一组输入数据都到位的时候才启动执行，现在只是把模块的大小缩小到了单条指令的程度。可想而知，对 RISC 的指令实施 Out-of-Order 计算要比 CISC 容易得多。另一个对策，就是所谓“硬件线程调度”，其基本思路是，当一个线程中有一条指令的执行因访问内存受阻（目标不在缓存中）而需要等待的时候，就让这个线程挂起，先调度其它无需等待的线程加以执行。当然这里又牵涉到线程切换的速度，如果线程切换的开销太大就不划算了。一般而言，要实现这样的机制，CISC 的难度也大于 RISC。

所以，许多技术既可以用于 RISC，也可以用于 CISC，但是把其中的一些技术用于 CISC 难度更大。为解决前述的种种问题，克服 CISC 的一些缺点，一方面是要精心设计其指令系统和处理器的结构，另一方面是要解决技术上的瓶颈。对于老牌的 CISC 厂商而言，有些技术在很大程度上是已经拿在手里的东西，他们没有必要立即就放弃技术上的优势而和新创的企业站到同一条起跑线上。事实上，Intel 的 x86 系列，从 80286，80386，80486，Pentium，一路过来都是守着 CISC 的阵线（但是到 Itanium 就不是了），也取得了堪称辉煌的成就，在很长一段时间内稳执计算机技术发展的牛耳。相比之下，中小企业，新创企业，或者学术单位，就没有那个条件了。对他们来说，RISC 是进入处理器芯片设计和生产领域的一条捷径，而且实际上是唯一可行的路径。另外，即使像 Intel 这些老牌公司也并非总是拒 RISC 于千里之外，Intel 也曾开发了 80860 和 80960，还有 Strong ARM；Motorola 也开发了 88000，DEC 公司也曾开发了 Alpha，但是终因种种原因未成气候。

时至今日，计算机和芯片技术发展到了今天，“摩尔定律”似乎走到了头，而且计算机的市场也发生了由台式机和服务器为主变成了以移动设备为主的改变，并且“物联网（Internet of Things）”即 IoT 技术的应用也升出了地平线，人们普遍认为天平已经明显偏向 RISC 这一头，RISC 已经变成计算机和 CPU 芯片技术的主流。下面的问题已经不是 CISC 与 RISC 之争，而是有没有比 RISC 更好的技术了，Intel 与 HP 合作开发的 Itanium 处理器采用的是一种称为“超长指令字（Very Long Instruction Word）”即 VLIW 的技术，但是看来遇到了（至少是暂时的）挫折。

注意“计算机系统结构（Computer Architecture）”这个词指的计算机中程序员可以看到，在程序中可以访问的所有资源，而与具体实现并无关系。比方说，处理器的指令系统是程序员能看到的，所以属于系统结构；CPU 中有几个寄存器，也是程序员能看到的，也属于系统结构。而指令的执行是否采用流水线，流水线上有几个工位（分几个执行阶段），那是程序员看不到的，所以那不属于系统结构，而属于具体实现，属于机器的组成（Computer Organization），现在也称“微结构（Micro-Architecture）”。还要注意，这里所说的程序员是指汇编语言程序员和编译器开发者，只用高级语言（例如 C，Java）编程的程序员是看不到这些具体资源的。另一方面，RISC 的指令系统其实都很接近，在体现上述那些共同特征之余就基本上都是细节的差别了。而本书的重点，却正是在于具体的实现和组成，所以下面对于各种 RISC 芯片的指令系统着墨不多，而更偏重于计算机组成和具体实现方面的特色。

最后还要说明，现在的处理器一般都有专供用于测试和调试的电路和机制，通常 JTAG 是免不了会有的。其中的测试主要是指对于处理器本身逻辑、时序、功能的测试，这是面向处理器芯片研发团队的。调试则面向系统的研发者，也可能包括某些系统软件乃至应用软件的研发者，具体包括用于帮助排错（Debug）、跟踪（Trace）、统计与记录（Profile）等方面的功能和机制。但是本书专注于处理器主要功能的设计和实现，所以对用于测试/调试的机制和电路一般就从略了。

7.1　RISC-1 和 RISC-2

Patterson 教授 1979 年利用学术假去 DEC 公司短期工作，有感于 CISC 结构给 CPU 流水线设计带来的困难，从而确立了 RISC 结构的概念和信念（他与贝尔实验室的 Ditzel 合写的论文“The Case For the Reduced Instruction Set Computer”发表于 1980 年）。回到 UC Berkley 后，1980 年他就与 Séquin 教授一起带领学生开展了对 RISC 处理器芯片的研发。他们研发的第一个 RISC 芯片，作为他们的“概念证明（Proof of Concept）”，就是 RISC-I。后来 RISC-I 转成了 RISC-II。RISC-II 只是对 RISC-I 的优化，主要是把对访问寄存器组的总线从三条减少到两条，结果是增加了 75%的寄存器数量，（在芯片上的）占地却反而减小了，此外还增添了一些用于芯片测试的电路，但这都是具体设计和实现上的问题，与系统结构（Architecture）没有多大关系。所以 RISC-II 与 RISC-I 并无重要区别，下面如果不作具体说明就统称为 RISC-I。

RISC-I 团队中有个骨干人物叫 Manolis Katevenis，那时候是博士研究生。他后来在其博士论文“Reduced Instruction Set Computer Architectures for VLSI”中详细讲述了 RISC-I/RISC-II 芯片的研发，这篇论文得了 1984

年的 ACM 博士论文奖（ACM Doctoral Dissertation Award），并由 MIT 出版社正式出版。从这篇论文中我们可以了解到有关 RISC-I 的许多详情。鉴于 RISC-V 与 RISC-I 之间的“血缘”关系，一般资料上对 RISC-I 又很少述及，下面就对其多做些介绍。

对照前述后来成为 RISC 芯片共性的几条特征，当时集成电路规模还不是很大，所以 CPU 芯片上不带高速缓存，指令缓存 I-Cache 在另一块芯片上。CPU 芯片本身并不提供浮点运算指令，浮点指令可以另行通过协处理芯片提供。指令的格式基本上是固定的，操作码的长度固定为 7 位，这意味着指令系统的总容量是 128 条指令，但是实际上只定义了 39 个操作码。换言之，RISC-I 的指令系统有 39 条不同的指令，这是一个很小的指令系统，相比之下 CISC 的指令系统动辄都有 200 条上下的指令。不过，RISC-I 并未提供字符串操作指令，也没有提供整数乘法运算指令，更未提供浮点运算指令；如果需要提供这些运算的指令，哪怕只是基本指令，也还得再另外加上不少指令。

RISC-I 的流水线只分取指和执行两个阶段，里面还包含了对于延迟转移（Delayed-Branch，见后述）的安排。具体到指令的执行，以加法指令为例，同时读取两个源寄存器 R_{s1} 和 R_{s2}（字母 s 表示 source）的内容，经 ALU 进行加法运算后把结果写入目标寄存器 R_d（字母 d 表示 destination）。由于从寄存器读出（读出前需要有个对总线“预充电”即 pre-charge 的过程）和写入寄存器发生在同一周期内，就需要有两条读总线（用于两个源寄存器的读出）和一条写总线（用于目标寄存器的写入）。

RISC-II 则在流水线中增加了一个阶段/周期，使同一指令的寄存器读出与写入分处两个周期，并安排前一条指令 I_1 的寄存器写入，即 $R_{d,I1}$，恰好紧接在后一条指令 I_2 的寄存器读出，即 $R_{S2,I2}$ 的后面，二者加在一起合占一个周期。这样就省去了一条总线，从三条变成两条，省下芯片上的许多资源，使芯片上可以集成的寄存器数量增加了 75%，而（寄存器组的）占地反倒下降了 25%（与 RISC-I 相比）。

RISC-I 的指令格式和寻址模式，对于算术/逻辑运算指令主要当然就是寄存器直接寻址，指令中给出两个源操作数寄存器 R_{s1} 和 R_{s2} 和一个目标寄存器 R_d 共三个 5 位字段用作寄存器号码，ALU 对两个源操作数进行运算，把结果写入目标寄存器。所以算术/逻辑指令的格式就是这样（下面用 | 作为字段间的分隔）：

7 位操作码 | 1 位 SCC 控制位 | 5 位 R_d 寄存器 | 5 位 R_{s1} 寄存器 | 5 位 R_{s2} 寄存器

这里的 1 位 SCC 控制位决定是否根据指令的执行结果更新 CPU 内部的 Z、N、V、C 等状态位，这些状态位会被条件转移指令用作跳转的条件。

注意这里的 5 位 R_{s2} 寄存器是概念上的，因为实际上一共还有 14 位（不只是 5 位）可以用作这个字段。所以在 RISC-I 的资料中称这个字段为 shortSOURCE2，如果这个（14 位）字段的最高位即 bit13 为 0，那么最低的 5 位就是 R_{s2}。但是如果 bit13 为 1，那么余下的这 13 位就是一个 13 位的直接数。所以把 bit13 称为 IMM-bit，即 Immediate 标志位。由此可见，指令格式的划一也不是绝对的，也不能朝这个方向进行到底。

或者，R_{s1} 和 R_{s2} 也可以合在一起同时为一个 19 位的直接数所取代。那就是：

7 位操作码 | 1 位 SCC 控制位 | 5 位 R_d 寄存器 | 19 位直接数

相对于 13 位的“短直接数”，19 位的直接数称为“长直接数”，采用长直接数与短直接数的指令不同，所以操作码也不同，不会混淆。可想而知，既然长直接数把 R_{s1} 和 R_{s2} 都替换掉了，只剩下一个 R_d，那就不可能直接用于算术/逻辑运算，而只能用来装载直接数，即把一个长直接数写入某个目标寄存器。但即使长直接数也只有 19 位，所以装载时会在后面添上 13 位 0。事实上这就是指令 ldhi（加载高位数据）的作用。所以，长直接数主要是用于转移和调用指令。如果要把一个 32 位直接数写入一个寄存器，就得用两条指令才能完成。

转移指令，包括子程序调用指令，需要的是给出一个作为跳转/调用的目标地址。其实这是一种“只读”的访内指令，只不过读取的是指令而不是操作数。RISC-I 对内存的访问有两种寻址模式：一种是以“程序计数器”PC 的当前值为基准的“PC 相对（PC-relative）”寻址，即在 PC 的当前值上加上一个偏移量，以计算结果作为目标地址，此时的偏移量是 19 位的长直接数。采用这种寻址模式的指令是 jmpx/callx。另一种是以某个寄存器 R_{s1} 的值为基准的“寄存器变址（register index）”寻址，即在 R_{s1} 的值上面加上一个偏移量，以计算结果作为目标地址，此时的偏移量是个 shortSOURCE2，既可以是某个寄存器 R_{s2} 的值，也可以是个 13 位的短直接数。采用这种寻址模式的指令有 jmpr 和 callr；还有返回指令 ret 和 reti，后者为中断返回。所以，只要是转移指令和调用/返回指令，其目标地址都要经过 ALU 的运算。

RISC-I 的转移指令在形式上都是条件转移，例如 jmprgt（gt 表示 if greater than）、jmpreq（eq 表示 if equal）等，如果是无条件转移，那就是 jmpralw（alw 表示 always）。算术/逻辑指令中用于 R_d 的字段此时就用作条件字段，不过条件字段只需要 4 位（可以编码表示 16 种不同的条件），所以 5 位字段中的最高位就空着不用。

最后就是访内指令 Load/Store 的寻址模式了。可想而知，既然在每条访内指令的执行过程中只能读/写一个操作数，那其寻址模式与取指就没有什么不同，虽然后者是只读，但那与寻址方式无关。所以，访内指令的寻址模式也有两种，就是上述的 PC 相对和寄存器变址，即 PC+19 位长直接数，或 R_{s1}+shortSOURCE2。前面说过，在访内指令中不能进行算术/逻辑运算，但那是指对于操作数的算术/逻辑运算，而这里是对访内地址的算术运算，这不是一回事。

回到前面流水线的问题。让我们考虑两条接连的指令 I_1 和 I_2，I_1 是转移指令，I_2 是任意别的指令。在两阶段流水线中，I_1 在其执行阶段计算转移目标（地址），此时 I_2 正处在取指令阶段。下一个时钟脉冲到来的时候，I_2 进入了执行阶段。但是进入取指阶段的再下一条指令 I_3 也许是在转移目标所在的地址。如果是无条件转移，那么此时 I_2 的执行是无意义的，甚至也许是有害的了，因为这条指令本不应该得到执行，只是因为流水线的存在而让它“混”了进去。所以编译器会在转移指令后面插入空转指令 NOP，使其成为 I_2；要不然就得增加一点用来在流水线中“冲涮”I_2 的电路（将 I_2 自动替换成 NOP）。如果转移指令是条件转移，那在满足转移条件时也是一样，但是如果不满足转移条件就因此而浪费了一条指令，因为 I_2 本应得到执行。插入的 NOP 指令不仅使流水线浪费了执行一条指令的时间，也使代码的体积有所扩大。如果程序中转移指令和调用/返回指令很多（事实上通常会很多），那浪费的执行时间和代码空间就很可观。如果在执行转移指令的时候使流水线暂停（Suspend）取下一条指令，到转移指令结束时再恢复取下一条指令，则尽管仍会浪费掉执行一条指令的时间，但是 NOP 指令就无需插入，从而避免了存储空间的浪费。RISC-II 把两阶段的流水线改成了三阶段，这个影响就更显著了。使流水线暂停的方案称为“Delayed-Branch”，但是 RISC-I 和 RISC-II 为简化硬件设计而最终未加采用，Katevenis 认为要不然就可以使代码体积减小大约 6%。

由于指令系统简单划一，RISC-I 的控制部分所用晶体管数量只占整个芯片的 6%到 10%，相比之下 CISC 的 M68000 芯片中控制部分占了 50%到 60%！

要说 RISC-I 最鲜明的特色，恐怕就是其寄存器组（Register File）的设计了。RISC-I 有 138 个 32 位寄存器，其中有些是 CPU 的控制状态寄存器，包括“程序计数器”PC，有些则是不可见的，包括 LSTPC（Last PC）和 NXTPC（Next PC），还有些只是用作 ALU 中和总线上的临时锁存。但是扣除了这些以后还有一百多个寄存器是可供程序中使用的，然而如前所述指令中的寄存器字段只有 5 位，其寻址范围只是 32。这是怎么回事呢？原来，RISC-I 的设计将整个可供程序中使用的寄存器组分成若干固定大小、而又有所重叠的“窗口”，在任何一个瞬间，指令中能“看到”、能访问的只是其中的一个窗口，称为“当前窗口”，CPU 中有个“当前窗口指针（Current Window Pointer）”即 CWP 寄存器，指向当前窗口的起点。而一个窗口的大小就是 32 个寄存器。这些窗口连接成串但前后两个窗口之间有部分重叠，每当 CPU 因执行一条 call 指令而进入一个子程序时，就将窗口下推一格至下一个窗口，并使 CWP 寄存器指向下一个窗口。与之相反，每当执行一条 return 指令的时候就向上后退一个窗口，CWP 也退回指向上一个窗口。显然这与堆栈中的子程序调用“框架(Frame)”是一样的道理，只不过一者是在堆栈上、在内存里，一者是在 CPU 内部的寄存器组里。进一步，RISC-I 还将这串窗口首尾相接成为环形，变成一个类似于转盘那样的结构，窗口的下推和后退就成了顺时针或逆时针的转动，有点像是机场认领行李的传送带一样。更重要的是，前后两个窗口之间有部分重叠；重叠部分的这几个寄存器在前后两个窗口中都能看到、都能访问。当然同一个寄存器出现在两个窗口中的寄存器号码是不同的，在前一个窗口中排在号码的高端，在后一个窗口中则排在号码的低端。这样，一个程序要调用一个子程序的时候，只要把调用参数存放在窗口高端重叠部分的寄存器中，进入子程序后这些参数就自然出现在（下一个）窗口的低端。而子程序的返回值也是通过这个重叠部分返回。不仅如此，调用子程序的返回地址，即 NXTPC 的值，也是放在重叠部分。

不过并非每个窗口就有 32 个寄存器可以自由使用。在 32 个寄存器号中，有的是用于“全局（global）”寄存器，这些寄存器的号码在所有窗口中都一样，所指向的都是同一组寄存器。例如 R0，就是不管在哪个窗口都一样，R0 的内容永远是 0，不可写入。除全局寄存器之外的才属于具体的窗口，其中又分输入、输出和“局部（local）”三个部分。其中输入部分就是与前一个窗口重叠的部分，输出部分是与下一个窗口重叠的部分，或者说是准备让下一个窗口来与其重叠的部分。其余才是在本窗口中供局部（本地）使用的部分。在 RISC-I 中，重叠部分有 4 个寄存器，那就是输入/输出各 4 个寄存器，然后有 18 个全局寄存器，剩下 6 个局部寄存器，加在一起就是 32 个。RISC-II 中作了些调整，重叠部分改成 6 个（输入和输出共 12 个），然后全局与局部各 10 个寄存器。注意并非只有局部寄存器才可以用于计算，如果一个子程序只是要把两个输入相加产生一个输出，用来调用另一个子程序，那就根本不需要用到局部寄存器。

这样，调用子程序时的上下连接就变得极为简单高效。发生中断时也是一样，只是把“转盘”转过一个窗口而已，不再需要在中断响应程序中通过一大串指令来保存现场了。

但是子程序调用的深度可能很大，“转盘”的“周长”可能不够，当“转盘”转过一周首尾相接的时候就不能再继续转下去了，此时 CPU 会产生一次异常，让软件把窗口中的内容转储到内存中去，在“转盘”上腾出一些窗口，为此 CPU 中又有个 SWP（Saved Window Pointer）寄存器。到 CPU 从调用树中逐层返回，当前窗口指针 CWP 触及这个寄存器所指的时候再通过异常处理从内存恢复回来。所以，需要在“转盘”与内存间来回倒腾的频繁程度，就取决于具体程序中子程序调用的深度。一般而言，在某种意义上，这个“转盘”起着与数据高速缓存相似的作用，Katevenis 认为这比数据高速缓存更重要，因为这就使访问内存（堆栈）的机会大大减小。在某些情况下堆栈干脆就不需要了。实际上，堆栈的内容很大可能也在数据缓存中，但是也有可能被别的数据挤出缓存，而“转盘”就相当于专门为堆栈保留的缓存。

人们自然会问，既然可以将寄存器窗口的方案用于子程序调用，那是否可以将其用于线程切换呢？如果要将寄存器窗口的方案用于线程切换，那单个“转盘”，即单个寄存器组（Register File），显然是不够的了，因为每次线程切换都得倒腾。所以从原理上说每个线程都要有个“转盘”才行，但是要让每个线程都有个硬件的寄存器组，那又显然不现实。所以，就只能拿有限的几个“转盘”调度用于众多的线程。这就有个“工作集（Working Set）”的概念，就是全体线程中只有也许是很小的一个子集是在这些“转盘”上。如果要调度当前工作集之外的线程运行，那就意味着工作集的改变，那就需要倒腾了。

应该是由于当时的集成密度还不够高，寄存器组（尽管只是一个）又在芯片上占了不少地，RISC-I 芯片上并无高速缓存，指令和数据的缓存单独放在由别的小组开发的芯片上。指令和数据的缓存是分开的，所以这就不是冯·诺依曼结构，而是属于称为“哈佛结构”的非冯·诺依曼结构。

RISC-I 和 RISC-II 的“流片”是在 1982 年和 1983 年。按 Katevenis 书中所述，当时用的还是 NMOS 技术（后来才又有个采用 CMOS 的版本）。他们委托 MOSIS 和 XEROX PARK 两家公司流片，前者的线宽是 λ=2μm，后者是 λ=1.5μm。我们知道，λ 只是线宽的一半，所以实际的线宽是 3 到 4 微米，也就是 3000 到 4000 纳米！这就是 80 年代初那时候的集成电路水平。据书中所述，交付流片后一个半月到两个月，从 MOSIS 回来 28 个芯片，其中 5 个肉眼可见缺陷；从 XEROX PARK 则回来 5 个芯片，其中只有一个是好的！但是这个好的芯片可以在 330ns 的周期（时钟频率 12MHz，应该是指外接时钟的频率）下运行。1983 年冬，又由另一个小组用 RISC-II 芯片连同高速缓存芯片，当然再加别的芯片，制成了一台 RISC-II 微型计算机。至于汇编工具和编译器，则早在 1980 年，RISC-I 的指令系统一经定义，就有另一个小组在开发了。

他们对比了 RISC-II 与 CISC 的性能，在时钟频率相近的情况下，用 11 个程序的平均执行时间进行对比，RISC-II 竟比 M68000 快出一倍以上，速度达到 M68000 的两倍多，甚至接近三倍。不仅如此，RISC-II 还比 PDP-11/70 和 VAX-11/780 都要快，而代码体积却增加并不多。分析 RISC-II 比 M68000 快这么多的原因：一来是 M68000 没有流水线，而 RISC-II 是 3 阶段流水线，并行度增加了两倍以上。二来 RISC-II 的寄存器窗口结构使内存访问大大减少。在 M68000 上，对局部量的访问有很大比例都在堆栈上（也有一部分在寄存器中），而在 RISC-II 上则只要调用深度不太大就都在寄存器组中；即使超过了深度，也基本上只是一次性的批量式倒腾，而不是频繁访问内存。运算速度提高了，消耗的资源却反倒降低。RISC-II 芯片上有 41000 个左右的晶体管，而 M68000 则有 68000 个。还有值得一提的是芯片的开发成本也有很大差距。据 Katevenis 在书中说，M68000 的逻辑设计与排版走线的工作量分别是 100 人月和 70 人月（共 170 人月）；而 RISC II 只是 18 人月和 12 人月（共 30 人月）！

不过，话又说回来，RISC-I 的指令系统中并不包括乘法/除法指令，也不包括存储管理单元即 MMU，实际上还没有达到可以作为产品供实用的地步。所以 RISC-1 和 RISC-2 都只是停留在学术/技术研究的层次，并没有直接投入工业生产，也没有为此而成立商业公司，但是却对 RISC 这个领域产生了很大很深远的影响。后来 SUN 公司的 SPARC，AT&T 的 CRISP，AMD 的 29000 等 RISC 芯片，都深受 RISC-I 的影响，甚至与其一脉相承。

RISC-1 和 RISC-2 以后，UC Berkley 的人还在这个方向上进行研究，尽管并不称为 RISC-3 和 RISC-4。

所以，到 RISC-V 的指令系统结构（Instruction Set Architecture）即 RISC-V ISA 的提出并开源，算下来已是他们的第五个项目了，后缀 V 其实是罗马字母中的 5，而 RISC-V 其实是 RISC-5。

7.2 SPARC

SPARC 是当年 Sun 公司（后来由 Oracle 公司并购）于 1986 年前后定义并开发的一种 RISC 系统结构，其系统结构定义正式发布于 1986 年，其实那已经是第七版 V7 了（V8 发布于 1990 年，64 位的 V9 则发布于 1993 年）。SPARC 是“Scalable Processor Architecture”的缩写，所谓 scalable 就是指处理器的规模可以放缩，而不是拘泥于一格。所以 SPARC 这个词是指一种 RISC 处理器的系统结构，而不是指一种具体的处理器芯片。Sun 公司将 SPARC 这种系统结构（及其基本实现）授权（Licensing）给别的半导体厂商，那些厂商可以在此基础上加以增添或修改，再加具体实现后（当然也可以不加修改）生产自己的 SPARC 芯片，其中最重要的厂商有 Fujitsu, Texas Instruments, Atmel, Cypress 等公司。

当时 Sun 公司主打的产品是图形工作站，主要用于各种 CAD。从 Sun-1 到 Sun-3 工作站，其 CPU 都是用 Motorola 公司 M68000 系列的 CPU 芯片，但是 RISC-I 的成功给了他们启发，既然 RISC 的 CPU 性能可以超过 M68000 系列，技术上又并非那么复杂，就决定要自研一种 RISC 芯片作为 Sun-4 工作站的 CPU。于是就有了 SPARC 这种系统结构的定义，这种系统结构与 RISC-I 可以说是一脉相承，因为除 RISC 结构的一般特点之外，SPARC 还采用了 RISC-I 对于寄存器窗口的设计，而如前所述这正是 RISC-I 的鲜明特色。

SPARC 的结构中也有寄存器窗口，也有 CWP 寄存器。SPARC 指令中寄存器字段的长度也是 5 位，所以每个窗口的大小也是 32 个寄存器，其中 R0-R7 是全局寄存器，R8-R15 是（调用参数与返回值的）输出寄存器，R16-R23 是局部寄存器，R24-R31 则是（调用参数的）输入寄存器。同样，寄存器 R0 的内容固定为 0，以 R0 为目标寄存器的指令并不改变其内容。至于窗口的数量、从而寄存器的总数，则作为设计参数，各个具体 SPARC 芯片的厂商可以自定。研究和实验表明，当窗口数量大于 8 以后再继续增加窗口数量效果就不明显了。

SPARC 的指令格式与 RISC-I 有所不同。SPARC 有四种不同的指令格式，用最高两位加以区分，这两位为 01 就是 call 指令，此时余下 30 位（后面加两个 0）就是调用的目标地址。其余的那些指令就要根据 3 位或 6 位的操作码作进一步的解析。所以，最长的操作码其实是 8 位，而最短的操作码却只有 2 位。可见，SPARC 的控制电路比 RISC-I 复杂。

SPARC 的流水线也不像 RISC-I 那样只分两个阶段，而是分得更细。事实上不同的 SPARC 芯片有不同的流水线设计。如前所述，这属于计算机组成，或称“微结构”，而不属于计算机系统结构，流水线分几个阶段（工位），对于使用者（程序员）是不可见的。后面会讲到，UltraSPARC T1 芯片上的流水线就分了 6 个阶段。另外，SPARC 的系统结构，最初是 32 位的，后来就发展到了 64 位。

注意上面所说的只是 SPARC 处理器的主体部分，这一部分除提供计算流程控制、Load/Store、移位和逻辑运算外，只提供整数运算（还不一定包括乘除运算）的功能，所以称为 IU，即“Integer Unit”，别的运算都要靠协处理器提供，主要就是提供浮点运算的 FPU，即“Floating Point Unit”。FPU 在 IU 的支持和控制下才能进行浮点运算，离开了 IU 就什么也不是；而 IU 离开了 FPU 只是不能提供硬件上的浮点计算（若未配备并启用 FPU，则 IU 在遇到浮点指令时会产生一次异常）。不过具体实现的时候又往往把二者做在同一块芯片上，尽管逻辑上各有相当的独立性。当然，离开了 FPU，通过一些算法仍能使 IU 完成（通过整数运算实现的）浮点运算。事实上 IU 在发生 FPU 异常时通常就转入相应的浮点运算库函数，通过整数运算实现浮点指令所规定的运算。但是可想而知，那个性能当然就很低了。另外，在 IU 中也不包括存储（权限）保护单元 MPU 或存储管理单元 MMU，所以 CPU 使用的都是物理地址，也不能设置访问权限保护，而在作为产品供实际使用的芯片中则一般都需要加上 MMU，至少也要有 MPU。

1986 年 Sun 公司首次发布的 32 位 SPARC 系统结构就是 V7，1990 年发布了 V8，主要是增加了乘法和除法指令，并把浮点指令从 80 位提高到 128 位。V9 则是 1993 年发布的，那就是 64 位的了。许多公司围绕着 SPARC 的 V7，V8，V9 作了各种各样的扩充和增强，设计出各种不同的具体芯片和系统结构，从而有了 HyperSPARC、SuperSPARC、MicroSPARC、SPARClite、TurboSPARC 等不同的名目。Sun 公司从 1995 年开始就已经在使用 UltraSPARC 这个名称，当时是一种采用 470nm 工艺的芯片，后来又有 UltraSPARC II，UltraSPARC III，UltraSPARC IV 等型号，但是到 2006 年才正式发布“UltraSPARC Architecture 2005”，其具体实现称为 UltraSPARC T1，是一种 8 核处理器，每个核上跑 4 个线程，所以一共是 32 个线程；2007 年又升级成“UltraSPARC Architecture 2007”，其具体实现称为 UltraSPARC T2，仍是 8 核处理器，但是每个核上跑 8 个线程，所以一共是 64 个线程。UltraSPARC 还有个别名叫 Niagara，所以这两种处理器又称 Niagara 和 Niagara 2。2010 年 Sun 公司由 Oracle 并购之后，又于 2012 年和 2015 年先后发布了 Oracle SPARC Architecture 2011 和 2015。

21 世纪初，Sun 公司启动了一个称为“Throughput Computing”的战略，把面向工作站的 SPARC 芯片开发转向面向服务器，朝多线程和多核的方向发展，称为 CMT，即“Chip Multi-Thread”。我们知道，服务器应用，尤其是 Web 服务器应用，是个典型的多线程/多进程环境，因为每个用户向服务器发出的请求基本上都是用相同一段程序为之服务的，只是具体的数据各不相同。而多核，则显然更适合这样的多线程应用。而所谓“Chip Multi-Thread”，显然是在芯片这一层上对多线程提供额外的支持（普通的处理器芯片也能跑多线程）。所谓“Throughput Computing”，其核心就是 CMT，甚至也可以说是 CMT 的同义词。上面提到的 T1、T2，这个 T 应该就是“Throughput Computing”和“Thread”的意思。后来 Sun 公司由 Oracle 公司并购之后又有所谓 S 系列和 M 系列，应该是更强调面向服务器 Server 和多线程（Multi-Thread），也有人说 M 意为 Mainframe。

Ultra SPARC T1 的定义和发布，后来又称 OpenSPARC T1，是 SPARC 发展历程中的一个里程碑。按 Sun 公司的说法，Ultra SPARC T1 是第一个 CMT 处理器，在当时也是唯一的 CMT 处理器。那么究竟什么是 CMT 呢？

我们知道软件上有“线程”即 thread 的概念和结构，而硬件上可以用来执行一个线程的资源和机制则称为一个“strand”，一般的单核处理器只有一个 strand，但是却可以通过软件的调度和上下文切换（context switch）使其并发执行多个线程。事实上，在传统的单核处理器上也可以有几百个线程/进程在并发执行，操作系统的核心功能之一就是进程管理，这里面就包括进程或线程的调度和切换。但是因为只有一个 strand 被切换来切换去，效率就比较低。如果是在双核的处理器上，那就同时可以有两个进程/线程在运行。在这样的情境下，单核的处理器就只有一个 strand，双核的处理器就是两个 strand。如果处理器核采用流水线结构，并且如前所述当流水线上的某条指令因为访问内存但没有在高速缓存内命中，从而需要等待（从内存把整条缓冲线读入高速缓存）时就可以因此而发生线程调度和切换，并且有硬件资源可以帮助这样的调度和切换发生，那么这样的一份硬件资源就构成了一个 strand，从而在一个核上就可以有多个 strand 了。这里的所谓硬件资源，说到底就是一组寄存器，即“寄存器组（Register File）”，因为像 ALU 和控制电路还是可以公用的，ALU 和控制电路是中性的、无状态的，这里面没有上下文，上下文是在数据中。说到这里，读者应该已经想到，SPARC 处理器中的那个“转盘”，那个包含若干寄存器窗口的寄存器组，就构成了一个 strand。这里有没有“转盘”，有没有寄存器窗口，倒不是问题的关键，只要有一组硬件的寄存器就可以构成一个 strand，但是有“转盘”当然更好。所以，对于 SPARC 处理器，一个核中有几套“转盘”，那就是几个 strand，在这个核上运行的线程“工作集”就是多大，尽管在软件的调度下可以有很多线程可以在同一个 strand 上执行。

一个 strand，在概念上就相当于一个处理器，因而也称为“虚拟处理器”。所以，资料上说 Ultra SPARC T1 的线程数量是 8x4 的时候，意思是说这种芯片上有 8 个核，每个核上有 4 个 strand，每个核上有 4 个“转盘”，即 4 个寄存器组（Register File）。不过即使是在 SPARC 的文献中，thread 和 strand 这两个术语的使用也并没有区分得很清晰，常常就是说一个 Ultra SPARC T1 芯片上有 32 个线程。后来的 Ultra SPARC T2，则提升成 8 个核，每个核上有 8 个 strand。另外，Ultra SPARC T2 还加强了对浮点运算的支持，这一点也很重要。Ultra SPARC T1 芯片上的 IU 部分有 8 个核，却只有一个 FPU，二者似乎不成比例（尤其在用于服务器的时候），所以后来在 T2 芯片上增加到了 8 个。

UltraSPARC 毕竟是面向服务器的，所以都是大型的芯片，例如 2005 年的 UltraSPARC T1，即 Niagara 芯片的功耗是 72W，当时的时钟频率是 1.4GHz，采用 90nm 工艺，内含 3 亿个晶体管；内芯（Die）的尺寸达到 340mm^2，那就是 18mm 见方还不止了。不用说，72 瓦功耗的芯片是不可能用在手机一类的移动设备中的。

特别值得一提的，是 Sun 公司在 2006 年公开了 UltraSPARC T1 的源代码，发布了相应的开源版本，称为 OpenSPARC T1。注意 UltraSPARC T1 本身是 2005 年发布的，其代码 2006 年就开源了。UltraSPARC T2 本身是 2007 年发布的，也是次年即 2008 年就开源了。二者的代码都是用 Verilog 语言编写，采用 GPL 许可证。除作为主流的这二者之外，还有由欧洲探空与技术中心（ESTEC）开发的 LEON，是对 32 位的 V8 的实现，采用 VHDL 语言，也已开源。这是一种耐辐射（radiation-tolerant）的特殊芯片，可以在 ASIC 或者 FPGA 芯片上实现。还有一个 S1 Core，又叫 Sirocco，是基于 UltraSPARC T1 的，但只有一个核（64 位），这也是开源的。另外，还有个用来模拟和测试 SPARC V8 的软件叫 RAMP Gold，由 UC Berkley 的一个实验室开发，这也是开源的。可见，SPARC 的技术资源，尤其是文档和开源代码，是相当丰富的。

除服务器应用外，SPARC 还进入了超级计算（HPC）的领域。这方面值得一提的是 Fujitsu，即富士通公司的贡献。在 SPARC 系统结构和芯片的开发中，Fujitsu 与 Sun 从一开始就有着紧密合作的关系，这种合作关系可以追溯到 1986 年的 V7，其实第一个 SPARC 芯片就是两家合作开发出来的。Fujitsu 之于日本，就好比 IBM 之于美国，Fujitsu 在 1954 年就造出了日本的第一台计算机，所以 Fujitsu 与 Sun 的合作对于 SPARC 的发展具有重要的意义。Fujitsu 后来在 HPC 即"高性能计算"、又称"超级计算"的领域扮演了重要的角色，其"K Computer"超级计算机在 2011 年曾名列超级计算 500 强的第一名，这台机器由 88,128 个 Fujitsu 自己研发的 SPARC64（V9）芯片构成，每个芯片上有 8 个核，所以一共是 705,024 个核的并发计算。不仅如此，Fujitsu 还在 SPARC 的系统结构中增添了许多面向超级计算如 SIMD、向量计算等方面的成分，这些成分也出现在开源的 OpenSPARC T1 和 T2 中。中国获得 2014 年超算 500 强第一的"天河-2"超级计算机，据说也是基于 OpenSPARC 的（未加验证确认）。

应该说，SPARC 是值得人们好好加以学习和研究的，资料文献又很丰富，特别是还开了源，然而却好像多少有点受到冷落。Patterson 与 Hennessy 合写的权威名著 *Computer Organization and Design* 一书的第 6 版有 RISC-V Edition，有 MIPS Edition，有 ARM Edition，却就是没有 SPARC Edition。

7.3　MIPS

UCB 的 RISC-I 项目是 1980 年开始的，同在硅谷地区的斯坦福大学当然很快就会知道。1981 年，Stanford 的 Hennessy 教授也组建了一个团队，从事 RISC 的研究和开发，他们的项目名叫 MIPS。看到 MIPS 这个缩写词，人们就会想到"Millions of Instructions Per Second"，即每秒百万条指令，因为当时计算机的速度就是在每秒百万条指令的量级。然而却不是，MIPS 的本意是"Microcomputer without Interlocking Pipeline Stages"，即"（流水线中）无互锁阶段的微型计算机"。那什么是流水线中的互锁阶段呢？如前所说，（指令执行）流水线面临的两个问题，一个发生于取数据的时候，一个发生于取指令的时候。

取数据的时候，首先是目标数据可能不在高速缓存中，即使就在高速缓存中，因而无需等待，如果前一条指令的输出正好就是后一条指令的输入，也还是有问题的。这是因为，当后一条指令进入（从寄存器）取数阶段时，前一条指令还在运算阶段，还没有进入回写阶段，时间上就差那么一点点。解决的办法是在流水线中增加一个称为"forwarding"的机制，把前一条指令的运算结果直接就拿来用作后一条指令的输入。当然，这要在流水线中增添一些复杂性，要有相应的电路。实际上 RISC-I 芯片中就有用于"forwarding"的电路。可是，其实只要在这样的两条指令之间插入一条不相干（无依赖）的指令，哪怕是一条 NOP 指令，就可以把这个问题绕过去，而编译器完全掌握这个情况，编译时在中间插入一条 NOP 指令是轻而易举的。

其次，对于访内指令，如果目标数据不在高速缓存中，要到内存中去将目标数据（按缓存线，即 cache-line）读入高速缓存，然后再读入流水线，那需要等待的时间就长了。对这种情况有三种解决方案。第一种，是最复杂的，就是"脱序（Out-of-Order）"执行，这个前面已经讲过。第二种比 Out-of-Order 简单一点，称为"Interlocking"，就是互锁。在互锁这个方案中，流水线中有个"scoreboard"，类似于记分牌那样的东西，其中的每个标志位都代表着一个寄存器，如果前面的指令是取数指令，就把代表着目标寄存器的那个标志位设成 1，取数到位之后就把它清零，如果后面的指令要用到某个寄存器作为操作数的来源，就得检查一下这个寄存器在记分牌上的标志位，如果是 0 就没事，如果是 1 就让流水线暂停一下，等数据到位之后再继续运转。

这是一种“缩小打击面”的策略，尽管这项数据的装载受到了延迟，但这条 Load 指令本身的执行还是可以进行的；它已经向高速缓存发出了请求，也安排好了装入此项数据的寄存器，对于 CPU 而言这条指令的执行可以视为已经完成了。下面如果后续的指令要用到此项数据，那是没有办法只好等待，但要是并不用到此项数据就可以继续往前走，能走多远就走多远。当然，这又使流水线增加了一些复杂度，所需的电路比“forwarding”更为复杂，它的实现也需要消耗更多的（晶体管）资源。RISC-I 就采用了这个方案。其实也不只是 RISC-I，别的 RISC 芯片也大多采用这个方案。第三种，那就更简单了，那就是只要是访问内存而数据尚未到位，就使流水线暂停（Stall）。这当然是最简单的，只要暂时把流水线的时钟脉冲切断就行。

显然，最后这个(Stall)方案是最“粗暴”的，但是也最简单。中间这种互锁方案，则比较精细，比较讲究有的放矢，也比较复杂一些。至于 Out-of-Order（缩写为 OoO）这种方案，则目标最精准，措施最合理，效果最明显，损失也最小，当然结构也最复杂。

可想而知，在 Out-of-Order 方案中也得有类似于 scoreboard 那样的机制，否则就无从知晓哪些指令是可以先加执行的。另外，更重要的是，既然是让后面的指令改变顺序提前执行，那就意味着一定有个在等待执行的队列才有意义，否则后面的指令还在译码阶段、取指阶段，让它提前也提不上来。只要想一下排队进站或者登机的情景，就可以明白这个道理。要是没人排队，就不存在让后面的人先走的问题了。进一步，既然 CPU 中有个等待被执行的指令队列，可供执行的指令就是有所储备的，即便取指令受到一些波动而延迟，其影响也就是可以被吸收的了。

事实上，几乎所有的 RISC 芯片都采用 Forwarding 加 Interlocking，唯独 MIPS 是个例外，MIPS 不用互锁，所以才称“无互锁”。显然 MIPS 团队也希望强调这一点，因为这是他们的独特之处。Hennessy 和他的 MIPS 团队认为，既然是“简”，那就简到底，既然是 Reduced，那就把 Reduce 进行到底。所以他们的芯片型号就是 R2000、R3000 等，强调一个 R。可是问题怎么解决呢？那就“硬件不足软件补”，计算机不仅仅是硬件的事，也有软件的参与。

首先是 Forwarding，如上所述，只要在程序中把前后两条指令分开，在中间插入一条别的指令，即不依赖于前一条指令的执行结果的指令，问题就可解决。那插入什么指令呢？最简单的是在程序中插入一条不做什么事的 NOP 即“无操作”指令。可是这样一来就浪费了一个时钟周期，更好的办法是对前一条指令后面的若干条指令进行一些编排“调度”，如果有既不依赖于前一条指令，也不依赖于后一条指令的，就把它提到前面，放在那前后两条指令之间，因为那条指令的执行在先还是在后对（宏观的）结果并无影响。当然，那要对（汇编语言）程序员有所要求，但这是稍加学习就可掌握的技巧。再说，还可以把这个处理放到汇编器（Assembler）中，做成更加智能化的汇编器，你不那样写我也把你的程序汇编成那样。事实上现在用汇编语言写程序的已经很少了，都是用高级语言，那就把这个功能做进编译器的后端中。

关于访问内存取数指令的问题，他们经过分析与实验，认为如果目标在高速缓存中，那就只要紧随取数指令后面如上所述插入一条独立指令即可，大不了就是一条 NOP 指令，浪费一个时钟周期。万一还到不了位，就让流水线暂停（stall）一个两个周期。如果目标不在高速缓存中，那也是靠流水线暂停，只是等待时间就比较长了，但是那样的情况毕竟就少多了。所以，软件配合的方案是靠硬件上的流水线暂停这个措施保底的。

再看取指令的延迟，还有程序流程的改变。取指令不存在 forwarding 的问题，因为指令是一取进来就用，就执行，并不需要再有计算处理。所以取指令的延迟只发生在两种情况下。第一种情况是当所取的指令超出了一个缓冲线的边界，而下一个缓冲线又不在缓存中的时候。对此，除非有 UltraSPARC T1 那种指令级的硬件线程调度，否则唯一的办法就是让流水线暂停。第二种情况就是程序流程的改变，那就是跳转/转移和对于子程序的调用/返回。

对于无条件的跳转指令，CPU 在译码阶段结束的时候就知道这是无条件转移指令，因而会发生跳转这一点是确定无疑的，但还不知道转移目标；到了从某个寄存器读出跳转目标的大方向，又是一个阶段过去，可是还要进行计算才能知道确切的跳转目标。这样，到了知道确切的转移目标的时候，后面好几条指令已经进入了流水线，这几条指令是注定要丢掉的。然而，在许多情况下（尽管不是在所有情况下），编译器倒是可以知道这个转移目标的（比方说通过函数名进行的函数调用，编译器知道调用目标在哪里，但是如果是通过函数指针调用，那就不一定了）。既然编译器能知道这个目标，那就有个变通的办法，就是在编译/汇编的时候就把跳转目标处的开头几条指令抄过来放在跳转指令后面，并对跳转指令中的目标地址作相应调正，使其跳过已经抄过来的这几条指令。这样，当 CPU 执行完跳转指令，知道了确切目标的时候，来自跳转目标处的开头几条指令已经在流水线中正在得到执行，这样就减小了时钟周期的浪费。

如果是条件转移，那就要到指令执行完的时候才能知道究竟满不满足转移的条件，究竟转不转；这时候后面几条指令已经在流水线中。如果最后的结果是不转，那这几条指令的执行就没有被浪费；可是如果最后还是转了，这几条指令当然就被浪费了。如果转或不转的可能性各占 50%，那么浪费的可能性也就是 50%。在一般的 if-than-else 语句中，这个比例大致可以认为就是 50%，因为转移条件之是否满足大体上是随机的。既然是 50%的概率，那就没有必要采取什么措施。然而如果这条转移指令是用来实现程序中的循环，那就不是随机的了。以 for 语句为例，循环次数也许取决于程序中的静态设定，也许取决于运行时的动态变化，但是显然转移的概率会大大超过不转移的概率。在这样的情况下，借鉴对于无条件转移指令的处理，在编译/汇编时进行优化就是有利的了。

另外，有些优化也可以渗透到 CPU 的指令系统中。一般而言，访问内存读/写数据时难免会有高速缓存脱靶（不命中），这时候会有较大的延迟。对于这个问题，如上所述，有些芯片采取脱序（Out-of-Order）执行，有可能实际不受什么影响；有些芯片采取互锁（Interlocking），尽力缩小影响；而 MIPS 只好让流水线暂停（Stall）。可是再想想，有没有办法避免这样的不利情况发生呢？如果能预先就知道下面即将访问某一块数据，这块数据很可能不在高速缓存中，就不妨提前先访问它一下，那只是一条指令的事，目的不在于真要读取其数据，而在于让高速缓存预先就把这块数据倒腾进来，到真要访问这块数据时就能在缓存中“命中”了。

这个办法显然可以通过软件手段实现。例如让编译器在程序中即将要访问比方说一个数组的时候预先就插入一条指令，让 CPU 读一下这个数组的起点，例如把这个地址上的数据读入寄存器 R0（寄存器 R0 的内容永远是 0，读入数据到这个寄存器并不改变其内容）。这样，只是一条“预取数据”指令，就把目标数据所在的缓冲线倒腾进了缓存。这条指令后面的几条指令都不依赖于它，因而不受影响。这样，就以白费一条指令为代价，避免了可能发生的长时间等待。注意缓存都是“双口”的，一个口对着 CPU，另一个口对着内存，两个口互相独立，内存口上的倒腾并不影响 CPU 对缓存的访问。当然最好是在指令系统中增设一条这样的“预取数据”指令。事实上，后来的 MIPS32/64 指令系统中就特地增添了 pref 和 prefx 两条“预取数据”指令（后者用于浮点）。这样的软件措施，不仅是对 RISC 有效，对 CISC 也同样有效。这样的指令也叫“hint（提示）”指令，许多处理器的指令系统中都有 hint 指令。

通过软件手段进行优化，协助提升硬件的性能，克服硬件的不足，使硬件的设计得到简化，无疑是合理的措施。然而这也不仅仅是对 MIPS，对别的 RISC 芯片也是如此，甚至对 CISC 芯片也是这样，因而除可以简化芯片的设计和制作成本以外一般而言这并不能成就某一种芯片、某一种系统结构的独特优势。如果只是在软件上想办法，而硬件上保持最简，那终究不会有持久的优势，因为你的产品是芯片、是硬件，而不只是软件，软件上的措施别人很快就可以学过去。

MIPS 团队后来也意识到了这个问题。他们虽然在研发之初强调了“无互锁阶段”，主张 CPU 的设计“简”就简到彻底，但是后来却放弃了这个主意（后来研发各种 MIPS 芯片的团队也不是当初的团队了），改口说 MIPS 不再意味着“Microcomputer without Interlocking Pipeline Stages”。SGI/MIPS 在 1996 年发布的 R10000 处理器中竟还用上了 OoO，即流水线中的 Out-of-Order 执行。但是由此而来的测试、调试、排错等方面的复杂性却使许多人相信这是个错误的决策，认为这个研发团队背离了“简”的初心。然而这恐怕也是个无奈的选择，毕竟是形势比人强。

与 UCB 的 RISC-I/II 团队不同，MIPS 团队不久就成立了一个公司。也像 Sun 公司一样，这个公司也是把 MIPS 的设计授权（Licensing）给别的计算机和半导体厂商。其中最主要的就是上面提到的 SGI，即 Silicon Graphics。当年 Silicon Graphics 与 Sun，Apollo 三家同为主要的图形工作站厂商（Apollo 后由 HP 并购）。开始三家都采用 68000 系列的处理器芯片，后来 Sun 开始在 RISC-I/II 的基础上研发 SPARC 芯片，SGI 则接过了 MIPS 的衣钵（Apollo 仍用 CISC 的 68000 系列）。后来 SGI 并购了 MIPS。所以 SGI 一直是 MIPS 的主要厂商。另外，当时小型机的主要厂商 DEC，即 Digital Equipment Corporation，从他们的主打产品 PDP-11 上升到 VAX-11 以后，又顺应微型计算机的趋势把 VAX 的系统结构微型化，开始研发 MicroVAX。可是 MicroVAX

的 CPU 性能却总是赶不上 RISC 芯片，因而就自行开发一种称为 Alpha 的 RISC 芯片。然而一来是遇到困难，二来是时不我待，就干脆改用了 MIPS。这个事在当时颇为轰动，因为 DEC 的名气很大，在业界的地位很高，所以一时 MIPS 的势头大涨。不过 DEC 后来还是失败了，因为它的竞争对象其实不是 Sun 和 SGI 的图形工作站，而是 Wintel，即微软加 Intel 的 IBM PC，事实上 PC 机逐渐就具备了图形工作站的那些功能，而且日新月异，图形工作站已经失去了独立存在的理由。后来 DEC 由 Compaq 并购，从此销声匿迹，而 Sun 和 SGI 的命运也好不到哪里。前者为 Oracle 并购，不过 SPARC 在 Oracle 仍有不错的发展。SGI 则演变成一个名叫 Graphics Properties Holdings 的公司，已经没有多大影响力了。但是尽管如此现在还有些公司仍在提供 MIPS 芯片，每年的销量还是不小。中国的“龙芯”，最初也是获授权研发和生产基于 MIPS 系统结构的处理器芯片的厂商之一（后来已经放弃 MIPS，定义了自己的系统结构）。

如果我们把 RISC 芯片在服务器乃至超级计算机中的应用称为“重量级”应用，而把在手机和移动终端，（电视）机顶盒，家用 Wi-Fi 路由器，乃至物联网器件中的应用称为“轻量级”应用；那么 SPARC 已经进入了重量级应用，而 MIPS 似乎主要还在轻量级应用，但是在轻量级应用中又面临 ARM 的竞争，后者的市场占有率显然更有优势，而且也已经渗入了重量级应用。

7.4 ARM

在迄今已有的 RISC 芯片中，ARM 处理器可能是最为人所知的了。业界有许多人士认为，唯一对 ARM 构成挑战的，应该就是 RISC-V；而 RISC-V 需要面对的，主要也就是 ARM。

ARM 的问世与 RISC-I 和 MIPS 并无直接的渊源，但也受了 RISC-I 的启发和鼓舞。事情要回溯到 20 世纪 70 年代末 80 年代初的英国，当时在英国的工业和教育两个部门的鼓励和资助下，英国广播公司 BBC 有个计算机扫盲计划，想要给英国的中学和家庭都配备上微型计算机。他们找了一家名叫 Acorn 的小公司，把他们设计、生产和销售的一种 8 位微机打上“BBC Micro”的牌号，成为贴牌产品。与最初的 Apple 机一样，Acorn 采用的是摩托罗拉的 6502 微处理器。这款产品堪称成功，几乎垄断了英国当时的微机市场。可是很快 BBC 就不满足于这台机器的性能了，他们要求 Acorn 升级换代，直接就升级到 32 位。由于是给学校和家庭用的，价钱还必须便宜，这是 1983 年的事情。这又要好又要便宜的要求，就给 Acorn 出了难题。他们分析了当时市场上的各种微处理器芯片，觉得都不能满足 BBC 的要求，还不如自己研发一款简单但是能满足应用要求的处理器芯片。不用说，那自然就是 RISC 芯片了。这里当然有来自 UCB 那边 RISC-I 的鼓励和启发，RISC-I 是 1981 年开始研发的，1982 年就有了样片，随后的 RISC-II 也在 1983 年有了样片。既然人家 UCB 一群研究生能研发出 RISC 芯片，咱们 Acorn 为什么就不行呢？这里另外还有个因素，在 80 年代初之前，CPU 芯片和超大规模集成电路在人们心目中还是颇有神秘感的，VLSI 的原理和技术只掌握在少数集成电路厂商手里。可是 1980 年加州理工学院（CalTech）的米德（Carver Mead）教授与 Xerox 公司 PARC 研究所的 Lynn Conway 合作出版了 *Introduction to VLSI Systems* 一书，把超大规模集成电路的原理与技术讲得明明白白，在此前后还在美国的几个顶级高校开设了相关的课程。这本书打消了人们心目中的神秘感，这样一来许多人就受到启发和刺激而变得跃跃欲试了。当然，Acorn 本身没有半导体制造的能力，所以他们又拉了一家硅谷做 ASIC 的集成电路厂商 VLSI Technology（该公司后来由 Philips 公司并购）合作，芯片设计出来就由这家公司生产。这样，他们在 1983 年开始了处理器芯片的研发，他们把芯片的系统结构称为“Acorn RISC Machine”，缩写成 ARM。后来，获得了初步的成功之后，他们把“A”由 Acorn 改成了“Advanced”，并且另组了一个 ARM 公司。所以现在 ARM 是“Advanced RISC Machine”的缩写，既是系统结构的名称，也是公司的名称。ARM 公司的商业模式是自己并不生产芯片，而只是以知识产权（IP）的方式提供设计（包括电路图或硬件描述文件、配线表、芯片版图、模拟结果，等等），授权芯片厂商生产和销售，并且也允许生产厂商把知识产权整合到他们自己的产品中。后来 ARM 公司被日本软银（Soft Bank）收购，最后又被 NVIDIA 公司并购，公司的所有权几经变更，但是公司的商业模式并未改变。

现今的 ARM 处理器是一个系列，其设计仍由 ARM 公司提供。还是和原来一样，这个公司本身并不直接生产和销售 ARM 芯片，而只是销售 ARM 处理器的设计和许可证（分 Core 和 Architecture 两种），由别的公司买了 ARM 的设计和知识产权后去半导体生产厂商定制、生产、销售。事实上，ARM 的第一张许可证就是给 VLSI Technology 的，那还是 ARM 处理器的原始版本 ARM1。意思是说，你的利润不必和我分成，你把许可证一次性买断，以后能赚多少是你自己的事了。对 VLSI Technology 是这样，对别的厂商也是一样。买了许可证和知识产权之后，有些公司还要在 ARM 处理器基础上再自行添加一些电路，通常是外设和存储器，成为“片上系统（System on Chip）”即 SoC，或成为“微控制器（Micro Controler）”。实际上，买了 ARM 公司许可证和知识产权的那些公司，往往本身又是“无厂半导体公司（Fabless）”，他们也不从事实际的芯片生产。他们之所以购买 ARM 的许可证，目的本来就不在直接生产 ARM CPU 芯片，而是要把它整合到自己的产品中。至于真正的“流片”和生产，则是半导体“代工”企业的事。在半导体芯片的这条生态链上，位于上游的一般就是这些作为“无厂半导体公司”的芯片公司，他们对市场需求做出判断，什么样的芯片（或设备）会有市场，然后就委托芯片设计公司进行设计和研发，然后委托代工企业生产。专事半导体芯片设计的那些设计“工作室”，则通常只是受芯片公司的委托才进行设计。至于像 ARM 那样的公司，则处于产业链的顶端，根据自己对市场的判断和对技术的掌握进行设计，设计了之后就卖知识产权。ARM 公司的成功，许多人认为是得益于它的这种商业模式，认为是这种模式帮助它占领了市场。但是其实 SPARC 和 MIPS 的商业模式也很相似，尤其 SPARC（Oracle）还开源了 OpenSPARC 的逻辑设计。所以 ARM 的成功还有其内在的原因。说起来无非就是两条：第一条是对市场需求判断准确，尤其是抓住了手机市场。相比之下，SPARC 抓住的是超级计算和高端服务器的市场，那就是小众市场了。至于 MIPS，则抓住了一部分的嵌入式设备市场，且不说 ARM 也打入了嵌入式市场，MIPS 未能打入手机市场就已经是功亏一篑了。第二条就是它的系统结构和性能获得了人们的喜爱和赞赏，这当然也不是凭空而来的。ARM 的系统结构和具体实现确有独到之处，不说别的，只说在省电这个方面，对于手机一类移动设备就很有吸引力。其实还有第三条原因，那就是 ARM 设计团队（尽管公司几经转手）显得非常活跃，各种新的版本不断涌现，甚至令人大有目不暇接之感，让人印象深刻。

如上所述，ARM 处理器的设计始于 1983 年，到 1985 年就有了第一个版本 ARM1，第一张许可证就是颁给 VLSI Technology 的。相比之下，UCB 的 RISC-I/II 研发是从 1981 年到 1983 年，斯坦福的 MIPS 研发是从 1982 年到 1984 年，Sun 公司发布 SPARC 是 1986 年（不过那已经是 V7 了）。从研发的时间跨度看，其实都差不多，这也反映了 RISC 芯片的设计周期确实比 CISC 大大缩短。

也许是因为 ARM 团队的人受 CISC 影响太深，他们对 RISC 与 CISC 的态度有点“骑墙”，ARM 的系统结构在某种程度上是不完全的 RISC，而是二者的折中妥协。首先，像典型 RISC 一样，ARM 也是把访内与运算相分离的，访内指令不作运算，但是寻址的模式却可以有所不同，例如指令：

```
LDR   r0, [r1], #4
```

这条指令以寄存器 r1 的内容为地址，从内存（有无高速缓存是另一个问题）将这个地址中的数据装载到寄存器 r0 中，并在寄存器 r1 的内容上加 4，使其指向下一个地址。这里就既有对内存的访问，又有对寄存器的算术操作。从内存读取数据的时候 ALU 本来就是闲着，闲着也是闲着，何不利用一下呢？同样，向内存写入数据的 STR 指令也是一样。这显然就是受 CISC 中必有的寄存器变址寻址的影响，也直接对应于 C 语言中例如“t = *p++”那样的语句。当然，也可以不去改变 r1 的内容，而是把右边的方括号移到逗号和直接数 #4 的后边，那就是“正规”的寄存器间接寻址了：

```
LDR   r0, [r1, #4]
```

那就是在寄存器 r1 的内容上加 4，以此为地址访问内存。这里在 ALU 内进行的加法运算是在访内之前，在指令译码周期后面进行，在 RISC-I 中也有同样的寻址模式。

然而 LDR 指令还有另一种用法：

```
LDR   r0, [r1, #4]!
```

这里对[r1，#4]的解释同上，但是后面多了个感叹号。这个感叹号表示在把[r1，#4]用作访内地址后还要把寄存器 r1 的内容自动加 4。这样，在这条指令的执行过程中就有了两次加法运算，但是如上所述后一次运算发生在取数/访内周期，这时候 ALU 本来就是闲着；ALU 是组合电路，它的作用是即时的、瞬间的。在 ARM 的汇编程序中我们会看到很多指令都带着感叹号，例如 r0!、r13!等，都是表示着这样的自动变址，这样的寻址模式称为“auto-indexing”，即自动变址。

把这里 LDR 指令中的寄存器 r1 换成程序计数器 pc，那就成了 PC 相对寻址，这在 ARM 的汇编程序中是用得很多的。

所以，ARM 虽说是 RISC 处理器，它的寻址模式还是挺丰富的，只是摒弃了那些过于复杂又很少用到的寻址模式。这也说明，走 RISC 的路也不一定非得走到底，有些来自 CISC 的技术还是很好的，对具体的问题要有具体的分析，有批判地接受和吸收。

再看另一条指令：

```
LDMIA   r1, {r0, r2, r5}
```

这条指令的“修正主义”色彩就更浓厚了。这条指令的语义是：以 r1 的内容为起始地址，将这个地址中的内容装入 r0；然后以 r1+4 为地址，将其内容装入 r2；再以 r1+8 为地址，将其内容装入 r5。其实还可以再继续下去，须知 ARM 共有 16 个寄存器。其实花括号内的寄存器列表在机器指令中是一个 16 位的位图，其中的每一位都对应着一个寄存器。当然，位图中设置成 1 的标志位愈多，指令的执行时间就愈长。这显然违背了 RISC 结构中各指令的执行时间划一这个原则，但是细想下来却也有道理。对于像这样成块的内存访问，这样的处理显然减少了指令的条数，从而也减小了代码的体积，并且还减少了取指令的次数，何乐而不为呢？唯一的问题是很可能使中断延迟增大了。但是一来寄存器的数量是有上限的，最多也就是 16 个寄存器；二来是时钟频率提高以后即使在最坏的情况下这点延迟（对于许多应用场景）也是可以接受的。更何况，对于教学和家庭使用，哪来这么高的实时要求？当然，这样会使流水线的设计复杂化，但是由于在取指令和译码之后在同一条指令中就只是取数和写入寄存器两个阶段的重复，由此而带来的复杂性也并非很大。另外，发现当前指令需要读写的数据不止一项的时候，最简单而直接的办法就是发出一个控制信号，使流水线关断后续指令的时钟脉冲，使那一段流水线暂停，让后续的指令停滞在译码和取指令阶段。而后面那些阶段的时钟脉冲则如常到来、不受影响。这样，由此而引入的复杂性实际上也并不很大，但是由此而来的效果却很好。

那时候采用流水线结构的处理器还不像现在这么广泛，许多 CISC 的处理器还都是顺序串行，执行完一条指令再取下一条。在这样的结构中，假定一条指令的执行分四个阶段，即四个时钟周期，又假定要接连存取 8 项数据，那么用 8 条指令完成就得消耗 4×8=32 个时钟脉冲周期；而如果是用 LDMIA 这样的指令，那就可望下降到 2+(2×8)=18 个时钟脉冲周期，因为这里只需要一条指令的取指和译码，节约了 7 条指令的取指和译码。即使采用了流水线结构，从而在执行时间上其实没有并没有收益，但至少也节省了好几条指令的存储，也少取了好几条指令。而少取了好几条指令又与能耗的降低有关。所以这个特色给人留下了很好的印象。

指令的名称 LDMIA，是“Load (from) Memory Increment After”的意思，表示访内地址的递增是在读出之后。也有让访问地址的递增发生在（从内存）读出之前的指令，那就是 LDMIB，B 表示 Before。这两条指令对访问地址的改变是递增，还有两条对应的指令是让访问地址递减，那就是 LDMDA 和 LDNDB，DA 和 DB 分别表示读后递减和读前递减。这样，一共是四条成批装载指令。与此相对应，向内存成批写入的指令也有四条，就是 STMIA，STMIB，STMDB 和 STMFD。这样，一共就有 8 条这样的指令，即 LDMIA，LDMIB，LDMDA，LDNDB，STMIA，STMIB，STMDB 和 STMFD。

同样是 LDMIA 指令，还有另一种形式：

```
LDMIA   r0!, {r2 – r9}
```

这条指令的语义是：从 r0 所指的地址开始，把连续 8 个 32 位数据依次读入寄存器 r2 至 r9。这是因为，r0 的内容每次被使用以后都会自动递增（加 4），也就是指针 r0 每次都自动递增。显然，这条指令很适合用于堆栈操作。尤其是，每当发生中断的时候需要保存“现场”，即保存当前程序执行框架的内容，返回时则恢复被中断的现场。RISC-I/II 和 SPARC 采用了寄存器窗口的方案，以提高框架切换的速度。如果不采用寄存器窗口，那就得用多条指令将需要保存的寄存器内容逐一压入堆栈，或从堆栈逐一加以恢复，那效率当然就比较低了。相比之下，ARM 有了 LDMIA 这样的指令，那就一条指令就能实现框架内容的保存或恢复。尽管这条指令的执行并非只在常规的指令执行长度中完成，但是比起要用多条指令才能实现的流程毕竟还是高效了很多，令人印象深刻。或许可以说，有了这一组指令，是否还需要采用寄存器窗口的方案就可以重新考虑了，因为寄存器窗口的实现也是有代价的，要耗去芯片上的不少资源。当然，这里假定堆栈的内容都在高速缓存中。事实上 ARM 并不采用寄存器窗口的方案。ARM 的研发始于 1983 年，那时候 RISC-I/II 和 MIPS 的设计思路都已公开，ARM 团队采用了不同的设计思路，应该是经过深思熟虑的。

注意这和前述MC68030的MOV指令还是不一样的，因为这里在一条指令中只允许使用同一种寻址模式，只是同一种寻址模式的反复使用，而不允许有多种寻址模式的组合，而且指令的编码长度是划一的。

堆栈的实现有两种方式，一种是在地址空间中向上延伸（Ascending），另一种是向下延伸（Descending）。对于其中的上伸堆栈，堆栈指针的使用方式又有“满（Full）”和“空（Empty）”两种方式。所谓满，就是让堆栈指针指向最近压入堆栈的那个元素，因而再要压入的时候就得先调整堆栈指针然后写入；但如果是要从堆栈抛出则先读出，然后调整堆栈指针。反过来，所谓空就是让堆栈指针指向最近压入后的再下一个位置，因而再要压入的时候就直接写入，然后再调整堆栈指针；但是如果是要从堆栈抛出则先得调整堆栈指针，然后读出。这样，按堆栈的延伸方向和堆栈指针所指的空与满，再加上读写的方向之为 LDM 或 STM，就有 8 种组合，从而有 8 条堆栈操作指令，即 LDMFA，LDMDA，LDMEA，LDMED，STMFA，STMDA，STMEA 和 STMED。但是，稍加考虑就可知道，这 8 条指令与前述的 8 条指令是一回事，只是名称不同而已。这里的 LDMFA 实际上就是 LDMIA（先读出后调指针），STMFA 实际上就是 STMIB（先调指针后写入），余可类推。

调用子程序的时候，ARM 以 r14 为“连接寄存器”，把返回地址放在这个寄存器中，子程序调用指令就叫“BL”，即“转移并连接”。从子程序返回的时候，就用 MOV 指令（所谓 MOV 实际上是 COPY）把 r14 的内容写入 pc，这就完成了返回，因为下一条指令将从这个地址取出。这样就可以避免一次可能并无必要的堆栈操作，因为所调用的子程序有可能是个不再调用其它子程序的“叶节点”。其实 RISC-I 和 MIPS 也是这样，而且这也不是从 RISC-I 和 MIPS 开始。显然返回指令也是一种转移指令，也有流水线中如何锁住后随指令不让其执行的问题。

与别的 RISC 处理器一样，ARM 的算术/逻辑运算和移位操作只能发生在寄存器之间，操作数不能直接来自内存。ARM 的指令编码长度是划一的，都是 32 位，但是写成汇编语言却有时候会使人以为是不划一的。例如：

```
ADD    r0, r0, r0, LSL #3
```

这是条加法指令，第一个 r0 是目标寄存器，即用来盛放计算结果的寄存器。后面是两个操作数，都来自 r0，但是其中之一先要左移 3 位，因而是 r0 原值的 8 倍，所以这条指令的实际效果是使 r0 乘以 9。这也给人以似乎是 CISC 指令的感觉，但是仔细分析一下就可知道，这实际上并不会改变指令的执行长度，因为移位电路本身只是个组合电路，直接以寄存器 r0 的输出为源操作数让其出现在加法器的输入端，与让寄存器 r0 的输出经过移位电路再出现在加法器的输入端，是一样的，这里的关键在于允许将两个操作数中的一个先移位再参与计算（第二个操作数就不可以了，因为只有一个移位电路）。这条指令仍是标准的三单元（两个源操作数寄存器，一个目标寄存器）格式的 RISC 指令；但是要把更多的信息编码在指令中，这有点挑战性。

ARM 的另一个特色是指令的条件执行。对于条件转移指令我们都很熟悉了，每个处理器中都有条件转移指令，没有条件转移指令就无法实现“if…then…else…”的语义。但是 ARM 处理器中的每一条指令都可以有条件执行。例如 ADD 指令，就可以在后面加上表示条件的后缀，成为例如 ADDNE，那就是如果前面指令执行的结果使状态寄存器中相应的标志位表示“不等”的条件下才执行本条指令，要不然就视同 NOP 指令。例如：

```
            CMP    r0, #3
            BEQ    SKIPED
            ADD    r1, r1, r0
            SUB    r1, r1, r2
SKIPED  …
```

这是一段典型的传统条件转移流程。如果 r0 的内容不等于 3 就执行下面的 ADD 和 SUB 两条指令，要不然就跳过这两条指令。这里有条件进行的计算就是两条指令，但是为了实现条件计算就多花费了一条指令，就是那条 BEQ 指令，而且条件转移指令本来就是可能对流水线产生不利影响。在 ARM 处理器上，这一小段程序就可以改写成这样：

```
CMP    r0, #3
ADDNE    r1, r1, r0
SUBNE    r1, r1, r2
```

显然这样更简洁，也省去了一条转移指令。表面上只是省去了一条指令，但是转移指令会给流水线带来麻烦，所以实际的效果不只是少执行了一条指令。这段程序所实现的语义只是“if…then…”，没有 else 部分，如果有 else 部分那就效果更明显。ARM 的这个特色，对于 C 语言中例如“a = (x>3)? b:c;”这样的语句仿佛就是量身定做的一样。当然，这只适用于条件计算部分很小的情况下。虽然这也并非 ARM 团队的原创，但是用得合适，用得巧妙，就是成功之道。但是，这样一来，对 32 位指令字的编码的挑战确实就太大了。三个寄存器号就得占去 15 位，移位要求还得占去 4 位（假定左移或右移最多 16 位），再加执行条件至少 3 位，这就是 22 位了，但是倒也排得下来。

凡此种种，确实给人以耳目一新的感觉。实际上这里面也夹杂着一些错觉。例如堆栈的操作，人们很容易有这样的感觉：哇，一条指令就把整个系统调用框架都保存到了堆栈中！到后来知道对于采用流水线的芯片其实并不完全是那么回事，但也已经有了好的先入之见，再说毕竟指令的条数确实是降了下来。

现在回顾早期 ARM 系统结构的成功，确实是其来有自；其指令系统令人刮目相看，让许多人看后都留下了深刻的印象。ARM 的设计并不拘泥于 RISC 的概念，并不固守 RISC 的阵线，而是该向 CISC 靠拢一点之处就靠拢一点，这也更容易被当时许多还是满脑子 CISC 结构的人们所接受。

一般而言，ARM 并不要求采用 MIPS 所要求的那种指令编排，那只是一种优化，如果有当然也是好的。

早期的 ARM 芯片上是没有高速缓存的，后来的版本上才有。ARM 的片上缓存（Cache），也像别的 RISC 芯片一样采用“哈佛”结构，让指令和数据分开存放。但是注意这并不意味着出现在指令缓存中的内容就不可以同时出现在数据缓存中。事实上，只要处理器提供了 pc 相对寻址模式，同样的内容就完全可能同时出现在两个缓存中。不过指令缓存的内容是只读的，数据缓存的内容则可读可写。

要访问一项数据的时候，总得要给出一个地址，通常就是采用寄存器相对寻址。但是那样就得先把一个“基地址”装载到某个寄存器中，然后在基地址上加一个（数值不大的）偏移量。然而那一方面涉及对寄存器的调度使用，另一方面也至少要耗用一条加载基地址的指令。可是为什么不把 pc 寄存器的当前值用作基地址呢？这个寄存器的内容永远都是可以引用的，那就叫 pc 相对寻址。但是相对寻址的偏移量都不大，所以就得把数据存放在离开当前指令不远的地方。这就得靠编译器保证将指令和数据分开在不同的存储缓冲线中，不要混杂在一起。当然，这也不只是发生于 ARM 处理器，只要提供 pc 相对寻址的处理器都会有这样的情况。

最早的 ARM 芯片型号是 ARM1，后来就有了 ARM2。ARM1 和 ARM2 的指令长度虽然是 32 位，但是对内存的寻址范围却只有 26 位，意味着内存最大也只能有 64MB，其实这对于 1980 年代的计算机而言已经是难以企及的了。

ARM1 芯片采用当时的 3 微米（3000 纳米）工艺，芯片上只集成了不到 25000 个晶体管，相比之下 CISC 的 MC68000 是 68000 个晶体管。从采用 8 位的 6502 CPU 组装微型机，到自己研发出能与 68000 相比拟的 32 位 CPU 芯片，ARM 公司这个跨度确实令人印象深刻。

早期的 ARM 处理器采用三阶段的指令流水线，即取指、译码、执行这么三个阶段，这个设计一直延续到 ARM7（包括 ARM7TDMI），ARM7 以后才改成五阶段，即取指、译码、执行、数据缓冲、回写这么五个阶段，进一步提高了并行度。到了后来的 ARM11，流水线的长度达到了 8 个阶段。此外，最初的 ARM 处理器没有缓存，到 ARM3（1989 年）的芯片上才有了统一的缓存，就是不分指令和数据的冯·诺依曼结构。但是让指令有自己专用缓存的好处很明显，所以后来到 ARM7TDMI 就把缓存分开成指令和数据两个部分，成了哈佛结构。

与别的 RISC 芯片一样，浮点计算也是以协处理器的方式提供的。实际上 ARM 芯片的协处理器也不止浮点处理器一种，例如 CP15，就是“系统控制协处理器”，CP 就是“Co-Processor”的缩写。

所以，ARM 处理器问世以后，BBC Micro 微机倒显得不重要了，ARM 处理器才是人们的关注点。

当初的 Acorn 公司，以及后来组建的 ARM 公司，再到后来几经变迁，一直都奉行许可证的商业模式。ARM 公司出售的许可证有两种。一种是关于系统结构和指令集的许可证，购买者可以自行实现所授权的系统结构和指令集，设计出与 ARM 兼容的芯片，在上面运行 ARM 软件（当时还没有那么多，现在就多了）。另一种是关于 ARM 系统结构具体实现的“知识产权（IP）”，这又分成两种情况。一种是所谓“软核”，即对于芯片的 RTL 描述，例如 VHDL 文件，买了这种许可证的厂商可以借助 EDA 软件自行综合（Synthesize），以生成自己所需的物理设计；在此过程中还可以在 RTL 层加上自己的扩充，或者将其整合到自己的产品中。另一种就是一竿子到底的“硬核”，那就是连芯片的版图也包括在里面了。实际上还有一种折中的方案，就是包括从顶层一直到配线表即 net-list 的所有文件，由厂商自行从 net-list 开始向下生成物理设计，因为各家采用的“制程”可能不同。这当然是一种灵活的商业模式，但是 ARM 的成功显然也离不开他们市场和销售人员的努力。

7.4.1 ARM 的 Thumb 指令

ARM 的研发团队确实紧跟市场并且锐意创新，他们在已经发布了 ARM 系统结构的第四版即 v4，并且基于 v4 的 ARM7 已经供货之后，又对系统结构作了重大改进，在指令系统中增添了一种独特的模式，称为“拇指模式（Thumb Mode）”，可以把 32 位指令“压缩”成 16 位的 Thumb 指令，从而就有了所谓 Thumb 指令集。为此他们在 v4 的基础上又发行了一个扩充的版本 v4T，字母 T 就表示这个版本包含了对 Thumb 模式的支持。于是就有了新的 ARM7TDMI 芯片，这里除字母 T 表示支持 Thumb 指令集外，D 表示芯片上集成了对于 Debug 的支持，M 表示支持乘法指令，I 则表示芯片上集成了对 ICE，即“In Circuit Emulation”的支持。

把 32 位的指令“压缩”成 16 位，并不意味着处理器就成了 16 位的处理器，处理器仍是 32 位的，只是指令长度压缩成了 16 位。事实上，执行时处理器在取入 16 位的拇指指令以后先要动态“解压缩”（执行时解压），把 16 位的指令映射到相应的 32 位指令，然后才加以执行，为此要在流水线中增加一项解压缩的操作，把 16 位指令映射成 32 位指令。他们把这个映射设计成可以用组合电路实现，这样就无需把流水线拉长以增加一个解压缩阶段，而可以把这个映射结合在指令译码阶段中。当然，从 16 位指令到 32 位指令不可能是满域的一对一映射，所以有些 32 位指令在 Thumb 指令集中是没有对应存在的，有些指令存在、但是其寻址范围缩小了。寻址范围的缩小表现在两个方面。一是内存地址的范围缩小了，二是寄存器的寻址范围也缩小了。也有些 32 位指令，则要有两条 16 位指令才能达到同样的效果。转入 16 位的 Thumb 模式后，处理器仍是 32 位的，基本上仍是 32 位的性能。另外，处理器可以在软件的控制下动态在 32 位和 16 位两个模式间来回切换。ARM 处理器之处于 32 位还是 16 位指令模式，取决于 CPU 的状态/控制寄存器 CPSR 中的一个标志位。新增设的子程序调用和跳转指令可以在进行子程序调用或跳转的同时设置这个标志位，使得一旦进入子程序或发生跳转之后就改变模式。

ARM 处理器在系统加电初始化时处于 32 位模式，但是可以通过子程序调用进入 Thumb 模式，遇有在 Thumb 模式下不能完成的操作，就又可以通过子程序调用/返回转入 32 位模式，到子程序返回时再转回来。注意这与 CISC 结构中指令可长可短是两码事，ARM 处理器在“ARM 模式”下的指令长度一律都是 32 位（只是指令格式并不划一），在“Thumb 模式”下则一律都是 16 位（格式也并不划一）。

Thumb 指令集带来的好处是十分显著的。因为这样一来程序代码就可以紧凑很多，可以少占将近一半（实际上是减少 30%左右）的存储空间。这对于台式机可能没有什么，但是对许多小型乃至微型的嵌入式系统，尤其是要靠电池供电的设备却有很大意义，因为那种系统中的内存大多很小，程序代码往往都是“烧”在 ROM 里。这一来是为考虑成本，二来是为省电。1990 年代初期，正是手持式设备兴起的时候，但还没有那么多手机，带有 Thumb 指令集的 ARM 芯片用于手持式设备和尚处于婴儿期的手机简直是天作之合，适得其时。其实也不只是手持设备，Thumb 模式对于许多小型嵌入式系统，尤其是各种传感器和工业控制器，也是很有吸引力的。

据统计，Thumb 模式带来技术上的实际效果是：代码体积缩小，占据存储空间减小到原来的 70%，节省了 30%（因为指令的条数有所上升，所以达不到 50%）。如果采用的内存芯片为 32 位，则 32 位指令模式比 16 位模式快 40%；但是如果采用的是 16 位内存芯片，则 16 位指令模式反过来比 32 位模式快 45%！这是因为此时在 32 位模式下每次取指令都要从内存读出两次。1990 年代初期，考虑到成本，手持式设备乃至手机中使用的内存芯片有好多还是 16 位的，对于 CPU 性能的要求却并非很高，所以这倒是个意外的惊喜。最后，在 Thumb 模式下内存的耗电下降了 30%，这一点无疑也是至关重要。ARM 的设计本来就注重尽量减小芯片的功耗，这样一来，省电的特色就更加突出，这对于手持设备显然意义重大。

所以，回顾 ARM 处理器在市场占有率方面的发展历程，Thumb 模式的设计与实现可谓功莫大焉，简直堪称神来之笔，这对其它 RISC 系统结构的设计也是一种重要的启发。后面我们会看到，RISC-V 系统结构的设计就从中吸取了营养，借鉴了 ARM 的 Thumb 模式的经验。

Thumb 模式获得成功，但是初期 Thumb 指令集的设计多少带有一点“急中生智”的意味，所以后来 ARM 公司又对其进行了梳理和改进，定义了 Thumb-2 指令集。这体现在随后发布的 ARMv6（2004 年）和 ARMv7（2007 年）这两个版本中，在 ARMv7 中 Thumb-2 的采用已经成了强制。Thumb-2 指令可以与普通的 32 位 ARM 指令混用，而不必通过子程序调用或程序跳转改变模式。

注意 ARM 核的发行号（例如 ARM7）与 ARM 系统结构版本号（例如 v7）的区别。由于历史的原因 ARM1 就是 v1，ARM2 就是 v2，但是 ARM3 却是 v2a。然后跳过了 ARM4 和 5，直接就是 ARM6，那是 v3。至于 ARM7，有些是 v3，有些是 v4T。接着是 ARM8，ARM9，那都属于 v4 和 v4T；唯独 ARM9E-S 和 ARM10 一样都属于 v5TE。再往后就是 ARM11，那就属于 ARMv6 了。

ARMv6 和 ARMv7 中新增的内容不只是 Thumb-2，还有 SIMD，这显然是在朝着图像和语音处理的方向发展，此外也还有一些新的发展。2011 年到 2013 年，ARM 又发布了 64 位的 ARMv8 规格书。

事实上，ARM 的系统结构一直在发展，一直在推出各种扩充，下面略作介绍。

7.4.2 ARM 的 DSP 扩充

为使 ARM 处理器更好地适应视频和音频信号的数字信号处理，从 ARMv5 开始在 ARM 系统结构中增加了一组作为可选项的 DSP 扩充指令，用字母 E 表示。所以，在 ARMv5TE 这种系统结构中，T 当然是表示 Thumb 指令集，E 就是表示 DSP 指令集。典型的 DSP 指令包括“相乘并累加（multiply–accumulate）”、“饱和相加（saturated add）”、“饱和相减”等。其中“相乘并累加”是矩阵运算中不可或缺的，“饱和相加”则保证信号幅度超出数值表达范围时不会因溢出而导致结果数值的“折返”。例如 8 位带符号整数的最大值是 127，可以表达的数值的范围为-128~127。现在假定有两个信号叠加，其中之一的幅度是在 80 上下波动，另一个的幅度是在 60 上下波动，则叠加以后就成了在 140 上下波动，这就超出了 8 位整数的数值范围，从而因丢弃进位而变成了在-10 上下波动，这就大大失真了。如果是用“饱和相加”，则会让叠加后的幅度“饱和”在 127。这样虽然也还是失真，因为把波形的顶削平了，但对于这样的失真人的眼睛或耳朵都还能接受，而对前一种失真就不能接受了。

7.4.3 ARM 的 SIMD 扩充

2000 年，还在 ARMv5 的时候，ARM 就有了 SIMD 扩充指令，当时是 32 位的。从 ARMv6 开始，又增添了称为“Advanced SIMD”的 64 位/128 位扩充指令，又称为 Neon 指令集，还有个名称叫 MPE，即“多媒体处理引擎（Media Processing Engine）”。所谓 SIMD，就是“Single Instruction Multi-Data”。以 32 位为例，把 32 位的数据分成 4 个字节，每个字节 8 位，代表比方说同一原色的 4 个像素，或者一个像素的 R/G/B 三原色，这就是多份数据。而单条指令，则是把同一条指令、同一种运算/操作，同时施加在这多份数据上。比方说，假如 4 个字节代表着一幅画面中同一种原色的相继 4 个像素，那么执行一条加法指令可以使 4 个像素的亮度发生同样的变化。这就是“单条指令、多份数据”。不言而喻，这样的指令可以使处理视频/音频数据的效率大大提高。

7.4.4 ARM 的 Jazelle 指令

从 ARMv5 开始，除“原生态”的 ARM 模式和 Thumb 模式外，ARM 处理器又增添了一种运行模式，叫“Jazelle DBX”模式，DBX 意为“Direct Bytecode eXecution”，就是直接用 Bytecode 运行。这个 Bytecode，指的是 Java 虚拟机的“机器码”、Java 虚拟机的二进制指令。换言之，ARM 的 CPU 可以作为“Java 机”直接运行！这个选项用字母 J 表示，例如 ARMv5TEJ 就表示：ARMv5 的系统结构，支持 Thumb 模式，支持 DSP 扩充，支持 Jazelle 模式。

7.4.5 ARM 的安全性扩充

从 ARMv6 开始增添了一种称为 TrustZone 的安全性扩充，但是只有在 A 族即 Cortex-A（见后）的芯片中才有，不过在 ARMv8-M 即 ARMv8 的 Cortex-M 芯片中也有了实现方式有些不同的 TrustZone。所谓

TrustZone，顾名思义就是一个可信度更高、更安全的区域。这个扩充使 ARM 处理器可以在两个“世界（World）”，实质上是两个虚拟机之间来回切换，一个是普通“世界”，另一个是可信“世界”。当然，可信世界不是谁都可以进、什么软件都可以进的。这样，就可以把一些关键的信息放在可信世界中，这是在普通世界中运行的软件无论如何也访问不到的。

当然，有关的详情得要阅读 ARM 的文档。顺便提一句，ARM 的文档是做得非常好的。

7.4.6　ARM 的客户指令

Cortex-M33 和 Cortex-M55（Cortex-M 见后述）支持客户自定义指令（Custom Instruction）。这似乎是又回到老牌 CISC 的客户微程序老路上去了，但是既然 ARM 认为有提供这个选项的必要，那总是经过调查研究和仔细分析，认为是有意义的。ARM 有个白皮书 *Arm Custom Instructions: Enabling Innovation and Greater Flexibility on Arm*，白皮书中举例说明怎么添加用户自定义的指令。这个例子是这样：

```
int popcount(uint32_t x) {
    int n = 0;
    for (int i = 0; i < 32; ++i) { n += (x >> i) & 1; }
    return n;
}
```

这个函数的实际意义我们无需关心，反正就是有这么一个函数，这个函数只有一个输入参数 x，是个 32 位无符号整数，这里是在统计这个数值中为 1 的位数，统计结果 n 是返回值。

这个函数经过编译并加手工优化之后就是这么一段汇编程序：

```
MOV.W r1, #0x55555555
AND.W r1, r1, r0, LSR #1
SUBS r0, r0, r1
MOV.W r1, #0x33333333
AND.W r1, r1, r0, LSR #2
BIC r0, r0, #0xCCCCCCCC
ADD r0, r1
MOV.W r1, #0x01010101
ADD.W r0, r0, r0, LSR #4
BIC r0, r0, #0xF0F0F0F0
MULS r0, r1, r0
LSRS r0, r0, #24
```

一共有 12 条 ARM 指令。现在就是要添加一条自定义指令，对应着这段程序。这段程序的 12 条指令将被“烧”进 CPU 中专为自定义指令提供的 ROM 空间。这样，CPU 在执行到这条自定义指令的时候就会执行这 12 条指令。逻辑上与从指令缓存读取没有什么不同，但是第一读取的效率比从高速缓存取指令高一些；第二是不可能有不命中的情况，从而整个指令序列的执行时间是确定的、保证的。

Cortex-M33 和 Cortex-M55 为用户留了 15 条未定义指令的空间供用户选用，对于这 15 条指令的输入参数和寄存器使用有几种不同的模式。现在这个例子中因为只有一个输入参数，就只需要使用一个源寄存器，输出则放在目标寄存器中。这样，CX1A 这条指令的模式就可以用于这段程序，这条指令的格式是这样：

```
CX1A p0, r0, #0
```

这里 r0 是源寄存器，p0 是目标寄存器，要进行这个计算的时候只要把 x 置入寄存器 r0，然后在 p0 的位置上也写上 r0，这就行了，指令执行完以后结果就在 r0 中。

至于怎样把这 12 个 32 位数值“烧”进 CPU，怎样把 CX1A 这条指令与这 12 条指令挂上钩，那就要按照使用手册中的规定操作了。最后还要说明，这里的 CX1A 所代表的是一条指令的编码，至于这条指令叫什么名称，那是可以自己命名的，只要汇编工具支持就行。

7.4.7 ARM 的 Cortex 系列

在 ARM 系统结构的变迁史上，v7 有着里程碑和分水岭的意味。从 ARMv7 开始，ARM 的系统结构和组成被划分成 M、A 和 R 三个不同的方向（称为 Profile），或三个“族（Family）”。这三者的设计本意都是面向嵌入式系统的，只是针对不同规模、不同用途的嵌入式系统。不过 ARMv6-M 和 ARMv7，以及后面的 ARMv8 只是关于系统结构和指令集的定义，并非具体处理器实现。ARM 公司给具体实现从 ARMv6-M 开始的处理器核（设计）产品线取了个新名字叫 Cortex，于是就有了 Cortex-M、Cortex-A 和 Cortex-R 三个系列。

其中 M 族，即 Cortex-M 系列的处理器，是面向微控制器的。所谓控制器（Controller），原本主要是指各种工业控制器。而微控制器（Microcontroller，MCU）自然是指微型化了的控制器。所以这主要是面向各种工业应用和设备级的应用，通常由一个微处理器核加上一定规模的内存，以及各种外围器件和设备构成，以前这样的控制器一般都独立做成一个设备，或至少是一块电路板，后来就有了把整个控制器集成在同一块芯片上的需求。而面向微控制器的处理器核，就得考虑并提供与各种外围电路集成的方便，因为 ARM 公司自身并不生产芯片，而只是以知识产权 IP 的方式提供处理器核的设计。不过，虽说是面向各种工业应用，实际上却未必都用于工业，例如医疗设备就不能算是工业应用，再如低端手机和早期手持式设备的组成其实与控制器也很相近，因为手机上需要有蜂窝式无线通信的接口，还要有 Wi-Fi 无线以太网通信接口，触摸式显示屏，键盘等外围电路，这就是处理器核加外部设备的形态。虽然 ARM 只是提供处理器核，但也得要考虑获得授权的客户将其与外围电路整合/集成的方便。此外，现代的微控制器与 SoC，即“System-on-Chip”几乎是同一个意思，原来是要做成板卡的，现在当然希望做在同一个芯片上。所以面向微控制器也可以说就是面向 SoC，总而言之就是面向嵌入式系统。

嵌入式系统的一个鲜明特点就是所运行的软件基本上是个固定的集合（而不是“通用”的），软件中的各个模块都是事先连接在一起的，共享同一地址空间，而不是一个进程一个地址空间，所以一般都不带存储管理单元 MMU，即不支持虚存。但是用于访问权限保护的 MPU 则也许会有需要，一般也只是作为选项。

在当时，M 族是 ARM 的主打产品。由于 M 族的重要性，ARM 公司在发布了 ARMv7-M（2006 年）的系统结构手册之后又从里面抽出一个子集，回头又发布了一个 ARMv6-M（2007 年）系统结构手册，作为轻量级的 ARMv7-M。M 族 ARM 是目前使用最广，也最为人熟知的一族，尤其是 M3、M4，还有 M0，是普及程度最高的。规模最小的是 Cortex-M0（2009 年），M0 的推出是在 M3 和 M1（2007 年）之后。Cortex-M4 则是 2010 年推出的。

Cortex-M3 是 Cortex-M 这一族中最早（2004 年）推出的芯片，当时的制程水平在 180nm 到 90nm 之间。但如果是被整合到微控制器或其他设备中就不一定了。Cortex-M3 采用哈佛结构，指令和数据分开在两个高速缓存接口上，高速缓存则需外接。Cortex-M3 的流水线长度为 3，分 3 个阶段。在系统结构方面，Cortex-M3 除支持 ARM 指令集外，既支持 Thumb-1 也支持 Thumb-2 指令集，还支持 32 位整数乘法和除法计算。不过 Cortex-M3 并不支持浮点指令，也不支持 DSP 指令，2010 年推出的 Cortex-M4 就都支持了。另外，Cortex-M3 和 Cortex-M4 都不支持 MMU，MPU 也只是作为选项提供。芯片上集成了按 ARM 公司制定的外设接口标准 AHB-Lite（本书后面还要讲到这个话题）开发的外设接口。

Cortex-M0 是最小的 ARM 处理器，是 Cortex-M3 的简缩版。芯片采用 90nm 芯片制程，在芯片上的实际占地面积降到了 0.1 mm^2以下，整个核的耗电因时钟频率而不同，一般在 50μW/MHz 以下。Cortex-M0 芯片的时钟频率一般都不超过 50MHz。这样，如果时钟频率是 50MHz，那么整个核的耗电就是 2.5mW（2.5 毫瓦）。程序没有活动时还可以进入省电模式甚至“深睡眠模式”，其中之一称为“Wait-for-Interrupt”即 WFI，CPU 进入省电模式睡眠直到因发生中断而被唤醒，最多可以有 32 个中断源。Cortex-M0 用户对性能的要求一般都不高，所以 CPU 设计采用 3 阶段流水线，后来又改成了 2 阶段。另外，Cortex-M0 是冯·诺依曼模式的，取指令和数据读写在同一个内存接口上，这样就把对于外接存储器的要求降到了最低。

Cortex-M4，是 Cortex-M3 的增强版，支持浮点和 DSP 指令，当然也带 AHB-Lite 外设接口；但是同样也没有片上高速缓存，也不带 MPU。时钟频率可以到 100MHz 甚至更高。

此后还有 Cortex-M7、Cortex-M33、Cortex-M55，2022 年还推出了 Cortex-M85。当然还不止这些，不过

也不是顺着数字一个一个推，数字间并不连续。2022 年推出的 Cortex-M85，流水线长度是 7（对整数运算而言），有片上高速指令缓存和数据缓存，可带 MPU，支持包括向量计算等的几乎所有的指令扩充，时钟频率则可以高到 10GHz 以上了。

至于 A 族，即 Cortex-A 系列的芯片，则是面向“应用（Application）”的。这里“应用”这个词或许令人困惑，嵌入式应用就不是应用？什么应用不是“应用”？其实这个所谓“应用”主要就是指高端手机，高端手机的应用实际上已经接近“通用（General Purpose）”。还有就是用来构建通用计算机，例如台式机、笔记本电脑、服务器，乃至高端服务器和超级计算机。那么通用计算机与微控制器究竟有些什么区别呢？

第一个重要区别就是对性能的要求更高，虽然系统结构大体上是一样的，但是对于例如流水线的设计，对于指令集的扩充、时钟频率等方面的规格更高；但是对于功耗，对于芯片尺寸这些方面可能就要相对宽松一点。M 族处理器都是流水线宽度为 1 的“标量处理器（Scalar Processor）”，而 A 族的就大多都是流水线宽度大于 1 的“超标量处理器（Super-Scalar Processor）”（本书后面有介绍，香山 SoC 的核就是超标量处理器）。流水线的深度（或者说长度）也不一样，例如 Cortex-A8（2005 年）的流水线分 8 个阶段，Cortex-A57（2013 年）的流水线分 15 个阶段，相比之下 Cortex-M7（2014 年）的流水线就只分 6 个阶段。流水线中的阶段分得越细，时钟频率就可以提得越高。当然，流水线的宽度越大性能也就越高。A 族的许多处理器还支持“Out-of-Order”执行，并且还有动态转移预测。另外，M 族芯片大多是不带片上缓存的，即便带上高速缓存容量也不大；但是 A 族芯片都有片上高速缓存，容量也大得多。所以，A 族芯片的规模都要比 M 族的大很多。其次，A 族的芯片往往是作为独立的处理器芯片存在，未必都有整合成 SoC 的要求，外设的种类和结构也会有所不同。

第二个重要区别就是内存管理。通用计算机上运行的软件五花八门，来源也五花八门，根本无法事先预测，所以都要作为独立的进程运行，同时并发运行的进程数量也无法预测，所以虚拟存储就显得十分重要，存储管理单元 MMU 对于 A 族的 ARM 处理器就是标配。但是在控制器一类的嵌入式系统上，需要运行的软件模块一般是固定的，事先就都连接在一起，在这样的系统上就不必有 MMU，但是存储控制器即 MPU 可能还是需要的，因为有些地址空间可能需要有权限管理。再简单一点的嵌入式系统，就连 MPU 也不必有了。最后，A 族芯片采用的工艺/制程也比 M 族的先进，在大致同一时间段推出的 ARM 芯片，A 族芯片一般会选用当时最先进或者至少是相对先进的制程，而 M 族的芯片则考虑成本价格比较多。

总而言之，ARM 的 A 族即 Cortex-A 比 M 族普遍都更为高端。Cortex-A 的芯片都是瞄准当代最高水平，采用当代先进技术设计的。所以 Cortex-A 不仅已经占领（基本上是独占）手机市场，进一步还在挤压 Intel 处理器在台式机、笔记本电脑和服务器方面的市场。

还有 R 族，即 Cortex-R 系列的芯片，R 表示 Real-Time，显然是面向实时应用的。一般而言，有较高实时要求的都是嵌入式系统，所以 R 族芯片一般用来构筑实时性和可靠性两方面的要求都比较高的嵌入式系统，例如高端医疗设备、机器人（Robot）、航空器上的控制和导航部分等。Cortex-R 芯片上一般都带有一定容量的所谓“紧结合存储器（Tightly Coupled Memory）”即 TCM。所谓 TCM，物理上与高速缓存相仿，也是一块 SRAM 存储器，但并非用于缓存，而是用来固定存储实时处理系统中那部分最关键、实时性要求最高的指令和数据。实时系统中并非所有的程序和数据都要求同样的实时性，通常是其中几个函数/过程的指令和它们所处理的数据最为关键。比方说外部来一个中断，这时候就需要立即予以响应，并且尽快把外部的数据读进一个缓冲区；这时候的反应得要迅速，并且有时间上的确定性，不能慢慢来，不能走着瞧。可是，如果这部分指令和代码正好不在缓存中，需要到主存中调进来，那就说不准了。至于把外部数据读进来以后的处理，一般就没有那么高的实时性和确定性要求了。所以，从原理上说，就是可以把高速缓存的一部分空间锁定专用于某一些代码和数据。这样的芯片上既要有 TCM，也要有普通的高速缓存，一般是做成可以把高速指令缓存和数据缓存的一部分配置成指令和数据 TCM。另外，Cortex-R 系列的芯片上也带 MPU（但不带 MMU）。

有些 Cortex-R 芯片还有“容错计算（Fault Tolerance）”的考虑，称为“Lock Step”，需要在芯片上做成双核或三核，让这些核步调一致地同时独立运行同一个程序，以便互相比对。当计算结果不一致的时候也许还得要有三分之二多数的票决机制。也有些 Cortex-R 芯片则主打有抗恶劣环境等特殊要求的市场。

但是从 ARM 公司已经发布的型号看，R 族是相对较小的一族。不仅如此，由于处理器性能的提高，其实 Cortex-M 系列的实时性也已经能满足一般的要求，所以 R 族芯片的采用远远没有 M 族的那么普遍。

7.5　其它 RISC 处理器

除 SPARC、MIPS、ARM 这三者之外，PowerPC 也曾跻身主流 RISC 芯片之列。PowerPC 的源头是 IBM 的 801 机。许多人认为，现在称为 RISC 的这种系统结构是从 IBM 801 机的研制开始出现和成形的，不过那时候还没有到能把一个 CPU 集成在同一块芯片上那样的程度，所以 801 应该说是小型机而不是微型机。其主设计师 John Cocke 因此被誉为“RISC 结构之父”，他又是 1987 年的图灵奖得主，不过 RISC 只是他获得图灵奖的原因之一，甚至也并非主要原因，他另外还有在编译理论与技术、机器翻译等方面的贡献；而且除此之外他可谓获奖无数、头衔无数。IBM 801 机这个项目始于 1974 年，研发的高峰期是 1975 年和 1976 年。801 机团队那时候就已经得出结论：寻址模式很复杂的指令实际用得很少，但是为了照顾这些复杂指令却把简单指令的执行拖慢了，因为微指令的读出和执行也有开销，那些简单指令本来是直接就可以通过硬件实现的；与其把 CPU 指令实现成宏指令和微指令两级，还不如在编译器上想办法，把 CPU 指令直接就实现成微指令。而且，通过对编译器的改进，他们以实际效果证明这样做了以后代码的体积也可以和原来相差无几。而 Petterson 教授在 DEC 公司当访问学者得出指令系统应该简约的结论，则如前所述是在 1979 年。

801 机的研制在商业上并不成功，这个项目后来也就无疾而终了，但是简约指令这个概念在 IBM 内部产生了深远的影响，后来的许多产品，包括 IBM RT-PC 系列，RS/6000 系列，就都与 801 机一脉相承；而大型机 370 系统则从此走入末路（当然原因是多方面的）。其中 IBM RT-PC 是面向当时比较热门的工作站产品系列的，RT-PC 是“RISC Technology PC”的缩写。这个系列的产品研制是在 1982-1984 年间，1986 年推出，到 1990 年为 RS/6000 系列所取代，RS 是“RISC Systems”的缩写。由此可见，IBM 自 801 机之后就与 RISC 结下了不解之缘。

1991 年，苹果、IBM、摩托罗拉三家公司组成了一个合作研发 RISC 芯片的联盟，当时人们称之为“AIM（Apple–IBM–Motorola）”，他们提出了一种 ISA 称为 Power ISA，实际上就是从 RS/6000 转化过来。那时候苹果公司的产品，包括 Power Macintosh、PowerBook、iMac、iBook、eMac、Mac Mini，还有 Xserve，全线采用 PowerPC 芯片。可是，到了 2005 年，应该是为了更好地兼容微软的软件吧，苹果公司决定转向 x86。在此之前摩托罗拉也因退出芯片生产市场而停止了合作。至于苹果公司的手机 iPhone，那是在 2007 年初推出的，更是从一开始就采用三星的 ARM 芯片。这个时候再环顾四周，台式机、笔记本、服务器也早已是 Wintel 的一统天下，虽然 PowerPC 也走卖知识产权的路，但毕竟已经难成气候。

当然，曾经出现过的 RISC 芯片还有不少，但比起上述几家就不成气候了。

此外还有个 OpenRISC，是由一个网站 OpenCores 发起的，其指令系统接近于 MIPS。但是 OpenCores 相对而言比较小众，因而影响不大。

现在 RISC-V 横空出世，因为是从一开始就开源，就大有振臂一呼天下云集之势，可谓来者不善。人们普遍认为，要是有哪一种 RISC 芯片有可能把 ARM 压下去，或者至少能平分秋色，那无疑就是 RISC-V 了。既然操作系统有开源的 Linux，那么人们就有理由相信，同样是开源的 RISC-V 有望成为处理器领域的 Linux。

第 8 章

计算机的微结构

一个指令集定义了一个 CPU 的系统结构，即 Architecture，又称“架构”；而一台计算机的系统结构则是 CPU 加内存和外设。Architecture 这个词应该是从建筑学借用过来的，一座建筑物的设计包括“建筑设计”（Architecture）和“结构设计”（Structure）两个方面，其中 Architecture 所描述的是这座建筑物为人所见的部分，比方说是楼房还是平房，里面有几个房间，几个厕所，客厅和厨房的大小和格局，乃至有几个水龙头，有几个电灯等。而 Structure 则是人们看不到的了，比方说墙壁里面是什么样的，水管和电线是怎么走的，地基是什么样的等。这些内容都不为人所见，但如果没有这些方面的设计则建筑物的 Architecture 只能是空中楼阁。所以，从早期开始，计算机界的人们就把计算机的 Architecture 定义为计算机中能为程序员们所“见”，并且能编程使用的资源。事实上计算机中最重要的资源都集中在 CPU 内，所以计算机 Architecture 的核心就是 CPU 的 Architecture，而 CPU 中能为程序员所见的资源就是它的指令集和寄存器。不过程序员所能见到的寄存器其实也隐含在指令集之中，因为具体指令的操作对象都是定义在寄存器上的，那就得有这样的寄存器存在，并有能完成所述操作的电路。如果另外还有不能在任何一条指令中用作操作对象的寄存器，那就是程序员不可见的了。所以，在这个意义上，指令系统就是 CPU 的 Architecture，所以人们也称指令系统为 ISA，即 Instruction Set Architecture。一个指令系统，连同其所隐含的寄存器，就是对一种计算机和 CPU 的宏观定义，就是一种规格书（Specification），功能上的规格书（因为并未提出性能要求）。国内把 Architecture 这个词翻译成“系统结构”，因为 Architecture 确实就是宏观意义上的结构和构造；近年来则多用“架构”这个词，那也对。

有了规格书，怎么提供与其相符的产品，则是具体实现的事。具体实现又分两个层次，一个是逻辑实现，一个是物理实现。逻辑实现是对系统结构的细化和具体化，这里的核心内容就是用什么样的方案、手段、电路才能提供规格书所要求的功能，并提供尽可能高的性能。逻辑实现的产出是具体的电路图，或者对电路图的描述代码。而物理实现，则是具体制作与生产的问题了。

在计算机技术的早期，人们称计算机的逻辑实现为计算机“组成”，即 Organization。“组成”这个词现在还在用，例如 Patterson 和 Hennessy 的两本名著，一本叫 *Computer Architecture*，另一本就叫 *Computer Organization and Design*。不过，后来慢慢地人们就改用 Micro-Architecture，即“微结构”这个词。所谓“微结构”，就是“微观”结构的意思。其实 Microarchitecture 这个词很早就有人用，只是用的人少，后来才慢慢多起来，现在倒似乎变成主流了。所以，大体上可以认为“微结构”与“组成”是同义词。

讲到计算机和 CPU 的微结构，*Computer Organization and Design* 那本书当然仍是经典，而且这本书后来出了专门针对 Risc-V、Mips、ARM 的不同版本。然而另外还有两本书，也是值得大力推荐的。一本是 Jean-Loup Baer 的 *Microprocessor Architecture: From Simple Pipelines to Chip Multiprocessor*，另一本是 John Paul Shen 与 Mikko H. Lipasti 的 *Modern Processor Design: Fundmentals of Superscalar Processors*。这两本书都是在十多年前出版的（后者在 2013 年再版，也已十年了），但是内容至今并不陈旧。前者的书名虽然说是“Architecture”，但书中内容实际上都是关于 Microarchitecture。后者虽然在书名中没有提及 Microarchitecture，但 Superscalar 正是现代 CPU 微结构的核心所在。事实上，本书的写作在很大程度上就是参考了这两本书。后面读者将会看到，对于构成香山项目的种种要件，在这两本书中都有所覆盖。换个角度说，这两本书中所讲的种种技术（除 VLIW/EPIC 和线程化之外），在香山项目中也都有体现。这也说明，香山的设计与实现还是挺前卫、挺先进、很有典型意义的。关键在于，自从那几本书出版之后在计算机微结构方面并无别的重要进展，把那几本书中所讲的技术都用上，自然就跻身于先进水平了。

不过，虽然系统结构与微结构之间有着一条是否为程序员可见这么一条明确的分界，二者之间也有着密切的关系。总体上微结构是为系统结构的实现提供支持，但是有时候也会反过来呼唤并实际引起系统结构的变化。这方面最典型的例子就是 RISC 结构的出现，正是因为 CISC 结构在具体实现上遇到问题，在微结构层面上对复杂指令集的实现与提高有了困难，人们才“退一步”考虑简单指令集即 RISC 的结构，于是就发生了系统结构从 CISC 到 RISC 的变迁。显然，RISC 与 CISC 是系统结构上的不同，而不只是微结构上的不同。再举个例子，在流水线执行的 CPU 上，程序执行中对于条件转移指令在具体的环境中是否会满足转移条件的预判，对于执行效率是很有影响的，因为预判错误就会造成好几个时钟周期的损失，这是 CPU 微结构中一个相当重要的问题，本章后面对此还会有比较系统的介绍。但是程序员在写程序代码的时候对于具体的条件转移有多大可能会发生其实是心中有点数的，我们在 Linux 内核的 C 代码中就常常会看到类似这样的语句：“if (likely(x>0)){...}”。这里的“likely”就是在告诉 C 编译，x>0 这个条件在多数情况下是会满足的。这样 C 编译在生成汇编代码时就可以作出对于转移实际发生更为有利的编排，例如将程序转换成 x<=0 时才转移，而不是在 x>0 时转移。显然，如果能将 likely 这样的提示在条件转移指令中得到反映，CPU 自身就可以作出相应的预判，而不只是在编译器中作出安排。所以就有人提议，在条件指令中设法挤出一位，用来说明这个转移是 likely 还是 unlikely。但是这就牵涉到指令格式的改变，那显然又是系统结构层面上的问题了。

早期 CPU 中的指令执行都是一条接一条地串行，每条指令大体上都经历“取指令-指令译码-执行-回写结果”这么四个阶段。但是那时候的指令集都是复杂指令集，即 CISC 的指令集，各条指令的执行步长不一，所以等前一条指令执行完毕再取下一条指令似乎是合理的办法。这样做，当然也符合功能规格书即系统结构的要求，但是性能毕竟不高。

计算机的性能，是以其“吞吐量”来衡量的，即单位时间内能执行多少条指令。而单位时间可以是秒，也可以是每个时钟周期的长度，所以就可以按时钟频率折算成每个时钟周期（时钟节拍）中可以完成的指令条数，即 IPC（Instructions per Cycle）。或者就用 IPC 的倒数 CPI，即每条指令的执行平均需要几个时钟周期。由于是以时钟周期为单位，就剥离了时钟频率这个因素，这样有利于我们对指令执行过程的理解和思考。如果某条指令的执行需要 10 个时钟周期，或者说 10 个时钟节拍，那就是 10 个节拍，时钟频率高也是这样，低也是这样。早期文献中大都采用 CPI，因为那时候都是一条接一条地串行，一般都需要好几个周期才能完成一条指令的执行。具体到个别的指令，尤其是在 CISC 结构的机器上，其 CPI 变化可能很大，例如有些指令的执行可能需要几十个节拍，而短的指令也许只是四五个节拍。所以，我们说 CPI 或 IPC 时指的都是平均值。但是要说平均值也不是很简单的事，因为不同面向的程序中常用的指令种类及其所占比重也是不同的，为此人们发展起了许多种标准测试程序，称为 Benchmark。所以我们在谈论一台计算机/一个 CPU 的 CPI 或 IPC 时，还得说明所采用的是哪一种 Benchmark。当人们谈论计算机的性能，谈论 CPI 或 IPC 时，常常是采用 SPEC 这个 Benchmark（由一个名叫 Standard Performance Evaluation Corporation 的机构所倡导和维护）。早期的 CPU 性能较差，所以一般都是说 CPI，因为如果要说 IPC 就都是零点几，这个数值给人的直观感受不强烈。现在 CPU 的性能提高了，就改说 IPC，即平均一个时钟周期能完成几条指令的执行。显然，如果指令的执行仍是一条条串行，毫无并行度，那么 IPC 就绝无可能超过 1.0。事实上，RISC 结构 CPU 的 IPC，所能达到的理想值就是 1.0，实际上都低于 1.0；CISC 结构的 IPC 就更低了（但是指令与指令不一样）。然而，现代的 CPU，由于采用了下面要介绍的种种微结构措施，尤其是超标量结构，IPC 大于 1.0 却是常态，甚至达到二点几、三点几也并不稀奇。

这里还要说明一点。当我们谈论 CPU 的性能时，有些人可能会混淆到计算复杂性。在计算复杂性的理论中，一个问题的计算复杂性，一种算法的好坏，是以其“量级”即“Order”来衡量的，你是 $O(N^2)$还是 $O(N\log N)$，那就是不同的量级。如果能把一个 $O(N^2)$的问题化解成 $O(N\log N)$，那就是一个很好的算法，但是如果只是把 $O(N^2)$化解成 $O(N^2/2)$，那就不值一提。如果只是把求解一个问题的时间缩短到 1/k，那么这个 k 无论是几都无关紧要。但是这与以 IPC 或 CPI 衡量的 CPU 性能是两码事，二者是两个不同范畴中不同性质的问题。当我们谈论 CPU 性能的时候，能有 10%的提高，甚至只是百分之几的提高，也是好事，也是值得加以探索的事情。当然，这里还要权衡所付的代价是什么。

8.1　时钟频率的提高

如上所述，当我们以 IPC 或 CPI 为指标而谈论 CPU 性能的时候，CPU 的时钟频率是不在考虑的范围之内的。但是 CPU 的实际性能当然与时钟频率有关，而且历史上在相当长的一段时期内时钟频率的高低几乎是衡量 CPU 性能的决定性指标之一。

早期的计算机集成度不高，CPU 模块的时钟都是外供的。把外供时钟的频率做得很高相当困难，1GHz 的时钟，其波长就只有 0.3m，即 30cm，其 1/4 波长就只有 7.5cm 了。1/4 波长的导线对信号已经呈现长线效应，导致对外界的辐射干扰。即使远短于 1/4 波长的导线，其电感、电容、电阻也是不容忽视。况且时钟信号是方波，所谓时钟频率只是其基波的频率，实际上还包含多种谐波成分，那频率就更高了。所以，外供的时钟频率本身不能做得很高，需要更高的频率就得另想办法，例如采用多相时钟，或者在芯片上倍频。凡此种种，实际上都限制了时钟频率的提高。总之，对于外供时钟的频率，且不说其它方面的考虑，其本身就有很难提高的一面。

芯片集成度提高以后，就改成采用片上时钟，就是由芯片上自行产生时钟信号，但可以由较低频率的外部时钟锁相。片上生成的时钟，如果不考虑别的因素，其频率可以达到很高。因为最简单的环形振荡器就是由两个非门（或者说反相器）首尾相接而成，其周期只是相当于两个非门的延迟，而同一芯片上几乎所有组合电路的延迟都远远超过两个非门的延迟。至于片上的导线，则由于尺寸很小，其电感和电容都可以降到很低。所以，采用了片上时钟之后，时钟频率的提高就不是其本身能不能的问题，而是别的因素允不允许它提高的问题了。

首先，时钟脉冲的周期长度必须与要求在一个周期中完成的操作量，以及实现这些操作的最长逻辑路径所导致的最大总延迟量相适应。CPU 中的各个部分，其基本形态是组合电路与寄存器相间，寄存器在时钟脉冲的驱动下把一个操作阶段的组合电路输出记忆下来，固定下来，作为下一阶段组合电路的输入，如果时钟脉冲在组合电路还没有来得及产生输出并稳定下来之前就到来，那不仅毫无意义甚至还是有害的。所以时钟周期的缩短有个上限，那就是 CPU 中各阶段组合电路的最大延迟。在同一个芯片上，这个最大延迟又基本上取决于具体组合电路的逻辑长度。换言之，如果用许多寄存器，把组合电路的逻辑长度分割得越小，那么至少理论上就可以把时钟频率提得越高；不过寄存器本身也有延迟，所以这里也有个权衡的问题。可是，问题在于，对于串行（非流水线结构）的指令执行，把组合电路的逻辑长度分割得再小，它们的总和还是一样，何况还要加上寄存器的延迟。所以，在串行执行的条件下，把时钟频率提高到一定程度以后，进一步提高时钟频率对 CPU 的性能就并无帮助。但是在流水线结构中就不一样了。在流水线中，一般而言，把每个阶段的逻辑长度分割得越小，从而使流水线变得越长，就可以把时钟频率提得越高，也使指令执行的并行度提得越高。

总之，由于片上时钟与 CPU 中别的电路集成在同一块芯片上，同样是由 CMOS 电路构成，所以技术上不存在能不能把 CPU 的时钟频率提高到所需频率的问题，其上限基本上取决于芯片所采用的工艺（制程）；问题在于电路的逻辑设计需要并允许把时钟频率提到多高。所以，在流水线结构相同的条件下，要进一步提高时钟频率的办法就是改进芯片的制程。

此外 CPU 的时钟频率还应该适应具体的应用，而不是一味要求提高时钟频率。因为时钟频率的提高意味着耗电的增加和散热的困难。这是因为，CMOS 电路平时基本上不耗电（只有极微的漏电电流），只是在发生状态变化的瞬间才耗电。而时钟频率的提高使 CMOS 电路的状态变化发生得更频繁，于是耗电就随之上升；耗电一上升，散热问题就来了。

上面所述的时钟频率提高都是就芯片设计而言，实际上能采取的措施也就是那么几条。进一步提高时钟频率的手段就在芯片制作领域了，那就是芯片工艺即“制程”的提高，比方说从 14nm 制程提高到 7nm 制程，就能显著提升芯片的时钟频率。也可以说，芯片设计在这方面到了一定程度就“技穷”了，时钟频率的进一步提升就得靠集成密度的提高。

8.2 指令执行的流水线化

IPC 或 CPI 的量度里面并不包含时钟频率（或其倒数时钟周期）这个量纲，这使我们可以脱离时钟频率来考虑如何提高计算机的 IPC（或降低 CPI）。换言之，就是在保持时钟频率不变的条件下考虑如何提高计算机的性能。如前所述，早期计算机的指令执行是一条接一条地串行，其并行度为 0，而增加指令执行的并行度理应是提高计算机性能的有效手段。然而怎样才能增加指令执行的并行度呢？以 CPU 中算术逻辑单元 ALU 的使用为例，如果要让两条指令同时使用 ALU 执行计算，那势必就得要有两个 ALU 才行。同样的结论可以推广到 CPU 中的其它部件。按这个思路，要让 N 条指令并行执行，那就得有 N 个 CPU 才行，那就是多处理器结构了。然而指令的执行是分阶段的，在不同的阶段使用着 CPU 中的不同部位。例如译码和执行就是时间上有先后的两个不同的阶段，这两个阶段所使用的 CPU 部件是不同的，译码阶段使用的是译码单元，执行阶段使用的是 ALU。那么，既然如此，是否可以有这样的并行：即并非让前后两条指令同时使用译码单元、同时使用 ALU，而是让它们在时间上互相错开，使得第一条指令正在使用 ALU 的时候第二条指令正好在使用译码。依此类推，如果能把指令的执行分成 N 个阶段，那就可以把并行度提高到 N，即 N 条指令的并行执行，从而可以使 CPU 的 IPC 提高到 N 倍。这里的关键，以译码单元为例，原本在一条指令 N 个阶段的执行中只在其中的译码阶段忙碌了一下，在其他的 N-1 个阶段中都是空闲的；但是现在却永远都是忙碌的了，一条指令刚走，下一条指令紧接着就来了。显然，这样的并行不同于传统意义上的并行。传统意义上的并行是在相同时间不同空间（例如不同译码单元）上的并行，即“空域并行（spatial parallelism）”；而现在这个则是在不同时间相同空间（只有一个译码单元）上的并行，即“时域并行（temporal parallelism）”。按两个宏观过程“时间上有重叠，但未必同时”这个准则，这样的并行似乎应称为“并发”，但是却并无“走走停停”这样的特征。所以还是“时域并行”这个说法更为贴切。事实上，工业上早就在运用这样的时域并行了，那就是生产流水线。在一条 N 个“工位”的生产流水线中，当一个“工件”进入第 1 个工位时，第 N 个工位上就有一个已经完成加工的产品流出；随后每当这个工件在流水线中前进一个工位的时候，第 N 个工位上就总是有一个产品流出。这样，当这个工件依次通过 N 个工位，最终从第 N 个工位流出的时候，从流水线中就一共流出了 N 个产品，这与一段管道里的流水是同样的道理。

这里要注意，如果流水线的长度是 N，即流水线中有 N 个工位，那么流水线的“高度”也一定是 N，就是有 N 条指令时域并行，要不然就不能充分发掘并可达到的并行度。所以流水线的长度和高度一定是相等的。

显然，CPU 的具体实现之是否采用流水线（指令执行流水线/CPU 流水线），纯粹属于微结构的问题，因为所执行的指令还是那些指令，还是属于同一个指令集，属于同一种系统结构，流水线之是否存在对于程序员是“透明”的，程序员无从知晓 CPU 中是否采用流水线。当然，假定 CPU 中因此而增添了一个“流水线状态/控制寄存器”，让程序员可以在程序中读取或设置某些状态，那就是上升到了系统结构的层次，使 CPU 的系统结构有了改变。

可想而知，流水线的正常运行有三个条件，第一是其中的每个工位都是独立的，任何两个工位之间都不能有资源上的冲突，除正常的工件传递之外也没有互相影响；第二是每个工位上的加工流程大体上有相同的时间长度，整个流程可以被分解成时间长度大致相等的几个阶段。第三是每个工件（不仅是工位）都是独立的，不能有互相依赖和影响。

这里的第一个条件是需要在微结构上加以保证的。指令执行流水线中的每个阶段，或者说流水线中的每个工位，都是一个具体的、实现该阶段逻辑所需的组合电路，视需要可能还会有时序电路，但是在这个工位的输出端一定要有个寄存器，这个寄存器就是用来将本工位加工后的“工件”传递给下一个工位，这个寄存器的内容就成为下一个工位、下一道工序的输入。一旦时钟脉冲的到来使前面这个工位/阶段的输出打入了这个寄存器，这个工位内部状态的变化，包括出现在其输出端的状态变化，就影响不到这个寄存器的内容，更影响不到下一个工位了，直到下一个时钟脉冲的到来。所以，前后两个工位之间的寄存器，既起着传递的作用，又起着隔离的作用。从原理上说这个寄存器也可以是锁存器，但是因为统一采用同步到来的时钟脉冲，就都是采用寄存器。人们常用先后两个工位的名称来命名两个工位之间的寄存器，例如，如果前面的工位是译码，后面的工位是取数，人们就称二者之间的寄存器为“译码/取数寄存器”。指令流水线中的这些寄存器，实际上就起着传送带的作用，原则上工位间的传输只能通过传送带，而且只能是单向地顺序流过各个工位，既不允许有反向的传输，也不允许有跳越工位的传输。然而实际上工位的绝对独立与纯粹的传送带传输可能是难以做到的，有时候确实需要有传送带以外的跨工位资源共享或信息传递。即便在这样的情况下，通过寄存器隔离仍是必须的，绝对不允许用组合电路直接把两个工位上的组合电路互连起来。当然，如果两个工位的组合电路只是同时接受某种输入，那是另一回事；这里说的是不允许直接“互连”，就是把一者的输出连接到另一者的输入。这里还要注意：任何一个工位，其真正意义上的“输入”，那就是“工件”，只能来自传送带，传送带以外的资源共享或信息传递只是构成这个工位的运行环境，只是在这个工位的内在逻辑需要用到这些资源和信息时才去使用。对于这一点，读者在后面看到对于寄存器组和 ROB 的介绍时就会明白。

流水线对于工位独立性的要求，加上这个流水线是以统一的时钟脉冲同步和驱动，这就决定了：能否把整个流程均匀划分成多个资源上独立，时间长度均匀一致的“工位”，或“阶段”，是构建流水线的关键。前者是必要条件，后者则对流水线的性能有决定性的影响（但在 IPC 或 CPI 中并无反映）。如果所划分的阶段时间上长短不一，那么时钟周期的长短就得以其中时间最长的那个阶段为准。这样，时间较短的那些阶段在前后两个时钟脉冲之间就势必会有一段时间是处于空闲状态，造成时间的浪费和性能的下降。

然而真要做到这样其实是很不容易的。就拿其中的执行阶段来说，传统上这是在 ALU 上完成的。可是具体指令所要求的操作可以有本质上不同的三种类型，即算术逻辑运算、访问内存（读或写）和（程序）转移（包括条件转移、绝对转移和子程序的调用与返回）。要把这些不同操作的实现糅合在一个“执行”阶段中已非易事，却还要进行横向的比较，看看执行阶段的长度与例如译码阶段相比是否相差不大。而阶段的长度，则取决于其内部逻辑的复杂性，因为每经过一个门就会有一个门的延迟。逻辑愈复杂，电路就愈复杂，从输入到输出的最长路径往往就愈长，延迟也就愈大。

至于“工件”的独立，就是工件之间是否有依赖的问题。CPU 流水线中的工件就是指令，那么指令之间有没有依赖呢？当然有，例如前一条指令的执行结果就可能被用作下一条指令的输入，所以指令间的依赖对于 CPU 流水线是个大问题，后面还要专门加以论述。这也说明，CPU 流水线其实并非理想流水线，也不可能是理想流水线。与工业流水线相比，同一条工业流水线上每个工位上所处理的工件是固定不变的，而 CPU 流水线上的工件是动态在变的指令。

那么，就 CPU 流水线而言，其阶段划分又是怎么样的呢？一般而言，现在都倾向于在概念上把指令流水线分成 5 段，即：取指（Instruction Fetch，简称 IF），（指令）译码（Instruction Decode，简称 ID），取（操作）数（Operand Fetch，简称 OF），执行（Execution，简称 EX），存数（操作数保存，Operand Save）。这样，就形成了 5 阶段指令流水线。至于具体实现，则各家有所不同。以 MIPS R2000/R3000 为例，分 IF（取指和译码合在一起），RD（读数，相当于 OF 阶段），ALU（相当于 EX 阶段），MEM（访内）和 WB（回写，Write Back）。这里的 IF 阶段实际上是把 IF 和 DF 合在了一起；而存数阶段 OS 则分成 MEM 和 WB 两块，其中 MEM 用于写内存，WB 用于对寄存器组的回写。

卡内基梅隆大学(CMU)的 John Paul Shen 教授在其 *Modern Processor Design: Fundamentals of Superscalar Processors* 一书（与威斯康辛大学的 Mikko H.Lipasti 教授合著）中提出一种称为 TYP（意为 Typical）的 6 阶段典型流水线模型，把整条流水线分成 IF、ID、RD、ALU、MEM、WB 六个阶段，显然这就是把取指和译码仍旧分成了两个阶段。

可以看出，虽然概念上的 5 阶段流水线从逻辑上反映了执行一条指令所必须经过的几个阶段，但是无论是上述物理上的 5 阶段 MIPS 流水线还是 6 阶段的典型流水线，实际上都是面向 RISC 结构的，为实现 RISC 结构所需的流水线才与概念上、逻辑上的流水线比较吻合。而适合 CISC 结构的流水线，则显然远比这个复杂。以算术逻辑指令的“取数”阶段 OF 为例，对于 RISC 结构的 CPU，其操作数只能来自寄存器，所以正好能在一个时钟节拍中完成，然而对于 CISC 结构的 CPU 就不一样了。在 CISC 结构的 CPU 中，指令的操作数可以来自内存，而地址又是在某个寄存器中，甚至可能还要经过计算，这显然就不是一个时钟节拍就可以完成的了。事实上，CISC 指令中光是一个取数阶段就可以抵上一条 RISC 指令（可能还不止），实质上是在一条指令中嵌入了另一条指令。当然，如果因此而要在一条流水线中嵌入另一条流水线，那就太复杂了。所以，要对 CISC 指令的执行构筑流水线，对于微结构设计人员的智慧真是个挑战。

即使是对于 RISC 指令，要把不同类型的指令在对应阶段中的操作糅合在一起，纳入流水线中的同一个阶段，也并非易事。前面说过，按功能的不同，可以把指令分成三个基本类型，就是算术逻辑（运算）指令、访内指令和转移指令。其中访内指令又分 LOAD 和 STORE 两种，它们的功能是截然不同的。至于转移指令，则虽然有绝对转移、相对转移、子程序调用、子程序返回，以及也许还有因中断或异常引起的转移，但它们的操作模式倒基本上还是一样的。所以真正要考虑的就是 ALU、LOAD、STORE、转移这么四种基本类型的糅合。下面这表格叙述了这四种指令在 6 阶段典型流水线 TYP 中各个阶段所进行的操作：

TYP 流水线的 6 个阶段	与概念上 5 阶段流水线的对应	ALU 指令	LOAD 指令	STORE 指令	转移指令
IF（取指）	IF	取指令 然后更新 PC	取指令 然后更新 PC	取指令 然后更新 PC	取指令 然后更新 PC
ID（译码）	ID	指令译码	指令译码	指令译码	指令译码
RD（取数）	OF	从寄存器读操作数	读寄存器	读寄存器	读寄存器
ALU（执行）	EX	算术逻辑运算	计算访内地址 启动内存访问	计算访内地址 启动内存访问	计算转移地址
MEM（访内）	EX		读内存	写内存	更新 PC
WB（回写）	OS	写寄存器	写寄存器		

可见，所有指令的取指和译码两个阶段都是一样的。不过这也只是就 RISC 结构的不同类型指令而言，如果是 CISC 指令则要复杂得多，因为 CISC 指令并无固定的长度，取指令的时候还得知道这条指令是几个字节长，指令的边界在哪里，所以在取指令阶段就得提供一些“预解码（Pre-decode）”的功能。显然，同样是取指令，RISC 结构的取指令就比 CISC 的简单。然而，话虽如此，ARM 和别的一些 RISC 的 CPU，现在都支持 16 位指令和 32 位指令的混用，这就又有了某种预解码的要求。

相关文献中一般都把取指和译码两个阶段放在一起，称为 CPU 的“前端（front-end）”；其余几个阶段合在一起就是 CPU 的“后端（back-end）”。不过这只是设计人员概念中对于微结构的逻辑划分，并没有什么权威性。我们在后面将看到，香山项目所实现 RISC-V 系统结构的代码中就只是把取指阶段作为前端，而把译码阶段放在后端。

除取指和译码两个阶段，或者再加上一个取数阶段之外，在其余那几个阶段中，不同类型的指令在同一个阶段，同一个工位上所进行的操作是不一样的，甚至在有些工位上压根就不做什么，形成了操作的“空洞”。空洞的出现似乎是资源的浪费，但实际上这只是对具体指令的执行时间长度有点影响，对整个流水线的吞吐率却没有什么影响，IPC 仍是一样。

不过指令（执行）长度的划一其实也只是就多数指令而言，实际上有些指令的执行长度就是无法划一的。例如加法指令和乘法指令/除法指令，那就无法划一。遇上这样的指令，那就在常规指令流水线的后面再添上一段尾巴，所带来的影响是这些指令的执行会晚上几个时钟周期以后才完成（与后面的某条指令同时完成）。当然这有个条件，就是没有其它指令依赖于这条指令的输出。只要是这样，那取指阶段还是可以和原来一样，每个时钟周期取一条指令，流水线的吞吐量也并不因此而改变。但是如果有别的指令依赖于这条指令的输出，情况就不一样了，流水线可能不得不因此而暂时停顿一下。

这里提出了一个问题，在这样的流水线中，指令是按“正序”进入执行阶段的，可是完成执行的时间却可能脱离了正序，变成了“out-of-order”的完成。然而对寄存器的回写却又必须是正序（in-order）的，这意味着后面的指令虽然比这条指令先完成执行，却不能先于这条指令把结果回写到寄存器中，于是就只好在一个缓冲队列里等着，这当然就使流水线的结构复杂化了。

所以，在流水线的这些阶段中，回写是个特殊的阶段，指令必须按正序进入回写阶段。尽管 ALU 和 MEM 阶段的完成可能是“脱序”即“out-of-order”的，但结果的回写必须是正序的。

另外，指令执行的脱序完成也会给异常和中断带来问题。中断只可以发生在任何两条指令之间，返回的时候必须返回到原先的断点；在流水线的情况下只能以刚完成执行的那条指令的下一条为准，尽管这条指令可能已经在流水线中走到了最后一步。如果有两条指令同时完成，那就应该以后面那条为准。异常就更麻烦了，异常的断点必须在导致其发生的指令上，但是后面的指令也许已经先于这条指令完成了执行。

注意这里说的还只是指令执行（因执行长度不同而导致）的脱序完成，而不是指令的脱序执行。

RISC 指令的编码长度都是一致的，除少数指令（如乘除法指令和一些浮点指令）外，绝大多数指令的执行长度（时钟周期数）也是划一的。比之 CISC 指令，这显然是个很大的优势。

那么流水线这种微结构所带来的好处是什么呢？恐怕人人都会说是提高了性能。然而是怎样提高了性能呢？如果我们以流水线中的每个阶段为一个时钟节拍，那么 6 阶段流水线的总长度就是 6 个时钟节拍，或者说 6 个时钟周期。要是不用流水线，而让指令一条接一条地串行，那么 IPC 就是 1/6，因为是 6 个周期才完成了一条指令的执行。而如果采用 6 阶段的流水线，那么同样在 6 个时钟周期中可以完成 6 条指令，此时的 IPC 是 6/6，即 1.0。就是说，6 阶段流水线使 CPU 的 IPC 从 0.167 提高到了 1.0。这就是说，在时钟频率不变的条件下 IPC 提高了 6 倍。

但是如果我们能把流水线拉长到 12 阶段呢？如果时钟频率不变，那单条指令的执行长度就是 12 个时钟周期，但是 12 条指令并行，仍是每个时钟周期完成一条指令的执行，IPC 仍是 1.0，流水线的拉长并未带来好处。可是，把流水线拉长到 12 阶段之后，要在每个阶段内完成的操作就减半了，每个阶段的逻辑路径长度就减半了，于是就可以把时钟频率提高一倍。时钟频率提高一倍之后，IPC 仍是 1.0，但是此时的 C 即时钟周期的长度缩短了一半，于是如果以秒为时间单位来衡量，看平均每秒钟完成几条指令，性能就提高了一倍。之所以在这里讲这个问题，是因为这对于后面要讲的“深度流水线”有指导意义。

回到前面关于流水线正常运行的第三个条件，就是每个工件的独立，不能有互相依赖和影响。对于计算机的指令流水线，这个条件是很难完全满足的。这是因为：一条指令可能需要用到前一条指令的执行结果，这就有了数据上的依赖。对于这个问题，我们可以这样考虑：假定有先后两条指令 i1 和 i2，当 i2 进入读数阶段，企图从一个寄存器读出操作数，而这个寄存器恰好就是 i1 的目标寄存器时，i1 此时处于什么阶段？换言之，i2 要用到 i1 的计算结果，但是 i1 的计算结果出来了没有？显然，在流水线中，如果 i2 是紧随在 i1 后面，那么此时的 i1 处于 ALU 阶段，正在进行算术逻辑运算，但是这个运算结果要到回写阶段 WB 结束时才会出现在那个寄存器中，这里面有两个阶段，或者说两个节拍的间隔。这时候，直截了当的办法就是让 i2 暂时停顿下来，并且流水线中位于 RD 之前的那些阶段也要停顿下来，等到 i1 所产生的结果到位以后再往下继续。像这样出于无奈只能使流水线（前面一段）暂停的“事故”，称为“风险（Hazard）”、“障碍”。Hazard 这个词有危险、危害的意思，或者说“事故苗子”，意思是有危险性。但要说都是危害或风险似乎有点夸张，因为所谓危害只是在处理不当的情况下才会发生，只要处理得当就只是使指令的执行有了点迟缓而已，所以姑且称之为“障碍”。就好比路上的路障，设置路障的原因是有风险，化解风险的措施是路障；所以 Hazard 这个词既可理解成风险也可理解成障碍。实际上流水线中可能会有三种不同原因的 Hazard：

- 数据依赖（Data Hazard）。数据依赖带来风险，如果处理不当就造成危害；要避免风险就可能对流水线的正常运行带来障碍，如何化解这个障碍就是个问题，对此下面还要详述。
- 结构性障碍（Structural Hazard）。这是因为某种资源的短缺而来的。后面会看到，流水线中可能会有一些缓冲区，即队列，如果队列满了，后面来的指令一时进不去，那就只好停顿等待。显然这是因为缓冲区太小才引起的停顿，这就是结构上的资源短缺问题，所以是结构性的 Hazard。
- 控制流障碍（Control Hazard）。所谓控制流，其实就是指令流，指令流不是一条直线向前伸展的，里面有转移指令，尤其是条件转移指令。条件转移指令的实际目标（转或不转）取决于某种计算结果。现在假定指令 i1 是条件转移指令，在 i1 的取指阶段刚完成、正要进入译码阶段之际，下一个时钟节拍就要读取指令 i2 了，可是从哪一个地址读呢？一般而言，就是顺着“指令寄存器”PC 的当前值，以此为地址取指，可是万一 i1 是转移指令呢？然而此时 i1 还只是刚要进入译码阶段，还不知道是什么指令。我们可以在取指阶段加上“预解码”的功能，至少可以知道 i1 是否转移指令。如果 i1 不是转移指令，那就松一口气，放心按 PC 所指的地址去取下一条指令就行。可是，如果 i1 是转移指令，那就有麻烦了，因为转移的目标地址通常得要从某个寄存器读取，那是读数阶段的事，如果需要计算那更是要到 ALU 阶段结束才能知道了。这时候，最简单的办法就是停下来等，这就是控制流 Hazard。问题在于，据统计，一般的程序中约有 1/5 都是转移指令！也就是说，平均每隔 4 条指令就有一条转移指令。平均每走四步就得停下来等一下，这能受得了？

所以，由于这些 Hazard 的存在，流水线的性能必然会打上一些折扣。说是流水线可以达到“一个时钟周期一条指令”，IPC 可以达到 1.0，实际上是达不到的，那只是理想状态下的最大值（要达到并超过 1.0 就得采用后面所述的 Superscalar 结构）。另一方面，这也给我们提示，如何应对这些 Hazard，避免其负面影响，就是流水线设计的关键所在。

8.3 数据依赖及延迟

流水线中的所谓“数据风险（Data Hazard）”，并不是指数据本身造成危害，而是数据依赖所带来的风险，是作为寄存器内容的数据因读写时序而带来的危害。前面已经讲了，如果有前后两条指令 i1 和 i2：

i1： add R1, R3, R4 //将寄存器 R3 和 R4 的内容相加，把结果写入寄存器 R1。

i2： sub R5, R7, R1 //从寄存器 R7 的内容中减去 R1 的内容，把结果写入 R5。

这里指令 i2 的一个操作数在寄存器 R1 中，这个寄存器的内容就是由指令 i1 写入的，这就使指令 i2 对 i1 有了数据依赖。这样前后两条指令的执行结果，如果是一条接一条的指令执行，那是一点问题也没有的，因为第一条指令不执行完毕就不会取入第二条指令，正确的时序是有保证的。可是在流水线中就不一样了，如前所述，当指令 i2 的执行进入读数阶段 RD，要从寄存器 R1 中读取操作数时，指令 i1 还没有来得及把计算结果写入 R1。这时候，要是不把流水线从 RD 开始往前直到取指这一段停下，还是按老规矩从寄存器 R1 读出，那么所读出的就是寄存器 R1 在执行指令 i1 之前的内容，这显然不符合程序本身的逻辑和程序员的意图。要避免这样的错误，最简单的办法就是在检测到这样的依赖后就让流水线从 RD 阶段及以前都暂停一下，这就对流水线的运行有了阻碍，或者说障碍。像这样的数据障碍，称为（对同一寄存器的）“写后读”障碍，即“Read After Write Hazard”，缩写成 RAW。这个 RAW 障碍是流水线固有的问题，也是最常见的问题。要避免因 RAW 而使流水线暂停，有几种解决方案。方案之一是在编译器软件中设法避免，使得在生成代码的时候不要有像这样紧挨着的两条指令，如果能调整一下指令的次序，在这两条指令的中间插上一条与这些寄存器无关，因而不会产生危害的指令，就把这个 RAW 障碍化解了。但是这就对编译器提出了要求，对编译器有了依赖。另一种方案，就是称为“forward”的提前转送运算结果的方案。

这种称为“forward”的方案，是基于这样的分析：首先，对于上述的指令 i2，其 RD 阶段的输入来自译码阶段与读数阶段之间的“译码/读数寄存器”，这个寄存器提供了两个通用寄存器的号码；而输出则是读数与 ALU 阶段之间的“读数/ALU 寄存器”，这个寄存器的内容就是从两个通用寄存器读出的操作数（实际上也可以只有一个）。RD 阶段开始之后，其组合电路选取两个寄存器的输出，将其送到“读数/ALU 寄存器”的输入端。这样当下一个时钟脉冲到来时就会将两个操作数的内容打入这个寄存器，指令 i2 的执行就进入了 ALU 阶段。这里，关键是被打入“读数/ALU 寄存器”的操作数必须正确，至于其是否真的来自 R1 倒是无关紧要。另一方面，与此同时，指令 i1 处于 ALU 阶段，ALU 阶段的输入如上所述，其输出则是“ALU/MEM 寄存器”，中间的组合电路就是 ALU。但是，在下一个时钟脉冲到来之前，ALU 对于指令 i1 的输出已经在“ALU/MEM 寄存器”的输入端，只是要到下一个时钟脉冲的到来才把 ALU 的结果打入“ALU/MEM 寄存器”。由此可见，当 i2 的 RD 阶段即将结束，下一个时钟脉冲即将到来之际，在“读数/ALU 寄存器”输入端的数据确实是来自例如 R1 的操作数，但这是不正确的。然而此时 ALU 其实已经将（对于 i1 的）运算结果呈现在“ALU/MEM 寄存器”的输入端。这个运算结果，就是理应并且终将被回写到 R1 中的操作数，而指令 i2 的操作数，则本应该就是这个 ALU 输出。既然如此，就可以设法把这个 ALU 输出往回送到“读数/ALU 寄存器”的输入端，取代来自寄存器的那个错误的操作数。这样，当下一个时钟脉冲到来的时候，被打入“读数/ALU 寄存器”的就是正确的操作数。显然，就指令 i1 而言，其运算结果被提前转送给了指令 i2；原本是要先被回写到寄存器 R1，然后再被指令 i2 读出的。这个方案就称为“forward”，实现这个方案的电路就是流水线中的 forward 机制。是否需要 forward 的条件其实也很简单，就是如果当前指令的某个操作数来自前一条指令的目标寄存器，那就需要 forward。

除写后读 RAW 之外，还有 WAR（读后写）和 WAW（写后写）两种危害，唯独 RAR 构不成危害，因为那就是接连从同一个寄存器读出相同的内容。

发生 WAR 的典型场景，与前面 RAW 的发生相比，就是把具体寄存器在指令 i1 和 i2 的位置互换一下：

i1：　sub R5, R7, R1　　//从寄存器 R7 的内容中减去 R1 的内容，把结果写入 R5。

i2：　add R1, R3, R4　　//将寄存器 R3 和 R4 的内容相加，把结果写入寄存器 R1。

这里指令 i1 从寄存器读出，然后紧接着指令 i2 将计算结果写入 R1，这就是“Write After Read”。如果是一条指令接一条指令地串行，这是绝对没有问题的，即使在“正序（in-order）”，即严格按程序中编排的先后次序执行，那也不会有问题，因为 i2 对 R1 的写入其实要比 i1 从 R1 的读出要晚几个节拍。可是，如果指令 i2 的执行有可能抢在 i1 的前面，这就有可能成为问题了。这样的“抢先”，在“脱序（out-of-order）”执行的流水线中是有可能发生的。这是因为：所谓脱序执行就是允许满足执行条件的指令先行，而不必严格按照程序中编定的“正序”执行。这样的情况下，如果没有合适的手段，那就会得出错误的结果。

可是为什么、在什么情况下，才会让指令 i2 抢先呢？这要看 i1 之前的指令。比方说，假定前面有条指令是“load R7, (R9)”，即按寄存器 R9 所给定的地址，从内存装载到 R7，而装载在 R7 中的数据又成为指令 i1 的操作数之一，那么从内存读取数据有可能需要很长时间（如果目标数据不在缓存中），使指令 i1 的执行条件很长时间得不到满足，因为根据程序的编排这个操作数需要从内存装载到寄存器 R7 中，R7 原先的内容作废。这时候满足执行条件的指令 i2 可能就抢先了。不过这里要说明，所谓在逐条指令串行执行时这不成问题，是因为遇到访问内存的延迟时，指令的执行自然就停顿下来了。如果“障碍”指的是指令执行的停顿，那么这对于串行执行当然也有，只是不会有得出错误结果的危险。

还有一种危害是 WAW，就是“Write After Write”。典型的发生场景是这样：

i1：　add R1, R3, R4　　//将寄存器 R3 和 R4 的内容相加，把结果写入寄存器 R1。

i2：　sub R1, R7, R5　　//从寄存器 R7 的内容中减去 R5 的内容，把结果写入 R1。

看到这两条指令，读者也许会说：怎么会有这样的程序代码？既然有 i2 这条指令，那么 i1 压根就不会存在。是的，如果是程序员写的程序，那也许就是这样。然而不能排除编译器在某些情况下有可能生成出这样的代码，那其实只是没有优化而已。另一方面，指令的任何一种组合，只要在语法中没有加以排除，编译器就不会报错，那就应该认为可能发生，而且事实上也真会发生。

显然，与 WAR 一样，这对于逐条串行的指令执行不是个问题；对于正序即 in-order 的流水线执行也不成问题；但是对于允许脱序即 out-of-order 执行的流水线就可能有问题了。所以，在采用 out-of-order 的流水线时必须有针对 WAR 和 WAW 的措施，不让它们造成危害。实际上，out-of-order 的流水线中虽然指令的执行可以不按照程序中编定的“正序”，但是将执行的结果写入寄存器即“回写（write back）”这一步却还是得要遵循程序编定的次序，这一点极其重要。这也决定了，有些指令虽然已经执行，但还需要留在一个缓冲区中等待排在前面的指令都完成回写。当然，这样就有了缓冲区大小的问题，要是缓冲区满了，后面的指令哪怕满足了逻辑上的执行条件也不能得到执行，那就是“结构性障碍”即 structral hazard 了。

8.4　条件转移的预判

前面讲到，影响流水线中指令执行效率的“障碍（hazard）”有三种，即数据依赖、结构性障碍和控制流障碍。其中的控制流危害是因为指令流的前进方向发生改变而引起的。引起指令流方向改变的主要是转移指令，尤其是条件转移指令，此外还有子程序的调用和返回。这些都是指令流自身“主动”引起的，实际上还有被动的、突如其来的中断和异常，那也是要改变指令流方向的。

对于逐条串行的指令执行这并无妨碍，因为下一条指令的取指是在上一条指令的执行完成之后，那时候应该从什么地址取下一条指令已经知道了。如果上一条指令不是转移指令，也没有中断请求或异常，那下一条指令的取指地址就是 PC+4（假定是 32 位指令），此时已经计算好了。注意对 PC 内容的运算并非在 ALU 上进行，而是通过 PC 自身进行，并且其运算与指令的执行是平行的，PC 的结构就是一个带有加法器电路的寄存器。如果上一条指令是绝对转移，那么转移目标已经作为操作数读出（也许还要经过运算），并被打入了寄存器 PC。如果上一条指令是条件转移，那此时也已经确切地知道条件是否满足，所以已经知道转移方向（转还是不转），并且已经把转移的偏移量加到PC的当前内容上，已经有了转移目标(取下一条指令的目标地址)。

可是，对于流水线就不一样了。流水线的取指，是一个时钟节拍紧挨着一个时钟节拍，毫无空隙。上一条指令刚取进来，还没进入译码阶段，就得决定下一条指令的目标地址了。即使此时就能知道上一条指令是否转移指令，但是绝对转移指令的转移目标至少要到读数阶段才能获取，那是两个节拍之后，也许还要经过运算；而如果是条件转移，则转移目标肯定要到执行阶段即 ALU 阶段结束时才能知道，那是三个节拍之后了。此时最简单的办法是暂停取指，但流水线还在转，这就会在流水线中形成“气泡”，这个气泡就是控制流障碍。但是如果不闻不问，就按 PC+4 继续往下取指令，那会怎样呢？那样，两个或三个时钟节拍之后可能得到消息，说这几条指令白取了。不仅白取，还得要把这几条指令在流水线中造成的状态改变都“冲刷（flush）”掉，不过这种冲刷倒也并不另外占用时钟节拍。所以，错误的取指与暂停取指形成气泡在效果上是一样的。

已经知道遇到了条件转移指令，而继续按原来的方向往下取指执行，实质上是一种猜测性的取指和执行，就是猜测转移不会发生。这样的猜测性执行称为“speculative”执行，带有“打赌”的性质，因为也许恰好是猜对了。当然，如果猜错了，那就得承受惩罚（白白产生了气泡），所以说带有打赌的性质。这样的猜测，是建立在对于转移指令的执行结果究竟是“转（taken）”还是“不转（not-taken）”进行预判的基础上。当然，既然有转和不转两种可能，就一定是条件转移，绝对转移（包括子程序调用和返回）的结果一定是转。只有条件转移才有对“转”还是“不转”进行预判的问题。但是，如果所作的预判是转，或者指令是绝对转移，包括子程序调用和返回，那就还有个对转移目标的预判问题，因为转移目标或偏移量一般是在通用寄存器中，而不是在指令的编码中。

要对条件转移之究竟是转还是不转作出预判，初一想似乎很困难，转与不转取决于是否满足条件，这似乎是随机的，你怎么能预判？可是仔细一想其实不是，能作出正确预判的概率其实还是挺大的。条件转移发生在两种场景，一种是条件执行，在 C 语言的程序中那就是一般的 if(…){…}，或 if(…){…}else{…}。另一种是在循环语句中用在循环体的末尾，根据条件决定是否转回循环体的开始以执行另一轮循环，在 C 语言的程序中有 for 循环、while 循环、do 循环等。用来实现条件执行语句的转移指令，其究竟转与不转确实有很大的随机性，但是如果固定每次都猜转，或每次都猜不转，也会有 50%上下的概率是正确的。而用来实现循环的条件转移指令，其预判的准确率实际上可以达到很高。随便拿一个 C 语言程序中的 for 循环语句为例，假定这个语句是这样：for(i=0;i<128;i++){… /*循环体*/}。一般而言，C 编译会把条件转移指令放在循环体的末尾。在这个特定的 for 循环语句中，条件转移指令的执行结果之转与不转的比例就是 128:1，实际上这时候决定转与不转的条件出现并非随机，而是有着极大的偏向。对于这样一个循环，如果我们对其末尾的条件转移指令总是猜“转”，即所谓“taken”，那准确率就达到了 99%以上！反之，如果每次都猜“不转”，即“not taken”，那就惨了。当然，实际程序中循环的次数未必都有那么高，也许只有 10 次，也许只有 3 次，但是一般而言都不会只有一次，所以猜“转”总是好于猜“不转”。结合这两种场景，人们总结出一个最简单的规则，或者说最简单的算法，就是：向前猜“不转”，向后猜“转”，或者说“向前不转向后转”。如果条件转移的方向是向前，那一般是用来实现条件执行的，我们就一口咬定“不转”；反之如果转移的方向是向后，则一般是用来实现循环的，我们就总是猜“转”。当然，这样的预判也未必就有这里所说的那么理想，一来是循环的次数未必就那么高，二来也并非所有的循环都是用向后转的条件转移指令来实现。但是，尽管如此，就靠这样的简单规则，百分之六七十，甚至也许七八十的准确率还是有的。

但是人们并不满足于这样的成果，而是千方百计要进一步提高对条件转移的预判准确率。考虑到平均每五条指令中就有一条是转移指令，其中又绝大部分是条件转移，提高预判准确率的重要性不言而喻。如前所述，能使性能提高个百分之十，或者哪怕只有百分之几（个位数），也是值得加以探索的。所以有关转移预判（branch prediction）的论文层出不穷，其中最重要的就是基于历史的预判。

所谓基于历史的预判，并非像数学上的外推那样凭过去的数值推测曲线的未来走向，而是出于“历史会重演”这样的信念和事实。其实我们在日常生活中也是这样，我们遇到什么事要应对的时候往往会说“我上次就是这样”，过往的经验很可能是有用的。我们先不说如何实施，先看看在程序中历史是不是会重演，一个出现在特定地址上的条件转移指令是否会被执行多次。显然，如果把一个程序在 CPU 上的一次执行当成它的生命期，那么其中有些条件转移指令可能确实在程序的整个生命期中只被执行了一次，可是许多、也许是多数的条件转移指令是会被反复执行多次的。首先就是循环体末尾的条件转移指令显然会被执行多次。另外，嵌套在大循环中的小循环，其条件执行指令当然也会被执行很多次。还有，在子程序中也会有许多条件转移指令，而子程序既可能在同一个上下文中被循环调用，也可能在不同的上下文中分别被调用。这样看来，历史确实会重演。当然，同一条转移指令，这里指的是同一个地址上的条件转移指令；在具体执行中所遇到各种情况的组合可能不同，这是在动态变化的，但是最后总是归结到两种可能，即转移条件的满足还是不满足，过往的历史条件很有可能重复出现，尤其是在因为循环而反复发生的事件中。

至于具体的实现，最简单的方案是设一个缓冲区，一个{地址，历史}二元组的数组，这里的地址就是具体条件转移指令所在的地址，历史可以只是 1 个二进制位，表示上一次执行这条指令的结果究竟是“转”了还是“不转”（不是预判）。这样，当程序的执行中遇到一个条件指令时，就按其所在的地址在这个缓冲区中查询，看以前有没有碰到过。如果没有就随机决定“转”还是“不转”，或者就按前述的“向前不转向后转”的规则办理；但是要在这个缓冲区中插入一个二元组，一旦执行的结果出来就把实际发生的结果填写进去。但要是在缓冲区中发现以前有过记录，那就以所记录的结果作为本次的预判，因为所记录的结果就是上次实际发生过的，有较大的概率重演。当然，等实际的执行结果出来的时候，也要把这结果更新到相应的二元组中。这个方案原理上可行，但是要用硬件实现却有个问题，因为要在这个缓冲区中以条件转移指令所在地址进行搜索，就得把这个缓冲区做成一个 CAM，即“按内容寻址的存储器（Content Access Memory）”，实际上就是数组中的每一个元素即每一个二元组都得有个比较器电路，这个成本当然是很高的；但是时间的紧迫性又根本不允许在数组中进行顺序搜索或对分搜索。那就另想办法，将缓冲区做成一个以地址为下标的数组。可是那也不现实，因为如果以 32 位地址为下标，这个数组的大小就得是 2^{32}，这显然是难以办到的。既然如此，那就再退而求其次，不是以整个地址为下标，而是以其例如 8 位的 Hash 值为下标，这样整个缓冲区的大小就只是 256，这样就可行了。所谓 Hash，其实一般只是取地址的最低字节，这样的“Hash”速度显然最高。当然，这样一来至少理论上有可能发生不同地址的“碰撞”，即两个不同的地址恰好有相同的 Hash 值，但是在实际的程序中这样的碰撞很少发生。更重要的是，即使发生了碰撞也没有太大的后果，那只是让预判正确的概率有所下降而已。

下面我们来看一个（假想的）实例。假定现在碰上了为实现前述 for(i=0;i<128,i++){…}循环的那个条件指令，就以其所在地址的 Hash 值为下标访问缓冲区中的数组元素，发现该元素的值为 0。既然能在缓冲区中找到这个数组元素，就说明以前确实碰到过这个地址上的条件转移指令，其最后一次执行的结果是“不转”（循环总是以“不转”告终的）。于是我们就猜“不转”；但这是在一个循环中，所以我们的预判错了，实际的结果是“转”。我们付出了代价，并把这个“转”的结果更新到相应的数组元素中。于是在这个循环中以后再碰到这个条件转移指令时所看到历史就都是“转”，因而连续多次预判正确，直到最后结束循环的那次，那一次看到的历史是“转”，但实际上应该是“不转”。在这个循环中，预判错误的只是第一次和最后一次，其余都是正确的。这样的准确率，应该说已经相当不错了。另外，这也与“向前”还是“向后”无关，“向前不转向后转”的策略并不总是正确的。

可想而知，如果后来又回到这个循环，就还是类似的结果（循环的次数可能不同）。于是就有人分析，这里面的最后一次预判错误是难以避免的，可是第一次的预判错误却值得思考。第一次预判之所以得出“不转”的结论，是因为记录的历史太短，只记录了一次，而这一次正好是循环的结束。如果记载的历史再长一点，例如保留最近两次的历史纪录，那么我们就可以看到，虽然最后一次是“不转”，但是再往前那次却是“转”。如果保留最近三次，那么我们将看到最后一次“不转”但前面的两次都是“转”，这将有助于作出正确的预判。进一步的研究和模拟表明，保留最近两次的记录是性价比最高的，再增加记录长度虽然有助于进一步提高准确率，但是幅度并不明显。这样，对于有记录可查的每一条在特定地址上的条件转移指令，都保留最近两次，即两位的历史记录，所以这两位的记录可以是 00、01、10、11，其中 1 表示转，0 表示不转。这个两位历史记录通过两位的单向移位寄存器实现，每当有新的结果到来就使这个移位寄存器左移一位，把最新的结果移入这个寄存器的低位。这样，就可以把这个寄存器的值看作一个两位的有限状态机，并把状态 00 看作“强不转（strongly not taken）”，因为这是强烈的“不转”预示。状态 01 则看作“弱转（weak taken）”，因为虽然最后一次是“转”，但再往前一次却是“不转”。同样的道理，把 10 看作“弱不转（weak not taken）”，11 看作“强转（strongly taken）”。至于在什么状态下预判“转”，什么状态下预判“不转”，那是另一回事，一般是仅当状态为“强不转”时才预判“不转”。换言之，只要此前的两次结果中有一次是“转”，就预判为“转”。在实践中，这种保留两次历史记录的方案确实比只保留一次的要好，所以这个方案就成为后来进一步改进提高的基础。

然而光有对于转移方向即“转”与“不转”的预判还是不够，还得预判转移的目标才行，因为你总得给出取下一条指令的目标地址。显然，如果所作的预判是“不转”，那下一条指令的目标地址就是现成的，就是PC+4（假定为 32 位指令）。而如果所做的预判是“转”，那就要到当前指令执行完毕才能知道了，因为这个地址在某个寄存器中，也许还需要经过计算。所以，对转移目标的预判似乎很难。但是历史记录又可以给我们帮助。如果在上述的历史记录表中不仅记载“转”与“不转”，同时还记载所转的目标地址，那就又变得不难解决了。例如在循环中，每次转的地址其实都是一样的。所以，历史记录表不只是可以用来预判转或不转，还可以用来预判转移的目标。

此外，人们还发现（其实也可以想象），条件转移指令之究竟“转”与“不转”，不仅与这条指令局部（local）的历史有关，其实也与这条指令所处的上下文，即全局（global）的历史相关。假定一段程序中前前后后有10 个条件转移，我们现在考虑其中的第 8 条。当然，后面的第 9 条第 10 条一般不会反过来影响第 8 条的“转”或“不转”。前面离得太远的，例如第 1 条到第 3 条，一般也不至于有太大的影响，但是此前的四五次条件转移，即从第 4 条到第 7 条，对本次转移可能会有较大影响，所以考察此前四五条指令的转移历史，对于本次条件转移的预判可能是有帮助的。具体方法可以是这样：做一个移位寄存器，用来保留程序中最近 N 次条件转移的记录。再搞一个全局历史记录表，对于每一条具体的条件转移指令，保存下当时这个移位寄存器的值，那也就是此前 N 条其它条件转移指令的实际转移记录，这个数值就是一个关于本次条件转移上下文的一个Pattern、一个场景。然后，对前述的局部历史记录表需要作点修改，原来是以指令所在地址的 Hash 值为下标，现在改成以指令所在地址的 Hash 值加上（拼接上）从全局历史记录表中所得到的 Patten 一起为下标，也就是以两个因素的结合作为查询的组合键。这样，从局部历史记录表中所查到的就是这条特定条件转移指令在特定上下文中的转移记录。当然，同一条转移指令在不同的上下文中可以有不同的转移历史，所以局部历史记录表的体积肯定会增大。反过来，同一条件转移指令结合不同上下文也可能得到相同的转移历史记录。如果这条指令在任何上下文中都是相同的转移历史，那就说明本次条件转移的结果与上下文无关。这样的方案称为“两层历史记录”，其中的第一层是全局历史记录，从中获得的是本次条件转移的上下文。第二层则是本条具体条件转移指令在特定上下文中的历史记录。这样就把全局和局部两方面的历史都考虑进去了。

进行条件转移预判的逻辑及其实现，一般都集中在一个称为 BPU，即“Branch Predict Unit”的模块中。采用流水线结构的现代 CPU 都会有 BPU。而且，由于条件转移预判的不同算法很多，一个 BPU 中有可能内含多个不同的转移预判子模块，按这些子模块的预判再实施少数服从多数或者别的什么准则。

显然，采用流水线以后，理想的 IPC 是 1.0，即平均每个时钟节拍完成一条指令的执行，但实际上是达不到的，这里损失一点，那里损失一点，合在一起就要打上不小的折扣。这还是没有把访问高速缓存不命中的情况考虑进去，那个损失就更大了。

8.5 深度流水线

前面讲过，把执行指令的阶段分得越细，时钟频率就可以提得更高，因为每个阶段中的逻辑路径变得更短了。另一方面，把阶段分得更细，就把流水线拉得更长，流水线中有更多的阶段，就让更多的指令在流水线中并行得到执行，达到更高度的“时域并行”。

这里的关系是这样：如果不提高时钟频率而只是把流水线拉得更长，那么 IPC 并未改变，仍是以 1.0 为最高的理想值。如果 C 并未改变，那么仍是一样。这是因为，虽然有更多的指令并行，但每一条指令的执行长度拉长了。反过来，如果没有流水线的时域并行，而只是单条指令的串行，那么即使因为划分更多的阶段而使时钟频率得以提高也没用，因为整条指令各阶段逻辑路径的总长并未改变，除非时钟频率的提高并非因为把阶段分得更细而得以提高。假定一条指令的执行分 N 个阶段，则 IPC 为 $1/N$，如果通过增大 N 而使 C 按比例减小，那么结果还是一样。但是如果在保持 N 不变的前提下使 C 减小，那就使吞吐率提高了。

但是，如果既采用了流水线，又能因为把执行指令的阶段分得更细而使时钟频率得以提高，那就是在 IPC 接近于 1.0 的前提下使 C 减小，那就真的提高了指令执行的吞吐率。

我们追求的终极目标其实并非 IPC，而是吞吐率，即单位时间 1 秒钟的时间里能执行多少指令。IPC 所考察的并非吞吐率，因为 C 即时钟周期的长短并不固定。吞吐率与 IPC 的关系，是 IPC 与时钟频率 f 的乘积。

如果不采用流水线，而是按指令串行，并且一条指令在 N 个时钟周期中完成执行，那么其理想的 IPC 是 $1/N$。所以吞吐率是 $(1/N)f$。如果时钟频率 f 的提高与 N 无关，例如是通过改进芯片制程而提高，则吞吐率随之提高。可是，如果 f 的提高来自 N 的加大，并且互成比例，那么吞吐率就并未因此而提高，因为分子分母同时乘上相同的常数并不改变分数的值。

如果采用的流水线，则理想的 IPC 为 1，因为 IPC 是 N/N，即每条指令的执行需要 N 个时钟周期，但同时有 N 条指令并行。所以此时的吞吐率就是 f。在这个情况下，如果能因为 N 的变大而使 f 得到提高，那就会直接反映在吞吐率的按比例提升。

所以，提高吞吐率的措施，第一步就是采用流水线，这使吞吐率一下子就提高了 N 倍，N 为执行每条指令的时钟周期数。然后就是设法提高时钟频率 f。最好当然是通过改进芯片制程而提高，要不然就通过拉长流水线使 f 得以提升。

注意上面的分析都未计入访问内存引起的等待，也没有计入流水线上的三种障碍，所以说的都是理想值，但是所得结论不失指导意义。

于是就有了所谓“深度流水线（deep pipeline）”的概念。许多人研究可以把执行指令的过程进一步细分成多少个阶段，理论上分成的阶段越多就可以把时钟频率提得越高，同时可以在流水线中实现时域并行的指令也越多，流水线的并行度也就越高。如前所述，片上环形振荡器的频率可以做得很高，关键在于其它条件的限制，允不允许、可不可以、有无必要把时钟频率提得很高。在这样的背景下，有人认为一个指令流水线最多可以分成 20 个阶段上下，有的人认为甚至可以分成 30 到 50 个阶段。

事实上，我们确实可以把阶段分得很细，把每个阶段内部组合电路的逻辑路径做得很短；但是阶段与阶段之间是要有寄存器隔离的，而寄存器本身也是由门构成，也是有延迟的。把执行指令的阶段越分越细，寄存器的数量就越加越多，到了一定的程度，再继续细分就没有意义，甚至反倒是有害的了。另外，流水线中的阶段越多，因为条件转移预判失准所导致的惩罚也上升了。

另一方面，时钟频率的提高并不非得来自让流水线变得更长，阶段分得更细。更重要的是提高集成密度，采用更高的制程，使场效应管本身的延迟减小，引线的长度减小，就可以把时钟频率提得更高。

不过时钟频率也不是越高越好，电路的功耗与频率是密切相关的。一个场效应管对的上下两臂，静态下不是上臂截止下臂导通就是下臂截止上臂导通，上臂截止时输出 0，下臂截止时输出 1，无论是上臂截止还是下臂截止，在静态下总是处于截止状态，此时只有一点几乎可以忽略不计的漏电电流。可是，当场效应管对改变状态的时候，例如从上臂截止下臂导通变成上臂导通下臂截止，在此瞬间就会有较大的电流。而时钟脉冲，正是引起电路状态发生变化的驱动因素。所以，时钟频率愈高，电路的功耗就愈大，发热也愈厉害。从前有些电脑“发烧友”热衷于通过提高 PC 机的时钟频率达到更快的运算速度，从而把 PC 机变成“Turbo PC”，但是他们得要十分小心，别把 CPU 芯片烧坏了。

把流水线中的阶段划分得更细就可以把时钟频率提得更高，并且已经有人分析可以把流水线的长度，即所划分的阶段数量提高到 20 上下，甚至 30 至 50。只要妥善安排和设计，并密切注意功耗和散热，把阶段划分得更细，从而变得更长的“深度”流水线确实能因时钟频率的提高而达到更高的性能。事实上，现在长度达到十几个阶段的流水线是很常见的了。

假定我们把前述 TYP 流水线的 6 个阶段进一步细分成 12 个阶段，流水线的长度增加了一倍，那么流水线的并行度也增加了一倍，有 12 条指令可以同时在流水线中达到时域上的并行。但是注意此时的 IPC 仍是最多 1.0，因为每个时钟节拍有一条指令进入流水线，并且最多就是平均每个时钟节拍有一条指令从流水线流出（完成执行）。所以，性能的提高并不是因为 IPC 的提高，不是因为把阶段分得更细了，而是因为把阶段分得更细就可以使时钟频率因此而提高一倍，从而使时钟周期 C 下降了一半。光是把阶段分得更细，流水线变得更长，确实提高了指令执行的并行度，但是流水线也变得更长了，二者相抵结果还是一样。但是流水线变得更长的同时每个阶段的长度缩小，这就可以提升时钟频率了。

现代高端 CPU 的指令流水线很少只采用传统的五阶段或六阶段结构，某种程度上都是“深度流水线”。不过，就各个阶段的操作性质而言，五阶段或六阶段的划分还是合理的。可是因为指令系统和微结构的不同，有时候会有从某个阶段分出另一个不同阶段的要求。例如指令译码阶段，原本是很简单的，但是随着微结构的变化和发展，又从里面分出一个“派发（Dispatch）”阶段。另有些时候，则其中的某个阶段，特别是取指阶段，相比别的阶段会显得很长，此时就需要将其分得更细，但是即使分成几个阶段，这些阶段从性质上说终究还是属于取指，在这样的情况下人们常常把细分后的阶段作为原来阶段的次级子阶段，例如“取指-1”、“取指-2”等。虽然人们根据操作的性质把这些细分后的阶段称为“分阶段”或“子阶段”，但实际的效果就是整个流水线变得更长了，从而时钟频率可以提得更高。

这里还要说一下，为什么流水线的取指阶段相比别的阶段会更长，时延更大。本来，CISC 指令的取指阶段就是很复杂的，因为 CISC 指令的长度不一，但是 CPU 从指令缓存 I-Cache 的读出还是按 32 位边界，读进来后先得要确定指令的长度和边界，有些指令只有一个字节，有些指令是 2 字节、3 字节，有些指令则超过 32 位，还要再读一次甚至几次。确定了当前指令的边界之后，已读入内容中的剩余部分属于下一条指令，但是下一条指令的起点就不是与 32 位边界对齐的了，这时候就要把剩余部分与后面读入的内容拼接在一起才成为一条指令。不难想象，这样一个过程的时延是不会很短的。把这样一个过程的电路实现都挤在一个时钟周期中，这个时钟周期的长度就很难降下来，甚至也许根本无法安排，因为在这个过程中必须有寄存器记下一些中间结果。相比之下，RISC 指令的长度是划一的，一律都是 32 位，一律都与 32 位边界对齐，这显然就简单了，所以这是 RISC 指令的重要优势之一。然而，自从在 32 位的 ARM 处理器上有了 16 位的所谓“拇指（Thumb）”指令，并且确有实用价值，受到市场的欢迎以后，别的 RISC 芯片也纷纷跟进，RISC-V 的系统结构中也包含了 16 位的“压缩”指令，并且允许在程序中混用 32 位和 16 位指令。这样一来，在某种意义上可以说是 RISC 向 CISC 有了一定程度的回归，作了一定程度的妥协。这样一来，RISC 虽然仍旧远比 CISC 简单和一致，但毕竟不像起初时那么划一了。在这样的条件下，即便是 RISC 指令流水线中的取指阶段，也变得比别的阶段更复杂，时延更大，因而有必要划分成若干次级阶段，这就不令人惊讶了。

8.6 指令的脱序（Out-Of-Order）执行

如前所述，由于指令间因数据依赖所引起的各种“Hazard”即指令执行障碍的存在，更重要的是还有因访问内存在高速缓存中不能命中而引起较长时间的等待，流水线在运行中难免不时会有停顿（stall），这当然会影响流水线的执行效率。当然，所谓“停顿”并不是整条流水线的停顿，而是其中某个阶段及此前各个阶段的停顿，已经通过了这个阶段的指令仍会按原定的节拍向前执行直至完成。这就好比向管道中注入了“气泡”。在实际的程序执行中中，真正因执行障碍或因等待而只好暂停执行的指令是为数不多的，可是如果严格要求必须按程序编定的“正序”（In-Order）执行，那么一条指令的暂停就拦住了整个指令流的移动。打个比方，假定一群旅客排队登机，可是有一个旅客临时找不到证件了，需要一个个口袋一个个包包去翻，这时候如果规定只能严格按照排队的次序登机，那么整个队伍就只好停下来等待。可是只要有所变通，让找不到证件的那位旅客在旁边慢慢找，而让后面手里拿着证件的旅客先登机，那宏观上就不会因此而浪费多少时间了。流水线中的指令执行也是一样，如果允许程序中的指令能（小范围）前后变通一下，让不受影响的指令先走一步，改变一下程序中编定的次序，就不需要让整条流水线（其实是其前半段）停顿了。这样的执行方式，就叫“脱序”（Out-of-Order）执行。当然指令执行的情况比旅客登机要更复杂，因为一条指令的等待可能会引起对其有数据依赖的其它指令也遇到阻碍。但是，只要队列中还有不直接间接受阻的指令，就都可以往前挪。显然，脱序执行可以在相当程度上提高流水线的效率，对各种典型应用程序的执行所进行的模拟也证明了这一点。

一般而言，整数指令最多只有两个操作数（浮点指令可能有三个），两个操作数都必须在寄存器中。即使是 CISC 指令，表面上允许以一个寄存器中的数据与一个在内存中的数据进行运算，但是实际上在内存中的那项数据也是必须先进入某个（匿名的）寄存器才能参与计算。至于 RISC 指令，那更是必须先通过 Load 指令把数据载入某个寄存器才能（在另一条指令中）参与运算。这样，一条（译码后的）指令之是否可以（立即）投入实际执行，就取决于它的操作数是否到位，而不在于静态编定的次序。这样的计算模型，就称为“数据流（Data Flow）”或“数据驱动（Data Driven）”模型。

与“数据流”相对应，一般我们编写的程序都是“控制流”的、指令性的，我们静态地编定了各种操作和计算的次序，而不是“谁的数据到位就让谁走”。而在数据流的“程序”中，所有的语句都是“陈述性”的，只是说满足什么条件就可以有什么操作，所以语句的先后次序与语义无关，与语句执行的先后无关。显然，这就是我们前面讲的“函数式（Functional）”程序设计；数据流的“程序设计”语言就是函数式程序设计语言。像 Verilog 那样的 HDL 就是典型的数据流语言，尽管信号在电路中的流通实际上也是一个过程，但是这个过程隐含在电路的连接之中。所以，流水线中的脱序执行实质上是对按控制流模型编排的指令流进行按数据流模型的处理。这当然会带来一些复杂性，但却能提高流水线的性能。

我们在这里讲的“脱序”，是指脱离了原先安排的指令执行次序，以算术逻辑指令为例，就是改变了两条指令进入 ALU 阶段的先后次序。事实上，即使是按“正序”（In-Order）执行的先后两条指令，其完成执行也可能是“脱序”（Out-of-Order）的，因为有些指令的执行就是要多走几个节拍。所以运算结果的回写还得回归原来的正序，这在前面已经讲到过了。

另外，不管是什么指令，其取指和译码总是按正序进行的，因为在那个时候还没有是否满足执行条件的问题。所以，所谓流水线的“脱序”只是指发生在译码阶段与执行阶段之间，将指令交付执行（运算）的次序改变。还有，如果同时有多条指令都满足执行条件，又都要共享同一个执行部件，对这些指令的执行就还是按指令流中的先后次序执行。

8.7　Reorder Buffer

如前所述，即使执行阶段的启动严格按照正序，即按照程序中编定的次序，执行的结束也有可能会改变次序；这是因为有些指令的执行可能需要更长一些的时间，例如乘除法指令的执行时间就比加减法指令的时间长。虽然都是在执行阶段，但是实际上有些指令的执行却要多走几个时钟节拍，实质上是把流水线拉长了，此时别的指令就可能启动执行在后而完成执行在先，这就改变了完成执行的次序。这还只是改变了“执行阶段”的结束次序，而不是整条指令的执行次序；如果指令进入执行阶段也可以脱序，这个问题就更突出了，但问题还是同一个问题。指令执行的最后一环，最后一个阶段，是回写阶段，此时要把计算结果回写到该指令的目标寄存器。在写入目标寄存器之前，即使指令的执行阶段已经结束，指令的执行已经基本完成，但是尚未把结果写入目标寄存器就不能生效。对于目标寄存器的写入是必须严格按正序进行的，否则就与程序的语义不同了。这就有个如何把打乱了的次序重新排序，恢复原有次序的问题。为解决这个问题，就需要在回写阶段之前有个缓冲区，实际上是个让指令按正序进入占位，脱序写入，然后按正序离开的队列。从执行阶段出来的指令可以随时对其在此队列中所占的位置填写计算结果，但必须按正序离开，按正序将结果写入其目标寄存器。之所以要让指令按正序进入，是因为需要知道这些指令（实际得到执行前）本来的次序。之所以要让指令按正序离开，是因为这样才能维持对目标寄存器的正序写入，以符合程序的语义。之所以要能随时对本指令在队列中所占的位置填写计算结果，是因为获得计算结果的时间有先有后，可能会不按正序。所以，进入这个队列的先后是根据指令从译码阶段出来的次序，而不是进入执行阶段的次序。

这样的缓冲区，就称为“重排序缓冲区”，即 Re-Order Buffer，缩写成 RoB。由于这实际上是个队列，所以也称“重排序队列”，即 RoQ。

这样，所谓指令执行的回写阶段，实际上只是对 RoB 的写入，而并非真正的对目标寄存器的写入。至于什么时候最终完成从 RoB 对目标寄存器的写入是不确定的。不过这并不意味着流水线又要拉长一个节拍，因为从 RoB 到目标寄存器的写入可以发生在任何一个时钟节拍，与流水线中所有的阶段都不冲突。

8.8　Reservation Station

RoB（或称 RoQ）并非仅有脱序流水线才有，正序流水线也需要有。可是脱序流水线确实还需要有个独特的缓冲区，让从译码阶段出来准备进入执行阶段的指令在里面等待甄别，进入执行阶段的条件是满足该指令的执行条件，即所有源操作数到位且无资源冲突。指令按正序进入这个缓冲区，但是从这个缓冲区出来的次序就可能变了。换言之，指令流从“正序”到“脱序”的转换，就是通过这个缓冲区完成的。显然，这个缓冲区并非队列，而只是一个真正意义上的缓冲区，我们姑且根据其作用称之为“脱序缓冲区”。如果流水线中只有一个执行单元（ALU），或者虽有多个执行单元但决定采用集中统一的单个指令（脱序）缓冲区，一般就称其为“指令窗口（Instruction Window）”。如果流水线中有多个执行部件，例如乘除法运算与加减法运算有不同的执行单元，则每个执行单元的入口处都可以有这样一个指令缓冲区。这样分立的、依附于具体执行单元的缓冲区，由于历史原因，有个可能令人觉得有点奇怪的名称，称为“保留站（Reservation Station）”。其实把它理解成“接待站”就不难理解了，客人来到一个机构，先到接待站休息一下，等待叫号进入。

其实脱序执行的思路和技术很早就有了。远在 1964 年，在 CDC 6600 计算机中就采用了一项称为“动态调度”指令执行的技术，其中相当于脱序缓冲区的部件称为 Scoreboard。从 1964 年到 1969 年 IBM 的 System 360/91 大型机问世，期间 CDC 6600 就是当时性能最好的计算机。1967 年，IBM 在 System 360/91 大型机的设计中也想采用脱序执行的方法来提高机器的性能，当时有个名叫 Tomasulo 的工程师提出了一种算法和一种实现方案，这个算法后来就称为 Tomasulo 算法，现在种种脱序执行的微结构都是从 Tomasulo 的方案演变过来的，而且变化也不大。在 Tomasulo 的方案中，我们所说的“脱序缓冲区”就称为“Reservation Station”，缩写成 RS，并且一直沿用了下来。也许，当时在 Tomasulo 的脑海中，这就好像是一个类似于车站这样的公共场所，预约了使用执行单元的人就坐在里面等待，所以就称之为“预约站”。而 CDC 的设计人员，当时想的可能是个大型的“记分牌”，所有的调度信息都在这个记分牌上。其实 IBM 的“保留站”与 CDC 的“记分牌”在概念上并无多大区别，但“预约站”是分立的，是依附于不同执行单元的，一台机器中可以有好多个“保留站”，而“记分牌”是集中的，一台机器只有一个记分牌。不过“记分牌”这个名称没有被沿用下来，现在改称“指令窗口”了。

这里还要提一下，如上所述，流水线中可能有多个执行单元，比方普通的 ALU 和乘除法计算单元就可以是同时并存的，这意味着在某些情况下可以同时向执行阶段派发（dispatch）、交付多条指令供执行（或者前面的指令尚未完成执行就又派发新的指令），这样的机制称为“多发”。可想而知，“多发”机制仅在有可能存在一个待执行指令队列的情况下才有意义。这只有在流水线中才有可能发生，而且多半是在允许脱序执行的流水线中。

Tomasulo 的方案中包含了三大成分。保留站“Reservation Station”是其中的核心；另外还有个“寄存器重命名（Register Renaming）”，这个下面就要讲到；最后就是一个“公共数据总线（Common Data Bus）”，即 CDB。CDB 总线的作用就是，一旦有指令完成了回写阶段，把结果写入了目标寄存器，就在 CDB 总线上广播：大家听着，现在这个寄存器的数据已经到位，凡是在等待此项数据的指令都可以把这个限制条件勾销了。

其实，从功能和性质考虑，Tomasulo 的方案中理应还有第四个成分，那就是前面说的 ROB，重排序缓冲区，或者重排序队列，因为计算结果的回写必须是正序的。但是 ROB 和 RS，即 Reservation Station，是可以结合在一起的。即使不结合在一起，在 RS 中等待的每条指令也必须维持一个指针，指向其在 ROB 中的所在位置；反过来 ROB 中的元素最好也有个回指，以便知道谁在等着我。

按理说，指令在保留站 RS 中的存在只需要维持到进入执行阶段就可以了，但是实际上都要维持到回写阶段的完成。这是因为，虽然指令一旦进入执行阶段就无需再在里面等待了，可是指令在执行阶段有可能发生异常，一旦发生异常就可能又需要回到 RS 中，看看这是什么指令。

最后，使指令的操作数不能及时到位的原因不仅仅是指令间的数据依赖，另外还有一种更重要的依赖，就是数据对于（高速）缓存的依赖。如果需要从内存装载的某项数据在缓存中“脱靶（miss）”，即其所在的“缓冲行”不在数据缓存中，或者下一条指令所在的缓冲行不在指令缓存中，那就要从次级缓存中调入，如果在那里也脱靶就再下一级，直至从多半是采用 DRAM 的内存调入。但是 DRAM 的速度相比很低，从 DRAM 读入就不是几个时钟周期的事了，那是几百个甚至上千个时钟周期的事。显然，由此而引起的流水线停顿时间就长了。一般而言，脱序执行对此也鞭长莫及，因为脱序执行实际上只是短距离内的动态调度。更何况把“保留站”做得那么大也不现实。为解决这个问题，许多人在“Pre-Fetch”方面想办法，就是根据判断预先将下面将要读取的内容调入缓存。相比之下，指令的“预取”比数据要准确一些，后面还要讲到这个问题。还有最后一招，就是线程调度，即在访问缓存时脱靶，需要等待好几百个甚至上千个时钟周期的时候，与其干等着还不如来一次线程调度，说不定换一个线程就不脱靶了。尽管过一会儿以后也许又会脱靶，但是那时候早先脱靶的内容很可能已经在缓存中，再切换到早先的线程也许就可以顺利往下走了。

8.9　寄存器重命名

回头考虑一下前面说的 WAW 数据依赖：

i1：　　add R1, R3, R4　　//将寄存器 R3 和 R4 的内容相加，把结果写入寄存器 R1。

i2：　　sub R1, R7, R5　　//从寄存器 R7 的内容中减去 R5 的内容，把结果写入 R1。

这里指令 i1 的两个操作数来自 R3 与 R4，指令 i2 的两个操作数来自 R7 与 R5。假定这四个寄存器中的数据均已到位，那就无需在 RS 中等待了，可以随到随走。可是两条指令的目标寄存器却是用一个寄存器，如前所述对于目标寄存器的回写必须是正序的，必须 i1 在先，i2 在后。那么这里就有问题了：在 i1 和 i2 完成了运算，但被允许回写之前，把运算结果保存在哪里？如果要暂时保存在某个寄存器里，那么这个寄存器显然不可以是 R1。另外，如果虽然并非 R1，但却是在同一个寄存器里，那么 i2 的执行是否要等 i1 完成之后才能进行？如果是，那这不是又回到正序执行了吗？

解决这个问题的方案就是“寄存器重命名”。具体就是安排一个比指令中使用的“逻辑寄存器号”空间大得多的“物理寄存器组”，即物理的 Register File。比方说，如果可以在指令中使用的逻辑寄存器是 32 个，就安排一个有 96 个物理寄存器的寄存器组，从而让每条指令中的逻辑寄存器都映射到物理寄存器。例如这里的 i1，其操作数来自 R3 和 R4，仍“原位映射”到物理寄存器 R3 和 R4，但是目标寄存器 R1 就映射到例如物理寄存器 R65，具体视当时寄存器组的使用情况而动态分配，这是为暂存尚不能回写的计算结果所需要的。而指令 i2，作为其两个操作数来源的 R7 和 R5 也是原位映射到物理寄存器 R7 和 R5，可是其目标寄存器 R1 就映射到比方说物理寄存器 87。这样，两条指令中的同一个逻辑寄存器就映射到了不同的物理寄存器，这就不会冲突了。到了可以回写的时候，以指令 i1 为例，就把逻辑寄存器 R1 的映射改成原位映射，即把它映射到物理寄存器 R1；但是记下其此前的映射，即物理寄存器 R65。而具体的“回写”，则只是把物理寄存器 R65 的内容打入物理寄存器 R1，并释放 R65。同样，对于指令 i2 也是如法炮制。这样一来，虽然指令的执行是脱序的，但是 i2 的执行哪怕抢在 i1 的前面也没有关系，因为计算结果是分别保存的，而最终的回写阶段又是严格按照正序的。这就使 WAW 阻碍化解于无形了。另外，物理寄存器组中寄存器之间的数据转移与回写阶段可以是并行的，并不意味着流水线得要拉长一个节拍。前面说到指令进入 RS 的同时还要去 ROB 占个位，以供指令从执行阶段出来时有个地方暂存一下计算结果，以等待恢复正序，所占的其实就是这个寄存器。

“寄存器重命名”还有个作用，就是可以有助于计算结果 forwarding 的实现，这样就可以化解 RAW 障碍。我们再回到前述的 RAW 依赖：

i1：　　add R1, R3, R4　　//将寄存器 R3 和 R4 的内容相加，把结果写入寄存器 R1。

i2：　　sub R5, R7, R1　　//从寄存器 R7 的内容中减去 R1 的内容，把结果写入 R5。

这里，仍假定指令 i1 的逻辑寄存器 R1 映射到了物理寄存器 R65。指令 i2 的执行原本要等待寄存器 R1 中的数据到位，但是很可能指令 i1 的执行已经完成了，运算结果已经在 R65 中，但是还没能回写，因为在其前面的指令尚未完成执行并回写，所以就只好在 RoB 中等待。可是，有了“寄存器重命名”这个机制，就可以知道 i1 的 R1 原来是映射到了 R65，而 R65 中的数据已经到位。那就简单了，直接从物理寄存器 R65 取操作数就行，i2 立刻就可以进入执行阶段了。这就是计算结果的（另一种形式的）forwarding，这就把 RAW 障碍也化解了。

最后还有 WAR 障碍，这就不用多说了，读者根据上述 WAW 和 RAW 两种阻碍的化解，略作推导就行。

寄存器的这种映射，就像是从虚存地址到物理地址的映射一样，是存储地址的映射，具体到寄存器就应该是寄存器号的映射，可为什么是“重命名”而不是“重编号”呢？这是因为早期的计算机中寄存器都是命名而不是编号的。例如 Intel 的系统结构中，到现在还是以 AX、BX 等相称，而不是以 R1、R2 相称。

8.10　CISC 指令的流水线困境

在采用流水线这种微结构之前，CISC 处理器的指令执行都是通过“微程序”实现的。所谓“微程序”，就是用“微操作”为基本元素编成的程序。一种微操作，大致上可以认为就是一条 RISC 指令中的一个或几个阶段。一条“宏”指令，即 CISC 指令，就对应着一段微程序，其执行就通过对这段微程序的调用而实现，就像调用一个库函数一样。在某种意义上，我们可以把一条 CISC 指令理解成一个由若干条 RISC 指令构成的子程序（严格说来是“过程”而不是“函数”）的名称，每条 CISC 指令就是对一段特定子程序的调用，CPU 最终执行的其实还是 RISC 指令中的取数、运算/访内、回写阶段。一般而言微操作的粒度比 RISC 指令更细，当然这个粒度也是可大可小的，取决于具体的设计。这些微程序就存储在作为 CPU 部件的一块 ROM 中。有些计算机甚至还允许用户增添自己编写的微程序，以实现自己定义的专用指令。

如前所述，在计算机技术发展的早期，有两方面的考虑促使人们把指令尽量做得长一些，从而具有更丰富的表达力。在当时的条件下，这还是有理由的。至于指令长度的划一，指令的复杂性，寻址模式过于复杂等等，在那时候都还没有认识到都是问题。即使到了后来，在广泛采用流水线结构之前，问题也还是不大。有些技术，例如高速缓存、非冯结构等技术，RISC 可以用 CISC 也一样可以用。

可是，采用了流水线结构之后，问题就来了，就是怎样把微程序与流水线融合在一起，因为构成流水线的条件就是各个阶段之间不能有资源上的冲突，各个阶段的长度基本上要均匀一致，指令的流水线长度要基本固定，指令之间要减少依赖，这些条件对于 CISC 指令而言都是有困难的。试想，如果一条指令可以反复访问内存多次，那怎能与后续指令的访内不发生冲突。

不过，Intel 和 AMD、HP 的研发人员令人信服地表明，采用流水线微结构的 CISC 处理器也取得了很高的性能价格比，而且也一样可以实现下面要讲到的“超级标量（Superscalar）”计算模型，办法就是通过类似于微程序的方式将复杂指令转化成一系列内部定义的简约指令，再让这些简约指令进入流水线。当然，这总不如生来就是简约指令的流水线那么高效，但是结合指令系统的兼容和一脉相承，就仍使一代又一代的 Intel 处理器备受市场欢迎。事实上，“Intel 架构”的处理器一直是以高端处理器的面目出现的。但是，毕竟好景不再，到了 Pentium 6，具体说是到了 Xeon 就似乎达到了顶峰，此后在 CISC 这个方向上就没有什么进展了。那么 CISC 的前途究竟如何？恐怕很难确切回答这个问题，但是确实多数人都不看好，连 Intel 自己也不看好。

8.11 超级标量流水线

如前所述，深度流水线的出现使时钟频率得以进一步提高；脱序执行（和寄存器重命名）又使流水线中由数据障碍（hazard）和访内等待所导致的流水线停顿减少，而转移预判准确率的提高则使流水线中因控制障碍而来的惩罚减小，这些措施都使 CPU 的性能得以提高。然而下一步是什么？如前所述，时钟频率的提高，不是想要提高、能够提高，就可以提高的。脱序执行和寄存器重命名，既然已经在了，似乎也不太会再有太大的改进空间。转移预判的准确率，再要有很大幅度的提高也难了。那么下一步的路在哪里？

人们分析，流水线的性能之所以能比逐条串行有大幅度的提高，归根结底是因为先后指令之间有了时域上的并行，那么是否可以再加上空域上的并行呢？这里所谓时域上的并行，是指同一个物理空间，例如译码器，在不同的时间用于不同的指令，把时间排满。而空域上的并行则类似于多条流水线的并行，要在取指阶段同时读入多条指令，然后有多个指令译码器，有多套执行单元，但是寄存器组仍旧只有一个，RoB 也只有一个，“保留站”也只有一套，但是具体的数量也许可以增加一些，因为执行单元的数量增加了。注意这不是把几条独立的流水线并排在一起，而是对一条流水线的加宽，对此下面还要细说。深度流水线所加大的是流水线的长度，从而加大时域上的并行度；而现在这个方案所加大的是流水线的宽度，从而加大空域上的并行度。

假定要把一个长度为 5 的流水线的宽度也变成 5，下面这两个示意图，或许可以帮助读者更好理解。在宽度为 1，只有时域并行的流水线中是这样的：

	取指	译码	执行	访内	回写
指令 i1：					X
指令 i2：				X	
指令 i3：			X		
指令 i4：		X			
指令 i5：	X				

在指令 i1 刚进入最后一个阶段即回写阶段的那一刻，流水线中有 5 条指令，分处 5 个不同的阶段。5 条指令同在一个流水线中，并且都在进行中，它们的进行在时间上是并行的。这种并行是时域上的并行，因为是在时间上错开对同一空间的使用。以译码器为例，这里只有一个译码器，但在不同的时间里被先后用于指令 i1、i2，…，直到 i5。按理说这里似乎既有时域上（因为在不同时间里）的并行，又有空域上（因为是在不同的部件中）的并行，但是人们把这样的并行称为时域并行，因为这些部件在逻辑上就不是同一个部件。理论上这个流水线的并行度是 5。

相比之下，如果是宽度为 5，既有时域并行又有空域并行的流水线中却是这样：

	取指×5	译码×5	执行×5	访内×5	回写×5
指令 i1-i5：					X
指令 i6-i10：				X	
指令 i11-i15：			X		
指令 i16-i20：		X			
指令 i21-i25：	X				

同样，这是在指令 i1 刚进入回写阶段的那一刻，可是因为流水线的宽度是 5，同时进入回写阶段的指令有 5 条，并且是指令流中相继的 5 条指令 i1-i5。这 5 条指令是在空域上的并行，仍以译码阶段为例，有 5 条指令，即 i16-i20，是在同一个时间，分在 5 个译码器上进行。“译码阶段”既是时间上的概念，又是结构上的概念，实现“译码阶段”和“执行阶段”的是不同的电路部件，都是各有 5 份。当然，“回写阶段”也是一样。在“回写阶段”内部，为实现 5 条指令的并行，得有相应的措施，例如物理寄存器组需要有 5 个写入口，物理寄存器之间得要有类似于十字开关那样的机制，可以实现从任何源寄存器到任何目标寄存器的写入。其余 4 个阶段也是一样，译码阶段就真得有一排 5 个译码器，执行阶段就真得有（至少）5 个执行单元。这样，同一时刻在流水线中前进的指令是 25 条，整个流水线的并行度是 25。

我们以此为例来看这个思路和方案的实现。首先是流水线的取指阶段。传统的流水线宽度为 1，所以取指阶段每个时钟节拍从指令缓存读入一条指令。假定是 32 位指令的指令系统，流水线与指令缓存之间的接口宽度就是 32 位。现在流水线的宽度变成 5，每个时钟节拍就要同时从指令缓存读入 5 条指令，二者间的接口宽度就要变成 32×5=160 位，20 个字节。这 5 条指令是同一指令流中前后相继的 5 条指令，所以读出时给的起始地址是这 5 条指令的起点地址，但读出的数据宽度是 160 位。下一个时钟节拍的起始地址就是 PC+20，而不是 PC+4 了。取指阶段之后是译码阶段，这 5 条指令并排进入 5 个独立的译码器，由 5 个译码器同时对 5 条指令译码。从译码阶段出来，这 5 条指令又并排通过寄存器重命名，寄存器重命名的宽度也是 5，但是共享同一个物理寄存器组。注意这里对物理寄存器的分配既要在同一个时钟节拍内完成，又不能互相冲突。同时，这 5 条指令又并排进入重排序缓冲区 ROB 和“保留站”RS。对于这 5 条指令而言，ROB 和 RS 都是共享的，但是其入口和出口的宽度都是 5 条指令的宽度，即 160 位。然后就是执行阶段了。指令的执行由具体的执行单元完成，但是执行单元并不只是 ALU（或乘除法计算单元和浮点计算单元），实际上还包括用于转移指令的转移单元和用于读写内存的访内单元，即 Load/Store 单元。这 5 条指令可能有的需要使用 ALU，有的需要使用访内单元，有的需要使用转移单元，所以在这个阶段（原理上）需要配备足够同时执行 5 条指令的任何组合所需的各种执行单元，然后就把 5 条指令“配送（issue）”到具体的执行单元。不过，从 RS 出站的条件是指令所需的操作数均已到位，这个条件未必都能满足，所以出站的 5 个“槽位（slot）”中可能有的是空的，这就使流水线后段的一部分执行能力被空置了。这是没有办法的事，但也总比把流水线停顿下来要好。从执行单元出来的结果，也有 5 个槽位，可以容纳 5 条指令的计算结果，伴随着计算结果的是指向 ROB 中本条指令的指针。ROB 是个环形的 FIFO 队列，排队元素进入队列后就不改变其在缓冲区中的位置，但是逻辑上是在向队列头部，即 FIFO 队列的出口逐渐挪动，因为队头和队尾两个指针在移动。从执行单元出来的 5 个结果可以同时写入 ROB 中对应元素所映射的物理寄存器。最后回写的输入是来自 ROB（而不是执行单元），输出目标则是各条指令在物理寄存器组中的目标寄存器。此时那 5 条指令的目标寄存器映射已经改成同位映射，其逻辑寄存器号即为物理寄存器号，同时还记载着原先所映射的物理寄存器号。所以，真正的回写其实是从某些物理寄存器到另一些物理寄存器的内容复制。而已经“回写”，即已经把结果写入其目标寄存器的指令，则认为已经“交割（commit）”，下面就是“退休（retire）”，即退出 ROB 了。

不过，上面的叙述也只是概念上的、理想化的，实际上并不完全是这样。首先，从 ROB 回写的指令（实际上是其计算结果）不一定有 5 条。能进入回写的指令肯定在队列头部，即 FIFO 队列的输出端，每个时钟节拍最多可以输出 5 条指令的计算结果；但是已经到达输出端的指令却不一定满足可以交割的条件，其计算结果可能还没有到位。由于计算结果的回写必须严格按照正序，所以只要有一条指令不能交割，排在后面的指令就全都不能交割。所以，在一个时钟节拍中可以交割的指令最多是 5 条，但是实际上可能不到 5 条，极端的情况下甚至可能一条也没有。另一方面，ROB 中已经到达队列头部并且可以交割的指令又可能超过 5 条。这是因为，如前所述，有些指令的执行阶段比别的指令长，需要更多的时钟节拍。遇上这样的指令，排在它后面的指令已经完成了执行，计算结果也已写入其（逻辑）目标寄存器所映射的物理寄存器，满足了交割的条件，并且已经移到了队列的前面，但就是被前面那条执行时间较长的指令给挡住了不能交割，就在 ROB 队列中积累了起来。然后，那条较长的指令终于完成了执行，满足了交割的条件，但此时可以交割的指令就不止 5 条了。不过那只是短时间的波动，时间稍加推移就可平滑过来。另一方面这也说明，宽度为 5 的流水线，从其 ROB 出来进入回写的通道宽度应该更宽一点才好。同样的道理，只要有足够的执行单元，从“保留站”RS 出来进入执行阶段的通道宽度也可以更宽一点。事实上，虽说总体上的流水线宽度是比方说 5，但是流水线不同部位上的宽度是可以有所不同的。当然，这要结合许多因素加以精心设计。

不管具体细节怎样，总而言之，这个方案的关键在于加大了流水线的宽度。像这样宽度大于 1 的流水线，就称为“超级标量流水线（Superscalar Pipeline）”，或者“超标量流水线”。

我们一般在使用的计算机，都是所谓“标量计算机”。凡是独立的、无方向的单项数据，都属于标量。与标量相对应的是向量，向量就是含有相互关联的多个元素、有方向的数据。当然，用标量也能表达并进行向量计算，但那是用软件手段，通过数据结构和算法实现的。直接进行向量计算的机器称为“向量计算机”，但实际上也是把 N 维向量中的 N 个元素当成标量，用 N 个计算单元（例如 ALU）并行进行计算，只是一条指令同时被运用到 N 项数据上，属于单指令流/多数据流（并行）的计算。人们把因指令流和数据流的多寡而形成的不同计算模型分成四种，即：SISD（单指令/单数据）、SIMD（单指令/多数据）、MISD（多指令/单数据）和 MIMD（多指令/多数据）。这里的“单指令/单数据”，实际上应该是“单指令流，单数据流”，余可类推。在这四种不同的计算机模型中，SISD 就是普通的标量机，SIMD 就是向量机，MIMD 相当于计算机集群，或者 SISD 机器上的多进程并发。至于 MISD 则很少有人（也许就是没有人）在研究，因为 MISD 的计算很容易化解成 SISD 的计算，通过编程加以实现。

把一台标量计算机 CPU 的流水线加宽，并不就此变成了向量计算机，流水线也并不就此变成了向量流水线。尤其是，流水线的宽度虽然不再是 1，可是进入流水线的却是 N 条连续的指令，这 N 条连续的指令并不构成一个向量，而是更接近于对于指令的“批处理”。显然，这些指令仍是 SISD 的指令，即标量计算指令。然而这样的流水线却又不是传统的标量计算流水线，所以就称之为“超级标量”流水线。

由于在时域并行的基础上又引入了空域的并行，理论上宽度为 N 的超级标量流水线的性能似乎可以达到“纯”标量流水线，即宽度为 1 的相同长度流水线的 N 倍，使 IPC 达到 N，然而由于种种原因实际上远远达不到那么高。下面我们将看到，流水线加宽之后因转移预判失准而带来的惩罚更重了，因数据障碍而导致的停顿所带来的损失也更大了。凡此种种，都使超级标量流水线的性能实际上达不到理想状态下的高度。不过，尽管如此，“超级标量”流水线对于性能的提升还是很显著，IPC 达到例如 2 点几，3 点几，还是可以的。

超标量流水线是流水线内部的空域并行，但是空域并行当然也可以体现在同一芯片上多个流水线之间。从某种意义上说，一个（指令执行）流水线就是一个（逻辑上的）CPU，反过来一个 CPU 也就是一个流水线。只不过，要是一个芯片上只有一个流水线，人们就称其为 CPU，并称这芯片为“CPU 芯片”；而要是多个流水线共存在同一个芯片上。就称每个流水线为一个（CPU）“核（core）”，而称整个芯片为多核 CPU 芯片。“多核”当然也能大大提高整个芯片的性能，但是多核的结构天然就是 MIMD 的结构，对于解决单一计算问题究竟能提高性能到何种程度取决于算法，取决于能在多大程度上把一个计算问题分解成许多个线程。服务器所进行的计算本来就是来自四面八方，天然就是多指令流/多数据流；所以多核 CPU 芯片特别适合用在各种服务器上，其性能也因此而能得到充分的发挥。而超标量流水线与多核（或多流水线）显然不同，因为同时进入流水线的 N 条指令都属于同一指令流，所处理的数据也属于同一数据流，所以必须共享同一个寄存器组。而如果分开在多个 CPU 核中进行计算，就无法共享同一个寄存器组了。

8.12　超标量流水线中的转移预判

流水线加宽之后，因转移预判失准而来的惩罚也会上升。假定指令的执行按前述的 TYP 流水线分取指、译码、读数、执行、访内、回写 6 个阶段：

- 逐条串行：转移指令须经取指、译码、读数、执行 4 个阶段才能获取转移目标，后面还有访内、回写 2 个阶段才取下一条指令，在取下一条指令之前已经知道转移目标，所以没有转移预判的需要，也没有因判断失准而来的惩罚。
- 宽度为 1 的流水线，流水线中有 6 条指令。转移指令须经取指、译码、读数、执行 4 个阶段才能获取转移目标，要取下一条指令的时候转移指令刚要进入译码阶段，尚需 2 个时钟周期才能获得转移目标，所以需要预判。如果预判失准，损失的是 3 条指令的执行。
- 宽度为 5 的流水线，流水线中有 30 条指令。同样尚需 2 个时钟周期才能获得转移目标，所以需要预判。然而在最坏的情况下预判失准所造成的损失是 $3\times5+4=19$ 条指令的执行。

显然，在宽度为 5 的流水线中，因转移预判失准而来的惩罚至少被放大了 5 倍。之所以要额外再加 4，是因为与转移指令在同一批次而在转移指令之后的指令也被牺牲了，而转移指令可能是同一批次中的第一条。

更糟的是，如前所述，据统计一般的程序中平均每 5 条指令中就有一条是转移指令。那就是说，几乎每个时钟周期所取入的 5 条指令中都可能有一条转移指令！另外，在 5 条连续的指令中甚至可能有不止一条的转移指令，但是只要排在最前面的那条预判错了，后面的就全都错了。上面所估算宽度为 5 的流水线中因条件转移判断失准损失 19 条指令的执行，是假定此前（已经进入访内和回写）的 10 条指令都不是条件转移指令，或者预判准确。实际上 10 条指令中就可能有两条指令是条件转移。所以最坏的情况甚至比这更糟。

所以，转移预判对于超标量流水线就格外重要。

8.13　超标量流水线中的数据依赖和脱序执行

如果不采用脱序（Out-of-Order）执行，或称动态调度，那么超标量流水线中的数据障碍、无论是 RAW，WAR，还是 WAW，都更容易发生，造成的后果也更为严重。

在普通正序（In-Order）执行的标量流水线，即宽度为 1 的流水线中，以 RAW 依赖为例，怕的就是让后面的写（目标寄存器）指令抢先，所以只好让流水线暂时停顿一下，停顿的时间是几个时钟节拍，那就是几条指令的执行。然而在宽度大于 1 的超标量流水线中，如果也采用正序执行，停顿所造成的损失就要扩大若干倍。

所以，如果说在标量流水线中不采用脱序执行还是可以接受，那么在超标量流水线中就损失不起了。事实上在超标量流水线中采用脱序执行已经成为标配。

不过脱序执行也并非灵丹妙药，因为脱序执行的条件是指令流中有独立无依赖的指令可以腾挪，可是实际上不一定具备这个条件，因为执行时的动态调度毕竟只能在比较小的范围中进行，要不然保留站 RS 的容量就得很大才行。所以，即使是在脱序执行的流水线中，因数据依赖而导致的停顿仍会偶有发生。在这个问题上，如果编译器能配合进行一些静态的调度安排，效果可能更好一些。

8.14 超标量流水线中的指令派发

在逐条执行的处理器中，甚至在简单的正序执行标量流水线中，都不存在指令“派发”执行这么个阶段，也不存在这个问题，指令一经译码就立即交付执行单元加以执行了。早期的 CPU 中一般只有一个执行单元，那就是算术逻辑单元 ALU，不管是算术逻辑运算还是移位操作，还是转移（需要计算转移目标），还是访内（需要计算读写地址），全都是在 ALU 中完成。如果是浮点计算，那就或者使用浮点“协处理器”，或者就产生异常让操作系统和应用层软件以软件手段加以模拟，将浮点计算化解成整数计算，那就又是在 ALU 上完成了。这样做的好处是只有一个执行单元，电路的规模可以做得相对较小，缺点则是执行单元的逻辑更复杂了，而逻辑的复杂又妨碍了时钟频率的进一步提高。随着集成密度的提高，人们对于在芯片上多用掉几百、几千个晶体管已经不怎么在乎了，而别的考虑所占比重倒是有所上升。在这样的背景下，人们在微结构的设计中开始采用多执行单元的技术路线，例如 ALU 就名副其实地只限于算术逻辑运算，或者最多加上移位操作，而转移指令就由“跳转单元”执行，访内指令就由“访内单元”执行。这样，虽然执行单元的数量增加了，但是每个执行单元的逻辑却变得简约而单纯。进一步，浮点指令也可以由“浮点（计算）单元”加以执行，而无须使用协处理器了，再说集成密度的提高也早就使单独做在另一块芯片上的协处理器成为毫无必要。

采用多执行单元以后，开始有了指令“派发（Dispatch）”这个概念，但是一般也只是根据具体指令的种类将其交付给不同的执行单元加以执行，逻辑上仍很简单，也不需要专门有个“派发阶段”。不过，指令流中也许会有连续两条乘法指令，而乘法计算都不能在一个时钟周期中完成，这时候有两个乘法运算单元当然更好。然而在采用脱序执行的流水线中就不一样了。在（允许）脱序执行的流水线中，从译码阶段出来的指令（连同附加的信息）要在保留站 RS 中（或“指令窗口”中）等候满足执行条件而被调度执行。这里保留站和“指令窗口”起着缓冲调节的作用，在有的时钟节拍中也许没有指令满足可以执行的条件，但那只是在执行阶段造成了一个空洞，此时流水线无需停顿，前端的取指仍可照常进行；在随后的时钟节拍中却也许一下子有两条三条指令满足了执行条件，此时若有多个（不仅是多种）执行单元，让多条指令可以在同一时钟节拍中得到执行，就可以对前面的空洞形成补偿。所以，在脱序执行的流水线中，有多个执行单元，例如多个 ALU，多个乘除法运算单元，多个浮点运算单元，并能在一个时钟节拍中就派发多条指令交付执行，就显得很有必要了。至于脱序执行的超标量流水线，则由于流水线宽度大于 1，腾挪的空间更大，有多个执行单元和派发多条指令进入执行就更显重要了。所以，凡是脱序执行的流水线，尤其是超标量流水线，都会配备多种和多个执行单元。如前所述，保留站即 RS 是与具体执行单元绑定的，所以指令在译码之后就有个分发和动态调度的过程。动态调度以后，则要将被调度执行的指令交付给相应的执行单元，于是就有个“发送（issue）”的过程。如果流水线中有多个执行单元，那么在一个时钟节拍中就有可能发送多条指令到执行单元，这就称为“多发（multi-issue）”。至于阶段怎么划分，那就没有定规了，一般都把指令的派发、调度、发送合在一个“派发（Dispatch）”阶段中。如前所述，动态调度也可以不是在分布式的预约站中进行，而在集中式的“指令窗口”中进行，但那只是把“派发-调度-发送”改成了“调度-派发-发送”而已。

可想而知，超标量流水线中每个时钟节拍就有多条指令进入保留站（或指令窗口），所以天然就是“多发”的。另外，超标量流水线的派发阶段也更为复杂，因为同一时钟节拍中就可能有不同类型的多条指令从译码阶段出来，需要分头派发给不同的执行单元，这里还有个执行单元的调度问题。

显然，派发阶段的存在使流水线的长度略有加长，而流水线的长度和“高度”一定是相等的。

8.15 VLIW/EPIC 结构

到了 20 世纪末的时候，往日的 CISC 阵营已经衰败下来，Motorola 已经从 CPU 的市场退了出来；Intel 自己也明白，虽然 x86/Pentium 系列仍在市场上占据重大份额，但这在很大程度上是来自所谓 WinTel，即 Windows 软件与 Intel 处理器的紧密结合，以及 Intel 处理器向后向下的兼容性。单纯从计算机系统结构的角度看，CISC 的软肋是客观存在的，也看不到有重大突破的前景。事实上 Intel 也曾想要朝 RISC 的方向发展，例如 StrongARM 就是与 ARM 合作的，但那时候的台式机和服务器市场上还是 Pentium 一枝独秀，Intel 也不至于就此毅然转向 RISC。

问题是，除 CISC 和 RISC 之外，还有没有更好的系统结构？

20 世纪 80 年代初的时候，有个叫 Josh Fisher 的人在纽约大学攻读计算机，他那时候就提出了一种称为“超长指令字”，即“Very Long Instruction Word”，简称 VLIW 的计算机系统结构。他的观点是，RISC 的指令系统实际上是在朝微指令靠近，那就索性走到底，真的把微指令编码在指令中，让指令中的各个二进制位直接就成为对 CPU 中各种组合电路与序列电路的控制信号（而不是像 RISC 指令那样仍需译码），成为一种“水平微指令”，这样的微指令可能会比较长，其中有些控制位实际上很少被用到，对于存储器的使用有点浪费，但换来的是 CPU 的简化，而且是近乎彻底的简化。那样一来也就无所谓译码了，如果一条指令中含有 5 条水平微指令，那就只要在 5 个节拍中依次用这 5 条微指令去控制 CPU 内的各种组合电路与序列电路就行。当然，那样一来每条指令就很长了，所以叫“Very Long Instruction Word”。但是怎么处理执行过程中的一些动态变化呢？Josh Fisher 认为这个问题基本上可以靠编译器解决，CPU 中动态发生的变化，在很大程度上是可以在编译时进行的静态分析中就可发现并解决的。以 Out-of-Order 即“脱序”执行对指令执行的调度以及因此而来的“保留站”、RoQ 为例，其实只是在先后若干条指令间进行小范围的调度，可是编译器能看到的视野要大得多，让编译器进行这样的调度，按调度的结果编排指令的先后次序，不是更好吗？如果是在 Superscalar 的结构中，即宽度大于 1 的流水线中，那就更好了，因为一条指令中就可以容纳时间上互相错开的多条水平微指令。其实类似的思想在此之前就有过，苏联有个叫 Mikhail Kartsev 的人就用类似的思想设计过两台军用计算机，但 Josh Fisher 并不知道这个事情。Josh Fisher 从纽约大学拿了博士学位后就去耶鲁大学任教，并带着一群学生继续进行这方面的研究。他们的研究引起了人们的注意和兴趣，后来几经周折，Josh Fisher 进了 HP 公司。从此以后，HP 公司就成了 VLIW 研究的重镇和极力的倡导者，并给 VLIW 结构另取了个名字叫 EPIC，即“Explicitly Parallel Instruction Computing”。HP 公司不仅自己力主推行 VLIW 结构，还积极动员 Intel 也参加进来。事实上这对 Intel 也确实很有吸引力。

在超标量流水线中，转移预判和猜测执行（speculative execution）天然就是联系在一起的。这是因为，当流水线的宽度大于 1 时，每一个时钟节拍都要取入多条指令，假定其第一条或第二条恰好就是条件转移指令，那么它后面的几条指令事实上已经取进来了，这就相当于猜测（押注在）转移不会发生。实际上，即使流水线宽度为 1，这个现象也是存在的，只是不像在超标量流水线中那么典型、那么突出。这时候，即使预判为“转”，并立即掉头改变取指令的地址，实际上好几条指令，乃至好几个时钟节拍，已经被浪费掉了，由此而来的延迟也已经造成。显然，此时最好的办法是“脚踩两头船”，两边下注，同时取入和执行两个分支上的指令，最后根据实际的转移条件而放弃其中的一个分支。然而这在一般的超标量流水线上是无法实现的，因为两个分支的地址显然不同，一般而言你无法同时取两个分支上的指令。可是，在 VLIW 的流水线中，借助编译器的帮助，这是有可能实现的。试想如果编译器把超宽指令分成左右两半，然后把一个分支上的指令安排在左边，把另一个分支上的指令安排在右边，左右两边合成一条超长指令。这样，编译器就把程序中因条件转移而形成的两个分支整合在了同一个指令流中，这时候实际上已经没有条件转移了，有的只是对两个分支的条件取舍了。这对于 CPU 性能的改进是显而易见的。

上述种种，确实很有说服力。所以当 HP 的人找 Intel 寻求合作时，双方几乎一拍即合。当时的形势是，CPU 的系统结构从 32 位进展到 64 位已是确定无疑的趋势，摆在 Intel 面前的选择是把原来的 32 位 CISC 结构，即 IA-32 扩展到 64 位；还是另起炉灶，重新定义一种 64 位的系统结构。进一步，如果定义一种新的结构，那是 CISC 还是 RISC，抑或是一种全新的，既非 CISC 又非 RISC 的系统结构？显然，沿着 CISC 的路往前，似乎已经走到头了；但是就此转向 RISC，却也有许多顾虑。而 VLIW/EPIC 的出现，对于当时的 Intel 可说正中下怀。显然，VLIW/EPIC 既非 CISC 也非 RISC，并且有可能比 CISC 和 RISC 更好，把二者都打败。在这样的情况下，Intel 下了有点像是“壮士断腕”的大决心，定义了新的，与 IA-32 完全不同的 IA-64 系统结构，并与 HP 联合开发新的 IA-64 CPU 产品系列，还给新的产品系列取了个名字叫 Itanium，其第一款产品名为 Mecid。目前最常用的 IA-64 编译器和汇编器分别是 ia64-gcc 和 ia64-as（应该不会有人直接用 IA-64 汇编指令编程）。

IA-64 的指令大体上是这样的格式：

指令 1(41 位)	指令 2(41 位)	指令 3(41 位)	模板（5 位）

每一条指令的长度是 41 位，每 3 条指令组装在一个 Bundle 中，外加 5 位的所谓“模板（Template)”，这样一共是 128 位，这就是一个“超长指令字”。考虑到一个指令字中有 3 条指令，其实每条指令 41 位恐怕算不上“超长”。显然，这是并没有沿着水平微指令的方向走到很远。后面这个 5 位的“模板”，编码了 32 种不同的特征，用来说明这 3 条指令之间是否有依赖，是否可以并行加以执行，这其实就是编译器对指令执行流水线的提示。应该说，这里面是有创新的，因为以前的系统结构中都假定指令是独立的，然而实际上却往往并非真正的独立（例如 RAW 数据依赖），有些问题其实就是这样来的。传统的指令中也不含来自编译器的提示。前面说过，要是条件转移指令中有个 likely 或 unlikely 的提示，对于条件转移的预测就要容易得多。事实上编译器在编译的过程中可以收集到不少信息，然而在传统的系统结构中这些信息往往都被丢弃了，然后却又在流水线中通过种种手段加以补救。所以，每 3 条指令就配上一个 5 位字段，用来承载来自编译器的提示信息，应该说是个很好的主意。

另外，Itanium 的编译器还必须保证，在同一个 Bundle 的三条指令中不可以有寄存器间的 RAW 和 WAW 数据依赖。

每条指令的长度是 41 位，具体的组成是这样：

主操作码（4 位）	修正位（10 位）	GR3（7 位）	GR2（7 位）	GR2（7 位）	PR（6 位）

指令的主操作码只有 4 位，那就是只有 16 个种类的指令，那当然是很少的了，主要就是说明对其余那些控制位怎么用。IA-64 的 CPU 中有 128 个整数寄存器，所以每个寄存器号需要占 7 位，3 个寄存器就是 21 位，当然有些指令并不需要用 3 个寄存器。这样，剩下来就只有 16 位了，那就是 10 位的“修正位”加 6 位的 PR 位段。这里的 PR 位段又称 QP，即“Qualifying Predicate”；Itanium 处理器中有 64 个一位的预测寄存器。这样，如果流水线的宽度是 3，那就每个时钟节拍读入一个 Bundle。如果流水线的宽度是 6，那就每个时钟节拍读入两个 Bundle，那就是 256 位，内含 6 条指令。从设计思路上说，应该说这是很不错的设计。

不过，从另一个角度看，其实 IA-64 朝水平微指令的方向其实也不是走得很远，因为水平微指令的原意应该是让编译器把处理器中的控制部分基本接管过来。尽管如此，如果我们去看 Itanium 的那几卷手册，还是会觉得已经考虑得很周到，确实是一种全新的系统结构。

可是业界对 Intel 的决策却有不同看法，尤其是 AMD 这个公司。AMD 本来是开发和生产 IA-32 系统结构的 CPU 芯片的，其产品在微结构和时钟频率上与 Intel 的芯片或许有所不同，但是系统结构（基本上）是一样的，并与 Intel 的芯片兼容。现在 Intel 的 64 位系统结构另起炉灶了。AMD 怎么办？经过研究，AMD 认为与 IA-32 系统结构的兼容更为重要，并因此决定与 Intel 分道扬镳；你走你的新路，我走我的老路，自己仍旧还是沿着 Intel 的老路继续往前，自己定义了基于 IA-32、与 IA-32 兼容的 64 位系统结构，称为 X86-64，也有人称之为 AMD64、X86。

经过一段时间的实践，Intel 认识到了一个令人尴尬的事实，就是：从单纯技术的角度看，VLIW/EPIC 确实是一种全新的系统结构，理应比 CISC 和 RISC 都好，然而从市场的角度看却不是这样，用户更在意的倒是与 IA-32 的（向后）兼容性。这样，如果某款应用软件暂时还没有 64 位的版本，就可以拿 32 位的版本先用着，尽管没有充分发挥 64 位芯片的性能，但毕竟可以先用起来，这使整个过渡的过程更加平滑。另一方面，由于 IA-64 是一种全新的系统结构，所以具体芯片的开发比计划中的进度老是有拖延，慢慢就使用户的热情开始减退。更关键的是，VLIW/EPIC 的成败取决于编译器的开发，但是面向通用计算（而不是面向某种特定应用）的编译器的开发和优化却比原先认为的更复杂、更困难。有些动态发生的场景并非在编译时的静态分析和调度中都能顾及，有时候顾了这一头又顾不上那一头。而且由于种种的因素，Itanium 的性能也不如人们预期的那么好。在这样的境遇下，Intel 不得不在维持 Itanium 产品线的同时又反过来回到原先的系统结构，也来研发基于 X86-64 系统结构的 64 位多核 CPU 芯片，其中最重要的产品就是 Xeon，这是一种 4 核的 X86-64

CPU 芯片，广泛用于各种服务器和高端个人电脑。事实上，Intel 的营收主要还是来自 Xeon 芯片的销售，而 Itanium 从来就没有成为 Intel 的主打产品。后者的几乎唯一的客户就是 HP，HP 生产的高端服务器是采用 Itanium 的。更有甚者，到了 2010 年代，先是 Oracle，声称不再（按原来的合同）为 Itanium 开发软件，双方还为此对簿公堂，虽然 Intel 赢了官司，但别的软件开发商也就意兴阑珊，失去了积极性。最后，Linux 基金会又给了 Itanium 沉重一击，声称在 Linux 的代码中将不再对 Itanium 提供特殊的支持。在这样的逆境下，Intel 宣布 2020 年以后将不再交付采用 IA-64 的 Itanium 系列 CPU 芯片。Itanium 走进了历史。

这个事情给人们的教训是，兼容性和成熟度在市场中起着重要的作用，比技术的新颖性更为重要。一种新技术被市场接受往往需要经过一个漫长的过程。

那么 VLIW/EPIC 的前途这样就夭折了？这倒也不是。服务器，尤其是高端服务器，是面向通用计算的，或者说是全方位的，这就给编译器提出了较高的要求，使编译器的开发更加困难。但是如果是有针对性地面向某一类应用（比方说数值计算），那就是另一回事了。事实上，现在 VLIW/EPIC 在（高端）嵌入式系统尤其是 DSP（数字信号处理）中还是有一定占有率的。

毫无疑问，VLIW/EPIC 技术目前处于低潮，那么将来有没有可能东山再起呢？恐怕谁也不能肯定地说能还是不能，我们能说的是：从原理上看，这确实是很有吸引力的。再说 Intel 的 Itanium 其实也并没有真正按 Josh Fisher 的思路走得很远，它的 VLIW 和 Josh Fisher 所设想的 VLIW 还是有不小距离，所以也不能用 Itanium 的（也许只是暂时的）失败证明 Josh Fisher 的思路失败。

8.16　访存延迟和多线程

前面讲到，指令在流水线上的执行本来可以开足马力一路往前，但是路上有一些路障，从而使流水线的效率有所降低；其中最大的障碍是因转移指令尤其是条件转移指令而来的控制流障碍。其实每次遇上转移指令带来的拖延并不大，但是很频繁，甚至有统计说平均每五条指令中就有一条是转移指令（包括子程序调用/返回），如果任其积少成多，那也就很可观了。所以对转移条件的预判和转移目标的预判，总之就是转移预判，这很重要。

但是因访问缓存不命中而带来的加载延迟其实影响更大。所谓“不命中”是指在高速缓存不命中，就整个内存而言是不存在不命中的。当需要读取的目标数据不在缓存中而需要从内存调入的时候，指令的执行一般而言就得停下来等待，而且等待的时间比较长。虽然脱序执行有助于这个问题的缓解，但也不能从根本上解决问题，因为队列中没有那么多的指令可以提前执行。

可读写数据的存放，最终当然是在内存芯片中，由于数据的量实在太大，内存一般都采用价格低廉的动态 RAM 即 DRAM 芯片，否则成本实在太高。可是 DRAM 的存取速度与 CPU 电路的速度（以时钟节拍的长短衡量）是不止一个量级的差别，所以在 CPU 与内存之间要有（高速）缓存。对于数据有数据缓存 DCache，对于指令则有指令缓存 ICache。缓存都采用速度与 CPU 匹配但价格很高的静态 RAM 即 SRAM，所以 CPU 对缓存的访问很快，可是缓存与内存之间的批量加载就速度很慢了。当 CPU 执行 Load 指令要从内存装载一项数据时，这个数据可能正好在缓存中，也可能不在缓存中，这就有了“命中（hit）”和“脱靶（miss）”这两种可能。如果遇上脱靶，那 CPU 怎么办呢？此时不管是逐条指令的串行执行，还是流水线执行，都只好停下来等待，等待的时间有可能是几百个时钟节拍甚至上千个时钟节拍。

数据的装载可能因为数据脱靶而有延迟，数据的存储（Save）即对内存的写入也有问题。因为目标地址所在的“缓冲线（cache line）”可能恰好不在缓存中，这时需要先把整个缓冲线读入缓存，才能改变其中某个某几个地址上的内容。不过数据存储的问题不像数据装载那么突出，因为 CPU 一旦启动写缓存，把事情交了下来，后面就是存储子系统的事了，CPU 无需停下来等待。

不仅是数据的装载，取指也有同样的问题。对于存储子系统而言，指令也只是数据。即使不采用冯·诺依曼结构，让指令与数据分开，也仍有需要等待的问题。

对于这个问题，疏解的办法是在实际访问目标数据之前就给个提示（hint），说我过一阵就要访问这个地址了，要是不在缓存中就赶快把它所在的缓冲线调进来；这就得有编译器的协助了，因为 hint 指令的目标要由编译器确定，指令也得由编译器插入。其实这对于编译器而言也并不困难。所以许多处理器就专门有一条

Hint 指令，或者尽管没有这么一条指令也可以用普通的加载指令变通，例如把数据加载到只读的寄存器 R_0 中。至于指令，则可以 prefetch，即向前预取指令，但只是从内存取入缓存，而并不进入指令流水线。

有了这些措施，因访内而引起的潜在障碍就被疏解了不少，但当然不可能绝对排除，但至少可以降到一个危害不大的水平。

进一步的解决方案，就是多线程。这个方案的思路是：既然会引起几百个上千个时钟节拍的延迟，那何不就切换一个线程，如果所切换线程的指令和数据正好在缓存中，那就可以把损失降到最小，虽然线程的切换有些开销，但是那样的切换终究是要发生的，只是早一点晚一点而已。再说，切换线程的开销是否有办法降低呢？这里的关键，是要在对内存的访问在缓存中脱靶而不得不到 DRAM 中读取之际就发出一个中断请求，让操作系统知道需要有线程（也可以是个进程）的调度和切换。当然，最理想的是还得让操作系统知道此时切换到哪个线程是有利的，因为其指令正好在缓存中。但是这样的切换是"软切换"，由于 CPU"核"只有一个，要把这个"核"转让给另一个线程，就得把当前线程的运行"现场"即各个寄存器的内容都压入该线程的堆栈，再从目标线程的堆栈中恢复其运行现场。显然，如果能免去这些麻烦，那就能更上一层楼了。解决这个问题的办法，就是所谓 Hyper Threading，就是让一个核的内部同时存在多个可执行"上下文"（或者说"脉络"）所需的硬件资源。前面在介绍 SPARC 处理器的时候说过，在 SPARC 处理器中这样的一份硬件资源称为一个 strand，其核心就是一个独立的"寄存器组（Register File）"，因为像 ALU 和控制电路都是可以公用的，这里面没有上下文，上下文是在数据中。有了独立的寄存器组，线程切换的时候就不必辛辛苦苦地保存和恢复线程的运行现场了。其实在 Intel 的处理器中也用了此项技术，Hyper Threading 这个名词就是从 Intel 来的。

不过，这个方案的代价当然不小。相比之下前述的 Hint 加 prefetch 的方案则要廉价很多，所以这是个需要权衡妥协的问题。

8.17 香山 SoC 的微结构

最后说一下香山 SoC 的微结构，主要是香山处理器核的微结构。

就作者从香山早期一直到"南湖"版本的代码中所见，这个项目从一开始的规划就为自己设立了高远的目标。事实上，除本来就不属于 RISC 技术的 VLIW 以外，前述计算机微结构方面的前沿技术几乎全都用上了。

首先香山采用的是超标量流水线，其典型流水线宽度是 6。这就使香山核的 IPC 可以显著高于 1.0，从原理上决定了香山核和 SoC 的性能有着相当高的上限。具体当然还要受芯片制程等因素的限制，但那已经超出芯片设计的范畴。

其次香山支持 Out-of-Order 执行，这当然包括 Reservation Station、寄存器重命名、重编序缓冲区 RoB 的采用。既是超标量，又支持脱序执行，那当然就是多发（multi-issueing）执行了。这些技术的采用既提高了流水线的执行效率，又降低了数据依赖和访内障碍所带来的不利影响。

另外，香山也采用和实现了多种转移预判技术，尽量减小因控制流转向而引起的效率损失。

至于因访内而可能引起的延迟，则采取了 Hint 加预取指令的方案；只是并未采用 Hyper Threading 的方案，以后也许可以考虑，但这里确实有权衡折中的问题。

香山 SoC 是个多核的芯片，每个核都有自己独立的指令缓存和数据缓存，但是共用内存和可能的二级缓存和三级缓存，这里就有数据内容协同性的问题，而香山的存储子系统保证了这种协同性。

凡此种种，说明在计算机微结构领域的几乎所有前沿成果在香山的设计中都有体现，可以说香山的设计与实现既有先进性又有典型性。

最后，虽然不属于计算机微结构这个领域，也值得特别提一下的是：香山采用了 Chisel 语言作为其 HDL，从而使得所写的代码可以达到高度的参数化，成为 RISC-V 处理器和 SoC 设计的"生成器"，而不只是某个特定设计的具体实现，即针对某个特定参数组合的设计的具体实现。

采用 Chisel 语言还有个重要的意义，就是这样才能贴近 RISC-V 的源头，即 UC Berkley 和 SiFive 的团队，与这两个团队有更多的共同语言。事实上，rocket-chip 的代码中有许多宝贵的资源，比方说后面会讲到的

TileLink，这些资源都是用 Chisel 语言编写开发的开源软件，采用 Chisel 语言就可以很自然地继承过来。实际上，Chisel 语言之于 RISC-V，就像 C 语言之于 Unix/Linux。所以香山项目在这方面也挺先进。不仅是先进，也为后续的发展打下了坚实的基础。试想，当年不用 C 语言的人能沿 Unix 的方向走上多远？

综上所述，可见香山项目对于 RISC-V 系统结构的实现是很有典型性和先进性的，很适合被用作 RISC-V 的参考设计。本书之所以选择以香山为分析和讲解的题材，原因就在于此。当然，还有个更重要的原因，那就是香山是开源的，这是个前提，没有这个前提就无从谈起了。

第 9 章

RISC-V 的系统结构及其实现

如前所述，UC Berkeley 的 Patterson 教授（与 Sequin 教授合作）于 1981 到 1983 年间带着学生研发了 RISC-I 和 RISC-II 处理器芯片。虽然在此之前业界早已有过简约计算机指令系统的一些思路和实践，但是 UCB 团队起了一个提纲挈领登高一呼的作用，因而在 RISC 技术的发展史上有着里程碑式的意义和地位。此后 Patterson 教授又带着研究生（当然是另一批学生了）在 1984 年和 1988 年先后完成了 SOAR 和 SPUR 两个 RISC 芯片项目，这两个项目的初衷都是为 Smalltalk/Lisp 语言的工作站研发专用的 CPU 芯片（Lisp 和 Smalltalk 都是当时很热门的人工智能程序设计语言）。因为二者都是 RISC 结构，就被算成是 UCB 研发的第三个和第四个 RISC 芯片，即 RISC-III 和 RISC-IV，但是后两个芯片的重要性显然不如前两个，所以很少有人提及。RISC 芯片的研发不光是计算机系统结构与组成的事，这里面也涉及 VLSI 的设计，与 Patterson 合作研发 RISC- I/II 的 Sequin 教授的主要研究方向就是 VLSI，研发后面两个芯片时的合作者 Hodges 教授（其时 Sequin 教授已经退休）也是主攻半导体集成电路制造的。限于当时的技术水平，UCB 的前三个 RISC 芯片采用的都是 NMOS 技术，第四个即 SPUR 芯片就采用 CMOS 技术了。当时的工艺水平还是微米级的，RISC I 是 5 微米，到了 SPUR 就是 1.6 微米了。RISC-I 芯片上集成了 44,420 个晶体管，SPUR 芯片上集成了 115,214 个晶体管。RISC-I 的内芯大小是 77mm^2，SPUR 的内芯大小是 170 mm^2（高速缓存不在芯片上）。SPUR 以后 UCB 的 RISC 芯片研发暂时划上了逗号，那以后 Patterson 教授转向关注磁盘阵列即 RAID（Redundant Arrays of Inexpensive Disks）的研究，同时还与 Stanford 大学的 Hennessy 教授一起从事计算机系统结构与组成方面的教材写作，他们的 *Computer Organization and Design* 和 *Computer Architecture: A Quantitative Approach* 两本著作成为这个领域的经典，尤其前者先后出了六版，其中第六版又分成 MIPS、ARM、RISC-V 三个专题版本。每年光是美国就有数万计算机系的学生在用他们的教材。

到了 2010 年，Patterson 教授又把目光转回了 RISC。那时候他是系里并行计算实验室的主任，下面有个年轻教授 Krste Asanović 带着两个研究生又开始了一个研发 RISC 芯片的项目。这位 Asanović 原本就是在 UCB 读的博士，1998 年毕业后去了 MIT，并在 MIT 一直工作到 2005 年，然后 2007 年又回到了 UCB 的电子工程与计算机系。两个研究生，一个是 Andrew Waterman，一个是 Yunsup Lee，后来 RISC-V 的一些文献都是由 Waterman 撰写的。由于这是 UCB 研发的第五个 RISC 芯片，所以就称为 RISC-V，V 就是罗马数字中的 5。Patterson 教授既是实验室主任，又是 UCB 对于 RISC 研究的开创者，就顺理成章也参加了进来，与 Asanović 一起指导这个项目。从 1981 年开始的 RISC-I/II 研发以来，30 年过去了，世上已经有了各种各样的 RISC 芯片，在数量上已经占了绝对优势，到了应该有个阶段性分析总结的时候。2011 年，他们发表了 RISC-V 指令手册第一卷的最早版本 *The RISC-V Instruction Set Manual, Volume I: Base User-Level ISA*，作为 UCB 电子工程与计算机系技术报告（Technical Report）的 2011 年第 62 号（EECS-2011-62），这是对 RISC-V 指令系统即 ISA（Instruction Set Architecture）的定义。像别的 CPU 芯片一样，RISC-V 的指令也有用户态指令集与系统态指令（也称特权指令）集之分，这份报告是对 RISC-V 用户态指令的定义，CPU 的系统结构更多地体现在用户态指令集中。

2014 年，他们又在系里发表了技术报告 2014 年第 54 号（EECS-2014-54）和第 146 号（EECS-2014-146），前者 *The RISC-V Instruction Set Manual, Volume I: User-Level ISA , Version 2.0* 是用户态指令系统定义的第二版，后者则是一篇论文“Instruction Sets Should Be Free: The Case For RISC-V”，阐述了他们对计算机指令系统应该免费开放的主张，实际上是一篇倡议书。

他们的倡议书引起了人们的兴趣和热议，许多人表示了认同。大家认为，CPU 的指令系统，即 ISA，是硬件与软件之间的界面，对于界面的实现可以各有不同，但是界面本身应该是公开和开放的。另一方面，从几十年来各种 RISC 芯片的起伏沉浮看，这些芯片的指令系统其实大同小异，成功与失败常常取决于具体实现，更重要的也许倒还在于资金和市场能力。所以，定义一款作为集大成者的 ISA，作为一种事实上的标准，就像 Linux 之于操作系统一样，应该是可行的。但是这样的 ISA 不应由某一家关起门来定义，一家一户的知识和经验总是有限的，应该有广泛的参与，像 Linux 一样是个开源项目才行。虽然 MIPS 和 ARM 都以许可证的方式授权给别的厂商，这种授权看似简单，实际上也不尽然；这里面涉及设计、专利、版权等种种问题，光是谈判就得谈上几个月，这个门槛不低，实际上就把许多研究者、开发者、学习者拒之门外了。另外，SPARCv8 的 ISA 固然已经开源，但这并不是从头开始的开源，大家只能中途把它接受下来，对设计中的一些决定也只是知其然不知其所以然。反观 Linux，那是从一个很小的雏形就开始，与广大志愿者包括厂商一起走过了发展的全过程。至于开源项目 OpenRISC，虽然方向是对的，但是从当时的发展看已经失去了势头，动力已经不足。所以，RISC-V 的目标就是要成为 RISC 芯片中的 Linux。

确实，许多事情的推行是需要有面旗帜的。对于开源 RISC 芯片的研发，Patterson 和 UC Berkeley 正好就可以是这样一面大旗。虽然 2016 年 Patterson 就退休了，但 UCB 的电子工程与计算机系这个重镇还在。况且 2015 年还成立了 RISC-V 基金会（RISC-V Foundation），就像 Linux 也有个 Linux 基金会，由 Asanović 出任 RISC-V 基金会主席，2018 年 RISC-V 基金会还宣布与 Linux 基金会达成了合作协议。2020 年，又在瑞士成立了一个 RISC-V 国际协会（RISC-V International Association），并声明该协会与任何国家、任何组织、任何公司无关，完全中立。其网址为 https://riscv.org。这个协会现在有 2000 多家成员，遍布 70 多个国家。中国的华为、ZTE、腾讯、阿里巴巴等好多厂商都是其会员，还有清华大学等高校和研究所也是。成为其普通会员是免费的。

事实上，在 2014 年他们发表这篇倡议书的时候，就已经有不少公司和志愿者加入到 RISC-V 的 ISA 定义及芯片研发，并且 UCB 的团队已经根据 ISA 的第一版做出了样片，还与 ARM 的 Cortex-A5 芯片进行了对比测试。按报告中所述，二者的性能基本相同，并且都是在台积电加工，采用同样的工艺（制程），但是 RISC-V 芯片比 Cortex-A5 芯片更小更省电。与 Cortex-A5 芯片对比是否合适和对口也许还会有讨论有商榷，但是即便如此，这个结果也确实是鼓舞人心的。

目前 RISC-V 指令系统的手册是 *The RISC-V Instruction Set Manual,Volume I: Unprivileged ISA* 和 *The RISC-V Instruction Set Manual, Volume II: Privileged Architecture*，原先的“User-Level”现已改称 Unprivileged，二者的最新版本都在 Github 网站上发布（https://github.com/riscv/riscv-isa-manual）。这二者都不再作为 UCB EECS 内部的技术报告发表，而是由 SiFive 公司与 UCB EECS 联合公开发表。在此之前还有过几个作为技术报告发表的中间版本。此外，Waterman 的博士论文“Design of the RISC-V Instruction Set Architecture”也是作为技术报告（EECS-2016-1）发表的。其实 UCB 电子工程与计算机系的技术报告本来就是向公众开放的，其网址为 https://www2.eecs.berkeley.edu/Pubs/TechRpts。

至于对 RISC-V ISA 的各种具体实现，那就是各显神通了。

首先是 RISC-V 国际协会旗下的 https://riscv.org 网站上有一百多个开源 RISC-V 项目的源代码（见 https://riscv.org/exchange/cores-socs）。不过具体实现 RISC-V 的源代码不像 Linux 那样有个官方的版本，而是各实现各的，各家使用的语言也不一样，有用 Chisel 的，也有用 Verilog/SystemVerilog 的，用 VHDL 的也有，还有采用其它语言的。适用的开源许可证也有不同，有的采用 Apache 2.0，有的采用 BSD，也有不少是采用商业许可证的，但是却很少有采用 GPL/LGPL 的。阿里巴巴的 XuanTie 项目也公开在这个网站上，那就是采用阿里巴巴商业许可证的。

此外，Github 网站上有关 RISC-V 的开源项目就数不胜数了，尽管其中有很多并非具体实现 RISC-V 的源代码。相比之下，如果说 riscv.org 网站上的项目都是“家养”的，那么 Github 网站上那些项目有很多都是“野生”的，但是其中也有质量很高并且很重要的“家养”项目。其中有个 CHIPS Alliance（https://github.com/chipsalliance），旗下不仅有 rocket-chip 的源代码，还有 Chisel3 和 Firrtl 的源代码，似乎与 UCB 的关系更为紧密。CHIPS 是“Common Hardware for Interfaces, Processors and Systems”的缩写，它自己也有个网站 chipsalliance.org。这是 Linux 基金会下面的一个非营利组织，阿里巴巴和中国科学院软件所都是它的成员。不过 Github 上也有许多 RISC-V 项目是在 chipsalliance 之外的。尤其值得一提的是，由中国科学院计算所主导的“香山”项目，即 XiangShan，其源代码也是公开在 Github 网站上（https://github.com/OpenXiangShan）。

香山项目采用的是“木兰宽松许可证”，不仅与商业无关，而且似乎比 LGPL 还更宽松一些。

在所有这些项目中，UCB 的 Rocket Chip 有着特殊的地位，这当然是因为其出自 UCB，人们都将其看作 UCB 团队提供的参考设计，是最“正宗”的 RISC-V。不过 Rocket Chip 是一种 In-Order（正序执行）的设计，相比之下已经不那么“现代”了，所以 UCB 另有一个项目叫 BOOM，意为“Berkeley Out of Order Machine”，那就是一种 Out-of-Order（脱序执行）的设计。相比之下中国科学院计算所的“香山”直接就是 Out-of-Order 的。

2015 年，Asanović 和他的两个研究生（Lee 和 Waterman）一起开了个公司，叫 SiFive，Si 是硅元素的符号。这个公司的业务是代客设计各种基于 RISC-V 的 ASIC 或 FPGA 芯片，尤其是 SoC。不过这个公司本身并不生产芯片，所以是个无厂（Fabless）半导体公司。此外这个公司还提供各种 RISC-V 的开发板和软件工具，他们还把 Linux 移植到了 RISC-V 上，这显然是很重要的一步。目前 Rocket Chip 的源代码就是由 SiFive 在维护的（https://github.com/chipsalliance/rocket-chip）。当然，SiFive 是 CHIPS Alliance 的会员，而且是“白金（Platinum）”会员。

Waterman 在他的博士论文“Design of the RISC-V Instruction Set Architecture”（技术报告 EECS-2016-1）中说，他们之所以决定另起炉灶研发一个新的 RISC 指令系统（ISA），而不是将某个现成的 ISA 改造成一种标准 ISA，是经过一番深思熟虑的。他们研究了当时一些 CPU 芯片的 ISA，觉得都有改进空间。首先是 MIPS 和 SPARC，他们研究后认为各有千秋但都有值得改进之处。对于 ARM，他们也认为有许多改进的空间。例如他们觉得 ARM 的条件执行是得不偿失，因为 4 个条件标志位就在 32 位长度的指令中占去了宝贵的 4 位，使可用的编码空间缩小了 16 倍。实际上，作为具体的产品当然要百花齐放，但是作为一种标准，一种基础，一种提取出来的“公因子”，确实还是应该回归到最基本的设计。

目前关于 RISC-V 的主要文献有 *The RISC-V Instruction Set Manual* 卷一和卷二，*Design of the RISC-V Instruction Set Architecture* 和 *The RISC-V Reader: An Open Architecture Atlas*。在这几个文献中，我认为应该先读最后那个“Atlas”。相比之下，Atlas 才更像是“手册”，而两卷本的“Manual”倒更像是论文。尤其是 Atlas 的附录 A，是 RISC-V 的指令列表，逐条列出指令的名称，汇编格式，语义和指令编码。这个附录太重要了，太管用了，这是 RISC-V 的研究者、实现者、使用者真正需要常备在手头的；但是在两卷本的“Manual”中却反而倒没有这个内容。为说明这一点，我们随便从中抽取一条作为例子：

and rd, rs1, rs2 #x[rd] = x[rs1] & x[rs2]

AND. R-type, RV32I and RV64I.

Computes the bitwise AND of registers x[rs1] and x[rs2] and writes the result to x[rd].

Compressed form: c.and rd, rs2

31 25	24 20	19 15	14 12	11 7	6 0
0000000	rs2	rs1	111	rd	0110011

这里的 rd、rs1、rs2 是三个寄存器，其中 rd 是用来盛放操作结果（Operation 这个词既有运算的意思，也有操作的意思）的目标寄存器，d 表示 destination；rs1 和 rs2 是两个源操作数寄存器，s 表示 source。后面的 x[rd]表示寄存器 rd 的内容，这个内容的类型是 x，说明这是通用寄存器（如果是 f 就说明是浮点寄存器）。指令的作用就是把 rs1 和 rs2 两个通用寄存器的内容相与（按位相与），并把结果置入通用寄存器 rd。这里的 rd、rs1、rs2 相当于抽象变量，汇编程序中可以用具体的寄存器号（如 r4、r6、r7 等）代入。这样，就把 AND 指令的汇编格式“and rd, rs1, rs2”、语义“x[rd] = x[rs1] & x[rs2]”和指令的编码格式，都看得清清楚楚。这里还说，指令的类型是 R 型，即寄存器间操作型；该指令存在于 RV32I 和 RV64I 两个指令集中。最后还提供了这条指令的压缩形式即 16 位指令是 c.and，据此又可在指令列表中找到关于 c.and 指令的定义，在那里则说明 c.and 指令在执行时会被扩展成 and 指令。

编码图中除 rd、rs1、rs2 为寄存器字段（在 32 位指令中都是 5 位）外，每个 1 或 0 都占一个二进制位，这样一共是 32 位。这条指令的操作码为 0110011 0000000 111，长达 17 位。凡是 32 位 RISC-V 指令的操作码，开始 7 位的位置是固定的，放在最低的位置上，并且最低的两位一定是 11（以区别于其它指令长度）。如果不够就加上最高位置上的 7 位，再不够就视情况见缝插针，各条指令的操作码是不等长的。所以，add 指令的操作码被分成了三截。之所以分成三截而不是连在一起，是因为要把三个寄存器号，即 rd、rs1、rs2 都放在固定的位置上，不能因为某几条指令的操作码长了就挤压寄存器号移动位置，那样就会使 CPU 指令译码的电路设计复杂化。

显然，无论是对于（汇编语言的）程序员，软件调试人员，芯片的设计/实现者，这样的列表都是不可或缺的。此外，Atlas 书前还附有两张参考卡片，列出了各种指令的汇编格式和编码格式，这也很有用。

事实上几乎所有 ISA 的手册中都会有这样的指令列表。例如 Intel 的三卷本 x86 ISA 手册 *Intel Architecture Software Developer's Manual* 中的第二卷，就几乎整卷都是这样的列表，甚至更加详细，而且第二卷是其中篇幅最大的。

说到 Atlas 这本书，这里还有个插曲。2017 年 5 月在上海举行了第六次 RISC-V 工作会议（Workshop），由于是在中国开，中国这边参会的人数就多一些，会上对 RISC-V 的指令手册提了一些意见和要求，而 Patterson 和 Waterman 也从善如流，会后回去就赶写了这本 Atlas。到了同年 11 月份在美国召开的第七次工作会议，书就已经出来了。其实这本书的写作对于他们来说是小菜一碟，书中的附录 A 即指令列表就是由 Waterman 提供的，而此前的两卷本手册也是由 Waterman 和 Asanović 撰写。可是在此之前他们就硬是把指令手册写成了学术论文。由此可见，从第六次 RISC-V 工作会议到第七次工作会议，以 Atlas 一书的撰写和出版为标志，实际上意味着 RISC-V 文献风格上的一个转折，RISC-V 的文献从（更多的）学术性转向了（更多的）应用性，这对于具体的开发者尤为重要。所以，中国同行在 RISC-V 的发展历程中起的作用（直到香山项目）是不小的，应该给以充分肯定。

不过，后面我们在说到一条指令的定义时就会简略一点，并且为免画图之烦而采用略有不同的表达方式，例如：

```
and rd, rs1, rs2                    # x[rd] = x[rs1] & x[rs2]
and:   0000000 rs2 rs1 111 rd 0110011
```

这里的上面一行首先是指令的汇编格式，然后在注释符#后面是指令的语义。下面一行则是指令的编码格式。如有需要也会在字段之间以“|”字符（而不只是空格）分隔。

RISC-V ISA 中的 32 位指令，如果按其作用和编码格式划分，可以分成 R、I、S、B、U、J 六类。下面逐一作些简单介绍：

- R 类。寄存器类，R 表示寄存器（Register）。这一类指令都是寄存器间操作指令，实际上都是算术逻辑运算指令。RISC-V 的算术逻辑指令都是三操作数指令，就是对两个“源操作数”即两个“源”寄存器 rs1 和 rs2 的内容进行某种算术逻辑运算，把结果放在第三个寄存器，即目标寄存器 rd 中。由于 RISC-V 有 32 个通用寄存器，所以每个寄存器字段的宽度都是 5 位。这类指令的编码格式为：

  ```
  funct7[6:0] rs2 rs1 funct3[2:0] rd opcode[6:0]
  ```

  这里的 7 位 opcode 为基本操作码。然而即便 7 位操作码都可以均匀致密地编码也只能容纳 127 条指令，这本来就是不够的。更何况在 RISC-V 的 ISA 中根据实际需要规定 32 位指令（32 位是指令编码长度，并非数据长度和寄存器宽度）的操作码须满足以下条件：（1）最低两位只能是 11，把其余三种组合保留用于 16 位指令，这样一来 32 位指令的操作码就实际上只有 5 位，只能编码 32 条指令；（2）opcode[4:2]不能是 111，那要用来编码更长的指令。考虑这两个条件，32 位指令实际上只能编码 28 条，那当然远远不够。对于 R 类指令，此时就可以使用前面的 7 位字段 funct7。这个字段之所以不称为“操作码”而称为“功能码”，是因为这个字段并非固定并且完全地用作对操作码的扩充，在某些指令中也可以用于其它功能。这样，如果把 funct7 也用于操作码，那就可以有 14 位的操作码了，从中扣除基本操作码中的最低两位，也还有 12 位。可是对于 funct7 字段的使用有些特殊考虑，主要是出于指令编码规则性和译码电路方面的考虑，所以不能像对基本操作码字段那样高效地编码使用。这样，尽管有 7 位的基本操作码 opcode 加上也是 7 位的 funct7，也还可能不够，那就把 3 位的 funct3 也用上。同样，这个字段也不是称为例如“扩

充操作码”之类，而只是称作 funct3。以上面的 and 指令为例，其 funct3 字段的值就是 111。事实上，add 指令的 opcode 及 funct7 字段的内容与 and 指令是一样的，但其 funct3 的值是 000；xor 指令的 funct3 则是 100。然而 sub 指令的 funct7 却是 0100000，而 funct3 也是 000。显然，RISC-V 的指令编码格式是经过深思熟虑仔细盘算的。其中最重要的一点就是，只要是 32 位指令，不管是什么类，只要指令中有 rd，有 rs1，有 rs2，这些寄存器号就总是出现在固定的位置上。另外，除浮点指令集中的 fmadd、fnmadd、fmsub、fnmsub 以外，指令中最多也只是涉及 3 个寄存器，不会有第 4 个了。至于在用到 rs3 的所谓 R4 指令（因为涉及 4 个寄存器）中，funct7 字段就变成[rs3 | 00]，即把 rs3 放在 funct7 字段的高 5 位，并把 funct7 的低 2 位设成 0；但是 rd、rs1、rs2 的位置还是没有改变。

- I 类。直接数类，I 表示直接数（Immediate）。算术逻辑运算指令的两个源操作数不一定都来自寄存器，其中之一可能来自直接数。这样的指令中就只需有两个寄存器号，即 rd 和 rs1，但是需要在指令中提供一个直接数。当然，这个直接数不可能是 32 位的，因为整条指令的长度才 32 位。精打细算排下来，RISC-V 的 I 类 32 位指令只能容纳 12 位的直接数。所以 I 类指令的编码格式为：

  imm[11:0] rs1 funct3 rd opcode[6:0]

  显然，这是把 funct7 和 rs2 的位置都挤出来，拼在一起用作了直接数字段 imm。这样一来，操作码的长度当然就减短了，变成只有 10 位。例如指令 addi：

  addi rd, rs1, immediate　　　　# x[rd] = x[rs1] + sext(immediate)

  addi:immediate[11:0] rs1 000 rd 0010011

  这里 sext 表示带符号扩充。所以 12 位直接数的取值范围为-2048~2047。这条指令的操作码为 0010011 000，共 10 位。与此同属一组的指令有 andi，其 funct3 为 111；xori，其 funct3 为 100。注意 I 类指令并不都是带直接数的算术逻辑运算指令。例如用于比较判别的指令 slti（Set if Less Than Immediate）：

  slti rd, rs1, immediate　　　　# x[rd] = x[rs1] $<_s$ sext(immediate)

  slti: immediate[11:0] rs1 010 rd 0010011

  该指令的语义为：如果寄存器 rs1 的内容小于直接数 immediate，就把目标寄存器 rd 的内容设置成 1（true），否则为 0（false）。这条指令的操作码是 0010011 010，与上面的 addi 指令对比一下就可看出只是 funct3 字段不同。

  与 addi 指令相似但略有不同的还有一条 addiw（Add Word Immediate），这条指令属于 64 位扩充指令集 RV64I（64 位是指数据长度和寄存器宽度，并非指令编码长度），仅对 64 位 RISC-V 处理器有效。

  addiw rd, rs1, immediate　　# x[rd] = sext((x[rs1] + sext(immediate))[31:0])

  addiw: immediate[11:0] rs1 000 rd 0011011

  这条指令的语义是：将寄存器 rs1 的内容与带符号直接数 immediate 相加，截取其低 32 位，再符号扩展到 64 位，最后把结果写入目标寄存器 rd。注意 rs1 和 rd 均为 64 位寄存器。这条指令的操作码是 0011011 000，这是基本操作码字段 opcode 有变化了。

  I 类指令中有一些是移位指令，这是因为要用直接数说明左移或右移的位数。但是在 32 位（这个 32 位是指寄存器宽度）指令中，移位的位数是不会超过 31 位的，只要 5 位数就能表示，所以移位指令的编码中把直接数的高 7 位固定为 0。例如 slli（Shift Left Logical Immediate），即左移指令：

  slli rd, rs1, shamt　　　　# x[rd] = x[rs1] << shamt

  slli: 000000 shamt rs1 001 rd 0010011

  当然，移位指令不一定都采用直接数，也可以在一个寄存器中说明移位的位数，例如与 slli 相对的 sll（Shift Left Logical），也是左移指令：

  sll rd, rs1, rs2　　　　# x[rd] = x[rs1] << x[rs2]

  sll: 0000000 rs2 rs1 001 rd 0110011

不过这就不属于 I 类，而属于 R 类了。

此外还有加载指令。例如 lw (Load Word)：

```
lw rd, offset(rs1)          # x[rd] = sext(M[x[rs1] + sext(offset)][31:0])
lw: offset[11:0] rs1 010 rd 0000011
```

这里的 offset 就是直接数。指令的语义是把 offset 与寄存器 rs1 的内容相加，所得为存储地址，以此为地址从内存读入到目标寄存器 rd 中。这里 M[address]表示内存中某个地址处的内容，后面的[31:0]则表示按 32 位读入。

其实除寄存器类和若干比较特殊的指令外，几乎所有的指令都要用到直接数，但是因为使用直接数的目的和方式不同，又从中分出下面的 S、B、U、J 四类。

- S 类。存储类，S 表示 Store。存储指令的鲜明特征就是不涉及目标寄存器 rd，也无所谓目标寄存器，因为存储指令只是将一个寄存器的内容存入内存中某个地址，目标不是在某个寄存器，而是在内存里。最典型也最常用的存储指令就是 sw（Store Word），其定义和编码格式为：

```
sw rs2, offset(rs1)          # M[x[rs1] + sext(offset)] = x[rs2][31:0]
sw: offset[11:5] rs2 rs1 010 offset[4:0] 0100011
```

这里的 M[x[rs1] + sext(offset)]表示一个（32 位）内存单元，其内容将被改成通用寄存器 rs2 的内容，该内存单元的地址由通用寄存器 rs1 的内容与一个带符号直接数 offset 相加而得。直接数 offset 的长度是 12 位，但是被分成了两截，一截是 7 位的 offset[11:5]，另一截是 5 位的 offset[4:0]。之所以要分成两截，显然是因为 rs2 必须在那个位置上，要不然 rs2 也是 5 位，与 offset[4:0]换一下位置就显得“自然”了，可是那样一来电路却变得复杂了。

除 sw 指令外，还有 8 位的 sb（Store Byte）、16 位的 sh（Store Halfword）、64 位的 sd（Store Doubleword），还有用来存储 32 位浮点数的指令 fsw、64 位浮点数的指令 fsd 等。

注意与写内存指令 sw 相对应的是读内存指令 lw（Load Word），但是 lw 指令属于 I 类指令，因为指令中要用到直接数：

```
lw rd, offset(rs1)          # x[rd] = sext(M[x[rs1] + sext(offset)][31:0])
lw: offset[11:0] rs1 010 rd 0000011
```

这里 offset(rs1)表示一个内存地址，这个内存地址是由通用寄存器 rs1 的内容与一个带符号直接数 offset 相加而得，内存中这个地址处的内容会被读入寄存器 rd。这里在计算目标地址时用到了 12 位的直接数作为偏移量 offset，所以把这条指令归入了 I 类。但是实际上在 sw 指令中同样也用到了 12 位的偏移量（只不过分成了两段），只是因为那是存储就归入了 S 类，而同样要访问内存的 lw 指令却归入了 I 类，似乎不是很划一。同样，除 lw 外还有 8 位的 lb（Load Byte）和 16 位的 lh（Load Halfword）指令。

- B 类。条件转移类，B 表示 Branch。在计算机指令系统的术语中，人们常把短距离的有条件跳转称为“转移（branch）”，长距离的则称为“跳转（jump）”。所以 B 类指令都是短距离的转移指令。RISC-V ISA 中的条件转移不像在别的处理器中那样是根据先前指令的执行结果而转移，RISC-V 处理器的“控制状态寄存器”中压根就没有 N、Z、C、V 那些状态标志位。在 RISC-V 的系统结构中，条件的检测和控制流的转移都发生在同一条指令中；在同一条指令中先进行计算（比较和检测），然后立即就根据结果转移（改变程序计数器 PC 的内容）；或什么也不发生，那就相当于执行了一条 NOP 指令。以指令 beq（Branch if Equal）为例：

```
beq rs1, rs2, offset          # if (rs1 == rs2) pc += sext(offset)
beq: offset[12|10:5] rs2 rs1 000 offset[4:1|11] 1100011
```

如果通用寄存器 rs1 和 rs2 中的内容相同，就在程序计数器 PC（的内容）上加上一个带符号的直接数 offset。这个 offset 实质上是 13 位的，但是取指令的地址都与 2 字节的边界对齐，地址的最低位必定是 0，从而可以省略，所以 offset 的长度是 12 位，即 offset[12:1]，但是分成两个字段存放（因为 rs2 字段的存在）。而且在两个字段的内部也不完全是按自然次序存放的：在较高位置上的 7 位字段中，最高位为直接数的 bit12；这个好理解，因为 bit12 是直接数的符号位。然而接下来的 6 位是[10:5]，即直接数的 bit5 至 bit10，而直接数的 bit11 则跑到另一个 offset 字段的最低位上去了。之所以有这样的安排，想必是出于电路设计的考虑。另外，这条指令的操作码是 1100011 000，一共 10 位。

除 beq 外，还有 bge（Branch if Greater Than or Equal）、bgeu（Branch if Greater Than or Equal, Unsigned）、blt（Branch if Less Than）、bltu（Branch if Less Than, Unsigned）、bne（Branch if Not Equal）等条件转移指令都是属于这一类，有着同样的编码格式。

- U 类。长直接数类，U 表示 Upper。前面 I 类指令中的直接数都只有 12 位，都属于“短直接数”。在访问内存时，需要给出的是个 32 地址，我们在前面看到这个地址都是通过在一个寄存器的内容上加一个 12 位的偏移量（短直接数）而得出的。然而这个寄存器的内容又怎么来呢？这里我们需要的是 32 位地址中的高 20 位。这里就需要使用长直接数，需要使用 U 类指令了，这就是指令 lui（Load Upper Immediate）的作用：

  lui rd, immediate　　　　# x[rd] = sext(immediate[31:12] << 12)

  lui: immediate[31:12] rd 0110111

  这条指令中的直接数长度是 20 位，执行指令时将这个直接数左移 12 位，然后写入目标寄存器 rd。换言之，这条指令将这个直接数写入 rd 的高 20 位，并将 rd 的低 12 位清零。这样，目标寄存器 rd 中就有了个访问内存的“基地址”，然后 lw 和 sw 等指令会在这个 20 位基地址的后面拼接上 12 位的偏移量，那就是 32 位地址了。所以，这条指令的全称按理应该是“地址高位设置指令”。这条指令的操作码是 0110111，单独在基本操作码的编码空间中占去一个位置。如前所述，32 位指令的基本操作码实际上只有 5 位，除去预留给更长指令的编码，一共只有 28 个编码位置。

  目前 U 类指令一共只有两条。一条就是 lui，另一条是 auipc：

  auipc rd, immediate　　　　x[rd] = pc + sext(immediate[31:12] << 12)

  auipc: immediate[31:12] rd 0010111

  这条指令将 20 位的直接数 offset 后面添上 12 个 0，然后与程序计数器 PC 的内容相加，将结果写入寄存器 rd。指令名称 auipc 意为“Add Upper Immediate to PC”。这条指令在基本操作码的 28 个编码位置中又占去了一个，似乎手笔有点大；但这是无可奈何的事，因为 20 位的直接数加上 5 位的 rd 就已经是 25 位了。

- J 类。跳转类，J 表示 Jump。跳转类的指令，实质上只有一条，那就是“跳转并连接”指令 jal：

  jal rd, offset　　　　# x[rd] = pc+4; pc += sext(offset)

  jal: offset[20|10:1|11|19:12] rd 1101111

  这条指令的语义是：把“指令计数器”PC 的当前值加 4 后写入目标寄存器 rd，然后在 PC 上，即在其当前值上加上带符号的 20 位 offset。这样，取下一条指令的目标地址就不是“pc+4”，而成了“pc+sext(offset)”，这就实现了跳转，跳转的范围是±1MB（跳转目标地址的最低位一定是 0）。而目标寄存器 rd 的内容被设置成了 pc+4，则指向了这条 jal 指令的下一条指令。如果之所以跳转出去是为子程序调用，rd 的内容就正好是调用结束时的返回地址。所以这条指令名为“Jump and Link”，所谓 Link 就是子程序返回时指令流的连接，而 rd 就称为连接寄存器。

  除“跳转并连接”指令 jal 以外，人们还常常用一条单纯跳转（不连接）的指令 j。但是 j 其实是一条“伪指令（Pseudoinstruction）”，而不是真实存在的指令。伪指令有点像宏操作，编译的时候会被替换，j 指令就会被替换成“jal x0, offset”，即以不可写入、内容永远为 0 的寄存器 x0 作为连接寄存器 rd，这样就只跳转而不连接了。

  所以，jal 这条指令既可用于单纯的、一去不返的跳转，也可用于子程序调用，那是还要回来的。可是在子程序中怎么返回呢？这就要用到 jalr 指令，不过 jalr 被归入 I 类指令，因为要用到直接数：

  jalr rd, offset(rs1)　　　　# t=pc+4; pc=(x[rs1]+sext(offset))&~1; x[rd]=t

  jalr: offset[11:0] rs1 000 rd 1100111

  先看执行这条指令前后 PC 内容的变化。这里的 rs1，就是执行 jal 指令时的 rd，那里存放着返回地址。如果仅仅是为子程序返回，那就只要把 rs1 的内容转移到 PC 中就行了。但是这条指令的设计是还可以在上面加上一个带符号的偏移量 offset，这就把指令的用途扩大了，而子程序返回就只是当 offset 为 0 时的特例。另外，如果仅仅是为子程序返回，那就不需要有目标寄存器 rd，可是这里先把 PC 的当前值加 4 后存入一个用于中间暂存的寄存器 t，然后在 PC 的内容被改变之后再把 t 的内容写入目标寄存器 rd，实际上这又是个返回地址，一个新的返回地址，这样的指令可以被用于“共行例程”即 co-routine 的实现。当然，这个 rd 可以是 0 号寄存器 r0，那就只当指令中没有 rd 一样。可见，jalr 这条指令实际上是把多条指令的功能合在了一起，其中之一就是子程序返回。

调用子程序的时候不是把返回地址压入堆栈，而是放在一个寄存器中，在有些场合下是有好处的。这样，如果在子程序中没有进一步的子程序调用，返回地址就是在一个寄存器中，而不是在内存中的堆栈上，这就提高了子程序调用和返回的效率。当然，如果在子程序中还有进一步的子程序调用，那也许还是得把它写入堆栈。这个方案其实并不新鲜，RISC-I 和 SPARC 就用了类似的方案，而且还走得更远，进一步采用了“寄存器窗口”的方案。不过 RISC-V 并没有采用“寄存器窗口”的设计方案。

以上所说的六类指令都是 RISC-V 的 32 位基本指令，这是最基本的 RISC-V 指令集。以算术运算为例，这里就只有加法指令和减法指令，而没有乘法和除法指令。但是对于简单的软件、要求不高的应用而言这样也可以了，乘除运算可以通过算法由程序实现。不过这也说明对 RISC-V 的这个基本指令集还需要扩充。要扩充就得保证在指令码字段中还有扩充的空间。如前所述，32 位指令基本操作码的最低两位必须是 1，实际上可供编码的只有 5 位，除去预留给更长指令的编码，一共只有 28 个编码位置。还好，由于 funct3 和 funct7 两个字段的配合，实际上这个基本指令集只消耗了其中的 11 个编码，还有 17 个编码位置的空间可用于扩充。

所以，RISC-V 的设计中不但有基本指令集，还包含了各种扩充指令集，下面再逐一作些介绍。

9.1　RISC-V 的基本 ISA

上面所说的 32 位指令大都属于 RISC-V 的基本指令集，是 RISC-V 基本 ISA 的主体。所谓 ISA，说的是处理器的 Architecture，即系统结构，这就包括指令系统和寄存器组两个方面。上述（除浮点指令和个别 64 位指令外）的这个指令集称为 RV32I，I 意为 Integer，因为这个指令集不涉及浮点数，所有的操作数都是带符号或不带符号的整数，所以也称为 32 位“整数指令集”。然而指令集只是 ISA 的一个方面，另一个方面是寄存器中的 32 个寄存器，实际上还有个“控制/状态寄存器”CSR，合在一起才是 RISC-V 的 ISA。所以 RV32I 既是指 RISC-V 的 32 位基本指令集，更是指 RISC-V 的 32 位系统结构，要根据上下文才能确定究竟是指什么。当我们说 RV32I 是 RISC-V 处理器的基本 ISA 的时候，显然并不只是指它的指令集。

基本 ISA 是 RISC-V 处理器的基干，所有的 RISC-V 处理器至少都必须实现基本 ISA，没有实现基本 ISA 的就不能称作 RISC-V 处理器。但是 RV32I 并非 RISC-V 唯一的 ISA，还存在着几个与之略有不同的 ISA。

首先是 RV32E，按说 E 应该是 Extended 的意思，可是 RV32E 实际上倒是收缩，把 32 个寄存器收缩成 16 个，意图是降低芯片的成本，因为一些嵌入式应用中有 16 个寄存器也就够了，所以 E 应该是 Ecnomic 的意思。不过 RV32E 的指令系统还是和 RV32I 一样，也是 32 位整数指令集，寄存器字段的宽度仍是 5 位，只是程序中不要使用 R16~R31 就是了。当然，编译器和汇编工具中应有相应的措施，防止误用寄存器 R16~R31。

再就是 RV64I，这是 RV32I 这个 ISA 的 64 位版本。所谓 64 位版本，是说通用寄存器的宽度都是 64 位。这样，所处理数据的宽度增加到了 64 位，从而多了一个数据类型 Doubleword。原来数据宽度为 32 位时有三种类型，即 8 位的 Byte、16 位的 Halfword 和 32 位的 Word；现在则增加了一种 64 位的 Doubleword。另一方面，程序计数器 PC 的长度（理论上）也扩大到了 64 位，从而使处理器的最大寻址范围也可以扩大到 64 位。由于通用寄存器的长度扩展到了 64 位，那么基于寄存器内容的内存寻址空间也就可以扩展到 64 位。

由于在 RV64I 这个 ISA 中通用寄存器的数量并未改变，指令中的寄存器字段宽度仍是 5 位，所以就仍可沿用 32 位整数指令集及其指令格式，而无需另行定义一个 64 位的指令系统。例如 add 指令，还是 rs1、rs2、rd 三个寄存器，指令的（编码）长度还是 32 位，只是寄存器中的操作数变成了 64 位，执行的是 64 位加法运算，如此而已。但是这里有两个问题。

第一个问题，原来的指令是针对 32 位操作数，针对 32 位运算的，现在如果直接就改成针对 64 位操作数和 64 位运算，那么有些指令的语义就改变了。例如 32 位的带符号加法，现在就不一样了。即使是不带符号的加法，原来如果相加后有进位就要把进位丢掉，现在也不一样了。同样的情况也发生在减法运算。这样，如果在 64 位的 RISC-V 处理器上运行 32 位的软件，就可能会得出不同的结果，那样就不兼容了。所以，为保持兼容，就应该维持原有的指令不变，而另外再加几条指令，专门用于 64 位运算。首先是加法运算，维持原来的 add 指令语义和格式不变，现在要添加一条 addw 指令；相对原来的 addi 指令则要增添一条 addiw 指令：

```
add rd, rs1, rs2                          #x[rd] = x[rs1] + x[rs2]
add: 0000000 rs2 rs1 000 rd 0110011        // Add. R-type, RV32I and RV64I.

addi rd, rs1, immediate                   # x[rd] = x[rs1] + sext(immediate)
addi: immediate[11:0] rs1 000 rd 0010011   //Add Immediate. I-type, RV32I and RV64I.

addiw rd, rs1, immediate                  # x[rd] = sext((x[rs1] + sext(immediate))[31:0])
addiw: immediate[11:0] rs1 000 rd 0011011  //Add Word Immediate. I-type, RV64I only.
```

显然，addiw 指令消耗了基本操作码 28 个编码空间中的一个。

加法指令如此，减法指令也类似。不过逻辑运算指令倒没有这个需要，因为逻辑运算没有进位和符号的问题。

其次是 Load 和 Store 指令，原先有针对 Byte、Halfword、Word 三对指令，即 lb/lh/lw 和 sb/sh/sw，现在再加一个 Doubleword，就有了 ld 和 sd 指令。

```
lh rd, offset(rs1)                    # x[rd] = sext(M[x[rs1] + sext(offset)][15:0])
lh: offset[11:0] rs1 001 rd 0000011    // Load Halfword. I-type, RV32I and RV64I.

lw rd, offset(rs1)                    # x[rd] = sext(M[x[rs1] + sext(offset)][31:0])
lw: offset[11:0] rs1 010 rd 0000011    // Load Word. I-type, RV32I and RV64I.

ld rd, offset(rs1)                    # x[rd] = M[x[rs1] + sext(offset)][63:0]
ld: offset[11:0] rs1 011 rd 0000011    // Load Doubleword. I-type, RV64I only.
```

可见 ld 指令又消耗了基本操作码 28 个编码空间中的一个。

加载指令是这样，存储指令 sb/sh/sw/sd 也是类似。

还有就是移位指令。移位有逻辑移位和算术移位，但是算术移位仅对右移有意义，所以有逻辑左移指令 sll 和逻辑右移指令 srl，但算术移位指令就只有 sra。如果涉及直接数，则有 slli、srli、srai 指令，这都是针对 32 位寄存器的。现在针对 64 位寄存器，就又增添 slliw、srliw、sraiw 三条指令。

```
sll rd, rs1, rs2                          # x[rd] = x[rs1] << x[rs2]
sll: 0000000 rs2 rs1 001 rd 0110011        // Shift Left Logical. R-type, RV32I and RV64I.
                                          //位移量决定于 rs2 的内容，实际上可左移任意位。

slli rd, rs1, shamt                       # x[rd] = x[rs1] << shamt
slli: 000000 shamt rs1 001 rd 0010011      // Shift Left Logical Immediate. I-type, RV32I and RV64I.
                    //在 RV64I 中，位移量(Shift Amount)字段 shamt 的宽度是 6 位，故可左移 0~63 位。

slliw rd, rs1, shamt                      # x[rd] = sext((x[rs1] << shamt)[31:0])
slliw: 000000 shamt rs1 001 rd 0011011     // Shift Left Logical Word Immediate. I-type, RV64I only.
                                          //左移后仅取最低 32 位（模拟 32 位寄存器），并作符号扩充。
```

可见，slliw 指令也消耗了基本操作码 28 个编码空间中的一个。

这样就行了（似乎比想象中的简单）。

第二个问题，就是怎样将一个 64 位的直接数装载到寄存器中的问题。在 32 位指令集中，要装载到寄存器中的直接数是 32 位的，而整条指令的长度也只有 32 位，所以就分两步走。第一步先通过 lui（Load Upper Immediate）指令装载直接数的高 20 位，剩下的 12 位就作为 offset 放在例如 addi 等 I 类指令中，实质上既装载了直接数的低 12 位，又执行了算术逻辑运算。这样一共是两条 32 位指令。相比之下，在 32 位的 CISC 系统结构中，虽然可以在一条指令中既装载 32 位直接数又执行算术逻辑运算，但同样也要两个 32 位的 Word 才能承载这条指令，所以 RISC 结构并未吃亏。然而现在操作数的宽度成了 64 位，就得解决怎样把 64 位直接数装载到寄存器中的问题。但是既然可以装载 32 位直接数，还有 64 位寄存器的逻辑左移，这个事情也就不难。我们可以先用两条指令把一个 64 位直接数的高 32 位装载到 64 位寄存器中的低 32 位，然后用一条指令使其左移 32 位，再装载 64 位直接数的低 32 位。

总之，RV64I 是以 RV32I 为基础的，其指令系统的主体仍和 32 位整数指令集一样，寄存器的数量也一样，但寄存器的长度扩展到了 64 位，其指令系统对 RV32I 略有扩充.

至于 128 位的 RV128I，虽然已不再被“视作笑话”，但也还只是在筹划之中，应该还是比较遥远的事，只是保留了这么一种可能性而已。

这样，所谓 RISC-V 的基本 ISA，不是 RV32I 就是 RV32E，要不就是 RV64I，以后还可以是 RV128I，总是其中之一，不是其中之一就不算 RISC-V 的基本 ISA。这几种基本 ISA 的公因子，则显然就是 RV32I 这个 32 位整数指令集。RV32I（或 RV32E）这个 32 位整数指令集也是对 RISC-V 处理器的最低要求，如果没有实现这个指令集，就不能说是一个 RISC-V 处理器。所以，一般就以 RV32I 为 RISC-V 基本 ISA 的代名词。在这个基础上才能添加别的扩充指令，如果把 RV32I 说成是“皮”，那么别的那些就都是“毛”，“皮之不存，毛将焉附”。RISC-V 的 ISA 中确实还定义了一些“标准”扩充指令集，在 RV32I 的基础上增添一些特定的常用 32 位标准扩充指令集，总称为 RV32G，G 意为 General。所以 RV32G 并不是一个确定的指令集。

9.2　RV32M/RV64M 标准扩充

RV32M 和 RV64M 是 32 位或 64 位的整数乘除法运算指令集。在不提供（整数）乘除法运算的处理器上，整数的乘除法运算可以采用某些数值计算的算法、通过普通的算术逻辑指令和移位指令加以实现，这些算法的实现被作为标准库函数放在函数库里供调用。当然，这些库函数的存在对高级语言的程序员是透明的，程序员们无需知道这些库函数的存在，他们在高级语言程序中还是如常使用乘除等算符，但是编译器会将这些乘除运算转化成对库函数的调用。

软件实现的整数乘除法运算的效率毕竟低下，所以在对数值计算要求较高的系统中会要求有硬件实现的乘除法运算指令，然而难度不小。其中又以除法运算指令的实现难度更大，所以有些处理器即使提供硬件乘法指令也不提供除法指令，ARM 处理器就是到了 2005 年才开始提供硬件除法指令。

RISC-V 把整数乘法和除法指令单独定义成一个扩充指令集，即 RV32M，后来又扩展到 64 位的 RV64M。这样，把乘除法指令从基本 ISA 中分离出来，作为一种（标准）扩充指令集，就降低了实现 RISC-V 处理器的门槛，处理器的实现者不一定非得一开始就提供这些指令，而可以先实现一款只实现基本指令集 RV32I 的芯片，以后再慢慢把 RV32M 加进去，在新版的芯片里一并提供 RV32M。

RV32M 指令集中为整数乘法运算和除法运算各提供了四条指令，这样一共是八条。

四条乘法指令是：

```
mul rd, rs1, rs2        # x[rd] = x[rs1] × x[rs2]
mulh rd, rs1, rs2       # x[rd] = (x[rs1] s×s x[rs2]) >>s XLEN
mulhsu rd, rs1, rs2     # x[rd] = (x[rs1] s×u x[rs2]) >>s XLEN
mulhu rd, rs1, rs2      # x[rd] = (x[rs1] u×u x[rs2]) >>u XLEN
```

这里的乘法符号，以“$_s\times_u$”为例，表示前面那个乘数是带符号的，后面那个乘数是无符号的。移位符号也是这样，“$>>_s$”表示带符号位扩充的右移，而“$>>_u$”表示无符号的右移，即在高位填 0。移位符号后面的 XLEN 是右移后的位数，那就是处理器中通用寄存器的长度。

以 32 位乘法为例，两个 32 位数相乘，乘积最长可达 64 位，要两个 32 位寄存器才能盛放，但是 32 位的指令中排不下 4 个寄存器号，ALU 的宽度也没有那么大。所以一次乘法计算要由两条指令完成。第一次是用 mul 指令得到乘积的低 32 位，这一次与乘数是否带符号无关。第二次是用 mulh 或 mulhsu/mulhu 指令得到乘积的高 32 位（所以计算结果都是右移了 32 位的），这一次就与乘数是否带符号有关了。其中 mulh 用于两个带符号乘数，mulhsu 用于一个带符号一个不带符号，mulhu 则用于两个乘数都不带符号。32 位乘法是这样，64 位乘法也是一样。

四条除法指令是：

```
div rd, rs1, rs2        # x[rd] = x[rs1] ÷s x[rs2]
divu rd, rs1, rs2       # x[rd] = x[rs1] ÷u x[rs2]
rem rd, rs1, rs2        # x[rd] = x[rs1] %s x[rs2]
remu rd, rs1, rs2       # x[rd] = x[rs1] %u x[rs2]
```

这里“$\div_s$”表示带符号的除法运算，“$\div_u$”则是无符号的除法运算。表示取余数的“%”符号也是一样。

这几条指令的语义比较简单，div 和 divu 分别是带符号和无符号的整除运算，rem 和 remu 则分别是带符号和无符号的取余数运算。语义虽然简单，但算法（执行过程）和逻辑，以及电路，就复杂了。

9.3 原子操作标准扩充 RV32A/RV64A

RISC-V，与别的处理器一样，设计时要考虑到多核（Multi-Core）和用来构建对称多处理器（SMP）系统的可能。所谓多核，就是把多个处理器“核”集成在同一个处理器芯片中，这些核之间可能共享某些电路资源，但是逻辑上是各自独立的。而传统上所谓的多处理器则默认每个处理器中只有一个核，所以是“多处理器”而不是“多核”，但这只是物理组成上的区别，多核在逻辑上就等同于多处理器。至于 SMP，是说这些处理器在逻辑上是独立的、对称的，彼此之间并无固定的 Master/Slave 关系，但常常是作为一个集合（所谓处理器“池”）用来解算同一个（多线程的）问题。如果不是要解算同一个问题，那就只是相当于把多台计算机堆放在一起了（但是也要共享同一个主存）。为便于讨论，我们下面一般就只说多核而不说多处理器了。在多核的系统中，存储子系统的主体即“主存（main memory）”，也称“内存”，是由多核共享的，但是每个核又各有其独用的“缓存（cache）”。这里就有两个问题：第一个问题是存储一致性的问题，这是在单核系统中也存在的问题，单核系统中只要有多进程/多线程并发、并有共享变量就可能会有存储一致性的问题；第二个问题，即缓存协同性的问题，则是因为多核共享内存却又各有自己的缓存而带来的问题。解决这两个问题的必要条件之一，就是每个处理器都得有进行“原子操作（atomic operations）”的能力，必须有用来执行原子操作的指令。为此，RISC-V 的 ISA 中定义了一个作为标准扩充的指令集 RV32A，在以 RV64I 为基础的 64 位 ISA 中则是 RV64A。这里的字母 A 表示 Atomic，所以 RV32A/RV64A 又称为“原子操作指令集”。

9.3.1 存储一致性的问题

上述的第一个问题是存储的一致性（Memory Consistency）问题。所谓一致性，是指对存储器的（实际）操作与程序语义的一致性。这就是存储器中实际发生的操作序列（以及由此而达成的效果）与程序员意图中的、按程序设计语言的语义所理解的操作序列（和结果）是否一致的问题。这里所说的“存储”，是指与 CPU 相连的整个存储子系统，但是对于程序员而言就是“主存”，即内存，因为缓存对于程序员是透明的，其存在属于计算机组成，或称“微结构（micro-architecture）”，而不属于计算机系统结构。事实上，缓存只是作为一种优化、一种提高性能的手段而存在，并没有逻辑上的独立性。所以我们暂且抛开缓存，而假定每个核都直接读写内存，只考虑主存中的一致性。

在单核并且又是单进程/单线程的系统中，是基本（之所以说“基本”，是因为还有中断的存在）不存在内存一致性问题的。这是因为，每一条指令的执行本质上都是“原子”的，即使有中断也只能发生在两条指令之间，只要处理好与中断服务程序之间的共享变量（如果有的话），并且没有别的线程挤进来“打岔”，对内存的操作就不会受到干扰。而内存则按“先来先服务”即 FIFO 的规则执行读写操作，前一个操作尚未完成就不会启动后一个操作。所以指令执行的原子性和内存的 FIFO 特性保证了内存操作的一致性，即使在 CISC 的系统中有些指令的寻址模式要求访问内存多次，也是在一个不可分割的整体内部，并严格按照先后次序进行。在这样的条件下，如果我们按 CPU 与其存储子系统的界面上划一条时间线，在线上标注 CPU 发起每个存储器操作的时间点，形成一个操作序列；再按主存中实际发生的操作也划一条时间线，形成另一个序列；那么这两个序列中各项操作，即各个事件之间的间距或许会有变化，但是先后的次序是完全一致的。换句话说，二者的拓扑是一致的。而操作次序的一致，则使得各个事件前后的主存状态（内容）也与 CPU 即程序员的意图和预期一致。换言之，存储器中实际发生的操作次序和所得结果与按程序所排定的次序（program order）以及所预期的结果，是完全一致的，这样的一致性称为“严格一致（Strict Consistency）”。即使有了缓存，只要缓存也严格遵循 FIFO 的规则，不改变内存操作的次序（但是后面会讲到，在多核的条件下未必能保持），也仍能保持这样的严格一致。

那么，既然单条指令的执行本质上就是“原子”的，为什么还会有“原子指令”的需要，为什么还有“原子性”的问题呢？下面我们就会看到，这是因为在多进程/多线程的系统中，在某些特殊情况下光有单条指令的原子性还不够，还需要有某些特殊指令序列，即一个上下文片段作为一个整体的原子性才行。所谓原子操作指令，就是把原本需要用多条（一般是两条或三条）指令才能完成的操作整合在同一条指令内，使这个操作序列能享有单条指令所具的原子性。所以，原子操作指令实质上是“复合指令”。在 CISC 的处理器中有复合指令不足为奇，事实上 CISC 的许多指令都是复合指令，但在 RISC 处理器中要实现复合指令就是个挑战了，因为这个指令的执行得要在一个时钟节拍之内完成。

如上所述，在单线程的单核系统中并不存在一致性的问题，然而在多线程的系统中，情况就不一样了。我们知道，在操作系统的管理下，一个系统中可以有多个进程，每个进程内部可以只有一个线程，也可以有多个线程，同一进程内的多个线程共享同一个内存空间（从而都可以访问这个进程中的全局变量）；不同进程之间也可以通过操作系统实现存储空间的共享。实际上多进程在某些情况下可以归结到多线程，所以为便于讨论我们下面就只说多线程。下面我们会看到，即使在单核的系统中，只要有多线程并发执行，能否保持存储的一致性就可能成为问题。

我们考察在单个核上并发运行的多个线程。最简单的例子，就是单个处理器上跑着两个线程 A 和 B，二者有个共享的内存变量 n，每个线程的初始化程序中都有一行 C 语言代码 n++，目的就是要统计创建了几个线程。可是，如果两个线程恰好“同时”对 n 操作（宏观意义上的“同时”，实际上不可能是在严格意义的同一个时间点上，因为 CPU 核是被调度运行于不同线程），就有可能丢失其中的一个，此时的操作序列可能是这样：

1. 线程 A 读取变量 n 的当前值 N，然后恰好就发生了线程调度；
2. 线程 B 也读取变量 n 的当前值，也是 N，并在 N 上加 1，把 N+1 写回 n，使 n 的值变成 N+1，然后又发生了线程调度；
3. 线程 A 又被调度运行，也在 N 上加 1，把 N+1 写回 n，还是使 n 的值变成 N+1（此时 n 的值实际上并未改变）。

显然，n 的值本来应该变成 N+2，但是实际上却变成了 N+1。在这个过程中，线程 A 和 B 各自都做了程序所规定的操作，都没有什么错。而存储器，也是按处理器所要求的次序进行了所有的操作，也没有什么错。问题就出在有两个线程共享了存储器，使存储器的内容不能保证与两个线程的操作序列和预期结果都一致。更确切地说，是表面上应有的操作序列与实际发生的序列不一致，使实际得到的效果没有正确反映程序员的设计意图。这里的问题在于，程序员的意图是从内存读出了 N 的值以后立即加 1，并立即将结果回写到 N。可是他没有想到这个操作序列可以被打断，可以有别的操作在中间插进来。这就是对数据进行读-改-写这个操作序列的“原子性”，或者说“不可分割性”的问题。稍加思索就可知道，这个问题单纯在硬件设计上是无法克服的，因为硬件无从知道程序员在这种情况下的设计意图。程序员在“n++”这个语句中并没有把对于原子性的要求表达出来，编译器把这个语句编译成了 load/add/store 三条指令（编译器也没有错），然而中断可以发生在前后两条指令之间并引起线程调度。

与此类似的例子还可以举出一些，比方说有 A、B 两个线程，他们的程序中都有这么一个语句："if(x){x=0; DO_SOMEWORK}"，这里 DO_SOMEWORK 是宏操作，具体做些什么不在我们关心之列。程序的设计意图是：一旦把变量 x 设成了非 0 以后，就可以保证仅有一个线程可以执行 DO_SOMEWORK，因为无论哪一个线程在读取了 x 并测试到 x 非 0 之后就会把 x 设成 0，把门关上，别的线程就因为 if(x)这个条件而不会再执行 DO_SOMEWORK 了。然而由于与上述同样的原因，线程 B 有可能在线程 A 读取了 x 但还没有来得及把 x 设成 0 之际也读取了 x，从而在线程 A 还没来得及把门关上的时候就挤了进来。这个例子看似不同，但本质上与前面对变量 n 的递增是一样的，只不过这里又增加了对变量 x 原值的测试，问题的核心还在读-改-写这个序列的原子性。如上所述，这个问题单靠硬件是无法克服的，这是多线程执行所固有的问题。

这里的问题在于：尽管每条指令的执行都是原子的，从而每个读(load)/写(store)操作都是原子的；但是前后两条指令之间却不存在这样的原子性，并不成为不可分割的整体，因而在前后两条指令之间是可能受到干扰的。

其实学过操作系统的人都知道，这样的情况称为 Race Condition，需要在程序中通过加锁或临界区的方法来解决。问题就是，线程 A 对于 n 的读-改-写操作必须一气呵成，不允许中间被打断，这三步操作（对于存储器是两步）必须是像原子一样不可分割的整体。这样，线程 A 把 n 变成 N+1 以后线程 B 才能读（要不就是反过来，B 先到 A 后来），从而读得 N+1，然后使其变成 N+2。当然，线程 B 的这三步操作也必须是"原子"的，因为说不定还有线程 C。

然而怎样才能保证这三步操作的原子性呢？我们不妨这样分析：之所以会有线程 B 中途插进来，是因为线程 A 被调度睡眠了。在单核的系统中，任一瞬间都只有一个线程可以运行，既然调度了线程 B 运行，就说明线程 A 被调度睡眠了。线程 B 的不期而至打破了线程 A 对存储器本该有的原子性即整体性的读写操作。而系统之所以发生线程调度，从而使线程 B 被调度运行的必要条件，则是发生了中断，通常是时钟中断，但当然也可以是别的中断。既然如此，那就可以通过相关指令关闭（禁止）中断来建立临界区。事实上，在上面这个例子中，线程 A 只要在读取变量 n 之前先关闭中断，然后在把 N+1 写入 n 之后再把中断打开，就保证了操作序列的原子性。然而中断的打开（允许）和关闭（禁止）只应在操作系统的内核中进行，因为如果允许在用户空间做这个事就有可能发生关了之后忘了打开的情况，用户程序的质量毕竟是无法保证的。所以开中/关中指令都是特权指令，这在任何处理器上都是一样。为此，临界区的建立/撤销都是由操作系统作为系统调用如 P/V 操作一类的"原语"提供给用户程序的。可是不管什么样的临界区都要通过系统调用实现也太麻烦了，而且也影响效率。所以，能否不经过操作系统，在用户空间就解决操作原子性的问题，就很有意义了。

这里所说"读-改-写"过程的原子性，读和写都是指对内存的单次访问，而且是对同一地址的单次访问，这没有问题，问题在于"改"是什么样的改。如果是简单的，能在一条指令内完成的改，例如 n++，那能把这"读-改-写"三步做在同一条指令内就很有吸引力，因为同一条指令内的操作不可中断，所以无需关中。这样在用户空间的程序中就可以实现原子操作，这在 CISC 指令系统中不难解决，也正是 CISC 的一个长处，但 RISC 指令系统也应提供这个手段。而如果"改"这一步并非那么简单，不能由单条指令完成，那就只好放在一个临界区中进行，那有没有可能不经过操作系统，在用户空间就能建立临界区的可能呢？

正是基于这样的考虑，出于这个目的，几乎所有的处理器都会提供一条称为 SWAP 或 CAS 之类的指令，但不是在同一条指令中实现"读-改-写"，而只是"读-写"两步，用一个寄存器中的数值把一个内存单元中的数值交换出来，这样就可以实现临界区。具体的思路是，用一个内存单元（变量）作为软件"锁"，也是一个临界区的大门；这个锁的值为 0 表示没有加锁，需要加锁的时候就用 SWAP 指令用数值 1（非 0）把这个 0 交换出来，然后检查所交换出来的这个数值是 0 还是 1；如果是 1 就说明这个锁原来就是锁着的，所以进不了临界区的门；如果是 0，就说明这个锁原来是开着的，但现在已经锁上，可以进临界区了。

有了这条指令，并不意味着那些与临界区有关的系统调用就可以不要了，因为还有更复杂的临界区操作。

无论是 SWAP 指令的提供，还是相关系统调用的提供，本质上都是"硬件不足软件补"的解决方案，这意味着在某些条件下一定得有程序员的介入才能保证存储的一致性。但是"软件补"也得要有硬件的支持，处理器中 SWAP 指令的设计与实现就是这样的硬件支持，而且这个硬件支持只能由处理器（通过特殊指令）提供，而无法单靠存储控制器提供。

显然 SWAP 指令的实现也是比较复杂的，这是原子性的"读-写"操作，需要在同一条指令中对内存既读又写，这是无法加以简约的，也打破了一条指令最多只访问内存一次的规矩。所以对于任何 RISC 处理器而言 SWAP 都是一条特殊的指令。但是，即便如此，RISC 的指令系统也应该提供 SWAP 指令。

事实上，RV32A/RV64A 指令集中也确实提供了 swap 指令，称为 amoswap，AMO 意为"Atomic Memory Operation"，swap 当然属于原子性内存操作。这条指令是这样：

```
amoswap.w rd, rs2, (rs1)                         # x[rd] = AMO32(M[x[rs1]] SWAP x[rs2])
amoswap.w: 00001 aq rl rs2 rs1 010 rd 0101111     //Atomically, let t be the value of the memory word at address x[rs1],
                                                  //then set that memory word to x[rs2]. Set x[rd] to the sign extension of t.

amoswap.d rd, rs2, (rs1)                         # x[rd] = AMO64(M[x[rs1]] SWAP x[rs2])
amoswap.d: 00001 aq rl rs2 rs1 011 rd 0101111     //Atomically, let t be the value of the memory doubleword at
                   // address x[rs1], then set that memory doubleword to x[rs2]. Set x[rd] to the sign extension of t.
```

这两条指令，一条用于 32 位数据，另一条用于 64 位数据，合在一起消耗了一个基本指令编码，两条指令的基本操作码都是 0101111，仅在 funct3 字段中加以区分。

参数 rd、rs2、rs1 均为寄存器。寄存器 rd（的内容）为目标内存单元的地址。设 t 为地址 rs1 所指存储单元的内容，则先将 rs1 所指存储单元的内容 t 写入 rd 所指的目标单元，而将 rs2 的内容写入 rs1 所指存储单元。后面注解中的 AMO32 表示这是 32 位原子操作，M[x[rs1]]表示寄存器 rs1 的内容所指存储单元，SWAP 表示对换，x[rs2]表示寄存器 rs2 的内容，写入 rd 的内容 t 为 M[x[rs1]]。如果 t 的宽度不及 32 位就加以带符号扩充。这样就用寄存器 rs2 的内容将 rs1 所指存储单元的内容置换了出来放在寄存器 rd 中，这里并没有将读出的内容进行运算再写回去。实际使用中通常 rd 和 rs1 指向同一内存单元，那就成了用 rs2 的内容与某个内存单元的内容对换。

注意这里在指令的编码中把 funct7 的高 5 位设置成 00001，这是指令操作码的一部分；而 funct7 的其余两位，则用作两个标志位，一个是 aq（意为 acquire），另一个是 rl（意为 release）。凡是 AMO 指令，都可以在指令中把 aq 位设成 1，表示 AMO 指令与在其之后的访内操作在存储器中实际发生的操作次序和所得结果必须与按程序所排定的次序和所预期的结果一致；如果 AMO 指令把 rl 位设成 1，表示 AMO 指令与在其之前的访内操作在存储器中实际发生的操作次序必须和所得结果与按程序所排定的次序和所预期的结果一致。这样，以 amoswap.w 为例，在程序中就可以是 amoswap.w.aq 或 amoswap.w.rl。加上后缀 aq 就表示把 aq 位设成 1；加上后缀 rl 就表示把 rl 位设成 1。Atlas 一书中：

```
# Critical section guarded by test-and-set spinlock using an AMO.
    0: 00100293   li t0,1                    # Initialize lock value        //将寄存器 t0 设置成 1
    4: 0c55232f   amoswap.w.aq t1,t0,(a0)    # Attempt to acquire lock      //rd 是 t1，rs2 是 t0，rs1 是 a0。
    8: fe031ee3   bnez t1,4                  # Retry if unsuccessful        //如果换回的数值非 0 就转回 4，直至进入临界区。
       ... critical section goes here ...                                   //中间是临界区的代码
   20: 0a05202f   amoswap.w.rl x0,x0,(a0)    # Release lock.                //临界区执行完毕，解锁。
```

左边是这段指令汇编后的地址（尚未连接）和指令的十六进制代码，中间是汇编指令，右边是注释。具体的流程是这样：(a0)就是指令中的 rs1，是一个内存单元的地址，这个地址的内容被用作一个软件锁 lock。如果 lock 的值是 0，就表示锁是开着的，如果是 1 就表示已经锁上。这里用一条 amoswap.w.aq 指令试图加锁，办法就是将寄存器 rs2（在这里是 t0）设成 1，然后用它去与地址 a0 所指的存储单元交换内容。如果返回的是 0 就说明原来是 0 而现在变成了 1，这就锁上了。下一条指令就是临界区内的指令，已经进了临界区。可是，如果返回的是非 0，那就说明这个锁原先就已经被别的线程锁上，那就进不了临界区，所以就转移到地址 4 的地方，再次执行 amoswap.w.aq 指令，再试试运气。要是一直锁着没有打开，就一直在这儿打转，直到把它锁住的那个线程终于把它打开（见地址为 20 处的那条 amoswap.w.rl 指令）。这样的锁叫 spinlock，我们不妨称之为“转转锁”。一旦别的线程把锁打开，这个地址中的内容就变成了 0，这条 amoswap.w.aq 指令的返回值就是 0，这下 bnez 指令就不转了，程序就进了临界区。执行完临界区里的代码之后，在离开临界区时还要执行一条 amoswap.w.rl 指令，把 lock 的值恢复成 0，这里 x0 表示 R0，其内容永远是 0，这就把自己加的锁给打开了。在这个过程中实际上有两个锁，首先是关于临界区的锁，这是主要的锁，这个锁是一个内存单元，用它的值来表示“锁上”和“打开”两个不同的状态，用来构成同一处理器上不同线程间的互斥。把 swap 指令的 aq 位设成 1 对此并无影响。不构成加锁。

如前所述，在单核的系统中也有 SWAP 指令，用来防止不同线程间的互相干扰。但是单核处理器中的 SWAP 指令没有 aq 位和 rl 位，aq 位和 rl 位的加入是为了防止不同核之间的干扰。试想有 C1 和 C2 两个核，恰好把同一个内存单元用作了转转锁，并同时想要进入临界区。内存单元 a0 即转转锁原来的值是 0，C1 通过 amoswap 指令读取这个值并将其换成 1。可是就在 C1 已经读取内存单元 a0 的内容但尚未写入之际，C2 也通过 amoswap 指令要交换这个单元的内容(两个核的时钟未必是严格同步的)，于是 C2 读取的内容也是 0，并且同样也自以为将其内容置换成了 1，从而两个核上的线程都以为自己进入了临界区。但是，如果有 aq 控制位的作用，则 C1 在读取内存单元 a0 的内容时就把 a0 锁上了，稍后 C2 也要求把 a0 锁上时就会失败，直到 C1 在下一条 amoswap 指令中把 rl 控制位设成 1，释放对 a0 的访问权为止。

这样，amoswap 指令中的 aq/rl 控制位保证了多个 CPU 核同时执行时只能有一个 CPU 核能成功加锁，而“转转锁”本身则排除了（同一 CPU 核上）线程之间的干扰。

别的 AMO 指令也与此类似。

但是要注意，aq/rl 位的存在与作用实际上是为没有缓存的多核系统而设计的。在这样的系统中，多个处理器直接共享一个主存、一个总线，中间并无缓存，这样才可以通过总线的锁定来防止不同处理器之间的干扰，从而保证多个处理器间的存储协同性。其中 aq 意为“获取（acquire）”，想要获取的就是对共享主存的访问权；而 rl 意为“释放（release）”，所释放的就是所获取的对共享主存的访问权。而“获取”的具体实现就是把访问共享主存的总线锁上。这样，在没有缓存，直接共享主存的多核系统中，靠 aq/rl 控制位的妥善使用就可以保证多个处理器访问内存的协同性，因为在任何一个时间点上所有处理器所“看到”的内存状态（内容）都是一致的。

所以，aq/rl 控制位是最“朴素”的存储协同手段，用于最“朴素”的多核（多处理器）系统，即没有缓存的多核系统。事实上，多核系统未必都使用缓存，尤其是各自独立的缓存，有些多核系统确实并不使用缓存。可是，如果多核系统使用了各自独立的缓存，那情况就不一样了，这时候 aq/rl 位实际上发挥不了作用（因为 a0 就有多个副本），而要让位于存储子系统中的“存储协同规程”（见后述）。反过来，存储协同规程（在有缓存多核系统中）要达到的最终效果就应该等同于 aq/rl 控制位（在无缓存多核系统）所达到的效果。

注意 RV32A/RV64A 指令集中的指令并非都以 amo 为前缀，还有两条指令也能被用来实现这样的 spinlock，从而用来构筑临界区。一条是“加载并保留（Load-Reserved）”指令 lr，一条是“条件存储（Store-Conditional）”，我们只看其 32 位版本：

```
lr.w rd, (rs1)                              #x[rd] = LoadReserved32(M[x[rs1]])
lr.w: 00010 aq rl 00000 rs1 010 rd 0101111      //Load-Reserved Word. R-type, RV32A and RV64A.
                                            //Loads the four bytes from memory at address x[rs1], writes them to x[rd],
                                            //sign-extending the result, and registers a reservation on that memory word.
```

这条指令将寄存器 rs1 所指存储单元的内容加载到目标寄存器 rd，这和普通的加载指令一样。不同之处是保留了对这个存储单元的访问。

与此相对的是 sc 指令，即有条件的存储，条件就是目标单元被当前 CPU 保留，且并未被别的 CPU 核保留：

```
sc.w rd, rs2, (rs1)                         #x[rd] = StoreConditional32(M[x[rs1]], x[rs2])
sc.w: 00011 aq rl rs2 rs1 010 rd 0101111        //Store-Conditional Word. R-type, RV32A and RV64A.
```

```
//Stores the four bytes in register x[rs2] to memory at address x[rs1], provided
// there exists a load reservation on that memory address. Writes 0 to x[rd] if
// the store succeeded, or a nonzero error code otherwise.
```

条件写入指令 sc 试图将寄存器 rs2 的内容写入寄存器 rs1 所指的存储单元，但是有个条件，就是必须事前已通过 lr 指令保留，现在属于回写才行，如果合乎条件就写成功了，此时目标寄存器 rd 返回 0；否则就写入失败，rd 返回非 0。

用 lr/sc 指令可以实现所谓“比较并交换（Compare-And-Swap）”即 CAS 的机制，许多 CISC 的 CPU 都提供 CAS 指令（在 x86 上是 CMPXCHG）：

```
# Compare-and-swap (CAS) memory word M[a0] using lr/sc.
 # Expected old value in a1; desired new value in a2.
0: 100526af     lr.w a3,(a0)        # Load old value            //rd 是 a3, rs1 是 a0
4: 06b69e63     bne a3,a1,80        # Old value equals a1?      //如果 a3 不等于 a1，就转到 80。
8: 18c526af     sc.w a3,a2,(a0)     # Swap in new value if so   //用 rs2 即 a2 的值去替换
c: fe069ae3     bnez a3,0           # Retry if store failed     //写入失败，转回地址 0 重试。
    ... code following successful CAS goes here ...         //这是临界区的代码
 80:                     //这已经在临界区之外
```

这里寄存器 a0 所指的存储单元被用来加锁，其流程这样：先用一条 lr 指令，把目标地址中的内容读入 rd，在这里是寄存器 a3，同时保留对这个内存单元的访问权。读回来的数值与 a1 中的期望值（例如 0，表示没有被锁上）比较，如果不同就说明已被别的线程锁上，那就跳出临界区之外，以后再说。如果相符，就说明还没有锁上，那就试着把 a2 中的内容写进去，如果写成功就锁上了，那就进了临界区；而写成功的条件，就是对这个存储单元的保留和写入是同一个线程。要是写不成呢？这就说明自从上次保留以后有别的线程也对这个地址执行了 lr 指令，现在变成是被别的线程所保留的了。但是还不甘心，回过去再来一次 lr，只要还没有被锁上就还有希望；看谁能在 lr 和 sc 两条指令之间没有被别的线程插进来，那就成功了。当然如果这次读回来的数据变了，那就是已经被锁上，没有了希望。注意这里并没有对于锁本身的 spin，而只有对于争夺写入权的 spin，要做成 spinlock 就把第二条指令中的转移地址从 80 改成 0，或者在地址 80 的地方先干上点什么，再转回来试试。注意 lr 指令所保留的只是对目标内存单元的写入权，而并不保留对目标内存单元的读出（并保留）权。所以，如果两个线程先后执行 lr 指令，前者所保留的写入权就被覆盖。这样，如果一个线程在执行 lr 指令以后还没来得及执行 sc 指令之前发生了线程调度，就可能会因为别的线程也来执行 lr 指令而丧失所保留的写入权，从而让别的线程抢先加锁进入临界区。当然，在多核的系统中还须防止别的核上的线程前来抢占，所以 lr/sc 指令中也带有 aq/rl 控制位。

指令 lr 和 sc 是分立的两条指令，虽然两条指令一定是连用（中间夹了一条条件转移指令），但却并未将这二者合成在同一条指令中，也无关中断，却也能用来构筑临界区，关键就在于硬件提供了保留/核对的功能。这个方法是 Maurice Herlihy 在 1991 年发明的。

所以，用 amoswap 或者 lr/sc 指令都能实现临界区。不同之处在于，amoswap 是同一条指令中对内存既有读又有写，成为一条原子操作指令；而 lr/sc 并没有把对内存的读写放在同一条指令中，却也达到了可以在不关中的条件下构筑临界区的目标，但需要对内存有“保留写入权”的功能。这二者都需要软件的介入，都是“软件补”，但也都需要硬件的配合，前者是 amoswap 指令的提供，后者是有特殊功能的访内指令。

可是，如果需要作为原子操作进行的只是像前面所说的 n++那样的简单运算，那要辛辛苦苦构筑起临界区就有点小题大做了，此时要求的是能实现“读-改-写”一体化的单条指令。不过这个“改”就可以有各种不同的运算，当然只能是简单运算。对于 n++之类的运算，RISC-V 就专门提供了指令 AMOADD。同样，这也有 32 位和 64 位两种版本，我们看 32 位的版本：

```
amoadd.w rd, rs2, (rs1)                    #x[rd] = AMO32(M[x[rs1]] + x[rs2])
amoadd.w: 00000 aq rl rs2 rs1 010 rd 0101111      //Atomically, let t be the value of the memory word at address x[rs1],
                                           // then set that memory word to t + x[rs2]. Set x[rd] to the sign extension of t.
```

寄存器 rs1 的内容指向一个内存单元，从此内存单元读出其内容 t 与寄存器 rs2 的内容相加，将结果写回该内存单元，并将 t（经符号扩充之后）写入寄存器 rd。

所进行的运算不限于加法，RISC-V 还提供了 AMOAND、AMOOR、AMOXOR 等三条指令，用来对目标内存单元的内容进行逻辑运算然后写回该存储单元。这里所共同的是：写入目标寄存器 rd 的总归是从寄存器 rs1 的内容所指内存单元读出的内容 t。

此外，RISC-V 还提供对目标存储单元的内容进行比较/选择的原子操作指令：

```
amomax.w rd, rs2, (rs1)                    #x[rd] = AMO32(M[x[rs1]] MAX x[rs2])
amomax.w: 10100 aq rl rs2 rs1 010 rd 0101111
          //Atomically, let t be the value of the memory word at address x[rs1], then set that memory word to the
          // larger of t and x[rs2], using a two's complement comparison. Set x[rd] to the sign extension of t.
```

将寄存器 rs1 所指存储单元的内容与寄存器 rs2 的内容进行比较，取其较大者写回存储单元，并在寄存器 rd 中返回该存储单元的原值。

与 AMOMAX 相对，还有 AMOMIN 和 AMOMINU，前者用于带符号整数，后者用于无符号整数。

```
amomin.w rd, rs2, (rs1)                    #x[rd] = AMO32(M[x[rs1]] MIN x[rs2])
amomin.w: 10000 aq rl rs2 rs1 010 rd 0101111   // Atomic Memory Operation: Minimum Word. R-type, RV32A and RV64A.
      //Atomically, let t be the value of the memory word at address x[rs1], then set that memory
      //word to the smaller of t and x[rs2], using a two's complement comparison. Set x[rd] to thesign extension of t.
```

这与 amomax 是一样的，只是方向不同，写回存储单元的是较小者而不是较大者。

但是如果有多个处理器核共享内存就又有问题了。这是因为，同一个核上的线程是并发运行，在任何一个特定的时间点上只有一个线程在运行，但不同核上的线程却是真正的并行。另外，一个核上是否关中断对于别的核也毫无意义。这里还要说明，所谓多处理器/多核系统，可以有不同的结构形态，例如在一些外设中也会有嵌入的处理器，但是 CPU 与那些处理器之间是主从的关系。我们在这里关心的是所谓“对称多处理器（Symmetric Multi-Processing）”即 SMP 结构的系统。在 SMP 系统中，既然无法干预其它线程在别的核上的运行，那就只能在访问内存的总线上想办法，让一个核/处理器可以把总线锁住，只让加锁的那个核访问，把来自别的核的内存访问挡住，让它们处在等待周期中。当然，加锁的时间不能太长，得要及时解锁。在 Linux 内核的代码中，我们常常可以看到一些访问内存的汇编指令前面加有 lock 的字样，就是要在执行这条指令时把总线锁住，这就是 x86 处理器向程序员提供的一种手段。当然，这要有存储控制器的配合，而且处理器与存储控制器之间还要有通知加锁/解锁的机制。

当然，RISC 处理器同样也得向程序员提供能通知存储控制器把总线锁住（和释放）的手段，指令中的 aq/rl 控制位就是这样的机制，这当然需要存储子系统的配合的。

在多处理器共享内存的系统中，如果我们也在处理器（群体）与内存的界面上按时间列出所有存储操作要求的先后次序，再与内存中实际发生的事件序列进行比较，就会发现二者就很可能对不上了，因为多个处理器在竞争使用总线和内存的时候会有随机的时序变化。在这样的情况下要维持二者的严格一致是不现实的。所以，人们就退而求其次，改而要求达到“序列一致（Sequential Consistency）”，缩写成 SC。所谓 SC，就是不管存储器的整个事件序列怎样，但是具体到每个核所看到属于自己的那些操作的序列是与自己的程序安排一致的。

还要说明一下，有了缓存以后，原来（大多采用 DRAM）的“内存”就成了“主存”，而“主存”加“缓存”就是“内存”。但是这个区分并不严格，在英语里都是说“memory”，只是在翻译成中文时才说“内存”和“主存”，所以读者应根据上下文判断“内存”这个词究竟指的是什么。

9.3.2　缓存协同性的问题

如果是在多核/多处理器共享内存的系统中，而又采用了（高速）缓存，那情况就变得更复杂了。

缓存的采用是提高计算性能的一个重要措施，也是一个必要的举措。这是因为，现下计算机的主存一般都采用速度较慢但是价格便宜的 DRAM，而缓存则都采用速度很快但价格很高的 SRAM。二者的速度相差多大呢？DRAM 的访问时间是 50-70ns，而 SRAM 的访问时间是 0.5-2.5ns，相差 20 倍以上，甚至可达 100 倍。二者的价格也相差几十倍。对于现在动辄几个 GB 的内存，要采用 SRAM 是不现实的。SRAM 所采用的半导体技术与 CPU 中的寄存器和组合电路所用的技术是一样的，速度上可以匹配。也正是因为这样，人们才觉得 RISC-I 和 SPARC 所采用的寄存器窗口方案其实并无必要，或者至少是所得甚微，因为把数据存放在寄存器中与存放在缓存中相差无几。可以设想，如果没有缓存，那会是怎样的景象。如果没有缓存，那每次从内存读写数据（先不考虑取指令）都得要访问 DRAM，那就是 50-70ns，在此期间处理器的流水线基本上都得停下来等待。现在的 RISC 芯片，时钟频率达到 1GHz，即时钟周期短到 1ns 并不稀奇。即使时钟频率只是 100MHz，时钟周期也才 10ns。原本是想要平均一个时钟周期执行一条指令的，但是访问内存的指令就得要 50-70ns。如果程序中有百分之十的指令需要读写内存（考虑对局部变量的访问，局部变量都在堆栈上，那就是在内存中），那少说也要使速度拖慢到原来的一半。换言之，在这样的情况下，把时钟频率提高到 100MHz 以上其实意义不大。所以，除一些性能要求不高的嵌入式系统之外，（高速）缓存不是可有可无的东西，而是必须要有。那么是让多个处理器、多个核共享同一个缓存？还是让每个处理器、每个核都有自己私用的、分立的缓存？进一步的研究表明，应该让每个核都有自己私用的、分立的缓存。

这样就产生了一个新的问题，如何保证这些分立缓存的内容保持协同（coherent）。分立的缓存之间，在内容上往往不会相同，因为各个核都在自己的上下文中执行自己的程序，井水不犯河水。但是其中有些内容可能来自内存中的同一个存储块，同一个“缓存线（cache line），也可以称作缓冲线或缓冲行，缓存控制器对内存的读写是以此为单位的成块读写，CPU 对缓存的读写才是以字节/半字/字/长字为单位”，那它们的内容当然必须保持一致（要不然以谁为准？），这就是所谓“协同”。所以，“协同性”实质上就是同一内容的多个缓存版本之间的一致性。

回头再去考虑前面那个例子中的变量 n，既然无法不让线程 B 在另一个核上运行，那么把总线锁住能否解决问题？现在也不行了。这是因为现在是在多核系统中，每个核各有自己的缓存，包含着变量 n 的那块数据、那个缓冲线，可能同时存在于两个核的缓存中，并且 n 的值相同。这样，线程 A 从自己的缓存中读取 n，并且修改后加以回写，但是这并不妨碍 B 也从自己的缓存中读取 n 的值，也是井水不犯河水，然而实际上错误已经酿成，因为线程 B 不知道线程 A 已经改变了 n 的值。这就是缓存之间不协同的问题。再考虑另一个情景，假定一条缓冲线有了两个缓存副本，然后两个不同处理器写了这同一缓冲线里的两个不同变量，假定一个是 a 一个是 b，但是当然都只是写在自己的那个副本中。然后，存储子系统当然要把写“脏”了的副本写回内存。可是这时候怎么办？把变量 a 被写脏的那个副本回写到内存就丢了变量 b 的最新内容，反之就丢了变量 a 的最新内容。如果先后回写这两个不同的副本，则回写在后的副本就把回写在先的副本覆盖掉。这样，a 和 b 两个变量的最新值就必有一个会丢失，两个副本之间似乎无法“协同”。显然，缓存协同（Cache Coherence）的问题不同于前述的存储一致性问题，但是二者也有关联，缓存协同性的问题使存储一致性的问题变得更加错综复杂。那么，是否可以像（单核系统中）锁住总线一样，只要有写操作就把其它处理器/核的缓存通通全都锁住呢？技术上是可以办到的，但是那样就会严重影响性能。人家在进行的内存访问可能与你这个缓冲线毫不相干，为什么要不分青红皂白把人家一概锁住？

在这个情况下，比较合理的做法之一，是让线程 A 在发起读取 n 时作出提示：这不是一次简单的读取，而是读了以后马上就要写（考虑前述的 lr 指令）；而线程 A 所在这个核的缓存控制器，则向所有别的缓存控制器发出通知，让他们看一下，本地是否缓存着这个变量 n 所在的缓冲线，如果有就暂时禁止对这个变量所在缓冲线的访问，或者干脆就将这条缓冲线废除掉，并暂时禁止加载；即使本地没有这条缓冲线，也要暂时禁止加载这条缓冲线（因为对其内容的改变尚未回写到主存中）；直至收到由本控制器发出的解除通知。显然，这里需要有一个各缓存控制器之间，以及缓存控制器与主存的存储控制器之间的“协同规程（Coherence

Protocol)”。而协同规程的制订与实现，则也要有指令系统的配合，并考虑系统的性能与实现成本。

上面讲的还只是协同规程的前半部分，到了真要写入的时候，则又要区分两种不同的写。一种是普通的写，另一种是写并解除禁止（考虑前述的 sc 指令），这也要在指令（以及规程中的命令）中加以指明，或者有不同的指令。这二者共同的部分是写内存，当然实际上是写缓存。对缓存的写操作，首先要看所写的那条缓冲线是否在缓存中，如果不在就得先把它加载进来。要加载一条缓冲线，首先还得看看缓存中是否有空闲的位置（称为 slot），如果没有就得废除（invalidate）一条已在缓存中的缓冲线，一般是采用 LRU 算法，把最长时间没有受到访问的缓冲线废除掉，以腾出空间。为简单起见，我们假定目标缓冲线已经在缓存中。于是新的内容就被写入了缓存中某条缓冲线内的某个单元，但这并非最终目的，最终目的是要写入共享的主存。而把新写入缓存的内容写入主存，则因具体缓存控制器的设计而有两种不同的模式和方案。一种叫“穿透写（write through）”，另一种叫“回写（write back）”。所谓穿透写就是每次写入缓存时都立即一竿子到底写入主存。注意中间可能需要穿透二级缓存甚至三级缓存，即 L2 缓存甚至 L3 缓存。而回写，则是在写入缓存时把对应着目标缓冲线的一个 Dirty 标志位写成 1，表示这条缓冲线已经“脏”了，但却并不立即写入主存。这也就是说，真正的回写操作还要推迟一会儿，先缓冲一下再说。如果没有什么情况，就可以一直到要废除这个缓冲行的时候才回写。但是如果有别的缓存控制器也加载了这条缓冲线，或者要加载这条缓冲线，那就又有不同的处理，就要提前回写。当然，不管是“穿透写”还是“回写”，都得通知别的缓存控制器：这个地址中的内容已经改变，你们各自看一下，如果本地有这条缓冲线，就要么从主存读入新的内容，要么干脆就把这条缓冲线废除掉。最后，如果是写并解除禁止，那就还得通知别的缓存控制器，解除先前的禁止。可见，协同规程是挺复杂的，而实现着协同规程的缓存控制器的设计和实现也绝非易事。

可想而知，“回写”是对“穿透写”的优化，因为它把原本可能的多次写入（每次写入都是整个缓冲线的写入）合并成了一次写入，这当然有利于性能的提高。

协同规程可以分成两部分，一部分是直接与存储操作有关的，这是协同规程的核心部分；另一部分则有关不同缓存之间的通信方式。上面所述是总线式的协同规程，受到读/写访问的缓存控制器在总线上广播发送通知，所有缓存控制器都盯着总线。这种规程相对简单，缺点是可扩性不好，系统中处理器数量较多（例如 1000 个，注意每个处理器都有自己的缓存，缓存的个数与 CPU 的个数是一样的）时就不好办。另一种是基于目录的协同规程，这种规程/设计方案在系统中维持着一个集中的目录，一般是在主存的存储控制器中，目录中记载着哪一个缓存上保持着哪些缓存行，就像一个小小的数据库。这样，就可以有的放矢，只向有关的缓存控制器发送通知，但是存储子系统的构成当然也更为复杂。

与存储操作直接有关的那部分是协同规程的主体。当然，协同规程的核心是对于缓冲线的管理。典型的协同规程将存在于缓存中的缓存线分成 M、O、E、S、I 五个状态，每个缓存（控制器）对于每个缓存行的管理就相当于一个五状态的有限自动机，所以称为 MOESI 规程。这五个状态是：

- E – Exclusive clean，独有并干净。这条缓冲线只被缓存在于这个缓存中，并且是“干净”的，尚未发生过对这个缓冲线的写操作。显然，刚被加载的缓冲线就处于这个状态。
- S – Shared，共享。别的缓存中也有这条缓冲线，并且可能是不干净的，本缓存没有改动这条缓冲线内容的权限。
- M – Modified，本缓存中的这条缓冲线的内容已经被改动，是这条缓冲线的最新版本。
- O – Owned，占有。这条缓冲线可能在别的缓存中也有，但是本缓存已经取得对这条缓冲线实施写操作的权限。其余缓存中的这条缓冲线还可以读，但不能写。
- I – Invalid，废除，这个副本在逻辑上不存在，其所占“槽位”处于空闲，可以被用于其它缓冲线的副本。倘若需要访问这个副本，就需要重新从主存读入。

对于同一条缓冲线，不同缓存所处的状态一般是不同的，但是不可以有冲突。下面这个表列出了任何两个缓存之间的状态冲突关系。

这个表的意思，是说同一存储子系统内部的任何两个缓存之间，对于同一个缓存副本，哪些状态是相容的，允许同时存在，哪些是不相容的，不允许同时存在。例如，要是其中之一处于 M 状态，即已经对此副本进行了修改，那另一个缓存对此副本就只能处于 I 状态，即必须将该副本标记为无效，所以 M 状态是排它的。排它性与 M 一样强的是 E（E 本身就表示 Exclusive），因为处于状态 E 的副本是打算要进行修改的。但是，如果一个副本在一个缓存中是处于 S 即共享状态，那另一个缓存当然也可以处于共享状态，甚至也可以处于拥有状态，即状态 O。但是如果另一个缓存想要让这个副本进入 E 状态，那就不行了。如果要让这个副本进入状态 E，就得使另一个缓存中的这个副本转入 I 状态。如此等等，就留给读者自己推敲了。

	M	O	E	S	I
M	×	×	×	×	√
O	×	×	×	√	√
E	×	×	×	×	√
S	×	√	×	√	√
I	√	√	√	√	√

至于这些状态之间如何转变，那就属于缓存的具体实现了。但是可以想象，如果一条 lr 指令中的 aq 控制位是 1，那目标地址所在的缓冲线就应该进入 O 状态了；因为 lr 指令表达了写入的意图，而 aq 控制位又表示要防止来自其它核的干扰。

也有的协同规程将状态 O 合并到状态 M 中，从而只有四个状态，那样的规程称为 MESI 规程。

另外，由于缓存的使用，即使每个缓存都严格按 FIFO 的次序操作，实际发生在主存的操作序列也会发生变化，称为存储器操作的“次序重排（reordering）”，不同的缓存结构和协同规程会导致不同的次序重排。但是只要还能保持序列一致，加上软件上的辅助手段，就还是可以保证程序执行的正确性。

所以，缓存协同性的问题体现在两个方面，一个方面是缓存版本之间的互斥与同步，另一个方面就体现在如何应对操作次序的改变。

9.3.3　操作次序的改变与存储模型

如上所述，在多处理器系统中，尤其是在采用缓存的多处理器系统中，要求发生于存储子系统内部的操作和事件与各个处理器的编排序（program order）严格一致是不现实的，但是只要存储子系统能保证“序列一致”，加上合适的辅助手段，就仍能保证各个处理器上程序执行的正确性，即与程序员的意图和预期一致。然而以“序列一致”为存储模型的存储子系统注定是效率不高的。用通俗的话说，就是“序列一致”这个存储模型显得太刻板、太保守了，这样的存储子系统对整个系统的约束太“强”。实际系统的设计者/实现者会想出种种办法加以优化，以提高系统的性能，即程序的执行效率，使存储子系统对整个系统的约束“弱”一些，给整个系统的设计留下一些灵活性。首先，处理器的流水线如果采用了 Out-of-Order 执行即“脱序执行”的优化方案，那么所执行指令的次序就有可能改变，所引起存储器操作的次序当然也随之而变。

其次，由于缓存的作用，相继两个写操作的次序也可能被改变。Kourosh Gharachorloo 的博士论文“Memory Consistency Models for Shared-Memory Multiprocessors”（斯坦福大学 1995 年技术报告 CSL-TR-95-685）中有个例子：

```
初始化  A = FLAG = 0
P1:                                P2:
A = 1;
FLAG = 1;                          while (FLAG == 0);
                                   ... = A;
```

这里的 P1 和 P2 是分别运行在两个核上的两个线程，共享的全局量 A 和 FLAG 的初始值都是 0，这两个变量可能不在同一条缓冲线中。线程 P1 先把 A 设置成 1，然后将 FLAG 设置成 1；线程 P2 则在一个 while 循环中等待直到 FLAG 不为 0，然后读入 A 的值。在正常的情况下 P2 读入的 A 当然是 1，但是实际上却有可能是 0。原因可能是 P1 这一边发生了次序变化，使得对于 FLAG 的写入反而比对于 A 的写入先进入主存；或者也可能是因为 P2 这边变量 FLAG 所在的缓冲线先被装载。

要理解发生在主存中的写入次序变化，我们不妨设想这样一种情景：假定变量 A 和 FLAG 分处两个不同的缓冲线，P1 写入变量 A 以后，如果是“穿透写”，那么这个变化马上就会反映在主存中，P2 立即就可以读到新的数值。然而实际上采用了“回写”的优化方案，所以这个变化暂时还停留在 P1 的缓存中。然后就是 P1 对变量 FLAG 的写入，同样也是在 P1 的缓存中。倘若在这个时间点上发生了线程调度，另有一个线程需要装载某个缓冲线，而缓存已满，那就要把已在缓存中的某个缓冲线回写出去以释放其所占的缓存空间，此时一般都采用 LRU 算法，即把最近最少受到访问的缓冲线“刷”出去，由于对 A 的写入在 FLAG 之前，此时对 A 所在缓冲线的回写在前，这样应该没有问题。可是，如果 P1 在对 FLAG 写入之后又写了另一个与 A 在同一缓冲线中的变量呢？那就要先回写变量 FLAG 所在的缓冲线了。在这样的情况下，主存所“看到”的写入就是 FLAG 在前而 A 倒是在后了。显然，如果每次都是“穿透写”，不采用“回写”这个优化就没有这个问题，因为采用了“回写”优化就有了问题。这还是在“正序”执行时的情景，如果再加上“脱序（Out-of-Order）”执行这个优化，那情况就更复杂了。

再比方说，对于写操作和读操作，如果写操作需要一直写进主存，而读操作如果在缓存里命中（hit），并且二者的目标地址不同，那就可以改成先读后写。这是因为，程序中的读操作一般都是同步的，向存储器发出读请求之后就得等待实际读到数据才算完成，程序的执行才能继续，不过如能在缓存命中，那么读出就很快，因为如前所述 SRAM 的速度很高；而写操作，只要不是紧接着就从同一地址读出，那就可以是异步的，程序无需等待其结束就可继续往下执行，至于这个写操作究竟在什么时候完成（只要能承诺最终一定会写入主存），那就很有弹性了。所以，如果写操作在前，读操作在后，而读操作可以在缓存中解决但写操作不能，为什么就不先执行读操作，然后再执行写操作呢？基于这样的考虑，人们就在处理器核的执行单元中加上“写缓冲区”，执行的时候有读操作就直通缓存和主存，而如果是写操作就先在写缓冲区中放一下，写缓冲区是个 FIFO 队列，所以写操作与写操作之间的次序不会变化，然而写操作与读操作之间的次序就可能发生变化了。不过，如果前面的写操作还在缓冲区中，而后面接着又要从同一地址读出，那就要从缓冲区中读取其内容，让后面的读出操作还没有进入缓存或主存就得到了解决，这个读操作就不会出现在存储子系统中了。进一步，如果前后两次甚至多次的写操作都是针对同一个地址，那就可以把前面的丢掉，只保留最后一次就可以了。这种可合并的写操作，其实也时有发生，尤其是向屏幕显示缓冲区（Frame Buffer）写入像素的时候，还有从传感器读入后写入缓冲区的时候。事实上，即便是前后两个读操作，如果目标地址不一样，也有可能因优化而改变次序。

要防止上述因为操作次序的种种改变而来的情况发生，办法当然是有的，那就是死死守住“序列一致”的模型，对存储子系统施加限制，不允许这个优化那个优化（例如坚持“穿透写”而不允许“回写”，坚持正序执行而不允许脱序执行），但是那样的代价就是系统的性能上不去。若想要设法提高性能，就得采用各种优化，再另想办法克服其不利的一面。而所谓另想办法，其实也是硬件不足软件补，要为程序员提供相应的手段，尤其是提供相应的指令，仅在有必要的时候才施加一下限制。

为克服因操作次序改变所带来的问题，许多处理器都提供一条称为“存储器路障（memory Barrier）”，或“篱笆（fence）”，也可能称为“同步（Sync）”的指令。这条指令的作用，就像 Linux 操作系统对于文件系统读写的 sync()系统调用（也有同名的键盘命令），就是把已经积累起来的内存访问都清理一下，等先前的操作都执行完毕再执行下一条指令对内存的访问，程序中的这条指令就是一个同步点。回到前面 Gharachorloo 所给的例子中，如果在 P1 的“A = 1;”后面插上一条 fence 指令，然后再“FLAG = 1;”，那就不会发生次序改变了。当然，并不需要在程序中到处都插上 fence 指令，只是在一些敏感的地方才需要。这样，就既允许为提高性能而作的优化，又让程序员有了防止错误的手段。

实际上，“序列一致”可说是限制最严、最苛刻的“存储次序模型（Memory Order Model）”，所以是最“强（strong）”的存储模型。在这个基础上，每采用一种可能改变存储器操作次序的优化，就形成一种较“弱（weak）”的模型，其中之一就是所谓“全存储次序（Total Store Order）”模型，简称 TSO。注意存储模型的强弱并不只是决定了可以在存储子系统中采用的优化，而是决定着整个系统的设计，例如“脱序”执行就是 CPU 中（而不是存储子系统中）的优化。按较弱存储模型编写的软件可以用在较强的存储模型上，因为那是把按相对不利的条件编写的软件使用在条件更有利的环境中，因为允许优化不等于必须优化。但是反过来就不行了，要把按较强存储模型编写的软件用在较弱的存储模型上，就得在软件中补上相应的手段；因为那样的软件假定系统中不存在优化，而实际上有了优化，这就可能有问题了。

那么 RISC-V 的存储模型是怎么样的呢？RISC-V 的存储模型称为 RVWMO，意为“RISC-V 弱存储编序（RISC-V Weak Memory Ordering）” 模型，在 RISC-V 指令手册第一卷的附录 A 中有比较详细的论述，但篇幅过大这里就不引述了。总而言之，存储模型愈弱，留给设计人员发挥创造性进行各种优化的空间就愈大，但是因此而引入反常现象的可能也就增大，为此就要在指令系统中提供更多的方法手段（例如 AMO 指令），这又反过来要求硬件的配合，所以硬件也随之变得复杂起来。具体到 RISC-V，一言以概之，就是在其原子操作指令集中该提供的指令都已提供，包括 AMO 指令，包括 lr/sc 指令，包括 aq/rl 控制位，还有上面提到的 fence 指令。事实上，如前所述，AMO 指令和 lr/sc 指令解决的是存储一致性的问题，是面向同一处理器核上不同线程的冲突，而 aq/rl 控制位则面向不同处理器间的冲突。事实上，RISC-V 的原子操作指令集与其它（比较高端的）CPU 的 ISA 所提供的并无不同，例如 x86、Sparc、MIPS 等中都有同类的指令。

RISC-V 中涉及存储模型的指令分两部分。其一就是前述包括 amoswap 在内的那组 AMO 指令，即“原子存储操作（Atomic Memory Operation）”指令，这我们在前面已经看过了。其二是 FENCE，这是针对存储器操作次序的，但不属于 AMO 指令。指令 fence 就好像一道（时间上的）篱笆，把前后的存储操作隔开，要等前面的存储操作都了结之后才能执行后面的操作。这就好比维持交通秩序的交警，有时候得让后面的车都停一下，等前面的车都走光了再继续放行。

RISC-V 有两条 FENCE 指令：一条是 fence，这是用于数据存储的，我们一般讲的 FENCE 都是指用于数据存储。另一条是 fence.i，那是用于指令流的。在冯·诺依曼结构的计算机中，CPU 对指令与数据一视同仁，允许 CPU 对存储的指令作出修改，但是所修改的指令是否马上就能被取进来执行呢？须知指令缓存与数据缓存是分开的，可以看作是两个独立的缓存，也存在缓存协同的问题，fence.i 这条指令就是起这个作用。不过这种修改自身执行程序的情况毕竟还是极少发生的，所以我们在这里只关心数据空间的 fence。这条指令的汇编语言格式是这样：

```
fence pred, succ                              # Fence(pred, succ)
fence: 0000 pred succ 00000 000 00000 0001111          //Fence Memory and I/O. I-type, RV32I and RV64I.
          //Renders preceding memory and I/O accesses in the predecessor set observable to other
          //threads and devices before subsequent memory and I/O accesses in the successor set
          //become observable. Bits 3, 2, 1, and 0 in these sets correspond to device input, device
          //output, memory reads, and memory writes, respectively. The instruction fence r,rw,
          //for example, orders older reads with younger reads and writes, and is encoded with
          // pred=0010 and succ=0011. If the arguments are omitted, a full fence iorw, iorw is implied.
```

Atlas 的指令列表中对此指令有挺长的一个说明，这里照抄在注释中。首先 fence 指令并非只是针对内存，同时也针对 I/O，因为 RISC-V 采用的是“Memory Mapped I/O”，对 I/O 寄存器的访问就像对内存单元一样。然后，这里的 pred 和 succ 并不是寄存器号，而各是一组标志位，表示后续 succ 中所标志的那些操作要等前行 pred 中那些标志位所指的操作都完成以后才能进行。

参数 pred 和 succ 中各是 4 个标志位，以 i、o、r、w 四个字母表示，分别表示对于外部设备的输入、输出和对于内存的读、写。例如指令“fence r, rw”，就是指定在前面的读操作与之后的读/写操作之间筑起“篱笆”，凡是这条 fence 指令以后对内存的读和写都要等此前的读操作都完成了以后方可前行，但是与外部设备的输入/输出无关，与对于内存的写操作也无关。另外，如果在书写汇编指令的时候忽略了 pred 和 succ，就默认二者都是 iorw，即“fence”等价于“fence iorw, iorw”，那就是全面的清理，要等前面的所有操作都完成之后才可以继续执行后面的操作。

另一条 FENCE 指令 fence.i 就简单了，因为对于指令缓存的操作只有一种，就是读出：

```
fence.i                                  # Fence(Store, Fetch)
fence.i: 000000000000 00000 001 00000 0001111        //Fence Instruction Stream. I-type, RV32I and RV64I.
                                      //Renders stores to instruction memory observable to subsequent instruction fetches.
```

这样，有了 AMO 指令，包括 lr/sc 指令（以及指令中的 aq/rl 控制位），加上 FENCE 指令，只要运用得法，就能解决存储一致性和协同性的问题。可见，除某些简单的嵌入式应用外，原子操作指令集 RV32A/RV64A 其实是很有必要的。反过来，如果所用的 RISC-V 芯片不提供 RV32A，那么在多线程软件开发中就要小心提防因此而带来的反常现象。当然，如果操作系统提供 P/V 操作系统调用，那就应该尽量利用这些系统调用建立临界区。

9.4 浮点运算标准扩充 RV32F/RV32D/RF32Q

一般而言，浮点运算都可以通过整数运算来实现，尽管效率较低，但在许多应用中浮点运算所占比重也不高。所以早期的 CPU 芯片往往把浮点运算做成协处理器，作为构成整机时的一个选件。这样就有几种不同的选择。第一种是把浮点计算做成通过整数计算实现的库函数，由编译器把程序中的浮点计算编译成对浮点库函数的调用，解释型的语言也是一样。第二种是定义好浮点协处理器的指令集，编译器把程序中的浮点计算编译成通过浮点指令实现，并且机器上也真的装上浮点协处理器，那样就能开足马力，高效进行浮点计算。第三种，就是采用浮点指令，但是物理上却并未安装浮点协处理器，于是 CPU 在遇到浮点指令时就会因“非法指令”而落入“陷阱（trap）”，产生异常，再由异常处理程序进行计算，实际上也是调用库函数，并返回结果。显然，第一种和第三种本质上是一样的，但是软件实现的浮点计算效率都很低。只有第二种才能高效进行浮点计算。

然而，即使真用上了协处理器，由于协处理器是在另外一块芯片上，与主处理器的结合相对而言毕竟还是比较松散，执行效率上还是会差一些（由于芯片间有引线，CPU 的主频就上不去）。所以最好还是使浮点运算直接在主处理器中实现，其电路成为处理器中的一个模块，成为主处理器的一部分，那样浮点计算的效率就可以更高。为此，处理器芯片就得直接支持浮点（运算）指令，而浮点指令与整数指令本来就是泾渭分明难以打成一片，因而只能另行定义一个浮点指令集。另一方面，集成规模的提高也使将主处理器和浮点协处理器集成在同一块芯片上成为切实可行。那样一来，具体处理器芯片之是否支持浮点运算，就成了在设计与制作芯片时的选择，或者成为客户选用何种芯片时的选择，一经选择就定了下来，不像以前那样可以在日后需要的时候才插上协处理器了。

RISC-V 也在其 ISA 中定义了作为标准扩充选项的浮点指令集，根据所作浮点运算的精度之为单精度、双精度、四倍精度，又分为 RV32F/RV32D/RV32Q。注意不管是整数运算还是浮点运算，也不管浮点运算是单精度，双精度，还是四倍精度，指令的长度都是一样的，都是 32 位。另外，以双精度的 RV32D 为例，既然支持双精度浮点计算，那就自然也要支持单精度计算，所以 RV32D 通常又称 RV32FD。

单精度浮点数本来就是 32 位的，似乎正好可以盛放在 32 位的通用寄存器中；可是其实不然，通用寄存器是不适合用于浮点计算的。这是因为，32 位的单精度浮点数分成符号位、尾数、阶码三部分，从盛放着浮点数的寄存器得要能很方便地直接读出/写入这三个不同位段才行，而通用寄存器的电路结构显然不具备这个条件。所以，进行浮点运算就得使用专门的浮点寄存器。对于 32 位的单精度浮点数是这样，对于 64 位的双精度浮点数也是一样，当然，64 位双精度浮点寄存器与 32 位单精度浮点寄存器的结构（除长度外）有所不同，因为这三个位段的长度和位置都不相同。

在 RISC-V 的系统结构中，只要支持浮点指令集就得配备 32 个浮点寄存器。这 32 个浮点寄存器都是 64 位的，但是每个寄存器都可以按单精度和双精度两种模式使用。如果按单精度模式使用，就只用其低 32 位，当然在这 32 位寄存器中又有符号位、尾数、阶码等三个位段，只是这三个位段在汇编指令这一层上是透明的。如果按双精度模式使用，则寄存器的长度就是 64 位，当然在这 64 位中也有符号位、尾数、阶码等三个位段，但是在浮点指令及其编码中是看不到这些位段的，这些位段仅存在于浮点运算单元的“微结构”中，即具体实现浮点运算指令的电路中。

至于四倍精度的 RV32Q，其浮点寄存器的长度就是 128 位了。

浮点指令的编码格式与整数指令相似，只是操作码不同，除操作码之外也是 rs1、rs2、rd 三个寄存器，但因操作码的不同而将这三个寄存器分别解释为浮点寄存器和通用寄存器。比方说，在浮点加法指令 fadd 中的 rs1、rs2、rd 都是指浮点寄存器。但是在浮点转换（将一个整数转换成浮点数）指令 fcvt 中，则要看转换的方向，例如指令 fcvt.d.w 的作用是将一整数转换成双精度浮点数，所以 rs1 是指通用寄存器，而 rd 是指（双精度）浮点寄存器；而指令 fcvt.w.s，则是将一单精度浮点数转换成 32 位整数，所以 rs1 是指（单精度）浮点寄存器，而 rd 则是指通用寄存器。这里 fcvt.d.w 和 fcvt.w.s 是不同的指令，虽然同属于 fcvt 这一类，二者的 7 位基本操作码是一样的，但 funct7 和 funct5 两个位段编码不一样。关键字 fcvt 后面的 d 或 w 表示转换结果的类型，w 表示 32 位整数，而 d 表示 double，即双精度浮点数；再后面的 s 或 w 表示数据来源的类型，s 表示 single 即单精度浮点数，w 仍是 32 位整数。在整数类型 w 后面还可以加上后缀 u 表示无符号，例如 fcvt.wu.d 就表示将一双精度浮点数转换成 32 位无符号整数；而 fcvt.s.wu 则将一 32 位无符号整数转换成单精度浮点数；fcvt.s.lu 则将一 64 位长整数转换成单精度浮点数。浮点运算单元会根据具体指令确定其给定的寄存器号是指浮点寄存器还是通用寄存器及其长度。注意浮点数转换不一定发生于浮点数与整数之间，而也可以发生在不同格式的浮点数之间，例如 fcvt.s.d，就是将一双进度浮点数转换成单精度。

浮点运算比整数运算复杂得多，不能像整数运算那样在一个时钟节拍内完成，虽然其取指、译码、回写等阶段都与整数指令一样，但是总的执行长度就比整数指令长出许多。所以，浮点指令的流水线与整数指令的流水线不可能一样长，前面取指、译码等阶段与整数指令合在同一段流水线中，到了执行阶段就分叉了，执行浮点指令的那个分支会长出许多。所以，当程序中有了浮点指令的时候，RISC 处理器平均每个时钟节拍执行一条指令的目标就未必还能达到了。

我们知道，浮点数的表示分“尾数（fraction）”和“阶码（exponent）”两部分，再加上整个数值的正负符号 sign，就是三个部分，其中符号是一个二进制位，尾数可以是整数或定点数（例如 2.0），阶码则是整数。整个数值的表达就是：$(-1)^{sign}\times fraction\times 2^{exponent}$。虽然在这个表达式中 $2^{exponen}$ 这一部分是以 2 为底的，但是习惯上在说到这一部分时常常都换算成以 10 为底。

单精度浮点数的长度是 32 位，里面包含符号位、尾数、解码三部分，与此相应 32 位浮点寄存器也划分成三个部分，其中符号只占 1 位，其余 31 位则要在尾数和阶码这二者之间作一划分。通常 32 位浮点数的字段划分都是阶码占 8 位，剩下 23 位用于尾数。注意 8 位的阶码是带符号整数，所以取值的范围是-128~127；尾数部分则是绝对值，因为前面已经有了一个符号位了。这样，32 位浮点数绝对值的取值范围就大约相当于 2.0×10^{-38} 至 2.0×10^{38}。

双精度浮点数的长度是 64 位，其中阶码占 11 位，也是带符号整数，尾数部分则占 52 位。64 位浮点数绝对值的取值范围相当于 2.0×10^{-308} 至 2.0×10^{308}

所以，32 位和 64 位浮点寄存器，从而 32 位和 64 位浮点数的格式就是：

　　32 位单精度浮点数：　s | exponent[7:0] | fraction[22:0]

　　64 位双精度浮点数：　s | exponent[10:0] | fraction[51:0]

进行浮点数的加减法运算以及大小比较的时候，先要把阶码的大小对齐，然后才能进行运算；所得结果有可能需要对尾数和阶码进行调整，使尾数部分的数值大小合适，称为“规格化”。

如果是浮点数的乘除运算，以乘法运算为例，则是尾数相乘而阶码相加，并对所得结果的尾数和阶码进行必要的规格化调整。浮点数的乘法运算不会像整数乘法那样产生双倍长度的结果，因为那可以通过尾数和阶码的调整加以吸收。

不管是乘除法计算还是加减法计算，所得原始结果的尾数长度都有可能超出寄存器中的盛放范围，经过规格化调整可以使尾数落入应有的长度，但是此时尾数的精度减小了。如果采用四舍五入，那就要指定把精度保持在什么范围。

浮点运算及其规格化调整有可能使阶码的大小越出了其长度限定的表达范围，那就发生了溢出，这有上溢和下溢两种可能。显然，处理器的硬件无法处理浮点运算的溢出，所以这时候就只好发起一次异常，让软件来决定如何应对。

凡此种种，IEEE 754-2008 标准中都有具体规定，所以处理器的浮点处理须符合这个标准的规定。

32 位 RISC-V 处理器上的 RV32F 和 RV32D 是两个不同的扩充指令集，前者提供单精度的 32 位浮点数处理，后者提供双精度的 64 位浮点数处理，但是 RV32D 一般都包含 RV32F，所以是 RV32FD。

RV32F 和 RV32D 两个指令集中的指令格式其实是一样的，只是指令的操作码不同，其汇编指令则加上不同的后缀。例如浮点加法指令 fadd，就有 fadd.s 与 fadd.d 之分，它们的汇编指令格式也一样，例如“fadd.s rd, rs1, rs2”和“fadd.d rd, rs1, rs2”；指令编码格式分别为：

```
fadd.s:    0000000 rs2 rs1 rm rd 1010011
fadd.d:    0000001 rs2 rs1 rm rd 1010011
```

可见，只是操作码分别为 1010011 0000000 和 1010011 0000001 而已。二者的语义也是一样，都是“f[rd] = f[rs1] + f[rs2]”。这里的 f[rd]表示浮点寄存器 rd 的内容，但是这里的 rs1、rs2、rd 均为浮点寄存器，而不是通用寄存器。余可类推。

注意许多浮点指令都将 funct3 字段用作 rm，即“进位方式（Rounding Mode）”。进位方式有 RNE（Round to Nearest, ties to Even）、RTZ（Round towards Zero）、RDN（Round Down (towards −∞)）、RUP（Round Up (towards +∞)）、RMM（Round to Nearest, ties to Max Magnitude）等 5 种。进位方式的指定则有静态和动态之分，静态进位方式是在浮点控制状态寄存器中设定的，程序中把这个寄存器中的进位方式控制字段设置成某种方式，此后的所有浮点指令就都采用这种进位方式。如果采用动态进位方式，则每条浮点指令可以各行其是，所以在汇编指令后面要加上对进位方式的说明，例如“fadd.s rd, rs1, rs2, rtz”，就表示本条浮点加法指令的进位方式是 RTZ，汇编工具自会根据这个选项来设置 rm 位段的值。

与 fadd 同属浮点算术逻辑运算指令的还有 fsub（浮点减法）、fmul（浮点乘法）、fdiv(浮点除法)、fabs(浮点数绝对值)等指令。值得一提的是，除 fmul 这条浮点乘法指令外，还有一条 fmadd 指令（实际上是两条，fmadd.s 和 fmadd.d），这条指令在把两个浮点数相乘所得结果上再加上第三个浮点数。以 fmadd.s 为例，其汇编格式和语义为：

```
fmadd.s rd, rs1, rs2, rs3                # f[rd] = f[rs1]×f[rs2]+f[rs3]
fmadd.s: rs3 00 rs2 rs1 rm rd 1000011
```

这条指令的格式有点特殊。首先它需要有个 5 位的 rs3 字段，唯一的办法就是从 funct7 字段中切出 5 位用于 rs3，但是那样一来就可能与别的浮点指令相冲突了，所以就只好在 28 个基本操作码中又用掉一个，所以它的基本操作码是 1000011，不同于大部分其它浮点指令的 1010011。

与此相对应，还有一条 fmsub 指令（同样，实际上是两条）。以 fmsub.s 为例，其汇编格式和语义为：

```
fmsub.s    rd, rs1, rs2, rs3             # f[rd] = f[rs1]×f[rs2]-f[rs3]
```

指令编码与 fmadd.s 相似，只是操作码不同。

有趣的是，还有 fnmadd 和 fnmsub 指令，意为负的 fmadd 和 fmsub 指令，字符 n 表示 negative。以 fnmadd.s 和 fnmsub.s 指令为例，这两条指令的汇编格式和语义为：

```
fnmadd.s rd, rs1, rs2, rs3               # f[rd] = -f[rs1]×f[rs2]-f[rs3]
fnmsub.s rd, rs1, rs2, rs3               # f[rd] = -f[rs1]×f[rs2]+f[rs3]
```

注意这里算式中的负号。至于指令编码则与上面的 fmadd.s 相似，只是操作码不同。

显然，fmadd/fmsub/fnmadd/fnmsub 这些指令对于矩阵运算是很有用的。

以上所说的都是浮点算术运算指令，对浮点数没有逻辑运算指令和移位指令，但是有（数值）比较指令。

用于浮点数值比较的指令有 feq（相等）、fle（小于或等于）、flt（小于），各有.s 和.d 两个版本。这些指令都是对浮点寄存器 rs1 和 rs2 的内容进行比较，把结果 1（true）或者 0（false）写在目标寄存器 rd 中，注意这里的 rd 是通用寄存器而不是浮点寄存器。以 feq.s 为例：

```
feq.s rd, rs1, rs2                       # x[rd] = f[rs1] == f[rs2]
feq.s:  1010001 rs2 rs1 010 rd 1010011
```

这里的 rd 是通用寄存器，所以它的值是 x[rd]，而不是 f[rd]，至于 rs1 和 rs2 则当然是浮点寄存器。另外，这里的 f[rs1] == f[rs2]是个逻辑表达式，表达式的值是 1 或 0，分别表示 true 和 false。

注意这条指令的操作码长达 17 位，是 1010011 1010001 010。

除这几条用来返回比较结果的指令外，还有从两个浮点数中选取较大/较小者的指令，那就是 fmax 和 fmin。以单精度指令为例：

```
fmax.s rd, rs1, rs2                      # f[rd] = max(f[rs1], f[rs2])
fmin.s rd, rs1, rs2                      # f[rd] = min(f[rs1], f[rs2])
```

还有一组浮点指令，是浮点指令集所独有，在基本指令集中没有对应物的。那就是前述的数值格式转换指令 fcvt。最重要的转换当然是整数与浮点数之间的转换，此外也包括不同浮点数格式之间的转换，即单精度浮点数与双精度浮点数之间的转换。所以 fcvt 指令有十多条之多。

首先是整数与浮点数之间的转换。这里整数又分 32 位和 64 位，有符号和无符号，浮点数又分单精度和双精度。

```
fcvt.s.w rd, rs1                              # f[rd] = f32_s32(x[rs1])
fcvt.s.w: 1101000 00000 rs1 rm rd 1010011         // to Single from Word. R-type, RV32F and RV64F.

fcvt.d.w rd, rs1                              # f[rd] = f64_s32(x[rs1])
fcvt.d.w: 1101001 00000 rs1 rm rd 1010011         // to Double from Word. R-type, RV32D and RV64D
```

这两条 fcvt 指令分别将 32 位带符号整数转换成单精度(s)或双精度(d)浮点数。这里 w 表示 32 位的 Word，如不带符号则为 wu；s 表示单精度 Single。欲加转换的 32 位整数在整数寄存器 rs1 中，转换好的浮点数则在浮点寄存器 rd 中。语义说明中的 $f32_{s32}$ 表示这是个 32 位浮点数，来自带符号 32 位整数（如来自 32 位无符号整数则为 $f32_{u32}$）。

如果是将 64 位整数转换成单精度浮点数，则汇编指令的名称为 fcvt.s.l 或 fcvt.d.l，l 表示长整数 Long。相反方向的转换则为：

```
fcvt.w.s rd, rs1                              # x[rd] = sext(s32_f32(f[rs1]))
fcvt.w.s: 1100000 00000 rs1 rm rd 1010011         // to Word from Single. R-type, RV32F and RV64F.

fcvt.w.d rd, rs1                              # x[rd] = sext(s32_f64(f[rs1]))
fcvt.w.d: 1100001 00000 rs1 rm rd 1010011         // to Word from Double. R-type, RV32D and RV64D.
```

这就不作解释了，读者结合上面正向转换的两条指令看了就自然明白。

上面这几条 fcvt 指令都是在整数和浮点数之间的转换，还有在单精度/双精度浮点数之间的转换：

```
fcvt.d.s rd, rs1                              # f[rd] = f64_f32(f[rs1])
fcvt.d.s: 0100001 00000 rs1 rm rd 1010011         // to Double from Single. R-type, RV32D and RV64D.

fcvt.s.d rd, rs1                              # f[rd] = f32_f64(f[rs1])
fcvt.s.d: 0100000 00001 rs1 rm rd 1010011         // to Single from Double. R-type, RV32D and RV64D.
```

前面那条是从单精度转换成双精度，后面那条则相反，是从双精度转换成单精度。注意这里的 rs1 和 rd 都是浮点寄存器。

此外还有 fmv 指令，是在寄存器之间传输数据的：

```
fmv.s rd, rs1                                 # f[rd] = f[rs1]          //单精度浮点数的 move
fmv.d rd, rs1                                 # f[rd] = f[rs1]          //双精度浮点数的 move
```

这两条 fmv 汇编指令是所谓“伪指令（pseudo instruction）”，汇编工具会将其替换成“fsgnj.s rd, rs1, rs1”或“fsgnj.d rd, rs1, rs1”。这里 fsgnj 是“浮点数符号注入”，即给定一个阶码和一个尾数，组装成一个浮点数：

```
fsgnj.s rd, rs1, rs2                      #f[rd] = {f[rs2][31], f[rs1][30:0]}
fsgnj.s: 0010000 rs2 rs1 010 rd 1010011       // Floating-point Sign Inject, Single-Precision. R-type, RV32F and RV64F.
                                          // Constructs a new single-precision floating-point number from the exponent and
                                          // significand of f[rs1], taking the sign from f[rs2], and writes it to f[rd].
```

所以 fmv.s 其实就是把一个浮点数拆成阶码和尾数，再在目标寄存器中加以组装。前面说过，尾数和阶码在汇编指令这一层上是透明的，在浮点指令及其编码中看不到这些位段，但 fsgnj 指令是个例外。

不过 fmv 也有“真指令”，那是在整数寄存器与浮点寄存器之间的 move。

```
fmv.w.x rd, rs1                                    # f[rd] = x[rs1][31:0]
fmv.w.x: 1111000 00000 rs1 000 rd 1010011          // Move Word from Integer. R-type, RV32F and RV64F.

fmv.x.w rd, rs1                                    # x[rd] = sext(f[rs1][31:0])
fmv.x.w: 1110000 00000 rs1 000 rd 1010011          // Move Word to Integer. R-type, RV32F and RV64F.
```

这两条指令是在 32 位整数寄存器与单精度浮点数寄存器之间的内容传递，这里以 x 表示整数寄存器，w 表示单精度浮点寄存器。前者的结果类型是 w，因为这两条指令仅仅复制 32 位数据，而不会将其解析成单精度浮点数，尽管用来盛放这个结果的是个浮点寄存器。后者的数据来源类型 w 也是一样。

下面两条则是在 64 位整数寄存器与双精度浮点数寄存器之间的传递：

```
fmv.d.x rd, rs1                                    # f[rd] = x[rs1][63:0]
fmv.d.x: 1111001 00000 rs1 000 rd 1010011          // Move Doubleword from Integer. R-type, RV64D only.

fmv.x.d rd, rs1                                    # x[rd] = f[rs1][63:0]
fmv.x.d: 1110001 00000 rs1 000 rd 1010011          // Move Doubleword to Integer. R-type, RV64D only.
```

最后是浮点数的存储和装载：在内存中，单精度浮点数就是作为 32 位数据存储，与别的 32 位数据一样。双精度浮点数则占两个 32 位存储单元。先看一下浮点数的存储指令：

```
fsw rs2, offset(rs1)                               # M[x[rs1] + sext(offset)] = f[rs2][31:0]     //32 位单精度浮点数据存储
fsw: offset[11:5] rs2 rs1 010 offset[4:0] 0100111  //Floating-point Store Word. S-type, RV32F and RV64F.

fsd rs2, offset(rs1)                               # M[x[rs1] + sext(offset)] = f[rs2][63:0]     //64 位双精度浮点数据存储
fsd: offset[11:5] rs2 rs1 011 offset[4:0] 0100111  // Floating-point Store Doubleword. S-type, RV32D and RV64D.
```

这两条是浮点数存储指令，整数寄存器 rs1 中是存储地址，在这地址上面还要加上一个偏移量 offset。寄存器 rs2 则是浮点寄存器。注意在指令中无需说明是整数寄存器还是浮点寄存器，因为整个浮点数的编码被看成一个整数，指令的定义就是这样。

下面两条是浮点数的装载指令：

```
flw rd, offset(rs1)                                # f[rd] = M[x[rs1] + sext(offset)][31:0]     //32 位单精度浮点数据装载
flw: offset[11:0] rs1 010 rd 0000111               // Floating-point Load Word. I-type, RV32F and RV64F.

fld rd, offset(rs1)                                # f[rd] = M[x[rs1] + sext(offset)][63:0]     //64 位双精度浮点数据装载
fld: offset[11:0] rs1 011 rd 0000111               // Floating-point Load Doubleword. I-type, RV32D and RV64D.
```

这里 flw 意为“floating-point load word”，fld 意为“floating-point load double”，s 则表示 store。四条指令的操作码是很规则的，都是 10 位。前 7 位共享同一个基本编码，后 3 位在 funct3，用来区分具体的浮点数访内指令。

当然，这里不可能把全部浮点指令都介绍一下，许多浮点指令在这里没有涉及，有需要的读者可以查阅 Atlas 一书。

9.5　压缩指令扩充 RV32C

RISC-V 的压缩指令扩充，就是它的 16 位 ISA 及其指令集 RV32C，C 表示 Compressed。既然是 16 位的，怎么又说是 RV32C 呢？这是因为，RISC-V 的系统结构本来就是 32 位的（如果不考虑 64 位结构），它的指令长度也是 32 位的，但是 32 位的指令被“压缩”成了 16 位，这样可以少占存储空间，然而到执行的时候仍会被“解压”成 32 位。可是这样一说问题就来了，把 32 位的指令“压缩”成 16 位，到执行的时候能“无损”地还原成原来的 32 位指令吗？难道编码在指令中的信息有这么大的冗余度吗？这又显然不是，所以 RV32C 所定义的这个系统结构，这个 ISA，与 RV32I 毕竟还是不一样的。程序员在 16 位指令集中看到的系统结构，只是 32 位系统结构的一个子集。所谓“压缩”，实际上是从 RV32I 到 RV32C 的映射和另行编码，执行的时候又反向映射到 RV32I，但此时能用到的就只是它的一个子集了。不过，既然已经把这称为“压缩”，下面我们也就顺着说压缩，说到压缩二字时就不加引号了。

我们知道，ARM 从其 1994 年发表推出的 ARM7TDMI 系统结构开始有了一个 16 位指令集，称为“Thumb”指令集。CPU 在运行时可以（通过子程序调用）动态切换运行模式，或执行一段 32 位指令，或执行一段 16 位指令。这是 ARM 公司瞄准嵌入式应用市场而推出的一个重大举措。这是因为，许多嵌入式应用的数据处理相对不那么复杂，但要是真的采用 16 位 CPU 芯片却又感到性能不足，因为 16 位 CPU 中的寄存器和所处理的数据都是 16 位的。而 32 位芯片，所处理的数据倒是 32 位的，只可惜指令长度也是 32 位，比 16 位指令高出了一倍，使程序代码的体积扩大。如果可以在 32 位处理器上采用 16 位长度的指令，那就可以两边的好处都占到一些，既有望显著缩小代码的体积，减小所占内存空间，又具有 32 位的处理能力。而所占内存空间的缩小，则又不仅仅是少用几块存储芯片的成本问题，还可以节省电能的消耗。对于存储空间较小，而又要以电池供电的嵌入式应用和手持式设备，这个意义无疑是十分重大的。事实上，Thumb 指令集的设计与实现对于 ARM 公司商业上的成功起了相当大的作用。但是 ARM 在推出 Thumb 指令集的时候多少有点因为看到市场需求而仓促上马的意味，所以后来 ARM 又对 Thumb 指令集进行梳理并重新定义了 Thumb-2 指令集。另外，MIPS 也在 1996 年推出了 16 位的 MIPS16 指令集，也是可以在运行时与 32 位指令集动态切换，与 Thumb 指令集类似。后来 MIPS 又推出了 microMIPS 指令集，那就好比是 MIPS 的 Thumb-2 指令集。

到了 UCB 的团队开始研发 RISC-V 的时候，他们当然要对三十年来 RISC 技术的发展历程做一个透彻的回顾总结，自然不会无视 16 位指令的重要性。另一方面，RISC-V 是从头设计的，毫无历史包袱，无需考虑与既有指令系统兼容的问题，可以按分析下来认为最佳的方案设计。本节下面提到的 16 位指令或 32 位指令都是指 RISC-V 的 16 位或 32 位指令。其中 32 位指令都是指 RV32I 指令。16 位指令则是指 RV32C 指令，即 RISC-V 的 32 位运算但是 16 位编码格式的指令。

RISC-V 摒弃了把 16 位指令与 32 位指令分成两种运行模式的方案，CPU 只有一种模式，那就是 32 位处理，16 位指令只是对 32 位指令的压缩，执行的时候在指令译码之前先解压为 32 位指令，然后进行指令译码。既然不是两种模式，就不是像 Thumb 指令那样是以子程序（函数）为模式切换的单位，因而将两种模式的切换放在子程序调用和返回的时候，而是让 16 位指令可以和 32 位指令混处。*The RISC-V Reader* 即 Atlas 一书中有一段对 C 函数 insertion_sort()经编译和汇编之后的代码清单，原意是说明 RISC-V 指令系统对这个函数的实现很紧凑，但是这里只从中摘取一个小小的片段，用来说明 16 位指令与 32 位指令的混处：

```
0:   00450693     addi a3, a0,4
4:   4705         c.li a4, 1        # (expands to addi a4, x0, 1) i = 1
Outer Loop:
6:   00b76363     bltu a4, a1, c    # if i < n, jump to Continue Outer loop
a:   8082         c.ret             # (expands to jalr x0, ra, 0) return from function
Continue Outer Loop:
c:   0006a803     lw a6, 0(a3)
```

```
10:   8636        c.mv a2, a3      # (expands to add a2, x0, a3) a2 is pointer to a[j]
12:   87ba        c.mv a5, a4      # (expands to add a5, x0, a4) j = i
…
```

这里每一行最前面的 0、4 等是地址（均为 16 进制），因为尚未连接，所以地址是从 0 开始的。冒号后面是汇编以后的二进制代码，然后是汇编指令，#号之后是注释。

从代码清单中可见，这个函数的第一条指令是 32 位指令，其二进制代码是 4 个字节，所以第二条指令的地址是 4。然而第二条指令却是 16 位的，其二进制代码是 2 个字节，所以第三条指令的地址是 6，这就不是与 4 字节边界对齐了。第三条指令又是 32 位指令，所以下一条指令的地址是 a，即 0x0a，还是不与 4 字节边界对齐。但是第四条指令又是 16 位的，这一来下一条指令的地址就是 c，又回到了与 4 字节边界对齐。这条指令是 32 位的，所以下一条指令的地址是 0x10，仍与 4 字节边界对齐。所以，CPU 取指令的地址是与 2 字节边界对齐，而不是与 4 字节边界对齐，指令缓存 I-Cache 应该支持这样的存储器访问，或者是从指令缓存读入后再加以分隔，这意味着从指令缓存读入后还有一层缓冲。

从汇编代码中可见，凡是 16 位的指令，其汇编指令都带有“c.”作为前缀，例如“c.li”、“c.ret”、“c.mv”，c 就是 compressed。凡是 16 位的指令，都只是 32 位指令经压缩后的形式，实际上是为 RC32I 系统结构的一个子集 RV32C 定义和编码的指令，或者说是对 RV32I 的资源和功能施加了许多限制后所形成的指令系统，在执行的时候都要解压缩成等效的 32 位指令。不过这种压缩并不是通常所说对字符串（或二进制数据）的压缩那样，而是另外定义了 16 位的指令格式，能按此格式编码的指令才可以在 16 位的编码空间中容纳下来。从这个意义上说，16 位的所谓压缩指令其实是“伪指令（Pseudo-instruction）”，只是要到执行时在 CPU 流水线中才被映射成 32 位的“真指令”，然后加以执行。如前所述，能够被编码成 16 位指令的只是 RV32I 的一个子集，要不然就没有理由还采用 32 位的指令格式了。那么 16 位编码的 RV32C 指令格式究竟是什么样的呢？Atlas 这本书中有个指令格式表，下面就是从这个表中摘出来的：

```
CR:   funct4[3:0]   rd/rs1[4:0]                     rs2[4:0]      op[1:0]   //4+5+5+2 = 16
CI:   funct3[2:0]   imm[5]    rd/rs1[4:0]           imm[4:0]      op[1:0]   //3+1+5+5+2 = 16，直接数共 6 位。
CSS:  funct3[2:0]   imm[5:0]                        rs2[4:0]      op[1:0]   //3+6+5+2 = 16，直接数共 6 位。
CIW:  funct3[2:0]   imm[7:0]                        rd'[2:0]      op[1:0]   //3+8+3+2 = 16，直接数共 8 位。
CL:   funct3[2:0] imm[4:2] rs1'[2:0] imm[1:0]       rd'[2:0]      op[1:0]   //3+3+3+2+3+2=16，直接数共 5 位。
CS:   funct3[2:0] imm[4:2] rs1'[2:0] imm[1:0]       rs2'[2:0]     op[1:0]   //3+3+3+2+3+2=16，直接数共 5 位。
CA:   funct6[5:0]   rd'/rs1'[2:0]   funct2[1:0]     rs2'[2:0]     op[1:0]   //6+3+2+3+2=16，直接数共 0 位。
CB:   funct3[2:0]   offset[7:5] rd'/rs1'[2:0]       offset[4:0]   op[1:0]   //3+3+3+5+2 = 16，偏移量共 8 位。
CJ:   funct3[2:0]          target[10:0]                           op[1:0]   //3+11+2 = 16，跳转目标 11 位。
```

最左边是指令类型，第一个字母 C 表示压缩指令，然后 R 表示寄存器类，I 表示直接数类，S 表示 Store，L 表示 Load，B 表示 Branch 即短程转移，J 表示 Jump 即长程转移；这 6 个类型与 RV32I 的 6 个指令类型（除 U 类之外）大体上对应。但是这里多了三个类型 SS、IW 和 A。其中 SS 表示与堆栈相关的存储，第一个 S 表示 Store，第二个 S 表示 Stack。IW 则是“宽直接数”类型，与 RV32I 中的 U 类有点接近，I 表示 Immediate，W 表示 Wide，不过所谓“宽直接数”也只有 8 位（指令长度一共才 16 位）。A 表示 Arithmetic 即算术。

从指令格式中可知，所有压缩指令都只能涉及两个寄存器，而不是三个寄存器。以 R 类指令为例，第一个寄存器字段为 rd/rs1，这个字段既用作 rd，也用作 rs1。另外，在许多指令中，5 位的寄存器位段变成了 3 位，例如 rs1 是 5 位的，而 rs1'则是 3 位的。这意味着，对于这些指令而言，CPU 中的寄存器不是 32 个而是 8 个了。从这些指令的定义看，RV32C 系统结构是 RV32I 的一个子集，但这个子集是因具体指令而异的，并非固定地从中划出一个子集，所以实际上只是在 RV32I 的指令系统上施加了一些限制。应该说，这确实是很巧妙的设计。当然，这种设计实际上是从 ARM 开始的。

指令的操作码是最低两位加上前面的 funct3/funct4/funct6。前面 RV32I 指令（包括别的标准扩充指令，如浮点指令）的最低两位是 11，剩下 3 种编码即 00、01、10 全都用于压缩指令，然后对于 R 类压缩指令就是 4 位的 funct3，所以实际上最多也只能有 3×16=48 条 R 类压缩指令。

然而实际的情况更为复杂，这个表也许是最初考虑的方案，后来在进行具体设计的时候就有了改变。同样是在 Atlas 这本书里，有指令码最低两位为 00、01、10 时的“opcode map”，从三个 code map 中看，不管是 funct4 还是 funct3，后面往往还有别的位段，也用于指令编码，例如：

```
100  imm[5]      10  rs1'/rd'    imm[4:0]       01    //CI c.andi
100    0         11  rs1'/rd'    00  rs2'       01    //CA c.sub
100    0         11  rs1'/rd'    01  rs2'       01    //CA c.xor
100    0         11  rs1'/rd'    10  rs2'       01    //CA c.or
100    0         11  rs1'/rd'    11  rs2'       01    //CA c.and
100       1      rs1/rd≠0        rs2≠0          10    //CR c.add
100       0      rs1≠0           00000          10    //CR c.jr
100       0      rd≠0            rs2≠0          10    //CR c.mv
101       imm[11|4|9:8|10|6|7|3:1|5]            01    //CJ c.j
```

从这些指令的格式和编码可以看出，一开始确实是想要按前面那个格式表编码的，这可以从 c.add 这条指令看出：

```
c.add rd, rs2                  # x[rd] = x[rd] + x[rs2]
c.add: 100 1 rd rs2 10             // Add. RV32IC and RV64IC.
                                   //Expands to add rd, rd, rs2. Invalid when rd=x0 or rs2=x0.
```

加法指令是最典型、也用得最多的 CR 类指令，这条指令确实是按前面的格式表编码，两个寄存器位段都是 5 位。还有 c.mv 指令也是这样，但是限制了两个寄存器位段不得为 0；这也很合理，因为 0 号寄存器不可写，并且读出的值永远是 0。这样，与其一模一样，但是本当是 rs2 的字段为 0 的编码就可以用于别的指令，实际上是给了 CR 类指令 c.jr。这样，按理说所有的 CR 类指令都应该是与 c.add 指令一样的格式，但是估计很快就发现了：不能这么挥霍滥用，要不然这么一点编码空间很快就耗尽了。于是新增 CA 类指令，把寄存器位段改成 3 位，这样就多出 4 位的空间可用于指令（操作码）的编码。以 c.xor 指令为例：

```
c.xor rd', rs2'                # x[8+rd'] = x[8+rd'] ^ x[8+rs2']
c.xor: 100011 rd' 01 rs2' 01       // Exclusive-OR. RV32IC and RV64IC.
                                   // Expands to xor rd, rd, rs2, where rd=8+rd' and rs2=8+rs2'.
```

注意 3 位寄存器位段的值只能是 0~7，但实际所指的却是 R8~R15，CPU 会自动加上 8。再如 CI 类指令 c.addi，其寄存器位段也是 3 位：

```
c.andi rd', imm                # x[8+rd'] = x[8+rd'] & sext(imm)
c.andi: 100 imm[5] 10 rd' imm[4:0] 01   // AND Immediate. RV32IC and RV64IC.
                                   // Expands to andi rd, rd, imm, where rd=8+rd'.
```

但是同样也属于 CR 类指令的 c.mv，其寄存器字段却又是 5 位：

```
c.mv rd, rs2                   # x[rd] = x[rs2]
c.mv: 100 0 rd rs2 10              // Move. RV32IC and RV64IC.
                                   // Expands to add rd, x0, rs2. Invalid when rs2=x0.
```

这里的 rd 和 rs2 都是 5 位。这条指令在 CPU 中会被转换成 RV32I 的指令 add rd, x0, rs2，因为 0 号寄存器 x0 在这里不起作用，实际的效果就是寄存器之间的 mv。注意 RV32I 也有条 mv 指令，那是一条伪指令：

```
mv rd, rs1                # x[rd] = x[rs1]   //Move. Pseudoinstruction, RV32I and RV64I.
                                             //Copies register x[rs1] to x[rd]. Expands to addi rd, rs1, 0.
```

但是对 c.mv 却不说是伪指令，因为实际上所有的 16 位指令全都是伪指令。但是这两种伪指令不一样。RV32I 的伪指令，例如 mv，是汇编这个层次上的伪指令，汇编工具在汇编的时候就会将其替换成相应的真指令。所以存储在内存中，和被 CPU 读入的都已经是真指令。而 RV32C 的伪指令，则是 CPU 执行这个层次上的伪指令。汇编工具生成并且存储在内存中，被 CPU 读入的貌似都是实实在在的 16 位指令，只是在译码之前才将其替换成相应的 32 位真指令，这种替换是由硬件完成的。

另外如 CSS 类的指令 c.swsp/c.sdsp，这里 w 和 d 分别表示 Word 和 Doubleword，那也都是 5 位的寄存器位段：

```
c.swsp rs2, uimm                  # M[x[2] + uimm][31:0] = x[rs2]   //注意是在 2 号寄存器即堆栈指针 sp 上加 uimm
c.swsp: 110 uimm[5:2|7:6] rs2 10       // Store Word, Stack-Pointer Relative. RV32IC and RV64IC.
                                       // Expands to sw rs2, uimm(x2).
```

这里 uimm 表示无符号直接数。这个无符号直接数本应是 8 位的，但是最低两位固定为 0，因为堆栈指针总是与 4 字节边界对齐，所以在指令中只要有 6 位就行，所以是 uimm[5:2|7:6]。至于为什么是[5:2|7:6]而不把它拉直，估计是因为要顾及其它指令中这个位置上的位段编码。前面 CJ 类指令 c.j 中的直接数编码看着更加古怪，那是 imm[11|4|9:8|10|6|7|3:1|5]。

所以，实际上 RV32C 指令系统中寄存器位段的宽度一般都只有三位，仅在少数几条指令中才用 5 位的寄存器位段。读者得要以 Atlas 书后附录 A 中所列为准。

RISC-V 的 ISA 不仅通过 RV32C 指令集为 RV32I 提供了许多伪指令，甚至还为一些 RV32F 的浮点指令也提供了伪指令，从而又有个（很小的）RV32FC 指令集。例如：

```
c.fsw rs2', uimm(rs1')                    # M[x[8+rs1'] + uimm][31:0] = f[8+rs2']
c.fsw: 111 uimm[5:3] rs1' uimm[2|6] rs2' 00      // Floating-point Store Word. RV32FC only.
                                                 // Expands to fsw rs2, uimm(rs1), where rs2=8+rs2' and rs1=8+rs1'.

c.flw rd', uimm(rs1')                     # f[8+rd'] = M[x[8+rs1'] + uimm][31:0]
c.flw: 011 uimm[5:3] rs1' uimm[2|6] rd' 00       // Floating-point Load Word. RV32FC only.
                                                 // Expands to flw rd, uimm(rs1), where rd=8+rd' and rs1=8+rs1'.
```

这两条指令，一条用于单精度浮点数的存储，另一条用于单精度浮点数的装载，也都是 3 位的寄存器位段。除此之外还有 c.fsd/c.fld、c.fswsp/c.fsdsp 和 c.flwsp/c.fldsp，也都是用于浮点数的存储和装载。

我们回到前面的代码片段，看地址为 4 的那条指令“c.li a4, 1”是怎么映射的，其语义是“load immediate”，结合后面的参数（操作数）就是把立即数 1 加载到寄存器 a4 中。然而这是一条伪指令。程序员可以在汇编语言程序中使用这条伪指令，汇编工具会把这条伪指令按 16 位格式编码并加以存储，但是 CPU 在执行的时候却会将其替换成“addi”指令。所以后面的注释中说，这条指令会被扩展成“addi a4, x0, 1”，这里的 x0 就是 0 号寄存器，其内容永远是 0，所以实际的效果就是将直接数 1 加载到了寄存器 a4 中。然而 32 位指令 addi 中的寄存器 rs1 当然不限于 x0，而可以是别的寄存器，所以反过来的映射就不成立了。不妨看一下压缩指令

c.li 的定义：

```
c.li rd, imm                          # x[rd] = sext(imm)
c.li: 010 imm[5] rd imm[4:0] 01           // Load Immediate. RV32IC and RV64IC.
                                          // Expands to addi rd, x0, imm.
```

再看地址为 10，即 0x10 的那条指令“c.mv a2, a3”，其语义是“move”，就是把寄存器 a3 的内容复制到寄存器 a2 中（move 这个名称是历史形成的，其实应该是 copy）。其实在 32 位的 RISC-V 基本指令集中并无“mv”这么一条机器指令，这也是伪指令，前面我们看到，CPU 会将其替换成 addi 指令，在这里就是“addi a2, a3, 0”，即把寄存器 a3 的内容与直接数 0 相加，把结果写入寄存器 a2。

如前所述，从 16 位的压缩指令到 32 位指令的“解压缩”即映射是在取指令之后、译码之前完成的，所以流水线中需要有个转换器。按 Atlas 这本书中说，这个转换器所需的电路规模只需大约 400 个门；而一个 32 位的处理器，哪怕再小再简单，也至少是 8000 门的规模。所以这么一个转换器所占的比例只是 5%。相比之下，如果像 ARM 那样要分别实现 16 位和 32 位两套指令译码，那就不是这么一点规模的事了。

从 RISC-V 指令的二进制编码也可看出设计者对于让 16 位指令与 32 位指令混处的深思熟虑。在 RISC-V 的指令格式中，不管是 32 位还是 16 位指令，指令的最低两位，即 bit0 和 bit1，区分了指令长度。如果这两位是（二进制）11，那就是 32 位指令，此外都是 16 位指令。换言之，这两位的数值将整个指令的编码空间分成四块，其中一块用于 32 位指令，其余 3 块都用于 16 位指令。表面看这似乎有点头重脚轻，但是 32 位指令扣除这两位以后还有 30 位的编码空间，而 16 位指令即使把这两位都算上也只有 16 位的编码空间，二者相差 2^{14} 倍。这样的安排确实给予了 16 位指令更大的编码空间。

当然，光是这两位还远远不够，所以 16 位指令的最高 3 位，即 bit13-15，虽然名曰“funct3”，即 3 位功能码，实际上就是操作码的一部分，所以 16 位指令的操作码长度实际上至少是 5 位，但是其中有四分之一的容量被 32 位指令占用了。这样还剩下 11 位，要像 32 位指令那样包含 3 个操作数即 3 个寄存器号是不现实的了，所以 16 位指令最多只能包含 2 个操作数，即 rd 和 rs2 这两个寄存器号，而 rd 兼起着 rs1 和 rd 的作用，即 rd 既是操作数之一的提供者，又是盛放计算结果的地方，而 rd 原先的内容就被覆盖了。即便如此，许多 16 位指令中的寄存器号也只好减到 3 位，那就是只能寻访 8 个寄存器。研究表明，实际上程序中常用的通用寄存器有 8 个也够了，凡是涉及其它寄存器的处理得要另外定义 16 位指令，或者就直接使用 32 位指令。但是 c.add 指令是个例外，其寄存器号是 5 位的，可以寻访全部（32 个）通用寄存器。

显然，16 位指令中操作码的长度并不固定，其位置也有一部分是不固定的，这似乎有违 RISC 处理器的规矩，但这是没有办法的事，指令的长度一共才 16 位，只能这样见缝插针。好在操作码的主体所在位置是固定的，因而用于解析的组合电路也不会太复杂。此外，寄存器号所在的位置也是固定的，这当然也很重要。

其实所有这些都不用程序员操心，编译器和汇编工具自会往这些字段里填写合适的数值。但是我们关心的是这些指令的实现，要能读懂实现这些指令的 RTL 代码，实质上就是要读懂相关的逻辑电路，这就不一样了。不了解这些指令的语义和编码，就难以读懂实现这些指令的逻辑。所以，在阅读 RISC-V 的 RTL 代码时，Atlas 这本书中后面的指令列表，以及书中的参考卡片，都是不可或缺的工具，这本书才是真正的“手册”。

9.6　向量运算标准扩充 RV32V

RISC-V 也定义了一个用于向量计算的扩充指令集 RV32V，这实际上就是 SIMD 扩充。例如，一个 32 位的寄存器，可以将其内容视作由 4 个 8 位数据所构成的向量。然后，如果执行加法运算，就是同时执行 4 对 8 位数据的相加，而不是一对 32 位数据的相加。SIMD 扩充所使用的寄存器位宽更长，通常达到 256 位或 512 位。这样的处理一般都是用在对音视频信号的处理，Atlas 这本书中有一章讲这个指令集，前面的指令参考卡片中也列出了这些指令的汇编语言格式，但是在后面的指令列表中却并未列出这些指令的编码格式，在 RISC-V 指令手册第一卷中也没有，这是因为撰写 Altas 一书时 RV32V 尚未完全敲定，现在则可以通过 Github

网站访问 RV32V 的指令集手册（https://github.com/riscv/riscv-v-spec）。按 Atlas 书中指令参考卡片中所列，已定义的向量指令有这么一些：

```
VST rd,rs1,imm
VLD rd,rs1,imm
VADD rd,rs1,rs2
VSUB rd,rs1,rs2
VMUL rd,rs1,rs2
VDIV rd,rs1,rs2
VSQRT rd,rs1,rs2

VFMADD rd,rs1,rs2,rs3          //FMA 指令的向量版，f[rd] = f[rs1]×f[rs2] - f[rs3]
VFMSUB rd,rs1,rs2,rs3
VFNMSUB rd,rs1,rs2,rs3         //FNM 指令的向量版，f[rd] = -f[rs1]×f[rs2] - f[rs3]
VFNMADD rd,rs1,rs2,rs3

VMIN rd,rs1,rs2
VMAX rd,rs1,rs2

VXOR rd,rs1,rs2
VOR rd,rs1,rs2
VAND rd,rs1,rs2
```

这里 VFMADD/VFMSUB 是 FMA 指令的向量版，VFNMADD/ VFNMSUB 是 FNM 指令的向量版，其余不言自明，看下指令名称就可知道。

9.7 CSR 指令

像别的处理器一样，RISC-V 的处理器即 RISC-V 核中也有“控制/状态寄存器”，即 CSR。不同的是，许多处理器中的 CSR 就是一个寄存器，而 RISC-V 处理器中的 CSR 却是一个寄存器组，这个寄存器组的规模堪称庞大，一共有 4096 个控制/状态寄存器，所以其 CSR 寄存器号的长度是 12 位。这 4096 个控制/状态寄存器，其中有些寄存器的用途已有定义，有些则尚未定义。

以“浮点 CSR”，就是用于浮点指令的控制状态寄存器为例，这个 CSR（一定程度上）控制和反映着浮点指令的执行，寄存器的格式是这样：

Reserved（保留）24 位 | Round Mode（舍入方式）3 位（frm） | Accrued Exceptions（所积累异常）5 位 fflags

这里的 frm 位段控制着静态舍入进位模式，包括四舍五入等。另一个位段 fflags 则记录着浮点指令执行过程中发生的异常，5 个标志位分别对应着 NV、DZ、OF、UF、NX 这 5 种不同的异常。

CSR 寄存器有 4096 个之多，显然设计者的意图是让这些寄存器控制 RISC-V 处理器的方方面面。不难理解，设计者的意图是使 RISC-V 处理器的运行高度参数化，以此获致许多方面的灵活性。运行中（主要是初始化阶段）将不同的编码数值写入各个具体的 CSR，就可以设置某个方面的运行参数。相比之下，别的处理器可能只有一个 CSR，但是却有许多作为外设的模块上的控制/状态寄存器。在 SoC 芯片上，许多外围模块（例如缓存乃至主存，例如外部接口）都与 CPU 集成在了通过一个芯片上，就把这些模块的控制/状态寄存器聚集在一起形成一个庞大的 CSR 寄存器组，成为 CPU 固有的一个部分。

显然，系统在运行中，尤其是初始化过程中，要对这些 CSR 进行读/写，以设置各种运行参数。对这些参数的设置和状态的读取既涉及对 CSR 寄存器的写入也涉及从 CSR 寄存器的读出。为此 RISC-V 的指令系统中专门设计了一些指令，用于对 CSR 寄存器的设置和读写，这些指令的编码格式如下：

```
000000000000 00000   000 00000  1110011   I   ecall      //通过发起 Environment Call 异常改变运行模式
000000000001 00000   000 00000  1110011   I   ebreak     //通过发起 Breakpoint 异常进入 Debug 模式
csr          rs1     001  rd    1110011   I   csrrw      //CSR 寄存器读写
csr          rs1     010  rd    1110011   I   csrrs      //CSR 寄存器读出并设置（类似 swap）
csr          rs1     011  rd    1110011   I   csrrc      //CSR 寄存器读出并清除
csr          zimm    101  rd    1110011   I   csrrwi     //采用立即数的 CSR 寄存器读写
csr          zimm    110  rd    1110011   I   csrrsi     //采用立即数的 CSR 寄存器读出并设置
csr          zimm    111  rd    1110011   I   csrrci     //采用立即数的 CSR 寄存器读出并清除
```

这里的 ecall 和 ebreak 这两条指令也属于 CSR 操作指令，因为也是通过改变（某个）CSR 寄存器中的控制/状态位以改变 CPU 的运行状态/权限级别。它们的基本操作码都是 1110011，中间的 funct3 位段则是 000，而别的 CSR 指令的操作码只是 funct3 的编码与其不同。两条指令的作用都是提升 CPU 的运行权限，使其进入更高的特权状态，而本应是 12 位 CSR 寄存器号的位段则分别是 0 和 1。指令名的前缀 e 表示 environment，表示这是用来引起运行环境变化的指令。

除此之外的 6 条指令都是 CSR 操作指令。编码格式中最高 12 位是 csr 寄存器号位段，rs1 和 rd 两个寄存器位段各占 5 位，加上 funct3 的 3 位和 7 位操作码，共 32 位。这些指令的操作对象都是 csr，即 4096 个 CSR 寄存器之一，从 CSR 寄存器读出的内容放在通用寄存器 rd 中，要写入 CSR 寄存器、或要与其内容进行运算的操作数则在通用寄存器 rs1 中。不过操作数并不是非得来自一个通用寄存器，也可以是个 5 位的直接数（前面充 0）。之所以是 5 位直接数，当然是因为 32 位的指令中排不下更多；另一方面许多 CSR 寄存器都不是满载的，高位往往都是空着不用，所以对许多 CSR 寄存器而言 5 位也够了。

CSR 操作指令有三种，但是每一种的操作数可以来自通用寄存器 rs1，也可以来自直接数，这样就一共有 6 条指令，即 csrrw/csrrwi、csrrs/csrrsi 和 csrrc/csrrci：

```
csrrw rd, csr, rs1                    #t = CSRs[csr]; CSRs[csr] = x[rs1]; x[rd] = t
csrrw: csr rs1 001 rd 1110011             // Control and Status Register Read and Write. I-type, RV32I and RV64I.
                                  // Let t be the value of control and status register csr. Copy x[rs1] to the csr, then write t to x[rd].

csrrwi rd, csr, zimm[4:0]             #x[rd] = CSRs[csr]; CSRs[csr] = zimm
csrrwi: csr zimm[4:0] 101 rd 1110011      // Control and Status Register Read and Write Immediate. I-type,
                                          // RV32I and RV64I. Copies the control and status register csr to x[rd],
                                          // then writes the five-bit zero-extendedimmediate zimm to the csr.
```

指令 csrrw 的作用并非对 CSR 的读或写，而是对 CSR 的读与写。一方面从目标 CSR 寄存器将其内容读出至通用寄存器 rd，一方面就将通用寄存器 rs1 的内容写入目标 CSR 寄存器，这与 swap 指令相似。不过写入 CSR 寄存器的内容也可以来自一个 5 位直接数。

```
csrrs rd, csr, rs1                    #t = CSRs[csr]; CSRs[csr] = t | x[rs1]; x[rd] = t
csrrs: csr rs1 010 rd 1110011             // Control and Status Register Read and Set. I-type, RV32I and RV64I.
                                          // Let t be the value of control and status register csr. Write the bitwise OR
                                          // of t and x[rs1] to the csr, then write t to x[rd].

csrrsi rd, csr, zimm[4:0]             #t = CSRs[csr]; CSRs[csr] = t | zimm; x[rd] = t
```

```
csrrsi: csr zimm[4:0] 110 rd 1110011     // Control and Status Register Read and Set Immediate. I-type, RV32I and RV64I.
                                          // Let t be the value of control and status register csr. Write the bitwise OR of t and
                                          // the five-bit zero-extended immediate zimm to the csr, then write t to x[rd].
                                          // (Bits 5 and above in the csr are not modified.)
```

指令 csrrs 的作用是从 CSR 寄存器读出并“置位（set，就是把其中原来为 0 的若干位设置成 1）”，这有点像 amoor，只是操作数之一直接来自 CSR 寄存器，与操作数相或后仍将结果写回 CSR 寄存器，而通用寄存器 rd 则用来盛放从 CSR 寄存器读出的原值。操作数可以来自通用寄存器 rs1，也可以来自一个 5 位直接数。

```
csrrc rd, csr, rs1                   #t = CSRs[csr]; CSRs[csr] = t &x[rs1]; x[rd] = t
csrrc: csr rs1 011 rd 1110011             // Control and Status Register Read and Clear. I-type, RV32I and RV64I.
                                          // Let t be the value of control and status register csr. Write the bitwise AND of t and
                                          // the ones' complement of x[rs1] to the csr, then write t to x[rd].

csrrci rd, csr, zimm[4:0]            #t = CSRs[csr]; CSRs[csr] = t &zimm; x[rd] = t
csrrci: csr zimm[4:0] 111 rd 1110011     // Control and Status Register Read and Clear Immediate. I-type, RV32I and RV64I.
                                          // Let t be the value of control and status register csr. Write the bitwise AND of t
                                          // and the ones' complement of the five-bit zero-extended immediate zimm to the
csr,
                                          // then write t to x[rd]. (Bits 5 and above in the csr are not modified.)
```

与 csrrs 相反，csrrc 的作用是从 CSR 寄存器读出并“清位（clear，就是把其中原来为 1 的若干位清成 0）”，这有点像 amoand，只是操作数之一直接来自 CSR 寄存器，与用作掩模的操作数相与后仍将结果写回 CSR 寄存器，而通用寄存器 rd 则用来盛放从 CSR 寄存器读出的原值。操作数可以来自通用寄存器 rs1，也可以来自一个 5 位直接数。

注意这些指令本身并非特权指令，但是对某些 CSR 寄存器的访问则需要有相应的权限，后面我们还要回到这个话题。

9.8 RISC-V 处理器的运行模式

像别的典型处理器一样，RISC-V 处理器也有三种基本的运行模式，或者说三种运行状态。首先是“机器（Machine）态”，运行在这种状态下的程序“百无禁忌”，可以访问机器（尤其是 CPU）中所有的资源，即所有的寄存器和存储空间，也可以执行 CPU 所提供的任何指令。机器一加电，CPU 就处于这个状态；机器的初始化，包括各种运行参数的设定，就是在这个状态下完成的。在最简单的系统中，一般是简单的嵌入式系统中，CPU 只要有这么一种状态就够了。

但是，如果要求 CPU 执行由用户提供的软件，那就得小心了，因为相对而言用户提供的软件质量上没有保证。这里就有个问题，在用户提供的软件中会不会自作主张而又不正确地去改变那些基本的配置或功能，使得系统不能正常运行？显然应该给用户软件的运行加上一些限制，包括对一些资源的访问和某些指令的使用，于是就有了对于“用户态”的需要。所以，如果 CPU 只提供两种运行状态，那就是机器态和用户态。如果限制了用户态对某些指令的使用，那么这些指令对于用户态的程序而言就成了“特权”指令。

有了机器态和用户态这两种运行状态/模式以后，CPU 上程序的执行就分成两种状态，运行于机器态的一般是个“监控程序（Monitor）”，运行于用户态的才是用户程序。监控程序除控制用户程序的启动和运行之外也为用户程序提供一些类似于子程序的服务，所以用户程序的运行过程常常要在用户态和机器态之间来回跳转，从而需要为用户态程序提供特殊的 call 指令，为机器态的程序提供特殊的 return 指令。之所以说是特殊，是因为除实现常规的子程序调用和返回之外还必须实现运行状态的切换。在 RISC-V 处理器中这个特殊的 call 指令就是 ecall，另外还有条与之相似的指令 ebreak，那是用来切换到“调试态”（见后）的。而特殊的返回指令则是 mret，表示从 m 态即机器态返回。

Monitor 只是一种简单的监控程序，然而在此基础上发展起来了现代操作系统（例如 Unix/Linux 和 Windows），现代操作系统最鲜明的特点就是支持多进程的并发运行，将一台物理的机器细颗粒地分时复用于多个进程（可以大体上理解成一个应用软件的一次运行）。为此，操作系统就需要实现虚拟存储，让每个进程都有自己独立的虚存空间，再把每个进程的虚拟空间映射到物理存储空间。这样，指令执行和资源访问的（分级）权限划分，加上虚存空间的映射，就成了操作系统对 CPU 的基本要求。

这样，有了访问权限的划分，就可以实现操作系统"内核空间"和"用户空间"的分割，把一些关键（critical）的操作放在内核中保护起来，使用户程序既不能直接读更不能直接写内核空间的数据和程序，对于由内核提供的服务则必须按规定的方式发出请求，即"系统调用"。而各自独立的虚存空间和地址映射，则保证了进程之间不会互相干扰。

因为这个需求，原来机器态和用户态的划分就不够了，所以就在这二者之间插入了一个新的运行状态，叫"监管态"，即 Supervisor 模式/状态。在操作系统的术语中则往往称之为"系统态"，因为操作系统的内核就运行在这个状态。有了机器态、监管态、用户态这样三种运行模式/状态之后，典型的安排就是在机器态中运行系统的"引导/加载程序（Boot-loader）"，在监管态中运行操作系统内核，而在用户态中运行应用软件。那么，要是 CPU 只有两个状态，只有机器态和用户态，或者只有监管态和用户态，是否也可以运行现代操作系统呢？可也是可以的，如上所述，这里的条件是两条，即指令执行和资源访问的（分级）权限划分，与虚存空间的映射，只要同时满足这两个条件，只有两个运行状态也并非不可，但是三个状态的划分显然逻辑上更加清晰，所以现代的处理器大多提供三个运行状态，RISC-V 也不例外。

CPU 运行状态的划分，以及因此而来的对于使用权限的限制，包括只允许在监管态或机器态时才可执行的"特权指令"，以及只允许在监管态或机器态时才可访问的"特权资源"，就构成了一个处理器的"特权架构（Privileged Architecture）"。RISC-V 指令手册的第二卷，就是对 RISC-V 特权架构的定义和介绍。事实上，没有特权架构，即不划分运行状态的处理器只能用于最简单的应用，也谈不上现代操作系统。举个例子，最初的 PC 机采用的是 Intel 的 8088 处理器，那就是不划分运行状态也无所谓特权指令的，那上面的"操作系统"就是 MSDOS，号称"磁盘操作系统"但实际上只是个 Monitor。然后，到了 80286/80386，才有了特权架构，这才为 Windows 操作系统的存在和使用提供了条件。

注意在 RISC-V 指令手册第二卷中广泛使用了"Hart"这个词和概念，这个词是"hardware thread"的缩写，表示一个硬件意义上的"线程"。不过，号称"线程"，这与软件上的线程毫无关系。一个 hart，实际上就是一个 CPU"核"，加上它对（公共的）存储和 I/O 子系统的访问。从公共的存储子系统来说，一会儿是这个 CPU 在访问，一会儿是那个 CPU 在访问，每个 CPU 对存储子系统的访问都有个独立的上下文，这就是所谓"hart"。在不影响语义的前提下，为简明扼要计，本书在提及 hart 时一律称 CPU 或处理器。

有了机器、监管、用户这么三个运行状态之后，ecall 指令的定义就有了少许变化：在用户态执行 ecall 指令就使 CPU 进入比用户态高一级（并且只高一级）的监管态，在监管态再执行 ecall 指令则又进入更高一级的机器态（但是 ebreak 指令却总是使 CPU 进入调试态）。

CPU 在用户态运行（执行程序）的时候，如果发生中断或异常，就（被动）转入了监管态。或者，如果在用户程序中执行到 ecall 指令，就（主动）转入了监管态。进入了监管模式，CPU 的权限就得到提升，从而可以执行特权指令、或访问某些只有在特权模式下才能访问的资源。现代操作系统（如 Linux）要求 CPU 至少能支持这两种运行模式，现代操作系统的设计就是以此为前提的，操作系统的内核就是运行于监管模式（中断服务程序也属于内核），而所谓"用户空间"就是指 CPU 运行于用户态时所执行的程序和所访问的数据和资源（包括寄存器）。注意并非 CPU 处于监管状态时就只能执行特权指令（和特权资源），而是可以执行用户态的所有指令（和资源），再另外加上特权指令（和特权资源）。

由于服务器上"虚拟机"技术的发展需要，后来在监管态和机器态之间又加了一个"高管态"即 Hypervisor 模式。这个模式/状态在系统结构中增添了另一层存储映射，意图是要在同一台机器（通常是服务器）上安装多个操作系统，从而形成多台"虚拟机"，称为对 RISC-V 特权架构的"H"扩充，后面还要另作介绍。

机器态是处理器的最高特权模式，但却是最基本的模式，也是唯一强制必须支持的运行模式（在处理器的 CSR 寄存器 misa 中，U 标志位表示提供用户态，S 标志位表示提供监管态）。有些专为（无进程管理的）

简单嵌入式系统设计的 RISC-V 芯片，可能就只支持机器态这么一种运行模式。事实上，一个 RISC-V 处理器可以只支持一种运行模式即机器态（M）；也可以支持两种运行模式，即机器态加用户态（M+U，用于略为复杂一些的嵌入式系统）；或者就支持三种运行模式，就是机器态加监管态加用户态（M+S+U，通常用于例如手机、Pad、PC 机等）。如果带有上述的 H 扩充，则再加一种高管态模式（M+H+S+U，用于高端服务器）。

为帮助调试排错和产品测试，在 RISC-V 的特权架构还增添了一个"调试态"即 Debug 模式/状态，有需要时可以通过一条 ebreak 指令进入调试态。调试态的权限与机器态基本相同，还略大一些，芯片上可能会保留少许资源供调试态专用。不过调试态就只是为调试之用，并不提供给实际使用的软件。

与指令集和寄存器组一样，RISC-V 的特权架构也是 RISC-V 系统结构（ISA）的一部分。如果在特权级别较低的状态中使用要求级别更高的指令，或者访问要求更高权限的资源（例如某些内存区间，CSR 寄存器等），就会发生（非法指令）异常。但是反过来在级别更高的模式中使用要求级别更低的指令，或访问要求级别更低的资源，就没有问题。

RISC-V 的特权架构是个相当大的话题，*Atlas* 一书中专门有一章"RV32/64 Privileged Architecture"加以介绍，而 RISC-V 指令手册的第 2 卷更是整卷一百多页都是对特权架构的详细说明。在此我们只能略作简要的介绍。在此之前先对特权指令作些说明，首先是指令 ecall 和 ebreak，这两条指令并非特权指令，但是与特权架构有密切关系：

```
ecall                                               #RaiseException(EnvironmentCall)
ecall: 000000000000 00000 000 00000 1110011     // Environment Call. I-type, RV32I and RV64I.
                              // Makes a request of the execution environment by raising an Environment Call exception.

ebreak                                              #RaiseException(Breakpoint)
ebreak: 000000000001 00000 000 00000 1110011    // Environment Breakpoint. I-type, RV32I and RV64I.
                                                // Makes a request of the debugger by raising a Breakpoint exception.
```

这两条指令本身虽非特权指令，却引起 CPU 运行状态在特权架构上的向上"跃迁"。每执行一次 ecall 指令，CPU 的特权就向上提升一个层次，其最重要的应用就是在用户态通过 ecall 指令进入操作系统内核。这与 x86 处理器上的 int 指令相似，但注意 ecall 指令本身是不带参数（操作数）的。而 ebreak 指令，则使 CPU 进入调试模式。这两条指令都是通过"自陷（trap）"引起异常（exception）而进入更高权限的运行模式的，但是异常有所谓"垂直自陷（vertical trap）"和"水平自陷（horizontal trap）"之分，垂直自陷会向上提升运行级别，而水平自陷并不提升运行级别。显然，ecall 和 ebreak 的自陷都是垂直自陷。

通过 ecall 指令进入级别更高的运行状态之后，CPU 就能执行该级别的特权指令，访问该级别的资源，并仍能执行非特权指令或更低级别的特权指令，访问级别要求更低的资源，直到通过特权指令返回原先的运行级别。

9.9 特权指令

RISC-V 指令系统中真正的特权指令只有四条，即：

```
0001000 00010 00000 000 00000 1110011    R    sret           //从监管态返回到用户态
0011000 00010 00000 000 00000 1110011    R    mret           //从机器态返回到监管态
0001000 00101 00000 000 00000 1110011    R    wfi            //不做任何操作，静等中断发生。
0001001   rs2    rs1   000 00000 1110011  R    sfence.vma     //在监管态更新虚存映射表时的 fence 指令
```

四条指令均属寄存器类 R。其中 sret 用于从监管态返回用户态，实际上就是从操作系统内核返回用户空间。如上所述，通过指令 ecall 可以提升运行的特权级别，即从用户空间进入内核，从内核即监管态返回用户态就得使用 sret。然而在监管态仍可以通过 ecall 指令进入机器态，然后从机器态返回监管态却得使用 mret 指令，这两条指令的确切定义是：

```
sret                                        #ExceptionReturn(Supervisor)
sret: 0001000 00010 00000 000 00000 1110011
                        // Supervisor-mode Exception Return. R-type, RV32I and RV64I privileged architectures.
                        // Returns from a supervisor-mode exception handler. Sets the pc to CSRs[sepc], the privilege
                        // mode to CSRs[sstatus].SPP, CSRs[sstatus].SIE to CSRs[sstatus].SPIE, CSRs[sstatus].SPIE
                        // to 1, and CSRs[sstatus].SPP to 0.

mret                                        #ExceptionReturn(Machine)
mret: 0011000 00010 00000 000 00000 1110011
                        // Machine-mode Exception Return. R-type, RV32I and RV64I privileged architectures.
                        // Returns from a machine-mode exception handler. Sets the pc to CSRs[mepc], the
                        // privilege mode to CSRs[mstatus].MPP, CSRs[mstatus].MIE to CSRs[mstatus].MPIE, and
                        // CSRs[mstatus].MPIE to 1; and, if user mode is supported, sets CSRs[mstatus].MPP to 0.
```

两条汇编指令及其编码中均不涉及 CSR 寄存器，但实际上两条指令的作用都是通过读写若干 CSR 寄存器的内容而实现的。以 sret 为例，实际的操作就包括：从 CSR 寄存器 sepc 读出内容至程序计数器 pc，并将特权级别设置成 CSRs[sstatus].SPP 即 CSR 寄存器 sstatus 中 SPP 位段的值，将 CSRs[sstatus].SIE 设置成 CSRs[sstatus].SPIE 的值，而将 CSRs[sstatus].SPIE 设置成 1，将 CSRs[sstatus].SPP 设置成 0。对 mret 指令则可类推。这里的 SPP、SIE、SPIE 是 CSR 寄存器 sstatus 中的三个位段，前缀 s 或 S 表示这是用于监管态即 supervisor 模式的寄存器和位段，因而得要在监管态（或更高）的模式中才可访问。PP 意为“先前特权”即 Previous Privilege，当程序通过 ecall 进入监管态时其先前的特权级别就被保存在这个位段中。IE 则意为 Interrupt Enable，这就是开中控制位，表示当前是否允许中断。而 PIE，则意为 Previous Interrupt Enable，表示程序进入监管态前夕是否允许中断。所以，sret 指令的执行可以用 RTL 语言描述成：

```
pc                  ← CSRs[mepc]           //恢复进入监管态之前的 pc（相当于子程序返回）
当前特权级别         ← CSRs[sstatus].SPP    //恢复进入监管态之前的运行模式
CSRs[sstatus].SIE   ← CSRs[sstatus].SPIE   //恢复进入监管态之前的中断允许
CSRs[sstatus].SPIE  ← 1                    //将“先前中断允许”设成 1
CSRs[sstatus].SPP   ← 0                    //0 表示用户态
```

注意 mret 只能在机器态使用，在监管态中是不能用的，用了就会发生（非法指令）异常。

下一条特权指令是 wfi。这条指令使 CPU 空转而静等中断的发生。可想而知，这条指令只能放在操作系统内核中，要不然就有可能会在用户程序中被误用，所以这条指令是特权指令：

```
wfi                                         #while (noInterruptsPending) idle
wfi: 0001000 00101 00000 000 00000 1110011     // Wait for Interrupt. R-type, RV32I and RV64I privileged architectures.
                                    // Idles the processor to save energy if no enabled interrupts are currently pending.
```

与此相似，有的处理器中有用于开/关中断的指令，这样的指令也只能放在内核中，要不然也有可能会在用户程序中被误用，因而也是特权指令。不过 RISC-V 没有专门的开中/关中指令，中断的开/关是通过特定 CSR 寄存器中的中断控制位实现的；所以读写 CSR 寄存器的指令并非特权指令，但对于该 CSR 寄存器的写入却需要特权。

还有一条特权指令是 sfence.vma，这是一条要求监管态级别（所以有前缀 s）的 fence 指令，但是这条 fence

指令只是用在后述对虚存映射页面表进行更新的过程中（所以有后缀.vma），是为此而定制的：

```
sfence.vma rs1, rs2                    #Fence(Store, AddressTranslation)
sfence.vma: 0001001 rs2 rs1 000 00000 1110011
                    // Fence Virtual Memory. R-type, RV32I and RV64I privileged architectures.
                    // Orders preceding stores to the page tables with subsequent virtual-address translations.
                    // When rs2=0, translations for all address spaces are affected; otherwise, only translations for
                    // address space identified by x[rs2] are ordered. When rs1=0, translations for all virtual
               addresses
                    // in the selected address spaces are ordered; otherwise, only translations for the page containing
                    // virtual address x[rs1] in the selected address spaces are ordered.
```

真正的特权指令就是这么几条，然而特权指令并非特权架构的全部，还有对资源的访问权限问题。所谓资源，首先就是内存空间，内存中的有些区间可能设置成在监管态（或以上）才可以访问，还有些区间也许设置成在机器态才可以访问，再还有些区间也许设置成在调试态即 Debug 模式下才可访问。这方面最典型的例子就是操作系统的内核，用于内核（程序代码、数据、堆栈）的内存区间，在用户态就是不可访问的，一访问就是非法指令异常。所谓内存区间，可能也包括某些 I/O 设备，因为 RISC-V 把 I/O 视同内存。

除内存区间之外，CSR 寄存器也是资源，也因具体寄存器的不同而有访问权限的限制。

9.10 虚存映射

如前所述，现代操作系统的实现对于处理器的要求有二：一是对运行状态和执行权限的划分，二是虚存空间（在物理内存上）的映射。现代操作系统支持多进程对物理机器的（细颗粒）分时复用，每个进程都有自己独立的虚存空间（例如 32 位地址的寻址范围），但每个进程的虚存空间都要映射到统一的物理内存储，即物理存储空间。处理器当前在运行哪个进程，就要行使哪一个进程的虚存映射，所以进程的切换意味着虚存映射的切换。

虚存映射有“段式”和“页式”两种。两种映射技术各有千秋，但是段式映射有个使存储区段逐渐碎片化的问题，所以现在都采用页式虚存映射，其特点是存储空间以固定大小、不可分割的“页面（page）”为单位进行映射，页面的大小一般是 4KB。像别的处理器一样，RISC-V 所实现的也是页式映射。

所谓虚存（地址）映射，也叫地址转换，或者地址翻译（将虚存地址转换/翻译成物理地址）。在页式映射的方法中，把虚存地址分成两部分，其低 12 位是相对于具体页面起点的位移，或者说页面中的相对地址，称为 offset。之所以是 12 位，就是因为页面的大小是 4KB。除 offset 以外的部分，就是虚拟页面号 VPN（Vertual Page Number）。根据需要还可以把虚拟页面号进一步分成几节。而所谓“映射”，就是要把虚拟页面号 VPN 转换成物理页面号 PPN（Physical Page Number），offset 这一部分无需转换，只要把 offset 按原样拼接在 PPN 后面就行。

根据虚存（地址）空间和物理（地址）空间的大小，32 位的 RISC-V 处理器支持一种称为 Sv32 的映射方案，64 位的 RISC-V 处理器则支持 Sv39 和 Sv48 两种映射方案，还保留了 Sv57 和 Sv64 两种方案的进一步定义。除此之外，不管是 32 位还是 64 位，RISC-V 还支持一种称为 Bare，那就是不作转换，虚存地址就是物理地址。下面以 Sv32 为例说明 32 位 RISC-V 处理器中虚存映射的实现。

在 Sv32 这种映射方案中，虚存地址和物理地址都是 32 位。这意味着物理内存的大小不会超过 4GB，而每个进程的虚存空间大小虽然也是 4GB，但一般而言单个进程实际所占存储区间的总和是远小于 4GB 的，所以许多虚存页面属于“空洞”，实际无需映射。

要实现虚存地址的映射，或者说地址转换，最合理的办法莫过于查表（因为没有固定的算法），也就是以虚存页面号为下标从一个被用作“页面（映射表）”即 Page Table 的数组中读出，数组中的每个元素（4 个字节）都是一个“页面表项（Page Table Entry）”即 PTE，PTE 中含有所映射物理页面的 PPN 和该页面的一些属性标志位。注意连续的虚存空间可以被映射到离散的物理页面。从原理上说，如果虚存地址是 32 位，则虚存页面号 VPN 是 20 位（32-12=20），页面表的大小就是 2^{20} 个 PTE。那样的方案称为一级映射，只用一个页面表，从虚存地址到物理地址的映射一步到位。可是那样页面表中就得有 2^{20} 个 PTE，一个 PTE 的大小是 4 字节，于是这个页面表就得有 4MB 这么大。如果真用这么大的页面映射表，那么这个映射表对于几乎所有进程都会有大量空洞，因为很少有进程会用满它的 32 位虚存空间。

所以就把虚存页面号分成两半，即 VPN[0]和 VPN[1]，两个位段都是 10 位，两个位段拼接在一起仍是 20 位，这样就构成了二级映射。在二级映射的方案中，一级页面表中有 2^{10} 即 1024 个 PTE，或者说一级映射的“扇出”是 1024，所以这个页面表的大小是 4KB，正好是一个页面的大小。但是这个 PTE 所指向的并非作为映射目标的物理页面，而是一个二级页面表。或者，如果一级页面表中的某个 PTE 无效，就表示这是个空洞，没有相应的二级页面表。事实上，一般进程的虚存空间都有大量空洞，这就节省了大量的二级页面表。二级页面表用虚存地址中的第二个 10 位的位段 VPN[1]为下标获取二级映射表中的 PTE。这个 PTE 才指向所映射物理页面的 PPN，或者是个（二级）空洞。这样，通过二级映射，分两次从不同的页面表中读出，才完成了一个虚存页面的映射。从一级页面表到二级页面表，再到所映射的物理页面，就构成一棵以一级页面表为第一个节点，以所有被映射物理页面为叶的二层 1024 分叉树（一级页面表和二级页面表的最大扇出都是 1024，不过大量叶节点实际上都是空的），即 Radix 为 1024 的映射树。整个映射的过程就是“爬树”的过程。当然，比之一级映射，二级映射的效率有所下降，但是却可以节省大量的存储页面。如有需要，还可以有三级页面表，四级页面表，使这棵树变得更高。

但是这里还有个问题：一级映射表的位置在哪里？这棵树的根在哪里？在 RISC-V 处理器中这就是监管态 CSR 寄存器 satp（Supervisor Address Translation and Protection）。下面是二级页面映射的示意图：

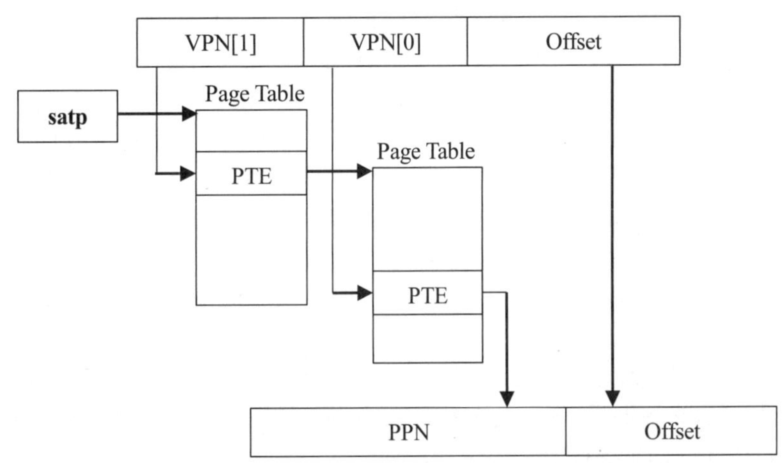

如果一个进程用满了它的 32 位即 4GB 虚存空间，那么二级映射表有 1024 即 2^{10} 个，每个二级映射表中有 2^{10} 个 PTE，这样在所有的二级映射表中共有 2^{20} 个 PTE，还要再加一级映射表中的 2^{10} 个 PTE，比之一级映射并未减少，甚至还略有增加。然而绝大多数的进程都不会把虚存空间用满，所以其一级映射表中大量的 PTE 是无效的（V 标志位为 0），不存在相应的二级映射表，这样就使占用的页面大大减少了。

注意所映射的实际上只是页面号，而不包括 Offset，Offset 是页面映射机制自动拼接的。所以，这其实是页面号的映射，而不是整个地址的映射。以 32 位系统结构而言，物理页面的总量理论上就可以有 2^{20} 即 1M 个，而每个页面的大小又是 4KB，所以理论上的物理存储容量可以达到 4GB，满负荷条件下 1024 个二级页面表所占空间大小则为 4MB。

但是，如果每次取指令或读写数据（包括堆栈操作）都要经过这样一个长途跋涉的过程，对机器性能的影响就太大了。即使只是一级映射，要从一个数组中按下标读出也得相当于好几条指令的开销，多级映射就更不必说了。显然，每一次取指令、每一次读写数据都要为页面映射付出这么高的代价是不现实的。所以实际上都要使用关于页面映射的高速缓存，那就是 TLB（Translation Lookaside Buffer）。

TLB 这个名称是历史上形成的，实际上应该称“页面映射高速缓存”，或者“页面号转换高速缓存”（而不是“缓冲区”），这个高速缓存本质上是个便查表。TLB 中每个单元的内容是个“键值对”，以虚拟页号为键（key），以所映射的 PTE 为值（value），不过在虚存映射的术语里这个“键”称为“标签（Tag)”，从虚存页面到物理页面的映射在 TLB 中是“端到端”一步到位，实际上就是择要把某些页面映射的结果缓存在 TLB 中，这里基本的假设和前提是 CPU 对存储器的访问并非随机，而是在一段时间中基本集中在其中某些存储页面中，表现出一定程度的局部性（locality)。当然，随着程序的执行、时间的推移，TLB 各单元的内容也会变化。虽然仍保持一定程度的局部性，但是“局部”的位置却在转移。

可是既然作为映射出发点的虚存页面号只是以“键”的形式存在于 TLB 单元的内容中，那就不能以虚存页面号作为下标来寻访具体 TLB 单元了。然而又不能拿着虚存页面号去逐项比对，那样平均效率就比页面表更低了。所以，虚存页面号的比对必须是对 TLB 的所有单元同时进行。换言之，整个 TLB 必须是个“按内容寻址”的存储器，即 CAM。但是当然 CAM 的造价是比较高的，因为 TLB 的每个单元中都得有个页面号比较器。所以 TLB 的容量是比较小的。但是比较器是组合电路，虚存页面号的比对无需时钟脉冲驱动，因而页面的映射在不到一个时钟节拍的时间中、几乎立即就可完成。这样，虚存地址的映射与指令的读入（或数据的读入）就可以在同一个时钟节拍中完成。如果所映射的 PTE 无效，那就说明这个映射不在 TLB 中，那就要经过一个称为“页面表行走（Page Table Walk)”的过程，在映射树上走过该页面的整个映射过程，把结果写入 TLB 中的某个单元，该单元原先的内容就被覆盖了。当然，这个行走的过程是比较费时的，但是装载一个页面号的映射就能管 1024 个（32 位）存储单元，命中率可望达到很高。

所以，TLB 的内容来自一个进程（当前进程）的页面表。但是注意一个进程的页面表并非静态，而是动态在改变的。例如动态分配的缓冲区，在尚未分配之前不存在映射，但是一经分配就得建立起相应的映射。再如堆栈，随着子程序调用嵌套的加深，需要为其分配更多的物理页面，建立更多的页面映射。

具体到 RISC-V，32 位处理器所实现的映射方案是 Sv32，其 PTE 的格式是这样：

Sv32 PTE：PPN[1](10 位) | PPN[0](10 位) | RSW(2 位) | D | A | G | U | X | W | R | V

其中最低 8 位是标志位，其中 V 表示 Valid，此位为 1 表示该 PTE 有效，否则无效（映射不存在或尚未建立)。R/W/X 表示 PTE 所代表的页面可读/写/执行。如果这 3 位都是 0，就表示 PTE 所指是次级映射表（也是盛放在一个物理页面中），而并非所映射的物理页面。标志位 U 表示所代表页面属于用户空间（用户态），否则属于系统空间（监管态），如果属于系统空间则需要有监管态（S-Mode）特权才可访问。标志位 G 意为 Global，此位为 1 表示该页面存在于所有映射表中，这通常是属于内核的页面（进程切换只改变用户空间的映射)。标志位 A 意为 Accessed，表示这个页面曾受到访问。最后标志位 D 意为 Dirty，表示这个页面已被写入（因而需要回写到例如磁盘上)。

然后是个 2 位的 RSW 位段，这个位段是留给操作系统使用的，硬件上并无意义。

最后是两个 PPN 即物理页面号（Physical Page Number）位段。实际的物理页面号是由这两个位段拼接而成，实际的物理地址则在后面再拼接上 12 位的 Offset。

如前所述，每个进程都有自己独立的虚存空间，因而都有自己的页面映射。然而，在物理内存中为每个进程都保留一套页面映射表是可行的，为每个进程都配备一个 TLB 却是不现实的，因为 CAM 的造价太高。所以唯一可行的方案就是在切换进程的时候把 TLB 的内容也替换掉。可是把 TLB 的内容全都替换一遍所需的时间也比较可观，这样就会影响进程切换的速度。比较合理的解决方案是：不要在进程切换的时候一下子把整个页面表的内容都换掉，而是访问到哪个页面就把这个页面的映射替换掉（如果尚未替换的话）。但是，那样一来在映射“键值对”中的“键”就不能只是虚存页面号，还得说明这是哪一个进程的虚存空间，所以这就是个组合键。不过 TLB 属于处理器的“微结构”即具体组成，而不属于处理器的系统结构，对于程序员而言 TLB 是不可见的。另一方面，如前所述页面表的内容也是动态在变的。这样一来，对页面表的访问次序就至关重要了，如果因为优化而改变了读写的次序，就可能造成问题，sfence.vma 这条指令就是专门为此而设。

注意从虚存页面到物理页面的映射并非存储和映射的全部，一个系统的物理“内存”通常是容纳不下所有虚存页面的，因而有些虚存页面映射到内存中的物理页面上，有些虚存页面只能映射到作为“二级存储”的“外存”例如磁盘上。所以有时候就得把内存中的某些暂时不用的物理页面内容写入外存（实际上是磁盘上的一个分区，或者一个很大的磁盘文件），腾出空间，再把急需使用的页面从外存调入内存，或者就成为新增添的页面，这个过程称为存储页面的“换入/换出（swap)”。不过这是由操作系统通过软件实现的，存储系统硬件只需要在 TLB 中映射失败的时候发起一次缺页异常就可以了。由此可见，内存中物理页面的总和并不必须是所有进程虚存页面的总和，磁盘上的 swap 分区才必须大于/等于所有进程虚存页面的总和。事实上，物理内存的大小甚至可以小于单个进程已经建立映射的虚存页面总和，只是那样就需要很频繁的页面调入/调出。但是，如果内存的大小足以容纳所有进程虚存页面的总和，或者哪怕只是能容纳其中的大部分虚存页面，就可以消除或者至少是减少操作系统的 swap 操作，使系统的性能得到可观的提升。我们日常所说某台计算机运行速度的“快”与“慢”，很大程度上就是取决于 swap 操作的多少，也就是取决于内存的大小。这里还要补充说明一点，swap 与一般的磁盘文件读写是两回事。一个尚未打开的磁盘文件与虚存是无关的，可以认为尚未进入狭义的存储子系统（尽管广义上存在于二级存储器上）。打开了文件以后，如果读入该文件的某些内容，或者对文件的大小进行了扩充（lseek()到文件末尾之后），就有了关于这个文件的虚存页面，这些虚存页面一开始总是被映射到内存中的某些物理页面，后来就可能被 swap 到磁盘上的 swap 区间（或文件）。所以，磁盘上的 swap 区间或 swap 文件与一般的磁盘文件有性质上的不同。此外，两个不同进程的物理页面也可以有交集，两个不同进程的虚存页面有可能映射到同一个物理页面（或磁盘上的 swap 页面），称为“共享存储（shared memory）”那也得通过操作系统（系统调用 shmat()）才能实现。

9.11　CSR 寄存器

CSR 寄存器也是 RISC-V 处理器中的一项重要资源，更是其特权架构中的一个重要部分，对不同 CSR 寄存器的不同访问（读/写）需要有不同的特权。

按 RISC-V 指令手册第二卷所列，12 位的 CSR 寄存器号空间被分成四块，但是这四块的寄存器号并不是按其功用划分，而是按访问权限划分（例如最高两位为 00、01、10 表示可读/可写，但 11 表示只读；再下面两位为 00 表示用户态 U，01 表示监管态 S，10 表示高管态即 Hypervisor，11 表示机器态 M），这样如果从功用的角度看就不是连续，而是互相穿插的了：

User CSRs	0x000-0x0FF，0x400-0x4FF，0x800-0x8FF，（0xC00-0xC7F，0xC80-0xCBF），0xCC0-0xCFF
Supervisor CSRs	0x100-0x1FF，0x500-0x57F，0x580-0x5BF，0x5C0-0x5FF， 0x900-0x97F，0x980-0x9BF，0x9C0-0x9FF，0xD00-0xD7F， 0xD80-0xDBF，0xDC0-0xDFF
Hypervisor CSRs	0x200-0x2FF，…
Machine CSRs	0x300-0x3FF，…　（其中 0x7B0-0x7BF 为 Debug-mode-only CSRs）

显然，CSR 寄存器号的分配在某种意义上似乎并不规整；但是至少我们知道，有些 CSR 寄存器是在用户态可以访问的（还有读/写的不同），有些则要在监管态才能访问，或者高管态（Hypervisor）才能访问，要求权限最高的是机器态 CSR 寄存器，不过那里面从 0x7B0 到 0x7BF 共 16 个寄存器号是用于调试态的。

在汇编程序中一般不会使用寄存器号，而是用寄存器名。一般，以字母 s 开头的寄存器名表示监管态 CSR 寄存器（例如 sstatus），以字母 m 开头表示机器态 CSR 寄存器（例如 mstatus），以字母 h 开头表示高管态 CSR 寄存器（例如 hstatus）。特别地，在机器态 CSR 寄存器这个集合中有一组寄存器是专用于“物理内存保护（Physical Memory Protection）”，这一组寄存器的名称以字母 p（而不是 m）开头，例如 pmpcfg 和 pmpaddr。另外在高管态 CSR 寄存器这个集合中有一组寄存器是专用于“虚拟监管态寄存器（Virtual Supervisor Registers）”，这一组寄存器的名称以 vs 为前缀，例如 vsstatus、vsie 等。至于调试态的 CSR 寄存器，则以字母 t 或 d 开头。

在众多 CSR 寄存器中，有一个寄存器是特别值得一提的，那就是 misa，这个寄存器的格式是这样：

MXL[1:0] | 0[MXLEN-28 位] | Extensions[25:0]

这里的 2 位 MXL 位段表示 Machine XLEN，即机器的字长，以编码 1 代表 32 位，2 代表 64 位，3 代表 128 位。随后是一串 0，具体个数取决于字长 MXLEN，长度为 MXLEN-28。在 32 位的芯片上这就是 4。再后面的 26 位，对应着 26 个英文字母，从最低位开始向左按字母序排列。这样，bit0 就代表着字母 A，如果这一位是 1 就表示这个 CPU 支持 RV32/64A，即原子操作（扩充）指令集；bit1 代表字母 B，代表“位操作指令集”，即 RV32/64B；bit2 代表字母 C，那就是压缩指令集；这样一直到 bit25 代表字母 Z。当然，其中有些字母是无定义的。有了这个寄存器，在机器模式下（芯片刚加电时即处于机器模式）读一下这个 CSR 寄存器，便可知道这是 32 位还是 64 位处理器，及其所支持的指令集。

另一个特别值得一提的 CSR 寄存器是前面提到过的 satp，即“监管态地址转换与保护寄存器（Supervisor Address Translation and Protection register）”，这就是页面映射树的根，32 位 RISC-V 处理器中 satp 寄存器的格式是这样：Mode（1 位）| ASID（9 位）| PPN（22 位）

如前所述，32 位 RISC-V 处理器只支持 Bare 和 Sv32 两种映射，前者是映射到自身，所以实际上只有 Sv32 一种映射，所以 Mode 位段只要 1 位就够了。32 位物理地址空间的大小是 4GB，所以物理页面号 PPN 只要 20 位就够了，可是这里的 PPN 是 22 位，这意味着把物理地址扩展到了 34 位，把物理存储空间的容量扩展到了 16GB。所以 Sv32 的物理地址格式是这样：PPN[1]（12 位）| PPN[0]（10 位）| Offset（12 位）

与此相应，32 位 PTE 的格式则为：

PPN[1]（12 位）| PPN[0]（10 位）| RSW（2 位）| D A G U X W R V（共 8 位）

所作映射是从 20 位虚存页面号到 22 位物理页面号的映射，一级页面表的大小是 16KB 而不是 4KB。

回到 satp 寄存器，中间的 ASID 位段意为“地址空间序号（Address Space ID）”。表明这是哪一个虚存空间的页面表。由于每个进程都有自己的虚存空间，ASID 实质上就是进程号。所以，satp 寄存器的内容实际上表明正在处理器上运行的当前进程是谁，它的第一级页面表在哪里，所作的是何种映射（Bare 或 Sv32），同时也表明 TLB 的当前内容来自哪个进程的页面映射。每当切换进程的时候，操作系统就得更新 satp 寄存器的内容，使其指向切入的进程，这个进程就成为新的当前进程。

另一个重要的内容是中断和异常。有些处理器中有开中/关中指令，但是 RISC-V 没有。在 RISC-V 的 ISA 中，中断的开/关是通过对 CSR 寄存器及其相关位段的设置而实现的。事实上也不只是中断的开/关，RISC-V 有一套相当复杂的中断控制机制。

首先是监管态状态寄存器（Supervisor Status Register），显然对这个寄存器的访问需要有监管态的权限。这个寄存器有好多位段，这里不拟逐一细说，但是其中有三个状态位是与中断/异常有关的：

- SIE，开启/关闭处于监管态时的中断（SIE 意为 Supervisor Interrupt Enable），对处于用户态时的中断不起作用。
- SPIE，表明在本次进入监管态之前 SIE 状态（SPIE 意为 Supervisor Previous Interrupt Enable）。当通过异常或中断进入监管态时，电路将 SIE 标志位的值写入 SPIE，而 SIE 被设置成 0；当通过 sret 指令返回时，电路从 SPIE 标志位恢复 SIE 的值，并把 SPIE 标志位设置成 1。
- SPP，表明本次进入监管态之前处理器处于什么状态（SPP 意为 Supervisor Previous Privilege），为 0 表示处于用户态，否则为 1。

其次是两个中断控制寄存器 sip 和 sie，注意这是两个寄存器，而不是标志位。先看 sip，这是中断请求寄存器（sip 意为 Supervisor Interrupt-Pending），在 32 位 RISC-V 处理器中这个寄存器的长度就是 32 位，其中的低 16 位代表若干“标准中断源”，16 位以上则代表“外部中断源”，为 1 表示有来自该中断源的请求。

再看 sie，这是中断开启寄存器（sie 意为 Supervisor Interrupt-Enable）。与 sip 相对应，同样也是 32 位，32 个中断源。不过，sie 是控制寄存器，而 sip 是控制（用来清除中断请求）/状态寄存器。

发生中断的条件是：sip 和 sie 两个寄存器中的某一对控制/状态位均为 1（既有中断请求，该中断源的中断又被开启），并且监管态中断是“全局开启的（globally enabled）”。所谓监管态中断全局开启，是指：当前运行状态低于 S 即监管态，或者当前运行状态为 S 并且 CSR 寄存器 sstatus 中的 SIE 控制位为 1。这也说明，当处理器运行于用户态的时候中断一直是开着的，这是强制的，但是一旦进入监管态之后则可以选择，如果禁止中断就可以避免中断嵌套。注意即使在监管态允许中断，也不意味着在机器态也同样允许中断。

还有监管态中断原因寄存器 scause。这个寄存器的格式是这样：

Interrupt（1 位）| Exception Code（除最高位以外）

其最高位是中断标志位，为 1 表示是因为中断而进入监管态，为 0 表示因为异常/陷阱而进入监管态，其余各位构成一个表示具体原因的编码。当中断标志位为 1 时：

- 原因码为 1 表示软件中断
- 原因码为 5 表示时钟中断
- 原因码为 9 表示外部中断
- 其余保留尚未定义

当中断标志位为 0 时，原因码表明发生异常的原因，例如非法指令，访问内存地址不对齐，在用户态执行 ecall 指令，页面映射失败等，详见指令手册第二卷 4.1.8 节。

最后还要说一下监管态陷阱向量基地址寄存器 stvec。所谓"陷阱"就是中断和异常，所以这就是中断向量寄存器或异常向量寄存器，这个寄存器提供了当中断或异常发生时的程序入口。这个寄存器的格式是：

基地址（除最低 2 位以外）| Mode（2 位）

中断/异常响应程序的入口地址都是 4 字节对齐的，所以最低 2 位可以用来表示地址模式。模式 0 表示 Direct，基地址直接就是入口地址，只要把这个地址（后面拼接 2 个 0）直接装入程序计数器 pc 就行。模式 1 表示 Vectored，基地址加上中断原因寄存器 scause 中的原因码，再在后面拼接两个 0，就是程序的入口地址。

至于返回地址，则保存在一个称为"Supervisor Exception Program Counter"的寄存器 sepc 中，每当发生进入监管态的 trap 时，发生中断或异常的那条指令所在的虚存地址就被写入这个寄存器中。另外还有个 CSR 寄存器 sscratch 称为"Supervisor Scratch（意为痕迹）Register"，这个寄存器的内容是个指针，用来指向一个"上下文（context）"，实际上就是个数据结构。这是供软件使用的。

与监管态的这一套有关中断的寄存器相应，机器态也有一套与中断有关的 CSR 寄存器。事实上机器态的状态寄存器 mstatus 比 sstatus 更加复杂，机器态也同样有 mip、mie、mcause、mtvec、mepc、msratch 等寄存器甚至更多。例如机器态有一对 CSR 寄存器 mideleg 和 medeleg，这里的 i 和 e 分别表示中断（interrupt）和异常（exception），而 deleg 意为 delegation，这一对寄存器就称为 Machine Trap Delegation Registers。按原始的规定，不管是在什么状态，发生中断或异常时处理器都进入机器态，要由机器态的一个中断/异常（总之是 Trap）响应程序按实际情况将其"分遣"到例如监管态。可是这样就对性能有点影响，通过这两个 CSR 寄存器就可以将其直接分遣到监管态。但是，如果具体的 RISC-V 处理器不提供监管态，那这两个寄存器当然也就不存在了。

至于别的 CSR 寄存器及其格式和作用，那更是举不胜举，读者可以自行阅读 RISC-V 指令手册第二卷。

9.12　物理存储属性 PMA 与物理存储保护 PMP

以 32 位 RISC-V 处理器为例，其物理地址长度是 34 位，所以其容量是 2^{34} 字节即 16GB。但是这 16GB 的地址空间并非均匀地布满着物理存储器，而是分成许多地址区间中的不同存储模块，这些不同模块有着不同的属性，这就称为"物理存储属性（Pysical Memory Attribute）"，简称 PMA：

- 首先，RISC-V 对外部设备的 I/O 是"内存映射"式的 I/O，将外部设备接口上的寄存器视同内存单元，所以整个存储空间中的一部分会被划出用作外部设备 I/O。这些 I/O 单元的性质显然完全不同于存储单元。
- 有些地址区间天生就不支持某下操作，例如如果一个地址区间的物理介质是个 ROM 存储器，那就压根不支持写操作。
- 大部分地址区间所存储的内容是可以缓存的，但有些地址区间的内容却不可缓存，或者说不允许缓存。这方面最典型的例子就是 I/O 区间的内容，因为 I/O 区间的内容往往来自外部，时刻都可能变化。再比方说，如果一个地址空间中的物理存储器支持 DMA，那么这个区间的内容也可能随时发生变化，从而就与缓存中的内容不同（如果把这样的区间看成可缓存，那就要在每次发生 DMA 以后废除缓存中的内容）。

- 有些地址区间的物理存储模块可能不支持对存储内容的原子操作。即使支持原子操作也有程度的不同，有的也许只支持 swap，有些可能支持逻辑运算但不支持算术运算。
- LR/SC 指令的执行也需要得到具体存储模块的支持，但是有些模块可能并不支持。
- 边界不对齐的读写，在有些存储模块中可能是支持的，另一些存储模块则不支持。
- Fence 指令的执行也可能需要存储模块的支持。进一步，有些存储模块支持缓存协同性操作，有些则不支持。
- 有些存储模块也许不支持“同前性（Idmpotency）”，所谓 Idmpotency，是指如果从同一存储单元接连读出两次，第二次读出的数据是否与第一次相同；如果以同样的内容写入两次，那么与只写一次的效果是否相同。存储模块一般都满足同前性，但也有可能不满足（I/O 单元夜奔都不满足）。
- 最后，有些地址区间可能压根就是空洞，里面没有任何物理的存储模块或器件。

以上所列的种种属性，都是具体地址区间的物理模块所固有的，有些是在芯片设计的时候就定下来了，有些是在板卡设计的时候定下来的（也有些可能是在系统初始化时动态设置的）。显然这些属性实际上决定了对具体地址空间的访问是否可行，或者是否能正确体现程序员的意图。

除物理存储属性 PMA 的问题之外，还有个“物理存储保护（Physical Memory Protection，简称 PMP）”的问题，这就是关于访问权限的问题。访问权限的设定并非具体物理模块所固有，并非“天生如此”，而是“后天”加以设置的，但是同样也起着十分重要（如果不是更重要）的作用。比方说，存储着指令的地址空间，就应该设置成可读可执行，但不可写。当然，存储着指令的地址空间也应该是可缓存，但那是 PMA 的事，而不是 PMP 的事。

这样，可想而知，从原理上说，每执行一条指令、每读写一个数据之前都应该对所涉及的存储单元进行 PMA 和 PMP 两方面的检验（实际上就是操作合法性检验），如果有冲突就应该发起异常。事实上也确实是这样。以前的大多数 CPU 芯片都是把 PMA/PMP 的属性和权限编码在页面表的 PTE 中，因为也就出现在 TLB 的映射“键-值”对中，每次进行地址映射时就对这些信息进行检验。但是这样有个缺点：以 32 位芯片为例，如果把 PTE 的大小限定在 32 位，就使可以编码在 PTE 中的信息量受到限制；如果增大 PTE，则又使 4KB 的页面容纳不下 1024 个 PTE，或者只好改变存储页面的大小。另外，把那么多信息都存在 TLB 中，又会使 TLB 的体积扩大，而 TLB 的造价又很高。其实 PMA/PMP 的信息都是关于整个地址区间的，用段式管理就行，完全没有必要对每个页面都加以重复。

有鉴于此，RISC-V 的设计把 PMA/PMP 从地址映射中剥离出来，另外设置一个 PMA/PMP 检验模块，每当要访问一个存储单元前先把（映射所得的）物理地址发送到这个检验模块中加以检验，检验合格才继续访问，不合格就发起异常。当然，对物理地址的 PMA/PMP 检验必须以组合电路实现，瞬间就可得到检验结果，这样才可以把对物理地址的检验挤在同一个时钟节拍中完成。事实上通过 TLB 进行的地址映射也是这样。

如上所述，PMP 关于具体地址区间的访问权限是需要动态设置的，所以 RISC-V 的系统结构中提供了一组 PMP 地址寄存器和一组 PMP 配置寄存器。以 32 位 RISC-V 处理器为例，其系统结构中提供了 64 个 32 位的 PMP 地址寄存器 pmpaddr0-pmpaddr64（所以最多可以分 64 个地址区间）和 16 个 32 位的配置寄存器 pmpcfg0 – pmpcfg15，每个寄存器提供 4 个 8 位的 pmpcfg 配置项，这样一共是 64 个配置项，即 pmp0cfg – pmp63cfg，与 64 个 PMP 地址寄存器配对。每个 PMP 地址寄存器都标志着一个地址区间的起点，所以一共可以有 64 个地址区间，这 64 个地址区间首尾相接，包括空洞区间。PMP 地址寄存器是 32 位的，但其内容实际上是 34 位物理地址的高 32 位，最后拼上两位 0，因为地址区间的起点一定是 4 字节边界对齐的。这样，每个地址区间就都有个 PMP 配置项与其相对应，一个配置寄存器对应着 4 个地址寄存器。其中第一个配置寄存器 pmpcfg0 的格式是这样：

pmp3cfg（8 位）| pmp2cfg（8 位）| pmp1cfg（8 位）| pmp0cfg（8 位）

每个配置项的格式则是：

L（1 位）| 00 | A（2 位）| X W R

这里的 X/W/R 三位分别表示可执行/可写/可读。注意原子操作即 AMO 指令必须在可写的地址区间才可执行。最前面的 L 位表示 Lock，如果 L 位为 1 就表示该配置项已经锁定，其内容不可更改，直到处理器被复位（reset）才被解锁。还有个 2 位的 A 位段，是指地址的匹配方式。例如 A=2 表示 NA4，即“Naturally aligned four-byte region”，表示对该地址区间的访问应该是“自然对齐的 4 字节边界”。A=3 则表示 NAPOT，即“Naturally aligned Power-Of-Two”，可是 Power-Of-Two 并未说明究竟是 2 的几次幂，实际上是看地址寄存器最低的位置上有几个连续的 1（前面是 0），设以这些连续的 1 所表示的值为 G，则这个“Power-Of-Two”的值就是 2^{G+2}。所以，假定地址寄存器中的值为 yyyy...y011，则最低位置上有两个 1，所构成数值为 3，所以 NAPOT 的值就是 2^5，即 32，这个区间中的访问就应与 32 字节对齐。更详细的说明见 RISC-V 指令手册第二卷。

32 位 RV32 系统结构中是这样，64 位结构也类似，只不过寄存器的宽度变成了 64 位，因而一个 PMP 配置寄存器中有 8 个配置项。

9.13　高管态（Hypervisor 模式）

最后还要说一下 RISC-V 的 H 扩充，就是高管态（Hypervisor）扩充。之所以要有这个扩充，是考虑对服务器上划分虚拟机的需要。要理解这个需要，我们可以先考察一下监管态的作用。引入监管态的结果，首先是在“用户”与“系统”之间隔起了一道墙，使运行的用户态的软件（即便知道地址）也访问不了“系统空间”的代码、数据、堆栈，使这些资源得到了保护，这些资源对于用户和用户软件而言是透明的、不可见也无须见和不应见的。

例如对中断的开/关就是用户无须见和不应见的，所以要把中断的开/关放在内核里，凡是要在关中条件下进行的操作都应被限制在内核中，并且用户程序不应仅为开/关中断而进入内核，而只是为有更高层（但需要临时关一下中断才能实现）的需要（例如建立临界区）才进入内核。为此，就需要有 ecall 指令，还需要有 sret 这条特权指令，特权指令本身只是手段而并非目标。

但是还不止于此，在监管态即“内核”的程序中还可以实现多进程，使每个进程都感觉自己就好像独占了整台机器一样，因为每个进程都有自己的“虚拟存储”空间。这样，当一个进程运行于其虚存空间的用户空间时，就既不能访问内核中的系统空间，也不能访问别的进程的用户空间。为此，就需要有个虚存页面映射表，把当前进程自以为的内存地址映射到实际存在的物理存储器中。当然，物理存储器（包括外存）的大小应远远超过每个进程实际使用的虚存空间大小，这样才能把不同进程的虚存映射到物理存储器中的不同部位。而为了保证访问页面映射表的序列一致，就增添了 sfence.vma 这条特权指令。这是因为，对页面映射表的内容更新只能在内核即监管态按表项所在的地址进行，而对表项 PTE 内容的读出（即映射）则是在用户空间也可进行，而且是以指令或访问目标所在的（虚拟）地址进行，按理说这个地址需要去映射表中逐项比对，才能得到其所映射的物理地址。当然，那样速度就很慢了。为解决这个问题，就为页面映射配备一个高速缓存 TLB，TLB 的每个表项都配备了一个地址比较器，需要映射时所有的表项同时与虚拟地址所在的虚拟页面号比对。所以，TLB 是个“按内容寻址”的存储器，即 CAM，也称相关存储器。当然，CAM 的造价是相当高的，因为需要有那么多的比较器。

所以，监管态的存在使多个进程能分时使用一台物理机器，一个进程在某种意义上就是一台虚拟的机器。但这是包括了操作系统这层“皮”在内的视在“功能机”（通过操作系统的系统调用提供的种种功能），而不是皮下的“裸机”。

可是现在又有了新的要求，就是使多个作为“虚拟机”的视在“裸机”能分时使用一台物理机器，然后在每个虚拟机上装上操作系统，再将其分时用于不同的进程。可想而知，这里按理说需要另有一层特权模式，在这个模式/状态中实现虚拟机管理（称为 Hypervisor），使运行在不同虚拟机上的程序、即使在内核里也访问不了虚拟机管理程序的代码、数据、堆栈；还需要在一个虚拟机内部（即使在内核里）同样也访问不了其它虚拟机内部的资源。就像在具体虚拟机内部的不同进程之间一样。显然，这又需要另一层虚存映射。每台虚拟机里视在的“物理地址”（称为“客方物理地址，Guest Physical Address”）对于物理机器而言是虚拟地址，对于运行在这个虚拟机上的进程而言却又像是物理地址。这样，原则上在每台虚拟机上不加修改就可以运行现成的（客方）操作系统，在此操作系统上则不加修改就可以运行各种应用软件。多台虚拟机上可以运行相同的操作系统（例如都是 Linux），也可以各自运行不同的操作系统（例如 Linux 或 Windows），都称为“客方操作系统（Guest OS）”。由于虚拟机管理程序称为 Hypervisor（实际也可以是另一层操作系统），新增添的这一层运行状态和特权模式也就称为 Hypervisor，我们不妨称之为“高管态”，因为这是在 Supervisor 之上。

在虚拟机技术的历史上，早期的Hypervisor软件是在不提供Hypervisor运行状态的处理器上发展起来的。事实上迄今为止大部分的商品 CPU 都还没有提供 Hypervisor 模式。要在只有机器态/监管态/用户态这三种运行模式的处理器上提供虚拟机服务，难度当然要大一些，Hypervisor 的具体实现也不一样。所以，Hypervisor 的技术和软件有 1 型和 2 型（Type-1 和 Type-2）之分。其中的 1 型就是在不支持 Hypervisor 模式的 CPU 上实现的，这就对所安装的操作系统有特殊要求，需要修改其中的某些指令之后才能安装使用。而 2 型则依靠 CPU 提供的 Hypervisor 模式和相关的特权指令和种种资源，可以做到对操作系统透明，使操作系统不经修改就可直接安装。

为此，RISC-V 在其 ISA 中增添了一个 H 扩充，凡实现了 H 扩充指令的处理器都在提供监管态的基本系统结构的基础上又添加了一种运行模式，即 Hypervisor 模式，正式的名称叫"hypervisor-extended supervisor"，简称 HS 模式或 Hypervisor 模式，虚拟机监管程序（就叫 Hypervisor），或者也可以是用来管理虚拟机的操作系统，就运行在这个模式。在其微结构即具体组成上则增添了一些硬件，主要是增加了一层地址映射，以及为此所需的 CSR 寄存器，还添加了若干专用的特权指令，其中最重要的是 Hypervisor 模式下的 sfence 指令。之所以要为 Hypervisor 模式另设 sfence 指令，而不能借用 sfence.vma，是因为这两层地址映射的结构有所不同。事实上，不仅不能借用 sfence.vma，而且所添加的专用指令实际上是两条，一条是 hfence.vvma，另一条是 hfence.gvma。这里 vvma 和 gvma 的 v 表示 virtual，g 表示 guest。

增加了 Hypervisor 模式，插入了虚拟机这一层之后，虚拟机管理程序 Hupervisor 或用于虚拟机管理的操作系统的运行于高管态即 HS 模式（HS 模式就是面向 Hypervisor 扩充了的 Supervisor 模式）和用户模式；而"客方"操作系统及其用户程序，即各个虚拟机中原来运行于物理机 Supervisor 和 User 模式的软件现在就成了运行于虚拟机上的 Supervisor 模式和 User 模式，称为"虚拟监管态"VS 模式和"虚拟用户态"VU 模式，即 Virtual Supervisor 模式和 Virtual User 模式。

为叙述方便，指令手册第二卷中用一个变量 V 指代 CPU 是否运行于 VS/VU 模式；V=1 就表示运行于 VS/VU 模式，即运行在某个虚拟机上，换言之正在执行的是某个客户操作系统的内核或用户空间的程序；V=0 则表示运行于 HS 模式，或者物理机的监管态/用户态，换言之正在执行的是 Hypervisor 的程序。这样，V=0 意味着 CPU 正运行于 M 模式，HS 模式，或 U 模式；V=1 则意味着 CPU 正运行于 VS 或 VU 模式。注意所谓变量 V 并非某个 CSR 寄存器中的某个控制位，而是对 CPU 当前处于什么状态的描述和反映。

可想而知，Hypervisor 模式的引入肯定会导致增添一些新的 CSR 寄存器，事实上因此而增添的 CSR 寄存器有两类。

一类是 HS 模式寄存器，这大体上与 S 模式的寄存器对应，有 hstatus、hgatp、hvip、hip、hie、 htval、htinst，等等；也有专为 HS 模式而加的 hgeip（Hypervisor Guest external Interrupt Pending）和 hgeie（Hypervisor Guest external Interrupt Pending）；还有从 M 模式借鉴来的 hedeleg（Hypervisor Exception Delegate）和 hideleg（Hypervisor Interrupt Delegate），这是因为要把对于 Hypervisor 的中断请求分遣到具体的虚拟机。V=0 而又不处于 U 模式时，程序可以访问这一类 CSR 寄存器。

另一类则是 VS 模式寄存器，这是 S 模式寄存器的"镜像"，替代了相应的 S 模式寄存器，当程序运行于 VS 模式时，对 S 模式寄存器的访问会被"重定向"到 VS 模式寄存器。例如运行在虚拟机上、处于 VS 模式的程序（自以为是在 S 模式）对寄存器 sstatus 或 satp 的访问，实际上访问的是 vsstatus 或 vsatp（但运行于 HS 模式的程序则直接以 vsstatus 或 vsatp 为访问目标）。显然，这一类的 CSR 寄存器也有不少，原则上 S 模式的每一个 CSR 寄存器都有个镜像。至于原先的 S 模式寄存器，此时就不起作用了。

CSR 寄存器（以及特权指令）只是手段而不是目的，目的在于提供某种功能。具体到 Hypervisor，这功能就是二级（two-stage）地址映射，另一方面是虚拟机之间的分隔，而后者在很大程度上也是借助前者得以实现。在没有 Hypervisor 模式的 CPU 上，或者在 V=0 的时候，只有一级地址映射，那就是从虚拟地址到（S 模式）物理地址的映射。按理说物理地址就是物理地址，无所谓监管态还是用户态，但从虚拟地址到物理地址的映射是在监管态中设置的，并要区分于下述的 VS 模式物理地址，所以在指令手册第二卷中就称之为 S 模式物理地址。在有 Hypervisor，并且处于 V=1 的时候，原先的 S 模式变成了 VS 模式，虚拟地址由 VS 模式的地址映射转换成了"VS 模式物理地址"，这是第一级地址映射，然后就要由 HS 模式提供的第二级地址映射把"VS 模式物理地址"转换成"S 模式物理地址"。

所以，“VS 模式”地址映射的根节点，即 CSR 寄存器 vsatp，与作为“S 模式”地址映射根节点的 satp 的格式是一样的，以 32 位 CSR 寄存器为例，都是：

Mode（1 位）| ASID（9 位）| PPN（22 位）

这就是一级映射，把属于某个“地址空间”、实际上一般是某个进程的虚拟地址映射成物理地址，PPN 就是页面表所在页面的物理页面号。但是二级映射的根节点 hgatp 就不一样了，仍以 32 位 CSR 寄存器为例：

Mode（1 位）| 00 | VMID（7 位）| PPN（22 位）

在这里 9 位的 ASID 变成了 7 位的 VMID。

这样，一级映射将某台虚拟机上某个进程（更确切地说是地址空间）的虚拟地址映射成该台虚拟机上的“物理地址”，再由二级映射、也称“G 阶段映射（G-Stage Translation，G 意为 Guest）”将此虚拟机上的“客方物理地址”映射成物理机上的真正的物理地址，那就是“监管态物理地址（supervisor physical address）”。

但是并非始终都有二级映射，当 V=0，即程序运行于 HS 模式时，就只有一级映射，此时的映射根节点仍是 satp，而 hgatp 则好像不存在一样。

二级映射的 32 位方案是 Sv32x4，其格式是这样：

VPN[1]（12 位）| VPN[0]（10 位）| Offset（12 位）

这就是 Sv32x4 映射中虚拟地址（客方物理地址）的格式。从中可见这个虚拟地址的长度是 34 位（而不是 2 位）。

以上只是一些原理性的概述，需要了解更详细更确切内容的读者须仔细阅读指令手册第二卷中的相关章节。

Hypervisor 模式所增添的地址映射与 Supervisor 模式下的地址映射有所不同。Supervisor 模式即监管态的地址映射是从（监管态/用户态）虚拟地址到（监管态）物理地址的映射。而 Hypervisor 模式所增加的那一层地址映射，则是从（VS 模式的）物理地址到（监管态）物理地址。所谓监管态物理地址，就是真正用来访问物理内存的地址。当 V=0，即处理器运行于 HS 模式的时候，只有一层地址映射，即 Supervisor 模式的地址映射，CSR 寄存器 satp 给出了顶层页面表所处的物理页面号。当 V=1，即处理器进入了具体的虚拟机，运行于 VS 或 VU 模式的时候，就有了二层地址映射，CSR 寄存器 vsatp 指明其中第一层映射的页面表所在，而 hgatp 指明其第二层映射的页面表所在。

由于在 V=1 时有二层映射，有两套页面表，原先的特权指令 sfence.vma 就不再使用了，所以 RISC-V 的指令系统中为此增添了两条用来维持存储器读写次序的特权指令，即 hfence.vvma 和 hfence.gvma。

执行 hfence.vvma 时的参数设定来自 CSR 寄存器 vsatp，而执行 hfence.gvma 时的参数则来自 CSR 寄存器 hgatp。

```
Hypervisor Memory-Management Instructions:
    hfence.vvma：0010001 rs2 rs1 000 00000 1110011        // rs2/rs1 为 asid/vaddr
    hfence.gvma：0110001 rs2 rs1 000 00000 1110011        // rs2/rs1 为 vmid/gaddr
```

在这两条指令中，前者寄存器 rs2 中的内容是 asid，后者的 rs2 中是 vmid。而寄存器 rs1 的内容，则前者是 vaddr，后者是 gaddr。

指令 hfence.vvma 只在 M 模式或 HS 模式下有效；其作用就好像暂时进入 VS 模式并在那里执行 sfence.vma。

指令 hfence.gvma 则只在 M 模式或者在 mstatus.TVM=0 的条件下处于 HS 模式下有效。

另外，还提供了一些原则上只供 HS 模式专用于内存读/写的特权指令：

```
Hypervisor Virtual-Machine Load and Store Instructions:
    0110000 00000 rs1 100 rd 1110011     HLV.B
    0110000 00001 rs1 100 rd 1110011     HLV.BU
    0110010 00000 rs1 100 rd 1110011     HLV.H
    0110010 00001 rs1 100 rd 1110011     HLV.HU
```

```
0110010 00011 rs1 100 rd 1110011     HLVX.HU
0110100 00000 rs1 100 rd 1110011     HLV.W
0110100 00011 rs1 100 rd 1110011     HLVX.WU
0110110 00000 rs1 100 rd 1110011     HLV.D
0110111 rs2 rs1 100 00000 1110011    HSV.D
0110011 rs2 rs1 100 00000 1110011    HSV.H
```

这些指令未在 Atlas 一书中列出，详见指令手册第二卷，这里就不多说了。

第 10 章 参数协调与 Diplomacy

一个用 HDL 语言编写的硬件描述如果只是关于单个模块的，即使复杂如 CPU，也常常是在一个比较集中的时间内由同一个团队设计和编写的，团队中的人可以及时互相沟通，而且通常会有个“拿总”的人予以协调，这样就可以保证其内部各个子模块设计上的一致性和协调性。虽然为代码重用而需要对代码的设计尽量加以“参数化”，尽可能把对于许多属性的规定提取到一个配置文件或者头文件中，就像我们在写 C 语言程序时会尽量用#define 加以定义。用#define 定义一些需要反复引用的参数和常数，而不是在代码中随处写死，需要有变化的时候就只要改一个地方就行。当然，参数的一致性需要由各个子模块的设计人员之间通过“谈判”进行协调，但是同一个团队内部毕竟还是容易协调的。

然而如果是更复杂、更庞大，由多个模块集成的系统，其各个模块可能是由不同团队在不同时间段中开发的，那就比较麻烦了。这个模块有许多#define，那个模块也有许多#define，要是这些#define 互相不一致，就造成了参数的不一致。如果模块之间井水不犯河水老死不相往来。那倒也不要紧，可是如果要互相对接就有问题了。这就好比，有些国家的铁路是宽轨，有些国家是窄轨，要是双方不通车也没关系，但是要对接通车就麻烦了。模块间的对接也是这样，例如数据线的宽度是 32 位还是 64 位，采用什么通信规程，等等，要是不一致就无法正常通信。注意两个模块的对接一般都涉及多项具体参数，需要协调一致的是个参数集合，而并非仅是单项参数，所以下面凡说到参数的时候一般是指参数的集合。

那怎么办呢？在传统的设计方法中，就只好由集成者人工加以核对和协调，但是那当然既繁琐又容易出错。不幸的是，SoC 就是这样的一种典型，一个 SoC 芯片上有大量的电路模块，这么多模块之间的关系错综复杂，任何两个模块之间有参数上的不一致都可能影响整个芯片的正常运行。如何保证这些部件之间参数上的一致性，除人工方法以外，有没有可能设计/开发出一个框架，使这种协调能通过软件手段自动实现？针对这个问题，rocket-chip 团队开发出了一种让各个模块在设计的时候就须遵循的模式与框架，按此模式设计和实现的模块之间就可以通过软件的方法，即通过程序的运行来实现模块间关于参数一致性的“谈判（negotiation）”，以实现模块之间参数的协调一致。谈判的进行莫过于外交，所以他们就把这种机制和框架称为 Diplomacy，意为外交事务。不过，说是“外交”其实不太贴切，因为按说只有中央政府才有外交，但是在 Chisel 的硬件描述中凡是需要有参数协调的模块都有自己的 Diplomacy，所以这个词似乎应该理解成“公关”。

另外，我们在后面将看到，说是“谈判”，实际上只是一些规则的运用，而并非来回的讨价还价反复协商。一般而言，这些规则大多是让互相“绑定”即物理上相连并须进行参数协调的两端中处于下位、或下游的“从（slave）”模块服从处于上位或上游的“主（master）”模块的参数设定。这当然不是对等的外交。至于何者为“主”、何者为“从”，则是设计者在程序代码中写明的。

注意这里所说的“上游”和“下游”并不是指运行时作为数据的信号在物理连接上的流通方向，更不是指模块创建的“辈分”高低，而是指参数“传递”和“扩散”的方向。假定有个模块 A，这个模块创建了（或者说内含着）两个子模块 X 和 Y。那么 A 是模块 X 和 Y 的父模块，是模块 X 和 Y 的上一辈，这仅在描述结构关系即模块创建关系的拓扑图中有意义，上下两层模块之间，或者说父子两代之间，是不需要参数协调的。如果模块 A 创建了子模块 X 和 Y，并且把 Y“绑定”到 X，那就说明这二者之间有物理连接，并且需要有参数协调。一般而言，这样的绑定都发生在同辈的模块之间，并且大多是在由同一父模块创建的子模块之间。

既然有物理连接，在此物理连接上就有信号的流通。信号的流通是有方向的，每个信号都有其发送者和接受者，所以信号的流通有上游和下游之分。但是这与参数协调的“上游”或“下游”无关。两个模块之间的物理连接一般而言并非单根导线，而是一束导线，信号的流通往往是双向的，就是：这根导线上的信号沿这个方向，那根导线上的信号沿相反方向，因而也难以笼统地说哪一个模块处于信号流通的上游或下游。但是，如果是把一个模块的输出连到另一模块的输入，我们就认为信号是从前者流向后者，因为逻辑上一个模块中的信号是从输入端流向输出端，尽管物理上其实也有逆向流通的信号。另外，在模块创建拓扑图中处于同一“辈分”的节点，在系统结构拓扑图中却可能有上下位之分，例如存储子系统中的一级缓存与二级缓存，就是这样。从系统结构的角度看一级缓存显然是在二级缓存之上，CPU 首先访问的是一级缓存即 DCache，访问不命中才往下跑到二级缓存，事实上也是把一级缓存的输出连到二级缓存的输入。然而从模块创建的角度这二者却是“平辈”的，并无上下之分，都是更高层模块内部的一部分，是更高层模块创建了这两个子模块并将二者相互“绑定”，把一级缓存的输出绑定到二级缓存的输入。所谓“绑定”有两层含义，第一是要有用于通信的物理连接，“绑定”的方向就是连接的方向，在这里是把一级缓存的输出连接到二级缓存的输入；第二是二者之间有参数协调，但是在参数协调中以谁为主，以谁为“上游”，就未必与绑定/连接的方向一致了（尽管常常也是一致的）。

参数协调的“上游”和“下游”，或者说“主”或“从”，取决于谁的参数更具决定性，谁的参数更不容协商。比方说，以上述的一级缓存和二级缓存为例，倘若二级缓存采用了外购的知识产权（IP），作为“黑盒子”包装在一个虚拟的二级缓存模块中，而所采用的这个知识产权并不提供参数设置和选择，那么这个模块的参数就是不容协商的，只能让一级缓存模块迁就这二级缓存模块的参数设置了，这时候二级缓存模块就是参数协调的主方，一级缓存模块就是从方了。在这样的情况下，参数是从二级缓存模块向一级缓存模块“传递”和“扩散”。实际上这种扩散未必就到此为止，因为一级缓存模块的上方也许还有别的模块，在那个绑定上的参数协调就是以一级缓存模块为主，别的模块为从，所以参数协调的方向就是“逆向”的了。

在 Diplomacy 的术语中，上述的模块也称“节点”。并且 Diplomacy 还把不同的模块按其输入/输出间的关系抽象成不同类型的节点。例如输入端和输出端数量相等的模块就抽象成 MixedAdapterNode 或 AdapterNode；而只有输入没有输出的模块就抽象成 SinkNode；反之只有输出没有输入的模块就抽象成 SourceNode。

上述需要根据模块及其参数的来源（而不是模块在系统中所处的地位和信号流通的方向）决定其在参数协调中的主/从角色的情况，在系统的边沿上，即与外部（外接）模块的连接上，就表现得尤为突出和典型。这是因为，外接的模块不在系统本身的代码中，根本无从接受 Diplomacy 的协调，所以与外部连接的模块（也称节点）不是向外提供（决定）参数设置的 Sink 节点（SinkNode）就是服从外部参数给定的 Source 节点（SourceNode）。而外接模块，则有的提供对于参数的设置和选择，有的就不提供。这里的 Sink 和 Source，意思是在系统内部的参数协调中扮演何种角色。

所以，参数协调与模块创建的拓扑有关，但与物理连接上信号的流通方向无关。如果外部模块接受（自动或手动的）参数设置，能“从善如流”，那（系统内）与其对接的模块（节点）就是系统内的 Sink，其参数来自系统中与其绑定的其它节点（可能在本节点上加以修正）。当然，这个节点对外就是扮演决定着参数的主方角色了。反过来，如果外部模块的参数不容改变，那与其对接的模块（节点）就只能予以迁就；但是这个节点在系统中就因此而成为对内提供参数的 Source 节点了。

下面先说说 Diplomacy 这个模式和框架的思路。

在 Chisel 语言中，模块就是 Module，就是由抽象类 Module 派生的某种具体类对象。创建 Module 对象时得要给定参数，其中有些参数无需协调，有些则需要经过协调。但是，对于有参数需要协调的模块，那些参数一时还定不下，需要先经参数协调才能确定。这意味着在创建 Module 对象前先得有个参数协调的过程。为此，Diplomacy 的解决方案是另外定义一种类，称为 LazyModule，把有参数需要经过协调的 Module 包裹在里面，推迟 Module 对象的创建（所以称为 Lazy），而先进行参数协调，到经过了参数协调之后再来创建具体的 Module 对象。这样，一个 LazyModule 的内部就分成两部分，一部分是所需创建的 Module 对象，那是 LazyModule 的核心所在，那才是实际的硬件描述，但是这部分代码的执行要推迟到参数协调之后。另一部分就是 LazyModule 中需要先加执行的 Diplomacy 部分，这一部分要做的事主要有三，就是：

- 说明本模块有些什么参数需要协调，在参数协调中扮演何种角色（主方或从方），协调的规则是什么。
- 创建本模块内部的 LazyModule 子模块。LazyModule 模块只应在另一个 LazyModule 模块中创建，这样才能构成以一个顶层 LazyModule 对象为根的 LazyModule 模块树，整个参数协调的过程就是在遍历这棵树的过程中完成的。

- 说明这些子模块之间需要有参数协调的互相连接，即“绑定”，这是对参数协调过程的要求和规划。注意“绑定”是有方向的，每个模块都有输入端和输出端，所谓绑定就是表明一个模块的输出端与另一个模块的输入端之间应有物理连接和参数协调。但是如前所述一个模块在参数协调中之为主方或从方与此无关，而应在本模块的协调要求中加以明确说明。

LazyModule 模块的参数协调是个全局的、一气呵成的过程，所创建的每个 LazyModule 对象先在其自身的（局部）初始化过程中先做好这三件事，提出自己对于参数协调的要求，为参数协调做好准备。到系统中所有的 LazyModule 模块都已创建就绪之后，就等一声令下，就开始全局的参数协调，从根节点开始按深度优先遍历所形成的 LazyModule 模块树，进行每个 LazyModule 模块所要求的参数协调。然后才是 LazyModule 模块内部 Module 对象的创建，那才是真正的（除 LazyModule 模块间物理连接之外的）硬件描述。

当然有些 Module 对象的创建无需参数协商，那就不需要纳入 Diplomacy 的这个框架。事实上那样的模块一般都是在另一个模块的内部创建的，而“另一个模块”通常就是 LazyModule 所包裹着的 Module 对象，或其内部的子模块。事实上那样的模块都是小模块，大的模块一般都需要经过参数协调。

也有些模块本身并不需要有参数协调，但是它的子模块需要；那样的模块也得是 LazyModule，但是其内部就少了关于自身参数和协调规则的说明。这是因为，只有这样才能把它的子模块挂在那棵 LazyModule 模块树上，要不然就遍历不到了。

如果把一个系统的结构按 LazyModule 模块创建的父子关系画成一个结构拓扑图或简称“结构图”，那么每个模块就是结构拓扑图中的一个“节点（node）”。结构拓扑图中的“边”代表着模块创建的父子关系。一个 SoC、一个系统，其结构的自顶向下的形成总有个起点，为这个起点所创建的 LazyModule 模块就是整个拓扑图的根节点，所有别的节点都是由这个根节点直接或间接创建的。显然，这种创建关系是单向的，不会有由 A 节点创建了 B 节点，但是 B 节点又反过来直接或间接创建 A 节点。所以结构拓扑图是个树形结构，或者说是个“有向无环图”。但是模块之间的关系不仅是父子关系，还有兄弟关系。结构拓扑图中的节点之间，凡是需要有物理连接的就得有参数协调。反过来，既然两个节点间有参数协调，那一定是因为有物理连接。我们把物理连接称为“连接”，而把两个模块间的参数协调称为“绑定（bind）”。显然，物理连接和参数绑定只是同一个事情的两个侧面，但是 Diplomacy 关心的主要是参数协调，所以下面就主要着眼于模块间的绑定。可想而知，一个结构节点可以和多个结构节点连接和绑定。如果把结构模块间的绑定表示成二者间的连线，即“边（Edge）”，并且也画到结构拓扑图上，这个拓扑图就成了一般的“图（Graph）”，而不再是树形结构了。实际上，这个图中有两种“边”，一种是因模块创建而形成的，另一种是因模块间的连接而形成的。但是这个图的“生成树（Spanning Tree）”就是原先的那个结构拓扑图。于是，我们就也有了表示绑定关系的拓扑图，不妨称之为绑定拓扑图，或连接拓扑图。这个绑定拓扑图中的节点就是绑定拓扑图中的节点，所以绑定拓扑图是依附于结构拓扑图的。

但是一个结构节点及其对外连接在系统中所起的作用可能是多方面的。比方说一个外设控制器，就既有为数据的输入/输出而建立的连接，也有为中断机制而建立的连接。这是因为同一个模块可以在系统中扮演不同的角色，提供不同的功能。同为连接，这两种连接上的参数协调显然是不同的，也是互不相关的。这样，就形成了一个事实，就是：一个结构节点，或者说一个广义上的连接节点，其内部可能会有多个参数协调意义上的节点，或者称之为绑定节点。所以在说明绑定的时候得要明确说明是指哪个绑定节点。比方说，假定一个 LazyModule 在其内部创建了三个子模块，即三个结构节点 lazy1、lazy2、lazy3（当然全是 LazyModule）。其中 lazy1 在系统中扮演着双重的角色，所以需要有两方面的参数协调，表现为两个不同的绑定节点 nodeA 和 nodeB；而 lazy2 和 lazy3 则各自扮演着 lazy1 的双重角色之一。于是在说明这三个子模块之间的绑定时就得说：把 lazy1 的 nodeA 绑定到 lazy2，把 lazy1 的 nodeB 绑定到 lazy3。这里 lazy2 和 lazy3 都只有一种绑定、一种参数协调，所以无需说明是 nodeA 还是 nodeB。

进一步深入到每个具体的连接，即具体的绑定（称为一个“边（Edge）”），则都是一对一的连接和绑定，每个连接只有两个端点，对于具体的连接和参数协调而言往往也称为“节点”，但是这个“节点”与结构意义和功能角色意义上的节点都不是一回事。结构拓扑图中的节点代表着一个（需要有参数协调的）模块，绑定拓扑图中的节点与此可以是同一回事；但是如上所述一个这样的结构节点中可以含有多个功能意义上，角色意义上的节点。所以“节点”这个词在不同的语境中有不同的意义，读者需要细加辨认。

事实上，Diplomacy 的框架中定义了一个抽象类 BaseNode，从中又派生出形形色色的具体类，代表着各种不同的节点，那都是参数协调意义上的“节点”，一个这样的节点可以是一个结构模块，也可以只是结构模块中的一部分。从 BaseNode 可以派生出一对一连接意义上的节点，所代表的其实更接近于“端口（port）”，通过参数协调落实下来的参数最终要落实到端口上。从 BaseNode 也可以派生出代表着模块所扮演角色和功能意义上的节点。例如 class AdapterNode 就是从 BaseNode 派生的，说的是模块在电路中扮演着“适配器”的角色，是个“适配节点”。一个模块可能同时扮演着不同的角色，所以就可以内含多个这样的节点。为叙述方便，我们在下面就称这种意义上的节点为“功能节点”。

从参数协调的角度，两个节点之间的绑定是单向的，根据设计者的意图。两个节点之间的参数协调必有一个是起着主导作用、决定作用的“主（Master）”节点，另一个是处于顺从地位的“从（Slave）”节点。不过一个结构模块可以与多个别的结构模块连接，在其中某些连接中处于“从”的地位，在别的连接中却又处于“主”的地位。从这个意义上说，一个模块在系统中可以起参数传递扩散的作用。

两个互相连接的模块在参数协调上的主从角色安排是由设计人员决定的，与物理连接上的信号流通方向以及操作上的主动或被动并无直接关系，而是取决于双方在参数设置上的“弹性”和灵活性。

有时候，其中一方的参数是雷打不动不可更改的，例如外购的知识产权 IP，其某些参数就是固定的，无可协调，只能向其靠拢，设法加以适配。这样的节点就是参数协调上的“源（Source）”节点，源节点当然只能是“主”。与源节点所在模块相连的模块，则一方面对主节点表现为“从”，但是对与其相连的其它节点则又表现为“主”，既传递来自源节点的参数要求，也可能附加或完全修改成自己的参数要求。这样的节点是参数协调上的中间节点。最后，有些节点除来自（参数）“上游”方向的连接之外别无其它连接，当然也就不会有扮演主节点的机会，这样的节点就是（参数协调上的）“终（Sink）”节点。

这样，两个（参数协调）节点之间的边就是有方向的、带箭头的了，这个方向就是从主到从，每个边上的箭头都是从主节点指向从节点。不过，参数协调也并非一切都是主节点一锤定音，即使是主节点也未必所有参数都毫无弹性，其中有些参数也可能是可以照顾从节点需要的。

一般而言这种主从的关系是传递的，如果 A、B 两个节点之间 B 是从，而 B、C 之间 C 是从，那么 A、C 之间就是 A 为主 C 为从。不过因为 A、C 之间并无直接的物理连接，这两个节点之间就没有参数协调，但是 C 的参数间接来自 A。不过也有例外，要是 A、B 两个节点间无法协调一致，那就只好在 A、B 两个节点间插入一个模块 X，这个 X 对于 A 和 B 都扮演“从”的角色，只是在其内部进行参数的转换和适配，这就像火车需要在宽轨和窄轨对接的边境“换轨”一样。在这种情况下，A 和 B 都是主，只有 X 是从，此时主从的关系就不传递了。边境换轨站肯定一端是宽轨，另一端是窄轨，这个参数都是来自外部。注意这里讲的是参数的设定，而不是信号的流通。

一个节点，如果只扮演主的角色而不扮演从的角色，那就是“源节点”即 Source 节点。Source 节点上的边，都是外向（箭头朝外）的，这样的节点也称为“外向节点”，即 Outward 节点。反之，如果一个节点只扮演从的角色，而不扮演主的角色，就称其为“终节点”，即 Sink 节点。Sink 节点上的边都是内向（箭头朝内）的，这样的节点也称为“内向节点”，即 Inward 节点。当然，所谓“内向”和“外向”是指参数。

再看参数协调拓扑图中的中间节点。中间节点上的边，有些是内向的，有些是外向的，所以也称“混合”节点，即 MixedNode。MixedNode 所在的 LazyModule 模块在结构拓扑图中的表现只是单个节点，但这个节点可以包含多个参数协调节点。一般而言，一个 LazyModule 只包含一个参数协调节点，但是并无规定只能有一个参数协调节点。例如在 rockit-chip 中有个 Frontend 类的定义是这样：

```
class Frontend(val icacheParams: ICacheParams, staticIdForMetadataUseOnly: Int)(implicit p: Parameters) extends LazyModule {
  lazy val module = new FrontendModule(this)
  val icache = LazyModule(new ICache(icacheParams, staticIdForMetadataUseOnly))
  val masterNode = icache.masterNode
  val slaveNode = icache.slaveNode
  val resetVectorSinkNode = BundleBridgeSink[UInt](Some(() => UInt(masterNode.edges.out.head.bundle.addressBits.W)))
}
```

这个 class 的定义说明：首先，在一个 LazyModule 的定义中 Diplomacy 部分的代码并不非得放在 lazy val module 的前面，这里就都在后面。其次，一个 LazyModule 模块中可以有多个参数协调模块，这里就有 masterNode 和 slaveNode 两个（其实有三个，resetVectorSinkNode 也是），分别就是子模块 icache 的 masterNode 和 slaveNode。如果深入到 rockit-chip 的 class ICache 中，就可看到它的 masterNode 是 TLClientNode，而 slaveNode 是 TLManagerNode，前者是对 SourceNode 的扩充，后者是对 SinkNode 的扩充。

不过，话虽如此，这样的情况是很少见的，实际上绝大多数的 LazyModule 内部都只有一个参数协调节点，这个参数协调节点就代表着其所在的模块。

一般而言，一个节点有几个边，无论其为外向或内向，相应的模块上就有几个“接口”，就有几个实现着物理连接的 Bundle，就有几个端口 port。另外，如前所述，同一模块对外也可能有多种不同的参数协调，这是因为需要展开不同方面、不同性质的参数协调，这就好比两个国家间的谈判有些是关于贸易方面，有些是关于文化方面。模块之间也是如此。

这样，根据系统中各模块间的绑定所画出的拓扑图就可以也应该是“有向无环图”，即 DAG。所谓有向是指图上的边都是有方向的；所谓无环是说从图中的任何一个节点出发沿着任何一条（同一性质、同种用途的）边的方向前进，不会绕上一圈又回到其自身，即带箭头的边不会形成首尾相接的环路。可以证明，如果一个系统的参数协调拓扑图是个 DAG，并且主从双方的谈判最终都是由“主”方拍板，那就不会有因谈判相持不下而引起的死锁。

如前所述，参数协调是个全局的过程，并非在一个 LazyModule 内部一边创建子模块一边让它们进行参数协调，LazyModule 内部的说明只是起着计划的作用。Diplomacy 对参数协调有个统一的框架，其具体实现是个分三步走的过程。

第一步是把整个系统的结构图和参数协调拓扑图建立起来，这个过程与创建模块的过程是一致的。每创建一个 Lazy 模块的时候都要说明这个模块有几种功能和角色意义上的参数协调，对上对下各有什么参数主张和协调策略（规则）。然后说明要创建一些什么子模块，这些子模块各自要与谁绑定。这样就在往结构图中添加节点的同时也往参数协调拓扑图中添加了节点和边。当然，参数协调拓扑图是依附于结构图的，结构图是皮，拓扑图是毛。

然后是第二步。等所有模块都已创建，形成了整个系统的结构图以后，再从顶向下，按深度优先遍历结构图中以本节点为根的子树，对子树上所有的节点实施参数协调，即其各个物理连接上的双边参数协调。这里的第一步和第二步纯粹是软件过程，这个过程本身并不是直接“可综合（Synthesizable）”的硬件描述，但是由此而来的结果却是可综合的，因为实际的物理连接取决于协调后的参数，并且也是在遍历的过程中建立的。

第三步，完成对于以本节点为根的子树所进行的参数协调之后，回到本节点，完成对本模块硬件描述的执行和解析，这是可综合的。

综上所述，整个过程在 LazyModule 和 Diplomacy 的框架中就是这样：

一、在所创建的每个 LazyModule 模块中{
        列举本模块在参数协调中扮演的功能/角色节点（通常只有一个），
                包括每个节点的性质、所主张参数、和用于参数协调的规则/算法；
        如有需要就创建有参数协调要求的子模块（也是 LazyModule）；
        说明所创建子模块之间，或子模块与其它模块之间的绑定/连接（建立“外交关系”）；
    } //这是模块创建的 Diplomacy 阶段
二、等所有模块都已创建，形成了整个系统的结构图以后，再遍历结构图进行全局的参数协调，
        并建立模块间的物理连接，这是 Diplomacy 的实施阶段；
三、然后对本模块的硬件描述加以解析，这才是对本模块硬件描述进行解析的阶段

这里第一步是 Lazy 模块的创建，这是个递归的过程，从顶层模块开始，一直到所有的模块都被创建才结束。对于所创建的每个 Lazy 模块都要求先列举代表着该模块所扮演角色的参数协调节点（例如前述的 AdapterNode）。然后是子模块（必为 Lazy 模块）的创建和绑定，最后才是该模块本身的硬件描述。注意虽然

在 Lazy 模块内部列举了它的各个协调节点，但是协调节点的对外绑定却是在其父模块中说明的。

这样，第一步完成之后（内存中）就有了一个关于目标系统的骨架，这就是按 Lazy 模块创建的父子关系相连系的结构拓扑图；这实际上是一个以代表着整个系统的顶层模块为根的树。在此基础上，结合各个模块中的参数协调绑定，就形成一个依附于结构图的参数绑定拓扑图，但此时尚不能开展参数的协调，因为所绑定的某些对方可能还没有被创建出来。这一步可以说是拓扑图的构建阶段，也是参数协调的规划阶段。

第二步是全局的参数协调。这是通过对结构图的遍历而达成的。在遍历的过程中：

```
对于每一个模块{
    对于其每一个参数协调节点及其绑定{
        向上游方向协调进行参数一致化；        //协调对方是主节点
        向下游方向协调进行参数一致化；        //协调对方是从节点
        创建双边的物理连接；
    }
}
```

这是参数协调的实施阶段。由于参数协调拓扑图是依附于结构拓扑图之上，后者是前者的生成树，所以对结构图的遍历蕴含着对参数协调拓扑图的遍历，后者图中的节点没有一个会被漏掉。这个过程称为 Lazy 模块的 instantiate，这个词有实体化、实施的意思。就像模块的创建过程一样，对 instantiate()过程的调用也是递归的，整个遍历过程就是通过 instantiate()得以实现。在一个具体 Lazy 模块的 instantiate()过程中，除对于本模块所含各节点的对外参数协调之外，还会按深度优先遍历以此模块为根的整个（模块创建）子树，递归调用每个子模块的 instantiate()过程；进一步还要根据对每个绑定即每一条边的描述创建物理连接（把 edge 转换成 bundle）。

最后，到完成了整个子树的 instantiate 之后，才又回到本模块，执行对本模块硬件描述的解析（elaborate），这是第三步。此时本模块所需的参数已通过协调决定了下来。这里的第一步和第二步都属于 Diplomacy 阶段，第三步属于对本模块硬件描述的执行和解析阶段。

进行本模块的参数协调的时候，由于在拓扑图建立过程中每个节点都已绑定（bind）到具体的对方，所进行的每次具体的参数协调就只是局部于所绑定两边的双边协调，而与别的模块、别的节点无关。

显然，之所以能有这样一个过程，就是因为 Diplomacy 为参数协调而定义的 LazyModule 类内部结构，以及所定义的各种节点类型和相应的绑定，和实施各节点所提供参数协调规则的操作框架。

当然 Scala 的一些语法语义在这里也起了作用。如前所述，之所以称为 Lazy，是因为模块的硬件描述部分都在一个 lazy 函数里面，这个函数要到受到调用的时候才得到执行，因而在 Diplomacy 阶段不加执行。这就是 Scala 语言本身所规定的语法语义。

这里还要说明，通过 Diplomacy 这个框架进行协调的参数是指物理连接上为保证双方顺利通信而采用的参数，而不是我们所说采用 Chisel 语言可以让处理器的设计高度“参数化”的那个参数，这是两码事；一个是关于通道的通信参数，另一个是关于处理器的结构参数。

明白了这个思路，再来看 Diplomacy 的具体实现就相对自然而容易了。

10.1 参数的一致化

Diplomacy 的核心就是参数协调，目的是要达到物理连接双方的参数一致化。所以第一要素就是为参数一致化而定义的各种节点类型，Diplomacy 并未定义一个称为 Node 的类，而是定义了一个抽象类 BaseNode，作为所有节点类型的基础和出发点，里面包含了所有节点共有的基本属性和操作，例如抽象函数 instantiate()，就是用来遍历结构拓扑图进行节点间参数协调的。再如数据成分 sourceCard 和 sinkCard，这里的 Card 意为 Cardinality；前者给定了本节点外向边即以本节点为 source 的绑定的数量；后者则给定了本节点内向边即以本节点为 sink 的绑定的数量。像这样的属性和操作是所有节点所共有的，所以就放在抽象类 BaseNode 中，然后从这个抽象类派生出别的具体类或抽象类：

```
abstract class BaseNode(implicit val valName: ValName)              //BaseNode 内部的定义我们这里就不看了
trait InwardNode[DI, UI, BI <: Data] extends BaseNode               //Inward 表示这个节点的参数是“流入”的，对方是主方。
trait OutwardNode[DO, UO, BO <: Data] extends BaseNode              //Outward 表示这个节点的参数是“流出”的，这是主方。

abstract class MixedNode[DI, UI, EI, BI <: Data, DO, UO, EO, BO <: Data]
  (val inner: InwardNodeImp [DI, UI, EI, BI], val outer: OutwardNodeImp[DO, UO, EO, BO]) ( implicit valName: ValName)
  extends BaseNode
  with NodeHandle[DI, UI, EI, BI, DO, UO, EO, BO] with InwardNode[DI, UI, BI] with OutwardNode[DO, UO, BO]
```

从 BaseNode 派生的是两个 trait，即 InwardNode 和 OutwardNode，还有一个抽象类 MixedNode。两个 trait 分别代表着节点的内向和外向两个侧面，包括用来存放绑定对象和具体参数的数据成分。我们知道 trait 是不能用来创建对象的，实际上几乎所有的具体节点类型都是从抽象类 MixedNode 派生。另外，我们从其构造界面（先不管所涉及的泛型）可知，MixedNode 是“一点两面”，这个节点有 InwardNode 和 OutwardNode 两个侧面，既可以只用其中 Inward 或 Outward 的一面，也可以二者都用。事实上，中间节点就是既有输入一面又有输出一面的。可是注意这里的 MixedNode 与 InwardNode/OutwardNode 在语义上就有差异了，InwardNode 和 OutwardNode 是端口意义上的“节点”，所以才有输入/输出之分，前者的泛型 DI、UI、BI 分别表示来自其上方（Master 节点）、自上而下的参数和去向上方、自下而上的参数，还有输入 Bundle；后者的泛型 DO、UO、BO 则分别表示去向其下方（Slave 节点）、自上而下的参数和来自下方、自下而上的参数，还有输出 Bundle。而 MixedNode，则不是端口意义上的节点，而是功能意义上、参数协调意义上的节点了，但是一个 MixedNode 既有输入端口又有输出端口。所谓 MixedNode，就是既有输入又有输出的节点。另外还要注意，所谓输入端口 inner，其实也是双向的，上面既有来自上方的 DI 又有去向上方的 UI；而在输出端口 outer 上，则既有去向下方的 DO，又有来自下方的 UO。所以其实把 InwardNode 和 OutwardNode 改称 UpperNode 和 LowerNode 也许更好一些。

此外 MixedNode 还有个侧面是 NodeHandle，这个 trait 提供了所有的节点间绑定方法，而绑定方法又决定着具体参数协调的方式。

最后，凡是 MixedNode，其构造函数有两个参数 inner 和 outer，二者的类型分别是带有 trait InwardNodeImp 和 OutwardNodeImp 的某类对象，实际上那都是扩充了抽象类 NodeImp 的某类对象。既然这二者都是抽象类 MixedNode 的构造参数，就说明在创建 MixedNode 具体类对象时需要给定带有 trait InwardNodeImp 和 trait OutwardNodeImp 的某类对象，同时这二者也成为 MixedNode 的内部成分。

顾名思义，trait InwardNodeImp 和 trait OutwardNodeImp 与 InwardNode 和 OutwardNode 的具体实现有关：

```
trait InwardNodeImp[DI, UI, EI, BI <: Data]
trait OutwardNodeImp[DO, UO, EO, BO <: Data]
abstract class NodeImp[D, U, EO, EI, B <: Data] extends Object with InwardNodeImp[D, U, EI, B]
                                                                  with OutwardNodeImp[D, U, EO, B]

abstract class SimpleNodeImp[D, U, E, B <: Data] extends NodeImp[D, U, E, E, B]
```

注意 InwardNodeImp 和 trait OutwardNodeImp 与 InwardNode 和 OutwardNode 并无继承的关系，但是有共同的泛型 DI、DO 等等。这两个 trait 为 MixedNode 的对上对下两个端口提供了一些操作方法，主要是怎样把参数最终落实到物理上的 Bundle。抽象类 MixedNode 的构造参数 inner 和 outer 则分别是继承了这二者之一的某类对象，需要在创建具体节点的时候具体给定。

还有 trait NodeHandle，其源头是 trait NoHandle。在 NoHandle 的基础上定义了 trait InwardNodeHandle 和 OutwardNodeHandle，分别提供节点绑定中输出/输入方面的操作。任何一对节点的绑定都是将一个节点的（参数）输出绑定到另一个节点的输入，这与变量的赋值颇为相似；所以节点绑定的基本符号是“a := b”，表示将节点 b 的输出绑定到节点 a 的输入，这里的“算符”“:=”其实是个函数名。在这个绑定中节点 b 是主节点，是该绑定的 source 一面；而 a 则是从节点，是该绑定的 sink 一面。

绑定操作即符号“:=”的设计需要满足若干条件。首先是得要允许“链式”绑定，例如“a := b := c”就是这样的链式绑定，先把 c 绑定到 b，再把 b 绑定到 a。这要求执行“b := c”的返回值是节点 b 的输出。进一步，还要求这样的链式绑定满足算符的“结合律”，使“(a := b) := c”与“a := (b := c)”等价。可见，trait NodeHandle 就是为此而存在的：

```
trait NoHandle
trait InwardNodeHandle[DI, UI, EI, BI <: Data] extends NoHandle
trait OutwardNodeHandle[DO, UO, EO, BO <: Data] extends NoHandle
trait NodeHandle[DI, UI, EI, BI <: Data, DO, UO, EO, BO <: Data]
            extends InwardNodeHandle[DI, UI, EI, BI] with OutwardNodeHandle[DO, UO, EO, BO]
```

所以，在 Diplomacy 的参数协调框架中，抽象类 MixedNode 从三个来源继承了它们所提供的结构成分和操作方法，除 BaseNode 以外，其内容还来自 trait NodeHandle 和抽象类 NodeImp。

回到抽象类 MixedNode，其类型定义前面有一大篇注释，说明了泛型 DI、UI 等等的语义：

```
/** The sealed node class in the package, all node are derived from it.
  * @param inner     Sink interface implementation.               //这是对外表现为Sink的接口
  * @param outer     Source interface implementation.             //这是对外表现为Source的接口
  * @param valName val name of this node.
  * @tparam DI   Downward-flowing parameters received on the inner side of the node.   //这是inner接口上接收到的下行参数。
  *            It is usually a brunch of parameters describing the protocol parameters from a source.   //来自Source节点的参数
  *            For an [[InwardNode]], it is determined by the connected [[OutwardNode]].     //其参数取决于所连接的OutwardNode
  *            Since it can be connected to multiple sources, this parameter is always a Seq of source port parameters.   //可以是序列
  * @tparam UI   Upward-flowing parameters generated by the inner side of the node.          //生成于inner接口上的上行参数
  *            It is usually a brunch of parameters describing the protocol parameters of a sink. //是描述Sink节点的参数
  *            For an [[InwardNode]], it is determined itself.                //这些参数是InwardNode 自己 决定的，见后述。
  * @tparam EI   Edge Parameters describing a connection on the inner side of the node.             //对输入边参数的描述
  *            It is usually a brunch of transfers specified for a sink according to protocol.
  * @tparam BI   Bundle type used when connecting to the inner side of the node. It is a hardware interface of this sink interface.
  *            It should extends from [[chisel3.Data]], which represents the real hardware.       //输入端口上的Bundle
  * @tparam DO   Downward-flowing parameters generated on the outer side of the node.   //生成于outer接口上的下行参数。
  *            It is usually a brunch of parameters describing the protocol parameters of a source. //代表着一组Source节点参数
  *            For an [[OutwardNode]], it is determined itself.                          //输出什么参数是自己决定的
  * @tparam UO   Upward-flowing parameters received by the outer side of the node.          //在outer节点上接收到的上行参数
  *            It is usually a brunch of parameters describing the protocol parameters from a sink.          //来自Sink节点
  *            For an [[OutwardNode]], it is determined by the connected [[InwardNode]].
  *            Since it can be connected to multiple sinks, this parameter is always a Seq of sink port parameters.
  * @tparam EO   Edge Parameters describing a connection on the outer side of the node.          //对输出边参数的描述
  *            It is usually a brunch of transfers specified for a source according to protocol.
  * @tparam BO   Bundle type used when connecting to the outer side of the node. It is a hardware interface of this source interface.
  *            It should extends from [[chisel3.Data]], which represents the real hardware.          //输出端口上的Bundle
  *…          //此处略去一个关系图
  */
```

```
abstract class MixedNode[DI, UI, EI, BI <: Data, DO, UO, EO, BO <: Data]
  (val inner: InwardNodeImp [DI, UI, EI, BI], val outer: OutwardNodeImp[DO, UO, EO, BO]) ( implicit valName: ValName)
  extends BaseNode
  with NodeHandle[DI, UI, EI, BI, DO, UO, EO, BO] with InwardNode[DI, UI, BI] with OutwardNode[DO, UO, BO]
```

这个抽象类定义的注释说明了参数 inner/outer 和 DI、DO 等等泛型的意义。其中 inner 是 “Sink interface implementation”，是本功能节点的输入接口；outer 则是 “Source interface implementation”，是本功能节点的输出接口。但是注意所谓输入接口和输出接口都是双向的（否则就谈不上协调），所以要说输入参数就既有 inner 接口上的，也有 outer 接口上的；输出参数也是一样。这样，DI、DO、UI、UO 四个泛型参数与 MixedNode 的关系就是这样：

注意图中的右边是上游方向，本节点在这个方向上表现为 Slave；左边则是下游方向，本节点在这个方向上表现为 Master。之所以是这样，是因为表示绑定的时候主节点在右而从节点在左，这跟赋值语句的方向是一致的。至于四个泛型参数的物理意义这是：

DI：　这是输入口上的下行参数（parameters flowing downward）的输入，所以来自上位节点。
UI：　这是输入口上的上行参数（parameters flowing upward）的输入，所以去向上位节点。
DO：　这是输出口上的下行参数，去向下位节点。
UO：　这是输出口上的上行参数，来自下位节点。

如果把“输入口”和“输出口”改称成“上游口”和“下游口”，是不是感觉更清晰一些？

实际使用中一个 MixedNode（其实是扩充了 MixedNode 的具体类节点）可以被分别与其上游节点和下游节点绑定，这样就有两个方向上的绑定。在每一个具体的绑定上都有相对的上下之分。以右边即 inner 接口上的参数协调而言，就既有来自上游方向的参数 DI，也有向上游方向的反馈 UI，这样才谈得上“协商”；左边的 outer 接口上也是一样。

抽象类 MixedNode 的构造参数分两段。第一段的参数就是 inner 和 outer，分别是带有 trait InwardNodeImp 和 OutwardNodeImp 的某类对象，分别说明对两个端口上参数的使用和处理。第二段是一个“隐含参数”，调用时可以有也可以没有，如果没有就使用默认的实参。但是这里并没有给定具体节点的参数协调规则，所以在将 MixedNode 扩充成具体类或进一步的抽象类时还要加上用于参数协调规则的参数。下面是几个例子，先看 SourceNode：

```
class SourceNode[D, U, EO, EI, B <: Data](imp: NodeImp[D, U, EO, EI, B])(po: Seq[D])(implicit valName: ValName)
                                                                          extends MixedNode(imp, imp)
```

虽然 SourceNode 也是对 MixedNode 的扩充，但是只有一个输出端口而没有输入端口。所以 SourceNode 是参数的源头，是只有参数输出没有参数输入的节点，一般外购的 IP 模块如果参数不容协商就属于这样的节点，别的模块只能向其靠拢，接受它的参数要求。所以，SourceNode 在对 MixedNode 的扩充之一就是在其构造函数中添加了一个参数 po，意为“参数输出（parameter outward）”，其类型是 Seq[D]，就是一个泛型 D 的数据序列，也就是一串下行参数，泛型 D 是从 Data 类直接或间接派生而来。再看 SinkNode：

```
class SinkNode[D, U, EO, EI, B <: Data](imp: NodeImp[D, U, EO, EI, B])(pi: Seq[U])(implicit valName: ValName)
                                                                          extends MixedNode(imp, imp)
```

SinkNode 与 SourceNode 相反，是只有参数输入端口没有参数输出端口的节点。在一个参数决定链中处于最末端的位置。所以其构造函数的界面上也只添加了一个参数 pi，这次是“参数输入（parameter inward）”，但其实应该说是“输入口上的（上行）参数”。SinkNode 没有输出口只有输入口，但是输入口上同样有下行参数DI和上行参数UI，pi其实就是UI。其类型说是Seq[U]，其实就是对来自上方的参数DI全盘接受。SinkNode当然也从输入口上接收DI，但是程序中对DI不作处理，所以无需有个泛型DI。而输入口上的上行参数，即作为Slave节点对Master方的回应，则并无下游来源，只是作为构造参数的pi，所以pi的类型是Seq[U]。后面我们会看到SincNode具体类的代码，这一点就清楚了。

事实上，SourceNode和SinkNode都出现在外部接口上。外部接口都是要与外部设备相连接的，Diplomacy的参数协调只能发生在芯片（或系统）内部，对于外接的设备就鞭长莫及了。现在假定有个接口上的模块P，如果外部与模块P相连的设备参数已经固定而不容协商，那对方就会给一份说明书，上面列举了所用的参数，而与之相连的模块P就是个SourceNode，它的输入参数要根据对方提供的说明写入程序中，这就成为其输出参数po。而SinkNode则反过来，外部设备听你的，但是反向也会有些参数要求（就如下位设备对上位设备），这就是作为SinkNode构造参数的pi。总之，Diplomacy的作用范围只是在一块芯片或一个系统的内部，跑不到外面去。

再看既有参数输出又有参数输出的MixedAdapterNode，AdapterNode的内向边与外向边数量相等，只有一个输入端口和一个输出端口，其作用就是实现两边的适配：

```
/** [[MixedAdapterNode]] is used to transform between different diplomacy protocols ([[NodeImp]]), without changing
  * the number of edges passing through it.
  * For example, a [[MixedAdapterNode]] is needed for a TL to AXI bridge (interface). …
  * @param dFn convert downward parameter from input to output.
  * @param uFn convert upward parameter from output to input.
  */
class MixedAdapterNode[DI, UI, EI, BI <: Data, DO, UO, EO, BO <: Data]
  (inner: InwardNodeImp [DI, UI, EI, BI], outer: OutwardNodeImp[DO, UO, EO, BO])(dFn: DI => DO, uFn: UO => UI)
  (implicit valName: ValName) extends MixedNode(inner, outer)
```

几个泛型的意义如前所述，但是这里增加了两个构造参数dFn和uFn，这是两个函数，其中dFn的类型是“DI => DO”，uFn的类型是“UO => UI”。两个函数的作用是：

dFn: DI => DO，根据来自上位节点的参数决定本节点发往下位节点的参数，dFn()为转换函数。

uFn: UO => UI，将来自下位节点的参数决定本节点反馈到上位节点的参数，uFn()为转换函数

这里没有说本节点采纳了什么参数，这要看本节点的inner接口和outer接口。

MixedAdapterNode是这样，别的中间节点（例如MixedNexusNode、MixedJunctionNode等等）也是这样。至于函数dFn()和uFn()的内容，则是在创建具体功能节点（通常是对MixedAdapterNode等类的动态扩充）时给定的，每个具体节点的dFn()和uFn()函数都可以不同。

知道了Diplomacy关于（参数协调）节点的这个思路，我们不妨回到抽象类BaseNode的定义：

```
abstract class BaseNode(implicit val valName: ValName) {
  /** All subclasses of [[BaseNode]]s are expected to be instantiated only within [[LazyModule]]s.
    * Sometimes one wants to view the entire diplomacy graph in a way where you do not care about the specific types of the edges.
    * [[BaseNode]]s are type-erased and provide this view.
    * @return The [[LazyModule]] which contains this Node.
    */
  val scope: Option[LazyModule] = LazyModule.scope
              //每个LazyModule都有自己的控制域，在LazyModule内部创建的子模块都属于这个控制域。
  /** @return The index for this node in the containing [[LazyModule]]/[[LazyScope]]'s list of [[BaseNode]]s */
  val index: Int = scope.map(_.nodes.size).getOrElse(0)      //一个LazyModule中可以有多个node，要有个节点号。
```

```
/** @return The [[LazyModule]] which contains this [[BaseNode]] */
def lazyModule: LazyModule = scope.get                    //获取本node所在的LazyModule

// Prepend this node to the current [[LazyModule]]'s list of nodes
scope.foreach { lm => lm.nodes = this :: lm.nodes }       //lm是scope中的当前LazyModule类对象
                                            //初始化时把本node添加到该LazyModule类对象的nodes序列中
/** @return The serial number for this node in the global list of [[BaseNode]]s. */
val serial: Int = BaseNode.serial           //每个节点都有个全局性的序号

BaseNode.serial = BaseNode.serial + 1   //每创建一个BaseNode对象，object BaseNode中的序号就加1。

/** Instantiate this node.
  * This happens after all nodes connections have been made and we are ready to perform parameter negotiation.
  * This also determines which connections need to leave this node's LazyScope and cross hierarchical
  * boundaries. That information is captured in [[Dangle]]s which are returned from this function.
  *
  * @return A sequence of [[Dangle]]s from this node that leave this [[BaseNode]]'s [[LazyScope]].
  */
protected[diplomacy] def instantiate(): Seq[Dangle]       //抽象函数，有待在具体类中予以落实。
    //调用这个函数就进行本节点的instantiate，进行参数协调并创建物理连接。
    //返回一个Dangle对象的序列，Dangle类对象代表模块中尚未得到连接、悬而未决的输入/输出。
/** @return name of this node. */
def name: String = scope.map(_.name).getOrElse("TOP") + "." + valName.name
…
/** @return A sequence of [[LazyModule]] up to and including Top. */
def parents: Seq[LazyModule] = scope.map(lm => lm +: lm.parents).getOrElse(Nil)
                          //当前LazyModule类对象可能有父模块和祖先，形成一棵树。
…
/** @return Metadata to visualize inward edges into this node. */
def inputs:    Seq[(BaseNode, RenderedEdge)]                    //为可视化的图形显示而设，不予关心。
/** @return Metadata to visualize outward edges from this node. */
def outputs: Seq[(BaseNode, RenderedEdge)]                      //为可视化的图形显示而设，不予关心。
/** @return Whether this node can handle [[BIND_FLEX]] type connections on either side.
  *   For example, a node `b` will have [[flexibleArityDirection]] be `true` if both are legal:
  *     `a :*=* b :*= c`, which resolves to `a :*= b :*= c`      //这里的“:*=”等符号表示模块间不同方式的连接，见后。
  *     or
  *     `a :=* b :*=* c`, which resolves to `a :=* b :=* c`
  *   If this is `false`, the node can only support `:*=*` if it connects to a node with `flexibleArityDirection = true`
  */
protected[diplomacy] def flexibleArityDirection: Boolean = false        //是否又可作为输入，又可作为输出。
/** @return The sink cardinality.
  * How many times is this node used as a sink. */
protected[diplomacy] val sinkCard: Int          //Card意为Cardinality，表示本节点一共在几个连接中表现为Sink。
/** @return The source cardinality.
  * How many times is this node used as a source. */
protected[diplomacy] val sourceCard: Int        //表示本节点一共在几个连接中表现为Source一方。
```

```
  /** @return The "flex" cardinality.
     * How many times is this node used in a way that could be either source or sink, depending on final
     * directional determination.
     */
  protected[diplomacy] val flexes: Seq[BaseNode]
  /** Resolves the flex to be either source or sink.
     * @return A value >= 0 if it is sink cardinality, a negative value for source cardinality.
     * The magnitude of the value does not matter.
     */
  protected[diplomacy] val flexOffset: Int
}    //end abstract class BaseNode
```

此外还定义了一个 object BaseNode，不为别的，只为维持一个统一的节点编号：

```
/** Companion object for [[BaseNode]], only used to hold the the global serial number of all [[BaseNode]]s. */
object BaseNode {
  protected[diplomacy] var serial = 0
}
```

从 BaseNode 派生出三个 trait，即 trait InwardNode、trait OutwardNode、trait FormatNode 和一个抽象类 MixedNode。其中 trait FormatNode 只是为打印格式而设，我们不予关心。而 trait InwardNode 和 trait OutwardNode，则显然分别是对于节点所具内向边和外向边的结构和属性的描述。抽象类 MixedNode 就重要了，事实上几乎所有的 Node 具体类都是从这里派生出来的。顾名思义，所谓 Mixed 就是既有内向边又有外向边的节点。但是内向边的数量也可以是 0，那就是源节点 SourceNode 了。同样，外向边也可以是 0，那就是终节点 SinkNode 了。注意 class SourceNode 和 trait OutwardNode 是两码事，前者是个类，是对节点的描述；后者则虽然叫 OutwardNode，却并不代表 Node，而只是说明 Node 所具的某些属性。另外，一个节点在某个连接中表现为 Source，即 Master 一方，并不意味着这就是个 SourceNode。

下面列出从抽象类 MixedNode 直接派生的类型：

- class SourceNode //只有输出边，没有输入边，是参数协调的源头。
- class SinkNode //只有输入边，没有输出边，是参数协调的终点。
- class MixedAdapterNode //适配节点，有相等数量的输入边和输出边。
- class MixedNexusNode //输入边和输出边可有任意比例。
- class MixedJunctionNode //汇聚节点，输入边多于输出边，二者有一定的比例。
- abstract class MixedCustomNode //供用户定义自己的特定节点类型。

这些可以说是抽象类 MixedNode 的一级派生类，一代子类。所派生的子类型可以是具体类 class，也可以是抽象类 abstract class，还可以是 trait。一个类，如果 with 某个 trait，那这个类实质上也是这个 trait 的子类，这是多方继承。这些 MixedNode 的一代子类又派生出许多二代子类，三代子类，最后形成的是一棵不小的 Node 类型树。后面我们将回过头来再介绍 trait InwardNode、trait OutwardNode 和 MixedNode。

从抽象类 MixedNode 派生的具体类有不少，这些具体类的共同特点就是都要提供与相邻节点进行参数协调的操作，实现各种参数协调的代码有些是共同的，理应提取出来放在 trait 里面。所以 Diplomacy 的代码中定义了几个提供节点间绑定操作的 trait，称为 Handle，具体有 trait InwardNodeHandle、trait OutwardNodeHandle 和 trait NodeHandle。这些 trait 的“原点”都是 trait NoHandle：

```
trait NoHandle
```

这个 trait 看着是空白的，里面什么也没有，其实在 Scala 语言里 trait 也是有来由的，并非什么也没有，只是在用户的角度上看不到而已。上述的三个 trait 都是对 trait NoHandle 的扩充，我们先看 OutwardNodeHandle：

```
/** A Handle for OutwardNodes, which may appear on the right side of a bind operator. */
trait OutwardNodeHandle[DO, UO, EO, BO <: Data] extends NoHandle {
  /** @return [[OutwardNode]] of `outwardHandle`. */
  def outward: OutwardNode[DO, UO, BO]        //抽象函数，返回这个OutwardNodeHandle 所在的OutwardNode。
        //返回类型OutwardNode是个trait，实际上则是个with OutwardNode的某类对象。

  /** @return [[OutwardNodeImp]] of `inwardHandle`. */
  def outer: OutwardNodeImp[DO, UO, EO, BO]        //也是抽象函数，返回OutwardNodeImp。
        //返回类型OutwardNodeImp是个trait，实际上则是with OutwardNodeImp的某类对象。
}
```

泛型 DO、UO、EO、BO 的说明见前，这四个泛型都必须是 Data 类的直接或间接子类，而不可以是别的类型。这四个泛型的名称都是 O，说明都是外向的，都是 outer 这一边的，尽管 UO 其实是输入。

这个 trait 只是申明了两个抽象函数，ourwaord()和 outer()。前者返回一个 OutwardNode，实际上是 with OutwardNode 的某类对象，后面会有介绍。后者返回的是 trait OutwardNodeImp，后面也会介绍。这二者都是只有申明没有定义的抽象函数，需要加以落实。

相比之下，trait InwardNodeHandle 就复杂了。

```
/** A handle for an [[InwardNode]], which may appear on the left side of a bind operator. */
trait InwardNodeHandle[DI, UI, EI, BI <: Data] extends NoHandle {
  /** @return [[InwardNode]] of `inwardHandle`. */
  def inward: InwardNode[DI, UI, BI]        //返回所在的InwardNode，这仍是个抽象函数
                                            //其返回类型InwardNode是个trait，实际上是个with InwardNode的某类对象。
  /** @return [[InwardNodeImp]] of `inwardHandle`. */
  def inner: InwardNodeImp[DI, UI, EI, BI]        //这也是个抽象函数
                                //返回类型InwardNodeImp也是个trait，实际上是个with InwardNodeImp的某类对象。
  /** Bind this node to an [[OutwardNodeHandle]]. */   //InwardNode的绑定对方一定是OutwardNodeHandle
  protected def bind[EY](h: OutwardNodeHandle[DI, UI, EY, BI], binding: NodeBinding)
        (implicit p: Parameters, sourceInfo: SourceInfo): Unit = inward.bind(h.outward, binding)
            //转成inward即所在InwardNode的bind()函数，其对方一定是个with OutwardNode的某类对象
            //参数binding表示绑定方式，bind()一定是由输入方发起的，其对方一定是输出方。
  /** Connect an input node with a full node => inward node handle. */
  def := [DX, UX, EX, BX <: Data, EY](h: NodeHandle[DX, UX, EX, BX, DI, UI, EY, BI])
(implicit p: Parameters, sourceInfo: SourceInfo): InwardNodeHandle[DX, UX, EX, BX] = { bind(h, BIND_ONCE); h }
            //这里的:=是函数名，[DX, UX, EX, BX <: Data, EY]是本函数中所用到的泛型说明。
            //在Chisel中:=表示连接，但在Diplomacy中表示“绑定“、“建立外交关系”。
            //这个bind()就是上面定义的bind()，参数h的类型是NodeHandle[DX, UX, EX, BX, DI, UI, EY, BI]
            //这个函数的返回类型是with InwardNodeHandle的某类对象，其实就是符号左边这个节点本身的类型。
  /** Connect an input node with a full node => an input node. */
  def :*= [DX, UX, EX, BX <: Data, EY](h: NodeHandle[DX, UX, EX, BX, DI, UI, EY, BI])
    (implicit p: Parameters, sourceInfo: SourceInfo): InwardNodeHandle[DX, UX, EX, BX] = { bind(h, BIND_STAR); h }
        //函数:*= ()与上面:=()的区别仅在于这里的绑定为BIND_STAR，而:=()的绑定类型是BIND_ONCE。
```

```
/** Connect an input node with a full node => an inward node handle. */
  def :=* [DX, UX, EX, BX <: Data, EY](h: NodeHandle[DX, UX, EX, BX, DI, UI, EY, BI])
(implicit p: Parameters, sourceInfo: SourceInfo): InwardNodeHandle[DX, UX, EX, BX] = { bind(h, BIND_QUERY); h }
                    //注意:=*()与:*=()的不同，这反映了BIND_QUERY与BIND_STAR的区别。

  /** Connect an input node with a full node => an input node. */
  def :*=*[DX, UX, EX, BX <: Data, EY](h: NodeHandle[DX, UX, EX, BX, DI, UI, EY, BI])
   (implicit p: Parameters, sourceInfo: SourceInfo) : InwardNodeHandle[DX, UX, EX, BX] = { bind(h, BIND_FLEX); h }
                                                //连接对方必须是个flex，即既可以是source又可以是sink的节点
  /** Connect an input node with output node => no node. */
  def := [EY](h: OutwardNodeHandle[DI, UI, EY, BI])(implicit p: Parameters, sourceInfo: SourceInfo)
        : NoHandle = { bind(h, BIND_ONCE); NoHandleObject }
                    //注意这个:=()函数的参数h与上面那个同名函数类型不同，所用泛型也不同。
                    //这里这个h的类型是OutwardNodeHandle，前面那个是NodeHandle。返回类型也不同。下面这三个也是如此。
                    //绑定的方式是BIND_ONCE，但返回值是扩充了NoHandle的某类对象。NoHandle无所谓输入输出。
  /** Connect an input node with output node => no node. */
  def :*= [EY](h: OutwardNodeHandle[DI, UI, EY, BI])(implicit p: Parameters, sourceInfo: SourceInfo)
        : NoHandle = { bind(h, BIND_STAR); NoHandleObject }
  /** Connect an input node with output node => no node. */
  def :=* [EY](h: OutwardNodeHandle[DI, UI, EY, BI])(implicit p: Parameters, sourceInfo: SourceInfo)
        : NoHandle = { bind(h, BIND_QUERY); NoHandleObject }
  /** Connect an input node with output node => no node. */
  def :*=*[EY](h: OutwardNodeHandle[DI, UI, EY, BI])(implicit p: Parameters, sourceInfo: SourceInfo)
        : NoHandle = { bind(h, BIND_FLEX);    NoHandleObject }
}     //end trait InwardNodeHandle
```

函数 bind()中的泛型 DI、UI、EI、BI 如前所述，只是方向都是 I、都是输入方了。这些泛型参数都来自对方 h，但是到了这一边就都成了输入。对于任何一种绑定，属于 Slave 的一方必须出现在绑定符的左边，而 Master 一方则在绑定符的右边。在后面的那些绑定函数，即绑定符的定义中，则 U、D、E、B 还是原来的意思，X 和 Y 则表示算符（例如:=*）的这方与那方，即算符左边的这一方和右边的那一方。

这里定义了一系列的八个绑定函数，如:=、:=*等等，这些函数的实现都是基于同一个函数 bind()。八个函数分成两组，各四个，分别采用四种不同的绑定方式，即 BIND_ONCE、BIND_STAR、BIND_QUERY 和 BIND_FLEX。对这四种不同的绑定方式下面就要加以说明。之所以分成两组，是因为参数的类型不同：。

- 在第一组的四个函数中，参数 h 的类型都是 NodeHandle，NodeHanle 是既有内向一面又有外向一面的节点，一次绑定消耗了它的外向一面，但仍有内向一面，还可以再与别的节点绑定，所以可以用在链式（例如 A := B := C）的绑定中。
- 第二组的四个函数中则 h 的类型均为 OutwardNodeHandle。这样的节点只带有外向的一面（尽管也许这个节点还 with InwardNodeHandle，但是在这里并不知道），一次绑定正好将其外向一面消耗掉，因为没有了（或者不知道是否还有）内向面，就不能进一步再与别的节点绑定，所以返回的类型是 NoHandle，不能再作绑定，所以不能用于链式的绑定中。例如 SourceNode 只有外向面而没有内向面，把一个 SourceNode 绑定到另一个节点，就不能再与别的节点绑定了。

注意这八种绑定操作的实施者都是 InwardNodeHandle，即 with InwardNodeHandle 的某类对象。这是出现在绑定符左边的对象，而出现在这些绑定符右边的就是参数 h，那是个 with NodeHandle 或者 with OutwardNodeHandle 的某类对象。就像“赋值号”一样，内容的提供者在赋值号右边，而内容的接受者在赋值号的左边；这八种绑定“算符”并非赋值号，也并非对于数据对象的连接号，但与连接符实际上是相通的。

所谓“绑定”，一方面是绑定了参数协调的对象，一方面也隐含着电路连接，将右边对象的输出连接到左边对象的输入。

回到 bind()函数中的参数 binding，其类型为 NodeBinding：

```
/** Enumeration of types of binding operations. */
sealed trait NodeBinding
```

这表面上是个“空白”的 trait，但实际上起着枚举的作用，在此基础上派生了四个 case object，都是对 NodeBinding 的扩充。这四个 case object 定义了四种不同的绑定方式：

- BIND_ONCE – 这是一对一的绑定，即一对一的协商。
- BIND_QUERY – 这是一对多，即 1-N 的绑定，N 的数量取决于对方。
- BIND_STAR – 这也是一对多，即 1-N 的绑定，N 的数量取决于己方。
- BIND_FLEX – 只能绑定到 flex 的对方，所谓 flex 是指一个节点既可以作为输入也可以作为输出。

限于篇幅，我们在这里将只关心 BIND_ONCE，即一对一的绑定。

我们再细看 InwardNodeImp 和 OutwardNodeImp 这两个 trait。这里 Imp 当然是 Implement 的意思：

```
/** [[InwardNodeImp]] defines the types that describe the inward side of the [[BaseNode]].
  *
  * @tparam DI The type of the downward-flowing parameters received on the inner side of the node.
  * @tparam UI The type of the upward-flowing parameters generated by the inner side of the node.
  * @tparam EI The type of the diplomatically-resolved parameters for an Edge connected to the inner side of the node.
  * @tparam BI The type of the [[chisel3.Data]] (usually a [[chisel3.Bundle]]) used when connecting to the inner
  *            side of the node, corresponding to the real hardware interface that is emitted along the graph edge,
  *            generally parameterized by the [[EI]] type.
  */
trait InwardNodeImp[DI, UI, EI, BI <: Data] {
  /** Creates the inward edge parameters by combining the downward-flowing and upward-flowing parameters for
    * edges that connect to the inward side of this [[BaseNode]].
    * It is left up to a user defining a particular protocol implementation to decide how the parameters flowing
    * through the graph in both directions on this Edge are combined into a single representation.
    * @param pd            The downward-flowing parameters into the node along the edge.        //下行参数是边上的流入
    * @param pu            The upward-flowing parameters going out of the node along the edge.  //上行参数是边上的流出
    * @param p             A view of [[Parameters]] at the point at which the returned edge is being bound.
    * @param sourceInfo [[SourceInfo]] of this edge.
    * @return An inward edge of this node.
    */
  def edgeI (pd: DI, pu: UI, p: Parameters, sourceInfo: SourceInfo): EI     //抽象函数，pd和pu都是输入参数。创建一个输入边。

  /** Create an inward bundle parameterized by the inward edge.
    * @param ei Inward edge of this node.
    * @return An outward Bundle of this node parameterized by the negotiated Edge parameters.
    */
  def bundleI(ei: EI): BI                                                   //抽象函数，将输入边转化成一个输入Bundle。

  /** Defines how input parameters can be "mixed" or negotiated together.
```

```
    * The default behavior is to just return `pu`.
    * @param pu      The upward-flowing parameters going out of the node along the edge.
    * @param node An inward node to "mix" the upward-flowing parameters into.
    * @return Altered version of the upward-flowing parameters.
    */
  def mixI (pu: UI, node: InwardNode[DI, UI, BI]): UI = pu      //将参数pu结合到输入节点node的输入参数UI中
  …                                                               //还有别的，但不重要。
}    //end trait InwardNodeImp
```

这里的函数 edgeI()根据输入端向上的输入参数 pu 和向下的输入参数 pd，以及其它参数 p 创建一个具体的内向边（edge）及其一系列参数。进而可以用这个 edge 创建一个 Bundle。函数 mixI()则用来将给定的参数 pu 混合到输入端的上行参数 UI 中，作为对 Master 一方的回应。

与 trait InwardNodeImp 相对的是 trait OutwardNodeImp：

```
/** [[OutwardNodeImp]] defines the types that describe the outwards side of the [[BaseNode]].
  * @tparam DO The type of the downward-flowing parameters generated by the outer side of the node      //输出端生成的下行参数
  * @tparam UO Tye type of the upward-flowing parameters received by the outer side of the node         //输出端接收的上行参数
  * @tparam EO The type of the diplomatically-resolved parameters for an Edge connected to the outer side of the node.
  * @tparam BO The type of the [[chisel3.Data]] (usually a [[chisel3.Bundle]]) used when connecting to the
  *                outer side of the node, corresponding to the real hardware interface that is emitted along
  *                the graph edge, generally parameterized by the [[EO]] type.
  */
trait OutwardNodeImp[DO, UO, EO, BO <: Data] {
  /** Creates the outward edge parameters by combining the downward-flowing and upward-flowing parameters
    * for edges that connect to the outward side of this [[BaseNode]].
    * It is left up to a user defining a particular protocol implementation to decide how the parameters flowing
    * through the graph in both directions on this Edge are combined into a single representation.
    * @param pd              The downward-flowing parameters going out of the node along the edge.
    * @param pu              The upward-flowing parameters into the node along the edge.
    * @param p               A view of [[Parameters]] at the point at which the returned edge is being bound.
    * @param sourceInfo [[SourceInfo]] of this edge.
    * @return An outward edge of this node.
    */
  def edgeO(pd: DO, pu: UO, p: Parameters, sourceInfo: SourceInfo): EO     //抽象函数，pd和pu都是输出参数。创建输出边。

  /** Create an outward Bundle parameterized by the outward edge.
    * @param eo Outward Edge of this node.
    * @return An outward Bundle of this node parameterized by the negotiated Edge parameters.
    */
  def bundleO(eo: EO): BO                                  //抽象函数，将一条输出边转化成一个输出Bundle。

  /** Defines how outward parameters can be "mixed" or negotiated together.
    * The default behavior is to just return `pd`.
    * @param pd      The downward-flowing parameters into the node along the edge.
    * @param node An outward node to "mix" the downward-flowing parameters into.
```

```
    * @return Altered version of the downward-flowing parameters.
    */
  def mixO (pd: DO, node: OutwardNode[DO, UO, BO]): DO = pd    //将下行参数pd结合到输出节点node的DO参数中
}    //end trait OutwardNodeImp
```

与上面的 InwardNodeImp 只是方向相反。注意函数 mixI()和 mixO()，这两个函数把给定的参数结合进节点的上行参数 UI 和下行参数 DO 中。UI 和 DO 都是本节点向外发出的，而 DI 和 UO 则是外来的。

InwardNodeImp 和 OutwardNodeImp 是两个 trait，下面 NodeImp 就是同时继承了这两个 trait 的抽象类：

```
/** The [[NodeImp]] combines an [[InwardNodeImp]] and an [[OutwardNodeImp]].
  * This allows it to define whether it is a protocol-modifying (bridging) sort of node,
  * or whether it is an adapter type node that just modifies the parameters within a protocol.
  * This class has no members and is solely used for holding type information.
  * Applications of diplomacy should extend [[NodeImp]] with a case object that sets concrete type arguments.
  * @tparam D    Type of the downward-flowing parameters of the node.
  * @tparam U    Type of upward-flowing parameters of the node.
  * @tparam EO Type of the parameters describing an edge on the outer side of the node.
  * @tparam EI Type of the parameters describing an edge on the inner side of the node.
  * @tparam B    Bundle type generated on edges connecting to this node.
  */
abstract class NodeImp[D, U, EO, EI, B <: Data] extends Object
                                  with InwardNodeImp[D, U, EI, B] with OutwardNodeImp[D, U, EO, B]
```

注意这里关于泛型 D 和 U 的两个注释，其中 D 是该节点“downward-flowing parameters”即下行参数的类型。而 U 则是“upward-flowing parameters”即上行参数的类型。

抽象类 NodeImp 把 InwardNodeImp 和 OutwardNodeImp 两个 trait 所提供的资源集合在一起，既具有内向节点的功能，又具有外向节点的功能。不过这二者提供的都是并未落地的抽象函数，需要加以落实。以抽象类 SimpleNodeImp 为例，就是对抽象类 NodeImp 的扩充，对其中的几个抽象函数进行了具体化：

```
/** A [[NodeImp]] where the inward and outward edge parameters are of the same type.
   * If, in a given protocol implementation, the parameters visible to the node on the inward side of an edge are
   * the same as the parameters visible to the node on the outward side of an edge,
   * [[SimpleNodeImp]] can be used instead of [[NodeImp]].
   * @tparam D Type of the downward-flowing parameters of the node.          //泛型D是下行参数的类型
   * @tparam U Type of the upward-flowing parameters of the node.            //泛型U是上行参数的类型
   * @tparam E Edge Parameters describing the connections on either side of the node.
   * @tparam B Bundle type generated on edges connecting to this node.
   */
abstract class SimpleNodeImp[D, U, E, B <: Data] extends NodeImp[D, U, E, E, B] {
  /** Creates the edge parameters by combining the downward-flowing and upward-flowing parameters for
    * edges that connect to this node.
    * It is left up to a user defining a particular protocol implementation to decide how the parameters
    * flowing through the graph in both directions are combined into a single representation on an Edge.
    * @param pd            The downward-flowing parameters into the node along the edge.
    * @param pu            The upward-flowing parameters going out of the node along the edge.
    * @param p             [[Parameters]]s which can be used during negotiation.
```

```
    * @param sourceInfo [[SourceInfo]] of this edge.
    * @return Negotiated edge parameters.
    */
  def edge (pd: D, pu: U, p: Parameters, sourceInfo: SourceInfo): E            //抽象函数，E表示edge。
  def edgeO (pd: D, pu: U, p: Parameters, sourceInfo: SourceInfo): E = edge(pd, pu, p, sourceInfo)
  def edgeI (pd: D, pu: U, p: Parameters, sourceInfo: SourceInfo): E = edge(pd, pu, p, sourceInfo)

  /** Generate the Bundle from the negotiated Edge parameters.
    * @param e the negotiated Edge parameters
    * @return the corresponding Bundle of this node
    */
  def bundle (e: E): B                                                          //抽象函数，B表示bundle。
  def bundleO (e: E): B = bundle(e)
  def bundleI (e: E): B = bundle(e)
}  //end abstract class SimpleNodeImp
```

这个 NodeImp 之所以 Simple，是因为它对 edgeI/edgeO、bundleI/bundleO 的实现是一模一样的。但是其中的 edge()和 bundle()都仍是抽象函数，所以 SimpleNodeImp 仍是个抽象类。事实上 rocket-chip 的代码中有不少具体类都是对 SimpleNodeImp 的扩充。为说明问题，这里选了 diplomacy 目录下有个辅导材料 adder_tutorial.md 中的一个示例 object AdderNodeImp，这个节点是个加法器，而加法器的一个重要参数是其宽度（例如 32 位）：

```
// PARAMETER TYPES:                                          D              U              E           B
object AdderNodeImp extends SimpleNodeImp[DownwardParam, UpwardParam, EdgeParam, UInt] {
  def edge (pd: DownwardParam, pu: UpwardParam, p: Parameters, sourceInfo: SourceInfo) = {
    if (pd.width < pu.width) EdgeParam(pd.width) else EdgeParam(pu.width)       //取二者中之小者
  }  //返回EdgeParam
  def bundle(e: EdgeParam) = UInt(e.width.W)                                    //根据EdgeParam创建bundle
  def render(e: EdgeParam) = RenderedEdge("blue", s"width = ${e.width}")        //这是为图形显示，我们不关心。
}
```

对于泛型 D/U/E/B，除 B 的类型为 UInt 外，这个辅导材料中定义了三个 case class：

```
case class UpwardParam(width: Int)
case class DownwardParam(width: Int)
case class EdgeParam(width: Int)
```

就是说，作为一个用来说明问题的例子，这里的上行参数 pu、下行参数 pd，以及由此而来的 Edge 参数 EdgeParam 三者实际上都只有一个参数就是宽度 width，这里要协调的是：根据上行和下行两组参数决定本节点（加法器）Bundle 的宽度。这里的算法很简单，就是以宽度较小者为准。既然是这么简单，就无所谓 dFn()和 uFn()函数了。这也回答了前面说过的一个问题，就是：一个节点，与上游方向和下游方向都要进行协调，很大程度上是参数（在两个方向上的）的扩散与传递，那最后它自己采纳的是什么参数呢？这个例子就回答了这个问题。其实道理也很简单，在下行接口上就是 DO，在上行接口上就是 UI。

除 InwardNodeHandle 和 OutwardNodeHandle 这两个 trait 之外，还有个 NodeHandle，那就是把内向和外向两个 Handle 合在一起，所以也称“完全（full）”节点的 Handle：

```
/** A Handle that can be used on either side of a bind operator. */
trait NodeHandle[DI, UI, EI, BI <: Data, DO, UO, EO, BO <: Data]
        extends InwardNodeHandle[DI, UI, EI, BI] with OutwardNodeHandle[DO, UO, EO, BO] {
  /** Connects two full nodes handles => full node handle.
    * <---< := <---<  == <---<
    * This and that node are both [[BIND_ONCE]].
    * @param h A source node also with sink handle.
    * @return A [[NodeHandle]] with that node as `inwardNode`, this node as `outwardNode`.
    */
  override def := [DX, UX, EX, BX <: Data, EY](h: NodeHandle[DX, UX, EX, BX, DI, UI, EY, BI])
    (implicit p: Parameters, sourceInfo: SourceInfo):
    NodeHandle[DX, UX, EX, BX, DO, UO, EO, BO] = { bind(h, BIND_ONCE);  NodeHandle(h, this) }

  /** Connects two full nodes handles => full node handle.
    * <---< :*= <---<  == <---<
    * [[BIND_STAR]] this node as sink, [[BIND_QUERY]] that node as source.
    * @param h A source node also with sink handle.
    * @return A [[NodeHandle]] with that node as `InwardNode`, this node as `OutwardNode`.
    */
  override def :*= [DX, UX, EX, BX <: Data, EY](h: NodeHandle[DX, UX, EX, BX, DI, UI, EY, BI])
    (implicit p: Parameters, sourceInfo: SourceInfo):
    NodeHandle[DX, UX, EX, BX, DO, UO, EO, BO] = { bind(h, BIND_STAR);  NodeHandle(h, this) }

  /** Connects two full nodes handles => full node handle.
    * <---< :=* <---<  == <---<
    * [[BIND_QUERY]] this node as sink, [[BIND_STAR]] that node as source.
    * @param h A source node also with sink handle.
    * @return A [[NodeHandle]] with that node as `InwardNode`, this node as `OutwardNode`.
    */
  override def :=* [DX, UX, EX, BX <: Data, EY](h: NodeHandle[DX, UX, EX, BX, DI, UI, EY, BI])
    (implicit p: Parameters, sourceInfo: SourceInfo):
          NodeHandle[DX, UX, EX, BX, DO, UO, EO, BO] = { bind(h, BIND_QUERY); NodeHandle(h, this) }

  /** Connects two full nodes handles => full node handle.
    * <---< :*=* <---<  == <---<
    * [[BIND_FLEX]] this node as sink, [[BIND_FLEX]] that node as source.
    * @param h A source node also with sink handle.
    * @return A [[NodeHandle]] with that node as `inwardNode`, this node as `outwardNode`.
    */
  override def :*=*[DX, UX, EX, BX <: Data, EY](h: NodeHandle[DX, UX, EX, BX, DI, UI, EY, BI])
    (implicit p: Parameters, sourceInfo: SourceInfo):
    NodeHandle[DX, UX, EX, BX, DO, UO, EO, BO] = { bind(h, BIND_FLEX);  NodeHandle(h, this) }

  /** Connects a full node with an output node => an output handle.
    * <---< := <---x  ==  <---x
```

```
  * [[BIND_ONCE]] this node as sink, [[BIND_ONCE]] that node as source.
  * @param h A source node also without sink handle.
  * @return A [[OutwardNodeHandle]] with this node as `outwardNode`.
  */
override def :=   [EY](h: OutwardNodeHandle[DI, UI, EY, BI])(implicit p: Parameters, sourceInfo: SourceInfo):
              OutwardNodeHandle[DO, UO, EO, BO] = { bind(h, BIND_ONCE);   this }

/** Connects a full node with an output node => an output handle.
  * <---< :*= <---x   ==   <---x
  * [[BIND_STAR]] this node as sink, [[BIND_QUERY]] that node as source.
  * @param h A source node also without sink handle.
  * @return A [[OutwardNodeHandle]] with this node as `outwardNode`.
  */
override def :*= [EY](h: OutwardNodeHandle[DI, UI, EY, BI])(implicit p: Parameters, sourceInfo: SourceInfo):
              OutwardNodeHandle[DO, UO, EO, BO] = { bind(h, BIND_STAR);   this }

/** Connects a full node with an output => an output.
  * <---< :=* <---x   ==   <---x
  * [[BIND_QUERY]] this node as sink, [[BIND_STAR]] that node as source.
  * @param h A source node also without sink handle.
  * @return A [[OutwardNodeHandle]] with this node as `outwardNode`.
  */
override def :=* [EY](h: OutwardNodeHandle[DI, UI, EY, BI])(implicit p: Parameters, sourceInfo: SourceInfo):
              OutwardNodeHandle[DO, UO, EO, BO] = { bind(h, BIND_QUERY); this }

/** Connects a full node with an output => an output.
  * <---< :*=* <---x   ==   <---x
  * [[BIND_FLEX]] this node as sink, [[BIND_FLEX]] that node as source.
  * @param h A source node also without sink handle.
  * @return A [[OutwardNodeHandle]] with this node as `outwardNode`.
  */
override def :*=*[EY](h: OutwardNodeHandle[DI, UI, EY, BI])(implicit p: Parameters, sourceInfo: SourceInfo):
    OutwardNodeHandle[DO, UO, EO, BO] = { bind(h, BIND_FLEX);   this }
}  //end trait NodeHandle
```

比之前面的 trait inwardNodeHandle，那里定义的 4 个绑定符可被用于链式绑定，另 4 个只能用于单个绑定，这里定义的 8 个绑定符就都可以用于链式绑定，区别就在于绑定符左边的是 NodeHandle，而不是 inwardNodeHandle。由于 NodeHandle 既有 Inward 的一面，又有 Outward 的一面，即使绑定符右边只是个 OutwardNodeHandle，绑定之后也还有一个 OutwardNodeHandle，从而可以返回 OutwardNodeHandle，可以继续被用在链式绑定中，当然只能出现在绑定符的右边。不过这两情况有所不同，前者是绑定以后返回的是 inwardNodeHandle，所以仍可接受其它节点的输出；后者是绑定以后返回的是 OutwardNodeHandle，仍可向别的节点输出。

带有 trait NodeHandle 的只是一个抽象类 MixedNode，但是由 MixedNode 派生出一些具体类和抽象类，像 SourceNode、SinkNode、MixedAdapterNode、MixedJunctionNode、MixedNexusNode 等等都是从 MixedNode 派生的。

除 trait NodeHandle 外，Diplomacy 的代码中还定义了一个 object NodeHanle：

```
object NodeHandle {
  /** generate a [[NodeHandle]] by combining an [[InwardNodeHandle]] and an [[OutwardNodeHandle]].
    * @param i Inward node handle.
    * @param o Outward node handle.
    * @return [[NodeHandlePair]] with `inwardNode` of `i`, `outwardNode` of `o`.
    */
  def apply[DI, UI, EI, BI <: Data, DO, UO, EO, BO <: Data](i: InwardNodeHandle[DI, UI, EI, BI], o:
      OutwardNodeHandle[DO, UO, EO, BO]) = new NodeHandlePair(i, o)
}
```

引用这个 object 时创建的是个 NodeHandlePair 类对象，就是把两个方向的 NodeImp 合在一起。

综上所述，显然，这三个名为 Handle 的 trait，即 InwardNodeHandle、OutwardNodeHandle、NodeHandle。都只是提供了几个函数和算符，起着小小函数库的作用，而且函数 bind()也并未真正落实。这三个 trait 也都不涉及节点本身的属性。

我们在前面也看过两个以 Imp 为名的 trait，那就是 InwardNodeImp 和 OutwardNodeImp，还有个抽象类 NodeImp。虽然都是 Imp，实际所提供的都是关于“边”即 Edge 的创建与的参数设置，就是从绑定关系中抽取信息构成“Edge”这么个对象，以备参数协调并据以创建代表着物理连接的 Bundle。

可见，InwardNodeHandle 和 InwardNodeImp 都只是操作的提供者，就像小小的函数库，但是关键的函数 bind()实际上仍未落实到底。所以我们回头细看从 BaseNode 派生的 InwardNode 和 OutwardNode 这两个 trait，还有抽象类 MixedNode。我们前面之所以没有细看是因为还不到时候。先看 InwardNode：

```
/* A Node that defines inward behavior, meaning that it can have edges coming into it and be used on the left side
* of binding expressions.
*/
trait InwardNode[DI, UI, BI <: Data] extends BaseNode {
    /** accumulates input connections. */
  private val accPI = ListBuffer[(Int, OutwardNode[DI, UI, BI], NodeBinding, Parameters, SourceInfo)]()
                              //一个序列，用来累积绑定至本节点的对方节点（必为有外向面的节点）。
    /** Initially `false`, set to `true` once [[iBindings]] has been evaluated. */
  private var iRealized = false
    /** @return debug information of [[iBindings]]. */
  def iBindingInfo: String = s"""${iBindings.size} inward nodes bound:
      [${iBindings.map(n => s"${n._3}-${n._2.name}").mkString(",")}]"""
    /** The accumulated number of input connections. */
  protected[diplomacy] def iPushed: Int = accPI.size        //返回序列accPI的当前长度
   /** Accumulate an input connection.
    * Can only be called before [[iBindings]] is accessed.
    * @param index     index of this [[InwardNode]] in that [[OutwardNode]].
    * @param node      the [[OutwardNode]] to bind to this [[InwardNode]].
    * @param binding [[NodeBinding]] type.
    */
  protected[diplomacy] def iPush (index: Int, node: OutwardNode[DI, UI, BI], binding: NodeBinding)
      (implicit p: Parameters, sourceInfo: SourceInfo): Unit = {
```

```
                //将一个绑定至本节点的对方节点（必为有外向面的节点）加入到accPI序列中
    val info = sourceLine(sourceInfo, " at ", "")
    require (!iRealized, s"""Diplomacy has detected a problem in your code: …""".stripMargin)
    accPI += ((index, node, binding, p, sourceInfo))
}

  /** Ends the binding accumulation stage and returns all the input bindings to this node.
   * Evaluating this lazy val will mark the inwards bindings as frozen, preventing subsequent bindings from
   * being created via [[iPush]]. The bindings are each a tuple of:
   * - numeric index of this binding in the other end of [[OutwardNode]].
   * - [[OutwardNode]] on the other end of this binding.
   * - [[NodeBinding]] describing the type of binding.
   * - A view of [[Parameters]] where the binding occurred.
   * - [[SourceInfo]] for source-level error reporting.
   */
protected[diplomacy] lazy val iBindings: immutable.Seq[(Int, OutwardNode[DI, UI, BI],
 NodeBinding, Parameters, SourceInfo)] = { iRealized = true; accPI.result() }
                                                                //结束accPI序列的积累并返回其内容
   /** resolved [[BIND_STAR]] binding of inward nodes: how many connections the star represents. */
protected[diplomacy] val iStar: Int                //表明本节点的所有绑定中有几个是BIND_STAR绑定

   /** A mapping to convert Node binding index to port range.
    * @return a sequence of tuple of mapping, the item in each a tuple of:
    *           - index: the index of connected [[OutwardNode]]
    *           - element: port range of connected [[OutwardNode]]
    */
protected[diplomacy] val iPortMapping: Seq[(Int, Int)]          //绑定序号与本节点上连接端口号的对应
   /** "Forward" an input connection through this node so that the node can be removed from the graph.
    * @return None if no forwarding is needing.
    */
protected[diplomacy] def iForward(x: Int): Option[(Int, InwardNode[DI, UI, BI])] = None
 //本节点是否可以从拓扑图中消去
   /** Downward-flowing inward parameters.
    * Generated from the nodes connected to the inward side of this node and sent downstream to this node.
    */
protected[diplomacy] val diParams: Seq[DI]  //来自对方的下行参数（对方是Source，是Master一方）

  /** Upward-flowing inward parameters.
   * Generated by this node and sent upstream to the nodes connected to the inward side of this node.
   */
protected[diplomacy] val uiParams: Seq[UI]       //由本节点产生，去向对方的上行参数（对方是Master一方）

  /** Create a binding from this node to an [[OutwardNode]].
   * @param h           The [[OutwardNode]] to bind to.
   * @param binding [[NodeBinding]] the type of binding.
   */
```

```
  protected[diplomacy] def bind(h: OutwardNode[DI, UI, BI], binding: NodeBinding)
                                    (implicit p: Parameters, sourceInfo: SourceInfo): Unit    //抽象函数
}    //end trait InwardNode
```

与 trait InwardNode 相对称的是 trait OutwardNode，里面的内容也是互相对称。例如在 trait InwardNode 中有个 ListBuffer 叫 accPI，用来将对方节点推入这个序列的函数是 iPush()；而 trait OutwardNode 中的 ListBuffer 则是 accPO，用来将对方节点推入这个队列的函数是 oPush()：

```
/** A Node that defines outward behavior, meaning that it can have edges coming out of it. */
trait OutwardNode[DO, UO, BO <: Data] extends BaseNode {
    /** Accumulates output connections. */
  private val accPO = ListBuffer[(Int, InwardNode [DO, UO, BO], NodeBinding, Parameters, SourceInfo)]()
   //一个序列，用来累积绑定至本节点的对方节点（必为有内向面的节点，在绑定中处于Sink地位）。
    /** Initially set to `true`, this is set to false once [[oBindings]] is referenced. */
  private var oRealized = false
    /** @return debug information of [[oBindings]]. */
  def oBindingInfo: String = s"""${oBindings.size} outward nodes bound:
                              [${oBindings.map(n => s"${n._3}-${n._2.name}").mkString(",")}]"""
    /** The accumulated number of output connections of this node. */
  protected[diplomacy] def oPushed: Int = accPO.size       //返回序列accPO的当前长度
    /** Accumulate an output connection.
      *
      * Can only be called before [[oBindings]] is accessed.
      *
      * @param index     Index of this [[OutwardNode]] in that [[InwardNode]].
      * @param node      [[InwardNode]] to bind to.
      * @param binding Binding type.
      */
  protected[diplomacy] def oPush(index: Int, node: InwardNode [DO, UO, BO], binding: NodeBinding)
                                      (implicit p: Parameters, sourceInfo: SourceInfo): Unit = {
                  //将一个绑定至本节点的对方节点（必为有内向面的节点）加入到accPO序列中
    val info = sourceLine(sourceInfo, " at ", "")
    require (!oRealized,
      s"""Diplomacy has detected a problem in your code: …""".stripMargin)
    accPO += ((index, node, binding, p, sourceInfo))
  }

    /** Ends the binding accumulation stage and returns all the output bindings to this node.
     * Evaluating this lazy val will mark the outward bindings as frozen,
     * preventing subsequent bindings from being created via [[oPush]].
     *
     * The bindings are each a tuple of:
     * - numeric index of this binding in the other end of [[InwardNode]].
     * - [[InwardNode]] on the other end of this binding
     * - [[NodeBinding]] describing the type of binding
     * - A view of [[Parameters]] where the binding occurred.
```

```
   * - [[SourceInfo]] for source-level error reporting
   */
  protected[diplomacy] lazy val oBindings: Seq[(Int, InwardNode[DO, UO, BO], NodeBinding,
      Parameters, SourceInfo)] = { oRealized = true; accPO.result() }
                                                          //结束accPO序列的积累并返回其内容

  /** resolved [[BIND_STAR]] binding of outward nodes: how many connections the star represents. */
  protected[diplomacy] val oStar: Int                     //表明本节点的所有绑定中有几个是BIND_STAR绑定

  /** A mapping to convert Node binding index to port range.
   * @return a sequence of tuple of mapping, the item in each a tuple of:
   *          - index: the index of connected [[InwardNode]]
   *          - element: port range of connected [[InwardNode]]
   */
  protected[diplomacy] val oPortMapping: Seq[(Int, Int)]                //绑定序号与本节点上连接端口号的对应

  /** "Forward" an output connection through this node so that the node can be removed from the graph.
   * @return None if no forwarding is needed.
   */
  protected[diplomacy] def oForward(x: Int): Option[(Int, OutwardNode[DO, UO, BO])] = None
  //能否将本节点从拓扑图中消去
  /** Upward-flowing outward parameters.
   * Generated from the nodes connected to the outward side of this node and sent upstream to this node.
   */
  protected[diplomacy] val uoParams: Seq[UO]        //由对方产生，来自对方上传的参数（对方是Sink，是Slave一方）
                                                    //本节点是Master节点，对方是Slave，这是来自Slave节点的回应和反馈。

  /** Downward-flowing outward parameters.
   * Generated by this node and sent downstream to the nodes connected to the outward side of this node.
   */
  protected[diplomacy] val doParams: Seq[DO]        //由本节点输出，去向对方的下行参数（对方是Sink，是Slave一方）
}   //end trait OutwardNode
```

显然 InwardNode 和 OutwardNode 这两个 trait 中所申明或定义的函数是互补的，两个 trait 中不会有相同的函数。

这里要说明一下，所谓输入或输出，Slave 或 Master，指的都只是参数协调，而不是节点间的信号流通。但是绑定中蕴含着物理连接。假定在某个 LazyModule 的 Diplomacy 阶段有个绑定语句“A := B”，那就意味着 A 和 B 之间有参数绑定并有物理连接，但只是说把 B 的输出绑定到 A 的输入，B 在参数协调中就是主节点。但是这并不说明两个节点间物理连接上的信号流通也必然是从 B 到 A，这要看模块中的具体实现。

有了这两个 trait 之后，我们再看抽象类 MixedNode（这就不是 trait 了），这个抽象类同时继承了这两个 trait，还继承了前面的 trait NodeHandle。不过这个抽象类的“直系”生父却是 BaseNode。前面所做的所有准备和铺垫都在这儿汇聚在一起了。事实上，只有继承和具体化了 MixedNode 的对象才能展开与其它节点的参数协调，所以协调拓扑图中的所有节点都将是 MixedNode 的子孙（从而也都是 MixedNode）。后面我们将看到的 Node，无论 SourceNode、SinkNode、MixedAdapterNode、MixedNexusNode、MixedJunctionNode，都是它的子类。至于更加具体化的节点类型，例如 ICache、DCache、AXI4RAM，就更是它的几世孙了。

抽象类 MixedNode 的体积不小，在这里只能以摘要的方式作一简要的介绍，读者欲知更深入的详情需要自己去看，其代码在 rocket-chip-master/src/main/scala/diplomacy/Nodes.scala 中：

```
sealed abstract class MixedNode[DI, UI, EI, BI <: Data, DO, UO, EO, BO <: Data](
    val inner: InwardNodeImp [DI, UI, EI, BI],
    val outer: OutwardNodeImp[DO, UO, EO, BO])(implicit valName: ValName)
                    extends BaseNode with NodeHandle[DI, UI, EI, BI, DO, UO, EO, BO]
      with InwardNode[DI, UI, BI] with OutwardNode[DO, UO, BO] {
    // Generate a [[NodeHandle]] with inward and outward node are both this node.
  val inward = this
  val outward = this

    /** For a given node, converts [[OutwardNode.accPO]] and [[InwardNode.accPI]]
     * to [[MixedNode.oPortMapping]] and [[MixedNode.iPortMapping]].
     * Given counts of known inward and outward binding and inward and outward star bindings, return the
     * resolved inward stars and outward stars.
     * This method will also validate the arguments and throw a runtime error if the values are unsuitable for
     * this type of node.
     * @param iKnown Number of known-size ([[BIND_ONCE]]) input bindings.
     * @param oKnown Number of known-size ([[BIND_ONCE]]) output bindings.
     * @param iStar    Number of unknown size ([[BIND_STAR]]) input bindings.
     * @param oStar    Number of unknown size ([[BIND_STAR]]) output bindings.
     * @return A Tuple of the resolved number of input and output connections.
     */
  protected[diplomacy] def resolveStar (iKnown: Int, oKnown: Int, iStar: Int, oStar: Int): (Int, Int)    //抽象函数
                                                    //对于 BIND_STAR 的绑定需要通过这个函数加以解决

    /** Function to generate downward-flowing outward params from the downward-flowing input params and
     * the current output ports.
     * @param n The size of the output sequence to generate.
     * @param p Sequence of downward-flowing input parameters of this node.
     * @return A `n`-sized sequence of downward-flowing output edge parameters.
     */
  protected[diplomacy] def mapParamsD(n: Int, p: Seq[DI]): Seq[DO]      //抽象函数，由具体子类加以落实。
                                  //把来自上游节点的参数 DI 转换成去往下游节点的参数 DO。

    /** Function to generate upward-flowing input parameters from the upward-flowing output parameters [[uiParams]].
     * @param n Size of the output sequence.
     * @param p Upward-flowing output edge parameters.
     * @return A n-sized sequence of upward-flowing input edge parameters.
     */
  protected[diplomacy] def mapParamsU(n: Int, p: Seq[UO]): Seq[UI]      //抽象函数，由具体子类加以落实。
                                  //把来自下游节点的参数 UO 转换成去往上游节点的参数 UI。

    /** @return The sink cardinality of the node, the number of outputs bound with [[BIND_QUERY]] summed
     * with inputs bound with [[BIND_STAR]]. */
```

```
protected[diplomacy] lazy val sinkCard: Int = oBindings.count(_._3 == BIND_QUERY) + iBindings.count(_._3 == BIND_STAR)

  /** @return The source cardinality of this node, the number of inputs bound with [[BIND_QUERY]] summed
   * with the number of output bindings bound with [[BIND_STAR]]. */
protected[diplomacy] lazy val sourceCard: Int =
                              iBindings.count(_._3 == BIND_QUERY) + oBindings.count(_._3 == BIND_STAR)

  /** @return list of nodes involved in flex bindings with this node. */
protected[diplomacy] lazy val flexes: Seq[BaseNode] =
 oBindings.filter(_._3 == BIND_FLEX).map(_._2) ++ iBindings.filter(_._3 == BIND_FLEX).map(_._2)

  /** Resolves the flex to be either source or sink and returns the offset where the [[BIND_STAR]] operators
   * begin greedily taking up the remaining connections.
   * @return A value >= 0 if it is sink cardinality, a negative value for source cardinality. The magnitude of the
   * return value is not relevant.
   */
protected[diplomacy] lazy val flexOffset: Int = {      //确定本节点在其所有连接的集合中净的作用究竟是 Source 还是 Sink
  /** Recursively performs a depth-first search of the [[flexes]], [[BaseNode]]s connected to this node with flex operators.
    * The algorithm bottoms out when we either get to a node we have already visited or when we get to a connection that is not
    * a flex and can set the direction for us. Otherwise, recurse by visiting the `flexes` of each node in the current set
    * and decide whether they should be added to the set or not.
    * @return the mapping of [[BaseNode]] indexed by their serial numbers.
    */
  def DFS(v: BaseNode, visited: Map[Int, BaseNode]): Map[Int, BaseNode] = {      //DFS 意为 Depth-First Search。
    if (visited.contains(v.serial) || !v.flexibleArityDirection) {
      visited
    } else {
      v.flexes.foldLeft(visited + (v.serial -> v))((sum, n) => DFS(n, sum))
    }
  }  //end DFS()

  /** Determine which [[BaseNode]] are involved in resolving the flex connections to/from this node.
    * @example
    * {{{
    *          a :*=* b :*=* c          //涉及节点 a,b,c 的 BIND_FLEX 绑定，所以这个 flexSet 是 Set(a, b, c)。
    *          d :*=* b                 //节点 d 与 b 也 BIND_FLEX 绑定，所以 d 也属于这个 flexSet。
    *          e :*=* f                 //节点 e 和 f 构成另一个 flexSet。
    * }}}
    * `flexSet` for `a`, `b`, `c`, or `d` will be `Set(a, b, c, d)`
    * `flexSet` for `e` or `f` will be `Set(e,f)`
    */
  val flexSet = DFS(this, Map()).values              //本节点所在的 flexSet

   /** The total number of :*= operators where we're on the left. */
  val allSink = flexSet.map(_.sinkCard).sum        //本节点在这个 flexSet 中充当了几次 Sink
```

```
    /** The total number of :=* operators used when we're on the right. */
  val allSource = flexSet.map(_.sourceCard).sum          //本节点在这个 flexSet 中充当了几次 Source

   //以上都是函数定义，val flexOffset 的代码从这里开始：
  require (allSink == 0 || allSource == 0, s"The nodes ${flexSet.map(_.name)} which are
  inter-connected by :*=* have ${allSink} :*= operators and ${allSource} :=* operators
  connected to them, making it impossible to determine cardinality inference direction.")
  allSink – allSource                    // val flexOffset 的代码实质上就是这么一行，求的是两个集合大小的差。
}  //end lazy val flexOffset

  /** @return A value >= 0 if it is sink cardinality, a negative value for source cardinality. */          //见此注释
protected[diplomacy] def edgeArityDirection(n: BaseNode): Int = {
  if (flexibleArityDirection) flexOffset else if (n.flexibleArityDirection) n.flexOffset else 0
        //flexibleArityDirection()定义于抽象类 BaseNode，返回 false；但在 MixedAdapterNode 中覆盖成 true。
}

  /** For a node which is connected between two nodes, select the one that will influence the direction of the flex resolution. */
protected[diplomacy] def edgeAritySelect(n: BaseNode, l: => Int, r: => Int): Int = {
  val dir = edgeArityDirection(n)
  if (dir < 0) l else if (dir > 0) r else 1
}

  /** Ensure that the same node is not visited twice in resolving `:*=`, etc operators. */
private var starCycleGuard = false                        //确保在落实 BIND_STAR 后仍是有向无环

  /** Resolve all the star operators into concrete indicies.
  * As connections are being made, some may be "star" connections which need to be resolved.
  * In some way to determine how many actual edges they correspond to.
  * We also need to build up the ranges of edges which correspond to each binding operator, so that
  * We can apply the correct edge parameters and later build up correct bundle connections.
  *
  * [[oPortMapping]]: `Seq[(Int, Int)]` where each item is the range of edges corresponding to that oPort (binding operator).
  * [[iPortMapping]]: `Seq[(Int, Int)]` where each item is the range of edges corresponding to that iPort (binding operator).
  * [[oStar]]: `Int` the value to return for this node `N` for any `N :*= foo` or `N :*=* foo :*= bar`
  * [[iStar]]: `Int` the value to return for this node `N` for any `foo :=* N` or `bar :=* foo :*=* N`
  */
protected[diplomacy] lazy val (oPortMapping: Seq[(Int, Int)], iPortMapping: Seq[(Int, Int)], oStar: Int, iStar: Int) = {
                          //这是对 oPortMapping 等 4 个 val 的“赋值”，我们主要关心 oPortMapping/iPortMapping。
  try {
    if (starCycleGuard) throw StarCycleException()
    starCycleGuard = true
    // For a given node N...
    // Number of foo :=* N
    // + Number of bar :=* foo :*=* N
    val oStars = oBindings.count { case (_,n,b,_,_) =>
                              b == BIND_STAR || (b == BIND_FLEX && edgeArityDirection(n) < 0) }
```

```
    //     Number of N :*= foo
    // + Number of N :*=* foo :*= bar
    val iStars = iBindings.count { case (_,n,b,_,_) =>
                                  b == BIND_STAR || (b == BIND_FLEX && edgeArityDirection(n) > 0) }
    //     1            for foo := N
    // + bar.iStar for bar :*= foo :*=* N
    // + foo.iStar for foo :*= N
    // + 0          for foo :=* N
    val oKnown = oBindings.map { case (_, n, b, _, _) => b match {
      case BIND_ONCE   => 1
      case BIND_FLEX   => edgeAritySelect(n, 0, n.iStar)
      case BIND_QUERY => n.iStar
      case BIND_STAR   => 0 }}.sum
    //     1          for N := foo
    // + bar.oStar for N :*=* foo :=* bar
    // + foo.oStar for N :=* foo
    // + 0          for N :*= foo
    val iKnown = iBindings.map { case (_, n, b, _, _) => b match {
      case BIND_ONCE   => 1
      case BIND_FLEX   => edgeAritySelect(n, n.oStar, 0)
      case BIND_QUERY => n.oStar
      case BIND_STAR   => 0 }}.sum
    // Resolve star depends on the node subclass to implement the algorithm for this.
    val (iStar, oStar) = resolveStar(iKnown, oKnown, iStars, oStars)          //函数 resolveStar()在不同的 Node 中有不同定义
    // Cumulative list of resolved outward binding range starting points
    val oSum = oBindings.map { case (_, n, b, _, _) => b match {    //val oBindings 定义于 trait OutwardNode
                                                                    //这里的 n 表示 InwardNode，b 表示 NodeBinding：
      case BIND_ONCE   => 1
      case BIND_FLEX   => edgeAritySelect(n, oStar, n.iStar)
      case BIND_QUERY => n.iStar
      case BIND_STAR   => oStar }}.scanLeft(0)(_+_)
    // Cumulative list of resolved inward binding range starting points
    val iSum = iBindings.map { case (_, n, b, _, _) => b match {    //val iBindings 定义于  trait InwardNode
                                                                    //这里的 n 表示 OutwardNode，b 表示 NodeBinding：
      case BIND_ONCE   => 1
      case BIND_FLEX   => edgeAritySelect(n, n.oStar, iStar)
      case BIND_QUERY => n.oStar
      case BIND_STAR   => iStar }}.scanLeft(0)(_+_)
    // Create ranges for each binding based on the running sums and return those along with resolved values for the star operations.
    (oSum.init zip oSum.tail, iSum.init zip iSum.tail, oStar, iStar)
            //返回值 oSum.init zip oSum.tail 就是 oPortMapping，iSum.init zip iSum.tail 就是 iPortMapping。
  } catch {
    case c: StarCycleException => throw c.copy(loop = context +: c.loop)
  }
} //end lazy val (oPortMapping: Seq[(Int, Int)], …)
```

```
/** Sequence of inward ports.
  * This should be called after all star bindings are resolved. Each element is:
  * `j` Port index of this binding in the Node's [[oPortMapping]] on the other side of the binding.
  * `n` Instance of inward node.
  * `p` View of [[Parameters]] where this connection was made.
  * `s` Source info where this connection was made in the source code.
  */
protected[diplomacy] lazy val oDirectPorts: Seq[(Int, InwardNode[DO, UO, BO], Parameters, SourceInfo)] =
                    oBindings.flatMap { case (i, n, _, p, s) =>
                      // for each binding operator in this node, look at what it connects to
                      val (start, end) = n.iPortMapping(i)
                      (start until end) map { j => (j, n, p, s) }
                    }
/** Sequence of outward ports.
  * This should be called after all star bindings are resolved.
  * `j` Port index of this binding in the Node's [[oPortMapping]] on the other side of the binding.
  * `n` Instance of outward node.
  * `p` View of [[Parameters]] where this connection was made.
  * `s` [[SourceInfo]] where this connection was made in the source code.
  */
protected[diplomacy] lazy val iDirectPorts: Seq[(Int, OutwardNode[DI, UI, BI], Parameters, SourceInfo)] =
      iBindings.flatMap { case (i, n, _, p, s) =>
                      // query this port index range of this node in the other side of node.
                      val (start, end) = n.oPortMapping(i)
                      (start until end) map { j => (j, n, p, s) }
                    }
// Ephemeral nodes ( which have non-None iForward/oForward) have in_degree = out_degree
// Thus, there must exist an Eulerian path and the below algorithms terminate
@scala.annotation.tailrec
private def oTrace(tuple: (Int, InwardNode[DO, UO, BO], Parameters, SourceInfo))
  : (Int, InwardNode[DO, UO, BO], Parameters, SourceInfo) =
  tuple match { case (i, n, p, s) => n.iForward(i) match {
    case None => (i, n, p, s)
    case Some ((j, m)) => oTrace((j, m, p, s))
  } }

@scala.annotation.tailrec
private def iTrace(tuple: (Int, OutwardNode[DI, UI, BI], Parameters, SourceInfo))
                    : (Int, OutwardNode[DI, UI, BI], Parameters, SourceInfo) =
  tuple match { case (i, n, p, s) => n.oForward(i) match {
    case None => (i, n, p, s)
    case Some ((j, m)) => iTrace((j, m, p, s))
  } }

/** Final output ports after all stars and port forwarding (e.g. [[EphemeralNode]]s) have been resolved.
  *
```

```
    * Each Port is a tuple of:
    * - Numeric index of this binding in the [[InwardNode]] on the other end.
    * - [[InwardNode]] on the other end of this binding.
    * - A view of [[Parameters]] where the binding occurred.
    * - [[SourceInfo]] for source-level error reporting.
    */
lazy val oPorts: Seq[(Int, InwardNode[DO, UO, BO], Parameters, SourceInfo)] = oDirectPorts.map(oTrace)
                //一个输出端口 oPort，就是去向一个 InwardNode 的输出边的端点，见下面 uoParams。

/** Final input ports after all stars and port forwarding (e.g. [[EphemeralNode]]s) have been resolved.
    *
    *   Each Port is a tuple of:
    * - numeric index of this binding in [[OutwardNode]] on the other end.
    * - [[OutwardNode]] on the other end of this binding.
    * - a view of [[Parameters]] where the binding occurred.
    * - [[SourceInfo]] for source-level error reporting.
    */
lazy val iPorts: Seq[(Int, OutwardNode[DI, UI, BI], Parameters, SourceInfo)] = iDirectPorts.map(iTrace)
                //一个输入端口 iPort，就是来自一个 OutwardNode 的输入边的端点，见下面 diParams。
private var oParamsCycleGuard = false
protected[diplomacy] lazy val diParams: Seq[DI] = iPorts.map { case (i, n, _, _) => n.doParams(i) }      //DI 参数的来源
          //iPorts 是个四元组的序列，四元组的第一个元素 i 是序号，n 是个 OutwardNode，即对方节点。
          //对方节点上的 doParam 就是本节点的 diParam，所以本节点的 diParams 是个 Seq[DI]。
protected[diplomacy] lazy val doParams: Seq[DO] = {                                              //DO 参数的产生
  try {
    if (oParamsCycleGuard) throw DownwardCycleException()
    oParamsCycleGuard = true
    val o = mapParamsD(oPorts.size, diParams)   //调用链：danglesIn() > bundleIn > edgesIn > doParams
          //mapParamsD()来自作为参数给定的 dFn()，返回类型是 Seq[DO]，所以 o 的类型就是 Seq[DO]
    require (o.size == oPorts.size, s"""Diplomacy has detected a problem with your graph: …""".stripMargin)
    o.map(outer.mixO(_, this))  //mixO()的定义是 def mixO(pd: DO, node: OutwardNode[DO, UO, BO]): DO
          //这里 this 就是本节点，所以 doParams 序列中的每个 DO 就是由来自输入端的 DI 经 dFn()转换，
          //然后再与本节点上参数混合后的产物。
  } catch {
    case c: DownwardCycleException => throw c.copy(loop = context +: c.loop)
  }
}
private var iParamsCycleGuard = false
protected[diplomacy] lazy val uoParams: Seq[UO] = oPorts.map { case (o, n, _, _) => n.uiParams(o) }  //UO 参数的来源
                    //对方节点上的 uiParam 就是本节点的 uoParam，所以本节点的 uoParams 是个 Seq[UO]。

protected[diplomacy] lazy val uiParams: Seq[UI] = {                              //UI 参数的产生：
  try {
    if (iParamsCycleGuard) throw UpwardCycleException()
    iParamsCycleGuard = true
    val i = mapParamsU(iPorts.size, uoParams)   //调用链：danglesOut() > bundleOut > edgesOut > uiParams()
```

```
            //mapParamsU()来自作为参数给定的 uFn()，返回类型是 Seq[UI]，所以 i 的类型就是 Seq[UI]
    require (i.size == iPorts.size, s"""Diplomacy has detected a problem with your graph: …""".stripMargin)
    i.map(inner.mixI(_, this))   //mixI()的定义是 def mixI(pu: UI, node: InwardNode[DI, UI, BI]): UI
            //这里 this 就是本节点，所以 uiParams 序列中的每个 UI 就是由来自输出端的 UO 经 uFn()转换，
            //然后再与本节点上参数混合后的产物。
  } catch {
    case c: UpwardCycleException => throw c.copy(loop = context +: c.loop)
  }
}

/** Outward edge parameters. */
protected[diplomacy] lazy val edgesOut: Seq[EO] =          //每个输出端口连同其参数集合就构成一条输出边
                    (oPorts zip doParams).map { case ((i, n, p, s), o) => outer.edgeO(o, n.uiParams(i), p, s) }

/** Inward edge parameters. */
protected[diplomacy] lazy val edgesIn: Seq[EI] =              //每个输入端口连同其参数集合就构成一条输入边
                    (iPorts zip uiParams).map { case ((o, n, p, s), i) => inner.edgeI(n.doParams(o), i, p, s) }
/** A tuple of the input edge parameters and output edge parameters for the edges bound to this node.
  * If you need to access to the edges of a foreign Node, use this method (in/out create bundles).
  */
lazy val edges: Edges[EI, EO] = Edges(edgesIn, edgesOut)    //将 edgesIn 和 edgesOut 组装在一个 Edges 对象中

// These need to be chisel3.Wire because Chisel.Wire assigns Reset to a default value of Bool,
// and FIRRTL will not allow a Reset assigned to Bool to later be assigned to AsyncReset.
// If the diplomatic Bundle contains Resets this will hamstring them into synchronous resets.
// The jury is still out on whether the lack of ability to override the reset type
// is a Chisel/firrtl bug or whether this should be supported, but as of today it does not work to do so.

/** Create actual Wires corresponding to the Bundles parameterized by the outward edges of this node. */
protected[diplomacy] lazy val bundleOut: Seq[BO] = edgesOut.map(e => chisel3.Wire(outer.bundleO(e)))
                                                    //每个外向边对应着一个输出 Bundle
/** Create actual Wires corresponding to the Bundles parameterized by the inward edges of this node. */
protected[diplomacy] lazy val bundleIn:   Seq[BI] = edgesIn .map(e => chisel3.Wire(inner.bundleI(e)))
                                                    //每个内向边对应着一个输入 Bundle
/** Create the [[Dangle]]s which describe the connections from this node output to other nodes inputs. */
protected[diplomacy] def danglesOut: Seq[Dangle] = oPorts.zipWithIndex.map { case ((j, n, _, _), i) =>
  Dangle(              //Dangle 是尚不能为之建立物理连接的绑定，这样的边只能是半截的 HalfEdge：
    source = HalfEdge(serial, i),                //本节点是 Source，i 和 j 均为节点序号。
    sink = HalfEdge(n.serial, j),                //对方节点是 Sink
    flipped = false,                             //这是个 Dangle-Out
    name = wirePrefix + "out",
    data = bundleOut(i))          //source 这一端的参数协调过程就隐藏在对 bundleOut()的调用里。
}
/** Create the [[Dangle]]s which describe the connections from this node input from other nodes outputs. */
protected[diplomacy] def danglesIn: Seq[Dangle] = iPorts.zipWithIndex.map { case ((j, n, _, _), i) =>
```

```
    Dangle(
      source = HalfEdge(n.serial, j),                //对方节点是 Source
      sink = HalfEdge(serial, i),                    //本节点是 Sink，i 和 j 均为节点序号。
      flipped = true,                                //这是个 Dangle-In
      name = wirePrefix + "in",
      data = bundleIn(i))             //sink 这一端的参数协调过程就隐藏在对 bundleIn()的调用里。
}

private[diplomacy] var instantiated = false   //初始化时尚未 instantiate，等待函数 instantiate()被调用。

/** Gather Bundle and edge parameters of outward ports.
  * Accessors to the result of negotiation to be used within
  * [[LazyModuleImp]] Code. Should only be used within [[LazyModuleImp]] code or after its instantiation has completed.
  */
def out: Seq[(BO, EO)] = {                           //获取本节点上输出 Bundle 和外向边配对所成二元组的序列
  require(instantiated, s"$name.out should not be called until after instantiation of its parent LazyModule.module has begun")
  bundleOut zip edgesOut
}

/** Gather Bundle and edge parameters of inward ports.
  * Accessors to the result of negotiation to be used within
  * [[LazyModuleImp]] Code. Should only be used within [[LazyModuleImp]] code or after its instantiation has completed.
  */
def in: Seq[(BI, EI)] = {                            //获取本节点上输入 Bundle 和内向边配对所成二元组的序列
  require(instantiated, s"$name.in should not be called until after instantiation of its parent LazyModule.module has begun")
  bundleIn zip edgesIn
}
   //设 node 是个节点，则 node.in 返回该节点所有的输入 Bundle 和与之配对的 Edge；
   //                  node.out 返回该节点所有的输出 Bundle 和与之配对的 Edge。
   //有些节点的输入 Bundle 与输出 Bundle 数量相同，有些则不同。

/** Actually instantiate this node during [[LazyModuleImp]] evaluation.
  * Mark that it's safe to use the Bundle wires, instantiate monitors on all input ports if appropriate,
  * and return all the dangles of this node.
  */
protected[diplomacy] def instantiate(): Seq[Dangle] = {   //在 trait LazyModuleImpLike 的 instantiate()函数中被调用
  instantiated = true                        //表示已经经过了 instantiate()即参数协调
  if (!circuitIdentity) {
    (iPorts zip in) foreach {
      case ((_, _, p, _), (b, e)) => if (p(MonitorsEnabled)) inner.monitor(b, e)
  } }
  danglesOut ++ danglesIn        //把调用 danglesOut()和 danglesIn()所返回的序列接合在一起
      //danglesOut()和 danglesIn()的代码见上，二者的调用路径都很深，参数协调就是在这里面实现的，见后述。
}
```

```
/** Connects the outward part of a node with the inward part of this node. */
protected[diplomacy] def bind (h: OutwardNode[DI, UI, BI], binding: NodeBinding)
                                     (implicit p: Parameters, sourceInfo: SourceInfo): Unit = {
  val x = this        // x := y               //本节点就是在:=左边的节点 x，也是:=操作的提供者和发起者，是 Sink。
  val y = h                                   //y 是在:=右边的节点，是操作的对方，是 Source。
  val info = sourceLine(sourceInfo, " at ", "")
  val i = x.iPushed                           // i 是本节点上 accPI 集合当前的大小。
  val o = y.oPushed                           // o 是对方节点上 accPO 集合当前的大小。
  y.oPush(i, x, binding match {        //这是在对方节点 y 上的操作：
                                       //将本节点 x 添加到对方节点 y 的 accPO 队列中，但是要对 binding 作些修改：
    case BIND_ONCE => BIND_ONCE            //一对一的连接，两边都是一样。
    case BIND_FLEX => BIND_FLEX            //符号=的两边都带*，所以也是两边都一样。
    case BIND_STAR => BIND_QUERY           //把 BIND_STAR 改成 BIND_QUERY（因为*号在对边）
    case BIND_QUERY => BIND_STAR           //把 BIND_QUERY 改成 BIND_STAR（因*号在自己这边）
  })
  x.iPush(o, y, binding)    //将对方节点 y 添加到本节点的 accPI 队列中
}   //end bind()            //这才是真正的 bind()，通过双方的 accPI 和 accPO 互相指向对方。

/* Metadata for printing the node graph. */
def inputs: Seq[(OutwardNode[DI, UI, BI], RenderedEdge)] = (iPorts zip edgesIn) map { case ((_, n, p, _), e) =>
  val re = inner.render(e)
  (n, re.copy(flipped = re.flipped != p(RenderFlipped)))
}
/** Metadata for printing the node graph */
def outputs: Seq[(InwardNode[DO, UO, BO], RenderedEdge)] = oPorts map { case (i, n, _, _) => (n, n.inputs(i)._2) }
}   //end abstract class MixedNode
```

可见 MixedNode 是相当复杂的，其作用和机理不是三言两语就能说清，不过作者在代码中加了不少注释，相信读者能够读懂。MixedNode 是所有功能节点的基础，别的节点类型都是由此派生出来的：

- MixedNode: 其 inward 和 outward 两个方向上的端口数量可以不同，二者之间（MixedNode 所在的模块）应该存在着某种规程转换。在此基础上派生出 MixedCustomNode，供用户在此基础上自定义节点类型。
- MixedAdapterNode: 其 inward 和 outward 两个方向上的端口数量相等。拿火车因铁轨宽度不等而进行的转轨打个比方，进去和出来都是一条铁路，但宽度不同了。这就是“适配”。在此基础上又派生出 AdapterNode，区别是 AdapterNode 把两个类型分别为 InwardNodeImp 和 OutwardNodeImp 的参数 inner 和 outer 换成一个，类型为 NodeImp，这意味着输入和输出完全一样。
- MixedNexusNode: 其 inward 和 outward 两个方向上的端口数量预先并不确定，可多可少，视情况而定。从中又派生出 NexusNode，理由与 AdapterNode 相同。
- IdentityNode: 是对 AdapterNode 的扩充，把输入原封不动搬到输出，所以 IdentityNode 所代表的模块不干任何事，只是占个位。
- SourceNode: 没有输入，只有输出。
- SinkNode: 没有输出，只有输入。
- MixedJunctionNode: 其输入和输出的数量有个固定的比例，实际上起着会聚的作用。在此基础上派生出 JunctionNode，理由与 AdapterNode 相同。
- EphemeralNode: 这是对 AdapterNode 的扩充，用于临时存在的节点。

其中使用最多的是 AdapterNode 和 NexusNode，还有 SourceNode 和 SinkNode，别的都少见。但是，不管是哪一种 Node，终究都是从 MixedNode 而来，所以都从 MixedNode 继承了上述的所有结构成分和函数，所以最终每种节点的绑定和参数协调的过程与方法都大同小异，不同的倒是具体模块的内部实现。

从总体上看，这里面最重要的函数有两个，一个是 bind()，另一个是 instantiate()。

首先，前面一直悬而未决的 bind()函数在这里得到了落实。所谓绑定，即 bind，其实就是把两个节点的 accPI 和 accPO 挂上钩。具体就是把对方 y 加到自己的 accPI 集合中，把自己即 x 加到对方的 accPO 集合中。对于一个具体的节点，其 accPI 集合中都是作为 Source 为自己提供参数值的节点，对方是主节点，本节点是从节点；而 accPO 集合中则是作为 Sink 接受对方节点所提供参数值的节点。绑定操作的发起者总是在绑定符左边的那个节点，所以本节点 x 是从节点，对方 y 是主节点。从概念上说，两个节点的绑定是通过“边”即 Edge 实现的，是将连接符:=右边节点的一个输出边与左边节点输入边对接，所以右边节点是 Source 而左边节点是 Sink。这样，一个节点有几个绑定就有几个输入边或输出边，边的数量取决于绑定的数量。每一个节点最终都有一组输入边的集合即 edgesIn，和一组输出边的集合即 edgesOut。概念上的“边”，在物理上的体现就是 Bundle，所以有几个输入边就有几个 bundleIn，有几个输出边就有几个 bundleOut。Bundle 的两端就是“端口”即 Port，所以物理上又有 iPorts 和 oPorts 这两个集合。一个输入端口 iPort，就是来自一个 OutwardNode 的输入边/输入 Bundle 的（在本节点内的）端点。同样，一个输出端口 oPort，就是去向一个 InwardNode 的输出边/输出 Bundle 的端点。

显然，bind()才是实质性的操作，前面各种绑定符的定义和使用只是让对于 bind()的调用更加方便和直观。

这里还有个问题，要是 bind()的时候对方模块尚未创建怎么办？确实，要在两个模块之间进行绑定，必须等这两个模块都已被创建出来。所以，一般都是在一个模块中创建若干子模块，然后就由这个模块对子模块之间进行绑定。但是这也不绝对，有可能它的一个子模块确实需要与在其外部的某个模块有连接和绑定，如下图所示：

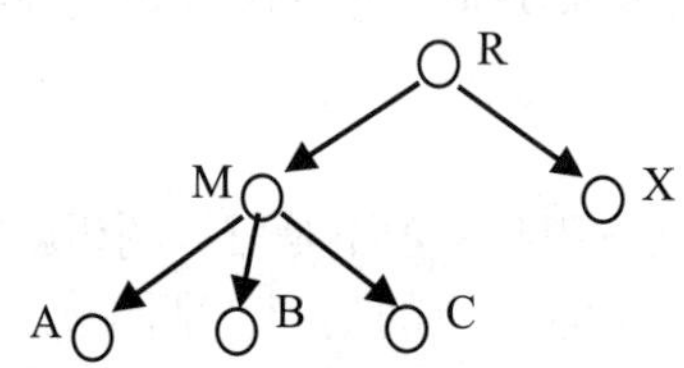

这里所表示的是一个以模块 R 为根的子树，模块 R 创建了子模块 M 和 X，M 又创建了它自己的子模块 A、B、C。然后在模块 M 内部把 A 和 B 绑定起来。这很简单，如果 A 和 B 内部都只有一个节点就只要说“A:=B”就行。可是如果模块 C 需要和模块 X 有连接，这就有问题了。首先 M 在创建了 C 这个子模块的时候 R 未必已经创建 X。因为创建模块的过程也是深度优先的，创建模块 M 的时候要对其进行初始化，它的三个子模块就是在其初始化的过程中所创建。其次，更重要的是，在模块 M 内部是无法访问和引用模块 X 的，Scala 语言不支持全局量的使用，模块 X 不在模块 M 的辖域之内。所以，要把 C 和 X 绑定在一起，就得上升到模块 R 的辖域，在那里可以通过例如“M.C:=X”这样的方式把两边绑定起来。这样的情景还可以往上推，一直可以推到根节点。总之，被绑定的双方必须处于同一个辖域。至于实际的物理连接，那也是一样

对于一个具体的节点而言，对函数 bind()的调用只是说明了需要与哪些节点有电路连接，从而需要进行参数协调，一个绑定就是一条边，一个 Bundle。所以，调用了所有节点的所有各条边上的 bind()函数之后就建立起了参数协调拓扑图。但是至此尚未进行实际的参数协调，实际的参数协调要到有了完整的协调拓扑图，对图中的每个节点逐一加以具体实现即“实例化”（instantiate）的时候才进行。Node 本来就是概念上的，就是为参数协调而设计出来的；而参数协调是个分两步走的过程，完成互相绑定只是第一步；实际的、具体的参数协调，即其具体实现，则要到各个节点的 instantiate()函数被调用的时候。

另一个函数就是 instantiate()。这个函数是在完整的结构拓扑图和参数协调拓扑图已经建立之后，对整个结构拓扑图/协调拓扑图进行遍历的时候才得到调用。当一个节点的 instantiate()受到调用的时候，其 danglesIn()和 danglesOut()这两个函数就会得到引用。这样，以 danglesIn()为例，就会辗转调用函数 mapParamsU()，从而 uFn()，实际执行与上游节点的参数协调。而 danglesOut()，则会辗转调用函数 mapParamsD，从而 dFn()，实际执行与下游节点的参数协调。

函数 instantiate()的返回值就是 danglesOut++danglesIn，就是把这两种 Dangle 对象的序列接合成一个汇总的 Dangle 对象的序列。每个 Dangle 对象描述了本节点对外的一个物理连接，即 Bundle，其类型定义如下：

```
/** [[Dangle]] captures the `IO` information of a [[LazyModule]] and
  * which two [[BaseNode]]s the [[Edges]]/[[Bundle]] connects.
  * [[Dangle]]s are generated by [[BaseNode.instantiate]] using [[MixedNode.danglesOut]] and
  * [[MixedNode.danglesIn]] , [[LazyModuleImp.instantiate]] connects those that go to internal or explicit IO
  * connections in a [[LazyModule]].
  * @param source   the source [[HalfEdge]] of this [[Dangle]], which captures the source [[BaseNode]]
  *                 and the port `index` within that [[BaseNode]].
  * @param sink     sink [[HalfEdge]] of this [[Dangle]], which captures the sink [[BaseNode]] and
  *                 the port `index` within that [[BaseNode]].
  * @param flipped  flip or not in [[AutoBundle.makeElements]]. If true this corresponds to `danglesOut`,
  *                 if false it corresponds to `danglesIn`.
  * @param data     actual [[Data]] for the hardware connection.
  */
case class Dangle (source: HalfEdge, sink: HalfEdge, flipped: Boolean, name: String, data: Data)
```

从 instantiate()到 danglesIn()和 danglesOut()，再一直往下的调用路径是对称的，只是 In 和 Out 的不同，对此后面还要详细介绍。

MixedNode 的这个 instantiate()，最后是由定义于 trait LazyModuleImpLike 中的 instantiate()函数调用的，而后者又是由 class LazyModuleImp 的构造函数调用，就是每创建一个 LazyModuleImp 对象时就要对本模块中的每个节点都调用一次 trait LazyModuleImpLike 中的 instantiate()。后面我们还要回到这个话题上。

在抽象类 MixedNode 中，mapParamsU()和 mapParamsD()都是抽象函数，因为对于面向上游（U）和下游的参数究竟要怎样协调、怎样设定不能一概而论，要由具体的节点自己决定，不同的具体节点会有不同的处理。所以，这两个抽象函数需要在具体的子类中才得到落实。

以 class MixedAdapterNode 为例，这个类就是对抽象类 MixedNode 的具体化和扩充：

```
/** [[MixedAdapterNode]] is used to transform between different diplomacy protocols ([[NodeImp]]),
  * without changing the number of edges passing through it.
  * @param dFn convert downward parameter from input to output.
  * @param uFn convert upward parameter from output to input.
  */
class MixedAdapterNode[DI, UI, EI, BI <: Data, DO, UO, EO, BO <: Data]
    (inner: InwardNodeImp [DI, UI, EI, BI], outer: OutwardNodeImp[DO, UO, EO, BO])
      (dFn: DI => DO, uFn: UO => UI)(implicit valName: ValName) extends MixedNode(inner, outer) {
    //dFn是个函数，其输入参数为DI，返回值为DO。这意味着将来自上游的参数变换成去往下游的参数。
    //uFn也是个函数，其输入参数为UO，返回值为UI。将来自下游的参数变换成发往上游的参数，作为Slave节点的回应。
  override def description = "adapter"
```

```
    protected[diplomacy] override def flexibleArityDirection = true              //原先在抽象类BaseNode中定义为false
    protected[diplomacy] def resolveStar (iKnown: Int, oKnown: Int, iStars: Int, oStars: Int): (Int, Int) = {
      require (oStars + iStars <= 1, s"""Diplomacy has detected a problem with your graph:…""".stripMargin)
      if (oStars > 0) {                //输出一侧有一对多的连接，所以要求iKnown >= oKnown。
        require (iKnown >= oKnown, s"""Diplomacy has detected a problem with your graph:…""".stripMargin)
        (0, iKnown - oKnown)
      } else if (iStars > 0) {         //输入一侧有一对多的连接，所以要求oKnown >= iKnown。
        require (oKnown >= iKnown, s"""Diplomacy has detected a problem with your graph:…""".stripMargin)
        (oKnown - iKnown, 0)
      } else {                         //输入和输出两边都是一对一的连接，故要求oKnown == iKnown。
        require (oKnown == iKnown, s"""Diplomacy has detected a problem with your graph:…""".stripMargin)
        (0, 0)
      }
    }  //end resolveStar()

    protected[diplomacy] def mapParamsD(n: Int, p: Seq[DI]): Seq[DO] = {         //抽象函数落实
      require(n == p.size, s"""Diplomacy has detected a problem with your graph:…""".stripMargin)
      p.map(dFn)        //对来自上游的下行参数DI序列实施map()，对每个DI参数执行dFn()，返回一个DO序列。
    }
    protected[diplomacy] def mapParamsU(n: Int, p: Seq[UO]): Seq[UI] = {         //抽象函数落实
      require(n == p.size, s"""Diplomacy has detected a problem with your graph:…""".stripMargin)
      p.map(uFn)        //对来自下游的上行参数UO序列实施map()，对每个UO参数执行uFn()，返回一个UI序列。
    }
}    //end class MixedAdapterNode
```

这个类落实了 mapParamsD()和 mapParamsU 两个函数。代码很简单，以 mapParamsD()为例，就是把作为构造参数给定的函数 dFn()作用于 DI 序列中的每一项，返回一个 DO 序列。函数 mapParamsU 则把函数 uFn()作用于 UO 序列中的每一项，返回一个 UI 序列。注意函数 dFn()的类型是 DI => DO，说明函数的输入是 DI，即从上方下行进入节点物理连接上的参数；而返回值即输出则是 DO，这是对下游方向的输出，当然仍是下行，函数 dFn()所体现的是参数的下行传递，把来自上游的参数经 dFn()修正后传到下游。而函数 uFn()的类型则是 UO => UI，说明函数的输入是 UO，即输出端接收到的（来自 Slave 节点的）上行参数，而输出则是 UI，这是要在输入端向上发送的。这意味着把下游的回应转达到上游。

至于具体的函数 dFn()和 uFn()，则取决于进一步具体化的节点定义，这一般都是对 MixedAdapterNode 类的静态或动态扩充。例如 class AXI4ToTLNode 就是对 MixedAdapterNode 类的一种静态扩充：

```
case class AXI4ToTLNode(wcorrupt: Boolean)(implicit valName: ValName) extends MixedAdapterNode (AXI4Imp, TLImp)(
  dFn = {           //dFn()的类型是DI => DO，DI来自上游，对方是Master，我方是Slave。
    case mp => mp.masters.foreach { m =>       //mp代表函数输入DI即本节点的输入，来自上游；m是其中的每一项：
      require (m.maxFlight.isDefined, "AXI4 must include a transaction maximum per ID to convert to TL") }
    val maxFlight = mp.masters.map(_.maxFlight.get).max
    TLMasterPortParameters.v1(       //下游是TileLink节点，构建一个object TLMasterPortParameters.v1：
          clients = mp.masters.filter(_.maxFlight != Some(0)).flatMap { m =>
        for (id <- m.id.start until m.id.end) yield TLMasterParameters.v1(
              name = s"${m.name} ID#${id}",
            sourceId = IdRange(id * maxFlight*2, (id+1) * maxFlight*2), // R+W ids are distinct
            nodePath = m.nodePath,
```

```
                    requestFifo = true)   //end TLMasterParameters.v1
                }，   //end clients
                echoFields = mp.echoFields,
                requestFields = AMBAProtField() +: mp.requestFields,
                responseKeys = mp.responseKeys
      )   //end TLMasterPortParameters.v1
          //本节点输出至下方节点的参数主要是TLMasterPortParameters.v1，但根据上游的要求（都在mp里面）加以修改。
          //函数的返回值就是略作修改后的TLMasterPortParameters.v1，这就是DO的内容，输出至下游方向。
  }，   //end dFn()，对下游节点我方是Master。

  uFn = {          //uFn()的类型是UO => UI，UO来自下方的Slave，UI通往上方的Master。。
    mp => AXI4SlavePortParameters(           //mp代表着UO，来自下游节点；mp代表其中的每一项。
      slaves = mp.managers.map { m =>        //m是来自下游的mp.managers中的每一项。
        val maxXfer = TransferSizes(1, mp.beatBytes * (1 << AXI4Parameters.lenBits))
        AXI4SlaveParameters (address = m.address,        //下游是个AXI4节点，处于Slave地位。
         resources = m.resources, regionType = m.regionType,
                         executable = m.executable, nodePath = m.nodePath,
                         supportsWrite = m.supportsPutPartial.intersect(maxXfer),
                         supportsRead = m.supportsGet.intersect(maxXfer),
                         interleavedId = Some(0))   //end AXI4SlaveParameters
      }，  // TL2 never interleaves D beats   //end slaves，注意managers代表Slave，client才是Master。
      beatBytes = mp.beatBytes,
      minLatency = mp.minLatency,
      responseFields = mp.responseFields,
      requestKeys = (if (wcorrupt) Seq(AMBACorrupt) else Seq()) ++ mp.requestKeys.filter(_ != AMBAProt)
    )   //end AXI4SlavePortParameters()
        //对来自下游节点的UO中的每一项mp略作修改后发往上游方向，其主体是AXI4SlaveParameters。
  }   //end uFn()，对上游节点我方是Slave。
)  //对抽象类MixedAdapterNode的构造函数并无变动，只是给定了两个实参，并补上两个函数的动态定义。
```

AXI4 和 TL 是两种不同的数据传输规程，后面将有详细介绍。

注意这里并无形式上的构造函数，因为 case class AXI4ToTLNode 只是对 MixedAdapterNode 类的扩充，所作的扩充不在构造函数内，而是在构造界面上有两方面的扩充，一是给定了 dFn()和 uFn()两个函数的动态定义；这是在构造函数的参数表内，所以位置不能颠倒，一定是 dFn()在先 uFn()在后。二是将具体 MixedAdapterNode 类的构造参数 inner 和 outer 的类型分别落实到 AXI4Imp 和 TLImp，因为 AXI4ToTLNode 是从 AXI4 到 TL 的规程转换，所以 inner 是 AXI4Imp 而 outer 是 TLImp。这是两个 object：

```
object AXI4Imp extends SimpleNodeImp[AXI4MasterPortParameters, AXI4SlavePortParameters, …]          //这是inner
object TLImp extends NodeImp[TLMasterPortParameters, TLSlavePortParameters, …]                       //这是outer
```

可见，在输入这一边 DI 和 UI 的类型分别是 AXI4MasterPortParameters 和 AXI4SlavePortParameters；在输出这一边 DO 和 UO 的类型则分别是 TLMasterPortParameters 和 TLSlavePortParameters。

这样，函数 dFn()和 uFn()的类型原来是 DI => DO 和 UO => UI；前者在这里就具体落实到了 AXI4MasterPortParameters => TLMasterPortParameters；后者则落实到了 TLSlavePortParameters => AXI4SlavePortParameters。

从代码中也可看到，函数 dFn()中构建的输出 DO 是个 TLMasterPortParameters，其内容基本来自 mp 即 AXI4MasterPortParameters，那是上位节点发过来的参数，即 DI。而 uFn()中构建的输出 UI 则是 AXI4SlaveParameters，其内容基本来自 mp 即 TLSlavePortParameters。

这样，在输入口 inner 上的参数是 AXI4MasterPortParameters 进 AXI4SlaveParameters 出；在输出口 outer 上的参数则是 TLMasterPortParameter 出 TLSlavePortParameters 进，

此外还要提一下这里的一些命名。从代码中可见，dFn()中的 mp 就是 DI。显然，下游节点的 DI 来自上游节点的 DO， 这里 DO 的类型是 TLMasterPortParameters，所以 DI 应该也是这个类型。确实，class TLMasterPortParameters 中有个结构成分就是 val masters。可是到了下游方向就是 clients，说明“顾客”clients 与 master 是关联的。再看 uFn()中的 mp，即 UO 中的主体是 mp.managers，可是所生成的结果却称为 slaves，说明“管理员”与 slave 是关联的。这貌似有点奇怪，但想想“顾客是上帝”就不难理解了。

函数 dFn()和 uFn()的代码所给定的其实就是本节点与上游节点和下游节点进行参数协调时所遵循的规则，就是算法，例如函数 dFn()中对于参数 maxFlight 的确定，就是在对方所提供 maxFlight 数值中取最大值，即 max。这样就定了。

另外，MixedAdapterNode 类的构造参数有四个（隐含参数不计），即 inner、outer、dFn 和 uFn。其中前两个的类型分别是 InwardNodeImp 和 OutwardNodeImp。现在虽然补上了 dFn 和 uFn，但还缺前面两个，所以在创建 MixedAdapterNode 类对象的时候需要补上这两个成分，所以才是 extends MixedAdapterNode (AXI4Imp, TLImp)。

再看对 MixedAdapterNode 类进行具体化的另一个类，class AdapterNode：

```
/** A node which modifies the parameters flowing through it, but without changing the number
  * of edges or the diplomatic protocol implementation. */

class AdapterNode[D, U, EO, EI, B <: Data](imp: NodeImp[D, U, EO, EI, B])
                        (dFn: D => D, uFn: U => U)( implicit valName: ValName)
                        extends MixedAdapterNode[D, U, EI, B, D, U, EO, B](imp, imp)(dFn, uFn)
```

这个类对于 MixedAdapterNode 似乎并没有什么扩充和具体化，但明确了 MixedAdapterNode 的构造参数 inner 和 outer 二者都是对抽象类 NodeImp 的某种扩充，那就是这里的 imp。当然，用作构造参数的 imp 必须是个实体类对象。

从这里可见，作为 AdapterNode 基础的那个（经过扩充的）MixedAdapterNode 是有点特殊的，它的 inner 和 outer 两个构造参数其实是同一个 imp。所以，虽然在 MixedAdapterNode 中本应有泛型 DI/DO 和 UI/UO，但是现在却只有 D 和 U 了，因为 DO 和 DI 的类型是一样的，UO 和 UI 的类型也是一样的。这样，函数 dFn() 和 uFn()的类型也改变了，现在分别改成了“D => D”和“U => U”，两个函数的输入/输出类型都一样，所变换的只是具体的数值。

虽然 AdapterNode 也是具体类，但代码中并未见到直接创建该类对象，可是从这 AdapterNode 类派生的子类那就多了，有静态扩充的，也有动态扩充的。例如 ClockAdapterNode：

```
case class ClockAdapterNode(
  sourceFn: ClockSourceParameters => ClockSourceParameters = { m => m },    //维持ClockSourceParameters原状不变
  sinkFn: ClockSinkParameters => ClockSinkParameters = { s => s })               //维持ClockSinkParameters原状不变
  (implicit valName: ValName) extends AdapterNode (ClockImp)(sourceFn, sinkFn)
                                                          // sourceFn就是dFn，sinkFn就是uFn。
```

这里定义的两个函数叫 sourceFn 和 sinkFn，这倒无关紧要，只是实参和形参名称不同而已，只要出现的位置不变就行。显然，与 sourceFn 对的形参是 dFn，与 sinkFn 对应的形参则是 uFn。事实上不光有叫

sourceFn/sinkFn 的，也有叫 masterFn/slaveFn，clientFn/managerFn 的。这里的 sourceFn 和 sinkFn 所实现的功能，例如 m => m，就是维持原状不变。

MixedAdapterNode 类是从抽象类 MixedNode 派生的第一代子类，MixedNode 又是从 BaseNode 派生的。从 MixedNode 直接派生的子类不只是 MixedAdapterNode，还有 MixedNexusNode、MixedJunctionNode、SourceNode 和 SinkNode。其中 MixedAdapterNode 的特点是输入边与输出边的个数相同，MixedNexusNode 则二者可以不同。MixedJunctionNode 则用来创建成排的仲裁器 Arbiter，Arbiter 类似于 Mux，但 Mux 是二选一，Arbiter 是多选一，选择的机制也比 Mux 复杂。

这里列出 class MixedNexusNode 的代码摘要，供读者阅读比较：

```
/** [[MixedNexusNode]] is used when the number of nodes connecting from either side is unknown
  * (e.g. a Crossbar which also is a protocol adapter).
  * The [[NodeImp]] is different between [[inner]] and [[outer]],
  * @param dFn Function for mapping the parameters flowing downward into new outward flowing down parameters.
  * @param uFn Function for mapping the parameters flowing upward into new inward flowing up parameters.
  * @param inputRequiresOutput True if it is required that if there are input connections, there are output
                connections (this node can't just be a sink).
  * @param outputRequiresInput True if it is required that if there are output connections, there are input
                connections (this node can't just be a source).
  */

class MixedNexusNode[DI, UI, EI, BI <: Data, DO, UO, EO, BO <: Data]
     (inner: InwardNodeImp [DI, UI, EI, BI], outer: OutwardNodeImp[DO, UO, EO, BO])
     (dFn: Seq[DI] => DO, uFn: Seq[UO] => UI, inputRequiresOutput: Boolean = true, outputRequiresInput: Boolean = true)
       (implicit valName: ValName) extends MixedNode(inner, outer) {
  override def description = "nexus"
  protected[diplomacy] def resolveStar (iKnown: Int, oKnown: Int, iStars: Int, oStars: Int): (Int, Int) = {
    // a nexus treats :=* as a weak pointer
    def resolveStarInfo: String = s"""$context …""".stripMargin
    require(!outputRequiresInput || oKnown == 0 || iStars + iKnown != 0,
                         s"""Diplomacy has detected a problem with your graph: …""".stripMargin)
    require(!inputRequiresOutput || iKnown == 0 || oStars + oKnown != 0,
                         s"""Diplomacy has detected a problem with your graph: …""".stripMargin)
    if (iKnown == 0 && oKnown == 0) (0, 0) else (1, 1)   //只要iKnown和oKnown不同为0就返回(1, 1)
  }

  protected[diplomacy] def mapParamsD (n: Int, p: Seq[DI]): Seq[DO] = { if (n > 0) { val a = dFn(p); Seq.fill(n)(a) } else Nil }
  protected[diplomacy] def mapParamsU (n: Int, p: Seq[UO]): Seq[UI] = { if (n > 0) { val a = uFn(p); Seq.fill(n)(a) } else Nil }
}
```

可见，与 class MixedAdapterNode 也是大同小异。只是因为现在 DI 序列和 DO 序列的长度不等了（因为输入和输出的数量可以不等），所以需要把 DO 序列的长度填充扩展到与 DI 序列等长。另外 resolveStar()的实现也有所不同，那是用于:*=、:=*、:*=*等算符的。从这里也可看出，参数的协调并不局限于 dFn()和 uFn()两个函数之内，实际上在 mapParamsD()和 mapParamsU()这两个函数中也可以有所作为。

与 MixedAdapterNode/AdapterNode 的关系一样，对应于 MixedNexusNode 的是 NexusNode：

```
/** [[NexusNode]] is a [[MixedNexusNode]], in which the inward and outward side of the node
  have the same [[NodeImp]] implementation. */
class NexusNode[D, U, EO, EI, B <: Data](imp: NodeImp[D, U, EO, EI, B]) ( dFn: Seq[D] => D, uFn: Seq[U] => U,
    inputRequiresOutput: Boolean = true, outputRequiresInput: Boolean = true) (implicit valName: ValName)
        extends MixedNexusNode[D, U, EI, B, D, U, EO, B](imp, imp)
          (dFn, uFn, inputRequiresOutput, outputRequiresInput)
```

总之，实现的模式是一样的，只是具体的节点要根据本节点的类型和属性给出自己的 dFn()和 uFn()两个函数，这两个函数说明了本节点与上游和下游节点进行参数协调的算法。

前面 MixedAdapterNode 类和 MixedNexusNode 类的构造参数中都有 inner 和 outer，分别是 InwardNodeImp 和 OutwardNodeImp 类对象，在 AdapterNode 类和 NexusNode 类中则合并成一个 imp，是个 NodeImp 类对象。不过 NodeImp 也是个抽象类，所以实际上必定是从抽象类 NodeImp 派生的某个子类的对象。NodeImp 是对 Object（注意不是 object）的扩充，实际上就是一个空白的类，只是既有 with InwardNodeImp 又有 with OutwardNodeImp，这样就同时继承了这两个 trait 的内容。我们在前面看到过抽象类 SimpleNodeImp 是对 NodeImp 的扩充，事实上从 SimpleNodeImp 又派生出不少具体的 object 和 class。下面这个 object AXI4Imp 就是对 SimpleNodeImp 的扩充，从而也是 NodeImp 的间接扩充：

```
object AXI4Imp extends SimpleNodeImp[AXI4MasterPortParameters, AXI4SlavePortParameters,
                                                    AXI4EdgeParameters, AXI4Bundle]{
  def edge(pd: AXI4MasterPortParameters, pu: AXI4SlavePortParameters, p: Parameters, sourceInfo: SourceInfo)
                                                    = AXI4EdgeParameters(pd, pu, p, sourceInfo)
  def bundle (e: AXI4EdgeParameters) = AXI4Bundle(e.bundle)
  def render (e: AXI4EdgeParameters) = RenderedEdge(colour = "#00ccff" /* bluish */, label = (e.slave.beatBytes * 8).toString)
                                                    //仅用于图形显示，忽略。
  override def monitor(bundle: AXI4Bundle, edge: AXI4EdgeParameters): Unit = {
    edge.params.lift(AXI4MonitorBuilder).foreach { builder =>
      val monitor = Module(builder(AXI4MonitorArgs(edge)))
      monitor.io.in := bundle
    }
  }

  override def mixO(pd: AXI4MasterPortParameters,
              node: OutwardNode[AXI4MasterPortParameters, AXI4SlavePortParameters, AXI4Bundle])
    : AXI4MasterPortParameters = pd.copy(masters = pd.masters.map { c => c.copy (nodePath = node +: c.nodePath) })
  override def mixI(pu: AXI4SlavePortParameters,
              node: InwardNode[AXI4MasterPortParameters, AXI4SlavePortParameters, AXI4Bundle])
    : AXI4SlavePortParameters = pu.copy(slaves = pu.slaves.map { m => m.copy (nodePath = node +: m.nodePath) })
}  //end object AXI4Imp
```

显然，这个 object AXI4Imp 就可以作为 NodeImp 类对象 imp 用作 class AdapterNode 或 class NexusNode 的构造参数。所以，无论是 AdapterNode 类还是 NexusNode 类的对象是建立在具体 NodeImp 类对象的基础上，具体的 NodeImp 提供了具体的方法函数。如前所述，minO()和 mixI()在 DO 和 UI 的形成中也起着作用。相比之下，MixedAdapterNode 类和 MixedNexusNode 类的对象则是建立在具体 InwardNodeImp 和 OutwardNodeImp 类对象的基础上。

如前所述，MixedNexusNode 的特点是其内向边和外向边数量可以不等，这个内向外向差异的极端情况就是只有外向没有内向，或者只有内向没有外向，那就是 SourceNode 和 SinkNode。

```
/** A node which represents a node in the graph which only has outward edges and no inward edges. */
class SourceNode[D, U, EO, EI, B <: Data](imp: NodeImp[D, U, EO, EI, B])(po: Seq[D])        //po意为输出参数
                                    (implicit valName: ValName) extends MixedNode(imp, imp){
  override def description = "source"
  protected[diplomacy] def resolveStar(iKnown: Int, oKnown: Int, iStars: Int, oStars: Int): (Int, Int) = {   //处理一对多绑定
    def resolveStarInfo: String = s"""$context …""".stripMargin
    require(oStars <= 1, s"""Diplomacy has detected a problem with your graph:…""".stripMargin)
    require(iStars == 0, s"""Diplomacy has detected a problem with your graph:…""".stripMargin)
    require(iKnown == 0, s"""Diplomacy has detected a problem with your graph:…""".stripMargin)
    if (oStars == 0)
      require(po.size == oKnown, s"""Diplomacy has detected a problem with your graph:…""".stripMargin)
    else
      require(po.size >= oKnown, s"""Diplomacy has detected a problem with your graph:…""".stripMargin
      )
    (0, po.size - oKnown)
  }
  protected[diplomacy] def mapParamsD (n: Int, p: Seq[D]): Seq[D] = po              //只有下行参数，因为是源头。
  protected[diplomacy] def mapParamsU (n: Int, p: Seq[U]): Seq[U] = Seq()            //没有上行参数，所以是空序列。

  def makeIOs()(implicit valName: ValName): HeterogeneousBag[B] = {
    val bundles = this.out.map(_._1)
    val ios = IO(Flipped(new HeterogeneousBag(bundles.map(_.cloneType))))
    ios.suggestName(valName.name)
    bundles.zip(ios).foreach { case (bundle, io) => bundle <> io }
    ios
  }  //end makeIOs()
}    //end class SourceNode
```

不言而喻，SourceNode 只有下行参数，实际上也只有输出没有输入，SourceNode 的参数是决定性的，不存在协调的余地。

再看 SinkNode：

```
/** A node which represents a node in the graph which has only inward edges, no outward edges. */
class SinkNode[D, U, EO, EI, B <: Data](imp: NodeImp[D, U, EO, EI, B])(pi: Seq[U])        //pi意为输入参数
                                    (implicit valName: ValName) extends MixedNode(imp, imp){
  override def description = "sink"
  protected[diplomacy] def resolveStar(iKnown: Int, oKnown: Int, iStars: Int, oStars: Int): (Int, Int) = {   //处理多对一绑定
    def resolveStarInfo: String = s"""$context …""".stripMargin
    require (iStars <= 1, s"""Diplomacy has detected a problem with your graph: …""".stripMargin)
    require (oStars == 0, s"""Diplomacy has detected a problem with your graph:…""".stripMargin)
    require (oKnown == 0, s"""Diplomacy has detected a problem with your graph:…""".stripMargin)
    if (iStars == 0)
      require(pi.size == iKnown, s"""Diplomacy has detected a problem with your graph:…""".stripMargin)
```

```
  else
    require(pi.size >= iKnown, s"""Diplomacy has detected a problem with your graph:…""".stripMargin)
  (pi.size - iKnown, 0)
 }
 protected[diplomacy] def mapParamsD(n: Int, p: Seq[D]): Seq[D] = Seq()     //没有下行参数，因为已到了尽头。
 protected[diplomacy] def mapParamsU(n: Int, p: Seq[U]): Seq[U] = pi        //上行参数是自己生成的，没有来源

 def makeIOs()(implicit valName: ValName): HeterogeneousBag[B] = {
   val bundles = this.in.map(_._1)
   val ios = IO(new HeterogeneousBag(bundles.map(_.cloneType)))
   ios.suggestName(valName.name)
   bundles.zip(ios).foreach { case (bundle, io) => io <> bundle }
   ios
 }
}   //end class SinkNode
```

SinkNode 没有下行参数，因为没有下游节点，但是这并不表示没有输入 DI，只是对 DI 不再进行转换。函数 mapParamsD()中有参数 p，类型为 Seq[D]，这就是 DI，但输出是空序列，与 p 无关。但是有上行参数，那应该就是 UI，这个 UI 没有下游来源，就是 SinkNode 本身的构造参数 pi。

上面介绍了节点、边、Bundle、绑定和参数的关系，其中节点依附于模块，代表着所在模块某方面作用的性质（例如 Adapter），边则因绑定而来，有了边才有创建 Bundle 的依据。而所谓绑定，说的是为参数一致化而建立的双边关系，但实际上也是对物理连接的反映，没有物理连接就无需进行参数协调。所谓参数的谈判协调，其实就是参数的一致化。

10.2 LazyModule

前面讲过，Diplomacy 这个框架有两大要素。一个是对节点与参数的描述，和一套就此进行“谈判”协调的机制。上述从几个 trait 到抽象类 MixedNode 和 NodeImp 都是为此而存在的。实际上更具体的参数协调规则取决于对 MixedNode 的进一步具体化，基本上取决于 dFn()和 uFn()两个函数的具体实现。

另一个要素，就是需要有为参数协调而在具体 Module 外面包上一层外壳，成为另一种专为参数协调而存在的模块，这样的模块称为“Lazy 模块”，即 LazyModule。之所以要有 LazyModule 这一层，是因为对参数协调提出要求，与参数协调地进行，与所包裹的 Module 的创建这些任务不能在同一时间完成，而得要分步进行，这在前面已经讲过了，这里不再重复。

我们先看抽象类 LazyModule，注意下面文中说到的“模块”多半是指 LazyModule，而不是 Module。

```
/** While the [[freechips.rocketchip.diplomacy]] package allows fairly abstract parameter negotiation while
  * constructing a DAG, [[LazyModule]] builds on top of the DAG annotated with the negotiated parameters
  * and leverage's Scala's lazy evaluation property to split Chisel module generation into two phases:
  *   - Phase 1 (diplomatic) states parameters, hierarchy, and connections:  //第一阶段是 Diplomacy 阶段
  *     - [[LazyModule]] and [[BaseNode]] instantiation.
  *     - [[BaseNode]] binding.
  *   - Phase 2 (lazy) generates [[chisel3]] Modules:                         //第二阶段是创建 Module 的阶段
  *     - Parameters are negotiated across [[BaseNode]]s.
  *     - Concrete [[Bundle]]s are created along [[BaseNode]]s and connected
  *     - [[AutoBundle]] are automatically connected along [[Edges]], punching IO as necessary though module hierarchy
```

```
 *      - [[LazyModuleImpLike]] generates [[chisel3.Module]]s.                //创建 chisel3 所定义的那种 Module
 */
abstract class LazyModule()(implicit val p: Parameters) {          //这个抽象类并非对任何类或 trait 的扩充
  /** Contains sub-[[LazyModule]]s; can be accessed by [[getChildren]]. */
  protected[diplomacy] var children: List[LazyModule] = List[LazyModule]()
                                        //本 LazyModule 模块所含（同样也是 LazyModule）子模块的表列
  /** Contains the [[BaseNode]]s instantiated within this instance. */
  protected[diplomacy] var nodes: List[BaseNode] = List[BaseNode]() //本模块所含参数协调节点(必为 BaseNode 子类)，
                                                          //一个 Lazy 模块可以有多个 Node，类型可以各异。
    //例如在一对端口间起 Adapter 的作用，在其余端口间起 Nexus 的作用
  /** Stores [[SourceInfo]] of this instance.
   * The companion object factory method will set this to the correct value.
   */
  protected[diplomacy] var info: SourceInfo = UnlocatableSourceInfo
  /** Parent of this LazyModule. If this instance is at the top of the hierarchy, this will be [[None]]. */
  protected[diplomacy] val parent: Option[LazyModule] = LazyModule.scope
    //本模块在结构上的父模块，取决于所在辖域，即上溯最近一个 object LazyModule 中的 scope（见后）。
    //本模块是在那个模块的辖域中创建的，所以那个模块就是本模块的父模块或先祖。

  /** Code snippets from [[InModuleBody]] injection. */
  protected[diplomacy] var inModuleBody: List[() => Unit] = List[() => Unit]()
                  //这是一组无参函数的序列，借助 object InModuleBody 可向模块的 instantiate()函数注入更多代码。
  /** Sequence of ancestor LazyModules, starting with [[parent]]. */
  def parents: Seq[LazyModule] = parent match {          //获取本模块结构上的父模块及其先祖
    case None => Nil
    case Some(x) => x +: x.parents       //如果 x 是本模块的 parent，则 x 的 parent 也在本模块的 parents 列表之中。
  }
  // Push this instance onto the [[LazyModule.scope]] stack.
  LazyModule.scope = Some(this)       //这是 object LazyModule 中的 val scope，是程序当前所处辖域。
                                      //从这里开始，以下的程序就都处于本模块的辖域中了。
                                      //这与 object Builder 中的 currentModule 相似。
  parent.foreach(p => p.children = this :: p.children)  //将本模块（this）添加到每个父模块的 children 序列中

  …                                   //这里略去了一些无关紧要的内容

  /** [[chisel3]] hardware implementation of this [[LazyModule]].
    * Subclasses should define this function as `lazy val`s for lazy evaluation.
    * Generally, the evaluation of this marks the beginning of phase 2.
    */
  def module: LazyModuleImpLike       //抽象函数 module()，返回 with LazyModuleImpLike 的某类对象。
                  //注意 trait LazyModuleImpLike 是对抽象类 RawModule 的扩充。
                  //正如原有注释中所说，这是本模块的硬件实现，在子类中应定义成“lazy val”，见后面的实例。
  …
  /** Whether this [[LazyModule]]'s module should be marked for in-lining by FIRRTL.
    *  The default heuristic is to inline any parents whose children have been inlined and whose nodes all produce identity circuits.
    */
```

```
  def shouldBeInlined: Boolean = nodes.forall(_.circuitIdentity) && children.forall(_.shouldBeInlined)
  /** A globally unique [[LazyModule]] index for this instance. */
  private val index = {          //本 LazyModule 对象在其辖域中的序号，属于每次创建 LazyModule 对象时的初始化过程：
    LazyModule.index = LazyModule.index + 1          //这是 object LazyModule 中的 val index，每次创建时递增。
    LazyModule.index
  }
  /** Call function on all of this [[LazyModule]]'s [[children]].
    * @param iterfunc Function to call on each descendant.
    */
  def childrenIterator(iterfunc: LazyModule => Unit): Unit = {          //对本模块及所有子模块递归调用给定的函数 iterfunc()
    iterfunc(this)
    children.foreach(_.childrenIterator(iterfunc))
  }
  /** Call function on all of this [[LazyModule]]'s [[nodes]].
    * @param iterfunc Function to call on each descendant.
    */
  def nodeIterator(iterfunc: BaseNode => Unit): Unit = {          //对本模块及所有子模块递归对所含节点调用函数 iterfunc()
    nodes.foreach(iterfunc)
    childrenIterator(_.nodes.foreach(iterfunc))
  }
  /** Accessor for [[children]]. */
  def getChildren: List[LazyModule] = children          //获取本模块的子模块序列
  /** Accessor for [[nodes]]. */
  def getNodes: List[BaseNode] = nodes          //获取本模块的节点序列
}    //end abstract class LazyModule
```

代码前面的注释中讲 lazy 计算分两个阶段，其实就是 Diplomacy 阶段和实体模块创建阶段，后者包含了 instantiate()的过程，那就是具体进行参数协调的过程。

首先要明确，尽管这个抽象类名曰 LazyModule，却并不是对 Module 类的扩充，甚至也不是对任何类的扩充。但是 LazyModule 类对象内部实际上有个 RawModule 或 Module 对象。这里的抽象函数 module()，其返回值的类型为 LazyModuleImpLike；这是个 trait，所以 module()所返回的是 with LazyModuleImpLike 的某类对象，而 trait LazyModuleImpLike 是对抽象类 RawModule 的扩充。事实上，LazyModule 具体类的对象内部一定会有个 LazyModuleImp 类对象，这就是对抽象类 Module 的扩充，并且也 with LazyModuleImpLike。

另外，所谓 LazyModule，并不是因为它名叫 LazyModule 就成为 Lazy 了，也不只是因为其中有标注为 lazy 的结构成分，而是因为整个框架的设计思路确实就是建筑在 lazy 计算的基础上。

这是因为，一个模块的硬件描述包含其所有的对外连接，只有在进行了参数协调、将所有的参数都确定下来之后才能对该模块的硬件描述进行解析（设想其中一个 Bundle 的宽度取决于某个参数）；而开展参数协调之前当然必须知道这个模块有些什么对外连接。有些什么参数，所以一个模块首先得描述自己的对外连接和相关的参数，作出这个描述的时机当然再早也早不过创建这个模块并对其进行初始化的时候。然而，对一个模块进行初始化的时候固然可以根据其关于对外连接的描述建立起一个“联络图”、“路线图”，却不能立即就进行对外的参数协调，因为这时候对方模块可能尚未创建；所以参数协调只能放在所有（具有对外连接、需要进行参数协调的）模块均已创建并完成初始化以后。

前面讲过，模块之间的绑定，其实并非在本模块内部说明，而是在其父模块中（或者甚至更高辈分的模块中）加以绑定。父模块创建了若干子模块，然后就说明这些子模块之间的绑定。然而父模块又有父模块，父模块与其它模块的绑定又得由它的父模块加以说明。这样一直往上推，就可以推到顶层模块。这就说明了，具体的参数协调只能在所有的 Lazy 模块都被创建出来以后才能在全局开展，那就是从顶层模块开始对整个结构模块树的遍历。

除 class LazyModule 外，还定义了一个 object LazyModule，用来把当前辖域设置成给定 LazyModule 对象的父模块，下面就是 object LazyModule 的代码：

```
object LazyModule {
  protected[diplomacy] var scope: Option[LazyModule] = None        //程序当前所处辖域，这是个堆栈，None 表示空白。
    /** Global index of [[LazyModule]]. Note that there is no zeroth module. */
  private var index = 0

   /** Wraps a [[LazyModule]], handling bookkeeping of scopes.
    * This method manages the scope and index of the [[LazyModule]]s. All [[LazyModule]]s must be wrapped exactly once.
    * @param bc              [[LazyModule]] instance to be wrapped.   //bc就是要纳入父模块辖域的LazyModule
    * @param valName         [[ValName]] used to name this instance,
    *                        it can be automatically generated by [[ValName]] macro, or specified manually.
    * @param sourceInfo [[SourceInfo]] information about where this [[LazyModule]] is being generated
    */
  def apply[T <: LazyModule](bc: T)(implicit valName: ValName, sourceInfo: SourceInfo): T = {
    // Make sure the user puts [[LazyModule]] around modules in the correct order.
    require(scope.isDefined, s"LazyModule() applied to ${bc.name} twice ${sourceLine(sourceInfo)}.
            Ensure that descendant LazyModules are instantiated with the LazyModule() wrapper and that
            you did not call LazyModule() twice.")
    require(scope.get eq bc, s"LazyModule() applied to ${bc.name} before ${scope.get.name} ${sourceLine(sourceInfo)}")
    // Pop from the [[LazyModule.scope]] stack.
    scope = bc.parent        //scope 是个堆栈，把父模块推入堆栈，本模块所属的辖域就是其父模块
    bc.info = sourceInfo
    if (bc.suggestedNameVar.isEmpty) bc.suggestName(valName.name)
    bc            //bc 就是作为参数传进来的 LazyModule 具体类对象，原封不动返回。
  }
}
```

所以，创建 LazyModule 对象的语句都是例如这样：“val arb = LazyModule(new AHBArbiter)”，这里 AHBArbiter 是个 LazyModule 具体类，创建该类对象的时候要将所创建对象作为参数调用 LazyModule()，这就是 object LazyModule，其作用就是设置当前辖域，这与 object Module 的作用是相似的。

注意 LazyModule.apply()原封不动返回其参数 bc，所以对所创建的 LazyModule 具体类对象毫无影响。

前面所述关于节点、绑定、边、Bundle 和本模块为进行参数协调而提供的方法 dFn()和 uFn()，都属于 LazyModule 的第一部分，而具体的参数协调和硬件描述则体现在 LazyModule 中的第二部分，那是一个 LazyModuleImp 类对象，这个类是对抽象类 Module 的扩充和具体化，但同时又继承了 trait LazyModuleImpLike。

二者共处于 LazyModule 具体类中，但是前者的执行是在 LazyModule 对象的初始化过程中；而后者的创建和执行则是在创建了所有 LazyModule 对象之后，更确切地说是在 class LazyModule 中的那个抽象函数 module()被调用的时候。抽象函数当然需要落实，但是前面有个注释，说这个函数在具体类中应该被实现成 lazy val。二者的区别在于，函数每次被调用时都重新执行，而 lazy val 被引用之后其内容就固定下来了。

先看一下 class LazyModuleImp：

```
/** Actual description of a [[Module]] which can be instantiated by a call to [[LazyModule.module]].
  *
  * @param wrapper the [[LazyModule]] from which the `.module` call is being made.
```

```
*/
class LazyModuleImp(val wrapper: LazyModule) extends MultiIOModule with LazyModuleImpLike {
  /** Instantiate hardware of this `Module`. */
  val (auto, dangles) = instantiate()      //这就是 trait LazyModuleImpLike 提供的 instantiate()函数
}
```

这里的构造参数 wrapper，就是本类对象所在的那个 LazyModule 具体类对象，那个对象包裹在本对象的外面，所以是 wrapper。

从代码看，LazyModuleImp 类所扩充的是 MultiIOModule。然而 class MultiIOModule 实际上就是 class Module。在 chisel3-master/core/src/main/scala/chisel3/package.scala 中有一行类型定义：

type MultiIOModule = chisel3.Module

所以 LazyModuleImp 类所扩充的其实就是抽象类 Module。抽象类 Module 我们已经很熟悉了。至于所扩充的部分，理应是对于具体模块的硬件描述，但其实不然，因为具体的硬件描述五花八门千变万化，不可能只由一个具体类加以覆盖。所以虽然 LazyModuleImp 类在语法上是个具体类，那只是因为其不含抽象函数和抽象成分，但在逻辑和概念上却仍是抽象的，还需要再由具体类加以扩充。所以 LazyModuleImp 只是在对 Module 所扩充的硬件描述前面添加了一行程序："val (auto, dangles) = instantiate()"，这行程序调用了由 trait LazyModuleImpLike 提供的函数 instantiate()，并将函数的两个返回值赋给两个 val，即 auto 和 dangles。

所以，LazyModuleImp 类对 trait LazyModuleImpLike 的继承是个关键，正是这个 trait 把常规的硬件描述与 LazyModule 联系在一起，对 LazyModule 及其内部节点的 instantiate()过程就是由它提供的。下面是个摘要：

```
/** Trait describing the actual [[Module]] implementation wrapped by a [[LazyModule]].
  * This is the actual Chisel module that is lazily-evaluated in the second phase of Diplomacy.
  */
sealed trait LazyModuleImpLike extends RawModule {
  val wrapper: LazyModule        //是个 LazyModule 子类的对象，见 class LazyModuleImp 的构造参数 wrapper。
                                 //因为 trait LazyModuleImpLike 附着在某个 LazyModuleImp 类对象上，
                                 //该对象又在某个 LazyModule 子类的对象之中。那个对象就是 wrapper。
   /** IOs that will be automatically "punched" for this instance. */
  val auto: AutoBundle       //只掌握 Edge 的一半即 HalfEdge，无法建立物理连接，所以只能作为本模块的 IO 端口。
   /** The metadata that describes the [[HalfEdge]]s which generated [[auto]]. */
  val dangles: Seq[Dangle]  //如有悬而未决的 HalfEdge，那就是 Dangle，最终剩下的 Dangles 就是模块的外接端口。
    //AutoBundle 和 Dangles 是同一事物的两个侧面两种表现，前者是对 IO 端口的说明，后者是关于要求连接的说明。

   // [[wrapper.module]] had better not be accessed while LazyModules are still being built!
  require(LazyModule.scope.isEmpty, s"${wrapper.name}.module was constructed before LazyModule()
                                                        was run on ${LazyModule.scope.get.name}")
  override def desiredName: String = wrapper.desiredName
  suggestName(wrapper.suggestedName)       //仅与模块命名有关，我们并不关心。
  implicit val p: Parameters = wrapper.p       /* [[Parameters]] for chisel [[Module]]s. */

    //函数 instantiate()是核心，是整个过程的引擎。正是这个函数实施了 wrapper 所代表 LazyModule 对象的对外参数协调。
    //这个函数有两个返回值，一个是 val auto，另一个是 val dangles，代表着悬而未决的物理连接：
  protected[diplomacy] def instantiate(): (AutoBundle, List[Dangle]) = {
        //这个函数有两个返回值，在 LazyModuleImp 对象中被赋值给上面的 auto 和 dangles 两个 val。
   // 1. It will recursively append [[wrapper.children]] into [[chisel3.internal.Builder]],
   // 2. return [[Dangle]]s from each module.
```

```
val childDangles = wrapper.children.reverse.flatMap { c =>   //对于这个 List 中的每个元素，即每个子模块：
        //wrapper.children 是在作为 wrapper 的 LazyModule 中创建的其它 LazyModule 对象的 List
  implicit val sourceInfo: SourceInfo = c.info
  val mod = Module(c.module)          //以 c.module 为参数调用 object Module 的 apply()函数。
      //Module.apply()的调用参数 bc 是个按名调用的函数，而 module()则是 LazyModule 类的一个抽象函数，
  //但是在具体的 LazyModule 对象中该抽象函数是以 lazy val 的方式实现的。这二者在一定程度上等价。
  //所以 c.module 其实就是本模块所创建 LazyModule 子模块对象中 lazy val module 的“赋值函数”,
  //然而这会引起该子模块中 LazyModuleImp 对象的创建，从而又会调用其 instantiate()函数。
  //因此，这是对本 LazyModule 模块所含各 Lazy 子模块中 LazyModuleImp 对象的 instantiate()函数的递归调用。
  //每次所返回的 mod 是个 LazyModuleImp 对象，那就是所含 Lazy 子模块中的 LazyModuleImp 对象。
  mod.dangles          //所返回的这个 mod.dangles 就是该具体子模块的 val dangles（见上）。
                       //但注意这是在一个 flatMap()中，所以最后返回的是个序列。
}  //end val childDangles       //最后所得 childDangles 是本 LazyModule 所有子模块的 Dangles 序列
                                //注意对子模块的 instantiate()所返回的是(auto, dangles)，但这里只关心 dangles。

  // Ask each node in this [[LazyModule]] to call [[BaseNode.instantiate]].
  // This will result in a sequence of [[Dangle]] from these [[BaseNode]]s.
val nodeDangles = wrapper.nodes.reverse.flatMap(_.instantiate())
        //调用本模块所含每个节点的 instantiate()函数，返回本模块自身的 Dangles 序列。
        //对一个节点的 Dangles 的计算，就隐含着参数协调的进行，见前面的 abstract class MixedNode。
  // Accumulate all the [[Dangle]]s from this node and any accumulated from its [[wrapper.children]]
val allDangles = nodeDangles ++ childDangles     //自身的 Dangles 序列与来自所有子模块的 Dangles 序列相加
  // Group [[allDangles]] by their [[source]].
val pairing = SortedMap(allDangles.groupBy(_.source).toSeq: _*)  //将所有 Dangles 按 Source 分组
  // For each [[source]] set of [[Dangle]]s of size 2, ensure that these
  // can be connected as a source-sink pair (have opposite flipped value).
  // Make the connection and mark them as [[done]].
val done = Set() ++ pairing.values.filter(_.size == 2).map { case Seq(a, b) =>    //size 为 2 说明既有 Source 又有 Link
  require(a.flipped != b.flipped)                    //a 和 b 不得同是 Source 或同是 Sink
  // @todo <> in chisel3 makes directionless connection.
  if (a.flipped) {          //a.flipped 决定物理连接的方向
    a.data <> b.data          //物理连接。注意 a.dada 的类型是 Data，这个<>符号是 Data 类的成束连接符。
  } else {   // a.flipped 为 false:
    b.data <> a.data          //也是物理连接，但方向相反。
  }
  a.source
}  //end val done，因为是在 map()中进行，所以凡是能配上对的都已为之建立物理连接。

  // Find all [[Dangle]]s which are still not connected. These will end up as [[AutoBundle]] [[IO]] ports on the module.
val forward = allDangles.filter(d => !done(d.source))       //挑出那些没有配上对的 Dangles
  // Generate [[AutoBundle]] IO from [[forward]].           //为没有配上对的 Dangles 创建 AutoBundle，作为本模块的 IO:
val auto = IO(new AutoBundle(forward.map { d => (d.name, d.data, d.flipped) }: _*))    //凡是 auto 都是 IO
  // Pass the [[Dangle]]s which remained and were used to generate the [[AutoBundle]] I/O ports up to
  // the [[parent]] [[LazyModule]]
val dangles = (forward zip auto.elements) map { case (d, (_, io)) =>
      //d 来自 forward 序列，是没有配上对的 Dangles；(_, io)是 auto 序列中对应元素的 elements（见后）。
```

```
        // AutoBundle.elements 的类型为 ListMap[String, Data]，所以这里 io 成分的类型是 Data，实际上就是 Bundle。
      if (d.flipped) {  //d.flipped 决定物理连接的方向
        d.data <> io  //这里 d.data 的类型当但是 Data，io 的类型也是 Data，所以这里的<>符号也是表示物理连接。
      } else {
        io <> d.data
      }
      d.copy(data = io, name = wrapper.suggestedName + "_" + d.name)
    }
    // Push all [[LazyModule.inModuleBody]] to [[chisel3.internal.Builder]].
    wrapper.inModuleBody.reverse.foreach { _ ()}      //调用注入到 wrapper.inModuleBody 中的各个外加函数

    if (wrapper.shouldBeInlined) {
      chisel3.experimental.annotate(new ChiselAnnotation { def toFirrtl = InlineAnnotation(toNamed) })
    }
    // Return [[IO]] and [[Dangle]] of this [[LazyModuleImp]].
    (auto, dangles)    //以 auto 和 dangles 两个 val 的值作为 instantiate()的两个返回值
  }    //end instantiate()
}    //end trait LazyModuleImpLike
```

代码中已经加了许多注释，所以这里就长话短说：在 instantiate 的过程中，所在模块本身会产生一些基于 HalfEdge 的 nodeDangles；另外从对子模块的 instantiate 过程中也会返回 childDangles，二者合在一起就是 allDangles。在这个过程中，凡是有绑定的节点存在就会有 HalfEdge，从而就会有 Dangle。所谓 Dangle，就是尚在悬而未决，有待与对方建立物理连接的端口，HalfEdge 只是说明这是几号节点上的几号端口。有了 allDangles 以后就按 Source 节点分组。要是所有的绑定都是一对一绑定，那每个组里就只有一对节点，表示成一个(source, sink)二元组；如果有一对多绑定，那有些组里就会有多对(source, sink)二元组。然而节点绑定的对方，即期待建立连接的对方，有可能不在本模块的辖域之内，是跨辖域的连接；这样的 Dangles 在本模块内部就配不上对了，所以单个 Dangle 就是一个组，这个组中各个元素的大小就是 1 而不是 2，不是缺了 source 就是缺了 sink。然后把配上对的 Dangles 都找出来，既然配上了对，就为它们建立物理连接，那些就已经 done，已经解决了。剩下配不上对的 Dangles 都在 forward 中，这些都是本模块（包括所有子模块）的 IO 端口，因为此刻还无法建立连接。不过，这些 Dangles 在上一层，即本模块的父模块中有可能得到解决。事实上，从对子模块的 instantiate 过程返回的 childDangles 就是在子模块中配不上对的，能配上对的在子模块内部就解决了。所以，就本模块而言，这些“单干户”都只能作为外部接口处理。处理的方法，就是为其创建一个 AutoBundle 对象，把它绑定成一个 IO 端口，然后再将这 Dangle 连接到这个端口上。这样，所创建 AutoBundle 对象的序列就是 instantiate()返回的 auto，返回的 dangles 则是连接到这些 auto 的 Dangles。所以 auto 和 dangle 其实是同一事物的两个方面。下面是 class AutoBundle 的定义：

```
/** [[AutoBundle]] will construct the [[Bundle]]s for a [[LazyModule]] in [[LazyModuleImpLike.instantiate]],
  * @param elts is a sequence of data containing for each IO port a tuple of (name, data, flipped), where
  *                  name: IO name
  *                  data: actual data for connection.
  *                  flipped: flip or not in [[makeElements]]
  */
final class AutoBundle(elts: (String, Data, Boolean)*) extends Record {
  // We need to preserve the order of elts, despite grouping by name to disambiguate things.
  val elements: ListMap[String, Data] = ListMap() ++ elts.zipWithIndex.map(makeElements).groupBy(_._1).values.flatMap {
    // If name is unique, it will return a Seq[index -> (name -> data)].
```

```
    case Seq((key, element, i)) => Seq(i -> (key -> element))
      // If name is not unique, name will append with j, and return `Seq[index -> (s"${name}_${j}" -> data)]`.
    case seq => seq.zipWithIndex.map { case ((key, element, i), j) => i -> (key + "_" + j -> element) }
  }.toList.sortBy(_._1).map(_._2)
  require(elements.size == elts.size)

  // Trim final "(_[0-9]+)*$" in the name, flip data with flipped.
  private def makeElements(tuple: ((String, Data, Boolean), Int)) = {    //tuple三元组的内容为(name, bundle, flip)
    val ((key, data, flip), i) = tuple
    // Trim trailing _0_1_2 stuff so that when we append _# we don't create collisions.
    val regex = new Regex("(_[0-9]+)*$")
    val element = if (flip) data.cloneType.flip() else data.cloneType
    (regex.replaceAllIn(key, ""), element, i)
  }

  override def cloneType: this.type = new AutoBundle(elts: _*).asInstanceOf[this.type]
}   //end class AutoBundle
```

所以，instantiate()返回的 auto 和 dangles 是配对的，auto 中的元素只是关于端口的名称、数据类型和方向的说明；dangles 中的元素则是有待绑定的 inward 或 outward 节点，这些节点都已被连接到 auto 中所述的端口。

总之，对一个 LazyModule 模块的 instantiate()就是对以该节点为根的整个子树的 instantiate()，返回的是整个子树中尚未得到落实的绑定，表现为一个 auto 序列和一个 dangles 序列。

10.3 节点间的绑定

在 Diplomacy 的术语中，所谓“节点”是指 Lazy 模块的对外接口，一个 Lazy 模块可以有多个对外接口。而节点间绑定指的则是 Diplomacy 节点之间关于参数协调的“外交关系”，但是这种关系蕴含着物理（电路）上的连接，因为只有需要物理连接的模块之间才需要有参数的协调。而模块的对外物理连接和参数绑定，基本上是谁创建的模块由谁连接（绑定），“谁家的孩子谁抱走”。

为说明这一点，找了 rocket-chip-main 中的一个用于测试的程序，这个程序中定义了一个 LazyModule 具体类叫 APBFuzzBridge。创建该类对象时会创建五个子模块，都是 LazyModule，然后就建立起这些子模块之间（直接或间接）的参数绑定（绑定中蕴含着物理连接）：

```
class APBFuzzBridge(aFlow: Boolean, txns: Int)(implicit p: Parameters) extends LazyModule {
  val fuzz  = LazyModule(new TLFuzzer(txns))      // TLFuzzer是个LazyModule具体类，要不然前面不会用object LazyModule。
  val model = LazyModule(new TLRAMModel("APBFuzzMaster"))        //同上，APBFuzzMaster也是LazyModule具体类。
  val xbar  = LazyModule(new APBFanout)
  val ram   = LazyModule(new APBRAM(AddressSet(0x0, 0xff), fuzzReady = true, fuzzError = true))
  val gpio  = LazyModule(new APBRRTest0(0x100))

  ram.node := xbar.node              // “:=”出现在这里就是绑定符（ram.node的类型是Node），而不是硬件连接符。
  gpio.node := xbar.node
  (xbar.node := TLToAPB(aFlow) := TLDelayer(0.2) := TLBuffer(BufferParams.flow) := TLDelayer(0.2)
                                               := TLFragmenter(4, 8) := model.node := fuzz.node)
```

```
  lazy val module = new LazyModuleImp(this) with UnitTestModule {
    io.finished := fuzz.module.io.finished        //“:=”出现在这里就是硬件连接符，而不会是绑定符（io.finished也不是Node）。
  }
}
```

首先我们注意到，这个模块没有提供一个 node 成分，这就是说它本身是不需要有绑定、有对外连接和参数协调的。既然不需要有参数协调，为什么又要继承 LazyModule，而不是 Module 呢？这是因为，虽然它本身并不需要参数协调，但是它创建的子模块有这个要求。要是不把它说明是 LazyModule 子类，在遍历结构拓扑图时到了这个节点就回头了。所以，APBFuzzBridge 对象也得是结构拓扑图中的一个节点。

这个 APBFuzzBridge 创建了五个子模块，这些子模块都有 node，以 class APBFanout 为例：

```
class APBFanout()(implicit p: Parameters) extends LazyModule {
  val node = new APBNexusNode(
     masterFn = { case Seq(m) => m },
     slaveFn   = { seq => seq(0).copy(slaves = seq.flatMap(_.slaves), requestKeys = seq.flatMap(_.requestKeys).distinct,
                                    responseFields = BundleField.union(seq.flatMap(_.responseFields))) })
          { override def circuitIdentity = outputs == 1 && inputs == 1 }    // masterFn和slaveFn是参数，花括号里是扩充。

  lazy val module = new LazyModuleImp(this) {
    if (node.edges.in.size >= 1) {  //因为是以this为参数创建LazyModuleImp对象，在里面就可以直接引用node。
      require (node.edges.in.size == 1, "APBFanout does not support multiple masters")
      require (node.edges.out.size > 0, "APBFanout requires at least one slave")
      val (in, _) = node.in(0)
      // Require consistent bus widths
      val (io_out, edgesOut) = node.out.unzip
      val port0 = edgesOut(0).slave
        …
    }   //end if
    …
  }   //end lazy val module
}
```

别的几个子模块也是一样。由于这 5 个子模块都是由 APBFuzzBridge 创建的，原则上这些子模块之间的绑定就都是它的责任。不过也有例外，有的子模块也许会需要越出 APBFuzzBridge 模块的辖域，与域外的模块建立连接和绑定，那就只好让上一层的模块去处理。也可能要一层一层上交，一直可以交到顶层模块。这也是为什么参数协调必须在所有的 Lazy 模块都已创建之后才能进行的原因，也是为什么对一个模块执行 instantiate()之后会有 dangles 返回的原因。

不过 APBFuzzBridge 的这五个子模块没有建立域外连接和绑定的要求，所以它们之间的绑定都是在 APBFuzzBridge 内部完成的。同样一个“:=”符号，出现在 Diplomacy 阶段，即 LazyModuleImp 模块之外，就表示绑定（蕴含着物理连接）；在 LazyModuleImp 之内就表示单纯的物理连接，这是因为在 Diplomacy 阶段出现在:=符左边的都是节点；而 LazyModuleImp 之内出现在:=符左边的都是 Data 类对象。

以“ram.node := xbar.node”这个语句为例，就表示所创建的子模块 ram 与 xbar 之间绑定，绑定的方向是把 xbar 的 outer 连接到 ram 的 inner，并在这二者之间进行参数协调。显然，ram 和 xbar 这两个子模块内部一定有个成分叫 node。事实上，ram 内部的 node 是个 APBSlaveNode，这实际上是个 SinkNode；而 xbar 内部的 node 是个 APBNexusNode。NexusNode 的对外连接可以是一对多，所以下面又有“gpio.node := xbar.node”。

当xbar.node出现在绑定符左边的时候，所绑定的是这个节点的inner接口，这里直接绑定的是TLToAPB。可是 APBFuzzBridge 似乎并未创建 TLToAPB 呀，这是绑定的哪一个 TLToAPB？原来这里引用的是 object TLToAPB，每引用一次object TLToAPB就给你创建一个TLToAPB对象。同样的道理，这里对object TLDelayer引用了两次，就创建了两个 TLDelayer 对象。这里的绑定就是链式绑定，每个绑定符的左边是 inner 接口，右边是 outer 接口。这样的一串绑定下去，就绑上了 model.node，就是 TLRAMModel 模块内部的 node，那是个TLAdapterNode。而 TLAdapterNode 的右边，即其上游方向，则是 fuzz.node，这是 TLFuzzer 模块内部的 node，这是个 TLClientNode，实际上是个 SourceNode。

这说明，在 APBFuzzBridge 内部，TLFuzzer 模块是参数的源头，参数协调多多少少都得听它的。另一方面，由于参数绑定中蕴含着物理连接，这个节点事实上也是信息的源头，它产生的信息一路向下游方向留到 xbar 这个节点就分了叉，留到 ram 和 gpio 这两个节点。

但是，如果参数的源头和信息的源头不一致，比方说这里的 TLFragmenter 模块是参数源头，那怎么办？那就从 TLFragmenter 模块开始，以此为 Source 节点向两边绑定，所谓 inner 和 outer 都是就参数协调而言，为参数一致化而定义的。至于模块间的信息流向，那总是要由具体模块的内部实现决定。

执行完这些语句，APBFuzzBridge 对象的初始化就完成了，下面 LazyModuleImp 模块的创建要到 module 这个 lazy val 被引用的时候才会进行，那要到 LazyModule1 的 instantiate 阶段。

10.4 节点的 instantiate

如上所述，LazyModule 模块中作为 lazy val 的 module，要到 instantiate 的时候才会被初始化，从而创建 LazyModuleImp 模块。为什么叫 instantiate 呢？这个词有“实体化”、“物理上落实”、“实施”的意思，用在这里确实也就是这个意思。这是因为：此前 LazyModule 模块的初始化只是为参数协调做好了准备，相当于制定了一个参数化的计划，具体的参数化协调尚未进行，更别说物理连接的建立。至于具体 LazyModule 模块内部的硬件描述，这才是整个模块的核心，则至此为止尚未触及，所以整个 LazyModule 模块其实还只是空中楼阁，需要有个加以落实的过程，这就是 instantiate。就具体的 LazyModule 模块而言，当它的 module 被应用的时候就会启动它的实体化过程。这是因为：

```
class LazyModuleImp(val wrapper: LazyModule) extends MultiIOModule with LazyModuleImpLike {
  /** Instantiate hardware of this `Module`. */
  val (auto, dangles) = instantiate()
}
```

这就通过对由trait LazyModuleImpLike提供的instantiate()函数启动了对一个Lazy模块的instantiate过程，实际上是对以该 Lazy 模块为根的整个子树的 instantiate 过程，这我们在前面讲 LazyModule 的一节中已经看到过了。但是在那里我们只看到物理连接的建立，却并未看到参数协调。事实上，参数协调是在对节点的 instantiate 过程中完成的；而对 Lazy 模块的 instantiate 其实包含了对其所含参数协调节点的 instantiate。在前面的那个 instantiate()函数内部，有这么一个语句：

```
    // Ask each node in this [[LazyModule]] to call [[BaseNode.instantiate]].
    // This will result in a sequence of [[Dangle]] from these [[BaseNode]]s.
    val nodeDangles = wrapper.nodes.reverse.flatMap(_.instantiate())
```

这里的 wrapper 就是包在 LazyModuleImp 对象外面的 LazyModule，wrapper.nodes 则是那个 LazyModule 中所有节点（大多只有一个）的序列，对此序列逆向加以 map，依次对每个节点调用其 instantiate()函数。前面讲过，这些节点都是由抽象类 MixedNode 派生而来的，所以这个 instantiate()就是定义于 MixedNode 中的那个 instantiate()。调用的返回值则是一个 Dangle 序列，即 nodeDangles，这就是该 LazyModule 内部产生的

Dangles，与 childDangle 合在一起就是整个子树所产生的 Dangles，这我们在前面 trait LazyModuleImpLike 的那个 instantiate()函数中已经看到过了。现在我们就来看由抽象类 MixedNode 提供的 instantiate()函数。

```
[trait LazyModuleImpLike.instantiate() > MixedNode.instantiate()]

  /** Actually instantiate this node during [[LazyModuleImp]] evaluation.
    * Mark that it's safe to use the Bundle wires, instantiate monitors on all input ports if appropriate,
    * and return all the dangles of this node.
    */
  protected[diplomacy] def instantiate(): Seq[Dangle] = {
    instantiated = true
    if (!circuitIdentity) {      //只要不是circuitIdentity（本节点并非IdentityNode）：
      (iPorts zip in) foreach { case ((_, _, p, _), (b, e)) => if (p(MonitorsEnabled)) inner.monitor(b, e) }      //仅用于调试目的
    }

    danglesOut ++ danglesIn               // danglesOut和danglesIn都是函数
  }
```

这个函数返回的是当前节点的 danglesOut 和 danglesIn 两个 Dangle 对象序列的拼接。可是这两个序列是怎么来的呢？其实这二者都是定义于抽象类 MixedNode 中的两个函数，其实我们在前面已经看到过，但是一来那时候并不是放在节点 instantiate 的上下文中，二来也为方便，所以这里再予列出。这两个函数的返回值都是 Seq[Dangle]：

```
[MixedNode.instantiate() > danglesOut()]
  /** Create the [[Dangle]]s which describe the connections from this node output to other nodes inputs. */
  protected[diplomacy] def danglesOut: Seq[Dangle] = oPorts.zipWithIndex.map { case ((j, n, _, _), i) =>
    Dangle(
      source = HalfEdge(serial, i),        //本节点是source，因为是来自输出端口oPorts，serial是端口序号。
      sink = HalfEdge(n.serial, j),        //对方节点是sink，因为对方是输入方，n.serial是对方的端口序号。
      flipped = false,                     //并未反向
      name = wirePrefix + "out",
      data = bundleOut(i))                 //bundleOut是用来输出数据的，source端的参数协调就在于此。
  }

  /** Create the [[Dangle]]s which describe the connections from this node input from other nodes outputs. */
  protected[diplomacy] def danglesIn: Seq[Dangle] = iPorts.zipWithIndex.map { case ((j, n, _, _), i) =>
    Dangle(
      source = HalfEdge(n.serial, j),          //对方节点是source，因为对方是输出方。
      sink = HalfEdge(serial, i),              //本节点是sink，因为是来自输入端口iPorts。
      flipped = true,                          //这个Dangle的方向是反的
      name = wirePrefix + "in",
      data = bundleIn(i))                      //bundleInt是用来输入数据的，sink端的参数协调就在于此。
  }
```

显然，danglesIn()和 danglesOut()所返回的两个序列在逻辑上是基本对称的，所以下面在叙述中就只以输出一边为例。

从程序代码可知，danglesOut 这个序列的长度取决于 oPorts 序列。而 oPorts 这个序列的长度，我们在下面会看到，则取决于本节点的 accPO 数组中的内容。我们在前面看到，每当通过例如“:=”算符进行两个节点的绑定的时候，就把双方的信息压入对方的 accPI/accPO 数组。所以 oPorts 序列的长度归根结底取决于节点间的绑定（既然绑定就必有连接），这是一个方面。另一方面，下面我们就会看到，oPorts 的类型是 Seq[(Int, InwardNode[DO, UO, BO], Parameters, SourceInfo)]，是个四元组的序列，所以这里 case 语句中的(j, n, _, _)，其中 j 是 Int，那是序号；n 代表 InwardNode，这就是所绑定的对方，因为 oPorts 表明这是在 outwardNode 这一边；后面两个‘_’分别是 Parameters 和 SourceInfo，不这里不予关心。

再看序列中每个 Dangle 对象的内容，其中 sink 来自相应 oPorts 元素中的 InwardNode 对象，所以连接对方是 sink；source 就是本节点，即 this。关键是 data，在 danglesOut 中 data 定义为 bundleOut(i)，这当然也是我们需要考察的。所以，这里就有两个问题需要考察。一是 oPorts 这个序列的来历，二是 bundleOut()这个函数的实现。事实上，oPorts 解决的是要跟谁进行参数协调的问题，而 bundleOut()则蕴含着参数协调的进行和物理连接的建立。

那么 oPorts 的内容究竟是什么呢？在 class MixedNode 的代码中，oPorts 是个 lazy val：

```
[MixedNode.instantiate() > danglesOut() > oPorts]
  /** Final output ports after all stars and port forwarding (e.g. [[EphemeralNode]]s) have been resolved.
    * Each Port is a tuple of:
    * - Numeric index of this binding in the [[InwardNode]] on the other end.
    * - [[InwardNode]] on the other end of this binding.
    * - A view of [[Parameters]] where the binding occurred.
    * - [[SourceInfo]] for source-level error reporting.
    */
  lazy val oPorts: Seq[(Int, InwardNode[DO, UO, BO], Parameters, SourceInfo)] = oDirectPorts.map(oTrace)
```

这就是说，对 lazy val iPorts 的引用又会转化成对 oDirectPorts 的引用，但后者又是个 lazy val，也是受到引用才去计算：

```
[MixedNode.instantiate() > danglesOut() > oPorts > oDirectPorts]
  /** Sequence of inward ports. This should be called after all star bindings are resolved. Each element is:
    * `j` Port index of this binding in the Node's [[oPortMapping]] on the other side of the binding.
    * `n` Instance of inward node.
    * `p` View of [[Parameters]] where this connection was made.
    * `s` Source info where this connection was made in the source code.
    */
  protected[diplomacy] lazy val oDirectPorts: Seq[(Int, InwardNode[DO, UO, BO], Parameters, SourceInfo)] =
    oBindings.flatMap { case (i, n, _, p, s) =>              // oDirectPorts来自对oBindings的map操作
        // for each binding operator in this node, look at what it connects to
      val (start, end) = n.iPortMapping(i)                   // iPortMapping()见后，处理一对多和多对一的绑定。
      (start until end) map { j => (j, n, p, s) }
    }
```

显然，oDirectPorts 这个序列又来自另一个序列 oBindings。

```
[MixedNode.instantiate() > danglesOut() > oPorts > oDirectPorts > oBindings]
  /** Ends the binding accumulation stage and returns all the output bindings to this node.
```

```
   * Evaluating this lazy val will mark the outward bindings as frozen,
   * preventing subsequent bindings from being created via [[oPush]].
   * The bindings are each a tuple of:
   * - numeric index of this binding in the other end of [[InwardNode]].
   * - [[InwardNode]] on the other end of this binding
   * - [[NodeBinding]] describing the type of binding
   * - A view of [[Parameters]] where the binding occurred.
   * - [[SourceInfo]] for source-level error reporting
   */
 protected[diplomacy] lazy val oBindings: Seq[(Int, InwardNode[DO, UO, BO], NodeBinding, Parameters, SourceInfo)] = {
    oRealized = true; accPO.result() }          //来自积累在accPO中的内容
```

所以，oBindings 这个序列来自本节点上的 accPO，显然与其对应的 iBindings 这个序列就来自本节点上的 accPI。而 accPO 和 accPI 的内容，则来自程序中使用“:=”等算符进行节点间绑定的语句。如果都是一对一的绑定，那么双方是对称的；如果有一对多或多对一的绑定，那就不对称了。

之所以 oPorts、oDirectPorts、oBindings 都是 lazy val，是因为这些变量的值不能在其所在节点初始化的时候就定下来，那时候 accPI 和 accPO 中还没有内容；一定要到全局的所有 LazyModule 都已创建，再回头 instantiate()这个节点的时候，此时 accPI 和 accPO 中的内容已经尘埃落定。

这样，从 iBindings 和 oBindings 得到的分别是 accPI 和 accPO 中的完整内容，包含着这个节点所有内向和外向的绑定。这也说明，凡是建立了绑定的节点，就都有个 oPort 或者 iPort，二者必居其一；因而就都会有个 HalfEdge，都会有个 Dangle。

但是无论是内向还是外向的绑定都未必是一对一的，所以还要考虑通过“:*=”、“:=*”、“:*=*”建立的绑定。回到上面的 oDirectPorts()中，那里引用了 val iPortMapping 的值，iPortMapping 和 oPortMapping 是一对，和另一对变量 oStar/iStar 一起体现着那些绑定符的作用：

```
[MixedNode.instantiate() > danglesOut() > oPorts > oDirectPorts > iPortMapping]
 /** Resolve all the star operators into concrete indicies.
   * As connections are being made, some may be "star" connections which need to be resolved.
   * In some way to determine how many actual edges they correspond to.
   * We also need to build up the ranges of edges which correspond to each binding operator, so that
   * We can apply the correct edge parameters and later build up correct bundle connections.
   * [[oPortMapping]]: `Seq[(Int, Int)]` where each item is the range of edges corresponding to that oPort (binding operator).
   * [[iPortMapping]]: `Seq[(Int, Int)]` where each item is the range of edges corresponding to that iPort (binding operator).
   * [[oStar]]: `Int` the value to return for this node `N` for any `N :*= foo` or `N :*=* foo :*= bar`
   * [[iStar]]: `Int` the value to return for this node `N` for any `foo :=* N` or `bar :=* foo :*=* N`
   */
 lazy val (oPortMapping: Seq[(Int, Int)], iPortMapping: Seq[(Int, Int)], oStar: Int, iStar: Int) = {
   try {
     if (starCycleGuard) throw StarCycleException()
     starCycleGuard = true
     // For a given node N...
     //    Number of foo :=* N
     // + Number of bar :=* foo :*=* N
     val oStars = oBindings.count { case (_,n,b,_,_) =>
      b == BIND_STAR || (b == BIND_FLEX && edgeArityDirection(n) < 0) }
     //    Number of N :*= foo
```

```
    // + Number of N :*=* foo :*= bar
    val iStars = iBindings.count { case (_,n,b,_,_) =>
       b == BIND_STAR || (b == BIND_FLEX && edgeArityDirection(n) > 0) }
    //     1              for foo := N
    // + bar.iStar for bar :*= foo :*=* N
    // + foo.iStar for foo :*= N
    // + 0              for foo :=* N
    val oKnown = oBindings.map { case (_, n, b, _, _) => b match {
      case BIND_ONCE   => 1
      case BIND_FLEX   => edgeAritySelect(n, 0, n.iStar)
      case BIND_QUERY => n.iStar
      case BIND_STAR   => 0 }}.sum
    //     1              for N := foo
    // + bar.oStar for N :*=* foo :=* bar
    // + foo.oStar for N :=* foo
    // + 0              for N :*= foo
    val iKnown = iBindings.map { case (_, n, b, _, _) => b match {
      case BIND_ONCE   => 1
      case BIND_FLEX   => edgeAritySelect(n, n.oStar, 0)
      case BIND_QUERY => n.oStar
      case BIND_STAR   => 0 }}.sum
    // Resolve star depends on the node subclass to implement the algorithm for this.
    val (iStar, oStar) = resolveStar(iKnown, oKnown, iStars, oStars)
    // Cumulative list of resolved outward binding range starting points
    val oSum = oBindings.map { case (_, n, b, _, _) => b match {
      case BIND_ONCE   => 1
      case BIND_FLEX   => edgeAritySelect(n, oStar, n.iStar)
      case BIND_QUERY => n.iStar
      case BIND_STAR   => oStar }}.scanLeft(0)(_+_)
    // Cumulative list of resolved inward binding range starting points
    val iSum = iBindings.map { case (_, n, b, _, _) => b match {
      case BIND_ONCE   => 1
      case BIND_FLEX   => edgeAritySelect(n, n.oStar, iStar)
      case BIND_QUERY => n.oStar
      case BIND_STAR   => iStar }}.scanLeft(0)(_+_)
        // Create ranges for each binding based on the running sums and return
        // those along with resolved values for the star operations.
    (oSum.init zip oSum.tail, iSum.init zip iSum.tail, oStar, iStar)      //这是最后的输出，用来对4个val赋值。
  } catch {
    case c: StarCycleException => throw c.copy(loop = context +: c.loop)
  }
}
```

这是对四个 val 即 oPortMapping、iPortMapping、oStar、iStar 的赋值，其输入来自 iBindings 和 oBindings，即来自 accPI 和 accPO，最终来自节点间的绑定。我们看其中 iSum 这个序列的来源，这个序列来自对 iBindings 这个序列的 map 操作（最后还要 scanLeft），map 操作的内容是检查来自 accPI 的每个元素的绑定方式，如果是 BIND_ONCE 就是 1，如果是别的绑定方式则另作计算。这样，最后所得的 iPortMapping 就反映了实际的对外连接。落实了 iPortMapping、oPortMapping，就落实了 iDirectPorts 和 oDirectPorts（见前），从而使 iPorts 和 oPorts 也得到了（因考虑一对多绑定而致的）最后落实。

最后，iPorts 和 oPorts 就是需要对外建立物理连接而尚未建立的端口，这都是“悬而未决（dangle）”的端口，但是首先当然要进行参数的协调一致。

回到前面对 danglesOut()的调用，现在 oPorts 的内容有了，每个 oPort 代表着一个节点的外向端口，同样每个 iPort 代表着一个节点的内向端口，而 oPort 与 iPort 之间又通过 accPO 和 accPI 元素互相指向对方。既然如此，似乎就在二者之间进行参数协调并建立物理连接就行。但是这里又有个问题，就是参数协调可以，但是连接可能有困难，因为有些连接可能是跨辖域的连接，双方所在的 Lazy 模块并非由同一个父模块所创建，在一个模块的上下文中访问不到另一个模块内部的节点。即使是在同一个模块中创建，在一个节点的上下文中也访问不到另一个节点的内部。所以只能这样，先把参数协调处理掉，物理连接的事情只能报请上一层，或者甚至再上一层来办；总之是要到对两边都能访问的辖域里才能办。至于向上报告的形式就是：这里有个端口，需要与对方连接，对方是谁，请上级加以处理。这就是 Dangle，而对于一个连接的半边的描述就是 HalfEdge。

所以，下面就是要为这个序列中的每个元素创建一个 Dangle，而 Dangle 中最关键的成分 data 是个 Bundle，这就是悬而未决、有待于连接的 Bundle；但是参数协调的事情要先搞好。由于 danglesIn()和 danglesOut()是对称的，我们在这里就只看 danglesOut()里面的 bundleOut：

[MixedNode.instantiate() > danglesOut() > bundleOut()]

```
/** Create actual Wires corresponding to the Bundles parameterized by the inward edges of this node. */
protected[diplomacy] lazy val bundleOut: Seq[BO] = edgesOut.map(e => chisel3.Wire(outer.bundleO(e)))
```

可见，bundleOut 是根据 edgesOut 创建的 Wire(outer.bundleO(e))，这里的 Wire 就是 object Wire，所以 bundleOut 是物理上的 Bundle，这就是蕴含在节点绑定中的物理连接，离开物理连接的参数协调是没有意义的。这里的 outer 是抽象类 MixedNode 的构造参数之一，是个带有 trait OutwardNodeImp 的某类对象，总之是对 NodeImp 的扩充，具体就看所绑定对方的节点类型了；而 bundleO()则是该 NodeImp 提供的函数。当然，bundleOut 来自 edgesOut，outer.bundleO()只是对 edgesOut 实施 map 时所调用的方法函数。

但是 edgesOut 又是一个 lazy val，也是要事到临头的时候才进行计算的：

[MixedNode.instantiate() > danglesOut() > bundleOut > edgesOut]

```
/** Outward edge parameters. */
protected[diplomacy] lazy val edgesOut: Seq[EO] = (oPorts zip doParams).map {
    case ((i, n, p, s), o) => outer.edgeO(o, n.uiParams(i), p, s) }    //这里的o来自本节点的doParams，n.uiParams来自对方节点。
protected[diplomacy] lazy val edgesIn: Seq[EI] = (iPorts zip uiParams).map {
                                                          case ((o, n, p, s), i) => inner.edgeI(n.doParams(o), i, p, s) }
```

这又是来自 iPorts/oPorts，edgesOut 来自 oPorts；同时也与 uiParams 和 doParams 挂上了钩，因为还需要与对方进行参数协调。edgesOut 来自对二元组序列(oPorts zip doParams)的 map()，而 map 时所调用的函数则是 n.uiParams(i)。但是注意这里的 n 所指是对方节点，而不是 oPorts 所在的这个节点本身（oPorts 所在节点本身就是当前正在 instantiate 的那个 MixedNode）；oPorts 的类型是 Seq[(Int, InwardNode[DO, UO, BO], Parameters, SourceInfo)]：

```
/** Final output ports after all stars and port forwarding (e.g. [[EphemeralNode]]s) have been resolved. Each Port is a tuple of:
  * - Numeric index of this binding in the [[InwardNode]] on the other end.
```

```
    * - [[InwardNode]] on the other end of this binding.
    * - A view of [[Parameters]] where the binding occurred.
    * - [[SourceInfo]] for source-level error reporting.
    */
  lazy val oPorts: Seq[(Int, InwardNode[DO, UO, BO], Parameters, SourceInfo)] = oDirectPorts.map(oTrace)
```

所以这个 n 指的是对方的 InwardNode。意思是说：我的 UO 输入来自对方的 UI 输出，而对 uiParams() 的调用就是启动与对方的参数协调。可想而知，上位节点与下位节点的协商就是发生在上位节点的输出端和下位节点的输入端：

```
[MixedNode.instantiate() > danglesOut() > bundleOut > edgesOut > uiParams()]
  protected[diplomacy] lazy val uiParams: Seq[UI] = {     //定义于抽象类MixedNode
    try {
      if (iParamsCycleGuard) throw UpwardCycleException()
      iParamsCycleGuard = true
      val i = mapParamsU(iPorts.size, uoParams)              //参数来自uoParams
      require (i.size == iPorts.size, s"""Diplomacy has detected a problem with your graph:
                    |At the following node, the number of inward ports should equal the number of produced inward parameters.
                    |...
                    |""".stripMargin)
      i.map(inner.mixI(_, this))          //还要结合本地的一些参数，this代表正在instantiate()的节点，某个MixedNode对象。
    } catch {
      case c: UpwardCycleException => throw c.copy(loop = context +: c.loop)
    }
  }
  protected[diplomacy] lazy val uoParams: Seq[UO] = oPorts.map { case (o, n, _, _) => n.uiParams(o) }
```

显然，与下位节点的参数协调是通过让下位节点执行其 mapParamsU()而实现的。但是注意调用这个函数时的参数 uoParams，这是下位节点上的 uoParams，而 uoParams 又来自其对方节点的 uiParams；这个“对方节点”是下位节点的下位节点，所以这里隐含着递归。

和另一个函数 mapParamsD()一样，这是定义于抽象类 MixedNode 中的抽象函数，但在不同的具体类中得以落实，以 MixedAdapterNode 为例就是这样：

```
[MixedNode.instantiate() > danglesOut() > bundleOut > edgesOut > uiParams() > mapParamsU()]
  protected[diplomacy] def mapParamsU (n: Int, p: Seq[UO]) : Seq[UI] = {
    require(n == p.size, s"""Diplomacy has detected a problem with your graph:
                          |The following node has $n inputs and ${p.size} outputs, they must match
                          |$context
                          |$bindingInfo
                          |""".stripMargin)
    p.map(uFn)       //由下位节点执行其uFn()函数
  }
```

终于落实到了下位节点的 uFn()函数。但是注意这里参数序列 p 的来源是下位节点上的 uoParams，这个 uoParams 有来自更下位的 uiParams，这是递归的，一直要递归到碰上 Sink 节点才停止。

还有个函数 mixI()，这个函数在 trait InwardNodeImp 中的定义是原封不动返回上行参数 pu，但是在具体的 NodeImp 终可以重载覆盖，例如在 object TLImp 终就是这样：

```
override def mixI (pu: TLSlavePortParameters, node: InwardNode[TLMasterPortParameters, TLSlavePortParameters, TLBundle])
  : TLSlavePortParameters = pu.v1copy(managers = pu.managers.map { m => m.v1copy (nodePath = node +: m.nodePath) })
```

显然，这在一般的情况下只是很细小的修改，与直接返回 pu 也相差无几。

不难理解，与上位节点的参数协调是与此对称的，这次是让上位节点执行其 doParams 的计算，从而调用其 mapParamsD()，在那里又调用其 dFn()，而且参数的来源也是来自更上一位的节点，也是递归，一直递归到碰上 Source 节点：

```
[MixedNode.instantiate() > danglesIn() > bundleIn > edgesIn > doParams()]
  protected[diplomacy] lazy val doParams: Seq[DO] = {
    try {
      if (oParamsCycleGuard) throw DownwardCycleException()
      oParamsCycleGuard = true
      val o = mapParamsD(oPorts.size, diParams)                //参数来自diParams
      require (o.size == oPorts.size,
        s"""Diplomacy has detected a problem with your graph:
           |At the following node, the number of outward ports should equal the number of produced outward parameters.
           |$context
           |$connectedPortsInfo
           |Downstreamed inward parameters: [${diParams.mkString(",")}]
           |Produced outward parameters: [${o.mkString(",")}]
           |""".stripMargin)
      o.map(outer.mixO(_, this))          //也要结合本地的一些参数，this代表正在instantiate()的节点。
    } catch {
      case c: DownwardCycleException => throw c.copy(loop = context +: c.loop)
    }
  }
  protected[diplomacy] lazy val diParams: Seq[DI] = iPorts.map { case (i, n, _, _) => n.doParams(i) }
```

这次是 mapParamsD()加 mixO()，其中 mixO()与前面的 mixI()相仿，mapParamsD()则是这样：

```
protected[diplomacy] def mapParamsD(n: Int, p: Seq[DI]): Seq[DO] = {
  require(n == p.size, s"""Diplomacy has detected a problem with your graph:
                           |The following node has ${p.size} inputs and $n outputs, they must match.
                           |$context
                           |$bindingInfo
                           |""".stripMargin)
  p.map(dFn)
}         //由上位节点执行其dFn()函数
```

这就到了对具体节点所提供的 uFn()和 dFn()的调用，如前所说，函数 dFn()的类型是“DI => DO”，uFn()的类型是“UO => UI”；但是对于 MixedNexusNode，由于其下游方向允许一对多的连接，两个函数的类型就分别变成了“Seq[DI] => DO”和“Seq[UO] => UI”。这里 DI 和 UI 分别是输入方即 inner 上的下行参数和上行参数，而 DO 和 UO 则是输出方即 outer 上的下行参数和上行参数。凡是下行参数，包括 DI 和 DO，都是上游对下游，Master 对 Slave，Source 对 Sink，属于上级对下级的“传达”。凡是上行参数，包括 UO 和 UI，则都是下游对上游，Slave 对 Master，Sink 对 Source，属于下级对上级的“汇报”。这两个函数的执行就是具体节点所提供参数协调规则的实施。

这么说来，当执行一个节点的 instantiate()函数，要对此节点实行参数协调的时候，有实际行动却是在其所绑定的对方，不是在其上位节点就是在其下位节点上；而且还是递归的，如果是向上就一直递归到 Source 节点，如果是向下就一直递归到 Sink 节点。那么这个节点自身就不干点什么？是的，但是这不要紧，到了对其所绑定的对方节点执行 instantiate()函数的时候就倒过来了。

MixedAdapterNode 是这样，别的节点也是这样，例如 MixedNexusNode：

```
class MixedNexusNode[DI, UI, EI, BI <: Data, DO, UO, EO, BO <: Data]
            (inner: InwardNodeImp [DI, UI, EI, BI], outer: OutwardNodeImp[DO, UO, EO, BO])
  ( dFn: Seq[DI] => DO, uFn: Seq[UO] => UI,     // no inputs and no outputs is always allowed
                    inputRequiresOutput: Boolean = true, outputRequiresInput: Boolean = true)
  (implicit valName: ValName) extends MixedNode(inner, outer) {
  override def description = "nexus"
  …
  protected[diplomacy] def mapParamsD(n: Int, p: Seq[DI]): Seq[DO] = { if (n > 0) { val a = dFn(p); Seq.fill(n)(a) } else Nil }
  protected[diplomacy] def mapParamsU(n: Int, p: Seq[UO]): Seq[UI] = { if (n > 0) { val a = uFn(p); Seq.fill(n)(a) } else Nil }
}
```

只有一个面向，没有上游的 SourceNode 和没有下游的 SinkNode 则略有不同：

```
class SourceNode[D, U, EO, EI, B <: Data](imp: NodeImp[D, U, EO, EI, B])
  (po: Seq[D])(implicit valName: ValName) extends MixedNode(imp, imp) {
  override def description = "source"
  …
  protected[diplomacy] def mapParamsD (n: Int, p: Seq[D]): Seq[D] = po            //本节点向下的参数
  protected[diplomacy] def mapParamsU (n: Int, p: Seq[U]): Seq[U] = Seq()         //上行参数序列为空
}

class SinkNode[D, U, EO, EI, B <: Data](imp: NodeImp[D, U, EO, EI, B]) (pi: Seq[U])(implicit valName: ValName)
    extends MixedNode(imp, imp) {
  override def description = "sink"
  …
  protected[diplomacy] def mapParamsD(n: Int, p: Seq[D]): Seq[D] = Seq()          //下行参数序列为空
  protected[diplomacy] def mapParamsU(n: Int, p: Seq[U]): Seq[U] = pi             //本节点向上的参数
}
```

这是因为，没有上游的 SourceNode 不存在与上游方向协调参数的问题，没有下游的 SinkNode 也不存在与下游方向协调参数的问题。

完成了本节点的所有对外参数协调，程序就从该节点的 instantiate()返回，所返回的是个 Dangle 对象的序列，因为虽然已经完成了参数一致化但有待实施物理连接。之所以尚未建立物理连接，是因为物理连接需要有双边的参与，而本节点并不具有涉及对方模块（和对方节点）的权限。所以这个物理连接只能是悬而未决的 Dangle：

```
case class Dangle (source: HalfEdge, sink: HalfEdge, flipped: Boolean, name: String, data: Data)
```

可见，一个 Dangle 记载了一对 source/sink 之间应有但尚未实施的物理连接，所以 source 和 sink 都是 HalfEdge，而 flipped 表示数据在这个连接上流通的方向是不是与 Master/Slave 的方向相反。至于 data 则就是 Bundle，就是这个物理连接上的数据格式。HalfEdge 的定义是这样：

```
/** One side metadata of a [[Dangle]].
  * Describes one side of an edge going into or out of a [[BaseNode]].
  * @param serial the global [[BaseNode.serial]] number of the [[BaseNode]] that this [[HalfEdge]] connects to.
  * @param index    the `index` in the [[BaseNode]]'s input or output port list that this [[HalfEdge]] belongs to.
  */
case class HalfEdge (serial: Int, index: Int) extends Ordered[HalfEdge] {   //只是说明：是几号节点上的几号端口。
  import scala.math.Ordered.orderingToOrdered
  def compare(that: HalfEdge): Int = HalfEdge.unapply(this) compare HalfEdge.unapply(that)
}
```

完成了本节点对外的所有参数协调，从其 instantiate()函数返回到所在模块的 instantiate()函数，所返回的 Dangle 对象序列就是那里的 nodeDangles 中的一部分，因为一个模块可以有多个节点。接下来的事，我们在前面对 LazyModule 执行的 instantiate()函数中已经看到过了。一个模块在其 instantiate()的过程中不仅有来自其各个节点的 nodeDangles，还有来自其各个子模块的 childDangles，合在一起就是 AllDangles，那就是该模块中的全部有待建立物理连接的 Dangle 对象。

可是，在个别子模块中无法解决的物理连接，到了现在这一层上，因为有来自所有子模块的 childDangles，又有来自各个节点的 nodeDangles，很可能就是可以解决的了。所以对 LazyModule 执行的 instantiate()函数中就干这个事。还解决不了的 Dangles 就继续往上交，所以那个 instantiate()函数的返回值是(auto, dangles)。

完成了对 LazyModule 对象的 instantiate()，以及嵌套在其内部的针对各个节点的 instantiate()，下面就是对 LazyModuleImp 或 LazyRawModuleImp 中的硬件描述代码的初始化和解析了。在这二者的内部，如果针对某个 node 调用 node.in 或 node.out 就可得到由这个 node，即由此项对外绑定和连接而来的(BI, EI)或(BO, EO)二元组序列，其中的 BI 和 BO 就是该模块因这个节点而来的 Bundle 输入和输出。

第 11 章 存储子系统与 TileLink

作为一种 RTL 层的硬件描述语言，Chisel 语言是一种适合被用来生成 CPU 和各种外部电路描述的工具，然而让运用此种工具编写出的软件可以成为能生成多种多样不同 CPU 具体实现的“生成器（generator）”，而不只是对某个特定芯片、例如特定 RISC-V 芯片的描述，这才是更高目的。反过来，要把软件做成生成器，而不只是对特定芯片的描述，这也是之所以采用 Chisel 语言的重要原因，因为对单一特定芯片的描述本可以用 Verilog 语言编写。

所以，Chisel 是手段，RISC-V（电路）生成器才是目的。UC Berkeley 的 Rocket Chip 就是这样的项目，这个项目所产出的 Rocket Chip 开源软件包（现由 SiFive 公司维护）所实现的就是这样的一种生成器软件。更具体地说，Rocket Chip 是一种 SoC 即“片上系统”的电路（描述）生成器。既然是 SoC，就不只是 CPU，也包括构成计算机系统的其它部件，主要就是存储器和 I/O、外设。RISC-V 的设计把 I/O 纳入存储器体系一并考虑和实现，把具体 I/O 接口上的寄存器视作存储空间中某个地址上的存储单元，这样一来芯片上除 CPU 之外就是存储子系统了。这里所谓存储子系统当然也包括（终极的）存储器与 CPU 之间的各级缓存，其中第一级缓存又分为数据缓存（D-Cache）和指令缓存（I-Cache）。正因为第一级缓存是把数据和指令分开缓存，我们才说 RISC-V 是一种“哈佛”结构、而不是“冯·诺依曼”结构的处理器。

人们之所以说用 Chisel 语言实现的是 SoC 电路的“生成器”，而不是某一种特定的 Soc，关键在于所实现的系统是“可配置”的，改变一下配置就可以生成出另一种 SoC 的电路描述。可以配置的重要参数很多，其中就有芯片上 CPU“核”的个数，可以是单核的，也可以是多核的。然而系统中 CPU 核的多少并不只是数量的问题。在多核系统中，存储器就成了“共享存储器”，尤其是在有缓存的情况下，就有多个缓存之间是否“协同（coherent）”的问题，这就使问题复杂化了。再如 CPU 的流水线宽度，这也是个重要的参数，宽度为 1 的“标量”流水线与宽度大于 1 的“超标量”流水线在结构上有显著的差异，研发者很可能会生成一个流水线宽度为 3 的 SoC，再生成一个流水线宽度为 5 的 Sco，然后再由 EDA 软件分别加以综合并进行模拟和分析比较，看哪一种的性价比最好。

我们在前面讲述相关原理的时候曾经说到，为解决存储一致性的问题，CPU 需要有实现对存储器“读-改-写”原子操作的单条指令，但是在多核共享存储器的条件下光靠 CPU 就不解决问题了，还需要有存储子系统的配合。而如果既共享内存，又使用缓存，则更需要由存储子系统保证存储的协同性，而 CPU 在这种条件下倒反而只是起配合的作用，就是让程序员有利用存储子系统协同机制的手段，具体就是类似 Acquire/Release 这样的指令。前面也讲过，在 RISC-V 的设计中，存储子系统应该支持 MOESI，即“Modify-Owned-Exclusive-Shared-Invalid”模型及相关的规程。

可是怎样才能实现这样一个存储子系统呢？这是一项专门性很强的工作，所以 UC Berkeley 就专门成立了一个小组，从事能提供一致性和协同性的存储子系统的开发，作为 Rocket Chip 的配套工程，他们的产出就称为 TileLink。TileLink 的 Scala/Chisel 实现，是 Rocket Chip 软件中的一个 package、一个套件包，最新的规格书“SiFive TileLink Specification”为 1.8 版，发布于 2019 年。从字面上看，Tile 是瓷砖、瓦片的意思，TileLink 的寓意就是怎么把一片片的瓷砖连接起来。但是实际上远不只是把部件互联起来那么简单，TileLink 既是一组存储/缓存模块互联的规程，更是一个实现存储系统一致性和协同性的模型和框架。进一步，对于像 RISC-V 这样按“存储器映射 I/O”即 MMIO 方式提供外设接口的系统结构，外设接口的寄存器也在存储器地址空间中（而并非像在 x86 结构中那样另有一个 I/O 地址空间），将外设接口上的寄存器看成（不可缓存的）内存单元，TileLink 实际上就成了关于整个系统的互连手段和框架，因为既包括存储器也包括外设。

与 RocketChip 一样，Xiangshan（香山）也是 SoC（电路）的生成器，也有存储子系统的问题。所以，虽然 XiangShan 并非 RocketChip，而是 RISC-V 的另一种 SoC 实现（事实上 RocketChip 的微结构与 XiangShan 有很大不同），但还是从 RocketChip 引入了它的 TileLink 这个 package 及其设计思想。所以，要理解 XiangShan 存储子系统的设计与实现，就有必要在深入到具体的代码之前先对 TileLink 作一介绍。

TileLink 提供了一个部件之间互连的模型，以及实现互连的一组规程（Protocol，也称“协议”），和一个实现存储系统协同性的框架。

在 TileLink 的模型中，一个能进行各种存/取“操作（Operation）”的模块通过己方的“Agent（意为中介、代理、办事员）”以点对点的方式与别的模块中的 Agent 交互，包括请求/命令的下达与应答，和数据传输。这种交互是“主从（Master/Slave）”式的，而不是对等的。这里发起存储操作（包括存和取）的主体是“模块（Module）”，模块才具有发起或执行存储操作的能力，而 Agent 只提供通信的手段。例如，在最简单的存储模型中只有处理器 CPU 和存储器 RAM 两个模块，处理器 CPU 为主，是操作的发起者，存储器 RAM 为从，是操作的执行者、提供者。双方的 Agent 就体现在各自与对方之间的接口（Interface）上。如果有多个模块存在，尤其如果是多对多，由于交互的方式是点对点，就得有个“十字开关网络”即 Cross-Bar 网络（实际上是个开关阵列），也称 XBar，在主设备与从设备之间实现转接。两个接通了的 Agent 之间形成一个（暂时的）“链接（Link）”，把双方连接起来。当然，这样的一个 Link 并非只是单根信号线的连接，而是一大排导线、整个 Bundle 的连接。由此可见，XBar 是个不小的器件，里面实际上包含着许许多多的开关，要接通两个模块的 Agent 之间的连接，就得同时有选择地接通和关闭一大把开关，因为每根导线上都要有个开关，所以 XBar 是个开关阵列。之所以是这样的结构（而不是总线结构），是因为这是在 SoC 上，是在同一个芯片里，芯片上的部件都是固定不变的，而不是像背板总线上那样可以插拔更换，要不然就得是不同的设计了。

由这样一大排导线和开关构成的 Link 被划分成若干个“通道（Channel）”，用来传输不同种类的信息，并因此而有不同的属性，用于不同的目的。一个通道的两端称为“端口（Port）”。所以，一个 Link 上有几个通道，其双方的 Agent 在这个 Link 上就各有几个端口，但是其中一方的端口为主（Master）端口，另一方的为从（Slave）端口。通道上的信息传输双向都有（不过每根具体导线上的传输是单向的），但是主/从双方可以发送的信息类型和属性不同。从主端发送到从端的信息是命令/请求（也可以携带数据），而从端发送的则是对于命令的响应。在某些情况下从端也可以在规定的通道上主动向主端发送特殊的请求（也可以携带数据），而主端也可因此而向从端发送响应或确认。这些通道和信息的类型都有明确定义，从而分出 Agent 与模块的主从。打个比方，买房的时候买方有买方的代理，卖方有卖方的代理，两个代理之间的通信是双向的，但是通信的内容不同，从而分出主从，显然买方是主，卖方是从。所以，一个 Link，宏观上是有方向的，就是从主到从；但是微观上每个具体的通道则虽然也都有方向，但是有的通道可能与 Link 的方向是反的。从这个意义上说，Link 总体上是单向的，其中的通道也是单向的，但是具体通道的方向可能与其所在的 Link 不同。而通道内部，则具体导线上的信号方向又有可能与其所在通道相反。

在多层的系统结构中，除 CPU 核总是处于最高层的主设备，而存储器（和外设）总是处于最底层的从设备外，还可能有中间层，那主要就是各级缓存。中间层设备对于其上层设备而言是从设备，而对于下层设备则又是主设备。这样的设备内部至少要有两个 Agent：面向上层的这一边、在通向上层模块的 Link 上是 Slave 的角色，是“从侧 Agent”；面向下层这一边、在通向下层模块的 Link 上，则是“主侧 Agent”。所以主从是相对而言的，一个设备可以既是主又是从，但不可以对同一个设备既是主又是从。另外，在同一个设备的同一侧，比方说在面向上层的“从侧”，也可以有不止一个的 Agent，当然是用于不同目的、不同 Link。

如果把系统的结构画成一个拓扑图，那么一个设备就是图中的一个“节点”，设备之间的 Link 则是图中的“边”。这样形成的就是系统的 TileLink 网络拓扑。注意这里的“节点”与 Diplomacy 网络中的“节点”是两码事，实际上这里的 Agent 才相当于 Diplomacy 网络中的“节点（Node）”。另外，Diplomacy 拓扑图所体现的是参数协调的关系和方向，而 TileLink 拓扑图所体现的是系统运行中的信息流通。两个拓扑图的骨架，即其中的节点（如果以 Agent 为节点）和边是一致的，但边的方向就不一定了，节点的主从也未必一致。显然，TileLink 网络的拓扑也应该是有向无环图（DAG）。进一步，如果以代表着某个主设备（例如 CPU 核）的节点为根，那就是一棵树。然而如上所述，Link 内部的某些具体通道却是反向的，严格说来这就成环了；但是只要是在不同通道，用于不同目的，并且严格规定好优先级和操作规程，让无限期的相互等待不可能发生，就同样可以防止死锁。

TileLink 最初就是为存储子系统的实现，特别是保证存储协同性而开发的一套存储器访问规程。为适应不同存储系统的需要，TileLink 提供了三种不同档次的规程：

- TL-UL：无缓存轻量级规程。这是 TileLink 的最简规程，只支持普通的存储器读/写操作。这里的前缀 TL 当然就是指 TileLink，后面的 U 表示“Un-cached”，L 则意为 Light，意为轻量级。
- TL-UH：无缓存重量级规程。H 意为 Heavy。这是 TileLink 的简单规程，除普通的存储器读/写以外还支持多节拍报文（Multibeat Messages，可以通过多个时钟节拍完成较大报文的传输），对存储单元的原子操作（读-改-写），访问预示（Hint）等操作。
- TL-C：有缓存规程。C 意为 Cached。这是 TileLink 的复杂规程，在 TL-UH 的基础上又增加了对于存储器的分块（缓冲块）读写，以及对于缓存协同性的支持。

TileLink 的命令和响应都是以“报文（message）”的方式传递的。不过这种报文传递不同于我们在计算机网络中常见的按字节串行方式的报文传递，而是完全并行的传递，按二进制位一字排开，一个时钟脉冲就把整个报文全都打入了接收方的（相当长的）寄存器中。比方说，哪怕只是最简单的写操作，就至少得在报文中给出目标单元的地址（也许是 32 位），加上所写的内容（32 位或 64 位）。所以前面说一个 Link 是一大排导线，其实一个 Channel 就已经是一大排导线了。一个时钟脉冲，就像一个脉搏、一次心跳，我们称之为一个节拍（beat）。但是，对于传输量比较大的操作，一个报文可能会挺长，要有这么长的寄存器，这么宽的排线，就太不经济了，所以需要把长度比较大的报文分多个节拍传递，这就是多节拍报文。

如果存储系统只支持 TL-UL 规程，那么在存储器这个层面上是不支持“读-改-写”原子操作的。在这种情况下，单核 CPU 仍可以通过提供原子操作指令（例如 CAS 指令）以实现进程/线程间的同步与互锁，因为单条指令的执行是不可中断的，这种不可中断性就保证了“读-改-写”操作的原子性。此时 CPU 对存储器的“读-改-写”操作实际上是分三步完成的（可以想象成三个“微操作”），首先是从存储器读出，然后在 CPU 中完成修改，最后把修改后的结果写回存储器，期间不响应中断请求，因而这三步操作一气呵成不被打断。所以，仅仅实现了 TL-UL 规程的存储设备也能支持单核系统中的“读-改-写”指令，但是要求 CPU 提供原子操作指令。

然而如果是多核的系统，想要通过不可中断来实现“读-改-写”操作的原子性，从而实现进程/线程间的同步与互锁就靠不住了，因为一个核上的“读-改-写”操作可能被另一个核上（针对同一存储单元）的写操作所破坏。这就要靠 TL-UH 规程解决问题了，因为 TL-UH 规程从存储设备内部支持“读-改-写”原子操作，此时的三步操作是在存储器内部完成的，CPU 只需向存储器发出一个原子操作命令就行。只要存储器保证这三步操作不被打断，就可以保证多核系统中“读-改-写”操作的原子性。这也说明，采用不同规格的存储子系统，CPU 的设计也可因此而不同。当然，这里所说的是无缓存时的情况。在有缓存的条件下，如果同一缓存为系统中所有 CPU 核所共享，所缓存的副本是单一副本，那与无缓存是一样的。可是，如果多个 CPU 核各有自己的缓存，从而可以有（同一块数据的）多个副本同时存在，那情况就更复杂了。

在单一副本中对“读-改-写”操作原子性的保证，所确保的是存储内容的一致性。但是如果多个 CPU 核各有自己的缓存，同一块数据就可能在不同缓存中都有自己并行存在的副本，这些副本的内容改变是否“协同（Coherent）”就成了问题。这就是多副本并行缓存的协同性问题。所谓“协同性”，实质上就是多个访内设备并存条件下的一致性，就是多个缓存副本之间的一致性。实际上，“读-改-写”操作原子性的问题还可以与协同性问题交汇在一起，使情况变得更加复杂。

要解决（多副本）协同性的问题，就得依靠更复杂的 TL-C 规程了。所谓 TL-C，C 就表示 Cache 即缓存，并且是多核系统中各自从属于不同核的多个独立缓存。TL-C 规程对 TL-UH 规程的扩充体现在两个方面。一个是数据的成块（多节拍）读写和传输，另一个就是对缓存多副本协同性的支持。其中成块读写只是着眼于性能上的提高，但是对缓存多副本协同性的支持就是关键性的了。

存储协同性要解决的问题，简单地说就是：在多核系统中，如果其中的一个核对其缓存副本进行了写操作，其结果是否立即就可以为别的核在其自己的副本中所见；进一步，如果有两个或多个核同时对同一存储内容的多个副本发起写操作，此时怎么保证多个副本之间的内容一致。

如果没有存储子系统对协同性的支持，单纯要靠 CPU（硬件和软件）达到这个目的是很困难的，并且系统的微结构也得因此而有较大的不同。

下面这个表格是对三个规程的功能概括：

所涉及操作	TL-UL	TL-UH	TL-C
普通读/写操作	y	y	y
多节拍报文		y	y
“读-改-写”原子操作		y	y
访问预示（Hint）		y	y
成块数据多节拍读写			y
对缓存（多副本）协同性的支持			y

其中 TL-UL 仅支持普通读/写操作，那既不能保证存储的一致性更不能保证存储的协调性，如前所述，单核系统中的存储一致性是靠 CPU 中的原子操作指令保证的。在多核系统中，如果共享同一个存储器或缓存，那可以靠 CPU 的加锁保证存储一致性；至于协调性则由于只有单一存储副本而不成问题，可是如果有多个存储副本就不能保证这些副本的协同性了。

先看 TL-UH 对 TL-UL 的扩充，除前面讲到的多节拍报文和“读-改-写”原子操作以外，还有一项访问预示（Hint），就是 CPU 提前向存储器发送一个预告，下面要访问什么地址了，让存储器早作准备。其实对于无缓存的系统此项功能没有什么作用，但是对于有缓存的系统这个作用就可能关系重大了。这是因为，首先缓存设备/模块可以把目标数据块预先读入缓存备用（如果缓存中还没有这块数据的副本的话），或者至少可以在缓存中为其腾出空间，这就可能需要把缓存中已有的一些副本调度出去。显然，这些操作都需要时间，预作准备可以节省对目标数据的访问实际到来时的时间开销。TL-UH 要求存储子系统提供对于“读-改-写”的原子操作。由于 CPU 本来就有原子操作指令，把这个原子操作移入存储子系统只是提高了它的效率，而并未提供带有根本性的改进。实际上，从表中可见，TL-UH 对 TL-UL 的改进都是性能上的。

而 TL-C 对 TL-UH 的扩充，则体现在两个方面。第一是对成块数据多节拍读写的支持。我们知道，数据的缓存并不是按存储单元进行的，而是按块进行。更确切地说，是按“缓冲线（Cache Line）”进行，一条缓冲线一般是数十个存储单元的数据，这就是所谓一个（缓存）块。但是当然，这么多数据的传输不可能在一个节拍中完成（没有那么长的寄存器）。而只能通过多节拍传输才能完成。前面我们看到 TL-UH 对多节拍报文的支持，那只是为减小 Channel 两边的寄存器长度提供可能，在无缓存的系统中实际上不存在对多节拍数据传输的要求，而在有缓存的系统中这就成为必需的了。第二就是对多副本协同性的支持，这就比较复杂但更为关键了。

说到这里，我们就需要回到前面所说的把一个 Link 划分成多个通道。这些通道各有各的用处，不同规程中的通道配备是不一样的。

无缓存的存储设备采用 TL-UL 或 TL-UH 规程，只使用两个通道，即通道 A 和 D。其中：

- 通道 A 让主设备的（从侧）Agent 向从设备的（主侧）Agent 发送命令/请求，从上到下；
- 通道 D 则让从设备向主设备发回响应，从下到上。

对于读操作，命令报文中含有目标地址，响应报文中含有地址和读出的数据。对于写操作，则命令中既有地址又有数据，响应中也是地址加数据作为确认。这里 A 通道的方向就是整个 Link 的方向。

有缓存的存储设备，则采用 TL-C 规程，则还要再加上三个通道，即通道 B、C、E。其中：

- 通道 B，由从设备到主设备，从下到上，让从设备可以向主设备发送对于缓存在该设备上的某个副本进行某种操作的请求。
- 通道 C，由主设备到从设备，从上到下，让主设备可以向从设备发送对于所指定缓存副本操作请求的响应，例如发送一块数据。
- 通道 E，由主设备到从设备，从上到下，让主设备可以向从设备发送对于特定缓存副本（数据块）的操作请求进行确认。

B、C、D 三个通道纯粹是为实现缓存和缓存的协同而设的，常规的读写包括原子操作都还是在通道 A 和 D 上进行。另外，对于缓存副本的操作既有从上而下，由上层主设备向下层从设备发出的命令，也有自下而上，由下层从设备向上层主设备发出的请求。由上而下的命令仍走 A 通道，而从下而上的请求则走 B 通道。通道的设置之所以是 A+D 和 B+C+E，而不是 A+B 和 C+D+E（那样似乎更顺一些），是出于优先级的考虑，因为这样的安排使得按字母序从 A 到 E 正好是优先级递降。换言之，让从设备向主设备发出请求的那个通道（B），其优先级必须比前两个通道（C 和 D）更高，所以才是这样的编排。

如上所述，一个 Link 可以有 2 个（如果无缓存）或 5 个（如果有缓存）通道，当然只含两个通道的 Link 比含有 5 个通道的 Link 要小得多。进一步，每一个通道内部又按需要划分成多个字段，按字段的用途和性质，这些字段可以分为 C、D、V、R 四类。其中 C 表示 Control，包括（命令/请求/响应的）操作码，相关参数，模块 ID，目标（起点）地址，数据块大小等字段。D 表示 Data，包括操作所涉及或作为操作结果返回的数据和掩模等字段。然后是 V 和 R，V 表示 Valid，R 表示 Ready，这两个字段都只有 1 位，在报文传输的过程中用来“握手”，这和前面所述抽象类 ReadyValidIO 和 Decoupled 的 Bundle 中是一样的。

报文的发送方必须等对方的 Ready 位处于高电平，即为 1 时才可以发送，这表示对方已经准备好了可以接收。然后发送方使己方的 Valid 位变成 1，表示已经发出，要发送的内容已经在通道上。当然，需要发送的信息（电信号）在此前必须已经稳定下来。这样，下一个时钟脉冲的上升沿就会把发送方已经放在通道上的数据打入接收方的寄存器，并使 Valid 归 0。这就是一个“节拍（beat）”的传输。至于时钟脉冲的下降沿，其实是无关紧要的，那只是为下一个上升沿的形成做好准备而已，但是当然也可以用来作为发送方更改发送内容的触发点。如果是多节拍传输，则接收方在收到第一个节拍中的信息后立即就得从寄存器中读走，并使其 Ready 位保持为 1，而发送方则立即把下一节拍要发送的数据字段内容准备到位（控制字段的内容则维持不变）并使 Valid 再度为 1（或者也可以保持 Valid 为 1）。这样，下一个时钟脉冲的到来又会将新的内容打入接收方的寄存器。如果接收方来不及处理，也可以在接收到第一个节拍的信息后把 Ready 位变成 0，使发送方暂停下一个节拍的发送，直到准备好了之后才又把 Ready 位变成 1。反之，如果是发送方看到对方的 Ready 位为 1，但是却来不及发送，则只要不把 Valid 位变高就行。

下面是几个字段和信号的波形（示意）图。图中的时间自左向右推移，如几个横轴上的箭头所示。其中时钟脉冲 Clock 的波形是理想化了的，实际上由于电路中杂散电感电容的影响其上升沿和下降沿都不可能垂直，而应该有一定的倾斜，就像下面几个信号一样。

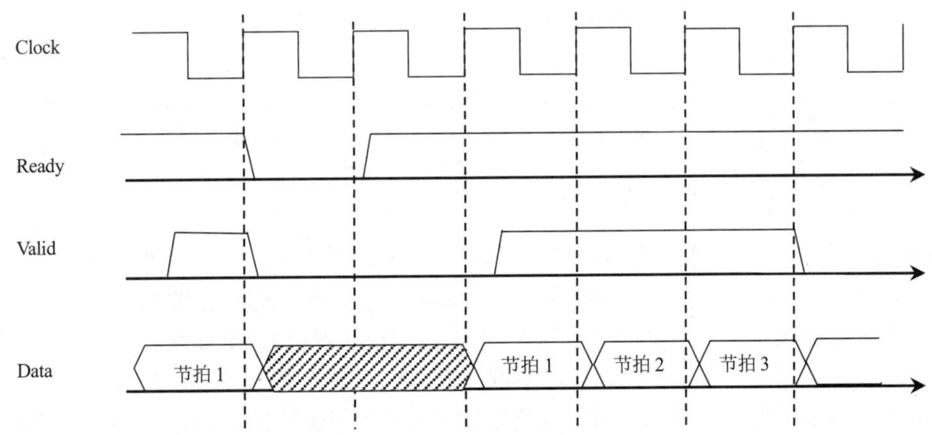

这里画出了接收方的 Ready 和发送方的 Valid 和 Data 的大致波形。其中 Data 并不只是一位，其中有些位是 1，有些位是 0，所以才是那个形状。其中打了斜线的那部分是我们不关心的，随它怎么变都可以，因为 Valid 在此期间一直是 0。图中的几条竖向虚线标志了时钟脉冲上升沿作用在各个信号上的时间点。

接收方的 Ready 信号一开始的时候就是 1，表示准备接收数据。发送方检测到对方已经 Ready，就把数据准备好，然后就把 Valid 设成 1。这些准备一般都是通过组合电路提供的，并不通过寄存器，所以能在一个时钟脉冲周期之内完成，而无需时钟脉冲驱动（当然，有寄存器也可以，只要寄存器的输入已经准备好，下一个时钟脉冲的到来就会将其打入寄存器，从而使其出现在通道上，但是这就有了一个时钟周期的时间差）。这样，到下一个时钟脉冲的上升沿到来时，由于接收方的 Ready 和发送方的 Valid 都是 1，就把已经在 Data 线上已经稳定下来的数据打入接收方的寄存器。而接收方的 Ready 和发送方的 Valid，则可以各自视需要下降为 0 或保持为 1。这样就完成了图中第一个节拍 1 的报文传递，这是个单节拍的报文，所以这个报文的传递就结束了。这里在第一个时钟脉冲以后 Ready 和 Valid 都下降成 0。实际上，只要接收方的 Ready 下降成 0，发送方的 Valid 也只能下降为 0。过了一个（或几个）时钟周期之后，接收方又可以接收报文了，所以就又把其 Ready 设置成 1。而发送方也正好有了个 3 节拍的报文需要发送，于是就把数据准备好，并且又把 Valid 变成 1，于是下一个时钟脉冲的到来又完成了这个报文的节拍 1 的传递。这一次接收方没有撤掉 Ready，还可以继续接收；发送方也没有撤掉 Valid，因为后面还有节拍 2 的数据要发送，而且数据的准备肯定可以在一个时钟周期内完成。这样，下一个时钟脉冲的到来就又完成了节拍 2 的传递。下面节拍 3 也是这样。完成了节拍 3 以后，接收方仍未撤下 Ready，还可以继续接收，但是发送方已经结束了，所以就撤下了 Valid，后面的时钟脉冲就不起作用了。

注意图中的 Data 只是举例说明，实际上可以是通道中的任何字段。不过在多节拍报文传递中同一报文在不同节拍中的控制字段是保持不变的，变的只是数据字段。

可想而知，V 和 R 两个字段（其实只是两个信号位）是每一个通道都必须有的。一般而言这两个字段都是组合电路的输出，不受时钟脉冲驱动。别的字段，则接收方的输入端都有相应的寄存器。但是不同通道中的控制字段和数据字段是不一样的，其中 E 通道压根就没有数据字段而只有控制字段，另外 4 个通道的控制字段和数据字段也各有定义。

尤其值得注意的是，其中有些字段的大小是参数化的，即根据参数而定。例如假定数据字段 data 的宽度为 8w，这就取决于一个参数 w，显然 w 表示以字节计的宽度，所以是 8w 位。另一个数据字段 mask 的宽度则为 w 位，每一位都表示着 data 字段中的相应字节是否有效。再如假定控制字段 size 的宽度取决于参数 z，则这个字段可以表达的数量范围为 0 到(2^z-1)。由此可见，跨模块的参数协商，即 Diplomacy 是极有必要的。

一旦根据参数定下一个通道的数据结构，即其传输线排的宽度及字段划分，通道的格式就定下来了，但是可以在同一个通道上传输的报文却不止一种。以通道 A 为例，可以在上面传递的报文（命令/请求）就有 9 种之多，这 9 种报文都能在通道 A 上传递，但并非都要用到通道 A 的所有字段。

报文是为操作的需要而设置的，根据操作的目的和作用，可以把 Link 上的操作分成三大类：

- A 类，A 表示 Access。凡用来从存储器读写数据的操作都属于 A 类，具体有 Get、Put、Atomic 等。
- H 类，H 表示 Hint。用于预示即将访问的存储区域，属于这一类的操作只有 Intent（意图）。
- T 类，T 表示 Transfer，用来在设备（节点）间迁移缓存数据块或改变其使用权限，具体有 Acquire 和 Release 等。

这里的 H 类报文的定义值得一提，这就是为预取指令和对数据的预读准备的，规程的设计已经考虑到这方面的需要。T 类报文则仅用于存储子系统内部，例如当主设备要从 ICache 取指令的时候，如果目标所在的存储缓冲线不在 ICache 中，此时就要向次级缓存或贮存将此缓冲线调入 ICache，这就涉及数据块在节点间的迁移，而主设备并不知道有此类操作的存在。不过，在单核的系统中这只需用 A 类操作即可实现，因为在单核系统中并无协同性的问题，但是在多核的系统中就需要有更复杂的操作，T 类操作就是为此而存在的。所以，仅在多核系统中才有对于 T 类操作的需要。

这里所说的 Get、Put、Atomic 等操作，并非只对应着仅仅一种报文。以最简单的 Intent 操作为例，就对应着 Intent 和 HintACK 两种报文，前者用来预示，后者用于对预示的回应。

下面分别介绍一下定义于三个规程的操作和报文。

首先是 TL-UL，这是最简单、最基本的。TL-UL 规程只支持 A 类操作（但是 A 类操作并非只受 TL-UL 规程支持），而且对 A 类操作的支持也不完全，并不支持“读-改-写”的原子操作。TL-UL 规程所支持的操作和报文如下表所示：

操作类别	具体操作	所用报文	操作码	A	B	C	D	E	回应报文
A	Get	Get	4	y	y				AccessAckData
A	Get/Atomic	AccessAckData	1			y	y		-
A	Put	PutFullData	0	y	y				AccessAck
A	Put	PutPartialData	1	y	y				AccessAck
A	Put	AccessAck	0			y	y		-

报文名称中凡是带有 Data 后缀的都表示报文中带有数据，都要用到 data 字段。例如 PutFullData 是写操作，当然带有数据；而 Get 操作是读操作，命令中就不带数据，但是回应 AccessAckData 中就带有数据了。

这里 A、B、C、D、E 五列分别表示特定报文是否可以在这些通道上发送。按理说 TL-UL 规程只使用 A、D 两个通道，但是由于例如 Get 操作也可以出现在 B 通道上，也即是使用于 TL-C 规程中，所以这里也将其列出，后面在说到 TL-C 的时候就不重复列出了。另外，AccessAckData 既可以是对 Get 的回应，也可以是对 Atomic 操作的回应，所以这里也予以列出，下面在 TL-UH 的表格中就不重复列出了。

注意操作码的分配使用，为了减小操作码字段的大小，操作码的数字在不同通道中是重复分配使用的。以这里的 PutPartialData 和 AccessAckData 为例，二者的操作码都是 1，但是前者用于 A 通道和 B 通道，都是用于主动发起的命令和请求，后者则用于通道 C 和 D。所以，不同通道上相同的操作码不一定代表着相同的操作，这是需要注意的。

对于 Put 操作，这里有 PutFullData 和 PutPartialData 之分。前者用于整个缓存块的回写，后者用于其中部分数据的回写。显然，PutFullData 需要通过多节拍传输才能完成。

再看 TL-UH。这个规程是对 TL-UL 的扩充，所以 TL-UH 中实际上包含着 TL-UL。凡前面已经列出的内容在这里就不再重复列出了。

操作类别	具体操作	所用报文	操作码	A	B	C	D	E	回应报文
A	Atomic	ArithmaticData	2	y	y				AccessAckData
A	Atomic	LogicalData	3	y	y				AccessAckData
H	Intent	Intent	5	y	y				HintAck
H	Intent	HintAck	2			y	y		-

显然，TL-UH 对 TL-UL 的扩充就在两个方面。

一是增加了 A 类操作中的“读-改-写”原子操作。前面讲过，这是要由存储子系统提供存储一致性的保证，但在 TL-UH 规程中并不保证多副本缓存的协同性。

二是增加了预示操作，这对于计算机系统的性能优化（提高缓存的命中率）可以有重要的作用。

Atomic 操作包括对目标数据的读出-运算-回写。所作的运算可以是算术运算或逻辑运算，前者如与给定的数据相加等，后者如与给定的数据相与等，所以这里有 ArithmaticData 和 LogicalData 两种报文。

最后是 TL-C，这是对 TL-UH 的扩充，这就是最高级的 TileLink 规程了。存储子系统的协同性只有在采用 TL-C 或类似规程的存储子系统中才能得到保证。

可想而知，这对于多核的 CPU 芯片或 SoC 芯片至关重要；因为如前所述在多核的芯片上每个 CPU 和都有自己的高速缓存，同一存储块在不同高速缓存中的不同副本必须保持协同一致。

显然，TL-C 中实际上包含着 TL-UH，从而也包含着 TL-UL，所以前面两个表格中已经列出的内容在这里就不再重复列出了。

操作类别	具体操作	所用报文	操作码	A	B	C	D	E	回应报文
T	Acquire	AcquireBlock	6	y					Grant/ GrantData
T	Acquire	AcquirePerm	7	y					Grant
T	Acquire	Grant	4				y		GrantAck
T	Acquire	GrantData	5				y		GrantAck
T	Acquire	GrantAck	-					y	
T	Probe	ProbeBlock	6		y				ProbeAck/ ProbeAckData
T	Probe	ProbePerm	7		y				ProbeAck
T	Probe	ProbeAck	4			y			-
T	Probe	ProbeAckData	5			y			-
T	Release	Release	6			y			ReleaseAck
T	Release	ReleaseData	7			y			ReleaseAck
T	Release	ReleaseAck	6				y		-

可见 TL-C 对 TL-UH 的扩充全在于 T 类即 Transfer 操作，用于对缓存副本的加载、停用和废除。实际上，TL-C 与 TL-U，即有缓存与无缓存规程的区别就在于此。一个可以提供缓存的节点，即一个具体的缓存设备，对于某个具体的数据块，也就是缓存副本，可以实施的操作有三种，即："获取（Acquire）"、"释放（Release）"、"强制废弃（Probe）"。不过所谓"获取"并不局限于数据块的副本（如前所述，一个数据块就是一条"缓冲线"，即 cache line）本身，也包括对副本的使用权限，那就是可读和可写。注意这里可以通过 B 通道向上发送的报文只有 ProbeBlock 和 ProbePerm 两种，而 AcquireBlock 和 AcquirePerm 则放在 A 通道上向下发送。这意味着，操作权限的下降可以由下方节点向上发起，操作权限的提升则要由上向下主动发起。后面我们还要回到这个问题上。（注：TileLink Specification 1.8 文本中第 35 页把 ProbePerm 放在 A 通道，这应该是笔误，第 36 页和后面的第 70 页都将其放在 B 通道。）

对于任何一个给定的访问地址，从任何一个特定的主设备到拥有这个地址的（作为从设备的）存储器之间只有一条路径（否则这个系统的结构拓扑图就不是树，或者多个存储器间存在着地址冲突）。这个路径上的节点，除主设备与只能作为终端从设备的存储器本身外，其余都是缓存设备，原理上都应保存一份该地址所在数据块的副本（但实际上不一定）。但是如果当前系统中有多个主设备正在或曾经、或要求访问这个地址所在的数据块，那就有多条路径通向这个从设备了。把这些路径都标画在拓扑图上，就构成一个以此数据块所最终存储的从设备为根的树（树根在下）。在这个树上，从树根开始到第一个分叉节点为止，或者如果没有分叉就直到与主设备直接相连为止的那一段称为"树干（Trunk）"，树干上所有的节点都是"树干节点"，其中位置最高、最靠近主设备的那个节点称为"树干顶点（Trunk Tip）"。所以树干顶点有两种情况，一种是有分叉的，另一种是无分叉的（如果当前只有一个主设备在访问）。如果有分叉，那么所有分支上的节点都称为"分支节点（Branch）"。注意有可能树根本身就是个分叉节点，那就实际上没有树干了。为保证存储系统的协同性，对这个树上的节点，以及对拓扑图中的各个节点可以进行的操作需要加以限制，如下表所述。

节点类型及权限	本节点所支持的操作
None（不在树上）	None（无缓存副本，无读写）
Branch（分支节点）	Get
Trunk（树干节点）	None（不读写所缓存副本）
Tip（有分支）	Get
Tip（无分支）	Get, Put, Logical, Arithmetic

节点类型如上所述，不同的节点类型决定了不同的访问权限的名称：

- N – None/Nothing，当前无访问权限，无目标数据块的缓存，不在以目标地址所在设备为根的这棵树上（但是在拓扑图中），与目标数据块无关。

- B – Branch，分支节点，有目标数据块的缓存副本，但只能读不能写，也可能实际上并没有目标数据块副本。
- T – Trunk，树干节点，那只是“过路”节点，未必有目标数据块的缓存副本，既不读也不写。
- Tip（无分叉）– Trunk Tip，无分叉（直达主设备）的树干顶点，有目标数据块的缓存副本，并且为一个分支即一个主设备所独享，因而可读可写。显然，此种节点上可能有被写“脏”了的数据。
- Tip（有分叉）– Trunk Tip，有分叉的树干顶点，节点上有目标数据块的缓存副本。因为是分叉的会合点，缓存在这个节点上的副本为各个分支所（只读）共享，但可能被其中某个顶点（主设备）获取写入权，所以这个副本的本身也可以是脏的，不容许有来自其它顶点的写入。

可见，这对于想要进行写操作的主设备而言是不太友好的，因为只有在两种情况下，即仅当处于无分叉（直达主设备）的树干顶点的情况下，或者在虽然有分支但排他获取了独占写入权的情况下才可以写。然而这也并非人为的规定，而是来自实际情况的要求。

设想对于某个数据块有分支的情况下，如果允许 A、B 两个主设备都可以写，那么有可能 A 和 B 会同时启动写操作，同时使这数据块的两份副本都“脏”了。然而以谁的副本为准呢？这里又有两种情况：

- 如果二者所写的是同一个地址，那么只能是其中的一份副本覆盖了另一份副本。也就是说，对于同一个地址，其中一个主设备对此设备的写入被丢失了。这倒还不是最坏，因为既然写入的是同一个地址，那么先写入的本来就会被后写入的覆盖，但是孰先孰后就难以控制了，两个主设备之间严格的同步本来就是几乎不可能达到的。
- 如果二者所写的是同一数据块内的不同地址，问题就更严重了，因为总有一方的写入是被莫名其妙地丢失了，而且二者所写的是不同的地址，本应井水不犯河水的，是编译器恰好把这两个数据安排在了同一个数据块内才惹的祸。

当然，从原理上说，如果有一种机制，可以将同一个数据块的两个“脏”的副本进行合并，那当然也会有帮助，但是实际上那样做的成本就太高了，这是根本不现实的。

不难得出结论，对于同一个数据块，一旦同时有了两个“脏”副本，事情就难办了，一定要设法防止同时出现同一个数据块的多个“脏”副本。为此，打个比方，当一个“主设备”（例如 CPU 核和 DMA 设备）要对其专用缓冲区中的某个数据块副本写入的时候，从原理上说就得发个通告，让别的主设备暂时不要往它们自己缓冲区中同一数据块的（不同）副本写入，以免冲突。而且，写完以后还得再通告别的主设备：大家注意了，这个数据块已经被写入了，你们缓冲区里的这个副本的内容已经过时了，你们应该重新加载才行。至于别的主设备，则即使在读数据之前也得先确认一下，这数据是否已经过时。可是那样就得要有主设备的主动参与，而主设备根本就不知道有别的主设备存在。再说，以 CPU 核为例，它只是执行程序中的指令，让它每当要读写内存时都得加入一些程序中没有的操作，那也不好处理，何况处于高层的主设备也并不知道存储子系统中当前是什么情况。

显然，这个问题应该由存储子系统加以处理，让上层的主设备无需操心，存储的协同性由存储子系统加以保证。

所以，为保证存储系统的协同性，在主设备访问内存的过程中要根据具体情况对存储子系统的访问树和拓扑图中相应节点的属性作出动态的调整，改变它们的缓存和读写权限，以营造出一个每次允许（且只允许）其中一个主设备进行写操作的环境，通过改变拓扑图中各节点所处位置的性质和功能，使该主设备得以处在允许其独占进行写入操作的位置上。简单地说，就是让别的主设备作出一点牺牲，以保证存储子系统中的数据协同一致。

下面通过在一个假想的系统拓扑中因存储器访问而形成的几个不同的树图作为例子（引自 SiFive TileLink Specification 1.8.1）加以说明：

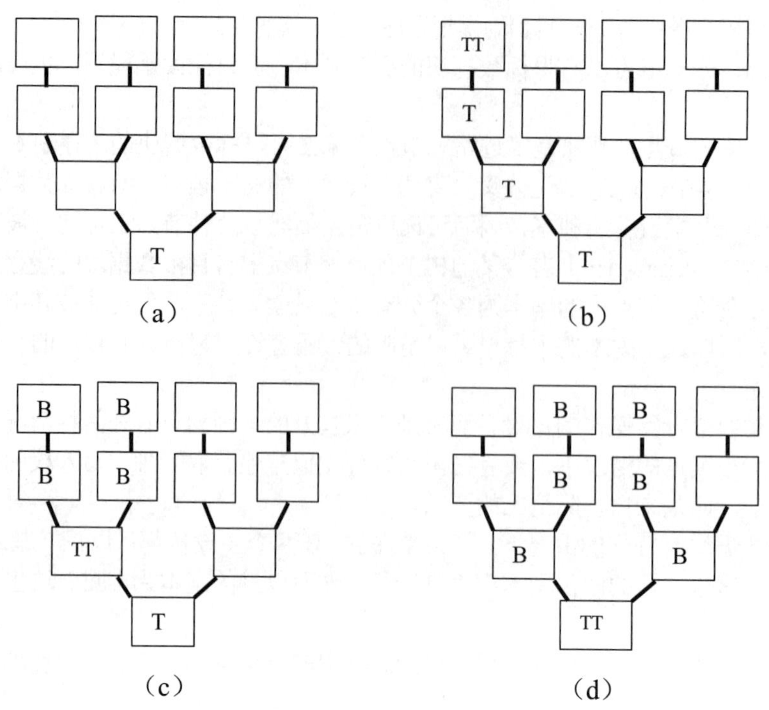

这里每个图的拓扑都是一样的，每个方块代表着存储系统中的一个设备，也就是系统拓扑图中的一个节点。其中最下面的那个节点是存储器，其余都是缓存。最上面的 4 个方块都与具体的主设备（例如 CPU 核或 DMA 设备）直接相连的缓存。

对于某个特定的存储地址，一开始的时候如图（a）所示，此时只有底部的根节点中有其所在的数据块，这时候的根节点实质上就是 TT，即 Trunk Tip；但是它的上面全是空白，也并不直接与主设备相连，所以这里写作 T（此时的 T 与 TT 并无实质区别）。别的节点都没有这个数据块的副本缓存，也并未获得授权可以有这个数据块的副本，都是空白，都是 N，但是为直观醒目起见就不标上字母 N 了。显然，这是一种稳态，是整个存储系统的初始稳态。

然后看图（b），靠最左边的那个主设备要访问这个数据块了，为此要通过其唯一的路径把该数据块的副本加载到与其直接相连的节点中。由于此时没有别的主节点要访问这个数据块，就不会形成分支，所以整个路径都是树干，最上面的那个节点成了 TT，即 Trunk Tip，树干顶点，这是个无分叉的树干顶点。路径上所有别的节点则是树干节点，原则上都可以保留一份目标数据块的副本。至于树干节点是否真的保持该数据块的副本是无关紧要，树干节点既没有从该数据块中读出的必要，当然也不会自作主张对其作出修改。经过一番动态的操作后，整个存储系统进入了新的稳态，就是图（b）所示的状态。存储系统从上一个稳态变化到新稳态的这个过程中，把某个存取路径上的节点都从状态 N 变成了状态 T，每个节点都发生了 NtoT 的变迁。注意这种变迁并非都是在主设备的直接指挥下发生的，主设备只知道与其直接相连的那个节点是存储器，根本不知道它的下面还有别的节点存在，更不会直接与那些节点通信。但是这条路径上每对相邻节点之间都有 TileLink 的连接，都有一个 Link 存在。可想而知，要完成这些状态变迁，只要用到 A、D 两个通道就行。除顶端的 TT 节点之外，都是在 A 通道从上方节点收到 Get 命令，由于自己并无相应副本的缓存，就把 Get 命令转发给其下方的节点。等下方节点通过 D 通道发回带有数据的 AccessAckData，就又把它转发给上方节点。至于中间节点是否自己也把这副本缓存下来，可以由中间节点自行决定。形成了这个稳态之后，如果主设备向缓存在 TT 节点上的这个副本写数据，这个副本就被写“脏了”。带有脏数据的副本可以被立即回写到根部的存储器（如果采用“穿透写”模式），也可以先暂存着过一会儿再回写。到了要回写的时候，也只要通过 A 通道向下方节点发出 PutFullData 或 PutPartialData 命令（均带有数据），然后等待下方节点在 D 通道上发回 AccessAck 确认报文就行。

这里还要考虑一个问题，假定 TT 节点正在等待脏数据回写完成的时候，主设备又来读取或写入怎么办？

如果所读的目标不在这个缓存块内，那么井水不犯河水，TileLink 的规程中规定可以同时存在多个未完成的交互，而且多个交互完成的先后无需符合发动这些交互的次序。换言之，每个节点对于操作完成的等待是不阻塞的，允许有并发的“线程”存在。如果所读的目标就在已经写脏而正在回写的缓存块内，那也允许并发，但是暂时只允许读而不允许写。

通道 A 和 D 表面上似乎是为无缓存的存储系统设计的，属于 TL-UL 和 TI-UH 规程，但是实际上带缓存的系统也同样需要使用这两个通道，所以 TL-C 包含着 TL-UH 和 TL-UL。

达到了图（b）所示的稳态之后。假定左起第二个主设备、主设备 2 也要从这数据块中读出了。为此，就得把数据块的副本也装载到自己的路径上来，这就得把两条路径会合的那个节点改成分叉节点 TT，即有分叉的树干顶点，而两个路径不重合的部分则称为两个分支，两个分支上的节点都成了分支节点 B。这就是图（c）所示的情况。

注意此时第一个主设备即主设备 1 路径上原先的 TT 节点也变成了 B 节点，从而只能读不能写了。也就是说，共享同一个数据块的两个主设备都只有读的权限，而没有了写的权限，只有缓存在新形成的 TT 节点，即在汇合点(或者说分叉点)上的那个副本才可读可写(但是写操作不能跨越上面的B节点而到达这个位置)。通过这样的动态调整和变迁之后，就进入了图（c）所示的新的稳态。显然，这正是保持存储系统协同性所需要的。另一方面，在这个过程中树的覆盖面得到了扩大（Grow）。

这里有个问题，是谁和如何让主设备 1 路径上的那些 T 节点发生了 TtoB 的变迁而成了 B 节点？显然，主设备 2 并不知道那些节点的存在，也不会向它们发出命令。主设备 2（对目标数据块）的访问路径上部那些节点只是把访问命令逐级下传，直至到达两个路径会合的那个节点上。那个节点知道自己对于所欲访问的那个数据块而言属于 T 节点（尽管也许本节点上并未缓存那个数据块的副本），因而自己将变成这个数据块的 TT 节点。为实现这个要求，它就得反过来向上发出请求，让上方的节点发生 TtoB 的变迁。当然，逆向的请求只能在 B 通道上发出，而位于上方的节点则要有所回应，这也是为什么要有 B 和 C 通道的原因。但是回头看一下前面关于 TL-C 规程的那个表格，可以在 B 通道上发送的请求只有 ProbeBlock 和 ProbePerm 两种，而 AcquireBlock 和 AcquirePerm 则只能在 A 通道上向下发送。可想而知，此时向上发送的请求应该是 ProbePerm，让上方的节点放弃写入权。

向上发送的只能是要求对方权限降级的请求，向下发送的才可以是要求让自己升级的请求。对于每个具体的节点，权限的下降可以来自下方的 Probe 请求，自己只是被动应对；而权限的提升则要自己主动提出 Acquire 要求。至于 Release，虽然也像 Acquire 那样是自上向下发送，但只能在 C 通道（而不是 A 通道）上发送，回应则在 D 通道上。不过，在 B 通道上同样也可以（逆向）向上发出 Get、Put 等原本供上方节点向下发送的操作指令，所以下方节点也是可以通过 B 通道向上推送缓存副本的。

现在假定主设备 1 需要写入，这时候怎么办呢？这就需要临时把图（c）的情况改变成图（b）那样的情况，把属于主设备 2 的那些 B 节点上的副本都作废，才能往属于自己的那个副本里写，所写的副本至少要下沉到图（c）中的那个 TT 节点。至于这个 TT 节点与根节点（就此存储块副本的）的一致性，则既可以通过“穿透写（write-through）”解决，也可以通过 TT 节点上“脏”副本的推迟回写解决。主设备 1 写入以后并不需要恢复图（c）的那棵树，因为到主设备 2 需要读写这个数据块时又会对这棵树作出动态调整。显然，在现在这个情境中树的覆盖面被缩小（Shrink）了。之所以要把属于主设备 2 的那些 B 节点上的副本都作废，是因为一旦主设备 1 对此数据块写入之后那些副本就不一致（从而不协同）了，如果主设备 2 要从中读出就得重新加载新的副本。

再看图（d）。这时候第三个主设备即主设备 3 也加入了进来，假定是要从这个数据块中读出，但是第一个主设备此时已经不再需要访问这个数据块，与其直接相连的那个节点已经放弃了这个数据块的缓存（从而树的覆盖面得到了“修剪，Prune”）。此时首先要强制图（c）中的那个 TT 节点把缓存着的副本至少回写到新的分叉点上（如果尚未回写的话），在图（d）中那就是根节点了。然后把分叉点以上所有分支上的节点都变成 B 节点。这就又达到了一个新的稳态，那就是图（d）所示的情况。

注意上述的那些过程都是在主设备并不知情，也无需知情的条件下发生的。作为处于存储系统“应用层”的主设备，只是像访问专属自己的存储器那样读写，而存储系统对于为保持协同性所需的操作则是该系统中所有模块都得共同加以实现的。而 TileLink，则正是实现此种机制的一个框架和相应的规程（Protocol），其中最重要的就是 TL-C 这一部分。这是因为，TL-C 才是针对缓存的规程，有（为各主设备专用的）缓存才有协同性的问题。而 TL-UL 和 TL-UH 两个规程都不支持缓存，只能用于单核即单 CPU 的系统、或共享缓存的系统。另一方面，如果抛开 CPU 的内部结构不论，将整个 CPU 看成一个部件，那么存储系统的结构实质上倒反而是整个计算机系统结构的主体。进一步，如果像 RISC-V 那样把外设作为“存储器映射 I/O”即 MMIO（Memory Mapped I/O）的方式存在，则存储系统的结构就几乎是计算机系统的全部了。另一方面，由于整个系统是集成在芯片上，所有的部件都是固定的，并不存在插拔的要求。所以，无论是 Rocket Chip 还是香山，都以 TileLink 作为整个 SoC 的片上总线。

如前所述，为存储系统协同性的实现，TL-C 在 TL-UH 的基础上又增加定义了三类新的操作，即 Acquire、Release、Probe，这里再重温一下：

- Acquire – 要求获取（装载）某个数据块的缓存副本，或者获取对此副本的访问/操作权限。
- Release – 表示降低对某个数据块副本的访问/操作权限，乃至撤销这个缓存副本。对方节点可以自行决定是否还保留这个副本。
- Probe – 强制上方节点丢弃/作废某个数据块的副本，使该节点不再缓存这个数据块的副本（ProbeBlock）；或者降低对此副本的访问权限（ProbePerm）

不难理解，通过这三类操作，就可以改变特定节点对于某个特定存储块副本在该节点上的缓存状态。而一个副本在一个节点上的状态，则大体上无非就是三种，即 None（不存在）、Branch（可读不可写）、Trunk（可读可写）。对一个节点就某个特定数据块副本的上述三种操作，可以使该节点对于这个副本的缓存状态发生变迁。例如 NtoB，就使目标节点对一个数据块发生从空白到有只读缓存的变迁，这意味着目标数据块的装载；而 NtoT 则是从空白到可读写缓存的变迁，这也意味着目标数据块的装载，但是装载后可写。反过来，TtoB 则是从可读写缓存下降成只读缓存；这并不改变该副本的存在，但改变了使用权限。至于 TtoN，当然就意味着缓存副本的卸载，如果副本已被写脏则还意味着强制该缓存副本的回写。至于逻辑上已被卸载的缓存副本是否还留在这个节点上以备不时之需，则取决于所实施的是 Probe 还是 Release 操作。即使是 Release，也并不表示绝对就是保留，而是将决定权留给了节点本身。

如前所述，对这些节点的操作使其状态发生诸如 NtoT、TtoB 等的变化，从而使具体数据块的缓存拓扑图从一个稳态进入另一个稳态，实际上会达成下列几种宏观作用和效果：

- Grow：权限升级可能使树的覆盖变大，需说明是从什么到什么，包括 NtoB()，NtoT()，BtoT()。虽然 BtoT 只是使分支节点变成了树干节点，树的大小并未改变，但是权限升级了（从只读变成了可写），我们也认为树的“覆盖”因此变大。而 NtoB 和 NtoT，则确实使原本不在树上的节点变成了分支节点或树干节点，那就使树的覆盖增加了。
- Prune：权限降级可能使树的覆盖变小（Shrink），需说明是从什么到什么，包括 TtoB()，TtoN()，BtoN()。例如 TtoB，就是从树干节点变成分支节点，树的大小并未改变，但是权限降级了。而 BtoN，则从分支节点变成了空白，不在树上了，那就使树的覆盖收缩了。
- Cap：不说明是从什么到什么，只是说变成什么，包括 toT()，toB()，toN()。例如 toT，就使一个节点（对某个数据块）变成树干节点。而 toN 则使一个节点从树上脱离变成空白。树的覆盖也许增加，也许缩小。
- Report：报告本节点（对于给定的数据块）处于何种状态，但维持原状不变，包括 TtoT()，BtoB()，NtoN()。树的覆盖既不增加也不缩小。

知道了上述这些原理和背景，我们就可以看一下对一些相关硬件描述的代码了。

首先是关于 TileLink 通道的描述。如上所述，一个 TileLink 的 Link 可以只有 A、D 两个通道，也可以有 A、D、B、C、E 五个通道，这些通道各有特殊之处，但也有许多共性。所以对这些通道的定义从抽象类

TLBundleBase 开始：

```
abstract class TLBundleBase(params: TLBundleParameters) extends GenericParameterizedBundle(params)
```

作为一项基础设施，关于 TileLink 的基本定义及其实现都在 package freechips.rocketchip.tilelink 中。抽象类 TLBundleBase 是对 GenericParameterizedBundle 的扩充，而后者又是对 Bundle 的扩充；所作的扩充就是让 Bundle 带上了参数，其类型为 TLBundleParameters：

```
case class TLBundleParameters(addressBits: Int, dataBits: Int, sourceBits: Int, sinkBits: Int, sizeBits: Int,
      echoFields: Seq[BundleFieldBase], requestFields: Seq[BundleFieldBase], responseFields: Seq[BundleFieldBase],
      hasBCE: Boolean){
    // Chisel has issues with 0-width wires
  require (addressBits >= 1)                    //地址长度不可以是0
  require (dataBits     >= 8)                   //数据宽度至少是8位
  require (sourceBits   >= 1)                   //源节点ID的长度不可以是0
  require (sinkBits     >= 1)                   //目标节点ID的长度不可以是0
  require (sizeBits     >= 1)                   //数据个数的长度不可以是0
  require (isPow2(dataBits))                    //数据宽度必须是8/16/32/64/128/…
  echoFields.foreach { f => require (f.key.isControl, s"${f} is not a legal echo field") }
          //目标节点在发回响应报文时须重复请求报文中的某些字段以供比对确认，但那必须是预定的控制字段。

  val addrLoBits = log2Up(dataBits/8)           // dataBits/8是所定数据宽度所含的字节数，这是其计数器的长度。

  def union(x: TLBundleParameters) = TLBundleParameters (max(addressBits, x.addressBits), max(dataBits, x.dataBits),
          max(sourceBits, x.sourceBits), max(sinkBits, x.sinkBits), max(sizeBits, x.sizeBits),
          echoFields = BundleField.union(echoFields ++ x.echoFields),
          requestFields = BundleField.union(requestFields ++ x.requestFields),
          responseFields = BundleField.union(responseFields ++ x.responseFields),
          hasBCE || x.hasBCE )
}
```

除作为构造参数给定的种种成分外，这个类并无别的结构成分。从中可见，每个 TLBundle 都有明确的方向，有确定的 source 和 sink。在一个 TLBundle 上，有些字段是用于请求报文的 requestFields，有些则是用于响应报文的 responseFields。还有一种 echoFields，那是需要在响应报文中加以重复的 requestFields，以供 source 端确认配对。这种字段的内容是 Master 发给 Slave 的，但是 Slave 必须原样发回，所以是“回声”。最后一个参数 hasBCE 为真表示这个 TileLink 的 Bundle 是有 B/C/E 通道的，否则就只有 A/D 通道。创建该类对象时，构造函数中将对所给定各个成分的合理性进行检验。此外，函数 union()表示把两个 TLBundleParameters 合在一起，此时所有成分的数值都就高不就低，都往高处走。代码中还提供了一个 object TLBundleParameters，用来帮助为一个连接 master 和 slave 两端的 TLBundle 创建其 TLBundleParameters 对象；其中有些是以 master 端的参数为准，有些则以 slave 端为准：

```
object TLBundleParameters {
  val emptyBundleParams = TLBundleParameters(addressBits = 1, dataBits = 8, sourceBits = 1, sinkBits = 1,
                                  sizeBits = 1, echoFields = Nil, requestFields = Nil, responseFields = Nil, hasBCE = false)
  def union(x: Seq[TLBundleParameters]) = x.foldLeft(emptyBundleParams)((x,y) => x.union(y))
  def apply(master: TLMasterPortParameters, slave: TLSlavePortParameters) =
```

```
    new TLBundleParameters(
      addressBits      = log2Up(slave.maxAddress + 1),
      dataBits         = slave.beatBytes * 8,              //每个beat，即每个时钟节拍中传输的字节数，乘8。
      sourceBits       = log2Up(master.endSourceId),
      sinkBits         = log2Up(slave.endSinkId),
      sizeBits         = log2Up(log2Ceil(max(master.maxTransfer, slave.maxTransfer))+1),        //本次请求的实际数据大小
      echoFields       = master.echoFields,
      requestFields    = BundleField.accept(master.requestFields, slave.requestKeys),
      responseFields   = BundleField.accept(slave.responseFields, master.responseKeys),
      hasBCE           = master.anySupportProbe && slave.anySupportAcquireB)
}   //end object TLBundleParameters
```

在 TLBundleBase（和 TLBundleParameters）的基础上定义了 trait TLChannel：

```
sealed trait TLChannel extends TLBundleBase { val channelName: String }
```

TLChannel 是对 Bundle 的扩充，说明 TLChannel 本质上是一束导线、一个“排线”。每个排线都有名称，并且带有一组参数，那就是 TLBundleParameters。

注意虽然我们说 Bundle 就是一排导线，但是从 Chisel 语义的角度只是一个可以“赋值”的复合数据（Aggregate），即 Record，得要将其绑定成 Wire 或 Reg 才是物理意义上的排线或寄存器。

然后在 trait TLChannel 的基础上派生出 TLDataChannel 和 TLAddrChannel：

```
sealed trait TLDataChannel extends TLChannel
sealed trait TLAddrChannel extends TLDataChannel
```

显然这里并无实质上的扩充，只是在概念上加以区分而已。其中 TLAddrChannel 是旨在用来发送命令报文的通道，因为在命令中必须给出目标地址，所以称为 TLAddrChannel。TLDataChannel 则是旨在用来发送响应报文的通道，因为响应报文中常常带有数据，所以称为 TLDataChannel。不言而喻，通道 A 就是只有个 TLAddrChannel 一面的通道：

```
final class TLBundleA(params: TLBundleParameters) extends TLBundleBase(params) with TLAddrChannel {
  val channelName = "'A' channel"
   // fixed fields during multibeat:
  val opcode = UInt(width = 3)                                  //操作码字段的宽度默认为3位
  val param = UInt(width = List(TLAtomics.width, TLPermissions.aWidth, TLHints.width).max)     // amo_opcode || grow perms || hint
  val size = UInt(width = params.sizeBits)
  val source = UInt(width = params.sourceBits)          // from     //报文的来源，注意params与param是两个不同的结构成分。
  val address = UInt(width = params.addressBits)        // to       //操作的目标，注意不是params.sinkBits。
  val user = BundleMap(params.requestFields)
  val echo = BundleMap(params.echoFields)
   // variable fields during multibeat:
  val mask = UInt(width = params.dataBits/8)
  val data = UInt(width = params.dataBits)                        //所承载的数据（用于Put和Atomic操作）。
  val corrupt = Bool()                                    // only applies to *Data messages
}  //end class TLBundleA
```

通道 A 用于对存储器的 Get、Put 和 Atomic 操作。这里最重要的字段是 address 和 size，表示访问的起点地址和长度。由于地址是按 64 位（8 字节）边界对齐的，所以这里还有个 mask 字段，用来说明其中哪些字节是需要或有效的，所以 mask 字段的大小是 params.dataBits/8，即每个字节 1 位。

这里并没有 ready 和 valid，因为这二者是每个 Bundle 都必有的，属于通道的底层控制电路，无需放在通道定义中。我们在前面几章中看到，只要以一个 Bundle 作为 object Decoupled 的参数，就会自动加上 ready 和 valid。

注意这里 data、params.dataBits、size 这三者的区别。搭载在请求报文中的数据是 data，其类型为 UInt，每个节拍能传输的宽度取决于 params.dataBits，所以 params.dataBits 限制了每个节拍所能传输的数据宽度；但是本次请求所涉及的数据总量则是 size，其字段宽度取决于 params.siazeBits，所以 params.siazeBits 限制了本通道每次操作所能传输的数据总量。另外，对于 Get 操作。Data 字段是不用的，因为纯粹的读操作命令中不含数据。

显然，TLBundleA，以及下述的 TLBundleD 等，归根结底是 Bundle。但是如上所述，Bundle 实质上只是一个数据结构，只是一排逻辑信号，我们在概念上可以将其看成一个排线，实际上却并没有这样的物理存在，得要将其物化成 Wire 或 Reg 才有物理上的存在。所以，创建了一个 TLBundleA 对象只是创建了一个数据结构，而并不是创建了一个物理意义上的通道。这个 TLBundleA 对象可以用来“赋值”，即将其连接到一个物理上存在的 A 通道，或者说将其内容放在某个物理上存在的 A 通道上，但是其本身却并不是一个物理上存在的 A 通道。

与通道 A 相对的是通道 D，这就是个 TLDataChannel 了：

```
final class TLBundleD(params: TLBundleParameters) extends TLBundleBase(params) with TLDataChannel {
  val channelName = "'D' channel"
    // fixed fields during multibeat:
  val opcode      = UInt(width = 3)
  val param       = UInt(width = TLPermissions.bdWidth)        // cap perms
  val size        = UInt(width = params.sizeBits)
  val source      = UInt(width = params.sourceBits)            // to          //注意方向倒过来了
  val sink        = UInt(width = params.sinkBits)              // from
  val denied      = Bool()                                     // implies corrupt iff *Data
  val user        = BundleMap(params.responseFields)
  val echo        = BundleMap(params.echoFields)
    // variable fields during multibeat:
  val data        = UInt(width = params.dataBits)
  val corrupt     = Bool()                                     // only applies to *Data messages
}
```

这就不需要多解释了。注意其中只有 data 是 D（数据）类字段，其余都是 C（控制）类字段。如前所述，从方 Agent 向主方发送回应时保持 C 类字段的内容不变，与主方发来的 C 类字段相同。不过这里还是增添了两个 C 类字段，一个是 sink，另一个是 denied。前者表示己方是 Sink，那就是已经到了最底层的内存模块了；后者则表示拒绝 A 通道上发来的报文。

然后是 B 通道：

```
final class TLBundleB(params: TLBundleParameters) extends TLBundleBase(params) with TLAddrChannel {
  val channelName = "'B' channel"
    // fixed fields during multibeat:
  val opcode      = UInt(width = 3)
  val param       = UInt(width = TLPermissions.bdWidth)        // cap perms
```

```
  val size       = UInt(width = params.sizeBits)
  val source     = UInt(width = params.sourceBits)        // to
  val address    = UInt(width = params.addressBits)       // from
   // variable fields during multibeat:
  val mask       = UInt(width = params.dataBits/8)
  val data       = UInt(width = params.dataBits)
  val corrupt    = Bool()                                  // only applies to *Data messages
}
```

如果不考虑通道的方向，这实际上就是 TLBundleA 的翻版。

与 B 通道相对的是 C 通道：

```
final class TLBundleC(params: TLBundleParameters) extends TLBundleBase(params) with TLAddrChannel {
  val channelName = "'C' channel"
   // fixed fields during multibeat:
  val opcode     = UInt(width = 3)
  val param      = UInt(width = TLPermissions.cWidth)  // shrink or report perms
  val size       = UInt(width = params.sizeBits)
  val source     = UInt(width = params.sourceBits)     // from
  val address    = UInt(width = params.addressBits)    // to
  val user       = BundleMap(params.requestFields)
  val echo       = BundleMap(params.echoFields)
   // variable fields during multibeat:
  val data       = UInt(width = params.dataBits)
  val corrupt    = Bool()                               // only applies to *Data messages
}
```

同样，如果不考虑通道的方向，这几乎就是 TLBundleD 的翻版（只是少了一个 sink 字段）。

最后是 E 通道：

```
final class TLBundleE(params: TLBundleParameters) extends TLBundleBase(params) with TLChannel {
  val channelName = "'E' channel"
  val sink = UInt(width = params.sinkBits)        // to
}
```

由于在通道 E 上传输的只是一个 GrantAck，再没有别的了，所以干脆操作码也不需要了。但是这里有个 sink 字段。

在一个 TLBundle 中，A 通道就好像发动机，在 A 通道上发送的报文是整个 TLBundle 的驱动力，其余通道上的活动都是因 A 通道上的发送所引起的。所以，A 通道接收方的 ready 信号起着关键的作用，因为这个信号可以对发送方施加反向的流通调节。下位节点不 ready，上位节点就不能发送。

有了这 5 个通道的定义，下面就是在这五个通道上发送的报文及其操作码的定义了：

```
object TLMessages {
   // opcode width
```

```
val width = 3          //操作码的宽度都是3位
  //                                          A   B   C   D   E     //所引起的回应
def PutFullData     = 0.U(width.W)    //      .   .                 => AccessAck
def PutPartialData  = 1.U(width.W)    //      .   .                 => AccessAck
def ArithmeticData  = 2.U(width.W)    //      .   .                 => AccessAckData
def LogicalData     = 3.U(width.W)    //      .   .                 => AccessAckData
def Get             = 4.U(width.W)    //      .   .                 => AccessAckData
def Hint            = 5.U(width.W)    //      .   .                 => HintAck
def AcquireBlock    = 6.U(width.W)    //      .                     => Grant[Data]
def AcquirePerm     = 7.U(width.W)    //      .                     => Grant[Data]
def Probe           = 6.U(width.W)    //          .                 => ProbeAck[Data]
def AccessAck       = 0.U(width.W)    //              .   .
def AccessAckData   = 1.U(width.W)    //              .   .
def HintAck         = 2.U(width.W)    //              .   .
def ProbeAck        = 4.U(width.W)    //              .
def ProbeAckData    = 5.U(width.W)    //              .
def Release         = 6.U(width.W)    //              .             => ReleaseAck
def ReleaseData     = 7.U(width.W)    //              .             => ReleaseAck
def Grant           = 4.U(width.W)    //                  .         => GrantAck
def GrantData       = 5.U(width.W)    //                  .         => GrantAck
def ReleaseAck      = 6.U(width.W)    //                  .
def GrantAck        = 0.U(width.W)    //                      .

def isA(x: UInt) = x <= AcquirePerm      //在通道A上发送的报文，其操作码须<=7。
def isB(x: UInt) = x <= Probe            //在通道B上发送的报文，其操作码须<=6。
def isC(x: UInt) = x <= ReleaseData      //在通道C上发送的报文，其操作码须<=7。
def isD(x: UInt) = x <= ReleaseAck       //在通道D上发送的报文，其操作码须<=6。

def adResponse = VecInit(AccessAck, AccessAck, AccessAckData, AccessAckData, AccessAckData, HintAck, Grant, Grant)
def bcResponse = VecInit(AccessAck, AccessAck, AccessAckData, AccessAckData, AccessAckData, HintAck, ProbeAck, ProbeAck)

def a = Seq( ("PutFullData",TLPermissions.PermMsgReserved),      //"PutFullData"是报文名称，PermMsgReserved是参数种类
             ("PutPartialData",TLPermissions.PermMsgReserved),
             ("ArithmeticData",TLAtomics.ArithMsg),
             ("LogicalData",TLAtomics.LogicMsg),
             ("Get",TLPermissions.PermMsgReserved),
             ("Hint",TLHints.HintsMsg),
             ("AcquireBlock",TLPermissions.PermMsgGrow),
             ("AcquirePerm",TLPermissions.PermMsgGrow))          //可以在A通道上发送的报文名称和参数类别

def b = Seq( ("PutFullData",TLPermissions.PermMsgReserved),
             ("PutPartialData",TLPermissions.PermMsgReserved),
             ("ArithmeticData",TLAtomics.ArithMsg),
             ("LogicalData",TLAtomics.LogicMsg),
             ("Get",TLPermissions.PermMsgReserved),
             ("Hint",TLHints.HintsMsg),
```

```
            ("Probe",TLPermissions.PermMsgCap))                    //可以在B通道上发送的报文名称和参数类别

  def c = Seq( ("AccessAck",TLPermissions.PermMsgReserved),
            ("AccessAckData",TLPermissions.PermMsgReserved),
            ("HintAck",TLPermissions.PermMsgReserved),
            ("Invalid Opcode",TLPermissions.PermMsgReserved),
            ("ProbeAck",TLPermissions.PermMsgReport),
            ("ProbeAckData",TLPermissions.PermMsgReport),
            ("Release",TLPermissions.PermMsgReport),
            ("ReleaseData",TLPermissions.PermMsgReport))          //可以在C通道上发送的报文名称和参数类别

  def d = Seq( ("AccessAck",TLPermissions.PermMsgReserved),
            ("AccessAckData",TLPermissions.PermMsgReserved),
            ("HintAck",TLPermissions.PermMsgReserved),
            ("Invalid Opcode",TLPermissions.PermMsgReserved),
            ("Grant",TLPermissions.PermMsgCap),
            ("GrantData",TLPermissions.PermMsgCap),
            ("ReleaseAck",TLPermissions.PermMsgReserved))          //可以在D通道上发送的报文名称和参数类别
}  //end object TLMessages
```

上面定义的报文与 TileLink 规格书所述略有不同，例如 Probe，按 TileLink spec 1.8 有 ProbeBlock 和 ProbePerm 之分，这里却只有一个 Probe。这应该是版本的不同，估计这段代码在先。

这个 object 基本上就是一些常数定义，只不过是以返回函数值的形式表示。下面 a()等 4 个函数返回 A、B、C、D 四个通道上可以发送的报文名称和相关参数类别的说明。注意这里引用的 TLPermissions 也是个 object，其内容基本上都是要求对具体数据块副本的访问权限发生变动的操作定义：

```
/**
  * The three primary TileLink permissions are:
  *    (T)runk: the agent is (or is on inwards path to) the global point of serialization.
  *    (B)ranch: the agent is on an outwards path to
  *    (N)one:
  * These permissions are permuted by transfer operations in various ways.
  * Operations can cap permissions, request for them to be grown or shrunk, or for a report on their current status.
  */
object TLPermissions {    //用来改变操作权限的报文参数：
  val aWidth = 2
  val bdWidth = 2
  val cWidth = 3

  // Cap types (Grant = new permissions, Probe = permisions <= target)
  def toT       = 0.U(bdWidth.W)
  def toB       = 1.U(bdWidth.W)
  def toN       = 2.U(bdWidth.W)
  def isCap(x: UInt) = x <= toN

  // Grow types (Acquire = permissions >= target)
```

```
    def NtoB        = 0.U(aWidth.W)
    def NtoT        = 1.U(aWidth.W)
    def BtoT        = 2.U(aWidth.W)
    def isGrow(x: UInt) = x <= BtoT

    // Shrink types (ProbeAck, Release)
    def TtoB        = 0.U(cWidth.W)
    def TtoN        = 1.U(cWidth.W)
    def BtoN        = 2.U(cWidth.W)
    def isShrink(x: UInt) = x <= BtoN

    // Report types (ProbeAck, Release)
    def TtoT        = 3.U(cWidth.W)
    def BtoB        = 4.U(cWidth.W)
    def NtoN        = 5.U(cWidth.W)
    def isReport(x: UInt) = x <= NtoN

    def PermMsgGrow:Seq[String]      = Seq("Grow NtoB", "Grow NtoT", "Grow BtoT")
    def PermMsgCap:Seq[String]       = Seq("Cap toT", "Cap toB", "Cap toN")
    def PermMsgReport:Seq[String]    = Seq("Shrink TtoB", "Shrink TtoN", "Shrink BtoN",
                                           "Report TotT", "Report BtoB", "Report NtoN")
    def PermMsgReserved:Seq[String]  = Seq("Reserved")            //保持节点状态不变
}    //end object TLPermissions
```

这是个没有 apply()函数的 object，实际上只是用来提供一组函数和若干常数。

无论是在通道 A 还是 D，或者 B、C，报文中除有个操作码字段 opcode 外还有个参数字段 param，这个参数字段的内容最终就是来自这里。为说明这一点，我们不妨看一下由 class TLEdgeOut（后面还会讲到）提供的函数 AcquireBlock()，这个函数可以用来创建一个物化的 A 通道线束（绑定成 Wire）并在上面发送 AcquireBlock 报文。前面 object TLMessages 中的函数 a()所返回可以在 A 通道上发送的报文名称和参数类别有("AcquireBlock",TLPermissions.PermMsgGrow)，说明 AcquireBlock 报文可以在 A 通道上发送，其参数 param 的类别是 TLPermissions.PermMsgGrow。现在 class TLEdgeOut 的函数 AcquireBlock()就具体创建此种报文：

```
class TLEdgeOut(client: TLClientPortParameters, manager: TLManagerPortParameters,
                params: Parameters, sourceInfo: SourceInfo) extends TLEdge(client, manager, params, sourceInfo) {
  // Transfers
  def AcquireBlock(fromSource: UInt, toAddress: UInt, lgSize: UInt, growPermissions: UInt) = {
    require (manager.anySupportAcquireB, s"TileLink: No managers visible from this edge support Acquires,
                                  but one of these clients would try to request one: ${client.clients}")
    val legal = manager.supportsAcquireBFast(toAddress, lgSize)
    val a = Wire(new TLBundleA(bundle))              //创建一个TLBundleA并将其绑定成Wire，物化成线束。
    a.opcode  := TLMessages.AcquireBlock
    a.param   := growPermissions
    a.size    := lgSize
    a.source  := fromSource
    a.address := toAddress
    a.mask    := mask(toAddress, lgSize)
```

```
    a.data      := UInt(0)
    a.corrupt := Bool(false)
    (legal, a)                                   //返回表示是否成功的legal，还有就是所创建的A通道线束
  }
  …
}
```

可见，创建 AcquireBlock 时的 param 字段被连接到作为参数的输入 growPermissions，那就是上述的 TLPermissions.PermMsgGrow，可以是 NtoB、NtoT、BtoT 三者之一。AcquireBlock 如此，别的也是类似。总之，除原子操作之外，param 字段的内容最终都是来自 object TLPermissions。只有原子操作 ArithmeticDat 和 LogicalData 是例外，其 param 来自 object TLAtomics：

```
object TLAtomics {
  val width = 3
    // Arithmetic types
  def MIN    = UInt(0, width)
  def MAX    = UInt(1, width)
  def MINU = UInt(2, width)
  def MAXU = UInt(3, width)
  def ADD    = UInt(4, width)
  def isArithmetic(x: UInt) = x <= ADD
    // Logical types
  def XOR    = UInt(0, width)
  def OR      = UInt(1, width)
  def AND    = UInt(2, width)
  def SWAP = UInt(3, width)
  def isLogical(x: UInt) = x <= SWAP

  def ArithMsg:Seq[String] = Seq("MIN", "MAX", "MINU", "MAXU", "ADD")
  def LogicMsg:Seq[String] = Seq("XOR", "OR", "AND", "SWAP")
}
```

换言之，报文中的 param 字段，貌似与参数有关，实际上却是对于本次操作的权限变动要求或原子操作种类。当然，就一次具体的操作而言，说这是对本次操作的参数也未尝不可。

上面定义了一个 TileLink 连接中的最多 5 个通道，5 个通道合在一起就是一个 Link，这是一个更大的 Bundle，这就是 class TLBundle。作为对整个 Link 的描述，一个 TLBundle 就是一个 Link，里面可以只有两个通道，也可以有五个通道。具体的 TLBundle 对象之为 5 个通道的 TL-C，还是 2 个通道的 TL-U，以及通道中一些字段的大小等，则通过参数 params，一个 TLBundleParameters 对象加以设定：

```
class TLBundle(val params: TLBundleParameters) extends Record {
    // Emulate a Bundle with elements abcde or ad depending on params.hasBCE
  private val optA = Some (Decoupled(new TLBundleA(params)))                    //Some()表示必须有
  private val optB = params.hasBCE.option(Decoupled(new TLBundleB(params)).flip)    //flip表示方向相反
  private val optC = params.hasBCE.option(Decoupled(new TLBundleC(params)))
  private val optD = Some (Decoupled(new TLBundleD(params)).flip)               //flip表示方向相反
  private val optE = params.hasBCE.option(Decoupled(new TLBundleE(params)))
```

```
  def a: DecoupledIO[TLBundleA] = optA.getOrElse(Wire(Decoupled(new TLBundleA(params))))
  def b: DecoupledIO[TLBundleB] = optB.getOrElse(Wire(Decoupled(new TLBundleB(params))))
                                        //如果optB存在就返回其内容，否则就创建一个B通道；optC和optE也一样。
  def c: DecoupledIO[TLBundleC] = optC.getOrElse(Wire(Decoupled(new TLBundleC(params))))
  def d: DecoupledIO[TLBundleD] = optD.getOrElse(Wire(Decoupled(new TLBundleD(params))))
  def e: DecoupledIO[TLBundleE] = optE.getOrElse(Wire(Decoupled(new TLBundleE(params))))

  override def cloneType: this.type = (new TLBundle(params)).asInstanceOf[this.type]

  val elements = if (params.hasBCE) ListMap("e" -> e, "d" -> d, "c" -> c, "b" -> b, "a" -> a)
          else ListMap("d" -> d, "a" -> a)     //如果参数中说hasBCE就有a/b/c/d/e五个通道，否则就只有a/d两个通道。

  def tieoff(): Unit = {              //关闭这个TLBundle
    a.ready.dir match {               //以A通道的ready信号方向为判断依据：
      case INPUT =>                        //在Master一侧，ready信号在Master一侧为输入：
        a.ready := Bool(false)                  //把A通道的ready输入硬设置成false，这样就永远不会发送。
        c.ready := Bool(false)                  //把C通道的ready输入硬设置成false，这样就永远不会发送。
        e.ready := Bool(false)                  //把E通道的ready输入硬设置成false，这样就永远不会发送。
        b.valid := Bool(false)                  //把B通道的valid位硬设置成false，不理睬对方的发送。。
        d.valid := Bool(false)                  //把D通道的valid位硬设置成false，不理睬对方的发送。。
      case OUTPUT =>                       //在Slave一侧，ready信号在Slave一侧为输出：
        a.valid := Bool(false)                  //把A通道的valid位硬设置成false，不理睬对方的发送。
        c.valid := Bool(false)                  //把C通道的valid位硬设置成false，不理睬对方的发送。。
        e.valid := Bool(false)                  //把E通道的valid位硬设置成false，不理睬对方的发送。。
        b.ready := Bool(false)                  //把B通道的ready位输入硬设置成false，这样就永远不会发送。
        d.ready := Bool(false)                  //把D通道的ready位输入硬设置成false，这样就永远不会发送。
      case _ =>
    }
  }
}    //end class TLBundle

object TLBundle {
  def apply(params: TLBundleParameters) = new TLBundle(params)           //创建TLBundle对象
}
```

这里的 5 个通道都是有条件创建和存在的，都是 Option。其中通道 A 和 D 的 Option 是 Some()，表示不能是空，通道 B/C/E 的创建则取决于参数中的 hasBCE。另外，在创建例如 TLBundleA 之后还要对其调用 Decoupled()，通过 object Decoupled 将其创建成一个 DecoupledIO 对象，那就是在 class TLBundleA 所给定的字段外再添上 ready 和 valid 两根控制线（两个 1 位控制字段）。

表面上看似乎 TLBundle 与 TLBundle 都一样，实际上二者的形状可以很不一样，取决于具体的参数 params，这就是前述的 TLBundleParameters。根据具体的参数，TLBundle 中各个字段的大小都可以不同，但是它们的结构是一样的。

不过由程序员直接给定实参构建 TLBundleParameters 类对象并不简单，所以 Rochet Chip 提供了一个 objet TLBundleParameters，以助程序员创建 TLBundleParameters 对象：

```
object TLBundleParameters {
  val emptyBundleParams = TLBundleParameters(addressBits = 1, dataBits = 8, sourceBits = 1, sinkBits = 1, sizeBits = 1,
      echoFields = Nil, requestFields = Nil, responseFields = Nil, hasBCE = false)

  def union(x: Seq[TLBundleParameters]) = x.foldLeft(emptyBundleParams)((x,y) => x.union(y))

  def apply (master: TLMasterPortParameters, slave: TLSlavePortParameters) =
    new TLBundleParameters(addressBits = log2Up(slave.maxAddress + 1), dataBits = slave.beatBytes * 8,
      sourceBits = log2Up(master.endSourceId), sinkBits = log2Up(slave.endSinkId),
      sizeBits = log2Up(log2Ceil(max(master.maxTransfer, slave.maxTransfer))+1),
      echoFields = master.echoFields,
      requestFields = BundleField.accept(master.requestFields, slave.requestKeys),
      responseFields = BundleField.accept(slave.responseFields, master.responseKeys),
      hasBCE = master.anySupportProbe && slave.anySupportAcquireB)
}    //end object TLBundleParameters
```

创建 TLBundleParameters 类对象之所以不简单，是因为一个 TLBundle 的两端分别是 Master 和 Slave 两个模块，各有一个 TileLink 端口，两个端口各有参数，即 TLMasterPortParameters 和 TLSlavePortParameters，而 TLBundle 的参数智能来自这两个端口的参数，而且什么参数取自哪一端是有一定规则的。以 hasBCE 这个参数为例，就取决于 master.anySupportProbe 与 slave.anySupportAcquireB 这二者。

但是，这样一来，通过 objet TLBundleParameters 创建一个具体 TLBundle 的 TLBundleParameters 对象就得先有 TLMasterPortParameters 和 TLSlavePortParameters 这两个端口参数。

事实上，按 Rocket Chip 的设计，创建 TLBundle 所需的参数是要参与 Diplomacy 参数协调的，需要加以协调的参数也不在少数，TLBundleParameters 来自 TLMasterPortParameters 和 TLSlavePortParameters，是经过参数协调之后的 TLMasterPortParameters 和 TLSlavePortParameters。以原始 TLMasterPortParameter 的构建为例，这是个相当大的类，限于篇幅我们在这里只是看一下它的构造界面，实际的定义就留给读者自己去看了：

```
class TLMasterPortParameters private(val masters: Seq[TLMasterParameters],
    val channelBytes: TLChannelBeatBytes, val minLatency: Int, val echoFields: Seq[BundleFieldBase],
    val requestFields: Seq[BundleFieldBase], val responseKeys: Seq[BundleKeyBase]) extends SimpleProduct{…}
```

这里的构造参数 masters 又是一串 TLMasterParameters 对象。同样，我们只看其构造函数的界面：。

```
class TLMasterParameters private(val nodePath: Seq[BaseNode], val resources: Seq[Resource],
  val name: String, val visibility: Seq[AddressSet], val unusedRegionTypes: Set[RegionType.T],
  val executesOnly: Boolean, val requestFifo: Boolean,         //only a request, not a requirement. applies to A, not C.
  val supports: TLSlaveToMasterTransferSizes, val emits: TLMasterToSlaveTransferSizes,
  val neverReleasesData: Boolean, val sourceId: IdRange) extends SimpleProduct {…}
```

给人的印象是确实太复杂了。有没有必要呢？这要看情况。以这里的参数 visibility 为例，这是一个 AddressSet 的序列，说明在 Master 这端的模块要访问的地址范围，如果与 Slave 这端的模块与其地址不符就是不可见，就好像不存在一样，这在某些情况下显然是有必要的。既然在有些情况下有必要，那作为一个通用的模型当然就得把它包括进去。

但是这意味着构造一个 TLMasterParameters 对象也非易事，所以 TileLink 又提供了一个同名的 object，帮助构建 TLMasterParameters 对象：

```
object TLMasterParameters {
  def v1(name: String, sourceId: IdRange = IdRange(0,1), nodePath: Seq[BaseNode] = Seq(), requestFifo: Boolean = false,
         visibility: Seq[AddressSet] = Seq(AddressSet(0, ~0)), supportsProbe: TransferSizes = TransferSizes.none,
         supportsArithmetic: TransferSizes = TransferSizes.none, supportsLogical: TransferSizes = TransferSizes.none,
         supportsGet: TransferSizes = TransferSizes.none, supportsPutFull: TransferSizes = TransferSizes.none,
         supportsPutPartial: TransferSizes = TransferSizes.none, supportsHint: TransferSizes = TransferSizes.none) = {
    new TLMasterParameters(nodePath = nodePath, resources = Nil, name = name, visibility = visibility,
      unusedRegionTypes = Set(),executesOnly = false, requestFifo = requestFifo,
      supports = TLSlaveToMasterTransferSizes(probe = supportsProbe, arithmetic = supportsArithmetic,
      logical = supportsLogical, get = supportsGet, putFull = supportsPutFull, putPartial = supportsPutPartial, hint = supportsHint),
      emits = TLMasterToSlaveTransferSizes.unknownEmits,
      neverReleasesData = false,
      sourceId = sourceId)
  }

  def v2(nodePath: Seq[BaseNode] = Seq(), resources: Seq[Resource] = Nil, name: String,
         visibility: Seq[AddressSet] = Seq(AddressSet(0, ~0)), unusedRegionTypes: Set[RegionType.T] = Set(),
         executesOnly: Boolean = false, requestFifo: Boolean = false,
         supports: TLSlaveToMasterTransferSizes = TLSlaveToMasterTransferSizes.unknownSupports,
         emits: TLMasterToSlaveTransferSizes = TLMasterToSlaveTransferSizes.unknownEmits,
         neverReleasesData: Boolean = false, sourceId: IdRange = IdRange(0,1)) = {
    new TLMasterParameters(nodePath = nodePath, resources = resources, name = name, visibility = visibility,
      unusedRegionTypes = unusedRegionTypes, executesOnly = executesOnly, requestFifo = requestFifo,
      supports = supports, emits = emits, neverReleasesData = neverReleasesData, sourceId = sourceId)
  }
}
```

这个 object 并未提供 apply()函数，而是提供了 v1()和 v2()两个构造函数，都用来创建 TLMasterParameters，具体使用时要写 TLMasterParameters.v1(...)或 TLMasterParameters.v2(...)。表面上看来这两个函数一样有许多参数，但实际上这些参数都有默认值，所以实际需要给定的参数一般很少。所以，object TLMasterParameters 就好像给提供了两块标准模板，实际使用中只要对少数参数作些修正就行。

TLMasterPortParameters 是这样，TLSlavePortParameters 也与此相仿。后者也需要有个 TLSlaveParameters 对象序列，class TLSlaveParameters 同样也很复杂，所以也提供了一个 object TLSlaveParameters，后者也提供了 v1()和 v2 两个函数，也是有许多参数但都有默认值，也好像是提供了两块标准模板。

至此，我们可以归纳一下 TLBundle 的生成路径。有待创建的 TLBundle 连接 Master 和 Slave 双方，Master 一方需要有一组 TLMasterParameter，Slave 一方则要有一组 TLSlaveParamet：

- 首先是 Master 和 Slave 双方 TLMasterParameters 和 TLSlaveParamete 的创建。
- 在此基础上创建原始的 TLMasterPortParameters 和 TLSlavePortParameters。
- 通过 Diplomacy 在原始 TLMasterPortParameters 和 TLSlavePortParameters 之间进行协调。
- 根据协调后的 TLMasterPortParameters 和 TLSlavePortParameters 创建 TLBundleParameters。
- 根据所创建的 TLBundleParameters 创建 TLBundle。

后面我们将看到，Diplomacy 对于 TLBundle 的参数协调一般都是在 TLMasterPortParameters 和 TLSlavePortParameters 之间，但偶尔也会在 TLMasterParameters 和 TLSlaveParameter 之间进行。

TileLink 原本就是为存储子系统设计的，所提供的这些 Link 解决的是模块之间的通信问题。既然如此，通道两端的模块显然都是支持 TileLink 规程的。两端的模块当然也需要通过 Diplomacy 进行参数协调。但是参数协调这个机制所涉及的是节点（node）和边（edge），至于 Bundle 则是在完成了全局的参数协调之后才创建的。具体到 TileLink，则当然都得是支持和符合 TileLink 规程的节点和边，体现 TileLink 规程内容的节点和边。不过在 Diplomacy 的实现中并没有 Edge 这么一个类的定义，而是定义了一个 Edges 类：

```
/** [[Edges]] is a collection of parameters describing the functionality and connection for an interface,
  * which is often derived from the interconnection protocol and can inform the parameterization
  * of the hardware bundles that actually implement the protocol.
  */
case class Edges[EI, EO](in: Seq[EI], out: Seq[EO])
```

在 Diplomacy 中，一个 Edges 对象就是输入和输出两个序列，一个序列是输入 Edge 即 EI 的序列，另一个是输出 Edge 即 EO 的序列。这里的 EI 和 EO 都是泛型，意为 EdgeIn 和 EdgeOut，实际的类型应该是对抽象类 Data 的扩充，这从下面两个 trait 的定义中可以看出来：

```
trait InwardNodeImp[DI, UI, EI, BI <: Data]
trait OutwardNodeImp[DO, UO, EO, BO <: Data]
```

这里 D 表示 Down，U 表示 Up，E 表示 Edge，B 表示 Bundle，全都应该是从抽象类 Dada 派生而来。这些“数据”，当然就是参数。至于这些参数的来历，则从下面几个 lazy val 和函数的定义可以看出：

```
lazy val edges: Edges[EI, EO] = Edges(edgesIn, edgesOut)
lazy val edgesIn: Seq[EI] = (iPorts zip uiParams).map { case ((o, n, p, s), i) =>
                                                    inner.edgeI(n.doParams(o), i, p, s) }
lazy val edgesOut: Seq[EO] = (oPorts zip doParams).map { case ((i, n, p, s), o) =>
                                                    outer.edgeO(o, n.uiParams(i), p, s) }
def edgeI(pd: DI, pu: UI, p: Parameters, sourceInfo: SourceInfo): EI
def edgeO(pd: DO, pu: UO, p: Parameters, sourceInfo: SourceInfo): EO
```

这里 map()函数里的(o,n)和(i,n)分别代表 iPorts 和 oPorts 两个序列中的元素，即每个四元组中的序号 o 或 i，和 OutwardNode 与 InwardNode（n 意为 Node）。而 p 和 s 则为 Parameters 和 SourceInfo：

```
lazy val iPorts: Seq[(Int, OutwardNode[DI, UI, BI], Parameters, SourceInfo)] = iDirectPorts.map(iTrace)
lazy val oPorts: Seq[(Int, InwardNode[DO, UO, BO], Parameters, SourceInfo)] =
                                                                    oDirectPorts.map(oTrace)
```

注意 iPorts 和 oPorts 都是四元组序列（Diplomacy 中并未定义 Port 这么一个类），iPorts 四元组中的元素之一是 OutwardNode 而不是 InwardNode。这是因为，对于输入端口，这里指的是对方节点。我们在上一章中看到，iPorts 和 oPorts 中的信息分别来自序列 accPI 和 accPO，而 accPI 和 accPO 中的信息则来自绑定语句。

然而 TileLink 的物理连接 TLBundle 比普通的物理连接复杂，其参数不仅是结构复杂得多，数量也大得多。所以就另外定义了一个类似于 Edge 这样的类，这是从 TLEdgeParameters 开始的：

```
case class TLEdgeParameters (master: TLMasterPortParameters, slave: TLSlavePortParameters,
                                        params: Parameters, sourceInfo: SourceInfo) extends FormatEdge{
  // legacy names:
  def manager = slave          //调用manager()，返回的是slave，即TLSlavePortParameters。
  def client = master          //调用client()，返回的是master，即TLMasterPortParameters

  val maxTransfer = max(master.maxTransfer, slave.maxTransfer)    //取其大者
  val maxLgSize = log2Ceil(maxTransfer)                           //取其对数，是maxTransfer这个字段所需的长度。
```

```
  // Sanity check the link...
  require (maxTransfer >= slave.beatBytes, s"Link's max transfer (${maxTransfer}) < ...")
  def diplomaticClaimsMasterToSlave = master.anyEmitClaims.intersect(slave.anySupportClaims)

  val bundle = TLBundleParameters(master, slave)
  def formatEdge = master.infoString + "\n" + slave.infoString
}
```

注意 TLEdgeParameter 是对 FormatEdge 的扩充，而 FormatEdge 与 Diplomacy 的 Edge 其实并无关系：

```
/** Trait that enables a string representation of an edge. */
trait FormatEdge {
  def formatEdge: String
}
```

所以，可以认为 TLEdgeParameter 是从零开始定义的，与 Diplomacy 没有关系，一个 TLEdgeParamete 对象的结构成分就是：

- 一组 TLMasterPortParameters
- 一组 TLSlavePortParameters
- 一组 Parameters，即 params。

核心 bundle，就是 TLBundleParameters，把 TLMasterPortParameters 和 TLSlavePortParameters 整合在一起。

可见，TLEdgeParameters 同样也来自 TLMasterPortParameters 和 TLSlavePortParameters；里面的成分 bundle，就是个 TLBundleParameters 对象。显然，TileLink 的“边”比 Diplomacy 的“边”复杂，可是把相关信息收集在一起成为一个类，比之用一个四元组表示，虽然实质上是一样的，却反倒好理解。但是当然，参数协调的机制和框架还是要用 Diplomacy 的。

然后在 TLEdgeParameters 的基础上定义了 class TLEdge，这是对 TLEdgeParameters 的扩充：

```
class TLEdge (client: TLClientPortParameters, manager: TLManagerPortParameters,
              params: Parameters, sourceInfo: SourceInfo) extends TLEdgeParameters(client, manager, params, sourceInfo) {
  def isAligned(address: UInt, lgSize: UInt): Bool = {...}
  def mask(address: UInt, lgSize: UInt): UInt = MaskGen(address, lgSize, manager.beatBytes)
  ...
  def opcode(x: TLDataChannel): UInt = {
    x match {
      case a: TLBundleA => a.opcode
      case b: TLBundleB => b.opcode
      case c: TLBundleC => c.opcode
      case d: TLBundleD => d.opcode
    }
  }

  // Does the request need T permissions to be executed?     //T就是前述的Trunk
  def needT(a: TLBundleA): Bool = {
    val acq_needT = MuxLookup(a.param, Wire(Bool()), Array(TLPermissions.NtoB -> false.B,
                                          TLPermissions.NtoT -> true.B, TLPermissions.BtoT -> true.B))
    MuxLookup(a.opcode, Wire(Bool()), Array(
```

```
        TLMessages.PutFullData -> true.B,                    // PutFullData得要在Trunk节点上才行
        TLMessages.PutPartialData -> true.B,
        TLMessages.ArithmeticData -> true.B,
        TLMessages.LogicalData -> true.B,
        TLMessages.Get -> false.B,                           //但是Get并不要求必须在Trunk节点上
        TLMessages.Hint -> MuxLookup(a.param, Wire(Bool()), Array(TLHints.PREFETCH_READ -> false.B,
                                                             TLHints.PREFETCH_WRITE -> true.B)),
        TLMessages.AcquireBlock -> acq_needT,                // AcquireBlock/ AcquirePerm视情况而定
        TLMessages.AcquirePerm -> acq_needT))
  }
  …
}  //end class TLEdge
```

这是个体量不小的类，限于篇幅只能列出一个摘要，读者可以自己去看完整的定义。

另外，在这里 master 改称 client，slave 改称 manager 了，参数类型的名称也变了（据说是历史原因），实际上只是换了个名称而已：

```
type TLClientPortParameters = TLMasterPortParameters
type TLManagerPortParameters = TLSlavePortParameters
```

除数据成分还是原来 class TLEdgeParameters 的那些之外，这里增添了许多函数。前述香山所定义的 object TLUtilities 中的那些函数，基本上就都是从这里来的。不过也有一些，例如这里的 needT()，是 TLUtilities 中没有的。

有了 TLEdge 之后，TLEdgeOut 和 TLEdgeIn 都是对 TLEdge 的扩充，先看 TLEdgeOut：

```
class TLEdgeOut (client: TLClientPortParameters, manager: TLManagerPortParameters,
                 params: Parameters, sourceInfo: SourceInfo) extends TLEdge(client, manager, params, sourceInfo){
  // Transfers
  def AcquireBlock(fromSource: UInt, toAddress: UInt, lgSize: UInt, growPermissions: UInt) = {
    require (manager.anySupportAcquireB, s"TileLink: No managers visible from this edge support Acquires,
                                          but one of these clients would try to request one: ${client.clients}")
    val legal = manager.supportsAcquireBFast(toAddress, lgSize)
    val a = Wire(new TLBundleA(bundle))
    a.opcode   := TLMessages.AcquireBlock
    a.param    := growPermissions
    a.size     := lgSize
    a.source   := fromSource
    a.address := toAddress
    a.mask     := mask(toAddress, lgSize)
    a.data     := UInt(0)
    a.corrupt := Bool(false)
    (legal, a)
  }

  def AcquirePerm(fromSource: UInt, toAddress: UInt, lgSize: UInt, growPermissions: UInt) = {
    require (manager.anySupportAcquireB, s"TileLink: No managers visible from this edge support Acquires,
                                          but one of these clients would try to request one: ${client.clients}")
    val legal = manager.supportsAcquireBFast(toAddress, lgSize)
```

```
    val a = Wire(new TLBundleA(bundle))
    a.opcode   := TLMessages.AcquirePerm
    a.param    := growPermissions
    a.size     := lgSize
    a.source   := fromSource
    a.address := toAddress
    a.mask     := mask(toAddress, lgSize)
    a.data     := UInt(0)
    a.corrupt := Bool(false)
    (legal, a)
  }

  def Release(fromSource: UInt, toAddress: UInt, lgSize: UInt, shrinkPermissions: UInt): (Bool, TLBundleC) = {
    require (manager.anySupportAcquireB, s"TileLink: No managers visible from this edge support Acquires,
                                          but one of these clients would try to request one: ${client.clients}")
    val legal = manager.supportsAcquireBFast(toAddress, lgSize)
    val c = Wire(new TLBundleC(bundle))
    c.opcode   := TLMessages.Release
    c.param    := shrinkPermissions
    c.size     := lgSize
    c.source   := fromSource
    c.address := toAddress
    c.data     := UInt(0)
    c.corrupt := Bool(false)
    (legal, c)
  }

  def Release(fromSource: UInt, toAddress: UInt, lgSize: UInt, shrinkPermissions: UInt, data: UInt, corrupt: Bool)
     : (Bool, TLBundleC) = {
    require (manager.anySupportAcquireB, s"TileLink: No managers visible from this edge support Acquires,
                                          but one of these clients would try to request one: ${client.clients}")
    val legal = manager.supportsAcquireBFast(toAddress, lgSize)
    val c = Wire(new TLBundleC(bundle))
    c.opcode   := TLMessages.ReleaseData
    c.param    := shrinkPermissions
    c.size     := lgSize
    c.source   := fromSource
    c.address := toAddress
    c.data     := data
    c.corrupt := corrupt
    (legal, c)
  }

  def Release(fromSource: UInt, toAddress: UInt, lgSize: UInt, shrinkPermissions: UInt, data: UInt): (Bool, TLBundleC) =
                                   Release(fromSource, toAddress, lgSize, shrinkPermissions, data, Bool(false))
```

```
def ProbeAck(b: TLBundleB, reportPermissions: UInt): TLBundleC = ProbeAck(b.source, b.address, b.size, reportPermissions)

def ProbeAck(fromSource: UInt, toAddress: UInt, lgSize: UInt, reportPermissions: UInt): TLBundleC = {
  val c = Wire(new TLBundleC(bundle))
  c.opcode   := TLMessages.ProbeAck
  c.param    := reportPermissions
  c.size     := lgSize
  c.source   := fromSource
  c.address := toAddress
  c.data     := UInt(0)
  c.corrupt := Bool(false)
  c
}
def ProbeAck(b: TLBundleB, reportPermissions: UInt, data: UInt): TLBundleC =
                                    ProbeAck(b.source, b.address, b.size, reportPermissions, data)
def ProbeAck(fromSource: UInt, toAddress: UInt, lgSize: UInt, reportPermissions: UInt, data: UInt, corrupt: Bool): TLBundleC = {
  val c = Wire(new TLBundleC(bundle))
  c.opcode      := TLMessages.ProbeAckData
  c.param       := reportPermissions
  c.size        := lgSize
  c.source      := fromSource
  c.address     := toAddress
  c.data        := data
  c.corrupt     := corrupt
  c
}
def ProbeAck(fromSource: UInt, toAddress: UInt, lgSize: UInt, reportPermissions: UInt, data: UInt): TLBundleC =
                                    ProbeAck(fromSource, toAddress, lgSize, reportPermissions, data, Bool(false))
def GrantAck(d: TLBundleD): TLBundleE = GrantAck(d.sink)
def GrantAck(toSink: UInt): TLBundleE = {
  val e = Wire(new TLBundleE(bundle))
  e.sink := toSink
  e
}

// Accesses
def Get(fromSource: UInt, toAddress: UInt, lgSize: UInt) = {
  require (manager.anySupportGet, s"TileLink: No managers visible from this edge support Gets,
                                    but one of these clients would try to request one: ${client.clients}")
  val legal = manager.supportsGetFast(toAddress, lgSize)
  val a = Wire(new TLBundleA(bundle))
  a.opcode      := TLMessages.Get
  a.param       := UInt(0)
  a.size        := lgSize
  a.source      := fromSource
  a.address     := toAddress
```

```
    a.mask        := mask(toAddress, lgSize)
    a.data        := UInt(0)
    a.corrupt     := Bool(false)
    (legal, a)
  }

  def Put(fromSource: UInt, toAddress: UInt, lgSize: UInt, data: UInt): (Bool, TLBundleA) =
                                                    Put(fromSource, toAddress, lgSize, data, Bool(false))
  def Put(fromSource: UInt, toAddress: UInt, lgSize: UInt, data: UInt, corrupt: Bool): (Bool, TLBundleA) = {
    require (manager.anySupportPutFull, s"TileLink: No managers visible from this edge support Puts,
                                    but one of these clients would try to request one: ${client.clients}")
    val legal = manager.supportsPutFullFast(toAddress, lgSize)
    val a = Wire(new TLBundleA(bundle))
    a.opcode   := TLMessages.PutFullData
    a.param    := UInt(0)
    a.size     := lgSize
    a.source   := fromSource
    a.address := toAddress
    a.mask     := mask(toAddress, lgSize)
    a.data     := data
    a.corrupt := corrupt
    (legal, a)
  }

  def Put(fromSource: UInt, toAddress: UInt, lgSize: UInt, data: UInt, mask: UInt): (Bool, TLBundleA) =
                                              Put(fromSource, toAddress, lgSize, data, mask, Bool(false))
  def Put(fromSource: UInt, toAddress: UInt, lgSize: UInt, data: UInt, mask: UInt, corrupt: Bool): (Bool, TLBundleA) = {
    require (manager.anySupportPutPartial, s"TileLink: No managers visible from this edge support masked Puts,
                                    but one of these clients would try to request one: ${client.clients}")
    val legal = manager.supportsPutPartialFast(toAddress, lgSize)
    val a = Wire(new TLBundleA(bundle))
    a.opcode     := TLMessages.PutPartialData
    a.param      := UInt(0)
    a.size       := lgSize
    a.source     := fromSource
    a.address    := toAddress
    a.mask       := mask
    a.data       := data
    a.corrupt    := corrupt
    (legal, a)
  }

  def Arithmetic(fromSource: UInt, toAddress: UInt, lgSize: UInt, data: UInt, atomic: UInt,
                                              corrupt: Bool = Bool(false)): (Bool, TLBundleA) = {
    require (manager.anySupportArithmetic, s"TileLink: No managers visible from this edge support arithmetic AMOs,
                                    but one of these clients would try to request one: ${client.clients}")
```

```
    val legal = manager.supportsArithmeticFast(toAddress, lgSize)
    val a = Wire(new TLBundleA(bundle))
    a.opcode    := TLMessages.ArithmeticData
    a.param     := atomic
    a.size      := lgSize
    a.source    := fromSource
    a.address   := toAddress
    a.mask      := mask(toAddress, lgSize)
    a.data      := data
    a.corrupt   := corrupt
    (legal, a)
}

def Logical(fromSource: UInt, toAddress: UInt, lgSize: UInt, data: UInt, atomic: UInt, corrupt: Bool = Bool(false)) = {
    require (manager.anySupportLogical, s"TileLink: No managers visible from this edge support logical AMOs,
                                        but one of these clients would try to request one: ${client.clients}")
    val legal = manager.supportsLogicalFast(toAddress, lgSize)
    val a = Wire(new TLBundleA(bundle))
    a.opcode    := TLMessages.LogicalData
    a.param     := atomic
    a.size      := lgSize
    a.source    := fromSource
    a.address   := toAddress
    a.mask      := mask(toAddress, lgSize)
    a.data      := data
    a.corrupt   := corrupt
    (legal, a)
}

def Hint(fromSource: UInt, toAddress: UInt, lgSize: UInt, param: UInt) = {
    require (manager.anySupportHint, s"TileLink: No managers visible from this edge support Hints,
                                        but one of these clients would try to request one: ${client.clients}")
    val legal = manager.supportsHintFast(toAddress, lgSize)
    val a = Wire(new TLBundleA(bundle))
    a.opcode    := TLMessages.Hint
    a.param     := param
    a.size      := lgSize
    a.source    := fromSource
    a.address   := toAddress
    a.mask      := mask(toAddress, lgSize)
    a.data      := UInt(0)
    a.corrupt   := Bool(false)
    (legal, a)
}
```

```
def AccessAck(b: TLBundleB): TLBundleC = AccessAck(b.source, address(b), b.size)
def AccessAck(fromSource: UInt, toAddress: UInt, lgSize: UInt) = {
  val c = Wire(new TLBundleC(bundle))
  c.opcode    := TLMessages.AccessAck
  c.param     := UInt(0)
  c.size      := lgSize
  c.source    := fromSource
  c.address   := toAddress
  c.data      := UInt(0)
  c.corrupt   := Bool(false)
  c
}

def AccessAck(b: TLBundleB, data: UInt): TLBundleC = AccessAck(b.source, address(b), b.size, data)
def AccessAck(b: TLBundleB, data: UInt, corrupt: Bool): TLBundleC = AccessAck(b.source, address(b), b.size, data, corrupt)
def AccessAck(fromSource: UInt, toAddress: UInt, lgSize: UInt, data: UInt): TLBundleC =
                                        AccessAck(fromSource, toAddress, lgSize, data, Bool(false))
def AccessAck(fromSource: UInt, toAddress: UInt, lgSize: UInt, data: UInt, corrupt: Bool) = {
  val c = Wire(new TLBundleC(bundle))
  c.opcode    := TLMessages.AccessAckData
  c.param     := UInt(0)
  c.size      := lgSize
  c.source    := fromSource
  c.address   := toAddress
  c.data      := data
  c.corrupt   := corrupt
  c
}

def HintAck(b: TLBundleB): TLBundleC = HintAck(b.source, address(b), b.size)
def HintAck(fromSource: UInt, toAddress: UInt, lgSize: UInt) = {
  val c = Wire(new TLBundleC(bundle))
  c.opcode    := TLMessages.HintAck
  c.param     := UInt(0)
  c.size      := lgSize
  c.source    := fromSource
  c.address   := toAddress
  c.data      := UInt(0)
  c.corrupt   := Bool(false)
  c
}
} //end class TLEdgeOut
```

注意在 TLEdgeOut 中除 client（TLClientPortParameters）、manager（TLManagerPortParameters）和 params 这几组参数之外就没有什么结构成分，所定义的都是一些函数，这些函数就像一个小小的函数库。

然后是 TLEdgeIn，那也一样：

```
class TLEdgeIn (client: TLClientPortParameters, manager: TLManagerPortParameters, params: Parameters,
                                   sourceInfo: SourceInfo) extends TLEdge(client, manager, params, sourceInfo) {
  private def myTranspose[T](x: Seq[Seq[T]]): Seq[Seq[T]] = {
    val todo = x.filter(!_.isEmpty)
    val heads = todo.map(_.head)
    val tails = todo.map(_.tail)
    if (todo.isEmpty) Nil else { heads +: myTranspose(tails) }
  }

  // Transfers
  def Probe(fromAddress: UInt, toSource: UInt, lgSize: UInt, capPermissions: UInt) = {
    require (client.anySupportProbe, s"TileLink: No clients visible from this edge support probes,
                                   but one of these managers tried to issue one: ${manager.managers}")
    val legal = client.supportsProbe(toSource, lgSize)
    val b = Wire(new TLBundleB(bundle))
    b.opcode    := TLMessages.Probe
    b.param     := capPermissions
    b.size      := lgSize
    b.source    := toSource
    b.address   := fromAddress
    b.mask      := mask(fromAddress, lgSize)
    b.data      := UInt(0)
    b.corrupt   := Bool(false)
    (legal, b)
  }

  def Grant(fromSink: UInt, toSource: UInt, lgSize: UInt, capPermissions: UInt): TLBundleD =
                                   Grant(fromSink, toSource, lgSize, capPermissions, Bool(false))
  def Grant(fromSink: UInt, toSource: UInt, lgSize: UInt, capPermissions: UInt, denied: Bool) = {
    val d = Wire(new TLBundleD(bundle))
    d.opcode    := TLMessages.Grant
    d.param     := capPermissions
    d.size      := lgSize
    d.source    := toSource
    d.sink      := fromSink
    d.denied    := denied
    d.data      := UInt(0)
    d.corrupt   := Bool(false)
    d
  }

  def Grant(fromSink: UInt, toSource: UInt, lgSize: UInt, capPermissions: UInt, data: UInt): TLBundleD =
                                   Grant(fromSink, toSource, lgSize, capPermissions, data, Bool(false), Bool(false))
  def Grant(fromSink: UInt, toSource: UInt, lgSize: UInt, capPermissions: UInt, data: UInt, denied: Bool, corrupt: Bool) = {
```

```
    val d = Wire(new TLBundleD(bundle))
    d.opcode    := TLMessages.GrantData
    d.param     := capPermissions
    d.size      := lgSize
    d.source    := toSource
    d.sink      := fromSink
    d.denied    := denied
    d.data      := data
    d.corrupt   := corrupt
    d
  }

  def ReleaseAck(c: TLBundleC): TLBundleD = ReleaseAck(c.source, c.size, Bool(false))
  def ReleaseAck(toSource: UInt, lgSize: UInt, denied: Bool): TLBundleD = {
    val d = Wire(new TLBundleD(bundle))
    d.opcode    := TLMessages.ReleaseAck
    d.param     := UInt(0)
    d.size      := lgSize
    d.source    := toSource
    d.sink      := UInt(0)
    d.denied    := denied
    d.data      := UInt(0)
    d.corrupt   := Bool(false)
    d
  }

  // Accesses
  def Get(fromAddress: UInt, toSource: UInt, lgSize: UInt) = {
    require (client.anySupportGet, s"TileLink: No clients visible from this edge support Gets,
                                    but one of these managers would try to issue one: ${manager.managers}")
    val legal = client.supportsGet(toSource, lgSize)
    val b = Wire(new TLBundleB(bundle))
    b.opcode    := TLMessages.Get
    b.param     := UInt(0)
    b.size      := lgSize
    b.source    := toSource
    b.address   := fromAddress
    b.mask      := mask(fromAddress, lgSize)
    b.data      := UInt(0)
    b.corrupt   := Bool(false)
    (legal, b)
  }

  def Put(fromAddress: UInt, toSource: UInt, lgSize: UInt, data: UInt): (Bool, TLBundleB) =
                                    Put(fromAddress, toSource, lgSize, data, Bool(false))
  def Put(fromAddress: UInt, toSource: UInt, lgSize: UInt, data: UInt, corrupt: Bool): (Bool, TLBundleB) = {
```

```
    require (client.anySupportPutFull, s"TileLink: No clients visible from this edge support Puts,
                                        but one of these managers would try to issue one: ${manager.managers}")
    val legal = client.supportsPutFull(toSource, lgSize)
    val b = Wire(new TLBundleB(bundle))
    b.opcode    := TLMessages.PutFullData
    b.param     := UInt(0)
    b.size      := lgSize
    b.source    := toSource
    b.address   := fromAddress
    b.mask      := mask(fromAddress, lgSize)
    b.data      := data
    b.corrupt   := corrupt
    (legal, b)
  }

  def Put(fromAddress: UInt, toSource: UInt, lgSize: UInt, data: UInt, mask: UInt): (Bool, TLBundleB) =
                                        Put(fromAddress, toSource, lgSize, data, mask, Bool(false))

  def Put(fromAddress: UInt, toSource: UInt, lgSize: UInt, data: UInt, mask: UInt, corrupt: Bool): (Bool, TLBundleB) = {
    require (client.anySupportPutPartial, s"TileLink: No clients visible from this edge support masked Puts,
                                        but one of these managers would try to request one: ${manager.managers}")
    val legal = client.supportsPutPartial(toSource, lgSize)
    val b = Wire(new TLBundleB(bundle))
    b.opcode    := TLMessages.PutPartialData
    b.param     := UInt(0)
    b.size      := lgSize
    b.source    := toSource
    b.address   := fromAddress
    b.mask      := mask
    b.data      := data
    b.corrupt   := corrupt
    (legal, b)
  }

  def Arithmetic(fromAddress: UInt, toSource: UInt, lgSize: UInt, data: UInt, atomic: UInt, corrupt: Bool = Bool(false)) = {
    require (client.anySupportArithmetic, s"TileLink: No clients visible from this edge support arithmetic AMOs,
                                        but one of these managers would try to request one: ${manager.managers}")
    val legal = client.supportsArithmetic(toSource, lgSize)
    val b = Wire(new TLBundleB(bundle))
    b.opcode    := TLMessages.ArithmeticData
    b.param     := atomic
    b.size      := lgSize
    b.source    := toSource
    b.address   := fromAddress
    b.mask      := mask(fromAddress, lgSize)
    b.data      := data
```

```
    b.corrupt    := corrupt
    (legal, b)
  }

  def Logical(fromAddress: UInt, toSource: UInt, lgSize: UInt, data: UInt, atomic: UInt, corrupt: Bool = Bool(false)) = {
    require (client.anySupportLogical, s"TileLink: No clients visible from this edge support logical AMOs,
                                      but one of these managers would try to request one: ${manager.managers}")
    val legal = client.supportsLogical(toSource, lgSize)
    val b = Wire(new TLBundleB(bundle))
    b.opcode     := TLMessages.LogicalData
    b.param      := atomic
    b.size       := lgSize
    b.source     := toSource
    b.address    := fromAddress
    b.mask       := mask(fromAddress, lgSize)
    b.data       := data
    b.corrupt    := corrupt
    (legal, b)
  }

  def Hint(fromAddress: UInt, toSource: UInt, lgSize: UInt, param: UInt) = {
    require (client.anySupportHint, s"TileLink: No clients visible from this edge support Hints,
                                      but one of these managers would try to request one: ${manager.managers}")
    val legal = client.supportsHint(toSource, lgSize)
    val b = Wire(new TLBundleB(bundle))
    b.opcode     := TLMessages.Hint
    b.param      := param
    b.size       := lgSize
    b.source     := toSource
    b.address    := fromAddress
    b.mask       := mask(fromAddress, lgSize)
    b.data       := UInt(0)
    b.corrupt    := Bool(false)
    (legal, b)
  }

  def AccessAck(a: TLBundleA): TLBundleD = AccessAck(a.source, a.size)
  def AccessAck(a: TLBundleA, denied: Bool): TLBundleD = AccessAck(a.source, a.size, denied)
  def AccessAck(toSource: UInt, lgSize: UInt): TLBundleD = AccessAck(toSource, lgSize, Bool(false))
  def AccessAck(toSource: UInt, lgSize: UInt, denied: Bool) = {
    val d = Wire(new TLBundleD(bundle))
    d.opcode     := TLMessages.AccessAck
    d.param      := UInt(0)
    d.size       := lgSize
    d.source     := toSource
    d.sink       := UInt(0)
```

```
    d.denied    := denied
    d.data      := UInt(0)
    d.corrupt   := Bool(false)
    d
  }

  def AccessAck(a: TLBundleA, data: UInt): TLBundleD = AccessAck(a.source, a.size, data)
  def AccessAck(a: TLBundleA, data: UInt, denied: Bool, corrupt: Bool): TLBundleD =
                                                  AccessAck(a.source, a.size, data, denied, corrupt)
  def AccessAck(toSource: UInt, lgSize: UInt, data: UInt): TLBundleD = AccessAck(toSource, lgSize, data, Bool(false), Bool(false))
  def AccessAck(toSource: UInt, lgSize: UInt, data: UInt, denied: Bool, corrupt: Bool) = {
    val d = Wire(new TLBundleD(bundle))
    d.opcode    := TLMessages.AccessAckData
    d.param     := UInt(0)
    d.size      := lgSize
    d.source    := toSource
    d.sink      := UInt(0)
    d.denied    := denied
    d.data      := data
    d.corrupt   := corrupt
    d
  }

  def HintAck(a: TLBundleA): TLBundleD = HintAck(a, Bool(false))
  def HintAck(a: TLBundleA, denied: Bool): TLBundleD = HintAck(a.source, a.size, denied)
  def HintAck(toSource: UInt, lgSize: UInt): TLBundleD = HintAck(toSource, lgSize, Bool(false))
  def HintAck(toSource: UInt, lgSize: UInt, denied: Bool) = {
    val d = Wire(new TLBundleD(bundle))
    d.opcode    := TLMessages.HintAck
    d.param     := UInt(0)
    d.size      := lgSize
    d.source    := toSource
    d.sink      := UInt(0)
    d.denied    := denied
    d.data      := UInt(0)
    d.corrupt   := Bool(false)
    d
  }
}  //end class TLEdgeIn
```

总之，不管是 TLEdgeOut 还是 TLEdgeIn，都是对 TLEdge 的扩充，从而也是对 TLEdgeParameters 的扩充，里面都有个 bundle，那是个 TLBundleParameters。而 TLBundleParameter，则是创建 TLBundle 的依据。不光创建 TLBundle 要以 TLBundleParameter 为依据，在创建报文的时候同样也要以 TLBundleParameter 为依据，因为这报文是要在 TLBundle 上发送的。

再看 Diplomacy 拓扑图中的 TileLink 节点，即通过 TLBundle 相连的节点，其实是模块。

Diplomacy 按节点的拓扑形态不同而定义了 AdapterNode、NexusNode、MixedNode、SourceNode、SinkNode

等不同的类型的节点，其实是不同形态的模块。我们先回顾一下种种 Diplomacy 节点定义之间的关系：

所有节点定义的起点是抽象类 BaseNode，由此派生出 trait InwardNode 和 trait OutwardNode，实际上还有个 trait IntFormatNode，那是专用于中断机制的。直接由 BaseNode 派生的节点类型则是抽象类 MixedNode，这是既有内向边、又有外向边，内外向边的数量可以不等的节点，所以这是最典型、最基本的节点类型，不过这是抽象类，但是所有关于节点的具体类都是由 MixedNode 派生的。

从 MixedNode 派生的具体类主要有：

- SourceNode – 只有外向边，没有内向边，即内向边数量为 0 的节点。
- SinkNode - 只有内向边，没有外向边，即外向边数量为 0 的节点。
- MixedAdapterNode – 外向边与内向边的数量相等，目的是在内向边与外向边之间进行规程转换。从中又派生出 class AdapterNode。从 AdapterNode 又派生出 class IdentityNode，那是不进行规程转换的，可以看成是 AdapterNode 的一种特例。
- MixedNexusNode – 外向边与内向边的数量可以相等、也可以不等，可以进行、也可以不进行规程转换。
- MixedJunctionNode – 内向边与外向边的数量维持一定的比例。从中又派生出 class JunctionNode。

此外还有个抽象类 MixedCustomNode 也是从 MixedNode 派生的，从 MixedCustomNode 又派生出抽象类 CustomNode。以后我们会看到，在 TileLink 中又从 CustomNode 派生出抽象类 TLCustomNode，那是为一些特殊的模块准备的。

Diplomacy 这些节点类型的构造函数，都要求以构造参数的形式提供一些对于内向/外向边进行操作的函数，以抽象类 MixedNode 为例：

```
abstract class MixedNode[DI, UI, EI, BI <: Data, DO, UO, EO, BO <: Data](
        val inner: InwardNodeImp [DI, UI, EI, BI], val outer: OutwardNodeImp[DO, UO, EO, BO])( implicit valName: ValName)
```

这里参数 inner 是扩充（一般是在程序中动态扩充）了 trait InwardNodeImp 的某类对象，而 InwardNodeImp 这个 trait 则定义了 edgeI()、bundleI()等抽象函数。参数 outer 则与之对称。

但是在有些节点类型的构造函数中则把参数 inner 和 outer 合并成一个 imp，其类型为 NodeImp：

```
abstract class NodeImp[D, U, EO, EI, B <: Data] extends Object
                                        with InwardNodeImp[D, U, EI, B] with OutwardNodeImp[D, U, EO, B]
```

注意这是抽象类，因为两个 trait 中提供的都是抽象函数。

在 TileLink 中，则通过一个 object TLImp 对 NodeImp 进行扩充和具体化：

```
object TLImp extends NodeImp[TLMasterPortParameters, TLSlavePortParameters, TLEdgeOut, TLEdgeIn, TLBundle] {
  def edgeO (pd: TLMasterPortParameters, pu: TLSlavePortParameters, p: Parameters, sourceInfo: SourceInfo) =
            /* 调用edgeO()就创建一个TLEdgeOut对象 */                    new TLEdgeOut (pd, pu, p, sourceInfo)
  def edgeI (pd: TLMasterPortParameters, pu: TLSlavePortParameters, p: Parameters, sourceInfo: SourceInfo) =
            /* 调用edgeI()就创建一个TLEdgeIn对象 */                     new TLEdgeIn (pd, pu, p, sourceInfo)

  def bundleO(eo: TLEdgeOut) = TLBundle(eo.bundle)          //对TLEdgeOut调用bundleO()就创建一个TLBundle对象
  def bundleI(ei: TLEdgeIn) = TLBundle(ei.bundle)           //对TLEdgeIn调用bundleI()也创建一个TLBundle对象
  …
  override def mixO(pd: TLMasterPortParameters,
     node: OutwardNode[TLMasterPortParameters, TLSlavePortParameters, TLBundle]): TLMasterPortParameters =
                  pd.v1copy(clients   = pd.clients.map   { c => c.v1copy (nodePath = node +: c.nodePath) })
```

```
    override def mixI(pu: TLSlavePortParameters,
      node: InwardNode[TLMasterPortParameters, TLSlavePortParameters, TLBundle]): TLSlavePortParameters =
                                    pu.v1copy(managers = pu.managers.map { m => m.v1copy (nodePath = node +: m.nodePath) })
}   //end object TLImp
```

这就是把两个 trait 提供的抽象函数合在一起，并加以具体化，定义具体的操作。

读者也许会想，这样改了以后 TileLink 的节点还怎么与普通的节点对接进行参数协调？答案是：TileLink 的节点不会与普通的节点对接，TileLink 的节点只与 TileLink 的节点对接和参数协调，只是参数协调的框架与机制还得是 Diplomacy 的那一套。另一方面，下面马上就要讲到，TileLink 所定义的节点都是对例如 AdapterNode、NexusNode 等节点的扩充，那些类型又都是从 MixedNode 派生出来，所以 MixedNode 里面的那些成分和方法在 TileLink 的节点应有尽有。

回到节点类型。原则上 TileLink 对于 Diplomacy 所定义的节点类型都要有自己的对应类型，例如 TLAdapterNode、TLNexusNode、TLIdentityNode 等。我们先看一下 TLAdapterNode：

```
case class TLAdapterNode (clientFn: TLMasterPortParameters => TLMasterPortParameters = { s => s },
                          managerFn: TLSlavePortParameters => TLSlavePortParameters = { s => s })
                     (implicit valName: ValName) extends AdapterNode (TLImp)(clientFn, managerFn) with TLFormatNode
```

TLAdapterNode 是对 AdapterNode 的扩充。这里对构造 TLAdapterNode 的参数是分两段说明的。首先是对函数 clientFn()和 managerFn()的说明，TLAdapterNode 的这两个函数都特别简单，就是原封不动返回，给什么就返回什么，即{ s => s }。另外，class AdapterNode 有三个构造参数，即

(imp: NodeImp[D, U, EO, EI, B])(dFn: D => D, uFn: U => U)

现在把类型为 NodeImp 的形参 imp 替换成实参 TLImp，后者是对前者的扩充。另外就是以实参 clientFn() 和 managerFn()替换了形参 dFn()和 uFn()。可见，TLAdapterNode 的参数协调是没有什么可以协调，TLAdapterNode 的作用就是参数（和规程）的转换，这种转换是在 TLAdapterNode 内部实现的。

再看 TLNexusNode：

```
case class TLNexusNode (clientFn: Seq[TLMasterPortParameters] => TLMasterPortParameters,
            managerFn: Seq[TLSlavePortParameters] => TLSlavePortParameters) (implicit valName: ValName)
                                                  extends NexusNode (TLImp)(clientFn, managerFn) with TLFormatNode
```

同样，因为是 TLNexusNode，所以传给 NexusNode 的实参是 TLImp。但是这就有参数协调了，函数 clientFn() 和 managerFn()是作为构造参数给定的。

再如 TLClientNode 和 TLManagerNode，这是对 SourceNode 和 SinkNode 的 TileLink 扩充：

```
case class TLClientNode(portParams: Seq[TLMasterPortParameters])(implicit valName: ValName)
                                                  extends SourceNode (TLImp)(portParams) with TLFormatNode
case class TLManagerNode(portParams: Seq[TLSlavePortParameters])(implicit valName: ValName)
                                                  extends SinkNode (TLImp)(portParams) with TLFormatNode
```

还有个 TLRegisterNode 也是对 SinkNode 的扩充，所谓 RegisterNode 显然只是指寄存器的输入端：

```
/** TLRegisterNode is a specialized TL SinkNode that encapsulates MMIO registers.
  * It provides functionality for describing and outputting metdata about the registers in several formats.
```

```
 * It also provides a concrete implementation of a regmap function that will be used
 * to wire a map of internal registers associated with this node to the node's interconnect port.
 */
case class TLRegisterNode (address: Seq[AddressSet], device: Device, deviceKey: String   = "reg/control",
    concurrency: Int = 0, beatBytes: Int = 4, undefZero: Boolean = true, executable: Boolean = false)
    (implicit valName: ValName) extends SinkNode(TLImp) (Seq(TLSlavePortParameters.v1(
        Seq(TLSlaveParameters.v1(address = address, resources = Seq(Resource(device, deviceKey)),
                executable = executable, supportsGet = TransferSizes(1, beatBytes),
                supportsPutPartial = TransferSizes(1, beatBytes), supportsPutFull = TransferSizes(1, beatBytes),
                fifoId = Some(0))    //end TLSlaveParameters.v1(…)
        ),   // requests are handled in order        //end Seq(TLSlaveParameters.v1)
        beatBytes = beatBytes,
        minLatency = min(concurrency, 1)))       //end Seq(TLSlavePortParameters.v1(…),
                                                 //这个序列中除Seq(TLSlaveParameters.v1)外还有beatBytes等。
    ) with TLFormatNode                          // the Queue adds at most one cycle
{                    //以上为构造界面，以下才是构造函数本身：
  val size = 1 << log2Ceil(1 + address.map(_.max).max - address.map(_.base).min)
  require (size >= beatBytes)
  address.foreach { case a => require (a.widen(size-1).base == address.head.widen(size-1).base,
                                  s"TLRegisterNode addresses (${address}) must be aligned to its size ${size}") }
  //构造函数到此为止，下面都是方法函数，主要就是 remap()，此处从略。
  …
}   //end class TLRegisterNode
```

这里构建 SinkNode 时的第二个形参 pi 的类型本应是 Seq[U]，即一个上行参数的序列，这里给的实参是 Seq(TLSlavePortParameters.v1)，并且对 TLSlavePortParameters.v1 又进行了动态扩充。不仅如此，还对其内部的 Seq(TLSlaveParameters.v1)又进行了动态扩充。TLSlavePortParameters.v1 是一组预先定义好的参数：

```
object TLSlavePortParameters {
  def v1(managers: Seq[TLSlaveParameters], beatBytes: Int, endSinkId: Int = 0, minLatency: Int = 0,
                    responseFields: Seq[BundleFieldBase] = Nil, requestKeys: Seq[BundleKeyBase] = Nil) = {
    new TLSlavePortParameters(
      slaves          = managers,
      channelBytes    = TLChannelBeatBytes(beatBytes),
      endSinkId       = endSinkId,
      minLatency      = minLatency,
      responseFields  = responseFields,
      requestKeys     = requestKeys)   //end TLSlavePortParameters
  }   //end v1()
}   //end object TLSlavePortParameters
```

这是 object TLSlavePortParameters，object TLSlaveParameters 比这更大一些，而且不但有 v1()还有 v2()，实际引用的时候则根据实际需要对其作出动态调整。上面 class TLRegisterNode 是对 SinkNode 的扩充，其第二个形参是输入参数 pi，这里的实参是一个序列，序列中的每个元素都是对 object TLSlavePortParameters.v1() 的调用，调用中所给的第一个实参则是 Seq(TLSlaveParameters.v1())。

上面的这个 class TLRegisterNode，以及与此密切相关的 object RegMapper，在构成基于寄存器的外设模块时起着重要的作用。其构造函数本身才寥寥几行代码，但是下面所提供的方法函数 remap()却有点大，再加上 object RegMapper 的代码，就相当可观了，放在这里不免会冲淡眼下这个主题。

最后再看一下 TLIdentityNode，这是对 Diplomacy 中 class IdentityNode 的扩充：

```
case class TLIdentityNode()(implicit valName: ValName) extends IdentityNode(TLImp)() with TLFormatNode
```

Diplomacy 中 class IdentityNode 的定义是这样：

```
/** A node which does not modify the parameters nor the protocol for edges that pass through it.
  * During hardware generation, [[IdentityNode]]s automatically connect their inputs to outputs.
  */
class IdentityNode[D, U, EO, EI, B <: Data](imp: NodeImp[D, U, EO, EI, B])()(implicit valName: ValName)
                                                        extends AdapterNode(imp)({ s => s }, { s => s }) {
  override def description = "identity"
  override final def circuitIdentity = true
  override protected[diplomacy] def instantiate(): Seq[Dangle] = {
    val dangles = super.instantiate()
    (out zip in) foreach { case ((o, _), (i, _)) => o <> i }    //将BO与BI相连，EO与EI相连。
    dangles
  }
}
```

如前所述，IdentityNode 的特点是输入边与输出边的数量相等，并且在输入边与输出边之间没有规程转换。另外，在对 class AdapterNode 进行扩充时，所给的参数 dFn()和 uFn()都是 s => s，即保持原状不变。这里引用的函数 out()和 in()都是从抽象类 MixedNode 继承下来的（见 class MixedNode 中的 def out 和 def in）。前者的类型为 Seq(BO,EO)，后者的类型是 Seq(BI, EI)。

上面讲到的种种 TileLink 节点类型，大多是后面在本书下面两卷所引的代码中要用到的。例如 TLRegisterNode，就在作为 LazyModule 的 class TLPLIC 中要用到，PLIC 是“Platform-Level Interrupt Controller”的缩写。有的则下面马上就要用到。

RISC-V 存储子系统中大块部件如 Dcache、L1/L2Cache、RAM 之间的互连都采用 TileLink，即 Tile Link 规格书中所定义的 Link，但采用 TileLink 未必就是直接用 TLBundle 把双方互连起来就算数，而往往还需要在概念上的 Link 之余有些附加的功能。这些功能在概念上无关紧要并可忽视，但是在实践上却至关重要。首先是在所连接的双方之间需要有对于速度波动的缓冲，上游模块可能在一段时间内密集产生很多报文，但下游模块一下子消化不了；这就需要在中间插上一个缓冲器，实际上是一个小小的先进先出队列，这就是 TLBuffer。另外，TileLink 是一对一的连接，但是实际应用中需要有可以在多个模块间选通即建立临时连接。这样的一对多连接物理上一直都存在，但是逻辑上却是仅当在双方之间有信息流通时才短暂地连通一下，有点像网络上的交换机或路由器。这样的选通连接，是通过 TileLink 的“十字开关”即 TLXbar 实现的。显然，TLXbar 是一种重要的器件，它实际上起着“总线（bus）”的作用。有了 TLXbar 之后，还需要解决一个问题，如果有多个模块同时要求连通同一个目标模块，此时应该让谁连通？这就需要有“仲裁”，为此需要有个 TileLink 的“仲裁器（Arbiter）”，即 TLArbiter。像这样的器件都属于基础设施的范畴，下面就对此三者进行一番介绍。

11.1 TLBuffer

首先是 TLBuffer，这是在 RISC-V 的 SoC 上用得很多的一个模块/部件，其作用是在两个模块之间的电路中提供速度上的短期缓冲和平滑。假定有个作为信息提供者的模块 P 和一个作为信息耗用者的模块 C，如果 P 在一个短时间内密集产生报文，超过了 C 能够消化信息的速度，固然作为接收方的 C 可以把 ready 信号拉低，使发送方暂停下来，但是那样就把发送方拖住了，最好是能减轻双方的耦合，让发送方可以按原来的节奏去运转，就像机械上允许有所“打滑”一样。为此在二者之间就需要有个缓冲器，实际上就是一个小小的先进先出队列，给临时缓冲一下。当然，P 的速度不能持续超过 C 的速度，要不然也缓冲不了。所以这样的缓冲器就是用来吸收二者在速度上的短暂波动的。这样的缓冲器，如果与作为 Source 一方的报文提供者和作为 Sink 一方的报文耗用者之间都采用 TileLink 连接，这就是个 TLBuffer 模块。

一般而言，既然是采用 TileLink 的连接，那就有许多参数，所以 TLBuffer 至少与其上游方向作为 Source 的模块之间是需要参数协调的。至于下游方向，则可以让作为 Sink 的模块前来协调。既然需要参数协调，那就得将其写成一个 LazyModule，其代码如下。

```
class TLBuffer (a: BufferParams, b: BufferParams, c: BufferParams, d: BufferParams, e: BufferParams)
                                                    (implicit p: Parameters) extends LazyModule {
        //BufferParams貌似只是一组参数，实际上却隐含着一个队列，见后。
  def this(ace: BufferParams, bd: BufferParams)(implicit p: Parameters) = this(ace, bd, ace, bd, ace)
                            //如果只带两个（而不是五个）参数，前者由下行的ace通道共用，后者由上行的bd通道共用。
  def this(abcde: BufferParams)(implicit p: Parameters) = this(abcde, abcde)    //只带一个为abcde共用的参数
  def this()(implicit p: Parameters) = this(BufferParams.default)               //如果调用时不带参数

  val node = new TLBufferNode(a, b, c, d, e)        // 这是对TLAdapterNode的扩充

  lazy val module = new LazyModuleImp(this) {     //对本模块内部构造的硬件描述
    (node.in zip node.out) foreach { case ((in, edgeIn), (out, edgeOut)) =>
        //node.in()和node.out()都是定义于抽象类MixedNode中的函数，
        //以函数in()为例，返回的是bundleIn zip edgesIn，在这里就是二元组(TLBundle, TLEdge)的序列。
        //两个二元组in和out中是两个不同的TLBundle，一个是输入，另一个是输出。
        //这也演示了怎么在module里面引用在node中创建的Bundle。
      out.a <> a(in.a)        //为输入A通道创建一个队列a并连接到输出A通道，a(in.a)等价于a.apply(in.a)。
      in.d <> d(out.d)        //不只是A通道上要有Queue并加以连接，还有D通道也一样。
       //以D通道为例。队列d的输入来自out.d（注意D通道的方向是反的），其输出连接到in.d，in/out是两个TLBundle。

      if (edgeOut.manager.anySupportAcquireB && edgeOut.client.anySupportProbe) {  //如果支持TL-C
        in.b <> b(out.b)              //创建B通道上的Queue并加以连接
        out.c <> c(in.c)              //创建C通道上的Queue并加以连接
        out.e <> e(in.e)              //创建E通道上的Queue并加以连接
      } else {
        in.b.valid := Bool(false)     //输入Bundle中B通道的valid永远是false，永不发送。
        in.c.ready := Bool(true)      //输入Bundle中C通道的read永远是true，对方永远可以发送但被丢弃。
        in.e.ready := Bool(true)
        out.b.ready := Bool(true)
        out.c.valid := Bool(false) )  //输出Bundle中V通道的valid永远是false，永不发送。
```

```
            out.e.valid := Bool(false)
        }
    }    //end foreach
  }
}    //end class TLBuffer
```

别让 BufferParams 这个类名迷惑了，实际上一个 BufferParams 是一个队列。所谓 Params 其实是构造这个队列时所用的参数，这些参数本身与 TileLink 并无关系，但是队列的构成完全符合 TileLink 的规程，也有 5 个通道，通道的方向也符合 Tile Link 的规定。

创建 TLBuffer 对象的时候，可以不给参数，也可以只给 1 个参数，也可以给两个参数，但是完整的版本是给 5 个参数（除隐含参数之外）。不管给定几个参数，参数的类型都是 BufferParams。如果不给足参数，程序就会提供重复自动补上参数，直至补足 5 个。要是不给参数，程序就会自己补上一个 BufferParams.default 作为实参，然后调用只有一个参数的版本，让 5 个通道都共享这同一参数。而只给一个参数 abcde 的版本，则会将此参数重复成为两个参数，并进而调用带有两个参数的版本，让通道 A/C/E 因方向相同而共享同一参数，而通道 B/D 也因方向相同而共享另一参数。如果直接给定了 5 个参数，则 5 个通道各用各的参数。

特别要注意的是，一个 BufferParams 对象可不只是参数，实际上隐含着一个队列。其类型定义如下：

```
case class BufferParams (depth: Int, flow: Boolean, pipe: Boolean) {
  require (depth >= 0, "Buffer depth must be >= 0")
  def isDefined = depth > 0
  def latency = if (isDefined && !flow) 1 else 0

  def apply[T <: Data](x: DecoupledIO[T]) =
    if (isDefined) Queue (x, depth, flow=flow, pipe=pipe)
              //通过object Queue创建一个队列，并返回这个队列，参数x决定了队列元素的类型。
    else x

  def irrevocable[T <: Data](x: ReadyValidIO[T]) =
    if (isDefined) Queue.irrevocable(x, depth, flow=flow, pipe=pipe)
    else x

  def sq[T <: Data](x: DecoupledIO[T]) =              //sq意为ShiftQueue
    if (!isDefined) x else {
      val sq = Module(new ShiftQueue(x.bits, depth, flow=flow, pipe=pipe))
      sq.io.enq <> x
      sq.io.deq
    }
  override def toString() = "BufferParams:%d%s%s".format(depth, if (flow) "F" else "", if (pipe) "P" else "")
}
```

可见实际上 case class BufferParams 是对一个队列的描述，构造参数 depth、flow、pipe 是关于这个队列的参数。注意这个队列并非在调用 TLBuffer 的构造函数之前就已创建，而是要到引用例如 a(in.a)时才创建（此时调用其 apply()函数，in.a 是对形参 x 的实参）。所以，a 是一组参数（depth/flow/pipe）、一个 BufferParams 类对象，而 a()是其提供的一个方法，即其 apply()函数，所返回的是一个队列。这个队列的输入端是作为实参传下的 in.a，即作为输入的那个 TLBundle 中的 A 通道；输出端则在所创建 TLBuffer 对象初始化的时候连接到 out.a，即作为输出的那个 TLBundle 中的 A 通道。这样，两个 TLBundle 之间就有了队列作为缓冲，而且是每个通道都有缓冲（但是方向有不同）。

创建 BufferParams 类对象时，可以给 3 个参数，即 depth、flow、pipe。也就是说，此种数据结构内部至少有这样三个成分和属性。其中 depth 是缓冲深度，实际上就是允许的队列长度，当然不能是负数。参数 flow 为真表示缓冲器工作于 flow 模式，只要队列为空，数据就不进队列，直接就从出口出去；所以 flow 模式可以称为“直通车”模式。参数 pipe 为真则缓冲器工作于“流水线”模式，特点是每从队列出去一个数据就允许进一个数据。这两种模式实际上都是由所用的队列 Queue 提供的。

BufferParams 类对象的创建应通过 object BufferParams，这是 BufferParams 对象的制造工厂：

```
object BufferParams{
  implicit def apply(depth: Int):BufferParams= BufferParams(depth,false,false)          //case class无需使用new关键字
                                                          //通过object BufferParams创建BufferParams对象时可以只给一个参数depth
  val default = BufferParams(2)                      // BufferParams.default是个深度为2的BufferParams对象
  val none = BufferParams(0)                         // BufferParams.none是个深度为0，无用的BufferParams对象。
  val flow = BufferParams(1, true, false)            // BufferParams.flow是个深度为1，flow为真的BufferParams对象。
  val pipe = BufferParams(1, false, true)            // BufferParams.pipe是个深度为1，pipe为真的BufferParams对象。
}
```

回到前面 TLBuffer 类的代码中，这是一个典型 lazyModule 的结构。先创建一个 node，即 TLBufferNode 对象，这是要在该 TLBuffer 对象初始化的时候就加以创建的，其余都在 lazy 执行的 module 之内，那是要在其 val module 得到引用，并且先完成了 node 的参数协调之后才加以执行。不过虽然这个 TLBufferNode 对象是在创建 TLBuffer 并进行初始化的时候就加以创建（并初始化），却并不意味着定义于 class TLBufferNode 内的所有函数都会在此时得到调用。函数无所谓 lazy 不 lazy，总是在得到调用时才会执行。事实上 node 所提供的有些函数就是供创建 module 时才调用的。TLBufferNode 类的定义是这样：

```
class TLBufferNode (a: BufferParams, b: BufferParams, c: BufferParams, d: BufferParams, e: BufferParams)
      (implicit valName: ValName) extends TLAdapterNode(
            clientFn={ p => p.v1copy(minLatency = p.minLatency + b.latency + c.latency) },   //该函数的动态定义
            managerFn = { p => p.v1copy(minLatency = p.minLatency + a.latency + d.latency) }) {
  override lazy val nodedebugstring = s"a:${a.toString}, b:${b.toString}, c:${c.toString}, d:${d.toString}, e:${e.toString}"
  override def circuitIdentity = List(a,b,c,d,e).forall(_ == BufferParams.none)
}
```

显然这是对 TLAdapterNode 的扩充，主要就是添加了 5 个数据成分，每个都是 BufferParams 对象。另外也动态定义了 clientFn()和 managerFn()两个函数，都是关于电路最小 lantency（延迟）的计算（这里的 lantency 是定义于 class BufferParams 的函数）。其中 clientFn()计算的延迟来自 B 和 C 两个通道，managerFn()计算的延迟主要来自 A 和 D 两个通道。注意 p.v1copy()中的参数绝不只是这里所列的 minLatency，而是别的参数都采用默认值，仅对 minLatency 有所修正。这个 TLAdapterNode 的 clientFn()和 managerFn()两个函数所“协调”的参数都只是电路延迟，前者只是计算本模块中通道 A 和 D 的延迟，后者只是计算通道 B 和 C 的延迟；所以也无所谓“协调”，也没有需要与之协调的对方。现在这里只是节点的初始化，TLBuffer 的初始化代码中没有将这个 node 与任何目标相连，没有建立任何“外交关系”，只是做好了准备。一个 node 的对外连接代表着所在模块的对外连接，一般是在所创建模块的父模块中通过绑定语句例如“:=”等建立对外连接，那要在模块创建了以后才会发生。如果建立连接，那就要看本模块出现在连接算符的左边还是右边，出现在左边就是输入边上的连接，出现在右边就是输出边上的连接。

代码中 val module 的类型显然是 LazyModuleImp，更确切地说是对其进行扩充后的某个匿名类的对象。不过这种扩充是动态的扩充，就是在 LazyModuleImp(this)后面加上一对花括号，花括号里面的内容就是这个匿名类对 LazyModuleImp 的扩充。所以，前面那个关键字 new，所表示的是这个匿名类对象的创建。

就 TLBuffer 而言，所扩充的内容其实很简单，从中摘取最关键的几行于下：

```
(node.in zip node.out) foreach { case ((in, edgeIn), (out, edgeOut)) =>
  out.a <> a(in.a)
  in .d <> d(out.d)
  …
}     //end foreach
```

首先，这里的 node 就是前面创建的那个 TLBufferNode 类对象，因为所创建 LazyModuleImp 对象的参数 wrapper 就是 this，所以在 LazyModuleImp 对象内部是可以直接访问 node 的。TLBufferNode 并未直接定义 in 和 out 两个成分，但 TLBufferNode 是从 MixedNode 辗转派生而来，所以这实际上就是定义于 MixedNode 中的两个函数 in()和 out()；因为没有调用参数，调用时就无需加上括号，就像引用两个数据成分一样。这两个函数的返回值都是一个二元组序列，node.in()返回的是二元组(bundleIn, edgesIn)，node.out 返回的是二元组(bundleOut, edgesOut)。就 TLBufferNode 而言，这二者都是(TLBundle, TLEdge)，只不过一个是输入端的，另一个是输出端的。由于 TLBufferNode 是从 AdapterNode 派生而来，其输入输出两侧具有相同的“势（cardinality）”，即两侧 Edge 的数量是一样的。所以，输入输出两侧的两个二元组序列的长度相同。现在把二者 zip 起来，就产生一个新的、结构不同的二元组序列，并依次扫描其中的每个元素，那就是((in, edgeIn), (out, edgeOut))。注意这里的 in 和 out 并非前面所述的 in()和 out()两个函数，而是说：我们称二元组中前面那个元素（也是个二元组）中的第一个元素为 in，那实际上是个 TLBundle；与其相对的后面那个则称为 out，当然那也是一个 TLBundle。或者不妨这样理解，case ((in, edgeIn), (out, edgeOut))中的 in 和 out 就好比函数的形参，而 node.in 和 node.out 所返回的每一对二元组中的第一个元素则是对于 in 和 out 的实参。

下面就是对序列中每个二元组所作的处理了。显然，这里的 out.a 就是输出一侧 TLBundle 中的 a 通道，in.a 就是输入一侧 TLBundle 中的 a 通道。如果直接把它们连起来，就达不到 Buffer 的效果了，所以这里是“out.a <> a(in.a)”。注意这里 in.a 和 out.a 中的 a 是指输入/输出两个 TLBundle 中的 a 通道，而 a()则是调用构造参数 a 的 apply()函数所返回的队列。这就是说，要以输入侧 TLBundle 的 a 通道为输入创建一个 Queue，再把这个 Queue 的输出连接到输出侧 TLBundle 的 a 通道。

明白了对 A 通道的处理，下面对 D 通道的处理也是一样，只不过是方向倒了过来，因为 D 通道的方向是与 A 通道相反的。

对于 B/C/E 通道，如果需要支持缓冲，就也要插入队列，否则就把三个通道的 ready 和 valid 信号接死。

这样，TLBuffer 就在其输入与输出两端之间提供了缓冲。读者也许会问，如果输入端的信息来得太快，把 TLBufer 中的队列充满了，这时候怎么办？这时候 Queue 的输入端就会通过 bundleIn 即其输入端 TLBundle 中的 a 通道，将其 ready 位的电平拉低，这样位于其上游的节点就不会再向其发送了。所以 TLBuffer 只是起一些短暂的缓冲和调节作用，使上游节点不至于动不动就得停止发送。

最后，代码的设计者并不要求也不主张让程序员们自己通过 new 操作创建 TLBuffer，所以代码中还提供了一个生产 TLBuffer 对象的工厂，那就是 object TLBuffer：

```
object TLBuffer {
  def apply() (implicit p: Parameters): TLNode = apply(BufferParams.default)
  def apply(abcde: BufferParams) (implicit p: Parameters): TLNode = apply(abcde, abcde)
  def apply(ace: BufferParams, bd: BufferParams)(implicit p: Parameters): TLNode = apply(ace, bd, ace, bd, ace)

  def apply (a: BufferParams, b: BufferParams, c: BufferParams, d: BufferParams, e: BufferParams)
                                                        (implicit p: Parameters): TLNode = {
    val buffer = LazyModule(new TLBuffer(a, b, c, d, e))
    buffer.node      //返回一个TLNode，就是前面的TLBufferNode。
  }
```

```
  def chain(depth: Int, name: Option[String] = None)(implicit p: Parameters): Seq[TLNode] = {
    val buffers = Seq.fill(depth) { LazyModule(new TLBuffer()) }
    name.foreach { n => buffers.zipWithIndex.foreach { case (b, i) => b.suggestName(s"${n}_${i}") } }
    buffers.map(_.node)
  }

  def chainNode(depth: Int, name: Option[String] = None)(implicit p: Parameters): TLNode = {
    chain(depth, name).reduceLeftOption(_ :*=* _).getOrElse(TLNameNode("no_buffer"))
  }
}    //end object TLBuffer
```

在这里我们只关心函数 apply()，注意这里代码中的 LazyModule()是指 object LazyModule。LazyModule 对象是要统一创建的，要不然其辖域 scope 就可能成问题。如果由程序员们自己通过 new 操作创建，搞不好就忘了把它放在 LazyModule()里面。这也不只是对 TLBuffer，所有的 LazyModule 对象都是一样。

另一方面，像这样通过 object TLBuffer 创建还有个好处，就是能使程序代码更加简洁。例如：

Consumer() := TLBuffer() := Producer()

如果没有 object TLBuffer 的定义，就写不出这么简洁的代码了，因为 TLBuffer 对象必须通过 new 操作才能创建。

11.2　TLXbar

如前所说，TLXbar 是 TileLink 的十字开关 Xbar。所谓十字开关，其实是个开关阵列。且不说有多少模块参与互连，就说每个具体的点对点互连，那实际上也是五个通道、至少是两个通道的互连。不过宏观上那终究只是一个 Link 的互连，而 TLXbar 要实现的是多对多的、可控的动态（有选择）互连，其规模可想而知。

在 SoC 芯片上，Xbar 常常起着相当于总线的作用。SoC 的片上总线与一般计算机中的背板式总线有个显著的区别，就是 SoC 芯片上需要有选择接通的模块是个固定不变的集合，而不像背板式总线那样是可以插拔的。

下面是一个三个输入通道与四个输出通道之间的 Xbar，即 3×4 Xbar 的示意图，图中的三条水平线代表三个输入，四条竖线代表四个输出，交点上的黑色圆点都是开关，合在一起就是个十字开关 Xbar。如果输入和输出都是 TLBundle 中的通道，那就是一个 TLXbar。

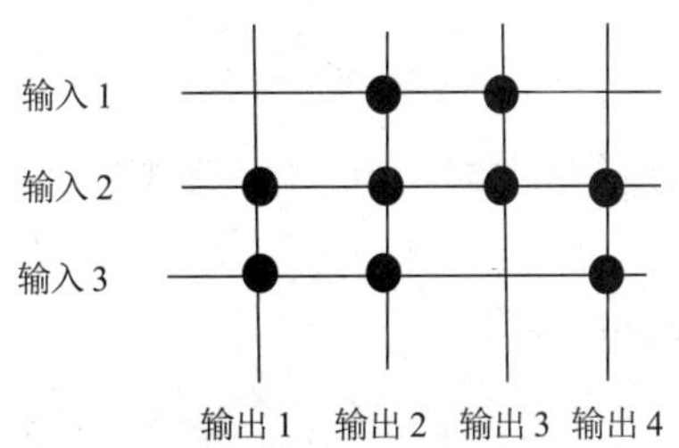

图中有些格点（交叉点）上没有圆点，表示相应的输入与输出之间没有开关，也不需要有开关，因为已知该输入端设备不可能访问某个输出端设备。比方说，连在输出 4 上的是一个存储设备，它有一定的地址范围，而连在输入 1 上的主设备不会访问那个地址区间，那么这二者之间就不需要有个开关。

另外，以输出 2 为例，三个输入有可能会同时需要与其（动态）相连，但是在任何时候不得有两个或更多输入连接到同一个输出，这时候就需要有个“仲裁”机制，以决定哪一个输入可以与这个输出相连。

图中圆点所表示的开关实际上不是一个开关而是一组开关，具体开关上的信号流通方向可能是相反的。比方说假定输入和输出都是 A 通道，A 通道上的信号都是从输入端到输出端，但是其 ready 信号的方向是相反的。再如假定输入和输出都是 D 通道，则 D 通道上的信号都是从输出端到输入端，唯独其 ready 信号相反是从输入端到输出端。

下面是 class TLXbar 的定义：

```
class TLXbar (policy: TLArbiter.Policy = TLArbiter.roundRobin)(implicit p: Parameters) extends LazyModule {
  val node = new TLNexusNode(
    clientFn = { seq =>
      seq(0).v1copy (echoFields = BundleField.union(seq.flatMap(_.echoFields)),
        requestFields = BundleField.union(seq.flatMap(_.requestFields)),
        responseKeys = seq.flatMap(_.responseKeys).distinct,
        minLatency = seq.map(_.minLatency).min,
        clients = (TLXbar.mapInputIds(seq) zip seq) flatMap { case (range, port) =>
          port.clients map { client => client.v1copy(sourceId = client.sourceId.shift(range.start))}
        }
      )
    },              // clientFn相当于dFn，下面managerFn则相当于uFn。
    managerFn = { seq =>
      val fifoIdFactory = TLXbar.relabeler()
      seq(0).v1copy (responseFields = BundleField.union(seq.flatMap(_.responseFields)),
        requestKeys = seq.flatMap(_.requestKeys).distinct,
        minLatency = seq.map(_.minLatency).min,
        endSinkId = TLXbar.mapOutputIds(seq).map(_.end).max,
        managers = seq.flatMap { port =>
          require (port.beatBytes == seq(0).beatBytes, s"Xbar ($name with parent $parent) data widths don't match: …")
          val fifoIdMapper = fifoIdFactory()
          port.managers map { manager => manager.v1copy(fifoId = manager.fifoId.map(fifoIdMapper(_)))}
        }
      )
    }   //两个参数协调函数的动态定义
  ) { override def circuitIdentity = outputs.size == 1 && inputs.size == 1 }   //end val node
              //如果只有一个输入和一个输入，那就只是一个自身（Identity）开关。

  lazy val module = new LazyModuleImp(this) {
    if ((node.in.size * node.out.size) > (8*32)) {       //开关阵列的大小超过256，即8×32，那就太大了。
      println (s"!!! WARNING !!!")
      println (s" Your TLXbar ($name with parent $parent) is very large, …")
      println (s"!!! WARNING !!!")
    }
    TLXbar.circuit(policy, node.in, node.out)        //调用object TLXbar的circuit()函数，注意这里并未调用其apply()函数。
                              //调用实参node.in是定义于class MixedNode的val in，其类型为Seq[BI, EI]；node.out类似。
  }  //end lazy val module
}    //end class TLXbar
```

TLXbar 类的定义离不开 object TLXbar，因为其 module 即硬件描述部分其实是在 object TLXbar 的 circuit()函数中。不过我们先看一下对于 node 的定义。TLXbar 类的 node 是 TLNexusNode，即 TileLink 的 NexusNode，这是对 NexusNode 类的扩充：

```
case class TLNexusNode(
  clientFn: Seq[TLMasterPortParameters] => TLMasterPortParameters,
  managerFn: Seq[TLSlavePortParameters]   => TLSlavePortParameters) (implicit valName: ValName)
                                  extends NexusNode(TLImp)(clientFn, managerFn) with TLFormatNode
```

TLNexusNode 对 NexusNode 的扩充一来是补上了 clientFn()和 managerFn()两个函数，另一方面是明确了这个 NexusNode 的参数 imp 是个 TLImp，是个带有种种 TileLink 参数的 NodeImp，所以这是个 TileLink 的 NexusNode。之所以是 NexusNode，是因为 Xbar 的输入边和输出边的数量可以不等，但二者的类型是一样的。事实上 NexusNode 就是针对像 Xbar 一类模块而设计的。

再看 object TLXbar 的定义，尤其是其 circuit()函数：

```
object TLXbar {
  def circuit (policy: TLArbiter.Policy, seqIn: Seq[(TLBundle, TLEdge)], seqOut: Seq[(TLBundle, TLEdge)]) : Unit = {
    val seqOut_ACancel = seqOut.map(sOut => (Wire(new TLBundle_ACancel(sOut._1.params)), sOut._2))
          //对于seqOut这个二元组序列中的每个元素sOut，即(TLBundle, TLEdge)二元组，为其另行创建
          //一个(TLBundle_Acancel, TLEdge)二元组，将TLBundle对象换成新创的TLBundle_Acancel对象。
          //这样，所得seqOut_ACancel就是个(TLBundle_ACancel, TLEdge)二元组的序列。
    val seqIn_ACancel = seqIn.map(sIn => (TLBundle_ACancel(sIn._1), sIn._2))
          //同上，因而seqIn_ACancel也是个(TLBundle_ACancel, TLEdge)二元组的序列
    TLXbar_ACancel.circuit(policy, seqIn_ACancel, seqOut_ACancel)
          //调用object TLXbar_Acancel的circuit()函数，这是另一个object（见后）。
          //注意TLXbar_ACancel.circuit()的参数是seqIn_Acancel和seqOut_ACancel。
    (seqOut.map(_._1) zip seqOut_ACancel.map(_._1)) foreach {
           //将seqOut与seqOut_ACancel中每个元素的第一个成分配对，构成一个新的无名二元组序列，
           //然后扫描该序列中的每个二元组(TLBundle, TLBundle_ACancel):
      case (sOut, sOut_ACancel) => sOut <> sOut_ACancel.asDecoupled()
           //将输出端的每对TLBundle与TLBundle_ACancel（双向）互连起来。TLEdge不变。
    }
  }

  def apply (policy: TLArbiter.Policy = TLArbiter.roundRobin)(implicit p: Parameters): TLNode = {
    val xbar = LazyModule(new TLXbar(policy))
    xbar.node
  }

  def mapInputIds (ports: Seq[TLMasterPortParameters]) = assignRanges(ports.map(_.endSourceId))
  def mapOutputIds(ports: Seq[TLSlavePortParameters ]) = assignRanges(ports.map(_.endSinkId))

  …
  // Replicate an input port to each output port
  def fanout[T <: TLChannel](input: DecoupledIO[T], select: Seq[Bool], force: Seq[Boolean] = Nil) : Seq[DecoupledIO[T]] = {
    val filtered = Wire(Vec(select.size, chiselTypeOf(input)))
```

```
    for (i <- 0 until select.size) {
      filtered(i).bits := (if (force.lift(i).getOrElse(false)) IdentityModule(input.bits) else input.bits)
      filtered(i).valid := input.valid && (select(i) || (select.size == 1).B)
    }
    input.ready := Mux1H(select, filtered.map(_.ready))
    filtered
  }
}   //end object TLXbar
```

注意前面 TLXbar 的 circuit()函数中只是调用了 TLXbar_ACancel.circuit()，TLXbar_ACancel 后面并不带括号，所以不涉及对其 apply()函数的调用，而只是调用其所提供的函数。如果在 class TLXbar 的 module 内部调用了 object TLXbar_ACancel 的 apply()函数那就不对了，因为那样如下所见就会创建一个 TLXbar_ACancel 类对象，而 class TLXbar_ACancel 是对 LazyModule 的扩充。如前所述，在一个 LazyModule 内部可以创建另一个 LazyModule 对象，但是那只能是在 module 之外，而不可以在 module 的（赋值函数）内部再来创建 LazyModule 对象，因为 module 本身就是 lazy 计算的。至于在 module 内部创建 TLBundle_ACancel 对象，那是没有问题的，class TLBundle_ACancel 并非从 LazyModule 派生而来。

显然，object TLXbar 把 Xbar 的实现转交给了 object TLXbar_Acancel。所以硬件上的 TLXbar 模块实际上是 TLXbar_Acancel 模块，后者的输入和输出都是 TLBundle_Acancel，而不是简单的 TLBundle。

前面讲过，TLBundle 的五个通道，每个通道都通过接收方的 ready 信号和发送方的 valid 信号实现双方的“握手”。发送方只能被动等待接收方发出 ready 信号才能把数据放上通道并发出 valid 信号，可是发送方无法主动让尚未 ready 的接收方得知“我这里有信息需要发送”。因此人们就设计出一种不同的“握手”方式，称为 ReadyValidCancel。这种方式让发送方有两个信号线 earlyValid 和 lateCancel，只要发送方“可能”有信号发送就可以把信息放在通道上相关的字段中并发出 earlyValid 信号，相当于发送请求，引起接收方的注意。但是这个发送请求是可以取消的，发送方只要发出 lateCancel 就表示发送取消了。这样，在发送方发出 earlyValid 以后，一旦接收方发出 ready，而发送方并未发出 lateCancel，报文的传递就完成了。

在一般的电路中这个问题并不重要，但是在 Xbar 中就重要了。这是因为，在十字开关 XBar 中，输入 Link 得要表示有这个意愿、有这个要求，十字开关才会来加以转接，要不然也不知道哪一路输入有报文需要发送。但是只要 A 通道有这个功能就行，因为传输都是在 A 通道上发起的。这样，有多路输入同时要求发起传输的时候，十字开关中的仲裁器就可以从中选择一路，只向被选中的那一路中继来自输出端通道的 ready 信号，而别的通道则看不到这个 ready 信号，就只好在一旁等着。

所以，凡是输入到 TLXbar 中的 TLBundle，其 A 通道必须是这样的通道，这样的 TLBundle 就称为 TLBundle_Acancel，意为带有可 cancel 的 A 通道的 TLBundle。

要将一个普通 TLBundle 中的 A 通道转化成一个带 ready/earlyValid/lateCancel 的 Bundle，只要改变一下 Bundle 的定义就行，这与是否 TileLink 无关，普通的 Bundle 中也可以采用 ready/earlyValid/lateCancel 握手。Rocket-chip 的代码中是分两步将抽象类 Bundle 扩充成 class ReadyValidCancel 的。第一步先将抽象类 Bundle 扩充成 ValidCancel 类，使 Bundle 的 valid 控制信号转化成 earlyValid 和 lateCancel 的组合：

```
/** A [[Bundle]] that adds `earlyValid` and `lateCancel` bits to some data.
  * This indicates that the user expects a "ValidCancel" interface between a producer and a consumer.
  * Here, the producer asserts the `earlyValid` bit when data on the `bits` line might contain valid data.
  * The producer also asserts the `lateCancel` bit low to confirm the valid, or high to squash the valid.
  * `lateCancel` is a DontCare when `earlyValid` is low.
  * This differs from [[ReadyValidCancel]] as there is no `ready` line that the consumer can use
  * to put back pressure on the producer.
  * @param gen the type of data to be wrapped in Valid/Cancel
  */
```

```
class ValidCancel[+T <: Data](gen: T) extends Bundle {
  val earlyValid = Output(Bool())         //这是earlyValid控制信号
  val lateCancel = Output(Bool())         //这是lateCancel控制信号
  val bits       = Output(gen)            //参数gen代表着需要发送的内容，即通道中其它字段的总和。
  def validQual(): Bool = earlyValid && !lateCancel    //两个信号的组合相当于valid
  override def cloneType: this.type = ValidCancel(gen).asInstanceOf[this.type]

  /** Down-converts a ValidCancel output to a Valid bundle, dropping early/late timing split. */
  def andNotCancel(): Valid[T] = {
    val out = Wire(new Valid(gen))
    out.valid := validQual()              //以validQual()返回的组合信号代替原先的valid
    out.bits := bits
    out
  }
}

object ValidCancel {
  /** Wraps some Data with a ValidCancel interface. */
  def apply[T <: Data](gen: T): ValidCancel[T] = new ValidCancel(gen)
}
```

这样就把发送方的 valid 信号替换成了 earlyValid 和 lateCancel。注意这里的代码只是对 Bundle 扩充出来的部分，并未触及接收方的 ready 信号。

然后再将 class ValidCancel 扩充成 class ReadyValidCancel：

```
/** A [[Bundle]] containing 'earlyValid', 'lateCancel', and 'ready' signals that handshake
  * the transfer of data stored in the 'bits' subfield. The base protocol implied by the directionality is that
  * the producer uses the interface as-is (outputs bits) while the consumer uses the flipped interface (inputs bits).
  * @param gen the type of data to be wrapped in Ready/Valid/Cancel
  */
class ReadyValidCancel[+T <: Data](gen: T) extends ValidCancel(gen) {
  val ready = Input(Bool())
  def mightFire(): Bool = ready && earlyValid      //可以发送的条件是接收方ready并且发送方earlyValid
  def fire(): Bool = ready && validQual()          //实际的发送控制就是ready && earlyValid && !lateCancel
  override def cloneType: this.type = ReadyValidCancel(gen).asInstanceOf[this.type]

  /** Down-converts a ReadyValidCancel output to a DecoupledIO bundle, dropping early/late timing split. */
  def asDecoupled(): DecoupledIO[T] = {            //用一ReadyValidCancel模拟DecoupledIO，以便对接。
    val out = Wire(new DecoupledIO(gen))           //参数gen代表着通道中其它字段的总和
    out.valid := validQual()
    out.bits := bits
    ready := out.ready
    out
  }
}    //end class ReadyValidCancel
```

这样，一个 ReadyValidCancel 对象就是一块从常规 Bundle 到 ReadyValidCancel（扩充了的 Bundle）的转换电路，其输入端表现为常规的 Bundle，输出端则表现为采用 ready/earlyValid/lateCancel 握手的 Bundle。实际使用中 ReadyValidCancel 类的对象的创建应提供 object ReadyValidCancel：

```
object ReadyValidCancel {
  /** Wraps some Data with a ReadyValidCancel interface. */
  def apply[T <: Data](gen: T): ReadyValidCancel[T] = new ReadyValidCancel(gen)

  /** Up-converts a ReadyValid to a ReadyValidCancel, assuming conservative timing. */
  def apply[T <: Data](in: ReadyValidIO[T]): ReadyValidCancel[T] = {
    val out = Wire(new ReadyValidCancel(chiselTypeOf(in.bits)))
    out.earlyValid := in.valid              //将输入端的in.valid转化成输出的out.earlyValid
    out.lateCancel := false.B               //将输出端的out.lateCancel初始化设置成0
    out.bits := in.bits
    in.ready := out.ready                   //反方向上将输出端的out.ready连接到输入端的in.ready
    out
  }
}    //end object ReadyValidCancel
```

在所创建的 ReadyValidCancel 这个 Bundle 中，信号的流通方向基本上是从输入到输出，但是其中的 ready 信号是反向的，这与在常规的 Bundle 中一样。

如果输入端的常规 Bundle 是个（包含 5 个通道的）TLBundle，那就变成了 TLBundle_Acancel。其中通道 A 是采用 ready/earlyValid/lateCancel 握手的通道，其余通道照旧。

下面是 class TLBundle_Acancel 的定义：

```
class TLBundle_ACancel(val params: TLBundleParameters) extends Record {
  val a = ReadyValidCancel(new TLBundleA(params))     //A通道是个采用ReadyValidCancel的Bundle
          //调用object ReadyValidCancel的apply()函数，创建一个ReadyValidCancel对象。
  val b = Flipped(Decoupled(new TLBundleB(params)))   //其余通道照旧。B通道的方向是反的。
  val c = Decoupled(new TLBundleC(params))
  val d = Flipped(Decoupled(new TLBundleD(params)))   //D通道的方向是反的。
  val e = Decoupled(new TLBundleE(params))

  override def cloneType: this.type = (new TLBundle_ACancel(params)).asInstanceOf[this.type]
  val elements = ListMap("e" -> e, "d" -> d, "c" -> c, "b" -> b, "a" -> a)

   /** Down-converts a TLBundle_ACancel to a plain TLBundle, dropping early/late timing split. */
  def asDecoupled(): TLBundle = {
    val out = Wire(new TLBundle(params))
    out.a :<> a.asDecoupled()             // ReadyValidCancel模拟DecoupledIO，这样才能对接。
    b :<> out.b
    out.c :<> c
    d :<> out.d
    out.e :<> e
    out
  }
```

```
    /** Down-converts a TLBundle_ACancel to a plain TLBundle, dropping early/late timing split.
      * This differs from [[asDecoupled]]: this is uni-directional, suitable solely for monitoring. */
  def monitorAndNotCancel(): TLBundle = {
    val out = Wire(new TLBundle(params))
    out.a.valid := a.validQual()
    out.a.bits := a.bits
    out.a.ready := a.ready
    out.b := b
    out.c := c
    out.d := d
    out.e := e
    out
  }
}   //end class TLBundle_Acancel
```

所以，一个 TLBundle_Acancel，基本上就是一个普通的 TLBundle，只是其 A 通道并不是简单的 TLBundleA，而是采用 ReadyValidCancel 握手的 TLBundleA。

至于 TLXbar_Acancel，则是其输入和输出均非普通的 TLBundle，而是 TLBundle_Acancel 的 TLXbar。

下面是 object TLXbar_Acancel 的程序代码，函数 circuit()是其中的主体：

```
object TLXbar_ACancel {
  def circuit (policy: TLArbiter.Policy, seqIn: Seq[(TLBundle_ACancel, TLEdge)],
                                          seqOut: Seq[(TLBundle_ACancel, TLEdge)]): Unit = {
    val (io_in, edgesIn) = seqIn.unzip           //io_in 是 TLBundle_Acancel 序列，edgesIn 是个 TLEdge 序列。
    val (io_out, edgesOut) = seqOut.unzip        //io_out 是 TLBundle_Acancel 序列，edgesOut 是 TLEdge 序列。

        // Not every master need connect to every slave on every channel; determine which connections are necessary
        // edgesIn 是 Client 一边（上游方向，输入方向）的 TLEdge 序列，其每个元素为 cp；
        // edgesOut 则为 Manager 一边（下游方向，输出方向），所以是 mp。
        //并非每一个 manager 都需与每一个 client 连接，只有这样的 manager 和 client 才有需要，即：
        //两边都有实际的 bundle 存在，并且地址范围有重合（地址范围没有重合部分，是不会来访问的）。
    val reachableIO = edgesIn.map { cp => edgesOut.map { mp =>
      cp.client.clients.exists { c => mp.manager.managers.exists { m =>
        c.visibility.exists { ca => m.address.exists { ma => ca.overlaps(ma)}}}}
      }.toVector}.toVector          //把这些“可到达”Manager 一边的 edgesOut 序列做成一个 Vector，
        //那就是 reachableIO。“可到达”实际上是“可连接”、“应连接”的意思。

    val probeIO = (edgesIn zip reachableIO).map { case (cp, reachableO) =>
      (edgesOut zip reachableIO).map { case (mp, reachable) =>
          reachable && cp.client.anySupportProbe && mp.manager.managers.exists(_.regionType >= RegionType.TRACKED)
      }.toVector}.toVector          //在“可到达”集合中，可能只有一部分需要支持 Probe 操作（B 通道）。
                                    // probeIO 是 reachableIO 中支持 Probe 操作的子集.

    val releaseIO = (edgesIn zip reachableIO).map { case (cp, reachableO) =>
      (edgesOut zip reachableO).map { case (mp, reachable) =>
```

```
    reachable && cp.client.anySupportProbe && mp.manager.anySupportAcquireB
  }.toVector}.toVector          //在 probeIO 集合中也不一定都支持 Release 操作，
 //releaseIO 是 probeIO 中支持 Release 操作的子集。

val connectAIO   = reachableIO        //整个 reachableIO 集合都需要有 A 通道连接
val connectBIO   = probeIO            //只有 probeIO 才需要有 B 通道连接
val connectCIO   = releaseIO          //只有 releaseIO 才需要有 C 通道连接
val connectDIO   = reachableIO        //D 通道与 A 通道相同
val connectEIO   = releaseIO          //E 通道与 C 通道相同

def transpose[T](x: Seq[Seq[T]]) = if (x.isEmpty) Nil
else Vector.tabulate(x(0).size) { i => Vector.tabulate(x.size) { j => x(j)(i) } }
      //该函数将给定序列中的每个 bundle 都通过 Vector.tabulate()操作转置 90 度，以实现十字连接。
      //所谓转置只是数据结构和概念上的（TLXbar 的代码中并不进行矩阵运算），只是表达更方便。

val connectAOI   = transpose(connectAIO)     //转置后的 connectAIO 就成为 connectAOI，下同。
         //注意 OI 是经过 90 度转置的 IO；IO 是输入，OI 是输出。
val connectBOI   = transpose(connectBIO)
val connectCOI   = transpose(connectCIO)
val connectDOI   = transpose(connectDIO)
val connectEOI   = transpose(connectEIO)

// Grab the port ID mapping
val inputIdRanges       = TLXbar.mapInputIds(edgesIn.map(_.client))
val outputIdRanges      = TLXbar.mapOutputIds(edgesOut.map(_.manager))

// We need an intermediate size of bundle with the widest possible identifiers
val wide_bundle = TLBundleParameters.union(io_in.map(_.params) ++ io_out.map(_.params))
       //输入和输出的 bundle 可能不一样大（通道有多少），两个集合的 Union 就是最大值。
       //这样的 bundle 才能满足所有 bundle 两两之间的联通要求。

// Handle size = 1 gracefully (Chisel3 empty range is broken)
def trim(id: UInt, size: Int): UInt = if (size <= 1) 0.U else id(log2Ceil(size)-1, 0)   //取对数整值

// Transform input bundle sources (sinks use global namespace on both sides)
val in = Wire(Vec(io_in.size, TLBundle_ACancel (wide_bundle)))
      //由全体输入 TLBundle_Acancel 构成的向量，按最大通道配置。

for (i <- 0 until in.size) {     //对向量 in 中的每一个元素（in 是 TLXbar 内部的，io_in 是外部输入）：
  val r = inputIdRanges(i)

  if (connectAIO(i).exists(x=>x)) {          //向量 in 中的这个 A 通道在对应输入 TLBundle_ACancel 中存在
    in(i).a :<> io_in(i).a                          //将向量 in 中的各个 A 通道连接到相应的输入 A 通道
    in(i).a.bits.source := io_in(i).a.bits.source | r.start.U
  } else {                                   //要不然就关闭向量 in 中的这个 A 通道
    in(i).a.earlyValid := false.B
```

```
        in(i).a.lateCancel := DontCare
        in(i).a.bits := DontCare
        io_in(i).a.ready := true.B
        io_in(i).a.lateCancel := DontCare
        io_in(i).a.bits := DontCare
      }

      if (connectBIO(i).exists(x=>x)) {          //向量 in 中的这个 B 通道在对应输入 TLBundle_ACancel 中存在
        io_in(i).b :<> in(i).b                          //将向量 in 中的这个 B 通道连接到对应输入的 B 通道
        io_in(i).b.bits.source := trim(in(i).b.bits.source, r.size)
      } else {                                   //要不然就关闭向量 in 中的这个 B 通道
        in(i).b.ready := true.B
        in(i).b.bits := DontCare
        io_in(i).b.valid := false.B
        io_in(i).b.bits := DontCare
      }
      …      //对 C,D,E 三个通道如法炮制，其中 D 通道的方向与 B 相同，C,E 与 A 相同。
    }    //end for (i <- 0 until in.size)

    // Transform output bundle sinks (sources use global namespace on both sides)
    val out = Wire(Vec(io_out.size, TLBundle_ACancel(wide_bundle)))
     //由全体输出 TLBundle_Acancel 构成的向量，按最大通道配置。

    for (o <- 0 until out.size) {    //对向量 out 中的每个元素（out 是 TLXbar 内部的，io_out 是外部输出）：
      val r = outputIdRanges(o)
      if (connectAOI(o).exists(x=>x)) {          //向量 out 中的这个 A 通道在对应输出 TLBundle_ACancel 中存在
        io_out(o).a :<> out(o).a                 //将向量 out 中的各个 A 通道连接到相应的输出 A 通道
      } else {                                   //要不然就关闭向量 out 中的这个 A 通道
        out(o).a.ready := true.B
        out(o).a.lateCancel := DontCare
        out(o).a.bits := DontCare
        io_out(o).a.earlyValid := false.B
        io_out(o).a.lateCancel := DontCare
        io_out(o).a.bits := DontCare
      }
      if (connectBOI(o).exists(x=>x)) {          //向量 out 中的这个 B 通道在对应输出 TLBundle_ACancel 中存在
        out(o).b :<> io_out(o).b
      } else {                                   //要不然就关闭向量 out 中的这个 B 通道
        out(o).b.valid := false.B
        out(o).b.bits    := DontCare
        io_out(o).b.ready := true.B
        io_out(o).b.bits    := DontCare
      }
      …      //对 C,D,E 三个通道如法炮制，其中 D 通道的方向与 B 相同，C,E 与 A 相同。
    }    //end for (i <- 0 until out.size)
```

```
// Filter a list to only those elements selected
def filter[T] (data: Seq[T], mask: Seq[Boolean]) = (data zip mask).filter(_._2).map(_._1)
                    //根据掩模 mask 序列从 data 序列中选取那些配对掩模位为 true 的 data 项
                    //(data zip mask)是个二元组序列，_._2 表示具体二元组中的第二个成分即 mask，
                    //从该二元组序列中过滤出 mask 为 true 的那些元素，摘取其第二个成分即 data。

// Based on input=>output connectivity, create per-input minimal address decode circuits
val requiredAC = (connectAIO ++ connectCIO).distinct      //requiredAC 是 connectAIO 和 connectCIO 两个集合之和
val outputPortFns: Map[Vector[Boolean], Seq[UInt => Bool]] = requiredAC.map { connectO =>
                    //注意 Map 和 map 是毫不相关的两码事，requiredAC 见上，对于这个集合中的每个元素 connectO：
  val port_addrs = edgesOut.map(_.manager.managers.flatMap(_.address))
  val routingMask = AddressDecoder (filter(port_addrs, connectO))      //只有那些在 connectO 集合中的 port_addrs 才有意义。
                                                        // AddressDecoder 是个 object，其 apply()函数返回一个位图。
  val route_addrs = port_addrs.map(seq => AddressSet.unify(seq.map(_.widen(~routingMask)).distinct))

  (connectO, route_addrs.map(seq => (addr: UInt) => seq.map(_.contains(addr)).reduce(_ || _)))
}.toMap      //end val outputPortFns
      //返回一个从 Vector[Boolean]（位图）到 Seq[UInt => Bool]（一个函数序列）的 Map。
      //这样，给定一个位图，就可得到相应的函数。

val addressA = (in zip edgesIn) map { case (i, e) => e.address(i.a.bits) }      //输入端 A 通道访问地址的序列
          //将输入 TLBundle_ACancel 序列与 edgesIn 配对，
          //摘取每个输入 Bundle 中 A 通道上的访问地址，形成一个序列。
val addressC = (in zip edgesIn) map { case (i, e) => e.address(i.c.bits) }      //输入端 C 通道访问地址的序列
          //将输入 TLBundle_ACancel 序列与 edgesIn 配对，
          //摘取每个输入 Bundle 中 C 通道上的访问地址，形成一个序列。
          //只有 A/C 两个通道上的发送是由主端发起并要给定访问地址的，D 通道只是被动作出响应。

def unique(x: Vector[Boolean]): Bool = (x.filter(x=>x).size <= 1).B
          //注意返回类型是 Bool 而不是 Boolean，Bool 是电路中的一位信号。

val requestAIO = (connectAIO zip addressA) map{ case (c, i) => outputPortFns(c).map { o => unique(c) || o(i) }}
          //将 connectAIO 序列与 addressA 序列配对，然后对此序列实施 map()，所得结果为一序列。
          //在此 map()的过程中，对每个二元组(c, i)执行 outputPortFns(c)计算，所得也是一个序列。
          //再对此序列进行 map()计算，所得为一位图，即 Bool 信号序列。
          //最终所得 requestAIO 是个位图序列。序列中的每一项都是位图，序列的长度取决于 connectAIO
          //表示需要把这个 Bundle 的 A 通道与那些输出 Bundle 的 A 通道进行（一对多）连接。

val requestCIO = (connectCIO zip addressC) map{ case (c, i) => outputPortFns(c).map { o => unique(c) || o(i) }}
          //同样，requestCIO 是一个需要进行 C 通道转接的位图序列。
val requestBOI = out.map{ o => inputIdRanges.map{ i => i.contains(o.b.bits.source)}}
          //requestBOI 是需要进行 B 通道转接的位图序列，注意这是反向的连接。
val requestDOI = out.map{ o => inputIdRanges.map{ i => i.contains(o.d.bits.source)}}
          //requestDOI 是需要进行 D 通道转接的位图序列，注意这是反向的连接。
val requestEIO = in.map{ i => outputIdRanges.map{ o => o.contains(i.e.bits.sink)}}
          //requestEIO 是需要进行 E 通道转接的位图序列
```

```
            //从 requestAIO 至 requestEIO 是五个序列，分别是需要进行 A/C/E 通道连接的输入端 Bundle，
            //和需要进行 B/D 通道连接的输出端 Bundle 序列。
            //从 requestAIO 至 requestEIO 是五个整数值序列，表明每个 Bundle 中各通道允许的最大节拍数。

val beatsAI = (in zip edgesIn) map { case (i, e) => e.numBeats1(i.a.bits) }
    //beatsAI 是输入端各个 Bundle 中 A 通道上的传输节拍数的序列，这里的函数 numBeats1()定义于 class TLEdge。
val beatsBO = (out zip edgesOut) map { case (o, e) => e.numBeats1(o.b.bits) }
val beatsCI  = (in zip edgesIn) map { case (i, e) => e.numBeats1(i.c.bits) }
val beatsDO = (out zip edgesOut) map { case (o, e) => e.numBeats1(o.d.bits) }
    //beatsDO 则是输出端各个 Bundle 中 D 通道上的传输节拍数的序列，
val beatsEI = (in zip edgesIn) map { case (i, e) => e.numBeats1(i.e.bits) }

// Fanout the input sources to the output sinks   //实际的电路连接是在 fanout()中实现的，其代码见后：
            //函数 TLXbar_ACancel.fanout()作用：
            //创建一个作为中间过渡的通道向量的排线。
            //将一输入方向的某个通道按位图 r 的指引一对多连接到这个新创的通道向量，
            //与此向量中的各个通道与输出方向的对应通道相连接，然后返回这个向量。
            //因为 fanout()是在对(in zip requestAIO)这个序列的 map()中调用，结果是个向量的序列。
            //由 TLXbar_ACancel.fanout()完成一个通道的扇出连接之后：
            //然后将此向量序列进行（概念上的）90 度转置。以 A 通道为例，所得即为 portsAOI。
            //这样，输出序列 portsAOI 中的每个 portA 的输出均来自 i.a 的扇出（一对多连接）。
            //不过，从信息流通方向的角度看，这是多对一的连接，而不是一对多的连接。
            //注意这里讲的输入方向和输出方向，输入和输出，通道 B/D 与通道 A/C/E 是相反的。
val portsAOI    = transpose((in zip requestAIO) map { case (i, r) =>
                      TLXbar_ACancel.fanout (i.a, r, edgesOut.map(_.params(ForceFanoutKey).a)) })
val portsBIO    = transpose((out zip requestBOI) map { case (o, r) =>
                      TLXbar.fanout (o.b, r, edgesIn.map(_.params(ForceFanoutKey).b)) })
val portsCOI    = transpose((in zip requestCIO) map { case (i, r) =>
                      TLXbar.fanout (i.c, r, edgesOut.map(_.params(ForceFanoutKey).c)) })
val portsDIO    = transpose((out zip requestDOI) map { case (o, r) =>
                      TLXbar.fanout (o.d, r, edgesIn.map(_.params(ForceFanoutKey).d)) })
val portsEOI    = transpose((in zip requestEIO) map { case (i, r) =>
                      TLXbar.fanout (i.e, r, edgesOut.map(_.params(ForceFanoutKey).e)) })
            //输出一侧 A/C/E 通道的输出均来自输入 Bundle 中相应通道的扇出。
            //输入一侧 B/D 通道的输出均来自输出 Bundle 中相应（反向）通道的扇出。
            //这样，以 A 通道为例，所有输入 Bundle 中的（有效）A 通道都一对多连接到了 TLXbar 的输出端。
            //再以 D 通道为例，所有输出 Bundle 中的（有效）D 通道都一对多连接到了 TLXbar 的输入端。
            //如果 TLXbar 输入/输出 Bundle 的数量都是 N，并且所有通道全都有效，fanout 连接的总数就是 5N。
            //这么多的 fanout 连接提供了整个 TLXbar 所需的所有静态连接。

            //有了静态的 fanout 连接之后，还要给每个 fanout 都配上一个 Arbiter，以实现动态的转接：
            //object TLArbiter 的代码见后。
  // Arbitrate amongst the sources
for (o <- 0 until out.size) {    //对于输出方的每个 Bundle，为其 A/C/E 通道都配上一个仲裁器 Arbiter：
  TLArbiter.applyCancel (policy)(out(o).a, filter(beatsAI zip portsAOI(o), connectAOI(o)):_*)
                  //为作为 Sink 的 out(o).a 即给定输出方 Bundle 的 A 通道创建一个 TLArbiter。
```

```
            //由于通道 A 是带 lateCansel 信号的通道，所以调用的是 TLArbiter.applyCancel()。
            //所用的仲裁策略 policy 是作为调用 circuit()的参数之一传下来的。
    TLArbiter (policy)(out(o).c, filter(beatsCI zip portsCOI(o), connectCOI(o)):_*)
            //为作为 Sink 的 out(o).c 即给定输出方 Bundle 的 C 通道创建一个 TLArbiter。
            //通道 C 与通道 A 不同，是普通的通道，所以调用的是 TLArbiter.apply()。仲裁策略 policy 同上。
    TLArbiter (policy)(out(o).e, filter(beatsEI zip portsEOI(o), connectEOI(o)):_*)
            //为作为 Sink 的 out(o).e 即给定输出方 Bundle 的 E 通道创建一个 TLArbiter。
            //通道 E 也是普通的通道，所以调用的是 TLArbiter.apply()。
    filter(portsAOI(o), connectAOI(o).map(!_)) foreach { r => r.ready := false.B }
            //对 portsAOI 序列过滤，将凡是不要求连接的那些 A 通道的 ready 连接到 false。
    filter(portsCOI(o), connectCOI(o).map(!_)) foreach { r => r.ready := false.B }
            //对 portsCOI 序列过滤，将凡是不要求连接的那些 C 通道的 ready 连接到 false。
    filter(portsEOI(o), connectEOI(o).map(!_)) foreach { r => r.ready := false.B }
            //对 portsEOI 序列过滤，将凡是不要求连接的那些 E 通道的 ready 连接到 false。
  }  //注意这里使用 TLArbiter 的数量是 3×out.size，即输出 Bundle 数量的 3 倍。

  for (i <- 0 until in.size) {    //对于输入方的每个 Bundle，为其 B/D 通道都配上一个仲裁器 Arbiter:
    TLArbiter(policy)(in(i).b, filter(beatsBO zip portsBIO(i), connectBIO(i)):_*)
            //为作为 Sink 的 in(i).b 即给定输入方 Bundle 的 B 通道创建一个 TLArbiter。
            //注意 B 通道是反向的，所以输入方 Bundle 的 B 通道才是 Sink。
            //通道 B 也是普通（不带 lateCansel 信号）的通道，所以调用的是 TLArbiter.apply()。
    TLArbiter(policy)(in(i).d, filter(beatsDO zip portsDIO(i), connectDIO(i)):_*)
            //为作为 Sink 的 in(i).d 即给定输入方 Bundle 的 D 通道创建一个 TLArbiter。
            //D 通道也是反向的，所以输入方 Bundle 的 D 通道才是 Sink。
            //通道 D 也是普通（不带 lateCansel 信号）的通道，所以调用的是 TLArbiter.apply()。
            //所用的仲裁策略 policy 是作为调用 circuit()的参数之一传下来的。
    filter(portsBIO(i), connectBIO(i).map(!_)) foreach { r => r.ready := false.B }
            //对 portsBIO 序列过滤，将凡是不要求连接的那些 B 通道的 ready 连接到 false。
    filter(portsDIO(i), connectDIO(i).map(!_)) foreach { r => r.ready := false.B }
            //对 portsDIO 序列过滤，将凡是不要求连接的那些 D 通道的 ready 连接到 false。
  }  //这里使用 TLArbiter 的数量是 2×in.size，即输入 Bundle 数量的 2 倍。
}    //end circuit()

def apply(policy: TLArbiter.Policy = TLArbiter.roundRobin)(implicit p: Parameters): TLNode_ACancel = {
  val xbar = LazyModule(new TLXbar_ACancel(policy))
  xbar.node
}  //注意前面 TLXBar.circuit()中并未调用这个函数，而只是调用了上面这个 circuit()函数。

// Replicate an input port to each output port
def fanout[T <: TLChannel](input: ReadyValidCancel[T], select: Seq[Bool], force: Seq[Boolean] = Nil)
                  : Seq[ReadyValidCancel[T]] = {
  //按 select 序列即位图的指引，将 input 这个 Bundle 中的某个通道扇出（一对多连接）到这里所创建的向量 filtered 上。
  //注意 select 是个用于硬件描述的 Bool（电路）信号的序列，Bool 类是由 Chisel 定义的。
  //而 force 则是个 Boolean 值的序列，Boolean 类是由 Scala 提供的。
  val filtered = Wire(Vec(select.size, chiselTypeOf(input)))
                                //创建一个向量及其排线，向量长度按 select 序列，元素类型与 input 相同。
```

```
    for (i <- 0 until select.size) {  //对于这个向量中的每个元素:
      filtered(i).bits := (if (force.lift(i).getOrElse(false)) IdentityModule(input.bits) else input.bits)
      filtered(i).lateCancel := input.lateCancel      //该向量元素即目标通道的 lateCancel 信号直接来自 input
      filtered(i).earlyValid := input.earlyValid && (select(i) || (select.size == 1).B)
                                        //其 earlyValid 既来自 input，也取决于位图 select。
                                        //如果 select.size == 1，即一共才一个输出通道，就直接取决于 input。
    }
    input.ready := Mux1H(select, filtered.map(_.ready))     //这是输入通道 input 中（反向）ready 信号的来源
      //Mux1H 为多选一开关，只有一个输入可被选取。
      //只要位图 select 所指诸多输出通道中有一个通道的 ready 位为 1，input.ready 即为 1。
    filtered    //函数的输出是一个由 input“扇出”的 ReadyValidCancel 对象向量，长度取决于 select 序列。
  }
}    //end object TLXbar_ACancel
```

虽然在程序中也可以直接以 TLXbar_ACancel()的形式调用其 apply()函数创建 TLXbar_ACancel 对象，但实际上就只是用在 TLXbar 的内部。所以只是 object TLXbar 中的 circuit()函数调用 object TLXbar_ACancel 的 circuit()函数，这个 circuit()函数所描述的就是 object TLXbar_ACancel 代码的主体部分，这就是十字开关 TLXbar 的硬件实现。

TLXbar 硬件实现的核心在于 fanout()这个函数（见前面对 TLXbar_ACancel.fanout()和 TLXbar.fanout()的调用）。以前讲过，硬件描述代码中的一个函数，如果其内部有硬件描述，那实际上就是一小块电路，就像一个图章，每调用一次就像在某个地方盖上一个图章，放上一块电路。这里的函数 fanout()就是这样，这个函数在 TLXbar_ACancel.circuit()中调用了 5 次，对通道 A/B/C/D/E 各调用一次，这是因为每一个 TLXbar 都要实现 5 个通道的转接，每个通道都需要有这么一块电路。

11.3　TLArbiter

在 TLXbar 中，作为 Source 的输入 TileLink 通道要与作为 Sink 的输出 TileLink 通道发送信息，二者间就需要建立临时的连接，连接存在的时间长度应能满足 Source 发送全部内容（全部节拍）的需要。如果有多个 Source 竞相要求与同一个 Sink 建立连接，那就需要有个机制来决定让哪一个 Source 先与 Sink 相连。这个机制所提供的功能叫“仲裁（Arbitration）”，实现这种功能的电路就叫“仲裁器（Arbiter）”。因为是用于 TileLink 通道的连接，所以是 TLArbiter。

我们在前面看到，TLXbar 对象内部其实是包含着许多 TLArbiter 的。事实上每个输出 Bundle 的 A/C/E 三个通道上全都需要有 TLArbiter；每个输入 Bundle 的 B/D 两个通道上也都需要有 TLArbiter。所以一个 TLXbar 所含有 TLArbiter 的数量就是(3×输出 Bundle 的数量+2×输入 Bundle 的数量)。如果一个 TLXbar 的输入/输出 Bundle 数量相等，那这个 TLXbar 里面就有五倍于输出 Bundle 数量的 TLArbiter。

之所以一个 TLXbar 中需要有(3×输出 Bundle 个数+2×输入 Bundle 个数)这么多的 TLArbiter，是因为：每个输出 Bundle 中都有 A/C/E 三个通道，这些都是 Sink，每个 Sink 都需要有个 TLArbiter 加以仲裁，这与有多少个 Source 参加竞争无关。同理，每个输入 Bundle 中都有 B/D 两个通道，由于 B/D 通道是反向的，所以输入 Bundle 中的 B/D 通道倒是 Sink，于是对于 B/D 通道就有(2×输入 Bundle 个数)个 Sink。

TLArbiter 不只是用于 TLXbar 的内部，实际上凡是需要对多个 TileLink 信号来源进行多选一的场合都可以、也都需要用到。我们知道 Mux 是二中选一，而 Arbiter 就扩大了范围，TLArbiter 则是 TileLink 的 Arbiter。不过 Mux 与 Arbiter 的工作机理不同，Mux 中不存在竞争，而只是听从控制信号的选择。

与 TLXbar 不同，代码中并没有关于 class TLArbiter 的定义，而只有个 object TLArbiter。代码中的 object TLArbiter 则是为 TLBundle_Acancel 定义的。当然，不同的仅仅只是 A 通道。下面的代码摘要来自香山的版本。

```
object TLArbiter {
  // (valids, select) => readys
  type Policy = (Integer, UInt, Bool) => UInt   //Policy的类型是从(width:Int, valids:UInt, select:Bool)到Uint即readys的函数
  val lowestIndexFirst: Policy = (width, valids, select) => ~(leftOR(valids) << 1)(width-1, 0)   //lowestIndexFirst是个简单的Policy
  val highestIndexFirst: Policy = (width, valids, select) => ~((rightOR(valids) >> 1).pad(width))

  val roundRobin: Policy = (width, valids, select) => if (width == 1) 1.U(1.W) else {   //若宽度width为1就很简单，返回值为1。
    //下面是width > 1时的实现：
    val valid = valids(width-1, 0)                                   //valids是个位图，宽度为width。
    assert (valid === valids)
    val mask = RegInit(((BigInt(1) << width)-1).U(width-1,0))        //一个用作掩模的寄存器，初始值为全1。
    val filter = Cat(valid & ~mask, valid)
    val unready = (rightOR(filter, width*2, width) >> 1) | (mask << width)
    val readys = ~((unready >> width) & unready(width-1, 0))
    when (select && valid.orR) {                                     //如果select为true，并且valid中至少有一位为1：
      mask := leftOR(readys & valid, width)                          //就更新寄存器mask的内容
    }
    readys(width-1, 0)                                               //返回readys位组，宽度为width
  }
  …

  def robin[T <: TLChannel](edge: TLEdge, sink: DecoupledIO[T], sources: DecoupledIO[T]*): Unit = {
    apply(roundRobin)(sink, sources.toList.map(s => (edge.numBeats1(s.bits), s)):_*)
  }

  def robin[T <: TLChannel](edge: TLEdge, sink: ReadyValidCancel[T], sources: ReadyValidCancel[T]*): Unit = {
    applyCancel(roundRobin)(sink, sources.toList.map(s => (edge.numBeats1(s.bits), s)):_*)
  }

  def apply[T <: Data](policy: Policy)(sink: DecoupledIO[T], sources: (UInt, DecoupledIO[T])*): Unit = {
    val sink_ACancel = Wire(new ReadyValidCancel(chiselTypeOf(sink.bits)))
    val sources_ACancel = sources.map(s => (s._1, ReadyValidCancel(s._2)))
    applyCancel(policy = policy)( sink = sink_ACancel, sources = sources_ACancel:_*)   //通过applyCancel()实现
    sink :<> sink_ACancel.asDecoupled()
  }

  def applyCancel[T <: Data](policy: Policy)(sink: ReadyValidCancel[T], sources: (UInt, ReadyValidCancel[T])*): Unit = {
        //sink是下游bundle中的某个通道，sink只有一个。
        //sources是上游的一组相同通道的（序号，通道）二元组，注意这里二元组上的*号。
    if (sources.isEmpty) {
      sink.earlyValid     := false.B          //如果上游为空，下游就永远不应向上游方向发送。
      sink.lateCancel     := DontCare
      sink.bits           := DontCare
    } else if (sources.size == 1) {
```

```
        sink :<> sources.head._2                    //如果上游的通道只有一个，那就直接将其接通下游通道。
    } else {
        val pairs = sources.toList                  //将sources这个集合转化成一个二元组的List，就是pairs。
        val beatsIn = pairs.map(_._1)               //beatsIn是从pairs的每个二元组中抽取其第1个元素所组成的List
        val sourcesIn = pairs.map(_._2)             //sourcesIn是从pairs的每个二元组中抽取其第2个元素所成的List
                //参数sources中的每个元素都是(序号,通道)二元组，其第2个元素就是一个具体通道。

        // The number of beats which remain to be sent
        val beatsLeft = RegInit(0.U)                // beatsLeft是初值为0的寄存器，记录本次发送还剩几个节拍，
        val idle = beatsLeft === 0.U                //该寄存器内容为0时仲裁器处于空转状态idle。
        val latch = idle && sink.ready              // winner (if any) claims sink
                //空转并且sink.ready，就允许发送(Source)端发送，latch为true表示启动一次新的发送。
                //一旦新的发送开始，节拍数量被打入寄存器beatsLeft（见后），idle和latch即变成false。

        // Who wants access to the sink?
        val earlyValids = sourcesIn.map(_.earlyValid)//earlyValids是位图，对应sourcesIn序列中各相应通道的earlyValid位。
        val validQuals = sourcesIn.map(_.validQual)  //这也是个位图
                //一个特定仲裁器的sourcesIn序列是固定不变的，但是其earlyValid位的内容却动态在变。
        // Arbitrate amongst the requests
        val readys = VecInit(policy(earlyValids.size, Cat(earlyValids.reverse), latch).asBools)
                //针对现时的earlyValids位图，实施仲裁策略policy，返回位图readys。两个位图的宽度相同。
                //调用policy()时的实参：earlyValids.size是形参width，Cat(earlyValids.reverse)是valids，latch是select。
                //所返回位图readys，表明按仲裁策略哪几个earlyValids的输入有资格被选中而获得ready信号。
        // Which request wins arbitration?
        val earlyWinner = VecInit((readys zip earlyValids) map { case (r,v) => r&&v })
        val winnerQual = VecInit((readys zip validQuals) map { case (r,v) => r&&v })
                //如果一个输入通道在readys和earlyValids这两个位图中的标志位同时为1，这个通道就是胜出者。
                //注意位图earlyWinner的内容是随各通道valid位的变化而动态改变的。

        // Confirm the policy works properly
        require (readys.size == earlyValids.size)              //readys和earlyValids两个位图的长度应该一致
        require (readys.size == validQuals.size)               //也一样
        // Never two winners               //只能有一个赢家(one-hot)
        val prefixOR = earlyWinner.scanLeft(false.B)(_||_).init
        assert((prefixOR zip earlyWinner) map { case (p,w) => !p || !w } reduce {_ && _})
        // If there was any request, there is a winner
        assert (!earlyValids.reduce(_||_) || earlyWinner.reduce(_||_))
        assert (!validQuals .reduce(_||_) || validQuals .reduce(_||_))

        // Track remaining beats
        val maskedBeats = (winnerQual zip beatsIn) map { case (w,b) => Mux(w, b, 0.U) }
        val initBeats = maskedBeats.reduce(_ | _)              // no winner => 0 beats
        beatsLeft := Mux(latch, initBeats, beatsLeft - sink.fire())
                //beatsLeft是个寄存器，需要到下个时钟脉冲到来时才能打入。
                //Mux的输出取决于latch，所以每当启动一次新的发送时便将initBeats打入寄存器beatsLeft。
                //然后beatsLeft的内容在每个时钟脉冲到来时递降（如果本节拍中发生了信息发送）。
```

```
        // The one-hot source granted access in the previous cycle
        val state = RegInit(VecInit(Seq.fill(sources.size)(false.B)))        //state是初值为全0的寄存器。
                //寄存器state的内容是个位图，其中只有1位可以是1，表示当前是哪个输入通道在发送。
                //寄存器的宽度是sources.size，输入通道的个数（不管是否valid）。
        val muxStateEarly = Mux(idle, earlyWinner, state)        //如果idle就选取当前的winner，否则就维持原state不变。
        val muxStateQual = Mux(idle, winnerQual, state)
        state := muxStateQual                                     //state是个寄存器，需要下个时钟脉冲到来时才能打入。

        val allowed = Mux(idle, readys, state)                    //allowed也是个位图，长度与readys和state一样。
                //allowed位图中最多只有1位可以是1，别的都是0，表示下面允许哪一个Source通道发送。
                //如果idle就选取readys，那就是由仲裁策略选出来的；否则就维持原state不变。
        (sourcesIn zip allowed) foreach { case (s, r) => s.ready := sink.ready && r}        //r就是allowed中的对应位
                //设置sourcesIn序列中每个通道的ready位，条件是sink.ready为true并且允许该通道发送。
                //如果sink.ready为true，并且allowed位图中与sourcesIn中某通道的对应位为1，
                //就将该通道的ready位设置成1，其余均设置为0（因为allowed位图中不会有两位都是1）。
                //把一个通道的ready位设成1，就允许这个通道发送。别的通道虽然也连着但却不许发送。
                //注意对这些ready位的电路连接是静态的，但是信号的开通却是动态的。
        sink.earlyValid := Mux(idle, earlyValids.reduce(_||_), Mux1H(state, earlyValids))
                //在反方向上设置Sink通道的earlyValids位
                //电路连接是静态的，但是Mux的输出却动态在变。
        sink.lateCancel := Mux1H(muxStateEarly, sourcesIn.map(_.lateCancel))
        sink.bits       :<= Mux1H(muxStateEarly, sourcesIn.map(_.bits))
                //通道上的内容，则通过一个Mux1H电路转接。
                //同样，电路的连接是静态的，但是起控制作用的muxState的内容却动态在变。
    }
  }  //end applyCancel()
}  //end object TLArbiter
```

对于下游（下层）的某个特定通道（例如 A 通道），如果上游（上层）只有一个对应通道，那就可以把它们接死。例如在单核无缓存的系统中，如果内存也只有一块，那这个内存的 A 通道就只有一个 Client，只有一个对应的 A 通道，这时候就可以把它们接死。如果内存分成好几块，那么就其中的任何一块而言都只有一个上层设备，那就是 CPU，这时候的问题在于上游的 A 通道如何选择下游的 A 通道。这是由 TLXBar 的前半部分，即十字开关的部分解决的。可是，如果上层的 Client 也有好几个，例如在多核系统中，那么上层仍通过十字开关部分选择下层目标，但是这时候有了个问题，就是如果多个 Client 同时选择了同一个下层 Manager 怎么办？

- 如果上层为空，那就无需仲裁，把下层的 ready 固定为 0 即可。
- 如果上层只有一个 A 通道，那也无需仲裁，把上下两个 A 通道固定对接就行。
- 如果上层有多个 A 通道，但是同一时间内只有一个上层 A 通道可以向下发出访问命令，那实际上也无需仲裁，下层只要与当前的唯一“赢家”临时接通就行。
- 如果上层有多个 A 通道，并且可能有多个上层 A 通道同时向下发出访问命令，这时候就需要仲裁了。多个同时向下发出命令的上层 A 通道，谁是赢家呢？这里就有个仲裁策略（policy）的问题。

前面在通过 object TLXbar 创建 TLXbar 对象的时候，我们看到 policy 是作为一个参数传下来的，并且默认为 TLArbiter.roundRobin，即轮换制，是由 object TLArbiter 中 val roundRobin 的赋值函数实现的。为免来回翻阅之劳，我们在这里重复列出 object TLArbiter 中这几个 val 的赋值函数代码，但是重点在于 roundRobin：

```
object TLArbiter {
  …
  val roundRobin: Policy = (width, valids, select) => if (width == 1) 1.U(1.W) else {
                    //如果宽度width为1，那就很简单，返回值就是1。下面是width > 1时的实现：
    val valid = valids(width-1, 0)          //valids是个位图，宽度为width，表示有几个valid为1的输入在竞争。
    assert (valid === valids)
    val mask = RegInit(((BigInt(1) << width)-1).U(width.W))    //一个用作掩模的寄存器，初值为全1。
    val filter = Cat(valid & ~mask, valid)    //mask的初值为全1，但当前值取决于上一次select为1时的输出。
                                              //fileter的宽度是2倍width，上半段有mask的影响。
    val unready = (Or.rightOR(filter, width*2, width) >> 1) | (mask << width)
    val readys = ~((unready >> width) & unready(width-1, 0))        //将unready的上半段和下半段相与，再取反。
    when (select && valid.orR) {            //如果select为true，并且valid中至少有一位为1，orR()表示Or-Reduce：
      mask := Or.leftOR(readys&valid, width)              //更新寄存器mask的内容
                    //因为打入寄存器mask的值来自Or.leftOR()的结果，就必然是前面有若干位1，后面全是0。
    }  //注意when不是循环，而是电路中的if语句。
    readys(width-1, 0)          //返回readys，宽度为width，其中为1的位表示相应输入通道有资格被选中。
  }  //end val roundRobin
  …
}
```

所以，roundRobin 这个策略，就是：在多个输入同时竞争接通输出时就按顺序轮流接通。

注意 roundRobin 是个 val，但是其内部寄存器的值是可变的。这里描述的是电路的构成，而不是按此策略得出结果的过程。这里 valid、filter、unready、readys 都是组合电路，根据输入信号 valids 组合出 readys 这个位图作为输出，但是这里面寄存器 mask 的当前值也起着作用，mask 的初值为全 1，但是每当输入信号 select 为 true 时就会被更新，所打入的值取决于当时的 valid 和 readys。在这个电路中，只要输入 valid 在变，ready 就也跟着变，但是仅当输入信号 select 为 true 时才会改变寄存器 mask 的内容。

另外还要注意，这里的 ready 位图并非真正的 ready 信号位图。真正的 ready 信号只能来自输出通道，这里根本就没有来自输出通道的信号。所以，这里的 ready 位图只是表明哪些输入通道（与 valids 位图相应）有资格得到来自输出端的 ready 信号。这个位图不仅取决于当前的 valids 位图，还取决于当前的 mask。正是这个 mask 决定了 roundRobin 所实现的轮换。

这里的 Or.rightOR()和 Or.leftOR()，是由 object Or 提供的两个函数。其作用，以 rightOR(filter, …)为例，是从位图 filter 的最高位开始向右扫描，碰上第一个 1 以后就将其右方各位全填成 1。可想而知，leftOR()只是方向相反。

```
object Or {
  // Fill 1s from low bits to high bits
  def leftOR(x: UInt): UInt = leftOR(x, x.getWidth, x.getWidth)
  def leftOR (x: UInt, width: Integer, cap: Integer = 999999): UInt = {
    val stop = min(width, cap)              //停止位stop取width和cap中的小者
    def helper (s: Int, x: UInt): UInt = if (s >= stop) x else helper(s+s, x | (x << s)(width-1,0))  //宽度仍为width
                //如果当前位置已达停止位就返回当前的x，否则递归调用helper()；
                //递归调用helper()时的起点位为s+s，扫描的位图为当前位图与左移s位后的位图按位相或。
                //每次递归调用时的前进距离加倍。
    helper(1, x)(width-1, 0)
  }
```

```
  // Fill 1s from high bits to low bits
  def rightOR (x: UInt): UInt = rightOR(x, x.getWidth, x.getWidth)
  def rightOR (x: UInt, width: Integer, cap: Integer = 999999): UInt = {
    val stop = min(width, cap)                //停止位stop取width和cap中的小者
    def helper(s: Int, x: UInt): UInt = if (s >= stop) x else helper(s+s, x | (x >> s))
                  //如果当前位置已达停止位就返回当前的x，否则递归调用helper();
                  //递归调用helper()时的起点位为s+s，扫描的位图为当前位图与右移s位后的位图按位相或。
                  //每次递归调用时的前进距离加倍。
    helper(1, x)(width-1, 0)
  }
}
```

显然，leftOR()与 rightOR()是对称的，只是方向相反，所以我们只以 rightOR()为例加以说明。

假定 x 的宽度是 8 位，我们先看 rightOR(0)：显然，stop 为 8，就是 x 的宽度，然后就从 helper(1,0)开始，第一轮中 s<stop，所以递归调用 helper(2,0)。之所以第二个调用参数为 0，是因为在这里(0 | (0 >> 1))仍是 0。然后是第二轮 helper(2,0)，仍是 s<stop，当前的 x 也仍是 0，再递归调用第三轮 helper(4,0)，结果还是一样，再递归调用第四轮 helper(8,0)，这次 s>=stop 了，于是返回当前的参数 x，那就是 0。

同样的逻辑，如果是 rightOR(b11111111)，那也是经过三轮 helper()的计算，结果是 1。

进一步，假定这 8 位中仅有 1 位是 1，其余全是 0，比方说 b00010000，那就是 rightOR(b00010000)。那样，第一轮的调用是 helper(1, b00010000)；第二轮是 helper(2, b00011000)。为什么这里的第二个参数成了 b00011000 呢？这是因为(b00010000 | b00001000)就是 b00011000。同理，第三轮是 helper(4, b00011110)，第四轮是 helper(4, b00011111)，这次 s>=stop 了，于是返回 b00011111。

由此可见，rightOR(x)的作用是，从 x 的最高位开始向右扫描，保留为 0 的位不变，从第 1 位为 1 的那一位开始向右全都填成 1。本来，如果逐位扫描检查就要走 8 步，现在降到了 4 步，即 log(width)+1 步。这与对分搜索的道理是一样的。显然 leftOR(x)就是从 x 的最低位开始向左扫描，保留为 0 的位不变，从第 1 位为 1 的那一位开始向左全都填成 1。但是注意，无论是 rightOR 还是 leftOR，看似是过程性的描述，实际上所描述的却是组合电路，并不需要时钟脉冲的驱动，几乎可以在瞬间完成。

总之，roundRobin 这个电路的输入是 width、valids、select，其中 valids 是个位图，其宽度为 width，表示有哪些输入通道参与竞争。电路的输出则是位图 readys，表示按仲裁策略和过往历史哪些输入通道有资格被选中，寄存器 mask 的值就反应着过往历史，如果输入 select 为 true，就表示所输出的位图 readys 被采纳，从而要更新过往历史即寄存器 mask 的值（下次就不重复入选了）。每次打入 mask 的值来自 Or.leftOR()，所以必然是前面有若干位 1，后面全是 0。可想而知，0 位的“地盘”会逐步向左推进，推进到全 0 之后就又回到全 1。事实上，正是这个 mask 决定了所实施的策略是 Round-Robin。读者不妨假定几个不同的输入位图 valids，代入这个电路看看是什么结果，寄存器 mask 的值是如何影响 readys 的所得结果，又如何被更新，这里就不细述了。

回到前面 TLArbiter 的代码，里面用到了 Mux1H，前面第五章中曾有介绍，这里再回顾一下。Mux1H 有两个输入，其一是个数据的序列，那就是一串数值，当然也可以来自一组通道；其二是一个选择码，其宽度与输入数据序列的长度相同，这个选择码必须是个 OneHot，其中只有一位可以是 1。这样，选择码中的哪一位是 1，就选择输入数据序列中的哪一项数据作为 Mux1H 的输出。

再看 applyCancel()中对 Mux1H 的使用。首先是输出通道 sink 上的 valid 输出，这个信号只有一位：

```
sink.earlyValid := Mux(idle, earlyValids.reduce(_||_), Mux1H(state, earlyValids))
```

这一位的输出来自一个 Mux，其来源要看当前这个 TLArbiter 是否在空转，就是当前的传输是否已经到达最后一个节拍，或者一个通道的传输已经结束，但下一个通道的传输尚未开始。如果是在空转，那么 sink.earlyValid 的输出就是把所有输入通道的 earlyValid 位相或在一起；换言之，只要还有至少 1 个输入通道的 valids 位是 1，输出就是 1，表示下面还有。别忘了这里的通道都是 ReadyValidCancel，earlyValid 位为 1 只是表示有

报文要发送。如果不是在空转，那就来自一个 earlyValid 位为 1 的通道，所以一定是来自 valids 中的某一位，具体是哪一位则取决于选择码 state 中哪一位是 1，所以这里通过一个 Mux1H 从中作出选择。如前所述，state 是 OneHot，不可能有两位同时是 1。另一方面，state 的值最终的来源就是 valids，所以 state 中为 1 的那一位必定对应着 valids 中为 1 的某一位。注意 valids 这个位图的值来自 sourcesIn 即所有通道中各个通道的 earlyValid 位，这是电路中固定连接着的，所以实际上就来自相应通道的 earlyValid 位。

再看 sink.bits，那就是通道的实际内容了。输入 sourcesIn 就是所有输入通道的序列，每个通道都有个 bits 字段，那就是整个 Bundle 的内容（除 ready 和 valid 之外），现在也是通过一个 Mux1H 进行选择：

sink.bits :<= Mux1H(muxStateEarly, sourcesIn.map(_.bits))

这里 muxState 的内容就来自 state（当 TLArbiter 不在空转的时候），所以也是个 OneHot 选择码，根据这个选择码在 sourcesIn 序列中选取相应的通道，就将其 bits 字段即 Bundle 本身连接到 sink.bits，这就成了 sink 这个通道的输出。这里的“赋值”符“:<=”表示将符号右边的所有输出连接到符号左边，见 package object util 中的 class EnhancedChisel3Assign。

最后还要强调说明，这些代码看似过程性描述，实际上却是对电路的静态描述。仍以 sink.bits 的连接说明问题，这里表面上看来好像是只连接到根据 muxState 的值选中的那个输入通道的 bits 字段；但是这里实际连接的却是 sourcesIn.map(_.bits)，即每个通道的 bits 字段，而 muxState 只是起着选通的作用，从众多输入中只选通其中一路。这当然是典型的集多个输入于一点，所以这些输入通道的输出端必须能提供高阻状态，具体就是带 OE（Output Enable）控制的驱动门。如果不在转换成 Verilog 代码的时候明确加以说明，那就由 EDA 软件自动加以识别和处理。

更说明问题的是 object Or 中的 leftOR()，那里对 helper()的调用甚至可能是递归的，但仍旧是对组合电路的描述，因为比较、移位、逻辑 Or 等操作都是由组合电路实现，这里也并未涉及时钟脉冲。

第 12 章

外设与 AXI4

TileLink 主要是为实现缓存协同性而制定的一套规程，当然这里也包含着对存储一致性的支持，多缓存的协同性实质上就是更复杂条件下的存储一致性。这本来只是针对存储子系统，尤其是 SoC 片上存储子系统的，但是由于存储子系统在整个计算机系统结构中所占的重要地位，TileLink 的这套规程实际上就被用于构建片上系统的总线（见前面的 TLXBar）。计算机系统的结构无非就是三大块，CPU、内存、外设，既然 CPU 和内存都是片上实现的，在 CPU 和内存之间采用的是 TileLink 的规程，而外设的控制器或接口寄存器也是在同一芯片上实现；外设模块与 CPU 之间的接口，例如显示屏的接口，触摸式键盘的接口，外接 USB 设备的接口等，就索性都用 TileLink 的规程与 CPU 相连，这无疑是个合理的选择。尤其是如果采用内存映射式的输入输出（Memory Mapped IO，MMIO），把外设接口上的寄存器看成内存单元，保留一小部分内存地址空间用于外设接口，那就更没有理由另外再搞个片上总线规程了。相比之下，采用背板式总线的系统就不一样了。在那样的系统中，在总线上插拔的板卡一般都是外购的，如果生产这些板卡的公司不是采用 TileLink 的规程，而是采用别的某种标准的接口，那就插不上去了。背板总线的标准中不仅有逻辑和电气方面的规定，还有对物理尺寸和形状的规定。而 SoC 系统则没有那些限制。

但是事情也有例外。尽管内存的结构与组织基本上就是那样，没有太多的变化，可是外设和外设接口那就五花八门层出不穷了。虽然片上总线不可能有插拔，但是采用现成的 IP（知识产权）来实现外设或外设接口，不管是开源的还是付费的，那是完全有可能的。然而采用 TileLink 规程的 IP 目前还很少，实际上都是采用已被广泛采用甚至已成为事实标准的片上总线规程。其中最重要的就是 ARM 公司制定的 AMBA 体系，尤其是其中的 AXI4 规程。

AMBA（ARM Advanced Microcontroller Bus Architecture）是 ARM 公司在 1996 年就已提出的用于 SoC 片上总线的结构和规程，后来又经过许多改进和提高，现在实际上已经成为行业内的事实标准。刚出来的时候 AMBA 分系统总线 ASB（Advanced System Bus）和外设总线 APB（Advanced Peripheral Bus）两块。后来又来个 AMBA 高性能总线 AHB（AMBA High-performance Bus），系统总线 ASB 就慢慢淡出了。所以现在说 AMBA 主要就是 AHB 和 APB 两块。AMBA 是一种“开放”的标准，谁都可以发表意见，提议修改，使用者也无需向 ARM 付费，可说是与 ARM 的经营模式相得益彰互相促进，所以 AMBA 就慢慢成了行业内的事实标准。到了 2003 年，ARM 在 AMBA 第三版即 AMBA3 中推出了一个称为 AXI，即“高级可扩充接口（Advanced eXtensible Interface）”的规程，又进一步提高了性能。然后 2010 年又推出了作为第四版的 AMBA4 和 AXI4。虽然后来又有 AMBA5 和 AXI5，但 AXI4 仍是现在使用最多的片上接口规范。另外，从 AMBA4 开始，又增加了一个称为“AXI 协同性扩展（AXI Coherency Extensions）”，即 ACE 的模块。所以，如果不用 TileLink，光用 AMBA 也是可以构筑片上总线的，事实上在 ARM 的系统中就是这样。

然而现在的问题是，既然在 RISC-V SoC 的系统结构中采用了 TileLinK 作为总线，而且 TileLink 与 Diplomacy 又有堪称完美的结合，让 RISC-V 从总体上改用 AMBA 显然是不现实的。事实上，尽管 Diplomacy 并非专为 TileLink 而设计，但 TileLink 却是 Diplomacy 最重要也结合得最紧密的实施者。而 Diplomacy，则又是使实现 RISC-V SoC 的代码成为一个“生成器”还是只成为一个特定版本的关键之一。可是当然也不能无视大量 IP 甚或有些供外接的具体硬件产品都采用 AMBA 尤其是 AXI4 接口这个事实，得要让这些资源能在 RISC-V 的 SoC 上被利用起来才好。

为此，最直截了当的办法就是设计一套 AXI4 与 TileLink 两个规程之间的转换适配器，例如后面要讲到的 AXI4ToTL 和 TLToAXI4。有了这样两种适配器，就可以把例如采用 AXI4 接口的外设 IP 经过 AXI4ToTL

的适配而连接到 TileLink 的总线上，即连接到 TLXBar 的输出端。反过来 TileLink 的输出也可以经 TLToAXI 适配而连接到采用 AXI 接口的外设 IP 上。AXI4ToTL 和 TLToAXI4 的区别，在于 AXI4 设备/模块在 TileLink 的总线上是以何种身份出现：同样是在 TileLink 的总线上，AXI4 模块可以是 Master，处在与 CPU 核同等的地位上；也可以是 Slave，处在与内存同等的地位上。前者如 DMA 设备，即外设中可以提出 DMA 请求的模块，那就是 Master，因为 DMA 设备对内存的操作与 CPU 相仿。后者就多了，基本上所有的外设都处在这个地位上。另外，即便是专为 RISC-V SoC 设计的模块，也可以是采用 AXI4 接口的，通过 TLToAXI4 适配器接到 TileLink 的总线上，因为那样这个模块就可以作为 IP 提供给采用 AXI4 总线的 SoC 设计者。

当然，采用 Chisel 语言的目的就是让书写的代码成为各种不同具体实现的“生成器”，而不是作为特定版本的刚性实现。所以采用 AXI4 接口的模块，不管是通过 AXI4ToTL 或 TLToAXI4，还是别的什么机制接入，总归都要经过参数协调，也都要被纳入 Diplomacy 的框架。

12.1　AXI4

AXI4 也是一种支持多节拍阵发的通信规程，通信中分 Master 和 Slave 两方，内分读地址、读数据、写地址、写数据、写响应五个通道，地址通道中包含着控制信号。主设备对从设备的操作说到底就是两种，就是读和写：

- 读操作。Masrer 通过“读地址（Read Address）”通道发送读数命令，Slave 通过“读数据（Read Data）”通道发回数据。其中读地址通道称为 AR 通道，读数据通道称为 R 通道，注意 AR 和 R 的方向是相反的。
- 写操作。Master 通过“写地址（Write Address）”通道发送写数命令，并同时在“写数据（Write Data）”通道上向 Slave 发送数据；Slave 通过“写响应（Write Response）”通道向 Master 发回确认操作完成的信息。其中写地址通道称为 AW 通道，写数据通道称为 W 通道，AW 和 W 两个通道是同一方向的。正因为如此，就还需要有个反向的写响应通道，称为 B 通道（或许是 Back 的意思）。

与 TileLink 的无缓存规程 TL-UC 相比，AXI4 的 AR/R 和 AW/W 通道就像 TileLink 的 A/D 通道，但是在 TileLink 中读/写不分家，只是通过操作码区分具体的读和写。AXI4 把读和写分开在不同的通道，当然使硬件成本提高，但是也因此而提高了并行度。另一方面，如果与有缓存的 TL-C 相比，则 AXI4 没有 B/C 通道，则又降低了硬件成本。不过 AXI4 本身并不支持缓存的协同，这个问题要在 AMBA4 的 ACE 规程中才能解决。如前所述，ACE 就是“AXI 协同性扩充（AXI Coherency Extensions）”，是对于 AXI 规程的缓存协同性功能扩充。

AXI 允许多个操作并发，允许有多个未完成操作同时存在，完成操作的次序可以与发起操作的次序不同（out-of-order）。所以，这些通道上除本身所必须传送的“地址”、“数据”、“响应”外还带有一个 ID 作为标签，这个标签实际上起着相当于“线程号”的作用。除此以外，每个通道也都带有一些服务于本通道信息传输的控制字段，VALID 和 READY 就是其中之二。进一步，这些通道上甚至还给用户留下了可以自定义的字段，让用户可以自己扩充。作为可选项，还在这些通道上定义了几个用于低功耗操作的信号，Master 可以向 Slave（一般是外设）发出睡眠/唤醒命令，即令其进入/退出低功耗模式的命令，实际上是控制其时钟脉冲信号，而 Slave 则应加以回应。反过来，Slave 也可以主动向 Master 发出要求恢复正常时钟信号的申请。

各个通道上的字段名都加上通道名作为前缀。例如同是 VALID 信号，就有 ARVALID、RVALID、AWVALID、WVALID、BVALID 之分。同是 ID，就有 ARID、RID、AWID、WID、BID 之分。不过，尽管 AXI 意欲支持并发，可是后来又有所退缩，在 AXI4 中对写操作施加了更严格的限制，规定写操作必须一气呵成，而不允许并发，所以 AXI3 中有 AWID、WID、BID，而 AXI4 中就没有了这些字段。

收发信息的双方也是通过 VALID 和 READY 两个信号实现双向握手，但是使用的方式与 TileLink 有所不同。在 AXI4 规程中，既可以是发送方先发出 VALID 信号，表示自己这边地址通道和数据通道上的信息是有效的，然后接收方发出 READY 信号，表示可以接收，并在下一个时钟脉冲到来时将通道上的信息打入本地的寄存器；也可以反过来，接收方先发出 READY，然后发送方发出 VALID 信号；双方同时发出 VALID 和

READY 也并无不可。读数据和写数据通道中还有个信号 LAST，表示这已经是本次交互中的最后一项数据。当然，还有些别的字段，这里就不详述了。读数据和写数据的宽度都可以是 8 位，16 位，32 位，64 位，以及 128/256/512/1024 位。Master 与 Slave 可以直接相连，也可以通过中间互连层（interconnect）相连。当然，中间互连层对上相当于 Slave，对下则相当于 Master。

与 TileLink 一样，AXI 规程中的 Slave 既可以是外设，也可以是内存。所以 AXI 规程的设计目标就是要用来为 SoC 构建片上总线的。无论是对内存还是对外设，AXI 都比 TileLink 更复杂，通道中的字段安排也更繁复。从这个意义上说，TileLink 可以说是对 AXI 的简化。实际上，作为 SoC，设计人员对于具体在这 SoC 上会有哪些操作要求是事前就心中有数的，因而对总线上和模块之间的接口规程中有些为实现全方位支持和灵活性而提供的措施往往可以通过配置手段加以有针对地修剪和简化。可是如果设计意图是提供作为商品的 IP，全方位支持和灵活性就显得重要了。另外，在提供 AXI 与 TileLink 间的转换适配时，AXI 的某些特性在 TileLink 中会得不到支持，从而就受到限制，因为有些信息在传输中被丢弃了就是没有了，到了 TileLink 这边的模块中不能无中生有，如果真有需要就得另外设法补救。反过来，从 TileLink 接口转换到 AXI 接口，AXI 接口上的某些功能就可能被废弃浪费了。事实上这样的情况也不只是发生在 AXI 与 TileLink 之间，哪怕在 AXI3 与 AXI4 之间也有这样的情况。前面提到过，AXI3 允许（由同一 Master 发起的）多个写操作并发，从而在 AW 和 W、B 通道中有 AWID、WID、BID 字段的安排。但是 AXI4 撤销了对写操作并发的支持，要求（由同一 Master 发起的）写操作必须一气呵成，这样就不需要有 AWID、WID、BID 字段了，因为通道中还有表明操作由谁发起的字段，这就够了。这样，如果把 AXI3 和 AXI4 两个接口对接，AXI3 这一边即受到了限制，有了资源的浪费，因为写操作的并发不可能发生了。显然，在这一点上，AXI4 对 AXI3 进行了简化。那么这种简化是否会带来性能上的下降呢？在特殊的情况下会有，但是这样的特殊情况发生率很低，所以一般而言没有多大影响。然而这样的简化对于片上资源的节省却可能是很可观的。对于各种操作的次序（ordering），AXI4 的规格书中有很详细的说明，这里不作详述，后面在涉及相关代码时再结合具体规定作些说明。

AXI 也支持原子操作，还支持加锁的读写操作，在 AW 和 AR 通道中都有个 AxLOCK 字段，这里 x 表示可以是 W 或 R。在 AXI3 中 AxLOCK 字段的宽度是 2 位，在 AXI4 中变成了 1 位，显然 AXI4 在这方面又对 AXI3 作了简化。由此可见，ARM 公司在 AXI 规程的设计之初作了面面俱到的考虑，但是在实践中发现应该简化，于是就在 AXI4 中作了简化。

不过 AXI4 对 AXI3 也并非一味简化，也有新增添的功能。例如 AXI4 的 AW 和 AR 通道中有用于 QoS（Quality of Service）的 4 位 AWQOS 和 ARQOS 字段，作为本次操作的优先级高低，这就是 AXI3 中没有的。显然 TieleLink 的通道中也没有这样的字段，不提供这样的功能。

除正规的 AXI4 之外，还有个进一步简化的规程 AXI4-Lite。这个规程只适用于简单的控制寄存器方式的接口，所有的交互都是单节拍的（没有多节拍传输），所有的数据传输都是满数据总线宽度的（AXI4-Lite 的数据总线的宽度为 32 位或 64 位）。当然，所有的访问都是无缓存的，也不支持互斥访问。

在 AMBA 规程中，解决缓存协同性的手段是在 ACE 中才提供的。由于在 AXI4 的系统结构中没有逆向通道，所以 AXI4 并不支持缓存的协同性。但是缓存协同性这个问题是绕不过去的，所以在 AMBA 中又增添了 ACE 这个规程，作为对 AXI 的“协同性扩充”，字母 C 就表示 Coherency。

ACE 是一种 MOESI，即 Modified-Owned-Exclusive-Shared-Invalid 的缓存协同规程，而 AXI4 只是一种普通的（片上）总线规程。所以 ACE 就是 AXI4 加上为解决缓存协同性而增加的一些内容。

ACE 对 AXI4 的扩充，一方面是在 AXI4 的 AR 和 AW 通道中添加了若干字段；但更重要的是增添了三个通道，即：Snoop Address、Snoop Response 和 Snoop Data。其中 Snoop Address 通道（又称为 AC 通道），是逆向的，从 Slave 到 Master，Slave 节点（设备）可以主动在这个通道上发起向 Master 节点的发送。而 Master 节点，则可以在 Snoop Response 通道（又称 CR 通道）上向 Slave 节点发送回应。至于 Snoop Data 通道（又称 CD 通道），那也是由 Master 节点向 Slave 节点发送，性质上相当于 CR 通道上所发送回应的附件。

显然，AXI4 相当于 TL-UC（TL-UL 和 TL-UH），而 ACE 才相当于 TL-C。AXI4 的几个通道在功能上相当于 TileLink 规程中的 A 和 D 两个通道，而 ACE 所增添的三个通道在功能上相当于 TileLink 规程中的 B、C、E 三个通道。

不过 RISC-V 的系统结构中既然采用了 TileLink 作为其系统总线，AXI4 模块就只是作为个别的外部设备（而不是作为内存）接入到 TileLink 的总线上，需要考虑的就只是 AXI4 到 TL 的适配转换，而无需用到由 ACE 提供的缓存协同，因为已经有了 TL-C，所以 Rocket-chip 和香山的代码中都不涉及 ACE。

在 freechips.rocketchip.amba.axi4 这个 package 中，先定义了一个 object AXI4Parameters，其中定义了一些常数，这些常数都是 AXI4 规格书中规定的：

```
object AXI4Parameters {
  // These are all fixed by the AXI4 standard:
  val lenBits = 8        //AxLEN字段说明本次交互中允许的节拍数，8位可表示1~256个节拍。
  val sizeBits = 3       //AxSIZE字段说明每节拍中可传输的字节数，3位编码表示最大可达2^7即128字节。
  val burstBits = 2      //AxBURST字段表示节拍类型，包括：
                         //00-FIXED(地址不变)，01-INCR(地址递增)，02-WRAP(地址折回)，03-保留不用。
  val lockBits = 1       //AxLock字段的宽度，在AXI4中是1位（在AXI3中是2位），用于互斥（原子操作）。
  val cacheBits = 4      //AxCACHE字段表示缓存方式，字段宽度4位。
  val protBits = 3       //AxPROT字段表示保护，即访问权限，字段宽度3位。
                         //bit0为1表示有访问权限；bit1为0表示安全访问；bit2为0表示数据，为1表示指令。
  val qosBits = 4        //AxQOS，Quality of Service，实为访问优先级。
  val respBits = 2       //RRESP/BRESP，读/写回应字段宽度2位：00=OKAY；01=EXOKAY(互斥操作Ok)；
                                                  //10=SLVERR(Slave出错)；11=DECERR(译码出错)。

  def CACHE_RALLOCATE = UInt(8, width = cacheBits)     //Read Allocate，返回8表示bit3为1。
  def CACHE_WALLOCATE = UInt(4, width = cacheBits)     //Wrire Allocate，返回4表示bit2为1。
  def CACHE_MODIFIABLE = UInt(2, width = cacheBits)    //可修改，返回2表示bit1为1。
  def CACHE_BUFFERABLE = UInt(1, width = cacheBits)    //可缓存，返回1表示bit0为1.

  def PROT_PRIVILEDGED = UInt(1, width = protBits)     //是否有访问权限，返回1表示bit0为1。
  def PROT_INSECURE = UInt(2, width = protBits)        //是否为非安全模式，返回2表示bit1为1。
  def PROT_INSTRUCTION = UInt(4, width = protBits)     //是否有指令保护，返回4表示bit2为1。

  def BURST_FIXED = UInt(0, width = burstBits)         //前后节拍中地址不变，返回0表示编码为00。
  def BURST_INCR = UInt(1, width = burstBits)          //地址随节拍递增，返回1表示编码为01。
  def BURST_WRAP = UInt(2, width = burstBits)          //地址达到上限即折回，返回2表示编码为10。

  def RESP_OKAY = UInt(0, width = respBits)            //回应为OK，返回0表示编码为00。
  def RESP_EXOKAY = UInt(1, width = respBits)          //Exclusive OK，排它操作OK，返回1表示编码为01。
  def RESP_SLVERR = UInt(2, width = respBits)          //Slave方操作出错，返回2表示编码为10。
  def RESP_DECERR = UInt(3, width = respBits)          //译码错误，返回3表示编码为11。
}
```

除这些在 AXI4 规格书中定好的参数外，当然也有一些因具体 AXI4 设备接口而异的参数，这些参数与来自 AXI4 规程的那些常数合在一起，就构成具体 AXI4 设备接口、更准确地说是用来连接这个接口的 Bundle 的参数块，那就是 class AXI4BundleParameters 对象：

```
case class AXI4BundleParameters (addrBits: Int, dataBits: Int, idBits: Int,
        echoFields: Seq[BundleFieldBase] = Nil, requestFields: Seq[BundleFieldBase] = Nil,
```

```
                                                    responseFields: Seq[BundleFieldBase] = Nil) {
  require (dataBits >= 8, s"AXI4 data bits must be >= 8 (got $dataBits)")
  require (addrBits >= 1, s"AXI4 addr bits must be >= 1 (got $addrBits)")
  require (idBits >= 1, s"AXI4 id bits must be >= 1 (got $idBits)")
  require (isPow2(dataBits), s"AXI4 data bits must be pow2 (got $dataBits)")
  echoFields.foreach { f => require (f.key.isControl, s"${f} is not a legal echo field") }

  // Bring the globals into scope
  val lenBits = AXI4Parameters.lenBits                  //这些参数直接来自AXI4规程：
  val sizeBits = AXI4Parameters.sizeBits
  val burstBits = AXI4Parameters.burstBits
  val lockBits = AXI4Parameters.lockBits
  val cacheBits = AXI4Parameters.cacheBits
  val protBits = AXI4Parameters.protBits
  val qosBits = AXI4Parameters.qosBits
  val respBits = AXI4Parameters.respBits

  def union(x: AXI4BundleParameters) = AXI4BundleParameters (max(addrBits, x.addrBits),
      max(dataBits, x.dataBits), max(idBits, x.idBits), BundleField.union(echoFields ++ x.echoFields),
      BundleField.union(requestFields ++ x.requestFields),
      BundleField.union(responseFields ++ x.responseFields))
}   //end class AXI4BundleParameters
```

这里，同属 AXI4BundleParameters 的数据成分，作为构造参数输入的 addrBits、dataBits 因具体设备具体接口而定，其中 echoFields、requestFields、responseFields 是接口上三种不同性质字段的序列。所谓 echoFields，是指那些来自请求/命令报文，但需要在回应报文中像"回声"一样原封不动加以反射的字段。至于 requestFields 和 responseFields 当然是那些用在请求/命令报文中和回应报文中的字段。另一些数据成分，如 lenBits 等，则直接来自 AXI4 规程。最后还定义了一个函数 union()用来将本 AXI4 接口的参数块与另一个 AXI4 接口的参数块"融合"，形成更大接口的参数块。

注意这里说的是一个 Bundle 的参数，而不是一个接口的参数。一个设备（模块）的接口，是用来与另一个模块上的某个接口对接的，实现这种对接的是一束导线，或者说一个排线，那就是一个 Bundle。连接在 Bundle 两端的两个接口，一个扮演着 Master 的角色，另一个扮演着 Slave 的角色，这又是两个设备（模块）本身的性质和所处地位所决定了的。事实上，AXI4BundleParameters 对象中作为构造参数传入的那些数据成分的具体数值都来自 AXI4MasterPortParameters 和 AXI4SlavePortParameters，而这两种关于端口的参数块中则又分别包含着 AXI4MasterParameters 和 AXI4SlaveParameters。这与 TileLink 中的情况是一样的。我们先看一下 class AXI4MasterParameters 和 class AXI4MasterPortParameters 的定义：

```
case class AXI4MasterParameters (name: String, id: IdRange = IdRange(0, 1), aligned: Boolean = false,
                maxFlight: Option[Int] = None   /* None = infinite, else is a per-ID cap */, nodePath: Seq[BaseNode] = Seq()) {
  maxFlight.foreach { m => require (m >= 0) }        //maxFlight是该设备允许传输中(未完成)数据总量的最大值
}

case class AXI4MasterPortParameters (masters: Seq[AXI4MasterParameters],          //masters是一串AXI4MasterParameters
                          echoFields: Seq[BundleFieldBase] = Nil, requestFields: Seq[BundleFieldBase] = Nil,
  responseKeys: Seq[BundleKeyBase] = Nil) {
  val endId = masters.map(_.id.end).max              //这决定了Bundle中idBits的宽度
```

```
  // Require disjoint ranges for ids
  IdRange.overlaps(masters.map(_.id)).foreach{ case (x, y) =>
   require (!x.overlaps(y), s"AXI4MasterParameters.id $x and $y overlap")}
}
```

构造参数 masters 是一串 AXI4MasterParameters，显然得要先有后者才能有 AXI4MasterPortParameters。

可见，按代码的设计，关于具体接口本身的参数与用来连接该接口的 Bundle 的参数，侧重面是有所不同的，但是其中的有些参数就最终决定了 Bundle 中某些字段的宽度。例如这里的 val endId，就最终决定了 Bundle 中 idBits 字段的宽度，因为这个字段得要能容纳下所需的 Id 数量才行。Master 这一端是这样，Slave 这一端也类似：

```
case class AXI4SlaveParameters(address: Seq[AddressSet], resources: Seq[Resource] = Nil,
            regionType: RegionType.T = RegionType.GET_EFFECTS,
            executable: Boolean = false,   // processor can execute from this memory
            nodePath: Seq[BaseNode] = Seq(), supportsWrite: TransferSizes = TransferSizes.none,
            supportsRead: TransferSizes = TransferSizes.none, interleavedId: Option[Int] = None,
            device: Option[Device] = None) // The device will not interleave responses (R+B) {
  address.foreach { a => require (a.finite) }
  address.combinations(2).foreach { case Seq(x,y) => require (!x.overlaps(y), s"$x and $y overlap") }

  val name = nodePath.lastOption.map(_.lazyModule.name).getOrElse("disconnected")
  val maxTransfer = max(supportsWrite.max, supportsRead.max)
  val maxAddress = address.map(_.max).max
  val minAlignment = address.map(_.alignment).min

  // The device had better not support a transfer larger than its alignment
  require (minAlignment >= maxTransfer,
    s"minAlignment ($minAlignment) must be >= maxTransfer ($maxTransfer)")

  def toResource: ResourceAddress = {
    ResourceAddress(address, ResourcePermissions(r = supportsRead, w = supportsWrite,
    x = executable, c = false, a = false))
  }
}  //end class AXI4SlaveParameters

case class AXI4SlavePortParameters (slaves: Seq[AXI4SlaveParameters], beatBytes: Int, minLatency: Int = 1,
                    responseFields: Seq[BundleFieldBase] = Nil, requestKeys: Seq[BundleKeyBase] = Nil) {
  require (!slaves.isEmpty)
  require (isPow2(beatBytes))
  val maxTransfer = slaves.map(_.maxTransfer).max
  val maxAddress = slaves.map(_.maxAddress).max

  // Check the link is not pointlessly wide
  require (maxTransfer >= beatBytes, s"maxTransfer ($maxTransfer) should not be smaller than bus width ($beatBytes)")
  // Check that the link can be implemented in AXI4
  val limit = beatBytes * (1 << AXI4Parameters.lenBits)
```

```
  require (maxTransfer <= limit, s"maxTransfer ($maxTransfer) cannot be larger than $limit on a $beatBytes*8 width bus")

  // Require disjoint ranges for addresses
  slaves.combinations(2).foreach { case Seq(x,y) =>
    x.address.foreach { a => y.address.foreach { b => require (!a.overlaps(b), s"$a and $b overlap")} }
  }
} //end class AXI4SlavePortParameters
```

这里的构造参数 slaves 是一串 AXI4SlaveParameters，没有这个就没有 AXI4MasterPortParameters。

所以，整个排线的宽度及其字段划分，以及这些字段的作用，最终是由其两端的 Master 和 Slave 两个接口，以及 AXI4 的规程所共同决定的。两端的接口必须与其一致，也必然一致。

除 class AXI4BundleParameters 外，代码中也提供了作为其对象制造工厂的 object AXI4BundleParameters：

```
object AXI4BundleParameters {
  val emptyBundleParams = AXI4BundleParameters(addrBits=1, dataBits=8, idBits=1,
                                   echoFields=Nil, requestFields=Nil, responseFields=Nil)
  def union(x: Seq[AXI4BundleParameters]) = x.foldLeft(emptyBundleParams)((x,y) => x.union(y))

  def apply(master: AXI4MasterPortParameters, slave: AXI4SlavePortParameters) =
          new AXI4BundleParameters (addrBits = log2Up(slave.maxAddress+1), dataBits = slave.beatBytes * 8,
               idBits = log2Up(master.endId), echoFields = master.echoFields,
               requestFields = BundleField.accept(master.requestFields, slave.requestKeys),
               responseFields = BundleField.accept(slave.responseFields, master.responseKeys))
}
```

通过 object AXI4BundleParameters 创建 AXI4BundleParameters 对象时，给定的是该 Bundle 两端接口 Port 的参数块，即 AXI4MasterPortParameters 和 AXI4SlavePortParameters，AXI4BundleParameters 对象中的参数是从 AXI4MasterPortParameters 和 AXI4SlavePortParameters 中抽取的。显然这与 TileLink 中定义这几种参数的路径十分相似。

有了 Bundle 的参数块，就可以一步步定义各种不同 AXI4 Bundle 的结构了。代码中先定义了一个抽象类 XI4BundleBase 作为起点，作为一个抽象的框架：

```
abstract class AXI4BundleBase (params: AXI4BundleParameters) extends GenericParameterizedBundle(params)
```

这个抽象类初看似乎没有数据成分，但其构造参数 AXI4BundleParameters 同时就是数据成分。另外，这是对 GenericParameterizedBundle 的扩充，那里也有些数据成分。

在 AXI4 的规程中，地址通道实际上就是命令/请求通道，所谓“通道（Channel）”在电路中的实现就是 Bundle。虽然地址通道又进一步分成读地址通道和写地址通道，但是这二者终究都是地址通道。所以在 AXI4BundleBase 的基础上进一步定义了另一个抽象类 AXI4BundleA，即 AXI4 的地址 Bundle，A 表示 Address：

```
abstract class AXI4BundleA(params: AXI4BundleParameters) extends AXI4BundleBase(params) {
  val id = UInt(width = params.idBits)            //这就是id字段。以下字段意义自明：
  val addr = UInt(width = params.addrBits)
  val len = UInt(width = params.lenBits)          // number of beats - 1
  val size = UInt(width = params.sizeBits)        // bytes in beat = 2^size
  val burst = UInt(width = params.burstBits)
```

```
    val lock = UInt(width = params.lockBits)
    val cache = UInt(width = params.cacheBits)
    val prot = UInt(width = params.protBits)
    val qos = UInt(width = params.qosBits)              // 0=no QoS, bigger = higher priority
    val user = BundleMap(params.requestFields.filter(_.key.isControl))
    val echo = BundleMap(params.echoFields)
    // val region = UInt(width = 4) // optional

    // Number of bytes-1 in this operation
    def bytes1(x:Int=0) = {
        val maxShift = 1 << params.sizeBits
        val tail = UInt((BigInt(1) << maxShift) - 1)
        (Cat(len, tail) << size) >> maxShift
    }
}
```

这里就定义了作为地址通道所必须具有的各个字段。

尽管 AXI4BundleA 中其实并不存在尚未落实的抽象函数，但是代码中仍将其定义为抽象类，不允许直接用来创建对象，所以在此基础上又定义了一个具体类 AXI4BundleARW：

```
// A non-standard bundle that can be both AR and AW
class AXI4BundleARW(params: AXI4BundleParameters) extends AXI4BundleA(params) {
    val wen = Bool()      //wen意为Write Enable
}
```

这是把读和写合在一起的，通过一个 wen 字段区分其是用于读还是写。另外代码中也分开定义了 AXI4BundleAW 和 AXI4BundleAR：

```
class AXI4BundleAW(params: AXI4BundleParameters) extends AXI4BundleA(params)
class AXI4BundleAR(params: AXI4BundleParameters) extends AXI4BundleA(params)
```

可见，这两个类、两个地址通道 Bundle 的结构其实是一样的，只是以类型的不同来标志其用途的不同。

除地址通道以外，对于写操作还要随同写入地址给出需写入的数据，这就是写数据通道的作用。代码中为写数据通道定义了 AXI4BundleW：

```
class AXI4BundleW(params: AXI4BundleParameters) extends AXI4BundleBase(params) {
    // id ... removed in AXI4              //如前所述，AXI4并不支持并发的写操作，所以无需ID字段。
    val data = UInt(width = params.dataBits)                      //数据
    val strb = UInt(width = params.dataBits/8)                    //数据的字节掩模
    val last = Bool()                                             //本节拍为传输中的最后一个节拍
    val user = BundleMap(params.requestFields.filter(_.key.isData))   //供用户自定义使用的字段
}
```

对于写操作，Master 一端通过 AXI4BundleAW 和 AXI4BundleW 两个 Bundle（通道）发送命令/请求，Slave 一端则在操作完成后通过回应通道 B 发回确认和报告：

```
class AXI4BundleB(params: AXI4BundleParameters) extends AXI4BundleBase(params) {
  val id = UInt(width = params.idBits)                    //B通道是读/写共用的，读操作支持并发。
  val resp = UInt(width = params.respBits)
  val user = BundleMap(params.responseFields.filter(_.key.isControl))
  val echo = BundleMap(params.echoFields)
}
```

对于读操作，则 Master 一端通过 AXI4BundleAR 通道发出命令/请求，Slave 一段则通过读数据通道发回所读出的数据，这个读数据通道的 Bundle 就是 AXI4BundleR：

```
class AXI4BundleR(params: AXI4BundleParameters) extends AXI4BundleBase(params) {
  val id = UInt(width = params.idBits)
  val data = UInt(width = params.dataBits)
  val resp = UInt(width = params.respBits)
  val user = BundleMap(params.responseFields) // control and data
  val echo = BundleMap(params.echoFields)
  val last = Bool()
}
```

上面所述几个通道的 Bundle，所描述的其实只是通道的有效载荷（Payload），还得有附加的信号线才能使呈现在这些 Bundle 上的内容（报文）得以发送和接收。要使只包含有效载荷的 Bundle 对象加上 ready/valid 信号，就得使其变成一个 ReadyValidIO 对象。具体有两种方法，一种是通过 object DecoupledIO，将其包装成一个 DecoupledIO 对象，class DecoupledIO 是对 class ReadyValidIO 的扩充。另一种方法是通过 object Irrevocable 将其包装成一个 IrrevocableIO 对象，那也是对 class ReadyValidIO 的扩充。至于 IrrevocableIO 和 DecoupledIO 的区别，这里就不细究了（读者可以看下面源码中的注释）。下面是有关 IrrevocableIO 的定义：

```
/** A concrete subclass of ReadyValidIO that promises to not change the value of 'bits' after a cycle
  * where 'valid' is high and 'ready' is low. Additionally, once 'valid' is raised it will never be lowered until after
  * 'ready' has also been raised.
  * @param gen the type of data to be wrapped in IrrevocableIO
  */
class IrrevocableIO[+T <: Data](gen: T) extends ReadyValidIO[T](gen) {  //对ReadyValidIO的扩充，其实也并无什么扩充。
  override def cloneType: this.type = new IrrevocableIO(gen).asInstanceOf[this.type]
}

/** Factory adds an irrevocable handshaking protocol to a data bundle. */
object Irrevocable {
  def apply[T <: Data](gen: T): IrrevocableIO[T] = new IrrevocableIO(gen)

  /** Upconverts a DecoupledIO input to an IrrevocableIO, allowing an IrrevocableIO to be used
    * where a DecoupledIO is expected.
    * @note unsafe (and will error) on the consumer (output) side of an DecoupledIO
    */
  def apply[T <: Data](dec: DecoupledIO[T]): IrrevocableIO[T] = {
    require(DataMirror.directionOf(dec.bits) == Direction.Input, "Only safe to cast consumed Decoupled bits to Irrevocable.")
    val i = Wire(new IrrevocableIO(chiselTypeOf(dec.bits)))
```

```
    dec.bits := i.bits
    dec.valid := i.valid
    i.ready := dec.ready
    i
  }
}   //end object Irrevocable
```

所以，在描述实际的电路时，要将前述的那些 Bundle 类对象转化成 DecoupledIO 或 IrrevocableIO 对象。另外，虽然有了一个个单独的通道，还需要将它们聚合成一个“套装”，成为一个 AXI4 的完整的 Link。这就是 AXI4Bundle，这就是包含 ready/valid 信号的相关通道的聚合：

```
class AXI4Bundle(params: AXI4BundleParameters) extends AXI4BundleBase(params) {
  val aw = Irrevocable(new AXI4BundleAW(params))          //将AXI4BundleAW包装成Irrevocable
  val w = Irrevocable(new AXI4BundleW (params))
  val b = Irrevocable(new AXI4BundleB (params)).flip      //B通道的方向是反的
  val ar = Irrevocable(new AXI4BundleAR(params))
  val r = Irrevocable(new AXI4BundleR (params)).flip      //R通道的方向也是反的，所以也需要flip。

  def tieoff(): Unit = {          //通过tieoff()可以将此Bundle关断，根据Bundle的方向加以不同的设置：
    ar.ready.dir match {
      case INPUT =>                           //输入端（接收端）的连接/设置
        ar.ready := Bool(false)
        aw.ready := Bool(false)
        w.ready := Bool(false)
        r.valid := Bool(false)
        r.bits := DontCare
        b.valid := Bool(false)
        b.bits := DontCare
      case OUTPUT =>                          //输出端（发送端）的连接/设置
        ar.valid := Bool(false)
        ar.bits := DontCare
        aw.valid := Bool(false)
        aw.bits := DontCare
        w.valid := Bool(false)
        w.bits := DontCare
        r.ready := Bool(false)
        b.ready := Bool(false)
      case _ =>
    }
  }
}

object AXI4Bundle {
  def apply(params: AXI4BundleParameters) = new AXI4Bundle(params)
}
```

可想而知，要把 AXI4 设备或模块的 IP 融入 TileLink 的环境，通过 AXI4 与 TileLink 间的适配/变换将其整合进 RISC-V 的 SoC，也得经过 Diplomacy 的参数协调，也得纳入 Diplomacy 的框架。显然，被整合进 SoC 的 AXI4 的模块就在 SoC 的结构拓扑图中，会被当成拓扑图中的节点，而节点又有 Master 和 Slave 之分，至于 Bundle 就被当作节点间的 Edge。为此要将 AXI4BundleParameters 按 Diplomacy 的要求和格式进一步包装成一个 AXI4EdgeParameters（就像 TLEdgeParameters 一样）：

```
case class AXI4EdgeParameters (master: AXI4MasterPortParameters, slave: AXI4SlavePortParameters,
                                                    params: Parameters, sourceInfo: SourceInfo){
  val bundle = AXI4BundleParameters(master, slave)
}
```

显然 AXI4EdgeParameters 实质上就是 AXI4BundleParameters。

另外，像 object TLImp 一样，也要有个 object AXI4Imp，供生成各种 AXI4 节点的内部成分之用：

```
object AXI4Imp extends SimpleNodeImp[AXI4MasterPortParameters,
                                   AXI4SlavePortParameters, AXI4EdgeParameters, AXI4Bundle] {
  def edge(pd: AXI4MasterPortParameters, pu: AXI4SlavePortParameters,
                            p: Parameters, sourceInfo: SourceInfo) = AXI4EdgeParameters(pd, pu, p, sourceInfo)
  def bundle(e: AXI4EdgeParameters) = AXI4Bundle(e.bundle)        //调用object AXI4Bundle创建该类对象
  …
  override def mixO (pd: AXI4MasterPortParameters,
     node: OutwardNode[AXI4MasterPortParameters, AXI4SlavePortParameters, AXI4Bundle]) : AXI4MasterPortParameters =
                  pd.copy(masters = pd.masters.map { c => c.copy (nodePath = node +: c.nodePath) })

  override def mixI (pu: AXI4SlavePortParameters,
     node: InwardNode[AXI4MasterPortParameters, AXI4SlavePortParameters, AXI4Bundle]) : AXI4SlavePortParameters =
                  pu.copy(slaves = pu.slaves.map { m => m.copy (nodePath = node +: m.nodePath) })
}
```

像 object TLImp 一样，object AXI4Imp 只是起着一个小小函数库的作用，其本身并非数据结构，也不构成类型定义，而是用来辅助生成一些结构成分。

然后就是各种 AXI4 节点的类型定义了：

```
case class AXI4MasterNode (portParams: Seq[AXI4MasterPortParameters])(implicit valName: ValName)
                                                       extends SourceNode (AXI4Imp)(portParams)
case class AXI4SlaveNode (portParams: Seq[AXI4SlavePortParameters])(implicit valName: ValName)
                                                       extends SinkNode (AXI4Imp)(portParams)
case class AXI4NexusNode(masterFn: Seq[AXI4MasterPortParameters] => AXI4MasterPortParameters,
                      slaveFn: Seq[AXI4SlavePortParameters] => AXI4SlavePortParameters)
                            (implicit valName: ValName) extends NexusNode (AXI4Imp)(masterFn, slaveFn)

case class AXI4AdapterNode(masterFn: AXI4MasterPortParameters => AXI4MasterPortParameters = { m => m },
                          slaveFn:   AXI4SlavePortParameters => AXI4SlavePortParameters = { s => s })
                            (implicit valName: ValName) extends AdapterNode(AXI4Imp)(masterFn, slaveFn)

case class AXI4IdentityNode()(implicit valName: ValName) extends IdentityNode (AXI4Imp)()
```

以 class AXI4MasterNode 为例，这是对 SourceNode 的扩充，其定义就是在 SourceNode 的基础上落实 portParams 和 valName 两个具体结构成分，然后将 AXI4Imp 和 portParams 用作构建 SourceNode 对象的输入参数，这就形成了 AXI4MasterNode。

再如 AXI4NexusNode，这是对 Diplomacy 的 NexusNode 的扩充，以 AXI4Imp 作为具体 NexusNode 的构造参数，并给定 masterFn、slaveFn 两个具体函数。所作的扩充一来是将 NexusNode 中的那些抽象函数落实到由 object AXI4Imp 所提供的函数，二来就是添加了 masterFn 和 slaveFn 两个用于参数协调的函数。

有了这些基础设施，就可以为 AXI4 节点创建 LazyModule 模块了。以 AXI4 的 Slave 节点为例，抽象类 AXI4SlaveModule 就是所有作为 Slave 设备的 AXI4 模块及其 Slave 节点的骨架。由于 AXI4 设备在 RISC-V 的 Soc 中一般都是从设备，都处于 Slave 的地位，这就是几乎所有 AXI4 模块的基础和模板：

```
abstract class AXI4SlaveModule[T <: Data]( address: Seq[AddressSet], executable: Boolean = true,
                        beatBytes: Int = 8, burstLen: Int = 1, val _extra: T = null)(implicit p: Parameters) extends LazyModule {
  val node = AXI4SlaveNode(Seq(AXI4SlavePortParameters(Seq(AXI4SlaveParameters(address,
                                    regionType = RegionType.UNCACHED, executable = executable,
                                    supportsWrite = TransferSizes(1, beatBytes * burstLen),
                                    supportsRead = TransferSizes(1, beatBytes * burstLen),
                                    interleavedId = Some(0))), beatBytes = beatBytes)))
  lazy val module = new AXI4SlaveModuleImp[T](this)
}    //end abstract class AXI4SlaveModule
```

还是一样，先在 lazy 模块 module 的外面创建一个供 Diplomacy 用于参数协调的 node。如果该模块下面还有子模块就也在 module 外面的 Diplomacy 部分中创建。然后就是 lazy 模块 module，那就是根据 node 中经过协调后的参数构建具体的电路，那就是对于具体电路的描述了。这是 LazyModule 的基本框架和标准模式，即使本模块没有参数需要协调也应采用这个模式（如果需要创建有参数协调要求的子模块的话），只是不创建 node，或者为其提供的函数 dFn()和 uFn()是空白而已。当然，如果没有参数需要协调，没有 node，放不放在 LazyModule 中似乎也是一样。但是可能有的模块本身没有参数要协调，但是却要创建若干需要有参数协调的子模块，那就得放在 LazyModule 中了。

这里所创建 node 的类型是对 AXI4SlaveNode 进行动态扩充所成的一个匿名类，所作扩充是一个参数块 AXI4SlavePortParameters。至于 module 则是一个 AXI4SlaveModuleImp 类对象，这个类的定义是这样：

```
class AXI4SlaveModuleImp[T<:Data](outer: AXI4SlaveModule[T]) extends LazyModuleImp(outer) {
  val io = IO(new Bundle {val extra = if(outer._extra == null) None else Some(outer._extra.cloneType)})
  val (in, edge) = outer.node.in.head            //这是在LazyModuleImp内部引用其外层LazyModule中的成分。
  // do not let MMIO AXI signals optimized out
  chisel3.dontTouch(in)                          //object dontTouch，旨在保护作为其参数的in不受优化等改变。

  …      //此处删去了一些Debug语句

  when(in.aw.fire()){
    assert(in.aw.bits.burst === AXI4Parameters.BURST_INCR, "only support busrt ince!")
  }
  when(in.ar.fire()){                            //在object ReadyValidIO中，fire()定义为target.ready && target.valid
    assert(in.ar.bits.burst === AXI4Parameters.BURST_INCR, "only support busrt ince!")
  }
```

```
val s_idle :: s_rdata :: s_wdata :: s_wresp :: Nil = Enum(4)   //s_idle等4个val的类型为Enum(4)，即0,1,2,3。
val state = RegInit(s_idle)                   //state是状态寄存器，初值为s_idle，上面s_idle、s_rdata等为有限状态机的4个状态。
switch(state){                                //状态寄存器state，连同下面这些语句，构成一个有限状态机的状态部分：
  is(s_idle){
    when(in.ar.fire()){                       //在s_idle状态，如果in.ar.fire()返回true，即输入信号表明对方启动的读操作，
      state := s_rdata                        //就在下一个时钟脉冲到来时将s_rdata打入寄存器，改成读数据状态，
    }                                         //以表示进入了一次读数据的交互中。余类推。
    when(in.aw.fire()){                       //aw是写地址通道，ar是读地址通道，r是读数通道，w是写数通道。
      state := s_wdata
    }
  }
  is(s_rdata){                                //在读数据状态（在一次读数据的交互中），
    when(in.r.fire() && in.r.bits.last){      //如果仍在读，并且last位为1，就表示这已是最后一个节拍。
      state := s_idle                         //所以将当前状态改成空闲
    }
  }
  is(s_wdata){
    when(in.w.fire() && in.w.bits.last){      //写数状态并已启动写最后一个节拍的数据：
      state := s_wresp                        //就转入响应阶段
    }
  }
  is(s_wresp){
    when(in.b.fire()){                        //已在响应阶段而在B通道上启动：
      state := s_idle                         //就回入s_idle状态。
    }
  }
}   //end switch(state)，注意state是个寄存器，其内容要到下一个时钟脉冲到来时才会改变。

val fullMask = MaskExpand(in.w.bits.strb)     //写数据通道中的strb字段起着掩模Mask的作用
def genWdata(originData: UInt) = (originData & (~fullMask).asUInt()) | (in.w.bits.data & fullMask)

val raddr = Wire(UInt())                      //raddr为读出（起始）地址。以下是读操作电路的实现：
val (readBeatCnt, rLast) = {                  //读数据节拍计数readBeatCnt和最后节拍rLast两项输出的产生：
  val c = Counter(256)                                  //在电路中创建一个读出（节拍）计数器 c，初值为0。
  val len = HoldUnless(in.ar.bits.len, in.ar.fire())    //把读地址通道中的长度字段当成len，直至启动读出。
  raddr := HoldUnless(in.ar.bits.addr, in.ar.fire())    //把读地址通道中的地址字段连接到raddr，直至启动读出。
  in.r.bits.last := (c.value === len)                   //把in.r.bits.last连接到一个比较器

  when(in.r.fire()) {                  //前面把in.r.fire()用于状态机的状态变迁，这里则将其用于触发操作。
                                       //所以前面是状态机的状态部分，这里是状态机的操作部分。
    c.inc()                            //计数器递增。计数器本质上是寄存器，所以这里隐含着时钟脉冲的触发。
    when(in.r.bits.last) {             //一旦达到了读出的最后一个节拍，就使计数器归0。
      c.value := 0.U                          //这也需要由下一个时钟脉冲打入。
    }
  }
  when(in.ar.fire()) {
```

```
        assert (in.ar.bits.len === 0.U || in.ar.bits.len === 1.U || in.ar.bits.len === 3.U || in.ar.bits.len === 7.U || in.ar.bits.len === 15.U)
      }
      (c.value, in.r.bits.last)                  //将计数器的值当作val readBeatCnt的内容，rLast就是rLast。
    }   //end val (readBeatCnt, rLast)

    in.ar.ready := state === s_idle              //in.ar.ready来自比较器的输出，只要是在空转状态就一直ready。
    in.r.bits.resp := AXI4Parameters.RESP_OKAY   //in.r.bits.resp来自参数中的预设（为0）
    in.r.valid := state === s_rdata              // in.r.valid来自另一个比较器的输出
                                                 //在读数据操作时，Slave数据通道的in.r.valid一直是开着的。

    val waddr = Wire(UInt())                     //waddr为写入（起始）地址。以下为写操作电路的实现：
    val (writeBeatCnt, wLast) = {                //写数据节拍计数writeBeatCnt和最后节拍wLast两项输出的产生：
      val c = Counter(256)                       //在电路中创建一个写入（节拍）计数器 c，初值为0。
      waddr := HoldUnless(in.aw.bits.addr, in.aw.fire())
      when(in.w.fire()) {
        c.inc()                                  //计数器递增
        when(in.w.bits.last) {                   //如果in.w.bits.last为真，说明已是写入的最后一个节拍，就将计数器清零。
          c.value := 0.U
        }
      }
      (c.value, in.w.bits.last)                  //将计数器的值当作val readBeatCnt的内容，rLast就是rLast。
    }

    in.aw.ready := state === s_idle && !in.ar.valid   //in.aw.ready来自与门输出(比较器输出和!in.aw.ready相与)
    in.w.ready := state === s_wdata              //in.w.ready来自比较器输出
                                                 //在写数据操作时，Slave数据通道的in.w.ready一直是开着的。

    in.b.bits.resp := AXI4Parameters.RESP_OKAY   //in.b.bits.resp来自参数中的预设（为0）
    in.b.valid := state===s_wresp                //in.b.valid来自比较器输出

    in.b.bits.id := RegEnable(in.aw.bits.id, in.aw.fire())
                                      //B通道的Id字段来自一个寄存器，其内容来自in.aw.bits.id，in.aw.fire()时开启。
    in.b.bits.user := RegEnable(in.aw.bits.user, in.aw.fire())   //按上述类推
    in.r.bits.id := RegEnable(in.ar.bits.id, in.ar.fire())
    in.r.bits.user := RegEnable(in.ar.bits.user, in.ar.fire())
  }   //end class AXI4SlaveModuleImp
```

这些代码所描述的电路，是每个作为 Slave 设备的 AXI4 模块所必须的。

尽管 AXI4SlaveModuleImp 是个具体类，但还是不够具体，因为这里实现的只是 Slave 一侧 AXI4 接口上的有限自动机。前半段是自动机的状态变迁部分，后半段是自动机的操作部分。但是这里并未涉及具体应用。所以 AXI4SlaveModuleImp 只是 Slave 端 AXI4 接口上的标准“底座”。实际的 AXI4 Slave 模块的实现肯定还要对其加以扩充（一般是动态扩充）。至于外层的 AXI4SlaveModule，则本来就是个抽象类，其 node 的类型是对 AXI4SlaveNode 类的动态扩充，但是所作的扩充也并未涉及任何实际的设备或功能模块。后面我们就会看到几个实际功能模块的实现。

特别要提醒读者的是，在一个 lazyModule 中，module 外面的代码大体上是过程性（Procedural）的，因为这是供 Diplomacy 机制用来创建子模块和实现参数协调的，这本身就是个过程，过程的产出就是对于模块

间绑定的说明，需要加以协调的参数，以及本模块关于协调规则的说明，在 module 外面基本上没有可见的“可综合”硬件描述，尽管模块间绑定中确实也隐含着 Bundle 的物理连接。然而在 module 里面的代码，那就是从实质到形式都是 Functional 的了。Functional 这个词，说它是“函数式”也好，“功能性”也好，在用来描述硬件的时候，最好将其理解成“结构性”。比方说，这里所描述的就是 Slave 端 AXI4 接口上有限自动机的构成。对于一个机械的描述，你先说有这个部件后说有那个部件是无所谓的，反正是一根线一个螺钉也不能少。所以，代码中语句的先后次序是无关的，也不受什么“先说明后引用”的限制。例如这里最后才说“in.r.bits.id := RegEnable(in.ar.bits.id, in.ar.fire())”，实际上就是说明 in.r.bits.id 这个字段内容来自一个寄存器的输出，这个寄存器的输入则来自 in.ar.bits.id，并且这个寄存器只有在 in.ar.fire()，即启用了地址读通道时才被开启，如果把这个语句移到最前面，那也没有关系。另一方面，以“val c = Counter(256)”这个语句为例，这个语句出现了两次，一次是在读通道，另一次是在写通道。我们就以写通道中的这个计数器为例，代码所表达的是：写通道中有个计数器，而绝不是说每次有写操作发生的时候就得创建一个计数器。前者是结构性的、功能性的，或者说“函数式”的描述；而后者却是对此作了过程性的理解，那就错了。读者在阅读硬件描述代码的时候要牢记这个区别。

AXI4SlaveModule 是个抽象类；AXI4SlaveModuleImp 虽是具体类，但其所描述的也只相当于一个标准配件而并非实际的、完整的功能模块，所以都需要加以扩充。下面我们就来看几个实际功能模块的实现。

12.2　AXI4Xbar

我们在前面看过关于 TileLink 的十字开关 TLXbar 的介绍，那是采用 TileLink 规程的 Xbar，如果换成采用 AXI4 规程，那就是 AXI4Xbar。当然，规程不同，具体的实现也就不同：

```
class AXI4Xbar (arbitrationPolicy: TLArbiter.Policy = TLArbiter.roundRobin,
                    maxFlightPerId: Int = 7, awQueueDepth: Int = 2)(implicit p: Parameters) extends LazyModule {
  require (maxFlightPerId >= 1)
  require (awQueueDepth >= 1)

  val node = new AXI4NexusNode(
    masterFn = { seq =>
      seq(0).copy (echoFields = BundleField.union(seq.flatMap(_.echoFields)),
        requestFields = BundleField.union(seq.flatMap(_.requestFields)),
        responseKeys = seq.flatMap(_.responseKeys).distinct,
        masters = (AXI4Xbar.mapInputIds(seq) zip seq) flatMap { case (range, port) =>
          port.masters map { master => master.copy(id = master.id.shift(range.start)) }
        }
      )
    },  //end masterFn
    slaveFn = { seq =>
      seq(0).copy (responseFields = BundleField.union(seq.flatMap(_.responseFields)),
        requestKeys = seq.flatMap(_.requestKeys).distinct,
        minLatency = seq.map(_.minLatency).min,
        slaves = seq.flatMap { port =>
          require (port.beatBytes == seq(0).beatBytes, s"Xbar data widths don't match: …")
          port.slaves
        }
      )
```

```
    }  //end slaveFn
  ){
    override def circuitIdentity = outputs == 1 && inputs == 1
  }

  lazy val module = new LazyModuleImp(this) {
    val (io_in, edgesIn) = node.in.unzip        //node.in 是个(io_in, edgesIn)二元组序列，现将其拆散成两个序列。
    val (io_out, edgesOut) = node.out.unzip     //node.out 也是一样
    // Grab the port ID mapping
    val inputIdRanges = AXI4Xbar.mapInputIds(edgesIn.map(_.master))
                                    //调用 object AXI4Xbar 中的函数 mapInputIds，返回的也是个序列。
    // Find a good mask for address decoding
    val port_addrs = edgesOut.map(_.slave.slaves.map(_.address).flatten)
    val routingMask = AddressDecoder (port_addrs)
    val route_addrs = port_addrs.map(seq => AddressSet.unify(seq.map(_.widen(~routingMask)).distinct))
    val outputPorts = route_addrs.map(seq => (addr: UInt) => seq.map(_.contains(addr)).reduce(_ || _))

    // To route W we need to record where the AWs went
    val awIn   = Seq.fill(io_in .size) { Module(new Queue(UInt(width = io_out.size), awQueueDepth, flow = true)) }
    val awOut = Seq.fill(io_out.size) { Module(new Queue(UInt(width = io_in .size), awQueueDepth, flow = true)) }
                                    // AXI4Xbar 的输入输出两侧的写通道上都有队列加以缓冲
    val requestARIO = io_in.map { i => Vec(outputPorts.map { o => o(i.ar.bits.addr) }) }
    val requestAWIO = io_in.map { i => Vec(outputPorts.map { o => o(i.aw.bits.addr) }) }
    val requestROI   = io_out.map { o => inputIdRanges.map { i => i.contains(o.r.bits.id) } }
    val requestBOI   = io_out.map { o => inputIdRanges.map { i => i.contains(o.b.bits.id) } }

    // W follows the path dictated by the AW Q
    for (i <- 0 until io_in.size) { awIn(i).io.enq.bits := requestAWIO(i).asUInt }
    val requestWIO = awIn.map { q => if (io_out.size > 1) q.io.deq.bits.asBools else Seq(Bool(true)) }

    // We need an intermediate size of bundle with the widest possible identifiers
    val wide_bundle = AXI4BundleParameters.union(io_in.map(_.params) ++ io_out.map(_.params))

    // Transform input bundles
    val in = Wire(Vec(io_in.size, AXI4Bundle(wide_bundle)))  //为每个输入 Bundle 创建一个 Bundle 与其对接
    for (i <- 0 until in.size) {
      in(i) :<> io_in(i)           //这个算符定义于 class EnhancedChisel3Assign，用于 Bundle 的双向对接。

      // Handle size = 1 gracefully (Chisel3 empty range is broken)
      def trim(id: UInt, size: Int) = if (size <= 1) UInt(0) else id(log2Ceil(size)-1, 0)

      // Manipulate the AXI IDs to differentiate masters
      val r = inputIdRanges(i)
      in(i).aw.bits.id := io_in(i).aw.bits.id | UInt(r.start)
      in(i).ar.bits.id := io_in(i).ar.bits.id | UInt(r.start)
      io_in(i).r.bits.id := trim(in(i).r.bits.id, r.size)
```

```
io_in(i).b.bits.id := trim(in(i).b.bits.id, r.size)

if (io_out.size > 1) {
  // Block A[RW] if we switch ports, to ensure responses stay ordered (also: beware the dining philosophers)
  val endId = edgesIn(i).master.endId
  val arFIFOMap = Wire(init = Vec.fill(endId) { Bool(true) })
  val awFIFOMap = Wire(init = Vec.fill(endId) { Bool(true) })
  val arSel = UIntToOH(io_in(i).ar.bits.id, endId)                //给定一个 UInt，返回其 OneHot 编码。
  val awSel = UIntToOH(io_in(i).aw.bits.id, endId)                //见 object UIntToOH
  val rSel = UIntToOH(io_in(i).r .bits.id, endId)
  val bSel = UIntToOH(io_in(i).b .bits.id, endId)
  val arTag = OHToUInt(requestARIO(i).asUInt, io_out.size)        //给定一个 OneHot 编码，返回相应 UInt。
  val awTag = OHToUInt(requestAWIO(i).asUInt, io_out.size)        //见 object OHToUInt

  for (master <- edgesIn(i).master.masters) {
    def idTracker(port: UInt, req_fire: Bool, resp_fire: Bool) = {
      if (master.maxFlight == Some(0)) {
        Bool(true)
      } else {
        val legalFlight = master.maxFlight.getOrElse(maxFlightPerId+1)
        val flight = legalFlight min maxFlightPerId
        val canOverflow = legalFlight > flight
        val count = RegInit(UInt(0, width = log2Ceil(flight+1)))
        val last = Reg(UInt(width = log2Ceil(io_out.size)))
        count := count + req_fire.asUInt - resp_fire.asUInt
        assert (!resp_fire || count =/= UInt(0))
        assert (!req_fire || count =/= UInt(flight))
        when (req_fire) { last := port }
        // No need to track where it went if we cap it at 1 request
        val portMatch = if (flight == 1) { Bool(true) } else { last === port }
        (count === UInt(0) || portMatch) && (Bool(!canOverflow) || count =/= UInt(flight))
      }
    }    //end def idTracker()

    for (id <- master.id.start until master.id.end) {
      arFIFOMap(id) := idTracker(arTag, arSel(id) && io_in(i).ar.fire(), rSel(id) && io_in(i).r.fire() && io_in(i).r.bits.last)
      awFIFOMap(id) := idTracker(awTag, awSel(id) && io_in(i).aw.fire(), bSel(id) && io_in(i).b.fire())
    }
  }    //end for (master <- edgesIn(i).master.masters)

  val allowAR = arFIFOMap (io_in(i).ar.bits.id)
  in(i).ar.valid := io_in(i).ar.valid && allowAR
  io_in(i).ar.ready := in(i).ar.ready && allowAR

  // Keep in mind that slaves may do this: awready := wvalid, wready := awvalid
  // To not cause a loop, we cannot have: wvalid := awready
```

```
      // Block AW if we cannot record the W destination
      val allowAW = awFIFOMap (io_in(i).aw.bits.id)
      val latched = RegInit(Bool(false))          // cut awIn(i).enq.valid from awready
      in(i).aw.valid := io_in(i).aw.valid && (latched || awIn(i).io.enq.ready) && allowAW
      io_in(i).aw.ready := in(i).aw.ready && (latched || awIn(i).io.enq.ready) && allowAW
      awIn(i).io.enq.valid := io_in(i).aw.valid && !latched
      when (awIn(i).io.enq.fire()) { latched := Bool(true) }
      when (in(i).aw.fire()) { latched := Bool(false) }

      // Block W if we do not have an AW destination
      in(i).w.valid := io_in(i).w.valid && awIn(i).io.deq.valid       // depends on awvalid (but not awready)
      io_in(i).w.ready := in(i).w.ready && awIn(i).io.deq.valid
      awIn(i).io.deq.ready := io_in(i).w.valid && io_in(i).w.bits.last && in(i).w.ready
    }    //end if (io_out.size > 1)
  }    //end for (i <- 0 until in.size)

  // Transform output bundles
  val out = Wire(Vec(io_out.size, AXI4Bundle(wide_bundle)))   //为每个输出 Bundle 创建 Bundle 与其对接
  for (i <- 0 until out.size) {
    io_out(i) :<> out(i)
    if (io_in.size > 1) {
      // Block AW if we cannot record the W source
      val latched = RegInit(Bool(false))          // cut awOut(i).enq.valid from awready
      io_out(i).aw.valid := out(i).aw.valid && (latched || awOut(i).io.enq.ready)
      out(i).aw.ready := io_out(i).aw.ready && (latched || awOut(i).io.enq.ready)
      awOut(i).io.enq.valid := out(i).aw.valid && !latched
      when (awOut(i).io.enq.fire()) { latched := Bool(true) }
      when (out(i).aw.fire()) { latched := Bool(false) }

      // Block W if we do not have an AW source
      io_out(i).w.valid := out(i).w.valid && awOut(i).io.deq.valid       // depends on awvalid (but not awready)
      out(i).w.ready := io_out(i).w.ready && awOut(i).io.deq.valid
      awOut(i).io.deq.ready := out(i).w.valid && out(i).w.bits.last && io_out(i).w.ready
    }    //end if (io_in.size > 1)
  }    //end for (i <- 0 until out.size)

  // Fanout the input sources to the output sinks
  def transpose[T](x: Seq[Seq[T]]) = Seq.tabulate(x(0).size) { i => Seq.tabulate(x.size) { j => x(j)(i) } }

      //生成三个输入端通道和两个输出端通道的转置（行列对换）：
  val portsAROI = transpose((in zip requestARIO) map { case (i, r) => AXI4Xbar.fanout(i.ar, r) })
  val portsAWOI = transpose((in zip requestAWIO) map { case (i, r) => AXI4Xbar.fanout(i.aw, r) })
  val portsWOI = transpose((in zip requestWIO) map { case (i, r) => AXI4Xbar.fanout(i.w, r) })

  val portsRIO = transpose((out zip requestROI) map { case (o, r) => AXI4Xbar.fanout(o.r, r) })
```

```
    val portsBIO = transpose((out zip requestBOI) map { case (o, r) => AXI4Xbar.fanout(o.b, r) })

    // Arbitrate amongst the sources
    for (o <- 0 until out.size) {          //将每一路输出都连接到当前选中它并被 Arbiter 仲裁胜出的那个输入：
      awOut(o).io.enq.bits := AXI4Arbiter.returnWinner(arbitrationPolicy)(out(o).aw, portsAWOI(o):_*).asUInt
                                           // Record who won AW arbitration to select W
      AXI4Arbiter(arbitrationPolicy)(out(o).ar, portsAROI(o):_*)
      // W arbitration is informed by the Q, not policy
      out(o).w.valid := Mux1H (awOut(o).io.deq.bits, portsWOI(o).map(_.valid))
      out(o).w.bits :<= Mux1H (awOut(o).io.deq.bits, portsWOI(o).map(_.bits))
      portsWOI(o).zipWithIndex.map { case (p, i) =>
        if (in.size > 1) {
          p.ready := out(o).w.ready && awOut(o).io.deq.bits(i)
        } else {
          p.ready := out(o).w.ready
        }
      }
    }    //end for (o <- 0 until out.size)

    for (i <- 0 until in.size) {
      AXI4Arbiter(arbitrationPolicy)(in(i).r, portsRIO(i):_*)
      AXI4Arbiter(arbitrationPolicy)(in(i).b, portsBIO(i):_*)
    }
  }
}    //end class AXI4Xbar
```

注意这是对 LazyModule 的扩充，而并非对 AXI4SlaveModule 的扩充，其内部的 module 也是对 LazyModuleImp 的扩充，而并非对 AXI4SlaveModuleImp 的扩充。

鉴于读者在前面看过 TLXbar 的代码，这里就不深入进去了，虽然所用的规程不同，毕竟还是大同小异，这就留给读者了。唯独其中用到的向量转置操作 transpose()，上一次没有细说，现在作点补充。上一次的 transpose()是在 object TLXbar_ACancel 中定义的，这次则定义于 class AXI4Xbar，二者只有极细小的不同，实质上是一样的，所以这里就拿定义于 class AXI4Xbar 中的这个作些解释：

```
def transpose[T](x: Seq[Seq[T]]) = Seq.tabulate(x(0).size) { i => Seq.tabulate(x.size) { j => x(j)(i) } }
```

这个函数作用的对象 x 是个序列的序列，即二维序列，或者说二维向量，二维数组。所以，这里的 x(0) 就是这个二维数组里的第一行，即最上面的一行；x(0).size 就是这一行的长度，也就是这个数组的宽度（列数）；而 x.size 则为该二维数组的高度（行数）。然后，对于该数组的每一列 i，执行外层花括号里的函数。这个函数就是对于该列的每个元素 j，就是 x(i)(j)，映射成 x(j)(i)。这样，就把原先的 i×j 数组变换成了 j×i 数组。这就是二维数组的转置，把数组的形状转了 90 度。

如果想要了解得再深入一些，那么这里的函数 tabulate()定义于 object VecInit，下面是个摘要，为节省篇幅删去了原文中的一些注释：

```
object VecInit extends SourceInfoDoc {
  def apply[T <: Data](elts: Seq[T]): Vec[T] = macro VecTransform.apply_elts      //将Seq转换成Vec，实际由do_apply()加以实现：
  def do_apply[T <: Data](elts: Seq[T]) (implicit sourceInfo: SourceInfo, compileOptions: CompileOptions): Vec[T] = {
```

```
    require(elts.nonEmpty, "Vec hardware values are not allowed to be empty")
    elts.foreach(requireIsHardware(_, "vec element"))
    val vec = Wire(Vec(elts.length, cloneSupertype(elts, "Vec")))          //将Seq转换成Vec，并加以物化成为线束vec
    // TODO: try to remove the logic for this mess
    elts.head.direction match {
      case ActualDirection.Input | ActualDirection.Output | ActualDirection.Unspecified =>
        (vec zip elts).foreach(x => x._1 := x._2)
      case ActualDirection.Bidirectional(_) =>
        (vec zip elts).foreach(x => x._1 <> x._2)
    }
    vec                                                                    //返回所得的vec
  }

  def tabulate[T <: Data](n: Int)(gen: (Int) => T): Vec[T] = macro VecTransform.tabulate        //实际由do_tabulate()加以实现:
  def do_tabulate[T <: Data](n: Int)(gen: (Int) => T) (implicit sourceInfo: SourceInfo, compileOptions: CompileOptions): Vec[T] =
    apply((0 until n).map(i => gen(i)))          //先执行(0 until n).map(i => gen(i))，然后对所得Seq实施apply()。
}
```

这里的关键在于(0 until n).map(i => gen(i))。在前面那个场景中，对 tabulate()的调用时嵌套的，外层调用的参数 n 为 x(0).size，内层则为 x.size。外层的生成函数 gen 为 i => Seq.tabulate(x.size)，内层的生成函数则为 j => x(j)(i)。

回到前面的 class AXI4Xbar，像 TLXbar 一样，也有个 object AXI4Xbar，里面提供了函数 fanout()：

```
object AXI4Xbar {
  def apply (arbitrationPolicy: TLArbiter.Policy = TLArbiter.roundRobin,
                                          maxFlightPerId: Int = 7, awQueueDepth: Int = 2)(implicit p: Parameters) = {
    val axi4xbar = LazyModule(new AXI4Xbar (arbitrationPolicy, maxFlightPerId, awQueueDepth))
    axi4xbar.node
  }

  def mapInputIds(ports: Seq[AXI4MasterPortParameters]) = TLXbar.assignRanges(ports.map(_.endId))

  // Replicate an input port to each output port
  def fanout[T <: AXI4BundleBase](input: IrrevocableIO[T], select: Seq[Bool]) = {
    val filtered = Wire(Vec(select.size, input))
    for (i <- 0 until select.size) {
      filtered(i).bits :<= input.bits
      filtered(i).valid := input.valid && select(i)
    }
    input.ready := Mux1H(select, filtered.map(_.ready))
    filtered
  }
}  //end object AXI4Xbar
```

当然，十字开关离不开仲裁器，AXI4Xbar 也离不开 AXI4Arbiter，下面就来看看 AXI4Arbiter。

12.3 AXI4Arbiter

十字开关 Xbar 是一种多对多的选通机制，但是输入端对输出端的选通在同一个时间点上总是一对一的，由于没有广播/多播机制，一个输入端不可能同时选取多个输出端；但是反过来就不一样了，多个输入端完全可能同时企图选通同一个输出端。可是同一个输出端不可能同时与多个输入端连通，而只能从中选择其一。所以，仲裁器是十字开关中必不可少的。我们在前面看过 TLArbiter，那是采用 TileLink 规程的 Arbiter，如果采用 AXI4 规程则有 AXI4Arbiter：

```
object AXI4Arbiter {
  def apply[T <: Data](policy: TLArbiter.Policy)(sink: IrrevocableIO[T], sources: IrrevocableIO[T]*): Unit = {
    if (sources.isEmpty) { sink.valid := Bool(false) }
    else { returnWinner(policy)(sink, sources:_*) }      //多个 source，同时企图选通同一个 sink，只能从中选一。
  }
  def returnWinner[T <: Data](policy: TLArbiter.Policy)(sink: IrrevocableIO[T], sources: IrrevocableIO[T]*) = {
              //Slave 一侧的通道是 sink (一个)；Master 一侧是 sources (可以多个)，从中选择一个赢家。
              //仲裁策略借用 TLArbiter.Policy，最常用的就是 Round Robin。
    require (!sources.isEmpty)

    // The arbiter is irrevocable; when !idle, repeat last request
    val idle = RegInit(Bool(true))                 //idle 是个寄存器（触发器），初值为 true。

    // Who wants access to the sink?
    val valids = sources.map(_.valid)              //找出那些 valid 为 true 的输入通道，作为候选输入通道
    val anyValid = valids.reduce(_ || _)           //把所有候选输入通道相或，如果非空就是候选通道存在。
    // Arbitrate amongst the requests
    val readys = Vec(policy(valids.size, Cat(valids.reverse), idle).asBools)    //施行仲裁策略
    // Which request wins arbitration?
    val winner = Vec((readys zip valids) map{ case (r,v) => r&&v })    //既属于 readys 又属于 valids，就是赢家。

    // Confirm the policy works properly
    require (readys.size == valids.size)
    // Never two winners     //只能有一个赢家：
    val prefixOR = winner.scanLeft(Bool(false))(_||_).init
    assert((prefixOR zip winner) map { case (p,w) => !p || !w } reduce {_ && _})
    // If there was any request, there is a winner
    assert (!anyValid || winner.reduce(_||_))

    // The one-hot source granted access in the previous cycle
    val state = RegInit(Vec.fill(sources.size)(Bool(false)))       //state 是宽度等于输入个数的寄存器，初值为 0。
    val muxState = Mux(idle, winner, state)                        //如果 idle 就选取赢家，否则就没有赢家。
    state := muxState                                              //下个时钟脉冲到来时打入寄存器 state

    // Determine when we go idle
    when (anyValid) { idle := Bool(false) }          //idle 是寄存器，由下个时钟脉冲打入。有输入就不再空闲。
```

```
        when (sink.fire()) { idle := Bool(true) }          //输出端的操作已经发动，仲裁器就回归空闲。

        if (sources.size > 1) {          //如果有多路输入，根据不同情况中继 sink 一侧的 ready 信号：
          val allowed = Mux(idle, readys, state)          //如果不 idle，就仅限于仲裁所产生的赢家，否则范围略大。
          (sources zip allowed) foreach { case (s, r) => s.ready := sink.ready && r }  //最终取决于 allowed
        } else {          //如果只有一路输入：
          sources(0).ready := sink.ready          //就把 sink 一侧的 ready 信号线中继连接到该输入通道的 ready.
        }

        sink.valid := Mux(idle, anyValid, Mux1H(state, valids))          //sink.valid 是向下的，从所选定输入端中继下来。
        sink.bits :<= Mux1H(muxState, sources.map(_.bits))          //sink 通道的载荷也是从所选定输入端中继下来。
        muxState          //仲裁的结果，如果 idle 就是所选取的赢家，否则就没有赢家。
      }  //end returnWinner
    }  //end object AXI4Arbiter
```

显然，这与 TLArbiter 极为相似，因为到了仲裁器这一层与通道上采用的规程已经没有多大关系。至于仲裁策略，则更是直接就借用 TLArbiter 的仲裁策略，例如 Round Robin，就是一种采取轮换制的策略。

12.4　AXI4ToTL

前面说过，香山 SoC 与 Rochet chip 一样，其片上“总线”Xbar 所采用的规程是 TileLink，如果要把实现 AXI4 器件的 IP 作为 Master，尤其是作为 Source 接入到 SoC 的总线上，就得有个从 AXI4 到 TileLink 的转换器。AXI4ToTL 就是这样的转换器，显然这是个实际的功能模块。在电路中，AXI4ToTL 处于 AXI4 器件与采用 TileLink 的总线或其它器件之间，AXI4 器件位于（信号）上游，TileLink 的总线或设备处于下游。为说明 AXI4ToTL 在实际电路中的位置与作用，我们通过一个实例加以说明。

香山的代码中有个 trait HaveSlaveAXI4Port。显然这是为需要有外接 AXI4 端口的模块准备的：

```
// We adapt the following three traits from rocket-chip.
// Source: rocket-chip/src/main/scala/subsystem/Ports.scala
trait HaveSlaveAXI4Port { this: BaseSoC =>          //这是站在SoC的立场，HaveSlaveAXI4Port意味着对方是AXI4Master。
  val idBits = 14
  val l3FrontendAXI4Node = AXI4MasterNode(Seq(AXI4MasterPortParameters(
                                     Seq(AXI4MasterParameters(name = "dma", id = IdRange(0, 1 << idBits))))))
        //l3FrontendAXI4Node是个AXI4MasterNode，从而是个SourceNode，处于源头的位置。
        //这是代表着L3即三级前端AXI设备的节点

  private val errorDevice = LazyModule(new TLError(params = DevNullParams(address = Seq(AddressSet(0x0, 0x7fffffffL)),
                                          maxAtomic = 8, maxTransfer = 64), beatBytes = L3InnerBusWidth / 8))
                                 //TLError是个LazyModule，用于报告出错信息，主要用于调试。
  private val error_xbar = TLXbar()     //error_xbar的用途之一是用来汇集出错信息到errorDevice，AXI4设备只是来源之一。
  error_xbar := TLFIFOFixer() := TLWidthWidget(32) := AXI4ToTL() := AXI4UserYanker(Some(1)) :=
                   AXI4Fragmenter() := AXI4Buffer() := AXI4Buffer() := AXI4IdIndexer(1) := l3FrontendAXI4Node
        //绑定符:=的右边是source，处于信号流通的上游；左边则是sink，是下游。
        //AXI4ToTL的输入源头是l3FrontendAXI4Node即DMA设备，这是个AXI4MasterNode（见上）。
        //AXI4ToTL的输出则去往TLXbar，所以AXI4ToTL处于承上启下的位置，其右边全是AXI4模块，左边是TL模块。
```

```
    errorDevice.node := error_xbar  //将error_xbar的输出（之一）接到errorDevice，但error_xbar并非全为出错信息而存在。
    l3_xbar := TLBuffer() := error_xbar
                                    //将error_xbar的另一输出连到l3_xbar即L3缓存总线。所以error_xbar这个名称有点误导。
    val dma = InModuleBody { l3FrontendAXI4Node.makeIOs()}   //dma设备就是l3FrontendAXI4Node所代表模块的输入/输出
}
```

香山 SoC 支持 DMA，DMA 设备属于外设，一般是外接，当然也可以在片上，这里的 DMA 设备就是 l3FrontendAXI4Node，这是个 AXI4 设备。DMA 设备属于主设备，是 Master，它要访问的对象就是内存，当然，内存是从设备，是 Slave，并且是 TileLink 设备。但是 DMA 设备要访问内存就得穿过总线即 TLXbar，就是这里的 error_xbar，其实在 error_xbar 左边即下游方向还有别的 TLXbar，就是这里的 l3_xbar，而内存还在 l3_xbar 的左边，即下游（所以 error_xbar 这个名称有点误导）。现在的问题是，DMA 设备是 AXI4 设备，而总线是 TLXbar，二者采用的是不同的规程，所以在这中间必须得有个从 AXI4 到 TileLink 的规程转换，这里的 AXI4ToTL()就起着这个作用。AXI4ToTL，意味着 AXI4 是输入，来自 Master；TL 是输出，去向 Slave。

这段代码的核心是一系列模块的绑定，这是像一条河流一样的、一条龙式的绑定，我们知道绑定中就蕴含着 Bundle 的物理连接。从这一串绑定中可以看到，AXI4ToTL 的右边，即其上游方向，都是 AXI4 设备；所以 AXI4ToTL 对于这些 AXI4 设备，包括 AXI4UserYanker，处于 Slave 的地位。而 AXI4ToTL 的左边，即其下游方向，则都是 TileLink 设备。从这个角度说，AXI4-To-TL 是把 AXI4“下连”到 TL。从操作命令下达的流向看，是从 AXI4 到 TL。

显然，AXI4ToTL 需要参与 Diplomacy 的参数协调，所以是个 LazyModule。从 Diplomacy 的角度我们需要有个更具体、更贴近实际的 node 定义。AXI4ToTLNode 就是专为 AXI4ToTL 而设计、而定义的一个类：

```
case class AXI4ToTLNode(wcorrupt: Boolean)(implicit valName: ValName) extends MixedAdapterNode(AXI4Imp, TLImp) (
  dFn = { case mp =>                              //函数dFn()的类型是 DI => DO
    mp.masters.foreach { m => require (m.maxFlight.isDefined, "AXI4 must include a transaction maximum per ID to convert to TL") }
        //masters()是TLMasterPortParameters中的一个val，其类型为Seq[TLMasterParameters]。
        //本节点对于下方而言是Master，所以对于下方的接口上适用TLMasterParameters。
    val maxFlight = mp.masters.map(_.maxFlight.get).max
    TLMasterPortParameters.v1(        //dFn()管的是与下游方向的协调，本节点对于下游是TLMaster。
      clients = mp.masters.filter(_.maxFlight != Some(0)).flatMap { m =>
        for (id <- m.id.start until m.id.end)
          yield TLMasterParameters.v1(
            name = s"${m.name} ID#${id}",
            sourceId = IdRange(id * maxFlight*2, (id+1) * maxFlight*2),         // R+W ids are distinct
            nodePath = m.nodePath,
            requestFifo = true)
      },
      echoFields = mp.echoFields,
      requestFields = AMBAProtField() +: mp.requestFields,
      responseKeys = mp.responseKeys)
  },
  uFn = { mp => AXI4SlavePortParameters(   //uFn()的类型则是UO => UI，uFn()是与上游方向协调。
    slaves = mp.managers.map { m =>
        //managers()是class TLSlavePortParameters的一个函数，返回值类型为Seq[TLSlaveParameters]。
        //本节点对于上方而言是Slave，所以对于上方的接口上适用AXI4SlaveParameters。
      val maxXfer = TransferSizes(1, mp.beatBytes * (1 << AXI4Parameters.lenBits))
```

```
    AXI4SlaveParameters(
      address = m.address,          //AXI4SlaveParameters.address = TLSlaveParameters.address，余类推。
      resources = m.resources,
      regionType = m.regionType,
      executable = m.executable,
      nodePath = m.nodePath,
      supportsWrite = m.supportsPutPartial.intersect(maxXfer),
      supportsRead = m.supportsGet.intersect(maxXfer),
      interleavedId = Some(0))},        // TL2 never interleaves D beats
  beatBytes = mp.beatBytes,
  minLatency = mp.minLatency,
  responseFields = mp.responseFields,
  requestKeys = (if (wcorrupt) Seq(AMBACorrupt) else Seq()) ++ mp.requestKeys.filter(_ != AMBAProt))
})  //end class AXI4ToTLNode
```

AXI4ToTLNode 是对 MixedAdapterNode 的扩充。这种节点的特点是输入边的数量与输出边相同，并可以在输入与输出之间实施规程的转换。这也告诉我们，像 AXI4ToTL 这样的规程转换模块，在结构拓扑图中是一个节点，在参数协调（Diplomacy）拓扑图中也是一个节点，一个节点有向上（面向上游，面向 Master）向下（面向下游，面向 Slave）两个面。那可不可以说 AXI4ToTL 这个模块中有两个节点，一个节点向上，只有内向边，因而是 Sink 节点；一个节点向下，只有外向边，因而是 Source 节点呢？原理上也并无不可，但没有必要，之所以定义了那么多的节点类型，就是要使编程更容易一些。

这个类的定义没有花括号部分，只是对所扩充的 MixedAdapterNode 类给定了构造参数并进行了动态扩充。首先是将其 inner 和 outer 两个参数给定为 AXI4Imp 和 TLImp，即其 InwardNodeImp 为 AXI4Imp 而 OutwardNodeImp 为 TLImp。然后就是对 MixedAdapterNode 类的动态扩充，具体就是给定了 dFn()和 uFn()两个函数的动态定义。在 class MixedAdapterNode 的定义中函数 dFn()的类型是 DI => DO，在这里的 DI 是 mp.masters，DO 是一个 TLMasterPortParameters 对象。而 uFn()的类型则是 UO => UI，在这里 UO 是 mp.managers，而 UI 是个 AXI4SlavePortParameters 对象。如前所述，clients 就是 masters 的别名，managers 是 slaves 的别名。

除此之外，就是 module 即物理构成的事了。

AXI4ToTL 模块的类型定义是这样：

```
// Setting wcorrupt true is insufficient to enable w.user.corrupt
// One must additionally provide list it in the AXI4 master's requestFields
class AXI4ToTL(wcorrupt: Boolean)(implicit p: Parameters) extends LazyModule {
  val node = AXI4ToTLNode(wcorrupt)

  lazy val module = new LazyModuleImp(this) {
    (node.in zip node.out) foreach { case ((in, edgeIn), (out, edgeOut)) =>    //对于每一对输入和输出：
          //node.in为本节点的输入端，这是AXI4；node.out为本节点的输出端，这是TL。
          //in是内含AR/AW等5个通道的AXI4Bundle，out是只含A/D两个通道的TLBundle。
      val numIds = edgeIn.master.endId
      val beatBytes = edgeOut.manager.beatBytes
      val beatCountBits = AXI4Parameters.lenBits + (1 << AXI4Parameters.sizeBits) - 1
      val maxFlight = edgeIn.master.masters.map(_.maxFlight.get).max    //允许的最大并发数
      val logFlight = log2Ceil(maxFlight)
      val txnCountBits = log2Ceil(maxFlight+1)   // wrap-around must not block b_allow    //txn意为transaction
      val addedBits = logFlight + 1    // +1 for read vs. write source ID
```

```
require (edgeIn.master.masters(0).aligned)
edgeOut.manager.requireFifo()

// Look for an Error device to redirect bad requests
val errorDevs = edgeOut.manager.managers.filter(_.nodePath.last.lazyModule.className == "TLError")
require (!errorDevs.isEmpty, "There is no TLError reachable from AXI4ToTL. One must be instantiated.")
val errorDev = errorDevs.maxBy(_.maxTransfer)
val error = errorDev.address.head.base
require (errorDev.supportsPutPartial.contains(edgeOut.manager.maxTransfer),
            s"Error device supports ... PutPartial but must support ${edgeOut.manager.maxTransfer}")
require (errorDev.supportsGet.contains(edgeOut.manager.maxTransfer),
            s"Error device supports ... Get but must support ${edgeOut.manager.maxTransfer}")

val r_out = Wire(out.a)                    //将输出（TL）A通道称为r_out，意为读数输出，r表示read。
val r_size1 = in.ar.bits.bytes1()          //将输入（AXI4）AR通道的bytes1()字段称为r_size1
val r_size = OH1ToUInt(r_size1)            //将r_size1转换成数值，称为r_size。
val r_ok = edgeOut.manager.supportsGetSafe(in.ar.bits.addr, r_size)
val r_addr = Mux(r_ok, in.ar.bits.addr, UInt(error) | in.ar.bits.addr(log2Up(beatBytes)-1, 0))
        //称此Mux的输出为r_addr，意为AR通道addr字段，
        //正常情况下应为in.ar.bits.addr，输入AR通道的addr字段。
val r_count = RegInit(Vec.fill(numIds) { UInt(0, width = txnCountBits) })  //读操作计数器
        //读操作计数器的内容是个向量，相当于多个计数器的数组。
val r_id = if (maxFlight == 1) {           //如果只允许有一个未完成读操作，就不允许并发：
  Cat(in.ar.bits.id, UInt(0, width=1))     //object Cat，把输入依次concatenate在一起。
} else {              //如果允许读操作并发，就有对应于各个ID的计数：
  Cat(in.ar.bits.id, r_count(in.ar.bits.id)(logFlight-1,0), UInt(0, width=1))
}

assert (!in.ar.valid || r_size1 === UIntToOH1(r_size, beatCountBits))  // because aligned
in.ar.ready := r_out.ready                 //把来自r_out即输出A通道的ready信号直接连接到输入端AR通道
r_out.valid := in.ar.valid                 //把来自输入端AR通道的valid信号直接连接到输出A通道的valid
r_out.bits :<= edgeOut.Get(r_id, r_addr, r_size)._2  //把来自输入端的id、addr、size等字段连到输出端

r_out.bits.user :<= in.ar.bits.user        //用户自定义字段的连接
r_out.bits.user.lift(AMBAProt).foreach { rprot =>   //object AMBAProt，prot意为protect：
  rprot.privileged := in.ar.bits.prot(0)
  rprot.secure := !in.ar.bits.prot(1)
  rprot.fetch := in.ar.bits.prot(2)
  rprot.bufferable := in.ar.bits.cache(0)
  rprot.modifiable := in.ar.bits.cache(1)
  rprot.readalloc := in.ar.bits.cache(2)
  rprot.writealloc := in.ar.bits.cache(3)
}

val r_sel = UIntToOH(in.ar.bits.id, numIds)
```

```
(r_sel.asBools zip r_count) foreach { case (s, r) =>
  when (in.ar.fire() && s) { r := r + UInt(1) }    //使被选中ID的读出计数器随每个时钟节拍加1
}
    //注意这里并未涉及in.r即AXIBundle中的R通道，因为读出的数据要放在TLBundle的D通道上

    //以上是AXI4 AR通道与输出A通道的连接，下面是AW通道与输出A通道的连接：
val w_out = Wire(out.a)                    //将输出A通道称为w_out，意为写数输出，w表示write。
val w_size1 = in.aw.bits.bytes1()
val w_size = OH1ToUInt(w_size1)
val w_ok = edgeOut.manager.supportsPutPartialSafe(in.aw.bits.addr, w_size)
val w_addr = Mux(w_ok, in.aw.bits.addr, UInt(error) | in.aw.bits.addr(log2Up(beatBytes)-1, 0))
val w_count = RegInit(Vec.fill(numIds) { UInt(0, width = txnCountBits) })  //写操作计数器数组
val w_id = if (maxFlight == 1) {           //如果只允许有一个未完成写操作，不允许并发：
  Cat(in.aw.bits.id, UInt(1, width=1))
} else {                                   //如果允许写操作并发（事实上AXI4不允许）：
  Cat(in.aw.bits.id, w_count(in.aw.bits.id)(logFlight-1,0), UInt(1, width=1))
}

assert (!in.aw.valid || w_size1 === UIntToOH1(w_size, beatCountBits))    // because aligned
assert (!in.aw.valid || in.aw.bits.len === UInt(0) || in.aw.bits.size === UInt(log2Ceil(beatBytes)))
 // because aligned
in.aw.ready := w_out.ready && in.w.valid && in.w.bits.last          //输入AW通道ready信号的来源
in.w.ready := w_out.ready && in.aw.valid                            //输入W通道ready信号的来源
w_out.valid := in.aw.valid && in.w.valid                            //输出A通道valid信号的来源
w_out.bits :<= edgeOut.Put(w_id, w_addr, w_size, in.w.bits.data, in.w.bits.strb)._2
        //输出A通道内容各字段的来源，注意写出的数据in.w.bits.data也要放在A通道上。
in.w.bits.user.lift(AMBACorrupt).foreach { w_out.bits.corrupt := _ }

w_out.bits.user :<= in.aw.bits.user
w_out.bits.user.lift(AMBAProt).foreach { wprot =>    //见上面的读通道
  wprot.privileged := in.aw.bits.prot(0)
  wprot.secure := !in.aw.bits.prot(1)
  wprot.fetch := in.aw.bits.prot(2)
  wprot.bufferable := in.aw.bits.cache(0)
  wprot.modifiable := in.aw.bits.cache(1)
  wprot.readalloc := in.aw.bits.cache(2)
  wprot.writealloc := in.aw.bits.cache(3)
}

val w_sel = UIntToOH(in.aw.bits.id, numIds)
(w_sel.asBools zip w_count) foreach { case (s, r) =>
  when (in.aw.fire() && s) { r := r + UInt(1) }    //使被选中ID的写入计数器随每个时钟节拍加1
}

TLArbiter(TLArbiter.roundRobin)(out.a, (UInt(0), r_out), (in.aw.bits.len, w_out))
        //之所以要用TLArbiter，是因为作为Sink的out.a可以有r_out和w_out两个Source。
```

```
val ok_b = Wire(in.b)            //AXIBundle上的B通道
val ok_r = Wire(in.r)            //AXIBundle上的R通道

val d_resp = Mux(out.d.bits.denied || out.d.bits.corrupt, AXI4Parameters.RESP_SLVERR, AXI4Parameters.RESP_OKAY)
val d_hasData = edgeOut.hasData(out.d.bits)
val d_last = edgeOut.last(out.d)

out.d.ready := Mux(d_hasData, ok_r.ready, ok_b.ready)        //输出端D通道ready信号的来源
ok_r.valid := out.d.valid && d_hasData
ok_b.valid := out.d.valid && !d_hasData

ok_r.bits.id := out.d.bits.source >> addedBits
ok_r.bits.data := out.d.bits.data
ok_r.bits.resp := d_resp
ok_r.bits.last := d_last
ok_r.bits.user :<= out.d.bits.user

// AXI4 needs irrevocable behaviour
in.r :<> Queue.irrevocable(ok_r, 1, flow=true)

ok_b.bits.id := out.d.bits.source >> addedBits
ok_b.bits.resp := d_resp
ok_b.bits.user :<= out.d.bits.user

// AXI4 needs irrevocable behaviour
val q_b = Queue.irrevocable(ok_b, 1, flow=true)

// We need to prevent sending B valid before the last W beat is accepted
// TileLink allows early acknowledgement of a write burst, but AXI does not.
val b_count = RegInit(Vec.fill(numIds) { UInt(0, width = txnCountBits) })
val b_allow = b_count(in.b.bits.id) =/= w_count(in.b.bits.id)
val b_sel = UIntToOH(in.b.bits.id, numIds)

(b_sel.asBools zip b_count) foreach { case (s, r) =>
  when (in.b.fire() && s) { r := r + UInt(1) }
}

in.b.bits :<= q_b.bits
in.b.valid := q_b.valid && b_allow
q_b.ready := in.b.ready && b_allow

// Unused channels    //AXI4规程不支持缓存，所以TL接口上的B,C,E三个通道空闲不用：
out.b.ready := Bool(true)        //相对于所连接的TL设备而言，AXI4ToTL是Master，对方是Slave。
                                 //告诉对方你可以发送，但是发送的信息到不了AXI4这一头。
                                 //因为B通道的方向是从Slave到Master，C、E通道则是从Master到Slave。
out.c.valid := Bool(false)       //永远没有数据发送
```

```
            out.e.valid := Bool(false)
        }   //end (node.in zip node.out) foreach
    }   //end new LazyModuleImp(this)
}   //end class AXI4ToTL
```

当然，AXI4ToTL 类对象的创建要通过 object AXI4ToTL：

```
object AXI4ToTL{
    def apply(wcorrupt: Boolean = true)(implicit p: Parameters) = {
        val axi42tl = LazyModule(new AXI4ToTL(wcorrupt))
        axi42tl.node
    }
}
```

总之，AXI4ToTL 的作用是将作为 Master 的 AXI4 设备连接到作为 Slave 的 TileLink 总线或者别的什么 TL 设备上。AXI4ToTL 对于 TileLink 总线是 Master，而对于其上游的 AXI4 设备则是 Slave。

但是像这样以外来 AXI4 设备为 Master、为数据流上游的情况其实是极少的，只有 DMA 设备才处于这样的位置。DMA 设备，即可以发起 DMA 操作的设备，在 DMA 即直接访问内存的操作中，可以暂时接管 CPU 对内存的访问权，经过系统总线访问内存。显然这时候 DMA 设备就成了整个系统的 Master。

相比之下，以外来 AXI4 设备为 Slave、为数据流下游和底层的情况，那就多了。采用 AXI4 规程的存储器尤其是外设就多了去，那才是 AXI4 设备的主流，所以更重要的规程转换器是 TLToAXI4。

12.5　TLToAXI4

与 AXI4ToTL 的方向相反，TLToAXI4 的作用是将作为 Master 的 TL 设备适配到作为 Slave 的 AXI4 设备上，实行从 TileLink 到 AXI4 的规程转换。

香山的代码中有个 trait HaveAXI4MemPort，显然这是为外接 AXI4 存储器而准备的：

```
trait HaveAXI4MemPort {
    val mem_xbar = TLXbar()
    …
    memAXI4SlaveNode := AXI4Buffer() := AXI4IdIndexer(idBits = 14) := AXI4UserYanker() :=
                          AXI4Deinterleaver(L3BlockSize) := TLToAXI4() := TLSourceShrinker(64) :=
                               TLWidthWidget(L3OuterBusWidth / 8) := TLBuffer.chainNode(2) := mem_xbar
    val memory = InModuleBody { memAXI4SlaveNode.makeIOs() }
}
```

前面 trait HaveSlaveAXI4Port 的注释中说从 rocket-chip 引入了三个 trait，这 trait HaveAXI4MemPort 就是第二个，还有一个是 trait HaveAXI4PeripheralPort。

这里的 mem_xbar 是个 TLXbar，而 memAXI4SlaveNode 是个作为 Slave 的 AXI4 存储设备节点。再看 TLToAXI4 在电路中的位置和作用。它左边的绑定符将它连接到 AXI4Deinterleaver，那显然是个 AXI4 模块。由于 TLToAXI4 出现在绑定符的右边，相对 AXI4Deinterleaver 而言 TLToAXI4 显然是 Source、是 Master。从 AXI4Deinterleaver 一路向左就都在 AXI4 的地界，最后到达 memAXI4SlaveNode。而 TLToAXI4 右边的绑定符，则将其连接到 TLSourceShrinker，那是在上游方向，是在 TileLink 的地界上，一直上溯就是 mem_xbar，那是 CPU 或 DMA 设备访问内存的总线，而外接 AXI4 存储器构成其中的一个分支。显然，相对于 TileLink

这一侧，TLToAXI4 处于 Sink、Slave 的地位。所以，TLToAXI4 的上方是 TileLink，下方是 AXI4，从上到下是 TL-To-AXI4。从操作命令下达的流向看，是从 TL 到 AXI4。

当然，TLToAXI4 也要参与 Diplomacy 的参数协调，所以是个 LazyModule，模块中的节点则是 TLToAXI4Node，既然所处位置不同，所面对的外部环境不同，就需要定义自己独特的节点类型：

```
case class TLToAXI4Node(wcorrupt: Boolean = true)(implicit valName: ValName) extends MixedAdapterNode (TLImp, AXI4Imp) (
  dFn = { p =>                    //本节点对于下方的AXI4节点而言处于Master的地位：
    AXI4MasterPortParameters(                  //下方是个AXI4节点，我方处于Master地位。
      masters = (new TLtoAXI4IdMap(p)).axi4Masters,
      requestFields = (if (wcorrupt) Seq(AMBACorruptField()) else Seq()) ++ p.requestFields.filter(!_.isInstanceOf[AMBAProtField]),
      echoFields = AXI4TLStateField(log2Ceil(p.endSourceId)) +: p.echoFields,
      responseKeys = p.responseKeys)
  },
  uFn = { p => TLSlavePortParameters.v1(   //上方是个TileLink节点，我方处于Slave地位：
    managers = p.slaves.map { case s =>
      TLSlaveParameters.v1(address = s.address, resources = s.resources, regionType = s.regionType,
                    executable = s.executable, nodePath = s.nodePath, supportsGet = s.supportsRead,
                    supportsPutFull = s.supportsWrite, supportsPutPartial = s.supportsWrite,
                    fifoId = Some(0), mayDenyPut = true, mayDenyGet = true)},
      beatBytes = p.beatBytes,
      minLatency = p.minLatency,
      responseFields = p.responseFields,
      requestKeys = AMBAProt +: p.requestKeys)
  })
```

与前面的 AXI4ToTLNode 相仿，这也是对 MixedAdapterNode 类的具体化与扩充，这也是把一种规程的设备“适配”到另一种规程，但是 inner 和 outer 两个参数的类型反了一下。在 AXI4ToTLNode 中，inner 是 AXI4Imp 而 outer 是 TLImp。而在 TLToAXI4Node 中却是反过来，inner 是 TLImp 而 outer 是 AXI4Imp。当然，所扩充的两个函数 dFn()和 uFn()也因此而不同。

值得注意的是，无论是 AXI4ToTLNode 还是 TLToAXI4Node，无论从信息流通的角度看终极的 AXI4 设备是处于源头还是末梢，从参数协调的角度看终极的 AXI4 设备模块都可能必须处于 Master 的位置，因为外接或外来的 AXI4 模块很可能不接受参数协调。所以，从原理上说，无论是 AXI4ToTLNode 还是 TLToAXI4Node，其面对 AXI4 的一面都必须是 Slave，以接受由 AXI4 设备所“强加”的参数。但是当然，也可以在 AXI4 地界上这一段中另有个 Adapter 节点，其两边都是 Slave，起着规程转换/参数适配的作用。

然后就是 LazyModule 模块 class TLToAXI4 的代码：

```
// wcorrupt alone is not enough; a slave must include AMBACorrupt in the slave port's requestKeys
class TLToAXI4(val combinational: Boolean = true, val adapterName: Option[String] = None,
              val stripBits: Int = 0, val wcorrupt: Boolean = true)(implicit p: Parameters) extends LazyModule {
  require(stripBits == 0, "stripBits > 0 is no longer supported on TLToAXI4")
  val node = TLToAXI4Node(wcorrupt)

  lazy val module = new LazyModuleImp(this) {
    (node.in zip node.out) foreach { case ((in, edgeIn), (out, edgeOut)) =>          //对每一对输入和输出：
              //node.in为本节点的输入端，这是TL；node.out为本节点的输出端，这是AXI4。
```

```
        //in是只含A/D两个通道的TLBundle，out是内含AR/AW等5个通道的AXI4Bundle。
val slaves = edgeOut.slave.slaves

// All pairs of slaves must promise that they will never interleave data
require (slaves(0).interleavedId.isDefined)
slaves.foreach { s => require (s.interleavedId == slaves(0).interleavedId) }

// Construct the source=>ID mapping table
val map = new TLtoAXI4IdMap(edgeIn.client)          //将承载在TL上的信息“映射”到AXI4上
val sourceStall = Wire(Vec(edgeIn.client.endSourceId, Bool()))
val sourceTable = Wire(Vec(edgeIn.client.endSourceId, out.aw.bits.id))
val idStall = Wire(init = Vec.fill(edgeOut.master.endId) { Bool(false) })
var idCount = Array.fill(edgeOut.master.endId) { None:Option[Int] }

map.mapping.foreach { case TLToAXI4IdMapEntry(axi4Id, tlId, _, _, fifo) =>
  for (i <- 0 until tlId.size) {
    val id = axi4Id.start + (if (fifo) 0 else i)
    sourceStall(tlId.start + i) := idStall(id)
    sourceTable(tlId.start + i) := UInt(id)
  }
  if (fifo) { idCount(axi4Id.start) = Some(tlId.size) }
}   //end map.mapping.foreach

adapterName.foreach { n =>
  println(s"$n AXI4-ID <= TL-Source mapping:\n${map.pretty}\n")
  ElaborationArtefacts.add(s"$n.axi4.json", s"""{"mapping":[${map.mapping.mkString(",")}]}""")
}

  // We need to keep the following state from A => D: (size, source)
  // All of those fields could potentially require 0 bits (argh. Chisel.)
  // We will pack all of that extra information into the echo bits.
require (log2Ceil(edgeIn.maxLgSize+1) <= 4)
val a_address = edgeIn.address(in.a.bits)
val a_source = in.a.bits.source
val a_size = edgeIn.size(in.a.bits)
val a_isPut = edgeIn.hasData(in.a.bits)
val (a_first, a_last, _) = edgeIn.firstlast(in.a)

val r_state = out.r.bits.echo(AXI4TLState)
val r_source = r_state.source
val r_size = r_state.size

val b_state = out.b.bits.echo(AXI4TLState)
val b_source = b_state.source
val b_size = b_state.size
```

```
    // We need these Queues because AXI4 queues are irrevocable
  val depth = if (combinational) 1 else 2
  val out_arw = Wire(Decoupled(new AXI4BundleARW(out.params)))   //见前
  val out_w = Wire(out.w)
  out.w :<> Queue.irrevocable(out_w, entries=depth, flow=combinational)
  val queue_arw = Queue.irrevocable(out_arw, entries=depth, flow=combinational)

    // Fan out the ARW channel to AR and AW
  out.ar.bits := queue_arw.bits
  out.aw.bits := queue_arw.bits
  out.ar.valid := queue_arw.valid && !queue_arw.bits.wen
  out.aw.valid := queue_arw.valid && queue_arw.bits.wen
  queue_arw.ready := Mux(queue_arw.bits.wen, out.aw.ready, out.ar.ready)

  val beatBytes = edgeIn.manager.beatBytes
  val maxSize = UInt(log2Ceil(beatBytes))
  val doneAW = RegInit(Bool(false))
  when (in.a.fire()) { doneAW := !a_last }

  val arw = out_arw.bits
  arw.wen := a_isPut
  arw.id := sourceTable(a_source)
  arw.addr := a_address
  arw.len := UIntToOH1(a_size, AXI4Parameters.lenBits + log2Ceil(beatBytes)) >> log2Ceil(beatBytes)
  arw.size := Mux(a_size >= maxSize, maxSize, a_size)
  arw.burst := AXI4Parameters.BURST_INCR
  arw.lock := UInt(0)          // not exclusive (LR/SC unsupported b/c no forward progress guarantee)
  arw.cache := UInt(0)         // do not allow AXI to modify our transactions
  arw.prot := AXI4Parameters.PROT_PRIVILEDGED
  arw.qos := UInt(0)           // no QoS
  arw.user :<= in.a.bits.user
  arw.echo :<= in.a.bits.echo
  val a_extra = arw.echo(AXI4TLState)
  a_extra.source := a_source
  a_extra.size := a_size

  in.a.bits.user.lift(AMBAProt).foreach { x =>
    val prot = Wire(Vec(3, Bool()))
    val cache = Wire(Vec(4, Bool()))
    prot(0) := x.privileged
    prot(1) := !x.secure
    prot(2) := x.fetch
    cache(0) := x.bufferable
    cache(1) := x.modifiable
    cache(2) := x.readalloc
    cache(3) := x.writealloc
```

```
    arw.prot := Cat(prot.reverse)
    arw.cache := Cat(cache.reverse)
  }  //end in.a.bits.user.lift(AMBAProt).foreach

  val stall = sourceStall(in.a.bits.source) && a_first
  in.a.ready := !stall && Mux(a_isPut, (doneAW || out_arw.ready) && out_w.ready, out_arw.ready)
  out_arw.valid := !stall && in.a.valid && Mux(a_isPut, !doneAW && out_w.ready, Bool(true))

  out_w.valid := !stall && in.a.valid && a_isPut && (doneAW || out_arw.ready)
  out_w.bits.data := in.a.bits.data
  out_w.bits.strb := in.a.bits.mask
  out_w.bits.last := a_last
  out_w.bits.user.lift(AMBACorrupt).foreach { _ := in.a.bits.corrupt }

    // R and B => D arbitration
  val r_holds_d = RegInit(Bool(false))
  when (out.r.fire()) { r_holds_d := !out.r.bits.last }
    // Give R higher priority than B, unless B has been delayed for 8 cycles
  val b_delay = Reg(UInt(width=3))
  when (out.b.valid && !out.b.ready) {
    b_delay := b_delay + UInt(1)
  } .otherwise {
    b_delay := UInt(0)
  }
  val r_wins = (out.r.valid && b_delay =/= UInt(7)) || r_holds_d

  out.r.ready := in.d.ready && r_wins
  out.b.ready := in.d.ready && !r_wins
  in.d.valid := Mux(r_wins, out.r.valid, out.b.valid)

    // If the first beat of the AXI RRESP is RESP_DECERR, treat this as a denied
    // request. We must pulse extend this value as AXI is allowed to change the
    // value of RRESP on every beat, and ChipLink may not.
  val r_first = RegInit(Bool(true))
  when (out.r.fire()) { r_first := out.r.bits.last }
  val r_denied = out.r.bits.resp === AXI4Parameters.RESP_DECERR holdUnless r_first
  val r_corrupt = out.r.bits.resp =/= AXI4Parameters.RESP_OKAY
  val b_denied = out.b.bits.resp =/= AXI4Parameters.RESP_OKAY

  val r_d = edgeIn.AccessAck(r_source, r_size, UInt(0), denied = r_denied, corrupt = r_corrupt || r_denied)
  val b_d = edgeIn.AccessAck(b_source, b_size, denied = b_denied)
  r_d.user :<= out.r.bits.user
  r_d.echo :<= out.r.bits.echo
  b_d.user :<= out.b.bits.user
  b_d.echo :<= out.b.bits.echo
```

```
        in.d.bits := Mux(r_wins, r_d, b_d)
        in.d.bits.data := out.r.bits.data              // avoid a costly Mux

          // We need to track if any reads or writes are inflight for a given ID.
          // If the opposite type arrives, we must stall until it completes.
        val a_sel = UIntToOH(arw.id, edgeOut.master.endId).asBools
        val d_sel = UIntToOH(Mux(r_wins, out.r.bits.id, out.b.bits.id), edgeOut.master.endId).asBools
        val d_last = Mux(r_wins, out.r.bits.last, Bool(true))
          // If FIFO was requested, ensure that R+W ordering is preserved
        (a_sel zip d_sel zip idStall zip idCount) foreach { case (((as, ds), s), n) =>
          // AXI does not guarantee read vs. write ordering. In particular, if we are in the middle of receiving a read burst
          // and then issue a write, the write might affect the read burst. This violates FIFO behaviour.
          // To solve this, we must wait until the last beat of a burst, but this means that a TileLink master which performs early
          // source reuse can have one more transaction inflight than we promised AXI; stall it too.
          val maxCount = n.getOrElse(1)
          val count = RegInit(UInt(0, width = log2Ceil(maxCount + 1)))
          val write = Reg(Bool())
          val idle = count === UInt(0)

          val inc = as && out_arw.fire()
          val dec = ds && d_last && in.d.fire()
          count := count + inc.asUInt - dec.asUInt

          assert (!dec || count =/= UInt(0))              // underflow
          assert (!inc || count =/= UInt(maxCount))       // overflow

          when (inc) { write := arw.wen }
          // If only one transaction can be inflight, it can't mismatch
          val mismatch = if (maxCount > 1) { write =/= arw.wen } else { Bool(false) }
          s := (!idle && mismatch) || (count === UInt(maxCount))
        }    //end (a_sel zip d_sel zip idStall zip idCount) foreach

        // Tie off unused channels          //AXI4规程不支持缓存，所以TL接口上的B,C,E三个通道空闲不用
        in.b.valid := Bool(false)                //从这里也可看出，TLToAXI4设备上的TL接口处于Slave的地位。
        in.c.ready := Bool(true)                 //相对于所连接的TL设备而言，TLToAXI4是Slave，对方是Master。
        in.e.ready := Bool(true)                 //因为B通道的方向是从Slave到Master，C,E通道则是从Master到Slave。
      }    //end (node.in zip node.out) foreach
    }    //end new LazyModuleImp(this)
}    //end class TLToAXI4
```

因为与 AXI4ToTL 相比只是方向反了一下，这里就没有加很多注释，留给读者自己去细看了。同样，TLToAXI4 类对象也要通过 object TLToAXI4 加以创建：

```
object TLToAXI4 {
  def apply(combinational: Boolean = true, adapterName: Option[String] = None,
                      stripBits: Int = 0, wcorrupt: Boolean = true)(implicit p: Parameters) = {
```

```
    val tl2axi4 = LazyModule(new TLToAXI4(combinational, adapterName, stripBits, wcorrupt))
    tl2axi4.node
  }
  …
}  //end object TLToAXI4
```

从前面各个模块/节点的绑定/连接路径中可以看出，无论是从 TileLink 到 AXI4、还是从 AXI4 到 TileLink，信号传输的路径上不只是有个 TLToAXI4 或是 AXI4ToTL，另外还有一串别的模块，这是因为这二者之间的差别并非仅靠这样一个规程转换器就能弭平。或者说，如果仅用一个模块就能完全彻底地实现规程转换，那这个规程转换器就得远远比现在这个 TLToAXI4/AXI4ToTL 更大更复杂，而解决的策略则是将这个任务分拆成若干规模小一点、功能单一、逻辑简单一点的模块，然后把它们串接起来。这个策略与 Unix/Linux 命令行中的 Pipe 是一致的，例如：

"error_xbar := TLFIFOFixer() := TLWidthWidget(32) := AXI4ToTL() := … := l3FrontendAXI4Node"

这个链接路径，就与下面这个命令行"管道"在精神上是一致的：

"l3FrontendAXI4Node | … | AXI4ToTL | TLWidthWidget | TLFIFOFixer | error_xbar"

所以，AXI 与 TileLink 的对接其实比 AXI4ToTL 和 TLToAXI4 这两个规程转换器更加复杂。下面沿着这二者对接的路径再分析几个模块的代码，但是本书的初稿始于两年之前，当时的路径与现在有些不同，有些是次序不同，有些是中间增加了 Buffer，有些地方则是增添了新的模块，所以下面所引的对接路径与现在最新的版本中也许有所不同，作者也没有时间和精力再作调整了，相信读者自能举一反三，领会其中的实质。

12.6　AXI4Deinterleaver

在 AXI 规程中，对内存的读/写操作是可以并发的，AXI4 去掉了对写操作的并发，但读操作仍可并发。所谓读操作可以并发，有着两方面的含义：

首先，是主设备启动了对于一个从设备的读操作之后，不等读操作完成，就又可以启动另一次读操作，这就好像在操作系统中启动了一个线程之后不等其完成就又启动另一个线程一样，两次读操作就成了并发的读操作，一次比较长的读操作会被分割成较小的数据块，分次上传。所以每个读操作都有个 ID 号码，以表明从下层（下游）发往上层（上游）的数据是属于哪一次读操作的。而同一 AXI4 通道上从下层设备上传的数据，则可能是分属于不同读操作的数据相互穿插（interleave），就好像线程的执行那样："走走停停"。

其次，在从设备这一面，则可以把单次读操作所需要上传的数据分块上传，这块多大、那块多大由从设备自己视实际情况掌握，但是块的大小有个上限。这样，一次读操作所欲读出的数据，与每次上传的数据，这二者的关系就好像是 IP 网络中 Message 与 Packet 的关系，属于一个读操作的上传数据与属于其它读操作的上传数据是互相穿插的，这就是 interleave。

这样的安排确有好处，因为主设备启动的读操作可能很长，其内容可能会跨内存"缓冲线"的边界，假设前一个缓冲线是命中的，所以读出很快，可是后一个缓冲线却不在缓存里，而需要从主存调入，这时候从设备就被拖住了，这时候如果允许其腾出手来，穿插进为别的读操作服务，显然是有利的。

可是 TileLink 不允许这样的并发。如前所述，TileLink 相对而言是一种简化了的规程。TileLink 要求启动了一次读操作以后就要一气呵成，不允许属于不同读操作的数据互相穿插。如果整个系统全都采用 TileLink，这也没有什么，只是效率可能会略低一些。然而，要将 TileLink 与 AXI4 对接，这就来问题了。

如果二者对接，AXI4 是在 Master 的地位，这时候的问题是 AXI4 设备会一事未了就要又来一事，发起另一次读操作；这还比较好办，只要下层模块不给 ready 信号，上层模块就只好干等着，你想发起再多的读操作也没用。可是如果是 TileLink 在 Master 的地位，而 AXI4 在 Slave 地位，那就有问题了，因为处于下层的 AXI4 设备可以自作主张就把读出的数据分块上传，并可以与别的读出数据相穿插，然而这却是 TileLink 设备不能接受的，再说 TileLink 的规程中也根本没有 ID 这个字段。

为此，就得把下层 AXI4 设备上传的这些“packet”即分块数据在进入 TileLink 的地盘之前就加以汇聚整理，把“packet”聚合成“message”，去掉分块之间的穿插，“成建制”地排好队伍，而不是游兵散勇似的开进 TileLink 的地盘。所以这叫 Deinterleaver，即“去穿插”。

我们看一下 AXI4Deinterleaver 在链接路径中所处的位置：

memAXI4SlaveNode := AXI4UserYanker() := ***AXI4Deinterleaver***(L3BlockSize) :=
TLToAXI4() := TLWidthWidget(L3OuterBusWidth / 8) := ***mem_xbar***

这里处于上游源头的是 mem_xbar 这是在 TileLink 这一头，发起读操作的命令就是从那里来的。当然真正的主设备还在 mem_xbar 之上，但那已经不在我们此刻所关心的范围之内。读操作的命令自右向左下传，直到 memAXI4SlaveNode。从 memAXI4SlaveNode 上传的数据则自左向右上传。TLToAXI4 是两块地盘的分界。如上所述，从 memAXI4SlaveNode 上传的数据，是可以自作主张加以分块并形成穿插的，这个问题必须在数据进入 TileLink 地盘之前得到解决。所以，就在 TLToAXI4 之前插入了一个节点 AXI4Deinterleaver，进行“去穿插”。这个节点，从“行政编制”上说是处于 TLToAXI4 的下游，因为发起操作的命令是来自右边，但是读出数据的上传，其数据流动的方向却是反的，是从左向右，但是这并不改变 AXI4Deinterleaver 相对于 TLToAXI4 是处于 Slave 地位的性质。但是当然，这是在 AXI4 的地盘上，这个模块的输入输出都是 AXI4，但是 AXI4Deinterleaver 的输入端更靠近 TileLink 这一边，而输出端更靠近 AXI4 从设备 memAXI4SlaveNode 这一边。可是，如果考虑来自后者的上传数据，方向就反过来了。

下面就是 class AXI4Deinterleaver 的具体实现了：

```
/** This adapter deinterleaves read responses on the R channel.
  * Deinterleaving guarantees that once the first beat of a read response has been accepted by
  * the recipient, all further presented read responses will be from the same burst transaction, until the burst is complete.
  * @param maxReadBytes is the maximum supported read burst size that this adapter has been provisioned to support.
  * @param buffer is the internal buffering to provide in the case where no deinterleaving is required.
  */
class AXI4Deinterleaver(maxReadBytes: Int, buffer: BufferParams = BufferParams.default)
        (implicit p: Parameters) extends LazyModule {
  require (maxReadBytes >= 1, s"AXI4Deinterleaver: maxReadBytes must be at least 1, not $maxReadBytes")
  require (isPow2(maxReadBytes), s"AXI4Deinterleaver: maxReadBytes must be a power of two, …")
  private def maxBeats(slave: AXI4SlavePortParameters): Int = (maxReadBytes+slave.beatBytes-1) / slave.beatBytes
  // Nothing to do if R channel only uses a single beat
  private def nothingToDeinterleave(slave: AXI4SlavePortParameters): Boolean = maxBeats(slave) <= 1

  val node = new AXI4AdapterNode(
    masterFn = { mp => mp },
    slaveFn = { sp => sp.copy(slaves = sp.slaves.map(s => s.copy(
                supportsRead = s.supportsRead.intersect(TransferSizes(1, maxReadBytes)), interleavedId = Some(0)))) }) {
    override def circuitIdentity = edges.out.map(_.slave).forall(nothingToDeinterleave)
  }

  lazy val module = new LazyModuleImp(this) {
    (node.in zip node.out) foreach { case ((in, edgeIn), (out, edgeOut)) =>
      val endId = edgeOut.master.endId
      val beats = maxBeats(edgeOut.slave)
```

```
// This adapter passes through the AR/AW control + W/B write data channels
out.ar :<> in.ar
out.aw :<> in.aw
out.w :<> in.w
in.b :<> out.b

// Only the R channel has the possibility of being changed
if (nothingToDeinterleave(edgeOut.slave)) {  //如果次序无需整理，那就直接相连。
  in.r.asInstanceOf[ReadyValidIO[AXI4BundleR]] :<> buffer.irrevocable(out.r)
} else {  //数据来源的方向上允许并发，那才需要对次序加以理顺：
    // We only care to deinterleave ids that are actually in use
  val maxFlightPerId = Seq.tabulate(endId) { i =>
    edgeOut.master.masters.find(_.id.contains(i)).flatMap(_.maxFlight).getOrElse(0)
  }

    // Queues to buffer R responses
  val qs = maxFlightPerId.zipWithIndex.map { case (mf, i) =>  //对于允许的最大（读出）并发数：
    if (mf > 0) {    //该ID允许“未完成”而被暂时挂起（从而造成interleave）
      val q = Module(new Queue(out.r.bits.cloneType, entries = beats))
      q.suggestName(s"queue_${i}")
      q.io
    } else {    //这个ID不允许被挂起，但是应有与Queue相同的接口（否则后面的程序就难写了）。
      // These are unused IDs and should be never used.
      // But, to satisfy type checks we must produce a Wire of the correct type.
      val q = Wire(new QueueIO(out.r.bits.cloneType, beats))
      q.suggestName(s"queue_wire_${i}")
      assert(!q.enq.valid, s"ID ${i} should not be used")
      q := DontCare
      q
    }
  }  //end val qs ()  //注意并不是只创建一个队列，而是每个可能的线程都有一个。

    // Which ID is being enqueued and dequeued?
  val locked = RegInit(false.B)
  val deq_id = Reg(UInt(log2Up(endId).W))
  val enq_id = out.r.bits.id
  val deq_OH = UIntToOH(deq_id, endId)
  val enq_OH = UIntToOH(enq_id, endId)

  // Track the number of completely received bursts per FIFO id
  val pending = Cat(maxFlightPerId.zipWithIndex.map {
    case (0, _) => false.B  // any id not in use
    case (_, i) => {            // i is an id in use
      val count = RegInit(0.U(log2Ceil(beats+1).W))          //读出计数器
      val next = Wire(chiselTypeOf(count))
      val inc = enq_OH(i) && out.r.fire() && out.r.bits.last      //out.r来自数据源头（last表示最后一个节拍）
```

```
            val dec = deq_OH(i) && in.r.fire() && in.r.bits.last                    //in.r是读出数据的出口
            next := count + inc.asUInt - dec.asUInt                                  //计算新的计数值（原值+流入-流出）
            count := next                                                            //把计数值打入计数器
            // Bounds checking
            assert (!dec || count =/= 0.U)
            assert (!inc || count =/= beats.U)
            next =/= 0.U
          }
        }.reverse)

        // Select which Q will we start sending next cycle
        val winner = pending & ~(leftOR(pending) << 1)
        when (!locked || (in.r.fire() && in.r.bits.last)) {
          locked := pending.orR
          deq_id := OHToUInt(winner)
        }

        // Transmit the selected burst to inner
        in.r.valid := locked
        val deq_bits = VecInit(qs.map(_.deq.bits))
        in.r.bits := deq_bits(deq_id)                //输入方，即通往TL一方中R通道的读出数据来自队列输出，
                                                     //具体来自哪个队列则取决于deq_id。
                                                     //来自AXI4源头的读出数据是interleaved，经过队列缓冲就理顺了。
        val deq_OH_bools = deq_OH.asBools
        require(deq_OH_bools.size == qs.size, s"deq_OH.size != qs.size (${deq_OH_bools.size} vs ${qs.size})")
        (deq_OH_bools zip qs) foreach { case (s, q) => q.deq.ready := s && in.r.fire()}

        val enq_OH_bools = enq_OH.asBools
        require(enq_OH_bools.size == qs.size, s"enq_OH.size != qs.size (${enq_OH_bools.size} vs ${qs.size})")
        // Feed response into matching Q
        val enq_readys = VecInit(qs.map(_.enq.ready))
        out.r.ready := enq_readys(enq_id)                  //输出方通往AXI4数据源头的ready信号来自队列
        (enq_OH_bools zip qs) foreach { case (s, q) =>
          q.enq.valid := s && out.r.valid
          q.enq.bits := out.r.bits
        }
      }   //end if (nothingToDeinterleave(edgeOut.slave)) {} else {}
    }   //end foreach
  }   //end module
}   //end class AXI4Deinterleaver
```

代码中加了注释，这里就不再详述了。同样，freechips.rocketchip.amba.axi4 这个 packge 中也提供了一个 object AXI4Deinterleaver，出现在前面绑定路径中的 AXI4Deinterleaver 其实是 object AXI4Deinterleaver：

```
object AXI4Deinterleaver {
  def apply(maxReadBytes: Int, buffer: BufferParams = BufferParams.default)(implicit p: Parameters): AXI4Node = {
```

```
        val axi4deint = LazyModule(new AXI4Deinterleaver(maxReadBytes, buffer))
        axi4deint.node
    }
}
```

可见，要将 AXI 设备用作 TileLink 的从设备，AXI4Deinterleaver 是必不可少的，这实际上也属于规程转换的一部分。

12.7　AXI4UserYanker

在前面那个 AXI4/TileLink 绑定的路径中，我们看到还有一个节点 AXI4UserYanker。当然，这个节点是在 AXI4 的地盘上，但是在以 AXI4 设备为源头和以 AXI4 设备为末梢（使用 AXI4ToTL 和使用 TLToAXI4）这两种绑定路径中都有出现，例如：

```
error_xbar := AXI4ToTL() := AXI4UserYanker(Some(1)) := AXI4Fragmenter() := AXI4IdIndexer(1) := l3FrontendAXI4Node
memAXI4SlaveNode := AXI4UserYanker() := AXI4Deinterleaver(L3BlockSize) :=
                                    TLToAXI4() := TLWidthWidget(L3OuterBusWidth / 8) := mem_xbar
```

在第一个绑定路径中，AXI4 的地盘在上游，所以 AXI4UserYanker 在 AXI4ToTL 的右边，其输入端更靠近 AXI4 的源头，而输出端更靠近 TileLink 的地盘。

在第二个绑定路径中，则 AXI4 的地盘在下游，所以 AXI4UserYanker 在 AXI4ToTL 的左边，其输入端更靠近 TileLink 的源头，而输出端更靠近 AXI4 的从设备 memAXI4SlaveNode。

所以 AXI4UserYanker 应该是对称的。

将 AXI4 与 TileLink 对接，还有个事情不好办，就是对 AXI4 通道上 echo 字段的处理。当一个 AXI4 的 Master 设备在 AR 通道上向 Slave 设备下发读数命令时，会把某些用户信息写在其 echo 字段中，并期待从 R 通道读回的信息中含有相同的 echo 信息。尤其是，AXI4 的读操作是允许并发的，允许有未完成的读操作，在 AR 通道上发出的这些读命令也都带有 echo 信息，也都期望从 R 通道读回数据加 echo 信息。在 AXI4 的规程中，这些 echo 信息是作为数据字段（而不是控制字段）发送的。然而，TL 这一边却没有与 echo 对应的机制和字段，AXI4ToTL 虽然可以把 AXI4 这边 AR 通道上的读操作命令转换成 TL 这边 A 通道上的读操作命令，但是无论 TLBundleA 上的 echo，还是从 D 通道上的 echo,都仅限于控制字段。AXI4 的写操作命令则是在 AW 通道上发送，也带有 echo 信息，并期望 Slave 设备在完成写入后在 B 通道上发回带有 echo 信息的确认。显然，不解决这个 echo 信息的问题，AXI4 设备实际上是不能发挥作用的。反过来，AXI4 的 Slave 节点，则期待从上层发下的命令中有 echo 信息并把这信息照抄到自己发回的数据中。显然，当操作命令从 TileLink 的地盘进入 AXI4 的地盘时需要加上 echo 信息，而从 AXI4 地盘进入 TileLink 地盘时则要去除 echo 信息。

AXI4UserYanker 这个模块，就是设计来解决这个问题的，Yank 就是去除的意思，所去除的就是 echo 信息，然而光是去除 echo 信息并不解决问题，需要时还得加回去才行。下面是这个模块的实现：

```
/** This adapter prunes all user bit fields of the echo type from request messages,
  * storing them in queues and echoing them back when matching response messages are recevied.
  * It also optionally rate limits the number of transactions that can be in flight simultaneously
  * per FIFO domain / A[W|R]ID.
  * @param capMaxFlight is an optional maximum number of transactions that can be in flight per A[W|R]ID.
  */
class AXI4UserYanker (capMaxFlight: Option[Int] = None)(implicit p: Parameters) extends LazyModule{
```

```
val node = AXI4AdapterNode(
  masterFn = { mp => mp.copy(masters = mp.masters.map { m => m.copy(
      maxFlight = (m.maxFlight, capMaxFlight) match {
        case (Some(x), Some(y)) => Some(x min y)
        case (Some(x), None) => Some(x)
        case (None, Some(y)) => Some(y)
        case (None, None) => None })},
    echoFields = Nil)},
  slaveFn = { sp => sp })

lazy val module = new LazyModuleImp(this) {
  (node.in zip node.out) foreach { case ((in, edgeIn), (out, edgeOut)) =>
                  //in和out都是AXI4，in和out都可以是更靠近AXI4源头的一端。
    // Which fields are we stripping?
    val echoFields = edgeIn.master.echoFields
    val need_bypass = edgeOut.slave.minLatency < 1

    edgeOut.master.masters.foreach { m =>
      require (m.maxFlight.isDefined, "UserYanker needs a flight cap on each ID")
    }

    def queue (id: Int) = {
      val depth = edgeOut.master.masters.find(_.id.contains(id)).flatMap(_.maxFlight).getOrElse(0)
      if (depth == 0) {            //深度为0，即允许并发数为0，那就无需队列，但也要用与队列相同的接口：
        Wire(new QueueIO(BundleMap(echoFields), 1))        //unused ID => undefined value
      } else {                     //深度不为0，允许并发，那就需要有队列：
        Module(new Queue(BundleMap(echoFields), depth, flow=need_bypass)).io
      }
    }  //end queue()

    val rqueues = Seq.tabulate(edgeIn.master.endId) { i => queue(i) }     //为每个可能的id创建读操作的队列
    val wqueues = Seq.tabulate(edgeIn.master.endId) { i => queue(i) }     //为每个可能的id创建写操作的队列

    val arid = in.ar.bits.id
    val ar_ready = Vec(rqueues.map(_.enq.ready))(arid)
    in.ar.ready := out.ar.ready && ar_ready
    out.ar.valid := in.ar.valid && ar_ready
    out.ar.bits :<= in.ar.bits                          //AR通道是直通的

    val rid = out.r.bits.id                             //但是R通道就不同了：
    val r_valid = Vec(rqueues.map(_.deq.valid))(rid)
    val r_bits = Vec(rqueues.map(_.deq.bits))(rid)         //以此id为下标，从rqueues读出存储着的内容。
    assert (!out.r.valid || r_valid)               // Q must be ready faster than the response
    in.r :<> out.r
    in.r.bits.echo :<= r_bits                           //把从rqueues读出的内容写入输入R通道的echo字段
```

```
      val arsel = UIntToOH(arid, edgeIn.master.endId).asBools
      val rsel = UIntToOH(rid, edgeIn.master.endId).asBools
      (rqueues zip (arsel zip rsel)) foreach { case (q, (ar, r)) =>          //rqueues的方向是从in到out
        q.deq.ready := out.r.valid && in.r.ready && r && out.r.bits.last
        q.enq.valid := in.ar.valid && out.ar.ready && ar
        q.enq.bits :<= in.ar.bits.echo                //把输入AR通道echo字段的内容写入rqueues
      }

      val awid = in.aw.bits.id
      val aw_ready = Vec(wqueues.map(_.enq.ready))(awid)
      in.aw.ready := out.aw.ready && aw_ready
      out.aw.valid := in.aw.valid && aw_ready
      out.aw.bits :<= in.aw.bits                    //AW通道也是直通

      val bid = out.b.bits.id                       //B通道是对写操作的响应，AW通道中的echo字段要在B通道返回。
      val b_valid = Vec(wqueues.map(_.deq.valid))(bid)
      val b_bits = Vec(wqueues.map(_.deq.bits))(bid)      //以此id为下标，从wqueues读出存储着的内容。
      assert (!out.b.valid || b_valid)    // Q must be ready faster than the response
      in.b :<> out.b
      in.b.bits.echo :<= b_bits                     //把从wqueues读出的内容写入输入B通道的echo字段

      val awsel = UIntToOH(awid, edgeIn.master.endId).asBools
      val bsel = UIntToOH(bid, edgeIn.master.endId).asBools
      (wqueues zip (awsel zip bsel)) foreach { case (q, (aw, b)) =>     //wqueues的方向是从in到out
        q.deq.ready := out.b.valid && in.b.ready && b
        q.enq.valid := in.aw.valid && out.aw.ready && aw
        q.enq.bits :<= in.aw.bits.echo                //把输入AW通道的echo字段写入wqueues
      }
      out.w :<> in.w
    }  //end (node.in zip node.out) foreach
  }  //end module
}  //end class AXI4UserYanker

object AXI4UserYanker {
  def apply(capMaxFlight: Option[Int] = None)(implicit p: Parameters): AXI4Node = {
    val axi4yank = LazyModule(new AXI4UserYanker(capMaxFlight))
    axi4yank.node
  }
}  //end object AXI4UserYanker
```

显然，AXI4UserYanker 其实也是规程转换的一部分，前面的 TLToAXI4 只是其中最基本的那一块。

12.8　AXI4Fragmenter

AXI4Bundle 上的读写命令是从 Master 向 Slave 发送，Master 所在的方向为上游，Slave 所在的方向为下游。读/写命令是分别在 AR 和 AW 通道上发送的，命令里给定了所读写数据块的起始地址、数据块大小和每个节拍（burst）中传输的数据大小，也即通道宽度。但是具体的 Slave 设备在执行命令时能支持的数据块大小可能是有区别的。如果下游支持的单条命令容量更大，那是没有问题的。可是如果上游所要求的单条命令容量更大，那就会有问题了，因为上游发出的命令中所要求读/写的数据块大小可能是下游支持不了的。以写数据操作为例，要是下游设备的缓冲区大小决定了对每条写命令的执行只能支持 8KB 的数据，可是上游发来的命令却说要写 18KB，然后就源源不断，一个节拍一个节拍地发过来，那下游设备的缓冲区就被冲垮了。尤其是如果 Master 设备是个 AXI4 设备而 Slave 设备是个 TileLink 设备，这样的情况就更有可能发生。诚然，可以通过 ready/valid 信号握手实施反向的调节，但是 ready/valid 握手只是发生于相邻两个节点之间，虽然也会慢慢向上游扩散，但那要到中间节点都被灌满的时候。当然上下游模块之间有参数协调，但是只有都是自己设计并采用 Diplomacy 机制的模块才支持参数协调，要是 Master 模块是外来的 IP，那就没法要求它们也进行参数协调了。

要在这样的上下游之间提供适配，办法就是 Fragment，就是（命令）分解。比方说，上游的一道命令要求写 18KB，就把它拆成三道命令，第一道命令要求写 8KB，然后第二道命令也是 8KB，最后再是第三道命令要求写 2KB。这样就把问题解决了。实际上，既然上游方向可以要求一次写 18KB，超过了 16KB，那就说明上游方向还有可能要求一次写 32KB，说明数据块大小的字段至少是 5 位。写操作如此，读操作也类似。

AXI4Fragmenter 就是按这个思路设计的一个适配器模块。我们可以通过前述的一个绑定路径看一下它在路径中所处的位置。

```
error_xbar := AXI4ToTL() := AXI4UserYanker(Some(1)) := AXI4Fragmenter() := AXI4IdIndexer(1) := l3FrontendAXI4Node
```

其上游的源头是 l3FrontendAXI4Node，这是个 AXI4 设备，下游最终流入 TileLink 的 error_xbar，二者之间是 AXI4ToTL。AXI4Fragmenter 在 AXI4 的地盘上，其输入输出两端都采用 AXI4 规程，但是其输出端是面向 TileLink 一边的，其下游方向对于单条命令究竟支持多大的数据块，其实还取决于 xbar 背后的 TileLink 存储设备。参数协调的时候，处于 AXI4Fragmenter 左边，即其下游的那些模块上的相关参数都（通过 masterFn() 和 slaveFn()两个函数）往 error_xbar 靠拢；而上游那些模块的相关参数则都往上游的源头靠拢。最后两个方向上相关参数的差异，尤其是 lenBits beatBytes 等参数的差异，显然就是无法通过参数协调来取得一致的，这种不一致就表现在 AXI4Fragmenter 模块的两端。既然无法通过协调取得一致，那就只能通过上述的方法在这个模块内部加以弥合：

```
case object AXI4FragLast extends ControlKey[Bool]("real_last")
case class AXI4FragLastField() extends SimpleBundleField(AXI4FragLast)(Output(Bool()), false.B)

class AXI4Fragmenter()(implicit p: Parameters) extends LazyModule {
  val maxBeats = 1 << AXI4Parameters.lenBits
  def expandTransfer (x: TransferSizes, beatBytes: Int, alignment: BigInt) =
                                    if (!x) x else TransferSizes(x.min, alignment.min(maxBeats*beatBytes).intValue)
  def mapSlave (s: AXI4SlaveParameters, beatBytes: Int) = s.copy(
                    supportsWrite = expandTransfer(s.supportsWrite, beatBytes, s.minAlignment),
                    supportsRead = expandTransfer(s.supportsRead, beatBytes, s.minAlignment),
                    interleavedId = None)          // this breaks interleaving guarantees
  def mapMaster (m: AXI4MasterParameters) = m.copy(aligned = true, maxFlight = None)

  val node = AXI4AdapterNode(
    masterFn = { mp => mp.copy(masters = mp.masters.map(m => mapMaster(m)),
                                                       echoFields = AXI4FragLastField() +: mp.echoFields) },
```

```
    slaveFn = { sp => sp.copy(slaves = sp.slaves.map(s => mapSlave(s, sp.beatBytes))) })

  lazy val module = new LazyModuleImp(this) {
    (node.in zip node.out) foreach { case ((in, edgeIn), (out, edgeOut)) =>
        //in和out都是AXI4Bundle，但是in更靠近AXI4源头，而out更靠近AXI4ToTL和TL。
      val slave = edgeOut.slave
      val slaves = slave.slaves
      val beatBytes = slave.beatBytes          //下游方向节拍数字段的长度，beatBytes=8。
      val lgBytes = log2Ceil(beatBytes)        //表示下游方向节拍数字段长度所需的位数
      val master = edgeIn.master
      val masters = master.masters

      // We don't support fragmenting to sub-beat accesses
      slaves.foreach { s =>
        require (!s.supportsRead || s.supportsRead.contains(beatBytes))
        require (!s.supportsWrite || s.supportsWrite.contains(beatBytes))
      }

      /* We need to decompose a request into
       *     FIXED => each beat is a new request
       *     WRAP/INCR => take xfr up to next power of two, capped by max size of target
       * On AR and AW, we fragment one request into many
       * On W we set 'last' on beats which are fragment boundaries
       * On R we clear 'last' on the fragments being reassembled
       * On B we clear 'valid' on the responses for the injected fragments
       * AR=>R and AW+W=>B are completely independent state machines.
       */

        /* Returns the number of beats to execute and the new address */
      def fragment (a: IrrevocableIO[AXI4BundleA], supportedSizes1: Seq[Int]): (IrrevocableIO[AXI4BundleA], Bool, UInt) = {
            //输入a是个AXI4地址通道，这个通道可以是一个Queue的输出。所谓fragment是对A通道的。
            // supportedSizes1是下游方向单次命令可支持的读/写数据最大长度。
        val out = Wire(a)                                        //为输入AR/AW通道创建一个排线，最后将用作输出。

        val busy = RegInit(Bool(false))                          //D触发器，用作busy标志。
        val r_addr = Reg(UInt(width = a.bits.params.addrBits))   //地址寄存器，宽度来自输入A通道。
        val r_len = Reg(UInt(width = AXI4Parameters.lenBits))    //（读/写）长度寄存器，定义为8。

        val len = Mux(busy, r_len, a.bits.len)                   //视当前是否busy，len来自长度寄存器或输入A通道。
        val addr = Mux(busy, r_addr, a.bits.addr)                //视当前是否busy，addr来自地址寄存器或输入A通道。

        val lo = if (lgBytes == 0) UInt(0) else addr(lgBytes-1, 0)    // lgBytes为beatBytes字段长度，见前。
        val cutoff = AXI4Parameters.lenBits + lgBytes                       //切割点位置
        val alignment = addr((a.bits.params.addrBits min cutoff)-1, lgBytes)     //地址对齐
          // We don't care about illegal addresses; bursts or no bursts... whatever circuit is simpler
          // (AXI4ToTL will fix it)!!! think about this more -- what if illegal?
```

```
val sizes1 = (supportedSizes1 zip slave.slaves.map(_.address)) .filter(_._1 >= 0).groupBy(_._1).mapValues(_.flatMap(_._2))
val reductionMask = AddressDecoder(sizes1.values.toList)
val support1 = Mux1H(sizes1.toList.map { case (v, a) =>                    // maximum supported size-1 based on target address
            (AddressSet.unify(a.map(_.widen(~reductionMask)).distinct).map(_.contains(addr)).reduce(_||_), UInt(v)) })

  /* We need to compute the largest transfer allowed by the AXI len.
   * len+1 is the number of beats to execute.
   * We want the MSB(len+1)-1; one less than the largest power of two we could execute.
   * There are two cases; either len is 2^n-1 in which case we leave it unchanged,
   * ELSE fill the bits from highest to lowest, and shift right by one bit.
   */
val fillLow = rightOR(len) >> 1        // set all bits in positions < a set bit   //len是在变化的，见上。
            //rightOR：从左到右，发现第一个1，就把其右面全填成1。
val wipeHigh = ~leftOR(~len)           // clear all bits in position   >= a cleared bit
            //leftOR：从右到左，发现第一个1，就把其左面全填成1。
            //假定len=8，即0b00100，则~len为0b11011，leftOr(0b11011)为全1，再取反则为全0。
val remain1 = fillLow | wipeHigh       // MSB(a.len+1)-1      //这是逻辑或操作“|”，即按位相或，不是“||”。
val align1 = ~leftOR(alignment)        // transfer size limited by address alignment
val maxSupported1 = remain1 & align1 & support1   // Take the minimum of all the limits
                        //三个数值的“逻辑与”计算，其中align1和support1起着掩模的作用。

  // Things that cause us to degenerate to a single beat
val fixed = a.bits.burst === AXI4Parameters.BURST_FIXED  //fixed表示地址不因节拍的推进而变
val narrow = a.bits.size =/= UInt(lgBytes)                //narrow表示A通道size字段所述的大小不同于lgBytes
val bad = fixed || narrow                                 //这二者都属于不正常

  // The number of beats-1 to execute
val beats1 = Mux(bad, UInt(0), maxSupported1)      //在正常情况下beats1来自maxSupported1
val beats = OH1ToOH(beats1)          // beats1 + 1
    // def OH1ToOH(x: UInt): UInt = (x << 1 | UInt(1)) & ~Cat(UInt(0, width=1), x)

val inc_addr = addr + (beats << a.bits.size)       // address after adding transfer
val wrapMask = a.bits.bytes1()         // only these bits may change, if wrapping
val mux_addr = Wire(init = inc_addr)
when (a.bits.burst === AXI4Parameters.BURST_WRAP) {        //分解成节拍数更少的命令
                                                             //如果原来是2^p节拍，就拆成2^(p-1)节拍。
  mux_addr := (inc_addr & wrapMask) | ~(~a.bits.addr | wrapMask)
}
when (a.bits.burst === AXI4Parameters.BURST_FIXED) {   //分解成单节拍命令
  mux_addr := a.bits.addr
}

val last = beats1 === len                //当beats1等于len时，就到了最后一个节拍。
a.ready := out.ready && last             //输入A通道这边的ready一直要到last即最后节拍时才可能为1。
out.valid := a.valid
out.bits :<= a.bits                      //out.bits来自a.bits，但其中len和addr两个字段的内容会被覆盖：
```

```
    out.bits.len := beats1                //len字段的内容来自beats1

      // We forcibly align every access. If the first beat was misaligned, the strb bits for the lower addresses must not
      // have been set. Therefore, rounding the address down is harmless. We can do this after the address update algorithm,
      // because the incremented values will be rounded down the same way. Furthermore, a subword offset cannot cause a
      // premature wrap-around.
    out.bits.addr := ~(~addr | UIntToOH1(a.bits.size, lgBytes))
              //addr来自一个Mux的输出，在busy时来自地址寄存器r_addr，平时来自a.bits.addr。
              //而寄存器r_addr的内容每个时钟脉冲都会被更新，随着输出通道上的每次发送在变，
              //打入寄存器r_addr的内容来自mux_addr。
              //mux_addr的内容取决于a.bits.burst为BURST_FIXED还是BURST_WRAP。

    when (out.fire()) {        //每次向out发送（ready&&valid）后：
      busy := !last                 //只要尚未到last，就仍处于busy状态。
      r_addr := mux_addr            //地址向前推进
      r_len := len – beats          //但是待发送长度已经减少了已经发送的那么多节拍
    }
    (out, last, beats)              //out是fragment()的输出A通道排线，beats为已发送节拍数。
  }   //end fragment()        //以上是对fragment电路的描述

    // The size to which we will fragment the access
  val readSizes1 = slaves.map(s => s.supportsRead.max/beatBytes-1)
  val writeSizes1 = slaves.map(s => s.supportsWrite.max/beatBytes-1)

    // Irrevocable queues in front because we want to accept the request before responses come back
  val (in_ar, ar_last, _) = fragment (Queue.irrevocable(in.ar, 1, flow=true), readSizes1)
                  //读操作的fragment，下游支持单次命令可读出数据最大长度为readSizes1
  val (in_aw, aw_last, w_beats) = fragment (Queue.irrevocable(in.aw, 1, flow=true), writeSizes1)
                  //读操作的fragment，下游支持单次命令可写入数据最大长度为writeSizes1。
                  //在AR和AW通道上既需要有个Queue，也需要有fragment。
    // AXI ready may not depend on valid of other channels
    // We cut wready here along with awready and arready before AXI4ToTL
  val in_w = Queue.irrevocable(in.w, 1, flow=true)          //在W通道上需要有个Queue，但并不需要fragment。
    // AR flow control; super easy
  out.ar :<>: in_ar                                          //输出AR通道上的输出来自AR通道的fragment
  out.ar.bits.echo(AXI4FragLast) := ar_last

    // When does W channel start counting a new transfer
  val wbeats_latched = RegInit(Bool(false))
  val wbeats_ready = Wire(Bool())
  val wbeats_valid = Wire(Bool())
  when (wbeats_valid && wbeats_ready) { wbeats_latched := Bool(true) }
  when (out.aw.fire()) { wbeats_latched := Bool(false) }

    // AW flow control
  out.aw.valid := in_aw.valid && (wbeats_ready || wbeats_latched)
```

```
        in_aw.ready := out.aw.ready && (wbeats_ready || wbeats_latched)
        wbeats_valid := in_aw.valid && !wbeats_latched
        out.aw.bits :<>: in_aw.bits                    //输出AW通道上的输出来自AW通道的fragment
        out.aw.bits.echo(AXI4FragLast) := aw_last

          // We need to inject 'last' into the W channel fragments, count!
        val w_counter = RegInit(UInt(0, width = AXI4Parameters.lenBits+1))
        val w_idle = w_counter === UInt(0)
        val w_todo = Mux(w_idle, Mux(wbeats_valid, w_beats, UInt(0)), w_counter)
        val w_last = w_todo === UInt(1)
        w_counter := w_todo - out.w.fire()
        assert (!out.w.fire() || w_todo =/= UInt(0))           // underflow impossible

          // W flow control
        wbeats_ready := w_idle
        out.w.valid := in_w.valid && (!wbeats_ready || wbeats_valid)
        in_w.ready := out.w.ready && (!wbeats_ready || wbeats_valid)
        out.w.bits :<= in_w.bits                    //下游W通道上的输出直接来自上游W通道，无需fragment。
        out.w.bits.last := w_last
          // We should also recreate the last last
        assert (!out.w.valid || !in_w.bits.last || w_last)

          // R flow control
        val r_last = out.r.bits.echo(AXI4FragLast)
        in.r :<> out.r                               //上游R通道上的输出直接来自下游R通道，无需fragment。
        in.r.bits.last := out.r.bits.last && r_last

          // B flow control
        val b_last = out.b.bits.echo(AXI4FragLast)
        in.b :<> out.b                               //上游R通道上的输出直接来自下游R通道
        in.b.valid := out.b.valid && b_last
        out.b.ready := in.b.ready || !b_last

          // Merge errors from dropped B responses
        val error = RegInit(Vec.fill(edgeIn.master.endId) { UInt(0, width = AXI4Parameters.respBits)})
        in.b.bits.resp := out.b.bits.resp | error(out.b.bits.id)
        (error zip UIntToOH(out.b.bits.id, edgeIn.master.endId).asBools) foreach { case (reg, sel) =>
                        when (sel && out.b.fire()) { reg := Mux(b_last, UInt(0), reg | out.b.bits.resp) }
        }
      }  //end (node.in zip node.out) foreach
    }  //end module
}  //end class AXI4Fragmenter

object AXI4Fragmenter {
  def apply()(implicit p: Parameters): AXI4Node = {
    val axi4frag = LazyModule(new AXI4Fragmenter)
```

```
    axi4frag.node
  }
}
```

可见，要实现规程间的转换，要让采用不同规程的两个模块对接，可真不是个容易的事。

12.9　AXI4IdIndexer

另一个问题，是关于 AXI4 通道中的 AWID 和 ARID 字段。从 AXI4 的 Master 节点下发的读写命令上是带有 AWID 或 ARID 字段的，也期望从 Slave 节点发回的报文中带有这些字段的内容。可是 Slave 节点采用的却是 TileLink 规程，报文中没有这个字段。没有这个字段，上传的报文回到 Master 节点就对不上号。不过幸好还有个解决方案，就是 AXI4 的报文中有个 echo 字段，其内容可以由用户自定义，但是实际上却并无什么重要的作用。既然如此，就可以在 AXI4 报文进入 TileLink 的地盘之前先将 ARID/AWID 的内容复制到 echo 字段，然后在规程转换的时候就把 ARID/AWID 字段丢掉。等到回应报文回来，虽然报文的格式已经变回 AXI4 的格式，但是其 ARID/AWID 字段却是空白的，然而回应报文的 echo 字段中应该含有原先的 ARID/AWID，把它放回 ARID/AWID 字段继续上传，便可“骗”过 AXI4 的 Master 节点，让其感觉这报文就是从 AXI4 的 Slave 节点发回来的。实现此种策略的节点，是在 AXI4 的地界上，这就是 AXI4IdIndexer。下面是这个节点在对接路径中的位置：

```
error_xbar := AXI4ToTL() := AXI4UserYanker(Some(1)) := AXI4Fragmenter() := AXI4IdIndexer(1) := l3FrontendAXI4Node
```

这里的 l3FrontendAXI4Node 处于源头，在 Master 的位置上；AXI4IdIndexer 节点在 AXI4 的地界上，位于进入 TileLink 地界之前，其输入输出两端都是 AXI4，但是输入端面向同为 AXI4 的 Master，输出端则面向 TileLink 的 Slave，更靠近 AXI4ToTL 一些。

下面是 AXI4IdIndexer 节点的实现：

```
case object AXI4ExtraId extends ControlKey[UInt]("extra_id")
case class AXI4ExtraIdField(width: Int) extends SimpleBundleField(AXI4ExtraId)(UInt(OUTPUT, width = width), UInt(0))

/** This adapter limits the set of FIFO domain ids used by outbound transactions.
  * Extra AWID and ARID bits from upstream transactions are stored in a User Bits field called AXI4ExtraId,
  * which values are expected to be echoed back to this adapter alongside any downstream response messages,
  * and are then prepended to the RID and BID field to restore the original identifier.
  * @param idBits is the desired number of A[W|R]ID bits to be used
  */
class AXI4IdIndexer (idBits: Int)(implicit p: Parameters) extends LazyModule {
  require (idBits >= 0, s"AXI4IdIndexer: idBits must be > 0, not $idBits")

  val node = AXI4AdapterNode(
    masterFn = { mp =>
        // Create one new "master" per ID
      val masters = Array.tabulate(1 << idBits) { i => AXI4MasterParameters(
                                                        name = "", id = IdRange(i, i+1), aligned = true, maxFlight = Some(0)) }
        // Accumluate the names of masters we squish
      val names = Array.fill(1 << idBits) { new scala.collection.mutable.HashSet[String]() }
```

```
      // Squash the information from original masters into new ID masters
    mp.masters.foreach { m =>
      for (i <- m.id.start until m.id.end) {
        val j = i % (1 << idBits)
        val accumulated = masters(j)
        names(j) += m.name
        masters(j) = accumulated.copy(
          aligned = accumulated.aligned && m.aligned,
          maxFlight = accumulated.maxFlight.flatMap { o => m.maxFlight.map { n => o+n } })
      }
    }  //end mp.masters.foreach
    val finalNameStrings = names.map { n => if (n.isEmpty) "(unused)" else n.toList.mkString(", ") }
    val bits = log2Ceil(mp.endId) - idBits
    val field = if (bits > 0) Seq(AXI4ExtraIdField(bits)) else Nil
    mp.copy (echoFields = field ++ mp.echoFields,
                                    masters = masters.zip(finalNameStrings).map { case (m, n) => m.copy(name = n) })
  },  //end masterFn
  slaveFn = { sp => sp })      //Slave这一侧保持原有参数不变

lazy val module = new LazyModuleImp(this) {
  (node.in zip node.out) foreach { case ((in, edgeIn), (out, edgeOut)) =>
    // Leave everything mostly untouched
    out.ar :<> in.ar
    out.aw :<> in.aw
    out.w :<> in.w
    in.b :<> out.b
    in.r :<> out.r

    val bits = log2Ceil(edgeIn.master.endId) - idBits
    if (bits > 0) {     //说明idBits这个字段宽度不足以表达edgeIn.master.endId的数值，需要添加若干位。
        // (in.aX.bits.id >> idBits).width = bits > 0
      out.ar.bits.echo(AXI4ExtraId) := in.ar.bits.id >> idBits
                //这是输入AR通道中的ID会溢出的那些高位，将其写入输出AR通道中的echo字段。
      out.aw.bits.echo(AXI4ExtraId) := in.aw.bits.id >> idBits  //输入AW通道也是一样
        // Special care is needed in case of 0 idBits, b/c .id has width 1 still
      if (idBits == 0) {
        out.ar.bits.id := UInt(0)
        out.aw.bits.id := UInt(0)
        in.r.bits.id := out.r.bits.echo(AXI4ExtraId)
        in.b.bits.id := out.b.bits.echo(AXI4ExtraId)
      } else {
        in.r.bits.id := Cat(out.r.bits.echo(AXI4ExtraId), out.r.bits.id)
        in.b.bits.id := Cat(out.b.bits.echo(AXI4ExtraId), out.b.bits.id)
      }
    }  //end if (bits > 0)
  }  //end foreach
```

```
    }  //end lazy val module
}  //end class AXI4IdIndexer

object AXI4IdIndexer{
  def apply(idBits: Int)(implicit p: Parameters): AXI4Node = {
    val axi4index = LazyModule(new AXI4IdIndexer(idBits))
    axi4index.node
  }
}
```

读者也许感到诧异，AXI4 与 TileLink 的对接怎么有如此的麻烦，但是下面还有。

12.10 TLWidthWidget

前面在用到 TLToAXI4 的 TileLink/AXI4 对接路径中有这么一个片段：

TLToAXI4() := ***TLWidthWidget***(L3OuterBusWidth / 8) := mem_xbar

在采用 TileLink 规程的 mem_xbar 与规程转换器 TLToAXI4 之间有个插件 TLWidthWidget。换言之，信号从 mem_xbar 下来，在进入 TLToAXI4 之前还要经过 TLWidthWidget 的某种处理，那么这个 TLWidthWidget 是干什么的呢？

我们知道，在关于 TL 通道的参数块 TLBundleParameters 中，数据字段的宽度是可以设置的。在参与 Diplomacy 的参数协调之前，如果不给定实参，dataBits 就默认为取决于 TLSlavePortParameters 中 beatBytes() 的返回值，即 slave.beatBytes*8，实际上来自构造参数 channelBytes。这个过程有点复杂，但最后的默认值是 64。当然，在创建 TLBundleParameters 对象时可以给定实参。TileLink 本来就是为 Risc-V 配套的，Risc-V SoC 的设计者对通道的宽度进行一下统一并非难事。如果参与 Diplomacy 的参数协调，那么 channelBytes 本来就是 TLSlavePortParameters 的一个成分，只要在每个模块的 node 中对 dFn()和 uFn()两个函数中定好正确的参数协调规则，就可以自然达到协调一致。然而如果要连接到一个作为 IP 的外来 AXI4 模块时就不一样了，外来的 AXI4 模块不一定参与参数协调，可能也不允许改变其通道宽度，在这样的情况下，就只好在 TL 与 AXI 之间进行规程转换之前先把宽度转换成 AXI 模块的通道宽度，主要就是数据字段的宽度转换。

这种宽度转换，是在同一规程中转换的。如果决定在 TL 规程中转换，那么我们就需要这样的插件：这个插件的两头都是 TLBundle，但是一头的通道较宽，另一头较窄：如果准备连接到 AXI 方向的一头即输出方向较窄，那就需要在这个插件中有个缓冲，把来自 TL 方向一个节拍的数据存下来。然后将其按 AXI4 这一头的宽度分多个节拍发送。反向的通道则把来自 AXI 方向多个节拍的数据积累下来，凑成 TL 这一头的宽度，然后作为一个节拍向 TL 这一头发送。这样，当这个插件的输出进入 TLToAXI4 时已经调正成 AXI4 这一头的宽度了。至于 TLToAXI4，则两头的宽度都按 AXI4 设备的通道宽度。

TLWidthWidget 就是这样的一种插件。按说这似乎应该放在 TileLink 那一章中介绍，但是之所以需要这样的插件却是因为有外来的 AXI4 设备 IP 而致，所以放在这里介绍：

```
 //innerBeatBytes => the new client-facing bus width
class TLWidthWidget (innerBeatBytes: Int)(implicit p: Parameters) extends LazyModule{
  private def noChangeRequired(manager: TLManagerPortParameters) = manager.beatBytes == innerBeatBytes
      //beatBytes是TLManagerPortParameters的一个数据成分，表示通道中的数据宽度，例如8字节。
      //如果所要求的宽度innerBeatBytes与TLManagerPortParameters中设定的相同，就无需改变
  val node = new TLAdapterNode(
    clientFn = { case c => c },
    managerFn = { case m => m.v1copy(beatBytes = innerBeatBytes) })   //以给定的innerBeatBytes为准
```

```
{ override def circuitIdentity = edges.out.map(_.manager).forall(noChangeRequired) }

lazy val module = new LazyModuleImp(this) {
    //由于输入和输出的宽度可能不同，要分三种情形处理：
    // -- 输入和输出宽度相同：  直接相连
    // -- 输入宽度大于输出宽度：  要将输入数据缓存起来，按输出宽度分解后在输出端多节拍发送。
    // -- 输入宽度小于输出宽度：  要将多节拍输入积累起来，按输出宽度合并发送。
  def merge[T <: TLDataChannel](edgeIn: TLEdge, in: DecoupledIO[T], edgeOut: TLEdge, out: DecoupledIO[T]) = {
      //将输入in上的多节拍输入合并成一个节拍，在out上发送出去（可能有剩余）。
    val inBytes = edgeIn.manager.beatBytes              //这在参数协调阶段不受影响，仍按原值。
    val outBytes = edgeOut.manager.beatBytes            //已在参数协调阶段改设成innerBeatBytes
    val ratio = outBytes / inBytes                      //宽度加大/缩小的比例，注意这是整除。
    val keepBits = log2Ceil(outBytes)                   //说明输出宽度的字段宽度
    val dropBits = log2Ceil(inBytes)                    //说明输入宽度的字段宽度
    val countBits = log2Ceil(ratio)                     //计数器宽度

    val size = edgeIn.size(in.bits)                     //输入通道的总宽度
    val hasData = edgeIn.hasData(in.bits)               //通道中有无数据
    val limit = UIntToOH1(size, keepBits) >> dropBits

    val count = RegInit(0.U(countBits.W))               //计数器，宽度为countBits。
    val first = count === 0.U                           //计数值为0是first
    val last = count === limit || !hasData              //计数至极限值或者无数据时是last
    val enable = Seq.tabulate(ratio) { i => !((count ^ i.U) & limit).orR }

    val corrupt_reg = RegInit(false.B)                  //这实际上是个D触发器，初值为false。
    val corrupt_in = edgeIn.corrupt(in.bits)            //来自输入通道的corrupt位，表示本节拍的数据有损。
    val corrupt_out = corrupt_in || corrupt_reg         //去向输出通道的corrupt位，表示本节拍的数据有损。

    when (in.fire()) {                                  //要是输入通道有数据打入：
      count := count + 1.U                              //计数器加1
      corrupt_reg := corrupt_out                        //将corrupt_out打入corrupt_reg
      when (last) {                                     //如果到了最后：
        count := 0.U                                    //计数器清零
        corrupt_reg := false.B                          //触发器corrupt_reg清零
      }
    }

    def helper (idata: UInt): UInt = {
        // rdata is X until the first time a multi-beat write occurs.
        // Prevent the X from leaking outside by jamming the mux control until the first time rdata
        // is written (and hence no longer X).
      val rdata_written_once = RegInit(false.B)                      //D触发器，初值为0。
      val masked_enable = enable.map(_ || !rdata_written_once)      //enable见上

      val odata = Seq.fill(ratio) { WireInit(idata) }
```

```
      val rdata = Reg(Vec(ratio-1, chiselTypeOf(idata)))
      val pdata = rdata :+ idata
      val mdata = (masked_enable zip (odata zip pdata)) map { case (e, (o, p)) => Mux(e, o, p) }
      when (in.fire() && !last) {
        rdata_written_once := true.B
        (rdata zip mdata) foreach { case (r, m) => r := m }
      }
      Cat(mdata.reverse)
    }   //end helper()

    in.ready := out.ready || !last              //输入端的ready位来自
    out.valid := in.valid && last               //输出端的valid位来自输入端。注意last。
    out.bits := in.bits                         //将输入通道连接到输出通道

      // Don't put down hardware if we never carry data
    edgeOut.data(out.bits) := (if (edgeIn.staticHasData(in.bits) == Some(false)) 0.U else helper(edgeIn.data(in.bits)))
    edgeOut.corrupt(out.bits) := corrupt_out

    (out.bits, in.bits) match {
      case (o: TLBundleA, i: TLBundleA) =>
              o.mask := edgeOut.mask(o.address, o.size) & Mux(hasData, helper(i.mask), ~0.U(outBytes.W))
      case (o: TLBundleB, i: TLBundleB) =>
              o.mask := edgeOut.mask(o.address, o.size) & Mux(hasData, a(i.mask), ~0.U(outBytes.W))
      case (o: TLBundleC, i: TLBundleC) => ()
      case (o: TLBundleD, i: TLBundleD) => ()
      case _ => require(false, "Impossible bundle combination in WidthWidget")
    }
  }   //end merge()

  def split[T <: TLDataChannel](edgeIn: TLEdge, in: DecoupledIO[T],
                                edgeOut: TLEdge, out: DecoupledIO[T], sourceMap: UInt => UInt) = {
      //将输入in上的数据按输出宽度分解成多个节拍，在out上依次发送出去（可能有剩余）。
    val inBytes = edgeIn.manager.beatBytes                //这里仍需要用到节点输入边上的参数。
    val outBytes = edgeOut.manager.beatBytes          //也需要用到输出边上的参数。
    val ratio = inBytes / outBytes                    //前面merge()中的ratio是(outBytes / inBytes)，注意这是整除。
    val keepBits = log2Ceil(inBytes)
    val dropBits = log2Ceil(outBytes)
    val countBits = log2Ceil(ratio)

    val size = edgeIn.size(in.bits)
    val hasData = edgeIn.hasData(in.bits)
    val limit = UIntToOH1(size, keepBits) >> dropBits

    val count = RegInit(0.U(countBits.W))             //计数器
    val first = count === 0.U
    val last = count === limit || !hasData
```

```
    when (out.fire()) {
      count := count + 1.U                          //每在out上发送一个节拍的数据，计数器就加1。
      when (last) { count := 0.U }
    }

    // For sub-beat transfer, extract which part matters
    val sel = in.bits match {
      case a: TLBundleA => a.address(keepBits-1, dropBits)
      case b: TLBundleB => b.address(keepBits-1, dropBits)
      case c: TLBundleC => c.address(keepBits-1, dropBits)
      case d: TLBundleD => {
        val sel = sourceMap(d.source)
        val hold = Mux(first, sel, RegEnable(sel, first))       // a_first is not for whole xfer
        hold & ~limit                    // if more than one a_first/xfer, the address must be aligned anyway
      }
    }   //end in.bits match

    val index = sel | count
    def helper (idata: UInt, width: Int): UInt = {
      val mux = VecInit.tabulate(ratio) { i => idata((i+1)*outBytes*width-1, i*outBytes*width) }
      mux(index)                  //返回这个Vec中以index为下标的元素
    }

    out.bits := in.bits               //in上的输入数据已经分解成与out一样的宽度。
    out.valid := in.valid
    in.ready := out.ready

    // Don't put down hardware if we never carry data
    edgeOut.data(out.bits) := (if (edgeIn.staticHasData(in.bits) == Some(false)) 0.U else helper(edgeIn.data(in.bits), 8))

    (out.bits, in.bits) match {
      case (o: TLBundleA, i: TLBundleA) => o.mask := helper(i.mask, 1)
      case (o: TLBundleB, i: TLBundleB) => o.mask := helper(i.mask, 1)
      case (o: TLBundleC, i: TLBundleC) => ()   // replicating corrupt to all beats is ok
      case (o: TLBundleD, i: TLBundleD) => ()
      case _ => require(false, "Impossbile bundle combination in WidthWidget")
    }

      // Repeat the input if we're not last
    !last
  }   //end split()

def splice[T <: TLDataChannel](edgeIn: TLEdge, in: DecoupledIO[T],
                          edgeOut: TLEdge, out: DecoupledIO[T], sourceMap: UInt => UInt) = {
        //调用参数in为输入通道，out为输出通道；sourceMap是个函数，见后面的定义。
```

```
            //调用参数edgeIn和edgeOut为节点的输入边和输出边，因为载有相关设置参数，所以需要。
  if (edgeIn.manager.beatBytes == edgeOut.manager.beatBytes) {   //如果输入和输出宽度相等：
      // nothing to do; pass it through
    out.bits := in.bits                          //直接相连
    out.valid := in.valid
    in.ready := out.ready
  } else if (edgeIn.manager.beatBytes > edgeOut.manager.beatBytes) {   //如果输入宽度大于输出宽度：
      // split input to output    //将（较宽的）输入数据分成多个节拍在输出端发送
    val repeat = Wire(Bool())
    val repeated = Repeater(in, repeat)           //要将输入数据分成多节拍发送，就需要有个Repeater。
    val cated = Wire(chiselTypeOf(repeated))
    cated <> repeated                             //cated线排上的数据来自repeated，即Repeater的输出。
    edgeIn.data(cated.bits) := Cat(
             edgeIn.data(repeated.bits)(edgeIn.manager.beatBytes*8-1, edgeOut.manager.beatBytes*8),
             edgeIn.data(in.bits)(edgeOut.manager.beatBytes*8-1, 0))
    repeat := split(edgeIn, cated, edgeOut, out, sourceMap)          //将cated上的数据在out上分节拍发送
  } else {   //输入宽度小于输出宽度：
    // merge input to output    //将（较窄的）输入数据合并成一个节拍在输出端发送
    merge(edgeIn, in, edgeOut, out)               //将来自in的多节拍数据在out上合并发送
  }
}   //end splice()

      //以上都是函数定义，以下才是这个LazyModuleImp对象的初始化代码：
(node.in zip node.out) foreach { case ((in, edgeIn), (out, edgeOut)) =>
      //in和out都是TLBundle
  // If the master is narrower than the slave, the D channel must be narrowed.
  // This is tricky, because the D channel has no address data.
  // Thus, you don't know which part of a sub-beat transfer to extract.
  // To fix this, we record the relevant address bits for all sources.
  // The assumption is that this sort of situation happens only where
  // you connect a narrow master to the system bus, so there are few sources.

  def sourceMap (source: UInt) = {
    require (edgeOut.manager.beatBytes > edgeIn.manager.beatBytes)   //仅适用于输出宽度大于输入时
    val keepBits = log2Ceil(edgeOut.manager.beatBytes)
    val dropBits = log2Ceil(edgeIn.manager.beatBytes)
    val sources = Reg(Vec(edgeIn.client.endSourceId, UInt((keepBits-dropBits).W)))
    val a_sel = in.a.bits.address(keepBits-1, dropBits)
    when (in.a.fire()) {
      sources(in.a.bits.source) := a_sel
    }

    // depopulate unused source registers:
    edgeIn.client.unusedSources.foreach { id => sources(id) := 0.U }
```

```
            val bypass = in.a.valid && in.a.bits.source === source
            if (edgeIn.manager.minLatency > 0) sources(source)
            else Mux(bypass, a_sel, sources(source))
        }    //end sourceMap()

        splice(edgeIn, in.a, edgeOut, out.a, sourceMap)          //在输入/输出的A通道上插入电路，或直连，或merge或split。
        splice(edgeOut, out.d, edgeIn, in.d, sourceMap)          //在反向的D通道上也是一样

        if (edgeOut.manager.anySupportAcquireB && edgeIn.client.anySupportProbe) {
                          //如果输出端的B通道支持Acquire操作，并且输入端支持Probe操作：
            splice(edgeOut, out.b, edgeIn, in.b, sourceMap)      //那就在B通道上也插入电路
            splice(edgeIn, in.c, edgeOut, out.c, sourceMap)      //并在C通道上也插入电路
            out.e.valid := in.e.valid
            out.e.bits := in.e.bits                              //E通道则直连，因为E通道不存在数据宽度的问题。
            in.e.ready := out.e.ready
        } else {                    //如果不支持就弃用B/C/E通道：
            in.b.valid := false.B
            in.c.ready := true.B
            in.e.ready := true.B
            out.b.ready := true.B
            out.c.valid := false.B
            out.e.valid := false.B
        }
    }    //end (node.in zip node.out) foreach
  }    //end module
}    //end class TLWidthWidget

object TLWidthWidget
{
  def apply(innerBeatBytes: Int)(implicit p: Parameters): TLNode =
  {
    val widget = LazyModule(new TLWidthWidget(innerBeatBytes))
    widget.node
  }
  def apply(wrapper: TLBusWrapper)(implicit p: Parameters): TLNode = apply(wrapper.beatBytes)
}
```

代码中加了注释，读者应能读懂代码，这里就不再多作解释了。

但是这里要再一次强调指出，对于硬件（电路）的描述是“函数式”的而不是“过程性”的。比方说，如果把 class TLWidthWidget 的构造函数看成一次变宽度发送的过程，从而把输入端的数据转发到输出端的过程中要调用一个过程 splice()。而在 splice()中则要判断，如果输入端宽度小于输出端宽度就调用一个过程 merge()，反之如果输入端宽度大于输出端宽度就调用另一个过程 split()。每调用一次 merge()或 split()就在输出端发送一个节拍的内容，发送完就又返回到 splice()中。如果是那样理解，这就错了。事实上，构造函数的执行确实是过程性的，但那只是生成底层 verilog 代码的过程，而硬件描述本身则完全是函数式的。形式上的子程序调用，例如对 splice()的调用，意思只是要在这个地方放上一块叫作 splice 的电路。而 splice 这块电路的构成，则分三种情形。第一种情况是输入输出宽度相等，那就直连，这就完成了，根本就没有 merge()和

split()的事。程序执行到调用 splice()的时候，Diplomacy 的参数协调早已完成，输入边和输出边上的参数都已固定下来。所以，对于每个具体的 TLWidthWidget 中，splice 这块电路的构成就是三种情形之一，要么就是直连，要不就是里面含有 merge 这块电路，再不就是里面含有 split 这块电路，三者只居其一。当然，想要分析数据在电路上怎么流通，输入数据怎么被转发出去，那也是可以的，那就是：数据在输入/输出宽度相同的 TLWidthWidget 电路上的流通过程是这样；在输入宽度大于输出宽度的 TLWidthWidget 电路上是那样；如此等等。这就好比，我们可以分析一台电视机的电路，也可以分析信号在这台电视机上的流通过程。而 Chisel 代码，则既有过程性的一面，又有函数式的一面。过程性的一面在于描述电路在各种不同情形下参数如何确定、电路如何构成，这就提供了生成电路的灵活性。而函数式的一面，则提供了对于电路静态构成的描述，没有这样的描述就无法投产。相比之下，Verilog 代码就基本上只有后者没有前者。

再比方说，在输入宽度大于输出宽度的 TLWidthWidget 模块的 splice 电路中还有一块称作 Repeater 的模块（作为子模块），其构成是这样：

```
// A Repeater passes its input to its output, unless repeat is asserted.
// When repeat is asserted, the Repeater copies the input and repeats it next cycle.
class Repeater[T <: Data](gen: T) extends Module {
  val io = IO( new Bundle {
    val repeat = Input(Bool())                //输入Bundle中有个控制位repeat
    val full = Output(Bool())
    val enq = Flipped(Decoupled(gen.cloneType))
    val deq = Decoupled(gen.cloneType)
  })

  val full = RegInit(false.B)                 //D触发器，用作“队列满”标志位。
  val saved = Reg (gen.cloneType)             //一个寄存器，用作一个长度为1的Queue。

  // When !full, a repeater is pass-through
  io.deq.valid := io.enq.valid || full
  io.enq.ready := io.deq.ready && !full
  io.deq.bits := Mux(full, saved, io.enq.bits)   //Repeater的输出或直接来自输入，或来自寄存器saved。
  io.full := full

  when (io.enq.fire() && io.repeat) { full := true.B; saved := io.enq.bits }
        //如果输入Bundle中的repeat位为1，就让上游方向暂停，并将当前数据打入寄存器saved。
  when (io.deq.fire() && !io.repeat) { full := false.B }
        //如果输入Bundle中的repeat位为0，就把full标志位设置成0，让输入直通输出。
}  //end class Repeater

object Repeater{
  def apply[T <: Data](enq: DecoupledIO[T], repeat: Bool): DecoupledIO[T] = {
    val repeater = Module(new Repeater(chiselTypeOf(enq.bits)))
    repeater.io.repeat := repeat
    repeater.io.enq <> enq
    repeater.io.deq
  }
}
```

程序执行中调用 object Repeater 的 apply()函数显然是过程性的，但那只是引出对这个模块的电路描述，而电路描述本身就是函数式的了，例如把 class Repeater 里面的两个 when 语句移到那些连接语句之前也毫无关系，只要电路中有那么些连接就行，至于先连这根线，后连那根线，这对最终的结果并无关系。

回到 Repeater 的电路，其作用是相当于一个长度为 1 的队列，或者就是一个寄存器，这就是这里的 saved。只要输入数据中的 repeat 位为 0，数据就直接到达输出端。但是如果 repeat 位为 1，就同时把这个数据打入寄存器 saved，然后把输入数据与输出端的连接暂时断开，并通过 ready 位让输入数据暂停一下，而插入寄存器 saved 的当前数据，使这个数据被重复发送一个节拍，然后又恢复原状。总的效果就是在数据流中把某些数据重复插入一下。

第 13 章

时钟与时钟域

13.1 计算机系统的时钟

我们讲的计算机，都是指“同步计算机”，计算机内几乎所有的时序电路原则上都由一个统一的时钟脉冲信号驱动，使时序电路的状态变化都发生在与时钟脉冲周期相吻合的时间点上，或者至少相差的距离不大且恒定不变。这样，整台计算机的电路就被许许多多的时序电路（寄存器和触发器）分割成一个个的小块，信号在通过各种组合电路时因延迟不严格一致而导致的时间上的参差不齐都被限制在一个个的小块内，到了作为小块边界的时序电路中就被强制对齐，而不至于逐渐积累越来越大。这就好比我们说的“一步一小结，几步一大结”，使电路对于信号的处理得以有条不紊。事实上确实也有“异步计算机”的存在，但是那都只是存在于研究性的课题中；当代计算机的主流是同步计算机，甚至可以说全部是同步计算机。所以，时钟信号在计算机中起着关键的作用，就好比人的心跳；心跳一停，生命就停止了，任你大脑再是发达也没用。

时钟信号最终总是来自某种振荡器。振荡器所输出的波形视所用振荡器的种类而定，有些振荡器输出的是正弦波，有些振荡器输出的则是方波。不过对正弦波加以放大并限幅整形，就仍可得到（近似的）方波；严格说来方波的上升沿和下降沿也不能做到真正的竖直，而是有一定的爬升和下降坡度，只是很接近于竖直。数字电路所需的时钟信号是方波。

芯片的时钟源一般就是两种。一种是片上的“内部环式振荡器（Internal Loop Oscillator）”，这种振荡器可以达到很高的频率，并且其频率在一定程度上可以通过（对其供电的）电压加以控制，使其振荡频率随电压高低在一定的范围（以百分比计算）内变化，从而成为“压控振荡器（VCO，Voltage-Controlled Oscillator）”。但是环式振荡器的振荡频率只能控制在一个相对而孤立的范围内，不能很精确地与外部世界的时钟锁定，所以不能用作精确的时间量度。另一种则是外接的“晶体振荡器（Crystal）”，其振荡是由某种石英晶片在电源的作用下产生的。晶体振荡器的振荡频率很稳定，并且是由所用晶体材料的种类、尺寸、切割方式所决定，所以就可在机械上加以控制，使其达到与物理世界的时钟（例如与挂钟，天文钟，乃至原子钟）高度的一致。现在一般的电子钟、电子表，以及一些需要计时的电子仪器，都是以晶体振荡器为时钟源。但是，由于受机械尺寸的限制（不能太薄太小），晶体振荡器达不到很高的振荡频率，一般也就几十兆赫就到了头，所以普通的晶体振荡器往往只是几十千赫，或几兆赫，要求频率再高就需要加以倍频。对于 SoC 而言，晶体振荡器的频率太低固然是个问题，但需要外接也是个问题，甚至是更大的问题，因为现在还无法把晶体振荡器也集成在硅片上。晶体振荡器的尺寸现在也可以做得很小，但是比起超大规模集成电路中的电路元件那就是庞然大物了。所以，无需提供“挂钟时间”的电子设备大可不必使用晶体振荡器，而只用片上的环式振荡器；至于真有需要提供“挂钟时间”的设备，就只好让所用的集成电路芯片外接晶体振荡器了。还有一种方法，实际上是最常用的方法，就是用片上的环式振荡器产生较高的频率，但是用较低频率的外接晶体振荡器通过“压控”的办法加以同步（见后所述）。当然，考虑使用别的时钟源也是可能的，例如通过卫星授时，让卫星在一个固定的频段上发送某个频率的正弦波或方波，那也是一种可能；再如从蜂窝电话网或无线互联网（Wi-Fi）的载波中恢复出时钟信号，那也是一种可能；但是显然也都受到条件的限制，所以现在最广泛使用的外接时钟源仍是晶体振荡器。就 SoC 芯片而言，片上的环式振荡器是第一需要，在此基础上才是用外接晶体振荡器加以同步。

环式振荡器的原理很简单。我们知道，门电路除或门与门这些以外还用“同门”和“非门”。同门就是相位不变的驱动门，也叫“跟随器”，其作用是对信号进行放大和整形，并提供对输出端的驱动能力。非门则是“反相器”，逻辑信号经过一个非门就反一个相，从 true 变成 false，或者说从 1 变成 0，从高电位变成低电位；反之亦然。实际上，一个非门原则上就是一对互补场效应管的串接，一个 P 型，一个 N 型；一个在上一个在下，两臂串接而成。上下两个场效应管的栅极连在一起就是输入端，而两个场效应管的串接处就是输出端。只要输入信号的幅度足够大，能使两个场效应管进入饱和区和截止区，这就是个非门；如果输入信号的幅度小，使效应管停留在线性区，这就是个（反相的）放大器。不过非门的输出也并非输入一发生变化就立即也发生变化，这中间有一个小小的延迟，这是因为场效应管中电场的建立和沟道本身的物理过程，以及电极所具有的杂散电容电感所决定的。集成在同一芯片上的场效应管所引入的延迟可以认为是一致的。这样，如果把奇数个非门串联起来，然后把最后那个非门的输出接回到第一个非门的输入端，成为一个环，那就会发生振荡。这是因为，假设这个串的输入端一开始是 1，经过几个非门的延迟后，绕环一周回到输入端时就变成了 0，于是就使第一个非门的状态发生变化，再经过那几个非门的延迟后又变成了 1。如此循环往复，则这个环上任一点的状态都在 1 和 0 间跳变，都可以作为这个振荡器的输出，保持为 0 或 1 的时间长度则等于这几个非门所引入延迟的和，这就成为半个振荡周期，一个完整的周期所占时间就是（绕环一周）延迟总和的两倍。而且整个周期中的“占空比”为 50%，因为输入为 0 和为 1 时电路对信号的延迟总和（基本上）是一样的。显然，环的长度决定了时钟脉冲周期、或曰“时钟节拍”的长度，也即振荡频率的高低。往环中多插入几个反相器或（同相的）跟随器（使环中反相器的总数保持为奇数），就可以使振荡频率有所降低。相反，减小环的长度则可以使频率升高。那么是否可以使环的长度降低成 1 呢？从原理上说应该也是可以的，但是这完全没有必要。这是因为，如果真把时钟的周期缩短到了两三个非门的延迟长度，那电路在一个时钟周期中还能做些什么呢？即使最普通的组合电路，也不是只用一两个非门的延迟就可以搭得出来的，更别说触发器和寄存器本身还有延迟，因为那也是由多个门构成的。所以，实际上最短的振荡环是由三个非门构成，所得的时钟周期是 6 倍的非门延迟。事实上，对于一块具体的芯片而言，这样所得的时钟频率就已是这块芯片上有实际意义的最高时钟频率了，再高的时钟频率没有实际意义，因为同一芯片上的电路无法在一个时钟周期中达成有意义的操作。从这里也可看出，提高集成密度不仅仅是密度的问题，还可以使时钟频率得到提高。这是因为，场效应管的沟道尺寸和杂散电容都减小了，就使延迟也随之下降。另外还要说明，这么高的时钟频率，一般而言只有在芯片中才能使用，如果要通过导线外接，那导线本身就会有长线效应（1GHz 时钟信号的波长是 30 厘米，1/4 波长只是 7.5 厘米）。更何况，所谓 1GHz 的方波，其基频是 1GHz，可是方波中包含着许多高次谐波，这些高次谐波的频率又是基频的好几倍。所以，在这么高的频率下，导线自身的电容、电感、电阻就有可能使时钟信号衰减殆尽，或至少是大大变形，还会把时钟信号发射出去形成干扰，因为这些导线的连接一般都不会太多考虑阻抗的匹配。相比之下，芯片内部的导线长度就只是毫米或毫米以下的量级。

除通过改变环的长度改变振荡器的频率外，如前所说，还可以通过改变振荡器的电源供给小范围调节振荡器的频率，因为环中每个非门的延迟都与电源电压有关，所以环式振荡器本质上是一种压控振荡器。不过，一般而言，对环式振荡器的压控所能达到的调节范围是不大的，不像改变环的长度那么显著。然而，尽管如此，对环式振荡器的压控要是与某种外来可以用作基准（但频率要低很多倍的）的参照时钟信号相结合，那就有了很大的用处，就是可以把片上环式振荡器的频率与外来参照时钟的频率锁定。例如，假定片上压控振荡器的频率是 1GHz 上下，而外来时钟信号的频率是 1MHz，二者相差 1024 倍，那就可以对压控振荡器的输出信号计数，如果在参照时钟信号的一个周期中正好计数到 1024，那这个 1GHz 的时钟频率就是标准的。否则如果计数值大于 1024，就说明频率太高了，应该降低压控振荡器的电压，使其振荡频率降低一些。反之就应升高电压，使其振荡频率提高一些。这样，若干周期下来，就可以使压控振荡器即片上环式振荡器的频率锁定到基准频率。这样的方法，就称为“锁相环（Phase-Locked Loop，PLL）”技术。注意这是锁“相”环，而不是锁“频”环，因为二者的频率是不一样的，但是二者的相位关系保持恒定，压控振荡器信号的上升沿如果对着参照信号的上升沿，就让它永远对着上升沿，有了偏离就让它调整回来。当然，可想而知，基准时钟信号的来源一般来自外接的晶体振荡器。这样，通过锁相，就可以使芯片上的时钟频率同步到外部世界的“挂钟时间”。只有在这样的情况下，我们才可以确切地说芯片上的时钟频率是 1GHz、1.6GHz、2GHz 等，要不然就只是一种大致估计，因为决定场效应管延迟的不只是电压，所采用的工艺（制程）更起着决定性的作用，此外还与许多因素有关，甚至也与运行时的温度有关。

时钟的频率固然重要，时钟信号的相位也起着至关重要的作用。我们知道，出现在寄存器输入端的信号，是由时钟信号的上升沿“打入”寄存器的。那么馈送到芯片各处的时钟信号是否处处都能保证其上升沿都严格出现在相同的时间点上呢？当然，微观上这是不可能的，因为各处离振荡器输出的距离就不相同，再加各个场效应管的延迟多少总会有点差异，这就会使时钟脉冲的波形有所改变（尽管频率不变），所以相位上总会有点差异，有点波动，但是差异过大就可能产生问题。因此，所谓“同步”只是宏观意义上的同步一致。如果各处的时钟脉冲上升沿基本上都是出现在相同的时间点上，或者与此有固定的间距，那就是“同步”时钟脉冲，反之如果允许在不同的区域、不同的子系统子模块中有所不同，甚至连频率也允许有所不同（相位的单向漂移说明频率有所不同），那就只能称为“异步”时钟脉冲了。注意即使是异步时钟脉冲，与异步计算机也是两码事，异步计算机中没有时钟信号。

作为 SoC，即片上系统，芯片上包含着许多子系统的电路，这些子系统所要求的时钟频率未必全都一样，但是需要在相位上加以锁定，换言之就是使不同时钟频率之间的比例保持恒定不变。事实上，不同的子系统，芯片上的不同区域，有可能会使用不同的环形振荡器，但都与同一个时钟源锁相。然而真要保证整个芯片上时钟信号的锁相和频率的恒定也并不简单。首先是振荡器的频率会有短暂的小幅抖动，称为“Jitter”。如果采用多个振荡器，如果抖动的幅度过大当然会有问题，即便芯片上只用一个振荡器，这种抖动传到芯片上各个角落的时间也不一样。另一个问题是因为传输时延和路程远近所造成的相位偏移，称为“Skew”。这些问题决定了芯片上时钟频率的上限。以 CPU 的流水线为例，各个“工位”，即流水线各处理阶段中组合电路的复杂程度是不一样的，这就决定了信号在这些组合电路中传输的延迟不一样；从而就需要找出这些不同工位上的最大延迟，还要结合考虑温度、电源波动对延迟的影响。但是这还不够，还要把可能的 Skew 和 Jitter 也考虑进去，再适当放一些余量，这样才能决定具体芯片可以采用的时钟频率。

如果芯片上两块电路的时钟信号相位不能严格锁定，即不能保证恒定的相位关系，我们就说这两块电路处于不同的“时钟域（Clock Domain）”。一般而言，如果两块电路采用来自不同振荡器的时钟信号，那就是处于不同的时钟域，即使这些振荡器都是锁相的。当然，如果两块电路的时钟频率不同，那就更是处于不同时钟域了。频率不同，如果不成严格的整数倍关系，相位差就不可能是恒定的，一定会有单向的漂移。

跨时钟域的通信，即信号的传递流通，会因为双方时钟的频率和相位的差异而受到影响。这个问题称为时钟跨域（Clock Domain Crossing）问题。

从原理上看，全局的时钟同步应该是最理想的，但是难以实现，因为时钟配送线路的长短，所经过驱动门（信号放大整形）的个数都可能不一样。另外，全局的同步，尤其是相位上的同步，其实也是有缺点的。我们知道，CMOS 的门电路在维持状态不变时几乎是不耗电的（只有很细微的一点漏电电流），电流基本上只是发生在门的状态发生跳变的时候。CMOS 电路的上下两臂，处于稳态时其一臂处于导通状态，另一臂处于截止状态，两臂中总有一臂是截止的，所以基本上没有电流。但是在发生状态跳变时，原先截止的一臂已经开始导通，而原先导通的一臂还没有来得及完全关断之际，这时候就有电流了。所以，CMOS 电路的电源电流就会呈现许多“毛刺（spike）”，虽然全时间平均耗电很小，但是在毛刺的发生点上瞬间的电流还是挺可观的。显然，这些毛刺在时间上都是与时钟脉冲的触发沿对齐的。这样，如果时钟脉冲的触发沿是全局同步的，那么所有的毛刺都发生在相同的点上，这不仅对电源提出更为严苛的要求，也不可避免会造成电磁干扰。所以，时钟的全局同步既有好的一面，也有不好的一面，更何况事实上也难以实现。

时钟信号的波形，尤其是上升沿和下降沿的陡峭程度，对于电路的运行起着重要的作用。理想的时钟信号应该是严格的方波，即上升时间和下降时间都趋近于 0，这样才使 CMOS 门上下两臂的关断和导通都很干脆，这样就可以使毛刺缩到很小甚至没有。但是实际的时钟信号都不会是理想的，其上升沿和下降沿都会有一定的斜率。这个斜率不仅会反映在触发器（寄存器）的状态改变上，使触发器（Q 端）输出电平的波形也跟着变坏，进而也有可能使组合电路中的波形也随之变坏。这是因为，如果我们考虑一个组合电路的输入，其有些输入可能来自外部输入，有些输入可能是同一组合电路中某些门的输出，但有些输入往往来自某个寄存器的输出，如果寄存器的输出波形变坏了，那么组合电路的有些输入信号的波形就变坏了，这又可能使组合电路的输出波形也随之变坏。所以，时钟脉冲波形的变坏是会“传染”扩散的。当芯片上有很多的门因此而不能干净利索地关断和导通时，不仅会影响输出的正确性，还会使因毛刺而产生的电流变大。在极端的情况下，甚至可能使芯片因此而损坏。然而，不幸的是，在把时钟信号配送（distribute）到电路的各个部分时，几乎不可避免地会使时钟信号的波形变坏，这是因为用来配送时钟信号的导线都有电阻 R，有电容 C，还有电感 L，所以时钟信号要穿越的其实是个 RLC 网络，这就会使时钟信号因损失其部分谐波成分而向其基波的正弦形状靠拢。所以，沿着配送时钟信号的导线需要每隔一段就放上一个起着整形放大作用的“驱动器（driver）”，使得已被衰减得接近于正弦形状，并且幅度也可能不足的时钟信号经过驱动器的放大和截顶，就又变得接近于理想方波了。这个整形的过程并不颠倒信号的相位，所以不是“非门”而是“同门(identity gete)”，或者就称“驱动门”，其电路符号与非门即反相器的相近，只是去掉表示反相的小圆圈。但是虽然驱动门并不改变信号的相位，却肯定会引入（因上升沿不够陡峭而引起的）延迟。所以，时钟脉冲的延迟和相位偏移即 Skew 并不只是因为导线，更是因为其馈送路径上有驱动门的存在（反相门也一样）。而且离振荡器的远近不同则时钟信号所流经的驱动器数量也就不同。注意目前在 Chisel 的代码中对于时钟信号驱动器的配备是没有描述的（因为在逻辑上并无意义），这个任务落在 EDA 软件的肩上。

关于时钟相位的 Skew 所带来的影响，我们不妨假定 CPU 流水线中有个工位，其输入和输出两个边界上各有一个寄存器，输入寄存器同时又是前一工位的输出寄存器。从前一个工位将其输出打入这一个工位的输入寄存器，到输入寄存器的输出稳定下来，再到把本工位上组合电路的输出打入输出寄存器，正好是一个节拍的长度。现在，假定这两个寄存器的时钟信号是经过两个不同路径到达的，使二者的相位有了偏移，驱动输出寄存器的那个时钟脉冲的上升沿相比输入寄存器的时钟脉冲有所提前，那就会在本工位组合电路的输出信号尚未稳定下来之时就把它打入了输出寄存器，从而导致了错误。为此，就只好把时钟节拍拉长一些。

由于时钟信号在配送途中的信号衰减而需要插入驱动门，不仅会因不同路径需要插入驱动门的数量不同而引起相位的偏移，还会引起时钟信号占空比的变化。场效应管发生状态变化的开通时间和关断时间不是严格一致的，所以状态的正向跳变与负向跳变会使上升沿和下降沿的位置发生细微的变化。这样，当一个方波穿过一个驱动门时其占空比就会发生细微的变化，多个驱动门的作用叠加在一起也许就有些可观了，在某些特定的情况下这也可能带来问题。

相比之下，异步时钟就容易实现了。所谓异步，可以只是相位上的异步，也可以连频率也不一样。异步时钟把整个系统分成若干不同的时钟域，每个时钟域可以有自己独立的时钟（环式振荡器），也可以有独立的外接时钟源（例如从网络连接中提取时钟信号），所以芯片上的时钟配送网络就得以简化。但是时钟域的划分对信号的传输、对通信肯定会带来不利影响，从而使“时钟跨域（Clock Domain Crossing），简称 CDC”的问题变得突出起来。其实时钟域的划分即使在采用同步时钟的系统中也往往是有的，但是跨域的问题并不突出，而在异步的系统中就变得突出了。另一个问题是，在同一个时钟域中的信号是否同步？如果在同一个域中也是异步，那就是彻底的异步了，这是结构上的重大不同。所以，在一般的“同步计算机”结构中，所谓异步也是“全局异步，局部同步（Globally Asynchronous Locally Synchronous）”，简称 GALS 的结构。但是当然，GALS 有跨时域通信（并非跨时域同步）的问题。

跨时域通信时，当然要有收发双方的“握手”，但是那样一来发送方就会被接收方拖住，因为如果接收方迟迟不说 ready 就只好等着，发送方被接收方同步了。所以，除“握手”以外还得有些措施，使发送方不至于被接收方拖住。如果（时钟）频率较高的一方是发送方，就可以在接口上使用 FIFO 加以缓冲平滑，那样收发双方的握手就分化成发送方与队列、队列与接收方的握手，就不会把发送方拖住了。当然，频率较低的一方也可以在发送通道上有 FIFO，但是那实际上不起作用，因为实际上没有信息会堆积在 FIFO 中。另一个办法，是让频率较高的一方跟随频率较低的一方，通过“门控时钟（Gated Clock）”间隙地关断接口上的时钟，“吃掉”若干时钟脉冲。

具体跨时域技术的采用和实现与两个时域的时钟频率之间的比例有很大的关系，如果两个时域的频率之比是 2n 次幂的关系，那就比较好办，只要通过二分频的级联就可加以适配，而二分频只要一个触发器就可实现。退一步，如果两个时域的时钟频率之间是整数倍的关系，那也还容易，通过计数分频就可实现。最麻烦的是，两个时域的时钟频率之比是个实数（并非整数），那叫“Rationally Related”、“Rationally Clocked”，也叫“Rational Clocking”。显然，由于两边的频率并非整数倍的关系，双方的适配就变得麻烦了。

由于不同频率条件下跨时域通信/传输所带来的问题，在简单的 FIFO 和门控时钟之外，人们还发展起一些较为复杂的机制，特别是所谓“基于额度的（credit-based）”跨时域通信。这是一种双向“握手”的机制。通信双方在反向通道（应答通道）中都有个由接收方向发送方反馈的“（充值）额度（credit）”字段，表示允许发送方连续发送几个报文。接收方每收到一个报文就把额度减 1，用完了额度后就得再由接收方给予额度。这样，就可以避免因时钟频率较高而发送较快的一方“淹没”因时钟频率较低而接收较慢的一方。

总之，时钟的问题绝不简单。在 Chisel 的代码中时钟是隐含的，你创建一个 Module，即由 class Module 派生的某类对象，Chisel 就自动为你配上时钟信号 Clock，并在代码解析即 Elaborate 阶段生成与时钟有关的 Verilog 代码。所以对程序员而言时钟常常是看不见的，程序员只要知道具体的 class 是对 class Module 的直接间接扩充就行。但这是因为 Chisel 把 Module 作为一种“原语”提供给程序员，里面自动配上了时钟信号的连接。

常常与时钟连在一起叙说的是复位信号 Reset。其实这二者并无多大关系，复位信号完全是异步的，使用者随时都可能发出复位要求。当然，复位又是全局的。与时钟一样，在 Chisel 语言中复位信号的存在也是隐含的，每创建一个 Module 对象，就自动配上了时钟信号和复位信号。相比之下，复位信号就比时钟简单多了，所以下面我们把注意力集中在时钟上。

Chisel 的代码中定义了一个 Clock 类：

```
sealed class Clock(private[chisel3] val width: Width = Width(1)) extends Element {      //默认宽度 width 为 1
  override def toString: String = s"Clock$bindingToString"
  def cloneType: this.type = Clock().asInstanceOf[this.type]
  private[chisel3] def typeEquivalent(that: Data): Boolean = this.getClass == that.getClass

  override def connect(that: Data)(implicit sourceInfo: SourceInfo, connectCompileOptions: CompileOptions): Unit = that match {
    case _: Clock => super.connect (that)(sourceInfo, connectCompileOptions)
          //调用其父类 Element 的 connect()函数，实际上是 Data 类的 connect()函数。
    case _ => super.badConnect(that)(sourceInfo)
  }       //用:=连接符将一 Clock 对象连接到某个对象 that，则 that 必须是 Data 类对象，Reg 就是 Data 类对象。

  override def litOption: Option[BigInt] = None

  /** Not really supported */
  def toPrintable: Printable = PString("CLOCK")

  /** Returns the contents of the clock wire as a [[Bool]]. */
  final def asBool(): Bool = macro SourceInfoTransform.noArg
  def do_asBool(implicit sourceInfo: SourceInfo, compileOptions: CompileOptions): Bool = this.asUInt().asBool()
                         //先对 Clock 对象 this 执行 asUInt()，就是 do_asUInt()，然后调用 UInt 类的 asBool()。

  override def do_asUInt(implicit sourceInfo: SourceInfo, connectCompileOptions: CompileOptions)
                                        : UInt = pushOp (DefPrim(sourceInfo, UInt(this.width), AsUIntOp, ref))
                                                   //这个 do_asUInt()覆盖了 class Data 中的抽象函数 do_asUInt()
  private[chisel3] override def connectFromBits(that: Bits)
                   (implicit sourceInfo: SourceInfo, compileOptions: CompileOptions): Unit = {
    this := that.asBool.asClock
  }
}  //end class Clock
```

Class 类是对抽象类 Element 的扩充，而 Element 又是对抽象类 Data 的扩充。除默认值为 1 的 Width 以外，这个类就没有别的数据成分了，也没有初始化代码。所以，这个类就是为提供这里所定义的几个函数而存在的。其中的关键是函数 asBool()。当这个函数受到调用时，由于代码中的宏替换，实际受到调用的是 do_asBool()，对此套路读者已经很熟悉的了。而 do_asBool()所返回的，则是 this.asUInt().asBool()，即先调用本对象的 asUInt()，然后再对返回的 Uint 对象调用 asBool()。可是在 class Clock 中并未定义 asUInt()，而只有 do_asUInt()，所以这 asUInt()是从其父类或祖类继承下来的，实际上在 class Data 中确实有 asUint()的定义，并把调用转换成对 do_asUInt()的调用，只是定义于 class Data 中的 do_asUInt()是个抽象函数，于是就又回到这里的 do_asUInt()。我们看到，当一个 Clock 对象的 do_asUInt()被调用的时候，就会向底层推送一条 DefPrim 命令，最后就会反映在所生成的 Verilog 代码中。

显然，class Clock 所定义的是时钟信号，是一种数据，在电路中会有所反映。对于所述的时钟信号也没有形状方面的描述，例如频率是多少，占空比是什么，等等。这就明确地告诉我们，这并非时钟信号的源头，并不是产生时钟信号的某种装置（例如环式振荡器或锁相环）。

Clock 对象可以通过 object Clock 创建：

```
object Clock {
  def apply(): Clock = new Clock
}
```

这里创建的 Clock 对象是一项代表着时钟信号（脉冲）的数据，归根结底是某种 Data，在硬件上会体现在承载着时钟信号的导线上，但这不是终极的时钟信号源，也不是振荡器。下面会讲到，你创建一个寄存器，Chisel 和 EDA 软件就知道这是个寄存器，是寄存器就有个时钟触发端，于是就会自动将其时钟触发输入端连接到所在时钟域的 Clock。

时钟信号与布尔量，即单个二进制位有着很密切的关系，在某种意义上二者就是一回事。你可以把一个时钟信号看成一个布尔量，也可以用一个二进制位作为时钟信号，用它去触发一个寄存器。所以，class Clock 中提供了一个 asBool()函数，反过来 class Bool 中也提供了一个 asClock()函数。

同样，也可以把一个布尔量即单个二进制位用作复位信号 Reset，所以 class Bool 中也提供了一个函数 do_asAsyncReset()。不过 class Bool 中并未提供 asAsyncReset()，这是因为 class Bool 是 with Reset，即作为“旁系”继承了 trait Reset 的，而 trait Reset 中提供了 asAsyncReset()，不过是个抽象函数：

```
sealed trait Reset extends Element with ToBoolable {
  /** Casts this $coll to an [[AsyncReset]] */
  final def asAsyncReset(): AsyncReset = macro SourceInfoWhiteboxTransform.noArg

  /** @group SourceInfoTransformMacro */
  def do_asAsyncReset(implicit sourceInfo: SourceInfo, compileOptions: CompileOptions): AsyncReset
}
```

之所以如此安排，应该是因为除 class Bool 之外还有别类的信号也可能被用作 Reset，并提供其自己的 do_asAsyncReset()，这样别的类也只要带上 trait Reset 并提供自己的 do_asAsyncReset()就可以了。

Bool 类的定义体量颇大，我们在这里只关心其 asClock()、do_asClock()、do_asAsyncReset()三个函数的定义，下面是 class Bool 的一个摘要：

```
// A data type for booleans, defined as a single bit indicating true or false.

sealed class Bool() extends UInt(1.W) with Reset {
  …
```

```
  def asClock(): Clock = macro SourceInfoTransform.noArg      //将这个布尔信号用作时钟

  /** @group SourceInfoTransformMacro */
  def do_asClock(implicit sourceInfo: SourceInfo, compileOptions: CompileOptions): Clock =
                                    pushOp (DefPrim(sourceInfo, Clock(), AsClockOp, ref))

  /** @group SourceInfoTransformMacro */
  def do_asAsyncReset(implicit sourceInfo: SourceInfo, compileOptions: CompileOptions): AsyncReset =
                                    pushOp (DefPrim(sourceInfo, AsyncReset(), AsAsyncResetOp, ref))
}   //end class Bool
```

可见，调用一个 Bool 对象的 asClock()函数，可以使其向底层推送一个 DefPrim 类对象，其主要参数是由 object Clock 创建的 Clock 对象和一个内容为“asClock”的 PrimOp 对象 AsClockOp。

如前所述，在 Chisel 语言中，每创建一个 Module 对象，就会自动给配上时钟信号。事实上还不止是这样，每创建一个寄存器也会自动给配上时钟信号，我们先把时钟信号来源的问题搁置一下，先看一下 Chisel 是怎么为新创建的 Module 对象和寄存器对象自动配上时钟信号的。

13.2　时钟信号的自动配备

在定义 Module 子类的时候，是无需说明其 clack 信号和 reset 信号的，Chisel 编译器会自动给加上这两种信号。不仅如此，在调用 object Reg 的 apply()函数以创建一个寄存器的时候也会自动配上时钟信号，实际上这二者是一样的。我们先看一下寄存器 Reg 的创建：

```
object Reg {
  def apply[T <: Data](t: T)(implicit sourceInfo: SourceInfo, compileOptions: CompileOptions): T = {
    if (compileOptions.declaredTypeMustBeUnbound) { requireIsChiselType(t, "reg type") }
    val reg = t.cloneTypeFull
    val clock = Node(Builder.forcedClock)      //以当前的Builder.forcedClock为本寄存器的时钟信号

    reg.bind (RegBinding(Builder.forcedUserModule, Builder.currentWhen()))   //将Data类对象绑定为寄存器
    pushCommand(DefReg(sourceInfo, reg, clock))
    reg
  }
}
```

通过 object Reg 的 apply()函数创建的是最基本的寄存器，从硬件上说就是一排 D 触发器，但是在软件的意义上就是一项数据，一项直接/间接扩充了 Data 类的某个类型 T 的对象；这个 apply()返回的也是个 T 类对象，事实上 Chisel 语言中并没有定义一个名为 Reg 的 class。但是这里引入了一个 val clock，并以此为参数创建了一个 DefReg 对象，再通过 pushCommand 将此对象推送到当前模块的 commands 队列中，因为这个寄存器是在当前模块中。这个 val clock，就是 Builder.forcedClock。至于 Node，那是一个 case class，其作用只是使这里的这个 clock 可以有自己的名称而已，来源直接就是 Builder.forcedClock。这 forcedClock 实际上是 object Builder 中的一个函数：

```
private[chisel3] object Builder extends LazyLogging {
    // All global mutable state must be referenced via dynamicContextVar!!
```

```
  private val dynamicContextVar = new DynamicVariable[Option[DynamicContext]](None)
  private def dynamicContext: DynamicContext = {
    require(dynamicContextVar.value.isDefined, "must be inside Builder context")
    dynamicContextVar.value.get
  }

  def currentClock: Option[Clock] = dynamicContext.currentClock
  …
  def forcedClock: Clock = currentClock.getOrElse(throwException("Error: No implicit clock."))
  def forcedReset: Reset = currentReset.getOrElse(throwException("Error: No implicit reset."))
}
```

可见，每当在某个 Module 内部（寄存器只能存在于某个 Module 之内）创建一个寄存器时，就会强制（forced）其采用当前动态上下文 dynamicContext 中的 currentClock。而每当通过 Builder 创建一个 Module 对象时，就会为其创建一个 dynamicContext 对象作为该 Module 的动态上下文结构，并设置其中的 var currentClock，使其指向为这 Module 对象指定的时钟信号。这样，到创建该 Module 对象内部的寄存器的时候，这个 Module 对象的 currentClock 已经是确定的了。这也保证了同一 Module 内部所有的寄存器都会使用同一时钟信号，而不可能让不同寄存器采用不同的时钟信号。这也符合“全局异步，局部同步”即 GALS 的原则，从全局上看不同模块的时钟信号有可能属于不同的时钟域，甚至是异步的，但是同一模块内的所有寄存器必定是同步的。

不过这里并没有说寄存器 reg 有个时钟信号触发输入端，也没有明确说明把这输入端连接到 Clock 信号上，这就是 EDA 软件的事了，须知 reg 在 Verilog 语言中也是个保留字、也是个原语，只需说明所给定的是哪一个时钟信号就行。

Reg 是最基本的寄存器，除此之外还有 RegInit，而 RegNext 和 RegEnable 实际上就是 Reg 或 RegInit，不同之处仅在于是否需要有初始值；这些寄存器的时钟信号来源都与 Reg 相同。

所有寄存器的时钟信号均来自其所在模块，这保证了同一模块内所有寄存器的时钟信号同步。另一方面，寄存器的时钟信号是 Chisel 自动给（强制）配上的，程序员无法作出更改，这就避免了可能发生的错误。

那么模块的时钟信号又是哪里来的呢？我们看抽象类 Module 的代码摘要：

```
abstract class Module(implicit moduleCompileOptions: CompileOptions) extends RawModule {
    // Implicit clock and reset pins
  final val clock: Clock = IO(Input(Clock())).suggestName("clock")     //clock是从模块外部接入的信号
  final val reset: Reset = IO(Input(mkReset)).suggestName("reset")     //reset也是从模块外部接入的信号，
    //其类型取决于函数mkReset()的输出。

  private var _override_clock: Option[Clock] = None      //默认为None，即采用父模块的时钟，但可以改变。
  private var _override_reset: Option[Bool] = None

  private[chisel3] def mkReset: Reset = {
    // Top module and compatibility mode use Bool for reset
    val inferReset = _parent.isDefined && moduleCompileOptions.inferModuleReset
    if (inferReset) Reset() else Bool()          //输入reset信号的类型可以是Reset，也可以是Bool。
  }
    // Setup ClockAndReset
  Builder.currentClock = Some(clock)                    //将Builder.currentClock设置成本模块的时钟输入
  Builder.currentReset = Some(reset)                    //将Builder.currentReset设置成本模块的Reset输入
  Builder.clearPrefix()
```

```
  private[chisel3] override def initializeInParent(parentCompileOptions: CompileOptions): Unit = {
    implicit val sourceInfo = UnlocatableSourceInfo
    super.initializeInParent(parentCompileOptions)
    clock := _override_clock.getOrElse(Builder.forcedClock)
     //如果_override_clock不是None，就连到_override_clock，
     //否则就连到Builder.forcedClock，就是被创建模块所在（上一层）模块的currentClock。
    reset := _override_reset.getOrElse(Builder.forcedReset)
  }
}    // end abstract class Module
```

可见，一个 Module 对象的 clock，是这个模块的一个外接输入信号，这个输入可以被连接到本模块内部的_override_clock，但后者是可以另行设置的。然后，在 initializeInParent()这个函数被调用的时候，如果_override_clock 已经被设置，就把 clock 连到_override_clock，否则就连到 Builder.forcedClock，那就会被连到当前模块所在模块，即上一层模块的 currentClock。这要结合 object Module 的代码一起看：

```
object Module extends SourceInfoDoc {
  def apply[T <: BaseModule](bc: => T): T = macro InstTransform.apply[T]

    /** @group SourceInfoTransformMacro */
  def do_apply[T <: BaseModule](bc: => T) (implicit sourceInfo: SourceInfo, compileOptions: CompileOptions): T = {
    …
    val parent = Builder.currentModule

    // Save then clear clock and reset to prevent leaking scope, must be set again in the Module
    val (saveClock, saveReset) = (Builder.currentClock, Builder.currentReset)
    …
    Builder.currentClock = None
    Builder.currentReset = None

     // Execute the module, this has the following side effects:
     // - set currentModule, unset readyForModuleConstr, reset whenStack to be empty, set currentClockAndReset.
    val module: T = bc      // bc is actually evaluated here   //执行（按名传递的）生成函数bc()
    …
    Builder.currentModule = parent              // Back to parent!

    Builder.currentClock = saveClock            // Back to clock and reset scope
    Builder.currentReset = saveReset
    …
    if (Builder.currentModule.isDefined && module._component.isDefined) {
      val component = module._component.get
      pushCommand (DefInstance(sourceInfo, module, component.ports))
      module.initializeInParent(compileOptions)    //见上，将该模块的clock连接到_override_clock或Builder.forcedClock
    }
    module    //返回执行（按名传递的）生成函数bc()所产生的module
  }
```

```
  def clock: Clock = Builder.forcedClock                    //如果调用clock()，返回的是Builder.forcedClock。
  def reset: Reset = Builder.forcedReset                    //如果调用reset()，返回的是Builder.forcedReset。
  def currentModule: Option[BaseModule] = Builder.currentModule
}   //end object Module
```

这里的 parent 是所创建模块所在的模块，即其上一层的模块、父模块，那就是创建本模块前夕的 Builder.currentModule，而 Builder.currentClock 也指向父模块的时钟。在创建本模块的过程中，Builder 中的 currentModule、currentClock、currentReset 会被设置用于本模块，所以先要把父模块的信息暂时保存起来，待完成本模块的创建之后再予恢复。注意创建模块的过程可能是递归的，本模块内部可能还会创建子模块。不管是否递归，待该模块的创建完成后，程序从函数 bc()返回，并恢复了父模块的信息，回到父模块的辖域之后，如果还存在父模块（本模块并非顶层模块），在 pushCommand()之后调用的 initializeInParent()中就会进行该模块 clock 输入的连接。

所以我们可以得出结论，新创建模块的 clock 信号默认来自其父模块，但是可以另作选择，如果没有另作选择就代代相传；而同一模块内部所有寄存器的 clock 则全部来自其所在模块的 clock，这是没有选择的。

那么，要创建一个模块时怎样才能选择使用另一个时钟、而不是延用其父模块的时钟呢？事实上 class Module 中还提供了一个函数 override_clock_()，通过这个函数可以改变其_override_clock 的设置。不过现在这已经过时了，现在通过使用 object withClock 选择新创建模块的 clock 信号连接：

```
object withClock {
  /** Creates a new Clock scope
    * @param clock the new implicit Clock
    * @param block the block of code to run with new implicit Clock
    * @return the result of the block
    */
  def apply[T](clock: Clock)(block: => T): T =   {      //block是个按名调用的函数，要到下面被引用时才加以执行。
      // Save parentScope
    val parentClock = Builder.currentClock               //暂时保存原先的时钟来源
    Builder.currentClock = Some(clock)                   //将Builder.currentClock设置成通过参数给定的clock
    val res = block          // execute block            //执行block这块代码，例如创建子模块等。
      // Return to old scope
    Builder.currentClock = parentClock                   //恢复原先的时钟来源
    Res                                                  //返回执行block这块代码的结果，如所创建的模块。
  }
}
```

这样，假定程序中有这么一段代码：

```
  withClock (gated_clock) {
    val tlb = Module(new TLB(true, log2Ceil(fetchBytes), TLBConfig(nTLBSets, nTLBWays,
                      outer.icacheParams.nTLBBasePageSectors, outer.icacheParams.nTLBSuperpages)))
    …
  }
```

这里参数 gated_clock 是一个作为来源的时钟信号，后面花括号中的内容就是为 object withClock 的 apply()函数提供的第二个参数，即 block。这样当创建 TLB 这个模块的时候 Builder.currentClock 已被设置成 gated_clock，于是 TLB 这个模块所使用的时钟就成了 gated_clock，而不是其父模块的时钟了。注意用了 object withClock 以后实际上有没有_override_clock 已经无关紧要了，抽象类 Module 中仍保留着这个 var，也保留着 override_clock_()这个函数，只是为了与老版本兼容。

更值得注意的是，作为参数的代码块 block 中并不排除寄存器的创建，所以现在创建寄存器的时候也允许选择使用别的时钟。例如 rocket-chip 的代码中就有这样一个语句：

```
val reg_wfi = withClock(io.ungated_clock) { Reg(init=Bool(false)) }
```

这里创建的就只是一个寄存器，可是也允许其另行采用一个时钟信号 ungated_clock。当然，实际使用中对此必须十分谨慎。让一个寄存器选用别的时钟信号，而不是采用其所在模块的公共时钟信号，那必须是经过深思熟虑的才行。

所以，withClock 实际上是为一个时钟信号建立了一个新的时钟域，在这个时钟域内创建的模块和寄存器，以及需要时钟驱动的其它序列电路（实际上都是基于寄存器的），例如队列、Xbar 等，都使用这个时钟。而且，对于在这个代码块中所创建的模块，如果不再另作选择，这个时钟信号就会代代相传，整个模块子树全都属于这个时钟域。

同样的机制也用于复位信号 reset，这就是 object withReset 的作用：

```
object withReset {
  /** Creates a new Reset scope
    * @param reset the new implicit Reset
    * @param block the block of code to run with new implicit Reset
    * @return the result of the block
    */
  def apply[T](reset: Reset)(block: => T): T = {
      // Save parentScope
    val parentReset = Builder.currentReset
    Builder.currentReset = Some(reset)
    val res = block // execute block
      // Return to old scope
    Builder.currentReset = parentReset
    res
  }
}
```

对此就不多作解释了。

前面讲的是普通的 Module，即单纯作为硬件描述的 Module 中的安排。在 LazyModuleImp 和 LazyRawModuleImp 中也是一样，这是因为 LazyModuleImp 是对 MultiIOModule 的扩充，而后者其实就是 Module：

```
class LazyModuleImp(val wrapper: LazyModule) extends MultiIOModule with LazyModuleImpLike {
  /** Instantiate hardware of this `Module`. */
  val (auto, dangles) = instantiate()
}

type MultiIOModule = chisel3.Module
```

之所以会有 MultiIOModule 是因为历史原因，所以 LazyModuleImp 就是对抽象类 Module 的扩充。

然而 LazyRawModuleImp 类就有点不一样了，这是一个时钟域的起点，每当 LazyModule 中的 lazy module 是个 LazyRawModuleImp 类对象，而不是 LazyModuleImp 类对象时，就开辟了一个新的时钟域：

```
/** Actual description of a [[RawModule]] which can be instantiated by a call to [[LazyModule.module]].
  * @param wrapper the [[LazyModule]] from which the `.module` call is being made.
  */
class LazyRawModuleImp(val wrapper: LazyModule) extends RawModule with LazyModuleImpLike {
  // These wires are the default clock+reset for all LazyModule children.
  // It is recommended to drive these even if you manually drive the clock and reset of all of the LazyRawModuleImp children.
  // Otherwise, anonymous children (Monitors for example) will not have their clock and/or reset driven properly.

  val childClock: Clock = Wire(Clock())          // drive clock explicitly.     //创建一根时钟信号线childClock
  val childReset: Reset = Wire(Reset())          // drive reset explicitly.
  childClock := Bool(false).asClock              // the default is that these are disabled
  childReset := chisel3.DontCare
  val (auto, dangles) = withClockAndReset (childClock, childReset) { instantiate() }
                    //函数instantiate()是在由withClockAndReset建立的时钟域和复位域中调用的。
                    //所以凡是所在LazyModule里创建的子模块都在这个时钟域和复位域中。
}     //end class LazyRawModuleImp
```

显然，LazyRawModuleImp 与 LazyModuleImp 的不同之处就在于对时钟信号和复位信号的处理。

LazyRawModuleImp 对象初始化过程的核心仍是对函数 instantiate()的调用，但是对 instantiate()的调用是放在通过 object withClockAndReset 建立的新的时钟域和复位域中进行，所以从此往下的那些模块的时钟，如果不另作选择的话，就都采用这个时钟域的时钟信号 childClock。我们先看一下 object withClockAndReset 的代码：

```
object withClockAndReset {
  /** Creates a new Clock and Reset scope
    * @param clock the new implicit Clock
    * @param reset the new implicit Reset
    * @param block the block of code to run with new implicit Clock and Reset
    * @return the result of the block
    */
  def apply[T](clock: Clock, reset: Reset)(block: => T): T = {
    // Save parentScope
    val parentClock = Builder.currentClock
    val parentReset = Builder.currentReset

    Builder.currentClock = Some(clock)
    Builder.currentReset = Some(reset)

    val res = block          // execute block

    // Return to old scope
    Builder.currentClock = parentClock
```

```
      Builder.currentReset = parentReset
      res
   }  //end apply()
}  //end object withClockAndReset
```

这个代码就不需要解释了。那么前面 childClock 这个信号究竟是怎么来的？前面通过 Wire(Clock())只是创建了一根时钟信号线，并没有说把它连接到哪个时钟信号源，所以在代码中还需要明确说明将其连接到哪里。以香山代码中的 class XSTop 这个 LazyModule 为例，那里就说明了时钟信号的来源：

```
class XSTop()(implicit p: Parameters) extends BaseXSSoc() with HasSoCParameter {
  …
  lazy val module = new LazyRawModuleImp(this) {
    …
    val io = IO(new Bundle {
      val clock = Input(Bool())                    //clock是本模块IO排线中的一根导线，这是clock输入
      val reset = Input(Bool())
      …
    })
    // override LazyRawModuleImp's clock and reset
    childClock := io.clock.asClock                 //将本模块的childClock连接到clock这根输入线上
    childReset := io.reset
    …
    withClockAndReset (io.clock.asClock, io.reset) {    //在同一对时钟/复位信号的另一个时钟/复位域中：
      // Modules are reset one by one
      // reset ----> SYNC --> {L3 Cache, Cores}
      //               |
      //               v
      //              misc
      val l3cacheMod = if (l3cacheOpt.isDefined) Seq(l3cacheOpt.get.module) else Seq()
      val resetChain = Seq(l3cacheMod ++ core_with_l2.map(_.module))
      ResetGen(resetChain, io.reset, !debugOpts.FPGAPlatform)
    }
  }
}
```

因为 class XSTop 内部的 module 是个 LazyRawModuleImp（而不是 LazyModuleImp），是一个时钟域的起点，这就要明确其时钟信号的来源，并将本模块的 childClock 连接到这个时钟源。所以，XSTop 这个顶层模块的时钟信号是外部接入的，io.clock 就是这个时钟信号的输入端口。至于这个外部的时钟信号从哪里来，这就要看具体情况了，一般而言，如果是在 FPGA 芯片上，则 FPGA 芯片会提供片上的锁相环振荡器，如果是 ASIC 芯片，则也要在芯片上有个环式振荡器（且不说锁相还是不锁相），但在 Chisel 代码中那些都属于黑盒子 BlackBox。但是当然，EDA 软件会解决这个问题。事实上芯片代工厂家也确实提供这样的标准件，只要告诉他们芯片上需要一个什么频率的时钟，他们就会在上面做上一个这样的标准件。至于 FPGA 芯片，则芯片上不仅有现成的时钟（无论是否需要外接“参照时钟”），还有网格化的时钟信号配送网络，这里面也包含了所需的驱动门，因为 FPGA 芯片上各个部位有多少资源可以被用作寄存器或其它需要时钟信号驱动的电路元件是事先知晓的。

所以，对于 SoC 芯片的逻辑设计而言，程序员们可以不必操心振荡器如何构建，而只要关心芯片上不同的时钟域，各个时钟域的频率，处于不同时钟域的模块互相怎么通信，这就可以了。

13.3 时钟域

一般而言，一个计算机系统中难免会有若干频率不同的时钟域。例如 CPU 与内存，可能就是处于不同频率的时钟域，因为构成 CPU 的晶体管速度快，时钟频率就可以提得很高；而内存的速度较慢；其时钟频率就应较低。缓存采用与 CPU 相同的电路元件，因而可以与 CPU 处于同一个时钟域。再如外部设备的接口，外设接口上的时钟频率都得符合具体外设的标准，于是一种具体外设的接口也许就得是一个不同的时钟域。这是就大的时钟域划分而言，我们姑且称之为一级时钟域吧。具体到电路的功能和作用，以及所处的部位和芯片的尺寸，则一级大时钟域很有可能需要进一步划分成若干个较小的二级、三级时钟域。芯片上一级时钟域的时钟频率应该是最高的，并且（理论上）最好是所有不同时钟频率的公倍数，这是因为：从较高的时钟频率通过计数分频得到较低频率毕竟不难，可是要让频率升高就难了。

我们在前面看到，LazyModule 内部的 module 可以是个 LazyRawModuleImp 类对象，也可以是一般的 LazyModuleImp 类对象。二者的区别在于前者新建一个时钟域，而后者默认采用所在时钟域的时钟信号。这样，LazyRawModuleImp 对象就是一身二任，既是一个新建时钟域的顶点，同时其本身又是一个功能模块。但是当然也可以把其作为功能模块的一面剥离出去，使这个模块单纯作为一个时钟域的起点，而剥离出去的电路就另外放在一个个的 LazyModule 中。当然，这些 LazyModule 是在新建的这个时钟域中，作为这个时钟域内的一个部件（如果我们把时钟域也看成一个模块），而且这个 LazyModule 的 module 是 LazyModuleImp。

像这样纯粹作为时钟域（或复位域）起点而存在的模块，我们就称其为 Domain。不过，尽管 rocket-chip 的代码中定义了 class Domain，还有相关的一些代码，但是香山并没有采用这些代码，所以只关心香山的读者也可以跳过本节。下面是 class Domain 的定义：

```
abstract class Domain (implicit p: Parameters) extends LazyModule with HasDomainCrossing {
  …  //这里本应有node的定义，但是暂时空着待补充。
  def clockBundle: ClockBundle                //抽象函数clockBundle()的类型为ClockBundle
  …  //这里可以创建存在于这个Domain内的各种LazyModule。

  lazy val module = new LazyRawModuleImp(this) {
    childClock := clockBundle.clock           //把clockBundle.clock连接到本模块的childClock
                                              //在clockBundle()中也可以先对时钟源进行分频等处理
    childReset := clockBundle.reset           //调用函数clockBundle()

    // these are just for backwards compatibility with external devices
    // that were manually wiring themselves to the domain's clock/reset input:
    val clock = IO(Output(chiselTypeOf(clockBundle.clock)))      //另外再定义一个val clock
    val reset = IO(Output(chiselTypeOf(clockBundle.reset)))
    clock := clockBundle.clock                //注意这个clock是上面定义的那个val，不是clockBundle中的那个clock。
    reset := clockBundle.reset
  }
}
```

这里的抽象函数 clockBundle()的类型为 class ClockBundle：

```
class ClockBundle(val params: ClockBundleParameters) extends Bundle {
  val clock = Output(Clock())
  val reset = Output(Reset())
}
```

Domain 对象中的 module，也对 LazyRawModuleImp 进行了一些动态扩充，但是所作扩充只是与时钟信号和复位信号有关，主要是解决 childClock 和 childReset 的信号来源问题。这里的连接是把 childClock 连接到 clockBundle.clock，可是 clockBundle()在这里是个有待落实的抽象函数，所以 Domain 只是个抽象类。从抽象类 Domain 又派生出两个比之更具体一点的抽象类，一种是时钟域 ClockDomain，另一种是复位域 ResetDomain。当然我们在这里关心的是时钟域。

```
abstract class ClockDomain(implicit p: Parameters) extends Domain with HasClockDomainCrossing
abstract class ResetDomain(implicit p: Parameters) extends Domain with HasResetDomainCrossing
```

ClockDomain 仍是抽象类，因为既有 ClockSinkDomain，又有 ClockSourceDomain。因具体 ClockDomain 在系统中所处地位不同，一个 ClockDomain 可以是 Source，也可以是 Sink；因而就有 ClockSourceDomain 和 ClockSinkDomain 之分。不过在 rocket-chip 的代码中虽然定义了 class ClockSourceDomain，但却没有见到创建该类对象。因为按理说 ClockSourceDomain 就是锁相环振荡器本身所形成的时钟域，可是这是作为一个外来成品引入的，Chisel 代码中并没有关于锁相环的描述，自然也就没有了 ClockSourceDomain。反之，ClockSinkDomain 还是有几个的，尤其在与外设有关的代码中。所以我们在这里只看 ClockSinkDomain：

```
class ClockSinkDomain(val clockSinkParams: ClockSinkParameters) (implicit p: Parameters) extends ClockDomain{
  def this (take: Option[ClockParameters] = None, name: Option[String] = None)(implicit p: Parameters) =
                                                          this(ClockSinkParameters(take = take, name = name))
  val clockNode = ClockSinkNode(Seq(clockSinkParams))
  def clockBundle = clockNode.in.head._1
}
```

ClockSinkDomain 类是对抽象类 ClockDomain 和 Domain 的扩充，而 Domain 又是对 LazyModule 的扩充，所以 ClockSinkDomain 也是对 LazyModule 的扩充。LazyModule 中应该有关于 node 的说明，以开展参数协调，在 Domain 中暂时空着，这里就补上了，ClockSinkDomain 模块的节点是 ClockSinkNode。

抽象函数 clockBundle()在这里也得到了落实，所返回的是 clockNode 中函数 in()所返回 Seq[(BI, EI)]的 head 即第一个二元组(BI, EI)中的第一个元素，那就是 BI，即输入 Bundle。注意 clockNode 是个 ClockSinkNode 类对象，这是个 case class，所以一定有配套的 object：

```
case class ClockSinkNode (val portParams: Seq[ClockSinkParameters])
                                    (implicit valName: ValName) extends SinkNode(ClockImp)(portParams){
                                                            //因为是SinkNode，就没有uFn()和dFn()
  def fixedClockResources(name: String, prefix: String = "soc/"): Seq[Option[FixedClockResource]] =
           portParams.map { p => p.take.map(t => new FixedClockResource(name, t.freqMHz, prefix)) }
}

object ClockSinkNode{
  def apply (freqMHz: Double, dutyCycle: Double = 50, phaseDeg: Double = 0,
                       // Create SDC/TCL constraints that the clock matches these requirements:
    phaseErrorDeg: Double = 5, freqErrorPPM: Double = 10000, jitterPS: Double = 300)
```

```
                              (implicit valName: ValName): ClockSinkNode =
  ClockSinkNode(Seq(ClockSinkParameters (phaseDeg = phaseDeg, phaseErrorDeg = phaseErrorDeg,
                        freqErrorPPM = freqErrorPPM, jitterPS = jitterPS,
                        take = Some(ClockParameters(freqMHz = freqMHz, dutyCycle = dutyCycle)))))
}
```

时钟信号也有很多参数，通过 object ClockSinkNode 创建 ClockSinkNode 对象的时候要给定参数，其中最重要的是 freqMHz 即频率，这个参数是不能缺省的；其余的参数，如占空比 dutyCycle、相位度数 phaseDeg、相位误差度数 phaseErrorDeg、相位误差比例（百万分之几）freqErrorPPM、频率抖动次数（每秒）jitterPS 等就都有默认值。实际上，这些“参数”都取决于时钟源，也是系统对时钟源的要求，而并非经过协调可以改变的本地参数。

ClockSinkNode 类是对 SinkNode 的扩充，所作扩充是需要给定 SinkNode 类第一个参数 imp 的具体类型，因为 imp 的类型是抽象类 NodeImp。对于 ClockSinkNode 这是个 ClockImp：

```
object ClockImp extends SimpleNodeImp[ClockSourceParameters, ClockSinkParameters, ClockEdgeParameters, ClockBundle] {
  def edge(pd: ClockSourceParameters, pu: ClockSinkParameters, p: Parameters, sourceInfo: SourceInfo) =
                                                   ClockEdgeParameters (pd, pu, p, sourceInfo)
  def bundle(e: ClockEdgeParameters) = new ClockBundle(e.bundle)
  …
}
```

由此可见，调用其 edge()函数时返回的是个 ClockEdgeParameters 对象；而调用其 bundle()函数时返回的则是个 ClockBundle 对象，那里面就有 clock 和 reset 两个成分。但是至此仍未涉及这个 ClockBundle 的来源。就像 Diplomacy 这个机制中所有别的 node 一样，ClockSinkDomain 这个 LazyModule 中的 clocknode 也得参与 Diplomacy 参数协调，得要与谁绑定，绑定了才会有具体的边，才会有具体的 Bundle 连接。可想而知，按设计意图，顶层 ClockSinkDomain 的对方应该是 ClockSourceDomain：

```
class ClockSourceDomain(val clockSourceParams: ClockSourceParameters)(implicit p: Parameters) extends ClockDomain {
  def this(give: Option[ClockParameters] = None, name: Option[String] = None)(implicit p: Parameters) =
                                              this(ClockSourceParameters(give = give, name = name))
  val clockNode = ClockSourceNode(Seq(clockSourceParams))
  def clockBundle = clockNode.out.head._1
}
```

不过 rocket-chip 的代码中实际上并没有见到 ClockSourceDomain 的创建，不过意图是明确的，与 ClockSinkDomain 相对，这里的 clockNode 就是个 ClockSourceNode，相应的参数就是 ClockSourceParameters。下面是 class ClockSourceNode 和 object ClockSourceNode 二者的定义：

```
case class ClockSourceNode(val portParams: Seq[ClockSourceParameters])(implicit valName: ValName)
                                              extends SourceNode(ClockImp)(portParams) {
  def fixedClockResources(name: String, prefix: String = "soc/"): Seq[Option[FixedClockResource]] = portParams.map { p =>
    p.give.map(g => new FixedClockResource(name, g.freqMHz, prefix))
  }
}

object ClockSourceNode {
```

```
    def apply(freqMHz: Double, dutyCycle: Double = 50, jitterPS: Double = 300)(implicit valName: ValName): ClockSourceNode =
        ClockSourceNode(Seq(ClockSourceParameters(jitterPS = Some(jitterPS),
                                                   give = Some(ClockParameters(freqMHz = freqMHz, dutyCycle = dutyCycle)))))
}
```

由于是 SourceNode，就没有 dFn()和 uFn()这两个函数。

回到抽象类 Domain 的代码，有两个事情是明显的。第一，如果光是创建一个时钟域，但时钟域内没有任何别的模块，那就是无的放矢了，所以实际上一定会直接或间接对抽象类 Domain 或 ClockDomain 进行扩充，在里面增添创建其它 LazyModule 的语句，也许再加上所创建这些 LazyModule 之间的 Diplomacy 绑定。当然，这可以是对 ClockSinkDomain 的扩充。第二，一个时钟域的时钟频率不必然就是保持输入时钟信号的频率不变，在一个 ClockSinkDomain 中可以对输入时钟信号进行分频，可以实现种种不同比例的分频，这在实践中也是有需要的，这也是对 ClockSinkDomain 的一种扩充。

事实上，rocket-chip 代码中有个 InterruptBusWrapper，顾名思义这是对中断总线的包装，这就是对 ClockSinkDomain 的扩充，本质上就是一个 ClockSinkDomain，但是作了上述的第一种扩充：

```
/** Collects interrupts from internal and external devices and feeds them into the PLIC */
class InterruptBusWrapper(implicit p: Parameters) extends ClockSinkDomain {
    override def shouldBeInlined = true
    val int_bus = LazyModule(new IntXbar)      // Interrupt crossbar
    private val int_in_xing   = this.crossIn(int_bus.intnode)
    private val int_out_xing = this.crossOut(int_bus.intnode)
    def from(name: Option[String])(xing: ClockCrossingType) = int_in_xing(xing) :=* IntNameNode(name)
    def to(name: Option[String])(xing: ClockCrossingType) = IntNameNode(name) :*= int_out_xing(xing)
    def fromAsync: IntInwardNode = from(None)(AsynchronousCrossing(8,3))
    def fromRational: IntInwardNode = from(None)(RationalCrossing())
    def fromSync: IntInwardNode = int_bus.intnode
    def toPLIC: IntOutwardNode = int_bus.intnode
}
```

这是对 ClockSinkDomain 类的扩充，从而也是对抽象类 ClockDomain 和 Domain，乃至对 LazyModule 的扩充。所以，创建一个 InterruptBusWrapper 对象就是创建了一个新的时钟域。这个时钟域中有个 LazyModule，那就是 IntXbar，这是对中断请求信号的 Xbar。在多核的系统中，中断源与中断目标之间是多对多的关系（每个 CPU 核都可以是中断目标），所以需要有十字开关 Xbar。另外，中断系统又是个典型的跨时钟域传输环境，因为每个中断源，即每个外设都有可能处在一个不同的时钟域中。所以这里的函数 fromAsync()、fromRational()、fromRational()、fromSync()就涉及跨时钟域的信号传输。本章后面会对跨时钟域传输作些介绍，但本书的目的不在对 rocket-chip 进行研究，所以就不深入进去了。这里提一下只是用来说明问题。

上述的第二种扩充是对输入时钟信号进行分频处理，因为新创的时钟域也许只需较低频率的时钟。如前所述，分频是容易的，倍频就难了。原理上通过计数可以实现几乎任何比例的分频，相对而言如果分频的比例是 2，4，8，等 2 的某次幂（Power）就更方便一些。所以 rocket-chip 的代码中提供了一个 Pow2ClockDivider 类，可以用来实现这样的分频：

```
/** Divide the clock by power of 2 times.
 *   @param pow2 divides the clock 2 ^ pow2 times */
class Pow2ClockDivider (pow2: Int) extends Module {     //参数pow2表示2的某次幂，2^pow2为分频比。
    val io = IO(new Bundle {
```

```
        val clock_out = Output(Clock())                    //分频后的输出
    })

    if (pow2 == 0) {                                       //如果是2⁰，那就是原封不动：
        io.clock_out := clock
    } else {
        val dividers = Seq.fill(pow2) { Module(new ClockDivider2) }        //根据分频比创建一串ClockDivider2
        dividers.init.zip(dividers.tail).map { case (last, next) => next.io.clk_in := last.io.clk_out }
                                                                           //将这些ClockDivider2首尾相连，形成一个分频链。
        dividers.head.io.clk_in := clock                                   //clock是模块所在时钟域的时钟信号，作为分频链的输入。
        io.clock_out := dividers.last.io.clk_out                           //把分频链的输出连接到本模块的时钟输出clock_out
    }
}
```

因为分频比 N 是 2 的某次幂 pow2，所以就可以提供一串 N 个 2 分频模块 ClockDivider2 首尾相连，构成一个 2 分频链来实现 2^N 分频，N 就是构造参数 pow2。

按说用 Chisel 语言写一个 2 分频模块也是容易的事，但是 rocket-chip 的代码中却直接用 Verilog 语言写了个 2 分频模块，然后将其包装成一个 Chisel 语言的“黑盒子”即 BlackBox 模块 ClockDivider2。这与 C 语言代码中偶尔嵌有汇编语言代码是同一个道理：

```
/** This black-boxes a Clock Divider by 2. The output clock is phase-aligned to the input clock.
  * If you use this in synthesis, make sure your sdc declares that you want it to do the same.
  * Because Chisel does not support blocking assignments, it is impossible to create a deterministic divided clock.
  */
class ClockDivider2 extends BlackBox with HasBlackBoxResource {
    val io = IO(new Bundle {
        val clk_out = Output(Clock())
        val clk_in = Input(Clock())
    })

    addResource("/vsrc/ClockDivider2.v")               //这是内嵌的Verilog代码，通过addResource()添加在这里。
}
```

下面就是嵌在黑盒子中的这段 Verilog 代码：

```
/** This black-boxes a Clock Divider by 2. The output clock is phase-aligned to the input clock.
  * If you use this in synthesis, make sure your sdc declares that you want it to do the same.
  * Because Chisel does not support blocking assignments, it is impossible to create a deterministic divided clock.
  *   @param clk_out Divided Clock
  *   @param clk_in   Clock Input
  */

module ClockDivider2 (output reg clk_out, input clk_in);          //Verilog 代码
    initial clk_out = 1'b0;
    always @(posedge clk_in) begin
        clk_out = ~clk_out;                   // Must use =, NOT <=
```

```
    end
endmodule        // ClockDivider2
```

至于为什么要这样，可能是为排除因 Chisel 编译而来的某些不确定性，代码前面的注释也说了这个。对于一个具体的时钟域，其时钟信号的相位是很敏感的，可谓牵一发动全身，所以这里要强调与输入信号的上升沿（严格）对齐，中间也不允许插入任何会引入延迟的电路（尽管逻辑上等价）。

除 ClockDivider2 这个“黑盒子”外，rocket-chip 的代码中还提供了另一个黑盒子 ClockDivider3：

```
class ClockDivider3 extends BlackBox with HasBlackBoxResource {
  val io = IO(new Bundle {
    val clk_out = Output(Clock())
    val clk_in = Input(Clock())
  })

  addResource("/vsrc/ClockDivider3.v")           //内嵌的Verilog代码，通过addResource()添加。
}
```

这个黑盒子里的 Verilog 代码在文件 ClockDivider3.v 中：

```
/** This black-boxes a Clock Divider by 3. The output clock is phase-aligned to the input clock.
  * Do NOT use this in synthesis; the duty cycle is 2:1.
  * Because Chisel does not support blocking assignments, it is impossible to create a deterministic divided clock.
  *   @param clk_out Divided Clock
  *   @param clk_in    Clock Input
  */

module ClockDivider3 (output reg clk_out, input clk_in);
   reg delay;

   initial begin
      clk_out = 1'b0;
      delay = 1'b0;
   end

   always @(posedge clk_in) begin        //每当clk_in的上升沿到来时：
      if (clk_out == 1'b0) begin
         clk_out = 1'b1;                      //clk_in的第一个上升沿使clk_out变成1
         delay <= 1'b0;                       //并使delay变成0
      end else if (delay == 1'b1) begin    //clk_in的第三个上升沿到来时：
         clk_out = 1'b0;                      //clk_out变成0，所以脉冲的占空比为0.67
         delay <= 1'b0;                       //delay又变成0
      end else begin                       //clk_in的第二个上升沿到来使delay变成1
         delay <= 1'b1;
      end
   end
endmodule        // ClockDivider3
```

可见，电路其实还是很简单的，仿照这个逻辑还可以写出任意 N 分频的电路描述。但是这里要指出，这些分频都不是绝对精确的，问题在于输入时钟信号的频率未必都能被N整除，所以就有可能引入细小的误差，而误差会逐渐积累。

除用分频器对时钟信号分频使其降低频率外，还有个办法是在时钟信号的通路上安装一个可以随时加以开通/关断的门，对时钟脉冲的到来进行精确的控制。这样，时钟脉冲只能在符合某些条件的情况下到来，有选择地关断其中的某些脉冲，就相当于把某些时钟节拍拖长了，尽管其余时钟脉冲的周期和形状（占空比）还是和原来一样，宏观的时钟频率也就降低（而且可能是大大降低）了。这样的时钟称为“门控时钟”即 Gated Clock。下面是从 rockit-chip 的数据缓存 DCache 的代码中摘取的片段，用来说明门控时钟的使用：

```
val clock_en_reg = Reg(Bool())        //一个D触发器
…
val gated_clock = if (!cacheParams.clockGate) clock else ClockGate(clock, clock_en_reg, "dcache_clock_gate")
                    //如果缓存参数中没有说采用clockGate，就用原来的时钟信号clock。
                    //否则，如果缓存参数有clockGate，就在clock基础上创建一个门控时钟gated_clock。
class DCacheModuleImpl extends NoChiselNamePrefix {            // entering gated-clock domain
                    //定义一个class。这与clock_en_reg是在同一个定义域中，所以在其内部可以引用clock_en_reg。
                    //这个类的对象，即DCacheModuleImpl电路，是准备放在一个受到门控的时钟域中运行的。
  …
  // gate the clock   //把一组合电路的输出(代表着控制条件)连接到clock_en_reg，控制时钟信号的通断：
  clock_en_reg := !cacheParams.clockGate || io.ptw.customCSRs.disableDCacheClockGate ||
                           io.cpu.keep_clock_enabled || metaArb.io.out.valid || s1_probe || s2_probe || …
  …
}        // leaving gated-clock domain
val dcacheImpl = withClock (gated_clock) { new DCacheModuleImpl }
                    //创建上面定义的DCacheModuleImpl类对象，并将其置于专门为其创建的时钟域中，
                    //这个时钟域的clock就是前面创建的门控时钟gated_clock，所以这是个门控时钟域。
                    //该时钟域的时钟信号受上述组合电路的动态输出控制，仅在满足条件时才有时钟脉冲到来。
```

为此，rocket-chip 的代码中先定义了一个抽象类 ClockGate，这又是一个“黑盒子”即 BlackBox：

```
abstract class ClockGate extends BlackBox {
  val io = IO(new Bundle{
    val in = Input(Clock())
    val test_en = Input(Bool())
    val en = Input(Bool())
    val out = Output(Clock())
  })
}

case object ClockGateImpl extends Field[() => ClockGate](() => new EICG_wrapper)
```

这里定义的只是 ClockGate 的输入输出，其内部实现在黑盒子中，是看不见的。然后定义了一个 object ClockGateImpl，这是对 Field 类的扩充，该 Field 类对象的构造参数是个匿名函数，调用这个函数就生成一个 ClockGate 类对象，当然是对抽象类 ClockGate 进行了某种扩充的对象，实际上生成的则是个 EICG_wrapper 类对象（EICG 的 CG 应该就是 ClockGate）。

然后，object ClockGate 则用来生成 ClockGate 类对象、实际上是 EICG_wrapper 类对象：

```
object ClockGate {
  def apply[T <: ClockGate](in: Clock, en: Bool, name: Option[String] = None)(implicit p: Parameters): Clock = {
    val cg = Module(p(ClockGateImpl)())             //ClockGate 对象 cg，实际上是个符合参数 p 规定的 ClockGateImpl。
    name.foreach(cg.suggestName(_))                 //名称对 Chisel 程序员无关紧要，但对所生成 Verilog 代码颇重要。
    cg.io.in := in                                  //输入时钟信号，可被关断。
    cg.io.test_en := false.B                        //这是供测试用的，常态下不开放。
    cg.io.en := en                                  //用来控制时钟信号通断的信号，true 表示开通，false 表示关断。
    cg.io.out                                       //输出门控时钟信号。
  }
  def apply[T <: ClockGate](in: Clock, en: Bool, name: String)(implicit p: Parameters): Clock = apply(in, en, Some(name))
}
```

显然，这里的核心是ClockGateImpl即具体ClockGate类对象的创建，其余只是对其输入输出信号的连接。实际创建的是个 EICG_wrapper 对象，在 Chisel 代码中只知道这是对 ClockGate 类的扩充，也是个黑盒子模块：

```
// behavioral model of Integrated Clock Gating cell
class EICG_wrapper extends ClockGate
```

黑盒子里面的内容。则是下面这段 Verilog 代码：

```
  /* verilator lint_off UNOPTFLAT */
module EICG_wrapper(output out, input en, input test_en, input in);
  reg en_latched              /*verilator clock_enable*/;
  always @(*) begin
     if (!in) begin                        //寄存器en_latched的内容只能在时钟信号处于false状态时才能改变：
        en_latched = en || test_en;        //下一个时钟脉冲上升沿的到来把控制信号打入寄存器en_latched，
                                           //使寄存器状态的变化与时钟脉冲同步。
     end
  end
  assign out = en_latched && in;           //时钟脉冲是否开通受此与门控制。
endmodule
```

所以，门控时钟所使用的“门”是个与门，这个与门所提供的控制在时间和相位上必须十分精确，所以这一小段代码直接采用类似于汇编语言的 Verilog 编写。

最后还要再次说明：时钟信号逻辑上的连接看似很简单，但物理上可能需要引入驱动门，芯片上导线的长短和形状等参数都对时钟信号的相位变化有一定影响，那都要靠 EDA 软件进行分析和处理。

13.4　跨时钟域的信号对接

不同时钟域之间可能需要有信号的传输，这里有两种情况。一种情况是双方的时钟频率一致，但不能保证相位同步。如果频率一致并且相位同步，那实际上就是在同一个时钟域中了，既然不是在同一个时钟域，那就至少会有相位的不同步；或者相位同步但频率不同，此时双方的频率一定成整数倍关系。这也包括双方的时钟频率有细微的不一致，频率的细微不一致会造成相位的漂移，这就需要在跨时钟域传输时至少有个让时钟脉冲“打滑”的机制。另一种情况是双方的频率不一致，这就造成信号的“生产者”与“消费者”速度不匹配的问题，需要在中间有个排队缓冲的机制。

先看第一种情况，就是两个时钟域的频率大体上一致，但是不能保证相位同步，即双方相位的差距恒定不变，也不能排除频率相对略有波动的可能，因而需要有个让时钟脉冲“打滑”的机制。事实上，Bundle 的 ready/valid 握手的机制就正是这样的一种机制。当接收方可以接收的时候就发出 ready 信号，发送方必须在看到 ready 信号之后才可以发送信息，这之间可以相隔任意多个时钟周期；然后发送方把需要发送的信息放在自己这边的寄存器中，让其出现在通道上，并发出 valid 信号；而接收方，则只有在 ready 和 valid 同为 true 之后的第一个时钟脉冲（上升沿）到来的时候才把通道上的信息打入自己这一方的寄存器，这个时钟脉冲来得早一点或晚一点都没有关系。这就是允许时钟脉冲“打滑”。可是，如果是多节拍传输，并且接收方在此期间保持 ready 信号不变，那就不一样了，虽然发送方仍可以通过 valid 信号控制发送的节奏，但是它不能确认上一个节拍中发送的信息确实已经被接收方接收下来了，所以就只能相信双方的频率和相位是一致的。要是发送方也保持其 valid 信号不变，那就是完全依赖于双方的同步了。另外，ready/valid 的握手机制还有个问题，就是接收方可能会把发送方拖住。

再看第二种情况，同样也采用 read/valid 的握手机制，也允许有时钟脉冲“打滑”，但是由于双方的频率不同，而且相去甚远，就会有更多的问题。如果发送方的时钟频率高于接收方，因而其发送速度高于接收方，那就需要有缓冲，要不然就会丢失信息。反之如果发送方的时钟频率低于接收方，这时候信息倒不至于丢失，但是接收方内部的同步倒可能成了问题，这就好像让一个节奏很快又忙得不可开交的人偏要去听一个慢条斯理的人讲话一样，所以也应该有缓冲、实际上是先慢速积累起来再快速播放。所谓缓冲，实际上就是一个 FIFO 队列，但是这 FIFO 的两头要适配到两种不同的时钟频率。这就是所谓“跨时钟域传输（Clock Domain Crossing，简称 CDC）”的问题。

根据两个时钟域的具体情况和采用的算法，有 SynchronousCrossing、AsynchronousCrossing、CreditedCrossing、RationalCrossing 等四种不同的技术；rocket-chip 的代码中为此定义了四个不同的类。

对这四个类的定义是从 trait CrossingType 和 trait ClockCrossingType 开始的：

```
trait CrossingType        //这是个 trait，具有 Scala 语言为 trait 定义的属性。

  /** Enumerates the types of clock crossings generally supported by Diplomatic bus protocols    */
sealed trait ClockCrossingType extends CrossingType {
  def sameClock = this match {              //调用sameClock()返回一个布尔值，说明具体Crossing的两边是否采用相同时钟。
    case _: SynchronousCrossing | _: CreditedCrossing => true          //这两种Crossing的两边是采用相同时钟的。
    case _ => false                                                    //其余（Asynchronous和Rational）都不是
  }
}
```

上述的四种 Crossing 都是对 ClockCrossingType 的扩充：

```
case class SynchronousCrossing (params: BufferParams = BufferParams.default) extends ClockCrossingType
case class RationalCrossing (direction: RationalDirection = FastToSlow) extends ClockCrossingType
case class AsynchronousCrossing (depth: Int = 8, sourceSync: Int = 3, sinkSync: Int = 3,
                        safe: Boolean = true, narrow: Boolean = false) extends ClockCrossingType{
                                                 def asSinkParams = AsyncQueueParams(depth, sinkSync, safe, narrow) }
case class CreditedCrossing (sourceDelay: CreditedDelay, sinkDelay: CreditedDelay) extends ClockCrossingType
```

其中同步传输 SynchronousCrossing 就是我们已经熟知的常规 Bundle 通信。既然 class SynchronousCrossing 是对 ClockCrossingType 的扩充，那么调用其 sameClock()函数就会返回 true，说明两边采用的是同一个时钟。不过，即使是采用同一时钟的同步传输，信息生产方与消费方二者的速度仍可能略有波动，所以在不同模块间仍有可能需要缓冲，这就是我们在前面看到的 TLBuffer 之所以有必要。

除 SynchronousCrossing 之外，CreditedCrossing 两边的时钟域也是用的同一个时钟，所以调用其 sameClock()函数也会返回 true。正因为这样，其实 CreditedCrossing 的两边只是把队列的作用再加强一些而已。原来是普通的队列，现在改成基于充值额度的队列，接收方给发送方充值了几个额度（credit）发送方才能往队列中发（不是直接发，是往队列中发）几个报文。

剩下 AsynchronousCrossing 和 RationalCrossing 两种跨时钟域通信，这两边的时钟域用的就不是同一个时钟了，调用它们的 sameClock()函数就会返回 false。但是前者两边的时钟频率是一样的，或者经过整数倍分频后的时钟频率是一样的；后者就更麻烦了，两边的时钟频率既不相同，又不成整数倍的关系。当然，这样的跨时钟域对接要麻烦得多。

13.5　CreditedCrossing

先看 CreditedCrossing，因为毕竟两个时钟域的时钟最终还是来自同一个时钟源，所以倘若对 CreditedCrossing 调用函数 sameClock()就会返回 true。

本来，既然双方用的是同一个时钟，就可以直接相连，但是那样有可能发生两边报文的生产/消费速度不匹配，使接收方被“水淹”的情况，所以采用一种类似于“额度充值”的方式，每次由接收方预先给发送方充值若干个报文的额度（credit），你发一个报文就扣 1 分，扣完为止，扣完了就得再给予额度。这样就可以保证收发双方相安无事。而且，发也不是直接就往对方时钟域发，而是要经过队列的缓冲。

下面是 class CreditedCrossing 和 object CreditedCrossing 的定义：

```
case class CreditedCrossing (sourceDelay: CreditedDelay, sinkDelay: CreditedDelay) extends ClockCrossingType
object CreditedCrossing {
  def apply(delay: CreditedDelay): CreditedCrossing = CreditedCrossing(delay, delay.flip)
  def apply(): CreditedCrossing = CreditedCrossing(CreditedDelay(1, 1))
}
```

如果不需要跨时钟域通信，那就各自在所在的时钟域中按 TileLink 的规程通信，各自相安无事。可是，如果要跨时钟域通信，并且实行 CreditedCrossing，那就要将各自的 TLBundle 加工改造成 TLCreditedBundle 才能对接：

```
class TLCreditedBundle(params: TLBundleParameters) extends TLBundleBase(params) {
  val a = CreditedIO(new TLBundleA(params))
  val b = CreditedIO(new TLBundleB(params)).flip
  val c = CreditedIO(new TLBundleC(params))
  val d = CreditedIO(new TLBundleD(params)).flip
  val e = CreditedIO(new TLBundleE(params))
}
```

以 A 通道 TLBundleA 为例，就要经过 object CreditedIO 的包装，成为 TLCreditedBundle 的通道 a。别的几个通道也是一样，只是通道 b 和 d 要通过 flip 反个向。

两个时钟域中的 TLBundle，欲与对方时钟域对接就得都转换成 CreditedIO，转化成 CreditedIO 的对接，而且这样的对接应该通过 TLCreditedSource 和 TLCreditedSink 两个模块加以实现。根据所对接信号的流向，上游这边是 TLCreditedSource，下游这边是 TLCreditedSink，分处于两个不同的时钟域，并且也要经过参数协调：

```
object TLCreditedSource {
  def apply(delay: TLCreditedDelay)(implicit p: Parameters): TLCreditedSourceNode = {
    val source = LazyModule(new TLCreditedSource(delay))
    source.node
  }
  def apply(delay: CreditedDelay)(implicit p: Parameters): TLCreditedSourceNode = apply(TLCreditedDelay(delay))
  def apply()(implicit p: Parameters): TLCreditedSourceNode = apply(CreditedDelay(1, 1))
}

class TLCreditedSource (delay: TLCreditedDelay)(implicit p: Parameters) extends LazyModule {
  val node = TLCreditedSourceNode(delay)
  lazy val module = new LazyModuleImp(this) {
    (node.in zip node.out) foreach { case ((in, edgeIn), (out, edgeOut)) =>
      val tld = edgeOut.delay
      out.a :<> CreditedIO.fromSender(in.a, tld.a.total).pipeline(delay.a)          //out是去往对方模块的输出
      in.b :<> Decoupled(out.b.pipeline(delay.b).toReceiver(tld.b.total))            //in是来自对方模块的输入
      out.c :<> CreditedIO.fromSender(in.c, tld.c.total).pipeline(delay.c)
      in.d :<> Decoupled(out.d.pipeline(delay.d).toReceiver(tld.d.total))
      out.e :<> CreditedIO.fromSender(in.e, tld.e.total).pipeline(delay.e)
    }
  }
}
```

上游即 TLCreditedSource 模块的 in.a 就是来自 node.a，这是普通的 TLBundleA，发往对方时钟域中 TLCreditedSink 模块的 A 通道前需要先通过 object CreditedIO 的 fromSender()函数转换，并经过 pipeline()才能连接到本模块的输出端 out.a，这个 out.a 是直接与对方的 out.a 相连接的。但是对方就要相对简单一些，这从这里的反向通道 b 和 d 就可以看出。事实上 TLCreditedSink 这个模块是这样：

```
object TLCreditedSink {
  def apply(delay: TLCreditedDelay)(implicit p: Parameters): TLCreditedSinkNode = {
    val sink = LazyModule(new TLCreditedSink(delay))
    sink.node
  }
  def apply(delay: CreditedDelay)(implicit p: Parameters): TLCreditedSinkNode = apply(TLCreditedDelay(delay))
  def apply()(implicit p: Parameters): TLCreditedSinkNode = apply(CreditedDelay(1, 1))
}  //end object TLCreditedSink

class TLCreditedSink (delay: TLCreditedDelay)(implicit p: Parameters) extends LazyModule{
  val node = TLCreditedSinkNode(delay)
  lazy val module = new LazyModuleImp(this) {
    (node.in zip node.out) foreach { case ((in, edgeIn), (out, edgeOut)) =>
      val tld = edgeIn.delay
      out.a :<> Decoupled(in.a.pipeline(delay.a).toReceiver(tld.a.total))
      in.b :<> CreditedIO.fromSender(out.b, tld.b.total).pipeline(delay.b)
      out.c :<> Decoupled(in.c.pipeline(delay.c).toReceiver(tld.c.total))
      in.d :<> CreditedIO.fromSender(out.d, tld.d.total).pipeline(delay.d)
```

```
      out.e :<> Decoupled(in.e.pipeline(delay.e).toReceiver(tld.e.total))
    }  //end foreach
  }  //end lazy val module
}  //end class TLCreditedSink
```

注意这里通往对方模块、从而通往对方时钟域的仍是 out.a，所以对接的时候是 out.a 与 out.a 的连接，实际上在处于下游的节点上的 out.a 是 A 通道的进入端。但是可以看到，同样是 A 通道，这边就不是 CreditedIO 了，而且后面调用的也是 toReceiver()而不是 fromSender()了。但是反向的 B 和 D 两个通道则相反。把数据的上游和下游串在一起，就总是要经过 fromSender()、pipeline()、pipeline()、toReceiver()这么几步。

再看一下从 TLBundle 到 CreditedIO 的转换，这是由 object CreditedIO 加以实施的，但是对上下游方向的转换有所不同，一个是 fromSender()，另一个是 toReceiver()：

```
object CreditedIO {
  def apply[T <: Data](genType: T) = new CreditedIO(genType)        //创建一个CreditedIO对象

  def fromSender[T <: Data](x: ReadyValidIO[T], depth: Int, pipe: Boolean = true): CreditedIO[T] = {
    val res = Wire(CreditedIO(chiselTypeOf(x.bits)))
    val dec = res.toSender(depth, pipe)
    dec.valid := x.valid
    dec.bits := x.bits
    x.ready := dec.ready
    res
  }

  def fromReceiver[T <: Data](x: ReadyValidIO[T], depth: Int, flow: Boolean = true): CreditedIO[T] = {
    val res = Wire(CreditedIO(chiselTypeOf(x.bits)))
    val irr = res.toReceiver(depth, flow)
    x.valid := irr.valid
    x.bits := irr.bits
    irr.ready := x.ready
    res
  }
}  //end object CreditedIO
```

这两个函数的返回值都是 CreditedIO，即 CreditedIO 类的对象，但是所作的处理和信号连接不同。CreditedIO 类本身的定义是这样：

```
/** CreditedIO provides credit-debit-based flow control for arbitrary Data. The sender may only transmit
  * Data when it has non-zero credits. Receivers provide 0 or 1 credits to senders using the credit field.
  * Senders consume 0 or 1 credits by setting the debit field. The bits Data field is DontCare when debit=0.
  * credit MAY depend combinationally on debit. debit MAY depend combinationally on credit.
  * WARNING: The user must ensure the round trip time is > 0. Failure to comply will result in a combinational loop!
  */
```

```
final class CreditedIO[T <: Data](gen: T) extends Bundle {
  override def cloneType: this.type = new CreditedIO(genType).asInstanceOf[this.type]
  def genType: T = gen

  val credit = Input (Bool())              // 1: a credit is given to the sender by the receiver
  val debit = Output(Bool())               // 1: a credit is consumed by the sender to transfer 'bits'
  val bits = Output(genType)

  /** Provide a DecoupledIO interface for sending CreditedIO[Data].
    * Convert an IrrevocableIO input to DecoupledIO via Decoupled().
    * depth controls the maximum number of Data beats inflight.
    * Sender powers on with credits=depth, so sender and receiver must agree on depth.
    * pipe=false increases the receiver=>sender trip time by one cycle.
    * pipe=true causes debit to depend on credit.
    */
  def toSender (depth: Int, pipe: Boolean = true): DecoupledIO[T] = {
    require (depth >= 1)
    val res = Wire(DecoupledIO(genType))
    val counter = new CreditedIOCounter (depth, depth)
    counter.update(this)
    res.ready := !counter.empty || (pipe.B && credit)
    debit := res.fire()                    //debit在下一个节拍中为true/false取决于res.fire()，每发送一项数据就fire()一次。
    bits := res.bits
    res
  }   //end toSender()

  /** Provide an IrrevocableIO interface for receiving CreditedIO[Data].
    * Conversion to DecoupledIO is done via application of Decoupled().
    * depth controls the Queue depth and thus maximum number of elements inflight.
    * flow=false increases the sender=>receiver trip time by one cycle.
    * flow=true causes credit to depend on debit.
    */
  def toReceiver (depth: Int, flow: Boolean = true): IrrevocableIO[T] = {
    require (depth >= 1)
    val enq = Wire(DecoupledIO(genType))
    enq.valid := debit
    enq.bits := bits
    assert (!enq.valid || enq.ready)
    val res = Queue.irrevocable(enq, depth, pipe=true, flow=flow)
    credit := res.fire()                   //从队列中读走了一项数据，给对方一个credit，可以再发一项数据过来。
    res
  }  //end toReceiver()

  /** Add register stages to the sender and receiver paths.
    * Apply this method to the producer/sender-facing bundle.
    * The round-trip-time (RTT) is increased by sender+receiver.
```

```
  */
 def pipeline (debitDelay: Int, creditDelay: Int): CreditedIO[T] = {
   val res = Wire(CreditedIO(genType))
   if (debitDelay <= 0) {    //如果没有debitDelay延迟：
     credit := ShiftRegister (res.credit, creditDelay, false.B, true.B)          //使输入信号得到若干节拍的延迟
                               //原始的credit是移位寄存器的长度，寄存器的内容是res.credit，长度是creditDelay
     res.debit := debit
     res.bits := bits
   } else {                    //如果有debitDelay延迟：
     // We can't use ShiftRegister, because we want debit-gated enables
     val out = pipeline(debitDelay-1, creditDelay)                        //递归调用pipeline()，debitDelay-1，直至为0
     out.credit := res.credit
     res.debit := RegNext(out.debit, false.B)
     res.bits := RegEnable(out.bits, out.debit)
   }
   res
 }  //end pipeline()

 def pipeline (delay: CreditedDelay): CreditedIO[T] = pipeline(delay.debit, delay.credit)
}   //end class CreditedIO
```

这里用到了一个队列 Queue 和一个计数器 CreditedIOCounter，这个计数器的计数规则是这样：每当有 credit 到来就使计数器加 1，有 debit 到来就使计数器减 1。

到了这里，我们要打住了，进一步的细节留给有兴趣的读者自己去看。

13.6　AsyncCrossing

如上所述，class AsynchronousCrossing 也是对 ClockCrossingType 的扩充，但是如果调用一个该类对象的 sameClock()函数则返回值就是 false，说明两边的时钟并非同一个时钟。

和前面一样， 一个 TLBundle，如果只是在自己那个时钟域中，它就是 TLBundle；但是如果要跨时钟域和一个不与自己同步的时钟域里的 TLBundle 相接，就得转换成 TLAsyncBundle 才可以：

```
class TLAsyncBundle (params: TLAsyncBundleParameters) extends TLAsyncBundleBase(params) {
                                        //五个AsyncBundle合在一起就是个TLAsyncBundle：
  val a = new AsyncBundle(new TLBundleA(params.base), params.async)
  val b = new AsyncBundle(new TLBundleB(params.base), params.async).flip
  val c = new AsyncBundle(new TLBundleC(params.base), params.async)
  val d = new AsyncBundle(new TLBundleD(params.base), params.async).flip
  val e = new AsyncBundle(new TLBundleE(params.base), params.async)
}
```

可见，TLBundle 中的每个通道都必须要被包装成一个 AsyncBundle，才能与异步的时钟域中对接。把 TLBundle 中的一个通道、例如 TLBundleA 对象用作参数，加上配置参数 params.async，就可以创建一个 AsyncBundle 对象。这个 AsyncBundle 对象带上了异步通信所需要的结构成分。五个这样的通道合在一起，就是一个 TLAsyncBundle。

代表着单个通道的 class AsyncBundle 定义如下：

```
class AsyncBundle[T <: Data](private val gen: T, val params: AsyncQueueParams = AsyncQueueParams()) extends Bundle {
  // Data-path synchronization
  val mem = Output(Vec(params.wires, gen))                     //mem是个向量，相当于一个排线。
  val ridx = Input (UInt((params.bits+1).W))                   //对方时钟域从我方队列中读出的当前位置
  val widx = Output(UInt((params.bits+1).W))                   //对方时钟域向我方队列中写入的当前位置
  val index = params.narrow.option(Input(UInt(params.bits.W)))  //我方数据进入队列(enqueue)的当前位置
                                                               //这是option，params.narrow为true时才有。

  // Signals used to self-stabilize a safe AsyncQueue
  val safe = params.safe.option(new AsyncBundleSafety)         //这是option，params.safe为true时才有。
}
```

显然这只是个数据结构，而并未提供任何方法。参数 gen 代表着所转换通道的对象，例如 TLBundleA 对象，结构成分 mem 实际上就是二进制位的向量，物理上就是一个排线。参数 params 是有默认值的，默认值是一个 AsyncQueueParams 对象。最后有两个成分 val index 和 val safe，都是 option，即可有可无。前者 index 只有在参数 params.narrow 为 true 时才有，否则就是 None；后者只有在参数 params.safe 为 true 时才有，否则就是 None。这里的 params 默认来自一个完全采用默认参数的 AsyncQueueParams 对象：

```
case class AsyncQueueParams (depth: Int = 8, sync: Int = 3, safe: Boolean = true, narrow: Boolean = false)
  // If safe is true, then effort is made to resynchronize the crossing indices when either side is reset.
  // This makes it safe/possible to reset one side of the crossing (but not the other) when the queue is empty.
  // If narrow is true then the read mux is moved to the source side of the crossing.
  // This reduces the number of level shifters in the case where the clock crossing is also a voltage crossing,
  // at the expense of a combinational path from the sink to the source and back to the sink.
{
  require (depth > 0 && isPow2(depth))
  require (sync >= 2)

  val bits = log2Ceil(depth)
  val wires = if (narrow) 1 else depth
}  //end class AsyncQueueParams

object AsyncQueueParams {
  // When there is only one entry, we don't need narrow.
  def singleton(sync: Int = 3, safe: Boolean = true) = AsyncQueueParams(1, sync, safe, false)
}
```

这是关于异步队列的参数，包括队列的深度（长度）depth 等。这些参数都是有默认值的，队列深度默认为 8，但是如果调用 AsyncQueueParams.singleton()则所创建 AsyncQueueParams 对象的 depth 为 1。

AsyncQueueParams 是个 case class，所以 Chisel 会在 object AsyncQueueParams 中自动补上一个 apply()函数，调用这个函数就创建一个 AsyncQueueParams 对象。

源代码的注释中说了 safe 与 narrow 两个布尔量参数的作用，其中 safe 与复位有关。复位域通常是与时钟域结合在一起，并且是与时钟信号同步的。要不然，试想某一块电路要是在复位以后又比别的电路多走了几个时钟节拍，那就不是复位以后应有的状态了。当同步和异步时钟域的通道相接的时候，这个问题就变得更加复杂。因为有可能只是同步时钟域复位，或者只是异步时钟域复位，当然也有可能是同时复位。这个我们就不深入下去了。

同样，两个时钟域也要通过一个 TLAsyncCrossingSource 模块和一个 TLAsyncCrossingSink 模块才能对接。谁是 Source 谁是 Sink 则取决于具体数据的流向（更确切地说是操作命令的流向），上游模块是 TLAsyncCrossingSource，下游模块是 TLAsyncCrossingSink。先看 TLAsyncCrossingSource：

```
class TLAsyncCrossingSource (sync: Option[Int]) (implicit p: Parameters) extends LazyModule{
  def this(x: Int)(implicit p: Parameters) = this(Some(x))
  def this()(implicit p: Parameters) = this(None)

  val node = TLAsyncSourceNode(sync)          //这是对MixedAdapterNode的扩充，输入/输出数量相等。
               //extends MixedAdapterNode(TLImp, TLAsyncImp)，上游方向是TLImp，下游是TLAsyncImp。

  lazy val module = new LazyModuleImp(this) {
    (node.in zip node.out) foreach { case ((in, edgeIn), (out, edgeOut)) =>
      val bce = edgeIn.manager.anySupportAcquireB && edgeIn.client.anySupportProbe   //是否有b/c/e通道
      val psync = sync.getOrElse(edgeOut.manager.async.sync)
      val params = edgeOut.manager.async.copy(sync = psync)

      out.a <> ToAsyncBundle (in.a, params)          //in.a是输入TLBundleA，out.a去向对方时钟域。
      in.d <> FromAsyncBundle (out.d, psync)         //out.d来自对方时钟域，in.d是TLBundleD。

      if (bce) {
        in.b <> FromAsyncBundle (out.b, psync)
        out.c <> ToAsyncBundle (in.c, params)
        out.e <> ToAsyncBundle (in.e, params)
      } else {
        …
      }
    }  //end foreach
  }  //end lazy val module
}  //end class TLAsyncCrossingSource
```

可见在处于上游位置的 A 通道要经过 object ToAsyncBundle 的处理才能接到对方时钟域，而逆向的 D 通道则要将来自对方时钟域的 AsyncBundle 经过 FromAsyncBundle 的处理才能接到当地的 TLBundleD。实际上 ToAsyncBundle 和 FromAsyncBundle 都是队列，但是方向不同。

可想而知，处于下游的 TLAsyncCrossingSink 应该是与其对称和互补的，事实上也确实如此：

```
class TLAsyncCrossingSink (params: AsyncQueueParams = AsyncQueueParams())
                                        (implicit p: Parameters) extends LazyModule{
  val node = TLAsyncSinkNode(params)

  lazy val module = new LazyModuleImp(this) {
    (node.in zip node.out) foreach { case ((in, edgeIn), (out, edgeOut)) =>
      val bce = edgeOut.manager.anySupportAcquireB && edgeOut.client.anySupportProbe
```

```
    out.a <> FromAsyncBundle(in.a, params.sync)          //in是本地的TLBundle，out来自对方时钟域。
    in.d <> ToAsyncBundle(out.d, params)                 //来自对方的out.d要经过ToAsyncBundle才与本地的in.d相接。
    cover(out.a, "TL_ASYNC_CROSSING_SINK_A", "MemorySystem;;TLAsyncCrossingSink Channel A")
    cover(out.d, "TL_ASYNC_CROSSING_SINK_D", "MemorySystem;;TLAsyncCrossingSink Channel D")

    if (bce) {
      in.b <> ToAsyncBundle(out.b, params)
      out.c <> FromAsyncBundle(in.c, params.sync)
      out.e <> FromAsyncBundle(in.e, params.sync)
      cover(out.b, "TL_ASYNC_CROSSING_SINK_B", "MemorySystem;;TLAsyncCrossingSinkChannel B")
      cover(out.c, "TL_ASYNC_CROSSING_SINK_C", "MemorySystem;;TLAsyncCrossingSink Channel C")
      cover(out.e, "TL_ASYNC_CROSSING_SINK_E", "MemorySystem;;TLAsyncCrossingSink Channel E")
    } else {
      in.b.widx := UInt(0)
      in.c.ridx := UInt(0)
      in.e.ridx := UInt(0)
      out.b.ready := Bool(true)
      out.c.valid := Bool(false)
      out.e.valid := Bool(false)
    }
  }
 }
} //end class TLAsyncCrossingSink
```

总之，上游的每一个 Bundle 上的数据都要先后流经 ToAsyncBundle 和 FromAsyncBundle 两个队列才能到达下游的 Bundle 上。

那么 object ToAsyncBundle 和 object FromAsyncBundle 是什么样的呢？我们先看前者：

```
object ToAsyncBundle {            //是object ToAsyncBundle，不存在class ToAsyncBundle
  def apply[T <: Data](x: ReadyValidIO[T], params: AsyncQueueParams = AsyncQueueParams()) : AsyncBundle[T] = {
    val source = Module(new AsyncQueueSource(chiselTypeOf(x.bits), params))
    source.io.enq <> x            //将ReadyValidIO，即TLBundle中的某个通道连接到队列的输入端
    source.io.async               //将此队列的输出端（AsyncBundle）作为输出，供连接到对方的AsyncBundle。
  }
}
```

这里的关键是建立了一个队列 AsyncQueueSource。这个队列的输入端接口是个 ReadyValidIO，即普通 TLBundle 中的某个通道，时钟频率也是这个 TLBundle 的时钟频率。队列的输出端接口则是 AsyncBundle，即 TLAsyncBundle 中的某个通道，时钟频率则视方向而定。

再看 object FromAsyncBundle：

```
object FromAsyncBundle {          //是object FromAsyncBundle，不存在class FromAsyncBundle
  // Sometimes it makes sense for the sink to have different sync than the source
  def apply[T <: Data](x: AsyncBundle[T]): DecoupledIO[T] = apply(x, x.params.sync)
  def apply[T <: Data](x: AsyncBundle[T], sync: Int): DecoupledIO[T] = {
    val sink = Module(new AsyncQueueSink(chiselTypeOf(x.mem(0)), x.params.copy(sync = sync)))
```

```
    sink.io.async <> x              //将AsyncBundle连接到队列的输入端
    sink.io.deq                     //将此队列的输出端（一个DecoupledIO）作为输出，供连接到ReadyValidIO。
  }
}
```

这里也建立了一个队列 AsyncQueueSink。这个队列的方向与前一个是相反的。这个队列的输入端接口是个 AsyncBundle，即 TLAsyncBundle 中的某个通道，时钟频率也是这个 TLAsyncBundle 的时钟频率。队列的输出端接口则是 DecoupledIO，即普通 TLBundle 中的某个通道，时钟频率也是视读/写而定。

注意两个队列在程序代码中都是出现在连接符<>的左边，参数 x 所代表的通道都是接在队列的输入端；但是二者的输入一个是 ReadyValidIO，另一个是 AsyncBundle。两个队列的输出端则反过来，一个是 AsyncBundle，另一个是 DecoupledIO，实际上就是 ReadyValidIO。

队列的深度等参数是由 AsyncQueueParams 决定的，这就是创建 TLAsyncBundle 对象时给定的参数：

AsyncQueueSource 和 AsyncQueueSink 这两个队列的实现相当繁复，又与双方的复位信号搅在一起，关键是在这两个队列中就让对方的时钟介入了进来。鉴于在香山的代码中并未用到这个跨异步时钟域的通信，我们就不深入下去了。

13.7 RationalCrossing

与 AsyncCrossing 一样，RationalCrossing 也是两边的时钟频率不同，而且双方的时钟频率不一定成整数比，而可以是一个实数比例。实际上 AsyncCrossing 对双方的频率成什么样的比例并无要求，反正就是靠排队吸收频率的不同。在 rocket-chip 的源文件 tilelink/RationalCrossing.scala 开头有一段注释：

```
// If you know two clocks are related with a N:1 or 1:N relationship, you
// can cross the clock domains with lower latency than an AsyncQueue.
// This clock crossing behaves almost identically to a TLBuffer(2):
//    - It adds one cycle latency to each clock domain.
//    - All outputs of TLRational are registers (bits, valid, and ready).
//    - It costs 3*bits registers as opposed to 2*bits in a TLBuffer(2)
```

意思是，如果两个时钟的频率的 N:1 或 1:N 的关系，那就可以取得比 AsyncQueue 更低的延迟。

在另一个源文件 util/RationalCrossing.scala 中又有一段注释，说：

```
// If you know two clocks are related with an N:M relationship, you can cross the clock domains with lower latency
// than an AsyncQueue. This crossing adds 1 cycle in the target clock domain.
```

这次的意思是如果两个时钟域的时钟频率之比是固定的N:M，那也可以得到比AsyncQueue更低的时延，只是在对方时钟域里增加了一个节拍的延迟。这个 AsyncQueue，应该就是前面 object ToAsyncBundle 和 object FromAsyncBundle 中所讲的这个 AsyncQueue，但是却没有说为什么，所以在这里只是录以备考。

对于 RationalCrossing，即双方时钟频率之比为实数（而不是整数）的两个时钟域的跨域连接，代码中定义了一个 trait RationalDirection；原因是在 Rational 跨域连接时寄存器只能放在速度较慢的一侧，所以 RationalCrossing 是有方向的：

```
//A rational crossing must put registers on the slow side. This trait covers the options of how/where to put
//the registers. BEWARE: the source+sink must agree on the direction!
```

```
sealed trait RationalDirection {
  def flip: RationalDirection
}
```

方向之一是 FastToSlow，那就是说上游在时钟频率较高的这一边，在这种情况下应该把寄存器放在下游这边：

```
// If the source is N:1 of the sink, place the registers at the sink. This imposes only a single clock cycle of delay
// and both side of the crossing have a full clock period to close timing.
case object FastToSlow extends RationalDirection {
  def flip = SlowToFast
}
```

而如果上游的时钟频率较低，那就应该把寄存器放在上游这一边，那就是 SlowToFast：

```
// If the source is 1:N of the sink, place the registers at the source. This imposes only a single clock cycle of
// delay and both side of the crossing have a full clock period to close timing.
case object SlowToFast extends RationalDirection {
  def flip = FastToSlow
}
```

但是也可能两边是对称的，那就是 Symmetric：

```
// If it's unclear which side will be slow (or it is variable), place registers on both sides of the crossing, by splitting
// a Queue into flow and pipe parts on either side. This is safe for all possible clock ratios, but has the downside
// that the timing must be met for the least-common-multiple of the clocks.
case object Symmetric extends RationalDirection {
  def flip = Symmetric
}
```

另一种可能是 Flexible，就是灵活，但如果选择 Flexible 就要付出代价，会有更多的延迟：

```
// Like Symmetric, this crossing works for all ratios N:M. However, unlike the other crossing options, this varient
// adds a full flow+pipe buffer on both sides of the crossing. This ends up costing potentially two cycles of delay,
// but gives both clock domains a full clock period to close timing.
case object Flexible extends RationalDirection {
  def flip = Flexible
}
```

与前面一样，一个时钟域里的 TLBundle，如果要跨时钟域对接，而且两个时钟域的关系又是 Rational，就得把 TLBundle 先转换成 RationalIO：

```
class TLRationalBundle(params: TLBundleParameters) extends TLBundleBase(params) {
  val a = RationalIO(new TLBundleA(params))
  val b = RationalIO(new TLBundleB(params)).flip
  val c = RationalIO(new TLBundleC(params))
```

```
  val d = RationalIO(new TLBundleD(params)).flip
  val e = RationalIO(new TLBundleE(params))
}     //五个RationalIO合在一起就是个TLRationalBundle
```

这里调用的是 object RationalIO，实际创建的当然是 RationalIO 类对象：

```
object RationalIO {
  def apply[T <: Data](gen: T) = new RationalIO(gen)
}

final class RationalIO[T <: Data](gen: T) extends Bundle{
  val bits0 = Output(gen)
  val bits1 = Output(gen)                //bits1和bits0一样
  val valid = Output(Bool())
  val source = Output(UInt(2.W))
  val ready = Input(Bool())
  val sink = Input(UInt(2.W))

  override def cloneType: this.type = new RationalIO(gen).asInstanceOf[this.type]
}
```

然后，和前面一样，也要通过 RationalCrossingSource 和 RationalCrossingSink 两个模块才能对接，先看 RationalCrossingSource：

```
class RationalCrossingSource[T <: Data](gen: T, direction: RationalDirection = Symmetric) extends Module {
  val io = IO(new Bundle {                    //RationalCrossingSource本质上就是个队列
    val enq = Flipped(DecoupledIO(gen))           //进入队列时是DecoupledIO，来自本地。
    val deq = RationalIO (gen)                    //从队列出来是RationalIO，去向下游时钟域。
  })

  val enq_in = BlockDuringReset (io.enq)          //在复位过程中封闭io.enq，不让进入队列。
  val deq = io.deq
  val enq = direction match {                     //enq就是那个实际存在的队列
    case Symmetric => ShiftQueue(enq_in, 1, flow=true)      //队列ShiftQueue的长度为1
    case Flexible => ShiftQueue(enq_in, 2)                  //队列长度为2
    case FastToSlow => enq_in                               //无队列
    case SlowToFast => ShiftQueue(enq_in, 2)                //队列长度为2
  }

  val count = RegInit(0.U(2.W))                   //一个两位计数器
  val equal = count === deq.sink

  deq.valid := enq.valid
  deq.source := count
  deq.bits0 := enq.bits                           // deq.bits0直接连接到队列的输出
  deq.bits1 := RegEnable (enq.bits, equal)        //但bits1还要经过一个寄存器，并且仅当equal时才打开。
```

```
  enq.ready := Mux(equal, deq.ready, count(1) =/= deq.sink(0))

  when (enq.fire()) { count := Cat(count(0), !count(1)) }

  // Ensure the clocking is setup correctly
  direction match {
    case Symmetric => ()            // always safe
    case Flexible => ()
    case FastToSlow => assert (equal || count(1) === deq.sink(0))
    case SlowToFast => assert (equal || count(1) =/= deq.sink(0))
  }
}  //end class RationalCrossingSource
```

可见，跨时钟域的对接要通过队列，即这里的 ShiftQueue 实现，但是队列的长度却与是否顺着前述的跨域方向有关。如果是 FastToSlow，即上游方向（这里就是在上游方向）的时钟频率比下游高、速度比下游快，那就不需要有队列，队列的长度是 0。可是，如果是逆着这个方向，是 SlowToFast，那队列的长度就是 2。其余的，如果是双方速度对称，即 Symmetric，那队列长度是 1；如果是 Flexible，那就要按坏的情况算，所以队列长度也是 2。

再看下游的 RationalCrossingSink 模块：

```
class RationalCrossingSink[T <: Data](gen: T, direction: RationalDirection = Symmetric) extends Module{
  val io = IO(new Bundle {
    val enq = Flipped(RationalIO(gen))          //进入队列时是RationalIO，来自上游时钟域。
    val deq = Decoupled(gen)                    //从队列出来是Decoupled，与本地的Bundle对接。
  })

  val enq = io.enq
  val deq = Wire(chiselTypeOf(io.deq))
  direction match {                                       // io.deq来自队列ShiftQueue的输出：
    case Symmetric => io.deq <> ShiftQueue (deq, 1, pipe=true)     //队列ShiftQueue的长度为1
    case Flexible => io.deq <> ShiftQueue (deq, 2)                 //注意进入队列的是deq，而不是enq。
    case FastToSlow => io.deq <> ShiftQueue (deq, 2)
    case SlowToFast => io.deq <> deq
  }

  val count = RegInit(0.U(2.W))                                   //两位计数器
  val equal = count === enq.source

  enq.ready := deq.ready
  enq.sink := count
  deq.bits := Mux(equal, enq.bits0, enq.bits1)                    //deq.bits来自上游时钟域，然后进入ShiftQueue。
                                                                  // enq.bits0在上游是没有经过排队的，
  deq.valid := Mux(equal, enq.valid, count(1) =/= enq.source(0))
  when (deq.fire()) { count := Cat(count(0), !count(1)) }

  // Ensure the clocking is setup correctly
```

```
  direction match {
    case Symmetric => () // always safe
    case Flexible => ()
    case FastToSlow => assert (equal || count(1) =/= enq.source(0))
    case SlowToFast => assert (equal || count(1) === enq.source(0))
  }
}  //end class RationalCrossingSink
```

来自上游时钟域的 RationalIO 信号是这里的 io.enq，也就是这里的 enq，这个 Bundle 中有两个 bits，即两组载荷，这里通过一个 Mux 二中选一作为 deq.bits，deq 是个普通的 Decoupled 的 Bundle，这是最终要与本地的 Bundle 对接的；但是在对接之前先要经过一个 ShiftQueue 队列。这个队列的长度又与跨境方向是从高速到低速还是从低速到高速有关。

上面所说的 RationalCrossingSource 和 RationalCrossingSink 是两个分立的模块，分处于两个不同的时钟域中，各自使用所处时钟域的时钟。同时 rocket-chip 的代码中还提供了一个叫 RationalCrossingFull 的模块，将 RationalCrossingSource 和 RationalCrossingSink 集成在同一个模块中，但是两个子模块分别采用两个不同时钟域的时钟。这样，RationalCrossingFull 模块的输入输出就是两边的普通 Bundle，用户就看不到 RationalIO 了。这个模块的输入/输出端口是 CrossingIO：

```
class CrossingIO[T <: Data](gen: T) extends Bundle {
  // Enqueue clock domain
  val enq_clock = Clock(INPUT)            //这个时钟来自上游时钟域
  val enq_reset = Bool(INPUT)             // synchronously deasserted wrt. enq_clock
  val enq = Decoupled(gen).flip           //进入这个模块（队列）的是Decoupled
  // Dequeue clock domain
  val deq_clock = Clock(INPUT)            //这个时钟来自下游时钟域
  val deq_reset = Bool(INPUT)             // synchronously deasserted wrt. deq_clock
  val deq = Decoupled(gen)                //离开这个模块（队列）的也是Decoupled
}
```

当然，这个 RationalCrossingFull 就是把 RationalCrossingSource 和 RationalCrossingSink 串在一起：

```
class RationalCrossingFull[T <: Data] (gen: T, direction: RationalDirection = Symmetric) extends Module{
  val io = IO(new CrossingIO(gen))

  val source = Module(new RationalCrossingSource(gen, direction))
  val sink = Module(new RationalCrossingSink(gen, direction))

  source.clock := io.enq_clock            // source.clock来自上游时钟域
  source.reset := io.enq_reset
  sink.clock := io.deq_clock              // sink.clock来自下游时钟域
  sink.reset := io.deq_reset

  source.io.enq <> io.enq                 //把输入端口enq连接到上游模块的enq
  io.deq <> sink.io.deq                   //把下游模块的deq连接到输出端口dnq
}  //end class RationalCrossingFull
```

由于时钟信号分别来自两个时钟域，这与让 RationalCrossingSource 和 RationalCrossingSink 两个子模块分处两个时钟域其实并无实质区别，只是将 RationalIO 封装了起来，外面看不到而已。

跨时钟域的对接，归根结底就是要插入队列作为缓冲，所以这里的 ShiftQueue 才是起实质作用的，我们不妨也看一下：

```
object ShiftQueue {
  def apply[T <: Data](enq: DecoupledIO[T], entries: Int = 2, pipe: Boolean = false, flow: Boolean = false)
                                                                                                  : DecoupledIO[T] = {
    val q = Module(new ShiftQueue(enq.bits.cloneType, entries, pipe, flow))
    q.io.enq <> enq                    //队列的enq端连接到作为输入参数传下的enq，这是个DecoupledIO
    q.io.deq                           //创建队列时的返回值就是所创建队列的deq端
  }
}

/** Implements the same interface as chisel3.util.Queue, but uses a shift register internally. It is less energy
  * efficient whenever the queue has more than one entry populated, but is faster on the dequeue side.
  * It is efficient for usually-empty flow-through queues. */
class ShiftQueue[T <: Data](gen: T, val entries: Int, pipe: Boolean = false, flow: Boolean = false) extends Module {
  val io = IO(new QueueIO (gen, entries) { val mask = Output(UInt(entries.W)) })

  private val valid = RegInit(VecInit(Seq.fill(entries) { false.B }))     //寄存器宽度等于entries，用作位图。
  private val elts = Reg(Vec(entries, gen))                               //移位寄存器，entries个单元，单元宽度取决于gen。

  for (i <- 0 until entries) {
    def paddedValid(i: Int) = if (i == -1) true.B else if (i == entries) false.B else valid(i)

    val wdata = if (i == entries-1) io.enq.bits                          //最后一个单元的wdata只能来自队列输入
                else Mux(valid(i+1), elts(i+1), io.enq.bits)              //wdata或来自相邻单元，或来自队列输入。
    val wen = Mux(io.deq.ready, paddedValid(i+1) || io.enq.fire() && ((i == 0 && !flow).B || valid(i)),
                                                            io.enq.fire() && paddedValid(i-1) && !valid(i))
                                                    //wen是移位得以发生的条件
    when (wen) { elts(i) := wdata }                 //条件满足后，真正的移位发生于下一个时钟脉冲到来时。
    valid(i) := Mux(io.deq.ready, paddedValid(i+1) || io.enq.fire() && ((i == 0 && !flow).B || valid(i)),
                                                                io.enq.fire() && paddedValid(i-1) || valid(i))
  }

  io.enq.ready := !valid(entries-1)         //队列中还有空位，可以输入。
  io.deq.valid := valid(0)                      //队列是否有输出取决于其第一个单元
  io.deq.bits := elts.head                      //队列中供输出的数据（gen）

  if (flow) {              //参数flow表示只要队列输入端有数据到来就允许输出端读出
    when (io.enq.valid) { io.deq.valid := true.B }
    when (!valid(0)) { io.deq.bits := io.enq.bits }
  }
```

```
  if (pipe) {                //参数pipe表示只要从队列读取输出就允许输入
    when (io.deq.ready) { io.enq.ready := true.B }
  }

  io.mask := valid.asUInt
  io.count := PopCount(io.mask)
}  //end class ShiftQueue
```

另外，与 RationalCrossingSource 和 RationalCrossingSink 相应，rocket-chip 还专门为 TileLink 定义了 TLRationalCrossingSource 和 TLRationalCrossingSink 两个 LazyModule，那就是增添了有关参数协调的内容，但是其 module 部分并无不同，此处就从略了。

第 14 章 配置与参数

与别的硬件描述语言相比，建立在 Scala 语言基础上的 Chisel 语言是更“高级”的语言，用它可以更灵活、更成系统地写出更简洁的描述。然而不可否认，用 Chisel 语言书写的描述在某种程度上也往往不太容易读懂，Scala 语言的语法语义确实让人一下子不容易掌握。那么为什么还要用 Chisel 语言来开发硬件，尤其是为什么还要开发出 Chisel 这么一种语言呢？其中的一个关键在于，用一般硬件描述语言可以编写的通常是对某种特定电路的描述，而用 Chisel 语言却可以编写出能生成（编译成）许多同类电路描述的“生成器（generator）”。之所以如此，就是因为 Chisel 语言支持高度的参数化。

14.1 硬件设计的参数化

用 Chisel 语言描述的电路是可以高度“参数化”的。打个极端、也许并非很恰当的例子，你要描述一个长方形，如果给定它的长度和宽度，那就是一个特定的长方形；可是如果你说这是带着两个参数的矩形，其长度为 L，宽度为 W，那就可以通过改变参数 L 和 W 的值而“生成”出无穷无尽不同形状的长方形了，这就是参数化的好处。当然这个比方太简单，这么简单的参数化别的硬件描述语言或许也可以做到，但是对于复杂的电路就不一样了。所以，小型的简单电路大可不必用 Chisel 语言描述，但是大型复杂的电路确有必要用 Chisel 语言描述。这和简短的小程序可以用汇编语言书写，而大型的软件有必要用高级语言书写，是一样的道理。

如果只是书写对于一个 RISC-V CPU 核的描述，那么采用例如 Verilog 或 VHDL 语言或许也无不可，事实上也确实有不少 RISC-V 核是用这些语言实现的；因为 CPU 核的结构毕竟还是相对单一、相对简单，可以参数化的属性还不是很多。可是如果要书写对于 RISC-V SoC 的描述，那就又是另一回事了。这是因为，一个 SoC 包含着许多部件，含有许许多多可以参数化的属性，这些不同属性的组合可以近乎“组合爆炸”。这时候高度参数化的“生成器”和仅仅针对某种特定组合的实现就是两码事了。如果事后需要对某种属性作些改变，对于“生成器”只需修改相应的配置与参数再编译一下即可，而对于针对特定组合的实现就可能需要在代码中到处寻找需要改变的语句或片段。虽然二者的代码都是“可重用”，后者也未必是完全另起炉灶重新编写，但是效率上的差别就大了。Chisel 语言的价值，主要也正是体现在这里。当然，光是高度参数化还是不够，还需要有不同部件、不同模块间的参数一致化协调，所以后来又有 Diplomacy 机制的出现。而 Diplomacy 机制本身的必要性，并且这种机制也正是在 Chisel 上实现这一事实，则反过来又格外加大了 Chisel 语言的重要性。

这样看来，rocket-chip 和香山都采用 Chisel 语言，就是毫不为奇的了。应该说，Chisel 语言实际上代表着大型/复杂电路设计方法，尤其是大型/复杂集成电路设计方法的未来。在 rocket-chip 和香山 SoC 的设计中，“参数（parameters）”和特定参数的特定组合即“配置（configuration）”起着灵魂式的、纲领性的作用。

但是高度参数化并不意味着仅仅一组参数（parameters），或者说一个配置(configuration)，就能一以贯之，用于全系统中所有的部件、所有的模块。事实上，在有些模块中，在某些层次上，可能需要附加更多的参数，而有些参数在某些模块中则根本用不到。这个层次上的这个模块这个部件需要有这方面的配置，那个层次上的那个模块那个部件却需要有那方面的配置。尤其重要的是，有些参数在不同层次、不同分支、不同模块中可能需要有不同的值，这要视所处的具体环境，具体的上下文而定。所以，不能将所有的参数都集中在一个全局统一的配置，即全局统一的参数集合中，因为这些参数在不同的环境、不同的上下文中可能有不同的意义、不同的属性和作用。这意味着，与系统的层次式树形结构相对应，我们需要有一套同样是层次式的树形配置结构。在一个具体的模块中采用什么配置，应该取决于该模块在整个系统中的“上下文（context）”，从而就有了“Context-Dependent Environment”这样一个概念，意为“依赖于上下文的（配置）环境”，缩写为CDE。一个大型电路的配置方案，就是一种具体的 CDE。

当然，也可以不采用这样的层次式结构，而采用一个单一的、平面式的数据库。但是这并不改变参数和配置的层次式本质。比方说，如果一个同名的参数在不同模块的配置中、或者在不同的配置版本中、具有不同的值，那在查询的时候就得说明是这个参数在哪一个版本中的值，在程序中给定参数时就得像是文件路径名那样长长一串，或者就是一个很大的组合键，不仅麻烦而且容易出错。所以，既然本质上是层次式的结构，就还是以层次式的实现方式为宜。

CDE 采用的方案是：逐层按模块（不一定所有模块都需要）给定本地配置，但提供一个从本模块配置上溯，一直可以上溯到顶层的配置链，其形式为：

本模块配置= Config(new config1() ++ new config2() ++ … ++上层模块的配置)

这里的符号++表示数据结构的链接。这样，一个特定模块的配置就是一条配置链。需要查询的时候，以给定的参数名在本模块的配置中寻找，从左到右，先在 config1 中寻找，如果找到了就立即结束查询，返回这个参数的值，尽管在后面的配置中，尤其在上层模块的配置中也可能有同名参数，但总是以本地且排在前面的为准。如果找不到就顺着这个链往后，再在 config2 中寻找，要是都找不到就去上层的配置中寻找。进入了上层模块的配置以后，那里的配置也是同样的结构，所以这个过程是递归的。如果到了顶层的配置中还找不到，那就说明引用了一个并不存在的参数，应该报告给程序员知道了。这里的 config1、config2 等可大可小，最小可以只是单个字段，即单项参数的定义，大就理论上没有限制了。每一个字段有个字段名，也有一个字段值，这就像数据库中一样，总之就是“键-值”对。一个具体的 Config，既可以是一个或多个字段（Field）的序列，也可以是一个或多个当前层 Config（例如这里的 config1 和 config2）的序列，还可以来自对上层的继承。显然，别的 HDL 语言，以 Verilog 为例，是不具备这样的参数化功能的。

这里的关键在于，像这样的参数查询和代入，进而参数协调，明显是软件过程，是算法，Verilog 一类的纯 HDL 并不具备这样的功能，所以纯 HDL 需要有采用高级语言的软件配合才能成为硬件设计的“生成器”。而高级语言，在实现参数化之余，倒可以反过来提供相当于 HDL 的功能，就像 LazyModuleImp 中的代码和 Module 中的代码那样。诚然，原理上也可以把参数的查询，代入，协调等功能添加到 Verilog 的编译器中，但是那就要大大改变 Verilog 现有的语法和语义，那就是一种新的语言了。而且，即便在 Verilog 编译器中实现了那样的功能，那也是封闭的、一锤定音的，而不是开放的、可持续发展的。有鉴于此，比较合理的方案就是在 Verilog 外面先把参数化的问题都解决掉，然后把已经确定的参数注入 Verilog（或别的 HDL）代码中，再用现有的 Verilog（或别的 HDL）编译器加以编译。事实上 Chisel 也正是这样一种方案。另外，Verilog 等纯 HDL 的语法语义也过于繁复，那就像汇编语言一样，也需要改用更高级的 HDL 语言。这样看来，将支持参数化的高级 HDL 语言用于硬件描述，以取代纯 HDL 语言，是技术发展的必然趋势。然而高级语言多的是，为什么不用例如 C/C++（事实上也确实有人在做这方面的工作），不用例如 Java、Python 呢？这就是因为 Scala 独特的语法语义使其更适合被用作高级 HDL 语言的基础，可以在上面开发出像 Chisel 那样的语言。将 Chisel 与 Verilog 等纯 HDL 相比，一方面是相当于高级语言与汇编语言之比，另一方面（更重要）是提供了参数化的手段，使硬件设计“生成器”成为现实可行。

我们在概念上完全可以把整个配置环境看成关系式数据库中一个统一的大表，这个表的长度，即每一个行的长度覆盖整个环境中出现的所有不同参数名（字段名），表中的一个行就是一条记录，就是一个具体的配置。表中的每一个特定字段，即每一个参数，就构成表中的一列。因为整个环境中参数的量很大，这个表中就有很多的列，即表的宽度极大，但是具体到某条特定的记录却很稀疏，因为许多参数在本条记录中是不存在的。表中有大量记录，原则上每一个模块都可以在这个表中有一条记录，因为每个具体模块都可以有自己的具体配置。显然，这个概念上的集中大表是个有着大量空洞的稀疏矩阵。

因为是稀疏矩阵，而且是很稀疏的矩阵，所以在具体实现上就只好采用增量式的表示，如果在所继承的某个配置中有某个参数，在本配置中又并未对其另外赋予不同的值，则无需在本记录中重复列出，而上述关于配置的链式表示正是对稀疏矩阵中一个具体行的简略的、增量式的表示。

这样一来，对这个表的查询方式也就有所不同，在普通的数据库查询中，如果某个参数在本记录中无定义，就会返回“未发现”、“无定义”，或者某个默认值。但是在 CDE 的这个表中就不同了。在 CDE 中，每个具体的记录，或者说每个具体的配置，都是对上一层配置的继承和扩充。所以，一个具体参数在表内的本行中不存在并不说明这个参数在本配置中就一定是无定义，还要看在上一层的配置中是否有定义。前面所述在配置链中扫描寻找的过程就说明了这一点。实际上这与面向对象的程序设计中子类对于父类的继承和扩充是一样的。

就某个具体的模块而言，它关心的只是自己的配置，以及从顶层下来直到本模块为止的那些配置中与自己有关的那些参数。所以每个模块看到和关注的都不是整个 CDE 的那个大表，而只是这个表中的某些区域，这就是一个“View”、一个“视野”。首先，一个模块无需关心为其子模块所定义的那些配置，这意味着在 CDE 的那张大表中从上到下，到本模块的配置那一行为止，以下的那部分完全可以切除，这是纵向上的切割。其次是横向的切割，表中的许多字段，即列，与本模块毫无关系，完全可以从自己的视野中剔除出去。而且，把无关的这些列剔除之后，可能会在纵向上形成一些完全重复的行，这些重复的行又可以合并。所以，前述对于具体配置的链式表示，实际上是对于具体模块所具视野的最简洁、最高效的表示；但是概念上的全景式配置表有助于人们对于整个配置环境的理解。

下面我们以 p(Key)表示视野中某个参数 Key 的值，p 意为 parameter，参数 Key 为字段名，即参数名。

我们可以把这里的 p 看成一个函数；也可以将其看成是个 object，以 Key 为参数调用这个 object 的 apply() 函数，就返回这个 Key 的值。

所以这里的 p(Key)，或者 p(pname)，所描述的就是在一个视野中寻找相应参数值的过程，在下面这个小小的视野（View）中，这也就是以 Key 为键的查询过程。在这个视野中，配置 Config2 是对 Config1 的继承和扩充/修正，Config3 又是对 Config2 的继承和扩充/修正：

	Key1	Key2	Key3	…	…
Config1	V1	V3			
Config2	V2				
Config3			V4		

对这个表的查询过程可以表示为 Config3.orElse(Config2).orElse(Config1)（函数 orElse()的定义见后），即先在 Config3 这一行中查，查不到就去 Config2，再查不到就去 Config1。

注意这里的 V1、V2 表示 Value1、Value2，而不是 Version1、Version2。Key1, Key2, Key3 为字段名，即参数名。在这个 View 中，p(Key1) = V2， p(Key2) = V3，p(Key3) = V4。这是因为：表中最后一行 Config3 是为本模块定义的配置（以下的都切割掉了），所有的查询都从这个配置开始寻找。可是 Key1 在本配置中无定义，就往上在 Config2 中寻找，在这儿找到了，就是在上一层模块的配置中有这个参数的定义（设定），于是就返回参数值 V2。然后，Key2 也在本配置中无定义，往上在 Config2 中也无定义，就继续往上，在 Config1 中找到了，参数值为 V3。可是 Key3 在本配置 Config3 中就找到了，参数值为 V4。

这个小小的表，当然只是个局部的 View、局部的视野，只是整个配置环境的一部分，与本模块无关的那些参数通通都不在视野中。然而即使是这么一个小小的 View，我们也可以认为这里其实有三个 View。首先是这个表所代表的整个 View，对于本模块而言这就已经是个全局性的 View 了，本模块中所有的查询都不会越出这个 View 的范围，我们称这个 View 为 site。其次是本模块的配置 Config3，这一行也构成一个 View。事实上当我们说起某某模块的配置时更多的是指这个 View，我们称这个 View 为 here。第三，就是这个表中除本模块的配置 Config3 以上的部分，那当然也是个 View，这是构成适用于本模块配置（不只是专为本模块定义的 Config3）的基础，我们称这个 View 为 up。

14.2　参数的搜索与覆盖

回到前面的链式表示："本模块配置 = Config(new config1() ++ new config2() ++上层模块的配置"。这里的"本模块配置"其实是本模块所看到关于参数的 View，这对于本模块而言就是个全局性的 View；而 config1 和 config2 则是专为本模块而定义的两个配置，这是关于因本模块而新增添的那些参数的 View；最后"上层模块的配置"当然是上层模块的配置，这是本模块尚未创建之前的 View。注意最后那个 View 是递归定义的，上层还有上层。于是，CDE 的代码中就分别称这三个 View 为 site、here、up。那就是：

- site 指向当前本模块所见的整个环境，所见的整个表，所以 site 表示一个全局的环境。
- here 指向本视野中所见的当前行，即当前配置，所以 here 表示当前所在视野，即当前行。
- up 指向本视野所见的表中本行以上的部分，那也构成另一个视野，up 表示这个"上位"视野。

这样一来，对于查询过程，或者说查询规则的描述就方便了，例如在下面这个表中：

	Key1	Key2	Key3	Key4	…	…
Config1	1	site(Key1)				
Config2	2		here(Key1)	up(Key2)		
Config3	3					

假定我们在使用的配置是 Config3，所以 Config3 再往下就不在我们的环境里，我们也不知道下面是否还有 Config4、Config5。我们需要知道的是各个字段的值，例如 Key1、Key2 等字段的值，但是 Config3 这一行中许多字段是空白，表面上看似乎不存在那些参数，然而在上位视野中却有这些参数的存在。所以，如果在本行，即本配置中没有某个参数的存在，就得去上位视野中搜索同名的参数。

这里对于参数 Key1 列出了它在三个配置中的值，但是对其它参数却只是列出了它们的查询规则，相当于查询指令。所以，如果在这里查询参数 Key1, Key2, Key3,和 Key4 的值，那么：

- Key1 的值为 3，因为 Config3 中就有定义（设置）。
- Key2 的值也是 3，因为这个参数在 Config3 和 Config2 中均无定义，但是在 Config1 中给出了指引说是 site(Key1)，即 Key1 在 site 这个 View 中的值。
- Key3 的值是 2，因为在 Config2 中的指引说是 here(Key1)，就是 Key1 在这个行中的值。
- Key4 的值是 1。这是因为：Config2 中对于 Key4 说的是 up(Key2)，可是对于 Config2 而言的 up 这个 View 中就只有 Config1 了，这时候的 site(Key1)所指的 site 中只剩下 Config1 了，在这个 View 中 Key1 的值就是 1。

所以，site, here, up 都是动态的概念，其实际内容因当前所在的位置而变，随查询的过程而变。

虽然这里的字段 Key1 的值是 1、2、3，但是实际上也可以是复合参数，即数据结构或对象，尤其也可以是另一个表，另一个 View。我们不妨把复合参数理解成一个结构指针。另一方面，如果字段的内容是另一个表、另一个 View，那么我们也可以在概念上将其"展开"在这个字段所在的表内，使这个表的大小得到扩张。所以，这样的表示方法，加上这样的查询规则（算法），是对于一个原本巨大无比的统一大表的简洁表示和大大缩小了的存储。

可想而知，对于高度参数化的大型电路的设计，尤其是大型集成电路的设计，CDE 又是一套重要的机制。事实上在香山和 rocket-chip 的代码中 CDE 都起着重要的作用。这也是用 Scala 语言编写的，事实上可以认为也是 Chisel 的一部分。

CDE 这一套机制并非只为 RISC-V SoC 所专用，而是可以被广泛使用于大型集成电路的设计，所以作为其核心内容的 object config 并不是定义在 rocket-chip 或 Chisel 的软件包中，而是另外定义在由 chipsalliance 这个机构提供的另一个软件包 cde-master 中。但是在 rocket-chip 的代码中将其引进过来并赋上了本地的路径名，在 rocketchip 的 package freechips 中：

```
package freechips

package object rocketchip {
  val config = chipsalliance.rocketchip.config
}
```

这样，在 rocket-chip（和香山）的代码中就可以通过路径名 freechips.rocketchip.config 引进这个 config 的内容了，下面我们会见到，chipsalliance.rocketchip.config 是个 object，这样就可以在代码中引用这个 object config 中的种种成分，例如在有的源文件中是：

```
import freechips.rocketchip.config.{Parameters, Field}
```

这里的 Parameters 和 Field 都是定义于 object config 内部的 class。有的代码中则是：

```
import freechips.rocketchip.config._
```

这就是引进 object config 中所有成分的定义。

无论是 rocket-chip 还是香山，都是几乎在每个源文件中都有对于 freechips.rocketchip.config 的 import 语句，所以 CDE 几乎是无处不在。正是在这个意义上，我们说 config 是灵魂式的存在。

下面我们就来看 CDE 的 package chipsalliance.rocketchip 中对 object config 的定义。

```
package chipsalliance.rocketchip

object config {
  // Superclass of all Parameter keys.
  //@param default - Optional default value, if a query with this key is not found.
  abstract class Field[T] private (val default: Option[T]) {
     //一个 Field，就是一条记录中的一个字段，字段的值可以是各种不同类型。
     //Field 是个抽象的概念，但是当用一个 Field 来记录一项参数的"键-值"对的时候，
     //这个 Field 的值就落实到此项参数的值，但体现成此项参数的名。
     //注意这里（下面也一样）并未规定泛型 T 的范围，理论上可以是任何类型，所以才有复合参数。
    def this() = this(None)                      //Field 的值可以是空
    def this(default: T) = this(Some(default))    //要不然就是给定的值 default
  }

  //Super class of all Parameter classes. Defines basic querying APIs.
  abstract class View {        //一个 View，通常是指一个数据库中我们所关心的那部分内容的集合。
    // Looks up a parameter name within this view to obtain the corresponding value.
    // Throws an error if the parameter value is not found.
    final def apply[T](pname: Field[T]): T = {       //给定这个 View 中一个参数的名称，返回这个参数的值。
     //这个 apply()函数的作用就是在这个 View 中查询。注意 pname 的类型是 Field[T]。
     val out = find(pname)                    //函数 find()的返回类型是 Option[T]，即 T 或 None。
     require(out.isDefined, s"Key ${pname} is not defined in Parameters")
```

```
        out.get                          //返回这个值，其类型为泛型 T。
    }
    // We need to leave this in until all submodules can be bumped
    @deprecated("up(XYZ, site) is no longer necessary; remove the superfluous site argument","CDE 0.1")
    final def apply[T](pname: Field[T], ignore: View): T = apply(pname)          //这个函数已经废弃不用

    // Looks up a parameter name in `this` view to obtain the corresponding value
    // If found, returns Some(value), otherwise returns None
    final def lift[T](pname: Field[T]): Option[T] = find(pname)          //调用在具体类中得到落实的 find()

    // All queries start here
    protected[this] def find[T](pname: Field[T]): Option[T]          //这是个抽象函数，需要在具体类中落实。
    // Internal find call should have site information passed along
    protected[config] def find[T](pname: Field[T], site: View): Option[T] = find(pname)
                                         //注意这个 find()另有一个参数 site，表明在哪一个 View 中查找。
}    //end abstract class View.          //View 这个抽象类是个源头，不是对任何类的扩充。

// Parameters are chain-able views, which can be strung together like a linked list. A query will start at
// the head of the list; if not found, will go to the next parameter object, up, to continue the query.
abstract class Parameters extends View {    //Parameters 是对 View 的扩充，是可以被串联的 View。
          //可以把 Parameter 理解成一个或多个记录，或者一个表中的一行或一块。
          //把一条条的记录串起来，即 chain()起来，概念上就相当于一个表。
          //一个 Config 就是表中的一条具体的记录，全部 Config 的集合就是一个大表。
          //从这个大表中摘取其某一部分，就是一个 View。
    // Create a new Parameters object, when queried, searches first in the rhs Parameters.
    // If no value is found, then continue search in this Parameters. Note that this is an immutable
    // operation, creating a new Parameters object. Neither `this` nor `rhs` are modified by this function.
    final def alter (rhs: Parameters): Parameters = new ChainParameters (rhs, this)
              //以 this.alter(y)为例，参数 y 在代码中是“右手边（right-hand side）”。
              //操作的结果是创建一个包含左手边和右手边两条记录的 ChainParameters 对象。
              //在这个链中 rhs 在前，this 在后，相当于在表中 rhs 在下而 this 在上。
              //在查询的时候，是从前到后扫描寻找的，相当于在表中从底部向上寻找。
              //以前面那两个表所描述的 View 为例，那就是 Config1.alter(Config2).alter(Config3);
              // Config1 是表中的第一行，Config3 是最下面一行。
    final def alter (f: (View, View, View) => PartialFunction[Any, Any]): Parameters = alter (Parameters(f))
              //这是调用界面不同的另一个 alter()函数，但是返回值类型一样，都是 Parameters。
              //这里的 Parameters(f)，是以函数 f 为参数，调用 object Parameters 的 apply()函数（见后）。

    // Create a new Parameters object, when queried, searches first in the `f` partial function.
    // If no value is found, then continue search in `this`. Parameters. Note that this is an immutable
    // operation, creating a new Parameters object. Neither `this` nor `f` are modified by this function.
    final def alterPartial(f: PartialFunction[Any, Any]): Parameters = alter(Parameters((_, _, _) => f))

    // Create a new Parameters object, when queried, searches first in the map. If no value is
    // found, then continue search in `this`. Parameters. Note that this is an immutable operation,
    // creating a new Parameters object. Neither `this` nor `m` are modified by this function.
```

```
    // e.g. val z = x.alterMap(y) // z settings are the settings in 'y', then the settings in 'x'
  final def alterMap(m: Map[Any, Any]): Parameters = alter(new MapParameters(m))
                              //class MapParameters 是对 Parameters 类的扩充，见后。

  protected[config] def chain[T](site: View, here: View, up: View, pname: Field[T]): Option[T]
                              //这是个有待落实的抽象函数，目的是要把一个新的 Field 增添/链入到 View 中。
                              //那相当于在一个表中添上一列（但是当然对于同一个表可以有不同的 View）。
  protected[this] def find[T](pname: Field[T]): Option[T] = chain(this, this, new TerminalView, pname)
                              //函数 find()落实到函数 chain()，但 chain()仍是个有待落实的抽象函数。

   // x orElse y: settings in 'x' overrule settings in 'y'
  final def orElse (x: Parameters): Parameters = x.alter(this)          //orElse()与 alter()相似，但方向相反。
        //orElse()也像 alter()那样是把两条记录串起来创建一个新的 Parameters 对象，但是次序相反。
        //在所形成的表中 rhs（在这里是 x）在上而 this 在下（在搜索链中是 this 在先）。
        //仍以前面那两个表所描述的 View 为例，就是 Config3.orElse(Config2).orElse(Config1)。
        //或者也可以表示成 Config3 ++ Config2 ++ Config1（见下）。
   /** DEPRECATED!!! Please replace `++` with `orElse`, e.g. `a ++ b` should become `a.orElse(b)` */
  final def ++ (x: Parameters): Parameters = orElse(x)
        //算符++的定义。this ++ x，就是在 this 中搜索在先，在 x 中搜索在后。
}    //end abstract class Parameters

object Parameters {
  /** Create a new empty Parameters object */
  def empty: Parameters = new EmptyParameters

  /** Create a new Parameters object from a lookup function.
    * The arguments to the lookup function are (site, here, up) => { case ... => ... }
    */
  def apply(f: (View, View, View) => PartialFunction[Any, Any]): Parameters = new PartialParameters(f)
        //object Parameters 所制造的是 PartialParameters 对象（见后），是对 Parameters 的扩充和具体化。
        //例如 Parameters((site, up, here) => {…})，这里的 f 就是“(site, up, here) => {…}”。
}    //end object Parameters

/** Configs are concrete user-extensible parameter objects.
  * They have overidden the toString method to be the class name.
  * @param p
  */
class Config(p: Parameters) extends Parameters {    //一个 Config 相当于一个记录，数据库表中的一行。
        //使用这个构造界面的例子如 Config(new BaseConfig ++ new WithCoherentBusTopology)。
  def this (f: (View, View, View) => PartialFunction[Any, Any]) = this(Parameters(f))
        //这是 class Config 构造函数的另一个界面。Parameters(f)见 object Parameters 的 apply()函数。
        //使用这个构造界面的例子如 Config ((site, up, here)=>{…})。

  protected[config] def chain[T] (site: View, here: View, up: View, pname: Field[T]) = p.chain(site, here, up, pname)
  override def toString = this.getClass.getSimpleName
  def toInstance = this
```

```
}    //end class Config

// Internal implementation:

private class TerminalView extends View {
  def find[T](pname: Field[T]): Option[T] = pname.default
}

private class ChainView (head: Parameters, up: View) extends View {
  // If find is called in lookup table directly --- new site env
  def find[T](pname: Field[T]) = head.chain(this, this, up, pname)

  // If find is called in chain --- use site passed along
  override def find[T](pname: Field[T], site: View) = head.chain(site, this, up, pname)
}

private class ChainParameters(x: Parameters, y: Parameters) extends Parameters {
  def chain[T](site: View, here: View, up: View, pname: Field[T]) = {
    x.chain (site, here, new ChainView(y, up), pname)
  }
}

private class EmptyParameters extends Parameters {
  def chain[T](site: View, here: View, up: View, pname: Field[T]) = up.find(pname, site)
}

private class PartialParameters( f: (View, View, View) => PartialFunction[Any, Any]) extends Parameters {
  protected[config] def chain[T](site: View, here: View, up: View, pname: Field[T]) = {
    val g = f(site, here, up)                  //g 是关于(site, here, up)的函数
    if (g.isDefinedAt(pname)) Some(g.apply(pname).asInstanceOf[T])
                                               //如果 g()对于 pname 有定义，就返回 g.apply(pname)。
    else up.find(pname, site)                  //否则就返回 up.find(pname, site)
  }
}

private class MapParameters (map: Map[Any, Any]) extends Parameters {
  protected[config] def chain[T](site: View, here: View, up: View, pname: Field[T]) = {
    val g = map.get(pname)
    if (g.isDefined) Some(g.get.asInstanceOf[T]) else up.find(pname, site)
  }
}
}    //end object config
```

代码中已经加了许多注释，这里就不再重复了。

这里的核心，当然是 class Config，这个类是对 Parameters 类的扩充，其构造函数有两个不同的界面。一个是“Config(p: Parameters)”。另一个是“Config(f: (View, View, View) => PartialFunction[Any, Any])”。前者很

容易理解，构造参数 p 是一个 Parameters 类对象，但是 Parameters 是个抽象类，所以一定是某个扩充落实了 Parameters 的具体类对象，包括 Config 类对象，因为 Config 类也是对 Parameters 类的扩充。

例如在 rocket-chip 的代码中有个 class MemPortOnlyConfig 就是这样：

```
class MemPortOnlyConfig extends Config(new WithNoMMIOPort ++ new WithNoSlavePort++ new DefaultConfig)
```

这个类是对一个 Config 类的扩充，这个 Config 类的构造参数 p 是一个将三个 Config 类对象串在一起的链，这个链的类型仍是 Config，从而仍是 Parameters。对此回头去看一下 class Parameters 中对于算符“++”的定义就可明白。这个算符的参数是“x: Parameters”，返回类型也是 Parameters。Config 类的这个构造界面是用来构成配置链的。构成配置链的实质就是构成查询时的搜索链，这里最后的 DefaultConfig 类对象实质上就是这个 Config 的 up 视野，前面的两个 Config 合在一起则构成本配置的记录(site, here)，即配置表中的当前行，这条记录中起先只有 WithNoMMIOPort 所定义的那些字段，然后又添上了 WithNoSlavePort 中的那些字段，使记录加长了。值得注意的是，如果引起记录加长的字段是表中原来没有的，那就相当于使整个配置表的宽度也自动加长。

再看 rocket-chip 代码中另一个类，class WithNoMemPort 类的定义：

```
class WithNoMemPort extends Config((site, here, up) => {          // WithNoMemPort 是一个 Config
  case ExtMem => None   //相当于把配置中的 ExtMem 字段设置成 None，即 p(ExtMem)为 None。
})
```

注意这是对 Config((site, here, up) => { case ***ExtMem*** => None })的扩充，这个类并没有自己形式上的构造函数，它的构造函数就是 class Config 的构造函数，那里只是提供了几个函数。但是 WithNoMemPort 类实质上是有初始化操作的，因为作为 Config(f)这个构造界面转化成了 Config(Parameters(f))，而函数 f()在这里就是 PartialFunction { case ExtMem => None }

这个类的构造界面就是上述的后者，即“Config(f: (View, View, View) => PartialFunction[Any, Any])”了。这里 Config 对象的构造参数是个函数 f()，而不是个 Parameters 类对象，但是执行这个函数所得的结果将是个 Parameters 类对象。这个函数的调用参数（形参）是（site, here, up），形参的类型是（View, View, View）；返回的是个 PartialFunction，即“部分函数”。

PartialFunction 是一种称为“partial function”的特殊函数。这种函数只有一个输入参数，但是形式上并不出现在圆括号里，而是隐含的。“PartialFunction”后面的方括号里给定了两个类型，其中的前者是输入参数类型，后者则是函数返回值类型，在这里是 Any 和 Any。函数的 body，即函数的代码是一连串的 case 语句，每个 case 都对应着隐含参数的一种值，原则上每个 case 语句都给出一种映射，并返回一个函数值，或者是执行某种产生副作用的操作而返回 Unit。注意这些 case 语句的前面并不说明是针对什么而言，因为只有一种可能，那就是针对隐含的调用参数。

注意不要把“partial function”与“partially applied function”相混淆，后者是指将一个多参函数的形式参数表分成前后两截，把前一段的形参以实参值固定下来，以后一段形参作为因此而形成的另一个匿名函数的形参表，补上缺失尚未落实的参数，这另一个函数就是“partially applied function”。不过后来的 Scala 语言版本中又有扩充，所缺失的参数不一定是后半截，也可以夹在当中。详见对于 Scala 语言的有关专著。

作者觉得“partially applied function”似乎可以称之为“补参函数”。至于“partial function”，似乎可以称之为“隐参函数”。因为正常函数的代码也可以是一连串 case 语句，“partial”这个词好像并不说明问题。

回到上面 Config 类的另一个构造界面，this(f)这个函数变成了 this(Parameters(f))。这里的 Parameters 就是 object Parameters，那就是 Parameters.apply(f)，最终就是 new PartialParameters(f)。这个 f()的调用参数为（site, here, up），函数的返回值是个 PartialFunction，至于这个 f()究竟是什么，那就要在创建具体 Config 对象时给定了。当然，函数 f()是按值传递的，所以要在调用 Parameters.apply()之前先加执行。该 PartialFunction 输入参数类型是 ANY，即任何类型，返回类型也是 ANY，从输入到输出的映射规则就是后面花括号里面的内容。

所以，最后作为参数传递给 Config()的，实际上是由这对花括号里面的代码所产生的返回值，在这里就是把字段 ExtMem 设置成了 None。换言之，WithNoMemPort 是个配置，这个配置中参数 ExtMem 的值为 None。如果这个配置中原来没有 ExtMem 这个参数，就把它添上。所以这个 Config 对象实际上就只是一个字段，即一个参数，那就是 ExtMem。这里 case 语句中的 ExtMem 是个 object:

```
case object ExtMem extends Field[Option[MemoryPortParams]](None)
```

这是个 case object，即可以出现在 case 语句中的 object，这是对抽象类 Field 的扩充和落实。

这样，有了 WithNoMemPort 这个配置，就可以用来搭建出更大的配置，例如：

```
class TinyConfig extends Config(new WithNoMemPort ++ new WithNMemoryChannels(0) ++ …)
```

TinyConfig 这个配置就是由 WithNoMemPort 等较小的配置聚合起来的，这里的++就是前面由抽象类 Parameters 提供的链接操作符，与函数 orElse()等价。

下面以香山项目中有关参数配置的代码作为实例，一来有助于增进对参数配置的深入理解，二来这也减轻了下册中分析讲解香山代码时的负担。我们从香山代码的 main()函数开始，看其是如何将作为命令行参数的配置要求转换成系统配置的参数：

```
object TopMain extends App with HasRocketChipStageUtils {
  override def main (args: Array[String]): Unit = {
    val (config, firrtlOpts, firrtlComplier, firtoolOpts) = ArgParser.parse(args)
    …
  }
}
```

程序的执行进入 main()函数，第一件事就是解析命令行，根据命令行参数为所欲生成的 SoC 创建一个顶层参数配置块 config，附带还要生成一个 firrtl 选项列表 firrtlOpts 以及其它两个选项。整个过程是由 object ArgParser 中的函数 parse()所完成，下面是这个 object 的代码，重点在于函数 parse():

```
object ArgParser {                          // TODO: add more explainations
  val usage =     //屏幕提示:
    """
      |XiangShan Options
      |--xs-help                        print this help message
      |--config <ConfigClassName>            //按名称引用预定义的参数配置
      |--num-cores <Int>
      |--with-dramsim3
      |--fpga-platform
      |--enable-difftest
      |--enable-log
      |--disable-perf
      |--mfc
      |""".stripMargin
```

```
def getConfigByName(confString: String): Parameters = {
  var prefix = "top."                  // default package is 'top'
  if(confString.contains('.')){        // already a full name
    prefix = ""
  }
  val c = Class.forName(prefix + confString).getConstructor(Integer.TYPE)
  c.newInstance(1.asInstanceOf[Object]).asInstanceOf[Parameters]
}

def parse (args: Array[String]): (Parameters, Array[String], FirrtlCompiler, Array[String]) = {    //解析命令行参数：
  val default = new DefaultConfig(1)          //DefaultConfig是整个配置的起点
  var firrtlOpts = Array[String]()
  var firrtlCompiler: FirrtlCompiler = SFC    //默认以SFC（Scala-based FIRRTL Compiler）为Firrtl编译器
  var firtoolOpts = Array[String]()
  @tailrec
  def nextOption (config: Parameters, list: List[String]): Parameters = {
                        // nextOption()的第一个参数是至此为止所采用的配置config
    list match {
      case Nil => config                      //Nil表示已经到达命令行的结尾，返回至此已得的config。
      case "--xs-help" :: tail =>             //字符串list的内容为"--xs-help" :: tail，即“--xs-help”加上尾巴。
        println(usage)                        //选项为“--xs-help”，显示上面的屏幕提示，跳过该选项。
        if(tail == Nil) exit(0)
        nextOption(config, tail)              //递归调用，直到tail为Nil后的那一次才结束。
      case "--config" :: confString :: tail =>    //改变所用配置，字符串list的内容为"--config " :: confString :: tail，
                                                  //即“--config”，后面是所引的配置名称，再加上尾巴。
                          //如果命令行中有这个选项，就以所引用的配置为起点，否则就以default为起点。
        nextOption(getConfigByName(confString), tail)    //递归调用，直到tail为Nil后的那一次才结束。
                                                  //以getConfigByName()的结果取代此前的配置，成为新的config。
                                                  //其余各个选项都只是对已经选定的config作出某种修正。
      case "--num-cores" :: value :: tail =>      //给定核的数量，字符串list的内容为"--num-cores" :: value :: tail，
                                                  //即“--num-cores”，后面是一个数值，再加上尾巴。
        nextOption(config.alter((site, here, up) => {   //在config的前面添上一个名为XSTileKey的配置，
                                                  //引用up视野中的同名配置，但将其参数cores的长度设成数值value，
                                                  //继续递归调用。
          case XSTileKey => (0 until value.toInt) map{ i => up(XSTileKey).head.copy(HartId = i) }
                                                  //并将该序列中各元素的HartId设成各自的序数i（从0到i-1）。
        }), tail)
      case "--with-dramsim3" :: tail =>           //这个选项启用对DRAM的模拟，用于测试。
        nextOption(config.alter((site, here, up) => {
          case DebugOptionsKey => up(DebugOptionsKey).copy(UseDRAMSim = true)
        }), tail)
      case "--fpga-platform" :: tail =>
        nextOption(config.alter((site, here, up) => {
          case DebugOptionsKey => up(DebugOptionsKey).copy(FPGAPlatform = true)  //采用FPGA平台上的实现
        }), tail)
      case "--enable-difftest" :: tail =>
```

```
        nextOption(config.alter((site, here, up) => {
          case DebugOptionsKey => up(DebugOptionsKey).copy(EnableDifftest = true)
        }), tail)
      case "--enable-log" :: tail =>                    //开启（生成verilog代码过程中的）运行日志
        nextOption(config.alter((site, here, up) => {
          case DebugOptionsKey => up(DebugOptionsKey).copy(EnableDebug = true)
        }), tail)
      case "--disable-perf" :: tail =>                  //关闭性能统计
        nextOption(config.alter((site, here, up) => {
          case DebugOptionsKey => up(DebugOptionsKey).copy(EnablePerfDebug = false)
        }), tail)
      case "--enable-topdown" :: tail =>
        nextOption(config.alter((site, here, up) => {
          case DebugOptionsKey => up(DebugOptionsKey).copy(EnableTopDown = true)
        }), tail)
      case "--mfc" :: tail =>                           //改用较新的MFC（MLIR-based FIRRTL Compiler）为Firrtl编译器
        firrtlCompiler = MFC
        nextOption(config, tail)
      case "--firtool-opt" :: option :: tail =>         //如遇firtool-opt就照抄进firtoolOpts
        firtoolOpts :+= option
        nextOption(config, tail)
      case option :: tail =>                            //如遇不认识的选项就照抄进firrtlOpts
        // unknown option, maybe a firrtl option, skip
        firrtlOpts :+= option
        nextOption(config, tail)
    }
  }
              //从这里开始执行命令行解析:
  var config = nextOption (default, args.toList)        //以default配置为起点，依次处理所有的命令行参数，添加相应配置。
  (config, firrtlOpts, firrtlCompiler, firtoolOpts)     //返回解析所得选项
 }  //end parse()
}  //end object ArgParser
```

如果命令行中没有给出“--config”这个选项，那就是以 default 这个默认配置为起点，这个配置是在 parse() 一开头就创建的；val default = new DefaultConfig(1)，这是个 DefaultConfig 类对象，构造参数为 1，表示单核。香山 SoC 的 DefaultConfig 这个 class 的定义是这样：

```
class DefaultConfig (n: Int = 1) extends Config(        //参数n默认为1，表示单核。
  new WithNKBL3(6 * 1024, inclusive = false, banks = 4, ways = 6)
    ++ new WithNKBL2(2 * 512, inclusive = false, banks = 4, alwaysReleaseData = true)
    ++ new WithNKBL1D(128)
    ++ new BaseConfig(n)
)
```

DefaultConfig 类是对一个匿名 Config 类的扩充，这个匿名 Config 类是个配置链，链中的配置依次有 WithNKBL3、WithNKBL2、WithNKBL1D，最后的上层配置是 BaseConfig。构造参数 n 表示芯片上核的个数，

从配置链的构成看，这个参数 n 只是被用于 BaseConfig 的创建。BaseConfig 是顶层的配置，我们先看一下这个顶层配置：

```
class BaseConfig (n: Int) extends Config((site, here, up) => {
  case XLen => 64
  case DebugOptionsKey => DebugOptions()
  case SoCParamsKey => SoCParameters()
  case PMParameKey => PMParameters()
  case XSTileKey => Seq.tabulate(n){ i => XSCoreParameters(HartId = i) }
  case ExportDebug => DebugAttachParams(protocols = Set(JTAG))
  case DebugModuleKey => Some(XSDebugModuleParams(site(XLen)))
  case JtagDTMKey => JtagDTMKey
  case MaxHartIdBits => 2
  case EnableJtag => true.B
})
```

这个配置中都是一些事关全局的参数配置，其中我们在这里关心的有下面这几个：

- XLen，即处理器的字长是 64 位，所以是 64 位芯片。
- SoCParameters，这是关于 SoC 芯片的参数。
- PMParameters，这是关于物理存储器的参数（PM 意为 Physical Memory）。
- XSCoreParameters，这是关于 CPU 核的参数，芯片上有几个核就有几组 XSCoreParameters，其初始内容都一样，只是每个核都有自己的序号即 HartId，一个核称为一个 Hart。

除这些全局的基本参数之外，就是关于 L3 即三层缓存的参数，关于 L2 即二层缓存的参数，以及 L1D 即一层缓存 DCache 的参数。构造这些配置的时候给定了各自的几个关键参数。注意这些参数与芯片上核的个数无关，其中三层缓存 L3 和二层缓存 L2 是公用的；L1D 与 CPU 核配套，但是每一份的参数都一样。

香山的 DefaultConfig 其实是比较大的配置，另外还有一个中等大小的配置 MediumConfig 就比这个默认配置要小一些：

```
class MediumConfig(n: Int = 1) extends Config(
  new WithNKBL3(4096, inclusive = false, banks = 4)
    ++ new WithNKBL2(512, inclusive = false, alwaysReleaseData = true)
    ++ new WithNKBL1D(128)
    ++ new BaseConfig(n)
)
```

以其中 WithNKBL2 这个配置为例，在 MediumConfig 中 WithNKBL2 的第一个构造参数是 512，但是在默认配置中却是 2 * 512，显然 DefaultConfig 比 MediumConfig 大。

至于 WithNKBL3、WithNKBL2、WithNKBL1D 这三个配置的定义，我们在这里列一下，但不作解释；因为不是三言两语所能说清，还是以后用到的时候再作一些说明为好。

先看 WithNKBL1D，这其实是关于 DCache 的配置，注意这里的构造参数 n 可不是芯片上核的个数：

```
class WithNKBL1D(n: Int, ways: Int = 8) extends Config((site, here, up) => {
  case XSTileKey =>
    val sets = n * 1024 / ways / 64
    up(XSTileKey).map(_.copy( dcacheParametersOpt = Some(DCacheParameters(nSets = sets, nWays = ways,
        tagECC = Some("secded"), dataECC = Some("secded"), replacer = Some("setplru"),
```

```
        nMissEntries = 16, nProbeEntries = 8, nReleaseEntries = 18)) ))
})
```

再看关于 L2 即二层缓存的配置：

```
class WithNKBL2(n: Int, ways: Int = 8, inclusive: Boolean = true, banks: Int = 1, alwaysReleaseData: Boolean = false)
    extends Config((site, here, up) => {
  case XSTileKey =>
    val upParams = up(XSTileKey)
    val l2sets = n * 1024 / banks / ways / 64
    upParams.map(p => p.copy(L2CacheParamsOpt = Some(HCCacheParameters(name = "L2", level = 2,
        ways = ways, sets = l2sets, inclusive = inclusive, alwaysReleaseData = alwaysReleaseData,
        clientCaches = Seq(CacheParameters("dcache", sets = 2 * p.dcacheParametersOpt.get.nSets / banks,
          ways = p.dcacheParametersOpt.get.nWays + 2, blockGranularity = log2Ceil(2 * p.dcacheParametersOpt.get.nSets / banks),
          aliasBitsOpt = p.dcacheParametersOpt.get.aliasBitsOpt)),
        reqField = Seq(PreferCacheField()), echoField = Seq(DirtyField()),
        prefetch = Some(huancun.prefetch.PrefetchReceiverParams()), enablePerf = true, sramDepthDiv = 2,
        tagECC = Some("secded"), dataECC = Some("secded"), simulation = !site(DebugOptionsKey).FPGAPlatform )),
      L2NBanks = banks ))
})
```

这里的 HCCacheParameters，应该是香山缓存参数的意思，因为香山的缓存模块名叫 HuanCun。

最后是 L3 即三层缓存的配置：

```
class WithNKBL3(n: Int, ways: Int = 8, inclusive: Boolean = true, banks: Int = 1) extends Config((site, here, up) => {
  case SoCParamsKey =>
    val sets = n * 1024 / banks / ways / 64
    val tiles = site(XSTileKey)
    val clientDirBytes = tiles.map{ t => t.L2NBanks * t.L2CacheParamsOpt.map(_.toCacheParams.capacity).getOrElse(0) }.sum
    up(SoCParamsKey).copy(L3NBanks = banks,
      L3CacheParamsOpt = Some(HCCacheParameters(name = "L3", level = 3, ways = ways, sets = sets, inclusive = inclusive,
        clientCaches = tiles.map{ core =>
          val l2params = core.L2CacheParamsOpt.get.toCacheParams
          l2params.copy(sets = 2 * clientDirBytes / core.L2NBanks / l2params.ways / 64)
        },
        enablePerf = true,
        ctrl = Some(CacheCtrl(address = 0x39000000, numCores = tiles.size)),
        sramClkDivBy2 = true, sramDepthDiv = 4,
        tagECC = Some("secded"), dataECC = Some("secded"), simulation = !site(DebugOptionsKey).FPGAPlatform ))
    )
})
```

回到前面 DefaultConfig 的代码中。DefaultConfig 的构造参数 n 默认为 1，表示默认的配置是单核。但是可以通过命令行选项“--num-cores”改变核的数量。

下面 BaseConfig 是对 Config(f: (View, View, View)=>PartialFunction[Any, Any])的扩充。前面讲过，class Config 有两个构造界面，这是其中之一。前面也讲过，如果用的是这个界面，那么给定的函数 f()就是个

PartialFunction，其形式是一连串的 case 语句，以 case SoCParamsKey=>SoCParameters()为例，就是往配置中添加一个名叫 SoCParamsKey 的字段，并将该字段的值设置成 SoCParameters()，就是一个 SoCParameters 对象。由于 SoCParameters 是个 case class，所以无需使用 new 关键字。另外，由于 SoCParameters 的构造参数都有默认值，所以这里在创建 SoCParameters 时就没有给出具体参数。SoCParamsKey 和 SoCParameters 的定义是这样：

```
case object SoCParamsKey extends Field[SoCParameters]             //SoCParamsKey是个关于SoCParameters 的字段

case class SoCParameters (EnableILA: Boolean = false, PAddrBits: Int = 36, extIntrs: Int = 64, L3NBanks: Int = 4,
  L3CacheParamsOpt: Option[HCCacheParameters] = Some(HCCacheParameters(name = "l3", level = 3, ways = 8, sets = 2048 )) ){
     // 1MB per bank
  // L3 configurations
  val L3InnerBusWidth = 256
  val L3BlockSize = 64
  // on chip network configurations
  val L3OuterBusWidth = 256
}
```

读者也许觉得参数的数量也并不多，就这么一点参数用例如#define 也不难对付。可是 XSCoreParameters 就是另一回事了。BaseConfig 中还有一行 case XSTileKey => Seq.tabulate(***n***){i =>XSCoreParameters(HartId = i)}，表示要在 BaseConfig 中添加一个字段 XSTileKey，这个字段的值是一个 XSCoreParameters 对象的序列，序列长度取决于核的个数 n。显然，这 XSCoreParameters 是关于 CPU 核的参数，这组参数就大了。XSTileKey 和 XSCoreParameters 的类型定义如下：

```
case object XSTileKey extends Field[Seq[XSCoreParameters]]          // XSTileKey是关于XSCoreParameters的字段名

case class XSCoreParameters (HasPrefetch: Boolean = false, HartId: Int = 0, XLEN: Int = 64,     //字长64位
  HasMExtension: Boolean = true, HasCExtension: Boolean = true, HasDiv: Boolean = true,     //支持压缩指令集核乘除法指令集
  HasICache: Boolean = true, HasDCache: Boolean = true,
  AddrBits: Int = 64, VAddrBits: Int = 39,                                   //物理地址可达64位，虚存地址39位。
  HasFPU: Boolean = true, HasCustomCSRCacheOp: Boolean = true,         //有浮点处理单元
  FetchWidth: Int = 8, AsidLength: Int = 16,
  EnableBPU: Boolean = true, EnableBPD: Boolean = true, EnableRAS: Boolean = true,        //使用转移预测单元BPU
  EnableLB: Boolean = false, EnableLoop: Boolean = true, EnableSC: Boolean = true,
  EnbaleTlbDebug: Boolean = false, EnableJal: Boolean = false, EnableFauFTB: Boolean = true, UbtbGHRLength: Int = 4,
  EnableGHistDiff: Boolean = true, UbtbSize: Int = 256, FtbSize: Int = 2048, RasSize: Int = 32,
  CacheLineSize: Int = 512, FtbWays: Int = 4,
  TageTableInfos: Seq[Tuple3[Int,Int,Int]] =    //          Sets     Hist    Tag
                                                     Seq(( 4096,     8,     8),
                                                         ( 4096,    13,     8),
                                                         ( 4096,    32,     8),
                                                         ( 4096,   119,     8)),
  ITTageTableInfos: Seq[Tuple3[Int,Int,Int]] =   //         Sets     Hist    Tag
                                                     Seq(( 256,      4,     9),
                                                         ( 256,      8,     9),
                                                         ( 512,     13,     9),
```

```
                                                (512,    16,     9),
                                                (512,    32,     9)),
SCNRows: Int = 512, SCNTables: Int = 4, SCCtrBits: Int = 6, SCHistLens: Seq[Int] = Seq(0, 4, 10, 16), numBr: Int = 2,
branchPredictor: Function2[BranchPredictionResp, Parameters, Tuple2[Seq[BasePredictor], BranchPredictionResp]] =
  ((resp_in: BranchPredictionResp, p: Parameters) => {
    val ftb = Module(new FTB()(p))
    val ubtb =Module(new FauFTB()(p))
    val tage = Module(new Tage_SC()(p))
    val ras = Module(new RAS()(p))
    val ittage = Module(new ITTage()(p))                //所提供的5种转移预测模块
    val preds = Seq(ubtb, tage, ftb, ittage, ras)
    preds.map(_.io := DontCare)
    ubtb.io.in.bits.resp_in(0) := resp_in
    tage.io.in.bits.resp_in(0) := ubtb.io.out
    ftb.io.in.bits.resp_in(0)    := tage.io.out
    ittage.io.in.bits.resp_in(0)    := ftb.io.out
    ras.io.in.bits.resp_in(0) := ittage.io.out
    (preds, ras.io.out) }),
IBufSize: Int = 48, DecodeWidth: Int = 6, RenameWidth: Int = 6, CommitWidth: Int = 6,   //指令流水线各段的宽度都是6
FtqSize: Int = 64, EnableLoadFastWakeUp: Boolean = true,            // NOTE: not supported now, make it false
IssQueSize: Int = 16, NRPhyRegs: Int = 192, LoadQueueSize: Int = 80, LoadQueueNWriteBanks: Int = 8,    //物理寄存器192个
StoreQueueSize: Int = 64, StoreQueueNWriteBanks: Int = 8, VlsQueueSize: Int = 8, RobSize: Int = 256,
dpParams: DispatchParameters = DispatchParameters(IntDqSize = 16, FpDqSize = 16, LsDqSize = 16,
                                          IntDqDeqWidth = 4, FpDqDeqWidth = 4, LsDqDeqWidth = 4),
exuParameters: ExuParameters = ExuParameters(JmpCnt = 1, AluCnt = 4, MulCnt = 0, MdudCnt = 2,
                                          FmacCnt = 4, FmiscCnt = 2, FmiscDivSqrtCnt = 0, LduCnt = 2, StuCnt = 2),
                                                                  //各种执行单元的数量，例如ALU是4个。
prefetcher: Option[PrefetcherParams] = Some(SMSParams()),
LoadPipelineWidth: Int = 2, StorePipelineWidth: Int = 2,
VecMemSrcInWidth: Int = 2, VecMemInstWbWidth: Int = 1, VecMemDispatchWidth: Int = 1,
StoreBufferSize: Int = 16, StoreBufferThreshold: Int = 7, EnsbufferWidth: Int = 2, UncacheBufferSize: Int = 4,
EnableLoadToLoadForward: Boolean = true, EnableFastForward: Boolean = false,
EnableLdVioCheckAfterReset: Boolean = true, EnableSoftPrefetchAfterReset: Boolean = true,
EnableCacheErrorAfterReset: Boolean = true, EnableDCacheWPU: Boolean = false,
EnableAccurateLoadError: Boolean = true, EnableUncacheWriteOutstanding: Boolean = false,
MMUAsidLen: Int = 16,   // max is 16, 0 is not supported now
ReSelectLen: Int = 7,       // load replay queue replay select counter len
itlbParameters: TLBParameters = TLBParameters(name = "itlb", fetchi = true, useDmode = false,
          normalNWays = 32, normalReplacer = Some("plru"), superNWays = 4, superReplacer = Some("plru")),
ldtlbParameters: TLBParameters = TLBParameters(name = "ldtlb", normalNSets = 64, normalNWays = 1,
          normalAssociative = "sa", normalReplacer = Some("setplru"), superNWays = 16, normalAsVictim = true,
          outReplace = false, partialStaticPMP = true, outsideRecvFlush = true, saveLevel = true),
sttlbParameters: TLBParameters = TLBParameters(name = "sttlb", normalNSets = 64, normalNWays = 1,
          normalAssociative = "sa", normalReplacer = Some("setplru"), superNWays = 16,
          normalAsVictim = true, outReplace = false, partialStaticPMP = true, outsideRecvFlush = true, saveLevel = true),
pftlbParameters: TLBParameters = TLBParameters(name = "pftlb", normalNSets = 64, normalNWays = 1,
```

```
            normalAssociative = "sa", normalReplacer = Some("setplru"), superNWays = 16,
            normalAsVictim = true, outReplace = false, partialStaticPMP = true, outsideRecvFlush = true, saveLevel = true),
  refillBothTlb: Boolean = false,
  btlbParameters: TLBParameters = TLBParameters(name = "btlb", normalNSets = 1, normalNWays = 64, superNWays = 4,),
  l2tlbParameters: L2TLBParameters = L2TLBParameters(),
  NumPerfCounters: Int = 16,
  icacheParameters: ICacheParameters = ICacheParameters(tagECC = Some("parity"), dataECC = Some("parity"),
            replacer = Some("setplru"), nMissEntries = 2, nProbeEntries = 2, nPrefetchEntries = 2, hasPrefetch = true, ),
  dcacheParametersOpt: Option[DCacheParameters] = Some(DCacheParameters(tagECC = Some("secded"),
            dataECC = Some("secded"), replacer = Some("setplru"), nMissEntries = 16, nProbeEntries = 8, nReleaseEntries = 18)),
  L2CacheParamsOpt: Option[HCCacheParameters] = Some(HCCacheParameters(name = "l2", level = 2, ways = 8,
            sets = 1024,        // default 512KB L2
            prefetch = Some(huancun.prefetch.PrefetchReceiverParams()))),
  L2NBanks: Int = 1, usePTWRepeater: Boolean = false,
  softTLB: Boolean = false /* dpi-c l1tlb debug only */, softPTW: Boolean = false /* dpi-c l2tlb debug only*/, softPTWDelay: Int = 1)
{          //以上均为构造参数兼结构成分，以下是不作为构造参数的结构成分：
  val allHistLens = SCHistLens ++ ITTageTableInfos.map(_._2) ++ TageTableInfos.map(_._2) :+ UbtbGHRLength
  val HistoryLength = allHistLens.max + numBr * FtqSize + 9         // 256 for the predictor configs now

  val loadExuConfigs = Seq.fill(exuParameters.LduCnt)(LdExeUnitCfg)
  val storeExuConfigs = Seq.fill(exuParameters.StuCnt)(StaExeUnitCfg) ++ Seq.fill(exuParameters.StuCnt)(StdExeUnitCfg)

  val intExuConfigs = (Seq.fill(exuParameters.AluCnt)(AluExeUnitCfg) ++
                                Seq.fill(exuParameters.MduCnt)(MulDivExeUnitCfg) :+ JumpCSRExeUnitCfg)

  val fpExuConfigs = Seq.fill(exuParameters.FmacCnt)(FmacExeUnitCfg) ++
                                Seq.fill(exuParameters.FmiscCnt)(FmiscExeUnitCfg)

  val exuConfigs: Seq[ExuConfig] = intExuConfigs ++ fpExuConfigs ++ loadExuConfigs ++ storeExuConfigs
}  //end class XSCoreParameters
```

这个类的中的参数大约有将近 200 个，这些参数关系到 CPU 核的方方面面，包括是否提供一些扩充指令集，包括流水线宽度，包括转移预测，队列长度，总之应有尽有。其实还不止这些，因为实际上还有 DCacheParameters，CacheParameters，HCCacheParameters。这样，读者对于参数的数量就有了点感性的认识，对于 SoC 描述的“生成器”与特定 SoC 芯片的描述这二者之间的差别应该有了较深的认识和理解。

对于这些参数的性质和作用，这里就不作介绍了，以后在下册中分析讲解香山的代码时要用到具体参数时再作解释。但是前面已经介绍过有关计算机微结构的一些基本知识，所以读者其实自己看着也能猜出个大概。

以上是假定命令行中没有给出“--config”这个选项，因而采用 default 这个默认配置时的情况。如果用了“--config”这个选项，那就可以另选一个预先定义好的配置作为起点，然后通过别的选项特别是“--num-cores”再作修正。除前述的 MediumConfig 以外，香山的代码中为此提供了一个 MinimalConfig，顾名思义这是最小配置。另外还有个 MinimalSimConfig，那是供构建对于芯片的软件模拟而用的，所以我们只关心前者：

```
// Synthesizable minimal XiangShan
// * It is still an out-of-order, super-scalaer arch
```

```
// * L1 cache included
// * L2 cache NOT included
// * L3 cache included
class MinimalConfig (n: Int = 1) extends Config(new BaseConfig(n).alter((site, here, up) => {
    case XSTileKey => up(XSTileKey).map(_.copy(
    DecodeWidth = 2, RenameWidth = 2, CommitWidth = 2, FetchWidth = 4,       //除取指外，指令流水线各段的宽度都是2。
        IssQueSize = 8, NRPhyRegs = 64, LoadQueueSize = 16, LoadQueueNWriteBanks = 4,
        StoreQueueSize = 12, StoreQueueNWriteBanks = 4, RobSize = 32,
        FtqSize = 8, IBufSize = 16, StoreBufferSize = 4, StoreBufferThreshold = 3,
        dpParams = DispatchParameters(IntDqSize = 12, FpDqSize = 12, LsDqSize = 12,
                                IntDqDeqWidth = 4, FpDqDeqWidth = 4, LsDqDeqWidth = 4),
        exuParameters = ExuParameters(JmpCnt = 1, AluCnt = 2, MulCnt = 0, MduCnt = 1,
                                FmacCnt = 1, FmiscCnt = 1, FmiscDivSqrtCnt = 0, LduCnt = 2, StuCnt = 2),
                                                            //各种执行单元的数量，例如ALU是2个。
        icacheParameters = ICacheParameters(nSets = 64,                    // 16KB ICache
                        tagECC = Some("parity"), dataECC = Some("parity"), replacer = Some("setplru"),
                        nMissEntries = 2, nReleaseEntries = 1, nProbeEntries = 2, nPrefetchEntries = 2, hasPrefetch = false),
        dcacheParametersOpt = Some(DCacheParameters(nSets = 64,           // 32KB DCache
                        nWays = 8, tagECC = Some("secded"), dataECC = Some("secded"),
                        replacer = Some("setplru"), nMissEntries = 4, nProbeEntries = 4, nReleaseEntries = 8,)),
        EnableBPD = false,         // disable TAGE
        EnableLoop = false,
        itlbParameters = TLBParameters(name = "itlb", fetchi = true, useDmode = false, normalReplacer = Some("plru"),
                                superReplacer = Some("plru"), normalNWays = 4, normalNSets = 1, superNWays = 2),
        ldtlbParameters = TLBParameters(name = "ldtlb", normalNSets = 16 /* when da or sa */,
                        normalNWays = 1 /* when fa or sa */,
                        normalAssociative = "sa", normalReplacer = Some("setplru"), superNWays = 4,
                        normalAsVictim = true, partialStaticPMP = true, outsideRecvFlush = true, outReplace = false),
        sttlbParameters = TLBParameters(name = "sttlb", normalNSets = 16 /* when da or sa */,
                        normalNWays = 1 /* when fa or sa */
                        normalAssociative = "sa", normalReplacer = Some("setplru"), normalAsVictim = true,
                        superNWays = 4, partialStaticPMP = true, outsideRecvFlush = true, outReplace = false),
        pftlbParameters = TLBParameters(name = "pftlb", normalNSets = 16 /* when da or sa */, normalNWays = 1, // when fa or sa
                        normalAssociative = "sa", normalReplacer = Some("setplru"), normalAsVictim = true,
                        superNWays = 4, partialStaticPMP = true, outsideRecvFlush = true, outReplace = false),
        btlbParameters = TLBParameters(name = "btlb", normalNSets = 1, normalNWays = 8, superNWays = 2),
        l2tlbParameters = L2TLBParameters(l1Size = 4, l2nSets = 4, l2nWays = 4, l3nSets = 4, l3nWays = 8, spSize = 2,),
        L2CacheParamsOpt = None,      // remove L2 Cache
        prefetcher = None             // if L2 pf_recv_node does not exist, disable SMS prefetcher
      )  //end _.copy
    )  //end up(XSTileKey).map
    case SoCParamsKey =>
      val tiles = site(XSTileKey)
      up(SoCParamsKey).copy(
        L3CacheParamsOpt = Some(up(SoCParamsKey).L3CacheParamsOpt.get.copy(
          sets = 1024,
```

```
            inclusive = false,
            clientCaches = tiles.map{ p => CacheParameters("dcache", sets = 2 * p.dcacheParametersOpt.get.nSets,
                ways = p.dcacheParametersOpt.get.nWays + 2,
                blockGranularity = log2Ceil(2 * p.dcacheParametersOpt.get.nSets), aliasBitsOpt = None)
            },
            simulation = !site(DebugOptionsKey).FPGAPlatform)),
          L3NBanks = 1
        )  //end up(SoCParamsKey).copy
    })  // new BaseConfig(n).alter
)  //end class MinimalConfig(n: Int = 1) extends Config
```

这个class也是对一个匿名Config类的扩充。这个匿名的Config类的构成是从一个BaseConfig对象开始，通过 alter()操作对其进行扩充，具体要修改的是其 XSTileKey 和 SoCParamsKey 两个字段。这两个字段都是复合字段，XSTileKey 字段的值是个 XSCoreParameters 对象的序列，序列长度取决于 MinimalConfig 的构造参数 n。每个 XSCoreParameters 对象内部除核的序号 HartId 以外其余字段都一样。但是，与前面 DefaultConfig 和 MediumConfig 中的“标准”XSCoreParameters 一对比，就可以发现 MinimalConfig 中的 CPU 规模比 DefaultConfig 和 MediumConfig 确实是明显缩小了。以指令流水线的宽度为例，DefaultConfig 和 MediumConfig 中是 6，MinimalConfig 中则缩小到了 2。再如各种执行单元的数量，以 ALU 为例，在前两个配置中是 4，但在 MinimalConfig 中降到了 2。不过，尽管如此，正如原文注释中所说，MinimalConfig 所配置的 CPU 核“is still an out-of-order, super-scalaer arch”，仍是可以脱序执行的超标量结构。

注意这里对于 XSTileKey 字段的内容即 XSCoreParameters 对象是在 copy 中 alter，复制中修改，这里列出的只是需要修改的字段，没有列出的字段就是照抄。

香山的代码中提供了 DefaultConfig、MediumConfig、MinimalConfig 这么三种配置，但是可能的配置当然远远不止这么三种。另外，所谓 MinimalConfig 也并非真的就是“最小”配置。所谓用 Chisel 语言开发的 SoC“生成器”，正是体现在这里。

那么所配置的这些参数又是怎样被用于 SoC 各个部分的设计与实现，怎样被 SoC 生成器代码中的各个模块所引用的呢？我们不妨先看一下香山代码中的 trait HasSoCParameter：

```
trait HasSoCParameter {
  implicit val p: Parameters

  val soc = p(SoCParamsKey)          //soc就是最终形成的配置中复合参数字段SoCParamsKey所含的内容。
  val debugOpts = p(DebugOptionsKey)
  val tiles = p(XSTileKey)

  val NumCores = tiles.size          //来自SoCParamsKey字段中结构成分tiles的size，即有几个XSCoreParameter，余类推：
  val EnableILA = soc.EnableILA

  // L3 configurations
  val L3InnerBusWidth = soc.L3InnerBusWidth
  val L3BlockSize = soc.L3BlockSize
                                     //因为soc就是字段SoCParamsKey所含的内容，这就是SoCParameters中的L3BlockSize。
  val L3NBanks = soc.L3NBanks

  // on chip network configurations
```

```
  val L3OuterBusWidth = soc.L3OuterBusWidth

  val NrExtIntr = soc.extIntrs
}  //end trait HasSoCParameter
```

显然，这个 trait 中这些 val 的值基本上全都来自系统配置中的 SoCParamsKey 这个 Field。如前所述，这个字段的类型其实是 SoCParameters。这样，凡是在带有这个 trait 的 class 中就可以直接引用这些 val 的值。而这样的 class 就有 XSTop 和 XSCoreImp：

```
class XSTop()(implicit p: Parameters) extends BaseXSSoc() with HasSoCParameter {…}
class XSCoreImp(outer: XSCoreBase) extends LazyModuleImp(outer) with HasXSParameter with HasSoCParameter {…}
```

顾名思义，class XSTop 就是香山 SoC 的顶层模块，class XSCoreImp 就是香山核的具体实现。这样，凡是在这两个模块中就都可以直接引用 trait HasSoCParameter 中定义的各种参数。

关键是，这样一来，例如在 XSTop 中，由于带有 trait HasSoCParameter，对于这个 trait 的种种成分就可以直接加以引用，因为那都已经继承下来成为了 XSTop 对象中的内部成分。如果在 XSTop 中要引用 SoCParameters 中的 L3BlockSize，就只要直接说 L3BlockSize 就行，因为 trait HasSoCParameter 中的 L3BlockSize 就是 soc.L3BlockSize，那就是 SoCParameters 中的 L3BlockSize。顺便提一下，这也可以帮助我们理解为什么这个 trait 名叫 HasSoCParameter，因为这样一来 XSTop 中就“有了” SoCParameter。

这还只是在顶层即 SoC 这一层上，所以参数的来源也只是 SoCParamsKey 这个 Field。如果深入到具体的 Core，即香山“核”这一层，那就还要用到 XSCoreParamsKey 这个 Field 中的种种参数，就是定义于前面 class XSCoreParameters 中的那些参数，trait HasXSParameter 中许许多多 val 的值就是来自这些参数：

```
trait HasXSParameter {
  implicit val p: Parameters
  val PAddrBits = p(SoCParamsKey).PAddrBits          // PAddrBits is Phyical Memory addr bits
  val coreParams = p(XSCoreParamsKey)                 //coreParams代表着XSCoreParamsKey字段的内容，即XSCoreParameters。
  val env = p(DebugOptionsKey)

  val XLEN = coreParams.XLEN
  val hardId = coreParams.HartId
  val minFLen = 32
  val fLen = 64
  def xLen = XLEN

  val HasMExtension = coreParams.HasMExtension        //这样HasMExtension就成了XSCoreParameters中的HasMExtension。
  val HasCExtension = coreParams.HasCExtension        //类推，这就是XSCoreParameters中的HasCExtensio。
  val HasDiv = coreParams.HasDiv
  val HasIcache = coreParams.HasICache
  val HasDcache = coreParams.HasDCache
  val AddrBits = coreParams.AddrBits                  // AddrBits is used in some cases
  val VAddrBits = coreParams.VAddrBits                // VAddrBits is Virtual Memory addr bits
  val PAddrBits = coreParams.PAddrBits                // PAddrBits is Phyical Memory addr bits
  val AddrBytes = AddrBits / 8                        // unused
  val DataBits = XLEN
```

```
    val DataBytes = DataBits / 8
    val HasFPU = coreParams.HasFPU
    val FetchWidth = coreParams.FetchWidth
    val PredictWidth = FetchWidth * (if (HasCExtension) 2 else 1)
    val EnableBPU = coreParams.EnableBPU
    val EnableBPD = coreParams.EnableBPD    // enable backing predictor(like Tage) in BPUStage3
    val EnableRAS = coreParams.EnableRAS
    val EnableLB = coreParams.EnableLB
    val EnableLoop = coreParams.EnableLoop
    val EnableSC = coreParams.EnableSC
    val EnbaleTlbDebug = coreParams.EnbaleTlbDebug
    val HistoryLength = coreParams.HistoryLength
    val BtbSize = coreParams.BtbSize
    ...                    //trait HasXSParameter的代码有一百好几十行，此处从略。
}   //end trait HasXSParameter
```

这样，在任何一个 with HasXSParameter 的类中，如果说 VaddrBits，那就是指配置在 XSCoreParameters 中的 VaddrBits。当然，也可以说 coreParams.VaddrBits，还可以说 p(XSCoreParamsKey).VaddrBits，如果不怕麻烦的话。

这个 trait HasXSParameter 在香山的代码中到处可见，直接带有这个 trait 的类就有下面这么多：

```
abstract class XSModule(implicit val p: Parameters) extends MultiIOModule
                              with HasXSParameter with HasExceptionNO with HasFPUParameters {…}
abstract class XSBundle(implicit val p: Parameters) extends Bundle with HasXSParameter
abstract class XSCoreBase()(implicit p: config.Parameters) extends LazyModule with HasXSParameter
class XSCoreImp(outer: XSCoreBase) extends LazyModuleImp(outer)
                              with HasXSParameter with HasSoCParameter with HasExeBlockHelper {…}
class MemBlockImp(outer: MemBlock) extends LazyModuleImp(outer) with HasXSParameter
          with HasExceptionNO with HasFPUParameters with HasExeBlockHelper with HasFpLoadHelper{…}
abstract class PtwModule(outer: PTW) extends LazyModuleImp(outer) with HasXSParameter with HasPtwConst
class L2Prefetcher()(implicit p: Parameters) extends LazyModule with HasXSParameter {…}
class L2PrefetcherImp(outer: L2Prefetcher) extends LazyModuleImp(outer) with HasXSParameter {…}
class Frontend()(implicit p: Parameters) extends LazyModule with HasXSParameter{…}
class FrontendImp (outer: Frontend) extends LazyModuleImp(outer)
                         with HasL1plusCacheParameters with HasXSParameter with HasExceptionNO{…}
class GetGenerator()(implicit p: Parameters) extends LazyModule with HasXSParameter {…}
class GetGeneratorImp(outer: GetGenerator) extends LazyModuleImp(outer) with HasXSParameter{…}
```

这里的前面三个，包括 XSModule、XSBundle、XSCoreBase，都是抽象类，从中又会派生出许多具体类。这还没完，还有下面这些 trait 都是对 trait HasXSParameter 的扩充：

```
trait HasL1CacheParameters extends HasXSParameter with MemoryOpConstants {…}
trait HasTlbConst extends HasXSParameter {…}
trait HasPrefetchParameters extends HasXSParameter {…}
trait BimParams extends HasXSParameter {…}
trait HasBPUParameter extends HasXSParameter {…}
```

```
trait BranchPredictorComponents extends HasXSParameter {…}
trait BTBParams extends HasXSParameter with HasIFUConst {…}
trait HasInstrMMIOConst extends HasXSParameter with HasIFUConst{…}
trait HasIFUConst extends HasXSParameter {…}
trait LTBParams extends HasXSParameter with HasBPUParameter {…}
trait HasTageParameter extends HasXSParameter with HasBPUParameter with HasIFUConst {
trait HasSbufferConst extends HasXSParameter {…}
```

显然，直接间接 with 这些 trait 的 class 又会有不少。

所以说配置参数在 SoC 的设计与实现中起着灵魂式的作用，它们的影响可谓无处不在。注意这些配置参数并不参与 Diplomacy 机制的参数协调，这些参数就是由设计者确定的。设计者确定一组不同的参数，重新编译一下整个代码，对代码进行一次 Elaborate，就可以生成出一个具体 SoC 的 Verilog 代码。至于 Diplomacy，那只是用于模块间互连的参数一致化。

可想而知，如果不是在像 Chisel 这样高度参数化的高级 HDL 语言中，而是在例如 Verilog 这样“原始”、“底层”的 HDL 中，要维持这么庞大的一套参数，几乎是难以想象的事情；不仅麻烦得难以想象，而且也增加了许多出错的机会。

谨以此书纪念我的恩师

浙江大学计算机系创始人何志均教授

RISC-V CPU芯片设计

香山源代码剖析

第二卷

毛德操◎著

ZHEJIANG UNIVERSITY PRESS
浙江大学出版社
·杭州·

第 15 章

香山 SoC 的顶层

香山是个关于 RISC-V SoC 芯片设计的项目，其直接的产出是个 RISC-V SoC 代码的生成器（generator）软件，即 XiangShan-master。给定一组特定参数运行这个软件，就可以得到一种具体香山 SoC 芯片的 Verilog 代码描述。对于这样的“生成器”软件，由于通过参数配置可以生成各种档次的芯片设计，我们在这里关心的是它的典型配置或者最高配置能生成出什么样的芯片设计，它提供什么样的结构和功能。从这个角度说，除系统结构上是 RISC-V 以外，香山提供的是“超标量（Super Scalar）”，即宽度大于 1 的流水线结构；支持指令的脱序（out-of-order）即 OoO 执行，以及为此所需的“保留站（Reservation Station）”机制和“重排序（Re-Order）”机制；也支持寄存器号的映射（Rename）；当然也支持对转移指令的转移/目标预测，而且采用了业界在这个领域比较成熟的成果。在系统结构属于 RISC-V 这个前提下，可以说香山实际上把过去几十年在计算机微结构方面比较成熟的技术都包罗了进去（只有极少数例外）。读者在大致了解香山的源代码之后，不妨拿 Hennessy 和 Patterson 那本 *Computer Architecture* 作一对照，那本书里所讲的各种技术，其实绝大多数在香山的代码中都有实现。诚然，香山并不涉及例如 VLIW（超长指令字），但那是另一种系统结构，而且实际上还没有进入成熟期，Intel 也已从这个方向撤退。正是因为这样，作者认为对香山的代码进行剖析和介绍是一项极有意义的工作。

对于香山 SoC 芯片的介绍可以分两条线索进行：一条是随着程序的流程，即生成硬件描述的流程加以过程性的介绍，这和按芯片的结构作一框架性的介绍基本上是一致的；另一条是按信息在芯片中得到处理的流程加以介绍，例如（指令执行）流水线中“取指-译码-取数-执行-回写”就是这样的流程，那就是关于 CPU 流水线微结构的介绍了。不过在香山的代码中这二者基本上是一致的。

所以，我们的介绍先从程序流程开始，先从顶层开始看一下芯片的大致结构，芯片上有些什么主要的部件，是个怎样的框架。由于是顺着程序的流程走，就不至于有大的遗漏；然后再深入到各个大块的部件，按信息得到处理的流程逐一加以介绍。从本书第二卷起，所引源代码基本上都来自香山项目的开发成果，即 XiangShan-master。由于香山源码中也间或有些中文注释，凡作者所加注释均以“///”开头。第二卷所引代码也更为复杂，覆盖面更广，读者在阅读本书时最好要准备一台电脑，装上软件开发环境和香山、rocket-chip、chisel3 的源代码，以便随时可以在代码中搜索。当然，如果能实际运行或模拟那就更理想了。

我们就从含有 main()函数的那个 object 开始，这就是 object TopMain：

```
object TopMain extends App with HasRocketChipStageUtils {
  override def main(args: Array[String]): Unit = {
    val (config, firrtlOpts, firrtlComplier, firtoolOpts) = ArgParser.parse(args)      ///解析命令行参数得到config。

    // tools: init to close dpi-c when in fpga
    val envInFPGA = config(DebugOptionsKey).FPGAPlatform                             ///仅与FPGA实现有关
    Constantin.init(envInFPGA)
    ChiselDB.init(envInFPGA)

    val soc = DisableMonitors(p => LazyModule(new XSTop()(p)))(config)              ///config用于XSTop对象的创建
    Generator.execute(firrtlOpts, soc.module, firrtlComplier, firtoolOpts)          ///启动对soc.module的代码解析
```

```
    FileRegisters.write(fileDir = "./build", filePrefix = "XSTop.")                    ///将所得结果写入"./build"目录
  }
}
```

程序开始运行后，先通过 ArgParser.parse()解析命令行，获取本次运行所根据的 Config 和 Firrtl 选项。然后按所获 config 先创建一个 Lazy 模块 XSTop。顾名思义，XSTop 就是香山 Soc 的顶层，这里看到的只是一个 XSTop，后面我们将看到 XSTop 里面会创建许多同样也是 Lazy 模块的顶层部件。我们在上一卷中讲到，创建Lazy模块时的初始化过程仅限于执行其中的Diplomacy阶段，即关于本模块所提供参数协调节点的说明，子模块的创建，和子模块间（实际上是子模块所提供节点间）的相互绑定（为经过参数协调的物理连接做好准备）。但是 XSTop 中的 module，及其嵌套创建的各个 Lazy 子模块中的 module，则是 lazy val，那要到整个系统的框架搭建完毕，形成了一个完整的结构拓扑图之后，才会引用顶层模块的 module，就是这里的 soc.module，从此开始就像多米诺骨牌一样，使所有 Lazy 子模块中的 module 都得到引用，那就是称为 instantiate()的过程。在每个 Lazy 模块，实际上是 LazyModuleImp 对象的 instantiate()过程中，其 module，即 LazyModuleImp 模块或 LazyRawModuleImp 模块中的代码才会得到执行。我们也说过，Scala 运行时系统对代码的执行与 Chisel 编译器对代码的解析（Elaborate）是合而为一的，执行代码以创建种种模块的同时就是对代码的解析。这里代码中所引用的 object Generator 实际上就是对 ChiselStage/FirrtlStage 的包装与扩充，所以对 Generator.execute()的调用就是启动了对 Chisel 代码边执行边解析的过程：

```
object Generator {
  def execute (args: Array[String], mod: => RawModule, fc: FirrtlCompiler) = {…}
}
```

看过本书第一卷的读者应该清楚，这个 Generator.execute()与 ChiselStage.execute()只是一步之遥。其中参数 mod 是个“按名调用”的函数指针，在这里这个函数就是 soc.module，换言之这个函数中只有一个语句，就是 soc.module（Scala 语言中不用 return）。这个函数在作为实参传递给 execute()时不会被执行，要到在 execute()里面被调用的时候才会被执行，其作用相当于 C 语言中的函数指针。然而为什么是以 soc.module 为实参，而不是以 soc 这整个对象为实参呢？这是因为，作为一个 LazyModule 模块的 XSTop 对象，其 Diplomacy 部分的代码已经在其得到创建时的初始化过程中执行过了，但那些代码都不是“可综合”的，都是纯软件的过程，执行中不会推送任何硬件命令，现在只剩下 lazy val module 是留待这个时候被引用的了。在创建 XSTop 对象的初始化过程就包含了对 Lazy 子模块的创建，而子模块内部可能又有子模块，这是个深度优先的递归过程，所以，当程序从“LazyModule(new XSTop()(p))”返回的时候，整个香山 SoC 中所有的 Lazy 模块都已创建完毕，形成了一个树状的结构拓扑图，现在可以通过对 soc.module 的引用从根节点 XSTop 开始启动 instantiate，对整个结构拓扑图进行深度优先的遍历，启动每个 Lazy 模块的 instantiate 了。

回到 main()函数的代码。程序开始运行后，先通过 ArgParser.parse()解析命令行，获取对本次运行所给定的 Chisel 和 Firrtl 选项。然后创建一个顶层的 LazyModule 对象，就是这里的 XSTop。如上所述，实际创建的是以 XSTop 对象为根，以香山 Soc 上所有 LazyModule 对象为节点的一棵树。

不过 class XSTop 是对抽象类 BaseXSSoc 的扩充，所以还得先从 BaseXSSoc 说起。在 BaseXSSoc 中创建的LazyModule只有一个，就是SoCMisc，意为SoC上的Miscellaneous，就是在XSTop所创建的种种LazyModule子模块之外归入“其它(miscellaneous)”类的子模块。如果说由 XSTop 所创建的那些 LazyModule 都是“主力”，那么 SoCMisc 及其麾下都是后勤，都是为主力服务的外围；然而虽说是外围，却构成了 XSTop 的环境，不了解这些外围成分的作用，对 XSTop 代码的理解就会受到影响。所以，我们有必要先看一下抽象类 BaseXSSoc 和 SoCMisc 的代码。

XSTop 是对抽象类 BaseXSSoc 的扩充，换言之抽象类 BaseXSSoc 的代码是 XSTop 代码的一部分，定义于 BaseXSSoc 内部的所有成分都会出现在 XSTop 对象中。但是抽象类 BaseXSSoc 实际上只是创建了一个

LazyModule，那就是 SoCMisc。如果我们直接去看 class XSTop 的代码，是看不到 SoCMisc 这个模块的创建的，但是代码中却到处涉及这个 SoCMisc 对象 misc。因为这样，我们就有必要把抽象类 BaseXSSoc 和 SoCMisc 提上前来先进行一番考察：

```
[TopMain > XSTop > BaseXSSoc]                    /// XSTop 的代码见后
abstract class BaseXSSoc()(implicit p: Parameters) extends LazyModule with BindingScope {
  val misc = LazyModule(new SoCMisc())           ///创建SoCMisc子模块
  lazy val dts = DTS(bindingTree)                ///Device Tree Source，关于设备树的描述，这是lazy，用到时才初始化。
  lazy val json = JSON(bindingTree)              ///与DTS类似，只是采用JSON格式。
}
```

这个 SoCMisc 类，看似只属于“其它（miscellaneous）”一类，似乎无足轻重，但实际上真不是一个简单的模块，我们不妨先看一下它的类型定义界面：

```
class SoCMisc()(implicit p: Parameters) extends BaseSoC
        with HaveAXI4MemPort with HaveAXI4PeripheralPort with PMAConst with HaveSlaveAXI4Port{…}
```

可见，SoCMisc 类一方面是对 BaseSoC 的扩充，一方面又带有 HaveAXI4MemPort 等四个 trait。它既继承了 class BaseSoC 的所有成分，也从 HaveAXI4MemPort 等四个 trait 继承了定义于这些 trait 中的全部成分，而且在初始化时也要先执行这些 trait 中的代码。

```
abstract class BaseSoC()(implicit p: Parameters) extends LazyModule with HasSoCParameter {
  val bankedNode = BankBinder(L3NBanks, L3BlockSize)   /// L3NBanks定义为4，  L3BlockSize定义为64
    val peripheralXbar = TLXbar()              ///创建一个TLXbar，说明CPU与外设之间的总线采用TileLink
    val l3_xbar = TLXbar()                     ///创建一个TLXbar，说明在L3缓存的接口上采用TileLink
    val l3_banked_xbar = TLXbar()              ///创建一个TLXbar，在L3缓存与主存间也是TileLink
}
```

虽然这是对 LazyModule 的扩充，这里却没有 lazy val module，那是在扩充了这个抽象类的具体类之中，所以这里的代码全是在 SoCMisc 类的 lazy val module 之外。

定义于抽象类 BaseSoc 中的 l3_xbar 等，凡是直接间接扩充了 BaseSoc 类的抽象类或具体类就自然继承了这些成分，但是实际上继承了 BaseSoC 的只是 SoCMisc 一个。而 BaseXSSoc 中创建了 SoCMisc 类对象 misc，所以在继承了 BaseXSSoc 的具体类中就可以通过例如 misc.l3_xbar 引用这里所创建的三个 TLXbar 对象。事实上，扩充了抽象类 BaseXSSoc 的具体类只有一个，那就是 XSTop。

这里所引用的 object BankBinder 为存储子系统中的 L3 即第三级缓存建立起一个框架，这个框架中有 4 个板块（Bank），每个板块中的缓存块大小是 64 字节（64 字节是内存中一个“缓存行（chacheline）的长度”），其作用是把 SoC 芯片上的第 3 层缓存分成粒度为 64 的 4 个 Bank。

除此之外，BaseXSSoc 的代码中还定义了 peripheralXbar 和 l3_xbar 等三个 TLXbar，即 TileLink 的“十字”（交叉）开关阵列。在 SoC 芯片上，这样的 Xbar 就是总线，因为 SoC 芯片上接在总线上的设备都是固定的；不像在背板式系统中的总线，事先并不知道会插上几个设备，什么样的设备。

除此之外，如前所述 BaseXSSoc 中还有一个 DTS 对象 dts，用来概括 SoC 上的设备树原始说明，即“Device Tree Source”。注意这是个 lazy 成分，只是在需要加以引用的时候才加以计算概括，而不是在 BaseXSSoc 初始化的时候，因为在初始化的时候还不知道芯片上究竟有多少外设。DTS 的作用只是提供信息，而不影响实际生成的电路，我们就不深入了。

这样，三个十字开关阵列就构成了香山 SoC 上的基础设施，那就是 BaseXSSoc。至于具体在十字开关的主端挂上几个什么样的处理器，在十字开关的从端挂上什么样的存储器子系统和外设，那就取决于进一步的设计，就要看对抽象类 BaseXSSoc 的扩充和具体化了。

除此以外，SoCMisc 同时还继承了 HaveAXI4MemPort 等 4 个 trait，这四个 trait 中同样也有对香山 SoC 框架的描述，但 4 个 trait 分别描述了这个框架的 4 个不同方面，先看 HaveAXI4MemPort：

```
trait HaveAXI4MemPort {   this: BaseSoC =>       ///这是专为BaseSoC定义，并且仅为BaseSoC定义的。
  val device = new MemoryDevice
  // 36-bit physical address
  val memRange = AddressSet(0x00000000L, 0xfffffffffL).subtract(AddressSet(0x0L, 0x7fffffffL))
          ///注意这里所给地址是32位，实际上物理地址有36位，所以这里的Set地址是以16字节为单位的。
          ///起点为0x00000000，掩膜为32位全1，减去一个区间，起点为0，掩膜为0x7fffffff。
          ///整个36位物理地址空间一半用于存储器，另一半用于外设。
  val memAXI4SlaveNode = AXI4SlaveNode (Seq (AXI4SlavePortParameters (   ///存储器对SoC而言是Slave
      slaves = Seq(
        AXI4SlaveParameters(
          address = memRange,
          regionType = RegionType.UNCACHED,
          executable = true,
          supportsRead = TransferSizes(1, L3BlockSize),
          supportsWrite = TransferSizes(1, L3BlockSize),
          interleavedId = Some(0),
          resources = device.reg("mem")
        )  //end AXI4SlaveParameters
      ),  //end slaves
      beatBytes = L3OuterBusWidth / 8
    )  ///end AXI4SlavePortParameters
  ))  ///end AXI4SlaveNode，AXI4SlaveNode是对SinkNode的扩充

  val mem_xbar = TLXbar()
  mem_xbar :=* TLXbar() :=* TLBuffer.chainNode(2) :=* TLCacheCork() :=* bankedNode     /// bankedNode创建于BaseSoC
  mem_xbar := TLWidthWidget(8) := TLBuffer.chainNode(3, name = Some("PeripheralXbar_to_MemXbar_buffer"))
                                                   := peripheralXbar          /// peripheralXbar也是创建于BaseSoC
  memAXI4SlaveNode := AXI4Buffer() := AXI4Buffer() := AXI4Buffer() :=
     AXI4IdIndexer(idBits = 14) := AXI4UserYanker() := AXI4Deinterleaver(L3BlockSize) :=
     TLToAXI4() := TLSourceShrinker(64) := TLWidthWidget(L3OuterBusWidth / 8) :=
     TLBuffer.chainNode(2) := mem_xbar                                 ///这是一个很长的链式绑定

  val memory = InModuleBody { memAXI4SlaveNode.makeIOs() }  ///SoC外接AXI4存储器的接口
///将此代码注入LazyModule，使其能在instantiate()中得到执行，所创建的IO端口称为memory。
}  ///end trait HaveAXI4MemPort
```

这里也没有 lazy val module，这里的代码都是在 SoCMisc 类的 lazy val module 之外，都属于 SoCMisc 的 Diplomacy 阶段。所以这里的:=等操作符都表示 Diplomacy 的绑定，而不是连接，但是绑定蕴含着物理连接，那是在 instantiate()的过程中创建的。这个 trait 中创建的是 AXI4SlaveNode，其接口参数是 AXI4SlavePortParameters，这意味着所绑定的对方相对于 SoCMisc 处于 Master 地位。事实上，这个接口所连接的是 AXI4 的存储器，对于参数协调而言外接的存储器处于 Master 地位。

至于 TLBuffer、AXI4Buffer、TLToAXI4 等，在第一册中已经做过介绍。

注意这里的 val memory，这就是以 memAXI4SlaveNode 为其代表的外接 IO 端口，这个端口是通过这个 Node 的 makeIOs()方法创建的。不过对这个方法的调用并非在 with HaveAXI4MemPort 的那个 Lazy 模块的初始化阶段，而是在初始化阶段把“memAXI4SlaveNode.makeIOs()”这么一小片代码“注入（inject）”到这个 LazyModule 所在辖域(scope)中的 inModuleBody 序列中(见 abstract class LazyModule 和 object InModuleBody)，使得在对此 LazyModule 对象的 instantiate()过程中能加以调用，到那时候才真把这个 IO 端口创建出来。

与 trait HaveAXI4MemPort 相平行的，是 SoC 的外设接口，外设也是采用 AXI4 规程的，所以这个 trait 是 HaveAXI4PeripheralPort：

```
trait HaveAXI4PeripheralPort {   this: BaseSoC =>        ///也是专为BaseSoC定义，并且仅为BaseSoC定义的。
  // on-chip devices: 0x3800_0000 - 0x3fff_ffff 0x0000_0000 - 0x0000_0fff
  val onChipPeripheralRange = AddressSet(0x38000000L, 0x07ffffffL)    ///片上外设接口的地址范围
          ///起点为0x38000000，掩膜0x07ffffffL。注意物理地址是36位，所以这里的单位是16字节。
  val uartRange = AddressSet(0x40600000, 0xf)           ///芯片上异步串行接口Uart的地址范围，共256字节。
  val uartDevice = new SimpleDevice("serial", Seq("xilinx,uartlite"))
    val uartParams = AXI4SlaveParameters (               ///SoC的外设接口是个UART
    address = Seq(uartRange),
    regionType = RegionType.UNCACHED,
    supportsRead = TransferSizes(1, 8),
    supportsWrite = TransferSizes(1, 8),
    resources = uartDevice.reg
  )  ///end AXI4SlaveParameters
  val peripheralRange = AddressSet(0x0, 0x7fffffff).subtract(onChipPeripheralRange)
                                  .flatMap(x => x.subtract(uartRange))
          ///整个32位物理地址空间的低半，减去onChipPeripheralRange，再减去uartRange。
  val peripheralNode = AXI4SlaveNode (Seq (AXI4SlavePortParameters (   ///有些外设对于SoC而言是Slave
    Seq(AXI4SlaveParameters(
      address = peripheralRange,
      regionType = RegionType.UNCACHED,
      supportsRead = TransferSizes(1, 8),
      supportsWrite = TransferSizes(1, 8),
      interleavedId = Some(0)
    ), uartParams),    ///end Seq()
    beatBytes = 8
  )))   ///end AXI4SlaveNode，这是对SinkNode的扩充。

  peripheralNode := AXI4IdIndexer(idBits = 4) := AXI4Buffer() := AXI4Buffer() := AXI4Buffer() :=
                    AXI4Buffer() := AXI4UserYanker() := AXI4Deinterleaver(8) := TLToAXI4() :=
                                                            TLBuffer.chainNode(3) := peripheralXbar

    val peripheral = InModuleBody { peripheralNode.makeIOs() }   ///将花括号中的语句注入LazyModule，创建外设接口。
}   ///end trait HaveAXI4PeripheralPort
```

同样，这些代码都是在 SoCMisc 类的 Diplomacy 部分。这里的:=是绑定操作符，而不是连接操作符，但是绑定蕴含着连接。

这里的 peripheralNode 和前面的 memAXI4SlaveNode 都是 AXI4SlaveNode，都是对 SinkNode 的扩充，两个 Node 所提供的参数也都是 AXI4SlavePortParameters。这是怎么回事，说明什么呢？既然是 SinkNode，就是单边的，可是这个单边是在哪一边？对内还是对外？实际上，SinkNode 既然是单边的节点，说明参数协调到这里就到头了，这个节点所在的模块是个外接端口。问题是，对于外接的模块是无法进行参数协调的，那可能不在 SoC 芯片上；能进行参数协调的一定是在 SoC 芯片内部。所以，这个节点所在的模块，实际上就是 SoCMisc 类对象 misc，这个模块有个对外的接口，但是这个接口的背面肯定有对内的连接，正是在对内的连接上表现为 Slave。那么对外呢？SinkNode 对外没有使用其 OutwardNodeImp，因为在 Diplomacy 的框架中没法跟对方协调，等 SoC 上的参数协调完成之后把协调的结果抄送一份给外接模块的设计者，这就是我方所要求的接口参数。这也说明，概念上这个外接端口对外的作用相当于 Master，外接设备上的参数得要向 SoC 这边靠拢。

第三个 trait 是 PMAConst，那只是用于后述物理存储管理的几个常数，这里可以不必关心。

第四个 trait 是 HaveSlaveAXI4Port，这与前面两个是相对立的。HaveSlaveAXI4Port，意思是 SoC 芯片上的 Port 是个（对外）作为 Slave 的 Port。上面我们看到的是对 SinkNode 的扩充，那两个节点在 SoC 芯片上是 Sink，对外却表现为 Master；现在就反过来了。HaveSlaveAXI4Port 这个 trait 内部所创建的是个 AXI4MasterNode，这是对 SourceNode 的扩充，在 Diplomacy 的参数协调中表现为 Master。既然如此，对外就一定表现为 Slave，所以说是 HaveSlaveAXI4Port。这就是前面讲过的那种情况，就是外接的 AXI4 设备可能来自第三方 IP，其参数不容协调。在这种情况下，对方会交给一份接口规格书，把规格书上的参数写下来作为这 SourceNode 的输出参数 po，这就是接口参数的源头。

作为 SoC 芯片，这两种情况都有可能碰到，所以不仅要有以对方为参数下游的 HaveAXI4PeripheralPort，还要有以对方为参数上游的 HaveSlaveAXI4Port。

这个 trait 的代码是这样：

```
// We adapt the following three traits from rocket-chip.
// Source: rocket-chip/src/main/scala/subsystem/Ports.scala
trait HaveSlaveAXI4Port {    this: BaseSoC =>
  val idBits = 14
  val l3FrontendAXI4Node = AXI4MasterNode(Seq(AXI4MasterPortParameters(
    Seq(AXI4MasterParameters(                              ///在参数协调中，外接的DMA设备对于SoC而言是Master
      name = "dma",
      id = IdRange(0, 1 << idBits)
    ))  ///end AXI4MasterParameters
  )))  ///end AXI4MasterNode，AXI4MasterNode是对SourceNode的扩充。
  private val errorDevice = LazyModule(new TLError(params = DevNullParams(address = Seq(AddressSet(0x0, 0x7fffffffL)),
                       maxAtomic = 8, maxTransfer = 64), beatBytes = L3InnerBusWidth / 8 ))     /// L3InnerBusWidth定义为256
  private val error_xbar = TLXbar()

  l3_xbar := TLFIFOFixer() := TLWidthWidget(32) := AXI4ToTL() := AXI4UserYanker(Some(1)) :=
                    AXI4Fragmenter() := AXI4Buffer() := AXI4Buffer() := AXI4IdIndexer(1) := l3FrontendAXI4Node
  errorDevice.node := l3_xbar                                /// l3_xbar见前面的class BaseSoC

    val dma = InModuleBody { l3FrontendAXI4Node.makeIOs() }  ///为DMA设备创建这样一个接口
}  ///end trait HaveSlaveAXI4Port
```

这里的 l3FrontendAXI4Node 是个 AXI4MasterNode，意味着外接的设备处于 Master 的地位，其实这里 l3FrontendAXI4Node 这个名称也暗示着这一点，因为这个节点是“前端”，是参数进入这个 SoC 的地方。实际上对方是个采用 AXI4 规程的 DMA 设备。不过这个作为 Master 的 DMA 设备与前面作为 Slave 的一般外部设备未必就是不同的设备，而完全可以是同一设备上的两个接口，两个 Node。

至此，我们已经清楚，SoCMisc 是对抽象类 BaseSoC 的扩充，所以 SoCMisc 就是一种 BaseSoC。BaseSoC 内含一个 bankedNode，此外就是三个 TLXbar。但是 SoCMisc 还带有三个接口，一个是对 AXI4 存储器模块的接口，一个是对作为 Slave 的普通 AXI4 外设的接口，还有一个就是对作为 Master 的 DMA 设备的接口。而整个 SoCMisc，则是在抽象类 BaseXSSoc 中创建的，实际上就是 XSTop 的一部分。

现在我们可以看 SoCMisc 的内部了。

```
[TopMain > XSTop > BaseXSSoc > SoCMisc]
class SoCMisc()(implicit p: Parameters) extends BaseSoC
                    with HaveAXI4MemPort with HaveAXI4PeripheralPort with PMAConst with HaveSlaveAXI4Port {
   val peripheral_ports = Array.fill(NumCores) { TLTempNode() }          ///SoC中有几个核，peripheral_ports中就有几个port。
   val core_to_l3_ports = Array.fill(NumCores) { TLTempNode() }          /// SoC中有几个核，core_to_l3_ports中就有几个port。

  val l3_in = TLTempNode()             //object TLTempNode用来创建一个TLEphemeralNode临时节点
  val l3_out = TLTempNode()
  val l3_mem_pmu = BusPerfMonitor(enable = !debugOpts.FPGAPlatform)

   l3_in :*= TLEdgeBuffer(_ => true, Some("L3_in_buffer")) :*= l3_banked_xbar          ///l3_banked_xbar见BaseSoC
             ///l3_in透过一个缓冲区绑定在l3_banked_xbar的后面（输出端）
  bankedNode :*= TLLogger("MEM_L3", !debugOpts.FPGAPlatform) :*= l3_mem_pmu :*= l3_out       /// bankedNode见BaseSoC
             ///l3_out则绑定到bankedNode，作为其输入。后者的输出被辗转绑定到mem_xbar。
             ///所以l3_in和l3_out之间就是L3缓存。
   if(soc.L3CacheParamsOpt.isEmpty){ l3_out :*= l3_in }       ///要是没有配置L3缓存，就把l3_in和l3_out直接对接。

  for(port <- peripheral_ports) {   ///把peripheral_ports中每个Core的外设端口逐个绑定到peripheralXbar的输入端
   peripheralXbar := TLBuffer.chainNode(2, Some("L2_to_L3_peripheral_buffer")) := port
   }  /// peripheralXbar创建于BaseSoC，这是个多路转接的Xbar，起着总线的作用。

  for ((core_out, i) <- core_to_l3_ports.zipWithIndex){
   l3_banked_xbar :=* TLLogger(s"L3_L2_$i", !debugOpts.FPGAPlatform) :=* TLBuffer() := core_out
  }  ///把core_to_l3_ports中每个Core的内存端口逐个绑定到l3_banked_xbar上
  l3_banked_xbar := TLBuffer.chainNode(2) := l3_xbar   /// l3_banked_xbar和l3_xbar见抽象类BaseSoC

  val clint = LazyModule(new CLINT(CLINTParams(0x38000000L), 8))          ///Core Local Interrupt，是对于特定核的中断。
  clint.node := peripheralXbar          ///peripheralXbar的输出绑定到中断控制器clint，意味着每个核都可以产生中断请求。

  class IntSourceNodeToModule(val num: Int)(implicit p: Parameters) extends LazyModule {
    val sourceNode = IntSourceNode(IntSourcePortSimple(num, ports = 1, sources = 1))
    lazy val module = new LazyModuleImp(this){
      val in = IO(Input(Vec(num, Bool())))
      in.zip(sourceNode.out.head._1).foreach{ case (i, s) => s := i }
    }
  }
```

```
val plic = LazyModule(new TLPLIC(PLICParams(0x3c000000L), 8))          ///Platform Level中断控制器
val plicSource = LazyModule(new IntSourceNodeToModule(NrExtIntr))

plic.intnode := plicSource.sourceNode
plic.node := peripheralXbar                                            ///每个外设都可能产生中断请求。

val pll_node = TLRegisterNode(                                         ///PLL锁相环
  address = Seq(AddressSet(0x3a000000L, 0xfff)),
  device = new SimpleDevice("pll_ctrl", Seq()),
  beatBytes = 8,
  concurrency = 1
)
pll_node := peripheralXbar                                             ///每个外设都可能对锁相环有要求

val debugModule = LazyModule(new DebugModule(NumCores)(p))
debugModule.debug.node := peripheralXbar
debugModule.debug.dmInner.dmInner.sb2tlOpt.foreach { sb2tl  => l3_xbar := TLBuffer() := sb2tl.node }

val pma = LazyModule(new TLPMA)                                        ///TileLink的物理地址检验模块
pma.node := TLBuffer.chainNode(4) := peripheralXbar                    ///每个外设都可能有地址检验要求

  ///以上都是diplomacy部分，下面是module部分：
lazy val module = new LazyModuleImp(this){                             ///在module内部，:=和<>就都是代表着物理连接了：
  val debug_module_io = IO(chiselTypeOf(debugModule.module.io))
  val ext_intrs = IO(Input(UInt(NrExtIntr.W)))                         ///外部中断请求
  val rtc_clock = IO(Input(Bool()))                                    ///real-time clock
  val pll0_lock = IO(Input(Bool()))                                    ///锁相环（phase-locked loop）用于频率的微调和锁定
  val pll0_ctrl = IO(Output(Vec(6, UInt(32.W))))                       ///锁相环控制
  val cacheable_check = IO(new TLPMAIO)                                ///通往物理地址检验即PMA（见下一章）的接口
  debugModule.module.io <> debug_module_io
  // sync external interrupts
  require(plicSource.module.in.length == ext_intrs.getWidth)
  for ((plic_in, interrupt) <- plicSource.module.in.zip(ext_intrs.asBools)) {
    val ext_intr_sync = RegInit(0.U(3.W))
    ext_intr_sync := Cat(ext_intr_sync(1, 0), interrupt)
    plic_in := ext_intr_sync(2)
  }

  pma.module.io <> cacheable_check                                     /// cacheable_check见上

  // positive edge sampling of the lower-speed rtc_clock
  val rtcTick = RegInit(0.U(3.W))
  rtcTick := Cat(rtcTick(1, 0), rtc_clock)
  clint.module.io.rtcTick := rtcTick(1) && !rtcTick(2)

  val freq = 100
```

```
    val cnt = RegInit(freq.U)
    val tick = cnt === 0.U
    cnt := Mux(tick, freq.U, cnt - 1.U)
    clint.module.io.rtcTick := tick

    val pll_ctrl_regs = Seq.fill(6){ RegInit(0.U(32.W)) }
    val pll_lock = RegNext(next = pll0_lock, init = false.B)
    pll0_ctrl <> VecInit(pll_ctrl_regs)
    pll_node.regmap(
      0x000 -> RegFieldGroup(
        "Pll", Some("PLL ctrl regs"),
        pll_ctrl_regs.zipWithIndex.map{
          case (r, i) => RegField(32, r, RegFieldDesc( s"PLL_ctrl_$i", desc = s"PLL ctrl register #$i" ))
        } :+ RegField.r(32, Cat(0.U(31.W), pll_lock), RegFieldDesc( "PLL_lock", "PLL lock register" ))
      )
    )   //end pll_node.regmap
  }   //end lazy val module
}   ///end class SoCMisc()
```

SoCMisc 内部的成分 CLINT 和 TLPLIC 都与中断有关，都是中断机制的一部分。其中 CLINT 是 Core Level 的中断机制，而 PLIC 则是 Platform Level 的中断控制器，至于 TLPLIC 只是说明这是 TileLink 的 PLIC 而已。中断是个不小的话题，本书后面将会专门加以介绍，所以这里就不延伸出去了。

但是 SoCMisc 勾画出了香山 SoC 的边界和轮廓，香山 SoC 的边界是三个对外接口，接口的后面是相当于三条总线的三个十字开关即 Xbar；而 SoC 的中心就是多个处理器核。这就是：

- 以 memAXI4SlaveNode 为代表的外部接口 memory，通过 memAXI4SlaveNode.makeIOs()创建。
- 以 peripheralNode 为代表的外部接口 peripheral，通过 peripheralNode.makeIOs()创建。
- 以 l3FrontendAXI4Node 为代表的外部接口 dma，通过 l3FrontendAXI4Node.makeIOs()。
- 外部接口 memory 即 memAXI4SlaveNode 的背后是存储器总线 mem_xbar。
- 外部接口 peripheral 即 peripheralNode 的背后是外设总线 peripheralXbar。
- 外部接口 dma 即 l3FrontendAXI4Node 的背后是 L3（第三层缓存）总线 l3_xbar。
- SoC 上 CPU 核的数量取决于配置参数 NumCores。

由此也可见，从一层缓存即 ICache 和 DCache，到二层缓存和三层缓存，都在 SoC 芯片上，但是内存则是外接的。

另外这里还有个 TLPMA 对象 pma，这是 TileLink 的 PMA。PMA 是物理地址检验器，给定一个物理地址，PMA 会检验这个地址是否落在内存空间（要不然就是在外设空间），落在地址空间的物理地址在存储器中，而存储器的内容是可以缓存的（指令缓存 ICache 或数据缓存 DCache），而落在外设空间的物理地址所代表的是外设接口，来自外设的内容是不可缓存的，所以这里的硬件接口称为 cacheable_check。物理地址检验也是个不小的话题，所以在下一章中专门加以介绍。此外，作为 SoCMisc 内部成分的就是锁相环 pll 了，但那与 CPU 和 SoC 的原理和逻辑关系不大，这里就不深入下去了。

但是 SoCMisc 内部所作的绑定和连接倒是不可忽视。比方说这里把 peripheral_ports 中每个 Core 的外设端口逐个绑定到 peripheralXbar 上，又把 core_to_l3_ports 中每个 Core 的内存端口逐个绑定到 l3_banked_xbar 上，与中断有关的模块则绑定到 peripheralXbar。在 module 内部则又把 plicSource 中的外部中断源一个个连接到 plic_in；把 PMA 模块的输入输出 pma.module.io 与整个 SoCMisc 对外的 cacheable_check 接口相连。其实这些绑定与互连都对 SoC 的运行默默起着重要的作用。一般而言，越是高层的模块，其所起作用除创建子模块以外就越是着重于子模块的互连，而不是自己提供某种基本功能。

大致明白了 XSTop 的外围和环境，下面可以看 XSTop 本身的代码了。

15.1　XSTop 与 XSCore

XSTop 是香山 Soc 的顶层模块，XS 显然是“香山”即 XiangShan 的缩写。作为顶层模块，XSTop 内部创建了各种各样的 Lazy 子模块，每个 Lazy 子模块都是香山 Soc 芯片上的一个相对独立、需要进行参数协调的功能模块，所以 XSTop 实际上就是香山 Soc 的骨架，是对系统框架的具体实现。虽然 class XSTop 是对抽象类 BaseXSSoc 的扩充，但抽象类 BaseXSSoc 中主要就是创建了一个 Lazy 模块 SoCMisc，XSTop 把它继承下来，就继承了 SoCMisc 所提供的外部边界和轮廓。

下面我们就来看 XSTop 的代码。我们在看的时候要牢记一条，LazyModule 之内、lazy val module 以外的代码都是在创建对象进行初始化的时候执行的，这部分内容与对 Chisel 代码的解析（Elaborate）无关，而 module 以内的代码则要到整个框架都已经搭起来，有了全局的结构拓扑图之后，才如前所示通过对 soc.module 的引用而得到执行和解析。XSTop 类的定义是这样：

```
[TopMain > XSTop]
class XSTop()(implicit p: Parameters) extends BaseXSSoc() with HasSoCParameter {
  ResourceBinding {          ///Resource是指一些Chisel代码之外的一些软件成分，例如我们以前看到过的Verilog代码。
    val width = ResourceInt(2)
    val model = "freechips,rocketchip-unknown"
    Resource(ResourceAnchors.root, "model").bind(ResourceString(model))
    Resource(ResourceAnchors.root, "compat").bind(ResourceString(model + "-dev"))
    Resource(ResourceAnchors.soc, "compat").bind(ResourceString(model + "-soc"))
    Resource(ResourceAnchors.root, "width").bind(width)
    Resource(ResourceAnchors.soc, "width").bind(width)
    Resource(ResourceAnchors.cpus, "width").bind(ResourceInt(1))
        ///见case class Resource和object ResourceAnchors，此处从略。

    def bindManagers(xbar: TLNexusNode) = {
      ManagerUnification(xbar.edges.in.head.manager.managers).foreach{ manager =>
        manager.resources.foreach(r => r.bind(manager.toResource))
      }
    }
    bindManagers(misc.l3_xbar.asInstanceOf[TLNexusNode])
    bindManagers(misc.peripheralXbar.asInstanceOf[TLNexusNode])
  }  ///end ResourceBinding，见object ResourceBinding。以上这些都是ResourceBinding，我们不予关心。

  println(s"FPGASoC cores: $NumCores banks: $L3NBanks block size: $L3BlockSize bus size: $L3OuterBusWidth")

  val core_with_l2 = tiles.map(coreParams => LazyModule(new XSTile()(p.alterPartial({ case XSCoreParamsKey => coreParams}))))
                                   ///创建多个作为SoC主体构件的XSTile模块，每个XSTile是个core_with_l2。

  val l3cacheOpt = soc.L3CacheParamsOpt.map (l3param =>          ///如果l3param即L3存储参数有定义：
    LazyModule(new HuanCun()(new Config((_, _, _) => {          ///就创建三级缓存模块
      case HCCacheParamsKey => l3param.copy(enableTopDown = debugOpts.EnableTopDown)
    })))
  )  //end val l3cacheOpt
```

```
for (i <- 0 until NumCores) {    ///对于所配置的每一个核：
  core_with_l2(i).clint_int_sink := misc.clint.intnode    ///misc就是从BaseXSSoc继承的SoCMisc类对象
  core_with_l2(i).plic_int_sink :*= misc.plic.intnode    ///XSTile模块与中断机制的绑定
  core_with_l2(i).debug_int_sink := misc.debugModule.debug.dmOuter.dmOuter.intnode
  misc.plic.intnode := IntBuffer() := core_with_l2(i).beu_int_source    ///与中断机制的绑定和参数一致化
  misc.peripheral_ports(i) := core_with_l2(i).uncache    /// core_with_l2的uncache跳过L3缓存与peripheral_ports直接绑定
    misc.core_to_l3_ports(i) :=* core_with_l2(i).memory_port    ///core_with_l2的memory_port则与core_to_l3_ports绑定
}

l3cacheOpt.map(_.ctlnode.map(_ := misc.peripheralXbar))    ///三级缓存与外设总线也需要绑定
l3cacheOpt.map(_.intnode.map(int => { misc.plic.intnode := IntBuffer() := int }))    ///三级缓存与中断机制的绑定

val core_rst_nodes = if(l3cacheOpt.nonEmpty && l3cacheOpt.get.rst_nodes.nonEmpty){
  l3cacheOpt.get.rst_nodes.get    ///三级缓存的复位接口
} else {
  core_with_l2.map(_ => BundleBridgeSource(() => Reset()))    ///如果没有三级缓存，就直接来自XSTile。
}

core_rst_nodes.zip(core_with_l2.map(_.core_reset_sink)).foreach({
  case (source, sink) => sink := source
})

l3cacheOpt match {
  case Some(l3) =>
    misc.l3_out :*= l3.node :*= TLBuffer.chainNode(2) :*= misc.l3_banked_xbar    ///三级缓存与内存的绑定
  case None =>
}
    ///以上为Diplomacy部分，以下是硬件描述部分：
lazy val module = new LazyRawModuleImp(this) {
  FileRegisters.add("dts", dts)
  FileRegisters.add("graphml", graphML)
  FileRegisters.add("json", json)
  FileRegisters.add("plusArgs", freechips.rocketchip.util.PlusArgArtefacts.serialize_cHeader())

  val dma = IO(Flipped(misc.dma.cloneType))    ///定义一个IO接口，其类型与misc.dma完全相同。
  val peripheral = IO(misc.peripheral.cloneType)    ///定义一个IO接口，类型与misc.peripheral完全相同。
  val memory = IO(misc.memory.cloneType)    ///定义一个IO接口，类型与misc. memory完全相同。

  misc.dma <> dma    ///将dma这个IO接口连接到SoCMisc中的dma上
  peripheral <> misc.peripheral    ///将SoCMisc中的peripheral连接到peripheral这个IO接口上
  memory <> misc.memory    ///将SoCMisc中的memory连接到memory这个IO接口上

  val io = IO(new Bundle {    ///整个XSTop模块的输入输出
    val clock = Input(Bool())    ///XSTop模块的时钟输入
```

```
    val reset = Input(AsyncReset())                         ///XSTop模块的复位控制输入
    val sram_config = Input(UInt(16.W))                     ///静态RAM模块的配置信号输入
    val extIntrs = Input(UInt(NrExtIntr.W))                 ///中断请求信号输入
    val pll0_lock = Input(Bool())                           ///锁相环pll0的锁定控制信号输入
    val pll0_ctrl = Output(Vec(6, UInt(32.W)))              ///锁相环pll0的控制信号输出
    val systemjtag = new Bundle {                           ///用于测试的Jtag接口Bundle
      val jtag = Flipped(new JTAGIO(hasTRSTn = false))
      val reset = Input(AsyncReset()) // No reset allowed on top
      val mfr_id = Input(UInt(11.W))
      val part_number = Input(UInt(16.W))
      val version = Input(UInt(4.W))
    }
    val debug_reset = Output(Bool())                            ///用于调试(debug)的复位输出
    val rtc_clock = Input(Bool())                               ///实时时钟(rtc)信号的输入
    val cacheable_check = new TLPMAIO()
              ///TL-PMA-IO，用于检验某个地址是否属于内存，从而是否可以被缓存，见下一章。
    val riscv_halt = Output(Vec(NumCores, Bool()))              ///各个核是否处于停机状态
    val riscv_rst_vec = Input(Vec(NumCores, UInt(38.W)))        ///各个核受到复位时的地址
  })  ///end val io

  val reset_sync = withClockAndReset(io.clock.asClock, io.reset) { ResetGen() }
  val jtag_reset_sync = withClockAndReset(io.systemjtag.jtag.TCK, io.systemjtag.reset) { ResetGen() }

  // override LazyRawModuleImp's clock and reset
  childClock := io.clock.asClock
  childReset := reset_sync

  // output
  io.debug_reset := misc.module.debug_module_io.debugIO.ndreset

  // input
  dontTouch(dma)
  dontTouch(io)
  dontTouch(peripheral)
  dontTouch(memory)
  misc.module.ext_intrs := io.extIntrs                      ///连接输入中断请求线
  misc.module.rtc_clock := io.rtc_clock                     ///连接输入实时时钟(rtc)信号线
  misc.module.pll0_lock := io.pll0_lock                     ///连接输入锁相环(pll0)控制信号线
  misc.module.cacheable_check <> io.cacheable_check         ///连接存储地址检验

  io.pll0_ctrl <> misc.module.pll0_ctrl                     ///双向连接锁相环控制信号线
  for ((core, i) <- core_with_l2.zipWithIndex) {
    core.module.io.hartId := i.U                            ///硬连接每个Core的hartId，即核的序号。
    io.riscv_halt(i) := core.module.io.cpu_halt
    core.module.io.reset_vector := io.riscv_rst_vec(i)
  }
```

```
    if(l3cacheOpt.isEmpty || l3cacheOpt.get.rst_nodes.isEmpty){
      // tie off core soft reset
      for(node <- core_rst_nodes){
        node.out.head._1 := false.B.asAsyncReset()
      }
    }

    …  ///debug相关代码从略

    withClockAndReset(io.clock.asClock, reset_sync) {   ///以下内容在一独立的时钟/复位域中：
      // Modules are reset one by one
      // reset ----> SYNC --> {SoCMisc, L3 Cache, Cores}
      val resetChain = Seq(Seq(misc.module) ++ l3cacheOpt.map(_.module) ++ core_with_l2.map(_.module))
      ResetGen(resetChain, reset_sync, !debugOpts.FPGAPlatform)
    }
  }
}  ///end class XSTop
```

注意操作符:=在 module 的内外有不同的语义，不同的定义。我们在第一册中看到，:=实际上是个函数名，当函数的提供者，即出现在:=左边的对象是一（绑定为寄存器或 Wire 的）Data 类对象时，这个符号表示物理连接，这是“可综合的”，Chisel 编译会为此推送一条 Connect 命令。但是如果出现在:=左边的是一个 Node 对象时，这就表示 Diplomacy 的绑定。意味着二者之间须进行参数协调，但是也蕴含着一个物理连接。

XSTop 创建了两种 Lazy 子模块：

- XSTile，每个 XSTile 就是一个 core_with_l2，即 CPU 核连同 L2 缓存。由此可见 L2 缓存是依附于 CPU 核的，每个 CPU 核都有自己的 L2 缓存；至于作为 L1 缓存的 ICache 和 DCache 就更不用说了。
- HuanCun。HuanCun 来自“缓存”的汉语拼音，在这里就是存储子系统中的 L3 缓存，也就是这里的 l3cacheOpt。不过是否要有 L3 缓存是可以配置的，可以有也可以没有，是可选项，所以称为 l3cacheOpt。

香山 SoC 的缓存可以有三级，指令缓存 ICache 和数据缓存 DCache 属于一级缓存，即 L1 cache，离 CPU 核最近的；一级缓存下面有二级缓存即 L2 cache；再下面还有三级缓存即 L3 cache，那是离 CPU 核最远的。这里创建的是三级缓存，三级缓存不是必须有的，是 optional，所以这里要根据 L3CacheParamsOpt 的配置加以创建。除三级缓存以外还有二级缓存和一级缓存（ICache 和 DCache），一级缓存就是必有的了。一级缓存是从属于具体核的，每个核都有自己的一级缓存；二级缓存也从属于具体的 CPU 核，但也采用 HuanCun 实现，以便在二级缓存中提供缓存的协同性。所以 HuanCun 不是一个简单的模块，本书第三卷中会专门加以介绍。而 XSTile，那就是 SoC 芯片上的基本构建。这个模块，或者说 Tile，名叫 core_with_l2，带二级缓存的核，可以把整个香山 SoC 芯片想象成一叠 XSTile。一个香山 SoC 上可以不只是一个核，而可以有 NumCores 个，具体的数量来自系统配置，但可以通过命令行选项“--num-cores”加以改变。这就是说，一个香山 SoC，为其配置了几个核，芯片上就有几个 XSTile，几个“瓦片”，每个 XSTile 中是一个 CPU 核加二级缓存。

这里有很多涉及 misc 的绑定或连接，misc 就是从抽象类 BaseXSSoc 继承的 SoCMisc 类对象，core_with_l2 可以有多个，但 misc 只有一个，为所有 core_with_l2 所共用。一般而言，越是高层的模块，其本身就离具体的功能越远；除创建各种较低层模块之外，就只是提供较低层模块间的互相绑定和互连，就像一块接线板一样。具体的功能都是由底层模块提供的，所以高层模块是“组织模块”而不是“功能模块”，XSTop 就很典型。

从 XSTop 到 XSTile，是进一步的细化，XSTile 的代码是这样：

```
[TopMain > XSTop > XSTile]
class XSTile()(implicit p: Parameters) extends LazyModule with HasXSParameter with HasSoCParameter {
  private val core = LazyModule(new XSCore())                    ///这是具体core_with_l2即XSTile中的CPU核
  private val misc = LazyModule(new XSTileMisc())               ///注意这是XSTile内部的misc，不是前面那个公共的misc。
  private val l2cache = coreParams.L2CacheParamsOpt.map (l2param =>
    ///如果l2param即L2存储参数有定义.就创建2级HuanCun缓存模块：
      LazyModule(new HuanCun()(new Config((_, _, _) => {               ///二级缓存也是用HuanCun实现的
      case HCCacheParamsKey => l2param.copy(enableTopDown = env.EnableTopDown)
    })))
  )  ///end l2cache，可见l2cache也从属于具体的XSTile即core_with_l2，所以才叫core_with_l2。

  // public ports
  val memory_port = misc.memory_port                 ///注意这里的misc是XSTileMisc，而不是前面的SoCMisc!
  val uncache = misc.mmio_port
  val clint_int_sink = core.clint_int_sink
  val plic_int_sink = core.plic_int_sink
  val debug_int_sink = core.debug_int_sink
  val beu_int_source = misc.beu.intNode
  val core_reset_sink = BundleBridgeSink(Some(() => Reset()))

  val l1d_to_l2_bufferOpt = coreParams.dcacheParametersOpt.map { _ =>
    val buffer = LazyModule(new TLBuffer)
    misc.l1d_logger := buffer.node := core.memBlock.dcache.clientNode
    buffer
  }

  def chainBuffer(depth: Int, n: String): (Seq[LazyModule], TLNode) = {
    val buffers = Seq.fill(depth){ LazyModule(new TLBuffer()) }
    buffers.zipWithIndex.foreach{ case (b, i) => {
      b.suggestName(s"${n}_${i}")
    }}
    val node = buffers.map(_.node.asInstanceOf[TLNode]).reduce(_ :*=* _)
    (buffers, node)
  }  ///end chainBuffer()

  val (l1i_to_l2_buffers, l1i_to_l2_buf_node) = chainBuffer(3, "l1i_to_l2_buffer")
  misc.busPMU := TLLogger(s"L2_L1I_${coreParams.HartId}", !debugOpts.FPGAPlatform) :=
                                                      l1i_to_l2_buf_node := core.frontend.icache.clientNode

  val ptw_to_l2_buffers = if (!coreParams.softPTW) {              ///ptw是虚存地址映射表TLB的配套设施
    val (buffers, buf_node) = chainBuffer(5, "ptw_to_l2_buffer")
    misc.busPMU := TLLogger(s"L2_PTW_${coreParams.HartId}", !debugOpts.FPGAPlatform) :=
                                                                  buf_node := core.ptw_to_l2_buffer.node
    buffers
  } else Seq()
```

```
l2cache match {
  case Some(l2) => ///如果二级缓存l2cache存在：
    misc.l2_binder.get :*= l2.node :*= TLBuffer() :*= TLBuffer() :*= misc.l1_xbar   ///一级缓存与二级缓存的绑定
    l2.pf_recv_node.map(recv => {
      println("Connecting L1 prefetcher to L2!")
      recv := core.memBlock.pf_sender_opt.get
    })
  case None =>          ///如果二级缓存l2cache不存在
}
misc.i_mmio_port := core.frontend.instrUncache.clientNode        ///CPU核通过frontend取指令
misc.d_mmio_port := core.memBlock.uncache.clientNode             ///CPU核通过memBlock读写数据
            ///CPU核一般都是通过frontend和memBlock从内存取指令和读写数据，但也有可能要从外设读写。

        ///以上为Diplomacy部分，以下是硬件描述部分：
lazy val module = new LazyModuleImp(this){
  val io = IO(new Bundle {
    val hartId = Input(UInt(64.W))
    val reset_vector = Input(UInt(PAddrBits.W))          ///复位之后的地址向量（物理地址）
    val cpu_halt = Output(Bool())
  })
  dontTouch(io.hartId)

  val core_soft_rst = core_reset_sink.in.head._1
  core.module.io.hartId := io.hartId
  core.module.io.reset_vector := DelayN(io.reset_vector, 5)
  io.cpu_halt := core.module.io.cpu_halt
  if(l2cache.isDefined){              ///只是关于性能统计，我们不予关心。
    core.module.io.perfEvents.zip(l2cache.get.module.io.perfEvents.flatten).foreach(x => x._1.value := x._2)
  }
  else { core.module.io.perfEvents <> DontCare }

  misc.module.beu_errors.icache <> core.module.io.beu_errors.icache
  misc.module.beu_errors.dcache <> core.module.io.beu_errors.dcache
  if(l2cache.isDefined){
    misc.module.beu_errors.l2.ecc_error.valid := l2cache.get.module.io.ecc_error.valid
    misc.module.beu_errors.l2.ecc_error.bits := l2cache.get.module.io.ecc_error.bits
  } else {
    misc.module.beu_errors.l2 <> 0.U.asTypeOf(misc.module.beu_errors.l2)
  }

  // Modules are reset one by one
  // io_reset ----
  //             |
  //             v
  // reset ----> OR_SYNC --> {Misc, L2 Cache, Cores}
  val resetChain = Seq(
```

```
        Seq(misc.module, core.module) ++
          l1i_to_l2_buffers.map(_.module.asInstanceOf[MultiIOModule]) ++
          ptw_to_l2_buffers.map(_.module.asInstanceOf[MultiIOModule]) ++
          l1d_to_l2_bufferOpt.map(_.module) ++
          l2cache.map(_.module)
        )  ///end val resetChain
      ResetGen(resetChain, reset, !debugOpts.FPGAPlatform)
    }  ///end lazy val module
}  ///end class XSTile
```

这个 XSTile 和其父模块 XSTop 都是 LazyModule，但实际上这两个模块都没有提供代表着本模块的 Diplomacy 节点，这是因为二者都是处于结构上的顶层，就像处于金字塔尖，虽然这二者都没有什么参数需要与别的模块协调，但是仍需维持 LazeModule 的基本框架，要不然二者的 module 就不能纳入整个 instantiate() 的框架。更重要的是它们所创建的子模块之间却是需要有参数协调的，需要在父模块的 Diplomacy 阶段加以绑定，所以在二者的 Diplomacy 部分就许多绑定语句，在 module 内部则也有许多关于物理连接的描述。注意 Diplomacy 的绑定本身也蕴含着物理连接，但这些物理连接在 module 内部看不到，那是在 instantiate()的过程中完成的。

XSTile 代码的内容很丰富，但是要逐一加以解释却不现实，所以只好留给有需要或兴趣的读者，这里就直奔其核心 XSCore。

在 XSTile 中创建了香山 SoC 中最核心、最重要的模块，那就是 XSCore；同时也创建了另一个子模块 XSTileMisc 把除 XSCore 之外的“其它”杂项都包含在这 XSTileMisc 里面。此外，如果配置中有关于 L2 即二级缓存的参数定义，就创建一个缓存模块，即 HuanCun。前面在 XSTop 中是根据配置中的 L3 参数（l3param）创建三级（三层）HuanCun 模块，现在这个 XSTile 则是根据 L2 级配置参数创建二层 HuanCun 模块，这两级的缓存都是 HuanCun 模块，HuanCun 是指令和数据不分的缓存，再往下到了 L1 这一级就是分开的指令缓存 ICache 和数据缓存 DCache 了。我们在这里先跳过对 HuanCun 的介绍，到后面讲到存储子系统的时候再结合 DCache 一起介绍。

这里先看 XSCore 即香山核的构造：

```
[TopMain > XSTop > XSTile > XSCore]
class XSCore()(implicit p: config.Parameters) extends XSCoreBase with HasXSDts {
  lazy val module = new XSCoreImp(this)              ///Diplomacy 阶段在 XSCoreBase 中
}
```

表面上这个 XSCore 类的代码中只有一个 lazy val module，这是个 XSCoreImp 类对象，但是却没有 Diplomacy 部分，其实这只是把 class XSCore 的代码拆成了两部分，其 Diplomacy 部分在抽象类 XSCoreBase 中，而把 module 抽取出来放在 class XSCore。事实上 class XSCore 继承了抽象类 XSCoreBase，创建 XSCore 对象进行初始化时要先执行父类 XSCoreBase 的代码，执行完父类的初始化代码回到 XSCore 中发现就只有一个 lazy val，Diplomacy 阶段就结束了。所以那就是一回事，但却可以使 class XSCore 的代码不至于太长。

XSCoreImp 是对抽象类 XSCoreBase 的扩充，我们先看抽象类 XSCoreBase 的代码：

```
[TopMain > XSTop > XSTile > XSCore > XSCoreBase]
abstract class XSCoreBase()(implicit p: config.Parameters) extends LazyModule with HasXSParameter with HasExuWbHelper {
  // interrupt sinks
  val clint_int_sink = IntSinkNode(IntSinkPortSimple(1, 2))
  val debug_int_sink = IntSinkNode(IntSinkPortSimple(1, 1))
  val plic_int_sink = IntSinkNode(IntSinkPortSimple(2, 1))              ///都与中断有关
```

```
// outer facing nodes
val frontend = LazyModule(new Frontend())                    ///处理器的前端，实现指令流水线中的取指令阶段。
val ptw = LazyModule(new L2TLBWrapper())                     ///经封装的L2TLB，处理从虚拟地址到物理地址的映射。
val ptw_to_l2_buffer = if (!coreParams.softPTW) LazyModule(new TLBuffer) else null
                                                             ///如果配置的不是“软PTW”，就为硬件PTW创建一个TLBuffer。
val csrOut = BundleBridgeSource(Some(() => new DistributedCSRIO()))  ///对控制状态寄存器CSR的访问

if (!coreParams.softPTW) {
  ptw_to_l2_buffer.node := ptw.node      ///PTW是虚拟地址到物理地址的转换，Page-Table Walker。
}

val wbArbiter = LazyModule(new WbArbiterWrapper(exuConfigs, NRIntWritePorts, NRFpWritePorts))
  ///指令执行结果的回写仲裁器，NRIntWritePorts/NRFpWritePorts为整数单元/浮点单元的写端口数量。
val intWbPorts = wbArbiter.intWbPorts                        ///注意这个int是指整数运算单元，不是指中断。
val fpWbPorts = wbArbiter.fpWbPorts

// TODO: better RS organization
// generate rs according to number of function units ///关于保留站ReservationStation：
require(exuParameters.JmpCnt == 1)                           ///跳转单元必须得有，但只能有1个。
require(exuParameters.MduCnt <= exuParameters.AluCnt && exuParameters.MduCnt > 0)
                                                             ///乘除运算单元必须有，但不能比ALU还多。
require(exuParameters.FmiscCnt <= exuParameters.FmacCnt && exuParameters.FmiscCnt > 0)
                                                             ///浮点处理，Fmisc单元必须有，但不能多于Fmac单元。
require(exuParameters.LduCnt == exuParameters.StuCnt)      // TODO: remove this limitation
                                                             ///内存读取(加载)单元LDU与存储单元STU的数量必须相等。

// one RS every 2 MDUs    ///RS即为保留站Reservation Station
val schedulePorts = Seq(           ///从配置块exuParameters中收集关于各种执行单元的配置信息：
  // exuCfg, numDeq, intFastWakeupTarget, fpFastWakeupTarget
  Seq(
    (AluExeUnitCfg, exuParameters.AluCnt, Seq(AluExeUnitCfg, LdExeUnitCfg, StaExeUnitCfg), Seq()),
    (MulDivExeUnitCfg, exuParameters.MduCnt, Seq(AluExeUnitCfg, MulDivExeUnitCfg), Seq()),
    (JumpCSRExeUnitCfg, 1, Seq(), Seq()),                               ///Jump单元的数量一定是1
    (LdExeUnitCfg, exuParameters.LduCnt, Seq(AluExeUnitCfg, LdExeUnitCfg), Seq()),
    (StaExeUnitCfg, exuParameters.StuCnt, Seq(), Seq()),
    (StdExeUnitCfg, exuParameters.StuCnt, Seq(), Seq())
  ),
  Seq(
    (FmacExeUnitCfg, exuParameters.FmacCnt, Seq(), Seq(FmacExeUnitCfg, FmiscExeUnitCfg)),
    (FmiscExeUnitCfg, exuParameters.FmiscCnt, Seq(), Seq())
  )
)  //end val schedulePorts，这是个二层的结构，其第一层就是两个Seq的Seq。
    //所谓schedule是指对于指令执行的调度，那就是Reservation Station。

// should do outer fast wakeup ports here
  val otherFastPorts = schedulePorts.zipWithIndex.map { case (sche, i) =>     //对于schedulePorts中的每个schedulePort即sche：
```

```
      val otherCfg = scheduleParts.zipWithIndex.filter(_._2 != i).map(_._1).reduce(_ ++ _)
      val outerPorts = sche.map(cfg => {
        // exe units from this scheduler need fastUops from exeunits
        val outerWakeupInSche = sche.filter(_._1.wakeupFromExu)
        val intraIntScheOuter = outerWakeupInSche.filter(_._3.contains(cfg._1)).map(_._1)
        val intraFpScheOuter = outerWakeupInSche.filter(_._4.contains(cfg._1)).map(_._1)
        // exe units from other schedulers need fastUop from outside
        val otherIntSource = otherCfg.filter(_._3.contains(cfg._1)).map(_._1)
        val otherFpSource = otherCfg.filter(_._4.contains(cfg._1)).map(_._1)
        val intSource = findInWbPorts(intWbPorts, intraIntScheOuter ++ otherIntSource)
        val fpSource = findInWbPorts(fpWbPorts, intraFpScheOuter ++ otherFpSource)
        getFastWakeupIndex(cfg._1, intSource, fpSource, intWbPorts.length).sorted
      })
      println(s"inter-scheduler wakeup sources for $i: $outerPorts")
      outerPorts
    }  ///end val otherFastPorts

    // allow mdu and fmisc to have 2*numDeq enqueue ports
    val intDpPorts = (0 until exuParameters.AluCnt).map(i => {                ///Dp意为Dispatch
      if (i < exuParameters.JmpCnt) Seq((0, i), (1, i), (2, i))
      else if (i < 2 * exuParameters.MduCnt) Seq((0, i), (1, i))
      else Seq((0, i))
      })                                                                      ///这是整数单元的Dispatch Port
    val lsDpPorts = (0 until exuParameters.LduCnt).map(i => Seq((3, i))) ++   ///这是Load/Store单元的Dispatch Port
                    (0 until exuParameters.StuCnt).map(i => Seq((4, i))) ++
                      (0 until exuParameters.StuCnt).map(i => Seq((5, i)))

    val fpDpPorts = (0 until exuParameters.FmacCnt).map(i => {                ///这是浮点单元的Dispatch Port
      if (i < 2 * exuParameters.FmiscCnt) Seq((0, i), (1, i))
      else Seq((0, i))
    })

    val dispatchPorts = Seq(intDpPorts ++ lsDpPorts, fpDpPorts)               ///dispatchPort的总数就是三者之和

    val outIntRfReadPorts = Seq(0, 0)
    val outFpRfReadPorts = Seq(0, StorePipelineWidth)
    val hasIntRf = Seq(true, false)
    val hasFpRf = Seq(false, true)
    val exuBlocks = scheduleParts.zip(dispatchPorts).zip(otherFastPorts).zipWithIndex.map {
      case (((sche, disp), other), i) =>                                      ///创建香山核中的各个执行模块
        LazyModule(new ExuBlock(sche, disp, intWbPorts, fpWbPorts, other, outIntRfReadPorts(i),
          outFpRfReadPorts(i), hasIntRf(i), hasFpRf(i)))
    }  ///注意这是在一个map()操作中，相当于一个for循环。

    val memBlock = LazyModule(new MemBlock()(p.alter((site, here, up) => {    ///香山核的存储块
      case XSCoreParamsKey => up(XSCoreParamsKey).copy(
```

```
        IssQueSize = exuBlocks.head.scheduler.getMemRsEntries
     )
   })))

   val wb2Ctrl = LazyModule(new Wb2Ctrl(exuConfigs))
   wb2Ctrl.addWritebackSink(exuBlocks :+ memBlock)
   val dpExuConfigs = exuBlocks.flatMap(_.scheduler.dispatch2.map(_.configs))
   val ctrlBlock = LazyModule(new CtrlBlock(dpExuConfigs))                    ///香山核的控制块
   val writebackSources = Seq(Seq(wb2Ctrl), Seq(wbArbiter))
   writebackSources.foreach(s => ctrlBlock.addWritebackSink(s))
}  ///end class XSCoreBase
```

这就是创建 XSCore 中各种 Lazy 子模块的过程，这些子模块的有无，即是否创建，是与参数配置无关的。要在这里深入介绍这些子模块是不现实的，事实上本书整个第二卷正是对这些模块的介绍，读者应该在看了后面各章以后再回到这里看一下。但是先简单提一下是有必要的：

- Frontend，这是指令流水线的前端，即流水线中的取指阶段。
- CtrlBlock，这是指令流水线的控制模块。CtrlBlock 控制着对指令的译码和分发。
- dispatchPorts，即各类指令的分发（Dispatch）接口，包括 lntDpPorts、lsDpPorts、fpDpPorts。
- ExuBlock，这是指令流水线中的指令执行模块。流水线中有多种、多个执行模块。
- MemBlock，这是流水线中的内存访问模块。
- WbArbiterWrapper，指令执行结果回写仲裁器，因为可能会有多个执行模块同时需要回写执行结果，所以需要加以仲裁。Wb 表示 write back。
- Wb2Ctrl，这是对指令执行结果回写的控制模块。
- L2TLBWrapper，二层缓存的 TLB，即虚拟地址映射。
- DistributedCSRIO，这是 CPU 核中的控制/状态寄存器

这样一来，指令流水线的轮廓就开始显现出来了。流水线的起点在其前端 Frontend，那是负责取指令的，取来指令后就交给后端 CtrlBlock，然后将译码后的指令分发给不同的执行单元加以执行，这就是 exuBlocks 中的各个 ExuBlock，执行中可能需要涉及 MemBlock 读写数据，最后是执行结果的回写，所以涉及回写控制器 Wb2Ctrl 和回写仲裁器 WbArbiterWrapper。另外，这里还涉及虚存地址与物理地址的映射，所以也涉及 L2TLBWrapper。

注意指令的执行并不是都在同一个执行单元中。首先指令流水线的宽度大于 1，这就决定了不会只有一个执行单元。其次不同指令的执行长度也可能是不一样的，例如执行乘除法指令就比执行加减法和逻辑运算指令多几个时钟节拍，所以指令流水线的实际长度对于不同种类的指令可以是不一样的。当然，执行不同指令的电路也是不一样的，实际上很难融合在一起。

具体有些什么执行单元，各需要几个，那就要根据具体配置了。具体有算术逻辑单元 ALU，乘除运算单元 MDU，浮点运算单元 FMAC 和 FMISC，（指令）跳转单元 JUMP 和内存访问单元 LDU 和 STU（前者用于从内存加载，即内存读出，后者用于向内存存储，即内存写入）。其中除跳转单元只有一个并只能有一个之外，别的都要根据参数配置，因为这些单元的数量直接与流水线的宽度有关，也与流水线是否支持“脱序(Out of Order)”执行有关。

这些子模块之间，有的需要有参数协调，但有些其实并不需要有参数协调，按理说不需要把它们放在 Diplomacy 部分，但是即便不需要有参数协调，将它们纳入统一的 instantiate()机制还是有好处的。更重要的是，它们所创建的子模块往往是需要有参数协调的，所以还是把它们放在了 XSCore 的 Diplomacy 部分。

然后就是 XSCore 的硬件描述部分了，那就是 class XSCoreImp：

```
[TopMain > XSTop > XSTile > XSCore > XSCoreImp]
class XSCoreImp (outer: XSCoreBase) extends LazyModuleImp(outer) with HasXSParameter with HasSoCParameter {
```

```
    ///XSCoreImp 在 XSCore 的内部，而后者是对 XSCoreBase 的扩充，所以 XSCoreBase 是 outer。
val io = IO(new Bundle {
    val hartId = Input(UInt(64.W))                    ///具体核的序号，一个核就是一个 hart。
  val reset_vector = Input(UInt(PAddrBits.W))
  val cpu_halt = Output(Bool())
    val l2_pf_enable = Output(Bool())                  ///pf 意为 Prefetch/Prefetcher，表示是否允许预取指令。
  val perfEvents = Input(Vec(numPCntHc * coreParams.L2NBanks, new PerfEvent))
  val beu_errors = Output(new XSL1BusErrors())
})

println(s"FPGAPlatform:${env.FPGAPlatform} EnableDebug:${env.EnableDebug}")

val frontend = outer.frontend.module          ///这些都是 XSCore 内部的子模块，但都在本模块外部的 Diplomacy 阶段。
val ctrlBlock = outer.ctrlBlock.module        ///这也是个从 LazyModuleImp 内部如何引用其外部成分的实例
val wb2Ctrl = outer.wb2Ctrl.module
val memBlock = outer.memBlock.module
val ptw = outer.ptw.module
val ptw_to_l2_buffer = if (!coreParams.softPTW) outer.ptw_to_l2_buffer.module else null
val exuBlocks = outer.exuBlocks.map(_.module)

frontend.io.hartId := io.hartId               ///要把输入的 CPU 号 hartId 连接到各个子模块
ctrlBlock.io.hartId := io.hartId              ///这些子模块的 IO 接口上都有个 hartId 字段
exuBlocks.foreach(_.io.hartId := io.hartId)
memBlock.io.hartId := io.hartId
outer.wbArbiter.module.io.hartId := io.hartId
frontend.io.reset_vector := io.reset_vector   ///也包括输入的复位向量(地址)，复位后要从这个地址取指。

io.cpu_halt := ctrlBlock.io.cpu_halt          ///这是输出方向的连接

outer.wbArbiter.module.io.redirect <> ctrlBlock.io.redirect     ///连接两个子模块的 redirect 即取指转向信息
val allWriteback = exuBlocks.flatMap(_.io.fuWriteback) ++ memBlock.io.writeback
                            ///指令执行结果的（寄存器）回写，也可以来自 memBlock（来自从内存的读出）。
require(exuConfigs.length == allWriteback.length, s"${exuConfigs.length} != ${allWriteback.length}")
outer.wbArbiter.module.io.in <> allWriteback                ///将所有执行单元的回写电路连接到仲裁器的输入端
val rfWriteback = outer.wbArbiter.module.io.out             ///这是仲裁器的输出端

// memblock error exception writeback, 1 cycle after normal writeback
wb2Ctrl.io.s3_delayed_load_error <> memBlock.io.s3_delayed_load_error

wb2Ctrl.io.redirect <> ctrlBlock.io.redirect        ///连接回写控制器和控制块这两个子模块的 redirect 信息 Bundle
outer.wb2Ctrl.generateWritebackIO()                 ///生成回写控制器 wb2Ctrl 的回写端口

io.beu_errors.icache <> frontend.io.error.toL1BusErrorUnitInfo()
io.beu_errors.dcache <> memBlock.io.error.toL1BusErrorUnitInfo()

require(exuBlocks.count(_.fuConfigs.map(_._1).contains(JumpCSRExeUnitCfg)) == 1)
```

```
val csrFenceMod = exuBlocks.filter(_.fuConfigs.map(_._1).contains(JumpCSRExeUnitCfg)).head
val csrioIn = csrFenceMod.io.fuExtra.csrio.get           ///fence 指令对前端的作用可以通过 CSR 加以控制
val fenceio = csrFenceMod.io.fuExtra.fenceio.get         ///控制状态寄存器组 CSR 中有个 Fence 模块

frontend.io.backend <> ctrlBlock.io.frontend             ///将前端的 backend 与控制块的 frontend 对接
frontend.io.sfence <> fenceio.sfence                     ///用于访问内存的 fence 指令
frontend.io.tlbCsr <> csrioIn.tlb                        ///控制状态寄存器 CSR 有对于前端 TLB 的管理
frontend.io.csrCtrl <> csrioIn.customCtrl                ///前端受控制状态寄存器 CSR 的管理
frontend.io.fencei := fenceio.fencei                     ///将来自 CSR 的 fencei 信号连接到前端的 fencei 输入

ctrlBlock.io.csrCtrl <> csrioIn.customCtrl          ///将控制块中的 csrCtrl 与 CSR 中的 customCtrl 对接
val redirectBlocks = exuBlocks.reverse.filter(_.fuConfigs.map(_._1).map(_.hasRedirect).reduce(_ || _))
ctrlBlock.io.exuRedirect <> redirectBlocks.flatMap(_.io.fuExtra.exuRedirect)
                         ///将控制块中的(条件转移结果) exuRedirect 与 redirectBlocks 电路对接
ctrlBlock.io.stIn <> memBlock.io.stIn                          ///对内存的写入，st 意为 store。
ctrlBlock.io.memoryViolation <> memBlock.io.memoryViolation
exuBlocks.head.io.scheExtra.enqLsq.get <> memBlock.io.enqLsq   ///Lsq 是内存读写队列
exuBlocks.foreach(b => {           ///连接每个执行单元中有关存储的电路:
  b.io.scheExtra.lcommit := ctrlBlock.io.robio.lsq.lcommit        ///这里的 robio 就是 ROB 的输入/输出。
  b.io.scheExtra.scommit := memBlock.io.sqDeq                     ///scommit 意为 Store 指令的最后交割，上面 lcommit 也是。
  b.io.scheExtra.lqCancelCnt := memBlock.io.lqCancelCnt           ///lq 就是内存加载队列/读内存队列
  b.io.scheExtra.sqCancelCnt := memBlock.io.sqCancelCnt           ///sq 就是内存写入队列
})

val sourceModules = outer.writebackSources.map(_.map(_.module.asInstanceOf[HasWritebackSourceImp]))
outer.ctrlBlock.generateWritebackIO()

val allFastUop = exuBlocks.flatMap(b => b.io.fastUopOut.dropRight(b.numOutFu)) ++ memBlock.io.otherFastWakeup
require(allFastUop.length == exuConfigs.length, s"${allFastUop.length} != ${exuConfigs.length}")
val intFastUop = allFastUop.zip(exuConfigs).filter(_._2.writeIntRf).map(_._1)         ///Uop 意为 micro-operation,
val fpFastUop = allFastUop.zip(exuConfigs).filter(_._2.writeFpRf).map(_._1)           ///指令的执行是转化成微操作再加执行的,
val intFastUop1 = outer.wbArbiter.intConnections.map(c => intFastUop(c.head))         ///U 就是 μ 即 micro 的大写。
val fpFastUop1 = outer.wbArbiter.fpConnections.map(c => fpFastUop(c.head))
val allFastUop1 = intFastUop1 ++ fpFastUop1

ctrlBlock.io.dispatch <> exuBlocks.flatMap(_.io.in)                                   ///对控制块的连接:
ctrlBlock.io.rsReady := exuBlocks.flatMap(_.io.scheExtra.rsReady)
ctrlBlock.io.enqLsq <> memBlock.io.enqLsq
ctrlBlock.io.sqDeq := memBlock.io.sqDeq
ctrlBlock.io.lqCancelCnt := memBlock.io.lqCancelCnt
ctrlBlock.io.sqCancelCnt := memBlock.io.sqCancelCnt

exuBlocks(0).io.scheExtra.fpRfReadIn.get <> exuBlocks(1).io.scheExtra.fpRfReadOut.get        ///fp 表示浮点
exuBlocks(0).io.scheExtra.fpStateReadIn.get <> exuBlocks(1).io.scheExtra.fpStateReadOut.get

for((c, e) <- ctrlBlock.io.ld_pc_read.zip(exuBlocks(0).io.issue.get)){
```

```
    // read load pc at load s0
    c.ptr := e.bits.uop.cf.ftqPtr
    c.offset := e.bits.uop.cf.ftqOffset
  }
  // return load pc at load s2
  memBlock.io.loadPc <> VecInit(ctrlBlock.io.ld_pc_read.map(_.data))          ///对存储块的连接：
  memBlock.io.issue <> exuBlocks(0).io.issue.get
  // By default, instructions do not have exceptions when they enter the function units.
  memBlock.io.issue.map(_.bits.uop.clearExceptions())
  exuBlocks(0).io.scheExtra.loadFastMatch.get <> memBlock.io.loadFastMatch
  exuBlocks(0).io.scheExtra.loadFastImm.get <> memBlock.io.loadFastImm

  val stdIssue = exuBlocks(0).io.issue.get.takeRight(exuParameters.StuCnt)
    exuBlocks.map(_.io).foreach { exu =>                    ///对于 exuBlocks 中的每个执行单元：
    exu.redirect <> ctrlBlock.io.redirect
    exu.allocPregs <> ctrlBlock.io.allocPregs
    exu.rfWriteback <> rfWriteback                          /// rfWriteback 是回写仲裁器的输出端
    exu.fastUopIn <> allFastUop1
    exu.scheExtra.jumpPc <> ctrlBlock.io.jumpPc
    exu.scheExtra.jalr_target <> ctrlBlock.io.jalr_target
    exu.scheExtra.stIssuePtr <> memBlock.io.stIssuePtr
    exu.scheExtra.debug_fp_rat <> ctrlBlock.io.debug_fp_rat
    exu.scheExtra.debug_int_rat <> ctrlBlock.io.debug_int_rat
    exu.scheExtra.lqFull := memBlock.io.lqFull
    exu.scheExtra.sqFull := memBlock.io.sqFull
    exu.scheExtra.memWaitUpdateReq.staIssue.zip(memBlock.io.stIn).foreach{case (sink, src) => {
      sink.bits := src.bits
      sink.valid := src.valid
    }}
    exu.scheExtra.memWaitUpdateReq.stdIssue.zip(stdIssue).foreach{case (sink, src) => {
      sink.valid := src.valid
      sink.bits := src.bits
    }}
  }
    ...            ///性能统计从略

  csrioIn.fpu.fflags <> ctrlBlock.io.robio.toCSR.fflags
  csrioIn.fpu.isIllegal := false.B
  csrioIn.fpu.dirty_fs <> ctrlBlock.io.robio.toCSR.dirty_fs
  csrioIn.fpu.frm <> exuBlocks(1).io.fuExtra.frm.get
  csrioIn.exception <> ctrlBlock.io.robio.exception
  csrioIn.isXRet <> ctrlBlock.io.robio.toCSR.isXRet
  csrioIn.trapTarget <> ctrlBlock.io.robio.toCSR.trapTarget
  csrioIn.interrupt <> ctrlBlock.io.robio.toCSR.intrBitSet
  csrioIn.wfi_event <> ctrlBlock.io.robio.toCSR.wfiEvent
  csrioIn.memExceptionVAddr <> memBlock.io.lsqio.exceptionAddr.vaddr
```

```
csrioIn.externalInterrupt.msip := outer.clint_int_sink.in.head._1(0)
csrioIn.externalInterrupt.mtip := outer.clint_int_sink.in.head._1(1)
csrioIn.externalInterrupt.meip := outer.plic_int_sink.in.head._1(0)
csrioIn.externalInterrupt.seip := outer.plic_int_sink.in.last._1(0)
csrioIn.externalInterrupt.debug := outer.debug_int_sink.in.head._1(0)
csrioIn.distributedUpdate(0).w.valid := memBlock.io.csrUpdate.w.valid
csrioIn.distributedUpdate(0).w.bits := memBlock.io.csrUpdate.w.bits
csrioIn.distributedUpdate(1).w.valid := frontend.io.csrUpdate.w.valid
csrioIn.distributedUpdate(1).w.bits := frontend.io.csrUpdate.w.bits

fenceio.sfence <> memBlock.io.sfence                    /// fenceio 与存储块有关
fenceio.sbuffer <> memBlock.io.fenceToSbuffer

memBlock.io.redirect <> ctrlBlock.io.redirect                       ///redirect 是取指转向
memBlock.io.rsfeedback <> exuBlocks(0).io.scheExtra.feedback.get      ///rsfeedback 是对 RS 即 Reservation Station 的反馈
memBlock.io.csrCtrl <> csrioIn.customCtrl
memBlock.io.tlbCsr <> csrioIn.tlb
memBlock.io.lsqio.rob <> ctrlBlock.io.robio.lsq          ///rob 就是 Re-Order Buffer，是执行结果重排序的队列。
memBlock.io.lsqio.exceptionAddr.isStore := CommitType.lsInstIsStore(ctrlBlock.io.robio.exception.bits.uop.ctrl.commitType)
memBlock.io.debug_ls <> ctrlBlock.io.robio.debug_ls

val itlbRepeater1 = PTWFilter(itlbParams.fenceDelay,frontend.io.ptw, fenceio.sfence, csrioIn.tlb, l2tlbParams.ifilterSize)
val itlbRepeater2 = PTWRepeaterNB(passReady = false, itlbParams.fenceDelay,
                                   itlbRepeater1.io.ptw, ptw.io.tlb(0), fenceio.sfence, csrioIn.tlb)
val dtlbRepeater1 = PTWFilter(ldtlbParams.fenceDelay, memBlock.io.ptw, fenceio.sfence, csrioIn.tlb, l2tlbParams.dfilterSize)
val dtlbRepeater2 = PTWRepeaterNB(passReady = false, ldtlbParams.fenceDelay,
                                   dtlbRepeater1.io.ptw, ptw.io.tlb(1), fenceio.sfence, csrioIn.tlb)

ptw.io.sfence <> fenceio.sfence
ptw.io.csr.tlb <> csrioIn.tlb
ptw.io.csr.distribute_csr <> csrioIn.customCtrl.distribute_csr

// if l2 prefetcher use stream prefetch, it should be placed in XSCore
io.l2_pf_enable := csrioIn.customCtrl.l2_pf_enable
// Modules are reset one by one
val resetTree = ResetGenNode(
  Seq(
    ModuleNode(memBlock), ModuleNode(dtlbRepeater1),
    ResetGenNode(Seq(ModuleNode(itlbRepeater2), ModuleNode(ptw), ModuleNode(dtlbRepeater2),
                                                               ModuleNode(ptw_to_l2_buffer),)),
    ResetGenNode(Seq(ModuleNode(exuBlocks.head),
      ResetGenNode(exuBlocks.tail.map(m => ModuleNode(m)) :+ ModuleNode(outer.wbArbiter.module)),
      ResetGenNode(Seq(ModuleNode(ctrlBlock), ResetGenNode(Seq(ModuleNode(frontend), ModuleNode(itlbRepeater1)))))
    ))
  )
)
```

```
    ResetGen(resetTree, reset, !debugOpts.FPGAPlatform)
}   ///end class XSCoreImp
```

前面说过，LazyModule 中的 module 里面都是硬件描述。其中当然也有些语句是不可综合的，但那一般都是 Scala 的条件语句、循环语句，对序列的 map 等，那都是控制语句，或者调试语句，是为“可综合”的硬件描述服务的，总体上 module 里面都是硬件描述，高层模块的硬件描述都是子模块或信号间的互连。

XSCoreImp 中所描述的互连举不胜举，对于所涉及子模块的作用，以及这些子模块之间的互连，却不是在这里三言两语可以说清，那要到后面顺着指令和数据在流水线中的流动，对这些模块逐一有所了解以后，再回过头来看这些模块间的互连，就比较清楚了。

从 object TopMain 开始，到现在为止，已经创建的各种 Lazy 模块如下图所示：

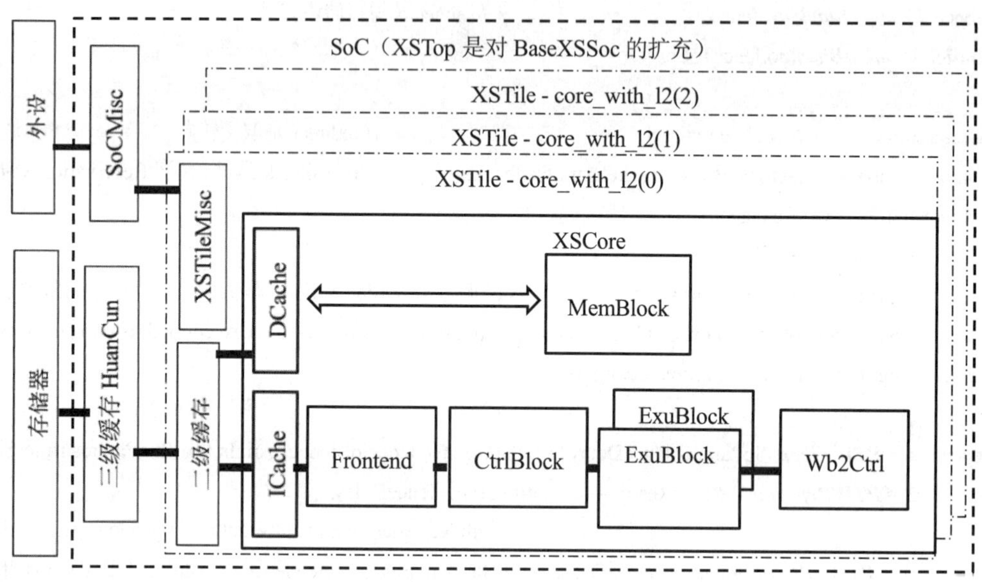

代码中对这些模块的描述，以及模块间的层次和从属关系则表示如下：

TopMain
- ● XSTop　　///XSTop 就是香山 SoC
  - ✧ XSTile*　　///即 core_with_L2，一个 SoC 上可以有多个 XSTile
    - ◆ XSCore　　///香山 CPU 的核
      - ■ Frontend　　///流水线前端（取指令阶段）
      - ■ L2TLBWrapper　　///2 层 TLB，即虚拟地址/物理地址转换
      - ■ DistributedCSRIO　　///控制状态寄存器组 CSR 的读写
      - ■ WbArbiterWrapper　　///指令执行结果回写仲裁器（因为可能有多个结果需要回写）
      - ■ ExuBlock*　　///指令执行单元，如 ALU 等，*号表示多个
      - ■ MemBlock　　///存储子系统（CPU 直接看到的就是指令缓存和数据缓存）
      - ■ Wb2Ctrl　　///结果回写控制电路
      - ■ CtrlBlock　　///整条流水线的控制块，流水线的整个后端都受其控制。
    - ◆ HuanCun　　///二层无阻塞缓存，L2 non-blocking cache。
    - ◆ XSTileMisc　　///XSTile 模块中除 XSCore 外的“其它”部分
  - ✧ HuanCun　　///三层无阻塞缓存，L3 non-blocking cache。
  - ✧ SoCMisc　　///XSTop 模块中除 XSTile 和 HuanCun 以外的“其它”部分

这里 XSTop 代表着一块香山 SoC 芯片，class XSTop 本身就是对 BaseXSSoc 的扩充，所以它代表着一个香山 SoC。然后，一块香山 SoC 芯片上可以有多个 XSTile，每个 XSTile 中有一个香山核即 XSCore，加上为其配套的二级缓存 HuanCun 和 XSTileMisc，所以代码中称 XSTile 对象为 core_with_l2。注意 core_with_l2 是个数组，所以代码中引用具体 XSTile 时要加上下标。XSTile 的主体是香山核，即 XSCore。XSCore 内部的成分则大体上构成指令流水线的轮廓。

注意这只是个粗略的示意图，图中也画不下所有的部件，也没法把各个部件的互连全都表达出来。事实上这里的几乎所有模块都有待进一步细化。以 Frontend 为例，里面实际上就有 IFU、Ftq、BPU 等子模块，而且 ICache 其实也应归入 Frontend。但是流水线的轮廓已经在了。在 XSCore 这个方块中，最左边紧挨着指令缓存 ICache 的是前端 Frontend，其余除前端之外都算后端，所以后端包括控制块和（多个）执行块，执行块后面是回写控制 Wb2Ctrl。注意所谓“回写”并不是回写到存储器，而是把运算结果回写到 CPU 中的寄存器，就是指令中的目标寄存器。后面我们会看到，香山核的指令流水线分成两段，第一段在 Frontend 之内，这里就有 3 个阶段，或者说 3 个工位，这里面还包含了转移预测，甚至指令缓存 ICache 也可以认为是在这个模块中。然后从 Frontend 的输出开始往后是第二段，那才是流水线的主体。这样，Frontend 的设计和实现就可以相对独立，不至于牵一发动全身，所以称为“decoupled frontend”。

控制块 CtrlBlock，则包含了对于流水线中指令译码和指令分发两个阶段的控制；也包括对脱序（Out-of-Order）执行的实现，那就要用到“保留站（Reservation Station）”；也要用到寄存器“重命名（Re-Name）”，即虚拟寄存器号的映射。这样一来，指令的执行次序（一定程度上）被打乱了，但是执行的结果还得按原来的次序理顺，所以还涉及指令执行结果的“重排序（Re-Order）”，即恢复被打乱了的指令次序。所以，我们一般所说指令流水线中的种种技术，尤其是比较高深的技术，很大程度上都是体现在这里。

然后是执行单元，这当然是对流水线中指令执行阶段的实现，但是“多发”的流水线中，尤其是超标量流水线中，有多个执行单元，体现了高度的专业化分工和并发。例如所有的转移指令，不管是有条件还是无条件，包括子程序调用和返回，都在一个专门的转移单元中执行；对内存进行读写的 Load 指令和 Store 指令也有专门的执行单元，考虑到访存指令（以前都称“访内”即访问内存，但是现在有了缓存，就不宜称访内了）常常需要等待，把它们剥离开来就尤有必要。

最后是 Wb2Ctrl，控制执行结果的回写，即对于寄存器的回写，指令的操作数来自寄存器，执行结果也要被回写到寄存器，但也不是简单地回写，这是因为：由于脱序执行，运算结果的产出次序可能已经不同于程序中的编排，需要恢复原来所编排的次序，这就又要和控制块 CtrlBlock 有所交互。再说，为避免寄存器冲突，控制块中加入了对于寄存器号的虚拟化，而回写的时候当然要回写到物理寄存器中，所以这又涉及 Wb2Ctrl 与控制块的交互。由此可见，流水线中的信息流通并非理想的单向流通。

流水线中最典型的信息反向流通，则是对于取指的转向指示（Redirection）。不管转移预测的准确度有多高，最终还是要看具体转移指令的执行结果，那才是关于转移、关于控制流变化的最高权威。这个转向指示首先要反馈到前端 Frontend，让其立即改变取指方向，同时还要反馈给流水线中执行阶段之前的各个阶段，因为已经有指令错误进入流水线，需要把它们都冲刷掉。

最后，注意香山的指令流水线是宽度大于 1 的超标量流水线。以译码阶段为例，香山 SoC 典型设计中流水线的宽度这里就是 6，所以有 6 个指令译码器一字排开，一个时钟节拍就可以同时完成 6 条指令的译码。Frontend 就更加了，Frontend 一次从 ICache 读入 256 位，由于 32 位指令与 16 位指令可以混杂，这里面少则 8 条 32 位指令，多则 16 条 16 位指令，一般在 8 条与 16 条之间。当然，由于程序中不断有转移指令，于是就不断有转移预测和转向指示，许多指令还没有来得及进入后端就夭折了，有些指令则进入了后端仍被冲刷，所以流水线的宽度在不同的阶段也有不同。

以 Frontend 与 ICache 之间的 Bundle 为例，一个时钟节拍就可以读入 256 位，可见二者间的接口宽度是很大的。实际上，如果细抠前面的代码，有些绑定/连接还不止这么宽，有些甚至远远超过。这就是芯片集成度提高带来的好处，这么宽的连接、这么高的速度，只有在同一芯片内部才是现实可行的，试想如果 ICache 与 Frontend 分处在两个芯片上，那就难有这样的效率了。

15.2 香山代码的解析

回到前面 object TopMain 的代码，现在已经完成了对 XSTop 这个 LazyModule 的创建。由于子模块的递归创建，这实际上就是对整个香山 SoC 中所有 LazyModule 的创建过程。所以，当程序从"LazyModule(new XSTop()(p))"返回时，整个 SoC、整个系统中所有的 LazyModule 都已创建并且初始化完毕，就剩下各个 LazyModule 中的 lazy val module 还没有被执行。前面说过，LazyModule 中 module 以外的代码只是用于 Diplomacy，那些程序都是"不可综合"的，并不涉及硬件描述（但是为硬件描述"播下了种子"）；这部分代码与硬件描述并无关系。

下面就是对硬件描述部分的解析了，这里把 object TopMain 中最关键的两行程序摘录于下：

```
object TopMain extends App with HasRocketChipStageUtils {
  …
  val soc = DisableMonitors(p => LazyModule(new XSTop()(p)))(config)
  Generator.execute(firrtlOpts, soc.module, firrtlComplier, firtoolOpts)
}
```

现在作为 XSTop 对象的 soc 已经创建，这是个 LazyModule，在其初始化过程中已经走过了其 Diplomacy 阶段，创建了若干 LazyModule 子模块并进行了一些绑定，但是其 lazy val module 尚未被触及，这就是这里的 soc.module。

下面就是对 object Generator 中 execute()函数的调用了，调用时的第二个实参就是 soc.module，但这并不意味着先引用和执行 soc.module（并引起对其 instantiate()的调用），再以 soc.module 的值作为实参之一调用 Generator.execute()，事实上这个函数的调用界面表明这个参数是"按名调用"而不是"按值调用"，所以实际上 soc.module 是作为一个匿名函数的代码被传递给 Generator.execute()；这个函数的代码只有一个语句，就是（返回）soc.module，所以要到在 Generator.execute()中实际调用这个匿名函数的时候才实现对 soc.module 的引用。

Generator.execute()这个函数创建一个 XiangShanStage 对象，并调用其 execute()函数：

```
object Generator {
  def execute (args: Array[String], mod: => RawModule, fc: FirrtlCompiler) = {
    fc match {
      case MFC =>                    ///MLIR-based Firrtl Compiler，MLIR意为"Multi-Level Intermediate Representation"。
        val sfcXsTransforms = Seq(DisablePrintfAnnotation, EnablePrintfAnnotation,
                                          DisableAllPrintAnnotation, RemoveAssertAnnotation)
        val sfcOptions = sfcXsTransforms.flatMap(_.options.map(_.longOption)) ++
                                          sfcXsTransforms.flatMap(_.options.flatMap(_.shortOption))
        val mfcArgs = args.filter(s => {
          val option_s = if(s.startsWith("--")){ s.replace("--", "") }
                     else if(s.startsWith("-")){ s.replace("-", "") } else s
          val cond = sfcOptions.contains(option_s)
          if(cond){ println(s"[Warnning] SFC Transform Option ${s} will be removed in MFC!") }
          !cond
        })
        (new circt.stage.ChiselStage).execute(mfcArgs, Seq( ChiselGeneratorAnnotation(mod _),
                                     circt.stage.CIRCTTargetAnnotation(circt.stage.CIRCTTarget.Verilog),
```

```
                                    circt.stage.CIRCTHandover(circt.stage.CIRCTHandover.CHIRRTL) ))
      case SFC =>                /// Scala Firrtl compiler (SFC)
        (new XiangShanStage).execute(args, Seq(ChiselGeneratorAnnotation (mod _),
                                    RunFirrtlTransformAnnotation(new PrintControl),
                                    RunFirrtlTransformAnnotation(new PrintModuleName),
                                    RunFirrtlTransformAnnotation(new RenameDesiredNames)))
      case _ => assert(false, s"Unknown firrtl compiler: ${fc.getClass.getName}!")
    }
  }  ///end execute ()
}  ///end object Generator
```

现在有两种 Firrtl 编译器，一种是基于 MLIR 即“Multi-Level Intermediate Representation”的 Firrtl 编译器，另一种就是传统的 Firrtl 编译器，可以通过命令行选项“--mfc”加以选择，向上项目用的是传统的 SFC，即采用 Scala 语言的 Firrtl 编译器。所以这里先创建一个 XiangShanStage 对象，然后调用其 execute()函数。

```
class XiangShanStage extends chisel3.stage.ChiselStage {
  override val shell: Shell = new Shell("xiangshan") with XiangShanCli with ChiselCli with FirrtlCli
}
```

XiangShanStage 类是对 ChiselStage 类的扩充，实际上只是把那里面的 shell 替换成这里的香山 shell，所以对 XiangShanStage 中 execute()的调用其实就是对 class ChiselStage 中 execute()的调用。后者我们在第一册中早就看到过了。

两个调用参数，一个是 args，那就是解析命令行所得的 firrtlOpts。另一个就是在传下的 annotations 后面再添上 RunFirrtlTransformAnnotation，即 PrintControl、PrintModuleName 和 RenameDesiredNames。显然，这三个 Annotation 无关大局，对于整个编译过程，以及对于我们对 XiangShan 的理解影响不大，因而可以忽略，关键在于上面传下的 mod。这是个“按名调用”的函数，这里先用这个函数的代码创建一个 ChiselGeneratorAnnotation，并以此作为一个 annotations 序列中的主要 annotation，再以此序列为参数调用 XiangShanStage 即 ChiselStage 中的 execute()函数。那以后的执行过程就是我们在本书第一册中见过的了，Chesel 编译会对硬件描述代码边执行边解析，所执行和解析的代码来自对 soc.module 的引用，实际上就是对 soc 代码的 instantiate()，包括 Diplomacy 期间建立的绑定所蕴含的物理连接，以及 lazy val module 中的代码。注意这是个递归的过程，实际上是对 Diplomacy 期间所建立结构拓扑图的深度优先的遍历。

15.3　配置与参数

回到前面的 ArgParser.parse()，那里有一行代码“val default = new DefaultConfig(1)”，说明以 DefaultConfig 为默认配置，然后通过对 nextOption(config, list)的递归调用，逐项解析命令行选项，对选定的配置 config 作出修正。这里 DefaultConfig(1)表示只有一个核（Hart，其实就是 Core），但是对此可以通过"--num-cores"选项加以修正；此外还有一些别的关键参数也可以通过命令行选项加以修正。最彻底的修正是通过"--config"选项把整个配置替换掉，香山提供了三个不同的配置，从最小到最大依次为 MinimalConfig、MediumConfig 和 DefaultConfig，DefaultConfig 其实倒是其中最大的配置。

我们先粗粗看一下三者的差别。先看 class DefaultConfig：

```
class DefaultConfig(n: Int = 1) extends Config(
  new WithNKBL3(6 * 1024, inclusive = false, banks = 4, ways = 6) ++
        new WithNKBL2(2 * 512, inclusive = false, banks = 4, alwaysReleaseData = true) ++
```

```
                        new WithNKBL1D(128) ++ new BaseConfig(n)
)
```

这是 4 个底层配置的总和。首先是 WithNKBL3，这是对 L3 即三级缓存的配置，这里说大小是 6 * 1024，即 6 * 1024KB，缓存的属性是不要求 inclusive。所谓 inclusive，是说如果一个存储块当时缓存在某一级缓存中，那么此后的每一级缓存中也都要有这个存储块的缓存。不要求 inclusive，以三级缓存为例，就是尽管一个存储块是在二级缓存中，也并不要求本级（三级）缓存中也有这个存储块的缓存。然后是二级缓存的配置 WithNKBL2，大小是 2 * 512，即 2 * 512KB，也是不要求 inclusive。至于一级缓存的配置 WithNKBL1D，那就不存在是否 inclusive 的问题了。最后是 BaseConfig，留待下面再说。

再看一下 MediumConfig：

```
class MediumConfig(n: Int = 1) extends Config(
  new WithNKBL3(4096, inclusive = false, banks = 4)
          ++ new WithNKBL2(512, inclusive = false, alwaysReleaseData = true) ++ new WithNKBL1D(128) ++ new BaseConfig(n)
)
```

显然这只是大小不同，例如 6 * 1024 改成了 4096，2 * 512 改成了 512，别的就没有什么不同了。

但是 MinimalConfig 就不同了。在 MinimalConfig 中有一级缓存，也有三级缓存，但是却没有二级缓存 L2。另外 MinimalConfig 对于 BaseConfig 中的参数也作了许多修正。但是因为 MinimalConfig 毕竟只是最小配置，我们就不细看了：

```
// Synthesizable minimal XiangShan
// * It is still an out-of-order, super-scalaer arch
// * L1 cache included
// * L2 cache NOT included
// * L3 cache included
class MinimalConfig(n: Int = 1) extends Config(new BaseConfig(n).alter((site, here, up) => {…}))
```

这样，我们就把关注点集中在 DefaultConfig，因为 MediumConfig 其实是一样的框架。

关于各种具体功能和各种具体部位的配置，里面包含着许多具有特殊意义的参数，在我们尚未深入到相应的代码中之前，要在这里加以解释或说明是不现实的。但是简单地跳过这些代码也不合适，所以这里只能把这些代码或完整或摘要地抄录在这里，起个录以备考的作用。先看 class WithNKBL3：

```
[DefaultConfig > WithNKBL3]
class WithNKBL3 (n: Int, ways: Int = 8, inclusive: Boolean = true, banks: Int = 1) extends Config((site, here, up) => {
                                              ///参数inclusive的默认值是true。注意这个花括号是在Config()里面。
  case SoCParamsKey =>
    val sets = n * 1024 / banks / ways / 64
    val tiles = site(XSTileKey)
    val clientDirBytes = tiles.map{ t => t.L2NBanks * t.L2CacheParamsOpt.map(_.toCacheParams.capacity).getOrElse(0) }.sum
    up(SoCParamsKey).copy(              ///在照抄的同时对其中的某些成分作出修改：
      L3NBanks = banks,
      L3CacheParamsOpt = Some(HCCacheParameters(    ///HC是HuanCun的缩写
        name = "L3", level = 3, ways = ways, sets = sets, inclusive = inclusive,
        clientCaches = tiles.map{ core =>
          val l2params = core.L2CacheParamsOpt.get.toCacheParams
```

```
        l2params.copy(sets = 2 * clientDirBytes / core.L2NBanks / l2params.ways / 64)
      },
      enablePerf = true,
      ctrl = Some(CacheCtrl (address = 0x39000000, numCores = tiles.size)),
      sramClkDivBy2 = true,
      sramDepthDiv = 4,
      tagECC = Some("secded"),
      dataECC = Some("secded"),
      simulation = !site(DebugOptionsKey).FPGAPlatform
    ))
  )  ///end up(SoCParamsKey).copy()
 }  ///end (site, here, up) =>
)  ///end Config，end class WithNKBL3
```

注意对 class WithNKBL3 的定义中没有构造函数即花括号部分，Config 后面那个花括号是在圆括号里面，对 Config 所作扩充只是给定了实参和对 case SoCParamsKey 的说明。

再看 class WithNKBL2：

```
[DefaultConfig > WithNKBL2]
class WithNKBL2 (n: Int, ways: Int = 8, inclusive: Boolean = true, banks: Int = 1,
                 alwaysReleaseData: Boolean = false) extends Config((site, here, up) => {  ///这个花括号是在Config()之内
  case XSTileKey =>
    val upParams = up(XSTileKey)
    val l2sets = n * 1024 / banks / ways / 64
    upParams.map(p => p.copy(  ///照抄，但对其中的L2CacheParamsOpt成分作出修改：
      L2CacheParamsOpt = Some(HCCacheParameters(  ///HC是HuanCun的缩写
        name = "L2",
        level = 2,
        ways = ways,
        sets = l2sets,
        inclusive = inclusive,
        alwaysReleaseData = alwaysReleaseData,
        clientCaches = Seq(CacheParameters(
          "dcache",
          sets = 2 * p.dcacheParametersOpt.get.nSets / banks,
          ways = p.dcacheParametersOpt.get.nWays + 2,
          blockGranularity = log2Ceil(2 * p.dcacheParametersOpt.get.nSets / banks),
          aliasBitsOpt = p.dcacheParametersOpt.get.aliasBitsOpt
        )),
        reqField = Seq(PreferCacheField()),
        echoField = Seq(DirtyField()),
        prefetch = Some(huancun.prefetch.PrefetchReceiverParams()),
        enablePerf = true,
        sramDepthDiv = 2,
        tagECC = Some("secded"),
        dataECC = Some("secded"),
```

```
            simulation = !site(DebugOptionsKey).FPGAPlatform
        )),
        L2NBanks = banks
    ))  ///end upParams.map(p => p.copy()
})  ///end Config, end class WithNKBL2
```

同样，对 class WithNKBL2 也没有构造函数即花括号部分。然后是 class WithNKBL1D：

```
[DefaultConfig > WithNKBL1D]
class WithNKBL1D(n: Int, ways: Int = 8) extends Config((site, here, up) => {      ///这个花括号也是在Config()里面
  case XSTileKey =>
    val sets = n * 1024 / ways / 64
    up(XSTileKey).map(_.copy(        ///照抄的同时对其中的DCacheParameters成分作出修改：
      dcacheParametersOpt = Some(DCacheParameters(nSets = sets, nWays = ways,
        tagECC = Some("secded"), dataECC = Some("secded"), replacer = Some("setplru"),
        nMissEntries = 16, nProbeEntries = 8, nReleaseEntries = 18 ))
    ))  ///end up(XSTileKey).map()
})  ///end class WithNKBL1D
```

最后是 class BaseConfig，但是从 BaseConfig 又分出几个分支：

```
[DefaultConfig > BaseConfig]
class BaseConfig(n: Int) extends Config((site, here, up) => {
  case XLen => 64                                  ///数据的宽度是64位（指令的宽度仍是32位或16位）
  case DebugOptionsKey => DebugOptions()
  case SoCParamsKey => SoCParameters()             ///关于SoC的参数
  case PMParameKey => PMParameters()               ///关于硬件地址验证单元PMA/PMP的参数
  case XSTileKey => Seq.tabulate(n){ i => XSCoreParameters(HartId = i) }      ///关于各个具体核的参数
  case ExportDebug => DebugAttachParams(protocols = Set(JTAG))
  case DebugModuleKey => Some(XSDebugModuleParams(site(XLen)))
  case JtagDTMKey => JtagDTMKey                    ///Jtag是用于芯片硬件测试的机制
  case MaxHartIdBits => 2                          ///HartId只允许2位，意味着最多只能有4个核.
  case EnableJtag => true.B
})
```

这里表示，以 case SoCParamsKey 为例，与此对应的值并非一个单项的数值，而是一个 SoCParameters 类对象，这个对象中又有好多项参数。同样，与 PMParameKey 相对应的则是一个 PMParameters 类对象；与 XSTileKey 相对应的则是一个 XSCoreParameters 类对象的序列，序列的长度即为 n，即为 SoC 中 CPU 核的个数，换言之每个核都有自己的 XSCoreParameters 对象，其中的参数 HartId 就是其序号。

先看 class SoCParameters，这是有构造函数的：

```
[DefaultConfig > BaseConfig > SoCParameters]
case class SoCParameters (EnableILA: Boolean = false, PAddrBits: Int = 36   /* 物理地址长度为36位 */,
            extIntrs: Int = 64 /* 外部中断源64个 */,   L3NBanks: Int = 4   /* L3缓存分4个板块 */,
            L3CacheParamsOpt: Option[HCCacheParameters] = Some(HCCacheParameters( name = "l3",
                                                    level = 3, ways = 8, sets = 2048   /* 1MB per bank */)) ) {
```

```
// L3 configurations   ///以下为构造函数的代码：
val L3InnerBusWidth = 256                    ///L3内部总线宽度为256位
val L3BlockSize = 64                         ///L3存储块大小为64字节，即512位。
// on chip network configurations
val L3OuterBusWidth = 256                    /// L3外部总线的宽度也是256位
}   ///end class SoCParameters
```

PMParameters 是关于物理地址验证单元，或者说“内存保护”单元的参数：

```
[DefaultConfig > BaseConfig > PMParameters]
case class PMParameters (
  NumPMP: Int = 16,
  NumPMA: Int = 16,

  PlatformGrain: Int = log2Ceil(4*1024), // 4KB, a normal page
  mmpma: MMPMAConfig = MMPMAConfig(
    address = 0x38021000,
    mask = 0xfff,
    lgMaxSize = 3,
    sameCycle = true,
    num = 2
  )
)   ///end class PMParameters
```

每一个香山核，即每一个 XSCore 都有一个独立的 XSCoreParameters 对象：

```
[DefaultConfig > BaseConfig > XSCoreParameters]
case class XSCoreParameters (          ///这个类有许多构造参数(同时也是其结构成分)，都有默认值：
    HasPrefetch: Boolean = false,                ///默认没有（指令的）Prefetch
    HartId: Int = 0,                             ///所谓“Hart”就是一个CPU核加上这个核所专用的缓存。
    XLEN: Int = 64,                              ///默认数据宽度为64位
    HasMExtension: Boolean = true,               ///默认支持乘法指令
    HasCExtension: Boolean = true,               ///默认支持（16位）压缩指令
    HasDiv: Boolean = true,                      ///默认支持除法指令
    HasICache: Boolean = true,                   ///默认有指令缓存ICache
    HasDCache: Boolean = true,                   ///默认有数据缓存DCache
    AddrBits: Int = 64,                          ///允许的最大地址长度为64位
    VAddrBits: Int = 39,                         ///虚存地址长度为39位
    HasFPU: Boolean = true,                      ///默认有浮点处理器FPU
    HasCustomCSRCacheOp: Boolean = true,         ///默认在控制状态寄存器组CSR中可对缓存实施控制
    FetchWidth: Int = 8,                         ///取指令宽度为8条32位指令，如支持RVC则为16x16。
    …
    softTLB: Boolean = false,    // dpi-c l1tlb debug only
    softPTW: Boolean = false,    // dpi-c l2tlb debug only
    softPTWDelay: Int = 1)              ///以上都是XSCoreParameters类的构造参数(也是结构成分)，都有默认值。
{      ///以下为构造函数代码：
```

```
  val allHistLens = SCHistLens ++ ITTageTableInfos.map(_._2) ++ TageTableInfos.map(_._2) :+ UbtbGHRLength
  val HistoryLength = allHistLens.max + numBr * FtqSize + 9          // 256 for the predictor configs now

  val loadExuConfigs = Seq.fill(exuParameters.LduCnt)(LdExeUnitCfg)
  val storeExuConfigs = Seq.fill(exuParameters.StuCnt)(StaExeUnitCfg) ++ Seq.fill(exuParameters.StuCnt)(StdExeUnitCfg)

  val intExuConfigs = (Seq.fill(exuParameters.AluCnt)(AluExeUnitCfg) ++
                  Seq.fill(exuParameters.MduCnt)(MulDivExeUnitCfg) :+ JumpCSRExeUnitCfg)

  val fpExuConfigs = Seq.fill(exuParameters.FmacCnt)(FmacExeUnitCfg) ++
                                          Seq.fill(exuParameters.FmiscCnt)(FmiscExeUnitCfg)

  val exuConfigs: Seq[ExuConfig] = intExuConfigs ++ fpExuConfigs ++ loadExuConfigs ++ storeExuConfigs
}   ///end class XSCoreParameters
```

XSSoC 上的每个核都有自己的 XSCoreParameters，原始配置只是 HartId 不同，其余都一样，但可以根据实际的设计加以调整，例如有些设计就需要让几个核的流水线宽度不一样，所以每个核都要有个自己的 XSCoreParameters 对象。

以上也只是顶层配置的一个大概的框架和轮廓，许多细节，例如 intExuConfigs、fpExuConfigs 等就是关于具体整数执行单元 ALU 和浮点执行单元 FPU 的参数设置，几乎举不胜举，只能留待实际需要用到的时候再说。

有了这些关于参数配置的定义以后，为让使用者在程序中可以引用这些参数，香山的代码中还定义了几个相关的 object，例如 object XSCoreParamsKey：

```
case object XSCoreParamsKey extends Field[XSCoreParameters]
```

这是对 Field[XSCoreParameters]的扩充，所以在程序中就可以通过例如"p(XSCoreParamsKey).XLEN"来引用具体的参数。这里的 p 是个 Parameters 类对象。Parameters 是在 cde-master 软件包中所定义 object config 内部的一个类，是对 class View 的扩充，而后者有个 apply()函数，所以 p(XSCoreParamsKey)就表示在具体的 Config 中，在这里就是在 DefaultConfig 中，查找以 XSCoreParamsKey 为键的值。

但是这样毕竟不是很方便，最好是能这样：在什么 class 中引用，就让例如 XLEN 等这些参数变成这个 class 内部的数据成分，这样就不需要在前面加上例如 p(XSCoreParamsKey)那样的前缀，那当然就方便多了。这样的办法是有的，那就是把这些参数定义在一个 trait 中，然后让需要（频繁）引用这些参数的 class 继承这个 trait，即在定义中 with 这个 trait。事实上 trait HasXSParameter 就是这样：

```
trait HasXSParameter {
  implicit val p: Parameters
  val PAddrBits = p(SoCParamsKey).PAddrBits      // PAddrBits is Phyical Memory addr bits
  val coreParams = p(XSCoreParamsKey)             ///coreParams就是与XSCoreParamsKey
  val env = p(DebugOptionsKey)

  val XLEN = coreParams.XLEN
  val minFLen = 32
  val fLen = 64
  def xLen = XLEN
```

```
  val HasMExtension = coreParams.HasMExtension        ///这样就可以在程序中直接引用HasMExtension了。
  val HasCExtension = coreParams.HasCExtension
  val HasDiv = coreParams.HasDiv
  val HasIcache = coreParams.HasICache
  val HasDcache = coreParams.HasDCache
  val AddrBits = coreParams.AddrBits // AddrBits is used in some cases
  val VAddrBits = coreParams.VAddrBits // VAddrBits is Virtual Memory addr bits
  val AsidLength = coreParams.AsidLength
  val ReSelectLen = coreParams.ReSelectLen
  val AddrBytes = AddrBits / 8 // unused
  val DataBits = XLEN
  val DataBytes = DataBits / 8
  val HasFPU = coreParams.HasFPU
  val HasCustomCSRCacheOp = coreParams.HasCustomCSRCacheOp
  val FetchWidth = coreParams.FetchWidth
  …
}   ///end trait HasXSParameter
```

这样一来，大量来自 class XSCoreParameters 中的参数就好像是定义于本 class 中的变量一样直接就可以引用，这当然就方便多了。当然这里也并非所有的成分都来自 XSCoreParameters，有些是在这里另外补充的。

与此相似，另一个 trait HasSoCParameter 也是这样：

```
case object SoCParamsKey extends Field[SoCParameters]
case object XSTileKey extends Field[Seq[XSCoreParameters]]

trait HasSoCParameter {
  implicit val p: Parameters

  val soc = p(SoCParamsKey)                    ///来自SoCParameters
  val tiles = p(XSTileKey)                     ///来自XSCoreParameters

  val NumCores = tiles.size
  val EnableILA = soc.EnableILA
  // L3 configurations
  val L3InnerBusWidth = soc.L3InnerBusWidth
  val L3BlockSize = soc.L3BlockSize
  val L3NBanks = soc.L3NBanks
  // on chip network configurations
  val L3OuterBusWidth = soc.L3OuterBusWidth

  val NrExtIntr = soc.extIntrs
}   ///end trait HasSoCParameter
```

事实上，前面的 class XSTop 就是 with HasSoCParameter，class XSTile 就是既 with HasXSParameter 又 with HasSoCParameter 这两个 trait。还有 class XSCore，虽然其本身并未直接继承这两个 trait，但这是对抽象类 XSCoreBase 的扩充，而后者就是 with HasXSParameter，继承了 trait HasXSParameter。

至此，我们已经对香山 SoC 的顶层进行了一番考察。如前所述，高层模块本身一般都不提供什么具体功能，而只是生成各种子模块，并将各种子模块互连起来。所以，对高层模块的硬件描述更多的是对系统的架构和格局的描述，这使我们对于香山 SoC 芯片（逻辑上）的组成轮廓有了个了解。下面就是对各个部件的逐层细化了。有道是“魔鬼藏在细节里”。

第 16 章

PMA 与 PMP

一台计算机，除 CPU 和存储器（包括“主存”和各级“缓存”）之外，还有外部设备。一般而言，在 CPU 看来，一个外设的体现就是一组寄存器，包括“控制/状态寄存器”和“数据寄存器”，数据寄存器通常又分输入数据寄存器和输出数据寄存器。所以，CPU 对于外设的操作通常就体现在对这些寄存器的读写。然而在读写的时候对这些寄存器怎样寻址，这就有不同的解决方案了。方案之一，是对这些寄存器单独编址，与内存地址无关，使其独立于内存空间之外。为此，对于外设的输入/输出操作就需要设立专门的 IO 指令（例如 in 和 out），CPU 根据所执行的是 IO 指令还是访存指令就可以知道应该使用哪一个地址空间。Intel 的 x86 指令系统就是这样，所以 x86 的系统结构中除有个 32 位或 64 位的内存地址空间之外还有个 16 位的外设 IO 地址空间（实际上只用了其中很小的一部分）。另一个方案，则是把代表着外设的这些寄存器看成主存中特殊的存储单元，这样就可以采用统一的存储地址空间，统一的访存指令，只是在存储地址空间中专门划出一块用于外设。这个方案称为“存储地址映射 I/O（Memory Mapped IO）”，缩写成 MMIO。这对于存储地址空间使用的影响可谓微乎其微，因为划出用于外设的空间大小所占比例不大，或者存储地址空间本身已经足够大，根本不在乎。不过这样就得有个关于地址的配置图，以说明地址空间的划分和使用。另外，SoC 芯片上各个 CPU 核对于主存和外设的访问权限也可能是不同的，也要在配置中加以说明，并且应该有个硬件实现的权限控制机制。其实，即使在存储地址空间与 IO 地址空间互相独立的系统结构中，仅就存储地址空间而言这也是需要的，所以才有“存储保护单元”MPU 和“存储管理单元”MMU，前者只用于访问权限保护，后者还加上了从虚存地址到物理地址的映射。不过，在采用独立 IO 地址空间的系统结构中，MPU/MMU 所保护和管理的只是存储空间；而采用 MMIO 的系统结构中则代表着外设的那块地址空间也在 MPU/MMU 的保护和管理之下。现代的 MMU 都采用“页式存储管理”，所以（虚存）地址映射表 TLB 中代表着每个页面的表项中都要有关于（本进程）访问权限的信息，这个访问权限信息也不只是可读/可写/可执行三个控制位，实际上还包含着更多的信息，例如对于原子操作即 AMO 的权限。考虑到页面表的体积庞大，这些开销合在一起就很可观了。从这个角度考虑，如果能提取公因子，把有关访问权限的信息，结合存储空间的划分与配置，集中放在一个“段式”（而不是“页式”）的模块中，让每当要访问内存或外设之时都来查询一下，显然远远更为经济。这样的模块，就称为“物理存储保护（Physical Memory Protection）”模块，简称 PMP。而 PMP 实施存储空间保护的依据，则来自“物理存储（区间）属性（Physical Memory Attributes）”，简称 PMA。在 RISC-V 系统结构的设计中，首先是决定了采用 MMIO，最明显的好处是可以省下两条指令；然后是在微结构中采用了 PMA+PMP 的保护方案，可以降低 TLB 的成本。

在采用 MMIO 方案，并且又采用缓存的计算机中，PMP 的必要性和经济性就更突出了。MMIO 的方案把外设寄存器看作存储单元，这在不加缓存的条件下是没有问题的，但是有了缓存之后就不一样了。外设寄存器与存储单元之间有个重要的区别，就是：存储单元中的内容，只要不加改写就永远保持不变，这就决定了存储单元的内容是可以有缓存的；然而外设寄存器就不一样了，状态寄存器的内容和输入数据寄存器的内容都会因外部条件的变动而随时变动，在这样的条件下加以缓存不但无益反而有害。

即使是在输出的方向，对 IO 寄存器的访问也与对存储单元的访问有所不同，这里有个“（多次）访问同一性”即 Idempotency 的问题。所谓 Idempotency，是说对同一单元进行多次相同的（读/写）操作，其效果是否相同。显然，对于主存单元的读写是同一的，因为你从同一个存储单元不管连续读出几次，所读出的内容都是相同的；反过来，不管你往同一存储单元接连写入几次，只要所写的内容相同，存储单元中的内容就不会改变。但是对外设寄存器的读写就不一样了，以输出数据寄存器为例，你往这个寄存器连写两次，内容都是 0，这很可能就意味着接连两项数据都是 0。读出也是一样。所以，对外设寄存器的访问不让其有缓存，就保证了每一次读写都是出于 CPU 的本意，而不可能是出于存储子系统的画蛇添足“帮倒忙”。

由此可见，外设寄存器与存储单元的“属性”确实是不一样的。这样，在采用 MMIO 方案的系统结构中，存储地址空间中的不同区间也就因此而有了不同的“物理存储属性（Physical Memory Attributes）”即不同的 PMA。而 PMP，即物理存储保护（Physical memory protection）机制，则是基于 PMA 的，当然也就因此而对不同的访问地址有不同的处理和反应。特别地，每拿到一个地址，按理需要先询问一下，看这个地址是否属于内存空间，是否可以缓存，以免走错了门。正是在这个意义上，本书有时候称 PMP 为“物理地址验证”，而不称“物理存储保护”。

RISC-V 的指令集手册 *Instruction Set Manual* 第二卷 *Privileged Architecture* 中的第 3.5 和 3.6 两节，就是对 RISC-V 系统结构中 PMA 和 PMM 两个部分的说明，读者可以自行参阅，这里就不多费笔墨了。但是其中对于原子操作即 AMO 的属性，有必要在这里引述一下，因为与后面的代码有关。

RISC-V 的 PMA 机制对原子操作的支持分成 4 级，最低的是 AMONode，即压根就不支持；最高的是 AMOArithmatic，即既支持 amoswap 也支持 amoand 等原子逻辑运算，还支持 amoadd 等算术运算。

AMO 类别	**所支持原子操作（指令）**
AMONone	无
AMOSwap	amoswap
AMOLogical	以上 + amoand, amoor, amoxor
AMOArithmatic	以上 + amoadd, amomin, amomax, amominu, amomaxu

显然，对此项属性需要有两个二进制位加以表达，分别是数值从 0 到 3。

不言而喻，对 RISC-V 处理器的硬件描述中应该有对其 PMA 的描述，下面我们先看一个简单的实例：

```
addPMA(0x0L, range = 0x1000000000L, c = true, atomic = true, a = 3, x = true, w = true, r = true)
addPMA(0x0L, range =   0x80000000L, a = 3, w = true, r = true)
```

这两个语句就是对两个存储地址区间的属性描述。其中的第一行说明，从地址 0 到 0x1000000000 的整个区间的属性是 a=3，c=true，然后是可读（r = true）、可写（w = true）、可执行（x = true）。这里的 a=3 就是上述的 AMOArithmatic，即允许所有的 AMO 指令，包括 amoadd 等。而 c=true，则表示整个区间都是可以有缓存的，换言之整个地址区间都是归存储器使用的。

但是第二行对此作出了修正，说其中从地址 0 到 0x80000000 另有规定，这个区间的 a 仍是 3，但 c=true 没有了（c 默认为 false），所以这个区间不可以有缓存。显然这就是用于 MMIO 即外设 IO 的。

从 0 到 0x1000000000，是 36 位的地址空间，RISC-V 的物理地址长度就是 36 位，其容量为 64GB。而从 0 到 0x80000000 则为 31 位，其容量为 2GB，这 2GB 的空间是从 64GB 中切割出来的。虽然 2GB 也是很大一个地址区间，但是只占 64GB 的 3%左右，所以对整个 64GB 区间的影响不大。那 RISC-V 的物理地址长度是不是可以超过 36 位，使物理地址空间变得更大呢？只要真有必要，那也是可以的。

这里所引的两个语句只是为说明问题，实际的 PMA 描述远不止这么两个语句（下面读者就会看到），但是原理就是这样。

有了对于 PMA 的描述，就可以在此基础上构筑 PMP 了。如上所述，RISC-V 指令手册第二卷的 3.6 节中对此有所介绍。PMP 的基本思路是，每当拿着一个目标地址要访问一个“内存”单元时，先向 PMP 模块查询一下（就像通过 MMU 的 TLB 进行从虚拟地址到物理地址的转换一样），PMP 就用这个目标地址找到其所述的区间，然后返回这个地址的属性。如果这个地址的属性表明是可缓存，那就说明确实是个存储单元，因而可以通过指令缓存或数据缓存进行访问；如果不可缓存，那就是个外设寄存器，应该通过 MMIO 机制加以访问，而不要去指令缓存或数据缓存，那是注定要失败的。

PMP 的功能也是通过查表实现的，不过 PMP 的表项分得更细，PMP 中一般会有更多的表项。每个表项说明对于一个地址区间的保护方式。另外，在 CPU 的控制/状态寄存器组 CSR 中有 4 个“PMP 配置寄存器”，共含 16 个 8 位的 PMP 配置（在 64 位结构中是 2 个配置寄存器，同样也是 16 个 8 位的配置）和 16 个 PMP 地址寄存器（其内容为所谓“Write Any, Reads Legal”即 WARL，不管你往里面写什么，读回的总是有效数值，不过可能不是你想要的)。每个 8 位 PMP 配置的格式是这样：

L|xx|aa|x|w|r

这里的 L 位表示 Lock，两位的 aa 为 A 位段，但是这个 A 位段与 PMA 中的 A 位段意义不同，其余 x、w、r 则为可执行、可写、可读标志位（‘|’为位段分隔线）。

如果 L 位为 1，就表示这个 PMP 配置以及相应 PMP 地址寄存器的内容已被锁定，无法通过写寄存器加以改变。

两位的 A 位段则表示地址范围的比对方法：

A 值	名称	说明
0	OFF	空区间（disabled）
1	TOR	Top Of Range
2	NA4	Naturally Aligned 4-byte region
3	NAPOT	Naturally Aligned Power-of-Two region, >= 8bytes

如果将比对方法设置成 TOR，就表示比对的方法是这样：

只要目标地址 a 满足条件 “$pmpaddr_{i-1} < a < pmpaddr_i$”，就认为其落在 $pmpaddr_i$ 所述的区间中。

这里的下标 i 和 i-1 表示第几个 PMP 地址寄存器。

如果 $pmpaddr_0$ 所对应配置项的 A 值为 TOR，那就以 0 作为其下限，所以只要“$a < pmpaddr_0$”就认为其落在 $pmpaddr_0$ 所述的区间中。

如果所比对区间的 A 位段设置是 NAPOT，则比对方法又有不同，如下所示：

pmpaddr 的内容	pmpcfg.A	比对类型及大小
aaaa…aaaa	NA4	4-byte NAPOT range
aaaa…aaa0	NAPOT	8-byte NAPOT range
aaaa…aa01	NAPOT	16-byte NAPOT range
aaaa…a011	NAPOT	32-byte NAPOT range
…		
aa01…1111	NAPOT	2^{XLEN}-byte NAPOT range
a011…1111	NAPOT	2^{XLEN+1}-byte NAPOT range
0111…1111	NAPOT	2^{XLEN+2}-byte NAPOT range

这里先要说一下 PMP 地址寄存器 pmpaddr 的内容。在 32 位的 RISC-V 芯片上，pmpaddr 的长度是 32 位，然而物理地址是 36 位的，所以 pmpaddr 的内容是物理地址的 bit2~bit33，这样是 32 位。这意味着，36 位物理地址的最低两位是忽略的（因为访问总是与 32 位边界对齐）。这样，32 位+2 位，就是 34 位。最高两位，即 bit34 和 bit35，也是忽略的，这意味着物理存储地址空间的高端四分之三必须在同一个区间中，只有最低的那四分之一才可以进一步划分。

另外，位置最高的那个地址寄存器的内容，如果比对方法是 NAPOT 的话，其最大值就是 0x7fffffff。

下面我们就可以看香山项目对 PMA 和 PMP 机制的实现了。

PMP 和 PMA 是紧密关联在一起的，香山的代码中有个 class PMP 但没有 class PMA，所以我们不妨就从 PMP 这个类开始。事实上，从它们所起作用的角度而言，我们在程序中直接看到的也只是 PMP，而 PMA 躲在 PMP 后面，体现在 PMP 的表项里面。

PMP 模块是在 MemBlockImp 模块内部创建的。后面我们会讲到 MemBlock 和 MemBlockImp 的创建，以及 MemBlockImp 对象的初始化过程，但是那要到本书的第三卷；而 PMP 和 PMPChecker 这两个模块作为基础设施所起的作用却可说是无处不在，所以我们需要将其提上前来先作介绍。下面就是 class PMP 的定义：

```
[XSCoreBase > MemBlock > MemBlockImp > PMP]
class PMP(implicit p: Parameters) extends PMPXSModule with HasXSParameter
                                                            with PMPMethod with PMAMethod with HasCSRConst {
  val io = IO(new Bundle {
    val distribute_csr = Flipped(new DistributedCSRIO())        ///因为PMP地址寄存器和配置寄存器都在CSR
    val pmp = Output(Vec(NumPMP, new PMPEntry()))               /// NumPMP和NumPMA均定义为16
    val pma = Output(Vec(NumPMA, new PMPEntry()))
  })
  val w = io.distribute_csr.w                                   ///来自CSR
  val pmp = Wire(Vec(NumPMP, new PMPEntry()))                   /// Physical Memory Protection，共16项。
  val pma = Wire(Vec(NumPMA, new PMPEntry()))                   /// Physical Memory Attributes，也是16项。

  val pmpMapping = pmp_gen_mapping (pmp_init, NumPMP, PmpcfgBase, PmpaddrBase, pmp)
                                                  ///生成PMP比对表，函数pmp_init()定义于trait PMPMethod
  val pmaMapping = pmp_gen_mapping (pma_init, NumPMA, PmacfgBase, PmaaddrBase, pma)
                                                  ///生成PMA比对表，函数pma_init()定义于trait PMAMethod
  val mapping = pmpMapping ++ pmaMapping                        ///两个比对表连在一起，就是总的比对表。

  val rdata = Wire(UInt(PMXLEN.W))          /// PMXLEN来自XLen，32或64.
  MaskedRegMap.generate (mapping, w.bits.addr, rdata, w.valid, w.bits.data)
        ///将比对表项放到32/64位的CSR寄存器中。32位寄存器中有4个PMP配置项，64位寄存器中则有8个。
        /// MaskedRegMap见后面CSR执行单元一章。这里的w就是PMP与CSR的接口，PMP中的比对表都来自CSR。
        ///详见RISC-V指令手册第2卷3.7节“Physical Memory Protection”。CSR中有16个32位pmpcfg寄存器。
  io.pmp := pmp              ///将pmp连接到输出端口pmp
  io.pma := pma              ///将pma连接到输出端口pma
}  ///end class PMP
```

这里的 PMPEntry 代表着一个 PMP 表项，就是一个地址范围和一个规定着相应权限和比对方法的 PMP 配置（PMPConfig），class PMPEntry 是对抽象类 PMPBase 的扩充，所以我们先看一下 PMPBase：

```
[XSCoreBase > MemBlock > MemBlockImp > PMP > PMPEntry > PMPBase]
/** PMPBase for CSR unit with only read and write logic*/
class PMPBase(implicit p: Parameters) extends PMPBundle with PMPReadWriteMethod {
  val cfg = new PMPConfig
  val addr = UInt((PMPAddrBits - PMPOffBits).W)

  def gen(cfg: PMPConfig, addr: UInt) = {
    require(addr.getWidth == this.addr.getWidth)
    this.cfg := cfg
    this.addr := addr
  }
}  ///end class PMPBase
```

这就是一个地址范围加一个 PMPConfig，而 PMPEntry 对此所作扩充只是添加了几个操作方法：

```
[XSCoreBase > MemBlock > MemBlockImp > PMP > PMPEntry]
/** PMPEntry for outside pmp copies with one more elements mask to help napot match
  * TODO: make mask an element, not an method, for timing opt */
class PMPEntry(implicit p: Parameters) extends PMPBase with PMPMatchMethod {
  val mask = UInt(PMPAddrBits.W)                    // help to match in napot

  def write_addr(next: PMPConfig, mask: UInt)(paddr: UInt) = {
    mask := Mux(!cfg.addr_locked(next), match_mask(paddr), mask)
    Mux(!cfg.addr_locked(next), paddr, addr)
  }
  def write_addr(mask: UInt)(paddr: UInt) = {
    mask := Mux(!cfg.addr_locked, match_mask(paddr), mask)
    Mux(!cfg.addr_locked, paddr, addr)
  }
  def gen(cfg: PMPConfig, addr: UInt, mask: UInt) = {
    require(addr.getWidth == this.addr.getWidth)
    this.cfg := cfg
    this.addr := addr
    this.mask := mask
  }
  }  ///end class PMPEntry
```

至于创建 pmpMapping 和 pmaMapping 时的参数 PmpcfgBase/PmpaddrBase 和 PmacfgBase/PmaaddrBase，那只是寄存器组及地址的地位，无关我们对于 PMP/PMA 机制的理解。所以，这里我们还需要知道的是 PMPConfig 的构成：

```
[XSCoreBase > MemBlock > MemBlockImp > PMP > PMPEntry > PMPBase > PMPConfig]
class PMPConfig(implicit p: Parameters) extends PMPBundle {
  val l = Bool()                                                    ///lock位
  val c = Bool()                      // res(1), unuse in pmp       ///本无定义，借用作cache标志位。
  val atomic = Bool()                 // res(0), unuse in pmp       ///本无定义，借用作atomic标志位。
  val a = UInt(2.W)                                                 ///表示比对方法的A位段
  val x = Bool()                                                    ///可执行标志位
  val w = Bool()                                                    ///可写标志位
  val r = Bool()                                                    ///可读标志位

  def res: UInt = Cat(c, atomic)           // in pmp, unused        ///在指令手册第二卷中这两位无定义。
  def off = a === 0.U
  def tor = a === 1.U
  def na4 = { if (CoarserGrain) false.B else a === 2.U }
  def napot = { if (CoarserGrain) a(1).asBool else a === 3.U }
  def off_tor = !a(1)
  def na4_napot = a(1)
```

```
  def locked = l
  def addr_locked: Bool = locked
  def addr_locked(next: PMPConfig): Bool = locked || (next.locked && next.tor)
  }  //end class PMPConfig
```

这里有 7 个标志位或位段，其中 l 就是 RISC-V 指令手册第二卷中所说的 Lock 位，a 则是个宽度为 2 的位段，表示比对方法（但是在 PMA 中就表示 AMO 类别）。注意这里 c 和 atomic 两位在指令手册中是无定义的，但是这里借用来表示是否可以缓存和是否支持 AMO 操作。这样，加在一起正好是 8 位，那就是 CSR 寄存器组中 PMP 配置寄存器内部 4 个或 8 个配置项之一。香山的代码中还提供了一个 object PMPConfigUInt，那就使这个 8 位字段的构成变得更简洁更直观了：

```
object PMPConfigUInt {
  def apply( l: Boolean = false, c: Boolean = false, atomic: Boolean = false,
        a: Int = 0, x: Boolean = false, w: Boolean = false, r: Boolean = false)(implicit p: Parameters): UInt = {
    var config = 0
    if (l) { config += (1 << 7) }              ///lock位是最高位，bit7。
    if (c) { config += (1 << 6) }              ///然后bit6是cache标志位
    if (atomic) { config += (1 << 5) }         ///bit5表示支持原子操作。注意bit5和bit6在指令手册中是无定义的。
    if (a > 0) { config += (a << 3) }          ///bit3和bit4是表示比对方法的A位段
    if (x) { config += (1 << 2) }              ///bit2为1表示目标地址单元中的内容是可执行的指令
    if (w) { config += (1 << 1) }              ///bit1表示目标地址单元可写，如果不可写就说明该区间是ROM。
    if (r) { config += (1 << 0) }              ///bit0表示目标地址单元可读。不可读不可写就说明这个区间是空洞。
    config.U(8.W)                              ///返回一个8位的UInt
  }
}
```

回到 class PMP 的代码中，我们再看一下 pmpMapping 和 pmaMapping 的创建：

```
  val pmpMapping = pmp_gen_mapping (pmp_init, NumPMP, PmpcfgBase, PmpaddrBase, pmp)
  val pmaMapping = pmp_gen_mapping (pma_init, NumPMA, PmacfgBase, PmaaddrBase, pma)
```

这里的 pmp_gen_mapping ()和 pmp_init()都是由 trait PMPMethod 提供，pma_init()则由 trait PMAMethod 提供，我们把下面的 pmp_gen_mapping ()和 pmp_init()留给读者自己阅读，把重点放在后面的 pma_init()。

```
trait PMPMethod extends PMPConst {
  def pmp_init() : (Vec[UInt], Vec[UInt], Vec[UInt])= {
    val cfg = WireInit(0.U.asTypeOf(Vec(NumPMP/8, UInt(PMXLEN.W))))
    val addr = Wire(Vec(NumPMP, UInt((PMPAddrBits-PMPOffBits).W)))
    val mask = Wire(Vec(NumPMP, UInt(PMPAddrBits.W)))
    addr := DontCare
    mask := DontCare
    (cfg, addr, mask)          ///所返回的cfg和addr意义自明，mask用来屏蔽某些地址位不让改变。
  }

  def pmp_gen_mapping (init: () => (Vec[UInt], Vec[UInt], Vec[UInt]), num: Int = 16,
                                              cfgBase: Int, addrBase: Int, entries: Vec[PMPEntry]) = {
```

```
    val pmpCfgPerCSR = PMXLEN / new PMPConfig().getWidth
    def pmpCfgIndex(i: Int) = (PMXLEN / 32) * (i / pmpCfgPerCSR)
    val init_value = init()
    /** to fit MaskedRegMap's write, declare cfgs as Merged CSRs and split them into each pmp */
    val cfgMerged = RegInit(init_value._1)          //(Vec(num / pmpCfgPerCSR, UInt(PMXLEN.W)))
    val cfgs = WireInit(cfgMerged).asTypeOf(Vec(num, new PMPConfig()))
    val addr = RegInit(init_value._2)               // (Vec(num, UInt((PMPAddrBits-PMPOffBits).W)))
    val mask = RegInit(init_value._3)               // (Vec(num, UInt(PMPAddrBits.W)))          ///原有注释照抄

    for (i <- entries.indices) {
      entries(i).gen(cfgs(i), addr(i), mask(i))
    }

    val cfg_mapping = (0 until num by pmpCfgPerCSR).map(i => {Map(
      MaskedRegMap(
        addr = cfgBase + pmpCfgIndex(i),
        reg = cfgMerged(i/pmpCfgPerCSR),
        wmask = WritableMask,
        wfn = new PMPBase().write_cfg_vec(mask, addr, i)
      ))
    }).fold(Map())((a, b) => a ++ b)             // ugly code, hit me if u have better codes

    val addr_mapping = (0 until num).map(i => {Map(
      MaskedRegMap(
        addr = addrBase + i,
        reg = addr(i),
        wmask = WritableMask,
        wfn = { if (i != num-1) entries(i).write_addr(entries(i+1).cfg, mask(i)) else entries(i).write_addr(mask(i)) },
        rmask = WritableMask,
        rfn = new PMPBase().read_addr(entries(i).cfg)
      ))
    }).fold(Map())((a, b) => a ++ b) // ugly code, hit me if u have better codes.

    cfg_mapping ++ addr_mapping
  }  ///end pmp_gen_mapping()
}  ///end trait PMPMethod
```

下面是由 trait PMAMethod 提供的 pma_init()，这个函数创建了 PMA 的全部表项，也就是香山芯片中整个存储地址空间的划分：

```
trait PMAMethod extends PMAConst {
  def pma_init() : (Vec[UInt], Vec[UInt], Vec[UInt]) = {
    def genAddr(init_addr: BigInt) = {
      init_addr.U((PMPAddrBits - PMPOffBits).W)
    }
    def genMask(init_addr: BigInt, a: BigInt) = {
```

```
    val match_mask_addr = (init_addr << 1) | (a & 0x1) | (((1 << PlatformGrain) - 1) >> PMPOffBits)
    val mask = ((match_mask_addr & ~(match_mask_addr + 1)) << PMPOffBits) | ((1 << PMPOffBits) - 1)
    mask.U(PMPAddrBits.W)
  }
  val num = NumPMA
  require(num >= 16)

  val cfg_list = ListBuffer[UInt]()
  val addr_list = ListBuffer[UInt]()
  val mask_list = ListBuffer[UInt]()

  def addPMA (base_addr: BigInt, range: BigInt = 0L,          // only use for napot mode
              l: Boolean = false, c: Boolean = false, atomic: Boolean = false,
              a: Int = 0, x: Boolean = false, w: Boolean = false, r: Boolean = false) = {
    val addr = if (a < 2) { shift_addr(base_addr) } else { get_napot(base_addr, range) }
    cfg_list.append(PMPConfigUInt(l, c, atomic, a, x, w, r))   ///这就是前面所说的那个object
    addr_list.append(genAddr(addr))
    mask_list.append(genMask(addr, a))
  }
        /// 函数pma_init()的核心在此：
  addPMA(0x0L, range = 0x1000000000L, c = true, atomic = true, a = 3, x = true, w = true, r = true)
  addPMA(0x0L, range = 0x80000000L, a = 3, w = true, r = true)    ///这两个区间就是我们在前面看到的
  addPMA(0x3C000000L, a = 1)                                      ///在0x80000000这个区间中还要分出好多子区间
  addPMA(0x3A001000L, a = 1, w = true, r = true)                  ///这些子区间的c标志位都是false，都不可缓存。
  addPMA(0x3A000000L, a = 1)
  addPMA(0x39002000L, a = 1, w = true, r = true)
  addPMA(0x39000000L, a = 1)
  addPMA(0x38022000L, a = 1, w = true, r = true)
  addPMA(0x38021000L, a = 1, x = true, w = true, r = true)        ///这个子区间的内容可以是指令但不可缓存
  addPMA(0x38020000L, a = 1, w = true, r = true)
  addPMA(0x30050000L, a = 1, w = true, r = true)                  // FIXME: GPU space is cacheable?
  addPMA(0x30010000L, a = 1, w = true, r = true)
  addPMA(0x20000000L, a = 1, x = true, w = true, r = true)        ///这个子区间的内容也可以是指令但不可缓存
  addPMA(0x10000000L, a = 1, w = true, r = true)
  addPMA(0)
  while (cfg_list.length < 16) { addPMA(0) }

  val cfgInitMerge = Seq.tabulate(num / 8)(i => {
    cfg_list.reverse.drop(8 * i).take(8).foldRight(BigInt(0L)) { case (a, result) =>
                                                  (result << a.getWidth) | a.litValue}.U(PMXLEN.W) })
  val addr = addr_list.reverse
  val mask = mask_list.reverse
  (VecInit(cfgInitMerge), VecInit(addr), VecInit(mask))
} ///end pma_init()

def get_napot(base: BigInt, range: BigInt): BigInt = {          ///napot意为“Naturally Aligned Power-Of-2”区间
```

```
    val PlatformGrainBytes = (1 << PlatformGrain)
    require((base % PlatformGrainBytes) == 0)
    require((range % PlatformGrainBytes) == 0)
    ((base + (range/2 - 1)) >> PMPOffBits)
  }  ///end get_napot()

  def match_mask(paddr: UInt, cfg: PMPConfig) = {
    val match_mask_addr: UInt = Cat(paddr, cfg.a(0)).asUInt() |
        (((1 << PlatformGrain) - 1) >> PMPOffBits).U((paddr.getWidth + 1).W)
    Cat(match_mask_addr & ~(match_mask_addr + 1.U), ((1 << PMPOffBits) - 1).U(PMPOffBits.W))
  }

  def shift_addr(addr: BigInt) = {
    addr >> 2
  }
}  ///end trait PMAMethod
```

注意这里对 addPMA()的调用。不管实际上需要划分几个区间，形式上一定要凑够 16 个，这是因为 CSR 寄存器组中有 16 个地址寄存器，如果所需要划分的还够不上 16 个，这里就通过 while 循环凑齐 16 个，把地址都设置成 0，表示本区间无效。

调用 addPMA()时作为参数给定的都是实际的物理地址，例如 0x1000000000 中就有 36 位的 0，那个 1 是在 bit36 上，越出了 36 位的范围，但是写入地址寄存器的数值都是经过编码的，所以这里要调用 shift_addr()或 get_napot()加以转换，具体的细节就不深入进去了。

至此，我们已经大致了解作为基础设施的 PMP/PMA 机制，下面就是怎么使用的问题了。

每当想要访问一个物理存储地址的时候，就要在一个 PMPReqBundle 上向 PMP 发出一个查询请求：

```
class PMPReqBundle (lgMaxSize: Int = 3)(implicit p: Parameters) extends PMPBundle {
  val addr = Output(UInt(PMPAddrBits.W))
  val size = Output(UInt(log2Ceil(lgMaxSize+1).W))        /// lgMaxSize定义为3
  val cmd = Output(TlbCmd())                               ///TlbCmd本是为MMU中的TLB定义的，借用于此，见下。

  def apply(addr: UInt, size: UInt, cmd: UInt) {
    this.addr := addr
    this.size := size
    this.cmd := cmd
  }

  def apply(addr: UInt) {    // req minimal permission and req align size
    apply(addr, lgMaxSize.U, TlbCmd.read)
  }
}  ///end class PMPReqBundle
```

这个请求中包含三个字段，其中 addr 就是目标地址，当然得是物理地址，如果手头只有虚拟地址就得先通过 TLB 加以转换；size 则是目标地址区间的大小，以字节为单位；最后一个字段 cmd，表示访问意图，是欲读/写，还是执行：

```
object TlbCmd {
  def read   = "b00".U
  def write = "b01".U
  def exec   = "b10".U

  def atom_read    = "b100".U                    // lr
  def atom_write = "b101".U                      // sc / amo

  def apply() = UInt(3.W)
  def isRead(a: UInt)   = a(1,0) === read
  def isWrite(a: UInt)  = a(1,0) === write
  def isExec(a: UInt)   = a(1,0) === exec

  def isAtom(a: UInt)   = a(2)
  def isAmo(a: UInt)    = a === atom_write       // NOTE: sc mixed
}  ///end object TlbCmd
```

可见，这是个 3 位的位段，其 bit2 表示是否原子（AMO）操作，然后 bit1 和 bit1 两位则是编码的，表示读、写或执行。

而 PMP 发回的响应，则是这样：

```
class PMPRespBundle(implicit p: Parameters) extends PMPBundle {
  val ld = Output(Bool())              ///表示可读（可执行LD指令）
  val st = Output(Bool())              ///表示可写（可执行ST指令）
  val instr = Output(Bool())           ///表示可执行（可以是指令）
  val mmio = Output(Bool())            ///表示目标单元在MMIO中，因而不可以缓存。
  val atomic = Output(Bool())          ///表示对此单元的访问可以是原子操作

  def |(resp: PMPRespBundle): PMPRespBundle = {       ///这是对OR算符‘|’，即函数|()的定义：
    val res = Wire(new PMPRespBundle())
    res.ld := this.ld || resp.ld
    res.st := this.st || resp.st
    res.instr := this.instr || resp.instr
    res.mmio := this.mmio || resp.mmio
    res.atomic := this.atomic || resp.atomic
    res
  }
}  ///end class PMPRespBundle
```

显然，这个答复解决了三个问题。首先是这个单元是否可以缓存，如果 mmio 为 false 就表示这个单元是可以缓存的，因此就应该通过指令缓存 ICache 或数据缓存 DCache 加以访问；否则就是在 MMIO 的区间里，是不可缓存的，那就得直接通过 MMIO 接口加以访问。第二个问题是访问权限，如果可读不可写，那目标单元就是在一个 ROM 中，不能写入；如果是 instr，即可执行，那就要通过 ICache 访问，否则就是通过 DCache 访问。第三个问题是对目标单元的访问是否可以是原子操作，如果不是，那对于某些指令，例如 amoadd 等的执行就是不安全的。可见，由 PMP 返回的信息是相当丰富的。

但是这 PMPReqBundle 和 PMPRespBundle 的另一端，却并不是在 PMP 中，而是在另一个模块 PMPCheck 中，这个模块对外的接口是 PMPCheckIO，里面就包含着 PMPReqBundle 和 PMPRespBundle：

```
class PMPCheckIO(lgMaxSize: Int)(implicit p: Parameters) extends PMPBundle {
  val check_env = Input(new PMPCheckerEnv())
  val req = Flipped(Valid(new PMPReqBundle(lgMaxSize)))            // usage: assign the valid to fire signal
  val resp = new PMPRespBundle()

  def apply (mode: UInt, pmp: Vec[PMPEntry], pma: Vec[PMPEntry], req: Valid[PMPReqBundle]) = {
    check_env.apply(mode, pmp, pma)          ///设置查询环境
    this.req := req
    resp
  }

  def req_apply(valid: Bool, addr: UInt): Unit = {
    this.req.valid := valid
    this.req.bits.apply(addr)
  }

  def apply(mode: UInt, pmp: Vec[PMPEntry], pma: Vec[PMPEntry], valid: Bool, addr: UInt) = {
    check_env.apply(mode, pmp, pma)          ///设置查询环境
    req_apply(valid, addr)
    resp
  }
}   //end class PMPCheckIO
```

除 PMPReqBundle 和 PMPRespBundle 外，这里还有个 PMPCheckerEnv，即检验环境，但这里面的信息并非来自查询方，而是创建时的具体设置。class PMPCheckerEnv 的定义是这样：

```
class PMPCheckerEnv(implicit p: Parameters) extends PMPBundle {
  val mode = UInt(2.W)
  val pmp = Vec(NumPMP, new PMPEntry())
  val pma = Vec(NumPMA, new PMPEntry())

  def apply (mode: UInt, pmp: Vec[PMPEntry], pma: Vec[PMPEntry]): Unit = {
    this.mode := mode
    this.pmp := pmp
    this.pma := pma
  }
}   ///end class PMPCheckerEnv
```

可见，mode、pmp、pma 三者的组合就构成一个具体的环境。这里的 pmp 和 pma 都是一排 PMPEntry 对象，即（区间）地址和区间配置（或属性）。这个具体环境是在创建 PMP 和 PMPChecker 时设置好的。以指令流水线前端 Frontend 所创建的 PMP 和 PMPChecker 为例，下面这个片段来自 FrontendImp 的初始化过程：

```
// pmp
  val pmp = Module(new PMP())
  val pmp_check = VecInit(Seq.fill(4)(Module(new PMPChecker(3, sameCycle = true)).io))   ///4路并行
  pmp.io.distribute_csr := csrCtrl.distribute_csr                 ///与CSR寄存器组挂上
  val pmp_req_vec = Wire(Vec(4, Valid(new PMPReqBundle())))
  pmp_req_vec(0) <> icache.io.pmp(0).req              ///把前端的4路PMPReqBundle分别与ICache和IFU挂上
  pmp_req_vec(1) <> icache.io.pmp(1).req
  pmp_req_vec(2) <> icache.io.pmp(2).req
  pmp_req_vec(3) <> ifu.io.pmp.req                    ///所以在IFU中也可以查询

  for (i <- pmp_check.indices) {
    pmp_check(i).apply (tlbCsr.priv.imode, pmp.io.pmp, pmp.io.pma, pmp_req_vec(i))
  }   ///调用PMPCheckIO.apply()函数，注意pmp_check是个PMPChecker.io的向量
```

注意这里的 pmp_check 并非 PMPChecker 对象的向量，而是 PMPChecker.io 的向量，即 PMPCheckIO 对象的向量，所以 for 循环中所调用的 apply()函数就是前面 class PMPCheckIO 中的那个 apply()函数，调用参数 mode 来自 tlbCsr.priv.imode，其实就是 TlbCsrBundle 中的 priv.imode，表明查询时所持的特权模式（用户态 U、监管态 S、机器态 M）；参数 pmp 和 pma 则来自 pmp.io 即 PMP.io（见前）中的 pmp 和 pma，两个都是 PMPEntry 向量，实际上就是给定了需要查询比对的地址范围和配置。

具体的 Check，即检验或查询，是由 PMPCheck 提供的，这个对象一般是与 PMP 对象同时创建（见上面的 pmp 和 pmp_check）：

```
[XSCoreBase > Frontend > FrontendImp > PMPChecker]
class PMPChecker (lgMaxSize: Int = 3, sameCycle: Boolean = false,
                leaveHitMux: Boolean = false, pmpUsed: Boolean = true) (implicit p: Parameters) extends PMPModule
                                                        with PMPCheckMethod with PMACheckMethod{
        ///在FrontendImp中创建PMPCheck对象pmp_check时，给定的参数sameCycle为true。
  require(!(leaveHitMux && sameCycle))          ///这两个参数不得同时为true
  val io = IO(new PMPCheckIO(lgMaxSize))

  val req = io.req.bits
  val res_pmp = pmp_match_res(leaveHitMux, io.req.valid) (req.addr, req.size, io.check_env.pmp, io.check_env.mode, lgMaxSize)
  val res_pma = pma_match_res(leaveHitMux, io.req.valid) (req.addr, req.size, io.check_env.pma, io.check_env.mode, lgMaxSize)

  val resp_pmp = pmp_check (req.cmd, res_pmp.cfg)
  val resp_pma = pma_check (req.cmd, res_pma.cfg)
  val resp = if (pmpUsed) (resp_pmp | resp_pma) else resp_pma
      ///如果参数pmpUsed为false（默认值是true），则只有PMA检验有效，PMP检验不起作用。

    if (sameCycle || leaveHitMux) {          ///这两个是电路生成时的参数，与电路中的信号无关：
      io.resp := resp                        ///只要sameCycle和leaveHitMux二者中至少有一个true，就是直接连接。
  } else {
      io.resp := RegEnable(resp, io.req.valid)   ///只有sameCycle和leaveHitMux同为false时才会插入寄存器
  }
}   ///end class PMPChecker
```

可以看出，PMPChecker 内部的电路是作为组合电路挂在输入 io.req 上，即时就会产生输出 io.resp，因为这一路上没有寄存器，也没有 io.req.valid 在起作用，所以从向其发出请求到得到其回应的整个过程都是在同一时钟节拍中完成的（sameCycle）；只是在参数 sameCycle 和 leaveHitMux 均为 false 的条件下才在输出端插入了一个寄存器，让输出晚一个节拍出现。

这里先调用 pmp_match_res()和 pma_match_res()，然后调用 pmp_check ()和 pma_check()，其中属于 PMP 的两个检验都由 trait PMPCheckMethod 提供，注意在实际调用时是对 pmp_match_res()的调用在先在前（见上面 class PMPChecker 的代码）：

```
trait PMPCheckMethod extends PMPConst {
  def pmp_check (cmd: UInt, cfg: PMPConfig) = {
    val resp = Wire(new PMPRespBundle)
    resp.ld := TlbCmd.isRead(cmd) && !TlbCmd.isAmo(cmd) && !cfg.r            ///ld表示load，从存储器读出。
    resp.st := (TlbCmd.isWrite(cmd) || TlbCmd.isAmo(cmd)) && !cfg.w          ///st表示store，向存储器写入。
    resp.instr := TlbCmd.isExec(cmd) && !cfg.x                               ///不可执行为何就是指令，存疑。
    resp.mmio := false.B
    resp.atomic := false.B
    resp
  }   ///end pmp_check()

  def pmp_match_res (leaveHitMux: Boolean = false, valid: Bool = true.B)
        (addr: UInt, size: UInt, pmpEntries: Vec[PMPEntry], mode: UInt, lgMaxSize: Int) = {
    val num = pmpEntries.size
    require(num == NumPMP)

    val passThrough = if (pmpEntries.isEmpty) true.B else (mode > 1.U)
    val pmpDefault = WireInit(0.U.asTypeOf(new PMPEntry()))
    pmpDefault.cfg.r := passThrough
    pmpDefault.cfg.w := passThrough
    pmpDefault.cfg.x := passThrough

    val match_vec = Wire(Vec(num+1, Bool()))
    val cfg_vec = Wire(Vec(num+1, new PMPEntry()))

    pmpEntries.zip(pmpDefault +: pmpEntries.take(num-1)).zipWithIndex.foreach{ case ((pmp, last_pmp), i) =>
      val is_match = pmp.is_match(addr, size, lgMaxSize, last_pmp)
      val ignore = passThrough && !pmp.cfg.l
      val aligned = pmp.aligned(addr, size, lgMaxSize, last_pmp)
      val cur = WireInit(pmp)
      cur.cfg.r := aligned && (pmp.cfg.r || ignore)
      cur.cfg.w := aligned && (pmp.cfg.w || ignore)
      cur.cfg.x := aligned && (pmp.cfg.x || ignore)
      match_vec(i) := is_match
      cfg_vec(i) := cur
    }

    // default value
```

```
    match_vec(num) := true.B
    cfg_vec(num) := pmpDefault

    if (leaveHitMux) {
      ParallelPriorityMux(match_vec.map(RegEnable(_, false.B, valid)), RegEnable(cfg_vec, valid))
    } else {   ///如果不采用leaveHitMux，就没有寄存器：
      ParallelPriorityMux(match_vec, cfg_vec)
    }
  }   ///end pmp_match_res()
}   ///end trait PMPCheckMethod
```

具体的流程就留给读者了，这里只是要说明：只要调用参数 leaveHitMux 是 false（默认值就是 false），这段流程中就没有寄存器，因而是组合电路。另外，leaveHitMux 只是电路生成时的参数，与运行时的信号没有关系。

与此类似，pma_match_res()和 pma_check()是由 trait PMACheckMethod 提供的：

```
trait PMACheckMethod extends PMPConst {          ///前面是PMPCheckMethod，这是PMACheckMethod。
  def pma_check (cmd: UInt, cfg: PMPConfig) = {
    val resp = Wire(new PMPRespBundle)
    resp.ld := TlbCmd.isRead(cmd) && !TlbCmd.isAtom(cmd) && !cfg.r                    ///为何cfg.r，存疑。
    resp.st := (TlbCmd.isWrite(cmd) || TlbCmd.isAtom(cmd) && cfg.atomic) && !cfg.w
    resp.instr := TlbCmd.isExec(cmd) && !cfg.x                                       ///为何cfg.x，存疑。
    resp.mmio := !cfg.c                ///如果配置中的c标志位为false，即不允许缓存(uncached)，则mmio为true。
    resp.atomic := cfg.atomic
    resp
  }

  def pma_match_res (leaveHitMux: Boolean = false, valid: Bool = true.B)
            (addr: UInt, size: UInt, pmaEntries: Vec[PMPEntry], mode: UInt, lgMaxSize: Int) = {
    val num = pmaEntries.size
    require(num == NumPMA)
    // pma should always be checked, could not be ignored
    // like amo and cached, it is the attribute not protection so it must have initialization.
    require(!pmaEntries.isEmpty)

    val pmaDefault = WireInit(0.U.asTypeOf(new PMPEntry()))
    val match_vec = Wire(Vec(num+1, Bool()))
    val cfg_vec = Wire(Vec(num+1, new PMPEntry()))

    pmaEntries.zip(pmaDefault +: pmaEntries.take(num-1)).zipWithIndex.foreach{
      case ((pma, last_pma), i) =>
      val is_match = pma.is_match(addr, size, lgMaxSize, last_pma)
      val aligned = pma.aligned(addr, size, lgMaxSize, last_pma)
      val cur = WireInit(pma)
      cur.cfg.r := aligned && pma.cfg.r
      cur.cfg.w := aligned && pma.cfg.w
```

```
      cur.cfg.x := aligned && pma.cfg.x
      cur.cfg.atomic := aligned && pma.cfg.atomic
      cur.cfg.c := aligned && pma.cfg.c
      match_vec(i) := is_match
      cfg_vec(i) := cur
    }

    match_vec(num) := true.B
    cfg_vec(num) := pmaDefault
    if (leaveHitMux) {
      ParallelPriorityMux(match_vec.map(RegEnable(_, false.B, valid)), RegEnable(cfg_vec, valid))
    } else {   ///如果不采用leaveHitMux，就没有寄存器：
      ParallelPriorityMux(match_vec, cfg_vec)
    }
  }  ///end pma_match_res()
}  ///end trait PMACheckMethod
```

同样，具体的流程就留给读者了，但是要说明：只要调用参数 leaveHitMux 是 false（默认值就是 false），这段流程中就没有寄存器，因而是组合电路。这意味着，只要查询信息出现在 PMPChecker 的输入端，查询结果即时（在同一个时钟节拍中）就会出现在它的输出端。这当然是很重要的。

注意前面 PMPChecker 的代码中，参数 pmpUsed 为 true 时（默认值就是 true）关于 PMP 检验的返回值才有作用，最后的返回值是(resp_pmp | resp_pma)，要不然就只是 resp_pma。

前面我们看到，FrontendImp 在创建 PMP 和 PMPChecker 时所创建的 PMP 对象只有一个，而 PMPChecker 对象却是 4 个，是个长度为 4 的向量。这意味着在同一个时钟节拍里有 4 对的 PMPReqBundle 和 PMPRespBundle 可以同时进行 4 个物理地址的查询检验，其中三对被连到了 ICache，还有一对被连到了 IFU。下面就是 ICache 模块用于 PMP 查询的接口：

```
class ICachePMPBundle(implicit p: Parameters) extends ICacheBundle{
  val req = Valid(new PMPReqBundle())
  val resp = Input(new PMPRespBundle())
}
```

ICache 之所以要与 PMP 之间要有三路这样的接口，显然是因为存在着在同一个时钟节拍中并行查询 3 个不同物理地址的需求。

另外，前一章中的 SoCMisc 内部创建了一个以 PMPChecker 为其核心的 TLPMA 类对象，这是个 LazyModule。SoCMisc 中创建 TLPMA 对象及与此相关的代码是这样：

```
class SoCMisc()(implicit p: Parameters) extends BaseSoC
                    with HaveAXI4MemPort with HaveAXI4PeripheralPort with PMAConst with HaveSlaveAXI4Port {
  …
  val pma = LazyModule(new TLPMA)                              ///TLPMA是带TileLink接口的PMA，见后。
  pma.node := TLBuffer.chainNode(4) := peripheralXbar          ///将peripheralXbar经TLBuffer绑定到TLPMA
                    ///pma.node是个TLRegisterNode（见后），所以在外设总线上表现为一组寄存器。
                    ///这样，在软件（应该是操作系统）中就可以读写这个寄存器。
```

```
  lazy val module = new LazyModuleImp(this){
    …
    val cacheable_check = IO(new TLPMAIO)                    ///用于查询的Bundle是cacheable_check
    pma.module.io <> cacheable_check
    …
} ///end class SoCMisc
```

这里创建了一个 TLPMA 对象 pma，并将其经过 TLBuffer 挂在 peripheralXbar 上，这中间要经过 Diplomacy 的参数一致化。

从 TLPMA 这个名称看，这似乎是个带 TileLink 接口的 PMA 查询单元，但从代码中看它在结构拓扑图中是个 TLRegisterNode，因而在 TileLink 的总线上变现为一组寄存器，就像外设一样可以在软件中对其进行管理和控制。这一组寄存器的表现就是 pma.node，这里通过 TLBuffer 挂在 TileLink 的总线上，即 peripheralXbar 上。

关于 TLRegisterNode，rocket-chip 的代码中有这么一段注释，比较说明问题：

```
/** TLRegisterNode is a specialized TL SinkNode that encapsulates MMIO registers.
  * It provides functionality for describing and outputting metdata about the registers in several formats.
  * It also provides a concrete implementation of a regmap function that will be used
  * to wire a map of internal registers associated with this node to the node's interconnect port.
  */
```

然而，尽管 TLPMA 对象的一组控制/状态寄存器确实是作为外设挂在 TileLink 的总线上；但是实际的查询却并不经过 TileLink，而另有一个 req/resp 查询接口。经由 TileLink 访问 TLPMA 对象的控制/状态寄存器是很费时的，绝非实时（在同一个时钟节拍中）就可办到，而物理地址的查询却要求在同一个时钟节拍中完成，这就注定了对 TLPMA 的查询实际上不可能经过 TileLink。TLPMA 的查询接口是 TLPMAIO：

```
class TLPMAIO(implicit val p: Parameters) extends Bundle with PMAConst {
  val req = Vec(mmpma.num, Flipped(Valid(new PMPReqBundle(mmpma.lgMaxSize))))          ///这是有valid信号的
  val resp = Vec(mmpma.num, new PMPRespBundle())                                         ///mmpma.num定义为2
}
```

这个 Bundle 的一端连接到 pma.module.io，另一端由 SoCMisc 的上一层即 XSTop 将其连接到其自身的外部接口，也叫 cacheable_check。当然，XSTop 的这个 cacheable_check 的类型也是 TLPMAIO：

```
    misc.module.cacheable_check <> io.cacheable_check        ///这 io 是 XSTop 的 io，这是在 XSTop 的代码中。
```

这样，cacheable_check 这个 TLPMAIO 就呈现在了整个香山 SoC 的外部接口上，外部设备可以通过这个接口访问这个 TLPMA 对象 pma。这也说明，外接设备上有可能需要查询 SoC 芯片上的物理地址，事实上 DMA 设备就可能会有这样的要求。

TLPMA 的代码是这样：

```
[TopMain > XSTop > BaseXSSoc > SoCMisc > TLPMA]
class TLPMA(implicit p: Parameters) extends LazyModule with PMAConst with MMPMAMethod{
  val node = TLRegisterNode(address = Seq(AddressSet(mmpma.address, mmpma.mask)),
                          device = new SimpleDevice("mmpma", Nil), concurrency = 1, beatBytes = 8)
```

```
  lazy val module = new LazyModuleImp(this) {
    val io = IO(new TLPMAIO)
    val req = io.req                          ///req就是io.req
    val resp = io.resp                        ///resp就是io.resp

    val (cfg_map, addr_map, pma) = gen_mmpma_mapping(NumPMA)              ///NumPMA=16，挂上CSR。
    node.regmap(                              ///上述TLRegisterNode中的寄存器，来自CSR：
      0x0000 -> RegFieldGroup("MMPMA_Config_Register", desc = Some("MMPMA configuation register"), regs = cfg_map ),
      // still blank space here, fix it
      0x0100 -> RegFieldGroup("MMPMA_Address_Register", desc = Some("MMPMA Address register"), regs = addr_map)
    )

    val pma_check = VecInit(Seq.fill(mmpma.num) ( Module(new PMPChecker(mmpma.lgMaxSize, mmpma.sameCycle, false)).io ))
                                                                  ///mmpma.num=2，所以有两个PMPChecker。
    pma_check.map(_.check_env.apply(mmpma.lgMaxSize.U, pma /*placeHolder*/, pma))
    for (i <- 0 until mmpma.num) {            ///mmpma.num=2
      pma_check(i).req_apply(req(i).valid, req(i).bits.addr)          ///输入req受valid信号控制
      resp(i) := pma_check(i).resp
    }
  }
}  //end class TLPMA
```

这里调用的函数 gen_mmpma_mapping()由 trait MMPMAMethod 提供，其作用是与 CPU 核中的控制状态寄存器 CSR 挂上钩，具体代码就留给读者了：

```
trait MMPMAMethod extends PMAConst with PMAMethod with PMPReadWriteMethodBare {
  def gen_mmpma_mapping(num: Int) = {
    val pmaCfgPerCSR = PMXLEN / new PMPConfig().getWidth
    def pmaCfgLogicIndex(i: Int) = (PMXLEN / 32) * (i / pmaCfgPerCSR)
    def pmaCfgIndex(i: Int) = (i / pmaCfgPerCSR)

    val pma = Wire(Vec(num, new PMPEntry))
    /* pma init value */
    val init_value = pma_init()

    val pmaCfgMerged = RegInit(init_value._1)
    val addr = RegInit(init_value._2)
    val mask = RegInit(init_value._3)
    val cfg = WireInit(pmaCfgMerged).asTypeOf(Vec(num, new PMPConfig()))
    //   pmaMask are implicit regs that just used for timing optimization
    for (i <- pma.indices) { pma(i).gen(cfg(i), addr(i), mask(i)) }

    val blankCfg = PMXLEN == 32
    val cfg_index_wrapper = (0 until num by 4).zip((0 until num by 4).map(a => blankCfg || (a % pmaCfgPerCSR == 0)))
    val cfg_map = (cfg_index_wrapper).map{ case(i, notempty) => {
      RegField.apply(n = PMXLEN, r = RegReadFn{(ivalid, oready) =>
```

```
            val r_ready = Wire(Bool())
            val o_valid = Wire(Bool())
            val v_reg = ValidHold(r_ready && ivalid, o_valid && oready, false.B)
            r_ready := !v_reg
            o_valid := v_reg
            if (notempty) { (r_ready, o_valid, pmaCfgMerged(pmaCfgIndex(i))) }
            else { (r_ready, o_valid, 0.U) }
         }, w = RegWriteFn((valid, data) => {
            if (notempty) { when (valid) { pmaCfgMerged(pmaCfgIndex(i)) := write_cfg_vec(mask, addr, i)(data) } }
            true.B
         }), desc = RegFieldDesc(s"MMPMA_config_${i}", s"pma config register #${i}"))
      }}    ///end val cfg_map

      val addr_map = (0 until num).map{ i => {
         val next_cfg = if (i == 0) 0.U.asTypeOf(new PMPConfig()) else cfg(i-1)
         RegField (n = PMXLEN, r = ZeroExt(read_addr(cfg(i))(addr(i)), PMXLEN),
            w = RegWriteFn((valid, data) => {
               when (valid) { addr(i) := write_addr(next_cfg, mask(i))(data(addr(0).getWidth-1, 0), cfg(i), addr(i))}
               true.B
            }),
            desc = RegFieldDesc(s"MMPMA_addr_${i}", s"pma addr register #${i}")
         )
      }}    ///end val addr_map
      (cfg_map, addr_map, pma)
   }   ///end gen_mmpma_mapping()
}   ///end trait MMPMAMethod
```

另外，这里用到的参数 PMParameters：

```
case class PMParameters (NumPMP: Int = 16, NumPMA: Int = 16,
            PlatformGrain: Int = log2Ceil(4*1024), // 4KB, a normal page
            mmpma: MMPMAConfig = MMPMAConfig (address = 0x38021000, mask = 0xfff,
                                              lgMaxSize = 3, sameCycle = true, num = 2)
)   ///注意这个class的定义没有花括号部分，就是那几个构造参数就够了。
```

前面引用过很多次的mmpma就是出自这里，不过已在trait HasPMParameters中将其引入所在class内部，而trait PMPConst和trait PMAConst都是trait HasPMParameters的子类，所以可以在代码中直接加以引用。

最后还要说明，像PMP一样作为基础设施，常要用到的还有MMU中的TLB，不过对TLB我们就不提前介绍了，因为读者对TLB这个机制，即虚存地址到物理地址的转换，多少还是有点了解的，无论计算机组成还是操作系统课程中对此都有介绍，所以不妨暂时就把它看成一个黑盒子，知道其地址映射的功能就行。其实PMP/PMA的作用就是从TLB中剥离出来的；这样一来是降低了TLB的成本，二来是保证了即使不用MMU/TLB也有PMP/PMA的功能存在，如前所述这对采用MMIO方案的系统结构很重要。

第 17 章

香山 SoC 的指令缓存 ICache

按理说指令缓存 ICache 属于存储子系统，是存储子系统中 1 级（L1）缓存的一部分。之所以要有指令缓存 ICache（以及数据缓存 DCache），有下述两个原因。

首先计算机的内存（主存）都是以“动态 RAM”即 DRAM 芯片实现的，其读写速度与 CPU 芯片的速度有量级上的差别，双方的速度完全不能匹配。而高速缓存都采用“静态 RAM”即 SRAM 芯片，或者就用 SRAM 技术直接集成在 CPU 芯片上，其速度可以与 CPU 的电路匹配。但是 SRAM 的价格比 DRAM 也有量级的差别，用 SRAM 实现庞大的计算机内存是不现实的(有些内存很小的嵌入式系统中确实有此可能)。所以，与庞大的内存相比，用 SRAM 实现的高速缓存是很小一块，只能暂时“缓存”主存中的很小一部分内容而动态加以调度。但是，无论是指令的执行还是对数据的访问都有很大的局部性和密集性，往往在一段时间里都集中在某几个部位，如果能把这几个部位的内容缓存在 ICache 或 DCache 中，CPU 对缓存的访问还是可以达到较高的“命中率”，真要不能命中就临时去主存调入。对主存内容的有选择缓存就好比批发与零售的关系，又好像就近建了个小仓库，根据需要去大仓库“批发进货”，以满足消费要求，如果消费的需求变了就另外再去进一批货来。

其次，DRAM 芯片的随机访问速度虽然很低，但是却提供一种相对高速的“阵发（Burst）”读写模式。阵发模式的读写不同于一般的“单打一”随机读写，而是给定一个起点就连续读写好多次（具体次数取决于芯片和系统的设计），所接连读写的是一小块数据而不是“打一枪换个地方”式的单项数据读写，但是速度要高很多。显然，这也正好符合上述数据“批发”的需要。对 DRAM 主存进行一次阵发模式读写的数据块大小是固定的，一般是 512 位即 64 字节，称为一个 cacheline，直译成中文就是“缓冲线”或“缓冲行”，都不是太好，其实还不如称之为缓存块更合适。现在 1GB 的内存一点不稀奇了，就算高速缓存的容量能达到 1MB（一般只是几十 KB），也只是千分之一，可见缓存与主存之间一定会有很频繁的调度，缓存与主存之间的 swap 即内容的换进换出是十分频繁的。

而香山 CPU 的取指，则也是成块读取，每次读入的是一个指令块而不是单条指令。事实上，宽度大于 1 的超标量流水线结构就决定了取指不可能是单条指令的读取。在香山的设计中，指令块的大小是 256 位即 32 字节，正好是半个缓存块的大小。但是指令块的起点通常都不会正好与 cacheline 即缓存块的边界对齐，所以就有可能跨两个 cacheline，这意味着一次取指可能涉及对两个缓存块的读出，因而 ICache 必须是“双口”缓存，就是可以通过两个读出端口（Port）同时对两个缓存块独立进行读出的缓存模块。这也说明，一次取指所需的指令块总是要从一个或两个缓存块中“切割”出来，但是 ICache 并不承担这个义务，它只是把两个 cacheline 交给前端，由前端自己去切割。

所以，严格说来 ICache 其实不属于 CPU 的指令流水线，理应放在后面专讲存储子系统的章节里加以介绍。然而指令缓存与前端的取指令密不可分，又是在 class Frontend 中创建的；不大致搞清 ICache 就难以理解指令流水线的前端，所以把指令缓存提上前来先作介绍。

进入香山种种具体结构模块的代码，我们便进入了“深水区”，这些模块的外部接口上常常有许多嵌套定义的 Bundle，一个 Bundle 中套着另一个 Bundle；如果不把这些接口的定义放在可以一目了然的上下文中，单独去看这些 Bundle 的定义就很难抓住实质，实际上也记不住，看到后面就忘了前面。所以这里以摘要的形式把 ICache 的主要外部接口及其嵌套定义逐层展开，罗列在一起，希望能收到一目了然的效果。但是注意这只是个摘要：

ICacheIO

```
    ICacheMainPipeBundle          ///来自 Ftq 的取指命令和取指回应，直接连到取指主管道。
        FtqToICacheRequestBundle                    ///来自 Ftq 的取指命令
            val pcMemRead = Vec(5, new FtqICacheInfo)       ///见后面详述。注意有 5 份 FtqICacheInfo。
            val readValid = Vec(5, Bool())
        ICacheMainPipeResp                          ///发往 IFU 的取指回应，见前面 NewIFUIO 中 IFUICacheIO 的 resp。
            val vaddr = UInt(VAddrBits.W)                   ///虚存地址
            val registerData = UInt(blockBits.W)            ///blockBit=512，ICache 不命中，来自寄存器 MSHR。
            val sramData = UInt(blockBits.W)                ///所取指令在 ICache 命中，来自 SRAM。
            val select = Bool()                             ///表示 sramData 有效或 registerData 有效
            val paddr = UInt(PAddrBits.W)                   ///物理地址
            val tlbExcp = new Bundle{val pageFault = Bool(), val accessFault = Bool(), val mmio = Bool()}
                    ///表示是否发生页面异常和访问异常；mmio 表示目标不在缓存，须通过 MMIO 从外设读取。
    FtqPrefechBundle          ///来自 Ftq 的预取指令:
        PrefetchRequest                             ///这是来自 Ftq 的 Prefetch，即预取指令要求
            val target = UInt(VAddrBits.W)
    ICachePMPBundle                                 ///与 PMP 的交互，用于物理地址查询：
        PMPReqBundle                                        ///ICache 发送物理地址给 PMP 要求验证。
            val addr = Output(UInt(PMPAddrBits.W))
            val size = Output(UInt(log2Ceil(lgMaxSize+1).W))
            val cmd = Output(TlbCmd())
        PMPRespBundle                                       ///PMP 发回 ICache 的验证结果
            val ld = Output(Bool())
            val st = Output(Bool())
            val instr = Output(Bool())
            val mmio = Output(Bool())
            val atomic = Output(Bool())
    TlbRequestIO          ///与 TLB 交互，用于虚存地址到物理地址的映射：
        TlbReq                                              ///ICache 发给 TLB 的地址转换请求
            val vaddr = Output(UInt(VAddrBits.W))                   ///有待转换的虚存地址
            TlbCmd:  read::write::exec::atom_read::atom_write       ///对于访问权限的要求
            MemBlockidxBundle
                val is_ld = Bool()                                  ///因 load（读内存）指令
                val is_st = Bool()                                  ///因 store（写内存）指令
                val idx
        TlbResp                                             ///TLB 发回 ICache 的转换结果
            val paddr = Vec(nDups, Output(UInt(PAddrBits.W)))           ///所映射的物理地址
            val miss = Output(Bool())                                   ///在 TLB 中没有找到映射
            val fast_miss = Output(Bool())      //without sram part for timing optimization
    L1CacheToCsrIO          ///与控制状态寄存器 CSR 的交互：
            DistributedCSRIO
            DistributedCSRUpdateReq
```

从信息流通，从命令/响应的角度，IcacheMainPipeBundle 和 FtqPrefechBundle 来自 ICache 的上游/上层方向，与 PMP 和 TLB 的接口则在下游方向，但是真正的下游这里看不到，那是在 ICache 内部。下面是外部接口 ICacheIO 的完整定义：

```
class ICacheIO(implicit p: Parameters) extends ICacheBundle {
  val hartId = Input(UInt(8.W))                                    ///表示这个ICache属于哪一个CPU核
  val prefetch    = Flipped(new FtqPrefechBundle)                  ///来自Ftq的预取请求
  val stop        = Input(Bool())
  val fetch       = new ICacheMainPipeBundle                       ///来自Ftq，但是其中反向的响应去向IFU，见IFU中的。
  val toIFU       = Output(Bool())
  val pmp         = Vec(PortNumber + 1, new ICachePMPBundle)       ///与PMP之间的接口，PortNumber定义为2。
  val itlb        = Vec(PortNumber + 1, new TlbRequestIO)          ///与TLB之间的接口
  val perfInfo    = Output(new ICachePerfInfo)
  val error       = new L1CacheErrorInfo
  /* Cache Instruction */
  val csr         = new L1CacheToCsrIO
  /* CSR control signal */
  val csr_pf_enable          = Input(Bool())
  val csr_parity_enable      = Input(Bool())
}
```

知道了 ICache 的外部接口，我们就可以看 class ICache 的代码了，这是个 LazyModule（NewIFU 不是）：

[XSCoreBase > Frontend > ICache]

```
class ICache()(implicit p: Parameters) extends LazyModule with HasICacheParameters {
  val clientParameters = TLMasterPortParameters.v1(
    Seq(TLMasterParameters.v1( name = "icache",
      sourceId = IdRange(0, cacheParams.nMissEntries + cacheParams.nReleaseEntries),
      supportsProbe = TransferSizes(blockBytes),
      supportsHint = TransferSizes(blockBytes)
    )),
    requestFields = cacheParams.reqFields,
    echoFields = cacheParams.echoFields
  )
  val clientNode = TLClientNode(Seq(clientParameters))             ///这是对SourceNode的扩充

  lazy val module = new ICacheImp(this)
}  ///end class ICache
```

首先我们注意到 ICache 是个 LazyModule，说明这是个需要有参数协调的模块。可是 ICache 与指令流水线前端的 Ftq 和 IFU 之间并无参数协调，Ftq 和 IFU 也压根就不是 LazyModule，ICache 与 Ftq 和 IFU 之间，是专门定义的接口，并不使用 TileLink，也不参与 Diplomacy 协调。所以，ICache 要有参数协调就只能是在面向存储子系统的这一边。另外，从代码中可见，ICache 表现为一个 clientNode，处于 Master 的地位，处于上游，那么处于其下游的是什么模块呢？指令缓存 ICache 与数据缓存 DCache 同属 1 级缓存，它们的下方就是 2 级（二层）缓存，在香山的芯片上就是 HuanCun。对此，我们可以看一下与此相关的一些代码片段，一

方面可以证实这一点，另一方面也可明白 ICache 在整个 SoC 全局中的位置。首先是 class XSTile：

```
class XSTile()(implicit p: Parameters) extends LazyModule with HasXSParameter with HasSoCParameter {
  private val core = LazyModule(new XSCore())              ///ICache是在core内部的frontend里创建的，所以是core.frontend.icach。
  private val misc = LazyModule(new XSTileMisc())          ///misc内部创建了一层缓存总线l1_xbar，还有个用于统计的busPMU。
  private val l2cache = coreParams.L2CacheParamsOpt.map(l2param =>      ///二层缓存也是在这里创建
    LazyModule(new HuanCun()(new Config((_, _, _) => {
      case HCCacheParamsKey => l2param.copy(enableTopDown = env.EnableTopDown)
    })))
  )  ///二层缓存l2cache是个HuanCun模块
  …
  misc.busPMU := TLLogger(s"L2_L1I_${coreParams.HartId}", !debugOpts.FPGAPlatform) :=
                                                        l1i_to_l2_buf_node := core.frontend.icache.clientNode
          ///由此可见，core.frontend.icache.clientNode绑定到l1i_to_l2_buf_node，这显然是从L1的I到L2的缓冲节点。
          ///然后l1i_to_l2_buf_node又辗转绑定到misc.busPMU。
  …
  l2cache match {
    case Some(l2) =>
      misc.l2_binder.get :*= l2.node :*= TLBuffer() :*= TLBuffer() :*= misc.l1_xbar   ///一层总线l1_xbar的输出被绑定到l2cache
      …
    case None =>
  }
  …
}  ///end class XSTile
```

这里，core.frontend.icache.clientNode 被辗转绑定到 misc.busPMU，misc.busPMU 实施用于统计，但是这个模块在 class XSTileMisc 内部被绑定到一层缓存总线 l1_xbar：

```
class XSTileMisc()(implicit p: Parameters) extends LazyModule with HasXSParameter with HasSoCParameter {
  …
  val l1_xbar = TLXbar()
  …
  val busPMU = BusPerfMonitor(enable = !debugOpts.FPGAPlatform)
  l1_xbar :=* busPMU
}
```

这样，我们就明白了，ICache 的下方是通过一个充当总线的 TLXbar 连到了 2 级缓存 l2cache，这个 l2cache 是个 HuanCun 模块。在 Diplomacy 的参数协调中，则 ICache 处于上游的源头，起着 SourceNode 的作用。另外，ICache 只与 l1i_to_l2_buf_node 一个模块直接绑定，所以只有一个输出边。

ICache 的硬件描述则全在 ICacheImp 中。ICache 中有两个存储阵列（Array），一个就是缓存数据的阵列即 dataArray，另一个是与之配套的“元数据（Meta）”阵列 metaArray。所谓“元数据”，其实就是索引信息，索引信息也是一种数据。缓存数据是以 cacheline 即“缓冲线”（或者也可以称“缓冲行”）为单位缓存在 dataArray 中，而关于这个 cacheline 的索引信息则保存在 metaArray 中，访问的时候要先经过 metaArray 才能知道缓存在 dataArray 中的 cacheline 所在的“槽位（slot）”。对 ICache 的访问要通过合适的管道（pipe）进行。ICache 中有两个不同的管道。第一个是用来从 ICache 读出数据的“主管道”即 mainPipe，那就是用于对这两个存储阵列的访问。第二个是用来预取指令的“预取管道”prefetchPipe，所谓“预取(prefetch)”其实并不真的把指令读入流水线，而只是提示 ICache 及早把目标所在的 cacheline 调进缓存。另外，与 cacheline 管理相关的还有个 missUnit，专门处理当所要读取的 cacheline 不在缓存中，因而在缓存中“不命中(miss)”时的情况。

指令缓存的最鲜明的特点，就是只读，这就无需考虑存储一致性和协同性的问题。比方说，如果在 ICache 中不能命中，需要把一个 cacheline 调入缓存，而缓存中已满，这时候就要从缓存中“退役”一个 cacheline，以腾出空间。如果是可写的 cachline，此时就可能有回写的问题，可是因为是只读就变得很简单，只要从缓存中“抹掉”一个 cacheline 就行。另外，我们在 TileLink 一章中看到，为保证存储协同性，存储子系统拓扑图中位于下方的节点会向上方节点发出 Probe 命令，让上方节点降低对某个 cacheline 的访问权限，但是既然 ICache 中的 cacheline 本来就是只读，也就没有了这个必要。

下面是 class ICacheImp 的代码：

```
[XSCoreBase > Frontend > ICache > ICacheImp]
class ICacheImp(outer: ICache) extends LazyModuleImp(outer) with HasICacheParameters with HasPerfEvents {
  val io = IO(new ICacheIO)
  val (bus, edge) = outer.clientNode.out.head     ///bus是个TLBundle，接到下方的L2缓存。

  val metaArray      = Module(new ICacheMetaArray)               ///ICache内部的Meta数据即控制数据阵列
  val dataArray      = Module(new ICacheDataArray)               ///ICache内部的数据缓存阵列
  val mainPipe       = Module(new ICacheMainPipe)                ///从ICache取指/读出的主管道，向上代表着整个ICache
  val missUnit       = Module(new ICacheMissUnit(edge))          ///ICache的脱靶（不命中）处理单元，向下代表着ICache
  val prefetchPipe   = Module(new IPrefetchPipe)                 ///ICache的预取指令Prefetch管道，与mainPipe平行
        ///以上5项是ICache内部的五大构件，两个Array用来存储数据和索引，mainPipe与指令流水线前端相接。
  val meta_read_arb  = Module(new Arbiter(new ICacheReadBundle, 2))                    ///元数据读出仲裁器
          ///元数据读出仲裁器要解决的问题是主管道与预取管道二者的同时读出
  val data_read_arb  = Module(new Arbiter(Vec(partWayNum, new ICacheReadBundle), 1))   ///数据读出仲裁器
          ///数据读出仲裁器要解决的是多个来源对单个读出者，partWayNum在trait HasICacheParameters中定义为4。
  val meta_write_arb = Module(new Arbiter(new ICacheMetaWriteBundle(), 1))             ///元数据写入仲裁器
          ///元数据写入仲裁器要解决的是多个写入者对单个目标（即元数据阵列）的写入竞争

  meta_read_arb.io.in(0) <> mainPipe.io.metaArray.toIMeta          ///主管道与元数据读出仲裁器之间的连接
  meta_read_arb.io.in(1) <> prefetchPipe.io.toIMeta                ///预取管道与元数据读出仲裁器之间的连接
  metaArray.io.read <> meta_read_arb.io.out                        ///元数据阵列与元数据读出仲裁器之间的连接
  mainPipe.io.metaArray.fromIMeta <> metaArray.io.readResp         ///主管道与元数据阵列之间的连接
  prefetchPipe.io.fromIMeta <> metaArray.io.readResp               ///预取管道与元数据阵列之间的连接

  data_read_arb.io.in(0) <> mainPipe.io.dataArray.toIData          ///主管道与数据阵列之间是读数据仲裁器（似乎多余）
  dataArray.io.read <> data_read_arb.io.out                        ///读数据仲裁器输出端与数据阵列之间的连接
  mainPipe.io.dataArray.fromIData <> dataArray.io.readResp         ///数据阵列的输出连接到主管道

  mainPipe.io.respStall := io.stop                                 ///主管道的读出可以被暂停
  io.perfInfo := mainPipe.io.perfInfo

  meta_write_arb.io.in(0) <> missUnit.io.meta_write                ///missUnit在把cacheline调入缓存时需要写元数据
                                                                   ///但meta_write_arb似乎多余
  metaArray.io.write.valid    := RegNext(meta_write_arb.io.out.valid, init =false.B)   ///对元数据阵列的写入来自meta_write_arb
```

```
metaArray.io.write.bits      := RegNext(meta_write_arb.io.out.bits)
meta_write_arb.io.out.ready := true.B

dataArray.io.write.valid     := RegNext(missUnit.io.data_write.valid, init =false.B)
dataArray.io.write.bits      := RegNext(missUnit.io.data_write.bits)              ///对数据阵列的写入来自missUnit
missUnit.io.data_write.ready := true.B

mainPipe.io.csr_parity_enable := io.csr_parity_enable          ///通过CSR可以控制ICache中奇偶校验的开启或关闭

if(cacheParams.hasPrefetch){    ///ICache是否支持Prefetch可以配置，XSCoreParameters中配置其为true。
  prefetchPipe.io.fromFtq <> io.prefetch                       ///来自Ftq的prefetch接口与prefetchPipe的连接
  when(!io.csr_pf_enable){                                     ///通过CSR可以关断prefetchPipe
    prefetchPipe.io.fromFtq.req.valid := false.B
    io.prefetch.req.ready := true.B
  }
} else {
  prefetchPipe.io.fromFtq <> DontCare                          ///也可以配置不要prefetchPipe
}

io.pmp(0) <> mainPipe.io.pmp(0)                                /// mainPipe与PMP的连接
io.pmp(1) <> mainPipe.io.pmp(1)
io.pmp(2) <> prefetchPipe.io.pmp                               /// prefetchPipe与PMP的连接

prefetchPipe.io.prefetchEnable := mainPipe.io.prefetchEnable   ///主管道可以开启或关闭预取管道
prefetchPipe.io.prefetchDisable := mainPipe.io.prefetchDisable

//notify IFU that Icache pipeline is available
io.toIFU := mainPipe.io.fetch.req.ready                        ///发往IFU的ready信号来自mainPipe

io.itlb(0) <> mainPipe.io.itlb(0)                              ///mainPipe和prefetchPipe都需要有虚存地址映射
io.itlb(1) <> mainPipe.io.itlb(1)                              ///虚存地址映射由组合电路实现，可以实时完成。
io.itlb(2) <> prefetchPipe.io.iTLBInter

io.fetch.resp <> mainPipe.io.fetch.resp                        ///ICache对IFU的输出来自mainPipe

for(i <- 0 until PortNumber){                     ///主管道与MSHR间的请求/响应有两路，对其中的每一路：
  missUnit.io.req(i) <> mainPipe.io.mshr(i).toMSHR             ///MSHR意为Miss Status Holding Registers
  mainPipe.io.mshr(i).fromMSHR <> missUnit.io.resp(i)          ///from MSHR实际上是from missUnit
}       ///主管道所认为的MSHR，其实是由missUnit实现的

missUnit.io.prefetch_req <> prefetchPipe.io.toMissUnit.enqReq  ///预取管道的预取操作也是通过missUnit实现的
missUnit.io.hartId := io.hartId
prefetchPipe.io.fromMSHR <> missUnit.io.prefetch_check         ///预取管道的toMissUnit/fromMSHR配对

bus.b.ready      := false.B
bus.c.valid      := false.B
```

```
  bus.c.bits        := DontCare
  bus.e.valid       := false.B
  bus.e.bits        := DontCare
  bus.a <> missUnit.io.mem_acquire                    ///bus就是ICache与下层之间的TLBundle
  // connect bus d       ///missUnit从下层读入的数据是从bus的d通道上到来的：
  missUnit.io.mem_grant.valid := false.B
  missUnit.io.mem_grant.bits   := DontCare
  //Parity error port
  val errors = mainPipe.io.errors
  io.error <> RegNext(Mux1H(errors.map(e => e.valid -> e)))          ///这个e代表errors中的一项

  mainPipe.io.fetch.req <> io.fetch.req                    ///由主管道接收来自Ftq的取指命令
  bus.d.ready := false.B
  missUnit.io.mem_grant <> bus.d                    ///d通道上的数据来自2级缓存，由missUnit接收。

  …       ///性能统计从略
  // Customized csr cache op support      ///ICache与CSR之间的交互：
  val cacheOpDecoder = Module(new CSRCacheOpDecoder("icache", CacheInstrucion.COP_ID_ICACHE))
  cacheOpDecoder.io.csr <> io.csr
  dataArray.io.cacheOp.req := cacheOpDecoder.io.cache.req
  metaArray.io.cacheOp.req := cacheOpDecoder.io.cache.req
  cacheOpDecoder.io.cache.resp.valid := dataArray.io.cacheOp.resp.valid ||
          metaArray.io.cacheOp.resp.validcacheOpDecoder.io.cache.resp.bits := Mux1H(List(dataArray.io.cacheOp.resp.valid ->
                    dataArray.io.cacheOp.resp.bits, metaArray.io.cacheOp.resp.valid -> metaArray.io.cacheOp.resp.bits,))
  cacheOpDecoder.io.error := io.error
  assert(!((dataArray.io.cacheOp.resp.valid +& metaArray.io.cacheOp.resp.valid) > 1.U))
  // fencei
  metaArray.io.fencei := io.fencei
  missUnit.io.fencei := io.fencei
}  ///end class ICacheImp
```

代码中加了许多注释，应该容易理解。这里 data_read_arb 和 meta_write_arb 似乎多余，这两个仲裁器都有多个输入，但都只有 io.in(0)有电路连接，一个输入对一个输出，应该不存在仲裁的问题，不知有何深意。

指令缓存 ICache 的核心是两个数组（存储阵列），即 ICacheDataArray 和 ICacheMetaArray。两个数组本质上都是存储器，只是所存储的信息不同，从而作用也不同。所以，这两个数组的根源都是抽象类 ICacheArray：

```
abstract class ICacheArray(implicit p: Parameters) extends XSModule with HasICacheParameters
case class ICacheParameters (nSets: Int = 256, nWays: Int = 8, …){…}
```

显然，除从 trait HasICacheParameters 继承了许多参数以外，其实那就是 XSModule。而 ICacheMetaArray 和 ICacheDataArray 都是对这个抽象类的扩充。另外，香山代码中还有个 class ICacheParameters，里面定义了一些参数，其中最重要的是 nSets 和 nWays 两个参数。

从原理上说，理想的缓存是完全的“按内容寻访存储器”即 CAM，也称“相关存储器”。缓存着的数据块都有个起始地址，在缓存中与该数据块的内容按“键-值对”的方式任意存放；给定一个地址，就在 ICache

中同时进行对于所有键字段即地址的比对，立刻就找出这个地址所对应的数据块，这当然是很理想的。但是造价实在太高了，因为相关存储器是通过比较器实现的，一项39位的虚存地址就是一个39位比较器，而ICache中有那么多的数据块（假定 ICache 的容量是 64KB，那就是 1024 个缓存块），这个代价太高了。但是显然又不能逐项比对，那样延迟又太大了。

所以一般都采用一种折中的办法，就是把存储空间划分成许多固定大小的集合即 set，并以缓存块起始地址中的一段作为其所属集合的号码。来自每个 set 的缓存块在缓存中的存放区域都是固定的，于是只要根据目标地址所属的 set 一下子就可以在缓存中找到这个 set 所在的区域。但是对于同一个 set 只缓存最多 n 个数据块，因而在每个区域中就有 n 个“键-值对”，并称此 n 为“way”。对于 way 这个词，不妨理解成“槽位”；每个集合中有几个 way，就是为每个集合提供的槽位数量。所以，nSets 和 nWays 这两个参数的物理意义就是：把整个内存空间划分成几个集合，并在缓存中为每个集合提供几个槽位。注意槽位是不可以跨集合调配的，一个集合的槽位满了就是满了，哪怕别的集合有槽位空着也不能拿过来用。这样，在通过集合号找到目标所在的 set 以后就只要比对 way 次，使用 way 个比较器，就可知道是否命中了。这样的好处是大大节省了比较器的使用，缺点是可能有些集合的空间一时分配不过来需要调度而有些集合的空间却有空闲，不能统一调配。不过一般而言只要合理确定 set 和 way 这两个参数，问题就不会太大。

这样，就把存储地址分成三段，中间段决定其所属的 set，高段用于比对，低段就是在数据块中的位移：

地址的分段：

地址高位（作为用于比对的 tag）	所属集合编号	在数据块中的位移

把内存空间划分成几个集合，缓存中就也要有几个集合，每个集合提供几个槽位则取决于对命中率和成本的考虑。在缓存中对集合的寻址可以使用目标地址中的集合编号位段，其作用类似于数组下标。但是到了一个集合内部就得通过对 tag 即标签位段的比对才能确定目标数据块在不在缓存中了。

姑且假定把内存空间划分成 8 个集合，每个集合只有 3 个 way，那这个缓存的结构就是这样：

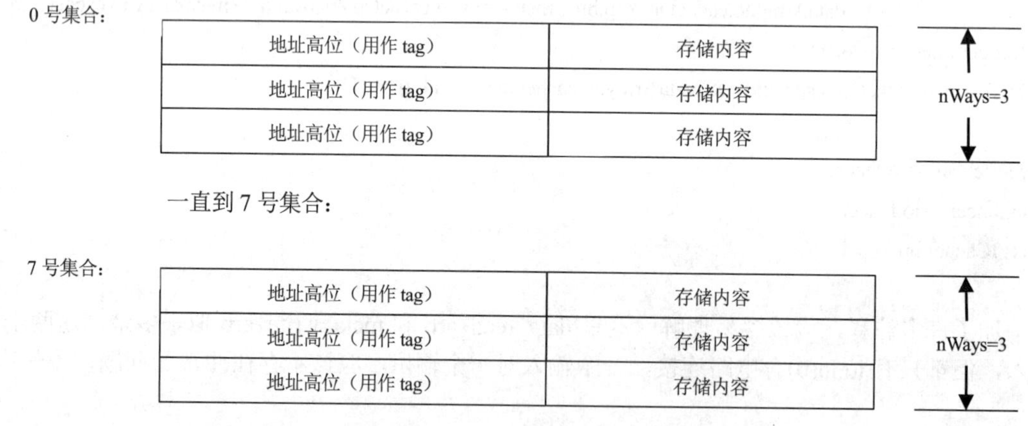

而整个缓存的大小，那就是集合的个数乘以允许每个集合可以缓存的数据块个数，即 nSet*nWay。

在缓存中查询时，首先根据目标地址所属的 set 找到该 set 所在的位置，然后同时进行对 n 个“键-值对”的比对；所比对的就是 tag，如果有一个“键-值对”的键字段与目标地址的高位即 tag 对上，那就命中了。

如果无一相符，那就是不命中，需要从内存把目标缓存块调度进来。然而缓存中为这个集合保留的空间可能已被同一集合中的其它数据块占满，这就得放弃同一集合中的某个存储块，再从内存（或次级缓存）读入目标存储块到这个位子中。尽管缓存中其实还有空间，只是为别的集合所保留，也不能统一调配使用，这就是付出的代价（理想的情况是可以统一调配）。

我们看一下所需比较器的数量。缓存的大小是 nSet*nWay，即这么多个“键-值对”，所以原来就是需要这么多个比较器；现在只需要在同一 set 中比对，就把比较器的数量降到了 nWay。显然，把整个缓存分成几个集合，就把比较器的数量减少到几分之一。在香山的设计中，nSets 默认为 256，而 nWays 默认为 8。首先 nSets 为 256 就把比较器的数量降到了 256 分之一。而 nWays=8 则使同一个集合的区域中可以有 8 个缓存块，使命中率不至于太低。当然，如果把 nWays 提高一倍，那命中率还可以提高，但是成本也就上去了，所以这是个权衡折中的考虑。

每个“键-值对”中的值，原理上应该就是目标数据块（从 ICache 的读出是整个 cacheline，而不是单项的数据），但是也可以把“键-值对”中的值换成一个指针或数组下标，而把数据块另行存放在一个数组中。把 ICache 的主管道分成 ICacheMetaArray 和 IcacheDataArray 这个具体实现方案就是这样来的。

指令缓存中的两个存储阵列，即 ICacheMetaArray 和 IcacheDataArray，物理上都是由 SRAMTemplat 构成的，SRAMTemplat 是两个阵列公共的物理基础，所以我们先要看一下 SRAMTemplat。

17.1 SRAMTemplate

虽然现在还不是深入了解存储器内部构造的时候，但既然 ICacheMetaArray 和 ICacheDataArray 的核心都是 SRAMTemplat，我们就有必要先了解一下它的构成。由于 SRAMTemplate 的特殊性，我们先看一下它的构造函数界面和外部接口：

```
class SRAMTemplate[T <: Data]( gen: T, set: Int, way: Int = 1, singlePort: Boolean = false, shouldReset: Boolean = false,
                    extraReset: Boolean = false, holdRead: Boolean = false, bypassWrite: Boolean = false) extends Module {
  val io = IO(new Bundle {
    val r = Flipped(new SRAMReadBus(gen, set, way))
    val w = Flipped(new SRAMWriteBus(gen, set, way))
  })
  …
}
```

首先，构造一个 SRAMTemplate 对象时要给定三个关键参数，就是 gen、set 和 way。

其中 gen 是所存储数据的类型。对于 ICache 中的元数据阵列 IcacheMetaArray，这个 gen 就是 IcacheMetadata 对象，实质上也就是用于比对的 tag，一个 tag 就是个一定长度的 UInt，实际上就是一个虚拟地址二进制编码中的一段（高位）：

```
class ICacheMetadata(implicit p: Parameters) extends ICacheBundle {
  val tag = UInt(tagBits.W)    ///tagBits定义为(PAddrBits – pgUntagBits)即(36- pgUntagBits)
        ///pgUntagBits的定义是(untagBits min pgIdxBits)，这里pgIdxBits=12，因为4KB页面的大小就是2^12；
        ///而untagBits是(blockOffBits + idxBits)，这里blockOffBits=log2Up(cacheParams.blockBytes)
        ///因为blockBytes=64，所以blockOffBits是6，而idxBits= log2Up(cacheParams.nSets) = 8
        ///所以untagBits=6+8=14。显然pgIdxBits< untagBits，所以pgUntagBits=12，tagBits=24。
        ///这样，tag的长度就是24位。注意这里所说的block就是一个缓存块，即cacheline。
}

object ICacheMetadata {
  def apply (tag: Bits)(implicit p: Parameters) = {   ///给定一个tag，创建一个ICacheMetadata对象。
    val meta = Wire(new ICacheMetadata)
    meta.tag := tag
    meta
  }
}
```

所以，对于 ICacheMetaArray，这个 gen 就是一个“键-值对”，只是这个“值”并非一个 cacheline、一个缓存块，而是一个数组下标。进一步连下标也可以不用，因为在 IcacheMetaArray 中的哪一个“键-值对”发现命中，其所在的数组下标就是 IcacheDataArray 中 cacheline 所在的下标，二者在同一个相对位置上。这样，ICacheMetaArray 中 gen 的大小就只要一个 IcacheMetadata 的大小，即一个 tag 的大小就够了。对于数据阵列 ICacheDataArray，则这个 gen 应该就是一个 cacheline 的大小。

参数 set 则表示把具体 SRAMTemplate 所提供的存储空间分成几个集合。为什么不说几“组”而说几个集合呢？因为“组”有结构上的含义，内存中一个组的元素通常总是聚合在一起的；而“集合”，则是说这些元素有共同的属性，但完全可以不在一个地方。事实上，这个共同的属性就是它们地址中都有相同的 setIdx。

还有个参数 way，那就是具体 SRAMTemplate 为每个集合提供的容量。所以整个 SRAMTemplate 的容量就是 set 与 way 的乘积。参数 way 是有默认值的，如果不给定实参就默认为 1。事实上 ICacheMetaArray 在创建 SRAMTemplate 所给的实参是 nWays，那就是 8。而参数 set 的实参则是 nSets/2，那就是 128，因为 nSets 在 ICacheParameters 中定义为 256。

在 ICacheDataArray 中则有所不同，参数 way 的实参是 pWay，定义为 nWays/partWayNum，而 partWayNum 定义为 4，这样 pWay 就是 2。不过 ICacheDataArray 所创建的 SRAMTemplate 却不是只有一个，而是 partWayNum*PortNumber 这么多个，即 4*2=8 个，所以总数仍是 8 个 way。之所以要如此，是因为需要把所缓存的 cacheline 分不到 4 个不同的存储阵列中，以便通过 4 个读出端口同时读出。

其次，是 SRAMTemplate 的外部接口，那就是 SRAMReadBus 和 SRAMWriteBus。先看 SRAMReadBus 及其内部的 SRAMBundleA 和 SRAMBundleR，前者是读出请求，后者是读出响应：

```
class SRAMReadBus[T <: Data](private val gen: T, val set: Int, val way: Int = 1) extends Bundle {
  val req = Decoupled(new SRAMBundleA(set))                    ///读出请求
  val resp = Flipped(new SRAMBundleR(gen, way))                ///读出响应
  def apply (valid: Bool, setIdx: UInt) = {                    ///启动一次读出，给定的参数是地址中的setIdx位段即集合号。
    this.req.bits.apply(setIdx)                                ///调用SRAMBundleA的apply()
    this.req.valid := valid
    this
  }
}

class SRAMBundleA(val set: Int) extends Bundle {
  val setIdx = Output(UInt(log2Up(set).W))    ///内部数据成分setIdx的宽度为set的对数，例如set为256则setIdx的宽度为8。
  def apply (setIdx: UInt) = {
    this.setIdx := setIdx
    this
  }
}

class SRAMBundleR[T <: Data](private val gen: T, val way: Int = 1) extends Bundle {
  val data = Output(Vec(way, gen))        ///给定下标way，读出其中一个类型为gen的记录。
}
```

由此可见，当要从 SRAMTemplate 读出时，就调用其 SRAMReadBus 所提供的 apply()函数。给定的参数就是一个 setIdx（并将 valid 位设置成 true），而读出的内容却是一个向量，向量的长度为 way，就是整个集合的给定容量，而集合的元素类型就是创建该 SRAMTemplate 时给定的数据类型 gen。所以，从 SRAMReadBus 读出就好像是从一个二维数组读出，返回的是以 setIdx 为行号的整个一行，这一行中包括 n 列的数据，n 就

是 way，即 8，但是其中有些也许是空白。

再看 SRAMWriteBus 及其内部的写入请求 SRAMBundleAW，注意对写入请求是没有回应的：

```
class SRAMWriteBus[T <: Data](private val gen: T, val set: Int, val way: Int = 1) extends Bundle {
  val req = Decoupled(new SRAMBundleAW(gen, set, way))
  def apply (valid: Bool, data: Vec[T], setIdx: UInt, waymask: UInt): SRAMWriteBus[T] = {
    this.req.bits.apply(data = data, setIdx = setIdx, waymask = waymask)
    this.req.valid := valid
    this
  }
  def apply(valid: Bool, data: T, setIdx: UInt, waymask: UInt): SRAMWriteBus[T] = {
    apply(valid, VecInit(Seq.fill(way)(data)), setIdx, waymask)
    this
  }
}

class SRAMBundleAW[T <: Data](private val gen: T, set: Int, val way: Int = 1) extends SRAMBundleA(set) {
  val data = Output(Vec(way, gen))
  val waymask = if (way > 1) Some(Output(UInt(way.W))) else None

  def apply (data: Vec[T], setIdx: UInt, waymask: UInt): SRAMBundleAW[T] = {
    super.apply(setIdx)
    this.data := data
    this.waymask.map(_ := waymask)
    this
  }
  // this could only be used when waymask is onehot or nway is 1
  def apply (data: T, setIdx: UInt, waymask: UInt): SRAMBundleAW[T] = {
    apply(VecInit(Seq.fill(way)(data)), setIdx, waymask)
    this
  }
}
```

要向 SRAMTemplate 写入时，可以调用其 SRAMWriteBus 所提供的 apply()函数，给定的参数首先是一个数据向量 data，这个向量的长度就是 way，在 ICache 中就是 8，然后就是其所属集合的 ID 即 setIdx。此外还有一个参数 waymask，这是一个位图，其长度与数据向量 data 的长度相同，表示要将数据向量中的哪几项写入 SRAMTemplate（因为数据向量 data 中的元素本身并不带 valid 位）。

显然，SRAMTemplate 是专为缓存设计的，而且是专门为采用(set, way)这种结构的缓存设计的。

于是，给定一个物理地址 A，在 ICache 中的位段划分和查询过程就是这样：

物理地址高位（可长可短）| setIdx（8 位，因为 nSets=256）| 5 位（cacheline 长度=64 字节）| 0

先看各个位段的大小。最后的一位是 0，这是因为指令的地址都与 16 位指令字对齐，所以最后一位必定是 0。再看 4 位的 cacheline 长度，一个 cacheline 是 512 位，64 字节（blockBytes 定义为 64，IFU 每次读入的指令块只是半条 cacheline），由于指令字是 16 位的，所以一个 cacheline 内有 32 个指令字，所以是 5 位。如果不支持 16 位指令，那么指令字是 32 位的，一个 cacheline 中就只有 16 个指令字，那就是 4 位，但此时最后就不是一个 0 而是两个 0（因为与 32 位指令字对齐）。所以，不管是否支持 16 位指令这最低两个位段的长度一共总是 6 位。再往上就是用作 setIdx 即集合号码的位段了，因为 ICache 定义 nSets 为 256，这就是 8 位。不管物理地址具体是多长，把 nSets 定义为 256，就是把整个物理地址空间分成 256 个集合，凡是地址中处于中间的这个位段相同的都属于同一个集合。那么整个物理地址空间中属于同一集合的地址有多少呢，物理地址是 36 位，减掉 14 位还有 22 位，，那就是说，同一个集合中可以有四百万个 cacheline。而 ICache 的容量，可容纳集合的数量即使是 256 个（实际上只是 nSets/2 即 128，即一半的集合）；而每个集合中可以同时被缓存在这个阵列中的只是 8 个 cacheline。或者换个估算的方法，整个缓存的容量充其量就是 256*8，即 2048 个 cacheline，一个 cacheline 是 6 个即 2^6 个字节；而 36 位的物理地址意味着最多可以有 $2^{(36-6)}$即 2^{30} 个 cacheline，那简直是个天文数字，同时可以缓存的 2048 个 cacheline 简直微不足道。显然，如果对整个存储空间的访问完全随机，那么命中率就是低到可以忽略不计；可是访问的“局部性（locality）”和密集性极大地提高了命中率，使其达到可以接受的程度。

访问的时候，先从目标地址中摘取其 setIdx 位段，以此为键在 ICache 中寻址，会返回至多 8 个 cacheline 的缓存地址，因为属于同一集合的 cacheline 在 ICache 中不会超过 8 个。然后对返回的这 8 个地址就要用地址的高位去比对了，比对上了就说明这就是所要的那个 caceline，至于低位地址就不重要了，因为反正是在同一个 cacheline 中。后面我们会看到，从 ICacheDataArray 读回分属两个不同集合的各 8 条 cacheline（因为所欲读入的指令块可能跨 cacheline，所以需要读入相继的两个 cacheline，而相继的两个 cacheline 肯定分属两个不同的集合），然后就对这 16 个 cacheline 的高位地址进行比对，如果比上就是命中了。这 16 次比对是同时进行的，所以要有很多比较器并行进行比对，这样的访问就是“按内容（内容就是高位地址）存取（Contents Addressable Memory）”即 CAM，也叫“相关存储器（Associative Memory）”，访问的过程中需要进行内容比对。所谓“按内容访问”，实质上就是根据一个“键-值对”的键去获取其值。在 ICache 中，按 setIdx 读取一个集合就是普通的按地址访问，再在一个集合内部寻找目标所在的 cacheline 就是按内容访问了。

此外，元数据阵列 metaArray 和数据阵列 dataArray 都通过一个 CSRCacheOpDecoder 与控制/状态寄存器 CSR 有连接，从而为通过软件对 ICache 进行某些操作提供了手段。CSR 中有一组寄存器用于对这两个阵列的控制，只要将其中某些寄存器的某些字段设置成不同的值，就可以向 ICache 发出相应的操作命令。而 ICacheImp 对象中的 CSRCacheOpDecoder，则对操作命令进行译码，转化成对两个阵列的具体操作。我们先看 class CSRCacheOpDecoder 的外部接口：

```
class CSRCacheOpDecoder(decoder_name: String, id: Int)(implicit p: Parameters) extends CacheCtrlModule {
  val io = IO(new Bundle {
    val csr = new L1CacheToCsrIO                    ///通向CSR的接口
    val cache = new L1CacheInnerOpIO                ///通向L1Cache，在这里是ICache的接口
    val cache_req_dup = Vec(DCacheDupNum, Valid(new CacheCtrlReqInfo))              ///与ICache无关
    val cacheOp_req_bits_opCode_dup = Output(Vec(DCacheDupNum, UInt(XLEN.W)))       ///与ICache无关
    val error = Flipped(new L1CacheErrorInfo)
  })
  ...
}
```

此刻我们并不关心 CSRCacheOpDecode 与 CSR 之间的接口，但是与 ICache 的接口 L1CacheInnerOpIO 是需要知道的：

```
class L1CacheInnerOpIO(implicit p: Parameters) extends DCacheBundle {
  val req = Valid(new CacheCtrlReqInfo)
  val resp = Flipped(Valid(new CacheCtrlRespInfo))
}
```

这里 req 是个 CacheCtrlReqInfo，出现在这个 Bundle 上的是 CSRCacheOpDecoder 对来自 CSR 的操作命令解码以后的结果：

```
class CacheCtrlReqInfo(implicit p: Parameters) extends XSBundle with CacheControlConst {
  val level          = UInt(XLEN.W)        // op target id
  val wayNum         = UInt(XLEN.W)
  val index          = UInt(XLEN.W)
  val opCode         = UInt(XLEN.W)        /// opCode就是CSR所下达命令的操作码
  val write_tag_high = UInt(XLEN.W)
  val write_tag_low  = UInt(XLEN.W)
  val write_tag_ecc  = UInt(XLEN.W)
  val write_data_vec = Vec(maxDataRowSupport, UInt(XLEN.W))
  val write_data_ecc = UInt(XLEN.W)
  val bank_num       = UInt(XLEN.W)
}
```

而 resp 是个 CacheCtrlRespInfo，这是来自 ICache 的回应和确认。

```
class CacheCtrlRespInfo(implicit p: Parameters) extends XSBundle with HasICacheParameters with CacheControlConst{
  val read_tag_high  = UInt(XLEN.W)
  val read_tag_low   = UInt(XLEN.W)
  val read_tag_ecc   = UInt(XLEN.W)
  val read_data_vec  = Vec(maxDataRowSupport, UInt(XLEN.W))
  val read_data_ecc  = UInt(XLEN.W)
  val bank_num       = UInt(XLEN.W)
}
```

上面 CacheCtrlReqInfo 中的 opCode 可以是以下 object CacheInstrucion 中所列“指令“之一：

```
object CacheInstrucion{
  def CacheOperation = List(
    CacheOpMap("b00000", "CHECK",   "READ_TAG_ECC"),
    CacheOpMap("b00001", "CHECK",   "READ_DATA_ECC"),
    CacheOpMap("b00010", "LOAD",    "READ_TAG"),
    CacheOpMap("b00011", "LOAD",    "READ_DATA"),
    CacheOpMap("b00100", "STORE",   "WRITE_TAG_ECC"),
    CacheOpMap("b00101", "STORE",   "WRITE_DATA_ECC"),
    CacheOpMap("b00110", "STORE",   "WRITE_TAG"),
    CacheOpMap("b00111", "STORE",   "WRITE_DATA"),
    CacheOpMap("b01000", "FLUSH",   "FLUSH_BLOCK")
  )
```

这就是通过 CSR 中有关寄存器可以对 ICache 实施的各种控制。

下面是 class ICacheImp 的代码中有关 CSRCacheOpDecoder 的片段：

```
// Customized csr cache op support
val cacheOpDecoder = Module(new CSRCacheOpDecoder("icache", CacheInstrucion.COP_ID_ICACHE))
cacheOpDecoder.io.csr <> io.csr
dataArray.io.cacheOp.req := cacheOpDecoder.io.cache.req
metaArray.io.cacheOp.req := cacheOpDecoder.io.cache.req
cacheOpDecoder.io.cache.resp.valid := dataArray.io.cacheOp.resp.valid || metaArray.io.cacheOp.resp.valid
cacheOpDecoder.io.cache.resp.bits := Mux1H(List( dataArray.io.cacheOp.resp.valid -> dataArray.io.cacheOp.resp.bits,
                                                  metaArray.io.cacheOp.resp.valid -> metaArray.io.cacheOp.resp.bits, ))
cacheOpDecoder.io.error := io.error
```

可见，CSRCacheOpDecoder 的一端连接到 ICacheImp 的 CSR 接口，通过 L1CacheToCsrIO 与 CSR 相连，另一端通过 L1CacheInnerOpIO 同时与 dataArray 和 metaArray 相连，从 CSR 和软件的角度这二者都是 ICache。

至于 SRAMTemplate 内部的构造，因为后面数据缓存 DCache 和二级缓存 Huancun 也都是由 SRAMTemplate 构成，我们就把它留到第三卷关于存储子系统的章节中再予介绍，现在暂且将其看成黑盒子就行了。在此基础上，我们本可以考察 dataArray 和 metaArray 的内部结构了；然而对这两个阵列的考察离不开宏观的 ICacheMainPipe，就信号流通的路径而言也是 ICacheMainPipe 对上（对取指前端）代表着整个 ICache；所以我们还是得先看 ICacheMainPipe。

17.2 指令缓存的读出管道

ICache 的主管道 mainPipe 是个 ICacheMainPipe 对象，向上即向指令流水线前端代表着整个 ICache。虽然实际缓存的数据块都在 ICacheDataArray 中，并由 ICacheMetaArray 予以辅助；但是如果取指目标不能命中就还得由其通过 ICacheMissUnit 向次级缓存乃至主存调入目标所在的缓冲存储线，当然指令流水线前端是看不到这些的。

当流水线前端中的“总指挥”Ftq 向 ICache 发起一次取指操作时，取指命令是由 mainPipe 接收和执行的，这是从 ICache 读出时的主管道。所谓 Pipe，其实就是 Pipeline 的意思，但是为免与 CPU 的流水线混淆，这里就称其为“管道”。主管道 mainPipe 的功能就是：根据 Ftq 给定的目标地址，在 ICacheMetaArray 中搜索比对，看此地址所指的缓冲线是否缓存在 ICacheDataArray 中，如果“命中”就从 ICacheDataArray 读出并将其返回发送给 IFU，如果不命中则要通过 ICacheMissUnit 将目标缓冲线从次级缓存或主存调进 ICacheDataArray 中（同时刷新 ICacheMetaArray 中的索引信息）。值得注意的是，首先 ICache 即 mainPipe 所读出的是一个固定大小的“指令块”，而不是单条指令；其次 ICache 把读出的指令块发送给前端的 IFU，而不是 Ftq。后面我们将看到，前端的“取指单元”IFU 会把取入的指令通过一个 Ibuffer 队列馈送给流水线后端，同时又会把这些指令“回写（write back）”给 Ftq。所以我们说 Ftq/ICache/IFU 构成一个“取指三角”。

除 Ftq 和 IFU 外，ICacheMainPipe 还需要与别的一些模块（包括 ICache 内部的模块）有交互，所以我们先摘要考察一下它的对内对外接口。

ICacheMainPipeInterface

```
val fetch = new ICacheMainPipeBundle          ///来自 Ftq 的取指命令和取指回应，直接连到 ICacheImp。
    val req = Flipped(Decoupled(new FtqToICacheRequestBundle))        ///来自 Ftq 的取指命令
        val pcMemRead = Vec(5, new FtqICacheInfo)                     ///5 个相同的 FtqICacheInfo
            val startAddr     = UInt(VAddrBits.W)                     ///指令块的起始地址
            val nextlineStart = UInt(VAddrBits.W)                     ///下一个 cacheline 的地址
        val readValid = Vec(5, Bool())
    val resp = Vec(PortNumber, ValidIO(new ICacheMainPipeResp))       ///发往 IFU 的取指回应，注意 PortNumber=2。
```

```
            val vaddr = UInt(VAddrBits.W)              ///指令块的起始地址
            val registerData = UInt(blockBits.W)        ///blockBit=512，所读取的缓存块之一可以在 registerData 中。
            val sramData = UInt(blockBits.W)            ///也可以在 sramData 中（如果命中）
            val select = Bool()                        ///究竟在 sramData 中（命中）还是在 registerData 中（不命中）
            val paddr = UInt(PAddrBits.W)              ///指令块起点的物理地址
            val tlbExcp = new Bundle{val pageFault = Bool()，val accessFault = Bool()，val mmio = Bool()}
        ///fetch 是主管道的对外接口，取指命令来自 Ftq，取指结果却是发给 IFU。命令的执行依靠下列对内接口实现：
    val metaArray = new ICacheMetaReqBundle  ///主管道在元数据阵列 ICacheMetaArray 中获取数据块的索引信息
        ICacheReadBundle
            val isDoubleLine = Bool()
            val vSetIdx = Vec(2,UInt(log2Ceil(nSets).W))
        ICacheMetaRespBundle
            val metaData = Vec(2, Vec(nWays, new ICacheMetadata))
            val tag = UInt(tagBits.W)
    val dataArray = new ICacheDataReqBundle        ///主管道根据索引信息在数据阵列 ICacheDataArray 中读出指令块
        val toIData = DecoupledIO(Vec(partWayNum, new ICacheReadBundle))  ///长度为 4 的向量
            val isDoubleLine   = Bool()
            val vSetIdx        = Vec(2,UInt(log2Ceil(nSets).W))
        val fromIData = Input(new ICacheDataRespBundle)
            val datas = Vec(2, Vec(nWays, UInt(blockBits.W)))          ///长度为 2 的向量
            val codes = Vec(2, Vec(nWays , UInt(dataCodeEntryBits.W)))
    val mshr = Vec(PortNumber, new ICacheMSHRBundle)      ///如果不命中就得通过 MSHR 从存储子系统下层读入缓存块
        val toMSHR         = Decoupled(new ICacheMissReq)
            val paddr      = UInt(PAddrBits.W)
            val vaddr      = UInt(VAddrBits.W)
            val waymask    = UInt(nWays.W)
        val fromMSHR       = Flipped(ValidIO(new ICacheMissResp))
            val data       = UInt(blockBits.W)
            val corrupt    = Bool()
    val pmp = Vec(PortNumber, new ICachePMPBundle)      ///主管道 ICacheMainPipe 与 PMP 间的接口
    val itlb = Vec(PortNumber, new TlbRequestIO)        ///主管道 ICacheMainPipe 与 TLB 间的接口
```

下面是 class ICacheMainPipeInterface 的确切定义，别的就从略了：

```
class ICacheMainPipeInterface(implicit p: Parameters) extends ICacheBundle {
  /*** internal interface ***/
  val metaArray = new ICacheMetaReqBundle
  val dataArray = new ICacheDataReqBundle
  val mshr = Vec(PortNumber, new ICacheMSHRBundle)
  val errors = Output(Vec(PortNumber, new L1CacheErrorInfo))
  /*** outside interface ***/
  /* when ftq.valid is high in T + 1 cycle the ftq component must be valid in T cycle */
  val fetch = new ICacheMainPipeBundle                 ///连到上一层ICacheImp的fetch
  val pmp = Vec(PortNumber, new ICachePMPBundle)
  val itlb = Vec(PortNumber, new TlbRequestIO)
  val respStall = Input(Bool())
```

```
  val perfInfo = Output(new ICachePerfInfo)
  val prefetchEnable = Output(Bool())
  val prefetchDisable = Output(Bool())
  val csr_parity_enable = Input(Bool())
}
```

回顾一下上一层 ICacheImp 对 mainPipe 的接口：

```
class ICacheMainPipeBundle(implicit p: Parameters) extends ICacheBundle {
  val req = Flipped(Decoupled(new FtqToICacheRequestBundle))
  val resp = Vec(PortNumber, ValidIO(new ICacheMainPipeResp))          ///PortNumber=2
}
```

这个大 Bundle 中有两个小 Bundle，信号方向一正一反。先看来自 Ftq 的取指命令：

```
class FtqToICacheRequestBundle(implicit p: Parameters)extends XSBundle with HasICacheParameters{
  val pcMemRead      = Vec(5, new FtqICacheInfo)        ///这是长度为5的FtqICacheInfo向量
  val readValid      = Vec(5, Bool())                   ///5位的位图，表示哪一个或哪几个FtqICacheInfo有效
}
```

来自 Ftq 的取指命令是个长度为 5 的向量，向量中的每个元素都是个 FtqICacheInfo 对象：

```
class FtqICacheInfo(implicit p: Parameters)extends XSBundle with HasICacheParameters{
  val startAddr       = UInt(VAddrBits.W)                 ///要求读出的指令块起点（虚存）地址
  val nextlineStart   = UInt(VAddrBits.W)                 ///下一个cacheline的起点（虚存）地址
  def crossCacheline = startAddr(blockOffBits - 1) === 1.U   ///blockOffBits= log2Up(64)，起点在后半个cacheline就说明跨线。
  def fromFtqPcBundle(b: Ftq_RF_Components) = {           ///Ftq内部从Ftq_RF_Components中摘取信息形成FtqICacheInfo。
    this.startAddr := b.startAddr
    this.nextlineStart := b.nextLineAddr
    this                                                  ///FtqICacheInfo对象中的信息来自Ftq_RF_Components
  } ///调用fromFtqPcBundle()是在Ftq内部，与ICache无干。
} ///end FtqICacheInfo      ///虽有 5 份 FtqICacheInfo，最后返回的就是一个指令块，尽管可能在 2 份 IcacheMainPipeResp 中。
```

可是到了由 mainPipe 发回 resp 的时候，就只有两个（而不是五个）ICacheMainPipeResp 了。此时的向量长度 PortNumber 定义为 2。这也说明，ICache 内部，也即 ICacheDataArray 内部，有两个读出端口。之所以要有两个读出端口，是因为要求读出的指令块有可能跨界，即跨两个 chacheline，其内容得要从两个 cacheline 读出，这时候把 ICacheDataArray 做成“双口”，即有两个读出口，就可以保证在同一个时钟节拍中从两个不同 cacheline 读出，然后由 IFU 拼成一个完整的指令块。但是当然，指令块不一定跨 cacheline 的边界，单那只是一种特例。当然，尽管 mainPipe 发回的 resp 中有两个 ICacheMainPipeResp，实际所含的有用信息却只是一个指令块。

主存中一个“缓冲线”的大小是 64 个字节，即 512 位。缓存在 ICacheDataArray 中的缓冲线当然也是一样。而每次要读入的指令块大小则是 32 个字节，256 位，即半个缓冲线的大小。但是所取指令块的起点与缓冲线的起点通常是不一致的（概率很小）。如果所取指令块的起点落在前半个缓冲线中，那当然就不会跨缓冲线，此时只需从单个缓冲线读出。可是，如果取指起点落在后半个缓冲线，那就必然跨线了。所以，看取指起点地址中的 blockOffBits 位段，即块内位移位段的最高位是否为 1，就可判断指令块是否落在后半个 cacheline 中，从而判断是否跨缓冲线。

另一个字段 nextlineStart，就是下一个 cacheline 的起点地址，其实这也可以在 ICache 中计算出来，但是 Ftq 把这个信息发过来了就免得再计算了。注意前后两个 cacheline 的虚存地址是块号连续的，可是它们所映射的物理地址就不一定块号连续了。

从 Ftq 发到 ICache 的命令中所含的信息是 FtqICacheInfo，但是在 Ftq 内部却是从一个 Ftq_RF_Components 对象中抽取的信息，我们后面会看到 Ftq_RF_Components。但是这里从 Ftq 发到 ICache 的是个 FtqICacheInfo 向量，里面有 5 个相同的 FtqICacheInfo 对象，之所以如此是因为在 ICache 内部要用于不同目的，而每个信号的负载即所谓“扇出（fanout）”又不能太大。

从 ICache 发到取指单元 IFU 的回应，则是两个 ICacheMainPipeResp 对象：

```
class ICacheMainPipeResp(implicit p: Parameters) extends ICacheBundle {
    val vaddr          = UInt(VAddrBits.W)      ///指令块起点的虚存地址
    val registerData   = UInt(blockBits.W)      ///指令块在ICache中不命中，而从次级缓存或主存读入的内容。
    val sramData       = UInt(blockBits.W)      ///指令块在ICache中命中，直接从DataArray读出的内容
    val select         = Bool()                 ///true表示指令块起点在sramData中
    val paddr          = UInt(PAddrBits.W)      ///指令块起点的物理地址
    val tlbExcp = new Bundle{
      val pageFault = Bool()
      val accessFault = Bool()
      val mmio = Bool()
  }
}
```

由于指令块可能跨 cacheline，两个 cacheline 的“命中”或“不命中”是互相独立的，所以有可能指令块的一部分内容在一个 ICacheMainPipeResp 的 sramData 中，另一部分在另一个 ICacheMainPipeResp 的 registerData 中。但是在同一个 ICacheMainPipeResp 内不会既在 sramData 中又在 registerData 中。

此刻我们只能暂时把数据阵列、元数据阵列等模块当成黑盒子，到后面再来看它们的内部构造。

ICache 主管道的操作是个流水线，分 s0/s1/s2 这么 3 个阶段，其中 s0 的入口没有寄存器，所以实际上是两个阶段、两个节拍。这也说明，虽然从 ICache 的读出可以是每个时钟节拍一次，但实际上还是有两个节拍的延迟（从接到 Ftq 的取指命令那个节拍起算）。这个延迟的影响在平时无关紧要，只要没有转向，ICacheMainPipe 中的这两个阶段只是让指令流水线又延长了一点。但是在指令流转向的时候就显现出来了。Ftq 显然不可能在看到取进来的实际指令之前就发出下一步的取指命令，可是 ICache 有两个节拍的延迟，这意味着即便 Ftq 一见到所取入的指令就立即进行转移预测并发出新的取指命令，它所见到的也至少是两个节拍之前所欲取入的指令，后来的实际情况可能已经有了变化。因此，从 ICache 读取的指令在前端就被“冲刷”丢弃，需要反复几次才能读入正确的指令块的概率还是相当高的。那为什么不干脆等上两个节拍再发下一步的取指命令呢？这是因为毕竟还存在所读入指令块恰好是在正确的方向上这么一种可能性，而且概率也还不小。从这个意义上说，在有延迟的条件下，前端的取指天然就是“试错性（Speculative）”的，带有“碰运气”的成分。后面我们会看到前端的 IFU 里也有个 3 阶段的流水线，加上这里 ICache 的 MainPipe 中的 2 个阶段，前端的流水线长度实际上就是 5 阶段了。

下面是 class ICacheMainPipe 的代码：

```
[ICache > ICacheImp > ICacheMainPipe]
class ICacheMainPipe(implicit p: Parameters) extends ICacheModule {
  val io = IO(new ICacheMainPipeInterface)
  /** Input/Output port */
  val (fromFtq, toIFU)          = (io.fetch.req, io.fetch.resp)        ///这就是 io.fetch，即 ICacheMainPipeBundle。
```

```
                                                    /// io.fetch.req 是 fromFtq，io.fetch.resp 却是 toIFU。
val (toMeta, metaResp)        = (io.metaArray.toIMeta, io.metaArray.fromIMeta)          ///与元数据阵列的接口，见后。
val (toData, dataResp)        = (io.dataArray.toIData, io.dataArray.fromIData)          ///与数据阵列的接口，见后。
val (toMSHR, fromMSHR)        = (io.mshr.map(_.toMSHR), io.mshr.map(_.fromMSHR))        ///与 MSHR 的接口，见后。
val (toITLB, fromITLB)        = (io.itlb.map(_.req), io.itlb.map(_.resp))
val (toPMP,  fromPMP)         = (io.pmp.map(_.req), io.pmp.map(_.resp))
io.itlb.foreach(_.req_kill := false.B)
 //Ftq RegNext Register
val fromFtqReq = fromFtq.bits.pcMemRead      ///Vec(5, new FtqICacheInfo)
      /// FtqICacheInfo 内含要求读取的起始地址 startAddr 等信息，是个长度为 5 的向量。
/** pipeline control signal */
val s1_ready, s2_ready          = Wire(Bool())
val s0_fire, s1_fire , s2_fire  = Wire(Bool())        ///管道中分 s0/s1/s2 三个阶段，其中 s0 无寄存器不构成一个阶段。

val missSwitchBit = RegInit(false.B)
 /** replacement status register */
val touch_sets = Seq.fill(2)(Wire(Vec(2, UInt(log2Ceil(nSets/2).W))))          ///一个指令块可以触及 2 个不同的集合
val touch_ways = Seq.fill(2)(Wire(Vec(2, Valid(UInt(log2Ceil(nWays).W)))) )    ///也可以触及 2 个 way
/**
  ******************************************************************************
  * ICache Stage 0
  * - send req to ITLB and wait for tlb miss fixing
  * - send req to Meta/Data SRAM
  ******************************************************************************
  */
/** s0 control */
val s0_valid = fromFtq.valid      ///从 fromFtq.valid 为 true 即有命令到来就算开始，已处于 s0 阶段（无需时钟脉冲到来）。
val s0_req_vaddr = (0 until partWayNum + 1).map(i =>              /// partWayNum=4
        VecInit(Seq(fromFtqReq(i).startAddr, fromFtqReq(i).nextlineStart)))
                                        ///从 Ftq 的取指命令中抽取(虚存起始地址，nextlineStart)二元组
                                        ///s0_req_vaddr 是个长度为 5 的二元向量序列，与取指命令中的向量项对应。
val s0_req_vsetIdx = (0 until partWayNum + 1).map(i => VecInit(s0_req_vaddr(i).map(get_idx(_))))
        ///def get_idx(addr: UInt) = addr(untagBits-1, blockOffBits)，从 startAddr 中摘取该位段，这就是所属集合的 Idx。
        ///s0_req_vsetIdx 也是个长度为 5 的二元向量序列，只是地址变成了 setIdx
val s0_only_first = (0 until partWayNum + 1).map(i => fromFtq.bits.readValid(i) && !fromFtqReq(i).crossCacheline)
                                                                  ///这是不跨缓冲线的请求位图
val s0_double_line = (0 until partWayNum + 1).map(i => fromFtq.bits.readValid(i) && fromFtqReq(i).crossCacheline)
                                                                  ///这是跨缓冲线的请求位图
val s0_final_valid        = s0_valid
val s0_final_vaddr        = s0_req_vaddr.head         ///取 s0_req_vaddr 中的第一个二元组
val s0_final_vsetIdx      = s0_req_vsetIdx.head       ///向量 s0_req_vsetIdx 中的第一个元素
val s0_final_only_first   = s0_only_first.head        ///位图 s0_only_first 中的第一个标志位
val s0_final_double_line  = s0_double_line.head       ///位图 s0_final_double_line 中的第一个标志位

 /** SRAM request */
  //0 -> metaread,   1,2,3 -> data,   3 -> code   4 -> itlb
```

```
val ftq_req_to_data_doubleline    = s0_double_line.init
                              ///s0_double_line.init 表示从 s0_double_line 中摘取除末尾元素之外的所有元素，下同。
val ftq_req_to_data_vset_idx     = s0_req_vsetIdx.init          ///向量 s0_req_vsetIdx 中的前四个元素
val ftq_req_to_data_valid        = fromFtq.bits.readValid.init

val ftq_req_to_meta_doubleline   = s0_double_line.head          ///取 s0_double_line 中的第一个元素
val ftq_req_to_meta_vset_idx = s0_req_vsetIdx.head              ///取 s0_req_vsetIdx 中的第一个元素

val ftq_req_to_itlb_only_first   = s0_only_first.last           ///取 s0_only_first 中的最后那个元素
val ftq_req_to_itlb_doubleline   = s0_double_line.last
val ftq_req_to_itlb_vaddr        = s0_req_vaddr.last            ///取 s0_req_vaddr 中的最后那个元素
val ftq_req_to_itlb_vset_idx     = s0_req_vsetIdx.last

for(i <- 0 until partWayNum) {        ///partWayNum=4，数据阵列中有 4 个 ICachePartWayArray：
  toData.valid                  := ftq_req_to_data_valid(i) && !missSwitchBit
  toData.bits(i).isDoubleLine   := ftq_req_to_data_doubleline(i)     ///是否跨缓冲线
                              ///toData 是个长度为 4 的向量，通往数据阵列的 4 个 ICachePartWayArray，见后。
  toData.bits(i).vSetIdx        := ftq_req_to_data_vset_idx(i)       ///虚存地址索引
      /// toData.bits(i).vSetIdx 最终来自前面的 s0_req_vsetIdx，来自对起始地址的 get_idx()。
      /// ftq_req_to_data_vset_idx 是个长度为 4 的向量，来自向量 s0_req_vsetIdx 中的前四个元素。
      ///TLB 的虚存地址映射并不改变集合序号 setIdx，所以用 vSetId 选定的集合也就是物理地址所在的集合。
}  ///toData 是 ICacheReadBundle，通往数据阵列中的 4 个 ICachePartWayArray。
  ///对 4 个 ICachePartWayArray 进行查询的 4 个键来自取指命令中向量 pcMemRead 的前 4 项。

toMeta.valid := s0_valid && !missSwitchBit
toMeta.bits.isDoubleLine   := ftq_req_to_meta_doubleline        ///是否跨缓冲线，只是单项数据，并非向量。
toMeta.bits.vSetIdx        := ftq_req_to_meta_vset_idx          ///虚存地址索引，来自对起始地址的 get_idx()，并非向量。
                                                                ///同样，vSetIdx 在 TLB 的映射中并不改变。
toITLB(0).valid := s0_valid
toITLB(0).bits.size := 3.U        // TODO: fix the size
toITLB(0).bits.vaddr       := ftq_req_to_itlb_vaddr(0)          ///startAddr
toITLB(0).bits.debug.pc    := ftq_req_to_itlb_vaddr(0)

toITLB(1).valid := s0_valid && ftq_req_to_itlb_doubleline       ///如果跨缓冲线
toITLB(1).bits.size := 3.U        // TODO: fix the size
toITLB(1).bits.vaddr       := ftq_req_to_itlb_vaddr(1)          ///nextlineStart
toITLB(1).bits.debug.pc    := ftq_req_to_itlb_vaddr(1)

toITLB.map {port =>
  port.bits.cmd := TlbCmd.exec                    ///要求转换
  port.bits.memidx          := DontCare
  port.bits.debug.robIdx    := DontCare
  port.bits.no_translate    := false.B
  port.bits.debug.isFirstIssue := DontCare
}
```

```
/** ITLB & ICACHE sync case
 * when icache is not ready, but itlb is ready because itlb is non-block, then the req will take the port
 * then itlb will unset the ready?? itlb is wrongly blocked. Solution: maybe give itlb a signal to tell whether acquire the slot?
 */
val itlb_can_go      = toITLB(0).ready && toITLB(1).ready                 ///指令 TLB 绿灯
val icache_can_go    = toData.ready && toMeta.ready                       ///指令缓存绿灯
val pipe_can_go      = !missSwitchBit && s1_ready                         ///主管道绿灯
val s0_can_go        = itlb_can_go && icache_can_go && pipe_can_go        ///三者全是绿灯
val s0_fetch_fire    = s0_valid && s0_can_go
s0_fire              := s0_fetch_fire                                     ///启动管道中的流程
toITLB.map{port => port.bits.kill := !icache_can_go || !pipe_can_go}      ///如果指令缓存/主管道不是绿灯

//TODO: fix GTimer() condition
fromFtq.ready := s0_can_go
///class ICacheMainPipe，待续
```

如前所述，ICache 与 Ftq（和 IFU）之间的接口是 ICacheMainPipeBundle，这个 Bundle 直接就连到了主管道的 fetch 接口，这个接口的类型也是 ICacheMainPipeBundle。所以主管道代表着整个 ICache。

注意在上述这些代码中没有涉及任何寄存器，全是组合电路，所以所有的操作都是实时完成的，s0 并不构成流水线中的一个阶段（但是，如果在 s0 的驱动端有寄存器，那就另作别论）。

这里对 toData 和 toMeta 都发出了请求，目标都来自对起始地址的 get_idx()。

继续往下看。

```
[ICache > ICacheImp > ICacheMainPipe]        续 1
/******************************************************************************
 * ICache Stage 1
 * - get tlb resp data (exceptiong info and physical addresses)
 * - get Meta/Data SRAM read responses (latched for pipeline stop)
 * - tag compare/hit check
 ******************************************************************************/
/** s1 control */
val s1_valid = generatePipeControl(lastFire = s0_fire, thisFire = s1_fire, thisFlush = false.B, lastFlush = false.B)
                ///返回一个寄存器，作为 s1_valid，lastFire && !lastFlush 时打入 true。

val s1_req_vaddr     = RegEnable (s0_final_vaddr, s0_fire)         ///时钟脉冲到来时移入 s1 阶段寄存器的 vaddr。
val s1_req_vsetIdx   = RegEnable (s0_final_vsetIdx, s0_fire)       ///时钟脉冲到来时移入 s1 阶段寄存器的 vsetIdx。
val s1_only_first    = RegEnable (s0_final_only_first, s0_fire)    ///虽然来自 s0，但未必就晚一个节拍，s0 未必与时钟对齐。
val s1_double_line   = RegEnable (s0_final_double_line, s0_fire)

  /** tlb response latch for pipeline stop */   ///以下为主管道与取指 TLB 的交互，留给读者自己看：
val tlb_back = fromITLB.map(_.fire())          ///从组合电路 TLB 读回地址转换结果的位图，与上面 toITLB 对应。
val tlb_need_back = VecInit((0 until PortNumber).map(i => ValidHold(s0_fire && toITLB(i).fire(), s1_fire, false.B)))
val tlb_already_recv = RegInit(VecInit(Seq.fill(PortNumber)(false.B)))
val tlb_ready_recv = VecInit((0 until PortNumber).map(i => RegNext (s0_fire, false.B) || (s1_valid && !tlb_already_recv(i))))
val tlb_resp_valid = Wire(Vec(2, Bool()))
for (i <- 0 until PortNumber) {          ///PortNumber=2
```

```
    tlb_resp_valid(i) := tlb_already_recv(i) || (tlb_ready_recv(i) && tlb_back(i))
    when (tlb_already_recv(i) && s1_fire) { tlb_already_recv(i) := false.B }
    when (tlb_back(i) && tlb_ready_recv(i) && !s1_fire) { tlb_already_recv(i) := true.B }
    fromITLB(i).ready := tlb_ready_recv(i)            ///来自取指 TLB 的 ready 位图
  }   ///end for
  assert(RegNext(Cat((0 until PortNumber).map(i => tlb_need_back(i) || !tlb_resp_valid(i))).andR(), true.B),
                                              "when tlb should not back, tlb should not resp valid")
  assert(RegNext(!s1_valid || Cat(tlb_need_back).orR, true.B), "when s1_valid, need at least one tlb_need_back")
  assert(RegNext(s1_valid || !Cat(tlb_need_back).orR, true.B),
           "when !s1_valid, all the tlb_need_back should be false")
  assert(RegNext(s1_valid || !Cat(tlb_already_recv).orR, true.B), "when !s1_valid, should not tlb_already_recv")
  assert(RegNext(s1_valid || !Cat(tlb_resp_valid).orR, true.B), "when !s1_valid, should not tlb_resp_valid")

  val tlbRespPAddr = VecInit((0 until PortNumber).map(i =>
                               ResultHoldBypass(valid = tlb_back(i), data = fromITLB(i).bits.paddr(0))))
                    ///从指令 TLB 读回的物理地址序列（序列长度同 PortNumber，PortNumber=2）
  val tlbExcpPF = VecInit((0 until PortNumber).map(i => ResultHoldBypass(valid = tlb_back(i),
                    data = fromITLB(i).bits.excp(0).pf.instr) && tlb_need_back(i)))   ///是否发生缺页（Page Fault）
  val tlbExcpAF = VecInit((0 until PortNumber).map(i => ResultHoldBypass(valid = tlb_back(i),
                    data = fromITLB(i).bits.excp(0).af.instr) && tlb_need_back(i)))
                                                             ///是否发生访问错误（Access Fault）
  val tlbExcp = VecInit((0 until PortNumber).map(i => tlbExcpPF(i) || tlbExcpPF(i)))   ///表示操作异常的位图

  val tlbRespAllValid = Cat((0 until PortNumber).map(i => !tlb_need_back(i) || tlb_resp_valid(i))).andR

  s1_ready := s2_ready && tlbRespAllValid || !s1_valid
  s1_fire  := s1_valid && tlbRespAllValid && s2_ready

  /** s1 hit check/tag compare */
  val s1_req_paddr = tlbRespPAddr                ///从指令 TLB 发回的两个物理地址
  val s1_req_ptags = VecInit(s1_req_paddr.map(get_phy_tag(_)))
                         /// def get_phy_tag(paddr: UInt) = (paddr >> pgUntagBits).asUInt()
                         ///取物理地址（集合 idx 位段以上）的高位，这是用于比对的标签（tag）。
  val s1_meta_ptags   = ResultHoldBypass(data = metaResp.tags, valid = RegNext(s0_fire))         ///注意这些不是等号
  val s1_meta_valids  = ResultHoldBypass(data = metaResp.entryValid, valid = RegNext(s0_fire))   /// “=” 表示 “定义为”
  val s1_meta_errors  = ResultHoldBypass(data = metaResp.errors, valid = RegNext(s0_fire))       ///注意这三者都有寄存器
      /// ResultHoldBypass()是定义于 trait HasICacheParameters 中的一个函数，其定义为：
      ///   def ResultHoldBypass[T<:Data](data: T, valid: Bool): T = {Mux(valid, data, RegEnable(data, valid))}

  val s1_data_cacheline = ResultHoldBypass(data = dataResp.datas, valid = RegNext(s0_fire))
                ///来自 io.dataArray.fromIData，Vec(2, Vec(nWays, UInt(blockBits.W)))，从数据阵列读入。
  val s1_data_errorBits = ResultHoldBypass(data = dataResp.codes, valid = RegNext(s0_fire))

  val s1_tag_eq_vec = VecInit((0 until PortNumber).map( p =>
                          VecInit((0 until nWays).map( w => s1_meta_ptags(p)(w) === s1_req_ptags(p) ))))
      ///nWays 在 ICacheParameters 中定义为 8，所以二维向量 s1_tag_eq_vec 的总容量是 2 * 8 = 16。
```

```
        ///这里的比较符===用了 16 次，一共进行 16 次比较；实际上是 16 路（并行的）比较器
        ///注意 s1_req_ptags 本身也是长度为 2 的向量，并非单一的地址标签，是 TLB 发回的两个物理地址中的 tag 位段。
        ///这 16 路并行的比较器，事实上实现了对 16 条 cacheline 的按内容寻址。
        ///最后，s1_tag_eq_vec 是个 PortNumber*nWays 即 2*8 的二维位图，表示 meta 阵列中有几项与所要求的 tag 相符。
val s1_tag_match_vec = VecInit((0 until PortNumber).map( k =>
            VecInit(s1_tag_eq_vec(k).zipWithIndex.map{ case(way_tag_eq, w) => way_tag_eq && s1_meta_valids(k)(w)
        ///s1_tag_match_vec 也是个 2 * 8 的 Bool 向量，即 2 * 8 位图。这个位图表示 tag 匹配上了，并且 tag 有效。
val s1_tag_match = VecInit(s1_tag_match_vec.map(vector => ParallelOR(vector)))   ///2 位的位图，表示两个 Port 中是否命中。

val s1_port_hit = VecInit(Seq(s1_tag_match(0) && s1_valid && !tlbExcp(0),
                                        s1_tag_match(1) && s1_valid && s1_double_line && !tlbExcp(1) ))
        ///进一步施加条件，tag 相符须在 s1 阶段且又不发生异常才算命中。若不跨线只有 1 个 Port，跨线就得有 2 个 Port。
val s1_bank_miss = VecInit(Seq(!s1_tag_match(0) && s1_valid && !tlbExcp(0),
                                        !s1_tag_match(1) && s1_valid && s1_double_line && !tlbExcp(1) ))
        ///这是与 s1_port_hit 相对的不命中位图，长度也是 2。最坏情况是两个物理地址均不命中，或者有一个不命中。
val s1_hit = (s1_port_hit(0) && s1_port_hit(1)) || (!s1_double_line && s1_port_hit(0))
        ///s1_hit 表示全部命中。如果不跨 cacheline 只要端口 0 命中就是命中，要不然就得两个端口都命中。

  /** choose victim cacheline */          ///如果不能全部命中，就得物色一个缓存着的 cacheline，准备将其替换掉。
val replacers = Seq.fill(PortNumber)(ReplacementPolicy.fromString(cacheParams.replacer, nWays, nSets/PortNumber))
val s1_victim_oh = ResultHoldBypass(data = VecInit(replacers.zipWithIndex.map{case (replacer, i) =>
                              UIntToOH(replacer.way(s1_req_vsetIdx(i)))}), valid = RegNext(s0_fire))
                                        ///运用替换策略，从缓存中寻找一个 cacheline 作为“牺牲品”。
when(s1_fire){ assert(PopCount(s1_tag_match_vec(0)) <= 1.U && (PopCount(s1_tag_match_vec(1)) <= 1.U || !s1_double_line),
                                        "Multiple hit in main pipe, port0: …", …) }
((replacers zip touch_sets) zip touch_ways).map{case ((r, s),w) => r.access(s,w)}
        ///函数 access()定义于 Huancun 中的 class SetAssocReplacer。

/** <PERF> replace victim way number */
 …     ///略去性能统计
///class ICacheMainPipe，续 1，待续
```

前面在 s0 阶段就向 TLB 发出了地址映射的请求，TLB 是组合电路，所以立即就发回了所映射的两个物理地址。物理地址的高位，即 setIdx 位段以上的那一部分就是用于地址比对的 tag。至于 tag 以下的部分，那是无需比对的，因为 setIdx 位段决定了目标 cacheline 在哪一个集合，而 blockoffset 位段只是目标地址在其所在 cacheline 中的位移（即块内地址）。

另一方面，也是在 s0 阶段，就把 vSetIdx 发到了 MetaArray 和 DataArray，选定了两个虚存地址所属的集合。在 TLB 所进行的地址映射中，setIdx 所属的位段是不会发生改变的，因为 setIdx 位段不在页面号位段的范围中。一个 cacheline，其起点的虚存地址属于哪一个集合，其物理地址就也属于这个集合。所以，两个 cacheline（也可能只需一个）所属的集合已经选定，两个 port 分别指向这两个 cacheline 所属的集合。

这样，s1_meta_ptags 就是从 MetaArray 中读出的属于目标集合的全部即 nWays 个 tag 字段。这个读出也不需要有时钟脉冲驱动，相当于组合电路，在流水线刚进入 s1 阶段时就已完成。

下面就是比对了。比对的依据是由 TLB 所返回两个物理地址各自的 tag；比对的目标则是两个 Port 所指集合中的 nWays 即 8 个表项中的 tag。两个集合有 2*8=16 个 tag，所以一共要进行 16 次比对。这 16 次比对当然不是顺序进行，而是同时进行，这里的比对符“===”代表着比较器，所以一共有 16 个比较器，比较器的宽度就是 tag 字段的宽度。显然，这里所实现的实际上就是一个 CAM，即相关存储器。比对的结果

s1_tag_eq_vec 是个位图。不过这还不能算是命中，因为还有别的条件；s1_tag_match_vec 才是表示命中的位图，这个位图表明具体是集合中的哪一个 way 命中了。最后从中还归纳出 s1_tag_match，表示两个 Port 中是否有命中；s1_port_hit，表示命中是否有效（例如有否发生异常）；s1_bank_miss，表示哪几个地址没有命中。最后，s1_hit 表示（整个指令块）是否完全命中。如果并非完全命中（至少有一条 cacheline 并未命中），就说明要从次级缓存或主存调入 cacheline；那就得为其腾出一个位置，要按照所配置的替换策略找一条已在缓存中的 cacheline 作为“牺牲”，把它替换掉。下面是 object ReplacementPolicy 的定义，不过我们就不再深入了：

```
object ReplacementPolicy {
  def fromString(s: String, n_ways: Int): ReplacementPolicy = s.toLowerCase match {
    case "random" => new RandomReplacement(n_ways)
    case "lru"      => new TrueLRU(n_ways)
    case "plru"     => new PseudoLRU(n_ways)
    case t => throw new IllegalArgumentException(s"unknown Replacement Policy type $t")
  }
}
```

至此，我们已经知道所欲读入的指令块是否在 ICache 中（完全）命中，如果没有完全命中就得至少从次级缓存或主存读入一个缓冲线。下面就进入流水线的 s2 阶段了，我们继续往下看。

```
[ICache > ICacheImp > ICacheMainPipe]        续 2
  /******************************************************************************
    * ICache Stage 2
    * - send request to MSHR if ICache miss
    * - generate secondary miss status/data registers
    * - response to IFU
    ******************************************************************************/
  /** s2 control */
  val s2_fetch_finish = Wire(Bool())
  val s2_valid = generatePipeControl(lastFire = s1_fire, thisFire = s2_fire, thisFlush = false.B, lastFlush = false.B)
                        ///同样，这也返回一个寄存器，lastFire && !lastFlush 时打入 true。
  val s2_miss_available = Wire(Bool())

  s2_ready := (s2_valid && s2_fetch_finish && !io.respStall) || (!s2_valid && s2_miss_available)
  s2_fire := s2_valid && s2_fetch_finish && !io.respStall

  /** s2 data */
  val mmio = fromPMP.map(port => port.mmio)            // TODO: handle it
     ///将 s1 阶段所取得的状态信息都转移到 s2 阶段：
  val (s2_req_paddr , s2_req_vaddr) = (RegEnable (s1_req_paddr, s1_fire), RegEnable(s1_req_vaddr, s1_fire))
  val s2_req_vsetIdx    = RegEnable (s1_req_vsetIdx, s1_fire)          /// s1_fire 为 true 才使寄存器 Enable
  val s2_req_ptags      = RegEnable (s1_req_ptags, s1_fire)            ///比 s1_req_ptags 晚一个节拍(即使 s1_fire)
  val s2_only_first     = RegEnable (s1_only_first, s1_fire)
  val s2_double_line    = RegEnable (s1_double_line, s1_fire)
  val s2_hit            = RegEnable (s1_hit, s1_fire)                  ///把 s1_hit 打入 s2_hit
  val s2_port_hit       = RegEnable (s1_port_hit, s1_fire)
  val s2_bank_miss      = RegEnable (s1_bank_miss, s1_fire)
```

```
val s2_waymask        = RegEnable (s1_victim_oh, s1_fire)
val s2_tag_match_vec = RegEnable (s1_tag_match_vec, s1_fire)   ///这个 2*8 位图表示 tag 匹配且 tag 有效。

assert(RegNext(!s2_valid || s2_req_paddr(0)(11,0) === s2_req_vaddr(0)(11,0), true.B))

/** status imply that s2 is a secondary miss (no need to resend miss request) */
val sec_meet_vec = Wire(Vec(2, Bool()))
val s2_fixed_hit_vec = VecInit((0 until 2).map(i => s2_port_hit(i) || sec_meet_vec(i)))
val s2_fixed_hit = (s2_valid && s2_fixed_hit_vec(0) && s2_fixed_hit_vec(1) && s2_double_line) ||
                          (s2_valid && s2_fixed_hit_vec(0) && !s2_double_line)
val s2_meta_errors          = RegEnable (s1_meta_errors, s1_fire)
val s2_data_errorBits       = RegEnable (s1_data_errorBits, s1_fire)
val s2_data_cacheline       = RegEnable (s1_data_cacheline, s1_fire)
           ///s1_data_cacheline 来自来自 io.dataArray.fromIData，Vec(2, Vec(nWays, UInt(blockBits.W)))，由 s1_fire 打入。

val s2_data_errors = Wire(Vec(PortNumber,Vec(nWays, Bool())))

(0 until PortNumber).map{ i =>
    val read_datas = s2_data_cacheline(i).asTypeOf(Vec(nWays,Vec(dataCodeUnitNum, UInt(dataCodeUnit.W))))
           ///dataCodeUnit=16，dataCodeUnitNum = blockBits/dataCodeUnit = 512/16 = 32。
    val read_codes = s2_data_errorBits(i).asTypeOf(Vec(nWays,Vec(dataCodeUnitNum, UInt(dataCodeBits.W))))
           ///dataCodeBits = encDataUnitBits – dataCodeUnit，encDataUnitBits = cacheParams.dataCode.width(dataCodeUnit)
  val data_full_wayBits = VecInit((0 until nWays).map( w =>
                         VecInit((0 until dataCodeUnitNum).map(u => Cat(read_codes(w)(u), read_datas(w)(u))))))
      ///这里的 val read_codes 定义于 DataArray，是个 2 维向量；val read_datas 也是一样；code 是对 data 的奇偶校验。
      ///DataArray 中其实既有 dataArrays（内含 4 个 dataArray）又有 codeArrays（内含 2 个 codeArray）。
  val data_error_wayBits = VecInit((0 until nWays).map( w => VecInit((0 until dataCodeUnitNum).map(u =>
                              cacheParams.dataCode.decode(data_full_wayBits(w)(u)).error ))))
  if(i == 0){
    (0 until nWays).map{ w =>
      s2_data_errors(i)(w) := RegNext(RegNext(s1_fire)) && RegNext(data_error_wayBits(w)).reduce(_||_)
    }
  } else {
    (0 until nWays).map{ w =>
      s2_data_errors(i)(w) := RegNext(RegNext(s1_fire)) &&
                   RegNext(RegNext(s1_double_line)) && RegNext(data_error_wayBits(w)).reduce(_||_) }
  }   ///end else
}   ///end (0 until PortNumber).map

val s2_parity_meta_error = VecInit((0 until PortNumber).map(i => s2_meta_errors(i).reduce(_||_) && io.csr_parity_enable))
val s2_parity_data_error = VecInit((0 until PortNumber).map(i => s2_data_errors(i).reduce(_||_) && io.csr_parity_enable))
val s2_parity_error = VecInit((0 until PortNumber).map(i => RegNext(s2_parity_meta_error(i)) || s2_parity_data_error(i)))

for(i <- 0 until PortNumber){
  io.errors(i).valid            := RegNext(s2_parity_error(i) && RegNext(RegNext(s1_fire)))
  io.errors(i).report_to_beu    := RegNext(s2_parity_error(i) && RegNext(RegNext(s1_fire)))
```

```
    io.errors(i).paddr              := RegNext(RegNext(s2_req_paddr(i)))
    io.errors(i).source             := DontCare
    io.errors(i).source.tag         := RegNext(RegNext(s2_parity_meta_error(i)))
    io.errors(i).source.data        := RegNext(s2_parity_data_error(i))
    io.errors(i).source.l2          := false.B
    io.errors(i).opType             := DontCare
    io.errors(i).opType.fetch       := true.B
  }
  XSError(s2_parity_error.reduce(_||_) && RegNext(RegNext(s1_fire)), "ICache has parity error in MainPaipe!")

  /** exception and pmp logic **/
  //PMP Result
  val s2_tlb_need_back = VecInit((0 until PortNumber).map(i => ValidHold(tlb_need_back(i) && s1_fire, s2_fire, false.B)))
  val pmpExcpAF = Wire(Vec(PortNumber, Bool()))
  pmpExcpAF(0)   := fromPMP(0).instr && s2_tlb_need_back(0)
  pmpExcpAF(1)   := fromPMP(1).instr && s2_double_line && s2_tlb_need_back(1)
  //exception information
  //short delay exception signal
  val s2_except_pf           = RegEnable (tlbExcpPF, s1_fire)
  val s2_except_tlb_af       = RegEnable (tlbExcpAF, s1_fire)
  //long delay exception signal
  val s2_except_pmp_af = DataHoldBypass(pmpExcpAF, RegNext(s1_fire))

  val s2_except = VecInit((0 until 2).map{i => s2_except_pf(i) || s2_except_tlb_af(i)})
  val s2_has_except = s2_valid && (s2_except_tlb_af.reduce(_||_) || s2_except_pf.reduce(_||_))
  //MMIO
  val s2_mmio = DataHoldBypass(io.pmp(0).resp.mmio && !s2_except_tlb_af(0) &&
                        !s2_except_pmp_af(0) && !s2_except_pf(0), RegNext(s1_fire)).asBool() && s2_valid
     ///表示目标地址所在区间在外设中，是不缓存的(uncached)。须从 MMIO 接口读入。

  //send physical address to PMP
  io.pmp.zipWithIndex.map { case (p, i) =>
    p.req.valid := s2_valid && !missSwitchBit
    p.req.bits.addr := s2_req_paddr(i)
    p.req.bits.size := 3.U                // TODO
    p.req.bits.cmd := TlbCmd.exec
  }

  /*** cacheline miss logic ***/
  val wait_idle :: wait_queue_ready :: wait_send_req    :: wait_two_resp :: wait_0_resp ::
          wait_1_resp :: wait_one_resp ::wait_finish :: wait_pmp_except :: Nil = Enum(9)     ///MSHR 状态机的 9 种状态
  val wait_state = RegInit(wait_idle)          ///与 MSHR 交互的状态机

  val port_miss_fix = VecInit(Seq(fromMSHR(0).fire() && !s2_port_hit(0),
                                      fromMSHR(1).fire() && s2_double_line && !s2_port_hit(1) ))
          ///等待来自 MSHR 的回应，取决于向 MSHR 的发送和 MSHR 状态机的进展。
```

```
// secondary miss record registers
class MissSlot(implicit p: Parameters) extends ICacheBundle {    ///用来暂存通过 MSHR 从二级缓存读入的数据块
  val m_vSetIdx     = UInt(idxBits.W)            ///本槽位的集合 idx
  val m_pTag        = UInt(tagBits.W)            ///本槽位的物理地址 tag
  val m_data        = UInt(blockBits.W)          ///blockBytes: Int = 64，blockBits = blockBytes * 8 = 512。
  val m_corrupt     = Bool()                     ///数据有否损坏
}

val missSlot = Seq.fill(2)(RegInit(0.U.asTypeOf(new MissSlot)))     ///两个空白 MissSlot，对应两个缓冲线。
     ///这两个寄存器用来接收通过 MSHR 从二级缓存读入的 cacheline 数据块
val m_invalid :: m_valid :: m_refilled :: m_flushed :: m_wait_sec_miss :: m_check_final ::Nil = Enum(6)
val missStateQueue = RegInit(VecInit(Seq.fill(2)(m_invalid)) )          /// missStateQueue 的长度是 2
val reservedRefillData = Wire(Vec(2, UInt(blockBits.W)))

s2_miss_available := VecInit(missStateQueue.map(entry => entry === m_invalid || entry === m_wait_sec_miss)).reduce(_&&_)

val fix_sec_miss = Wire(Vec(4, Bool()))
val sec_meet_0_miss = fix_sec_miss(0) || fix_sec_miss(2)              /// fix_sec_miss 中的信息来源见后
val sec_meet_1_miss = fix_sec_miss(1) || fix_sec_miss(3)
sec_meet_vec := VecInit(Seq(sec_meet_0_miss, sec_meet_1_miss ))

/*** miss/hit pattern: <Control Signal> only raise at the first cycle of s2_valid ***/
val cacheline_0_hit = (s2_port_hit(0) || sec_meet_0_miss)
val cacheline_0_miss = !s2_port_hit(0) && !sec_meet_0_miss

val cacheline_1_hit = (s2_port_hit(1) || sec_meet_1_miss)
val cacheline_1_miss = !s2_port_hit(1) && !sec_meet_1_miss

val only_0_miss = RegNext(s1_fire) && cacheline_0_miss && !s2_double_line && !s2_has_except && !s2_mmio
     ///目标不跨线，在内存（不是 MMIO），但是不命中。注意 only_0_miss 本身并非寄存器而只是个布尔量，下同。
val only_0_hit = RegNext(s1_fire) && cacheline_0_hit && !s2_double_line && !s2_mmio
     ///目标不跨线（cacheline），并且命中。
val hit_0_hit_1 = RegNext(s1_fire) && cacheline_0_hit && cacheline_1_hit && s2_double_line && !s2_mmio
     ///目标跨线，两个缓冲线都命中。
val hit_0_miss_1 = RegNext(s1_fire) && cacheline_0_hit    && cacheline_1_miss &&
                                                  s2_double_line && !s2_has_except && !s2_mmio
     ///目标跨线，前一缓冲线命中，后一缓冲线不命中。
val miss_0_hit_1 = RegNext(s1_fire) && cacheline_0_miss &&
   cacheline_1_hit && s2_double_line && !s2_has_except && !s2_mmio
     ///目标跨线，前一缓冲线不命中，后一缓冲线命中。
val miss_0_miss_1 = RegNext(s1_fire) && cacheline_0_miss &&
           cacheline_1_miss && s2_double_line && !s2_has_except && !s2_mmio
     ///目标跨线，两个缓冲线均不命中。

val hit_0_except_1 = RegNext(s1_fire) && s2_double_line && !s2_except(0) && s2_except(1) && cacheline_0_hit
```

```
        ///目标跨线，前一缓冲线命中，但对后一缓冲线的访问发生异常。
val miss_0_except_1 = RegNext(s1_fire) && s2_double_line && !s2_except(0) && s2_except(1) && cacheline_0_miss
        ///目标跨线，前一缓冲线不命中，且对后一缓冲线的访问发生异常。
val except_0 = RegNext(s1_fire) && s2_except(0)             ///对第一个缓冲线的访问就发生异常

def holdReleaseLatch (valid: Bool, release: Bool, flush: Bool): Bool ={
  val bit = RegInit(false.B)
  when(flush)                    { bit := false.B }
  .elsewhen(valid && !release)   { bit := true.B }
  .elsewhen(release)             { bit := false.B }
  bit || valid            ///返回值
}

/*** miss/hit pattern latch: <Control Signal> latch the miss/hit patter if pipeline stop ***/
val miss_0_hit_1_latch = holdReleaseLatch (valid = miss_0_hit_1, release = s2_fire, flush = false.B)
            /// cacheline_0 不命中，cacheline_1 命中。
val miss_0_miss_1_latch = holdReleaseLatch (valid = miss_0_miss_1, release = s2_fire, flush = false.B)
            ///两个都不命中
val only_0_miss_latch = holdReleaseLatch (valid = only_0_miss, release = s2_fire, flush = false.B)
            ///只需要 cacheline_0，但是不命中
val hit_0_miss_1_latch = holdReleaseLatch (valid = hit_0_miss_1, release = s2_fire, flush = false.B)
            /// cacheline_0 命中，cacheline_1 不命中
val miss_0_except_1_latch = holdReleaseLatch (valid = miss_0_except_1, release = s2_fire, flush = false.B)
            /// cacheline_0 不命中，cacheline_1 访问异常
val except_0_latch = holdReleaseLatch (valid = except_0, release = s2_fire, flush = false.B)
            ///只需要 cacheline_0，但访问异常
val hit_0_except_1_latch = holdReleaseLatch (valid = hit_0_except_1, release = s2_fire, flush = false.B)
            /// cacheline_0 命中，cacheline_1 访问异常
val only_0_hit_latch = holdReleaseLatch (valid = only_0_hit, release = s2_fire, flush = false.B)
            ///只需要 cacheline_0，而且命中
val hit_0_hit_1_latch = holdReleaseLatch (valid = hit_0_hit_1, release = s2_fire, flush = false.B)
            /// cacheline_0 和 cacheline_1 都命中

/*** secondary miss judgment ***/

def waitSecondComeIn(missState: UInt): Bool = (missState === m_wait_sec_miss)   ///表示正在等待

def getMissSituat (slotNum : Int, missNum : Int ) :Bool = {
  RegNext(s1_fire) && RegNext (missSlot(slotNum).m_vSetIdx === s1_req_vsetIdx(missNum)) &&
    RegNext (missSlot(slotNum).m_pTag === s1_req_ptags(missNum)) && !s2_port_hit(missNum) &&
                                        waitSecondComeIn (missStateQueue(slotNum))
}

val miss_0_s2_0 = getMissSituat (slotNum = 0, missNum = 0)
val miss_0_s2_1 = getMissSituat (slotNum = 0, missNum = 1)
val miss_1_s2_0 = getMissSituat (slotNum = 1, missNum = 0)
```

```
val miss_1_s2_1 = getMissSituat (slotNum = 1, missNum = 1)

val miss_0_s2_0_latch = holdReleaseLatch (valid = miss_0_s2_0, release = s2_fire, flush = false.B)
val miss_0_s2_1_latch = holdReleaseLatch (valid = miss_0_s2_1, release = s2_fire, flush = false.B)
val miss_1_s2_0_latch = holdReleaseLatch (valid = miss_1_s2_0, release = s2_fire, flush = false.B)
val miss_1_s2_1_latch = holdReleaseLatch (valid = miss_1_s2_1, release = s2_fire, flush = false.B)

val slot_0_solve = fix_sec_miss(0) || fix_sec_miss(1)
val slot_1_solve = fix_sec_miss(2) || fix_sec_miss(3)
val slot_slove = VecInit(Seq(slot_0_solve, slot_1_solve))

fix_sec_miss := VecInit(Seq(miss_0_s2_0_latch, miss_0_s2_1_latch, miss_1_s2_0_latch, miss_1_s2_1_latch))
                                        ///这是前面 fix_sec_miss 向量中信息的来源

/*** reserved data for secondary miss ***/

reservedRefillData(0) := DataHoldBypass(data = missSlot(0).m_data, valid = miss_0_s2_0 || miss_0_s2_1)
reservedRefillData(1) := DataHoldBypass(data = missSlot(1).m_data, valid = miss_1_s2_0 || miss_1_s2_1)
                ///Mux(valid, data, RegEnable(data, valid))，reservedRefillData 的数据来自 missSlot。

/*** miss state machine ***/
//deal with not-cache-hit pmp af
val only_pmp_af = Wire(Vec(2, Bool()))
only_pmp_af(0) := s2_except_pmp_af(0) && cacheline_0_miss && !s2_except(0) && s2_valid
only_pmp_af(1) := s2_except_pmp_af(1) && cacheline_1_miss && !s2_except(1) && s2_valid && s2_double_line

///class ICacheMainPipe，续 2， 待续
```

因为有 cacheline 不命中，就得从次级缓存乃至主存调入所缺失的缓冲线存储块了，办法是向 MSHR 及其背后的 MissUnit 发出请求。这里是在为向 MSHR 发出请求进行种种准备。这里创建的两个 MissSlot 对象，就是准备用来暂存由 MSHR 读入的两个 cacheline。MSHR 会把读入的 cacheline 直接装载到数据阵列中所指定的“槽位”（即 way）上，并更新元数据阵列中的索引信息，但是那样要把 cacheline 发送给 IFU 是又得从数据阵列读出，所以这里在旁边另外安排一个暂存的地方，使得发送的时候可以简单快捷一些。

不过，至此尚未向 MSHR 发出请求，也尚无关于状态机的描述，那就在下面。

```
[ICache > ICacheImp > ICacheMainPipe]      续 3
  switch(wait_state){   /// MSHR 状态机 wait_state，这是 ICache 与 MSHR 之间的状态机，这里的等待可以是长时间的等待：
    is(wait_idle){                  ///启动 MSHR 状态机的条件
      when(only_pmp_af(0) || only_pmp_af(1) || s2_mmio){   ///目标不在可缓存区间，或对 PMP 的访问发生异常，结束等待：
        //should not send req to MissUnit when there is an access exception in PMP
        //But to avoid using pmp exception in control signal (like s2_fire), should delay 1 cycle.
        //NOTE: pmp exception cache line also could hit in ICache, but the result is meaningless.
        //Just give the exception signals.
        wait_state := wait_finish                            ///因为等待也没用
      }.elsewhen(miss_0_except_1_latch){                     /// cacheline_0 不命中且 cacheline_1 异常，转入 wait_queue_ready：
        wait_state := Mux(toMSHR(0).ready, wait_queue_ready, wait_idle )
```

```
    }.elsewhen( only_0_miss_latch || miss_0_hit_1_latch){    /// cacheline_0 不命中，转入 wait_queue_ready:
      wait_state := Mux(toMSHR(0).ready, wait_queue_ready, wait_idle )
    }.elsewhen(hit_0_miss_1_latch){                           /// cacheline_1 不命中，转入 wait_queue_ready:
      wait_state := Mux(toMSHR(1).ready, wait_queue_ready, wait_idle )
    }.elsewhen( miss_0_miss_1_latch ){                        /// cacheline_0 和 cacheline_1 均不命中，转入 wait_queue_ready:
      wait_state := Mux(toMSHR(0).ready && toMSHR(1).ready, wait_queue_ready ,wait_idle)
    }
       ///如果是 only_0_hit_latch 或 hit_0_hit_1_latch 就留在 wait_idle 状态
       ///这里的 toMSHR(0).ready 说明对 MSHR 的发送可以进行，对 toMSHR(0).valid 的设置见后。
  }  ///end is(wait_idle)，这是 wait_idle 状态下因各种情况的状态变化，或转入 wait_queue_read，或留在 wait_idle。
  is(wait_queue_ready){
      wait_state := wait_send_req          ///下一节拍转入 wait_send_req 状态，见下。
  }
  is(wait_send_req) {
    when(miss_0_except_1_latch || only_0_miss_latch || hit_0_miss_1_latch || miss_0_hit_1_latch){
      wait_state := wait_one_resp          ///下一节拍转入 wait_one_resp 状态，等待 MSHR 对于单个 cacheline 的回应。
    }.elsewhen( miss_0_miss_1_latch ){
      wait_state := wait_two_resp          ///下一节拍转入 wait_two_resp 状态，等待 MSHR 对于两个 cacheline 的回应。
    }
  }
  is(wait_one_resp) {     ///向 MSHR 发出请求（见下）以后，就等待 MSHR 发回所缺失的 cacheline:
                          ///等待直到条件满足。虽然只是等待单个 cacheline，也可能会是长时间的等待（看二级缓存）。
    when( (miss_0_except_1_latch ||only_0_miss_latch || miss_0_hit_1_latch) && fromMSHR(0).fire()){
      wait_state := wait_finish
    }.elsewhen( hit_0_miss_1_latch && fromMSHR(1).fire()){
      wait_state := wait_finish                   ///下一节拍转入 wait_finish 状态
    }
  }
  is(wait_two_resp) {     ///向 MSHR 发出请求（见下）以后，就等待 MSHR 发回所缺失的两个 cacheline:
                          ///等待直到条件满足。要等待两个 cacheline 都到位，等待时间就更长了。
    when(fromMSHR(0).fire() && fromMSHR(1).fire()){
      wait_state := wait_finish                   ///二者均已到达，下个节拍转入 wait_finish 状态。
    }.elsewhen( !fromMSHR(0).fire() && fromMSHR(1).fire() ){
      wait_state := wait_0_resp                   ///fromMSHR(0)尚未到达，下个节拍转入 wait_0_resp。
    }.elsewhen(fromMSHR(0).fire() && !fromMSHR(1).fire()){
      wait_state := wait_1_resp                   ///fromMSHR(1)尚未到达，下个节拍转入 wait_1_resp。
    }
  }
  is(wait_0_resp) { when(fromMSHR(0).fire()){ wait_state := wait_finish } }
  is(wait_1_resp) { when(fromMSHR(1).fire()){ wait_state := wait_finish } }
  is(wait_finish) { when(s2_fire) {wait_state := wait_idle } }      ///如果已经有 s2_fire，下个节拍就转入 wait_idle。
}  ///end switch(wait_state)，注意上面只是状态机的状态变化，而并不包括动作，动作在下面:

  /*** send request to MissUnit ***/         ///向 MSHR 发送请求:
(0 until 2).map { i =>                          ///MSHR 寄存器有两个，分别处理两个 cacheline 的加载:
  if(i == 1) toMSHR(i).valid := (hit_0_miss_1_latch || miss_0_miss_1_latch) && wait_state === wait_queue_ready && !s2_mmio
```

```
        ///向 MSHR(1)求助的条件是 cacheline_1 不命中，并且 wait_queue_ready，并且目标可缓存。
else toMSHR(i).valid := (only_0_miss_latch || miss_0_hit_1_latch || miss_0_miss_1_latch || miss_0_except_1_latch)
                                                    && wait_state === wait_queue_ready && !s2_mmio
        ///向 MSHR(0)求助的条件是 cacheline_0 不命中，并且 wait_queue_ready，并且目标可缓存。
toMSHR(i).bits.paddr        := s2_req_paddr(i)      ///向 MSHR(i)求助的物理地址
toMSHR(i).bits.vaddr        := s2_req_vaddr(i)      ///向 MSHR(i)求助的虚存地址
toMSHR(i).bits.waymask      := s2_waymask(i)        ///将 cacheline 装载到这个位置上（见前面的 s1_victim_oh）

when(toMSHR(i).fire() && missStateQueue(i) === m_invalid){          ///向 MSHR 发送求助信息
  missStateQueue(i)           := m_valid
  missSlot(i).m_vSetIdx       := s2_req_vsetIdx(i)                  ///设置目标 cacheline 所属的集合
  missSlot(i).m_pTag          := get_phy_tag(s2_req_paddr(i))       ///设置物理地址 tag，tag+ vsetIdx 就是 cacheline 地址。
}  ///missSlot 是前面创建的两个 MissSlot 对象
      ///中间等待，到 fromMSHR(i)中有了数据，并且 missStateQueue(i) 的状态为 m_valid：
when(fromMSHR(i).fire() && missStateQueue(i) === m_valid ){        ///从 MSHR 接收回应信息
  missStateQueue(i)           := m_refilled
  missSlot(i).m_data          := fromMSHR(i).bits.data              ///将来自 MSHR/missUnit 的数据写入 missSlot
  missSlot(i).m_corrupt       := fromMSHR(i).bits.corrupt
}  ///从二级缓存通过 MSHR 返回的 cacheline 数据在寄存器 missSlot 中，所以是 registerData。

when(s2_fire && missStateQueue(i) === m_refilled){
  missStateQueue(i) := m_wait_sec_miss
}

/*** Only the first cycle to check whether meet the secondary miss ***/
when(missStateQueue(i) === m_wait_sec_miss){
  /*** The seondary req has been fix by this slot and another also hit || the secondary req for other cacheline and hit ***/
  when((slot_slove(i) && s2_fire) || (!slot_slove(i) && s2_fire) ) { missStateQueue(i) := m_invalid }
  /*** The seondary req has been fix by this slot but another miss/f3 not ready || the seondary req for other cacheline and miss ***/
  .elsewhen((slot_slove(i) && !s2_fire && s2_valid) || (s2_valid && !slot_slove(i) && !s2_fire) ){
    missStateQueue(i) := m_check_final
  }
}

when(missStateQueue(i) === m_check_final && toMSHR(i).fire()){
  missStateQueue(i) := m_valid
  missSlot(i).m_vSetIdx := s2_req_vsetIdx(i)                        ///设置 m_vSetIdx
  missSlot(i).m_pTag := get_phy_tag(s2_req_paddr(i))                ///设置物理地址 tag
}.elsewhen(missStateQueue(i) === m_check_final) {
  missStateQueue(i) := m_invalid
}
}  ///end (0 until 2).map，通过 MSHR 向 missUnit 发送请求，MSHR 的回应在 missSlot 中。

io.prefetchEnable := false.B                                        ///初值为 false
io.prefetchDisable := false.B                                       ///初值也是 false
```

```
when(toMSHR.map(_.valid).reduce(_||_)){
  missSwitchBit := true.B
  io.prefetchEnable := true.B                    ///设置成 true
}.elsewhen(missSwitchBit && s2_fetch_finish){
  missSwitchBit := false.B
  io.prefetchDisable := true.B                   ///设置成 true
}

val miss_all_fix = wait_state === wait_finish
s2_fetch_finish := ((s2_valid && s2_fixed_hit) || miss_all_fix || hit_0_except_1_latch || except_0_latch)

/** update replacement status register: 0 is hit access/ 1 is miss access */
(touch_ways zip touch_sets).zipWithIndex.map{ case((t_w, t_s), i) =>
  t_s(0)         := s2_req_vsetIdx(i)
  t_w(0).valid := s2_valid && s2_port_hit(i)
  t_w(0).bits   := OHToUInt(s2_tag_match_vec(i))

  t_s(1)         := s2_req_vsetIdx(i)
  t_w(1).valid := s2_valid && !s2_port_hit(i)
  t_w(1).bits   := OHToUInt(s2_waymask(i))
}  ///end (touch_ways zip touch_sets).zipWithIndex.map

   ///以下是准备返回给 IFU 的指令块数据：
//** use hit one-hot select data    ///ICache 命中时的 cacheline：
val s2_hit_datas = VecInit(s2_data_cacheline.zipWithIndex.map { case(bank, i) =>
  val port_hit_data = Mux1H(s2_tag_match_vec(i).asUInt, bank)
  port_hit_data                  ///从 s2_data_cacheline 中摘取的数据
})  ///s2_hit_datas 是长度为 2 的向量，两个 cacheline。

val s2_register_datas = Wire(Vec(2, UInt(blockBits.W)))          ///s2_register_datas 及其数据的写入：
s2_register_datas.zipWithIndex.map {case (bank, i) =>
    if(i == 0) bank := Mux(miss_0_s2_0_latch,
                          reservedRefillData(0), Mux(miss_1_s2_0_latch, reservedRefillData(1), missSlot(0).m_data))
    else bank := Mux(miss_0_s2_1_latch,
                          reservedRefillData(0), Mux(miss_1_s2_1_latch, reservedRefillData(1), missSlot(1).m_data))
}  ///i 为 0 时是指令块的前半，不为 0 时是后半；s2_register_datas 的前半后半都可以是空（前半可能在 s2_hit_datas 中）。
///class ICacheMainPipe，续 3，  待续
```

现在已是万事具备，只欠把结果发送给 IFU 了。当所取的指令块跨线时，指令块被分成前后两半（两半通常不一样大），如果前后两半都在 ICache 里命中就没有前面通过 MSHR 从次级缓存或主存滴入的麻烦，但是最坏的情况是二者都不命中，因而都要从下层读入。不过，即使二者都要从下层读入，经过一段时间的延迟之后终究已经读了进来。只不过从下层读入的数据是在 s2_register_datas(i)，而若在 ICache 中直接命中则是在 s2_hit_datas 中。向 IFU 发送时，这里的 toIFU 就是 ICacheMainPipe 的 io.fetch.resp，即长度为 2 的 ICacheMainPipeResp 向量，所以例如 toIFU(0).bits.sramData 就是所返回前半个指令块的数据（假定命中）：

[ICache > ICacheImp > ICacheMainPipe]　　续 4

```
/** response to IFU */  /// ICache 的取指请求来自 Ftq，所取的内容却是发给 IFU：
(0 until PortNumber).map{ i =>
  if(i ==0)    toIFU(i).valid := s2_fire                            ///前半块是一定有的
  else         toIFU(i).valid := s2_fire && s2_double_line           ///如果不跨线就没有后半块

   //when select is high, use sramData. Otherwise, use registerData.
  toIFU(i).bits.registerData    := s2_register_datas(i)     ///registerData 来自 reservedRefillData 或 missSlot
  toIFU(i).bits.sramData        := s2_hit_datas(i)          ///s2_hit_datas 就是在 dataArray 中的数据
  toIFU(i).bits.select          := s2_port_hit(i)           ///select 位取决于 s2_port_hit(i)，为 1 表示命中，sramData 有效。
  toIFU(i).bits.paddr           := s2_req_paddr(i)
  toIFU(i).bits.vaddr           := s2_req_vaddr(i)
  toIFU(i).bits.tlbExcp.pageFault      := s2_except_pf(i)
  toIFU(i).bits.tlbExcp.accessFault    := s2_except_tlb_af(i) || missSlot(i).m_corrupt || s2_except_pmp_af(i)
  toIFU(i).bits.tlbExcp.mmio           := s2_mmio            ///目标数据不在存储器中，应通过 MMIO 读取。

  when(RegNext(s2_fire && missSlot(i).m_corrupt)){
    io.errors(i).valid           := true.B
    io.errors(i).report_to_beu   := false.B   // l2 should have report that to bus error unit, no need to do it again
    io.errors(i).paddr           := RegNext(s2_req_paddr(i))
    io.errors(i).source.tag      := false.B
    io.errors(i).source.data     := false.B
    io.errors(i).source.l2       := true.B
  }
}  ///end (0 until PortNumber).map{ i => …}

io.perfInfo.only_0_hit      := only_0_hit_latch
…  ///性能统计，略。

}  ///end class ICacheMainPipe
```

返回给 IFU 的数据（实际上是承载着指令的 cacheline）可能有两种情况，一种是在 sramData 中，另一种是在 registerData 中。其中 sramData 是因为访问命中而从 IcacheDataArray 中读出的缓存着的 cacheline，select 位为 true 就表示与其对应的数据有效。而 registerData 则是因为没有命中、目标数据不在 ICache 中而从后方缓存或主存中调进来的，时间上已经有了较大的延迟。因为是从两个端口读出，所以就有 4 种可能的组合。

从 ICache 发送给 IFU 的是一个或两个 cacheline，里面肯定包含着所欲读入的指令块，但是如何从中把所欲读入的指令块切割出来，那就是 IFU 的事了。

虽然 IFU 一般而言总能得到所取的指令块，但在其因目标不命中而等待的时候实际上 ICache 中已经发生过许多事情，进行过许多操作，这都是从 ICacheMainPipe 向 MSHR 求助开始的。MSHR 究竟做了什么在这里看不到，后面讲到 ICacheMissUnit 的时候就清楚了。

17.3 元数据阵列

前面看了 ICacheMainPipe 的代码，对于 ICache 高层的活动有了个大概的了解，下面我们就要逐一深入到底层的那些模块中。我们先看 ICacheMetaArray，这个阵列所存储的是“元数据”即 Meta 信息，实际上就是对（数据阵列中所存储）数据的索引信息，索引信息也是数据，并且是关于数据的数据，所以称“元数据”。

后面有时候讲"索引阵列"，那就是元数据阵列。在 ICache 中， ICacheDataArray 中缓存着一个个的缓存块，即一条条 cacheline 的数据（包括检错码），ICacheMetaArray 则存储着关于这些 cacheline 的索引信息，目的就是让 ICacheMainPipe 可以通过"标签（tag）"比对而获取数组下标，进而从 ICacheDataArray 读出数据：

```
[ICache > ICacheImp > ICacheMetaArray]
class ICacheMetaArray()(implicit p: Parameters) extends ICacheArray {
  def onReset = ICacheMetadata(0.U)
  val metaBits = onReset.getWidth
  val metaEntryBits = cacheParams.tagCode.width(metaBits)

  val io=IO{new Bundle{
    val write        = Flipped(DecoupledIO(new ICacheMetaWriteBundle))   ///来自ICacheMissUnit，用于从内存调入新块时。
    val read         = Flipped(DecoupledIO(new ICacheReadBundle))        ///见后，来自ICacheMainPipe。
    val readResp     = Output(new ICacheMetaRespBundle)                  ///输出从ICacheMetaArray读出的结果
    val cacheOp      = Flipped(new L1CacheInnerOpIO)             // customized cache op port
    val fencei       = Input(Bool())                                     ///用于fence.i指令的执行
  }}

  io.read.ready := !io.write.valid                 ///读与写不得同时进行
    ///也有两个port，vSetIdx是虚拟地址中的SetIdx。指令块可能跨缓冲线，前后两个缓冲线可能不在同一集合：
  val port_0_read_0 = io.read.valid && !io.read.bits.vSetIdx(0)(0)     /// vSetIdx(0)的最低位为0时的读出是port_0_read_0
  val port_0_read_1 = io.read.valid && io.read.bits.vSetIdx(0)(0)      /// vSetIdx(0)的最低位为1时的读出是port_0_read_1
  val port_1_read_1 = io.read.valid && io.read.bits.vSetIdx(1)(0) && io.read.bits.isDoubleLine    ///isDoubleLine表示跨线
  val port_1_read_0 = io.read.valid && !io.read.bits.vSetIdx(1)(0) && io.read.bits.isDoubleLine   ///不跨线就用不上port_1

  val port_0_read_0_reg = RegEnable(next = port_0_read_0, enable = io.read.fire())
  val port_0_read_1_reg = RegEnable(next = port_0_read_1, enable = io.read.fire())
  val port_1_read_1_reg = RegEnable(next = port_1_read_1, enable = io.read.fire())
  val port_1_read_0_reg = RegEnable(next = port_1_read_0, enable = io.read.fire())
                                  ///如果有读请求，这些寄存器记下了当前读请求的属性（不是读出结果）

  val bank_0_idx = Mux(port_0_read_0, io.read.bits.vSetIdx(0), io.read.bits.vSetIdx(1))     ///MetaArray分成两个Bank
  val bank_1_idx = Mux(port_0_read_1, io.read.bits.vSetIdx(0), io.read.bits.vSetIdx(1))     ///以前后两个cacheline划分
  val bank_idx = Seq(bank_0_idx, bank_1_idx)     ///对元数据读出/写入的键都是vSetIdx

  val write_bank_0 = io.write.valid && !io.write.bits.bankIdx        ///ICacheMetaWriteBundle中的bankIdx是Bool
  val write_bank_1 = io.write.valid && io.write.bits.bankIdx

  val write_meta_bits = Wire(UInt(metaEntryBits.W))
/// class ICacheMetaArray，待续
```

最前面定义了一个函数 onReset()，这个函数返回一个空白的 IcacheMetadata 对象。我们在前面看到过，这个对象的内容就是一个 24 位的 tag。这样，metaBits 就是 24，而 metaEntryBits 则是把一个 tag 编码成 ECC 即纠错码之后的长度。所以元数据阵列所存储信息的物理长度是 metaEntryBits，逻辑长度则是 metaBits 即 24。

然后是 ICacheMetaArray 的外部接口。其中读出请求和读出回应的接口是 IcacheReadBundle 和 ICacheMetaRespBundle：

```
class ICacheReadBundle(implicit p: Parameters) extends ICacheBundle {
  val isDoubleLine = Bool()                        ///如果跨（缓冲）线就得读入两个cacheline
  val vSetIdx = Vec(2,UInt(log2Ceil(nSets).W))     ///目标地址中的setIdx位段，可能需要两个。前缀v表示virtural

  def port_0_read_0 = !vSetIdx(0)(0)      ///vSetIdx(0)的bit0为0，须从port_0读出第一个cacheline的bank_0。
  def port_0_read_1 = vSetIdx(0)(0)       ///vSetIdx(0)的bit0为1，须从port_0读出第一个cacheline的bank_0。
  def port_1_read_0 = !vSetIdx(1)(0) && isDoubleLine    ///如果跨线，第二个cacheline得要从port_1读出。
  def port_1_read_1 = vSetIdx(1)(0) && isDoubleLine     ///跨线就得从port_1读出第二个cacheline的bank_1。

  def read_bank_0 = port_0_read_0 || port_1_read_0      ///不管是port_0还是1，SetIdx的末位为0就是bank_0。
  def read_bank_1 = port_0_read_1 || port_1_read_1      ///不管是port_0还是1，SetIdx的末位为1就是bank_1。
}

class ICacheMetaRespBundle(implicit p: Parameters) extends ICacheBundle {
  val metaData = Vec(2, Vec(nWays, new ICacheMetadata))   ///两个port，每个port返回长度为nWays的向量。
  val errors = Vec(2, Vec(nWays ,Bool() ))
  val entryValid = Vec(2, Vec(nWays, Bool()))             ///一个2*nWays二维位图，指明哪些tag是当前有效的。

  def tags = VecInit(metaData.map(port => VecInit(port.map( way=> way.tag ))))      ///nWays=8，所以一共可以有16个tag。
}
```

一次读出就像是一次查询，根据需要读取的指令块是否跨 cacheline，给定一个或两个 setIdx，返回至多 8 或 16 个 tag，位图 entryValid 表明哪些 tag 有效。注意返回的 tag 与 setIdx 本身并无直接关系，但是具体 tag 所代表的地址肯定在 setIdx 所指向的那个集合之内。这样，目标地址的高 24 位加上 setIdx 的 8 位，已够定位到每个 cacheline 的精度，因为一个 cacheline 的长度是 64 字节，本应占地址的最低 6 位，但是 cacheline 都是 4 字节边界对齐的，地址的最低两位肯定是 0，所以实际只占 4 位。

在 ICacheMetaArray 内部，按集合编号的奇偶分成两半，成为两个“板块”即 Bank。另外，由于可能需要同时读出关于两个 cacheline 的数据，就需要有两个读出端口，即两个 port。每个 port 既可以从 Bank0 读出也可从 Bank1 读出。

再看对 ICacheMetaArray 的写入接口 ICacheMetaWriteBundle：

```
class ICacheMetaWriteBundle(implicit p: Parameters) extends ICacheBundle {
  val virIdx = UInt(idxBits.W)            ///所属的集合
  val phyTag = UInt(tagBits.W)            ///需要写入的tag
  val waymask = UInt(nWays.W)             ///长度为nWays的位图，表示要写入哪一个Way。
  val bankIdx = Bool()                    ///表示哪一个Bank

  def generate (tag:UInt, idx:UInt, waymask:UInt, bankIdx: Bool){
    this.virIdx := idx
    this.phyTag := tag
    this.waymask := waymask
    this.bankIdx := bankIdx
  }
}
```

对 ICacheMetaArray 的写入是没有回应的，因为在同一个芯片上，可以认为不会丢失。

回到前面 ICacheMetaArray 的代码中，那里的 port_0_read_0、bank_0_idx 等 val 的含义与上面 ICacheReadBundle 中的 port_0_read_0、read_bank_0 等函数是一致的。

继续往下看 ICacheMetaArray 的代码：

```
[ICache > ICacheImp > ICacheMetaArray]      续
  val tagArrays = (0 until 2) map { bank =>    ///创建实际的存储单元阵列，有两个Bank，每个Bank有一个tagArray：
    val tagArray = Module(new SRAMTemplate (UInt(metaEntryBits.W), set=nSets/2, way=nWays,
                                     shouldReset = true, holdRead = true, singlePort = true))
              ///在ICacheParameters中，nSets定义为256，nWays定义为8。metaEntryBits见上。
              ///表面上似乎nSets少了一半，其实不然。这是因为有2个Bank，集合编号的最低位已被用来区分Bank 0/1。
    //meta connection
    if(bank == 0) {   ///setIdx的最低位为0
      tagArray.io.r.req.valid := port_0_read_0 || port_1_read_0
      tagArray.io.r.req.bits.apply (setIdx=bank_0_idx(highestIdxBit,1))
      tagArray.io.w.req.valid := write_bank_0
      tagArray.io.w.req.bits.apply (data=write_meta_bits, setIdx=io.write.bits.virIdx(highestIdxBit,1),
                                                  waymask=io.write.bits.waymask)
                          /// write_meta_bits见后
    }
    else {              /// setIdx的最低位为1
      tagArray.io.r.req.valid := port_0_read_1 || port_1_read_1
      tagArray.io.r.req.bits.apply (setIdx = bank_1_idx(highestIdxBit,1))
      tagArray.io.w.req.valid := write_bank_1
      tagArray.io.w.req.bits.apply (data=write_meta_bits, setIdx=io.write.bits.virIdx(highestIdxBit,1),
                                                  waymask=io.write.bits.waymask)
    }
    tagArray
  }  ///end val tagArrays          ///MetaArray内含两个tagArray

  val read_set_idx_next = RegEnable (next = io.read.bits.vSetIdx, enable = io.read.fire)
                      /// io.read就是IcacheReadBundle，其中的vSetIdx是个长度为2的向量，next是指时钟节拍。
  val valid_array = RegInit(VecInit(Seq.fill(nWays)(0.U(nSets.W))))
  val valid_metas = Wire(Vec(PortNumber, Vec(nWays, Bool())))        /// valid_metas是个2×8位图
  // valid read
  (0 until PortNumber).foreach( i =>
    (0 until nWays).foreach( way => valid_metas(i)(way) := valid_array(way)(read_set_idx_next(i)) )
                                         ///位图中每一位的来历，next是指下一个时钟节拍。
  )
  io.readResp.entryValid := valid_metas    ///IcacheMetaRespBundle中的位图entryValid来自valid_metas

  io.read.ready := !io.write.valid && !io.fencei && tagArrays.map(_.io.r.req.ready).reduce(_&&_)

  //Parity Decode          ///存储着的tag是ECC编码的，读出以后要解码
  val read_metas = Wire(Vec(2,Vec(nWays, new ICacheMetadata())))     ///2×8向量，IcacheMetadata的内容就是tag。
  for((tagArray,i) <- tagArrays.zipWithIndex){
```

```
  val read_meta_bits = tagArray.io.r.resp.asTypeOf(Vec(nWays,UInt(metaEntryBits.W)))
                        ///从tagArray读出的数据就是tagArray.io.r.resp，这是个长度为nWays（=8）的向量。
                        ///从tagArray读出的条件是目标cacheline所在集合的编号，读出的结果是个长度为8的向量。
                        ///这是该集合中当前所缓存着的所有cacheline的tag（经ECC编码）。
  val read_meta_decoded = read_meta_bits.map{ way_bits => cacheParams.tagCode.decode(way_bits)}
          ///对于从tagArray中读回的每项数据实施解码，得到已解码tag的向量read_meta_decoded。
  val read_meta_wrong = read_meta_decoded.map{ way_bits_decoded => way_bits_decoded.error}
  val read_meta_corrected = VecInit(read_meta_decoded.map{ way_bits_decoded => way_bits_decoded.corrected})
                                                                                    ///如有错误就加以纠错
  read_metas(i) := read_meta_corrected.asTypeOf(Vec(nWays, new ICacheMetadata()))
        /// read_metas就是从tagArray读出的已解码tag的向量，这是要通过io.readResp返回的数据。
  (0 until nWays).map{ w => io.readResp.errors(i)(w) := RegNext(read_meta_wrong(w)) && RegNext(RegNext(io.read.fire))}
                                                                                    ///也返回有关出错的信息
}  ///end for

//Parity Encode       ///写入之前则要编码
val write = io.write.bits
write_meta_bits := cacheParams.tagCode.encode(ICacheMetadata(tag = write.phyTag).asUInt)       ///加以ECC编码
val way_num = OHToUInt(io.write.bits.waymask)
when (io.write.valid) { valid_array(way_num) := valid_array(way_num).bitSet(io.write.bits.virIdx, true.B) }
XSPerfAccumulate("meta_refill_num", io.write.valid)

   ///返回读出结果：
io.readResp.metaData <> DontCare
when(port_0_read_0_reg){
  io.readResp.metaData(0) := read_metas(0)          ///返回port_0的读出结果
}.elsewhen(port_0_read_1_reg){
  io.readResp.metaData(0) := read_metas(1)
}
when(port_1_read_0_reg){
  io.readResp.metaData(1) := read_metas(0)          ///返回port_1的读出结果
}.elsewhen(port_1_read_1_reg){
  io.readResp.metaData(1) := read_metas(1)
}

io.write.ready := true.B                            ///为下次写入做好准备

// deal with customized cache op        ///MetaArray与CSR的交互，执行经过译码的CSR命令：
require(nWays <= 32)
io.cacheOp.resp.bits := DontCare
val cacheOpShouldResp = WireInit(false.B)
when(io.cacheOp.req.valid){
  when(CacheInstrucion.isReadTag(io.cacheOp.req.bits.opCode) || CacheInstrucion.isReadTagECC(io.cacheOp.req.bits.opCode)){
    for (i <- 0 until 2) {
      tagArrays(i).io.r.req.valid := true.B
      tagArrays(i).io.r.req.bits.apply(setIdx = io.cacheOp.req.bits.index)
```

```
      }
      cacheOpShouldResp := true.B
    }
    when(CacheInstrucion.isWriteTag(io.cacheOp.req.bits.opCode)){
      for (i <- 0 until 2) {
        tagArrays(i).io.w.req.valid := true.B
        tagArrays(i).io.w.req.bits.apply(data = io.cacheOp.req.bits.write_tag_low,
                        setIdx = io.cacheOp.req.bits.index, waymask = UIntToOH(io.cacheOp.req.bits.wayNum(4, 0)))
      }
      cacheOpShouldResp := true.B
    }
  }  ///end when(io.cacheOp.req.valid)，从CSR可以读写MetaArray中的tag。
  io.cacheOp.resp.valid := RegNext(io.cacheOp.req.valid && cacheOpShouldResp)
  io.cacheOp.resp.bits.read_tag_low := Mux(io.cacheOp.resp.valid,
                 tagArrays(0).io.r.resp.asTypeOf(Vec(nWays, UInt(tagBits.W)))(io.cacheOp.req.bits.wayNum), 0.U
  )
  io.cacheOp.resp.bits.read_tag_ecc := DontCare      // TODO
  // TODO: deal with duplicated array

  // fencei logic : reset valid_array
  when (io.fencei) { (0 until nWays).foreach( way => valid_array(way) := 0.U) }
}  ///end class ICacheMetaArray
```

ICacheMetaArray 的核心是 tagArray。所谓 meta 信息，主要就是“标签”tag，以及这标签所在的位置，即在哪一个集合的哪一个“槽位”，即 way。有了这个信息，就可以到 DadaArray 中的对应位置上读出整个 cacheline 的数据。ICacheMetaArray 中有两个 tagArray，成为 ICacheMetaArray 的两个“板块”即 Bank。按集合编号 vSetIdx 最低位的值划分，vSetIdx 为偶数的槽位在 Bank0，为奇数的槽位在 Bank1。

这里最关键的是，从每个 tagArray 读出时给定的条件是一个 vSetIdx，读出的结果却是一个长度为 nWays 即 8 的向量。给定一个集合编号，就把该集合中当前缓存着的所有 cacheline 的 tag 都读回来。

显然，ICache 中的所谓元数据就是 tag，实际上就是一个个 cacheline 所在内存地址的高位。结合其当前在 ICache 中的位置，这就是对此 cacheline 的索引信息。如果 cacheline 不在 ICache 中就没有这个索引信息。

17.4 数据阵列

对于 ICache 而言，其数据阵列 ICacheDataArray 当然更为根本，因为所谓缓存就是缓存在这里。当前被缓存着的 cacheline 在 DataArray 中的位置与其 tag 在 MetaArray 中的位置是对应的，所以只要在 MetaArray 中比对上了某个 tag，这个 tag 所代表的 cacheline 就在 DataArray 中的同一位置上，下面就是 class ICacheDataArray 的代码：

```
[ICache > ICacheImp > ICacheDataArray]
 class ICacheDataArray(implicit p: Parameters) extends ICacheArray {
   def getECCFromEncUnit(encUnit: UInt) = {          ///从一项带ECC编码的数据中摘取其ECC编码部分
   require(encUnit.getWidth == encDataUnitBits)
   if (encDataUnitBits == dataCodeUnit) {
```

```
        0.U.asTypeOf(UInt(1.W))
    } else {
        encUnit(encDataUnitBits - 1, dataCodeUnit)                ///ECC码是在数据的高端
    }
  }

  def getECCFromBlock(cacheblock: UInt) = {                        ///从一块数据中摘取其每个元素中的ECC编码部分
    // require(cacheblock.getWidth == blockBits)
    VecInit((0 until dataCodeUnitNum).map { w =>
      val unit = cacheblock(dataCodeUnit * (w + 1) - 1, dataCodeUnit * w)
      getECCFromEncUnit(cacheParams.dataCode.encode(unit))
    })
  }

  val io = IO{new Bundle{
    val write = Flipped(DecoupledIO(new ICacheDataWriteBundle))       ///与前面的ICacheMetaWriteBundle对应
    val read = Flipped(DecoupledIO(Vec(partWayNum, new ICacheReadBundle)))    ///见前
    val readResp = Output(new ICacheDataRespBundle)                   ///与前面的ICacheMetaRespBundle对应
    val cacheOp = Flipped(new L1CacheInnerOpIO)    // customized cache op port
  }}

  val write_data_bits = Wire(UInt(blockBits.W))
    ///也有两个port，同样也是分两个Bank：
  val port_0_read_0_reg = RegEnable(next = io.read.valid && io.read.bits.head.port_0_read_0, enable = io.read.fire())
  val port_0_read_1_reg = RegEnable(next = io.read.valid && io.read.bits.head.port_0_read_1, enable = io.read.fire())
  val port_1_read_1_reg = RegEnable(next = io.read.valid && io.read.bits.head.port_1_read_1, enable = io.read.fire())
  val port_1_read_0_reg = RegEnable(next = io.read.valid && io.read.bits.head.port_1_read_0, enable = io.read.fire())

  val bank_0_idx_vec = io.read.bits.map(copy => Mux(io.read.valid && copy.port_0_read_0, copy.vSetIdx(0), copy.vSetIdx(1)))
  val bank_1_idx_vec = io.read.bits.map(copy => Mux(io.read.valid && copy.port_0_read_1, copy.vSetIdx(0), copy.vSetIdx(1)))
/// class ICacheDataArray，待续
```

对数据阵列的读出请求与前面对元数据阵列的读出请求一样，也是两个 setIdx 和一个表示是否跨行的布尔量，如果不跨行就只要一个 setIdx。这个请求对于两个阵列是一样的。但是读出的回应就不一样了，数据阵列的回应是读出的数据块即 cacheline 向量：

```
class ICacheDataRespBundle(implicit p: Parameters) extends ICacheBundle {
  val datas = Vec(2, Vec(nWays,   UInt(blockBits.W)))               /// blockBits = 64*8 = 512位
    val codes = Vec(2, Vec(nWays , UInt(dataCodeEntryBits.W)))      ///对每一个cacheline数据都有个ECC编码
}
```

读回的数据是个 2*8 向量，但是有些元素可能是无效的，每个向量元素的大小是 512 位，即 64 字节，两个 port 一共是 16*64 = 1024 字节。注意每个 cacheline 的大小是 64 字节，但是实际上每次取指所读回的指令块是 32 字节，这 32 字节指令块的起点如果落在后半个 cacheline 才会跨 cacheline。所以，从两个 port 读回的绝不会是同一个 cacheline。

与读出数据平行的，是另一个 2*8 向量，向量元素是 ECC 编码的数据，这里 dataCodeEntryBits 的定义

是这样：

```
def dataCodeEntryBits = dataCodeBits * dataCodeUnitNum
def encDataUnitBits = cacheParams.dataCode.width(dataCodeUnit)
def dataCodeBits = encDataUnitBits - dataCodeUnit
val dataCodeUnitNum = blockBits/dataCodeUnit
val dataCodeUnit = 16
```

向数据阵列写入的接口是 IcacheDataWriteBundle：

```
class ICacheDataWriteBundle(implicit p: Parameters) extends ICacheBundle {
  val virIdx = UInt(idxBits.W)           ///所属的集合
  val data = UInt(blockBits.W)           ///数据块本身
  val waymask = UInt(nWays.W)            ///写入哪一个way
  val bankIdx = Bool()                   ///属于Bank 0还是Bank 1
  val paddr = UInt(PAddrBits.W)          ///目标的物理地址

  def generate(data:UInt, idx:UInt, waymask:UInt, bankIdx: Bool, paddr: UInt){
    this.virIdx   := idx
    this.data     := data
    this.waymask := waymask
    this.bankIdx := bankIdx
    this.paddr    := paddr
  }
}   ///end class ICacheDataWriteBundle
```

但是指令流水线前端显然不会向数据阵列写入，向数据阵列写入的只能是 ICache 内部与下层交互的 MSHR，即 IcacheMissUnit，因为当访问不命中时是 IcacheMissUnit 从二级缓存把目标存储块调入 ICache。

我们继续看 ICacheDataArray 的代码：

```
[ICache > ICacheImp > ICacheDataArray]              续 1
  val dataArrays = (0 until partWayNum).map{ i =>        /// partWayNum=4（见后），创建4个IcachePartWayArray：
    val dataArray = Module( new ICachePartWayArray (UInt(blockBits.W), pWay,) )   /// blockBits = 64*8
                                              ///注意阵列中槽位的数量不是nWays而是pWay，pWay = nWays/partWayNum。
    dataArray.io.read.req(0).valid := io.read.bits(i).read_bank_0 && io.read.valid
    dataArray.io.read.req(0).bits.ridx := bank_0_idx_vec(i)(highestIdxBit,1)        ///setIdx的最低位已用于区分Bank
    dataArray.io.read.req(1).valid := io.read.bits(i).read_bank_1 && io.read.valid
    dataArray.io.read.req(1).bits.ridx := bank_1_idx_vec(i)(highestIdxBit,1)        ///dataArray的大小是nSets/2，但有两个Bank。

    dataArray.io.write.valid:= io.write.valid
    dataArray.io.write.bits.wdata := write_data_bits                              ///write_data_bits的来源见后
    dataArray.io.write.bits.widx := io.write.bits.virIdx(highestIdxBit,1)         ///highestIdxBit = log2Ceil(nSets) - 1
    dataArray.io.write.bits.wbankidx := io.write.bits.bankIdx                     /// bankIdx就是setIdx的最低位
    dataArray.io.write.bits.wmask := io.write.bits.waymask.asTypeOf(Vec(partWayNum, Vec(pWay, Bool())))(i)
    dataArray
  }   ///end val dataArrays，dataArrays中有4个dataArray。
```

```
val read_datas = Wire(Vec(2,Vec(nWays,UInt(blockBits.W) )))                    ///读出的数据就是2*8个cacheline

(0 until PortNumber).map { port =>
  (0 until nWays).map { w =>         /// pWay = nWays/partWayNum，partWayNum=4，见后。
    read_datas(port)(w) := dataArrays(w / pWay).io.read.resp.rdata(port).asTypeOf(Vec(pWay, UInt(blockBits.W)))(w % pWay)
  }
}

io.readResp.datas(0) := Mux( port_0_read_1_reg, read_datas(1) , read_datas(0))        ///返回从port_0读出的数据
io.readResp.datas(1) := Mux( port_1_read_0_reg, read_datas(0) , read_datas(1))        ///返回从port_1读出的数据

val write_data_code = Wire(UInt(dataCodeEntryBits.W))
val write_bank_0 = WireInit(io.write.valid && !io.write.bits.bankIdx)
val write_bank_1 = WireInit(io.write.valid && io.write.bits.bankIdx)

val bank_0_idx = bank_0_idx_vec.last
val bank_1_idx = bank_1_idx_vec.last

val codeArrays = (0 until 2) map { i =>       ///存放ECC码的阵列，，但只含两个codeArray:
  val codeArray = Module(new SRAMTemplate (UInt(dataCodeEntryBits.W), set=nSets/2, way=nWays,
                                   shouldReset = true, holdRead = true, singlePort = true))

  if(i == 0) {
    codeArray.io.r.req.valid := io.read.valid && io.read.bits.last.read_bank_0
    codeArray.io.r.req.bits.apply(setIdx=bank_0_idx(highestIdxBit,1))
    codeArray.io.w.req.valid := write_bank_0
    codeArray.io.w.req.bits.apply(data=write_data_code,                 ///write_data_code的来源见后
                        setIdx=io.write.bits.virIdx(highestIdxBit,1), waymask=io.write.bits.waymask)
  }
  else {
    codeArray.io.r.req.valid := io.read.valid && io.read.bits.last.read_bank_1
    codeArray.io.r.req.bits.apply(setIdx=bank_1_idx(highestIdxBit,1))
    codeArray.io.w.req.valid := write_bank_1
    codeArray.io.w.req.bits.apply(data=write_data_code,
                        setIdx=io.write.bits.virIdx(highestIdxBit,1), waymask=io.write.bits.waymask)
  }
  codeArray
}  ///end val codeArrays

io.read.ready := !io.write.valid && dataArrays.map(_.io.read.req.map(_.ready).reduce(_&&_)).reduce(_&&_) &&
                                              codeArrays.map(_.io.r.req.ready).reduce(_ && _)
///class ICacheDataArray，续1，待续。
```

ICacheDataArray 中其实有两组 Array。一组是 dataArrays，内含 4 个 ICachePartWayArray；因为有两个 Bank，所以每个 ICachePartWayArray 又内含 2 个 SRAMTemplate 模块，这样一共是 8 个 SRAMTemplate 模

块。另一组是 codeArrays，内含 2 个 SRAMTemplate 模块，每个存储槽位的大小是 dataCodeEntryBits，那是一条缓冲线内容纠错编码即 ECC 编码的长度。 下面先看 ICachePartWayArray：

```
[ICache > ICacheImp > ICacheDataArray > ICachePartWayArray]
class ICachePartWayArray[T <: Data](gen: T, pWay: Int)(implicit p: Parameters) extends ICacheArray {
  //including part way data
  val io = IO{new Bundle {
    val read        = new ICachePartWayReadBundle(gen,pWay)
    val write       = Flipped(ValidIO(new ICacheWriteBundle(gen, pWay)))
  }}
  io.read.req.map(_.ready := !io.write.valid)

  val srams = (0 until PortNumber) map { bank =>    /// PortNumber定义为2，这里把一个port称为一个bank：
    val sramBank = Module(new SRAMTemplate(gen, set=nSets/2, way=pWay,
                                      shouldReset = true, holdRead = true, singlePort = true))
                    ///在ICacheParameters中，nSets定义为256，所以这里的set是128；参数way则是2，即8/4=2。
    sramBank.io.r.req.valid := io.read.req(bank).valid
    sramBank.io.r.req.bits.apply(setIdx= io.read.req(bank).bits.ridx)
    if(bank == 0) sramBank.io.w.req.valid := io.write.valid && !io.write.bits.wbankidx
    else sramBank.io.w.req.valid := io.write.valid && io.write.bits.wbankidx
    sramBank.io.w.req.bits.apply(data=io.write.bits.wdata, setIdx=io.write.bits.widx, waymask=io.write.bits.wmask.asUInt())
    sramBank
  }  ///end val srams

  io.read.req.map(_.ready := !io.write.valid && srams.map(_.io.r.req.ready).reduce(_&&_))
  io.read.resp.rdata := VecInit(srams.map(bank => bank.io.r.resp.asTypeOf(Vec(pWay,gen))))
}  ///end class ICachePartWayArray，一个ICachePartWayArra内含2个Bank，每个Bank中对于每个集合只有2个槽位。
```

所谓 PartWay，显然是“部分槽位”的意思。每个 ICachePartWayArray 内分 2 个 Bank，每个 Bank 可以容纳 nSets/2 个集合，每个集合 2 个槽位。这样一个 ICachePartWayArray 可以容纳的集合数量是 nSets，但是每个集合只有 2 个槽位（Way）。但是 ICacheDataArray 中有 4 个 ICachePartWayArray，所以总的容量还是一样，即 nSets 个集合，每个集合 8 个槽位，即每个集合 8 个 cacheline。存储容量一样，只是划分的方式有所不同。

从 ICachePartWayArray 读出的接口是 ICachePartWayReadBundle：

```
class ICachePartWayReadBundle[T <: Data](gen: T, pWay: Int) (implicit p: Parameters) extends ICacheBundle {
  val req = Flipped(Vec(PortNumber, Decoupled(new Bundle{              ///PortNumber=2
      val ridx = UInt((log2Ceil(nSets) - 1).W)                 ///要求读出其中属于某个集合的内容
  })))
  val resp = Output(new Bundle{
      val rdata   = Vec(PortNumber,Vec(pWay, gen))             ///返回该集合的2*2=4个Way的数据，即8个cacheliang。
  })
}
```

对 ICachePartWayReadBundle 的写入接口，则是 ICacheWriteBundle：

```
class ICacheWriteBundle[T <: Data](gen: T, pWay: Int)(implicit p: Parameters) extends ICacheBundle {
  val wdata = gen
  val widx = UInt((log2Ceil(nSets) - 1).W)
  val wbankidx = Bool()
  val wmask = Vec(pWay, Bool())
}
```

其实就是位图 wmask 的宽度现在变成了 pWay，缩小了目标，别的都一样。但是注意这只是对具体 ICachePartWayReadBundle 的读写，而不是对整个 DataArray 的读写。

前面创建具体 dataArray 即 ICachePartWayArray 对象时对于参数 gen 给定的实参是 UInt(blockBits.W)，所以 gen 就是一块大小为 blockBits 即 512 位、64 字节的数据，那就是一个 cacheline。

创建 codeArray 时给的实参则是 UInt(dataCodeEntryBits.W)，这是一块大小为 dataCodeEntryBits 的数据，实际上就是一条缓冲线数据的 ECC 编码；参数 set 是 nSets/2，nSets 在 ICacheParameters 中设置为 256；参数 way=nWays，后者设置为 8。一个 codeArray 只为一半集合的槽位提供了 ECC 纠错码，两个 codeArray 合在一起就为所有集合的槽位都提供了 ECC 纠错码。

再继续往下看 ICacheDataArray 的代码：

```
[ICache > ICacheImp > ICacheDataArray]                续 2
  //Parity Decode
  val read_codes = Wire(Vec(2,Vec(nWays,UInt(dataCodeEntryBits.W) )))        ///用于存放来自2个集合，每个集合8个纠错码。
  for(((dataArray,codeArray),i) <- dataArrays.zip(codeArrays).zipWithIndex){
    read_codes(i) := codeArray.io.r.resp.asTypeOf(Vec(nWays,UInt(dataCodeEntryBits.W)))
  }

  //Parity Encode
  val write = io.write.bits
  val write_data = WireInit(write.data)
  write_data_code := getECCFromBlock(write_data).asUInt     ///对一块数据进行ECC编码
  write_data_bits := write_data             ///write_data_bits见前

  io.readResp.codes(0) := Mux( port_0_read_1_reg, read_codes(1) , read_codes(0))   ///返回读出的编码数据
  io.readResp.codes(1) := Mux( port_1_read_0_reg, read_codes(0) , read_codes(1))

  io.write.ready := true.B

    // deal with customized cache op       ///DataArray对于来自CSR的操作命令的执行
  require(nWays <= 32)
  io.cacheOp.resp.bits := DontCare
  io.cacheOp.resp.valid := false.B
  val cacheOpShouldResp = WireInit(false.B)
  val dataresp = Wire(Vec(nWays,UInt(blockBits.W) ))
  dataresp := DontCare
  when(io.cacheOp.req.valid){              ///每当有操作命令从CSR到来时：
    when(CacheInstrucion.isReadData(io.cacheOp.req.bits.opCode)){           ///如果是读数据命令：
      for (i <- 0 until partWayNum) {
        dataArrays(i).io.read.req.zipWithIndex.map{ case(port,i) =>
```

```
          if(i ==0) port.valid := !io.cacheOp.req.bits.bank_num(0)
          else port.valid := io.cacheOp.req.bits.bank_num(0)
          port.bits.ridx := io.cacheOp.req.bits.index(highestIdxBit,1)
        }
      }   ///end for
      cacheOpShouldResp := dataArrays.head.io.read.req.map(_.fire()).reduce(_||_)
      dataresp :=Mux(io.cacheOp.req.bits.bank_num(0).asBool, read_datas(1), read_datas(0))
    }   ///end when
    when(CacheInstrucion.isWriteData(io.cacheOp.req.bits.opCode)){              ///如果是写数据命令：
      for (i <- 0 until partWayNum) {
        dataArrays(i).io.write.valid := true.B
        dataArrays(i).io.write.bits.wdata := io.cacheOp.req.bits.write_data_vec.asTypeOf(write_data.cloneType)
        dataArrays(i).io.write.bits.wbankidx := io.cacheOp.req.bits.bank_num(0)
        dataArrays(i).io.write.bits.widx := io.cacheOp.req.bits.index(highestIdxBit,1)
        dataArrays(i).io.write.bits.wmask := UIntToOH(io.cacheOp.req.bits.wayNum(4, 0))
                                                  .asTypeOf(Vec(partWayNum, Vec(pWay, Bool())))(i)
      }   ///end for
      cacheOpShouldResp := true.B
    }    ///end when
  }   ///end when(io.cacheOp.req.valid)

  io.cacheOp.resp.valid := RegNext(cacheOpShouldResp)
  val numICacheLineWords = blockBits / 64
  require(blockBits >= 64 && isPow2(blockBits))
  for (wordIndex <- 0 until numICacheLineWords) {
    io.cacheOp.resp.bits.read_data_vec(wordIndex) :=
            dataresp(io.cacheOp.req.bits.wayNum(4, 0))(64*(wordIndex+1)-1, 64*wordIndex)
  }
}   ///end class ICacheDataArray
```

最后，还要从数据流通的角度总结一下，从 DadaArray 读出的数据究竟是怎样流向 IFU 的。这次我们从实际发往 IFU 的指令块开始向前回溯，看这数据是怎么来的。首先我们知道从 DataArray 读出并发回 IFU 的数据在 IcacheMainPipeBundle 里面的 resp 即 IcacheMainPipeResp 中，那里面有个字段 sramData，如果对 ICache 的访问命中则从 DataArray 读出的目标数据就在这个字段中。这在 IcacheMainPipe 中就是 toIFU(i).bits.sramData：

```
toIFU(i).bits.sramData := s2_hit_datas(i)                ///下标 i 表示来自两个port中的哪一个
```

显然，这个数据来自 s2_hit_datas，其来源为：

```
val s2_hit_datas = VecInit(s2_data_cacheline.zipWithIndex.map { case(bank, i) =>
  val port_hit_data = Mux1H(s2_tag_match_vec(i).asUInt, bank)
  port_hit_data
})
```

这里有两个要素。第一个要素是向量 s2_data_cacheline，这是读自 DataArray 内目标集合中的 8 个 cacheline，等一下还要细看；第二个要素是来自 MetaArray 的 s2_tag_match_vec，这是个 8 位的命中位图。当然，MetaArray

只可能有一个 tag 与目标 tag 相符，所以 s2_tag_match_vec 只有一位是 1，这 s2_tag_match_vec 是个 OneHot。所以这里就通过一个 Mux1H，用 s2_tag_match_vec 这个 OneHot 作为选择控制，从 s2_data_cacheline 的 8 个 cacheline 中选取其中之一，这就是 s2_hit_datas，就是 toIFU(i).bits.sramData。

我们先确认一下，s2_tag_match_vec 确实就是从 MetaArray 来的命中位图：

```
val s2_tag_match_vec = RegEnable(s1_tag_match_vec, s1_fire)            ///来自s1_tag_match_vec（见下）
val s1_tag_match_vec = VecInit((0 until PortNumber).map( k =>
        VecInit(s1_tag_eq_vec(k).zipWithIndex.map{ case(way_tag_eq, w) => way_tag_eq && s1_meta_valids(k)(w) })))
                                                                        ///来自s1_tag_eq_vec（见下），且须槽位数据有效
val s1_tag_eq_vec = VecInit((0 until PortNumber).map( p => VecInit((0 until nWays).map( w =>
                                                                        s1_meta_ptags(p)(w) === s1_req_ptags(p) ))))
                                                                        ///来自tag的比对结果，nWays=8。
```

至此，我们已可确认，用作 Mux1H 选择控制的向量 s2_data_cacheline 确实来自 MetaArray 中的 tag 比对。但是这里有个问题，要是 tag 比对一个也没对上，不命中呢？那也不要紧，回到前面去看一下就可知道，如果 s1_tag_match_vec 为全 0，则 s1_port_hit 为 false，最后使 toIFU(i).bits.select 为 false，此时 toIFU(i).bits.sramData 中的数据无效，而通过 MSHR 从下层读入的数据在 toIFU(i).bits.registerData 中。

回头再看 s2_data_cacheline 是怎么来的。下面这两行代码均来自 ICacheMainPipe：

```
val s2_data_cacheline = RegEnable(s1_data_cacheline, s1_fire)        ///来自s1_data_cacheline（见下）
val s1_data_cacheline = ResultHoldBypass(data = dataResp.datas, valid = RegNext(s0_fire))
```

显然，s2_data_cacheline 最终来自 dataResp，而 dataResp 就是 ICacheMainPipe 的 io.dataArray.fromIData：

```
val (toData, dataResp) = (io.dataArray.toIData, io.dataArray.fromIData)
```

至于 ICacheMainPipe 的 io.dataArray，那就是 ICacheDataReqBundle，而 io 则是 ICacheMainPipeInterface，其中的成分 dataArray 就是个 ICacheDataReqBundle：

```
class ICacheDataReqBundle(implicit p: Parameters) extends ICacheBundle{
  val toIData          = DecoupledIO(Vec(partWayNum, new ICacheReadBundle))
  val fromIData        = Input(new ICacheDataRespBundle)
}
```

所以，ICacheMainPipe 中的 io.dataArray.fromIData 就是 ICacheDataRespBundle：

```
class ICacheDataRespBundle(implicit p: Parameters) extends ICacheBundle{
  val datas = Vec(2, Vec(nWays,   UInt(blockBits.W)))
  val codes = Vec(2, Vec(nWays , UInt(dataCodeEntryBits.W)))
}
```

到了这里，就与前面 ICacheDataArray 中的代码接上了。在 class ICacheDataArray 中有下面这些代码片段：

```
val readResp = Output(new ICacheDataRespBundle)
io.readResp.datas(0) := Mux( port_0_read_1_reg, read_datas(1) , read_datas(0))
io.readResp.datas(1) := Mux( port_1_read_0_reg, read_datas(0) , read_datas(1))
```

```
io.readResp.codes(0) := Mux( port_0_read_1_reg, read_codes(1) , read_codes(0))
io.readResp.codes(1) := Mux( port_1_read_0_reg, read_codes(0) , read_codes(1))

val read_datas = Wire(Vec(2,Vec(nWays,UInt(blockBits.W) )))       ///read_datas是个二维向量，内含2*8=16个cacheline。

(0 until PortNumber).map { port =>                ///PortNumber=2
  (0 until nWays).map { w =>                      ///nWays=8
    read_datas(port)(w) := dataArrays(w / pWay).io.read.resp.rdata(port).asTypeOf(Vec(pWay, UInt(blockBits.W)))(w % pWay)
  }                                 ///pWay= nWays/partWayNum，partWayNum=4，所以pWay=2。
}
```

这样，从 ICache 的数据阵列读出目标数据块的来龙去脉就清楚了。我们在概念上可以认为是先在元数据阵列即索引阵列中进行 tag 比对，然后根据命中项所在槽位（way）的下标在数据阵列中读出。但实际的实现却是从数据阵列中（给定的集合）读出所有槽位的数据，然后根据从索引阵列所得的位图从中选取。这只是具体实现细节的不同。当然，之所以按这样的细节实现而不是按那样的细节实现，那要按构成电路的成本等因素决定。

ICacheDataArray 的代码只是描述了其内部的结构与连接，它本身并没有什么活动，而只是被动等待读出。然而，前端的取指并非只是从 ICacheDataArray 读出那么简单，因为 ICacheDataArray 的容量与整个主存相比只是极小一块，要读的指令很可能不在 ICacheDataArray 中。所以，直接对 ICacheDataArray 进行操作的是 ICacheMainPipe 和下面所说的 ICacheMissUnit，其中 ICacheMainPipe 提供了取指时在 ICacheDataArray 中的地址比对和搜索，而 ICacheMissUnit 则提供了地址不命中时的缓冲线调入和替换，至于 IPrefetchPipe，那只是预先调入某条缓冲线到二级缓存待命，借以减小访问不命中时的损失。

17.5　MSHR

ICache 上层向 MSHR 发送的求助信息，是通过 ICacheMissReq 发送的，这个 Bundle 在前面 ICacheImp 中被连接到 missUnit，即 ICacheMissUnit 对象，所谓 MSHR，是指“Missing Status Holding Register”，是缓存与主存之间的中介，实际上指的就是（ICache 内部的）一个 ICacheMissUnit 模块。但是注意在香山的代码中无论是 ICache 还是 DCache 都没有一个 class 名为 MSHR（在实现二级缓存的 HuanCun 中确实有个 class MSHR），但是有个 ICacheMSHRBundle，里面的两个成分分别叫 toMSHR 和 fromMSHR。另外，在 class ICacheMainPipeInterface 中有个成分 mshr，其定义是“val mshr = Vec(PortNumber, new ICacheMSHRBundle)”。可见 MSHR 与 ICacheMissUnit 实际上是同义词，但是如果去看有关缓存的文献资料，则到处都有 MSHR，却不太会有 MissUnit。

我们在这里要看的，其实是 ICacheMissUnit。先摘要看一下这个模块的外部接口：

```
ICacheMissUnit.io
    ICacheMissReq                           ///来自 ICacheMainPipe 的求助信息
        val paddr = UInt(PAddrBits.W)
        val vaddr = UInt(VAddrBits.W)
        val waymask = UInt(nWays.W)
    ICacheMissResp                          ///ICacheMissUnit 对 ICacheMainPipe 求助的回应
        val data = UInt(blockBits.W)
        val corrupt = Bool()
    val mem_acquire = DecoupledIO(new TLBundleA(edge.bundle))        ///通往下层次级缓存的 TLBundle
```

```
    val mem_grant = Flipped(DecoupledIO(new TLBundleD(edge.bundle)))
    val mem_finish = DecoupledIO(new TLBundleE(edge.bundle))
    ICacheMetaWriteBundle                ///对 ICacheMetaArray 的写入（内容来自次级缓存）
        val virIdx = UInt(idxBits.W)
        val phyTag = UInt(tagBits.W)
        val waymask = UInt(nWays.W)
        val bankIdx = Bool()
    ICacheDataWriteBundle                ///对 ICacheDataArray 的写入（内容来自次级缓存）
        val virIdx = UInt(idxBits.W)
        val data = UInt(blockBits.W)
        val waymask = UInt(nWays.W)
        val bankIdx = Bool()
        val paddr = UInt(PAddrBits.W)
    val prefetch_req = Flipped(DecoupledIO(new PIQReq))
        val paddr = UInt(PAddrBits.W)
    val prefetch_check = Vec(PortNumber,ValidIO(UInt(PAddrBits.W)))
```

这里 ICacheMissReq 和 ICacheMissResp 显然是其上部面向 ICacheMainPipe 的界面，实际上前者就是 toMSHR，后者就是 fromMSHR。ICacheMissUnit 在得到 ICacheMainPipe 的请求/命令以后要与存储子系统的下一层，一般是二层缓存交互，把命令传达下去，并从下一层获取读回的数据块（cacheline），这时候采用的就是 TileLink，所以这里对下有 TLBundleA、TLBundleD、TLBundleE 三个通道。从下层获取读入的 cacheline 数据块以后要将其写入数据阵列并更新元数据阵列中的索引信息，所以这里又有 ICacheDataWriteBundle 和 ICacheMetaWriteBundle。

下面是 class ICacheMissUnit 的代码：

```
[XSCoreBase > Frontend > ICache > ICacheImp > ICacheMissUnit]
class ICacheMissUnit (edge: TLEdgeOut)(implicit p: Parameters) extends ICacheMissUnitModule {
  val io = IO(new Bundle{
    val hartId            = Input(UInt(8.W))
    val req               = Vec(2, Flipped(DecoupledIO(new ICacheMissReq)))    ///来自ICacheMainPipe的请求
    val resp              = Vec(2, ValidIO(new ICacheMissResp))                ///去往ICacheMainPipe的回应
    val mem_acquire       = DecoupledIO(new TLBundleA(edge.bundle))
    val mem_grant         = Flipped(DecoupledIO(new TLBundleD(edge.bundle)))
    val meta_write        = DecoupledIO(new ICacheMetaWriteBundle)
    val data_write        = DecoupledIO(new ICacheDataWriteBundle)
    val prefetch_req      = Flipped(DecoupledIO(new PIQReq))
    val prefetch_check    = Vec(PortNumber,ValidIO(UInt(PAddrBits.W)))
    val fencei            = Input(Bool())
  })  ///end io

  // assign default values to output signals
  io.mem_grant.ready := false.B

  val meta_write_arb = Module(new Arbiter(new ICacheMetaWriteBundle, PortNumber))    ///两个port可能同时发动写入
  val refill_arb      = Module(new Arbiter(new ICacheDataWriteBundle, PortNumber))   ///所以需要使用仲裁器
```

```
io.mem_grant.ready := true.B

val entries = (0 until PortNumber) map { i =>              /// PortNumber=2，为两个port各创建一个ICacheMissEntry：
  val entry = Module(new ICacheMissEntry(edge, i))         ///ICache只有一条输出边，间接通向一个用作总线的TLXbar。
  entry.io.id := i.U
  // entry req
  entry.io.req.valid  := io.req(i).valid                    /// io.req就是来自主管道的ICacheMissReq
  entry.io.req.bits   := io.req(i).bits
  io.req(i).ready     := entry.io.req.ready
  // entry resp
  meta_write_arb.io.in(i) <> entry.io.meta_write            ///对MetaArray的写入要经过仲裁器
  refill_arb.io.in(i) <> entry.io.data_write                ///对DataArray的写入也要经过仲裁器

  entry.io.mem_grant.valid := false.B                       ///D通道的valid要听对方的
  entry.io.mem_grant.bits  := DontCare                      ///D通道上也不会有数据要向下发送
  when (io.mem_grant.bits.source === i.U) {                 ///当D通道上的source字段内容与本entry的id相同时：
    entry.io.mem_grant <> io.mem_grant                      ///将D通道接通本entry的io.mem_grant接口
  }

  io.resp(i) <> entry.io.resp                               ///本entry的ICacheMissResp接通MissUnit的这个Bundle，通往主管道。
  io.prefetch_check(i) <> entry.io.toPrefetch
  entry.io.fencei := io.fencei
  ///性能统计从略
  entry
}  ///end val entries

val alloc = Wire(UInt(log2Ceil(nPrefetchEntries).W))

val prefEntries = (PortNumber until PortNumber + nPrefetchEntries) map { i =>
  val prefetchEntry = Module(new IPrefetchEntry(edge, PortNumber))
  prefetchEntry.io.mem_hint_ack.valid := false.B
  prefetchEntry.io.mem_hint_ack.bits := DontCare
  when(io.mem_grant.bits.source === PortNumber.U) { prefetchEntry.io.mem_hint_ack <> io.mem_grant }
  prefetchEntry.io.req.valid := io.prefetch_req.valid && ((i-PortNumber).U === alloc)
  prefetchEntry.io.req.bits := io.prefetch_req.bits
  prefetchEntry.io.id := i.U
  prefetchEntry
}  ///end val prefEntries

alloc := PriorityEncoder(prefEntries.map(_.io.req.ready))
io.prefetch_req.ready := ParallelOR(prefEntries.map(_.io.req.ready))

val tl_a_chanel = entries.map(_.io.mem_acquire) ++ prefEntries.map(_.io.mem_hint)   ///可能向A通道发出命令的所有entry
TLArbiter.lowest(edge, io.mem_acquire, tl_a_chanel:_*)                              ///通过一个TLArbiter竞争使用A通道

io.meta_write <> meta_write_arb.io.out            ///元数据仲裁器与MeteArray的连接
```

```
    io.data_write <> refill_arb.io.out                    ///数据仲裁器与DataArray的连接
    ///测试与性能统计从略
} ///end class ICacheMissUnit
```

ICacheMissUnit 是在 class CacheImp 中创建的，创建时的构造参数 edge 是 Diplomacy 阶段形成的绑定和连接，我们在前面看到这个边直接通向的是一个叫 l1i_to_l2_buf_node 的 TileLink 缓冲模块，但是实际上间接通向的是 l1_xbar，然后就是 l2_cache。所以，概念上可以认为这个 edge 就是通向二层缓存 l1_cache。当然，这条边的具体化，就是 TileLink 的 A、D 两个通道，也可以认为就是与 l2_cache 之间的通道。但是这里没有 B、C 通道，说明 MSHR 与二层缓存之间的 TileLink 只是 TL_U，而不是 TL_C，其本身并不支持存储协同性。这是因为，ICache 是个只读的缓存，无需考虑写入的问题，所以协同性对于 ICache 不是个问题。

由于可能需要同时读出两个 cacheline，ICache 中有两个 port，每个 port 都可能因 cacheline 缺失而向 MSHR 发出装载请求，因为 cacheline 的装载是个过程，因而就需要有个独立的上下文。所以，IcacheMissUnit 中就为两个 port 各自创建一个 ICacheMissEntry。不仅如此，由于 ICache 还要支持 prefetch 即预取指令，就还得有几个 IprefetchEntry。这些 entry 都要竞争使用通向下层的 TileLink 通道，所以这里还得有个 TLArbiter 加以仲裁。我们在这里主要关心 IcacheMissEntry，下面是其代码：

```
[XSCoreBase > Frontend > ICache > ICacheImp > ICacheMissUnit > ICacheMissEntry]
class ICacheMissEntry(edge:TLEdgeOut, id: Int)(implicit p:Parameters) extends ICacheMissUnitModule with MemoryOpConstants{
  val io = IO(new Bundle {
    val id = Input(UInt(log2Ceil(PortNumber).W))
    val req = Flipped(DecoupledIO(new ICacheMissReq))          ///为来自主管道的ICacheMissReq保存一份本地副本
    val resp = ValidIO(new ICacheMissResp)                     ///有待发回主管道的ICacheMissResp
    //tilelink channel
    val mem_acquire = DecoupledIO(new TLBundleA(edge.bundle))
    val mem_grant = Flipped(DecoupledIO(new TLBundleD(edge.bundle)))
    val meta_write = DecoupledIO(new ICacheMetaWriteBundle)
    val data_write = DecoupledIO(new ICacheDataWriteBundle)

    val toPrefetch     = ValidIO(UInt(PAddrBits.W))
    val fencei = Input(Bool())
  }) ///end val io

  /** default value for control signals */
  io.resp := DontCare
  io.mem_acquire.bits := DontCare
  io.mem_grant.ready := true.B                  ///准备好从D通道上接收
  io.meta_write.bits := DontCare
  io.data_write.bits := DontCare

  val s_idle   :: s_send_mem_aquire :: s_wait_mem_grant :: s_write_back :: s_wait_resp :: Nil = Enum(5)
  val state = RegInit(s_idle)                   ///这是与下层交互的状态机，每个IcacheMissEntry都有自己的状态机。
  /** control logic transformation */
  //request register
  val req = Reg(new ICacheMissReq)              ///向下层发送的请求也是ICacheMissReq
  val req_idx = req.getVirSetIdx                //virtual index
  val req_tag = req.getPhyTag                   //physical tag
```

```
val req_waymask = req.waymask
val req_corrupt = RegInit(false.B)

val (_, _, refill_done, refill_address_inc) = edge.addr_inc(io.mem_grant)

val needflush_r = RegInit(false.B)
when (state === s_idle) { needflush_r := false.B }
when (state =/= s_idle && io.fencei) { needflush_r := true.B }
val needflush = needflush_r | io.fencei

//cacheline register
val readBeatCnt = Reg(UInt(log2Up(refillCycles).W))
val respDataReg = Reg(Vec(refillCycles, UInt(beatBits.W)))          ///用来在D通道上接收

//initial
io.resp.bits := DontCare
io.mem_acquire.bits := DontCare
io.mem_grant.ready := true.B
io.meta_write.bits := DontCare
io.data_write.bits := DontCare

io.req.ready := (state === s_idle)
io.mem_acquire.valid := (state === s_send_mem_aquire)          ///启动A通道上发送的条件

io.toPrefetch.valid := (state =/= s_idle)
io.toPrefetch.bits := addrAlign(req.paddr, blockBytes, PAddrBits)

//state change
switch(state) {
  is(s_idle) {
    when(io.req.fire()) {                  ///每当有ICacheMissReq请求到来：
      readBeatCnt := 0.U
      state := s_send_mem_aquire           ///就转入s_send_mem_aquire状态
      req := io.req.bits                   ///将到来的ICacheMissReq保存在本地
    }
  }

  // memory request
  is(s_send_mem_aquire) {
    when(io.mem_acquire.fire()) {          ///向io.mem_acquire即A通道发出请求后等待直至对方ready。
      state := s_wait_mem_grant            ///转入s_wait_mem_grant状态
    }
  }

  is(s_wait_mem_grant) {
    when(edge.hasData(io.mem_grant.bits)) {
```

```
        when(io.mem_grant.fire()) {                        ///当D通道上有数据到来时：
          readBeatCnt := readBeatCnt + 1.U
          respDataReg(readBeatCnt) := io.mem_grant.bits.data      ///从D通道上接收，写入respDataReg。
          req_corrupt := io.mem_grant.bits.corrupt                // TODO: seems has bug
          when(readBeatCnt === (refillCycles - 1).U) {            ///直至走完所有的节拍
            assert(refill_done, "refill not done!")
            state := s_write_back                          ///转入s_write_bac，等待向数据阵列和元数据阵列的“回写”。
          }
        }  ///end when(io.mem_grant.fire())
      }  ///end when(edge.hasData…
    }  ///end is(s_wait_mem_grant)

    is(s_write_back) {       ///等待向数据阵列和元数据阵列的“回写”
      state := Mux(io.meta_write.fire() && io.data_write.fire() || needflush, s_wait_resp, s_write_back)
    }  ///停留在s_write_back，直至把返回的结果写入了数据阵列和元数据阵列，然后就转入s_wait_resp。

    is(s_wait_resp) {
      io.resp.bits.data := respDataReg.asUInt             ///从D通道上接收到的数据，一个cacheline，写入。
      io.resp.bits.corrupt := req_corrupt
      when(io.resp.fire()) { state := s_idle }            ///转入s_idle
    }
  }  ///end switch，状态机描述的只是状态变化，不包括行为，那在下面：

  /** refill write and meta write */
  val getBlock = edge.Get (fromSource = io.id,             ///Get请求的构建
          toAddress = addrAlign(req.paddr, blockBytes, PAddrBits),lgSize = (log2Up(cacheParams.blockBytes)).U)._2
  io.mem_acquire.bits := getBlock       // getBlock      ///在TLBundle的A通道上发出Get请求
  require(nSets <= 256)                 // icache size should not be more than 128KB

  //resp to ifu
  io.resp.valid := state === s_wait_resp                ///当状态机进入s_wait_resp时就启动IcacheMissResp的发送

  io.meta_write.valid := (state === s_write_back && !needflush)        ///进入s_write_back状态时就启动写入元数据阵列
  io.meta_write.bits.generate(tag = req_tag, idx = req_idx, waymask = req_waymask, bankIdx = req_idx(0))  ///写入的内容和位置

  io.data_write.valid := (state === s_write_back && !needflush)        ///进入s_write_back状态时就启动写入数据阵列
  io.data_write.bits.generate(data = respDataReg.asUInt, idx = req_idx,          /// respDataReg的内容来自D通道
                        waymask = req_waymask, bankIdx = req_idx(0), paddr = req.paddr)    ///写入的内容和位置
  ///性能统计从略
} ///end class ICacheMissEntry
```

代码中加了注释，读者应该没有困难。这里来自主管道的请求是 ICacheMissReq：

```
class ICacheMissReq(implicit p: Parameters) extends ICacheBundle {
    val paddr        = UInt(PAddrBits.W)         ///物理地址
    val vaddr        = UInt(VAddrBits.W)         ///虚存地址
```

```
    val waymask      = UInt(nWays.W)              ///要写入哪一个槽位

    def getVirSetIdx = get_idx(vaddr)
    def getPhyTag    = get_phy_tag(paddr)
}
```

MSHR 即 IcacheMissUnit 只是根据这个请求在 A 通道上项下层发出一个 Get 命令；等 D 通道上的 cacheline 数据到来之后，按 ICacheMissReq 中位图 waymask 的指示写入数据阵列和元数据阵列，并在 IcacheMissResp 中发回给主管道。可见，由于 ICache 是只读，不存在协同性问题，所以其 MSHR 是很简单的。

除加载 cacheline 的 entry 以外，还有用于预取指令的 IprefetchEntry，这就留给读者自己阅读了：

```
[ICache > ICacheImp > ICacheMissUnit > IPrefetchEntry]
class IPrefetchEntry(edge: TLEdgeOut, id: Int)(implicit p: Parameters) extends ICacheMissUnitModule {
  val io = IO(new Bundle {
    val id = Input(UInt(log2Ceil(PortNumber + nPrefetchEntries).W))
    val req = Flipped(DecoupledIO(new PIQReq))
    //tilelink channel
    val mem_hint = DecoupledIO(new TLBundleA(edge.bundle))
    val mem_hint_ack = Flipped(DecoupledIO(new TLBundleD(edge.bundle)))
  })

  /** default value for control signals */
  io.mem_hint.bits := DontCare
  io.mem_hint_ack.ready := true.B

  val s_idle :: s_send_hint :: s_wait_hint_ack :: Nil = Enum(3)
  val state = RegInit(s_idle)
  /** control logic transformation */
  //request register
  val req = Reg(new PIQReq)
  //initial
  io.mem_hint.bits := DontCare
  io.mem_hint_ack.ready := true.B

  io.req.ready := (state === s_idle)
  io.mem_hint.valid := (state === s_send_hint)

  //state change
  switch(state) {
    is(s_idle) {
      when(io.req.fire()) {
        state := s_send_hint
        req := io.req.bits
      }
    }
    // memory request
```

```
    is(s_send_hint) { when(io.mem_hint.fire()) { state := s_idle } }
  }  ///end switch

  /** refill write and meta write */
  val hint = edge.Hint(
    fromSource = io.id,
    toAddress = addrAlign(req.paddr, blockBytes, PAddrBits) + blockBytes.U,
    lgSize = (log2Up(cacheParams.blockBytes)).U,
    param = TLHints.PREFETCH_READ
  )._2
  io.mem_hint.bits := hint
  io.mem_hint.bits.user.lift(PreferCacheKey).foreach(_ := true.B)

  XSPerfAccumulate("PrefetchEntryReq" + Integer.toString(id, 10), io.req.fire())
}  ///end class IPrefetchEntry
```

这个 IPrefetchEntry 之所以看着这么简单，是因为：Hint 命令并不直接将 cacheline 装载到数据阵列和元数据阵列，而只是让装载到二级缓存，这样下次如果真要访问这个 cacheline 时很快就可从二级缓存装入。

预取指令的请求并非来自主管道，而是来自 IPrefetchPipe。下面我们也看一下这个 IPrefetchPipe。

17.6 IPrefetchPipe

除常规的取指外，Ftq 还会根据预测和前瞻对 ICache 发出"预取"指令的要求。但是预取并不真的读入指令，而只是让 ICache 看一下，目标地址所在的缓存块在不在 ICache 的缓存中，如果不在就把目标缓存块调进 ICache。不过，我们在概念上可以认为是预先把目标缓冲块调进一级缓存，具体的实现却可以有不同的方案。如果是要预先将目标调入一级缓存，那就同样可以使用 Get 命令，反正都是把一个 cacheline 读入一级缓存。但是 TileLink 支持 Hint 命令，这就允许有不同的处理方案了。实际上，TileLink 的设计意图是让存储子系统在执行 Hint 命令时预先把目标装载到二级缓存，而不是一级缓存。这样，倘若后来真的要访问这个 cacheline 时就从二级缓存装入，那并不需要很多时钟节拍。但是，如果后来实际上并未访问这个 cacheline，那就省去了不少的开销。毕竟，"预取"只是一种猜测。

ICache 内部有个"预取管道"IPrefetchPipe 专门与 Ftq 对接并处理 Ftq 的预取要求。IPrefetchPipe 与 Ftq 间的接口是 IPredfetchIO：

```
class IPredfetchIO(implicit p: Parameters) extends IPrefetchBundle {
  val fromFtq         = Flipped(new FtqPrefechBundle)           ///其内容就是target，即目标地址（虚存地址）。
  val iTLBInter       = new TlbRequestIO                        ///IprefetchPipe需要访问TLB
  val pmp             = new ICachePMPBundle                     ///IprefetchPipe需要访问PMP
  val toIMeta         = DecoupledIO(new ICacheReadBundle)       //需要从MetaArray读出，以确认目标不在ICache中
  val fromIMeta       = Input(new ICacheMetaRespBundle)
  val toMissUnit      = new IPrefetchToMissUnit                 ///需要访问MSHR，见上面HSHR中的IprefetchEntry。
  val fromMSHR        = Flipped(Vec(PortNumber,ValidIO(UInt(PAddrBits.W))))

  val prefetchEnable = Input(Bool())
  val prefetchDisable = Input(Bool())
}  ///end class IPredfetchIO
```

预取管道 IPrefetchPipe 所进行的操作只是 IcacheMainPipe 的一个子集，预取的时候并不真的读出，但别的都一样，下面是把 IPrefetchPipe 的代码：

```
[XSCoreBase > Frontend > ICache > ICacheImp > IPrefetchPipe]
class IPrefetchPipe(implicit p: Parameters) extends IPrefetchModule {
  val io = IO(new IPredfetchIO)

  val enableBit = RegInit(false.B)
  val maxPrefetchCoutner = RegInit(0.U(log2Ceil(nPrefetchEntries + 1).W))      /// nPrefetchEntries定义为4
  val reachMaxSize = maxPrefetchCoutner === nPrefetchEntries.U

  when(io.prefetchEnable){ enableBit := true.B }
  .elsewhen((enableBit && io.prefetchDisable) || (enableBit && reachMaxSize)){ enableBit := false.B }

  class PrefetchDir(implicit p: Parameters) extends IPrefetchBundle {      ///预取的目标
    val valid = Bool()
    val paddr = UInt(PAddrBits.W)                                          ///物理地址（来自Ftq的是虚存地址）
  }

  val prefetch_dir = RegInit(VecInit(Seq.fill(nPrefetchEntries)(0.U.asTypeOf(new PrefetchDir))))
                    ///这是个长度为nPrefetchEntries的向量，nPrefetchEntries=4。4个PrefetchDir对象。

  val fromFtq = io.fromFtq                                                /// FtqPrefechBundle
  val (toITLB,   fromITLB) = (io.iTLBInter.req, io.iTLBInter.resp)        ///来自Ftq的是虚存地址，须经TLB转换成物理地址。
  io.iTLBInter.req_kill := false.B
  val (toIMeta, fromIMeta) = (io.toIMeta, io.fromIMeta.metaData(0))
  val (toPMP,   fromPMP) = (io.pmp.req, io.pmp.resp)
  val toMissUnit = io.toMissUnit

  val p0_fire, p1_fire, p2_fire, p3_fire = WireInit(false.B)             /// IprefetchPipe是个3阶段流水线
  val p1_discard, p2_discard, p3_discard = WireInit(false.B)
  val p0_ready, p1_ready, p2_ready, p3_ready = WireInit(false.B)

  /** Prefetch Stage 0: req from Ftq */
  val p0_valid = fromFtq.req.valid
  val p0_vaddr = addrAlign(fromFtq.req.bits.target, blockBytes, VAddrBits)     /// blockBytes=64，与cacheline边界对齐。
  p0_fire := p0_valid && p1_ready && toITLB.fire() && !fromITLB.bits.miss && toIMeta.ready && enableBit

  toIMeta.valid := p0_valid
  toIMeta.bits.vSetIdx(0) := get_idx (p0_vaddr)          ///这是目标所在的集合。
  toIMeta.bits.vSetIdx(1) := DontCare
  toIMeta.bits.isDoubleLine := false.B

  toITLB.valid := p0_valid
  toITLB.bits.size := 3.U          // TODO: fix the size
  toITLB.bits.vaddr := p0_vaddr                          ///准备将虚存地址p0_vaddr转换成物理地址
```

```
toITLB.bits.debug.pc := p0_vaddr
toITLB.bits.kill := DontCare
toITLB.bits.cmd := TlbCmd.exec                          ///要求进行地址转换
toITLB.bits.memidx := DontCare
toITLB.bits.debug.robIdx := DontCare
toITLB.bits.no_translate := false.B
toITLB.bits.debug.isFirstIssue := DontCare
fromITLB.ready := true.B

fromFtq.req.ready := true.B

/** Prefetch Stage 1: cache probe filter */
val p1_valid = generatePipeControl(lastFire = p0_fire, thisFire = p1_fire || p1_discard, thisFlush = false.B, lastFlush = false.B)
val p1_vaddr = RegEnable(p0_vaddr, p0_fire)

//tlb resp
val tlb_resp_valid = RegInit(false.B)
when(p0_fire) {tlb_resp_valid := true.B}
.elsewhen(tlb_resp_valid && (p1_fire || p1_discard)) {tlb_resp_valid := false.B}

val tlb_resp_paddr = ResultHoldBypass(valid = RegNext(p0_fire), data = fromITLB.bits.paddr(0))   ///从TLB读回物理地址
val tlb_resp_pf = ResultHoldBypass(valid = RegNext(p0_fire), data = fromITLB.bits.excp(0).pf.instr && tlb_resp_valid)
val tlb_resp_af = ResultHoldBypass(valid = RegNext(p0_fire), data = fromITLB.bits.excp(0).af.instr && tlb_resp_valid)

val p1_exception = VecInit(Seq(tlb_resp_pf, tlb_resp_af))      ///TLB是否提示缺页异常或访问异常
val p1_has_except = p1_exception.reduce(_ || _)

val p1_ptag = get_phy_tag(tlb_resp_paddr)          ///从TLB返回的物理地址截取用于MetaArray阵列的tag

val p1_meta_ptags = ResultHoldBypass(data = VecInit(fromIMeta.map(way => way.tag)), valid = RegNext(p0_fire))
                                                    ///从Meta阵列读回属于同一个集合的全部（8个）tag
val s1_meta_valids = ResultHoldBypass(data = io.fromIMeta.entryValid(0), valid = RegNext(p0_fire))
val p1_tag_eq_vec = VecInit(p1_meta_ptags.map(_ === p1_ptag ))
                    ///将整个集合的tag同时与p1_ptag进行比较（8个比较器），所得结果即向量p1_tag_eq_vec。
val p1_tag_match_vec = VecInit(p1_tag_eq_vec.zipWithIndex.map{ case(way_tag_eq, w) => way_tag_eq && s1_meta_valids(w) })
                                                                                    ///不光tag相符，还得tag有效。
val p1_tag_match = ParallelOR(p1_tag_match_vec)                   ///只要向量中有1位相符即为命中
val (p1_hit, p1_miss) = (p1_valid && p1_tag_match && !p1_has_except, p1_valid && !p1_tag_match && !p1_has_except)
                                                                  ///p1_hit表示命中，p1_miss表示不命中。

//overriding the invalid req
val p1_req_cancle = (p1_hit || (tlb_resp_valid && p1_exception.reduce(_ || _))) && p1_valid      ///既然命中，就可以取消了。
val p1_req_accept = p1_valid && tlb_resp_valid && p1_miss                                       ///没有命中，那就还要往下走。

p1_ready := p1_fire || p1_req_cancle || !p1_valid                ///前一请求已经取消，可以接受下一请求。
p1_fire := p1_valid && p1_req_accept && p2_ready && enableBit     ///没有命中，接受了请求，还要往下走。
```

```
p1_discard := p1_valid && p1_req_cancle

/** Prefetch Stage 2: filtered req PIQ enqueue */
val p2_valid = generatePipeControl(lastFire = p1_fire, thisFire = p2_fire || p2_discard, thisFlush = false.B, lastFlush = false.B)

val p2_paddr = RegEnable(next = tlb_resp_paddr, enable = p1_fire)     ///这是从TLB返回的物理地址
val p2_except_pf = RegEnable(next =tlb_resp_pf, enable = p1_fire)     ///有没有缺页异常
val p2_except_tlb_af = RegEnable(next = tlb_resp_af, enable = p1_fire)

/*when a prefetch req meet with a miss req in MSHR cancle the prefetch req */
val p2_check_in_mshr = VecInit(io.fromMSHR.map(mshr =>
    mshr.valid && mshr.bits === addrAlign (p2_paddr, blockBytes, PAddrBits))).reduce(_||_)
                         ///与目标地址相符的缓存块已经在等待中，MSHR已经向下层发出请求。
//TODO wait PMP logic
val p2_exception = VecInit(Seq(p2_except_tlb_af, p2_except_pf)).reduce(_||_)

p2_ready := p2_fire || p2_discard || !p2_valid
p2_fire := p2_valid && !p2_exception && p3_ready
p2_discard := p2_valid && p2_exception        /// p2_discard不是因为命中，而是因为访问异常。

/** Prefetch Stage 2: filtered req PIQ enqueue */
val p3_valid = generatePipeControl(lastFire = p2_fire, thisFire = p3_fire || p3_discard, thisFlush = false.B, lastFlush = false.B)
val p3_pmp_fire = p3_valid
val pmpExcpAF = fromPMP.instr
val p3_paddr = RegEnable(next = p2_paddr, enable = p2_fire)

io.pmp.req.valid := p3_pmp_fire
io.pmp.req.bits.addr := p3_paddr        ///需要得到PMP的确认（可缓存）
io.pmp.req.bits.size := 3.U
io.pmp.req.bits.cmd := TlbCmd.exec

val p3_except_pmp_af = DataHoldBypass(pmpExcpAF, p3_pmp_fire)
val p3_check_in_mshr = RegEnable(next = p2_check_in_mshr, enable = p2_fire)
val p3_mmio = DataHoldBypass(io.pmp.resp.mmio && !p3_except_pmp_af, p3_pmp_fire)   ///目标地址在外设中

val p3_exception = VecInit(Seq(p3_except_pmp_af, p3_mmio)).reduce(_||_)

val p3_hit_dir = VecInit((0 until nPrefetchEntries).map(i =>
                  prefetch_dir(i).valid && prefetch_dir(i).paddr === p3_paddr )).reduce(_||_)
p3_discard := p3_exception || p3_hit_dir || p3_check_in_mshr || (p3_valid && enableBit && !toMissUnit.enqReq.ready)
                                          ///p3阶段进一步施加了一些过滤条件
toMissUnit.enqReq.valid := p3_valid && enableBit && !p3_discard    ///向MissUnit发送请求，下面就是MissUnit的事了。
toMissUnit.enqReq.bits.paddr := p3_paddr                             ///要求预取的物理地址

when(reachMaxSize){
  maxPrefetchCoutner := 0.U                                          ///达到了最大计数，就从头来过。
```

```
    prefetch_dir.foreach(_.valid := false.B)
  }.elsewhen(toMissUnit.enqReq.fire()){
    maxPrefetchCoutner := maxPrefetchCoutner + 1.U                    ///尚未达到最大计数就递增计数
    prefetch_dir(maxPrefetchCoutner).valid := true.B
    prefetch_dir(maxPrefetchCoutner).paddr := p3_paddr
  }

  p3_ready := toMissUnit.enqReq.ready || !enableBit
  p3_fire   := toMissUnit.enqReq.fire()
}   ///end class IPrefetchPipe
```

代码中加了注释，结合前面 ICacheMainPipe 的代码，读者应该不会感到困难。

如上所述，所谓预取指令，不仅并不取入指令流水线，实际上也并不取入 ICache，只是让目标 cacheline 在二级缓存中待命，起个“后备队”召之即来的作用。

第 18 章

流水线前端和 IFU

前面我们看到，香山软件从 object TopMain 开始，自顶向下构筑整个 SoC 的结构，到程序完成 XSTop 对象的创建，从其构造函数即初始化过程返回时，整个 SoC 的所有 LazeModule 模块都已经被创建出来。因为除最顶层、处于塔尖的 XSTop 以外的所有 LazyModule 模块都是在其父模块的作用域中创建，并与其父模块互指，这就构成了整个系统的结构拓扑图。但是，子模块的创建是个深度优先的递归过程，如果按程序的流程，即按深度优先的次序介绍 SoC 上的各种模块，那么所看到的图景其实是支离破碎的，反倒给人凌乱的感觉，也不符合我们对计算机系统结构与组成的认识。所以，我们需要改变一下叙事的顺序，一方面要按子模块创建的先后，另一方面更要按指令在流水线中的流程（宽度优先），挨个考察 CPU 流水线中的各个阶段；讲完了 CPU 流水线再来考察流水线的外部，即存储子系统与外设。

从这个角度看，香山核的指令流水线分成三大部分，即：前端 Frontend，包括指令的读取、从 16 位指令到 32 位指令的映射、预译码，还有（指令流）转移预测；在 CtrlBlock 控制下的流水线后端前段，包括指令的译码、定序（因为可能脱序执行）、分发；和 ExuBlock 控制下的流水线最后一段，包括指令的执行和结果的回写。

于是，我们要加以考察的首先就是流水线的前端，即 class Frontend。前端的主要功能就是取指（指令的读入），读者也许以为取指是很简单的，只是从存储器读入指令而已。其实不然，流水线的前端相当复杂，相关代码所占比重也很大。前面我们介绍了香山的物理存储保护机制 PMP，其实那也是指令流水线前端的很小一部分，因为要访问存储空间就免不了先要查询 PMP。所以，正因为前端复杂，我们就需要先对香山 CPU 流水线前端的构成先有个大致的了解，要不然我们深入到代码中的时候就会很费劲。

香山流水线前端的设计，是一种称为“Decoupled Frontend”的设计。意思是把前端的设计从整个流水线中剥离开来，让它们之间的关系适当疏离一些，以免过分的互相牵制甚至牵一发动全身，这是因为前端的设计尤其特殊性。实际上前端本身就是个小小的流水线，后端也是个流水线，两个流水线相连才构成了整个指令执行流水线。

下面是香山的流水线前端即 Frontend 的结构示意图：

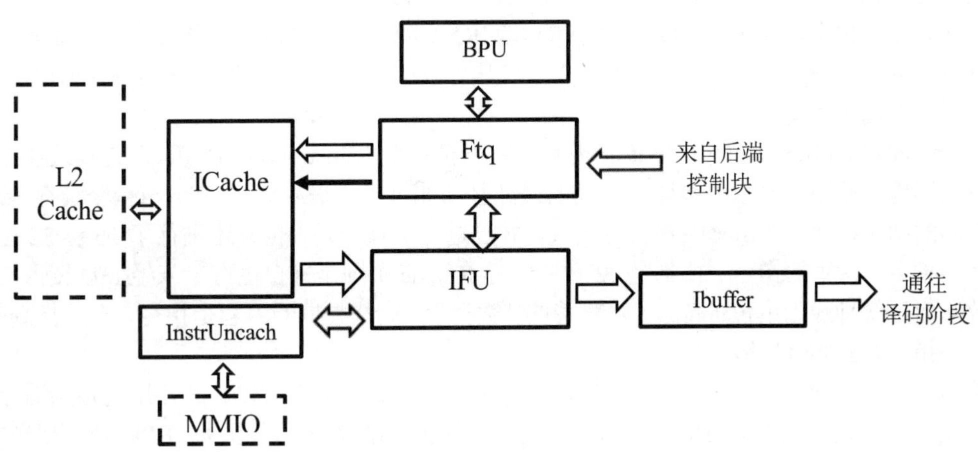

图中的“通往译码阶段”和“来自后端控制块”可以认为就是前端与后端之间的接口。在前端内部则有下列这些主要成分：

- 取指目标队列 ftq（Fetch Target Queue），这是个 Ftq 类对象。Ftq 对于指令的读取起着总控的作用，为指令的读取指明方向。它要为取指单元 IFU 发出读取指令的目标地址，但是目标地址的确定绝不简单，因为这涉及对转移目标的预判。它要接受 IFU 的反馈（Write-Back），并把所反馈的信息交给转移预测单元 BPU，让其作出关于转移的预判；同时更要结合来自后端的转向（Re-Direct）指示决定后续指令的地址，因为执行单元在执行了指令之后才给出的转向指示才是最终裁决。香山的 CPU 是流水线宽度大于 1 的 Super Scalar 结构，这就使取指令的过程变得更加复杂。另外，Ftq 还承担着启动“预取指令（Pre-Fetch）”的任务，就是根据当前的取指目标队列提前向指令缓存 ICache 发出要求，让其提前为后续的指令读取做好准备，以提高取指命中率。图中从 Ftq 到 ICache 有个单线条的箭头，那就表示预取指令，别的箭头都不是单线条的，因为流水线的宽度大于 1，所传输的都不是单个的地址或单条的指令。
- 取指单元 ifu，这是个 NewIFU 类对象，一般就称为 IFU。IFU 是 Instruction Fetch Unit 的缩写，实际读取指令的事就是由 IFU 办理，NewIFU 只是香山代码中的一个类名，我们以后就直接称之为 IFU。取指的目标地址来自 Ftq，一般而言指令的终极存储地都是在主存中，因而应该通过指令缓存 ICache 读取；但是在某些特殊的情况下指令也有可能是在作为外设的外挂设备中，那就得通过 MMIO 机制直接从外设读入，因为此时的指令所在地址区间是不可缓存的。不言而喻，这意味着先要通过 PMP 加以查询，Ftq 所给的目标地址究竟是在可缓存还是不可缓存的存储区间。如果是在不可缓存的存储区间，就要通过 InstrUncache 模块读取，而不是通过 ICache 读取。读入指令之后，IFU 还承担着对指令进行“预译码（Pre-Decode）”的任务，这是为了要尽早提供转移预测所需的信息。另一个目的，是如果支持 16 位指令，则还有从 16 位指令到 32 位指令的映射/转换。另外，图中没有画出的是，IFU 还与后端的 ROB 有连通。凡是支持脱序执行（Out-of-Order）的 CPU 中都要有个让执行结果恢复编定顺序（Program Order）的机制，这可以是个队列也可以是个缓冲区，可以称 ROQ 也可以称 ROB，这里面还要考虑发生异常或中断的可能，所以也要与 IFU 有所沟通。显然，这么多的操作，是很难放在同一个时钟节拍中完成的，所以实际上都把前端的操作细分成流水线中的若干阶段，让流水线变长，香山的取指阶段实际上就是细分成 3 个流水线阶段。
- 指令缓存，即 ICache。按理说指令缓存应该属于存储子系统，但是指令缓存与流水线的关系实在太紧密了，所以也把它作为流水线前端的一部分列出在这儿。ICache 与流水线的接口分两部分，一部分是来自 IFU 的常规指令读取，另一部分是来自 Ftq 的预取指令要求。不过所谓“预取指令（Pre-Fetch）”并不真的要把后面的指令读进去，而只是让 ICache 预作安排，从下一级缓存或从主存把所需的缓冲块调进 ICache，为此也许需要把某个已经在 ICache 中的缓冲块回写到主存或者加以释放，以腾出所需的缓存空间。
- 无缓存取指模块（InstrUncache）。如果取指的目标地址所在地址区间是不可缓存的，那就不能通过 ICache 加以读取，而要直接从所在的 MMIO 空间读取，具体就是从某个外设读取。为此就需要有这个 InstrUncache 模块，通过 MMIO 接口从外设读取，但是 MMIO 本身不属于指令流水线前端，而属于存储子系统。
- 指令缓冲器 ibuffer，这是个 Ibuffer 类对象。Ibuffer 意为 Instruction Buffer，这是通往流水线后端，更确切地说是通往流水线中译码阶段的缓冲区。注意指令缓冲器 Ibuffer 与指令缓存 ICache 是截然不同的两个模块。Ibuffer 中是已经读入、并已进行了预译码、也许还进行了 16 位/32 位指令映射以后的指令，这里的指令一律都是 32 位的。而 ICache 中则是来自主存、未经 IFU 读入、只是为提高效率而以缓冲线为单位（高速）缓存着的“数据”，这些数据的内容是指令，有些指令是 32 位的，有些指令则是 16 位的。
- 转移预测单元 bpu（Branch Predict Unit），这是个 Predictor 类对象。其作用是按照对于已取入指令的预译码和既往的转移历史预测下一步应该从什么地址读入后续指令。BPU 是个相当复杂的模块。
- 指令地址变换块 itlb，图中没有画出。这是个 TLB 对象。TLB 意为 Translation lookaside buffer，是实现从虚存地址到物理地址变换的装置。如果 CPU 支持虚拟存储，那么程序中的存储地址，包括取指令的目标地址，就都是虚存地址；但是存储子系统中采用的却是物理地址；所以在取指令之前得要通过一个 TLB 把虚存地址转换成物理地址。不过这里的这个 TLB 仅仅是为取指令所专用，所以是 itlb。程序指令所在的“代码段”相对比较小，所以无论虚存地址还是物理地址的范围都相对比较小，这个 TLB 的规模没有“数据段”所需的 TLB 那么大。

- 物理存储保护 pmp，图中也没有画出。这就是上一章中介绍过的 PMP 类对象，即“物理地址保护”模块，与此相连的还有 PMPChecker 对象 pmp_check，其作用是查询和检验目标地址所在区间是否可以缓存，及其属性。

此外，FrontendImp 还与 CPU 中的控制状态寄存器 CSR 有连接，因为有些部件和功能受 CSR 的控制，或者其状态要在 CSR 有所反映。

对流水线前端的构成和功能有了大致的了解，我们就可以看前端的代码了，我们从 class Frontend 开始：

```
[XSCore > XSCoreBase > Frontend]
class Frontend()(implicit p: Parameters) extends LazyModule with HasXSParameter{
  val instrUncache = LazyModule(new InstrUncache())          ///InstrUncache是Frontend内部的一个模块
  val icache = LazyModule(new ICache())                      ///ICache也是Frontend内部的一个模块
  lazy val module = new FrontendImp(this)
}
```

这个模块没有 node，所以没有参数协调，也没有需要在 instantiate()过程中自动加以创建的物理连接。当然 Frontend 也需要有对外连接，但那都是在 LazuModuleImp 模块内部的硬件描述中加以实现，而不是通过隐含在 instantiate()过程中根据参数协调绑定而进行的自动连接。例如我们在前面看到 class XSCoreImp 中有个语句“frontend.io.backend <> ctrlBlock.io.frontend”，那就是在硬件描述中显式的物理连接。

但是 Frontend 有两个 LazyModule 子模块，即 InstrUncache 对象 instrUncache 和 ICache 对象 icache，模块本身的硬件描述部分是 FrontendImp。子模块之一 instrUncache 就是上述如果取指目标地址落在不可缓存区间时的取指渠道。而指令缓存 ICache，则是取指目标地址落在可缓存区间时的取指渠道。InstrUncache 也是个 lazyModule 模块，其类型定义如下：

```
[XSTop > XSTile > XSCore > XSCoreBase > Frontend > InstrUncache]

class InstrUncache()(implicit p: Parameters) extends LazyModule with HasICacheParameters {
  val clientParameters = TLMasterPortParameters.v1(
    clients = Seq(TLMasterParameters.v1("InstrUncache", sourceId = IdRange(0, cacheParams.nMMIOs)))
  )
  val clientNode = TLClientNode(Seq(clientParameters))          /// TLClientNode是对SourceNode的扩充
  lazy val module = new InstrUncacheImp(this)
}
```

显然 InstrUncache 是有参数协调的，并且是作为 Master 的一方出现，所以这是个 Client 节点，所用的参数 clientParameters 就是 TLMasterPortParameters。如前所述，TileLink 是用来维持存储系统协同性的机制，就取指令而言 InstrUncache 所对接的是外设，实际上是 MMIO，这说明在 InstrUncache 的对外接口上要服从外部设备的参数。

Frontend 虽然创建了两个子模块 instrUncache 和 icache，却并未说明这两个子模块如何绑定。其实关于 instrUncache 的绑定是在 XSTile 中：

```
[XSTop > XSTile]
class XSTile()(implicit p: Parameters) extends LazyModule with HasXSParameter with HasSoCParameter {
  private val core = LazyModule(new XSCore())
  private val misc = LazyModule(new XSTileMisc())
  …
  misc.i_mmio_port := core.frontend.instrUncache.clientNode         ///将后者的输出绑定到前者的输入，这是针对取指令的。
  misc.d_mmio_port := core.memBlock.uncache.clientNode               ///这是针对数据读写的
  …
  misc.busPMU := TLLogger(…) := l1i_to_l2_buf_node := core.frontend.icache.clientNode
  …
}
```

可见，在 XSTile 中先创建了 XSCore 及其所有的子模块，又创建了 XSTileMisc 模块，然后把 frontend 中的这个 instrUncache 通过其 clientNode 绑定到 XSTileMisc 模块 misc 的 i_mmio_port。这二者之间是需要有参数协调的。那么 misc 的 i_mmio_port 又绑定到哪儿呢？XSTileMisc 的代码中有这么几个语句：

```
[XSTop > XSTile > XSTileMisc]
class XSTileMisc()(implicit p: Parameters) extends LazyModule with HasXSParameter with HasSoCParameter {
  …
  val i_mmio_port = TLTempNode()
  val d_mmio_port = TLTempNode()
  …
  mmio_xbar := TLBuffer.chainNode(2) := i_mmio_port        ///把i_mmio_port绑定到存储总线mmio_xbar
  mmio_xbar := TLBuffer.chainNode(2) := d_mmio_port        ///把d_mmio_port绑定到存储总线mmio_xbar
  …
}
```

我们知道，Diplomacy 的绑定蕴含着物理连接，这就搞清了 instrUncache 中信息的来源，也搞清了 frontend 是通过 instrUncache 与存储子系统相连，实质上是与 SoC 的（外设）输入/输出接口相连。

至于 icache，因为远比 instrUncache 复杂，我们留到后面再来专题介绍。本来，取指的活动当然绝大部分都会落在 ICache，但是既然 Frontend 的代码中涉及了 instrUncache，我们就把它提前到这里先作介绍。

对于 InstrUncache 的硬件描述，则是在 class InstrUncacheImp 中。但是我们在看 InstrUncacheImp 的代码之前先要看一下它与 IFU 之间的接口，这个接口上的 Bundle 叫 InstrUncacheIO，这是对 ICacheBundle 的扩充，因为同样是用于取指，但从外设的取指有所不同。

```
abstract class ICacheBundle(implicit p: Parameters) extends XSBundle with HasICacheParameters

class InstrUncacheIO(implicit p: Parameters) extends ICacheBundle {
    val req = Flipped(DecoupledIO(new InsUncacheReq ))      ///来自 IFU 的取指请求；这是输入，因为前面加了 Flipped。
    val resp = DecoupledIO(new InsUncacheResp)              ///对 IFU 取指请求的回应，这是输出，前面没有 Flipped。
    val flush = Input(Bool())                               ///来自 IFU（因转移而起）的冲刷命令
}
```

实际上从 class Bundle 开始一直到 ICacheBundle 的扩充和派生在物理上都没有什么不同，只是一步步地加上了各种参数，一步步地收窄了它的使用范围。注意 InstrUncacheIO 虽然是对 ICacheBundle 的扩充，但实际上与 ICache 毫无关系，只是格式上相同而已。

而 InstrUncacheIO 对 ICacheBundle 的扩充，则是在后者的基础上增加了 req 和 resp 两排导线，前者是来自 IFU 的取指请求，后者是对请求的回应。此外还有个作为输入的信号线 flush，这代表着来自 IFU 的冲刷命令，当指令流中有转移指令的时候，已经读入 InstrUncache 的那些指令就应被废弃，需要加以冲刷。

这两个线束的格式定义分别为 InsUncacheReq 和 InsUncacheResp：

```
class InsUncacheReq(implicit p: Parameters) extends ICacheBundle {
    val addr = UInt(PAddrBits.W)        ///在这个界面上的地址是物理地址，参数PaddrBits决定其宽度为36位。
}

class InsUncacheResp(implicit p: Parameters) extends ICacheBundle {
  val data = UInt(maxInstrLen.W)        ///所读指令是作为data传输的，maxInstrLen定义为32位。
}
```

知道了这些背景，我们就可以看关于 InstrUncache 的硬件描述即 InstrUncacheImp 的代码了：

```
[XSCore > XSCoreBase > Frontend > InstrUncache > InstrUncacheImp]

class InstrUncacheImp (outer: InstrUncache) extends LazyModuleImp(outer) with HasICacheParameters with HasTLDump {
  val io = IO(new InstrUncacheIO)
  val (bus, edge) = outer.clientNode.out.head
   ///InstrUncacheImp是在InstrUncache这个LazyModule的内部，所以outer就是那个InstrUncacheImp对象。
   ///MixedNode.out()返回的是bundleOut.zip(edgesOut)，即Seq[bundleOut, edgesOut]，所以out.head就是bundleOut。
  val resp_arb = Module(new Arbiter(new InsUncacheResp, cacheParams.nMMIOs))
                                        ///用来在多个MMIO端口中作出仲裁选择，尽管nMMIOs实际上定义为1。
  val req    = io.req                   ///以下所述的req就是InstrUncacheIO这个Bundle中的req
  val resp = io.resp                    ///以下所述的resp就是InstrUncacheIO这个Bundle中的resp
  val mmio_acquire = bus.a              ///本模块的mmio_acquire来自下方mmio模块中的A通道
  val mmio_grant = bus.d                ///本模块的mmio_grant来自下方mmio模块中的D通道

  val entry_alloc_idx = Wire(UInt())
  val req_ready = WireInit(false.B)

  // assign default values to output signals
  bus.b.ready := false.B                ///bus中的B通道永远不会ready，因为本模块无缓存。
  bus.c.valid := false.B                ///bus中的C通道永远不会valid
  bus.c.bits    := DontCare             ///bus中C通道上的内容无意义
  bus.d.ready := false.B                ///bus中的D通道是反向的，不会从上游接收信息。
  bus.e.valid := false.B                ///本模块无缓存，不会使用E通道。
  bus.e.bits    := DontCare

  val entries = (0 until cacheParams.nMMIOs) map { i =>    ///根据配置中MMIO即Memory Mapped IO的数量：
    val entry = Module(new InstrMMIOEntry(edge))
    entry.io.id := i.U(log2Up(cacheParams.nMMIOs).W)            /// entry.io.id的宽度取决于MMIO的个数
    entry.io.flush := io.flush
    // entry req
    entry.io.req.valid := (i.U === entry_alloc_idx) && req.valid
```

```
      entry.io.req.bits := req.bits
      when (i.U === entry_alloc_idx) { req_ready := entry.io.req.ready }
      // entry resp
      resp_arb.io.in(i) <> entry.io.resp

      entry.io.mmio_grant.valid := false.B
      entry.io.mmio_grant.bits := DontCare
      when (mmio_grant.bits.source === i.U) {
        entry.io.mmio_grant <> mmio_grant              ///将来自下层MMIO模块的通道D连接到entry.io.mmio_grant
      }
      entry
    }  //end val entries

    entry_alloc_idx := PriorityEncoder(entries.map(m=>m.io.req.ready))

    req.ready := req_ready                              ///把上面的req_ready信号连接到访问请求req的ready信号线上
    resp <> resp_arb.io.out                             ///以仲裁器的输出作为本模块的访问结果通道resp
    TLArbiter.lowestFromSeq(edge, mmio_acquire, entries.map(_.io.mmio_acquire))
  }  ///end class InstrUncacheImp
```

这个 class 的构造函数有个参数 outer，其类型是 InstrUncache。这说明本类对象一定是内嵌在某个InstrUncache对象的内部，函数中所引用的outer.clientNode就是其所在InstrUncache对象的clientNode（见上）。这是从 LazyModuleImp 内部引用其外部，但又是同一 LazyModule 内部 Diplomacy 部分的内容的一个实例。

参数 nMMIOs 决定了下游方向 MMIO 端口的数量，尽管在香山的配置中把 nMMIO 定义成 1，但还是按照有多个 MMIO 端口的条件配上仲裁器，后面 InstrMMIOEntry 对象的创建也放在一个 map()循环中，这就是出于把硬件描述做成“生成器”而不是做成一个特定设计的要求。

取指单元对存储设备的访问只能是读取，不会也不允许有写入，所以访问请求 InsUncacheReq 中只有地址字段而没有数据字段。每次取指操作所读回的数据（实际上是指令）宽度 maxInstrLen 是 32，但不一定是一条 32 位指令，也可能是两条 16 位指令，还可能是一条 16 位指令加半条 32 位指令。

针对下游的每个 MMIO 端口，在 InstrUncacheImp 内部要创建一个 InstrMMIOEntry 与之对应：

```
[Frontend > InstrUncache > InstrUncacheImp > InstrMMIOEntry]
// One miss entry deals with one mmio request
class InstrMMIOEntry (edge: TLEdgeOut)(implicit p: Parameters) extends XSModule with HasICacheParameters with HasIFUConst {
  val io = IO(new Bundle {                          ///这是来自具体MMIO模块的Bundle
    val id = Input(UInt(log2Up(cacheParams.nMMIOs).W))
    // client requests
    val req = Flipped(DecoupledIO(new InsUncacheReq ))                    ///来自IFU的请求
    val resp = DecoupledIO(new InsUncacheResp)                            ///去往IFU的回应

    val mmio_acquire = DecoupledIO(new TLBundleA(edge.bundle))            ///去往MMIO的通道A
    val mmio_grant = Flipped(DecoupledIO(new TLBundleD(edge.bundle)))     ///来自MMIO的通道D

    val flush = Input(Bool())
  }) ///除与IFU的icacheUncacheIO对接的req/resp/flush之外，还有通往MMIO的mmio_acquire和mmio_grant两个通道。
    ///前者是A通道，用于向MMIO发送aquire请求；后者是D通道，由MMIO用来发回grant回应。
```

```
val s_invalid :: s_refill_req :: s_refill_resp :: s_send_resp :: Nil = Enum(4)          ///枚举值的定义
val state = RegInit(s_invalid)     ///状态寄存器，这是个有限状态机，初值为s_invalid。

val req = Reg(new InsUncacheReq )
val respDataReg = Reg(UInt(mmioBusWidth.W))        ///一个64位的寄存器，mmioBusWidth定义为64。
// assign default values to output signals
io.req.ready := false.B
io.resp.valid := false.B
io.resp.bits := DontCare
io.mmio_acquire.valid := false.B
io.mmio_acquire.bits := DontCare
io.mmio_grant.ready := false.B
val needFlush = RegInit(false.B)                  ///一个初值为0的D触发器

when(io.flush && (state =/= s_invalid) && (state =/= s_send_resp)){ needFlush := true.B }
   ///如果来了flush命令，而状态机不处于s_invalid或s_send_resp这两个状态，就把needFlush设成true。
.elsewhen((state=== s_send_resp) && needFlush){ needFlush := false.B }   ///这两种条件下needFlush都设0
   ///但是如果状态机已经进入s_send_resp状态，而needFlush为true，就把它复位成false。

// s_invalid: receive requests
when (state === s_invalid) {              ///状态机处于s_invalid状态，（从IFU）接受取指请求：
  io.req.ready := true.B                    ///在这个状态下把ready位设成true
  when (io.req.fire()) {                    ///如果有请求到来：
    req := io.req.bits                          ///就把请求内容打入请求寄存器req
    state := s_refill_req                       ///下一节拍转入s_refill_req状态
  }
}  ///end when (state === s_invalid)

when (state === s_refill_req) {        ///状态机处于s_refill_req状态：
  val address_aligned = req.addr(req.addr.getWidth - 1, log2Ceil(mmioBusBytes))
  io.mmio_acquire.valid := true.B              ///向MMIO发出valid信号，表示有请求要发送。
  io.mmio_acquire.bits := edge.Get(fromSource = io.id,
                    toAddress = Cat(address_aligned, 0.U(log2Ceil(mmioBusBytes).W)),
                    lgSize = log2Ceil(mmioBusBytes).U)._2
                        ///所发送的内容，即目标地址和读出长度。目标地址必须与具体edge的参数相符。

  when (io.mmio_acquire.fire()) {            ///如果向MMIO发送成功（对方的ready位是true）
    state := s_refill_resp                   ///下一节拍转入s_refill_resp状态
  }
}  ///end when (state === s_refill_req)

val (_, _, refill_done, _) = edge.addr_inc(io.mmio_grant)      /// io.mmio_grant是MMIO发回的响应
          ///得到MMIO发回的响应之后，根据所含数据大小推进地址，并检测是否已经是最后一个节拍。

when (state === s_refill_resp) {             ///状态机处于s_refill_resp状态，从MMIO接收读出的数据：
```

```
    io.mmio_grant.ready := true.B
    when (io.mmio_grant.fire()) {
      respDataReg := io.mmio_grant.bits.data           ///把发回的数据打入respDataReg
      state := s_send_resp                              ///下一节拍转入s_send_resp状态
    }
  }  ///end when (state === s_refill_resp)

  def getDataFromBus (pc: UInt) = {                    ///从respDataReg获取来自MMIO的数据
    val respData = Wire(UInt(maxInstrLen.W))
    respData := Mux(pc(2,1) === "b00".U, respDataReg(31,0),
        Mux(pc(2,1) === "b01".U, respDataReg(47,16),
          Mux(pc(2,1) === "b10".U, respDataReg(63,32),
            Cat(0.U, respDataReg(63,48))
          )
        )
      )
    respData
  }

  when (state === s_send_resp) {      ///状态机处于s_send_resp状态，将读出的数据(指令)发给前端：
    io.resp.valid := !needFlush
    io.resp.bits.data := getDataFromBus(req.addr)
    // meta data should go with the response
    when (io.resp.fire() || needFlush) {
      state := s_invalid                                ///下一节拍转入s_refill_resp状态
    }
  }  ///end when (state === s_send_resp)
}  ///end class InstrMMIOEntry
```

注意这个模块是对抽象类 XSModule 的扩充，而不是对 LazyModule 的扩充，在 LazyModuleImp 内部是不允许创建 LazyModule 的。二者的区别就在于是否需要参数协调，而所需的协调已经在 InstrUncache 这一层上进行过了。

InstrMMIOEntry 对象是个有限状态机，这个状态机有 s_invalid、s_refill_req、s_refill_resp、s_send_resp 四种状态。当状态机处于 s_invalid 时可以从 IFU 接受取指要求；如果收到了请求就转入 s_refill_req 状态，向 MMIO 发出读请求；如果请求被接受就转入 s_refill_resp 状态，从 MMIO 接收数据进入 respDataReg，然后就转入 s_send_resp 状态，把来自 MMIO 的数据（实际上是指令）发回给 IFU，并转入 s_invalid 状态，等待从 IFU 接受新的请求，如此周而复始。

回到前面 InstrUncacheImp 的代码，一共创建几个 InstrMMIOEntry 取决于配置参数 cacheParams.nMMIOs。所以这个参数决定了 InstrUncacheImp 对象中有几个 InstrMMIOEntry。上面 class InstrUncacheImp 代码中的 val entries 就是所有 InstrMMIOEntry 的集合，这是通过一个 until-map 循环创建的。当然这些 MMIOEntry 的地址范围各不相同，对应着不同的外设器件；所以 InstrMMIOEntry 的创建参数就是具体 MMIO 节点的 edge，在向 MMIO 发出请求的时候也要符合具体目标的地址范围。事实上在 class IcacheParameters 中这个参数定义为 1；但是像这样假定有多个而实际上只有 1 个处理，这正是出于把代码写成“发生器”的要求。

这样，就把前端 Frontend（实际上只是 IFU）与存储模块 MMIO 之间的接口搭建好了，下面就是 Frontend 本身的具体实现，这就是 class FrontendImp。下面我们会看到，FrontendImp 本身并不提供什么功能，它就好像一块接线板，就是个枢纽，前端中各个子模块的输入输出 Bundle 都在这里汇总，在这个接线板上按需要互连起来。因而在 FrontendImp 的外部接口上有许多嵌套定义的 Bundle，一个 Bundle 中套着另一个 Bundle；如果不把这些 Bundle 的定义放在可以一目了然的上下文中，单独去看这些 Bundle 的定义就很难抓住实质，也记不住，看到后面就忘了前面。所以这里以摘要的形式把 FrontendImp 的主要外部接口及其嵌套定义逐层展开，罗列在一起，希望能收到一目了然的效果，不过注意这只是个摘要：

```
FrontendImp.io              ///内含 VectorTlbPtwIO 、FrontendToCtrlIO、SfenceBundle 等 6 个主要的 Bundle：
    VectorTlbPtwIO                      ///来自外部 MemBlock 中的 PTW，连到内部的 ITlb。
        PtwReqwithMemIdx                    ///这是 VectorTlbPtwIO 中的操作请求
            val memidx = new MemBlockidxBundle          ///内含一个 MemBlockidxBundle
                val is_ld = Bool()
                val is_st = Bool()
                val idx
        PtwRespwithMemIdx                   ///这是 VectorTlbPtwIO 中的操作回应
            val memidx = new MemBlockidxBundle          ///也是内含一个 MemBlockidxBundle，但这是回应。
    FrontendToCtrlIO                    ///来自/去向后端的 CtrlBlock
        CtrlFlow                                ///这是对指令进行预译码的结果
        FtqToCtrlIO                             ///这是从 Ftq 去向 CtrlBlock 的信息，内含下列内容：
            val pc_mem_wen = Output(Bool())
            val pc_mem_waddr = Output(UInt(log2Ceil(FtqSize).W))
            val pc_mem_wdata = Output(new Ftq_RF_Components)
                val startAddr = UInt(VAddrBits.W)
                val nextLineAddr = UInt(VAddrBits.W)
                val isNextMask = Vec(PredictWidth, Bool())
                val fallThruError = Bool()
            val newest_entry_target = Output(UInt(VAddrBits.W))
            val newest_entry_ptr = Output(new FtqPtr)
        CtrlToFtqIO                             ///这是从 CtrlBlock 发送至 Ftq 的信息，内含下列内容：
            val rob_commits = Vec(CommitWidth, Valid(new RobCommitInfo))        ///来自 ROB 的信息
            val redirect = Valid(new Redirect)                                  ///来自后端的转向指示
    SfenceBundle                        ///来自后端的执行单元，内含下列内容：
        val rs1 = Bool()
        val rs2 = Bool()
        val addr = UInt(VAddrBits.W)
        val asid = UInt(AsidLength.W)
    TlbCsrBundle                        ///TLB 与 CSR 之间的互连，注意 CSR 是一个寄存器组，而不只是单个寄存器。
    CustomCSRCtrlIO                     ///有些 CSR 寄存器是由具体实现者所加的，连接这些寄存器的 Bundle 格式自定。
    DistributedCSRUpdateReq             ///转发来自 ICache 对 CSR 中某些字段的更新请求
```

上面这些都是 FrontendImp 模块的外部接口，同时其内部还有 Ftq、IFU、ICache、InstrUncache、Ibuffer、BPU 等 6 个部件，加上 PMP 和 TLB，就是 8 个部件。FrontendImp 之作为“接线板”，则一方面是建立这些部件之间的互连，另一方面就是建立外部接口与相应内部模块之间的连接。下面是 class FrontendImp 的代码：

[XSCore > XSCoreBase > Frontend > FrontendImp]

```
class FrontendImp (outer: Frontend) extends LazyModuleImp(outer) with HasXSParameter with HasPerfEvents {
```

```
val io = IO(new Bundle() {
  val hartId = Input(UInt(8.W))
  val reset_vector = Input(UInt(PAddrBits.W))
  val fencei = Input(Bool())                          ///来自后端 IntegerBlock 的 fencei 控制
  val ptw = new VectorTlbPtwIO(4)                     ///用来进行指令的虚拟地址-物理地址转换
  val backend = new FrontendToCtrlIO                  ///前端与后端之间的接口
  val sfence = Input(new SfenceBundle)                ///来自后端的指令执行单元，用于（针对TLB的）sfence指令。
  val tlbCsr = Input(new TlbCsrBundle)                ///TLB与CSR之间的接口
  val csrCtrl = Input(new CustomCSRCtrlIO)            ///前端与CSR之间的接口
  val csrUpdate = new DistributedCSRUpdateReq         ///与控制/状态寄存器组CSR之间的接口
  val error = new L1CacheErrorInfo                    ///来自 L1plusCache 的出错报告
  val frontendInfo = new Bundle {                     ///前端的输出信息，表示指令缓冲区已满等情况的发生。
    val ibufFull = Output(Bool())
    val bpuInfo = new Bundle {                        ///通向BPU的信息：
      val bpRight = Output(UInt(XLEN.W))                ///条件转移预测正确
      val bpWrong = Output(UInt(XLEN.W))                ///条件转移预测错误
    }
  }
})  ///end val io

//decouped-frontend modules
val instrUncache = outer.instrUncache.module
    /// FrontendImp的外围outer（见参数）就是Frontend，FrontendImp是Frontend中的module，见前。
val icache = outer.icache.module                      ///这就是Frontend中的ICache
val bpu = Module(new Predictor)                       ///转移预测单元
val ifu = Module(new NewIFU)                          ///前端的核心就是取指单元IFU，即Instruction Fetch Unit。
val ibuffer = Module(new Ibuffer)                     ///指令缓冲器
val ftq = Module(new Ftq)                             ///取指目标队列
    ///以上是FrontendImp内部的六大部件

val needFlush = RegNext (io.backend.toFtq.redirect.valid)      ///来自后端的冲刷信息

val tlbCsr = DelayN (io.tlbCsr, 2)
val csrCtrl = DelayN (io.csrCtrl, 2)
val sfence = RegNext(RegNext(io.sfence))

// trigger
ifu.io.frontendTrigger := csrCtrl.frontend_trigger     ///这是物理连接，不是绑定（因为是在lazy val module内部）。
val triggerEn = csrCtrl.trigger_enable
ifu.io.csrTriggerEnable := VecInit(triggerEn(0), triggerEn(1), triggerEn(6), triggerEn(8))

// bpu ctrl
bpu.io.ctrl := csrCtrl.bp_ctrl                  ///对BPU的控制来自CSR，在CSR中可以启/闭具体的转移预测器
bpu.io.reset_vector := io.reset_vector

// pmp
```

```
val pmp = Module(new PMP())                              /// Physical Memory Protection
val pmp_check = VecInit(Seq.fill(4)(Module(new PMPChecker(3, sameCycle = true)).io))
pmp.io.distribute_csr := csrCtrl.distribute_csr
val pmp_req_vec = Wire(Vec(4, Valid(new PMPReqBundle())))
pmp_req_vec(0) <> icache.io.pmp(0).req                   ///PMP请求来自ICache，对PMP的查询要求主要来自ICache。
pmp_req_vec(1) <> icache.io.pmp(1).req
pmp_req_vec(2) <> icache.io.pmp(2).req
pmp_req_vec(3) <> ifu.io.pmp.req                         //PMP也与IFU相连，IFU也会有查询要求。

for (i <- pmp_check.indices) {
  pmp_check(i).apply(tlbCsr.priv.imode, pmp.io.pmp, pmp.io.pma, pmp_req_vec(i))   ///PMP查询环境的设置
}
icache.io.pmp(0).resp <> pmp_check(0).resp               /// PMPChecker的输出即查询结果去向ICache
icache.io.pmp(1).resp <> pmp_check(1).resp
icache.io.pmp(2).resp <> pmp_check(2).resp
ifu.io.pmp.resp <> pmp_check(3).resp                     /// PMPChecker的最后一路输出与IFU相连

val itlb = Module(new TLB(4, nRespDups = 1, Seq(true, true, false, true), itlbParams))
itlb.io.requestor.take(3) zip icache.io.itlb foreach {case (a,b) => a <> b}   ///TLB的输出去向ICache，ICache需要物理地址。
itlb.io.requestor(3) <> ifu.io.iTLBInter                 // mmio may need re-tlb, blocked
itlb.io.base_connect(io.sfence, tlbCsr)
io.ptw.connect(itlb.io.ptw)                              ///外部的VectorTlbPtwIO连接到内部的itlb
itlb.io.ptw_replenish <> DontCare
itlb.io.flushPipe.map(_ := needFlush)

icache.io.prefetch <> ftq.io.toPrefetch                  ///Ftq的toPrefetch与ICache相连，预取指令由Ftq发动。

//IFU-Ftq
ifu.io.ftqInter.fromFtq <> ftq.io.toIfu                  ///Ftq的输出toIfu连到IFU的输入端fromFtq
ftq.io.toIfu.req.ready := ifu.io.ftqInter.fromFtq.req.ready && icache.io.fetch.req.ready

ftq.io.fromIfu <> ifu.io.ftqInter.toFtq                  ///IFU的输出toFtq连到Ftq的输入端fromIfu
bpu.io.ftq_to_bpu <> ftq.io.toBpu                        ///Ftq的输出toBpu连到BPU的输入端ftq_to_bpu
ftq.io.fromBpu <> bpu.io.bpu_to_ftq                      ///BPU的输出bpu_to_ftq连到Ftq的输入端fromBpu

ftq.io.mmioCommitRead <> ifu.io.mmioCommitRead           ///Ftq与IFU二者的mmioCommitRead对接
//IFU-ICache

icache.io.fetch.req <> ftq.io.toICache.req               ///Ftq对ICache的请求连接到ICache的fetch.req
ftq.io.toICache.req.ready := ifu.io.ftqInter.fromFtq.req.ready && icache.io.fetch.req.ready

ifu.io.icacheInter.resp <> icache.io.fetch.resp          ///IFU与ICache之间的互连
ifu.io.icacheInter.icacheReady := icache.io.toIFU        ///IFU的icacheReady来自ICache的toIFU
icache.io.stop := ifu.io.icacheStop

ifu.io.icachePerfInfo := icache.io.perfInfo
```

```
    icache.io.csr.distribute_csr <> csrCtrl.distribute_csr          ///ICache与控制/状态寄存器之间的联系
    io.csrUpdate := RegNext(icache.io.csr.update)

    icache.io.csr_pf_enable := RegNext(csrCtrl.l1I_pf_enable)
    icache.io.csr_parity_enable := RegNext(csrCtrl.icache_parity_enable)

    //IFU-Ibuffer
    ifu.io.toIbuffer <> ibuffer.io.in                    ///将IFU的toIbuffer接到ibuffer的输入端，向流水线后端交付。

    ftq.io.fromBackend <> io.backend.toFtq               ///将ftq与Backend对接
    io.backend.fromFtq <> ftq.io.toBackend               ///同上
    io.frontendInfo.bpuInfo <> ftq.io.bpuInfo

    ifu.io.rob_commits <> io.backend.toFtq.rob_commits    ///将ifu.io.rob_commits接上backend，rob即roq。

    ibuffer.io.flush := needFlush
    io.backend.cfVec <> ibuffer.io.out                    ///将ibuffer的输出接到后端

    instrUncache.io.req <> ifu.io.uncacheInter.toUncache           ///对instrUncache的请求来自ifu
    ifu.io.uncacheInter.fromUncache <> instrUncache.io.resp        ///将instrUncache的输出接到ifu
    instrUncache.io.flush := false.B
    io.error <> RegNext(RegNext(icache.io.error))

    icache.io.hartId := io.hartId

    val frontendBubble = PopCount((0 until DecodeWidth).map(i => io.backend.cfVec(i).ready && !ibuffer.io.out(i).valid))
          ///所谓Bubble，就是从前端发往后端的指令流中有了空洞。DecodeWidth在XSCoreParameters中定义为6。
    XSPerfAccumulate("FrontendBubble", frontendBubble)
    io.frontendInfo.ibufFull := RegNext(ibuffer.io.full)           ///表示ibuffer已满

    // PFEvent   ///以下仅供调试与统计，PF意为Performance。
    val pfevent = Module(new PFEvent)
    …
    generatePerfEvent()
}   ///end class FrontendImp
```

代码中加了注释，在这些注释的帮助下读者应该大致上能够理解所作的这些互连。但是这里并未明确说明各部件之间的接口定义，那要到具体介绍这些部件的时候才能看得比较仔细。即便如此，结合前面对 Frontend 内部构成的说明，相信也还是能看出个大概。有些细节也许要到后面看到这些接口的定义之后回过来再看才能有比较深刻的理解。

下面我们逐一考察这些部件以了解指令流水线前端的原理，重点放在 Ftq、IFU、ICache 这个“三角”，只要把这三个部件的原理和作用搞清楚，别的就只是处于辅助的地位，例如前面的 InstrUncache，那只是当指令不是在主存空间而是在外设上的时候才起作用，可是那样的情况实际上绝少发生。再如 BPU，转移预测的好坏对性能有相当影响，但并不改变取指令这个阶段的基本逻辑。而 Ftq、IFU、ICache 这三者则举足轻重，

缺一不可。明白了这三个部件的作用和相互的联系，对前端就算有了基本的了解。

18.1　取指单元 IFU

先看取指单元 IFU，这无疑是 Frontend 的第一线，是指令流水线中的第一个工位。虽然 IFU 是在 Ftq 的指挥和驱动下运行，但是 Ftq 对 IFU 的驱动其实是比较简单的，我们可以先假定 IFU 受到了驱动，看其在受到驱动以后是怎么运行的，然后再到 Ftq 中去看它怎么驱动 IFU。但是这里再一次提醒读者，考虑信息在流水线中怎么流通，是从过程性的观点与角度考虑问题，而硬件描述所呈现给读者的却是一幅功能性/函数式的陈述，它描述的是电路怎么构成，而不是信号在所构成的电路中怎么流通，这一点要时刻记在心中。

在香山的代码里，实现 IFU 的是 class NewIFU。所谓 NewIFU 只是说这是一种新的实现，有其开发历史上的由来，所以我们在下面行文中一般仍称其为 IFU。New IFU 的外部接口是 NewIFUIO，但是这里面嵌套了许多 Bundle。同样，要是一个个去看这些嵌套的 Bundle 定义，那真是要把人的头脑都看昏。所以这里也是以摘要的形式将其逐层展开，希望能收到一目了然的效果：

```
NewIFUIO
    val ftqInter = new FtqInterface            ///与 Ftq 之间的接口
        val fromFtq = Flipped(new FtqToIfuIO)         ///从 Ftq 到 IFU 的取指命令，命令中不仅仅是取指请求：
            val req = Decoupled(new FetchRequestBundle)          ///来自 Ftq 的取指请求
                val startAddr = UInt(VAddrBits.W)                ///取指的起始地址
                val nextlineStart = UInt(VAddrBits.W)            ///下一个缓冲线的起点
                val nextStartAddr = UInt(VAddrBits.W)            ///下一个指令块的起点
                //slow path
                val ftqIdx          = new FtqPtr                 ///当前取指命令的序号，即其在 Ftq 队列中的位置。
                val ftqOffset = ValidUndirectioned(UInt(log2Ceil(PredictWidth).W))   ///若是转移指令引起，则其所在位置。
            val redirect = Valid(new Redirect)                   ///来自 Ftq 的转向指示
            val flushFromBpu                                     ///还有来自 BPU 的冲刷命令
        val toFtq = new IfuToFtqIO                    ///从 IFU 到 Ftq 的“回写”，用于转移预测：
            val pdWb = Valid(new PredecodeWritebackBundle)       ///由 IFU 回写到 Ftq 队列中的信息
                val pc = Vec(PredictWidth, UInt(VAddrBits.W))    ///当前的 PC 值
                val pd = Vec(PredictWidth, new PreDecodeInfo)    ///预译码的信息
                val ftqIdx = new FtqPtr                          ///本次取指命令在 Ftq 队列中的位置（下标）
                val ftqOffset = UInt(log2Ceil(PredictWidth).W)   ///引起本次取指的转移指令在上个指令块中的位置
                val misOffset = ValidUndirectioned(UInt(log2Ceil(PredictWidth).W))
                val cfiOffset = ValidUndirectioned(UInt(log2Ceil(PredictWidth).W))   ///转移指令(control flow instr)所在位置
                val target = UInt(VAddrBits.W)                   ///根据本指令块内容判断的下一个指令块起点
                val jalTarget = UInt(VAddrBits.W)                ///如果本指令块中有 jal 指令，则跳转目标。
                val instrRange = Vec(PredictWidth, Bool())       ///本指令块中应采纳的指令范围（尾部可能不采纳）
    val icacheInter = Flipped(new IFUICacheIO)         ///来自 ICache 的读出数据
        val resp = Vec(PortNumber, ValidIO(new ICacheMainPipeResp))   ///从 ICache 的 MainPipe 读出，PortNumber=2。
            val vaddr = UInt(VAddrBits.W)                        ///本指令块起点的虚存地址
            val registerData = UInt(blockBits.W)                 ///是从内存读入的，说明在缓存中没有命中。
            val sramData = UInt(blockBits.W)                     ///是从缓存的 SRAM 中读出，说明命中。
            val select = Bool()                                  ///说明 sramData/ registerData 何者有效
            val paddr = UInt(PAddrBits.W)                        ///与虚存地址对应的物理地址
    val toIbuffer = Decoupled(new FetchToIBuffer)      ///经 Ibuffer 发往后端
```

```
        val instrs = Vec(PredictWidth, UInt(32.W))                    ///交付给流水线后端的指令，一律 32 位
        val pd = Vec(PredictWidth, new PreDecodeInfo)                 ///与指令配对的预译码信息
            val valid = Bool()
            val isRVC = Bool()                                        ///表明是从 16 位指令转换而来
            val brType = UInt(2.W)                                    ///表明转移指令的类型
            val isCall = Bool()                                       ///这是子程序调用指令
            val isRet = Bool()                                        ///这是子程序返回指令
        val pc = Vec(PredictWidth, UInt(VAddrBits.W))
        val foldpc = Vec(PredictWidth, UInt(MemPredPCWidth.W))
                /// MemPredPCWidth=10，因为 WaitTableSize = 1024。
        val ftqPtr = new FtqPtr                                       ///本次取指命令的序号
        val ftqOffset = Vec(PredictWidth, ValidUndirectioned(UInt(...)) ///本指令块中各条指令在指令块中的位置（下标）
        val triggered = Vec(PredictWidth, new TriggerCf)              ///满足触发条件（见后）
    val uncacheInter = new UncacheInterface          ///这就是前述的从外设（而不是内存）取指，InstrUncache。
        val toUncache = DecoupledIO( new InsUncacheReq )              ///去往 InstrUncache
            val addr = UInt(PAddrBits.W)                              ///给定物理地址
        val fromUncache = Flipped(DecoupledIO(new InsUncacheResp))    ///来自 InstrUncache
            val data = UInt(maxInstrLen.W)                            ///读回的数据
    val frontendTrigger = Flipped(new FrontendTdataDistributeIO)      ///来自 CSR 的断点触发条件
        val addr = Output(UInt(2.W))                                  ///满足触发（断点）条件的指令地址
        val tdata = new MatchTriggerIO
    val rob_commits = Flipped(Vec(CommitWidth, Valid(new RobCommitInfo)))  ///来自后端的 ROB，表示有指令交割。
        val ldest = UInt(5.W)                                         ///目标寄存器的逻辑寄存器号，r0 – r31。
        val rfWen = Bool()
        val fpWen = Bool()
        val wflags = Bool()
        val commitType = CommitType()                                 //指令的交割类型，NORMAL/BRANCH/LOAD/STORE。
        val pdest = UInt(PhyRegIdxWidth.W)                            ///目标寄存器的物理寄存器号
        val old_pdest = UInt(PhyRegIdxWidth.W)                        ///同一逻辑寄存器先前所映射的物理寄存器号
        val ftqIdx = new FtqPtr                                       ///所交割的指令在哪一个指令块中
        val ftqOffset = UInt(log2Up(PredictWidth).W)                  ///所交割指令在指令块中的位置（下标）
        val isMove = Bool()
        // these should be optimized for synthesis verilog
        val pc = UInt(VAddrBits.W)                                    ///所交割指令所在的虚存地址
    val iTLBInter = new TlbRequestIO                                  ///与取指专用 TLB 的接口，进行虚存/物理地址转换。
        val req = DecoupledIO(new TlbReq)
            val vaddr = Output(UInt(VAddrBits.W))                     ///目标地址（虚存地址）
            val cmd = Output(TlbCmd())                                ///要求 TLB 实施的操作
            val size = Output(UInt(log2Ceil(log2Ceil(XLEN/8)+1).W))
            val kill = Output(Bool())
                // Use for blocked tlb that need sync with other module like icache
            val memidx = Output(new MemBlockidxBundle)
                // do not translate, but still do pmp/pma check
            val no_translate = Output(Bool())
        val req_kill = Output(Bool())
```

```
        val resp = Flipped(DecoupledIO(new TlbResp(nRespDups)))
            val paddr = Vec(nDups, Output(UInt(PAddrBits.W)))       ///所映射的物理地址，nDups 的默认值为 1
            val miss = Output(Bool())
            val fast_miss = Output(Bool())              // without sram part for timing optimization
            val excp = Vec(nDups, new Bundle {                   ///所发生的异常：
                val pf = new TlbExceptionBundle()                ///页面异常
                val af = new TlbExceptionBundle()                ///访问异常
                })
            val static_pm = Output(Valid(Bool()))
                // valid for static, bits for mmio result from normal entries
            val ptwBack = Output(Bool())                // when ptw back, wake up replay rs's state
            val memidx = Output(new MemBlockidxBundle)
    val pmp = new ICachePMPBundle                       ///与 PMP 模块的接口，进行访问权限和缓存的检验。
        val req = Valid(new PMPReqBundle())
            val addr = Output(UInt(PMPAddrBits.W))
            val size = Output(UInt(log2Ceil(lgMaxSize+1).W))
            val cmd = Output(TlbCmd())
        val resp = Input(new PMPRespBundle())
            val ld = Output(Bool())
            val st = Output(Bool())
            val instr = Output(Bool())
            val mmio = Output(Bool())
            val atomic = Output(Bool())
    val mmioCommitRead = new mmioCommitRead             ///仅用于从外设（而不是内存）取指
        val mmioFtqPtr = Output(new FtqPtr)
        val mmioLastCommit = Input(Bool())
```

把有关这些接口的信息放在一起看，就看出一些情况来了。首先，在 IFU 与指令缓存 ICache 的接口 IFUICacheIO 中只有来自 ICache 的回应 resp，却没有发往 ICache 的请求 req。没有请求何来回应？原来，对 ICache 的读出请求是由 Ftq 发出的，而 ICache 的回应却发到 IFU，IFU 只是被动地接收。这就是为什么前面说 Ftq、ICache、IFU 是个“三角”，以及为什么说 IFU 是在 Ftq 的驱动下取指。

另外，从 ICache 发至 IFU 的回应中有 sramData 和 registerData。这里的 sramData 来自 ICache 缓存着的数据，访问“命中”了；但是如果不命中，那就要到更远一层的缓存乃至主存读入，那样读来的数据就放在 registerData，当然这意味着 IFU 已经等待很久了。数据 sramData 和 registerData 的宽度都是 blockBits，即一个缓存数据块的大小，也是内存中一个“缓冲线（cacheline）”的大小，这个参数定义为 64*8，即 512 位。这就是说，每当向 ICache“取指”的时候，所返回的并非单条指令，而是一块 512 位即 64 字节的数据，那就是缓存在 ICache 中的一个缓存块，但是实际需要读取的指令块只是 256 位，即 32 字节，由于指令块的起点与数据块未必对齐，需要读入的指令块可能会跨两个缓冲线（缓存块）。所以，从 ICache 读入的是 Vec(PortNumber, ValidIO(new ICacheMainPipeResp))，这里 PortNumbe 为 2，即也许需要从其两个端口同时读入，那就是同时读出前后两个缓存块，各自也许读自 ICache 中当前缓存着的内容（命中，读出很快），也许需要从主存读入（不命中，那就比较慢了）。

再看 IFU 经过处理后“回写”到 Ftq 的是什么，那是 IfuToFtqIO 中的 PredecodeWritebackBundle，内含的都是 IFU 对指令进行预译码所产生的信息，尤其是关于转移指令的信息，所以 Ftq 其实很早就知道有转移指令进来了。这就是 Ftq 要交给 BPU 进行转移预测的内容。

最后是 IFU 的输出，这是经过预译码和可能存在的 16 位到 32 位指令映射后的输出，这是通往 Ibuffer 的 FetchToIBuffer，里面既有指令本身（一律 32 位），又有 PreDecodeInfo 即预编译所产生的信息。这是要交付给流水线后端中的译码阶段的。其中的 instrs 字段当然就是经过预译码的指令，注意这是个向量，向量的长度为 PredictWidth，这个参数定义为 FetchWidth * (if (HasCExtension) 2 else 1)，而 FetchWidth 定义为 8。这就是说，如果支持 16 位指令，则 PredictWidth 是 16，要不然就是 8。前面讲过，指令块的大小是 32 字节，如果全是 32 位指令可以容纳 8 条指令，如果全是 16 位指令则有 16 条，实际情况可能是介于二者之间。所以，IFU 通过 Ibuffer 发往后端的未必是 16 条指令，而是 16 个 16 位"半指令字"，16 位指令只占一个半指令字，32 位指令字则占两个半指令字。PredictWidt 这个数值就是指令流水线在取指这个环节上的宽度。后面我们将看到，再往后的流水线就没有这么宽，从 Ibuffer 到译码器的宽度 DecodeWidth 就只有 6 了，Ibuffer 就好像一个缓冲池，指令可能会在这里待上几个时钟节拍。但是，由于转移指令的存在，如果转移预测或者后端的转移指令执行结果表明转移会进行，那么这些指令中的相当一部分会被丢弃。所以，进口的宽度为 8 至 16，而出口的宽度为 6，就大致反映了估计会被丢弃的指令所占比例。

别的就留给读者去慢慢看，慢慢琢磨了，有些可能要到看完全书之后再回过来看。总之，这里面每一个字段的存在及其大小都不是无缘无故的。

下面我们就进入 class NewIFU 的正题，这个类的代码体量比较大，所以我们只能分段阅读：

[XSCore > XSCoreBase > Frontend > FrontendImp > NewIFU]

```
class NewIFU(implicit p: Parameters) extends XSModule with HasICacheParameters
                    with HasIFUConst with HasPdConst with HasCircularQueuePtrHelper with HasPerfEvents {
  val io = IO(new NewIFUIO)
  val (toFtq, fromFtq) = (io.ftqInter.toFtq, io.ftqInter.fromFtq)        ///IFU 与 Ftq 之间的接口，取指命令来自 Ftq。
  val fromICache = io.icacheInter.resp                                   ///来自 ICache 的响应，这是从 ICache 读入的指令块。
  val (toUncache, fromUncache) = (io.uncacheInter.toUncache , io.uncacheInter.fromUncache)
                                                                         ///IFU 与 InstrUncache 之间的接口
  def isCrossLineReq (start: UInt, end: UInt): Bool = start(blockOffBits) ^ end(blockOffBits)
        /// blockOffBits 是 blockBytes 所占的位数，如果 blockBytes 为 64，blockOffBits 就是 6，因为 2^6=64。
        ///这个函数实际并未受到调用。实际被调用的是后面的 crossCacheline()。
  def isLastInCacheline (addr: UInt): Bool = addr(blockOffBits - 1, 1) === 0.U   ///这个函数实际并未受到调用，见 isLastInLine()。

  class TlbExept(implicit p: Parameters) extends XSBundle{               ///如果 TLB 发生异常，则以此指明原因：
    val pageFault = Bool()                                                 ///页面异常
    val accessFault = Bool()                                               ///访问异常
    val mmio = Bool()
  }  ///end class TlbExept

  val preDecoders = Seq.fill(4){ Module(new PreDecode) }                 ///4 个预译码器。

  val predChecker = Module(new PredChecker)                              ///转移预测检查，见后。
  val frontendTrigger = Module(new FrontendTrigger)                      ///用于程序断点触发，我们不关心。
  val (checkerIn, checkerOutStage1, checkerOutStage2) =
            (predChecker.io.in, predChecker.io.out.stage1Out, predChecker.io.out.stage2Out)
                                          ///checkerOutStage1 和 checkerOutStage2 为来自 PredChecker 的检查结果
  io.iTLBInter.req_kill := false.B
  io.iTLBInter.resp.ready := true.B
///class NewIFU，待续。
```

NewIFU 的外部接口就是 NewIFUIO，前面列出了它的摘要，这里再看它的具体代码：

```
[XSCore > XSCoreBase > Frontend > FrontendImp > NewIFU > NewIFUIO]
class NewIFUIO(implicit p: Parameters) extends XSBundle {
  val ftqInter            = new FtqInterface                          ///与Ftq间的接口
  val icacheInter         = Flipped(new IFUICacheIO)                  ///与ICache间的接口
  val icacheStop          = Output(Bool())
  val icachePerfInfo      = Input(new ICachePerfInfo)
  val toIbuffer           = Decoupled(new FetchToIBuffer)             ///去往Ibuffer
  val uncacheInter        = new UncacheInterface                      ///与InstrUncache之间的接口
  val frontendTrigger     = Flipped(new FrontendTdataDistributeIO)
  val csrTriggerEnable    = Input(Vec(4, Bool()))
  val rob_commits         = Flipped(Vec(CommitWidth, Valid(new RobCommitInfo)))   ///与Rob间的接口
  val iTLBInter           = new TlbRequestIO                          ///与TLB间的接口
  val pmp                 = new ICachePMPBundle                       ///与PMP间的接口
  val mmioCommitRead      = new mmioCommitRead                        ///与Ftq之间的接口
}  ///end class NewIFUIO
```

另外，NewIFU 中创建了一组 4 个预译码器 PreDecode，然后又创建了一个 PredChecker（Pred 指 Prediction，即转移预测）。前者用于指令预译码，后者则配合转移预测，后面会专门加以介绍。

如前所述，从 ICache 取入指令，加上预译码和对于 16 位指令的处理，是注定不能在同一个时钟节拍中完成的，甚至也不能在两个时钟节拍中完成，所以 IFU 中有个 3 阶段的小流水线，这个 3 阶段流水线本质上是整个指令流水线的一部分，这三个阶段就是整个指令流水线的最初三个阶段。

这个三阶段流水线的起点就是从 Ftq 发往 IFU 的 FetchRequestBundle，终点是 Ibuffer。注意三阶段流水线的三个阶段是并发的，并不是每三个时钟节拍才从 ICache 读入一次，而是在理想的状态下（每次都在 ICache 命中）每个时钟节拍都会从 ICache 读入一次。FetchRequestBundle 的定义是这样：

```
class FetchRequestBundle(implicit p: Parameters) extends XSBundle with HasICacheParameters {
  //fast path: Timing critical
  val startAddr       = UInt(VAddrBits.W)             ///从ICache读出的起始地址
  val nextlineStart   = UInt(VAddrBits.W)             ///如果指令块跨cacheline，则下一个缓冲线的起始地址
  val nextStartAddr   = UInt(VAddrBits.W)             ///下一次读入的起始地址
  //slow path
  val ftqIdx          = new FtqPtr                    ///本项取指要求在Ftq队列中的位置
  val ftqOffset   = ValidUndirectioned(UInt(log2Ceil(PredictWidth).W))

  def crossCacheline = startAddr(blockOffBits - 1) === 1.U
      ///一个block即缓冲线的大小是64字节，blockOffBits就是6。缓冲线的存储是边界对齐的。
      ///所以，如果起始地址的bit5为1，那就是跨缓冲线边界的，因为指令块的起点落在cacheline的后半块。
  def fromFtqPcBundle (b: Ftq_RF_Components) = {     ///在Ftq中有个队列ftq_pc_mem，其存储单元就是Ftq_RF_Components。
    this.startAddr := b.startAddr                    ///Ftq所发的取指命令，其内容基本来自ftq_pc_mem。
    this.nextlineStart := b.nextLineAddr
    when (b.fallThruError) {      /// nextStartAddr是当前指令块的fall through地址，如果有了变化就得重新计算：
      val nextBlockHigherTemp = Mux(startAddr(log2Ceil(PredictWidth)+instOffsetBits), b.startAddr, b.nextLineAddr)
                                    ///startAdd中的这一位是1就取startAdd，否则就取nextLineAddr。
```

```
        val nextBlockHigher = nextBlockHigherTemp(VAddrBits-1, log2Ceil(PredictWidth)+instOffsetBits+1)
        this.nextStartAddr := Cat(nextBlockHigher, startAddr(log2Ceil(PredictWidth)+instOffsetBits) ^ 1.U(1.W),
                                startAddr(log2Ceil(PredictWidth)+instOffsetBits-1, instOffsetBits), 0.U(instOffsetBits.W))
                ///由4个位段拼接而成。最高的位段是nextBlockHigher，第二个位段只有1位，然后是4位，最后一个0。
      }
      this
    }
} ///end class FetchRequestBundle
```

这里面的那些 val 成分都是由 Ftq 发往 IFU 的取指命令中的内容，所定义的两个函数则让 IFU 可以调用来从中得出某些结论。

Ftq 在向 IFU 发出取指命令的同时，也向 ICache 发出了取指命令，所以并非 IFU 从 Ftq 接到了命令之后才向 ICache 发出取指请求，要是那样就得要多消耗一个时钟节拍。不过，虽然 ICache 收到的取指请求是来自 Ftq，从 ICache 读出的内容却是直接发送给 IFU 的，ICache 与 IFU 之间的 Bundle 是 IFUICacheIO：

```
class IFUICacheIO(implicit p: Parameters)extends XSBundle with HasICacheParameters{
  val icacheReady           = Output(Bool())
  val resp                  = Vec(PortNumber, ValidIO(new ICacheMainPipeResp))
}
```

来自 ICache 的信息就是读入的指令，实际上是个指令块，承载在 resp 字段中。指令块的大小是固定的，但是起点不一定与存储器中的缓冲线对齐。这是因为，以子程序调用为例，知道了子程序的入口地址之后，就没有理由不以这个入口地址作为取指的起点，然而子程序的入口当然可能不与缓冲线边界对齐。进一步，既然起点可能不与缓冲线边界对齐，而指令块的大小又是固定的，那读入的指令块当然就有可能是跨缓冲线边界的。而且，由于 16 位指令的存在，指令块的起点和结尾都有可能只是半条 32 位指令。而 IFU，则要面对这样的指令块，准备对读入的指令块进行处理。

读者也许有疑问，取指的起点固然很可能不与缓冲线边界对齐，那为什么不让每次取指的大小可变，从而使其与缓冲线终点对齐？这样没有什么好处，因为从 ICache 读入的 Bundle 就是那么宽，你让它空下一些也是一个时钟脉冲打入，把它填满了也是一个时钟脉冲打入，成本是一样的；如果长度不一倒反而增加麻烦。所以，每次从 ICache 读入固定大小的一块，这是合理的。

可是，每次从 ICache 读入指令块的大小虽然是固定的，它在 IFUICacheIO.resp 中的承载方式却有点特别。IFUICacheIO.resp 是个长度为 PortNumber（定义为 2）的向量，向量元素则是 ValidIO(new ICacheMainPipeResp)。这就是说，IFUICacheIO.resp 中有两个 ICacheMainPipeResp：

```
class ICacheMainPipeResp(implicit p: Parameters) extends ICacheBundle {
  val vaddr            = UInt(VAddrBits.W)         ///读入请求中给定的虚存地址
  val registerData     = UInt(blockBits.W)         ///如果在ICache中没有命中，就需从次级缓存或主存读入，存放于此。
  val sramData         = UInt(blockBits.W)         ///如果在ICache中没有命中，就直接从ICache读入，存放于此。
  val select           = Bool()                    ///select标志位为1表示sramData中数据有效，否则registerData有效。
  val paddr            = UInt(PAddrBits.W)         ///虚存地址所映射的物理地址
  val tlbExcp = new Bundle{
    val pageFault = Bool()
    val accessFault = Bool()
    val mmio = Bool()
  }
}
```

每个 ICacheMainPipeResp 中都可以承载一个缓存块大小的数据，不是在 sramData 中就是在 registerData 中，其大小都是 blockBits，即 64 字节，512 位。可是，如果读入的起点地址与缓冲线不对齐，是跨缓冲线的读入，那读出的内容也就要跨两个 ICacheMainPipeResp；这样比较简单，因为只需要将整个缓存块都接通到这两个 Bundle 上就行。当然，IFU 需要跨两个 Bundle，从 IFUICacheIO.resp(0)和 IFUICacheIO.resp(1)两个 Bundle 读出才行。至于边界之外的内容，那就不是 IFU 所关心的，等同于空白。

可想而知，如果读入的起点正好与缓存线边界对齐，那么整个指令块就全在 resp(0)中，要是不对齐就要跨 resp(0)和 resp(1) 这两个 Bundle 了。显然，正好对齐的几率很小，绝大部分指令块都是跨缓冲线的。

另外，在 class IFUICacheIO 中把 resp(0)和 resp(1)这两个 Bundle 都说明成 ValidIO(new ICacheMainPipeResp)，就表示在 ICacheMainPipeResp 这个 Bundle 上还要配上 valid/ready 控制线。从 ICache 的角度就是：我把两个缓存块都发给你，你自己从中去切割和拼接出你所需要的指令块。

18.2　IFU 流水线的 f0 和 f1 阶段

下面就是 IFU 内部的这个 3 阶段流水线的事了，这三个阶段就是 IFU 的 Stage 1 即 f1，Stage 2 即 f2，Stage 3 即 f3。前面还有个形式上的 Stage 0 即 f0 阶段，但是 f0 并不构成时钟节拍意义上的阶段，那只是在 Ftq 已经向 IFU 发出 req.valid 但 IFU 尚未发出 ready 之前的短暂空隙，实际上是 IFU 的准备阶段，这个准备阶段并不占用一个时钟节拍，而是与 f1 在同一个时钟节拍中。一旦因 f0_fire 而进入 f1 到 f3 这个周期，信号 f1_valid、f2_valid、f3_valid 表示当前处于有效的 f1、f2、f3 阶段。但既然 IFU 是个流水线，那就应该这三者都有效，只不过是先后取入的三块指令处于不同的阶段而已。另外，这三者都是寄存器，其输入都来自组合电路的输出，所以在理想的情况下这三个寄存器的状态一致保持不变，只是其输入端的信号可能会有短暂的间隙，就像从 f0 进入 f1 时的 valid/ready 握手那样，但是到时钟脉冲到来的时候这个短暂间隙已经过去。以 f2_valid 为例，（可能的）短暂间隙之后的时钟脉冲 t 到来之前和到来之后都是 1，但是时钟脉冲 t 到来之前是上一块指令的 f2 阶段，到来之后就是后面这块指令的 f2 阶段了。然而，在特殊的情况下，如果理应就绪的下一块指令不满足进入 f2 阶段的条件，t 到来后 f2_valid 就变 0 了，这时候流水线就停顿（stall）了下来，这一停顿就至少是一个时钟节拍。

我们从 IFU 的 Stage 0 开始，如上所述，Ftq 并非每三个时钟节拍才发出一个取指命令，而是（在理想条件下）每个时钟节拍都会发出一个取指命令：

```
[XSCore > XSCoreBase > Frontend > FrontendImp > NewIFU]   ///续 1
  /**
    ******************************************************************************
    * IFU Stage 0
    * - send cacheline fetch request to ICacheMainPipe      ///这个请求是由 Ftq 而不是 IFU 发出的
    ******************************************************************************
    */
  val f0_valid          = fromFtq.req.valid              /// f0_valid 就是 fromFtq.req.valid，即 FetchRequestBundle.valid。
  val f0_ftq_req        = fromFtq.req.bits               ///来自 Ftq 的取指要求，即 FetchRequestBundle。
  val f0_doubleLine     = fromFtq.req.bits.crossCacheline     ///是否跨缓冲线
  val f0_vSetIdx        = VecInit(get_idx((f0_ftq_req.startAddr)), get_idx(f0_ftq_req.nextlineStart))
              /// startAddr 和 nextlineStart，一个是取指地址，一个是下一条缓冲线的起点，get_idx()返回地址中的高位。
              ///地址低位的长度取决于 blockOffBits。blockOffBits 定义为 9，因为 2^9=512，blockBytes 为 512。
  val f0_fire           = fromFtq.req.fire()                 ///f0_valid 和 IFU 的 ready 信号同为 true

  val f0_flush, f1_flush, f2_flush, f3_flush = WireInit(false.B)
  val from_bpu_f0_flush, from_bpu_f1_flush, from_bpu_f2_flush, from_bpu_f3_flush = WireInit(false.B)
```

```
from_bpu_f0_flush := fromFtq.flushFromBpu.shouldFlushByStage2 (f0_ftq_req.ftqIdx) ||
                                        fromFtq.flushFromBpu.shouldFlushByStage3(f0_ftq_req.ftqIdx)

val wb_redirect , mmio_redirect, backend_redirect = WireInit(false.B)  ///暂且假定都没有
val f3_wb_not_flush = WireInit(false.B)

backend_redirect := fromFtq.redirect.valid                    ///来自后端的 redirect 是最权威的转向指示
f3_flush := backend_redirect || (wb_redirect && !f3_wb_not_flush)      ///IFU Stage 3 的冲刷条件
f2_flush := backend_redirect || mmio_redirect || wb_redirect      ///IFU Stage 2 的冲刷条件，wb_redirect 见后面的回写阶段。
f1_flush := f2_flush || from_bpu_f1_flush                    ///IFU Stage 1 的冲刷条件
f0_flush := f1_flush || from_bpu_f0_flush                    ///IFU Stage 0 的冲刷条件
    ///取指转向会引起冲刷，转向指示 redirect 有三个来源，即后端、BPU 和 IFU 自身的“回写”即 wb_redirect。
    ///冲刷的要求有可能在 f1 阶段甚至 f0 的时候就存在，还没来得及从 ICache 读入指令块就知道要放弃了。
    ///如果需要冲刷，那就都要重新从 f0 开始了。

val f1_ready, f2_ready, f3_ready = WireInit(false.B)
fromFtq.req.ready := f1_ready && io.icacheInter.icacheReady     ///IFU 在 fromFtq.req 上发出的 ready 信号

/**
  ******************************************************************************
  * IFU Stage 1
  * - calculate pc/half_pc/cut_ptr for every instruction
  ******************************************************************************
  */
val f1_valid        = RegInit(false.B)                        ///初值为 false 的触发器
val f1_ftq_req      = RegEnable (f0_ftq_req, f0_fire)         /// f1_ftq_req 来自 f0_ftq_req，但晚一节拍。
val f1_doubleLine   = RegEnable (f0_doubleLine, f0_fire)      ///比 f0_doubleLine 晚一节拍
val f1_vSetIdx      = RegEnable (f0_vSetIdx, f0_fire)         ///也是比 f0_vSetIdx 晚一节拍
val f1_fire         = f1_valid && f2_ready                    ///进入 f1 阶段的条件

f1_ready := f1_fire || !f1_valid                              ///发出 f1_ready 的条件

from_bpu_f1_flush := fromFtq.flushFromBpu.shouldFlushByStage3(f1_ftq_req.ftqIdx) && f1_valid

when(f1_flush)                  {f1_valid := false.B}        ///f1_valid 是触发器，要到下一个节拍才改变。
.elsewhen(f0_fire && !f0_flush) {f1_valid := true.B}         ///IFU 在 f0_valid 和 IFU 的 ready 同时为 true 时才进入 f1 阶段。
.elsewhen(f1_fire)              {f1_valid := false.B}        /// f1_fire 以后，下一个节拍 f1_valid 就变 false。

val f1_pc = VecInit((0 until PredictWidth).map(i => f1_ftq_req.startAddr + (i * 2).U))
      ///f1_pc 是当前块中每条（可能的）指令的起点所构成向量，暂且假定都是 16 位指令。
      ///起点是来自 Ftq 的 startAddr，然后是 startAddr+2，startAddr+4，startAddr+6，等等。
      ///PredictWidth = FetchWidth * (if (HasCExtension) 2 else 1)，所以 PredictWidth 定义为 8 或 16。
      /// HasCExtension 定义为 true，表示支持压缩指令集。所以这里的步长是 2。
val f1_half_snpc = VecInit((0 until PredictWidth).map(i => f1_ftq_req.startAddr + ((i+2) * 2).U))
      /// startAddr+4，startAddr+6，startAddr+8，startAddr+10，等等。
```

```
        ///假定块中的第一个 32 位字为完整的 32 位指令，则顺序下一条"半指令"（也可能是 16 位指令）的地址。
  val f1_cut_ptr = if(HasCExtension) VecInit((0 until PredictWidth + 1).map(i =>
                                              Cat(0.U(1.W), f1_ftq_req.startAddr(blockOffBits-1, 1)) + i.U ))
              else VecInit((0 until PredictWidth).map(i => Cat(0.U(1.W), f1_ftq_req.startAddr(blockOffBits-1, 2)) + i.U ))
        ///表示本次所取各（疑似）指令在指令块内的地址（不包括最后的 0 位），blockOffBits=6。
        ///注意 blockBytes 定义为 64，所以 blockOffBits 是 6，但实际读入的指令块大小为 32 字节(256 位)。
///class NewIFU，Stage 0 & 1，待续。
```

如前所述，真正的流水线是从 f1 开始的，而 f1 的入口上就不像 f0 那样，都是寄存器了。只要当时钟脉冲上升沿到来时 f0_fire 为 true，f0 阶段的 f0_ftq_req、f0_doubleLine、f0_vSetIdx 就都被打入了 f1 阶段的相应寄存器。一旦把这些信号打入 f1 阶段的寄存器，f0 阶段这些寄存器的内容对于当前指令块就失去了作用，可以变动了。同时，由于 f1_valid 变成了 true，如果此时 f2_ready 尚未变成 true，则 f1_fire 就是 false，这又使 f1_ready 变成 false，并且进一步使 fromFtq.req.ready 也变成 false，这就是流水线中的"反向压力(back pressure)"。而 Ftq 这一边，则可以将下一个请求的内容放上 FetchRequestBundle，并使 fromFtq.req.valid 再次变成 true。这些变化全都可以在同一个时钟节拍中完成，使得下一个时钟脉冲的到来又可以把新的内容打入 f1 阶段的那些寄存器。至于 f1 阶段那些寄存器原先的内容，则已被打入 f2 阶段的寄存器。这样的方式，不仅 IFU 中这个小小的 3 阶段流水线是这样，整个指令流水线也都是一样，此后就不再解释了。

这里说是 f0_ftq_req，其实并非来自 Ftq 的取指的请求，真正的取指请求已由 Ftq 直接发给 ICache，发给 IFU 的其实只是让它从 ICache 接收并加以处理的请求。显然，IFU 在 f1 阶段还只是进行了一些准备，具体就是准备好了 f1_pc、f1_half_snpc、f1_cut_ptr 三个向量。

18.3　IFU 流水线的 f2 阶段

下面就是 f2 阶段，在 f2 阶段要做的事情就多了，包括指令块的到来，对指令块的预译码和从 16 位指令到 32 位指令的转换。我们继续看 IFU 的代码：

```
[XSCore > XSCoreBase > Frontend > FrontendImp > NewIFU]   ///续 2
  /**
    ******************************************************************************
    * IFU Stage 2
    * - icache response data (latched for pipeline stop)
    * - generate excepríon bits for every instruciton (page fault/access fault/mmio)
    * - generate predicted instruction range (1 means this instruciton is in this fetch packet)
    * - cut data from cachlines to packet instruction code
    * - instruction predecode and RVC expand
    ******************************************************************************
    */
  val icacheRespAllValid = WireInit(false.B)

  val f2_valid         = RegInit(false.B)
  val f2_ftq_req       = RegEnable(f1_ftq_req, f1_fire)
  val f2_doubleLine    = RegEnable(f1_doubleLine, f1_fire)
  val f2_vSetIdx       = RegEnable(f1_vSetIdx, f1_fire)
  val f2_fire          = f2_valid && f3_ready && icacheRespAllValid            ///进入 f3 阶段的条件
```

```
f2_ready := f2_fire || !f2_valid                                    ///发出 f2_ready 的条件
//TODO: addr compare may be timing critical
val f2_icache_all_resp_wire = fromICache(0).valid && (fromICache(0).bits.vaddr===f2_ftq_req.startAddr) &&
            ((fromICache(1).valid && (fromICache(1).bits.vaddr === f2_ftq_req.nextlineStart)) || !f2_doubleLine)
    ///当 fromICache(0).valid 为 true 的时候，这个 Bundle 上就有了来自 ICache 的指令块。
    ///但是需要核实，来自 Ftq 的 startAddr 和 nextlineStart 与来自 ICache 的 vaddr 是否确实对上了号。
    ///如果!f2_doubleLine，那只要对上 f2_ftq_req.startAddr 就行，否则 nextlineStart 也得对上。
    ///fromICache 就是前述的 IFUICacheIO.resp，fromICache(0)就是其中的 resp(0)，是个 ICacheMainPipeResp。
val f2_icache_all_resp_reg = RegInit(false.B)
icacheRespAllValid := f2_icache_all_resp_reg || f2_icache_all_resp_wire

io.icacheStop := !f3_ready

when(f2_flush) {f2_icache_all_resp_reg := false.B}                  ///如果要冲刷，当前指令块就到此为止了。
.elsewhen(f2_valid && f2_icache_all_resp_wire && !f3_ready) {f2_icache_all_resp_reg := true.B}
.elsewhen(f2_fire && f2_icache_all_resp_reg) {f2_icache_all_resp_reg := false.B}

when(f2_flush)                    {f2_valid := false.B}          ///只要有冲刷就得从头开始
.elsewhen(f1_fire && !f1_flush)   {f2_valid := true.B }          ///使 f2_valid 变成 true 的条件
.elsewhen(f2_fire)                {f2_valid := false.B}

val f2_cache_response_reg_data = VecInit(fromICache.map(_.bits.registerData))
   ///来自 ICache，但是取指地址在 ICache 未命中，而是从底层缓存或主存读入。此前整个前端应该已经停顿等待了好久。
val f2_cache_response_sram_data = VecInit(fromICache.map(_.bits.sramData))
   ///取指地址在 ICache 命中，这是直接从 ICache 读出的数据，见后面的 ICacheMainPipe
val f2_cache_response_select = VecInit(fromICache.map(_.bits.select))
                        ///标志位为 1 表示 sramData 中数据有效，否则 registerData 有效。
                        /// IFUICacheIO 中的 resp 即 fromICache 是个向量，向量长度为 PortNumber，=2。

val f2_except_pf = VecInit((0 until PortNumber).map(i => fromICache(i).bits.tlbExcp.pageFault))
val f2_except_af = VecInit((0 until PortNumber).map(i => fromICache(i).bits.tlbExcp.accessFault))
                        ///表示访问 TLB 时发生页面异常(pageFault)或访问异常(accessFault)。
val f2_mmio = fromICache(0).bits.tlbExcp.mmio &&
                              !fromICache(0).bits.tlbExcp.accessFault && !fromICache(0).bits.tlbExcp.pageFault
   ///来自 ICache 的信息表明 tlbExcp.mmio，但没有 accessFault 和 pageFault，说明需要直接从 MMIO 取指。

val f2_pc = RegEnable(f1_pc, f1_fire)                   ///来自 f1，假定第一条是 16 位指令，后面都是 16 位指令所在地址。
val f2_half_snpc = RegEnable(f1_half_snpc, f1_fire)     ///来自 f1，假定第一条是 32 位指令，后面都是 16 位指令所在地址。
val f2_cut_ptr = RegEnable(f1_cut_ptr, f1_fire)         ///来自 f1（见前），各疑似指令在块内的下标（不包括最后的 0 位）。

val f2_resend_vaddr = RegEnable(f1_ftq_req.startAddr + 2.U, f1_fire)

def isNextLine(pc: UInt, startAddr: UInt) = {
  startAddr(blockOffBits) ^ pc(blockOffBits)                  ///二者的块内最高位 0/1 不同
}
```

```
def isLastInLine(pc: UInt) = {
  pc(blockOffBits - 1, 0) === "b111110".U              ///这已是本块中的最后一条指令（假设均为 16 位指令）
}

val f2_foldpc = VecInit(f2_pc.map(i => XORFold(i(VAddrBits-1,1), MemPredPCWidth)))
                    /// MemPredPCWidth=10（WaitTableSize=1024），将 39 位的虚存地址折叠成 10 位。
val f2_jump_range = Fill(PredictWidth, !f2_ftq_req.ftqOffset.valid) | Fill(PredictWidth, 1.U(1.W)) >> ~f2_ftq_req.ftqOffset.bits
val f2_ftr_range = Fill(PredictWidth, f2_ftq_req.ftqOffset.valid) |
        Fill(PredictWidth, 1.U(1.W)) >> ~getBasicBlockIdx(f2_ftq_req.nextStartAddr, f2_ftq_req.startAddr)
val f2_instr_range = f2_jump_range & f2_ftr_range          ///见后述
val f2_pf_vec = VecInit((0 until PredictWidth).map(i => (!isNextLine(f2_pc(i), f2_ftq_req.startAddr) && f2_except_pf(0) ||
   isNextLine(f2_pc(i), f2_ftq_req.startAddr) && f2_doubleLine && f2_except_pf(1))))
val f2_af_vec = VecInit((0 until PredictWidth).map(i => (!isNextLine(f2_pc(i), f2_ftq_req.startAddr) && f2_except_af(0) ||
   isNextLine(f2_pc(i), f2_ftq_req.startAddr) && f2_doubleLine && f2_except_af(1))))

val f2_paddrs = VecInit((0 until PortNumber).map(i => fromICache(i).bits.paddr))   ///物理地址向量
val f2_perf_info = io.icachePerfInfo

def cut (cacheline: UInt, cutPtr: Vec[UInt]) : Vec[UInt] ={     ///从 cacheline 即缓存块中切割出所需的内容
  require(HasCExtension)
  val partCacheline = cacheline((blockBytes * 8 * 2 * 3) / 4 - 1, 0)          /// blockBytes=64，这一行是废码。
  val result = Wire(Vec(PredictWidth + 1, UInt(16.W)))                       ///result 是个长度为 17 的向量，每个元素 16 位。
  val dataVec = cacheline.asTypeOf(Vec(blockBytes * 3 /4, UInt(16.W)))       //47 16-bit data vector
  (0 until PredictWidth + 1).foreach( i => result(i) := dataVec(cutPtr(i)) )   //the max ptr is 3*blockBytes/4-1
      /// PredictWidth = FetchWidth * (if (HasCExtension) 2 else 1)，FetchWidth=8，一个指令块中最多可有 16 个半指令字。
      ///注意这里取了 17 个半指令字，因为最后那个半指令字只是 32 位指令的前半，所以要多取一个 16 位半指令字。
  result
}  ///end cut()

val f2_data_2_cacheline = Wire(Vec(4, UInt((2 * blockBits).W)))   ///4 种组合，每种组合包含 2 和缓存块，一共是 8 * blockBits。
f2_data_2_cacheline(0) := Cat(f2_cache_response_reg_data(1) , f2_cache_response_reg_data(0))
                                              ///两个 cacheline 均来自 register，即均未命中。
f2_data_2_cacheline(1) := Cat(f2_cache_response_reg_data(1) , f2_cache_response_sram_data(0))
                                              ///高位 cacheline 未命中，低位 cacheline 命中（来自 sram）。
f2_data_2_cacheline(2) := Cat(f2_cache_response_sram_data(1) , f2_cache_response_reg_data(0))
                                              ///高位 cacheline 命中，低位 cacheline 未命中（来自 register）
f2_data_2_cacheline(3) := Cat(f2_cache_response_sram_data(1) , f2_cache_response_sram_data(0))
                                              ///两个 cacheline 均命中，都来自 sram。
                      ///从 ICache 返回的数据：两个缓存块，每个缓存块命中或不命中，一共是 4 种组合
val f2_cut_data = VecInit(f2_data_2_cacheline.map (data => cut (data, f2_cut_ptr )))     ///第二个参数都一样，都是 f2_cut_ptr。
                      ///从来自 ICache 的 4 种可能的组合中切割出所需的指令块，其中只有一种是真正有效的。

      ///预译码电路：preDecoders 是一组 4 个 PreDecode 对象
val f2_predecod_ptr = Wire(UInt(2.W))                         ///这是个 2 位的选择码
f2_predecod_ptr := Cat(f2_cache_response_select(1), f2_cache_response_select(0))   ///表示命中情况
                 ///两个 f2_cache_response_select 位拼在一起表明实际的命中情况，例如 01 表示前半不命中后半命中。
```

```
val preDecoderOut = Mux1H(UIntToOH(f2_predecod_ptr), preDecoders.map(_.io.out))
                        ///根据 f2_predecod_ptr 这个 OneHot 通过一个 Mux1H 从 4 个预译码器的输出选取其一。
                        ///所选中的就是得到全指令块输入的那个预译码器（其余的那些都不含有整个指令块）。
for(i <- 0 until 4){
  val preDecoderIn = preDecoders(i).io.in                ///preDecoder(i)的输入
  preDecoderIn.data := f2_cut_data(i)                     ///4 个 preDecoder 的输入数据分别来自 f2_cut_data 的 4 种组合
  preDecoderIn.frontendTrigger := io.frontendTrigger
  preDecoderIn.csrTriggerEnable := io.csrTriggerEnable
  preDecoderIn.pc := f2_pc                                ///虽然由 4 种组合，指令块中各疑似指令的地址是一样的。
}

val f2_instr        = preDecoderOut.instr                ///f2_instr 来自 preDecoder 的 Mux 输出
val f2_pd           = preDecoderOut.pd
val f2_jump_offset  = preDecoderOut.jumpOffset
val f2_hasHalfValid = preDecoderOut.hasHalfValid
val f2_crossPageFault = VecInit((0 until PredictWidth).map(i => isLastInLine(f2_pc(i)) && !f2_except_pf(0) &&
                                          f2_doubleLine && f2_except_pf(1) && !f2_pd(i).isRVC ))
XSPerfAccumulate("fetch_bubble_icache_not_resp", f2_valid && !icacheRespAllValid )

///end NewIFU, Stage 2，待续。
```

注意从 Ftq 发来取指命令 fromFtq.req 到 ICache 发来数据，这里面是可能会有延迟的。ICache 通过两个读出端口同时读取两个缓冲块，如果前后两条缓冲线都在 ICache 中，那倒是十分紧凑，并不浪费时钟节拍。可是如果不能命中，所读的缓冲线不在 ICache 中，那就得等待从次级缓存乃至主存调入，这就有很长时间的延迟了。在这样的情况下，ICache 的 ready 信号不会变成 true，而 IFU 流水线进入 F3 阶段的条件是 f2_fire，而 f2_fire 又依赖于 icacheRespAllValid，这就阻止了 IFU 流水线进入 F3 阶段，使 IFU 流水线陷入停顿，同样的道理也阻止了 Ftq 继续向 IFU 发送请求。

不过从 ICache 发回的也并非不是 sramData 就是 registerData，也可能是其 tlbExcp 中的 mmio 标志位为 true。如果不是同时伴有 tlbExcp.accessFault 或 tlbExcp.pageFault 的话，这就说明目标地址所在的区间是不缓存的，所以得要通过 MMIO 接口读取（见前述 InstrUncache）。ICache 返回这个关于 MMIO 的信息无需等待，因为对 PMP 的查询是由组合电路完成的。

从 ICache 发回的指令块，假定是跨缓冲线的，所以有前半和后半（大小不一定对等），那就有四种可能的组合：

- 前后两半所在的缓冲线都在 ICache 命中。
- 前后两半所在的缓冲线都不命中，都要从主存读入。
- 前半所在缓冲线命中，但后半不命中。
- 前半所在缓冲线不命中，但后半命中。

假定实际的情况是前后两半都在 ICache 命中，那么 f2_data_2_cacheline(3)含有整个指令块，而 f2_data_2_cacheline(0)的内容为空。

假定实际的情况是前后两半都不命中，那么 f2_data_2_cacheline(0) 含有整个指令块，而 f2_data_2_cacheline(3)的内容为空。

假定实际的情况是前半命中后半不命中，那么 f2_data_2_cacheline(2) 含有整个指令块，而 f2_data_2_cacheline(1)的内容为半空。

最后，假定实际的情况是前半命中后半不命中，那么 f2_data_2_cacheline(1) 含有整个指令块，而 f2_data_2_cacheline(2)的内容为半空。

这样，无论实际的情况是怎样，向量 f2_data_2_cacheline 的 4 个元素中总有一个含有整个指令块，也总有一个是全部空白。

然后对这 4 个 f2_data_2_cacheline 元素分别调用 cut()，从中切割出当前所需的指令块。不过指令块的大小是 16 个 16 位半指令字，这里切割的确实 17 个，这是因为考虑到当前指令块中的最后一个半指令字有可能是一条 32 位指令的前半条，得要再往前读一个半指令字才能凑成一条完整的指令。

对指令的预译码是在 F2 阶段完成的，这是至关重要的一步，下面对此专门作一介绍。

18.4　指令预译码

指令预译码，顾名思义，就是要对 IFU 从 ICache 获取的指令块预先进行粗略的译码，获取一些信息。这些信息一方面有助于减轻后面正式指令译码的负担，另一方面更有利于及早发现和识别转移指令，让 BPU 进行转移预测，所以预译码的首要问题是从指令块中识别转移指令，但这又得要搞清各条指令的边界。IFU 刚从 ICache 读入的指令块此刻还只是数据，还不知道那里面究竟有几条指令，更不知道是什么指令，所以就要将其发送给预译码器 PreDecode，进行预译码。不过，如上所述，4 个预译码器中只有一个得到完整的指令块输入，有两个得到的是部分指令块输入，有一个得到的是空输入，我们在这里只需关心得到完整输入的那个就行了。从 IFU 到具体预译码器 PreDecode 的 Bundle 是这样：

```
class IfuToPreDecode(implicit p: Parameters) extends XSBundle {
  val data = if(HasCExtension) Vec(PredictWidth + 1, UInt(16.W)) else Vec(PredictWidth, UInt(32.W))
  val frontendTrigger = new FrontendTdataDistributeIO          ///用于调试，我们不予关心。
  val csrTriggerEnable = Vec(4, Bool())
  val pc = Vec(PredictWidth, UInt(VAddrBits.W))    ///PredictWidth是16，VaddrBits定义为39，最多可有16条指令同时预解码。
}
```

这里的参数 HasCExtension 表示是否支持 16 位指令（一般当然都是），所以 IFU 发送给预译码的数据是 17 个 16 位数据。如果是不支持 16 指令的 CPU，那 PredictWidth 就是 8，8 个 32 位数据，总量一样。与此相应，还有 16 个或 8 个 PC 值，就是下面 16 条或 8 条指令所在的 PC 值，以供参考并配对。当然，PC 值是虚存地址。至于 FrontendTdataDistributeIO 及其所起作用，则后面还会讲到。

经过 PreDecode 对象的预解码，发回的结果则是 PreDecodeResp：

```
class PreDecodeResp(implicit p: Parameters) extends XSBundle with HasPdConst {
  val pd = Vec(PredictWidth, new PreDecodeInfo)              ///16份或8份预编译信息
  val hasHalfValid = Vec(PredictWidth, Bool())               ///表示从这个地址开始的是半条32位指令。
  val instr = Vec(PredictWidth, UInt(32.W))                  ///预译码之后的8-16条32位指令（16位指令得要转成32位）
  val jumpOffset = Vec(PredictWidth, UInt(XLEN.W))           ///对于跳转指令我们此刻能知道的只是偏移量
  val triggered = Vec(PredictWidth, new TriggerCf)           ///各条指令是否满足断点的触发条件
}
```

所发回结果中的主要成分就是 pd，这是个 PreDecodeInfo 对象：

```
class PreDecodeInfo extends Bundle {  // 6 bit
  val valid      = Bool()      ///这是一条有效指令（并非半条32位指令）
  val isRVC      = Bool()      ///这是16位指令
  val brType     = UInt(2.W)   ///4种可能：条件转移br，PC相对跳转jal，寄存器相对跳转jalr，非转移指令notCFI
  val isCall     = Bool()      ///是子程序调用
```

```
  val isRet        = Bool()                ///是子程序返回

  def isBr         = brType === BrType.branch
  def isJal        = brType === BrType.jal
  def isJalr       = brType === BrType.jalr
  def notCFI       = brType === BrType.notCFI        ///CFI意为Control Flow Instruction，notCFI表示并非转移指令。
}
```

每个 PreDecodeInfo 都是 6 位，其中转移类型 brType 占 2 位，4 种类型分别表示 br、jal、jalr、notCFI 等 4 种转移类型。其中 br 为短距离的条件转移，包括 beq 等十几条指令。长距离的跳转指令有两种，jal 是 PC 相对跳转，即转移目标来自 PC 当前值上加一个偏移量 offset；jalr 则是寄存器相对跳转，转移目标来自（PC 以外的）某个通用寄存器的值加上偏移量 offset。跳转指令 jal 和 jalr 都是带地址链接的，即把 PC+4 存在某个“链接”寄存器里作为（可能的）返回地址。最后是 notCFI，那就是非转移语句。即“not a Control Flow Instruction”。在 RISC-V 的指令系统中，call 和 ret 都是伪指令：其中 call 要通过两条指令实现。就是“auipc rd, offsetHi”加“jalr rd, offsetLo(rd)”，其中 rd 默认采用寄存器 r1；ret 指令就是“jalr x0, 0(x1)”，这里的 x0 就是寄存器 r0，x1 也是默认采用寄存器 r1；不过在实际使用中除寄存器 r1 外也常常采用 r5。

此外就是 valid、isRVC、isCall、isRet 等 4 个标志位。这些标志位和 brType 的值都来自对于“指令”中各种位段的逻辑运算，所需的函数即电路模板由 trait HasPdConst 提供：

```
trait HasPdConst extends HasXSParameter with HasICacheParameters with HasIFUConst{
  def isRVC(inst: UInt) = (inst(1,0) =/= 3.U)                  ///操作码最低两位不为0b11即为16位指令
  def isLink(reg:UInt) = reg === 1.U || reg === 5.U             ///链接寄存器默认采用r1或r5，结合下面的rd和rs
  def brInfo(instr: UInt) = {                                   ///从输入的指令字中提取关于转移指令的信息
    val brType::Nil = ListLookup(instr, List(BrType.notCFI), PreDecodeInst.brTable)
              ///在PreDecodeInst.brTable中比对，brTable中是32位或16位的jal、jalr、br，如果都对不上就取BrType.notCFI。
              ///所以，BrType.notCFI表示并非主动的控制流转向指令，即普通非转移指令，CFI = Control Flow Instruction。
    val rd = Mux(isRVC(instr), instr(12), instr(11,7))       ///16位转移指令的rd只能用r1或无链接，32位指令中的rd在bit7~11
    val rs = Mux(isRVC(instr), Mux(brType === BrType.jal, 0.U, instr(11, 7)), instr(19, 15))
              ///在16位c.jal指令中rs=0，c.br指令中应为bit7~9，在32位br指令中rs1位于bit15~19。
              ///16位的条件转移指令只有c.beqz和c.bnez两种，都只有一个源寄存器，在指令的bit7~9。
              ///而32位的条件转移指令都有两个源寄存器，其转移偏量offset在bit7~11，rs1在bit15~19。
    val isCall = (brType === BrType.jal && !isRVC(instr) || brType === BrType.jalr) && isLink(rd)
      // Only for RV64       ///call是伪指令，实际上是先auipc rd, offsetHi，再jalr rd, offsetLo(rd)。
    val isRet = brType === BrType.jalr && isLink(rs) && !isCall                ///ret是伪指令，实际上是 jalr x0, 0(x1)。
    List(brType, isCall, isRet)      ///返回值为brType本身，加上isCall和isRet。
  }

  def jal_offset(inst: UInt, rvc: Bool): UInt = {        ///提取jal指令的跳转偏移量字段
    val rvc_offset = Cat(inst(12), inst(8), inst(10, 9), inst(6), inst(7), inst(2), inst(11), inst(5, 3), 0.U(1.W))
              ///如果是16位的c.jal指令，这就是跳转的11位偏移量offset（跨度），末尾再加个0。共12位。
    val rvi_offset = Cat(inst(31), inst(19, 12), inst(20), inst(30, 21), 0.U(1.W))
              ///如果是32位的jal指令，这就是跳转的20位偏移量offset（跨度），末尾再加个0。共21位。
    val max_width = rvi_offset.getWidth
    SignExt(Mux(rvc, SignExt(rvc_offset, max_width), SignExt(rvi_offset, max_width)), XLEN)
              ///如果是rvc就返回rvc_offset，否则就返回rvi_offset。
  }
```

```
  def br_offset(inst: UInt, rvc: Bool): UInt = {          ///提取br指令的转移距离
    val rvc_offset = Cat(inst(12), inst(6, 5), inst(2), inst(11, 10), inst(4, 3), 0.U(1.W))   ///16位br指令的8位偏移量，末尾再加个0。
    val rvi_offset = Cat(inst(31), inst(7), inst(30, 25), inst(11, 8), 0.U(1.W))             ///32位br指令的11位偏移量，末尾再加个0。
    val max_width = rvi_offset.getWidth
    SignExt(Mux(rvc, SignExt(rvc_offset, max_width), SignExt(rvi_offset, max_width)), XLEN)
                ///如果是rvc就返回rvc_offset，否则就返回rvi_offset。
  }

  def NOP = "h4501".U(16.W)          ///nop是伪指令，实际上是"addi x0, x0, 0"，不过这是16位版本。
}  ///end trait HasPdConst
```

转移指令，又称 CFI，即“控制流指令（Control Flow Instruction）”，因为是使控制流即指令流发生改变的指令。从 RISC-V 的系统结构看，CFI 指令只有三种，即条件转移指令 br，无条件转移指令 jal 和 jalr。其中 jal 指令和 br 指令都是基于 PC 的相对转移，即在 PC 的当前值上加上偏移量就是转移目标，这个偏移量是编码在指令中的一个立即数；而 jalr 则是基于通用寄存器的相对转移，虽然 PC 的内容是知道的，但是在指令预译码阶段无法获知通用寄存器在执行到具体 jalr 指令时的内容。这样，jal 指令的跳转目标在预译码阶段就可知道，而 jalr 指令的跳转目标无法知道。对于 br 指令，则困难在于不知道条件是否满足，如果条件满足则转移目标也可计算。

这里的每个函数都代表着一块组合电路，因为里面没有任何寄存器。所以对“指令”的预编译可以在同一个时钟节拍中完成。下面是 PreDecode 的代码：

[XSCore > XSCoreBase > Frontend > FrontendImp > NewIFU > PreDecode]

```
class PreDecode(implicit p: Parameters) extends XSModule with HasPdConst{
  val io = IO(new Bundle() {
    val in = Input(new IfuToPreDecode)            ///见前，主要是pc和data，另外就是断点触发信息
                                                  ///data的宽度，支持16位指令时为17位，不支持时为32位。
    val out = Output(new PreDecodeResp)           ///内含PreDecodeInfo
  })

  val data = io.in.data                           ///需要进行预译码的输入数据，16位或32位。
  val validStart, validEnd = Wire(Vec(PredictWidth, Bool()))       ///位图，表示有效指令的起点和终点。
  val h_validStart, h_validEnd = Wire(Vec(PredictWidth, Bool()))   ///另一组位图，h表示半条指令。

  val rawInsts = if (HasCExtension) VecInit((0 until PredictWidth).map(i => Cat(data(i+1), data(i))))
                 else VecInit((0 until PredictWidth).map(i => data(i)))
        ///不支持16位指令时的rawInsts就是8条32位指令，这就很简单。
        ///但是如果(HasCExtension)则指令字的大小是16位的，PredictWidth为16，data是16位指令字，
        ///而rawInsts是16个32位数据的向量，如果是16位指令字，就把前后两个16位数据拼成一份32位数据，
        ///这样每个16位指令字都会在向量中出现两次，假定有a,b,c,d,e，则产生(ab),(bc),(cd)等，
        ///每个16位指令字都有一次会出现在32位数据的低位上；
        ///每条32位指令也必有一次正好与所拼接的32位数据一致。

  for (i <- 0 until PredictWidth) {  ///对于rawInsts中的16个32位指令字，其中有些不是有效指令：
    val inst =WireInit(rawInsts(i))                      ///把rawInsts(i)当成一条指令，全是32位指令字
```

```
    val currentIsRVC  = isRVC(inst)                           ///如果最低两位不是b11，那就是16位指令。
    val currentPC = io.in.pc(i)                               ///指令所在的地址PC，其中有些PC地址是无效的。

    val brType::isCall::isRet::Nil = brInfo(inst)             /// brInfo()返回一个List，见前。
    val jalOffset = jal_offset(inst, currentIsRVC)            ///假定其为jal指令，获取跳转偏移量。
    val brOffset        = br_offset(inst, currentIsRVC)       ///假定其为br指令，获取转移偏移量。

    val lastIsValidEnd = if (i == 0) { true.B } else { validEnd(i-1) || !HasCExtension.B }    ///前一个指令字是否一条指令的结尾
        ///假定前一指令块中的最后一个指令字正好是一条指令的结尾，则如果不支持16位指令就每个指令字都是。
        ///要是支持16位指令，就要看前一个指令字是不是。
        ///如果rawInsts中d是一条16位指令，而e是32位指令的前半，则(cd)是validEnd，(de)是LastIsValidEnd。
    validStart(i) := (lastIsValidEnd || !HasCExtension.B)                          ///当前指令字是否一条指令的开始
        ///如果全是32位指令，那么每个指令字都是一条有效指令的开始。
        ///否则仅在前一个指令字是一条有效指令的结尾时才是另一条有效指令的开始。
    validEnd(i)   := validStart(i) && currentIsRVC || !validStart(i) || !HasCExtension.B
        ///16位指令的起点即为终点；32位指令不是起点必为终点；全32位指令则全是有效终点。

    //prepared for last half match
    //TODO if HasCExtension
    val h_lastIsValidEnd = if (i == 0) { false.B } else { h_validEnd(i-1) || !HasCExtension.B }
        ///假定前一指令块中的最后一个指令字不是一条指令的结尾，而是32位指令的前半。
    h_validStart(i)    := (h_lastIsValidEnd || !HasCExtension.B)
        ///若支持16位指令，那就只有前一个指令字是有效指令结尾时本指令字才是有效指令开始。
    h_validEnd(i)      := h_validStart(i) && currentIsRVC || !h_validStart(i) || !HasCExtension.B
        ///16位指令的起点即为终点；32位指令不是起点必为终点；全32位指令则全是有效终点。

    io.out.hasHalfValid(i)    := h_validStart(i)        ///说明该标志位所对应指令字才是有效指令的起点
                                                        ///位图hasHalfValid假定指令块的起点是32位指令的后半
    io.out.triggered(i)       := DontCare               //VecInit(Seq.fill(10)(false.B))
    io.out.pd(i).valid        := validStart(i)          ///假定指令块的起点正好是有效指令的开始，但有可能是错的。
    io.out.pd(i).isRVC        := currentIsRVC
    io.out.pd(i).brType       := brType
    io.out.pd(i).isCall       := isCall
    io.out.pd(i).isRet        := isRet
    io.out.instr(i)           :=inst
    io.out.jumpOffset(i)      := Mux(io.out.pd(i).isBr, brOffset, jalOffset)    ///br或jal指令的偏移量
  }  ///end for (i <- 0 until PredictWidth)
  ///  以下的XSDebug操作从略
}  /// class PreDecode
```

在不支持 16 位指令的芯片中，IFU 交给 PreDecode 的是 8 个 32 位指令字，那就很直截了当，把每个 32 位指令字当成一条 32 位指令进行预译码就行。所用到的函数都由 trait HasPdConst 提供，每个函数都相当于一块组合电路。

但是在支持 16 位指令的芯片中情况就比较复杂了。此时 IFU 交下来的是 17 个 16 位数据，其中大概率有一些相邻 16 位数据其实构成一条 32 位指令。而且，如果只给 16 个 16 位数据的话，有可能其中最后一份数据恰好是半条 32 位指令，为此就得把此后的那个 16 位数据也一起发过来，所以 IFU 交下来的才是 17 个

而不是 16 个 16 位数据。

对于这 17 个 16 位数据，这里采用了一个挺巧妙的方法，就是把这些 16 位数据按顺序两两配对拼接，构成 16 个 32 位数据。例如，假定我们有 5 个 8 位数据的序列(0x11,0x22,0x33,0x44,0x55)，这样拼接而成的 16 位数据序列就是(0x1122,0x2233,0x3344,0x4455)。17 个 16 位数据的拼接也是一样的道理。这样，每一份 16 位数据总有一次出现在 32 位数据的低位，如果把它当成 16 位指令只要忽略其高 16 位就行；每一条 32 位指令也总有一次正好与 32 位数据一致，正好可以把它当成 32 位指令。这就是说，不管是 16 位指令还是 32 位指令都不会漏过。但是一定会有垃圾，就是出现在 32 数据低位的恰好是 32 位指令的高半条，无论把它当成 16 位指令或 32 位指令都是错误。所以，validStart/validEnd 和 h_validStart/h_validEnd 这两组位图中只有一组是正确的，但是此刻还不能知道究竟哪一组是正确的，这要留待后面再来解决。

下面本应进入 IFU 流水线的 F3 阶段，在 F3 阶段完成从 16 位指令到 32 位指令的映射，称为 16 位指令的“展开（Expand）”，由一个称为 RVCExpander 的模块完成。可是 IFU 流水线中 F3 阶段的任务还有不少，那些事情已经够复杂的了；所以这里把 16 位指令的展开提上前来先作介绍，这样后面就可以专注于 F3 阶段的其它事务。

18.5　16 位指令的展开

RVCExpander 把 16 位的“压缩指令”展开成 32 位指令，32 位指令则直接穿过。所以，RVCExpander 的输入是 32 位的数据，这个 32 位数据有可能是两条 16 位指令，也可能是一条 16 位指令加半条 32 位指令（前半或后半），当然亦可能恰好就是一条 32 位指令，而输出则一律是 32 位指令。这个 RVCExpander 类的定义是这样：

[XSCore > XSCoreBase > Frontend > FrontendImp > NewIFU > RVCExpander]

```
class RVCExpander(implicit p: Parameters) extends XSModule {
  val io = IO(new Bundle {
    val in = Input(UInt(32.W))                          ///输入是32位无符号整数
    val out = Output(new ExpandedInstruction)           ///输出是32位指令，即ExpandedInstruction
  })

  if (HasCExtension) {
    io.out := new RVCDecoder(io.in, XLEN).decode        ///如果CPU不支持压缩指令集就调用decode()
  } else {
    io.out := new RVCDecoder(io.in, XLEN).passthrough   ///如果CPU不支持压缩指令集就直通
  }  ///所以RVCExpander实际上就是RVCDecoder
}  ///end class RVCExpander
```

显然，具体的实现在于 RVCDecoder，我们需要看 RVCDecoder。但是这里在构建 RVCDecoder 时的参数 io.in 却值得仔细加以考察。这里的 io.in，我们只看到它的类型是 32 位的 UInt，可是这 32 位的 UInt 来自何方呢？这就要看一下 IFU 的 F3 阶段创建 RVCExpander 对象并引用其 decode()函数时的背景，我们把相关的几行代码提上前来看一下：

```
val f3_instr = RegEnable(next = f2_instr, enable = f2_fire)         ///f3_instr 来自 f2_instr，但晚一个节拍。
val f3_expd_instr = VecInit((0 until PredictWidth).map{ i =>
                    val expander = Module(new RVCExpander)        ///一共有 16 个 RVCExpander
                    expander.io.in := f3_instr(i)         ///将 f3_instr(i)作为 expander 的输入
```

```
        expander.io.out.bits                ///expander的输出就成为f3_expd_instr(i)
    })
```

注意作为 RVCExpander 输入的是 f3_instr，而 f3_instr 来自 f2_instr，后者就是 preDecoderOut.instr。回头到前面 class PreDecode 的代码中看一下就可知道，其输出 instr(i)就是 rawInsts(i)。而 rawInsts，读者回顾一下，是这样一些 32 位的编码数据：如果有 16 位指令，就总会出现在某个 32 位数据的低位，其操作码的最低两位就是这个 32 位编码的最低两位，要从中摘取该 16 位指令只需丢弃其高 16 位就行；如果有 32 位指令，就总会出现在某个 32 位编码中，其操作码的最低两位也就是这个 32 位编码的最低两位；但是可能会有“假阳性”，因为 32 位指令的高 16 位可能会出现在一个 32 位编码的低 16 位上，这时候如果这个 32 位编码的最低两位恰好是 0b11 就会被误认为是 32 位指令，要不然就会被误认为是 16 位指令。所以，RVCExpander 即 RVCDecoder 的正确性与 PreDecode 是一样的。而 PreDecode 的正确性，如上所述还是不确定的，但是也给出了作为后备的答案，就是 hasHalfValid，二者中总有一者是正确的。

注意 RVCExpander 对象的创建是在一个 map()循环中，所以对每一路 f3_instr(i)都有个 RVCExpander。所以在支持 16 位指令的前端中就有 16 个 RVCExpander，每个 RVCExpander 的输入就是 f3_instr(i)。这个输入被用作其构造参数，同时也是其内部的结构成分，即 val x。还要注意，并不是每次进入 F3 阶段后都要创建 RVCExpander 对象，而是说：IFU 流水线的 F3 阶段有一组 RVCExpander，每当有新的 f3_instr(i)到来时就进入相应 RVCExpander 的输入端，这又是过程性与功能性描述的区别。下面是 class RVCExpander 的代码：

[XSCore > XSCoreBase > Frontend > FrontendImp > NewIFU > RVCExpander > RVCDecoder]

```
class RVCDecoder (x: UInt, xLen: Int) {   ///x和xLen是构造参数，也是内部的结构成分，可以直接引用。
  def inst (bits: UInt,   rd: UInt = x(11,7),   rs1: UInt = x(19,15),   rs2: UInt = x(24,20),   rs3: UInt = x(31,27)) = {
    val res = Wire(new ExpandedInstruction)   ///内含下列5个成分：
    res.bits := bits                          ///32位指令的完全编码x
    res.rd := rd                              ///32位指令中的rd字段x(11,7)
    res.rs1 := rs1                            ///32位指令中的rs1字段x(19,15)
    res.rs2 := rs2                            ///32位指令中的rs2字段x(24,20)
    res.rs3 := rs3                            ///32位指令中的rs3字段x(31,27)
    res
  }          ///除第一个参数bits外，其余参数均有默认值，分别是rd/rs1/rs2/rs3位段的位置。

  def rs1p = Cat(1.U(2.W), x(9,7))            /// x(9,7)为该字段在16位指令中的位置
  def rs2p = Cat(1.U(2.W), x(4,2))            /// x(4,2)为该字段在16位指令中的位置
  def rs2 = x(6,2)                            /// x(6,2)为该字段在16位指令中的位置
  def rd = x(11,7)                            /// x(11,7)为该字段在16位指令中的位置
  def addi4spnImm = Cat(x(10,7), x(12,11), x(5), x(6), 0.U(2.W))    ///以下有许多直接数（Imm）在指令中的位置，
  def lwImm = Cat(x(5), x(12,10), x(6), 0.U(2.W))                  ///读者可查阅指令手册，不再逐一解释。
  def ldImm = Cat(x(6,5), x(12,10), 0.U(3.W))
  def lwspImm = Cat(x(3,2), x(12), x(6,4), 0.U(2.W))
  def ldspImm = Cat(x(4,2), x(12), x(6,5), 0.U(3.W))
  def swspImm = Cat(x(8,7), x(12,9), 0.U(2.W))
  def sdspImm = Cat(x(9,7), x(12,10), 0.U(3.W))
  def luiImm = Cat(Fill(15, x(12)), x(6,2), 0.U(12.W))
  def addi16spImm = Cat(Fill(3, x(12)), x(4,3), x(5), x(2), x(6), 0.U(4.W))
  def addiImm = Cat(Fill(7, x(12)), x(6,2))
  def jImm = Cat(Fill(10, x(12)), x(8), x(10,9), x(6), x(7), x(2), x(11), x(5,3), 0.U(1.W))
```

```
def bImm = Cat(Fill(5, x(12)), x(6,5), x(2), x(11,10), x(4,3), 0.U(1.W))
def shamt = Cat(x(12), x(6,2))
def x0 = 0.U(5.W)
def ra = 1.U(5.W)
def sp = 2.U(5.W)

def q0 = {                         ///函数q0()返回一条与最低两位为b00的16位指令相对应的32位指令
  def addi4spn = {
    val opc = Mux(x(12,5).orR, 0x13.U(7.W), 0x1F.U(7.W))
    inst(Cat(addi4spnImm, sp, 0.U(3.W), rs2p, opc), rs2p, sp, rs2p)
  }
  def ld = inst(Cat(ldImm, rs1p, 3.U(3.W), rs2p, 0x03.U(7.W)), rs2p, rs1p, rs2p)
         ///这里bits是Cat(ldImm, rs1p, 3.U(3.W), rs2p, 0x03.U(7.W))
  def lw = inst(Cat(lwImm, rs1p, 2.U(3.W), rs2p, 0x03.U(7.W)), rs2p, rs1p, rs2p)
  def fld = inst(Cat(ldImm, rs1p, 3.U(3.W), rs2p, 0x07.U(7.W)), rs2p, rs1p, rs2p)
  def flw = {
    if (xLen == 32) inst(Cat(lwImm, rs1p, 2.U(3.W), rs2p, 0x07.U(7.W)), rs2p, rs1p, rs2p)
    else ld
  }
  def unimp = inst(Cat(lwImm >> 5, rs2p, rs1p, 2.U(3.W), lwImm(4,0), 0x3F.U(7.W)), rs2p, rs1p, rs2p)
  def sd = inst(Cat(ldImm >> 5, rs2p, rs1p, 3.U(3.W), ldImm(4,0), 0x23.U(7.W)), rs2p, rs1p, rs2p)
  def sw = inst(Cat(lwImm >> 5, rs2p, rs1p, 2.U(3.W), lwImm(4,0), 0x23.U(7.W)), rs2p, rs1p, rs2p)
  def fsd = inst(Cat(ldImm >> 5, rs2p, rs1p, 3.U(3.W), ldImm(4,0), 0x27.U(7.W)), rs2p, rs1p, rs2p)
  def fsw = {
    if (xLen == 32) inst(Cat(lwImm >> 5, rs2p, rs1p, 2.U(3.W), lwImm(4,0), 0x27.U(7.W)), rs2p, rs1p, rs2p)
    else sd
  }
  Seq(addi4spn, fld, lw, flw, unimp, fsd, sw, fsw)        ///q0中包含8种指令
}  ///end q0()

def q1 = {                         ///函数q1()返回一条与最低两位为b01的16位指令相对应的32位指令
  def addi = inst(Cat(addiImm, rd, 0.U(3.W), rd, 0x13.U(7.W)), rd, rd, rs2p)
   ///这里bits是Cat(addiImm, rd, 0.U(3.W), rd, 0x13.U(7.W))
  def addiw = {
    val opc = Mux(rd.orR, 0x1B.U(7.W), 0x1F.U(7.W))
    inst(Cat(addiImm, rd, 0.U(3.W), rd, opc), rd, rd, rs2p)
  }
  def jal = { if (xLen == 32) inst(Cat(jImm(20), jImm(10,1), jImm(11), jImm(19,12), ra, 0x6F.U(7.W)), ra, rd, rs2p) else addiw }
  def li = inst(Cat(addiImm, x0, 0.U(3.W), rd, 0x13.U(7.W)), rd, x0, rs2p)
  def addi16sp = {
    val opc = Mux(addiImm.orR, 0x13.U(7.W), 0x1F.U(7.W))
    inst(Cat(addi16spImm, rd, 0.U(3.W), rd, opc), rd, rd, rs2p)
  }
  def lui = {
    val opc = Mux(addiImm.orR, 0x37.U(7.W), 0x3F.U(7.W))
    val me = inst(Cat(luiImm(31,12), rd, opc), rd, rd, rs2p)
```

```
      Mux(rd === x0 || rd === sp, addi16sp, me)
    }
    def j = inst(Cat(jImm(20), jImm(10,1), jImm(11), jImm(19,12), x0, 0x6F.U(7.W)), x0, rs1p, rs2p)
    def beqz = inst(Cat(bImm(12), bImm(10,5), x0, rs1p, 0.U(3.W), bImm(4,1),
                                                  bImm(11), 0x63.U(7.W)), rs1p, rs1p, x0)
    def bnez = inst(Cat(bImm(12), bImm(10,5), x0, rs1p, 1.U(3.W), bImm(4,1),
                                                  bImm(11), 0x63.U(7.W)), x0, rs1p, x0)
    def arith = {
      def srli = Cat(shamt, rs1p, 5.U(3.W), rs1p, 0x13.U(7.W))
      def srai = srli | (1 << 30).U
      def andi = Cat(addiImm, rs1p, 7.U(3.W), rs1p, 0x13.U(7.W))
      def rtype = {
        val funct = Seq(0.U, 4.U, 6.U, 7.U, 0.U, 0.U, 2.U, 3.U)(Cat(x(12), x(6,5)))
        val sub = Mux(x(6,5) === 0.U, (1 << 30).U, 0.U)
        val opc = Mux(x(12), 0x3B.U(7.W), 0x33.U(7.W))
        Cat(rs2p, rs1p, funct, rs1p, opc) | sub
      }
      inst(Seq(srli, srai, andi, rtype)(x(11,10)), rs1p, rs1p, rs2p)
    }
    Seq(addi, jal, li, lui, arith, j, beqz, bnez)          ///q1中也是8种指令
  }  //end q1()

  def q2 = {                         ///函数q2()返回一条与最低两位为b10的16位指令相对应的32位指令
    val load_opc = Mux(rd.orR, 0x03.U(7.W), 0x1F.U(7.W))
    def slli = inst(Cat(shamt, rd, 1.U(3.W), rd, 0x13.U(7.W)), rd, rd, rs2)
    def ldsp = inst(Cat(ldspImm, sp, 3.U(3.W), rd, load_opc), rd, sp, rs2)
    def lwsp = inst(Cat(lwspImm, sp, 2.U(3.W), rd, load_opc), rd, sp, rs2)
    def fldsp = inst(Cat(ldspImm, sp, 3.U(3.W), rd, 0x07.U(7.W)), rd, sp, rs2)
    def flwsp = { if (xLen == 32) inst(Cat(lwspImm, sp, 2.U(3.W), rd, 0x07.U(7.W)), rd, sp, rs2) else ldsp }
    def sdsp = inst(Cat(sdspImm >> 5, rs2, sp, 3.U(3.W), sdspImm(4,0), 0x23.U(7.W)), rd, sp, rs2)
    def swsp = inst(Cat(swspImm >> 5, rs2, sp, 2.U(3.W), swspImm(4,0), 0x23.U(7.W)), rd, sp, rs2)
    def fsdsp = inst(Cat(sdspImm >> 5, rs2, sp, 3.U(3.W), sdspImm(4,0), 0x27.U(7.W)), rd, sp, rs2)
    def fswsp = { if (xLen == 32) inst(Cat(swspImm >> 5, rs2, sp, 2.U(3.W), swspImm(4,0), 0x27.U(7.W)), rd, sp, rs2) else sdsp }
    def jalr = {
      val mv = inst(Cat(rs2, x0, 0.U(3.W), rd, 0x33.U(7.W)), rd, x0, rs2)
      val add = inst(Cat(rs2, rd, 0.U(3.W), rd, 0x33.U(7.W)), rd, rd, rs2)
          ///这里bits是Cat(rs2, rd, 0.U(3.W), rd, 0x33.U(7.W))
      val jr = Cat(rs2, rd, 0.U(3.W), x0, 0x67.U(7.W))
      val reserved = Cat(jr >> 7, 0x1F.U(7.W))
      val jr_reserved = inst(Mux(rd.orR, jr, reserved), x0, rd, rs2)
      val jr_mv = Mux(rs2.orR, mv, jr_reserved)
      val jalr = Cat(rs2, rd, 0.U(3.W), ra, 0x67.U(7.W))
      val ebreak = Cat(jr >> 7, 0x73.U(7.W)) | (1 << 20).U
      val jalr_ebreak = inst(Mux(rd.orR, jalr, ebreak), ra, rd, rs2)
      val jalr_add = Mux(rs2.orR, add, jalr_ebreak)
      Mux(x(12), jalr_add, jr_mv)
```

```
    }
    Seq(slli, fldsp, lwsp, flwsp, jalr, fsdsp, swsp, fswsp)    ///q2中也是8种指令
  }  ///end q2()

  def q3 = Seq.fill(8)(passthrough)        ///函数q3()返回一条最低两位为b11的32位指令

  def passthrough = inst(x)        ///只给一个参数x，其余默认。直接把输入32位数据x当成一条指令。

  def decode = {          ///这是在前面RVCDecoder中调用的函数：
    val s = q0 ++ q1 ++ q2 ++ q3         ///s相当于一个4×8的2维数组
    s(Cat(x(1,0), x(15,13)))             ///先根据x(1,0)即最低两位从q0/q1/q2/q3中选一，例如若是b11就选q3。
          ///然后再根据x(15,13)，即16位中的最高三位从所选的例如q0中选择。所得即为相应的32位指令，返回该指令。
  }  ///end decode()
}  ///end class RVCDecoder
```

函数 decode()中的 val s 是个指令序列的序列，相当于一个二维数组。之所以有 q0/q1/q2/q3 四个指令序列，是因为输入数据 x 的最低两位有 4 种组合。以指令序列 q3 为例，如果 x 的最低两位是 0b11，那就把它看成 32 位指令，在 q3 序列中以 x(15,13)即 bit13-bit15 这 3 位的数值为下标获取这个序列中的元素，所得到的就是与输入 x 相对应的 32 位指令。如果 x 的最低两位不是 0b11，那也是一样，根据具体数值在 q0/q1/q2 中进一步寻访。这整个过程都是由组合电路实现，所以可在同一时钟节拍中完成。但是如前所述，如果 x 的低 16 位正好是一条 32 位指令的高十六位，就有“假阳性”了；所以对 RVCExpander 的输出还需要加以甄别，以剔除“假阳性”。一般而言，进入 16 个 RVCExpander 的 16 个 32 位 rawInst，其中难免会有几条 32 位指令，那就有了假阳性。如果恰好是 8 条 32 位指令，则因假阳性而导致的“垃圾”输出就有一半之多。

18.6　IFU 流水线的第三阶段

明白了 RVCExpander 是怎么回事，我们回到 class NewIFU 的代码，继续往下看其 F3 阶段的代码：

```
[XSCore > XSCoreBase > Frontend > FrontendImp > NewIFU]   ///续 3
  /**
    ******************************************************************************
    * IFU Stage 3
    * - handle MMIO instruciton
    *    -send request to Uncache fetch Unit
    *    -every packet include 1 MMIO instruction
    *    -MMIO instructions will stop fetch pipeline until commiting from RoB
    *    -flush to snpc (send ifu_redirect to Ftq)
    * - Ibuffer enqueue
    * - check predict result in Frontend (jalFault/retFault/notCFIFault/invalidTakenFault/targetFault)
    * - handle last half RVI instruction
    ******************************************************************************
    */
  val f3_valid          = RegInit(false.B)
  val f3_ftq_req        = RegEnable(f2_ftq_req,      f2_fire)
  val f3_doubleLine     = RegEnable(f2_doubleLine, f2_fire)
```

```
val f3_fire            = io.toIbuffer.fire()                          ///进入 f3 阶段的条件

f3_ready := f3_fire || !f3_valid                                       ///发出 f3_ready 的条件

val f3_cut_data        = RegEnable(next = f2_cut_data(f2_predecod_ptr), enable=f2_fire)
val f3_except_pf       = RegEnable(f2_except_pf, f2_fire)
val f3_except_af       = RegEnable(f2_except_af, f2_fire)
val f3_mmio            = RegEnable (f2_mmio, f2_fire)                 ///f3_mmio 来自 f2_mmio，但晚一个节拍。

val f3_instr = RegEnable(next = f2_instr, enable = f2_fire)           ///f3_instr 来自 f2_instr，但晚一个节拍。
val f3_expd_instr = VecInit((0 until PredictWidth).map{ i =>          ///前面已经讲到，共 16 个 RVCExpander 并行
                        val expander = Module(new RVCExpander)
                        expander.io.in := f3_instr(i)                  ///将 f3_instr(i)作为 expander 的输入
                        expander.io.out.bits                          ///expander 的输出就是 f3_expd_instr(i)
                    })
   ///一进 f3 阶段就先做 RVCExpand，从此以后流通的就是 f3_expd_instr 而不是 f3_instr 了。
val f3_pd              = RegEnable(next = f2_pd, enable = f2_fire)             ///来自 f2_pd，但是晚一节拍。
val f3_jump_offset     = RegEnable(next = f2_jump_offset, enable = f2_fire)
val f3_af_vec          = RegEnable(next = f2_af_vec, enable = f2_fire)
val f3_pf_vec          = RegEnable(next = f2_pf_vec , enable = f2_fire)
val f3_pc              = RegEnable(next = f2_pc, enable = f2_fire)             ///来自 f2_pc，但是晚一节拍。
val f3_half_snpc       = RegEnable(next = f2_half_snpc, enable = f2_fire)
val f3_instr_range     = RegEnable(next = f2_instr_range, enable = f2_fire)
val f3_foldpc          = RegEnable(next = f2_foldpc, enable = f2_fire)
val f3_crossPageFault  = RegEnable(next = f2_crossPageFault, enable = f2_fire)
val f3_hasHalfValid    = RegEnable(next = f2_hasHalfValid, enable = f2_fire)
val f3_except          = VecInit((0 until 2).map{i => f3_except_pf(i) || f3_except_af(i)})
val f3_has_except      = f3_valid && (f3_except_af.reduce(_||_) || f3_except_pf.reduce(_||_))
val f3_pAddrs          = RegEnable (f2_paddrs, f2_fire)
val f3_resend_vaddr    = RegEnable(f2_resend_vaddr, f2_fire)

when(f3_valid && !f3_ftq_req.ftqOffset.valid){
   assert(f3_ftq_req.startAddr + 32.U >= f3_ftq_req.nextStartAddr , "More tha 32 Bytes fetch is not allowed!")
}
   ///此前假定指令是来自 ICache，每次读入 256 位，但是并未涉及从 MMIO 即 InsUncache 的读入。
   ///当然，需要从 MMIO 读入指令的概率是极小的。
   ///从 MMIO 读入当然不是一个时钟周期的事，所以从 MMIO 读入的时候 IFU 的流水线就暂时停顿下来：
/*** MMIO State Machine***/        /// MMIO 状态机就是 InsUncache 状态机：
val f3_mmio_data       = Reg(Vec(2, UInt(16.W)))             ///来自 InsUncache 的数据，共 32 位，分两半。
val mmio_is_RVC        = RegInit(false.B)
val mmio_resend_addr   = RegInit(0.U(PAddrBits.W))
val mmio_resend_af     = RegInit(false.B)                    ///Access Fault
val mmio_resend_pf     = RegInit(false.B)                    ///Page Fault

//last instuction finish
val is_first_instr = RegInit(true.B)
```

```
io.mmioCommitRead.mmioFtqPtr := RegNext (f3_ftq_req.ftqIdx + 1.U)

val m_idle :: m_waitLastCmt:: m_sendReq :: m_waitResp :: m_sendTLB :: m_tlbResp :: m_sendPMP ::
        m_resendReq :: m_waitResendResp :: m_waitCommit :: m_commited :: Nil = Enum(11)    ///11 个状态
val mmio_state = RegInit(m_idle)                    ///11 个状态的状态机

val f3_req_is_mmio = f3_mmio && f3_valid            /// f3_mmio 为 true 是从 MMIO 取指的必要条件
                                                    /// f3_req_is_mmio 为 true 表示需要从 MMIO 取指
val mmio_commit = VecInit(io.rob_commits.map{commit => commit.valid &&
        commit.bits.ftqIdx === f3_ftq_req.ftqIdx && commit.bits.ftqOffset === 0.U}).asUInt.orR
val f3_mmio_req_commit = f3_req_is_mmio && mmio_state === m_commited

val f3_mmio_to_commit = f3_req_is_mmio && mmio_state === m_waitCommit
val f3_mmio_to_commit_next = RegNext(f3_mmio_to_commit)
val f3_mmio_can_go = f3_mmio_to_commit && !f3_mmio_to_commit_next

val fromFtqRedirectReg  = RegNext(fromFtq.redirect, init = 0.U.asTypeOf(fromFtq.redirect))
val mmioF3Flush         = RegNext(f3_flush,init = false.B)
val f3_ftq_flush_self = fromFtqRedirectReg.valid && RedirectLevel.flushItself(fromFtqRedirectReg.bits.level)
val f3_ftq_flush_by_older = fromFtqRedirectReg.valid && isBefore(fromFtqRedirectReg.bits.ftqIdx, f3_ftq_req.ftqIdx)

val f3_need_not_flush = f3_req_is_mmio && fromFtqRedirectReg.valid && !f3_ftq_flush_self && !f3_ftq_flush_by_older

when(is_first_instr && mmio_commit){ is_first_instr := false.B }    ///一旦取入了第一条指令以后就把 is_first_instr 设成 false

when(f3_flush && !f3_req_is_mmio)                                    {f3_valid := false.B}
.elsewhen(mmioF3Flush && f3_req_is_mmio && !f3_need_not_flush)       {f3_valid := false.B}
.elsewhen(f2_fire && !f2_flush )                                     {f3_valid := true.B }
.elsewhen(io.toIbuffer.fire() && !f3_req_is_mmio)     {f3_valid := false.B}
.elsewhen{f3_req_is_mmio && f3_mmio_req_commit}  {f3_valid := false.B}

val f3_mmio_use_seq_pc = RegInit(false.B)

val (redirect_ftqIdx, redirect_ftqOffset) = (fromFtqRedirectReg.bits.ftqIdx, fromFtqRedirectReg.bits.ftqOffset)
val redirect_mmio_req = fromFtqRedirectReg.valid && redirect_ftqIdx === f3_ftq_req.ftqIdx && redirect_ftqOffset === 0.U

when(RegNext(f2_fire && !f2_flush) && f3_req_is_mmio)   { f3_mmio_use_seq_pc := true.B   }
.elsewhen(redirect_mmio_req)                            { f3_mmio_use_seq_pc := false.B }

f3_ready := Mux(f3_req_is_mmio, io.toIbuffer.ready && f3_mmio_req_commit || !f3_valid , io.toIbuffer.ready || !f3_valid)

// mmio state machine          ///在状态机 mmio_state 的控制下从 MMIO 端口读入指令
switch(mmio_state){            ///状态机 mmio_state 的状态跳变：
  is(m_idle){
    when(f3_req_is_mmio){                 ///启动状态机的条件是 f3_req_is_mmio，即 f3_mmio && f3_valid。
      mmio_state := m_waitLastCmt         ///下一节拍进入 m_waitLastCmt
```

```
    }
  }                                                ///只要 f3_req_is_mmio 为 false，状态机就一直停在 m_idle 状态。
  is(m_waitLastCmt){
    when(is_first_instr){
      mmio_state := m_sendReq                      ///如果要读取的是第一条指令，下一节拍就进入 m_sendReq
    }.otherwise{
      mmio_state := Mux(io.mmioCommitRead.mmioLastCommit, m_sendReq, m_waitLastCmt)
                                                   ///否则下一节拍进入 m_sendReq 或 m_waitLastCmt
    }
  }
  is(m_sendReq){
    mmio_state := Mux(toUncache.fire(), m_waitResp, m_sendReq )      ///下一节拍进入 m_waitResp 或 m_sendReq
  }
  is(m_waitResp){
    when(fromUncache.fire()){                      ///来自 InsUncache 的数据已在 fromUncache.bits.data
        val isRVC = fromUncache.bits.data(1,0) =/= 3.U                ///如果最后 2 位不是 b11，就是 16 位指令。
        val needResend = !isRVC && f3_pAddrs(0)(2,1) === 3.U          ///首条 32 位指令的物理地址未与 4 字节边界对齐
        mmio_state := Mux(needResend, m_sendTLB , m_waitCommit)       ///下一节拍进入 m_sendTLB 或 m_waitCommit
        mmio_is_RVC := isRVC
        f3_mmio_data(0) := fromUncache.bits.data(15,0)                ///来自 InsUncache 的低 16 位
        f3_mmio_data(1) := fromUncache.bits.data(31,16)               ///来自 InsUncache 的高 16 位
    }
  }

  is(m_sendTLB){
    when( io.iTLBInter.req.valid && !io.iTLBInter.resp.bits.miss ){ mmio_state := m_tlbResp }  ///下一节拍进入 m_tlbResp
  }
  is(m_tlbResp){
    val tlbExept = io.iTLBInter.resp.bits.excp(0).pf.instr || io.iTLBInter.resp.bits.excp(0).af.instr
    mmio_state := Mux(tlbExept, m_waitCommit, m_sendPMP)              ///下一节拍进入 m_waitCommit 或 m_sendPMP
    mmio_resend_addr := io.iTLBInter.resp.bits.paddr(0)
    mmio_resend_af := mmio_resend_af || io.iTLBInter.resp.bits.excp(0).af.instr     ///Access Fault
    mmio_resend_pf := mmio_resend_pf || io.iTLBInter.resp.bits.excp(0).pf.instr     ///Page Fault
  }

  is(m_sendPMP){
    val pmpExcpAF = io.pmp.resp.instr || !io.pmp.resp.mmio
    mmio_state := Mux(pmpExcpAF, m_waitCommit , m_resendReq)          ///下一节拍进入 m_waitCommit 或 m_resendReq
    mmio_resend_af := pmpExcpAF
  }

  is(m_resendReq){
    mmio_state :=   Mux(toUncache.fire(), m_waitResendResp, m_resendReq )
                                                   ///下一节拍进入 m_waitResendResp 或 m_resendReq
  }
  is(m_waitResendResp){
```

```
        when(fromUncache.fire()){
            mmio_state := m_waitCommit                          ///下一节拍进入 m_waitCommit
            f3_mmio_data(1) := fromUncache.bits.data(15,0)      ///读入来自 InsUncache 的低一半
        }
    }

    is(m_waitCommit){
        when(mmio_commit){ mmio_state := m_commited }           ///下一节拍进入 m_commited
    }
    //normal mmio instruction
    is(m_commited){
        mmio_state := m_idle                                    ///下一节拍回到 m_idle
        mmio_is_RVC := false.B
        mmio_resend_addr := 0.U
    }
}   ///end switch(mmio_state)，后面我们会看到，从 MMIO 取指的时候，是边取指边进行预译码的。

//exception or flush by older branch prediction
when(f3_ftq_flush_self || f3_ftq_flush_by_older)   {
    mmio_state := m_idle
    mmio_is_RVC := false.B
    mmio_resend_addr := 0.U
    mmio_resend_af := false.B
    f3_mmio_data.map(_ := 0.U)
}

toUncache.valid := ((mmio_state === m_sendReq) || (mmio_state === m_resendReq)) && f3_req_is_mmio
toUncache.bits.addr := Mux((mmio_state === m_resendReq), mmio_resend_addr, f3_pAddrs(0))
    ///在 m_sendReq 状态是 f3_pAddrs(0)，m_resendReq 状态是 mmio_resend_addr。发到 InsUncache 的必须是物理地址。
fromUncache.ready := true.B

io.iTLBInter.req.valid := (mmio_state === m_sendTLB) && f3_req_is_mmio        ///从 MMIO 取指需要访问 TLB
io.iTLBInter.req.bits.size := 3.U
io.iTLBInter.req.bits.vaddr := f3_resend_vaddr
io.iTLBInter.req.bits.debug.pc := f3_resend_vaddr

io.iTLBInter.req.bits.kill := false.B            // IFU use itlb for mmio, doesn't need sync, set it to false
io.iTLBInter.req.bits.cmd := TlbCmd.exec
io.iTLBInter.req.bits.memidx := DontCare
io.iTLBInter.req.bits.debug.robIdx := DontCare
io.iTLBInter.req.bits.no_translate := false.B
io.iTLBInter.req.bits.debug.isFirstIssue := DontCare

io.pmp.req.valid := (mmio_state === m_sendPMP) && f3_req_is_mmio       ///从 MMIO 取指也需要访问 PMP
io.pmp.req.bits.addr := mmio_resend_addr
io.pmp.req.bits.size := 3.U
```

```
io.pmp.req.bits.cmd := TlbCmd.exec

  ///以上为从 MMIO 取指的操作，这些指令会单独进入通往后端的 IBuffer，与来自 ICache 的指令无关。
  ///所以，概念上可以认为实际上有两个 f3 阶段并排在一起，下面回到对于来自 ICache 即 f2 阶段的指令：

val f3_lastHalf = RegInit(0.U.asTypeOf(new LastHalfInfo))          ///这是个重要的寄存器

val f3_predecode_range = VecInit(preDecoderOut.pd.map(inst => inst.valid)).asUInt
                                              ///从 preDecoderOut.pd 中抽取有效指令，另外组成一个向量。
val f3_mmio_range = VecInit((0 until PredictWidth).map(i => if(i ==0) true.B else false.B))
val f3_instr_valid = Wire(Vec(PredictWidth, Bool()))

  ///前面在 class NewIFU 代码开头处创建了一个 PredChecker 对象（见下一节），其输入为 checkerIn。
  ///其输出为 checkerOutStage1 和 checkerOutStage2，其中 checkerOutStage2 仅在后面向 Ftq 回写时才用到。
  ///而 checkerOutStage1 就更为重要，位图 checkerOutStage1.fixedRange 决定了哪些指令可以被送入通往后端的 IBuffer。
/*** prediction result check     ***/
checkerIn.ftqOffset := f3_ftq_req.ftqOffset                                  ///来自 Ftq
checkerIn.jumpOffset := f3_jump_offset                                       ///向量，来自 preDecoderOut.jumpOffset。
checkerIn.target := f3_ftq_req.nextStartAddr                                 ///来自 Ftq
checkerIn.instrRange := f3_instr_range.asTypeOf(Vec(PredictWidth, Bool()))  ///向量，最终来自 IFU 的指令采纳范围，见后。
checkerIn.instrValid := f3_instr_valid.asTypeOf(Vec(PredictWidth, Bool()))  ///向量，来源见后。
checkerIn.pds := f3_pd                                                       ///向量，来自 preDecoderOut.pd。
checkerIn.pc := f3_pc                                                        ///向量，来自 preDecoderOut.pc。

/*** handle half RVI in the last 2 Bytes   ***/

def hasLastHalf (idx: UInt) = {
  !f3_pd(idx).isRVC && checkerOutStage1.fixedRange(idx) && f3_instr_valid(idx) &&
                                          !checkerOutStage1.fixedTaken(idx) && ! f3_req_is_mmio
}

val f3_last_validIdx = ~ParallelPriorityEncoder(checkerOutStage1.fixedRange.reverse)

val f3_hasLastHalf = hasLastHalf((PredictWidth - 1).U)        ///最后那个 16 位半指令字是否半条 32 位指令。
val f3_false_lastHalf = hasLastHalf (f3_last_validIdx)        ///最后的半指令字是半条指令，而又标志为有效，是错误的。
val f3_false_snpc = f3_half_snpc(f3_last_validIdx)            /// f3_half_snpc 是向量，来自 f1_half_snpc。

val f3_lastHalf_mask = VecInit((0 until PredictWidth).map( i => if(i ==0) false.B else true.B )).asUInt()
val f3_lastHalf_disable = RegInit(false.B)

when(f3_flush || (f3_fire && f3_lastHalf_disable)){
  f3_lastHalf_disable := false.B
}

when (f3_flush) {
  f3_lastHalf.valid := false.B
```

```
}.elsewhen (f3_fire) {        ///在 f3_fire 之前，f3_lastHalf.valid 所反映的还是前一个指令块的状态。
        ///此时已经有 f3_fire，下一个时钟脉冲就会将新的内容打入 f3_lastHalf：
        ///f3_lastHalf 是个寄存器，要到下个时钟脉冲到来才会将新的内容打入 f3_lastHalf，
        ///此前该寄存器的内容还是上次进入 f3 后所留下，反映上个指令块中最后一个指令字的状况。
  f3_lastHalf.valid := f3_hasLastHalf && !f3_lastHalf_disable        ///取决于最后那个 16 位指令字是否半指令
  f3_lastHalf.middlePC := f3_ftq_req.nextStartAddr                   ///下一个指令块的起点就是后半条指令的地址
}

f3_instr_valid := Mux(f3_lastHalf.valid, f3_hasHalfValid, VecInit(f3_pd.map(inst => inst.valid)))      ///二者中选一
  ///位图 f3_hasHalfValid 来自本次预译码输出的 hasHalfValid，另一个位图从 f3_pd 生成。
  ///但 f3_lastHalf 来自上个 f3 阶段，因为此时尚未进入下个时钟节拍，f3_lastHalf 是上个 f3 阶段所留下。
  ///关键在于，位图 f3_hasHalfValid 和预译码信息 f3_pd 中各个疑似指令的 valid 位，究竟谁对谁错？
  ///这要看前一个指令块末尾那条指令是否完整，判断和选择的依据就是 f3_lastHalf。
  ///如果前一个指令块末尾那条指令是完整的，f3_lastHalf 为 false，那么 f3_pd 即 preDecoderOut.pd 是正确的。
  ///可是如果前一个指令块的末尾只是半条指令，那么这个指令块的 f3_hasHalfValid 才是正确的。
  ///这样，f3_instr_valid 就是有效指令位图，这个问题至此才尘埃落定。
  ///这 f3_instr_valid 是最终认定的有效指令位图，只有这个位图中标明的有效指令才可进入 Ibeffer 的指令队列。
  ///不过这只是进入 Ibeffer 队列的必要条件而非充分条件，还要结合 checkerOutStage1.fixedRange 位图。

/*** frontend Trigger   ***/      /// frontendTrigger 用于断点指令的触发，用于程序调试，我们不予关心。
frontendTrigger.io.pds := f3_pd                  /// FrontendTrigger，我们不予关心。
frontendTrigger.io.pc := f3_pc
frontendTrigger.io.data := f3_cut_data
frontendTrigger.io.frontendTrigger := io.frontendTrigger
frontendTrigger.io.csrTriggerEnable := io.csrTriggerEnable          ///通过 CSR 寄存器可以设置程序中的断点
val f3_triggered = frontendTrigger.io.triggered

/*** send to Ibuffer   ***/  ///将取指结果发送给 Ibuffer，一次最多 16 条，仅对来自 ICache 的指令，来自 MMIO 的在后面：
io.toIbuffer.valid := f3_valid && (!f3_req_is_mmio || f3_mmio_can_go) && !f3_flush
                    ///如果 f3_req_is_mmio 为 true，就不会发出 io.toIbuffer.valid 信号，虽有电路连接但不起作用。
io.toIbuffer.bits.instrs := f3_expd_instr    ///指令向量，一律 32 指令，16 位指令已经展开成 32 位。
io.toIbuffer.bits.valid := f3_instr_valid.asUInt            ///哪些指令有效取决于位图 f3_instr_valid
io.toIbuffer.bits.enqEnable := checkerOutStage1.fixedRange.asUInt & f3_instr_valid.asUInt
                    ///两个位图按位相与，所得位图即为 io.toIbuffer.bits.enqEnable，表示可以进入队列的指令。
                    ///其中 f3_instr_valid 表示指令有效，checkerOutStage1.fixedRange 表示应该进入队列。
io.toIbuffer.bits.pd := f3_pd                              ///f3_pd 是个向量
io.toIbuffer.bits.ftqPtr := f3_ftq_req.ftqIdx
io.toIbuffer.bits.pc := f3_pc                              ///f3_pc 也是向量
io.toIbuffer.bits.ftqOffset.zipWithIndex.map{case(a, i) =>
                         a.bits := i.U; a.valid := checkerOutStage1.fixedTaken(i) && !f3_req_is_mmio}
          ///注意 FetchToIBuffer 中的 ftqOffset 是个向量，并且其每个元素都是 ValidUndirectioned。
          ///这就是说，io.toIbuffer.bits.ftqOffset 向量中的每个元素，即 ftqOffset(i)，都被改成了 i。
io.toIbuffer.bits.foldpc := f3_foldpc
io.toIbuffer.bits.ipf := VecInit(f3_pf_vec.zip(f3_crossPageFault).map{case (pf, crossPF) => pf || crossPF})
io.toIbuffer.bits.acf := f3_af_vec
io.toIbuffer.bits.crossPageIPFFix := f3_crossPageFault
```

```
io.toIbuffer.bits.triggered := f3_triggered            ///表示程序断点受到触发，用于调试，我们不关心。

when(f3_lastHalf.valid){
  io.toIbuffer.bits.enqEnable := checkerOutStage1.fixedRange.asUInt & f3_instr_valid.asUInt & f3_lastHalf_mask
                                                                                    ///指令可以进入 IBuffer 的条件
  io.toIbuffer.bits.valid := f3_lastHalf_mask & f3_instr_valid.asUInt
}

//Write back to Ftq          ///向 Ftq 的回写主要是供转移预测。因指令块来自 ICache 或 MMIO 而有不同的回写：
val f3_cache_fetch = f3_valid && !(f2_fire && !f2_flush)
val finishFetchMaskReg = RegNext(f3_cache_fetch)

        ///以上仅是将来自 ICache 的指令向后端（通过 ICache）推送，下面是对来自 MMIO 的指令的推送：

val mmioFlushWb = Wire(Valid(new PredecodeWritebackBundle))        ///这是准备要向 Ftq 回写的信息：
val f3_mmio_missOffset = Wire(ValidUndirectioned(UInt(log2Ceil(PredictWidth).W)))
f3_mmio_missOffset.valid := f3_req_is_mmio
f3_mmio_missOffset.bits := 0.U

mmioFlushWb.valid := (f3_req_is_mmio && mmio_state === m_waitCommit &&
                                                RegNext(fromUncache.fire()) && f3_mmio_use_seq_pc)
mmioFlushWb.bits.pc              := f3_pc
mmioFlushWb.bits.pd              := f3_pd
mmioFlushWb.bits.pd.zipWithIndex.map{case(instr,i) => instr.valid := f3_mmio_range(i)}
mmioFlushWb.bits.ftqIdx          := f3_ftq_req.ftqIdx
mmioFlushWb.bits.ftqOffset       := f3_ftq_req.ftqOffset.bits
mmioFlushWb.bits.misOffset       := f3_mmio_missOffset
mmioFlushWb.bits.cfiOffset       := DontCare
mmioFlushWb.bits.target          := Mux(mmio_is_RVC, f3_ftq_req.startAddr + 2.U , f3_ftq_req.startAddr + 4.U)
mmioFlushWb.bits.jalTarget       := DontCare
mmioFlushWb.bits.instrRange      := f3_mmio_range
        /// mmioFlushWb 向 Ftq 的回写见后面的回写阶段

        ///把来自 MMIO 的指令推送给 Ibuffer，与来自 ICache 的指令互不相关：
/** external predecode for MMIO instruction */  ///指令来自 MMIO，很慢，所以是来一条转换一条，推送一条。
when(f3_req_is_mmio){          ///如果 f3_req_is_mmio 为 true，以下的 toIbuffer 连接就会取代前述的连接。
  val inst = Cat(f3_mmio_data(1), f3_mmio_data(0))          ///这是来自 InsUncache 的指令
  val currentIsRVC = isRVC(inst)

  val brType::isCall::isRet::Nil = brInfo(inst)
  val jalOffset = jal_offset(inst, currentIsRVC)
  val brOffset  = br_offset(inst, currentIsRVC)

  io.toIbuffer.bits.instrs (0) := new RVCDecoder (inst, XLEN).decode.bits  ///若是 16 位就转换成 32 位
  io.toIbuffer.bits.pd(0).valid := true.B                       ///来一条指令就预译码一条指令，推送一条指令
  io.toIbuffer.bits.pd(0).isRVC := currentIsRVC
```

```
    io.toIbuffer.bits.pd(0).brType := brType
    io.toIbuffer.bits.pd(0).isCall := isCall
    io.toIbuffer.bits.pd(0).isRet := isRet

    io.toIbuffer.bits.acf(0) := mmio_resend_af
    io.toIbuffer.bits.ipf(0) := mmio_resend_pf
    io.toIbuffer.bits.crossPageIPFFix(0) := mmio_resend_pf

    io.toIbuffer.bits.enqEnable := f3_mmio_range.asUInt

    mmioFlushWb.bits.pd(0).valid := true.B
    mmioFlushWb.bits.pd(0).isRVC := currentIsRVC
    mmioFlushWb.bits.pd(0).brType := brType
    mmioFlushWb.bits.pd(0).isCall := isCall
    mmioFlushWb.bits.pd(0).isRet := isRet
  }  ///end when(f3_req_is_mmio)        ///来自 ICache 的指令推送在前面

  mmio_redirect := (f3_req_is_mmio && mmio_state === m_waitCommit &&
                            RegNext(fromUncache.fire()) && f3_mmio_use_seq_pc)
  XSPerfAccumulate("fetch_bubble_ibuffer_not_ready",     io.toIbuffer.valid && !io.toIbuffer.ready )
    ///至此，只是完成了指令向 IBuffer 的推送，后面还有向 Ftq 的“回写”，那要稍后再说了。
///end NewIFU, Stage 3。NewIFU 的代码未完待续。
```

如前所述，要把指令发往后端，就得解决两个问题，一是哪些指令是认定有效的，可以发往后端；二是哪些指令应该发往后端。其中第一个问题是决定性的，因为这要是搞错了那发往后端的就是垃圾。现在就是要在预译码所生成的两个有效指令位图中作出选择。两个位图的差别，关键就在于指令块中第一个 16 位指令字究竟是一条指令的开始，或者只是一条 32 位指令的高位半条（低位在前高位在后）。这个问题光看当前这个指令块是解决不了的，但只要知道上一个指令块的最后那个 16 位指令字是否低位半条，或者反过来是否一条指令的末尾，问题就迎刃而解。所以，解决的办法是要在电路中保存关于上一个指令块中最后那个指令字的信息（当然，如果 CPU 不支持 16 位指令，那就不存在这个问题），这里也正是这样做的。

电路中的寄存器 f3_lastHalf 所保存的就是关于上一个指令块中最后那个指令字的信息，其类型为：

```
  // record the situation in which fallThruAddr falls into the middle of an RVI inst
class LastHalfInfo(implicit p: Parameters) extends XSBundle {
  val valid = Bool()
  val middlePC = UInt(VAddrBits.W)                 ///半条32位指令所在的地址
  def matchThisBlock(startAddr: UInt) = valid && middlePC === startAddr
}
```

寄存器 f3_lastHalf 的定义及把数据打入这个寄存器的条件则是：

```
  val f3_lastHalf = RegInit(0.U.asTypeOf(new LastHalfInfo))

  when (f3_flush) {
    f3_lastHalf.valid := false.B
  }.elsewhen (f3_fire) {
```

```
    f3_lastHalf.valid := f3_hasLastHalf && !f3_lastHalf_disable        ///取决于最后那个 16 位指令字是否半指令
    f3_lastHalf.middlePC := f3_ftq_req.nextStartAddr                   ///下一个指令块的起点就是后半条指令的地址
  }

  val f3_fire = io.toIbuffer.fire()
  io.toIbuffer.valid := f3_valid && (!f3_req_is_mmio || f3_mmio_can_go) && !f3_flush
```

显然，这个寄存器的内容打入发生在 f3_fire 之后的下一个时钟脉冲，而 f3_fire 最终来自 f3_valid。像别的 f3 寄存器一样，进入 f3_valid 状态的条件是 f2_fire。所以，f3_fire 要在进入 f3 阶段之后才会变成 true，而寄存器的内容打入要等下一个时钟脉冲，在此之前该寄存器的内容来自上一次的 f3 阶段，来自上一次取指，来自上一个指令块的最后一个 16 位指令字。有了这个信息，在预编译输出的两个有效指令位图中作出选择就万无一失了。

解决了这个问题，向 Ibuffer 的输出就变得相对简单。向 Ibuffer 输出的主体是 instrs 和 enqEnable，前者是经过预编译和 16 位指令展开后所得的“疑似指令”的向量；enqEnable 则是一个位图，表示哪些指令应该进入 Ibuffer 的指令队列。位图 enqEnable 来自 checkerOutStage1.fixedRange 和 f3_instr_valid 两个位图的按位相与。其中 f3_instr_valid 表示哪些指令有效，因而可以进入指令队列；而 checkerOutStage1.fixedRange 表示哪些指令应该进入指令队列，之所以有些指令不应该进入 IBuffer，是因为前面有无条件转移指令，或者虽然是条件转移但预判其会转，此时让转折点后面的指令进入 Ibuffer 显然是无意义的了：

```
  io.toIbuffer.bits.instrs := f3_expd_instr
  io.toIbuffer.bits.enqEnable := checkerOutStage1.fixedRange.asUInt & f3_instr_valid.asUInt
```

此外，发往 Ibuffer 的 ftqOffset 向量也值得注意：

```
  io.toIbuffer.bits.ftqOffset.zipWithIndex.map{case(a, i) =>
         a.bits := i.U; a.valid := checkerOutStage1.fixedTaken(i) && !f3_req_is_mmio}
```

代码中的 io.toIbuffer 是个 FetchToIBuffer，里面的 ftqPtr 既是取指命令的序号，也是用于 Ftq 取指队列缓冲区的下标，Ftq 向 ICache 和 IFU 发出取指命令时就带上这个排队项序号，所以也可以把它看成具体指令块的序号。IFU 在向 Ftq“回写”的时候要带上这个序号，BPU 在作出转移预测时也要带上这个序号，IFU 在向后端发送指令时也要带上这个序号，从此往后这个序号就一直跟着每一条指令，这样后端就可以知道具体的指令来自 Ftq 中的哪一项。但是这样还不够，还得知道具体指令在其所在的指令块中是哪一条，所以还得有个块内序号，两个序号合在一起才能唯一确定究竟是哪一条指令，而 ftqOffset 就是这个块内序号。当 IFU 向 Ibuffer 发送一块新指令的时候，就给每条指令都编上号，就是这里的“a.bits := i.U”。从此以后每条指令就都带上了这个序号。这样，如果后端因为执行了转移指令而向前端发出转向指示 Redirect 时，就要带上这两个序号，这样才能知道究竟是哪一条指令导致了转向。

最后，如果取指的目标地址不在存储空间而在外设空间，则前面已经讲过需要通过一个状态机从 InstrUncache 读入，对于读入的指令字当然也要进行预译码和 16 位指令展开。不过从 InstrUncache 读入的是一个个的 32 位数据，所以边读入就边做预解码，16 位指令的展开是直接由 RVCDecoder 进行，我们在前面看过其代码。另外，这里关于 mmio 的有些代码是与回写有关的，看了下面的回写部分再回头来看也许更清楚一些。在常规的取指流程中，指令的最终存储地都是在主存，因而总是从 ICache 读取。对于从 ICache 成批读取的数据，经过 F2 阶段的预译码，进入 F3 阶段之后就是由 RVCExpander 对其中的 16 位指令加以展开，变成 32 位指令。即使原本就是 32 位指令，也要在 RVCExpander 中过一遍。这样，到了 IFU 要将所取入的指令通过 Ibuffer 发送给后端的时候，就都是清一色的 32 位指令了。

18.7 PredChecker

之所以要有预译码，要将 16 位指令展开成 32 位，使送往后端的指令能整齐划一固然是个原因，但另外还有个重要的原因，那就是要从取入的指令块中发现转移指令，知道哪些是转移指令才谈得上转移预测。这一步工作必须靠前，越早越好。因此，即使在不支持 16 位指令的 CPU 里，前端的预译码机制也是需要的。事实上在前端能做的还不只是转移指令的识别，jal 指令因为是“PC 相对转移”，所以在预译码阶段就已经可以算得其转移目标。对同样也是“PC 相对转移”的条件转移指令 br，则虽然无法预知转移条件是否满足，但可能的转移目标也是可以计算的；而“寄存器相对转移”的 jalr 指令，则虽然不能通过计算得出转移目标，但是至少可以知道是转移指令，需要由 BPU 进行预测。所以，指令预译码其实是对于转移预测的第一道筛选，这当然是越早越好，尽管放在后端的译码阶段也是可以的。从一次取指开始，到对下一次取指的目标作出预测，再进行下一次取指，是一个环，这个环应该缩到最小，以减小错误取指所带来的损失。

其实还可以为转移预测做得更多更细，这就是 PredChecker 要做的事。这里 Pred 指 Prediction，就是转移预测，实际上是取指目标预测（因为也可能不转移）；Checker 则是说要把与转移预测有关的指令从指令块中鉴别出来。

从指令缓存取入了一个指令块，之所以是这个指令块而不是别的指令块，是因为转移预测单元 BPU 对先前指令块中转移指令（或没有转移指令）所作的预测，无论有无转移指令，或者条件转移指令是转还是不转，总之是把继续取指的目标指向了这里。现在新的指令块取进来了，就要对 BPU 提出进一步的预测要求。对于转移指令，BPU 的预测在很大程度上是查询，就是查询一条转移指令在过去是怎么转的。但是查询的条件，即具体是哪一条转移指令，却要由 Ftq 提供。而 IFU，则因为离取进来的指令块及其预译码最近，就承担了帮助 Ftq 从指令块中检出转移指令的工作。

实际上，从指令块中检出转移指令，在某种程度上就是转移预测的一部分。我们不妨这样考虑：在一块指令中从先到后逐条指令进行检查，只要碰上一条转移指令，就要请 BPU 进行数据库查询，看看以前碰到这条指令时是转还是不转，或者转到了哪里，按以前的经验给出下一步取指的目标；如果是 jal 指令则无需查询直接就可以知道转移目标。就这样一条条指令检查下去，如果一块指令中没有转移指令，或者所有的转移指令全都判断不转，就按原来的顺序继续取后续指令块（称为“Fall Through”）。这就是最“朴素”的取指和转移预测的思路。显然，对指令块的逐条检查应该尽量靠近指令块本身，所以应该放在 IFU 里，这就是 PredChecker，而 BPU 比较复杂（因为涉及历史记录更新等），所以只能放在作为控制中心的 Ftq 中。显然，转移预测（实际上是取指预测，但习惯上称之为转移预测）是由 PredChecker 和 BPU 合作完成的，所以 PredChecker 的作用至关重要。

进一步的思考可以帮助我们更好地理解转移预测。IFU 每次从 ICache 读入一个 32 字节的指令块，内含 8 到 16 条指令（假定支持 16 位指令），这其实并非深思熟虑以后作出的决定，而是因为 32 字节正好是半个 cacheline，以此为一个指令块比较直接和方便。我们在前面看到，IFU 实际从 ICache 读入的是两个 cacheline，这半个 cacheline 还是从中切割出来的。然而这 8 到 16 条指令正好都应该被送入后端加以执行的概率却是极小，除非这块指令中没有一条转移指令，或者虽有转移指令但预测都不会转（预测准不准是另一个问题）。这是因为，只要其中有一条转移指令而且预测其会转（或者是无条件转移），那此后的指令就都应该丢弃而不应该送入后端，而应该转向另发新的取指命令。把实际上不会被执行的指令送入后端，不仅无益而且有害，因为那会造成更多的资源浪费；所以一次取指送入后端的指令绝非越多越好（要是那样就没有转移预测的事了）。在极端的情况下，假设刚取入的指令块中第一条就是无条件转移指令，那么本指令块中随后的那些指令全都应被丢弃，这块指令中只有一条应被送入后端，并立即进行对下一步取指的目标预测。尽管转移的目标也许就在本指令块中，但是一来概率很小（同一指令块中最多也就 16 条指令），二来为留住几条指令而让中间夹杂几条应该丢弃的指令也未必划算，还不如再取一次指，这样就比较划一。然而，据统计一般的程序中平均每五六条指令中就有一条转移指令（包括无条件转移、条件转移、子程序调用和返回），那就是说，一个 32 字节指令块中大概率会有至少一条转移指令，可能还不止。这就说明，实际上一个 32 字节指令块中的指令全部被送往后端的可能性是极低的。

事实上，指令流是被绝对转移指令划分成小段，或者说小片（相对于“块”）的。这是因为，一遇到无条件转移，原来的指令流就在这里断了，一条无条件转移指令就标志着另一段指令流的开始。夹在两条绝对转移指令之间（同一个小片中）还可能有条件转移指令，条件转移指令的转移目标也许在另一个小片中，但毕竟不像无条件转移那么绝对。我们不妨把无条件转移指令称作指令流中的“断点”，把断点之后执行的指令称作“续点”，则一个续点之后到下一个断点之间就是一个指令片。条件转移指令是潜在的断点，它可以实际成为断点（如果转），也可能不成为实际的断点（如果不转）；如果不转则其后续地址就是 Fall Through，那就是顺序紧随在断点后的续点。考虑一下程序中频繁的函数调用和返回（均通过 lalr 指令实现）就可知道，指令流中的断点是相当密集的，而条件指令 br 的密度则更高，合在一起就是平均每五六条指令中就有一条。此外，还可以有人为的断点，就是虽然没有转移指令，也因种种原因在中间截断，后面的指令下一次再取（尽管其中有几条可能已经取进来了）。显然，人为断点的后随指令地址也是 Fall Through，也是一个续点。加上人为的断点，就可以把自然形成的小片进一步分得更小。这样，在一个小片之内，在其断点之前，可能还会有条件转移指令，但也只是一条两条了。以 32 字节的指令块为例，假定人为将其分成平均 8 条指令的小片，那么在 8 条指令的范围中有条件转移指令也不过是一条两条，这是合理的假设，真要有更多也可以人为将小片分得更小。

在这个基础上，我们再进一步考虑：基于转移指令即断点本身的取指预测是否可以推广到基于指令片，即基于断点及此前所含指令片段的预测呢？首先这并没有什么原则上的问题，假设我们所处理的是 CISC 指令，由于访内模式的复杂，十几个字节的 CISC 指令是家常便饭，倘若把整个小片看成一条 CISC 转移指令，这不就是基于转移指令的预测了？其次在实际的实现上也没有问题。我们分几种情况加以考虑：

- 断点是无条件转移指令 jal。既然断点是 jal 指令，那么它的转移目标是可以计算的。尽管在此前还可能有 br 即无条件转移指令，我们也可以把 jal 的转移目标作为第一猜测（实际上就是假定此前的 br 指令都不转），立刻就可按第一猜测取指；同时进行查询，看以前这个断点是转去了哪里，实际上就是看以前是否在条件转移指令上就转了。如果查询结果与第一猜测不同就以查询结果为准，再取一次指，把第一次取入的冲刷掉。由于这是在前端内部，再取一次指所造成的损失也不大，但是第一猜测就成功的概率也不小，所以这样是划算的。
- 断点是无条件转移指令 jalr。很不幸，jalr 的转移目标无法预知，无条件转移指令的转移偏量是 20 位，那是正负 1MB 的范围，所以其第一猜测肯定不会正确，全靠历史信息查询。如果是第一次遇到这个断点，无历史信息可查，那就只好随便定一个取指地址，让后端前来纠正。得到后端的纠正之后，就会将其写入历史，以后就有史可查了。断点之前可能还有条件转移指令，但是条件转移的结果可以纳入 jalr 的结果一并考虑，反正查询的结果是转移目标而并非 br 指令是否转移，这个小片宏观上的转移目标是由 br 指令和 jalr 指令各自微观的转移目标综合而成，我们要知道的只是关于后续取指目标的预测，而非具体细节。
- 断点是人为的。人为的断点不是在转移指令即 CFI 指令上，而是在 not CFI 即非转移指令上。假定在此人为断点之前还有两条 br 指令，就有两个可能的转移目标，加上人为断点的后续指令一共才三个可能的转移目标。人为断点后面的续点是知道的，如果两条 br 指令都不转，那么这个 Fall Through 地址就是后续取指的地址。所以，可以用这个 Fall Through 地址作为人为断点后续取指目标的第一猜测，其余就看历史记录，前几次这个断点后面是转去了哪里，这与对 jalr 指令的转移预测本质上是一样的。这里还要说明，以条件转移指令本身所在的地址为键进行查询，与以此后的断点地址为键进行查询，实质上是一样的，只要写入历史记录时也是以这个断点地址为键就行。
- 断点是条件转移指令。显然，这与伴有条件转移指令的人为断点是一样的。最后那条 br 指令也有个 Fall Through 地址。

由此可见，以一个指令小片（而不是单条指令）为单位进行转移预测，以断点地址（而不是以具体转移指令的地址）为键进行查询，既是合理的，也是可行的，而且效率还会更高。香山 SoC 上的转移预测正是采用了这样的思路，具体的设计与实现就是 PredChecker。

实现这个思路的要素，包括断点的确定，即小片的划分；jal 转移目标的计算，Fall Through 地址的确定（如果是人为断点或 br 断点）。其中 jal 指令的转移目标，人为断点和 br 断点的后续地址，实质上就是 IFU 为 BPU 提供的转移建议。BPU 可以先以此作为第一猜测，然后再进一步根据历史记录进行预测。

在香山的代码中，人为断点的确定是在进入 PredChecker 之前，先（带有某种随机性地）确定一个本次的指令采纳范围（instruction-range），该范围的终点就是人为断点；然后由 PredChecker 根据实际情况即存在于该范围中的无条件转移指令进行修正，给出一个修正的指令范围，倘若采纳范围中有无条件转移指令，就以排在最前面的那条无条件转移指令为新的断点，把人为的断点替换点，这就使当前的指令范围即指令片变得更小。PredChecker 对指令片的修正只会使指令片变得更小，而不会更大。另外，对条件转移指令并不视为新的断点，那只是使无条件转移指令或人为断点的转移目标多了一两种实际的可能。不过人为断点的确定倒也不是完全随机的，而是根据上一次指令片中因转移指令而形成的断点位置（如果没有转移指令就不给出断点位置）。在 Ftq 发送给 IFU 的取指命令中，有个字段 ftqOffset，如果这个字段 valid 就说明本次取指是因为转移指令（而不是 fall through）而引起，此时 ftqOffset 的值就是该转移指令在前一个指令块中的位置。换言之，上个指令块中的断点在什么位置，这次的人为断点就也设在同样的位置上；上一次的指令片是多大，这次也假定是同样的大小。另一方面，虽然条件转移指令本身并不成为断点，但是实际执行中后端由此而产生的转移指示仍是以条件转移指令为目标的，这样的转移指示仍会体现在相应断点的历史记录中，使对该断点转移目标的预测正确性逐渐提高。

这就是 PredChecker 要做的事情和所采取的策略。PredChecker 的创建和外部接口是这样：

```
val predChecker = Module(new PredChecker)
val (checkerIn, checkerOutStage1, checkerOutStage2) = (predChecker.io.in,
                                predChecker.io.out.stage1Out, predChecker.io.out.stage2Out)
```

显然，PredChecker 有一个输入 Bundle，两个输出 Bundle，即 stage1Out 和 stage2Out。PredChecker 的输入是 IfuToPredChecker：

```
class IfuToPredChecker(implicit p: Parameters) extends XSBundle {
  val ftqOffset = Valid(UInt(log2Ceil(PredictWidth).W))   ///（上一次）转移指令所在位置 PredictWidth=16，所以其宽度是4。
  val jumpOffset = Vec(PredictWidth, UInt(XLEN.W))        ///长度为PredictWidth的向量，每条疑似转移指令中的转移偏量。
    ///16个16位指令字，每个都可能是条指令并有可能是转移指令。偏移量是编码在指令中的，所以预译码后就可知道。
  val target = UInt(VAddrBits.W)                          ///来自fromFtq.req.bits.nextStartAddr。
  val instrRange=Vec(PredictWidth, Bool())                ///本指令块中的指令采纳范围，是个位图
  val instrValid = Vec(PredictWidth, Bool())              ///（指令块中）有效指令的位图
  val pds = Vec(PredictWidth, new PreDecodeInfo)          ///预译码信息的向量，PreDecodeInfo来自预译码PreDecode的输出
  val pc = Vec(PredictWidth, UInt(VAddrBits.W))           ///16个指令字地址，也许是16条指令，也许只有8条有效。
}
```

这里的 pds 显然来自预译码 PreDecode 的输出；其实 jumpOffset 也是，因为预译码从疑似的转移指令中抽取了表示跳转跨度的信息，才有了这个向量。当然，如果不认为这是转移指令则偏移量为 0。

对 PredChecker 的输入是在 IFU 的 Stage 3 阶段，下面是 IFU 代码中的相关片段（次序有变动）：

```
/*** prediction result check      ***/
checkerIn.ftqOffset      := f3_ftq_req.ftqOffset                                    ///取指所依据CFI指令在队列中的位置
checkerIn.jumpOffset     := f3_jump_offset                                          ///每条疑似转移指令中的转移偏量
checkerIn.target         := f3_ftq_req.nextStartAddr
                         ///取指命令中的nextStartAddr，下一个指令块的起点，如果不转向并且以整个指令块为采纳范围。
checkerIn.instrRange     := f3_instr_range.asTypeOf(Vec(PredictWidth, Bool()))     ///本指令块中的指令采纳范围位图
checkerIn.instrValid     := f3_instr_valid.asTypeOf(Vec(PredictWidth, Bool()))     ///这是有效指令位图，见前述。
checkerIn.pds            := f3_pd                                                   ///预译码的输出，向量。
checkerIn.pc             := f3_pc                                                   ///每个16位指令字的（虚存）地址，向量。
```

考察 PredChecker 输入的来源，f3_pd 和 f3_pc ，还有 f3_instr_valid，都是来自 PreDecode；f3_jump_offset 也是来自 PreDecode 输出；ftqOffset 和 target 则来自 ftq_req 即 fromFtq，只有 f3_instr_range 的来源是有点特殊的。当然，f3_instr_range 来自 f2_instr_range，但 f2_instr_range 却并非来自 PreDecode。

对于读入的指令块，先定下一个采纳范围，在读入的指令块中从头开始，到了一定的范围就截止，剩下的那些在本次取指中就不予采纳了，后面的留待下一次取指再说，这就是人为断点的确定。

而 PredChecker 所作的进一步处理就只针对采纳范围之内，即人为断点之前的指令，不考虑采纳范围以外的指令。所以代表着采纳范围的位图是 PredChecker 的输入之一，而 PredChecker 的输出所确定的（经过修正的）范围，则既是最终应通过 Ibuffer 送入后端的指令范围，其断点又是要交付 BPU 进行转移预测的对象，即用于查询的键值。

实际被送入 PredChecker 的是 f3_instr_range，逻辑上等同于 f2_instr_range：

```
val f3_instr_range = RegEnable(next = f2_instr_range, enable = f2_fire)
val f2_instr_range = f2_jump_range & f2_ftr_range            ///f2_jump_rang 和 f2_ftr_range 是两个位图
                                    ///既在 f2_jump_rang 中又在 f2_ftr_range 中的指令，就属于 f2_instr_range。
```

这个 f3_instr_range 来自 f2_instr_range，而后者又是由 f2_jump_rang 和 f2_ftr_range 两个位图相与而成，换言之一条指令必须既在 f2_jump_rang 中又在 f2_ftr_range 中才属于采纳范围。这两个位图的来源是这样：

```
val f2_jump_range = Fill(PredictWidth, !f2_ftq_req.ftqOffset.valid)  |  Fill(PredictWidth, 1.U(1.W)) >> ~f2_ftq_req.ftqOffset.bits
   ///如果前一指令块中没有 CFI 指令，即 ftqOffset.valid 为 false，那就是 16 位全 1，整个指令块都在这个范围中。
   ///要不然就是 16 位全 1 逻辑右移 N 位，N= ~ftqOffset，把最后 N 条指令排除在范围之外。注意右端代表指令块的开头。
   ///例如，假定 ftqOffset 为 4，则~4 是 11（ftqOffset 是 4 位，15-4=11），即把全 1 右移 11 位，只取最前面 5 条指令。
   ///在这种情况下，本指令块中被采纳的指令范围取决于前一个指令块中 CFI 指令所在的位置 ftqOffset，并与之相同。
   ///所谓 jump_range 不是指 jump 指令在本指令块中的位置，而是指前一个指令块中的 jump 指令所在的位置即 ftqOffset。
val f2_ftr_range = Fill(PredictWidth, f2_ftq_req.ftqOffset.valid)  |  Fill(PredictWidth, 1.U(1.W))
                                      >> ~getBasicBlockIdx(f2_ftq_req.nextStartAddr, f2_ftq_req.startAddr)
   ///与上述相反，如果前一指令块中有 CFI 指令，即 ftqOffset.valid 为 true，那就是全 1。
   ///要不然就是全 1 逻辑右移 N 位，N 取决于 getBasicBlockIdx()（代码见下）的返回值，并对返回值取补。
   ///设中间结果 d = (nextStartAddr - startAddr)-2，函数的返回值 r 就是 d 的 bit1~bit4（去掉 bit0），共 4 位。
   ///取 d 的最低 5 位（PredictWidth=16），去掉最后的 0，函数返回值 r 就是 4 位。再对其取补，即 15-r。
   ///常规条件下指令块的大小为 32 字节，即 100000，减 2 后为 011110，最低 5 位为 11110，所以 r=15，15-15=0。
   ///N = 15-15 = 0，那就是不移位，所得位图为 16 位全 1，本指令块中的所有指令均在 f2_ftr_range 范围之中。
   ///所以，在常规的条件下，无论取指命令中的 ftqOffset 是否有效，所取入指令块的 f2_ftr_rang 都是 16 位全 1
   ///如果(nextStartAddr - startAddr)<32，即当前指令块实际上小于 32 字节，则右移量非 0，此时会有指令被排除出范围。
   ///也就是说，除非(nextStartAddr - startAddr)<32，f2_instr_range 基本取决于 f2_jump_range。

def getBasicBlockIdx ( pc: UInt, start: UInt ): UInt = {
  val byteOffset = pc - start         ///在这里，pc是f2_ftq_req.nextStartAddr，start是f2_ftq_req.startAddr。
  (byteOffset - instBytes.U)(log2Ceil(PredictWidth), instOffsetBits)       ///取其bit1~bit4，共4位。
         /// instBytes=2或4，instOffsetBits= log2Ceil(instBytes)=1或2，log2Ceil(PredictWidth)=4。
}  ///pc 为 f2_ftq_req.nextStartAddr，start 为 f2_ftq_req.startAddr，相减后再扣除当前所在的指令，那就是二者的距离。
   ///从这个距离中取 bit1~bit4，共 4 位。这就是 f2_ftq_req.startAddr 在其所在指令块中的位置。
```

我们来考虑一下这个采纳范围的物理意义。在以下的讨论中，我们都假定流水线和 CPU 支持 16 位指令，所以 PredictWidth 就是 16；也假定 nextStartAddr = startAddr+32。另外要注意指令块中的指令与位图的对应关系，位图中的 bit0 所对应的是指令块中的第一个 16 位指令字；所以将全 1 逻辑右移 n 位，左边就进来 n 个 0 位，表示指令块中排在后面的这 n 个 16 位指令字已经被排除在外，而前面的 16-n 个指令字仍在范围之内。我们姑且假定每个 16 位指令字都是一条有效的 16 位指令。

先看 f2_jump_rang 这个范围，如果 ftqOffset.valid 为 false，即并非因先前指令块中的 CFI（转移）指令而导致本块指令的读入，而是顺序（Fall Through）读入的结果，那么 f2_jump_rang 就是全 1，表示本指令块中的所有指令都在这个范围中。反过来，如果 ftqOffset.valid 为 true，那就说明本指令块的读入是因为先前指令块中的 CFI 指令所致，那就要看 ftqOffset 的值，我们先假定其为 15，即先前指令块中的最后一条是 CFI 指令，那就要把全 1 右移 15-15=0 位，这与不存在 CFI 指令时的情况是一样的。可是如果 ftqOffse 为 14，那就要右移 15-14=1 位，把本指令块中的最后一条指令挤出了范围。如果 ftqOffse 为 0 呢，那就是把 15-0 即 15 条指令都挤出了范围，只剩下 1 条了。ftqOffse 为 0 意味着上一个指令块中的第一条指令就是转移指令，转移目标就是本块指令的起点，

再看 f2_ftr_range。这就反过来了：如果 ftqOffset.valid 为 true，那就是全 1。而如果本指令块的读入并非因为先前指令块中的 CFI 指令，则 f2_ftr_range 取决于(nextStartAddr - startAddr)，在一般的情况下这个差总是 32，因而 getBasicBlockIdx()的返回值总是 15，所以其补码~getBasicBlockIdx()总是 0，即右移 0 位，所以本指令块中的所有指令都属于这个范围。这个范围与 ftqOffset 的值无关，仅当指令块的大小不是 32 时才有影响，假定(nextStartAddr - startAddr)为 30，于是 getBasicBlockIdx()的返回值为 14，所以要右移 15-14=1 位，挤出了最后那个即第 16 个（16 位）指令字，然而第 16 个指令字本来就在 nextStartAddr 以后，所以仍是整个指令块都在 f2_ftr_range 的范围中。

然而采纳范围位图 f2_instr_range 来自 f2_jump_rang 和 f2_ftr_range 的按位相与。代表着本指令块中既属于 f2_jump_rang 又属于 f2_ftr_range 的指令。如上所述，这取决于先前指令块中是否有 CFI 指令引起了本指令块的读入，及其所在位置。如果本指令块的读入并非因 CFI 指令所致，那就是本指令块中的全部指令，否则就看 CFI 指令的位置，这个位置越靠前，本指令块中被挤出的指令就越多。这个采纳范围，就是对 PredChecker 的输入，是进行进一步处理的基础。

- 假定 ftqOffset.valid 为 false，即本指令块的读入并非因 CFI 指令所致，那么：
  f2_jump_rang = 全 1；f2_ftr_range = 全 1（假定 nextStartAddr = startAddr+32）；
  所以 f2_instr_range 为 16 位全 1，整个指令块均在采纳范围之中。
- 假定 ftqOffset.valid 为 true，并且 ftqOffset = 14，那么：
  f2_jump_rang = 最高位为 0，其余都是 1；因为 15-14=1，逻辑右移 1 位。
  f2_ftr_range = 全 1；于是 f2_instr_range 最高位为 0，挤出最后 1 个 16 位指令字。
- 假定 ftqOffset.valid 为 true，并且 ftqOffset = 0，那么：
  f2_jump_rang = 最低位为 1，其余全 0；因为 15-0=15，右移 15 位，只留下最低位为 1。
  f2_ftr_range 则为全 1；于是 f2_instr_range 挤出 15 个指令字，只留下指令块最前面那个指令字。

注意这并不意味着把指令块中的最后一个指令字提到最前面的位置，而是只留下最前面那个指令字，后面的全都放弃。拿这个位图去控制向 Ibuffer 的发送，那就是本指令块中只有一条指令会向后发送。

在上一个指令块中，既然是 CFI 指令导致了本指令块的读入，那么这条 CFI 指令就是那个指令块中实际得到执行的最后一条指令，本指令块中被采纳的指令范围基本取决于前一个指令块中 CFI 指令所在的位置 ftqOffset。至于以此作为本指令块中决定采纳范围的依据是否合理、是否最佳，上面所描述的电路实现是否最优，这也许值得进一步的探讨。

注意采纳范围的确定是由组合电路实现的，中间没有任何寄存器，所以一旦预译码 Predecode 的输出（主要是 pd 向量）出现在 PredChecker 的输入端，f2_instr_range 也立即就到位了，下一个时钟脉冲把这二者连同其它输入同时打入 PredChecker。

确定了本指令块的采纳范围以后，以此作为 PredChecker 的输入之一，下面就是由 PredChecker 进行的处理了，PredChecker 的输出是 PredCheckerResp：

```
class PredCheckerResp(implicit p: Parameters) extends XSBundle with HasPdConst {
  //to Ibuffer write port   (stage 1)
  val stage1Out = new Bundle{                      /// stage1Out是给Ibuffer的，这是IFU向后端方向的输出：
    val fixedRange   = Vec(PredictWidth, Bool())       ///修正后的位图，表示应该向后端推送的指令。
                                                       ///由于转移指令的存在，有些指令不应往后端送了。
    val fixedTaken   = Vec(PredictWidth, Bool())       ///转移指令位图
  }
  //to Ftq write back port (stage 2)
  val stage2Out = new Bundle{                      /// stage2Out是要回写到Ftq中的：
    val fixedTarget      = Vec(PredictWidth, UInt(VAddrBits.W))      ///转移目标地址的向量
    val fixedMissPred= Vec(PredictWidth,Bool())                      ///采纳范围中可能成为断点的指令位图。
        ///位图中标志出"预测错误"的指令，实际上是按不同准则找出的潜在断点，排在最前面的将成为实际的断点。
    val faultType        = Vec(PredictWidth, new CheckInfo)          ///这是供统计用，我们不予关心。
  }
}
```

这里的 fixedRange 等字段都带有前缀 fixed，意思是对本块指令的采纳范围位图作出了一些修正。比方说，指令块中有一条无条件转移指令，那么这条指令后边那些指令就显然不应该进入后端了。

PredChecker 所进行的处理是分两个（流水线）阶段完成的，其中第一阶段的输出是 stage1Out，这个阶段的输出主要影响 IFU 对 Ibuffer 的输出，对 IFU 向 Ftq 的回写也有影响；第二阶段的输出 stage2Out 则只是影响 IFU 向 Ftq 的回写，实际上影响的是对 BPU 的预测请求。

下面是 class PredChecker 的代码：

```
[XSCore > XSCoreBase > Frontend > FrontendImp > NewIFU > PredChecker]
class PredChecker(implicit p: Parameters) extends XSModule with HasPdConst {        ///关于转移预测的检查电路
  val io = IO( new Bundle{
    val in = Input(new IfuToPredChecker)                 ///见前
    val out = Output(new PredCheckerResp)                ///见前
  })

  val (takenIdx, predTaken) = (io.in.ftqOffset.bits, io.in.ftqOffset.valid)    ///取指命令中的ftqOffset.valid说明取入本指令块的原因
            ///之所以会取入当前指令块，是因为在先前指令块中有转移指令并被认定为转（taken）。
            ///如果不是因为先前的转移指令，那就是因为顺序落入（fallThrough），此时ftqOffset.valid为false。
  val predTarget = (io.in.target)         ///来自取指命令中的nextStartAddr，见 checkerIn.target := f3_ftq_req.nextStartAddr。
                                          ///若本块指令中无转向并且整个指令块都被采纳，则下一个指令块的起点就是这个地址
  val (instrRange, instrValid)    = (io.in.instrRange, io.in.instrValid)      /// instrRange为采纳范围，instrValid为有效指令位图。
  val (pds, pc, jumpOffset)       = (io.in.pds, io.in.pc, io.in.jumpOffset)   ///来自预译码输出，均为向量。

  val jalFaultVec, retFaultVec, targetFault, notCFITaken, invalidTaken = Wire(Vec(PredictWidth, Bool()))
                                                          ///5个长度为PredictWidth的位图，其作用见下述。
  /** remask fault may appear together with other faults, but other faults are exclusive
    * so other fault mast use fixed mask to keep only one fault would be found and redirect to Ftq
    * we first detecct remask fault and then use fixedRange to do second check
    **/
  //Stage 1: detect remask fault
  /** first check: remask Fault */
```

```
jalFaultVec := VecInit(pds.zipWithIndex.map{case(pd, i) => pd.isJal && instrRange(i) &&
                              instrValid(i) && (takenIdx > i.U && predTaken || !predTaken) })
      ///在采纳范围之内的有效jal指令；上个指令块中无转移，或转移指令所在位置大于当前指令在指令块中的位置。
      ///符合这些条件的指令（可能不止一条）进入jalFaultVec（相应标志位为true）
retFaultVec := VecInit(pds.zipWithIndex.map{case(pd, i) => pd.isRet && instrRange(i) &&
                              instrValid(i) && (takenIdx > i.U && predTaken || !predTaken) })
      ///在采纳范围之内的有效ret指令；上个指令块中无转移；或转移指令所在位置大于当前指令在指令块中的位置。
val remaskFault = VecInit((0 until PredictWidth).map(i => jalFaultVec(i) || retFaultVec(i)))
      ///在采纳范围之内的无条件转移（包括jal和ret）指令位图，来自jalFaultVec和retFaultVec的按位相或。
val remaskIdx = ParallelPriorityEncoder(remaskFault.asUInt)    ///将无条件转移指令位图中最前面的有效位编码成下标
                                                               /// remaskIdx为本指令块中首条无条件转移指令所在的位置
val needRemask = ParallelOR(remaskFault)                       ///本指令块的采纳范围中至少有一条无条件转移指令。

val fixedRange = instrRange.asUInt & (Fill(PredictWidth, !needRemask) | Fill(PredictWidth, 1.U(1.W)) >> ~remaskIdx)
      ///如果needRemask为false（没有无条件转移指令），instrRange就原封不动，人为设置的断点不变；
      ///要不然就丢弃首条无条件转移指令以后的那些指令。既有无条件转移指令，它以后的指令就不应进入后端了。
   /// stage1Out中两个布尔向量的来历（在本书的叙述中不区分布尔向量与位图）：
io.out.stage1Out.fixedRange := fixedRange.asTypeOf((Vec(PredictWidth, Bool())))      ///fixedRange作为布尔向量
io.out.stage1Out.fixedTaken :=VecInit(pds.zipWithIndex.map{case(pd, i) =>
      instrValid (i) && fixedRange(i) && (pd.isRet || pd.isJal || takenIdx === i.U && predTaken && !pd.notCFI) })
      ///采纳范围内的有效jal或ret指令，或在前一指令块中CFI指令所在位置（takenIdx）即人为断点上的其它转移指令，
      ///不是notCFI，那就是CFI指令，但jai和ret指令除外），其实就是条件转移指令或别的jalr指令。
/// class PredChecker，待续
```

先看向量 jalFaultVec，这个位图（Bool 向量）与 pds 等长，也是 PredictWidth 即 16，其中每一位的值是否为 true 是这样确定的：如果指令是有效的 jal，且在 instrRange 范围之内，并且：io.in.ftqOffset > i（如果 io.in.ftqOffset.valid），或者本块指令的取入并非因上个指令块中的 CFI 指令所引起。

向量 retFaultVec 的意义与 jalFaultVec 一样，只是把 jal 指令换成了 ret 指令（伪指令 ret 是通过 lair 指令实现的）。

这里代码中用了 Fault 这个词，从字面上看 Fault 有“出错”的意思，但在有些场合下也可以理解为“不连续”，“脱离常规”；例如我们说“地震断裂带”，这个“断裂带”在英语里就是 Fault。所以，在这里的程序代码中实际上就是转移的意思，可以称其为“断点”、“奇异点”、“转折点”。这两个位图，一个标示了本指令块采纳范围中的 jal 指令，另一个标示了 ret 指令。

下面 remaskFault 是 jalFaultVec 与 retFaultVec 的按位相或。这两个向量是不可能有交集的，因为一条指令既是 jal 就不可能是 ret（ret 是 jalr 指令），反之亦然。而二者相或，就把 jal 和 ret 指令都标示出来了。这两种都是无条件转移指令。

标示出来之后，这里面的 jal 指令和 ret 指令可能不止一条，其中排在最前面的显然是关键。比方说，要是排在最前面的是一条 ret 指令，那么程序执行到这条指令就从子程序返回了，后面的指令根本就毫无作用，即使进入了流水线后端也要被冲刷；绝对转移指令 jal 也是一样。所以，在这样的情况下，我们需要知道这是在位图中的第几条指令，这就需要有个编码器，把这指令在位图中的位置转换成它在指令块中的下标。然而普通的编码器只能对 OH 即 One-Hot 的输入进行编码，如果输入中为 true 的位不止一个就无能为力了。比方说，8-3 编码器有 i0 到 i7 共八个输入，假定输入 i6 为 1 而其余各位皆为 0，输出的 3 位编码就是 0b110，即 6，表示 i6 是 1 而别的都是 0。可是如果 i6 和 i4 同为 1，那这个编码器就用不上了。为解决这个问题，就有一种“优先编码器”即 PriorityEncoder，这种编码器仅对输入信号中优先级最高而其值又为 1 的位进行译码。仍以 i6 和 i4 同为 1 为例，如果优先级是从低位到高位，那就仅对 i4 译码，输出为 4。这种扫描可以是串行的也可以是并行的，如果采用并行方法就是 ParallelPriorityEncoder。显然，remaskFault 这个位图中为 true 的

位可能不止一位，因为 CFI 指令有可能密集出现，但是排在前面的转移指令如果成行（taken），后面的就没有什么意义了，所以这里要用 ParallelPriorityEncoder：

```
val remaskIdx = ParallelPriorityEncoder(remaskFault.asUInt)            ///将位图中最靠前的true位编码成一个下标
```

所得的就是位图 remaskFault 中最靠前（下标最小）的那个非 0 位的下标。

而 fixedRange 的值，是位图 instrRange 与另一个位图的按位相与：

```
val fixedRange = instrRange.asUInt & (Fill(PredictWidth, !needRemask) | Fill(PredictWidth, 1.U(1.W)) >> ~remaskIdx)
```

这另一个位图就是(Fill(PredictWidth, !needRemask) | Fill(PredictWidth, 1.U(1.W)) >> ~remaskIdx)。

这就是：如果!needRemask，即 remaskFault 为全 0，那这另一个位图就是全 1；要不然就是把全 1 逻辑右移 N 位，n=15-remaskIdx。注意指令的排列是从低位到高位，bit0 为 true 表示当前指令块中的第一条指令在范围中。例如，假定 remaskIdx 为 9，那么 15-9=6，将全 1 右移 6 位，就表示当前指令块中从 0 到 9 的前 10 条指令在此范围中，而后面这 6 条就要被丢弃，因为那是在无条件转移之后。

将 instrRange 与此位图按位相与，就是把 remaskIdx 即无条件转移指令之后的那些位屏蔽掉了。这个 fixedRange 就作为 io.out.stage1Out.fixedRange 输出。另一个第 1 阶段的输出是：

```
io.out.stage1Out.fixedTaken :=VecInit(pds.zipWithIndex.map{case(pd, i) =>
    instrValid (i) && fixedRange(i) && (pd.isRet || pd.isJal || takenIdx === i.U && predTaken && !pd.notCFI ) })
```

这也是个位图，使对应位为 true 的条件是有效且在 fixedRange 范围之内，还必须是 jal 指令或 ret 指令，或者就是位于 takenIdx 即 io.in.ftqOffset（如果 io.in.ftqOffset.valid）这个位置（人为断点）上的转移指令（只要不是 notCFI，不限于 jal 和 ret 指令），表示这些都是采纳范围之内的转移指令。

PredChecker 第一阶段的输出首先用于向 Ibuffer 的指令推送。凡是 IFU 向 Ibuffer 推送的指令，为 Ibuffer 接受而进入 Ibuffer（enqEnable）的条件是必须为有效指令，并且首先必须落在 checkerOutStage1.fixedRange 的范围之内（要不然进入后端仍会被冲刷丢弃，但是损失就更大了）。

后面会看到，checkerOutStage1（变成 wb_check_result_stage1）对于 IFU 向 Ftq 的回写也有影响，因为这反映着需要由 BPU 进一步作出（转移目标）预测的转移指令所在。

回到 PredChecker 的代码，继续往下看 PredChecker 第二阶段的输出：

```
[XSCore > XSCoreBase > Frontend > FrontendImp > NewIFU > PredChecker]      续
/** second check: faulse prediction fault and target fault */
  notCFITaken := VecInit(pds.zipWithIndex.map{case(pd, i) =>
                                    fixedRange(i) && instrValid(i) && i.U === takenIdx && pd.notCFI && predTaken })
      ///在采纳范围内的有效指令，又与上个指令块中的CFI指令处于同一位置，但却并非CFI指令。
      ///与上个指令块中的CFI指令处于同一位置，实际上也就是人为断点上的那条指令。
      ///这说明本指令块采纳范围中的最后一个16位指令字是一条有效指令但并非CFI指令。
  invalidTaken := VecInit(pds.zipWithIndex.map{case(pd, i) =>
                                            fixedRange(i) && !instrValid(i) && i.U === takenIdx && predTaken })
      ///在采纳范围内，又与上个指令块中的CFI指令处于同一位置（即人为断点上），但却并非有效指令。
      ///这说明本块指令采纳范围中的最后一个16位指令字并非一条有效指令（而是32位指令中的后半条）
  val jumpTargets = VecInit(pds.zipWithIndex.map{case(pd,i) => pc(i) + jumpOffset(i)})
      ///转移指令的跳转目标是pc+ jumpOffset，jumpOffset是跨度。但这仅对jal指令有效。
  val seqTargets = VecInit((0 until PredictWidth).map(i => pc(i) + Mux(pds(i).isRVC || !instrValid(i), 2.U, 4.U ) ))
```

```
        ///假设每条指令都顺序执行（无转移或不转移）的后续指令（fall through）地址，即当前pc加2或4。
//Stage 2: detect target fault
/** target calculation: in the next stage   */
val fixedRangeNext      = RegNext (fixedRange)     ///在Stage 2，fixedRangeNext就是原来的fixedRange。余类推。
val instrValidNext      = RegNext (instrValid)
val takenIdxNext        = RegNext (takenIdx)       ///来自io.in.ftqOffset.bits
val predTakenNext       = RegNext (predTaken)      ///来自io.in.ftqOffset.valid
val predTargetNext      = RegNext (predTarget)     /// predTarget来自取指命令中的nextStartAddr
val jumpTargetsNext     = RegNext (jumpTargets)
val seqTargetsNext      = RegNext (seqTargets)
val pdsNext             = RegNext (pds)
val jalFaultVecNext     = RegNext (jalFaultVec)
val retFaultVecNext     = RegNext (retFaultVec)
val notCFITakenNext     = RegNext (notCFITaken)
val invalidTakenNext    = RegNext (invalidTaken)
    ///一个时钟节拍之后，所有带后缀Next的信号逻辑上等同于不带Next后缀的信号：
targetFault:= VecInit(pdsNext.zipWithIndex.map{case(pd,i) => fixedRangeNext(i) && instrValidNext(i) &&
            (pd.isJal || pd.isBr) && takenIdxNext === i.U && predTakenNext && (predTargetNext =/= jumpTargetsNext(i))})
        ///采纳范围中最后一个指令字是有效jal或Br指令，但跳转目标并非其后随地址（如果是就与无操作指令一样）。
        ///之所以要有takenIdxNext === i.U && predTakenNext这个条件，是因为这样就把出现在前面的Br指令排除在外了。

io.out.stage2Out.faultType.zipWithIndex.map{case(faultType, i) =>      /// faultType向量中各元素的类型，可以不必关心。
    faultType.value := Mux(jalFaultVecNext(i) , FaultType.jalFault ,
        Mux(retFaultVecNext(i), FaultType.retFault ,
          Mux(targetFault(i), FaultType.targetFault ,
            Mux(notCFITakenNext(i) , FaultType.notCFIFault,
              Mux(invalidTakenNext(i), FaultType.invalidTaken, FaultType.noFault)))))}

io.out.stage2Out.fixedMissPred.zipWithIndex.map{case(missPred, i ) =>      ///位图fixedMissPred来自5个位图的按位相或
        missPred := jalFaultVecNext(i) || retFaultVecNext(i) || notCFITakenNext(i) || invalidTakenNext(i) || targetFault(i)}
        ///位图fixedMissPred的宽度是PredictWidth，来自5个位图的按位相或，所得标志位表示相应指令或为jal，或为ret；
        ///或为本次采纳范围中的最后一个16位指令字是有效指令但并非CFI，或是转移指令但转移目标并非nextStartAddr；
        ///或者本次采纳范围中的最后一个16位指令字并非一条有效指令（而是32位指令的后半条）。
        ///五个位图代表按五种不同准则找出的潜在断点，把它们or在一起就是所有潜在断点的位图。

io.out.stage2Out.fixedTarget.zipWithIndex.map{case(target, i) =>           ///向量fixedTarget 中的每个target的来源：
        target := Mux(jalFaultVecNext(i) || targetFault(i),   jumpTargetsNext(i),   seqTargetsNext(i) )}
        ///本块中每一条指令的转移目标或后继地址（转或不转），如果是转移指令就来自jumpTargetsNext；
        ///如果不是转移指令就来自seqTargetsNext（该指令所在pc加2或4），采纳范围中若无转移指令就每条都是这样。
}  ///end class PredChecker
```

可见，io.out.stage2Out.fixedMissPred 是采纳范围中所有潜在断点的位图。这是由五个位图按位相或而形成的，这五个位图代表按不同准则在采纳范围中找出的潜在断点，合在一起就代表采纳范围内所有潜在断点，这些断点的位置不会超出人为断点。至于 io.out.stage2Out.fixedTarget(i)，则其中每个元素的值只有两个可能，其一是 jumpTargetsNext(i)，即如果当前指令块中的这个指令字是条转移指令并且转移发生时的目标地址；另一个是 seqTargetsNext(i)，那就是非转移指令的后续地址。

而选择的条件，则是(jalFaultVecNext(i) || targetFault(i))，如为 true 便选择前者，要不就是后者。这两个子项，jalFaultVecNext(i)就是前面的 jalFaultVec(i)，后者就是上面的 targetFault(i)。

```
jalFaultVec := VecInit(pds.zipWithIndex.map{case(pd, i) =>
                pd.isJal && instrRange(i) && instrValid(i) && (takenIdx > i.U && predTaken || !predTaken) })
        ///本指令块采纳范围之内的有效jal指令位图

targetFault:= VecInit(pdsNext.zipWithIndex.map{case(pd,i) =>
        fixedRangeNext(i) && instrValidNext(i) && (pd.isJal || pd.isBr) &&
                takenIdxNext === i.U && predTakenNext && (predTargetNext =/= jumpTargetsNext(i))})
        ///如果采纳范围中的最后一个16位指令字为有效jal或条件转移指令，且转移目标并非nextStartAddr。
```

这两个条件 Or 在一起，只要其中有一者为 true，就决定了以跳转目标为后续指令的地址。这实际上就是在提示：指令流在这里可能转向，或者必定转向。

所以，我们在讲断点的时候一般是指（无条件）转移指令，然而在指令采纳范围中的最后一个 16 位指令字所代表的指令，即人为断点上的那条指令，即使并非转移指令也视作断点，那就是前面的 notCFITaken，并将其后随（fall-through）指令的地址视作转移目标。而把 5 个转移位图按位相或而成的 fixedMissPred，则可视作“广义转移”位图，位图中的每个 true 位都是潜在的断点，其中最前面的第一个断点就是实际形成的指令片终点，需要由 BPU 加以转移预测。如果前面没有任何断点（条件转移指令不算），那就采用人为断点。

后面我们会看到，PredChecker 的 stage2Out 在 IFU 对 Ftq 的回写中扮演重要角色，在 Ftq 中会成为来自 IFU 的转向指示。如果没有来自后端的转向指示，那么来自 IFU 的转向指示就会成为发往 BPU 的预测请求。

本来，这就可以向 Ibuffer 输出了。然而还有例外，就是所欲读取的指令其实不在存储器里，而在某个外设中，这反映在由 ICache 返回的结果中的 tlbExcp.mmio 为 true，从而 f2_mmio 为 true，这就要通过 MMIO 接口读取，为此前端中有个 InstrUncache 模块，但是通过 InstrUncache 模块读取不缓存的指令需要由 IFU 驱动。进入 F3 阶段之后，f2_mmio 变成了 f3_mmio，最后反映在信号 f3_req_is_mmio 中。这样，如果进入了 F3 阶段而 f3_req_is_mmio 为 true，则针对来自 ICache 的数据所作处理都是无效的，需要另行通过 InstrUncache 模块读取指令。为此，这里在 F3 阶段中安排了一个 mmio_state 状态机，用来控制和驱动经由 InstrUncache 的读出。当然，通过 InstrUncache 取指绝无可能在一个时钟节拍中完成，而是个很慢的过程。所以一旦 f3_req_is_mmio 为 true 则 IFU 的流水线会暂时停顿（stall）在这里，不会因下一个时钟脉冲的到来而继续向前迈进，后面的 F2、F1 阶段也会暂时停止前进。状态机 mmio_state 有 11 个状态，不过这 11 个状态是考虑到了可能发生的种种不同情况，实际上也并非都得遍历这 11 个状态才能读入一个数据，但毕竟总是个很缓慢的过程。所以，对于读自 mmio 接口的指令，其预译码和 16 位指令展开是单独处理的，向 Ibuffer 的发送也不是成批发送。

最后，IFU 对 Ibuffer 的输出则既可能出自常规的 ICache 输入，也可能出自 InstrUncache 的输入，取决于 f3_req_is_mmio 为 true 还是 false。但是，不管怎样，当前指令块的 f3 阶段总是以向 Ibuffer 发送一个指令序列以及伴随的附加信息而告终。当然 f2_fire 和时钟脉冲的共同作用还会再使 f3_valid 变成 true，但那已是下一个指令块的 f3 阶段了。

18.8 IFU 的回写阶段

从指令流水线的角度，F3 已是取指过程中的最后一个阶段，整个取指过程在指令流水线中就是这样三个阶段，取入的指令也已送入 Ibuffer。但是，在 IFU 本地，则后面还有个“回写（Write Back）”阶段。所谓“回写”，是把有关取指结果的信息反馈给 Ftq。这个回写阶段与 F1/F2/F3 阶段都不共享任何资源，所以其存在对 IFU 流水线毫无影响，回写阶段与 F3 在时序上是平行的，可以说实际上是 F3 的一部分。下面我们就回到 IFU 的代码：

[XSCore > XSCoreBase > Frontend > FrontendImp > NewIFU]　///续 4

```
  /**
    ******************************************************************************
    * IFU Write Back Stage
    * - write back predecode information to Ftq to update
    * - redirect if found fault prediction
    * - redirect if has false hit last half (last PC is not start + 32 Bytes, but in the midle of an notCFI RVI instruction)
    ******************************************************************************
    */

  val wb_valid = RegNext(RegNext(f2_fire && !f2_flush) && !f3_req_is_mmio && !f3_flush)    ///没有 f2_flush/f3_flush 才有回写
        ///wb_valid 表示来自 ICache 的当前指令块一直走到 f3 阶段都没有受到冲刷，wb_valid 与 f3_valid 在时序上是平行的。
  val wb_ftq_req = RegNext (f3_ftq_req)                          ///来自当初 Ftq 发来的取指命令

  val wb_check_result_stage1 = RegNext (checkerOutStage1)          ///晚一个节拍，换一个名。
  val wb_check_result_stage2 = checkerOutStage2                    ///换一个名，这才用到了 checkerOutStage2。
  val wb_instr_range = RegNext (io.toIbuffer.bits.enqEnable)       ///指令范围与发往 Ibuffer 的相同，这是个位图。
  val wb_pc = RegNext(f3_pc)                                       ///当前指令块中各个(16 位)指令字所在的地址
  val wb_pd = RegNext(f3_pd)                                       ///预译码的输出
  val wb_instr_valid = RegNext(f3_instr_valid)                     ///当前指令块的有效指令位图

  /* false hit lastHalf */
  val wb_lastIdx           = RegNext (f3_last_validIdx)            ///指令块中最后一条有效指令的下标
  val wb_false_lastHalf    = RegNext (f3_false_lastHalf) && wb_lastIdx =/= (PredictWidth - 1).U
  val wb_false_target      = RegNext (f3_false_snpc)

  val wb_half_flush = wb_false_lastHalf
  val wb_half_target = wb_false_target

  /* false oversize */
  val lastIsRVC = wb_instr_range.asTypeOf(Vec(PredictWidth,Bool())).last && wb_pd.last.isRVC
  val lastIsRVI  = wb_instr_range.asTypeOf(Vec(PredictWidth,Bool()))(PredictWidth - 2) && !wb_pd(PredictWidth - 2).isRVC
                                                                    ///RVC 是 16 位指令，RVI 是 32 位指令。
  val lastTaken = wb_check_result_stage1.fixedTaken.last         ///向量 wb_check_result_stage1.fixedTaken 中的最后一个元素

  f3_wb_not_flush := wb_ftq_req.ftqIdx === f3_ftq_req.ftqIdx && f3_valid && wb_valid

  /** if a req with a last half but miss predicted enters in wb stage, and this cycle f3 stalls,
    * we set a flag to notify f3 that the last half flag need not to be set.
    */
  //f3_fire is after wb_valid                      ///如果 f3_fire 的有效在 wb_valid 之后
  when(wb_valid && RegNext (f3_hasLastHalf, init = false.B) &&
        wb_check_result_stage2.fixedMissPred(PredictWidth - 1) && !f3_fire && !RegNext(f3_fire,init = false.B) && !f3_flush) {
    f3_lastHalf_disable := true.B
  }
```

```
//wb_valid and f3_fire are in same cycle        ///如果 f3_fire 和 wb_valid 同时有效
when(wb_valid && RegNext(f3_hasLastHalf, init=false.B) && wb_check_result_stage2.fixedMissPred(PredictWidth-1) && f3_fire)
{
   f3_lastHalf.valid := false.B
}

val checkFlushWb = Wire(Valid(new PredecodeWritebackBundle))        ///这是要向Ftq回写的信息：
val checkFlushWbjalTargetIdx = ParallelPriorityEncoder(VecInit(wb_pd.zip(wb_instr_valid).map{case (pd, v) => v && pd.isJal }))
        ///本指令块采纳范围中最前面那条jal指令所处的位置，ParallelPriorityEncoder是通过ParallelPriorityMux实现的。
val checkFlushWbTargetIdx = ParallelPriorityEncoder(wb_check_result_stage2.fixedMissPred)
        /// fixedMissPred来自5个位图的按位相或，这里将出现在位图最前面的true位编码得到其所在位置。
checkFlushWb.valid          := wb_valid                        ///表示本次回写有效
checkFlushWb.bits.pc        := wb_pc                           ///长度为PredictWidth的向量
checkFlushWb.bits.pd        := wb_pd                           ///长度为PredictWidth的向量
checkFlushWb.bits.pd.zipWithIndex.map{case(instr,i) => instr.valid := wb_instr_valid(i)}
checkFlushWb.bits.ftqIdx          := wb_ftq_req.ftqIdx
checkFlushWb.bits.ftqOffset       := wb_ftq_req.ftqOffset.bits
checkFlushWb.bits.misOffset.valid := ParallelOR(wb_check_result_stage2.fixedMissPred) || wb_half_flush
        ///checkerOutStage2.fixedMissPred来自5个位图的按位相或，其中包括notCFITakenNext和invalidTakenNext；
        ///前者表示采纳范围中的最后一个16位指令字并非CFI，后者表示那是32位指令的后半条。
checkFlushWb.bits.misOffset.bits:=Mux(wb_half_flush, wb_lastIdx,ParallelPriorityEncoder(wb_check_result_stage2.fixedMissPred))
        /// checkFlushWb.bits.misOffset导致wb_redirect。这是位图fixedMissPred中第一个true位（断点）所在处的下标。
        ///顺着当前指令块的采纳范围，如果首先遇到的是jal指令，那就是这条jal指令在指令块中的位置。
        ///如果前面没有jal或ret指令，那就是采纳范围中最后一个16位指令字所在的位置，这有三种情况：
        ///可能是转移目标并非nextStartAddr的CFI指令；可能是32位指令的后半条指令；可能是非CFI指令；这三者都算。
        ///假设wb_half_flush为false，则misOffset或为前面jal/ret指令所在位置，或为范围中最后一个16位指令字所在位置。
        ///唯一的例外是：采纳范围中的最后一个16位指令字是转移指令，且转移目标就是nextStartAddr。
checkFlushWb.bits.cfiOffset.valid := ParallelOR(wb_check_result_stage1.fixedTaken)    ///本指令块的采纳范围中有jal/ret指令
checkFlushWb.bits.cfiOffset.bits := ParallelPriorityEncoder(wb_check_result_stage1.fixedTaken)    ///第一条jal/ret指令所处的位置
checkFlushWb.bits.target := Mux(wb_half_flush, wb_half_target, wb_check_result_stage2.fixedTarget(checkFlushWbTargetIdx))
        ///stage2.fixedTarget是个向量，表明本块指令采纳范围中每一条指令的转移目标或后继地址（视其是否CFI）；
        ///checkFlushWbTargetIdx是stage2.fixedMissPred位图中最前面的true位所在位置，
        ///如果前面没有转移指令，那就是采纳范围中最后一个16位指令字所在位置。如果不是CFI指令则其target为pc+2。
checkFlushWb.bits.jalTarget := wb_check_result_stage2.fixedTarget(checkFlushWbjalTargetIdx)
        ///stage2.fixedTarget同上，但这次的下标为第一条jal指令所在的位置。
checkFlushWb.bits.instrRange := wb_instr_range.asTypeOf(Vec(PredictWidth, Bool()))

toFtq.pdWb := Mux(wb_valid, checkFlushWb, mmioFlushWb)        ///io.ftqInter.toFtq，见FtqInterface。向Ftq回写。
        ///向Ftq回写的信息，不是来自checkFlushWb就是来自mmioFlushWb，通过一个（宽度很大的）Mux加以选择。
        /// mmioFlushWb的产生见前面的f3阶段。
wb_redirect := checkFlushWb.bits.misOffset.valid && wb_valid        ///见前面的f2_flush和f3_flush

/*write back flush type*/
///性能统计，略。
} ///end class NewIFU
```

这里的 checkFlushWb 是个 PredecodeWritebackBundle 对象，显然是说要把预译码的结果回写到 Ftq，其类型定义如下：

```
class PredecodeWritebackBundle(implicit p:Parameters) extends XSBundle {
  val pc          = Vec(PredictWidth, UInt(VAddrBits.W))
  val pd          = Vec(PredictWidth, new PreDecodeInfo) // TODO: redefine Predecode
  val ftqIdx      = new FtqPtr
  val ftqOffset   = UInt(log2Ceil(PredictWidth).W)
  val misOffset   = ValidUndirectioned(UInt(log2Ceil(PredictWidth).W))
  val cfiOffset   = ValidUndirectioned(UInt(log2Ceil(PredictWidth).W))
  val target      = UInt(VAddrBits.W)
  val jalTarget   = UInt(VAddrBits.W)
  val instrRange= Vec(PredictWidth, Bool())
}
```

这些就是 IFU 回写到 Ftq 的全部信息，反映了所取入的指令块对后续取指的影响。代码中加了详细的注释，这里就不作别的讲解了。

但是有一点还是需要再次强调，我们在讲 target 时，一般都是指转移指令的转移目标，然而在指令块采纳范围中的最后一个 16 位指令字即人为断点所代表的指令并非转移指令时，我们也把它的后随（fall-through）指令地址视作 target。我们所讲的 target 未必是一条具体指令的转移目标，而是下一次取指的目标。

所以，PredChecker 所起的作用有：

- 找出本块指令采纳范围之内，包括人为断点在内的所有潜在断点，并进而找出位于最前面的那个断点，以此决定实际向后端输送指令的范围，以及对 BPU 的查询目标。对 BPU 的查询是基于一个指令范围、一个小片，而不是基于单条转移指令的。
- 代表 IFU 向 BPU 提供作为第一猜测的下一步取指建议，对于 jal 指令和人为断点这个建议正确的概率较高（尽管此前若有条件转移指令可能会形成干扰）。

可见，实际上转移预测是由 PredChecker 和 BPU 共同完成的。

回到前面 IFU 流水线的 f3 阶段，最后所取的指令序列，连同预译码所产生的信息一起，通过 FetchToIBuffer 接口被发往 Ibuffet，这是前端 IFU 流水线与后端流水线之间的缓冲队列，下面我们就看一下这个缓冲队列。

18.9　指令缓冲区 Ibuffer

如上所述，Ibuffer 是前端中的一个部件，这是前端 IFU 流水线与后端流水线之间的一个缓冲。通常，流水线中前后两个工位之间是用寄存器分隔的，前面的工位将其运行环境与所产生的结果在下一个时钟脉冲到来之际打入边界上的寄存器，就可以被用于对下一个工位的处理。但是现代指令流水线的前后端之间的结合却往往没有这么紧密，而需要在中间有个类似于缓冲池那样的机制。这是因为：首先前端 IFU 流水线中的“工件”并非单条指令，而是从 ICache 读入的整个指令块中所含的一串指令，在 16 位指令与 32 位指令可以混处的条件下，所含指令的数量是不确定的（虽然有个范围）。其次，所读入的这些指令，其中有相当一些是会被丢弃的，既然要丢弃就尽量早点丢弃，在缓冲池中被丢弃比通过了译码之后再被丢弃要好。所以，在指令流水线的前后端之间维持一种相对宽松（所谓 decoupled）的关系确有必要。而 Ibuffer，则正是这样一个缓冲池，虽然实际上是个队列。

Ibuffer 的外部接口是 IbufferIO：

```
class IBufferIO(implicit p: Parameters) extends XSBundle {
  val flush = Input(Bool())                                   ///来自后端的冲刷命令
  val in = Flipped(DecoupledIO(new FetchToIBuffer))          ///Ibuffer的输入来自Fetch，实际上是IFU
  val out = Vec(DecodeWidth, DecoupledIO(new CtrlFlow))      ///去后端供译码，向量长度DecodeWidth，定义为6。
  val full = Output(Bool())                                   ///缓冲区已满
}
```

其中的输入 in 就是来自 IFU 的 FetchToIBuffer，但是从 Ibuffer 输出的时候就变成了 CtrlFlow。另外，输入和输出界面的宽度也不一样，我们不妨看一下 FetchToIBuffer 的定义：

```
class FetchToIBuffer(implicit p: Parameters) extends XSBundle {
  val instrs      = Vec(PredictWidth, UInt(32.W))                 ///指令向量，最多16条。
  val valid       = UInt(PredictWidth.W)
  val enqEnable = UInt(PredictWidth.W)                             ///位图，表示哪些指令可以进入队列。
  val pd          = Vec(PredictWidth, new PreDecodeInfo)           ///对每条指令的预译码
  val pc          = Vec(PredictWidth, UInt(VAddrBits.W))          ///每条指令所在的虚存地址
  val foldpc      = Vec(PredictWidth, UInt(MemPredPCWidth.W))     ///MemPredPCWidth = log2Up(WaitTableSize)
  val ftqPtr      = new FtqPtr
  val ftqOffset   = Vec(PredictWidth, ValidUndirectioned(UInt(log2Ceil(PredictWidth).W)))   ///注意这是向量
  val ipf         = Vec(PredictWidth, Bool())                      ///位图，表示取这条指令时曾发生页面异常。
  val acf         = Vec(PredictWidth, Bool())                      ///位图，表示取这条指令时曾发生访问异常。
  val crossPageIPFFix = Vec(PredictWidth, Bool())                  ///位图，表示取该指令时的页面异常已被纠正。
  val triggered   = Vec(PredictWidth, new TriggerCf)
}  ///end class FetchToIBuffer
```

可见，FetchToIBuffer 中包含着许多不同种类和性质的信息，但是几乎每一种信息都是以向量的形式并行传输，而向量的长度，即线排的宽度，则都是 PredictWidth。

参数 PredictWidth 在 trait HasXSParameter 中定义为 FetchWidth * (if (HasCExtension) 2 else 1)，而 FetchWidth 在 XSCoreParameters 中定义为 8，如果 CPU 支持压缩指令集则还要乘以 2（因为是 16 位指令），那就是 16。换言之，从 ICache 读出的数据宽度是 256 位。而 8（或者 16），则是流水线在取指令阶段的宽度。但是，由于 16 位指令和 32 位指令可以混处，实际的指令条数是不确定的，但是不会超过 16，也不会小于 8。

再看 IbufferIO 中的输出 out，其内容是一个 CtrlFlow 对象的向量，实际上一个 CtrlFlow 对象就代表着一条指令，是对一条指令的独立而完整的描述，一个 CtrlFlow 对象的向量其实就是并排的一串指令。这个向量的长度是 DecodeWidth，这意味着后端有这么多个译码器一字排开同时进行译码，所以这实际上就是进入译码阶段时的流水线宽度，这个宽度定义为 6。所以流水线的宽度在不同阶段可以不一样，取指阶段的流水线宽度大于译码阶段，是合理的，因为其中有些指令可能在进入译码阶段之前就被丢弃了。

CtrlFlow 这个类的定义是这样：

```
// Dequeue DecodeWidth insts from Ibuffer
class CtrlFlow(implicit p: Parameters) extends XSBundle {
  val instr = UInt(32.W)                          ///指令本身
  val pc = UInt(VAddrBits.W)                      ///所在地址（虚存地址）
  val foldpc = UInt(MemPredPCWidth.W)             ///对pc机型折叠hash以后的结果
  val exceptionVec = ExceptionVec()
  val trigger = new TriggerCf
```

```
  val pd = new PreDecodeInfo                    ///指令的预译码信息
  val pred_taken = Bool()
  val crossPageIPFFix = Bool()
  val storeSetHit = Bool() // inst has been allocated an store set
  val waitForRobIdx = new RobPtr        // store set predicted previous store robIdx
    // Load wait is needed
    // load inst will not be executed until former store (predicted by mdp) addr calcuated
  val loadWaitBit = Bool()
    // If (loadWaitBit && loadWaitStrict), strict load wait is needed
    // load inst will not be executed until ALL former store addr calcuated
  val loadWaitStrict = Bool()
  val ssid = UInt(SSIDWidth.W)
  val ftqPtr = new FtqPtr                       ///所在指令块所依据取指命令在Ftq队列中的位置
  val ftqOffset = UInt(log2Up(PredictWidth).W)  ///本指令在当前指令块中的相对位置。
}  ///end class CtrlFlow
```

可以看出，Ibuffer 把 FetchToIBuffer 中的许多向量转换成 CtrlFlow 对象的向量，中间一定也进行了某些处理，Ibuffer 也不仅仅是个队列。

最后，Ibuffer 是个指令缓冲区，实际上就是一个队列，那么这个队列中的每个元素是什么样的结构呢？是否就是 FetchToIBuffer？其实只是以指令为单位把信息从 FetchToIBuffer 中抽了出来：

```
class IBufEntry(implicit p: Parameters) extends XSBundle {    ///由前端交到后端的一个Entry
  val inst = UInt(32.W)                           ///单条 32 位指令
  val pc = UInt(VAddrBits.W)                      ///该指令所处地址
  val foldpc = UInt(MemPredPCWidth.W)             ///地址的折叠
  val pd = new PreDecodeInfo                      ///关于这条指令的预译码信息PreDecodeInfo
  val pred_taken = Bool()                         ///对条件转移指令是否成行的预测
  val ftqPtr = new FtqPtr                         ///相应FtqEntry在Ftq中的位置
  val ftqOffset = UInt(log2Ceil(PredictWidth).W)  ///该条指令的ftqOffset
  val ipf = Bool()                                ///是否发生了pageFault
  val acf = Bool()                                ///是否发生了accessFault
  val crossPageIPFFix = Bool()                    ///跨页取指异常是否已经恢复
  val triggered = new TriggerCf                   ///用于断点触发

  def fromFetch (fetch: FetchToIBuffer, i: Int): IBufEntry = {     ///将来自IFU的FetchToIBuffer变换成IBufEntry
    inst          := fetch.instrs(i)
    pc            := fetch.pc(i)
    foldpc        := fetch.foldpc(i)
    pd            := fetch.pd(i)
    pred_taken    := fetch.ftqOffset(i).valid
    ftqPtr        := fetch.ftqPtr
    ftqOffset     := fetch.ftqOffset(i).bits
    ipf           := fetch.ipf(i)
    acf           := fetch.acf(i)
    crossPageIPFFix := fetch.crossPageIPFFix(i)
    triggered     := fetch.triggered(i)
```

```
    this
  }

  def toCtrlFlow: CtrlFlow = {                          ///将IbufEntry转换成通往后端供译码和执行的CtrlFlow
    val cf = Wire(new CtrlFlow)
    cf.instr := inst
    cf.pc := pc
    cf.foldpc := foldpc
    cf.exceptionVec := 0.U.asTypeOf(ExceptionVec())
    cf.exceptionVec(instrPageFault) := ipf
    cf.exceptionVec(instrAccessFault) := acf
    cf.trigger := triggered
    cf.pd := pd
    cf.pred_taken := pred_taken
    cf.crossPageIPFFix := crossPageIPFFix
    cf.storeSetHit := DontCare
    cf.waitForRobIdx := DontCare
    cf.loadWaitBit := DontCare
    cf.loadWaitStrict := DontCare
    cf.ssid := DontCare
    cf.ftqPtr := ftqPtr
    cf.ftqOffset := ftqOffset
    cf
  }
}   ///end class IBufEntry
```

由此可见，从来自 IFU 的 FetchToIBuffer 到 IbufEntry，再从 IbufEntry 到通往后端供译码的 CtrlFlow，都只是简单的、格式上的转换。函数 fromFetch()和 toCtrlFlow()中都没有寄存器，所以都是组合电路，与时钟脉冲无关。

有了这些背景，我们就可以看 class Ibuffer 本身的代码了：

```
class Ibuffer(implicit p: Parameters) extends XSModule with HasCircularQueuePtrHelper with HasPerfEvents {
  val io = IO(new IBufferIO)

  val ibuf = Module(new SyncDataModuleTemplate(new IBufEntry, IBufSize, 2 * DecodeWidth, PredictWidth))
          ///创建一块小型的静态 RAM 存储区，用作环形缓冲区 Ibuffer，用作一个队列。
          ///该队列的类型是 IbufEntry，可以读出的数量是 2*DecodeWidth，可以写入的数量是 PredictWidth
  val deqPtrVec = RegInit(VecInit.tabulate(2 * DecodeWidth)(_.U.asTypeOf(new IbufPtr)))  ///这是个寄存器
          ///寄存器的内容是个指针向量，宽度是2*DecodeWidth，与缓冲区的可读数量相等，用于deq。
  val deqPtrVecNext = Wire(Vec(2 * DecodeWidth, new IbufPtr))
  deqPtrVec := deqPtrVecNext                            ///寄存器deqPtrVec的输入来自deqPtrVecNext
  val deqPtr = deqPtrVec(0)                             ///寄存器中的第一个指针就是当前的出队指针

  val enqPtrVec = RegInit(VecInit.tabulate(PredictWidth)(_.U.asTypeOf(new IbufPtr)))      ///这也是寄存器
          ///寄存器的内容是个指针向量，宽度是PredictWidth，与缓冲区的可写数量相等，用于enq。
  val enqPtr = enqPtrVec(0)                             ///寄存器中的第一个指针就是当前的入队指针
```

```
val validEntries = distanceBetween(enqPtr, deqPtr)            ///队列中还有多少指令
val allowEnq = RegInit(true.B)                                ///触发器的初值表示允许入队

val numEnq = Mux(io.in.fire, PopCount(io.in.bits.valid), 0.U)  ///来自IFU的指令中有几条是有效的
val numTryDeq = Mux(validEntries >= DecodeWidth.U, DecodeWidth.U, validEntries)
        ///当前应该出队的指令数，如果队列中的指令数量不少于6条就取6条，要不然有几条算几条。
val numDeq = Mux(io.out.head.ready, numTryDeq, 0.U)         ///如果io.out.head.ready为fase就不能出队
deqPtrVecNext := Mux(io.out.head.ready, VecInit(deqPtrVec.map(_ + numTryDeq)), deqPtrVec)
                                                              ///如果io.out.head.ready为fase就维持原状不变
val numAfterEnq = validEntries +& numEnq                      ///本次入队（enq）以后队列中有多少指令
val nextValidEntries = Mux(io.out(0).ready, numAfterEnq - numTryDeq, numAfterEnq)
                              ///如果io.out(0).ready为true就可能有出队，否则就只有入队没有出队。
allowEnq := (IBufSize - PredictWidth).U >= nextValidEntries  /// allowEnq是个布尔量

// Enque        ///对于入队的处理，来自IFU
io.in.ready := allowEnq                                       /// io.in.ready为true就允许IFU向Ibuffer发送

val enqOffset = Seq.tabulate(PredictWidth)(i => PopCount(io.in.bits.valid.asBools.take(i)))
val enqData = Seq.tabulate(PredictWidth)(i => Wire(new IBufEntry).fromFetch (io.in.bits, i))  ///来自IFU
for (i <- 0 until PredictWidth) {           ///入队按PredictWidth
  ibuf.io.waddr(i) := enqPtrVec(enqOffset(i)).value                 ///写入环形缓冲区中的相应单元
  ibuf.io.wdata(i) := enqData(i)
  ibuf.io.wen(i) := io.in.bits.enqEnable(i) && io.in.fire && !io.flush     ///只有enqEnable的才可写入
                                                                     ///这样就跳过了那些无效的疑似指令
}

when (io.in.fire && !io.flush) {
  enqPtrVec := VecInit(enqPtrVec.map(_ + PopCount(io.in.bits.enqEnable)))
}

// Dequeue      ///对于出队的处理，去向后端的译码阶段。
val validVec = Mux(validEntries >= DecodeWidth.U,
  ((1 << DecodeWidth) - 1).U,
  UIntToMask(validEntries(log2Ceil(DecodeWidth) - 1, 0), DecodeWidth)
)
val deqData = Reg(Vec(DecodeWidth, new IBufEntry))           ///6车道的IbufEntry，deqData内容的来历见后。
for (i <- 0 until DecodeWidth) {                              ///离队按DecodeWidth
  io.out(i).valid := validVec(i)
  // by default, all bits are from the data module (slow path)
  io.out(i).bits := ibuf.io.rdata(i).toCtrlFlow                ///从队列中读出，转换成CtrlFlow，并送入IbufferIO。
                                                              ///注意IbufferIO中的out是个CtrlFlow向量
  // some critical bits are from the fast path
  val fastData = deqData(i).toCtrlFlow                        ///把寄存器deqData中的IbufEntry转换成CtrlFlow
  io.out(i).bits.instr := fastData.instr                      ///然后把CtrlFlow中的信息送入IbufferIO中相应的车道
  io.out(i).bits.exceptionVec := fastData.exceptionVec
```

```
    io.out(i).bits.foldpc := fastData.foldpc                    ///注意这些语句只是建立数据间的连接，并无先后之分。
    XSError(io.out(i).fire && fastData.instr =/= ibuf.io.rdata(i).toCtrlFlow.instr, "fast data error\n")
  }  ///end for (i <- 0 until DecodeWidth)

  val nextStepData = Wire(Vec(2 * DecodeWidth, new IBufEntry))
  val ptrMatch = new QPtrMatchMatrix(deqPtrVec, enqPtrVec)
  for (i <- 0 until 2 * DecodeWidth) {
    val enqMatchVec = VecInit(ptrMatch(i))
    val enqBypassEnVec = io.in.bits.valid.asBools.zip(enqOffset).map{ case (v, o) => v && enqMatchVec(o) }
    val enqBypassEn = io.in.fire && VecInit(enqBypassEnVec).asUInt.orR
    val enqBypassData = Mux1H(enqBypassEnVec, enqData)
    val readData = if (i < DecodeWidth) deqData(i) else ibuf.io.rdata(i)
    nextStepData(i) := Mux(enqBypassEn, enqBypassData, readData)
  }  ///end for (i <- 0 until 2 * DecodeWidth)

  val deqEnable_n = io.out.map(o => !o.fire) :+ true.B
  for (i <- 0 until DecodeWidth) {                              ///寄存器deqData中数据的来历：
    deqData(i) := ParallelPriorityMux(deqEnable_n, nextStepData.drop(i).take(DecodeWidth + 1))
  }
  ibuf.io.raddr := VecInit(deqPtrVecNext.map(_.value))

  // Flush
  when (io.flush) {                                             ///如果有冲刷命令到来：
    allowEnq := true.B
    deqPtrVec := deqPtrVec.indices.map(_.U.asTypeOf(new IbufPtr))
    enqPtrVec := enqPtrVec.indices.map(_.U.asTypeOf(new IbufPtr))
  }
  io.full := !allowEnq

  // Debug info
  XSDebug(io.flush, "IBuffer Flushed\n")
  … ///略
  generatePerfEvent()
}  ///end class Ibuffer
```

这里的 QptrMatchMatrix 是个二维矩阵，以离队指针向量 deqPtrVec 为行，入队指针向量 enqPtrVec 为列，这样就可以用硬件实现对于队列的管理，而队列元素无需在缓冲区中移动。

```
// Should only be used when left and right are continuous pointers.
class QPtrMatchMatrix[T <: CircularQueuePtr[T]](left: Seq[T], right: Seq[T]) {
  val matrix = left.map(l => right.map(_.value === l.value))

  def apply(leftIndex: Int, rightIndex: Int): Bool = {
    require(leftIndex < left.length && rightIndex < right.length)
    if (leftIndex == 0 || rightIndex == 0) {
      matrix(leftIndex)(rightIndex)
```

```
    }
    else {
      apply(leftIndex - 1, rightIndex - 1)
    }
  }
  def apply(leftIndex: Int): Seq[Bool] = right.indices.map(i => apply(leftIndex, i))
}
```

可见，Ibuffer 既是个数据格式转换器，又是个流水线宽度转换器，其输入端的宽度为 PredictWidth，输出端的宽度则为 DecodeWidth，后者小于前者。注意 PredictWidth 未必就是每次实际进入队列的指令条数，因为从 ICache 读入的有些是 32 位指令，有些是 16 位指令；每次从 ICache 读入 256 位并不一定是 8 条 32 位指令，也不一定就是 16 条 16 位指令；但是肯定不会少于 8 条，也不会多于 16 条。另外，有些指令注定是要被丢弃的，也就不进入 Ibuffer 队列了。

送往后端的指令以 IbufEntry 对象的形式进入队列，但是在后端从队列读取，使指令离开队列即 Dequeue 时就会调用其 toCtrlFlow()函数，将其转换成 CtrlFlow 对象，所以后端的译码器所处理的是 CtrlFlow 对象，而与 IbufEntry 对象无关。

第 19 章

流水线前端的 Ftq

在指令流水线前端中实际处于“总控”地位的模块是 Ftq，即“取指目标队列（Fetch Target Queue）”。这个名称可能让读者有点困惑，取指单元 IFU 在每次取指令时当然是要给定目标地址的，那怎么又要有个“取指目标队列”呢？这是因为：一方面 IFU 的取指目标就是 Ftq 给的，IFU 自身决定不了下一个时钟节拍的取指目标，因为那涉及转移预测。另一方面，Ftq 给出取指目标也是其来有自，这要依据转移预测单元 BPU 的预测报告；给出取指目标后也不是就此了事，还要等 IFU 关于所取入指令块的预译码信息，为进一步的转移预测提供依据；还要看后端有没有发来转向指示（那才是最高权威）。所以，Ftq 需要把所给取指目标的由来和反馈保留一段时间，直到所涉及的指令都得到执行才予以释放。原则上 Ftq 每个时钟节拍都要发出一次取指命令，从而就得将这些命令暂存在一个有足够容量的队列中，这就是“取指目标队列”。当然，取指命令无需长期保存，因为到了所取入的指令得到执行以后就没有意义了。所以，Ftq 的实现通常都是环形队列，实际上是环形缓冲区，对队列元素即槽位（slot）中的内容也无需有脱队释放的操作，只要环形队列的长度够大，一圈转下来槽位中原先的内容已经失去意义，只要维持一个循环推进的指针，往所指的槽位中写入新的内容就行。不过，尽管从逻辑上说 Ftq 只是一个环形队列，但是具体实现上却是并行的好几个队列，也有好几个指针，各自用于不同的内容和目的。就指针而言，就得有用来向队列写入转移预测的指针，用来往 ICache 和 IFU 发出取指命令的指针，还要有用来回写 IFU 反馈的指针和用来向 BPU 发出预测（依据）更新的指针。这是因为，往环形队列写入转移预测理应在向 IFU 发出取指命令之前，因为前者是后者的依据。而 IFU 的反馈当然在此之后，至于向 BPU 发出进一步的情况更新当然又在此后。所以，Ftq 是个相当复杂的模块。

Ftq 对外接口复杂程度比 IFU 有过之无不及，下面是逐层展开的摘要：

```
Ftq.io
    FtqToIfuIO                  ///去向 IFU 的接口
        FetchRequestBundle
            val startAddr       = UInt(VAddrBits.W)             ///本次取指的起点
            val nextlineStart   = UInt(VAddrBits.W)             ///下一个缓存块（cacheline）的起点
            val nextStartAddr   = UInt(VAddrBits.W)             ///紧随在本次所取指令块后面的下一个指令块起点
            val ftqIdx          = new FtqPtr                    ///取指命令序号，也是取指命令在队列中所处的位置。
            val ftqOffset       = ValidUndirectioned(UInt(log2Ceil(PredictWidth).W))   ///引起本次取指的转移指令所在位置
        Redirect
            val robIdx          = new RobPtr                            ///引起转向的转移指令在 Rob 中的位置
            val ftqIdx          = new FtqPtr                            ///该转移指令在 Ftq 队列中的位置
            val ftqOffset       = UInt(log2Up(PredictWidth).W)          ///该转移指令在指令块中的位置
            val level           = RedirectLevel()                       ///所要求的冲刷方式
            val interrupt       = Bool()
            val cfiUpdate       = new CfiUpdateInfo                     ///对转移指令信息的更新
            val stFtqIdx        = new FtqPtr // for load violation predict   ///用于 store 指令，st 表示 store。
            val stFtqOffset     = UInt(log2Up(PredictWidth).W)
    IfuToFtqIO                  ///来自 IFU 的接口
```

```
    PredecodeWritebackBundle
        val pc            = Vec(PredictWidth, UInt(VAddrBits.W))                ///指令块中各条指令的虚存地址，向量。
        val pd            = Vec(PredictWidth, new PreDecodeInfo)                ///指令块中各条指令的预译码信息，向量
        val ftqIdx        = new FtqPtr                                          ///指令块的序号，来自取指命令。
        val ftqOffset     = UInt(log2Ceil(PredictWidth).W)                      ///指令块中各条指令所在处的下标
        val misOffset     = ValidUndirectioned(UInt(log2Ceil(PredictWidth).W))  ///指令块中潜在断点所在的位置。
        val cfiOffset     = ValidUndirectioned(UInt(log2Ceil(PredictWidth).W))  ///转移指令在本块指令中的位置
        val target        = UInt(VAddrBits.W)
        val jalTarget     = UInt(VAddrBits.W)
        val instrRange    = Vec(PredictWidth, Bool())
FtqToICacheIO        ///这是 Ftq 通向 ICache 的取指接口，用来发送取指命令：
    FtqToICacheRequestBundle
        val pcMemRead  = Vec(5, new FtqICacheInfo)           ///5 个相同的副本
            val startAddr      = UInt(VAddrBits.W)           ///指令块起点
            val nextlineStart  = UInt(VAddrBits.W)           ///下一个缓存块（cacheline）的起点
        val readValid          = Vec(5, Bool())
FtqPrefechBundle     ///这是 Ftq 通向 ICache 的预取（指令）接口，用来发送预取请求：
    PrefetchRequest
        val target   = UInt(VAddrBits.W)          ///预取指令请求中只有一个目标地址
mmioCommitRead
    val mmioFtqPtr   = Output(new FtqPtr)
    val mmioLastCommit = Input(Bool())

FtqToBpuIO              ///Ftq 通往转移预测单元 BPU 的接口
    BranchPredictionRedirect                        ///来自后端或 IFU 的转向指示
        Redirect
    BranchPredictionUpdate                          ///来自后端和前端的转移历史信息更新
        val pc          = UInt(VAddrBits.W)                ///转移指令所在地址
        val spec_info   = new SpeculativeInfo              ///本转移指令的全局转移历史信息
        val ftb_entry   = new FTBEntry()                   ///本转移指令的局部历史
        ...
        val ghist       = UInt(HistoryLength.W)            ///本转移指令的全局转移历史位图
BpuToFtqIO              ///来自转移预测单元 BPU 的接口
    BpuToFtqBundle
        BranchPredictionResp                                    ///来自 BPU 的转移预测报告：
            val s1 = new BranchPredictionBundle                     ///BPU 流水线第一阶段的预测报告
                val pc = UInt(VAddrBits.W)                              ///预测的取指目标
                val valid = Bool()                                      ///本项是否有效
                val hasRedirect = Bool()                                ///与前一阶段的预测是否不同
                val ftq_idx = new FtqPtr                                ///指令块的序号
                val full_pred = new FullBranchPrediction                ///详细的预测信息
                    val br_taken_mask = Vec(numBr, Bool())                  ///那几条转移指令真转了
                    val slot_valids = Vec(totalSlot, Bool())                ///哪些转移指令有效
                    val targets = Vec(totalSlot, UInt(VAddrBits.W))         ///各条转移指令的转移目标
                    val jalr_target = UInt(VAddrBits.W)    // special path for indirect predictors
                    val offsets = Vec(totalSlot, UInt(log2Ceil(PredictWidth).W))
```

```
            val fallThroughAddr = UInt(VAddrBits.W)                ///没有转移时的下一步的取指目标。
            val fallThroughErr = Bool()                            ///需要重新计算 fallThroughAddr
            val is_jal = Bool()                                    ///转移指令是 jal
            val is_jalr = Bool()
            val is_call = Bool()
            val is_ret = Bool()
            val last_may_be_rvi_call = Bool()
            val is_br_sharing = Bool()
            val hit = Bool()                                       ///本转移指令是否在历史记录内命中
    val s2 = new BranchPredictionBundle                        ///BPU 流水线第二阶段的预测报告
    val s3 = new BranchPredictionBundle                        ///BPU 流水线第三阶段的预测报告
    val last_stage_meta        = UInt(MaxMetaLength.W)
    val last_stage_spec_info   = new SpeculativeInfo   ///spec 表示 Speculative
    val last_stage_ftb_entry   = new FTBEntry

CtrlToFtqIO          ///来自后端控制块的接口
  val rob_commits  = Vec(CommitWidth, Valid(new RobCommitInfo))        ///来自 Rob 的指令交割信息
                 val ldest = UInt(5.W)                                 ///该指令的逻辑目标寄存器
                 val rfWen = Bool()                                    ///允许写入整数物理寄存器组
                 val fpWen = Bool()                                    ///允许写入浮点物理寄存器组
                 val wflags = Bool()
                 val commitType = CommitType()                         ///交割的类型，如常规、转移等
                 val pdest = UInt(PhyRegIdxWidth.W)                    ///该指令的物理目标寄存器
                 val old_pdest = UInt(PhyRegIdxWidth.W)                ///该指令之前的逻辑寄存器映射
                 val ftqIdx = new FtqPtr                               ///该指令所属的指令块
                 val ftqOffset = UInt(log2Up(PredictWidth).W)          ///该指令在指令块内的下标
                 val isMove = Bool()
                 val pc = UInt(VAddrBits.W)                            ///该指令所在的地址
  val redirect           = Valid(new Redirect)
FtqToCtrlIO          ///去向后端控制块的接口，Ftq 中有个 ftq_pc_mem 队列，控制块 CtrlBlock 中有其镜像 pcMem。
  val pc_mem_wen         = Output(Bool())
  val pc_mem_waddr       = Output(UInt(log2Ceil(FtqSize).W))
  val pc_mem_wdata       = Output(new Ftq_RF_Components)
                 val startAddr = UInt(VAddrBits.W)
                 val nextLineAddr = UInt(VAddrBits.W)
                 val isNextMask = Vec(PredictWidth, Bool())
                 val fallThruError = Bool()
  val newest_entry_target = Output(UInt(VAddrBits.W))
  val newest_entry_ptr    = Output(new FtqPtr)
```

大致上说，Ftq 与 IFU 之间正向的接口是两路，一路是取指请求，另一路是转向指示 Redirect 和冲刷命令。实际上真正意义上的取指请求是发给 ICache 的，发给 IFU 的只是个通知：我已向 ICache 发出取指命令，你准备好接收，因为来自 ICache 的回应要由 IFU 加以接收和处理。冲刷命令和转向指示则来自转移预测单元 BPU 和后端对指令的执行，这二者对 IFU 而言无关取指目标，但与 IFU 内部（已取入指令的）“冲刷（flush）”有关。反向的接口则是 IFU 的回写（Write Back），用来反馈已取入指令块的预译码信息，包括因无条件转移 jal 指令所引起的转向。每次取指所读入的并非单条指令，而是一个“指令字”块，后面就简称指令块。

Ftq 与 ICache 之间的接口则是单向的，也是两路。一路用于向 ICache 发出取指命令，另一路用于向 ICache 发出预取指令请求。ICache 对前者的回应是直接发给 IFU 的，对后者则不需要有回应，因为那只是一种提示（Hint），目的在于提高后续取指操作的命中率，而并不真的从 ICache 读出。

Ftq 与转移预测单元 BPU 的接口是双向的，一方面 Ftq 向 BPU 发送转向指示和转移历史更新信息，以告知 BPU 业已发生的实际情况，包括对转移历史的更新和来自 IFU 的预译码信息（这样才能知道里面有没有转移指令）；还有来自后端的 Redirect 指示，那表明实际已经发生的转移。另一方面则从 BPU 接收对于转移的预测报告，以决定下一步取指的目标。

Ftq 与后端"控制块"的接口也是双向的，有 CtrlToFtqIO 和 FtqToCtrlIO 两个。前者主要是 rob_commits，这是来自 ROB，实际上就是指令执行的结果，也说明 Ftq 中对此指令的记载已经无需保留可以释放，以及作为转移指令执行结果的 Redirect 指示。

从前端到后端最重要的信息当然是所取入的指令，但那是在 Ibuffer 与后端的译码器之间，与 Ftq 无关。Ftq 只是指挥，BPU 是 Ftq 的参谋，执行者是 IFU，而 Ibuffer 就好像 IFU 的"后门"。

看了 Ftq 的外部接口，再看 Ftq 的内部结构。

Ftq 意为取指队列，更确切地说是关于取指情况记录的队列，实际上是由 5 个环形队列并放在一起构成的。五个队列的长度（容量）都统一是 FtqSize 即 64，但是 5 个队列的类型（即队列元素）各不相同。当然，如果另外定义一个类，使这五种类型的对象都成为其中的结构成分，那在概念上也可以理解成只有一个队列：

- ftq_pc_mem，类型为 FtqPcMemWrapper。这是一个 Wrapper，包装在里面的是个 Ftq_RF_Components 的队列。Ftq_RF_Components 内含的主要成分，一个 startAddr，一个 nextLineAddr，就是取指命令中的关键成分，前者表示指令块的起点，后者表示如果指令块跨 cacheline 则下一个 cacheline 的起点。事实上，Ftq 发往 ICache 和 IFU 的取指命令就是从这里来的。这个队列中的信息来自 BPU。
- ftq_redirect_sram，类型为 Ftq_Redirect_SRAMEntry，这是对 SpeculativeInfo 的简单扩充，实际上就是 SpeculativeInfo。SpeculativeInfo 都是关于转移指令的（全局）历史信息。至于 redirect 即转向指示，那是要从历史信息中归纳出来的，并非现成就是转向指示。这个队列中的信息来自 BPU 的反馈 last_stage_spec_info。
- ftq_meta_1r_sram，类型为 Ftq_1R_SRAMEntry。这里面是所谓 meta 数据，长度为 512 位或 256 位（如果采用 FPGA 实现），可以看成是附加信息。这个队列中的信息来自 BPU 的 last_stage_meta。
- ftb_entry_mem，类型为 FTBEntry。一个 FTBEntry 是关于一条具体的指令流断点（详见前面关于 PredChecker 的叙述）、实际上是关于一个指令小片的局部转移历史（包括其中条件转移指令的转移历史）。相比之下，ftq_redirect_sram 中所含的 SpeculativeInfo 则是关于转移指令的"全局"转移历史。这个队列中的信息来自 BPU 的 last_stage_ftb_entry。
- ftq_pd_mem，类型为 Ftq_pd_Entry。Ftq_pd_Entry 是关于一个指令块的预译码信息，不过这并非完整的预译码信息，而只是与转移有关的那一部分信息；而预译码信息的主体，即关于所取入指令本身的那一部分，则已通过 Ibuffer 发往后端。这个队列中的信息来自 IFU。

除这五个队列之外，Ftq 中还有一些向量，长度也是 FtqSize，所以也可以认为是与 Ftq 队列并立的，也是 Ftq 队列的一部分：

- cfiIndex_vec，这个向量中的元素是个下标，表示在所述指令块中的那一条指令是引起转向的 CFI 即转移指令。这个向量的内容来自 BPU。
- update_target，这个向量中的元素代表 BPU 为该指令块所预测的后续取指目标，来自 BPU 的回应，即 bpu_in_resp.getTarget。
- mispredict_vec，表示该指令块中已经被后端证实为预测错误的转移指令。
- pred_stage，表示 BPU 关于这个指令块的取指目标预测处于什么阶段，即 BP_S1/ BP_S2/ BP_S3。
- entry_hit_status，这个向量中的元素表示某个指令块中的转移指令在 BPU 中的查询是否命中，即是否查到了关于这条指令（同一地址上的同一指令）的历史记录。
- entry_fetch_status，这个向量中的元素表示某个指令块的取指处于什么状态和阶段，可以是 f_to_send 或 f_sent，前者表示命令尚未发出，后者表示命令已经发出。

- commitStateQueue，这是个向量的向量，表示某个指令块中的各条指令是否已由 Rob 交割，取指范围为 c_invalid/c_valid/c_commited，分别表示本项无效，本项有效但尚未交割和已经交割（如果一个指令块的全部指令都已交割即可将其从 Ftq 队列中释放）。

这些平行的队列和向量在逻辑上构成一个综合的队列，队列的最大长度为 FtqSize 即 64，考虑具体的流水线长度，64 已经足够了。

其实 BPU 可以被认为是 Ftq 的一部分，如果把 Ftq 比作一个司令部，那么 BPU 就是它的参谋部。所以，前端的 Ftq，ICache，IFU 三者就构成一个取指三角，三个顶点之间的联系是：Ftq 向 ICache 和 IFU 同时发出取指命令；ICache 将读取的缓存块发送给 IFU，而 IFU 从中切割出所需的指令块并加以预译码；IFU 将预译码所得的信息回写给 Ftq（并将指令通过 Ibuffer 推送到后端），而 Ftq 根据所回写的信息（在 BPU 的参谋下）发出下一条取指命令。

前面我们已经看过前端各模块之间互连的信息摘要，下面是实际的定义，这里就不加注释了：

```
///一、从 Ftq 到 ICache 和 IFU:
class FtqICacheInfo(implicit p: Parameters)extends XSBundle with HasICacheParameters{   ///从Ftq到ICache
  val startAddr          = UInt(VAddrBits.W)
  val nextlineStart      = UInt(VAddrBits.W)
  def crossCacheline  =   startAddr(blockOffBits - 1) === 1.U
  def fromFtqPcBundle(b: Ftq_RF_Components) = {
    this.startAddr := b.startAddr
    this.nextlineStart := b.nextLineAddr
    this
  }  ///end fromFtqPcBundle()
}  ///end class FtqICacheInfo，这是 Ftq 向 ICache 发出的取指命令。

class FetchRequestBundle(implicit p: Parameters) extends XSBundle with HasICacheParameters {   ///从Ftq到IFU
  //fast path: Timing critical
  val startAddr          = UInt(VAddrBits.W)
  val nextlineStart      = UInt(VAddrBits.W)
  val nextStartAddr      = UInt(VAddrBits.W)
  //slow path
  val ftqIdx             = new FtqPtr
  val ftqOffset          = ValidUndirectioned(UInt(log2Ceil(PredictWidth).W))

  def crossCacheline =   startAddr(blockOffBits - 1) === 1.U
  def fromFtqPcBundle(b: Ftq_RF_Components) = {
    this.startAddr := b.startAddr
    this.nextlineStart := b.nextLineAddr
    when (b.fallThruError) {
      val nextBlockHigherTemp = Mux(startAddr(log2Ceil(PredictWidth)+instOffsetBits), b.startAddr, b.nextLineAddr)
      val nextBlockHigher = nextBlockHigherTemp(VAddrBits-1, log2Ceil(PredictWidth)+instOffsetBits+1)
      this.nextStartAddr := Cat(nextBlockHigher, startAddr(log2Ceil(PredictWidth)+instOffsetBits) ^ 1.U(1.W),
          startAddr(log2Ceil(PredictWidth)+instOffsetBits-1, instOffsetBits), 0.U(instOffsetBits.W) )
    }  ///end when
    this
  }  ///end fromFtqPcBundle()
```

```
}  ///end class FetchRequestBundle，这是 Ftq 向 IFU 发出的取指命令。

///二、从 ICache 到 IFU：
class IFUICacheIO(implicit p: Parameters)extends XSBundle with HasICacheParameters{     ///从ICache到IFU
  val icacheReady        = Output(Bool())
  val resp               = Vec(PortNumber, ValidIO(new ICacheMainPipeResp))
}  ///这是 ICache 向 IFU 发送的两个缓存块（PortNumber=2），缓存块不是在 sramData 字段中就是在 registerData 字段中。

///三、从 IFU 到 Ftq：
class PredecodeWritebackBundle(implicit p:Parameters) extends XSBundle {     ///从IFU到Ftq
  val pc            = Vec(PredictWidth, UInt(VAddrBits.W))
  val pd            = Vec(PredictWidth, new PreDecodeInfo)   // TODO: redefine Predecode
  val ftqIdx        = new FtqPtr
  val ftqOffset     = UInt(log2Ceil(PredictWidth).W)
  val misOffset     = ValidUndirectioned(UInt(log2Ceil(PredictWidth).W))
  val cfiOffset     = ValidUndirectioned(UInt(log2Ceil(PredictWidth).W))
  val target        = UInt(VAddrBits.W)
  val jalTarget     = UInt(VAddrBits.W)
  val instrRange    = Vec(PredictWidth, Bool())
}  ///end class PredecodeWritebackBundle，这是 IFU 向 Fiq 的回写。
```

从 IFU 回写到 Ftq 的信息被保存在 Ftq 的 ftq_pd_mem 这个队列中，这个队列中的元素类型是 Ftq_pd_Entry，已经取入的每个指令块都有自己的 Ftq_pd_Entry：

```
class Ftq_pd_Entry(implicit p: Parameters) extends XSBundle {     ///来自IFU的回写PredecodeWritebackBundle
  val brMask = Vec(PredictWidth, Bool())
  val jmpInfo = ValidUndirectioned(Vec(3, Bool()))
  val jmpOffset = UInt(log2Ceil(PredictWidth).W)
  val jalTarget = UInt(VAddrBits.W)
  val rvcMask = Vec(PredictWidth, Bool())
  def hasJal  = jmpInfo.valid && !jmpInfo.bits(0)
  def hasJalr = jmpInfo.valid && jmpInfo.bits(0)
  def hasCall = jmpInfo.valid && jmpInfo.bits(1)
  def hasRet  = jmpInfo.valid && jmpInfo.bits(2)

  def fromPdWb (pdWb: PredecodeWritebackBundle) = {     ///从IFU回写的pdWb中提取Ftq_pd_Entry
    val pds = pdWb.pd
    this.brMask := VecInit(pds.map(pd => pd.isBr && pd.valid))
    this.jmpInfo.valid := VecInit(pds.map(pd => (pd.isJal || pd.isJalr) && pd.valid)).asUInt.orR
    this.jmpInfo.bits := ParallelPriorityMux(pds.map(pd => (pd.isJal || pd.isJalr) && pd.valid),
                                    pds.map(pd => VecInit(pd.isJalr, pd.isCall, pd.isRet)))
    this.jmpOffset := ParallelPriorityEncoder(pds.map(pd => (pd.isJal || pd.isJalr) && pd.valid))
    this.rvcMask := VecInit(pds.map(pd => pd.isRVC))
    this.jalTarget := pdWb.jalTarget
  }  ///end fromPdWb()
}  ///end class Ftq_pd_Entry
```

可见，其中主要都是关于本指令块中所含转移指令的信息，Ftq 需要将其转交给 BPU 进行转移预测，而 BPU 进行预测的依据则是同一转移指令（相同地址 pc 上的相同转移指令）既往的转移历史。至于转移指令的既往转移历史，则又要按实际的执行结果（即来自后端的转向指示）加以补充和修正，称为对转移历史的“更新（update）”。

Ftq 一方面与 ICache 和 IFU 构成这样一个取指令三角，并在其中起着发号施令的作用；另一方面它担负着决定取指方向的重任。如果发出的取指方向不对，那很可能所取入的整块指令全都作废，全都要被冲刷掉。不过 Ftq 本身并无判定取指方向的能力，它要依靠 BPU 的预测。BPU 就好像是 Ftq 的参谋部和智囊团。Ftq 每次发出取指命令之前都要向 BPU 发出咨询请求，而 BPU 则发回预测报告，然后 Ftq 根据 BPU 的预测报告向 ICache 和 IFU 发出新的取指命令。

从 Ftq 发往 BPU 的信息都在 FtqToBpuIO 中，而从 BPU 返回的信息则在 BpuToFtqIO 中。这二者是 Ftq 与 BPU 之间的接口。下面是 Ftq 外部接口的摘要，从中可以看出 Ftq 与 BPU 之间的信息往来：

```
val io = IO(new Bundle {
  val fromBpu = Flipped(new BpuToFtqIO)              ///来自BPU
  val toBpu = new FtqToBpuIO                         ///去往BPU
}  ///Ftq的io中有关BPU的接口，FtqToBpuIO是向BPU发出的通知/请求，BpuToFtqIO是BPU发回的报告。
```

先看 FtqToBpuIO，这是 Ftq 对 BPU 发出的咨询请求：

```
class FtqToBpuIO(implicit p: Parameters) extends XSBundle {
  val redirect = Valid(new BranchPredictionRedirect)       ///来自后端的转向指示，或者从IFU回写信息中归纳的转向指示。
  val update = Valid(new BranchPredictionUpdate)           ///来自Rob的Commit信息，结合所保存的历史信息。
  val enq_ptr = Output(new FtqPtr)          ///io.toBpu.enq_ptr := bpuPtr，为BPU回应保留的槽位，此刻还是空的。
}
```

从 Ftq 发往 BPU 的信息主要是两块。

一块是转向信息 redirect，这是个 BranchPredictionRedirect 对象，内中的信息不是来自 IFU 就是来自后端。其结构定义和信息来源是这样：

```
class BranchPredictionRedirect(implicit p: Parameters) extends Redirect with HasBPUConst {}

io.toBpu.redirect := Mux(fromBackendRedirect.valid, fromBackendRedirect, ifuRedirectToBpu)
```

这里的 fromBackendRedirect 和 ifuRedirectToBpu 都是 Redirect 对象，如果有来自后端的 Redirect 就采用后端的（来自后端的转向指示更为紧迫也更为确定），没有就采用来自前端 IFU 的。

从结构上看，发往 BPU 的 BranchPredictionRedirect 实际上就是 Redirect：

```
class Redirect(implicit p: Parameters) extends XSBundle {
  val robIdx = new RobPtr                            /// robIdx表明来自后端RoB缓冲区中的哪一项
  val ftqIdx = new FtqPtr                            ///ftqIdx表明属于哪一个指令块
  val ftqOffset = UInt(log2Up(PredictWidth).W)       ///ftqOffset表明是指令块中的那一条指令
  val level = RedirectLevel()                        ///object RedirectLevel，分flushAfter和flush两个级别。
  val interrupt = Bool()                             ///本次转向是否因中断引起
  val cfiUpdate = new CfiUpdateInfo                  ///定义见下
  val stFtqIdx = new FtqPtr         // for load violation predict
```

```
  val stFtqOffset = UInt(log2Up(PredictWidth).W)

  def flushItself() = RedirectLevel.flushItself(level)
}
```

真正与转向有关的信息都在 cfiUpdate 这个字段中，这是个 CfiUpdateInfo，即对于转移历史的更新。不难理解，每一次转向实质上就包含着对一个特定断点（及其所在小片）的历史更新：

```
class CfiUpdateInfo(implicit p: Parameters) extends XSBundle with HasBPUParameter {
  // from backend
  val pc = UInt(VAddrBits.W)                    ///断点所在地址
  // frontend -> backend -> frontend
  val pd = new PreDecodeInfo                    ///断点上指令的预译码信息，来自IFU的回写
  val rasSp = UInt(log2Up(RasSize).W)           ///这些信息都是从ftq_redirect_sram队列读出的，Rob提供不了这些信息。
  val rasEntry = new RASEntry
  val folded_hist = new AllFoldedHistories(foldedGHistInfos)
  val afhob = new AllAheadFoldedHistoryOldestBits(foldedGHistInfos)      ///读自ftq_redirect_sram队列，见下。
  val lastBrNumOH = UInt((numBr+1).W)
  val ghr = UInt(UbtbGHRLength.W)
  val histPtr = new CGHPtr
  val specCnt = Vec(numBr, UInt(10.W))          ///代码中未见使用
  // need pipeline update
  val br_hit = Bool()                           ///仅用于调试。
  val predTaken = Bool()                        ///对转移指令是否转移的预测
  val target = UInt(VAddrBits.W)                ///转移指令的转移目标，或非CFI指令的后续地址
  val taken = Bool()                            ///转移指令的实际执行结果是否转移
  val isMisPred = Bool()                        ///来自IFU回写的misOffset.valid，表明这是广义转移。
  val shift = UInt((log2Ceil(numBr)+1).W)       ///对历史位图的左移量
  val addIntoHist = Bool()

  def fromFtqRedirectSram(entry: Ftq_Redirect_SRAMEntry) = {   ///从ftq_redirect_sram队列读出的历史信息：
    this.folded_hist := entry.folded_hist
    this.lastBrNumOH := entry.lastBrNumOH
    this.afhob := entry.afhob
    this.histPtr := entry.histPtr
    this.rasSp := entry.rasSp
    this.rasEntry := entry.rasTop
    this
  }  ///转向指示被存放在Ftq中的ftq_redirect_sram这个队列中，从该队列读出的是Ftq_Redirect_SRAMEntry
}  ///end class CfiUpdateInfo
```

来自 IFU 的转向指示 fromIfuRedirect 来自 IFU 对 Ftq 的回写信息 pdWb：

```
  val fromIfuRedirect = WireInit(0.U.asTypeOf(Valid(new Redirect)))
  fromIfuRedirect.valid := pdWb.valid && pdWb.bits.misOffset.valid && !backendFlush
  fromIfuRedirect.bits.ftqIdx := pdWb.bits.ftqIdx                  ///所在指令块的块号
```

```
fromIfuRedirect.bits.ftqOffset := pdWb.bits.misOffset.bits          ///注意ftqOffset在这里变成了断点在指令块中的位置
fromIfuRedirect.bits.level := RedirectLevel.flushAfter

val ifuRedirectCfiUpdate = fromIfuRedirect.bits.cfiUpdate
ifuRedirectCfiUpdate.pc := pdWb.bits.pc(pdWb.bits.misOffset.bits)
ifuRedirectCfiUpdate.pd := pdWb.bits.pd(pdWb.bits.misOffset.bits)
ifuRedirectCfiUpdate.predTaken := cfiIndex_vec(pdWb.bits.ftqIdx.value).valid
ifuRedirectCfiUpdate.target := pdWb.bits.target                    ///见前所述，target可以是伪转移的目标。
ifuRedirectCfiUpdate.taken := pdWb.bits.cfiOffset.valid
ifuRedirectCfiUpdate.isMisPred := pdWb.bits.misOffset.valid        ///见前所述，这是广义转移位图。
```

可见，来自 IFU 的 Redirect 中没有设置 robIdx 位段的内容，对于来自 IFU 的 redirect 这个字段并无意义。之所以会有来自 IFU 的转向指示，是因为 IFU 通过对指令块的预译码和 PredCheck 发现了内含的断点。即使没有任何转移指令，其采纳范围中最后一个 16 位指令字所代表的非转移指令也是一个断点，即人为断点。

至于 fromBackendRedirect，则来自 Ftq 外部接口上的 fromBackend.redirect，即 CtrlToFtqIO 中的 redirect。后端能产生转向指示的地方有不少，以后我们会看到。

注意对 ftq_redirect_sram 这个队列的写入并非来自 fromIfuRedirect 或 fromBackendRedirect，而是来自 BPU 的反馈，ftq_redirect_sram 中所存储的是既有的历史记录，而 fromIfuRedirect 和 fromBackendRedirect 则需要在结合 ftq_redirect_sram 中的历史信息之后就直接发送给 BPU。

还有一点要注意的，是来自 IFU 的 Redirect（标志位 isMisPred 表明了这是来自 IFU）实际上是对于一个断点的预测请求，这个断点可以是转移指令，也可以是指令块采纳范围中最后的那条非转移指令。在发往 BPU 之前，这里把 Redirect 中的 ftqOffset 设置成了这个断点在指令块中的位置。如果引起取指转向，这个 ftqOffset 就是下一道取指命令中的 ftqOffset，即 CFI 指令的所在位置。至于指令块采纳范围中最后的那条非转移指令，那当然不会引起转向，但也得要 BPU 提供取指地址。

Ftq 发往 BPU 的另一块信息是历史记录更新信息 update，这是个 BranchPredictionUpdate 对象，内中的信息主要来自 BPU 以前的反馈，加上基于新情况的修正。

```
class BranchPredictionUpdate(implicit p: Parameters) extends XSBundle with HasBPUConst {
  val pc = UInt(VAddrBits.W)
  val spec_info = new SpeculativeInfo          ///全局性转移历史记录（见后述），用作预测依据。
  val ftb_entry = new FTBEntry()              ///局部性转移历史记录（见后述），用作预测依据。

  val cfi_idx = ValidUndirectioned(UInt(log2Ceil(PredictWidth).W))        ///转移指令在指令块中的位置
  val br_taken_mask = Vec(numBr, Bool())                   /// numBr=2，本指令片内的条件转移指令是否转了）。
  val jmp_taken = Bool()
  val mispred_mask = Vec(numBr+1, Bool())                  ///先前对条件转移指令的预测是否错误
  val pred_hit = Bool()                                    ///在BPU的查询中是否命中
  val false_hit = Bool()                                   ///查询是命中的，但发现有fallThruError
  val new_br_insert_pos = Vec(numBr, Bool())
  val old_entry = Bool()
  val meta = UInt(MaxMetaLength.W)
  val full_target = UInt(VAddrBits.W)
  val from_stage = UInt(2.W)
  val ghist = UInt(HistoryLength.W)
```

```
  def is_jal = ftb_entry.tailSlot.valid && ftb_entry.isJal
  def is_jalr = ftb_entry.tailSlot.valid && ftb_entry.isJalr
  def is_call = ftb_entry.tailSlot.valid && ftb_entry.isCall
  def is_ret = ftb_entry.tailSlot.valid && ftb_entry.isRet
}  ///end BranchPredictionUpdate
```

下面是 Ftq 代码中的一个片段，说明 Ftq 对于发往 BPU 的 BranchPredictionUpdate 是怎么设置的：

```
val update = io.toBpu.update.bits                         ///下面称io.toBpu.update.bits为update：
update.false_hit        := commit_hit === h_false_hit     ///commit_hit来自Ftq内部的向量entry_hit_status
update.pc               := commit_pc_bundle.startAddr     ///commit_pc_bundle来自ftq_pc_mem.io.commPtr_rdata
update.meta             := commit_meta.meta               ///commit_meta来自ftq_meta_1r_sram
update.cfi_idx          := commit_cfi                     ///commit_cfi来自Ftq内部的向量cfiIndex_vec
update.full_target      := commit_target                  ///commit_target来自ftq_pc_mem的io.commPtrPlus1_rdata.startAddr
update.from_stage       := commit_stage                   ///commit_stage来自Ftq内部的向量pred_stage
update.spec_info        := commit_spec_meta               ///commit_spec_meta来自ftq_redirect_sram
  ///以下信息基本来自ftb_entry_mem：
update_ftb_entry        := ftbEntryGen.new_entry          ///ftbEntryGen内部的new_entry/old_entry均是FTBEntry对象
update.new_br_insert_pos := ftbEntryGen.new_br_insert_pos ///Vec(numBr, Bool())，位图，表示转移指令插入位置。
update.mispred_mask     := ftbEntryGen.mispred_mask       ///Vec(numBr+1, Bool())，位图，内容来自mispredict_vec。
update.old_entry        := ftbEntryGen.is_old_entry       ///用于性能统计
update.pred_hit         := commit_hit === h_hit || commit_hit === h_false_hit
                                                          ///h_false_hit表示比对命中但与pd向量中所提供信息不符
update.br_taken_mask    := ftbEntryGen.taken_mask         ///Vec(numBr, Bool())，位图。
update.jmp_taken        := ftbEntryGen.jmp_taken   ///io.new_entry.jmpValid && io.new_entry.tailSlot.offset === io.cfiIndex.bits
```

BPU 根据 BranchPredictionRedirect 和 BranchPredictionUpdate 中的信息对转移作出预测，向 Ftq 发回预测报告：

```
class BpuToFtqIO(implicit p: Parameters) extends XSBundle {
  val resp = DecoupledIO(new BpuToFtqBundle())
}
class BpuToFtqBundle(implicit p: Parameters) extends BranchPredictionResp {}
```

BpuToFtqBundle 是对 BranchPredictionResp 的简单扩充（只是加上了一些隐含参数），所以可以认为这实际上就是 BranchPredictionResp：

```
class BranchPredictionResp(implicit p: Parameters) extends XSBundle with HasBPUConst {
  val s1 = new BranchPredictionBundle                     ///BPU三阶段流水线的s1阶段所生成的报告
  val s2 = new BranchPredictionBundle                     ///BPU三阶段流水线的s2阶段所生成的报告
  val s3 = new BranchPredictionBundle                     ///BPU三阶段流水线的s3阶段所生成的报告

  val last_stage_meta = UInt(MaxMetaLength.W)             ///来自BPU，写入Ftq的ftq_meta_1r_sram队列。
  val last_stage_spec_info = new SpeculativeInfo          ///来自BPU的s3阶段，写入Ftq的ftq_redirect_sram队列。
  val last_stage_ftb_entry = new FTBEntry                 ///来自BPU中FTB预测器的s3阶段，写入Ftq的ftb_entry_mem队列。
```

```
  def selectedResp ={
    val res = PriorityMux( Seq(((s3.valid && s3.hasRedirect) -> s3), ((s2.valid && s2.hasRedirect) -> s2), (s1.valid -> s1)) )
    res                              ///只要有(s3.valid && s3.hasRedirect)，res就是s3；s1的优先级最低。
  }   ///hasRedirect表示本阶段的预测与前一阶段有了变化
  def selectedRespIdx = PriorityMux( Seq(((s3.valid && s3.hasRedirect) -> BP_S3),
                                            ((s2.valid && s2.hasRedirect) -> BP_S2), (s1.valid -> BP_S1)) )
                                     ///BP_S1/BP_S2/BP_S3为下标，分别定义为0/1/2。BP_S3优先。
  def lastStage = s3
}   ///end class BranchPredictionResp
```

BPU 是个三阶段流水线，这是因为 BPU 中不同预测器的复杂程度不一样，产生结果所需的时间也不一样。所以从 BPU 发回 Ftq 的 BranchPredictionResp 中有 s1/s2/s3 三个 BranchPredictionBundle。但是注意这三个 BranchPredictionBundle 所提供的信息是关于同一时间点上的三条不同指令。当 s1 针对当前指令时，s2 针对的是前一条指令，s3 针对的是再前一条指令。针对同一指令的预测报告则依次出现在三个节拍的 BranchPredictionResp 中，其内容逐步深化，预测正确度逐步提高。不过，并非对每一条指令的预测都会在 BPU 的回应中出现 3 次，对有些指令的预测可能只出现 1 次，因为如果 s3 的预测与 s2 一样，甚至 3 个预测都一样，那就没有必要再次出现，所以由 BPU 提交的报告 BranchPredictionResp 中的三个预测不一定都有效即 valid，但是 s1 一定是有效的。可想而知，如果 s3 有效并且要求转向，那一定是最紧迫的，因为这时候对 ICache 和 IFU 的取指命令已经到了最后关头，所以此时 s3 具有最高的优先级。同理，s2 如果要求转向，其优先级也比 s1 高。因此 class BranchPredictionResp 提供了一对函数 selectedResp()和 selectedRespIdx()，帮助 Ftq 判断当前哪一个 BranchPredictionBundle 是最紧迫的。

BranchPredictionBundle 的类型定义是这样：

```
class BranchPredictionBundle(implicit p: Parameters) extends XSBundle with HasBPUConst with BPUUtils {
  val pc = UInt(VAddrBits.W)                    ///下一次取指的起点
  val valid = Bool()
  val hasRedirect = Bool()
  val ftq_idx = new FtqPtr
  val full_pred = new FullBranchPrediction
    ///以上是实际承载数据的字段，其中full_pred是个比较大的数据结构，下面是为这些数据提供的操作：
  def target(pc: UInt)   = full_pred.target(pc)
  def cfiIndex           = full_pred.cfiIndex
  def lastBrPosOH        = full_pred.lastBrPosOH
  def brTaken            = full_pred.brTaken
  def shouldShiftVec     = full_pred.shouldShiftVec
  def fallThruError      = full_pred.fallThruError
  def getTarget          = target(pc)
  def taken              = cfiIndex.valid
}   ///end class BranchPredictionBundle
```

这里最关键的信息是 pc，这就是下一条指令所在的地址，也就是下一次取指的起点；hasRedirect 表示这一阶段的预测是否与前一阶段不同；ftq_idx 则说明这是对哪一个指令块的预测。其余的信息就都在 full_pred 这个 FullBranchPrediction 对象中。

BranchPredictionBundle 不仅仅是 BPU 提交给 Ftq 的预测报告，也用于 BPU 内部三个阶段间的信息流转；因为 BPU 中有多个预测单元，可能在不同阶段对前一阶段的预测作出修正。实际上 FullBranchPrediction 主要还是为 BPU 内部而设的。

Ftq 收到 BPU 报告之后首先就将其写入 ftq_pc_mem 队列，因为要发往 ICache 和 IFU 的取指命令就来自这个队列。如前所述，这个队列中的元素是 Ftq_RF_Components：

```
class Ftq_RF_Components(implicit p: Parameters) extends XSBundle with BPUUtils {
  val startAddr = UInt(VAddrBits.W)
  val nextLineAddr = UInt(VAddrBits.W)
  val isNextMask = Vec(PredictWidth, Bool())
  val fallThruError = Bool()
  // val carry = Bool()
  def getPc(offset: UInt) = {
    def getHigher(pc: UInt) = pc(VAddrBits-1, log2Ceil(PredictWidth)+instOffsetBits+1)
    def getOffset(pc: UInt) = pc(log2Ceil(PredictWidth)+instOffsetBits, instOffsetBits)
    Cat(getHigher(Mux(isNextMask(offset) && startAddr(log2Ceil(PredictWidth)+instOffsetBits), nextLineAddr, startAddr)),
                                              getOffset(startAddr)+offset, 0.U(instOffsetBits.W))
  }  ///end getPc()
  def fromBranchPrediction (resp: BranchPredictionBundle) = {  ///从来自BPU的BranchPredictionBundle中摘取信息：
    def carryPos(addr: UInt) = addr(instOffsetBits+log2Ceil(PredictWidth)+1)
    this.startAddr := resp.pc          ///下一次取指的起点，来自BranchPredictionBundle中的pc字段
    this.nextLineAddr := resp.pc + (FetchWidth * 4 * 2).U      // may be broken on other configs
        /// FetchWidth在XSCoreParameters中定义为8，pc+64落在下一个cacheline中，截掉其低位就是该cacheline的起点。
    this.isNextMask := VecInit((0 until PredictWidth).map(i =>
      (resp.pc(log2Ceil(PredictWidth), 1) +& i.U)(log2Ceil(PredictWidth)).asBool()
    ))      ///isNextMask是个宽度为PredictWidth的位图
    this.fallThruError := resp.fallThruError        ///表示需要重新计算本指令块的fallThru地址
    this
  }  ///end fromBranchPrediction()
}  ///end class Ftq_RF_Components
```

所以，从 BranchPredictionBundle 摘取信息写入 ftq_pc_mem 需要通过这里的 fromBranchPrediction()生成出一个 Ftq_RF_Components 对象。

BPU 的反馈信息有些要写入 Ftq 中的 ftq_pc_mem 队列，有些则要写入 ftq_redirect_sram 队列：

```
val bpu_in_resp = io.fromBpu.resp.bits.selectedResp
val bpu_in_resp_ptr = Mux(bpu_in_stage === BP_S1, bpuPtr, bpu_in_resp.ftq_idx)
            ///如果是S1阶段的回应就以bpuPtr为写入下标，不然就以bpu_in_resp所载ftq_idx为写入下标，
            ///注意bpuPtr总是导前ifuPtr的，因为总是先有BPU对取指目标的预测，后有对IFU的取指命令。
val bpu_in_resp_idx = bpu_in_resp_ptr.value
ftq_pc_mem.io.wen := bpu_in_fire
ftq_pc_mem.io.waddr := bpu_in_resp_idx
ftq_pc_mem.io.wdata.fromBranchPrediction(bpu_in_resp)

ftq_redirect_sram.io.wen := io.fromBpu.resp.bits.lastStage.valid
ftq_redirect_sram.io.waddr := io.fromBpu.resp.bits.lastStage.ftq_idx.value
ftq_redirect_sram.io.wdata := io.fromBpu.resp.bits.last_stage_spec_info

io.toBpu.enq_ptr := bpuPtr
```

```
  bpuPtr := bpuPtr + enq_fire          ///向前推进bpuPtr
  val enq_fire = io.fromBpu.resp.fire() && allowBpuIn     // from bpu s1
```

对 Ftq 的外部接口和信息的往来有了个大致的了解以后，我们还要看一下 Ftq 的队列指针 FtqPtr，然后就可以看 class Ftq 的代码了：

```
class FtqPtr(implicit p: Parameters) extends CircularQueuePtr[FtqPtr]( p => p(XSCoreParamsKey).FtqSize){}   ///这是循环队列指针

object FtqPtr {
  def apply (f: Bool, v: UInt)(implicit p: Parameters): FtqPtr = {            ///例如 FtqPtr(false.B, 1.U)，就是f为false，v为1。
    val ptr = Wire(new FtqPtr)
    ptr.flag := f
    ptr.value := v
    ptr
  }
  def inverse(ptr: FtqPtr)(implicit p: Parameters): FtqPtr = {
    apply(!ptr.flag, ptr.value)
  }
}
```

FtqPtr 是对 CircularQueuePtr 的扩充，实际上只是给定了参数 FtqSize，这个参数定义为 64，哪怕再长的流水线也够了，object FtqPtr 则用来创建 FtqPtr 对象。CircularQueuePtr 当然就是循环队列中指向队列元素的指针（其实是下标）。在循环队列中，写入缓冲区中的队列元素是不动的，队头和队尾两个指针则因元素的出队和入队而变动。具体的代码这里就不看了。

下面就是 class Ftq 的代码，这个 class 的代码又是很长，得要分段看：

[XSCore > XSCoreBase > Frontend > FrontendImp > Ftq]

```
class Ftq(implicit p: Parameters) extends XSModule with HasCircularQueuePtrHelper
                with HasBackendRedirectInfo with BPUUtils with HasBPUConst with HasPerfEvents with HasICacheParameters{
  val io = IO(new Bundle {
    val fromBpu = Flipped(new BpuToFtqIO)              ///来自 BPU 的转移预测
    val fromIfu = Flipped(new IfuToFtqIO)              ///来自 IFU 的回写信息
    val fromBackend = Flipped(new CtrlToFtqIO)

    val toBpu = new FtqToBpuIO                         ///去向 BPU 的状态更新
    val toIfu = new FtqToIfuIO                         ///去向 IFU 的取指通知
    val toICache = new FtqToICacheIO                   ///去向 ICache 的 ICacheMainPipe
    val toBackend = new FtqToCtrlIO
    val toPrefetch = new FtqPrefechBundle              ///去向 ICache 的 IPrefetchPipe

    val bpuInfo = new Bundle {                         ///通往 Frontend 的外部接口上的 bpuInfo，用于统计。
      val bpRight = Output(UInt(XLEN.W))               ///预测准确
      val bpWrong = Output(UInt(XLEN.W))               ///预测错误
    }
    val mmioCommitRead = Flipped(new mmioCommitRead)
```

```
}) ///end io

io.bpuInfo := DontCare
val backendRedirect = Wire(Valid(new Redirect))            ///来自 io.fromBackend.redirect，见后。
val backendRedirectReg = RegNext(backendRedirect)

val stage2Flush = backendRedirect.valid
val backendFlush = stage2Flush || RegNext(stage2Flush)
val ifuFlush = Wire(Bool())                                 /// ifuFlush 是来自 IFU 的要求

val flush = stage2Flush || RegNext(stage2Flush)             ///flush 的要求归根结底来自后端

val allowBpuIn, allowToIfu = WireInit(false.B)
val flushToIfu = !allowToIfu                                ///没有 flush 要求时才可以发送别的要求或响应
allowBpuIn := !ifuFlush && !backendRedirect.valid && !backendRedirectReg.valid
allowToIfu := !ifuFlush && !backendRedirect.valid && !backendRedirectReg.valid

def copyNum = 5
val bpuPtr, ifuPtr, ifuWbPtr, commPtr = RegInit(FtqPtr(false.B, 0.U))        ///commPtr 是 commit pointer
          ///4 个寄存器，承载着 4 个 FtqPtr 指针，分别用于 BPU、IFU、IFU 回写、来自 Rob 的指令交割信息。
val ifuPtrPlus1     = RegInit(FtqPtr(false.B, 1.U))                ///当 ifuPtr 是 0 的时候，ifuPtrPlus1 是 1。
val ifuPtrPlus2     = RegInit(FtqPtr(false.B, 2.U))                ///当 ifuPtr 是 0 的时候，ifuPtrPlus2 是 2。
val commPtrPlus1    = RegInit(FtqPtr(false.B, 1.U))
val copied_ifu_ptr  = Seq.fill(copyNum)(RegInit(FtqPtr(false.B, 0.U)))
val copied_bpu_ptr  = Seq.fill(copyNum)(RegInit(FtqPtr(false.B, 0.U)))
require(FtqSize >= 4)
val ifuPtr_write         = WireInit(ifuPtr)                        /// ifuPtr_write 逻辑上就是 ifuPtr，余类推。
val ifuPtrPlus1_write    = WireInit(ifuPtrPlus1)
val ifuPtrPlus2_write    = WireInit(ifuPtrPlus2)
val ifuWbPtr_write       = WireInit(ifuWbPtr)
val commPtr_write        = WireInit(commPtr)
val commPtrPlus1_write   = WireInit(commPtrPlus1)
ifuPtr        := ifuPtr_write
ifuPtrPlus1   := ifuPtrPlus1_write
ifuPtrPlus2   := ifuPtrPlus2_write
ifuWbPtr      := ifuWbPtr_write
commPtr       := commPtr_write
commPtrPlus1 := commPtrPlus1_write
copied_ifu_ptr.map{ptr => ptr := ifuPtr_write，dontTouch(ptr) }
val validEntries = distanceBetween(bpuPtr, commPtr)   ///指令块“生命期”始于 BPU 的建议，终于指令执行完毕后的交割。
   /// bpuPtr 所指与 commPtr 所指之间就是已被占用的单元，就是当前有效的队列元素。注意这意味着减法器电路的存在。

// ***********************************************************************
// *************************** enq from bpu ***************************
// ***********************************************************************
val new_entry_ready = validEntries < FtqSize.U        ///已被占用的队列单元数量小于队列大小就还可接受
```

```
                                            ///队列大小 FtqSize 定义为 64，这也意味着比较器电路的存在。
io.fromBpu.resp.ready := new_entry_ready              ///向 BPU 表示可以接受入队与否

val bpu_s2_resp = io.fromBpu.resp.bits.s2             ///来自 BPU 的 s2 阶段 BranchPredictionBundle
val bpu_s3_resp = io.fromBpu.resp.bits.s3             ///来自 BPU 的 s3 阶段 BranchPredictionBundle
val bpu_s2_redirect = bpu_s2_resp.valid && bpu_s2_resp.hasRedirect          ///s2 中是否有 Redirect 指示
val bpu_s3_redirect = bpu_s3_resp.valid && bpu_s3_resp.hasRedirect          ///s3 中是否有 Redirect 指示

io.toBpu.enq_ptr := bpuPtr                            ///告知 BPU 可以进入队列的位置
val enq_fire = io.fromBpu.resp.fire() && allowBpuIn   // from bpu s1
val bpu_in_fire = (io.fromBpu.resp.fire() || bpu_s2_redirect || bpu_s3_redirect) && allowBpuIn

val bpu_in_resp = io.fromBpu.resp.bits.selectedResp   ///可以是 s1，s2，或 s3。归根结底都是个 BranchPredictionBundle。
val bpu_in_stage = io.fromBpu.resp.bits.selectedRespIdx          ///可以是 BP_S1，BP_S2，BP_S3。
val bpu_in_resp_ptr = Mux(bpu_in_stage === BP_S1, bpuPtr, bpu_in_resp.ftq_idx)
                                  ///写入 ftq_pc_mem 时的槽位号，BP_S1 时就是 bpuPtr，否则由 BPU 提供。
val bpu_in_resp_idx = bpu_in_resp_ptr.value

        ///创建 Ftq 内部的几个队列：
  // read ports: prefetchReq ++ ifuReq1 + ifuReq2 + ifuReq3 + commitUpdate2 + commitUpdate
val ftq_pc_mem = Module(new FtqPcMemWrapper(1))       ///这是被用作队列的环形缓冲区，见后。   ///这是第一个
  // resp from uBTB
ftq_pc_mem.io.wen := bpu_in_fire                      ///write enable
ftq_pc_mem.io.waddr := bpu_in_resp_idx                ///write address，队列中的槽位号码。
ftq_pc_mem.io.wdata.fromBranchPrediction (bpu_in_resp)   ///写入槽位的内容，来自 bpu_in_resp。

  // ifuRedirect + backendRedirect + commit          ///1+1+1=3 为可以同时读出的向量长度
val ftq_redirect_sram = Module(new FtqNRSRAM(new Ftq_Redirect_SRAMEntry, 1+1+1))              ///这是第二个
  // these info is intended to enq at the last stage of bpu
ftq_redirect_sram.io.wen   := io.fromBpu.resp.bits.lastStage.valid
ftq_redirect_sram.io.waddr := io.fromBpu.resp.bits.lastStage.ftq_idx.value
ftq_redirect_sram.io.wdata:= io.fromBpu.resp.bits.last_stage_spec_info
                              ///写入 ftq_redirect_sram 队列的是来自 BPU 的 SpeculativeInfo 信息

val ftq_meta_1r_sram = Module(new FtqNRSRAM(new Ftq_1R_SRAMEntry, 1))                        ///这是第三个
  // these info is intended to enq at the last stage of bpu
ftq_meta_1r_sram.io.wen := io.fromBpu.resp.bits.lastStage.valid
ftq_meta_1r_sram.io.waddr := io.fromBpu.resp.bits.lastStage.ftq_idx.value
ftq_meta_1r_sram.io.wdata.meta := io.fromBpu.resp.bits.last_stage_meta   ///写入 ftq_meta_1r_sram 队列的是来自 BPU 的元数据
  // ifuRedirect + backendRedirect + commit
val ftb_entry_mem = Module(new SyncDataModuleTemplate(new FTBEntry, FtqSize, 1+1+1, 1))       ///这是第四个
ftb_entry_mem.io.wen(0) := io.fromBpu.resp.bits.lastStage.valid
ftb_entry_mem.io.waddr(0) := io.fromBpu.resp.bits.lastStage.ftq_idx.value
ftb_entry_mem.io.wdata(0) := io.fromBpu.resp.bits.last_stage_ftb_entry
                              ///写入 ftb_entry_mem 队列的是来自 BPU 的 FTBEntry
///class Ftq，待续
```

顾名思义，Ftq 是个 Queue，是个队列，而且是个关于取指目标的队列。所谓取指目标，最终就体现在发往 ICache 和 IFU 的目标地址 startAddr。之所以是 startAddr，是因为 Ftq 的取指并不是光取一条指令。Ftq 的“本职工作”是发出取指命令（还有预取指请求，那是附加的），如果没有转移指令，那就很简单，只要直线向前推进就是，CPU 的 PC 寄存器就是这样，每取一条 32 位指令就加 4，作为下一条指令的地址，直到 CPU 执行了一条转移指令。但是 Ftq 取指并不是一条一条取的，一次取指就是 8 至 16 条，而且更重要的是还希望在前面的指令还未被执行前就能预测后续的取指地址，以减小因转移指令而来的损失。另外，当然还需要冲刷已经取进来、但因为执行转向而被废弃的那些指令，这就又增添了一分复杂性。显然，每取一次指令，Ftq 都需要仔细盘算下一次该从什么地址开始取后续的指令。但是这需要有 BPU 的判断，所以“取指目标”队列一方面也是 BPU 的转移预测信息的队列，队列中的信息最初都是来自 BPU。

Ftq 指针 FtqPtr 是指向队列中具体元素的指针，实际上是下标。这里有 4 个被用作指针的寄存器，即 bpuPtr、ifuPtr、ifuWbPtr 和 commPtr。这 4 个指针各有用途：

- bpuPtr，用于把来自 BPU 的信息写入队列的位置，是入队指针。
- ifuPtr，指向下一步的取指命令所依据的队列元素，性质上有点像出队指针，但也不完全是。实际上 Ftq 无所谓出队指针，当队列中的一个元素已经完成使命、不再有用的时候，就允许 bpuPtr 指针推进到这个元素所占的槽位，让新来的 BPU 信息把它覆盖掉就是。由于 BPU 的预测总是先于取指命令的发出，ifuPtr 总是落后于 bpuPtr。
- ifuWbPtr，用于 IFU 回写信息的写入。当 IFU 需要将一些信息“回写”到 Ftq 时，就须写入到这个指针所指的那个槽位中。
- commPtr，用于将来自后端 Rob 的执行结果交割（commit）信息写入队列。

上面讲的是信息的写入，实际上当然也可以将这些指针用于信息的读出。

说是 Ftq，实际上这里面有 4 个队列，其实后面还有个队列 ftq_pd_mem，也是个 SyncDataModuleTemplate，用来保持来自 IFU 的回写信息，下面先看一下这 4 个队列。

第一个队列是 ftq_pc_mem，这是一个 FtqPcMemWrapper

```
[XSCore > XSCoreBase > Frontend > FrontendImp > Ftq > FtqPcMemWrapper]
class FtqPcMemWrapper (numOtherReads: Int)(implicit p: Parameters) extends XSModule with HasBackendRedirectInfo {
  val io = IO(new Bundle {
    val ifuPtr_w            = Input(new FtqPtr)
    val ifuPtrPlus1_w       = Input(new FtqPtr)
    val ifuPtrPlus2_w       = Input(new FtqPtr)
    val commPtr_w           = Input(new FtqPtr)
    val commPtrPlus1_w      = Input(new FtqPtr)
    val ifuPtr_rdata             = Output(new Ftq_RF_Components)
    val ifuPtrPlus1_rdata        = Output(new Ftq_RF_Components)
    val ifuPtrPlus2_rdata        = Output(new Ftq_RF_Components)
    val commPtr_rdata            = Output(new Ftq_RF_Components)
    val commPtrPlus1_rdata = Output(new Ftq_RF_Components)

    val other_raddrs = Input(Vec(numOtherReads, UInt(log2Ceil(FtqSize).W)))       ///上面给的实参是1
    val other_rdatas = Output(Vec(numOtherReads, new Ftq_RF_Components))

    val wen = Input(Bool())                              ///write enable
    val waddr = Input(UInt(log2Ceil(FtqSize).W))         ///队列槽位号
    val wdata = Input(new Ftq_RF_Components)             ///写入槽位的数据
  })  ///end val io
```

```
val num_pc_read = numOtherReads + 5                       /// 1+5 = 6
val mem = Module(new SyncDataModuleTemplate(new Ftq_RF_Components, FtqSize, num_pc_read, 1, "FtqPC"))
                                        ///mem是一块存储区，FtqSize定义为64，num_pc_read是6，numWrite为1。
mem.io.wen(0) := io.wen                                   ///wen为true就可写入，具体的写入由时钟脉冲驱动。
mem.io.waddr(0) := io.waddr                               ///写入的一个或几个队列槽号
mem.io.wdata(0) := io.wdata                               ///写入一个或几个队列槽位的数据向量

// read one cycle ahead for ftq local reads
val raddr_vec = VecInit(io.other_raddrs ++ Seq(io.ifuPtr_w.value, io.ifuPtrPlus1_w.value,
   io.ifuPtrPlus2_w.value, io.commPtrPlus1_w.value, io.commPtr_w.value))
                                                          ///这就是“1+5”的来历，一共6个队列槽位号码。
mem.io.raddr := raddr_vec                                 ///从队列读出的路是一直通着的

io.other_rdatas          := mem.io.rdata.dropRight(5)           ///丢掉所读出的后面5项，只取第一项。
io.ifuPtr_rdata          := mem.io.rdata.dropRight(4).last      ///丢掉后4项，再取所剩2项中的后面一项。
io.ifuPtrPlus1_rdata     := mem.io.rdata.dropRight(3).last      ///丢掉后3项，再取所剩3项中的最后一项。
io.ifuPtrPlus2_rdata     := mem.io.rdata.dropRight(2).last      ///丢掉后2项，再取所剩4项中的最后一项。
io.commPtrPlus1_rdata    := mem.io.rdata.dropRight(1).last      ///丢掉后1项，再取所剩5项中的最后一项。
io.commPtr_rdata         := mem.io.rdata.last                   ///丢掉前5项，取最后一项。
}
```

FtqPcMemWrapper 的核心是个 SyncDataModuleTemplate 存储缓冲区，我们暂且将其看成一个黑盒子，这个黑盒子的外部接口定义是这样：

```
class SyncDataModuleTemplate[T <: Data]( gen: T, numEntries: Int, numRead: Int, numWrite: Int,
                    parentModule: String = "", concatData: Boolean = false,
                                        perReadPortBypassEnable: Option[Seq[Boolean]] = None) extends Module {
  val io = IO(new Bundle {
    val raddr = Vec(numRead, Input(UInt(log2Ceil(numEntries).W)))       ///可以从多个槽位同时读出
    val rdata = Vec(numRead, Output(gen))                                ///从多个槽位同时读出的数据向量
    val wen = Vec(numWrite, Input(Bool()))                               ///写入控制信号
    val waddr = Vec(numWrite, Input(UInt(log2Ceil(numEntries).W)))      ///可以向多个槽位同时写入
    val wdata = Vec(numWrite, Input(gen))                                ///向多个槽位同时写入的数据向量
  })
  …
}
```

而 FtqPcMemWrapper，则一方面将其每个存储槽位的数据类型定义为 Ftq_RF_Components，一方面也为其定义了一个更大的外部接口和一些相应的操作。Ftq_RF_Components 类的定义是这样：

```
[XSCore > XSCoreBase > Frontend > FrontendImp > Ftq > FtqPcMemWrapper > Ftq_RF_Components]

class Ftq_RF_Components(implicit p: Parameters) extends XSBundle with BPUUtils {
  val startAddr = UInt(VAddrBits.W)
  val nextLineAddr = UInt(VAddrBits.W)
```

```
  val isNextMask = Vec(PredictWidth, Bool())
  val fallThruError = Bool()

  def getPc(offset: UInt) = {
    def getHigher (pc: UInt) = pc(VAddrBits-1, log2Ceil(PredictWidth)+instOffsetBits+1)   ///这是pc地址的高位
    def getOffset (pc: UInt) = pc(log2Ceil(PredictWidth)+instOffsetBits, instOffsetBits)   ///这是pc地址在当前指令块中的位移
    Cat(getHigher(Mux(isNextMask(offset) && startAddr(log2Ceil(PredictWidth)+instOffsetBits), nextLineAddr, startAddr)),
                                              getOffset(startAddr)+offset, 0.U(instOffsetBits.W))
  }  ///getPc()的返回值由两个地址位段拼接而成，最后添上一个0
  def fromBranchPrediction (resp: BranchPredictionBundle) = {     ///从BPU的回应中摘取信息形成Ftq_RF_Components：
    def carryPos(addr: UInt) = addr(instOffsetBits+log2Ceil(PredictWidth)+1)
    this.startAddr := resp.pc
    this.nextLineAddr := resp.pc + (FetchWidth * 4 * 2).U          // may be broken on other configs
              /// FetchWidth在XSCoreParameters中定义为8。
    this.isNextMask := VecInit((0 until PredictWidth).map(i =>
                  (resp.pc(log2Ceil(PredictWidth), 1) +& i.U)(log2Ceil(PredictWidth)).asBool()))
    this.fallThruError := resp.fallThruError
    this
  }
}  ///end class Ftq_RF_Components
```

由此可见，Ftq_RF_Components 对象中的信息来自 BPU 的 BranchPredictionBundle，但是需要通过调用 fromBranchPrediction()从中摘取和转移到 Ftq_RF_Components 中。其中的 startAddr 来自 BranchPredictionBundle 中的 pc；而 nextLineAddr 是根据 pc 计算出来的，这里的 FetchWidth 定义为 8，(FetchWidth * 4 * 2)就是 64（字节），因为每次从 ICache 读入一个 cacheline 的大小是 64 字节（实际读入两个 cacheline）。这样，这几行代码就把 bpu_in_resp 即某个 BranchPredictionBundle 中的信息转移到了 ftq_pc_mem 某个槽位中：

```
ftq_pc_mem.io.wen   := bpu_in_fire                              ///write enable，写入控制信号。
ftq_pc_mem.io.waddr := bpu_in_resp_idx                          ///write address，队列中的槽位号码。
ftq_pc_mem.io.wdata.fromBranchPrediction (bpu_in_resp)          ///写入槽位的内容，来自 bpu_in_resp。
```

具体的槽位号码取决于 bpu_in_resp_idx，而 bpu_in_resp_idx 取决于 BPU 预测报告所处的阶段：

```
val bpu_in_stage = io.fromBpu.resp.bits.selectedRespIdx        ///可以是 BP_S1，BP_S2，BP_S3。
val bpu_in_resp_ptr = Mux(bpu_in_stage === BP_S1, bpuPtr, bpu_in_resp.ftq_idx)
                              ///写入 ftq_pc_mem 时的槽位号，BP_S1 时就是 bpuPtr，否则由 BPU 提供。
val bpu_in_resp_idx = bpu_in_resp_ptr.value
```

如果是处于 BP_S1 阶段，那就直接就是当前 bpuPtr 所指，如果是 BP_S2 或 BP_S3 则由 BPU 提供，因为此时已经过了一个或两个时钟节拍，bpuPtr 可能已经不同。

第二个队列是 ftq_redirect_sram，这是一个 FtqNRSRAM，其每个槽位的内容是 Ftq_Redirect_SRAMEntry，队列的大小也是 FtqSize，即 64。显然这是关于转向指示即 Redirect 的信息：

```
[XSCore > XSCoreBase > Frontend > FrontendImp > Ftq > FtqNRSRAM]
class FtqNRSRAM[T <: Data](gen: T, numRead: Int)(implicit p: Parameters) extends XSModule {
```

```
  val io = IO(new Bundle() {
    val raddr = Input(Vec(numRead, UInt(log2Up(FtqSize).W)))       ///读出槽位号的向量
    val ren = Input(Vec(numRead, Bool()))                           ///读出控制信号的向量
    val rdata = Output(Vec(numRead, gen))                           ///读出数据的向量
    val waddr = Input(UInt(log2Up(FtqSize).W))                      ///写入槽位号
    val wen = Input(Bool())                                         ///写入控制
    val wdata = Input(gen)                                          ///写入数据
  })  ///end io

  for(i <- 0 until numRead){
    val sram = Module(new SRAMTemplate (gen, FtqSize))    ///队列的大小也是FtqSize，即64。
    sram.io.r.req.valid := io.ren(i)
    sram.io.r.req.bits.setIdx := io.raddr(i)
    io.rdata(i) := sram.io.r.resp.data(0)
    sram.io.w.req.valid := io.wen
    sram.io.w.req.bits.setIdx := io.waddr
    sram.io.w.req.bits.data := VecInit(io.wdata)
  }
}  ///end class FtqNRSRAM
```

同样，FtqNRSRAM 的核心 sram 也是个存储区，其类型是 SRAMTemplate。

FtqNRSRAM 所存储的内容是 Ftq_Redirect_SRAMEntry：

```
class Ftq_Redirect_SRAMEntry(implicit p: Parameters) extends SpeculativeInfo {}
```

这是对 SpeculativeInfo 的简单扩充，一个 Ftq_Redirect_SRAMEntry 基本上就是一个 SpeculativeInfo，之所以说是 Speculative，显然是说在此基础上作出的预测都是猜测性的，实际上这就是关于具体转移指令的历史信息。注意 SpeculativeInfo 是保存在 ftq_redirect_sram 队列中，这个队列共有 64 个槽位，最多也只能保存 64 份不同的 SpeculativeInfo。所以 Ftq（从而 BPU）所拥有的转移历史信息从 0 开始积累，积累到 64 份以后就不再继续增多，而只是新陈代谢了。

SpeculativeInfo 的定义是这样：

```
[Ftq > Ftq_Redirect_SRAMEntry > SpeculativeInfo]
class SpeculativeInfo(implicit p: Parameters) extends XSBundle with HasBPUConst with BPUUtils {
  val folded_hist = new AllFoldedHistories(foldedGHistInfos)        /// foldedGHistInfos是个FoldedHistoryInfo序列
  val afhob = new AllAheadFoldedHistoryOldestBits(foldedGHistInfos)
  val lastBrNumOH = UInt((numBr+1).W)
  val histPtr = new CGHPtr                                          ///这是个循环缓冲区指针，指向历史记录中的某一项。
  val rasSp = UInt(log2Ceil(RasSize).W)
  val rasTop = new RASEntry
}
```

SpeculativeInfo 对象的核心是有关指令流转向的（全局）历史记录，即 folded_hist 和 afhob，histPtr 是个指针，而 rasTop 是“返回地址堆栈”的栈顶，就是下一步遇到函数调用返回指令时的返回地址。

下面是 class AllFoldedHistories 的定义：

```
[Ftq > Ftq_Redirect_SRAMEntry > SpeculativeInfo > AllFoldedHistories]
class AllFoldedHistories(val gen: Seq[Tuple2[Int, Int]])(implicit p: Parameters) extends XSBundle with HasBPUConst {
  val hist = MixedVec(gen.map{case (l, cl) => new FoldedHistory(l, cl, numBr)})   ///hist是个向量
        /// AllFoldedHistories中的唯一数据成分就是这个hist，这是个FoldedHistory向量，别的都是处理方法。
  require(gen.toSet.toList.equals(gen))
  def getHistWithInfo(info: Tuple2[Int, Int]) = {
    val selected = hist.filter(_.info.equals(info))
    require(selected.length == 1)
    selected(0)
  }
  def autoConnectFrom(that: AllFoldedHistories) = {
    require(this.hist.length <= that.hist.length)
    for (h <- this.hist) { h := that.getHistWithInfo(h.info) }
  }
  def update(ghv: Vec[Bool], ptr: CGHPtr, shift: Int, taken: Bool): AllFoldedHistories = {
    val res = WireInit(this)
    for (i <- 0 until this.hist.length) { res.hist(i) := this.hist(i).update(ghv, ptr, shift, taken) }
    res
  }
  def update(afhob: AllAheadFoldedHistoryOldestBits, lastBrNumOH: UInt, shift: Int, taken: Bool): AllFoldedHistories = {
    val res = WireInit(this)
    for (i <- 0 until this.hist.length) {
      val fh = this.hist(i)
      if (fh.need_oldest_bits) {
        val info = fh.info
        val selectedAfhob = afhob.getObWithInfo(info)
        val ob = selectedAfhob.getRealOb(lastBrNumOH)
        res.hist(i) := this.hist(i).update(ob, shift, taken)
      } else {
        val dumb = Wire(Vec(numBr, Bool())) // not needed
        dumb := DontCare
        res.hist(i) := this.hist(i).update(dumb, shift, taken)
      }
    }
    res
  }
}   ///end class AllFoldedHistories
```

显然，AllFoldedHistories 是个 FoldedHistory 对象的向量，是个 FoldedHistory 对象的序列。而 FoldedHistory，当然是一段历史，之所以称为“Folded”是因为原来的历史纪录长度太大，耗费资源太多，就把它“折叠”一下，施加某种 Hash 计算，使其长度减小到一个预定的大小。当然，经过折叠以后，原先的历史纪录与折叠所得的编码就不再是一对一的对应了，但是实际上影响也不是太大，这是一种性能与价格之间的权衡折中。

这个 class 的定义是这样：

```
[Ftq > Ftq_Redirect_SRAMEntry > SpeculativeInfo > AllFoldedHistories > FoldedHistory]
class FoldedHistory(val len: Int, val compLen: Int, val max_update_num: Int)
                                        (implicit p: Parameters) extends XSBundle with HasBPUConst {
  require(compLen >= 1)
  require(len > 0)
  require(compLen >= max_update_num)
  val folded_hist = UInt(compLen.W)          /// FoldedHistory中也只有一个数据成分，就是这folded_hist。别的都是处理方法。

  def need_oldest_bits = len > compLen
  def info = (len, compLen)
  def oldest_bit_to_get_from_ghr = (0 until max_update_num).map(len - _ - 1)
  def oldest_bit_pos_in_folded = oldest_bit_to_get_from_ghr map (_ % compLen)
  def oldest_bit_wrap_around = oldest_bit_to_get_from_ghr map (_ / compLen > 0)
  def oldest_bit_start = oldest_bit_pos_in_folded.head

  def get_oldest_bits_from_ghr(ghr: Vec[Bool], histPtr: CGHPtr) = {
    // TODO: wrap inc for histPtr value
    oldest_bit_to_get_from_ghr.map(i => ghr((histPtr + (i+1).U).value))
  }

  def circular_shift_left(src: UInt, shamt: Int) = {
    val srcLen = src.getWidth
    val src_doubled = Cat(src, src)
    val shifted = src_doubled(srcLen*2-1-shamt, srcLen-shamt)
    shifted
  }

  // slow path, read bits from ghr
  def update(ghr: Vec[Bool], histPtr: CGHPtr, num: Int, taken: Bool): FoldedHistory = {
    val oldest_bits = VecInit(get_oldest_bits_from_ghr(ghr, histPtr))
    update(oldest_bits, num, taken)
  }

  // fast path, use pre-read oldest bits
  def update(ob: Vec[Bool], num: Int, taken: Bool): FoldedHistory = {
    // do xors for several bitsets at specified bits
    def bitsets_xor(len: Int, bitsets: Seq[Seq[Tuple2[Int, Bool]]]) = {
      val res = Wire(Vec(len, Bool()))
      val resArr = Array.fill(len)(List[Bool]())
      for (bs <- bitsets) {
        for ((n, b) <- bs) { resArr(n) = b :: resArr(n) }
      }
      for (i <- 0 until len) {
        if (resArr(i).length > 2) {
```

```
            println(f"[warning] update logic of foldest history has two or more levels of xor gates! " +
                                                        f"histlen:${this.len}, compLen:$compLen, at bit $i")
          }
          if (resArr(i).length == 0) {
            println(f"[error] bits $i is not assigned in folded hist update logic! histlen:${this.len}, compLen:$compLen")
          }
          res(i) := resArr(i).foldLeft(false.B)(_^_)
        }
        res.asUInt
      }   ///end bitsets_xor()

      val new_folded_hist = if (need_oldest_bits) {
        val oldest_bits = ob
        require(oldest_bits.length == max_update_num)
        // mask off bits that do not update
        val oldest_bits_masked = oldest_bits.zipWithIndex.map{ case (ob, i) => ob && (i < num).B }
        // if a bit does not wrap around, it should not be xored when it exits
        val oldest_bits_set = (0 until max_update_num).filter(oldest_bit_wrap_around).map(i =>
                                                        (oldest_bit_pos_in_folded(i), oldest_bits_masked(i)))

         // only the last bit could be 1, as we have at most one taken branch at a time
        val newest_bits_masked = VecInit((0 until max_update_num).map(i => taken && ((i+1) == num).B)).asUInt
        // if a bit does not wrap around, newest bits should not be xored onto it either
        val newest_bits_set = (0 until max_update_num).map(i => (compLen-1-i, newest_bits_masked(i)))

        val original_bits_masked = VecInit(folded_hist.asBools.zipWithIndex.map{ case (fb, i) => fb && !(num >= (len-i)).B })
        val original_bits_set = (0 until compLen).map(i => (i, original_bits_masked(i)))

        // do xor then shift
        val xored = bitsets_xor(compLen, Seq(original_bits_set, oldest_bits_set, newest_bits_set))
        circular_shift_left(xored, num)
      } else {
        // histLen too short to wrap around
        ((folded_hist << num) | taken)(compLen-1,0)
      }   ///end val new_folded_hist

      val fh = WireInit(this)
      fh.folded_hist := new_folded_hist
      fh
    }   ///end updata()
}   ///end class FoldedHistory
```

这些代码就留给读者自己细看了。

这里面虽然定义了许多方法，但是只有一个结构成分，那就是 folded_hist，表面上看只是个宽度为 compLen 的无符号整数，但实际上却是个代表着跳转历史的位图。

SpeculativeInfo 中的另一个成分是 AllAheadFoldedHistoryOldestBits：

```
[Ftq > Ftq_Redirect_SRAMEntry > SpeculativeInfo > AllAheadFoldedHistoryOldestBits]
class AllAheadFoldedHistoryOldestBits(val gen: Seq[Tuple2[Int, Int]])(implicit p: Parameters) extends XSBundle with HasBPUConst
{
  val afhob = MixedVec(gen.filter(t => t._1 > t._2).map{_._1}.toSet.toList.map(l =>
                                    new AheadFoldedHistoryOldestBits(l, numBr)))  // remove duplicates   /// numBr=2
        /// afhob又是AllAheadFoldedHistoryOldestBits的唯一数据成分
  require(gen.toSet.toList.equals(gen))
  def getObWithInfo(info: Tuple2[Int, Int]) = {
    val selected = afhob.filter(_.len == info._1)
    require(selected.length == 1)
    selected(0)
  }
  def read(ghv: Vec[Bool], ptr: CGHPtr) = {
    val hisLens = afhob.map(_.len)
    val bitsToRead = hisLens.flatMap(l => (0 until numBr*2).map(i => l-i-1)).toSet     // remove duplicates
    val bitsWithInfo = bitsToRead.map(pos => (pos, ghv((ptr+(pos+1).U).value)))
    for (ob <- afhob) {
      for (i <- 0 until numBr*2) {
        val pos = ob.len - i - 1
        val bit_found = bitsWithInfo.filter(_._1 == pos).toList
        require(bit_found.length == 1)
        ob.bits(i) := bit_found(0)._2
      }
    }
  }
}  ///end class AllAheadFoldedHistoryOldestBits
```

同样，这里面也只有一个结构成分，那就是 afhob，是个 AheadFoldedHistoryOldestBits 的向量：

```
[SpeculativeInfo > AllAheadFoldedHistoryOldestBits > AheadFoldedHistoryOldestBits]
class AheadFoldedHistoryOldestBits(val len: Int, val max_update_num: Int) (implicit p: Parameters) extends XSBundle {
  val bits = Vec(max_update_num*2, Bool())          ///位图

  def getRealOb(brNumOH: UInt): Vec[Bool] = {
    val ob = Wire(Vec(max_update_num, Bool()))
    for (i <- 0 until max_update_num) { ob(i) := Mux1H(brNumOH, bits.drop(i).take(numBr+1)) }
    ob
  }
}
```

上面 SpeculativeInfo 中还有个成分是 RASEntry，就是函数调用的返回地址：

```
[Ftq > Ftq_Redirect_SRAMEntry > SpeculativeInfo > RASEntry]
class RASEntry()(implicit p: Parameters) extends XSBundle {
```

```
    val retAddr = UInt(VAddrBits.W)
    val ctr = UInt(8.W)                    // layer of nested call functions
}
```

实际运行时的子程序返回地址是在一个寄存器中，只有到程序执行到要返回的时候才知道这是在哪个寄存器并从中读出。然而子程序的返回地址是根据子程序调用指令所在的 PC 地址就可知道的，这就可以在取指阶段就将其保存起来备用，然后在看到返回指令时就可根据返回地址确定下一步的取指方向。由于子程序调用常常是嵌套和递归的，这些返回地址就形成一个堆栈，这就是“Return Address Stack”。不过子程序调用和返回都是用 jalr 指令实现的，拿到一条 jalr 指令，这究竟是否 call 或 ret 在一定程度上也只是一种猜测，而不像 jal 指令那样确定，所以也把它放在 SpeculativeInfo 的范围中。

如前所述，这个队列的最大长度也是 FtqSize 即 64，队列中各个元素中的信息也是来自 BPU。

第三个队列是 ftq_meta_1r_sram，这也是一个 FtqNRSRAM，所以其内部也是一个 SRAMTemplate 存储区，队列长度也是 FtqSize 即 64，但其每个槽位的内容是 Ftq_1R_SRAMEntry：

```
class Ftq_1R_SRAMEntry(implicit p: Parameters) extends XSBundle with HasBPUConst {
  val meta = UInt(MaxMetaLength.W)          /// MaxMetaLength 为 512 或 256。
}
```

这是无格式的一个位串，其长度为 512 或 256（如果是 FPGA 实现），相当于自定义数据，一般是对正式结果的补充说明。这个队列的内容也是来自 BPU。

最后，第四个队列 ftb_entry_mem 是个 SyncDataModuleTemplate，这个队列的大小也与 ftq_pc_mem 相同，都是 FtqSize，但其内容是 FTBEntry，FTB 是 Fetch Target Buffer 的意思，所记录的是一条具体转移指令的转移历史，这就不算在 Speculative 的范围中了：

```
class FTBEntry(implicit p: Parameters) extends XSBundle with FTBParams with BPUUtils {
  val valid = Bool()
  val brSlots = Vec(numBrSlot, new FtbSlot(BR_OFFSET_LEN))          /// numBrSlot定义为numBr-1，numBr=2。
  val tailSlot = new FtbSlot(JMP_OFFSET_LEN, Some(BR_OFFSET_LEN))

  // Partial Fall-Through Address
  val pftAddr = UInt(log2Up(PredictWidth).W)              ///pft就是“Partial Fall-Through”
  val carry = Bool()
  val isCall = Bool()
  val isRet = Bool()
  val isJalr = Bool()
  val last_may_be_rvi_call = Bool()
  val always_taken = Vec(numBr, Bool())

  def getSlotForBr(idx: Int): FtbSlot = {
    require(idx <= numBr-1)
    (idx, numBr) match {
      case (i, n) if i == n-1 => this.tailSlot
      case _ => this.brSlots(idx)
    }
```

```
  }
  def allSlotsForBr = { (0 until numBr).map(getSlotForBr(_)) }
  def setByBrTarget(brIdx: Int, pc: UInt, target: UInt) = {
    val slot = getSlotForBr(brIdx)
    slot.setLowerStatByTarget(pc, target, brIdx == numBr-1)
  }
  def setByJmpTarget(pc: UInt, target: UInt) = { this.tailSlot.setLowerStatByTarget(pc, target, false) }
  def getTargetVec(pc: UInt, last_stage: Option[Tuple2[UInt, Bool]] = None) = {
    VecInit((brSlots :+ tailSlot).map(_.getTarget(pc, last_stage)))
  }
  def getOffsetVec = VecInit(brSlots.map(_.offset) :+ tailSlot.offset)
  def isJal = !isJalr
  def getFallThrough(pc: UInt) = getFallThroughAddr(pc, carry, pftAddr)
  def hasBr(offset: UInt) =
    brSlots.map{ s => s.valid && s.offset <= offset}.reduce(_||_) || (tailSlot.valid && tailSlot.offset <= offset && tailSlot.sharing)

  def getBrMaskByOffset(offset: UInt) =
    brSlots.map{ s => s.valid && s.offset <= offset } :+ (tailSlot.valid && tailSlot.offset <= offset && tailSlot.sharing)

  def getBrRecordedVec(offset: UInt) = {
    VecInit(brSlots.map(s => s.valid && s.offset === offset) :+ (tailSlot.valid && tailSlot.offset === offset && tailSlot.sharing) )
  }
  def brIsSaved(offset: UInt) = getBrRecordedVec(offset).reduce(_||_)
  def brValids = { VecInit( brSlots.map(_.valid) :+ (tailSlot.valid && tailSlot.sharing) ) }
  def noEmptySlotForNewBr = { VecInit(brSlots.map(_.valid) :+ tailSlot.valid).reduce(_&&_) }
  def newBrCanNotInsert(offset: UInt) = {
    val lastSlotForBr = tailSlot
    lastSlotForBr.valid && lastSlotForBr.offset < offset
  }
  def jmpValid = { tailSlot.valid && !tailSlot.sharing }
  def brOffset = { VecInit(brSlots.map(_.offset) :+ tailSlot.offset) }
}  ///end class FTBEntry
```

FTBEntry 中的结构成分 brSlots 和 tailSlot 都是关于转移/跳转的信息，数据类型为 FtbSlot。一个 FtbSlot 可以是用于条件转移的 brSlot，也可以是用于无条件转移的 tailSlot。之所以称为 tailSlot 无条件转移所占的槽位肯定是最后一个，此后就没有了，因为指令流已经转走。有时候没有无条件转移，但需要在 tailSlot 中也放上条件转移，这时候就要将其标志成 sharing，因为此时 tailSlot 被条件转移所共享。FtbSlot 的定义是这样：

```
[Ftq > Ftq_Redirect_SRAMEntry > SpeculativeInfo > RASEntry > FtbSlot]
class FtbSlot(val offsetLen: Int, val subOffsetLen: Option[Int] = None) (implicit p: Parameters) extends XSBundle with FTBParams {
  if (subOffsetLen.isDefined) { require(subOffsetLen.get <= offsetLen) }
  val offset      = UInt(log2Ceil(PredictWidth).W)
  val lower       = UInt(offsetLen.W)
  val tarStat     = UInt(TAR_STAT_SZ.W)
  val sharing     = Bool()
  val valid       = Bool()
```

```
def setLowerStatByTarget(pc: UInt, target: UInt, isShare: Boolean) = {
  def getTargetStatByHigher(pc_higher: UInt, target_higher: UInt) = Mux(target_higher > pc_higher, TAR_OVF,
                                                                   Mux(target_higher < pc_higher, TAR_UDF, TAR_FIT))
  def getLowerByTarget(target: UInt, offsetLen: Int) = target(offsetLen, 1)
  val offLen = if (isShare) this.subOffsetLen.get else this.offsetLen
  val pc_higher = pc(VAddrBits-1, offLen+1)
  val target_higher = target(VAddrBits-1, offLen+1)
  val stat = getTargetStatByHigher(pc_higher, target_higher)
  val lower = ZeroExt(getLowerByTarget(target, offLen), this.offsetLen)
  this.lower := lower
  this.tarStat := stat
  this.sharing := isShare.B
}

def getTarget (pc: UInt, last_stage: Option[Tuple2[UInt, Bool]] = None) = {
  def getTarget (offLen: Int)(pc: UInt, lower: UInt, stat: UInt, last_stage: Option[Tuple2[UInt, Bool]] = None) = {
    val h = pc(VAddrBits-1, offLen+1)
    val higher = Wire(UInt((VAddrBits-offLen-1).W))
    val higher_plus_one = Wire(UInt((VAddrBits-offLen-1).W))
    val higher_minus_one = Wire(UInt((VAddrBits-offLen-1).W))
    if (last_stage.isDefined) {
      val last_stage_pc = last_stage.get._1
      val last_stage_pc_h = last_stage_pc(VAddrBits-1, offLen+1)
      val stage_en = last_stage.get._2
      higher := RegEnable(last_stage_pc_h, stage_en)
      higher_plus_one := RegEnable(last_stage_pc_h+1.U, stage_en)
      higher_minus_one := RegEnable(last_stage_pc_h-1.U, stage_en)
    } else {
      higher := h
      higher_plus_one := h + 1.U
      higher_minus_one := h - 1.U
    }
    val target = Cat( Mux1H(Seq( (stat === TAR_OVF, higher_plus_one),
                        (stat === TAR_UDF, higher_minus_one), (stat === TAR_FIT, higher),)), lower(offLen-1, 0), 0.U(1.W) )
    require(target.getWidth == VAddrBits)
    require(offLen != 0)
    target
  }  ///end getTarget()
  if (subOffsetLen.isDefined)
    Mux(sharing, getTarget(subOffsetLen.get)(pc, lower, tarStat, last_stage), getTarget(offsetLen)(pc, lower, tarStat, last_stage))
  else
    getTarget(offsetLen)(pc, lower, tarStat, last_stage)
}
def fromAnotherSlot(that: FtbSlot) = {
  require(
```

```
        this.offsetLen > that.offsetLen && this.subOffsetLen.map(_ == that.offsetLen).getOrElse(true) ||
        this.offsetLen == that.offsetLen
      )
      this.offset := that.offset
      this.tarStat := that.tarStat
      this.sharing := (this.offsetLen > that.offsetLen && that.offsetLen == this.subOffsetLen.get).B
      this.valid := that.valid
      this.lower := ZeroExt(that.lower, this.offsetLen)
    }
}   ///end class FtbSlot
```

这个队列的内容也是来自 BPU。

这样，四个队列的长度（容量）都一样，都是 FtqSize 即 64，四个队列中的信息最初也都来自 BPU。所以，物理上是四个队列，逻辑上却就像只是一个队列，只是队列元素的结构又大又复杂，所以把它们分割开来；前面所述的四个指针，也可以同样用在这四个队列。

对这四个队列有所了解以后，我们就可以继续往下看 class Ftq 的代码了。

```
[XSCore > XSCoreBase > Frontend > FrontendImp > Ftq]  ///续 1
  // multi-write
  val update_target = Reg(Vec(FtqSize, UInt(VAddrBits.W)))   // could be taken target or fallThrough
  val newest_entry_target = Reg(UInt(VAddrBits.W))                    ///来自 BPU 的最新取指目标
  val newest_entry_ptr = Reg(new FtqPtr)                              ///以及这个最新取指目标所对应的队列元素
  val cfiIndex_vec = Reg(Vec(FtqSize, ValidUndirectioned(UInt(log2Ceil(PredictWidth).W))))   ///cfi 意为 Control Flow Instruction
  val mispredict_vec = Reg(Vec(FtqSize, Vec(PredictWidth, Bool())))       ///这是个二维位图
  val pred_stage = Reg(Vec(FtqSize, UInt(2.W)))

  val c_invalid :: c_valid :: c_commited :: c_flushed :: Nil = Enum(4)
  val commitStateQueue = RegInit(VecInit(Seq.fill(FtqSize) { VecInit(Seq.fill(PredictWidth)(c_invalid)) }))
                                    /// FtqSize×PredictWidth 二维向量，每个元素的类型为枚举值 c_invalid。

  val f_to_send :: f_sent :: Nil = Enum(2)
  val entry_fetch_status = RegInit(VecInit(Seq.fill(FtqSize)(f_sent)))            ///长度为 FtqSize 的向量

  val h_not_hit :: h_false_hit :: h_hit :: Nil = Enum(3)
  val entry_hit_status = RegInit(VecInit(Seq.fill(FtqSize)(h_not_hit)))           ///长度为 FtqSize 的向量

  // modify registers one cycle later to cut critical path
  val last_cycle_bpu_in       = RegNext(bpu_in_fire)                 ///last_cycle_bpu 就是上个时钟节拍中的 bpu_in_fire
  val last_cycle_bpu_in_ptr  = RegNext(bpu_in_resp_ptr)
  val last_cycle_bpu_in_idx = last_cycle_bpu_in_ptr.value
  val last_cycle_bpu_target = RegNext (bpu_in_resp.getTarget)      ///上个时钟节拍中来自 BPU 的转移目标
  val last_cycle_cfiIndex     = RegNext (bpu_in_resp.cfiIndex)       ///cfi 就是转移指令，control flow instruction。
  val last_cycle_bpu_in_stage = RegNext(bpu_in_stage)
     ///以 last_cycle_bpu_in 为例，是 bpu_in_fire 经过了一个寄存器，所以是上个时钟节拍中的 bpu_in_fire。

  def extra_copyNum_for_commitStateQueue = 2
```

```
val copied_last_cycle_bpu_in = VecInit(Seq.fill(copyNum+extra_copyNum_for_commitStateQueue)(RegNext(bpu_in_fire)))
val copied_last_cycle_bpu_in_ptr_for_ftq = VecInit(Seq.fill(extra_copyNum_for_commitStateQueue)(RegNext(bpu_in_resp_ptr)))

when (last_cycle_bpu_in) {        ///有回应信息来自 BPU，以 last_cycle_bpu_in_idx 为下标写入各寄存器：
  entry_fetch_status(last_cycle_bpu_in_idx) := f_to_send          ///寄存器 entry_fetch_status 的内容是个向量
  cfiIndex_vec(last_cycle_bpu_in_idx) := last_cycle_cfiIndex      ///因 BPU 的反馈而更新 cfiIndex_vec
  pred_stage(last_cycle_bpu_in_idx) := last_cycle_bpu_in_stage

  update_target(last_cycle_bpu_in_idx) := last_cycle_bpu_target          // TODO: remove this
          ///以上四个都是寄存器向量，这里以 last_cycle_bpu_in_idx 为下标写入几个寄存器的相应单元。
  newest_entry_target := last_cycle_bpu_target          /// newest_entry_target 和 newest_entry_ptr 并非向量
  newest_entry_ptr := last_cycle_bpu_in_ptr
}

// reduce fanout by delay write for a cycle
when (RegNext(last_cycle_bpu_in)) {
  mispredict_vec (RegNext(last_cycle_bpu_in_idx)) := WireInit(VecInit(Seq.fill(PredictWidth)(false.B)))
                                                /// mispredict_vec 是个 FtqSize×PredictWidth 二维位图
}
      ///以上把来自 BPU 的最新响应信息以 bpu_in_ptr 的数值为下标写入 4 个寄存器组和位图，
      ///并将最新的取指目标（和指针）写入 newest_entry_target（和 newest_entry_ptr）。

// reduce fanout using copied last_cycle_bpu_in and copied last_cycle_bpu_in_ptr
val copied_last_cycle_bpu_in_for_ftq = copied_last_cycle_bpu_in.takeRight(extra_copyNum_for_commitStateQueue)
copied_last_cycle_bpu_in_for_ftq.zip(copied_last_cycle_bpu_in_ptr_for_ftq).zipWithIndex.map {
  case ((in, ptr), i) =>
    when (in) {
      val perSetEntries = FtqSize / extra_copyNum_for_commitStateQueue          // 32    /// 64/2 = 32
      require(FtqSize % extra_copyNum_for_commitStateQueue == 0)
      for (j <- 0 until perSetEntries) {
        when (ptr.value === (i*perSetEntries+j).U) {
          commitStateQueue(i*perSetEntries+j) := VecInit(Seq.fill(PredictWidth)(c_invalid))
                /// commitStateQueue 也是个 FtqSize×PredictWidth 寄存器向量
                ///这是因为队列中最多可记录 FtqSize 这么多指令块，每个指令块中最多可有 PredictWidth 条指令
        }  ///end when
      }  ///end for
    }  //end when(in)
}  ///end map()

// num cycle is fixed
io.toBackend.newest_entry_ptr := RegNext (newest_entry_ptr)
io.toBackend.newest_entry_target := RegNext (newest_entry_target)    ///将最新的目标地址发往后端

bpuPtr := bpuPtr + enq_fire                          ///向前推进 bpuPtr，enq_fire 见后，1 或 0。
copied_bpu_ptr.map(_ := bpuPtr + enq_fire)           /// copied_bpu_ptr 见前，共 5 个 FtqPtr 寄存器。
                        ///注意这里：硬件描述不是过程性的，语句的先后次序与语义无关。
```

```
when (io.toIfu.req.fire && allowToIfu) {
  ifuPtr_write       := ifuPtrPlus1                ///val ifuPtr_write = WireInit(ifuPtr)，见前。
  ifuPtrPlus1_write := ifuPtrPlus2                 ///val ifuPtrPlus1_write = WireInit(ifuPtrPlus1)
  ifuPtrPlus2_write := ifuPtrPlus2 + 1.U           ///val ifuPtrPlus2_write = WireInit(ifuPtrPlus2)
}  ///每向 IFU 发送一次请求，寄存器 ifuPtr、ifuPtrPlus1、ifuPtrPlus2 的值就各自向前推进一步。
   ///这里 ifuPtrPlus1 是寄存器，而 ifuPtr_write 则只是一束导线，这里将这束导线连到 ifuPtrPlus1 的输出，
   ///但是 ifuPtr_write 又是寄存器 ifuPtr 的输入，所以下一时钟脉冲就把 ifuPtrPlus1 的值打入了 ifuPtr。

// only use ftb result to assign hit status
when (bpu_s2_resp.valid) {
  entry_hit_status (bpu_s2_resp.ftq_idx.value) := Mux(bpu_s2_resp.full_pred.hit, h_hit, h_not_hit)
       /// entry_hit_status 是个长度为 FtqSize 的寄存器向量，内容为命中状态 h_hit/h_not_hit。
}

io.toIfu.flushFromBpu.s2.valid := bpu_s2_redirect              /// bpu_s2_redirect 导致对 IFU 的冲刷
io.toIfu.flushFromBpu.s2.bits := bpu_s2_resp.ftq_idx
when (bpu_s2_resp.valid && bpu_s2_resp.hasRedirect) {          ///每从 BPU 得到一个 S2 回应，就：
  bpuPtr := bpu_s2_resp.ftq_idx + 1.U                          ///向前推进 bpuPtr
  copied_bpu_ptr.map(_ := bpu_s2_resp.ftq_idx + 1.U)
  // only when ifuPtr runs ahead of bpu s2 resp should we recover it
  when (!isBefore(ifuPtr, bpu_s2_resp.ftq_idx)) {              ///如果 ifuPtr 不在 bpu_s2_resp.ftq_idx 之前：
    ifuPtr_write := bpu_s2_resp.ftq_idx
    ifuPtrPlus1_write := bpu_s2_resp.ftq_idx + 1.U
    ifuPtrPlus2_write := bpu_s2_resp.ftq_idx + 2.U
  }     ///每从 BPU 接收一个回应，寄存器 ifuPtr、ifuPtrPlus1、ifuPtrPlus2 就调整到原先 bpuPtr 的基础上。
        /// bpu_s2_resp.ftq_idx 就是 bpuPtr 的原值，现在 bpuPtr 加 1，而 ifuPtr 变成了 bpuPtr 的原值。
        /// ifuPtr 在任何时候都不应该在 bpu_s2_resp.ftq_idx 之前。
}  ///end when (bpu_s2_resp.valid && bpu_s2_resp.hasRedirect)

io.toIfu.flushFromBpu.s3.valid := bpu_s3_redirect              /// bpu_s3_redirect 导致对 IFU 的冲刷
io.toIfu.flushFromBpu.s3.bits := bpu_s3_resp.ftq_idx

when (bpu_s3_resp.valid && bpu_s3_resp.hasRedirect) {
  bpuPtr := bpu_s3_resp.ftq_idx + 1.U                          /// bpuPtr 的推进
  copied_bpu_ptr.map(_ := bpu_s3_resp.ftq_idx + 1.U)
   // only when ifuPtr runs ahead of bpu s2 resp should we recover it
  when (!isBefore(ifuPtr, bpu_s3_resp.ftq_idx)) {
    ifuPtr_write := bpu_s3_resp.ftq_idx                        /// ifuPtr 的推进，ifuPtr_write 与 ifuPtr 是相连的
    ifuPtrPlus1_write := bpu_s3_resp.ftq_idx + 1.U
    ifuPtrPlus2_write := bpu_s3_resp.ftq_idx + 2.U
  }
}  ///end when (bpu_s3_resp.valid && bpu_s3_resp.hasRedirect)

XSError(isBefore(bpuPtr, ifuPtr) && !isFull(bpuPtr, ifuPtr), "\nifuPtr is before bpuPtr!\n")
XSError(isBefore(ifuWbPtr, commPtr) && !isFull(ifuWbPtr, commPtr), "\ncommPtr is before ifuWbPtr!\n")
```

```
(0 until copyNum).map{i =>
  XSError(copied_bpu_ptr(i) =/= bpuPtr, "\ncopiedBpuPtr is different from bpuPtr!\n")
}
///class Ftq，续 1，待续
```

这里定义了两个寄存器 newest_entry_target 和 newest_entry_ptr，用来寄存来自 BPU 的取指地址建议，以及与此对应的队列元素即槽位号码 FtqPtr。后面我们将看到，这个槽位号码实际上是 Ftq 在此前发送给 BPU 的，对 BPU 的请求与回应就靠这个 FtqPtr 绑定。然后是 update_target 等寄存器向量，例如：

val update_target = Reg(Vec(FtqSize, UInt(VAddrBits.W)))

val pred_stage = Reg(Vec(FtqSize, UInt(2.W)))

这都是寄存器向量，实际上就是大小为 FtqSize 的寄存器组，可以通过下标读写其中的个别寄存器。至于每个寄存器的大小和用途，则 update_target 中的寄存器都是用来保存作为取指目标的虚存地址，寄存器的宽度为 VAddrBits；而 pred_stag 中的寄存器都是用来保存 2 位 UInt，表示当前所处阶段。

寄存器向量也可以是 2 维的。例如这里的 mispredict_vec：

val mispredict_vec = Reg(Vec(FtqSize, Vec(PredictWidth, Bool())))

这可以理解成一个寄存器阵列，这个阵列有 FtqSize 行和 PredictWidth 列，但是每个寄存器的类型是 Bool，只有一位，所以这就是个 FtqSize×PredictWidth 的位图。其物理意义也很简单，因为整个环形队列的长度是 FtqSize，而每个队列元素所代表的指令块中最多可以有 PredictWidth 条指令。

此外，这里还定义了三种枚举值：

val c_invalid :: c_valid :: c_commited :: c_flushed :: Nil = Enum(4)

val f_to_send :: f_sent :: Nil = Enum(2)

val h_not_hit :: h_false_hit :: h_hit :: Nil = Enum(3)

其中第一种枚举值用于 commitStateQueue，这是个 FtqSize×PredictWidth 二维寄存器向量，表示哪一个指令块中的哪些指令已经完成执行并已"交割（commit）"。后面两种则分别用于 entry_fetch_status 和 entry_hit_status，二者都是长度为 FtqSize 的寄存器向量。

所有这些寄存器和位图中的信息最初全都来自 BPU，而 BPU 则是应 Ftq 的请求而发的预测报告。其中 S1 阶段的预测立即就被用作发送取指命令的依据，如果 S2 阶段的预测与 S1 阶段不同，BPU 就把 s2 中的 hasRedirect 标志设成 true，说明有了转向，意味着前面发出的取指命令应该作废，需要对 IFU 发出冲刷命令，并按 S2 阶段的预测发出新的取指命令。同理，如果 S3 的预测又与 S2 阶段的不同，则又要发出冲刷命令，并且再按 S3 阶段的预测再发取指命令。

所以，最理想的情况是每次都是 S1 阶段一锤定音，这样 selectedRespIdx()每次都返回 BP_S1，Ftq 可以开足马力向前。可是最坏的情况却是 Ftq 按 BPU 在 S1 阶段的回应发了取指命令，到 S2 阶段作废了，又发新的取指命令，可是到 S3 阶段又作废了，又得发新的取指命令。这就是说，在最坏的情况下，每取入一个指令块都得前后折腾三次。当然，这比让错误取入的指令块进入后端，一直到执行阶段才发现应该转向要好。

这里还定义了一些带有前缀"last_cycle"的 val，都是些寄存器（或触发器），意味着其输入经过了一个时钟节拍的延迟，所以是"上一个（时钟）周期中的信号"。以 last_cycle_bpu_in 为例，其定义为 RegNext(bpu_in_fire)，这是 bpu_in_fire 打入该寄存器以后的输出，所以是上个时钟节拍中的 bpu_in_fire。但是注意 bpu_in_fire 是在变的，因而在下一个节拍该寄存器的输出又会变成 false。所以，last_cycle_bpu_in 为 true 表示（当且仅当）上一个时钟节拍结束时 bpu_in_fire 是 true。余可类推。

我们继续往下看 class Ftq 的代码：

```
[XSCore > XSCoreBase > Frontend > FrontendImp > Ftq]   ///续 2
  // **********************************************************************
  // **************************** to ifu ****************************
  // **********************************************************************
    // 0 for ifu, and 1-4 for ICache        /// copyNum = 5
```

```
val bpu_in_bypass_buf = RegEnable (ftq_pc_mem.io.wdata, enable=bpu_in_fire)
    ///这个寄存器的内容来自 ftq_pc_mem.io.wdata，这是来自 BPU，已写入 ftq_pc_mem（见前）的内容。
    ///但是，要向 IFU 发送取指请求时，如果要从 ftq_pc_mem 读出就得有一个节拍的延迟；
    ///所以就在写入 ftq_pc_mem 的同时（bpu_in_fire）将其保存在一个寄存器中，
    ///这样就可以“抄近路”从这个寄存器获取其输出，所以叫 bypass。
val copied_bpu_in_bypass_buf = VecInit(Seq.fill(copyNum)(RegEnable(ftq_pc_mem.io.wdata, enable=bpu_in_fire)))
    ///不仅是上面的 bpu_in_bypass_buf，还同时保留了 5 份相同的拷贝，作为一个向量。
val bpu_in_bypass_buf_for_ifu = bpu_in_bypass_buf          ///bpu_in_bypass_buf_for_ifu 就是 bpu_in_bypass_buf
val bpu_in_bypass_ptr = RegNext(bpu_in_resp_ptr)
val last_cycle_to_ifu_fire = RegNext (io.toIfu.req.fire)

val copied_bpu_in_bypass_ptr = VecInit(Seq.fill(copyNum)(RegNext(bpu_in_resp_ptr)))
val copied_last_cycle_to_ifu_fire = VecInit(Seq.fill(copyNum)(RegNext(io.toIfu.req.fire)))

// read pc and target
ftq_pc_mem.io.ifuPtr_w          := ifuPtr_write
ftq_pc_mem.io.ifuPtrPlus1_w     := ifuPtrPlus1_write
ftq_pc_mem.io.ifuPtrPlus2_w     := ifuPtrPlus2_write
ftq_pc_mem.io.commPtr_w         := commPtr_write
ftq_pc_mem.io.commPtrPlus1_w := commPtrPlus1_write

io.toIfu.req.bits.ftqIdx := ifuPtr        ///发送给 IFU 的 ftqIdx 就是寄存器 ifuPtr 的当前值

val toICachePcBundle = Wire(Vec(copyNum, new Ftq_RF_Components))      ///这是个向量，内含 5 个副本。
val toICacheEntryToSend = Wire(Vec(copyNum, Bool()))
val toIfuPcBundle = Wire(new Ftq_RF_Components)                        ///这就是一份 Ftq_RF_Components
val entry_is_to_send = WireInit(entry_fetch_status (ifuPtr.value) === f_to_send)
        ///entry_is_to_send 是长度为 FtqSize 的向量，如 ifuPtr 所指元素为 f_to_send 即需向 IFU 发取指请求。
val entry_ftq_offset = WireInit(cfiIndex_vec (ifuPtr.value))
val entry_next_addr = Wire(UInt(VAddrBits.W))                          ///准备发给 IFU 的取指请求中的 nextStartAddr

val pc_mem_ifu_ptr_rdata = VecInit(Seq.fill(copyNum)(RegNext (ftq_pc_mem.io.ifuPtr_rdata)))
                    ///一式五份，这是以 ifuPtr 为下标从 ftq_pc_mem 读出的。
val pc_mem_ifu_plus1_rdata = VecInit(Seq.fill(copyNum)(RegNext (ftq_pc_mem.io.ifuPtrPlus1_rdata)))
                    ///也是一式五份，但这是以 ifuPtrPlus1 为下标从 ftq_pc_mem 读出的。
val diff_entry_next_addr = WireInit(update_target(ifuPtr.value))   //TODO: remove this
                    ///update_target 是个长度为 FtqSize 的 VAddr 向量，见前。

val copied_ifu_plus1_to_send = VecInit(Seq.fill(copyNum) (RegNext(entry_fetch_status(ifuPtrPlus1.value) === f_to_send) ||
    RegNext(last_cycle_bpu_in && bpu_in_bypass_ptr === (ifuPtrPlus1))))
val copied_ifu_ptr_to_send = VecInit(Seq.fill(copyNum)(RegNext(entry_fetch_status(ifuPtr.value) === f_to_send) ||
    RegNext(last_cycle_bpu_in && bpu_in_bypass_ptr === ifuPtr)))

for(i <- 0 until copyNum){
  when(copied_last_cycle_bpu_in(i) && copied_bpu_in_bypass_ptr(i) === copied_ifu_ptr(i)){
    toICachePcBundle(i)        := copied_bpu_in_bypass_buf(i)
```

```
        toICacheEntryToSend(i)    := true.B
    }.elsewhen(copied_last_cycle_to_ifu_fire(i)){
        toICachePcBundle(i)       := pc_mem_ifu_plus1_rdata(i)
        toICacheEntryToSend(i)    := copied_ifu_plus1_to_send(i)
    }.otherwise{
        toICachePcBundle(i)       := pc_mem_ifu_ptr_rdata(i)
        toICacheEntryToSend(i)    := copied_ifu_ptr_to_send(i)
    }
}

// TODO: reconsider target address bypass logic
when (last_cycle_bpu_in && bpu_in_bypass_ptr === ifuPtr) {
        ///上一个时钟节拍中 bpu_in_fire 是 true，并且 bpu_in_bypass_ptr === ifuPtr，说明这是在 S1 阶段：
    toIfuPcBundle := bpu_in_bypass_buf_for_ifu        ///就是 ftq_pc_mem 某个槽位中的内容 Ftq_RF_Components
        ///本来应该从 ftq_pc_mem 中读出的，但是往 ftq_pc_mem 里写的时候在外面留了个副本，就可以抄点近路。
    entry_is_to_send := true.B
    entry_next_addr := last_cycle_bpu_target            ///来自上一个节拍的 bpu_in_resp.getTarget
    entry_ftq_offset := last_cycle_cfiIndex             ///来自 bpu_in_resp.cfiIndex，即导致本次预测结果的断点所在位置。
    diff_entry_next_addr := last_cycle_bpu_target       // TODO: remove this，用于调试，可以忽略。
}.elsewhen (last_cycle_to_ifu_fire) {        ///上一个时钟节拍中 io.toIfu.req.fire 为 true，说明上一个节拍刚发过取指命令：
    toIfuPcBundle := RegNext (ftq_pc_mem.io.ifuPtrPlus1_rdata)        ///这次真得从 ftq_pc_mem 里读出了
    entry_is_to_send := RegNext (entry_fetch_status(ifuPtrPlus1.value) === f_to_send) ||
                        RegNext(last_cycle_bpu_in && bpu_in_bypass_ptr === (ifuPtrPlus1))    // reduce potential bubbles
    entry_next_addr := Mux(last_cycle_bpu_in && bpu_in_bypass_ptr === (ifuPtrPlus1), bpu_in_bypass_buf_for_ifu.startAddr,
                        Mux(ifuPtr === newest_entry_ptr, newest_entry_target,
                            RegNext(ftq_pc_mem.io.ifuPtrPlus2_rdata.startAddr)))    // ifuPtr+2
}.otherwise {
    toIfuPcBundle := RegNext (ftq_pc_mem.io.ifuPtr_rdata)        ///这也得从 ftq_pc_mem 里读出
    entry_is_to_send := RegNext (entry_fetch_status(ifuPtr.value) === f_to_send) ||
                        RegNext (last_cycle_bpu_in && bpu_in_bypass_ptr === ifuPtr)    // reduce potential bubbles
    entry_next_addr := Mux(last_cycle_bpu_in && bpu_in_bypass_ptr === (ifuPtrPlus1), bpu_in_bypass_buf_for_ifu.startAddr,
                        Mux(ifuPtr === newest_entry_ptr, newest_entry_target,
                            RegNext(ftq_pc_mem.io.ifuPtrPlus1_rdata.startAddr)))    // ifuPtr+1
}    ///以上为 entry_next_addr 在不同情况下的来源，其终极的来源都是 BPU，entry_next_addr 实际上就是 nextStartAddr。

io.toIfu.req.valid := entry_is_to_send && ifuPtr =/= bpuPtr        ///这就是对 IFU 流水线 f0 阶段的驱动
        ///只要 ifuPtr =/= bpuPtr（ifuPtr 永远不应赶上 bpuPtr），就取决于 entry_is_to_send，如为 true 即为请求发出。
        ///但是实际是否发出还取决于对方是否 ready，所以 io.toIfu.req.fire()为 true 才是真正发送成功。
        ///指针 ifuPtr 等于 bpuPtr 表示已经过界，ifuPtr 永远落在 bpuPtr 后面（没有 BPU 的建议无从发出取指命令）。
        ///注意 io.toIfu，io.toIfu.req 都是不带寄存器的，IFU 那一边也不带寄存器，所以 IFU 的 s0 就在同一节拍。
io.toIfu.req.bits.nextStartAddr := entry_next_addr        ///见上。注意 startAddr 已在 toIfuPcBundle 中。
        ///取指命令中的 nextStartAddr 来自 entry_next_addr，前面对 entry_next_addr 的设置其实是对 nextStartAddr 的设置。
        ///Ftq_RF_Components 中的 startAddr 是由 BPU 定下的，但 nextStartAddr 视情况不同而有所变化。
io.toIfu.req.bits.ftqOffset := entry_ftq_offset
io.toIfu.req.bits.fromFtqPcBundle (toIfuPcBundle)        ///调用 fromFtqPcBundle()以抄写 toIfuPcBundle 中内容
```

```
io.toICache.req.valid := entry_is_to_send && ifuPtr =/= bpuPtr      ///向 ICache 发送与向 IFU 发送条件相同
io.toICache.req.bits.readValid.zipWithIndex.map{case(copy, i) =>
                        copy := toICacheEntryToSend(i) && copied_ifu_ptr(i) =/= copied_bpu_ptr(i)}
io.toICache.req.bits.pcMemRead.zipWithIndex.map{case(copy,i) =>      ///copy 是个 FtqICacheInfo
  copy.fromFtqPcBundle(toICachePcBundle(i))}
                    ///取指请求是发送给 ICache，抄送 IFU。或者反过来说是发给 IFU，抄送 ICache。
                    ///val toICachePcBundle = Wire(Vec(copyNum, new Ftq_RF_Components))
                    ///FtqToICacheRequestBundle 中的 pcMemRead 是个长度为 5 的 FtqICacheInfo 向量。
                    ///向 ICache 发送的是 5 份相同的副本，目的在于减轻信号在 ICache 中的负载。
// when fall through is smaller in value than start address, there must be a false hit
when (toIfuPcBundle.fallThruError && entry_hit_status(ifuPtr.value) === h_hit) {
  when (io.toIfu.req.fire && !(bpu_s2_redirect && bpu_s2_resp.ftq_idx === ifuPtr) &&
                              !(bpu_s3_redirect && bpu_s3_resp.ftq_idx === ifuPtr) ) {
    entry_hit_status(ifuPtr.value) := h_false_hit
  }
  XSDebug(true.B, "fallThruError! start:%x, fallThru:%x\n", io.toIfu.req.bits.startAddr,
                                                     io.toIfu.req.bits.nextStartAddr)
}
val ifu_req_should_be_flushed = io.toIfu.flushFromBpu.shouldFlushByStage2(io.toIfu.req.bits.ftqIdx) ||
                           io.toIfu.flushFromBpu.shouldFlushByStage3(io.toIfu.req.bits.ftqIdx)
when (io.toIfu.req.fire && !ifu_req_should_be_flushed) { entry_fetch_status(ifuPtr.value) := f_sent }

///class Ftq，续 2，待续
```

发送给 ICache 和 IFU 的取指请求都来自 Ftq_RF_Components 对象，存储在队列 ftq_pc_mem 中的正是 Ftq_RF_Components 对象。

Ftq_RF_Components 的代码前面已有列出，这里就不再重复。里面主要就是两个虚存地址，一个是 startAddr，就是取指的起始地址；另一个 nextLineAddr 是下一条缓冲线的起点，因为 startAddr 不一定正好落在一条 cacheline 即缓存块的起点上，并且指令块可能是跨两个缓存块的。

这里还要重点说明一下取指命令中的 nextStartAddr 字段。上面我们看到，取指命令的内容主要来自 toIfuPcBundle，原则上是从 ftq_pc_mem 读出的。Ftq 接收到 BPU 的 S1 阶段报告就将其内容写入 ftq_pc_mem，但是在外面留了个副本 bpu_in_bypass_buf_for_ifu，所以如果是立刻就向 IFU 发送取指命令就可以抄一下近路而不必从 ftq_pc_mem 读出。但是如果是在 S2 阶段发取指命令就真得从 ftq_pc_mem 读出了，因为此时 bpu_in_bypass_buf_for_ifu 的内容可能已被后面的预测报告刷新，而 Ftq 各个队列的 ifuPtr 此时也已向前推进了一步。不过这主要是对取指命令中的 StartAddr，取指命令中的 nextStartAddr 字段则要根据不同的情况另行加以设置，先将准备写入 nextStartAddr 字段的地址写在一个变量 entry_next_addr 中，然后实际发送时就将 entry_next_addr 写入取指命令的 nextStartAddr 字段。这个地址的设置有三种不同的情况，为方便起见我们把前面的相关代码另外做个摘要如下：

```
when (last_cycle_bpu_in && bpu_in_bypass_ptr === ifuPtr) {
        ///上一个时钟节拍中 bpu_in_fire 是 true，并且 bpu_in_bypass_ptr === ifuPtr，说明这是在 S1 阶段：
  entry_next_addr := last_cycle_bpu_target          ///来自上一个节拍的 bpu_in_resp.getTarget
}.elsewhen (last_cycle_to_ifu_fire) {        ///上一个时钟节拍中 io.toIfu.req.fire 为 true，说明上一个节拍刚发过取指命令：
  entry_next_addr := Mux(last_cycle_bpu_in && bpu_in_bypass_ptr === (ifuPtrPlus1), bpu_in_bypass_buf_for_ifu.startAddr,
                    Mux(ifuPtr === newest_entry_ptr,   newest_entry_target,
                                    RegNext(ftq_pc_mem.io.ifuPtrPlus2_rdata.startAddr)))   // ifuPtr+2
```

```
}.otherwise {
    entry_next_addr := Mux(last_cycle_bpu_in && bpu_in_bypass_ptr === (ifuPtrPlus1), bpu_in_bypass_buf_for_ifu.startAddr,
                           Mux(ifuPtr === newest_entry_ptr,    newest_entry_target,
                                   RegNext(ftq_pc_mem.io.ifuPtrPlus1_rdata.startAddr)))    // ifuPtr+1
}  ///以上为 entry_next_addr 在不同情况下的来源，其终极的来源都是 BPU。
io.toIfu.req.bits.nextStartAddr := entry_next_addr        ///取指命令中的地址
```

这说明，如果 Ftq 是在接收到 S1 阶段预测报告后立刻就向 IFU 发出取指命令，那么 nextStartAddr 就是 last_cycle_bpu_target，这个变量定义为 RegNext(bpu_in_resp.getTarget)，就是对 BPU 预测报告调用其 getTarget()所得的结果。函数 getTarget()实际调用的是 full_pred.target(pc)，而 FullBranchPrediction 的 target()函数是这样：

```
class FullBranchPrediction(implicit p: Parameters) extends XSBundle with HasBPUConst with BasicPrediction {
  val targets = Vec(totalSlot, UInt(VAddrBits.W))
  val fallThroughAddr = UInt(VAddrBits.W)
  def target(pc: UInt): UInt = {
    val targetVec = targets :+ fallThroughAddr :+ (pc + (FetchWidth * 4).U)      ///一串目标地址，(FetchWidth * 4)就是32
    val tm = taken_mask_on_slot                                                  ///有效断点位图
    val selVecOH = tm.zipWithIndex.map{ case (t, i) => !tm.take(i).fold(false.B)(_||_) && t && hit} :+ (!tm.asUInt.orR && hit) :+ !hit
    Mux1H(selVecOH, targetVec)      ///从断点位图中选择其一生成单热位图，再据此从targetVec中选择一个目标地址。
  }
}
```

如果是在以后，即 S2/S3 阶段向 IFU 发取指命令，则取决于 bpu_in_bypass_ptr === (ifuPtrPlus1)是否成立，如果成立就说明 bpuPtr 已经向前推进，此时的 bpu_in_bypass_buf_for_ifu 中是 BPU 对后续块的取指建议，其起点 startAddr 理所当然就是前导块的 nextStartAddr。

否则就看条件 ifuPtr === newest_entry_ptr，如果满足这个条件就取 newest_entry_target，这就是一个节拍之前的 last_cycle_bpu_target。

要不就得从 ftq_pc_mem 读出了。因为这说明在此之前已经从 BPU 收到过后随的预测报告并已写入 ftq_pc_mem。此时 bpuPtr 已经向前推进，ftq_pc_mem 中已经有了更多的新记录项，但 ifuPtr 尚未向前推进，所以从 ftq_pc_mem 读出的位置要用 ifuPtrPlus1 和 ifuPtrPlus2。在这样的情况下，后续块的起点 startAddr 就是前导块的 nextStartAddr。

后面我们会看到，ifuPtr 是在接收到来自前端或后端的转向指示时向前推进的，向前推进的条件是：when(redirectVec.map(r => r.valid).reduce(_||_))；这里的 redirectVec 是 VecInit(backendRedirect, fromIfuRedirect)。

我们继续往下看，下面就是对来自 IFU 的回写所作的处理了：

```
[XSCore > XSCoreBase > Frontend > FrontendImp > Ftq]   ///续 3
  // **********************************************************************
  // *************************** wb from ifu ****************************
  // **********************************************************************
  val pdWb = io.fromIfu.pdWb          ///pbWb 就是来自 IFU 的回写信息（见前），实际上是已读入指令块的预编译信息。
  val pds = pdWb.bits.pd              ///从 IFU 回写过来的是个 pd 向量，包括指令块中所有的 pd。
  val ifu_wb_valid = pdWb.valid
  val ifu_wb_idx = pdWb.bits.ftqIdx.value      ///这是当时发给 IFU 的 ftqIdx，那是 3 个时钟节拍前的事。
    // read ports:                                                    commit update
  val ftq_pd_mem = Module(new SyncDataModuleTemplate(new Ftq_pd_Entry, FtqSize, 1, 1))
```

```
        ///这又是一个与前面 ftq_pc_mem 等 4 个队列并列，长度也是 FtqSize 的队列，其内容为 Ftq_pd_Entry。
ftq_pd_mem.io.wen(0) := ifu_wb_valid                    ///写入 ftq_pd_mem 的信息来自 IFU 的回写
ftq_pd_mem.io.waddr(0) := pdWb.bits.ftqIdx.value        ///写入位置取决于 io.fromIfu.pdWb 中的 ftqIdx。
ftq_pd_mem.io.wdata(0).fromPdWb(pdWb.bits)              ///将 IFU 回写的信息转化成 Ftq_pd_Entry 并写入 ftq_pd_mem 队列
        ///对指令的预译码是在 IFU 中进行的，IFU 将预译码信息回写到 Ftq，就是写到了这里的 ftq_pd_mem 中。
        ///这些信息将成为 Fiq 发往 BPU 的 update 信息中的一部分。

val hit_pd_valid        = entry_hit_status(ifu_wb_idx) === h_hit && ifu_wb_valid    ///当初在 BPU 是命中的
val hit_pd_mispred      = hit_pd_valid && pdWb.bits.misOffset.valid                 ///本块指令的采纳范围内有断点
val hit_pd_mispred_reg  = RegNext(hit_pd_mispred, init=false.B)
val pd_reg          = RegEnable (pds,               pdWb.valid)
val start_pc_reg    = RegEnable (pdWb.bits.pc(0), pdWb.valid)                       ///本指令块中第一条指令的 pc
val wb_idx_reg      = RegEnable (ifu_wb_idx,        pdWb.valid)                     ///回写序号

when (ifu_wb_valid) {
  val comm_stq_wen = VecInit(pds.map(_.valid).zip(pdWb.bits.instrRange).map{   ///生成一个采纳范围之内的指令位图
    case (v, inRange) => v && inRange
  })
  (commitStateQueue(ifu_wb_idx) zip comm_stq_wen).map{          /// commitStateQueue 是个长度为 FtqSize 的队列
    case (qe, v) => when (v) { qe := c_valid }                  ///队列中的元素是长度为 PredictWidth 的 commit 状态向量
  }
}

when (ifu_wb_valid) { ifuWbPtr_write := ifuWbPtr + 1.U }    ///将队列 ftq_pd_mem 的写入指针 ifuWbPtr_write 向前推进加 1。

ftb_entry_mem.io.raddr.head := ifu_wb_idx                   ///以 ifuWbPtr 为从 ftb_entry_mem 读出的地址
val has_false_hit = WireInit(false.B)
when (RegNext (hit_pd_valid)) {                             ///如果当初导致本块指令读入的那次 BPU 预测是命中的：
  // check for false hit
  val pred_ftb_entry = ftb_entry_mem.io.rdata.head          ///从 ftb_entry_mem 中读出当初那个 FTBEntry
  val brSlots = pred_ftb_entry.brSlots                      ///来自当初的 FTBEntry
  val tailSlot = pred_ftb_entry.tailSlot
  // we check cfis that bpu predicted

  // bpu predicted branches but denied by predecode
  val br_false_hit = brSlots.map{ s => s.valid && !(pd_reg(s.offset).valid && pd_reg(s.offset).isBr) }.reduce(_||_) ||
          (tailSlot.valid && pred_ftb_entry.tailSlot.sharing && !(pd_reg(tailSlot.offset).valid && pd_reg(tailSlot.offset).isBr))
      /// brSlots 中每个 slot 的 offset 表示该指令在指令块中的位置，可是 pds 中该位置上的指令并非有效 Br 指令；
      ///或者：FTBEntry 表明 tailSlot 是用于 Br 指令，但 pds 中相应位置上的指令却并非有效 Br 指令

  val jmpOffset = tailSlot.offset             ///注意这个 offset 表示转移指令在指令块中的位置，而并非转移偏量。
  val jmp_pd = pd_reg(jmpOffset)              ///从 pds 中获取该转移指令的预译码信息 pd
  val jal_false_hit = pred_ftb_entry.jmpValid && ((pred_ftb_entry.isJal && !(jmp_pd.valid && jmp_pd.isJal)) ||
          (pred_ftb_entry.isJalr && !(jmp_pd.valid && jmp_pd.isJalr)) ||   ///FTBEntry 说是 jalr，但 pd 说不是。余类推。
              (pred_ftb_entry.isCall && !(jmp_pd.valid && jmp_pd.isCall)) ||
                  (pred_ftb_entry.isRet && !(jmp_pd.valid && jmp_pd.isRet)) )
```

```
    has_false_hit := br_false_hit || jal_false_hit || hit_pd_mispred_reg        ///存在错误的命中记载，hit_pd_mispred_reg 见前。
    XSDebug(has_false_hit, "FTB false hit by br or jal or hit_pd, startAddr: %x\n", pdWb.bits.pc(0))
    // assert(!has_false_hit)
  }  ///end when (RegNext (hit_pd_valid))

  when (has_false_hit) {
    entry_hit_status(wb_idx_reg) := h_false_hit                  ///将 entry_hit_status 中的命中记录改成 h_false_hit
  }
  /// class Ftq，续 3，待续。
```

这里创建的队列 ftq_pd_mem 与前面的 ftq_pc_mem 很相似，长度也是 FtqSize，但其数据类型是 Ftq_pd_Entry：

```
class Ftq_pd_Entry(implicit p: Parameters) extends XSBundle {
  val brMask = Vec(PredictWidth, Bool())                ///本指令块的条件转移指令位图
  val jmpInfo = ValidUndirectioned(Vec(3, Bool()))      ///3位向量，反映跳转的类型(如函数调用)，见下面的hasJal()等。
  val jmpOffset = UInt(log2Ceil(PredictWidth).W)        ///转移指令在本指令块内的位置，PredictWidth=16。
  val jalTarget = UInt(VAddrBits.W)                     ///jal指令的转移目标
  val rvcMask = Vec(PredictWidth, Bool())               ///RVC指令位图

  def hasJal   = jmpInfo.valid && !jmpInfo.bits(0)      ///jmpInfo的bit0为false表示Jal指令
  def hasJalr = jmpInfo.valid && jmpInfo.bits(0)        ///jmpInfo的bit0为true表示Jalr指令
  def hasCall = jmpInfo.valid && jmpInfo.bits(1)        ///jmpInfo的bit1为true表示Call指令
  def hasRet   = jmpInfo.valid && jmpInfo.bits(2)       ///jmpInfo的bit2为true表示Ret指令

  def fromPdWb(pdWb: PredecodeWritebackBundle) = {      ///将IFU的回写信息转换成Ftq_pd_Entry
    val pds = pdWb.pd
    this.brMask := VecInit(pds.map(pd => pd.isBr && pd.valid))                          ///有效Br指令位图
    this.jmpInfo.valid := VecInit(pds.map(pd => (pd.isJal || pd.isJalr) && pd.valid)).asUInt.orR       ///内含有效jal/jalr指令
    this.jmpInfo.bits := ParallelPriorityMux(pds.map(pd => (pd.isJal || pd.isJalr) && pd.valid),
                                        pds.map(pd => VecInit(pd.isJalr, pd.isCall, pd.isRet)))
    this.jmpOffset := ParallelPriorityEncoder(pds.map(pd => (pd.isJal || pd.isJalr) && pd.valid))   ///最靠前jal/jalr指令的所在位置
    this.rvcMask := VecInit(pds.map(pd => pd.isRVC))                                    ///16位指令位图
    this.jalTarget := pdWb.jalTarget                                                    ///jal指令的转移目标
  }

  def toPd(offset: UInt) = { … }          ///此函数未见调用，故从略。
}  ///end class Ftq_pd_Entry
```

从 IFU 回写的信息都被写入 ftq_pd_mem，这是与前述 ftq_pc_mem 等 4 个队列平行的又一个队列，队列的长度同样也是 FtqSize。但是 ftq_pd_mem 所存储的内容是 Ftq_pd_Entry，所以写入前要调用 fromPdWb()将其转换成 Ftq_pd_Entry。之所以如此，应该是为后续的处理更方便一些。另外，这里的一些信息是从预译码信息向量 pds 中结合来自 ftb_entry_mem 的相应 FTBEntry 归纳的，这些信息在 PredChecker 所提供的信息中也并不存在，所以是一种补充。

再往下看 class Ftq 的代码，下面处理的是转向指示 Redirect：

```
[XSCore > XSCoreBase > Frontend > FrontendImp > Ftq]   ///续 4
  // **************************************************************************
  // ****************************** to backend ******************************
  // **************************************************************************
  // to backend pc mem / target
  io.toBackend.pc_mem_wen := RegNext (last_cycle_bpu_in)                ///上一节拍有来自 BPU 的预测报告
  io.toBackend.pc_mem_waddr := RegNext (last_cycle_bpu_in_idx)          ///该预测报告在队列中的位置
  io.toBackend.pc_mem_wdata := RegNext (bpu_in_bypass_buf_for_ifu)      ///把来自 BPU 的报告抄送给后端
        ///io.toBackend 是 FrontendToCtrlIO 内部的一个 Bundle 其类型是 FtqToCtrlIO，通向 CtrlBlock。
        ///在 CtrlBlock 中另有一个 pcMem，作为 ftq_pc_mem 队列的副本和映像，
        ///因为在 CtrlBlock 中也需要读取这个队列中的 Ftq_RF_Components 表项。
  // ******************************************************************************************
  // **************************** redirect from backend ****************************
  // ******************************************************************************************

  // redirect read cfiInfo, couples to redirectGen s2
  ftq_redirect_sram.io.ren.init.last := backendRedirect.valid          ///队列 ftq_redirect_sram 中的信息来自后端
  ftq_redirect_sram.io.raddr.init.last := backendRedirect.bits.ftqIdx.value
  ftb_entry_mem.io.raddr.init.last := backendRedirect.bits.ftqIdx.value
  val stage3CfiInfo = ftq_redirect_sram.io.rdata.init.last
  val fromBackendRedirect = WireInit(backendRedirectReg)
  val backendRedirectCfi = fromBackendRedirect.bits.cfiUpdate          ///来自后端的 CFI 信息显然更权威
  backendRedirectCfi.fromFtqRedirectSram(stage3CfiInfo)

  val r_ftb_entry = ftb_entry_mem.io.rdata.init.last                  /// ftb_entry_mem 是前述 4 个队列之一
  val r_ftqOffset = fromBackendRedirect.bits.ftqOffset

  when (entry_hit_status (fromBackendRedirect.bits.ftqIdx.value) === h_hit) {
    backendRedirectCfi.shift := PopCount(r_ftb_entry.getBrMaskByOffset(r_ftqOffset)) +&
          (backendRedirectCfi.pd.isBr && !r_ftb_entry.brIsSaved(r_ftqOffset) &&!r_ftb_entry.newBrCanNotInsert(r_ftqOffset))
    backendRedirectCfi.addIntoHist := backendRedirectCfi.pd.isBr && (r_ftb_entry.brIsSaved(r_ftqOffset) ||
                                                                  !r_ftb_entry.newBrCanNotInsert(r_ftqOffset))
  }.otherwise {
    backendRedirectCfi.shift := (backendRedirectCfi.pd.isBr && backendRedirectCfi.taken).asUInt
    backendRedirectCfi.addIntoHist := backendRedirectCfi.pd.isBr.asUInt
  }   /// backendRedirectCfi 就是 fromBackendRedirect.bits.cfiUpdate
    ///val entry_hit_status 是一个寄存器向量，向量长度为 FtqSize，其内容来自 BPU，表示对转移指令的查询是否命中。
  // ******************************************************************************************
  // ****************************** redirect from ifu ******************************
  // ******************************************************************************************
    ///转向指示也有可能来自 IFU。在指令预译码中检测到 jal 指令，不经 BPU 就可判断必定转向，并能计算跳转目标。
  val fromIfuRedirect = WireInit(0.U.asTypeOf(Valid(new Redirect)))
  fromIfuRedirect.valid := pdWb.valid && pdWb.bits.misOffset.valid && !backendFlush       ///取决于 IFU 回写的 misOffset
    ///IFU 回写的 misOffset 来自 PredChecker 的 stage2Out.fixedMissPred，只要有断点就行，包括 notCFITakenNext。
```

```
    ///所以基本上每次 IFU 回写都能使 fromIfuRedirect 有效，除非有 backendFlush，因为如果那样 IFU 的回写就无意义了。
fromIfuRedirect.bits.ftqIdx := pdWb.bits.ftqIdx
fromIfuRedirect.bits.ftqOffset := pdWb.bits.misOffset.bits
fromIfuRedirect.bits.level := RedirectLevel.flushAfter

val ifuRedirectCfiUpdate = fromIfuRedirect.bits.cfiUpdate          ///称此 Redirect 中的 cfiUpdate 为 ifuRedirectCfiUpdate
ifuRedirectCfiUpdate.pc := pdWb.bits.pc(pdWb.bits.misOffset.bits)      ///pc 来自 misOffset 所指的 pc
ifuRedirectCfiUpdate.pd := pdWb.bits.pd(pdWb.bits.misOffset.bits)      ///pd 也是 misOffset 所指的 pd
ifuRedirectCfiUpdate.predTaken := cfiIndex_vec (pdWb.bits.ftqIdx.value).valid      ///来自 cfiIndex_vec
ifuRedirectCfiUpdate.target := pdWb.bits.target
ifuRedirectCfiUpdate.taken := pdWb.bits.cfiOffset.valid
ifuRedirectCfiUpdate.isMisPred := pdWb.bits.misOffset.valid          ///Redirect 中的 cfiUpdate.isMisPred 表明这是来自 IFU

val ifuRedirectReg = RegNext (fromIfuRedirect, init=0.U.asTypeOf(Valid(new Redirect)))
val ifuRedirectToBpu = WireInit(ifuRedirectReg)                 /// ifuRedirectToBpu 逻辑上就是 fromIfuRedirect
ifuFlush := fromIfuRedirect.valid || ifuRedirectToBpu.valid

ftq_redirect_sram.io.ren.head := fromIfuRedirect.valid
ftq_redirect_sram.io.raddr.head := fromIfuRedirect.bits.ftqIdx.value

ftb_entry_mem.io.raddr.head := fromIfuRedirect.bits.ftqIdx.value

val toBpuCfi = ifuRedirectToBpu.bits.cfiUpdate                   ///这就是 fromIfuRedirect 中的 CfiUpdateInfo 对象
toBpuCfi.fromFtqRedirectSram(ftq_redirect_sram.io.rdata.head)       ///以来自 ftq_redirect_sram 的信息加以补充
when (ifuRedirectReg.bits.cfiUpdate.pd.isRet) {
  toBpuCfi.target := toBpuCfi.rasEntry.retAddr                    ///如果是返回指令就以其返回地址为跳转目标
}
///class Ftq，续 4，待续。
```

转向指示 Redirect 中的核心信息在于其 cfiUpdate 字段，这是一个 CfiUpdateInfo，可见转向中实际上蕴含着更新，因为转向就是改变。IFU 的回写信息 pdWb 中本没有 CfiUpdateInfo 这个成分，但是 pdWb 中含有构成 CfiUpdateInfo 所需的关键信息，可以从中归纳出一个 CfiUpdateInfo 对象。CfiUpdateInfo 的定义是这样：

```
class CfiUpdateInfo(implicit p: Parameters) extends XSBundle with HasBPUParameter {
  // from backend
  val pc = UInt(VAddrBits.W)                ///指令所在的地址
  // frontend -> backend -> frontend
  val pd = new PreDecodeInfo                ///对这条指令的预编译信息
  val rasSp = UInt(log2Up(RasSize).W)
  val rasEntry = new RASEntry               ///用于返回指令

  val folded_hist = new AllFoldedHistories(foldedGHistInfos)
  val afhob = new AllAheadFoldedHistoryOldestBits(foldedGHistInfos)
  val lastBrNumOH = UInt((numBr+1).W)
  val ghr = UInt(UbtbGHRLength.W)           ///全局历史记录，UbtbGHRLength=4。
  val histPtr = new CGHPtr                  ///指向全局历史中的本指令记录
```

```
    val specCnt = Vec(numBr, UInt(10.W))
    // need pipeline update
    val br_hit = Bool()                          ///本指令在历史记录中有否命中
    val predTaken = Bool()
    val target = UInt(VAddrBits.W)               ///本指令的转移目标
    val taken = Bool()
    val isMisPred = Bool()
    val shift = UInt((log2Ceil(numBr)+1).W)
    val addIntoHist = Bool()                     ///是否要将本条指令加进转移历史

    def fromFtqRedirectSram (entry: Ftq_Redirect_SRAMEntry) = {
      // this.hist := entry.ghist
      this.folded_hist := entry.folded_hist
      this.lastBrNumOH := entry.lastBrNumOH
      this.afhob := entry.afhob
      this.histPtr := entry.histPtr
      this.rasSp := entry.rasSp
      this.rasEntry := entry.rasTop
      this
    }  ///end fromFtqRedirectSram()，将一Ftq_Redirect_SRAMEntry转换成CfiUpdateInfo。
}  ///end class CfiUpdateInfo
```

IFU 不可能提供构成 CfiUpdateInfo 的全部信息，因为有些信息来自后端，有些信息来自 BPU 的积累，但是其中关键的信息还是有的。其余就用读自 ftq_redirect_sram 的信息通过 fromFtqRedirectSram()加以补充。从这个函数的代码可见，像 folded_hist、afhob、rasEntry 等信息都是来自 ftq_redirect_sram。

Ftq 的任务是为 IFU 指明取指的方向，而指令转向即 Redirect 显然更有压倒的重要性，因为一般而言知道要转向的时候已经取入了本不该读入的指令，现在既然知道要转向，就得把那些指令清除冲刷掉，不让这些指令流入后端。就 Ftq 而言，这样的转向指示和冲刷要求有三个来源：

- 首先是来自后端的转向指示，来自指令的执行结果， 那具有“板上钉钉”的确定性。
- 其次是来自 IFU 的指令预译码和 PredChecker。
- 然后才是来自 BPU 的预测，那在某种意义上属于猜测，这是基于来自后端或 IFU 的转向指示的猜测，猜测的依据就是历史记录。

上面讲了 Ftq 发给 BPU 的两个转向指示之一就是来自后端的，并具有优先性，另一个就是来自 IFU，加上来自 ftq_redirect_sram 的补充。下面要处理的就是来自后端的转向指示。

```
[XSCore > XSCoreBase > Frontend > FrontendImp > Ftq]  ///续 5
  // **********************************************************************
  // **************************** wb from exu ****************************
  // **********************************************************************

  backendRedirect := io.fromBackend.redirect        /// CtrlToFtqIO 中的 redirect，是个 Redirect 对象。

  def extractRedirectInfo (wb: Valid[Redirect]) = {   ///注意这个 wb 是个 Redirect，未必是来自 IFU 的 pdWb。
    val ftqPtr = wb.bits.ftqIdx                      ///从转向指示 Redirect 中提取 ftqPtr
```

```
    val ftqOffset = wb.bits.ftqOffset                    ///从转向指示 Redirect 中提取 ftqOffset
    val taken = wb.bits.cfiUpdate.taken                  ///从转向指示 Redirect 中提取“转”还是“不转”的信息
    val mispred = wb.bits.cfiUpdate.isMisPred            /// isMisPred 表示来自 IFU
    (wb.valid, ftqPtr, ftqOffset, taken, mispred)        ///这个函数有 5 个返回值，wb.valid 表示有转向指示到来。
  }  ///end extractRedirectInfo()，这是一块组合电路。

// fix mispredict entry
val lastIsMispredict = RegNext (backendRedirect.valid && backendRedirect.bits.level === RedirectLevel.flushAfter, init = false.B)
        ///如果 backendRedirect 表明需要转向，且转向级别为 flushAfter，就让寄存器 lastIsMispredict 在下个节拍变成 true。
        ///来自后端的转向指示意味着原先的预测错了。
def updateCfiInfo (redirect: Valid[Redirect], isBackend: Boolean = true) = {
  val (r_valid, r_ptr, r_offset, r_taken, r_mispred) = extractRedirectInfo (redirect)   ///从转向指示中抽取 5 项信息（见上）
  val r_idx = r_ptr.value                                                                ///r_ptr 就是 ftqPtr
  val cfiIndex_bits_wen = r_valid && r_taken && r_offset < cfiIndex_vec(r_idx).bits      ///写入 cfiIndex_vec(r_idx).bits 的条件
  val cfiIndex_valid_wen = r_valid && r_offset === cfiIndex_vec(r_idx).bits              ///写入 cfiIndex_vec(r_idx).valid 的条件
  when (cfiIndex_bits_wen || cfiIndex_valid_wen) {
    cfiIndex_vec(r_idx).valid := cfiIndex_bits_wen || cfiIndex_valid_wen && r_taken
  } .elsewhen (r_valid && !r_taken && r_offset =/= cfiIndex_vec(r_idx).bits) {
    cfiIndex_vec(r_idx).valid :=false.B
  }
  when (cfiIndex_bits_wen) {
    cfiIndex_vec(r_idx).bits := r_offset                       ///把 ftqOffset 写入 cfiIndex_vec(r_idx).bits
  }
  newest_entry_target := redirect.bits.cfiUpdate.target       ///Reg(UInt(VAddrBits.W))，其内容也可以来自 BPU。
  newest_entry_ptr := r_ptr                                   ///Reg(new FtqPtr)
  update_target(r_idx) := redirect.bits.cfiUpdate.target  // TODO: remove this       ///函数定义见前
  if (isBackend) {
    mispredict_vec(r_idx)(r_offset) := r_mispred          ///更新关于(FtqPtr, ftqOffset)所指转移指令是否误判的信息。
                                                          ///mispredict_vec 是个 FtqSize×PredictWidth 的二维位图
  }
}    ///end updateCfiInfo()

when(backendRedirectReg.valid) {
  updateCfiInfo (backendRedirectReg)                      ///因来自后端的转向指示而更新 cfiIndex_vec
}.elsewhen (ifuRedirectToBpu.valid) {
  updateCfiInfo (ifuRedirectToBpu, isBackend=false)       ///因来自 IFU 的转向通知而更新 cfiIndex_vec
}

// ********************************************************************************
// **************************** flush ptr and state queue ****************************
// ********************************************************************************
val redirectVec = VecInit(backendRedirect, fromIfuRedirect)            ///内含两个 Redirect 对象的向量

// when redirect, we should reset ptrs and status queues
when(redirectVec.map(r => r.valid).reduce(_||_)){                      ///如果 redirectVec 中至少有一个转向指示有效：
  val r = PriorityMux(redirectVec.map(r => (r.valid -> r.bits)))
```

```
    val notIfu = redirectVec.dropRight(1).map(r => r.valid).reduce(_||_)        ///并非来自 IFU，那就是来自后端。
    val (idx, offset, flushItSelf) = (r.ftqIdx, r.ftqOffset, RedirectLevel.flushItself(r.level))    ///idx 就是 ftqPtr
    val next = idx + 1.U                    ///next 就是 Ftq 的下一个槽位
    bpuPtr := next                          ///使 bpuPtr 指向 next，注意 bpuPtr 在收到 BPU 回应时也会向前推进。
    copied_bpu_ptr.map(_ := next)
    ifuPtr_write := next                    ///与 bpuPtr 不同，ifuPtr_write（从而 ifuPtr）的向前推进就这么一处。
    ifuWbPtr_write := next                  ///使 ifuWbPtr_write 指向 next
    ifuPtrPlus1_write := idx + 2.U          ///使 ifuPtrPlus1_write 指向 next+2
    ifuPtrPlus2_write := idx + 3.U
  }  ///end when
  when(RegNext (redirectVec.map(r => r.valid).reduce(_||_))) {      ///这实际上是发生于上一个节拍的情况，打入了寄存器。
    val r = PriorityMux(redirectVec.map(r => (r.valid -> r.bits)))
    val notIfu = redirectVec.dropRight(1).map(r => r.valid).reduce(_||_)     ///notIfu，那就是 backend。
    val (idx, offset, flushItSelf) = (r.ftqIdx, r.ftqOffset, RedirectLevel.flushItself(r.level))
    when (RegNext (notIfu)) {               ///如果转向指示来自后端：
      commitStateQueue(RegNext(idx.value)).zipWithIndex.foreach({ case (s, i) =>
        when(i.U > RegNext(offset) || i.U === RegNext(offset) && RegNext(flushItSelf)){ s := c_flushed }
      })
    }
  }  ///end when(RegNext (…))

  // only the valid bit is actually needed
  io.toIfu.redirect.bits    := backendRedirect.bits       ///把 backendRedirect 转发给 IFU，toIfu 是个 FtqToIfuIO。
  io.toIfu.redirect.valid   := stage2Flush                ///FtqToIfuIO 在 IFU 中就是 fromFtq
            ///在 IFU 中，这二者就是 backend_redirect 和 fromFtqRedirectReg。又可导致 f3_ftq_flush_self 等。
            ///f3_flush := backend_redirect || (wb_redirect && !f3_wb_not_flush)
            ///f2_flush := backend_redirect || mmio_redirect || wb_redirect
            ///val (redirect_ftqIdx, redirect_ftqOffset)  = (fromFtqRedirectReg.bits.ftqIdx,fromFtqRedirectReg.bits.ftqOffset)
            /// io.toIbuffer.valid := f3_valid && (!f3_req_is_mmio || f3_mmio_can_go) && !f3_flush
  // commit
  for (c <- io.fromBackend.rob_commits) {        ///来自后端的 rob_commits 即 RobCommitInfo 对象
    when(c.valid) {
      commitStateQueue(c.bits.ftqIdx.value)(c.bits.ftqOffset) := c_commited        ///将该条指令本身设置成已交割
                          ///commitStateQueue 是个 FtqSize×PredictWidth 的二维向量
      // TODO: remove this
      // For instruction fusions, we also update the next instruction
      when (c.bits.commitType === 4.U) {           /// NORMAL，并且 isFused：如果是融合指令，则下一条也已交割。
        commitStateQueue(c.bits.ftqIdx.value)(c.bits.ftqOffset + 1.U) := c_commited
      }.elsewhen(c.bits.commitType === 5.U) {      /// BRANCH，并且 isFused：如果既是融合指令，又是转移指令：
        commitStateQueue(c.bits.ftqIdx.value)(c.bits.ftqOffset + 2.U) := c_commited     ///那就再下面一条也是也是已交割
      }.elsewhen(c.bits.commitType === 6.U) {      /// LOAD，并且 isFused：类推
        val index = (c.bits.ftqIdx + 1.U).value
        commitStateQueue(index)(0) := c_commited
      }.elsewhen(c.bits.commitType === 7.U) {      /// STORE，并且 isFused：类推
        val index = (c.bits.ftqIdx + 1.U).value
        commitStateQueue(index)(1) := c_commited
```

```
        }
    }  ///end when(c.valid)
  }  ///end for (c <- io.fromBackend.rob_commits)
 ///class Ftq，续 5，  待续
```

来自后端的信息不只是转向指示 Redirect，还有来自 Rob 的 rob_commits，这是关于哪些指令已经执行完成并已交割的通知。Ftq 接到通知以后就把信息积累在它的 commitStateQueue 中，如果一个指令块的所有指令均已交割，就可以把关于这个指令块的记录从 Ftq 队列中删除了（允许 bpuPtr 推进到这个槽位，加以覆盖）。这 commitStateQueue 是个二维数组，先根据 rob_commits 中的 ftqIdx 找到目标所在的行，再根据 ftqOffset 所在的列，将目标单元设成 c_commited。但是，如果具体的指令是融合指令，则前后两条指令一定是同时变成 c_commited 的。CommitType 是个三维的代码，其最高位即 bit2 代表融合指令：

```
class RobCommitInfo(implicit p: Parameters) extends XSBundle {
  val ldest = UInt(5.W)                              ///逻辑目标寄存器
  val rfWen = Bool()
  val fpWen = Bool()
  val wflags = Bool()
  val commitType = CommitType()
  val pdest = UInt(PhyRegIdxWidth.W)                 ///物理目标寄存器
  val old_pdest = UInt(PhyRegIdxWidth.W)
  val ftqIdx = new FtqPtr
  val ftqOffset = UInt(log2Up(PredictWidth).W)
  val isMove = Bool()

  // these should be optimized for synthesis verilog
  val pc = UInt(VAddrBits.W)
}

  object CommitType {
    def NORMAL    = "b000".U   // int/fp
    def BRANCH    = "b001".U   // branch
    def LOAD      = "b010".U   // load
    def STORE     = "b011".U   // store

    def apply() = UInt(3.W)
    def isFused(commitType: UInt): Bool = commitType(2)              /// CommitType的bit2代表融合指令
    def isLoadStore(commitType: UInt): Bool = !isFused(commitType) && commitType(1)
    def lsInstIsStore(commitType: UInt): Bool = commitType(0)
    def isStore(commitType: UInt): Bool = isLoadStore(commitType) && lsInstIsStore(commitType)
    def isBranch(commitType: UInt): Bool = commitType(0) && !commitType(1) && !isFused(commitType)
  }
```

下面就是 Ftq 与 BPU 关于转移预测的交互了。

```
[XSCore > XSCoreBase > Frontend > FrontendImp > Ftq]  ///续 6
  // ***************************************************************
```

```
// **************************** to bpu ****************************
// ****************************************************************
io.toBpu.redirect := Mux(fromBackendRedirect.valid, fromBackendRedirect, ifuRedirectToBpu)
        ///发往 BPU 的转向指示可以来自后端或 IFU，以来自后端为优先。

val may_have_stall_from_bpu = Wire(Bool())
val bpu_ftb_update_stall = RegInit(0.U(2.W))        // 2-cycle stall, so we need 3 states
may_have_stall_from_bpu := bpu_ftb_update_stall =/= 0.U

val canCommit = !may_have_stall_from_bpu && Cat(commitStateQueue (commPtr.value).map(s =>
                        { s === c_invalid || s === c_flushed || s === c_commited})).andR() &&
                              !(Cat(commitStateQueue(commPtr.value).map(s => {s === c_invalid})).andR() )
        ///所谓 canCommit，是可以向 BPU 提交 update，是向 BPU 提供关于指令流的信息更新，源自 Rob 的 commit。
        ///commitStateQueue 是个 FtqSize×PredictWidth 的二维向量，其内容来自后端 Rob 的交割。
        ///当某个指令块中的所有指令都不是已由 Rob 交割就是已被冲刷，这个指令块的结局就可以向 BPU 提交了。

val mmioReadPtr = io.mmioCommitRead.mmioFtqPtr
val mmioLastCommit = isBefore(commPtr, mmioReadPtr) && (isAfter(ifuPtr, mmioReadPtr) || mmioReadPtr === ifuPtr) &&
                Cat(commitStateQueue(mmioReadPtr.value).map(s =>
                        { s === c_invalid || s === c_flushed || s === c_commited})).andR()
io.mmioCommitRead.mmioLastCommit := RegNext(mmioLastCommit)

// commit reads              ///从各个队列中 commPtr 所指处读出
val commit_pc_bundle = RegNext(ftq_pc_mem.io.commPtr_rdata)        ///从 ftq_pc_mem 队列读出
val commit_target = Mux(RegNext(commPtr === newest_entry_ptr), RegNext(newest_entry_target),
                                        RegNext(ftq_pc_mem.io.commPtrPlus1_rdata.startAddr))
        /// commit_target 可以来自 newest_entry_target，也可以来自 ftq_pc_mem.io.commPtrPlus1_rdata.startAddr，
        ///取决于 commPtr  是否等于  newest_entry_ptr
ftq_pd_mem.io.raddr.last := commPtr.value        ///指针 commPtr 内容来自 commPtr_write，后者来自 commPtrPlus1，见后。
val commit_pd = ftq_pd_mem.io.rdata.last                ///从 ftq_pd_mem 队列读出
ftq_redirect_sram.io.ren.last := canCommit
ftq_redirect_sram.io.raddr.last := commPtr.value        ///从 ftq_redirect_sram 队列读出
val commit_spec_meta = ftq_redirect_sram.io.rdata.last
ftq_meta_1r_sram.io.ren(0) := canCommit
ftq_meta_1r_sram.io.raddr(0) := commPtr.value           ///从 ftq_meta_1r_sram 队列读出
val commit_meta = ftq_meta_1r_sram.io.rdata(0)
ftb_entry_mem.io.raddr.last := commPtr.value            ///从 ftb_entry_mem 队列读出
val commit_ftb_entry = ftb_entry_mem.io.rdata.last
                        ///向 BPU 提交用于转移历史更新的信息是来自 Ftq 各个队列的信息综合
// need one cycle to read mem and srams
val do_commit_ptr = RegNext(commPtr)
val do_commit = RegNext(canCommit, init=false.B)        ///canCommit 与时钟脉冲对齐后就是 do_commit
when (canCommit) {                                      ///所以 canCommit 是关键
  commPtr_write := commPtrPlus1
  commPtrPlus1_write := commPtrPlus1 + 1.U
}
```

```
val commit_state = RegNext (commitStateQueue(commPtr.value))
val can_commit_cfi = WireInit(cfiIndex_vec ( commPtr.value ))      ///can_commit_cfi 是向量 cfiIndex_vec 中关于该指令块的值

val commit_cfi = RegNext(can_commit_cfi)
val commit_mispredict = VecInit((RegNext (mispredict_vec (commPtr.value)) zip commit_state).map {
                                        case (mis, state) => mis && state === c_commited })
                              /// commit_mispredict 则取决于位图 mispredict_vec 中的标志位
val can_commit_hit = entry_hit_status(commPtr.value)     /// entry_hit_status 是个长度为 FtqSize 的向量，内容为 h_hit 等。
val commit_hit = RegNext(can_commit_hit)       /// commit_hit 取决于向量 entry_hit_status 中的相应元素
val diff_commit_target = RegNext(update_target(commPtr.value))   // TODO: remove this
val commit_stage = RegNext(pred_stage(commPtr.value))
val commit_valid = commit_hit === h_hit || commit_cfi.valid      // hit or taken，commit_cfi 见上。

val to_bpu_hit = can_commit_hit === h_hit || can_commit_hit === h_false_hit
                    /// h_hit 表示命中，h_false_hit 表示命中但与 pd 向量中所提供信息不符。
switch (bpu_ftb_update_stall) {
  is (0.U) {                              /// bpu_ftb_update_stall 的初值设置位 0
    when (can_commit_cfi.valid && !to_bpu_hit && canCommit) { bpu_ftb_update_stall := 2.U }
                                          // 2-cycle stall   ///在这个条件下将其改成 2
  }
  is (2.U) { bpu_ftb_update_stall := 1.U }        ///如果原来是 2 就递减成 1
  is (1.U) { bpu_ftb_update_stall := 0.U }        ///原来是 1 就递减成 0，使 may_have_stall_from_bpu 为 false。
                                                  ///若 may_have_stall_from_bpu 为 true 则 can_commit 为 false
  is (3.U) { XSError(true.B, "bpu_ftb_update_stall should be 0, 1 or 2") }
}

// TODO: remove this
XSError(do_commit && diff_commit_target =/= commit_target, "\ncommit target should be the same as update target\n")

io.toBpu.update := DontCare
io.toBpu.update.valid := commit_valid && do_commit        ///本周期有 update 向 BPU 发送
  ///条件是本节拍中有 commit_valid，并且有 do_commit。注意 do_commit 就是与时钟脉冲对齐后的 canCommit。
  ///而 commit_valid 则说明该指令块当初在 BPU 中是命中的（需修改），或者该指令块中是有 CFI 指令的（需创建）。
  ///不满足这些条件就不会向 BPU 发出 update 请求（也无需有 update）。

val update = io.toBpu.update.bits              ///设置 io.toBpu.update 即 BranchPredictionUpdate 的内容
update.false_hit     := commit_hit === h_false_hit
update.pc            := commit_pc_bundle.startAddr    /// commit_pc_bundle 来自 ftq_pc_mem
update.meta          := commit_meta.meta              /// commit_meta 来自 ftq_meta_1r_sram
update.cfi_idx       := commit_cfi                    /// commit_cfi 来自 cfiIndex_vec
update.full_target   := commit_target                 /// commit_target 来自 newest_entry_target 或 ftq_pc_mem。
update.from_stage    := commit_stage
update.spec_info     := commit_spec_meta
XSError(commit_valid && do_commit && debug_cfi, "\ncommit cfi can be non c_commited\n")

val commit_real_hit = commit_hit === h_hit
```

```
val update_ftb_entry = update.ftb_entry

val ftbEntryGen = Module(new FTBEntryGen).io          /// ftbEntryGen 用来生成 update_ftb_entry 和 update 中的部分字段
ftbEntryGen.start_addr     := commit_pc_bundle.startAddr        ///源自 ftq_pc_mem 队列中的相应元素
ftbEntryGen.old_entry      := commit_ftb_entry                  ///源自 ftb_entry_mem 队列中的相应元素
ftbEntryGen.pd             := commit_pd                         ///源自 ftq_pd_mem 队列中的相应元素
ftbEntryGen.cfiIndex       := commit_cfi                        ///源自向量 cfiIndex_vec 中的相应元素
ftbEntryGen.target         := commit_target                     ///源自 newest_entry_target 或 ftq_pc_mem 队列中的相应元素
ftbEntryGen.hit            := commit_real_hit                   ///源自向量 entry_hit_status 中的相应元素
ftbEntryGen.mispredict_vec := commit_mispredict                 ///源自向量 mispredict_vec 中的相应元素

update_ftb_entry           := ftbEntryGen.new_entry
update.new_br_insert_pos := ftbEntryGen.new_br_insert_pos       ///这是 Vec(numBr, Bool())，表明条件转移指令的位置。
update.mispred_mask        := ftbEntryGen.mispred_mask
update.old_entry           := ftbEntryGen.is_old_entry          ///update_ftb_entry 是新的 FTBEntry，这是老的。
update.pred_hit            := commit_hit === h_hit || commit_hit === h_false_hit
update.br_taken_mask       := ftbEntryGen.taken_mask            ///实际成行的条件转移指令位图
update.jmp_taken           := ftbEntryGen.jmp_taken             ///无条件转移指令位图
///class Ftq，续 6，待续。
```

这里的 io.toBpu.update 就是通向 BPU 的 BranchPredictionUpdate，这是 FtqToBpuIO 中的一部分（另一部分是 BranchPredictionRedirect，实际上就是 Redirect）。所谓 commit，是向 BPU 的 commit，就是向 BPU 提交关于指令流中关于某个指令块的转移历史信息更新。而 BranchPredictionUpdate 中的信息，则是从 Feq 的各个队列中收集汇总的关于同一指令块的信息，还要经过一些整理。其中的 FTBEntry 尤为重要，但是相关信息的来源也比较复杂，所以有个 FTBEntryGen 专门用来“生成”FTBEntry。按理这应该结合 class FTBEntry 的代码一起阅读，但是FTBEntry与后面BPU中的FTB预测单元关系更加紧密，再说前面再讲述ftb_entry_mem队列时也曾列出过它的代码，这里就不重复了，读者可以结合阅读：

```
[XSCore > XSCoreBase > Frontend > FrontendImp > Ftq > FTBEntryGen]
class FTBEntryGen(implicit p: Parameters) extends XSModule with HasBackendRedirectInfo with HasBPUParameter {
  val io = IO(new Bundle {
    val start_addr = Input(UInt(VAddrBits.W))                         ///来自commit_pc_bundle，读自ftq_pc_mem队列。
    val old_entry = Input(new FTBEntry)                               ///来自commit_ftb_entry，读自ftb_entry_mem队列。
    val pd = Input(new Ftq_pd_Entry)                                  ///来自commit_pd，读自ftq_pd_mem队列。
    val cfiIndex = Flipped(Valid(UInt(log2Ceil(PredictWidth).W)))     ///来自commit_cfi，读自cfiIndex_vec(commPtr.value))。
    val target = Input(UInt(VAddrBits.W))                             ///commit_target，来自newest_entry_target或ftq_pc_mem。
    val hit = Input(Bool())                                           ///来自commit_real_hit，读自向量entry_hit_status。
    val mispredict_vec = Input(Vec(PredictWidth, Bool()))             ///来自commit_mispredict，读自向量mispredict_vec。
    val new_entry = Output(new FTBEntry)                              ///所生成的新FTBEntry
    val new_br_insert_pos = Output(Vec(numBr, Bool()))
    val taken_mask = Output(Vec(numBr, Bool()))
    val jmp_taken = Output(Bool())
    val mispred_mask = Output(Vec(numBr+1, Bool()))
    // for perf counters，略
  })
```

```
// no mispredictions detected at predecode
val hit = io.hit
val pd = io.pd

val init_entry = WireInit(0.U.asTypeOf(new FTBEntry))

val cfi_is_br = pd.brMask(io.cfiIndex.bits) && io.cfiIndex.valid
val entry_has_jmp = pd.jmpInfo.valid
val new_jmp_is_jal = entry_has_jmp && !pd.jmpInfo.bits(0) && io.cfiIndex.valid
val new_jmp_is_jalr = entry_has_jmp && pd.jmpInfo.bits(0) && io.cfiIndex.valid
val new_jmp_is_call = entry_has_jmp && pd.jmpInfo.bits(1) && io.cfiIndex.valid
val new_jmp_is_ret = entry_has_jmp && pd.jmpInfo.bits(2) && io.cfiIndex.valid
val last_jmp_rvi = entry_has_jmp && pd.jmpOffset === (PredictWidth-1).U && !pd.rvcMask.last

val cfi_is_jal = io.cfiIndex.bits === pd.jmpOffset && new_jmp_is_jal
val cfi_is_jalr = io.cfiIndex.bits === pd.jmpOffset && new_jmp_is_jalr

def carryPos = log2Ceil(PredictWidth)+instOffsetBits        ///指地址计算中产生跨指令块进位时的位置，bit5。
def getLower(pc: UInt) = pc(carryPos-1, instOffsetBits)      ///地址的最低5位，去掉最低位的0，共4位，即指令块内地址。
 // if not hit, establish a new entry
init_entry.valid := true.B
 // tag is left for ftb to assign

 // case br
val init_br_slot = init_entry.getSlotForBr(0)                ///取brSlots中的第一个
when (cfi_is_br) {                                           ///如果转移指令是Br，就将其填写到brSlots(0)中：
  init_br_slot.valid := true.B
  init_br_slot.offset := io.cfiIndex.bits                    ///这是Br指令在该指令块中的位置
  init_br_slot.setLowerStatByTarget (io.start_addr, io.target, numBr == 1)    ///将转移目标地址的低段写入该FtbSlot，见后。
  init_entry.always_taken(0) := true.B          // set to always taken on init
}

// case jmp
when (entry_has_jmp) {                                       ///如果有无条件转移指令则应写入tailSlot：
  init_entry.tailSlot.offset := pd.jmpOffset                 ///这是jal/jalr指令在该指令块中的位置
  init_entry.tailSlot.valid := new_jmp_is_jal || new_jmp_is_jalr
  init_entry.tailSlot.setLowerStatByTarget (io.start_addr, Mux(cfi_is_jalr, io.target, pd.jalTarget), isShare=false)
}  ///调用setLowerStatByTarget()时的最后一个参数isShare为true表示将本应用于无条件转移指令的tailSlot用于条件转移指令

val jmpPft = getLower(io.start_addr) +& pd.jmpOffset +& Mux(pd.rvcMask(pd.jmpOffset), 1.U, 2.U)    ///pft意为partial-fall-through
  ///地址位段jmpPft由三部分相加而成。第一部分是getLower(io.start_addr)即指令块起点地址的低段（排除最后的0）；
  ///第二部分是该指令（来自预译码信息pd）的转移偏量；第三部分是1（16位指令）或2（32位指令），
  ///判定条件是pd.rvcMask(pd.jmpOffset)，即pd.jmpOffset处的指令（就是jmp指令本身）是否为16位指令。
  ///所以jmpPft是指jmp指令的后随指令所在地址中的一段。
init_entry.pftAddr    := Mux(entry_has_jmp && !last_jmp_rvi, jmpPft, getLower(io.start_addr))
  ///pftAddr其实只是pft地址中与jmpPft相同宽度的一段，如果有jmp指令且并非32位指令就取jmpPft，
```

```
        ///要不然就取getLower(io.start_addr)，即指令块起点地址的低段
init_entry.carry        := Mux(entry_has_jmp && !last_jmp_rvi, jmpPft(carryPos-instOffsetBits), true.B)
        ///如果有jmp指令且并非32位指令就取jmpPft中的进位，否则必有进位。
init_entry.isJalr := new_jmp_is_jalr
init_entry.isCall := new_jmp_is_call
init_entry.isRet := new_jmp_is_ret
// that means fall thru points to the middle of an inst
init_entry.last_may_be_rvi_call := pd.jmpOffset === (PredictWidth-1).U && !pd.rvcMask (pd.jmpOffset)

// if hit, check whether a new cfi(only br is possible) is detected
val oe = io.old_entry                                          ///这是原先的FTBEmtry
val br_recorded_vec = oe.getBrRecordedVec (io.cfiIndex.bits)
val br_recorded = br_recorded_vec.asUInt.orR
val is_new_br = cfi_is_br && !br_recorded
val new_br_offset = io.cfiIndex.bits
// vec(i) means new br will be inserted BEFORE old br(i)
val allBrSlotsVec = oe.allSlotsForBr
val new_br_insert_onehot = VecInit((0 until numBr).map{ i => i match {
    case 0 => !allBrSlotsVec(0).valid || new_br_offset < allBrSlotsVec(0).offset
    case idx => allBrSlotsVec(idx-1).valid && new_br_offset > allBrSlotsVec(idx-1).offset &&
                                        (!allBrSlotsVec(idx).valid || new_br_offset < allBrSlotsVec(idx).offset)
  }  ///end match
})  ///end new_br_insert_onehot

val old_entry_modified = WireInit(io.old_entry)
for (i <- 0 until numBr) {              /// numBr定义为2，对其中的每一个FtbSlot:
  val slot = old_entry_modified.allSlotsForBr(i)                         ///将其当作当前FtbSlot
  when (new_br_insert_onehot(i)) {                                      ///如果这就是(new_br_insert_onehot所选中的slot:
    slot.valid := true.B
    slot.offset := new_br_offset                                         ///该转移指令在指令块中的位置
    slot.setLowerStatByTarget (io.start_addr, io.target, i == numBr-1)  ///numBr是包括tailSlot在内的
    old_entry_modified.always_taken(i) := true.B
  }.elsewhen (new_br_offset > oe.allSlotsForBr(i).offset) {
    old_entry_modified.always_taken(i) := false.B
     // all other fields remain unchanged
  }.otherwise {
     if (i != 0) {           // case i == 0, remain unchanged
       val noNeedToMoveFromFormerSlot = (i == numBr-1).B && !oe.brSlots.last.valid  ///如果oe的tailSlot没有用上
       when (!noNeedToMoveFromFormerSlot) {                              ///如果oe的tailSlot用上了
         slot.fromAnotherSlot (oe.allSlotsForBr(i-1))                      ///从oe.allSlotsForBr(i-1)即tailSlot中抄过来
         old_entry_modified.always_taken(i) := oe.always_taken(i)
       }  ///end when
     }  ///end if(i != 0)
  }  ///end when…otherwise
}  ///end for (i <- 0 until numBr)
```

```
// two circumstances:        ///设计者把numBr定义为2，认为一个指令块的采纳范围中只记录两条转移指令已经够了。
                             ///一种情况是前面一条br，后面一条jmp；另一种情况是两条br。
// 1. oe: | br | j  |, new br should be in front of j, thus addr of j should be new pft    ///pft意为Partial Fall-Through
// 2. oe: | br | br |, new br could be anywhere between, thus new pft is the addr of either the previous last br or the new br
val may_have_to_replace = oe.noEmptySlotForNewBr              ///oe中的两个FtbSlot均已用上，可能需要替换。
val pft_need_to_change = is_new_br && may_have_to_replace     ///如要替换就可能改变原来的pft
// it should either be the given last br or the new br
when (pft_need_to_change) {            ///如果需要改变pft地址：
  val new_pft_offset = Mux(!new_br_insert_onehot.asUInt.orR,  new_br_offset,  oe.allSlotsForBr.last.offset)
  // set jmp to invalid
  old_entry_modified.pftAddr := getLower(io.start_addr) + new_pft_offset
  old_entry_modified.carry := (getLower(io.start_addr) +& new_pft_offset).head(1).asBool
  old_entry_modified.last_may_be_rvi_call := false.B
  old_entry_modified.isCall := false.B
  old_entry_modified.isRet := false.B
  old_entry_modified.isJalr := false.B
}  ///end when

val old_entry_jmp_target_modified = WireInit(oe)
val old_target = oe.tailSlot.getTarget(io.start_addr)       // may be wrong because we store only 20 lowest bits
val old_tail_is_jmp = !oe.tailSlot.sharing                  ///如果sharing就说明tailSlot被用于Br指令
val jalr_target_modified = cfi_is_jalr && (old_target =/= io.target) && old_tail_is_jmp   // TODO: pass full jalr target
when (jalr_target_modified) {
  old_entry_jmp_target_modified.setByJmpTarget(io.start_addr, io.target)
  old_entry_jmp_target_modified.always_taken := 0.U.asTypeOf(Vec(numBr, Bool()))
}  //end when (jalr_target_modified)

val old_entry_always_taken = WireInit(oe)
val always_taken_modified_vec = Wire(Vec(numBr, Bool()))      // whether modified or not
for (i <- 0 until numBr) {
  old_entry_always_taken.always_taken(i) :=
                oe.always_taken(i) && io.cfiIndex.valid && oe.brValids(i) && io.cfiIndex.bits === oe.brOffset(i)
  always_taken_modified_vec(i) := oe.always_taken(i) && !old_entry_always_taken.always_taken(i)
}
val always_taken_modified = always_taken_modified_vec.reduce(_||_)

val derived_from_old_entry = Mux(is_new_br, old_entry_modified,
                               Mux(jalr_target_modified, old_entry_jmp_target_modified, old_entry_always_taken))

io.new_entry := Mux(!hit, init_entry, derived_from_old_entry)      ///!hit就说明BPU中没有关于这条转移指令的记录

io.new_br_insert_pos := new_br_insert_onehot
io.taken_mask := VecInit((io.new_entry.brOffset zip io.new_entry.brValids).map{
  case (off, v) => io.cfiIndex.bits === off && io.cfiIndex.valid && v
})          ///io.taken_mask的来源：io.new_entry/io.new_entry是新旧两个FTBEntry，io.cfiIndex是指令在块中序号
io.jmp_taken := io.new_entry.jmpValid && io.new_entry.tailSlot.offset === io.cfiIndex.bits
```

```
  for (i <- 0 until numBr) { io.mispred_mask(i) := io.new_entry.brValids(i) && io.mispredict_vec (io.new_entry.brOffset(i)) }
  io.mispred_mask.last := io.new_entry.jmpValid && io.mispredict_vec (pd.jmpOffset)

  // for perf counters
  …        ///性能统计从略
}  ///end class FTBEntryGen
```

FTBEntryGen 的作用，就是给定一个老的 FTBEntry 和各种反映已实际发生情况的信息，产生一个新的 FTBEntry，使 Ftq 可以将其提交给 BPU，用来更新原先的历史记录。读者需要在后面看了 BPU 中的 FTB 预测单元及 FTBEntry 的代码以后再回过来细看。

但是这里的代码中调用了由 class FtbSlot 提供的几个函数，所以有必要在这里看一下 class FtbSlot。FTBEntry 代表着 FTB 查询表中的一个表项，FTBEntry 中有 numBr 个槽位，用来记载同一指令块中的转移指令。其中最后一个槽位是为 jmp 即无条件转移指令留着的，称为 tailSlot；这是因为，既然是无条件转移，后面就不再有指令，更不会有转移指令了。前面的 numBr-1 个槽位则是留给 br 即条件转移指令的，称为 brSlots。但是有的指令块中可能没有 jmp 指令但却有更多的 br 指令，在这种情况下也可以把 tailSlot 用于 br 指令，称为 share。具体到香山的配置，numBr 定义为 2，意味着实际上只有一个 brSlot 和一个 tailSlot，向量 brSlots 的长度是 1。这说明，设计者认为在一个指令块的采纳范围（又经 PredChecker 进一步收紧）中，有两条转移指令也就差不多了。万一有更多条件转移指令也就只收录其中两条（实际上不会发生）。每个转移指令记录槽位就是一个 FtbSlot：

```
class FtbSlot (val offsetLen: Int, val subOffsetLen: Option[Int] = None)(implicit p: Parameters) extends XSBundle with FTBParams {
  if (subOffsetLen.isDefined) { require(subOffsetLen.get <= offsetLen) }
  val offset      = UInt(log2Ceil(PredictWidth).W)      ///offset是本转移指令在指令块中的位置（下标）
  val lower       = UInt(offsetLen.W)                   ///指令所在地址的低段，offsetLen取决于CFI指令转移偏量的最大值。
  val tarStat     = UInt(TAR_STAT_SZ.W)                 ///转移目标的情况，TAR_FIT=0，TAR_OVF=1，TAR_UDF=2。
                        ///TAR_FIT表示转移目标就在本指令块内，TAR_OVF表示向前越界，TAR_UDF表示向后越界。
  val sharing     = Bool()                              ///将tailSlot用于br指令
  val valid       = Bool()

  def setLowerStatByTarget (pc: UInt, target: UInt, isShare: Boolean) = {
    def getTargetStatByHigher (pc_higher: UInt, target_higher: UInt) =
                        Mux(target_higher > pc_higher, TAR_OVF, Mux(target_higher < pc_higher, TAR_UDF, TAR_FIT))
    def getLowerByTarget (target: UInt, offsetLen: Int) = target(offsetLen, 1)   ///取target的低位段，长度offsetLen，丢弃bit0。
    val offLen = if (isShare) this.subOffsetLen.get else this.offsetLen          ///jmp指令的offsetLen是20位，br指令为12位。
    val pc_higher = pc (VAddrBits-1, offLen+1)                                    ///pc的offLen以上位段为pc_higher
    val target_higher = target(VAddrBits-1, offLen+1)                             ///target也是offLen以上位段为target_higher
    val stat = getTargetStatByHigher(pc_higher, target_higher)      ///比较pc和target的高位段，以确定是TAR_FIT还是什么。
    val lower = ZeroExt(getLowerByTarget(target, offLen), this.offsetLen)         ///截取target的低位段并扩展至offsetLen的长度
    this.lower := lower
    this.tarStat := stat
    this.sharing := isShare.B
  }  ///设置本FtbSlot的各个数据成分/字段

  def getTarget (pc: UInt, last_stage: Option[Tuple2[UInt, Bool]] = None) = {
    def getTarget (offLen: Int)(pc: UInt, lower: UInt, stat: UInt, last_stage: Option[Tuple2[UInt, Bool]] = None) = {
      val h = pc(VAddrBits-1, offLen+1)                                           ///pc地址的高段
```

```
        val higher = Wire(UInt((VAddrBits-offLen-1).W))                ///用来承载转移目标地址的高段
        val higher_plus_one = Wire(UInt((VAddrBits-offLen-1).W))       ///如果转移目标向前越界就得在地址高段上加1。
        val higher_minus_one = Wire(UInt((VAddrBits-offLen-1).W))      ///如果转移目标向后越界就得在地址高段上减1。
        if (last_stage.isDefined) {
          val last_stage_pc = last_stage.get._1
          val last_stage_pc_h = last_stage_pc(VAddrBits-1, offLen+1)
          val stage_en = last_stage.get._2
          higher := RegEnable(last_stage_pc_h, stage_en)
          higher_plus_one := RegEnable(last_stage_pc_h+1.U, stage_en)
          higher_minus_one := RegEnable(last_stage_pc_h-1.U, stage_en)
        } else {
          higher := h
          higher_plus_one := h + 1.U
          higher_minus_one := h - 1.U
        }    ///end if-else
        val target = Cat (Mux1H(Seq((stat === TAR_OVF, higher_plus_one), (stat === TAR_UDF, higher_minus_one),
                                    (stat === TAR_FIT, higher), )), lower(offLen-1, 0), 0.U(1.W) )
           ///target由三个位段拼接而成，地址高段取决于转移目标是否落在本指令块之内，如果是TAR_OVF就得加1；
           ///第二个位段是lower(offLen-1, 0)，即目标地址的低段；第三个位段就是末尾的0。
        require(target.getWidth == VAddrBits)
        require(offLen != 0)
        target
      }    ///end getTarget (offLen: Int) …
      if (subOffsetLen.isDefined) Mux(sharing,   getTarget(subOffsetLen.get)(pc, lower, tarStat, last_stage),
                                                 getTarget(offsetLen)(pc, lower, tarStat, last_stage) )
      else getTarget(offsetLen)(pc, lower, tarStat, last_stage)
    }    ///end getTarget (pc: UInt, …

    def fromAnotherSlot (that: FtbSlot) = {      ///从that槽位复制到this槽位
      require(
        this.offsetLen > that.offsetLen && this.subOffsetLen.map(_ == that.offsetLen).getOrElse(true) || this.offsetLen == that.offsetLen
      )
      this.offset := that.offset
      this.tarStat := that.tarStat
      this.sharing := (this.offsetLen > that.offsetLen && that.offsetLen == this.subOffsetLen.get).B
      this.valid := that.valid
      this.lower := ZeroExt(that.lower, this.offsetLen)
    }    ///end fromAnotherSlot()
}    ///end class FtbSlot
```

理解了 FtbSlot，并知道 FTBEntry 中有两个 FtbSlot，对于 FTBEntryGen 应该大体上能明白了。另外，由 FTBEntryGen 生成的 FTBEntry 是用于对 BPU 的 update 即记录更新，与此同时 BPU 中 FTB 预测单元中（局部）历史查询表中的表项就是 FTBEntry（别的预测单元也从 FTBEntry 提取信息）。虽然一个表项中有两个 FtbSlot，其中真正起作用的是 tailSlot 中的那条指令，当前指令块中在那条指令以后就没有指令了，后随的指令在下一个指令块中，那还有待于取指命令的发布和取指的完成。

除向 ICache 和 IFU 发送取指请求以外，Ftq 还要向 ICache 发送 Prefetch 即预取（指令）请求。不过所谓预取并不真的把指令提前取进来，而只是让 ICache 提前把目标地址所在的缓存块（cacheline）从主存或二级缓存中调入 ICache（如果还不在 ICache 中的话）。然而把一个缓存块调入 ICache 并不仅仅是从主存读出并逐级向 ICache 传输的事，还包括可能需要废弃已经在 ICache 中的某个缓存块以腾出空间。不过指令缓存 ICache 无需考虑写入，这还是比较简单的。至于 Ftq 就更不需要考虑存储子系统的协同性，它只是发出预取请求。但是从什么地址预取却是个问题，你顺着指令流往前预取，可是实际上指令流可能马上就转了向，你这预取就做了无用功。所以这与转移预测有很密切的关系。

Ftq 代码中的最后一段就是关于 Prefetch 的代码，这是相对独立的：

```
[XSCore > XSCoreBase > Frontend > FrontendImp > Ftq]    ///续 7
  // **************************************************************
  // *********************** to prefetch ****************************
  // **************************************************************

  ftq_pc_mem.io.other_raddrs(0) := DontCare
  if(cacheParams.hasPrefetch){
    val prefetchPtr = RegInit(FtqPtr(false.B, 0.U))              /// prefetchPtr 是个 Ftq 指针寄存器，初值为 0。
    val diff_prefetch_addr = WireInit(update_target(prefetchPtr.value))          //TODO: remove this
          ///预取的目标地址来自 update_target 这个寄存器向量，以 prefetchPtr 为下标。但是下面并未用到
    prefetchPtr := prefetchPtr + io.toPrefetch.req.fire()          ///只要 io.toPrefetch.req.fire()非 0 就会向前推进。

    ftq_pc_mem.io.other_raddrs(0) := prefetchPtr.value          ///准备以 prefetchPtr 的值为下标从 ftq_pc_mem 读出

    when (bpu_s2_resp.valid && bpu_s2_resp.hasRedirect && !isBefore(prefetchPtr, bpu_s2_resp.ftq_idx)) {
      prefetchPtr := bpu_s2_resp.ftq_idx                        ///如有转向则 prefetchPtr 服从转向
    }

    when (bpu_s3_resp.valid && bpu_s3_resp.hasRedirect && !isBefore(prefetchPtr, bpu_s3_resp.ftq_idx)) {
      prefetchPtr := bpu_s3_resp.ftq_idx
      // XSError(true.B, "\ns3_redirect mechanism not implemented!\n")
    }

    val prefetch_is_to_send = WireInit(entry_fetch_status(prefetchPtr.value) === f_to_send)
    val prefetch_addr = Wire(UInt(VAddrBits.W))                ///这就是 Prefetch 的目标地址

    when (last_cycle_bpu_in && bpu_in_bypass_ptr === prefetchPtr) {
      prefetch_is_to_send := true.B
      prefetch_addr := last_cycle_bpu_target
      diff_prefetch_addr := last_cycle_bpu_target    // TODO: remove this          /// diff_prefetch_addr 未见使用
    }.otherwise{
      prefetch_addr := RegNext( ftq_pc_mem.io.other_rdatas(0).startAddr)
    }   ///Prefetch 目标地址的确定
    io.toPrefetch.req.valid := prefetchPtr =/= bpuPtr && prefetch_is_to_send
    io.toPrefetch.req.bits.target := prefetch_addr            ///发往 ICache，说明从地址 prefetch_addr 预取。

    when(redirectVec.map(r => r.valid).reduce(_||_)){
```

```
      val r = PriorityMux(redirectVec.map(r => (r.valid -> r.bits)))
      val next = r.ftqIdx + 1.U
      prefetchPtr := next
    }

    XSError(isBefore(bpuPtr, prefetchPtr) && !isFull(bpuPtr, prefetchPtr), "\nprefetchPtr is before bpuPtr!\n")
    XSError(isBefore(prefetchPtr, ifuPtr) && !isFull(ifuPtr, prefetchPtr), "\nifuPtr is before prefetchPtr!\n")
  }
  else {
    io.toPrefetch.req <> DontCare                ///未配置对 Prefetch 的支持
  }
  // **********************************************************************
  // **************************** commit perf counters ****************************
  // **********************************************************************
  …      ///性能统计与调试，略
  generatePerfEvent()
}  ///end class Ftq
```

可见，发往 ICache 的 prefetch_addr 总是超前于取指地址。

取指队列 Ftq 的代码至此就结束了。虽然 Ftq 不像 IFU 一样直接就在指令流过的路径上，但其所起的作用却不可小觑，结合 BPU 的转移预测，对指令流水线的效率高低起着关键的作用。

第 20 章

转移预测-BPU

在还没有流水线之前的 CPU 中，转移预测不是个问题，不管是绝对转移还是条件转移，或者子程序调用和返回，反正都要到指令被执行得出结果以后才取下一条指令。有了流水线之后，转移预测开始成了问题，因为后续指令的读取在前面的转移指令还没有被执行的时候就得开始，就得给定后续的取指地址。这时候的取指实际上带有试试看、碰碰运气的成分，称为“Speculaitive”。如果转移指令的执行结果让控制流转了向，那就得丢弃已经取入并进入流水线的若干条指令，改向新的目标地址取指令。由于流水线实际上不会太长，因此而浪费的指令也不至于太多，也就是每实际发生一次控制流转向（有的条件转移指令实际上并未导致转向）几条指令而已。可是，当计算机的流水线发展到了超标量（Super Scalar）结构，即宽度大于 1 的流水线，这时候如果没有准确率比较高的转移预测，那损失的指令数量就大了。假定流水线的宽度是 6，而流水线的长度（深度）决定了在指令得到执行之前有 5 个工位，那么一旦发生没有得到准确预测的转移指令时在这 5 个工位上的指令就都要被丢弃，而因为流水线的宽度是 6，那就有 30 条指令要被丢弃。进一步，如果考虑据称典型的程序中平均每 5 条指令中就有一条转移指令，那就说明平均每个时钟节拍所执行的 6 条指令中都有一条转移指令，如果这条指令恰好是其中的第一条，那么它后面的 5 条指令都可能被浪费掉。不仅如此，如果在指令得到执行之前有 5 个工位，那么这 5 个时钟节拍中取入的指令都有可能被浪费。当然，实际的情况不至于那么糟，不会对所有的转移指令都判断失误。事实上，只要采用一些静态的预测规则，例如“向前不转，向后转”，那就已经可以使失误的概率大大下降。但是，即便如此，因转移而造成取指失误的概率还是相当高。在这样的条件下，动态转移预测的重要性就显得突出了，哪怕只能使转移预测的准确性提高几个百分点，就能为 CPU 带来可观的性能提高。

在引起控制流转向的 CFI 指令（Control Flow Instruction，我们笼统称之为转移指令）中，有些是无条件的，有些是有条件的。转移指令的转移跨度或称偏移量（Offset，可正可负）就编码在指令本身的二进制代码中，但有些转移指令的偏移量是基于 pc 的（常常称为相对转移），有些转移指令的偏移量则是基于某个通用寄存器的（常常称为绝对转移）。基于 pc 的转移指令容易预判，只要根据指令所在的地址 pc 就可以算得转移目标，而基于通用寄存器的转移指令就难了，因为通用寄存器的值要到具体执行的时候才知道。无条件转移指令 jal 就是基于 pc 的，但 jalr 指令却是基于通用寄存器的。所以，对 jal 指令的转移目标是容易预测的，难的是 jalr 指令。不过，jalr 指令的一个重要用途是对子程序调用和返回，如果在遇上子程序调用时记下其返回地址，那么当发现程序中有 jalr 指令并且是用于子程序返回时也可以帮助预测。至于条件转移，其偏移量倒都是基于 pc 的，但转移的条件是否满足却难以预知，所以对条件转移的预测都是对转移条件（是否得到满足）的预测。

所以，除 jal 指令之外，一般而言，要在程序运行时动态对条件转移指令先行分析而得出保证准确的预测是不现实的，实际能做的只是统计的，即基于历史的预测。所谓历史，是指在同一个地址上的同一条指令本身的执行历史；你前几次都转了，那么这一次又转的概率就比较高。当然，每次实际执行这条指令后究竟转了没有，要记入这条指令的历史。这样的原则实际上也蕴含了“向前不转向后转”的经验准则，因为向后的条件转移一般都是用在循环中，而循环语句一般都是循环很多次才最后跳出循环。所以，基于历史的转移预测一般开始的一次两次会失误，因为一开始时还没有本指令（以所在地址 pc 为检索依据）的历史，但以后就有了历史，假设循环条件是 512，那就会有 500 多次正确预测，最后才有一次失误，那样的准确率就很高了。

而绝对转移，则是无条件的，但是由于有寄存器参与其内，转移目标取决于寄存器内容和偏移量相加，二者组合的数量近乎天文数字，很难加以预测，也只能按既往历史进行猜测，你上次转到了这个地址，那这次很可能也仍是这个地址。事实上这对于函数调用的预测准确率是很高的，因为最大的可能就是在反复调用同一个子程序。显然，这时候的预测是对转移目标的预测。事实上，不管是对转移条件的预测，还是对转移目标的预测，最终总是要落实到对转移目标的预测，因为是转移目标决定了下一步取指的目标地址。

像这样只涉及具体指令本身的转移历史，称为“局部（local）”历史。对于局部历史的检索是以指令所在的地址 pc 为条件的，但是一个虚拟地址的长度有 39 位，如果同时保存 1000 条指令的历史，那就会占用芯片上的不少资源。这是因为，用 39 位的虚拟地址为“键”在历史记录中寻找它的值，而又必须实时即在同一个时钟节拍中得出结果，本质上就是“按内容寻址”，这就得使用“相关存储器”即 CAM（Contents Accessable Memory），而 CAM 的代价是相当高的，因为要有大量的比较器。以 1000 个 39 位比较器而言，就得有 39000 个 1 位比较器。为减轻这个负担，一般都改用 pc 的某种 Hash 值、而不是整个 pc 值作为检索条件，比方说把 39 位的 pc 值 Hash 到 16 位甚至 8 位，称为 pc 地址的“标签（tag）”。当然，这样会有“撞车”的问题，但是实际上发生碰撞的概率很低，再说即使撞了车也无非就是预测不准，不会有什么很严重的后果。至于返回的结果，可以只是一位，表示上一次是转了（taken）还是没转（not taken）；但当然也可以有好几位，表示此前几次的转或不转；也可以是计数器，表示比方说在过去的 4 次中转了几次。

不过，研究表明，结合预测准确率和所花费代价，两位的“饱和计数器”是性价比最好的。其工作原理是这样：如果这次实际转了就让计数器加 1，但是加到 3 就饱和了，不再继续往上加，反之如果这次没转就使计数器减 1，但是减到了 0 就不再减了。这是因为，从统计的角度看，计数值为 3 或者为 0 已经足够说明问题了，预测的准确率本来就不可能是百分之百。所以，人们还给这种两位的计数值加上了物理意义：两位全 1 即 3，和两位全 0，分别叫“strong taken”和“strong not taken”。如果以 T 表示 taken，即实际上转了；以 N 表示 not taken，则这两种情况可以表示成 TT 和 NN。而计数值 10 和 01，则分别叫“weak taken”和“weak not taken”。实际上，以 01 为例，这还与变化的方向有关，是从 00 上升到 01 还是从 10 下降到 01，是 NT 还是 TN，这反映着趋势，所以也有人将其用作一个两位的移位寄存器，比计数器提供了更多的信息。

所以，一般而言，一个条件转移指令的局部历史就是其 pc 地址的 Hash 值加上一个 2 位计数器。而无条件转移指令 jalr 的局部历史则是其 pc 地址的 Hash 值加上其目标地址（因为是目标预测）。至于 jal 指令，那是可以通过对指令预译码实时计算其转移目标的。

但是在有些情景下仅按局部历史进行转移预测是有问题的。许多文献中常用的一个例子是：

```
if(a == 2) a = 0;
...
if(b == 2) b = 0;
if(a != b){...}
```

这三个条件语句之间可以有任意多的其它语句，这里只是把最后那个条件语句的上下文（其实只是上文）给提炼出来了。显然，第三个条件语句（从而条件转移）之是否满足条件，与此前的另外两个条件语句是密切相关的，要对第三个条件语句作出正确预测必须结合前两个条件语句的实际是否发生。这意味着：对有些条件转移指令的预测，光看该指令的局部历史是不够的，还应结合“全局”的条件转移历史才能作出正确的预测。这个全局的转移历史，实际上就是此前所执行过的条件转移轨迹，其中的每次转移可以只用 1 位加以表述，即以 1 或 0 表示执行的实际结果是转了还是没转（与所作预测无关）。但是当然也不可能（也无必要）保存既往的全部历史，所以实际上也就是最近发生过的历史片段，是“现代史”。但是注意，虽然有个“全局”的、不断在推进的“全局历史”，但是其某个片段却可能需要保存在具体指令的局部历史中，成为其局部历史的一部分。通俗地说就是这样：这条指令上一次是转了，当时它是处在这样一种历史条件中。这意味着，全局历史中的一个片段可以成为一条指令“局部历史”的一个组成部分，尽管这个片段此刻已经不再保留在全局历史中。至于全局历史的具体实现，则可以是个一定长度的移位寄存器，每执行一个条件转移指令以后就把结果移入这个寄存器，而最老的那一位就移出了寄存器，不再保存了。这样，关于一条具体条件转移指令的历史就由两个部分组成，一个是具体指令自身的历史，是 TT 还是 TN，还是 NT 或 NN；另一个则是此前的全局历史片段，这就像是关于具体事件的历史背景。而要对具体的条件转移指令作出预测，也就可能变得复杂起来；因为很可能是这样：最近刚发生的情况，在最近这个历史背景下固然是这样；可是在不久之前，在另一个历史背景下却是那样。所以就得以全局历史与局部历史的组合在整个历史记录中进行检索，因为同一条指令在不同历史背景中的历史可以是不同的。

前面讲过，对于转移指令所在的地址 pc 可以（也应该）通过 Hash 缩短其长度，对于全局历史也完全可以（也许更有必要）采用同样的方法以缩短其长度。尽管这样有可能发生“撞车”，但那毕竟是小概率事件，而且即使发生了也并无严重后果。更常用的办法，是将全局历史与 pc 二者 Hash 在一起，用作一个历史记录“键-值”表的键，而值就是该指令的局部历史饱和计数器在当时的那个计数。

这样，在历史记录、预测算法、实现方法这些方面就有了许多种可能的组合。例如只采用局部历史的两位饱和计数器也已经有不错的预测准确率，如能结合全局历史当然更好，而结合全局历史又可以有不同的算法，但是所消耗的资源可能就增加了许多。这是个性价比和权衡折中的问题，须视具体芯片的设计目标（用途、性能要求、价格范围等）而定。

综上所述，对于转移指令所作的预测，大致上可以分成这么几种情况：

对 jal 指令的预测是最简单的，因为 jal 指令是无条件转移，而且转移的跨度（offset）就编码在指令中。

对其余指令的动态转移预测都只能基于历史，比较简单的是只基于局部历史，可以通过查表的方法实现。同样是查表，表的大小和复杂程度也可以有不同，表中既可以有表示转移历史的计数器，也可以有转移目标。而且，查表也可以分成两次，第一次是在一个较小的表中快速检索，如能“命中（hit）”就立即发回检索结果即转移预测，例如只要检索结果不是“strong not taken”就认定其会转；然后，如果不命中（miss），或者还想再有更详细一点的信息，更可靠一点的预测，就可以再到规模更大的表中检索。香山项目 BPU 中的 FauFTB 和 FTB 就是这样的局部历史查表预测方案，FTB 是 Fetch Target Buffer 的缩写，也称 BTB，即 Branch Target Buffer，可见预测的最终目的还是 Target。FauFTB 又称 uFTB 或 uBTB，即 Micro FTB/BTB，那就是个缩微版的 FTB/BTB。如前所述，基于局部历史的预测不仅可以用于条件预测，也可以用于对绝对转移指令的目标预测。例如对 jalr 指令的预测，虽然寄存器中的值不可捉摸，但历史上的转移目标也可以用作当前的预测。当然，每次执行条件转移指令，一旦知道实际发生的转或不转以后，都要根据实际发生的情况对局部历史进行更新；每次执行 jalr 指令之后也要根据实际的转移目标对局部历史进行更新。

在实际的程序中，jalr 指令的一个重要用途就是用来实现子程序的调用与返回。对于子程序的调用，如上所述，采用基于局部历史的目标预测其实可以达到相当高的准确率；但是对于子程序返回却还有个更好的、准确度可以达到几乎百分之百的办法，称为 RAS，即“Return Address Stack”。对子程序的调用，比之普通的绝对转移，有个特殊之处，就是执行地址转移之时对返回地址是已知的。在像 x86 那样的系统结构中，子程序调用时返回地址被压入堆栈，成为所谓“调用框架（Call Frame）”的一部分；在 RISC-V 那样的系统结构中则保存在一个寄存器中（如果下面还有嵌套调用也可能被写入堆栈）。到了要返回的时候，原理上可以拿出这个保存着的地址，这就是子程序返回时的转移目标，这几乎是百分之百准确的。然而，要获取这个返回地址却也非易事，无论是从处于内存中的堆栈获取（甚至也不知道所在地址）还是从寄存器组获取（甚至也不知道是在哪个寄存器），都不是容易办到的事，更不是实时就能办到的事，解决的办法是在硬件电路中另外再做一个堆栈，这个堆栈只保存返回地址，不保存别的（局部变量）。每当实际执行子程序调用的时候，就同时也把返回地址推入这个堆栈。这样，要是子程序调用的嵌套深度是 20，那这个堆栈中就有 20 个返回地址，别的一概没有。于是，在遇上子程序返回指令的时候，就只要从这个堆栈的顶部抛出返回地址就行。香山的 BPU 中也用上了这个方案。

如果还要进一步提高条件转移预测的准确性，就得采用基于全局历史的转移预测了。转移预测技术的发展过程中提出过好几种方案，都对预测准确率的提高有过贡献，但是目前用得最多、效果最好的就是一种称为 Tage 的预测方案。Tage 是“TAgged Geometric History Length”的缩写，意为“加标签的几何（级数）历史长度”预测器。有意思的是，为促进在提高转移预测准确性方面的研究，由 The Journal of Instruction-Level Parallelism (JILP)即“指令级并行期刊”主办了一个“转移预测锦标赛”即 Championship on Branch Prediction，缩写为 CBP。2004 年是第一届（http://www.jilp.org/cbp），2011 年是第二届，到 2016 年是第五届（http://www.jilp.org/cbp2016）。自从 Tage 出现之后，每一次比赛的胜出者都是 Tage 或其变种。Tage 的基本原理和方法是：取 pc 的标签，即 Hash 值，结合不同长度的全局历史，加以 Hash 后作为键，以该地址上的转移指令在所述长度历史下的实际反应，即置信计数器为值，构成若干不同的预测表，例如表一、表二、

表三等，使结合在表一、表二、表三等里面的历史长度（大致）成一等比数列（所以是几何级数）。按论文作者 André Seznec 所说，数列的通项公式为 $L(i) = (int)(\alpha^{i-1} * L(1) + 0.5)$。

这里的L(i)是编码在预测表 i 中的历史长度，α 就是等比级数的通比。

不过在具体实现的时候似乎也并不要求那么精确，只是大致的思路就是如此。比方说假定 α=2，L(1)=8，则结合在表一中的全局历史长度是 8，结合在表二中的历史长度就是 16，余可类推。此外还有一个表，称为“Tagless Base Predictor”，我们不妨称之为表 0，那是不带全局历史的，或者说全局历史的长度是 0。所谓 Tagless 即无标签，其实就是无全局历史，因为 tag 其实就是全局历史的 Hash 值。所以，这个 Tagless 的预测表实质上就是普通基于局部历史的预测表，即 FTB。检索的时候，在现有的全局历史中按所述等比数列取各个历史长度，并与 pc 值进行 Hash 计算，以算得的各个 Hash 值为键，在各个相应的检索表中同时检索，所得结果是一个序列。实际上，虽然是同一个 pc，但是在有的表中能命中（在相同历史背景中发生过同样的情况），在有的表中却不能命中（在相同历史背景中没有发生过同样的情况）。然后，在所得的这个序列中，剔除那些表示没有命中的纪录项，留下结合全局历史最长（而且命中）的那一项，这就是结果。再下一项，即结合全局历史第二长的那一项，则称为 Alternative，即备用预测。

Tage 预测有个变种，叫 ITTage，是 Indirect Target Tage 的缩写，ITTage 与 Tage 基本上一样，也是由 André Seznec 发表的论文。与 Tage 有所不同的是，Tage 的各个预测表中各表项的值是饱和计数器 ctr 的值，即“置信计数器”的值；而 ITTage 各个预测表中各表项的值则是以 Target 即转移目标地址为主，但也保留了计数器 ctr 的值。实际上，以转移目标作为历史记载，正是解决“间接目标”转移预测的关键所在，因为不管你怎么间接，只要抓住最终的转移目标就行，你上次怎么转，我就猜你这次也是怎么转。实际上这就是前面所述对付 jalr 指令的办法，只是现在把全局历史加了进去，所以这是专门用于 jalr 指令的。听起来似乎这也没有什么，可是比赛的名次证明确实有效，这就是实践检验。

我们在前面看到，前端的取指请求是由 Ftq 向 ICache 和 IFU 发出的，而取指的目标地址来自转移预测单元（Branch Prediction Unit）BPU。虽然从原理上说 BPU 只是起着接受咨询的作用，但是实际上 Ftq 自己并不决定目标地址，取指的目标地址全都来自 BPU。简单的“标量（Scalar）”处理器每次只取 1 条指令，然后每次自动将“指令计数器”加上所取指令的长度。但是在流水线宽度大于 1 的“超标量（Super-Scalar）”处理器中每次取指所读入的是一个指令块，内含 N 条指令。在支持“压缩指令”即 16 位指令的 RISC-V 处理器中，每次读入的指令数是不确定的，在香山的设计中每次读入的指令少则 8 条（如果全是 32 位指令），多则 16 条（如果全是 16 位指令）。使情况变得更复杂的是，在所读入的这 8 至 16 条指令中可能会有转移指令，而且也许不止一条，其中有些转移目标或许就落在这同一指令块中，但有些不是。在这样的情况下，让 Ftq 在每次读入以后就自动把目标地址向前推进一个固定的增量其实是没有意义的。这样，把转移预测的机制剥离出来成为一个独立的 BPU 模块，依靠 BPU 决定取指地址就变得合理了。

在香山的代码中 BPU 称为 Predictor，即预测器，这是在 FrontendImp 里面创建的，是 Frontend 中的一个部件。Predictor 的外部接口是 PredictorIO，下面是将其外部接口逐层展开的摘要：

```
PredictorIO
    val bpu_to_ftq = new BpuToFtqIO()                          ///这是 BPU 向 Ftq 提交的预测报告
        val resp = DecoupledIO(new BpuToFtqBundle())
            BranchPredictionResp
                val s1 = new BranchPredictionBundle
                val s2 = new BranchPredictionBundle
                val s3 = new BranchPredictionBundle
                val last_stage_meta = UInt(MaxMetaLength.W)
                val last_stage_spec_info = new SpeculativeInfo
                val last_stage_ftb_entry = new FTBEntry
    val ftq_to_bpu = Flipped(new FtqToBpuIO())                 ///这是来自Ftq的转移预测请求
```

```
        val redirect = Valid(new BranchPredictionRedirect)
        val update = Valid(new BranchPredictionUpdate)
        val enq_ptr = Output(new FtqPtr)
    val ctrl = Input(new BPUCtrl)                          ///对BPU内部各个预测单元插件的控制，见后。
    val reset_vector = Input(UInt(PAddrBits.W))
```

前面已经看过 BranchPredictionBundle 等类型的定义，这里就不作展开了。

表面上看 Predictor 似乎并不复杂，因为 Predictor 基本上只是与 Ftq 对接，“社会关系”挺简单。虽然与控制状态寄存器 CSR 也有交互，那只是用来控制 Predictor 中某些子模块的开启与关闭，其实 Predictor 只是个框架，里面有各种插件，实际的预测是由这些插件作出的，对于具体的插件则可以独立予以启用或关闭。

注意这里的 PredictorIO 只含一份 FtqToBpuIO 和 BpuToFtqIO，二者都不是向量。FtqToBpuIO 内含的 BranchPredictionRedirect 和 BranchPredictionUpdate 是互相独立的，并不总是同时都 valid。BPU 的转移预测是针对其中转向指示的，而 Update 只是用于对转移历史的更新，因为指令流在向前推进，在不断地形成新的转移历史。显然，转向指示只是针对单条转移指令的，其内含的 CfiUpdateInfo 中提供了该条转移指令的预译码信息 PreDecodeInfo 和该指令的转移历史，以及可能的转移目标，而 BPU 则根据该条指令的转移历史作出预测。至于 Update，那要滞后好多个时钟节拍，因为一个指令块中的指令需要有好几个节拍才能在流水线中到达执行阶段和 Rob，所以向 BPU 提交 Update 信息是好几个节拍以后的事了。不过，由于是流水线，所以大体上还是能维持每个节拍向 BPU 提交一个 Update。

从 BPU 返回的预测报告，则如前所述承载着 s1/s2/s3 共三个 BranchPredictionBundle，代表着 BPU 对同一个断点的三次预测，其中的第一次预测其实来自 IFU 的建议。这三次预测的难度依次增大，正确性依次提高。但是，由于 BPU 是一个三阶段的流水线，在同一个 BranchPredictionResp 中的 s1/s2/s3 却属于先后三条指令。在理想的情况下，对每条转移指令的首次预测就都是正确的，在 s2 和 s3 阶段的预测与 s1 阶段并无不同，在这样的情况下 Ftq 每次都能一拿到 s1 阶段的预测就发出取指命令而无需更改，可以开足马力往前推进。可是，要是 BPU 在 s2 阶段的预测与 s1 阶段的不同，Ftq 就得以 s2 阶段的为准。此时的 s1 属于后面的转移指令，然而既然前面的转移错了后面的就毫无意义，所以 Ftq 会忽略其中的 s1 报告，而回头按新的预测重发取指命令，并让 IFU 冲刷掉已经错误取入的指令块，当然，这就浪费了一个节拍。然后，如果 BPU 在 s3 阶段的预测又与 s2 的不一样，就又要浪费一个节拍。所以，在最坏的情况下，每个指令块都要先后折腾三次才能取进来，在最好的情况下则每个指令块都只要一次取指就解决问题。

不过这也不是多大的问题。在理想的条件下，一个时钟节拍能读入 8 至 16 条指令，采纳范围按平均一半计算也有 8 条左右，而指令流水线译码阶段入口的宽度是 6，所以在缓冲区 Ibuffer 中还是可以有所积累，即使 Ftq 因此而停下几个节拍，其作用也会被 Ibuffer 平滑掉。实际上，真要是前端的取指一帆风顺，到了把 Ibuffer 填满的时候，前端也只好暂时停顿下来。真正使整个指令流水线陷入停顿的，是 ICache 因为不命中而只好从主存调入缓存块，那就太费时间了。还有就是 BPU 预测错误，要由后端发来转向指示加以纠正。所以，在 Ftq 与 BPU 之间无需过于拘泥 Ftq 是否保证每一个时钟节拍都能取入正确的指令块，因为有 Ibuffer 的平滑，前端的“走走停停”其实并非那么关键，真正的决定因素还是在于预测的正确性和 ICache 中的命中率。

另外，在 BranchPredictionUpdate 和 BranchPredictionResp 里都有 SpeculativeInfo 和 FTBEntry；前者关于全局历史，后者关于局部历史。其中 BranchPredictionUpdate 中的信息除当前 PC 值和 full_target 这两个虚存地址外就是 SpeculativeInfo 和 FTBEntry，而 BPT 的预测报告中也有 SpeculativeInfo 和 FTBEntry。我们先看一下对 SpeculativeInfo 逐层展开的摘要：

```
SpeculativeInfo
    val folded_hist = new AllFoldedHistories(foldedGHistInfos)
        val hist = MixedVec(gen.map{case (l, cl) => new FoldedHistory(l, cl, numBr)})
            val folded_hist = UInt(compLen.W)
    val afhob = new AllAheadFoldedHistoryOldestBits(foldedGHistInfos)
```

```
        val afhob = MixedVec(gen.filter(t => t._1 > t._2).map{_._1}.toSet.toList.map(l =>
                                                    new AheadFoldedHistoryOldestBits(l, numBr)))
            val bits = Vec(max_update_num*2, Bool())
    val lastBrNumOH = UInt((numBr+1).W)
    val histPtr = new CGHPtr
    val rasSp = UInt(log2Ceil(RasSize).W)
    val rasTop = new RASEntry
        val retAddr = UInt(VAddrBits.W)
```

这都与全局转移历史有关，而转移预测正是基于历史的。所以 SpeculativeInfo 是 BPU 作出转移预测的历史参考之一。至于 FTBEntry，我们在前面 Ftq 那一章中就已看见，那是关于一个指令流断点、实际上是关于一个指令小片的描述，用于对局部历史的检索。

20.1　BPU 的输入

如上所述，PredictorIO 中只有一个 FtqToBpuIO，那并非向量，所以每个时钟节拍至多只能有一个 FtqToBpuIO 到达 BPU。FtqToBpuIO 中也只有一个 BranchPredictionRedirect 和一个 BranchPredictionUpdate，也都不是向量。而二者中的 pc 当然也不是向量，因为引起转向（从而有转移历史记录）的只能是具体的指令，pc 就是这条指令所在的地址。所以。BPU 在每个时钟节拍可以从 Ftq 接收到两种信息，一是对转移预测的请求，二是对转移历史的更新，二者都是针对一条特定转移指令的。这二者是互相独立的，但是一般而言每个时钟节拍都会有二者的到来，所针对的是不同的转移指令。转移预测请求（表现为转向指示）所针对的或是（来自 IFU）将要执行的转移指令，或是（来自后端）已经被执行并证明原先的预测出错的指令，从而需要立即回头是岸转换取指方向；而转移历史更新所针对的是 Rob 已经交割的转移指令，是实际的结果。换言之，BPU 需要在一个时钟节拍中为一条转移指令提高转移预测，为另一条转移指令提供对历史记录的更新；如果来不及在一个时钟节拍中完成操作就得以流水线的方式实现。

20.1.1　对 BPU 的预测请求

BPU 从 FtqToBpuIO 的 BranchPredictionRedirect 中接收到的是个转向指示 Redirect。不过这个转向指示并非要求 BPU 转向，而是要求 BPU 提供对转移目标的预测，从逻辑上说这是两种不同的意义，但是采用了同一种数据结构，属于同一个类。不过 Redirect 中有些成分对于转移预测是无意义的，所以下面只列出其中与转移预测有关的成分：

```
class Redirect(implicit p: Parameters) extends XSBundle {
  val ftqIdx = new FtqPtr                          ///在哪个指令块中
  val ftqOffset = UInt(log2Up(PredictWidth).W)     ///是指令块中的那一条指令
  val cfiUpdate = new CfiUpdateInfo                ///核心的信息都在这里
}
```

可见，转向指示 Redirect 中也带有更新即 Update 的成分，Redirect 的核心是 CfiUpdateInfo。我们在前面已经看过 CfiUpdateInfo 的代码，那里面给出了这条转移指令所在的地址 pc 和这条指令的预译码信息 pd，此外就是关于（全局）转移历史的信息（这里面没有 FTBEntry）。预译码信息 pd 其实是个很小的位段：

```
class PreDecodeInfo extends Bundle {   // 8 bit
  val valid      = Bool()
  val isRVC      = Bool()
```

```
  val brType      = UInt(2.W)                    ///转移类型有4种，即branch、jal、jalr、notCFI
  val isCall      = Bool()
  val isRet       = Bool()

  def isBr        = brType === BrType.branch
  def isJal       = brType === BrType.jal
  def isJalr      = brType === BrType.jalr
  def notCFI      = brType === BrType.notCFI
}
```

所以，一条指令的PreDecodeInfo其实主要是关于是否转移指令的描述，非转移指令的brType就是notCFI，是转移指令才进一步区分这是条件转移br还是无条件转移jal或jalr，是jalr则还要标注是否call或ret。

回到cfiUpdate字段，注意CfiUpdateInfo中并没有转移指令本身，所以BPU其实只知道这是在什么地址上的哪一种转移指令，而并不知道指令本身，这样BPU显然无法对转移目标进行计算（不知道位移量），所以纯粹就是基于历史记录的预测。但是值得注意的是CfiUpdateInfo中还有个target字段，从字面上看这就是转移目标，但是实际上更为复杂。

在来自后端的转向指示中，这确实就是转移目标，而且是斩钉截铁不容置疑的转移目标，因为这是实际执行转移指令的结果。这个转向指示也被发送给BPU，但并非要其进行预测，而只是要其转告Ftq按此地址发出取指命令。另外，CfiUpdateInfo中还有两个标志位predTaken和isMisPred；前者表示当初对此转移指令的预测是转还是不转，后者是说BPU的预测是否误判，这是要由后端说了算的。

在来自IFU的转向指示中，这个target字段的意义就复杂了。对于jal指令这同样也是不容置疑不需要再进行预测的，因为IFU通过预译码已经知道这是一条jal指令并已计算其转移目标。如果指令块的采纳范围中没有转移指令，采纳范围中的最后一条指令是notCFI，那么target就是这条notCFI指令的后续地址，即其fall-through地址，这也是无需BPU进行预测的。如果是别的转移指令，就是jalr和条件转移指令br，那就需要预测了，对于jalr是转移目标的预测，对于br是转或不转的预测但最终还是表现为对转移目标的预测。可是转移预测在某种意义上相当于数据库查询，如果查询失败查不出结果，就以这个target作为默认的、保底的结果，所以这个target实际上是由IFU提供的建议，而BPU的预测则只是以此为基础，看看是否有可能更正确的替代。我们不妨看一下这一行代码：

```
ifuRedirectCfiUpdate.target := pdWb.bits.target
```

显然，Ftq发往BPU的Redirect中CfiUpdate的target字段来自IFU的回写，而IFU所回写的target，则又出自PredChecker：

```
checkFlushWb.bits.target := Mux(wb_half_flush, wb_half_target, wb_check_result_stage2.fixedTarget(checkFlushWbTargetIdx))
```

这里的wb_half_target，是指一个指令块中的最后一个16位指令字是一条32位指令的前半，此时当然应该把这指令的后半所在的地址作为target，除此之外，那就是来自PredChecker的stage2输出。在PredChecker提供的fixedTarget中，jalr和br指令的target都是它的后续（fall-through）地址，换言之都是假定其为不转。对于br指令这确实有一定的概率是正确的（如能结合“向后转向前不转”则更好），但对于jalr指令这肯定是错误的，然而也没有办法。不过，对于其中的ret指令，作为jalr指令的一种特例，还是有办法的，那就是RAS即返回地址预测，所以对toBpuCfi.target还有特殊的处理：

```
  when (ifuRedirectReg.bits.cfiUpdate.pd.isRet) {
    toBpuCfi.target := toBpuCfi.rasEntry.retAddr
  }
```

这里的 toBpuCfi 就是 ifuRedirectToBpu.bits.cfiUpdate，其主要内容是从 ftq_redirect_sram 队列读出的，通过 fromFtqRedirectSram()写入 CfiUpdateInfo，里面包括 rasSp 和 rasEntry，但不包括 target。至于 ftq_redirect_sram 队列中的表项即 Ftq_Redirect_SRAMEntry，其内容来自 BPU 的先前输出，在 BranchPredictionResp 中有个成分 last_stage_spec_info，这是个 SpeculativeInfo，其内容就被写入 ftq_redirect_sram 队列，那里面就包含 rasSp 和 rasTop 两个成分，后者就是个 RASEntry。

总而言之，来自后端的 Redirect 可以被看作是对 BPU 的命令，来自 IFU 的 Redirect 则可以被看作是建议，请 BPU 在此基础上根据历史信息作出更准确的预测。而对 BPU 的 BranchPredictionUpdate（见下），则是根据实际发生的情况对 BPU 中的历史信息作出修正和扩充。

20.1.2　对 BPU 的历史记录更新

Ftq 向 BPU 的 Update 请求，即历史信息更新，是关于具体转移指令历史记录的更新或创建。BPU 在若干时钟节拍之前曾为这条指令做过转移预测，现在这条指令已经执行，已经知道了预测的正确与否，并且已经可以把此次执行的实际情况（转或不转）写入历史。我们在前面已经看过 BranchPredictionUpdate 的定义，这里不再重复，其中的 pc 就是转移指令所在的地址，来自 ftq_pc_mem；cfi_idx 则是该转移指令在指令块中的位置即 index，来自 cfiIndex_vec；spec_info 读自 ftq_redirect_sram；ftb_entry 由前述的 FTBEntryGen 在读自 ftb_entry_mem 的信息基础上修改生成；还有些信息也是来自 Ftq 的那几个队列。当然，所有这些都离不开来自 Rob 的指令交割信息，那是在 commitStateQueue 中，但是实际上渗透到 BranchPredictionUpdate 的许多成分中。事实上来自 Rob 的交割信息就是 Ftq 向 BPU 发出转移历史更新的触发条件（见 Ftq 代码中的 canCommit）。

这样，从 BPU 对前一指令块中具体转移指令的转移历史对指令流走向作出预测（该转移指令本身已由 IFU 通过 Ibuffer 向后端输送），到 Ftq 根据此项预测发出对后一指令块的取指命令，到 IFU 读入目标指令块，到通过 Ibuffer 向后端输送指令；直到这转移指令被执行，从而得知其转移目标究竟是什么，从而发出转向指示，到 Rob 向 Ftq 发出交割信息，再由 Ftq 向 BPU 发出对其转移历史的更新，这就形成了一个闭环。

所以，Ftq 向 BPU 的一次更新（Update）只是关于一条特定转移指令的历史更新。

其中的 ftb_entry 即 FTBEntry 用在基于局部历史的查询，其实所谓预测在很大程度上就是查询，或者可以说基本上就是查询，查询的结果一出来，预测也就定了。而 spec_info 即 SpeculativeInfo，则是用在基于全局历史的查询。我们后面会看到，转移预测的复杂性基本上来自基于全局历史的预测，要不是这个，转移预测的问题本没有这么复杂（但是实践证明有效）。

这里着重介绍一下全局转移历史。在创建具体 AllFoldedHistories 和 AllAheadFoldedHistoryOldestBits 对象时的参数都是 foldedGHistInfos，这是关于 Tage 和 ITTage 两种预测单元的参数，定义于 trait HasXSParameter 中，里面定义了查询表的大小和形状（行/列）。SpeculativeInfo 其实只与 Tage 和 ITTage 这两种基于全局历史的预测有关。

先看其中的 AllFoldedHistories，顾名思义这就是全部 FoldedHistories，即各种经过 Hash 折叠的历史。

```
[PredictorIO > FtqToBpuIO > BranchPredictionUpdate > SpeculativeInfo > AllFoldedHistories]
class AllFoldedHistories(val gen: Seq[Tuple2[Int, Int]]) (implicit p: Parameters) extends XSBundle with HasBPUConst {
        ///参数gen的类型是个[Int, Int]二元组序列，每个二元组就是[len, compLen]，长度和折叠后长度。
        ///创建AllFoldedHistories对象时的实参gen是foldedGHistInfos，是一些参数定义。
  val hist = MixedVec(gen.map{case (l, cl) => new FoldedHistory(l, cl, numBr)})        ///hist是个FoldedHistory向量
        ///转移历史hist是AllFoldedHistories中唯一的数据成分（别的都是操作方法），其内容就是一串的FoldedHistory。
  require(gen.toSet.toList.equals(gen))
  def getHistWithInfo (info: Tuple2[Int, Int]) = {
    val selected = hist.filter(_.info.equals(info))
    require(selected.length == 1)
    selected(0)
  }
```

```
  def autoConnectFrom (that: AllFoldedHistories) = {
    require(this.hist.length <= that.hist.length)
    for (h <- this.hist) { h := that.getHistWithInfo(h.info) }
  }
  def update (ghv: Vec[Bool], ptr: CGHPtr, shift: Int, taken: Bool): AllFoldedHistories = {
    val res = WireInit(this)
    for (i <- 0 until this.hist.length) {
      res.hist(i) := this.hist(i).update(ghv, ptr, shift, taken)          ///调用具体FoldedHistory对象的update()，更新其内容。
    }
    res
  }
  def update (afhob: AllAheadFoldedHistoryOldestBits, lastBrNumOH: UInt, shift: Int, taken: Bool): AllFoldedHistories = {
        ///对hist向量中某个具体历史的更新，afhob是个AllAheadFoldedHistoryOldestBits对象，见后。
    val res = WireInit(this)                    ///this仍是所在AllFoldedHistories对象
    for (i <- 0 until this.hist.length) {       ///对hist向量中的每个FoldedHistory
      val fh = this.hist(i)                                    ///fh是其中的某个具体FoldedHistory对象
      if (fh.need_oldest_bits) {
        val info = fh.info
        val selectedAfhob = afhob.getObWithInfo(info)          ///afhob对象中保存着已经移出具体位图的历史
        val ob = selectedAfhob.getRealOb(lastBrNumOH)          ///见后面的class AheadFoldedHistoryOldestBits
        res.hist(i) := this.hist(i).update(ob, shift, taken)   ///调用具体FoldedHistory对象的update()。
      } else {
        val dumb = Wire(Vec(numBr, Bool()))   // not needed
        dumb := DontCare
        res.hist(i) := this.hist(i).update(dumb, shift, taken)  ///调用具体FoldedHistory对象的update()。
      }
    }
    res
  }
}  ///end class AllFoldedHistories
```

这里按照参数 gen 所提供的[len, compLen]二元组序列，以其中的每个二元组为参数，加上另一个参数 numBr（定义为 2），创建一个 FoldedHistory 对象。所以参数 gen 这个序列中有几个二元组就会有几个 FoldedHistory 对象。把这些 FoldedHistory 对象串在一起，就是个 FoldedHistory 向量 hist，那就是 AllFoldedHistories。在香山的代码中，凡创建 AllFoldedHistories 对象之处的参数 gen 都来自 trait HasXSParameter 中的 foldedGHistInfos：

```
 val foldedGHistInfos =
    (TageTableInfos.map{ case (nRows, h, t) =>     ///nRows是表的行数，即表的容量；h表示历史长度，t表示tag的个数：
      if (h > 0) Set((h, min(log2Ceil(nRows/numBr), h)), (h, min(h, t)), (h, min(h, t-1)))
      else Set[FoldedHistoryInfo]()
    }.reduce(_++_).toSet ++
    SCTableInfos.map{ case (nRows, _, h) =>      ///SC指Statistical Correction，也是一种预测方法，常与Tage结合成为Tage_SC。
      if (h > 0) Set((h, min(log2Ceil(nRows/TageBanks), h)))
      else Set[FoldedHistoryInfo]()
    }.reduce(_++_).toSet ++
```

```
    ITTageTableInfos.map{ case (nRows, h, t) =>
      if (h > 0) Set((h, min(log2Ceil(nRows), h)), (h, min(h, t)), (h, min(h, t-1)))
      else Set[FoldedHistoryInfo]()
    }.reduce(_++_) ++
      Set[FoldedHistoryInfo]((UbtbGHRLength, log2Ceil(UbtbSize)))    ///UbtbGHRLength=4，UbtbSize=256
    ).toList
```

这是基于全局历史的三种转移预测单元即三种预测算法所使用的查询表构造参数的序列，每组构造参数都是一个 [Int, Int]二元组序列，每个二元组就是[len, compLen]，长度和折叠后长度；最后再添上一个用于 Ubtb 的二元组序列，UbtbGHRLength 应该是 Ubtb（Micro BTB）全局历史长度的意思。

以其中的用于 Tage 算法的 TageTableInfos 为例：

```
  TageTableInfos: Seq[Tuple3[Int,Int,Int]] =
  //          Sets   Hist   Tag
    Seq(( 4096,     8,      8),
        ( 4096,    13,      8),
        ( 4096,    32,      8),
        ( 4096,   119,      8))          ///最后这个表中有4096个表项，历史长度119位，Tag长度8位
```

对于 foldedGHistInfos 序列中的每个[len, compLen]二元组，都会为之创建一个 FoldedHistory 对象，其定义如下：

```
[PredictorIO > FtqToBpuIO > BranchPredictionUpdate > SpeculativeInfo > AllFoldedHistories > FoldedHistory]
class FoldedHistory(val len: Int, val compLen: Int, val max_update_num: Int)
                         (implicit p: Parameters) extends XSBundle with HasBPUConst {
          ///len是历史长度，compLen是折叠后长度（comp意为压缩），max_update_num是numBr，定义为2。
  require(compLen >= 1)
  require(len > 0)
  // require(folded_len <= len)
  require(compLen >= max_update_num)
  val folded_hist = UInt(compLen.W)                  ///这是长度为compLen的位图，就是这个FoldedHistory。

  def need_oldest_bits = len > compLen
  def info = (len, compLen)
  def oldest_bit_to_get_from_ghr = (0 until max_update_num).map(len - _ - 1)   ///[len-1, len-2]
  def oldest_bit_pos_in_folded = oldest_bit_to_get_from_ghr map (_ % compLen)       ///长度超过compLen就折回
  def oldest_bit_wrap_around = oldest_bit_to_get_from_ghr map (_ / compLen > 0)     ///折回后的位置
  def oldest_bit_start = oldest_bit_pos_in_folded.head                              ///折回后所在那一位的值

  def get_oldest_bits_from_ghr (ghr: Vec[Bool], histPtr: CGHPtr) = {
    // TODO: wrap inc for histPtr value
    oldest_bit_to_get_from_ghr.map(i => ghr((histPtr + (i+1).U).value))             ///截取位图中ghr最头上的两位
  }

  def circular_shift_left (src: UInt, shamt: Int) = {   ///将位图src循环左移shamt位
    val srcLen = src.getWidth
```

```
    val src_doubled = Cat(src, src)                                   ///将位图src与其自身拼接，称为两倍长度的位图。
    val shifted = src_doubled(srcLen*2-1-shamt, srcLen-shamt)         ///从此两倍长度的位图中截取
    shifted                                                           ///返回截取所得结果
  }

  // slow path, read bits from ghr        ///对历史位图的更新，让一转移指令的执行结果taken进入历史位图。
  def update (ghr: Vec[Bool], histPtr: CGHPtr, num: Int, taken: Bool): FoldedHistory = {      ///见updated_fh、s1_folded_gh等
    val oldest_bits = VecInit(get_oldest_bits_from_ghr(ghr, histPtr))  ///从指针histPtr所指处截取oldest_bits
    update(oldest_bits, num, taken)                                    ///调用下面这个update()
  }   ///end update()

  // fast path, use pre-read oldest bits
  def update (ob: Vec[Bool], num: Int, taken: Bool): FoldedHistory = {
    ///标志位taken代表一个条件转移指令的执行结果（转了或没转），需要将其记入历史。
    ///原则上就是将既有的历史位图folded_hist左移num位，再在末位拼接上taken。
    ///但是因长度所限有些过老的位可能被移出历史，如果需要考虑这些老历史的作用就比较复杂，否则就简单了：
    // do xors for several bitsets at specified bits
    def bitsets_xor (len: Int, bitsets: Seq[Seq[Tuple2[Int, Bool]]]) = {
      val res = Wire(Vec(len, Bool()))                ///res是个长度为len的位图
      val resArr = Array.fill(len)(List[Bool]())      ///resArr是个长度为len的位图序列，位图的长度可变。
      for (bs <- bitsets) {                           ///对于bitsets这个二元组序列的序列中的每个二元组序列：
        for ((n, b) <- bs) {                                ///对bs这个[Int, Bool]二元组序列中的每个二元组：
          resArr(n) = b :: resArr(n)                        ///将b拼在resArr(n)前面
        }
      }
      for (i <- 0 until len) {                        ///对resArr中的每个元素resArr(i)：
        res(i) := resArr(i).foldLeft(false.B)(_^_)          ///对resArr(i)实施异或左折叠，将结果记入res(i)。
      }
      res.asUInt            ///返回位图res
    }   ///end bitsets_xor()

    val new_folded_hist = if (need_oldest_bits) {           ///创建一个新的folded_hist，注意这是在update()内部。
      val oldest_bits = ob
      require(oldest_bits.length == max_update_num)
      // mask off bits that do not update
      val oldest_bits_masked = oldest_bits.zipWithIndex.map{ case (ob, i) => ob && (i < num).B }
      // if a bit does not wrap around, it should not be xored when it exits
      val oldest_bits_set = (0 until max_update_num).filter(oldest_bit_wrap_around).map(i =>
                                                (oldest_bit_pos_in_folded(i), oldest_bits_masked(i)))

      // only the last bit could be 1, as we have at most one taken branch at a time
      val newest_bits_masked = VecInit((0 until max_update_num).map(i => taken && ((i+1) == num).B)).asUInt
                                                              ///标志位taken就是在这里进入了历史
      // if a bit does not wrap around, newest bits should not be xored onto it either
      val newest_bits_set = (0 until max_update_num).map(i => (compLen-1-i, newest_bits_masked(i)))
```

```
      val original_bits_masked = VecInit(folded_hist.asBools.zipWithIndex.map{ case (fb, i) => fb && !(num >= (len-i)).B })
      val original_bits_set = (0 until compLen).map(i => (i, original_bits_masked(i)))

      // do xor then shift
      val xored = bitsets_xor(compLen, Seq(original_bits_set, oldest_bits_set, newest_bits_set))
      circular_shift_left (xored, num)                    ///将所得位图循环左移num位
    } else {                    /// if (!need_oldest_bits)，如果无需保存过老的历史，那就简单了：
      // histLen too short to wrap around
      ((folded_hist << num) | taken)(compLen-1,0)    ///将原来的folded_hist左移num位后拼接上teken位，再取低compLen位。
          ///长度超过compLen就截取右边compLen位。注意num可以大于1，所以在taken前可能有空位。
    }   ///end val new_folded_hist

    val fh = WireInit(this)                  ///fh就是所在的这个FoldedHistory对象
    fh.folded_hist := new_folded_hist        ///用上面所得的new_folded_hist取代原先的folded_hist
    fh                                       ///返回fh，这就是更新之后的FoldedHistory，taken已经进入这段历史。
  }   ///end update()
}   ///end class FoldedHistory
```

可见，AllFoldedHistories 就是按参数 foldedGHistInfos 的安排而创建的一串 FoldedHistory，每个 FoldedHistory 是个转移历史位图，代表着一个特定的全局（条件转移）历史片段。位图的长度为 compLen，但是可以被反映在这个位图中的历史则更长，如果历史长度超过 compLen 就可以通过折叠（Hash）的方法使这个位图可以反映更长的历史。不过当然那也不是无限长，而是参数 foldedGHistInfos 中规定的长度，即 len。

然后每当执行了一次条件转移指令的时候，就要把转移结果（转了还是没转）记入某个历史位图，原则上就是将既有的位图 folded_hist 左移 num 位，再在末位拼接上代表着执行结果的标志位 taken。但是因长度所限有些过老的历史位可能需要被移出历史，如果需要考虑这些老历史的作用就得将其折叠。另外，每次的左移位数 num 是可以大于 1 的，这意味着 taken 位前面可能还有空白（0 位），每次执行结果在历史位图中可以占 num 位，而不一定是只占 1 位。

如果需要保留的历史长度 len 大于位图的长度 compLen，又不想折叠，那就可以将超出位图长度的历史移入 SpeculativeInfo 中的另一个重要成分 AllAheadFoldedHistoryOldestBits 中：

```
[PredictorIO > FtqToBpuIO > BranchPredictionUpdate > SpeculativeInfo > AllAheadFoldedHistoryOldestBits]
class AllAheadFoldedHistoryOldestBits(val gen: Seq[Tuple2[Int, Int]])(implicit p:Parameters)extends XSBundle with HasBPUConst{
  val afhob = MixedVec(gen.filter(t => t._1 > t._2).map{_._1}.toSet.toList.map(l => new AheadFoldedHistoryOldestBits(l, numBr)))
    // remove duplicates     ///过滤条件(t => t._1 > t._2)指len大于compLen的那些二元组，为每个这样的二元组创建具体对象。
  require(gen.toSet.toList.equals(gen))
  def getObWithInfo(info: Tuple2[Int, Int]) = {
    val selected = afhob.filter(_.len == info._1)
    require(selected.length == 1)
    selected(0)
  }
  def read (ghv: Vec[Bool], ptr: CGHPtr) = {
    val hisLens = afhob.map(_.len)
    val bitsToRead = hisLens.flatMap(l => (0 until numBr*2).map(i => l-i-1)).toSet    // remove duplicates
    val bitsWithInfo = bitsToRead.map(pos => (pos, ghv((ptr+(pos+1).U).value)))
    for (ob <- afhob) {
      for (i <- 0 until numBr*2) {
```

```
        val pos = ob.len - i - 1
        val bit_found = bitsWithInfo.filter(_._1 == pos).toList
        require(bit_found.length == 1)
        ob.bits(i) := bit_found(0)._2
      }
    }
  }
}  ///end class AllAheadFoldedHistoryOldestBits
```

同样，AllAheadFoldedHistoryOldestBits 是一个 AheadFoldedHistoryOldestBits 对象的向量。但是这个向量的长度可能比AllFoldedHistories短，因为只有配置参数foldedGHistInfos中历史长度len大于位图长度compLen的那些历史片段才有个 AheadFoldedHistoryOldestBits 对象，目的就是用来保存从 FoldedHistory“溢出”而又不愿加以折叠的历史：

```
class AheadFoldedHistoryOldestBits(val len: Int, val max_update_num: Int) (implicit p: Parameters) extends XSBundle {
  val bits = Vec(max_update_num*2, Bool())
  def getRealOb(brNumOH: UInt): Vec[Bool] = {
    val ob = Wire(Vec(max_update_num, Bool()))
    for (i <- 0 until max_update_num) { ob(i) := Mux1H(brNumOH, bits.drop(i).take(numBr+1)) }
    ob
  }
}
```

前面 AllFoldedHistories 中的一个 update()函数就用到了对应的 AheadFoldedHistoryOldestBits 对象和这里的 getRealOb()函数。读者可以结合阅读。

此外，SpeculativeInfo 中还有个指针 histPtr，其类型是 CGHPtr，那就是个用于历史记录的循环队列指针：

```
[PredictorIO > FtqToBpuIO > BranchPredictionUpdate > SpeculativeInfo > CGHPtr]
// circular global history pointer
class CGHPtr(implicit p: Parameters) extends CircularQueuePtr[CGHPtr]( p => p(XSCoreParamsKey).HistoryLength){}

object CGHPtr {
  def apply(f: Bool, v: UInt)(implicit p: Parameters): CGHPtr = {
    val ptr = Wire(new CGHPtr)
    ptr.flag := f
    ptr.value := v
    ptr
  }
  def inverse(ptr: CGHPtr)(implicit p: Parameters): CGHPtr = {
    apply(!ptr.flag, ptr.value)
  }
}
```

SpeculativeInfo 中还有 rasSp 和 rasTop 两个成分，那是用于子程序返回的 Return Address Stack，即返回地址堆栈。其中 rasSp 只是用作一个缓冲区即堆栈中的下标，起着堆栈指针的作用；rasTop 则是堆栈中的一项，是处于当前栈顶的一项，但是其类型与堆栈中其它各项没有区别，都是 RASEntry：

[PredictorIO > FtqToBpuIO > BranchPredictionUpdate > SpeculativeInfo > RASEntry]

```
class RASEntry()(implicit p: Parameters) extends XSBundle {
    val retAddr = UInt(VAddrBits.W)
    val ctr = UInt(8.W)              // layer of nested call functions
}
```

这里的ctr表示子程序调用的嵌套深度。其实是否把rasSp和rasTop放在SpeculativeInfo中属于两可之间，关于子程序调用返回地址的预测在相当程度上是确定性的，但一条 jalr 指令究竟是否代表着 call 或 ret 却也不是像 jal 指令那样确定，所以放在 SpeculativeInfo 也有道理。

如前所述，SpeculativeInfo 是为基于全局历史的转移预测而存在的，具体就是用于 Tage 和 ITTage 两种算法的实现。SpeculativeInfo 最初是由 BPU 产生的，BPU 向 Ftq 的一侧报告中有个字段 last_stage_spec_info，这就是一个 SpeculativeInfo，不过初始的 SpeculativeInfo 其实是空白。Ftq 得到来自 BPU 的 last_stage_spec_info 就将其写入 ftq_redirect_sram 队列。注意这个队列的名称是 redirect_sram，其实际内容却是 SpeculativeInfo，即全局转移历史信息；之所以名叫 redirect_sram 是因为 Ftq 向 BPU 发出来自 IFU 的 Redirect（其实是预测请求）或来自后端的 Redirect 时也要从这个队列中读取信息，以生成其 CfiUpdateInfo 中的部分信息（CfiUpdateInfo 是 Redirect 的核心）。这个队列的类型 Ftq_Redirect_SRAMEntry 就是对 SpeculativeInfo 的扩充。然后，当 Ftq 因收到来自后端 Rob 的转移指令交割信息而要向 BPU 提交转移历史更新的时候，就从 ftq_redirect_sram 队列（根据 ftqIdx）读出相关的 SpeculativeInfo，将其作为 BranchPredictionUpdate 的一部分发给 BPU，而 BPU 又发回经过更新的 SpeculativeInfo。如此周而复始，转移历史就是这样积累起来的。

BranchPredictionUpdate 中还有个成分 ghist，这是个长度为 HistoryLength 即 256 的位图，ghist 意为 global history。这个 ghist 在 SpeculativeInfo 之外，是不属于任何具体片段的真正的全局历史，尽管长度一样。

最后，除来自 Ftq 的预测请求和历史更新外，BPU 与控制状态寄存器 CSR 之间也有个接口 BPUCtrl：

```
class BPUCtrl(implicit p: Parameters) extends XSBundle {          ///来自CustomCSRCtrlIO
  val ubtb_enable     = Bool()        ///对FauFTB预测单元的控制
  val btb_enable      = Bool()        ///对FTB预测单元的控制
  val bim_enable      = Bool()        ///现在暂无作用
  val tage_enable     = Bool()        ///对TAGE预测单元的控制
  val sc_enable       = Bool()        ///对TAGE预测单元附加SC功能(Statistical Correction)的控制
  val ras_enable      = Bool()        ///对RAS预测单元的控制
  val loop_enable     = Bool()        ///现在暂无作用
}
```

之所以有这么一组控制信息，是因为 BPU（在香山代码中叫 Predictor）其实只是一个框架，里面有许多像插件一样的预测单元，具体有这里的 ubtb、btb、tage 等。这些预测单元采用不同的算法，针对不同的情况，所作的预测各有千秋，有些条件下这个单元的预测更准确一些，另一些条件下那个单元的预测更准确一些。例如这里的 ras 预测单元，就是“Return Address Stack”，这是专门针对子程序调用返回的，对于子程序调用返回地址的预测这个单元的预测才是最权威的，别的都不如它；然而对于条件转移这就不起作用了。实际进行预测的时候，就是从 ubtb 开始，就像由一组委员们传阅和批示一样，各自签上自己的意见，然后传给下一位；但是跳过其中的几个“委员”也并非大事，那只是对预测的质量有些影响，所以在控制状态寄存器组 CSR 中就有个寄存器，通过设置里面的控制/状态位可以启用或跳过其中的某个或某几个预测单元。充其量，就是所有的预测单元全都跳过，全都采用源自 IFU 的默认 target，那也并不意味着全错，但是当然带来的后果是处理器的效率显著下降。

20.2 BPU 的输出

再看 BPU 的输出，即其预测报告，那就是 BranchPredictionResp，其实这既是预测报告又是对转移历史更新的回应：

```
[PredictorIO > BpuToFtqIO > BpuToFtqBundle > BranchPredictionResp]
class BranchPredictionResp(implicit p: Parameters) extends XSBundle with HasBPUConst {
  val s1 = new BranchPredictionBundle                ///BPU流水线s1阶段的预测报告
  val s2 = new BranchPredictionBundle                ///BPU流水线s2阶段的预测报告
  val s3 = new BranchPredictionBundle                ///BPU流水线s3阶段的预测报告
  val last_stage_meta = UInt(MaxMetaLength.W)        ///当前处于s3阶段的那条指令的最新版历史信息中的meta信息部分
  val last_stage_spec_info = new SpeculativeInfo     ///当前处于s3阶段的那条指令的最新版历史信息中的SpeculativeInfo
  val last_stage_ftb_entry = new FTBEntry            ///当前处于s3阶段的那条指令的最新版历史信息中的FTBEntry

  def selectedResp ={
    val res = PriorityMux(Seq(((s3.valid && s3.hasRedirect) -> s3), ((s2.valid && s2.hasRedirect) -> s2), (s1.valid -> s1)))
    res          ///由此可见，在预测报告中是否hasRedirect即需要转向是个关键因素。
  }  ///从高到低，如果s3有效并且hasRedirect就是s3，若s3和s2均不满足条件就是s1。
  def selectedRespIdx = PriorityMux(Seq(((s3.valid && s3.hasRedirect) -> BP_S3),
                                        ((s2.valid && s2.hasRedirect) -> BP_S2), (s1.valid -> BP_S1)))
  def lastStage = s3
}  ///end class BranchPredictionResp
```

BPU 的回应即 BranchPredictionResp 中有 s1、s2 和 s3 三个 BranchPredictionBundle，分别产生于 BPU 流水线的三个阶段，相当于三份预测报告。其中 s1 是产生最早的，一个节拍之后是 s2，再一个节拍才是 s3。当然，BranchPredictionResp 中的 s1/s2/s3 分属前后三条指令，BPU 是个三阶段的流水线。

这里的函数 selectedResp()从中选择一个代表着 BPU 当前结论的报告，从函数的代码中可见，如果 s3 的预测有效并且还带有转向标志 hasRedirect，就说明 s3 的报告最为紧迫，别的可以不顾。否则，如果 s3 没有 hasRedirect 标志但 s2 有，则 s2 最为紧迫，s1 可以不顾。这是因为，hasRedirect 标志的意思是本阶段对该指令转移目标的（更为准确的）预测与前一阶段的不同。须知 BPU 每有报告出来 Ftq 就会依此发出取指命令，所以 s3 的报告如有 hasRedirect 就说明以前的取指命令发错了，应该立刻将错误取入的指令块冲刷掉并重新发一条取指命令，所以有 hasRedirect 的 s3 报告是最为紧迫的。至于此时的 s2 和 s1 报告，那是针对后面的转移指令的，前面的转移方向错了后面的就毫无意义。当然，s3 是这样，s2 也是一样，BPU 在其三节拍流水线中后来的预测否定先前的预测是完全可能的。此外，IFU 也是个三节拍的流水线，即使 Ftq 发现 BPU 的 s3 报告带有 hasRedirect 标志而立刻向 IFU 发出冲刷命令，此时根据 s1 报告取入的指令块也还在 IFU 的流水线中，还来得及把它“扼杀在摇篮里”。所以，BPU 的三节拍流水线与 IFU 的三节拍流水线是互相配套的。

预测报告 BranchPredictionBundle 的定义是这样：

```
[PredictorIO > BpuToFtqIO > BpuToFtqBundle > BranchPredictionResp > BranchPredictionBundle]
class BranchPredictionBundle(implicit p: Parameters) extends XSBundle with HasBPUConst with BPUUtils {
  val pc = UInt(VAddrBits.W)              ///本节拍预测的取指目标
  val valid = Bool()
  val hasRedirect = Bool()                ///本节拍的预测目标是否与上一节拍的不同，s1没有上一节拍，所以固定为false。
```

```
  val ftq_idx = new FtqPtr                     ///转移指令所在的指令块
  val full_pred = new FullBranchPrediction                ///完整的预测信息

  def target(pc: UInt)  = full_pred.target(pc)
  def cfiIndex          = full_pred.cfiIndex
  def lastBrPosOH       = full_pred.lastBrPosOH
  def brTaken           = full_pred.brTaken
  def shouldShiftVec    = full_pred.shouldShiftVec
  def fallThruError     = full_pred.fallThruError
  def getTarget = target(pc)
  def taken = cfiIndex.valid
}
```

注意在对 BPU 的预测请求即 Redirect 中有个 pc，那是在 Redirect 的 CfiUpdateInfo 中，这个 pc 是转移指令（更确切地说是断点）所在的地址；在 BPU 的回应 BranchPredictionBundle 中也有个 pc，但这个 pc 却是所预测的后续取指目标。对此我们可以重温一下 Ftq 中 class Ftq_RF_Components 的摘要：

```
class Ftq_RF_Components(implicit p: Parameters) extends XSBundle with BPUUtils {
  val startAddr = UInt(VAddrBits.W)
  def fromBranchPrediction (resp: BranchPredictionBundle) = {
    def carryPos(addr: UInt) = addr(instOffsetBits+log2Ceil(PredictWidth)+1)
    this.startAddr := resp.pc       ///指令块起点来自BranchPredictionBundle中的pc
    …
    this
  }
}

  val toIfuPcBundle = Wire(new Ftq_RF_Components)          ///发给IFU的取指命令就是个Ftq_RF_Components
```

可见取指的起点 startAddr 就是来自 resp.pc，即 BranchPredictionBundle 中的 pc 字段。

所以，BPU 的输入和输出信息中都有 pc，但是两个 pc 有不同的物理意义，不同的用途，不能混淆。

BranchPredictionBundle 中的这个 pc 只是告知 Ftq 下一步应从哪个地址开始取指，详细的信息都在 FullBranchPrediction 中：

```
[BpuToFtqBundle > BranchPredictionResp > BranchPredictionBundle > FullBranchPrediction]
class FullBranchPrediction(implicit p: Parameters) extends XSBundle with HasBPUConst with BasicPrediction {
  val br_taken_mask = Vec(numBr, Bool())          ///同一指令块中的前后两条转移指令是否真的转移了，由各预测单元填写。
  val slot_valids = Vec(totalSlot, Bool())        ///两个FtbSlot（brSlot和tailSlot）中是否有转移指令
  val targets = Vec(totalSlot, UInt(VAddrBits.W))  ///两个FtbSlot中的转移指令，如果转移，则其转移的目标地址。
  val jalr_target = UInt(VAddrBits.W)             // special path for indirect predictors    ///jalr的目标地址无法计算，另作处理。
  val offsets = Vec(totalSlot, UInt(log2Ceil(PredictWidth).W))  ///两条转移指令各自在指令块中的位置（下标）
  val fallThroughAddr = UInt(VAddrBits.W)         ///如果不转移，下一条指令的地址。
  val fallThroughErr = Bool()                     ///需要重新计算fallThroughAddr，见下面的fromFtbEntry()。
```

```
  val is_jal = Bool()
  val is_jalr = Bool()
  val is_call = Bool()
  val is_ret = Bool()
  val last_may_be_rvi_call = Bool()
  val is_br_sharing = Bool()
  val hit = Bool()                    ///是否命中视具体的指令所在地址和所使用预测单元及其所保存历史记录而定

    ///这里有很多函数定义，现在暂时搁一下，留到后面实际用到的时候再作介绍。
    ///但是fromFtbEntry()很重要，如果在FTB中查询命中，得到了所查询的FTBEntry，需要将其转换成FullBranchPrediction：
  def fromFtbEntry (entry: FTBEntry, pc: UInt, last_stage: Option[Tuple2[UInt, Bool]] = None) = {
    slot_valids := entry.brSlots.map(_.valid) :+ entry.tailSlot.valid      ///拼接在一起构成新的向量（位图）
    targets := entry.getTargetVec(pc)
    jalr_target := targets.last
    offsets := entry.getOffsetVec
    is_jal := entry.tailSlot.valid && entry.isJal
    is_jalr := entry.tailSlot.valid && entry.isJalr
    is_call := entry.tailSlot.valid && entry.isCall
    is_ret := entry.tailSlot.valid && entry.isRet
    last_may_be_rvi_call := entry.last_may_be_rvi_call
    is_br_sharing := entry.tailSlot.valid && entry.tailSlot.sharing

    val startLower          = Cat(0.U(1.W), pc(instOffsetBits+log2Ceil(PredictWidth)-1, instOffsetBits))   ///所预测pc地址的低段
    val endLowerwithCarry = Cat(entry.carry, entry.pftAddr)    ///来自FTBEntry的pftAddr，前面添上也是来自FTBEntry的进位。
    fallThroughErr := startLower >= endLowerwithCarry         ///如果所预测pc地址的低段不低于来自FTBEntry的pftAddr连进位
    fallThroughAddr := Mux(fallThroughErr, pc + (FetchWidth * 4).U, entry.getFallThrough(pc))
        /// entry.getFallThrough(pc)定义为getFallThroughAddr(pc, carry, pftAddr)，后者定义为：
        /// def getFallThroughAddr(start: UInt, carry: Bool, pft: UInt) = {
        ///   val higher = start.head(VAddrBits-log2Ceil(PredictWidth)-instOffsetBits)
        ///   Cat(Mux(carry, higher+1.U, higher), pft, 0.U(instOffsetBits.W)) }
  }  ///从查询所得的FTBEntry中摘取信息生成FullBranchPrediction
}  /// class FullBranchPrediction
```

FullBranchPrediction 的信息基本都来自 FauFTB 和 FTB 两个预测单元的查询结果即 FTBEntry（如果命中），一部分是直接可以从 FTBEntry 照抄的，例如这是什么指令，转移的目标（如果转的话），等等，这部分信息都直接来自 FTBEntry。另一部分在 FTBEntr 中没有直接的对应物，但是可以从中计算归纳出来，例如 fallThroughAddr 和 fallThroughErr。所以这里提供了一个函数 fromFtbEntry()，用来从 FTBEntry 复制和归纳相应的信息到 FullBranchPrediction 中。以 fallThroughAddr 的归纳计算为例，这里就要调用由 FTBEntry 提供的函数 getFallThrough()，这个函数又会调用别的函数。事实上 class FTBEntry 中提供了不少的函数，留到后面结合实际流程再作介绍，现在只要知道里面有些什么信息就是。这些信息虽然主要来自 FauFTB 和 FTB 两个预测单元，但是别的预测单元也会加以补充或修改。BPU 中 FauFTB 单元的查询是 s1 阶段就出结果的，FTB 单元则在和 s2（和 s3）阶段出结果，别的预测单元如 ITTage 和 RAS 还可以对这二者的查询结果作出修正或补充。

对 BPU 的输入输出有了宏观上的了解，我们就可以看 BPU 即 class Predictor 的内部构成了。

20.3　转移预测器 Predictor

在香山的代码中，BPU 称为 Predictor。不过 Predictor 并非一个独立的转移预测器，而是一个框架，里面是一个类似背板总线一样的 Composer，接在那上面的才是一个个的预测单元，Composer 为这些预测单元提供了一个类似于“传阅会签”的机制。但是 BPU 的处理其实是相当复杂的，无法都在一个时钟节拍中完成，而要通过一个 3 阶段的流水线完成，然而又每个阶段都有输出，就是前述的 s1/s2/s3 这三份“预测报告”。如前所述，BPU 与 IFU 这两个三阶段流水线是配套的，这使得如果 BPU 在 s3 的报告中纠正了 s2 或 s1 阶段的错误，Ftq 仍来得及向 IFU 发出冲刷命令，把错误取入的指令块湮灭在 IFU 中。Predictor 就是对 BPU 这个 3 阶段流水线的实现，所以 Predictor 还是相当复杂的，需要分段加以介绍：

```
[FrontendImp > Predictor]          ///Predictor 即 BPU
class Predictor(implicit p: Parameters) extends XSModule with HasBPUConst with HasPerfEvents with HasCircularQueuePtrHelper {
  val io = IO(new PredictorIO)            ///这就是前述的 BPU 输入/输出，包括 ftq_to_bpu 和 bpu_to_ftq
  val ctrl = DelayN(io.ctrl, 1)           ///来自 CSR

  val predictors = Module(if (useBPD) new Composer else new FakePredictor)  ///具体预测单元都在 Composer 中
        ///如果 useBPD 配置成 false，就提供一个(摆摆样子的)FakePredictor，此时 Ftq 得到的是由 IFU 提供的默认 target。
  // ctrl signal
  predictors.io.ctrl := ctrl                          ///这是物理连接，Predictor 并非 LazyModule。
  predictors.io.reset_vector := io.reset_vector

  val s0_fire, s1_fire, s2_fire, s3_fire = Wire(Bool())       ///s0 没有寄存器，并不构成流水线的一个阶段。
  val s1_valid, s2_valid, s3_valid = RegInit(false.B)         ///s1/s2/s3 都有寄存器，都是流水线中的一个阶段。
  val s1_ready, s2_ready, s3_ready = Wire(Bool())
  val s1_components_ready, s2_components_ready, s3_components_ready = Wire(Bool())

  val reset_vector = DelayN(io.reset_vector, 5)
  val s0_pc = Wire(UInt(VAddrBits.W))                 ///so_pc 只是一束导线，其信息来源见后。
  val s0_pc_reg = RegNext (s0_pc)                     ///s0_pc_reg 是寄存器
  when (RegNext(RegNext(reset.asBool) && !reset.asBool)) {        ///如果有复位信号到来：
    s0_pc_reg := reset_vector                         ///有复位信号到来时 s0_pc_reg 的输入来自 reset_vector，与流水线无关。
  }
  val s1_pc = RegEnable(s0_pc, s0_fire)               ///这才是流水线 3 个阶段的寄存器，s0_pc 来自 npcGen。
  val s2_pc = RegEnable(s1_pc, s1_fire)
  val s3_pc = RegEnable(s2_pc, s2_fire)

  val s0_folded_gh = Wire(new AllFoldedHistories(foldedGHistInfos))                    ///见前面所述的 AllFoldedHistories
  val s0_folded_gh_reg = RegNext(s0_folded_gh, 0.U.asTypeOf(s0_folded_gh))             ///寄存器初值为 0
  val s1_folded_gh = RegEnable(s0_folded_gh, 0.U.asTypeOf(s0_folded_gh), s0_fire)      ///s0_fire 时 Enable
  val s2_folded_gh = RegEnable(s1_folded_gh, 0.U.asTypeOf(s0_folded_gh), s1_fire)
  val s3_folded_gh = RegEnable(s2_folded_gh, 0.U.asTypeOf(s0_folded_gh), s2_fire)
      ///这几个寄存器的初值均为 0，用来盛放一个 AllFoldedHistories 对象。
  val s0_last_br_num_oh = Wire(UInt((numBr+1).W))                ///oh 意为 one hot，从(numBr+1)位中选取其 1。
  val s0_last_br_num_oh_reg = RegNext(s0_last_br_num_oh, 0.U)
```

```
val s1_last_br_num_oh = RegEnable(s0_last_br_num_oh, 0.U, s0_fire)
val s2_last_br_num_oh = RegEnable(s1_last_br_num_oh, 0.U, s1_fire)
val s3_last_br_num_oh = RegEnable(s2_last_br_num_oh, 0.U, s2_fire)

val s0_ahead_fh_oldest_bits = Wire(new AllAheadFoldedHistoryOldestBits(foldedGHistInfos))   ///见前
val s0_ahead_fh_oldest_bits_reg = RegNext(s0_ahead_fh_oldest_bits, 0.U.asTypeOf(s0_ahead_fh_oldest_bits))
val s1_ahead_fh_oldest_bits = RegEnable(s0_ahead_fh_oldest_bits, 0.U.asTypeOf(s0_ahead_fh_oldest_bits), s0_fire)
val s2_ahead_fh_oldest_bits = RegEnable(s1_ahead_fh_oldest_bits, 0.U.asTypeOf(s0_ahead_fh_oldest_bits), s1_fire)
val s3_ahead_fh_oldest_bits = RegEnable(s2_ahead_fh_oldest_bits, 0.U.asTypeOf(s0_ahead_fh_oldest_bits), s2_fire)
        ///这几个寄存器的初值均为 0，用来盛放一个 AllAheadFoldedHistoryOldestBits 对象。

        ///以下的各种 Gen 指用于不同用途的 PhyPriorityMuxGenerator，即优先级 Mux 生成器：
val npcGen            = new PhyPriorityMuxGenerator[UInt]                                ///npc 意为 next pc
val foldedGhGen       = new PhyPriorityMuxGenerator[AllFoldedHistories]                  ///用于折叠的全局转移历史
val ghistPtrGen       = new PhyPriorityMuxGenerator[CGHPtr]                              ///用于全局历史指针
val lastBrNumOHGen    = new PhyPriorityMuxGenerator[UInt]                                ///用于 lastBrNum 单热位图
val aheadFhObGen      = new PhyPriorityMuxGenerator[AllAheadFoldedHistoryOldestBits]     ///用于前导历史位图
val ghvBitWriteGens = Seq.tabulate(HistoryLength)(n => new PhyPriorityMuxGenerator[Bool])  ///用作一组写入控制信号
                  ///再创建一组 PhyPriorityMuxGenerator，HistoryLength 定义为 256，所以是 256 个控制位。
                  ///实际上就是为历史记录写入控制的每一位都创建一个 PhyPriorityMuxGenerator。
                  ///这些 PhyPriorityMuxGenerator 为 5 个加 1 组的信号设置好在不同情况下的来源。
val ghv = RegInit(0.U.asTypeOf(Vec(HistoryLength, Bool())))     ///长度为HistoryLength的历史位图，ghv意为Global Hist Vec。
val ghv_wire = WireInit(ghv)
val s0_ghist = WireInit(0.U.asTypeOf(UInt(HistoryLength.W)))

val ghv_write_datas = Wire(Vec(HistoryLength, Bool()))          ///这个线排上所承载的是长度为 HistoryLength 的历史位图
val ghv_wens = Wire(Vec(HistoryLength, Bool()))

val s0_ghist_ptr = Wire(new CGHPtr)
val s0_ghist_ptr_reg = RegNext (s0_ghist_ptr, 0.U.asTypeOf(new CGHPtr))          ///s0_ghist_ptr 作为寄存器，另外保留一份。
val s1_ghist_ptr = RegEnable (s0_ghist_ptr, 0.U.asTypeOf(new CGHPtr), s0_fire)   ///把 s0_ghist_ptr 的内容打入 s1 寄存器
val s2_ghist_ptr = RegEnable (s1_ghist_ptr, 0.U.asTypeOf(new CGHPtr), s1_fire)
val s3_ghist_ptr = RegEnable (s2_ghist_ptr, 0.U.asTypeOf(new CGHPtr), s2_fire)
            ///这几个寄存器的初值均为 0，用来盛放一个历史记录指针。
def getHist(ptr: CGHPtr): UInt = (Cat(ghv_wire.asUInt, ghv_wire.asUInt) >> (ptr.value+1.U))(HistoryLength-1, 0)
            ///将 ghv_wire 与其自身拼接，右移若干位（取决于 ptr.value），再取其最低 HistoryLength 位。
            ///实际上就是将 ghv_wire 循环右移这么多位，这是指针所指的地方先前的历史。
s0_ghist := getHist(s0_ghist_ptr)
/// class Predictor，待续
```

首先，BPU 预测机制的存在并非必须，没有 BPU 功能的存在 CPU 也可以运行，只不过性能会降低很多，但是芯片的设计得要保证即使没有 BPU 也能运转，因为有些面向简单嵌入式应用的 CPU 不需要那么复杂。所以香山的代码中有个变量 useBPD，如果把 useBPD 设置成 false，就不生成 BPU 即 Predictor 的代码了。但是 BPU 的框架还得在，所以就来个 FakePredictor，搞个虚假的 Predictor：

```
[XSCoreBase > Frontend > FrontendImp > Predictor > FakePredictor]
class FakePredictor(implicit p: Parameters) extends BasePredictor {
  io.in.ready := true.B                  ///输入端永远ready，这里的io是BasePredictorIO（见后）。
  io.out.last_stage_meta := 0.U          ///输出端的last_stage_meta永远是0
  io.out := io.in.bits.resp_in(0)        ///把输入即BasePredictorInput中的resp_in直接连到输出
}
```

和 Composer 一样，FakePredictor 是对抽象类 BasePredictor（见后）的扩充，而 BasePredictor 的外部接口是 BasePredictorIO，所以这里的 io 就是 BasePredictorIO，里面的 in 和 out 分别是 BasePredictorInput 和 BasePredictorOutput，这里就是将 in 和 out 短接起来，让 Ftq 在不采用 BPU 的条件下也能收到回应。

其余代码都不复杂，就是对所创建的 PhyPriorityMuxGenerator 需要加以说明，这是用来“生成”PhyPriorityMux 的。前缀 Phy 表示生成的 PriorityMux 是物理的，是对 PriorityMux 的硬件实现。我们常常用到 Mux，那只是从两个输入中二选一，我们不妨称这两个输入为 true 输入和 false 输入，因为当控制变量为 true 时 Mux 的输出来自 true 输入，即写在前面的那个输入；控制变量为 false 时则 Mux 输出来自 false 输出。可是如果把多个 Mux 串接起来，即把后面那个 Mux 的输出作为前面那个 Mux 的 false 输入，这样就可以构成一个 PriorityMux，即带优先级的 Mux，因为最前面的那个 Mux 有最高的优先级，只有在这个 Mux 的控制信号为 false 时才让第二个 Mux 的输出可以被选取，余可类推。这样，一个长度为 5、从而有 5 个优先级的 PhyPriorityMux 就相当于这样：

```
Mux(cond1, mux1_out, Mux(cond2, mux2_out, Mux(cond3, mux3_out,
                                   Mux(cond4, mux4_out, Mux(cond5, mux5_out, DontCare)))))
```

或者也可以表示成这样：

```
when(cond1){out:=out_1}.elsewhen(cond2){out:=out_2}.elsewhen(cond3){out:=out_3}
                                  .elsewhen(cond4){out:=out_4}.otherwise{out:=out_5}
```

但这相当于已经“生成”好的 PhyPriorityMux，所谓“生成”就是提供一个方法，使得可以指定将什么信号用作哪一个优先级的选择信号，以选取哪一路备选输入，如果没有更高优先级的选择信号是 true，这就成为整个 PhyPriorityMux 的输出。然后，在定义了各个优先级上的选择信号和备选输入以后，就把这些 Mux 连在一起，形成一个 Mux 链，这就是所谓“生成”。下面是 class PhyPriorityMuxGenerator 的代码：

```
// this module is like PhyPriorityMuxGenerator but you can specify the physical priority
// by passing in an Int, usually we give the hightest priority to the condition with the largest delay.
// but their logical priority is still arranged in the order specified in the code
class PhyPriorityMuxGenerator[T <: Data] {
    var src: List[(Bool, T, String, Int)] = List()          ///用来累积历次register()的Mux说明
    var rev_src: List[(Bool, T, String, Int)] = List()      ///因为每次register()都添加在src的前面，所以要反向。
    var sorted_src: List[(Bool, T, String, Int)] = List()   ///不能保证register()都按次序，所以要排序
    var num: Int = 0

    def genPortName(n: Option[String]): String = {          ///这是为每个端口命名，我们并不关心。
        num = num + 1
        n match {
            case Some(name) => name
            case None => { "in" + num.toString() }
```

```
        }
    }

    def register(sel: Bool, in: T, name: Option[String] = None, phyPrio: Int = 0) = {
        src = (sel, in, genPortName(name), phyPrio) :: src
    }
    def register(in: Seq[(Bool, T, Option[String], Int)]) = {
        src = in.toList.map{ case (b, t, n, p) => (b, t, genPortName(n), p) } ::: src
    }
    def register(sel: Seq[Bool], in: Seq[T], name: Seq[Option[String]], phyPrio: Seq[Int]) = {
            ///先通过regester()提供各级Mux的构成，sel为控制信号，in为备选输入，phyPrio为优先级。
        src = sel.zip(in.zip(name.map(genPortName).zip(phyPrio))).map { case (s, (i, (n, p))) => (s, i, n, p) }.toList ::: src
            ///将新登记的Mux信息四元组(s, i, n, p)添加在src的前面，添加在前面远比后面高效。
            ///但是PhyPriorityMuxGenerator并未提供插在中间的方法，所以最后需要sort。
    }
    def apply(): T = {          ///根据register()所得的src构筑PhyPriorityMux
        rev_src = src.reverse
        for (i <- 0 until rev_src.length) {
          sorted_src = (rev_src(i)._1 && (if (i == rev_src.length-1) true.B
                              else (i+1 until rev_src.length).map(j => !rev_src(j)._1).reduce(_&&_)),
                                      rev_src(i)._2, rev_src(i)._3, rev_src(i)._4) :: sorted_src
            ///rev_src(i)._1是该级Mux的sel，仅在此后(倒转后即为此前)各级Mux的sel为false时才有效。
        }
        sorted_src = sorted_src.sortBy(_._4).reverse          ///第4个成分是优先级，按优先级排序后倒转。
        val names = sorted_src.map(_._3)
        val ins = sorted_src.map(s => (s._1, s._2))          ///ins序列中只要各级Mux的sel和in，丢掉后面两项。
        // we should use this sample data to get type and width
        // ugly
        val sample = ins(0)._2          ///需要通过这个样本提供备选输入的类型和宽度

        val ppm = Module(new PriorityMuxModule(sample)(names))
        (ppm.ins zip ins).foreach { case (in, (b, t)) => {in.sel := b; in.src := t }}
            ///对ppm中的各级Mux，其sel连到通过register提供的sel，就是这里的b；备选输入连到这里的t。
        ppm.out.res
    }
}   ///end class PhyPriorityMuxGenerator
```

明白了 PhyPriorityMuxGenerator 是怎么回事，还要知道为什么要有这些 PriorityMux。以其中的 npcGen 为例，这个生成器所生成的 PriorityMux 所输出的是关于 npc 即 next pc 的信息；后面我们会看到这个 PriorityMux 的输出被连接到 s0_pc。之所以要把 s0_pc 这个信号连接到一个 PriorityMux 的输出，是因为这个信号的来源比较多样，在不同条件下有不同来源，所以原本要用一连串的 when().elsewhen().otherwise 才能实现。现在改用 PriorityMux，就可以使代码（和所生成的电路）更加简洁也更加模块化。当然，npcGen 只是其中之一，实际上这样的 PriorityMux 有五个加一组。五个是 npcGen、foldedGhGen、ghistPtrGen、aheadFhObGen 和 lastBrNumOHGen；一组是 ghvBitWriteGens，那里面对长度为 HistoryLength 的全局历史中的每一位都有个 PriorityMux。

我们继续往下看 Predictor 的代码：

```
[FrontendImp > Predictor]　续 1
  val resp = predictors.io.out                                        ///这是 Composer.out，或者 FakePredictor.out。
  val toFtq_fire = io.bpu_to_ftq.resp.valid && io.bpu_to_ftq.resp.ready    ///只要满足这个条件就向 Ftq 发送

  val s1_flush, s2_flush, s3_flush = Wire(Bool())
  val s2_redirect, s3_redirect = Wire(Bool())

  predictors.io.in.valid := s0_fire
  predictors.io.in.bits.s0_pc := s0_pc                                /// predictors.io.in 见后，这是给具体预测器的输入。
    ///注意 s0_pc 是在变的，如果一个 predictor 在 s1 阶段才引用 s0_pc，那么此时的 s0_pc 已经是来自 resp.s1.getTarget()。
    ///只有在 s0 阶段（并有 redirect 到来时）引用的 s0_pc 才是来自 do_redirect.bits.cfiUpdate.target。见下面的 npcGen。
  predictors.io.in.bits.ghist := s0_ghist
  predictors.io.in.bits.folded_hist := s0_folded_gh
  predictors.io.in.bits.resp_in(0) := (0.U).asTypeOf(new BranchPredictionResp)
                                          ///这是一个空白全 0 的 BranchPredictionResp，供 predictors 中各个预测单元会签。
  val redirect_req = io.ftq_to_bpu.redirect                                        ///这就是源自后端或 IFU 的 Redirect
  val do_redirect = RegNext (redirect_req, 0.U.asTypeOf(io.ftq_to_bpu.redirect))   ///使 redirect_req 与时钟脉冲对齐

  // Pipeline logic
  s2_redirect := false.B                 ///先假设 s2 阶段并未推翻 s1 阶段的预测
  s3_redirect := false.B                 ///s3 阶段也并未推翻 s2 阶段的预测
  s3_flush := redirect_req.valid         // flush when redirect comes
  s2_flush := s3_flush || s3_redirect    ///注意是反向的，有 s3_flush 或 s3_redirect 就有 s2_flush。
  s1_flush := s2_flush || s2_redirect    ///有 s2_flush 或 s2_redirect 就有 s1_flush。

  s1_components_ready := predictors.io.s1_ready
  s1_ready := s1_fire || !s1_valid
  s0_fire := s1_components_ready && s1_ready                    ///s1 阶段没有 ready 就不能进入
  predictors.io.s0_fire := s0_fire

  s2_components_ready := predictors.io.s2_ready
  s2_ready := s2_fire || !s2_valid
  s1_fire := s1_valid && s2_components_ready && s2_ready && io.bpu_to_ftq.resp.ready   ///没有 s2_ready 就不能进入 s2 阶段

  s3_components_ready := predictors.io.s3_ready
  s3_ready := s3_fire || !s3_valid
  s2_fire := s2_valid && s3_components_ready && s3_ready        ///s3 阶段没有 ready 就不能进入

  when (redirect_req.valid)    { s1_valid := false.B }
    .elsewhen(s0_fire)         { s1_valid := true.B }
    .elsewhen(s1_flush)        { s1_valid := false.B }
    .elsewhen(s1_fire)         { s1_valid := false.B }

  predictors.io.s1_fire := s1_fire
```

```
s2_fire := s2_valid                         ///与上面 s2_fire 似有冲突
when(s2_flush) { s2_valid := false.B }
  .elsewhen(s1_fire) { s2_valid := !s1_flush }
  .elsewhen(s2_fire) { s2_valid := false.B }

predictors.io.s2_fire := s2_fire
predictors.io.s2_redirect := s2_redirect          /// s2_redirect 后面写入 bpu_to_ftq.resp.bits.s2.hasRedirect

s3_fire := s3_valid                         ///与上面 s3_fire 似有冲突
when(s3_flush) { s3_valid := false.B }
  .elsewhen(s2_fire) { s3_valid := !s2_flush }
  .elsewhen(s3_fire) { s3_valid := false.B }

predictors.io.s3_fire := s3_fire
predictors.io.s3_redirect := s3_redirect          /// s3_redirect 后面写入 bpu_to_ftq.resp.bits.s3.hasRedirect

io.bpu_to_ftq.resp.valid := s1_valid && s2_components_ready && s2_ready || s2_fire && s2_redirect || s3_fire && s3_redirect
io.bpu_to_ftq.resp.bits   := predictors.io.out                ///predictors 的输出连接到 bpu_to_ftq，这就是预测报告。
io.bpu_to_ftq.resp.bits.last_stage_spec_info.folded_hist  := s3_folded_gh       ///所谓 last_stage 就是 s3
io.bpu_to_ftq.resp.bits.last_stage_spec_info.histPtr       := s3_ghist_ptr
io.bpu_to_ftq.resp.bits.last_stage_spec_info.lastBrNumOH    := s3_last_br_num_oh
io.bpu_to_ftq.resp.bits.last_stage_spec_info.afhob          := s3_ahead_fh_oldest_bits

npcGen.register(true.B,   s0_pc_reg,   Some("stallPC"),   0)
foldedGhGen.register(true.B,   s0_folded_gh_reg,   Some("stallFGH"),   0)
ghistPtrGen.register(true.B,   s0_ghist_ptr_reg,   Some("stallGHPtr"),   0)
lastBrNumOHGen.register(true.B,   s0_last_br_num_oh_reg,   Some("stallBrNumOH"),   0)
aheadFhObGen.register(true.B,   s0_ahead_fh_oldest_bits_reg,   Some("stallAFHOB"),   0)
        ///对前述 5 个 PhyPriorityMuxGenerator 的登记，这是最低优先级 0，是“保底”的连接，所以选择信号都是 true。
        ///注意这里没说 5 个 PhyPriorityMuxGenerator 的输出连到哪里，也尚未调用其 apply()函数。
        ///后面将看到：npcGen 来自 s0_pc_reg，foldedGhGen 来自 s0_folded_gh_reg，ghistPtrGen 来自 s0_ghist_ptr_reg，
        /// lastBrNumOHGen 来自 s0_last_br_num_oh_reg，aheadFhObGen 来自 s0_ahead_fh_oldest_bits_reg，
        ///优先级 0 的信号来源，如 npcGen 所生成 PriorityMux 的输出来自 s0_pc_reg，就是“保底”的默认连接。
// History manage
// s1
val s1_possible_predicted_ghist_ptrs = (0 to numBr).map(s1_ghist_ptr - _.U)
val s1_predicted_ghist_ptr = Mux1H(resp.s1.lastBrPosOH, s1_possible_predicted_ghist_ptrs)

val s1_possible_predicted_fhs = (0 to numBr).map(i =>
        s1_folded_gh.update(s1_ahead_fh_oldest_bits, s1_last_br_num_oh, i, resp.s1.brTaken && resp.s1.lastBrPosOH(i)))
val s1_predicted_fh = Mux1H(resp.s1.lastBrPosOH, s1_possible_predicted_fhs)

val s1_ahead_fh_ob_src = Wire(new AllAheadFoldedHistoryOldestBits(foldedGHistInfos))
s1_ahead_fh_ob_src.read(ghv, s1_ghist_ptr)

if (EnableGHistDiff) {            /// EnableGHistDiff 在 XSCoreParameters 中定义为 true
```

```
    val s1_predicted_ghist = WireInit(getHist(s1_predicted_ghist_ptr).asTypeOf(Vec(HistoryLength, Bool())))
    for (i <- 0 until numBr) {
      when (resp.s1.shouldShiftVec(i)) { s1_predicted_ghist(i) := resp.s1.brTaken && (i==0).B }
    }
    when (s1_valid) { s0_ghist := s1_predicted_ghist.asUInt }
  }

  val s1_ghv_wens = (0 until HistoryLength).map(n =>
      (0 until numBr).map(b => (s1_ghist_ptr).value === (CGHPtr(false.B, n.U) + b.U).value &&
                                                   resp.s1.shouldShiftVec(b) && s1_valid))
  val s1_ghv_wdatas = (0 until HistoryLength).map(n => Mux1H( (0 until numBr).map(b => (
                      (s1_ghist_ptr).value === (CGHPtr(false.B, n.U) + b.U).value && resp.s1.shouldShiftVec(b),
                                               resp.s1.brTaken && resp.s1.lastBrPosOH(b+1) )) ))

  npcGen.register(s1_valid,  resp.s1.getTarget,  Some("s1_target"),  4)
  foldedGhGen.register(s1_valid,  s1_predicted_fh,  Some("s1_FGH"),  4)
  ghistPtrGen.register(s1_valid,  s1_predicted_ghist_ptr,  Some("s1_GHPtr"),  4)
  lastBrNumOHGen.register(s1_valid,  resp.s1.lastBrPosOH.asUInt,  Some("s1_BrNumOH"),  4)
  aheadFhObGen.register(s1_valid,  s1_ahead_fh_ob_src,  Some("s1_AFHOB"),  4)
  ghvBitWriteGens.zip(s1_ghv_wens).zipWithIndex.map{case ((b, w), i) =>
                              b.register(w.reduce(_||_),  s1_ghv_wdatas(i),  Some(s"s1_new_bit_$i"),  4) }
        ///这次登记的优先级都是 4，注意对 ghvBitWriteGens 的登记是在 map 中，是对整个组的登记。
/// class Predictor，续 1，待续
```

这些代码，如果都要加以注释讲解就不胜其烦，所以就留给读者自己细读了。

至此，对那些 PhyPriorityMuxGenerator 已经登记了两个优先级，即 0 级和 4 级。其中 0 级是最低的，后面没有别的 Mux 了，所以其选择信号都固定是 true，如果前面那些控制信号都是 false，最后这一级就一定会被选上，这就避免了 PhyPriorityMux 输出为空的情况。以 npcGen 的优先级 4 为例，只要 s1_valid 为 true，并且更高优先级 5 的选择信号为 false，就会选中 resp.s1.getTarget，这 getTarget 是个函数。这意味着，在 BPU 流水线的 s1 阶段，npcGen 的输出来自 resp.s1.getTarget()（如果更高优先级 5 的选择信号为 false）。看一下 BranchPredictionBundle 中的 def getTarget，就可知道这就是 target(pc)，而 target(pc)又是 full_pred.target(pc)。当然，我们后面会看到，到了 s2 阶段，npcGen 输出的来源就又不同了。余可类推。

我们继续看 class Predictor 的代码：

```
[FrontendImp > Predictor]   续 2
  class PreviousPredInfo extends Bundle {          ///来自 s1 阶段的预测报告 BranchPredictionBundle
    val target = UInt(VAddrBits.W)                 ///这是 s1 阶段预测的取指目标
    val lastBrPosOH = UInt((numBr+1).W)
    val taken = Bool()
    val cfiIndex = UInt(log2Ceil(PredictWidth).W)
  }
  def preds_needs_redirect_vec (x: PreviousPredInfo, y: BranchPredictionBundle) = {
    VecInit (x.target =/= y.getTarget, x.lastBrPosOH =/= y.lastBrPosOH.asUInt,
                        x.taken =/= y.taken, (x.taken && y.taken) && x.cfiIndex =/= y.cfiIndex.bits, )
  }  ///检查 x 和 y 两份预测是否不同
```

```
// s2
val s2_possible_predicted_ghist_ptrs = (0 to numBr).map(s2_ghist_ptr - _.U)
val s2_predicted_ghist_ptr = Mux1H(resp.s2.lastBrPosOH, s2_possible_predicted_ghist_ptrs)

val s2_possible_predicted_fhs = (0 to numBr).map(i =>
  s2_folded_gh.update(s2_ahead_fh_oldest_bits, s2_last_br_num_oh, i,
  if (i > 0) resp.s2.full_pred.br_taken_mask(i-1) else false.B))
val s2_predicted_fh = Mux1H(resp.s2.lastBrPosOH, s2_possible_predicted_fhs)

val s2_ahead_fh_ob_src = Wire(new AllAheadFoldedHistoryOldestBits(foldedGHistInfos))
s2_ahead_fh_ob_src.read(ghv, s2_ghist_ptr)

if (EnableGHistDiff) {
  val s2_predicted_ghist = WireInit(getHist(s2_predicted_ghist_ptr).asTypeOf(Vec(HistoryLength, Bool())))
  for (i <- 0 until numBr) {
    when (resp.s2.shouldShiftVec(i)) { s2_predicted_ghist(i) := resp.s2.brTaken && (i==0).B }
  }
  when(s2_redirect) { s0_ghist := s2_predicted_ghist.asUInt }
}

val s2_ghv_wens = (0 until HistoryLength).map(n =>
    (0 until numBr).map(b => (s2_ghist_ptr).value === (CGHPtr(false.B, n.U) + b.U).value &&
                                                              resp.s2.shouldShiftVec(b) && s2_redirect))
val s2_ghv_wdatas = (0 until HistoryLength).map(n =>
  Mux1H( (0 until numBr).map(b => (
      (s2_ghist_ptr).value === (CGHPtr(false.B, n.U) + b.U).value && resp.s2.shouldShiftVec(b),
      resp.s2.full_pred.real_br_taken_mask()(b) )) ) )

val s1_pred_info = Wire(new PreviousPredInfo)          ///见上
s1_pred_info.target := resp.s1.getTarget
s1_pred_info.lastBrPosOH := resp.s1.lastBrPosOH.asUInt
s1_pred_info.taken := resp.s1.taken
s1_pred_info.cfiIndex := resp.s1.cfiIndex.bits

val previous_s1_pred_info = RegEnable(s1_pred_info, init=0.U.asTypeOf(s1_pred_info), s1_fire)
val s2_redirect_s1_last_pred_vec = preds_needs_redirect_vec(previous_s1_pred_info, resp.s2)  ///看 s2/s1 阶段的预测是否有异
s2_redirect := s2_fire && s2_redirect_s1_last_pred_vec.reduce(_||_)         ///说明 s2 阶段的预测不同于 s1 阶段的预测

npcGen.register(s2_redirect,   resp.s2.getTarget,   Some("s2_target"),   5)       ///如果 s2 阶段的预测不同于 s1
foldedGhGen.register(s2_redirect,   s2_predicted_fh,   Some("s2_FGH"),   5)
ghistPtrGen.register(s2_redirect,   s2_predicted_ghist_ptr,   Some("s2_GHPtr"),   5)
lastBrNumOHGen.register(s2_redirect,   resp.s2.lastBrPosOH.asUInt,   Some("s2_BrNumOH"),   5)
aheadFhObGen.register(s2_redirect,   s2_ahead_fh_ob_src,   Some("s2_AFHOB"),   5)
ghvBitWriteGens.zip(s2_ghv_wens).zipWithIndex.map{case ((b, w), i) =>
                                        b.register(w.reduce(_||_),   s2_ghv_wdatas(i),   Some(s"s2_new_bit_$i"),   5) }
```

```
    ///这次登记的是优先级 5，这是最高优先级。可见，转向指示 redirect 的优先级是最高的。
/// class Predictor，续 2，待续
```

仍以 npcGen 为例，只要 s2_redirect 为 true，npcGen 的输出就是 resp.s2.getTarget。这意味着，如果 BPU 在 s2 阶段的预测不同于 s1 阶段，那么所有这些信号就都得跟着改变，npcGen 的输出就来自 resp.s2 这个 BranchPredictionBundle。当然，那里面的信息是由各个具体预测单元填写进去的。

我们继续往下看：

```
[FrontendImp > Predictor]    续 3
  // s3
  val s3_possible_predicted_ghist_ptrs = (0 to numBr).map(s3_ghist_ptr - _.U)
  val s3_predicted_ghist_ptr = Mux1H(resp.s3.lastBrPosOH, s3_possible_predicted_ghist_ptrs)

  val s3_possible_predicted_fhs = (0 to numBr).map(i => s3_folded_gh.update(s3_ahead_fh_oldest_bits, s3_last_br_num_oh, i,
                                                  if (i > 0) resp.s3.full_pred.br_taken_mask(i-1) else false.B))
  val s3_predicted_fh = Mux1H(resp.s3.lastBrPosOH, s3_possible_predicted_fhs)
  val s3_ahead_fh_ob_src = Wire(new AllAheadFoldedHistoryOldestBits(foldedGHistInfos))
  s3_ahead_fh_ob_src.read(ghv, s3_ghist_ptr)

  if (EnableGHistDiff) {
    val s3_predicted_ghist = WireInit(getHist(s3_predicted_ghist_ptr).asTypeOf(Vec(HistoryLength, Bool())))
    for (i <- 0 until numBr) { when (resp.s3.shouldShiftVec(i)) { s3_predicted_ghist(i) := resp.s3.brTaken && (i==0).B } }
    when(s3_redirect) { s0_ghist := s3_predicted_ghist.asUInt }
  }

  val s3_ghv_wens = (0 until HistoryLength).map(n =>
     (0 until numBr).map(b => (s3_ghist_ptr).value === (CGHPtr(false.B, n.U) + b.U).value &&
                                                  resp.s3.shouldShiftVec(b) && s3_redirect))
  val s3_ghv_wdatas = (0 until HistoryLength).map(n =>
    Mux1H( (0 until numBr).map(b => ((s3_ghist_ptr).value === (CGHPtr(false.B, n.U) + b.U).value && resp.s3.shouldShiftVec(b),
                                                            resp.s3.full_pred.real_br_taken_mask()(b) ))
    )  ///end Mux1H
  )  ///end map(n=>

  val previous_s2_pred = RegEnable(resp.s2, 0.U.asTypeOf(resp.s2), s2_fire)
  val s3_redirect_on_br_taken =
                    resp.s3.full_pred.real_br_taken_mask().asUInt =/= previous_s2_pred.full_pred.real_br_taken_mask().asUInt
  val s3_redirect_on_target = resp.s3.getTarget =/= previous_s2_pred.getTarget
  val s3_redirect_on_jalr_target = resp.s3.full_pred.hit_taken_on_jalr &&
                                              resp.s3.full_pred.jalr_target =/= previous_s2_pred.full_pred.jalr_target
  val s3_redirect_on_fall_thru_error = resp.s3.fallThruError

  s3_redirect := s3_fire && (
    s3_redirect_on_br_taken || s3_redirect_on_target || s3_redirect_on_fall_thru_error
  )  ///只要这三者中有一项与 s2 阶段预测不同，就说明 s3 阶段的预测与 s2 阶段不同，有了变化。
```

```
npcGen.register(s3_redirect,  resp.s3.getTarget,  Some("s3_target"),  3)
foldedGhGen.register(s3_redirect,  s3_predicted_fh,  Some("s3_FGH"),  3)
ghistPtrGen.register(s3_redirect,  s3_predicted_ghist_ptr,  Some("s3_GHPtr"),  3)
lastBrNumOHGen.register(s3_redirect,  resp.s3.lastBrPosOH.asUInt,  Some("s3_BrNumOH"),  3)
aheadFhObGen.register(s3_redirect,  s3_ahead_fh_ob_src,  Some("s3_AFHOB"),  3)
ghvBitWriteGens.zip(s3_ghv_wens).zipWithIndex.map{case ((b, w), i) =>
                         b.register(w.reduce(_||_),  s3_ghv_wdatas(i),  Some(s"s3_new_bit_$i"),  3) }
  ///这次登记的是优先级 3。如果 s3 阶段的预测与 s2 阶段不同，那么这些信号也得跟着改变。

// Send signal tell Ftq override
val s2_ftq_idx = RegEnable(io.ftq_to_bpu.enq_ptr, s1_fire)
val s3_ftq_idx = RegEnable(s2_ftq_idx, s2_fire)

io.bpu_to_ftq.resp.bits.s1.valid := s1_fire && !s1_flush
io.bpu_to_ftq.resp.bits.s1.hasRedirect := false.B           ///s1 阶段的预测不存在是否与先前预测不同的问题
io.bpu_to_ftq.resp.bits.s1.ftq_idx := DontCare              ///s1 阶段的预测总是针对 Ftq 中当前指令块的 ftq_idx

io.bpu_to_ftq.resp.bits.s2.valid := s2_fire && !s2_flush
io.bpu_to_ftq.resp.bits.s2.hasRedirect := s2_redirect       ///s2 阶段的预测就有是否与先前预测不同的问题
io.bpu_to_ftq.resp.bits.s2.ftq_idx := s2_ftq_idx            ///此时 Ftq 中的当前指令块已经向前推进

io.bpu_to_ftq.resp.bits.s3.valid := s3_fire && !s3_flush
io.bpu_to_ftq.resp.bits.s3.hasRedirect := s3_redirect       ///见上面 s2 阶段
io.bpu_to_ftq.resp.bits.s3.ftq_idx := s3_ftq_idx

val redirect = do_redirect.bits                         ///这是来自 Ftq 的 Redirect，源自后端或 IFU。

predictors.io.update := RegNext(io.ftq_to_bpu.update)  ///来自 Ftq 的转移历史更新，BranchPredictionUpdat
predictors.io.update.bits.ghist := RegNext (getHist(io.ftq_to_bpu.update.bits.spec_info.histPtr))
predictors.io.redirect := do_redirect                   ///即 io.ftq_to_bpu.redirect，来自 Ftq 的 Redirect，源自后端或 IFU。
  /// Predictor 即 BPU 把 ftq_to_bpu 即 FtqToBpuIO 中的 redirect 和 update 这两大成分都传给了下面的各个预测单元。
  ///predictors 就是 Composer，Composer 的 io 是从 BasePredictor 继承的，所以 predictors.io 就是 BasePredictorIO（见后）。

// Redirect logic
val shift = redirect.cfiUpdate.shift
val addIntoHist = redirect.cfiUpdate.addIntoHist
// TODO: remove these below
val shouldShiftVec = Mux(shift === 0.U, VecInit(0.U((1 << (log2Ceil(numBr) + 1)).W).asBools),
                                            VecInit((LowerMask(1.U << (shift-1.U))).asBools()))
// TODO end
val afhob = redirect.cfiUpdate.afhob
val lastBrNumOH = redirect.cfiUpdate.lastBrNumOH

val isBr = redirect.cfiUpdate.pd.isBr
val taken = redirect.cfiUpdate.taken
val real_br_taken_mask = (0 until numBr).map(i => shift === (i+1).U && taken && addIntoHist )
```

```
val oldPtr = redirect.cfiUpdate.histPtr                    ///把来自 Ftq 的 Redirect 所述转移指令添加到转移历史中
val oldFh = redirect.cfiUpdate.folded_hist
val updated_ptr = oldPtr - shift
val updated_fh = VecInit((0 to numBr).map(i => oldFh.update(afhob, lastBrNumOH, i, taken && addIntoHist)))(shift)
val thisBrNumOH = UIntToOH(shift, numBr+1)
val thisAheadFhOb = Wire(new AllAheadFoldedHistoryOldestBits(foldedGHistInfos))
thisAheadFhOb.read(ghv, oldPtr)
val redirect_ghv_wens = (0 until HistoryLength).map(n =>
  (0 until numBr).map(b => oldPtr.value === (CGHPtr(false.B, n.U) + b.U).value && shouldShiftVec(b) && do_redirect.valid))
val redirect_ghv_wdatas = (0 until HistoryLength).map(n =>
  Mux1H(
    (0 until numBr).map(b => oldPtr.value === (CGHPtr(false.B, n.U) + b.U).value && shouldShiftVec(b)),
    real_br_taken_mask
  )
)

if (EnableGHistDiff) {
  val updated_ghist = WireInit(getHist(updated_ptr).asTypeOf(Vec(HistoryLength, Bool())))
  for (i <- 0 until numBr) {
    when (shift >= (i+1).U) { updated_ghist(i) := taken && addIntoHist && (i==0).B }
  }
  when(do_redirect.valid) { s0_ghist := updated_ghist.asUInt }
}

npcGen.register(do_redirect.valid, do_redirect.bits.cfiUpdate.target, Some("redirect_target"), 2)
foldedGhGen.register(do_redirect.valid, updated_fh, Some("redirect_FGHT"), 2)
ghistPtrGen.register(do_redirect.valid, updated_ptr, Some("redirect_GHPtr"), 2)
lastBrNumOHGen.register(do_redirect.valid, thisBrNumOH, Some("redirect_BrNumOH"), 2)
aheadFhObGen.register(do_redirect.valid, thisAheadFhOb, Some("redirect_AFHOB"), 2)
ghvBitWriteGens.zip(redirect_ghv_wens).zipWithIndex.map{case ((b, w), i) =>
                                        b.register(w.reduce(_||_), redirect_ghv_wdatas(i), Some(s"redirect_new_bit_$i"), 2) }
        ///这次是优先级 2（优先级 1 是空缺），这些信号在有来自 Ftq 的 Redirect（实际上预测请求）到来时的来源。
// no need to assign s0_last_pred

// Reset
// npcGen.register(need_reset, resetVector.U, Some("reset_pc"), 1)
// foldedGhGen.register(need_reset, 0.U.asTypeOf(s0_folded_gh), Some("reset_FGH"), 1)
// ghistPtrGen.register(need_reset, 0.U.asTypeOf(new CGHPtr), Some("reset_GHPtr"), 1)

s0_pc          := npcGen()                ///把创建的 PhyPriorityMuxGenerator 对象 npcGen 连到 s0_pc
s0_folded_gh   := foldedGhGen()           ///这里调用的是 object foldedGhGen 的 apply()函数
s0_ghist_ptr   := ghistPtrGen()
s0_ahead_fh_oldest_bits := aheadFhObGen()
s0_last_br_num_oh := lastBrNumOHGen()
        ///以上 5 个 PhyPriorityMuxGenerator 解决 5 个信号在不同条件下的来源问题
(ghv_write_datas zip ghvBitWriteGens).map{case (wd, d) => wd := d()}    ///d()就是调用 ghvBitWriteGens 中一个元素的创建
```

```
                    ///相当于 ghv_write_datas(i) := ghvBitWriteGens(i)
  for (i <- 0 until HistoryLength) {
    ghv_wens(i) := Seq(s1_ghv_wens, s2_ghv_wens, s3_ghv_wens, redirect_ghv_wens).map(_(i).reduce(_||_)).reduce(_||_)
                    ///只要这些信号中有一个是 true，ghv_wens(i)就是 true。
    when (ghv_wens(i)) { ghv(i) := ghv_write_datas(i) }
  }
        ///调用这些 PhyPriorityMuxGenerator 对象的 apply()函数，并将其输出连接到各自的目标。

  ///性能统计从略
  generatePerfEvent()
}  ///end class Predictor
```

这里登记了这些 PhyPriorityMuxGenerator 的优先级 3 和 2。优先级 1 是个空缺，但是这没有关系，因为会按大小排序，而并不在乎究竟是几。这样，连 0 级在内一共是 5 级。对 PhyPriorityMuxGenerator 的登记过程，其实就是在构建一个 when-elsewhen-elsewhen-…-otherwise 链的过程；只是这个构建过程是“横向”的，说的是在 BPU 流水线的同一个阶段这个信号怎样，那个信号怎样。如果换个方向，换成“纵向”，那就是抓住一个个的信号，看同一信号在这个阶段怎样，那个阶段怎样。在上面代码中我们看到了“横向”的构建，下面再“纵向”看一下。结合最后所生成 PhyPriorityMux 对象的连接，就可得到某个(某组)信号在各种不同情况下的来历。我们先看 npcGen：

```
npcGen.register(s2_redirect,   resp.s2.getTarget,   Some("s2_target"),   5)          ///s2 阶段的预测与 s1 不同
npcGen.register(s1_valid,   resp.s1.getTarget,   Some("s1_target"),   4)             ///进入 s1 阶段
npcGen.register(s3_redirect,   resp.s3.getTarget,   Some("s3_target"),   3)          ///s3 阶段的预测与 s2 不同
npcGen.register(do_redirect.valid,   do_redirect.bits.cfiUpdate.target, Some("redirect_target"),   2)   ///有 Redirect 从 Ftq 到来
npcGen.register(true.B,   s0_pc_reg,   Some("stallPC"),   0)                          ///默认
s0_pc := npcGen()                ///信号 s0_pc 来自 npcGen 的输出，npc 意为 next pc。
```

显然，npcGen 所生成 PhyPriorityMux 的输出连接到 s0_pc。这样，就规定了 s0_pc 这个信号在 5 种不同条件下的来历。第一个 when 子句的条件是 s2_redirect，即 s2 阶段的预测不同于 s1 阶段，若满足条件 s0_pc 就来自 resp.s2.getTarget（显然预测单元写入 resp.s2 在先），要不然就看下一个 elsewhen 子句的条件 s1_valid 是否满足，若满足就来自 resp.s1.getTarget，若还不满足就再往后看，直到如果所有条件都不满足就落到了最后的 s0_pc_reg，这是无条件的。那么 s0_pc 又连接到哪里呢？我们在前面的代码中看到，s0_pc 被连接到 predictors.io.in.bits.s0_pc。这里的 predictors 就是 Composer 中（见后）一个个具体的预测单元，这些预测单元的类型都是对抽象类 BasePredictor 的扩充，而 BasePredictor 的输入 BasePredictorInput 中的 s0_pc 就是这个 predictors.io.in.bits.s0_pc。所以，npcGen 这个 PhyPriorityMux 是为一个个具体的预测单元在提供输入，这个输入在不同的条件下有不同的来源和作用。知道了这一点，我们就明白 npcGen 这个 PhyPriorityMux 的重要性，同时也明白这 class Predictor 中的代码一步步在干什么了。

再进一步，npcGen 的意思是 npc 的生成器，而 npc 其实是“next pc”。对于 BPU，下一个 pc 就是下一步取指的起点，BPU 返回的 s1/s2/s3 三个 BranchPredictionBundle 中就有 pc，这就是 BPU 所预测的下一步取指起点。可是 npcGen 的输出是随种种条件在变的，这意味着 s0_pc 也是随种种条件在变。当 Redirect 到来时，do_redirect.valid 变成了 true，此时尚无 s1_valid，更无 s2_redirect 和 s3_redirect，所以此时的 s0_pc 就是 do_redirect.bits.cfiUpdate.target。对于来自后端的 Redirect，这就是来自实际执行结果的指令性转移目标；对于来自 IFU 的 Redirect，这就是所建议的、默认的转移目标，但是 BPU 可以加以修改。但是，到了 s1_valid 的时候，由于 s1_valid 的优先级更高，s0_pc 就成了 resp.s1.getTarget，变成从 s1 这个 BranchPredictionBundle 中去 getTarget()，实际上是调用其 FullBranchPrediction 的 target()函数。同样的道理，如果 s2_redirect 为 true，那就要 s2 这个 BranchPredictionBundle 中去 getTarget()了。所以，s0_pc 随条件而变，这一点很重要，后面我

们还要回到这个问题上。

下面是 foldedGhGen，这个 PhyPriorityMuxGenerator 所生成的 PhyPriorityMux 对象用于 foldedGh，即折叠后的全局历史：

```
foldedGhGen.register(s2_redirect,  s2_predicted_fh,  Some("s2_FGH"),  5)
foldedGhGen.register(s1_valid,  s1_predicted_fh,  Some("s1_FGH"),  4)
foldedGhGen.register(s3_redirect,  s3_predicted_fh,  Some("s3_FGH"),  3)
foldedGhGen.register(do_redirect.valid, updated_fh, Some("redirect_FGHT"),  2)
foldedGhGen.register(true.B,  s0_folded_gh_reg,  Some("stallFGH"),  0)
s0_folded_gh := foldedGhGen()
```

这就是 s0_folded_gh 在各种不同条件下的来源。例如，在 s2_redirect 为 true 的条件下就来自 s2_predicted_fh（fh 意为 folded history）。而 s0_folded_gh，则又被连接到 predictors.io.in.bits.folded_hist。BPU 中一个个的预测单元，就是从这里那倒它们所需的 folded_hist，即折叠的历史记录。

再下面是 ghistPtrGen，它所生成的 PhyPriorityMux 对象用于 ghistPtr，即指向全局历史中某一段的指针：

```
ghistPtrGen.register(s2_redirect,  s2_predicted_ghist_ptr,  Some("s2_GHPtr"),  5)
ghistPtrGen.register(s1_valid,  s1_predicted_ghist_ptr,  Some("s1_GHPtr"),  4)
ghistPtrGen.register(s3_redirect,  s3_predicted_ghist_ptr,  Some("s3_GHPtr"),  3)
ghistPtrGen.register(do_redirect.valid, updated_ptr, Some("redirect_GHPtr"),  2)
ghistPtrGen.register(true.B,  s0_ghist_ptr_reg,  Some("stallGHPtr"),  0)
s0_ghist_ptr := ghistPtrGen()
```

显然，在不同的条件下，指针 s0_ghist_ptr 会指向全局历史中不同的部位。这个 s0_ghist_ptr 只是用作调用函数 getHist()的参数，以得到 s0_ghist（ghist 意为 global history），再被连接到 predictors.io.in.bits.ghist。

前面 foldedGhGen 所生成的 PhyPriorityMux 对象用于 foldedGh，下面 aheadFhObGen 所生成的 PhyPriorityMux 对象则用于相应的 aheadFhOb 即在 foldedGh 中容纳不下的老历史：

```
aheadFhObGen.register(s2_redirect,  s2_ahead_fh_ob_src,  Some("s2_AFHOB"),  5)
aheadFhObGen.register(s1_valid,  s1_ahead_fh_ob_src,  Some("s1_AFHOB"),  4)
aheadFhObGen.register(s3_redirect,  s3_ahead_fh_ob_src,  Some("s3_AFHOB"),  3)
aheadFhObGen.register(do_redirect.valid, thisAheadFhOb, Some("redirect_AFHOB"),  2)
aheadFhObGen.register(true.B,  s0_ahead_fh_oldest_bits_reg,  Some("stallAFHOB"),  0)
s0_ahead_fh_oldest_bits := aheadFhObGen()
```

这里的 s0_ahead_fh_oldest_bits 是个 AllAheadFoldedHistoryOldestBits 对象，这是个位图，代表着从 AllFoldedHistories 中溢出的历史记录，在不同条件下也有不同的来源。这个信号只是被用来更新 s1_folded_gh、s2_folded_gh 和 s3_folded_gh；但是最终变成 bpu_to_ftq.resp.bits.last_stage_spec_info.afhob。

还有 lastBrNumOHGen，这个 PhyPriorityMuxGenerator 所生成的是用于 lastBrNumOH 的 PhyPriorityMux 对象：

```
lastBrNumOHGen.register(s2_redirect,  resp.s2.lastBrPosOH.asUInt,  Some("s2_BrNumOH"),  5)
lastBrNumOHGen.register(s1_valid,  resp.s1.lastBrPosOH.asUInt,  Some("s1_BrNumOH"),  4)
lastBrNumOHGen.register(s3_redirect,  resp.s3.lastBrPosOH.asUInt,  Some("s3_BrNumOH"),  3)
lastBrNumOHGen.register(do_redirect.valid, thisBrNumOH, Some("redirect_BrNumOH"),  2)
s0_last_br_num_oh := lastBrNumOHGen()
```

这里 s0_last_br_num_oh 是个 One-Hot 选择位图，用来在长度为 numBr+1 的向量中选取其中之一。也是在不同条件下有不同选择。这个信号被用来更新 s1_folded_gh、s2_folded_gh 和 s3_folded_gh；并且最终变成 bpu_to_ftq.resp.bits.last_stage_spec_info.lastBrNumOH。

最后是对于全局历史位图中的各个标志位，也是对于不同位图在不同条件下有不同来源：

```
ghvBitWriteGens.zip(s2_ghv_wens).zipWithIndex.map{case ((b, w), i) =>
                              b.register(w.reduce(_||_),  s2_ghv_wdatas(i),  Some(s"s2_new_bit_$i"),  5) }
ghvBitWriteGens.zip(s1_ghv_wens).zipWithIndex.map{case ((b, w), i) =>
                              b.register(w.reduce(_||_),  s1_ghv_wdatas(i),  Some(s"s1_new_bit_$i"),  4) }
ghvBitWriteGens.zip(s3_ghv_wens).zipWithIndex.map{case ((b, w), i) =>
                              b.register(w.reduce(_||_),  s3_ghv_wdatas(i),  Some(s"s3_new_bit_$i"),  3) }
ghvBitWriteGens.zip(redirect_ghv_wens).zipWithIndex.map{case ((b, w), i) =>
            b.register(w.reduce(_||_), redirect_ghv_wdatas(i), Some(s"redirect_new_bit_$i"),  2) }
lastBrNumOHGen.register(true.B,  s0_last_br_num_oh_reg,  Some("stallBrNumOH"),  0)
ghv_write_datas(i) := ghvBitWriteGens(i)
```

这里 ghv_write_datas 中的各位被写入 ghv，仍被用作前面 aheadFhObGen 所生成 PhyPriorityMux 中的信号来源，即 s1_ahead_fh_ob_src、s2_ahead_fh_ob_src 和 s3_ahead_fh_ob_src。

可见，这五个加一组的 PhyPriorityMux 实际上构成了 Predictor 即 BPU 的骨架。有了这个骨架，一个个具体的预测单元才能从中汲取它们的输入。另一方面，这也说明，各个具体预测单元所获取的输入是相同的，同一组数据，同一个时刻，都在同一个起跑线上；不过下面我们就可以看到，不同预测单元之间也有互相串联的一面，使一个预测单元的输出成为另一个预测单元的输入。

综上所述，这些信号中的绝大部分都是为全局历史而提供的，而香山 BPU 中基于全局历史的预测单元就是 Tage 和 ITTage 这么两个。可见为此而下的成本真是不小，但 Tage 和 ITTage 是迄今为止效果最好、最先进的转移预测算法。用上了这两个算法，就可以说已经用上了最新最顶尖的预测技术。

看完 class Predictor 的代码，我们又要深入一层看 Composer 的代码。Composer 是对抽象类 BasePredictor 的扩充，所以我们先看一下抽象类 BasePredictor。不过还要先看一下 BasePredictor 外部接口的摘要：

```
BasePredictorIO
    val in = BasePredictorInput
        val s0_pc = UInt(VAddrBits.W)
        val folded_hist =  new AllFoldedHistories(foldedGHistInfos)
        val ghist = UInt(HistoryLength.W)
        val resp_in = Vec(nInputs, new BranchPredictionResp)          ///形式上这是个向量，但是 nInputs 定义为 1。
    val out = Output(new BasePredictorOutput)
        extends BranchPredictionResp     ///BranchPredictionResp 内含 s1/s2/s3 三个 BranchPredictionBundle
                                         ///注意输出 BasePredictorOutput 是对 BranchPredictionResp 的扩充，
                                         ///而输入 BasePredictorInput 中的 resp_in 是个 BranchPredictionResp 向量。
    val update = BranchPredictionUpdate                              ///这是来自 Ftq 的 update 请求
        val pc = UInt(VAddrBits.W)
        val spec_info = new SpeculativeInfo
    val ftb_entry = new FTBEntry()       ///要写入 FTB 的信息
        val cfi_idx
    val redirect = BranchPredictionRedirect extends Redirec          ///这是来自 Ftq 的 redirect 请求，源自 IFU 或后端。
```

所以，BPU 中每个具体预测单元的输入之一是 BasePredictorInput。这里面的 s0_pc，如前所述，就来自前面 npcGen 所生成 PhyPriorityMux 对象的输出；不仅 s0_pc，别的几个成分也是如此。当然，归根结底最终都是来自 Ftq 和别的预测单元的输出，例如 resp_in 就是来自 BPU 的输出 BranchPredictionResp。各具体预测单元的输出 BasePredictorOutput，则是对 BranchPredictionResp 的扩充，这就是直接可以写入 BPU 输出的了。此外，更重要的是，每个具体预测单元也都接收到来自 Ftq 的 redirect 和 update 请求，这才是根本，要不然具体预测单元的存在就没有意义了。

在每个具体预测单元对一个断点进行预测的活动之初，断点的地址在 redirect 中，而 s0_pc 则是其默认的转移目标，这个默认的转移目标在 s0 阶段来自 IFU 的建议，在 s1 阶段来自 BPU 的 s1 阶段输出，具体取决于 npcGen。注意对来自后端的 redirect 不存在预测的问题。

上面是对 BasePredictorIO 逐层展开的摘要，我们再看一下它的完整定义：

```
[BasePredictor > BasePredictorIO]
class BasePredictorIO (implicit p: Parameters) extends XSBundle with HasBPUConst {
  val reset_vector = Input(UInt(PAddrBits.W))
  val in = Flipped(DecoupledIO(new BasePredictorInput))   // TODO: Remove DecoupledIO
  val out = Output(new BasePredictorOutput)
  val ctrl = Input(new BPUCtrl)                ///见前
  val s0_fire = Input(Bool())                  ///见前，predictors.io.s0_fire := s0_fire，余类推。
  val s1_fire = Input(Bool())
  val s2_fire = Input(Bool())
  val s3_fire = Input(Bool())
  val s2_redirect = Input(Bool())              ///见前，表示s2阶段的预测与s1阶段不同。
  val s3_redirect = Input(Bool())              ///表示s3阶段的预测与s2阶段不同
  val s1_ready = Output(Bool())                ///这是向外发出的
  val s2_ready = Output(Bool())
  val s3_ready = Output(Bool())
  val update = Flipped(Valid(new BranchPredictionUpdate))         ///这就是来自Ftq的update请求，即历史记录更新请求。
  val redirect = Flipped(Valid(new BranchPredictionRedirect))     ///这也是来自Ftq的redirect请求，即预测请求。
}  ///end class BasePredictorIO
```

由此可见，BasePredictorIO 中的输入信号基本上都来自 class Predictor，当然最终还是来自 Ftq。

这里特别值得注意的是，out 是个 BasePredictorOutput 接口，这是对 BranchPredictionResp 的扩充：

```
class BasePredictorOutput (implicit p: Parameters) extends BranchPredictionResp {}
```

说是扩充，其实只是引入了一些隐含参数，数据结构上并无别的不同。

而 in 则是个 BasePredictorInput 接口，里面的 resp_in 是个 BranchPredictionResp 向量（虽说是向量，但眼下向量的长度 nInputs 定义为 1），所以 in.rep_in(0)就是个 BranchPredictionResp 对象。BranchPredictionResp 按理是预测单元的输出，事实上作为 out 的 BasePredictorOutput 就是对 BranchPredictionResp 的扩充，可又出现在输入 in 中。这说明：首先一个预测单元有可能需要参考另一个预测单元在前一阶段的输出。我们知道 BranchPredictionResp 中有 s1/s2/s3 三个 BranchPredictionBundle，一个处在比方说 s3 阶段的预测单元可能会需要参考引用另一个预测单元在 s2 或 s1 单元的输出。另一方面，更重要的是，并非所有的预测单元都能产生 BranchPredictionBundle 中所含的全部信息，以预测单元 RAS 为例，它只涉及子程序返回，别的信息就只能延用由其它预测单元所产生的信息。正因为这样，不同预测单元间的 out 与 in.rep_in(0)就需要串接。不过从 Predictor 传下的 BranchPredictionResp 是个空白的对象（见前面的 predictors.io.in.bits.resp_in(0)），其内容要由各个预测器填写。每个预测单元既有从其它预测单元获取输入信息的一面，又有前述站在同一条“起跑线”

的一面，BasePredictorInput 中的 s0_pc、folded_hist、ghist 这三者就都是所有预测单元都同时得到的；更重要的是每个预测单元都同时得到来自 Ftq 的 redirect 和 update 请求。

对 BasePredictor 的外部接口有所了解之后，我们就可以看抽象类 BasePredictor 的代码了：

```
abstract class BasePredictor(implicit p: Parameters) extends XSModule with HasBPUConst with BPUUtils with HasPerfEvents {
  val meta_size = 0
  val spec_meta_size = 0
  val is_fast_pred = false                    ///先假定不是快速预测单元
  val io = IO(new BasePredictorIO())

  io.out := io.in.bits.resp_in(0)             ///先把这个输入直接连到输出，刚开始时的BranchPredictionResp是空白。
  io.out.last_stage_meta := 0.U               ///把输出端的last_stage_meta设置成0

  io.in.ready := !io.redirect.valid           ///向外发出ready信号
  io.s1_ready := true.B
  io.s2_ready := true.B
  io.s3_ready := true.B

  val reset_vector = DelayN(io.reset_vector, 5)          ///复位向量来自io.reset_vector，但延迟5个节拍。
  val s0_pc = WireInit(io.in.bits.s0_pc)                 //这个信号的获取都在同一“起跑线”上。
    ///io.in是BasePredictorInput，其s0_pc来自npcGen，见predictors.io.in.bits.s0_pc := s0_pc。
    ///注意s0_pc不是寄存器，所以不同阶段的s0_pc有不同的来源。
  val s1_pc = RegEnable(s0_pc, io.s0_fire)               ///s1_pc是以io.s0_fire为Enable控制的寄存器，其输入来自s0_pc。
  val s2_pc = RegEnable(s1_pc, io.s1_fire)               ///s2_pc的输入来自s1_pc，以io.s1_fire为开通条件。
  val s3_pc = RegEnable(s2_pc, io.s2_fire)               ///s3_pc的输入来自s2_pc，以io.s2_fire为开通条件。
    ///s0_pc是来自后端或源自IFU的默认后续取指目标，先假定具体预测单元对此不做任何修改，s0_pc按原样进入s1/s2/s3。
    ///但具体预测单元对于来自IFU的默认取指目标应该根据预测作出修改，对来自后端的转移目标则不会有修改。

  when (RegNext(RegNext(reset.asBool) && !reset.asBool)) {
    s1_pc := reset_vector          ///复位并且释放就把s1_pc设置成复位向量，这保证了复位后的程序起点。
  }

  io.out.s1.pc := s1_pc     ///向输出BasePredictorOutput即BranchPredictionResp中写入s1阶段的PC值
  io.out.s2.pc := s2_pc     ///向输出BasePredictorOutput即BranchPredictionResp中写入s2阶段的PC值
  io.out.s3.pc := s3_pc     ///向输出BranchPredictionResp中写入s3阶段的PC值

  val perfEvents: Seq[(String, UInt)] = Seq()   ///这是为性能统计而设

  def getFoldedHistoryInfo: Option[Set[FoldedHistoryInfo]] = None
}  ///end abstract class BasePredictor
```

抽象类 BasePredictor 是所有预测单元的公共部分，这里把输入 io.in.bits.resp_in(0)直接连到输出 io.out，扩充了 BasePredictor 的具体预测单元会将其断开，中间插入自己的电路。所插入的电路就从断开后的输入端获取输入，经过处理就往断开后的输出端写出。但是有几个信息不用具体预测单元操心，BasePredictor 就会

往上写，那就是 s1_pc/s2_pc/s3_pc 的值。这些值来自输入 BasePredictorInput 中的 s0_pc 字段，其实是来自 npcGen 的输出，但每个具体预测单元都可能对此作出修正，然后需要分别写到 BranchPredictionResp 中 s1、s2、s3 三个 BranchPredictionBundle 的 pc 字段中。从 BasePredictor 中可以看出，如果具体的预测单元没有作出自己的预测或并无修正，则此三者均来自输入的 s0_pc 字段，只是在时间上依次延迟一个节拍。

至于接口上的 BranchPredictionUpdate 和 BranchPredictionRedirect，就让具体预测单元去使用和处理了，BasePredictor 对之不作处理，因为那都是具体具体预测单元的事。

注意这几行代码貌似很平常，而且似乎平常得出奇：有了 s0_pc，下一个节拍就打入 s1_pc，再下个节拍又打入 s2_pc；把 s1_pc 写入 io.out.s1.pc，即 BranchPredictionResp 中 s1 这个阶段的 pc，s2_pc 则写入 io.out.s2.pc，这似乎也太简单了？再说，按这样的处理，s1/s2/s3 这三个阶段的 pc 岂不是永远都一样？其实不然，这里面实际上隐含着很深的用意。首先我们又要回到 s0_pc 的由来，即 npcGen 这个优先级 Mux 的输出，我们只拿其中的 s0 和 s1 两个阶段来说明问题：

```
npcGen.register(s1_valid,   resp.s1.getTarget,   Some("s1_target"),   4)                                    ///进入 s1 阶段
npcGen.register(do_redirect.valid,   do_redirect.bits.cfiUpdate.target, Some("redirect_target"),   2)     ///有 Redirect 从 Ftq 到来
```

我们以 do_redirect 即 Redirect 从 Ftq 的到来为 s0。这个 Redirect 到来之初 s0_pc 来自其 cfiUpdate.target。对于来自后端的 Redirect 这就是转向目标，这是指令性的；对于来自 IFU 的 Redirect 这是 IFU 所建议的取指方向（所以 PredChecker 很重要），从 s0 阶段就开始工作并出报告的预测单元是 FauFTB。FauFTB 就拿这个地址去它的数据库中查询，查询结果写入 io.out.s1.full_pred。注意写入的是 io.out.s1.full_pred 而不是 io.out.s1.pc，写入 io.out.s1.pc 的是 s1_pc，那就是 s0 阶段的 s0_pc。所以，其实 FauFTB 的查询结果对 io.out.s1.pc 不起作用，Ftq 在 s1 阶段接收到的预测报告，其中的 pc 就是 Ftq 自己发给 BPU 的，BPU 只是说：好的好的，就按你说的先试试吧。

可是，s1 阶段的 s0_pc 就不一样了，此时的 s0_pc 来自 resp.s1.getTarget()，那就是来自 FauFTB 写入 io.out.s1.full_pred 的信息，这时候 FauFTB 的作用显现出来了。在 s1 这个时候开始工作的预测单元所用的查询条件是 FauFTB 输出的结果（如果命中的话），转移预测单元都是组合电路，都是同一时钟节拍中就能出结果的，所以就把查询结果写入 io.out.s2.full_pred。这样，到了 s2 阶段，s2_pc 来自此前的 s1_pc，那已经是来自改变了的 s0_pc，所以此时写入 io.out.s2.pc 的地址来自 FauFTB 查询的结果。如果这个结果与 io.out.s2.pc 相同那就没事，如果不同就意味着 s2_redirect，npcGen 的输出又有了变化，此时的 s0_pc 就来自 resp.s2.getTarget 了。如果有预测单元在这个时候开始查询，查询条件仍来自 s0_pc，那就来自 resp.s1.getTarget()或 resp.s2.getTarget。明白了这个，对 s3 阶段就可以类推了。

- s0 阶段：io.out 即 BranchPredictionResp 的内容对本次预测无意义（实际上与前一次预测的 s3 阶段重叠），但 FauFTB 已经拿到本次预测的 Redirect 中的 pc 值，这个 pc 值是断点（未必是转移指令）所在的地址，预测单元以此作为查询条件。
- s1 阶段：io.out.s1.pc 直接来自 Redirect 中所述的转移目标（不是断点所在位置），你说什么就是什么，照单全收。对于来自后端的 Redirect 这是实际的转移目标，那是指令性的；对于来自 IFU 的 Redirect 则是由 IFU（PredChecker）建议的后续取指地址，也值得先试试。同时 FauFTB 已经将查询结果写入 io.out.s1.full_pred，也就是 resp.s1.full_pred（这是对预测单元的约定，预测单元总是把结果写入 full_pred，而不会直接写入 pc，FTB 是个例外，见后）。另一方面，此时的 s0_pc 已经因为 s1_valid 而改成来自 resp.s1.getTarget()，就是从 full_pred 中获取转移目标，这就是 FauFTB 的查询结果。在 s1 阶段开始查询的预测单元可以拿这个作为查询条件（如果以 s0_pc 为键），或者也可以仍以 do_redirect.bits.cfiUpdate.target 为查询条件（如果以 s1_pc 为键）。前面"io.out.s1.pc := s1_pc"这个语句保证了 io.out.s1.pc 来自 Redirect 中所述的转移目标，因为此时的 s1_pc 来自原先的 s0_pc，即 do_redirect.bits.cfiUpdate.target。
- s2 阶段：io.out.s2.pc 来自 FauFTB 的预测（所以 FauFTB 是"快速预测"即 fast_pred），前面的语句"io.out.s2.pc := s2_pc"保证了 io.out.s2.pc 来自 FauFTB 的预测，因为此时的 s2_pc 来自两个节拍

前的 s0_pc? 同时，在 s2 阶段有结果输出的预测单元会将查询结果写入 io.out.s2.full_pred。能赶上把结果写入 s2.full_pred 的预测单元有 FTB 和 Tage（不过 Tage 写入的只是 s2.full_pred.br_taken_mask）；另外还有专门针对 jalr 指令的 RAS，它把结果写入 io.out.s2.full_pred.jalr_target。不过 FTB 和 RAS 都不只是把结果写入 s2.full_pred，它们也继续写入 s3.full_pred。

- s3 阶段：与 s2 阶段相似，但 io.out.s3.pc 就是来自别的预测单元（而不是 FauFTB）了，实际上就是 FTB 和 RAS。FTB 和 RAS 同样以最初的 so_pc 为依据进行查询预测，但是它的预测慢一些，所以要到 s2 阶段才出结果，所以就写入 io.out.s2.full_pred，从中归纳出来的转移目标就写入了 io.out.s3.pc。而速度更慢的 ITTage 预测单元，那是专门针对除 ret 以外的 jalr 指令的，则把预测结果写入 io.out.s3.full_pred.jalr_target。不过 RAS 在 s3 阶段写入 s3.full_pred 的只是 targets、is_jalr、is_ret 这些字段的信息。而 FTB，则把预测结果直接就写入 io.out.s3.pc。实际上 s3.full_pred 中的信息并不影响 io.out.s3.pc。但是注意写入 s3.full_pred 中的信息注定不会对 BPU 的本次预测发生作用，因为 BPU 只提供 s1/s2/s3 三份报告，而没有 s4 的报告。但是 s3.full_pred 中的信息会被发回 Ftq，对下一次再又遇到同一个断点时的预测发生作用，提高那时候的预测正确率。
- 从指令流断点的种类和性质看，代表着 jal 指令的断点是“一锤定音”，转移目标直接出现在 io.out.s1.pc 中，以后在 s2 阶段也不会有不同的预测。来自后端 Redirect 中的目标地址与 jal 指令一样，也是一锤定音。代表着 jalr 指令的断点是最麻烦的，BPU 中的 ITTage 和 RAS 单元都是专门针对 jalr，Tage 和 FTB 在一定程度上也是，关键在于 IFU 对 jalr 实际上提不出任何建议。对于人为断点，则至少其 fall-through 地址也是个建议，也构成第一次猜测，后面则有 FTB 等基于历史记录的进一步预测。
- 如果 s2 的 pc 与 s1 不同，s3 的 pc 与 s2 不同，则表示 BPU 觉得先前的报告不对，Ftq 应根据新的预测另行再发布新的取指命令，并对业已错误取入的指令块发出冲刷命令。

实际上这就是整个 BPU 的框架。

了解了 BasePredictor，我们就可以看 Composer 的代码了，那是对 BasePredictor 的扩充，不过 Composer 并非一种具体的预测单元，而是相当于为各种具体的预测器提供的一条总线，一个传送带，把各个具体的预测单元组织起来，或许可以说有点像“包工头”，具体的预测单元则像是它的雇员。但是对外的接口就是从 BasePredictor 继承的 BasePredictorIO，这使 Composer 的外部表现就好像是个具体的预测单元一样：

```
[XSCoreBase > Frontend > FrontendImp > Predictor > Composer]
class Composer(implicit p: Parameters) extends BasePredictor with HasBPUConst with HasPerfEvents {
  val (components, resp) = getBPDComponents (io.in.bits.resp_in(0), p)          ///创建各种具体的预测单元
  io.out := resp                   ///resp就是整个Composer对象的输出，这就把BasePredictor中对io.out的直接连接断开了。
  // shorter path for s1 pred
  val all_fast_pred = components.filter(_.is_fast_pred)                          ///实际上只有FauFTB是快速预测单元
  require(all_fast_pred.length <= 1)
  if (all_fast_pred.length == 1) {
    val fast_pred = all_fast_pred(0)
    println("[composer] bypassing output of fast pred: " + fast_pred.name)
    io.out.s1 := fast_pred.io.out.s1                         ///s1阶段的输出来自快速预测单元FauFTB。
  }

  var metas = 0.U(1.W)
  var meta_sz = 0
  for (c <- components) {                                  ///对于每一个component，如 ftb, ras 等：
    c.io.reset_vector         := io.reset_vector
```

```
    c.io.in.valid                  := io.in.valid
    c.io.in.bits.s0_pc             := io.in.bits.s0_pc          ///每个预测单元都同时获得s0_pc
    c.io.in.bits.folded_hist       := io.in.bits.folded_hist    ///每个预测单元都同时获得folded_hist
    c.io.in.bits.ghist             := io.in.bits.ghist          ///每个预测单元都同时获得ghist

    c.io.s0_fire := io.s0_fire                   ///每个预测单元的s0都得到同时的fire，所有预测单元都有相同节拍。
    c.io.s1_fire := io.s1_fire                   ///每个预测单元的s1都得到同时的fire，下同。
    c.io.s2_fire := io.s2_fire
    c.io.s3_fire := io.s3_fire

    c.io.s2_redirect := io.s2_redirect           ///每个预测单元都在s2阶段得到同一个s2_redirect
    c.io.s3_redirect := io.s3_redirect           ///每个预测单元都在s3阶段得到同一个s3_redirect
            ///注意s2_redirect/s3_redirect都是布尔量，表示s2/s3阶段的预测是否有改变，与来自Ftq的redirect没有关系。
    c.io.redirect := io.redirect                 ///每个预测单元都同时得到来自Ftq的Redirect
    c.io.ctrl := DelayN(io.ctrl, 1)

    if (c.meta_size > 0) {
      metas = (metas << c.meta_size) | c.io.out.last_stage_meta(c.meta_size-1,0)  ///把具体预测器的meta数据拼接在metas后面
    }   ///最后会在Ftq被写入其ftq_meta_1r_sram队列
    meta_sz = meta_sz + c.meta_size              ///累积各个具体预测器的meta数据大小
  }   ///end for (c <- components)

  io.in.ready := components.map(_.io.s1_ready).reduce(_ && _)
  io.s1_ready := components.map(_.io.s1_ready).reduce(_ && _)
  io.s2_ready := components.map(_.io.s2_ready).reduce(_ && _)

  require(meta_sz < MaxMetaLength)
  io.out.last_stage_meta := metas                ///io.out.last_stage_meta就是来自上面的metas
  var update_meta = io.update.bits.meta          ///这是来自输入的meta信息
  for (c <- components.reverse) {
    c.io.update := io.update                     ///每个预测单元都同时得到来自Ftq的update请求
    c.io.update.bits.meta := update_meta         ///将update_meta写入具体预测单元的update.bits.meta
         ///由于每个预测器的update.bits.meta都有特定的宽度，即c.meta_size，高位的数据不会被写入。
    update_meta = update_meta >> c.meta_size     ///update_meta右移，该预测单元的meta数据就消失了
  }

  def extractMeta (meta: UInt, idx: Int): UInt = {
    var update_meta = meta
    var metas: Seq[UInt] = Nil
    for (c <- components.reverse) {
      metas = metas :+ update_meta
      update_meta = update_meta >> c.meta_size
    }
    metas(idx)                      ///以idx为键，从metas中获取所对应的meta信息
  }
```

```
  override def getFoldedHistoryInfo = Some(components.map(_.getFoldedHistoryInfo.getOrElse(Set())).reduce(_++_))

  override val perfEvents = components.map(_.getPerfEvents).reduce(_++_)        ///性能统计，我们不关心。
  generatePerfEvent()
}  ///end class Composer
```

可见，Composer 只是把输入数据分发给各个具体的预测单元，至于各个具体预测单元的输出就不用它管了，各个预测单元自会往它的 out 通道写。

然而究竟会创建哪些预测单元，代码中的 components 究竟是些什么呢？这是由函数 getBPDComponents() 返回的。这个函数定义在 trait HasXSParameter 中：

```
trait HasXSParameter {
  def getBPDComponents(resp_in: BranchPredictionResp, p: Parameters) = {
    coreParams.branchPredictor(resp_in, p)
  }
}
```

这个函数返回 branchPredictor(resp_in, p)，而 branchPredictor 定义于 class XSCoreParameters，下面是相关的代码：

```
[XSCoreBase > Frontend > FrontendImp > Predictor > Composer > getBPDComponents() > branchPredictor()]
case class XSCoreParameters(
  …,
  branchPredictor: Function2[BranchPredictionResp, Parameters, Tuple2[Seq[BasePredictor], BranchPredictionResp]] =
                                                        ((resp_in: BranchPredictionResp, p: Parameters) => {
      val ftb = Module(new FTB()(p))
      val ubtb =Module(new FauFTB()(p))
      val tage = Module(new Tage_SC()(p))
      val ras = Module(new RAS()(p))
      val ittage = Module(new ITTage()(p))
      val preds = Seq(ubtb, tage, ftb, ittage, ras)     ///preds是一个预测单元序列，内含5种不同的预测单元。
      preds.map(_.io := DontCare)

      ubtb.io.in.bits.resp_in(0) := resp_in             ///把这些预测器串接在一起，
      tage.io.in.bits.resp_in(0) := ubtb.io.out         ///前一个的输出接到后一个的输入。
      ftb.io.in.bits.resp_in(0) := tage.io.out
      ittage.io.in.bits.resp_in(0) := ftb.io.out
      ras.io.in.bits.resp_in(0) := ittage.io.out        ///最后ras的输出是整个preds的输出。
      (preds, ras.io.out)
    }),
  …,
){…}
```

这是个动态定义的函数。这里面创建了 ftb 等 5 个不同的具体预测单元，并且将它们的输入/输出首尾相串。这样，对 Composer 的输入 io.in.bits.resp_in(0)，即这里的输入 resp_in，就首先进入 ubtb，从 ubtb 出来再进入 tage，从 tage 出来再进入 ftb，然后是 ittage，最后是 ras，从 ras 出来就是 class Composer 中的 resp，这就连到了 io.out。这个路径是这样：

io.in.bits.resp_in(0) => ubtb => tage => ftb => ittage => ras => io.out

这 5 种不同的预测器首尾相串，但它们同时得到预测的依据，包括 io.in.bits.s0_pc、io.in.bits.folded_hist、io.in.bits.ghist、io.s2_redirect、io.s3_redirect 等，总之是 io.in 中除 resp_in 以外的所有信息，首尾相串的只是 io.in 中的 resp_in 和 io.out，而 io.out 就是 BasePredictorOutput，就是 BPU 的输出，即预测报告。

另外，这也并不意味着排在后面的预测单元一定要等前面的预测单元都完成预测才有 resp_in 输入，因为 resp_in 中有 s1/s2/s3 三个 BranchPredictionBundle，而且有些预测单元中的有些 BranchPredictionBundle 可能是“直通车”。

这个序列中排在最前面的是 ubtb 即 FauFTB 对象，这是个快速预测单元，它的预测报告输入来自 resp_in，这是在 Predictor 中生成的空白 BranchPredictionResp 对象。从 ubtb 开始，各个预测单元将依次在此预测报告上作出自己的修正，最终形成的预测报告则经由 Composer 和 Predictor 发回 Ftq。

20.4　针对 br 指令的 FauFTB 预测器

Composer 的这个预测链中的第一环是 ubtb，这是个 FauFTB 类对象，是个基于局部历史的“快速”预测单元。之所以称为 ubtb，应该是因为所采用的算法在文献中称为 Micro BTB。FTB（Fetch Target Buffer）与 BTB（Branch Target Buffer）其实是同样的原理，而“u”是 Micro 的简称。但是这里采用的算法与 Micro BTB 论文（Vishal Gupta & Biswabandan Panda:“Micro BTB: A High Performance and Lightweight Last-Level Branch Target Buffer for Servers”）中所述又有点不同，那篇论文中是以转移指令的跨度(offset)为比对的 tag，而这里仍以地址 pc 的 Hash 值为 tag。所以严格说来又不完全是 Micro BTB，而是 Micro FTB。FauFTB 也可以说是“正版”FTB 的缩微版。先拿一个很小的 FTB 试一下，能够命中是最好，快速就能得到结果。不能命中就再到正版的大号 FTB 中去看看。之所以叫 FauFTB，猜想是“Fast Micro FTB”的意思。不过本节的标题仍用上 Micro BTB，是因为用这个关键词（或 MBTB）可以检索到相关文献，而若用 FauFTB 就可能检索不到。

FauFTB 的作用就好像一个小小的数据库，其中的基础设施是一个称为 ways 的存储阵列（数组），数组中的每个单元都是个 FauFTBWay 对象，阵列的大小取决于参数 numWays，这个参数在 trait FauFTBParams 中定义为 32。每个 FauFTBWay 都相当于一个用来存放“键-值对”的槽位，“键-值对”中的键是一个 tag，实际上就是指令所在地址的 Hash 值，“键-值对”中的值则是一个 FauFTBEntry 对象。FauFTBEntry 是对 FTBEntry 的简单扩充，实质上就是 FTBEntry，里面是对该指令转移历史的详细说明。这样，32 个 FauFTBWay 可以提供 32 条转移指令的历史。作为基于局部历史的预测器，32 条转移指令的历史当然是很小的一块，所以才称为 Micro。不过，由于普通软件执行轨迹的局部性，32 条转移指令能覆盖的区域其实也不是太小，已经可以达到比较可观的命中率了。

检索的时候，以地址 s1_pc（来自 s0_pc，s0_pc 又来自前述 npcGen 所生成 Mux 的输出）为目标，在 32 个 FauFTBWay 中同时进行比对。不过比对时并非使用整个虚存地址，而是使用其除永远为 0 的最低位（因为指令地址至少是双字节边界对齐）以外的 16 个低位，实质上就是 pc 的一种 Hash 值，这样就使 39 位的比较降到了 16 位的比较。每个 FauFTBWay 都会返回一个标志位，表示是否命中。如果无一命中则整个 32 位的位图为全 0。

下面我们就来看看 FauFTBWay 的代码：

```
[FrontendImp > Predictor > Composer > FauFTB > FauFTBWay]
class FauFTBWay(implicit p: Parameters) extends XSModule with FauFTBParams {
  val io = IO(new Bundle{
    val req_tag = Input(UInt(tagSize.W))                ///来自FauFTB中的s1_pc，tagSize定义为16
    val resp = Output(new FauFTBEntry)                  /// FauFTBEntry是对FTBEntry的简单扩充，实质上就是FTBEntry。
```

```
    val resp_hit = Output(Bool())
    val update_req_tag = Input(UInt(tagSize.W))          ///搜索替换时使用的tag。
    val update_hit = Output(Bool())
    val write_valid = Input(Bool())                      ///写入控制
    val write_entry = Input(new FauFTBEntry)             ///写入新“键-值对”时的FauFTBEntry对象
    val write_tag = Input(UInt(tagSize.W))               ///写入新“键-值对”时的tag
    val tag_read = Output(UInt(tagSize.W))               ///用于读出的tag
  })

  val data = Reg(new FauFTBEntry)                        ///本记录项的数据是一个FauFTBEntry对象，对FTBEntru的简单扩充。
  val tag = Reg(UInt(tagSize.W))                         ///本记录项的标签，是查询地址中的一个位段。
  val valid = RegInit(false.B)                           ///本记录项是否有效

  io.resp := data                                        ///本记录项的数据就是本记录项的输出，如果命中就有效。
  io.resp_hit := tag === io.req_tag && valid             ///tag相符并且valid即为命中。这里的===是比较器。

  // write bypass to avoid multiple hit    ///所在的FauFTB用update_req_tag进行搜索，要将其槽位腾出来用于新的历史记录。
  io.update_hit := ((tag === io.update_req_tag) && valid) || ((io.write_tag === io.update_req_tag) && io.write_valid)
  io.tag_read := tag

  when (io.write_valid) {    ///如果本纪录项的io.write_valid为true，说明所在的FauFTB要将一新的“键-值对”写入本槽位。
    when (!valid) { valid := true.B }    ///将本记录项的valid标志位设置成true
    tag    := io.write_tag               ///将输入的新tag写入本记录项
    data   := io.write_entry             ///将输入的新entry写入本记录项，这是个FauFTBEntry对象。
  }        ///可见，对历史记录的刷新与io.update_hit无关，io.update_hit只是向外告知。
}  ///end class FauFTBWay
```

一个 FauFTBWay 就是一个历史记录项，其组成就是一个(tag，FauFTBEntry)“键-值对”加上一个标志位 valid，表示该纪录项有效。注意对 tag 的比对“io.resp_hit := tag === io.req_tag && valid”同时发生在 32 个纪录项中，所以，这个存储阵列实际上是个“按内容寻址”的 CAM，或称“相关存储器”。

从代码中可见，FauFTBWay 对查询和更新是两个不同的路径，使用不同的 tag，是互相独立的操作，互不干扰。输出 resp_hit 表示查询是否命中。而 update_hit 则表示所欲更新的对象是否命中。

如果给定更新目标的 pc 地址在这阵列中不能命中，则 FauFTB 一方面报告不命中，一方面会设法腾出一个槽位，并为此新的转移指令创建一个 FauFTBEntry 对象，将此新的“键-值对”写入腾出的槽位。

下面是 class FauFTB 的代码：

```
[FrontendImp > Predictor > Composer > FauFTB]
class FauFTB(implicit p: Parameters) extends BasePredictor with FauFTBParams {
    /// FauFTB是对BasePredictor的扩充，所以它的io就是BasePredictor的io，也继承了BasePredictor对一些信号的操作。
  class FauFTBMeta(implicit p: Parameters) extends XSBundle with FauFTBParams {
    val pred_way = UInt(log2Ceil(numWays).W)             ///pred_way是个号码，numWays定义为32。
    val hit = Bool()                                     ///表示是否命中，即本指令是否有历史记录存在。
  }

  val resp_meta = Wire(new FauFTBMeta)                   ///内含pred_way和hit两项信息，前者说明是在哪一个槽位中命中。
```

```
override val meta_size = resp_meta.getWidth              ///因为numWays可以有很大不同
override val is_fast_pred = true                          ///FauFTB是唯一的“快速”预测单元

val ways = Seq.tabulate(numWays)(w => Module(new FauFTBWay))        ///32个FauFTBWay，即32个槽位。
// numWays * numBr
val ctrs = Seq.tabulate(numWays)(w => Seq.tabulate(numBr)(b => RegInit(2.U(2.W))))      ///2位的饱和计数器
        /// numWays定义为32，numBr定义为2，所以ctrs是个32×2数组，64个2位饱和寄存器。每个槽位2个计数器。
        ///计数值代表NN(Strong not taken)/NT(Week not taken)/TT(Strong taken)/TN(Week taken)四种状态之一。
        ///注意饱和计数器不在FauFTBWay中，但是每一对饱和计数器对应于一个FauFTBWay。
        ///由此可见，FauFTB所针对的是条件转移，所预测的是转或不转。如果不转就维持原判，如果转就提供转移目标。
val replacer = ReplacementPolicy.fromString("plru", numWays)          ///替换策略是plru，即PseudoLRU。
val replacer_touch_ways = Wire(Vec(2, Valid(UInt(log2Ceil(numWays).W))))
// pred req
ways.foreach(_.io.req_tag := getTag (s1_pc))       ///将用于每个FauFTBWay的io.req_tag都设置成从s1_pc得到的tag
            ///tag的来源是这样：丢掉s1_pc（见BasePredictor）的最低1位或2位，然后取其16个低位。
            ///s1_pc来自BasePredictor中BasePredictorInput的s0_pc字段，而s0_pc来自npaGen的输出。

// pred resp
val s1_hit_oh = VecInit(ways.map(_.io.resp_hit)).asUInt          ///来自32个槽位的resp_hit位，形成一个单热位图。
val s1_hit = s1_hit_oh.orR                                          ///只要有1位为true即为命中。但s1_hit_oh可能是0，无一命中。
val s1_hit_way = OHToUInt(s1_hit_oh)                               ///如果非0，这就是命中的那个槽位，但也可能没有命中。
val s1_possible_full_preds = Wire(Vec(numWays, new FullBranchPrediction))   ///创建32个空白的FullBranchPrediction

val s1_all_entries = VecInit(ways.map(_.io.resp))                 ///来自32个FauFTBWay的resp，即32个FtbEntry。
for (c & fp & e <- ctrs zip s1_possible_full_preds zip s1_all_entries) {     ///填写32个FullBranchPrediction的内容
                        ///对于32个ctrs/s1_possible_full_preds/s1_all_entries中的每个三元组(c, fp, e):
  fp.hit := DontCare                       ///fp意为full_preds
  fp.fromFtbEntry(e, s1_pc)                ///32个fp即FullBranchPrediction的内容分别来自32个FtbEntry，以s1_pc为参数pc，见后。
                                           ///函数fromFtbEntry()从FtbEntry抽取信息写入FullBranchPrediction
  for (i <- 0 until numBr) {   ///在一个(ctrs，s1_possible_full_preds，s1_all_entries)三元组内，对于每个槽位的两个计数器：
    fp.br_taken_mask(i) := c(i)(1) || e.always_taken(i)         ///c(i)表示这是ctrs中的哪一个，(1)表示其中的bit1；e为entry。
        ///FullBranchPredictio中的br_taken_mask是个Vec(numBr, Bool())，实际上是长度为numBr的位图。
        ///该FullBranchPrediction中br_taken_mask位i是否为true取决于对于计数器的高位，除非该entry为always_taken。
        ///FullBranchPrediction中的br_taken_mask是个Vec(numBr, Bool())。计数器高位为1表示计数值>=2。
        ///因而s1阶段的br_taken_mask来自FauFTB预测单元中相应计数器的高位，除非被设置成always_taken。    }   ///end
for (i <- 0 until numBr)
}   ///end for，32个FullBranchPrediction的内容同时得到设置，信息来自32个历史记录和32对饱和计数器。
   ///程序循环意味着电路上的并行。但是这里并未考虑是否命中，所以还要通过s1_hit_oh选取：
val s1_hit_full_pred = Mux1H(s1_hit_oh, s1_possible_full_preds)   ///选取其信息来自被命中FtbEntry的那个FullBranchPrediction

XSError(PopCount(s1_hit_oh) > 1.U, "fauftb has multiple hits!\n")   ///不可以同时命中多项
val fauftb_enable = RegNext (io.ctrl.ubtb_enable)          /// FauFTB预测单元是否被启用
io.out.s1.full_pred := s1_hit_full_pred                    ///被选中的FullBranchPrediction就是s1阶段的输出（也可能空白）
              ///但是注意这里并未改变io.out.s1.pc。FauTTB是唯一写入s1.full_pred的预测单元，所以说is_fast_pred。
io.out.s1.full_pred.hit := s1_hit && fauftb_enable         ///full_pred中的hit位表示检索是否命中和输出是否有效
              ///注意至此为止的过程均由组合电路实现，没有寄存器的参与，所以FauFTB的输出是实时的。
```

```
// assign metas
io.out.last_stage_meta := resp_meta.asUInt              ///meta信息说明命中的是哪一路FtbEntry
resp_meta.hit := RegEnable(RegEnable(s1_hit, io.s1_fire), io.s2_fire)      ///但要到s2阶段才有效
resp_meta.pred_way := RegEnable(RegEnable(s1_hit_way, io.s1_fire), io.s2_fire)
/// class FauFTB，待续
```

FauFTB 是 BPU 中唯一的“快速”预测单元，所以把 is_fast_pred 设成 true。所谓快速预测单元，是说其所作的预测在同一时钟节拍中就能出来，用于预测（实际上是检索）的电路都是组合电路，没有用到寄存器。所以，FauFTB 的预测是在 BPU 流水线的第一阶段 s1 就出来的，Ftq 实时就能得到预测报告，立即就可用于下一个节拍的取指。但是，尽管在第一个节拍就有了预测，却不排除搜索不命中，也不排除别的预测算法在 s2 阶段或 s3 阶段有更准确的预测，那时候，如果 s2 或 s3 阶段的预测与 s1 阶段的不一致，Ftq 可以接受更准确的预测。当然这时候已有损失，但是总比等到后端传来转向指示的时候再转向要好。

然后就要准备一份 FullBranchPrediction 作为输出，所以就创建了一个 32 份 FullBranchPrediction 的向量，即 s1_possible_full_preds。每个 FullBranchPrediction 的内容只能来自对应槽位中的 FtbEntry 和对应的饱和计数器，所以这里通过 fromFtbEntry()从 FtbEntry 中摘取数据。填写完这 32 份 FullBranchPrediction，就拿命中的那一份作为回应 resp，并以 s1_hit 表示是否命中，回应是否有效。读者也许觉得是否有必要同时准备 32 份 FullBranchPrediction，毕竟命中的只是其中一份，甚至没有；但这里所描述是硬件电路，这 32 个槽位的输出电路总归是要的，你只用一份也是这样连接，32 份全用也是这样连接。

如前所述，FauFTBEntry 是对 FTBEntry 的简单扩充，就是加上了隐含参数的 FTBEntry：

```
class FauFTBEntry(implicit p: Parameters) extends FTBEntry()(p) {}
```

既然 FauFTBEntry 实际上就是 FTBEntry，我们就有必要再深入看一下 FTBEntry，这次我们把重点放在 brSlots 和 tailSlot，这二者都是 FtbSlot。结合前面相关的代码，即：

```
val ctrs = Seq.tabulate(numWays)(w => Seq.tabulate(numBr)(b => RegInit(2.U(2.W))))      ///2位的饱和计数器
        /// numWays定义为32，numBr定义为2，所以ctrs是个32×2数组，64个2位饱和寄存器。每个槽位2个。

for (c & fp & e <- ctrs zip s1_possible_full_preds zip s1_all_entries) {      ///填写32个FullBranchPrediction的内容
    ///对于32个ctrs/s1_possible_full_preds/s1_all_entries中的每个三元组(c, fp, e)：
  fp.hit := DontCare                    ///fp意为full_preds
  fp.fromFtbEntry(e, s1_pc)             ///32个fp的内容分别来自32个FtbEntry，以s1_pc为参数pc，见下。
  for (i <- 0 until numBr) {      ///对于fp.br_taken_mask位图中的两个标志位：
    fp.br_taken_mask(i) := c(i)(1) || e.always_taken(i)      ///来自对应的饱和计数器，如果不是always_taken。
        ///c(i)表示这是ctrs中的哪一个，(1)表示其中的高位即bit1。
        ///FullBranchPredictio中的br_taken_mask是个Vec(numBr, Bool())，因numBr定义为2，这实际上是2位的位图。
  }
}  ///32个FullBranchPrediction的内容同时得到设置，信息来自历史记录FtbEntry和饱和计数器。
```

这里的 c 来自 32 个饱和计数器 ctr，二位饱和计数器的高位为 1 表示计数值为 3 或 2，那就是 strong taken 和 weak taken，总之就是 taken。另外，FTBEntry 中的 always_taken 也是个长度为 numBr 的位图，如果将其中的一位设成 true，就表示不看实际历史一律视作 taken 即假定其实际转了。当然，jal 指令就是 always_taken。

可见，fp 即 FullBranchPrediction 的内容除 br_taken_mask 外全都来自 FTBEntry，至于 fp.hit 则后面还要根据 s1_hit 设置。所以关键在于 FullBranchPrediction 中的 fromFtbEntry()，我们在前面看过 FullBranchPrediction 的数据成分，现在需要看这些数据成分的来源和为此而提供的函数了，我们就从后面的 fromFtbEntry()着手：

```
class FullBranchPrediction(implicit p: Parameters) extends XSBundle with HasBPUConst with BasicPrediction {
  val br_taken_mask = Vec(numBr, Bool())                ///断点所在指令小片中的条件转移指令是否真转了
  val slot_valids = Vec(totalSlot, Bool())              ///位图，信息来自FTBEntry。totalSlot = numBrSlot + 1，实际上是2。
  val targets = Vec(totalSlot, UInt(VAddrBits.W))       ///如果转移，则转移的目标地址。
  val jalr_target = UInt(VAddrBits.W)       // special path for indirect predictors
  val offsets = Vec(totalSlot, UInt(log2Ceil(PredictWidth).W))
  val fallThroughAddr = UInt(VAddrBits.W)               ///如果不转移，下一条指令的地址。
  val fallThroughErr = Bool()                           ///这个地址有错

  val is_jal = Bool()
  val is_jalr = Bool()
  val is_call = Bool()
  val is_ret = Bool()
  val last_may_be_rvi_call = Bool()
  val is_br_sharing = Bool()

  val hit = Bool()                          ///是否命中视具体的指令所在地址和所使用预测单元及其所保存历史记录而定

  def br_slot_valids = slot_valids.init     ///slot_valids是向量(位图)，除最后一个标志位之前的都用于br指令。
  def tail_slot_valid = slot_valids.last    ///slot_valids中最后那个元素是tail_slot
  def br_valids = { VecInit(br_slot_valids :+ (tail_slot_valid && is_br_sharing)) }
                                            ///与slot_valids的区别就在于最后那个元素
  def taken_mask_on_slot = { VecInit( (br_slot_valids zip br_taken_mask.init).map{ case (t, v) => t && v } :+
                      (tail_slot_valid && ( is_br_sharing && br_taken_mask.last || !is_br_sharing ))) }
  def real_slot_taken_mask(): Vec[Bool] = { VecInit(taken_mask_on_slot.map(_ && hit)) }

  // len numBr
  def real_br_taken_mask(): Vec[Bool] = { VecInit(taken_mask_on_slot.map(_ && hit).init :+
                                  (br_taken_mask.last && tail_slot_valid && is_br_sharing && hit)) }

  // the vec indicating if ghr should shift on each branch
  def shouldShiftVec = VecInit(br_valids.zipWithIndex.map{ case (v, i) =>
                                  v && !real_br_taken_mask.take(i).reduceOption(_||_).getOrElse(false.B)})

  def lastBrPosOH = VecInit((!hit || !br_valids.reduce(_||_)) +:         // not hit or no brs in entry
      (0 until numBr).map(i => br_valids(i) &&
        !real_br_taken_mask.take(i).reduceOption(_||_).getOrElse(false.B) &&   // no brs taken in front it
        (real_br_taken_mask()(i) || !br_valids.drop(i+1).reduceOption(_||_).getOrElse(false.B)) && hit   // no brs behind it
      ))

  def brTaken = (br_valids zip br_taken_mask).map{ case (a, b) => a && b && hit}.reduce(_||_)

  def target (pc: UInt): UInt = {
    val targetVec = targets :+ fallThroughAddr :+ (pc + (FetchWidth * 4).U)       /// FetchWidth在XSCoreParameters中定义为8
    val tm = taken_mask_on_slot
    val selVecOH = tm.zipWithIndex.map{ case (t, i) => !tm.take(i).fold(false.B)(_||_) && t && hit} :+ (!tm.asUInt.orR && hit) :+ !hit
```

```
    Mux1H(selVecOH, targetVec)        ///从targets（多个）、fallThroughAddr和(pc + (FetchWidth * 4).U)中选择其一。
  }

  def fallThruError: Bool = hit && fallThroughErr

  def hit_taken_on_jmp = !real_slot_taken_mask().init.reduce(_||_) && real_slot_taken_mask().last && !is_br_sharing
  def hit_taken_on_call = hit_taken_on_jmp && is_call
  def hit_taken_on_ret   = hit_taken_on_jmp && is_ret
  def hit_taken_on_jalr = hit_taken_on_jmp && is_jalr
  def cfiIndex = {                ///返回本转移指令在指令块中的位置：
    val cfiIndex = Wire(ValidUndirectioned(UInt(log2Ceil(PredictWidth).W)))          ///在指令块中的下标，PredictWidth=16。
    cfiIndex.valid := real_slot_taken_mask().asUInt.orR                               ///位图real_slot_taken_mask非全0即为有效
    // when no takens, set cfiIndex to PredictWidth-1       ///如果real_slot_taken_mask为全0，就将cfiIndex设为全1，即15。
    cfiIndex.bits := ParallelPriorityMux(real_slot_taken_mask(), offsets) |
                              Fill(log2Ceil(PredictWidth), (!real_slot_taken_mask().asUInt.orR).asUInt)
    cfiIndex
  }
  def taken = br_taken_mask.reduce(_||_) || slot_valids.last                // || (is_jal || is_jalr)
          ///br_taken_mask的两位中只要有一位为true，或者tailSlot有效，就视为taken。

  def fromFtbEntry (entry: FTBEntry, pc: UInt, last_stage: Option[Tuple2[UInt, Bool]] = None) = {
      ///从FTBEntry采集信息到FullBranchPrediction，FullBranchPrediction的内容就是这么来的：
    slot_valids := entry.brSlots.map(_.valid) :+ entry.tailSlot.valid      ///来自FTBEntry的信息写入这个位图。
    targets := entry.getTargetVec (pc)                                     ///从FTBEntry采集，见class FTBEntry。
    jalr_target := targets.last                                            ///所有信息全都直接来自FTBEntry：
    offsets := entry.getOffsetVec                                          ///调用FTBEntry的getOffsetVec()
    is_jal := entry.tailSlot.valid && entry.isJal                          /// tailSlot用于jmp指令
    is_jalr := entry.tailSlot.valid && entry.isJalr
    is_call := entry.tailSlot.valid && entry.isCall
    is_ret := entry.tailSlot.valid && entry.isRet
    last_may_be_rvi_call := entry.last_may_be_rvi_call
    is_br_sharing := entry.tailSlot.valid && entry.tailSlot.sharing

    val startLower = Cat(0.U(1.W), pc(instOffsetBits+log2Ceil(PredictWidth)-1, instOffsetBits))
               ///取pc中的最低5位，然后去掉最低位(永远是0)，保留最低5位中的高4位(16个指令字)。
               ///前面还要拼接上一位0，变成5位。
    val endLowerwithCarry = Cat(entry.carry, entry.pftAddr)                ///将carry位拼接在pftAddr前面。
    fallThroughErr := startLower >= endLowerwithCarry                      ///如果地位地址大于这个，那就一定错了。
    fallThroughAddr := Mux(fallThroughErr, pc + (FetchWidth * 4).U, entry.getFallThrough (pc))
               ///如果fallThroughErr，就以pc + (FetchWidth * 4)为fallThroughAddr，即pc+32；
     ///否则就以pc为参数调用FTBEntry的getFallThrough()。
  }  ///end fromFtbEntry()
}  /// class FullBranchPrediction
```

从 fromFtbEntry()这个函数的代码可见，FullBranchPrediction 中数据成分的内容基本都来自 FTBEntry。这里有几个成分特别值得一说。

首先是 jalr_target 这个成分，说明的是当转移指令是一条 jalr 时的跳转目标。我们知道，jalr 指令的跳转目标是由某个通用寄存器中的内容和指令中的偏移量共同决定的，因此无法从偏移量推断转移目标，那就只好每次执行 jalr 指令的时候把实际的跳转目标记录下来。FTBEntry 中有个成分 tailSlot，是个 FtbSlot 对象，jalr 指令上一次的跳转目标就记录在这个 FtbSlot 中。之所以说是 tailSlot，是说无条件转移指令一定是断点，一定是指令片的 tail，它后面就没有指令了。除此之外，FTBEntry 中还有个 brSlots 向量，这是用于条件转移指令的，因为指令片中可能还会有条件转移指令，需要有用来记录其转移目标的槽位。向量长度为 numBrSlot，但是 numBrSlot 定义为 numBr-1，因而实际上只有一个槽位，向量长度为 1；另一个槽位就是 tailSlot，本是专用于无条件转移指令的，但是如果断点不是无条件转移指令，就也可以拿出来用于条件转移指令。然而 jalr 指令不只是简单意义上的无条件转移指令，因为子程序调用和返回也是通过 jalr 指令实现的，所以对 jalr 的转移目标预测实际上挺重要。这里 fromFtbEntry()中对 jalr_target 的设置是先调用 FTBEntry 的函数 getTargetVec()，获取一个转移目标向量：

```
class FTBEntry(implicit p: Parameters) extends XSBundle with FTBParams with BPUUtils {
  val valid = Bool()
  val brSlots = Vec(numBrSlot, new FtbSlot(BR_OFFSET_LEN))            /// numBrSlot = numBr-1
  val tailSlot = new FtbSlot(JMP_OFFSET_LEN, Some(BR_OFFSET_LEN))
    // Partial Fall-Through Address
  val pftAddr       = UInt(log2Up(PredictWidth).W)
  val carry         = Bool()
  val isCall        = Bool()
  val isRet         = Bool()
  val isJalr        = Bool()
  val last_may_be_rvi_call = Bool()
  val always_taken = Vec(numBr, Bool())

  def getSlotForBr(idx: Int): FtbSlot = {
    require(idx <= numBr-1)
    (idx, numBr) match {
      case (i, n) if i == n-1 => this.tailSlot
      case _ => this.brSlots(idx)
    }
  }
  def allSlotsForBr = { (0 until numBr).map(getSlotForBr(_)) }
  def setByBrTarget(brIdx: Int, pc: UInt, target: UInt) = {
    val slot = getSlotForBr(brIdx)
    slot.setLowerStatByTarget(pc, target, brIdx == numBr-1)
  }
  def setByJmpTarget(pc: UInt, target: UInt) = { this.tailSlot.setLowerStatByTarget(pc, target, false) }

  def getTargetVec(pc: UInt, last_stage: Option[Tuple2[UInt, Bool]] = None) = {
    VecInit((brSlots :+ tailSlot).map(_.getTarget(pc, last_stage)))          ///调用FtbSlot的getTarget()
  }
  def getOffsetVec = VecInit(brSlots.map(_.offset) :+ tailSlot.offset)          ///抽取每个FtbSlot中的offse
  def isJal = !isJalr
  def getFallThrough(pc: UInt) = getFallThroughAddr(pc, carry, pftAddr)     ///调用由trait BPUUtils提供的getFallThroughAddr()
  def hasBr(offset: UInt) =
```

```
    brSlots.map{ s => s.valid && s.offset <= offset}.reduce(_||_) ||
    (tailSlot.valid && tailSlot.offset <= offset && tailSlot.sharing)

  def getBrMaskByOffset(offset: UInt) =
              brSlots.map{ s => s.valid && s.offset <= offset } :+ (tailSlot.valid && tailSlot.offset <= offset && tailSlot.sharing)
  def getBrRecordedVec(offset: UInt) = {
    VecInit(
      brSlots.map(s => s.valid && s.offset === offset) :+
      (tailSlot.valid && tailSlot.offset === offset && tailSlot.sharing)
    )
  }

  def brIsSaved(offset: UInt) = getBrRecordedVec(offset).reduce(_||_)
  def brValids = { VecInit( brSlots.map(_.valid) :+ (tailSlot.valid && tailSlot.sharing) ) }
  def noEmptySlotForNewBr = { VecInit(brSlots.map(_.valid) :+ tailSlot.valid).reduce(_&&_)}
  def newBrCanNotInsert(offset: UInt) = {
    val lastSlotForBr = tailSlot
    lastSlotForBr.valid && lastSlotForBr.offset < offset
  }
  def jmpValid = { tailSlot.valid && !tailSlot.sharing }
  def brOffset = { VecInit(brSlots.map(_.offset) :+ tailSlot.offset) }
}   ///end class FTBEntry
```

函数 getTargetVec()先把 FTBEntry 中的 brSlots 和 tailSlot 拼接成一个 FtbSlot 的向量，然后对此向量中的每个 FtbSlot 对象调用其 getTarget()，我们就结合完整的 class FtbSlot 定义看一下它的 getTarget()：

```
class FtbSlot(val offsetLen: Int, val subOffsetLen: Option[Int] = None) (implicit p: Parameters) extends XSBundle with FTBParams {
  if (subOffsetLen.isDefined) { require(subOffsetLen.get <= offsetLen) }
  val offset = UInt(log2Ceil(PredictWidth).W)    ///这个offset是转移指令在指令块中的位置，offset来自Ftq，见FTBEntryGen()。
  val lower = UInt(offsetLen.W)                  ///pc地址去除末尾0以后的低位，宽度取决于offsetLen。
  val tarStat = UInt(TAR_STAT_SZ.W)              ///TAR_OVF/TAR_UDF/TAR_FIT，表示转移目标在指令片前方、后方、内部。
  val sharing = Bool()
  val valid = Bool()

  def setLowerStatByTarget (pc: UInt, target: UInt, isShare: Boolean) = {
    def getTargetStatByHigher(pc_higher: UInt, target_higher: UInt) =
                      Mux(target_higher > pc_higher, TAR_OVF, Mux(target_higher < pc_higher, TAR_UDF, TAR_FIT))
    def getLowerByTarget(target: UInt, offsetLen: Int) = target(offsetLen, 1)
    val offLen = if (isShare) this.subOffsetLen.get else this.offsetLen
    val pc_higher = pc(VAddrBits-1, offLen+1)
    val target_higher = target(VAddrBits-1, offLen+1)
    val stat = getTargetStatByHigher(pc_higher, target_higher)
    val lower = ZeroExt(getLowerByTarget(target, offLen), this.offsetLen)
    this.lower := lower
    this.tarStat := stat
    this.sharing := isShare.B
```

```
} . ///end setLowerStatByTarget()

def getTarget (pc: UInt, last_stage: Option[Tuple2[UInt, Bool]] = None) = {
  def getTarget(offLen: Int)(pc: UInt, lower: UInt, stat: UInt, last_stage: Option[Tuple2[UInt, Bool]] = None)={
    val h = pc(VAddrBits-1, offLen+1)                          ///从pc截取offLen以上的高位，jalr的offLen为20，br为12。
    val higher = Wire(UInt((VAddrBits-offLen-1).W))            ///h位段的宽度，用来承载h的数值
    val higher_plus_one = Wire(UInt((VAddrBits-offLen-1).W))   ///用来承载higher+1的数值
    val higher_minus_one = Wire(UInt((VAddrBits-offLen-1).W))  ///用来承载higher-1的数值
    if (last_stage.isDefined) {
      val last_stage_pc = last_stage.get._1
      val last_stage_pc_h = last_stage_pc(VAddrBits-1, offLen+1)
      val stage_en = last_stage.get._2
      higher := RegEnable(last_stage_pc_h, stage_en)
      higher_plus_one := RegEnable(last_stage_pc_h+1.U, stage_en)
      higher_minus_one := RegEnable(last_stage_pc_h-1.U, stage_en)
    } else {    ///未给last_stage的实参，默认为None：
      higher := h
      higher_plus_one := h + 1.U
      higher_minus_one := h - 1.U
    }
    val target = Cat(Mux1H(Seq( (stat === TAR_OVF, higher_plus_one),
                                (stat === TAR_UDF, higher_minus_one), (stat === TAR_FIT, higher), )),
                     lower(offLen-1, 0), 0.U(1.W))
        ///从higher_plus_one、higher_minus_one，higher中选一，与lower拼接，末位添0。
    require(target.getWidth == VAddrBits)
    require(offLen != 0)
    target
  }   ///end getTarget()

  if (subOffsetLen.isDefined)
    Mux(sharing, getTarget(subOffsetLen.get)(pc, lower, tarStat, last_stage),
                                  getTarget(offsetLen)(pc, lower, tarStat, last_stage))
  else
    getTarget(offsetLen)(pc, lower, tarStat, last_stage)          ///调用上面那个getTarget()
}   ///end getTarget()

def fromAnotherSlot(that: FtbSlot) = {   ///从另一个FtbSlot中复制：
  require(this.offsetLen > that.offsetLen && this.subOffsetLen.map(_ == that.offsetLen).getOrElse(true) ||
                                                                this.offsetLen == that.offsetLen )
  this.offset := that.offset
  this.tarStat := that.tarStat
  this.sharing := (this.offsetLen > that.offsetLen && that.offsetLen == this.subOffsetLen.get).B
  this.valid := that.valid
  this.lower := ZeroExt(that.lower, this.offsetLen)
}
}
```

从 getTarget()的代码可见，FtbSlot 对象中 lower 字段所存储的是目标地址的低位位段，位段的宽度取决于指令的类型，对于 jalr 地址是 20 位，对于 br 指令是 12 位。这个位段的截取方法是这样：先去掉末尾的那个 0（因为这一位永远是 0），再截取地址的最低 20 位或 12 位。同时还要存储的是 tarStat，即目标状态，有 TAR_OVF、TAR_UDF、TAR_FIT 三种，分别表示向前转移越出本指令片，向后越出本指令片，还是就在本指令片内。

写入 FullBranchPrediction 中 targets 的是个向量，即从目标 FTBEntry 的 brSlots 和 tailSlot 两种 FtbSlot 获取的目标地址，而 jalr_target 则是从这个向量的最后一项，即来自 tailSlot 的转移目标。

其次是关于 fallThroughAddr。

拿到一个条件转移指令，去 FTB 搜索，目的是要知道：这个地址上的这条指令，以前有没有碰到过？FTB 中有没有记载？如果有记载的话，是转了还是没转？而最终想要得到的结果则是，如果转了，那上一次是转到了什么地址，如果不转，那么下个取指块的起点是什么？如果转了，那么显然转移的目标地址就应该是下一次取指的起点。如果不转，那么紧接着本次取指块的那个地址就是下一次取指的起点，但是要存储整个地址的开销太大了，其实只要存储一个位移量就可以结合当前转移指令 PC 加以计算，这个位移量就是 pftAddr，意为“Partial Fall-Through Address”。所谓 Fall-Through，原始的意义就是条件转移指令的下一条指令所在的地址，因为没有转走就“落到”了下一条指令的地址上；但因为取指是成块地取，就成了顺序取指的下一个取指块的起点地址。不过这个 pftAddr 其实不是整个地址，只是构成 Fall-Through Address 的一部分信息，所以是 Partial。我们知道，取指块的大小是 PredictWidth，在只支持 32 位指令的处理器中这是 8，就是每次读入 8 个 32 位指令字，一共是 32 个字节，256 位；在支持 16 位 RVC 指令的处理器中则是 16，即（相当于）16 个 16 位指令字，这样也是 32 字节，256 位。考虑到指令的存储一定是与 4 字节或 2 字节边界对齐，地址的最低 2 位或 1 位必定是 0，所以 PredictWidth 其实是本指令离下一个取指块起点（以 32 位或 16 位指令字计）的距离，这个数值绝不会超过 8 或 16，所以这个字段的宽度就是 PredictWidth。从原理上说，只要拿这个数值左移 2 位或 1 位，再与当前 PC 值相加就可得到当前指令块的完整 Fall-Through 地址。可是那就得要有个宽度为虚拟地址长度的加法器，用位段拼接的办法更为经济，办法是：以支持 16 位指令的 RISC-V 处理器为例，让 pftAddr 存放整个 Fall-Through Address 的最低 4-1=3 位；而 PC 的长度即虚存地址长度为 39 位，那就拿 pc 的高 39-4=35 位与 pftAddr 的 3 位拼接，再在最后加上 1 位 0。这样就可得到整个 Fall-Through 地址，这比使用加法器经济多了。但是这里又有个特殊情况，就是 Fall-Through 地址的最高 35 位可能并非 pc 的高 35 位，而是这个数值加 1，这是因为把取指块的起点地址向前推进时可能会有进位。这样，完全摆脱加法器是不行的了，但是只在最低位加 1 的递增电路比完整的加法器还是要简单得多。正因为这样，FTBEntry 中就有个标志位 carry，就是用来表示是否需要进位。另外，class FTBEntry 还提供了一个函数 getFallThrough(pc: UInt)，就是以当前转移指令所在的 pc（在 BranchPredictionUpdate 中）为参数，获取其 Fall-Through 地址。这个函数的定义是 getFallThroughAddr(pc, carry, pftAddr)，后者是由 trait BPUUtils 提供的一个函数：

```
trait BPUUtils extends HasXSParameter {
  def getFallThroughAddr (start: UInt, carry: Bool, pft: UInt) = {
    val higher = start.head(VAddrBits-log2Ceil(PredictWidth)-instOffsetBits)
    Cat(Mux(carry, higher+1.U, higher), pft, 0.U(instOffsetBits.W))
  }
}
```

可见，整个 FallThroughAddr 是由 3 个部分拼接而成，首先是 pc 的高位 higher，中间是 pft，最后是 1 位或 2 位 0；但是 higher 可能需要加 1，取决于标志位 carry 的值。

回到 FauFTB 的代码。在历史记录中比对搜索，是其主要功能。另一个功能是对历史纪录的更新或创建/替换。这发生在两种不同的情况下，一是在 FauFTB 中不命中，但是根据指令的性质又需要加以记录；二是命中了，但是与历史记录中（最近一次的）转移（taken）或不转移（not taken）结果不符，因而需要加以修正。下面就是对历史记录项的更新：

[FrontendImp > Predictor > Composer > FauFTB]　续

```
  // pred update replacer state
  val s1_fire = io.s1_fire
  replacer_touch_ways(0).valid := RegNext(s1_fire && s1_hit)                ///有需要更新的记录存在
  replacer_touch_ways(0).bits   := RegEnable(s1_hit_way, s1_fire && s1_hit)    /// s1_hit_way来自OHToUInt(s1_hit_oh)

  /********************** update **********************/
  // s0: update_valid, read and tag comparison
  // s1: alloc_way and write

  // s0
  val u = io.update            ///BasePredictorIO中的update，即BranchPredictionUpdate，来自Ftq。
  val u_meta = u.bits.meta.asTypeOf(new FauFTBMeta)            ///见前
  val u_s0_tag = getTag(u.bits.pc)            ///u.bits.pc的源头在Ftq。预测的tag来自s0_pc，更新的tag来自update。
  ways.foreach(_.io.update_req_tag := u_s0_tag)            ///以pc的低位为tag，搜索各个FauFTBWay。
     ///已发搜索请求，各FauFTBWay会发回update_hit：
  val u_s0_hit_oh = VecInit(ways.map(_.io.update_hit)).asUInt            ///从各个FauFTBWay返回的命中情况
  val u_s0_hit = u_s0_hit_oh.orR            ///是否有命中
  val u_s0_br_update_valids = VecInit((0 until numBr).map(w => u.bits.ftb_entry.brValids(w) && u.valid &&
                   !u.bits.ftb_entry.always_taken(w) && !(PriorityEncoder(u.bits.br_taken_mask) < w.U)))
                              ///这个位图决定了要不要对饱和计数器进行更新（见后）

  // s1
  val u_s1_valid = RegNext (u.valid)            /// io.update.valid
  val u_s1_tag    = RegEnable (u_s0_tag, u.valid)            ///u_s1_tag来自u_s0_tag，但晚一个节拍。
  val u_s1_hit_oh = RegEnable (u_s0_hit_oh, u.valid)
  val u_s1_hit = RegEnable (u_s0_hit, u.valid)
  val u_s1_alloc_way = replacer.way            ///由replacer给分配一个FauFTBWay    val u_s1_write_way_oh          =
Mux(u_s1_hit, u_s1_hit_oh, UIntToOH(u_s1_alloc_way))
                    ///如果命中就用所命中的纪录项，不命中就用由replacer分配的纪录项。
  val u_s1_ftb_entry = RegEnable (u.bits.ftb_entry, u.valid)            ///这就是io.update.bits.ftb_entry。
  val u_s1_ways_write_valid = VecInit ((0 until numWays).map(w => u_s1_write_way_oh(w).asBool && u_s1_valid))
                    ///构造一个32位的位图，标明所命中或者所分配的纪录项。
  for (w <- 0 until numWays) {
    ways(w).io.write_valid := u_s1_ways_write_valid(w)        ///实际上至多只有一个槽位的write_valid会是true
    ways(w).io.write_tag   := u_s1_tag              ///来自u_s0_tag，后者来自u.bits.pc的低位，源头在Ftq
    ways(w).io.write_entry := u_s1_ftb_entry        ///来自Ftq的FTBEntry，即io.update.bits.ftb_entry。
  }  /// write_tag来自u.bits.pc，write_entry来自u.bits.ftb_entry。u = io.update，io是个BasePredictorIO，
     /// io.update是个BranchPredictionUpdate，来自FtqToBpuIO。见predictors.io.update := RegNext(io.ftq_to_bpu.update)

  // update saturating counters
  val u_s1_br_update_valids = RegEnable (u_s0_br_update_valids, u.valid)
  val u_s1_br_takens = RegEnable (u.bits.br_taken_mask, u.valid)
  for (w <- 0 until numWays) {   ///对每一个槽位：
    when (u_s1_ways_write_valid(w)) {        ///对于所命中或所分配的记录项：
```

```
    for (br <- 0 until numBr) {
      when (u_s1_br_update_valids(br)) {   ///更新用于目标纪录项的饱和计数器ctr
        ctrs (w)(br) := satUpdate(ctrs(w)(br), 2, u_s1_br_takens(br))   ///根据br_taken_mask饱和加/减该纪录项的转移计数
                                          ///函数 def satUpdate(old: UInt, len: Int, taken: Bool)见后面 class TageBTable
      }
    } ///end for
  } ///end when
}

// commit update replacer state
replacer_touch_ways(1).valid := u_s1_valid
replacer_touch_ways(1).bits  := OHToUInt(u_s1_write_way_oh)

/******** update replacer *********/
replacer.access(replacer_touch_ways)

/********************** perf counters *********************/
///性能统计从略
generatePerfEvent()
} ///end class FauFTB
```

由 Ftq 发往 BPU 的 BranchPredictionUpdate，即这里的 io.update，里面有 pc，有 ftb_entry 即 FTBEntry 对象，有 spec_info 即 SpeculativeInfo 对象，还有 cfi_idx，但是就 FauFTB 而言只是用来自 Ftq 的 FTBEntry 覆盖纪录项 FauFTBWay 中的 data 即 FTBEntry，如果目标记录原已存在的话；否则就得为其新分配一个纪录项，这由 replacer 根据所设定采用的算法完成，不在我们关心之列。但是显然在此之前先要在 32 个 FauFTBWay 中搜索是否命中，BranchPredictionUpdate 中的 pc 字段，即这里的 u.bits.pc，就被用作搜索的依据，但是当然并非用整个地址，而是先将其转换成 tag。与检索的时候一样，32 个纪录项中的比对是同时发生的。

如前所述，BPU 输入 Redirect 中的 pc 是断点的地址，这个地址用作包括 FauFTB 在内的各个预测单元的查询条件，而 Redirect 中所提供的转向目标则被 BPU 用作其 s1 阶段的 pc，即取指目标。对于来自后端的转向指示这显然是天经地义，肯定是正确的。对于来自 IFU 的预测请求则分几种情况：第一种情况是 jal 指令，这个转向目标也肯定是正确的，因为 jal 指令的转向目标是可以计算的，也不存在转不转的问题。第二种情况是 notCFI，即指令块中并无转移指令，而采纳范围中的最后一条指令也是 notCFI 指令，这时候 IFU 所建议的后续地址也肯定正确。第三种情况是 jalr 指令，IFU 对此无法提供建议，所以 BPU 在 s1 阶段的预测原则上就是错误的，要看后面由 ITTage 和 RAS 提供的预测。最后，第四种情况就是条件转移，IFU 提供的建议有一定概率是正确的，反正在 s1 阶段先按 IFU 的建议取指，然后看 s2 阶段的报告，如果与 s1 阶段的不同就再取一次；也可能 s3 阶段的报告又有不同，那就再取一次。如果取了三次还不正确，那就只好让后端来纠正了。所以，实际上除 jalr 和条件转移外，别的（jal 和人为断点）都能一次成功，在 s1 阶段的取指就是正确的。剩下都是 jalr 和条件转移，那是可能要取上两次甚至三次的。

20.5 Tage 预测器

在 Composer 所搭建的预测链中，在 ubtb 即 FauFTB 后面的是 tage，即 Tage 预测器。FauFTB 是基于局部历史的预测器，Tage 却是基于全局历史的预测器。

TAGE 是“TAgged Geometric History Length”的缩写，意为“带标签的几何（级数）历史长度”预测器，

前面讲过，Tage 的基本思路是：创建一串历史记录查询表，这些表所体现的历史记录长度各不相同，大体上成一等比级数。查询是在各个表中同时查询，将代表着目标地址的 tag 与所查询历史记录表相同长度的一段的全局历史 Hash 在一起，作为对这个表的查询条件。这样，同一个 pc 地址，即同一个 tag，因所给定的历史长度不同，查询的结果也可能不同，有可能在这个表中命中，在那个表中不命中，但以命中且历史记录最长的那个表中的结果为准。

不过说是等比级数，具体实现的时候也未必严格遵循，也并未见到有人从数学上证明等比级数在这里有关键性的作用。在香山的实现中，Tage 表是按一个 TageTableInfos 中给定的参数创建的：

```
case class XSCoreParameters ( …,
  TageTableInfos: Seq[Tuple3[Int,Int,Int]] =          ///[nRows, histLen, tagLen]
  //          Sets   Hist    Tag                      ///Sets为表的容量（表项数量），Hist为历史长度，Tag为标签长度。
    Seq( ( 4096,     8,      8),
         ( 4096,    13,      8),
         ( 4096,    32,      8),
         ( 4096,   119,      8)), …) { … }
```

这里所说明的是：创建 4 个 Tage 表，表的大小都是 4096 项（称为 4096 个 Set），其中第一个表所结合的历史长度是 8 位，第二个表是 13 位，第三个表是 32 位，第四个表是 119 位。而代表着目标地址的 tag 则都是 8 位。显然，这些历史长度并不符合等比级数，但是符合让所结合的历史逐步加长这个策略的精神。

Tage 预测器是由 class Tage 实现的，这是对抽象类 BaseTage 的扩充，而 BaseTage 又是对抽象类 BasePredictor 的扩充：

```
abstract class BaseTage(implicit p: Parameters) extends BasePredictor with TageParams with BPUUtils {}
```

所以，class Tage 就间接继承了 BasePredictor，事实上这个间接继承与直接继承也差不多。正因为这样，class Tage 中的 io 就是前面 BasePredictor 中的 io。下面是 class Tage 的代码。

```
[FrontendImp > Predictor > Composer > Tage]
class Tage (implicit p: Parameters) extends BaseTage {
  val resp_meta = Wire(new TageMeta)                        ///用来返回一些附加信息
  override val meta_size = resp_meta.getWidth
  val tables = TageTableInfos.zipWithIndex.map {           ///创建历史长度分别为 8/13/32/119 位的 4 个 TageTable
    case ((nRows, histLen, tagLen), i) => {
      val t = Module(new TageTable(nRows, histLen, tagLen, i))          ///nRows 都是 4096
      t.io.req.valid := io.s0_fire                          ///每当 io.s0_fire 为 true 就向这些 TageTable 发起查询
      t.io.req.bits.pc := s0_pc                             ///来自 BPU 的查询条件，s0_pc 来自 npcGen。
      t.io.req.bits.folded_hist := io.in.bits.folded_hist   ///源自 Ftq，io 是 BasePredictorIO，io.in 是 BasePredictorInput。
      t.io.req.bits.ghist := io.in.bits.ghist
      t
    }  /// t.io.req.valid 来自 io.s0_fire，说明查询是从 s0 阶段就开始的，此时的 s0_pc 就是 do_redirect.bits.cfiUpdate.target。
  }
  val bt = Module (new TageBTable)                          ///TageBTable 是历史长度为 0 的"基本表"
  bt.io.s0_fire    := io.s0_fire                            ///每当 io.s0_fire 为 true 就向 TageBTable 也发起查询
  bt.io.s0_pc      := s0_pc                                 ///查询条件也是来自 TageReq 的 s0_pc

  val bankTickCtrDistanceToTops = Seq.fill(numBr)(RegInit((1 << (TickWidth-1)).U(TickWidth.W)))
```

```
val bankTickCtrs = Seq.fill(numBr)(RegInit(0.U(TickWidth.W)))    /// TickWidth=7
val useAltOnNaCtrs = RegInit(VecInit(Seq.fill(numBr)( VecInit(Seq.fill(NUM_USE_ALT_ON_NA)
                        ((1 << (USE_ALT_ON_NA_WIDTH-1)).U(USE_ALT_ON_NA_WIDTH.W))) )) )
    ///NUM_USE_ALT_ON_NA=128，USE_ALT_ON_NA_WIDTH=4，useAltOnNaCtrs 是 2*128 的 4 位计数器阵列。
    ///useAltOnNa 意为“use alternate on na”，na 表示“newly alocated”。见 Pierre Michaud & André Seznec。
    ///如果一项预测的置信计数器表明 weak，该预测就属于“newly alocated”即 NA，此时就要采用 alternative 预测。

val tage_fh_info = tables.map(_.getFoldedHistoryInfo).reduce(_++_).toSet
override def getFoldedHistoryInfo = Some(tage_fh_info)

val s1_resps = VecInit(tables.map(_.io.resps))                    ///从 4 个 TageMeta 返回的查询结果

val s1_provideds     = Wire(Vec(numBr, Bool()))                   ///注意这是 provided，不是 provider。
val s1_providers     = Wire(Vec(numBr, UInt(log2Ceil(TageNTables).W)))   ///一个 table 就是一个 provider
                                                                  /// TageNTables 定义为 TageTableInfos.size，所以是 4。
val s1_providerResps = Wire(Vec(numBr, new TageResp))             ///长度为 numBr 即 2 的向量
val s1_altUsed          = Wire(Vec(numBr, Bool()))                ///表示有没有采用 alternative 表
val s1_tageTakens       = Wire(Vec(numBr, Bool()))
val s1_finalAltPreds    = Wire(Vec(numBr, Bool()))
val s1_basecnts         = Wire(Vec(numBr, UInt(2.W)))
val s1_useAltOnNa       = Wire(Vec(numBr, Bool()))

val s2_provideds        = RegEnable(s1_provideds, io.s1_fire)          ///s2 比 s1 晚一节拍
val s2_providers        = RegEnable(s1_providers, io.s1_fire)
val s2_providerResps    = RegEnable(s1_providerResps, io.s1_fire)
val s2_altUsed          = RegEnable(s1_altUsed, io.s1_fire)
val s2_tageTakens       = RegEnable(s1_tageTakens, io.s1_fire)
val s2_finalAltPreds    = RegEnable(s1_finalAltPreds, io.s1_fire)
val s2_basecnts         = RegEnable(s1_basecnts, io.s1_fire)
val s2_useAltOnNa       = RegEnable(s1_useAltOnNa, io.s1_fire)

io.out := io.in.bits.resp_in(0)          ///io 是从抽象类 BasePredictor 继承的，在预测链中 tage 排在 ubtb 后面。
io.out.last_stage_meta := resp_meta.asUInt

/// class Tage，待续
```

Tage 的外部接口 io 是从抽象类 BasePredictor 继承的，是个 BasePredictorIO 对象；io.in 是个 BasePredictorInput 对象；io.out 则是个 BasePredictorOutput 对象，这是对 BranchPredictionResp 的扩充。

这里按前述 TageTableInfos 的安排创建了 4 个 TageTable，结合的历史记录长度分别是 8、13、32、119 位，每 1 位表示一次转移指令究竟是转了还是没转。除这 4 个 TageTable 外，还创建了一个“基本表”TageBTable，这是不结合历史的，其作用与 FauFTB 差不多。

所有这 5 个表，都是一旦 io.s0_fire 为 true 就同时开始查询，查询的条件都是 s0_pc。这 5 个表的查询结果就在向量 s1_resps 中。

至于 TageTable 和 TageBTable 的内部构成，则放在后面再作介绍，暂且先看作是黑盒子。

在 BPU 的预测链 preds 中，tage 排在 ubtb 后面，所以其 resp_in(0)来自 FauFTB 单元。

此外，这里还创建了一个 TageMeta 类对象 resp_meta，用来记录和返回一些关于 Tage 预测器状态的基础信息：

```
class TageMeta(implicit p: Parameters) extends TageBundle with HasSCParameter {
  val providers = Vec(numBr, ValidUndirectioned(UInt(log2Ceil(TageNTables).W)))   ///TageNTables= TageTableInfos.size，=4。
  val providerResps = Vec(numBr, new TageResp)
  val altUsed = Vec(numBr, Bool())
  val altDiffers = Vec(numBr, Bool())
  val basecnts = Vec(numBr, UInt(2.W))
  val allocates = Vec(numBr, UInt(TageNTables.W))
  val takens = Vec(numBr, Bool())
  val scMeta = if (EnableSC) Some(new SCMeta(SCNTables)) else None     ///SC意为Statistical Corrector，是对Tage的附加改进。
  val pred_cycle = if (!env.FPGAPlatform) Some(UInt(64.W)) else None
  val use_alt_on_na = if (!env.FPGAPlatform) Some(Vec(numBr, Bool())) else None

  def altPreds = basecnts.map(_(1))
  def allocateValid = allocates.map(_.orR)
}
```

这里的 providers 是个长度为 2 的向量，表示转移信息来自哪两个表； providerResps 则是那两个表中对是否转移的预测结果。所以 TageMeta 实际上是对查询结果的补充说明。

我们继续往下看 class Tage 的代码。

[FrontendImp > Predictor > Composer > Tage]　续 1

```
  val resp_s2 = io.out.s2            ///io.out.s2 就是 BranchPredictionResp 中的第二个 BranchPredictionBundle
  // Update logic                    /// io.update 就是来自 Ftq 的 BranchPredictionUpdate：
  val u_valid = io.update.valid
  val update = io.update.bits
  val updateValids = VecInit((0 until TageBanks).map(w =>
                    update.ftb_entry.brValids(w) && u_valid && !update.ftb_entry.always_taken(w) &&
                                        !(PriorityEncoder(update.br_taken_mask) < w.U)))
  val updateFHist = update.spec_info.folded_hist

  val updateMeta = update.meta.asTypeOf(new TageMeta)

  val updateMask       = WireInit(0.U.asTypeOf(Vec(numBr, Vec(TageNTables, Bool()))))   ///2*4 位图
  val updateUMask      = WireInit(0.U.asTypeOf(Vec(numBr, Vec(TageNTables, Bool()))))   ///2*4 位图
  val updateResetU     = WireInit(0.U.asTypeOf(Vec(numBr, Bool())))     // per predictor
  val updateTakens     = Wire(Vec(numBr, Vec(TageNTables, Bool())))
  val updateAlloc      = WireInit(0.U.asTypeOf(Vec(numBr, Vec(TageNTables, Bool()))))
  val updateOldCtrs    = Wire(Vec(numBr, Vec(TageNTables, UInt(TageCtrBits.W))))
  val updateU          = Wire(Vec(numBr, Vec(TageNTables, Bool())))
  val updatebcnt       = Wire(Vec(TageBanks, UInt(2.W)))             ///TageBanks 定义为 numBr，即 2。
  val baseupdate       = WireInit(0.U.asTypeOf(Vec(TageBanks, Bool())))
  val bUpdateTakens    = Wire(Vec(TageBanks, Bool()))
  updateTakens  := DontCare
```

```
updateOldCtrs := DontCare
updateU       := DontCare

val updateMisPreds = update.mispred_mask              ///这就是 io.update.bits.mispred_mask

class TageTableInfo(implicit p: Parameters) extends XSBundle {
  val resp = new TageResp
  val tableIdx = UInt(log2Ceil(TageNTables).W)
  val use_alt_on_unconf = Bool()
}
// access tag tables and output meta info

for (i <- 0 until numBr) {                    /// numBr = 2，这是一个很大的 for 循环：
  val useAltCtr = Mux1H(UIntToOH(use_alt_idx (s1_pc), NUM_USE_ALT_ON_NA), useAltOnNaCtrs(i))
                                              /// NUM_USE_ALT_ON_NA=128，useAltOnNaCtrs(i)是个位图
  val useAltOnNa = useAltCtr(USE_ALT_ON_NA_WIDTH-1)    // highest bit      /// USE_ALT_ON_NA_WIDTH=4
  val s1_per_br_resp = VecInit(s1_resps.map(_(i)))              /// s1_resps 就是从 4 个 TageTable 返回的查询结果
  val inputRes = s1_per_br_resp.zipWithIndex.map{case (r, idx) => {
                  val tableInfo = Wire(new TageTableInfo)
                  tableInfo.resp := r.bits
                  tableInfo.use_alt_on_unconf := r.bits.unconf && useAltOnNa
                  tableInfo.tableIdx := idx.U(log2Ceil(TageNTables).W)
                  (r.valid, tableInfo) }}
  val providerInfo = ParallelPriorityMux(inputRes.reverse)
  val provided = inputRes.map(_._1).reduce(_||_)
  s1_provideds(i)         := provided
  s1_providers(i)         := providerInfo.tableIdx
  s1_providerResps(i)     := providerInfo.resp

  resp_meta.providers(i).valid    := RegEnable(s2_provideds(i), io.s2_fire)
  resp_meta.providers(i).bits     := RegEnable(s2_providers(i), io.s2_fire)
  resp_meta.providerResps(i)      := RegEnable(s2_providerResps(i), io.s2_fire)
  resp_meta.pred_cycle.map(_ := RegEnable(GTimer(), io.s2_fire))
  resp_meta.use_alt_on_na.map(_(i) := RegEnable(s2_useAltOnNa(i), io.s2_fire))

  // Create a mask fo tables which did not hit our query, and also contain useless entries
  // and also uses a longer history than the provider
  val allocatableSlots =RegEnable (VecInit(s1_per_br_resp.map(r => !r.valid && !r.bits.u)).asUInt &
                            ~(LowerMask(UIntToOH(s1_providers(i)), TageNTables) &
                                Fill(TageNTables, s1_provideds(i).asUInt)), io.s1_fire)
  resp_meta.allocates(i) := RegEnable(allocatableSlots, io.s2_fire)

  val s1_bimCtr = bt.io.s1_cnt(i)             ///bimode，来自 TageBTable。
  s1_tageTakens(i) := Mux(!provided || providerInfo.use_alt_on_unconf,   s1_bimCtr(1), providerInfo.resp.ctr(TageCtrBits-1) )
  s1_altUsed(i)          := !provided || providerInfo.use_alt_on_unconf
  s1_finalAltPreds(i)    := s1_bimCtr(1)        ///来自 TageBTable
```

```
s1_basecnts(i)          := s1_bimCtr
s1_useAltOnNa(i)        := providerInfo.use_alt_on_unconf

resp_meta.altUsed(i) := RegEnable(s2_altUsed(i), io.s2_fire)
resp_meta.altDiffers(i) := RegEnable(s2_finalAltPreds(i) =/= s2_tageTakens(i), io.s2_fire)
resp_meta.takens(i) := RegEnable(s2_tageTakens(i), io.s2_fire)
resp_meta.basecnts(i) := RegEnable(s2_basecnts(i), io.s2_fire)

when (io.ctrl.tage_enable) { resp_s2.full_pred.br_taken_mask(i) := s2_tageTakens(i) }    /// s2_tageTakens 来自 s1_tageTakens
    ///这里的 resp_s2 就是 io.out.s2，就是 s2 阶段输出 BranchPredictionBundle
    ///而 io.ctrl.tage_enable 来自 CSR 对 Tage 预测器的启用，我们总是假定其被启用，
    ///所以这就是对 io.out.s2.full_pred.br_taken_mask 的修正，后面就没有 s3 阶段的输出了。
    ///这说明 Tage 仅对 BPU 输出的 s2.full_pred 的 br_taken_mask 有贡献，并仅限于对 br_taken_mask 位段的修正。
    ///所以，Tage 的预测结果产生于 s2 阶段，但要在 s3 阶段才能反映在 io.out.s3.pc 中。

///上面主要是对查询的处理，下面是对 update 的处理。注意这是在对 numBr 的 for 循环内部：
//---------------- update logics below ------------------//
val hasUpdate = updateValids(i)                                  ///见上
val updateMispred = updateMisPreds(i)                            ///就是 io.update.bits.mispred_mask(i)
val updateTaken = hasUpdate && update.br_taken_mask(i)

val updateProvided          = updateMeta.providers(i).valid
val updateProvider          = updateMeta.providers(i).bits
val updateProviderResp      = updateMeta.providerResps(i)
val updateProviderCorrect   = updateProviderResp.ctr(TageCtrBits-1) === updateTaken
val updateUseAlt            = updateMeta.altUsed(i)
val updateAltDiffers        = updateMeta.altDiffers(i)
val updateAltIdx            = use_alt_idx(update.pc)         ///更新转移计数，io.update.bits.pc。
    ///def use_alt_idx(pc: UInt) = (pc >> instOffsetBits)(log2Ceil(NUM_USE_ALT_ON_NA)-1, 0)
    ///就是将pc右移一位（去掉末尾的0），再取其长度为NUM_USE_ALT_ON_NA的低位。
val updateUseAltCtr     = Mux1H(UIntToOH(updateAltIdx, NUM_USE_ALT_ON_NA), useAltOnNaCtrs(i))
val updateAltPred       = updateMeta.altPreds(i)
val updateAltCorrect    = updateAltPred === updateTaken

val updateProviderWeakTaken  = posUnconf(updateProviderResp.ctr)       ///定义为 ctr === (1 << (ctr.getWidth - 1)).U
val updateProviderWeaknotTaken = negUnconf(updateProviderResp.ctr)     ///定义为 ctr === ((1 << (ctr.getWidth - 1)) - 1).U
val updateProviderWeak = unconf(updateProviderResp.ctr)                ///定义为 posUnconf(ctr) || negUnconf(ctr)

when (hasUpdate) {
  when (updateProvided && updateProviderWeak && updateAltDiffers) {
    val newCtr= satUpdate(updateUseAltCtr, USE_ALT_ON_NA_WIDTH, updateAltCorrect)   ///饱和更新
    useAltOnNaCtrs(i)(updateAltIdx) := newCtr                          ///useAltOnNaCtrs 定义见前，更新饱和计数。
  }  ///satUpdate()见后面 class TageBTable
}

///性能统计从略，仍在 for (i <- 0 until numBr)循环中：
```

```
when (hasUpdate) {
  when (updateProvided) {
    updateMask(i)(updateProvider)          := true.B
    updateUMask(i)(updateProvider)         := updateAltDiffers
    updateU(i)(updateProvider)             := updateProviderCorrect
    updateTakens(i)(updateProvider)        := updateTaken          ///val updateTaken = hasUpdate && update.br_taken_mask(i)
    updateOldCtrs(i)(updateProvider) := updateProviderResp.ctr     ///val updateProviderResp = updateMeta.providerResps(i)
    updateAlloc(i)(updateProvider)         := false.B
  }
}  ///end when (hasUpdate)

// update base table if used base table to predict
baseupdate(i) := hasUpdate && updateUseAlt                  /// val updateUseAlt = updateMeta.altUsed(i)
updatebcnt(i) := updateMeta.basecnts(i)
bUpdateTakens(i) := updateTaken                            ///val updateTaken = hasUpdate && update.br_taken_mask(i)

val needToAllocate = hasUpdate && updateMispred && !(updateUseAlt && updateProviderCorrect && updateProvided)
val allocatableMask = updateMeta.allocates(i)
val canAllocate = updateMeta.allocateValid(i)

val allocLFSR = LFSR64()(TageNTables - 1, 0)               ///64 位 Linear-Feedback Shift Register
val longerHistoryTableMask = ~(LowerMask(UIntToOH(updateProvider), TageNTables) &
                                                  Fill(TageNTables, updateProvided.asUInt))
val canAllocMask = allocatableMask & longerHistoryTableMask
val allocFailureMask = ~allocatableMask & longerHistoryTableMask
val tickInc = PopCount(allocFailureMask) > PopCount(canAllocMask)
val tickDec = PopCount(canAllocMask) > PopCount(allocFailureMask)
val tickIncVal = PopCount(allocFailureMask) - PopCount(canAllocMask)
val tickDecVal = PopCount(canAllocMask) - PopCount(allocFailureMask)
val tickToPosSat = tickIncVal >= bankTickCtrDistanceToTops(i) && tickInc
val tickToNegSat = tickDecVal >= bankTickCtrs(i) && tickDec

val firstEntry = PriorityEncoder(canAllocMask)
val maskedEntry = PriorityEncoder(canAllocMask & allocLFSR)
val allocate = Mux(canAllocMask(maskedEntry), maskedEntry, firstEntry)      ///二中选一

when (needToAllocate) {
  when (tickInc) {
    when (tickToPosSat) {
      bankTickCtrs(i) := ((1 << TickWidth) - 1).U
      bankTickCtrDistanceToTops(i) := 0.U
    }.otherwise {
      bankTickCtrs(i) := bankTickCtrs(i) + tickIncVal
      bankTickCtrDistanceToTops(i) := bankTickCtrDistanceToTops(i) - tickIncVal
    }
```

```
    }.elsewhen (tickDec) {
      when (tickToNegSat) {
        bankTickCtrs(i) := 0.U
        bankTickCtrDistanceToTops(i) := ((1 << TickWidth) - 1).U
      }.otherwise {
        bankTickCtrs(i) := bankTickCtrs(i) - tickDecVal
        bankTickCtrDistanceToTops(i) := bankTickCtrDistanceToTops(i) + tickDecVal
      }
    }  ///end elsewhen (tickDec)
    when (canAllocate) {
      updateMask(i)(allocate)          := true.B
      updateTakens(i)(allocate)        := updateTaken
      updateAlloc(i)(allocate)         := true.B
      updateUMask(i)(allocate)         := true.B
      updateU(i)(allocate)             := false.B
    }  ///end when (canAllocate)
    when (bankTickCtrs(i) === ((1 << TickWidth) - 1).U) {
      bankTickCtrs(i) := 0.U
      bankTickCtrDistanceToTops(i) := ((1 << TickWidth) - 1).U
      updateResetU(i) := true.B
    }
  }  ///end when (needToAllocate)
}  ///end for (i <- 0 until numBr)，这是个很大的 for 循环

for (w <- 0 until TageBanks) {  ///TageBanks = coreParams.numBr = 2
  for (i <- 0 until TageNTables) {             ///TageNTables=4，对所有 TageTable 的更新：
    tables(i).io.update.mask(w)        := RegNext (updateMask(w)(i))
    tables(i).io.update.takens(w)      := RegNext (updateTakens(w)(i))
    tables(i).io.update.alloc(w)       := RegNext (updateAlloc(w)(i))
    tables(i).io.update.oldCtrs(w)     := RegNext (updateOldCtrs(w)(i))        ///val oldCtrs = Vec(numBr, UInt(TageCtrBits.W))

    tables(i).io.update.uMask(w)       := RegNext (updateUMask(w)(i))
    tables(i).io.update.us(w)          := RegNext (updateU(w)(i))
    tables(i).io.update.reset_u(w)     := RegNext (updateResetU(w))
    // use fetch pc instead of instruction pc
    tables(i).io.update.pc             := RegNext (update.pc)                  ///这是 io.update.bits.pc
    tables(i).io.update.folded_hist    := RegNext (updateFHist)
    tables(i).io.update.ghist          := RegNext (io.update.bits.ghist)
  }
}  ///end for (w <- 0 until TageBanks)
  ///对 TageBTable 的更新：
bt.io.update_mask    := RegNext (baseupdate)
bt.io.update_cnt     := RegNext (updatebcnt)
bt.io.update_pc      := RegNext (update.pc)
bt.io.update_takens  := RegNext (bUpdateTakens)
```

```
  // all should be ready for req
  io.s1_ready := tables.map(_.io.req.ready).reduce(_&&_)

  ///Debug 和性能统计从略
}  ///end class Tage
```

代码看似很繁琐，但大体上仍是数据库查询的思路。Tage 这一层，总之就是两条线上的处理。第一条是查询，也就是预测。查询的要求来自 Ftq 的 Redirect，每次查询都是在 4 个 TageTable 加上 TageBTable、一共 5 个表中同时查询，如果有命中则根据查询结果和挑选的规则从中选择。返回给 Ftq 的预测报告只在 s2 阶段，并不涉及 s3 阶段。所谓返回给 Ftq，其实也不是直接就发送给 Ftq，而只是接力发送给预测链中的下一个预测器，但确实是写在发往 Ftq 的 s2.full_pred 中，所修正的只是其 br_taken_mask。第二条线则是历史记录更新，更新的要求也是来自 Ftq，也是在 5 个表中同步更新。但是有可能需要更新的记录项还不在表中（尽管有 4096 个纪录项），那就得从中废弃一个纪录项的内容，把腾出来的纪录项分配给需要添入的纪录项。

在 class Tage 的代码中对于这 4 个 TageTable 和 1 个 TageBTable 是作为黑盒子对待的，Tage 与 TageTable 之间的接口是 TageReq 和 TageResp，还有 TageUpdate。对 TageTable 的查询请求是 TageReq：

```
class TageReq(implicit p: Parameters) extends TageBundle {
  val pc = UInt(VAddrBits.W)                    /// VAddrBits = 39
  val ghist = UInt(HistoryLength.W)             /// HistoryLength = 256
  val folded_hist = new AllFoldedHistories(foldedGHistInfos)
}
```

不言而喻，TageReq 中的 pc 是转移指令所在的地址，ghist 是至此为止的全局转移历史，folded_hist 则是经过折叠即 Hash 的历史记录。

对查询请求的回应则是 TageResp：

```
class TageResp(implicit p: Parameters) extends TageBundle {
  val ctr = UInt(TageCtrBits.W)                 /// TageCtrBits = 3，3位的饱和计数器。
  val u = Bool()
  val unconf = Bool()
}
```

回复中的 ctr 就是这条指令最近的转移计数。

此外，对于历史记录的更新请求则是 TageUpdate：

```
class TageUpdate(implicit p: Parameters) extends TageBundle {
  val pc = UInt(VAddrBits.W)
  val folded_hist = new AllFoldedHistories(foldedGHistInfos)
  val ghist = UInt(HistoryLength.W)
  // update tag and ctr
  val mask = Vec(numBr, Bool())                         ///numBr定义为2
  val takens = Vec(numBr, Bool())
  val alloc = Vec(numBr, Bool())
  val oldCtrs = Vec(numBr, UInt(TageCtrBits.W))         ///TageCtrBits = 3
  // update u
  val uMask = Vec(numBr, Bool())
```

```
  val us = Vec(numBr, Bool())
  val reset_u = Vec(numBr, Bool())
}
```

除 pc、ghist 等与 TageResp 中一样以外，这里增加了 takens，这是要写入历史，对历史记录更新的信息。下面我们就深入到 TageTable 和 TageBTable 这二者的内部，先看 TageTable：

```
[FrontendImp > Predictor > Composer > Tage > TageTable]
class TageTable (val nRows: Int, val histLen: Int, val tagLen: Int, val tableIdx: Int)
                                   (implicit p: Parameters) extends TageModule with HasFoldedHistory {
  val io = IO(new Bundle() {
    val req = Flipped(DecoupledIO(new TageReq))
    val resps = Output(Vec(numBr, Valid(new TageResp)))
    val update = Input(new TageUpdate)
  })

  class TageEntry() extends TageBundle {
    val valid = Bool()
    val tag = UInt(tagLen.W)                    ///见 TageTableInfos
    val ctr = UInt(TageCtrBits.W)
  }  ///每个 TageEntry，即每个表项的内容，除 valid 标志位外就是 tag 和计数器 ctr。

  val SRAM_SIZE = 256                 // physical size
  require(nRows % SRAM_SIZE == 0)
  require(isPow2(numBr))
  val nRowsPerBr = nRows / numBr                 ///4096 个表项按 numBr 分成两组，每组 2048 项。
  val nBanks = 8
  val bankSize = nRowsPerBr / nBanks             ///然后 2048 个表项又分成 8 个 bank，所以 bankSize 是 256。
  val bankFoldWidth = if (bankSize >= SRAM_SIZE) bankSize / SRAM_SIZE else 1    /// =1
  val uFoldedWidth = nRowsPerBr / SRAM_SIZE     ///2048/256 = 8
  val uWays = uFoldedWidth * numBr               ///8*2 = 16
  val uRows = SRAM_SIZE
  if (bankSize < SRAM_SIZE) {
    println(f"warning: tage table $tableIdx has small sram depth of $bankSize")
  }
  val bankIdxWidth = log2Ceil(nBanks)           ///nBanks = 8
  def get_bank_mask(idx: UInt) = VecInit((0 until nBanks).map(idx(bankIdxWidth-1, 0) === _.U))
  def get_bank_idx(idx: UInt) = idx >> bankIdxWidth
  def get_way_in_bank(idx: UInt) = if (log2Ceil(bankFoldWidth) > 0) (idx >> bankIdxWidth)(log2Ceil(bankFoldWidth)-1, 0)
                                   else 0.U(1.W)
  // bypass entries for tage update
  val perBankWrbypassEntries = 8
  val idxFhInfo       = (histLen, min(log2Ceil(nRowsPerBr), histLen))
  val tagFhInfo       = (histLen, min(histLen, tagLen))
  val altTagFhInfo    = (histLen, min(histLen, tagLen-1))
  val allFhInfos      = Seq(idxFhInfo, tagFhInfo, altTagFhInfo)                ///三元组序列
```

```
def getFoldedHistoryInfo = allFhInfos.filter(_._1 >0).toSet

def compute_tag_and_hash (unhashed_idx: UInt, allFh: AllFoldedHistories) = {
  val idx_fh = allFh.getHistWithInfo(idxFhInfo).folded_hist
  val tag_fh = allFh.getHistWithInfo(tagFhInfo).folded_hist
  val alt_tag_fh = allFh.getHistWithInfo(altTagFhInfo).folded_hist
  val idx = (unhashed_idx ^ idx_fh)(log2Ceil(nRowsPerBr)-1, 0)          /// nRowsPerBr=2048
  val tag = (unhashed_idx ^ tag_fh ^ (alt_tag_fh << 1)) (tagLen - 1, 0)
  (idx, tag)
}  ///给定 unhashed_idx 与历史记录，计算将二者结合 Hash 在一起的 idx 和 tag。

def inc_ctr(ctr: UInt, taken: Bool): UInt = satUpdate (ctr, TageCtrBits, taken)    ///递增当前转移计数器的饱和计数

if (EnableGHistDiff) {
  val idx_history = compute_folded_ghist (io.req.bits.ghist, log2Ceil(nRowsPerBr))
  val idx_fh = io.req.bits.folded_hist.getHistWithInfo(idxFhInfo)
  XSError(idx_history =/= idx_fh.folded_hist, p"tage table $tableIdx has different fh," +
    p" ghist: ${Binary(idx_history)}, fh: ${Binary(idx_fh.folded_hist)}\n")          ///只是检查一下出错，可忽略。
}
// pc is start address of basic block, most 2 branch inst in block
def getUnhashedIdx(pc: UInt): UInt = pc >> instOffsetBits

val req_unhashed_idx = getUnhashedIdx(io.req.bits.pc)       ///将输入的 pc 地址转换成 req_unhashed_idx

val us = Module(new FoldedSRAMTemplate(Bool(), set=nRowsPerBr, width=uFoldedWidth,
          way=numBr, shouldReset=true, extraReset=true, holdRead=true, singlePort=true))
                                  ///创建一个存储阵列，所存储的单元只是布尔量，相当于二维位图。
us.extra_reset.get := io.update.reset_u.reduce(_||_)

val table_banks = Seq.fill(nBanks)( Module(new FoldedSRAMTemplate(new TageEntry, set=bankSize,
                          width=bankFoldWidth, way=numBr, shouldReset=true, holdRead=true, singlePort=true)))
      ///为每个 Bank 创建一个按集合存取的 FoldedSRAMTemplate 存储器，以 TageEntry 为存储单元。
      /// nBanks=8，bankSize=256，bankFoldWidth=1，numBr=2。

val (s0_idx, s0_tag) = compute_tag_and_hash (req_unhashed_idx, io.req.bits.folded_hist)
      /// req_unhashed_idx 来自输入的 pc 地址，folded_hist 也来自输入，计算出一个 idx 和一个 tag。
val s0_bank_req_1h = get_bank_mask(s0_idx)

for (b <- 0 until nBanks) {          ///将对这个 TageTable 的查询请求分配给各个 Bank：
  table_banks(b).io.r.req.valid := io.req.fire && s0_bank_req_1h(b)
  table_banks(b).io.r.req.bits.setIdx := get_bank_idx(s0_idx)
}

us.io.r.req.valid := io.req.fire                      ///同时也对 us 这个存储阵列
us.io.r.req.bits.setIdx := s0_idx                     ///对于目标的选择，相当于读出地址。
```

```
val s1_unhashed_idx = RegEnable(req_unhashed_idx, io.req.fire)   ///晚一个节拍
val s1_idx        = RegEnable (s0_idx, io.req.fire)
val s1_tag        = RegEnable (s0_tag, io.req.fire)
val s1_pc         = RegEnable (io.req.bits.pc, io.req.fire)          ///io.req 是 TageReq，所以这是 TageReq 中的 pc。
val s1_bank_req_1h = RegEnable (s0_bank_req_1h, io.req.fire)
val s1_bank_has_write_on_this_req = RegEnable(VecInit(table_banks.map(_.io.w.req.valid)), io.req.valid)

val resp_invalid_by_write = Wire(Bool())

val tables_r = table_banks.map(_.io.r.resp.data)    // s1          ///把来自各个 Bank 的结果串成一个序列
val unconfs = tables_r.map(r => VecInit(r.map(e => WireInit(unconf(e.ctr)))))          // do unconf cal in parallel
val hits = tables_r.map(r => VecInit(r.map(e => e.tag === s1_tag && e.valid && !resp_invalid_by_write)))
                    // do tag compare in parallel          ///将来自各个 Bank 的结果与 s1_tag 同时比对，得到一个 hit 位图。

val resp_selected     = Mux1H(s1_bank_req_1h, tables_r)          ///从 nBanks 的输出中选取其一
val unconf_selected   = Mux1H(s1_bank_req_1h, unconfs)
val hit_selected      = Mux1H(s1_bank_req_1h, hits)
resp_invalid_by_write := Mux1H(s1_bank_req_1h, s1_bank_has_write_on_this_req)

val per_br_resp = VecInit((0 until numBr).map(i =>
              Mux1H(UIntToOH(get_phy_br_idx(s1_unhashed_idx, i), numBr), resp_selected)))
val per_br_unconf = VecInit((0 until numBr).map(i =>
              Mux1H(UIntToOH(get_phy_br_idx(s1_unhashed_idx, i), numBr), unconf_selected)))
val per_br_hit = VecInit((0 until numBr).map(i =>
              Mux1H(UIntToOH(get_phy_br_idx(s1_unhashed_idx, i), numBr), hit_selected)))
val per_br_u = VecInit((0 until numBr).map(i =>
              Mux1H(UIntToOH(get_phy_br_idx(s1_unhashed_idx, i), numBr), us.io.r.resp.data)))

for (i <- 0 until numBr) {
  io.resps(i).valid := per_br_hit(i)                    /// io.resps(i)就是 TageResp，io.resps 是个向量。
  io.resps(i).bits.ctr := per_br_resp(i).ctr
  io.resps(i).bits.u := per_br_u(i)
  io.resps(i).bits.unconf := per_br_unconf(i)
}

if (EnableGHistDiff) {
  val update_idx_history = compute_folded_ghist(io.update.ghist, log2Ceil(nRowsPerBr))
  val update_idx_fh = io.update.folded_hist.getHistWithInfo(idxFhInfo)
  XSError(update_idx_history =/= update_idx_fh.folded_hist && io.update.mask.reduce(_||_),
                        p"tage table $tableIdx has different fh when update," + ... )          ///只是检查一下是否出错而已
}

    ///以下是 update:
// Use fetchpc to compute hash
val per_bank_update_wdata = Wire(Vec(nBanks, Vec(numBr, new TageEntry)))
```

```
//corresponds to physical branches
  ///per_bank_update_wdata class 是 nBanks* numBr 二维 TageEntry 向量，class TageEntry 定义见前。

val update_unhashed_idx = getUnhashedIdx(io.update.pc)   ///来自 io.update.pc 即 TageUpdate 中的 pc。
val (update_idx, update_tag) = compute_tag_and_hash (update_unhashed_idx, io.update.folded_hist)
val update_req_bank_1h = get_bank_mask (update_idx)
val update_idx_in_bank = get_bank_idx (update_idx)

val per_bank_not_silent_update = Wire(Vec(nBanks, Vec(numBr, Bool()))) //corresponds to physical branches
val per_bank_update_way_mask = VecInit((0 until nBanks).map(b =>
    VecInit((0 until numBr).map(pi => {
      // whether any of the logical branches updates on each slot
      Seq.tabulate(numBr)(li => get_phy_br_idx (update_unhashed_idx, li) === pi.U &&
                      io.update.mask(li)).reduce(_||_) && per_bank_not_silent_update(b)(pi) })).asUInt ))

// val silent_update_from_wrbypass = Wire(Bool())

for (b <- 0 until nBanks) {
  table_banks(b).io.w.apply(
    valid      = per_bank_update_way_mask(b).orR && update_req_bank_1h(b),
    data       = per_bank_update_wdata(b),
    setIdx     = update_idx_in_bank,
    waymask = per_bank_update_way_mask(b)
  )
}

val bank_conflict = (0 until nBanks).map(b => table_banks(b).io.w.req.valid && s0_bank_req_1h(b)).reduce(_||_)
io.req.ready := true.B

val update_u_idx = update_idx
val update_u_way_mask = VecInit((0 until numBr).map(pi => { Seq.tabulate(numBr)(li =>
                    get_phy_br_idx(update_unhashed_idx, li) === pi.U && io.update.uMask(li)).reduce(_||_)})).asUInt

val update_u_wdata = VecInit((0 until numBr).map(pi =>
                    Mux1H(Seq.tabulate(numBr)(li => (get_phy_br_idx(update_unhashed_idx, li) === pi.U, io.update.us(li))) )) ))

us.io.w.apply(io.update.uMask.reduce(_||_), update_u_wdata, update_u_idx, update_u_way_mask)

// remove silent updates
def silentUpdate (ctr: UInt, taken: Bool) = { ctr.andR && taken || !ctr.orR && !taken }   ///返回 true/false

val bank_wrbypasses = Seq.fill(nBanks)(Seq.fill(numBr)(
  Module(new WrBypass(UInt(TageCtrBits.W), perBankWrbypassEntries, 1, tagWidth=tagLen))
)) // let it corresponds to logical brIdx   ///bank_wrbypasses 是一组 nBanks*numBr 个 WrBypass 对象（见后）

for (b <- 0 until nBanks) {
```

```
    val not_silent_update = per_bank_not_silent_update(b)
    for (pi <- 0 until numBr) {                // physical brIdx
      val update_wdata = per_bank_update_wdata(b)(pi)
      val br_lidx = get_lgc_br_idx (update_unhashed_idx, pi.U(log2Ceil(numBr).W))
      // this
      val wrbypass_io = Mux1H(UIntToOH(br_lidx, numBr), bank_wrbypasses(b).map(_.io))        ///从 bank_wrbypasses 读出
      val wrbypass_hit = wrbypass_io.hit
      val wrbypass_ctr = wrbypass_io.hit_data(0).bits
      val wrbypass_data_valid = wrbypass_hit && wrbypass_io.hit_data(0).valid
      update_wdata.ctr := Mux(io.update.alloc(br_lidx), Mux(io.update.takens(br_lidx), 4.U, 3.U),
                                    Mux(wrbypass_data_valid, inc_ctr(wrbypass_ctr, io.update.takens(br_lidx)),
                                                    inc_ctr(io.update.oldCtrs(br_lidx), io.update.takens(br_lidx)) ))
                                         ///inc_ctr()递增目标转移指令的饱和计数
      not_silent_update(pi) := Mux(wrbypass_data_valid, !silentUpdate(wrbypass_ctr, io.update.takens(br_lidx)),
                                    !silentUpdate(io.update.oldCtrs(br_lidx), io.update.takens(br_lidx))) || io.update.alloc(br_lidx)
      update_wdata.valid := true.B
      update_wdata.tag := update_tag
    }      ///从 bank_wrbypasses 读出，相关信息最终进入 update_wdata，即 TageEntry。
           ///顾名思义 wrbypasses 是对写入的 bypass，写入 update_wdata 太麻烦，就先在配备了 CAM 的 wrbypasses 过一下渡。
           ///对 bank_wrbypasses 的写入见下：

    for (li <- 0 until numBr) {
      val wrbypass = bank_wrbypasses(b)(li)                      /// bank_wrbypasses 是一组
      val br_pidx = get_phy_br_idx (update_unhashed_idx, li)
      wrbypass.io.wen := io.update.mask(li) && update_req_bank_1h(b)
      wrbypass.io.write_idx := get_bank_idx(update_idx)
      wrbypass.io.write_tag.map(_ := update_tag)
      wrbypass.io.write_data(0) := Mux1H(UIntToOH(br_pidx, numBr), per_bank_update_wdata(b)).ctr
    }      ///这是对 bank_wrbypasses 的写入
  }

  ///性能统计与 Debug 从略
}  ///end class TageTable
```

这里有个重要的函数 compute_tag_and_hash()。这个函数的调用参数有两个，一个是 unhashed_idx，意为未经 Hash 的 index，用作查询条件的 pc 地址首先要经过 getUnhashedIdx()转换成 unhashed_idx（实际上只是把末尾的一个或两个 0 去掉）；另一个是 allFh，即 AllFoldedHistories，即转移指令发生时的全局历史（经折叠）。这个函数把这两种信息 Hash 在一起，返回两个 Hash 结果 idx 和 tag。这两个结果实质上是连在一起的，按理说应该把 idx 和 tag 合在一起作为存储地址才对，可是那样就要求存储空间很大，而且实际上存储的内容又很稀疏，因为很多单元其实是空白的。所以，就把 TageTable 的存储器分成 8 个 Bank，然后把这 8 个 Bank 的存储器 table_banks 采用按“集合”存取的 FoldedSRAMTemplate 来实现，每个集合可以容纳 idx 相同的若干个不同的 TageEntry。这样，就以 idx 作为集合号码，作为读写存储器的地址，而返回的是属于同一集合的多项数据，然后再与各个 TageEntry 中的 tag 比对，以确认目标。而 Tage 表中所存储的信息，即 TageEntry，其主体就是这个 tag，当初写进 Tage 表的时候也同样经过 compute_tag_and_hash()的计算。查询的目的，就是试图发现以前是否有这条指令在同样历史条件下的行为记录，如果有的话是怎样的行为，是转了还是没转。这个行为记录就是计数器 ctr 的值，也和 Hash 所得的结果 tag 一起放在 TageEntry 中。行为记录本质上虽然

是局部于具体指令的，但是在不同历史背景下也可能有不同表现，所以同一条转移指令在 Tage 表中可能出现多次，但那是在不同的历史条件下，所以 Hash 以后有不同的 idx 和 tag。反过来，由于 Hash 计算，即使 idx 与 tag 的组合与实际的 [pc 地址，全局历史] 组合也并不是一对一的关系，完全可能会“撞车”，即有不同的组合 Hash 到了同一个 idx 上，这时候得出的结果当然就不正确了。但是在实际的运行中，由于程序运行的局部性，发生这种情况的概率是很低的。

所以，TageTable 是分成板块的，一个 TageTable 中有 8 个板块，每个板块都是一个 FoldedSRAMTemplate，均以 TageEntry 为存储单元。所以，对 TageTable 的查询就被分解成对各个板块的同时查询，对 TageTable 的信息更新也分解成对板块的更新，只不过最终只在一个板块中有实际的写入。

所以我们还需要看一下这个按集合存取的 FoldedSRAMTemplate 是怎么回事：

```
[FrontendImp > Predictor > Composer > Tage > TageTable > FoldedSRAMTemplate]
class FoldedSRAMTemplate[T <: Data](gen: T, set: Int, width: Int = 4, way: Int = 1, shouldReset: Boolean = false,
                              extraReset: Boolean = false, holdRead: Boolean = false, singlePort: Boolean = false,
    bypassWrite: Boolean = false) extends Module {
  val io = IO(new Bundle {
    val r = Flipped(new SRAMReadBus(gen, set, way))
    val w = Flipped(new SRAMWriteBus(gen, set, way))
  })
  val extra_reset = if (extraReset) Some(IO(Input(Bool()))) else None

  //    |<----- setIdx ----->|
  //    | ridx | width | way |          /// setIdx由3个位段构成，即ridx、width、way。

  require(width > 0 && isPow2(width))
  require(way > 0 && isPow2(way))
  require(set % width == 0)

  val nRows = set / width

  val array = Module(new SRAMTemplate (gen, set=nRows, way=width*way,
                    shouldReset=shouldReset, extraReset=extraReset, holdRead=holdRead, singlePort=singlePort))
        ///这才是真正的存储阵列。我们在前面ICache一章中看到过，那里的tagArray就是SRAMTemplate。
     ///对此我们将在后面讲存储子系统的时候再作专门介绍，
  if (array.extra_reset.isDefined) { array.extra_reset.get := extra_reset.get }

  io.r.req.ready := array.io.r.req.ready
  io.w.req.ready := array.io.w.req.ready

     ///从array读出：
  val raddr = io.r.req.bits.setIdx >> log2Ceil(width)             ///setIdx是raddr和ridx的拼接
  val ridx = RegNext(if (width != 1) io.r.req.bits.setIdx(log2Ceil(width)-1, 0) else 0.U(1.W))
  val ren = io.r.req.valid

  array.io.r.req.valid := ren              ///启动从array读出
  array.io.r.req.bits.setIdx := raddr      ///array的setIdx就是raddr
```

```
  val rdata = array.io.r.resp.data            ///从array读出的数据
  for (w <- 0 until way) {
    val wayData = VecInit(rdata.indices.filter(_ % way == w).map(rdata(_)))
    val holdRidx = HoldUnless(ridx, RegNext(io.r.req.valid))
    val realRidx = if (holdRead) holdRidx else ridx
    io.r.resp.data(w) := Mux1H(UIntToOH(realRidx, width), wayData)   ///从wayData中选取
  }

    ///向array写入：
  val wen = io.w.req.valid
  val wdata = VecInit(Seq.fill(width)(io.w.req.bits.data).flatten)
  val waddr = io.w.req.bits.setIdx >> log2Ceil(width)
  val widthIdx = if (width != 1) io.w.req.bits.setIdx(log2Ceil(width)-1, 0) else 0.U
  val wmask = (width, way) match {
    case (1, 1) => 1.U(1.W)
    case (x, 1) => UIntToOH(widthIdx)
    case _ => VecInit(Seq.tabulate(width*way)(n => (n / way).U === widthIdx && io.w.req.bits.waymask.get(n % way))).asUInt
  }
  require(wmask.getWidth == way*width)
  array.io.w.apply(wen, wdata, waddr, wmask)
}  ///end class FoldedSRAMTemplate
```

说是FoldedSRAMTemplate，其实也只是一层包装，真正的存储阵列是这里的array，这是个SRAMTemplate模块。我们在前面ICache一章中看到过，那里的tagArray就是SRAMTemplate，但是要对此作一介绍却不是三言两语的事，所以我们把它放在介绍存储子系统的时候再作介绍，现在先看一下它的构造界面和外部接口：

```
class SRAMTemplate[T <: Data] (gen: T, set: Int, way: Int = 1, … ) extends Module {
  val io = IO(new Bundle {
    val r = Flipped(new SRAMReadBus(gen, set, way))
    val w = Flipped(new SRAMWriteBus(gen, set, way))
  })
  …
}
```

SRAMTemplate类的构造界面，除作为其存储单元的数据类型gen以外，主要就是两个数值，一个是set，一个是way。其中set表示把整个存储器划分成几个集合，集合与集合之间以集合的ID即SetId为区分。参数way则表示集合的容量，就是一个集合里可以盛放的具有相同SetId的数据个数。这样，整个存储器的容量就是set*way。现在，我们假定要存放在这个存储器中的数据是长度为24位的地址，分成256个集合，即set=256，而集合的容量way是16。于是我们就以地址的低8位为SetId，这样凡是高16位不同但最低8位相同的地址就都可以存储在同一个集合里，但是当然最多只有16个可以同时存在。另外，既然一个集合的容量是16，那对这个存储器读写所用的地址就应该是8位SetId和4位WayID的拼接。之所以是这样，是因为地址空间虽然是24位，但是却并非所有的地址会出现在这个存储器中，需要出现在这个存储器中的只是这个地址空间中很小的一个子集。再进一步，地址的长度可以更长，我们把它分成两截分别加以折叠，即加以Hash计算，把其中一截Hash成8位，把另一截Hash成4位，再把两个Hash值拼接在一起，就构成访问这个SRAMTemplate中任一单元的地址。当然，这里是以地址为例，实际上可以是任何编码。

不过实际上对 SRAMTemplate 的读写总是按集合读写的，一次读出或写入的是一个集合，所以给定的地址只需 SetId 这一段，而不需要 WayID 这一端。

现在我们回到上面的代码中。那里有个注解，FoldedSRAMTemplate 的 setIdx 由 3 部分组成，即 ridx | width | way，其中 width 和 way 拼在一起就是上述的 WayID，所以在创建 SRAMTemplate 对象 array 时对参数 way 的实参是 width*way。而 ridx 则相当于上述的 SetId。不过 io.r.req.bits.setIdx 则又有不同，那只是 ridx | width，不包括 way，所以要从 array 读写一个集合时所给的地址是 io.r.req.bits.setIdx >> log2Ceil(width)，把后面的 width 位段去掉。

SRAMTemplate 的外部接口分 r 和 w，即 SRAMReadBus 和 SRAMWriteBus 两个方向，下面对这二者做个逐层展开的摘要：

```
SRAMReadBus
    val req = Decoupled(new SRAMBundleA(set))
        val setIdx = Output(UInt(log2Up(set).W))        ///假定set是256，其宽度log2Up(set)就是8位。
    val resp = Flipped(new SRAMBundleR(gen, way))
        val data = Output(Vec(way, gen))

SRAMWriteBus
    val req = Decoupled(new SRAMBundleAW(gen, set, way))
        val data = Output(Vec(way, gen))
        val waymask = if (way > 1) Some(Output(UInt(way.W))) else None
```

从 SRAMTemplate 读出有 req 和 resp 两个 Bundle，其中 req 给出的是访问目标，那是一个 setIdx，是个 set 的号码。这说明从 SRAMTemplate 的读出是以整个集合为目标的。而 resp 所返回的，则是一个长度为 way 的向量，其中元素的类型就是 gen。这说明从 SRAMTemplate 读出的是整个集合。至于这个集合里具体哪一个才是真正的目标，那是上一层的事情了。

但是对 SRAMTemplate 的写入却可以是具体的单项数据。形式上给定的 data 也是个长度为 way 的向量，即整个集合，但是却可以在 waymask 这个位图中指定要写入的是哪一个或哪几个 way 的数据。如果要写入的仅仅是集合中的一项，就可以是别的项都空白，并在位图中指定向量中的哪个元素有效就是。

其实按集合存取的存储器我们也不是第一次遇到，前面 ICache 中的那些存储阵列都是 SRAMTemplate。就存储的内容和原理而言其实也是相通的，ICache 是存储属于同一集合的许许多多缓冲块中的一小部分，而 TageTable 是存储属于 Hash 值同为 idx 的许多[pc 地址，全局历史] 组合中的一部分。

回到上一层 TageTable 的代码，为对 TageTable 进行更新所需的快速写入，代码中还为每个存储器 Bank 都创建了一个 WrBypass 对象，合在一起就是序列 bank_wrbypasses：

```
val bank_wrbypasses = Seq.fill(nBanks)(Seq.fill(numBr)(
  Module(new WrBypass(UInt(TageCtrBits.W), perBankWrbypassEntries, 1, tagWidth=tagLen))
))        // let it corresponds to logical brIdx      /// TageCtrBits=3，perBankWrbypassEntries=8。
```

这个 WrBypass 类似于 Wrapper 或者 Helper；WrBypass 应该是 Write Bypass 的意思，通过 WrBypass 可以把数据先加收集整理并暂存下来，然后再写入到 TageEntry 中。由于 WrBypass 中配备了 CAM，就使数据的收集整理和暂存得以快速实现：

```
[FrontendImp > Predictor > Composer > Tage > TageTable > WrBypass]
class WrBypass[T <: Data](gen: T, val numEntries: Int, val idxWidth: Int, val numWays: Int = 1, val tagWidth: Int = 0)
                                                    (implicit p: Parameters) extends XSModule {
```

```
  ///根据调用实参，gen是3位无符号整数，numEntries=8，idxWidth=1，numWays=8，tagWidth=0。
require(numEntries >= 0)
require(idxWidth > 0)
require(numWays >= 1)
require(tagWidth >= 0)

def hasTag = tagWidth > 0
def multipleWays = numWays > 1

val io = IO(new Bundle {
  val wen = Input(Bool())
  val write_idx = Input(UInt(idxWidth.W))                              ///需要写入的集合
  val write_tag = if (hasTag) Some(Input(UInt(tagWidth.W))) else None  ///写入的目标
  val write_data = Input(Vec(numWays, gen))                            ///供写入的内容是一个向量
  val write_way_mask = if (multipleWays) Some(Input(Vec(numWays, Bool()))) else None   ///要写入哪些集合
  val hit = Output(Bool())                                             ///是否有命中
  val hit_data = Vec(numWays, Valid(gen))                              ///这是个长度为8的向量，
})

class WrBypassPtr extends CircularQueuePtr[WrBypassPtr](numEntries){}

class Idx_Tag extends Bundle {
  val idx = UInt(idxWidth.W)
  val tag = if (hasTag) Some(UInt(tagWidth.W)) else None
  def apply (idx: UInt, tag: UInt) = {
    this.idx := idx
    this.tag.map(_ := tag)
  }
}
val idx_tag_cam = Module(new CAMTemplate(new Idx_Tag, numEntries, 1))      ///这是个8单元相关存储器CAM
val data_mem = Mem(numEntries, Vec(numWays, gen))     ///这是个8*8普通存储器，真正的数据

val valids = RegInit(0.U.asTypeOf(Vec(numEntries, Vec(numWays, Bool()))))   ///8*8位图
val ever_written = RegInit(0.U.asTypeOf(Vec(numEntries, Bool())))          ///8位位图

val enq_ptr = RegInit(0.U.asTypeOf(new WrBypassPtr))                       ///循环缓冲区指针，初值为0。
val enq_idx = enq_ptr.value

idx_tag_cam.io.r.req(0)(io.write_idx, io.write_tag.getOrElse(0.U))
                  ///对于写入请求先以其idx和tag的组合为条件从CAM读出，看是否能命中。
val hits_oh = idx_tag_cam.io.r.resp(0).zip(ever_written).map {case (h, ew) => h && ew}
                  /// idx_tag_cam的输出idx_tag_cam.io.r.resp(0)是个命中位图，hits_oh是这个位图与ever_written的交集。
val hit_idx = OHToUInt(hits_oh)
val hit = hits_oh.reduce(_||_)                                             ///只要hits_oh有1位为true即为命中

io.hit := hit
```

```
  for (i <- 0 until numWays) {
    io.hit_data(i).valid := Mux1H(hits_oh, valids)(i)
    io.hit_data(i).bits   := data_mem.read (hit_idx)(i)          ///既然命中就可以从data_mem读出，这是本次更新以前的数据。
  }

  val full_mask = Fill(numWays, 1.U(1.W)).asTypeOf(Vec(numWays, Bool()))   ///默认为全1
  val update_way_mask = io.write_way_mask.getOrElse(full_mask)   ///来自输入，如无输入则默认全1。

  // write data on every request
  when (io.wen) {
    val data_write_idx = Mux(hit, hit_idx, enq_idx)
    data_mem.write(data_write_idx, io.write_data, update_way_mask)
                    ///将数据io.write_data写入data_write_idx的地方，io.write_data是个向量。
  }

  // update valids
  for (i <- 0 until numWays) {
    when (io.wen) {
      when (hit) {
        when (update_way_mask(i)) { valids(hit_idx)(i) := true.B }
      }.otherwise {
        ever_written(enq_idx) := true.B
        valids(enq_idx)(i) := false.B
        when (update_way_mask(i)) { valids(enq_idx)(i) := true.B }
      }
    }
  }

  val enq_en = io.wen && !hit
  idx_tag_cam.io.w.valid := enq_en
  idx_tag_cam.io.w.bits.index := enq_idx
  idx_tag_cam.io.w.bits.data(io.write_idx, io.write_tag.getOrElse(0.U))      ///写入idx_tag_cam中的某个Idx_Tag
  enq_ptr := enq_ptr + enq_en
}  ///end class WrBypass
```

WrBypass 中有两个存储器，idx_tag_cam 和 data_mem，前者是个相关存储器，后者是普通的存储器。不过这个普通存储器是以 Vec(numWays, gen)作为存储内容，这里 numWays 是 8，整个存储器的容量也是 8，即 8 个由参数 gen 决定的存储内容。而 idx_tag_cam，则是个 CAMTemplate，即相关存储器，或称“按内容访问存储器（Contents Addressable Memory）”。我们在前面看到过好几处按 CAM 原理实现的机制，却没有看到过一个正式的 CAM 存储器，现在这个就是：

```
[FrontendImp > Predictor > Composer > Tage > TageTable > WrBypass > CAMTemplate]
// multi-read && single-write，input is data, output is hot-code(not one-hot)
class CAMTemplate[T <: Data](val gen: T, val set: Int, val readWidth: Int) (implicit p: Parameters) extends TlbModule {
  val io = IO(new Bundle {
    val r = new Bundle {
```

```
      val req = Input(Vec(readWidth, gen))
      val resp = Output(Vec(readWidth, Vec(set, Bool())))
    }
    val w = Input(new Bundle {
      val valid = Bool()
      val bits = new Bundle {
        val index = UInt(log2Up(set).W)
        val data = gen
      }
    })
  })

  val wordType = UInt(gen.getWidth.W)
  val array = Reg(Vec(set, wordType))  ///实际的存储器是个寄存器，所存储内容是长度为set的向量。

  io.r.resp.zipWithIndex.map{ case (a,i) => a := array.map (io.r.req(i).asUInt === _) }
    ///对于io.r.resp中的readWidth个Vec(set, Bool())向量，将array中的每项数据都同时与io.r.req(i)比对，
    ///比对结果是个长度为set的位图。因为参数readWidth的实参是1，就只有1份。
    ///这意味着N个与gen相同宽度的比较器，N=set。

  when (io.w.valid) {
    array(io.w.bits.index) := io.w.bits.data.asUInt
  }
}  ///end class CAMTemplate
```

看完 TageTable，我们再看 TageBTable，这个表是不结合全局历史的，或者说结合的全局历史长度为 0：

```
[FrontendImp > Predictor > Composer > Tage > TageBTable]
class TageBTable(implicit p: Parameters) extends XSModule with TBTParams{
  val io = IO(new Bundle {
    val s0_fire        = Input(Bool())
    val s0_pc          = Input(UInt(VAddrBits.W))             ///转移指令所在的地址
    val s1_cnt         = Output(Vec(numBr,UInt(2.W)))         ///转移历史的饱和计数
    val update_mask    = Input(Vec(TageBanks, Bool()))
    val update_pc      = Input(UInt(VAddrBits.W))
    val update_cnt     = Input(Vec(numBr,UInt(2.W)))
    val update_takens  = Input(Vec(TageBanks, Bool()))
  })

  val bimAddr = new TableAddr(log2Up(BtSize), instOffsetBits)  /// BtSize=2048，11位。

  val bt = Module(new SRAMTemplate(UInt(2.W), set = BtSize, way=numBr,
                                   shouldReset = true, holdRead = true, bypassWrite = true))
      ///bt是个SRAMTemplate存储器，其存储单元是个2位UInt，实际上就是对转移历史的饱和计数。
      ///整个存储器划分成2048个集合，每个集合的容量是numBr即2。
```

```
val doing_reset = RegInit(true.B)
val resetRow = RegInit(0.U(log2Ceil(BtSize).W))
resetRow := resetRow + doing_reset
when (resetRow === (BtSize-1).U) { doing_reset := false.B }

val s0_idx = bimAddr.getIdx(io.s0_pc)        ///获取io.s0_pc的idx位段
bt.io.r.req.valid := io.s0_fire
bt.io.r.req.bits.setIdx := s0_idx            ///以此为查询条件

val s1_read = bt.io.r.resp.data              ///从bt读回的数据，即两个饱和计数。
val s1_idx = RegEnable(s0_idx, io.s0_fire)

val per_br_ctr = VecInit((0 until numBr).map(i => Mux1H(UIntToOH(get_phy_br_idx(s1_idx, i), numBr), s1_read)))
io.s1_cnt := per_br_ctr                      ///s1阶段的两个计数值

// Update logic
val u_idx = bimAddr.getIdx(io.update_pc)     ///u_idx是TableAddr中的idx位段
val newCtrs = Wire(Vec(numBr, UInt(2.W)))    // physical bridx    ///用于计算新计数值的草稿

val wrbypass = Module(new WrBypass(UInt(2.W), bypassEntries, log2Up(BtSize), numWays = numBr))    // logical bridx
        /// bypassEntries=8，idxWidth=log2Up(BtSize)，注意WrBypass除作为载荷的计数器以外还有个用于idx的CAM。
wrbypass.io.wen := io.update_mask.reduce(_||_)      ///只要输入的update_mask中有一位是true，就得更新/写入。
wrbypass.io.write_idx := u_idx                      ///以TableAddr中的idx位段为11位的下标（对应着2048个集合）
wrbypass.io.write_way_mask.map(_ := io.update_mask)
for (li <- 0 until numBr) {                  ///numBr=2，所以li = 0，1。这里称li为“逻辑idx”
  val br_pidx = get_phy_br_idx (u_idx, li)          ///通过get_phy_br_idx()将u_idx和li变换成“物理idx”
  wrbypass.io.write_data(li) := newCtrs (br_pidx)   ///将新计数值写入wrbypass，数值来源见后。
}

val oldCtrs = VecInit((0 until numBr).map(pi => {
    val br_lidx = get_lgc_br_idx(u_idx, pi.U(log2Ceil(numBr).W))     ///将u_idx和pi即“物理idx”还原成“逻辑idx”
    Mux(wrbypass.io.hit && wrbypass.io.hit_data(br_lidx).valid,
                        wrbypass.io.hit_data(br_lidx).bits,    io.update_cnt(br_lidx)) }))
                  ///老的计数值，视wrbypass中是否命中，不是来自wrbypass就是来自io.update_cnt。

def satUpdate (old: UInt, len: Int, taken: Bool): UInt = {     ///更新转移计数，这是饱和计数。
  val oldSatTaken = old === ((1 << len)-1).U                   ///原值是否为3（如len为2）
  val oldSatNotTaken = old === 0.U                             ///原值是否为0
  Mux(oldSatTaken && taken, ((1 << len)-1).U, Mux(oldSatNotTaken && !taken, 0.U, Mux(taken, old + 1.U, old - 1.U)))
      ///如果原值为3，现又taken，则仍为3；如果原值为0，现又不taken，则仍为0；否则按原值加1或减1。
}

val newTakens = io.update_takens                          /// Input(Vec(TageBanks, Bool()))
newCtrs := VecInit((0 until numBr).map(pi => {            ///新计数值的来源
  val br_lidx = get_lgc_br_idx(u_idx, pi.U(log2Ceil(numBr).W))   ///把u_idx和pi变换回逻辑idx（取u_idx和numBr的Hash值）
```

```
    satUpdate (oldCtrs(pi), 2, newTakens(br_lidx))                ///在oldCtrs的计数值上加减newTakens的值，饱和计数。
  }))

  val updateWayMask = VecInit((0 until numBr).map(pi =>
    (0 until numBr).map(li => io.update_mask(li) && get_phy_br_idx(u_idx, li) === pi.U).reduce(_||_))).asUInt

  bt.io.w.apply(
    valid = io.update_mask.reduce(_||_) || doing_reset,
    data = Mux(doing_reset, VecInit(Seq.fill(numBr)(2.U(2.W))), newCtrs),
    setIdx = Mux(doing_reset, resetRow, u_idx),
    waymask = Mux(doing_reset, Fill(numBr, 1.U(1.W)).asUInt(), updateWayMask)
  )  ///以valid，data，setIdx，waymask为参数，将新的计数值写入bt。
}  ///end class TageBTable
```

TageBTable 的核心是 SRAMTemplate 存储器 bt，意为 branch table，其存储内容为 4096 个 2 位饱和计数值，这 4096 个计数值分为 2048 个集合，所以每个集合中可以有 2 个 way，正好是 numBr 的数量。注意在 class Tage 中也有个 bt，但那就是整个 TageBTable，两个层次上的 bt 是不同的东西。对于 2 位计数器当然不能通过 CAM 访问，所以对 TageBTable 具体计数器的访问只能通过地址，实际上是下标，这就是 TableAddr，也是 Hash 值：

```
[FrontendImp > Predictor > Composer > Tage > TageBTable > TableAddr]
class TableAddr(val idxBits: Int, val banks: Int)(implicit p: Parameters) extends XSBundle{
  def tagBits = VAddrBits - idxBits - instOffsetBits          ///instOffsetBits为1或2，就是地址最低位的1个或2个0
      ///idxBits的长度是TableAddr的构造参数之一，虚存地址的长度减去idxBits，再减去最后的0，剩下的就是tagBits。
  val tag = UInt(tagBits.W)
  val idx = UInt(idxBits.W)                   ///参数idxBits的实参是log2Up(BtSize)即11为，因为bt中有2048个集合。
  val offset = UInt(instOffsetBits.W)         ///16位指令末尾只有1位永远是0，所以offset=1。

  def fromUInt(x: UInt) = x.asTypeOf(UInt(VAddrBits.W)).asTypeOf(this)
    ///将一虚存地址x分成tag, idx, offset三段。
  def getTag(x: UInt) = fromUInt(x).tag
  def getIdx(x: UInt) = fromUInt(x).idx
  def getBank(x: UInt) = if (banks > 1) getIdx(x)(log2Up(banks) - 1, 0) else 0.U
  def getBankIdx(x: UInt) = if (banks > 1) getIdx(x)(idxBits - 1, log2Up(banks)) else getIdx(x)
}
```

TageBTable 中也有一个 WrBypass，用来为具体转移指令的饱和计数值提供基于 idx 的 CAM 存储。

TageBTable 所结合的全局历史长度为 0，所以这个表中所记载的就是具体转移指令的局部历史。从这个意义上说 TageBTable 与 FauFTB 并无本质区别，但是 TageBTable 的容量是 4096，与 FauFTB 的 32 个存储单元不可同日而语。如果说 FauFTB 是个缩微的局部历史记录表，则 TageBTable 就是个完整的局部历史记录表，如果在这两个表中都不能命中，那就是不命中了，不命中就得给腾出一个纪录项来，分配给这个新遇到的转移指令。另外，我们在前面看到，FauFTB 的输出是在 s1 阶段（所以是快速查询/预测），而 Tage 的输出是在 s2。所以，如果在 FauFTB 中不命中，造成 s1 阶段没有输出，那么在 s2 阶段就有望得到输出了。

不过，虽然 TageBTable 与 FauFTB 本质上一样，TageBTable 也毕竟是在 Tage 预测单元中，所以得要遵循 Tage 的处理模式，但是具体的实现还是有所不同。事实上 TageBTable 的查询虽然基本上与 TageTable 相同，但是缺了与全局历史的 Hash。通过 TableAddr 将虚存地址分成 tag、idx、offset 三段，其实就是代替了前面将 pc 地址转换成 req_unhashed_idx、然后通过 compute_tag_and_hash()与全局历史进行 Hash 这两步。所以代码中把所创建的 TableAddr 对象称为 bimAddr，bim 就是 bimodal 即双重模式的意思。

在 Composer 所构筑的预测链中，Tage 的下一个环节是 FTB，Tage 的输出是 FTB 的输入，下面我们就来看 FTB。

20.6 FTB/BTB 预测器

FTB 是“Fetch Target Buffer”的缩写，说的是取指目标。如前所述，这与 BTB 即“Branch Target Buffer”其实是一回事。BTB 是个使用很广的转移预测算法。但是从字面上看二者也还是有点不同，因为“Fetch Target”未必就是“Branch Target”，例如当指令块采纳范围中的最后一条指令并非转移指令时，下一个指令块的起点应该是这条非转移指令的后续指令所在，但这却不是因为转移指令而引起。当然，FTB 是一种基于局部历史的预测算法，基本上就是个记录着特定地址上的转移指令在过去是否转移的数据库。在香山的设计中，FTB 是 BPU 的基本预测单元，也可以说是 BPU 的核心，所以在 BranchPredictionResp 中专门有一项 last_stage_ftb_entry，并在 FullBranchPrediction 中定义了一个函数 fromFtbEntry()，足见 FTBEntry 与预测结果的关系之紧密。另外，要对历史记录进行更新的时候，BranchPredictionUpdate 的核心之一也是 FTBEntry（另一个核心是 SpeculativeInfo）。事实上，在 Tage、ITTage 这些基于全局历史的算法出现之前，FTB/BTB 就是用得最多的转移预测方法：

```
[FrontendImp > Predictor > Composer > FTB]
class FTB(implicit p: Parameters) extends BasePredictor with FTBParams with BPUUtils
                                                    with HasCircularQueuePtrHelper with HasPerfEvents {
  override val meta_size = WireInit(0.U.asTypeOf(new FTBMeta)).getWidth
  val ftbAddr = new TableAddr(log2Up(numSets), 1)    /// TableAddr见前面的TageBTable中所述将地址分成tag/idx/offset三段
                                                     ///numSets = numEntries/numWays = FtbSize/FtbWays = 2048/4 = 512
  class FTBBank(val numSets: Int, val nWays: Int) extends XSModule with BPUUtils {
    val io = IO(new Bundle {      ///注意这是FTBBank的io，不是FTB的io，后者是从BasePredictor继承的。
      val s1_fire = Input(Bool())
      // when ftb hit, read_hits.valid is true, and read_hits.bits is OH of hit way
      // when ftb not hit, read_hits.valid is false, and read_hits is OH of allocWay
      // val read_hits = Valid(Vec(numWays, Bool()))
      val req_pc = Flipped(DecoupledIO(UInt(VAddrBits.W)))          ///查询的依据是pc，即转移指令/断点所在地址。
      val read_resp = Output(new FTBEntry)                          ///查询结果FTBEntry见前，与FauFTB所用相同。
      val read_hits = Valid(UInt(log2Ceil(numWays).W))

      val u_req_pc = Flipped(DecoupledIO(UInt(VAddrBits.W)))        ///前缀u表示update，这是update请求中的pc分成三段。
      val update_hits = Valid(UInt(log2Ceil(numWays).W))
      val update_access = Input(Bool())

      val update_pc = Input(UInt(VAddrBits.W))                      ///需要更新其历史记录的指令所在地址
      val update_write_data = Flipped(Valid(new FTBEntryWithTag))   ///要写入的内容是FTBEntryWithTag
      val update_write_way = Input(UInt(log2Ceil(numWays).W))
      val update_write_alloc = Input(Bool())
    })  ///end io
```

```
// Extract holdRead logic to fix bug that update read override predict read result
val ftb = Module(new SRAMTemplate(new FTBEntryWithTag, set = numSets,
                                  way = numWays, shouldReset = true, holdRead = false, singlePort = true))
      ///FTB所用的存储器也是按集合存取的SRAMTemplate，存储单元为FTBEntryWithTag。
      /// numSets定义为512，numWays定义为4。这与ICache中的缓存在原理上一致，但并非缓存。
val ftb_r_entries = ftb.io.r.resp.data.map(_.entry)-

val pred_rdata = HoldUnless(ftb.io.r.resp.data, RegNext(io.req_pc.valid && !io.update_access))
ftb.io.r.req.valid := io.req_pc.valid || io.u_req_pc.valid     // io.s0_fire        ///查询地址有效或更新地址有效
ftb.io.r.req.bits.setIdx := Mux(io.u_req_pc.valid,   ftbAddr.getIdx(io.u_req_pc.bits),   ftbAddr.getIdx(io.req_pc.bits))     // s0_idx
    ///不管是查询还是更新，首先总要从ftb中找到目标单元的所在。但二者的地址来源不同（req_pc / u_req_pc）。
assert(!(io.req_pc.valid && io.u_req_pc.valid))       ///查询与更新二者不可同时valid

io.req_pc.ready := ftb.io.r.req.ready                  ///查询部分ready
io.u_req_pc.ready := ftb.io.r.req.ready                ///更新部分ready

val req_tag = RegEnable(ftbAddr.getTag(io.req_pc.bits)(tagSize-1, 0), io.req_pc.valid)
val req_idx = RegEnable(ftbAddr.getIdx(io.req_pc.bits), io.req_pc.valid)   ///从查询地址中获取tag和idx

val u_req_tag = RegEnable(ftbAddr.getTag (io.u_req_pc.bits)(tagSize-1, 0), io.u_req_pc.valid)

val read_entries = pred_rdata.map(_.entry)
val read_tags = pred_rdata.map(_.tag)

val total_hits = VecInit((0 until numWays).map(b => read_tags(b) === req_tag && read_entries(b).valid && io.s1_fire))
        ///比对仅在io.s1_fire时有效，4个way同时比对，命中条件是tag相符且该项有效，所得结果为一单热位图。
val hit = total_hits.reduce(_||_)                ///只要位图中有1位是true即为命中
val hit_way = OHToUInt(total_hits)               ///但是只能有其中一项命中，所以是OneHot。

val u_total_hits = VecInit((0 until numWays).map(b =>
        ftb.io.r.resp.data(b).tag === u_req_tag && ftb.io.r.resp.data(b).entry.valid && RegNext(io.update_access)))
val u_hit = u_total_hits.reduce(_||_)
val u_hit_way = OHToUInt(u_total_hits)         ///也是只允许有其中一项命中，所以是OneHot。

val replacer = ReplacementPolicy.fromString(Some("setplru"), numWays, numSets)
                    /// replacer的作用是在需要腾出空间时找到一项被替代的“牺牲品”，所用算法为plru即伪LRU。
val touch_set = Seq.fill(1)(Wire(UInt(log2Ceil(numSets).W)))
val touch_way = Seq.fill(1)(Wire(Valid(UInt(log2Ceil(numWays).W))))

val write_set = Wire(UInt(log2Ceil(numSets).W))                /// write_set/write_way是为更新
val write_way = Wire(Valid(UInt(log2Ceil(numWays).W)))

val read_set = Wire(UInt(log2Ceil(numSets).W))                 /// read_set/read_way时为查询
val read_way = Wire(Valid(UInt(log2Ceil(numWays).W)))

read_set := req_idx
```

```
    read_way.valid := hit
    read_way.bits := hit_way

    touch_set(0) := Mux(write_way.valid, write_set, read_set)
    touch_way(0).valid := write_way.valid || read_way.valid
    touch_way(0).bits := Mux(write_way.valid, write_way.bits, read_way.bits)
    replacer.access(touch_set, touch_way)

    def allocWay(valids: UInt, idx: UInt): UInt = {                ///分配一个新的记录单元
      if (numWays > 1) {
        val w = Wire(UInt(log2Up(numWays).W))
        val valid = WireInit(valids.andR)
        w := Mux(valid, replacer.way(idx), PriorityEncoder(~valids))
        w
      } else {
        val w = WireInit(0.U(log2Up(numWays).W))
        w
      }
    }   ///end allocWay()

    io.read_resp := Mux1H(total_hits, read_entries)     // Mux1H   ///根据total_hits位图从read_entries中选一
    io.read_hits.valid := hit                           ///这是在FTBBank内部，所以io就是指FTBBank的io。
    io.read_hits.bits := hit_way

    io.update_hits.valid := u_hit
    io.update_hits.bits := u_hit_way

    // Update logic
    val u_valid = io.update_write_data.valid           ///更新是否要启动的依据的来源，这是在FTBBank中，其io见前。
    val u_data = io.update_write_data.bits             ///更新内容的来源，其源头在于BranchPredictionUpdate中的ftb_entry。
    val u_idx = ftbAddr.getIdx (io.update_pc)          ///更新目标地址的来源
    val allocWriteWay = allocWay(RegNext(VecInit(ftb_r_entries.map(_.valid))).asUInt, u_idx)
    val u_way = Mux(io.update_write_alloc, allocWriteWay, io.update_write_way)
    val u_mask = UIntToOH(u_way)

    ftb.io.w.apply(u_valid, u_data, u_idx, u_mask)     ///实施对ftb的写入

    // for replacer
    write_set := u_idx
    write_way.valid := u_valid
    write_way.bits := Mux(io.update_write_alloc, allocWriteWay, io.update_write_way)
  } ///end class FTBBank     ///除创建TableAddr对象外，上面基本上只是对FTBBank的定义，FTB本身的代码还在后面。
/// class FTB，待续
```

FTB 中的 FTBMeta 只是提供一些附加信息，是对正式结果的补充说明。主要是所得结果在集合中的哪一个 way 即存储单元里：

```
class FTBMeta(implicit p: Parameters) extends XSBundle with FTBParams {
  val writeWay = UInt(log2Ceil(numWays).W)
  val hit = Bool()
  val pred_cycle = if (!env.FPGAPlatform) Some(UInt(64.W)) else None
}

object FTBMeta {
  def apply(writeWay: UInt, hit: Bool, pred_cycle: UInt)(implicit p: Parameters): FTBMeta = {
    val e = Wire(new FTBMeta)
    e.writeWay := writeWay
    e.hit := hit
    e.pred_cycle.map(_ := pred_cycle)
    e
  }
}
```

另外，class FTB 中首先就创建了一个 TableAddr 对象 ftbAddr，用来把给定的 pc 地址分成 tag、idx、offset 三段，这就是前面 TageBTable 中采用的方法，也就是在 ICache 中采用的集合加 tag 比对两步寻址的方案，FTB 的容量大，采用 FauFTB 那样全程采用相关存储器进行 tag 比对的方法就不太现实了。

其余就都是关于 class FTBBank()的定义，从中我们也可以看出：一个 Bank 就是一个按集合存取的 SRAMTemplate，对这个存储器的读和写都是以整个集合为单位进行；对 SRAMTemplate 的读出和写入，不管是在哪一种预测器中，其实都是差不多的。FTBBank 中的存储单元是 FTBEntryWithTag，就是 FTBEntry 加上 tag：

```
[FrontendImp > Predictor > Composer > FTB > FTBBank > FTBEntryWithTag]
class FTBEntryWithTag(implicit p: Parameters) extends XSBundle with FTBParams with BPUUtils {
  val entry = new FTBEntry
  val tag = UInt(tagSize.W)
}
```

可想而知，真正要存储的信息是 FTBEntry，而 tag 只是用于比对，tag 和 FTBEntry 是个“键-值”对。

我们继续往下看 class FTB 的代码：

```
[FrontendImp > Predictor > Composer > FTB] 续
  val ftbBank = Module(new FTBBank(numSets, numWays))        ///对FTBBank对象的创建，numSets=512，numWays=4。
                                                             ///对于每个集合，FTB只保存4个槽位，即4个“键-值”对
  ftbBank.io.req_pc.valid := io.s0_fire
  ftbBank.io.req_pc.bits := s0_pc        ///以来自npcGen的s0_pc为目标，在FTBBank中会通过TableAddr进行地址格式分解。
                                         ///注意s1阶段的s0_pc已经来自resp.s1.getTarget（而不是do_redirect.bits.cfiUpdate.target）
  val ftb_entry = RegEnable(ftbBank.io.read_resp, io.s1_fire)         ///从ftbBank读出的结果，这是在s1阶段末尾。
  val s3_ftb_entry = RegEnable(ftb_entry, io.s2_fire)                 ///s3_ftb_entry逻辑上等同于ftb_entry，但晚一节拍。
  val s1_hit = ftbBank.io.read_hits.valid && io.ctrl.btb_enable       ///s1_hit是从ftbBank出来的命中信号
  val s2_hit = RegEnable(s1_hit, io.s1_fire)                          ///一个节拍之后打入s2_hit
  val s3_hit = RegEnable(s2_hit, io.s2_fire)                          ///再一个节拍之后打入s3_hit
  val writeWay = ftbBank.io.read_hits.bits
```

```
val fallThruAddr = getFallThroughAddr (s2_pc,  ftb_entry.carry,  ftb_entry.pftAddr)   ///carry位决定了高位地址是否需要加1

io.out := io.in.bits.resp_in(0)                    ///这个io是class FTB的io，是从抽象类BasePredictor继承下来的。
        ///io是BasePredictorIO，io.in是BasePredictorInput，来自Tage预测单元的输出；io.out是BasePredictorOutput。
        ///BasePredictorInput中的resp_in是长度为nInputs的向量，但nInputs定义为1。

val s1_latch_call_is_rvc    = DontCare         // TODO: modify when add RAS

   ///从FtbEntry摘取信息写入io.out.s2.full_pred和io.out.s3.full_pred：
io.out.s2.full_pred.hit        := s2_hit
io.out.s2.pc                   := s2_pc              ///Ftb本身并未定义s2_pc，是从抽象类BasePredictor继承的，源自s0_pc。
io.out.s2.full_pred.fromFtbEntry (ftb_entry, s2_pc, Some((s1_pc, io.s1_fire)))       ///从读取的FtbEntry抽取信息到s2.full_pred

io.out.s3.full_pred.hit        := s3_hit
io.out.s3.pc                   := s3_pc              ///Ftb本身并未定义s3_pc，是从抽象类BasePredictor继承的。
io.out.s3.full_pred.fromFtbEntry(s3_ftb_entry, s3_pc, Some((s2_pc, io.s2_fire)))     ///从读取的FtbEntry抽取信息到s3.full_pred

io.out.last_stage_ftb_entry := s3_ftb_entry          /// last_stage就是FTB的s3_ftb_entry
io.out.last_stage_meta := RegEnable(RegEnable(FTBMeta(writeWay.asUInt(), s1_hit, GTimer()).asUInt(), io.s1_fire), io.s2_fire)
   ///FTB的输出产生于s2阶段，写入io.out.s2.full_pred，然后在s3阶段重复写入io.out.s3.full_pred和io.out.last_stage_ftb_entry。
   ///写入io.out.s3.full_pred和io.out.last_stage_ftb_entry的内容对本轮取指已无作用，只是让Ftq把信息保存在ftb_entry_mem。

// always taken logic
for (i <- 0 until numBr) {          ///输出FullBranchPrediction中br_taken_mask的来源：
  io.out.s2.full_pred.br_taken_mask(i):= io.in.bits.resp_in(0).s2.full_pred.br_taken_mask(i) || s2_hit && ftb_entry.always_taken(i)
  io.out.s3.full_pred.br_taken_mask(i):= io.in.bits.resp_in(0).s3.full_pred.br_taken_mask(i)||s3_hit && s3_ftb_entry.always_taken(i)
}  ///略加修正（如果在FTB命中）后，就向后照传来自Tage预测单元的br_taken_mask
   ///s1阶段的br_taken_mask来自FauFTB，s2阶段的br_taken_mask来自FTB

// Update logic        ///以下是用于update的代码，update的信息来自Ftq：
val update = io.update.bits
val u_meta = update.meta.asTypeOf(new FTBMeta)
val u_valid = io.update.valid && !io.update.bits.old_entry

val delay2_pc = DelayN(update.pc, 2)                    ///将update.pc延迟两个节拍，等待update_write_alloc。
val delay2_entry = DelayN(update.ftb_entry, 2)          ///将update.ftb_entry延迟两个节拍

val update_now = u_valid && u_meta.hit                  ///要么就是立即更新，要么就是延迟两个节拍以后再更新。
val update_need_read = u_valid && !u_meta.hit
// stall one more cycle because we use a whole cycle to do update read tag hit
io.s1_ready := ftbBank.io.req_pc.ready && !(update_need_read) && !RegNext(update_need_read)

ftbBank.io.u_req_pc.valid := update_need_read
ftbBank.io.u_req_pc.bits := update.pc                   ///需要更新其转移历史的转移指令所在地址pc

val ftb_write = Wire(new FTBEntryWithTag)
```

```
  ftb_write.entry := Mux(update_now, update.ftb_entry, delay2_entry)
  ftb_write.tag   := ftbAddr.getTag(Mux(update_now, update.pc, delay2_pc))(tagSize-1, 0)

  val write_valid = update_now || DelayN(u_valid && !u_meta.hit, 2)


  ftbBank.io.update_write_data.valid := write_valid
  ftbBank.io.update_write_data.bits := ftb_write           ///需要写入的FTBEntryWithTag，基本来自Ftq。
  ftbBank.io.update_pc := Mux(update_now, update.pc, delay2_pc)
  ftbBank.io.update_write_way := Mux(update_now, u_meta.writeWay, RegNext(ftbBank.io.update_hits.bits))  // use it one cycle later
  ftbBank.io.update_write_alloc := Mux(update_now, false.B, RegNext(!ftbBank.io.update_hits.valid))        // use it one cycle later
  ftbBank.io.update_access := u_valid && !u_meta.hit
  ftbBank.io.s1_fire := io.s1_fire

  ///Debug和性能统计从略
  generatePerfEvent()
}  ///end class FTB
```

这里最值得一提的是，FTB 预测器输出的预测报告是在 s2 和 s3 两个阶段。前面我们看到，FauFTB 的输出是在 s1 阶段，Tage 的输出是在 s2 阶段，但只限于对 s2 这个 BranchPredictionBundle 中 FullBranchPrediction 内 br_taken_mask 字段的设置，而没有触及其它成分，现在 FTB 就不一样了，这里对 io.out.s2.full_pred 和 io.out.s3.full_pred 都调用 fromFtbEntry()，把从 FTBBank 查到的 FTBEntry 中的信息复制过去。当然，fromFtbEntry()这个函数不触及其中的 br_taken_mask 字段。

在 FauFTB 中，与 FTBEntru 相平行还有饱和计数器，然而在 FTB 中却没有，所以 FTB 更像是朴素的数据库查询。

在 Composer 所构筑的预测链中，FTB 的下一个环节是 ITTage，这是 Tage 的一个变种，前缀 IT 意为 Indirect Target。

20.7　针对 jalr 指令的 ITTage 预测器

ITTage 是 Indirect Target TAGE 的缩写，显然这是专门针对 Indirect Target 即间接（转移）目标的 Tage。所谓“间接目标”是指单纯从指令编码中无法推断转移目标的转移指令。实际上这就是 jalr 指令，因为 jalr 的转移目标是要用一个寄存器中的内容与一个偏移量相加才能得出的，不像 br 或 jal 指令那样只要用编码在指令中的偏移量与指令自身所在的地址即 pc 相加就可得出。当然这也包括子程序调用和返回，因为那也是通过 jalr 指令实现的。事实上，伪指令 call 和 ret 会在汇编时替换成 jalr 指令。显然，对间接转移指令的预测并非是预测其转或不转，而是对转移目标的预测。

与 Tage 有所不同的是，Tage 的各个预测表中各表项的值是饱和计数器 ctr 的值，即“置信计数器”的值；而 ITTage 各个预测表中各表项的值则是以 Target 即转移目标地址为主，但也保留了计数器 ctr 的值。以转移目标作为历史记载，正是解决 jalr 指令转移预测的关键所在，因为对 jalr 指令不是要知道它转或不转，而是要知道它的转移目标。不像 jal 指令可以根据指令所在的地址 pc 和编码在指令中的偏移量就可计算转移目标，用作 jalr 指令转移“基地址寄存器”的不是 pc 而是一个通用寄存器，不到实际执行的时候无法预知这个通用寄存器的值将是什么，只是现在把全局历史加了进去。所以 ITTage 是专门用来对付 jalr 指令的。

同样，关于 ITTage 表的创建也有个 ITTageTableInfos 作出安排：

```
case class XSCoreParameters ( …,
  ITTageTableInfos: Seq[Tuple3[Int,Int,Int]] =
```

```
//        Sets  Hist   Tag
  Seq(( 256,     4,     9),
      ( 256,     8,     9),
      ( 512,    13,     9),
      ( 512,    16,     9),              ///这个表有512个表项，历史长度16位，Tag长度9位
      ( 512,    32,     9)), …) { … }
```

比之 Tage 表的大小 4096，ITTage 表的大小只是 256 和 512，显然是小多了，但这只是针对 jalr 这一种指令的，数量毕竟也小多了。再看所结合的全局历史长度，与 Tage 表相比也短得多。

下面我们就来看 ITTage 的代码。

```
abstract class BaseITTage(implicit p: Parameters) extends BasePredictor with ITTageParams with BPUUtils {}
```

ITTage 是对 BaseITTage 的扩充，而 BaseITTage 又是对 BasePredictor 的扩充，所以也继承了 BasePredictor 的外部接口即 io：

```
[FrontendImp > Predictor > Composer > ITTage]
class ITTage(implicit p: Parameters) extends BaseITTage {
  override val meta_size = 0.U.asTypeOf(new ITTageMeta).getWidth

  val tables = ITTageTableInfos.zipWithIndex.map {
    case ((nRows, histLen, tagLen), i) =>                    ///nRows 代表着槽位的数量
      val t = Module(new ITTageTable(nRows, histLen, tagLen, UBitPeriod, i))   ///创建 5 个 ITTageTable
      t.io.req.valid := io.s0_fire                            ///连接好各个 ITTageTable 的控制信号，查询也是从 s0 阶段开始。
      t.io.req.bits.pc := s0_pc                               ///连接好各个 ITTageTable 的 pc 地址输入，来自 npcGen 的输出。
      t.io.req.bits.folded_hist := io.in.bits.folded_hist     ///连接好各个 ITTageTable 的历史信息输入
      t
  }
  override def getFoldedHistoryInfo = Some(tables.map(_.getFoldedHistoryInfo).reduce(_++_))

  val useAltOnNa = RegInit((1 << (UAONA_bits-1)).U(UAONA_bits.W))         /// UAONA_bits 定义为 4，所以是 4 位计数器。
      ///4 位计数器 useAltOnNa 意为“use alternate on newly allocated”，但是 ITTage 的代码中似乎并未用到该计数器。
  val tickCtr = RegInit(0.U(TickWidth.W))                                 /// TickWidth 定义为 8

  // Keep the table responses to process in s2            /// ITTage 在 s0 和 s1 阶段并无活动，从 s2 阶段才开始有活动。
  val s1_resps = VecInit(tables.map(t => t.io.resp))       ///把各个 ITTageTable 的输出 resp 组成一个向量，查询条件为 s0_pc。
                                                           ///注意 s0_pc 是在变的，s1 阶段的 s0_pc 来自 resp.s1.getTarget()
  val s2_resps = RegEnable(s1_resps, io.s1_fire)           ///s2_resps 来自 s1_resps，但晚一节拍

  val s2_tageTaken          = Wire(Bool())
  val s2_tageTarget         = Wire(UInt(VAddrBits.W))                  ///要向 Ftq 报告的转移目标预测
  val s2_providerTarget     = Wire(UInt(VAddrBits.W))                  ///来自命中且历史最长的那个 ITTageTable 的 target
  val s2_altProviderTarget  = Wire(UInt(VAddrBits.W))                  ///来自命中且历史次长的那个 ITTageTable 的 target
  val s2_provided           = Wire(Bool())
  val s2_provider           = Wire(UInt(log2Ceil(ITTageNTables).W))    ///得到命中的历史最长的那个 ITTageTable
  val s2_altProvided        = Wire(Bool())
```

```
val s2_altProvider        = Wire(UInt(log2Ceil(ITTageNTables).W))   ///得到命中的历史次长的那个 ITTageTable
val s2_finalAltPred       = Wire(Bool())
val s2_providerU          = Wire(Bool())
val s2_providerCtr        = Wire(UInt(ITTageCtrBits.W))
val s2_altProviderCtr     = Wire(UInt(ITTageCtrBits.W))

val s3_tageTaken          = RegEnable(s2_tageTaken, io.s2_fire)
val s3_tageTarget         = RegEnable(s2_tageTarget, io.s2_fire)          ///这是要向 Ftq 报告的转移目标预测
val s3_providerTarget     = RegEnable(s2_providerTarget, io.s2_fire)
val s3_altProviderTarget  = RegEnable(s2_altProviderTarget, io.s2_fire)
val s3_provided           = RegEnable(s2_provided, io.s2_fire)
val s3_provider           = RegEnable(s2_provider, io.s2_fire)
val s3_altProvided        = RegEnable(s2_altProvided, io.s2_fire)
val s3_altProvider        = RegEnable(s2_altProvider, io.s2_fire)
val s3_finalAltPred       = RegEnable(s2_finalAltPred, io.s2_fire)
val s3_providerU          = RegEnable(s2_providerU, io.s2_fire)
val s3_providerCtr        = RegEnable(s2_providerCtr, io.s2_fire)
val s3_altProviderCtr     = RegEnable(s2_altProviderCtr, io.s2_fire)

val resp_meta = WireInit(0.U.asTypeOf(new ITTageMeta))
io.out.last_stage_meta := resp_meta.asUInt

// Update logic
val u_valid = io.update.valid
val update = io.update.bits
val updateValid = update.is_jalr && !update.is_ret && u_valid && update.ftb_entry.jmpValid && update.jmp_taken
        ///只有 jalr 指令并且不是 ret 指令才会导致对 ITTage 的 updateValid，对 ret 指令另由 RAS 预测单元处理（见后）。
        ///这个条件限制了 ITTage 的适用范围，ITTage 是专门针对 jalr 指令（并且不是 ret 指令）的。
val updateFhist = update.spec_info.folded_hist          ///历史信息来自 Ftq 的 SpeculativeInfo
 // meta is splited by composer
val updateMeta = update.meta.asTypeOf(new ITTageMeta)

val updateMask      = WireInit(0.U.asTypeOf(Vec(ITTageNTables, Bool())))     ///位图，几个查询表就是几位。
val updateUMask     = WireInit(0.U.asTypeOf(Vec(ITTageNTables, Bool())))
val updateResetU    = WireInit(false.B)
val updateCorrect   = Wire(Vec(ITTageNTables, Bool()))
val updateTarget    = Wire(Vec(ITTageNTables, UInt(VAddrBits.W)))            ///新地址向量
val updateOldTarget = Wire(Vec(ITTageNTables, UInt(VAddrBits.W)))            ///老地址向量
val updateAlloc     = Wire(Vec(ITTageNTables, Bool()))
val updateOldCtr    = Wire(Vec(ITTageNTables, UInt(ITTageCtrBits.W)))        ///ITTageCtrBits=2，饱和计数器长度。
val updateU         = Wire(Vec(ITTageNTables, Bool()))
updateCorrect       := DontCare
updateTarget        := DontCare
updateOldTarget     := DontCare
updateAlloc         := DontCare
updateOldCtr        := DontCare
```

```
updateU              := DontCare

val updateMisPred = update.mispred_mask(numBr)     // the last one indicates jmp results

// access tag tables and output meta info
class ITTageTableInfo(implicit p: Parameters) extends ITTageResp {   /// ITTageResp 定义见后
  val tableIdx = UInt(log2Ceil(ITTageNTables).W)          ///在 ITTageResp 的基础上增添一项 tableIdx
}

val inputRes = VecInit(s2_resps.zipWithIndex.map{case (r, i) => {
  val tableInfo = Wire(new ITTageTableInfo)          /// ITTageTableInfo 定义见上，这是对 ITTageResp 的扩充。
  tableInfo.u := r.bits.u
  tableInfo.ctr := r.bits.ctr
  tableInfo.target := r.bits.target                 /// r.bits.target 就是 s2_resps 中的 target
  tableInfo.tableIdx := i.U(log2Ceil(ITTageNTables).W)
  SelectTwoInterRes(r.valid, tableInfo)
}})  ///inputRes 的信息来自 s2_resps，s2_resps 是个向量，来自从各个 ITTageTable 的查询结果。

val selectedInfo = ParallelSelectTwo(inputRes.reverse)       ///selectedInfo 来自 inputRes，见上。
val provided = selectedInfo.hasOne
val altProvided = selectedInfo.hasTwo
val providerInfo = selectedInfo.first
val altProviderInfo = selectedInfo.second
val providerNull = providerInfo.ctr === 0.U

val basePred        = true.B
val baseTarget      = io.in.bits.resp_in(0).s2.full_pred.jalr_target        // use ftb pred as base target
                  ///baseTarget 是来自预测链上游的 s2.full_pred.jalr_target

s2_tageTaken := Mux1H(Seq((provided && !providerNull,   providerInfo.ctr(ITTageCtrBits-1)),
                          (altProvided && providerNull,   altProviderInfo.ctr(ITTageCtrBits-1)), (!provided,   basePred)))
                                                                             // TODO: reintroduce BIM
      ///  发往 Ftq 的 s2_tageTaken，其值可以来自 providerInfo.ctr，altProviderInfo.ctr，或 basePred 三者之一。
      ///例如，假如 provided && !providerNul 为 true，就取决于 altProviderInfo.ctr 的最高位，即 bit(ITTageCtrBits-1)。
      ///假如 !provided，就取 basePred。
s2_tageTarget := Mux1H(Seq((provided && !providerNull,   providerInfo.target),
                  (altProvided && providerNull,   altProviderInfo.target), (!provided,   baseTarget) ))
      /// s2_tageTarget 是要向 Ftq 报告的结果，一个节拍后就变成 s3_tageTarget（见前），见下。
      ///视条件之是否满足，输出可来自三个来源：providerInfo.target，altProviderInfo.target，baseTarget，优先级递降。
s2_finalAltPred      := Mux(altProvided, altProviderInfo.ctr(ITTageCtrBits-1), basePred)
s2_provided          := provided
s2_provider          := providerInfo.tableIdx
s2_altProvided       := altProvided
s2_altProvider       := altProviderInfo.tableIdx
s2_providerU         := providerInfo.u
s2_providerCtr       := providerInfo.ctr
```

```
s2_altProviderCtr     := altProviderInfo.ctr
s2_providerTarget  := providerInfo.target
s2_altProviderTarget := altProviderInfo.target
XSDebug(io.s2_fire, p"hit_taken_jalr:")

when(s3_tageTaken) {     ///产生报告的条件是 s3_tageTaken，见上。
  io.out.s3.full_pred.jalr_target := s3_tageTarget                    ///ITTage 的输出在 io.out.s3.full_pred.jalr_target
}  ///在 s2 阶段，BPU 的输出中就有了 jalr_target，来自 entry.getTargetVec(pc)，见 FullBranchPrediction 的 fromFtbEntry()。
   ///ITTage 的输出产生于 s3 阶段，写入 io.out.s3.full_pred.jalr_target。

resp_meta.provider.valid          := s3_provided
resp_meta.provider.bits           := s3_provider
resp_meta.altProvider.valid       := s3_altProvided
resp_meta.altProvider.bits        := s3_altProvider
resp_meta.altDiffers              := s3_finalAltPred =/= s3_tageTaken
resp_meta.providerU               := s3_providerU
resp_meta.providerCtr             := s3_providerCtr
resp_meta.altProviderCtr          := s3_altProviderCtr
resp_meta.taken                   := s3_tageTaken
resp_meta.providerTarget          := s3_providerTarget
resp_meta.altProviderTarget       := s3_altProviderTarget
resp_meta.pred_cycle.map(_:= GTimer())

 // TODO: adjust for ITTAGE
 // Create a mask fo tables which did not hit our query, and also contain useless entries
 // and also uses a longer history than the provider
val s2_allocatableSlots = VecInit(s2_resps.map(r => !r.valid && !r.bits.u)).asUInt &
                     ~(LowerMask(UIntToOH(s2_provider), ITTageNTables) & Fill(ITTageNTables, s2_provided.asUInt))

val s2_allocLFSR          = LFSR64()(ITTageNTables - 1, 0)                    ///64 位 Linear-Feedback Shift Register
val s2_firstEntry         = PriorityEncoder(s2_allocatableSlots)
val s2_maskedEntry        = PriorityEncoder(s2_allocatableSlots & s2_allocLFSR)   ///LFSR64 体现着某种轮换策略
val s2_allocEntry         = Mux(s2_allocatableSlots(s2_maskedEntry), s2_maskedEntry, s2_firstEntry)
resp_meta.allocate.valid  := RegEnable(s2_allocatableSlots =/= 0.U, io.s2_fire)
resp_meta.allocate.bits   := RegEnable(s2_allocEntry, io.s2_fire)

// Update in loop
val updateRealTarget = update.full_target
when (updateValid) {     ///只有 jalr 指令（且不是 ret）才会导致对 ITTage 的 updateValid，见前。
  when (updateMeta.provider.valid) {
    val provider = updateMeta.provider.bits
    XSDebug(true.B, p"update provider $provider, pred cycle ${updateMeta.pred_cycle.getOrElse(0.U)}\n")
    val altProvider = updateMeta.altProvider.bits
    val usedAltpred = updateMeta.altProvider.valid && updateMeta.providerCtr === 0.U
                                                          ///如果 provider 的计数为 0，就采用 altProvider。
    when (usedAltpred && updateMisPred) {      // update altpred if used as pred
```

```
        XSDebug(true.B, p"update altprovider $altProvider, pred cycle ${updateMeta.pred_cycle.getOrElse(0.U)}\n")
        updateMask(altProvider)         := true.B
        updateUMask(altProvider)        := false.B
        updateCorrect(altProvider)      := false.B
        updateOldCtr(altProvider)       := updateMeta.altProviderCtr
        updateAlloc(altProvider)        := false.B
        updateTarget(altProvider)       := updateRealTarget
        updateOldTarget(altProvider)    := updateMeta.altProviderTarget
      }   ///end when (usedAltpred && updateMisPred)

      updateMask(provider)          := true.B
      updateUMask(provider)         := true.B

      updateU(provider)             := Mux(!updateMeta.altDiffers, updateMeta.providerU, !updateMisPred)
      updateCorrect(provider)       := updateMeta.providerTarget === updateRealTarget
      updateTarget(provider)        := updateRealTarget
      updateOldTarget(provider)     := updateMeta.providerTarget
      updateOldCtr(provider)        := updateMeta.providerCtr
      updateAlloc(provider)         := false.B
    }   ///end when (updateMeta.provider.valid)
  }     ///end when (updateValid)

  // if mispredicted and not the case that
  // provider offered correct target but used altpred due to unconfident
  val providerCorrect = updateMeta.provider.valid && updateMeta.providerTarget === updateRealTarget
  val providerUnconf = updateMeta.providerCtr === 0.U
  when (updateValid && updateMisPred && !(providerCorrect && providerUnconf)) {
    val allocate = updateMeta.allocate
    tickCtr := satUpdate(tickCtr, TickWidth, !allocate.valid)
    when (allocate.valid) {
      XSDebug(true.B, p"allocate new table entry, pred cycle ${updateMeta.pred_cycle.getOrElse(0.U)}\n")
      updateMask(allocate.bits)    := true.B
      updateCorrect(allocate.bits) := true.B    // useless for alloc
      updateTarget(allocate.bits)  := updateRealTarget
      updateAlloc(allocate.bits)   := true.B
      updateUMask(allocate.bits)   := true.B
      updateU(allocate.bits)       := false.B
    }   ///end when (allocate.valid)
  }   ///end when (updateValid && …)

  when (tickCtr === ((1 << TickWidth) - 1).U) {
    tickCtr := 0.U
    updateResetU := true.B
  }
  XSPerfAccumulate(s"ittage_reset_u", updateResetU)
```

```
  for (i <- 0 until ITTageNTables) {       ///启动对各个 ITTageTable 的更新，ITTageNTables = ITTageTableInfos.size
    tables(i).io.update.valid        := RegNext(updateMask(i))
    tables(i).io.update.correct      := RegNext(updateCorrect(i))
    tables(i).io.update.target       := RegNext(updateTarget(i))
    tables(i).io.update.old_target   := RegNext(updateOldTarget(i))
    tables(i).io.update.alloc        := RegNext(updateAlloc(i))
    tables(i).io.update.oldCtr       := RegNext(updateOldCtr(i))

    tables(i).io.update.reset_u      := RegNext(updateResetU)
    tables(i).io.update.uValid       := RegNext(updateUMask(i))
    tables(i).io.update.u            := RegNext(updateU(i))
    tables(i).io.update.pc           := RegNext(update.pc)
    // use fetch pc instead of instruction pc
    tables(i).io.update.folded_hist := RegNext(updateFhist)
  }
  // all should be ready for req
  io.s1_ready := tables.map(_.io.req.ready).reduce(_&&_)

  ///性能统计和 Debug 从略
  generatePerfEvent()
}  ///end class ITTage
```

对于查询没有什么限制，输入 io.s0_fire 和 s0_pc 固定连接在各个 ITTageTable 的 io.req 输入端，但是 ITTageTable 中没有除 jalr 以外指令的历史记录，即使 jalr 指令也不包括用来实现子程序返回的指令。这是通过允许对 ITTageTable 的内容进行更新的条件保证的，只有 jalr 指令并且并非 ret 指令（!update.is_ret）会使 updateValid 有效。之所以不包括用来实现子程序返回的 jalr 指令，是因为对 ret 指令另有安排，那就是后面的 RAS 预测单元。

ITTage 的预测报告输出发生在 s3，并且只是反映在 io.out.s3 这个 BranchPredictionBundle 中的 full_pred.jalr_target 字段中。

至于 ITTage 的存储器 ITTageTable，我们有理由相信，它的核心一定是和 Tage 中一样是按集合存取的 FoldedSRAMTemplate，而且整个结构也一定与 TageTable 很相似，事实上也确实如此。不过我们先把它当成一个黑盒子，看一下它的外部接口。TageTable 的外部接口就是 3 个，req、resp、update。三者的类型分别为 ITTageReq、ITTageResp、ITTageUpdate：

```
class ITTageReq(implicit p: Parameters) extends ITTageBundle {          ///预测（查询）请求
  val pc = UInt(VAddrBits.W)                                          ///具体jalr指令所在的地址
  val folded_hist = new AllFoldedHistories(foldedGHistInfos)          ///该jalr指令所处的历史背景
}

class ITTageResp(implicit p: Parameters) extends ITTageBundle {         ///预测（查询）回应
  val ctr = UInt(ITTageCtrBits.W)                                     ///置信计数（双向饱和计数），ITTageCtrBits=2。
  val u = UInt(2.W)
  val target = UInt(VAddrBits.W)                                      ///从表中查得的转移目标地址
}

class ITTageUpdate(implicit p: Parameters) extends ITTageBundle {       ///更新请求
```

```
  val pc = UInt(VAddrBits.W)                                          ///pc是具体jalr指令所在的地址
  val folded_hist = new AllFoldedHistories(foldedGHistInfos)
  // update tag and ctr
  val valid = Bool()
  val correct = Bool()
  val alloc = Bool()
  val oldCtr = UInt(ITTageCtrBits.W)
  // update u
  val uValid = Bool()
  val u = Bool()
  val reset_u = Bool()
  // target
  val target = UInt(VAddrBits.W)                                      ///target是该jalr指令的祝阿姨目标
  val old_target = UInt(VAddrBits.W)
}
```

对 ITTageTable 的外部接口有所了解之后，我们来看 class ITTageTable 的代码：

```
[FrontendImp > Predictor > Composer > ITTage > ITTageTable]
class ITTageTable(val nRows: Int, val histLen: Int, val tagLen: Int, val uBitPeriod: Int, val tableIdx: Int)
                                        (implicit p: Parameters) extends ITTageModule with HasFoldedHistory {
  val io = IO(new Bundle() {
    val req = Flipped(DecoupledIO(new ITTageReq))
    val resp = Output(Valid(new ITTageResp))
    val update = Input(new ITTageUpdate)
  })

  val SRAM_SIZE=128
  val nBanks = 2                        ///将所有的槽位分成两个Bank
  val bankSize = nRows / nBanks         ///bankSize就是每个Bank中需要有的槽位数量
  val bankFoldWidth = if (bankSize >= SRAM_SIZE) bankSize / SRAM_SIZE else 1

  if (bankSize < SRAM_SIZE) { println(f"warning: ittage table $tableIdx has small sram depth of $bankSize") }
  val bankIdxWidth = log2Ceil(nBanks)
  def get_bank_mask(idx: UInt) = VecInit((0 until nBanks).map(idx(bankIdxWidth-1, 0) === _.U))
  def get_bank_idx(idx: UInt) = idx >> bankIdxWidth

  // bypass entries for tage update
  val wrBypassEntries = 4

  require(histLen == 0 && tagLen == 0 || histLen != 0 && tagLen != 0)
  val idxFhInfo = (histLen, min(log2Ceil(nRows), histLen))
  val tagFhInfo = (histLen, min(histLen, tagLen))
  val altTagFhInfo = (histLen, min(histLen, tagLen-1))
  val allFhInfos = Seq(idxFhInfo, tagFhInfo, altTagFhInfo)
```

```
def getFoldedHistoryInfo = allFhInfos.filter(_._1 >0).toSet

def compute_tag_and_hash (unhashed_idx: UInt, allFh: AllFoldedHistories) = {    ///根据unhashed_idx计算idx和tag:
  if (histLen > 0) {
    val idx_fh = allFh.getHistWithInfo(idxFhInfo).folded_hist
    val tag_fh = allFh.getHistWithInfo(tagFhInfo).folded_hist
    val alt_tag_fh = allFh.getHistWithInfo(altTagFhInfo).folded_hist
    val idx = (unhashed_idx ^ idx_fh)(log2Ceil(nRows)-1, 0)                                  ///Hash
    val tag = ((unhashed_idx >> log2Ceil(nRows)) ^ tag_fh ^ (alt_tag_fh << 1)) (tagLen - 1, 0)   ///Hash
    (idx, tag)
  }
  else {    ///如果历史长度为0，那就是简单的位段截取：
    require(tagLen == 0)
    (unhashed_idx(log2Ceil(nRows)-1, 0), 0.U)        ///idx是unhashed_idx的最低nRows位，tag是0。
  }
}

def inc_ctr(ctr: UInt, taken: Bool): UInt = satUpdate(ctr, ITTageCtrBits, taken)      ///有饱和的更新

class ITTageEntry() extends ITTageBundle {
  val tag = UInt(tagLen.W)                    ///来自jalr指令所在地址pc的tag，用于比对。
  val ctr = UInt(ITTageCtrBits.W)             ///对过往转移情况的计数器（饱和计数）
  val target = UInt(VAddrBits.W)              ///历史上的转移目标地址
}

val validArray = RegInit(0.U(nRows.W))
// Why need add instOffsetBits?
val ittageEntrySz = 1 + tagLen + ITTageCtrBits + VAddrBits

// pc is start address of basic block, most 2 branch inst in block
def getUnhashedIdx(pc: UInt): UInt = pc >> instOffsetBits    ///instBytes = if (HasCExtension) 2 else 4，pc地址去除最低1或2位。

val s0_pc = io.req.bits.pc                                 /// ITTageTable的s0_pc来自ITTageReq
val s0_unhashed_idx = getUnhashedIdx(io.req.bits.pc)       ///jalr指令所在地址左移1或2位即为s0_unhashed_idx

val (s0_idx, s0_tag) = compute_tag_and_hash (s0_unhashed_idx, io.req.bits.folded_hist)   ///从中计算出s0_idx和s0_tag
val (s1_idx, s1_tag) = (RegEnable(s0_idx, io.req.fire), RegEnable(s0_tag, io.req.fire))
val s0_bank_req_1h = get_bank_mask(s0_idx)                        ///根据该指令的s0_idx计算其属于哪一个Bank
val s1_bank_req_1h = RegEnable(s0_bank_req_1h, io.req.fire)

  ///前面class ITTage中根据ITTageTableInfos创建了若干个ITTageTable，下面是ITTageTable内部成分的创建：
val us = Module(new Folded1WDataModuleTemplate(Bool(), nRows, 1, isSync=true, width=uFoldedWidth))   ///存储元素为bool
                                                  ///numEntries = nRows，numRead = 1，uFoldedWidth = 16。
  ///ITTageTable表内部分为若干个Bank：
val table_banks = Seq.fill(nBanks)( Module(new FoldedSRAMTemplate(new ITTageEntry, set=nRows/nBanks,
                            width=bankFoldWidth, shouldReset=true, holdRead=true, singlePort=true)))
```

```
for (b <- 0 until nBanks) {
  table_banks(b).io.r.req.valid := io.req.fire && s0_bank_req_1h(b)
  table_banks(b).io.r.req.bits.setIdx := get_bank_idx(s0_idx)
}
us.io.raddr(0) := s0_idx                                        ///以s0_idx为键从us读出

val table_banks_r = table_banks.map(_.io.r.resp.data(0))        ///从各个Bank读回的结果
val resp_selected = Mux1H(s1_bank_req_1h, table_banks_r)
val s1_req_rhit = validArray(s1_idx) && resp_selected.tag === s1_tag        ///与s1_tag比对，得一位图。

io.resp.valid := (if (tagLen != 0) s1_req_rhit else true.B)    // && s1_mask(b)
io.resp.bits.ctr := resp_selected.ctr                           /// io.resp是ITTageResp
io.resp.bits.u := us.io.rdata(0)                                ///从us读出，前面已经设定us.io.raddr(0) := s0_idx。
io.resp.bits.target := resp_selected.target

// Use fetchpc to compute hash    ///以下是update：
val (update_idx, update_tag) = compute_tag_and_hash(getUnhashedIdx(io.update.pc), io.update.folded_hist)
val update_req_bank_1h = get_bank_mask(update_idx)
val update_idx_in_bank = get_bank_idx(update_idx)
val update_target = io.update.target
val update_wdata = Wire(new ITTageEntry)

for (b <- 0 until nBanks) {
  table_banks(b).io.w.apply (valid = io.update.valid && update_req_bank_1h(b),
                             data = update_wdata, setIdx = update_idx_in_bank, waymask = true.B)
}

val bank_conflict = (0 until nBanks).map(b => table_banks(b).io.w.req.valid && s0_bank_req_1h(b)).reduce(_||_)
io.req.ready := !io.update.valid
XSPerfAccumulate(f"ittage_table_bank_conflict", bank_conflict)

us.io.wen := io.update.uValid                ///对us的写入控制来自io.update.uValid
us.io.waddr := update_idx                    ///对us的写入位置取决于update_idx
us.io.wdata := io.update.u                   ///写入us的数据为io.update.u，就是ITTageUpdate中的u字段，这是个一位布尔量。
                                             ///数据io.update.u的内容来自class ITTage中的io.update.u和updateU。
val wrbypass = Module(new WrBypass(UInt(ITTageCtrBits.W), wrBypassEntries, log2Ceil(nRows), tagWidth=tagLen))
  /// WrBypass见前节Tage预测单元所述，wrBypassEntries=4，所以是4单元的CAM，通过idx的比对读写其ITTageCtr。

wrbypass.io.wen := io.update.valid                       ///对WrBypass的写入控制
wrbypass.io.write_idx := update_idx                      ///用于写入的idx，与tag共同决定写入位置。
wrbypass.io.write_tag.map(_ := update_tag)               ///用于写入的tag，与idx共同决定写入位置。
wrbypass.io.write_data.map(_ := update_wdata.ctr)        ///写入WrBypass的数据是转移计数器的值

val old_ctr = Mux(wrbypass.io.hit, wrbypass.io.hit_data(0).bits, io.update.oldCtr)        ///从WrBypass读出老的计数值
update_wdata.ctr    := Mux(io.update.alloc, 2.U, inc_ctr(old_ctr, io.update.correct))
          ///新分配转移项的初值设置成2，否则通过inc_ctr()更新其计数；correct就加1（饱和就不再加）。
```

```
  update_wdata.tag      := update_tag
  // only when ctr is null
  update_wdata.target  := Mux(io.update.alloc || ctr_null(old_ctr), update_target, io.update.old_target)

  val newValidArray = VecInit(validArray.asBools)          ///位图
  when (io.update.valid) {
    newValidArray(update_idx) := true.B              ///如果io.update.valid就将该位图中对应于update_idx的标志位置1，其余为0。
    validArray := newValidArray.asUInt               ///并以此新的位图取代原来的validArray
  }

  // reset all us in 32 cycles
  us.io.resetEn.map(_ := io.update.reset_u)

  XSPerfAccumulate("ittage_table_updates", io.update.valid)
  XSPerfAccumulate("ittage_table_hits", io.resp.valid)
  ///Debug从略
}   ///end class ITTageTable
```

除 WrBypass 用来提供对计数器的（以 idx 为键的）CAM 读写（写入新的，读出老的）之外，其它就没有什么特别之处，但是这里有个存储阵列 us，是个 Folded1WdataModuleTemplate 模块，我们需要看一下：

```
[FrontendImp > Predictor > Composer > ITTage > ITTageTable > Folded1WDataModuleTemplate]
class Folded1WDataModuleTemplate[T <: Data](gen: T, numEntries: Int, numRead: Int,
                                        isSync: Boolean, width: Int, hasResetEn: Boolean = true) extends Module {
  val io = IO(new Bundle {
    val raddr = Vec(numRead, Input(UInt(log2Up(numEntries).W)))
    val rdata = Vec(numRead, Output(gen))
    val wen = Input(Bool())
    val waddr = Input(UInt(log2Up(numEntries).W))
    val wdata = Input(gen)
    val resetEn = if (hasResetEn) Some(Input(Bool())) else None
  })

  require(width > 0 && isPow2(width))
  require(numEntries % width == 0)

  val nRows = numEntries / width                 ///每个向量内含width个元素，所以需要nRows个槽位。

  val data = Mem(nRows, Vec(width, gen))          ///真正的存储器是在这里，nRows个槽位，每个槽位中是width个gen元素。

  val doing_reset = RegInit(true.B)
  if (hasResetEn) { io.resetEn.map(en => when (en) { doing_reset := true.B }) }
  val resetRow = RegInit(0.U(log2Ceil(nRows).W))
  resetRow := resetRow + doing_reset
  when (resetRow === (nRows-1).U) { doing_reset := false.B }
```

```
    val raddr = if (isSync) RegNext (io.raddr) else io.raddr                ///读出地址来自io.raddr，isSync表示须与时钟脉冲对齐。

    for (i <- 0 until numRead) {                                            /// numRead为构造参数，决定读出数据份数，在这里为1。
      val addr = raddr(i) >> log2Ceil(width)
      val idx = raddr(i)(log2Ceil(width)-1, 0)
      io.rdata(i) := Mux(doing_reset, 0.U.asTypeOf(gen), data(addr)(idx))      /// io.rdata为读出数据，重复numRead份。
    }

    val waddr = io.waddr >> log2Ceil(width)
    val wmask = UIntToOH(io.waddr(log2Ceil(width)-1, 0))
    val wdata = VecInit(Seq.fill(width)(io.wdata))

    when(doing_reset) {
      data.write(resetRow, 0.U.asTypeOf(Vec(width, gen)))
    }.elsewhen(io.wen) {
      data.write(waddr, wdata, wmask.asBools)
    }
} ///end class Folded1WDataModuleTemplate
```

由于在 ITTage 中创建 Folded1WDataModuleTemplate 对象 us 时的参数 gen 是 Bool()，逻辑上 us 的作用就只是相当于一个位图。

下面就是 Composer 所建预测链中的最后一环 RAS 了，这是专门针对子程序返回的。

20.8 针对 ret 指令的 RAS 预测器

从转移预测的角度说，转移指令有两类：一类是以指令所在的位置即 pc 值为“基地址”的转移，转移目标可以从指令本身所处的地址 pc 和（编码在指令中的）偏移量（offset）计算得出（常称为“相对转移”，相对于指令所在的位置），所有的条件转移指令和 jal 指令都属于这一种转移指令。另一类是以某个通用寄存器（而不是 pc）的值为“基地址”的转移（常称为“绝对转移”），虽然偏移量也是编码在指令中，但是却无法预先通过计算得到转移目标，因为在转移预测阶段无法预知该通用寄存器中的“基地址”将会是什么。这样的指令就是 jalr 指令。正因为无法得知，就只好像 ITTage 那样，纯粹依靠统计意义上的目标预测。

其实 jalr 指令并非只是一般意义上的转移，用于子程序调用和返回的伪指令 call 和 ret（本质上也是转移）就是通过 jalr 指令实现的。被用于子程序调用的 jalr 指令需要将返回地址保存在一个寄存器中，所以在指令中须指定一个所谓“连接寄存器”（通常是 R5）；而被用作一般跳转的 jalr 指令则都用只读的寄存器 R0 作为形式上的连接寄存器，所以二者还是容易区分的，不过这对于子程序调用的目标预测并无帮助。然而，对于子程序返回，却可以因此而对返回地址有确定的（而不是统计的）预测，实际上这也不是预测，而是预知。方法就是，每当执行一条 call 指令（实际上是 jalr 指令）的时候，就把返回地址（即下一条指令的地址）压入一个（硬件实现的）堆栈，到要返回的时候就从堆栈抛出返回地址。这个堆栈就叫“返回地址堆栈（Return Address Stack）”即 RAS。与软件上的堆栈不一样，RAS 仅用于子程序返回地址，别的信息进不了这个堆栈。

下面就是 RAS“预测器”的代码。同样，RAS 也是对 BasePredictor 的扩充，所以它的 io 也是从 BasePredictor 继承的。这个 class 的代码也不小，也需要分段阅读：

```
[FrontendImp > Predictor > Composer > RAS]
class RAS(implicit p: Parameters) extends BasePredictor {
  object RASEntry {
```

```
    def apply(retAddr: UInt, ctr: UInt): RASEntry = {
      val e = Wire(new RASEntry)
      e.retAddr := retAddr                ///一个 RASEntry 就是一个返回地址
      e.ctr := ctr                        ///加上一个嵌套深度计数器
      e
    }
  }  ///堆栈中的纪录项，其内容就是 retAddr 和 ctr，前者是返回地址，后者是对嵌套深度的计数。

  @chiselName ///下面是对堆栈本身（而不是预测单元）的类型定义：
  class RASStack(val rasSize: Int) extends XSModule {          /// RASStack 定义于 class RAS 内部
    val io = IO(new Bundle {
      val push_valid = Input(Bool())
      val pop_valid = Input(Bool())
      val spec_new_addr = Input(UInt(VAddrBits.W))

      val recover_sp = Input(UInt(log2Up(rasSize).W))
      val recover_top = Input(new RASEntry)
      val recover_valid = Input(Bool())
      val recover_push = Input(Bool())
      val recover_pop = Input(Bool())
      val recover_new_addr = Input(UInt(VAddrBits.W))

      val sp = Output(UInt(log2Up(rasSize).W))          ///堆栈指针，实际上是个下标。
      val top = Output(new RASEntry)                    ///栈顶元素
    })  ///end io

    val stack = Mem(RasSize, new RASEntry)              /// RasSize 定义为 32（所以嵌套深度不得超过 32）

    val sp = RegInit(0.U(log2Up(rasSize).W))            ///堆栈指针
    val top = Reg(new RASEntry())
    val topPtr = RegInit(0.U(log2Up(rasSize).W))

    val wen = WireInit(false.B)
    val write_bypass_entry = Reg(new RASEntry())
    val write_bypass_ptr = RegInit(0.U(log2Up(rasSize).W))
    val write_bypass_valid = RegInit(false.B)
    when (wen) {
      write_bypass_valid := true.B
    }.elsewhen (write_bypass_valid) {
      write_bypass_valid := false.B
    }

    when (write_bypass_valid) {
      stack (write_bypass_ptr) := write_bypass_entry
    }
```

```
def ptrInc(ptr: UInt) = Mux(ptr === (rasSize-1).U, 0.U, ptr + 1.U)        ///循环缓冲区，加到了顶就折回 0。
def ptrDec(ptr: UInt) = Mux(ptr === 0.U, (rasSize-1).U, ptr - 1.U)        ///减到了底就折回最大值。

val spec_alloc_new = io.spec_new_addr =/= top.retAddr || top.ctr.andR
val recover_alloc_new = io.recover_new_addr =/= io.recover_top.retAddr || io.recover_top.ctr.andR

// TODO: fix overflow and underflow bugs
def update (recover: Bool)(do_push: Bool, do_pop: Bool, do_alloc_new: Bool,
                           do_sp: UInt, do_top_ptr: UInt, do_new_addr: UInt, do_top: RASEntry) = {
  when (do_push) {                                    ///压入堆栈：
    when (do_alloc_new) {
      sp := ptrInc(do_sp)
      topPtr := do_sp
      top.retAddr := do_new_addr
      top.ctr := 0.U
      // write bypass
      wen := true.B
      write_bypass_entry := RASEntry (do_new_addr, 0.U)
      write_bypass_ptr := do_sp
    }.otherwise {
      when (recover) {
        sp := do_sp
        topPtr := do_top_ptr
        top.retAddr := do_top.retAddr
      }
      top.ctr := do_top.ctr + 1.U
      // write bypass
      wen := true.B
      write_bypass_entry := RASEntry (do_new_addr, do_top.ctr + 1.U)
      write_bypass_ptr := do_top_ptr
    }   ///end when (do_alloc_new){}.otherwise{}
  }.elsewhen (do_pop) {                               ///从堆栈抛出：
    when (do_top.ctr === 0.U) {
      sp        := ptrDec(do_sp)
      topPtr    := ptrDec(do_top_ptr)
      // read bypass
      top := Mux(ptrDec(do_top_ptr) === write_bypass_ptr && write_bypass_valid,
                                          write_bypass_entry, stack.read(ptrDec(do_top_ptr)))
    }.otherwise {
      when (recover) {
        sp := do_sp
        topPtr := do_top_ptr
        top.retAddr := do_top.retAddr
      }
      top.ctr := do_top.ctr - 1.U
      // write bypass
```

```
          wen := true.B
          write_bypass_entry := RASEntry(do_top.retAddr, do_top.ctr - 1.U)
          write_bypass_ptr := do_top_ptr
        }   ///end when (do_top.ctr === 0.U) {}.otherwise {}
      }.otherwise {
        when (recover) {
          sp := do_sp
          topPtr := do_top_ptr
          top := do_top
          // write bypass
          wen := true.B
          write_bypass_entry := do_top
          write_bypass_ptr := do_top_ptr
        }
      }
    }   ///end update()

    update (io.recover_valid)(      ///调用 update()，调用参数如下：
      Mux(io.recover_valid,   io.recover_push,     io.push_valid),          /// do_push
      Mux(io.recover_valid,   io.recover_pop,      io.pop_valid),           /// do_pop
      Mux(io.recover_valid,   recover_alloc_new,   spec_alloc_new),         /// do_alloc_new
      Mux(io.recover_valid,   io.recover_sp,       sp),                     /// do_sp
      Mux(io.recover_valid,   io.recover_sp - 1.U, topPtr),                 /// do_top_ptr
      Mux(io.recover_valid,   io.recover_new_addr, io.spec_new_addr),       /// do_new_addr
      Mux(io.recover_valid,   io.recover_top,      top))                    /// do_top

    io.sp := sp          ///经过 update()以后的 sp
    io.top := top        ///经过 update()以后的 top

    val resetIdx = RegInit(0.U(log2Ceil(RasSize).W))
    val do_reset = RegInit(true.B)
    when (do_reset) {
      stack.write(resetIdx, RASEntry(0x80000000L.U, 0.U))
    }
    resetIdx := resetIdx + do_reset
    when (resetIdx === (RasSize-1).U) {
      do_reset := false.B
    }
    ///Debug 从略
  }  ///end class RASStack
/// class RAS，待续
```

以上代码主要是 RASStack 的内部实现，堆栈 stack 就是一块有 RasSize 个 RASEntry 的存储器，对堆栈的操作都在函数 update()中，而对这个 update()函数的调用就在 class RASStack 的构造函数即初始化过程中。读者也许会困惑，要进行堆栈操作的时候是不是就调用这个函数？其实不是，在硬件描述中，一个函数就是一块电路，调用一次就生成一块这样的电路，就好像盖上一个图章一样。在初始化过程中调用这个函数就是要构建这块电路（在解析过程中会有许多 pushCommand），那些调用参数就是这块电路的输入，函数的返回值就是这块电路的输出。一旦构建了这个电路之后，此后的操作就是信号驱动的了。例如，要是输入信号 do_push 是 true，就会在 when (do_push)这个分支所描述的电路中实施 push 操作；而若是 do_pop 为 true 就在 elsewhen (do_pop)这个分支所描述的电路中实施 pop 操作。除此之外，这个电路还有个 recover 输入，只要 recover 为 true 就会进行 recover 操作，那是针对堆栈溢出（overflow）或下溢（underflow）后的补救措施。除 recover 来自 io.recover_valid 之外，这块电路有 7 个输入，各自来自一个 Mux，例如 do_push 这个输入信号就来自 Mux(io.recover_valid, io.recover_push, io.push_valid)，余可类推。所以下面在 RAS 这一层的代码中，只要有 spec_ras.io.push_valid 为 true，并且 io.recover_valid 为 false，那就是启动对这个堆栈的 push 操作。

下面才是 RAS 本身的初始化代码：

```
[FrontendImp > Predictor > Composer > RAS]          续
  val spec = Module(new RASStack(RasSize))              ///创建堆栈 spec，这是一个 RASStack 对象。
  val spec_ras = spec.io                                ///RAS 与 RASStack 之间的接口
  val spec_top_addr = spec_ras.top.retAddr              ///spec_top_add 是栈顶单元里的 retAddr

  val s2_spec_push = WireInit(false.B)
  val s2_spec_pop = WireInit(false.B)
  val s2_full_pred = io.in.bits.resp_in(0).s2.full_pred     ///s2_full_pred 就是 io.in.bits.resp_in(0).s2.full_pred
  // when last inst is an rvi call, fall through address would be set to the middle of it, so an addition is needed
  val s2_spec_new_addr = s2_full_pred.fallThroughAddr + Mux(s2_full_pred.last_may_be_rvi_call, 2.U, 0.U)
                  ///fallThroughAddr 是按 16 位指令字算的，所以 call 指令若是 32 位就再加 2，16 位指令不用加。
                  ///这就是要压入堆栈的返回地址
  spec_ras.push_valid := s2_spec_push                   ///s2_spec_push 为 true 就启动堆栈的 push 操作
  spec_ras.pop_valid := s2_spec_pop                     ///s2_spec_pop 为 true 就启动堆栈的 pop 操作
  spec_ras.spec_new_addr := s2_spec_new_addr

  // confirm that the call/ret is the taken cfi
  s2_spec_push := io.s2_fire && s2_full_pred.hit_taken_on_call && !io.s3_redirect        ///call 的时候要 push
  s2_spec_pop  := io.s2_fire && s2_full_pred.hit_taken_on_ret && !io.s3_redirect         ///ret 的时候要 pop
             ///不可能既是 call 又是 ret，所以 s2_spec_push 和 s2_spec_pop 不会同时为 true，但可以都是 false。
             ///一旦 s2_spec_push/s2_spec_pop 为 true 就开始对堆栈的 pish/pop 操作，见上面对 spec_ras 的连接。

  val s2_jalr_target = io.out.s2.full_pred.jalr_target       ///为 io.out.s2.full_pred 中一些字段定义一些代名，准备往里面写：
  val s2_last_target_in = s2_full_pred.targets.last
  val s2_last_target_out = io.out.s2.full_pred.targets.last
  val s2_is_jalr = s2_full_pred.is_jalr                     ///这是来自 io.in.bits.resp_in(0).s2.full_pred 的输入
  val s2_is_ret = s2_full_pred.is_ret

  when(s2_is_ret && io.ctrl.ras_enable) {       ///指令是 ret，且 CSR 开启了 RAS 预测：
    s2_jalr_target := spec_top_addr             ///返回地址，即 spec_ras.top.retAddr，栈顶的内容是可见的。
       ///这就把返回地址写入了 io.out.s2.full_pred.jalr_target，所以 RAS 的输出是在 s2 阶段，写入.s2.full_pred.jalr_target。
    // FIXME: should use s1 globally
  }
  s2_last_target_out := Mux(s2_is_jalr, s2_jalr_target, s2_last_target_in)    ///写入 io.out.s2.full_pred.targets.last

  val s3_top = RegEnable(spec_ras.top, io.s2_fire)             ///s3_top 实际上是 s2 时的 spec_ras.top，晚一个节拍。
```

```
  val s3_sp = RegEnable (spec_ras.sp, io.s2_fire)
  val s3_spec_new_addr = RegEnable(s2_spec_new_addr, io.s2_fire)

  val s3_jalr_target = io.out.s3.full_pred.jalr_target          ///为 io.out.s2.full_pred 中的字段也定义一些代名，准备往里面写：
  val s3_last_target_in = io.in.bits.resp_in(0).s3.full_pred.targets.last
  val s3_last_target_out = io.out.s3.full_pred.targets.last       ///准备好往输出的这些字段里写
  val s3_is_jalr = io.in.bits.resp_in(0).s3.full_pred.is_jalr     ///来自 io.in.bits.resp_in(0).s3.full_pred.is_jalr
  val s3_is_ret = io.in.bits.resp_in(0).s3.full_pred.is_ret       ///来自 io.in.bits.resp_in(0).s3.full_pred.is_ret

  when(s3_is_ret && io.ctrl.ras_enable) {
    s3_jalr_target := s3_top.retAddr               ///把返回地址写入 io.out.s3.full_pred.jalr_target，RAS 在 s3 阶段也有输出。
    // FIXME: should use s1 globally
  }
  s3_last_target_out := Mux(s3_is_jalr, s3_jalr_target, s3_last_target_in)      ///把 Mux 的输出写入 io.out.s3.full_pred.targets.last

  val s3_pushed_in_s2 = RegEnable (s2_spec_push, io.s2_fire)
  val s3_popped_in_s2 = RegEnable (s2_spec_pop,   io.s2_fire)
  val s3_push = io.in.bits.resp_in(0).s3.full_pred.hit_taken_on_call
  val s3_pop = io.in.bits.resp_in(0).s3.full_pred.hit_taken_on_ret

  val s3_recover = io.s3_fire && (s3_pushed_in_s2 =/= s3_push || s3_popped_in_s2 =/= s3_pop)
  io.out.last_stage_spec_info.rasSp   := s3_sp
  io.out.last_stage_spec_info.rasTop := s3_top

  val redirect = RegNext (io.redirect)
  val do_recover = redirect.valid || s3_recover
  val recover_cfi = redirect.bits.cfiUpdate

  val retMissPred = do_recover && redirect.bits.level === 0.U && recover_cfi.pd.isRet
  val callMissPred = do_recover && redirect.bits.level === 0.U && recover_cfi.pd.isCall
  // when we mispredict a call, we must redo a push operation
  // similarly, when we mispredict a return, we should redo a pop
  spec_ras.recover_valid := do_recover
  spec_ras.recover_push := Mux(redirect.valid, callMissPred, s3_push)
  spec_ras.recover_pop    := Mux(redirect.valid, retMissPred, s3_pop)

  spec_ras.recover_sp    := Mux(redirect.valid, recover_cfi.rasSp, s3_sp)
  spec_ras.recover_top := Mux(redirect.valid, recover_cfi.rasEntry, s3_top)
  spec_ras.recover_new_addr := Mux(redirect.valid, recover_cfi.pc + Mux(recover_cfi.pd.isRVC, 2.U, 4.U), s3_spec_new_addr)
  ///Debug 和性能统计从略

  generatePerfEvent()
}  ///end RAS
```

从代码中可见，RAS 对 jalr 指令的处理是这样：

如果是 call 就 push，push 的内容是其下一条指令的地址，也就是这条 jalr 指令的 fallThroughAddr 地址。

不过这个 fallThroughAddr 地址是按指令字算的，而不是按指令算的，所以在支持 16 位指令的 CPU 中只是指令字的地址加 2。这样，如果这 jalr 指令实际上是 32 位指令就得在 fallThroughAddr 地址上加 2。对于 call 指令，这也正是子程序调用的返回地址。

如果是 ret，就把处于栈顶的 spec_top_addr 写入 io.out.s2.full_pred.jalr_target，这个 spec_top_addr 就是上一次处理 call 指令时 push 进堆栈的返回地址。同时做一次 pop，把栈顶的内容从堆栈抛出，然后又将同一个返回地址写入 io.out.s3.full_pred.jalr_target。

如果是 jalr,但既不是 call 也不是 ret，就不会改变 io.out.s2.full_pred.jalr_target 和 io.out.s3.full_pred.jalr_target 的内容，但是 io.out.s3.full_pred.targets.last 会被写成当前栈顶的返回地址，如果压根连 jalr 也不是，就把 s3_last_target_in 即 io.in.bits.resp_in(0).s3.full_pred.targets.last 照抄过去。

可见，RAS 的输出是在 s2 和 s3 两个阶段，并且所影响的字段就是 s2 和 s3 中的 full_pred.jalr_target。所以不会与别的预测器冲突。

这样，Composer 所构建的预测链上共 5 个预测器，从 FauFTB 到 RAS，各司其职，互相补充，其中 FauFTB 是快速预测，在 BPU 流水线的第一阶段 s1 就出结果，其余都要在随后的 s2、s3 阶段才出结果下表是对这 5 个预测器的一个总结：

次序	预测器名称	历史依据	输出时序	主要输出内容
1	FauFTB	局部	s1	io.out.s1.full_pred
2	Tage	全局	s2	io.out.s2.full_pred.br_taken_mask
3	FTB	局部	s2/s3	io.out.s2.pc/ io.out.s2.full_pred/ io.out.s2.full_pred.br_taken_mask io.out.s3.pc/ io.out.s3.full_pred/ io.out.s3.full_pred.br_taken_mask
4	ITTage	全局	s3	io.out.s3.full_pred.jalr_target
5	RAS	全局	s3	io.out.s3.full_pred.jalr_target （专对 ret 指令）

但是注意，以 FauFTB 为例，其输出在 s1 阶段就写入了 io.out.s1.full_pred，但 BPU 在 s1 阶段提供的取指目标地址 pc 却并非来自 io.out.s1.full_pred 中的 target，而是来自 IFU 的 Redirect，即来自 IFU 的建议；io.out.s1.full_pred 的内容要在 s2 阶段才反映在 pc 字段。

表面上这里 RAS 的输出结果似乎覆盖了 ITTage 的输出，因为同样是 io.out.s3.full_pred.jalr_target，但 RAS 仅针对用作 ret 的 jalr 指令，并且是用确定性的结果覆盖猜测性的结果。所以，这 5 个预测器是互相补充的关系。另外还要注意，以 FauFTB 为例，其输出产生于 s1，但只是写入了 s1.full_pred 而并不是 s1.pc，要到 s2 的时候才从 s1.full_pred 进入 s2.pc。所以，BPU 在 s1 阶段提供的取指目标其实直接来自后端或 IFU 的 Redirect，到 s2 阶段提供的取指目标才是来自 FauFTB。同样的道理，在 s2 阶段写入 s2.full_pred 的结果才会反映在 BPU 的 s3 阶段取指目标中。至于 s3 阶段写入 s3.full_pred 的预测结果，那基本上都是针对 jalr 指令的，就不会成为本轮预测的取指目标(因为 BPU 的预测报告一共就这么 3 个阶段)，而只是会被写入 Ftq 的 ftb_entry_mem，为下一次再碰到同一条 jalr 指令时的目标预测提供更接近真实的背景。

20.9 转向与冲刷

在还没有流水线微结构时，指令的执行是逐条地走过取指、译码、取数、执行、回写几个阶段，上一条指令还没有完成执行和回写就不会开始下一条指令的取指，所以那时候指令流转向不是个问题。但是有了流水线以后，由于在前面指令尚未执行之前就需取入后续指令，这就成了一个问题。有了超标量流水线和多发（多执行单元）执行，这个问题就更突出了。

一般而言，受指令流“转向指示”影响最大的当然是前端的取指环节，因为转向通常意味着需要放弃已经取入的若干指令，甚至有可能是相当数量的一批指令。但是流水线后端也会受到影响，因为转向指示的发出可能并不那么及时，当后端的执行单元执行到转移指令的时候，它后面的指令可能已经进入流水线的各个环节，甚至进入了与转移指令的同一个执行批次中。离执行单元最远的是前端，一旦发生指令流转向，偏离正确路线最远，最“离谱”的当然是前端。

转向指示的来源大致上有三个：

- 前端的取指单元 IFU。这是因为，把一批指令取进来之后，经过预译码，IFU 就已知道取进来的是些什么指令。其中的无条件转移指令 jal 是“pc 相对转移”，而偏移量又直接编码在指令中，所以直接就可推算其转移目标。除此之外，还有些是知道有转移但不知道目标（jalr）；还有些是知道有可能转、也知道转移目标，但不知道会不会转（条件转移指令 br）；还有就是知道并无转向但也得提供下一步的取指，因为虽然是成块读入指令但其采纳范围却长短不一。所谓 IFU 的转向指示，其实是 IFU 对于后续取指地址的建议，这个建议包含在从 IFU 向 Ftq“回写”的信息中，需要结合存储在 Ftq 队列中的一些信息才构成形式上的转向指示。所以是到了 Ftq 中以后才形成一个 Redirect 对象。
- 前端的转移预测模块 BPU 对转移指令的预测。这个转向指示隐含在由 BPU 提供的预测报告中，预测报告直接就提供下一步的取指目标，所以不像其余两个来源一样有个 Redirect 对象。BPU 可以提供先后三次的下一步取指目标，第一次直接来自后端的转向指示，或 IFU 的建议。后面两次来自 BPU 的预测，但是如果后面的两次与第一次的相同就被跳过了（例如对 jal 指令的转移目标根本就不需要后面的两次），如果第二次与第一次不同就以第二次为准，这就有了转向（因为 Ftq 已经按第一次的结论取指）；如果第三次与第二次又不同就以第三次为准（均需把前面错误取进来的指令块冲刷掉）。所以，BPU 的转向指示是无形的，并不体现为一个 Redirect 对象。BPU 对于条件转移是预测其转或不转（take/not take），对于无条件转移指令 jalr 则是预测其转移目标。如果对条件转移指令的预测是“转（take）”，那就有了取指转向，而转向的目标也是“pc 相对转移”，也可以推算。至于无条件转移指令 jalr，转是肯定的，需要预测的是转移目标。同样是无条件转移，jalr 与 jal 不同，jalr 不是“pc 相对转移”，而是“通用寄存器相对转移”，一定得要到指令得到执行的时候才能确定该寄存器中的值是什么，所以对 jalr 指令的目标预测只能是基于历史记录的预测。对子程序的调用 call 和从子程序返回 ret 是特殊形式的 jalr 指令，对这二者的目标预测有比较高的正确性，但也只能是基于历史记录。对任何具体 jalr 指令的第一次预测肯定是错误的，要到后端发来转向指示才知道目标究竟是什么，把它记录下来，下一次的预测就正确了。BPU 的第一次预测报告一出来，Ftq 就会据此发出取指命令，如果后来第二次或第三次的预测与第一次不同，Ftq 就得一边另发新的取指命令，一边下令冲刷已经错误取入的指令块，不让其进入后端。所以，在最坏的情况下，Ftq 需要折腾三次才把 BPU 最后确认的后续指令块取进来（最后还得接受后端的裁判），但是在最好的情况下只要一次就够了。整个前端的取指效率取决于综合的效果，而前端取指的正确率则在一定程度上取决于 BPU 的预测正确率（IFU 取指建议的正确率与 BPU 并无关系）。
- 来自后端的执行单元和 Rob，这是有个 Redirect 对象的。条件转移指令之究竟转还是不转，无条件转移指令 jalr 的转移目标，都得要到具体执行的时候才能最终确定，原先的预测有可能是错的，需要纠正。另外，程序在执行中还可能发生异常，异常又有被动的异常和主动的异常即“自陷”，对于被动的、因出错而引起的异常显然无法预测。还有中断，发生的时间完全是随机的，这也无法预测。所以，来自执行单元的转向指示就好像最终裁决，是指令性的，这个裁决也被 BPU 用作对转移历史的更新。

在香山的代码中，无论是来自 IFU 本地的转向指示还是来自后端的转向指示，都不直接就拿来指引下一步的取指，而是连同其它有关信息一起，由 Ftq 交给 BPU 进行综合和预测（当然对 jal 指令实际上并不需要预测），以形成 BPU 的一次或多次（两次或三次）预测报告，然后 Ftq 统一按 BPU 的预测向 ICache 和 IFU 发出取指命令和冲刷命令。而 IFU，则总是按取指命令取指，按冲刷命令冲刷。此外，IFU 在有来自后端的转向指示时也要立即冲刷，这与因为 BPU 有新的不同于以前的预测引起的冲刷是不同的性质。

有形的转向指示是个 Redirect 类对象，我们重温一下它的结构定义：

```
class Redirect(implicit p: Parameters) extends XSBundle {
  val robIdx = new RobPtr                                          ///转移指令在Rob中的位置，仅当转向指示来自后端时才有意义。
  val ftqIdx = new FtqPtr                                          ///转移指令所属的指令块，在Ftq队列中的槽位序号（下标）。
  val ftqOffset = UInt(log2Up(PredictWidth).W)                     ///转移指令在所属指令块内部的位置（下标）
  val level = RedirectLevel()                                      ///转向的方式，flush/flushAfter
  val interrupt = Bool()                                           ///这是因中断而来的转向
  val cfiUpdate = new CfiUpdateInfo                                ///有关详情，供BPU用于历史记录的更新。
  val stFtqIdx = new FtqPtr          // for load violation predict ///仅用于来自存储子系统的转向
  val stFtqOffset = UInt(log2Up(PredictWidth).W)
  val debug_runahead_checkpoint_id = UInt(64.W)
  def flushItself() = RedirectLevel.flushItself(level)             ///返回本次转向的RedirectLevel是否flushItself。
}
```

注意 Redirect 这个 Bundle 本身是不带 valid 控制线的，所以代码中有：

val fromIfuRedirect = WireInit(0.U.asTypeOf(Valid(new Redirect)))

这就是在Redirect外面傍上一根valid信号线，但是即便如此这个Bundle中还是没有ready线，说明Redirect的发布是无需得到对方 ready 允许的，只要所傍上的 valid 线为 true 即表示 Bundle 上的信号有效。像这样傍上一根valid线以后就可以通过例如fromIfuRedirect.valid设置其有效。但是也可以不这样在Bundle中傍上valis信号线，而在外部另外定义一个 valid 信号，只要这个信号为 true 就可以。

从 Redirect 的定义可见，在 Redirect 这一层上直接提供的都不是转向信息本身，而只是转移指令的位置信息。例如 ftqIdx 和 ftqOffset 就唯一地确定了具体导致转向的转移指令在哪一个指令块中的哪一个位置上；interrupt 则说明转向是因为中断而引起，所以并不存在引起转向的指令；而 robIdx，则提供了引起转向的指令（包括中断）在 Rob 中的位置。一般而言，凡是在 Rob 中位于转向指令之后的指令都应受到冲刷。而关于转向本身的信息，则在 cfiUpdate 这个 CfiUpdateInfo 对象中：

```
class CfiUpdateInfo(implicit p: Parameters) extends XSBundle with HasBPUParameter {   // from backend
  val pc = UInt(VAddrBits.W)                                                 ///本条转移指令所在的地址
  // frontend -> backend -> frontend
  val pd = new PreDecodeInfo        // frontend -> backend -> frontend       ///本条指令的预译码信息
  val rasSp = UInt(log2Up(RasSize).W)                                        ///如果是jalr指令并是用于call（call伪指令）
  val rasEntry = new RASEntry                                                ///如为call指令，则在RAS堆栈中的栈项。
  val folded_hist = new AllFoldedHistories(foldedGHistInfos)                 ///经折叠的历史记录
  val afhob = new AllAheadFoldedHistoryOldestBits(foldedGHistInfos)
  val lastBrNumOH = UInt((numBr+1).W)                                        ///所指的是哪一条br指令
  val ghr = UInt(UbtbGHRLength.W)                                            ///本转移指令的全局历史
  val histPtr = new CGHPtr                                                   ///本转移指令在全局历史中的位置
  val specCnt = Vec(numBr, UInt(10.W))                                       ///实际上并未使用，忽略。
  // need pipeline update
  val br_hit = Bool()                                  ///如果是条件转移指令，则在历史记录中是否命中。
  val predTaken = Bool()                               ///BPU当初的预测是否转（taken）
  val target = UInt(VAddrBits.W)                       ///实际转移的目标
  val taken = Bool()                                   ///条件转移指令实际上是否转
  val isMisPred = Bool()                               ///当初的预测是否错误
  val shift = UInt((log2Ceil(numBr)+1).W)              ///本次转移进入历史记录时的移位值
  val addIntoHist = Bool()                             ///要不要加入到历史记录中
```

```
  def fromFtqRedirectSram (entry: Ftq_Redirect_SRAMEntry) = {    ///从Ftq_Redirect_SRAMEntry对象中摘取信息：
    this.folded_hist := entry.folded_hist                        ///来自BPU的相关历史信息存储在ftq_redirect_sram中，需要时再发给BPU。
    this.lastBrNumOH := entry.lastBrNumOH
    this.afhob := entry.afhob
    this.histPtr := entry.histPtr
    this.rasSp := entry.rasSp
    this.rasEntry := entry.rasTop
    this
  }  ///ftq_redirect_sram在ftq中，对ftq_redirect_sram的访问以转移指令的ftqIdx为键，
}  ///end class CfiUpdateInfo
```

其中的 pc 是转移指令所在的地址，pd 是对该条指令的预译码信息，此外还有一些是与该指令历史记录有关的信息。这里有几项信息是特别值得一说的：其中 predTaken 是当初 BPU 对该转移指令是否要转的预测，而 taken 则是实际执行的结果，如果 predTaken 与 taken 不一致则 isMisPred 为 true。

来自 IFU 的 Redirect 中的 CfiUpdateInfo，其主要内容来自 IFU 向 Ftq 的回写：

```
val ifuRedirectCfiUpdate = fromIfuRedirect.bits.cfiUpdate
ifuRedirectCfiUpdate.pc := pdWb.bits.pc(pdWb.bits.misOffset.bits)
ifuRedirectCfiUpdate.pd := pdWb.bits.pd(pdWb.bits.misOffset.bits)
ifuRedirectCfiUpdate.predTaken := cfiIndex_vec(pdWb.bits.ftqIdx.value).valid
ifuRedirectCfiUpdate.target := pdWb.bits.target
ifuRedirectCfiUpdate.taken := pdWb.bits.cfiOffset.valid
ifuRedirectCfiUpdate.isMisPred := pdWb.bits.misOffset.valid
```

但是 CfiUpdateInfo 中的那些历史信息，如 folded_hist、ghr 等，则来自存储在 Ftq 的 ftq_redirect_sram 中的信息，来自具体的 Ftq_Redirect_SRAMEntry，这就是函数 fromFtqRedirectSram()的作用。

从 ftq_redirect_sram 读出的内容 Ftq_Redirect_SRAMEntry 通过函数 fromFtqRedirectSram()转换成了 Redirect 中 CfiUpdateInfo 的部分内容，那部分关于历史记录的内容是 IFU 无法提供的，是在一次次的转移预测中逐步积累的，所以得要存储在 Ftq 的 ftq_redirect_sram 中。事实上，BPU 在发回预测报告的同时也要随同发回相关的历史信息 last_stage_spec_info，由 Ftq 写入 ftq_redirect_sram：

```
ftq_redirect_sram.io.wen := io.fromBpu.resp.bits.lastStage.valid
ftq_redirect_sram.io.waddr := io.fromBpu.resp.bits.lastStage.ftq_idx.value
ftq_redirect_sram.io.wdata := io.fromBpu.resp.bits.last_stage_spec_info        ///SpeculativeInfo
```

实际上 Ftq_Redirect_SRAMEntry 就是对 SpeculativeInfo 的简单扩充，所以 fromFtqRedirectSram()从前者摘取信息至 CfiUpdateInfo 等同于从 SpeculativeInfo 摘取，而这 last_stage_spec_info 是 BranchPredictionResp 的一部分，其信息来自 BPU 中 lastBrNumOHGen、foldedGhGen 等优先级 Mux。以其中的 lastBrNumOHGen 为例，这个优先级 Mux 就是这样：

```
lastBrNumOHGen.register(s2_redirect, resp.s2.lastBrPosOH.asUInt, Some("s2_BrNumOH"), 5)
lastBrNumOHGen.register(s1_valid, resp.s1.lastBrPosOH.asUInt, Some("s1_BrNumOH"), 4)
lastBrNumOHGen.register(s3_redirect, resp.s3.lastBrPosOH.asUInt, Some("s3_BrNumOH"), 3)
lastBrNumOHGen.register(do_redirect.valid, thisBrNumOH, Some("redirect_BrNumOH"), 2)
lastBrNumOHGen.register(true.B, s0_last_br_num_oh_reg, Some("stallBrNumOH"), 0)
```

读者最好把它与 npcGen 结合起来看，这些优先级 Mux 决定了 BPU 回应中各种成分的由来，lastBrNumOHGen 所提供的是关于具体 Br 指令的信息。可想而知，信息的源头还是在于 IFU 的回写，第一次进入 BPU 的 Redirect，如果是关于 Br 指令的，引起 BPU 对于条件转移的预测，BPU 把相关的信息发回给 Ftq，由 Ftq 以 ftq_idx 为键将其存储在 ftq_redirect_sram 中。到 IFU 按 BPU 的预测取入了指令块并有了回写信息之后，或者到后端真正执行了转移指令并发现原先的预测不正确而发来转向指示的时候，Ftq 再从 ftq_redirect_sram 中读出原先的记录，填写进 Redirect 的 cfiUpdate 即 CfiUpdateInfo 中，这样就形成了闭环。Ftq 和 BPU 中的历史信息就是这样积累起来的，而不是像数据库那样有个磁盘文件。

来自后端和 IFU 的 Redirect 信息在 Ftq 汇合，所以 Ftq 可能在同一时钟节拍中从后端和 IFU 得到两个 Redirect 信息，下面的代码片段来自 Ftq，但是次序可能与源码中的不一致，因为这里要着重说明的是信号的来龙去脉，而硬件描述与语句的先后次序无关，所以并不影响代码的正确性：

```
val redirectVec = VecInit(backendRedirect, fromIfuRedirect)
io.toBpu.redirect := Mux(fromBackendRedirect.valid, fromBackendRedirect, ifuRedirectToBpu)
```

可见，Ftq 中有个 redirectVec，内含 backendRedirect 和 fromIfuRedirect 两个 Bundle。但是 Ftq 本身并非这两个 Redirect 的耗用者，而只是要将其中之一通过 io.toBpu.redirect 转交给 BPU（BPU 只接受一个 Redirect），所以这里要通过 Mux 二中选一。选择的原则是：只要来自后方的 Redirect 有效就选用后方的，此时来自 IFU 的 Redirect 可以放弃。这是因为，如果来自后方的 Redirect 有效就说明好几个时钟节拍之前的转移指令就已发生了转向，所以现下来自 IFU 的 Redirect 根本就是无意义的。但是，如果来自后方的 Redirect 无效，那来自 IFU 的 Redirect 就起作用了。

Ftq 的 io.toBpu 被连接到 BPU，就是那里的 io.ftq_to_bpu，这样就到了 BPU 这一边：

```
val redirect_req = io.ftq_to_bpu.redirect
val do_redirect = RegNext(redirect_req, 0.U.asTypeOf(io.ftq_to_bpu.redirect))
```

后面就是 BPU 中的事了。不过我们在深入到 BPU 中之前还要先看一下上面的 backendRedirect 和 fromIfuRedirect 是怎么来的，尤其是后者，IFU 是怎么给 Ftq 提供取指建议的。

20.9.1 IFU 的转向指示 fromIfuRedirect

如前所述，IFU 并未直接给 Ftq 发送 Redirect，IFU 只是给 Ftq“回写”了有关下一步取指方向的建议，里面确实蕴含着转向信息，是 Ftq 从 IFU 的回写信息 toFtq.pdWb 中提取信息形成了一个来自 IFU 的 Redirect。下面的代码片段摘自 IFU。同样，语句的先后次序也与源码中不一致：

```
val wb_valid = RegNext(RegNext(f2_fire && !f2_flush) && !f3_req_is_mmio && !f3_flush)   ///只要没有flush就有回写
toFtq.pdWb := Mux(wb_valid, checkFlushWb,    mmioFlushWb)          ///回写的信息有可能来自mmio，不过我们不予关心。

val checkFlushWb = Wire(Valid(new PredecodeWritebackBundle))
```

IFU 向 Ftq 回写的主要就是预译码信息，所以称为 pdWb。这个 pdWb 不是来自 checkFlushWb 就是来自 mmioFlushWb，前者用于来自 ICache 的指令块，后者用于通过 mmio 接口从外设读入的指令，我们只关心前者。向 Ftq 的回写受 wb_valid 的控制，这个信号来自(f2_fire && !f2_flush)，实际上就是来自 f2_fire，但是先得用一个寄存器 RegNext 使其与时钟脉冲同步，然后再用一个寄存器延迟一拍，在时序上就相当于 f3 阶段了。但是这也告诉我们，pdWb 是对每个指令块都要发送一次的。

发往 Ftq 的是个 PredecodeWritebackBundle 对象，顾名思义这是关于预译码信息的回写：

```
class PredecodeWritebackBundle(implicit p:Parameters) extends XSBundle {
  val pc          = Vec(PredictWidth, UInt(VAddrBits.W))                                  ///pc向量说明各指令的地址
  val pd          = Vec(PredictWidth, new PreDecodeInfo) // TODO: redefine Predecode     ///pd向量，各条指令的预译码信息。
  val ftqIdx      = new FtqPtr                                                           ///属于哪一个指令块，源自取指命令
  val ftqOffset   = UInt(log2Ceil(PredictWidth).W)                                       ///来自取指命令
  val misOffset   = ValidUndirectioned(UInt(log2Ceil(PredictWidth).W))                   ///来自PredChecker的stage2输出
  val cfiOffset   = ValidUndirectioned(UInt(log2Ceil(PredictWidth).W))
                                                        ///CFI指令在指令块中的位置，来自PredChecker的stage1输出。
  val target      = UInt(VAddrBits.W)                   ///建议下一指令块的起点，来自PredChecker的stage2输出。
  val jalTarget   = UInt(VAddrBits.W)                   ////jal指令所致的后续指令起点，来自PredChecker的stage2输出。
  val instrRange  = Vec(PredictWidth, Bool())                                            ///本指令块中已采纳的指令范围
}
```

显然，这里的有些信息在 Predecode 的输出中是不存在的，这些信息来自 PredChecker，对下一步取指方向的建议其实是 PredChecker 提供的。

我们在前面看到，IFU 取入一块指令之后不一定是所有指令都被采纳，因为实际上前后两条转移指令的间距平均只有五六条指令；而一旦遇上无条件转移指令，则后面的指令肯定要被丢弃。即便是条件转移指令，后面的指令也有可能会被丢弃，即使转移目标就在本块指令中也要被丢弃。不过即使被“冤枉丢弃”也不要紧，偶尔有指令块后面的若干条指令本次未被采纳，而发起了另一次取指，损失也不是太大，所以就有个指令采纳范围 instrRange，这个范围的终点就是人为设置的断点，这个人为设置的断点可以不是转移指令。然后 PredChecker 就要在这个 instrRange 之内，按五种不同的准则进行扫描，从中找出所有潜在的断点，其中最前面的那个潜在断点就成为实际的断点，本次取入的有效指令片的范围也就随之而定。这个断点，就成为提交 BPU 进行转移预测的目标。

至于指令片内的条件转移指令，则可能转可能不转，但是并不将其看成断点，而只是将其看成依附于断点（包括人为断点），但是当然对所预测的转移目标有影响，那就反映在具体断点的历史记录中。由于采纳范围本来就不大，再加上可能存在的无条件转移指令，在这么小的一段指令中要有也不过是一条或两条 br 指令，所以把 numBr 定义为 2。

下面是 IFU 准备向 Ftq 回写时的代码:

```
val wb_ftq_req = RegNext(f3_ftq_req)                ///f3_ftq_req源自f0_ftq_req，即取指命令。
val wb_instr_valid = RegNext(f3_instr_valid)        ///源自预译码的输出，经指令块中最后的半指令（如果存在）的调整。

val checkFlushWbjalTargetIdx = ParallelPriorityEncoder(VecInit(wb_pd.zip(wb_instr_valid).map{case (pd, v) => v && pd.isJal }))
val checkFlushWbTargetIdx = ParallelPriorityEncoder(wb_check_result_stage2.fixedMissPred)
checkFlushWb.valid                   := wb_valid            ///源自(f2_fire && !f2_flush)，经过两个寄存器延迟。
checkFlushWb.bits.pc                 := wb_pc               ///RegNext(f3_pc)，pc向量。
checkFlushWb.bits.pd                 := wb_pd               ///RegNext(f3_pd)，pd向量。
checkFlushWb.bits.pd.zipWithIndex.map{case(instr,i) => instr.valid := wb_instr_valid(i)}
checkFlushWb.bits.ftqIdx             := wb_ftq_req.ftqIdx           ///源自取指命令，表明属于哪一个指令块。
checkFlushWb.bits.ftqOffset          := wb_ftq_req.ftqOffset.bits   ///源自取指命令，表明本块指令是否因CFI指令而取入。
checkFlushWb.bits.misOffset.valid    := ParallelOR(wb_check_result_stage2.fixedMissPred) || wb_half_flush
checkFlushWb.bits.misOffset.bits     := Mux(wb_half_flush, wb_lastIdx,
                          ParallelPriorityEncoder(wb_check_result_stage2.fixedMissPred))   ///misOffset就是断点的位置
checkFlushWb.bits.cfiOffset.valid    := ParallelOR(wb_check_result_stage1.fixedTaken)                ///本指令块中有CFI指令
checkFlushWb.bits.cfiOffset.bits     := ParallelPriorityEncoder(wb_check_result_stage1.fixedTaken)   ///本指令块中CFI所在位置
```

```
checkFlushWb.bits.target := Mux(wb_half_flush, wb_half_target, wb_check_result_stage2.fixedTarget (checkFlushWbTargetIdx))
                                              ///建议后续指令块的起点，不管有没有jal指令。
checkFlushWb.bits.jalTarget := wb_check_result_stage2.fixedTarget(checkFlushWbjalTargetIdx)
                                              ///建议后续指令块的起点，如果有jal指令
checkFlushWb.bits.instrRange := wb_instr_range.asTypeOf(Vec(PredictWidth, Bool()))   ///本块中采纳的指令范围
```

显然，这里的关键信息，包括 misOffset、cfiOffset、target、jalTarget，都是由 PredChecker 提供的。这些信息中蕴含着转向信息，不说别的，target 和 jalTarget 这两项中就显然含有转向信息。即使没有 jal 指令也没有条件转移指令，本次采纳指令范围的不同也决定了后续地址的不同。这些信息都有关 IFU 对下一步取指方向的建议。

Ftq 收到了 IFU 的回写就得将其交付 BPU 加以统筹。所以，到了 Ftq 以后，需要从中摘取信息构成一个 Redirect 对象，下面的代码片段来自 Ftq：

```
val fromIfuRedirect = WireInit(0.U.asTypeOf(Valid(new Redirect)))      ///在空白Redirect外面傍上一根valid信号线
fromIfuRedirect.valid := pdWb.valid && pdWb.bits.misOffset.valid && !backendFlush   ///如果有backendFlush就不必多此一举
fromIfuRedirect.bits.ftqIdx := pdWb.bits.ftqIdx
fromIfuRedirect.bits.ftqOffset := pdWb.bits.misOffset.bits
fromIfuRedirect.bits.level := RedirectLevel.flushAfter

val ifuRedirectCfiUpdate = fromIfuRedirect.bits.cfiUpdate              ///对此Redirect中的cfiUpdate进行设置：
ifuRedirectCfiUpdate.pc := pdWb.bits.pc(pdWb.bits.misOffset.bits)        ///pc是作为断点的那条指令所在的pc
ifuRedirectCfiUpdate.pd := pdWb.bits.pd(pdWb.bits.misOffset.bits)        ///pd是作为断点的那条指令的pd
ifuRedirectCfiUpdate.predTaken := cfiIndex_vec(pdWb.bits.ftqIdx.value).valid
ifuRedirectCfiUpdate.target := pdWb.bits.target
ifuRedirectCfiUpdate.taken := pdWb.bits.cfiOffset.valid
ifuRedirectCfiUpdate.isMisPred := pdWb.bits.misOffset.valid

val ifuRedirectReg = RegNext(fromIfuRedirect, init=0.U.asTypeOf(Valid(new Redirect)))     ///经过一个寄存器
val ifuRedirectToBpu = WireInit(ifuRedirectReg)                          ///这就是要发往BPU的Redirect
ftq_redirect_sram.io.ren.head := fromIfuRedirect.valid                   ///另外也要从ftq_redirect_sram读出相关历史信息。
ftq_redirect_sram.io.raddr.head := fromIfuRedirect.bits.ftqIdx.value     ///以ftqIdx为键

val toBpuCfi = ifuRedirectToBpu.bits.cfiUpdate                           ///称ifuRedirectToBpu中的cfiUpdate成分为toBpuCfi
toBpuCfi.fromFtqRedirectSram(ftq_redirect_sram.io.rdata.head)            ///从ftq_redirect_sram读出，由BPU在上一周期写入。
          ///注意fromFtqRedirectSram()并不改变cfiUpdate的全部内容，而只是补充上那些SpeculativeInfo即历史信息。
when (ifuRedirectReg.bits.cfiUpdate.pd.isRet) {                          ///如果CFI指令是ret指令，则要加以修正：
  toBpuCfi.target := toBpuCfi.rasEntry.retAddr                           ///以ret指令的返回地址作为目标地址
}
io.toBpu.redirect := Mux(fromBackendRedirect.valid, fromBackendRedirect, ifuRedirectToBpu)   ///没有后端转向才用IFU的
ifuFlush := fromIfuRedirect.valid || ifuRedirectToBpu.valid
```

显然，有待发往 BPU 的 Redirect 信息基本上都来自 pdWb，只是要补充上一些 SpeculativeInfo 即历史信息，如前所述这些信息存储在 ftq_redirect_sram 中，现在需要将其发回 BPU：这是你上次预测所依据的历史信息，现在指令块取进来了，现在需要有关于下一步取指的预测，你再接着往下预测。而 BPU 则在有了新的预测后再把历史信息（跟上一次的可能不同了）发回 Ftq，由 Ftq 加以存储。

下面的问题是，IFU 给 BPU 的建议是怎么来的，那就得回到前面 PredChecker 一节中细看了。但是这里可以提一下重点，我们看 IFU 来自 PredChecker 的那一部分回写信息：

```
checkFlushWb.bits.misOffset.valid   := ParallelOR(wb_check_result_stage2.fixedMissPred) || wb_half_flush
checkFlushWb.bits.misOffset.bits    := Mux(wb_half_flush, wb_lastIdx,
                      ParallelPriorityEncoder(wb_check_result_stage2.fixedMissPred))  ///misOffset就是断点的位置

checkFlushWb.bits.cfiOffset.valid  := ParallelOR(wb_check_result_stage1.fixedTaken)             ///本指令块中有CFI指令
checkFlushWb.bits.cfiOffset.bits   := ParallelPriorityEncoder(wb_check_result_stage1.fixedTaken)  ///本指令块中CFI所在位置

checkFlushWb.bits.target    := Mux(wb_half_flush, wb_half_target, wb_check_result_stage2.fixedTarget (checkFlushWbTargetIdx))
                                                     ///建议后续指令块的起点，不管有没有jal指令。
checkFlushWb.bits.jalTarget := wb_check_result_stage2.fixedTarget(checkFlushWbjalTargetIdx)
                                                     ///建议后续指令块的起点，如果有jal指令
checkFlushWb.bits.instrRange := wb_instr_range.asTypeOf(Vec(PredictWidth, Bool()))    ///本块中已采纳的指令范围
```

这里有三方面的信息。

第一是 misOffset，这是关于指令流断点的信息，来自 PredChecker 的第二阶段输出。其中 misOffset.valid 表示存不存在这样的断点（对位图 stage2.fixedMissPred 的 ParallelOR），实际上肯定存在，因为即使没有 jal 或 jalr 指令，采纳范围中的最后一条 notCFI 指令也算断点。而 misOffset.bits，即 misOffset 本身，则是其中第一个断点在指令块中的位置（来自对位图 stage2.fixedMissPred 的 ParallelPriorityEncoder）。正是这个参考点上的指令所在的地址，就成为了 Redirect 中的 pc（见前面的 pdWb.bits.pc(pdWb.bits.misOffset.bits)），相当于转移指令所在的地址；而其 pd 则是对指令类型的说明，例如这是 jal，br，notCFI，16 位指令，等等。但是 br 指令不算断点，除非是采纳范围中的最后一条指令。

第二是 cfiOffset，这是关于转移指令的信息，来自 PredChecker 的第一阶段输出，这就包括 br 指令了。其中 cfiOffset.valid 表示有没有转移指令，cfiOffset.bits 表示采纳范围中的第一条转移指令所在位置（来自对 stage1.fixedTaken 的 ParallelPriorityEncoder）。

第三是 target 和 jalTarget，这就是 IFU 对下一步取指方向的建议了。其中的 target 成为 ifuRedirectCfiUpdate 中的 target，那就是转移目标，但也可能就是采纳范围中最后一条指令的后随地址。而 jalTarget 则会由 Ftq 将其连同整个 pdWb 写入其 ftq_pd_mem，然后在需要更新 BPU 中的历史信息时由 FTBEntryGen 写入 FTBEntry 中的 tailSlot，与当前的取指并无关系，因为 jal 指令的转移目标只是 target 的一个特例，已经包含在 target 中。

至于 wb_half_target，那是在采纳范围中的最后一个 16 位指令字指示一条 32 位指令的前半条时，后面那半条所在的地址，那与最后一个 16 位指令字是 16 位 notCFI 指令时的情况是一个道理。

另外这里还用到了两个下标 checkFlushWbTargetIdx 和 checkFlushWbjalTargetIdx：

```
val checkFlushWbjalTargetIdx = ParallelPriorityEncoder(VecInit(wb_pd.zip(wb_instr_valid).map{case (pd, v) => v && pd.isJal }))
val checkFlushWbTargetIdx = ParallelPriorityEncoder(wb_check_result_stage2.fixedMissPred)
```

其中 checkFlushWbTargetIdx 是采纳范围中第一个断点在指令块中的位置（下标），另一个是采纳范围中第一条有效 jal 指令在指令块中的位置。

最后还有个 instrRange，那只是用于因来自 Rob 的指令交割而引起的历史信息更新，与当前的取指并无关系。

20.9.2　后端转向指示 backendRedirect

后端的转向指示源自各个相关的指令执行单元，也包括 Rob，由 CtrlBlock 中的 RedirectGenerator 加以汇总并生成最终的 Redirect。这个后面还有讲到，这里就不多说了。另外，Ftq 发往 BPU 的 update 信息也源自

后端的 Rob。这是因为，BPU 的预测是基于历史信息的预测，而执行单元和 Rob 掌握着真实发生着的历史。即使对于 jal 指令，虽然 IFU 通过预译码和 PredChecker 就知道了 jal 指令的跳转目标，但毕竟这 jal 指令还没有得到执行，说不定在流水线中跑到半路就被冲刷掉了。所以真实发生的历史还是在 Rob，要由 Rob 说了算，对历史信息的更新最终来自 Rob 是天经地义的。

Ftq 的 backendRedirect 有两个源头，一个是 Rob 的 flushRedirect，另一个就是 redirectGen 的 stage2Redirect。

```
backendRedirect := io.fromBackend.redirect                    /// backendRedirect来自Ftq的io.fromBackend.redirect
ftq.io.fromBackend <> io.backend.toFtq                        ///ftq.io.fromBackend与Frontend的io.backend.toFtq相连
frontend.io.backend <> ctrlBlock.io.frontend                  ///Frontend的io.backend与CtrlBlock的io.frontend对接
io.frontend.toFtq.redirect.bits := Mux(frontendFlushValid, frontendFlushBits, redirectGen.io.stage2Redirect.bits)
            ///frontendFlushValid/frontendFlushBits来自Rob的flushRedirect，后者又来自Rob的io.flushOut。
            ///如果Rob没有flushOut，CtrlBlock的io.frontend.toFtq.redirect就来自redirectGen
```

注意 Rob 产生的转向指示与 Rob 的指令交割不是一回事，在 CtrlToFtqIO 这个 Bundle 中既有 rob_commits 又有 redirect。Rob 在指令交割时向 Ftq 的 rob_commits 一来是为了更新历史记录，二来是让 Ftq 可以回收被相应指令块占用的槽位，Ftq 的那些队列都是循环缓冲区，把队尾指针向前移就实现了槽位的回收。但是 Rob 确实也会产生转向指示，最典型的就是对自陷指令的交割，异常和中断的实现，这些都是在 CSR 单元中执行，但在 Rob 中才真正落实的，已落实就得发出转向指示，因为这些都意味着指令流的转向。所以，backendRedirect 既可以来自后端的指令执行单元，也可以来自 Rob，但主要来自转移指令执行单元。

当然，也不是什么执行单元都会产生转向要求，实际上能产生转向要求的就是 Jump 单元和 Alu 单元，前者是因为执行 jal 和 jalr 指令而产生转向要求，后者是因为执行条件转移指令 br 而产生转向要求，但后者并不只是单个。这些执行单元都在 ExuBlock 中，但是它们所产生的可能带有转向要求执行结果 ExuOutput 都进入 CtrlBlock，在 CtrlBlock 进入 RedirectGenerator（ExuOutput 中有 redirect 字段和 redirectValid 字段）：

```
val redirectBlocks = exuBlocks.reverse.filter(_.fuConfigs.map(_._1).map(_.hasRedirect).reduce(_ || _))
        ///XSCore中的redirectBlocks就是来自ExuBlock的那些在其fuConfigs带有hasRedirect属性的执行单元
ctrlBlock.io.exuRedirect <> redirectBlocks.flatMap(_.io.fuExtra.exuRedirect)
        ///将这些执行单元的输出exuRedirect连到CtrlBlock的.exuRedirect输入，二者的类型都是ExuOutput
val exuRedirect = Vec(exuParameters.AluCnt + exuParameters.JmpCnt, Flipped(ValidIO(new ExuOutput)))
redirectGen.io.exuMispredict <> exuRedirect        ///exuRedirect在CtrlBlock内部连接到redirectGen的exuMispredict输入端。
```

从 Jump 和 Alu 输出到 RedirectGenerator 的虽然是 ExuOutput，但 ExuOutput 中有 redirect 字段和 redirectValid 字段，其 redirect 字段就是个 Redirect。下面我们看一下这两个执行单元的 Redirect 是怎么产生的，先看 Jump：

```
class Jump(implicit p: Parameters) extends FUWithRedirect {
  redirectOutValid := valid && !jumpDataModule.io.isAuipc      ///auipc指令也是在Jump单元中执行的，但这条指令不产生转向。
  redirectOut.cfiUpdate.predTaken := true.B                    ///把Redirect中的predTaken设定为true，原先就知道是要转的。
  redirectOut.cfiUpdate.taken := true.B                        ///把Redirect中的taken设定为true，因是无条件转移。
  redirectOut.cfiUpdate.target := jumpDataModule.io.target     ///jal的转移目标原来就知道，jalr的转移目标现在也知道了
  redirectOut.cfiUpdate.isMisPred := jumpDataModule.io.target(VAddrBits - 1, 0) =/= jalr_target || !uop.cf.pred_taken
                                                               ///jal指令不可能有预测错误，但jalr指令的转移目标有可能误判。
}
```

由 Jump 执行单元产生的转向指示，其中 predTaken 和 taken 这两项肯定是 true，转移目标 target 已经尘埃落定，isMisPred 则只可能发生于 jalr 指令。再看 Alu 执行单元：

```
class Alu(implicit p: Parameters) extends FUWithRedirect {
  redirectOutValid := io.out.valid && isBranch                    ///只有条件转移指令br会产生转向指示
  redirectOut.cfiUpdate.isMisPred := dataModule.io.mispredict
    ///指令是在dataModule中执行的，如果实际的转或不转与原先的预测（uop.cf.pred_taken）不同，mispredict就是true。
  redirectOut.cfiUpdate.taken := dataModule.io.taken              ///实际上转了没有
  redirectOut.cfiUpdate.predTaken := uop.cf.pred_taken            ///当初的预测是转还是不转
}
```

在 Alu 产生的转向指示中，predTaken 和 taken 有四种组合，而二者不同的两种组合都使 isMisPred 变成 true。但是注意这里并未填写 redirectOut.cfiUpdate.target。这是因为，在香山的设计中，后端因条件转移指令所生转向指示中的转移目标 target 不是由 Alu 填写，而是要由 CtrlBlock 中的 RedirectGenerator 补上。RedirectGenerator 的作用也不只是这个，实际上这个模块起着不小的作用。

之所以需要有个 RedirectGenerator，有多重的原因。首先在超标量流水线中指令的执行是“多发”的，Alu 执行单元就有好几个，完全可能在同一个节拍中就有多个 Redirect 出来，需要有个能加以统筹协调的机制。其次，转向目标的确定也不只是简单的转与不转这么两种选择，来自 Rob 的转向指示可能是因为中断返回或异常返回，这二者就有不同，因为中断返回的转向目标是断点的后续地址，而异常返回的目标却是断点本身，即重新执行引起异常的那条指令。所以，在超标量流水线中，像 RedirectGenerator 这样一种机制本来就是有必要的。既然如此，不把条件转移指令转移目标的确定放在 Alu 中，而是放在 RedirectGenerator 中，就有其合理性了（尽管要放在 Alu 中也是可以的）。

如上所述，不管是 Jump 还是 Alu，只要所执行的是转移指令，其输出 ExuOutput 中的 redirectValid 就是 true，其 redirect 就总是有效。然而这只说明有这么一条转移指令得到了执行，而并不说明指令流应该转向，因为如果原先的转移预测正确就不需要转向。所以在这里真正起决定作用的是 isMisPred 这个标志位字段的值，凡是 isMisPred 为 false 的 Redirect 都应被丢弃。事实上 CtrlBlock 也正是这样进行过滤的。

RedirectGenerator 中提供了一个函数 getRedirect()，这个函数从 ExuOutput 中抽取其 Redirect，并按其中的 isMisPred 位将此 Redirect 标志为 valid 或 not valid：

```
def getRedirect(exuOut: Valid[ExuOutput]): ValidIO[Redirect] = {
  val redirect = Wire(Valid(new Redirect))
  redirect.valid := exuOut.valid && exuOut.bits.redirect.cfiUpdate.isMisPred   ///redirect.valid取决于cfiUpdate.isMisPred
  redirect.bits := exuOut.bits.redirect
  redirect                                                                       ///虽然返回redirect，却不一定valid。
}
```

然后，RedirectGenerator 就用这个函数在 RedirectGenerator 输入端进行过滤，从到来的 ExuOutput 中挑选出真正有意义即 isMisPred 的 Redirect:

```
val allRedirect = VecInit(io.exuMispredict.map(x => getRedirect(x)) :+ io.loadReplay)
```

这里的 loadReplay 也是个 Redirect，来自存储子系统 MemBlock。在 MemBlock 中可能会有这样一种“存储器犯规（memory violation）”的情况：有一条指令从内存（实际上是从数据缓存 DCache）读出；另有一条指令向同一地址写入，这条指令的发出比那条读出指令早；但是因为排队和缓存操作的原因它的执行却落在那条读出指令后面。于是那条读出指令读到的是写入之前的数值，这就错了。在这样的情况下，读出指令需要“回滚（rollback）”，而 rollback 就意味着指令转向。可见，RedirectGenerator 要处理的不只是来自执行单元的转向指示，还有来自存储子系统的回滚要求，当然还有来自 Rob 的转向指示。

不过有时候一个 Redirect 也没有，所有的执行单元都没有 Redirect 输出，或者虽然有也都不是 isMisPred，所以 RedirectGenerator 接口上另有一个标志位 isMisspreRedirect，指示究竟有没有需要其关注的输入：

```
io.isMisspreRedirect := VecInit(io.exuMispredict.map(x => getRedirect(x).valid)).asUInt.orR
      ///在getRedirect()所返回的Redirect中，只有isMisPred，即原先BPU预测错误的那些Redirect才是真正有效的。
```

这样，虽然 RedirectGenerator 在其 exuMispredict 接口上接收的是个 ExuOutput 向量，但是通过 getRedirect() 从中摘取的 allRedirect 就都是实打实 isMisPred 的转向指示了。这 allRedirec 中的所有 Redirect 发生于同一节拍，但是实际上有先有后，其 robIdx（源自 ftqIdx 和 ftqOffset 的组合）就决定了时间的先后。显然，只有排在最前面的 Redirect 才是有实际意义的，因为指令流在那个点上一转向，后面的那些就都没有意义了：

```
val oldestOneHot = selectOldestRedirect(allRedirect)          ///从allRedirect中找出时间最早（在指令流中排在最前面）者
val oldestRedirect = Mux1H(oldestOneHot, allRedirect)          /// oldestRedirect就是发生时间最早的那个Redirect
io.redirectPcRead.ptr := oldestRedirect.bits.ftqIdx
io.redirectPcRead.offset := oldestRedirect.bits.ftqOffset     ///最早Redirect的ftqIdx和ftqOffset
```

拿到了发生时间最早的那个 Redirect，根据该指令的 ftqIdx 和 ftqOffset，即指令所在的指令块，及其在指令块中的位置，就可以从 CtrlBlock 的 pcMem 中读出相关的记录，pcMem 是 Ftq 这 ftq_pc_mem 的镜像（副本），所存储的是 Ftq_RF_Components 对象，我们又需要重温一下它的结构：

```
class Ftq_RF_Components(implicit p: Parameters) extends XSBundle with BPUUtils {
  val startAddr = UInt(VAddrBits.W)
  val nextLineAddr = UInt(VAddrBits.W)
  val isNextMask = Vec(PredictWidth, Bool())
  val fallThruError = Bool()
  def getPc(offset: UInt) = {
    def getHigher(pc: UInt) = pc(VAddrBits-1, log2Ceil(PredictWidth)+instOffsetBits+1)
    def getOffset(pc: UInt) = pc(log2Ceil(PredictWidth)+instOffsetBits, instOffsetBits)
    Cat (getHigher (Mux(isNextMask(offset) && startAddr(log2Ceil(PredictWidth)+instOffsetBits), nextLineAddr, startAddr)),
                                              getOffset(startAddr)+offset, 0.U(instOffsetBits.W))
  }  ///这个pc地址有可能落在下一个cacheline中，所以其高位地址也许不同；低位地址则根据startAddr和offset计算。
  def fromBranchPrediction(resp: BranchPredictionBundle) = {
    def carryPos(addr: UInt) = addr(instOffsetBits+log2Ceil(PredictWidth)+1)
    this.startAddr := resp.pc
    this.nextLineAddr := resp.pc + (FetchWidth * 4 * 2).U          // may be broken on other configs
    this.isNextMask := VecInit((0 until PredictWidth).map(i =>
                          (resp.pc(log2Ceil(PredictWidth), 1) +& i.U)(log2Ceil(PredictWidth)).asBool() ))
    this.fallThruError := resp.fallThruError
    this
  }
}
```

其中的信息基本来自当初 BPU 的预测报告。

事实上，条件转移指令的执行分两部分。第一部分是对转移条件的计算，以确定究竟是转还是不转，这其实是相对简单的，Alu 中就是做了这个。第二部分是决定实际的转移目标，这却并不那么简单：如果是转，就要根据指令所在地址和转移偏量加以计算；如果是不转，那就是以顺序的下一条指令所在地址为目标，而这又要看当前指令是 16 位指令还是 32 位指令。所以，把这部分计算剥离出来放在 RedirectGenerator 中就有其合理性。下面是 RedirectGenerator 从 pcMem 中的读出：

```
pcMem.io.raddr(3) := redirectGen.io.memPredPcRead.ptr.value                    ///以ftqIdx为地址从pcMem读出
redirectGen.io.redirectPcRead.data := pcMem.io.rdata(2).getPc(RegNext(redirectGen.io.redirectPcRead.offset))
                    ///以转移指令的ftqOffset为参数，通过getPc()从读出的记录中读出；io.redirectPcRead.data为所得pc地址。
```

从 pcMem 读出所在指令块的信息后，就可以根据转移指令的 ftqOffset 从中算得其所在地址 pc。按说 ExuOutput 内含 MicroOp，后者是对 CfCtrl 的扩充，CfCtrl 中的 CtrlFlow 就内含 pc 字段，但是 RedirectGenerator 还有别的考虑，例如因中断导致的转向，就只能根据 ftqIdx 和 ftqOffset 从 pcMem 读出，所以反正得要从 pcMem 读出。当然，对无条件转移即 jump 指令引起的转向就不用那么麻烦，Redirect 中本来就已经有了 target：

```
val jumpOut = io.exuMispredict.head                    ///来自Jump单元的输出排在exuMispredict的最前面，Jump单元只有一个。
val s1_jumpTarget = RegEnable(jumpOut.bits.redirect.cfiUpdate.target, jumpOut.valid)    ///s1_jumpTarget来自Jump的转移目标
val real_pc = io.redirectPcRead.data                    ///以io.redirectPcRead.data中的pc地址为real_pc。
val brTarget = real_pc + SignExt(ImmUnion.B.toImm32(s1_imm12_reg), XLEN)          ///br指令的转移目标需要经过计算
val snpc = real_pc + Mux(s1_pd.isRVC, 2.U, 4.U)              ///snpc意为sequential next pc，即顺序执行时的下一个pc地址。
val target = Mux(s1_isReplay, real_pc,        // replay from itself
                    Mux(s1_redirect_bits_reg.cfiUpdate.taken,    Mux(s1_isJump, s1_jumpTarget, brTarget),    snpc ))
        ///如果需要Replay，下一条指令的地址仍是real_pc（这发生于异常返回），否则就看转移是否taken；
        ///如果taken，目标地址取决于具体指令是无条件转移还是条件转移，s1_jumpTarget来自Jump指令；
        ///brTarget是br指令的转移目标。如果not taken，那一定是br指令，下一条指令的pc就是snpc。
```

有了转移指令的后续取指目标 target，就将其写入 RedirectGenerator 输出的 stage2Redirect，补上了缺失的一环。如前所述，RedirectGenerator 的 stage2Redirect 最终就成为 Ftq 中的 backendRedirect。

Ftq 发给 BPU 的信息包括两大成分，即 redirect 和 update：

```
class FtqToBpuIO(implicit p: Parameters) extends XSBundle {
  val redirect = Valid(new BranchPredictionRedirect)            ///来自后端或IFU的转向指示
  val update = Valid(new BranchPredictionUpdate)               ///有关转移预测的种种历史信息的更新
  val enq_ptr = Output(new FtqPtr)
}
```

前者 redirect 主要用来决定下一步取指的起点，如果同一个时钟节拍中既有 backendRedirect 又有 fromIfuRedirect 到来，就以 backendRedirect 为准。这是因为：既然根据先前转移指令的执行结果由后端发来转向指示，那么由 IFU 发来的 fromIfuRedirect 就失去了意义；不仅失去意义，连已经取入的指令也都要丢弃。而 IFU 发来的 fromIfuRedirect，实际上未必是转向指示而只是对下一步取指的建议，即便取入的指令块中没有转移指令，也需要由 BPU 拍板向 Ftq 提交报告。至于 update 则用于历史记录的更新，而历史记录正是 BPU 进行转移预测的基础。

20.9.3　BPU 冲刷命令的来历

每当指令流发生转向时，流水线就要对已经错误取入的指令进行冲刷。如果进一步细分，则对错入指令有两个层次上的冲刷。第一个层次是宏观的，作用于整个流水线的全局冲刷，这是由后端转向只是引起的。当指令执行单元执行到具体的转移指令时，紧跟其后的错入指令已经进入了流水线的每一段，这一方面要靠流水线中各个阶段的冲刷，一方面要靠 Rob 把住最后一关，不让后面的指令交割。第二个层次是前端内部、更确切地说是 IFU 内部的局部冲刷，这是由 BPU 的“朝令夕改”所引起的。

如前所述，BPU 对 Ftq 的报告分 s1/s2/s3 三个阶段，三个阶段的报告都是一个 BranchPredictionBundle 对

象。其中 s1 阶段的报告完全采纳来自后端的转向指示或来自 IFU 的建议，你说要转到哪就是哪，尽管 IFU 对 jalr 指令的转移目标压根就提不出建议，但 jalr 毕竟不是每个指令块中都有。而 s2 和 s3 的报告则真正是出于 BPU 的预测，大体上是个逐步深化的过程，但是 s2 比 s1 晚一节拍，s3 又比 s2 晚一节拍。BPU 里面是个 3 阶段流水线，所以同一时间从 bpu_to_ftq.resp 即 BranchPredictionResp 中读出的 s1/s2/s3 分属于流水线的三个阶段，对应着三个不同的指令块，因而有着不同的 ftq_idx。当 s2 属于我们所关切的那个指令块（块号为 s2.ftq_idx）的时候，s3 属于此前的那个指令块（块号为 s2.ftq_idx-1），而 s1 属于此后的那个指令块（块号为 s2.ftq_idx+1），但每个指令块都会在 BPU 中走过这么三个阶段。不过，在同一 bpu_to_ftq.resp 中的 s1/s2/s3 也未必全都有效，是否有效要根据具体的 valid 信号判断。

可是，对于同一个指令块，更确切地说是对同一个断点（基本上就是转移指令），同一小片指令，BPU 在 s2 阶段的预测不一定与 s1 阶段（其实那不是 BPU 的预测，而是来自后端的转向指示，或者 IFU 的建议）的相同，s3 阶段的预测又未必与 s2 阶段的相同。但是 Ftq 并不是等到 BPU 出了 s3 阶段的报告才发取指命令，而是 s1 阶段的报告一出来就发命令，因为 s2/s3 阶段的预测恰好与 s1 阶段相同的概率也有不小（设想如果是对 jal 指令的预测）。可是如果不幸 s2 阶段的预测与 s1 阶段不同就得另发取指命令并同时发出冲刷命令，把已经错误取入的整个指令块都冲刷掉。IFU 也是三阶段流水线，此时错误取入的指令块还在 s0 阶段，刚要从 ICache 读入。同样的道理，即使 BPU 的 s2 阶段报告与 s1 阶段相同，可是 s3 阶段不同，此时按 s1 阶段报告取入的指令块最快也只是刚进入 IFU 的 s1 阶段，也还来得及将其“扼杀在摇篮之中”。所以，IFU 和 BPU 的三阶段流水线，其实是互相配合的。另外，BPU 仅对来自 IFU 的 Redirect 才有 s2/s3 阶段的预测，对于来自后端的 Redirect 则无所谓 s2/s3 阶段预测，因为那本来就是指令性的。

为了让 Ftq 立刻就能知道 BPU 在 s2 或 s3 阶段的预测比以前是否有了变化，在 BranchPredictionBundle 中有个标志位字段 hasRedirect，如果本阶段的预测与上一阶段的预测不同就把这个字段设成 true，而 Ftq 就根据这个字段得知是否要转向（因预测起了变化而引起的转向，其实应该说纠错）：

```
io.bpu_to_ftq.resp.bits.s1.hasRedirect := false.B
io.bpu_to_ftq.resp.bits.s2.hasRedirect := s2_redirect
io.bpu_to_ftq.resp.bits.s3.hasRedirect := s3_redirect
```

如上所述，s1 阶段的根据是来自后端的转向指示或者 IFU 的建议，是 BPU 发出的第一份报告，无所谓与以前的是否不同，所以 s1.hasRedirect 肯定是 false，后面的 s2/s3 就有这个问题了。

Ftq 在接收到 s2 和 s3 阶段的报告的时候，如果有 hasRedirect 就会向 IFU 发出新版的取指命令，同时要发出 flushFromBpu，要求 IFU 加以冲刷。

这就是说，BPU 对一具体指令块的后续取指方向在 s1/s2/s3 三个阶段都有预测报告，这三个预测可能相同也可能不同，如果哪一阶段的 hasRedirect 为 true，就表示该阶段的报告是对此前阶段（关于同一指令块）预测报告的纠正。显然，对（当前指令块）先前报告的纠正比对后续指令块的预测更为紧急，如果前面的错了后面的就失去了意义。正因为这样，s3 阶段和 s2 阶段之是否有转向，或者说是否需要纠正前一阶段的预测，就决定了 BPU 回复中这三项预测的紧急程度：

```
def selectedResp ={
  val res = PriorityMux(Seq(((s3.valid && s3.hasRedirect) -> s3), ((s2.valid && s2.hasRedirect) -> s2), (s1.valid -> s1)))
  res
}
def selectedRespIdx = PriorityMux(Seq(((s3.valid && s3.hasRedirect) -> BP_S3),
                                       ((s2.valid && s2.hasRedirect) -> BP_S2), (s1.valid -> BP_S1)))
def lastStage = s3
```

这就是说，如果 BPU 回复中的 s3 有效并且 hasRedirect，那就以 s3 的预测为优先。如果 s3 阶段的预测没有 hasRedirect，就说明与 s2 阶段的预测是一致的，那就再看 s2 阶段的预测是否 hasRedirect。如果也没有，那才是 s1。

所以，一个指令块的读入，在最坏的情况下要读入三次。第一次是根据 s1 阶段的预测读入；然后因为 s2 阶段的预测与 s1 阶段不同（hasRedirect），就读入第二次；再后又因 s3 阶段的预测又与 s2 阶段不同（又是 hasRedirect），就再读入一次。那为什么不等到 s3 的预测到位再发出取指命令呢？因为有可能第一次预测就是对的，s2 和 s3 两个阶段的预测都与 s1 阶段的预测相同，这样就争取到了两个时钟节拍，而且这个概率也不小。反过来，或许三个阶段的预测都是错的呢？那就没有办法了，只有等后端的 Redirect 过来纠正，那个损失就比较大了。

那么 s2 和 s3 阶段的 hasRedirect 是怎么来的呢，直接的来源显然是 s2_redirect 和 s3_redirect。下面我们就要看这两个信号的来源，下面的代码片段仍来自 BPU：

```
val s1_pred_info = Wire(new PreviousPredInfo)              ///PreviousPredInfo是前一阶段的预测，s1是其中第一个阶段。
s1_pred_info.target := resp.s1.getTarget                   ///前一阶段预测的取指目标
s1_pred_info.lastBrPosOH := resp.s1.lastBrPosOH.asUInt     ///最后起作用的那条转移指令的位置
s1_pred_info.taken := resp.s1.taken
s1_pred_info.cfiIndex := resp.s1.cfiIndex.bits             ///CFI指令在指令块中的位置
        ///PreviousPredInfo中有四个字段，其内容来自相应的BranchPredictionBundle。

val previous_s1_pred_info = RegEnable(s1_pred_info, init=0.U.asTypeOf(s1_pred_info), s1_fire)   ///将s1_pred_info打入寄存器
val s2_redirect_s1_last_pred_vec = preds_needs_redirect_vec (previous_s1_pred_info, resp.s2)
def preds_needs_redirect_vec(x: PreviousPredInfo, y: BranchPredictionBundle) = {
  VecInit (x.target =/= y.getTarget,    x.lastBrPosOH =/= y.lastBrPosOH.asUInt,
                          x.taken =/= y.taken,    (x.taken && y.taken) && x.cfiIndex =/= y.cfiIndex.bits, )
}   ///返回4个布尔值，在这里表示resp.s2这个BranchPredictionBundle中的信息与previous_s1_pred_info的4项是否相符。
s2_redirect := s2_fire && s2_redirect_s1_last_pred_vec.reduce(_||_)      ///只要有一项不符就说明有转向。
```

原理也很简单，就是从 s1 阶段的预测中抽取 4 个要素，然后拿 s2 阶段的预测与之比对，只要有其中一项不符就说明 s2 阶段的预测有了转向。

其中的第一项 target 是通过调用 BranchPredictionBundle 的函数 getTarget()获取的（硬件描述中的一个函数就是一块电路）：

```
def getTarget = target(pc)
def target(pc: UInt) = full_pred.target(pc)          ///调用 FullBranchPrediction 的 target()函数

def target(pc: UInt): UInt = {                       ///这就是FullBranchPrediction的target()函数：
  val targetVec = targets :+ fallThroughAddr :+ (pc + (FetchWidth * 4).U)
  val tm = taken_mask_on_slot
  val selVecOH = tm.zipWithIndex.map{ case (t, i) => !tm.take(i).fold(false.B)(_||_) && t && hit} :+
                                                                    (!tm.asUInt.orR && hit) :+ !hit
  Mux1H(selVecOH, targetVec)
}
val targets = Vec(totalSlot, UInt(VAddrBits.W))
```

之所以要另外有个 s1_pred_info，而不是直接拿 resp.s1 来比对，是因为当 resp.s2 就绪的时候此前的 resp.s1 已经不存在，所以这里要预先从 resp.s1 中抽取一些信息打入寄存器 previous_s1_pred_info，这样才可以在 s2 的时候拿来比对。这里比对的第一项是 x.target 对 y.getTarget，前者是通过 resp.s1.getTarget()获取的，后者实际上是 resp.s2. getTarget()。

明白了 resp.s2 与 resp.s1 的比对，resp.s3 与 resp.s2 的比对也就容易理解了：

```
val previous_s2_pred = RegEnable (resp.s2, 0.U.asTypeOf(resp.s2), s2_fire) ///这次是把整个BranchPredictionBundle打入寄存器
val s3_redirect_on_br_taken =
            resp.s3.full_pred.real_br_taken_mask().asUInt =/= previous_s2_pred.full_pred.real_br_taken_mask().asUInt
val s3_redirect_on_target = resp.s3.getTarget =/= previous_s2_pred.getTarget
val s3_redirect_on_fall_thru_error = resp.s3.fallThruError
s3_redirect := s3_fire && ( s3_redirect_on_br_taken || s3_redirect_on_target || s3_redirect_on_fall_thru_error )
                                                                    ///三者有一不同就是有转向
```

但是这里有个问题，既然 Ftq 是根据 BranchPredictionBundle 中的 pc 字段发出取指命令，这里似乎只要比对 pc 字段的值就可以了，为何要比对这许多内容，这个问题暂且存疑。另一方面，BPU 的报告中也并不只是地址 pc，里面还有 full_pred 中的信息，这些信息会被保存在 Ftq 的 ftq_pc_mem 等四个队列中，对以后的预测会有影响，这也是一种解释。

BPU 的回复 io.bpu_to_ftq.resp 到了 Ftq 之后，Ftq 就根据其中的 s2.hasRedirect 或 s3.hasRedirect 向 IFU 发出冲刷命令：

```
val bpu_s2_redirect = bpu_s2_resp.valid && bpu_s2_resp.hasRedirect
val bpu_s3_redirect = bpu_s3_resp.valid && bpu_s3_resp.hasRedirect

val bpu_in_fire = (io.fromBpu.resp.fire() || bpu_s2_redirect || bpu_s3_redirect) && allowBpuIn

io.toIfu.flushFromBpu.s2.valid := bpu_s2_redirect
io.toIfu.flushFromBpu.s2.bits := bpu_s2_resp.ftq_idx
io.toIfu.flushFromBpu.s3.valid := bpu_s3_redirect
io.toIfu.flushFromBpu.s3.bits := bpu_s3_resp.ftq_idx
```

显然，只要 bpu_s2_resp 或 bpu_s3_resp 有效并且 hasRedirect，Ftq 就会向 IFU 发出冲刷命令 flushFromBpu。以前我们把注意力都集中在取指命令，但是实际上 Ftq 与 IFU 之间不只是取指命令，还有冲刷命令：

```
class FtqToIfuIO(implicit p: Parameters) extends XSBundle with HasCircularQueuePtrHelper {
  val req = Decoupled(new FetchRequestBundle)                                  ///这是由Ftq发出的取指命令
  val redirect = Valid(new Redirect)                                           ///这是来自后端的转向指示
  val flushFromBpu = new Bundle {                                              ///这是源自BPU的冲刷命令
    // when ifu pipeline is not stalled, a packet from bpu s3 can reach f1 at most
    val s2 = Valid(new FtqPtr)
    val s3 = Valid(new FtqPtr)
    def shouldFlushBy(src: Valid[FtqPtr], idx_to_flush: FtqPtr) = {
      src.valid && !isAfter(src.bits, idx_to_flush)
    }
    def shouldFlushByStage2(idx: FtqPtr) = shouldFlushBy(s2, idx)
    def shouldFlushByStage3(idx: FtqPtr) = shouldFlushBy(s3, idx)
  }
}
```

其中的 redirect 来自后端，这个转向指示通过 Ftq 进入 BPU，然后体现在 Ftq 所发的取指命令中，同时 Ftq 也把它转发给 IFU：

```
val stage2Flush = backendRedirect.valid
// only the valid bit is actually needed
io.toIfu.redirect.bits        := backendRedirect.bits       ///后端转向指示的内容
io.toIfu.redirect.valid       := stage2Flush                ///向IFU转发后端转向指示，stage2Flush是来自后端的冲刷命令。
```

所以，来自后端的 Redirect 也会引起 IFU 中的指令冲刷，这是全局性的冲刷。

而 flushFromBpu，则就是由 Ftq 转达、源自 BPU 的冲刷命令，这是取指前端的局部冲刷。

说到冲刷，对软件比较熟悉的读者头脑中可能自然就会浮现出一些习以为常的操作，比如从链接中摘下目标所在的数据结构，释放其所占的缓冲区等。但是实际上硬件电路中对内容的冲刷不像软件中那样有释放缓冲区的问题，只要用后来的内容覆盖先前的内容就行。在 IFU 中，所谓指令只是在硬件上流传的信号，体现为电路的状态，它并不占用什么缓冲区；如果要说占用，那就是在特定的时间点上占用了其所在的空间，比方说寄存器，或者一束导线，一个组合电路的输出等。只要不被“打入”下一级寄存器中，到下一个时钟脉冲到来的时候，或者组合电路的输入发生变化的时候，原先的信号自然就没有了。硬件还是那个硬件，但是所呈现的状态（电平的高低）不同了。这使作者想起一句“现代格言”：长江后浪推前浪，前浪扑在沙滩上。后面的信号涌来，前面的信号如果不加保存或取出就湮没了。所以，在代码中不太会有很醒目的语句表示对指令的冲刷，一不注意就漏过去了。一般而言，对指令的冲刷可以通过这样几种方法加以实现：

- 控制伴随着指令的 valid 信号，不让其变成 true。这样，不管承载着具体指令的信号怎么变，一律都被视为无效，不起作用。
- 控制其前方的寄存器不让打入，这就使其扑在了“沙滩上”。
- 在流水线中，使流水线不能进入下一个阶段。这与上一条实质上是一样的。

下面我们就看一下在 IFU 中的错入指令冲刷是怎么实现的。

20.9.4　IFU 对错入指令的冲刷

如上所述，Ftq 在 BPU 发回的 s2 或 s3 有效并带有 hasRedirect 的时候，一方面是要根据新的预测重新发出取指命令，另一方面就要向 IFU 发出冲刷命令 flushFromBpu。

IFU 与 Ftq 之间的接口是 FtqInterface，其中来自 Ftq 方向的信号称为 fromFtq，这就是我们上面看到的 FtqToIfuIO：

```
class FtqInterface(implicit p: Parameters) extends XSBundle {
  val fromFtq = Flipped(new FtqToIfuIO)       ///见前
  val toFtq   = new IfuToFtqIO
}
```

在 fromFtq 里面有 fromFtq.req，这就是取指命令；还有 fromFtq.redirect 和 fromFtq.flushFromBpu，对指令的冲刷就是由后面两个成分所引起：

```
backend_redirect := fromFtq.redirect.valid                 /// FtqToIfuIO中的redirect是来自后端的Redirect
from_bpu_f0_flush := fromFtq.flushFromBpu.shouldFlushByStage2(f0_ftq_req.ftqIdx) ||
                                     fromFtq.flushFromBpu.shouldFlushByStage3(f0_ftq_req.ftqIdx)
from_bpu_f1_flush := fromFtq.flushFromBpu.shouldFlushByStage3(f1_ftq_req.ftqIdx) && f1_valid

f3_flush := backend_redirect || (wb_redirect && !f3_wb_not_flush)       ///有后端转向指示，或者有IFU自己的转向指示。
```

```
f2_flush := backend_redirect || mmio_redirect || wb_redirect
f1_flush := f2_flush || from_bpu_f1_flush                  ///源自BPU的冲刷命令可导致f1_flush
f0_flush := f1_flush || from_bpu_f0_flush                  ///源自BPU的冲刷命令也可导致f0_flush
```

这里的 wb_redirect 是 IFU 本地产生的转向指示，来自 PredChecker 的输出之一 checkerOutStage2 中的 fixedMissPred：

```
wb_redirect := checkFlushWb.bits.misOffset.valid && wb_valid        ///IFU 的 redirect 来自回写数据中的 misOffset
val wb_check_result_stage2 = checkerOutStage2
checkFlushWb.bits.misOffset.valid    := ParallelOR(wb_check_result_stage2.fixedMissPred) || wb_half_flush
                                 ///而回写数据中的misOffset又是来自checkerOutStage2中的fixedMissPred
checkFlushWb.bits.misOffset.bits     := Mux(wb_half_flush, wb_lastIdx,
                                 ParallelPriorityEncoder(wb_check_result_stage2.fixedMissPred))
```

我们在前面看到，Ftq 从回写数据中抽取的 redirect 同样也是来自回写数据中的 misOffset，所以这两个 redirect 其实是同一回事，只不过一个在 IFU 一边，另一个在 Ftq 一边。其物理意义是：我这马上就要让 BPU 转向了，你们后面的就别忙乎了，反正会被丢弃。

显然，在 IFU 中最后起冲刷作用的是从 f0 到 f3 的 4 个冲刷控制信号。

下面就是怎么实施的问题了，IFU 中对指令的冲刷是以指令块为单位的，并不存在对单条指令的冲刷。下面的代码片段来自 IFU：

```
when(f1_flush)                      {f1_valid   := false.B}       ///IFU中，如果f1_flush就不让f1_valid变成true
.elsewhen(f0_fire && !f0_flush)     {f1_valid   := true.B}        ///要不然就按正常途径进展，如果没有f0_flush。
.elsewhen(f1_fire)                  {f1_valid   := false.B}       ///这只是不让f1_valid与f1_fire同时为真

when(f2_flush)                      {f2_valid := false.B}         ///同上，只不过f1_valid换成了f2_valid
.elsewhen(f1_fire && !f1_flush)     {f2_valid := true.B }
.elsewhen(f2_fire)                  {f2_valid := false.B}

when(f3_flush && !f3_req_is_mmio)                                {f3_valid := false.B}       ///这次换成了f3_valid
.elsewhen(mmioF3Flush && f3_req_is_mmio && !f3_need_not_flush)   {f3_valid := false.B}
.elsewhen(f2_fire && !f2_flush )                                 {f3_valid := true.B }
.elsewhen(io.toIbuffer.fire() && !f3_req_is_mmio)                {f3_valid := false.B}
.elsewhen{f3_req_is_mmio && f3_mmio_req_commit}                  {f3_valid := false.B}
```

以 f1_valid 为例，不让 f1_valid 变成 true，就是把流水线进入 f1 阶段的门关上了，从 ICache 过来的指令块刚一“登陆”就被拒之门外。后面的 f2_valid 和 f3_valid 也是同样，反正是把路堵死。

最后，还有更“狠”的一手，就是把通向后端的 Ibuffer 也关闭掉，让你插翅难飞：

```
io.toIbuffer.valid := f3_valid && (!f3_req_is_mmio || f3_mmio_can_go) && !f3_flush
                        //倘若f3_flush为true，则io.toIbuffer不会valid，指令就不会被送往后端。
```

与正常的推进路径相比，只添加了区区几个不太引人注目的语句和条件，就实现了对错入指令的冲刷，让错误取入的指令块扑在了“沙滩上”。

当然，对指令的冲刷也不仅仅是在 IFU，只要是处在指令通道上的模块都有冲刷的问题，甚至到了 Rob 还有这个问题，但是 Rob 的冲刷就不是以指令块为单位，而是以单条指令为单位了。

事实上，指令一旦进入后端，前端 IFU 和 BPU 的转向指示就对其不起作用了，这时候的冲刷命令只能来自指令流中此前某条转移指令的实际执行，Rob 就是流水线中的最后一个冲刷点也是最后的指挥点。我们知道，指令一从译码器出来，就会被复制成两路，其中一路进入 Rob，在 Rob 中占据了一个槽位，槽位的位置严格遵循指令在已取入指令流里的先后次序。这样，当指令执行单元执行了一条确实要转向的转移指令，并将结果交付给 Rob 时，Rob 便知道这条指令后面的指令都应该被冲刷。函数 needFlush()所作的就是这个判断，如果一条指令在 Rob 中的位置（即其 RobPtr）在导致转向的那条指令之后就应该被冲刷，这个函数就返回 true：

```
class RobPtr(implicit p: Parameters) extends CircularQueuePtr[RobPtr]( p => p(XSCoreParamsKey).RobSize)
                                                                    with HasCircularQueuePtrHelper {
  def needFlush (redirect: Valid[Redirect]): Bool = {        ///针对单项转向指示
    val flushItself = redirect.bits.flushItself() && this === redirect.bits.robIdx
                                                  ///flushItself表示引起转向指示的那条指令本身也需要被冲刷
    redirect.valid && (flushItself || isAfter(this, redirect.bits.robIdx))   ///Redirect中的robIdx字段，在这里就起作用了。
  }   ///如果本条指令在Rob中的位置是在导致转向指示的那条转移指令之后，就需要被冲刷。

  def needFlush (redirect: Seq[Valid[Redirect]]): Bool = VecInit(redirect.map(needFlush)).asUInt.orR
    ///这个needFlush()函数所针对的是个转向指示序列，化解成一系列针对单项转向指示的needFlush()。
}
```

于是，进入后端的指令是否需要被冲刷，或者说是否能继续前行，就都受这个函数控制。事实上，经过译码并已在 Rob 中占了位的指令会进入派发队列 DispatchQueue，在这里就会受到堵截：

```
// redirect: cancel uops currently in the queue      /// class DispatchQueue
val needCancel = Wire(Vec(size, Bool()))
for (i <- 0 until size) {
  needCancel(i) := stateEntries(i) =/= s_invalid && robIdxEntries(i).needFlush(io.redirect)
  when(needCancel(i)) { stateEntries(i) := s_invalid }          ///如果需要冲刷（取消），就将其状态设成s_invalid。
}
```

即使指令已经通过 DispatchQueue 到达了 ReservationStation，还会在这里受到堵截。注意错误取入的指令之所以能通过 DispatchQueu 到达 ReservationStation，并不是因为它们“混过”了前面的堵截，而是因为转移预测不准加上时间差的原因。进入 ReservationStation 的条件是这样：

```
/// ReservationStation
s0_enqFlushed(i) := (if (params.dropOnRedirect) io.redirect.valid else io.fromDispatch(i).bits.robIdx.needFlush(io.redirect))
s0_doEnqueue(i) := io.fromDispatch(i).fire && !s0_enqFlushed(i)
    ///只要是在s0_enqFlushed的指令就不会有s0_doEnqueue；没有s0_doEnqueue，指令就进不了ReservationStation。

s1_out(i).valid := s1_issuePtrOH(i).valid && !s1_out(i).bits.uop.robIdx.needFlush(io.redirect)
                                               ///只要有冲刷要求，ReservationStation 的输出就不会有效。
```

在指令被执行之后，其结果要被回写到物理寄存器组中，在众多指令执行单元与物理寄存器组之间有个仲裁器 WbArbiter，这里又是一道防线：

```
if (hasFastUopOut) {        /// WbArbiter
```

```
    // When hasFastUopOut, only uop comes at the same cycle with valid.
    out.valid := RegNext(in.valid && !in.bits.uop.robIdx.needFlush(redirect))        ///如果需要冲刷，out.valid 就不会变成 true。
    out.bits.uop := RegEnable(in.bits.uop, in.valid)        ///out.valid 不变成 true，这个信号就被湮没了。
  }
  if (outer.needRegNext(i)) {
    out.valid := RegNext(in.valid && !in.bits.uop.robIdx.needFlush(redirect))        ///同上
    out.bits := RegEnable(in.bits, in.valid)
  }
```

不过这并不意味着流水线中的错入指令堵截机制是追着指令走，这是类似于全城戒严那样的到处设防；因为指令取入的时间不一样，离错误预测的距离不一样，有的还在 IFU 中，有的却已经到了执行阶段，

当然，这些冲刷控制信号是有时效的，不会一直都存在；随着时间的推移，不但错入的指令会被湮灭，转向指示本身也会被湮灭。

由于流水线的采用，尤其是超标量流水线的采用，取指单元错误取入指令是不可避免的。对于错误取入的指令需要冲刷，而冲刷的具体实施则是在流水线中层层设防加以堵截，但是这样的堵截在代码中表现得并不显眼，阅读代码时很容易错过，所以读者在阅读代码时在关注其“主旋律”之余也要对指令冲刷有所注意。或者，当然也可以先假定没有指令需要冲刷而只关注“主旋律”，然后再来一次对于指令冲刷的专题分析。

BPU 的输入有两大组成部分，一是 update，一是 redirect，这就是 redirect 部分的来源。在发往 BPU 的 update 即 BranchPredictionUpdate 中也有 SpeculativeInfo 即历史信息，但是 redirect 和 update 不一定同时都有（BranchPredictionUpdate 源自 Rob）。对 BPU 的 update 即历史信息更新来自 Rob 的指令交割，那是已经板上钉钉的历史。不过 BPU 在对具体断点或转移指令进行预测时也需要有一些有针对性的历史信息，所以在 Redirect 中也要带上一些历史信息。

20.10 重温前端的取指流程

前面依次看了 BPU 中各个转移预测单元的代码，再前面也看过 Ftq 和 IFU 中的相关代码。但是这样看到的代码只是前端完整取指流程中的各个具体局部和片段，不结合完整的流程是不容易把它们贯通起来对取指流程有全局理解的，所以我们需要把这些局部与片段串通起来，对前端取指的全过程进行一番重温。

20.10.1 从 IFU 到 Ftq

我们从 IFU 刚接到取指命令的那一刻开始。Ftq 对 IFU 的取指命令，如果只考虑其数据成分就是这样：

```
class FetchRequestBundle(implicit p: Parameters) extends XSBundle with HasICacheParameters {
  val startAddr        = UInt(VAddrBits.W)        ///读取指令块的起始地址
  val nextlineStart    = UInt(VAddrBits.W)        ///如果本指令块跨cacheline，则下一个cacheline的起点地址。
  val nextStartAddr    = UInt(VAddrBits.W)        ///按指令块固定大小即32字节的后续地址，即fallthrough地址。
  val ftqIdx           = new FtqPtr               ///取指命令的（循环）遍号，也是本指令块相关信息在Ftq队列中的下标。
  val ftqOffset        = ValidUndirectioned(UInt(log2Ceil(PredictWidth).W))
                       ///如果本次取指的地址是因上一指令块中的CFI指令而来，则该CFI指令在上一指令块中的相对位置。
}
```

指令是要从指令高速缓存 ICache 读入的，所以 Ftq 同时给 ICache 也发取指命令，但是在那个命令中就没有 nextStartAddr 这个成分。之所以 IFU 需要这个成分，是因为存在一种特殊情况：由于支持 16 位指令 RVC 和 32 位指令 RVI 混处，虽然指令块的大小总是 32 字节，但是指令块中有几条指令却是不定的。如果全是 32 位指令就是 8 条，如果全是 16 位指令就是 16 条，二者混处就是在 8 到 16 条之间。我们把 16 位的“半字”

称为一个 16 位指令字，则指令块中有 16 个指令字。一个这样的指令字可以是一条 16 位指令，也可以只是一条 32 位指令的一半。我们看指令块中的最后一个 16 位指令字，它可以是一条 16 位指令，也可以是一条 32 位指令的一半，而且是前一半，另一半在下个指令块中，这时候就需要知道下一个指令块的起点在哪了。下面这两个语句来自 IFU 的 f3 阶段，其中的 f3_ftq_req 就是来自 Ftq 的取指命令，现在到了第三阶段：

```
f3_lastHalf.valid := f3_hasLastHalf && !f3_lastHalf_disable    ///检测到本指令块的最后那个 16 位指令字是 32 位指令的前半。
f3_lastHalf.middlePC := f3_ftq_req.nextStartAddr               ///此时需要知道 32 位指令后半的地址（在下一个指令块中）
```

不过，虽然这里把 nextStartAddr 保存在 f3_lastHalf.middlePC 中，最后是否用上倒是不一定的，因为也许本指令块中有转移指令，使下个指令块的取入转到了别处。

从 Ftq 发到 IFU 的不只是取指命令，也包括转向指示和冲刷命令：

```
class FtqToIfuIO(implicit p: Parameters) extends XSBundle with HasCircularQueuePtrHelper {
  val req = Decoupled(new FetchRequestBundle)          ///这就是上述的取指命令
  val redirect = Valid(new Redirect)                   ///这是来自后端的转向指示
  val flushFromBpu = new Bundle {                      ///这是来自BPU（经Ftq转达）的冲刷命令
    val s2 = Valid(new FtqPtr)                         ///该被冲刷的指令块，由BPU在s2阶段发出。
    val s3 = Valid(new FtqPtr)                         ///该被冲刷的指令块，由BPU在s2阶段发出。
  }
}
```

IFU 的取指命令来自 Ftq，但所读入的指令块却是来自 ICache。

来自 ICache 的指令不一定就是一个整块，首先指令块可能跨存储器 cacheline 的边界，所以是来自两个“缓冲线”，或者说两个缓存块，有可能需要通过两个端口读出（同一端口不能同时从两处读出）。另一方面，即使是从同一个缓存块读出也有两种情况，即这个缓冲线命中还是不命中。如果命中就直接从高速缓存读出，那是在具体接口上的一个称为 sramData 的 Bundle 上；如果不命中就得到次级缓存或内存把目标 cacheline 调入 ICache，这时候返回给 IFU 的就是在一个称为 registerData 的 Bundle 上。IFU 从 ICache 得到的是两个 cacheline，所以 IFU 可能需要对来自 ICache 的数据进行切割和拼接。

这样，经过可能需要的切割和拼接，IFU 得到的就是一个完整的指令块，但是这指令块在 IFU 的取指流水线中能走多远却不一定，在既无来自后端的转向指示，也无来自 BPU（由 Ftq 转达）的冲刷命令的前提下才能到达 IFU 的 f3 阶段，把指令通过 Ibuffer 发往后端并向 Ftq“回写”。但是也可能在此之前就因 BPU 的“出尔反尔”而被冲刷了。

指令块在 IFU 的流程这里不再重复，读者可以自己回过头去细读。在不被冲刷的条件下，首先要经过对指令的预译码（由 PreDecode 模块实施），以获取下列信息：

- 指令块中的哪些 16 位指令字代表着有效（valid）的指令，是 16 位指令或 32 位指令的起点。
- 都是些什么指令（假定是 16 位指令）。
- 如果是转移指令，是条件转移还是无条件转移。进一步还可以知道跳转的偏移量

预译码的输出 PreDecodeResp 是这样：

```
class PreDecodeResp(implicit p: Parameters) extends XSBundle with HasPdConst {
  val pd            = Vec(PredictWidth, new PreDecodeInfo)     ///向量，每条指令的预译码信息
  val hasHalfValid  = Vec(PredictWidth, Bool())                ///指令块的末尾是否有半条指令存在
  val instr         = Vec(PredictWidth, UInt(32.W))            ///向量，指令本身的32位编码。
  val jumpOffset    = Vec(PredictWidth, UInt(XLEN.W))          ///向量，转移指令的转移偏量。
  val triggered     = Vec(PredictWidth, new TriggerCf)         ///用于程序调试的断点触发
}
```

其中的向量 pd 是一串预译码信息，指令块中有几个 16 位指令字就有几项预译码信息，其结构定义是这样：

```
class PreDecodeInfo extends Bundle {   // 8 bit
  val valid      = Bool()
  val isRVC      = Bool()
  val brType     = UInt(2.W)
  val isCall     = Bool()
  val isRet      = Bool()
}
```

经过预译码之后，对指令块中所有的 16 位指令都要加以展开（expand，由 RVCExpander 加以实施），将 16 位指令映射成等效的 32 位指令。指令流水线的后端只能接受和执行 32 位指令，所以得要在前端把取入的 16 位指令都替换成与之等效的 32 位指令。

对指令的预译码和 16 位指令的映射，对于流水线后端是够了，但是对于转移预测却不够。所以，在经过预译码之后，指令块在 IFU 中还要经过 PredChecker 模块的处理，其目的主要有两个方面。首先是要把指令块中的转移指令都拣选出来加以标记，尤其是 jal 指令，那是立即可以算出其转移目标的无条件转移，其次是 jalr 指令，虽然无从知道其转移目标，但是会转移是确定无疑的。还有，如果最后一条指令不是转移指令，那也有个后随指令的地址。这些信息都要提供 BPU 参考，实际上是对转移预测的提示和建议。另一方面，如果指令块中有 jal 指令或 jalr 指令，则指令块中第一条这样的无条件转移指令后面的那些指令就都应该丢弃，而不应通过 Ibuffer 发往后方，那些指令肯定是不应该被执行的。一个指令块的大小是 8 至 16 条指令，但是很可能会被转移指令分割成若干小片，实际上每次取入并送往后端的指令应该是其中的第一个小片，而不是整个指令块。按平均五六条指令就会有一条转移指令（包括条件转移）的统计，一个小片的平均大小也就是五六条指令，而每个这样的分割点，加上指令采纳范围的终点，我们称之为断点，需要由 BPU 为之提供预测或确认，实际上是提供其后续的取指地址。即使这个后续取指地址就在当前指令块内，那也是下一步取指的起点。所以，PredChecker 其实是对转移预测的预处理。PredChecker 的预处理也要分两个阶段完成，所以其输出有 stage1Out 和 stage2Out 两大部分：

```
class PredCheckerResp(implicit p: Parameters) extends XSBundle with HasPdConst {
  //to Ibuffer write port    (stage 1)
  val stage1Out = new Bundle{
    val fixedRange    = Vec(PredictWidth, Bool())
    val fixedTaken    = Vec(PredictWidth, Bool())
  }
  //to Ftq write back port (stage 2)
  val stage2Out = new Bundle{
    val fixedTarget = Vec(PredictWidth, UInt(VAddrBits.W))
    val fixedMissPred = Vec(PredictWidth, Bool())
    val faultType     = Vec(PredictWidth, new CheckInfo)
  }
}
```

PredChecker 的输出就是 IFU 对 BPU 的提示和建议，这里不再赘述，读者可以回过去细看其代码，其中最关键的是.stage2Out.fixedMissPred 和 stage2Out.fixedTarget。

进行这些处理以后，就可以把应该发往后端的指令通过 Ibuffer 发往后端，把有关转移预测的信息“回写”给 Ftq。首先是向后端的发送，这是通过 FetchToIBuffer 这个 Bundle 发送的：

```
class NewIFUIO(implicit p: Parameters) extends XSBundle {
  val toIbuffer = Decoupled(new FetchToIBuffer)
}
```

但是具体发往后端的指令要受 checkerOutStage1.fixedRange 的控制，超出范围的就不发了：

```
io.toIbuffer.valid              := f3_valid && (!f3_req_is_mmio || f3_mmio_can_go) && !f3_flush
io.toIbuffer.bits.instrs        := f3_expd_instr
io.toIbuffer.bits.valid         := f3_instr_valid.asUInt
io.toIbuffer.bits.enqEnable:= checkerOutStage1.fixedRange.asUInt & f3_instr_valid.asUInt
io.toIbuffer.bits.pd            := f3_pd
io.toIbuffer.bits.ftqPtr        := f3_ftq_req.ftqIdx
io.toIbuffer.bits.pc            := f3_pc
io.toIbuffer.bits.ftqOffset.zipWithIndex.map{case(a, i) =>      /// io.toIbuffer.bits.ftqOffset是个向量
                    a.bits := i.U; a.valid := checkerOutStage1.fixedTaken(i) && !f3_req_is_mmio}
              /// ftqOffset重新编号，原先的ftqOffset来自取指命令，那是上一个指令块中的序号。
```

控制信号 enqEnable 受 checkerOutStage1.fixedRange 的制约，不让超出范围。这个范围基本上就是从指令块的开头到指令块中的第一条无条件转移指令，如果没有无条件转移指令也不超过一个预先动态确定的采纳范围。

向 Ftq 的“回写”就比较复杂了，目的在于为 BPU 的转移预测提供提示、建议和参考。

```
val checkFlushWb = Wire(Valid(new PredecodeWritebackBundle))
val checkFlushWbjalTargetIdx = ParallelPriorityEncoder(VecInit(wb_pd.zip(wb_instr_valid).map{case (pd, v) => v && pd.isJal }))
                                                   ///指令块中第一条jal指令所在的位置（下标）
val checkFlushWbTargetIdx = ParallelPriorityEncoder(wb_check_result_stage2.fixedMissPred)
                                                   ///指令块中第一个断点所在的位置（下标）
checkFlushWb.valid                 := wb_valid      ///向Ftq的回写没有什么条件，在f2_fire之后就会valid。
checkFlushWb.bits.pc               := wb_pc
checkFlushWb.bits.pd               := wb_pd
checkFlushWb.bits.pd.zipWithIndex.map{case(instr,i) => instr.valid := wb_instr_valid(i)}
checkFlushWb.bits.ftqIdx           := wb_ftq_req.ftqIdx
checkFlushWb.bits.ftqOffset        := wb_ftq_req.ftqOffset.bits
checkFlushWb.bits.misOffset.valid  := ParallelOR(wb_check_result_stage2.fixedMissPred) || wb_half_flush
                                                   ///表示本次回写的指令块中有没有断点
checkFlushWb.bits.misOffset.bits   := Mux(wb_half_flush, wb_lastIdx,
                         ParallelPriorityEncoder(wb_check_result_stage2.fixedMissPred))
                              ///最早的断点在什么位置上（也可能就是在fixedRange的末尾）
checkFlushWb.bits.cfiOffset.valid  := ParallelOR(wb_check_result_stage1.fixedTaken)       ///有没有转移指令
checkFlushWb.bits.cfiOffset.bits   := ParallelPriorityEncoder(wb_check_result_stage1.fixedTaken)  ///首条转移指令所在位置
checkFlushWb.bits.target           := Mux(wb_half_flush, wb_half_target,
                         wb_check_result_stage2.fixedTarget (checkFlushWbTargetIdx))
                                                   ///IFU建议的下一步取指地址
checkFlushWb.bits.jalTarget        := wb_check_result_stage2.fixedTarget(checkFlushWbjalTargetIdx)  ///如果来自jal指令
checkFlushWb.bits.instrRange       := wb_instr_range.asTypeOf(Vec(PredictWidth, Bool()))  ///送入后端的指令范围
toFtq.pdWb := Mux(wb_valid, checkFlushWb, mmioFlushWb)      ///wb_valid表示来自ICache，而不是来自MMIO。
```

IFU 向 Ftq 的"回写"，除源自 PredChecker 的信息外，还有 wb_pc 和 wb_pd。前者是假定指令块中所有 16 位指令字都是 16 位指令时的 pc 地址：

（VecInit((0 until PredictWidth).map(i => f1_ftq_req.startAddr + (i * 2).U))），

后者 wb_pd 则是 preDecoderOut.pd，即 Vec(PredictWidth, new PreDecodeInfo)，除没有一条条具体的指令外，实际上已经包含了整个指令块的几乎全部信息，对转移预测和取指有用的所有参考信息都在这里了。

20.10.2 从 Ftq 到 BPU

Ftq 意为 Fetch Queue，即取指队列，实际上是个关于取指命令（是 Ftq 自己发出的）、取指结果（来自 IFU 的回写），以及相关历史信息（根据后端的转向只是和指令交割逐步积累）的队列。队列的长度 FtqSize 定义成 64，实际上是个长度为 64 的循环缓冲区。这个循环队列的长度（即缓冲区的大小）需要有足够长，与指令执行流水线的长度有关。这是因为，一条取指命令发出以后，IFU 执行该条取指命令后会把关于所取入指令块的详尽信息"回写"给 Ftq，连同对其中断点的地址和预测建议一起保存在队列中；此后在转移指令的执行中如有转向（或不转向）发生就可在此队列中找到当初有关此条指令的预测详情，用来更新该指令的转移历史。所以，有关取入指令的信息必须保存到这些指令被执行并由 Rob 加以交割。这样，流水线愈长，Ftq 队列就也得愈长，当然 64 是足够长的了。

不过，从原理上说是一个队列，但实际上却是一组并行的队列，因为要保存的信息太多，而且这些信息的性质、作用、来源都有较大的不同。所以实际上有五个并行的不同信息类型的队列：

```
val ftq_pc_mem = Module(new FtqPcMemWrapper(1))
val ftq_redirect_sram = Module(new FtqNRSRAM(new Ftq_Redirect_SRAMEntry, 1+1+1))
val ftq_meta_1r_sram = Module(new FtqNRSRAM(new Ftq_1R_SRAMEntry, 1))
val ftb_entry_mem = Module(new SyncDataModuleTemplate(new FTBEntry, FtqSize, 1+1+1, 1))
val ftq_pd_mem = Module(new SyncDataModuleTemplate(new Ftq_pd_Entry, FtqSize, 1, 1))
```

这五个队列的长度相等，同进共退，用相同下标获取的是关于同一指令块的信息。在这五个队列（或者说五个缓冲器）中，前面四个的内容都来自 BPU，唯独的 ftq_pd_mem 的内容来自 IFU。这些队列的作用和信息来源如下：

一、ftq_pc_mem，这个队列的内容来自 BPU，产生于发出下一条取指命令之前，所承载的是 BPU 所预测的 pc，即下一步取指方向的相关信息：

```
ftq_pc_mem.io.waddr := bpu_in_resp_idx                          ///写入地址即下标为bpu_in_resp_idx
ftq_pc_mem.io.wdata.fromBranchPrediction(bpu_in_resp)           ///写入内容来自bpu_in_resp
toIfuPcBundle := RegNext(ftq_pc_mem.io.ifuPtr_rdata)
```

这里的 bpu_in_resp_idx 为：Mux(bpu_in_stage === BP_S1, bpuPtr, bpu_in_resp.ftq_idx)，意思是如果所引用的是 s1 阶段的回复则以当前的 bpuPtr 为下标，否则就用 s2/s3 回复中所载的 ftq_idx，因为此时 bpuPtr 也许已经向前推进了。每当 Ftq 向 BPU 发出 Redirect 即预测请求的时候，bpuPtr 就向前推进一步；bpuPtr 永远导前 ftq_idx，因为没有 BPU 的预测报告就无从发布取指命令。

从 ftq_pc_mem 的读出用于下一条取指命令的发送，pc 就是取指命令中的 startAddr。

二、**ftq_redirect_sram**，这个队列的内容也来自 BPU 回复中的 SpeculativeInfo，也就是 s3.spec_info：

```
ftq_redirect_sram.io.waddr := io.fromBpu.resp.bits.lastStage.ftq_idx.value    ///以转移指令所在块号位写入地址
ftq_redirect_sram.io.wdata := io.fromBpu.resp.bits.last_stage_spec_info      /// BranchPredictionResp中的last_stage_spec_info

val toBpuCfi = ifuRedirectToBpu.bits.cfiUpdate
```

```
toBpuCfi.fromFtqRedirectSram(ftq_redirect_sram.io.rdata.head)            ///进入io.toBpu.redirect
```

从 ftq_redirect_sram 的读出则用在向 BPU 发出的 ifuRedirectToBpu。

三、ftq_meta_1r_sram，这个队列的内容来自 BPU 回复中的 last_stage_meta 字段

```
ftq_meta_1r_sram.io.waddr := io.fromBpu.resp.bits.lastStage.ftq_idx.value
ftq_meta_1r_sram.io.wdata.meta := io.fromBpu.resp.bits.last_stage_meta
val commit_meta = ftq_meta_1r_sram.io.rdata(0)
update.meta := commit_meta.meta                                          ///进入io.toBpu.update
```

从 ftq_meta_1r_sram 的读出则用在对 BPU 的 update，即历史记录更新。所谓 meta 信息，其实是些附加信息。

四、ftb_entry_mem，其内容也是来自 BPU，这就是具体的 FTBEntry，就是以转移指令的地址为键，在 BPU 中查询所得的结果，并且是 s3 阶段的最终结果：

```
ftb_entry_mem.io.waddr(0) := io.fromBpu.resp.bits.lastStage.ftq_idx.value
ftb_entry_mem.io.wdata(0) := io.fromBpu.resp.bits.last_stage_ftb_entry
val commit_ftb_entry = ftb_entry_mem.io.rdata.last
ftbEntryGen.old_entry := commit_ftb_entry                                ///进入io.toBpu.update
```

从 ftb_entry_mem 的读出则用在对 BPU 的 update，即历史记录更新。

五、ftq_pd_mem，其内容来自 IFU 的回写

```
ftq_pd_mem.io.waddr(0) := pdWb.bits.ftqIdx.value
ftq_pd_mem.io.wdata(0).fromPdWb(pdWb.bits)
val commit_pd = ftq_pd_mem.io.rdata.last
ftbEntryGen.pd := commit_pd                                              ///进入io.toBpu.update
```

从 ftq_pc_mem 的读出用于对 BPU 的 update，即历史记录更新。因为有了新的指令块，就要将一些信息添加到更新信息中。

除这五个队列外，Ftq 中还有一些向量，这些向量的长度也是 FtqSize，实质上也是与那些队列平行。

```
val update_target = Reg(Vec(FtqSize, UInt(VAddrBits.W))) // could be taken target or fallThrough //TODO: remove this
val cfiIndex_vec = Reg(Vec(FtqSize, ValidUndirectioned(UInt(log2Ceil(PredictWidth).W))))
val mispredict_vec = Reg(Vec(FtqSize, Vec(PredictWidth, Bool())))
val pred_stage = Reg(Vec(FtqSize, UInt(2.W)))
val commitStateQueue = RegInit(VecInit(Seq.fill(FtqSize) { VecInit(Seq.fill(PredictWidth)(c_invalid)) }))
val entry_fetch_status = RegInit(VecInit(Seq.fill(FtqSize)(f_sent)))
val entry_hit_status = RegInit(VecInit(Seq.fill(FtqSize)(h_not_hit)))
```

如何使用这些向量的详情都分布在代码中，这里就不再细述了，读者自己慢慢消化。这里只是讲一下 Ftq 对 IFU 回写信息的处理。

```
val pdWb = io.fromIfu.pdWb
val fromIfuRedirect = WireInit(0.U.asTypeOf(Valid(new Redirect)))          ///fromIfuRedirec的构建从一空白的Redirect开始
fromIfuRedirect.valid := pdWb.valid && pdWb.bits.misOffset.valid && !backendFlush
    ///IFU向Ftq的回写没有什么条件，但是Ftq向BPU发出redirect是有附加条件的，就是pdWb.bits.misOffset.valid。
    ///如果取入的指令块中没有断点，即pdWb.bits.misOffset.valid为false，那就没有什么可以预测，但是实际上都有。
fromIfuRedirect.bits.ftqIdx := pdWb.bits.ftqIdx                            ///ftqIdx源自Ftq的取指命令
fromIfuRedirect.bits.ftqOffset := pdWb.bits.misOffset.bits                 /// ftqOffset即断点在指令块中的位置（下标）
fromIfuRedirect.bits.level := RedirectLevel.flushAfter

val ifuRedirectCfiUpdate = fromIfuRedirect.bits.cfiUpdate                  ///cfiUpdate是Redirect中的关键成分、核心成分。
ifuRedirectCfiUpdate.pc := pdWb.bits.pc (pdWb.bits.misOffset.bits)         ///需要加以预测的断点所在地址
ifuRedirectCfiUpdate.pd := pdWb.bits.pd (pdWb.bits.misOffset.bits)         ///注意pdWb.bits.pc和pdWb.bits.pd都是向量
ifuRedirectCfiUpdate.predTaken := cfiIndex_vec(pdWb.bits.ftqIdx.value).valid   ///predTaken是个布尔量，表示有转移指令。
ifuRedirectCfiUpdate.target := pdWb.bits.target                            ///target就是IFU建议的取指目标
ifuRedirectCfiUpdate.taken := pdWb.bits.cfiOffset.valid                    ///源自IFU中PredChecker的stage1.fixedTaken
ifuRedirectCfiUpdate.isMisPred := pdWb.bits.misOffset.valid                ///表示Redirect来自IFU，指令块中的断点。
```

可见，fromIfuRedirect 中的信息基本上都直接来自 IFU。IFU 向 BPU 提供了基本情况和下一步的取指建议，请求 BPU 给出基于历史记录的预测。相比之下，来自后端的 backendRedirect 就不要求 BPU 提供预测，而只是要求 BPU 向 Ftq 传达转移目标，这是指令性的。

如果在同一时钟节拍中既有 backendRedirect 又有 fromIfuRedirect，那就以 backendRedirect 为准，因为既然后端发来了转向指示，就说明当前指令块是在错误的方向上，根本就不需要预测下一步的走向了。

说到这里，顺便也说一下历史记录的更新。Ftq 发给 BPU 的请求有两块，一块是 redirect，另一块是 update：

```
class FtqToBpuIO(implicit p: Parameters) extends XSBundle {
  val redirect = Valid(new BranchPredictionRedirect)
  val update = Valid(new BranchPredictionUpdate)
  val enq_ptr = Output(new FtqPtr)
}
```

对历史记录的更新请求承载在 BranchPredictionUpdate 中，每次更新关于一条转移指令的历史记录：

```
[FtqToBpuIO > BranchPredictionUpdate]
class BranchPredictionUpdate(implicit p: Parameters) extends XSBundle with HasBPUConst {
  val pc = UInt(VAddrBits.W)                                      ///转移指令所在的地址
  val spec_info = new SpeculativeInfo                             ///更新后的全局历史信息和RAS信息
  val ftb_entry = new FTBEntry()                                  ///更新后的FTBEntry

  val cfi_idx = ValidUndirectioned(UInt(log2Ceil(PredictWidth).W))   ///CFI指令所在的位置
  val br_taken_mask = Vec(numBr, Bool())                          ///本指令片内实际转移了的条件转移指令位图
  val jmp_taken = Bool()
  val mispred_mask = Vec(numBr+1, Bool())                         ///本指令片内作为断点的转移指令位图
  val pred_hit = Bool()
  val false_hit = Bool()
  val new_br_insert_pos = Vec(numBr, Bool())                      ///本指令片内条件转移指令所在位置的位图
```

```
  val old_entry = Bool()                                   ///ftb_entry仍是老的FTBEntry，并未变动。
  val meta = UInt(MaxMetaLength.W)
  val full_target = UInt(VAddrBits.W)
  val from_stage = UInt(2.W)
  val ghist = UInt(HistoryLength.W)

  def is_jal = ftb_entry.tailSlot.valid && ftb_entry.isJal
  def is_jalr = ftb_entry.tailSlot.valid && ftb_entry.isJalr
  def is_call = ftb_entry.tailSlot.valid && ftb_entry.isCall
  def is_ret = ftb_entry.tailSlot.valid && ftb_entry.isRet
}
```

这个 Bundle 中的这些信息，有些来自 Rob 的指令交割，有些来自以前的 BPU 输出。来自 Rob 的指令交割信息被记载在一个二维向量 commitStateQueue 中，一旦一个指令块（实际上只能说一个指令片）中的指令都已交割，就使一个布尔量 canCommit 变成 true，并进而使一个寄存器 do_commit 的输出变成 true：

```
  canCommit := commPtr =/= ifuWbPtr && !may_have_stall_from_bpu &&
          Cat(commitStateQueue(commPtr.value).map(s => { s === c_invalid || s === c_commited })).andR()
  val do_commit = RegNext(canCommit, init=false.B)
```

不过历史记录的更新只是针对原先已有的历史记录，如果原先没有记录就得要新建，而新建就得确认这确实是转移指令。也就是说，条件之一是更新的目标为原先查询命中了的记录，BPU 预测报告中 s2 阶段的 full_pred.hit 就表明历史记录查询的命中情况，由 Ftq 保存在向量 entry_hit_status 中，现在就用上了。条件之二是（既然尚无查询命中的记录）目标记录块中必须有转移指令，这就用上了向量 cfiIndex_vec。满足两个条件之一才向 BPU 发出历史记录更新请求：

```
  val can_commit_hit = entry_hit_status(commPtr.value)                   ///条件一：必须是当初的查询命中了的
  val commit_hit = RegNext(can_commit_hit)
  val can_commit_cfi = WireInit(cfiIndex_vec(commPtr.value))             ///条件二：必须是转移指令
  val commit_cfi = RegNext(can_commit_cfi)

  val commit_valid = commit_hit === h_hit || commit_cfi.valid     // hit or taken     ///满足两个条件之一
```

需要更新的是转移指令的历史记录，而且只能是 Jalr 指令或条件转移指令，jal 指令不存在预测的问题，也没有历史记录。决定了要更新某一条转移指令的历史记录以后，就要准备一个 BranchPredictionUpdate 对象，并将其搭载在 FtqToBpuIO 接口上。

BranchPredictionUpdate 的核心在于其 ftb_entry，这是一个 FTBEntry。在 BPU 的那些预测单元中，FTB（以及 FauFTB）是基本的，而且是全方位的；其余的 Tage、ITTage、RAS 都是对 FTB 的优化，而且 ITTage 是专门针对 Jalr 指令的，RAS 又是专门针对用作 ret 的 Jalr 指令的；所以历史记录更新的核心就是对 FTBEntry 的更新。正因为这样，历史记录的更新就分成对 FTBEntry 的更新和对 SpeculativeInfo 的更新两部分。其中对 FTBEntry 的更新就是要将原有老的 FTBEntry 加以修改，形成一个新的 FTBEntry，这就是 BranchPredictionUpdate 中的 ftb_entry，然后让 BPU 用这个新的 FTBEntry 替换其数据库中的老 FTBEntry。这也是为什么 BPU 每次都要在 full_pred 中把构成 FTBEntry 的信息回馈给 Ftq 的原因之一。事实上，class FullBranchPrediction 中提供了一个函数 fromFtbEntry()，用来将一个 FTBEntry 转换成一个 FullBranchPrediction。另外，进一步，在 BranchPredictionResp 中还有个成分 last_stage_ftb_entry，那就直接就是 FTBEntry 了。这个 last_stage_ftb_entry 被保存在 Ftq 的 ftb_entry_mem 中，现在就被用作老的 FTBEntry。为帮助对老 FTBEntry

的修改和新 FTBEntry 的生成，还专门设计了一个工具 FTBEntryGen。

明白了这些，Ftq 中的下面这些代码就不难理解了：

```
io.toBpu.update := DontCare                                    ///空白的BranchPredictionUpdate
io.toBpu.update.valid := commit_valid && do_commit             ///一旦满足了Ftq向BPU发出update的条件
val update = io.toBpu.update.bits
update.false_hit      := commit_hit === h_false_hit
update.pc             := commit_pc_bundle.startAddr    /// val commit_pc_bundle = RegNext(ftq_pc_mem.io.commPtr_rdata)
update.meta           := commit_meta.meta              /// val commit_meta = ftq_meta_1r_sram.io.rdata(0)
update.cfi_idx        := commit_cfi                    /// val commit_cfi = RegNext(can_commit_cfi)
update.full_target    := commit_target
update.from_stage     := commit_stage                  /// val commit_stage = RegNext(pred_stage(commPtr.value))
update.spec_info      := commit_spec_meta              /// val commit_spec_meta = ftq_redirect_sram.io.rdata.last

val commit_real_hit = commit_hit === h_hit             /// val commit_hit = RegNext(can_commit_hit)
val update_ftb_entry = update.ftb_entry

val ftbEntryGen = Module(new FTBEntryGen).io
ftbEntryGen.start_addr     := commit_pc_bundle.startAddr
ftbEntryGen.old_entry      := commit_ftb_entry         ///老的FTBEntry
ftbEntryGen.pd             := commit_pd                /// val commit_pd = ftq_pd_mem.io.rdata.last
ftbEntryGen.cfiIndex       := commit_cfi               /// val commit_cfi = RegNext(can_commit_cfi)
ftbEntryGen.target         := commit_target
ftbEntryGen.hit            := commit_real_hit          /// val commit_real_hit = commit_hit === h_hit
ftbEntryGen.mispredict_vec := commit_mispredict        ///来自mispredict_vec和commit_state

update_ftb_entry            := ftbEntryGen.new_entry   ///ftbEntryGen生成的新FTBEntry，update_ftb_entry就是update.ftb_entry。
update.new_br_insert_pos := ftbEntryGen.new_br_insert_pos
update.mispred_mask         := ftbEntryGen.mispred_mask
update.old_entry            := ftbEntryGen.is_old_entry
update.pred_hit             := commit_hit === h_hit || commit_hit === h_false_hit
update.br_taken_mask        := ftbEntryGen.taken_mask
update.jmp_taken            := ftbEntryGen.jmp_taken
```

在 Ftq 与 BPU 之间的 FtqToBpuIO 上，update 是个 BranchPredictionUpdate（见前），其中除 ftb_entry 是新的、有待写入预测单元 FTB 的 FTBEntry 外，还有 spec_info 等信息，总之都属于可能会有更新的信息。BPU 中有关转移预测的信息就是这样经受实践的检验，在实践中纠正预测的错误，逐步提高预测的正确性。

20.10.3　从 BPU 到 Ftq

BPU 对 Ftq 的回应 BranchPredictionResp 就是预测报告，其中有产生于 s1/s2/s3 三个阶段的三份报告，此外还有关于本次所作最终预测的依据，包括 last_stage_meta、last_stage_spec_info 和 last_stage_ftb_entry。

```
class BpuToFtqBundle(implicit p: Parameters) extends BranchPredictionResp {}

class BranchPredictionResp(implicit p: Parameters) extends XSBundle with HasBPUConst {
  val s1 = new BranchPredictionBundle
```

```
  val s2 = new BranchPredictionBundle
  val s3 = new BranchPredictionBundle

  val last_stage_meta = UInt(MaxMetaLength.W)
  val last_stage_spec_info = new SpeculativeInfo
  val last_stage_ftb_entry = new FTBEntry

  def selectedResp ={
    val res = PriorityMux(Seq( ((s3.valid && s3.hasRedirect) -> s3), ((s2.valid && s2.hasRedirect) -> s2), (s1.valid -> s1)))
    res
  }
  def selectedRespIdx = PriorityMux(Seq(((s3.valid && s3.hasRedirect) -> BP_S3),
                                       ((s2.valid && s2.hasRedirect) -> BP_S2), (s1.valid -> BP_S1)))
  def lastStage = s3
}
```

前面讲过，s1 阶段的预测直接来自 Redirect。如果是来自后端的 Redirect 就以所指定的转移目标 target 作为下一步取指的 pc，即 startAddr；如果是来自 IFU 的 Redirect 就以其所建议的 target 作为下一步取指的 pc。所以 s1 的报告中并不包含 BPU 的预测。

后面 s2 和 s3 的预测就来自 BPU 中各预测单元的输出了；s2 阶段的预测可能与 s1 的相同，也可能不同；s2 阶段的输出有可能与 s2 的不同。如果不同就说明 BPU 认为前面的预测错了，但是 Ftq 已经按前面的预测发出取指命令，所以就一方面要重新发出新的取指命令，一方面要对错误取入的指令块发出冲刷命令。

三个阶段的预测报告具有相同的结构：

```
[BpuToFtqBundle > BranchPredictionResp]
class BranchPredictionBundle(implicit p: Parameters) extends XSBundle with HasBPUConst with BPUUtils {
  val pc = UInt(VAddrBits.W)                    ///这将成为下一道取指命令中的startAddr
  val valid = Bool()                            ///本项预测有效
  val hasRedirect = Bool()                      ///表示本阶段的预测与前一阶段的不同
  val ftq_idx = new FtqPtr                      ///这将成为下一道取指命令中的ftqIdx，即指令块号。
  val full_pred = new FullBranchPrediction      ///full_pred最初来自FauFTB的输出FTBEntry，在s2/s2阶段再经修正。
}
```

这里没有列出其所提供的函数。显然，这里的关键是 pc，这就是下一步取指的目标地址，而对此结论的支撑则在 full_pred，意为完整的预测信息：

```
class FullBranchPrediction(implicit p: Parameters) extends XSBundle with HasBPUConst with BasicPrediction {
  val br_taken_mask = Vec(numBr, Bool())                                        ///本范围中各条件转移指令的taken位图
  val slot_valids = Vec(totalSlot, Bool())                                      ///本范围中的哪些转移指令槽位有效（位图）
  val targets = Vec(totalSlot, UInt(VAddrBits.W))                               ///本范围中各转移指令的转移目标
  val jalr_target = UInt(VAddrBits.W)    // special path for indirect predictors ///jalr指令的转移目标
  val offsets = Vec(totalSlot, UInt(log2Ceil(PredictWidth).W))                  ///本范围中各转移指令所在的位置
  val fallThroughAddr = UInt(VAddrBits.W)                                       ///本条转移指令的后续指令地址
  val fallThroughErr = Bool()
  val is_jal = Bool()
  val is_jalr = Bool()
```

```
  val is_call = Bool()
  val is_ret = Bool()
  val last_may_be_rvi_call = Bool()
  val is_br_sharing = Bool()
  val hit = Bool()
}
```

这个 class 提供了许多函数，但是这里均未列出，我们把注意力集中在它的数据成分。

如前所述，IFU 读入的指令块长度是 32 字节，可容纳 8 至 16 条指令。但是由于（无条件）转移指令的存在或人为设置的采纳范围，实际上真正起作用的是其中的一小片，就是经 PredChecker 处理后的“校正范围”fixedRange。小片的起点或是一条转移指令的转移目标或其后续地址（如果是条件转移并且 not taken），小片的终点是一条转移指令，或者人为设置的采纳范围终点。在这么一个小片中还可能有条件转移指令 br 的存在。因为毕竟只是这么一个小片，香山的设计中把参数 numBr 定义成 2，意思是最多不会超过两条转移指令，所以给留了两个用于记载转移指令的槽位，即 totalSlot 个槽位，totalSlot 定义为 numBrSlot + 1，但是 numBrSlot 的定义是 numBr-1。这里的意思是：一共可以有两条转移指令，但是其中之一是末尾的无条件转移指令，所以专门用于条件指令的槽位数量 numBrSlot 是 numBr-1，最后一个槽位是保留用于无条件转移指令的。不过末尾的那条转移指令也可能并非无条件转移，而是条件转移指令，所以最后那个槽位也可以被挪用于条件转移指令，称为 share。所以，numBr 之所以定义为 2，是指在末尾的转移指令也是条件指令的条件下，最多就是两条 br 指令。换言之，除最后那条转移指令外，一个指令片中最多也就是一条 br 指令。BPU 的预测，尤其是 FTB 的预测，是基于历史记录的预测，是统计意义上的预测，对于条件转移它不会去预测转移的条件是否会满足，而是从宏观上预测，以前同样在这一小片之后去了哪里。这还只是基于局部历史的预测，基于全局历史的预测就尺度更大了。对此感到费解的读者不妨想想 CISC 中的指令，一个校正范围这么一小片，也不过就是十个字节上下，在 CISC 中（由于寻址模式的复杂）一条指令就占 10 个字节的比比皆是。

所以，BPU 不只是简单地提供一个 pc 即下一步的取指目标，也在 full_pred 中把详细的情况发回 Ftq，并在详情中告知：所预测的这个校正范围小片，里面有几条 br 指令，这几条 br 指令上一次有没有转（br_taken_mask）；如果转的话各自的转移目标是什么（向量 targets）；这几条指令在指令块中的位置（向量 offsets）。而 ftq，则把这些信息保存在其 ftb_entry_mem 等队列中。

不管怎样，就下一步的取指这个目标而言，BPU 的 s1/s2/s3 这三个预测报告在其 pc 字段中先后提供了三个取指目标，这三个目标的正确程度应该是逐步提高。如果三个目标都一样，那 Ftq 只要发一次取指命令就可以；如果不一样就得先后发出三次取指命令。所以，在最坏的情况下需要接连取指三次才算成功（还要经受后端的检验），取入的指令块是 32 字节，但是实际被接受并发往后端的只是其中的一部分。

20.10.4 从 Ftq 到 IFU

BPU 就一个指令块中的校正采纳范围 fixedRange 提供关于下一步取指的预测之后，Ftq 就据此向 ICache 和 IFU 发出取指命令。这两个命令基本上是一样的，但是对 IFU 的命令更说明问题，所以我们集中看对于 IFU 的取指命令。

首先，Ftq 要将 BPU 发回的 s1 阶段预测通过 fromBranchPrediction()转换成一个 Ftq_RF_Components 对象并保存在 ftq_pc_mem 中，因为以后还要用到，Ftq_RF_Components 的定义是这样：

```
class Ftq_RF_Components(implicit p: Parameters) extends XSBundle with BPUUtils {
  val startAddr = UInt(VAddrBits.W)
  val nextLineAddr = UInt(VAddrBits.W)
  val isNextMask = Vec(PredictWidth, Bool())
  val fallThruError = Bool()

  def getPc(offset: UInt) = {
```

```
    def getHigher(pc: UInt) = pc(VAddrBits-1, log2Ceil(PredictWidth)+instOffsetBits+1)
    def getOffset(pc: UInt) = pc(log2Ceil(PredictWidth)+instOffsetBits, instOffsetBits)
    Cat(getHigher(Mux(isNextMask(offset) && startAddr(log2Ceil(PredictWidth)+instOffsetBits), nextLineAddr, startAddr)),
        getOffset(startAddr)+offset, 0.U(instOffsetBits.W))
  }
  def fromBranchPrediction (resp: BranchPredictionBundle) = {
    def carryPos(addr: UInt) = addr(instOffsetBits+log2Ceil(PredictWidth)+1)
    this.startAddr := resp.pc
    this.nextLineAddr := resp.pc + (FetchWidth * 4 * 2).U        // may be broken on other configs
    this.isNextMask := VecInit((0 until PredictWidth).map(i =>
      (resp.pc(log2Ceil(PredictWidth), 1) +& i.U)(log2Ceil(PredictWidth)).asBool()
    ))
    this.fallThruError := resp.fallThruError
    this
  }
}
```

可见这里其实只有 4 个数据成分，而且与取指命令对照一下就可发现这里没有 nextStartAddr 这个成分，说明 nextStartAddr 这个成分另有来源。不过这里提供了 getPc()和 fromBranchPrediction()两个函数。从后面这个函数的代码中也可以看到，BranchPredictionBundle 中也没有 nextStartAddr 这个成分。

其实还有 last_stage_ftb_entry、last_stage_spec_info、last_stage_meta 也要分别保存在 ftb_entry_mem、ftq_redirect_sram、ftq_meta_1r_sram 这三个队列中，但是那要到 last_stage，在 s1 阶段是没有这个信息的。Ftq 向 IFU 发送取指命令时则再从 ftq_pc_mem 读出，又要经另一个函数 fromFtqPcBundle()将读出的 Ftq_RF_Components 转换成 FetchRequestBundle，其中的 pc 就变成取指命令中的 startAddr。当然，这种转换都是由组合电路实现的：

```
val toIfuPcBundle = Wire(new Ftq_RF_Components)              /// toIfuPcBundle是个Ftq_RF_Components对象
toIfuPcBundle := RegNext(ftq_pc_mem.io.ifuPtrPlus1_rdata)    ///其内容读自ftq_pc_mem
io.toIfu.req.bits.fromFtqPcBundle (toIfuPcBundle)            ///发给IFU的取指命令来自toIfuPcBundle
```

不过，原则上 toIfuPcBundle 这个 Ftq_RF_Components 确实需要从 ftq_pc_mem 读出，可是 Ftq 在根据 s1 阶段的预测发送取指命令的时候却可以抄一点近路。Ftq 在把 s1 阶段的预测写入 ftq_pc_mem 时在外面留了个副本，这样就可以直接使用这个副本而无需从 ftq_pc_mem 读出了。在香山的代码中，这个副本就是 bpu_in_bypass_buf_for_ifu，实际上是 bpu_in_bypass_buf：

```
val bpu_in_bypass_buf = RegEnable(ftq_pc_mem.io.wdata, enable=bpu_in_fire)
val bpu_in_bypass_buf_for_ifu = bpu_in_bypass_buf
```

这里的 bpu_in_bypass_buf 来自 ftq_pc_mem.io.wdata，而 ftq_pc_mem.io.wdata 的内容则来自 bpu_in_resp：

```
ftq_pc_mem.io.wen := bpu_in_fire                                  ///对ftq_pc_mem的写入控制来自bpu_in_fire
ftq_pc_mem.io.waddr := bpu_in_resp_idx                            ///写入地址是bpu_in_resp_idx，具体取决于selectedRespIdx。
ftq_pc_mem.io.wdata.fromBranchPrediction (bpu_in_resp)            ///写入内容来自bpu_in_resp，具体取决于resp.bits.selectedResp
```

后面我们将看到，Ftq 在收到 BPU 的 s1 阶段报告后向 IFU 发出的取指命令，其内容就是来自这个 bpu_in_bypass_buf_for_ifu，而后面根据 s2/s3 阶段发出的取指命令就来自从 ftq_pc_mem 的读出。然而这里有个问题，从对 ftq_pc_mem 写入的控制信号 ftq_pc_mem.io.wen 可以看出，是否写入 ftq_pc_mem 取决于 bpu_in_fire：

```
val bpu_in_fire = (io.fromBpu.resp.fire() || bpu_s2_redirect || bpu_s3_redirect) && allowBpuIn
```

可见这是不分 s1 阶段还是 s2/s3 阶段的，因为除 s1 阶段外只要 s2/s3 阶段的预测与先前不同就同样也会写入 ftq_pc_mem。既然是那样，s2/s3 阶段就应该同样也可以使用 bpu_in_bypass_buf_for_ifu。

当然，更重要的是，这里没有 nextStartAddr 这个成分的来源，这个字段的数值另有来源，代码中有一串条件语句：

```
// TODO: reconsider target address bypass logic     ///的确可以考虑一下，bpu_in_bypass_buf_for_ifu在s2/s3阶段应该也可以用。
when (last_cycle_bpu_in && bpu_in_bypass_ptr === ifuPtr) {     ///这是基于s1阶段的预测报告
  toIfuPcBundle := bpu_in_bypass_buf_for_ifu
  entry_is_to_send := true.B
  entry_next_addr := last_cycle_bpu_target                  /// val last_cycle_bpu_target = RegNext(bpu_in_resp.getTarget)
  entry_ftq_offset := last_cycle_cfiIndex
  diff_entry_next_addr := last_cycle_bpu_target   // TODO: remove this
}.elsewhen (last_cycle_to_ifu_fire) {                        ///基于s2/s3阶段的预测，并且上个节拍刚给IFU发过命令。
  toIfuPcBundle := RegNext(ftq_pc_mem.io.ifuPtrPlus1_rdata)
  entry_is_to_send := RegNext(entry_fetch_status(ifuPtrPlus1.value) === f_to_send) ||
                      RegNext(last_cycle_bpu_in && bpu_in_bypass_ptr === (ifuPtrPlus1))    // reduce potential bubbles
  entry_next_addr := Mux(last_cycle_bpu_in && bpu_in_bypass_ptr === (ifuPtrPlus1), bpu_in_bypass_buf_for_ifu.startAddr,
        Mux(ifuPtr === newest_entry_ptr, newest_entry_target, RegNext(ftq_pc_mem.io.ifuPtrPlus2_rdata.startAddr))) // ifuPtr+2
                      ///when (last_cycle_bpu_in) { newest_entry_target := last_cycle_bpu_target }
}.otherwise {                                               ///这是基于s3阶段的预测报告，但是s2阶段未发取指命令：
  toIfuPcBundle := RegNext(ftq_pc_mem.io.ifuPtr_rdata)
  entry_is_to_send := RegNext(entry_fetch_status(ifuPtr.value) === f_to_send) ||
                      RegNext(last_cycle_bpu_in && bpu_in_bypass_ptr === ifuPtr)  // reduce potential bubbles
  entry_next_addr := Mux(last_cycle_bpu_in && bpu_in_bypass_ptr === (ifuPtrPlus1), bpu_in_bypass_buf_for_ifu.startAddr,
        Mux(ifuPtr===newest_entry_ptr, newest_entry_target, RegNext(ftq_pc_mem.io.ifuPtrPlus1_rdata.startAddr))) // ifuPtr+1
}
```

这里的关键在于 entry_next_addr，这就将成为取指命令中的 nextStartAddr。如果 BPU 在 s1 预测之后又有了不同的预测，那就意味着有了不同的取指目标即不同的 startAddr；既然 startAddr 不同，那 nextStartAddr 当然就会不同。对这个问题的更深入探讨就留给读者了，这里只是要说明，这个在不同条件下的不同 entry_next_addr，就成了取指命令中的 nextStartAddr：

```
val toIfuPcBundle = Wire(new Ftq_RF_Components)

io.toIfu.req.valid := entry_is_to_send && ifuPtr =/= bpuPtr
io.toIfu.req.bits.nextStartAddr := entry_next_addr
io.toIfu.req.bits.ftqOffset := entry_ftq_offset            ///导致此次取指命令的转移指令所在位置，见下。
io.toIfu.req.bits.fromFtqPcBundle (toIfuPcBundle)

val entry_ftq_offset = WireInit(cfiIndex_vec(ifuPtr.value))    ///（前一指令片中）导致转移的指令所在位置
                                                               ///对于此次取指，这是实际发生的断点所在。
```

这样，我们就走过了从 IFU 到 Ftq，再到 BPU，又从 BPU 回到 Ftq，再从 Ftq 向 IFU 发送取指命令这么一个闭环的全过程。

如果把这个闭环的过程比喻作交响音乐中的第一主题，那么还有个第二主题，那就是对 IFU 的冲刷命令；那是在 BPU 的回应中有 bpu_s2_redirect（来自 s2.hasRedirect）或 bpu_s3_redirect（来自 s3.hasRedirect）的时候发送的：

```
io.toIfu.flushFromBpu.s2.valid := bpu_s2_redirect                    ///只要有bpu_s2_redirect就发flushFromBpu.s2
io.toIfu.flushFromBpu.s2.bits := bpu_s2_resp.ftq_idx                 /// flushFromBpu.s2 的内容是需要冲刷的指令块号
when (bpu_s2_resp.valid && bpu_s2_resp.hasRedirect) {                ///有s2的hasRedirect就向前推进bpuPtr
  bpuPtr := bpu_s2_resp.ftq_idx + 1.U
  copied_bpu_ptr.map(_ := bpu_s2_resp.ftq_idx + 1.U)
  // only when ifuPtr runs ahead of bpu s2 resp should we recover it   ///如果ifuPtr跑在了bpu_s2_resp.ftq_idx前面就把它拉回来
  when (!isBefore(ifuPtr, bpu_s2_resp.ftq_idx)) {   ///def isBefore (left: T, right: T): Bool = left < right
    ifuPtr_write := bpu_s2_resp.ftq_idx
    ifuPtrPlus1_write := bpu_s2_resp.ftq_idx + 1.U
    ifuPtrPlus2_write := bpu_s2_resp.ftq_idx + 2.U
  }
}

io.toIfu.flushFromBpu.s3.valid := bpu_s3_redirect                    ///只要有bpu_s2_redirect就发flushFromBpu.s2
io.toIfu.flushFromBpu.s3.bits := bpu_s3_resp.ftq_idx                 /// flushFromBpu.s2的内容是需要冲刷的指令块号
when (bpu_s3_resp.valid && bpu_s3_resp.hasRedirect) {                ///有s2的hasRedirect就向前推进bpuPtr
  bpuPtr := bpu_s3_resp.ftq_idx + 1.U
  copied_bpu_ptr.map(_ := bpu_s3_resp.ftq_idx + 1.U)
  // only when ifuPtr runs ahead of bpu s2 resp should we recover it   ///如果ifuPtr跑在了bpu_s3_resp.ftq_idx前面就把它拉回来
  when (!isBefore(ifuPtr, bpu_s3_resp.ftq_idx)) {
    ifuPtr_write := bpu_s3_resp.ftq_idx
    ifuPtrPlus1_write := bpu_s3_resp.ftq_idx + 1.U
    ifuPtrPlus2_write := bpu_s3_resp.ftq_idx + 2.U
  }
}
```

好，现在第二主题也呈现了，后面 IFU 中对此的响应已在前一节中讲过，读者可以回过去看一下。

20.10.5　复位向量

上面所讲的闭环流程是指令流已经建立起来之后的情景，Ftq 根据 BPU 对先前指令块中的断点所作预测发出下一指令块的取指命令，新取进来的指令块中又有断点（至少有人为断点），于是就这样循环往复。可是这里有个问题，这个指令流最初是怎么建立起来的呢？SoC 芯片加电初始化或复位（reset）后的第一条取指命令是怎么来的呢？

显然，从代码中看，Ftq 不会自己生成出一个初始的取指目标，这个原始的取指目标一定也是来自 BPU；可是 BPU 又怎么知道这个原始的取指目标呢。事实上，香山 SoC 芯片上的每个 XSTile 都有自己的复位向量，即 reset_vector，这是个从外部输入的物理地址，BPU 输出的第一份 s1 预测报告中的地址 pc 就来自复位向量。下面我们从 XSTile 看起：

```
[XSTop > XSTile]
class XSTile()(implicit p: Parameters) extends LazyModule with HasXSParameter with HasSoCParameter{
```

```
  …
  lazy val module = new LazyModuleImp(this){                    ///在XSTile的硬件描述中：
    val io = IO(new Bundle {                                    ///XSTile的外部接口上：
      val hartId = Input(UInt(64.W))
      val reset_vector = Input(UInt(PAddrBits.W))               ///这就是外接的复位向量
      val cpu_halt = Output(Bool())
    })
    …
}
```

每个 XSTile 的外部接口上都有个 reset_vector，用来外接一个（固定的）复位地址，并将这个地址传给其内部的 XSCore，XSCore 的外部接口上也有个 reset_vector 输入：

```
[XSTop > XSTile > XSCore]
class XSCoreImp(outer: XSCoreBase) extends LazyModuleImp(outer) with HasXSParameter with HasSoCParameter {
  val io = IO(new Bundle {
    val hartId = Input(UInt(64.W))
    val reset_vector = Input(UInt(PAddrBits.W))                 ///这是XSCore的reset_vector输入
    val cpu_halt = Output(Bool())
    …
  })
  …
}
core.module.io.reset_vector := DelayN(io.reset_vector, 5)       ///延迟 5 个节拍，等电路稳定下来。
        ///这是在 XSTile 中，core 就是 XSCore，io.reset_vector 是指 XSTile 的 io.reset_vector。
```

指令流水线的前端 Frontend 在 XSCore 内部，其接口上也有个 reset_vector 输入，XSCore 又把 reset_vector 传给 Frontend：

```
[XSTop > XSTile > XSCore > Frontend]
class FrontendImp (outer: Frontend) extends LazyModuleImp(outer) with HasXSParameter with HasPerfEvents {
  val io = IO(new Bundle() {
    val hartId = Input(UInt(8.W))
    val reset_vector = Input(UInt(PAddrBits.W))                 ///这是Frontend的reset_vector输入
    …
  })
}
frontend.io.reset_vector := io.reset_vector                     ///这里的 io.reset_vector 是指 XSCore 的 reset_vector 输入
```

再往下一层就是 BPU 即 Predictor，Predictor 的接口上也有个 reset_vector 输入：

```
bpu.io.reset_vector := io.reset_vector                          ///这里的 io.reset_vector 是指 Frontend 的 reset_vector 输入
```

最后，BPU 中的 Composer 和其下的各自预测单元都是对 BasePredictor 的扩充，都从 BasePredictor 继承其外部接口 BasePredictorIO，那里面又有个 reset_vector 输入：

```
[XSTop > XSTile > XSCore > Frontend > Predictor > Composer]
class BasePredictorIO (implicit p: Parameters) extends XSBundle with HasBPUConst {
  val reset_vector = Input(UInt(PAddrBits.W))          ///这是 Composer 和各种预测单元（如 FTB）的 reset_vector 输入
}
predictors.io.reset_vector := io.reset_vector          ///io.reset_vector 是指 Predictor 即 BPU 的 reset_vector 输入

abstract class BasePredictor(implicit p: Parameters) extends XSModule with HasBPUConst with BPUUtils with HasPerfEvents {
  val reset_vector = DelayN(io.reset_vector, 5)         ///Composer和具体预测单元的reset_vector输入
  val s0_pc       = WireInit(io.in.bits.s0_pc)    // fetchIdx(io.f0_pc)
  val s1_pc       = RegEnable(s0_pc, io.s0_fire)
  val s2_pc       = RegEnable(s1_pc, io.s1_fire)
  val s3_pc       = RegEnable(s2_pc, io.s2_fire)

  when (RegNext(RegNext(reset.asBool) && !reset.asBool)) { s1_pc := reset_vector }
                         ///发生reset并又撤除的时候，就把复位向量连到s1.pc
}
```

在发生复位信号 reset 并又撤除（即 RegNext(***reset***.asBool) && !reset.asBool）的时候，就把复位地址连到 s1_pc。而 s1_pc，我们在前面看到，会被写入 BasePredictor 即各个具体预测单元的 io.out.s1.pc：

```
io.out.s1.pc := s1_pc
```

显然 io.out.s1.pc 会变成 BPU 所发 s1 阶段预测报告中的 pc。

另外，芯片加电时会自动走过发出 reset 然后又被撤除的过程，所以复位的过程等同于加电时的过程。

第 21 章 XSCore 的后端- CtrlBlock

前面讲的是香山 CPU 流水线的前端，由前端取入指令之后，就是后端的事了。如果不支持脱序（Out-of-Order）执行，也不设法排除使用通用寄存器的冲突，而且流水线宽度也只是 1，那么后端就应该是译码和执行两段，其中的每一段可以只是一个流水线工位、一个流水线阶段，也可以细分成若干个阶段，其中译码阶段的电路就是译码器，而执行阶段就是执行单元，一般也只有一个综合的算术逻辑单元 ALU，或者加上作为“协处理器”的浮点计算单元。这就是传统的、“朴素”的 CPU 流水线微结构。

然而香山 CPU 采用的是一种相当先进的微结构。首先，香山的 CPU 流水线是一种“超标量（Super-Scalar）”，即宽度大于 1 的流水线。而且，香山的代码是按 CPU“生成器”、而不只是某种特定配置的电路而设计和编写的。事实上，作为香山的一种典型设计或者参考设计，其译码器阶段的流水线宽度是 6。在执行阶段，则更是细分成多种、多个指令执行单元，例如对转移指令就有专门的跳转单元。再如对内存的读写，就有专门的加载（Load）和存储（Store）单元，里面还包括各种队列，这样就可以将因存储器操作的延迟所带来的影响降到最小，也不至于牵一发动全身。至于具体计算，则更是有整数计算单元、浮点计算单元、乘除计算单元等。一条宽度为 6 的超标量流水线，就好像一条繁忙的 6 车道的高速公路，到了出口，有的走小车通道，有的走货车通道，可能还得称重量，哪能只有一个“多功能”收费亭？其次，也是很重要的，就是香山 CPU 支持脱序执行，这样可以提高效率。可是要支持脱序执行就带来了“预约站（Reservation Station，简称 RS）”和重排序缓冲区（Re-Order Buffer，简称 Rob）的要求。前者就好像接待站，让到达的指令在里面等一下，一旦该指令的执行条件得到满足就让其进入具体的执行单元；而不是死死地守着程序中编排的先后次序，一条指令受阻就影响后面一片。但是这样一来指令执行的顺序变了，所以执行以后还得让它们在 Rob 中恢复原来的次序。还有，为消除因使用通用寄存器的冲突所带来的影响，香山还采用了寄存器映射，即“寄存器改名（Register Rename）”的技术，使指令中使用的虚拟寄存器号在执行时和提交结果时可以映射到不同的物理寄存器。设想有两条指令，都要使用寄存器 r6，但是同时在两个不同的执行单元中执行，这就得使二者的 r6 指向不同的物理寄存器，然后再加以合并，而这又与指令的重排序有关。显然，为此就得有一套寄存器映射的机制。可想而知，比之传统的、朴素的 CPU 微结构，香山 CPU 的微结构要远远复杂得多，下面是香山 CPU 后端的示意图：

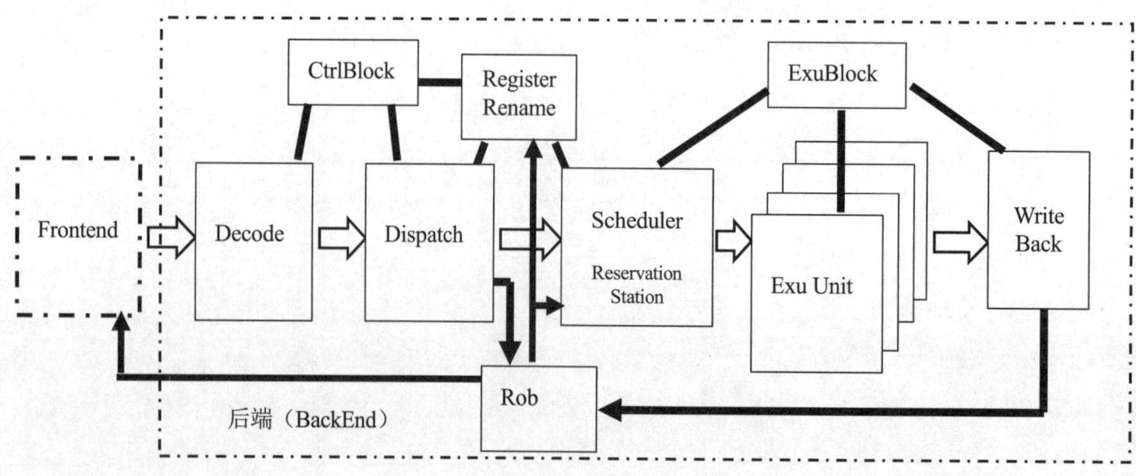

从图中可见，香山 CPU 流水线的后端又分成两段：一段是指令的译码（Decode）和派发（Dispatch），还包括对已执行指令所产生结果的重排序和寄存器改名。这一段的“总控”模块，就是 CtrlBlock。另一段是指令的执行，主要是各种具体的执行单元。和因支持脱序执行而来的预约站（Reservation Station）。另外，也是由于脱序执行，指令执行的结果不能直接就写入目标寄存器，而要回到前面进行重排序，这样就在执行段与译码段之间有了个反向的通道。这一段的“总控”模块则是 ExuBlock。

如果把前端比作一条河流的上游，那么 CtrlBlock 控制着这条河流的中游，我们不妨称之为译码段，ExuBlock 则控制着这条河流的下游，我们不妨称之为执行段。当然，无论是译码段还是执行段，其内部又可分成若干流水线阶段。

如前所述，前端通过其缓冲队列 Ibuffer 向后端发送所取入的指令，从 Ibuffer 队列中出来的是一个个的 CtrlFlow 对象，一个 CtrlFlow 对象代表着一条指令，并含有这条指令的编码：

```
// Dequeue DecodeWidth insts from Ibuffer
class CtrlFlow(implicit p: Parameters) extends XSBundle {
  val instr = UInt(32.W)                        ///指令的编码
  val pc = UInt(VAddrBits.W)                    ///指令所在地址
  val foldpc = UInt(MemPredPCWidth.W)           ///MemPredPCWidth是WaitTableSize的数值宽度，后者定义为1024。
  val exceptionVec = ExceptionVec()
  val trigger = new TriggerCf
  val pd = new PreDecodeInfo                    ///指令的预译码信息
  val pred_taken = Bool()
  val crossPageIPFFix = Bool()
  val storeSetHit = Bool()            // inst has been allocated an store set
  val waitForRobIdx = new RobPtr      // store set predicted previous store robIdx
  // Load wait is needed
  // load inst will not be executed until former store (predicted by mdp) addr calcuated
  val loadWaitBit = Bool()
  // If (loadWaitBit && loadWaitStrict), strict load wait is needed
  // load inst will not be executed until ALL former store addr calcuated
  val loadWaitStrict = Bool()
  val ssid = UInt(SSIDWidth.W)
  val ftqPtr = new FtqPtr                       ///属于哪一个指令块，存储在Ftq队列中的哪一个单元。
  val ftqOffset = UInt(log2Up(PredictWidth).W)  ///指令在本指令块中的序号
}
```

之所以说 CtrlBlock 是流水线后端译码段的总控模块，首先是因为这一段上的那些模块都是由它直接或间接创建的，而 CtrlBlock 本身则是在抽象类 XSCoreBase 中创建。其次，CtrlBlock 又起着这些子模块之间互连的“接线板”的作用。后面我们会顺着指令在后端流水线中的流程逐一加以介绍，但是这里先从宏观的角度大致看一下 CtrlBlock 的构造：

```
[XSCore > XSCoreBase > CtrlBlock]
class CtrlBlock (dpExuConfigs: Seq[Seq[Seq[ExuConfig]]])(implicit p: Parameters) extends LazyModule
                                                with HasWritebackSink with HasWritebackSource {
  val rob = LazyModule(new Rob)            ///创建Rob子模块，这是让执行结果重新排序，即恢复原有次序的缓冲区。
  override def addWritebackSink(source: Seq[HasWritebackSource], index: Option[Seq[Int]]): HasWritebackSink = {
```

```
        rob.addWritebackSink(Seq(this), Some(Seq(writebackSinks.length)))
        super.addWritebackSink(source, index)
    }

    // duplicated dispatch2 here to avoid cross-module timing path loop.
    val dispatch2 = dpExuConfigs.map(c => LazyModule(new Dispatch2Rs(c)))
            ///为dpExuConfigs这个序列中的每个元素，实际上就是为每一种执行单元，都创建一个指令分发模块Dispatch2Rs。
    lazy val module = new CtrlBlockImp(this)                                ///CtrlBlock本身的电路实现

    override lazy val writebackSourceParams: Seq[WritebackSourceParams] = { writebackSinksParams }
    override lazy val writebackSourceImp: HasWritebackSourceImp = module

    override def generateWritebackIO(
        thisMod: Option[HasWritebackSource] = None,
        thisModImp: Option[HasWritebackSourceImp] = None
    ): Unit = {
        module.io.writeback.zip(writebackSinksImp(thisMod, thisModImp)).foreach(x => x._1 := x._2)
    }
}   ///end class CtrlBlock
```

这是 CtrlBlock 的 Diplomacy 部分，主要是创建两个 Lazy 模块 Rob 和 Dispatch2Rs。其中 Rob 用于执行结果的重新排序，即恢复原有次序。恢复次序的依据就是指令原先的顺序，就是指令流从译码器出来，经分发模块去向执行段，但尚未被“打乱”之前的次序，所以这时候就需要在 Rob 中按原有顺序保留一份排队副本，然后让执行之后的结果来这儿对号入座，这样就恢复了原有次序。另一个模块 Dispatch2Rs，意为 Dispatch-to-RS，是通往 RS 即 Reservation Station 的指令分发器。后面我们将看到，RS 并非只有一个，而是有一组，所以 Dispatch2Rs 也不只是一个。

不过 Rob 其实并无参数需要协调，其唯一的成分，除一个函数 generateWritebackIO()以外，就是其 lazy val module 即 RobImp：

```
[XSCore > XSCoreBase > CtrlBlock > Rob]
class Rob(implicit p: Parameters) extends LazyModule with HasWritebackSink with HasXSParameter {
    lazy val module = new RobImp(this)
    override def generateWritebackIO(
        thisMod: Option[HasWritebackSource] = None,
        thisModImp: Option[HasWritebackSourceImp] = None
    ): Unit = {
        val sources = writebackSinksImp(thisMod, thisModImp)
        module.io.writeback.zip(sources).foreach(x => x._1 := x._2)
    }
}
```

可见，class Rob 本身既无参数协调，又不创建 Lazy 模块，之所以要把 Rob 设计成一个 Lazy 模块，应该是因为要掌握 RobImp 和对其进行初始化的时序，或者向外界提供可以在 Diplomacy 阶段调用的这个函数 generateWritebackIO()，我们把 Rob 本身的电路实现放到后面再来考察。

CtrlBlock 创建的另一种 Lazy 模块是 Dispatch2Rs，顾名思义这就是 Dispatch-to-ReservationStation。注意 Rob 对象的创建只是一个，但 Dispatch2Rs 却是多个，从 XSCoreBase 传下的参数 dpExuConfigs 是个序列，其

内容来自 exuBlocks，所以这其实是关于执行单元的配置， 每一种执行单元都有与其配对的 Dispatch2Rs。Dispatch2Rs 真正的位置是在后面的 ExuBlock 中，所以我们在这里暂且将其看成一个黑盒子，到后面介绍 ExuBlock 的时候再来细看 Dispatch2Rs 究竟是怎么回事。

除 Rob 和 Dispatch2Rs 的创建外，再就是 CtrlBlock 本身的实现，即 CtrlBlockImp 了：

```
[XSCore > XSCoreBase > CtrlBlock > CtrlBlockImp]
class CtrlBlockImp(outer: CtrlBlock)(implicit p: Parameters) extends LazyModuleImp(outer)
                with HasXSParameter with HasCircularQueuePtrHelper with HasWritebackSourceImp with HasPerfEvents{
  val writebackLengths = outer.writebackSinksParams.map(_.length)

  val io = IO(new Bundle {
    val hartId = Input(UInt(8.W))                                             ///具体 CPU 核的编号
    val cpu_halt = Output(Bool())
    val frontend = Flipped(new FrontendToCtrlIO)                              ///控制块与前端之间的接口
    // to exu blocks
    val allocPregs = Vec(RenameWidth, Output(new ResetPregStateReq))   ///Preg 意为物理寄存器，Physical Register。
    val dispatch = Vec(3*dpParams.IntDqDeqWidth, DecoupledIO(new MicroOp))        ///控制块与指令分发器之间的接口
    val rsReady = Vec(outer.dispatch2.map(_.module.io.out.length).sum, Input(Bool()))       ///RS 的 ready 状态向量
    val enqLsq = Flipped(new LsqEnqIO)                                        ///Lsq 是访问内存的 Load/Store 缓冲队列
    val lqCancelCnt = Input(UInt(log2Up(LoadQueueSize + 1).W))
    val sqCancelCnt = Input(UInt(log2Up(StoreQueueSize + 1).W))
    val sqDeq = Input(UInt(log2Ceil(EnsbufferWidth + 1).W))
    val ld_pc_read = Vec(exuParameters.LduCnt, Flipped(new FtqRead(UInt(VAddrBits.W))))   ///向量长度为 Load 执行单元的个数
    // from int block
    val exuRedirect = Vec(exuParameters.AluCnt + exuParameters.JmpCnt, Flipped(ValidIO(new ExuOutput)))
                                       ///来自各个 ALU 和 Jump 执行单元的输出 ExuOutput，内含（执行中产生的）转向指示
    val stIn = Vec(exuParameters.StuCnt, Flipped(ValidIO(new ExuInput)))          ///向量长度为 Store 执行单元的个数
    val memoryViolation = Flipped(ValidIO(new Redirect))
    val jumpPc = Output(UInt(VAddrBits.W))                  ///跳转指令所在的地址
    val jalr_target = Output(UInt(VAddrBits.W))             ///jalr 指令的跳转目标
    val robio = new Bundle {                                ///控制块与 Rob 之间的接口
      // to int block
      val toCSR = new RobCSRIO
      val exception = ValidIO(new ExceptionInfo)
      // to mem block
      val lsq = new RobLsqIO
      // debug
      val debug_ls = Flipped(new DebugLSIO)
    }   ///end val robio
    val csrCtrl = Input(new CustomCSRCtrlIO)                ///控制块与 CSR 之间的接口
    val perfInfo = Output(new Bundle{                       ///用于性能统计和调试
      val ctrlInfo = new Bundle {
        val robFull    = Input(Bool())
        val intdqFull  = Input(Bool())
        val fpdqFull   = Input(Bool())
```

```
        val lsdqFull    = Input(Bool())
      }
    })  ///end val perfInfo
    val writeback = MixedVec(writebackLengths.map(num => Vec(num, Flipped(ValidIO(new ExuOutput)))))
                    ///这是个二维向量，writebackSinksParams 中配置了多种执行单元，每种执行单元又有不同的数量。
    // redirect out
    val redirect = ValidIO(new Redirect)                    ///转向指示输出
    val debug_int_rat = Vec(32, Output(UInt(PhyRegIdxWidth.W)))
    val debug_fp_rat = Vec(32, Output(UInt(PhyRegIdxWidth.W)))
  })  ///end val io

  override def writebackSource: Option[Seq[Seq[Valid[ExuOutput]]]] = {
    Some(io.writeback.map (writeback => {  ///来自 io.writeback 中的每个元素 writeback 都是一组执行单元
      val exuOutput = WireInit(writeback)           ///其中的每个元素都是一个具体的执行单元
      val timer = GTimer()
      for ((wb_next, wb) <- exuOutput.zip(writeback)) {
        wb_next.valid := RegNext(wb.valid && !wb.bits.uop.robIdx.needFlush(Seq(stage2Redirect, redirectForExu)))
        wb_next.bits := RegNext(wb.bits)
        wb_next.bits.uop.debugInfo.writebackTime := timer
      }
      exuOutput
    }))
  }
/// class CtrlBlockImp，待续
```

先看一下 CtrlBlock 的几个外部接口，首先是前端 Frontend 与 CtrlBlock 之间的接口 FrontendToCtrlIO:

[XSCore > XSCoreBase > CtrlBlock > CtrlBlockImp > FrontendToCtrlIO]

```
class FrontendToCtrlIO(implicit p: Parameters) extends XSBundle {
  // to backend end
  val cfVec = Vec(DecodeWidth, DecoupledIO(new CtrlFlow))       ///DecodeWidth定义为6，所以是6路并行的CtrlFlow。
  val fromFtq = new FtqToCtrlIO                                 ///此外还有来自Ftq的FtqToCtrlIO
  // from backend
  val toFtq = Flipped(new CtrlToFtqIO)                          ///和去往Ftq的CtrlToFtqIO
}
```

来自前端的有两个 Bundle，一个是 cfVec，这是 6 路并行的 CtrlFlow，即 6 个译码器的输出。还有 fromFtq 是来自 Ftq 的 FtqToCtrlIO，这是 CtrlBlock 把自己的 pcMem 队列（见后）开放给 Ftq，让其直接就可以向 pcMem 队列写入，pcMem 的存储单元类型也是 Ftq_RF_Components，与 Ftq 的 ftq_pc_mem 队列是一样的，相当于 ftq_pc_mem 在控制块中的一个镜像：

```
class FtqToCtrlIO(implicit p: Parameters) extends XSBundle with HasBackendRedirectInfo {
  // write to backend pc mem
  val pc_mem_wen = Output(Bool())                          ///对于CtrlBlock而言是Input
  val pc_mem_waddr = Output(UInt(log2Ceil(FtqSize).W))
```

```
  val pc_mem_wdata = Output(new Ftq_RF_Components)
  // newest target
  val newest_entry_target = Output(UInt(VAddrBits.W))
  val newest_entry_ptr = Output(new FtqPtr)
}
```

而相反的方向，从 CtrlBlock 到 Ftq 则是用于转向和执行结果的反馈：

```
class CtrlToFtqIO(implicit p: Parameters) extends XSBundle {
  def numRedirect = exuParameters.JmpCnt + exuParameters.AluCnt       ///跳转单元和算术逻辑单元ALU都可能产生转向指示
  val rob_commits = Vec(CommitWidth, Valid(new RobCommitInfo))        ///Rob对Ftq的反馈
  val redirect = Valid(new Redirect)                                  ///转向指示
}
```

其余的输入输出看一下 val 的名称应该大体上就能有所了解，比较深入的了解要到以后用到的时候。我们继续往下看 CtrlBlock 的代码：

```
[XSCore > XSCoreBase > CtrlBlock > CtrlBlockImp]      ///续 1
  val decode = Module(new DecodeStage)                 ///译码阶段
  val fusionDecoder = Module(new FusionDecoder)        ///有些指令可以前后融合，见后。
  val rat = Module(new RenameTableWrapper)             ///对寄存器改名机制的外层包装
  val ssit = Module(new SSIT)                          ///Store Set Identifier Table
  val waittable = Module(new WaitTable)                ///前面 CtrlFlow 中 foldpc 字段的宽度就是根据这个表的大小而定
  val rename = Module(new Rename)                      ///寄存器改名模块本身
  val dispatch = Module(new Dispatch)                  ///指令分发阶段
  val intDq = Module(new DispatchQueue(dpParams.IntDqSize, RenameWidth, dpParams.IntDqDeqWidth))   ///整数单元分发队列
  val fpDq = Module(new DispatchQueue(dpParams.FpDqSize, RenameWidth, dpParams.FpDqDeqWidth))      ///浮点单元分发队列
  val lsDq = Module(new DispatchQueue(dpParams.LsDqSize, RenameWidth, dpParams.LsDqDeqWidth))      ///加载/存储分发队列
  val redirectGen = Module(new RedirectGenerator)      ///转向指示生成器
  val rob = outer.rob.module                           ///执行结果重排序缓冲区

  // jumpPc (2) + redirects (1) + loadPredUpdate (1) + jalr_target (1)
  //                       + [ld pc (LduCnt)] + robWriteback (sum(writebackLengths)) + robFlush (1)
  val PCMEMIDX_LD = 5
  val pcMem = Module(new SyncDataModuleTemplate(new Ftq_RF_Components, FtqSize,
                                                6 + exuParameters.LduCnt, 1, "CtrlPcMem"))
        ///这个队列的大小、内部结构和存储单元类型与 Ftq 的 ftq_pc_mem 相同，是后者在控制块中的镜像。
        ///在控制块中有这么个镜像，就可以避免频繁的跨模块访问。其内容来自前端的 Ftq。
        ///Ftq 在写入其 ftq_pc_mem 队列的同时把所写入的地址 waddr 和内容 wdata 传到 CtrlBlock，在这里也写上一份。
  pcMem.io.wen.head := RegNext(io.frontend.fromFtq.pc_mem_wen)         ///对 pcMem 的写入来自 Ftq
  pcMem.io.waddr.head := RegNext(io.frontend.fromFtq.pc_mem_waddr)
  pcMem.io.wdata.head := RegNext(io.frontend.fromFtq.pc_mem_wdata)

  pcMem.io.raddr.last := rob.io.flushOut.bits.ftqIdx.value             ///对 pcMem 的读出地址（之一）来自 Rob
  val flushPC = pcMem.io.rdata.last.getPc(RegNext (rob.io.flushOut.bits.ftqOffset))     ///从该地址读出
```

```
val flushRedirect = Wire(Valid(new Redirect))                                ///这是来自 Rob 的转向指示
flushRedirect.valid := RegNext (rob.io.flushOut.valid)
flushRedirect.bits := RegEnable (rob.io.flushOut.bits, rob.io.flushOut.valid)

val flushRedirectReg = Wire(Valid(new Redirect))
flushRedirectReg.valid := RegNext (flushRedirect.valid, init = false.B)      ///经过一个寄存器，就与时钟节拍对齐。
flushRedirectReg.bits := RegEnable (flushRedirect.bits, flushRedirect.valid)

val stage2Redirect = Mux(flushRedirect.valid, flushRedirect, redirectGen.io.stage2Redirect)  ///这是 CtrlBlock 的 stage2Redirect
        ///源自 Rob 的 flushRedirect 优先，没有 flushRedirect 时才是来自 redirectGen 的 stage2Redirect。
        /// CtrlBlock 的 stage2Redirect 连到前端的 fromBackend.redirect 就成为 Ftq 的 backendRedirect。
        ///所以 Ftq 的 backendRedirect 有两个源头，一个是 Rob 的 flushRedirect，另一个就是 redirectGen 的 stage2Redirect。
// Redirect will be RegNext at ExuBlocks.
val redirectForExu = RegNextWithEnable (stage2Redirect)         ///用来制止各个 DispatchQueue 向执行单元的指令分发

val exuRedirect = io.exuRedirect.map(x => {                     ///io.exuRedirect 是个向量，来自各个执行单元的输出
  val valid = x.valid && x.bits.redirectValid
  val killedByOlder = x.bits.uop.robIdx.needFlush(Seq(stage2Redirect, redirectForExu))
  val delayed = Wire(Valid(new ExuOutput))                      ///源自各个执行单元的输出
  delayed.valid := RegNext(valid && !killedByOlder, init = false.B)
  delayed.bits := RegEnable(x.bits, x.valid)
  delayed
})
val loadReplay = Wire(Valid(new Redirect))                      ///指令流转向不仅与指令执行有关，也和访存有关。
loadReplay.valid := RegNext(io.memoryViolation.valid &&
            !io.memoryViolation.bits.robIdx.needFlush(Seq(stage2Redirect, redirectForExu)), init = false.B)
loadReplay.bits := RegEnable(io.memoryViolation.bits, io.memoryViolation.valid)

pcMem.io.raddr(2) := redirectGen.io.redirectPcRead.ptr.value            ///对 pcMem 的读出地址（之二）来自 redirectGen
redirectGen.io.redirectPcRead.data := pcMem.io.rdata(2).getPc(RegNext (redirectGen.io.redirectPcRead.offset))   ///读出内容
pcMem.io.raddr(3) := redirectGen.io.memPredPcRead.ptr.value             ///对 pcMem 的读出地址（之三）也来自 redirectGen
redirectGen.io.memPredPcRead.data := pcMem.io.rdata(3).getPc(RegNext(redirectGen.io.memPredPcRead.offset))   ///读出内容
redirectGen.io.hartId := io.hartId
redirectGen.io.exuMispredict <> exuRedirect                             ///源自各个执行单元的 Redirect 输出
redirectGen.io.loadReplay <> loadReplay                                 ///源自访存单元的重执请求
redirectGen.io.flush := flushRedirect.valid                             ///来自 Rob 的冲刷命令
          /// redirectGen 的作用就是把来自后端各个角落的转向只是汇集在一起

val frontendFlushValid = DelayN(flushRedirect.valid, 5)
val frontendFlushBits = RegEnable(flushRedirect.bits, flushRedirect.valid)      ///将来自 Rob 的转向指示馈送至前端

// When ROB commits an instruction with a flush, we notify the frontend of the flush without the commit.
// Flushes to frontend may be delayed by some cycles and commit before flush causes errors.
// Thus, we make all flush reasons to behave the same as exceptions for frontend.
for (i <- 0 until CommitWidth) {          /// CommitWidth 在 XSCoreParameters 中定义为 6
  // why flushOut: instructions with flushPipe are not commited to frontend
```

```
    // If we commit them to frontend, it will cause flush after commit, which is not acceptable by frontend.
    val is_commit = rob.io.commits.commitValid(i) && rob.io.commits.isCommit && !rob.io.flushOut.valid
    io.frontend.toFtq.rob_commits(i).valid := RegNext(is_commit)
    io.frontend.toFtq.rob_commits(i).bits := RegEnable (rob.io.commits.info(i), is_commit)   ///把 Rob 的 commit 信息送往前端 Ftq
  }
  io.frontend.toFtq.redirect.valid := frontendFlushValid || redirectGen.io.stage2Redirect.valid   ///把 stage2Redirect 送往 Ftq
  io.frontend.toFtq.redirect.bits := Mux(frontendFlushValid, frontendFlushBits, redirectGen.io.stage2Redirect.bits)
  // Be careful here:
  // T0: flushRedirect.valid, exception.valid
  // T1: csr.redirect.valid
  // T2: csr.exception.valid
  // T3: csr.trapTarget
  // T4: ctrlBlock.trapTarget
  // T5: io.frontend.toFtq.stage2Redirect.valid
  val pc_from_csr = io.robio.toCSR.isXRet || DelayN(rob.io.exception.valid, 4)
  val rob_flush_pc = RegEnable(Mux(flushRedirect.bits.flushItself(), flushPC /* replay inst * , flushPC + 4.U /* flush pipe */),
                                                                                              flushRedirect.valid)
        ///flushRedirect.valid 是这寄存器的 Enable 控制信号，Mux 输出是寄存器的输入，选择控制为 flushItself()。
        ///根据 flushItself()的值在 flushPC 和 flushPC+4 间选一，flushItself 选 flushPC，否则选 flushPC+4。
  val flushTarget = Mux(pc_from_csr, io.robio.toCSR.trapTarget, rob_flush_pc)
  when (frontendFlushValid) {
    io.frontend.toFtq.redirect.bits.level := RedirectLevel.flush
    io.frontend.toFtq.redirect.bits.cfiUpdate.target := RegNext(flushTarget)
  }
///class CtrlBlockImp，续 1，待续。
```

这一节代码中 CtrlBlockImp 创建了好多子模块，其中最重要的当然是 DecodeStage 和 Dispatch，但是这两个话题要放到后面专门加以介绍，至于 DispatchQueue 则是 Dispatch 的外延，当然也很重要，这都是直接构成 CPU 流水线的。另外如 RenameTableWrapper 和 Rename 当然也很重要，这也要到后面再作介绍。

代码中有个词可以说到处可见，这就是转向指示 Redirect。后端的转向指示来自各种执行单元，当执行到转移指令的时候，如果转移的实际情况与先前的预测不同，就要发出转向指示；另外，在执行到自陷指令（ecall）的时候，发生异常的时候，发生中断的时候，也都要发出转向指示。既然程序的执行有转向，那以前取入的指令就不应该继续在流水线中往前推进了，应该加以阻止，阻止前进与冲刷是同一回事。而 RedirectGenerator，则是转向指示 Redirect 的“生成器”。凡是后端产生的转向指示，RedirectGenerator 就是个总的枢纽，虽然转向的根源并不在这里：

```
[XSCore > XSCoreBase > CtrlBlock > CtrlBlockImp > RedirectGenerator]
class RedirectGenerator(implicit p: Parameters) extends XSModule with HasCircularQueuePtrHelper {
  class RedirectGeneratorIO(implicit p: Parameters) extends XSBundle {
    def numRedirect = exuParameters.JmpCnt + exuParameters.AluCnt
    val hartId = Input(UInt(8.W))
    val exuMispredict = Vec(numRedirect, Flipped(ValidIO(new ExuOutput)))        ///来自各个执行单元的输入，是个向量。
    val loadReplay = Flipped(ValidIO(new Redirect))                              ///这是来自读内存即Load队列的输入
    val flush = Input(Bool())
    val redirectPcRead = new FtqRead(UInt(VAddrBits.W))                          ///准备从pcMem读出pc地址
```

```
    val stage2Redirect = ValidIO(new Redirect)                          /// RedirectGenerator的第2阶段Redirect输出
    val stage3Redirect = ValidIO(new Redirect)                          /// RedirectGenerator的第3阶段Redirect输出
    val memPredUpdate = Output(new MemPredUpdateReq)
    val memPredPcRead = new FtqRead(UInt(VAddrBits.W))  // read req send form stage 2   ///也是准备从pcMem读出pc地址
    val isMisspreRedirect = Output(Bool())
  }

  val io = IO(new RedirectGeneratorIO)
  /*
        LoadQueue   Jump   ALU0   ALU1   ALU2   ALU3     exception    Stage1        ///后端的转向要求来源
            |          |      |      |      |      |          |
            |========== reg & compare =======|          |       ========        ///排序
                              |                          |          Stage2
                  redirect (flush backend)               |                        ///冲刷后端
                      |                                  |
               === reg ===                               |       ========
                      |----- mux (exception first) --------------------   |          Stage3        ///选取（来自异常的转向优先）
                              |
                 redirect (send to frontend)                                      ///发往前端的转向指示
   */
  def selectOldestRedirect (xs: Seq[Valid[Redirect]]): Vec[Bool] = {              ///从一串Redirect中找出其中最早的
    val compareVec = (0 until xs.length).map(i => (0 until i).map(j => isAfter (xs(j).bits.robIdx, xs(i).bits.robIdx)))
                          ///根据相关指令在Rob中的位置，因为指令在Rob中的位置才是严格按程序中编排的顺序。
    val resultOnehot = VecInit((0 until xs.length).map(i => Cat((0 until xs.length).map(j =>
                 (if (j < i) !xs(j).valid || compareVec(i)(j) else if (j == i) xs(i).valid else !xs(j).valid || !compareVec(j)(i)))).andR))
    resultOnehot               ///One-Hot位图，标示着Rob中最早的那条转移指令。
  }

  def getRedirect(exuOut: Valid[ExuOutput]): ValidIO[Redirect] = {
    val redirect = Wire(Valid(new Redirect))
    redirect.valid := exuOut.valid && exuOut.bits.redirect.cfiUpdate.isMisPred      ///凡是isMisPred为false的redirect就被过滤掉了
    redirect.bits := exuOut.bits.redirect
    redirect          ///返回来自exuOut的有效redirect，但只有isMisPred的才有效。
  }

  val jumpOut = io.exuMispredict.head                              ///exuMispredict是个向量，向量的head即其最前面的元素。
  val allRedirect = VecInit(io.exuMispredict.map(x => getRedirect(x)) :+ io.loadReplay)      /// “:+”表示序列拼接
                  ///注意来自ALU的有些Redirect中的isMisPred为false，那些就被过滤掉了（见下）。
  val oldestOneHot = selectOldestRedirect(allRedirect)            ///从allRedirect中找出其中最早的，后面的可能并无意义。
  val needFlushVec = VecInit(allRedirect.map(_.bits.robIdx.needFlush(io.stage2Redirect) || io.flush))
  val oldestValid = VecInit(oldestOneHot.zip(needFlushVec).map{ case (v, f) => v && !f }).asUInt.orR
  val oldestExuOutput = Mux1H(io.exuMispredict.indices.map(oldestOneHot), io.exuMispredict)   ///从io.exuMispredict序列中选一
  val oldestRedirect = Mux1H(oldestOneHot, allRedirect)           ///根据One-Hot位图从向量allRedirect中选取最早的Redirect
  io.isMisspreRedirect := VecInit(io.exuMispredict.map(x => getRedirect(x).valid)).asUInt.orR     ///从exuMispredict中选出有效者
                  ///在getRedirect()所返回的Redirect中，只有isMisPred，即原先BPU预测错误的那些Redirect才是valid的。
  io.redirectPcRead.ptr := oldestRedirect.bits.ftqIdx              ///将根据这个Redirect中的ftqIdx从pcMem读出
```

```
io.redirectPcRead.offset := oldestRedirect.bits.ftqOffset          ///转移指令在其所在指令块中的位置

val s1_jumpTarget = RegEnable (jumpOut.bits.redirect.cfiUpdate.target, jumpOut.valid)   /// jumpOut见上，来自跳转单元的输出
val s1_imm12_reg = RegNext(oldestExuOutput.bits.uop.ctrl.imm(11, 0))       ///指令的CtrlSignals中有作为偏移量的直接数
val s1_pd = RegNext(oldestExuOutput.bits.uop.cf.pd)                       ///（引起转向的）那条指令的预译码信息
val s1_redirect_bits_reg = RegNext(oldestRedirect.bits)                   ///s1阶段产生的转向指示
val s1_redirect_valid_reg = RegNext(oldestValid)
val s1_redirect_onehot = RegNext(oldestOneHot)

// stage1 -> stage2
io.stage2Redirect.valid := s1_redirect_valid_reg && !io.flush       ///将此寄存器输出(经与门后)连到io.stage2Redirect.valid
io.stage2Redirect.bits := s1_redirect_bits_reg                      ///将s1_redirect_bits_reg的输出连到io.stage2Redirect

val s1_isReplay = s1_redirect_onehot.last                           ///s1_isReplay表示要重新执行本条指令（例如发生异常后）
val s1_isJump = s1_redirect_onehot.head
val real_pc = io.redirectPcRead.data                                ///（引起转向的）那条指令所在的地址
val brTarget = real_pc + SignExt(ImmUnion.B.toImm32(s1_imm12_reg), XLEN)   ///对于br指令，目标就是pc地址加偏移量
val snpc = real_pc + Mux(s1_pd.isRVC, 2.U, 4.U)                     ///顺序(不转移)的下个pc地址，当前地址加2或4。
val target = Mux(s1_isReplay, real_pc, Mux(s1_redirect_bits_reg.cfiUpdate.taken, Mux(s1_isJump, s1_jumpTarget, brTarget), snpc))
    ///目标的确定：若要求重执，目标就是当前指令所在的地址，这是因为当前指令引起了异常，并从异常处理返回。
    ///否则就看转移指令是否被taken，如果taken（确实转了），那就要看是无条件转移jump还是条件转移br。
    ///如果没有被taken，结果未转，那就是指令流中按原有顺序(不转移)的下个pc地址，即snpc（sequential next pc）。
val stage2CfiUpdate = io.stage2Redirect.bits.cfiUpdate              ///称io.stage2Redirect.bits.cfiUpdate为stage2CfiUpdate
stage2CfiUpdate.pc := real_pc                                       ///对io.stage2Redirect.bits.cfiUpdate中各字段的设置
stage2CfiUpdate.pd := s1_pd
stage2CfiUpdate.target := target

val s2_target = RegEnable (target, s1_redirect_valid_reg)      ///s2_target来自target但与时钟脉冲对齐
val s2_pc = RegEnable(real_pc, s1_redirect_valid_reg)          ///s2_pc来自real_pc但晚一节拍，Enable信号为s1_redirect_valid_reg
val s2_redirect_bits_reg = RegEnable(s1_redirect_bits_reg, s1_redirect_valid_reg)
val s2_redirect_valid_reg = RegNext(s1_redirect_valid_reg && !io.flush, init = false.B)

io.stage3Redirect.valid := s2_redirect_valid_reg               ///将寄存器s2_redirect_valid_reg的输出连到io.stage3Redirect.valid
io.stage3Redirect.bits := s2_redirect_bits_reg

// get pc from ftq
// valid only if redirect is caused by load violation
// store_pc is used to update store set
val store_pc = io.memPredPcRead(s1_redirect_bits_reg.stFtqIdx, s1_redirect_bits_reg.stFtqOffset)   ///stFtqIdx意为stored FtqIdx

// update load violation predictor if load violation redirect triggered
io.memPredUpdate.valid := RegNext (s1_isReplay && s1_redirect_valid_reg, init = false.B)   ///若为指令重执就要更新所存储信息
// update wait table
io.memPredUpdate.waddr := RegNext(XORFold(real_pc(VAddrBits-1, 1), MemPredPCWidth))
io.memPredUpdate.wdata := true.B
// update store set
```

```
  io.memPredUpdate.ldpc := RegNext(XORFold(real_pc(VAddrBits-1, 1), MemPredPCWidth))   ///是因访存引起的指令异常
  // store pc is ready 1 cycle after s1_isReplay is judged
  io.memPredUpdate.stpc := XORFold(store_pc(VAddrBits-1, 1), MemPredPCWidth)
}   ///end class RedirectGenerator
```

总之，后端转向指示的根源主要在于指令的执行结果，引起转向的指令主要当然是转移指令，包括条件转移和无条件转移；但也并不局限于此，执行指令时发生的异常（包括中断）也会引起指令流转向，而导致异常最常见的原因就是对内存的访问（例如访问并不存在的内存地址）。

在超标量的流水线中，指令并非一条一条地执行，而是成批地同时执行，这就得分清究竟是哪一条指令引起的转向，因为这意味着这条指令（有可能是同一批执行的指令中的第一条）以后的那些指令及其执行结果都应该被废弃。而且，甚至同一批得到执行的指令中也可能有不止一条的转移指令，当然要以（在程序中）最早的那条为准。而脱序（Out-of-Order）执行，则使情况进一步复杂化了，因为转移指令后面的指令有可能反倒已在前一批指令中得到了执行，或者本应在转移指令之前的指令却尚未被执行，还在 Reservation Station 里等着。所以，唯一合理的办法就是比照指令在顺序恢复缓冲区 Rob 中的位置，即 robIdx、确定哪一条指令是最早的转移指令。

整个转向信息流程的起点是 CtrlBlock 中的 exuRedirect：

```
exuRedirect = Vec(exuParameters.AluCnt + exuParameters.JmpCnt, Flipped(ValidIO(new ExuOutput)))
```

就是从所有可能产生转向要求的执行单元，即全部 ALU 加上 Jmp 单元，收集其执行结果 ExuOutput（并非每个输出结果里都有转向要求），到 redirectGen.io.exuMispredict，再到这里的向量 allRedirect；再通过 selectOldestRedirect()找出其中发生最早的转向要求，所得结果就是这个函数中的 val compareVec，选择的依据就是代码中的 isAfter (xs(j).bits.robIdx, xs(i).bits.robIdx)。明白了这个，后面那些就相对简单了。

而 RedirectGenerator，则是实现这个过程的电路（在 s1 阶段中是实时的、瞬间的组合逻辑）。

回到前面 CtrlBlockImp 的代码。CtrlBlock 创建的另外两个模块是 RenameTableWrapper 对象 rat 和 Rename 对象 rename，前者是访问后者的界面，而后者即虚拟寄存器的实现，则是个不小的话题，我们把它放到后面讲述译码和分发的那一章。

先说一下访问界面，即对“寄存器改名（Register Renaming）”，或者说寄存器映射、虚拟寄存器模块的访问。我们知道，RISC-V 的指令是 3 寄存器格式，典型的运算指令是以 rs1、rs2 两个“源寄存器”的内容为输入，对这两个“源操作数”进行某种计算之后将结果写入“目标寄存器”rd。当然有的指令只有一个输入，但是那没有关系，即使是无条件转移指令，实际上也就是将目标地址写入寄存器 PC。总之，每一条指令都有个目标寄存器，尽管这个目标寄存器有可能正是两个源寄存器之一。可是，在超标量流水线中，尤其是允许脱序（Out-of-Order）执行的流水线中，正是对目标寄存器的写入可能带来问题。

在超标量流水线中，因为流水线宽度大于 1，指令的执行是成批的，如果前后两条指令要在同一个时钟信号的驱动下从两个不同的执行单元写入同一个目标寄存器，这就有了不确定性。尤其是在允许脱序执行的流水线中，本来应该在后面的指令倒可能提在前面先执行了。所以，这是个很大的问题。

解决这个问题的方法，是建立一个比“逻辑寄存器”的数量大上好几倍的物理寄存器组（Physical Register File），让指令在进入执行单元之前将所使用的逻辑寄存器号，假定为 r10，映射到另一个物理寄存器，比方说 r75，执行时就将运算结果写入这个虚拟的寄存器 r10，实际上却是 r75。然后，到完成了执行，并且在 Rob 中恢复了原有次序的时候，才把 r75 的内容复制到真正的 r10 中。这样，由于不同指令的 r10 各有自己的映射，就不会互相冲突了。显而易见，只有目标寄存器才需要有这样的映射，因为源寄存器的内容在指令进入执行之前就已经读出来了。打个比方，就是让所有的指令进入执行单元时带上一个“草稿本”，把输入数据抄在草稿本上，计算后把结果也先写在草稿本上，然后到了要“交稿”的时候才把结果交出去，写入真正的目标寄存器。所以，所谓寄存器“改名”，实际上是“改号”，不过因为当初在主流计算机中的寄存器往往是用名称（例如 AX，BX）而不是编号，所以才有了 Rename 这个术语，下面我们就跟着说“寄存器改名”。

同样显而易见的是，要用到寄存器改名这个机制的有两个模块：首先是 CtrlBlock，更具体说是其指令分发模块，因为指令译码以后在交付执行之前就得将其目标寄存器映射到某个（空闲着的）物理寄存器上。另一个是 Rob，因为指令完成执行以后要在 Rob 中排序，等轮到它时才可以提交运算结果，这时候就把暂时写在“视在”目标寄存器中的内容复制到真正的“实在”目标寄存器中。

在寄存器改名这个机制中，首先就是要有个大小远超 32（因为有 32 个逻辑寄存器）的物理寄存器组。事实上也确实是这样，而且整数寄存器和浮点寄存器各有一个物理寄存器组，其中物理寄存器的个数是 NRPhyRegs，这个参数定义为 192；浮点物理寄存器的个数比其少 32，因为浮点寄存器不是被用作通用寄存器的。这两组物理寄存器都在 class Rename 内部，Rename 对象就是由 CtrlBlockImp 创建的。另外，从虚拟寄存器号到物理寄存器当然要有个映射机制，这是由 RenameTable 实现的，事实上有两个 RenameTable，一个用于整数寄存器，一个用于浮点寄存器。由于指令的执行是成批的，对物理寄存器组的访问也就必然是多路并行，因此就得使用多个端口，所以寄存器改名机制还包括一批对物理寄存器组的访问端口，这个对物理寄存器组的接口，连同其内部的两个 RenameTable，就称为 RenameTableWrapper，这也是由 CtrlBlockImp 创建的。CtrlBlockImp 创建了 RenameTableWrapper，也就间接创建了两个 RenameTable。当然，CtrlBlockImp 也提供了 rat 即 RenameTableWrapper 和 rename 即 Rename 对象的外部互连，我们再把其中相关的代码抽出来集中在一起看一下：

```
/// class CtrlBlockImp中有关Rename和RenameTableWrapper的代码，摘要收集于下：
  val rat = Module(new RenameTableWrapper)                 ///创建RenameTableWrapper
  val rename = Module(new Rename)                          ///创建Rename
  …
  decode.io.intRat <> rat.io.intReadPorts                  ///译码器需要从RenameTableWrapper读出整数寄存器的映射
  decode.io.fpRat <> rat.io.fpReadPorts                    ///也需要从RenameTableWrapper读出浮点寄存器的映射
  …
  rat.io.redirect := stage2Redirect.valid                  ///RenameTableWrapper的Redirect输入
  rat.io.robCommits := rob.io.commits                      ///从Rob接收其所提交的执行结果（对目标寄存器的写入）
  rat.io.intRenamePorts := rename.io.intRenamePorts        ///把Rename的整数寄存器访问端口连接到RenameTableWrapper
  rat.io.fpRenamePorts := rename.io.fpRenamePorts          ///把Rename的浮点寄存器访问端口也连接到RenameTableWrapper
  …
  for (i <- 0 until RenameWidth) {                         /// RenameWidth在XSCoreParameters中定义为6
    // Pipeline
    val renamePipe = PipelineNext(decode.io.out(i), rename.io.in(i).ready, stage2Redirect.valid || pendingRedirect)
                                  ///把译码器的输出通过一个管道连到Rename的输入，但可以因Redirect而受到冲刷。
    renamePipe.ready := rename.io.in(i).ready
    rename.io.in(i).valid := renamePipe.valid && !fusionDecoder.io.clear(i)
    rename.io.in(i).bits := renamePipe.bits                         ///Rename模块的输入通过管道来自译码器
    rename.io.intReadPorts(i) := rat.io.intReadPorts(i).map(_.data)  ///Rename模块的整数寄存器读出端口（目标）来自rat
    rename.io.fpReadPorts(i) := rat.io.fpReadPorts(i).map(_.data)    ///Rename模块的浮点寄存器读出端口（目标）也来自rat
    rename.io.waittable(i) := RegEnable (waittable.io.rdata(i), decode.io.out(i).fire)    ///waittable是个WaitTable对象
  }  ///end for (i <- 0 until RenameWidth)
  …
  rename.io.redirect := stage2Redirect
  rename.io.robCommits <> rob.io.commits    ///来自Rob的提交既与RenameTableWrapper相连(见上)，也与Rename相连。
  rename.io.ssit <> ssit.io.rdata

  // pipeline between rename and dispatch
```

```
for (i <- 0 until RenameWidth) {
    PipelineConnect(rename.io.out(i), dispatch.io.fromRename(i), dispatch.io.recv(i), stage2Redirect.valid)
                ///反过来又把Rename的输出连到分发单元的fromRename输入；object PipelineConnect见本书第一卷。
}
…
```

首先我们看到这里有两个信息管道，一个是从译码单元 decode 即 DecodeStage 的输出到 Rename 的输入端；另一个就是从 Rename 的输出到分发单元 dispatch 即 Dispatch 的 fromRename 输入端。Dispatch 没有称为 in 的输入，它的输入端就是 fromRename，其类型就是 MicroOp。所以，Rename 是串在 DecodeStag 与 Dispatch 之间，其作用是将 MicroOp 内 CtrlSignals 中的逻辑寄存器号 lsrc 和 ldest 映射成物理寄存器号 psrc 和 pdest。当然，光是寄存器号的映射还不够，还得从源寄存器中读取数据，不过 Rename 的输出 MicroOp 中并无含有源寄存器内容的字段，那要到流水线中执行段的 Scheduler 模块的输出 issue 即 ExuInput 中才有，其 src 字段是一个长度为 3 的向量（有些浮点指令有 3 个源操作数），那就是从源寄存器读取的数据。所以，从物理寄存器组的读出是由 Scheduler 模块（通过 Rename 的 intReadPorts 和 fpReadPorts）进行的，但是对物理寄存器组的写入却来自 Rob（还有从内存装载），所以这里 rename 和 rat 都有与 rob.io.commits 的连接。不过，由于对“融合（fused）”指令（见后）的支持，decode 即 DecodeStage 也需要通过 RenameTableWrapper 即 rat 从 Rename 读出，所以这里也有例如 decode.io.intRat 与 rat.io.intReadPorts 的连接。

对 Rename 和 RenameTableWrapper 的详细介绍在后面讲指令译码和分发的一章中，现在只要知道在指令译码和指令分发之间有个寄存器号映射的环节就可以了。

CtrlBlockImp 所创建的成分还有与访问内存有关的 SSIT 和 WaitTable，后面还有个 LFST。其中 SSIT 是“Store Set Identifier Table”的缩写，LFST 则是“Last Fetched Store Table”的缩写，WaitTable 也与访问内存有关。这是因为，访存指令的执行结果也与 CtrlBlock 有关，尤其是 load 指令，寄存器的内容可能就直接来自 load 指令，所以对物理寄存器组的写入不仅仅来自 Rob，也可以来自内存访问模块。读者也许会想，从内存读入就是 load 指令的执行，那也要放在 Rob 中等待排序，为什么不是从 Rob 写入呢？问题在于，load 指令的执行可能因为在数据缓存 DCache 中不命中而会有长时间的等待，要是一定要等读入的数据到位，那就会阻塞后面一大片指令的执行结果提交；所以对于 load 指令只能特事特办，让它在数据到位的时候自行写入物理寄存器组。不过，指令的分发和执行可能因为从内存读出的数据一时不能到位而受阻需要等待，WaitTable 就是为此而设。不过对这三个模块的介绍涉及存储系统和存储指令的执行，我们将其放在后面介绍存储系统的那一章中。

还有就是指令融合，这里除创建指令译码模块 decode 即 DecodeStage 之外还专门创建了一个融合指令的译码模块 FusionDecoder。所谓融合指令，是说有时候前后两条指令可以合并成一条自定义的特殊指令。这要放到后面讲指令译码和分发的那一章里再来介绍。

明白了这些，我们就可以继续往下看 CtrlBlockImp 的代码：

```
[XSCore > XSCoreBase > CtrlBlock > CtrlBlockImp]    ///续 2
  dispatch.io.hartId := io.hartId
  dispatch.io.redirect := stage2Redirect
  dispatch.io.enqRob <> rob.io.enq                    ///将 dispatch 的 enqRob 输出连接到 rob 队列的输入端
  dispatch.io.toIntDq <> intDq.io.enq                 ///将 dispatch 的 toIntDq 输出连接到分发队列 intDq 的输入端
  dispatch.io.toFpDq <> fpDq.io.enq                   ///将 dispatch 的 toFpDq 输出连接到分发队列 fpDq 的输入端
  dispatch.io.toLsDq <> lsDq.io.enq                   ///将 dispatch 的 toLsDq 输出连接到分发队列 lsDq 的输入端
  dispatch.io.allocPregs <> io.allocPregs             ///物理寄存器分配请求 ResetPregStateReq
  dispatch.io.singleStep := RegNext(io.csrCtrl.singlestep)

  intDq.io.redirect <> redirectForExu                         ///指令在等待被分发时有可能因转向而被取消
```

```
fpDq.io.redirect <> redirectForExu
lsDq.io.redirect <> redirectForExu

val dpqOut = intDq.io.deq ++ lsDq.io.deq ++ fpDq.io.deq        ///dispatch 以这 3 个队列为分发目标
io.dispatch <> dpqOut                                          ///控制块的 dispatch 输出

for (dp2 <- outer.dispatch2.map(_.module.io)) {
  dp2.redirect := redirectForExu
  if (dp2.readFpState.isDefined) { dp2.readFpState.get := DontCare }
  if (dp2.readIntState.isDefined) { dp2.readIntState.get := DontCare }
  if (dp2.enqLsq.isDefined) {
    val lsqCtrl = Module(new LsqEnqCtrl)              ///挂入 load/store 队列的控制
    lsqCtrl.io.redirect <> redirectForExu
    lsqCtrl.io.enq <> dp2.enqLsq.get
    lsqCtrl.io.lcommit := rob.io.lsq.lcommit          ///Rob 对 load 指令的提交
    lsqCtrl.io.scommit := io.sqDeq                    ///在 XSCoreImp 中有一行 ctrlBlock.io.sqDeq := memBlock.io.sqDeq
    lsqCtrl.io.lqCancelCnt := io.lqCancelCnt
    lsqCtrl.io.sqCancelCnt := io.sqCancelCnt
    io.enqLsq <> lsqCtrl.io.enqLsq
  }
}  ///end for (dp2 <- outer.dispatch2.map(_.module.io))

for ((dp2In, i) <- outer.dispatch2.flatMap(_.module.io.in).zipWithIndex) {
  dp2In.valid := dpqOut(i).valid
  dp2In.bits := dpqOut(i).bits
  // override ready here to avoid cross-module loop path
  dpqOut(i).ready := dp2In.ready
}

for ((dp2Out, i) <- outer.dispatch2.flatMap(_.module.io.out).zipWithIndex) { dp2Out.ready := io.rsReady(i) }

val pingpong = RegInit(false.B)
pingpong := !pingpong
pcMem.io.raddr(0) := intDq.io.deqNext(0).cf.ftqPtr.value
pcMem.io.raddr(1) := intDq.io.deqNext(2).cf.ftqPtr.value
val jumpPcRead0 = pcMem.io.rdata(0).getPc(RegNext (intDq.io.deqNext(0).cf.ftqOffset))
val jumpPcRead1 = pcMem.io.rdata(1).getPc(RegNext (intDq.io.deqNext(2).cf.ftqOffset))

io.jumpPc := Mux(pingpong && (exuParameters.AluCnt > 2).B, jumpPcRead1, jumpPcRead0)
val jalrTargetReadPtr = Mux(pingpong && (exuParameters.AluCnt > 2).B, io.dispatch(2).bits.cf.ftqPtr, io.dispatch(0).bits.cf.ftqPtr)
pcMem.io.raddr(4) := (jalrTargetReadPtr + 1.U).value
val jalrTargetRead = pcMem.io.rdata(4).startAddr
val read_from_newest_entry = RegNext(jalrTargetReadPtr) === RegNext(io.frontend.fromFtq.newest_entry_ptr)

io.jalr_target :=Mux(read_from_newest_entry, RegNext(io.frontend.fromFtq.newest_entry_target), jalrTargetRead)
for(i <- 0 until exuParameters.LduCnt){
```

```
    // load s0 -> get rdata (s1) -> reg next (s2) -> output (s2)
    pcMem.io.raddr(i + PCMEMIDX_LD) := io.ld_pc_read(i).ptr.value
    io.ld_pc_read(i).data := pcMem.io.rdata(i + 5).getPc(RegNext(io.ld_pc_read(i).offset))
  }

  rob.io.hartId := io.hartId
  io.cpu_halt := DelayN(rob.io.cpu_halt, 5)                    ///Rob 有可能要求指令流水线暂停运行
  rob.io.redirect := stage2Redirect
  outer.rob.generateWritebackIO(Some(outer), Some(this))      ///后面在讲指令执行结果回写的时候会讲到这个

  io.redirect := stage2Redirect

  // rob to int block
  io.robio.toCSR <> rob.io.csr
  // When wfi is disabled, it will not block ROB commit.
  rob.io.csr.wfiEvent := io.robio.toCSR.wfiEvent
  rob.io.wfi_enable := decode.io.csrCtrl.wfi_enable
  io.robio.toCSR.perfinfo.retiredInstr <> RegNext (rob.io.csr.perfinfo.retiredInstr)
  io.robio.exception := rob.io.exception
  io.robio.exception.bits.uop.cf.pc := flushPC
  // rob to mem block
  io.robio.lsq <> rob.io.lsq                 ///Rob 与通向内存的 load/store 队列 lsq 也得有连接，因为有 load 和 store 指令
  ///debug 和性能统计从略
  generatePerfEvent()
}  ///end class CtrlBlockImp
```

这里的有些代码是我们在前面提前看到过的，其余的部分没有太大难度，就留给读者了。

CtrlBlockImp 的代码至此结束，综观 class CtrlBlockImp 的代码，不是创建其内部的各种子模块，就是建立各种连接，包括子模块之间的连接和各子模块与外部接口的连接。CtrlBlockImp 所创建的子模块数量不少，这就决定了这么多子模块互连的数量和复杂性。现在要深入讲解这些互连确实比较困难，因为它们所连接的对象是怎么个东西还没有看到，你怎么说得清？所以，对于 CtrlBlockImp 的许多代码，其实是需要读者在看完了全书以后再回来自己细抠的，那时候可能也就不觉得难了。另外，这些代码都是 class CtrlBlockImp 的初始化代码，属于 CtrlBlockImp 的构造函数，所以只是在 instantiate()的过程中执行一次，目的是把所描述的电路“生成”出来。一旦把这些电路生成了出来，这些电路就是信号驱动的了。而 CtrlBlockImp 本身，则在很大程度上就退出了舞台，因为 CtrlBlockImp 并没有什么受输入信号驱动、对输入信号作出各种反应的电路。这是由 CtrlBlockImp 所处的层次和地位决定的，不仅 CtrlBlockImp 如此，像 XSTile、XSCoreImp 就更是如此。具体对输入信号进行处理和作出反应的电路都在由这些高层模块所创建的子模块中；正是这些子模块，包括译码器 decode 和分发器 dispatch，还有寄存器改名等，这就构成了 CPU 流水线的中游段，下一章我们就来考察流水线中游的第一站，即译码阶段。

第 22 章

指令的译码和派发

如前所述，指令译码和指令分发构成了 CPU 流水线的中游段，但是在这二者之间还有个寄存器映射，即“寄存器改名”环节。另外，用来对执行的结果进行重新排序的 Rob 虽然不在流水线中，但也是至关重要的一环。下面这个示意图或许能帮助读者获得较为直观的印象：

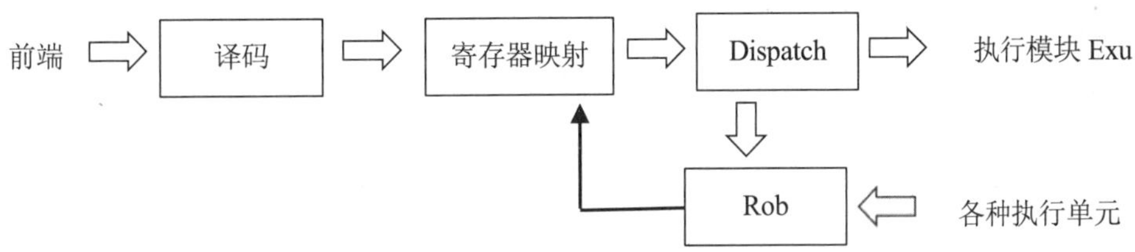

译码阶段是香山 CPU 流水线后端的第一站，第一个阶段。它的输入来自前端的指令缓冲器 Ibuffer，从 Ibuffer 读出时由其将来自 IFU 的指令加预译码信息一起组装在一个 CtrlFlow 对象中，又由于流水线后端的宽度是 6，所以译码阶段的输入就是一排 6 个 CtrlFlow 对象。译码阶段的输出即译码结果则去向 Rename 模块，是一排 6 个 CfCtrl 对象，CfCtrl 就是 CtrlFlow 加 CtrlSignals，译码阶段本身所产生的结果都在 CtrlSignals 中，连同 CtrlFlow 一起往下游方向送。CfCtrl 类的定义是这样：

```
class CfCtrl(implicit p: Parameters) extends XSBundle {
  val cf = new CtrlFlow                    ///来自前端，一条指令及其预译码信息，基本保留原样往下传。
  val ctrl = new CtrlSignals               ///加上对该指令译码的结果。
}
```

至于 Rename 向 Dispatch 的输出，则成了 MicroOp，这是对 CtrlFlow 的扩充，主要是加上了有关物理寄存器映射的信息。Dispatch 的输出仍是 MicroOp，如前所述 Dispatch 的输出中并不包含物理寄存器的内容即指令的源操作数，从物理寄存器组读取源操作数是流水线下游中 Scheduler 的事（Reservation Station 是在 Scheduler 内部）。

我们在前端部分看到过 CtrlFlow 的定义，现在不妨重温一下，以前有些字段不知是干什么用的，现在知道得多一些了（例如 Rob 和 ssid 等）：

```
// Dequeue DecodeWidth insts from Ibuffer
class CtrlFlow(implicit p: Parameters) extends XSBundle {
  val instr = UInt(32.W)
  val pc = UInt(VAddrBits.W)
  val foldpc = UInt(MemPredPCWidth.W)
  val exceptionVec = ExceptionVec()
  val trigger = new TriggerCf
  val pd = new PreDecodeInfo
```

```
  val pred_taken = Bool()
  val crossPageIPFFix = Bool()
  val storeSetHit = Bool()                // inst has been allocated an store set
  val waitForRobIdx = new RobPtr          // store set predicted previous store robIdx
  // Load wait is needed, load inst will not be executed until former store (predicted by mdp) addr calcuated
  val loadWaitBit = Bool()
  // If (loadWaitBit && loadWaitStrict), strict load wait is needed, load inst will not be executed until ALL former store addr calcuated
  val loadWaitStrict = Bool()
  val ssid = UInt(SSIDWidth.W)            ///Store Set Identifier，SSIDWidth = log2Up(LFSTSize)，LFSTSize = 32。
  val ftqPtr = new FtqPtr
  val ftqOffset = UInt(log2Up(PredictWidth).W)
}
```

这里所涉及的 ssid 意为 Store Set Identifier，这与 LFST 有关，而 LFST 意为 Last Fetched Store Table；不过现在还不必关心。

至于 CtrlSignals，不妨也先看一下，大致有个印象：

```
// Decode DecodeWidth insts at Decode Stage
class CtrlSignals(implicit p: Parameters) extends XSBundle {
  val debug_globalID = UInt(XLEN.W)
  val srcType = Vec(3, SrcType())              ///源操作数的类型，如通用寄存器、直接数、（程序计数器）pc，等等。
  val lsrc = Vec(3, UInt(5.W))                 ///3个源寄存器（只有浮点指令可以有第三个寄存器）的逻辑寄存器号
  val ldest = UInt(5.W)                        ////目标寄存器的逻辑寄存器号
  val fuType = FuType()                        ///指令所属的大类，如jmp、alu、mul、fmac等，Fu意为Function Unit。
  val fuOpType = FuOpType()                    ///可以是ALUOpType、JumpOpType、CSROpType、CSROpType等
  val rfWen = Bool()
  val fpWen = Bool()
  val isXSTrap = Bool()
  val noSpecExec = Bool()          // wait forward
  val blockBackward = Bool()       // block backward
  val flushPipe = Bool()           // This inst will flush all the pipe when commit, like exception but can commit
  val selImm = SelImm()                        ///直接数的类型，如无符号、有符号等（见后）。
  val imm = UInt(ImmUnion.maxLen.W)            ///（指令中）直接数的数值
  val commitType = CommitType()                ///提交结果的类型，如NORMAL、BRANCH、LOAD等。
  val fpu = new FPUCtrlSignals                 ///浮点指令的附加信息
  val isMove = Bool()                          ///是mv指令。但mv是伪指令，实际上是直接数为0的addi指令。
  val singleStep = Bool()
  // This inst will flush all the pipe when it is the oldest inst in ROB, then replay from this inst itself
  val replayInst = Bool()

  private def allSignals = srcType ++
              Seq(fuType, fuOpType, rfWen, fpWen, isXSTrap, noSpecExec, blockBackward, flushPipe, selImm)

  def decode(inst: UInt, table: Iterable[(BitPat, List[BitPat])]): CtrlSignals = {      ///对给定的指令inst进行译码
    val decoder = freechips.rocketchip.rocket.DecodeLogic (inst, XDecode.decodeDefault, table)
                          ///以译码表table为依据，对给定的指令inst进行译码，即调用object DecodeLogic。
```

```
    allSignals zip decoder foreach { case (s, d) => s := d }        ///decoder的d是个List，List中的各个元素对号入座写入CtrlSignals
    commitType := DontCare
    this
  }

  def decode (bit: List[BitPat]): CtrlSignals = {            ///对给定的位串（Bit Pattern）进行译码
    allSignals.zip(bit.map(bitPatToUInt(_))).foreach{ case (s, d) => s := d }
    this
  }

  def isWFI: Bool = fuType === FuType.csr && fuOpType === CSROpType.wfi   ///这是条wfi即Wait for Interrupt指令
  def isSoftPrefetch: Bool = {
    fuType === FuType.alu && fuOpType === ALUOpType.or && selImm === SelImm.IMM_I && ldest === 0.U
  }
}   ///end class CtrlSignals
```

首先读者应该确认，CtrlSignals 中的这些信息都只能产生于对指令译码之后，在预译码阶段是得不到的。而这里的函数 decode()，就是对指令进行译码。译码所产生的每一项结果都通过“case (s, d) => s := d”这个语句写入 CtrlSignals。另外，注意这里寄存器号 lsrc 和 ldest 的宽度都是 5 位，用于 32 个逻辑上，即系统结构上存在的通用寄存器，这个时候还没有涉及物理寄存器。

下面我们就可以看 class DecodeStage 的代码了：

```
[XSCore > XSCoreBase > CtrlBlockImp > DecodeStage]
class DecodeStage(implicit p: Parameters) extends XSModule with HasPerfEvents {
  val io = IO(new Bundle() {
    // from Ibuffer
    val in = Vec(DecodeWidth, Flipped(DecoupledIO(new CtrlFlow)))       ///输入是CtrlFlow，DecodeWidth定义为6。
    // to Rename
    val out = Vec(DecodeWidth, DecoupledIO(new CfCtrl))                   ///输出是CfCtrl，添加上了CtrlSignals。
    // RAT read        ///从RenameTableWrapper读取
    val intRat = Vec(RenameWidth, Vec(3, Flipped(new RatReadPort)))     /// RenameWidth=6。每一路Rename都有3个Port。
    val fpRat = Vec(RenameWidth, Vec(4, Flipped(new RatReadPort)))      ///但是每一路浮点Rename都有4个Port。
    // csr control
    val csrCtrl = Input(new CustomCSRCtrlIO)
    // perf only
    val fusion = Vec(DecodeWidth - 1, Input(Bool()))     ///指令融合。6条指令中只有5种可能的融合，所以是DecodeWidth – 1。
  })  ///end val io

  val decoders = Seq.fill(DecodeWidth)(Module(new DecodeUnit))            ///创建一排6个DecodeUnit
  val debug_globalCounter = RegInit(0.U(XLEN.W))

  for (i <- 0 until DecodeWidth) {
    decoders(i).io.enq.ctrl_flow <> io.in(i).bits        ///每个decoder的输入都来自一个CtrlFlow，就像每个车道上的收费亭。
    // csr control
    decoders(i).io.csrCtrl := io.csrCtrl                  ///受CSR控制
```

```
    io.out(i).bits            := DontCare
    io.out(i).valid           := io.in(i).valid
    io.out(i).bits            := decoders(i).io.deq.cf_ctrl              ///将decoder输出的CfCtrl连到DecodeStage的外部输出接口
    io.out(i).bits.ctrl.debug_globalID := debug_globalCounter + PopCount((0 until i+1).map(io.out(_).fire))
    io.in(i).ready            := io.out(i).ready

    // We use the lsrc/ldest before fusion decoder to read RAT for better timing.
    io.intRat(i)(0).addr := decoders(i).io.deq.cf_ctrl.ctrl.lsrc(0)        ///源寄存器号rs1作为从寄存器组读出的地址
    io.intRat(i)(1).addr := decoders(i).io.deq.cf_ctrl.ctrl.lsrc(1)        ///源寄存器号rs2作为从寄存器组读出的地址
    io.intRat(i)(2).addr := decoders(i).io.deq.cf_ctrl.ctrl.ldest          ///目标寄存器号rd作为从寄存器组读出的地址
    io.intRat(i).foreach(_.hold := !io.out(i).ready)

    // Floating-point instructions can not be fused now.
    io.fpRat(i)(0).addr := decoders(i).io.deq.cf_ctrl.ctrl.lsrc(0)
    io.fpRat(i)(1).addr := decoders(i).io.deq.cf_ctrl.ctrl.lsrc(1)
    io.fpRat(i)(2).addr := decoders(i).io.deq.cf_ctrl.ctrl.lsrc(2)         ///浮点指令可能有源寄存器rs3
    io.fpRat(i)(3).addr := decoders(i).io.deq.cf_ctrl.ctrl.ldest
    io.fpRat(i).foreach(_.hold := !io.out(i).ready)
  }  ///end for

  ///Debug与性能统计从略
  generatePerfEvent()
}  ///end class DecodeStage
```

这里创建了一排6个DecodeUnit对象，把来自前端的输出CtrlFlow连到其输入端enq.ctrl_flow就算完事，也没说启动其译码。这是因为，作为硬件描述只要把电路连上就行，下面的事就是受信号驱动了，这也说明，DecodeUnit的代码必有对输入信号如何作出反应的描述。DecodeUnit的外部接口是这样：

```
/** IO bundle for the Decode unit */
class DecodeUnitIO(implicit p: Parameters) extends XSBundle {
  val enq = new Bundle { val ctrl_flow = Input(new CtrlFlow) }          ///进去的是CtrlFlow对象
  val deq = new Bundle { val cf_ctrl = Output(new CfCtrl) }             ///出来就成了CfCtrl对象
  val csrCtrl = Input(new CustomCSRCtrlIO)                              ///来自CSR的控制
}
```

其实DecodeUnit内部并无队列，这里的enq和deq只是输入和输出的意思。下面DecodeUnit的代码就是关键了：

```
[XSCore > XSCoreBase > CtrlBlock > DecodeStage > DecodeUnit]
  /* Decode unit that takes in a single CtrlFlow and generates a CfCtrl. */
class DecodeUnit(implicit p: Parameters) extends XSModule with DecodeUnitConstants {
  val io = IO(new DecodeUnitIO)

  val ctrl_flow = Wire(new CtrlFlow)    // input with RVC Expanded      ///CtrlFlow中的指令一律32位，16位指令均已展开。
  val cf_ctrl = Wire(new CfCtrl)                                        ///CfCtrl内含CtrlFlow和CtrlSignals两大成分
  ctrl_flow := io.enq.ctrl_flow                                         ///cf_ctrl的来源
```

```
val decode_table = XDecode.table ++          ///32位整数指令译码表
  FDecode.table ++                           ///基本浮点指令译码表
  FDivSqrtDecode.table ++                    ///浮点除法与开平方扩充指令译码表
  X64Decode.table ++                         /// 64位扩充指令译码表
  XSTrapDecode.table ++                      /// Trap指令译码表
  BDecode.table ++                           /// Basic bit manipulation，位操作指令译码表。
  CBODecode.table ++                         /// CBO decode，CBO指令。
  SvinvalDecode.table                        /// Svinval extension Constants

// assertion for LUI: only LUI should be assigned `selImm === SelImm.IMM_U && fuType === FuType.alu`
val luiMatch = (t: Seq[BitPat]) => t(3).value == FuType.alu.litValue && t.reverse.head.value == SelImm.IMM_U.litValue
          ///lui指令就是“Load Upper Immediate”，将一20位直接数装入目标寄存器高位。
val luiTable = decode_table.filter(t => luiMatch(t._2)).map(_._1).distinct
assert(luiTable.length == 1 && luiTable.head == LUI, "Conflicts: LUI is determined by FuType and SelImm in Dispatch")

// output
cf_ctrl.cf := ctrl_flow                      ///先将来自前端的CtrlFlow直接写入CfCtrl的cf部分
val cs: CtrlSignals = Wire(new CtrlSignals()).decode(ctrl_flow.instr, decode_table)  ///这是关键一行，启动对ctrl_flow.instr译码。
          ///创建一个（空白的）CtrlSignals对象，然后调用其decode()函数，将译码结果写入CtrlSignals对象。
cs.singleStep := false.B
cs.replayInst := false.B
cs.debug_globalID := DontCare

val fpDecoder = Module(new FPDecoder)  ///浮点指令译码器
fpDecoder.io.instr := ctrl_flow.instr
cs.fpu := fpDecoder.io.fpCtrl

val isMove = BitPat("b000000000000_?????_000_?????_0010011") === ctrl_flow.instr
          ///在RISC-V的指令系统中，mv是条伪指令，汇编的时候会将其变成addi指令，使rs1与12位直接数0相加。
          ///当12位直接数为全0时，addi指令的编码就是这样，中间的两串问号是源寄存器rs1和目标寄存器rd。
cs.isMove := isMove && ctrl_flow.instr(RD_MSB, RD_LSB) =/= 0.U          ///目标寄存器rd不可以是r0

// read src1~3 location
cs.lsrc(0) := ctrl_flow.instr(RS1_MSB, RS1_LSB)          ///读入rs1的逻辑寄存器号
cs.lsrc(1) := ctrl_flow.instr(RS2_MSB, RS2_LSB)          ///读入rs2的逻辑寄存器号
cs.lsrc(2) := ctrl_flow.instr(RS3_MSB, RS3_LSB)          ///读入rs3的逻辑寄存器号，只有浮点指令可能有rs3。
// read dest location
cs.ldest := ctrl_flow.instr(RD_MSB, RD_LSB)              ///读入目标寄存器rd的逻辑寄存器号

// fill in exception vector
cf_ctrl.cf.exceptionVec := io.enq.ctrl_flow.exceptionVec          ///exceptionVec来自object ExceptionVec，一个16位的位图。
cf_ctrl.cf.exceptionVec(illegalInstr) := cs.selImm === SelImm.INVALID_INSTR     ///如果译码结果是非法指令

when (!io.csrCtrl.svinval_enable) {
  val base_ii = cs.selImm === SelImm.INVALID_INSTR
```

```
    val sinval =         BitPat("b0001011_?????_?????_000_00000_1110011") === ctrl_flow.instr
    val w_inval =        BitPat("b0001100_00000_00000_000_00000_1110011") === ctrl_flow.instr
    val inval_ir =       BitPat("b0001100_00001_00000_000_00000_1110011") === ctrl_flow.instr
                                   ///基本操作码为1110011的都是特权指令，但是这几种编码均无定义。
    val svinval_ii = sinval || w_inval || inval_ir
    cf_ctrl.cf.exceptionVec(illegalInstr) := base_ii || svinval_ii
    cs.flushPipe := false.B
  }

  // fix frflags          ///frflags是一条伪指令，展开成“csrrs rd,fflags, x0”，见The RISC-V Reader-Atlas。
  //                           fflags    zero   csrrs   rd      csr
  val isFrflags = BitPat("b000000000001_00000_010_?????_1110011") === ctrl_flow.instr   ///csrrs指令是“CSR Read and Set”
  when (cs.fuType === FuType.csr && isFrflags) { cs.blockBackward := false.B }

  cs.imm := LookupTree(cs.selImm, ImmUnion.immSelMap.map (x => {          ///从指令中摘取直接数
              val minBits = x._2.minBitsFromInstr(ctrl_flow.instr)
              require(minBits.getWidth == x._2.len)
              x._1 -> minBits} ))
  cf_ctrl.ctrl := cs                     ///将所得CtrlSignals对象写入CfCtrl的ctrl部分
  io.deq.cf_ctrl := cf_ctrl              ///将CfCtrl对象写入输出

  // Debug Info
  …             ///略
}  ///end class DecodeUnit
```

这里用到若干常数，如 RS1_MSB、RS1_LSB 等，这些常数定义于 trait DecodeUnitConstants 中：

```
trait DecodeUnitConstants
{
  // abstract out instruction decode magic numbers
  val RD_MSB  = 11          ///目标寄存器的最高位是bit11
  val RD_LSB   = 7          ///目标寄存器的最低位是bit7
  val RS1_MSB = 19          ///源寄存器rs1的最高位是bit19
  val RS1_LSB  = 15         ///源寄存器rs1的最低位是bit15
  val RS2_MSB = 24          ///源寄存器rs2的最高位是bit24
  val RS2_LSB  = 20         ///源寄存器rs2的最低位是bit20
  val RS3_MSB = 31          ///源寄存器rs3（如果有的话）的最高位是bit31
  val RS3_LSB  = 27         ///源寄存器rs3（如果有的话）的最低位是bit27
}
```

显然，这些常数的定义来自 RISC-V 的指令系统设计。

代码中有个语句“val cs: CtrlSignals = Wire(new CtrlSignals()).decode(ctrl_flow.instr, decode_table)”，这个语句表面上似乎不太起眼，实际上却是关键。这里说的是：在对 val cs 初始化时创建一个 CtrlSignals 对象，注意这并非一个寄存器，而只是一束导线，只不过这束导线是按 CtrlSignals 对象的格式编排，然后就对输入信号 ctrl_flow.instr，即 io.enq.ctrl_flow 中的 instr 字段，实际上就是一条指令的编码，调用 class CtrlSignals 中的 decode()函数，调用参数除这条指令的编码外还有 decode_table。换言之就是以 decode_table 为依据对指令

instr 进行译码。注意这并不是只译码一次，硬件描述并不是过程性的（程序的过程性仅体现在硬件的生成），而是功能性的，电路一旦成型，就是对到来的每个 CtrlFlow 中的指令进行译码。

而 CtrlSignals 所提供的这个 decode()函数，为方便计我们把它重列在此：

[XSCore > XSCoreBase > CtrlBlock > DecodeStage > DecodeUnit > CtrlSignals.decode()]

```
def decode(inst: UInt, table: Iterable[(BitPat, List[BitPat])]): CtrlSignals = {       ///对给定的指令inst进行译码
    val decoder = freechips.rocketchip.rocket.DecodeLogic (inst, XDecode.decodeDefault, table)
    allSignals zip decoder foreach { case (s, d) => s := d }       ///将译码结果写入CtrlSignals，s是来自allSignals的每个CtrlSignals。
    commitType := DontCare
    this
}
```

显然，这里的关键是对 rocketchip 代码中 object DecodeLogic 的调用，即对其 apply()函数的调用。调用的实参是三个，即 inst、XDecode.decodeDefault、table。其中 inst 就是待译码指令的二进制编码，table 就是前面的 decode_table，那是很长的一个序列，等一下我们就得看看究竟是些什么样的译码表。可是中间这个 XDecode.decodeDefault 需要先作一些说明。

这里的 Xdecode 是个 object，这个 object 是对 trait DecodeConstants 的扩充，所以我们还得先看一下 trait DecodeConstants：

```
/** Abstract trait giving defaults and other relevant values to different Decode constants */
abstract trait DecodeConstants {
  // This X should be used only in 1-bit signal. Otherwise, use BitPat("b???") to align with the width of UInt.
  def X = BitPat("b?")                 ///X表示一个二进制位段，其值任意。
  def N = BitPat("b0")                 ///N表示一个二进制位段，其值为0。
  def Y = BitPat("b1")                 ///Y表示一个二进制位段，其值为1。

  def decodeDefault: List[BitPat] =                                      // illegal instruction
    //   srcType(0) srcType(1) srcType(2)   fuType     fuOpType   rfWen
    //   |          |          |            |          |          | fpWen
    //   |          |          |            |          |          | | isXSTrap
    //   |          |          |            |          |          | | | noSpecExec
    //   |          |          |            |          |          | | | | blockBackward
    //   |          |          |            |          |          | | | | | flushPipe
    //   |          |          |            |          |          | | | | | |     selImm
    //   |          |          |            |          |          | | | | | |       |
    List(SrcType.X, SrcType.X, SrcType.X, FuType.X, FuOpType.X, N, N, N, N, N, N, SelImm.INVALID_INSTR)
      // Use SelImm to indicate invalid instr

  val table: Array[(BitPat, List[BitPat])]       ///抽象成分，并未给出其定义。BitPat是个Bit Pattern，即二进制编码的模板。
                                                 ///前面那个BitPat是指令的格式，后面的List[BitPat]是对此指令的属性分解。
}
```

显然，XDecode.decodeDefault 就是这里的 decodeDefault()，其返回值是个 BitPat 的序列。BitPat 是个 class，意为 Bit Pattern，即二进制编码的模板。例如前面的 b0001011_?????_?????_000_00000_1110011，就是个 BitPat，其中的下横线只是为增加可读性，实际上并不存在，也并无意义，但是问号则表示这一位可以是任意值。这

里的函数 X()所返回的是 b?，就说明这个二进制位段可以是任意值（1 或 0）。而 decodeDefault()所返回的就是这样一个 List，这里还加上了关于这个 List 中各元素作用和意义的注释。其中前 5 个元素的意思是很直白的，就是至多 3 个源操作数之有无或其寄存器号；然后是指令的 fuType 和 fuOpType，这二者的组合唯一地确定了一条指令的类型，后面有 6 个标志位，表示指令的各种具体属性；最后是 selImm，表示所用的直接数类型和性质（如果有的话）。以第三个元素 SrcType.X 为例，就是 srcType(2)之有还是没有，因为有的指令有第三个源操作数，有些没有。再如控制位 rfWen，这里的值是 N，就是此位为 0，这条指令不会写寄存器（rf 表示 Register File，Wen 则为 Write Enable）。指令的这种属性分解完整地描述和定义了一条指令的功能和作用，这 12 种属性的组合唯一地确定了一条指令。至于这个 decodeDefault()所返回的 List，按原文中注释所述，代表着一条非法指令，因为实际上没有一条指令经分解之后是这样的取值，但是正常的指令也是这样被分解成一系列的要素，只不过具体的值与此不同。

这里的 selImm 位段是个 object SelImm 的值，其定义是这样：

```
object SelImm {
  def IMM_X        = "b0111".U           ///在香山项目中未见使用，在rocket-chip中用得较多。
  def IMM_S        = "b0000".U           ///用于sd，sw，sb等存储类指令，S表示store。
  def IMM_SB       = "b0001".U           ///用于beq，bge等条件转移指令，B表示branch。
  def IMM_U        = "b0010".U           ///用于lui指令和auipc指令（带符号），U表示U-type，长直接数。
  def IMM_UJ       = "b0011".U           ///用于jal指令的位移量（带符号），J表示无条件转移。
  def IMM_I        = "b0100".U           ///用于例如移位指令和addi，andi等指令，也用于load指令，I表示短直接数。
  def IMM_Z        = "b0101".U           ///用于CSR指令
  def INVALID_INSTR = "b0110".U          ///0110表示非法指令
  def IMM_B6       = "b1000".U           ///在香山和rocket-chip项目中均未见使用
  def X            = BitPat("b????")     ///注意X不同于IMM_X

  def apply() = UInt(4.W)
}
```

所以，上面那个 decodeDefault 中的 selImm 位段是 SelImm.INVALID_INSTR，就是 0110。

关于 BitPat，这里还要补充一下，这个类的定义是这样：

```
/** Bit patterns are literals with masks, used to represent values with don't
  * care bits. Equality comparisons will ignore don't care bits.
  *
  * @example {{{
  * "b10101".U === BitPat("b101??")   // evaluates to true.B
  * "b10111".U === BitPat("b101??")   // evaluates to true.B
  * "b10001".U === BitPat("b101??")   // evaluates to false.B
  * }}}
  */
sealed class BitPat (val value: BigInt, val mask: BigInt, width: Int) extends SourceInfoDoc {
  def getWidth: Int = width
  def === (that: UInt): Bool = macro SourceInfoTransform.thatArg
  def =/= (that: UInt): Bool = macro SourceInfoTransform.thatArg
  …
  /** @group SourceInfoTransformMacro */
  def do_=== (that: UInt) (implicit sourceInfo: SourceInfo, compileOptions: CompileOptions): Bool = {
```

```
    value.asUInt === (that & mask.asUInt)
  }
  /** @group SourceInfoTransformMacro */
  def do_=/= (that: UInt) (implicit sourceInfo: SourceInfo, compileOptions: CompileOptions): Bool = {
    !(this === that)
  }
  override def toString = {
    "BitPat(" +
      (0 until width).map(i => if (((mask >> i) & 1) == 1) if (((value >> i) & 1) == 1)   "1" else "0" else "?").reverse.reduce(_ + _) +
    ")"
  }
}
```

不言而喻，BitPat 需要有 value 也需要有 mask，两个 BitPat 相比较的时候就要把那些写成?的位屏蔽掉。

此外 trait DecodeConstants 中还申明了一个 val table，但没有给出其具体定义，这是要在具体的 class 或 object 中加以具体化的。

而 object Xdecode，则是对 DecodeConstants 的扩充和具体化，具体就是给出了 table 的定义。Xdecode 的 table 是个 Array，其中的元素是个二元组，一个二元组就代表着一条指令。其中前面那个 BitPat 就是指令的（32 位）格式定义（其中会有若干“?”位段），后面的 List 就是对该指令各种属性的分解和定义：

```
 /** Overall Decode constants */
object XDecode extends DecodeConstants {
  val table: Array[(BitPat, List[BitPat])] = Array(
    LW          -> List(SrcType.reg, SrcType.imm, SrcType.X, FuType.ldu, LSUOpType.lw,   Y, N, N, N, N, N, SelImm.IMM_I),
    LH          -> List(SrcType.reg, SrcType.imm, SrcType.X, FuType.ldu, LSUOpType.lh,   Y, N, N, N, N, N, SelImm.IMM_I),
    LHU         -> List(SrcType.reg, SrcType.imm, SrcType.X, FuType.ldu, LSUOpType.lhu, Y, N, N, N, N, N, SelImm.IMM_I),
    LB          -> List(SrcType.reg, SrcType.imm, SrcType.X, FuType.ldu, LSUOpType.lb,   Y, N, N, N, N, N, SelImm.IMM_I),
    LBU         -> List(SrcType.reg, SrcType.imm, SrcType.X, FuType.ldu, LSUOpType.lbu, Y, N, N, N, N, N, SelImm.IMM_I),

    SW          -> List(SrcType.reg, SrcType.reg, SrcType.X, FuType.stu, LSUOpType.sw,    N, N, N, N, N, N, SelImm.IMM_S),
    SH          -> List(SrcType.reg, SrcType.reg, SrcType.X, FuType.stu, LSUOpType.sh,    N, N, N, N, N, N, SelImm.IMM_S),
    SB          -> List(SrcType.reg, SrcType.reg, SrcType.X, FuType.stu, LSUOpType.sb,    N, N, N, N, N, N, SelImm.IMM_S),

    LUI         -> List(SrcType.reg, SrcType.imm, SrcType.X, FuType.alu, ALUOpType.add, Y, N, N, N, N, N, SelImm.IMM_U),

    ADDI        -> List(SrcType.reg, SrcType.imm, SrcType.X, FuType.alu, ALUOpType.add, Y, N, N, N, N, N, SelImm.IMM_I),
    ANDI        -> List(SrcType.reg, SrcType.imm, SrcType.X, FuType.alu, ALUOpType.and, Y, N, N, N, N, N, SelImm.IMM_I),
    ORI         -> List(SrcType.reg, SrcType.imm, SrcType.X, FuType.alu, ALUOpType.or,   Y, N, N, N, N, N, SelImm.IMM_I),
    XORI        -> List(SrcType.reg, SrcType.imm, SrcType.X, FuType.alu, ALUOpType.xor, Y, N, N, N, N, N, SelImm.IMM_I),
    SLTI        -> List(SrcType.reg, SrcType.imm, SrcType.X, FuType.alu, ALUOpType.slt,  Y, N, N, N, N, N, SelImm.IMM_I),
    SLTIU       -> List(SrcType.reg, SrcType.imm, SrcType.X, FuType.alu, ALUOpType.sltu, Y, N, N, N, N, N, SelImm.IMM_I),

    SLL         -> List(SrcType.reg, SrcType.reg, SrcType.X, FuType.alu, ALUOpType.sll,   Y, N, N, N, N, N, SelImm.X),
    ADD         -> List(SrcType.reg, SrcType.reg, SrcType.X, FuType.alu, ALUOpType.add,  Y, N, N, N, N, N, SelImm.X),
    SUB         -> List(SrcType.reg, SrcType.reg, SrcType.X, FuType.alu, ALUOpType.sub,  Y, N, N, N, N, N, SelImm.X),
    SLT         -> List(SrcType.reg, SrcType.reg, SrcType.X, FuType.alu, ALUOpType.slt,   Y, N, N, N, N, N, SelImm.X),
```

```
SLTU        -> List(SrcType.reg, SrcType.reg, SrcType.X, FuType.alu, ALUOpType.sltu,  Y, N, N, N, N, N, SelImm.X),
AND         -> List(SrcType.reg, SrcType.reg, SrcType.X, FuType.alu, ALUOpType.and,   Y, N, N, N, N, N, SelImm.X),
OR          -> List(SrcType.reg, SrcType.reg, SrcType.X, FuType.alu, ALUOpType.or,    Y, N, N, N, N, N, SelImm.X),
XOR         -> List(SrcType.reg, SrcType.reg, SrcType.X, FuType.alu, ALUOpType.xor,   Y, N, N, N, N, N, SelImm.X),
SRA         -> List(SrcType.reg, SrcType.reg, SrcType.X, FuType.alu, ALUOpType.sra,   Y, N, N, N, N, N, SelImm.X),
SRL         -> List(SrcType.reg, SrcType.reg, SrcType.X, FuType.alu, ALUOpType.srl,   Y, N, N, N, N, N, SelImm.X),

MUL         -> List(SrcType.reg, SrcType.reg, SrcType.X, FuType.mul, MDUOpType.mul,       Y, N, N, N, N, N, SelImm.X),
MULH        -> List(SrcType.reg, SrcType.reg, SrcType.X, FuType.mul, MDUOpType.mulh,      Y, N, N, N, N, N, SelImm.X),
MULHU       -> List(SrcType.reg, SrcType.reg, SrcType.X, FuType.mul, MDUOpType.mulhu,     Y, N, N, N, N, N, SelImm.X),
MULHSU      -> List(SrcType.reg, SrcType.reg, SrcType.X, FuType.mul, MDUOpType.mulhsu,    Y, N, N, N, N, N, SelImm.X),
MULW        -> List(SrcType.reg, SrcType.reg, SrcType.X, FuType.mul, MDUOpType.mulw,      Y, N, N, N, N, N, SelImm.X),

DIV         -> List(SrcType.reg, SrcType.reg, SrcType.X, FuType.div, MDUOpType.div,       Y, N, N, N, N, N, SelImm.X),
DIVU        -> List(SrcType.reg, SrcType.reg, SrcType.X, FuType.div, MDUOpType.divu,      Y, N, N, N, N, N, SelImm.X),
REM         -> List(SrcType.reg, SrcType.reg, SrcType.X, FuType.div, MDUOpType.rem,       Y, N, N, N, N, N, SelImm.X),
REMU        -> List(SrcType.reg, SrcType.reg, SrcType.X, FuType.div, MDUOpType.remu,      Y, N, N, N, N, N, SelImm.X),
DIVW        -> List(SrcType.reg, SrcType.reg, SrcType.X, FuType.div, MDUOpType.divw,      Y, N, N, N, N, N, SelImm.X),
DIVUW       -> List(SrcType.reg, SrcType.reg, SrcType.X, FuType.div, MDUOpType.divuw,     Y, N, N, N, N, N, SelImm.X),
REMW        -> List(SrcType.reg, SrcType.reg, SrcType.X, FuType.div, MDUOpType.remw,      Y, N, N, N, N, N, SelImm.X),
REMUW       -> List(SrcType.reg, SrcType.reg, SrcType.X, FuType.div, MDUOpType.remuw,     Y, N, N, N, N, N, SelImm.X),

AUIPC       -> List(SrcType.pc , SrcType.imm, SrcType.X, FuType.jmp, JumpOpType.auipc, Y, N, N, N, N, N, SelImm.IMM_U),
JAL         -> List(SrcType.pc , SrcType.imm, SrcType.X, FuType.jmp, JumpOpType.jal,   Y, N, N, N, N, N, SelImm.IMM_UJ),
JALR        -> List(SrcType.reg, SrcType.imm, SrcType.X, FuType.jmp, JumpOpType.jalr,  Y, N, N, N, N, N, SelImm.IMM_I),
BEQ         -> List(SrcType.reg, SrcType.reg, SrcType.X, FuType.alu, ALUOpType.beq,    N, N, N, N, N, N, SelImm.IMM_SB),
BNE         -> List(SrcType.reg, SrcType.reg, SrcType.X, FuType.alu, ALUOpType.bne,    N, N, N, N, N, N, SelImm.IMM_SB),
BGE         -> List(SrcType.reg, SrcType.reg, SrcType.X, FuType.alu, ALUOpType.bge,    N, N, N, N, N, N, SelImm.IMM_SB),
BGEU        -> List(SrcType.reg, SrcType.reg, SrcType.X, FuType.alu, ALUOpType.bgeu,   N, N, N, N, N, N, SelImm.IMM_SB),
BLT         -> List(SrcType.reg, SrcType.reg, SrcType.X, FuType.alu, ALUOpType.blt,    N, N, N, N, N, N, SelImm.IMM_SB),
BLTU        -> List(SrcType.reg, SrcType.reg, SrcType.X, FuType.alu, ALUOpType.bltu,   N, N, N, N, N, N, SelImm.IMM_SB),

// I-type, the immediate12 holds the CSR register.
CSRRW       -> List(SrcType.reg, SrcType.imm, SrcType.X, FuType.csr, CSROpType.wrt,  Y, N, N, Y, Y, N, SelImm.IMM_I),
CSRRS       -> List(SrcType.reg, SrcType.imm, SrcType.X, FuType.csr, CSROpType.set,  Y, N, N, Y, Y, N, SelImm.IMM_I),
CSRRC       -> List(SrcType.reg, SrcType.imm, SrcType.X, FuType.csr, CSROpType.clr,  Y, N, N, Y, Y, N, SelImm.IMM_I),

CSRRWI      -> List(SrcType.reg, SrcType.imm, SrcType.X, FuType.csr, CSROpType.wrti, Y, N, N, Y, Y, N, SelImm.IMM_Z),
CSRRSI      -> List(SrcType.reg, SrcType.imm, SrcType.X, FuType.csr, CSROpType.seti, Y, N, N, Y, Y, N, SelImm.IMM_Z),
CSRRCI      -> List(SrcType.reg, SrcType.imm, SrcType.X, FuType.csr, CSROpType.clri, Y, N, N, Y, Y, N, SelImm.IMM_Z),

SFENCE_VMA ->List(SrcType.reg, SrcType.reg, SrcType.X, FuType.fence, FenceOpType.sfence, N, N, N, Y, Y, Y, SelImm.X),
EBREAK      -> List(SrcType.reg, SrcType.imm, SrcType.X, FuType.csr, CSROpType.jmp, Y, N, N, Y, Y, N, SelImm.IMM_I),
ECALL       -> List(SrcType.reg, SrcType.imm, SrcType.X, FuType.csr, CSROpType.jmp, Y, N, N, Y, Y, N, SelImm.IMM_I),
SRET        -> List(SrcType.reg, SrcType.imm, SrcType.X, FuType.csr, CSROpType.jmp, Y, N, N, Y, Y, N, SelImm.IMM_I),
MRET        -> List(SrcType.reg, SrcType.imm, SrcType.X, FuType.csr, CSROpType.jmp, Y, N, N, Y, Y, N, SelImm.IMM_I),
```

```
DRET      -> List(SrcType.reg, SrcType.imm, SrcType.X, FuType.csr, CSROpType.jmp, Y, N, N, Y, Y, N, SelImm.IMM_I),

WFI       -> List(SrcType.pc, SrcType.imm, SrcType.X, FuType.csr, CSROpType.wfi,        Y, N, N, Y, Y, N, SelImm.X),

FENCE_I   -> List(SrcType.pc, SrcType.imm, SrcType.X, FuType.fence, FenceOpType.fencei, N, N, N, Y, Y, Y, SelImm.X),
FENCE     -> List(SrcType.pc, SrcType.imm, SrcType.X, FuType.fence, FenceOpType.fence,  N, N, N, Y, Y, Y, SelImm.X),

// A-type
AMOADD_W -> List(SrcType.reg, SrcType.reg, SrcType.X, FuType.mou, LSUOpType.amoadd_w,    Y, N, N, Y, Y, N, SelImm.X),
AMOXOR_W -> List(SrcType.reg, SrcType.reg, SrcType.X, FuType.mou, LSUOpType.amoxor_w,    Y, N, N, Y, Y, N, SelImm.X),
AMOSWAP_W ->List(SrcType.reg, SrcType.reg, SrcType.X, FuType.mou, LSUOpType.amoswap_w, Y, N, N, Y, Y, N, SelImm.X),
AMOAND_W -> List(SrcType.reg, SrcType.reg, SrcType.X, FuType.mou, LSUOpType.amoand_w,    Y, N, N, Y, Y, N, SelImm.X),
AMOOR_W -> List(SrcType.reg, SrcType.reg, SrcType.X, FuType.mou, LSUOpType.amoor_w,      Y, N, N, Y, Y, N, SelImm.X),
AMOMIN_W -> List(SrcType.reg, SrcType.reg, SrcType.X, FuType.mou, LSUOpType.amomin_w,    Y, N, N, Y, Y, N, SelImm.X),
AMOMINU_W ->List(SrcType.reg, SrcType.reg, SrcType.X, FuType.mou, LSUOpType.amominu_w, Y, N, N, Y, Y, N, SelImm.X),
AMOMAX_W ->List(SrcType.reg, SrcType.reg, SrcType.X, FuType.mou, LSUOpType.amomax_w,    Y, N, N, Y, Y, N, SelImm.X),
AMOMAXU_W->List(SrcType.reg,SrcType.reg, SrcType.X, FuType.mou, LSUOpType.amomaxu_w, Y, N, N, Y, Y, N, SelImm.X),

AMOADD_D -> List(SrcType.reg, SrcType.reg, SrcType.X, FuType.mou, LSUOpType.amoadd_d,    Y, N, N, Y, Y, N, SelImm.X),
AMOXOR_D -> List(SrcType.reg, SrcType.reg, SrcType.X, FuType.mou, LSUOpType.amoxor_d,    Y, N, N, Y, Y, N, SelImm.X),
AMOSWAP_D ->List(SrcType.reg, SrcType.reg, SrcType.X, FuType.mou, LSUOpType.amoswap_d,  Y, N, N, Y, Y, N, SelImm.X),
AMOAND_D -> List(SrcType.reg, SrcType.reg, SrcType.X, FuType.mou, LSUOpType.amoand_d,    Y, N, N, Y, Y, N, SelImm.X),
AMOOR_D -> List(SrcType.reg, SrcType.reg, SrcType.X, FuType.mou, LSUOpType.amoor_d,      Y, N, N, Y, Y, N, SelImm.X),
AMOMIN_D -> List(SrcType.reg, SrcType.reg, SrcType.X, FuType.mou, LSUOpType.amomin_d,    Y, N, N, Y, Y, N, SelImm.X),
AMOMINU_D ->List(SrcType.reg, SrcType.reg, SrcType.X, FuType.mou, LSUOpType.amominu_d,  Y, N, N, Y, Y, N, SelImm.X),
AMOMAX_D -> List(SrcType.reg, SrcType.reg, SrcType.X, FuType.mou, LSUOpType.amomax_d,    Y, N, N, Y, Y, N, SelImm.X),
AMOMAXU_D ->List(SrcType.reg, SrcType.reg, SrcType.X, FuType.mou, LSUOpType.amomaxu_d,Y, N, N, Y, Y, N, SelImm.X),

LR_W      -> List(SrcType.reg, SrcType.imm, SrcType.X, FuType.mou, LSUOpType.lr_w,     Y, N, N, Y, Y, N, SelImm.X),
LR_D      -> List(SrcType.reg, SrcType.imm, SrcType.X, FuType.mou, LSUOpType.lr_d,     Y, N, N, Y, Y, N, SelImm.X),
SC_W      -> List(SrcType.reg, SrcType.reg, SrcType.X, FuType.mou, LSUOpType.sc_w,     Y, N, N, Y, Y, N, SelImm.X),
SC_D      -> List(SrcType.reg, SrcType.reg, SrcType.X, FuType.mou, LSUOpType.sc_d,     Y, N, N, Y, Y, N, SelImm.X),

ANDN      -> List(SrcType.reg, SrcType.reg, SrcType.X, FuType.alu, ALUOpType.andn,     Y, N, N, N, N, N, SelImm.X),
ORN       -> List(SrcType.reg, SrcType.reg, SrcType.X, FuType.alu, ALUOpType.orn,      Y, N, N, N, N, N, SelImm.X),
XNOR      -> List(SrcType.reg, SrcType.reg, SrcType.X, FuType.alu, ALUOpType.xnor,     Y, N, N, N, N, N, SelImm.X),
ORC_B     -> List(SrcType.reg, SrcType.DC, SrcType.X, FuType.alu, ALUOpType.orcb,      Y, N, N, N, N, N, SelImm.X),

MIN       -> List(SrcType.reg, SrcType.reg, SrcType.X, FuType.alu, ALUOpType.min,      Y, N, N, N, N, N, SelImm.X),
MINU      -> List(SrcType.reg, SrcType.reg, SrcType.X, FuType.alu, ALUOpType.minu,     Y, N, N, N, N, N, SelImm.X),
MAX       -> List(SrcType.reg, SrcType.reg, SrcType.X, FuType.alu, ALUOpType.max,      Y, N, N, N, N, N, SelImm.X),
MAXU      -> List(SrcType.reg, SrcType.reg, SrcType.X, FuType.alu, ALUOpType.maxu,     Y, N, N, N, N, N, SelImm.X),

SEXT_B    -> List(SrcType.reg, SrcType.DC,  SrcType.X, FuType.alu, ALUOpType.sextb,    Y, N, N, N, N, N, SelImm.X),
PACKH     -> List(SrcType.reg, SrcType.reg, SrcType.X, FuType.alu, ALUOpType.packh,    Y, N, N, N, N, N, SelImm.X),
SEXT_H    -> List(SrcType.reg, SrcType.DC,  SrcType.X, FuType.alu, ALUOpType.sexth,    Y, N, N, N, N, N, SelImm.X),
```

```
    PACKW      -> List(SrcType.reg, SrcType.reg, SrcType.X, FuType.alu, ALUOpType.packw,      Y, N, N, N, N, N, SelImm.X),
    BREV8      -> List(SrcType.reg, SrcType.DC,  SrcType.X, FuType.alu; ALUOpType.revb,       Y, N, N, N, N, N, SelImm.X),
    REV8       -> List(SrcType.reg, SrcType.DC,  SrcType.X, FuType.alu, ALUOpType.rev8,       Y, N, N, N, N, N, SelImm.X),
    PACK       -> List(SrcType.reg, SrcType.reg, SrcType.X, FuType.alu, ALUOpType.pack,       Y, N, N, N, N, N, SelImm.X),

    BSET       -> List(SrcType.reg, SrcType.reg, SrcType.X, FuType.alu, ALUOpType.bset,       Y, N, N, N, N, N, SelImm.X),
    BSETI      -> List(SrcType.reg, SrcType.imm, SrcType.X, FuType.alu, ALUOpType.bset,       Y, N, N, N, N, N, SelImm.IMM_I),
    BCLR       -> List(SrcType.reg, SrcType.reg, SrcType.X, FuType.alu, ALUOpType.bclr,       Y, N, N, N, N, N, SelImm.X),
    BCLRI      -> List(SrcType.reg, SrcType.imm, SrcType.X, FuType.alu, ALUOpType.bclr,       Y, N, N, N, N, N, SelImm.IMM_I),
    BINV       -> List(SrcType.reg, SrcType.reg, SrcType.X, FuType.alu, ALUOpType.binv,       Y, N, N, N, N, N, SelImm.X),
    BINVI      -> List(SrcType.reg, SrcType.imm, SrcType.X, FuType.alu, ALUOpType.binv,       Y, N, N, N, N, N, SelImm.IMM_I),
    BEXT       -> List(SrcType.reg, SrcType.reg, SrcType.X, FuType.alu, ALUOpType.bext,       Y, N, N, N, N, N, SelImm.X),
    BEXTI      -> List(SrcType.reg, SrcType.imm, SrcType.X, FuType.alu, ALUOpType.bext,       Y, N, N, N, N, N, SelImm.IMM_I),

    ROR        -> List(SrcType.reg, SrcType.reg, SrcType.X, FuType.alu, ALUOpType.ror,        Y, N, N, N, N, N, SelImm.X),
    RORI       -> List(SrcType.reg, SrcType.imm, SrcType.X, FuType.alu, ALUOpType.ror,        Y, N, N, N, N, N, SelImm.IMM_I),
    ROL        -> List(SrcType.reg, SrcType.reg, SrcType.X, FuType.alu, ALUOpType.rol,        Y, N, N, N, N, N, SelImm.X),

    SH1ADD     -> List(SrcType.reg, SrcType.reg, SrcType.X, FuType.alu, ALUOpType.sh1add,     Y, N, N, N, N, N, SelImm.X),
    SH2ADD     -> List(SrcType.reg, SrcType.reg, SrcType.X, FuType.alu, ALUOpType.sh2add,     Y, N, N, N, N, N, SelImm.X),
    SH3ADD     -> List(SrcType.reg, SrcType.reg, SrcType.X, FuType.alu, ALUOpType.sh3add,     Y, N, N, N, N, N, SelImm.X),
    SH1ADD_UW -> List(SrcType.reg, SrcType.reg, SrcType.X, FuType.alu, ALUOpType.sh1adduw, Y, N, N, N, N, N, SelImm.X),
    SH2ADD_UW    -> List(SrcType.reg, SrcType.reg, SrcType.X, FuType.alu, ALUOpType.sh2adduw, Y, N, N, N, N, N, SelImm.X),
    SH3ADD_UW    -> List(SrcType.reg, SrcType.reg, SrcType.X, FuType.alu, ALUOpType.sh3adduw, Y, N, N, N, N, N, SelImm.X),
    ADD_UW         ->List(SrcType.reg, SrcType.reg, SrcType.X, FuType.alu, ALUOpType.adduw,      Y, N, N, N, N, N, SelImm.X),
    SLLI_UW     ->List(SrcType.reg, SrcType.imm, SrcType.X, FuType.alu, ALUOpType.slliuw,      Y, N, N, N, N, N, SelImm.IMM_I)
  )
}  ///end object XDecode
```

我们看后面那6个Y/N属性中的第一个，前面说了那是rfWen控制位，这个控制位说明是否需要写Register File，实际上就是有没有对目标寄存器的写入。可以看到包括LW/LB在内的load指令的这一位都是Y，但包括SW/SB在内的store指令的这一位都是N。这是因为：load指令是从内存读出数据到（通用）寄存器中，而store指令只是把数据写入内存，而不是寄存器。

显然，这里包含了所有的基本指令，甚至还有些融合指令（例如SH1ADD、SH2ADD等）。

回到前面DecodeUnit中通过CtrlSignals的decode()函数对object DecodeLogic的调用，其第二个参数是XDecode.decodeDefault，所以仍是trait DecodeConstants中那个decodeDefault()所返回的List，这是用来作为样板的，实际上并不存在这样一条指令。而第三个参数 table 的实参则是 trait DecodeConstants 中那个decode_table的具体化，这是一个序列，里面包含了XDecode.table ++ FDecode.table ++ FDivSqrtDecode.table ++ X64Decode.table等，其中的第一个XDecode.table如上所见，下面不妨拿个X64Decode.table看一下：

```
/** Decode constants for RV64 */
object X64Decode extends DecodeConstants {
  val table: Array[(BitPat, List[BitPat])] = Array(
    LD         -> List(SrcType.reg, SrcType.imm, SrcType.X, FuType.ldu, LSUOpType.ld,        Y, N, N, N, N, N, SelImm.IMM_I),
    LWU        -> List(SrcType.reg, SrcType.imm, SrcType.X, FuType.ldu, LSUOpType.lwu,       Y, N, N, N, N, N, SelImm.IMM_I),
    SD         -> List(SrcType.reg, SrcType.reg, SrcType.X, FuType.stu, LSUOpType.sd,        N, N, N, N, N, N, SelImm.IMM_S),
```

```
    SLLI     -> List(SrcType.reg, SrcType.imm, SrcType.X, FuType.alu, ALUOpType.sll,     Y, N, N, N, N, N, SelImm.IMM_I),
    SRLI     -> List(SrcType.reg, SrcType.imm, SrcType.X, FuType.alu, ALUOpType.srl,     Y, N, N, N, N, N, SelImm.IMM_I),
    SRAI     -> List(SrcType.reg, SrcType.imm, SrcType.X, FuType.alu, ALUOpType.sra,     Y, N, N, N, N, N, SelImm.IMM_I),

    ADDIW    -> List(SrcType.reg, SrcType.imm, SrcType.X, FuType.alu, ALUOpType.addw,    Y, N, N, N, N, N, SelImm.IMM_I),
    SLLIW    -> List(SrcType.reg, SrcType.imm, SrcType.X, FuType.alu, ALUOpType.sllw,    Y, N, N, N, N, N, SelImm.IMM_I),
    SRAIW    -> List(SrcType.reg, SrcType.imm, SrcType.X, FuType.alu, ALUOpType.sraw,    Y, N, N, N, N, N, SelImm.IMM_I),
    SRLIW    -> List(SrcType.reg, SrcType.imm, SrcType.X, FuType.alu, ALUOpType.srlw,    Y, N, N, N, N, N, SelImm.IMM_I),

    ADDW     -> List(SrcType.reg, SrcType.reg, SrcType.X, FuType.alu, ALUOpType.addw,    Y, N, N, N, N, N, SelImm.X),
    SUBW     -> List(SrcType.reg, SrcType.reg, SrcType.X, FuType.alu, ALUOpType.subw,    Y, N, N, N, N, N, SelImm.X),
    SLLW     -> List(SrcType.reg, SrcType.reg, SrcType.X, FuType.alu, ALUOpType.sllw,    Y, N, N, N, N, N, SelImm.X),
    SRAW     -> List(SrcType.reg, SrcType.reg, SrcType.X, FuType.alu, ALUOpType.sraw,    Y, N, N, N, N, N, SelImm.X),
    SRLW     -> List(SrcType.reg, SrcType.reg, SrcType.X, FuType.alu, ALUOpType.srlw,    Y, N, N, N, N, N, SelImm.X),

    RORW     -> List(SrcType.reg, SrcType.reg, SrcType.X, FuType.alu, ALUOpType.rorw,    Y, N, N, N, N, N, SelImm.X),
    RORIW    -> List(SrcType.reg, SrcType.imm, SrcType.X, FuType.alu, ALUOpType.rorw,    Y, N, N, N, N, N, SelImm.IMM_I),
    ROLW     -> List(SrcType.reg, SrcType.reg, SrcType.X, FuType.alu, ALUOpType.rolw,    Y, N, N, N, N, N, SelImm.X)
  )
}  ///end object X64Decode
```

这就是 64 位指令的译码表。再看一个 XSTrapDecode，这很说明问题：

```
/** XiangShan Trap Decode constants */
object XSTrapDecode extends DecodeConstants {
  def TRAP = BitPat("b000000000000?????000000001101011")
  val table: Array[(BitPat, List[BitPat])] = Array(
    TRAP     -> List(SrcType.reg, SrcType.imm, SrcType.X, FuType.alu, ALUOpType.add, Y, N, Y, Y, Y, N, SelImm.IMM_I)
  )
}
```

这个译码表中只有一条指令，这条指令的 32 位编码 TRAP 就是 b000000000000?????000000001101011，这个 BitPat 中有 5 个?号，因为 trap 的号码来自寄存器，而寄存器号是 5 位的，这 5 个二进制位的值可以变，但其余各个二进制位的值都是固定的。然后，出现在“->”号左边的 TRAP 就是这个 BitPat（可不是字符串），右边的 List 就是 TRAP 指令的属性分解。如果待译码的指令与 TRAP 这个 BitPat 比对上了，那么对这条指令的译码就基本完成了，其第一个源操作数来自寄存器，第二个操作数是个直接数(最前面的 12 个 0 位)，第三个操作数是 X，表示不存在（无意义）；指令的功能类型 FuType 是 FuType.alu，表示这是要在 ALU 中执行的，具体的操作类型是 ALUOpType.add（因为直接数要与寄存器中的源操作数相加），但是其 isXSTrap 标志位为 Y，表示这是要产生自陷的（毕竟这是 trap 指令）。

DecodeUnit 的 decode_table 中的最后一个表是 SvinvalDecode，这也值得看一下：

```
/** Svinval extension Constants */
object SvinvalDecode extends DecodeConstants {
  val table: Array[(BitPat, List[BitPat])] = Array(
  /* sinval_vma is like sfence.vma , but sinval_vma can be dispatched and issued like normal instructions while sfence.vma
```

```
  * must assure it is the ONLY instrucion executing in backend.
  */
 SINVAL_VMA   -> List (SrcType.reg, SrcType.reg, SrcType.X, FuType.fence, FenceOpType.sfence, N, N, N, N, N, N, SelImm.X),
 /* sfecne.w.inval is the begin instrucion of a TLB flush which set *noSpecExec* and *blockBackward* signals
  * so when it comes to dispatch , it will block all instruction after itself until all instrucions ahead of it in rob commit
  * then dispatch and issue this instrucion to flush sbuffer to dcache
  * after this instrucion commits , issue following sinval_vma instructions (out of order) to flush TLB
  */
 SFENCE_W_INVAL ->
          List (SrcType.DC, SrcType.DC, SrcType.X, FuType.fence, FenceOpType.nofence, N, N, N, Y, Y, N, SelImm.X),
 /* sfecne.inval.ir is the end instrucion of a TLB flush which set *noSpecExec* *blockBackward* and *flushPipe* signals
  * so when it comes to dispatch , it will wait until all sinval_vma ahead of it in rob commit
  * then dispatch and issue this instrucion
  * when it commit at the head of rob , flush the pipeline since some instrucions have been fetched to ibuffer using old TLB map
  */
 SFENCE_INVAL_IR ->
          List (SrcType.DC, SrcType.DC, SrcType.X, FuType.fence, FenceOpType.nofence, N, N, N, Y, Y, Y, SelImm.X)
 /* what is Svinval extension ?
  *                         ----->      sfecne.w.inval
  * sfence.vma    vpn1      ----->      sinval_vma    vpn1
  * sfence.vma    vpn2      ----->      sinval_vma    vpn2
  *                         ----->      sfecne.inval.ir
  *
  * sfence.vma should be executed in-order and it flushes the pipeline after committing
  * we can parallel sfence instrucions with this extension
  */
 )
}
```

之所以要在这里特别看一下 SvinvalDecode 这个译码表，是因为前面 DecodeUnit 的代码中提到了三个特殊的 BitPat:

```
val sinval      = BitPat("b0001011_?????_?????_000_00000_1110011") === ctrl_flow.instr
val w_inval     = BitPat("b0001100_00000_00000_000_00000_1110011") === ctrl_flow.instr
val inval_ir    = BitPat("b0001100_00001_00000_000_00000_1110011") === ctrl_flow.instr
```

在原始的RISC-V 指令编码中，这三者都属于 invalid 的非法指令，但显然香山拿来做了扩充，作为对 sfence 指令的补充。其作用，如原文注释所说，是用于 TLB 的冲刷。

说到这里，估计读者猜也猜得差不多了，译码的时候就是拿指令与所有这些译码表中的指令同时比对（得要用 CAM，几百个 32 位比较器，但是其中有些位被屏蔽），比上了就拿对应的 List 作为译码结果，全都比不上就是非法指令。总而言之，这是查表的方法，只不过不是像在软件中那样一步一步地查，而是并行比对一步到位，这就得使用 CAM，即“按内容寻址”的存储器。

下面就是对 object DecodeLogic 的调用了，实际上是对其 apply()函数的调用。DecodeLogic 不是专为指令译码而设计开发的，所以在 apply()函数的参数表中本应是指令 inst 的位置上却是地址 addr。不过这也不要紧，就把它当成个符号，不要去想这是“地址”就行，反正都是 UInt:

[XSCore > XSCoreBase > CtrlBlock > DecodeStage > DecodeUnit > CtrlSignals.decode() > DecodeLogic]

```
object DecodeLogic {
  def term (lit: BitPat) = new Term(lit.value, BigInt(2).pow(lit.getWidth)-(lit.mask+1))
    ///创建Term对象时的第2个参数为mask。因为BitPat中可以有???，所以BitPat对象中有mask。
  def logic (addr: UInt, addrWidth: Int, cache: Map[Term,Bool], terms: Seq[Term]) = {
    terms.map { t =>
      cache.getOrElseUpdate(t, (if (t.mask == 0) addr    ///mask为0表示没有屏蔽，所以就是addr本身不受影响。
        else addr & Bits(BigInt(2).pow(addrWidth)-(t.mask+1), addrWidth)) === Bits(t.value, addrWidth))
    }.foldLeft(Bool(false))(_||_)
  }

  def apply (addr: UInt, default: BitPat, mapping: Iterable[(BitPat, BitPat)]): UInt = {
    val cache = caches.getOrElseUpdate(addr, Map[Term, Bool]())        ///caches见后
    val dterm = term(default)
    val (keys, values) = mapping.unzip              ///把译码表中的内容分开，以指令的BitPat为key，以后面的List为value。
    val addrWidth = keys.map(_.getWidth).max        ///指令全都是32位的
    val terms = keys.toList.map(k => term(k))
    val termvalues = terms zip values.toList.map(term(_))

    for (t <- keys.zip(terms).tails; if !t.isEmpty)
      for (u <- t.tail) assert(!t.head._2.intersects(u._2),   "DecodeLogic: keys " + t.head + " and " + u + " overlap")

    Cat((0 until default.getWidth.max(values.map(_.getWidth).max)).map({ case (i: Int) =>    ///以default为模板
      val mint = termvalues.filter { case (k, t) => ((t.mask >> i) & 1) == 0 && ((t.value >> i) & 1) == 1 }.map(_._1)
            ///这里的1表示0x1，即最低位为1，别的都是0；(t.value >> i) & 1) == 1说明(t.value >> i)的末位为1。
      val maxt = termvalues.filter { case (k, t) => ((t.mask >> i) & 1) == 0 && ((t.value >> i) & 1) == 0 }.map(_._1)
      val dc = termvalues.filter { case (k, t) => ((t.mask >> i) & 1) == 1 }.map(_._1)

      if (((dterm.mask >> i) & 1) != 0) {
        logic (addr, addrWidth, cache, SimplifyDC(mint, maxt, addrWidth))
      } else {
        val defbit = (dterm.value.toInt >> i) & 1
        val t = if (defbit == 0) mint else maxt
        val bit = logic(addr, addrWidth, cache, Simplify(t, dc, addrWidth))
        if (defbit == 0) bit else ~bit
      }
    }).reverse)
  }

  def apply (addr: UInt, default: Seq[BitPat], mappingIn: Iterable[(BitPat, Seq[BitPat])]): Seq[UInt] = {
    val mapping = ArrayBuffer.fill(default.size)(ArrayBuffer[(BitPat, BitPat)]())
    for ((key, values) <- mappingIn)
      for ((value, i) <- values zipWithIndex)
        mapping(i) += key -> value
    for ((thisDefault, thisMapping) <- default zip mapping)
```

```
        yield apply(addr, thisDefault, thisMapping)
    }
    def apply (addr: UInt, default: Seq[BitPat], mappingIn: List[(UInt, Seq[BitPat])]): Seq[UInt] =
                apply(addr, default, mappingIn.map(m => (BitPat(m._1), m._2)).asInstanceOf[Iterable[(BitPat, Seq[BitPat])]])
    def apply (addr: UInt, trues: Iterable[UInt], falses: Iterable[UInt]): Bool =
                apply(addr, BitPat.dontCare(1), trues.map(BitPat(_) -> BitPat("b1")) ++ falses.map(BitPat(_) -> BitPat("b0"))).asBool

    private val caches = Map[UInt, Map[Term, Bool]]()
}   ///end object DecodeLogic
```

要详细解释这些代码（包括 class Term，object SimplifyDC 和 Simplify）实在太烦琐，反正原理上已经很清晰，哪怕读者要自行设计一个这样的电路也并不很困难，这里就不多费口舌了。

这里要说明的是，只要采用 CAM，指令与整个 decode_table 的比对，从而对指令的译码，都是由组合电路实现的，因而都可在瞬间实时完成，所以译码阶段只要一个时钟节拍就够了。而 DecodeUnit 的输出，即 decode.io.out，则在 CtrlBlockImp 的代码中被连到 Rename，再把 Rename 的输出连到 Dispatch，这我们在前面已经看到了。

最后总结一下，译码器 decoder 是在 class DecodeUnit 中创建的，CtrlSignals 是 DecodeUnit 的输出 CfCtrl 中的一部分，这一部分就是译码的产出。在 class DecodeUnit 中有这么几行代码：

```
val ctrl_flow = Wire(new CtrlFlow)          // input with RVC Expanded  ///DecodeUnit的输入是来自前端的CtrlFlow
val cf_ctrl = Wire(new CfCtrl)              // output                   ///DecodeUnit的输出是CfCtrl，内含CtrlSignals。
…
cf_ctrl.cf := ctrl_flow                     ///CfCtrl中的cf部分就是来自前端的CtrlFlow，内含有待译码的指令ctrl_flow.instr。
val cs: CtrlSignals = Wire(new CtrlSignals()).decode(ctrl_flow.instr, decode_table)    ///创建基于具体译码表的译码器
…
cf_ctrl.ctrl := cs                          ///将译码器所产生的CtrlSignal对象连到cf_ctrl中的ctrl部分
```

译码器的实际创建是在 class CtrlSignal 的函数 decode()之中。以前说过，Chisel 语言中的一个函数，其中可综合的部分就相当于一块电路；调用函数就是电路的输入，函数的返回值就是电路的输出。另外在 class CtrlSignal 中还定义了一组信号，称为 allSignals：

```
private def allSignals = srcType ++ Seq(fuType, fuOpType, rfWen, fpWen,
                                         isXSTrap, noSpecExec, blockBackward, flushPipe, selImm)

def decode(inst: UInt, table: Iterable[(BitPat, List[BitPat])]): CtrlSignals = {
    val decoder = freechips.rocketchip.rocket.DecodeLogic(inst, XDecode.decodeDefault, table)
    allSignals zip decoder foreach { case (s, d) => s := d }       ///d是decoder的输出，将其写入
    commitType := DontCare
    this                                    ///这是在class CtrlSignals内部，所以返回的是个CtrlSignal对象。
}
```

显然，allSignals 就是 CtrlSignal 中那些相关字段的序列，而这里 decoder 的值就来自具体译码表中定义的那些指令属性 List，具体内容因具体指令而异，这里把译码产生的 List 中各个元素对号入座写入了 CtrlSignal 中的相应字段。而函数 decode()的返回值，即译码电路的输出，则就是一个 CtrlSignal 对象，成为 DecodeUnit 的输出 CfCtrl 中的一部分。

最后还要强调，这些代码所描述的并非信号在电路中的流通过程，而是电路的构成；但是信号在电路中的流通寓于电路的构成之中，信号是在具体的特定电路中流通。

现在我们需要深入到 Rename 的内部了。

22.1　寄存器映射 Rename

我们在前面看到，CtrlBlockImp 创建了一个 Rename 模块，也创建了一个 RenameTableWrapper 模块，前者是串在指令译码阶段与指令分发器之间，属于指令流水线的一部分，宏观上代表着整个寄存器映射机制，后者则是寄存器映射表的具体实现，把逻辑寄存器号映射到物理寄存器号，其作用有点像存储子系统中（把虚存地址映射成物理地址的）的 TLB。不过虚拟地址的映射是为每个进程的，同一进程中使用的所有地址都属于同一个映射；而逻辑寄存器号的映射则是全局的，系统结构中定义的 32 个逻辑意义上的通用寄存器在同一时间点上只能各自映射到某个物理寄存器。

22.1.1　寄存器映射的原理

所谓寄存器映射，实际上是寄存器号的映射。这与存储器映射实际上是存储地址的映射是一样的。香山项目的寄存器映射机制采用了一种挺巧妙的方案。

RISC-V 处理器的（整数）ISA 中有 32 个寄存器，所有的指令中都用这 32 个寄存器为其源寄存器或目标寄存器，所以就用这 32 个寄存器（r0 - r31）的号码作为“逻辑寄存器”号。而寄存器映射的目的就是要把逻辑寄存器号映射成物理寄存器号，以避免数据即寄存器内容之间的冲突。在香山的设计中，物理寄存器组的大小是 192，有 192 个物理寄存器可供分配用于映射。

以整数寄存器号的映射机制为例，整个映射机制由三大部件构成，就是：一个（寄存器号）映射表，一个空闲寄存器号列表；和一个物理寄存器组。严格说来，其实物理寄存器组并不属于映射机制，而只是映射机制所管理的对象。这就好比仓库里的物品本身并不属于仓库管理系统一样。一旦建立起映射，待执行和已执行指令对具体物理寄存器的读写只是严格的对号入座。所以，在这个意义上，构成寄存器号映射机制的就只是映射表和空闲寄存器号列表这两大件。事实上，映射表 rat 和空闲寄存器号列表 freelist 都在 CtrlBlock 的 Rename 模块中，而物理寄存器组 intRfReadDat 在 ExuBlock 的 Scheduler 中。

寄存器映射表是个大小为 32 的数组，数组的大小之所以为 32 是因为一共只有 32 个逻辑寄存器，数组元素的内容则为物理寄存器号。这样，以一个逻辑寄存器号为下标（地址），就可以从数组中读出该逻辑寄存器号当前所映射的物理寄存器号。

空闲寄存器号列表 FreeList 则更是简单，这可以是个链表，甚至也可以只是个位图。需要分配一个物理寄存器时只要从 List 的头部摘取一个元素，或者用优先编码器从位图中获取当前排在最前面的空闲标志位的序号就行。

读者也许感到惊讶，就这么简单？凭这样两个简单的设施就可以解决数据依赖的问题？是的，关键在于所用的方法，有道是“魔鬼躲在细节中”。具体的映射方法是这样：

- 每当指令流中有指令要用到某个寄存器位其目标寄存器 dest 时，假定这是 r3，即逻辑寄存器号为 3，不管其当前是否已有映射，总是从 FreeList 中分配一个物理寄存器，假定所分配的是物理寄存器 33 号，就在该指令的 MicroOp 中记下 pdest=33，并将映射表中下标为 3 的单元设置成 33，建立起逻辑寄存器号 3 的新的映射。
- 但是在将新的映射 33 写入下标为 3 的元素前，要将其原先老的映射值记录在 MicroOp 的 old_pdest 中。至于逻辑寄存器号则原本就在该指令的 ctrl.ldest 中，即其 CtrlSignals 的 ldest 中，MicroOp 是对 CfCtrl 的扩充，其内部的成分 ctrl 就是个 CtrlSignals。
- 每当指令流中有指令要用所述的逻辑寄存器作为其源寄存器之一时，就查询映射表获取其当前映射，并将该映射值写入本指令 MicroOp 中的 psrc 中的相应元素。假定这条指令的 rs1 即 lsrc(0)是 r3，而 3 号逻辑寄存器当前的映射是 33，就把 33 写入其 MicroOp 中的 psrc(0)，并在创建该指令的 ExuInput 时企图从物理寄存器 33 号读取其内容；要是内容尚未到位就在 ReservationStation 中等待。

- 一旦以物理寄存器号 33 为其 pdest 的那条指令执行完成，就要将结果“回写”到 33 号物理寄存器，而不管逻辑寄存器 r3 当前的映射是什么，它当时的映射就是 33 号物理寄存器。
- 这条指令在完成了回写、要从流水线退休前夕，需要将其所记载的 old_pdest 释放掉，使其重返 FreeList。

只要遵循这几条规则，就可以保证数据依赖的正确性。对此我们通过一小片假想的指令加以说明。

```
addi r3, r6, 2      ///假定寄存器r6已有映射，但其内容要从内存读入，尚未到位。
sub r2, r3, r1      ///假定寄存器r1已有映射，且数据已经到位。
mul r12, r6, r3
add r3, r6, r2      ///假定寄存器r2已有映射，且数据已经到位。
mv r4, r3           ///mv为伪指令，汇编时会转换成 addi r4, r3, 0。
```

这里的第一条 addi 以寄存器 r3 为 dest，就是 ldest，所以要从 FreeList 分配一个物理寄存器，仍假定分得物理寄存器 33 号，于是就把自己的 pdest 设成 33，并把映射表中的 table(3)写入自己的 old_pdest 而把 table(3)设置成 33，为其建立映射。然而其操作数 src(0)来自 r6，尚未到位，只能在 ReservationStation 中等待。

下面 sub 指令的源操作数 rs1 来自 r3，就去映射表查询，得知 r3 的当前映射是物理寄存器 33 号，就把 33 写入其 psrc(0)。但是这个物理寄存器的内容尚未到位，就只好也在 ReservationStation 中等待。

再下面的 mul 指令也是一样，只不过这次是把 psrc(1)设置成 33。

再下面的 add 指令，又是以 r3 为目标寄存器，所以又要从 FreeList 分配一个物理寄存器号，假定这次分到的是物理寄存器 42 号。尽管前面 r3 已经有映射，但这不关这条 add 指令的事，因为它并不以 r3 为源寄存器（之一）。于是，这条指令的 pdest 就是 42，但 old_pdest 是 33，并将映射表中 table(3)的映射改成了 42。由于这条指令的源操作数之一 r6 尚未到位，就也只好在 ReservationStation 中等待。

然后就来了 mv 指令，要把寄存器 r3 的内容复制到寄存器 r4 中。这条 mv 指令是一条伪指令，汇编工具会将其替换成 addi r4, r3, 0。由于这条指令以 r3 为其源寄存器，就在映射表中查询，逻辑寄存器 3 号的当前映射是物理寄存器 42 号，所以这条指令的 psrc(0)就是 42。当然，这条指令也要为其目标寄存器 r4 分配一个物理寄存器号，并更改 4 号逻辑寄存器的映射，但这与我们现下要说的情景无关。由于 42 号物理寄存器的内容尚未到位，就也只好在 ReservationStation 中等待。

这时候从内存读入的数据到达了寄存器 r6（实际上是 r6 所映射的物理寄存器），这就从 ReservationStation 唤醒了“addi r3, r6, 2”和“add r3, r6, r2”这两条指令；还有一条“mul r12, r6, r3”指令虽然也依赖于 r6，但同时也依赖于 r3，它的 r3 是物理寄存器 33 号，数据尚未到位，所以还得继续等待。这样，addi 指令和 add 指令就同时被唤醒而得到执行（在同一批中）。这两条指令完成执行以后都要回写其执行结果，一方面是回写到物理寄存器组并唤醒正在 ReservationStation 等待其结果的指令，一方面当然也要进入 Rob 以重整次序，但这二者是可以并行不悖的。于是这两条依赖于 r6 的指令就都得到执行，并都要回写它们的结果。它们的目标寄存器都是 r3，但已被映射到不同的物理寄存器。所以 addi 指令回写的是 33 号物理寄存器，唤醒的也是依赖于 33 号物理寄存器的“sub r2, r3, r1”和“mul r12, r6, r3”两条指令；而 add 指令回写的则是 42 号物理寄存器，唤醒的是依赖于 42 号物理寄存器的“addi r4, r3, 0”即 mv 指令。这样，虽然逻辑上的目标寄存器都是 r3，在实际执行中却泾渭分明绝不会混淆。

但是 Rob 当然也有作用，当 Rob 发现“add r3, r6, r2”这条指令可以交割的时候，就知道此前的指令都已完成执行并可交割，“add r3, r6, r2”这条指令的 ldest 是 3 而 old_pdest 是 33，但此时已经没有指令依赖于 33 号物理寄存器了，所以就把这情况反馈给 Rename 模块，让它把 33 号物理寄存器释放掉，使其回到 FreeList 中，以重复使用。

现在我们设想一种更复杂的情景，就是在 sub 指令与 mul 指令之间还有另一条指令，那一条指令发生了异常。注意异常不一定发生在执行环节，指令的 CtrlFlow 中有个 exceptionVec，那里面有 16 个标志位，从取指到执行，不管在哪一个环节，只要检测到引起某种异常的条件就将相应的标志位置 1，最后只要 exceptionVec 并非全 0 就引起异常。最后，Rob 在重整指令次序的时候会发现，异常发生于 sub 指令与 mul 指令之间，就会按发起异常的步骤发出转向指示，并把此后的那些指令全都冲刷掉（引起异常的那条指令之前的指令均已交割）。这个转向指示把取指目标转到相应“异常向量”所指的地方，执行软件中的异常响应/处理程序。然后，当软件的执行从异常响应/处理程序返回时，就又会发出转向指示，把取指目标转向发生了异常的那条指令，从那里开始重新执行，包括那条“add r3, r6, r2”指令。

22.1.2　寄存器映射表 Rat

我们先看寄存器映射表的实现，CtrlBlock 中创建的 RenameTableWrapper 对象称为 rat。

RenameTableWrapper 对象里面创建了 intRat 和 fpRat 两个寄存器映射表 RenameTable，此外就只是建立访问端口与两个 RenameTable 的互连。其外部接口上有针对整数寄存器和浮点寄存器的两大组接口，每一大组又细分成两组，一组是读出，一组是写入。以整数寄存器为例，其读出端口 intReadPorts 就有 6*3=18 个，因而从映射表可以同时有 18 个互相独立的读出；而写入的方向则只是 6 个（因为是 6 条指令并行）。RenameTableWrapper 对象 rat 是在 CtrlBlockImp 中创建的，rat 只有一个，但是在同一时钟节拍中需要从 rat 读出的整数指令却可达 6 条，每条指令最多可涉及 3 个通用寄存器（两个源寄存器，一个目标寄存器），所以需要提供 18 个可以同时从 rat 读出的通道，这就是 18 个读出端口，即 18 个 intReadPorts。同理，要同时从 rat 读出的浮点指令可达 4 条，而每条浮点指令涉及的通用寄存器可以有 4 个，所以就需要有 6*4=24 个读出端口，即 24 个 fpReadPorts。另外，rat 还有个来自 Rob 的输入 robCommits。一条指令的“生命周期”始于取指，终于 Rob；一旦由 Rob“交割（commit）”了一条指令的执行结果，这条指令就离开了流水线而不复存在，此时应该撤销由此指令创建的寄存器映射。

```
[XSCore > XSCoreBase > CtrlBlock > CtrlBlockImp > RenameTableWrapper]
class RenameTableWrapper(implicit p: Parameters) extends XSModule {
  val io = IO(new Bundle() {
    val redirect = Input(Bool())
    val robCommits = Input(new RobCommitIO)                          ///来自Rob的交割
    val intReadPorts = Vec(RenameWidth, Vec(3, new RatReadPort))     ///RenameWidth=6，所以一共有18个读出口。
    val intRenamePorts = Vec(RenameWidth, Input(new RatWritePort))   ///6个整数寄存器写入口
    val fpReadPorts = Vec(RenameWidth, Vec(4, new RatReadPort))      ///共有24个浮点寄存器读出口
    val fpRenamePorts = Vec(RenameWidth, Input(new RatWritePort))    ///6个浮点寄存器写入口
    // for debug printing
    val debug_int_rat = Vec(32, Output(UInt(PhyRegIdxWidth.W)))      ///PhyRegIdxWidth取决于NRPhyRegs
    val debug_fp_rat = Vec(32, Output(UInt(PhyRegIdxWidth.W)))       ///NRPhyRegs即物理寄存器的个数，定义为192。
  })

  val intRat = Module(new RenameTable(float = false))          ///用于整数寄存器的寄存器号映射表
  val fpRat = Module(new RenameTable(float = true))            ///用于浮点寄存器的寄存器号映射表
      ///RenameTable只有这么两个，每个RenameTable中都有一组（6个）archWritePorts和一组specWritePorts。
      ///可是每个RenameTable中实际上有两个映射表，一个是arch_table，另一个是spec_table。
      ///通过intRenamePorts对rat的写入都会被转化成通过specWritePorts对intRat中spec_table的写入（见后）。
      ///同样，通过fpRenamePorts对rat的写入也会被转化成通过specWritePorts对fpRat中spec_table的写入。

  intRat.io.debug_rdata <> io.debug_int_rat
  intRat.io.readPorts <> io.intReadPorts.flatten               ///将整数寄存器映射表的读出口全都连到外部接口
  intRat.io.redirect := io.redirect
  fpRat.io.redirect := io.redirect

    ///以下是来自Rob的输入，Rob可以处于Commit和Walk两种状态之一，前者是要确认，后者是要从转向中恢复：
```

```
val intDestValid = io.robCommits.info.map(_.rfWen)                    ///来自Rob的写入控制信号，用于Rob的Commit/Walk。
for ((arch, i) <- intRat.io.archWritePorts.zipWithIndex) {             ///对整数寄存器的arch映射表的写入，用于Commit。
        ///这里的arch是指intRat接口上的具体archWritePort
  arch.wen := io.robCommits.isCommit && io.robCommits.commitValid(i) && intDestValid(i)
  arch.addr := io.robCommits.info(i).ldest                              ///以目标寄存器的逻辑寄存器号为写入地址
  arch.data := io.robCommits.info(i).pdest                              ///来自Rob的commit阶段，写入内容为物理寄存器号。
  XSError(arch.wen && arch.addr === 0.U && arch.data =/= 0.U, "pdest for $0 should be 0\n")  ///对寄存器r0不得写入非0内容。
}  ///通过archWritePorts写入RenameTable的数据来自Rob的Commit阶段，这些指令及其所生影响应被确认。

for ((spec, i) <- intRat.io.specWritePorts.zipWithIndex) {             ///对整数寄存器的spec映射表的写入，用于Walk。
        ///这里的spec是指intRat接口上的具体specWritePort
  spec.wen   := io.robCommits.isWalk && io.robCommits.walkValid(i) && intDestValid(i)
  spec.addr := io.robCommits.info(i).ldest                              ///以目标寄存器的逻辑寄存器号为写入地址
  spec.data := io.robCommits.info(i).pdest                              ///来自Rob的walk阶段，写入内容为物理寄存器号。
  XSError(spec.wen && spec.addr === 0.U && spec.data =/= 0.U, "pdest for $0 should be 0\n")
}  ///通过specWritePorts写入RenameTable的数据来自Rob的Walk阶段，这些指令已因转向而被冲刷，须消除影响。

for ((spec, rename) <- intRat.io.specWritePorts.zip(io.intRenamePorts)) {
        ///通过intRenamePorts对RenameTableWrapper的写入被转化成通过specWritePorts对整数RenameTable的写入
  when (rename.wen) {
    spec.wen   := true.B
    spec.addr := rename.addr
    spec.data := rename.data                                 ///整数寄存器的映射建立在spec映射表中
  }
}

// debug read ports for difftest
fpRat.io.debug_rdata <> io.debug_fp_rat
fpRat.io.readPorts <> io.fpReadPorts.flatten                            ///将浮点寄存器的读出口全都连到外部接口
for ((arch, i) <- fpRat.io.archWritePorts.zipWithIndex) {               ///对浮点寄存器的arch映射表
  arch.wen   := io.robCommits.isCommit && io.robCommits.commitValid(i) && io.robCommits.info(i).fpWen
  arch.addr := io.robCommits.info(i).ldest
  arch.data := io.robCommits.info(i).pdest                              ///对浮点寄存器arch端口的写入来自Rob的commit阶段
}
for ((spec, i) <- fpRat.io.specWritePorts.zipWithIndex) {               ///对浮点寄存器的spec映射表
  spec.wen   := io.robCommits.isWalk && io.robCommits.walkValid(i) && io.robCommits.info(i).fpWen
  spec.addr := io.robCommits.info(i).ldest
  spec.data := io.robCommits.info(i).pdest                              ///对浮点寄存器spec端口的写入可以来自Rob的walk阶段
}
for ((spec, rename) <- fpRat.io.specWritePorts.zip(io.fpRenamePorts)) {
        ///通过fpRenamePorts对RenameTableWrapper的写入被转化成通过specWritePorts对浮点RenameTable的写入
  when (rename.wen) {
    spec.wen   := true.B
    spec.addr := rename.addr
    spec.data := rename.data                                            ///浮点寄存器的映射建立也是在其spec映射表中
  }
```

```
    }
}   ///end class RenameTableWrapper
```

CtrlBlock 中创建的 rat 是个 RenameTableWrapper，那只是个包装，实质的映射表是里面的 intRat 和 fpRat 两个 RenameTable。可是，不管是 intRat 还是 fpRat，里面实际上都有两个映射表，一个是 arch_table，这是“正式”的映射表，另一个是 spec_table，这相当于是“草稿”，spec 是 speculative 的意思。对 arch_table 的写入只能来自 Rob 的 Commit，对 spec_table 的写入则既可来自 Rob 的 Walk，也可来自指令对其目标寄存器映射的建立。但是指令从映射表的读出（以获知其目标寄存器是哪个物理寄存器）都来自 spec_table。换言之，具体寄存器映射的建立和读取都是在 spec_table 中，只有 Rob 的 Commit 才涉及 arch_table。

显然，RenameTableWrapper 的核心在于 intRat 和 fpRat 这两个映射表。这两个 RenameTable 的结构定义如下：

```
[XSCore > XSCoreBase > CtrlBlock > CtrlBlockImp > RenameTableWrapper > RenameTable]
class RenameTable (float: Boolean)(implicit p: Parameters) extends XSModule {
  val io = IO(new Bundle {
    val redirect = Input(Bool())
    val readPorts = Vec({if(float) 4 else 3} * RenameWidth, new RatReadPort)  ///RenameWidth = 6，若是浮点就有24个Port。
    val specWritePorts = Vec(CommitWidth, Input(new RatWritePort))            ///CommitWidth = 6，所以有6个specWritePort。
    val archWritePorts = Vec(CommitWidth, Input(new RatWritePort))            ///同样，archWritePort也是6个。
    val debug_rdata = Vec(32, Output(UInt(PhyRegIdxWidth.W)))
  })

  // speculative rename table
  val rename_table_init = VecInit.tabulate(32)(i => (if (float) i else 0).U(PhyRegIdxWidth.W))
        ///这是个大小为32的寄存器号数组的初值，初值对于浮点映射表是序号0~31，对于整数寄存器则是全0。
        /// PhyRegIdxWidth为物理寄存器号宽度，即log2Up(NRPhyRegs)。因NRPhyRegs=192，所以PhyRegIdxWidth是8位。
  val spec_table = RegInit (rename_table_init)            /// spec_table是寄存器，宽度为32*8，其初值来自rename_table_init。
        ///spec_table是个很大的寄存器（实际上是寄存器组），构成RenameTable中的spec映射表，即映射表“草稿”。
  val spec_table_next = WireInit(spec_table)              /// spec_table_next来自寄存器spec_table的输出
  // arch state rename table
  val arch_table = RegInit (rename_table_init)            /// arch_table也是个寄存器，其初值同样也来自rename_table_init。
        ///arch_table也是个很大的寄存器（实际上是寄存器组），构成RenameTable中的arch映射表，即映射表“正稿”。
  val arch_table_next = WireDefault(arch_table)           ///来自寄存器arch_table的输出

  // For better timing, we optimize reading and writing to RenameTable as follows:
  // (1) Writing at T0 will be actually processed at T1.
  // (2) Reading is synchronous now.
  // (3) RAddr at T0 will be used to access the table and get data at T0.
  // (4) WData at T0 is bypassed to RData at T1.
  val t1_redirect = RegNext(io.redirect, false.B)         ///有指令流转向指示到来
  val t1_rdata = io.readPorts.map(p => RegNext (Mux(p.hold, p.data, spec_table_next(p.addr))))
        ///寄存器向量t1_rdata，各元素的值来自所有的读出端口（受外部驱动），根据设置或保持原值不变（hold）；
        ///或根据在每个端口上的地址从spec_table_next的读出。从readPorts的读出都来自spec_table。
  val t1_raddr = io.readPorts.map(p => RegEnable (p.addr, !p.hold))
        ///寄存器向量t1_raddr来自每个端口上的读出地址（外来），但是端口上的hold控制位可以禁止其起作用。
  val t1_wSpec = RegNext (Mux(io.redirect, 0.U.asTypeOf(io.specWritePorts), io.specWritePorts))
```

```
        ///这个寄存器的内容也是个向量，若无Redirect就是6元素向量io.specWritePorts，有Redirect就变成全0。

  // WRITE: when instruction commits or walking
  val t1_wSpec_addr = t1_wSpec.map(w => Mux(w.wen, UIntToOH(w.addr), 0.U))   ///与上面的t1_wSpec一样，是个6元素向量。
  for ((next, i) <- spec_table_next.zipWithIndex) {          ///对spec_table_next中的32个物理寄存器号：
    val matchVec = t1_wSpec_addr.map(w => w(i))         ///从t1_wSpec_addr中取相应地址，与spec_table_next相配。
    val wMatch = ParallelPriorityMux(matchVec.reverse, t1_wSpec.map(_.data).reverse)
    // When there's a flush, we use arch_table to update spec_table.
    next := Mux(t1_redirect, arch_table(i), Mux(VecInit(matchVec).asUInt.orR, wMatch, spec_table(i)))
        ///准备更新寄存器spec_table中的这个物理寄存器号，但如有Redirect就用arch_table中对应单元的值，
        ///否则就采用wMatch的值或维持原值不变。
  }
  spec_table := spec_table_next                          ///更新寄存器spec_table的内容，即物理寄存器号。

  // READ: decode-rename stage
  for ((r, i) <- io.readPorts.zipWithIndex) {             ///对外部读出口的内部连接：
    // We use two comparisons here because r.hold has bad timing but addrs have better timing.
    ///如果要从spec_table中的某个单元读出时正好有个端口要向其写入，就可以抄个近路：
    val t0_bypass = io.specWritePorts.map(w => w.wen && Mux(r.hold, w.addr === t1_raddr(i), w.addr === r.addr))
    val t1_bypass = RegNext(Mux(io.redirect, 0.U.asTypeOf(VecInit(t0_bypass)), VecInit(t0_bypass)))
    val bypass_data = ParallelPriorityMux(t1_bypass.reverse, t1_wSpec.map(_.data).reverse)
    r.data := Mux(t1_bypass.asUInt.orR, bypass_data, t1_rdata(i))
        ///如可bypass，就抄近路直接采用bypass_data，否则就老老实实从t1_rdata中（见上）读出，即从spec_table读出。
  }

  for (w <- io.archWritePorts) { when (w.wen) { arch_table_next(w.addr) := w.data } }
    ///只要外部接口上的archWritePorts有写入要求（wen意为write enable）就允许其先写入arch_table_next。
  arch_table := arch_table_next                    ///然后将arch_table_next写入arch_table，更新寄存器arch_table的内容。
  io.debug_rdata := arch_table
}  ///end class RenameTable
```

RenameTable 外部接口上的两种端口，即 RatReadPort 和 RatWritePort，定义如下：

```
class RatReadPort(implicit p: Parameters) extends XSBundle {
  val hold = Input(Bool())                          ///保持原有读出数据不变
  val addr = Input(UInt(5.W))
  val data = Output(UInt(PhyRegIdxWidth.W))         ///注意，名曰data，实际上只是目标物理寄存器号。
}

class RatWritePort(implicit p: Parameters) extends XSBundle {
  val wen = Bool()                                  ///允许写入，write enable。
  val addr = UInt(5.W)
  val data = UInt(PhyRegIdxWidth.W)                 ///注意，名曰data，实际上只是目标物理寄存器号。
}
```

显然，RenameTable 的大小是 32，每个单元所存储的是个物理寄存器号，这就构成了从用作映射表下标

的逻辑寄存器号到作为映射目标的单元内容即物理寄存器号的映射。所以，以逻辑寄存器号为地址读出该单元的内容，就是这个逻辑寄存器号当前所映射的物理寄存器号。RenameTable 所实现的只是从 32 个逻辑寄存器号到物理寄存器号的映射，而并不涉及物理寄存器组本身，也不涉及具体寄存器的内容。而 RenameTableWrapper，则通过其内部的整数和浮点两个 RenameTable 提供了整数和浮点寄存器号的映射。

注意前面 class RenameTableWrapper 的代码中对 spec_table 和 arch_table 的写入，二者都是以 ldest 即逻辑目标寄存器号为写入地址，以 pdest 即其所映射的物理寄存器号为写入内容。这也说明 spec_table 和 arch_table 都只是寄存器号的映射表，而与寄存器的内容无关。

RenameTable 中真正存储着物理寄存器号的元件是寄存器，寄存器的大小是 32*8=256 位，因为物理寄存器号的长度是 8 位。如前所述，RenameTable 中实际上有两个这样的寄存器，一个是 spec_table，另一个是 arch_table。其中 spec_table 用于寄存器号映射的建立和使用，到了建立映射的那条指令由 Rob 交割的时候才写入 arch_table。但是对 RenameTable 的读出端口只有一组，就是 readPorts，通过 readPorts 是从 spec_table 读取。

Rob 可以处在两种不同的状态。一种是 Commit 状态，就是正在积攒够上一次交割的指令（6 条）时的结果提交，意图是让 Rename 把这些指令当初所建立的寄存器映射产生的后果确认固定下来，而映射本身则可以撤销了（因为指令已经被执行并已“退休”）。另一种是 Walk 状态，这是一种特殊的情况，就是 Rob 中来了（因指令执行而引起的）转向指示，既然有转向就需要冲刷，所以 Rob 中的一些指令就应被冲刷废弃，可是这些指令可能也曾在 Rename 机制中建立寄存器映射，对这些映射就应加以废除，以消除其影响，从转向后的处理恢复到正常的交割。所以 Rob 也得向 Rename 提交这些指令，形式上就与正常交割一样，但性质不一样，Rename 对此的反应也不一样。

RenameTableWrapper 的外部接口上有个 robCommits，这是个 RobCommitIO 对象：

```
class RobCommitIO(implicit p: Parameters) extends XSBundle {    ///rename.io.robCommits的连接对端是rob.io.commits
  val isCommit = Bool()                                         ///Rob处于Commit阶段
  val commitValid = Vec(CommitWidth, Bool())                    ///宽度为6的walk位图，表示哪些车道上的结果可以正式提交
  val isWalk = Bool()                                           ///Rob处于Walk阶段
  // valid bits optimized for walk
  val walkValid = Vec(CommitWidth, Bool())                      ///宽度为6的walk位图，表示哪些车道上的结果要消除影响。
  val info = Vec(CommitWidth, new RobCommitInfo)                ///这是个长度为6的执行结果向量（其中有些可能无效）

  def hasWalkInstr: Bool = isWalk && walkValid.asUInt.orR          ///处于Walk状态，并且walkValid位图非全0。
  def hasCommitInstr: Bool = isCommit && commitValid.asUInt.orR    ///处于Commit状态，并且commitValid位图非全0。
}
```

所以，由 Rob 提供的结果，不管其为正式确认还是要消除影响，其内容就是 RobCommitInfo。由于是 6 条指令（CommitWidth 定义为 6）同时处理，所以其中的 info 是个 6 元素的 RobCommitInfo 对象向量。向量是有序的，这个向量中各元素的位置就是取决于 Rob 的排序。而位图 commitValid 和 walkValid 则指明哪些位置上有数据。显然，位图 commitValid 中可以有空位但是不允许有空洞，所有为 1 的二进制位必须从头开始并且连续。

RobCommitInfo 里面提供了运算结果在这条指令中的逻辑寄存器号、物理寄存器号，以及实际应该在的物理寄存器号（不包括计算结果本身，那已经通过 Scheduler 写入物理寄存器）。物理寄存器号的宽度 PhyRegIdxWidth 取决于 NRPhyRegs，而物理寄存器数量 NRPhyRegs 定义为 192，所以物理寄存器号的宽度是 8 位。相比之下逻辑寄存器号的宽度只是 5 位：

```
class RobCommitInfo(implicit p: Parameters) extends XSBundle {
  val ldest = UInt(5.W)                                ///目标寄存器的逻辑寄存器号，l表示logical。
```

```
  val rfWen = Bool()
  val fpWen = Bool()
  val wflags = Bool()
  val commitType = CommitType()                    ///提交结果的类型：NORMAL/BRANCH/LOAD/STORE
  val pdest = UInt(PhyRegIdxWidth.W)               ///目标寄存器的物理寄存器号，p表示physical。
  val old_pdest = UInt(PhyRegIdxWidth.W)           ///原先的物理寄存器号
  val ftqIdx = new FtqPtr                          ///所属指令块在Ftq队列中的位置
  val ftqOffset = UInt(log2Up(PredictWidth).W)     ///本指令在指令块中的位置
  val isMove = Bool()
  // these should be optimized for synthesis verilog
  val pc = UInt(VAddrBits.W)                       ///本指令所在的地址
}  ///end class RobCommitInfo
```

在 RenameTableWrapper 中，Rob 所提交的信息既可以通过 archWritePorts 写入 arch_table，也可以通过 specWritePorts 写入 spec_table，取决于 Rob 所处的状态和条件。我们在前面已经看到过通过 specWritePorts 和 archWritePorts 对 rat 的写入。

22.1.3 Rename 建立寄存器号映射的第一阶段

我们在前面看到的是寄存器映射表，具体映射的建立则是 Rename 模块的事，下面是 Rename 的代码：

```
[XSCore > XSCoreBase > CtrlBlock > CtrlBlockImp > Rename]
class Rename(implicit p: Parameters) extends XSModule with HasCircularQueuePtrHelper with HasPerfEvents {
  val io = IO(new Bundle() {
    val redirect = Flipped(ValidIO(new Redirect))
    val robCommits = Input(new RobCommitIO)                               ///来自 Rob 的结果提交，见前述。
    // from decode
    val in = Vec(RenameWidth, Flipped(DecoupledIO(new CfCtrl)))            ///Rename 的输入来自译码器输出
    val fusionInfo = Vec(DecodeWidth - 1, Flipped(new FusionDecodeInfo))   ///指令的前后融合
    // ssit read result
    val ssit = Flipped(Vec(RenameWidth, Output(new SSITEntry)))            ///等待寄存器内容（向内存）的写出
    // waittable read result
    val waittable = Flipped(Vec(RenameWidth, Output(Bool())))              ///等待寄存器内容（从内存）的读入
    // to rename table
    val intReadPorts = Vec(RenameWidth, Vec(3, Input(UInt(PhyRegIdxWidth.W))))  ///6*3 二维整数物理寄存器号向量
    val fpReadPorts = Vec(RenameWidth, Vec(4, Input(UInt(PhyRegIdxWidth.W))))   ///6*4 二维浮点物理寄存器号向量
          ///以上两组端口用于从寄存器映射表读出，下面两组端口则用于向寄存器映射表写入：
    val intRenamePorts = Vec(RenameWidth, Output(new RatWritePort))        ///长度为 6 的 RatWritePort 向量
    val fpRenamePorts = Vec(RenameWidth, Output(new RatWritePort))         ///也是长度为 6 的 RatWritePort 向量
    // to dispatch1
    val out = Vec(RenameWidth, DecoupledIO(new MicroOp))                   /// Rename 的输出去往指令分发阶段
    // debug arch ports，从略。
  }) ///end val io，Rename 的输入是来自译码阶段的 CfCtrl，输出却是 MicroOp，对指令的表述在这里起了变化。

  // create free list and rat
  val intFreeList = Module(new MEFreeList(NRPhyRegs))          ///空闲整数物理寄存器列表，共 192 个。
  val intRefCounter = Module(new RefCounter(NRPhyRegs))        ///分配/释放计数器，但需要借其中转 io.robCommits。
```

```
  val fpFreeList = Module(new StdFreeList(NRPhyRegs - 32))          ///空闲浮点物理寄存器列表，比整数寄存器少 32 个。

  intRefCounter.io.commit <> io.robCommits          ///需要经过 intRefCounter 中转 io.robCommits，所以不可缺省。
  intRefCounter.io.redirect := io.redirect.valid
  intFreeList.io.commit <> io.robCommits
  fpFreeList.io.commit <> io.robCommits

  // decide if given instruction needs allocating a new physical register (CfCtrl: from decode; RobCommitInfo: from rob)
  def needDestReg[T <: CfCtrl](fp: Boolean, x: T): Bool = {
    {if(fp) x.ctrl.fpWen else x.ctrl.rfWen && (x.ctrl.ldest =/= 0.U)}     ///指令的逻辑目标寄存器不是 r0，需要为其提供映射。
  }
  def needDestRegCommit[T <: RobCommitInfo](fp: Boolean, x: T): Bool = {
    if(fp) x.fpWen else x.rfWen                          ///指令属性中有 rfWen 或 fpWen
  }
  def needDestRegWalk[T <: RobCommitInfo](fp: Boolean, x: T): Bool = {
    if(fp) x.fpWen else x.rfWen && x.ldest =/= 0.U   ///指令属性中有 rfWen/fpWen 且目标寄存器不是 r0，需在 Rob 等待回写。
  }

  // connect [redirect + walk] ports for __float point__ & __integer__ free list
  Seq((fpFreeList, true), (intFreeList, false)).foreach{ case (fl, isFp) =>        ///fl 表示 FreeList：
    fl.io.redirect := io.redirect.valid
    fl.io.walk := io.robCommits.isWalk
  }  ///把两个 FreeList 都连接到 io.redirect.valid 和 io.robCommits.isWalk
  // only when both fp and int free list and dispatch1 has enough space can we do allocation, when isWalk, freelist can definitely allocate.
  intFreeList.io.doAllocate := fpFreeList.io.canAllocate && io.out(0).ready || io.robCommits.isWalk
  fpFreeList.io.doAllocate := intFreeList.io.canAllocate && io.out(0).ready || io.robCommits.isWalk
          ///这是可以从两个 FreeList 分配使用物理寄存器的条件，只要 Rob 处于 Walk 状态就一定可以，要不然就看情况。

  //                dispatch1 ready ++ float point free list ready ++ int free list ready          ++ not walk
  val canOut = io.out(0).ready && fpFreeList.io.canAllocate && intFreeList.io.canAllocate && !io.robCommits.isWalk
          ///这是可以向指令分发阶段发送 MicroOp 的条件。相反，只要 Rob 处于 Walk 状态就不可以输出。
/// class Rename，待续。
```

先看外部接口。Rename 模块的输入是来自译码器的 CfCtrl，我们知道，译码器的输入是 CtrlFlow，经过译码器的处理，添上了 CtrlSignals，二者合在一起就是 CfCtrl。CfCtrl 进入 Rename，从 Rename 出来就变成了 MicroOp。除输入 in 和输出 out 之外，还有读写端口，还有与 Rob 之间的结果提交接口，还有几个特别的接口，后面会讲到。

Rename 模块的内部，则是其创建的 MEFreeList 对象 intFreeList 和 StdFreeList 对象 fpFreeList，还有 RefCounter 对象 intRefCounter。其中的 MEFreeList 和 StdFreeList 都是对抽象类 BaseFreeList 的扩充，所以我们先看一下 BaseFreeList：

```
abstract class BaseFreeList(size: Int)(implicit p: Parameters) extends XSModule with HasCircularQueuePtrHelper {
  val io = IO(new Bundle {
    val redirect = Input(Bool())
    val walk = Input(Bool())                                  ///处于walk阶段（见前）
    val allocateReq = Input(Vec(RenameWidth, Bool()))          ///分配请求位图，RenameWidth=6
```

```
    val allocatePhyReg = Output(Vec(RenameWidth, UInt(PhyRegIdxWidth.W)))    ///所分配的物理寄存器号向量
    val canAllocate = Output(Bool())    ///输出信号，表示有物理寄存器可供分配。
    val doAllocate = Input(Bool())    ///输入信号，表示要求分配物理寄存器。
    val freeReq = Input(Vec(CommitWidth, Bool()))    ///释放位图，表示哪几个单元可以释放。
    val freePhyReg = Input(Vec(CommitWidth, UInt(PhyRegIdxWidth.W)))    ///可释放的物理寄存器号向量，源自Rob。
    val commit = Input(new RobCommitIO)    ///来自Rob的结果提交接口
    val debug_rat = Vec(32, Input(UInt(PhyRegIdxWidth.W)))
  })  ///end val io

  class FreeListPtr extends CircularQueuePtr[FreeListPtr](size)    /// FreeListPtr是个循环队列指针

  object FreeListPtr {
    def apply(f: Boolean, v: Int): FreeListPtr = {
      val ptr = Wire(new FreeListPtr)
      ptr.flag := f.B
      ptr.value := v.U
      ptr
    }
  }
}  ///end class BaseFreeList
```

抽象类BaseFreeList实际上只是定义了一个外部接口，而对此抽象类进行扩充的MEFreeList和StdFreeList则都继承了这个外部接口。下面是 class MEFreeList 的代码：

```
[XSCore > XSCoreBase > CtrlBlock > CtrlBlockImp > Rename > MEFreeList]
class MEFreeList (size: Int)(implicit p: Parameters) extends BaseFreeList(size) with HasPerfEvents {
  val freeList = RegInit(VecInit( Seq.tabulate(size - 1) (i => (i + 1).U(PhyRegIdxWidth.W)) :+ 0.U(PhyRegIdxWidth.W) ))
    ///创建MEFreeList时参数size的实参是NRPhyRegs，所以是192，但是其中的0号寄存器其实是空的，所以是(size - 1)。
    ///但是向量中仍有192个寄存器号，因最后有个0号。初始值是191个寄存器全都空闲，32个寄存器全都映射到最后的x0。
    // originally {1, 2, ..., size - 1} are free. Register 0-31 are mapped to x0.    ///

  // head and tail pointer
  val headPtr = RegInit(FreeListPtr(false, 0))
  val headPtrOH = RegInit(1.U(size.W))    ///size是192，这是个192位的One-Hot位图
  val headPtrOHShift = CircularShift(headPtrOH)    ///函数CircularShift()其实是一块循环移位电路
  // may shift [0, RenameWidth] steps
  val headPtrOHVec = VecInit.tabulate(RenameWidth + 1)(headPtrOHShift.left)
  val tailPtr = RegInit(FreeListPtr(false, size - 1))
  val archHeadPtr = RegInit(FreeListPtr(false, 0))
  val archHeadPtrOH = RegInit(1.U(size.W))
  val archHeadPtrOHShift = CircularShift(archHeadPtrOH)
  // may shift [0, CommitWidth] steps
  val archHeadPtrOHVec = VecInit.tabulate(CommitWidth + 1)(archHeadPtrOHShift.left)

  val doRename = (io.canAllocate || io.walk) && io.doAllocate && !io.redirect    ///来自Rename模块的请求
  val doCommit = io.commit.isCommit    /// Rob处于提交结果的阶段
```

```
/** Allocation: from freelist (same as StdFreelist) */
val phyRegCandidates = VecInit(headPtrOHVec.map(sel => Mux1H(sel, freeList)))
    ///根据headPtrOHVec中各个One-Hot位图，在freeList中选取空闲的物理寄存器号。
for (i <- 0 until RenameWidth) {   ///分配空闲物理寄存器，注意这与先前已经存在的映射无关：
  // enqueue instr, is move elimination
  io.allocatePhyReg(i) := phyRegCandidates(PopCount(io.allocateReq.take(i)))        ///有些指令是不需要使用目标寄存器的
}   ///应io.allocateReq(i)之请，在phyRegCandidates中分配一个空闲物理寄存器，作为io.allocatePhyReg(i)。
// update arch head pointer
val archAlloc = io.commit.commitValid zip io.commit.info map {
  case (valid, info) => valid && info.rfWen && !info.isMove && info.ldest =/= 0.U
}   /// archAlloc是个位图，代表由Rob释放的物理寄存器。
val numArchAllocate = PopCount(archAlloc)                        ///数一下位图中有几个1
val archHeadPtrNew     = archHeadPtr + numArchAllocate                       ///可以向前推进的位置（如果Rob确实有释放）
val archHeadPtrOHNew = archHeadPtrOHVec(numArchAllocate)
val archHeadPtrNext     = Mux(doCommit, archHeadPtrNew, archHeadPtr)        ///doCommit来自io.commit.isCommit
val archHeadPtrOHNext = Mux(doCommit, archHeadPtrOHNew, archHeadPtrOH)
archHeadPtr := archHeadPtrNext                                               ///archHeadPtr指针成块向前推进
archHeadPtrOH := archHeadPtrOHNext
XSError(archHeadPtr.toOH =/= archHeadPtrOH, p"wrong one-hot reg between archHeadPtr: … ")

// update head pointer
val numAllocate = PopCount(io.allocateReq)                       ///数一下io.allocateReq这个位图中有几个1
val headPtrNew      = headPtr + numAllocate
val headPtrOHNew = headPtrOHVec(numAllocate)
val headPtrNext      = Mux(doRename, headPtrNew, headPtr)
val headPtrOHNext = Mux(doRename, headPtrOHNew, headPtrOH)
headPtr := Mux(io.redirect, archHeadPtrNext, headPtrNext)              /// headPtr指针也是成块向前推进
headPtrOH := Mux(io.redirect, archHeadPtrOHNext, headPtrOHNext)

/** Deallocation: when refCounter becomes zero, the register can be released to freelist */
for (i <- 0 until CommitWidth) {          ///Rob的Commit可能导致所占用物理寄存器的释放：
  when (io.freeReq(i)) {                                    ///io.freeReq是个位图，表示哪些寄存器可以释放。          val freePtr
= tailPtr + PopCount(io.freeReq.take(i))                /// freePtr指针也是成块向前推进
    freeList(freePtr.value) := io.freePhyReg(i)                      ///将向量io.freePhyReg中的对应寄存器号拼入freeList尾部
  }
}
// update tail pointer
val tailPtrNext = tailPtr + PopCount(io.freeReq)                       /// tailPtr指针也是成块向前推进
tailPtr := tailPtrNext

val freeRegCnt = Mux(io.redirect, distanceBetween(tailPtrNext, archHeadPtrNext),   ///若有转向指示，则这些寄存器是空闲的。
                      Mux(doRename, distanceBetween(tailPtrNext, headPtrNew), distanceBetween(tailPtrNext, headPtr)))
                          ///若无转向指示，则空闲物理寄存器的数量取决于doRename，doRename来源见前。
val freeRegCntReg = RegNext(freeRegCnt)                         ///空闲物理寄存器的数量
io.canAllocate := freeRegCntReg >= RenameWidth.U                ///通知外界，是否有足够的空闲物理寄存器可供分配。
```

```
  ///Debug和性能统计从略
  generatePerfEvent()
}  ///end class MEFreeList
```

注意 MEFreeList，实际上是其内部的 freeList，只是一个物理寄存器号的列表，其每个元素所记载的只是寄存器号，其宽度也只是 8 位（128 < 192 < 256），而真正的物理寄存器宽度是 32 或 64 位。所以，MEFreeList，还有后面的 StdFreeList，都只是寄存器号映射机制中管理物理寄存器周转的一部分，而真正的寄存器组 Regfile 则是另一个对象，那要放到后面讲到执行模块 ExuBlock 时再作介绍。

MEFreeList 中的 freelist 实质上是个环形队列，排在队列中的是空闲物理寄存器的号码。需要分配使用物理寄存器的时候就从队列头部摘取，Rob 交付执行结果以后所释放物理寄存器的号码即进入队列尾部。在正常的情况下，指令成块（6 条）从译码器出来进入分发模块，不管其最终要分发到哪个执行单元，都要在分发之前获取目标寄存器的映射，所以空闲物理寄存器号的分配是成块的、按指令的先后次序不会打乱。然后，即使指令的执行可以脱序，但执行的结果要在 Rob 中恢复原来的排序，所以最后向寄存器组的提交和所映射物理寄存器的释放也是成块的。所以 freelist 中两个指针的向前推进也都是成块的。至于 freelist 的大小，因为最多也就是 192 个物理寄存器，极端的情况就是所有的物理寄存器全部空闲，那就是 192。

另一个 freelist 是浮点寄存器的空闲物理寄存器号队列，这也是个环形队列，原理与 MEFreeList 相同，所以就不加那么多注释了：

```
[XSCore > XSCoreBase > CtrlBlock > CtrlBlockImp > Rename > StdFreeList]
class StdFreeList (size: Int)(implicit p: Parameters) extends BaseFreeList(size) with HasPerfEvents {
  val freeList = RegInit(VecInit(Seq.tabulate(size)( i => (i + 32).U(PhyRegIdxWidth.W) )))   ///size是192-32=160
  val headPtr   = RegInit(FreeListPtr(false, 0))
  val headPtrOH = RegInit(1.U(size.W))
  val headPtrOHShift = CircularShift(headPtrOH)
  // may shift [0, RenameWidth] steps
  val headPtrOHVec = VecInit.tabulate(RenameWidth + 1)(headPtrOHShift.left)
  XSError(headPtr.toOH =/= headPtrOH, p"wrong one-hot reg between $headPtr and $headPtrOH")
  val lastTailPtr = RegInit(FreeListPtr(true, 0)) // tailPtr in the last cycle (need to add freeReqReg)
  val tailPtr = Wire(new FreeListPtr) // this is the real tailPtr
  val tailPtrOHReg = RegInit(0.U(size.W))
  val archHeadPtr = RegInit(FreeListPtr(false, 0))
  val archHeadPtrOH = RegInit(1.U(size.W))
  val archHeadPtrOHShift = CircularShift(archHeadPtrOH)
  // may shift [0, CommitWidth] steps
  val archHeadPtrOHVec = VecInit.tabulate(CommitWidth + 1)(archHeadPtrOHShift.left)

  // free committed instructions' `old_pdest` reg
  val freeReqReg = RegNext (io.freeReq)
  for (i <- 0 until CommitWidth) {
    val offset = if (i == 0) 0.U else PopCount(freeReqReg.take(i))
    val enqPtr = lastTailPtr + offset

    // Why RegNext: for better timing
    // Why we can RegNext: these free registers won't be used in the next cycle,
```

```
    // since we set canAllocate only when the current free regs > RenameWidth.
    when (freeReqReg(i)) {
      freeList(enqPtr.value) := RegNext(io.freePhyReg(i))
    }
    XSDebug(io.freeReq(i), p"req#$i free physical reg: ${io.freePhyReg(i)}\n")
  }

  tailPtr := lastTailPtr + PopCount(freeReqReg)                    /// tailPtr指针成块推进
  lastTailPtr := tailPtr

  // allocate new physical registers for instructions at rename stage
  val freeRegCnt = Wire(UInt())          // number of free registers in free list
  io.canAllocate := RegNext(freeRegCnt >= RenameWidth.U)          // use RegNext for better timing
  XSDebug(p"freeRegCnt: $freeRegCnt\n")

  val phyRegCandidates = VecInit(headPtrOHVec.map(sel => Mux1H(sel, freeList)))

  for(i <- 0 until RenameWidth){
    io.allocatePhyReg(i) := phyRegCandidates(/* if (i == 0) 0.U else */PopCount(io.allocateReq.take(i)))
    XSDebug(p"req:${io.allocateReq(i)} canAllocate:${io.canAllocate} pdest:${io.allocatePhyReg(i)}\n")
  }
  val doCommit = io.commit.isCommit
  val archAlloc = io.commit.commitValid zip io.commit.info map { case (valid, info) => valid && info.fpWen }
  val numArchAllocate = PopCount(archAlloc)
  val archHeadPtrNew      = archHeadPtr + numArchAllocate
  val archHeadPtrOHNew = archHeadPtrOHVec(numArchAllocate)
  val archHeadPtrNext     = Mux(doCommit, archHeadPtrNew, archHeadPtr)
  val archHeadPtrOHNext = Mux(doCommit, archHeadPtrOHNew, archHeadPtrOH)
  archHeadPtr       := archHeadPtrNext                              /// archHeadPtr指针成块推进
  archHeadPtrOH := archHeadPtrOHNext

  val isAllocate = (io.canAllocate || io.walk) && io.doAllocate
  val numAllocate = PopCount(io.allocateReq)
  val headPtrAllocate = headPtr + numAllocate                       /// headPtr指针（一般）也是成块推进
  val headPtrNext = Mux(isAllocate, headPtrAllocate, headPtr)
  freeRegCnt := Mux(io.redirect, distanceBetween(tailPtr, archHeadPtrNext), distanceBetween(tailPtr, headPtrNext))

  // priority: (1) exception and flushPipe; (2) walking; (3) mis-prediction; (4) normal dequeue
  val realDoAllocate = !io.redirect && isAllocate
  headPtr := Mux(io.redirect, archHeadPtrNext, Mux(realDoAllocate, headPtrAllocate, headPtr))   ///推进，或者不推进。
  headPtrOH := Mux(io.redirect, archHeadPtrOHNext, Mux(realDoAllocate, headPtrOHVec(numAllocate), headPtrOH))

  ///调试与性能统计从略
  generatePerfEvent()
}  ///end class StdFreeList
```

StdFreeList 用于浮点物理寄存器的管理，其原理与 MEFreeList 是一样的。

在 class Rename 中还创建了一个 RefCounter，顾名思义这是对物理寄存器的 reference counter，即引用计数器。源代码中有注释，说引用计数器 RefCounter 其实与 freelist 并无关系（“has nothing to do with freelist”），但是 freelist 在复位的时候要用到这些引用计数，所以才需要有这 RefCounter，因而对于我们对香山 CPU 微结构的理解并无直接关系，所以这里从略，但是读者如果把它读一下当然也有好处。

总之，两个 Freelist 的作用在于对物理寄存器号、实际上就是对物理寄存器使用的管理，但是物理寄存器本身并不在 Rename 模块中，后面我们会看到对物理寄存器的访问。

明白了两个 Freelist 的原理，我们回到 class Rename 的代码：

```
[XSCore > XSCoreBase > CtrlBlock > CtrlBlockImp > Rename]        续 1
  // speculatively assign the instruction with an robIdx
  val validCount = PopCount(io.in.map(_.valid))      // number of instructions waiting to enter rob (from decode)
  val robIdxHead = RegInit(0.U.asTypeOf(new RobPtr))          ///本批（6 条）指令将进入 Rob 队列的位置
  val lastCycleMisprediction = RegNext(io.redirect.valid && !io.redirect.bits.flushItself())
  val robIdxHeadNext = Mux(io.redirect.valid, io.redirect.bits.robIdx,        // redirect: move ptr to given rob index
         Mux(lastCycleMisprediction, robIdxHead + 1.U,                  // mis-predict: not flush robIdx itself
              Mux(canOut, robIdxHead + validCount,              // instructions successfully entered next stage: increase robIdx
                   /* default */        robIdxHead)))           // no instructions passed by this cycle: stick to old value
  robIdxHead := robIdxHeadNext                      ///从译码器出来的指令（CfCtrl）一方面要进入指令派发阶段；
                                                    ///一方面也要进入 Rob 队列，作为以后恢复指令提交顺序的依据。
   /** Rename: allocate free physical register and update rename table */
  val uops = Wire(Vec(RenameWidth, new MicroOp))            ///空白 MicroOp 向量，长度为 6。
  uops.foreach( uop => {uop.srcState(0) := DontCare, uop.srcState(1) := DontCare, uop.srcState(2) := DontCare,
                   uop.robIdx := DontCare, uop.debugInfo := DontCare, uop.lqIdx := DontCare, uop.sqIdx := DontCare, })
       ///把向量 uops 初始化成全部空白。MicroOp 中有 3 个 srcState 即源寄存器状态，还有指令在 Rob 中的位置下标，
       ///此外还有指令在寄存器内容（从内存）装载队列中的指针（下标）lqIdx 和存储队列中的指针（下标）sqIdx。
  require(RenameWidth >= CommitWidth)
  val needFpDest = Wire(Vec(RenameWidth, Bool()))           ///位图，表示哪几条指令需要有浮点目标寄存器。
  val needIntDest = Wire(Vec(RenameWidth, Bool()))          ///位图，表示哪几条指令需要有整数目标寄存器。
  val hasValid = Cat(io.in.map(_.valid)).orR                ///把 io.in 向量中所有元素的 valid 位都相或在一起

  val isMove = io.in.map(_.bits.ctrl.isMove)                ///是否 move 指令，这也是个位图（因为进行了 map）。

  val walkNeedFpDest = WireDefault(VecInit(Seq.fill(RenameWidth)(false.B)))   ///前缀 walk 指来自 Rob 处于 walk 状态时的输出
  val walkNeedIntDest = WireDefault(VecInit(Seq.fill(RenameWidth)(false.B)))  ///表示哪些指令在 walk 状态时需要目标寄存器
  val walkIsMove = WireDefault(VecInit(Seq.fill(RenameWidth)(false.B)))

  val intSpecWen = Wire(Vec(RenameWidth, Bool()))           ///写入控制信号的位图。
  val fpSpecWen = Wire(Vec(RenameWidth, Bool()))
  val walkIntSpecWen = WireDefault(VecInit(Seq.fill(RenameWidth)(false.B)))
  val walkPdest = Wire(Vec(RenameWidth, UInt(PhyRegIdxWidth.W)))

  // uop calculation
  for (i <- 0 until RenameWidth) {               ///从输入 CfCtrl 对象中摘取信息，填写到尚是空白的 MicroOp 向量中：
    uops(i).cf := io.in(i).bits.cf                               ///这是源自前端的 CtrlFlow
    uops(i).ctrl := io.in(i).bits.ctrl                           ///这是由译码器产生的 CtrlSignals
```

```
// update cf according to ssit result
uops(i).cf.storeSetHit := io.ssit(i).valid                          ///将外部 ssit 接口上的信息填写到 MicroOp 中
uops(i).cf.loadWaitStrict := io.ssit(i).strict && io.ssit(i).valid
uops(i).cf.ssid := io.ssit(i).ssid
// update cf according to waittable result
uops(i).cf.loadWaitBit := io.waittable(i)                           ///io.waittable(i)的值决定所述指令从内存 load 时是否要等待

// alloc a new phy reg    ///函数 needDestReg()见前面（class Rename 中）的定义，要用目标寄存器才需要分配物理寄存器：
needFpDest(i) := io.in(i).valid && needDestReg(fp = true, io.in(i).bits)       ///需要分配浮点物理目标寄存器
needIntDest(i) := io.in(i).valid && needDestReg(fp = false, io.in(i).bits)     ///需要分配整数物理目标寄存器
                                                                                 /// needIntDest 和 needFpDest 都是位图
if (i < CommitWidth) {          /// io.robCommits 是来自 Rob 的 RobCommitIO，函数 needDestRegWalk()见前面定义：
  walkNeedFpDest(i) := io.robCommits.walkValid(i) && needDestRegWalk(fp = true, io.robCommits.info(i))
  walkNeedIntDest(i) := io.robCommits.walkValid(i) && needDestRegWalk(fp = false, io.robCommits.info(i))
  walkIsMove(i) := io.robCommits.info(i).isMove                   ///伪指令 mv 可由改变寄存器映射实现，无需实际执行。
}  ///end if (i < CommitWidth)
      ///根据需要为目标寄存器分配物理寄存器，allocateReq 是位图：
fpFreeList.io.allocateReq(i) :=Mux(io.robCommits.isWalk, walkNeedFpDest(i), needFpDest(i))
intFreeList.io.allocateReq(i):=Mux(io.robCommits.isWalk, walkNeedIntDest(i)&&!walkIsMove(i), needIntDest(i)&& !isMove(i))

// no valid instruction from decode stage || all resources (dispatch1 + both free lists) ready
io.in(i).ready := !hasValid || canOut

uops(i).robIdx := robIdxHead + PopCount(io.in.take(i).map(_.valid))           ///填写本指令在 Rob 中的位置

uops(i).psrc(0) := Mux(uops(i).ctrl.srcType(0) === SrcType.reg, io.intReadPorts(i)(0), io.fpReadPorts(i)(0))  ///源寄存器号
        ///并不需要在这里为源寄存器分配一个物理寄存器，本条指令的源寄存器就是前面某一条指令的目标寄存器。
        ///Rob 在此前的最后一次向同一逻辑寄存器的提交就决定了这个寄存器的映射，只要从映射表读出就行。
uops(i).psrc(1) := Mux(uops(i).ctrl.srcType(1) === SrcType.reg, io.intReadPorts(i)(1), io.fpReadPorts(i)(1))
        ///与 psrc(0)一样，从 RenameTableWrapper 读出当前所映射的物理寄存器号，psrc 为物理寄存器号。
        ///object SrcType 有 reg/pc/imm/fp 等取值，reg 为整数寄存器，fp 为浮点寄存器（浮点不存在直接数）。
        ///输出 MicroOp 中的两个物理寄存器号就是在这里设置的，来自 RenameTableWrapper。

// int psrc2 should be bypassed from next instruction if it is fused   ///融合指令（后条）的源操作数可以跳过
if (i < RenameWidth - 1) {     ///这仅与融合指令有关：
  when (io.fusionInfo(i).rs2FromRs2 || io.fusionInfo(i).rs2FromRs1) {
    uops(i).psrc(1) := Mux(io.fusionInfo(i).rs2FromRs2, io.intReadPorts(i + 1)(1), io.intReadPorts(i + 1)(0))
  }.elsewhen(io.fusionInfo(i).rs2FromZero) {
    uops(i).psrc(1) := 0.U
  }
}  ///end if (i < RenameWidth - 1)

uops(i).psrc(2) := io.fpReadPorts(i)(2)                            ///只有浮点指令会有第 3 个操作数
uops(i).old_pdest := Mux(uops(i).ctrl.rfWen, io.intReadPorts(i).last, io.fpReadPorts(i).last)     ///不是整数就是浮点
    ///同一个逻辑寄存器号在此之前所映射的物理寄存器号。
    ///intReadPorts 是 Vec(RenameWidth, Vec(3, Input(UInt(PhyRegIdxWidth.W))))，因而 intReadPorts(i).last 就是 pdest。
```

```
        ///fpReadPorts 也是一样，只是有 4 个操作数，但是 fpReadPorts(i).last 仍是 pdest。
        ///intReadPorts 来自 rat，rename.io.intReadPorts(i) := rat.io.intReadPorts(i).map(_.data)，所以这是先前的 pdest。
  uops(i).eliminatedMove := isMove(i)          ///mv 伪指令是可以消去的，只要把寄存器映射改一下就行。

  // update pdest    ///目标寄存器的物理寄存器号需从 Freelist 分配；或者，如果既非 needIntDest 也非 needFpDest 就是 0。
  uops(i).pdest := Mux(needIntDest(i), /* normal int inst */ intFreeList.io.allocatePhyReg(i),
                  /* normal fp inst */ Mux(needFpDest(i), fpFreeList.io.allocatePhyReg(i), /* default */ 0.U))
        ///pdest 的分配只取决于当前指令是否需要有目标寄存器，而与此前该逻辑寄存器号的映射无关。
        ///先前的映射只是反映当时那个时间点上所建立的映射，凡是依赖于那个映射的指令都已经将其记录下来。
  io.out(i).valid := io.in(i).valid && intFreeList.io.canAllocate && fpFreeList.io.canAllocate && !io.robCommits.isWalk
  io.out(i).bits := uops(i)                    ///Rename 模块的输出，不能在 Rob 的 walk 阶段（只能在 commit 阶段）。

  // dirty code for fence. The lsrc is passed by imm.
  when (io.out(i).bits.ctrl.fuType === FuType.fence) {      ///对 fence 指令的特殊处理：
    io.out(i).bits.ctrl.imm := Cat(io.in(i).bits.ctrl.lsrc(1), io.in(i).bits.ctrl.lsrc(0))
  }
  // dirty code for SoftPrefetch (prefetch.r/prefetch.w)
  when (io.in(i).bits.ctrl.isSoftPrefetch) {  ///isSoftPrefetch()是 class CtrlSignals 中的一个函数，判断是否读数据至寄存器 r0。
    io.out(i).bits.ctrl.fuType := FuType.ldu
    io.out(i).bits.ctrl.fuOpType := Mux(io.in(i).bits.ctrl.lsrc(1) === 1.U, LSUOpType.prefetch_r, LSUOpType.prefetch_w)
    io.out(i).bits.ctrl.selImm := SelImm.IMM_S
    io.out(i).bits.ctrl.imm := Cat(io.in(i).bits.ctrl.imm(io.in(i).bits.ctrl.imm.getWidth - 1, 5), 0.U(5.W))
  }

  // write speculative rename table, we update rat later inside commit code      ///向寄存器映射表的写入条件：
  intSpecWen(i) := needIntDest(i) && intFreeList.io.canAllocate && intFreeList.io.doAllocate &&
                                                     !io.robCommits.isWalk && !io.redirect.valid
  fpSpecWen(i) := needFpDest(i) && fpFreeList.io.canAllocate && fpFreeList.io.doAllocate &&
                                                     !io.robCommits.isWalk && !io.redirect.valid

  if (i < CommitWidth) {
    walkIntSpecWen(i) := walkNeedIntDest(i) && !io.redirect.valid
    walkPdest(i) := io.robCommits.info(i).pdest
  } else {
    walkPdest(i) := io.out(i).bits.pdest
  }  ///end if (i < CommitWidth){…} else …

  intRefCounter.io.allocate(i).valid := Mux(io.robCommits.isWalk, walkIntSpecWen(i), intSpecWen(i))
  intRefCounter.io.allocate(i).bits := Mux(io.robCommits.isWalk, walkPdest(i), io.out(i).bits.pdest)
}  ///end for (i <- 0 until RenameWidth)

/**
  * How to set psrc:
  * - bypass the pdest to psrc if previous instructions write to the same ldest as lsrc     ///有时候可以抄近路
  * - default: psrc from RAT                                                                ///一般都是来自 RAT
  * How to set pdest:
```

```
 * - Mux(isMove, psrc, pdest_from_freelist).       ///move 指令的 pdest 就是某个 psrc，否则都要从 freelist 中分配。
 *
 * The critical path of rename lies here:
 * When move elimination is enabled, we need to update the rat with psrc.
 * However, psrc maybe comes from previous instructions' pdest, which comes from freelist.
 * If we expand these logic for pdest(N):
 * pdest(N) = Mux(isMove(N), psrc(N), freelist_out(N))            ///是 move 指令就来自 psrc，否则来自 freelist。
 *          = Mux(isMove(N), Mux(bypass(N, N - 1), pdest(N - 1),   ///是 move 指令就看 bypass，否则来自 freelist。
 *                           Mux(bypass(N, N - 2), pdest(N - 2),
 *                           ...
 *                           Mux(bypass(N, 0), pdest(0), rat_out(N))...)),
 *                           freelist_out(N))                       ///不是 move 指令就从 freelist 中分配。
 */   ///move 指令的 pdest 可以来自其自身或同一批次中先前指令中 psrc 的 bypass，这条先前指令可以是 N-1，N-2，…,0。
// a simple functional model for now
io.out(0).bits.pdest := Mux(isMove(0), uops(0).psrc.head, uops(0).pdest)        ///io.out 是 MicroOp 向量
              ///对 mv 指令的优化，既然是从源寄存器复制到目标寄存器，那么让二者映射到同一物理寄存器就行。
val bypassCond = Wire(Vec(4, MixedVec(List.tabulate(RenameWidth-1)(i => UInt((i+1).W)))))
              ///3 个源加 1 个目标，所以是 4。用来检测本指令的 4 个寄存器与同一批中其它指令间是否可以 bypass。
for (i <- 1 until RenameWidth) {
  val fpCond = io.in(i).bits.ctrl.srcType.map(_ === SrcType.fp) :+ needFpDest(i)     ///io.in 是 CfCtrl 向量
  val intCond = io.in(i).bits.ctrl.srcType.map(_ === SrcType.reg) :+ needIntDest(i)
  val target = io.in(i).bits.ctrl.lsrc :+ io.in(i).bits.ctrl.ldest       ///把 CtrlSignals 中的三个源寄存器加目标寄存器排成一行
  for ((((cond1, cond2), t), j) <- fpCond.zip(intCond).zip(target).zipWithIndex) {
    val destToSrc = io.in.take(i).zipWithIndex.map { case (in, j) =>
      val indexMatch = in.bits.ctrl.ldest === t                   ///将指令的逻辑寄存器号与 target 序列中的元素逐一比对
      val writeMatch = cond2 && needIntDest(j) || cond1 && needFpDest(j)
      indexMatch && writeMatch
    }  ///二者皆为 true 就表示 bypass 的条件成立
    bypassCond(j)(i - 1) := VecInit(destToSrc).asUInt        ///本指令的寄存器 j 与同一批中的其它指令之间是否可以 bypass
  }   ///有了 bypassCond 这个位图，就可以通过物理寄存器的映射实现寄存器内容的 bypass：

  io.out(i).bits.psrc(0) := io.out.take(i).map(_.bits.pdest).zip(bypassCond(0)(i-1).asBools).foldLeft(uops(i).psrc(0)) {
    (z, next) => Mux(next._2, next._1, z)
  }
  io.out(i).bits.psrc(1) := io.out.take(i).map(_.bits.pdest).zip(bypassCond(1)(i-1).asBools).foldLeft(uops(i).psrc(1)) {
    (z, next) => Mux(next._2, next._1, z)
  }
  io.out(i).bits.psrc(2) := io.out.take(i).map(_.bits.pdest).zip(bypassCond(2)(i-1).asBools).foldLeft(uops(i).psrc(2)) {
    (z, next) => Mux(next._2, next._1, z)
  }
  io.out(i).bits.old_pdest := io.out.take(i).map(_.bits.pdest).zip(bypassCond(3)(i-1).asBools).foldLeft(uops(i).old_pdest) {
    (z, next) => Mux(next._2, next._1, z)
  }
  io.out(i).bits.pdest := Mux(isMove(i), io.out(i).bits.psrc(0), uops(i).pdest)      ///设置 MicroOp 中的物理寄存器号 pdest 字段
      ///move 指令的 pdest 来自其 psrc(0)，其余指令都采用 uops(i).pdest，来自前面的 intFreeList.io.allocatePhyReg(i)。
```

```
// For fused-lui-load, load.src(0) is replaced by the imm.      ///对融合指令 lui 的优化，建议看了后面的指令融合再回头来看：
val last_is_lui = io.in(i - 1).bits.ctrl.selImm === SelImm.IMM_U && io.in(i - 1).bits.ctrl.srcType(0) =/= SrcType.pc
val this_is_load = io.in(i).bits.ctrl.fuType === FuType.ldu
val lui_to_load = io.in(i - 1).valid && io.in(i - 1).bits.ctrl.ldest === io.in(i).bits.ctrl.lsrc(0)
val fused_lui_load = last_is_lui && this_is_load && lui_to_load
when (fused_lui_load) {
  // The first LOAD operand (base address) is replaced by LUI-imm and stored in {psrc, imm}
  val lui_imm = io.in(i - 1).bits.ctrl.imm
  val ld_imm = io.in(i).bits.ctrl.imm
  io.out(i).bits.ctrl.srcType(0) := SrcType.imm
  io.out(i).bits.ctrl.imm := Imm_LUI_LOAD().immFromLuiLoad(lui_imm, ld_imm)
  val psrcWidth = uops(i).psrc.head.getWidth
  val lui_imm_in_imm = uops(i).ctrl.imm.getWidth - Imm_I().len
  val left_lui_imm = Imm_U().len - lui_imm_in_imm
  require(2 * psrcWidth >= left_lui_imm, "cannot fused lui and load with psrc")
  io.out(i).bits.psrc(0) := lui_imm(lui_imm_in_imm + psrcWidth - 1, lui_imm_in_imm)
  io.out(i).bits.psrc(1) := lui_imm(lui_imm.getWidth - 1, lui_imm_in_imm + psrcWidth)
}  ///end when (fused_lui_load)
}  ///end for (i <- 1 until RenameWidth)
/// class Rename，续 1，待续。
```

Rename 的作用是为指令中的逻辑寄存器号提供所映射的物理寄存器号。为此，对于输入的每个 CfCtrl 都要创建一个 MicroOp 对象，作为 Rename 的输出。MicroOp 是对 CfCtrl 的扩充，其中的 CfCtrl 部分直接来自输入，但是扩充出来的那一部分就得加以填写了，其中最重要的就是源寄存器和目标寄存器的物理寄存器号。源寄存器 src 的物理寄存器号是从 rat 即 RenameTableWrapper 读出的当前映射，当然实际上是从其 RenameTable 读出；而目标寄存器 dest 的物理寄存器号需要从 FreeList 分配，并在 RenameTable 中建立新的映射；目标寄存器号的释放则要由 Rob 决定。

22.1.4 融合指令的寄存器映射

这里还涉及指令的融合（Fusion）。前面 CtrlBlockImp 在创建指令译码器 decode 即 DecodeStage 的同时还创建了一个 fusionDecoder，即 FusionDecoder 模块，这是专门用来对“融合指令”进行译码的。然后在 CtrlBlockImp 的代码中有这么一些语句（摘要）：

```
// pipeline between decode and rename
for (i <- 0 until RenameWidth) {
  // fusion decoder
  fusionDecoder.io.in(i).valid := io.frontend.cfVec(i).valid && !(decodeHasException || disableFusion)   ///如果没有disableFusion
  fusionDecoder.io.in(i).bits := io.frontend.cfVec(i).bits.instr        ///fusionDecoder的输入均来自前端cfVec中的CtrlFlow
  if (i > 0) {
    fusionDecoder.io.inReady(i - 1) := decode.io.out(i).ready       ///fusionDecoder的inReady位图与decode之间是(i - 1)与(i)相连
  }
  …
  if (i < RenameWidth - 1) {
    // fusion decoder sees the raw decode info
    fusionDecoder.io.dec(i) := renamePipe.bits.ctrl
    rename.io.fusionInfo(i) := fusionDecoder.io.info(i)                  /// rename的fusionInfo来自fusionDecoder
```

```
        // update the first RenameWidth - 1 instructions
        decode.io.fusion(i) := fusionDecoder.io.out(i).valid && rename.io.out(i).fire
        when (fusionDecoder.io.out(i).valid) {
          fusionDecoder.io.out(i).bits.update(rename.io.in(i).bits.ctrl)        ///对FusionDecodeReplace中update()函数的调用
          …
        }
      }   ///end if (i < RenameWidth - 1)
    }   ///end for (i <- 0 until RenameWidth) {
```

可见，FusionDecoder 的输入直接来自前端输出的 CtrlFlow，它的输出则连到 decode 的 fusion 接口上，并从而连接到 Rename 的 fusionInfo 输入，这是个 FusionDecodeInfo 向量，向量的长度为 DecodeWidth – 1，这是因为指令融合只能发生在前后两条指令之间。注意在程序代码中是没有什么融合指令的，所以在输入的 CtrlFlow 中都是“常规的”“合法的”RISC-V 指令，只是在 FusionDecoder 的输出中才有了融合指令。

所谓指令的融合，是对指令流的一种优化，就是把（符合条件的）前后两条指令“融合”成一条，这样就减少了一条指令，节约了一个时钟节拍。但并不是什么指令都可以融合，而只是某些很特殊的成对指令可以被融合，下面是个例子：

```
// Case: shift left by two and add
// Source: `slli r1, r0, 2` + `add r1, r1, r2`
// Target: `sh2add r1, r0, r2`
class FusedSh2add (pair: Seq[Valid[UInt]])(implicit p: Parameters) extends BaseFusionCase(pair) {
  def inst1Cond = instr(0) === Instructions.SLLI && instr(0)(25, 20) === 2.U
  def inst2Cond = instr(1) === Instructions.ADD

  def isValid: Bool = inst1Cond && inst2Cond && withSameDest && (destToRs1 || destToRs2)
  override def thisInstr: Option[BitPat] = Some(Instructions.SLLI)
  override def fusedInstr: Option[BitPat] = Some(Instructions.SH2ADD)
  override def lsrc2NeedMux: Boolean = true

  def fusionName: String = "slli2_add"
}   /// class FusedSh2add
```

这里有前后两条指令 instr(0)和 instr(1)，前面那条指令是 slli，即逻辑左移，而且左移的跨度是 2；后面那条指令则是 add。这样的两条指令就可以融合成一条，不妨称之为 slli2_add，即“逻辑左移 2 位再相加”。不过注意左移的位数只能是 2 位，而不可以像一般逻辑左移指令那样有个很宽的范围。这样的情况多不多呢？恐怕不多，但是也有。左移 2 位就是在后面添上两个 0，或者乘 4，再加上一个偏移量，这在地址计算中是时有所见的。以一定的资源消耗去换取这样看似微小的优化，当然要芯片的集成度大到一定程度才有可能，才成为现实可行。

注意 class FusedSh2add 所提供的只是一些函数，它本身并没有什么数据成分，但是我们知道，硬件描述中的一个函数实际上就是对一块电路的描述，只要函数受到调用就会生成出这块电路。事实上 class FusedSh2add 是对抽象类 BaseFusionCase 的扩充，对这些函数的调用来自 BaseFusionCase 中：

```
abstract class BaseFusionCase (pair: Seq[Valid[UInt]])(implicit p: Parameters) extends DecodeUnitConstants {
  require(pair.length == 2)
  protected def instr: Seq[UInt] = pair.map(_.bits)
```

```
protected def pairValid: Bool = VecInit(pair.map(_.valid)).asUInt.andR
protected def instr1Rs1: UInt = instr(0)(RS1_MSB, RS1_LSB)              ///从第一条指令中摘取其rs1的寄存器号
protected def instr1Rs2: UInt = instr(0)(RS2_MSB, RS2_LSB)              ///从第一条指令中摘取其rs2的寄存器号
protected def instr1Rd: UInt = instr(0)(RD_MSB, RD_LSB)                 ///从第一条指令中摘取其目标寄存器的寄存器号
def instr2Rs1: UInt = instr(1)(RS1_MSB, RS1_LSB)                        ///从第二条指令中摘取其rs1的寄存器号
def instr2Rs2: UInt = instr(1)(RS2_MSB, RS2_LSB)                        ///从第二条指令中摘取其rs2的寄存器号
protected def instr2Rd: UInt = instr(1)(RD_MSB, RD_LSB)                 ///从第二条指令中摘取其目标寄存器的寄存器号
protected def withSameDest: Bool = instr1Rd === instr2Rd
def destToRs1: Bool = instr1Rd === instr2Rs1                  ///判断是否以第一条指令的目标寄存器作为第二条指令的rs1
protected def destToRs2: Bool = instr1Rd === instr2Rs2        ///判断是否以第一条指令的目标寄存器作为第二条指令的rs2

protected def getInstrTable (pat: BitPat): List[BitPat] = {
  // Only these instructions can be fused now
  val allDecodeTable = XDecode.table ++ X64Decode.table ++ BDecode.table
  allDecodeTable.filter(_._1 == pat).map(_._2).head           ///只有指令译码表中以给定pat为BitPat的指令才符合条件
}
// Must sync these indices with MicroOp.decode
  ///指令属性：List(SrcType.X, SrcType.X, SrcType.X, FuType.X, FuOpType.X, N, N, N, N, N, N, SelImm.INVALID_INSTR)
protected def getInstrFuType(pat: BitPat): BitPat = getInstrTable(pat)(3)        ///译码表中指令属性序列的第3项，这是FuType。
protected def getInstrFuOpType(pat: BitPat): BitPat = getInstrTable(pat)(4)      ///地项是FuOpType
protected def getInstrSrc1Type(pat: BitPat): BitPat = getInstrTable(pat)(0)      ///第0项是rs1
protected def getInstrSrc2Type(pat: BitPat): BitPat = getInstrTable(pat)(1)      ///第1项是rs2

def isValid: Bool
// To optimize the timing, only these control signals can be affected by instruction fusion.
def thisInstr: Option[BitPat] = None
def fusedInstr: Option[BitPat] = None
 // By default, None means unchanged.
private def compareAndGet (func: BitPat => BitPat): Option[Int] = {
  if (fusedInstr.isDefined) {
    require(thisInstr.isDefined, "thisInstr must be defined to infer the ctrl signals")
    val fused = func (fusedInstr.get)                                   ///func是作为参数给定的函数
    // Only when the two instructions have different control field, we make it not None.
    if (fused != func (thisInstr.get)) Some(fused.value.toInt) else None
  } else None
}
// We assume only fuType, fuOpType, lsrc2 may be changed now.
def fuType: Option[Int] = compareAndGet (getInstrFuType)
def fuOpType: Option[UInt => UInt] = {
  val t = compareAndGet (getInstrFuOpType)
  if (t.isDefined) Some((_: UInt) => t.get.U) else None
}
def src2Type: Option[Int] = compareAndGet (getInstrSrc2Type)
def lsrc2NeedZero: Boolean = false
def lsrc2NeedMux: Boolean = false
def lsrc2MuxResult: UInt = Mux(destToRs1, instr2Rs2, instr2Rs1)
```

```
    def fusionName: String
}   ///end class BaseFusionCase
```

抽象类 BaseFusionCase 中也都只是一些函数，它本身并无任何需要初始化的成分，但是只要其 fuType()，fuOpType()，或 src2Type()一被调用，就会因调用 compareAndGet()而辗转调用其内部的其他函数，也包括由其子类例如 FusedSh2add 所提供的函数。

当然，既然要融合成一条指令，前后两条指令在（执行单元）资源的使用上就不能有冲突，所以并非什么指令都可以融合。但是移位和相加恰恰是可以的，因为移位和加法都只是组合电路，互相也并无冲突。

以 class FusedSh2add 为例，就是移位和相加的融合。但是为什么只有在前面那个 slli 指令的左移跨度为 2 的时候才能与后面的 add 指令融合呢？这是因为，如原文中的注释所述，融合后的指令 sh2add 已经有了两个源操作数："sh2add r1, r0, r2"，你得说明是把哪个寄存器的内容左移，然后与哪个寄存器的内容相加。如果要把左移几位也作为一个操作数，那就得有 3 个源操作数了，然而 RISC-V 的指令系统不支持这个。注意左移 2 位再相加其实就是乘 4 再相加，要用到的机会还是不少的。如此说来，只要左移位数确定，别的 slli 指令也可以与 add 指令融合，实际情况也确属如此，另外还有个 class 是 FusedSh3add，这就是左移 3 位，或者说乘 8 以后再相加了。

前面 CtrlBlockImp 创建的 FusionDecoder 对象 fusionDecoder 就是融合指令的译码器：

```
[XSCore > XSCoreBase > CtrlBlock > CtrlBlockImp > FusionDecoder]
class FusionDecoder(implicit p: Parameters) extends XSModule {
  val io = IO(new Bundle {
    // T0: detect instruction fusions in these instructions
    val in = Vec(DecodeWidth, Flipped(ValidIO(UInt(32.W))))          ///这是6条指令的编码。
    val inReady = Vec(DecodeWidth - 1, Input(Bool()))   // dropRight(1)   ///把最右边的去掉，因为不能用作融合的第一指令。
    // T1: decode result
    val dec = Vec(DecodeWidth - 1, Input(new CtrlSignals))      // dropRight(1)
    // T1: whether an instruction fusion is found
    val out = Vec(DecodeWidth - 1, ValidIO(new FusionDecodeReplace)) // dropRight(1)   ///依次的6条指令最多只有5种融合
    val info = Vec(DecodeWidth - 1, new FusionDecodeInfo)           // dropRight(1)
    // T1: fused instruction needs to be cleared
    val clear = Vec(DecodeWidth, Output(Bool()))
  })  ///end val io

  io.clear.head := false.B

  val instrPairs = io.in.dropRight(1).zip(io.in.drop(1)).map(x => Seq(x._1, x._2))
        ///将两份io.in错位扣合。输入io.in是一排6条指令，第一份dropRight丢掉最右边的，第二份drop丢掉最左边的。
        ///这样所得的5个instrPair就是 ((i0, i1), (i1, i2), (i2, i3), (i3, i4), (i4, i5))。只有相邻的两条指令才可能融合。
instrPairs.zip(io.dec).zip(io.out).zipWithIndex.foreach{ case (((pair, dec), out), i) =>   ///io.dec是个CtrlSignals向量
  val fusionList = Seq(new FusedAdduw(pair), new FusedZexth(pair), new FusedZexth1(pair), new FusedSexth(pair),
                  new FusedSh1add(pair), new FusedSh2add(pair), new FusedSh3add(pair), new FusedSzewl1(pair),
                  new FusedSzewl2(pair), new FusedSzewl3(pair), new FusedByte2(pair), new FusedSh4add(pair),
                  new FusedSr29add(pair), new FusedSr30add(pair), new FusedSr31add(pair), new FusedSr32add(pair),
                  new FusedOddadd(pair), new FusedOddaddw(pair), new FusedOrh48(pair), new FusedMulw7(pair),
                  new FusedAddwbyte(pair), new FusedAddwbit(pair), new FusedAddwzexth(pair), new FusedAddwsexth(pair),
                  new FusedLogiclsb(pair), new FusedLogicZexth(pair))   ///end Seq，这些是已定义的融合指令。
```

```
val fire = io.in(i).valid && io.inReady(i)
val instrPairValid = RegEnable(VecInit(pair.map(_.valid)).asUInt.andR, false.B, io.inReady(i))
val fusionVec = RegEnable(VecInit(fusionList.map(_.isValid)), fire)
val thisCleared = io.clear(i)
out.valid := instrPairValid && !thisCleared && fusionVec.asUInt.orR
XSError(instrPairValid && PopCount(fusionVec) > 1.U, "more then one fusion matched\n")

def connectByInt (field: FusionDecodeReplace => Valid[UInt], replace: Seq[Option[Int]]): Unit = {
  field (out.bits).valid := false.B
  field (out.bits).bits := DontCare
  val replaceVec = fusionVec.zip(replace).filter(_._2.isDefined)
  if (replaceVec.nonEmpty) {
    // constant values are grouped together for better timing.
    val replEnable = VecInit(replaceVec.map(_._1)).asUInt.orR
    val replTypes = replaceVec.map(_._2.get).distinct
    val replSel = replTypes.map(t => VecInit(replaceVec.filter(_._2.get == t).map(_._1)).asUInt.orR)
    field(out.bits).valid := replEnable
    field(out.bits).bits := Mux1H(replSel, replTypes.map(_.U))
  }
}  ///end connectByInt()

def connectByUIntFunc (field: FusionDecodeReplace => Valid[UInt], csField: CtrlSignals => UInt,
                                                    replace: Seq[Option[UInt => UInt]]): Unit = {
  field(out.bits).valid := false.B
  field(out.bits).bits := DontCare
  val replaceVec = fusionVec.zip(replace).filter(_._2.isDefined).map(x => (x._1, x._2.get(csField(dec))))
  if (replaceVec.nonEmpty) {
    val replEnable = VecInit(replaceVec.map(_._1)).asUInt.orR
    // constant values are grouped together for better timing.
    val constReplVec = replaceVec.filter(_._2.isLit).map(x => (x._1, x._2.litValue))
    val constReplTypes = constReplVec.map(_._2).distinct
    val constReplEnable = constReplTypes.map(t => VecInit(constReplVec.filter(_._2 == t).map(_._1)).asUInt.orR)
    val constReplResult = Mux1H(constReplEnable, constReplTypes.map(_.U))
    // non-constant values have to be processed naively.
    val noLitRepl = replaceVec.filterNot(_._2.isLit)
    field(out.bits).valid := replEnable
    field(out.bits).bits := Mux(VecInit(noLitRepl.map(_._1)).asUInt.orR, Mux1H(noLitRepl), constReplResult)
  }  ///end if
}  ///end connectByUIntFunc()

connectByInt((x: FusionDecodeReplace) => x.fuType, fusionList.map(_.fuType))
connectByUIntFunc((x: FusionDecodeReplace) => x.fuOpType, (x: CtrlSignals) => x.fuOpType, fusionList.map(_.fuOpType))
connectByInt((x: FusionDecodeReplace) => x.src2Type, fusionList.map(_.src2Type))
val src2WithZero = VecInit(fusionVec.zip(fusionList.map(_.lsrc2NeedZero)).filter(_._2).map(_._1)).asUInt.orR
val src2WithMux = VecInit(fusionVec.zip(fusionList.map(_.lsrc2NeedMux)).filter(_._2).map(_._1)).asUInt.orR
io.info(i).rs2FromZero := src2WithZero
```

```
    io.info(i).rs2FromRs1 := src2WithMux && !RegEnable (fusionList.head.destToRs1, fire)
    io.info(i).rs2FromRs2 := src2WithMux && RegEnable (fusionList.head.destToRs1, fire)
    out.bits.lsrc2.valid := src2WithMux || src2WithZero
    when (src2WithMux) { out.bits.lsrc2.bits := RegEnable(fusionList.head.lsrc2MuxResult, fire) }
    .otherwise { out.bits.lsrc2.bits := 0.U}
    // TODO: assume every instruction fusion clears the second instruction now
    io.clear(i + 1) := out.valid

    val lastFire = RegNext(fire)
    fusionList.zip(fusionVec).foreach { case (f, v) =>
      XSPerfAccumulate(s"case_${f.fusionName}_$i", instrPairValid && !thisCleared && v && lastFire)
    }
    XSPerfAccumulate(s"conflict_fusion_$i", instrPairValid && thisCleared && fusionVec.asUInt.orR && lastFire)
  }  ///end instrPairs.zip(io.dec).zip(io.out).zipWithIndex.foreach

  XSPerfAccumulate("fused_instr", PopCount(io.out.map(_.fire)))
}  ///end class FusionDecoder
```

在 FusionDecoder 的每一对输入 io.dec 与输出 io.out 之间，即一对 CtrlSignals 与 FusionDecodeReplace 之间，都有个 fusionList，这是可以融合的指令列表，前述的 FusedSh2add 和 FusedSh3add 是其中之二。这些代码就留给有需要或有兴趣的读者自己去啃了。这里的输出 FusionDecodeReplace 是这样：

```
class FusionDecodeReplace extends Bundle {
  val fuType = Valid(FuType())
  val fuOpType = Valid(FuOpType())
  val lsrc2 = Valid(UInt(5.W))
  val src2Type = Valid(SrcType())

  def update (cs: CtrlSignals): Unit = {            ///见fusionDecoder.io.out(i).bits.update (rename.io.in(i).bits.ctrl)
    when (fuType.valid) { cs.fuType := fuType.bits }          ///把CtrlSignals中原有的成分替换掉
    when (fuOpType.valid) { cs.fuOpType := fuOpType.bits }
    when (lsrc2.valid) { cs.lsrc(1) := lsrc2.bits }
    when (src2Type.valid) { cs.srcType(1) := src2Type.bits }
  }
}  ///end class FusionDecodeReplace
```

这里的关键是函数 update()，这个函数把 rename.io.in 中来自译码器的 CtrlSignals 替换掉。注意所谓“融合指令译码器”FusionDecoder 的位置是在译码器之后，而不是与译码器并立；但是它的输入指令直接来自前端（cfVec），然而另一个输入 dec 却是个 CtrlSignals 向量，那就是来自译码器的输出。回到前面 CtrlBlockImp 的代码中看一下就知道，fusionDecoder.io.dec 来自 renamePipe，所以 FusionDecoder 是 Rename 的一部分而不是 DecodeUnit 的一部分。

控制状态寄存器 CSR 中有个 fusion_enable 控制位，将这个控制位设成 false 就可以使 CtrlBlockImp 中的 disableFusion 变成 true，从而将整个指令融合机制关闭。

22.1.5　Rename 建立寄存器映射的第二阶段

融合指令就像个插曲，我们又回到 class Rename 的代码继续往下看：

[XSCore > XSCoreBase > CtrlBlock > CtrlBlockImp > Rename]　　续 2

```
  /** Instructions commit: update freelist and rename table */
 for (i <- 0 until CommitWidth) {         ///来自 Rob 的执行结果提交即 Commit 使目标寄存器的映射写入 RenameTable:
   val commitValid = io.robCommits.isCommit && io.robCommits.commitValid(i)         ///Rob 处于（正常的）Commit 状态
   val walkValid = io.robCommits.isWalk && io.robCommits.walkValid(i)               ////Rob 处于（redirect 后的）Walk 状态

   Seq((io.intRenamePorts, false), (io.fpRenamePorts, true)) foreach { case (rat, fp) =>
     /* I. RAT Update */          ///从 freelist 分配物理寄存器号，建立新的映射：
     // walk back write - restore spec state : ldest => old_pdest
     if (fp && i < RenameWidth) {          ///浮点寄存器：
       // When redirect happens (mis-prediction), don't update the rename table
       rat(i).wen := fpSpecWen(i)              ///写入 rat 即 RenameTableWrapper，改变浮点寄存器的映射。
       rat(i).addr := uops(i).ctrl.ldest       ///逻辑寄存器号作为地址
       rat(i).data := fpFreeList.io.allocatePhyReg(i)      ///新分配的物理寄存器号作为内容
     } else if (!fp && i < RenameWidth) {   ///整数寄存器：
       rat(i).wen := intSpecWen(i)              ///改变整数寄存器的映射。
       rat(i).addr := uops(i).ctrl.ldest        ///也是以逻辑寄存器号为地址
       rat(i).data := io.out(i).bits.pdest      ///以物理寄存器号为内容，io.out 是一排 MicroOp，io.out(i).bits.pdest 见前。
     }   ///对 rat 的写入是对其 spec_table 的写入

     /* II. Free List Update */     ///将物理寄存器号释放回 freeList：
     if (fp) { // Float Point free list
       fpFreeList.io.freeReq(i) := commitValid && needDestRegCommit(fp, io.robCommits.info(i))          ///这是位图
       fpFreeList.io.freePhyReg(i) := io.robCommits.info(i).old_pdest      ///这是释放的物理寄存器号 old_pdest
     } else { // Integer free list
       intFreeList.io.freeReq(i) := intRefCounter.io.freeRegs(i).valid      ///freeRegs 是 intRefCounter 的输出，其输入来自 Rob。
       intFreeList.io.freePhyReg(i) := intRefCounter.io.freeRegs(i).bits
     }   ///对浮点物理寄存器号 old_pdest 的释放是直截了当的，但是对整数物理寄存器号的释放去 intRefCounter 拐了个弯。
   }   ///end Seq(…) foreach
   intRefCounter.io.deallocate(i).valid := commitValid &&
                               needDestRegCommit(false, io.robCommits.info(i)) && !io.robCommits.isWalk
   intRefCounter.io.deallocate(i).bits := io.robCommits.info(i).old_pdest         ///释放的是 old_pdest
 }   ///end for (i <- 0 until CommitWidth)

 when(io.robCommits.isWalk) {         ///如果Rob处于Walk阶段：
   (intFreeList.io.allocateReq zip intFreeList.io.allocatePhyReg).take(CommitWidth) zip io.robCommits.info foreach {
     case ((reqValid, allocReg), commitInfo) => when(reqValid) {
       XSError(allocReg =/= commitInfo.pdest, "walk alloc reg =/= rob reg\n")
     }
   }   /// intFreeList.io.allocateReq中的元素allocReg应该等于robCommits中的对应元素中的pdest。
   (fpFreeList.io.allocateReq zip fpFreeList.io.allocatePhyReg).take(CommitWidth) zip io.robCommits.info foreach {
     case ((reqValid, allocReg), commitInfo) => when(reqValid) {
       XSError(allocReg =/= commitInfo.pdest, "walk alloc reg =/= rob reg\n")
     }
   }
 }   ///end when(io.robCommits.isWalk)
```

```
  /// Debug 与性能统计从略
  generatePerfEvent()
}   ///end class Rename
```

整个 Rename 的机制，就好似在具体指令进入分发阶段之际把物理寄存器出借给指令，让其在执行的时候用作执行结果的临时存储，然后在完成了执行并由 Rob 交割该指令的执行结果时将其所占用的物理寄存器号释放掉，或者说归还所借用的物理寄存器。至于已经写入具体物理寄存器的内容则是另一回事，写入了但没有指令去用就跟没写入一样；这里说的是寄存器号。这里的 class Rename，连同其 intFreeList 和 fpFreeList，还有前面的 rat，即 RenameTableWrapper 及其内部的 intRat 和 fpRat，就相当于一套账务系统，真正的物理寄存器组不在这里，但却由这个账务系统管理。而每一条待执行的指令，则各自有个 MicroOp 对象，就像是个证件，上面写着这条指令的 pdest 和 old_pdest 各是几号物理寄存器，执行的时候就把结果写入 pdest 这个物理寄存器，最后这些信息被复制到 RobCommitInfo 中，由 Rob 向 Rename 提交。提交的目的则有不同，如果是（正常的）交割即 Commit 就意味着原先的寄存器号 old_pdest 可以释放回 freelist 了，因为在本指令之前的所有指令都已交割，没有指令还在依赖 old_pdest 这个寄存器了；如果是（因 Redirect 引起的）冲刷即 Walk 则意味着由本指令所建立映射而投入使用的存器号 pdest 可以释放回 freelist 了，因为本指令已被冲刷，而依赖该寄存器的指令都在本指令之后，也应该被冲刷。所以，来自 Rob 的 Walk/Commit 都引起物理寄存器号的释放，只是所释放的具体寄存器号不同。

最后，代码中为 intFreeList 的使用创建了一个 RefCounter 对象 intRefCounter，用来加强对整数物理寄存器号的管理，整数物理寄存器号的分配与释放是最频繁的。这对于 intFreeList 的使用本身并无什么影响，存在的意义主要还是为便于调试，但是上面代码中对整数物理寄存器号的释放就是通过 intRefCounter 的，所以绕不过去。另一方面，看懂了这个 RefCounter 对我们深入理解寄存器映射和 intFreeList 倒是有帮助的，所以还是需要看一下。简单地说就是，对于已经分配使用的每一个物理寄存器号，

```
class RefCounter (size: Int)(implicit p: Parameters) extends XSModule {      ///参数size的实参是NRPhyRegs
  val io = IO(new Bundle {
    val allocate = Vec(RenameWidth, Flipped(ValidIO(UInt(PhyRegIdxWidth.W))))        ///物理寄存器分配请求
    val deallocate = Vec(CommitWidth, Flipped(ValidIO(UInt(PhyRegIdxWidth.W))))      ///物理寄存器释放请求
    val freeRegs = Vec(CommitWidth, ValidIO(UInt(PhyRegIdxWidth.W)))
    val commit = Input(new RobCommitIO)                                               ///来自Rob的RobCommitIO
    val redirect = Input(Bool())
    // debug arch ports
    val debug_int_rat = Vec(32, Input(UInt(PhyRegIdxWidth.W)))
  })

  val allocate = RegNext(io.allocate)      // TODO: why no init value here?
  val deallocate = RegNext(io.deallocate)
  val commit = RegNext(io.commit, 0.U.asTypeOf(io.commit))
  val redirect = RegNext(io.redirect, false.B)
  // recording referenced times of each physical registers
  // refCounter: increase at rename; decrease at walk/commit      ///将此物理寄存器号用作映射目标时加1，walk或commit时减1。
  // Originally 0-31 registers have counters of ones.
  val refCounter = RegInit(VecInit.fill(size)(0.U(IntRefCounterWidth.W)))      ///每个物理寄存器有个应用计数值
  val refCounterInc = WireInit(refCounter)                                     ///在分配使用该寄存器号时使计数值加1
  val refCounterDec = WireInit(refCounter)                                     ///在Rob提交Walk或Commit时使计数值减1
  val refCounterNext = WireInit(refCounter)

  val archRefCounter = RegInit(VecInit.fill(size)(0.U(IntRefCounterWidth.W)))
```

```
val archRefCounterNext = WireDefault(archRefCounter)

// One-hot Encoding for allocation and de-allocation
val allocateOH = allocate.map(alloc => UIntToOH(alloc.bits))
val deallocateOH = deallocate.map(dealloc => UIntToOH(dealloc.bits))
val commitPdestOH = commit.info.map(info => UIntToOH(info.pdest))
val commitOldPdestOH = commit.info.map(info => UIntToOH(info.old_pdest))

// Arch state maintainance
val archRefIncSeq = commit.commitValid zip commit.info zip commitPdestOH map {
  case ((valid, info), pdest) => pdest.asBools.map(_ && valid && info.rfWen)
}
val archRefDecSeq = commit.commitValid zip commit.info zip commitOldPdestOH map {
  case ((valid, info), old_pdest) => old_pdest.asBools.map(_ && valid && info.rfWen)
}
val archRefInc = archRefIncSeq(0).indices.map(i => PopCount(archRefIncSeq.map(_(i))))
val archRefDec = archRefDecSeq(0).indices.map(i => PopCount(archRefDecSeq.map(_(i))))

archRefCounterNext zip archRefCounter zip archRefInc zip archRefDec foreach {
  case (((archRefNext, archRef), inc), dec) => when(commit.isCommit) { archRefNext := archRef + inc - dec }
}

/**
  * De-allocation: when refCounter becomes zero, the register can be released to freelist
  */
for ((de, i) <- deallocate.zipWithIndex) {
  val isNonZero = de.valid && refCounter(de.bits) =/= 0.U
  val hasDuplicate = deallocate.take(i).map(de => de.valid && de.bits === deallocate(i).bits)
  val blockedByDup = if (i == 0) false.B else VecInit(hasDuplicate).asUInt.orR
  val isFreed = refCounter(de.bits) + refCounterInc(de.bits) === refCounterDec(de.bits)
  io.freeRegs(i).valid := RegNext(isNonZero && !blockedByDup) && RegNext(isFreed)
  val isFreed1 = refCounter(RegNext(de.bits)) === 0.U
  when(!RegNext(redirect, false.B)) {
    XSError(RegNext(isFreed) =/= isFreed1, p"why isFreed ${RegNext(isFreed)} $isFreed1\n")
  }
  io.freeRegs(i).bits := RegNext(deallocate(i).bits)
}  ///如果计数值到了0，这个物理寄存器号就应该在freelist中。

/**
  * Actually refCounter has nothing to do with freelist (list of free registers)
  * but we write refCounter here because freelist needs to be reset according to the ref counters.
  *
  * Every time the physical register is allocated or deallocated, the counter is increased or decreased by one.
  * refCounter update:
  * (1) rename: increase as move instructions are renamed
  * (2) walk: decrease as physical registers are released (pdest)                ///Walk所释放的是pdest
```

```
    * (3) commit: decrease as physical registers are release (old_pdest)        ///Commit所释放的是old_pdest
    *
    * We don't count the number of references for physical register 0. It should never be released to freelist.
    */
  for (i <- 1 until size) {
    refCounterInc(i) := PopCount(allocate.zip(allocateOH).map(alloc => alloc._1.valid && alloc._2(i)))
    refCounterDec(i) := PopCount(deallocate.zip(deallocateOH).map(dealloc => dealloc._1.valid && dealloc._2(i)))
    val numAlloc1 = PopCount(allocate.map(alloc => alloc.valid && alloc.bits === i.U))
    val numDealloc1 = PopCount(deallocate.map(dealloc => dealloc.valid && dealloc.bits === i.U))
    XSError(refCounterInc(i) =/= numAlloc1, p"why numAlloc ${refCounterInc(i)} $numAlloc1??")
    XSError(refCounterDec(i) =/= numDealloc1, p"why numDealloc ${refCounterDec(i)} $numDealloc1??")
    refCounterNext(i) := refCounter(i) + refCounterInc(i) - refCounterDec(i)
    XSError(RegNext(refCounter(i) + refCounterInc(i) < refCounterDec(i)), p"why $i?\n")
    refCounter(i) := Mux(redirect, archRefCounterNext(i), refCounterNext(i))
    archRefCounter(i) := archRefCounterNext(i)
  }

  // assertion of consistancy between arch rename table and refCounter
  val archRefCounterFromRAT = RegInit(VecInit.fill(size)(0.U(IntRefCounterWidth.W)))
  archRefCounterFromRAT := (0 until size).map(i => PopCount(io.debug_int_rat.map(_ === i.U)))
  (1 until size).foreach(i =>
    XSError(archRefCounter(i) =/= archRefCounterFromRAT(i),
            p"archRefCounter_$i: ${archRefCounter(i)} =/= archRefCounterFromRAT_$i: ${archRefCounterFromRAT(i)}\n")
  )

  for (i <- 0 until RobSize) {
    val numCounters = PopCount(refCounter.map(_ === i.U))
    XSPerfAccumulate(s"ref_counter_$i", numCounters)
  }
  for (i <- 0 until size) {
    val isFreed = io.freeRegs.map(f => f.valid && f.bits === i.U)
    XSPerfAccumulate(s"free_reg_$i", VecInit(isFreed).asUInt.orR)
  }
}   ///end class RefCounter
```

注意这个模块的实现也全都是组合电路。

以上所说都是针对将物理寄存器（从而物理寄存器号）用作目标寄存器。至于各条指令使用的源寄存器则不需要为其分配物理寄存器，因为一条指令的源寄存器肯定已经是另一条指令的目标寄存器。当然，可能有多条指令曾以同一个逻辑寄存器为目标寄存器，但不会是在同一个时间点上。每条指令到来之时都将其源寄存器在当时这个时间点上的映射记录下来，以后就只从那里读取源操作数；而建立了这个映射的指令则会把计算结果写入那个物理寄存器。

另外，Rename 的整个过程都是由组合电路实现的，并未使用寄存器，所以不构成流水线中的一个阶段、一个工位，而是与译码处在同一时钟节拍。但是当然，Rename 使译码阶段的逻辑路径拉长了一些。

从 Rename 模块的输出开始，代表着指令的就是 MicroOp（而不只是 CfCtrl）了。这是因为在 CfCtrl 的基础上增添了有关物理寄存器的信息。

22.1.6 物理寄存器组

逻辑上物理寄存器组应该是 Rename 机制的一部分，但实际上不在 CtrlBlock 中，而是在 ExuBlock 的指令调度器 Scheduler 中。指令在进入 Scheduler 时根据源寄存器当时的映射知道了它的源操作数在哪一个或哪两个物理寄存器中，如果物理寄存器中的数据尚未到位就得在 Scheduler 中的某个 ReservationStation 内等待。而建立了具体映射的指令则会在取得执行结果后将结果写入相应的物理寄存器，并试图唤醒 ReservationStation 内正在等待这个结果（根据物理寄存器号）的指令。一旦这条指令的源操作数都已到位即被唤醒而可被调度执行。物理寄存器组的读写端口为：

```
class RfReadPort (len: Int)(implicit p: Parameters) extends XSBundle {
  val addr = Input(UInt(PhyRegIdxWidth.W))            ///需要从中读出的物理寄存器号
  val data = Output(UInt(len.W))                      ///从物理寄存器读出的数据，数据宽度为len。
}

class RfWritePort (len: Int)(implicit p: Parameters) extends XSBundle {
  val wen = Input(Bool())
  val addr = Input(UInt(PhyRegIdxWidth.W))            ///目标物理寄存器号
  val data = Input(UInt(len.W))                       ///写入目标寄存器的数据，来自指令执行单元的回写。
}
```

物理寄存器组对外的表现就是 RfReadPort 和 RfWritePort 两种端口，但是可能同时从物理寄存器组读出和写入的使用者不只是一个，所以这样的读出口和写入口并不只是一个。对物理寄存器组内部结构的定义则是 class Regfile:

```
class Regfile (numReadPorts: Int, numWritePorts: Int, hasZero: Boolean, len: Int)(implicit p: Parameters) extends XSModule {
  val io = IO(new Bundle() {
    val readPorts = Vec(numReadPorts, new RfReadPort(len))          ///有若干个读出口
    val writePorts = Vec(numWritePorts, new RfWritePort(len))       ///有若干个写入口
    val debug_rports = Vec(32, new RfReadPort(len))
  })

  val mem = Reg(Vec(NRPhyRegs, UInt(len.W)))   ///NRPhyRegs=192，参数len是寄存器长度。Regfile是个很长的寄存器向量。
  for (r <- io.readPorts) {
    val rdata = if (hasZero) Mux(r.addr === 0.U, 0.U, mem(r.addr)) else mem(r.addr)       /// hasZero表示有0号寄存器
    r.data := RegNext (rdata)                                                              ///与下个时钟脉冲对齐
  }
  for (w <- io.writePorts) { when(w.wen) { mem(w.addr) := w.data } }      ///把数据写入地址为w.addr的存储单元

  for (rport <- io.debug_rports) {
    val zero_rdata = Mux(rport.addr === 0.U, 0.U, mem(rport.addr))
    rport.data := (if (hasZero) zero_rdata else mem(rport.addr))
  }
}  ///end class Regfile
```

显然，对 Regfile 即物理寄存器组的读写只能通过其外部的 readPorts 和 writePorts 进行，注意这不是两个端口而是两组端口。二者的数量取决于 Regfile 的构造参数 numReadPorts 和 numWritePorts，二者的类型就是

上述的 RfReadPort 和 RfWritePort。为帮助并规范 Regfile 对象的创建，并建立其读写和复位方式，代码中还提供了一个 object Regfile：

```
[ExuBlock > Scheduler > SchedulerImp > genRegfile() > Regfile]
object Regfile {
  def apply (numEntries: Int, raddr: Seq[UInt], wen: Seq[Bool], waddr: Seq[UInt], wdata: Seq[UInt], hasZero: Boolean,
                  withReset: Boolean = false, debugRead: Option[Seq[UInt]] = None)(implicit p: Parameters): Seq[UInt] = {
    val numReadPorts = raddr.length
    val numWritePorts = wen.length
    require(wen.length == waddr.length)
    require(wen.length == wdata.length)
    val dataBits = wdata.map(_.getWidth).min
    require(wdata.map(_.getWidth).min == wdata.map(_.getWidth).max, s"dataBits != $dataBits")
    val regfile = Module(new Regfile (numReadPorts, numWritePorts, hasZero, dataBits))   ///实际创建Regfile对象

    val rdata = regfile.io.readPorts.zip(raddr).map { case (rport, addr) =>
      rport.addr := addr
      rport.data
    }   ///从物理寄存器组的读出
    regfile.io.writePorts.zip(wen).zip(waddr).zip(wdata).foreach{ case (((wport, en), addr), data) =>
      wport.wen := en
      wport.addr := addr
      wport.data := data
    }   ///对物理寄存器组的写入

    if (withReset) {          ///有关Reset的信号连接：
      val numResetCycles = math.ceil(numEntries / numWritePorts).toInt
      val resetCounter = RegInit(numResetCycles.U)
      val resetWaddr = RegInit(VecInit((0 until numWritePorts).map(_.U(log2Up(numEntries + 1).W))))
      val inReset = resetCounter =/= 0.U
      when (inReset) {
        resetCounter := resetCounter - 1.U
        resetWaddr := VecInit(resetWaddr.map(_ + numWritePorts.U))
      }
      when (!inReset) {
        resetWaddr.map(_ := 0.U)
      }
      for ((wport, i) <- regfile.io.writePorts.zipWithIndex) {
        wport.wen := inReset || wen(i)
        wport.addr := Mux(inReset, resetWaddr(i), waddr(i))
        wport.data := wdata(i)
      }
    }
    regfile.io.debug_rports := DontCare
    val debug_rdata = regfile.io.debug_rports.zip(debugRead.getOrElse(Seq())).map { case (rport, addr) =>
      rport.addr := addr
```

```
            rport.data
        }
        rdata ++ debug_rdata
    }
}   ///end object Regfile
```

实际上，对 object Regifile 的调用是在 SchedulerImp 内部的一个函数 genRegfile()中，SchedulerImp 通过 genRegfile()创建了两个物理寄存器组 intRfReadData 和 fpRfReadData：

```
[XSCore > XSCoreBase > ExuBlock > Scheduler > SchedulerImp > genRegfile()]
  def genRegfile(isInt: Boolean): Seq[UInt] = {
    val wbPorts = if (isInt) io.writeback.take(intRfWritePorts) else io.writeback.drop(intRfWritePorts)
                ///这是在class SchedulerImp内部，io.writeback是SchedulerImp的外部接口，来自指令执行单元的“回写”。
                ///SchedulerImp的io.writeback是Vec(intRfWritePorts + fpRfWritePorts, Flipped(ValidIO(new ExuOutput)))
    val waddr = wbPorts.map(_.bits.uop.pdest)
    val wdata = wbPorts.map(_.bits.data)
    val debugRead = if (isInt) io.extra.debug_int_rat else io.extra.debug_fp_rat
    if (isInt) {
      val wen = wbPorts.map(wb => wb.valid && wb.bits.uop.ctrl.rfWen)
      Regfile(NRPhyRegs, readIntRf, wen, waddr, wdata, true, debugRead = Some(debugRead))
                /// wen, waddr, wdata三者均来自wbPorts即io.writeback中的前面那intRfWritePorts个回写端口。
    }
    else {
      // For floating-point function units, every instruction writes either int or fp regfile.
      val wen = wbPorts.map(_.valid)
      Regfile(NRPhyRegs, readFpRf, wen, waddr, wdata, false, debugRead = Some(debugRead))
    }
  }  ///end genRegfile()

  val intRfReadData = if (intRfConfig._1) genRegfile(true) else io.extra.intRfReadIn.getOrElse(Seq()).map(_.data)
  val fpRfReadData = if (fpRfConfig._1) genRegfile(false) else DelayN(VecInit(io.extra.fpRfReadIn.getOrElse(Seq()).map(_.data)), 1)
```

注意 intRfReadData 和 fpRfReadData 虽然名叫 ReadDat 却实际上都是可写的。更确切地说，以 intRfReadData 为例，如果三元组 intRfConfig 中的第一项为 false 时就不创建整数物理寄存器组，此时就只能读不能写（无处可写）但另有来源，而只要创建了整数物理寄存器组就是可写的（要不然里面的数据哪来）。

我们在这里更多地关注对物理寄存器组的写入。显然，物理寄存器组的唯一写入通道就是 SchedulerImp 的外部接口 io.writeback，而这个 writeback 端口上的信息来自各个指令执行单元的执行结果“回写”。

这就来了一个问题。按理说，Rob 要重整指令执行单元所输出结果的次序，所以对物理寄存器的写入不是应该由 Rob 进行吗？怎么现在对物理寄存器的写入倒是来自调度器 Scheduler，而且是直接来自指令执行单元的回写而未经 Rob 的排序？是的，从概念上、原理上说确实应该通过 Rob，但是在具体实现上却可以有变通和优化。如果都等 Rob 排好了序，按程序编定的次序写入物理寄存器，当然是保证了对于物理寄存器写入的正确次序，可是既然指令已经被执行，结果已经出来，为什么不马上就用来唤醒 ReservationStation 中正在等待这个结果的指令呢？细想一下就可知道，就唤醒等待中的指令这一点而言，需要保证的只是对同一逻辑寄存器的写入次序正确。假定当前一共有 N 条指令，有的已经被执行，有的正在等待被执行，我们按这些指令的目标寄存器（逻辑寄存器）将这些指令分成 k 个集合。比方说有 3 条指令的目标寄存器都是 r11，就把这 3 条指令归入同一集合；另外有 2 条指令的目标寄存器都是 r6，就把这 2 条指令归入另一个集合；还有些指令没有目标寄存器，那也归入一个集合。可想而知，属于不同集合的指令之间是没有冲突的，可能有冲突的只是属于同一集合的指令之间。所以，从指令调度执行的角度，需要确保的是同一集合中的指令之间不会混淆，但是不同时间点上的不同映射已经保证了这一点。

至于 Rob，那也仍是必要的，因为不同集合的指令之间的次序仍得在宏观上加以保证，尤其是在指令流中有自陷指令或例如 wfi 这样的特权指令的情况下，有中断发生的情况下，以及有转移指示的情况下。另一方面，对于同一个逻辑寄存器，如果有了新的映射，那么原先所映射的物理寄存器很快就会失去作用（因为依赖于这个物理寄存器的指令很快就会被执行），到建立了新映射的那条指令已被执行，并确认此前的所有指令均已被执行，老的映射就失去了作用，所映射的物理寄存器就应被释放，但这一点只有 Rob 才知道。

那么怎样才能保证使用同一目标寄存器的指令之间的执行次序和后续指令的数据正确性呢？我们在前面所讲的寄存器号映射机制就保证了这一点。下面我们再用几条指令加以说明，假定有这么几条指令：

```
add r3, r6, r11     ; [r6] + [r11]，结果写入目标寄存器 r3。
addi r4, r3, 8      ; [r3] + 8，结果写入目标寄存器 r4。
sub r3, r6, r16     ; [r6] + [r16]，结果写入目标寄存器 r3。
ble r9, r3, 68      ; 如果[r9] < [r3]就转移，偏移量为 68。
```

假定这里寄存器 r6、r11、r16、r9 中的数据都已到位无需等待；但是 addi 和 ble 两条指令都得等待（逻辑）寄存器 r3 中的数据到位。注意 ble 指令在等待的是由 sub 指令产生的结果，可是如果 add 指令的输出与 sub 指令的输出因为同以寄存器 r3 为目标寄存器而相互混淆，那么 ble 指令的转移与否就可能是错误的。

然而，在前述的寄存器 Rename 方案中不会有这样的混淆，因为所有的指令都要顺序经过 Rename 这一关。而 Rename 对依次流经的这 4 条指令的处理是这样：

1. 假定在这条 add 指令到来前逻辑寄存器 r3 的映射是物理寄存器 p100，但是这条 add 指令并不以 r3 为其源寄存器，而是以 r3 为其目标寄存器。只要指令中有目标寄存器，在这里是 r3，Rename 就要为其分配一个物理寄存器，而不管 r3 原先是否已有映射；并要修改映射表，使 r3 映射到所分配的物理寄存器。假定所分配的寄存器是 p101，就在映射表中使逻辑寄存器 r3 映射到物理寄存器 p101；从而这条指令的 MicroOp 中就记下 pdest 为 101，old_pdest 为 100。
2. 然后是 addi 指令，其源寄存器 r3 现在映射到 p101，所以就在其 MicroOp 中记下其 psrc(0)为 101，因为 p101 中的数据尚未到位，它就得等待其被回写。当然，这条指令的目标寄存器是 r4，所以也要为其分配物理寄存器并建立映射，但与我们此刻所关注的情景无关。
3. 再下一条指令是 sub，又是以 r3 为目标寄存器，就又要分配一个物理寄存器，假定这一次分配的是 p75，于是就把映射表中 r3 的映射改为 p75，其 pdest 也是 75，而原先的 p101 就成为其 old_pdest。至于这条 sub 指令在其 MicroOp 中记下需要从源寄存器 r6 和 r16 所映射的物理寄存器读取源操作数，那也与我们此刻所关注的情景无关。
4. 再然后是 ble 指令，这条指令没有目标操作数，因而无需为其分配物理寄存器。但是这条指令需要从逻辑寄存器 r3 和 r9 读入源操作数，而 r3 此刻的映射是 p75，所以就在这条指令的 MicroOp 中把 psrc(1)设置成 75。至于转移的偏移量 68，那已经由译码器写入其 CtrlSignals 中的直接数字段 imm。由于物理寄存器 p75 中的数据尚未到位，它就得等待 p75 中的数据被回写。

现在，假定先得到的回写来自那条 add 指令，那条指令的回写目标是 p101，因而只有那条 addi 指令会被唤醒；而 ble 在等待的是 p75，虽然也是 r3，但是井水不犯河水。反之，如果是 sub 指令率先回写，那么它回写的目标寄存器是 p75，从而被唤醒的指令是 ble，所以 ble 指令会先于 addi 指令得到执行。这也不要紧，因为这两条指令之间没有数据依赖，而执行结果的最后生效还需经过 Rob 的排序。

再看，这里 add 指令和 sub 指令都有一个源操作数来自逻辑寄存器 r6，并且是映射到同一个物理寄存器（这两条指令之间没有别的以 r6 为目标寄存器的指令）。假定这个物理寄存器中的数据尚未到位，所以这两条指令度的等待；然后突然这个物理寄存器得到了回写，于是这两条指令都被唤醒，此后这两条指令的回写孰先孰后就无关紧要，这与上述的情景是一样的。

另外，由此也可见，如果一条指令的计算结果被回写到了它的 pdest 寄存器中，而且它的 old_pdest 寄存器中的数据也已到位（只有 Rob 知道），那就可以把物理寄存器 old_pdest 释放掉，因为它的内容肯定已被读取，并且没有指令还需要这个寄存器中的数据。这也说明，指令执行单元的回写确实需要进入 Rob，但真正的执行结果，所产生的 data，却无需进入 Rob，可以抄近路直接写入物理寄存器组和 ReservationStation。

22.2 指令的派发

在顺序执行（In-Order Execution）的处理器中，指令译码和操作分派是紧密结合在一起的。一旦通过译码知道了要干什么就分派给相应的功能单元加以执行。如果执行的条件还不满足，例如一个操作数寄存器的数据尚未到位，就停下来等待。当然，从取指到译码到执行是一条流水线，停下来等待就是让流水线中此后的工位都先后停下来等待。但是如果此时有排在后面的指令已经满足执行条件，为什么就不把那些指令提到前面先加以执行呢？为此就有了“脱序”执行即 Out-of-Order Execution（OoOE）的思路，即动态灵活地根据即时的实际情况安排指令的执行次序。这样做的好处是可以提高 CPU 的性能，提高处理器的“吞吐率（through-put）”。Reservation Station 就好像一个“缓冲池”，使滞留在指令流水线中的指令数量显著增大了。在顺序执行的流水线中，流水线有几个工位，进入稳态之后的流水线中就有几条指令（每个工位上一条）。但是在 Out-of-Order 的流水线中则不一样，滞留在流水线中的指令数量需要显著多于流水线长度才有效果，而且流水线中的指令数量愈多，平滑的效果就愈好。由于脱序执行，势必造成在有的时钟节拍中没有指令可以派发，而在有的时钟节拍中又有多条指令需要派发；所以在脱序执行的微结构中，即使是在宽度为 1 的流水线中，也要考虑多指令派发（所谓“多发”），而相同的执行单元，尤其是 ALU，也可能需要考虑有多份。

另一方面，最初的指令执行单元只有一种，那就是 ALU，什么指令都放在 ALU 中执行，只有浮点指令是放在“协处理器”中执行。像这样集种种功能于一身，就加大了 ALU 的复杂性和设计的难度。这个问题在 CISC 的 CPU 中不大好解决，但是在 RISC 的 CPU 中就容易解决了，所以在 RISC 的 CPU 设计中倾向于把不同的功能分离开来，做成面向不同指令的不同执行单元，使不同的指令可以在不同的执行单元中执行。

进一步，宽度大于 1 的超标量流水线也对指令的分发带来影响。因为流水线宽度大于 1，就必然要有多个指令执行单元，但是成批执行的未必都是同样的指令，这就有了统筹调度的可能。假定有 n 种不同的指令执行单元，而流水线的宽度为 m，实际上并不需要有 n*m 个指令执行单元。

凡此种种，所带来的结果之一是译码与派发的分离，使得在译码之后有了个独立于译码的指令派发环节，即流水线的 Dispatch 阶段。当然，在这二者之间实际上还有个寄存器改名环节，那属于译码阶段。

相对而言，Dispatch 的代码是比较简单的，因为译码所得的信息中已经有了指令应该在什么执行单元里执行的信息，即 FuType，这个信息在 CtrlSignals 中，现在是 MicroOp 的一部分，而 Dispatch 只是根据这个信息将代表着指令的 MicroOp 分发到不同的分发队列中，FuType 就是为此而设计的。另一方面，不管是什么样的指令，都需要按顺序在 Rob 中留下一个副本，作为以后重新排序的依据。下面是 class Dispatch 的代码：

```
[XSCore > XSCoreBase > CtrlBlock > CtrlBlockImp > Dispatch]
  // read rob and enqueue
class Dispatch(implicit p: Parameters) extends XSModule with HasPerfEvents {
  val io = IO(new Bundle() {
    val hartId = Input(UInt(8.W))
    // from rename
    val fromRename = Vec(RenameWidth, Flipped(DecoupledIO(new MicroOp)))      ///Dispatch 的输入来自 Rename，6 车道。
    val recv = Output(Vec(RenameWidth, Bool()))                               /// RenameWidth=6
    // enq Rob        ///排入 Rob 队列
    val enqRob = Flipped(new RobEnqIO)
    // enq Lsq        ///排入 Lsq 队列
    val allocPregs = Vec(RenameWidth, Output(new ResetPregStateReq))
    // to dispatch queue
    val toIntDq = new Bundle {                                                ///去往整数运算派发队列
```

```
      val canAccept = Input(Bool())
      val needAlloc = Vec(RenameWidth, Output(Bool()))
      val req = Vec(RenameWidth, ValidIO(new MicroOp))
    }
    val toFpDq = new Bundle {                                          ///去往浮点运算派发队列
      val canAccept = Input(Bool())
      val needAlloc = Vec(RenameWidth, Output(Bool()))
      val req = Vec(RenameWidth, ValidIO(new MicroOp))
    }
    val toLsDq = new Bundle {                                          ///去往访存操作派发队列
      val canAccept = Input(Bool())
      val needAlloc = Vec(RenameWidth, Output(Bool()))
      val req = Vec(RenameWidth, ValidIO(new MicroOp))
    }
    val redirect = Flipped(ValidIO(new Redirect))
    // singleStep
    val singleStep = Input(Bool())                                     ///单步执行用于调试
    // lfst
    val lfst = new DispatchLFSTIO                                      ///Last Fetched Store Table 的 IO
  })  ///end val io

  /**
    * Part 1: choose the target dispatch queue and the corresponding write ports   ///根据译码结果判断指令类型：
    */
  // valid bits for different dispatch queues
  val isInt        = VecInit(io.fromRename.map(req => FuType.isIntExu(req.bits.ctrl.fuType)))
  val isBranch     = VecInit(io.fromRename.map(req => !req.bits.cf.pd.notCFI || FuType.isJumpExu(req.bits.ctrl.fuType)))
    // cover auipc (a fake branch)
  val isFp         = VecInit(io.fromRename.map(req => FuType.isFpExu (req.bits.ctrl.fuType)))
  val isMem        = VecInit(io.fromRename.map(req => FuType.isMemExu(req.bits.ctrl.fuType)))
  val isLs         = VecInit(io.fromRename.map(req => FuType.isLoadStore(req.bits.ctrl.fuType)))
  val isStore      = VecInit(io.fromRename.map(req => FuType.isStoreExu(req.bits.ctrl.fuType)))
  val isAMO        = VecInit(io.fromRename.map(req => FuType.isAMO(req.bits.ctrl.fuType)))
  val isBlockBackward    = VecInit(io.fromRename.map(_.bits.ctrl.blockBackward))      ///与 fence 指令有关
  val isNoSpecExec       = VecInit(io.fromRename.map(_.bits.ctrl.noSpecExec))         ///也是与 fence 指令有关

  /**
    * Part 2:
    *   Update commitType, psrc(0), psrc(1), psrc(2), old_pdest, robIdx and singlestep for the uops
    */
  val singleStepStatus = RegInit(false.B)
  when (io.redirect.valid) { singleStepStatus := false.B}
  .elsewhen (io.singleStep && io.fromRename(0).fire()) { singleStepStatus := true.B }

  val updatedUop = Wire(Vec(RenameWidth, new MicroOp))
  val updatedCommitType = Wire(Vec(RenameWidth, CommitType()))
```

```
val checkpoint_id = RegInit(0.U(64.W))
checkpoint_id := checkpoint_id + PopCount((0 until RenameWidth).map(i => io.fromRename(i).fire()))

for (i <- 0 until RenameWidth) {
  updatedCommitType(i) := Cat(isLs(i), (isStore(i) && !isAMO(i)) | isBranch(i))
  updatedUop(i) := io.fromRename(i).bits
  updatedUop(i).debugInfo.eliminatedMove := io.fromRename(i).bits.eliminatedMove
  // update commitType
  when (!CommitType.isFused(io.fromRename(i).bits.ctrl.commitType)) {
    updatedUop(i).ctrl.commitType := updatedCommitType(i)
  }.otherwise {
    XSError(io.fromRename(i).valid && updatedCommitType(i) =/= CommitType.NORMAL, "why fused?\n")
  }
  // For the LUI instruction: psrc(0) is from register file and should always be zero.
  when (io.fromRename(i).bits.isLUI) { updatedUop(i).psrc(0) := 0.U }

  io.lfst.req(i).valid := io.fromRename(i).fire() && updatedUop(i).cf.storeSetHit
  io.lfst.req(i).bits.isstore := isStore(i)
  io.lfst.req(i).bits.ssid := updatedUop(i).cf.ssid
  io.lfst.req(i).bits.robIdx := updatedUop(i).robIdx            // speculatively assigned in rename

  // override load delay ctrl signal with store set result
  if(StoreSetEnable) {
    updatedUop(i).cf.loadWaitBit := io.lfst.resp(i).bits.shouldWait
    updatedUop(i).cf.waitForRobIdx := io.lfst.resp(i).bits.robIdx
  } else {
    updatedUop(i).cf.loadWaitBit := isLs(i) && !isStore(i) && io.fromRename(i).bits.cf.loadWaitBit
  }

  // update singleStep
  updatedUop(i).ctrl.singleStep := io.singleStep && (if (i == 0) singleStepStatus else true.B)
  …    ///调试与测试从略
}  ///end for (i <- 0 until RenameWidth)

// store set perf count   ///性能统计从略

/**
  * Part 3:
  *    acquire ROB (all), LSQ (load/store only) and dispatch queue slots
  *    only set valid when all of them provides enough entries
  */
val allResourceReady = io.enqRob.canAccept && io.toIntDq.canAccept && io.toFpDq.canAccept && io.toLsDq.canAccept
        ///如果 Rob 中无空位，或者整数分发队列 IntDq/浮点分发队列 FpDq/访存分发队列 LsDq 中无空位，就不能向前。
 // Instructions should enter dispatch queues in order.
 // thisIsBlocked: this instruction is blocked by itself (based on noSpecExec)
 // nextCanOut: next instructions can out (based on blockBackward)
```

```
  // notBlockedByPrevious: previous instructions can enqueue
  val hasException = VecInit(io.fromRename.map (r =>
                       selectFrontend(r.bits.cf.exceptionVec).asUInt.orR || r.bits.ctrl.singleStep || r.bits.cf.trigger.getHitFrontend))
  val thisIsBlocked = VecInit((0 until RenameWidth).map (i => {
    // for i > 0, when Rob is empty but dispatch1 have valid instructions to enqueue, it's blocked
    if (i > 0) isNoSpecExec(i) && (!io.enqRob.isEmpty || Cat(io.fromRename.take(i).map(_.valid)).orR)
    else isNoSpecExec(i) && !io.enqRob.isEmpty
  }))
  val nextCanOut = VecInit((0 until RenameWidth).map (i =>
    (!isNoSpecExec(i) && !isBlockBackward(i)) || !io.fromRename(i).valid
  ))
  val notBlockedByPrevious = VecInit((0 until RenameWidth).map(i =>
    if (i == 0) true.B
    else Cat((0 until i).map(j => nextCanOut(j))).andR
  ))

  // for noSpecExec: (robEmpty || !this.noSpecExec) && !previous.noSpecExec
  // For blockBackward:
  // this instruction can actually dequeue: 3 conditions
  // (1) resources are ready
  // (2) previous instructions are ready
  val thisCanActualOut = (0 until RenameWidth).map(i => !thisIsBlocked(i) && notBlockedByPrevious(i))
  val hasValidException = io.fromRename.zip(hasException).map(x => x._1.valid && x._2)

  // input for ROB, LSQ, Dispatch Queue
  for (i <- 0 until RenameWidth) {
    io.enqRob.needAlloc(i) := io.fromRename(i).valid          ///这边有来自 Rename 的输入，那边就得申请 Rob 分配空间。
    io.enqRob.req(i).valid := io.fromRename(i).valid && thisCanActualOut(i) && io.toIntDq.canAccept &&
      io.toFpDq.canAccept && io.toLsDq.canAccept               ///把 MicroOp 打入 Rob 的条件
    io.enqRob.req(i).bits := updatedUop(i)                     ///将 Uop 写入 Rob，准备好指令执行以后的次序恢复。

    // When previous instructions have exceptions, following instructions should not enter dispatch queues.
    val previousHasException = if (i == 0) false.B else VecInit(hasValidException.take(i)).asUInt.orR
    val canEnterDpq = !hasException(i) && thisCanActualOut(i) && !previousHasException && io.enqRob.canAccept

    // send uops to dispatch queues
    // Note that if one of their previous instructions cannot enqueue, they should not enter dispatch queue.
    val doesNotNeedExec = io.fromRename(i).bits.eliminatedMove
    io.toIntDq.needAlloc(i) := io.fromRename(i).valid && isInt(i) && !doesNotNeedExec
    io.toIntDq.req(i).valid := io.fromRename(i).valid && isInt(i) && !doesNotNeedExec &&
                                          canEnterDpq && io.toFpDq.canAccept && io.toLsDq.canAccept
    io.toIntDq.req(i).bits := updatedUop(i)                    ///将 Uop 挂入整数运算派发队列。

    io.toFpDq.needAlloc(i) := io.fromRename(i).valid && isFp(i)
    io.toFpDq.req(i).valid := io.fromRename(i).valid && isFp(i) && canEnterDpq && io.toIntDq.canAccept && io.toLsDq.canAccept
    io.toFpDq.req(i).bits := updatedUop(i)                     ///将 Uop 挂入浮点运算派发队列。
```

```
    io.toLsDq.needAlloc(i) := io.fromRename(i).valid && isMem(i)
    io.toLsDq.req(i).valid := io.fromRename(i).valid && isMem(i) &&
                                           canEnterDpq && io.toIntDq.canAccept && io.toFpDq.canAccept
    io.toLsDq.req(i).bits := updatedUop(i)                    ///将 Uop 挂入访存操作派发队列。

    XSDebug(io.toIntDq.req(i).valid, p"pc 0x${Hexadecimal(io.toIntDq.req(i).bits.cf.pc)} int index $i\n")
    XSDebug(io.toFpDq.req(i).valid , p"pc 0x${Hexadecimal(io.toFpDq.req(i).bits.cf.pc )} fp    index $i\n")
    XSDebug(io.toLsDq.req(i).valid , p"pc 0x${Hexadecimal(io.toLsDq.req(i).bits.cf.pc )} ls    index $i\n")
  }  ///end for (i <- 0 until RenameWidth)

  /**
    * Part 4: send response to rename when dispatch queue accepts the uop
    */
  val hasValidInstr = VecInit(io.fromRename.map(_.valid)).asUInt.orR
  val hasSpecialInstr = Cat((0 until RenameWidth).map(i =>
                        io.fromRename(i).valid && (isBlockBackward(i) || isNoSpecExec(i)))).orR
  for (i <- 0 until RenameWidth) {
    io.recv(i) := thisCanActualOut(i) && io.enqRob.canAccept && io.toIntDq.canAccept &&
                                                       io.toFpDq.canAccept && io.toLsDq.canAccept
    io.fromRename(i).ready := !hasValidInstr || !hasSpecialInstr && io.enqRob.canAccept &&
                                           io.toIntDq.canAccept && io.toFpDq.canAccept && io.toLsDq.canAccept

    io.allocPregs(i).isInt := io.fromRename(i).valid && io.fromRename(i).bits.ctrl.rfWen &&
                           (io.fromRename(i).bits.ctrl.ldest =/= 0.U) && !io.fromRename(i).bits.eliminatedMove
    io.allocPregs(i).isFp   := io.fromRename(i).valid && io.fromRename(i).bits.ctrl.fpWen
    io.allocPregs(i).preg   := io.fromRename(i).bits.pdest      ///指令的物理目标寄存器就是其 allocPregs，Preg 即物理寄存器。
  }  ///end for (i <- 0 until RenameWidth)

  ///性能统计从略
  generatePerfEvent()
}  ///end class Dispatch
```

注意 Dispatch 本身并不构成流水线中一个阶段、一个工位；因为其输入端并无寄存器，其输入是随时可以变动的，实现 Dispatch 的电路也全是组合电路，不过其输出端的各个派发队列显然是要有时钟脉冲打入的。

Dispatch 模块所为，就是将来自译码和 Rename 的 MicroOp 分别写入其该去的派发队列，留待执行阶段加以执行。如前所述，派发队列有三个，就是 intDq、fpDq、lsDq，这都是在 CtrlBlockImp 中创建的。Dispatch 与这些 DispatchQueue 间的接口是 DispatchQueueIO：

```
class DispatchQueueIO(enqnum: Int, deqnum: Int)(implicit p: Parameters) extends XSBundle {
  val enq = new Bundle {                              ///enq，即将MicroOp写入派发队列，这是Dispatch的事。
    // output: dispatch queue can accept new requests
    val canAccept = Output(Bool())
    // input: need to allocate new entries (for address computing)
    val needAlloc = Vec(enqnum, Input(Bool()))
    // input: actually do the allocation (for write enable)
```

```
    val req = Vec(enqnum, Flipped(ValidIO(new MicroOp)))
  }
  val deq = Vec(deqnum, DecoupledIO(new MicroOp))          ///deq，即从派发队列取出NicroOp，这是下游执行阶段的事。
  val redirect = Flipped(ValidIO(new Redirect))
  val dqFull = Output(Bool())
  val deqNext = Vec(deqnum, Output(new MicroOp))
}
```

Dispatch 只是管 enq，就是根据具体指令的 FuType 将其 MicroOp 写入具体的派发队列，而 MicroOp 的 deq，即从具体派发队列取出 MicroOp，则是下游方向执行阶段的事。

但是我们当然得要看一下派发队列是什么样的：

```
[XSCore > XSCoreBase > CtrlBlock > CtrlBlockImp > DispatchQueue]
  // dispatch queue: accepts at most enqnum uops from dispatch1 and dispatches deqnum uops at every clock cycle
class DispatchQueue(size: Int, enqnum: Int, deqnum: Int)(implicit p: Parameters)
                                          extends XSModule with HasCircularQueuePtrHelper with HasPerfEvents {
      ///根据创建时的实参，intDq/fpDq/LsDq 的大小 IntDqSize/FpDqSize/LsDqSize 均为 16。
      ///enqnum 为 RenameWidth=6；deqnum 则为 IntDqDeqWidth/FpDqDeqWidth/LsDqDeqWidth，均定义为 4。
  val io = IO(new DispatchQueueIO(enqnum, deqnum))

  val s_invalid :: s_valid :: Nil = Enum(2)

  // queue data array
  val dataModule = Module(new SyncDataModuleTemplate(new MicroOp, size, 2 * deqnum, enqnum))          ///缓冲区
  val robIdxEntries = Reg(Vec(size, new RobPtr))
  val stateEntries = RegInit(VecInit(Seq.fill(size)(s_invalid)))

  class DispatchQueuePtr extends CircularQueuePtr[DispatchQueuePtr](size)                    ///这是个循环缓冲区

  // head: first valid entry (dispatched entry)
  val headPtr = RegInit(VecInit((0 until 2 * deqnum).map(_.U.asTypeOf(new DispatchQueuePtr))))
  val headPtrNext = Wire(Vec(2 * deqnum, new DispatchQueuePtr))
  val headPtrMask = UIntToMask(headPtr(0).value, size)
  val headPtrOH = RegInit(1.U(size.W))
  val headPtrOHShift = CircularShift(headPtrOH)
  val headPtrOHVec = VecInit.tabulate(deqnum + 1)(headPtrOHShift.left)
  // tail: first invalid entry (free entry)
  val tailPtr = RegInit(VecInit((0 until enqnum).map(_.U.asTypeOf(new DispatchQueuePtr))))       ///tailPtr 是个向量
  val tailPtrMask = UIntToMask(tailPtr(0).value, size)
  val tailPtrOH = RegInit(1.U(size.W))
  val tailPtrOHShift = CircularShift(tailPtrOH)
  val tailPtrOHVec = VecInit.tabulate(enqnum + 1)(tailPtrOHShift.left)
  // valid entries counter
  val validCounter = RegInit(0.U(log2Ceil(size + 1).W))
  val allowEnqueue = RegInit(true.B)
```

```
val isTrueEmpty = !VecInit(stateEntries.map(_ === s_valid)).asUInt.orR
val canEnqueue = allowEnqueue

/**
 * Part 1: update states and uops when enqueue, dequeue, commit, redirect/replay uop only changes when a new instruction enqueues.
 * state changes when
 * (1) enqueue: from s_invalid to s_valid
 * (2) dequeue: from s_valid to s_dispatched
 * (3) commit: from s_dispatched to s_invalid
 * (4) redirect (branch misprediction or exception): from any state to s_invalid (flushed)
 * (5) redirect (replay): from s_dispatched to s_valid (re-dispatch)
 */
// enqueue: from s_invalid to s_valid
io.enq.canAccept := canEnqueue
val enqOffset = (0 until enqnum).map(i => PopCount(io.enq.needAlloc.take(i)))
val enqIndexOH = (0 until enqnum).map(i => tailPtrOHVec(enqOffset(i)))
for (i <- 0 until size) {
  val validVec = io.enq.req.map(_.valid).zip(enqIndexOH).map{ case (v, oh) => v && oh(i) }
  when (VecInit(validVec).asUInt.orR && canEnqueue) {
    robIdxEntries(i) := Mux1H(validVec, io.enq.req.map(_.bits.robIdx))
    stateEntries(i) := s_valid
  }
}
for (i <- 0 until enqnum) {
  dataModule.io.wen(i) := canEnqueue && io.enq.req(i).valid          ///write enable 信号就是 io.enq.req(i).valid
  dataModule.io.waddr(i) := tailPtr (enqOffset(i)).value              ///tailPtr 指向所分配的单元
  dataModule.io.wdata(i) := io.enq.req(i).bits                        ///写入内容
}

// dequeue: from s_valid to s_dispatched
for (i <- 0 until size) {
  val validVec = io.deq.map(_.fire).zip(headPtrOHVec).map{ case (v, oh) => v && oh(i) }
  when (VecInit(validVec).asUInt.orR && !io.redirect.valid) {
    stateEntries(i) := s_invalid
  }
}

// redirect: cancel uops currently in the queue
val needCancel = Wire(Vec(size, Bool()))
for (i <- 0 until size) {
  needCancel(i) := stateEntries(i) =/= s_invalid && robIdxEntries(i).needFlush(io.redirect)
  when(needCancel(i)) { stateEntries(i) := s_invalid }
}

/**
 * Part 2: update indices
```

```
  * tail: (1) enqueue; (2) redirect
  * head: dequeue
  */
  // dequeue
val currentValidCounter = distanceBetween(tailPtr(0), headPtr(0))
val numDeqTryMask = Mux(currentValidCounter >= deqnum.U,
  // all deq are valid
  (1 << deqnum).U,
  // only the valid bits are set
  UIntToOH(currentValidCounter, deqnum)
)
val deqEnable_n = io.deq.zipWithIndex.map { case (deq, i) =>
  // For dequeue, the first entry should never be s_invalid
  // Otherwise, there should be a redirect and tail walks back
  // in this case, we set numDeq to 0
  if (i == 0) !deq.fire || numDeqTryMask(i)
  // When the state is s_invalid, we set deqEnable_n to false.B because
  // the entry may leave earlier and require to move forward the deqPtr.
  else (!deq.fire && stateEntries(headPtr(i).value) =/= s_invalid) || numDeqTryMask(i)
} :+ true.B
val numDeq = PriorityEncoder(deqEnable_n)
// agreement with reservation station: don't dequeue when redirect.valid
for (i <- 0 until 2 * deqnum) {
  headPtrNext(i) := Mux(io.redirect.valid, headPtr(i), headPtr(i) + numDeq)
}
headPtr := headPtrNext
headPtrOH := Mux(io.redirect.valid, headPtrOH, ParallelPriorityMux(deqEnable_n, headPtrOHVec))
XSError(headPtrOH =/= headPtr.head.toOH, p"head: $headPtrOH != UIntToOH(${headPtr.head})")

  // For branch mis-prediction or memory violation replay,
  // we delay updating the indices for one clock cycle.
  // For now, we simply use PopCount to count #instr cancelled.
val lastCycleMisprediction = RegNext (io.redirect.valid)
// find the last one's position, starting from headPtr and searching backwards
val validBitVec = VecInit((0 until size).map(i => stateEntries(i) === s_valid))
val loValidBitVec = Cat((0 until size).map(i => validBitVec(i) && headPtrMask(i)))
val hiValidBitVec = Cat((0 until size).map(i => validBitVec(i) && !headPtrMask(i)))
val flippedFlag = loValidBitVec.orR || validBitVec(size - 1)
val leadingZeros = PriorityEncoder(Mux(loValidBitVec.orR, loValidBitVec, hiValidBitVec))
val lastOneIndex = Mux(leadingZeros === 0.U, 0.U, size.U - leadingZeros)
val walkedTailPtr = Wire(new DispatchQueuePtr)
walkedTailPtr.flag := flippedFlag ^ headPtr(0).flag
walkedTailPtr.value := lastOneIndex

// enqueue                                    ///进入队列是一批 4 个同时写入
val numEnq = Mux(io.enq.canAccept, PopCount(io.enq.req.map(_.valid)), 0.U)
```

```
tailPtr(0) := Mux(io.redirect.valid, tailPtr(0), Mux(lastCycleMisprediction, Mux(isTrueEmpty, headPtr(0), walkedTailPtr),
                                                                                    tailPtr(0) + numEnq))
        ///对 tailPtr(0)的更新：常规情况下就是向前推进，即 tailPtr(0) + numEnq，但在有 Redirect 的时候就得有特殊处理。
        ///另外，当推进到了尽头时得要折回到缓冲区的起点。
val lastLastCycleMisprediction = RegNext(lastCycleMisprediction)
for (i <- 1 until enqnum) {
  tailPtr(i) := Mux(io.redirect.valid, tailPtr(i), Mux(lastLastCycleMisprediction, tailPtr(0) + i.U, tailPtr(i) + numEnq))
}       ///同样，常规情况下就是 tailPtr(i) + numEnq，但在有 Redirect 的时候就得有特殊处理，推进到了尽头时得要折回。
tailPtrOH := Mux(lastLastCycleMisprediction, tailPtr.head.toOH, tailPtrOHVec(numEnq))
val tailPtrOHAccurate = !lastCycleMisprediction && !lastLastCycleMisprediction
XSError(tailPtrOHAccurate && tailPtrOH =/= tailPtr.head.toOH, p"tail: $tailPtrOH != UIntToOH(${tailPtr.head})")

// update valid counter and allowEnqueue reg
validCounter := Mux(io.redirect.valid, validCounter, Mux(lastLastCycleMisprediction, currentValidCounter,
                                                                      validCounter + numEnq - numDeq))
allowEnqueue := Mux(currentValidCounter > (size - enqnum).U, false.B, numEnq <= (size - enqnum).U - currentValidCounter)

/**
 * Part 3: set output valid and data bits        ///离开队列也是一批 4 个同时离开
 */
val deqData = Reg(Vec(deqnum, new MicroOp))          ///长度为 4 的向量
// How to pipeline the data read:
// T: get the required read data
for (i <- 0 until deqnum) {
  io.deq(i).bits := deqData(i)                         ///把向量 deqData 的各个元素连到相应输出接口上
  // Some bits have bad timing in Dispatch but will not be used at Dispatch2
  // They will use the slow path from data module
  io.deq(i).bits.cf := dataModule.io.rdata(i).cf       ///向量元素的数据来源就是从 dataModule 的读出
  io.deq(i).bits.ctrl.fpu := dataModule.io.rdata(i).ctrl.fpu
  // do not dequeue when io.redirect valid because it may cause dispatchPtr work improperly
  io.deq(i).valid := Mux1H(headPtrOHVec(i), stateEntries) === s_valid && !lastCycleMisprediction
}
 // T-1: select data from the following (deqnum + 1 + numEnq) sources with priority
 // For data(i): (1) current output (deqnum - i); (2) next-step data (i + 1)
 // For the next-step data(i): (1) enqueue data (enqnum); (2) data from storage (1)
val nextStepData = Wire(Vec(2 * deqnum, new MicroOp))
val ptrMatch = new QPtrMatchMatrix(headPtr, tailPtr)
for (i <- 0 until 2 * deqnum) {
  val enqMatchVec = VecInit(ptrMatch(i))
  val enqBypassEnVec = io.enq.needAlloc.zip(enqOffset).map{ case (v, o) => v && enqMatchVec(o) }
  val enqBypassEn = io.enq.canAccept && VecInit(enqBypassEnVec).asUInt.orR
  val enqBypassData = Mux1H(enqBypassEnVec, io.enq.req.map(_.bits))
  val readData = if (i < deqnum) deqData(i) else dataModule.io.rdata(i)
  nextStepData(i) := Mux(enqBypassEn, enqBypassData, readData)
}
for (i <- 0 until deqnum) {
```

```
    io.deqNext(i) := deqData(i)
    when (!io.redirect.valid) {
      io.deqNext(i) := ParallelPriorityMux(deqEnable_n, nextStepData.drop(i).take(deqnum + 1))
    }
  }
  deqData := io.deqNext
  // T-2: read data from storage: next
  dataModule.io.raddr := headPtrNext.map(_.value)                    ///设置好从 dataModule 读出的地址

  // debug: dump dispatch queue states    ///Debug 与性能添加从略
  generatePerfEvent()
}   ///end class DispatchQueue
```

宽度为 1 的循环队列是很简单的，但 DispatchQueue 是宽度为 enqnum 即 4 的循环队列，不过其入口的宽度 enqnum 和 deqnum 是一样的（不像前面的 Ibuffer，一头大一头小），所以其进队和出队的指针 tailPtr 也是一排 4 个。另一个复杂性来自 Redirect，一有转向已经进入分发队列的指令就都要被丢弃。但是，尽管如此，代码的逻辑还是相对简单的，所以代码中注释也加得少一些。

此外，Dispatch 与 Rob 间的接口 enqRob，是 Dispatch 用来向 Rob 发送 MicroOp，供 Rob 用作对指令执行结果进行重排序的依据，所谓重排序（Re-Order）就是恢复 Dispatch 向下游派发指令时的次序，那也就是程序中编排好的指令顺序。为此目的，就让从 Dispatch 出来的指令派其副本去 Rob 中先占个位，所以 RobEnqIO 的核心 req 就是长度为 RenameWidth 即 6 的 MicroOp 向量：

```
class RobEnqIO(implicit p: Parameters) extends XSBundle {
  val canAccept = Output(Bool())
  val isEmpty = Output(Bool())
  // valid vector, for robIdx gen and walk
  val needAlloc = Vec(RenameWidth, Input(Bool()))
  val req = Vec(RenameWidth, Flipped(ValidIO(new MicroOp)))
  val resp = Vec(RenameWidth, Output(new RobPtr))
}
```

至于 Rob 本身的作用，则在于执行结果的提交，实质上是让已经完成使命的指令释放其占用的物理寄存器号，而 Dispatch 只是为其提供排序的依据，所以我们把它放到后面再作介绍。

我们不妨回顾一下，Ibuffer 是前端取指阶段与译码阶段之间的缓冲队列，这是流水线上游与中游之间的缓冲，而指令派发队列则是在译码阶段与执行阶段，是中游与下游之间的缓冲。我们在这里所说的“阶段”是宏观意义上的阶段，而不是流水线具体实现的微观意义上的阶段或工位。事实上，如果必要，译码阶段就完全可以分割成译码、寄存器映射、分发三个工位，但是如果这三个模块都只需要组合电路就可实现，并且互不冲突，没有共享资源，那就可以将它们合并在同一个工位内，只要输入信号在里面流通路径的最大长度所带来的最大延迟不超过一个时钟节拍的长度（并适当留有余地）就行。至于最大延迟的计算，那就不是个简单的事了，需要靠 EDA 软件的综合和模拟。如果最大延迟超过（或接近）了时钟节拍的长度，那就得把工位分得再细小一点，办法就是再在中间插入寄存器，把原来的一个工位分成前后两个。

第 23 章

指令的执行

前面已经介绍了香山 CPU 流水线的上游和中游，现在就到了下游，就是指令的执行阶段了。如前所述，上游即前端的“总控”模块是 Frontend （实际上是 Ftq），中游的总控模块是 CtrlBlock。而下游的总控模块则是 ExuBlock。在 ExuBlock 的上游方向是 intDq、fpDq、lsDq 三个指令派发队列，指令已经在这三个队列里排队等待被执行。

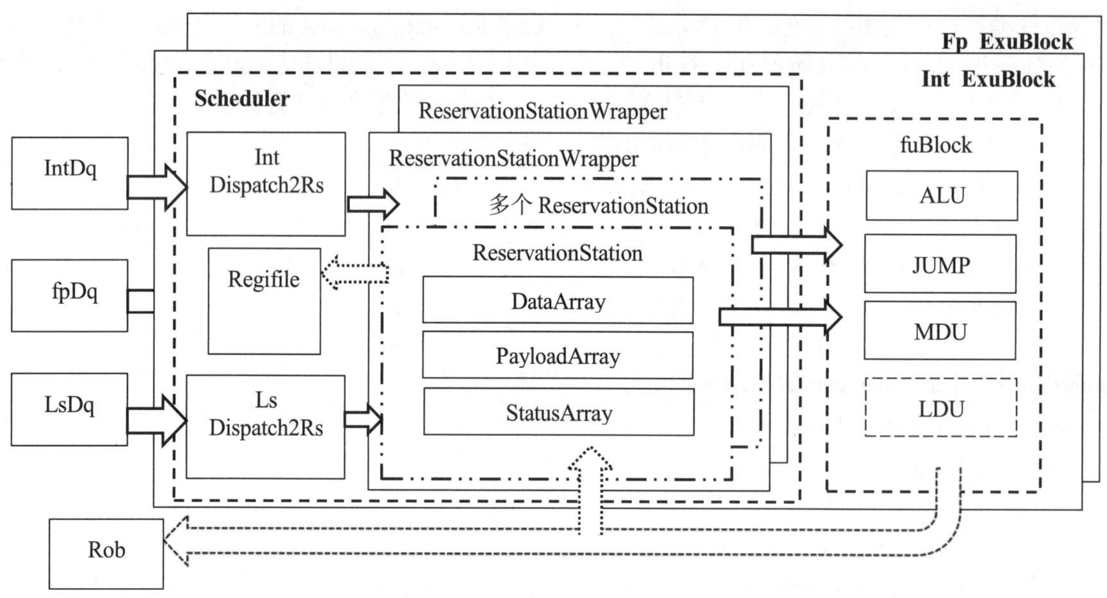

不像中游的 CtrlBlock 只有一个，下游的 ExuBlock 有两个，一个用于整数指令的执行，另一个用于浮点指令的执行。关于 ExuBlock 的创建我们需要重温一下前面抽象类 XSCoreBase 的几个代码片段，因为 ExuBlock 是在那里创建的：

```
abstract class XSCoreBase()(implicit p: config.Parameters) extends LazyModule with HasXSParameter with HasExuWbHelper {
…
  // allow mdu and fmisc to have 2*numDeq enqueue ports
  val intDpPorts = (0 until exuParameters.AluCnt).map(i => {
    if (i < exuParameters.JmpCnt) Seq((0, i), (1, i), (2, i)) else if (i < 2 * exuParameters.MduCnt) Seq((0, i), (1, i)) else Seq((0, i))
  })   /// AluCnt =4，JmpCnt=1，MduCnt=2
  val lsDpPorts = (0 until exuParameters.LduCnt).map(i => Seq((3, i))) ++                    /// LduCnt=2，StuCnt=2
                  (0 until exuParameters.StuCnt).map(i => Seq((4, i))) ++ (0 until exuParameters.StuCnt).map(i => Seq((5, i)))
  val fpDpPorts = (0 until exuParameters.FmacCnt).map(i => {                                 /// FmacCn=4
    if (i < 2 * exuParameters.FmiscCnt) Seq((0, i), (1, i)) else Seq((0, i))                 /// FmiscCnt=2
  })
  val dispatchPorts = Seq(intDpPorts ++ lsDpPorts, fpDpPorts)
                                  ///这个序列中有两个元素，一个是intDpPorts ++ lsDpPort，另一个是fpDpPorts。
```

```
  val outIntRfReadPorts = Seq(0, 0)                    ///Rf意为Register File，即物理寄存器组。
  val outFpRfReadPorts = Seq(0, StorePipelineWidth)
  val hasIntRf = Seq(true, false)
  val hasFpRf = Seq(false, true)
  val schedulePorts = Seq(        // exuCfg, numDeq, intFastWakeupTarget, fpFastWakeupTarget
    Seq(          ///这是整数指令执行单元配置的序列：
      (AluExeUnitCfg, exuParameters.AluCnt, Seq(AluExeUnitCfg, LdExeUnitCfg, StaExeUnitCfg), Seq()),
                                                       ///整数指令执行单元Alu是4个，AluCnt=4。
      (MulDivExeUnitCfg, exuParameters.MduCnt, Seq(AluExeUnitCfg, MulDivExeUnitCfg), Seq()),
                                                       ///整数乘除指令执行单元Mdu，2个，MduCnt=2。
      (JumpCSRExeUnitCfg, 1, Seq(), Seq()),              ///转移和CSR指令执行单元Jump，1个。
      (LdExeUnitCfg, exuParameters.LduCnt, Seq(AluExeUnitCfg, LdExeUnitCfg), Seq()),   ///内存加载指令执行单元，2个。
      (StaExeUnitCfg, exuParameters.StuCnt, Seq(), Seq()),      ///存储指令执行单元Stu，2个，StuCnt=2。
      (StdExeUnitCfg, exuParameters.StuCnt, Seq(), Seq())       ///另一种存储指令执行单元Stu，也是2个。注意Std/Sta的不同。
    ),
    Seq(          ///这是浮点指令执行单元配置的序列：
      (FmacExeUnitCfg, exuParameters.FmacCnt, Seq(), Seq(FmacExeUnitCfg, FmiscExeUnitCfg)),
                                                       ///浮点运算指令执行单元FmacExe，4个，FmacCn=4。
      (FmiscExeUnitCfg, exuParameters.FmiscCnt, Seq(), Seq())      ///浮点数转换指令执行单元，2个，FmiscCnt=2。
    )
  )  ///end val schedulePorts
  …
  val exuBlocks = scheduleParts.zip(dispatchPorts).zip(otherFastPorts).zipWithIndex.map {
    case (((sche, disp), other), i) => LazyModule(new ExuBlock(sche, disp, intWbPorts, fpWbPorts, other,
                                           outIntRfReadPorts(i), outFpRfReadPorts(i), hasIntRf(i), hasFpRf(i)))
  }  ///上面schedulePorts中所配置的这些执行单元，与dispatchPorts中所列端口成对扣合，
    ///为每对扣合中都创建一个Lazy模块ExuBlock。所以schedulePorts中的两个Seq都有一个专门的ExuBlock。
    ///这两个Seq，一个是关于整数指令执行的，内含6种不同的执行单元配置；另一个是关于浮点指令执行的。
  …
}
```

这里的 schedulePorts 内含两个序列（其实应该说是向量），每个序列中的元素又是一个系列，这次是不同对象的序列，以含有 AluExeUnitCfg 的那个序列为例，就是：

(AluExeUnitCfg, exuParameters.AluCnt, Seq(AluExeUnitCfg, LdExeUnitCfg, StaExeUnitCfg), Seq())

这个序列中各个元素的物理意义，按原文的注释所说，是“exuCfg, numDeq, intFastWakeupTarget, fpFastWakeupTarget”。这些元素的类型，则按 class ExuBlock 的第一个构造参数 configs（见下）的类型推测，是 Seq[(ExuConfig, Int, Seq[ExuConfig], Seq[ExuConfig])]，所以 intFastWakeupTarget 是 Seq[ExuConfig]。不过香山的代码中并无 intFastWakeupTarget 的定义，估计是说 AluExeUnit 的输出可以唤醒 RS 中由 LdExeUnit 和 StaExeUnit 执行的指令。但是这个序列中最重要的成分显然是 AluExeUnitCfg，这是个 ExuConfig。香山代码中定义的 ExuConfig 有下面这些：

```
  val JumpExeUnitCfg      = ExuConfig("JmpExeUnit", "Int", Seq(jmpCfg, i2fCfg), 2, Int.MaxValue)
  val AluExeUnitCfg       = ExuConfig("AluExeUnit", "Int", Seq(aluCfg), 0, Int.MaxValue)
  val JumpCSRExeUnitCfg   = ExuConfig("JmpCSRExeUnit", "Int", Seq(jmpCfg, csrCfg, fenceCfg, i2fCfg), 2, Int.MaxValue)
  val MulDivExeUnitCfg    = ExuConfig("MulDivExeUnit", "Int", Seq(mulCfg, divCfg, bkuCfg), 1, Int.MaxValue)
```

```
val FmacExeUnitCfg     = ExuConfig("FmacExeUnit", "Fp", Seq(fmacCfg), Int.MaxValue, 0)
val FmiscExeUnitCfg    = ExuConfig("FmiscExeUnit", "Fp", Seq(f2iCfg, f2fCfg, fdivSqrtCfg), Int.MaxValue, 1)
val LdExeUnitCfg       = ExuConfig("LoadExu", "Mem", Seq(lduCfg), wbIntPriority = 0, wbFpPriority = 0, extendsExu = false)
val StaExeUnitCfg      = ExuConfig("StaExu", "Mem", Seq(staCfg, mouCfg),
                               wbIntPriority = Int.MaxValue, wbFpPriority = Int.MaxValue, extendsExu = false)
val StdExeUnitCfg      = ExuConfig("StdExu", "Mem", Seq(stdCfg, mouDataCfg),
                               wbIntPriority = Int.MaxValue, wbFpPriority = Int.MaxValue, extendsExu = false)
```

这里的每一项都是一个具体的 ExuConfig 对象，ExuConfig 是个 case class 下面是其类型定义的摘要：

```
case class ExuConfig (name: String, blockName: String, fuConfigs: Seq[FuConfig], wbIntPriority: Int, wbFpPriority: Int,
                                        extendsExu: Boolean = true) extends IsLookupable {
  …
  val hasRedirect = fuConfigs.map(_.hasRedirect).reduce(_ || _)                    ///并非所有的执行单元都会产生转向要求
  val hasFastUopOut = fuConfigs.map(_.fastUopOut).reduce(_ || _)                   ///只有执行复杂计算的单元才有FastUopOut
  val exceptionOut = fuConfigs.map(_.exceptionOut).reduce(_ ++ _).distinct.sorted  ///并非所有的执行单元都会产生异常
}
```

ExuConfig 的内部有许多数据成分和函数定义，但是最重要的还是作为构造参数的那些成分，其中的 fuConfigs 尤为关键，这是一个 FuConfig 对象的序列，每个 FuConfig 对象代表着一个我们通常所说的“执行单元”，其实是执行单元的进一步细化，Fu 应该是 Function 的意思，一个 FuConfig 对象代表着一个具体的“功能单元”。

回到前面的代码中，对于 schedulePorts 中的每个元素 sched，将其与 dispatchPorts 配对后形成的二元组 (sched, disp)，再为每个这样的二元组都创建一个 ExuBlock，实际上就是为每个 sched 都创建一个 ExuBlock。然而 schedulePorts 是个序列的序列，其顶层的元素只有两个，一个是基于整数型 ExuConfig 的序列，另一个是基于浮点型 ExuConfig 的序列。与 schedulePorts 扣合的 dispatchPorts 中也是两个元素，一个是 intDpPorts ++ lsDpPorts，另一个是 fpDpPorts。所以这里创建的是两个 ExuBlock，一个用于整数指令，即基本指令；另一个用于浮点指令。

可见，一个香山 CPU 核中有两个 ExuBlock。一个用来执行整数指令，包括基本指令、跳转和 CSR 指令、访存指令、乘法指令等；另一个则用来执行浮点指令。

ExuBlock 的输入 MicroOp 来自相应派发队列的输出，在 ExuBlock 加以调度执行，实际上是从三个派发队列到众多执行单元的进一步派发。下面是 class ExuBlock 的定义：

```
[XSCore > XSCoreBase > ExuBlock]
class ExuBlock(val configs: Seq[(ExuConfig, Int, Seq[ExuConfig], Seq[ExuConfig])], val dpPorts: Seq[Seq[(Int, Int)]],
  val intRfWbPorts: Seq[Seq[ExuConfig]], val fpRfWbPorts: Seq[Seq[ExuConfig]], val outFastPorts: Seq[Seq[Int]],
  val outIntRfReadPorts: Int, val outFpRfReadPorts: Int, val hasIntRf: Boolean, val hasFpRf: Boolean )
                    (implicit p: Parameters) extends LazyModule with HasWritebackSource with HasExuWbHelper {
  ///这里的参数configs不是上面的整个schedulePorts，而是其中的一个元素，即一个具体的Seq；
  ///schedulePorts的顶层有两个元素，一个是基于整数指令执行单元配置的Seq，另一个是基于浮点指令执行单元的Seq。
  ///参数dpPorts的实参来自前面dispatchPorts，其两个元素分别为(intDpPorts ++ lsDpPorts)和fpDpPorts。
  ///intRfWbPorts表示整数寄存器组回写端口，Rf意为Register File，Wb意为Write Back。
  ///执行模块向RfWbPorts的写出，即向物理寄存器组的回写，也会被写入到Rob。
  val scheduler = LazyModule(new Scheduler (configs, dpPorts, intRfWbPorts, fpRfWbPorts,
```

```
                                        outFastPorts, outIntRfReadPorts, outFpRfReadPorts, hasIntRf, hasFpRf))
                    ///每个ExuBlock内部都有个调度器Scheduler，所以共有2个，分别用于整数指令和浮点指令的调度。

  val allRfWbPorts = intRfWbPorts ++ fpRfWbPorts
  def getWbIndex(cfg: ExuConfig): Seq[Int] = allRfWbPorts.zipWithIndex.filter(_._1.contains(cfg)).map(_._2)

  val fuConfigs = configs.map(c => (c._1, c._2)).filter(_._1.extendsExu)        ///对本模块所含的执行单元配置进行过滤
      ///每个ExuBlock都有个ExuConfig，每种具体执行单元则都有个FuConfig，其中的extendsExu字段默认为true;
      ///但是LdExeUnitCfg/StaExeUnitCfg/StdExeUnitCfg这三者的extendsExu字段为false。
  val numOutFu = configs.filterNot(_._1.extendsExu).map(_._2).sum               ///本模块含有访存执行单元的个数
    ///注意ExuBlock虽然是个LazyModule，却并不参与Diplomacy的参数协调，但它创建的scheduler是个Lazy Module。
  lazy val module = new ExuBlockImp(this)             ///本身的硬件实现

  override val writebackSourceParams: Seq[WritebackSourceParams] = {           ///后面我们会讲到writebackSource
    val params = new WritebackSourceParams
    params.exuConfigs = fuConfigs.flatMap(cfg => Seq.fill(cfg._2)(Seq(cfg._1)))
    Seq(params)
  }
  override lazy val writebackSourceImp: HasWritebackSourceImp = module         ///就是所创建的ExuBlockImp对象
}   ///end class ExuBlock
```

可见，两个 ExuBlock 在其 Diplomacy 部分都要创建自己的调度器 Scheduler。不过 ExuBlock 并不成为一个 Diplomacy 意义上的 node，并不存在参数协调。至于 ExuBlock 本身的硬件实现当然是在 ExuBlockImp 中。从这里也可以看出，虽然整数指令与浮点指令很不相同，但是对它们调度执行的框架是一样的，不一样的是里面的具体执行单元，那就像不同的插件一样。

ExuBlock 类有许多构造参数，主要是 intRfWbPorts/fpRfWbPorts，outIntRfReadPorts/outFpRfReadPorts 等有关 Rf 端口数量的参数，Rf 是 Register File 的缩写，这些端口都是用来读写物理寄存器组的，但针对不同种类指令的不同 ExuBlock 对访问物理寄存器组的需求也不同。后面我们将看到，执行单元（以及执行模块）对物理寄存器的回写也会进入 Rob。更确切地说，是其数据部分会被写入物理寄存器，但其结构部分会进入 Rob。

调度器 Scheduler 的作用，当然是调度指令投入执行，之所以需要调度，一方面因为对于相同的指令也存在多份相同的执行单元，另一方面更重要的就是要支持脱序执行和超标量流水线。而调度器的核心则是 ReservationStation 和物理寄存器组，对物理寄存器组（以及整个寄存器映射机制）的需求主要就是因为脱序执行和超标量流水线而来的。不过即便没有脱序执行，在超标量流水线中也会有调度的要求，因为超标量流水线中的指令是成批执行。试想，比方说每个批次执行 6 条指令，但是如果某个批次中第 2 条指令的源操作数来自第一条指令的执行结果，那从第 2 条指令开始以下显然就不能与第 1 条指令放在同一个批次中，从而这个批次中就只可以有 1 条指令，这就需要有调度了（通过一种称为 Scoreboard 的机制）。我们暂时把 Scheduler 搁一下，先将其看成黑盒子，而看一下在 ExuBlock 这一层上是怎样使用 Scheduler 的，这就得看 ExuBlock 的物理实现即 ExuBlockImp，下面是 ExuBlockImp 的代码，其中有些部分一下子也解释不清，读者需要看到后面以后再回过来看：

```
[XSCore > XSCoreBase > ExuBlock > ExuBlockImp]
class ExuBlockImp(outer: ExuBlock)(implicit p: Parameters) extends LazyModuleImp(outer)
  with HasWritebackSourceImp with HasPerfEvents {
  val scheduler = outer.scheduler.module              ///这就是在Diplomacy部分创建的Scheduler对象中的SchedulerImp对象。

  val fuConfigs = outer.fuConfigs                     ///class ExuBlock中的val fuConfigs
```

```
val fuBlock = Module(new FUBlock(fuConfigs))          ///FUBlock是具体执行指令的模块，即各种指令执行单元，如Alu。
val numOutFu = outer.numOutFu                         ///本类执行单元的个数，例如ALU就不是只有一个。

val io = IO(new Bundle {
  val hartId = Input(UInt(8.W))
  // global control
  val redirect = Flipped(ValidIO(new Redirect))        ///一直到执行前夕甚至以后，都有可能因指令流转向而被废止。
  // dispatch ports
  val allocPregs = scheduler.io.allocPregs.cloneType
  val in = scheduler.io.in.cloneType                   ///调度器scheduler的输入，来自指令分发队列。
  // issue and wakeup ports
  val issue = if (numOutFu > 0) Some(Vec(numOutFu, DecoupledIO(new ExuInput))) else None    ///由scheduler提交执行
  val fastUopOut = scheduler.io.fastUopOut.cloneType   ///通向scheduler。计算比较复杂、延迟比较大的执行单元才有。
  val rfWriteback = scheduler.io.writeback.cloneType   ///本ExuBlock的回写输出，通往scheduler。
  val fastUopIn = scheduler.io.fastUopIn.cloneType     ///来自跨ExuBlock的MicroOp
  val fuWriteback = fuBlock.io.writeback.cloneType     ///本ExuBlock上的回写输入，来自执行单元输出，经过仲裁器。
  // extra
  val scheExtra = scheduler.io.extra.cloneType
  val fuExtra = fuBlock.io.extra.cloneType
})
override def writebackSource1: Option[Seq[Seq[DecoupledIO[ExuOutput]]]] = Some(Seq(io.fuWriteback))

// IO for the scheduler          /// ExuBlockImp与Scheduler之间的连接都是同名信号的对接
scheduler.io.hartId := io.hartId                      ///调度器模块属于具体的CPU核
scheduler.io.redirect <> io.redirect
scheduler.io.allocPregs <> io.allocPregs              ///Pregs就是物理寄存器，P表示Physical。
scheduler.io.in <> io.in
scheduler.io.fastUopOut <> io.fastUopOut              ///有些执行单元，例如乘法单元、浮点单元等会有fastUopOut。
scheduler.io.writeback <> io.rfWriteback              ///对物理寄存器组的回写
scheduler.io.fastUopIn <> io.fastUopIn                ///见上面的fastUopOut所述
scheduler.io.extra <> io.scheExtra

// the scheduler issues instructions to function units
scheduler.io.issue <> fuBlock.io.issue ++ io.issue.getOrElse(Seq())     ///Scheduler的issue输出连接到本模块中的多个FuBlock
if (scheduler.io.fmaMid.isDefined) {
  scheduler.io.fmaMid.get <> fuBlock.io.fmaMid.get                      ///如果支持fmadd/fmsub指令则还要连接fmaMid
      ///浮点指令fmadd和fmsub是相乘后相加/减，其实不能算简约指令，但对矩阵运算很有用。这两条指令有中间结果。
}  ///这两条浮点指令是有3个源操作数的，两个乘数到位就可进行乘法运算，有了中间结果再等加数到位。

// IO for the function units
fuBlock.io.redirect <> io.redirect                    ///FuBlock有Redirect输出，io.redirect也连进Scheduler（见上）
fuBlock.io.writeback <> io.fuWriteback                /// io.fuWriteback来自fuBlock.io.writeback，通往XSCoreImp中的wbArbiter。
fuBlock.io.extra <> io.fuExtra

// To reduce fanout, we add registers here for redirect.
val redirect = RegNextWithEnable(io.redirect)
```

```
val flattenFuConfigs = fuConfigs.flatMap(c => Seq.fill(c._2)(c._1))
require(flattenFuConfigs.length == fuBlock.io.writeback.length)

// TODO: add an attribute to ExuConfig for fast wakeup
for (((cfg, fuOut), fastOut) <- flattenFuConfigs.zip(fuBlock.io.writeback).zip(io.fastUopOut)) {
  if (cfg == FmacExeUnitCfg) {                 ///对于浮点运算单元Fmac：
    fastOut.valid := fuOut.valid                  ///将ExuBlockImp的fastUopOut来自FuBlock的writeback
    fastOut.bits := fuOut.bits.uop                ///浮点单元Fmac的fastOut来自其writeback中的uop
    XSError(fuOut.valid && !fuOut.ready, "fastUopOut should not be blocked\n")
    println(s"Enable fast wakeup from function unit ${cfg.name}")
  }
}

// Optimizations for wakeup and writeback timing
// Timing priority: RegNext(rs.fastUopOut) > fu.writeback > arbiter.out(--> io.rfWriteback --> rs.writeback)
// Filter condition: allWakeupFromRS > hasExclusiveWbPort > None
// The higher priority, the better timing.

// (1) When function units have exclusive writeback ports, their wakeup ports for reservation stations can be connected directly from
// function units' writeback ports.   Special case: when the function unit has fastUopOut, valid and uop should be RegNext.
val exclusiveFuWb = flattenFuConfigs.zip(fuBlock.io.writeback).filter(_._1.hasExclusiveWbPort)
val exclusiveRfWbIdx = fuConfigs.map(_._1).filter(_.hasExclusiveWbPort).flatMap(cfg => outer.getWbIndex(cfg))
require(exclusiveFuWb.length == exclusiveRfWbIdx.length, s"${exclusiveFuWb.length} != ${exclusiveRfWbIdx.length}")
for ((i, (cfg, wb)) <- exclusiveRfWbIdx.zip(exclusiveFuWb)) {
  val scheWb = scheduler.io.writeback(i)
  scheWb.valid := wb.valid
  scheWb.bits := wb.bits
  if (cfg.hasFastUopOut) {   ///这样的cfg有mulCfg/divCfg/bkuCfg/fmacCfg/i2fCfg/f2iCfg/f2fCfg/fdivSqrtCfg
    val isFlushed = wb.bits.uop.robIdx.needFlush(redirect)
    scheWb.valid := RegNext (wb.valid && !isFlushed)
    scheWb.bits.uop := RegNext (wb.bits.uop)
  }  ///只有执行复杂计算的执行单元才有FastUopOut

  println(s"scheduler.writeback($i) is connected from exu ${cfg.name}")
  val outerWb = io.rfWriteback(i)
  val hasWb = outerWb.valid || scheWb.valid              ///回写可以来自内部的scheduler，也可以来自外部即io.rfWriteback。
  XSError(hasWb && outerWb.bits.uop.robIdx =/= scheWb.bits.uop.robIdx,
                                        "different instruction between io.rfWriteback and fu.writeback\n")
  XSError(hasWb && outerWb.bits.data =/= scheWb.bits.data, "different data between io.rfWriteback and fu.writeback\n")
}   ///end for ((i, (cfg, wb)) <- exclusiveRfWbIdx.zip(exclusiveFuWb))

// (2) If the reservation station has fastUopOut for all instructions in this exu,
// we should replace io.fuWriteback with RegNext(fastUopOut).
// In this case, the corresponding execution units must have exclusive writeback ports,
// unless it's impossible that rs can ensure the instruction is able to write the regfile.
```

```
val allWakeupFromRs = flattenFuConfigs.zipWithIndex.filter(_._1.allWakeupFromRS)
for ((cfg, i) <- allWakeupFromRs) {
  // When the exu has fastUopOut, we still let rs have higher priority,
  // assuming the rs has better timing for wakeup.
  if (!cfg.hasFastUopOut) {
    val wbOut = io.fuWriteback(i)                /// io.fuWriteback来自fuBlock.io.writeback，即执行单元模块的输出。
    val fastWakeup = scheduler.io.fastUopOut(i)
    if (cfg.hasFastUopOut) {
      wbOut.valid := fastWakeup.valid
      wbOut.bits.uop := fastWakeup.bits
    } else {
      val isFlushed = fastWakeup.bits.robIdx.needFlush(redirect)
      wbOut.valid := RegNext (fastWakeup.valid && !isFlushed)
      wbOut.bits.uop := RegNext (fastWakeup.bits)
    }
  }  ///end if (!cfg.hasFastUopOut)
}  ///end for ((cfg, i) <- allWakeupFromRs)

// (3) If the reservation station has fastUopOut for all instructions in this exu,
// we should replace io.rfWriteback (rs.writeback) with RegNext(rs.wakeupOut).
val allWakeFromRsCfgs = fuConfigs.map(_._1).filter(_.allWakeupFromRS)          ///Rs和RS都表示Reservation Station
for (cfg <- allWakeFromRsCfgs) {
  val wakeupIdx = flattenFuConfigs.zipWithIndex.filter(_._1 == cfg).map(_._2)
  val wbIdx = outer.getWbIndex(cfg)
  require(wakeupIdx.length == wbIdx.length)
  for ((i, j) <- wakeupIdx.zip(wbIdx)) {
    val scheWb = scheduler.io.writeback(j)
    val isFlushed = scheduler.io.fastUopOut(i).bits.robIdx.needFlush(redirect)
    scheWb.valid := RegNext(scheduler.io.fastUopOut(i).valid && !isFlushed)
    scheWb.bits.uop := RegNext(scheduler.io.fastUopOut(i).bits)
  }
}  ///end for (cfg <- allWakeFromRsCfgs)

// By default, instructions do not have exceptions when they enter the function units.
fuBlock.io.issue.map(_.bits.uop.clearExceptions())
// For exe units that don't have exceptions, we assign zeroes to their exception vector.
for ((cfg, wb) <- flattenFuConfigs.zip(io.fuWriteback)) {
  wb.bits.uop.clearExceptions(cfg.exceptionOut, cfg.flushPipe, cfg.replayInst)
}
}  ///end class ExuBlockImp
```

ExuBlockImp 模块内部有两大部件，一个是 fuBlock，这是个 FUBlock 对象，就是具体的指令执行模块，内含各种执行单元，这是 ExuBlockImp 模块的核心，我们暂且将其看成一个黑盒子；另一个就是调度器 scheduler。调度器是为指令执行模块服务的，fuBlock 所执行的指令流就来自调度器 scheduler，指令的执行结果就“回写（write-back）”到物理寄存器和 Rob，这个后面就要讲到，但是同时 fuBlock 对 scheduler 也有回写，因为一条指令的执行结果可能正是后续指令可以被调度执行的条件，从而可以将其“唤醒”。回写的源头是 fuBlock，因为指令的执行是在 fuBlock，所以是 fuWriteback；回写的接收方则是 scheduler，因为后续指令都在等待被调度执行，而且物理寄存器中也在 scheduler 中。尤其是几个进行复杂计算的执行单元，例如乘法计算单元和浮点计算单元，更是一旦进展到一定程度就可以让后续的指令进场；尽管计算尚未完成，就要先将一些计算结果反馈给调度器，所以是 fastUopIn。可是，这种回写和唤醒可能是跨 ExuBlock 模块的，例如浮点运算指令在等待的源操作数之一可能来自整数运算指令。这就需要有一种跨 ExuBlock 模块的、类似于总线那样的互连，这样的互连当然只能在具体 ExuBlockImp 模块的外部。所以，在上一层的 XSCoreImp 模块中就有个 wbArbiter，每个具体 ExuBlockImp 模块中的 fuWriteback 输出和 fastUopIn 输入都要连接到这个 wbArbiter。

23.1　指令调度模块

指令的执行是受 Scheduler 调度的，现在我们可以深入到调度器 Scheduler 内部了：

```
[XSCore > XSCoreBase > ExuBlock > Scheduler]
class Scheduler(val configs: Seq[(ExuConfig, Int, Seq[ExuConfig], Seq[ExuConfig])], val dpPorts: Seq[Seq[(Int, Int)]],
                  val intRfWbPorts: Seq[Seq[ExuConfig]], val fpRfWbPorts: Seq[Seq[ExuConfig]],
                  val outFastPorts: Seq[Seq[Int]], val outIntRfReadPorts: Int, val outFpRfReadPorts: Int,
                  val hasIntRf: Boolean, val hasFpRf: Boolean)
                                (implicit p: Parameters) extends LazyModule with HasXSParameter with HasExuWbHelper {
      ///这里的dpPorts等参数的实参就是创建ExuBlock对象时所传下的那些实参，
      ///所以dpPorts就是前面dispatchPorts中的两个Seq之一，不是intDpPorts ++ lsDpPorts便是fpDpPorts。
  val numDpPorts = dpPorts.length
  val dpExuConfigs = dpPorts.map(port => port.map(_._1).map(configs(_)._1))          ///dp表示dispatch
  def getDispatch2: Seq[Dispatch2Rs] = {
    if (dpExuConfigs.length > exuParameters.AluCnt) {   ///注意在创建Dispatch2Rs对象时所传的参数configs
      val intDispatch = LazyModule(new Dispatch2Rs(dpExuConfigs.take(exuParameters.AluCnt)))          ///int表示整数
      val lsDispatch = LazyModule(new Dispatch2Rs(dpExuConfigs.drop(exuParameters.AluCnt)))          ///ls表示load/store
      Seq(intDispatch, lsDispatch)               ///返回intDispatch和lsDispatch两个Dispatch2Rs的序列
    }
    else {
      val fpDispatch = LazyModule(new Dispatch2Rs(dpExuConfigs))
      Seq(fpDispatch)                            ///返回fpDispatch这一个Dispatch2Rs
    }
  }  ///注意在创建Dispatch2Rs对象时形参configs的实参又往下走了一层，现在是dpExuConfigs了。
  val dispatch2 = getDispatch2                   ///getDispatch2()见上，返回Seq(intDispatch, lsDispatch)或Seq(fpDispatch)
                                                 ///根据所在ExuBlock模块的配置，创建两个或一个Dispatch2Rs对象

  // regfile parameters: overall read and write ports
  val numIntRfWritePorts = intRfWbPorts.length             ///来自整数运算执行模块或wbArbiter的反馈通道数量
  val numFpRfWritePorts = fpRfWbPorts.length               ///来自浮点运算执行模块或wbArbiter的反馈通道数量

  // reservation station parameters: dispatch, regfile, issue, wakeup, fastWakeup
  // instantiate reservation stations and connect the issue ports
  val wakeupPorts = configs.map(_._1).map(config => {      ///可以唤醒调度器的通道数量：
    val numInt = if (config.intSrcCnt > 0) numIntRfWritePorts else 0
```

```
    val numFp = if (config.fpSrcCnt > 0) numFpRfWritePorts else 0
    numInt + numFp
})
val innerIntFastSources = configs.map(_._1).map(cfg =>
                         configs.zipWithIndex.filter(c => c._1._3.contains(cfg) && c._1._1.wakeupFromRS))
val innerFpFastSources = configs.map(_._1).map(cfg =>
                         configs.zipWithIndex.filter(c => c._1._4.contains(cfg) && c._1._1.wakeupFromRS))
val innerFastPorts = configs.map(_._1).zipWithIndex.map{ case (config, i) =>
    val intSource = findInWbPorts(intRfWbPorts, innerIntFastSources(i).map(_._1._1))
    val fpSource = findInWbPorts(fpRfWbPorts, innerFpFastSources(i).map(_._1._1))
    getFastWakeupIndex(config, intSource, fpSource, numIntRfWritePorts)
}
println(s"inner fast: $innerFastPorts")
val numAllFastPorts = innerFastPorts.zip(outFastPorts).map{ case (i, o) => i.length + o.length }
  ///创建ReservationStationWrapper（ReservationStation是在ReservationStationWrapper中创建的）：
val reservationStations = configs.zipWithIndex.map{ case ((config, numDeq, _, _), i) =>
    val rs = LazyModule(new ReservationStationWrapper())    ///每个ExuConfig一个，如AluExeUnitCfg，LdExeUnitCfg等。
    rs.addIssuePort(config, numDeq)
    rs.addWakeup(wakeupPorts(i))
    rs.addEarlyWakeup(numAllFastPorts(i))
    rs
}  ///Scheduler创建的ReservationStationWrapper并非只是一个，而是根据configs，就是前面schedulePorts中的两个Seq之一。
// connect to dispatch
val dpFuConfigs = dpPorts.map(_.map(p => reservationStations(p._1).addDispatchPort()).reduce(_ ++ _))

val numIssuePorts = configs.map(_._2).sum                   ///例如AluCnt，MduCnt，LduCnt，等等
val numReplayPorts = reservationStations.filter(_.params.hasFeedback == true).map(_.params.numDeq).sum
val memRsNum = reservationStations.filter(_.params.lsqFeedback == true).map(_.numRS)
val numLsqReplayPorts = reservationStations.filter(_.params.lsqFeedback == true).map(_.params.numDeq).sum
val memRsEntries = reservationStations.filter(_.params.lsqFeedback == true).map(_.params.numEntries)
val getMemRsEntries = {
    require(memRsEntries.isEmpty || memRsEntries.max == memRsEntries.min, "different indexes not supported")
    require(memRsNum.isEmpty || memRsNum.max == memRsNum.min, "different num not supported")
    require(memRsNum.isEmpty || memRsNum.min != 0, "at least 1 memRs required")
    if (memRsEntries.isEmpty) 0 else (memRsEntries.max / memRsNum.max)
}
val numSTDPorts = reservationStations.filter(_.params.exuCfg.get == StdExeUnitCfg).map(_.params.numDeq).sum

val numDpPortIntRead = dpPorts.map(_.map(_._1).map(configs(_)._1.intSrcCnt).max)
val numIntRfReadPorts = numDpPortIntRead.sum + outIntRfReadPorts
val numDpPortFpRead = dpPorts.map(_.map(_._1).map(configs(_)._1.fpSrcCnt).max)
val numFpRfReadPorts = numDpPortFpRead.sum + outFpRfReadPorts

lazy val module = new SchedulerImp(this)            ///这才是Scheduler的电路实现

def canAccept(fuType: UInt): Bool = VecInit(configs.map(_._1.canAccept(fuType))).asUInt.orR
```

```
  def numRs: Int = reservationStations.map(_.numRS).sum
}  ///end class Scheduler
```

同样，虽说 Scheduler 是个 Lazy 模块，但是未见其在 Diplomacy 部分有参数一致化，而只是创建了另外两种 Lazy 模块，一种是 Dispatch2Rs，另一种就是 ReservationStationWrapper，再就是对许多软件成分的设置，例如各种计数。

23.1.1　指令向 RS 的分发-Dispatch2Rs

先看 Dispatch2Rs，我们在前面 CtrlBlock 的代码中看到过 Dispatch2Rs，但是在那里只是为对时序有所改进而引用，这里才是其“驻地”所在。显然，Dispatch2Rs 就是 Dispatch-to-ReservationStation，下面就是 class Dispatch2Rs 的代码：

```
[XSCore > XSCoreBase > ExuBlock > Scheduler > Dispatch2Rs]
class Dispatch2Rs (val configs: Seq[Seq[ExuConfig]])(implicit p: Parameters) extends LazyModule with HasXSParameter {
  val numIn = dpParams.IntDqDeqWidth                    /// Dispatch2Rs的输入端口数量，IntDqDeqWidth=4。
  val numOut = configs.length                           /// Dispatch2Rs的输出端口数量，取决于configs中有几个ExuConfig。
  val numIntSrc = configs.map(_.map(_.intSrcCnt).max)   ///Int指令执行模块中的整数计算单元
  val numFpSrc = configs.map(_.map(_.fpSrcCnt).max)     ///Fp指令执行模块中的浮点运算单元

  val exuConfigCases = configs.distinct.sortBy(_.length).zipWithIndex        ///调用参数config来自dpExuConfigs
  val exuConfigTypes = configs.map(cfg => exuConfigCases.find(_._1 == cfg).get._2)

   // Different mode of dispatch
   // (1) isDistinct: no overlap                  ///RS与执行单元配对，不共用RS。
  val isDistinct = exuConfigCases.flatMap(_._1).distinct.length == exuConfigCases.flatMap(_._1).length && exuConfigCases.length>1
   // (2) isLessExu: exu becomes less and less    ///有共用
  val isLessExu = configs.dropRight(1).zip(configs.tail).forall(x => x._2.toSet.subsetOf(x._1.toSet))

  val supportedDpMode = Seq(isDistinct, isLessExu)     ///两种派发模式，至少支持其中之一，后面我们会看到二者的区别。
  require(supportedDpMode.count(x => x) == 1, s"dispatch mode valid iff one mode is found in $supportedDpMode")
  val numIntStateRead = if (isLessExu) numIntSrc.max * numIn else numIntSrc.sum
  val numFpStateRead = if (isLessExu) numFpSrc.max * numIn else numFpSrc.sum
  val hasLoadStore = configs.exists(cfgs => cfgs.contains(LdExeUnitCfg) || cfgs.contains(StaExeUnitCfg))

  lazy val module = Dispatch2RsImp(this, supportedDpMode.zipWithIndex.filter(_._1).head._2)  ///以两种派发模式之一为参数
}  ///end class Dispatch2Rs
```

注意其硬件实现即 lazy val module 的语句中所用的是 Dispatch2RsImp()，而不是 new Dispatch2RsImp()。所以调用的是 object Dispatch2RsImp：

```
object Dispatch2RsImp {
  def apply (outer: Dispatch2Rs, conf: Int)(implicit p: Parameters): Dispatch2RsImp = {
    conf match {
      case 0 => new Dispatch2RsDistinctImp(outer)
      case 1 => new Dispatch2RsLessExuImp(outer)
      case _ => null
```

```
    }
  }
}
```

所以，Dispatch2Rs 的硬件实现有两种，一种是 Dispatch2RsDistinctImp，顾名思义这都是把指令派发到 RS（Reservation Station 的简称）的电路，只是结构上有点不同。另一种是 Dispatch2RsLessExuImp，表示 RS 的数量少于执行单元的数量。这两个类都是对 class Dispatch2RsImp 的扩充，我们有必要在这里把这个类的代码再列出一下，因为这个类就像抽象类一样，Dispatch2RsImp 的外部接口就是在这里定义的：

```
class Dispatch2RsImp(outer: Dispatch2Rs)(implicit p: Parameters) extends LazyModuleImp(outer) with HasXSParameter {
  val numIntStateRead = outer.numIntStateRead
  val numFpStateRead = outer.numFpStateRead

  val io = IO(new Bundle() {
    val redirect = Flipped(ValidIO(new Redirect))
    val in = Flipped(Vec(outer.numIn, DecoupledIO(new MicroOp)))        ///输入为来自指令派发队列的MicroOp对象向量
    val readIntState = if (numIntStateRead > 0) Some(Vec(numIntStateRead, Flipped(new BusyTableReadIO))) else None
    val readFpState = if (numFpStateRead > 0) Some(Vec(numFpStateRead, Flipped(new BusyTableReadIO))) else None
    val out = Vec(outer.numOut, DecoupledIO(new MicroOp))              ///输出也是MicroOp对象，去往具体的RS.
    val enqLsq = if (outer.hasLoadStore) Some(Flipped(new LsqEnqIO)) else None      ///仅对LoadStore指令的执行单元有意义
  })
}  ///end class Dispatch2RsImp
```

这里的 enqLsq 是个 LsqEnqIO 接口，访存操作对指令的调度执行有重要影响，因为访存操作可能引入较长时间的等待，使对其有依赖的指令受到阻塞。但是这仅对 hasLoadStore 的执行单元有意义，所以这里就从略了，以免冲淡了主题。

我们先看 Dispatch2RsDistinctImp，下面代码中的 io 就是定义在上面 class Dispatch2RsImp 中的 io：

```
[XSCore > XSCoreBase > ExuBlock > Scheduler > Dispatch2Rs > Dispatch2RsDistinctImp]
class Dispatch2RsDistinctImp(outer: Dispatch2Rs)(implicit p: Parameters) extends Dispatch2RsImp(outer) {
  require(LoadPipelineWidth == StorePipelineWidth)
  // in: to deal with lsq
  // in.valid: can leave dispatch queue (not blocked by lsq)
  // in.ready: can enter rs
  val in = WireInit(io.in)                                    ///来自分发队列的MicroOp对象向量
  in.foreach(_.ready := false.B)                              ///初始化，先将in中每个MicroOp对象的ready位设成false
  io.in.zip(in).foreach(x => x._1.ready := x._2.ready)        ///初始化，相当于io.in(i).ready := in(i).ready。

  // add one pipeline before out
  val s0_out = Wire(io.out.cloneType)                         ///去向具体的ReservationStation
  // dirty code for lsq enq
  val is_blocked = WireDefault(VecInit(Seq.fill(io.in.length)(false.B)))      ///阻塞位图
  if (io.enqLsq.isDefined) {                                  ///由于访存，具体指令的执行可能因此而阻塞：
    val enqLsq = io.enqLsq.get
    val fuType = io.in.map(_.bits.ctrl.fuType)
    val isLs = fuType.map(f => FuType.isLoadStore(f))
```

```
    val isStore = fuType.map(f => FuType.isStoreExu(f))
    val isAMO = fuType.map(f => FuType.isAMO(f))

    val isLoadArrays = Seq.tabulate(io.in.length)(Seq.tabulate(_)(i => io.in(i).valid && !isStore(i)))
    val isStoreArrays = Seq.tabulate(io.in.length)(Seq.tabulate(_)(i => io.in(i).valid && isStore(i)))
    val blockLoads = isLoadArrays.map(PopCount(_) >= LoadPipelineWidth.U)
    val blockStores = isStoreArrays.map(PopCount(_) >= StorePipelineWidth.U)

    for (i <- io.in.indices) {          ///io.in是来自指令派发队列的MicroOp对象向量
      is_blocked(i) := (if (i >= LoadPipelineWidth) Mux(isStore(i), blockStores(i), blockLoads(i)) || is_blocked(i - 1) else false.B)
      in(i).valid := io.in(i).valid && !is_blocked(i)
      io.in(i).ready := in(i).ready && !is_blocked(i)
      if (i < enqLsq.req.length) {
        enqLsq.needAlloc(i) := Mux(io.in(i).valid && isLs(i), Mux(isStore(i) && !isAMO(i), 2.U, 1.U), 0.U)   ///可以是2/1/0
        enqLsq.req(i).bits := io.in(i).bits
        in(i).bits.lqIdx := enqLsq.resp(i).lqIdx          ///在Load队列中的下标
        in(i).bits.sqIdx := enqLsq.resp(i).sqIdx          ///在Store队列中的下标
        enqLsq.req(i).valid := in(i).valid && VecInit(s0_out.map(_.ready)).asUInt.andR
      }
    }   ///end for (i <- io.in.indices)
  }   ///end if (io.enqLsq.isDefined)

  for ((config, i) <- outer.exuConfigCases) {
    val outIndices = outer.exuConfigTypes.zipWithIndex.filter(_._1 == i).map(_._2)
    val numOfThisExu = outIndices.length
    val canAccept = io.in.map(in => in.valid && config.map(_.canAccept(in.bits.ctrl.fuType)).reduce(_ || _))
                                                              ///只能接受类型相配的指令，这是个位图。
    val select = SelectOne("naive", canAccept, numOfThisExu)
    for ((idx, j) <- outIndices.zipWithIndex) {
      val (selectValid, selectIdxOH) = select.getNthOH(j + 1)
      s0_out(idx).valid := selectValid && !Mux1H(selectIdxOH, is_blocked)      ///必须是被选中但未被阻塞的指令
      s0_out(idx).bits := Mux1H(selectIdxOH, in.map(_.bits))         ///去向RS，in就是io.in，是来自派发队列的MicroOp向量。
      // Special case for STD       ///浮点指令
      if (config.contains(StdExeUnitCfg)) {
        val sta = s0_out(idx - StorePipelineWidth)
        sta.valid := s0_out(idx).valid
        s0_out(idx).bits.ctrl.srcType(0) := s0_out(idx).bits.ctrl.srcType(1)
        s0_out(idx).bits.psrc(0) := s0_out(idx).bits.psrc(1)
      }
      else {
        in.zip(selectIdxOH).foreach{ case (in, v) => when (v) { in.ready := s0_out(idx).ready }}
      }
    }   ///end for ((idx, j) …
  }   ///end for ((config, i) …

  // dispatch is allowed when lsq and rs can accept all the instructions
```

```
  // TODO: better algorithm here?
  if (io.enqLsq.isDefined) {
    when (!VecInit(s0_out.map(_.ready)).asUInt.andR || !io.enqLsq.get.canAccept) {
      in.foreach(_.ready := false.B)          ///将输入端的ready位设成false
      s0_out.foreach(_.valid := false.B)      ///将输出端的valid位设成false
    }
  }

  // agreement with dispatch queue: don't enqueue when io.redirect.valid
  when (io.redirect.valid) {
    s0_out.foreach(_.valid := false.B)        ///如果指令流转向就一概拒绝输出
  }

  // Note: the dispatch queue must not dequeue when io.redirect.valid
  val s1_rightFire = Wire(Vec(s0_out.length, Bool()))
  val s1_flush = Wire(Vec(s0_out.length, Bool()))
  val s1_out = io.out.indices.map(i => PipelineNext(s0_out(i), s1_rightFire(i), s1_flush(i)))     ///注意PipelineNext中有个寄存器
  for (i <- io.out.indices) {
    io.out(i).valid := s1_out(i).valid
    io.out(i).bits := s1_out(i).bits
    s1_out(i).ready := !s1_out(i).valid || io.out(i).ready
    s1_rightFire(i) := io.out(i).ready
    s1_flush(i) := s1_out(i).valid && s1_out(i).bits.robIdx.needFlush(io.redirect)
  }
  if (io.readIntState.isDefined) {
    val stateReadReq = io.out.zip(outer.numIntSrc).flatMap(x => x._1.bits.psrc.take(x._2))          ///读入物理寄存器psrc的内容
    io.readIntState.get.map(_.req).zip(stateReadReq).foreach(x => x._1 := x._2)
    val stateReadResp = io.out.zip(outer.numIntSrc).flatMap(x => x._1.bits.srcState.take(x._2))
    io.readIntState.get.map(_.resp).zip(stateReadResp).foreach(x => x._2 := x._1)
  }

  if (io.readFpState.isDefined) {
    val stateReadReq = io.out.zip(outer.numFpSrc).flatMap(x => x._1.bits.psrc.take(x._2))          ///读入物理寄存器psrc的内容
    io.readFpState.get.map(_.req).zip(stateReadReq).foreach(x => x._1 := x._2)
    val stateReadResp = io.out.zip(outer.numFpSrc).flatMap(x => x._1.bits.srcState.take(x._2))
    val srcTypeOut = io.out.zip(outer.numFpSrc).flatMap(x => x._1.bits.ctrl.srcType.take(x._2))
    // When both int and fp are needed, need Mux
    io.readFpState.get.map(_.resp).zip(stateReadResp).zip(srcTypeOut).foreach{
      case ((resp, state), srcType) =>
        when (!io.readIntState.isDefined.B || SrcType.isFp(srcType)) {
          state := resp
        }
    }
  }  ///end if (io.readFpState.isDefined)
}  ///end class Dispatch2RsDistinctImp
```

注意 dispatch2 即 Dispatch2Rs 是在 Scheduler 中创建的，是 Scheduler 的部件。之所以在 Scheduler 的输入与其 DS 之间需要有个 Dispatch2Rs，是因为 Scheduler 只有一个，指令派发队列也只有一个（就整数运算指令而言），但是 RS 通常会有多个。

同样，Dispatch2RsLessExuImp 也是对 Dispatch2RsImp 的扩充，其 io 也是从后者继承的：

```
[XSCore > XSCoreBase > ExuBlock > Scheduler > Dispatch2Rs > Dispatch2RsLessExuImp]
class Dispatch2RsLessExuImp(outer: Dispatch2Rs)(implicit p: Parameters) extends Dispatch2RsImp(outer) {
  val numIntSrc = outer.numIntSrc.max
  val numFpSrc = outer.numFpSrc.max

  // We always read physical register states when in gives the instructions. This usually brings better timing.
  if (io.readIntState.isDefined) {
    val req = io.in.flatMap(in => in.bits.psrc.take(numIntSrc))          ///读入物理寄存器psrc的内容
    io.readIntState.get.map(_.req).zip(req).foreach(x => x._1 := x._2)
  }
  if (io.readFpState.isDefined) {
    val req = io.in.flatMap(in => in.bits.psrc.take(numFpSrc))          ///读入物理寄存器psrc的内容
    io.readFpState.get.map(_.req).zip(req).foreach(x => x._1 := x._2)
  }

  val enableLoadBalance = outer.numOut > 2
  val numPingPongBits = outer.numOut / 2
  val pingpong = Seq.fill(numPingPongBits)(RegInit(false.B))          ///位图，宽度为 outer.numOut / 2
  pingpong.foreach(p => p := !p)                                     ///每一位都反个相
  val pairIndex = (0 until outer.numOut).map(i => (i + 2) % outer.numOut)

  def needLoadBalance(index: Int): Bool = {
    val bitIndex = Seq(index, pairIndex(index), numPingPongBits - 1).min
    // When ping pong bit is set, use pairIndex
    if (enableLoadBalance) pingpong(bitIndex) && (index != pairIndex(index)).B else false.B
  }

  // out is directly connected from in for better timing
  // TODO: select critical instruction first
  val numMaxExuConfig = outer.exuConfigCases.last._1.length
  for ((config, i) <- outer.configs.zipWithIndex) {
    io.out(i) <> io.in(i)                                ///默认将in直接连到out
    // When the corresponding execution units do not have full functionalities,
    // we have to filter out the instructions that these execution units does not accept.
    if (config.length < numMaxExuConfig) {
      val thisCanAccept = config.map(_.canAccept (io.in(i).bits.ctrl.fuType)).reduce(_ || _)          ///如果输入的指令类型相配
      io.out(i).valid := io.in(i).valid && thisCanAccept
      io.in(i).ready := io.out(i).ready && thisCanAccept
    }
  }
  // For load balance, the out port alternates between different in ports
```

```
// It must be another for loop because the former for loop does not have any condition
// and will override the assignments.
for ((config, i) <- outer.configs.zipWithIndex) {
  when (needLoadBalance(i)) {                                ///如果需要有负载均衡：
    io.out(i) <> io.in(pairIndex(i))
    if (config.length < numMaxExuConfig) {
      val thisCanAccept = config.map(_.canAccept(io.in(pairIndex(i)).bits.ctrl.fuType)).reduce(_ || _)
      io.out(i).valid := io.in(pairIndex(i)).valid && thisCanAccept
      io.in(pairIndex(i)).ready := io.out(i).ready && thisCanAccept
    }
    println(s"Dispatch2Rs ports balance between $i and ${pairIndex(i)}")
  }
}

// srcState is read from outside and connected directly
if (io.readIntState.isDefined) {
  val intSrcStateVec = io.out.flatMap(_.bits.srcState.take(numIntSrc))
  io.readIntState.get.map(_.resp).zip(intSrcStateVec).foreach(x => x._2 := x._1)
  for (i <- 0 until outer.numOut) {
    val pairState = io.readIntState.get.slice(numIntSrc * pairIndex(i), numIntSrc * pairIndex(i) + numIntSrc)
    when (needLoadBalance(i)) {
      pairState.map(_.resp).zip(io.out(i).bits.srcState.take(numIntSrc)).foreach(x => x._2 := x._1)
    }
  }
}
if (io.readFpState.isDefined) {
  require(io.readIntState.isEmpty, "we do not implement int+fp in isLessExu")
  val fpSrcStateVec = io.out.flatMap(_.bits.srcState.take(numFpSrc))
  io.readFpState.get.map(_.resp).zip(fpSrcStateVec).foreach(x => x._2 := x._1)
  for (i <- 0 until outer.numOut) {
    val pairState = io.readFpState.get.slice(numFpSrc * pairIndex(i), numFpSrc * pairIndex(i) + numFpSrc)
    when (needLoadBalance(i)) {
      pairState.map(_.resp).zip(io.out(i).bits.srcState.take(numFpSrc)).foreach(x => x._2 := x._1)
    }
  }
}

// If io.out is wider than io.in, we need to set io.in.ready to false.B.
for (i <- io.out.length until io.in.length) {
  io.in(i).ready := false.B                     ///如果输出口宽于输入端口，就把输入端口宽出的那部分封掉。
}
} ///end class Dispatch2RsLessExuImp
```

不过，所谓 Dispatch2Rs，并非直接与 ReservationStation 相接，而是与 ReservationStationWrapper 相接，ReservationStation 是在 ReservationStationWrapper 内部。

具体的 ReservationStationWrapper 是在一个 configs.zipWithIndex.map{}循环中创建的，所以 configs 中有多少种具体的执行单元配置 cfg（不是多少个具体的执行单元），就会有多少个 ReservationStationWrapper，而 ReservationStation 就是包装在这里面，注意一个 ReservationStationWrapper 里面可以包装着多个 ReservationStation，这是 class Scheduler 代码中的一个片段：

```
val reservationStations = configs.zipWithIndex.map{ case ((config, numDeq, _, _), i) =>
  val rs = LazyModule(new ReservationStationWrapper())          ///创建ReservationStationWrapper的个数与numDeq相等
  rs.addIssuePort(config, numDeq)
  rs.addWakeup(wakeupPorts(i))
  rs.addEarlyWakeup(numAllFastPorts(i))
  rs
}  ///end val reservationStations
```

可见，每一种执行模块都有自己的 ReservationStationWrapper，前面我们看到，传给整数指令 ExuBlock 的参数序列是来自 schedulePorts 中的第一个 Seq，那里面有包括 AluExeUnitCfg 和 JumpExeUnitCfg 在内的 6 个 ExuConfig，所以就会在其 Scheduler 中创建 6 个 ReservationStationWrapper。至于浮点指令 ExuBlock 的 configs，则里面有 FmacExeUnitCfg 和 FmiscExeUnitCfg 两个 ExuConfig，所以就是两个 ReservationStationWrapper。另外，每创建一个 ReservationStationWrapper 对象，就要调用其 addIssuePort()、addWakeup()、addEarlyWakeup()三个函数，以修正其内部的若干参数。例如 ReservationStation 的容量，每创建一个 ReservationStationWrapper 就得增添数十个单元。这也容易理解，这就好比候车的人多了，候车室就得造得大一些。下面是 class ReservationStationWrapper 的代码：

```
[XSCore > XSCoreBase > ExuBlock > Scheduler > ReservationStationWrapper]
class ReservationStationWrapper(implicit p: Parameters) extends LazyModule with HasXSParameter {
  val params = new RSParams
  def addIssuePort (cfg: ExuConfig, deq: Int): Unit = {
    require(params.numEnq == 0, "issue ports should be added before dispatch ports")
    params.dataBits = XLEN
    params.dataIdBits = PhyRegIdxWidth                 ///物理寄存器号的宽度
    params.numEntries += IssQueSize * deq              ///Reservation Station的容量需要增加这么多个，IssQueSize=16。
    params.numDeq = deq
    params.numSrc = max(params.numSrc, max(cfg.intSrcCnt, cfg.fpSrcCnt))    ///浮点指令可有3个源寄存器，所以numSrc=3。
    params.exuCfg = Some(cfg)
    cfg match {
      case JumpCSRExeUnitCfg => params.isJump = true       ///表明这个ReservationStationWrapper是用于哪一种执行模块。
      case AluExeUnitCfg => params.isAlu = true
      case StaExeUnitCfg => params.isStore = true
      case StdExeUnitCfg => params.isStoreData = true
      case MulDivExeUnitCfg => params.isMul = true
      case LdExeUnitCfg => params.isLoad = true            ///这里不包括浮点执行模块
      case _ =>                                             ///对浮点执行模块不起作用
    }
    // TODO: why jump needs two sources?   ///jalr指令有两个源操作数，一个来自寄存器，另一个是直接数。
    if (cfg == JumpCSRExeUnitCfg) {params.numSrc = 2}
    if (cfg == StaExeUnitCfg || cfg == LdExeUnitCfg) { params.lsqFeedback = true, params.checkWaitBit = true}
    if(cfg == StaExeUnitCfg) { params.hasFeedback = true }
```

```
    if (cfg.hasCertainLatency) {
      params.fixedLatency = if (cfg == MulDivExeUnitCfg) mulCfg.latency.latencyVal.get else cfg.latency.latencyVal.get
    }
  }  ///end addIssuePort()

def addDispatchPort(): Seq[FuConfig] = { params.numEnq += 1, params.exuCfg.get.fuConfigs }
def addEarlyWakeup(num: Int) = { params.numFastWakeup += num }
def addWakeup(num: Int) = { params.numWakeup += num }
def canAccept(fuType: UInt): Bool = params.exuCfg.get.canAccept(fuType)
def intSrcCnt = params.exuCfg.get.intSrcCnt
def fpSrcCnt = params.exuCfg.get.fpSrcCnt
def numOutFastWakeupPort: Int = if (params.fixedLatency >= 0) params.numDeq else 0
def numExtFastWakeupPort: Int = if (params.exuCfg.get == LdExeUnitCfg) params.numDeq else 0
def numAllFastWakeupPort: Int = numOutFastWakeupPort + numExtFastWakeupPort
def numIntWbPort: Int = {
  val privatePort = params.exuCfg.get.writeIntRf && params.exuCfg.get.wbIntPriority <= 1
  if (privatePort) params.numDeq else 0
}
def numFpWbPort: Int = {
  val privatePort = params.exuCfg.get.writeFpRf && params.exuCfg.get.wbFpPriority <= 1
  if (privatePort) params.numDeq else 0
}
def wbIntPriority: Int = params.exuCfg.get.wbIntPriority
def wbFpPriority: Int = params.exuCfg.get.wbFpPriority

// for better timing, we limits the size of RS to 2-deq
val maxRsDeq = 2
def numRS = (params.numDeq + (maxRsDeq - 1)) / maxRsDeq          ///待创建ReservationStation的个数，maxRsDeq=2。
                    /// params.numDeq来自调用addIssuePort()时的参数deq，后者又来自具体的配置。
  ///以上是ReservationStationWrapper的Diplomacy部分，这里并未提供node，所以并不参与参数协调。
lazy val module = new LazyModuleImp(this) with HasPerfEvents {        ///下面是ReservationStationWrapper的硬件描述部分：
  require(params.numEnq < params.numDeq || params.numEnq % params.numDeq == 0)
  require(params.numEntries % params.numDeq == 0)        ///ReservationStation的容量大小须能被numDeq整除
  val rs = (0 until numRS).map(i => {              /// numRS见上
    val numDeq = Seq(params.numDeq - maxRsDeq * i, maxRsDeq).min        /// maxRsDeq=2，所以不会大于2。
    val numEnq = params.numEnq / numRS
    val numEntries = numDeq * params.numEntries / params.numDeq
    val rsParam = params.copy(numEnq = numEnq, numDeq = numDeq, numEntries = numEntries)
    val updatedP = p.alter((site, here, up) => { case XSCoreParamsKey =>
                                            up(XSCoreParamsKey).copy( IssQueSize = numEntries)})
    Module(new ReservationStation(rsParam)(updatedP))     ///创建ReservationStation对象序列rs，序列长度为numRS。
  })  ///end val rs，所创建ReservationStation对象的个数取决于numRS，注意这是同一个Wrapper中的多个RS。
      ///一个ReservationStationWrapper只对应一个ExuConfig，因而不是isJump就是isAlu，如此等等：
  if (params.isJump) rs.zipWithIndex.foreach { case (rs, index) => rs.suggestName(s"jumpRS_${index}") }   ///但是内含多个RS
  if (params.isAlu) rs.zipWithIndex.foreach { case (rs, index) => rs.suggestName(s"aluRS_${index}") }
  if (params.isStore) rs.zipWithIndex.foreach { case (rs, index) => rs.suggestName(s"staRS_${index}") }
```

```
    if (params.isStoreData) rs.zipWithIndex.foreach { case (rs, index) => rs.suggestName(s"stdRS_${index}") }
    if (params.isMul) rs.zipWithIndex.foreach { case (rs, index) => rs.suggestName(s"mulRS_${index}") }
    if (params.isLoad) rs.zipWithIndex.foreach { case (rs, index) => rs.suggestName(s"loadRS_${index}") }

    val updatedP = p.alter((site, here, up) => {
                              case XSCoreParamsKey => up(XSCoreParamsKey).copy( IssQueSize = rs.map(_.size).max ) })
    val io = IO(new ReservationStationIO(params)(updatedP))

    rs.foreach(_.io.redirect := RegNextWithEnable(io.redirect))
    io.fromDispatch <> rs.flatMap(_.io.fromDispatch)          ///来自Dispatch的MicroOp向量
    io.srcRegValue <> rs.flatMap(_.io.srcRegValue)            ///源寄存器的值
    io.full <> rs.map(_.io.full).reduce(_ && _)
    if (io.fpRegValue.isDefined) { io.fpRegValue.get <> rs.flatMap(_.io.fpRegValue.get) }
    io.deq <> rs.flatMap(_.io.deq)   ///io.deq是Vec(params.numDeq, DecoupledIO(new ExuInput))，params.numDeq=rs的个数。
    rs.foreach(_.io.fastUopsIn <> io.fastUopsIn)          ///ReservationStationWrapper与RS间的同名信号对接
    rs.foreach(_.io.fastDatas <> io.fastDatas)
    rs.foreach(_.io.slowPorts <> io.slowPorts)
    if (io.fastWakeup.isDefined) { io.fastWakeup.get <> rs.flatMap(_.io.fastWakeup.get) }
    if (io.jump.isDefined) { rs.foreach(_.io.jump.get <> io.jump.get) }        ///如果这是用于Jump执行单元，就连接io.jump。
    if (io.feedback.isDefined) { io.feedback.get <> rs.flatMap(_.io.feedback.get) }
    if (io.checkwait.isDefined) { rs.foreach(_.io.checkwait.get <> io.checkwait.get) }
    if (io.load.isDefined) { io.load.get <> rs.flatMap(_.io.load.get) }          ///如果这是用于load执行单元，就连接io.load。
    if (io.fmaMid.isDefined) { io.fmaMid.get <> rs.flatMap(_.io.fmaMid.get) }    ///连接来自浮点运算单元的io.fmaMid

    val perfEvents = rs.flatMap(_.getPerfEvents)
    generatePerfEvent()
  }   ///end lazy val module
        ///这又回到了ReservationStationWrapper的Diplomacy部分：
  var fastWakeupIdx = 0
  def connectFastWakeup (uop: ValidIO[MicroOp], data: UInt): Unit = {
    module.io.fastUopsIn(fastWakeupIdx) := uop
    module.io.fastDatas(fastWakeupIdx) := data
    fastWakeupIdx += 1
  }
  def connectFastWakeup (uop: Seq[ValidIO[MicroOp]], data: Seq[UInt]): Unit = {
    for ((u, d) <- uop.zip(data)) { connectFastWakeup(u, d) }
  }
}   ///end class ReservationStationWrapper
```

所谓 ReservationStation 的“包装（Wrapper）”，基本上就是在外面提供一组接口，然后把 ReservationStation 的外部接口都引出到这个外部接口上。以“rs.foreach(_.io.slowPorts <> io.slowPorts)”这个语句为例，就是把外部接口上的 slowPorts 连到 rs 即 ReservationStation 的 slowPorts 接口，但是一个 ReservationStationWrapper 内部一般并非只有一个 RS，所以这个连接是与内部所有 RS 的连接，rs.foreach()就说明了这一点，而 _.io.slowPorts 则表示这是 rs 这个序列中的任何一项，所以是一对多的连接。

这里的连接都是同名信号的连接，所以除一对多这一点之外就无需什么解释了。

ReservationStationWrapper 是个 LazuModule，但是并未提供任何 node，所以它并不参与参数协调；它也没有再创建 Lazy 子模块，所以要作为 LazyModule 的唯一理由就是它的硬件描述部分需要放在 instantiate 的时候（而不是在创建这个对象的时候）进行初始化。

然而 ReservationStationWrapper 只是在 class Scheduler 中创建的子模块，而 Scheduler 模块的硬件实现则是 SchedulerImp，所以我们更需要了解 Scheduler 模块的硬件实现是什么样的，那就复杂多了：

```
[XSCore > XSCoreBase > ExuBlock > Scheduler > SchedulerImp]
class SchedulerImp (outer: Scheduler) extends LazyModuleImp(outer) with HasXSParameter with HasPerfEvents {
  val memRsEntries = outer.getMemRsEntries
  val updatedP = p.alter((site, here, up) => {case XSCoreParamsKey => up(XSCoreParamsKey).copy( IssQueSize = memRsEntries) })
  val intRfWritePorts = outer.numIntRfWritePorts
  val fpRfWritePorts = outer.numFpRfWritePorts
  val intRfConfig = (outer.numIntRfReadPorts > 0 && outer.hasIntRf, outer.numIntRfReadPorts, intRfWritePorts)
  val fpRfConfig = (outer.numFpRfReadPorts > 0 && outer.hasFpRf, outer.numFpRfReadPorts, fpRfWritePorts)
  val rs_all = outer.reservationStations

  ///打印语句从略

  class SchedulerExtraIO extends XSBundle {
    // feedback to dispatch
    val rsReady = Vec(outer.dispatch2.map(_.module.io.out.length).sum, Output(Bool()))
    // feedback ports
    val feedback = if (outer.numReplayPorts > 0)            ///来自存储子系统的反馈：
                        Some(Vec(outer.numReplayPorts, Flipped(new MemRSFeedbackIO()(updatedP)))) else None
    // special ports for RS that needs to read from other schedulers
    // In: read response from other schedulers
    // Out: read request to other schedulers               ///根据原文注释，这是与别的调度器之间的读出请求与回应：
    val intRfReadIn = if (!outer.hasIntRf && outer.numIntRfReadPorts > 0)
                        Some(Vec(outer.numIntRfReadPorts, Flipped(new RfReadPort(XLEN)))) else None
    val intRfReadOut = if (outer.outIntRfReadPorts > 0) Some(Vec(outer.outIntRfReadPorts, new RfReadPort(XLEN))) else None

    val fpRfReadIn = if (!outer.hasFpRf && outer.numFpRfReadPorts > 0)
                        Some(Vec(outer.numFpRfReadPorts, Flipped(new RfReadPort(XLEN)))) else None
    val fpStateReadIn = if (!outer.hasFpRf && outer.numFpRfReadPorts > 0)
                        Some(Vec(outer.numFpRfReadPorts, Flipped(new BusyTableReadIO))) else None
    val fpRfReadOut = if (outer.outFpRfReadPorts > 0) Some(Vec(outer.outFpRfReadPorts, new RfReadPort(XLEN))) else None
    val fpStateReadOut = if (outer.outFpRfReadPorts > 0) Some(Vec(outer.outFpRfReadPorts, new BusyTableReadIO)) else None

    val loadFastMatch = if (numLoadPorts > 0) Some(Vec(numLoadPorts, Output(UInt(exuParameters.LduCnt.W)))) else None
    val loadFastImm = if (numLoadPorts > 0) Some(Vec(numLoadPorts, Output(UInt(12.W)))) else None
    // misc
    val jumpPc = Input(UInt(VAddrBits.W))
    val jalr_target = Input(UInt(VAddrBits.W))
    val stIssuePtr = Input(new SqPtr())
    // special ports for load / store rs
    val enqLsq = if (outer.numLsqReplayPorts > 0) Some(Flipped(new LsqEnqIO)) else None
    val lcommit = Input(UInt(log2Up(CommitWidth + 1).W))          ///前缀l表示load，s表示store。
```

```
    val scommit = Input(UInt(log2Ceil(EnsbufferWidth + 1).W))       // connected to `memBlock.io.sqDeq` instead of ROB
    // from lsq
    val lqCancelCnt = Input(UInt(log2Up(LoadQueueSize + 1).W))
    val sqCancelCnt = Input(UInt(log2Up(StoreQueueSize + 1).W))
    val memWaitUpdateReq = Flipped(new MemWaitUpdateReq)
  }   ///end class SchedulerExtraIO

  val numFma = outer.reservationStations.map(_.module.io.fmaMid.getOrElse(Seq()).length).sum

  val io = IO(new Bundle {
    val hartId = Input(UInt(8.W))
    // global control
    val redirect = Flipped(ValidIO(new Redirect))
    // dispatch and issue ports
    val allocPregs = Vec(RenameWidth, Input(new ResetPregStateReq))
    val in = Vec(dpParams.IntDqDeqWidth * outer.dispatch2.length, Flipped(DecoupledIO(new MicroOp)))
    val issue = Vec(outer.numIssuePorts, DecoupledIO(new ExuInput))
    val fastUopOut = Vec(outer.numIssuePorts, ValidIO(new MicroOp))   ///通向ReservationStation的fastUopsIn
    // wakeup-related ports
    val writeback = Vec(intRfWritePorts + fpRfWritePorts, Flipped(ValidIO(new ExuOutput)))   ///写入两个物理寄存器组
    val fastUopIn = Vec(intRfWritePorts + fpRfWritePorts, Flipped(ValidIO(new MicroOp))) ///与ExuBlockImp中的fastUopOut对接
    // misc ports
    val extra = new SchedulerExtraIO                            ///附加信息，见上。
    val fmaMid = if (numFma > 0) Some(Vec(numFma, Flipped(new FMAMidResultIO))) else None   ///见后述
  })  ///end val io

  // To reduce fanout, we add registers here for redirect.
  val redirect = RegNextWithEnable (io.redirect)

  val dispatch2 = outer.dispatch2.map(_.module)      ///outer.dispatch2是Seq(intDispatch, lsDispatch)或Seq(fpDispatch)
  dispatch2.foreach(_.io.redirect := redirect)
  io.extra.rsReady := outer.dispatch2.flatMap(_.module.io.out.map(_.ready))

  // dirty code for ls dp
  dispatch2.foreach(dp => if (dp.io.enqLsq.isDefined) {          ///如果所对应的是访存指令的执行模块：
    val lsqCtrl = Module(new LsqEnqCtrl)
    lsqCtrl.io.redirect <> redirect
    lsqCtrl.io.enq <> dp.io.enqLsq.get
    lsqCtrl.io.lcommit := io.extra.lcommit
    lsqCtrl.io.scommit := io.extra.scommit
    lsqCtrl.io.lqCancelCnt := io.extra.lqCancelCnt
    lsqCtrl.io.sqCancelCnt := io.extra.sqCancelCnt
    io.extra.enqLsq.get <> lsqCtrl.io.enqLsq
  })

  io.in <> dispatch2.flatMap(_.io.in)                           ///将每个Dispatch2Rs的io.in连到SchedulerImp的io.in
```

```
val readIntState = dispatch2.flatMap(_.io.readIntState.getOrElse(Seq()))
val intBusyTable = if (readIntState.nonEmpty) {            ///整数物理寄存器组的BusyTable：
  val busyTable = Module(new BusyTable(readIntState.length, intRfWritePorts))            ///创建一个物理寄存器BusyTable
  busyTable.io.allocPregs.zip(io.allocPregs).foreach{ case (pregAlloc, allocReq) =>    ///Preg意为物理寄存器，Physical Regster。
                                                  pregAlloc.valid := allocReq.isInt
                                                  pregAlloc.bits := allocReq.preg}
  busyTable.io.wbPregs.zip(io.writeback.take(intRfWritePorts)).foreach{ case (pregWb, exuWb) =>
                                                  pregWb.valid := exuWb.valid && exuWb.bits.uop.ctrl.rfWen
                                                  pregWb.bits := exuWb.bits.uop.pdest}
  busyTable.io.read <> readIntState
  Some(busyTable)
} else None

val readFpState = io.extra.fpStateReadOut.getOrElse(Seq()) ++ dispatch2.flatMap(_.io.readFpState.getOrElse(Seq()))
val fpBusyTable = if (readFpState.nonEmpty) {             ///浮点物理寄存器组的BusyTable：
  // Some fp states are read from outside
  val numInFpStateRead = 0                //io.extra.fpStateReadIn.getOrElse(Seq()).length
  // The left read requests are serviced by internal busytable
  val numBusyTableRead = readFpState.length - numInFpStateRead
  val busyTable = if (numBusyTableRead > 0) {
    val busyTable = Module(new BusyTable(numBusyTableRead, fpRfWritePorts))          ///创建一个物理寄存器BusyTable
    busyTable.io.allocPregs.zip(io.allocPregs).foreach { case (pregAlloc, allocReq) =>
                                                  pregAlloc.valid := allocReq.isFp
                                                  pregAlloc.bits := allocReq.preg}
    busyTable.io.wbPregs.zip(io.writeback.drop(intRfWritePorts)).foreach { case (pregWb, exuWb) =>
                                                  pregWb.valid := exuWb.valid && exuWb.bits.uop.ctrl.fpWen
                                                  pregWb.bits := exuWb.bits.uop.pdest}
    busyTable.io.read <> readFpState.take(numBusyTableRead)
    busyTable.io.read <> readFpState
    Some(busyTable)
  } else None
  if (io.extra.fpStateReadIn.isDefined && numInFpStateRead > 0) {
    io.extra.fpStateReadIn.get <> readFpState.takeRight(numInFpStateRead)
  }
  busyTable
} else None

val allocate = dispatch2.flatMap(_.io.out)

if (io.fmaMid.isDefined) {
  io.fmaMid.get <> outer.reservationStations.flatMap(_.module.io.fmaMid.getOrElse(Seq()))
}
/// class SchedulerImp，待续
```

这里有 intBusyTable 和 fpBusyTable 两个 BusyTable，所谓 BusyTable 其实就是物理寄存器的使用位图，位图的宽度都是 192，标示着 192 个物理寄存器中有几个已被使用（为 1），否则（为 0）就是空闲：

```
[XSCore > XSCoreBase > ExuBlock > Scheduler > SchedulerImp > BusyTable]
class BusyTable (numReadPorts: Int, numWritePorts: Int)(implicit p: Parameters) extends XSModule with HasPerfEvents {
  val io = IO(new Bundle() {
    // set preg state to busy
    val allocPregs = Vec(RenameWidth, Flipped(ValidIO(UInt(PhyRegIdxWidth.W))))  ///长度为6的物理寄存器号向量
    // set preg state to ready (write back regfile + rob walk)
    val wbPregs = Vec(numWritePorts, Flipped(ValidIO(UInt(PhyRegIdxWidth.W))))  ///物理寄存器号向量，长度取决于参数。
    // read preg state
    val read = Vec(numReadPorts, new BusyTableReadIO)
  })

  val table = RegInit(0.U(NRPhyRegs.W))            ///宽度为NRPhyRegs即192的位图

  def reqVecToMask (rVec: Vec[Valid[UInt]]): UInt = {  ///将输入向量rVec中的各个元素转化成一个位图，然后相或在一起：
    ParallelOR(rVec.map(v => Mux(v.valid, UIntToOH(v.bits), 0.U)))
  }
  val wbMask = reqVecToMask (io.wbPregs)
  val allocMask = reqVecToMask (io.allocPregs)
  val tableAfterWb = table & (~wbMask).asUInt
  val tableAfterAlloc = tableAfterWb | allocMask

  io.read.foreach(r => r.resp := !table(r.req))
  table := tableAfterAlloc
}  ///end class BusyTable
```

BusyTable 是标示着物理寄存器组使用情况的位图，可是物理寄存器组本身呢？下面就要创建了。继续往下看 SchedulerImp 的代码：

```
[XSCore > XSCoreBase > ExuBlock > Scheduler > SchedulerImp]  续 1
  def extraReadRf (numRead: Seq[Int]): Seq[UInt] = {
    require(numRead.length == allocate.length)
    allocate.map(_.bits.psrc).zip(numRead).flatMap{ case (src, num) => src.take(num) }
  }
  def readIntRf: Seq[UInt] = extraReadRf(outer.numDpPortIntRead) ++ io.extra.intRfReadOut.getOrElse(Seq()).map(_.addr)
  def readFpRf: Seq[UInt] = extraReadRf(outer.numDpPortFpRead) ++ io.extra.fpRfReadOut.getOrElse(Seq()).map(_.addr)

  def genRegfile (isInt: Boolean): Seq[UInt] = {            ///生成寄存器组：
    val wbPorts = if (isInt) io.writeback.take(intRfWritePorts) else io.writeback.drop(intRfWritePorts)
          /// io.writeback是个ExuOutput向量，向量长度为intRfWritePorts + fpRfWritePorts
    val waddr = wbPorts.map(_.bits.uop.pdest)            ///以物理目标寄存器的号码为地址
    val wdata = wbPorts.map(_.bits.data)                 ///以data字段为写入具体物理寄存器的内容
    val debugRead = if (isInt) io.extra.debug_int_rat else io.extra.debug_fp_rat
    if (isInt) {          ///整数物理寄存器：
      val wen = wbPorts.map(wb => wb.valid && wb.bits.uop.ctrl.rfWen)
      Regfile(NRPhyRegs, readIntRf, wen, waddr, wdata, true, debugRead = Some(debugRead))   ///调用object Regfile
    }
```

```
  else {                ///浮点物理寄存器:
    // For floating-point function units, every instruction writes either int or fp regfile.
    val wen = wbPorts.map(_.valid)
    Regfile(NRPhyRegs, readFpRf, wen, waddr, wdata, false, debugRead = Some(debugRead))  ///调用object Regfile
  }
}  ///end genRegfile()

        ///调用genRegfile()，生成整数物理寄存器组和浮点物理寄存器组:
val intRfReadData = if (intRfConfig._1) genRegfile(true) else io.extra.intRfReadIn.getOrElse(Seq()).map(_.data)
val fpRfReadData = if (fpRfConfig._1) genRegfile(false) else DelayN(VecInit(io.extra.fpRfReadIn.getOrElse(Seq()).map(_.data)), 1)
        ///这里似乎只是从物理寄存器组ReadData，没有WriteData，但实际上有wen, waddr, wdata，显然是可以写入的。

if (io.extra.intRfReadIn.isDefined) {
  io.extra.intRfReadIn.get.map(_.addr).zip(readIntRf).foreach{ case (r, addr) => r := addr}
  require(io.extra.intRfReadIn.get.length == readIntRf.length)
}

if (io.extra.fpRfReadIn.isDefined) {
  // Due to distance issues, we RegNext the address for cross-block regfile read
  io.extra.fpRfReadIn.get.map(_.addr).zip(readFpRf).foreach{ case (r, addr) => r := RegNext(addr)}
  require(io.extra.fpRfReadIn.get.length == readFpRf.length)
}

if (io.extra.intRfReadOut.isDefined) {
  val extraIntReadData = intRfReadData.dropRight(32).takeRight(outer.outIntRfReadPorts)  ///扣除最初的32个整数物理寄存器
  io.extra.intRfReadOut.get.map(_.data).zip(extraIntReadData).foreach{ case (a, b) => a := b }
  require(io.extra.intRfReadOut.get.length == extraIntReadData.length)
}

if (io.extra.fpRfReadOut.isDefined) {
  val extraFpReadData = fpRfReadData.dropRight(32).takeRight(outer.outFpRfReadPorts)  ///扣除最初的32个浮点物理寄存器
  io.extra.fpRfReadOut.get.map(_.data).zip(extraFpReadData).foreach{ case (a, b) => a := b }
  require(io.extra.fpRfReadOut.get.length == extraFpReadData.length)
}
/// class SchedulerImp，续1，待续
```

这里创建了 intRfReadData 和 fpRfReadData 两个物理寄存器组，二者的大小都是 NRPhyRegs，即 192。函数 genRegfile()中是通过 object Regfile 创建整数寄存器组或浮点寄存器组，并进行信号连接的。

虽然 SchedulerImp 所创建的两个寄存器组是 intRfReadData 和 fpRfReadData，都是 ReadData，但 Regfile 是有写入端口的，来自执行单元的回写数据就得通过写入端口把数据写入器目标物理寄存器。

注意两个寄存器组都是在 SchedulerImp 中创建的，换言之每个 Scheduler 都有自己的物理寄存器组，但是对寄存器号的映射是统一在 Rename 模块中管理的。

我们继续往下看 SchedulerImp 代码：

```
[XSCore > XSCoreBase > ExuBlock > Scheduler > SchedulerImp]  续 2
  var issueIdx = 0
```

```
  var feedbackIdx = 0
  var stDataIdx = 0
  var fastUopOutIdx = 0
  io.fastUopOut := DontCare
  for (((node, cfg), i) <- rs_all.zip(outer.configs.map(_._1)).zipWithIndex) {   ///对于rs_all中的每一个ReservationStationWrapper
    val rs = node.module            ///node来自rs_all，是ReservationStationWrapper，node.module是其中的lazy val module。
    rs.io.redirect <> io.redirect

    val issueWidth = rs.io.deq.length
    rs.io.deq <> io.issue.slice(issueIdx, issueIdx + issueWidth)          ///SchedulerImp的issue来自RS的deq
    if (rs.io.fastWakeup.isDefined) { rs.io.fastWakeup.get <> io.fastUopOut.slice(issueIdx, issueIdx + issueWidth) }
                                     ///SchedulerImp的fastUopOut连到ReservationStationWrapper去往RS的fastWakeup
    issueIdx += issueWidth           /// issueWidth = rs.io.deq.length

    if (rs.io.jump.isDefined) {            ///如果这个RS是用于转移执行单元
      val jumpFire = VecInit(rs.io.fromDispatch.map(dp => dp.fire && dp.bits.isJump)).asUInt.orR
      rs.io.jump.get.jumpPc := RegEnable(io.extra.jumpPc, jumpFire)
      rs.io.jump.get.jalr_target := io.extra.jalr_target
    }
    if (rs.io.checkwait.isDefined) {       ///如果这个RS是用于访存加载执行单元
      rs.io.checkwait.get.stIssuePtr <> io.extra.stIssuePtr
      rs.io.checkwait.get.memWaitUpdateReq <> io.extra.memWaitUpdateReq
    }
    if (rs.io.feedback.isDefined) {        ///如果这个RS要接收来自内存的状态反馈，见MemRSFeedbackIO和class RSFeedback。
      val width = rs.io.feedback.get.length
      val feedback = io.extra.feedback.get.slice(feedbackIdx, feedbackIdx + width)
      require(feedback(0).rsIdx.getWidth == rs.io.feedback.get(0).rsIdx.getWidth)
      rs.io.feedback.get.zip(feedback).foreach{ case (r, f) =>
        r.feedbackFast <> f.feedbackFast
        r.feedbackSlow <> f.feedbackSlow
        r.rsIdx <> f.rsIdx
        r.isFirstIssue <> f.isFirstIssue
      }
      feedbackIdx += width
    }  //end if (rs.io.feedback.isDefined)

    val intWriteback = io.writeback.take(intRfWritePorts)
    val fpWriteback = io.writeback.drop(intRfWritePorts)        ///注意是drop(intRfWritePorts)，所以是fpRfWritePorts。
    (cfg.intSrcCnt > 0, cfg.fpSrcCnt > 0) match {
      case (true, false) => rs.io.slowPorts := intWriteback      ///如果是intSrc，RS的slowPorts来自intWriteback即intRfWritePorts
      case (false, true) => rs.io.slowPorts := fpWriteback       ///如果是fpSrc，RS的slowPorts来自fpWriteback即fpRfWritePorts
      // delay fp for extra one cycle
      case (true, true) => rs.io.slowPorts := intWriteback ++ RegNext(VecInit(fpWriteback))        ///二者都有
      case _ => throw new RuntimeException("unknown wakeup source")
    }  /// slowPorts上的信息来自intRfWritePorts和fpRfWritePorts，这就是来自执行单元的回写数据。
```

```
    val innerIntUop = outer.innerIntFastSources(i).map(_._2).map(rs_all(_).module.io.fastWakeup.get).fold(Seq())(_ ++ _)
    val innerFpUop = outer.innerFpFastSources(i).map(_._2).map(rs_all(_).module.io.fastWakeup.get).fold(Seq())(_ ++ _)
    val innerUop = innerIntUop ++ innerFpUop
    val innerData = outer.innerFastPorts(i).map(io.writeback(_).bits.data)
    node.connectFastWakeup(innerUop, innerData)
    require(innerUop.length == innerData.length)

    val outerUop = outer.outFastPorts(i).map(io.fastUopIn(_))        ///io.fastUopIn的信息也是来自执行单元
    val outerData = outer.outFastPorts(i).map(io.writeback(_).bits.data)
    node.connectFastWakeup(outerUop, outerData)
    require(outerUop.length == outerData.length)
  }  ///end for (((node, cfg), i) …)，至此已为本Scheduler中的每一个ReservationStationWrapper都建立了连接。

  require(issueIdx == io.issue.length)
  if (io.extra.loadFastMatch.isDefined) {
    val allLoadRS = outer.reservationStations.map(_.module.io.load).filter(_.isDefined)
    io.extra.loadFastMatch.get := allLoadRS.map(_.get.map(_.fastMatch)).fold(Seq())(_ ++ _)
    io.extra.loadFastImm.get := allLoadRS.map(_.get.map(_.fastImm)).fold(Seq())(_ ++ _)
  }

  var intReadPort = 0
  var fpReadPort = 0
  for ((dp, i) <- outer.dpPorts.zipWithIndex) {    ///dpPorts是Seq(intDpPorts ++ lsDpPorts, fpDpPorts)
    // dp connects only one rs: don't use arbiter
    if (dp.length == 1) {     ///如果在这一类中只有一个Dispatch Port，取决于同一类中执行单元的数量：
      rs_all (dp.head._1).module.io.fromDispatch (dp.head._2) <> allocate(i)
    }
    // dp connects more than one rs: use arbiter to route uop to the correct rs
    else {                    ///如果在这一类中有多个Dispatch Port：
      val func = dp.map(rs => (op: MicroOp) => rs_all (rs._1).canAccept(op.ctrl.fuType))
      val arbiterOut = DispatchArbiter (allocate(i), func)
      val rsIn = VecInit(dp.map(rs => rs_all(rs._1).module.io.fromDispatch(rs._2)))
      rsIn <> arbiterOut                  ///因为是多对多，就得使用仲裁器。
    }

    val numIntRfPorts = dp.map(_._1).map(rs_all(_).intSrcCnt).max
    if (numIntRfPorts > 0) {
      val intRfPorts = VecInit(intRfReadData.slice(intReadPort, intReadPort + numIntRfPorts))
      for ((rs, idx) <- dp) {
        val target = rs_all(rs).module.io.srcRegValue(idx)
        target := intRfPorts.take(target.length)
      }
      intReadPort += numIntRfPorts
    }
```

```
      val numFpRfPorts = dp.map(_._1).map(rs_all(_).fpSrcCnt).max
      if (numFpRfPorts > 0) {
        val fpRfPorts = VecInit(fpRfReadData.slice(fpReadPort, fpReadPort + numFpRfPorts))
        for ((rs, idx) <- dp) {
          val mod = rs_all(rs).module
          if (numIntRfPorts > 0) {
            require(numFpRfPorts == 1 && numIntRfPorts == 1)
            // dirty code for store
            mod.io.fpRegValue.get(idx) := fpRfPorts.head
          } else {
            val target = mod.io.srcRegValue(idx)
            val isFp = RegNext(mod.io.fromDispatch(idx).bits.ctrl.srcType(0) === SrcType.fp)
            val fromFp = if (numIntRfPorts > 0) isFp else false.B
            when (fromFp) { target := fpRfPorts.take(target.length) }
          }
        }  ///end for ((rs, idx) <- dp)
        fpReadPort += numFpRfPorts
      }  ///end if (numFpRfPorts > 0)
    }  ///end for ((dp, i) <- outer.dpPorts.zipWithIndex)

  ///调试与性能统计从略
}  ///end class SchedulerImp
```

这样，SchedulerImp 就把它的每个 ReservationStationWrapper，连同其内部的 ReservationStation 与其上下游方向都建立了连接，其上游方向是指令派发队列，通过 Dispatch2Rs 连接到具体的 ReservationStation；而 ReservationStation 下游就出了 Scheduler 的范围，Scheduler 的下游方向就是具体的执行模块 FUBlock。

此外，SchedulerImp 还创建了两个物理寄存器组，注意是每个 Scheduler 内部有两个寄存器组，而不是只有两个全局的寄存器组。

下面我们要考察的就是作为指令调度核心的 ReservationStation。

23.1.2　ReservationStation

实现脱序（Out-of-Order）执行的关键在于两个模块，一个是“预约站”即 ReservationStation，下面都简称 RS，其作用是为已经到达派发队列的指令提供一个类似于接待站和候车室那样的场所，让它们在这里等待叫号上车，叫号的依据是指令的源操作数均已到位，如果两条指令都满足这个条件就按到来的先后。显然这里的关键在于具体指令的源操作数均已到位这个条件，如果仅看到来的先后就无需 RS 的存在了，派发队列 Dq 本来就是先进先出队列。另外，如果不允许脱序执行，也就不需要有 RS，因为如果哪条指令尚未满足执行条件，就让整个队列中的指令都停下来等待。另一个模块则是 Rob，即恢复次序缓冲区，因为执行指令的次序（在小范围内）被打乱了，但是提交结果的次序却不能乱，一定得恢复原先程序中编排好的顺序。现在我们先看 RS。

我们先把 RS 看成一个黑盒子，大致看一下它的输入输出。RS 的外部接口是 ReservationStationIO：

```
class ReservationStationIO(params: RSParams)(implicit p: Parameters) extends XSBundle {
  val redirect = Flipped(ValidIO(new Redirect))
  // enq
  val fromDispatch = Vec(params.numEnq, Flipped(DecoupledIO(new MicroOp)))   ///来自Dispatch（经派发队列和Dispatch2Rs）
  val srcRegValue = Vec(params.numEnq, Input(Vec(params.numSrc, UInt(params.dataBits.W))))   ///读入的源寄存器内容
```

```
  val fpRegValue = if (params.delayedFpRf) Some(Vec(params.numEnq, Input(UInt(params.dataBits.W)))) else None
  // deq
  val deq = Vec(params.numDeq, DecoupledIO(new ExuInput))                        ///RS的出口，从MicroOp变成了ExuInput。
  // wakeup
  val fastUopsIn = Vec(params.numFastWakeup, Flipped(ValidIO(new MicroOp)))      ///来自有fastUop输出的执行单元
  val fastDatas = Vec(params.numFastWakeup, Input(UInt(params.dataBits.W)))
  val slowPorts = Vec(params.numWakeup, Flipped(ValidIO(new ExuOutput)))         ///来自指令执行单元
  // extra
  val fastWakeup = if (params.fixedLatency >= 0) Some(Vec(params.numDeq, ValidIO(new MicroOp))) else None
  val jump = if (params.isJump) Some(new Bundle {
                                val jumpPc = Input(UInt(VAddrBits.W))
                                val jalr_target = Input(UInt(VAddrBits.W)) }) else None
  val feedback = if (params.hasFeedback) Some(Vec(params.numDeq, Flipped(new MemRSFeedbackIO))) else None   ///来自存储器
  val checkwait = if (params.checkWaitBit) Some(new Bundle {
                                val stIssuePtr = Input(new SqPtr)
                                val stIssue = Flipped(Vec(exuParameters.StuCnt, ValidIO(new ExuInput)))
                                val memWaitUpdateReq = Flipped(new MemWaitUpdateReq) }) else None
  val load = if (params.isLoad) Some(Vec(params.numDeq, new Bundle {
                                val fastMatch = Output(UInt(exuParameters.LduCnt.W))
                                val fastImm = Output(UInt(12.W)) })) else None
  val fmaMid = if (params.exuCfg.get == FmacExeUnitCfg) Some(Vec(params.numDeq, Flipped(new FMAMidResultIO))) else None
                    ///这是来自浮点指令执行单元FMA的对“乘后相加/减”指令执行的中间结果，详见后述。
  val full = Output(Bool())
}
```

RS 来自派发队列的输入是 fromDispatch，中间还要经过 Dispatch2Rs，这是个长度为 numEnq 的 MicroOp 向量，不过 numEnq 并不是一个常数，而是根据实际情况确定的。但是反正每次就是一个或数个 MicroOp，代表着一条或数条指令。而 RS 的输出 deq，却是一个 ExuInput 向量，向量的长度 numDeq 可以和 numEnq 不同。这就是说，RS 在为到来的指令流提供让不满足执行条件的指令暂时等待，让满足执行条件的指令脱离原有次序提前进入具体执行这个功能之外，还把输入的 MicroOp 对象变换成了 ExuInput 对象。ExuInput 类是对 XSBundleWithMicroOp 的扩充，所以我们把二者的定义同时列出如下：

```
class ExuInput(implicit p: Parameters) extends XSBundleWithMicroOp {
  val src = Vec(3, UInt(XLEN.W))            ///在MicroOp的基础上补上至多3个源操作数的值
}

class XSBundleWithMicroOp(implicit p: Parameters) extends XSBundle {
  val uop = new MicroOp
}
```

可见 ExuInput 就是在 MicroOp 的基础上补上了至多 3 个源寄存器的值，而 MicroOp 中只有寄存器号而并无寄存器的内容。另外，与 fromDispatch 并列的还有 srcRegValue，那就是读自物理寄存器组的源操作数。至于 fpRegValue，那只在 delayedFpRf 的条件下起作用。

ReservationStationIO 中还有些别的成分，例如 fastDatas、fastUopsIn，后面会讲到。

这里还有个 slowPorts，这是个 ExuOutput 向量，ExuOutput 是指令执行单元的输出。指令进入 RS 的时候，其源寄存器的值可能尚未到位，因为依赖于此前某条指令的执行结果，包括从内存读入，这个源寄存器正是

那条指令的目标寄存器。进入 RS 以后的等待，就是要等那条指令完成执行。那条指令完成执行之后的结果就在其 ExuOutput 里，需要向物理寄存器回写；同时还要把数据写入 RS，因为 RS 中可能有指令正在等待。所以，slowPorts 和 fastDatas、fastUopsIn 同属于对于等待中指令的“唤醒（wakeup）”信息。ExuOutput 类的定义是这样：

```
class ExuOutput(implicit p: Parameters) extends XSBundleWithMicroOp {
  val data = UInt(XLEN.W)                ///这就是指令的执行结果，最终要写入目标寄存器。
  val fflags = UInt(5.W)                 ///这仅对浮点指令有意义，反映浮点计算中出现的一些情况。
  val redirectValid = Bool()             ///指令执行后产生了Redirect
  val redirect = new Redirect            ///所产生的Redirect（如果redirectValid为true的话）
  val debug = new DebugBundle
}
```

那么 RS 这个黑盒子里究竟有些什么呢？这里先大体上作个介绍。RS 内部有三个存储阵列，即 statusArray，dataArray，还有 payloadArray，三者的类型分别为 StatusArray、DataArray、PayloadArray。顾名思义，其中之一用来存储状态信息，例如源操作数有没有到位；另一个用来存储数据，那就是来自源寄存器的值，而且这个值还得是动态的，要能反映相应物理寄存器中内容的变动；还有一个用来存储“载荷”，实际上就是指令的 MicroOp。既然是个候车室一样的地方，总得让人家有个地方坐下来（PayloadArray），还要有个小本本，记下各条指令当前的寄存器数值（dataArray）和因此而来的调度状态（statusArray）。除这三个存储阵列以外，还要有个 SelectPolicy，就是关于选择“出站者”的具体方法和准则。

我们先看 DataArray。从 RS 的角度，最重要的莫过于具体指令所涉及源操作数寄存器的内容是否已经到位。如果指令进入 RS 时某个源操作数尚未到位，那就得时刻盯着，一旦数据到位就满足了将其调度执行的条件。当然，满足了执行条件不一定马上就能执行，还得看执行单元忙不忙，但是当然应该将这条指令的状态改成可以执行。而寄存器的内容，要是指令进入 RS 时还不曾到位，那就只有等其所依赖的指令完成执行而得到结果。另一方面，当要把一条指令从 RS“出站”交付执行的时候，当然要从 DataArray 中读出其源操作数。所以，对 DataArray 的读写是十分频繁的，DataArray 的读写接口是这样：

```
class DataArrayIO(params: RSParams)(implicit p: Parameters) extends XSBundle {
  val read = Vec(params.numDeq + 1, new DataArrayReadIO(params.numEntries, params.numSrc, params.dataBits))
  val write = Vec(params.numEnq, new DataArrayWriteIO(params.numEntries, params.numSrc, params.dataBits))
  val multiWrite = Vec(params.numWakeup, new DataArrayMultiWriteIO(params.numEntries, params.numSrc, params.dataBits))
  val delayedWrite = if (params.delayedSrc) Vec(params.numEnq,
                        new DataArrayDelayedWriteIO(params.numEntries, params.numSrc, params.dataBits)) else null
  val partialWrite = if (params.hasMidState) Vec(params.numDeq,
                        new DataArrayWriteIO(params.numEntries, params.numSrc - 1, params.dataBits)) else null
}
```

可见，从 DataArray 读出就是 read，可是对 DataArray 的写入却有好几种不同的写入。其中 write 是一般的写入，所写的数据是个 DataArrayWriteIO 向量，向量长度为 numEnq；而 multiWrite 则是个 DataArrayMultiWriteIO 向量，向量长度是 numWakeup，显然是与 Wakeup 有关。可想而知，既然 write 所写入向量长度是 numEnq，那就是发生在源操作数成批进站的时候。这里要说明，所有指令都得在 RS 中等待源操作数到位，但并非所有指令的源操作数都得在 RS 中等上较长的时间，其中的大部分都是（从物理寄存器组）一次到位的。而 multiWrite 的写入向量长度为 numWakeup，那就只能规定一个最大长度，具体就看有几个 Wakeup 了，通常也是成批到来，因为在理想的情况下每个时钟节拍都有若干指令完成其执行。之所以要把它们分开，是为了防止时间上的冲突，这就是因为理论上每个时钟节拍都可能有成批的写入。另两个写入都是有条件的，其中 delayedWrite 的条件是 delayedSrc，这仅对 StdExeUnitCfg 有效，显然当所执行指令是从内存读入数据时是会有延迟的，而这迟到的数据不应干扰正常的数据进入 RS 的 DataArray。另一个 partialWrite 的条件是 hasMidState，这仅对 FmacExeUnitCfg 有效，只有浮点运算指令 fmadd 和 fmadd 才有 MidState 即中间状态。

不管是读还是写，都是成批的读写，read 和 write 本质上都是二维向量。以 write 为例，这是个长度为 numEnq 的 DataArrayWriteIO 向量，而 DataArrayWriteIO 的类型定义则是这样：

```
class DataArrayWriteIO (numEntries: Int, numSrc: Int, dataBits: Int)(implicit p: Parameters) extends XSBundle {
  val enable = Input(Bool())
  val mask = Vec(numSrc, Input(Bool()))                  ///需要写入的源操作数位图
  val addr  = Input(UInt(numEntries.W))                  ///需要写入的位置，也是个位图，以位图为地址。
  val data  = Vec(numSrc, Input(UInt(dataBits.W)))       ///源操作数向量，向量长度取决于参数numSrc。
}
```

可见，一个 DataArrayWriteIO 代表着一条指令的全部源操作数，而 write 则是 DataArrayWriteIO 的向量，一次就完成来自所有 Enq 输入端的 DataArrayWriteIO。当然，也许其中只有一个 DataArrayWriteIO 被 enable，甚至也许没有一个 DataArrayWriteIO 被 enable。

对 DataArray 的读写，地址是个位图，数据就是一条指令各个源寄存器的数据。

```
[ExuBlock > Scheduler > ReservationStationWrapper > ReservationStation > DataArray]
class DataArray (params: RSParams)(implicit p: Parameters) extends XSModule {
  val io = IO(new DataArrayIO(params))

  for (i <- 0 until params.numSrc) {
    val delayedWen = if (params.delayedSrc) io.delayedWrite.map(_.mask(i)) else Seq()        ///浮点数加载指令才有delayedSrc
    val delayedWaddr = if (params.delayedSrc) io.delayedWrite.map(_.addr) else Seq()
    val delayedWdata = if (params.delayedSrc) io.delayedWrite.map(_.data(i)) else Seq()

    val partialWen = if (i < 2 && params.hasMidState) io.partialWrite.map(w => RegNext(w.enable)) else Seq()
    val partialWaddr = if (i < 2 && params.hasMidState) io.partialWrite.map(w => RegEnable(w.addr, w.enable)) else Seq()
    val partialWdata = if (i < 2 && params.hasMidState) io.partialWrite.map(w => RegEnable(w.data(i), w.enable)) else Seq()
              ///只有浮点指令才会有i = 2，那说明有3个原操作数。另外，也只有浮点指令才hasMidState。
              ///在class RSParams中的定义是：  def hasMidState: Boolean = exuCfg.get == FmacExeUnitCfg
              ///                               def delayedSrc: Boolean = delayedFpRf
              ///                               def delayedFpRf: Boolean = exuCfg.get == StdExeUnitCfg

    val wen = io.write.map(w => w.enable && w.mask(i)) ++ io.multiWrite.map(_.enable) ++ delayedWen ++ partialWen
                              ///对DataArray的写入可以来自所有（4个）写入端，其中io.multiWrite是Wakeup写入。
    val waddr = io.write.map(_.addr) ++ io.multiWrite.map(_.addr(i)) ++ delayedWaddr ++ partialWaddr
    val wdata = io.write.map(_.data(i)) ++ io.multiWrite.map(_.data) ++ delayedWdata ++ partialWdata  ///准备写入dataModule
          ///在DataArray内部，是把所有外部接口上的写入要求整理在一起，一次性写入的。

    val dataModule = Module(new AsyncRawDataModuleTemplate(UInt(params.dataBits.W),             ///dataBits定义为XLEN
                                                   params.numEntries, io.read.length, wen.length))
              ///创建数据存储模块dataModule，模块的容量为numEntries，每个存储单元的内容就是一个源操作数。
    dataModule.io.rvec := VecInit(io.read.map(_.addr))
    io.read.map(_.data(i)).zip(dataModule.io.rdata).foreach{ case (d, r) => d := r }   ///从数据存储模块dataModule读出
```

```
    dataModule.io.wen := wen                                        ///向数据存储模块dataModule写入
    dataModule.io.wvec := waddr
    dataModule.io.wdata := wdata

    if (i < 2 && params.hasMidState) {          ///排除浮点指令
      for (r <- io.read) {
        val addr_match = partialWaddr.map(addr => (addr & r.addr).asUInt.orR)
        val bypass = partialWen.zip(addr_match).map(p => p._1 && p._2)
        when (VecInit(bypass).asUInt.orR) { r.data(i) := Mux1H(bypass, partialWdata) }
      }
    }

    for (i <- 0 until params.numEntries) {
      val w = VecInit(wen.indices.map(j => dataModule.io.wen(j) && dataModule.io.wvec(j)(i)))
      XSError(RegNext(PopCount(w) > 1.U), s"why not OH $i?")
      when(PopCount(w) > 1.U) {
        XSDebug("ERROR: RS DataArray write overlap!\n")
      }
    }
  }
}   ///end class DataArray
```

DataArray 所存储的只是源操作数；可是 ExuInput 中的 MicroOp，即待执行指令本身也得有个地方存放，那就是 PayloadArray：

[ExuBlock > Scheduler > ReservationStationWrapper > ReservationStation > PayloadArray]

```
class PayloadArray[T <: Data](gen: T, params: RSParams)(implicit p: Parameters) extends XSModule {
                                                        ///创建PayloadArray时的参数gen就是MicroOp
  val io = IO(new Bundle {
    val read = Vec(params.numDeq + 1, new PayloadArrayReadIO (gen, params))
    val write = Vec(params.numEnq, new PayloadArrayWriteIO (gen, params))
  })

  val payload = Reg(Vec(params.numEntries, gen))
                          ///实际的存储器是个寄存器，存储容量为numEntries，存储类型是MicroOp（当然是很大）。
  // read ports
  io.read.map(_.data).zip(io.read.map(_.addr)).map {
    case (data, addr) => data := Mux1H(addr, payload)        ///addr是个位图，根据这位图从寄存器payload读出。
    XSError(PopCount(addr) > 1.U, p"raddr ${Binary(addr)} is not one-hot\n")
  }
  // write ports
  for (i <- 0 until params.numEntries) {
    val wenVec = VecInit(io.write.map(w => w.enable && w.addr(i)))
    val wen = wenVec.asUInt.orR
    val wdata = Mux1H(wenVec, io.write.map(_.data))
```

```
    when (wen) { payload(i) := wdata }                    ///写入的地址是位图wenVec，根据这位图写入寄存器payload。
    XSError(PopCount(wenVec) > 1.U, p"wenVec ${Binary(wenVec.asUInt)} is not one-hot\n")
  }
  for (w <- io.write) {
    // check for writing to multiple entries
    XSError(w.enable && PopCount(w.addr.asBools) =/= 1.U, p"write address ${Binary(w.addr)} is not one-hot\n")
    // write log
    XSDebug(w.enable, p"write to address ${OHToUInt(w.addr)}\n")
  }
}   ///end class PayloadArray
```

比之 DataArray，对 PayloadArray 的读写相对要少一些，但大体上也是每个时钟节拍都得从中读出若干条指令交付执行。外部接口上的 write 当然是向 PayloadArray 写入，其类型 PayloadArrayWriteIO 的定义是：

```
class PayloadArrayWriteIO[T <: Data](gen: T, params: RSParams) extends Bundle {
  val enable    = Input(Bool())
  val addr  = Input(UInt(params.numEntries.W))          ///以位图为地址
  val data  = Input(gen)                                ///泛型gen实际上是MicroOp
}
```

最后，StatusArray 中存放的是关于待出站指令的状态信息，这是从 DataArray 和 PayloadArray 中的信息归纳出来的，这个状态信息决定了指令是否可以被调度出站交付执行。存储在 StatusArray 中的信息单元是 StatusEntry，其定义如下：

```
[ExuBlock > Scheduler > ReservationStationWrapper > ReservationStation > StatusArray > StatusEntry]
class StatusEntry(params: RSParams)(implicit p: Parameters) extends XSBundle {
  // states
  val scheduled = Bool()
  val blocked = Bool()
  val credit = UInt(4.W)
  val srcState = Vec(params.numSrc, Bool())
  val midState = Bool()
  // data
  val psrc = Vec(params.numSrc, UInt(params.dataIdBits.W))          ///指向源操作数在DataArray中的位置
  val srcType = Vec(params.numSrc, SrcType())                       ///源操作数的类型，可以是reg/pc/imm/fp之一。
  val robIdx = new RobPtr
  val waitForSqIdx = new SqPtr          // generated by store data valid check
  val waitForRobIdx = new RobPtr        // generated by store set
  val waitForStoreData = Bool()
  val strictWait = Bool()
  val sqIdx = new SqPtr
  // misc
  val isFirstIssue = Bool()

  def canIssue: Bool = {              ///可以向执行单元发送
    val scheduledCond = if (params.needScheduledBit) !scheduled else true.B
```

```
    val blockedCond = if (params.checkWaitBit) !blocked else true.B
    val checkedSrcState = if (params.numSrc > 2) srcState.take(2) else srcState
    val midStateReady = if (params.hasMidState) srcState.last && midState else false.B
    (VecInit(checkedSrcState).asUInt.andR && scheduledCond || midStateReady) && blockedCond
  }

  def allSrcReady: Bool = {        ///所有源操作数均已到位
    val midStateReady = if (params.hasMidState) srcState.last && midState else false.B
    srcState.asUInt.andR || midStateReady
  }
}  ///end class StatusEntry
```

而 StatusArray，则是 StatusEntry 的存放地，阵列的大小与 DataArray 和 PayloadArray 一样：

```
[ExuBlock > Scheduler > ReservationStationWrapper > ReservationStation > StatusArray]
class StatusArray(params: RSParams)(implicit p: Parameters) extends XSModule
  with HasCircularQueuePtrHelper {
  val io = IO(new Bundle {
    val redirect = Flipped(ValidIO(new Redirect))
    // current status
    val isValid = Output(UInt(params.numEntries.W))                ///表示各存储单元是否有效的位图
    val isValidNext = Output(UInt(params.numEntries.W))            ///表示各存储单元是否已被分配的位图
    val canIssue = Output(UInt(params.numEntries.W))               ///表示各存储单元是否满足发布条件的位图
    val flushed = Output(UInt(params.numEntries.W))                ///表示各存储单元是否被冲刷的位图
    // enqueue, dequeue, wakeup, flush
    val update = Vec(params.numEnq, new StatusArrayUpdateIO(params))
    val wakeup = Vec(params.allWakeup, Flipped(ValidIO(new MicroOp)))   ///allWakeup = numFastWakeup + numWakeup
    val wakeupMatch = Vec(params.numEntries, Vec(params.numSrc, Output(UInt(params.allWakeup.W))))
                          ///见后面的函数 wakeupMatch()，注意 update 和 wakeup 均为输入，但 wakeupMatch 是输出。
    val issueGranted = Vec(params.numSelect, Flipped(ValidIO(UInt(params.numEntries.W))))     ///执行单元同意接受
                          /// numSelect = numDeq + numEnq + (if (oldestFirst._1) 1 else 0)
    // TODO: if more info is needed, put them in a bundle
    val isFirstIssue = Vec(params.numSelect, Output(Bool()))
    val allSrcReady = Vec(params.numSelect, Output(Bool()))        ///宽度为 numSelect 的位图
    val updateMidState = Input(UInt(params.numEntries.W))
    val deqRespWidth = if (params.hasFeedback) params.numDeq * 2 else params.numDeq + params.numDeq + 1
    val deqResp = Vec(deqRespWidth, Flipped(ValidIO(new Bundle {    ///从 StatusArray 中撤除若干 StatusEntry
      val rsMask = UInt(params.numEntries.W)                        ///宽度为 numEntries 的位图
      val success = Bool()
      val resptype = RSFeedbackType()       // update credit if needs replay
      val dataInvalidSqIdx = new SqPtr
    })))
    val stIssuePtr = if (params.checkWaitBit) Input(new SqPtr()) else null
    val memWaitUpdateReq = if (params.checkWaitBit) Flipped(new MemWaitUpdateReq) else null

    val rsFeedback = Output(Vec(5, Bool()))                       ///宽度为 5 的位图
```

```
}) ///end val io

val statusArrayValid = RegInit(VecInit(Seq.fill(params.numEntries)(false.B)))    ///statusArray 的初值为全都不 valid
val statusArrayValidNext = WireInit(statusArrayValid)
val statusArray = Reg(Vec(params.numEntries, new StatusEntry(params)))
   ///这个寄存器是实际的存储阵列，其大小是 numEntries，存储单元类型是 StatusEntry，其名称就叫 statusArray。

val replayArray = RegInit(VecInit.fill(params.numEntries)(RSFeedbackType.feedbackInvalid))   // for perf-eval only
val statusArrayNext = WireInit(statusArray)               ///用于 statusArray 的内容更新
statusArrayValid := statusArrayValidNext
statusArray := statusArrayNext                            /// statusArray 是个寄存器
val replayArrayNext = WireInit(replayArray)
replayArray := replayArrayNext                            /// replayArray 也是一样，但每个单元只有 1 位，仅为性能统计而设。
(statusArrayValid zip replayArrayNext).foreach { case (valid, replay) =>
                                  when(valid === 0.B) { replay := RSFeedbackType.feedbackInvalid } }
io.rsFeedback := VecInit((0 until 5).map(index => statusArrayValid.zip(replayArray).map {
                                  case (valid, replay) => valid && replay === index.U}.reduce(_ || _)))   ///宽度为 5 的位图

// instruction is ready for issue
val readyVec = VecInit(statusArray.map(_.canIssue))                ///表示哪些单元可以发布的位图
val readyVecNext = VecInit(statusArrayNext.map(_.canIssue))        ///表示下个节拍哪些单元可以发布的位图

// update srcState when enqueue, wakeup
// For better timing, we use different conditions for data write and srcState update
// srcInfo: (psrc, srcType)                ///参数 srcInfo 的类型为(UInt, UInt)，即(psrc, srcType)。
def wakeupMatch (srcInfo: (UInt, UInt)): (Bool, UInt) = {
  val (stateMatchVec, dataMatchVec) = io.wakeup.map(w => {     /// io.wakeup 是个 MicroOp 向量，宽度为 allWakeup：
                                  val (stateMatch, dataMatch) = w.bits.wakeup(Seq(srcInfo), params.exuCfg.get).head
                                  (w.valid && stateMatch, w.valid && dataMatch) }).unzip      ///二者均为位图
              ///对输入向量 io.wakeup 中的每个元素 w 即 MicroOp，调用其函数 wakeup()。
  val stateMatch = VecInit(stateMatchVec).asUInt.orR       ///位图 stateMatchVec 中至少有一位是 1
  val dataMatch = VecInit(dataMatchVec).asUInt       ///我说的“位图”其实大多只是布尔向量，asUInt()后才真是位图。
  XSError(PopCount(dataMatchVec) > 1.U, p"matchVec ${Binary(dataMatch)} should be one-hot\n")
  (stateMatch, dataMatch)
}  ///返回类型为(Bool, UInt)，stateMatch 是 Bool，dataMatch 是个位图

def deqRespSel(i: Int) : (Bool, Bool, UInt, SqPtr) = {
  val mask = VecInit(io.deqResp.map(resp => resp.valid && resp.bits.rsMask(i)))   ///mask 位图中应该只有一位可以是 1.
  XSError(PopCount(mask) > 1.U, p"feedbackVec ${Binary(mask.asUInt)} should be one-hot\n")
  val deqValid = mask.asUInt.orR                       ///表示位图 mask 中确实有一位是 1，位图宽度为 numEntries。
  val successVec = io.deqResp.map(_.bits.success)       ///选出 deqResp 中 success 为 true 的元素，successVec 是个向量。
  val respTypeVec = io.deqResp.map(_.bits.resptype)
  val dataInvalidSqIdxVec = io.deqResp.map(_.bits.dataInvalidSqIdx)
  (deqValid, ParallelMux(mask, successVec), Mux1H(mask, respTypeVec), Mux1H(mask, dataInvalidSqIdxVec))
}   ///返回类型为(Bool, Bool, UInt, SqPtr)，依次为 deqValid，所选中单元是否 success，所选中单元的 resptype 和 SqIdx。
```

```
  def enqUpdate (i: Int): (Bool, StatusEntry) = {
    val updateVec = VecInit(io.update.map(u => u.enable && u.addr(i)))   ///监视和检查 io.update，得一 update 向量。
          ///io.update 是长度为 numEnq 的 StatusArrayUpdateIO 向量，检查其个元素的 enable 位和地址位图得到另一位图。
    val updateStatus = Mux1H(updateVec, io.update.map(_.data))        ///摘取相关 StatusArrayUpdateIO 对象中的 data 字段
    XSError(PopCount(updateVec) > 1.U, "should not update the same entry\n")
    (updateVec.asUInt.orR, updateStatus)      ///第一个返回值表示是否有更新，如有则 updateStatus 为一 StatusEntry。
  }
///class StatusArray，待续。
```

StatusArray 的核心是 statusArray，这是一个承载着 StatusEntry 数组的寄存器。这个寄存器中保持着当前所有正在 RS 中等待的指令的状态，包括 allSrcReady()和 canIssue()。位图 readyVecNext 反映着哪些指令已经 canIssue。注意函数 allSrcReady()和 canIssue()并不意味着每次需要判断时就去调用这个函数，而是代表着两块电路的输出，实际上在这里都是组合电路的输出。后面我们会看到，StatusArray 外部接口上的 canIssue 就来自 readyVecNext，只是还要用 valid 这个条件卡一下，因为如果不 valid 就谈不上是否 ready 了。

对 statusArray 的写入有两个来源，一个是 update，另一个是 wakeup。前者的接口类型是

```
class StatusArrayUpdateIO(params: RSParams)(implicit p: Parameters) extends Bundle {
  val enable = Input(Bool())
  // should be one-hot
  val addr = Input(UInt(params.numEntries.W))       ///以位图为地址，但必须是One-Hot位图，一次只能写入一个单元。
  val data = Input(new StatusEntry(params))         ///写入的内容就是一个StatusEntry

  def isLegal: Bool = PopCount(addr.asBools) === 0.U
}
```

至于输入向量 wakeup，则其元素的类型为 MicroOp（并不知道其在 statusArray 中的位置），所以需要在 statusArray 中比较匹配，class MicroOp 提供了两个函数 wakeup()（我们以前都没有涉及），上面的函数 wakeupMatch()中调用的就是其中的这个 wakeup (successor: Seq[(UInt, UInt)], exuCfg: ExuConfig)。

```
class MicroOp(implicit p: Parameters) extends CfCtrl {
  …
  val psrc = Vec(3, UInt(PhyRegIdxWidth.W))
  val pdest = UInt(PhyRegIdxWidth.W)   …
  // This MicroOp is used to wakeup another uop (the successor: (psrc, srcType).
  def wakeup (successor: Seq[(UInt, UInt)], exuCfg: ExuConfig): Seq[(Bool, Bool)] = {
        ///参数successor是个二元组[(UInt, UInt)]序列，实际上是[(src, srcType)]，来自所比对的MicroOp中的psrc。
    successor.map{ case (src, srcType) =>        ///这个src就是等待中的指令所需的源操作数及其类型
        ///其中src来自对方MicroOp中的向量psrc，srcType来自MicroOp中CtrlSignals内的srcType字段
      val pdestMatch = pdest === src             ///物理寄存器号相符（所等待的就是我），这是最关键的。
      // For state: no need to check whether src is x0/imm/pc because they are always ready.
      val rfStateMatch = if (exuCfg.readIntRf) ctrl.rfWen else false.B
      val fpMatch = if (exuCfg.readFpRf) ctrl.fpWen else false.B
      val bothIntFp = exuCfg.readIntRf && exuCfg.readFpRf
      val bothStateMatch = Mux(SrcType.regIsFp(srcType), fpMatch, rfStateMatch)
      val stateCond = pdestMatch && (if (bothIntFp) bothStateMatch else rfStateMatch || fpMatch)   ///true或false
      // For data: types are matched and int pdest is not $zero.
```

```
        val rfDataMatch = if (exuCfg.readIntRf) ctrl.rfWen && src =/= 0.U else false.B
        val dataCond = pdestMatch && (rfDataMatch && SrcType.isReg(srcType) || fpMatch && SrcType.isFp(srcType))
        (stateCond, dataCond)        ///两个都是Bool，true/false。
      }  ///end successor.map{}
    }  ///end wakeup()
  // This MicroOp is used to wakeup another uop (the successor: MicroOp).
  def wakeup (successor: MicroOp, exuCfg: ExuConfig): Seq[(Bool, Bool)] = {
    wakeup(successor.psrc.zip(successor.ctrl.srcType), exuCfg)   ///这个wakeup()函数可以帮助我们了解二元组的来历
  }
}  ///end class MicroOp
```

显然，所谓“唤醒(wakeup)”，就是拿一个其目标（物理）寄存器中已经有了结果的指令的 MicroOp，去唤醒以此寄存器为源寄存器的那些指令的 MicroOp。唤醒的依据就是物理寄存器号的比对。那是否可以直接就拿目标寄存器号去唤醒呢？其实这里 wakeup()的参数 successor 就是一个 Seq[(UInt, UInt)]，其中每个二元组（UInt, UInt）的第一个 UInt 就是源寄存器号，第二个是类型（可以是 reg/pc/imm/fp 之一），所以实际上就是拿目标寄存器号去唤醒的。

这里还有一个函数 enqUpdate()。这个函数、其实是这块电路，监视着 update 接口上一个输入端（一共有 numEnq 个）上的 StatusArrayUpdateIO 输入。这块电路有两个输出，第一个输出是个布尔信号，表示是否有状态更新，如有则第二个输出 updateStatus 就是代表着该表项新的 StatusEntry。

还有一个函数（电路块），就是 deqRespSel()。这个电路监视着接口上 deqResp 中 deqRespWidth 路输入的每一路，如果输入 deqResp 中的某一路表示有某个 StatusEntry 可以撤除就对其作出反应。

我们继续往下看 class StatusArray 的代码：

```
[ExuBlock > Scheduler > ReservationStationWrapper > ReservationStation > StatusArray]      续
  val flushedVec = Wire(Vec(params.numEntries, Bool()))          ///位图

  val (updateValid, updateVal) = statusArray.indices.map(enqUpdate).unzip   ///函数 enqUpdate()的两个返回值
          ///如前所述，函数 enqUpdate()所描述的电路有两个输出，那就是这里的 updateValid 和 updateVal。
  val deqResp = statusArray.indices.map(deqRespSel)             ///函数 deqRespSel()见上，其返回值是个四元组。

  val is_issued = Wire(Vec(params.numEntries, Bool()))            /// is_issued 是个位图
  for (((((statusValid, status), (statusNextValid, statusNext)), replayNext), i) <-
          statusArrayValid.zip(statusArray).zip(statusArrayValidNext.zip(statusArrayNext)).zip(replayArrayNext).zipWithIndex) {
    // valid: when the entry holds a valid instruction, mark it true.
    // Set when (1) not (flushed or deq); AND (2) update.
    val realValid = updateValid(i) || statusValid                  ///实际的有效单元就是原先有效的加上最新变成有效的
    val (deqRespValid, deqRespSucc, deqRespType, deqRespDataInvalidSqIdx) = deqResp(i)   ///函数 deqResp()的 4 个返回值
    val isFlushed = statusNext.robIdx.needFlush(io.redirect)
    flushedVec(i) := (realValid && isFlushed) || (deqRespValid && deqRespSucc)
    when(updateValid(i)) { replayNext := RSFeedbackType.feedbackInvalid }
    statusNextValid := realValid && !(isFlushed || (deqRespValid && deqRespSucc))
                                              ///新的有效单元就是实际有效的单元中未被冲刷和未被 dequeue 的那些单元。

    // scheduled: when the entry is scheduled for issue, mark it true.
    // Set when (1) scheduled for issue; (2) enq blocked.
    // Reset when (1) deq is not granted (it needs to be scheduled again); (2) only one credit left.
```

```
val hasIssued = VecInit(io.issueGranted.map(iss => iss.valid && iss.bits(i))).asUInt.orR    ///这些指令中有的已经发出
val deqNotGranted = deqRespValid && !deqRespSucc
when(deqNotGranted && statusNextValid) { replayNext := deqRespType }    ///replayNext 来自 statusArrayNext
statusNext.scheduled := false.B                ///先假设为 false，再根据实际情况进行修改：
if (params.needScheduledBit) {   ///参考：def needScheduledBit: Boolean = hasFeedback || delayedSrc || hasMidState
  // An entry keeps in the scheduled state until its credit comes to zero or deqFailed.
  val noCredit = statusValid && status.credit === 1.U
  val keepScheduled = status.scheduled && !deqNotGranted && !noCredit
  // updateValid may arrive at the same cycle as hasIssued.
  statusNext.scheduled := hasIssued || Mux(updateValid(i), updateVal(i).scheduled, keepScheduled)
}   /// statusNext.scheduled 表示需要进行调度（因为有新的数据到来）
XSError(hasIssued && !realValid, p"should not issue an invalid entry $i\n")
is_issued(i) := statusValid && hasIssued        ///仅用于统计

// blocked: indicate whether the entry is blocked for issue until certain conditions meet.
statusNext.blocked := false.B               ///先假定为 false，没有被阻塞。
if (params.checkWaitBit) {   ///见 ReservationStationWrapper，对于来自内存的源操作数往往需要等待。
  val blockNotReleased = isAfter(statusNext.sqIdx, io.stIssuePtr)
  val storeAddrWaitforIsIssuing = VecInit((0 until StorePipelineWidth).map(i => {
                io.memWaitUpdateReq.staIssue(i).valid &&
                    io.memWaitUpdateReq.staIssue(i).bits.uop.robIdx.value === statusNext.waitForRobIdx.value
  })).asUInt.orR && !statusNext.waitForStoreData && !statusNext.strictWait      // is waiting for store addr ready

  val storeDataWaitforIsIssuing = VecInit((0 until StorePipelineWidth).map(i => {
                io.memWaitUpdateReq.stdIssue(i).valid &&
                    io.memWaitUpdateReq.stdIssue(i).bits.uop.sqIdx.value === statusNext.waitForSqIdx.value
                                                        })).asUInt.orR && statusNext.waitForStoreData

  statusNext.blocked := Mux(updateValid(i), updateVal(i).blocked, status.blocked) &&
                            !storeAddrWaitforIsIssuing && !storeDataWaitforIsIssuing && blockNotReleased
  when(updateValid(i)) {
    statusNext.strictWait := updateVal(i).strictWait
    statusNext.waitForStoreData := updateVal(i).waitForStoreData
    statusNext.waitForRobIdx := updateVal(i).waitForRobIdx
    assert(updateVal(i).waitForStoreData === false.B)
  }
  when (deqNotGranted && deqRespType === RSFeedbackType.dataInvalid) {
    statusNext.blocked := true.B                          ///被阻塞
    statusNext.waitForSqIdx := deqRespDataInvalidSqIdx
    statusNext.waitForStoreData := true.B                 ///需要等待
    XSError(statusValid && !isAfter(status.sqIdx, RegNext(RegNext(io.stIssuePtr))),
                        "Previous store instructions are all issued. Should not trigger dataInvalid.\n")
  }
}   ///end if (params.checkWaitBit)，这是对 statusNext.blocked 的处理。

// credit: the number of cycles this entry needed until it can be scheduled
```

```
    val creditStep = Mux(status.credit > 0.U, status.credit - 1.U, status.credit)
    statusNext.credit := Mux(updateValid(i), updateVal(i).credit, creditStep)
    XSError(statusValid && status.credit > 0.U && !status.scheduled,
                                          p"instructions $i with credit ${status.credit} must not be scheduled\n")

    // srcState: indicate whether the operand is ready for issue
    val (stateWakeupEn, dataWakeupEnVec) = statusNext.psrc.zip(statusNext.srcType).map(wakeupMatch).unzip
    io.wakeupMatch(i) := dataWakeupEnVec.map(en => Mux(updateValid(i) || statusValid, en, 0.U))
          /// StatusArray 输出的向量 wakeupMatch 来自 dataWakeupEnVec，而后者又来自函数 wakeupMatch()的输出。

    // For best timing of srcState, we don't care whether the instruction is valid or not.
    // We also don't care whether the instruction can really enqueue.
    statusNext.srcState := VecInit(status.srcState.zip(updateVal(i).srcState).zip(stateWakeupEn).map { ///具体指令的 srcState 变迁：
                    // When the instruction enqueues, we always use the wakeup result.
                                   case ((current, update), wakeup) => wakeup || Mux(updateValid(i), update, current) })

    // midState: reset when enqueue; set when receiving feedback
    statusNext.midState := !updateValid(i) && (io.updateMidState(i) || status.midState)

    // static data fields (only updated when instructions enqueue)
    statusNext.psrc := Mux(updateValid(i), updateVal(i).psrc, status.psrc)
    statusNext.srcType := Mux(updateValid(i), updateVal(i).srcType, status.srcType)
    statusNext.robIdx := Mux(updateValid(i), updateVal(i).robIdx, status.robIdx)
    statusNext.sqIdx := Mux(updateValid(i), updateVal(i).sqIdx, status.sqIdx)

    // isFirstIssue: indicate whether the entry has been issued before
    // When the entry is not granted to issue, set isFirstIssue to false.B
    statusNext.isFirstIssue := Mux(hasIssued, false.B, updateValid(i) || status.isFirstIssue)
  }  ///end for (((((statusValid, status), (statusNextValid, statusNext)), replayNext), i)，总而言之是对 statusNext 的处理。
    ///循环变量 statusNext 来自 statusArrayNext，所以实际上是根据输入的情况对 statusArrayNext 中各个元素的种种设置。
    ///最后，整个 statusArrayNext 被写入 statusArray，见前面的“statusArray := statusArrayNext”这个语句。

  io.isValid := statusArrayValid.asUInt
  io.isValidNext := statusArrayValidNext.asUInt
  io.canIssue := VecInit(statusArrayValidNext.zip(readyVecNext).map{ case (v, r) => RegNext(v && r) }).asUInt
        ///输出接口上的这个 canIssue 是关键，实际上就是 statusArrayValidNext 和 readyVecNext 两个位图按位相与所得。
  io.isFirstIssue := VecInit(io.issueGranted.map(iss => Mux1H(iss.bits, statusArray.map(_.isFirstIssue))))
  io.allSrcReady := VecInit(io.issueGranted.map(iss => Mux1H(iss.bits, statusArray.map(_.allSrcReady))))
  io.flushed := flushedVec.asUInt
  ///性能统计从略
}  ///end class StatusArray
```

在前面 enqUpdate()、wakeupMatch()、deqRespSel()三个函数的基础上，这里描述的是 StatusArray 中各个 StatusEntry 即各条指令的状态变迁，以及根据输入实现这些变迁的电路。主要就是三个环节，即 update、wakeup、和 issue/deq。其中 update 来自 Dispatch，issue 去向执行模块，关键在于 wakeup，这也就是 ReservationStation 的核心所在。

总之，DataArray、PayloadArray、StatusArray 这三个存储阵列中处于同一位置上（下标相同）的三个存储单元的内容合在一起，就代表着一条在 RS 中等待被调度出站交付执行的指令。其中 DataArray 存放的就是各条指令已到位的操作数，即最多 3 个源寄存器的值，这是来自别的指令的执行结果。PayloadArray 所存放的则是指令的 MicroOp 本身。MicroOp 中只有 3 个源操作数的性质（来自寄存器还是直接数）和 3 个源寄存器（以及目标寄存器）的寄存器号，而并无源寄存器的值，所以光有 MicroOp 对于 RS 显然是不够的，所以 DataArrayIO 中的数据就不是来自 MicroOp。而 StatusArray 中则存放着该指令的状态信息。三个存储阵列的大小是一样的，所以同一条指令的信息在 3 个阵列中都存储在相同的位置上，具有相同的地址（其实是下标）。

除这三个存储阵列外，RS 中还有一个 SelectPolicy 对象，这个对象实现着选择指令投放执行的具体算法。

```
[ExuBlock > Scheduler > ReservationStationWrapper > ReservationStation > SelectPolicy]
class SelectPolicy(params: RSParams)(implicit p: Parameters) extends XSModule {
  val io = IO(new Bundle {
    // select for enqueue
    val validVec = Input(UInt(params.numEntries.W))                          ///这是进入RS的请求位图（One-Hot）
    val allocate = Vec(params.numEnq, ValidIO(UInt(params.numEntries.W)))    ///允许Enq的位图向量
    // select for issue
    val request = Input(UInt(params.numEntries.W))                           ///请求发出指令的位图
    val grant = Vec(params.numDeq, ValidIO(UInt(params.numEntries.W)))       ///实际发出指令的位图向量
    // for load balance usage
    val balance = if (params.needBalance && params.numDeq == 2) {
      Some(new Bundle {
        val tick = Input(Bool())
        val out = Output(Bool())
      })
    } else None
  })  ///end val io

  val enqPolicy = if (params.numEnq > 2) "oddeven" else if (params.numEnq == 2) "center" else "circ"
  val emptyVec = VecInit(io.validVec.asBools.map(v => !v))          ///凡是不valid的就都是empty
  val allocate = SelectOne(enqPolicy, emptyVec, params.numEnq)      ///SelectOne()根据具体的enqPolicy从emptyVec中选择分配
  for (i <- 0 until params.numEnq) {
    val sel = allocate.getNthOH(i + 1)
    io.allocate(i).valid := sel._1
    io.allocate(i).bits := sel._2.asUInt
    XSError(io.allocate(i).valid && PopCount(io.allocate(i).bits) =/= 1.U, p"allocate vec ${Binary(io.allocate(i).bits)} is not onehot")
    XSDebug(io.allocate(i).fire, p"select for allocation: ${Binary(io.allocate(i).bits)}\n")
  }

  val deqPolicy = if (params.numDeq > 2 && params.numEntries > 32) "oddeven" else if (params.numDeq >= 2) "circ" else "naive"
  val request = io.request.asBools
  val select = SelectOne(deqPolicy, request, params.numDeq)    /// SelectOne()根据具体的deqPolicy从request中选择
  val selected = (0 until params.numDeq).map(i => select.getNthOH(i + 1))
  for ((sel, i) <- selected.zipWithIndex) {
    io.grant(i).valid := sel._1
    io.grant(i).bits := sel._2.asUInt
    XSError(io.grant(i).valid && PopCount(io.grant(i).bits.asBools) =/= 1.U, p"grant vec ${Binary(io.grant(i).bits)} is not onehot")
```

```
    XSDebug(io.grant(i).valid, p"select for issue request: ${Binary(io.grant(i).bits)}\n")
  }

  if (io.balance.isDefined) {
    val balance = RegInit(false.B)
    when (io.balance.get.tick) {
      balance := !balance
    }
    io.balance.get.out := balance
    for ((sel, i) <- selected.reverse.zipWithIndex) {
      when (balance) {
        io.grant(i).valid := sel._1
        io.grant(i).bits := sel._2.asUInt
      }
    }
  }
}  ///end class SelectPolicy
```

这里有两个 Policy，一个是 enqPolicy，另一个是 deqPolicy。前者通过槽位分配控制着指令的进站，后者控制着指令的出站。不过前者与指令本身无关，只是对 RS 内部的空间调度；而后者是对于指令出站交付执行的调度，那就与指令本身在指令流中所处的位置有关了。至于具体的选择策略，这里说有几种，即“oddeven”、“center”、“circ”、“naive”，我们就不深究下去了。

在上面的叙述中，我们侧重于当指令进入 RS 时操作数尚未全部到位，而要在 RS 中等待操作时到来的情景，但是其实进入 RS 的指令并非都有数据依赖，许多指令进入 RS 时就已经满足被调度执行的条件，这就要由 RS 加以鉴别了。RS 是个比较复杂的模块，所述的这三个阵列一个策略只是 RS 内部的基础设施，而 RS 本身还有相当复杂的逻辑。

来自 Dispatch 的指令在要进入 ReservationStation 之际，可能会有以下几种可能：

- 有些指令不需要有任何源操作数，所以立刻就满足了被调度执行的条件。
- 指令的源操作数之一来自直接数，这已经在译码阶段从指令代码中获取，是否满足被调度执行的条件取决于是否还有别的源操作数。
- 指令所需的源操作数已经在物理寄存器组中，直接就可读取。
- 指令所需的源操作数此刻正欲写入 RS 的 dataArray（但尚未写入），那就具备了抄近路 bypass 的条件，从而可能也满足了被调度执行的条件，具体取决于该指令是否还有别的源操作数。
- 指令所需的源操作数尚未进入物理寄存器组，需要在 RS 中等待。
- 指令所需的源操作数必须全部到位才可被调度执行。如果有多条指令已经满足条件就按指令的先后。

下面我们就来看 RS 的代码：

```
[XSCore > XSCoreBase > ExuBlock > Scheduler > ReservationStationWrapper > ReservationStation]
class ReservationStation(params: RSParams)(implicit p: Parameters)
                                    extends XSModule w ith HasPerfEvents with HasCircularQueuePtrHelper {
  val io = IO(new ReservationStationIO(params))          ///见前，其中的fromDispatch是输入，deq是输出。

  val statusArray = Module(new StatusArray(params))    ///创建StatusArray。StatusArray内部也有个statusArray，不要混淆。
  val select = Module(new SelectPolicy(params))                                ///创建调度策略
  val dataArray = Module(new DataArray(params))                                ///创建DataArray
```

```
val payloadArray = Module(new PayloadArray(new MicroOp, params))          ///创建PayloadArray

val s2_deq = Wire(io.deq.cloneType)
/**
  * S0: Update status (from wakeup) and schedule possible instructions to issue.
  * Instructions from dispatch will be always latched and bypassed to S1.
  */
// common data
val s0_allocatePtrOH = VecInit(select.io.allocate.map(_.bits))
val s0_allocatePtr = VecInit(s0_allocatePtrOH.map(ptrOH => OHToUInt(ptrOH)))
val s0_enqFlushed = Wire(Vec(params.numEnq, Bool()))
val s0_enqWakeup = Wire(Vec(params.numEnq, Vec(params.numSrc, UInt(params.numWakeup.W))))
val s0_enqDataCapture = Wire(Vec(params.numEnq, Vec(params.numSrc, UInt(params.numWakeup.W))))
val s0_fastWakeup = Wire(Vec(params.numEnq, Vec(params.numSrc, Vec(params.numFastWakeup, Bool()))))
val s0_doEnqueue = Wire(Vec(params.numEnq, Bool()))                       ///宽度为numEnq的位图

// Allocation: uops from dispatch
val validAfterAllocate = RegInit(0.U(params.numEntries.W))
val validUpdateByAllocate = ParallelMux(s0_doEnqueue, s0_allocatePtrOH)
validAfterAllocate := statusArray.io.isValidNext | validUpdateByAllocate
select.io.validVec := validAfterAllocate

// FIXME: this allocation ready bits can be used with naive/circ selection policy only.
val dispatchReady = Wire(Vec(params.numEnq, Bool()))                      ///位图
if (params.numEnq == 4) {                                                 /// numEnq=4，这是常规。
  require(params.numEnq == 4, "4 fast ready only supported")
  for (i <- 0 until 2) {                     ///循环2遍：
    val bitFunc = if (i == 0) (x: UInt) => GetEvenBits(x) else (x: UInt) => GetOddBits(x)       /// bitFunc是个函数指针
    val numEmptyEntries = PopCount(bitFunc(statusArray.io.isValid).asBools.map(v => !v))     ///数一下空闲槽位的数量
    val numAllocateS1 = PopCount(statusArray.io.update.map(u => u.enable && bitFunc(u.addr).orR))
    val realNumEmptyAfterS1 = numEmptyEntries - numAllocateS1
    val numEmptyAfterS1 = Wire(UInt(3.W))           // max: 4
    val highBits = (realNumEmptyAfterS1 >> 2).asUInt
    numEmptyAfterS1 := Mux(highBits.orR, 4.U, realNumEmptyAfterS1(1, 0))
    val numDeq = PopCount(statusArray.io.deqResp.map(r => r.valid && r.bits.success && bitFunc(r.bits.rsMask).orR))
    val emptyThisCycle = Reg(UInt(3.W))             // max: 6?
    emptyThisCycle := numEmptyAfterS1 + numDeq
    val numAllocateS0 = PopCount(s0_doEnqueue.zip(s0_allocatePtrOH).map(x => x._1 && bitFunc(x._2).orR))
    for (j <- 0 until 2) {
      val allocateThisCycle = Reg(UInt(2.W))
      allocateThisCycle := numAllocateS0 +& j.U                         ///操作符+&表示相加，如有需要就增加宽度。
      dispatchReady(2 * j + i) := emptyThisCycle > allocateThisCycle   ///dispatchReady是准备接受Dispatch，是允许进站。
    }
  }  ///end for (i <- 0 until 2)
}  ///end if (params.numEnq == 4)
else if (params.numEnq <= 2) {
```

```
    val numEmptyEntries = PopCount(statusArray.io.isValid.asBools.map(v => !v))
    val numAllocateS1 = PopCount(statusArray.io.update.map(_.enable))
    val realNumEmptyAfterS1 = numEmptyEntries - numAllocateS1
    val numEmptyAfterS1 = Wire(UInt(3.W))                // max: 4
    val highBits = (realNumEmptyAfterS1 >> 2).asUInt
    numEmptyAfterS1 := Mux(highBits.orR, 4.U, realNumEmptyAfterS1(1, 0))
    val numDeq = PopCount(VecInit(statusArray.io.deqResp.map(resp => resp.valid && resp.bits.success)))
    val emptyThisCycle = Reg(UInt(3.W))                  // max: 6?
    emptyThisCycle := numEmptyAfterS1 + numDeq           // max: 3 + numDeq = 5?
    val numAllocateS0 = PopCount(s0_doEnqueue)
    for (i <- 0 until params.numEnq) {
      val allocateThisCycle = Reg(UInt(2.W))
      allocateThisCycle := numAllocateS0 +& i.U
      dispatchReady(i) := emptyThisCycle > allocateThisCycle         ///空闲槽位数大于要求进站数，就允许进站。
    }
  }
  else {            /// numEnq既不小于等于2，也不是4：
    dispatchReady := select.io.allocate.map(_.valid)
  }  ///end if (params.numEnq == 4){…}else …，至此已经准备好了一个dispatchReady位图

  for (i <- 0 until params.numEnq) {
    io.fromDispatch(i).ready := dispatchReady(i)                   ///这些位子上可以接受指令到来
    XSError(s0_doEnqueue(i) && !select.io.allocate(i).valid, s"port $i should not enqueue\n")
    XSError(!RegNext(io.redirect.valid) && select.io.allocate(i).valid =/= dispatchReady(i), s"port $i performance deviation\n")
    s0_enqFlushed(i) := (if (params.dropOnRedirect) io.redirect.valid else io.fromDispatch(i).bits.robIdx.needFlush(io.redirect))
    s0_doEnqueue(i) := io.fromDispatch(i).fire && !s0_enqFlushed(i)       ///位图s0_doEnqueue用于启动来自Dispatch的输入
    val slowWakeup = io.slowPorts.map(_.bits.uop.wakeup(io.fromDispatch(i).bits, params.exuCfg.get))
              ///对每个slowPorts上的ExuOutput，调用其MicroOp的wakeup()函数，唤醒那些正在等待其结果的MicroOp。
    val fastWakeup = io.fastUopsIn.map(_.bits.wakeup(io.fromDispatch(i).bits, params.exuCfg.get))
              ///对每个fastUopsIn上的MicroOp，调用其wakeup()函数，唤醒那些正在等待其结果的MicroOp。
              ///注意slowWakeup和fastWakeup所wakeup()的对象都只是io.fromDispatch中的，而不是已经在RS中的。
              ///函数wakeup()见前，在这里其参数successor的实参就是io.fromDispatch。
    for (j <- 0 until params.numSrc) {
      val (slowStateMatch, slowDataMatch) = slowWakeup.map(_(j)).unzip             ///来自slowWakeup
      s0_enqWakeup(i)(j) := VecInit(io.slowPorts.zip(slowStateMatch).map(x => x._1.valid && x._2)).asUInt
      s0_enqDataCapture(i)(j) := VecInit(io.slowPorts.zip(slowDataMatch).map(x => x._1.valid && x._2)).asUInt
      val (_, fastDataMatch) = fastWakeup.map(_(j)).unzip                          ///来自fastWakeu
      s0_fastWakeup(i)(j) := io.fastUopsIn.zip(fastDataMatch).map(x => x._1.valid && x._2)
    }
  }  ///end for (i <- 0 until params.numEnq)。所以，在进入RS的时候，有些可以被唤醒的MicroOp已经被唤醒了。

  // Wakeup: uop from fastPort and exuOutput from slowPorts
  val wakeupValid = io.fastUopsIn.map(_.valid) ++ io.slowPorts.map(_.valid)     ///wakeup既来自fastUopsIn也来自slowPorts
  val wakeupDest = io.fastUopsIn.map(_.bits) ++ io.slowPorts.map(_.bits.uop)
  for ((wakeup, (valid, dest)) <- statusArray.io.wakeup.zip(wakeupValid.zip(wakeupDest))) {
    wakeup.valid := valid
```

```
    wakeup.bits := dest
  }

  // select the issue instructions                    ///下面要选择可以交付执行的指令了：
  // Option 1: normal selection (do not care about the age)
  select.io.request := statusArray.io.canIssue

  // Option 2: select the oldest
  val enqVec = VecInit(s0_doEnqueue.zip(s0_allocatePtrOH).map{ case (d, b) => RegNext(Mux(d, b, 0.U)) })
  val s1_oldestSel = AgeDetector(params.numEntries, enqVec, statusArray.io.flushed, statusArray.io.canIssue)  ///选择年纪最大的

  // send address to read uop and data                ///注意这个所谓address其实只是数组下标
  // For better timing, we read the payload array before we determine which instruction to issue.
  // In this way, selection and payload read happen simultaneously.
  for (i <- 0 until params.numDeq) {                  ///从payloadArray读取指令的MicroOp
    payloadArray.io.read(i).addr := select.io.grant(i).bits        ///根据选择模块select的选择，从所选定的单元中读出。
  }
  payloadArray.io.read.last.addr := s1_oldestSel.bits              ///但是最后一个总是从年纪最大的那个单元读出

  // For better timing, we add one more read port to data array when oldestFirst is enabled,
  // and select data after the arbiter decides which one to issue.
  // In this way, selection and data read happen simultaneously.
  for (i <- 0 until params.numDeq) {                  ///从dataArray读取指令的源寄存器内容
    dataArray.io.read(i).addr := select.io.grant(i).bits           ///根据选择模块select的选择，从所选定的单元中读出。
  }
  dataArray.io.read.last.addr := s1_oldestSel.bits                 ///最后一个总是从年纪最大的那个单元读出
        ///对于读操作，只要设置好了访问payloadArray和dataArray的地址，读出的内容就会出现在它们的数据输出端；
        ///但是至此尚未使用从这两个Array的输出。

  def enqReverse[T <: Data](in: Seq[T]): Seq[T] = {
    if (params.numDeq == 2) { in.take(params.numDeq).reverse ++ in.drop(params.numDeq) }
    else in
  }
/// class ReservationStation，待续
```

ReservationStation 的操作无法放在同一个时钟节拍里完成，也得要做成一个小小的流水线。事实上 RS 的代码中有前缀为 s0、s1、s2 的三种信号，其中 s1 和 s2 各有很整齐的一组寄存器，是流水线的两个阶段；但是以 s0 为前缀的那些信号都不是寄存器（这里来自外部接口 ReservationStationIO 的信号都是不带寄存器的），所以并不构成流水线的一个阶段。这样，就只是 S1 和 S2 两个阶段。实际上带有前缀 s0 的那些信号，及其在逻辑操作中所涉及的资源，是可以与 S1、S2 两个阶段共享的，因而也可以把那些信号及逻辑看成是不分阶段的或者说公共阶段的信号和逻辑。以从 DataArray 和 PayloadArray 的读出为例，在任何阶段，只要设置好读出的地址，下一个节拍读出的内容就会出现在这两个 Array 的输出端。

上面这些代码所描述的电路就都属于这个公共的“阶段”，但是其中有些信号会被打入 S1 阶段的寄存器中，那就进入了 S1 阶段。

[XSCore > XSCoreBase > ExuBlock > Scheduler > ReservationStationWrapper > ReservationStation]　续 1

```
/**
  * S1: read uop and data
  */      ///进入S1阶段：
val s1_slowPorts = RegNext (io.slowPorts)
val s1_fastUops = RegNext (io.fastUopsIn)
val s1_dispatchUops_dup = Reg(Vec(3, Vec(params.numEnq, Valid(new MicroOp))))      ///3* numEnq的MicroOp向量
val s1_delayedSrc = Wire(Vec(params.numEnq, Vec(params.numSrc, Bool())))
val s1_allocatePtrOH_dup = RegNext(VecInit.fill(3)(VecInit(enqReverse(s0_allocatePtrOH))))
val s1_allocatePtr = RegNext(VecInit(enqReverse(s0_allocatePtr)))
val s1_enqWakeup = RegNext(VecInit(enqReverse(s0_enqWakeup)))
val s1_enqDataCapture = RegNext(VecInit(enqReverse(s0_enqDataCapture)))
val s1_fastWakeup = RegNext(VecInit(enqReverse(s0_fastWakeup)))

val s1_in_selectPtr = select.io.grant
val s1_in_selectPtrValid = s1_in_selectPtr.map(_.valid)
val s1_in_selectPtrOH = s1_in_selectPtr.map(_.bits)
val s1_in_oldestPtrOH = s1_oldestSel
val s1_issue_oldest = Wire(Vec(params.numDeq, Bool()))
val s1_issue_dispatch = Wire(Vec(params.numDeq, Bool()))
val s1_out = Wire(Vec(params.numDeq, Decoupled(new ExuInput)))          ///RS的输出，是ExuInput，去向执行模块。
val s1_issuePtrOH = Wire(Vec(params.numDeq, Valid(UInt(params.numEntries.W))))
val s1_issuePtr = s1_issuePtrOH.map(iss => OHToUInt(iss.bits))

val numSelected = PopCount(s1_issuePtrOH.map(_.valid))
val numReadyEntries = PopCount(statusArray.io.canIssue)
val shouldSelected = Mux(numReadyEntries > params.numDeq.U, params.numDeq.U, numReadyEntries)
XSError(numSelected < shouldSelected,
                    p"performance regression: only $numSelected out of $shouldSelected selected (total: $numReadyEntries)\n")

// Allocation: store dispatch uops into payload and data array   ///注意dispatch表示来自Dispatch，而并非从RS向外dispatch。
s1_dispatchUops_dup.foreach(_.zip(enqReverse(io.fromDispatch)).zipWithIndex.foreach{ case ((uop, in), i) =>
        ///这里的uop来自s1_dispatchUops_dup中的元素，in来自io.fromDispatch，i则是下标。
        ///而s1_dispatchUops_dup则是个寄存器，其内容为Vec(3, Vec(params.numEnq, Valid(new MicroOp)))
  val s0_valid = in.fire && !enqReverse(s0_enqFlushed)(i)
  uop.valid := s0_valid                    ///uop来自s1_dispatchUops_dup，s0_valid则来自io.fromDispatch。
  when (s0_valid) {                        ///将io.fromDispatch的输入分别写进s1_dispatchUops_dup中的各个MicroOp：
    uop.bits := in.bits                    ///这是整个MicroOp的写入
    uop.bits.debugInfo.enqRsTime := GTimer()
    // a temp fix for blocked. This will release the load wait for some instructions earlier.
    // copied from status array
    if (params.checkWaitBit) {  ///仅在为访存指令（从而访存执行单元）配备的RS中有效
      val blockNotReleased = isAfter(in.bits.sqIdx, io.checkwait.get.stIssuePtr)
      val storeAddrWaitforIsIssuing = VecInit((0 until StorePipelineWidth).map(i => {
        io.checkwait.get.memWaitUpdateReq.staIssue(i).valid &&
                io.checkwait.get.memWaitUpdateReq.staIssue(i).bits.uop.robIdx.value === in.bits.cf.waitForRobIdx.value
      })).asUInt.orR && !in.bits.cf.loadWaitStrict        // is waiting for store addr ready
```

```
        uop.bits.cf.loadWaitBit := in.bits.cf.loadWaitBit && !storeAddrWaitforIsIssuing && blockNotReleased
      }
    }   ///end when (s0_valid)
  })   ///end s1_dispatchUops_dup.foreach

  // update status and payload array                        ///把新进入RS的MicroOp写入statusArray和payloadArray
  statusArray.io.redirect := io.redirect
  for (((statusUpdate, uop), i) <- statusArray.io.update.zip(s1_dispatchUops_dup.head).zipWithIndex) {   ///写入到StatusArray中：
        ///这里的statusUpdate来自StatusArray中的update接口，uop来自寄存器s1_dispatchUops_dup，一个uop代表一条指令；
        ///寄存器s1_dispatchUops_dup在这里起着中介的作用，实际的信息都来自io.fromDispatch：
    s1_delayedSrc(i).foreach(_ := false.B)       ///把s1_delayedSrc的各个元素先默认为全false
    if (params.delayedFpRf) {
      when (uop.bits.needRfRPort(0, true, false)) {
        s1_delayedSrc(i)(0) := true.B            ///然后根据实际情况加以设置
      }
    }
    statusUpdate.enable := uop.valid                         ///通过update接口，从到来的各个MicroOp中抽取信息写入StatusArray：
    statusUpdate.addr := s1_allocatePtrOH_dup.head(i)
    statusUpdate.data.scheduled := s1_delayedSrc(i).asUInt.orR
    statusUpdate.data.blocked := params.checkWaitBit.B && uop.bits.cf.loadWaitBit
    val credit = if (params.delayedFpRf) 2 else 1
    statusUpdate.data.credit := Mux(s1_delayedSrc(i).asUInt.orR, credit.U, 0.U)
    for (j <- 0 until params.numSrc) {
      statusUpdate.data.srcState(j) := uop.bits.srcIsReady(j) || s1_enqWakeup(i)(j).asUInt.orR || s1_fastWakeup(i)(j).asUInt.orR
    }
    statusUpdate.data.midState := false.B
    statusUpdate.data.psrc := uop.bits.psrc.take(params.numSrc)                ///该条指令各源操作数所在的物理寄存器号
    statusUpdate.data.srcType := uop.bits.ctrl.srcType.take(params.numSrc)
    statusUpdate.data.robIdx := uop.bits.robIdx                                ///该条指令在Rob中的位置
    statusUpdate.data.sqIdx := uop.bits.sqIdx                                  ///该条指令在存储队列中的位置
    statusUpdate.data.waitForSqIdx := DontCare      // generated by sq, will be updated later
    statusUpdate.data.waitForRobIdx := uop.bits.cf.waitForRobIdx      // generated by mdp
    statusUpdate.data.waitForStoreData := false.B
    statusUpdate.data.strictWait := uop.bits.cf.loadWaitStrict
    statusUpdate.data.isFirstIssue := true.B
  }   //end for (((statusUpdate, uop), i)

  // We need to block issue until the corresponding store issues.
  if (io.checkwait.isDefined) {
    statusArray.io.stIssuePtr := io.checkwait.get.stIssuePtr
    statusArray.io.memWaitUpdateReq := io.checkwait.get.memWaitUpdateReq
  }
  for ((payloadWrite, i) <- payloadArray.io.write.zipWithIndex) {      ///再将到来的各个MicroOp写入PayloadArray：
    payloadWrite.enable := s1_dispatchUops_dup(1)(i).valid
    payloadWrite.addr := s1_allocatePtrOH_dup(1)(i)
    payloadWrite.data := s1_dispatchUops_dup(1)(i).bits
```

```
}
  ///至此已连接好将来自Dispatch的MicroOp及其所含信息写入StatusArray和PayloadArray的电路。
  ///DataArray中的信息并非来自Dispatch，而来自物理寄存器组及执行单元的回写。

// Issue with priorities: (1) oldest uop; (2) selected uops; (3) dispatched uops.
  ///以下是对StatusArray的issueGranted输出接口的设置。所引用的s1_out为RS的ExuInput输出，其来源见后。
  /// issueGranted是个位图向量： val issueGranted = Vec(params.numSelect, Flipped(ValidIO(UInt(params.numEntries.W))))
  /// numSelect是个函数：def numSelect: Int = numDeq + numEnq + (if (oldestFirst._1) 1 else 0)

for ((issueGrant, i) <- statusArray.io.issueGranted.take(params.numEnq).zipWithIndex) {     ///其中最前面的numEnq个元素
  issueGrant.valid := (if (i >= params.numDeq) false.B else s1_issue_dispatch(i) && s1_out(i).ready)
  issueGrant.bits := s1_allocatePtrOH_dup.head(i)
}
for ((issueGrant, i) <- statusArray.io.issueGranted.drop(params.numEnq).take(params.numDeq).zipWithIndex) {
  issueGrant.valid := s1_in_selectPtrValid(i) && !s1_issue_oldest(i) && s1_out(i).ready     ///随后的numDeq个元素
  issueGrant.bits := s1_in_selectPtrOH(i)
}
if (params.oldestFirst._1) {                                                                ///最后是RS中最老的那条指令
  statusArray.io.issueGranted.last.valid := ParallelMux(s1_issue_oldest, s1_out.map(_.ready))
  statusArray.io.issueGranted.last.bits := s1_in_oldestPtrOH.bits
}

s1_issue_oldest.foreach(_ := false.B)
if (params.oldestFirst._1) {     ///如果调度出站的策略是（在满足数据依赖条件的前提下）最老者优先：
  // When the reservation station has oldestFirst, we need to issue the oldest instruction if possible.
  // However, in this case, the select policy always selects at maximum numDeq instructions to issue.
  // Thus, we need an arbitration between the numDeq + 1 possibilities.
  val oldestSelection = Module(new OldestSelection(params))
  oldestSelection.io.in := s1_in_selectPtr
  oldestSelection.io.oldest := s1_in_oldestPtrOH
  // By default, we use the default victim index set in parameters.
  oldestSelection.io.canOverride := (0 until params.numDeq).map(_ == params.oldestFirst._3).map(_.B)
  s1_issue_oldest := oldestSelection.io.isOverrided
}  ///end if

// Do the read data arbitration
val s1_is_first_issue = Wire(Vec(params.numDeq, Bool()))
val s1_all_src_ready = Wire(Vec(params.numDeq, Bool()))
for (i <- 0 until params.numDeq) {
  val canBypass = s1_dispatchUops_dup.head(i).valid && statusArray.io.update(i).data.canIssue  ///只要满足条件就可以bypass
  s1_issue_dispatch(i) := canBypass && !s1_issue_oldest(i) && !s1_in_selectPtrValid(i)

  s1_issuePtrOH(i).valid := s1_issue_oldest(i) || s1_in_selectPtrValid(i) || canBypass
  s1_issuePtrOH(i).bits := Mux(s1_issue_oldest(i), s1_in_oldestPtrOH.bits,
                                           Mux(s1_in_selectPtrValid(i), s1_in_selectPtrOH(i), s1_allocatePtrOH_dup.head(i)))
```

```
    s1_out(i).bits.uop := Mux(s1_issue_oldest(i), payloadArray.io.read.last.data,
                              Mux(s1_in_selectPtrValid(i), payloadArray.io.read(i).data, s1_dispatchUops_dup.head(i).bits))
        ///如果payloadArray中没有需要出站的指令，而来自Dispatch的指令又符合条件，那就可以抄近路不必进站。
    s1_is_first_issue(i) := Mux(s1_issue_oldest(i), statusArray.io.isFirstIssue.last,
        Mux(s1_in_selectPtrValid(i), statusArray.io.isFirstIssue(params.numEnq + i), statusArray.io.update(i).data.isFirstIssue))
    s1_all_src_ready(i) := Mux(s1_issue_oldest(i), statusArray.io.allSrcReady.last,
        Mux(s1_in_selectPtrValid(i), statusArray.io.allSrcReady(params.numEnq + i), statusArray.io.update(i).data.allSrcReady))
  }   ///end for (i <- 0 until params.numDeq)
  s1_out.foreach(_.bits.uop.debugInfo.selectTime := GTimer())

  for (i <- 0 until params.numDeq) {
    s1_out(i).valid := s1_issuePtrOH(i).valid && !s1_out(i).bits.uop.robIdx.needFlush(io.redirect)
                                                    ///RS有输出，输出内容见上面对s1_out(i).bits.uop的设置。
    if (io.feedback.isDefined) {            ///如果定义了对内存反馈信息的处理：
      // feedbackSlow                       ///设置对StatusArray的deqResp：
      statusArray.io.deqResp(2*i).valid := io.feedback.get(i).feedbackSlow.valid        ///feedbackSlow说明需要等待多一点时间
      statusArray.io.deqResp(2*i).bits.rsMask := UIntToOH(io.feedback.get(i).feedbackSlow.bits.rsIdx)
      statusArray.io.deqResp(2*i).bits.success := io.feedback.get(i).feedbackSlow.bits.hit
      statusArray.io.deqResp(2*i).bits.resptype := io.feedback.get(i).feedbackSlow.bits.sourceType
      statusArray.io.deqResp(2*i).bits.dataInvalidSqIdx := io.feedback.get(i).feedbackSlow.bits.dataInvalidSqIdx
      // feedbackFast, for load pipeline only
      statusArray.io.deqResp(2*i+1).valid := io.feedback.get(i).feedbackFast.valid       /// feedbackFast说明应该较快
      statusArray.io.deqResp(2*i+1).bits.rsMask := UIntToOH(io.feedback.get(i).feedbackFast.bits.rsIdx)
      statusArray.io.deqResp(2*i+1).bits.success := io.feedback.get(i).feedbackFast.bits.hit
      statusArray.io.deqResp(2*i+1).bits.resptype := io.feedback.get(i).feedbackFast.bits.sourceType
      statusArray.io.deqResp(2*i+1).bits.dataInvalidSqIdx := DontCare
    } else {                                ///如果未定义对内存反馈信息的处理，对StatusArray的deqResp设置有所不同：：
      // For FMAs that can be scheduled multiple times, only when all source operands are ready we dequeue the instruction.
      val allSrcReady = if (params.hasMidState) s1_all_src_ready(i) else true.B
      statusArray.io.deqResp(2*i).valid := s1_in_selectPtrValid(i) && !s1_issue_oldest(i) && s1_out(i).ready && allSrcReady
      statusArray.io.deqResp(2*i).bits.rsMask := s1_in_selectPtrOH(i)
      statusArray.io.deqResp(2*i).bits.success := s2_deq(i).ready
      statusArray.io.deqResp(2*i).bits.resptype := DontCare
      statusArray.io.deqResp(2*i).bits.dataInvalidSqIdx := DontCare
      val allSrcReady1 = if (params.hasMidState) statusArray.io.update(i).data.allSrcReady else true.B
      statusArray.io.deqResp(2*i+1).valid := s1_issue_dispatch(i) && s1_out(i).ready && allSrcReady1
      statusArray.io.deqResp(2*i+1).bits.rsMask := s1_allocatePtrOH_dup.head(i)
      statusArray.io.deqResp(2*i+1).bits.success := s2_deq(i).ready
      statusArray.io.deqResp(2*i+1).bits.resptype := DontCare
      statusArray.io.deqResp(2*i+1).bits.dataInvalidSqIdx := DontCare
    }

    if (io.fastWakeup.isDefined) {          ///如果定义了对快速唤醒的处理（if (params.fixedLatency >= 0)）：
      val wakeupQueue = Module(new WakeupQueue(params.fixedLatency))          ///创建一个WakeupQueue
      val fuCheck = if (params.isMul) s1_out(i).bits.uop.ctrl.fuType === FuType.mul else true.B
      // TODO: optimize timing here since ready may be slow
```

```
        wakeupQueue.io.in.valid := s1_issuePtrOH(i).valid && s1_out(i).ready && fuCheck
        wakeupQueue.io.in.bits := s1_out(i).bits.uop                    ///将s1_out的MicroOp部分排入WakeupQueue
        wakeupQueue.io.in.bits.debugInfo.issueTime := GTimer() + 1.U
        wakeupQueue.io.redirect := io.redirect
        io.fastWakeup.get(i) := wakeupQueue.io.out                       ///经过WakeupQueue的输出接入io.fastWakeup
        XSPerfAccumulate(s"fast_blocked_$i", s1_issuePtrOH(i).valid && fuCheck && !s1_out(i).ready)
      }   ///end if (io.fastWakeup.isDefined)
    }   ///end for (i <- 0 until params.numDeq)

    if (!io.feedback.isDefined) {          ///如果未定义对内存反馈信息的处理，设置对StatusArray的deqResp.last:
      val allSrcReady = if (params.hasMidState) statusArray.io.allSrcReady.last else true.B
      statusArray.io.deqResp.last.valid := s1_issue_oldest.asUInt.orR &&
                                              ParallelMux(s1_issue_oldest, s1_out.map(_.ready)) && allSrcReady
      statusArray.io.deqResp.last.bits.rsMask := s1_in_oldestPtrOH.bits
      statusArray.io.deqResp.last.bits.success := ParallelMux(s1_issue_oldest, s2_deq.map(_.ready))
      statusArray.io.deqResp.last.bits.resptype := DontCare
      statusArray.io.deqResp.last.bits.dataInvalidSqIdx := DontCare
    }        ///deqResp是statusArray的输入。
    statusArray.io.updateMidState := 0.U

    // select whether the source is from (whether slowPorts, regfile or imm)
    // for read-after-issue, it's done over the selected uop
    // for read-before-issue, it's done over the enqueue uop (and store the imm in dataArray to save space)
    // TODO: need to bypass data here.
    val immBypassedData = Wire(Vec(params.numEnq, Vec(params.numSrc, UInt(params.dataBits.W))))
    for (((uop, data), bypass) <- s1_dispatchUops_dup(2).map(_.bits).zip(enqReverse(io.srcRegValue)).zip(immBypassedData)) {
          ///这里的uop来自s1_dispatchUops_dup，data来自io.srcRegValue，bypass来自immBypassedData（就是其一个元素）。
      val jumpPc = if (io.jump.isDefined) Some(io.jump.get.jumpPc) else None
      val jalr_target = if (io.jump.isDefined) Some(io.jump.get.jalr_target) else None
      bypass := ImmExtractor(params, uop, data, jumpPc, jalr_target)      ///写入immBypassedData
    }        ///注意写入bypass即immBypassedData的数据来自object ImmExtractor，
             ///但未必就是直接数，也可能来自io.srcRegValue。

    /**
      * S1: Data broadcast (from Regfile and FUs) and read
      * Note: this is only needed when read-before-issue
      */
    // dispatch data: the next cycle after enqueue
    for (i <- 0 until params.numEnq) {          ///对DataArray的写入：
      dataArray.io.write(i).enable := s1_dispatchUops_dup(2)(i).valid      ///是否写入dataArray取决于来自Dispatch的MicroOp
      dataArray.io.write(i).mask := s1_dispatchUops_dup(2)(i).bits.srcIsReady.take(params.numSrc)
      dataArray.io.write(i).addr := s1_allocatePtrOH_dup(2)(i)
      dataArray.io.write(i).data := immBypassedData(i)          ///但是写入dataArray的内容不是来自MicroOp，除非直接数。
      if (params.delayedSrc) {
        for (j <- 0 until params.numSrc) {
          when (s1_delayedSrc(i)(j)) { dataArray.io.write(i).mask(j) := false.B }
```

```
        dataArray.io.delayedWrite(i).data := DontCare
        if (params.delayedFpRf) {
          dataArray.io.delayedWrite(i).mask(j) := RegNext(RegNext (s1_dispatchUops_dup.head(i).valid && s1_delayedSrc(i)(j)))
          dataArray.io.delayedWrite(i).addr := RegNext(RegNext (dataArray.io.write(i).addr))
          dataArray.io.delayedWrite(i).data(0) := enqReverse(io.fpRegValue.get)(i)
        }
      }  ///end for (j <- 0 until params.numSrc)
    }  ///end if (params.delayedSrc)
  }  ///end for (i <- 0 until params.numEnq)

  // data broadcast: from function units (only slow wakeup date are needed)          ///io.slowPorts的数据来自执行单元的Writeback
  val broadcastValid = io.slowPorts.map(_.valid)                    ///valid向量
  val broadcastValue = VecInit(io.slowPorts.map(_.bits.data))       ///data向量。两个向量均来自io.slowPorts。
  require(broadcastValid.size == params.numWakeup)
  require(broadcastValue.size == params.numWakeup)
  val slowWakeupMatchVec = Reg(Vec(params.numEntries, Vec(params.numSrc, UInt(params.numWakeup.W))))
                                    /// numEntries * numSrc二维向量，每个元素都是个宽度为numWakeup的位图。
  for (i <- 0 until params.numEntries) {
    for (j <- 0 until params.numSrc) {
      slowWakeupMatchVec(i)(j) := statusArray.io.wakeupMatch(i)(j)(params.allWakeup - 1, params.numFastWakeup)
    }  ///二维向量的内容来自StatusArray的wakeupMatch接口，后者也是个二维向量。
  }
  dataArray.io.multiWrite.zipWithIndex.foreach { case (w, i) =>        ///w来自dataArray.io.multiWrite：
    w.enable := RegNext(broadcastValid(i))
    for (j <- 0 until params.numSrc) {
      val allocateValid = s1_enqDataCapture.zip(s1_dispatchUops_dup(2)).map(x => x._1(j)(i) && x._2.valid)
      val allocateDataCapture = ParallelMux(allocateValid, s1_allocatePtrOH_dup(2))
      w.addr(j) := VecInit(slowWakeupMatchVec.map(_(j)(i))).asUInt | allocateDataCapture
    }
    w.data := RegEnable (broadcastValue(i), broadcastValid(i))        ///数据来自broadcastValue
  }  ///end dataArray.io.multiWrite.zipWithIndex.foreach

  /**
    * S1: read data from regfile
    */
  // Do the read data arbitration
  class DataSelect(implicit p: Parameters) extends XSModule {        /// class DataSelect的定义：
    val io = IO(new Bundle {
      // one for override data, the others for original data
      val doOverride = Vec(params.numDeq, Input(Bool()))
      val readData = Vec(dataArray.io.read.length, Vec(params.numSrc, Input(UInt(params.dataBits.W))))    ///来自dataArray内部
      // for data bypass from slowPorts
      val fromSlowPorts = Vec(dataArray.io.read.length + params.numEnq,
                              Vec(params.numSrc, Input(UInt(dataArray.io.multiWrite.length.W))))
      val slowData = Vec(dataArray.io.multiWrite.length, Input(UInt(params.dataBits.W)))  ///来自dataArray的输入端口multiWrite
      // for enq data
```

```
    val enqBypass = Vec(params.numDeq, Vec(params.numEnq, Input(Bool())))
    val enqData = Vec(params.numEnq, Vec(params.numSrc, Flipped(ValidIO(UInt(params.dataBits.W)))))
    // deq data
    val deqData = Vec(params.numDeq, Vec(params.numSrc, Output(UInt(params.dataBits.W))))      ///RS的出站数据
  })  ///end val io

  val slowCapture = io.fromSlowPorts.map(_.map (bySlow => (bySlow.orR, Mux1H(bySlow, io.slowData))))
       /// io.slowData的类型见上，是Vec(dataArray.io.multiWrite.length, Input(UInt(params.dataBits.W)))
  val realEnqData = io.enqData.zip(slowCapture.takeRight(params.numEnq)).map{ case (e, c) =>      /// io.enqData的类型见上
                                              e.zip(c).map(x => Mux(x._2._1, x._2._2, x._1.bits)) }
        ///这里的x是个二元组，x._1源自io.enqData，x._2源自slowCapture。如果slowCapture.valid就选slowCapture。

  for ((deq, i) <- io.deqData.zipWithIndex) {
          /// io.deqData的类型见上，是Vec(params.numDeq, Vec(params.numSrc, Output(UInt(params.dataBits.W))))
    for (j <- 0 until params.numSrc) {
      // default deq data is selected from data array or from slow
      val normalData = Mux(slowCapture(i)(j)._1, slowCapture(i)(j)._2, io.readData(i)(j))
      val oldestData = Mux(slowCapture(params.numDeq)(j)._1, slowCapture(params.numDeq)(j)._2, io.readData.last(j))
      deq(j) := Mux(io.doOverride(i), oldestData, normalData)     /// deq(j)就是io.deqData(i)中的第i个（从0算起）源操作数
      // when instructions are selected for dequeue after enq, we need to bypass data.
      when (io.enqBypass(i).asUInt.orR) { deq(j) := Mux1H(io.enqBypass(i), realEnqData.map(_(j))) }
    }  ///end for (j <- 0 until params.numSrc)
  }  ///end for ((deq, i) <- io.deqData.zipWithIndex)
}  ///end class DataSelect

// for read-before-issue, we need to bypass the enqueue data here
// for read-after-issue, we need to bypass the imm here
s1_out.foreach(_.bits.src := DontCare)        ///先把s1_out中每个ExuInput对象的源操作数设成DontCare，下面再来设置。
// check enq data bypass (another form of broadcast except that we know where it hits) here
val s1_select_bypass_s0 = Wire(Vec(params.numDeq, Vec(params.numEnq, Bool())))
for ((bypass, i) <- s1_select_bypass_s0.zipWithIndex) {
  // bypass: Vec(config.numEnq, Bool())
  bypass.foreach(_ := false.B)
  bypass(i) := s1_issue_dispatch(i)
}

val dataSelect = Module(new DataSelect)                    ///创建一个DataSelect对象，见上面定义。
dataSelect.io.doOverride := s1_issue_oldest
dataSelect.io.readData := dataArray.io.read.map(_.data)        /// dataSelect的readData来自dataArray，见前面的地址设定。
val dataSlowCaptureAddr = dataArray.io.read.map(_.addr) ++ dataArray.io.write.map(_.addr)
for ((port, addr) <- dataSelect.io.fromSlowPorts.zip(dataSlowCaptureAddr)) {
  for (j <- 0 until params.numSrc) {
    port(j) := VecInit(dataArray.io.multiWrite.map(w => w.enable && (addr & w.addr(j)).asUInt.orR)).asUInt
  }
}  ///end for ((port, addr)
dataSelect.io.slowData := dataArray.io.multiWrite.map(_.data)
```

```
  dataSelect.io.enqBypass := s1_select_bypass_s0
  for ((enq, i) <- dataSelect.io.enqData.zipWithIndex) {          ///注意这是enq，是dataSelect的enqData。
    for (j <- 0 until params.numSrc) {
      enq(j).valid := RegNext(enqReverse(io.fromDispatch)(i).bits.srcIsReady(j))
      enq(j).bits := immBypassedData(i)(j)
    }        ///DataSelect对象输入口上的数据来自直接数
  }   ///end for ((enq, i) <- dataSelect.io.enqData.zipWithIndex)
  for (i <- 0 until params.numDeq) {
    for (j <- 0 until params.numSrc) {   ///s1_out中源操作数的值来自DataSelect，后者又来自DataArray（或直接数）：
      s1_out(i).bits.src(j) := dataSelect.io.deqData(i)(j)    ///注意这是dataSelect的deqData
                  ///DataSelect对象输出口dataSelect.io.deqData连到s1_out(i).bits.src。
    }
  }   ///end for (i <- 0 until params.numDeq)

  /**
    * S1: detect bypass from fast wakeup
    */
  // control: check the fast wakeup match
  val fastWakeupMatch = Reg(Vec(params.numEntries, Vec(params.numSrc, Vec(params.numFastWakeup, Bool()))))
  for (i <- 0 until params.numEntries) {
    for (j <- 0 until params.numSrc) {
      fastWakeupMatch(i)(j) := statusArray.io.wakeupMatch(i)(j).asBools.take(params.numFastWakeup)
    }
  }
/// class ReservationStation，续1，待续
```

代码中 s1_out 是 RS 准备要向外输出的 ExuInput 向量，其 uop 部分来自 PayloadArray，源操作数则通过 DataSelect 读自 DataArray，而产生 s1_out 的依据则在 StatusArray。

PayloadArray 中的信息来自 Dispatch，这是很明显的，因为代码中有个 for ((payloadWrite, i) 循环，里面有个语句“payloadWrite.data := s1_dispatchUops_dup(1)(i).bits”；而 s1_dispatchUops_dup 的内容则来自 io.fromDispatch。

而 DataArray 中的信息的来源则比较复杂，我们已经看到了一些，包括来自 immBypassedData 和 io.fpRegValue，还有源自 io.slowPorts 的 broadcastValue（通过 DataArray 的 multiWrite 写入），但是后面还有别的来源。注意 immBypassedData 中的数据来自 object ImmExtractor，名曰 Imm 即直接数的摘取，但实际上未必都是直接数，也可能来自 io.srcRegValue，即从整数寄存器组读出的数值：

```
[XSCore > XSCoreBase > ExuBlock > Scheduler > ReservationStationWrapper > ReservationStation > ImmExtractor]
object ImmExtractor {
  def apply (params: RSParams, uop: MicroOp, data_in: Vec[UInt], pc: Option[UInt], target: Option[UInt])
                                                                (implicit p: Parameters): Vec[UInt] = {
    val immExt = if (params.isJump) {
      val ext = Module(new JumpImmExtractor)
      ext.jump_pc := pc.get
      ext.jalr_target := target.get
      ext
    }
```

```
        else if (params.isAlu) { Module(new AluImmExtractor) }
        else if (params.isMul) { Module(new MduImmExtractor) }
        else if (params.isLoad) { Module(new LoadImmExtractor) }
        else { Module(new ImmExtractor(params.numSrc, params.dataBits)) }

        immExt.io.uop := uop
        immExt.io.data_in := data_in
        immExt.io.data_out
    }   ///end apply()
}   ///end object ImmExtractor
```

前面在 RS 的代码中调用 object ImmExtractor 时的参数 data_in 是 io.srcRegValue。调用 object ImmExtractor 时，根据 RS 所对应（所服务）的执行单元之不同，创建的 ImmExtractor 对象也不同，这是因为不同指令按不同的方式使用或不使用直接数。这里对 Jump、Alu、Mul、Load 四种执行单元都有特殊的 ImmExtractor 对象，别的就都一样，都是 class ImmExtractor。不过，那四种特殊的 ImmExtractor 其实都是对 class ImmExtractor 的扩充。事实上除那四种指令之外别的指令都不使用直接数，所以 class ImmExtractor 其实并不涉及直接数：

```
class ImmExtractor (numSrc: Int, dataBits: Int) (implicit p: Parameters) extends XSModule {
    val io = IO(new Bundle {
        val uop = Input(new MicroOp)
        val data_in = Vec(numSrc, Input(UInt(dataBits.W)))
        val data_out = Vec(numSrc, Output(UInt(dataBits.W)))
    })
    io.data_out := io.data_in
}
```

所以，那些指令的源操作数不是来自 io.srcRegValue 就是来自 io.fpRegValue。而对那四种可能会用到直接数的指令，则各有特殊的 ImmExtractor，以 AluImmExtractor 为例，这是对 class ImmExtractor 的扩充：

```
class AluImmExtractor(implicit p: Parameters) extends ImmExtractor(2, 64) {    ///Alu指令有2个源操作数，64位。
    when (SrcType.isImm(io.uop.ctrl.srcType(1))) {                    ///只有第2个源操作数可以是直接数
        val imm32 = Mux(io.uop.ctrl.selImm === SelImm.IMM_U,
                              ImmUnion.U.toImm32(io.uop.ctrl.imm), ImmUnion.I.toImm32(io.uop.ctrl.imm))
        io.data_out(1) := SignExt(imm32, XLEN)
    }
}
```

并非所有的 Alu 指令全都采用直接数，一条指令之是否采用直接数，反映在指令译码中所产生的 SrcType。另一方面，凡是 Alu 指令，如果采用直接数也仅限于其第 2 个源操作数。所以只要检查其第 2 个源操作数的类型即可。这就是这里 when 语句的条件 SrcType.isImm(io.uop.ctrl.srcType(1))，如果满足这个条件则 data_out 来自直接数，而直接数的类型可以是无符号或有符号整数，取决于其 selImm 属性。如果第 2 个源操作数的类型并非 isImm，则这里似乎没说 data_out 的来源，但 AluImmExtractor 是对 ImmExtractor 的扩充，那里已经说了“io.data_out := io.data_in”，那就是来自 io.srcRegValue。

明白了 AluImmExtractor，别的那几个特殊 ImmExtractor 也就清楚了：

```
class MduImmExtractor(implicit p: Parameters) extends ImmExtractor(2, 64) {  ///Mul指令也是2个源操作数，64位。
```

```
  when (SrcType.isImm(io.uop.ctrl.srcType(1))) {               ///乘法指令也只有第2个源操作数可以是直接数
    val imm32 = ImmUnion.I.toImm32(io.uop.ctrl.imm)
    io.data_out(1) := SignExt(imm32, XLEN)
  }
}

class LoadImmExtractor(implicit p: Parameters) extends ImmExtractor(1, 64) {   ///Load指令只有1个源操作数，64位。
  when (SrcType.isImm(io.uop.ctrl.srcType(0))) {               ///Load指令如果有直接数就是第1个源操作数
    io.data_out(0) := SignExt(Imm_LUI_LOAD().getLuiImm(io.uop), XLEN)
  }
}

class JumpImmExtractor(implicit p: Parameters) extends ImmExtractor(2, 64) {  ///jar/jalr指令也可以有2个源操作数，64位。
  val jump_pc = IO(Input(UInt(VAddrBits.W)))
  val jalr_target = IO(Input(UInt(VAddrBits.W)))

  when (SrcType.isPc(io.uop.ctrl.srcType(0))) {           ///jar指令的基地址固定来自pc，其src0是偏移量，这是个直接数。
    io.data_out(0) := SignExt(jump_pc, XLEN)
  }
  // when src1 is reg (like sfence's asid) do not let data_out(1) be the jalr_target
  when (SrcType.isPcOrImm(io.uop.ctrl.srcType(1))) {       ///jalr指令基地址来自寄存器src0，src1是偏移量，这是直接数。
    io.data_out(1) := jalr_target
  }
}    ///注意br指令属于Alu指令
```

ImmExtractor 是从指令编码中摘出作为源操作数之一的直接数，而指令编码中的源操作数在译码的时候已经被解析提取了出来，在译码器的输出 CfCtrl 中的 CtrlSignals 成分中。MicroOp 是对 CfCtrl 的扩充，从而 CtrlSignals 也就是 MicroOp 的一部分，所以 io.uop.ctrl 所指的就是 MicroOp 中的 CtrlSignals，至于 srcType 则是 CtrlSignals 内部的成分。

如前所述，RS 中指令的源操作数还有 io.slowPorts 这个来源。RS 的 slowPorts，在 Scheduler 的代码中被连接到它的 intWriteback 和 fpWriteback，在 SchedulerImp 的代码中有这么几行：

```
    val intWriteback = io.writeback.take(intRfWritePorts)
    val fpWriteback    = io.writeback.drop(intRfWritePorts)
    (cfg.intSrcCnt > 0, cfg.fpSrcCnt > 0) match {
      case (true, false) => rs.io.slowPorts := intWriteback
      case (false, true) => rs.io.slowPorts := fpWriteback
      // delay fp for extra one cycle
      case (true, true) => rs.io.slowPorts := intWriteback ++ RegNext(VecInit(fpWriteback))
      case _ => throw new RuntimeException("unknown wakeup source")
    }
```

这里的 io.writeback，即 Scheduler 外部接口上的 writeback，定义为：

```
val writeback = Vec(intRfWritePorts + fpRfWritePorts, Flipped(ValidIO(new ExuOutput)))
```

这是个 ExuOutput 向量。既然是 ExuOutput，那就肯定是在指令执行了以后才会有。

至于 StatusArray 中的信息，则一方面通过其 update 接口写入，也是来自 s1_dispatchUops_dup，另一方面则要到写入 DataArray 的信息到来时才也跟着改变。

我们继续往下看 class ReservationStation 的代码：

[XSCore > XSCoreBase > ExuBlock > Scheduler > ReservationStationWrapper > ReservationStation]　续 2

```
/**
  * S2: to function units
  */
val s1_out_fire = s1_out.zip(s2_deq).map(x => x._1.valid && x._2.ready)          ///s1_out与s2_deq的交接

val s2_issuePtr = s1_issuePtr.zip(s1_out_fire).map(x => RegEnable(x._1, x._2))
val s2_issuePtrOH = s1_issuePtrOH.map(_.bits).zip(s1_out_fire).map(x => RegEnable(x._1, x._2))
val s2_first_issue = s1_is_first_issue.zip(s1_out_fire).map(x => RegEnable(x._1, x._2))
val s2_all_src_ready = s1_all_src_ready.zip(s1_out_fire).map(x => RegEnable(x._1, x._2))

for (i <- 0 until params.numDeq) {
  // payload: send to function units
  // TODO: these should be done outside RS
  PipelineConnect(s1_out(i), s2_deq(i), s2_deq(i).ready || s2_deq(i).bits.uop.robIdx.needFlush(io.redirect), false.B)
                                             ///建立从s1_out到s2_deq的信息管道，数据类型为ExuInput。
  if (params.hasFeedback) {
    io.feedback.get(i).rsIdx := s2_issuePtr(i)
    io.feedback.get(i).isFirstIssue := s2_first_issue(i)
  }
  if (params.hasMidState) {
    io.fmaMid.get(i).waitForAdd := !s2_all_src_ready(i)
    io.fmaMid.get(i).in.valid := !s2_first_issue(i)
  }
  s2_deq(i).ready := !s2_deq(i).valid || io.deq(i).ready
  io.deq(i).valid := s2_deq(i).valid
  io.deq(i).bits := s2_deq(i).bits                 ///RS外部接口上的deq来自s2_deq，最终来自s1_out。
  io.deq(i).bits.uop.debugInfo.issueTime := GTimer()

  // data: send to bypass network
  // TODO: these should be done outside RS
  if (params.numFastWakeup > 0) {         /// numFastWakeup的初值为0，每调用一次addEarlyWakeup()就增加若干。
      ///在Scheduler中创建rs即ReservationStationWrapper时会调用rs.addEarlyWakeup(numAllFastPorts(i)),
      /// numAllFastPorts为innerFastPorts和outFastPorts二者长度之和。
    val isNormalIssue = s1_issue_oldest(i) || s1_in_selectPtrValid(i)
    val normalIssuePtrOH = Mux(s1_issue_oldest(i), s1_in_oldestPtrOH.bits, s1_in_selectPtrOH(i))
    val normalFastWakeupMatch = Mux1H(normalIssuePtrOH, fastWakeupMatch)
    val wakeupBypassMask = Wire(Vec(params.numFastWakeup, Vec(params.numSrc, Bool())))
    for (j <- 0 until params.numFastWakeup) {
      for (k <- 0 until params.numSrc) {
        wakeupBypassMask(j)(k) := Mux(isNormalIssue, normalFastWakeupMatch(k)(j), s1_fastWakeup(i)(k)(j))
      }
    }
```

```
    val bypassNetwork = BypassNetwork(params.numSrc, params.numFastWakeup, params.dataBits, params.optDeqFirstStage)
                                                                                        ///bypass来自FastWakeup
    bypassNetwork.io.hold := !s2_deq(i).ready || !s1_out(i).valid
    bypassNetwork.io.source := s1_out(i).bits.src.take(params.numSrc)
    bypassNetwork.io.bypass.zip(wakeupBypassMask.zip(io.fastDatas)).foreach { case (by, (m, d)) => by.valid := m, by.data := d }
    bypassNetwork.io.target <> s2_deq(i).bits.src.take(params.numSrc)

    // For load instructions, if its source operand is bypassed from load,
    // we reduce its latency for one cycle since it does not need to read from data array. Timing to be optimized later.
    if (params.isLoad) {
      // Condition: wakeup by load (to select load wakeup bits)
      io.load.get(i).fastMatch := Mux(s1_issuePtrOH(i).valid,
            VecInit(wakeupBypassMask.drop(exuParameters.AluCnt).take(exuParameters.LduCnt).map(_.asUInt.orR) ).asUInt,
            0.U)
      io.load.get(i).fastImm := s1_out(i).bits.uop.ctrl.imm
    }
  }   ///end if (params.numFastWakeup > 0)
}   ///end for (i <- 0 until params.numDeq)

if (params.hasMidState) {         ///def hasMidState: Boolean = exuCfg.get == FmacExeUnitCfg，仅与浮点指令有关。
                                  ///这是个很大的条件语句：
  // For FMA instrutions whose third operand is not ready, once they are successfully issued (T0),
  // the FMUL intermediate result will be ready in two clock cycles (T2).
  // If the third operand is ready at T2, this instruction will be selected in T3 and issued at T4.
  // Note that at cycle T4, FMUL finishes as well and it is able to proceed to FADD.
  // Thus, we can set the midState to true two cycles earlier at T0 and forward the result if possible.
  val midFinished2 = io.fmaMid.get.zip(io.deq).map(x => x._1.waitForAdd && x._2.fire)
  val updateMid = ParallelMux(midFinished2, s2_issuePtrOH)
  statusArray.io.updateMidState := updateMid

  // FMUL intermediate results are ready in two cycles
  val midFinished2T0 = midFinished2.zip(s2_deq).map{ case (v, deq) =>
    // However, it may be flushed by redirect at T0. If flushed at T0, new instruction enters at T1 and writes the entry at T2.
    // This is a rare case because usually instructions enter RS in-order, unless dispatch2 is blocked.
    v && !deq.bits.uop.robIdx.needFlush(io.redirect)
  }
  val midIssuePtrOHT1 = midFinished2T0.zip(s2_issuePtrOH).map(x => RegEnable(x._2, x._1))
  val midIssuePtrT1 = midFinished2T0.zip(s2_issuePtr).map(x => RegEnable(x._2, x._1))
  val midFinished2T1 = midFinished2T0.map(v => RegNext(v))
  // No flush here: the fma may dequeue at this stage.
  // If cancelled at T1, data written at T2. However, new instruction writes at least at T3.
  val midIssuePtrOHT2 = midFinished2T1.zip(midIssuePtrOHT1).map(x => RegEnable(x._2, x._1))
  val midIssuePtrT2 = midFinished2T1.zip(midIssuePtrT1).map(x => RegEnable(x._2, x._1))
  val midFinished2T2 = midFinished2T1.map(v => RegNext(v))
  for (i <- 0 until params.numDeq) {
```

```
    dataArray.io.partialWrite(i).enable := midFinished2T2(i)
    dataArray.io.partialWrite(i).mask := DontCare
    dataArray.io.partialWrite(i).addr := midIssuePtrOHT2(i)

    val writeData = io.fmaMid.get(i).out.bits.asUInt
    require(writeData.getWidth <= 2 * params.dataBits, s"why ${writeData.getWidth}???")
    require(writeData.getWidth > params.dataBits, s"why ${writeData.getWidth}???")
    dataArray.io.partialWrite(i).data(0) := writeData(params.dataBits - 1, 0)
    dataArray.io.partialWrite(i).data(1) := writeData(writeData.getWidth - 1, params.dataBits)
    val readData = Cat(io.deq(i).bits.src(1), io.deq(i).bits.src(0))
    io.fmaMid.get(i).in.bits := readData.asTypeOf(io.fmaMid.get(i).in.bits.cloneType)
  }   ///end for (i <- 0 until params.numDeq)

  // How to forward intermediate results:
  // (1) T0 issued FMA is selected at T1 and issued at T2: forward from FMUL results
  //         NOTE: In this case, this instruction has been issued and the entry is freed.
  //                   Do NOT write data back to data array.
  // (2) T0 issued FMA is selected at T2: RegNext FMUL result at the issue stage
  // Thus, at issue stage:
  // (1.1) If the instruction matches FMA/FMUL two cycles ealier, we issue it and it goes to FADD
  // (1.2) If the instruction matches FMA/FMUL two cycles ealier and it's blocked, we need to hold the result
  // At select stage: (2) bypass FMUL intermediate results from write ports if possible.
  val issuedAtT0 = midFinished2T2.zip(midIssuePtrT2)
  for (i <- 0 until params.numDeq) {            ///注意这是在if (params.hasMidState)这个条件语句之内
    // cond11: condition (1.1) from different issue ports
    val cond11 = issuedAtT0.map(x => x._1 && x._2 === s2_issuePtr(i))
    for ((c, j) <- cond11.zipWithIndex) {
      when (c) {
        io.fmaMid.get(i).in.bits := io.fmaMid.get(j).out.bits
        // We should NOT write the intermediate result back to DataArray,
        // when this entry has been selected and arrived at the issue stage.
        // This entry may be allocated for new instructions from dispatch.
        when (io.deq(i).valid) {
          dataArray.io.partialWrite(j).enable := false.B
        }
      }
    }   ///end for ((c, j) <- cond11.zipWithIndex)
    val cond11Issued = io.deq(i).fire && io.fmaMid.get(i).in.valid && VecInit(cond11).asUInt.orR
    XSPerfAccumulate(s"fma_final_issue_cond11_$i", cond11Issued)
    // cond12: blocked at the issue stage
    val cond12 = cond11.map(_ && io.deq(i).valid && !io.deq(i).ready)
    val hasCond12 = VecInit(cond12).asUInt.orR
    val hasCond12Reg = RegInit(false.B)
    when (hasCond12) {
      hasCond12Reg := true.B
    }.elsewhen (io.deq(i).ready) {
```

```
            hasCond12Reg := false.B
        }
        when (hasCond12Reg) {
            // TODO: remove these unnecessary registers (use pipeline registers instead)
            io.fmaMid.get(i).in.bits := RegEnable(Mux1H(cond12, io.fmaMid.get.map(_.out.bits)), hasCond12)
        }
        val cond12Issued = io.deq(i).fire && io.fmaMid.get(i).in.valid && hasCond12Reg
        XSPerfAccumulate(s"fma_final_issue_cond12_$i", cond12Issued)
        // cond2: selected at the select stage
        val cond2 = issuedAtT0.map(x => x._1 && x._2 === s1_issuePtr(i))
        for ((c, j) <- cond2.zipWithIndex) {
            when (c) {
                s1_out(i).bits.src(0) := dataArray.io.partialWrite(j).data(0)
                s1_out(i).bits.src(1) := dataArray.io.partialWrite(j).data(1)
            }
        }
        val cond2Selected = s1_out_fire(i) && VecInit(cond2).asUInt.orR
        XSPerfAccumulate(s"fma_final_selected_cond2_$i", cond2Selected)
    }   ///end for (i <- 0 until params.numDeq)
}   ///end if (params.hasMidState)，这个条件语句都是在准备对于浮点指令的执行，

if (params.isJump) {                    ///对于Jump指令的执行准备：
    val pcMem = Reg(Vec(params.numEntries, UInt(VAddrBits.W)))
    for (i <- 0 until params.numEntries) {
        val writeEn = VecInit(dataArray.io.write.map(w => w.enable && w.addr(i))).asUInt.orR
        when (writeEn) { pcMem(i) := io.jump.get.jumpPc }
    }
    for (i <- 0 until params.numDeq) {
        // currently we assert there's only one enqueue.
        require(params.numDeq == 1, "only one jump now")
        val oldestPc = Mux1H(s1_in_oldestPtrOH.bits, pcMem)
        val issuePc = Mux1H(s1_in_selectPtrOH(i), pcMem)
        val pcRead = Mux(s1_issue_oldest(i), oldestPc, issuePc)
        val pcBypass = Mux(s1_select_bypass_s0.asUInt.orR, io.jump.get.jumpPc, pcRead)
        io.deq(i).bits.uop.cf.pc := RegEnable(pcBypass, s1_out_fire(i))
    }
}   ///end if (params.isJump)

if (select.io.balance.isDefined) {
    require(params.numDeq == 2)
    val balance = select.io.balance.get
    balance.tick := (balance.out && !s1_out(0).fire && s1_out(1).fire) ||
                                        (!balance.out && s1_out(0).fire && !s1_out(1).fire && !io.fromDispatch(0).fire)
}

// logs
```

```
    ///Debug与性能统计从略
    generatePerfEvent()
} ///end class ReservationStation
```

这里一方面是将准备要输出的 s1_out 连到 s2_deq，然后将 s2_deq 连接到外部接口上的 io.deq，这就是从 RS 出站交付执行的指令，承载在 ExuInput 对象之中。另一方面是对一些特殊情况的处理，其中的 hasMidState 是专门针对 FMAC 即浮点运算单元的，因为只有浮点运算才会有中间结果的产生。

在 hasMidState 这个条件下还有一种比较重要的特殊情况就是 numFastWakeup > 0，这 numFastWakeup 是 class RSParams 中的一个参数，其默认值为 0，但是在 Scheduler 中创建 rs 即 ReservationStationWrapper 时会调用一个函数 rs.addEarlyWakeup(numAllFastPorts(i))，这就会使 numFastWakeup 的数值增加这么多个，这里的 numAllFastPorts 为 innerFastPorts（定义于前面）和 outFastPorts 二者（是 RS 的构造参数之一）长度之和。

如果 numFastWakeup > 0，就说明创建 ReservationStationWrapper 时增添了 FastWakeup 的数量，需要为这些 FastWakeup。这里通过 object BypassNetwork 创建一个 bypassNetwork，这或者是个 BypassNetworkLeft 对象，或者是个 BypassNetworkRight 对象：

```
[ExuBlock > Scheduler > ReservationStationWrapper > ReservationStation > BypassNetwork]
object BypassNetwork {
  def apply (numWays: Int, numBypass: Int, dataBits: Int, optFirstStage: Boolean)(implicit p: Parameters): BypassNetwork = {
    if (optFirstStage) { Module(new BypassNetworkLeft(numWays, numBypass, dataBits)) }
    else { Module(new BypassNetworkRight(numWays, numBypass, dataBits)) }
  }
}
```

根据参数 optFirstStage 之为 true 或 false，这里创建 BypassNetworkLeft 或 BypassNetworkRight 对象。二者都是对 class BypassNetwork 的扩充，所以我们先看一下 class BypassNetwork：

```
class BypassNetwork (numWays: Int, numBypass: Int, dataBits: Int)(implicit p: Parameters) extends XSModule {
  val io = IO(new BypassNetworkIO (numWays, numBypass, dataBits))

  def doBypass (bypassValid: Seq[Bool], bypassData: Seq[UInt], baseData: UInt, debugIndex: Int = 0): UInt = {
    val bypassVec = VecInit(bypassValid)                    ///位图
    val target = Mux(bypassVec.asUInt.orR, ParallelMux(bypassValid, bypassData), baseData)
        ///如果位图bypassValid为全0，输出就是baseData；否则根据位图bypassValid在bypassData中选取其最前面的元素。
    target
  } ///end doBypass()
} ///end class BypassNetwork
```

BypassNetwork 的外部接口 BypassNetworkIO 是这样：

```
class BypassNetworkIO(numWays: Int, numBypass: Int, dataBits: Int) extends Bundle {
  val hold = Input(Bool())
  val source = Vec(numWays, Input(UInt(dataBits.W)))          ///向量source是BypassNetwork的输入
  val target = Vec(numWays, Output(UInt(dataBits.W)))         ///向量target是BypassNetwork的输出
  val bypass = Vec(numBypass, Input(new BypassInfo(numWays, dataBits)))
}
```

其中的 bypass 是个 BypassInfo 向量，class BypassInfo 的定义是这样：

```
class BypassInfo(numWays: Int, dataBits: Int) extends Bundle {
  val valid = Vec(numWays, Bool())
  val data = UInt(dataBits.W)
}
```

光从 class BypassNetwork 的代码是看不出什么的，因为除 io 之外就只是提供了一个函数 doBypass()。这就好像一个抽象类一样，要结合对其扩充的具体类才能看出个大概。我们先看一下 BypassNetworkLeft：

```
// Bypass at the left: compute the bypassed data and RegNext(bypassed_data)
class BypassNetworkLeft (numWays: Int, numBypass: Int, dataBits: Int)(implicit p: Parameters)
                                                    extends BypassNetwork(numWays, numBypass, dataBits) {
  val bypassedData = Reg (io.target.cloneType)
  when (!io.hold) {
    for ((by, i) <- bypassedData.zipWithIndex) {
      by := doBypass(io.bypass.map(_.valid(i)), io.bypass.map(_.data), io.source(i))
    }
  }
  io.target := bypassedData
}
```

可见，BypassNetworkLeft 只有在其输入 io.hold 为 false 时才起作用，其输出向量 io.target 中的每个元素都来自函数 doBypass()；其参数 bypassValid 来自 io.bypass.map(_.valid(i))，参数 bypassData 来自 io.bypass.map(_.data)，参数 baseData 来自 io.source(i)。

再看 BypassNetworkRight：

```
// Bypass at the right: RegNext(data) and compute the bypassed data at the next clock cycle
class BypassNetworkRight (numWays: Int, numBypass: Int, dataBits: Int)(implicit p: Parameters)
                                                    extends BypassNetwork(numWays, numBypass, dataBits) {
  val last_cycle_hold = RegInit(false.B)
  last_cycle_hold := io.hold

  val target_reg = Reg(Vec(numWays, UInt(dataBits.W)))
  val bypass_reg = Reg(Vec(numBypass, new BypassInfo(numWays, dataBits)))

  // When last cycle holds the data, no need to update it.
  when (io.hold && !last_cycle_hold) {
    bypass_reg.map(_.valid.map(_ := false.B))
    target_reg := io.target
  }.elsewhen(!io.hold) {
    target_reg := io.source
    for ((by_reg, by_io) <- bypass_reg.zip(io.bypass)) {
      by_reg.data := by_io.data
      by_reg.valid := by_io.valid
    }
```

```
    }

    // bypass data to target
    for (i <- 0 until numWays) {
      io.target(i) := doBypass (bypass_reg.map(_.valid(i)), bypass_reg.map(_.data), target_reg(i))
    }
}
```

结合前面 class ReservationStation 代码中对 bypassNetwork 的使用，其输入输出为：

```
val bypassNetwork = BypassNetwork(params.numSrc, params.numFastWakeup, params.dataBits, params.optDeqFirstStage)
bypassNetwork.io.hold := !s2_deq(i).ready || !s1_out(i).valid
bypassNetwork.io.source := s1_out(i).bits.src.take(params.numSrc)
bypassNetwork.io.bypass.zip(wakeupBypassMask.zip(io.fastDatas)).foreach { case (by, (m, d)) => by.valid := m, by.data := d }
bypassNetwork.io.target <> s2_deq(i).bits.src.take(params.numSrc)
    ///这里io.target是bypassNetwork的输出，s2_deq代表着RS的输出io.deq。
```

首先仅当 io.hold 为 false 时 bypassNetwork 才被开通，所以开通 bypassNetwork 的条件就是 s2_deq(i).ready && s1_out(i).valid。这和信号从 s1_out 流通到 s2_deq 的条件是一样的 。然后输入 source 是 s1_out(i)中的源操作数，而输出 target 则是 s2_deq 的源操作数，事实上在常规条件下就是这样连接的，而 s2_seq 则连接到 RS 的 deq 输出端。可是由于 io.fastDatas 和 bypassNetwork 的存在，此时就通过 doBypass()把 io.fastDatas 抄近路连到了 s2_deq，从而连到了 RS 的输出 io.deq 中的源操作数字段。这就是所谓 bypass。

23.2 指令执行模块 FuBlock

经过译码、派发，再经过以 ReservationStation 为核心的调度，指令就进入了具体的功能模块 FuBlock，各种执行单元就在功能模块内部。ReservationStation 的出口就好比检票口，通过了这个检票口的指令（承载在 ExuInput 对象中）就好比上了车，下一站就是同一 ExuBlock 内的 FUBlock 对象。

FUBlock 里面是各种各样的指令执行单元，这些执行单元的共性被归纳在一个抽象类 Exu 中：

```
@instantiable
abstract class Exu(cfg: ExuConfig)(implicit p: Parameters) extends XSModule {
  @public val config = cfg

  @public val io = IO(new Bundle() {
    val fromInt = if (config.readIntRf) Flipped(DecoupledIO(new ExuInput)) else null          ///Exu的输入是ExuInput
    val fromFp = if (config.readFpRf) Flipped(DecoupledIO(new ExuInput)) else null
    val redirect = Flipped(ValidIO(new Redirect))
    val out = DecoupledIO(new ExuOutput)                                                       ///Exu的输出是ExuOutput
  })  ///end val io，fromInt表示来自整数指令的Scheduler和ReservationStation，这个执行单元是在整数指令的ExuBlock中。

  @public val csrio = if (config == JumpCSRExeUnitCfg) Some(IO(new CSRFileIO)) else None
  @public val fenceio = if (config == JumpCSRExeUnitCfg) Some(IO(new FenceIO)) else None
  @public val frm = if (config == FmacExeUnitCfg || config == FmiscExeUnitCfg) Some(IO(Input(UInt(3.W)))) else None
  @public val fmaMid = if (config == FmacExeUnitCfg) Some(IO(new FMAMidResultIO)) else None    ///来自浮点单元FMA
```

```
val functionUnits = config.fuConfigs.map(cfg => {        ExuConfig中最关键的是它的fuConfigs，这是Seq[FuConfig]：
  val mod = Module(cfg.fuGen(p))                  ///fuConfigs中的每个FuConfig决定一个具体的执行单元，这是关键，见后。
  mod.suggestName(cfg.name)
  mod
}) ///对functionUnits的初始化创建了具体ExeUnit（见后）内含的执行单元（功能单元），例如Alu、Jump等，详见后述。

val fuIn = config.fuConfigs.map(fuCfg =>
  if (fuCfg.numIntSrc > 0) {                      ///对于整数指令执行单元，整数指令执行单元才有整数源操作数
    assert(fuCfg.numFpSrc == 0 || config == StdExeUnitCfg)
    io.fromInt
  } else {                                        ///对于浮点指令执行单元
    assert(fuCfg.numFpSrc > 0)
    io.fromFp
  }
)  ///end val fuIn，执行单元的指令输入不是来自fromInt就是来自fromFp。
val fuSel = fuIn.zip(config.fuConfigs).map { case (in, cfg) => cfg.fuSel(in.bits.uop) }        ///无论整数还是浮点指令，都有uop。

val fuInReady = config.fuConfigs.zip(fuIn).zip(functionUnits.zip(fuSel)).map { case ((fuCfg, in), (fu, sel)) =>
  fu.io.redirectIn := io.redirect
  if (fuCfg.hasInputBuffer._1) {
    val buffer = Module(new InputBuffer(fuCfg.hasInputBuffer._2, fuCfg.hasInputBuffer._3))
    buffer.io.redirect <> io.redirect
    buffer.io.in.valid := in.valid && sel
    buffer.io.in.bits.uop := in.bits.uop
    buffer.io.in.bits.src := in.bits.src
    buffer.io.out <> fu.io.in
    buffer.io.in.ready
  }
  else {          ///不使用InputBuffer
    fu.io.in.valid := in.valid && sel
    fu.io.in.bits.uop := in.bits.uop
    fu.io.in.bits.src := in.bits.src
    fu.io.in.ready
  }
}  ///end val fuInReady，根据参数设置，每个执行单元都可以有个InputBuffer。

val needArbiter = !(config.latency.latencyVal.nonEmpty && (config.latency.latencyVal.get == 0))
def writebackArb (in: Seq[DecoupledIO[FuOutput]], out: DecoupledIO[ExuOutput]): Seq[Bool] = {
  if (needArbiter) {
    if(in.size == 1){              ///注意这个in其实是执行单元的输出，FuOutput不同于ExuOutput。
      in.head.ready := out.ready                  ///如果只有一个FuOutput，那就是“直通车”，实际上并无仲裁。
      out.bits.data := in.head.bits.data
      out.bits.uop := in.head.bits.uop
      out.valid := in.head.valid
    } else {
```

```
        val arb = Module(new Arbiter(new ExuOutput, in.size))   ///仲裁器是从多个ExuOutput中选一，
        in.zip(arb.io.in).foreach{ case (l, r) =>       ///从FuOutput到ExuOutput的转换：
          l.ready := r.ready
          r.valid := l.valid
          r.bits := DontCare
          r.bits.uop := l.bits.uop          ///ExuOutput是对XSBundleWithMicroOp的扩充，所以也有uop字段
          r.bits.data := l.bits.data        ///指令执行的结果在data字段中
        }
        arb.io.out <> out
      }
    } else {      /// ! needArbiter，不需要仲裁就直通：
      in.foreach(_.ready := out.ready)
      val sel = Mux1H(in.map(x => x.valid -> x))
      out.bits.data := sel.bits.data
      out.bits.uop := sel.bits.uop
      out.valid := sel.valid
    }
    in.map(_.fire)
  }   ///end writebackArb()，执行单元对Rob和Scheduler的回写可能需要有个仲裁器。

  val arbSel = writebackArb (functionUnits.map(_.io.out), io.out)      ///创建回写仲裁器，也可能实际上并没有仲裁。
  val arbSelReg = arbSel.map(RegNext(_))
  val dataRegVec = functionUnits.map(_.io.out.bits.data).zip(config.fuConfigs).map{ case (i, cfg) =>
    if (config.hasFastUopOut && (!cfg.fastUopOut || !cfg.fastImplemented)) {
      println(s"WARNING: fast not implemented!! ${cfg.name} will be delayed for one cycle.")
    }
    (if (cfg.fastUopOut && cfg.fastImplemented) i else RegNext(i))
  }
  val dataReg = Mux1H(arbSelReg, dataRegVec)
  if (config.hasFastUopOut) { io.out.bits.data := dataReg }

  val readIntFu = config.fuConfigs.zip(fuInReady.zip(fuSel)).filter(_._1.numIntSrc > 0).map(_._2)
  val readFpFu = config.fuConfigs.zip(fuInReady.zip(fuSel)).filter(_._1.numFpSrc > 0).map(_._2)

  def inReady(s: Seq[(Bool, Bool)]): Bool = {
    if (s.size == 1) {
      s.head._1
    } else {
      if (needArbiter) {
        Cat(s.map(x => x._1 && x._2)).orR()
      } else {
        Cat(s.map(x => x._1)).andR()
      }
    }
  }   ///end inReady()
```

```
  if (config.readIntRf) {
    XSPerfAccumulate("from_int_fire", io.fromInt.fire())
    XSPerfAccumulate("from_int_valid", io.fromInt.valid)
    io.fromInt.ready := !io.fromInt.valid || inReady(readIntFu)
  }

  if (config.readFpRf) {
    XSPerfAccumulate("from_fp_fire", io.fromFp.fire())
    XSPerfAccumulate("from_fp_valid", io.fromFp.valid)
    io.fromFp.ready := !io.fromFp.valid || inReady(readFpFu)
  }

  def assignDontCares(out: ExuOutput) = {
    out.fflags := DontCare
    out.debug <> DontCare
    out.debug.isMMIO := false.B
    out.debug.isPerfCnt := false.B
    out.debug.paddr := DontCare
    out.redirect <> DontCare
    out.redirectValid := false.B
  }

  assignDontCares(io.out.bits)
}    ///end abstract class Exu
```

我们并未看到 Exu 内部有尚未落实的抽象函数或变量，但这被定义成抽象类，在物理意义上它确实是抽象的，实际上不存在什么事也不干的执行单元。

从 Exu 的定义可以看出，所有的执行单元都有同样的输入输出接口。其输入不是来自整数指令的调度器就是来自浮点指令的调度器，其实具体执行单元（及其所在的 FUBlock）本身也不是在整数指令的 ExuBlock 中就是在浮点指令的 ExuBlock 中。

FUBlock 中具体要有些什么执行单元，那就要看系统的配置了，class ExuConfig 是对各种具体配置的描述。其构造函数的界面是这样：

```
case class ExuConfig (name: String, blockName: String, // NOTE: for perf counter
        fuConfigs: Seq[FuConfig], wbIntPriority: Int, wbFpPriority: Int, extendsExu: Boolean = true) extends IsLookupable {…}
```

我们在这就不看 ExuConfig 内部了，只需知道具体执行单元的配置全看其 ExuConfig 的内容，什么样的 ExuConfig 就决定了是什么样的执行单元。而这些内容就是在创建具体 ExuConfig 对象时给定的，尤其是其中的 fuConfigs 起着决定的作用。那么香山的 CPU 中有哪些具体执行单元的配置呢？在 package object xiangshan 的末尾有这么一个片段：

```
package object xiangshan{
  …
  val JumpExeUnitCfg = ExuConfig("JmpExeUnit", "Int", Seq(jmpCfg, i2fCfg), 2, Int.MaxValue)
  val AluExeUnitCfg = ExuConfig("AluExeUnit", "Int", Seq(aluCfg), 0, Int.MaxValue)
```

```
    val JumpCSRExeUnitCfg = ExuConfig("JmpCSRExeUnit", "Int", Seq(jmpCfg, csrCfg, fenceCfg, i2fCfg), 2, Int.MaxValue)
    val MulDivExeUnitCfg = ExuConfig("MulDivExeUnit", "Int", Seq(mulCfg, divCfg, bkuCfg), 1, Int.MaxValue)
    val FmacExeUnitCfg = ExuConfig("FmacExeUnit", "Fp", Seq(fmacCfg), Int.MaxValue, 0)
    val FmiscExeUnitCfg = ExuConfig("FmiscExeUnit", "Fp", Seq(f2iCfg, f2fCfg, fdivSqrtCfg), Int.MaxValue, 1)
    val LdExeUnitCfg = ExuConfig("LoadExu", "Mem", Seq(lduCfg), wbIntPriority = 0, wbFpPriority = 0, extendsExu = false)
    val StaExeUnitCfg = ExuConfig("StaExu", "Mem", Seq(staCfg, mouCfg),
                                        wbIntPriority = Int.MaxValue, wbFpPriority = Int.MaxValue, extendsExu = false)
    val StdExeUnitCfg = ExuConfig("StdExu", "Mem", Seq(stdCfg, mouDataCfg),
                                        wbIntPriority = Int.MaxValue, wbFpPriority = Int.MaxValue, extendsExu = false)
}
```

这里创建了 9 个不同的 ExuConfig 对象，从而就有 9 个不同的执行单元。以其中的 AluExeUnitCfg 为例，这就是一个具体的 ExuConfig。注意其中的 fuConfigs，这是 Seq[FuConfig]（后面会介绍），AluExeUnitCfg 的 fuConfigs 是 Seq(aluCfg)，说明在 AluExeUnit 中就是一个 aluCfg，后面我们会看到，aluCfg 是对 Alu 指令执行单元的描述。再看 JumpCSRExeUnitCfg，它的 fuConfigs 可就大了，是 Seq(jmpCfg, csrCfg, fenceCfg, i2fCfg)，后面我们会看到，jmpCfg 是对跳转指令执行单元的描述，csrCfg 是对 CSR 指令执行单元的描述。其实对“执行单元”最确切的描述在 FuConfig 中，一个 FuConfig 才代表着一个我们常说的“执行单元”，从代码中看设计者的意思是把这称为“功能单元”（Fu 应该是指 Function）。但是我们已经习惯了称这些单元为“执行单元”，所以读者在看到“执行单元”这个词的时候要注意区分。

FUBlock 对象是在 ExuBlockImp 中创建的，每个 ExuBlock 创建自己的 FUBlock。FUBlock 的设计要考虑各种不同类指令的执行单元，但是具体的 FUBlock 只是针对特定指令类型（整数或浮点）的执行单元：

```
[XSCore > XSCoreBase > ExuBlock > ExuBlockImp > FUBlock]
class FUBlock(configs: Seq[(ExuConfig, Int)])(implicit p: Parameters) extends XSModule {
        ///参数configs是个[ExuConfig，执行单元个数]二元组的序列，具体就是前面schedulePorts中的两个Seq之一。
        ///以其中整数configs序列为例，就包含AluExeUnitCfg / MulDivExeUnitCfg / JumpCSRExeUnitCfg等6个ExuConfig。
  val numIn = configs.map(_._2).sum                                    ///算一下所含执行单元的总数
  val numFma = configs.filter(_._1 == FmacExeUnitCfg).map(_._2).sum    ///其中浮点FmacExeUnit的个数

  val io = IO(new Bundle {
    val redirect = Flipped(ValidIO(new Redirect))
    val issue = Vec(numIn, Flipped(DecoupledIO(new ExuInput)))     // in      ///对于FUBlock，issue就是其输入。
    val writeback = Vec(numIn, DecoupledIO(new ExuOutput))          // out     ///对于FUBlock，writeback就是其输出。
    // misc
    val extra = new FUBlockExtraIO(configs)                        ///附加输入输出，例如exuRedirect、csrio等。
    val fmaMid = if (numFma > 0) Some(Vec(numFma, new FMAMidResultIO)) else None        ///浮点执行单元有特殊考虑
  })

  val exuDefs = configs.map(_._1).map(ExeUnitDef(_))   ///从configs中抽取object ExeUnitDef所创建的各个执行单元（见后）
        /// configs中的各个元素是(ExuConfig, Int)，所以_._1就是其中的ExuConfig，例如AluExeUnitCfg。
  val exeUnits = configs.zip(exuDefs).map(x => Seq.fill(x._1._2)(Instance(x._2))).reduce(_ ++ _)
  val intExeUnits = exeUnits.filter(_.config.readIntRf)          ///这些执行单元的定义中有readIntRf的即为整数执行单元
  // TODO: deal with Std units
  val fpExeUnits = exeUnits.filterNot(_.config.readIntRf)        ///定义中没有readIntRf的则为浮点执行单元
  val stdExeUnits = exeUnits.filter(_.config.readIntRf).filter(_.config.readFpRf)   ///既有readIntRf又有readFpRf的是StdExeUnit
```

```
  stdExeUnits.foreach(_.io.fromFp := DontCare)
  io.issue <> intExeUnits.map(_.io.fromInt) ++ fpExeUnits.map(_.io.fromFp)   ///将来自Scheduler的输入连接到这些单元的输入端
  io.writeback <> exeUnits.map(_.io.out)                                        ///将所有这些执行单元的输出连接到FUBlock的输出端

  // to please redirectGen   ///将各执行单元的Redirect输出连接到FUBlock的extra.exuRedirect输出
  io.extra.exuRedirect.zip(exeUnits.reverse.filter(_.config.hasRedirect).map(_.io.out)).foreach {
    case (x, y) =>
      x.valid := y.fire() && y.bits.redirectValid
      x.bits := y.bits
  }

  for ((exu, i) <- exeUnits.zipWithIndex) {                   ///对于object ExeUnitDef所创建的各个执行单元
    exu.io.redirect <> RegNextWithEnable(io.redirect)         ///将FUBlock外部接口上的Redirect经一寄存器连接到执行单元
    if (exu.csrio.isDefined) {                                ///如有必要就在执行单元与CSR之间建立连接：
      exu.csrio.get <> io.extra.csrio.get
      exu.csrio.get.perf <> RegNext(io.extra.csrio.get.perf)
      // RegNext customCtrl for better timing
      io.extra.csrio.get.customCtrl := RegNext(RegNext(exu.csrio.get.customCtrl))
      io.extra.csrio.get.tlb := RegNext(RegNext(exu.csrio.get.tlb))
      // RegNext csrUpdate
      exu.csrio.get.distributedUpdate := RegNext(io.extra.csrio.get.distributedUpdate)
    }   ///end if (exu.csrio.isDefined
    if (exu.fenceio.isDefined) { exu.fenceio.get <> io.extra.fenceio.get }        ///如有必要就建立与fence模块的连接
    if (exu.frm.isDefined) { exu.frm.get := io.extra.frm.get }         ///有必要就与frm模块连接，frm指浮点数的rounding mode。
  }
  if (io.fmaMid.isDefined) { io.fmaMid.get <> exeUnits.map(_.fmaMid).filter(_.isDefined).map(_.get) }   ///针对浮点数Fma执行单元

  for ((iss, i) <- io.issue.zipWithIndex) { XSPerfAccumulate(s"issue_count_$i", iss.fire()) }
  XSPerfHistogram("writeback_count", PopCount(io.writeback.map(_.fire())), true.B, 0, numIn, 1)
}   ///end class FUBlock
```

先看一下 FUBlock 的外部接口，其输入来自 Scheduler 的 issue 端口，所承载的信号是 ExuInput；输出则来自具体执行单元的 writeback，所承载的信号是 ExuOutput。另外还有个附加的 FUBlockExtraIO：

```
class FUBlockExtraIO(configs: Seq[(ExuConfig, Int)])(implicit p: Parameters) extends XSBundle {
  val hasCSR = configs.map(_._1).contains(JumpCSRExeUnitCfg)           ///有些执行单元受CSR控制，有些没有。
  val hasFence = configs.map(_._1).contains(JumpCSRExeUnitCfg)         ///执行单元与Fence单元的连接可由CSR控制
  val hasFrm = configs.map(_._1).contains(FmacExeUnitCfg) || configs.map(_._1).contains(FmiscExeUnitCfg)
  val numRedirectOut = configs.filter(_._1.hasRedirect).map(_._2).sum

  val exuRedirect = Vec(numRedirectOut, ValidIO(new ExuOutput))        /// ExuOutput中包含Redirect
  val csrio = if (hasCSR) Some(new CSRFileIO) else None
  val fenceio = if (hasFence) Some(new FenceIO) else None
  val frm = if (hasFrm) Some(Input(UInt(3.W))) else None               ///frm意为floting-point round mode，即进位模式
}
```

FUBlock 是各种执行单元的集合，里面可以含有不同的执行单元，具体取决于 ExuConfig 中的设定。创建 FUBlock 对象时的参数 configs 就是个 [ExuConfig, Int]二元组的序列，创建 ExuBlock 对象时的第一个参数 configs 就是个序列，序列中每个元素的主体就是具体的 ExuConfig，往下创建 Scheduler 和 FUBlock 对象时也是一脉相承。然后，到了 FUBlock 内部，这里有个语句是“configs.map(_._1).map(ExeUnitDef(_))”，扫描整个 configs，对其中每一个元素中的第一个成分（那就是具体的 ExuConfig，例如 AluExeUnitCfg）调用 ExeUnitDef，这个 ExeUnitDef 是 object ExeUnitDef：

```
[XSCore > XSCoreBase > ExuBlock > ExuBlockImp > FUBlock > ExeUnitDef]
object ExeUnitDef {
  def apply (cfg: ExuConfig)(implicit p: Parameters): Definition[ExeUnit] = {
    cfg match {                          ///Definition是个Firrtl抽象类，是对Command的扩充：
      case JumpExeUnitCfg => Definition(new JumpExeUnit)
      case AluExeUnitCfg => Definition(new AluExeUnit)
      case MulDivExeUnitCfg => Definition(new MulDivExeUnit)
      case JumpCSRExeUnitCfg => Definition(new JumpCSRExeUnit)
      case FmacExeUnitCfg => Definition(new FmacExeUnit)
      case FmiscExeUnitCfg => Definition(new FmiscExeUnit)
      case StdExeUnitCfg => Definition(new StdExeUnit)
      case _ => {
        println(s"cannot generate exeUnit from $cfg")
        null
      }
    }
  }
}  ///end object ExeUnitDef
```

这就是说，创建具体 FUBlock 对象时所给的参数 configs 中有什么样的 ExuConfig 对象，就创建什么执行单元。可能创建的执行单元有 7 种：

```
class AluExeUnit(implicit p: Parameters) extends ExeUnit(AluExeUnitCfg)
class JumpCSRExeUnit(implicit p: Parameters) extends ExeUnit(JumpCSRExeUnitCfg)
class JumpExeUnit(implicit p: Parameters) extends ExeUnit(JumpExeUnitCfg)
class StdExeUnit(implicit p: Parameters) extends ExeUnit(StdExeUnitCfg)
class FmacExeUnit(implicit p: Parameters) extends ExeUnit(FmacExeUnitCfg)
class FmiscExeUnit(implicit p: Parameters) extends ExeUnit(FmiscExeUnitCfg)
class MulDivExeUnit(implicit p: Parameters) extends ExeUnit(MulDivExeUnitCfg)
```

这 7 种具体的执行单元，都是对 class ExeUnit 的扩充。注意这 7 个 class 对 ExeUnit 的扩充其实都没有代码上的扩充，而只是给了不同的参数而已。例如 AluExeUnit 其实就是 ExeUnit，只不过参数是 AluExeUnitCfg 而已。别的那几个也是一样。

ExeUnit 则是对抽象类 Exu 的扩充，我们在前面看过 Exu 的代码。注意 ExeUnit 本身并非抽象类，但前述的 7 种具体执行单元仍是对 ExeUnit 的扩充。换言之它们的体内都有个 ExeUnit。注意 ExeUnit 的 io 是从抽象类 Exu 继承下来的：

```
@instantiable
class ExeUnit (config: ExuConfig)(implicit p: Parameters) extends Exu(config) {
```

```
val disableSfence = WireInit(false.B)
val csr_frm = WireInit(frm.getOrElse(0.U(3.W)))
  ///对具体ExeUnit对象如AluExeUnit的初始化包含了对其functionUnits的初始化，创建了内含的各种功能单元如Alu等。
  ///所创建的具体功能单元，有的是FunctionUnit，有的是FUWithRedirect，后者是对前者的扩充。

val hasRedirect = config.fuConfigs.zip(functionUnits).filter(_._1.hasRedirect).map(_._2)  ///并非所有执行单元都会发出Redirect
println(s"${functionUnits} ${hasRedirect} hasRedirect: ${hasRedirect.length}")
if (hasRedirect.nonEmpty) {
  require(hasRedirect.length <= 1)
  io.out.bits.redirectValid := hasRedirect.head.asInstanceOf[FUWithRedirect].redirectOutValid
  io.out.bits.redirect := hasRedirect.head.asInstanceOf[FUWithRedirect].redirectOut
}

if (config.fuConfigs.contains(csrCfg)) {     ///如果本ExuConfig的fuConfigs中包含了csrCfg（肯定是整数指令执行单元）：
  val csr = functionUnits.collectFirst{ case c: CSR => c }.get
  csr.csrio <> csrio.get
  csrio.get.tlb := DelayN(csr.csrio.tlb, 2)
  csrio.get.customCtrl := DelayN(csr.csrio.customCtrl, 2)
  csrio.get.trapTarget := RegNext(csr.csrio.trapTarget)
  csr.csrio.exception := DelayN(csrio.get.exception, 2)
  disableSfence := csr.csrio.disableSfence
  csr_frm := csr.csrio.fpu.frm
  // setup skip for hpm CSR read
  io.out.bits.debug.isPerfCnt := RegNext(csr.csrio.isPerfCnt)  // TODO: this is dirty
}  ///end if (config.fuConfigs.contains(csrCfg))，这是针对CSR指令执行单元的。

if (config.fuConfigs.contains(fenceCfg)) {   ///如果本ExuConfig的fuConfigs中包含了fenceCfg:
  val fence = functionUnits.collectFirst{ case f: Fence => f }.get
  fenceio.get.sfence <> fence.sfence
  fenceio.get.fencei <> fence.fencei
  fenceio.get.sbuffer <> fence.toSbuffer
  fence.io.out.ready := true.B
  fence.disableSfence := disableSfence
}  ///end if (config.fuConfigs.contains(fenceCfg)) ，这是针对Fence指令执行单元的。

val fpModules = functionUnits.zip(config.fuConfigs.zipWithIndex).filter(_._1.isInstanceOf[FPUSubModule])
if (fpModules.nonEmpty) {
  // frm is from csr/frm (from CSR) or instr_rm (from instruction decoding)
  val fpSubModules = fpModules.map(_._1.asInstanceOf[FPUSubModule])
  fpSubModules.foreach(mod => {
    val instr_rm = mod.io.in.bits.uop.ctrl.fpu.rm                ///rm意为round mode，例如四舍五入。
    mod.rm := Mux(instr_rm =/= 7.U, instr_rm, csr_frm)
  })
  // fflags is selected by arbSelReg
  require(config.hasFastUopOut, "non-fast not implemented")
  val fflagsSel = fpModules.map{ case (fu, (cfg, i)) =>
```

```
        val fflagsValid = arbSelReg(i)
        val fflags = fu.asInstanceOf[FPUSubModule].fflags
        val fflagsBits = if (cfg.fastImplemented) fflags else RegNext(fflags)
        (fflagsValid, fflagsBits)
      }
      io.out.bits.fflags := Mux1H(fflagsSel.map(_._1), fflagsSel.map(_._2))
  }  ///end if (fpModules.nonEmpty) ，这是针对浮点指令执行单元的。

  val fmaModules = functionUnits.filter(_.isInstanceOf[FMA]).map(_.asInstanceOf[FMA])
  if (fmaModules.nonEmpty) {
    require(fmaModules.length == 1)
    fmaModules.head.midResult <> fmaMid.get
  }  ///这是针对Fmac指令执行单元的。浮点指令分Fmac和Fmisc两类，前者的执行单元是FMA，主要是FADD/FMUL指令。

  if (config.readIntRf) {
    val in = io.fromInt
    val out = io.out
  }
}  ///end class ExeUnit
```

可见 class ExeUnit 所提供的只是在抽象类 Exu 的基础上增添了一些辅助性的电路和连接，但是参数 configs 对具体电路的构成起着重要的决定作用。更重要的是：对 ExeUnit 进行初始化时，就会对抽象类 Exu 也进行初始化，执行其构造函数里的代码，那里有个 val functionUnits，其赋值函数是这样：

```
  val functionUnits = config.fuConfigs.map(cfg => {
    val mod = Module(cfg.fuGen(p))
    mod.suggestName(cfg.name)
    mod
  })
```

这个 map()是对每个 ExuConfig 内部 fuConfigs 中每个 cfg 的 map()，所 map()的具体操作则是调用具体 cfg 即 FuConfig 的 fuGen()函数。这个语句是关键，因为不同的 ExuConfig 中有不同的 FuConfig 序列，而不同的 FuConfig 则有不同的 fuGen()函数。我们先看一下 class FuConfig 的定义：

```
case class FuConfig (name: String, fuGen: Parameters => FunctionUnit, fuSel: MicroOp => Bool, fuType: UInt,
                     numIntSrc: Int, numFpSrc: Int, writeIntRf: Boolean, writeFpRf: Boolean, writeFflags: Boolean = false,
                     hasRedirect: Boolean = false, latency: HasFuLatency = CertainLatency(0), fastUopOut: Boolean = false,
                     fastImplemented: Boolean = false, hasInputBuffer: (Boolean, Int, Boolean) = (false, 0, false),
                     exceptionOut: Seq[Int] = Seq(),hasLoadError: Boolean = false, flushPipe: Boolean = false,
                     replayInst: Boolean = false, trigger: Boolean = false) {
  def srcCnt: Int = math.max(numIntSrc, numFpSrc)
}
```

这个类又有很多构造参数（同时也是其内部成分），但大多是有默认值的。没有默认值的就是前面数项，但那正是关键性的参数。其中的一个参数 fuGen 是个函数，其调用参数是 Parameters，返回值则是 FunctionUnit，这 FunctionUnit 就是具体的功能单元。

香山的 package object xiangshan 中给出了许多具体 FuConfig 类对象的定义：

```
package object xiangshan{
  …
  val aluCfg = FuConfig(name = "alu", fuGen = aluGen, fuSel = (uop: MicroOp) => uop.ctrl.fuType === FuType.alu,
               fuType = FuType.alu, numIntSrc = 2, numFpSrc = 0, writeIntRf = true, writeFpRf = false, hasRedirect = true,)
    ///aluCfg是个FuConfig，其（执行单元）生成函数fuGen函数是aluGen()，所生成的执行单元名为alu。
    ///该执行单元被选中的条件是MicroOp中CtrlSignals内的fuType字段为FuType.alu，这就是fuSel: MicroOp => Bool。
    ///这个执行单元中整数源操作数的数量是2，浮点源操作数的数量是0。
    ///这个执行单元会有对IntRf即整数寄存器组的写入，但没有对FpRf即浮点寄存器组的写入。
    ///这个执行单元会有Redirect输出。下列各FuConfig的构造参数可以类推：

  val jmpCfg = FuConfig(name = "jmp", fuGen = jmpGen, fuSel = (uop: MicroOp) => uop.ctrl.fuType === FuType.jmp,
               fuType = FuType.jmp, numIntSrc = 1, numFpSrc = 0, writeIntRf = true, writeFpRf = false, hasRedirect = true,)

  val fenceCfg = FuConfig(name = "fence", fuGen = fenceGen, fuSel = (uop: MicroOp) => uop.ctrl.fuType === FuType.fence,
               FuType.fence, 2, 0, writeIntRf = false, writeFpRf = false, latency = UncertainLatency(),
               exceptionOut = Seq(illegalInstr), flushPipe = true)

  val csrCfg = FuConfig(name = "csr", fuGen = csrGen, fuSel = (uop: MicroOp) => uop.ctrl.fuType === FuType.csr,
               fuType = FuType.csr, numIntSrc = 1, numFpSrc = 0, writeIntRf = true, writeFpRf = false,
               exceptionOut = Seq(illegalInstr, breakPoint, ecallU, ecallS, ecallM), flushPipe = true)

  val i2fCfg = FuConfig(name = "i2f", fuGen = i2fGen, fuSel = i2fSel, FuType.i2f, numIntSrc = 1, numFpSrc = 0,
               writeIntRf = false, writeFpRf = true, writeFflags = true, latency = CertainLatency(2),
               fastUopOut = true, fastImplemented = true)

  val divCfg = FuConfig(name = "div", fuGen = dividerGen, fuSel = (uop: MicroOp) => uop.ctrl.fuType === FuType.div,
               FuType.div, 2, 0, writeIntRf = true, writeFpRf = false, latency = UncertainLatency(),
               fastUopOut = true, fastImplemented = true, hasInputBuffer = (true, 4, true))

  val mulCfg = FuConfig(name = "mul", fuGen = multiplierGen, fuSel = (uop: MicroOp) => uop.ctrl.fuType === FuType.mul,
               FuType.mul, 2, 0, writeIntRf = true, writeFpRf = false, latency = CertainLatency(2),
               fastUopOut = true, fastImplemented = true)

  val bkuCfg = FuConfig(name = "bku", fuGen = bkuGen, fuSel = (uop: MicroOp) => uop.ctrl.fuType === FuType.bku,
               fuType = FuType.bku, numIntSrc = 2, numFpSrc = 0, writeIntRf = true, writeFpRf = false,
               latency = CertainLatency(1), fastUopOut = true, fastImplemented = true)

  val fmacCfg = FuConfig(name = "fmac", fuGen = fmacGen, fuSel = _ => true.B, FuType.fmac, 0, 3, writeIntRf = false,
               writeFpRf = true, writeFflags = true, latency = UncertainLatency(), fastUopOut = true, fastImplemented = true)

  val f2iCfg = FuConfig(name = "f2i", fuGen = f2iGen, fuSel = f2iSel, FuType.fmisc, 0, 1, writeIntRf = true, writeFpRf = false,
               writeFflags = true, latency = CertainLatency(2), fastUopOut = true, fastImplemented = true)

  val f2fCfg = FuConfig(name = "f2f", fuGen = f2fGen, fuSel = f2fSel, FuType.fmisc, 0, 1, writeIntRf = false, writeFpRf = true,
```

```
            writeFflags = true, latency = CertainLatency(2), fastUopOut = true, fastImplemented = true)

  val fdivSqrtCfg = FuConfig(name = "fdivSqrt", fuGen = fdivSqrtGen, fuSel = fdivSqrtSel, FuType.fDivSqrt, 0, 2,
            writeIntRf = false, writeFpRf = true, writeFflags = true, latency = UncertainLatency(),
            fastUopOut = true, fastImplemented = true, hasInputBuffer = (true, 8, true))

  val lduCfg = FuConfig("ldu", null /* DontCare */, (uop: MicroOp) => FuType.loadCanAccept(uop.ctrl.fuType),
            FuType.ldu, 1, 0, writeIntRf = true, writeFpRf = true, latency = UncertainLatency(),
            exceptionOut = Seq(loadAddrMisaligned, loadAccessFault, loadPageFault),
            flushPipe = true, replayInst = true, hasLoadError = true)                    ///ldu执行单元无生成函数

  val staCfg = FuConfig("sta", null, (uop: MicroOp) => FuType.storeCanAccept(uop.ctrl.fuType),
            FuType.stu, 1, 0, writeIntRf = false, writeFpRf = false, latency = UncertainLatency(),
            exceptionOut = Seq(storeAddrMisaligned, storeAccessFault, storePageFault))    ///sta执行单元也无生成函数

  val stdCfg = FuConfig("std", fuGen = stdGen, fuSel = (uop: MicroOp) => FuType.storeCanAccept(uop.ctrl.fuType),
            FuType.stu, 1, 1, writeIntRf = false, writeFpRf = false, latency = CertainLatency(1))

  val mouCfg = FuConfig("mou", null, (uop: MicroOp) => FuType.storeCanAccept(uop.ctrl.fuType),
            FuType.mou, 1, 0, writeIntRf = false, writeFpRf = false, latency = UncertainLatency(),
            exceptionOut = lduCfg.exceptionOut ++ staCfg.exceptionOut)                  ///mou执行单元也无生成函数

  val mouDataCfg = FuConfig("mou", mouDataGen, (uop: MicroOp) => FuType.storeCanAccept(uop.ctrl.fuType),
            FuType.mou, 1, 0, writeIntRf = false, writeFpRf = false, latency = UncertainLatency())
  …
}  ///end package object xiangshan
```

这里 FuConfig 对象的创建都不使用 new 关键字，因为 FuConfig 是 case class。FuConfig 序列 fuConfigs 是 ExuConfig 内部的一个结构成分，以前述的 AluExeUnitCfg 为例：

```
val AluExeUnitCfg = ExuConfig("AluExeUnit", "Int", Seq(aluCfg), 0, Int.MaxValue)
```

显然，ExuConfig 对象 AluExeUnitCfg 内部的 fuConfigs 只含一个 FuConfig，那就是 aluCfg。有些 ExuConfig 对象可能含有多个 FuConfig 对象，例如 JumpExeUnitCfg：

```
val JumpExeUnitCfg = ExuConfig("JmpExeUnit", "Int", Seq(jmpCfg, i2fCfg), 2, Int.MaxValue)
```

那么，以 AluExeUnit 即 alu 为例，其生成函数 aluGen()究竟是什么样的呢？package object xiangshan 中也给出了这个函数的定义：

```
def aluGen(p: Parameters) = new Alu()(p)
```

那就是创建 Alu 对象，这就是整数指令执行单元，我们常称为算术逻辑单元。

回到前面抽象类 Exu 中那个 val functionUnits 的初始化，其 val mod 的定义是“Module(cfg.fuGen(p))”，现在我们知道了 alu 的生成函数 aluGen()是“new Alu()(p)”，就知道 val functionUnits 定义中的那个语句一定是“val mod = Module(new Alu()(p))”。这就是作为执行单元 alu 的 Alu 对象的创建。

由于前面在抽象类 Exu 中调用了其 fuConfigs 中所有各个 FuConfig 的 fuGen()函数，所以具体 FUBlock 所含的所有执行单元均已在对 val functionUnits 的初始化中被创建出来。如前所述，电路模块一经创建、一经构造出来，以后就是信号驱动了。电路模块的描述不同于软件模块，它的函数相当于一块电路，调用一次就好像在电路图中盖上了一个图章，在电路板上构建了一个电路，以后信号就在这电路中流通，而不会随着信号的流通再去反复调用这个函数。

第 24 章

指令执行单元

如上一章所述，抽象类 Exu 中调用其 ExuConfig 对象中所含的所有 FuConfig 对象的 fuGen()函数，从而创建了所有相应的 FunctionUnit 对象，包括整数执行单元 Alu。前面也讲过，整个 CPU 中有两个 ExuBlock 对象，一个针对整数指令的执行，另一个针对浮点指令的执行。创建 ExuBlock 对象时的参数 configs 是个执行模块配置参数的序列，序列中的主体就是一个具体的 ExuConfig 对象，所以并非所有的执行单元都创建在同一个 ExuBlock 中，更不是都创建在同一个 FUBlock 中，但是 class Exu 和 class ExeUnit 的代码却要顾及各种执行单元的创建，所以在这两个 class 的代码中有不少 if 语句和 map 语句，针对不同 ExuConfig 一次次执行这些 if 语句和 map 语句，就根据不同的配置生成出不同的执行单元即 FunctionUnit 对象，有的在这个 ExuBlock 中，有的在那个 ExuBlock 中。

从总体上说，香山的代码中提供了 14 个不同的 fuGen()函数，可以生成 14 种不同的执行单元，有的是我们耳熟能详的，有的也许很少听到。另外还有 ldu（即 class LoadUnit）、sta（即 class StoreUnit）、mou 三种执行单元是没有 fuGen()函数的。这 14 个 fuGen()函数都定义在 package object xiangshan 中：

```
package object xiangshan {
  …
  def dividerGen(p: Parameters) = new DividerWrapper(p(XLen))(p)
  def multiplierGen(p: Parameters) = new ArrayMultiplier(p(XLen) + 1)(p)
  def aluGen(p: Parameters) = new Alu()(p)
  def bkuGen(p: Parameters) = new Bku()(p)
  def jmpGen(p: Parameters) = new Jump()(p)
  def fenceGen(p: Parameters) = new Fence()(p)
  def csrGen(p: Parameters) = new CSR()(p)
  def i2fGen(p: Parameters) = new IntToFP()(p)
  def fmacGen(p: Parameters) = new FMA()(p)
  def f2iGen(p: Parameters) = new FPToInt()(p)
  def f2fGen(p: Parameters) = new FPToFP()(p)
  def fdivSqrtGen(p: Parameters) = new FDivSqrt()(p)
  def stdGen(p: Parameters) = new Std()(p)
  def mouDataGen(p: Parameters) = new Std()(p)
  …
}  ///end package object xiangshan
```

下面，我们就要对这 14 个 fuGen()函数所创建的执行单元进行一番考察，尽管不是完全的考察，但对其中相对重要的执行单元都将有所涉及。

所有这些执行单元的实现，都是对抽象类 FUWithRedirect 或 FunctionUnit 的扩充，而前者又是对后者的扩充：

```
abstract class FUWithRedirect(len: Int = 64)(implicit p: Parameters) extends FunctionUnit(len: Int) with HasRedirectOut

abstract class FunctionUnit(len: Int = 64)(implicit p: Parameters) extends XSModule {
  val io = IO(new FunctionUnitIO(len))
  …  ///性能统计，略。
}
```

可见抽象类 FunctionUnit 只是为各种不同执行单元的实现提供了一个共同的外部接口 FunctionUnitIO：

```
class FunctionUnitIO(val len: Int)(implicit p: Parameters) extends XSBundle {
  val in = Flipped(DecoupledIO(new FunctionUnitInput(len)))
  val out = DecoupledIO(new FuOutput(len))
  val redirectIn = Flipped(ValidIO(new Redirect))
}
```

这个接口上的 in 和 out 分别是 FunctionUnitInput 和 FuOutput：

```
class FunctionUnitInput(val len: Int)(implicit p: Parameters) extends XSBundle {
  val src = Vec(3, UInt(len.W))          ///至多3个源操作数
  val uop = new MicroOp
}

class FuOutput(val len: Int)(implicit p: Parameters) extends XSBundle {
  val data = UInt(len.W)                 ///运算结果，有待写入目标寄存器。
  val uop = new MicroOp
}
```

与 ExuInput 相比，FunctionUnitInput 中表面上似乎多了 MicroOp，但 ExuInput 是对 XSBundleWithMicroOp 的扩充，那里面当然有 MicroOp，所以 FunctionUnitInput 显然来自 ExuInput。FuOutput 则也是比 ExuOutput 多了 MicroOp 但少了 Redirect，但 ExuOutput 也是对 XSBundleWithMicroOp 的扩充。

但是注意，FUWithRedirect 一方面是对是对 FunctionUnit 的扩充，一方面又 with HasRedirectOut，而 trait HasRedirectOut 的代码则是这样：

```
trait HasRedirectOut { this: XSModule =>
  val redirectOutValid = IO(Output(Bool()))     ///表示redirectOut有效
  val redirectOut = IO(Output(new Redirect))    ///注意redirectOut本身是不带valid位的，要将Redirect说明成ValidIO才带上valid。
}
```

所以，FUWithRedirect 类对象除其 io 之外还有个 redirectOut 以及为其配套的 redirectOutValid 位，这当然也会为其子类如 Alu、Jump 等执行单元所继承。

24.1　算术逻辑单元 Alu

首先是算术逻辑单元 Alu，在传统的（古典的）计算机组成中，算术逻辑单元与 CPU 几乎就是同义词，除浮点指令是在协处理器中执行外，所有的指令都在 ALU 中执行。但是人们慢慢意识到，融各种不同指令

的执行于一体实际上是使执行单元的设计复杂化了，因为得要顾及所有不同指令的执行，还不如把它分开成几个不同的“专业”执行单元更好。尤其是宽度大于 1 的超标量流水线出现以后，这一点就变得格外明显了，因为在超标量流水线中指令是批量投入执行的，同一批次中有的可能是整数运算指令，有的可能是转移指令，有的可能是访存指令，有的可能是浮点运算指令，完全没有必要让每个执行单元都是“文武全才”，而且那样反而带来种种困难和不便，也推高了成本。所以，在现代的 CPU 中，ALU 已经不像当初那么复杂了，许多功能转移到了别的执行单元中。当然，RISC 指令集的采用也是使 ALU 得以简化的一个重要原因，如果不是更重要原因的话。不过，在 RISC-V 的设计中，条件转移指令是放在算术逻辑单元中执行的，尽管无条件转移指令另有一个 Jump 执行单元。因为在 RISC-V 的设计中把条件转移指令的条件计算部分和转移部分放在同一条指令中，而不像传统的指令系统那样先作计算，把计算结果的属性保存在控制状态寄存器 CSR 中，然后下一条指令再根据 CSR 中相应的状态位确定是否要转移。所以，RISC-V 的 ALU 实际执行的操作是算数运算+逻辑运算+移位+条件转移。

在香山的代码中，实现 ALU 执行单元的是 class Alu，这是对上述抽象类 FUWithRedirec 的扩充：

```
[ExuBlock > ExuBlockImp > FUBlock > Exu > cfg.fuGen() > aluGen() > Alu]
class Alu(implicit p: Parameters) extends FUWithRedirect {
  val uop = io.in.bits.uop
  val isBranch = ALUOpType.isBranch(io.in.bits.uop.ctrl.fuOpType)
  val dataModule = Module(new AluDataModule)                    ///这是Alu的核心，指令实际得到执行的地方。

  dataModule.io.src := io.in.bits.src.take(2)                   ///因为整数单元只有两个源操作数
  dataModule.io.func := io.in.bits.uop.ctrl.fuOpType            ///指令根据fuType进入具体功能模块，再根据fuOpType被执行。
  dataModule.io.pred_taken := uop.cf.pred_taken                 ///当初对条件转移的预测是转还是不转
  dataModule.io.isBranch := isBranch                            ///对条件转移指令有特殊的处理
    /// redirectOut和redirectOutValid是从FUWithRedirect继承的：
  redirectOutValid := io.out.valid && isBranch                  ///只要是条件转移指令就发送Redirect，与是否taken无关：
  redirectOut := DontCare
  redirectOut.level := RedirectLevel.flushAfter                 ///默认为转向后冲刷
  redirectOut.robIdx := uop.robIdx                              ///指令在Rob中的位置（指令在派发的时候就已进入Rob）
  redirectOut.ftqIdx := uop.cf.ftqPtr                           ///指令在哪一个指令块中，在前端ftq队列中的位置。
  redirectOut.ftqOffset := uop.cf.ftqOffset                     ///指令在指令块中的位置
  redirectOut.cfiUpdate.isMisPred := dataModule.io.mispredict   ///当初对条件转移的预测是否与执行结果相符（见后）
  redirectOut.cfiUpdate.taken := dataModule.io.taken            ///条件转移指令执行后究竟是转还是不转
  redirectOut.cfiUpdate.predTaken := uop.cf.pred_taken          ///当初对条件转移的预测是转还是不转

  io.in.ready := io.out.ready                                   ///可以输出才可以输入
  io.out.valid := io.in.valid                                   ///输入有效时输出即有效，指令的执行是由组合电路完成。
  io.out.bits.uop <> io.in.bits.uop                             ///MicroOp在Alu中不受改变
  io.out.bits.data := dataModule.io.result                      ///执行结果即为输出数据
}  ///end class Alu
```

实际上 Alu 只是一层壳，真正的核是 dataModule，即 AluDataModule 对象。所以这里只是把 Alu 的外部接口与 AluDataModule 的输入输出连接好，但是舍弃外部接口上的第三个源操作数，因为整数指令只有两个源操作数。这就行了。至于 MicroOp，那是原进原出，但是需要将其关键信号引入 AluDataModule，其中也包括 pred_taken，这是因为：对于条件转移指令，执行单元需要根据实际结果比对这个预测是否正确，并将结果写入转向指示 Redirect，关于预测是否正确的信息一方面是用来帮助前端的转移预测单元 BPU 改进预测准确率；另一方面更重要的是使前方可以在发现结果与预测不同时就及时冲刷，因为执行结果与预测不同就说明前面取入的指令都错了。为此就又引出对 robIdx、ftqPtr、ftqOffset 这三个信息的需要，因为在转向指示中须说明引起转向的指令在 Rob 和 Ftq 队列中的位置。但是注意，并非所有执行单元都会这样对 MicroOp 不作任何改动就直接输出，MicroOp 的 CtrlFlow 中有个位图 exceptionVec，表示要发起何种异常，只是 Alu 中不会有需要发起异常的情况而已。但是在别的执行单元中可能就不一样了，例如除法运算单元中就可能会有除数为 0 的情况，而 Load 和 Store 单元中则可能会有目标地址不与边界对齐或越界的情况，那都需要发起异常，因而需要对 exceptionVec 进行设置。当然，对绝大多数指令而言，这个 exceptionVec 从始至终一直都是空白。我们往下看 AluDataModule 的代码：

```
[Alu > AluDataModule]
class AluDataModule(implicit p: Parameters) extends XSModule {
  val io = IO(new Bundle() {
    val src = Vec(2, Input(UInt(XLEN.W)))                ///两个源操作数
    val func = Input(FuOpType())                         ///译码所得的功能代码FuOpType
    val pred_taken, isBranch = Input(Bool())             /// isBranch在预译码的时候就知道了，pred_taken来自前端的转移预测。
    val result = Output(UInt(XLEN.W))                    ///执行结果，有待写入目标寄存器。
    val taken, mispredict = Output(Bool())               ///条件转移之究竟是否taken，以及预测之是否正确，要到执行了才知道。
  })  ///end val io

  val (src1, src2, func) = (io.src(0), io.src(1), io.func)   ///io.func来自MicroOp中的fuOpType，注意两个源操作数称src1和src2了。
  val shamt = src2(5, 0)                                ///移位的跨度，shift amount，在移位指令第二个源操作数的bit(5, 0)。
  val revShamt = ~src2(5,0) + 1.U                       ///移位跨度取反加1，那就是取其负值。

  // slliuw, sll             /// AluDataModule内部又有LeftShiftModule：
  val leftShiftModule = Module(new LeftShiftModule)                        ///实现操作数左移的电路模块
  val sll = leftShiftModule.io.sll                                         ///逻辑左移sll来自左移电路的sll输出
  val revSll = leftShiftModule.io.revSll                                   ///反相逻辑左移revSll来自左移电路的revSll输出
  leftShiftModule.io.sllSrc := Cat(Fill(32, func(0)), Fill(32, 1.U)) & src1   ///左移只对操作数src1的低32位有效
  leftShiftModule.io.shamt := shamt                                        ///左移的跨度
  leftShiftModule.io.revShamt := revShamt                                  ///反相左移的跨度

  // bclr, bset, binv
  val bitShift = 1.U << src2(5, 0)                      ///将1左移0至31位
  val bclr = src1 & ~bitShift                           ///bclr意为“bit clear”，将操作数src1中的某一位清0。
  val bset = src1 | bitShift                            ///bset意为“bit set”，将操作数src1中的某一位设成1。
  val binv = src1 ^ bitShift                            ///binv意为“bit invert”，将操作数src1中的某一位反相。

  // srl, sra, bext          /// AluDataModule内部又有RightShiftModule：
  val rightShiftModule = Module(new RightShiftModule)                      ///实现操作数右移的电路模块
  val srl = rightShiftModule.io.srl                                        ///逻辑右移sll来自右移电路的sll输出
  val revSrl = rightShiftModule.io.revSrl                                  ///反相逻辑右移revSrl来自右移电路的revSrl输出
  val sra = rightShiftModule.io.sra                                        ///算术右移sra来自右移电路的sra输出
  rightShiftModule.io.shamt := shamt                                       ///右移的跨度
  rightShiftModule.io.revShamt := revShamt                                 ///反相右移的跨度
  rightShiftModule.io.srlSrc := src1                                       ///逻辑右移操作数的来源是src1
  rightShiftModule.io.sraSrc := src1                                       ///算术右移操作数的来源也是src1
  val bext = srl(0)                                                        ///bext即“bit extending”，右移时左边的0位填入。
```

```
val rol = revSrl | sll                                      ///循环左移的实现，revSrl是用来实现循环移位的。
val ror = srl | revSll                                      ///循环右移的实现，revSll也是用来实现循环移位的。

// addw   ///addw指令的实现（addw和subw指令仅对32位操作数），x[rd] = sext((x[rs1] + x[rs2])[31:0])：
val addModule = Module(new AddModule)            /// AluDataModule内部又有AddModule：
addModule.io.srcw := Mux(!func(2) && func(0), ZeroExt(src1(0), XLEN), src1(31, 0))
val addwResultAll = VecInit(Seq(
  ZeroExt(addModule.io.addw(0), XLEN),
  ZeroExt(addModule.io.addw(7, 0), XLEN),
  ZeroExt(addModule.io.addw(15, 0), XLEN),
  SignExt(addModule.io.addw(15, 0), XLEN)
))
val addw = Mux(func(2), addwResultAll (func(1, 0)), addModule.io.addw)   ///FuOpType中的bit2

// subw   ///subw指令的实现，x[rd] = sext((x[rs1] - x[rs2])[31:0])，sext意为符号扩充：
val subModule = Module(new SubModule)            /// AluDataModule内部也有SubModule：
val subw = subModule.io.sub

// sllw     ///sllw指令的实现，x[rd] = sext((x[rs1] << x[rs2][4:0])[31:0])：
val leftShiftWordModule = Module(new LeftShiftWordModule)          ///32位的LeftShiftModule
val sllw = leftShiftWordModule.io.sllw
val revSllw = leftShiftWordModule.io.revSllw
leftShiftWordModule.io.sllSrc := src1
leftShiftWordModule.io.shamt := shamt
leftShiftWordModule.io.revShamt := revShamt

val rightShiftWordModule = Module(new RightShiftWordModule)        ///32位的RightShiftModule
val srlw = rightShiftWordModule.io.srlw
val revSrlw = rightShiftWordModule.io.revSrlw
val sraw = rightShiftWordModule.io.sraw
rightShiftWordModule.io.shamt := shamt
rightShiftWordModule.io.revShamt := revShamt
rightShiftWordModule.io.srlSrc := src1
rightShiftWordModule.io.sraSrc := src1

val rolw = revSrlw | sllw
val rorw = srlw | revSllw

// add
val wordMaskAddSource = Cat(Fill(32, func(0)), Fill(32, 1.U)) & src1
val shaddSource = VecInit(Seq(
  Cat(wordMaskAddSource(62, 0), 0.U(1.W)),
  Cat(wordMaskAddSource(61, 0), 0.U(2.W)),
  Cat(wordMaskAddSource(60, 0), 0.U(3.W)),
  Cat(wordMaskAddSource(59, 0), 0.U(4.W))
```

```
))
val sraddSource = VecInit(Seq(
    ZeroExt(src1(63, 29), XLEN),
    ZeroExt(src1(63, 30), XLEN),
    ZeroExt(src1(63, 31), XLEN),
    ZeroExt(src1(63, 32), XLEN)
))
// TODO: use decoder or other libraries to optimize timing
// Now we assume shadd has the worst timing.
addModule.io.src(0) := Mux(func(3), shaddSource(func(2, 1)),
    Mux(func(2), sraddSource(func(1, 0)),
    Mux(func(1), ZeroExt(src1(0), XLEN), wordMaskAddSource))
)
addModule.io.src(1) := src2
val add = addModule.io.add

// sub
val sub   = subModule.io.sub            ///减法模块subModule的输出结果
subModule.io.src(0) := src1
subModule.io.src(1) := src2
val sltu      = !sub(XLEN)              ///"<"是要根据减法运算的结果决定的，sub的最高位sub(XLEN)为0表示有进位。
val slt       = src1(XLEN - 1) ^ src2(XLEN - 1) ^ sltu    ///slt表示"set if less than"，sltu表示"set if less than，unsigned"
val maxMin    = Mux(slt ^ func(0), src2, src1)           ///取两个带符号源操作数中的小者
val maxMinU = Mux(sltu ^ func(0), src2, src1)           ///取两个无符号源操作数中的小者
val compareRes = Mux(func(2), Mux(func(1), maxMin, maxMinU), Mux(func(1), slt, Mux(func(0), sltu, sub)))
        /// compareRes可以来自sub，也可以来自sltu或slt，还可以来自maxMin或maxMinU，取决于func。
/// class AluDataModule，待续
```

以上主要是 Alu 中（由 AluDataModule 实施）移位操作和加减操作的代码。执行单元的输入之一 MicroOp 是对 CfCtrl 的扩充，CfCtrl 中的 ctrl 即 CtrlSignals 是译码产生的信息，其中最关键的就是 fuType 和 fuOpType 两个字段，前者决定了这条指令该由什么执行单元执行，后者决定了须对这条指令的操作数执行的实际操作。现在，指令已经进入 Alu，fuType 字段的使命已经完成，下面就看 fuOpType 了，这就是 AluDataModule 中的 func。不过，AluDataModule 并非根据 func 才决定进行什么样的操作，而是所有可能的操作都同时进行，来自 MicroOp 的操作数被同时送进各个运算模块，然后根据 func 从中挑选所需的输出。当然，这里的前提是所有这些操作都可以通过组合电路实现。就移位而言，就有左移和右移，右移又分逻辑右移和算术右移（算术右移须扩展符号位），而操作数又分 32 位和 64 位，上面带后缀 w 的都是针对 32 位操作数的。至于加减操作，也有 32 位和 64 位操作数之分。

左移和右移，相对而言右移更复杂一点，因为右移既有逻辑右移又有算术右移，所以我们就看一下右移，这是由右移电路 RightShiftModule 实现的：

```
[Alu > AluDataModule > RightShiftModule]
class RightShiftModule(implicit p: Parameters) extends XSModule {
  val io = IO(new Bundle() {
    val shamt = Input(UInt(6.W))
    val revShamt = Input(UInt(6.W))
    val srlSrc, sraSrc = Input(UInt(XLEN.W))
```

```
    val srl, sra = Output(UInt(XLEN.W))
    val revSrl = Output(UInt(XLEN.W))
  })
  io.srl := io.srlSrc >> io.shamt                           ///逻辑右移
  io.sra := (io.sraSrc.asSInt() >> io.shamt).asUInt()       ///算术右移
  io.revSrl := io.srlSrc >> io.revShamt                     ///反相右移
}
```

代码的简单也许出乎读者意外。按理说要将一个操作数右移任意位应该是相当复杂的电路，怎么就这样简单？事实上，以“io.srl := io.srlSrc >> io.shamt”为例，Chisel 编译在解析这个语句时会将符号“>>”解释成一个函数名，即>>()，重温一下本书第一册中的内容可知这个函数实际上是 do_>>()，而后者的定义是：

```
  override def do_>> (that: UInt)(implicit sourceInfo: SourceInfo, compileOptions: CompileOptions): UInt =
    binop(sourceInfo, UInt(this.width), DynamicShiftRightOp, that)
```

至于 binop()则调用 pushOp(DefPrim(sourceInfo, dest, *op*, this.ref, ILit(other)))，将 op 即 DynamicShiftRightOp 推入当前的_commands 缓冲区。而 Firrtl 这一层上也不会将其展开成具体的移位电路，所以实际上最终的电路是由 EDA 软件在编译 Verilog 的过程中作为标准件生成的，所以我们看不到移位电路的具体实现。但是有一点是明确的，就是由 EDA 软件生成的移位电路是个组合电路。

整数加法运算则由 AddModule 模块实现：

```
class AddModule(implicit p: Parameters) extends XSModule {
  val io = IO(new Bundle() {
    val src = Vec(2, Input(UInt(XLEN.W)))          ///64位源操作数
    val srcw = Input(UInt((XLEN/2).W))             ///32位源操作数
    val add = Output(UInt(XLEN.W))                 ///64位结果
    val addw = Output(UInt((XLEN/2).W))            ///32位结果
  })
  io.add := io.src(0) + io.src(1)                  ///取计算结果的全部
  // TODO: why this extra adder?
  io.addw := io.srcw + io.src(1)(31,0)             ///取计算结果的低32位
}
```

AddModule 所提供的加法运算有两种，一种是 add，另一种是 addw。其中 add 指令既用于 32 位指令集也用于 64 位指令集，其操作数宽度为 XLEN，在 32 位芯片中定义为 32，在 64 位芯片中则定义为 64。而 addw，则是在 64 位指令集中专门用来实施 32 位运算的，所以其操作数的宽度为 XLEN/2。在 RISC-V 的指令手册中，addw 被列为 64 位指令集专用，后缀 w 表示 word，那就是 32 位的 word。所以，这里的 io.addw 输出就是对计算结果取其低 32 位。

同样，这里的算符+其实是函数名+()，经宏操作展开成 do_+()，那也只是调用 binop()向底层 push 一个 AddOp 而已，真正的加法器电路实际上是由 EDA 软件作为标准件生成的。

减法运算则由 SubModule 实现：

```
class SubModule(implicit p: Parameters) extends XSModule {
  val io = IO(new Bundle() {
    val src = Vec(2, Input(UInt(XLEN.W)))
    val sub = Output(UInt((XLEN+1).W))
```

```
  })
  io.sub := (io.src(0) +& (~io.src(1)).asUInt()) + 1.U         /// io.src(0)加io.src(1)的补码（取反加1），即io.src(0)减io.src(1)
}
```

这里的+&也是加法算符，也是函数+&()，经宏操作展开成 do_+&()。其实+()最后也转化成 do_+&()，而 do_+&()这个函数的定义是：

```
def do_+& (that: UInt)(implicit sourceInfo: SourceInfo, compileOptions: CompileOptions): UInt =
  binop(sourceInfo, UInt((this.width max that.width) + 1), AddOp, that)        ///计算结果的宽度增加了一位
```

最后也是由 EDA 软件生成出加法器电路，不同的只是减法运算要取源操作数对 2 的补码，即取反加 1。

另外，上面 AluDataModule 的代码中还用到了 ZeroExt 和 SignExt，前者是左边加 0 扩充，后者是左边的符号扩充。

我们继续往下看 AluDataModule 的代码：

```
[Alu > AluDataModule]　　续 1
  // logic
  val logicSrc2 = Mux(!func(5) && func(0), ~src2, src2)
  val and   = src1 & logicSrc2
  val or    = src1 | logicSrc2
  val xor   = src1 ^ logicSrc2

   ///下面这些中间结果，都是后面要用到的：
  val orcb      = Cat((0 until 8).map(i => Fill(8, src1(i * 8 + 7, i * 8).orR)).reverse)
  val orh48     = Cat(src1(63, 8), 0.U(8.W)) | src2          ///将64位源操作数src1的最低8位清0，然后与src2按位相或。
  val sextb     = SignExt(src1(7, 0), XLEN)                  ///对最低一个字节的带符号扩充
  val packh     = Cat(src2(7,0), src1(7,0))
  val sexth     = SignExt(src1(15, 0), XLEN)                 ///对最低16位“Half-Word”的带符号扩充
  val packw     = SignExt(Cat(src2(15, 0), src1(15, 0)), XLEN)

  val revb = Cat((0 until 8).map(i => Reverse(src1(8 * i + 7, 8 * i))).reverse)
  val pack = Cat(src2(31, 0), src1(31, 0))
  val rev8 = Cat((0 until 8).map(i => src1(8 * i + 7, 8 * i)))

  // branch        ///条件转移指令：
  val branchOpTable = List(            ///实际上相当于一个数组
    ALUOpType.getBranchType(ALUOpType.beq) -> !xor.orR,     ///判别两个操作数相等可以不用比较器而改用先按位异或，
                                                          ///然后再对结果进行Or-Reduce，只要有1位为1即为不等，
    ALUOpType.getBranchType(ALUOpType.blt)  -> slt,         ///slt见前，blt是“Branch if Less Than”。
    ALUOpType.getBranchType(ALUOpType.bltu) -> sltu         ///sltu见前，bltu是“Branch if Less Than, Unsigned”。
  )
  val taken = LookupTree(ALUOpType.getBranchType(func), branchOpTable) ^ ALUOpType.isBranchInvert(func)
/// class AluDataModule，续1，待续
```

这里所提供的是逻辑运算和条件转移。相比之下逻辑运算比较简单，对条件转移就得作些解释了。对于条件转移，关键就是要判定转移的条件是否满足，是 taken 还是 not taken。在 RISC-V 的指令系统中，条件转

移的所有条件都来自比较操作，就是大于、小于、等于，和大于等于、小于等于、不大于、不等于、不小于。究竟是什么条件当然取决于具体指令。经过译码之后，因为条件转移指令是要在 Alu 中执行的，所以其 fuType 就是 alu，而 fuOpenType 则是 ALUOpType，这里面包含着许多具体的操作类型，指令的 fuType 和 fuOpenType 就反映在其 CtrlSignals 中。我们回顾一下译码阶段的译码表中一个很小的片段：

```
JAL   -> List (SrcType.pc , SrcType.imm, SrcType.X, FuType.jmp, JumpOpType.jal,     Y, N, N, N, N, N, SelImm.IMM_UJ),
JALR -> List (SrcType.reg, SrcType.imm, SrcType.X, FuType.jmp, JumpOpType.jalr,   Y, N, N, N, N, N, SelImm.IMM_I),
BEQ   -> List (SrcType.reg, SrcType.reg, SrcType.X, FuType.alu, ALUOpType.beq,     N, N, N, N, N, N, SelImm.IMM_SB),
BNE   -> List (SrcType.reg, SrcType.reg, SrcType.X, FuType.alu, ALUOpType.bne,     N, N, N, N, N, N, SelImm.IMM_SB),
```

在这个片段中我们看到 JAL 和 JALR 指令，这二者的 fuType 都是 FuType.jmp，那是要在跳转单元 Jump 中执行的，所以其 fuOpType 就是 JumpOpType.jal 和 JumpOpType.jalr。而条件转移指令 BEQ 和 BNE 的 fuType 则是 FuType.alu，说明是要在 Alu 中执行的；所以它们的 fuOpType 就是 ALUOpType.beq 和 ALUOpType.bne。在 AluDataModule 中这就是 func。而转移条件之是否满足，即 val taken 的值是 true 还是 false，则依赖于 func 的值和前述几项计算的结果，包括 slt 和 sltu，也包括 xor.orR。既然 func 就是 ALUOpType，我们就要看一下 ALUOpType 这个 object，这也是定义在 package object xiangshan 中：

```
package object xiangshan {
  …
  object ALUOpType {
    // shift optype
    def slliuw        = "b000_0000".U        // slliuw:  ZEXT(src1[31:0]) << shamt
    def sll           = "b000_0001".U        // sll:     src1 << src2

    def bclr          = "b000_0010".U        // bclr:    src1 & ~(1 << src2[5:0])
    def bset          = "b000_0011".U        // bset:    src1 | (1 << src2[5:0])
    def binv          = "b000_0100".U        // binv:    src1 ^ ~(1 << src2[5:0])

    def srl           = "b000_0101".U        // srl:     src1 >> src2
    def bext          = "b000_0110".U        // bext:    (src1 >> src2)[0]
    def sra           = "b000_0111".U        // sra:     src1 >> src2 (arithmetic)

    def rol           = "b000_1001".U        // rol:     (src1 << src2) | (src1 >> (xlen - src2))
    def ror           = "b000_1011".U        // ror:     (src1 >> src2) | (src1 << (xlen - src2))

    // RV64 32bit optype
    def addw          = "b001_0000".U        // addw:       SEXT((src1 + src2)[31:0])
    def oddaddw       = "b001_0001".U        // oddaddw:    SEXT((src1[0] + src2)[31:0])
    def subw          = "b001_0010".U        // subw:       SEXT((src1 - src2)[31:0])

    def addwbit       = "b001_0100".U        // addwbit:    (src1 + src2)[0]
    def addwbyte      = "b001_0101".U        // addwbyte:   (src1 + src2)[7:0]
    def addwzexth     = "b001_0110".U        // addwzexth: ZEXT((src1   + src2)[15:0])
    def addwsexth     = "b001_0111".U        // addwsexth: SEXT((src1   + src2)[15:0])

    def sllw          = "b001_1000".U        // sllw:     SEXT((src1 << src2)[31:0])
```

```
def srlw        = "b001_1001".U         // srlw:     SEXT((src1[31:0] >> src2)[31:0])
def sraw        = "b001_1010".U         // sraw:     SEXT((src1[31:0] >> src2)[31:0])
def rolw        = "b001_1100".U
def rorw        = "b001_1101".U

// ADD-op
def adduw       = "b010_0000".U         // adduw:   src1[31:0]   + src2
def add         = "b010_0001".U         // add:     src1         + src2
def oddadd      = "b010_0010".U         // oddadd:  src1[0]      + src2

def sr29add     = "b010_0100".U         // sr29add: src1[63:29] + src2          ///融合指令，直到sh4add。
def sr30add     = "b010_0101".U         // sr30add: src1[63:30] + src2
def sr31add     = "b010_0110".U         // sr31add: src1[63:31] + src2
def sr32add     = "b010_0111".U         // sr32add: src1[63:32] + src2

def sh1adduw    = "b010_1000".U         // sh1adduw: {src1[31:0], 1'b0} + src2
def sh1add      = "b010_1001".U         // sh1add: {src1[62:0], 1'b0} + src2
def sh2adduw    = "b010_1010".U         // sh2add_uw: {src1[31:0], 2'b0} + src2
def sh2add      = "b010_1011".U         // sh2add: {src1[61:0], 2'b0} + src2
def sh3adduw    = "b010_1100".U         // sh3add_uw: {src1[31:0], 3'b0} + src2
def sh3add      = "b010_1101".U         // sh3add: {src1[60:0], 3'b0} + src2
def sh4add      = "b010_1111".U         // sh4add: {src1[59:0], 4'b0} + src2

// SUB-op: src1 - src2
def sub         = "b011_0000".U
def sltu        = "b011_0001".U   ///sltu是条指令，# x[rd] = x[rs1] <u x[rs2]， writes 1 to x[rd] if x[rs1] is smaller,or 0 if not.
def slt         = "b011_0010".U   ///slt也是条指令，# x[rd]= x[rs1] <s x[rs2]， writes 1 to x[rd] if x[rs1] is smaller,or 0 if not.
def maxu        = "b011_0100".U
def minu        = "b011_0101".U
def max         = "b011_0110".U
def min         = "b011_0111".U

// branch
def beq         = "b111_0000".U
def bne         = "b111_0010".U
def blt         = "b111_1000".U
def bge         = "b111_1010".U
def bltu        = "b111_1100".U
def bgeu        = "b111_1110".U

// misc optype
def and         = "b100_0000".U
def andn        = "b100_0001".U
def or          = "b100_0010".U
def orn         = "b100_0011".U
def xor         = "b100_0100".U
```

```
    def xnor          = "b100_0101".U
    def orcb          = "b100_0110".U

    def sextb         = "b100_1000".U
    def packh         = "b100_1001".U
    def sexth         = "b100_1010".U
    def packw         = "b100_1011".U

    def revb          = "b101_0000".U
    def rev8          = "b101_0001".U
    def pack          = "b101_0010".U
    def orh48         = "b101_0011".U

    def szewl1        = "b101_1000".U
    def szewl2        = "b101_1001".U
    def szewl3        = "b101_1010".U
    def byte2         = "b101_1011".U

    def andlsb        = "b110_0000".U
    def andzexth      = "b110_0001".U
    def orlsb         = "b110_0010".U
    def orzexth       = "b110_0011".U
    def xorlsb        = "b110_0100".U
    def xorzexth      = "b110_0101".U
    def orcblsb       = "b110_0110".U
    def orcbzexth     = "b110_0111".U

    def isAddw(func: UInt) = func(6, 4) === "b001".U && !func(3) && !func(1)
    def isSimpleLogic(func: UInt) = func(6, 4) === "b100".U && !func(0)
    def logicToLsb(func: UInt) = Cat("b110".U(3.W), func(3, 1), 0.U(1.W))
    def logicToZexth(func: UInt) = Cat("b110".U(3.W), func(3, 1), 1.U(1.W))
    def isBranch(func: UInt) = func(6, 4) === "b111".U
    def getBranchType(func: UInt) = func(3, 2)
    def isBranchInvert(func: UInt) = func(1)

    def apply() = UInt(7.W)
  }  ///end object ALUOpType
}
```

注意 ALUOpType 中所有这些函数返回值的编码与指令的操作码并无直接关系，而是对凡是需要在 Alu 中执行的指令重新编码。这是一种 7 位的编码，表示成例如 b110_0111 等。既然是重新编码，又不受任何限制，那就可以使编码显得有些规则了。例如从 b111_0000 到 b111_1110 都是条件转移指令，从 b100_0000 到 b100_0110 都是逻辑运算指令等。这里还包含着一些融合指令，例如从 b010_0000 到 b010_1111 就都是涉及移位的融合指令，从 b101_1000 到 b101_1011 也是融合指令，等等。

这样，以 beq（相等就转）的 b111_0000 和 bne（不等就转）的 b111_0010 为例，二者的区别就在 bit1；blt（小于就转）的 b111_1000 和 bge（大于等于就转）的 b111_1010 的差别也在 bit1。所以，ALUOpType 代

码中的 bit1 就表示“不”，表示反相。这就是为什么函数 isBranchInvert()定义为 finc(1)。而 isBranch()，则定义为“func(6, 4) === "b111".U”。更重要的是，getBranchType()定义为 func(3, 2)，因为 bit2 和 bit3 决定了转移的条件是建立在相等的关系上还是大于小于的关系上。明白了这些，再回过头去看对 val taken 的计算，就好理解了。

看完 AluDataModule 中所进行的各种计算，我们再看对计算结果的选择：

[Alu > AluDataModule]　　续 2

```
  // Result Select
  val shiftResSel = Module(new ShiftResultSelect)
  shiftResSel.io.func := func(3, 0)              ///根据指令ALUOpType代码的低4位，从下列计算结果中选取其一：
  shiftResSel.io.sll      := sll
  shiftResSel.io.srl      := srl
  shiftResSel.io.sra      := sra
  shiftResSel.io.rol      := rol
  shiftResSel.io.ror      := ror
  shiftResSel.io.bclr     := bclr
  shiftResSel.io.binv     := binv
  shiftResSel.io.bset     := bset
  shiftResSel.io.bext     := bext
  val shiftRes = shiftResSel.io.shiftRes         ///这是ShiftResultSelect电路的输出

  val miscResSel = Module(new MiscResultSelect)
  miscResSel.io.func := func(5, 0)               ///根据指令ALUOpType代码的低6位，从下列计算结果中选取其一：
  miscResSel.io.and       := and
  miscResSel.io.or        := or
  miscResSel.io.xor       := xor
  miscResSel.io.orcb      := orcb
  miscResSel.io.orh48     := orh48
  miscResSel.io.sextb     := sextb
  miscResSel.io.packh     := packh
  miscResSel.io.sexth     := sexth
  miscResSel.io.packw     := packw
  miscResSel.io.revb      := revb
  miscResSel.io.rev8      := rev8
  miscResSel.io.pack      := pack
  miscResSel.io.src       := src1
  val miscRes = miscResSel.io.miscRes            ///这是MiscResultSelect电路的输出

  val wordResSel = Module(new WordResultSelect)
  wordResSel.io.func := func                     ///根据指令的ALUOpType代码，从下列计算结果中选取其一：
  wordResSel.io.addw      := addw
  wordResSel.io.subw      := subw
  wordResSel.io.sllw      := sllw
  wordResSel.io.srlw      := srlw
  wordResSel.io.sraw      := sraw
```

```
  wordResSel.io.rolw          := rolw
  wordResSel.io.rorw          := rorw
  val wordRes = wordResSel.io.wordRes             ///这是WordResultSelect电路的输出

  val aluResSel = Module(new AluResSel)
  aluResSel.io.func := func(6, 4)                 ///根据ALUOpType代码中的最高三位，从下列输入中选取其一：
  aluResSel.io.addRes         := add
  aluResSel.io.compareRes     := compareRes
  aluResSel.io.shiftRes       := shiftRes
  aluResSel.io.miscRes        := miscRes
  aluResSel.io.wordRes        := wordRes
  val aluRes = aluResSel.io.aluRes                ///这是AluResSel电路的输出

  io.result := aluRes
  io.taken := taken
  io.mispredict := (io.pred_taken ^ taken) && io.isBranch     /// pred_taken与taken不符，就是mispredict。
}  ///end class AluDataModule
```

如前所述，AluDataModule 中所有的电路都是组合电路，并且都同时在进行逻辑运算，关键是要根据具体指令的功能码 func，即其 ALUOpType 从这些电路的运算结果中选取其一作为执行单元的输出。AluDataModule 中的这些结果，被分成 5 个子集，第一个子集只是加法器输出 add 一项，第二个子集也只有减法电路的输出 compareRes，其实 compareRes 已经在前面经过了依次选择，它的值可以来自 sub，也可以来自 sltu 或 slt，还可以来自 maxMin 或 maxMinU，取决于 func。其余所有的运算、操作结果被归入移位、（64 位 CPU 中的）32 位运算、“其它”三个集合，即 ShiftResult、WordResult、MiscResult。

Alu 的结果选择机制是分两层实现的。第一层是先让 ShiftResultSelect、MiscResultSelect、WordResultSelect 三个电路先从三个集合中各选取一个结果，和 add 与 compareRes 加在一起是 5 个候选输出。然后是第二层由 AluResSel 从这 5 个候选输出中选择其一。当然，也是根据指令的 ALUOpType，即 func 的代码进行选择。

下面是移位操作输出的选择，ShiftResultSelect：

```
class ShiftResultSelect(implicit p: Parameters) extends XSModule {
  val io = IO(new Bundle() {
    val func = Input(UInt(4.W))
    val sll, srl, sra, rol, ror, bclr, bset, binv, bext = Input(UInt(XLEN.W))
    val shiftRes = Output(UInt(XLEN.W))
  })

  val resultSource = VecInit(Seq(io.sll, io.sll, io.bclr, io.bset, io.binv, io.srl, io.bext, io.sra))  ///这8种都属于简单移位或者位操作
  val simple = resultSource(io.func(2, 0))                        ///根据func的最低3位在resultSource中选取
  io.shiftRes := Mux(io.func(3), Mux(io.func(1), io.ror, io.rol), simple)     ///再根据func的bit3和bit1作出选择
}
```

可见，对 ALUOpType 编码的设计是很具深意、经过精心设计的，读者不妨结合前述各种指令的功能编码细抠一下这具体是怎么选择的。以这里最后那个语句中的 Mux(io.func(1), io.ror, io.rol)为例，功能编码中的 bit1 表示反相，而 ror 和 rol 就是方向相反的循环移位。而 bit3，对于移位指令而言就表示是循环移位还是简单移位。

再看对于（64 位 CPU 中）32 位指令的选择，即以表示 32 位 word 的 w 为后缀的指令：

```
class WordResultSelect(implicit p: Parameters) extends XSModule {
  val io = IO(new Bundle() {
    val func = Input(UInt())
    val sllw, srlw, sraw, rolw, rorw, addw, subw = Input(UInt((XLEN/2).W))
    val wordRes = Output(UInt(XLEN.W))
  })

  val addsubRes = Mux(!io.func(2) && io.func(1), io.subw, io.addw)
  val shiftRes = Mux(io.func(2), Mux(io.func(0), io.rorw, io.rolw), Mux(io.func(1), io.sraw, Mux(io.func(0), io.srlw, io.sllw)))
  val wordRes = Mux(io.func(3), shiftRes, addsubRes)
  io.wordRes := SignExt(wordRes, XLEN)
}
```

这就留给读者了。

最后是归入“其它（Miscellaneous）”这个集合的指令，由 MiscResultSelect 电路加以选择：

```
class MiscResultSelect(implicit p: Parameters) extends XSModule {
  val io = IO(new Bundle() {
    val func = Input(UInt(6.W))
    val and, or, xor, orcb, orh48, sextb, packh, sexth, packw, revb, rev8, pack = Input(UInt(XLEN.W))
    val src = Input(UInt(XLEN.W))
    val miscRes = Output(UInt(XLEN.W))
  })

  val logicRes = VecInit(Seq(io.and, io.or, io.xor, io.orcb))(io.func(2, 1))          ///两位，4中选1。
  val miscRes = VecInit(Seq(io.sextb, io.packh, io.sexth, io.packw))(io.func(1, 0))    ///也是两位，4中选1。
  val logicBase = Mux(io.func(3), miscRes, logicRes)                                 ///根据func的bit3，再2中选1。

  val revRes = VecInit(Seq(io.revb, io.rev8, io.pack, io.orh48))(io.func(1, 0))        ///根据func的最低两位，4中选1。
  val customRes = VecInit(Seq(
    Cat(0.U(31.W), io.src(31, 0), 0.U(1.W)),            ///合在一起是64位
    Cat(0.U(30.W), io.src(31, 0), 0.U(2.W)),            ///合在一起也是64位
    Cat(0.U(29.W), io.src(31, 0), 0.U(3.W)),            ///合在一起也是64位
    Cat(0.U(56.W), io.src(15, 8))))(io.func(1, 0))      ///56+8=64位。根据func的最低两位4中选1
  val logicAdv = Mux(io.func(3), customRes, revRes)     ///根据func的bit3，再2中选1。

  val mask = Cat(Fill(15, io.func(0)), 1.U(1.W))        ///16位的mask，最低位为1，前面15位取决于io.func(0)。
  val maskedLogicRes = mask & logicRes
  io.miscRes := Mux(io.func(5), maskedLogicRes, Mux(io.func(4), logicAdv, logicBase))
}
```

有了来自这 5 个集合的输出，再由 AluResSel 根据 func 即 ALUOpType 编码从中 5 选 1：

```
class AluResSel(implicit p: Parameters) extends XSModule {
```

```
  val io = IO(new Bundle() {
    val func = Input(UInt(3.W))
    val addRes, shiftRes, miscRes, compareRes, wordRes = Input(UInt(XLEN.W))
    val aluRes = Output(UInt(XLEN.W))
  })

  val res = Mux(io.func(2, 1) === 0.U, Mux(io.func(0), io.wordRes, io.shiftRes),
                                     Mux(!io.func(2), Mux(io.func(0), io.compareRes, io.addRes), io.miscRes))
  io.aluRes := res
}  ///end class AluResSel
```

这样，经过两个层次的选择，就根据指令的功能码即 ALUOpType 从众多的运算结果中选出了最终的结果。如前所述，ALUOpType 的编码是经过精心设计的。

由 AluResSel 返回的执行结果，在 AluDataModule 中被写入其输出 io.result，而 taken 也被写入其输出 io.taken，还将 taken 的值与输入的 pred_taken 相比较，将比较的结果写入 io.mispredic。所以，条件转移指令的执行结果之是否 taken，即是否真的转移，只要与前端的转移预测不符，那么 io.mispredic 就是 true:

```
class AluDataModule(implicit p: Parameters) extends XSModule {
  …
  io.result := aluRes
  io.taken := taken
  io.mispredict := (io.pred_taken ^ taken) && io.isBranch        ///是条件转移指令，而pred_taken与taken不符，就是mispredict。
}
```

往上回到 Alu 这一层，还有两个重要的事实需要指出：

```
class Alu(implicit p: Parameters) extends FUWithRedirect {
  …

  redirectOutValid := io.out.valid && isBranch                            ///仅对条件转移指令有效，但与是否taken无关。
  …
  redirectOut.cfiUpdate.isMisPred := dataModule.io.mispredict             ///当初对条件转移的预测是否与执行结果相符
  redirectOut.cfiUpdate.taken := dataModule.io.taken                      ///条件转移指令执行后究竟是转还是不转
  redirectOut.cfiUpdate.predTaken := uop.cf.pred_taken                    ///当初对条件转移的预测是转还是不转

  io.in.ready := io.out.ready                                             ///可以输出才可以输入
  io.out.valid := io.in.valid                                             ///输入有效时输出即有效，指令的执行是由组合电路完成。
  io.out.bits.uop <> io.in.bits.uop                                       ///MicroOp本身不受改变
  io.out.bits.data := dataModule.io.result                                ///执行结果就是输出数据，写入FuOutput。
}
```

首先，dataModule 即 AluDataModule 返回的结果 result 被连接到整个 Alu 外部接口上的 data，即 FuOutput 中的 data 字段，但是并没有被写入物理寄存器组，即使是逻辑寄存器号所映射的物理寄存器也并未被写入。对物理寄存器组的写入还在后面。

其次，Alu 除从 FUWithRedirect 继承其 io 之外，也继承了它的 redirectOut 和 redirectOutValid。然而使 redirectOutValid 变成 true 的条件只是 io.out.valid && isBranch，而与 isMisPred 无关。这意味着，只要执行了一

个条件转移指令，Alu 就会发出一个 Redirect 指示，而不管这条件转移指令究竟转了没有。这也意味着，并非所有的转向指示 Redirect 都意味着真的要转向，实际上只是报告一下 Alu 执行条件转移指令的结果，其内部 cfiUpdate 中的 taken 字段才说明究竟转了没有，而 predTaken 字段则说明原先的预测是什么样，isMisPred 字段又进一步说明预测错了没有，预测错了才需要有（后端要求的）转向加以纠正。我们在前面看到，在 CtrlBlock 的 RedirectGenerator 里面会调用一个函数 getRedirect()，只有 exuOut.bits.redirect.cfiUpdate.isMisPred 为 true 的 Redirect 才会 valid，所以预测没有错、并非 isMisPred 的转向指示就被过滤掉了。

24.2　跳转单元 Jump

看完了算术逻辑单元 Alu，我们再看跳转单元 Jump。Jump 执行的是无条件转移指令（条件转移指令由 Alu 执行）。

我们在前面对jmpCfg的定义中看到，Jump执行单元被选取的条件fuSel是uop.ctrl.fuType为FuType.jmp。而跳转指令的 FuOpType 则是 JumpOpType：

```
object JumpOpType {
  def jal      = "b00".U      ///汇编指令格式：jal rd, offset;          实际操作：x[rd] = pc+4; pc += sext(offset)
  def jalr     = "b01".U      ///汇编指令格式：jalr rd, offset(rs1);    实际操作：t =pc+4; pc=(x[rs1]+sext(offset))&~1; x[rd]=t
  def auipc    = "b10".U      ///汇编指令格式：auipc rd, immediate；实际操作：x[rd] = pc + sext(immediate[31:12] << 12)
  def jumpOpisJalr(op: UInt) = op(0)
  def jumpOpisAuipc(op: UInt) = op(1)
}
```

可见，由 Jump 单元执行的指令一共才 3 条，其中 auipc 指令本身并不造成转移，但是这条指令常与 jalr 连用，伪指令 call 经汇编后就转化成“auipc rd, offsetHi”和“jalr rd, offsetLo(rd)”两条指令，这里 offsetHi 是跳转目标相对于当前 pc 的偏移量的高 20 位（注意 pc 的值是虚存地址，并不限于 32 位），offsetLo 是跳转目标的低 12 位。另外，虽然都叫 offset，但 jal 指令的 offset 是 20 位，而 jalr 指令的 offset 只有 12 位。

当然，与 Alu 相比，Jump 就简单多了，class Jump 也是对抽象类 FUWithRedirect 的扩充，所以 Jump 的 io，还有 redirectOut 和 redirectOutValid，也是从 FUWithRedirect 继承下来的：

```
[XSCore > XSCoreBase > ExuBlock > ExuBlockImp > FUBlock > ExeUnitDef > JumpExeUnit]
class Jump(implicit p: Parameters) extends FUWithRedirect {
  val (src1, jalr_target, pc, immMin, func, uop) = (io.in.bits.src(0), io.in.bits.src(1)(VAddrBits - 1, 0),
                          SignExt(io.in.bits.uop.cf.pc, XLEN), io.in.bits.uop.ctrl.imm, io.in.bits.uop.ctrl.fuOpType, io.in.bits.uop)
    ///jal和jalr指令中的偏移量都是直接数imm，不在寄存器中；jalr只涉及1个寄存器，而jal并不涉及寄存器，但都涉及pc。

  val redirectHit = uop.robIdx.needFlush(io.redirectIn)          ///仅用于Debug
  val valid = io.in.valid
  val isRVC = uop.cf.pd.isRVC

  val jumpDataModule = Module(new JumpDataModule)          ///创建JumpDataModule模块
  jumpDataModule.io.src := src1
  jumpDataModule.io.pc := pc
  jumpDataModule.io.immMin := immMin
  jumpDataModule.io.func := func
  jumpDataModule.io.isRVC := isRVC
```

```
  redirectOutValid := valid && !jumpDataModule.io.isAuipc     ///auipc指令并不转移，所以并不发送Redirect。
  redirectOut := DontCare
  redirectOut.level := RedirectLevel.flushAfter
  redirectOut.robIdx := uop.robIdx
  redirectOut.ftqIdx := uop.cf.ftqPtr
  redirectOut.ftqOffset := uop.cf.ftqOffset
  redirectOut.cfiUpdate.predTaken := true.B
  redirectOut.cfiUpdate.taken := true.B                       ///既然是无条件转移，那就一定是taken。
  redirectOut.cfiUpdate.target := jumpDataModule.io.target    ///实际的转移目标
  redirectOut.cfiUpdate.isMisPred := jumpDataModule.io.target(VAddrBits - 1, 0) =/= jalr_target || !uop.cf.pred_taken
        ///虽然jalr指令的转移一定是taken，但对转移目标的预测有可能是错的。例如对子程序调用，预测就可能是错的。
        ///如果对无条件转移（无论是jalr还是jal）指令的预测是不转，那当然肯定是错的。
  redirectOut.debug_runahead_checkpoint_id := uop.debugInfo.runahead_checkpoint_id

  io.in.ready := io.out.ready
  io.out.valid := valid
  io.out.bits.uop <> io.in.bits.uop
  io.out.bits.data := jumpDataModule.io.result      ///输出结果只是写入FuOutput中的data字段，而不直接写入pc。

  ///Debug从略
}   ///end class Jump
```

与 Alu 相似，Jump 单元中也有个核心 JumpDataModule，实际的操作都是在那里面执行的：

```
[Jump > JumpDataModule]
class JumpDataModule(implicit p: Parameters) extends XSModule {
  val io = IO(new Bundle() {
    val src = Input(UInt(XLEN.W))
    val pc = Input(UInt(XLEN.W))         // sign-ext to XLEN   ///所谓带符号扩展到XLEN，是指64位。
    val immMin = Input(UInt(ImmUnion.maxLen.W))
    val func = Input(FuOpType())
    val isRVC = Input(Bool())
    val result, target = Output(UInt(XLEN.W))
    val isAuipc = Output(Bool())
  })
  val (src1, pc, immMin, func, isRVC) = (io.src, io.pc, io.immMin, io.func, io.isRVC)

  val isJalr = JumpOpType.jumpOpisJalr(func)
  val isAuipc = JumpOpType.jumpOpisAuipc(func)
  val offset = SignExt(ParallelMux(Seq(
    isJalr -> ImmUnion.I.toImm32(immMin),                  /// ImmUnion.I是12位
    isAuipc -> ImmUnion.U.toImm32(immMin),                 /// ImmUnion.U是20位
    !(isJalr || isAuipc) -> ImmUnion.J.toImm32(immMin)     /// ImmUnion.J是20位
  )), XLEN)
```

```
    val snpc = Mux(isRVC, pc + 2.U, pc + 4.U)        ///如果不转，下一条指令就在pc+2或pc+4处，取决于当前指令是否16位指令。
    val target = src1 + offset       // NOTE: src1 is (pc/rf(rs1)), src2 is (offset)     ///src1来自pc（Jal指令）或寄存器rs1（Jalr指令）。

    // RISC-V spec for JALR:
    // The target address is obtained by adding the sign-extended 12-bit I-immediate to the register rs1,
    // then setting the least-significant bit of the result to zero.
    io.target := Cat(target(XLEN - 1, 1), false.B)                          ///最低位一定是0
    io.result := Mux(JumpOpType.jumpOpisAuipc(func), target, snpc)          ///auipc指令并不转移
    io.isAuipc := isAuipc
}   ///end class JumpDataModule
```

可见，Jump 单元内主要就是 Mux 和加法器，这都是由 EDA 软件作为标准件提供的。

注意 Jump 单元的输出按理说是要写入程序计数器 PC 的，但是这里并没有写入 PC，而只是写入了 FuOutput 中的 data 字段，因为转移指令也得在 Rob 中重新排序，但是实际上那也不起作用，起作用的是向前端发送的 Redirect，是 Redirect 让 BPU 作出对下一步取指方向的预测，这才使 Ftq 发出转向的取指命令，对于已经取入的指令则要加以冲刷。

24.3　乘法单元和除法单元

下面再看一下乘除运算单元的构成。这里所谓的乘除运算同样也属于整数运算，但由于硬件实现的乘除运算单元结构上比 ALU 复杂许多，所以就单独加以实现。在 ALU 上其实也可以通过软件方法实现乘除运算，但效率太低了。乘除运算的硬件实现也可以结合在 ALU 里面，但是那样一来 ALU 的电路就复杂了，更重要的是那样一来 ALU 运算的步长就不定了，可是一般而言程序中绝大多数的指令都不是乘除指令，没有必要为顾及乘除运算而使 ALU 复杂化。香山 Core 的配置中 ALU 与乘除运算单元的比例是 5:2，应该是与实际的需求大致相符的。当然，如果所需的芯片是专门面向数值运算而有大量乘除计算，那也可以在 Config 文件中对这个比例作出调整（这也说明按“生成器”要求设计系统的优越性）。另外，硬件实现的浮点数乘除是在浮点运算单元中进行的，并不涉及整数乘除单元的使用。

我们在前面看到，对于乘法指令执行的配置 mulCfg 中给出的执行单元生成函数是 multiplierGen：

```
  val mulCfg = FuConfig(name = "mul", fuGen = multiplierGen, fuSel = (uop: MicroOp) => uop.ctrl.fuType === FuType.mul,
            FuType.mul, 2, 0, writeIntRf = true, writeFpRf = false, latency = CertainLatency(2),
            fastUopOut = true, fastImplemented = true)
```

这里先要说一下 mulCfg 的一个特殊性，那就是它的参数 fastUopOut 设置成 true。这与它的计算延迟 latency 是 CertainLatency(2)有关，因为运算有延迟，结果出来得晚，才有 fastUopOut 的问题。不过注意这只是 Uop 即 MicroOp 的输出，MicroOp 中是不包含运算结果的（运算结果在 ExuOutput 中）。除 mulcfg 之外，同样也有 fastUopOut = true 的还有 divCfg、bkuCfg；至于涉及浮点运算的执行单元就全都如此，有 fmacCfg、fdivSqrtCfg，和 i2fCfg、f2iCfg、f2fCfg。我们在前面看到，ReservationStationIO 中有个成分 fastUopsIn，那就是来自执行单元的 fastUopOut。与此相应，ExuBlockImp 当然会有个 fastUopOut，可是 ExuBlockImp 还有个 fastUopsIn。至于 SchedulerImp，那当然是既有 fastUopsIn 又有 fastUopOut。后面我们还要回到这个问题。

对 multiplierGen()的函数定义是：

```
  def multiplierGen(p: Parameters) = new ArrayMultiplier(p(XLen) + 1)(p)
```

所以乘除法指令的执行单元就是 ArrayMultiplier，这是对 AbstractMultiplier 的扩充，所以我们先看一下 AbstractMultiplier：

```
class AbstractMultiplier(len: Int)(implicit p: Parameters) extends FunctionUnit (len){
  val ctrl = IO(Input(new MulDivCtrl))
}
```

显然，所有乘法指令执行单元的共同之处就只是有个相同的输入接口 ctrl，其类型是 MulDivCtrl：

```
class MulDivCtrl extends Bundle{
  val sign = Bool()
  val isW = Bool()
  val isHi = Bool() // return hi bits of result ?
}
```

最简单的乘法指令执行单元是“朴素乘法器”NaiveMultiplier，这也是对 AbstractMultiplier 的扩充：

```
class NaiveMultiplier(len: Int, val latency: Int)(implicit p: Parameters) extends AbstractMultiplier(len) with HasPipelineReg {
  val (src1, src2) = (io.in.bits.src(0), io.in.bits.src(1))
  val mulRes = src1.asSInt() * src2.asSInt()                ///进行乘法计算
  var dataVec = Seq(mulRes.asUInt())
  var ctrlVec = Seq(ctrl)

  for(i <- 1 to latency){
    dataVec = dataVec :+ PipelineReg(i)(dataVec(i-1))
    ctrlVec = ctrlVec :+ PipelineReg(i)(ctrlVec(i-1))
  }
  val xlen = io.out.bits.data.getWidth
  val res = Mux(ctrlVec.last.isHi, dataVec.last(2*xlen-1, xlen), dataVec.last(xlen-1,0))
  io.out.bits.data := Mux(ctrlVec.last.isW, SignExt(res(31,0),xlen), res)
  XSDebug(p"validVec:${Binary(Cat(validVec))} flushVec:${Binary(Cat(flushVec))}\n")
}  ///end class NaiveMultiplier
```

这里的 PipelineReg 来自 trait HasPipelineReg，我们就不深入进去了。我们关注的是乘法运算的实现，就是这里 val mulRes 的定义，就是“src1.asSInt() * src2.asSInt()”。不用说，这里起作用的就是这个乘号“*”，其实这是个函数*()，经宏替换之后这就是 do_*()，而 do_*()的定义则是：

```
def do_* (that: UInt)(implicit sourceInfo: SourceInfo, compileOptions: CompileOptions): SInt = {
  val thatToSInt = that.zext()
  val result = binop(sourceInfo, SInt(this.width + thatToSInt.width), TimesOp, thatToSInt)
  result.tail(1).asSInt
}
```

显然，这又是把“朴素”乘法的实现推给了 EDA 软件，这里的 TimesOp 就是底层命令中的 PrimOp。

这个 NaiveMultiplier 确实也能进行乘法运算，但是效率比较低，那相当于早期计算机 CPU 中所采用的乘法电路，现在则有了更好的算法，所以香山实际采用的是基于矩阵运算的 ArrayMultiplier：

[XSCore > XSCoreBase > ExuBlock > ExuBlockImp > FUBlock > ExeUnitDef > ArrayMultiplier]

```
class ArrayMultiplier(len: Int)(implicit p: Parameters) extends AbstractMultiplier(len) with HasPipelineReg {
  override def latency = 2

  val mulDataModule = Module(new ArrayMulDataModule(len))     ///创建ArrayMulDataModule模块
  mulDataModule.io.a := io.in.bits.src(0)                     ///乘数1
  mulDataModule.io.b := io.in.bits.src(1)                     ///乘数2
  mulDataModule.io.regEnables := VecInit((1 to latency) map (i => regEnable(i)))
  val result = mulDataModule.io.result                        ///相乘后的结果

  var ctrlVec = Seq(ctrl)
  for(i <- 1 to latency){ ctrlVec = ctrlVec :+ PipelineReg(i)(ctrlVec(i-1)) }
  val xlen = len - 1
  val res = Mux(ctrlVec.last.isHi, result(2*xlen-1, xlen), result(xlen-1,0))

  io.out.bits.data := Mux(ctrlVec.last.isW, SignExt(res(31,0),xlen), res)
}  ///end class ArrayMultiplier
```

同样，具体的计算是在 ArrayMulDataModule 中，程序结构是一样的。但是用矩阵方法实现乘法运算涉及数值计算的算法，这超出了作者的知识范围，所以只是把代码列出在下面，作为资料供读者参考：

[ArrayMultiplier > ArrayMulDataModule]

```
class ArrayMulDataModule(len: Int) extends Module {
  val io = IO(new Bundle() {
    val a, b = Input(UInt(len.W))
    val regEnables = Input(Vec(2, Bool()))
    val result = Output(UInt((2 * len).W))
  })
  val (a, b) = (io.a, io.b)

  val b_sext, bx2, neg_b, neg_bx2 = Wire(UInt((len+1).W))
  b_sext := SignExt(b, len+1)
  bx2 := b_sext << 1
  neg_b := (~b_sext).asUInt()
  neg_bx2 := neg_b << 1

  val columns: Array[Seq[Bool]] = Array.fill(2*len)(Seq())

  var last_x = WireInit(0.U(3.W))
  for(i <- Range(0, len, 2)){
    val x = if(i==0) Cat(a(1,0), 0.U(1.W)) else if(i+1==len) SignExt(a(i, i-1), 3) else a(i+1, i-1)
    val pp_temp = MuxLookup(x, 0.U, Seq(
      1.U -> b_sext,
      2.U -> b_sext,
      3.U -> bx2,
```

```
        4.U -> neg_bx2,
        5.U -> neg_b,
        6.U -> neg_b
    ))
    val s = pp_temp(len)
    val t = MuxLookup(last_x, 0.U(2.W), Seq(
        4.U -> 2.U(2.W),
        5.U -> 1.U(2.W),
        6.U -> 1.U(2.W)
    ))
    last_x = x
    val (pp, weight) = i match {
        case 0 => (Cat(~s, s, s, pp_temp), 0)
        case n if (n==len-1) || (n==len-2) => (Cat(~s, pp_temp, t), i-2)
        case _ => (Cat(1.U(1.W), ~s, pp_temp, t), i-2)
    }
    for(j <- columns.indices){ if(j >= weight && j < (weight + pp.getWidth)){ columns(j) = columns(j) :+ pp(j-weight) } }
}

def addOneColumn(col: Seq[Bool], cin: Seq[Bool]): (Seq[Bool], Seq[Bool], Seq[Bool]) = {
    var sum = Seq[Bool]()
    var cout1 = Seq[Bool]()
    var cout2 = Seq[Bool]()
    col.size match {
        case 1 =>   // do nothing
            sum = col ++ cin
        case 2 =>
            val c22 = Module(new C22)
            c22.io.in := col
            sum = c22.io.out(0).asBool() +: cin
            cout2 = Seq(c22.io.out(1).asBool())
        case 3 =>
            val c32 = Module(new C32)
            c32.io.in := col
            sum = c32.io.out(0).asBool() +: cin
            cout2 = Seq(c32.io.out(1).asBool())
        case 4 =>
            val c53 = Module(new C53)
            for((x, y) <- c53.io.in.take(4) zip col){
                x := y
            }
            c53.io.in.last := (if(cin.nonEmpty) cin.head else 0.U)
            sum = Seq(c53.io.out(0).asBool()) ++ (if(cin.nonEmpty) cin.drop(1) else Nil)
            cout1 = Seq(c53.io.out(1).asBool())
            cout2 = Seq(c53.io.out(2).asBool())
        case n =>
```

```
            val cin_1 = if(cin.nonEmpty) Seq(cin.head) else Nil
            val cin_2 = if(cin.nonEmpty) cin.drop(1) else Nil
            val (s_1, c_1_1, c_1_2) = addOneColumn(col take 4, cin_1)
            val (s_2, c_2_1, c_2_2) = addOneColumn(col drop 4, cin_2)
            sum = s_1 ++ s_2
            cout1 = c_1_1 ++ c_2_1
            cout2 = c_1_2 ++ c_2_2
        }
        (sum, cout1, cout2)
    }

    def max(in: Iterable[Int]): Int = in.reduce((a, b) => if(a>b) a else b)
    def addAll(cols: Array[Seq[Bool]], depth: Int): (UInt, UInt) = {
        if(max(cols.map(_.size)) <= 2){
            val sum = Cat(cols.map(_(0)).reverse)
            var k = 0
            while(cols(k).size == 1) k = k+1
            val carry = Cat(cols.drop(k).map(_(1)).reverse)
            (sum, Cat(carry, 0.U(k.W)))
        } else {
            val columns_next = Array.fill(2*len)(Seq[Bool]())
            var cout1, cout2 = Seq[Bool]()
            for( i <- cols.indices){
                val (s, c1, c2) = addOneColumn(cols(i), cout1)
                columns_next(i) = s ++ cout2
                cout1 = c1
                cout2 = c2
            }

            val needReg = depth == 4
            val toNextLayer = if(needReg)
                columns_next.map(_.map(x => RegEnable(x, io.regEnables(1))))
            else
                columns_next

            addAll(toNextLayer, depth+1)
        }
    }

    val columns_reg = columns.map(col => col.map(b => RegEnable(b, io.regEnables(0))))
    val (sum, carry) = addAll(cols = columns_reg, depth = 0)

    io.result := sum + carry
}   ///end class ArrayMulDataModule
```

与乘法单元相对的是除法单元，这是用来执行除法扩充指令的。对于除法指令执行的配置 divCfg 中给出的执行单元生成函数是 dividerGen：

```
val divCfg = FuConfig(name = "div", fuGen = dividerGen, fuSel = (uop: MicroOp) => uop.ctrl.fuType === FuType.div,
             FuType.div, 2, 0, writeIntRf = true, writeFpRf = false, latency = UncertainLatency(),
             fastUopOut = true, fastImplemented = true, hasInputBuffer = (true, 4, true))
```

而对 dividerGen()的函数定义是：

```
def dividerGen(p: Parameters) = new DividerWrapper(p(XLen))(p)
```

所以乘除法指令的执行单元就是 DividerWrapper：

```
[XSCore > XSCoreBase > ExuBlock > ExuBlockImp > FUBlock > ExeUnitDef > DividerWrapper]
class DividerWrapper(len: Int)(implicit p: Parameters) extends FunctionUnit(len) {
  val div = Module(new SRT16Divider(len))          ///实际进行除法运算的是SRT16Divider
  div.io <> io
  val func = io.in.bits.uop.ctrl.fuOpType
  val (src1, src2) = (
    io.in.bits.src(0)(XLEN - 1, 0),
    io.in.bits.src(1)(XLEN - 1, 0)
  )

  val isW = MDUOpType.isW(func)
  val isH = MDUOpType.isH(func)
  val isDivSign = MDUOpType.isDivSign(func)
  val divInputFunc = (x: UInt) => Mux(isW, Mux(isDivSign, SignExt(x(31, 0), XLEN), ZeroExt(x(31, 0), XLEN)), x)
  div.io.in.bits.src(0) := divInputFunc(src1)
  div.io.in.bits.src(1) := divInputFunc(src2)
  div.ctrl.isHi := isH
  div.ctrl.isW := isW
  div.ctrl.sign := isDivSign
}
```

除法运算更涉及数值计算的算法，作者对此一无所知，这回连代码也不必列出了，有需要或有兴趣的读者可以自行参阅香山的源代码。

24.4　Fence 单元

在讲述存储一致性和协同性的时候我们提到过 fence 指令，这是一条特殊的指令，它并不处理什么数据，也不读写什么数据，而只是用来维护访问内存的秩序。由于访存操作的速度比较慢，与 CPU 的速度相差悬殊，所以就得在读写两个方向上都有缓冲队列。读出方向上的队列是加载（Load）队列，在队列里等待的都是读出请求，在写入方向上的队列则是存储（Store）队列，在队列中等待的都是存储请求，但是存储请求都是带着数据的，其中有些数据可能正是某个或某些读出请求正在等待的目标。时间一长，在某些条件下就会在队列中积累起许多请求，而出现“旧账未了，又添新账”的情况。所以，程序中有时候会有要求，把旧账先了一下，然后再继续往前走，这时候就会使用 fence 指令。

RISC-V 提供了三条与此有关的指令，即 fence、fence.i 和 sfence.vma。Atlas 这本书中对这三条指令的说明是：

```
fence pred, succ                                        #Fence(pred, succ)
fence: 0000 | pred（4 位） | succ（4 位） | 00000 | 000 | 00000 | 0001111
```

这是基本的 Fence 指令。指令的语义是先暂停一下，把 pred 位段所规定的操作都执行完以后再继续执行 succ 位段所规定的操作。位段 pred 和 succ 都是 4 位，从高到低分别表示 i | o | r | w，即外设的输入输出和内存的读写。例如“fence r, rw”，就是 pred 为 0010，succ 为 0011，表示要把此前的所有读内操作全都完成，然后才能继续读写内存。如果只说“fence”，那就表示 pred 和 succ 均为全 1。

这里所谓先“暂停”一下，是指暂停进入写内存的队列 Sbuffer，而并非暂停了电路上的活动。对内存的写入可能需要较长的时间，所以凡是写内存的指令 store 并非要让流水线停下来等待其完成才能执行下一条指令，而是只需把 store 指令挂入 Sbuffer 队列，将其委托给存储子系统就行。读内存的指令 load 也与此相似，也有个读内存队列。可是这两个队列都会满，满了就不能再接受新的指令挂入。而 fence 指令，则是在队列未满之前就主动先把队列清一下。

另一条指令 fence.i 只用于取指，先暂停一下，把已经取进来的指令都执行掉或者丢弃掉，再继续取指：

```
fence.i                                          #Fence(Store, Fetch)
fence.i: 000000000000 | 00000 | 001 | 00000 | 0001111
```

由于仅对取指，就不需要有 pred 和 succ 位段了。注意 fence 和 fence.i 这两条指令都没有使用寄存器，pred 和 succ 两个位段都直接编码在指令的二进制代码中。而第三条 Fence 指令 sfence.vma 就要用到寄存器了，这条指令是专门针对 VMA 即虚存管理的，更确切地说是针对虚存地址映射表 TLB：

```
sfence.vma rs1, rs2                              #Fence(Store, AddressTranslation)
sfence.vma: 0001001 | rs2 | rs1 | 000 | 00000 | 1110011
```

这条指令使 TLB 的地址变换操作暂停，让此前对 TLB 的写入得以完成，即完成此前对于具体页面映射的更新。如果 rs2=0，就是针对所有的地址空间，否则就是只针对 rs2 所指的那个地址空间。如果 rs1=0，就是针对 rs2 所选择地址空间中所有的虚拟地址，否则就是只针对 rs1 所指定地址所在的页面。不过 sfence.vma 的作用与前面两条 fence 指令有所不同，对 TLB 的写入并不需要有队列，但是在写入（更改映射表项）与地址变换（查表）之间需要有互斥，而 sfence.vma 的作用就是让地址变换暂停一下。

我们在前面看到 fenceCfg 和函数 fenceGen()的定义：

```
val fenceCfg = FuConfig(name = "fence", fuGen = fenceGen, fuSel = (uop: MicroOp) => uop.ctrl.fuType === FuType.fence,
                FuType.fence, 2, 0, writeIntRf = false, writeFpRf = false, latency = UncertainLatency(),
                exceptionOut = Seq(illegalInstr), /* TODO: need rewrite latency structure, not just this value, */ flushPipe = true)

def fenceGen(p: Parameters) = new Fence()(p)
```

显然，fence 指令的执行单元是 Fence。在指令类型定义中专门有个 FuType.fence，其操作类型定义 FenceOpType 则为：

```
object FenceOpType {
  def fence     = "b10000".U
```

```
    def sfence   = "b10001".U
    def fencei   = "b10010".U
    def nofence  = "b00000".U
  }
```

我们在指令译码表中也看到过 fence 指令的属性分解：

```
SFENCE_VMA  ->List(SrcType.reg, SrcType.reg, SrcType.X, FuType.fence, FenceOpType.sfence, N, N, N, Y, Y, Y, SelImm.X),
FENCE_I     -> List(SrcType.pc, SrcType.imm, SrcType.X, FuType.fence, FenceOpType.fencei, N, N, N, Y, Y, Y, SelImm.X),
FENCE       -> List(SrcType.pc, SrcType.imm, SrcType.X, FuType.fence, FenceOpType.fence,  N, N, N, Y, Y, Y, SelImm.X),
```

可见，有三种指令属于 FuType.fence，具体的操作类型则为 FenceOpType.sfence、FenceOpType.fencei、FenceOpType.fence。

Sbuffer 是存储子系统中的一个模块，就是上面所说写入方向上的存储（Store）队列，前缀 S 就是指 Store。所谓清一下旧账，主要就是清的写入方向。

```
class Fence(implicit p: Parameters) extends FunctionUnit {
  val sfence = IO(Output(new SfenceBundle))            ///通往MemBlock，Frontend，MMU等处
  val fencei = IO(Output(Bool()))                      ///通往Frontend，ICache等处，后缀i就是指instruction。
  val toSbuffer = IO(new FenceToSbuffer)               ///通向MemBlock
  val disableSfence = IO(Input(Bool()))                ///来自CSR

  val (valid, src1) = (io.in.valid, io.in.bits.src(0))

  val s_idle :: s_wait :: s_tlb :: s_icache :: s_fence :: s_nofence :: Nil = Enum(6)    ///fence指令执行过程中的6种可能的状态
  val state = RegInit(s_idle)                          ///状态机，这是个寄存器，需要时钟信号触发。
  /* fsm
   * s_idle      : init state, send sbflush
   * s_wait      : send sbflush, wait for sbEmpty
   * s_tlb       : flush tlb, just hold one cycle
   * s_icache    : flush icache, just hold one cycle
   * s_fence     : do nothing, for timing optimiaztion
   * s_nofence   : do nothing , for Svinval extension
   */
  val sbuffer = toSbuffer.flushSb                      ///注意Sbuffer与Sfence的区别。Sbuffer是写内存队列，Sfence是个Bundle。
  val sbEmpty = toSbuffer.sbIsEmpty
  val uop = RegEnable(io.in.bits.uop, io.in.fire())
  val func = uop.ctrl.fuOpType
    // NOTE: icache & tlb & sbuffer must receive flush signal at any time
    ///toSbuffer.flushSb是对所有相关方的，不仅包括Sbuffer、也包括TLB和ICache。
  sbuffer := state === s_wait && !(func === FenceOpType.sfence && disableSfence)
                              ///只要状态机处于s_wait，并且并未被disable，就像向外发出toSbuffer.flushSb。
  fencei := state === s_icache                                 ///状态机处于s_icache时就向外发出fencei，这是对ICache的。
    ///以下是对SfenceBundle输出信号的设置
  sfence.valid    := state === s_tlb && !disableSfence         ///状态机处于s_tlb，且未被disable，就使SfenceBundle有效。
  sfence.bits.rs1  := uop.ctrl.imm(4, 0) === 0.U
```

```
  sfence.bits.rs2 := uop.ctrl.imm(9, 5) === 0.U
  sfence.bits.flushPipe := uop.ctrl.flushPipe                 ///SfenceBundle中的flushPipe是个Bool，控制位。
  XSError(sfence.valid && uop.ctrl.lsrc(0) =/= uop.ctrl.imm(4, 0), "lsrc0 is passed by imm\n")
  XSError(sfence.valid && uop.ctrl.lsrc(1) =/= uop.ctrl.imm(9, 5), "lsrc1 is passed by imm\n")
  sfence.bits.addr := RegEnable (io.in.bits.src(0), io.in.fire())      ///寄存器rs1中的数值是地址
  sfence.bits.asid := RegEnable (io.in.bits.src(1), io.in.fire())      ///寄存器rs2中的数值是ASID（见RISC-V指令手册第2卷）

    ///发出冲刷命令后，状态机就停留在s_wait状态，直到来自相关方的反馈信号sbEmpty变成true：
  when (state === s_idle && io.in.valid) { state := s_wait }
  when (state === s_wait && func === FenceOpType.fencei && sbEmpty) { state := s_icache }       ///冲刷已经完成
  when (state === s_wait && func === FenceOpType.sfence && (sbEmpty || disableSfence)) { state := s_tlb }   ///冲刷已完成
  when (state === s_wait && func === FenceOpType.fence && sbEmpty) { state := s_fence }        ///冲刷已经完成
  when (state === s_wait && func === FenceOpType.nofence && sbEmpty) { state := s_nofence }
  when (state =/= s_idle && state =/= s_wait) { state := s_idle }     ///状态机回到s_idle，fence指令的执行就完成了。

  io.in.ready := state === s_idle                      ///只有当状态机处于s_idle时才可以接受新的指令
  io.out.valid := state =/= s_idle && state =/= s_wait    ///执行单元输出仅当处于s_fence/s_tlb/s_icache/s_nofence之一时才有效
  io.out.bits.data := DontCare                         ///执行单元输出的执行结果data无意义
  io.out.bits.uop := uop
  io.out.bits.uop.cf.exceptionVec(illegalInstr) := func === FenceOpType.sfence && disableSfence   ///如果sfence被关闭就报异常

  ///Debug从略
}   ///end class Fence
```

Fence 类是对抽象类 FunctionUnit 的扩充，当然也继承了 FunctionUnit 的 io，但是在此之外又添加了几个接口，就是 SfenceBundle 和 FenceToSbuffer；还有 fencei 和 disableSfence 两个布尔量，前者主要是针对 ICache 的，后者则是来自 CSR 中的 Fence 机制开启/关闭控制位。

```
class SfenceBundle(implicit p: Parameters) extends XSBundle {
  val valid = Bool()
  val bits = new Bundle {
    val rs1 = Bool()
    val rs2 = Bool()
    val addr = UInt(VAddrBits.W)
    val asid = UInt(AsidLength.W)
    val flushPipe = Bool()
  }
}   /// SfenceBundle 用于对 VMA 即 TLB 的控制
```

至于 FenceToSbuffer，当然是从 Fence 模块通往 Sbuffer 的接口：

```
class FenceToSbuffer extends Bundle {
  val flushSb = Output(Bool())          ///对SBuffe的冲刷命令，注意这个“flush”并非丢弃，而是把队列中的操作都完成掉。
  val sbIsEmpty = Input(Bool())         ///来自SBuffer的反馈，表示已经冲刷完毕
}   /// FenceToSbuffer用于对写内队列Sbuffer的控制
```

Fence 对象是个三步的有限自动机，其状态为 s_idle :: s_wait :: (s_tlb | s_icache | s_fence)。从 s_idle 状态进入 s_wait 状态之后，下一步可能会进入的状态有三种，即 s_fence 、s_tlb、s_icache，具体取决于当前 MicroOp 中的功能码是 fence 还是 sfence，或 fencei；然后又返回 s_idle 状态。之所以如此，当然是因为有三种不同的 fence 指令。

使状态机从 s_idle 进入 s_wait 状态的条件是 io.in.valid，在 s_wait 状态时状态机发出 flushSb 控制信号；从 s_wait 状态进入第三步的三个状态之一，则以 sbEmpty 为条件，说明 Sbuffer 已经清空了。在第三步的这些状态中状态机会发出对这些对象的操作控制信号；最后回到 s_idle 状态则是自动的，只受时钟脉冲驱动。状态机的输入，除 io.in.valid 和 sbIsEmpty 以外，就是当前 MicroOp，即这里的 io.in.bits.uop，是 uop 中的功能码决定了 flushSb 的后续操作。不过，如果没有 io.in.valid 这个条件，状态机就只是停留在 s_idle 状态，不会进入 s_wait 状态，因而也就不会发出 flushSb 控制信号。

关于 CSR 将在后面专章加以介绍。

24.5　浮点单元

从前，在集成密度还不是很高的时候，浮点处理都单独做在另一块芯片上，称为浮点“协处理器”。后来集成密度提高了，芯片的容量足够大，就没有必要再把浮点处理做在另一块芯片上了。不过，在 RISC-V 的系统结构中，浮点指令仍是作为可选的“扩充指令集”提供的，因为在许多应用中其实没有必要有浮点运算，即使有浮点运算也可以通过软件手段实现，对于浮点运算的性能要求没有那么高。在这样的情况下，没有浮点处理的电路当然会使芯片的成本降低一些。

在香山的（指令）功能模块类型 FuType 中有关浮点运算的定义有 4 项：

```
object FuType {
  …
  def i2f          = "b0001".U          ///将整数转换成浮点数，即“整数-to-浮点”，2就是to。
  …
  def fmac         = "b1000".U          ///浮点数的一般运算
  def fmisc        = "b1011".U          ///浮点数的杂项处理，包括浮点数到整数的转换f2i和浮点数格式之间的转换f2f。
  def fDivSqrt     = "b1010".U          ///浮点数的除法运算和平方根计算
  …
}
```

在对执行单元的配置 FuConfig 定义中则定义了 5 种浮点指令执行单元（其中 f2i 和 f2f 都属于 fmisc）及其生成函数：

```
val fmacCfg = FuConfig(name = "fmac", fuGen = fmacGen, fuSel = _ => true.B, FuType.fmac, 0, 3, writeIntRf = false,
            writeFpRf = true, writeFflags = true, latency = UncertainLatency(), fastUopOut = true, fastImplemented = true)

val i2fCfg = FuConfig(name = "i2f", fuGen = i2fGen, fuSel = i2fSel, FuType.i2f, numIntSrc = 1, numFpSrc = 0,
            writeIntRf = false, writeFpRf = true, writeFflags = true, latency = CertainLatency(2),
            fastUopOut = true, fastImplemented = true)

val f2iCfg = FuConfig(name = "f2i", fuGen = f2iGen, fuSel = f2iSel, FuType.fmisc, 0, 1, writeIntRf = true, writeFpRf = false,
            writeFflags = true, latency = CertainLatency(2), fastUopOut = true, fastImplemented = true)
```

```
val f2fCfg = FuConfig(name = "f2f", fuGen = f2fGen, fuSel = f2fSel, FuType.fmisc, 0, 1, writeIntRf = false, writeFpRf = true,
            writeFflags = true, latency = CertainLatency(2), fastUopOut = true, fastImplemented = true)

val fdivSqrtCfg = FuConfig(name = "fdivSqrt", fuGen = fdivSqrtGen, fuSel = fdivSqrtSel, FuType.fDivSqrt, 0, 2,
            writeIntRf = false, writeFpRf = true, writeFflags = true, latency = UncertainLatency(),
            fastUopOut = true, fastImplemented = true, hasInputBuffer = (true, 8, true))
```

可见，浮点指令的执行都有延迟 latency，而且其中 fdivSqrtCfg 的延迟还是 UncertainLatency，即无法预知。与此对应，浮点指令执行单元的 fastUopOut 都是 true。此外，当然，其中的 i2f、f2f、fdivSqrt 都不会写整数寄存器组，所以它们的 writeIntRf 都是 false，writeFpRf 则是 true。

这 5 种执行单元的生成函数是这样：

```
def i2fGen(p: Parameters) = new IntToFP()(p)              ///这是对FPUSubModule的扩充
def fmacGen(p: Parameters) = new FMA()(p)                 ///这是对FPUSubModule的扩充
def f2iGen(p: Parameters) = new FPToInt()(p)              ///这是对FPUPipelineModule的扩充
def f2fGen(p: Parameters) = new FPToFP()(p)               ///这是对FPUPipelineModule的扩充
def fdivSqrtGen(p: Parameters) = new FDivSqrt()(p)        ///这是对FPUSubModule的扩充
```

注意这里并没有一个 fmisc 执行单元，但 f2i 和 f2f 二者的 FuType 都是 FuType.fmisc。然而香山的代码中确实有个 FmiscExeUnit，也另外有个 FmacExeUnit：

```
class FmacExeUnit(implicit p: Parameters) extends ExeUnit(FmacExeUnitCfg)
class FmiscExeUnit(implicit p: Parameters) extends ExeUnit(FmiscExeUnitCfg)
```

这两个类都是对 ExeUnit 的扩充，其实 AluExeUnit 也是对 ExeUnit 的扩充。注意这二者对 ExeUnit 类进行扩充时是以 FmacExeUnitCfg 和 FmiscExeUnitCfg 为参数，这两种 ExeUnitCfg 的定义是这样：

```
val FmacExeUnitCfg = ExuConfig("FmacExeUnit", "Fp", Seq(fmacCfg), Int.MaxValue, 0)
val FmiscExeUnitCfg = ExuConfig("FmiscExeUnit", "Fp", Seq(f2iCfg, f2fCfg, fdivSqrtCfg), Int.MaxValue, 1 )
```

这就是说，两种 ExeUnitCfg 都是 ExuConfig，而 fmacCfg、i2fCfg 等则是包含在 ExeUnitCfg 中的 FuConfig。

回到上面的 5 种浮点指令执行单元，浮点运算都涉及数值计算的算法，这属于不同的专业方向，所以我们只能粗粗地看一下。首先是 FMA。FMA 单元用于浮点计算指令的执行，浮点计算指令有很多，但都可以归纳成加减乘除即 fadd、fsub、fmul、fdiv 这四大类，其中除法指令由 FDivSqrt 单元执行，其余三种计算就都由 FMA 单元执行：

```
[XSCoreBase > ExuBlock > FUBlock > FmacExeUnit > FMA]
class FMA(implicit p: Parameters) extends FPUSubModule {
  val midResult = IO(new FMAMidResultIO)            /// FMAMidResultIO见后
        ///所谓中间结果midResult，是指“乘后相加/减”指令中完成了乘法计算但尚未进行加/减计算时的中间结果。
  override val dataModule = null
  val mul_pipe = Module(new FMUL_pipe())            ///创建FMUL_pipe对象，用于浮点乘法的计算。
  val add_pipe = Module(new FADD_pipe())            ///创建FADD_pipe对象，用于浮点加法的计算。

  mul_pipe.io.redirectIn := io.redirectIn           ///如有转向指示到来即应废弃正在进行的计算
```

```
mul_pipe.rm := rm                                              ///rm为进位模式，例如四舍五入。

add_pipe.io.redirectIn := io.redirectIn
add_pipe.rm := rm

val fpCtrl = io.in.bits.uop.ctrl.fpu
mul_pipe.io.in <> io.in
mul_pipe.io.in.valid := io.in.valid && !fpCtrl.isAddSub && !midResult.in.valid          ///启动mul_pipe计算的条件

// For better timing, we let out.valid be true even if it's flushed.
val waitAddOperand = RegEnable(midResult.waitForAdd, !mul_pipe.io.out.valid || mul_pipe.io.out.ready)
        ///对于“乘后相加/减”指令的执行，可能在完成了乘法计算的时候另一个加数（rs3）尚未到位。
val isFMA = mul_pipe.io.out.valid && mul_pipe.io.out.bits.uop.ctrl.fpu.ren3 && !waitAddOperand
        ///如果无需等待（rs3已经到位），就可让mul_pipe的输出直接进入加法管道，而无需等待另一个加数rs3的到来。
// However, when sending instructions to add_pipe, we need to determine whether it's flushed.
val mulFlushed = mul_pipe.io.out.bits.uop.robIdx.needFlush(io.redirectIn)
val isFMAReg = RegNext(isFMA && !mulFlushed)

add_pipe.mulToAdd <> mul_pipe.toAdd                    ///乘法管道mul_pipe的输出直接进入加法管道，作为加数之一。
midResult.out.valid := RegNext(mul_pipe.io.out.valid && waitAddOperand && !mulFlushed)
midResult.out.bits := mul_pipe.toAdd.getDouble                ///中间结果midResult出自乘法管道的toAdd
when (RegNext(mul_pipe.io.out.bits.uop.ctrl.fpu.typeTagIn === FPU.S)) {
  midResult.out.bits.fromFloat(mul_pipe.toAdd.getFloat)
}
when (midResult.in.valid && !isFMAReg) {
  add_pipe.mulToAdd.getDouble := midResult.in.bits
  add_pipe.mulToAdd.getFloat := midResult.in.bits.toFloat
  add_pipe.mulToAdd.addend := io.in.bits.src(2)                ///从输入口上获取rs3
  add_pipe.mulToAdd.uop := io.in.bits.uop
}

// For FADD, it accepts instructions from io.in and FMUL.
// When FMUL gives an FMA, FADD accepts this instead of io.in.
// Since FADD gets FMUL data from add_pipe.mulToAdd, only uop needs Mux.
add_pipe.io.in.valid := io.in.valid && (fpCtrl.isAddSub || midResult.in.valid) || isFMAReg
        ///加法计算管道add_pipe的计算任务有三个来源：fadd/fsub指令，出自乘法管道的midResult，和乘法管道的输出。
add_pipe.io.in.bits.src := io.in.bits.src
add_pipe.io.in.bits.uop := Mux(isFMAReg, add_pipe.mulToAdd.uop, io.in.bits.uop)
add_pipe.isFMA := io.in.valid && midResult.in.valid || isFMAReg

// When the in uop is Add/Sub, we check FADD, otherwise fmul is checked.
io.in.ready := Mux(fpCtrl.isAddSub || midResult.in.valid, !isFMAReg && add_pipe.io.in.ready, mul_pipe.io.in.ready)

// For FMUL:          ///浮点数相乘是尾数相乘指数相加，所以乘法计算中包含了加法计算。
// (1) It always accept FMA from FADD (if an FMA wants FMUL, it's never blocked).
// (2) It has lower writeback arbitration priority than FADD (and may be blocked when FMUL.out.valid).
```

```
  XSError(isFMA && !add_pipe.io.in.ready, "FMA should not be blocked\n")
  mul_pipe.io.out.ready := isFMA || (io.out.ready && !add_pipe.io.out.valid) || waitAddOperand
  add_pipe.io.out.ready := io.out.ready

  io.out.bits.uop := Mux(add_pipe.io.out.valid, add_pipe.io.out.bits.uop, mul_pipe.io.out.bits.uop)    ///add_pipe的输出优先
  io.out.bits.data := Mux(RegNext(add_pipe.io.out.valid), add_pipe.io.out.bits.data, mul_pipe.io.out.bits.data)
  fflags := Mux(RegNext(add_pipe.io.out.valid), add_pipe.fflags, mul_pipe.fflags)
  io.out.valid := add_pipe.io.out.valid || (mul_pipe.io.out.valid && !isFMA && !waitAddOperand)
               ///加法管道的输出总是可以直接输出的（无论是浮点加减指令还是乘后相加/减的结果）。
               ///乘法管道的输出则要看情况，单纯浮点相乘指令的结果可以，乘后相加/减指令的中间结果则不可以。
  XSPerfAccumulate("fma_partial_issue_fire", io.in.fire && midResult.waitForAdd)
  XSPerfAccumulate("fma_mid_result_in_fire", io.in.fire && midResult.in.valid)
}  ///end class FMA
```

除算法本身以外，浮点运算执行单元 FMA 最大的特点就是有些指令有三个源操作数，这样的指令（就单精度而言）有 4 条，那就是“乘后加减”fmadd/fmsub 和“乘后加减取负”fnmadd/fnmsub。下面是这 4 条指令的定义：

```
fmadd.s rd, rs1, rs2, rs3              # f[rd] = f[rs1]×f[rs2]+f[rs3]
rs3 | 00 | rs2 | rs1 | rm | rd | 1000011

fmsub.s rd, rs1, rs2, rs3              # f[rd] = f[rs1]×f[rs2]-f[rs3]
rs3 | 00 | rs2 | rs1 | rm | rd | 1000111

fnmadd.s rd, rs1, rs2, rs3             # f[rd] = -f[rs1]×f[rs2]-f[rs3]
rs3 | 00 | rs2 | rs1 | rm | rd | 1001111

fnmsub.s rd, rs1, rs2, rs3             # f[rd] = -f[rs1]×f[rs2]+f[rs3]
rs3 | 00 | rs2 | rs1 | rm | rd | 1001011
```

这里的 3 位 rm 位段给定了本条指令的进位方式（例如四舍五入）。寄存器号仍是 5 位。这里所列的 4 条都带有后缀 s，表示单精度，如果改成 d 即双进度则又是 4 条，所以实际上有 8 条。除这 8 条指令以外，别的浮点指令也只有两个源操作数。

“乘后加减”指令在矩阵运算中是很有用的，所以这 4 条指令其实还挺重要。但是这有点像融合指令，实际上是前后两条并在了一起。这就带来了 FMA 的两个特点，一个是有 3 个源操作数，另一个是 FMA 中有两个“管道”，一个做乘法，一个做加法，这就是代码中的乘法管道 mul_pipe 即 FMUL_pipe 和加法管道 add_pipe 即 FADD_pipe。其实，即使没有“乘后加减”指令，浮点运算同样也需要有这样两个不同的管道，因为浮点数相乘本来就是尾数相乘指数相加。具体的代码我们就不深入进去了，何况底层的一些部件又是从另一个名为 fudian（显然是“浮点”）的软件包导入的。

但是，既然有 3 个操作数，就有了一个问题：在 ReservationStation 中等待的 fmadd 指令，如果 rs1 和 rs2 两个源操作数（两个乘数）已经到位，但是还缺 rs3（这是加数），这时候为什么不把这指令连同 rs1 和 rs2 交给 FMA 执行单元，让它先算起来？毕竟浮点乘法计算式要算上一会儿的，源操作数 rs3 则可以在稍后再补上。反过来，当 FMA 完成了乘法部分的运算但尚未进行加法计算的时候就有个中间结果，就是这里代码中的 midResult。如果把 fmadd 指令理解成一条乘法指令后面跟了一条加法指令，那么把乘法指令执行的结果回写到 RS，并等待另一个加数的到来（或许已经在了），就是很自然的了。

所以，FMA 的外部接口上的 midResult 就是个 FMAMidResultIO：

```
[XSCoreBase > ExuBlock > FUBlock > FmacExeUnit > FMA > FMAMidResultIO]
class FMAMidResultIO extends Bundle {
  val in = Flipped(ValidIO(new FMAMidResult))
  val out = ValidIO(new FMAMidResult)
  val waitForAdd = Input(Bool())
}
```

这个 FMAMidResultIO 被连接到 RS 作为“乘后相加/减”指令加法计算部分的源操作数之一。

这里的 in 和 out 都是 FMAMidResult，其类型定义是：

```
[FMA > FMAMidResultIO > FMAMidResult]
class FMAMidResult extends FMULToFADD (FPU.ftypes.last.expWidth, FPU.ftypes.last.precision) {
  def toFloat: FMULToFADD = {
    val floatMidResult = Wire(new FMULToFADD(FPU.ftypes.head.expWidth, FPU.ftypes.head.precision))
    floatMidResult.fp_prod.sign := fp_prod.sign
    floatMidResult.fp_prod.exp := fp_prod.exp
    floatMidResult.fp_prod.sig := fp_prod.sig
    floatMidResult.inter_flags := inter_flags
    floatMidResult
  }

  def fromFloat(float: FMULToFADD): FMULToFADD = {
    fp_prod.sign := float.fp_prod.sign
    fp_prod.exp := float.fp_prod.exp
    fp_prod.sig := float.fp_prod.sig
    inter_flags := float.inter_flags
    this
  }
}  ///end class FMAMidResult
```

到了这一步，FMULToFADD 就是从 fudian 导入的了，我们在这里不再深入下去。浮点运算的其它几个执行单元我们也不看了，但是当然，那些执行单元（除 FdivSqrt 外）都远没有 FMA 复杂。

但是 IntToFP 又有些特殊。如前所述，这个执行单元属于 JumpExeUnit 和 JumpCSRExeUnit，而不属于 FmiscExeUnit。浮点指令集中有条 fcvt 指令，用来实施数据格式的转换，将整数转换成浮点数就是其中之一。但是浮点数有单精度与双精度之分，而整数有 32 位的 Word 与 64 位的 Double Word 之分，再加浮点数单精度与双精度之间的转换，所以在 fcvt 后面要加上扩展，例如 fcvt.d.w 就是将一带符号的 32 位整数转换成双精度浮点数；fcvt.d.s 就是将一单精度浮点数转换成双精度浮点数，如此等等。这样，所谓 fcvt 指令实际上有 18 条之多（见浮点指令译码表 object FDecode）。所以，用于不同 fcvt 指令的执行单元就有三种，就是 FPToFP、FPToInt、IntToFP。其中 FPToFP 和 FPToInt 所执行指令的功能类型都是 FuType.fmisc，但 IntToFP 所执行指令的功能类型却另有一个专门的类型 FuType.i2f。下面是 IntToFP 的代码：

```
class IntToFP(val latency: Int)(implicit p: Parameters) extends FPUModule()(p) with ShouldBeRetimed {
  val io = new Bundle {
```

```
    val in = Valid(new IntToFPInput).flip
    val out = Valid(new FPResult)
  }

  val in = Pipe(io.in)
  val tag = in.bits.typeTagIn
  val mux = Wire(new FPResult)
  mux.exc := Bits(0)
  mux.data := recode(in.bits.in1, tag)

  val intValue = {
    val res = Wire(init = in.bits.in1.asSInt)
    for (i <- 0 until nIntTypes-1) {
      val smallInt = in.bits.in1((minXLen << i) - 1, 0)
      when (in.bits.typ.extract(log2Ceil(nIntTypes), 1) === i) {
        res := Mux(in.bits.typ(0), smallInt.zext, smallInt.asSInt)
      }
    }
    res.asUInt
  }  ///end val intValue

  when (in.bits.wflags) {     // fcvt
    // could be improved for RVD/RVQ with a single variable-position rounding
    // unit, rather than N fixed-position ones
    val i2fResults = for (t <- floatTypes) yield {
      val i2f = Module(new hardfloat.INToRecFN(xLen, t.exp, t.sig))
      i2f.io.signedIn := ~in.bits.typ(0)
      i2f.io.in := intValue
      i2f.io.roundingMode := in.bits.rm
      i2f.io.detectTininess := hardfloat.consts.tininess_afterRounding
      (sanitizeNaN(i2f.io.out, t), i2f.io.exceptionFlags)
    }  ///end val i2fResults

    val (data, exc) = i2fResults.unzip
    val dataPadded = data.init.map(d => Cat(data.last >> d.getWidth, d)) :+ data.last
    mux.data := dataPadded(tag)
    mux.exc := exc(tag)
  }  ///end when (in.bits.wflags)

  io.out <> Pipe(in.valid, mux, latency-1)
}  ///end class IntToFP
```

执行单元的输入是 IntToFPInput，输出是 FPResult：

```
class IntToFPInput(implicit p: Parameters) extends CoreBundle()(p) with HasFPUCtrlSigs {
  val rm = Bits(width = FPConstants.RM_SZ)
```

```
  val typ = Bits(width = 2)
  val in1 = Bits(width = xLen)
}

class FPResult(implicit p: Parameters) extends CoreBundle()(p) {
  val data = Bits(width = fLen+1)
  val exc = Bits(width = FPConstants.FLAGS_SZ)
}
```

这些代码就留给读者了。

24.6 BKU

香山的代码中还有个特殊的 FuConfig，就是 bkuCfg，它定义了一个特殊执行单元 BKU 的参数配置。这个单元所执行的都是香山的自定义指令，包括融合指令，这些指令在 RISC-V 的指令集中是没有的。其中融合指令是在香山 CPU 的译码阶段将某些特定的前后两条指令“融合”而成；也有些不是融合指令，而是香山为特定应用而定义的专用指令。

这个 bkuCfg 的定义是这样：

```
val bkuCfg = FuConfig(name = "bku", fuGen = bkuGen, fuSel = (uop: MicroOp) => uop.ctrl.fuType === FuType.bku,
        fuType = FuType.bku, numIntSrc = 2, numFpSrc = 0, writeIntRf = true, writeFpRf = false,
        latency = CertainLatency(1), fastUopOut = true, fastImplemented = true)
```

显然，这个 FuConfig 所面向的功能类型是 FuType.bku，这个类型在 RISC-V 的指令系统中是不存在的。因此而定义的具体操作类型则定义于 object BKUOpType：

```
object BKUOpType {
  def clmul       = "b000000".U
  def clmulh      = "b000001".U
  def clmulr      = "b000010".U
  def xpermn      = "b000100".U
  def xpermb      = "b000101".U

  def clz         = "b001000".U
  def clzw        = "b001001".U
  def ctz         = "b001010".U
  def ctzw        = "b001011".U
  def cpop        = "b001100".U
  def cpopw       = "b001101".U

  // 01xxxx is reserve
  def aes64es     = "b100000".U
  def aes64esm    = "b100001".U
  def aes64ds     = "b100010".U
  def aes64dsm    = "b100011".U
```

```
    def aes64im        = "b100100".U
    def aes64ks1i      = "b100101".U
    def aes64ks2       = "b100110".U

    // merge to two instruction sm4ks & sm4ed
    def sm4ed0         = "b101000".U
    def sm4ed1         = "b101001".U
    def sm4ed2         = "b101010".U
    def sm4ed3         = "b101011".U
    def sm4ks0         = "b101100".U
    def sm4ks1         = "b101101".U
    def sm4ks2         = "b101110".U
    def sm4ks3         = "b101111".U

    def sha256sum0     = "b110000".U
    def sha256sum1     = "b110001".U
    def sha256sig0     = "b110010".U
    def sha256sig1     = "b110011".U
    def sha512sum0     = "b110100".U
    def sha512sum1     = "b110101".U
    def sha512sig0     = "b110110".U
    def sha512sig1     = "b110111".U

    def sm3p0          = "b111000".U
    def sm3p1          = "b111001".U
  }
```

当然，相应的指令都会出现在指令译码表中，这是一个专门面向这些指令的 object Bdecode：

```
/**
  * Bit Manipulation Decode
  */
object BDecode extends DecodeConstants{
  val table: Array[(BitPat, List[BitPat])] = Array(
    // Basic bit manipulation
    CLZ       -> List(SrcType.reg, SrcType.DC,   SrcType.X, FuType.bku, BKUOpType.clz,     Y, N, N, N, N, N, SelImm.X),
    CTZ       -> List(SrcType.reg, SrcType.DC,   SrcType.X, FuType.bku, BKUOpType.ctz,     Y, N, N, N, N, N, SelImm.X),
    CPOP      -> List(SrcType.reg, SrcType.DC,   SrcType.X, FuType.bku, BKUOpType.cpop,    Y, N, N, N, N, N, SelImm.X),
    XPERM8    -> List(SrcType.reg, SrcType.reg, SrcType.X, FuType.bku, BKUOpType.xpermb, Y, N, N, N, N, N, SelImm.X),
    XPERM4    -> List(SrcType.reg, SrcType.reg, SrcType.X, FuType.bku, BKUOpType.xpermn, Y, N, N, N, N, N, SelImm.X),

    CLZW      -> List(SrcType.reg, SrcType.DC, SrcType.X, FuType.bku, BKUOpType.clzw,   Y, N, N, N, N, N, SelImm.X),
    CTZW      -> List(SrcType.reg, SrcType.DC, SrcType.X, FuType.bku, BKUOpType.ctzw,   Y, N, N, N, N, N, SelImm.X),
    CPOPW     -> List(SrcType.reg, SrcType.DC, SrcType.X, FuType.bku, BKUOpType.cpopw, Y, N, N, N, N, N, SelImm.X),

    CLMUL     -> List(SrcType.reg, SrcType.reg, SrcType.X, FuType.bku, BKUOpType.clmul,   Y, N, N, N, N, N, SelImm.X),
```

```
    CLMULH   -> List(SrcType.reg, SrcType.reg, SrcType.X, FuType.bku, BKUOpType.clmulh, Y, N, N, N, N, N, SelImm.X),
    CLMULR   -> List(SrcType.reg, SrcType.reg, SrcType.X, FuType.bku, BKUOpType.clmulr, Y, N, N, N, N, N, SelImm.X),

    AES64ES  -> List(SrcType.reg, SrcType.reg, SrcType.X, FuType.bku, BKUOpType.aes64es,      Y, N, N, N, N, N, SelImm.X),
    …
    SHA256SUM0 -> List(SrcType.reg, SrcType.DC, SrcType.X, FuType.bku, BKUOpType.sha256sum0, Y, N, N, N, N, N, …),
    …
    )
}
```

只要知道 AES 和 SHA 这些都是密码算法，就知道 BKU 指令是干什么用的了（从这个角度说，香山所作的扩充还真不是一点小意思）。

BKU 指令的执行单元是 Bku。当然我们也不可能钻到具体的算法里去，只是粗粗看一下执行单元的结构：

```
class Bku(implicit p: Parameters) extends FunctionUnit with HasPipelineReg {
  override def latency = 2

  val (src1, src2, func) = (io.in.bits.src(0), io.in.bits.src(1), io.in.bits.uop.ctrl.fuOpType )

  val countModule = Module(new CountModule)           ///创建CountModule模块
  countModule.io.src := src1
  countModule.io.func := func
  countModule.io.regEnable := regEnable(1)

  val clmulModule = Module(new ClmulModule)           ///创建ClmulModule模块
  clmulModule.io.src(0) := src1
  clmulModule.io.src(1) := src2
  clmulModule.io.func := func
  clmulModule.io.regEnable := regEnable(1)

  val miscModule = Module(new MiscModule)             ///创建MiscModule模块
  miscModule.io.src(0) := src1
  miscModule.io.src(1) := src2
  miscModule.io.func := func
  miscModule.io.regEnable := regEnable(1)

  val cryptoModule = Module(new CryptoModule)         ///最复杂的应该就是这个加解密模块
  cryptoModule.io.src(0) := src1
  cryptoModule.io.src(1) := src2
  cryptoModule.io.func := func
  cryptoModule.io.regEnable := regEnable(1)

  // CountModule, ClmulModule, MiscModule, and CryptoModule have a latency of 1 cycle
  val funcReg = uopVec(1).ctrl.fuOpType
  val result = Mux(funcReg(5), cryptoModule.io.out,
                  Mux(funcReg(3), countModule.io.out,
```

```
            Mux(funcReg(2), miscModule.io.out, clmulModule.io.out)))
        ///这些模块同时开工并行计算，最后根据具体指令的fuOpType从中选择计算结果（有些结果当然是无意义的）。

  io.out.bits.data := RegEnable (result, regEnable(2))          ///输出所选择的计算结果
}
```

结构倒也不复杂，4 个不同的模块，各行其道，各算各的，然后根据指令的功能码选择输出。

24.7　回写仲裁

我们在上面看到，每个指令执行单元的输出都是 FuOutput。我们不妨再细抠一下指令执行单元的输出：

```
class Alu(implicit p: Parameters) extends FUWithRedirect{…}
class Jump(implicit p: Parameters) extends FUWithRedirect {…}
abstract class FUWithRedirect(len: Int = 64)(implicit p: Parameters) extends FunctionUnit(len: Int) with HasRedirectOut
```

可见，Alu 和 Jump 都是对抽象类 FUWithRedirect 的扩充，而 FUWithRedirect 又是对另一个抽象类 FunctionUnit 的扩充。至于直接对 FunctionUnit 扩充的指令执行单元那就多了：

```
class Fence(implicit p: Parameters) extends FunctionUnit {…}
class AbstractMultiplier(len: Int)(implicit p: Parameters) extends FunctionUnit(len){…}
abstract class AbstractDivider(len: Int)(implicit p: Parameters) extends FunctionUnit(len){…}
class DividerWrapper(len: Int)(implicit p: Parameters) extends FunctionUnit(len) {…}
abstract class FPUSubModule(implicit p: Parameters) extends FunctionUnit with HasUIntToSIntHelper{…}
class Std(implicit p: Parameters) extends FunctionUnit {…}
class Bku(implicit p: Parameters) extends FunctionUnit with HasPipelineReg {…}
class CSR(implicit p: Parameters) extends FunctionUnit with HasCSRConst
                                        with PMPMethod with PMAMethod with HasTriggerConst{…}
```

实际上所有指令执行单元都是对 FunctionUnit 的直接或间接扩充。之所以 Alu 和 Jump 要到抽象类 FUWithRedirect 绕一下，是因为这两个单元可能产生 Redirect。这就决定了，所有指令执行单元都会从 FunctionUnit 继承其外部接口 io：

```
abstract class FunctionUnit(len: Int = 64)(implicit p: Parameters) extends XSModule {
  val io = IO(new FunctionUnitIO(len))
  …
}
```

而抽象类 FunctionUnit 的 io 是 FunctionUnitIO：

```
class FunctionUnitIO(val len: Int)(implicit p: Parameters) extends XSBundle {
  val in = Flipped(DecoupledIO(new FunctionUnitInput(len)))
  val out = DecoupledIO(new FuOutput(len))
  val redirectIn = Flipped(ValidIO(new Redirect))
}
```

```
class FunctionUnitInput(val len: Int)(implicit p: Parameters) extends XSBundle {
  val src = Vec(3, UInt(len.W))
  val uop = new MicroOp
}

class FuOutput(val len: Int)(implicit p: Parameters) extends XSBundle {
  val data = UInt(len.W)
  val uop = new MicroOp
}
```

这就明确了，每个指令执行单元的输入都是 FunctionUnitInput，内含 uop 即 MicroOp 和一个源操作数向量 src。而指令执行单元的输出则都是 FuOutput，内含 uop 和一个 data 字段，其内容就是本应写入目标寄存器的运算结果。执行单元把计算结果写在 FuOutput 的 data 字段中，来自输入端的 MicroOp 则按原样写入其 uop 字段。

另外，我们知道，所有这些指令执行单元，除属于 MemBlock 的那少数几个执行单元外，都在某个 ExeUnit（例如 AluExeUnit）内部。而 ExeUnit 则是对抽象类 Exu 的扩充。

那么执行单元的输出 FuOutput 去了哪里呢？它连到了什么地方？要回答这个问题，我们需要回顾一下 Exu 这个抽象类中有关的片段：

```
[XSCore > XSCoreBase > ExuBlock > ExuBlockImp > FUBlock > ExeUnitDef > AluExeUnit > ExeUnit > Exu]
abstract class Exu (cfg: ExuConfig)(implicit p: Parameters) extends XSModule {
  @public val config = cfg
  @public val io = IO(new Bundle() {
    val fromInt = if (config.readIntRf) Flipped(DecoupledIO(new ExuInput)) else null
    val fromFp = if (config.readFpRf) Flipped(DecoupledIO(new ExuInput)) else null
    val redirect = Flipped(ValidIO(new Redirect))
    val out = DecoupledIO(new ExuOutput)
  })
  …
  val functionUnits = config.fuConfigs.map(cfg => {
    val mod = Module(cfg.fuGen(p))                    ///具体的执行单元都是由这个函数创建的
    mod.suggestName(cfg.name)
    mod
  })
  …
  val needArbiter = !(config.latency.latencyVal.nonEmpty && (config.latency.latencyVal.get == 0))
  def writebackArb (in: Seq[DecoupledIO[FuOutput]], out: DecoupledIO[ExuOutput]): Seq[Bool] = {
    if (needArbiter) {
      if(in.size == 1){                       ///大小为1，就无所谓仲裁。
        in.head.ready := out.ready
        out.bits.data := in.head.bits.data    ///但是仍有输入输出的格式转换
        out.bits.uop := in.head.bits.uop
        out.valid := in.head.valid
      } else {                                ///大小超过1，这就要仲裁了：
        val arb = Module(new Arbiter(new ExuOutput, in.size))     ///创建仲裁器Arbiter，动态从in.size个输入中选一。
```

```
        in.zip(arb.io.in).foreach{ case (l, r) =>              ///将FuOutput序列中的各个元素逐一连接到仲裁器的输入端
          l.ready := r.ready                                   ///仲裁器的信号类型是ExuOutput，所以这里有类型转换。
          r.valid := l.valid
          r.bits := DontCare
          r.bits.uop := l.bits.uop
          r.bits.data := l.bits.data
        }
        arb.io.out <> out                                      ///将仲裁器的输出作为整个ExeUnit的输出
      }
    } else {   ///!needArbiter
      in.foreach(_.ready := out.ready)
      val sel = Mux1H(in.map(x => x.valid -> x))
      out.bits.data := sel.bits.data
      out.bits.uop := sel.bits.uop
      out.valid := sel.valid
    }
    in.map(_.fire)                 ///函数的返回值是个One-Hot位图，表示选中了哪一个输入。
  }  ///end writebackArb()

  val arbSel = writebackArb (functionUnits.map(_.io.out), io.out)    ///将执行单元的输出FuOutput转换成ExuOutput并通过仲裁
        ///functionUnits.map(_.io.out)就是所创建执行单元序列中每一单元的io.ou，这是执行单元的输出FuOutput。

  val arbSelReg = arbSel.map(RegNext(_))        ///这是个One-Hot位图，表示选中了哪一个输入，见writebackArb()的返回值。
  val dataRegVec = functionUnits.map(_.io.out.bits.data).zip(config.fuConfigs).map{ case (i, cfg) =>   ///i代表具体功能单元的输出
    if (config.hasFastUopOut && (!cfg.fastUopOut || !cfg.fastImplemented)) {
      println(s"WARNING: fast not implemented!! ${cfg.name} will be delayed for one cycle.")
    }
    (if (cfg.fastUopOut && cfg.fastImplemented) i else RegNext(i))      ///经过寄存器RegNext或绕过寄存器
  }  /// dataRegVec是个计算结果的向量，其每个元素都是来自某个执行单元functionUnit的输出。
  val dataReg = Mux1H(arbSelReg, dataRegVec)   ///根据仲裁器输出的单热位图从dataRegVec中选取某个执行单元输出的data

  if (config.hasFastUopOut) {     ///ExuConfig中的hasFastUopOut来自各个fuConfig中的fastUopOut（只要其中有一为true）：
    io.out.bits.data := dataReg          ///只有hasFastUopOut才有这个输出
  }  ///这样的fuConfig有：fmacCfg，f2iCfg，f2fCfg，fdivSqrtCfg，还有i2fCfg，mulCfg，divCfg，bkuCfg。
}  ///end abstract class Exu
```

这样，到了具体执行单元（功能单元）的上一层，例如 AluExeUnit，调用函数 writebackArb()时参数 in 的类型是 FuOutput，参数 out 的类型却是 ExuOutput。我们知道，从软件的角度说是函数，从硬件描述的角度说就是一块电路，所以，这说明：模块 AluExeUnit（或别的 ExeUnit 模块）中有一块称为 writebackArb 即回写仲裁器的电路，其输入端 in 的格式是 FuOutput，而输出端 out 的格式是 ExuOutput。如果这个 ExeUnit 的配置中有 hasFastUopOut，这个回写仲裁器的输出就出现在 ExeUnit 模块的输出 out.bits.data 上。ExuOutput 的定义我们在前面已经看到过了。

当然，ExeUnit 模块都在某个 FUBlock 模块的内部，所以 FUBlock 的输出 writeback 也就是 ExuOutput 而不是 FuOutput 了。不过二者都有个 data 字段，而且物理意义也一样，都是执行单元输出的结果。

```
class FUBlock(configs: Seq[(ExuConfig, Int)])(implicit p: Parameters) extends XSModule {
  …
  val io = IO(new Bundle {
    val redirect = Flipped(ValidIO(new Redirect))
    val issue = Vec(numIn, Flipped(DecoupledIO(new ExuInput)))    ///这是FUBlock的输入
    val writeback = Vec(numIn, DecoupledIO(new ExuOutput))        ///这是FUBlock的输出
    val extra = new FUBlockExtraIO(configs)
    val fmaMid = if (numFma > 0) Some(Vec(numFma, new FMAMidResultIO)) else None  ///来自浮点单元FMA的MidResult
  })
  …
}
```

显然，FUBlock 的输入和输出分别为 ExuInput 和 ExuOutput，并且 FUBlock 的这个输出名叫 writeback。另外，FUBlock 是在 ExuBlockImp 中创建的，与 Scheduler 同为 ExuBlock 的内部成分。ExuBlockImp 负责创建 FUBlock 对象，也负责 FUBlock 的外部连接，我们在这里只关心其 writeback 输出：

```
class ExuBlockImp(outer: ExuBlock)(implicit p: Parameters) extends LazyModuleImp(outer)
                                              with HasWritebackSourceImp with HasPerfEvents {
  …
  val fuBlock = Module(new FUBlock(fuConfigs))
  val numOutFu = outer.numOutFu

  val io = IO(new Bundle {
    val hartId = Input(UInt(8.W))
    // global control
    val redirect = Flipped(ValidIO(new Redirect))
    // dispatch ports
    val allocPregs = scheduler.io.allocPregs.cloneType
    val in = scheduler.io.in.cloneType
    // issue and wakeup ports
    val issue = if (numOutFu > 0) Some(Vec(numOutFu, DecoupledIO(new ExuInput))) else None
    val fastUopOut = scheduler.io.fastUopOut.cloneType
    val rfWriteback = scheduler.io.writeback.cloneType
    val fastUopIn = scheduler.io.fastUopIn.cloneType
    val fuWriteback = fuBlock.io.writeback.cloneType
    // extra
    val scheExtra = scheduler.io.extra.cloneType
    val fuExtra = fuBlock.io.extra.cloneType
  })  ///end val io
  override def writebackSource1: Option[Seq[Seq[DecoupledIO[ExuOutput]]]] = Some(Seq(io.fuWriteback))
  …
  // IO for the function units
  fuBlock.io.redirect <> io.redirect
  fuBlock.io.writeback <> io.fuWriteback        ///FUBlock的writeback连到ExuBlock的fuWriteback输出端
  fuBlock.io.extra <> io.fuExtra
  …
```

```
  // (2) If the reservation station has fastUopOut for all instructions in this exu,
  // we should replace io.fuWriteback with RegNext(fastUopOut).
  // In this case, the corresponding execution units must have exclusive writeback ports,
  // unless it's impossible that rs can ensure the instruction is able to write the regfile.
  val allWakeupFromRs = flattenFuConfigs.zipWithIndex.filter(_._1.allWakeupFromRS)
  for ((cfg, i) <- allWakeupFromRs) {
    …
  }
  …
  // By default, instructions do not have exceptions when they enter the function units.
  fuBlock.io.issue.map(_.bits.uop.clearExceptions())
  // For exe units that don't have exceptions, we assign zeroes to their exception vector.
  for ((cfg, wb) <- flattenFuConfigs.zip(io.fuWriteback)) {
    wb.bits.uop.clearExceptions(cfg.exceptionOut, cfg.flushPipe, cfg.replayInst)
  }
}
```

可见，FUBlock的writeback输出在ExuBlock中连到了它的fuWriteback输出端。再往上跑一层，在XSCore、实际上是 XSCoreImp 中，则把两个 ExuBlock 的 fuWriteback 输出聚在一起，连同来自 MemBlock 中的执行单元（例如 Load 单元）的 writeback，成为 allWriteback，

```
[TopMain > XSTop > XSTile > XSCore > XSCoreImp]
class XSCoreImp(outer: XSCoreBase) extends LazyModuleImp(outer) with HasXSParameter with HasSoCParameter {
  outer.wbArbiter.module.io.redirect <> ctrlBlock.io.redirect
  val allWriteback = exuBlocks.flatMap(_.io.fuWriteback) ++ memBlock.io.writeback
        ///所有ExuBlock的fuWriteback聚在一起成为一个向量，连同来自MemBlock的writeback，就是allWriteback。
  outer.wbArbiter.module.io.in <> allWriteback          ///将allWriteback连到回写仲裁器wbArbiter的输入端
        ///这里outer是指XSCoreBase，outer.wbArbiter是创建于XSCoreBase中的WbArbiterWrapper，是另一个回写仲裁器。
  val rfWriteback = outer.wbArbiter.module.io.out       ///将回写仲裁器wbArbiter的输出连到rfWriteback，rf意为Register File。
                                                        ///不过，名为rfWriteback，实际上却连到本ExuBlock中的scheduler。
  …
  exuBlocks.map(_.io).foreach { exu =>                  ///exu代表具体ExuBlock的io
    exu.redirect <> ctrlBlock.io.redirect
    exu.allocPregs <> ctrlBlock.io.allocPregs
    exu.rfWriteback <> rfWriteback                      ///将rfWriteback连到每个ExuBlock的io.rfWriteback输入
                                    ///每个ExuBlock都有自己的rf即物理寄存器组，outer.wbArbiter则是跨ExuBlock的。
    exu.fastUopIn <> allFastUop1
    exu.scheExtra.jumpPc <> ctrlBlock.io.jumpPc
    exu.scheExtra.jalr_target <> ctrlBlock.io.jalr_target
    exu.scheExtra.stIssuePtr <> memBlock.io.stIssuePtr
    exu.scheExtra.debug_fp_rat <> ctrlBlock.io.debug_fp_rat
    exu.scheExtra.debug_int_rat <> ctrlBlock.io.debug_int_rat
    exu.scheExtra.lqFull := memBlock.io.lqFull
    exu.scheExtra.sqFull := memBlock.io.sqFull
    exu.scheExtra.memWaitUpdateReq.staIssue.zip(memBlock.io.stIn).foreach{case (sink, src) => {
      sink.bits := src.bits
```

```
        sink.valid := src.valid
      }}
      exu.scheExtra.memWaitUpdateReq.stdIssue.zip(stdIssue).foreach{case (sink, src) => {
        sink.valid := src.valid
        sink.bits := src.bits
      }}
    }
    ...
}  ///end class XSCoreImp
```

可见，有些指令执行单元的输出，即指令的执行结果，以所在 ExuBlock 的 fuWriteback 的名义，和来自 MemBlock 的 writeback 结合在一起，在 XSCoreImp 这一层上接入一个跨 ExuBlock 的回写仲裁器 wbArbiter，仲裁器的输出 rfWriteback 则引回本 ExuBlock 的输入端，成为本 ExuBlock 的 rfWriteback 输入。这样，整数和浮点这两个 ExuBlock 之间就可以互通指令执行的结果。另外，这个跨 ExuBlock 的回写仲裁器的输出回到本 ExuBlock 中称为 rfWriteback，rf 意为 Register File，可见原意是要写入物理寄存器组的，但是实际上只是在 ExuBlockImp 中连到了本地的 scheduler，Scheduler 的接口上有个 writeback 输入端。可想而知，这个 writeback 会进入该 ExuBlock 中的 ReservationStation。

第 25 章

CSR 指令及其执行

按说香山的 class CSR 是 RISC-V CSR 指令的执行单元，应该与别的指令执行单元放在同一章中介绍，可是一来由于 CSR 指令的特殊性，二来 CSR 也不仅仅是个指令执行单元，所以还是另辟一章专门加以介绍。

在 CPU 的系统结构中，除有一组“通用寄存器”（从系统结构的角度是逻辑寄存器组，从微结构的角度是物理寄存器组）以外，还有一个“控制状态寄存器（Control-Status Register）”，即 CSR。控制状态寄存器中的一些控制位决定着 CPU 当前所运行的“状态”和权限（Privilege）。这个所谓“状态”并不只是指一般意义上的状态（一般意义上的状态随每条指令的执行在变），而更是专指 CPU 的运行模式和权限等级。例如很早以前的 CPU 就分“用户态（User Mode）”、“系统态（System Mode，或者 Supervisor Mode）”，后来又增添了“机器态（Machine Mode）”。有的还在 Supervisor 模式上扩充出一个“Hypervisor”的模式，在 RISC-V 的系统结构中称“Hypervisor Extension”。这些模式之间的区别，主要在于执行权限（而不仅仅是访问权限）的不同，有些指令是所谓“特权指令”，在用户态下不能执行，必须在更高级别的状态下才能执行。用户态和系统态的划分形成了两个不同的级别，更多状态/模式的划分则有了更多的不同级别，有了更多只能在某个级别或以上才能执行的指令。至于访问权限，归根结底还是执行权限的问题，因为对访问权限的设置一般都需要通过特权指令加以设置，所以例如用户态的访问权限可能就得在系统态（或更高）才能设置。另外，运行于较低级别的程序本身不能通过设置 CSR 使自己进入较高的级别，因为对 CSR 的访问是有权限要求的，或者所用的指令本身就是特权指令。运行于较低级别的程序进入更高级别只能通过“自陷（Trap）”指令，或中断和异常，实际上自陷也是一种异常，只不过是主动发生的异常。所以，运行于用户态的程序，在执行过程中如果发生了中断或异常，就自动进入了系统态，CSR 中的控制/状态位也随之自动改变，一旦从中断处理或异常处理返回，就又自动回到用户态，CSR 中的控制/状态位也又随之自动恢复原状。这样的一套机制，是为计算机操作系统的需要和调试维修的需要而发展起来的，可以说凝聚了计算机系统研发人员的智慧。后来则又有了虚拟机的需要，这就又有了更多的级别划分。

传统 CPU 的 CSR 中，确实还有表示指令执行结果的状态位，或称 FLAGS、EFLAGS，这些状态位所反映的就是一般意义上的状态了，最典型（也是最原始）的是 C/S/Z/V 标志位，其中 C 表示上一条指令的执行有进位（carry），S 表示上一条指令的执行结果中最高位（状态位）为 1，Z 表示上一条指令的执行结果是 0（或相等），V 表示上一条指令的执行结果有溢出。后来慢慢有了扩充（所以称 EFLAGS），x86 系统结构中的 EFLAGS 标志位有 10 个左右。这些标志位，就被用作条件转移指令的依据。在传统的系统结构中条件转移指令和转移条件的计算（例如相等、小于、大于）是分开的。在有的设计中甚至每一条指令都可以根据这些标志位的状态而或执行或不执行，这样显然可以减少条件转移指令的使用，也减轻了转移预测的压力，对于宽度大于 1 的超标量流水线尤其有利；但是那样就必须把执行条件编码在每一条指令中，这就压缩了指令的编码空间，从而可能限制了指令集的大小，另一方面也使指令译码变得更为复杂。而 RISC-V 的设计，则是另一个极端，压根就不要这些状态标志位，凡是条件转移就把对转移条件的计算与转移目标放在同一条指令内。这样三种不同的设计，孰优孰劣很有争论，应该说是各有千秋，各有道理。

CSR 中通常还有对系统内各种功能的启用/关闭（enable/disable）控制，例如对于 MMU，在有些 CPU 中就是个可以启用也可以不启用的选项。随着计算机技术的发展，需要加以控制的选项也越来越多。例如我们在对于前端的介绍中看到，对于转移预测的五种具体方法，在 CSR 中就都可以分别加以启用和关闭。所以，需要在 CSR 中加以控制的种种选项，加上对运行中各种状态的反映，往往会大大超出一个 32 位寄存器的容量，而需要有多个寄存器，但还是统称 CSR。不过，既然有多个 CSR，就得为其划出一个专门的地址空间。

而 RISC-V 系统结构为 CSR 预留的地址空间，竟可容纳 4096 个 32 位寄存器之多。其中有些寄存器是强制必须要有的，有些则是留给芯片设计者的自由裁量权，属于“customized”。当然，这个“custom”可不是指最终用户，而是指 RISC-V 系统结构规格书的用户，即芯片的设计人员。

对于以 CSR 为目标的指令，在原理上当然也可以放在 ALU 中执行，CSR 终究也是寄存器，但是那样会使 ALU 的设计复杂化，还不如另外搞个 CSR 指令执行单元。所以在包括香山在内的具体 RISC-V 处理器的设计中，CSR 不只是一大堆寄存器，还是 CSR 指令的执行单元。或者反过来说，CSR 不只是 CSR 指令的执行单元，同时还是一大堆寄存器。

至于 CSR 指令，即以 CSR 为目标的指令，当然是一组特殊的指令，首先对 CSR 的操作不需要有计算，即使需要计算也可以先在外面计算好，所以对 CSR 的操作一般而言就只是读写，尤其是按位的读写。其次对 CSR 的有些操作属于特权指令，不是随便都能用的，尤其是在用户态。

本书第一卷中介绍了一些 CSR 指令的格式和作用，这里不再重复，读者可以回头去看一下，再来这儿继续往下看。另外，CSR 与 RISC-V 系统结构手册第 2 卷关系密切，读者应结合该手册阅读。CSR 牵涉整个 RISC-V 系统结构的方方面面，这里不可能对此有全面的介绍（RISC-V 系统结构手册第 2 卷就有 130 页），而只能作些简要的介绍和说明。其实对 CSR 的详细介绍和分析这本身就足以构成一本专著的分量。

凡是需要在 CSR 执行单元中执行的指令，其 FuTupe 都归入 FuType.csr，具体的操作类型则都归入 CSROpType。对这些指令的译码是这样：

```
// I-type, the immediate12 holds the CSR register.
CSRRW    -> List(SrcType.reg, SrcType.imm, SrcType.X, FuType.csr, CSROpType.wrt, Y, N, N, Y, Y, N, SelImm.IMM_I),
CSRRS    -> List(SrcType.reg, SrcType.imm, SrcType.X, FuType.csr, CSROpType.set, Y, N, N, Y, Y, N, SelImm.IMM_I),
CSRRC    -> List(SrcType.reg, SrcType.imm, SrcType.X, FuType.csr, CSROpType.clr, Y, N, N, Y, Y, N, SelImm.IMM_I),

CSRRWI   -> List(SrcType.reg, SrcType.imm, SrcType.X, FuType.csr, CSROpType.wrti, Y, N, N, Y, Y, N, SelImm.IMM_Z),
CSRRSI   -> List(SrcType.reg, SrcType.imm, SrcType.X, FuType.csr, CSROpType.seti, Y, N, N, Y, Y, N, SelImm.IMM_Z),
CSRRCI   -> List(SrcType.reg, SrcType.imm, SrcType.X, FuType.csr, CSROpType.clri, Y, N, N, Y, Y, N, SelImm.IMM_Z),

EBREAK   -> List(SrcType.reg, SrcType.imm, SrcType.X, FuType.csr, CSROpType.jmp, Y, N, N, Y, Y, N, SelImm.IMM_I),
ECALL    -> List(SrcType.reg, SrcType.imm, SrcType.X, FuType.csr, CSROpType.jmp, Y, N, N, Y, Y, N, SelImm.IMM_I),
SRET     -> List(SrcType.reg, SrcType.imm, SrcType.X, FuType.csr, CSROpType.jmp, Y, N, N, Y, Y, N, SelImm.IMM_I),
MRET     -> List(SrcType.reg, SrcType.imm, SrcType.X, FuType.csr, CSROpType.jmp, Y, N, N, Y, Y, N, SelImm.IMM_I),
DRET     -> List(SrcType.reg, SrcType.imm, SrcType.X, FuType.csr, CSROpType.jmp, Y, N, N, Y, Y, N, SelImm.IMM_I),
WFI      -> List(SrcType.pc, SrcType.imm, SrcType.X, FuType.csr,  CSROpType.wfi, Y, N, N, Y, Y, N, SelImm.X),
```

其中 EBREAK、ECALL、SRET 这些指令的操作类型都是 CSROpType.jmp，这是因为这些指令都导致指令流的转向。CSROpType 这个 object 的定义如下：

```
object CSROpType {
  def jmp    = "b000".U
  def wrt    = "b001".U
  def set    = "b010".U
  def clr    = "b011".U
  def wfi    = "b100".U
  def wrti   = "b101".U
  def seti   = "b110".U
  def clri   = "b111".U
```

```
    def needAccess(op: UInt): Bool = op(1, 0) =/= 0.U            ///除jmp和wfi外，其它6种都是。
  }
```

同样，对 CSR 执行单元的配置也是在一个 FuConfig 中，那就是 csrCfg。执行单元的创建也是在一个 fuGen 函数中，这次是 csrGen()：

```
package object xiangshan {
  …
  def csrGen(p: Parameters) = new CSR()(p)
  …
  val csrCfg = FuConfig(name = "csr", fuGen = csrGen, fuSel = (uop: MicroOp) => uop.ctrl.fuType === FuType.csr,
                        fuType = FuType.csr, numIntSrc = 1, numFpSrc = 0, writeIntRf = true, writeFpRf = false,
                        exceptionOut = Seq(illegalInstr, breakPoint, ecallU, ecallS, ecallM), flushPipe = true)
  …
}
```

所以，class CSR 就是 CSR 指令单元，这个类也是对 FunctionUnit 的扩充，CSR 的 io 也是从 FunctionUnit 继承而来。不过 CSR 另外还有个附加的对外接口 csrio，其类型为 CSRFileIO：

```
class CSRFileIO(implicit p: Parameters) extends XSBundle {        ///File指寄存器组，这是对CSR寄存器组的IO
  val hartId = Input(UInt(8.W))
  // output (for func === CSROpType.jmp)
  val perf = Input(new PerfCounterIO)
  val isPerfCnt = Output(Bool())
  // to FPU
  val fpu = Flipped(new FpuCsrIO)
  // from rob
  val exception = Flipped(ValidIO(new ExceptionInfo))          ///来自Rob
  // to ROB
  val isXRet = Output(Bool())
  val trapTarget = Output(UInt(VAddrBits.W))
  val interrupt = Output(Bool())                               ///去向Rob
  val wfi_event = Output(Bool())                               ///去向Rob
  // from LSQ
  val memExceptionVAddr = Input(UInt(VAddrBits.W))
  // from outside cpu,externalInterrupt
  val externalInterrupt = new ExternalInterruptIO              ///外部中断请求
  // TLB
  val tlb = Output(new TlbCsrBundle)                           ///去向TLB（虚存地址变换）
  // Debug Mode
  // val singleStep = Output(Bool())
  val debugMode = Output(Bool())
  // to Fence to disable sfence
  val disableSfence = Output(Bool())                           ///去向Fence模块
  // Custom microarchiture ctrl signal
  val customCtrl = Output(new CustomCSRCtrlIO)                 ///一些（由具体实现的设计人员）自定义的接口。
```

```
  // distributed csr write
  val distributedUpdate = Vec(2, Flipped(new DistributedCSRUpdateReq))
}  ///end class CSRFileIO
```

其中的 CustomCSRCtrlIO 是由具体实现的设计人员自定义的附加接口：

```
class CustomCSRCtrlIO(implicit p: Parameters) extends XSBundle {
  // Prefetcher
  val l1I_pf_enable = Output(Bool())                ///开启L1指令缓存（ICache）的预取指令
  val l2_pf_enable = Output(Bool())                 ///开启L2缓存的预读入
  …
  // ICache
  val icache_parity_enable = Output(Bool())         ///开启ICache的奇偶校验
  // Labeled XiangShan
  val dsid = Output(UInt(8.W))          // TODO: DsidWidth as parameter
  // Load violation predictor
  val lvpred_disable = Output(Bool())
  …
  val lvpred_timeout = Output(UInt(5.W))
  // Branch predictor
  val bp_ctrl = Output(new BPUCtrl)                 ///这就是对BPU的控制，可以独立启用/关闭BPU中的5个预测模块。
  // Memory Block
  val sbuffer_threshold = Output(UInt(4.W))
  …
  val uncache_write_outstanding_enable = Output(Bool())
  // Rename
  val fusion_enable = Output(Bool())                ///启用译码阶段的指令融合机制
  val wfi_enable = Output(Bool())                   ///启用wfi指令
  // Decode
  val svinval_enable = Output(Bool())
  // distribute csr write signal
  val distribute_csr = new DistributedCSRIO()                  ///对CSR寄存器组的读写端口
  val singlestep = Output(Bool())                              ///程序的单步执行
  val frontend_trigger = new FrontendTdataDistributeIO()       ///断点触发的条件
  val mem_trigger = new MemTdataDistributeIO()
  val trigger_enable = Output(Vec(10, Bool()))                 ///开启断点触发
}  ///end class CustomCSRCtrlIO
```

可见，CSRFileIO 连同 CustomCSRCtrlIO，应该是四通八达，从 CSR 这个中心通往 CPU 中的每个部件，辐射到 CPU 的每个角落。从这个意义上说，CSR 才是整个 CPU 的总控。

下面我们就来看 CSR 这个“总控”是什么样的。CSR 的代码篇幅相当大，里面可以分为两块，一块是对各种 CSR 寄存器的定义和创建，CSR 中有那么多的寄存器，但是这一块的“信息含量”却是不大的，所以我们会略去其中的许多代码，代之以省略号；另一块则是“干货”，那就是各种指令的执行，我们把重点放在这一块上面：

[ExuBlock > ExuBlockImp > FUBlock > Exu > cfg.fuGen() > csrGen() > CSR]

```
class CSR(implicit p: Parameters) extends FunctionUnit
                                    with HasCSRConst with PMPMethod with PMAMethod with HasTriggerConst {
  val csrio = IO(new CSRFileIO)

  val cfIn = io.in.bits.uop.cf            ///io 是从 FunctionUnit 继承的 FunctionUnitIO，
                                          ///io.in 是 FunctionUnitInput，cf 是 MicroOp 中的 CtrlFlow。
  val cfOut = Wire(new CtrlFlow)
  cfOut := cfIn                           ///将输入 CtrlFlow 连到输出 cfOut
  val flushPipe = Wire(Bool())
  val (valid, src1, src2, func) = (io.in.valid, io.in.bits.src(0), io.in.bits.uop.ctrl.imm, io.in.bits.uop.ctrl.fuOpType)
                                          ///csr 指令的源操作数 1 来自寄存器，源操作数 2 一定是直接数。
  // CSR define
  class Priv extends Bundle {             ///当前所处的权限级别：
    val m = Output(Bool())                ///machine 模式
    val h = Output(Bool())                ///hypervisor 模式
    val s = Output(Bool())                ///supervisor 模式
    val u = Output(Bool())                ///user 模式
  }
  val csrNotImplemented = RegInit(UInt(XLEN.W), 0.U)

  class DcsrStruct extends Bundle {       ///Debug CSR 寄存器的结构，这里的 D 表示 Debug：
    …
    val ebreakm = Output(Bool())          ///1 if ebreak enters debug
    val ebreakh = Output(Bool())
    val ebreaks = Output(Bool())
    val ebreaku = Output(Bool())
    …
    val cause = Output(UInt(3.W))
    val v = Output(Bool()) // 0
    val mprven = Output(Bool())
    val nmip = Output(Bool())
    val step = Output(Bool())
    val prv = Output(UInt(2.W))
  }  ///end class DcsrStruct

  class MstatusStruct extends Bundle {            ///Machine-mode 状态寄存器的结构，位段和控制/状态位：
                                                  ///详见 RISC-V 指令手册第二卷，v1.12 draft，3.1.6 节（for RV64）：
    val sd = Output(UInt(1.W))
    val pad1   = if (XLEN == 64) Output(UInt(25.W)) else null     ///25 位 WPRI，即“Write Preserve, Read Ignore”。
    val mbe    = if (XLEN == 64) Output(UInt(1.W)) else null
    val sbe    = if (XLEN == 64) Output(UInt(1.W)) else null
    val sxl    = if (XLEN == 64) Output(UInt(2.W)) else null
    val uxl    = if (XLEN == 64) Output(UInt(2.W)) else null
    val pad0   = if (XLEN == 64) Output(UInt(9.W)) else Output(UInt(8.W))

    val tsr = Output(UInt(1.W))                   /// Trap SRET
```

```
    val tw = Output(UInt(1.W))                    /// Timeout Wait
    val tvm = Output(UInt(1.W))                   /// Trap Virtual Memory
    val mxr = Output(UInt(1.W))                   /// Make eXecutable Readable
    val sum = Output(UInt(1.W))                   /// permit Supervisor User Memory access
    val mprv = Output(UInt(1.W))                  /// Modify PRiVilege
    val xs = Output(UInt(2.W))
    val fs = Output(UInt(2.W))
    val mpp = Output(UInt(2.W))                   ///pp 意为 previous privilege，是进入机器态之前的权限模式。
    val hpp = Output(UInt(2.W))
    val spp = Output(UInt(1.W))                   ///进入系统态之前的权限模式
    val pie = new Priv                            ///previous interrupt enable，发生异常之前的 interrupt enable。
    val ie = new Priv                             ///interrupt enable
    assert(this.getWidth == XLEN)

    def ube = pie.h      // a little ugly
    def ube_(r: UInt): Unit = {
      pie.h := r(0)
    }
}   ///end class MstatusStruct

class Interrupt extends Bundle {
    val e = new Priv
    val t = new Priv
    val s = new Priv
}

// Debug CSRs         ///从略
…
val dcsrData = Wire(new DcsrStruct)                    ///创建 Debug 寄存器
dcsrData := dcsr.asTypeOf(new DcsrStruct)
val dcsrMask = ZeroExt(GenMask(15) | GenMask(13, 11) | GenMask(4) | GenMask(2, 0), XLEN)       // Dcsr write mask
…
csrio.customCtrl.singlestep := dcsrData.step && !debugMode
…

// Machine-Level CSRs            ///机器态级别的寄存器:
// mtvec: {BASE (WARL), MODE (WARL)} where mode is 0 or 1
val mtvecMask = ~(0x2.U(XLEN.W))
val mtvec = RegInit(UInt(XLEN.W), 0.U)            ///机器模式自陷向量基地址寄存器，见指令手册第 2 卷 3.1.7 节。
val mcounteren = RegInit(UInt(XLEN.W), 0.U)   ///机器模式（时钟脉冲）计数器 enable，见指令手册第 2 卷 3.1.10 节。
val mcause = RegInit(UInt(XLEN.W), 0.U)           ///发生进入机器模式的异常时这里保存着异常的原因（编码）。
val mtval = RegInit(UInt(XLEN.W), 0.U)            ///发生进入机器模式的异常时这里保存着有关此次异常的信息
val mepc = Reg(UInt(XLEN.W))
      ///mepc 是 Machine Exception PC，发生异常进入机器模式时的返回地址。见指令手册第 2 卷 3.1.14 节。
// Page 36 in riscv-priv: The low bit of mepc (mepc[0]) is always zero.
val mepcMask = ~(0x1.U(XLEN.W))
```

```
val mie = RegInit(0.U(XLEN.W))      ///Machine Interrupt-Enable Register，机器模式开中寄存器，见指令手册 2 卷 3.1.9 节。
val mipWire = WireInit(0.U.asTypeOf(new Interrupt))
val mipReg  = RegInit(0.U(XLEN.W))
val mipFixMask = ZeroExt(GenMask(9) | GenMask(5) | GenMask(1), XLEN)
val mip = (mipWire.asUInt | mipReg).asTypeOf(new Interrupt)
                        ///Machine Interrupt-Pending Register，机器模式中断请求寄存器，见指令手册第 2 卷 3.1.9 节。

def getMisaMxl(mxl: BigInt): BigInt = mxl << (XLEN - 2)        ///Misa 表示“Machine ISA”
def getMisaExt(ext: Char): Long = 1 << (ext.toInt - 'a'.toInt)
var extList = List('a', 's', 'i', 'u')        ///本 CPU 支持的基本指令集，a=Atomic，s=Supper Mode，i=Integer，u=User Mode。
if (HasMExtension) { extList = extList :+ 'm' }        ///整数乘除指令
if (HasCExtension) { extList = extList :+ 'c' }        ///16 位压缩指令
if (HasFPU) { extList = extList ++ List('f', 'd') }        ///然后根据配置对基本的 extList 加以修正
val misaInitVal = getMisaMxl(2) | extList.foldLeft(0L)((sum, i) => sum | getMisaExt(i)) //"h8000000000141105".U
val misa = RegInit(UInt(XLEN.W), misaInitVal.U)      ///misa 是 Machine ISA 寄存器，见第二卷 3.1.1 节。
        ///从 misa 寄存器中的 25 位位图可以读出本 CPU 支持哪些 RISC-V 指令集，例如 bit0 就是原子操作扩充。

// MXL = 2             | 0    | EXT = b 00 0000 0100 0001 0001 0000 0101
// (XLEN-1, XLEN-2)    |      |(25, 0)   ZY XWVU TSRQ PONM LKJI HGFE DCBA

val mvendorid = RegInit(UInt(XLEN.W), 0.U)    // this is a non-commercial implementation
val marchid = RegInit(UInt(XLEN.W), 25.U)     // architecture id for XiangShan is 25;
  // see https://github.com/riscv/riscv-isa-manual/blob/master/marchid.md
val mimpid = RegInit(UInt(XLEN.W), 0.U)       // provides a unique encoding of the version of the processor implementation
val mhartid = Reg(UInt(XLEN.W))               // the hardware thread running the code
when (RegNext(RegNext(reset.asBool) && !reset.asBool)) { mhartid := csrio.hartId }
val mconfigptr = RegInit(UInt(XLEN.W), 0.U)  // the read-only pointer pointing to the platform config structure, 0 for not supported.
val mstatus = RegInit("ha00002000".U(XLEN.W))      ///Machine Status Registers，机器模式状态寄存器，见第二卷 3.1.6 节。
…
// mstatus Value Table          /// mstatus寄存器中的位段划分，详见指令手册第2卷3.1.6节（但略有不同）：
// | sd   |
// | pad1 |
// | sxl  | hardlinked to 10, use 00 to pass xv6 test
// | uxl  | hardlinked to 10
// | pad0 |
// | tsr  |
// | tw   |
// | tvm  |
// | mxr  |
// | sum  |
// | mprv |
// | xs   | 00 |
// | fs   | 01 |
// | mpp  | 00 |
// | hpp  | 00 |
```

```
// | spp   | 0 |
// | pie   | 0000 | pie.h is used as UBE                                    ///先前开中状态
// | ie    | 0000 | uie hardlinked to 0, as N ext is not implemented        ///当前开中状态（与手册上略有不同）

val mstatusStruct = mstatus.asTypeOf(new MstatusStruct)            ///创建机器模式状态寄存器 MstatusStruct
def mstatusUpdateSideEffect(mstatus: UInt): UInt = {
  val mstatusOld = WireInit(mstatus.asTypeOf(new MstatusStruct))
  val mstatusNew = Cat(mstatusOld.xs === "b11".U || mstatusOld.fs === "b11".U, mstatus(XLEN-2, 0))
  mstatusNew
}

val mstatusWMask = …                        ///机器模式状态寄存器写入掩模
val mstatusMask = …                         ///机器模式状态寄存器读出掩模

val medeleg = RegInit(UInt(XLEN.W), 0.U)     ///machine exception delegation register，见指令手册第 2 卷 3.1.8 节。
val mideleg = RegInit(UInt(XLEN.W), 0.U)     ///machine interrupt delegation register，见指令手册第 2 卷 3.1.8 节。
val mscratch = RegInit(UInt(XLEN.W), 0.U)    ///Machine Scratch Register, 见指令手册第 2 卷 3.1.13 节。

// PMP Mapping   ///物理存储保护 PMP 属于机器模式的管辖范围，需要最高特权：
val pmp = Wire(Vec(NumPMP, new PMPEntry()))      // just used for method parameter
val pma = Wire(Vec(NumPMA, new PMPEntry()))      // just used for method parameter
val pmpMapping = pmp_gen_mapping(pmp_init, NumPMP, PmpcfgBase, PmpaddrBase, pmp)
val pmaMapping = pmp_gen_mapping(pma_init, NumPMA, PmacfgBase, PmaaddrBase, pma)

// Superviser-Level CSRs        ///监管态（系统态）级别的寄存器：
val sstatusWmask = "hc6122".U(XLEN.W)                        ///监管态状态寄存器的写入掩模。16 进制 c6122。
// Sstatus Write Mask
// -------------------------------------------------------
//      19            9    5     2
// 0  1100 0000 0001 0010 0010
// 0  c      0     1     2     2
// -------------------------------------------------------
val sstatusRmask = sstatusWmask | "h8000000300018000".U         ///监管态状态寄存器的读出掩模
// Sstatus Read Mask = (SSTATUS_WMASK | (0xf << 13) | (1ull << 63) | (3ull << 32))
// stvec: {BASE (WARL), MODE (WARL)} where mode is 0 or 1    ///WARL 意为“Write Any，Read Legal”
val stvecMask = ~(0x2.U(XLEN.W))
val stvec = RegInit(UInt(XLEN.W), 0.U)     ///Supervisor Trap Vector Base Address Register，见指令手册第 2 卷 4.1.2 节。
val sieMask = "h222".U & mideleg           ///sie 为 Supervisor Interrupt Enable，见指令手册第 2 卷 4.1.3 节。
val sipMask = "h222".U & mideleg           ///sip 为 Supervisor Interrupt Pemding，见指令手册第 2 卷 4.1.3 节。
val sipWMask = "h2".U(XLEN.W)              // ssip is writeable in smode
val satp = if(EnbaleTlbDebug) RegInit(UInt(XLEN.W), "h8000000000087fbe".U) else RegInit(0.U(XLEN.W))
                          ///satp 为 Supervisor Address Translation and Protection 寄存器，见指令手册第 2 卷 4.1.10 节。
val satpMask = Cat("h8".U(Satp_Mode_len.W), satp_part_wmask(Satp_Asid_len, AsidLength),
                                                   satp_part_wmask(Satp_Addr_len, PAddrBits-12))
val sepc = RegInit(UInt(XLEN.W), 0.U)      ///Supervisor Exception PC，见指令手册第 2 卷 4.1.7 节。
// Page 60 in riscv-priv: The low bit of sepc (sepc[0]) is always zero.
```

```
val sepcMask = ~(0x1.U(XLEN.W))
val scause = RegInit(UInt(XLEN.W), 0.U)          ///发生进入系统态的异常时这里保存着异常的原因（编码），见 4.1.8。
val stval = Reg(UInt(XLEN.W))                    ///发生进入系统态的异常时这里保存着有关此次异常的信息，见 4.1.9。
val sscratch = RegInit(UInt(XLEN.W), 0.U)        /// Supervisor Scratch Register，见 4.1.6。
val scounteren = RegInit(UInt(XLEN.W), 0.U)      ///系统态（时钟脉冲）计数器 enable，见指令手册第 2 卷 4.1.5 节。

// sbpctl        ///系统态的 BP（转移预测）控制：
// Bits 0-7: {LOOP, RAS, SC, TAGE, BIM, BTB, uBTB}
val sbpctl = RegInit(UInt(XLEN.W), "h7f".U)                  ///BPU 控制：
csrio.customCtrl.bp_ctrl.ubtb_enable  := sbpctl(0)
csrio.customCtrl.bp_ctrl.btb_enable   := sbpctl(1)
csrio.customCtrl.bp_ctrl.bim_enable   := sbpctl(2)
csrio.customCtrl.bp_ctrl.tage_enable  := sbpctl(3)
csrio.customCtrl.bp_ctrl.sc_enable    := sbpctl(4)
csrio.customCtrl.bp_ctrl.ras_enable   := sbpctl(5)
csrio.customCtrl.bp_ctrl.loop_enable  := sbpctl(6)

val spfctl = RegInit(UInt(XLEN.W), Seq(                      ///系统态的 Prefetch 控制：
  0 << 17,    // L2 pf store only [17] init: false
  1 << 16,    // L1D pf enable stride [16] init: true
  30 << 10,   // L1D active page stride [15:10] init: 30
  12 << 6,    // L1D active page threshold [9:6] init: 12
  1  << 5,    // L1D enable pht [5] init: true
  1  << 4,    // L1D enable agt [4] init: true
  0  << 3,    // L1D train on hit [3] init: false
  1  << 2,    // L1D pf enable [2] init: true
  1  << 1,    // L2 pf enable [1] init: true
  1  << 0,    // L1I pf enable [0] init: true
).reduce(_|_).U(XLEN.W))
csrio.customCtrl.l1I_pf_enable             := spfctl(0)         ///pf 意为 Prefetcher
csrio.customCtrl.l2_pf_enable              := spfctl(1)
csrio.customCtrl.l1D_pf_enable             := spfctl(2)
csrio.customCtrl.l1D_pf_train_on_hit       := spfctl(3)
csrio.customCtrl.l1D_pf_enable_agt         := spfctl(4)
csrio.customCtrl.l1D_pf_enable_pht         := spfctl(5)
csrio.customCtrl.l1D_pf_active_threshold   := spfctl(9, 6)
csrio.customCtrl.l1D_pf_active_stride      := spfctl(15, 10)
csrio.customCtrl.l1D_pf_enable_stride      := spfctl(16)
csrio.customCtrl.l2_pf_store_only          := spfctl(17)

// sfetchctl Bit 0: L1I Cache Parity check enable
val sfetchctl = RegInit(UInt(XLEN.W), "b0".U)
csrio.customCtrl.icache_parity_enable := sfetchctl(0)

// sdsid: Differentiated Services ID         ///待考
val sdsid = RegInit(UInt(XLEN.W), 0.U)
```

```
csrio.customCtrl.dsid := sdsid

// slvpredctl: load violation predict settings
// Default reset period: 2^16
// Why this number: reset more frequently while keeping the overhead low
// Overhead: extra two redirections in every 64K cycles => ~0.1% overhead
val slvpredctl = RegInit(UInt(XLEN.W), "h60".U)
csrio.customCtrl.lvpred_disable              := slvpredctl(0)
csrio.customCtrl.no_spec_load                := slvpredctl(1)
csrio.customCtrl.storeset_wait_store         := slvpredctl(2)
csrio.customCtrl.storeset_no_fast_wakeup     := slvpredctl(3)
csrio.customCtrl.lvpred_timeout              := slvpredctl(8, 4)

//  smblockctl: memory block configurations
//  +------------------------------+---+----+----+-----+--------+
//  |XLEN-1                       8| 7 | 6  | 5  |  4  |3      0|
//  +------------------------------+---+----+----+-----+--------+
//  |           Reserved           | 0 | CE | SP | LVC |   Th   |
//  +----------------------  ------+---+----+----+-----+--------+
//  Description:
//  Bit 3-0   : Store buffer flush threshold (Th).
//  Bit 4     : Enable load violation check after reset (LVC).
//  Bit 5     : Enable soft-prefetch after reset (SP).
//  Bit 6     : Enable cache error after reset (CE).
//  Bit 7     : Enable uncache write outstanding (O).
//  Others    : Reserved.

val smblockctl_init_val = (0xf & StoreBufferThreshold) | (EnableLdVioCheckAfterReset.toInt << 4) |
                   (EnableSoftPrefetchAfterReset.toInt << 5) | (EnableCacheErrorAfterReset.toInt << 6)
                   (EnableUncacheWriteOutstanding.toInt << 7)
val smblockctl = RegInit(UInt(XLEN.W), smblockctl_init_val.U)        ///对存储子系统的控制
csrio.customCtrl.sbuffer_threshold           := smblockctl(3, 0)
// bits 4: enable load load violation check
csrio.customCtrl.ldld_vio_check_enable       := smblockctl(4)
csrio.customCtrl.soft_prefetch_enable        := smblockctl(5)
csrio.customCtrl.cache_error_enable          := smblockctl(6)
csrio.customCtrl.uncache_write_outstanding_enable := smblockctl(7)
…
val srnctl = RegInit(UInt(XLEN.W), "h7".U)
csrio.customCtrl.fusion_enable       := srnctl(0)     ///允许指令融合
csrio.customCtrl.svinval_enable      := srnctl(1)     ///启用 SvinvalDecode 表中的 3 条指令（SINVAL_VMA 等）。
csrio.customCtrl.wfi_enable          := srnctl(2)     ///允许执行 wfi 指令

val tlbBundle = Wire(new TlbCsrBundle)                ///对虚存地址映射 TLB 的控制
tlbBundle.satp.apply(satp)
csrio.tlb := tlbBundle
```

```
// User-Level CSRs
val uepc = Reg(UInt(XLEN.W))

// fcsr
class FcsrStruct extends Bundle {                    ///关于浮点计算的 CSR 寄存器结构
  val reserved = UInt((XLEN-3-5).W)
  val frm = UInt(3.W)                                ///rm 意为进位方式（round mode），例如四舍五入、截尾等。
  val fflags = UInt(5.W)
  assert(this.getWidth == XLEN)
}
val fcsr = RegInit(0.U(XLEN.W))
// set mstatus->sd and mstatus->fs when true
val csrw_dirty_fp_state = WireInit(false.B)

def frm_wfn(wdata: UInt): UInt = {
  val fcsrOld = WireInit(fcsr.asTypeOf(new FcsrStruct))      /// FcsrStruct 类定义见上
  csrw_dirty_fp_state := true.B
  fcsrOld.frm := wdata(2,0)
  fcsrOld.asUInt
}
def frm_rfn(rdata: UInt): UInt = rdata(7,5)

  ///标志位 fflags 表示浮点运算过程中所发生异常的原因，共 5 位：NV/DZ/OF/UF/NX（见 Atlas 第五章）。
  ///分别表示 Invalid Operation，Divide by Zero，Overflow，Underflow，Inexact。
def fflags_wfn (update: Boolean)(wdata: UInt): UInt = {      ///fflags 标志位的写入函数
  val fcsrOld = fcsr.asTypeOf(new FcsrStruct)
  val fcsrNew = WireInit(fcsrOld)
  csrw_dirty_fp_state := true.B
  if (update) {
    fcsrNew.fflags := wdata(4,0) | fcsrOld.fflags
  } else {
    fcsrNew.fflags := wdata(4,0)
  }
  fcsrNew.asUInt
}
def fflags_rfn(rdata:UInt): UInt = rdata(4,0)                ///fflags 标志位的读出函数

def fcsr_wfn(wdata: UInt): UInt = {
  val fcsrOld = WireInit(fcsr.asTypeOf(new FcsrStruct))
  csrw_dirty_fp_state := true.B
  Cat(fcsrOld.reserved, wdata.asTypeOf(fcsrOld).frm, wdata.asTypeOf(fcsrOld).fflags)
}

val fcsrMapping = Map(
  MaskedRegMap(Fflags, fcsr, wfn = fflags_wfn(update = false), rfn = fflags_rfn),
  MaskedRegMap(Frm, fcsr, wfn = frm_wfn, rfn = frm_rfn),
```

```
  MaskedRegMap(Fcsr, fcsr, wfn = fcsr_wfn)
)  ///end val fcsrMapping

// Hart Priviledge Mode
val priviledgeMode = RegInit(UInt(2.W), ModeM)

// Perf Counter
…
// CSR reg map
val basicPrivMapping = Map(
  …
  //--- Supervisor Trap Setup ---
  MaskedRegMap(Sstatus, mstatus, sstatusWmask, mstatusUpdateSideEffect, sstatusRmask),
  MaskedRegMap(Sie, mie, sieMask, MaskedRegMap.NoSideEffect, sieMask),
  MaskedRegMap(Stvec, stvec, stvecMask, MaskedRegMap.NoSideEffect, stvecMask),
  MaskedRegMap(Scounteren, scounteren),

  //--- Supervisor Trap Handling ---
  MaskedRegMap(Sscratch, sscratch),
  MaskedRegMap(Sepc, sepc, sepcMask, MaskedRegMap.NoSideEffect, sepcMask),
  MaskedRegMap(Scause, scause),
  MaskedRegMap(Stval, stval),
  MaskedRegMap(Sip, mip.asUInt, sipWMask, MaskedRegMap.Unwritable, sipMask),

  //--- Supervisor Protection and Translation ---
  MaskedRegMap(Satp, satp, satpMask, MaskedRegMap.NoSideEffect, satpMask),

  //--- Supervisor Custom Read/Write Registers
  MaskedRegMap(Sbpctl, sbpctl),
  MaskedRegMap(Spfctl, spfctl),
  MaskedRegMap(Sfetchctl, sfetchctl),
  MaskedRegMap(Sdsid, sdsid),
  MaskedRegMap(Slvpredctl, slvpredctl),
  MaskedRegMap(Smblockctl, smblockctl),
  MaskedRegMap(Srnctl, srnctl),

  //--- Machine Information Registers ---
  MaskedRegMap(Mvendorid, mvendorid, 0.U(XLEN.W), MaskedRegMap.Unwritable),
  MaskedRegMap(Marchid, marchid, 0.U(XLEN.W), MaskedRegMap.Unwritable),
  MaskedRegMap(Mimpid, mimpid, 0.U(XLEN.W), MaskedRegMap.Unwritable),
  MaskedRegMap(Mhartid, mhartid, 0.U(XLEN.W), MaskedRegMap.Unwritable),
  MaskedRegMap(Mconfigptr, mconfigptr, 0.U(XLEN.W), MaskedRegMap.Unwritable),

  //--- Machine Trap Setup ---
  MaskedRegMap(Mstatus, mstatus, mstatusWMask, mstatusUpdateSideEffect, mstatusMask),
  MaskedRegMap(Misa, misa, 0.U, MaskedRegMap.Unwritable), // now whole misa is unchangeable
```

```
    MaskedRegMap(Medeleg, medeleg, "hb3ff".U(XLEN.W)),
    MaskedRegMap(Mideleg, mideleg, "h222".U(XLEN.W)),
    MaskedRegMap(Mie, mie),
    MaskedRegMap(Mtvec, mtvec, mtvecMask, MaskedRegMap.NoSideEffect, mtvecMask),
    MaskedRegMap(Mcounteren, mcounteren),

    //--- Machine Trap Handling ---
    MaskedRegMap(Mscratch, mscratch),
    MaskedRegMap(Mepc, mepc, mepcMask, MaskedRegMap.NoSideEffect, mepcMask),
    MaskedRegMap(Mcause, mcause),
    MaskedRegMap(Mtval, mtval),
    MaskedRegMap(Mip, mip.asUInt, 0.U(XLEN.W), MaskedRegMap.Unwritable),

    //--- Trigger ---
    MaskedRegMap(Tselect, tselectPhy, WritableMask, WriteTselect),
    MaskedRegMap(Tdata1, tdata1Phy(tselectPhy), WritableMask, WriteTdata1, WritableMask, ReadTdata1),
    MaskedRegMap(Tdata2, tdata2Phy(tselectPhy)),
    MaskedRegMap(Tinfo, tinfo, 0.U(XLEN.W), MaskedRegMap.Unwritable),
    MaskedRegMap(Tcontrol, tControlPhy, tcontrolWriteMask),

    //--- Debug Mode ---
    MaskedRegMap(Dcsr, dcsr, dcsrMask, dcsrUpdateSideEffect),
    MaskedRegMap(Dpc, dpc),
    MaskedRegMap(Dscratch, dscratch),
    MaskedRegMap(Dscratch1, dscratch1),
    MaskedRegMap(Mcountinhibit, mcountinhibit),
    MaskedRegMap(Mcycle, mcycle),
    MaskedRegMap(Minstret, minstret),
  ) ///end val basicPrivMapping，这些寄存器与 CPU 的运行模式和特权有关，是最核心最重要的。
  …
  val cacheopRegs = CacheInstrucion.CacheInsRegisterList.map{case (name, attribute) => {
    name -> RegInit(0.U(attribute("width").toInt.W))
  }}
  val cacheopMapping = CacheInstrucion.CacheInsRegisterList.map{case (name, attribute) => {
                          MaskedRegMap(Scachebase + attribute("offset").toInt, cacheopRegs(name)) }}

  val mapping = basicPrivMapping ++ perfCntMapping ++ pmpMapping ++ pmaMapping ++
                  (if (HasFPU) fcsrMapping else Nil) ++ (if (HasCustomCSRCacheOp) cacheopMapping else Nil)

///class CSR，待续
```

这里先提一下两个寄存器的结构定义，一个是 DcsrStruct，这是用于 Debug 的，我们就不多费口舌了；另一个是 MstatusStruct，这就是机器模式的状态寄存器。机器模式是 RISC-V 处理器权限最高的运行模式，所以这个寄存器所反映的是全局的、最核心的一些状态，这个寄存器（在 CPU 运行于机器模式时）是可读可写的。说是状态，但 CPU 中的许多活动实际上取决于这里的一些状态，所以实际上也起着控制的作用。

CSR 单元中有很多寄存器，每个寄存器都有个“地址”，实际上就是寄存器号。CSR 指令中的寄存器号位段是 12 位的，所以最多可容纳 4096 个寄存器。这里的 val mapping 列举了每个寄存器从地址到该寄存器读写界面（方法和掩模）的映射，其实就是个对照表。这个对照表是由好几个分表联合组成的，其中前面四个，即 basicPrivMapping、perfCntMapping、pmpMapping、pmaMapping 是必有的，后面两个即 fcsrMapping 和 cacheopMapping 则根据具体配置，例如 fcsrMapping 就只有在配备了浮点处理器的时候才有。

这么些 CSR 寄存器，结合对 CSR 寄存器进行读写的 CSR 指令，就提供了通过这些寄存器控制 SoC 芯片上方方面面的软件手段。当然，这些指令常常需要在特权模式、例如系统态下执行，软件上则要将这些指令放在操作系统内核中。

对于这些 CSR 寄存器，我们不妨这样来理解：如果把 CPU 乃至 SoC 上的各种模块想象成外设，那么每个这样的外设上就需要有个控制/状态寄存器，并为其分配一个存储单元地址。现在把这些控制/状态寄存器集中起来放在一块仪表盘上，这些寄存器的存储单元地址则改成仪表盘上的寄存器号，CSR 在很大程度上就是这块仪表盘。当然，CSR 并不仅仅就是仪表盘，它也是 CSR 指令的执行单元，特别是若干特殊指令/特权指令的执行单元。

在上面的代码中，每一个 MaskedRegMap 语句，即对 object MaskedRegMap 的每一次调用，都给定了从一个寄存器的地址（寄存器号）到这个寄存器（实际上是这个寄存器的整个读写界面）的映射。但是这个 object 的作用还不止于此，它还提供了把一个临时用作“草稿”的寄存器到这些 CSR 寄存器的读写通路，为 CSR 寄存器读写指令的实现提供了手段：

```
object MaskedRegMap {            // TODO: add read mask
  def Unwritable = null
  def NoSideEffect: UInt => UInt = (x=>x)
  def WritableMask = Fill(64, true.B)
  def UnwritableMask = 0.U(64.W)
  def apply (addr: Int, reg: UInt, wmask: UInt = WritableMask, wfn: UInt => UInt = (x => x),
          rmask: UInt = WritableMask, rfn: UInt => UInt = x=>x): (Int, (UInt, UInt, UInt => UInt, UInt, UInt => UInt)) =
      (addr, (reg, wmask, wfn, rmask, rfn))      ///生成从地址addr到五元组（reg, wmask, wfn, rmask, rfn）的映射
                                                  ///原则上每个寄存器都有个写入函数wfn和读出函数rfn，以及读/写的掩模。
  def generate (mapping: Map[Int, (UInt, UInt, UInt => UInt, UInt, UInt => UInt)],
                                                  raddr: UInt, rdata: UInt, waddr: UInt, wen: Bool, wdata: UInt):Unit = {
    val chiselMapping = mapping.map { case (a, (r, wm, w, rm, rfn)) => (a.U, r, wm, w, rm, rfn) }
        ///把二元组序列mapping（其中每个映射的第二个元素是个五元组）转化成一个六元组，即(a, r, wm, w, rm, rfn)。
    rdata := LookupTree(raddr, chiselMapping.map { case (a, r, _, _, rm, rfn) => (a, rfn(r & rm)) })
        ///拿一个给定的地址raddr在chiselMapping中搜索比对（在所生成硬件中是并行的同时比对），
        ///如有相符即从该寄存器r中读出，读出时运用掩模rm和读出函数rfn，所读出内容为rdata。
    val wdata_reg = RegEnable (wdata, wen)                ///wdata_reg是个带使能控制wen的寄存器
    chiselMapping.foreach { case (a, r, wm, w, _, _) =>   ///对于chiselMapping中的每个映射六元组：
                                                          ///注意这里的r是CSR寄存器，w是其写入函数。
      if (w != null && wm != UnwritableMask) {            /// UnwritableMask=0
        // Warning: this RegMap adds a RegNext for write to reduce fanout
        // the w must be pure function without side effects
        val wen_reg = RegNext (wen && waddr === a)        ///这是个1位的D触发器，地址比对相符时输出true。
        when (wen_reg) { r := w (MaskData (r, wdata_reg, wm)) }
            ///MaskData将CSR寄存器r中的内容与wdata_reg拼合在一起（因为需要改变的可能只是其中几位，见后），
            ///然后实施写入函数w（默认为 x => x），再将w的输出连接到CSR寄存器的输入。
      }
    }      ///这样，例如给定一个waddr和一个wdata，并使wen为true，就可以将wdata先打入wdata_reg，
```

```
            ///再将wdata_reg打入mapping中地址与waddr相符的那个CSR寄存器r。
  }  ///end generate()，这里的RegEnable、RegNext、连接符、比较符都是可综合的，都会体现在电路中。

  def isIllegalAddr(mapping: Map[Int, (UInt, UInt, UInt => UInt, UInt, UInt => UInt)], addr: UInt):Bool = {
    val illegalAddr = Wire(Bool())
    illegalAddr := LookupTreeDefault(addr, true.B, mapping.toSeq.sortBy(_._1).map { case (a, _) => (a.U, false.B) })
    illegalAddr
  }
  def generate (mapping: Map[Int, (UInt, UInt, UInt => UInt, UInt, UInt => UInt)],
                                           addr: UInt, rdata: UInt, wen: Bool, wdata: UInt) :Unit =
        generate (mapping, addr, rdata, addr, wen, wdata)
} ///end object MaskedRegMap
```

对 MaskedRegMap 的调用是调用其 apply()函数，作用是建立起从寄存器地址到一个包括寄存器及其操作的五元组之间的映射，其形式是二元组(addr, (reg, wmask, wfn, rmask, wfn))。这个二元组的第一个元素是一个地址，第二个元素是个五元组，五元组里的第一个元素是寄存器，然后是对这寄存器的写入掩模和写入函数，还有读出掩模和读出函数。在调用这个 apply()函数时，地址和寄存器这两个参数是必须要给定的，其余四项，即 wmask、wfn、rmask、rfn，则都有默认值，所以不给也可以；其中对写入函数 wfn 和读出函数 wfn 的默认值都是(x => x)，即按原样写入或读出；对两个掩模的默认值则都是 WritableMask，实际上就是 64 位全 1，即不加屏蔽。这个五元组是对一个寄存器读写界面的描述，因而所谓“映射”就是从一个地址到这个地址上的寄存器的读写界面的描述，这在宏观上是个二元组。以其中“MaskedRegMap(Sbpctl, sbpctl)”这个语句为例，这里的 Sbpctl 是个地址，就是系统态 BP（转移预测）控制寄存器的地址（具体地址见后），注意系统态 BP 控制寄存器之所以是系统态只是说对此寄存器的写入须在系统态，但是其控制的对象却无所谓系统态还是什么态，那类似于对外设的控制；而其所映射的五元组，则这里只给定了形参 reg 的实参是 sbpctl，就是前面代码中的 val sbpctl，后面 4 个参数均采用默认值。这样，代码中的每个 MaskedRegMap 语句都产生一个这样的二元组，若干个这样的二元组合在一起就是一组从地址到寄存器读写界面描述五元组的映射，例如代码中的 basicPrivMapping、perfCntMapping、pmpMapping 等。再把若干组这样的映射合在一起，就是最后那个 val mapping，这就是所有 CSR 寄存器的映射，给出了每个 CSR 寄存器的地址和寄存器的读写界面。

不过，建立了这样的映射只是软件上的事，有了这么个数据结构、这么个对照表而已，真正的电路连接则需要调用 MaskedRegMap 的 generate()函数才能建立，这个函数的输入参数 mapping 就是一个 Map 集合，里面都是通过其 apply()函数创建的映射，后面还有 5 个参数分别是 raddr、rdata，和 waddr、wdata、wen。这里的 wen 意为 write enable，表示允许写入。对于从 CSR 寄存器的读出，只要把 wen 设成 false，waddr 和 wdata 就失去了作用，然后把 raddr 设成所欲读出的 CSR 寄存器的地址，就能将其内容读出至 rdata（rdata 应该是 Wire，当然也可以是寄存器）。对于向 CSR 寄存器的写入，则把 wen 设成 true，并给定所欲写入的 CSR 寄存器的地址 waddr，和需要写入的内容 wdata，这就可以了。代码中已经加了详细的注释，读者应该不会有困难。其中的 object MaskData 是这样：

```
object MaskData {
  def apply (oldData: UInt, newData: UInt, fullmask: UInt): UInt = {
    require(oldData.getWidth <= fullmask.getWidth, s"${oldData.getWidth} < ${fullmask.getWidth}")
    require(newData.getWidth <= fullmask.getWidth, s"${newData.getWidth} < ${fullmask.getWidth}")
    (newData & fullmask) | (oldData & (~fullmask).asUInt)        ///这里的算符 &、| 、~ 都是可综合的，都会体现在电路中。
  }
}
```

就是用掩模 fullmask 分别从 oldData（在上面的代码中是来自某个 CSR 寄存器）和 newData（需要写入的数据 wdata）中摘取需要保持不变的位段和需要改变的位段，再把二者相或在一起。

上面以 Sbpctl 为例讲到了 CSR 寄存器的地址，trait HasCSRConst 中定义了全部 CSR 寄存器的地址，下面是个摘要：

```
trait HasCSRConst {          ///这些地址都被用在前面的MaskedRegMap()中，并且都在mapping序列内的各项中：
  // User Trap Setup
  val Ustatus          = 0x000
  val Uie              = 0x004
  val Utvec            = 0x005

  // User Trap Handling
  val Uscratch         = 0x040
  val Uepc             = 0x041
  val Ucause           = 0x042
  val Utval            = 0x043
  val Uip              = 0x044

  // User Floating-Point CSRs (not implemented)
  val Fflags           = 0x001
  val Frm              = 0x002
  val Fcsr             = 0x003

  // User Counter/Timers
  val Cycle            = 0xC00
  val Time             = 0xC01
  val Instret          = 0xC02

  // Supervisor Trap Setup
  val Sstatus          = 0x100
  val Sedeleg          = 0x102
  val Sideleg          = 0x103
  val Sie              = 0x104
  val Stvec            = 0x105
  val Scounteren       = 0x106

  // Supervisor Trap Handling
  val Sscratch         = 0x140
  val Sepc             = 0x141
  val Scause           = 0x142
  val Stval            = 0x143
  val Sip              = 0x144

  // Supervisor Protection and Translation
  val Satp             = 0x180
```

```
  // Supervisor Custom Read/Write
  val Sbpctl          = 0x5C0
  val Spfctl          = 0x5C1
  …
  // Machine Memory Protection, TBD
  val PmpcfgBase      = 0x3A0
  val PmpaddrBase     = 0x3B0
  // Machine level PMA
  val PmacfgBase      = 0x7C0
  val PmaaddrBase     = 0x7C8    // 64 entry at most
  …
  def privEcall  = 0x000.U
  def privEbreak = 0x001.U
  def privMret   = 0x302.U
  def privSret   = 0x102.U
  def privUret   = 0x002.U
  def privDret   = 0x7b2.U         ///用于从因ebreak而进入的Debug模式返回

  def ModeM     = 0x3.U
  def ModeH     = 0x2.U
  def ModeS     = 0x1.U
  def ModeU     = 0x0.U
  …
  def csrAccessPermissionCheck(addr: UInt, wen: Bool, mode: UInt): Bool = {
    val readOnly = addr(11,10) === "b11".U
    val lowestAccessPrivilegeLevel = addr(9,8)
    mode >= lowestAccessPrivilegeLevel && !(wen && readOnly)
  }
  …
}  ///end trait HasCSRConst
```

不过，至此为止，还只是有了地址与寄存器操作界面的映射序列 val mapping，还没有调用 MaskedRegMap 的 generate()函数。我们继续往下看 class CSR 的代码：

```
[ExuBlock > ExuBlockImp > FUBlock > Exu > cfg.fuGen() > csrGen() > CSR]   续 1
  val addr = src2(11, 0)                              ///目标寄存器的地址（12 位寄存器号）
  val csri = ZeroExt(src2(16, 12), XLEN)              ///5 位直接数
  val rdata = Wire(UInt(XLEN.W))
  val wdata = LookupTree(func, List(
    CSROpType.wrt  -> src1,                           /// CSROpType.wrt，  即 csrrw 指令。
    CSROpType.set  -> (rdata | src1),                 /// CSROpType.set，  即 csrrs 指令。
    CSROpType.clr  -> (rdata & (~src1).asUInt),       /// CSROpType.clr，  即 csrrc 指令。
    CSROpType.wrti -> csri,                           /// CSROpType.wrti， 即 csrrwi 指令。
    CSROpType.seti -> (rdata | csri),                 /// CSROpType.seti， 即 csrrsi 指令。
    CSROpType.clri -> (rdata & (~csri).asUInt)        /// CSROpType.clri， 即 csrrci 指令。
  )) ///这是对 csrrw 等六条指令的实现。以其中的 CSROpType.clr 即 csrrc 指令为例，
```

```
///就是将从 CSR 寄存器读出的数据与反相的操作数 1 相与，作为 wdata。余可类推。

val addrInPerfCnt = (addr >= Mcycle.U) && (addr <= Mhpmcounter31.U) ||
                    (addr >= Mcountinhibit.U) && (addr <= Mhpmevent31.U) || addr === Mip.U
csrio.isPerfCnt := addrInPerfCnt && valid && func =/= CSROpType.jmp

// satp wen check        ///satp = Supervisor address translation and protection，与 TLB 有关。
val satpLegalMode = (wdata.asTypeOf(new SatpStruct).mode===0.U) || (wdata.asTypeOf(new SatpStruct).mode===8.U)

// csr access check, special case
val tvmNotPermit = (priviledgeMode === ModeS && mstatusStruct.tvm.asBool)
val accessPermitted = !(addr === Satp.U && tvmNotPermit)
csrio.disableSfence := tvmNotPermit

// general CSR wen check
val wen = valid && CSROpType.needAccess(func) && (addr=/=Satp.U || satpLegalMode)
val dcsrPermitted = dcsrPermissionCheck(addr, false.B, debugMode)
val triggerPermitted = triggerPermissionCheck(addr, true.B, debugMode)      // todo dmode
val modePermitted = csrAccessPermissionCheck(addr, false.B, priviledgeMode) && dcsrPermitted && triggerPermitted
val perfcntPermitted = perfcntPermissionCheck(addr, priviledgeMode, mcounteren, scounteren)
val permitted = Mux(addrInPerfCnt, perfcntPermitted, modePermitted) && accessPermitted

MaskedRegMap.generate(mapping, addr, rdata, wen && permitted, wdata)      ///调用 MaskedRegMap.generate()
    ///第一个实参是整个 mapping 序列（所有 CSR 寄存器，见前），按给定的地址 addr 读写 mapping 序列中的寄存器。
    ///mapping 的类型是 Map[Int, (UInt, UInt, UInt => UInt, UInt, UInt => UInt)]，这里的 Int 是电路中的寄存器地址。
    ///addr 来自 CSR 指令，generate()所生成电路将指令中给定的 addr 与所有寄存器的地址比对，找出访问目标。

io.out.bits.data := rdata                        ///这是从目标 CSR 寄存器读出的数据 rdata
io.out.bits.uop := io.in.bits.uop
io.out.bits.uop.cf := cfOut
io.out.bits.uop.ctrl.flushPipe := flushPipe      ///对此可能也有变动

// send distribute csr a w signal
csrio.customCtrl.distribute_csr.w.valid := wen && permitted
csrio.customCtrl.distribute_csr.w.bits.data := wdata      ///将 wdata 写入某个 distribute_csr 寄存器
csrio.customCtrl.distribute_csr.w.bits.addr := addr

///以上为 CSR 中的寄存器以及对一般 CSR 寄存器执行 6 条读写指令的电路描述。
///但是对机器态和系统态两个中断请求（interrupt pending）寄存器 Mip 和 Sip 的读写有些不同：

// Fix Mip/Sip write      ///Mip 是 Machine interrupt-pending 寄存器，Sip 是 Supervisor interrupt pending 寄存器
val fixMapping = Map(MaskedRegMap (Mip, mipReg.asUInt, mipFixMask),
                     MaskedRegMap (Sip, mipReg.asUInt, sipWMask, MaskedRegMap.NoSideEffect, sipMask))
        ///物理上只有 mipReg 而没有 sipReg，Mip 和 Sip 实际上是访问同一个寄存器，但使用不同掩模。
val rdataFix = Wire(UInt(XLEN.W))
val wdataFix = LookupTree(func, List(
```

```
    CSROpType.wrt   -> src1,                                   /// CSROpType.wrt，即 csrrw 指令。
    CSROpType.set   -> (rdataFix | src1),                      /// CSROpType.set，即 csrrs 指令。
    CSROpType.clr   -> (rdataFix & (~src1).asUInt),            /// CSROpType.clr，即 csrrc 指令。
    CSROpType.wrti  -> csri,                                   /// CSROpType.wrti，即 csrrwi 指令。
    CSROpType.seti  -> (rdataFix | csri),                      /// CSROpType.seti，即 csrrsi 指令。
    CSROpType.clri  -> (rdataFix & (~csri).asUInt)))           /// CSROpType.clri，即 csrrci 指令。

  MaskedRegMap.generate (fixMapping, addr, rdataFix, wen && permitted, wdataFix)   ///调用 generate()，生成 Mip/Sip 寄存器。
    ///对于浮点计算还有些特殊的控制/状态字段：
  when (RegNext(csrio.fpu.fflags.valid)) { fcsr := fflags_wfn(update = true)(RegNext(csrio.fpu.fflags.bits)) }   ///这是对 fflags
  // set fs and sd in mstatus
  when (csrw_dirty_fp_state || RegNext(csrio.fpu.dirty_fs)) {
    val mstatusNew = WireInit(mstatus.asTypeOf(new MstatusStruct))
    mstatusNew.fs := "b11".U          ///mstatus 寄存器中的 fs 位段（2 位），11 表示 CSR 中有关浮点处理的寄存器 Dirty。
    mstatusNew.sd := true.B           ///mstatus 寄存器的最高位是 sd，其值为 true 表示 Dirty，即已经被写。
    mstatus := mstatusNew.asUInt
  }
  csrio.fpu.frm := fcsr.asTypeOf(new FcsrStruct).frm        /// csrio 接口上关于浮点数进位模式的输出信号

  // Trigger Ctrl        ///以下寄存器用于（程序执行）断点的设置和触发，用于程序调试：
  csrio.customCtrl.trigger_enable := tdata1Phy.map{t =>
    def tdata1 = t.asTypeOf(new TdataBundle)
    tdata1.m && priviledgeMode === ModeM || tdata1.s && priviledgeMode === ModeS ||
     tdata1.u && priviledgeMode === ModeU
  }
  csrio.customCtrl.frontend_trigger.t.valid :=              ///前端的断点触发条件是程序执行到了某个地址
          RegNext(wen && (addr === Tdata1.U || addr === Tdata2.U) && TypeLookup(tselectPhy) === I_Trigger)
  csrio.customCtrl.mem_trigger.t.valid :=                   ///存储器的断点触发条件是程序访问某个内存地址
          RegNext(wen && (addr === Tdata1.U || addr === Tdata2.U) && TypeLookup(tselectPhy) =/= I_Trigger)
        /// csrio.customCtrl 接口上关于满足某种触发条件（比方说某组信号（“变量”）等于某个数值）的信号输出
  XSDebug(csrio.customCtrl.trigger_enable.asUInt.orR, p"Debug Mode: At least 1 trigger is enabled," +
                                                p"trigger enable is ${Binary(csrio.customCtrl.trigger_enable.asUInt)}\n")
///class CSR，续 1，待续
```

这一段就是以 CSR 寄存器为目标的 6 条 CSR 指令的实现。前面的 val mapping 已经把几乎所有 CSR 寄存器的映射都集中在一起，现在的问题是要把对 6 条 CSR 指令的实现作用到其中的任何一个寄存器上，CSR 指令中的目标寄存器地址字段是 12 位，所以最多可有 4096 个这样的寄存器。从代码中可见，指令本身所涉及的运算是很简单的，以相对复杂的 csrrc 指令而言，那也只是(rdataFix & (~src1).asUInt)，就是从目标寄存器中读出数据 rdataFix，然后将其与~src1 相与，再写回目标寄存器。但是怎么把这个操作实施到由源操作数 src2 所给定的寄存器地址 addr 上，那当然可以有各种不同的实现方法，而这里所采用的就是调用 MaskedRegMap.generate()，这我们在前面已经看到过了。

但是 val mapping 还不是全部 CSR 寄存器的映射，有两个寄存器是特殊的，这就是机器态中断请求（interrupt pending）寄存器 Mip 和系统态中断请求寄存器 Sip。这两个寄存器实际上访问的是同一个（物理的）寄存器，只是使用不同的掩膜。这样，从地址 Mip 访问就是前者，从地址 Sip 访问就是后者。所以对这两个寄存器的 CSR 指令就得另外加以实现，那就是这里的 fixMapping 和以此为第一个实参所调用的 MaskedRegMap.generate()。

当然，CSR 指令不只是这 6 条，还有 ebreak/ecall 和 mret/sret 等特权指令，我们继续看 class CSR 的代码：

[ExuBlock > ExuBlockImp > FUBlock > Exu > cfg.fuGen() > csrGen() > CSR]　续 2

```
// CSR inst decode          ///特权指令都是在 CSR 中执行，都属于 CSR 指令：
val isEbreak  = addr === privEbreak && func === CSROpType.jmp
val isEcall   = addr === privEcall && func === CSROpType.jmp
val isMret    = addr === privMret && func === CSROpType.jmp
val isSret    = addr === privSret && func === CSROpType.jmp
val isUret    = addr === privUret && func === CSROpType.jmp   ///RISC-V 本无 uret 指令（但有建议），这是香山的扩充。
                                    ///见指令手册第 2 卷 3.3.2 节“Trap-Return Instructions”的一个注解中的建议。
val isDret    = addr === privDret && func === CSROpType.jmp   ///因 ebreak 进入 Debug 模式后的返回，也是香山的扩充。
val isWFI     = func === CSROpType.wfi

XSDebug(wen, "csr write: pc %x addr %x rdata %x wdata %x func %x\n", cfIn.pc, addr, rdata, wdata, func)
XSDebug(wen, "pc %x mstatus %x mideleg %x medeleg %x mode %x\n", cfIn.pc, mstatus, mideleg , medeleg, priviledgeMode)

// Illegal priviledged operation list   ///检验操作权限：
val illegalMret = valid && isMret && priviledgeMode < ModeM     ///当前运行模式低于 ModeM 就不得执行 mret 指令
val illegalSret = valid && isSret && priviledgeMode < ModeS     ///类推
val illegalSModeSret = valid && isSret && priviledgeMode === ModeS && mstatusStruct.tsr.asBool

// When TW=1, then if WFI is executed in any less-privileged mode, and it does not complete within an implementation-specific,
// bounded time limit, the WFI instruction causes an illegal instruction exception. The time limit may always be 0,
// in which case WFI always causes an illegal instruction exception in less-privileged modes when TW=1.
val illegalWFI = valid && isWFI && priviledgeMode < ModeM && mstatusStruct.tw === 1.U        ///见上面原注释的说明

// Illegal priviledged instruction check
val isIllegalAddr = valid && CSROpType.needAccess(func) && MaskedRegMap.isIllegalAddr(mapping, addr)
val isIllegalAccess = wen && !permitted
val isIllegalPrivOp = illegalMret || illegalSret || illegalSModeSret || illegalWFI

// expose several csr bits for tlb          /// mstatusStruct 中有几个位段对 TLB 起着控制作用
tlbBundle.priv.mxr      := mstatusStruct.mxr.asBool
tlbBundle.priv.sum      := mstatusStruct.sum.asBool
tlbBundle.priv.imode    := priviledgeMode
tlbBundle.priv.dmode    := Mux(debugMode && dcsr.asTypeOf(new DcsrStruct).mprven, ModeM,
                              Mux(mstatusStruct.mprv.asBool, mstatusStruct.mpp, priviledgeMode))
// Branch control            ///对 mret/sret/dret 指令的执行，返回地址不在堆栈，而在 CSR 寄存器 mepc/sepc/dpc 中：
val retTarget = Wire(UInt(VAddrBits.W))          ///mret/sret 指令的返回目标
val resetSatp = addr === Satp.U && wen           // write to satp will cause the pipeline be flushed
flushPipe := resetSatp || (valid && func === CSROpType.jmp && !isEcall && !isEbreak)

retTarget := DontCare
when (valid && isDret) {                          ///指令为 dret 时返回目标的确定：
  val mstatusOld = WireInit(mstatus.asTypeOf(new MstatusStruct))
  val mstatusNew = WireInit(mstatus.asTypeOf(new MstatusStruct))
```

```
    val dcsrNew = WireInit(dcsr.asTypeOf(new DcsrStruct))
    val debugModeNew = WireInit(debugMode)
    when (dcsr.asTypeOf(new DcsrStruct).prv =/= ModeM) {mstatusNew.mprv := 0.U}
        //If the new privilege mode is less privileged than M-mode, MPRV in mstatus is cleared.
    mstatus := mstatusNew.asUInt
    priviledgeMode := dcsrNew.prv      ///prv 表示 privilege
    retTarget := dpc(VAddrBits-1, 0)    ///dpc 是个 CSR 寄存器，因 ebreak 进入 Debug 模式时把返回地址保存在这里。
    XSDebug("Debug Mode: Dret executed, returning to %x.", retTarget)
  }

  when (valid && isMret && !illegalMret) {          ///指令为 mret 时返回目标的确定：
    val mstatusOld = WireInit(mstatus.asTypeOf(new MstatusStruct))
    val mstatusNew = WireInit(mstatus.asTypeOf(new MstatusStruct))
    mstatusNew.ie.m := mstatusOld.pie.m
    priviledgeMode := mstatusOld.mpp
    mstatusNew.pie.m := true.B          ///pie.m 是机器态下的先前 interrupt enable，p 表示 previous。
    mstatusNew.mpp := ModeU             ///mpp 表示机器态下的先前权限，pp 表示 previous privilege。
    when (mstatusOld.mpp =/= ModeM) { mstatusNew.mprv := 0.U }
    mstatus := mstatusNew.asUInt
    retTarget := mepc(VAddrBits-1, 0)   ///mepc 也是个 CSR 寄存器，因 ecall 进入机器态时把返回地址保存在这里
  }

  when (valid && isSret && !illegalSret && !illegalSModeSret) {          ///指令为 sret 时返回目标的确定：
    val mstatusOld = WireInit(mstatus.asTypeOf(new MstatusStruct))
    val mstatusNew = WireInit(mstatus.asTypeOf(new MstatusStruct))
    mstatusNew.ie.s := mstatusOld.pie.s
    priviledgeMode := Cat(0.U(1.W), mstatusOld.spp)
    mstatusNew.pie.s := true.B          ///pie.s 是系统态下的先前 interrupt enable，p 表示 previous。
    mstatusNew.spp := ModeU             ///spp 表示系统态下的先前权限，pp 表示 previous privilege。
    mstatus := mstatusNew.asUInt
    when (mstatusOld.spp =/= ModeM) { mstatusNew.mprv := 0.U }
    retTarget := sepc(VAddrBits-1, 0)   ///sepc 是另一个 CSR 寄存器，因 ecall 进入系统态时把返回地址保存在这里
  }

  when (valid && isUret) {                                              ///指令为 uret 时返回目标的确定：
    val mstatusOld = WireInit(mstatus.asTypeOf(new MstatusStruct))
    val mstatusNew = WireInit(mstatus.asTypeOf(new MstatusStruct))
    // mstatusNew.mpp.m := ModeU     //TODO: add mode U
    mstatusNew.ie.u := mstatusOld.pie.u
    priviledgeMode := ModeU
    mstatusNew.pie.u := true.B
    mstatus := mstatusNew.asUInt
    retTarget := uepc(VAddrBits-1, 0)   ///似应类似 sepc，但香山代码中未见对此寄存器的写入。
  }

        ///对 ebreak/ecall 指令的执行，这里开了个头，后面继续：
```

```
io.in.ready := true.B
io.out.valid := valid          ///valid 来自 io.in.valid，所以对于输入 CSR 执行单元的每一条指令都会有输出。

val ebreakCauseException = (priviledgeMode === ModeM && dcsrData.ebreakm) ||
            (priviledgeMode === ModeS && dcsrData.ebreaks) || (priviledgeMode === ModeU && dcsrData.ebreaku)

val csrExceptionVec = WireInit(cfIn.exceptionVec)          ///cfIn 来自 io.in.bits.uop.cf，这是个 16 位的位图
                                                           ///表示异常的来源，读者可自行参考 object ExceptionNO。
csrExceptionVec(breakPoint) := io.in.valid && isEbreak && (ebreakCauseException || debugMode)
csrExceptionVec(ecallM) := priviledgeMode === ModeM && io.in.valid && isEcall          /// ecallM=11
csrExceptionVec(ecallS) := priviledgeMode === ModeS && io.in.valid && isEcall          /// ecallS = 9
csrExceptionVec(ecallU) := priviledgeMode === ModeU && io.in.valid && isEcall          /// ecallU = 8
// Trigger an illegal instr exception when:
// * unimplemented csr is being read/written
// * csr access is illegal
csrExceptionVec (illegalInstr) := isIllegalAddr || isIllegalAccess || isIllegalPrivOp
            ///见前。以 isIllegalAccess 为例：val isIllegalAccess = wen && !permitted。
            ///又如 isIllegalPrivOp：val isIllegalPrivOp = illegalMret || illegalSret || illegalSModeSret || illegalWFI
cfOut.exceptionVec := csrExceptionVec          ///对 CtrlFlow 的反馈，cfOut 最终被写入 io.out.bits.uop.cf。

XSDebug(io.in.valid && isEbreak, s"Debug Mode: an Ebreak is executed, ebreak cause exception ? ${ebreakCauseException}\n")

/**
  * Exception and Intr          ///对异常和中断的处理（指异常/中断的产生）
  */
val ideleg =  (mideleg & mip.asUInt)          ///需要作出反应的中断/异常请求，deleg 意为 delegation。
def priviledgedEnableDetect(x: Bool): Bool = Mux(x,          ///下面 ie 为当前开中状态，ie.s 表示在系统态是开着的：
                    ((priviledgeMode === ModeS) && mstatusStruct.ie.s) || (priviledgeMode < ModeS),
                    ((priviledgeMode === ModeM) && mstatusStruct.ie.m) || (priviledgeMode < ModeM))

val debugIntr = csrio.externalInterrupt.debug & debugIntrEnable
XSDebug(debugIntr, "Debug Mode: debug interrupt is asserted and valid!")

// send interrupt information to ROB          ///中断发生于两条指令之间
val intrVecEnable = Wire(Vec(12, Bool()))          ///12 位的位图
val disableInterrupt = debugMode || (dcsrData.step && !dcsrData.stepie)
intrVecEnable.zip(ideleg.asBools).map{case(x, y) => x := priviledgedEnableDetect(y) && !disableInterrupt}     ///按 ideleg 内容设置

val intrVec = Cat(debugIntr && !debugMode, (mie(11,0) & mip.asUInt & intrVecEnable.asUInt))
                    ///val mie 是机器模式开中寄存器（见前），mip 是机器模式中断请求寄存器（见前）。
val intrBitSet = intrVec.orR
csrio.interrupt := intrBitSet          /// CSRFileIO 中的 interrupt 位，后面会用到这个信息。

// Page 45 in RISC-V Privileged Specification          ///wfi 指令是“静等中断发生”
// The WFI instruction can also be executed when interrupts are disabled. The operation of WFI
// must be unaffected by the global interrupt bits in mstatus (MIE and SIE) and the delegation
```

```
// register mideleg, but should honor the individual interrupt enables (e.g, MTIE).
csrio.wfi_event := debugIntr || (mie(11, 0) & mip.asUInt).orR
mipWire.t.m := csrio.externalInterrupt.mtip        ///mip 意为 machine interrupt pending，mtip = machine timer interrupts pending
mipWire.s.m := csrio.externalInterrupt.msip        ///msip 表示有跨 CPU 核的中断请求，即一个核请求另一个核中断。
mipWire.e.m := csrio.externalInterrupt.meip        ///meip 表示机器态级别的外部中断请求，machine-level external interrupts。
mipWire.e.s := csrio.externalInterrupt.seip        ///seip 表示系统态级别的外部中断请求，supervisor-level external interrupts。

// interrupts                ///中断是外来的、随机的，CPU 完全处于被动状态。
val intrNO = IntPriority.foldRight(0.U)((i: Int, sum: UInt) => Mux(intrVec(i), i.U, sum))    ///找出优先级别最高的中断请求
val raiseIntr = csrio.exception.valid && csrio.exception.bits.isInterrupt                  ///此位为 true 表示需要发起一次中断
val ivmEnable = tlbBundle.priv.imode < ModeM && satp.asTypeOf(new SatpStruct).mode === 8.U
                                    ///satp = Supervisor address translation and protection 寄存器
val iexceptionPC = Mux(ivmEnable, SignExt(csrio.exception.bits.uop.cf.pc, XLEN), csrio.exception.bits.uop.cf.pc)
                                    ///发生中断处的 PC，中断返回地址应是其下一条指令处。
val dvmEnable = tlbBundle.priv.dmode < ModeM && satp.asTypeOf(new SatpStruct).mode === 8.U
val dexceptionPC = Mux(dvmEnable, SignExt(csrio.exception.bits.uop.cf.pc, XLEN), csrio.exception.bits.uop.cf.pc)
XSDebug(raiseIntr, "interrupt: pc=0x%x, %d\n", dexceptionPC, intrNO)
val raiseDebugIntr = intrNO === IRQ_DEBUG.U && raiseIntr

// exceptions                ///异常是本地产生的，是 CPU 因遇到困难无法前行（从而需要软件介入）而主动产生的。
val raiseException = csrio.exception.valid && !csrio.exception.bits.isInterrupt           ///确认需要发起的是异常而不是中断
val hasInstrPageFault = csrio.exception.bits.uop.cf.exceptionVec(instrPageFault) && raiseException
val hasLoadPageFault = csrio.exception.bits.uop.cf.exceptionVec(loadPageFault) && raiseException
val hasStorePageFault = csrio.exception.bits.uop.cf.exceptionVec(storePageFault) && raiseException
val hasStoreAddrMisaligned = csrio.exception.bits.uop.cf.exceptionVec(storeAddrMisaligned) && raiseException
val hasLoadAddrMisaligned = csrio.exception.bits.uop.cf.exceptionVec(loadAddrMisaligned) && raiseException
val hasInstrAccessFault = csrio.exception.bits.uop.cf.exceptionVec(instrAccessFault) && raiseException
val hasLoadAccessFault = csrio.exception.bits.uop.cf.exceptionVec(loadAccessFault) && raiseException
val hasStoreAccessFault = csrio.exception.bits.uop.cf.exceptionVec(storeAccessFault) && raiseException
val hasbreakPoint = csrio.exception.bits.uop.cf.exceptionVec(breakPoint) && raiseException
val hasSingleStep = csrio.exception.bits.uop.ctrl.singleStep && raiseException
val hasTriggerHit = (csrio.exception.bits.uop.cf.trigger.hit) && raiseException          ///以上为需要发起异常的种种原因
            /// csrio.exception.bits.uop.cf.exceptionVec 中的信息是从流水线的每个角落汇集过来的。
            ///以 instrPageFault 为例，就来自前端的 Ibuffer，见 class IBufEntry 中的 toCtrlFlow()。
            ///再如 loadAccessFault，那是来自访存指令的执行单元 LoadUnit（见本书第三卷）
XSDebug(hasSingleStep, "Debug Mode: single step exception\n")
XSDebug(hasTriggerHit, p"Debug Mode: trigger hit, is frontend? ${Binary(csrio.exception.bits.uop.cf.trigger.frontendHit.asUInt)} " +
                        p"backend hit vec ${Binary(csrio.exception.bits.uop.cf.trigger.backendHit.asUInt)}\n")
val raiseExceptionVec = csrio.exception.bits.uop.cf.exceptionVec
val regularExceptionNO = ExceptionNO.priorities.foldRight(0.U)((i: Int, sum: UInt) => Mux(raiseExceptionVec(i), i.U, sum))
                                                                                          ///找出优先级别最高的异常请求
val exceptionNO = Mux(hasSingleStep || hasTriggerHit, 3.U, regularExceptionNO)
val causeNO = (raiseIntr << (XLEN-1)).asUInt | Mux(raiseIntr, intrNO, exceptionNO)
val raiseExceptionIntr = csrio.exception.valid

val raiseDebugExceptionIntr = !debugMode &&
```

```
                                    (hasbreakPoint || raiseDebugIntr || hasSingleStep || hasTriggerHit && triggerAction) // TODO
val ebreakEnterParkLoop = debugMode && raiseExceptionIntr

// mtval write logic      ///mtval = Machine Trap Value Register
// Due to timing reasons of memExceptionVAddr, we delay the write of mtval and stval
val memExceptionAddr = SignExt(csrio.memExceptionVAddr, XLEN)
val updateTval = VecInit(Seq(hasInstrPageFault, hasLoadPageFault, hasStorePageFault, hasInstrAccessFault,
                  hasLoadAccessFault, hasStoreAccessFault, hasLoadAddrMisaligned, hasStoreAddrMisaligned)).asUInt.orR
                                                                        ///只要这么多异常原因中至少有一项成立
when (RegNext(RegNext(updateTval))) {
    val tval = Mux(RegNext(RegNext(hasInstrPageFault || hasInstrAccessFault)),
                  RegNext(RegNext(Mux(csrio.exception.bits.uop.cf.crossPageIPFFix,
                                  SignExt(csrio.exception.bits.uop.cf.pc + 2.U, XLEN), iexceptionPC))),
                                                                                  memExceptionAddr)
                        ///tval 意为转移目标 target value，iexceptionPC 见前，memExceptionAddr 见上。
    when (RegNext(priviledgeMode === ModeM)) {
      mtval := tval          ///将目标地址 tval 写入 Machine Trap Value Register
    }.otherwise {
      stval := tval          ///或 Supervisor Trap Value Register
    }
}   ///end when (RegNext(RegNext(updateTval)))

val debugTrapTarget = Mux(!isEbreak && debugMode, 0x38020808.U, 0x38020800.U)
  // 0x808 is when an exception occurs in debug mode prog buf exec
val deleg = Mux(raiseIntr, mideleg , medeleg)      ///deleg 表示 delegation，不是 mideleg 就是 medeleg，不是中断就是异常。
val delegS = deleg(causeNO(3,0)) && (priviledgeMode < ModeM)
val clearTval = !updateTval || raiseIntr
val isXRet = io.in.valid && func === CSROpType.jmp && !isEcall && !isEbreak   ///表示这是 mret/sret 而不是 ebreak/ecall。

// ctrl block will use theses later for flush
val isXRetFlag = RegInit(false.B)
when (DelayN(io.redirectIn.valid, 5)) { isXRetFlag := false.B }
.elsewhen (isXRet) { isXRetFlag := true.B }
csrio.isXRet := isXRetFlag
val retTargetReg = RegEnable(retTarget, isXRet)       ///（用于 mret/sret 指令的）返回目标寄存器

val tvec = Mux(delegS, stvec, mtvec)             ///tvec 是个虚存地址
val tvecBase = tvec(VAddrBits - 1, 2)            ///去掉虚存地址的最低两位（与 32 位边界对齐）
// XRet sends redirect instead of Flush and isXRetFlag is true.B before redirect.valid.
// ROB sends exception at T0 while CSR receives at T2.
// We add a RegNext here and trapTarget is valid at T3.
csrio.trapTarget := RegEnable( Mux(isXRetFlag, retTargetReg,
                  Mux(raiseDebugExceptionIntr || ebreakEnterParkLoop, debugTrapTarget,
                          // When MODE=Vectored, all synchronous exceptions into M/S mode cause the pc to be set to
                          // the address in the BASE field, whereas interrupts cause the pc to be set to the address in the
                          // BASE field plus four times the interrupt cause number.
```

```
                    Cat(tvecBase + Mux (tvec(0) && raiseIntr, causeNO(3, 0), 0.U), 0.U(2.W)))), isXRetFlag || csrio.exception.valid)
                              ///注意 csrio 即 CSRFileIO 是 CSR 单元的外部接口。
                              ///另外，CSR 也是对 FunctionUnit 的扩充，所以也继承了 FunctionUnit 的 io。
      ///对自陷指令 ebreak/ecall 的执行：
when (raiseExceptionIntr) {              ///如果是 ebreak/ecall 指令：
  val mstatusOld = WireInit(mstatus.asTypeOf(new MstatusStruct))
  val mstatusNew = WireInit(mstatus.asTypeOf(new MstatusStruct))
  val dcsrNew = WireInit(dcsr.asTypeOf(new DcsrStruct))
  val debugModeNew = WireInit(debugMode)

  when (raiseDebugExceptionIntr) {       ///如果是 ebreak 指令
    when (raiseDebugIntr) {
      debugModeNew := true.B
      mstatusNew.mprv := false.B         ///mprv 意为 modify privilege
      dpc := iexceptionPC
      dcsrNew.cause := 3.U
      dcsrNew.prv := priviledgeMode
      priviledgeMode := ModeM            ///在 Debug 模式下享有机器态的运行权限
      XSDebug(raiseDebugIntr, "Debug Mode: Trap to %x at pc %x\n", debugTrapTarget, dpc)
    }.elsewhen ((hasbreakPoint || hasSingleStep) && !debugMode) {
      // ebreak or ss in running hart
      debugModeNew := true.B
      dpc := iexceptionPC
      dcsrNew.cause := Mux(hasTriggerHit, 2.U, Mux(hasbreakPoint, 1.U, 4.U))
      dcsrNew.prv := priviledgeMode // TODO
      priviledgeMode := ModeM
      mstatusNew.mprv := false.B
    }
    dcsr := dcsrNew.asUInt
    debugIntrEnable := false.B
  }.elsewhen (debugMode) {
    //do nothing
  }.elsewhen (delegS) {                  ///这是通过 ecall 指令从用户态进入系统态
    scause := causeNO
    sepc := Mux(hasInstrPageFault || hasInstrAccessFault, iexceptionPC, dexceptionPC)   ///Supervisor Exception Program Counter
    mstatusNew.spp := priviledgeMode
    mstatusNew.pie.s := mstatusOld.ie.s
    mstatusNew.ie.s := false.B
    priviledgeMode := ModeS
    when (clearTval) { stval := 0.U }
  }.otherwise {                          ///这是通过 ecall 指令从系统态进入机器态
    mcause := causeNO
    mepc := Mux(hasInstrPageFault || hasInstrAccessFault, iexceptionPC, dexceptionPC)   ///Machine Exception Program Counter
    mstatusNew.mpp := priviledgeMode
    mstatusNew.pie.m := mstatusOld.ie.m
    mstatusNew.ie.m := false.B
```

```
        priviledgeMode := ModeM
        when (clearTval) { mtval := 0.U }
    }  ///end when (raiseDebugIntr){…}.otherwise{…}
    mstatus := mstatusNew.asUInt
    debugMode := debugModeNew
  }  ///end when (raiseExceptionIntr)，对自陷指令 ebreak/ecall 的执行和处理。

  // Distributed CSR update req
  // For now we use it to implement customized cache op. It can be delayed if necessary
  val delayedUpdate0 = DelayN(csrio.distributedUpdate(0), 2)
  val delayedUpdate1 = DelayN(csrio.distributedUpdate(1), 2)
  val distributedUpdateValid = delayedUpdate0.w.valid || delayedUpdate1.w.valid
  val distributedUpdateAddr = Mux(delayedUpdate0.w.valid, delayedUpdate0.w.bits.addr, delayedUpdate1.w.bits.addr)
  val distributedUpdateData = Mux(delayedUpdate0.w.valid, delayedUpdate0.w.bits.data, delayedUpdate1.w.bits.data)
  assert(!(delayedUpdate0.w.valid && delayedUpdate1.w.valid))
  when(distributedUpdateValid){
    // cacheopRegs can be distributed updated
    CacheInstrucion.CacheInsRegisterList.map{case (name, attribute) => {
      when((Scachebase + attribute("offset").toInt).U === distributedUpdateAddr){
        cacheopRegs(name) := distributedUpdateData
      }
    }}
  }  ///end when ( distributedUpdateValid )

  // Cache error debug support
  if(HasCustomCSRCacheOp){
    val cache_error_decoder = Module(new CSRCacheErrorDecoder)
    cache_error_decoder.io.encoded_cache_error := cacheopRegs("CACHE_ERROR")
  }

  // Implicit add reset values for mepc[0] and sepc[0]
  // TODO: rewrite mepc and sepc using a struct-like style with the LSB always being 0
  when (RegNext(RegNext(reset.asBool) && !reset.asBool)) {
    mepc := Cat(mepc(XLEN - 1, 1), 0.U(1.W))
    sepc := Cat(sepc(XLEN - 1, 1), 0.U(1.W))
  }

  def readWithScala(addr: Int): UInt = mapping(addr)._1
  /// difftest 与性能统计从略
}  ///end class CSR
```

执行读写 CSR 寄存器的指令时 CSR 执行单元的输出 io.out.valid 来自 io.in.valid，所以对于输入 CSR 执行单元的每一条指令都会有输出。不过在其输出 FuOutput 中的 data 字段仅对 CSR 寄存器读写指令才有意义，在执行 wfi 和 ebreak/ecall、mret/sret 指令时 CSR 执行单元其实是没有数据输出的。至于 FuOutput 中的 uop，即 MicroOp，表面上也是直接来自输入 io.in，即 FunctionUnitInput，但是 CSR 执行单元对 uop 中的成分 cf 即 CtrlFlow 中的 exceptionVec 可能已有改动，对 uop 中的成分 ctrl 即 CtrlSignals 中的 flushPipe 很可能也有刷新。下面是代码中相关的片段：

```
io.out.bits.data := rdata                                    ///从 CSR 寄存器读出的数据
io.out.bits.uop := io.in.bits.uop
io.out.bits.uop.cf := cfOut
io.out.bits.uop.ctrl.flushPipe := flushPipe
```

这里 flushPipe 的来源是这样：

```
flushPipe := resetSatp || (valid && func === CSROpType.jmp && !isEcall && !isEbreak)
```

当然，执行 ebreak/ecall 和 mret/sret 指令时都有指令流转向，但 Redirect 指示是由 Rob 发出，而并非由 CSR 发出。

如前所述，除从 FunctionUnit 继承的外部接口 io 以外，class CSR 还有个外部接口 csrio 即 CSRFileIO，这个接口通向四面八方，也来自四面八方，我们不妨再摘要重温一下：

```
class CSRFileIO(implicit p: Parameters) extends XSBundle {
  val hartId = Input(UInt(8.W))
  …
  val fpu = Flipped(new FpuCsrIO)   // to FPU
  ///to/from Rob:
  val exception = Flipped(ValidIO(new ExceptionInfo))          ///这是流水线中各处发给CSR的通知，表示有了异常情况。
  val isXRet = Output(Bool())
  val trapTarget = Output(UInt(VAddrBits.W))                   ///因异常/中断/返回而导致的指令流转向目标
  val interrupt = Output(Bool())                               ///这是中断
  val wfi_event = Output(Bool())

  val memExceptionVAddr = Input(UInt(VAddrBits.W))   //from LSQ
  val externalInterrupt = new ExternalInterruptIO   //from outside cpu, externalInterrupt
  val tlb = Output(new TlbCsrBundle)   // TLB
  …
  val disableSfence = Output(Bool())      // to Fence to disable sfence
  val customCtrl = Output(new CustomCSRCtrlIO)   // Custom microarchiture ctrl signal
  val distributedUpdate = Vec(2, Flipped(new DistributedCSRUpdateReq))   // distributed csr write
}
```

这就通向了 FPU、Rob、LSQ、TLB、Fence，而 customCtrl 即 CustomCSRCtrlIO 则进一步加以放大，所以 CSR 外部接口的辐射范围实际上覆盖了整个 SoC，所以几乎每个部件的接口上都有与 CSR 对接的信号。

这里以 ICache 为例作一点说明。ICache（实际上是 ICacheImp）的外部接口 io 是 ICacheIO，我们光看其与 CSR 相关的成分：

```
class ICacheIO(implicit p: Parameters) extends ICacheBundle {
  …
  /* Cache Instruction */
  val csr            = new L1CacheToCsrIO
  /* CSR control signal */
```

```
    val csr_pf_enable = Input(Bool())
    val csr_parity_enable = Input(Bool())
}
```

我们就只看其中的 L1CacheToCsrIO：

```
class L1CacheToCsrIO(implicit p: Parameters) extends DCacheBundle {
    val distribute_csr = Flipped(new DistributedCSRIO)          /// DistributedCSRIO中的成分就是addr和data
    val update = new DistributedCSRUpdateReq
}
```

显然，这里的 distribute_csr 就是个 DistributedCSRIO，就是直接与 CSR 中的 csrio.customCtrl 中的相关信号对接。ICache 是这样，别的模块也是这样。其中最典型的例子就是 PMP 模块，PMP 模块中的物理地址配置都来自 CSR 中那些 PMP 配置寄存器，所以需要从这些寄存器读取内容，这时候就通过 CustomCSRCtrlIO 这个 Bundle 直接从 CSR 寄存器读出，给一个寄存器号（地址）读出一个寄存器的内容。

第 26 章

执行结果的回写与交割

前面曾反复提及，在支持脱序（Out-of-Order）执行的 CPU 中，指令交付执行的次序与其在程序中编定的次序可能不同，从而完成执行的时间次序也可能与程序中编定的次序不同。这样，完成执行的指令就不能立即就将结果写入目标寄存器，而必须先在一个“重排序”缓冲区即 Rob 中等待一下，按原先的编排次序排好队，才能将结果“提交（Commit）”给物理寄存器组。但是，要知道这些指令原先的编排次序，就得让指令在被派发执行之前就按次序排队在 Rob 中留下一个副本，这样完成执行后的指令只要在 Rob 找到其副本所在的位置就能对号入座，到排在其前面的指令的执行结果都已到位并提交，自己也就可以提交结果，然后就“退休（Retire）”了。

实际上，即使不支持脱序执行，Rob 在流水线宽度大于 1 的超标量流水线中也是必要的。这是因为：在超标量流水线中指令是成批执行的，好几条指令同时开始执行，可是它们完成执行的时间却不能保证一致，比方说按次序排在前面的是条乘法指令，后面的都是加减法或移位指令，那就会打乱原先的次序，因为乘法指令是不能在一个时钟节拍中完成的。所以在超标量流水线中 Rob 反正是必要的，除非看到乘法指令就暂停一下，先不将后续的指令交付执行。

如此说来，通过 Rob 实现的执行结果回写与提交理应是指令流水线的最后一个环节，然而实际上却没有将其作为流水线中的最后一个工位来实现，因为一条指令在这一步上停留的时间有多长并不确定。所以，Rob 的实现是游离于流水线之外的，相当于一个执行结果收集装置。这样，每个指令执行单元在执行完一条指令后都将结果“回写（Write-Back）”到该条指令在 Rob 中的副本，而 Rob 则保证在其之前的指令均已提交或结果均已到位的前提下才提交此条指令的执行结果。

在具体的实现中，执行结果的回写并不是针对 Rob，而是针对“预约站”ReservationStation 和物理寄存器的。因为在 RS 中可能就有指令在等待这个执行结果。当然，如果通过 Rob 向物理寄存器组提交执行结果，RS 中正在等待这个结果的指令也会满足执行条件，但是如果能抄近路提前将结果提供给 RS，就可以使等待中的指令得以提前出站。所以执行结果的回写并不经过 Rob，但是指令完成了执行以后的“交割（Commit）”却只能在 Rob 中，因为交割的次序必须严格遵循指令流的本来次序。

由于指令在被分发执行之前就得在 Rob 中留下一个副本，所以 Rob 是在控制块 CtrlBlock 中创建的。但是流水线中有多个执行单元，这些执行单元可能同时需要回写，所以在执行单元与 Rob 之间还需要有个仲裁器，这个仲裁器的回写端口，即输入端口数量取决于流水线中有多少个执行单元。同时，对于执行结果的回写也需要有个控制模块。当然这是全局性的事情，因为究竟有多少个执行单元是在 exuConfig 中配置的，这不是 CtrlBlock 一家的事。另外，整数指令的种种执行单元与浮点指令的执行单元分处于不同的 ExuBlock，两个 ExuBlock 又各有自己的调度器，所以回写仲裁器 wbArbiter 和回写控制器 wb2Ctrl 是在抽象类 XSCoreBase 中创建的：

```
abstract class XSCoreBase()(implicit p: config.Parameters) extends LazyModule with HasXSParameter with HasExuWbHelper {
  …
  val wbArbiter = LazyModule(new WbArbiterWrapper(exuConfigs, NRIntWritePorts, NRFpWritePorts))
  val intWbPorts = wbArbiter.intWbPorts
  val fpWbPorts = wbArbiter.fpWbPorts
  …
```

```
  val wb2Ctrl = LazyModule(new Wb2Ctrl(exuConfigs))            ///创建Wb2Ctrl模块，Wb2Ctrl意为“Writeback-to-Ctrl”。
  wb2Ctrl.addWritebackSink(exuBlocks :+ memBlock)              ///以wb2Ctrl为Sink的回写既来自执行模块也来自存储模块
  …
  val writebackSources = Seq(Seq(wb2Ctrl), Seq(wbArbiter))
  writebackSources.foreach(s => ctrlBlock.addWritebackSink(s))   ///对ctrlBlock而言，以其为Sink的回写来自wb2Ctrl和wbArbiter。
}
```

这里所创建的仲裁器 wbArbiter 是个 WbArbiterWrapper，真正的 WbArbiter 是在那里面创建的。

对于所创建的 wb2Ctrl，则在 XSCoreImp 中为其建立了若干对外连接：

```
class XSCoreImp(outer: XSCoreBase) extends LazyModuleImp(outer) with HasXSParameter with HasSoCParameter {
  …
  val wb2Ctrl = outer.wb2Ctrl.module
  …
  outer.wbArbiter.module.io.redirect <> ctrlBlock.io.redirect
  val allWriteback = exuBlocks.flatMap(_.io.fuWriteback) ++ memBlock.io.writeback
        ///回写来自两个ExuBlock中的所有执行单元，加上来自存储子系统的回写（访存指令的执行单元在存储块中）
  outer.wbArbiter.module.io.in <> allWriteback
  val rfWriteback = outer.wbArbiter.module.io.out          ///回写是针对rf即物理寄存器组的
  …
  val sourceModules = outer.writebackSources.map(_.map(_.module.asInstanceOf[HasWritebackSourceImp]))
  outer.ctrlBlock.generateWritebackIO()
        ///CtrlBlock的这个函数将writebackSinksImp中的每一个回写输出都连接到本模块的每一项回写输入，见后。
  …
  val allFastUop = exuBlocks.flatMap(b => b.io.fastUopOut.dropRight(b.numOutFu)) ++ memBlock.io.otherFastWakeup
  val intFastUop = allFastUop.zip(exuConfigs).filter(_._2.writeIntRf).map(_._1)
  val fpFastUop = allFastUop.zip(exuConfigs).filter(_._2.writeFpRf).map(_._1)
  val intFastUop1 = outer.wbArbiter.intConnections.map(c => intFastUop(c.head))
  val fpFastUop1 = outer.wbArbiter.fpConnections.map(c => fpFastUop(c.head))
  val allFastUop1 = intFastUop1 ++ fpFastUop1
  …
  exuBlocks(0).io.scheExtra.fpRfReadIn.get <> exuBlocks(1).io.scheExtra.fpRfReadOut.get
  exuBlocks(0).io.scheExtra.fpStateReadIn.get <> exuBlocks(1).io.scheExtra.fpStateReadOut.get
  …
  exuBlocks.map(_.io).foreach { exu =>          ///对于每个ExuBlock，实际上就是对整数和浮点两个ExuBlock：
    exu.redirect <> ctrlBlock.io.redirect
    exu.allocPregs <> ctrlBlock.io.allocPregs                   ///物理寄存器的分配，Pregs意为physical registers。
    exu.rfWriteback <> rfWriteback                              ///将上层跨ExuBlock的rfWriteback连接到本地
    exu.fastUopIn <> allFastUop1
    exu.scheExtra.jumpPc <> ctrlBlock.io.jumpPc                 ///jump指令的跳转目标
    exu.scheExtra.jalr_target <> ctrlBlock.io.jalr_target       ///jalr指令的跳转目标
    exu.scheExtra.stIssuePtr <> memBlock.io.stIssuePtr          ///访存队列指针
    exu.scheExtra.debug_fp_rat <> ctrlBlock.io.debug_fp_rat
    exu.scheExtra.debug_int_rat <> ctrlBlock.io.debug_int_rat
    exu.scheExtra.lqFull := memBlock.io.lqFull                  ///表示存储子系统中的LoadQueue已满
    exu.scheExtra.sqFull := memBlock.io.sqFull                  ///表示存储子系统中的StoreQueue已满
```

```
    exu.scheExtra.memWaitUpdateReq.staIssue.zip(memBlock.io.stIn).foreach{case (sink, src) => {
      sink.bits := src.bits
      sink.valid := src.valid
    }}
    exu.scheExtra.memWaitUpdateReq.stdIssue.zip(stdIssue).foreach{case (sink, src) => {
      sink.valid := src.valid
      sink.bits := src.bits
    }}
  }
…
  // memblock error exception writeback, 1 cycle after normal writeback
  wb2Ctrl.io.s3_delayed_load_error <> memBlock.io.s3_delayed_load_error      ///这是为加载出错
  wb2Ctrl.io.redirect <> ctrlBlock.io.redirect   ///这是为Redirect，因为如有转向则Rob中的指令均应丢弃。
  outer.wb2Ctrl.generateWritebackIO()       ///为wb2Ctrl生成WritebackIO，这里调用的是Wb2Ctrl的generateWritebackIO()。
  …
}  /// XSCoreImp中对wb2Ctrl的连接
```

Rob是在CtrlBlock中创建的，是CtrlBlock的一部分，而Wb2Ctrl则是从执行单元的回写输出通向CtrlBlock的门户和道路，所以称作“Wb-to-Ctrl”。

主要的外部连接还是在 addWritebackSink()和 generateWritebackIO()这两个函数中实现的。这两个函数都来自 trait HasWritebackSink，wb2Ctrl 和 ctrlBlock（还有 Rob）都从 trait HasWritebackSink 继承了这个函数，不过 CtrlBlock 覆盖了其中 addWritebackSink()这个函数。我们先看 addWritebackSink()：

```
trait HasWritebackSink {
  // Caches all sources. The selected source will be the one with smallest length.
  var writebackSinks = ListBuffer.empty[(Seq[HasWritebackSource], Seq[Int])]
  def addWritebackSink (source: Seq[HasWritebackSource], index: Option[Seq[Int]] = None): HasWritebackSink = {
    val realIndex = if (index.isDefined) index.get else Seq.fill(source.length)(0)
    writebackSinks += ((source, realIndex))
    this
  }
  …
  def generateWritebackIO (thisMod: Option[HasWritebackSource] = None,
                                         thisModImp: Option[HasWritebackSourceImp] = None): Unit      ///抽象函数
}  ///end trait HasWritebackSink
```

可见，addWritebackSink()只是把给定的 source 连同 index（如果有的话）添加到本地的 writebackSinks 这个 ListBuffer 中。这里的 source 和 sink 可能有点让人困惑，假定是从 Alu 回写到 Rob，那么对于 Alu 而言 Rob 是其回写的 sink，对于 Rob 而言则 Alu 是 source，全看你是站在哪一个立场上。

注意 CtrlBlock、Wb2Ctr 、Rob 各有其自己的 writebackSinks，而不是共享同一个 writebackSinks。

CtrlBlock 的 addWritebackSink()覆盖了 trait HasWritebackSink 的这个函数，塞进了一点“私货”，对 Rob 也调用了 trait HasWritebackSink 的这个函数：

```
class CtrlBlock (dpExuConfigs: Seq[Seq[Seq[ExuConfig]]])(implicit p: Parameters) extends LazyModule
                                                   with HasWritebackSink with HasWritebackSource {
  …
```

```
  override def addWritebackSink (source: Seq[HasWritebackSource], index: Option[Seq[Int]]): HasWritebackSink = {
          ///参数source是个序列，序列中的每个元素都是带有trait HasWritebackSource的某类对象。参数index可有可无。
    rob.addWritebackSink(Seq(this), Some(Seq(writebackSinks.length)))
          ///调用Rob的这个函数，实际来自trait HasWritebackSink。
          ///这个this，是指调用这个addWritebackSink()函数时所在的对象，来自前面的writebackSources，
          ///实际就是wb2Ctrl和wbArbiter。所以这就是把wb2Ctrl和wbArbiter加到了rob的writebackSinks中。
    super.addWritebackSink(source, index)                    ///调用trait HasWritebackSink中的这个函数
  }
}
```

这是因为 Rob 是由 CtrlBlock 创建的，CtrlBlock 视 Rob 为自己的一部分。

另一个函数 generateWritebackIO()，则在 trait HasWritebackSink 中是个抽象函数，但这里调用的是 Wb2Ctrl 中的这个函数。我们本来也正要看 class Wb2Ctrl 的代码：

```
[XSCoreBase > Wb2Ctrl]
class Wb2Ctrl (configs: Seq[ExuConfig])(implicit p: Parameters) extends LazyModule
                                                     with HasWritebackSource with HasWritebackSink {
  override def generateWritebackIO(thisMod: Option[HasWritebackSource],
                                   thisModImp: Option[HasWritebackSourceImp]): Unit = {
        ///XSCoreImp中的outer.wb2Ctrl.generateWritebackIO()，所调用的就是这个函数。
    require(writebackSinks.length == 1)
    val sink = writebackSinks.head
    val sourceMod = writebackSinksMod (thisMod, thisModImp).head
    module.io.in := sink._1.zip(sink._2).zip(sourceMod).flatMap(x => x._1._1.writebackSource1(x._2)(x._1._2))
        /// Wb2Ctrl是个LazyModule，module就是其内部的 lazy val module。
  }  //end generateWritebackIO()
///class Wb2Ctrl，待续
```

Wb2Ctrl 在其 LazyModuleImp 即 lazy val module 外面就只是提供了这个函数（并无参数协调）。这里的关键，是将来自 sink 即 writebackSinks 中所列模块的输出逐一连接到 wb2Ctrl 的输入端，即 module.io.in。这个 module 就是 wb2Ctrl 自身的 lazy val module。而 wb2Ctrl 的 writebackSinks，则如前所见，里面有 exuBlocks :+ memBlock，即整数和浮点两个 ExuBlock 加上 MemBlock。前面在调用 generateWritebackIO()时并未给出实参，因为参数 thisMod 和 thisModImp 都是 Option（Mod 意为 Module），可以没有。这里调用的函数 writebackSinksMod()也是由 trait HasWritebackSink 提供，但 writebackSource1()则是由 trait HasWritebackSource 提供，我们就不细抠下去了。事实上，凡是带有 trait HasWritebackSource 的类，里面都有这么一行代码：

“override lazy val writebackSourceImp: HasWritebackSourceImp = module”

这样的类有 CtrlBlock、ExuBlock、MemBlock、WbArbiterWrapper、Wb2Ctrl，这些类也都是 LazyModule：

```
class CtrlBlock:            override lazy val writebackSourceImp: HasWritebackSourceImp = module
class ExuBlock:             override lazy val writebackSourceImp: HasWritebackSourceImp = module
class MemBlock:             override lazy val writebackSourceImp: HasWritebackSourceImp = module
class WbArbiterWrapper:     override lazy val writebackSourceImp: HasWritebackSourceImp = module
class Wb2Ctrl:              override lazy val writebackSourceImp: HasWritebackSourceImp = module
```

这里的 module 就是其所在 LazyModule 中的 lazy val module。所以，以 ExuBlock 为例，连接到 module.io.in 的就是 ExuBlockImp 的 io。当然，如上所述 Wb2Ctrl 的输入只是来自 ExuBlock 和 MemBlock。

注意 class Rob 中没有这行语句，Rob 只带有 trait HasWritebackSink 而没有 trait HasWritebackSource，它只是接受回写，而不会成为回写的提供者。

明白了 Wb2Ctrl 模块的输入，我们往下看 class Wb2Ctrl 的代码：

```
[XSCoreBase > Wb2Ctrl]　续
  lazy val module = new LazyModuleImp(this) with HasWritebackSourceImp with HasXSParameter{
    val io = IO(new Bundle {
      val redirect = Flipped(ValidIO(new Redirect))
      val in = Vec(configs.length, Input(Decoupled(new ExuOutput)))   ///长度为configs.length的ExuOutput向量，来自指令执行。
      val out = Vec(configs.length, ValidIO(new ExuOutput))           ///与输入一样，输出也是ExuOutput向量，向量长度也一样。
      val s3_delayed_load_error = Vec(LoadPipelineWidth, Input(Bool()))   // Dirty fix of data ecc error timing
    })
    val redirect = RegNextWithEnable (io.redirect)

    for (((out, in), config) <- io.out.zip(io.in).zip(configs)) {
      out.valid := in.fire
      out.bits := in.bits
      if (config.hasFastUopOut || config.hasLoadError) {
        out.valid := RegNext(in.fire && !in.bits.uop.robIdx.needFlush(redirect))
        out.bits.uop := RegEnable(in.bits.uop, in.fire)            ///在常规（无需冲刷）的条件下，输入中的uop直通输出。
      }
    }

    if(EnableAccurateLoadError){
      for ((((out, in), config), delayed_error) <- io.out.zip(io.in).zip(configs).filter(_._2.hasLoadError).zip(io.s3_delayed_load_error)){
        // overwrite load exception writeback
        out.bits.uop.cf.exceptionVec(loadAccessFault) :=
                                    delayed_error || RegEnable(in.bits.uop.cf.exceptionVec(loadAccessFault), in.valid)
      }
    }

    override def writebackSource: Option[Seq[Seq[ValidIO[ExuOutput]]]] = Some(Seq(io.out))
  }  ///end lazy val module

  override val writebackSourceParams: Seq[WritebackSourceParams] = {
    Seq(new WritebackSourceParams(configs.map(cfg => Seq(cfg))))
  }
  override lazy val writebackSourceImp: HasWritebackSourceImp = module
}  ///end class Wb2Ctrl
```

可见，Wb2Ctrl 对其输入所作的处理是很轻微的，基本是“走过场”把输入直接连到输出，仅有很微小的例外。其输出则会被连接到 Scheduler 和 Rob 的输入。

但是同样被连接到 Rob 输入端的还有 wbArbiter 的输出，这就是 WbArbiterWrapper。宏观上这就是个回写仲裁器，但是实际上那里面有整数和浮点两个仲裁器：

```
[XSCoreBase > WbArbiterWrapper]
```

```
class WbArbiterWrapper (exuConfigs: Seq[ExuConfig], numIntOut: Int, numFpOut: Int)
                                    (implicit p: Parameters) extends LazyModule with HasWritebackSource {
  val numInPorts = exuConfigs.length                          ///输入端口的总数取决于构造参数中ExuConfig的数量
  val intConfigs = exuConfigs.filter(_.writeIntRf)
  val intArbiter = LazyModule(new WbArbiter(intConfigs, numIntOut, isFp = false))    ///整数（执行单元）输出仲裁器
  val intWbPorts = intArbiter.allConnections.map(c => c.map(intConfigs(_)))         ///整数输出端口的数量
  val numIntWbPorts = intWbPorts.length
  val intConnections = intArbiter.allConnections

  val fpConfigs = exuConfigs.filter(_.writeFpRf)
  val fpArbiter = LazyModule(new WbArbiter(fpConfigs, numFpOut, isFp = true))       ///浮点（执行单元）输出仲裁器
  val fpWbPorts = fpArbiter.allConnections.map(c => c.map(fpConfigs(_)))            ///浮点输出端口的数量
  val numFpWbPorts = fpWbPorts.length
  val fpConnections = fpArbiter.allConnections

  val numOutPorts = intArbiter.numOutPorts + fpArbiter.numOutPorts    ///输出端口的总数是整数输出端口加浮点输出端口

  override val writebackSourceParams: Seq[WritebackSourceParams] = {
    // To optimize write ports, we can remove the duplicate ports.
    val duplicatePorts = fpWbPorts.filter(cfgs => cfgs.length == 1 && intWbPorts.contains(cfgs))
    val duplicateSource = exuConfigs.zipWithIndex.filter(cfg => duplicatePorts.contains(Seq(cfg._1))).map(_._2)
    val duplicateSink = intWbPorts.zipWithIndex.filter(cfgs => duplicatePorts.contains(cfgs._1)).map(_._2)
    require(duplicateSource.length == duplicatePorts.length)
    require(duplicateSink.length == duplicatePorts.length)
    val effectiveConfigs = intWbPorts ++ fpWbPorts.filterNot(cfg => duplicatePorts.contains(cfg))
    val simpleConfigs = exuConfigs.filter(cfg => !cfg.writeFpRf && !cfg.writeIntRf).map(p => Seq(p))
    Seq(new WritebackSourceParams(effectiveConfigs ++ simpleConfigs))
  }
  override lazy val writebackSourceImp: HasWritebackSourceImp = module      ///就是下面这个lazy val module。

  lazy val module = new LazyModuleImp(this) with HasXSParameter with HasWritebackSourceImp with HasExuWbHelper {
    val io = IO(new Bundle() {
      val hartId = Input(UInt(8.W))
      val redirect = Flipped(ValidIO(new Redirect))
      val in = Vec(numInPorts, Flipped(DecoupledIO(new ExuOutput)))
      val out = Vec(numOutPorts, ValidIO(new ExuOutput))
    })

    override def writebackSource: Option[Seq[Seq[Valid[ExuOutput]]]] = {
      // To optimize write ports, we can remove the duplicate ports.
      val duplicatePorts = fpWbPorts.zipWithIndex.filter(cfgs => cfgs._1.length == 1 && intWbPorts.contains(cfgs._1))
      val duplicateSource = exuConfigs.zipWithIndex.filter(cfg => duplicatePorts.map(_._1).contains(Seq(cfg._1))).map(_._2)
      val duplicateSink = intWbPorts.zipWithIndex.filter(cfgs => duplicatePorts.map(_._1).contains(cfgs._1)).map(_._2)
      require(duplicateSource.length == duplicatePorts.length)
      require(duplicateSink.length == duplicatePorts.length)
```

```
    // effectivePorts: distinct write-back ports that write to the regfile
    val effectivePorts = io.out.zipWithIndex.filterNot(i => duplicatePorts.map(_._2).contains(i._2 - numIntWbPorts))
    // simplePorts: write-back ports that don't write to the regfile but update the ROB states
    val simplePorts = exuConfigs.zip(io.in).filter(cfg => !cfg._1.writeFpRf && !cfg._1.writeIntRf)
    val simpleWriteback = simplePorts.map(_._2).map(decoupledIOToValidIO)
    val writeback = WireInit(VecInit(effectivePorts.map(_._1) ++ simpleWriteback))
    for ((sink, source) <- duplicateSink.zip(duplicateSource)) {
      writeback(sink).valid := io.in(source).valid
    }
    Some(Seq(writeback))
  }   ///end writebackSource()

  // ready is set to true.B as default (to be override later)
  io.in.foreach(_.ready := true.B)

  intArbiter.module.io.redirect <> io.redirect
  val intWriteback = io.in.zip(exuConfigs).filter(_._2.writeIntRf)          ///从输入向量中挑出来自整数单元的
  intArbiter.module.io.in.zip(intWriteback).foreach { case (arb, (wb, cfg)) =>
    // When the function unit does not write fp regfile, we don't need to check fpWen
    arb.valid := wb.valid && (!cfg.writeFpRf.B || !wb.bits.uop.ctrl.fpWen)
    arb.bits := wb.bits               ///注意arb其实是intArbiter.module.io.in向量中的元素之一，wb是来自整数单元的输入之一。
    when (arb.valid) { wb.ready := arb.ready }
  }
  ///测试（Difftest）从略

  fpArbiter.module.io.redirect <> io.redirect
  val fpWriteback = io.in.zip(exuConfigs).filter(_._2.writeFpRf)          ///从输入向量中挑出来自浮点单元的
  fpArbiter.module.io.in.zip(fpWriteback).foreach{ case (arb, (wb, cfg)) =>
    // When the function unit does not write fp regfile, we don't need to check fpWen
    arb.valid := wb.valid && (!cfg.writeIntRf.B || wb.bits.uop.ctrl.fpWen)
    arb.bits := wb.bits               ///注意arb其实是fpArbiter.module.io.in向量中的元素之一，wb是来自浮点单元的输入之一。
    when (arb.valid) { wb.ready := arb.ready }
  }
  ///测试（Difftest）从略

  io.out <> intArbiter.module.io.out ++ fpArbiter.module.io.out      ///WbArbiterWrapper的输出来自intArbiter和fpArbiter
 }
}  ///end class WbArbiterWrapper
```

显然，这里只是分别创建了整数和浮点两个仲裁器，并对二者的输入/输出加以连接，凡是来自整数单元（不只是 ALU）的输入都进入整数仲裁器，来自浮点单元的则进入浮点仲裁器。而二者的输出则汇合在一起成为整个 wbArbiter 即 WbArbiterWrapper 的输出。我们在本书第一册中看到过 TileLink 的仲裁器，回写仲裁器 WbArbiter 所选通的信号与之不同，但原理是一样的：

```
[XSCoreBase > WbArbiterWrapper > WbArbiter]
class WbArbiter (cfgs: Seq[ExuConfig], numOut: Int, isFp: Boolean)(implicit p: Parameters) extends LazyModule {
```

```
val priorities = cfgs.map(c => if(isFp) c.wbFpPriority else c.wbIntPriority)    ///这是个优先级别向量

// NOTE:
// 0 for direct connect (exclusive); 1 for shared connect but non-blocked; other for shared and may blocked
val exclusivePorts = priorities.zipWithIndex.filter(_._1 == 0).map(_._2)   ///如果优先级为0，端口的连接就是1对1的直接连接。
val sharedPorts = priorities.zipWithIndex.filter(_._1 == 1).map(_._2)    ///如果优先级为1，端口的连接就是多对1的共享连接。
val otherPorts = priorities.zipWithIndex.filter(_._1 > 1).map(_._2)     ///优先级大于1，端口的连接也共享连接并可被阻塞。

// Dirty code for Load2Fp: should be delayed for one more cycle
val needRegNext = exclusivePorts.map(i => cfgs(i) == LdExeUnitCfg && isFp)
                                   ///只有当装载单元在装载浮点数时才needRegNext

val numInPorts = cfgs.length
val numOutPorts = exclusivePorts.length + sharedPorts.length
require(numOutPorts <= numOut)
if (numOutPorts < numOut) { println(s"Warning: only $numOutPorts of $numOut ports are used!") }

def splitN (in: Seq[Int], n: Int): Seq[Seq[Int]] = {   ///在这里，in是otherPorts序列，n是sharedPorts的长度：
  if (n == 0) { Seq() }
  else if (n == 1) { Seq(in) }
  else {
    if (in.size < n) { Seq(in) ++ Seq.fill(n - 1)(Seq())}     ///如果otherPorts序列短于sharedPorts，就在后面补空到一样长度。
    else { (0 until n).map(i => in.zipWithIndex.filter(_._2 % n == i).map(_._1).toSeq) }
                        ///否则就以sharedPorts的长度为限，以n为模，把多个otherPort合并在同一个组中。
  }
}  ///返回值是个长度为n的序列，序列中的元素本身也是个序列。

val otherConnections = splitN (otherPorts, sharedPorts.length)
val sharedConnections = sharedPorts.zip(otherConnections).map{ case (s, o) => s +: o }   ///把other也并入shared
val allConnections: Seq[Seq[Int]] = exclusivePorts.map(Seq(_)) ++ sharedConnections
val hasWbPipeline = allConnections.map(_.map(cfgs(_).needWbPipeline(isFp)))
            ///needWbPipeline()的定义是(isFp && readIntRf && writeFpRf) || (!isFp && readFpRf && writeIntRf)
val cfgHasFast = cfgs.map(_.hasFastUopOut)
val hasFastUopOutVec = allConnections.map(_.map(cfgs(_).hasFastUopOut))
                        ///把allConnection中hasFastUopOut的Port加以标注成为一个二维位图
val hasFastUopOut: Seq[Boolean] = hasFastUopOutVec.map(_.reduce(_ || _))    ///再综合成一个一维位图

hasFastUopOutVec.zip(hasFastUopOut).foreach{ case (vec, fast) =>
  if (fast && vec.contains(false)) { println("Warning: some exu does not have fastUopOut. It has extra one-cycle latency.") }
}

///调试信息显示从略

  lazy val module = new WbArbiterImp(this)
}  ///end class WbArbiter
```

在不同执行单元的配置里，wbIntPriority 和 wbFpPriority 可以有不同的优先级数值，例如：

```
val AluExeUnitCfg = ExuConfig("AluExeUnit", "Int", Seq(aluCfg), 0, Int.MaxValue)        ///优先级为0表示只能是一对一连接
val JumpExeUnitCfg = ExuConfig("JmpExeUnit", "Int", Seq(jmpCfg, i2fCfg), 2, Int.MaxValue)
val MulDivExeUnitCfg = ExuConfig("MulDivExeUnit", "Int", Seq(mulCfg, divCfg, bkuCfg), 1, Int.MaxValue)
val FmacExeUnitCfg = ExuConfig("FmacExeUnit", "Fp", Seq(fmacCfg), Int.MaxValue, 0)

val LdExeUnitCfg = ExuConfig("LoadExu", "Mem", Seq(lduCfg), wbIntPriority = 0, wbFpPriority = 0, extendsExu = false)
val StaExeUnitCfg = ExuConfig("StaExu", "Mem", Seq(staCfg, mouCfg),
    wbIntPriority = Int.MaxValue, wbFpPriority = Int.MaxValue, extendsExu = false)
```

在 AluExeUnit 的配置里，wbIntPriority 是 0，而 wbFpPriority 则是 Int.MaxValue。在 JmpExeUnit 的配置里，则 wbIntPriority 是 2，而 wbFpPriority 是 Int.MaxValue。余可类推。但是注意 AluExeUnit 的 wbFpPriority 是没有意义的，因为 ALU 不会有浮点输出；JmpExeUnit 也是一样。反过来，浮点运算单元 FmacExeUnit 的 wbFpPriority 就是 0，而 wbIntPriority 是 Int.MaxValue；因为浮点执行单元不会有整数输出。

这个优先级，实际上是对输入/输出端口连接方式的规定。优先级为 0 的端口只能是一对一的排它直连，所以是 exclusive，这是不通过仲裁器的“专线”直通连接；优先级为 1 的端口可以是多对一的共享连接（但是不阻塞，non-blocked），所以是 shared，这就要通过仲裁了；优先级 2 比优先级 1 更低，并且可能是阻塞的。这里只是把这些信息整理出来，而尚未进行连接，那要在硬件描述部分才进行。

另外，这里还整理出一个 hasFastUopOutVec，这是个二维位图，表示具体执行单元的配置中是否把 fastUopOut 这个选项设成 true（默认 false）。事实上，在乘法单元、除法单元，当然还有浮点单元，凡是计算时间比较长的执行单元的配置 FuConfig 中都把 fastUopOut 设成 true。例如：

```
val mulCfg = FuConfig(name = "mul", fuGen = multiplierGen, fuSel = (uop: MicroOp) => uop.ctrl.fuType === FuType.mul,
    FuType.mul, 2, 0, writeIntRf = true, writeFpRf = false, latency = CertainLatency(2), fastUopOut = true, fastImplemented = true)

val fmacCfg = FuConfig(name = "fmac", fuGen = fmacGen, fuSel = _ => true.B, FuType.fmac, 0, 3, writeIntRf = false,
    writeFpRf = true, writeFflags = true, latency = UncertainLatency(), fastUopOut = true, fastImplemented = true)

val i2fCfg = FuConfig(name = "i2f", fuGen = i2fGen, fuSel = i2fSel, FuType.i2f, numIntSrc = 1, numFpSrc = 0,
    writeIntRf = false, writeFpRf = true, writeFflags = true, latency = CertainLatency(2), fastUopOut = true, fastImplemented = true)
```

而普通的整数单元，如 alu、jmp、ldu、sta 这些“常规”执行单元的配置中就没有 fastUopOut 这一项，那就是默认 false。

上面这些计算都在 WbArbiter 的 Diplomacy 部分，但是与参数协调无关，只是要保证这些（纯软件的）计算都发生在 WbArbiter 这个 LazyModule 的 instantiate()之前都准备就绪。下面就是 WbArbiterImp 了：

```
[XSCoreBase > WbArbiterWrapper > WbArbiter > WbArbiterImp]
class WbArbiterImp(outer: WbArbiter)(implicit p: Parameters) extends LazyModuleImp(outer) {
  val io = IO(new Bundle() {
    val redirect = Flipped(ValidIO(new Redirect))
    val in = Vec(outer.numInPorts, Flipped(DecoupledIO(new ExuOutput)))     ///仲裁器的输入
    val out = Vec(outer.numOutPorts, ValidIO(new ExuOutput))                ///仲裁器的输出
  })

  val redirect = RegNextWithEnable(io.redirect)
```

```
val exclusiveIn = outer.exclusivePorts.map(io.in(_))        ///从输入向量中选出需要排它连接的ExuOutput
val sharedIn = outer.sharedPorts.map(io.in(_))              ///从输入向量中选出可以共享连接的ExuOutput

// exclusive ports are connected directly
io.out.take(exclusiveIn.size).zip(exclusiveIn).zipWithIndex.foreach{
  case ((out, in), i) =>
    val hasFastUopOut = outer.hasFastUopOut(i)
    out.valid := in.valid                                   ///排它连接是不通过仲裁器的
    out.bits := in.bits
    require(!hasFastUopOut || !outer.needRegNext(i))
    if (hasFastUopOut) {                                    ///只有乘除法单元和浮点单元才hasFastUopOut
      // When hasFastUopOut, only uop comes at the same cycle with valid.
      out.valid := RegNext (in.valid && !in.bits.uop.robIdx.needFlush(redirect))     ///与时钟脉冲对齐
      out.bits.uop := RegEnable (in.bits.uop, in.valid)
    }
    if (outer.needRegNext(i)) {          ///仅当装载单元在装载浮点数时才needRegNext
      out.valid := RegNext (in.valid && !in.bits.uop.robIdx.needFlush(redirect))     ///也是与时钟脉冲对齐
      out.bits := RegEnable (in.bits, in.valid)
    }
    in.ready := true.B
}   ///end io.out.take(exclusiveIn.size).zip(exclusiveIn).zipWithIndex.foreach

// shared ports are connected with an arbiter          ///共享连接需要通过仲裁器：
for (i <- sharedIn.indices) {
  val portIndex = exclusiveIn.length + i       ///端口号的编排是专用连接在前，后面是共享连接。
  val out = io.out(portIndex)
  val shared = outer.sharedConnections(i).zip(outer.hasWbPipeline(portIndex)).map { case (i, hasPipe) =>
                                               /// sharedConnections中也包括otherConnections，见前。
    if (hasPipe) {     ///hasPipe的条件是该执行单元 (isFp && readIntRf && writeFpRf) || (!isFp && readFpRf && writeIntRf)
      // Some function units require int/fp sources and write to the other register file, such as f2i, i2f.
      // Their out.ready depends on the other function units and may cause timing issues.
      // For the function units that operate across int and fp, we add a buffer after their output.
      val flushFunc = (o: ExuOutput, r: Valid[Redirect]) => o.uop.robIdx.needFlush(r)
      if (outer.cfgHasFast(i)) {
        val ctrl_pipe = Wire(io.in(i).cloneType)
        val buffer = PipelineConnect(io.in(i), ctrl_pipe, flushFunc, redirect, io.in(i).bits, 1)
        buffer.extra.in := io.in(i).bits
        val buffer_out = Wire(io.in(i).cloneType)
        ctrl_pipe.ready := buffer_out.ready
        buffer_out.valid := ctrl_pipe.valid
        buffer_out.bits := buffer.extra.out                   ///buffer_out的内容来自buffer.extra.out
        buffer_out.bits.uop := ctrl_pipe.bits.uop             ///但是buffer_out的uop来自ctrl_pipe.bits.uop（源自io.in）
        buffer_out
      }
      else {
```

```
            PipelineNext(io.in(i), flushFunc, redirect)
          }
        }
        else io.in(i)
      }   ///end val shared
      val hasFastUopOut = outer.hasFastUopOut(portIndex)
      val fastVec = outer.hasFastUopOutVec(portIndex)
      val arb = Module(new ExuWbArbiter(shared.size, hasFastUopOut, fastVec))     ///创建ExuWbArbiter对象（见下）
                                          ///仲裁器的大小就是shared.size，因为exclusiveIn是专线直连不经过仲裁的。
      arb.io.redirect <> redirect
      arb.io.in <> shared              ///共享连接才通过仲裁，仲裁器的宽度就是shared.size。
      out.valid := arb.io.out.valid
      out.bits := arb.io.out.bits      /// WbArbiterImp的输出来自ExuWbArbiter的输出。
      arb.io.out.ready := true.B
    }

  ///性能统计从略
}   ///end class WbArbiterImp
```

所以，凡是在 ExuConfig 中优先级为 0 的执行单元，包括 Alu，其输出是不流经仲裁器的，只有属于共享连接，即优先级在 1 或 2 的执行单元的输出才要流经仲裁器 ExuWbArbiter：

```
[XSCoreBase > WbArbiterWrapper > WbArbiter > WbArbiterImp > ExuWbArbiter]
class ExuWbArbiter (n: Int, hasFastUopOut: Boolean, fastVec: Seq[Boolean])(implicit p: Parameters) extends XSModule {
  val io = IO(new Bundle() {
    val redirect = Flipped(ValidIO(new Redirect))
    val in = Vec(n, Flipped(DecoupledIO(new ExuOutput)))       ///输入是个向量，向量长度取决于shared.size。
    val out = DecoupledIO(new ExuOutput)                       ///输出只有一个。
  })

  class ExuCtrl extends Bundle{
    val uop = new MicroOp
    val fflags = UInt(5.W)
    val redirectValid = Bool()
    val redirect = new Redirect
    val debug = new DebugBundle
  }
    ///ExuOutput中的data就是指令的执行结果，别的还有MicroOp和fflags和Redirect等成分，
    ///这里把data单独抽出来，别的都归入一个ExuCtrl结构，分别用两个仲裁器加以选通：
  val ctrl_arb = Module(new Arbiter(new ExuCtrl, n))              ///仲裁器ctrl_arb中流通的是ExuCtrl，这是很宽的。
  val data_arb = Module(new Arbiter(UInt((XLEN+1).W), n))         ///仲裁器data_arb中流通的就是运算结果，只是多加了1位。

  ctrl_arb.io.out.ready := io.out.ready
  data_arb.io.out.ready := io.out.ready

  for(((in, ctrl), data) <- io.in.zip(ctrl_arb.io.in).zip(data_arb.io.in)){        ///对于输入的每一路（shared）输入：
```

```
                ///这里的in就是输入向量中的一个元素，ctrl就是ctrl_arb的一路输入，data就是data_arb的一路输入：
      ctrl.valid := in.valid
      for((name, d) <- ctrl.bits.elements) {
        d := in.bits.elements(name)
      }
      data.valid := in.valid
      data.bits := in.bits.data
      in.ready := ctrl.ready
      assert(ctrl.ready === data.ready)
    }   ///end for(((in, ctrl), data) ...
    assert(ctrl_arb.io.chosen === data_arb.io.chosen)       ///两个仲裁器所选通的输入必须来自同一路输入

    io.out.bits.data := data_arb.io.out.bits                 ///输出的data来自data_arb
    for((name, d) <- ctrl_arb.io.out.bits.elements){
      io.out.bits.elements(name) := d
    }
    io.out.valid := ctrl_arb.io.out.valid                    ///输出的valid来自ctrl_arb
    assert(ctrl_arb.io.out.valid === data_arb.io.out.valid)

    if (hasFastUopOut) {        ///乘除法单元和浮点单元都hasFastUopOut：
      val uop = ctrl_arb.io.out.bits.uop
      io.out.valid := RegNext(ctrl_arb.io.out.valid && !uop.robIdx.needFlush(io.redirect))
      // When hasFastUopOut, only uop comes at the same cycle with valid.
      // Other bits like data, fflags come at the next cycle after valid, and they need to be selected with the fireVec.
      val dataVec = VecInit(io.in.map(_.bits).zip(fastVec).map{ case (d, f) => if (f) d else RegNext(d) })   ///不属于fastVec就晚一节拍
      val sel = VecInit(io.in.map(_.fire)).asUInt
      io.out.bits := Mux1H(RegNext(sel), dataVec)      ///注意dataVec来自输入的fastVec
      // uop comes at the same cycle with valid and only RegNext is needed.
      io.out.bits.uop := RegEnable(uop, ctrl_arb.io.out.valid)          ///uop的输出比valid晚一节拍
    }
}   ///end class ExuWbArbiter
```

从宏观上说，仲裁器的作用就是从其多路输入（可能同时 valid）选通其中一路到其输出，其作用与多个 Mux 的串接类似，所选通的信号就是一路输入的全部（在这里是一个 ExuOutput）。但是这里用了两个仲裁器，即数据仲裁器 data_arb 和控制仲裁器 ctrl_arb，把 ExuOutput 中的 data 剥离出来用数据仲裁器选通，其余的则由控制仲裁器加以选通。之所以如此是因为其中可能有 FastUopOut，即来自乘除法单元或浮点单元的输出，这些输出中的 MicroOp 比 data 要晚一个节拍才真正有效。注意虽然是分两个仲裁器加以选通，但两个仲裁器是同步的，不会你选你的我选我的，并且最后的输出还是并在一起，仍是个 ExuOutput。

数据仲裁器 data_arb 和控制仲裁器 ctrl_arb 都是 class Arbiter 对象，其外部接口是 ArbiterIO：

```
/** IO bundle definition for an Arbiter, which takes some number of ready-valid inputs and outputs
  * (selects) at most one.
  * @param gen data type
  * @param n number of inputs
  */
class ArbiterIO[T <: Data](private val gen: T, val n: Int) extends Bundle {
```

```
  // See github.com/freechipsproject/chisel3/issues/765 for why gen is a private val and proposed replacement APIs.
  val in = Flipped(Vec(n, Decoupled(gen)))          ///输入是个向量，是多路输入。
  val out = Decoupled(gen)                           ///输出只有一路
  val chosen = Output(UInt(log2Ceil(n).W))           ///这是被选通输入的序号
}
```

除输入 in 和输出 out 外，这里还有个字段 chosen，用来返回（此刻）所选通的输入序号。仲裁器 Arbiter 本身的代码如下：

```
[XSCoreBase > WbArbiterWrapper > WbArbiter > WbArbiterImp > ExuWbArbiter > Arbiter]
/** Hardware module that is used to sequence n producers into 1 consumer. Priority is given to lower producer.
  * @param gen data type
  * @param n number of inputs
  *
  * @example {{{
  * val arb = Module(new Arbiter(UInt(), 2))
  * arb.io.in(0) <> producer0.io.out
  * arb.io.in(1) <> producer1.io.out
  * consumer.io.in <> arb.io.out
  * }}}
  */
@chiselName
class Arbiter[T <: Data](val gen: T, val n: Int) extends Module {
  val io = IO(new ArbiterIO(gen, n))

  io.chosen := (n-1).asUInt
  io.out.bits := io.in(n-1).bits
  for (i <- n-2 to 0 by -1) {
    when (io.in(i).valid) {
      io.chosen := i.asUInt
      io.out.bits := io.in(i).bits
    }
  }  ///end for (i <- n-2 to 0 by -1)，最后是序号最低的那个valid输入胜出
  val grant = ArbiterCtrl(io.in.map(_.valid))    ///grant来自object ArbiterCtrl的输出，这里调用其apply()的参数是个valid位图。
  for ((in, g) <- io.in zip grant) in.ready := g && io.out.ready    ///这里的in是输入向量中的一个元素，g是grant序列中对应元素。
  io.out.valid := !grant.last || io.in.last.valid                    ///grant.last是grant序列中的最后一个元素
}  ///end class Arbiter
```

可见，这个仲裁器的“仲裁策略”是输入序号低者胜出。这里被连接到 io.out 的就是序号最小的那个 io.in(i)。

不过光把输入选通到输出还不行，还得向各路输入发送 ready 信号，所以这里有个由 object ArbiterCtrl 产生的 grant 信号：

```
  /** Arbiter Control determining which producer has access */
private object ArbiterCtrl {
  def apply (request: Seq[Bool]): Seq[Bool] = request.length match {
    case 0 => Seq()                 ///如果length为0，没有输入，则位图为空。
```

```
    case 1 => Seq(true.B)         ///如果length为1，只有一个输入，那就随到随走。
    case _ => true.B +: request.tail.init.scanLeft(request.head)(_ || _).map(!_)  ///有多个输入。
                                  ///一个序列的head就是其第一个元素，tail就是去除第一个元素之后剩下的序列。
  }
}
```

举个例子，假定 request 为 001011，则 request.head 为 0，request.tail 是 01011，request.tail.scanLeft(0)(_||_) 为 01111，这是因为 0||1 是 1，1||0 也是 1。然后 01111.map(!_) = 10000，再加上最前面那个 1（true.B），那就是 110000。

可见，仲裁器的输入是个向量，就是来自多个指令执行单元的 ExuOutput；输出则是单路的 ExuOutput。在一个特定的时刻具体将那哪一路输入接到输出，那就是仲裁器要解决的问题。

那么，仲裁器 ExuWbArbiter 的输出是去向哪里呢？如果我们从上层的 wbArbiter 即 WbArbiterWrapper 看，以整数输出为例，其中来自优先级为 0 的那些执行单元的输出其实是"直通车"，并不经过仲裁器，直接就连接到了 wbArbiter 的输出，其它执行单元的输出则需要流经仲裁器，最终也来到 wbArbiter 的输出，那么 wbArbiter 的输出去向哪里呢？我们又要回到 XSCoreImp 的代码中：

```
val allWriteback = exuBlocks.flatMap(_.io.fuWriteback) ++ memBlock.io.writeback
outer.wbArbiter.module.io.in <> allWriteback
val rfWriteback = outer.wbArbiter.module.io.out          ///把wbArbiter的输出称作rfWriteback

exuBlocks.map(_.io).foreach { exu =>
  …
  exu.rfWriteback <> rfWriteback                         ///把rfWriteback连接到各个ExuBlock的rfWriteback输入端
  exu.fastUopIn <> allFastUop1
  …
}
```

这样，就把跨 ExuBlock 的 wbArbiter 的输出引回了各个 ExuBlock，作为其输入接口上的 rfWriteback。

26.1 对调度器 Scheduler 的回写

仲裁器 wbArbiter 的输出名曰 rfWriteback，表示这是对 rf 即 Register File 的输入，所谓 Register File 当然是指物理寄存器组，而物理寄存器组就在 Scheduler 里面。事实上，对物理寄存器的写入发生在 Rob 对该指令的交割之前，但是寄存器映射的具体方法保证了指令次序的正确性。不过对目标寄存器的写入并非指令"完工"的全部，这些指令仍须进入 Rob，在那里恢复其次序。所以在此首先是被接入 ExuBlock 中的调度器 Scheduler，以尽早唤醒正在 ReservationStation 中等待源操作数到位的那些指令。在每个具体 ExuBlock 对象的内部将其输入 rfWriteback 连接到了调度器 Scheduler：

```
scheduler.io.writeback <> io.rfWriteback          ///把输入rfWriteback连接到Scheduler的writeback输入端
                                                  ///注意Scheduler的writeback输入输入是个向量，而不只是单个端口。
…
val exclusiveFuWb = flattenFuConfigs.zip(fuBlock.io.writeback).filter(_._1.hasExclusiveWbPort)
                              ///一对一直连的回写直接来自本ExuBlock上的fublock，而不是来自wbArbiter。
val exclusiveRfWbIdx = fuConfigs.map(_._1).filter(_.hasExclusiveWbPort).flatMap(cfg => outer.getWbIndex(cfg))
```

```
…
for ((i, (cfg, wb)) <- exclusiveRfWbIdx.zip(exclusiveFuWb)) {        ///对于exclusiveFuWb中的每个fuBlock.io.writeback：
  val scheWb = scheduler.io.writeback(i)                          ///称Scheduler的writeback输入为scheWb
  scheWb.valid := wb.valid
  scheWb.bits := wb.bits                                          ///需要直连的回写数据直接连接到调度器的输入，不经过仲裁。
  if (cfg.hasFastUopOut) {
    val isFlushed = wb.bits.uop.robIdx.needFlush(redirect)
    scheWb.valid := RegNext(wb.valid && !isFlushed)
    scheWb.bits.uop := RegNext(wb.bits.uop)
  }
  println(s"scheduler.writeback($i) is connected from exu ${cfg.name}")
  val outerWb = io.rfWriteback(i)                                 ///称io.rfWriteback为outerWb（仅用于性能统计）
  val hasWb = outerWb.valid || scheWb.valid
  XSError(hasWb && outerWb.bits.uop.robIdx =/= scheWb.bits.uop.robIdx,
                                        "different instruction between io.rfWriteback and fu.writeback\n")
  XSError(hasWb && outerWb.bits.data =/= scheWb.bits.data, "different data between io.rfWriteback and fu.writeback\n")
}  ///end for ((i, (cfg, wb)) <- exclusiveRfWbIdx.zip(exclusiveFuWb))
```

我们知道在流水线中有两个 ExuBlock，分别用于整数指令和浮点指令，而仲裁器 wbArbiter 并不属于哪个 ExuBlock，这是在 XSCoreImp 的代码中创建的，所以是跨 ExuBlock 的。整个流水线中所有的指令执行单元，包括属于存储子系统的 Load 指令和 Store 指令的执行单元，都将其（执行结果）回写输出连到这个仲裁器的输入，而仲裁器的输出则又回馈到两个 ExuBlock 中。回馈到 ExuBlock 的仲裁器输出，在代码中称为 rfWriteback，似乎意在写入 rf 即物理寄存器组，实际上却是连到了 ExuBlock 中的调度器，最终会进入 RS。

相比之下，有些执行单元，例如 Alu，它的输出就不经过跨 ExuBlock 的仲裁器，而是直接就在其所在的 ExuBlock 内部直接连到调度器。所以，要不要经过跨 ExuBlock 的仲裁器，关键在于该执行单元的输出有没有可能需要跨 ExuBlock 唤醒对方调度器内的指令。

当然，对 Scheduler 的回写不能取代对 Rob 的回写。并非所有指令都涉及对物理寄存器组的回写，而对 Scheduler（和 RS）的回写实质上只是一种优化。Rob 是在控制块 CtrlBlock 中创建的，我们回顾一下：

```
[XSCore > XSCoreBase > CtrlBlock]
class CtrlBlock(dpExuConfigs: Seq[Seq[Seq[ExuConfig]]])(implicit p: Parameters) extends LazyModule
                                                      with HasWritebackSink with HasWritebackSource {
  val rob = LazyModule(new Rob)
  override def addWritebackSink(source: Seq[HasWritebackSource], index: Option[Seq[Int]]): HasWritebackSink = {
    rob.addWritebackSink(Seq(this), Some(Seq(writebackSinks.length)))
    super.addWritebackSink(source, index)
  }
  …
  override lazy val writebackSourceParams: Seq[WritebackSourceParams] = { writebackSinksParams }
  override lazy val writebackSourceImp: HasWritebackSourceImp = module

  override def generateWritebackIO (thisMod: Option[HasWritebackSource] = None,
                                    thisModImp: Option[HasWritebackSourceImp] = None): Unit = {
    module.io.writeback.zip(writebackSinksImp(thisMod, thisModImp)).foreach(x => x._1 := x._2)
  }
}
```

CtrlBlock 创建了 Rob 模块，并提供了自己的 addWritebackSink()函数，一旦这个函数得到调用就会调用 Rob 的 addWritebackSink()函数，而对这个函数的调用则是在 XSCoreBase 中：

```
abstract class XSCoreBase()(implicit p: config.Parameters) extends LazyModule with HasXSParameter with HasExuWbHelper {
  …
  val writebackSources = Seq(Seq(wb2Ctrl), Seq(wbArbiter))
  writebackSources.foreach(s => ctrlBlock.addWritebackSink(s))
}
```

这样，在 XSCore 初始化的时候就会先执行对抽象类 XSCoreBase 的初始化，从而就会先后以 wb2Ctrl 和 wbArbiter 为参数调用 ctrlBlock.addWritebackSink()，于是就会调用 rob.addWritebackSink()，将此二者加到 Rob 的 writebackSinks 中。最后，在 instantiate()的时候，就会在 CtrlBlockImp 中调用 rob.generateWritebackIO：

```
class CtrlBlockImp (outer: CtrlBlock)(implicit p: Parameters) extends LazyModuleImp(outer)
                    with HasXSParameter with HasCircularQueuePtrHelper with HasWritebackSourceImp with HasPerfEvents {
  …
  rob.io.hartId := io.hartId
  io.cpu_halt := DelayN(rob.io.cpu_halt, 5)
  rob.io.redirect := stage2Redirect
  outer.rob.generateWritebackIO(Some(outer), Some(this))
  …
}
```

下面我们就会看到，rob.generateWritebackIO 会将 wb2Ctrl 和 wbArbiter 的输出连到 Rob 的输入。

26.2 对物理寄存器组 Regfile 的回写

Scheduler，实际上是 SchedulerImp，外部接口上的 writeback 是个向量，而不只是单个端口。我们在上一节中看到，其中有些 writeback 端口上的信号来自跨 ExuBlock 仲裁器输出 out（也是向量），还有些 writeback 端口上的信号则来自 Alu 等具体执行单元的输出，这些执行单元的输出没有跨整数 ExuBlock 和浮点 ExuBlock 回写的要求。这样，我们已经看到，Scheduler 外部接口 writeback 上信号的来源是多元的。下面我们将看到，这些信号在 Scheduler 内部的去向也分两个，一个去向是对物理寄存器组的写入，另一个是对所含各个 ReservationStation 的唤醒，当然是对可能正在具体 RS 中等待源操作数到位的指令的唤醒。

下面是摘自 SchedulerImp 代码的相关摘要，注意一个 ExuBlock 中只有一个 Scheduler，从而也就只有一个 SchedulerImp：

```
class SchedulerImp(outer: Scheduler) extends LazyModuleImp(outer) with HasXSParameter with HasPerfEvents {
  …
  val intRfWritePorts = outer.numIntRfWritePorts
  val fpRfWritePorts = outer.numFpRfWritePorts
  val intRfConfig = (outer.numIntRfReadPorts > 0 && outer.hasIntRf, outer.numIntRfReadPorts, intRfWritePorts)
  val fpRfConfig = (outer.numFpRfReadPorts > 0 && outer.hasFpRf, outer.numFpRfReadPorts, fpRfWritePorts)

  val rs_all = outer.reservationStations                    ///本Scheduler中的所有ReservationStation
  …
```

```
val io = IO(new Bundle {
    …
    // wakeup-related ports
    val writeback = Vec(intRfWritePorts + fpRfWritePorts, Flipped(ValidIO(new ExuOutput)))
    …
})
…
def genRegfile(isInt: Boolean): Seq[UInt] = {
    val wbPorts = if (isInt) io.writeback.take(intRfWritePorts) else io.writeback.drop(intRfWritePorts)
    val waddr = wbPorts.map(_.bits.uop.pdest)
    val wdata = wbPorts.map(_.bits.data)
    val debugRead = if (isInt) io.extra.debug_int_rat else io.extra.debug_fp_rat
    if (isInt) {
        val wen = wbPorts.map(wb => wb.valid && wb.bits.uop.ctrl.rfWen)
        Regfile(NRPhyRegs, readIntRf, wen, waddr, wdata, true, debugRead = Some(debugRead))
    }
    else {
        // For floating-point function units, every instruction writes either int or fp regfile.
        val wen = wbPorts.map(_.valid)
        Regfile(NRPhyRegs, readFpRf, wen, waddr, wdata, false, debugRead = Some(debugRead))
    }
}   ///end genRegfile()
val intRfReadData = if (intRfConfig._1) genRegfile(true) else io.extra.intRfReadIn.getOrElse(Seq()).map(_.data)
val fpRfReadData = if (fpRfConfig._1) genRegfile(false) else DelayN(VecInit(io.extra.fpRfReadIn.getOrElse(Seq()).map(_.data)), 1)
                                                ///每个Scheduler中，从而每个ExuBlock中，可以有整数和浮点两个物理寄存器组。
    ///以上是对物理寄存器组的写入，下面是对ReservationStation的唤醒：
…
for (((node, cfg), i) <- rs_all.zip(outer.configs.map(_._1)).zipWithIndex) {       ///对于这个Scheduler中的每个ReservationStation：
    val rs = node.module
    val intWriteback = io.writeback.take(intRfWritePorts)            ///来自仲裁器输出，一面写入RF，一面唤醒RS中的指令。
    val fpWriteback   = io.writeback.drop(intRfWritePorts)           ///同上，只是用于浮点。
    (cfg.intSrcCnt > 0, cfg.fpSrcCnt > 0) match {
        case (true, false) => rs.io.slowPorts := intWriteback              ///如果只有整数没有浮点
        case (false, true) => rs.io.slowPorts := fpWriteback               ///如果只有浮点没有整数
        // delay fp for extra one cycle
        case (true, true) => rs.io.slowPorts := intWriteback ++ RegNext(VecInit(fpWriteback))  ///整数浮点都有，浮点延迟一节拍。
        case _ => throw new RuntimeException("unknown wakeup source")                 ///intSrcCnt和fpSrcCnt均为0，异常。
    }
    …
}
...
}
```

显然，这里来自指令执行单元和仲裁器（最终也是来自执行单元）的执行结果，即需要写入目标寄存器的运算结果，直接就进了 Scheduler，并且直接就被用于对物理寄存器组的写入和对 ReservationStation 中指令

的唤醒，而对 Rob 并无依赖。原本是要经 Rob 重新排序的，之所以现在不经重新排序就直接用于物理寄存器组的写入和对 ReservationStation 中指令的唤醒，是因为：首先这只是针对需要用到 dest 即目标寄存器的那些指令，那只是全部指令的一个子集；其次，是关于逻辑寄存器号到物理寄存器号映射的方法保证了操作的正确性，对此前面在介绍寄存器换名的时候已有述及。

纵然如此，物理寄存器的释放仍有赖于 Rob 的介入。每当一条指令可以交割的时候，如果其 MicroOp 中的 old_pdest 非 0，这个物理寄存器就是应该释放的；因为本条指令已经改变了逻辑寄存器的映射（pdest），而此前依赖于这个 old_pdest 的指令都已交割（要不然本指令就不能交割）。这个在前面已有说明。

26.3 对 Rob 的回写

指令执行单元对执行结果的回写，从原理上说其首要的目标应该是 Rob，虽然实际上是以 Scheduler（其实是物理寄存器组和 RS）为首要目标，但那只是一种优化。

前面也讲过，要支持指令的脱序（Out-of-Order）执行，Rob 是必不可少的；即使不支持脱序执行，在宽度大于 1 的超标量流水线中其实也需要 Rob。Rob 是在 CtrlBlock 中创建的，这是个 LazyModule：

```
[XSCore > XSCoreBase > CtrlBlock > Rob]
class Rob(implicit p: Parameters) extends LazyModule with HasWritebackSink with HasXSParameter {
  lazy val module = new RobImp(this)

  override def generateWritebackIO(thisMod: Option[HasWritebackSource] = None,
                                   thisModImp: Option[HasWritebackSourceImp] = None): Unit = {
    val sources = writebackSinksImp (thisMod, thisModImp)
    module.io.writeback.zip(sources).foreach(x => x._1 := x._2)          ///将外部信号源x._2连接到回写端口x._1上
  }
}  ///end class Rob
```

虽然 Rob 是个 LazyModule，但是在其 lazy val module 之外的 Diplomacy 部分几乎空无一物，就是有个 generateWritebackIO()函数可供调用，这个函数的作用是建立回写端口的外部连接，因为究竟有几个外部连接要根据实际情况确定。从 CtrlBlockImp 调用这个函数时，参数 thisMod 是 CtrlBlock，thisModImp 是 CtrlBlockImp。这里的 writebackSinksImp()是由 trait HasWritebackSink 提供的：

```
trait HasWritebackSink {
  final def writebackSinksImp(thisMod: Option[HasWritebackSource]=None,
                              thisModImp: Option[HasWritebackSourceImp] = None) : Seq[Seq[ValidIO[ExuOutput]]] = {
    val sourceMod = writebackSinksMod(thisMod, thisModImp)
    writebackSinks.zip(sourceMod).map{ case ((s, i), m) => s.zip(i).zip(m).flatMap(x => x._1._1.writebackSource(x._2)(x._1._2)) }
  }
}
```

另外，代码中的 module 就是指 class Rob 中的 lazy val module，即 RobImp。RobImp 的 io 中有个 writeback，其类型是 MixedVec(numWbPorts.map(num => Vec(num, Flipped(ValidIO(new ExuOutput))))), 这是个 ExuOutput 向量的 MixedVec，向量的向量。之所以是 MixedVec 是因为那些 ExuOutput 向量的长度并不划一。

Rob 在其 module 外面提供 generateWritebackIO()这个函数，就是让 CtrlBlock 在创建 Rob 模块之余可以通过这个函数为 Rob 模块创建好它的输入端口，端口数量取决于 writebackSinksImp()的返回值。

下面是 class RobImp 的代码：

```
[XSCore > XSCoreBase > CtrlBlock > Rob > RobImp]
class RobImp(outer: Rob)(implicit p: Parameters) extends LazyModuleImp(outer)
                                    with HasXSParameter with HasCircularQueuePtrHelper with HasPerfEvents {
  val wbExuConfigs = outer.writebackSinksParams.map(_.exuConfigs)
    ///见 XSCoreParameters：val exuConfigs:Seq[ExuConfig] = intExuConfigs++fpExuConfigs++loadExuConfigs++storeExuConfigs
    ///实际上就是所有产生回写要求的 ExuConfig。
  val numWbPorts = wbExuConfigs.map(_.length)        /// wbExuConfigs 有多长，就有几个回写端口。

  val io = IO(new Bundle() {
    val hartId = Input(UInt(8.W))
    val redirect = Input(Valid(new Redirect))           ///Rob 的 redirect 输入来自 CtrlBlock 中的 stage2Redirect，源自指令执行。
    val enq = new RobEnqIO                              ///来自 Dispatch
    val flushOut = ValidIO(new Redirect)                ///flushOut 是由 Rob 因异常和中断而产生的转向指示，通往 CtrlBlock。
    val exception = ValidIO(new ExceptionInfo)          ///由 Rob 发出的异常通知，通往 CtrlBlock，见 ctrlBlock.io.robio.exception。
    // exu + brq
    val writeback = MixedVec(numWbPorts.map(num => Vec(num, Flipped(ValidIO(new ExuOutput)))))
            ///writeback 是个长度为 numWbPorts 的 MixedVec，其每个元素本身又是个 ExuOutput 向量，长度不一。
            ///因为执行单元有多种，每一种又可以有多个。
    val commits = Output(new RobCommitIO)               ///去往 RenameTableWrapper
    val lsq = new RobLsqIO                              ///去往 MemBlock
    val robDeqPtr = Output(new RobPtr)                  ///指令离开 Rob 就“退休（retire）”了
    val csr = new RobCSRIO                              ///去往 CSR
    val robFull = Output(Bool())
    val cpu_halt = Output(Bool())
    val wfi_enable = Input(Bool())
    val debug_ls = Flipped(new DebugLSIO)
  })

  def selectWb (index: Int, func: Seq[ExuConfig] => Boolean): Seq[(Seq[ExuConfig], ValidIO[ExuOutput])] = {
    wbExuConfigs(index).zip(io.writeback(index)).filter(x => func(x._1))         /// wbExuConfigs 见上
  }  ///按 index 在 wbExuConfigs（见上）中选取其一，例如 intExuConfigs；然后对此向量按 func()进行过滤。
    ///返回值是从 wbExuConfigs 中按给定条件挑选出来的一个[ExuConfig, ExuOutput]二元组序列。
  val exeWbSel = outer.selWritebackSinks(_.exuConfigs.length)
  val fflagsWbSel = outer.selWritebackSinks(_.exuConfigs.count(_.exists(_.writeFflags)))

  val fflagsPorts = selectWb(fflagsWbSel, _.exists(_.writeFflags))     ///以 fflagsWbSel 为 index，以 exists(_.writeFflags)为 func()。
  val exceptionWbSel = outer.selWritebackSinks(_.exuConfigs.count(_.exists(_.needExceptionGen)))
  val exceptionPorts = selectWb(fflagsWbSel, _.exists(_.needExceptionGen))
  val exuWbPorts = selectWb(exeWbSel, _.forall(_ != StdExeUnitCfg))
  val stdWbPorts = selectWb(exeWbSel, _.contains(StdExeUnitCfg))   /// StdExeUnitCfg 包括 stdCfg 和 mouDataCfg 两个 FuConfig

  val exuWriteback = exuWbPorts.map(_._2)               ///除 store 指令执行单元以外所有执行单元的回写端口
  val stdWriteback = stdWbPorts.map(_._2)               ///store 指令执行单元的回写端口
```

```
// instvalid field
val valid = RegInit(VecInit(Seq.fill(RobSize)(false.B)))          ///宽度为 RobSize 即 256 的位图，每一位代表一条指令是否有效。
// writeback status
val writebacked                = Mem(RobSize, Bool())            ///也是 256 位宽的位图，表示已经回写的指令。
val store_data_writebacked     = Mem(RobSize, Bool())            ///也是位图，表示这是来自 store 指令执行单元的回写。
// data for redirect, exception, etc.
val flagBkup                   = Mem (RobSize, Bool())           ///也是位图，用于备份。
// some instructions are not allowed to trigger interrupts
// They have side effects on the states of the processor before they write back
val interrupt_safe             = Mem (RobSize, Bool())           ///也是位图，这些指令之前可以发生中断。

// data for debug    ///略

// pointers
// For enqueue ptr, we don't duplicate it since only enqueue needs it.
val enqPtrVec = Wire(Vec(RenameWidth, new RobPtr))               /// RenameWidth=6，入队指针。
val deqPtrVec = Wire(Vec(CommitWidth, new RobPtr))               /// CommitWidth=6，离队指针。
val walkPtrVec = Reg(Vec(CommitWidth, new RobPtr))
val allowEnqueue = RegInit(true.B)
val enqPtr = enqPtrVec.head
val deqPtr = deqPtrVec(0)
val walkPtr = walkPtrVec(0)

val isEmpty = enqPtr === deqPtr                                  ///Rob 空，没有指令。
val isReplaying = io.redirect.valid && RedirectLevel.flushItself(io.redirect.bits.level)

/** states of Rob */
val s_idle :: s_walk :: Nil = Enum(2)          ///Rob 只有两个状态，不是在 walk 就是 walk 已经完成（已经提交了若干指令）。
val state = RegInit(s_idle)                    /// Rob 状态机
/**
  * Data Modules
  * CommitDataModule: data from dispatch          ///来自 Dispatch 的数据(来自 MicroOp)存放在 dispatchData 中
  * (1) read: commits/walk/exception              ///从 dispatchData 读出是因为 commits/walk/exception 所需
  * (2) write: enqueue                            ///向 dispatchData 写入通过 enqueue
  *
  * WritebackData: data from writeback
  * (1) read: commits/walk/exception              ///WritebackData 的读出是因为 commits/walk/exception 所需
  * (2) write: write back from exe units          ///WritebackData 的写入来自各个指令执行单元
  */
val dispatchData = Module(new SyncDataModuleTemplate(new RobDispatchData, RobSize, CommitWidth, RenameWidth))
    ///创建一个 SyncDataModuleTemplate 缓冲区，存储单元类型为 RobDispatchData。这是对 RobCommitInfo 的扩充。
    ///缓冲区被用作一个环形队列，这是 Rob 的核心，所以也称 Rob 为 Roq。其数据来自 Dispatch，故称 dispatchData。
val dispatchDataRead = dispatchData.io.rdata
```

```
  val exceptionGen = Module(new ExceptionGen)          ///创建 ExceptionGen 模块，见后述。
  val exceptionDataRead = exceptionGen.io.state        /// exceptionDataRead 来自 ExceptionGen 模块输出接口上的 state
  val fflagsDataRead = Wire(Vec(CommitWidth, UInt(5.W)))
  io.robDeqPtr := deqPtr                               ///向外提供当前的 deqPtr
///class RobImp，待续
```

顾名思义，Rob 就是 Re-Order Buffer，这是个缓冲区；但同时也是一个队列，因为在 Rob 中等待交割结果（commit）的指令是有先后次序的。事实上，Rob 的核心 dispatchData 是个大小为 RobSize 即 256 的 SyncDataModuleTemplate，其存储单元的类型为 RobDispatchData，这是对 RobCommitInfo 的扩充，这个我们在前面 CtrlBlock 一章中看到过。来自 Dispatch 的 io.enq 的类型是 RobEnqIO，而 RobEnqIO 的主体就是 MicroOp；虽然 RobCommitInfo 中并不包含 MicroOp，但是它的许多成分都来自 MicroOp。RobPtr 则是循环队列指针，指向该队列中的某个存储单元，实际上就是具体存储单元在 Rob 中的下标。256 个 RobDispatchData，就是 256 条指令，这是 Rob 的最大容量。

上面代码中有几个涉及 ExuConfig 的语句，我们在前面只是看了 ExuConfig 的构造界面，并未看其内部，现在不妨结合前面涉及 selectWb()的几个语句看一下：

```
case class ExuConfig (name: String, blockName: String /* NOTE: for perf counter */, fuConfigs: Seq[FuConfig],
                      wbIntPriority: Int, wbFpPriority: Int, extendsExu: Boolean = true) extends IsLookupable {
  def max(in: Seq[Int]): Int = in.reduce((x, y) => if (x > y) x else y)

  val intSrcCnt = max(fuConfigs.map(_.numIntSrc))
  val fpSrcCnt = max(fuConfigs.map(_.numFpSrc))
  val readIntRf = intSrcCnt > 0
  val readFpRf = fpSrcCnt > 0
  val writeIntRf = fuConfigs.map(_.writeIntRf).reduce(_ || _)
  val writeFpRf = fuConfigs.map(_.writeFpRf).reduce(_ || _)
  val writeFflags = fuConfigs.map(_.writeFflags).reduce(_ || _)
  val hasRedirect = fuConfigs.map(_.hasRedirect).reduce(_ || _)
  val hasFastUopOut = fuConfigs.map(_.fastUopOut).reduce(_ || _)
  val exceptionOut = fuConfigs.map(_.exceptionOut).reduce(_ ++ _).distinct.sorted
  val hasLoadError = fuConfigs.map(_.hasLoadError).reduce(_ || _)
  val flushPipe: Boolean = fuConfigs.map(_.flushPipe).reduce(_ ||_)
  val replayInst: Boolean = fuConfigs.map(_.replayInst).reduce(_ || _)
  val trigger: Boolean = fuConfigs.map(_.trigger).reduce(_ || _)
  val needExceptionGen: Boolean = exceptionOut.nonEmpty || flushPipe || replayInst || trigger

  val latency: HasFuLatency = {
    val lats = fuConfigs.map(_.latency)
    if (lats.exists(x => x.latencyVal.isEmpty)) {
      UncertainLatency()
    } else {
      if(lats.drop(1).map(_.latencyVal.get == lats.head.latencyVal.get).forall(eq => eq)) { lats.head} else { UncertainLatency() }
    }
  }
  // NOTE: dirty code for MulDivExeUnit
```

```
  val hasCertainLatency = if (name == "MulDivExeUnit") true else latency.latencyVal.nonEmpty
  val hasUncertainlatency = if (name == "MulDivExeUnit") true else latency.latencyVal.isEmpty
  val wakeupFromRS = hasCertainLatency && (wbIntPriority <= 1 || wbFpPriority <= 1)
  val allWakeupFromRS = !hasUncertainlatency && (wbIntPriority <= 1 || wbFpPriority <= 1)
  val wakeupFromExu = !wakeupFromRS
  val hasExclusiveWbPort = (wbIntPriority == 0 && writeIntRf) || (wbFpPriority == 0 && writeFpRf)
  val needLoadBalance = hasUncertainlatency

  def needWbPipeline(isFp: Boolean): Boolean = {
    (isFp && readIntRf && writeFpRf) || (!isFp && readFpRf && writeIntRf)
  }

  def canAccept(fuType: UInt): Bool = {
    Cat(fuConfigs.map(_.fuType === fuType)).orR
  }
}  ///end case class ExuConfig
```

对于具体执行单元的配置，例如 AluExeUnitCfg、LdExeUnitCfg，都是 ExuConfig 类的具体对象：

```
  val JumpExeUnitCfg      = ExuConfig("JmpExeUnit", "Int", Seq(jmpCfg, i2fCfg), 2, Int.MaxValue)
  val AluExeUnitCfg       = ExuConfig("AluExeUnit", "Int", Seq(aluCfg), 0, Int.MaxValue)
  val FmacExeUnitCfg      = ExuConfig("FmacExeUnit", "Fp", Seq(fmacCfg), Int.MaxValue, 0)
  val FmiscExeUnitCfg     = ExuConfig("FmiscExeUnit","Fp",Seq(f2iCfg, f2fCfg, fdivSqrtCfg), Int.MaxValue, 1)
  val LdExeUnitCfg        = ExuConfig("LoadExu", "Mem", Seq(lduCfg), wbIntPriority = 0, wbFpPriority = 0, extendsExu = false)
  val StdExeUnitCfg       = ExuConfig("StdExu", "Mem", Seq(stdCfg, mouDataCfg), wbIntPriority = Int.MaxValue,
                                                           wbFpPriority = Int.MaxValue, extendsExu = false)
```

由于 ExuConfig 是 case class，所以在 ExuConfig 前面无需使用 new 关键字。

由具体 ExuConfig 对象（如 AluExeUnitCfg）所配置的执行单元，其执行结果都要到 Rob 中重整次序，所以 Rob 与各种执行单元的配置关系极大。结合前面 RobImp 代码中的片段：

```
  val wbExuConfigs = outer.writebackSinksParams.map(_.exuConfigs)
    ///见 XSCoreParameters：val exuConfigs:Seq[ExuConfig] = intExuConfigs++fpExuConfigs++loadExuConfigs++storeExuConfigs
    ///实际上就是所有产生回写要求的 ExuConfig。
  def selectWb (index: Int, func: Seq[ExuConfig] => Boolean): Seq[(Seq[ExuConfig], ValidIO[ExuOutput])] = {
    wbExuConfigs(index).zip(io.writeback(index)).filter(x => func(x._1))
  }
  val exeWbSel = outer.selWritebackSinks(_.exuConfigs.length)
  val fflagsWbSel = outer.selWritebackSinks(_.exuConfigs.count(_.exists(_.writeFflags)))
  val fflagsPorts = selectWb(fflagsWbSel, _.exists(_.writeFflags))
  val exceptionWbSel = outer.selWritebackSinks(_.exuConfigs.count(_.exists(_.needExceptionGen)))
  val exceptionPorts = selectWb(fflagsWbSel, _.exists(_.needExceptionGen))
  val exuWbPorts = selectWb(exeWbSel, _.forall(_ != StdExeUnitCfg))
  val stdWbPorts = selectWb(exeWbSel, _.contains(StdExeUnitCfg))
```

以这里的 exceptionWbSel 为例，这个 val 定义为对外层即 class Rob 中函数 selWritebackSinks()的调用，

给的调用实参 func()是“_.exuConfigs.count(_.exists(_.needExceptionGen))”。Rob 继承了这个函数：

```
trait HasWritebackSink {
  …
  def writebackSinksParams: Seq[WritebackSourceParams] = {
    writebackSinks.map{ case (s, i) => s.zip(i).map(x => x._1.writebackSourceParams(x._2)).reduce(_ ++ _) }
  }
  …
  def selWritebackSinks (func: WritebackSourceParams => Int): Int = {
    writebackSinksParams.zipWithIndex.minBy(params => func(params._1))._2
  }
}
```

限于篇幅，这里就不再深入细抠了。总之，所给实参中的“_.exuConfigs”就是 XSCoreParameters 中的 val exuConfigs，定义为序列 intExuConfigs++fpExuConfigs++loadExuConfigs++storeExuConfigs，就是 4 个 ExuConfig 的序列。而传给 selWritebackSinks()的函数则是对其进行“count(_.exists(_.needExceptionGen))”，所返回的是这个序列中凡是 exists(_.needExceptionGen)即其 ExuConfig 中的 needExceptionGen 为 true 的 ExuConfig 的个数。

这几句代码确实比较晦涩难懂，留给读者自己去慢慢细抠，我们得要回到 Rob 的结构主线。

Rob 中每个槽位的数据类型为 RobDispatchData，这是对 RobCommitInfo 的扩充：

```
class RobDispatchData(implicit p: Parameters) extends RobCommitInfo
```

RobCommitInfo 的定义则是这样：

```
class RobCommitInfo(implicit p: Parameters) extends XSBundle {
  val ldest = UInt(5.W)                          ///目标寄存器的逻辑寄存器号，l表示logical。
  val rfWen = Bool()                             ///对整数物理寄存器组的写入允许
  val fpWen = Bool()                             ///对浮点物理寄存器组的写入允许
  val wflags = Bool()                            ///对CSR寄存器的写入控制
  val commitType = CommitType()                  ///提交结果的类型：NORMAL / BRANCH / LOAD / STORE
  val pdest = UInt(PhyRegIdxWidth.W)             ///目标寄存器的物理寄存器号，p表示physical。
  val old_pdest = UInt(PhyRegIdxWidth.W)         ///原先的物理寄存器号
  val ftqIdx = new FtqPtr                        ///所属指令块在Ftq队列中的位置
  val ftqOffset = UInt(log2Up(PredictWidth).W)   ///本指令在指令块中的位置
  val isMove = Bool()
  // these should be optimized for synthesis verilog
  val pc = UInt(VAddrBits.W)                     ///本指令所在的地址
}  ///end class RobCommitInfo
```

这里面有运算结果在这条指令中的逻辑寄存器号和物理寄存器号，以及老的物理寄存器号，这些信息显然都是来自 MicroOp，Rob 中的这些信息是 Dispatch 在把 MicroOp 通过派发队列送往 ReservationStation 的前夕写入的；但是 RobCommitInfo 中却并无指令本身，Dispatch 把 RobCommitInfo 写入 Rob 之后就把写入的位置 robIdx 填写在 MicroOp 中，所以指令执行单元知道具体指令在 Rob 中的位置。RobCommitInfo 中也没有指令在 Rob 中的位置 robIdx，那是在 MicroOp 中。

值得注意的是，RobCommitInfo 中并无来自指令执行单元的计算结果 data，这说明所谓“对号入座”其实是只对号不入座，因为计算结果已经直接写入物理寄存器组和 RS，而在 Rob 这一边并无这个需要。

从 FUBlock 回写的 writeback 是个 ExuOutput 向量，ExuOutput 则是对 XSBundleWithMicroOp 的扩充：

```
class ExuOutput(implicit p: Parameters) extends XSBundleWithMicroOp {
  val data = UInt(XLEN.W)                ///指令执行的结果，有待写入目标寄存器
  val fflags = UInt(5.W)                 ///浮点指令执行单元反馈的一些情况，包括NV/DZ/OF/UF/NX（见Atlas第五章）。
  val redirectValid = Bool()
  val redirect = new Redirect
  val debug = new DebugBundle
}

class XSBundleWithMicroOp(implicit p: Parameters) extends XSBundle {
  val uop = new MicroOp           /// ExuOutput是对XSBundleWithMicroOp的扩充，而后者内含MicroOp。
}
```

所以，ExuOutput 体内是包含着 MicroOp 的，从而也包含着指令在 Rob 中的位置 robIdx，只要对号入座就可找到对应的 RobCommitInfo 往内填写。这个 robIdx 是 Rob 在接受 Dispatch 的 RobDispatchData 进入队列时给的回应：

```
[XSCore > XSCoreBase > CtrlBlock > Rob > RobImp > RobEnqIO]
class RobEnqIO(implicit p: Parameters) extends XSBundle {          ///rob.io.enq的连接对方是dispatch.io.enqRob
  val canAccept = Output(Bool())                                       ///对needAlloc的回应，表示可以接受入列。
  val isEmpty = Output(Bool())                                         ///表示Rob队列已空
  // valid vector, for robIdx gen and walk
  val needAlloc = Vec(RenameWidth, Input(Bool()))                      ///来自Dispatch的入列请求，要求分配槽位。
  val req = Vec(RenameWidth, Flipped(ValidIO(new MicroOp)))            ///来自Dispatch的入列内容
  val resp = Vec(RenameWidth, Output(new RobPtr))                      ///发给Dispatch的入列回应
}
```

RobEnqIO 就是 Rob 外部接口上的 enq。上面的 canAccept、isEmpty 和 needAlloc 是 Rob 与 Dispatch 之间的握手信息，而 Dispatch 发给 Rob 的入列请求 req 则是个 MicroOp 向量，但此时的 MicroOp 中那个 robIdx 是空白的。而 Rob 接受了这个 MicroOp 向量之后（不可能拒绝，因为对方事先已经请求 needAlloc 而己方已发回 canAccept），则发回一个 RobPtr 向量。于是从 Dispatch 往后的 MicroOp、ExuInput 和 ExuOutput 中就都有了 robIdx。

回写执行结果之后，已执行的指令需要在 Rob 中恢复原有次序，等待排在其前面尚未交割的指令都得到交割，交割（commit）这个词有交付、提交、确认的意思。Rob 的交割主要是向 Rename 机制的交割（此外也要向前端交割，使 Ftq 可以释放所占用的槽位，并向 BPU 提交历史信息更新），实际上就是让 Rename 释放因该指令之前的映射而占用的物理寄存器号（old_pdest），而确认该指令本身所建立的映射。但是这里又有个特殊的情况，就是在等待交割的过程中也许来了转向指示，这意味着产生转向指示的这条指令后面的那些指令都不能被交割，而应该被冲刷废弃。然而这些指令可能已经在 Rename 模块中建立了物理寄存器映射（pdest），这就得废除其映射，退回其占用的物理寄存器号，以消除影响。这个在 Rob 中发起消除影响的过程称为 Walk。一旦此前的指令均已交割，并且攒满了批量（6 条，指令的执行本来就是成批的），就可以向 Rename 模块提交。一旦提交，这些指令就从 Rob 中出列，从此就“退休（Retire）”了。Rob 外部接口上的 commits 就是用来提交执行结果的接口，其类型为 RobCommitIO：

```
class RobCommitIO(implicit p: Parameters) extends XSBundle {        ///rob.io.commits的连接对方是RenameTableWrapper
  val isCommit = Bool()                                             ///处于交割状态，可以交割。
  val commitValid = Vec(CommitWidth, Bool())                        ///当前的交割位图，CommitWidth定义为6
  val isWalk = Bool()                                               ///处于Walk阶段，正在消除应被冲刷指令的影响。
  // valid bits optimized for walk
  val walkValid = Vec(CommitWidth, Bool())                          ///本批应被冲刷的（已执行）指令位图
  val info = Vec(CommitWidth, new RobCommitInfo)                    ///所提交结果是长度为6的RobCommitInfo向量
                     ///对于Commit的指令，要释放的是其old_pdest；对于Walk的指令，要释放的是其pdest。
  def hasWalkInstr: Bool = isWalk && walkValid.asUInt.orR           ///处于Walk阶段并且walkValid位图非空
  def hasCommitInstr: Bool = isCommit && commitValid.asUInt.orR     ///处于提交阶段并且commitValid位图非空
}   ///end class RobCommitIO
```

注意 RobCommitIO 这个 Bundle 中并无 ready/valid 信号，所以其内容是一直通着的，就像一个或门与门的输出一样，所以用 isCommit 和 isWalk 两个信号（这两个信号有 commitValid 和 walkValid 表明其是否有效）表明 Rob 当前的状态。

除状态信息以外，这里的核心就是一个长度为 CommitWidth 即 6 的 RobCommitInfo 向量 info，这就是由 Rob 提交的结果，是来自 Rob 中的若干（最多 6 个）存储单元（见上）。注意向量是有序的，这个向量中各元素的位置取决于当初来自派发模块 Dispatch 的指令次序。至于 Rename 那一头对此信息的使用，我们在前面 CtrlBlock 那一章中已经看到过了，物理寄存器 old_pdest 的释放就是在那里进行的。

此外，Rob 与存储子系统之间，更具体说是与 LoadQueue 和 StoreQueue 之间，也有接口，就是外部接口上的 lsq，这是个 RobLsqIO。这个接口上并不包含执行结果本身，而只是个操作完成后的通知（其实来自执行单元的回写也是一样），本书第三卷讲述存储子系统的时候还会说到这个：

```
class RobLsqIO(implicit p: Parameters) extends XSBundle {      ///rob.io.lsq的连接对方是CtrlBlock外部接口上的robio.lsq
  val lcommit = Output(UInt(log2Up(CommitWidth + 1).W))        ///来自LoadQueue的提交
  val scommit = Output(UInt(log2Up(CommitWidth + 1).W))        ///来自StoreQueue的提交
  val pendingld = Output(Bool())                                ///有Load指令尚未完成
  val pendingst = Output(Bool())                                ///有Store指令尚未完成
  val commit = Output(Bool())
}
```

来自 Load 指令的执行结果即读入数据已直接写入目标物理寄存器，无需 Rob 转达，但需要给 Rob 一个通知，至于 Store 指令的执行结果当然更只是一个通知。

我们继续往下看 RobImp 的代码：

```
[XSCore > XSCoreBase > CtrlBlock > Rob > RobImp]  续 1
  /** Enqueue (from dispatch) */
  // special cases
  val hasBlockBackward = RegInit(false.B)             ///表示暂时阻止后续的指令进入 Rob，见后。
  val hasNoSpecExec = RegInit(false.B)
  val doingSvinval = RegInit(false.B)
  // When blockBackward instruction leaves Rob (commit or walk), hasBlockBackward should be set to false.B
  // To reduce registers usage, for hasBlockBackward cases, we allow enqueue after ROB is empty.
  when (isEmpty) { hasBlockBackward:= false.B }
  // When any instruction commits, hasNoSpecExec should be set to false.B
  when (io.commits.hasWalkInstr || io.commits.hasCommitInstr) { hasNoSpecExec:= false.B }
```

```
// The wait-for-interrupt (WFI) instruction waits in the ROB until an interrupt might need servicing.
// io.csr.wfiEvent will be asserted if the WFI can resume execution, and we change the state to s_wfi_idle.
// It does not affect how interrupts are serviced. Note that WFI is noSpecExec and it does not trigger interrupts.
val hasWFI = RegInit(false.B)
io.cpu_halt := hasWFI                          ///wfi 指令（见下）让 CPU 停止运行，直至有中断请求到来或超时。
// WFI Timeout: 2^20 = 1M cycles
val wfi_cycles = RegInit(0.U(20.W))            ///然后对时钟脉冲计数，至 20 位的计数器为全 1 的时候 wfi 超时。
when (hasWFI) {
  wfi_cycles := wfi_cycles + 1.U
}.elsewhen (!hasWFI && RegNext(hasWFI)) {      /// hasWFI 从 true 跳变到 false 之际，与时钟脉冲对齐。
  wfi_cycles := 0.U                            ///只要 hasWFI 是 false，wfi_cycles 就不会开始计数。
}
val wfi_timeout = wfi_cycles.andR              ///andR 意为按 and 运算做 Reduce，所以计数器全 1 为超时。
when (RegNext(RegNext(io.csr.wfiEvent)) || io.flushOut.valid || wfi_timeout) {
  hasWFI := false.B                            ///超时即将 hasWFI 清 0，直至又有 wfi 指令。
}
  ///下面是在 Dispatch 接口上对指令（来自 Dispatch）入列的处理：
val allocatePtrVec = VecInit((0 until RenameWidth).map(i => enqPtrVec(PopCount(io.enq.needAlloc.take(i)))))
                                    ///来自 enq 接口即 RobEnqIO 中的 needAlloc 请求，needAlloc 是个向量。
io.enq.canAccept    := allowEnqueue && !hasBlockBackward         ///只要 allowEnqueue 且并未要求阻塞，就接受。
io.enq.resp         := allocatePtrVec                            ///发回接受请求的回应
val canEnqueue = VecInit(io.enq.req.map(_.valid && io.enq.canAccept))      ///有请求并被接受，可以进入 Rob
val timer = GTimer()
for (i <- 0 until RenameWidth) {        ///对于同批进入 Rob 的指令中的每一条：
  // we don't check whether io.redirect is valid here since redirect has higher priority
  when (canEnqueue(i)) {                ///跳过那些没有被接受的
    val enqUop = io.enq.req(i).bits                ///接受来自 Dispatch 的这个 MicroOp
    val enqIndex = allocatePtrVec(i).value
    // store uop in data module and debug_microOp Vec
    when (enqUop.ctrl.blockBackward) { hasBlockBackward := true.B }
                                        ///来自译码阶段，该位为 true 的指令有 CSR/EBREAK/FENCE/AMO 等。
    when (enqUop.ctrl.noSpecExec) { hasNoSpecExec := true.B }
                                        ///来自译码阶段，该位为 true 的指令有 CSR/EBREAK/FENCE/AMO 等。
    val enqHasTriggerHit = io.enq.req(i).bits.cf.trigger.getHitFrontend
    val enqHasException = ExceptionNO.selectFrontend(enqUop.cf.exceptionVec).asUInt.orR
        ///MicroOp 中 CtrlFlow 内有个位图 exceptionVec，由流水线中的各个部分填写。位图中有任何一位为 1 即有异常。

    // the begin instruction of Svinval enqs so mark doingSvinval as true to indicate this process   ///对 Svinval 指令的特殊处理：
    when(!enqHasTriggerHit && !enqHasException &&
          FuType.isSvinvalBegin(enqUop.ctrl.fuType, enqUop.ctrl.fuOpType, enqUop.ctrl.flushPipe)) { doingSvinval := true.B }
   // the end instruction of Svinval enqs so clear doingSvinval
    when(!enqHasTriggerHit && !enqHasException &&
          FuType.isSvinvalEnd(enqUop.ctrl.fuType, enqUop.ctrl.fuOpType, enqUop.ctrl.flushPipe)) { doingSvinval := false.B }
   // when we are in the process of Svinval software code area , only Svinval.vma and end instruction of Svinval can appear
    assert(!doingSvinval || (FuType.isSvinval(enqUop.ctrl.fuType, enqUop.ctrl.fuOpType, enqUop.ctrl.flushPipe) ||
```

```
                                    FuType.isSvinvalEnd(enqUop.ctrl.fuType, enqUop.ctrl.fuOpType, enqUop.ctrl.flushPipe)))
      when (enqUop.ctrl.isWFI && !enqHasException && !enqHasTriggerHit) { hasWFI := true.B }
                  /// WFI 指令由 CSR 单元执行，wfi 指令属于 fuType.csr，isWFI()是由 CtrlSignals 提供的一个函数。
    }   ///end when (canEnqueue(i))
  }   ///end for (i <- 0 until RenameWidth)，至此已就来自 Dispatch 的 MicroOp 作出某些反应，也已为其分配存储单元，
     ///但尚未将其写入 dispatchData 缓冲区，写入 dispatchData 的代码在后面。
  val dispatchNum = Mux(io.enq.canAccept, PopCount(io.enq.req.map(_.valid)), 0.U)        ///本批进入 Rob 的指令数量
  io.enq.isEmpty := RegNext(isEmpty && !VecInit(io.enq.req.map(_.valid)).asUInt.orR)
  when (!io.wfi_enable) { hasWFI := false.B }    ///未开启使用 wfi 指令，对 wfi 无反应，wfi 指令使 CPU 进入省电模式。
  ///Debug 从略
     ///对指令入列的处理至此为止
///class RobImp，续 1，待续
```

按理说，来自 Dispatch 的指令一旦进入 Rob，就只需坐等执行单元的回写，按次序凑齐一批指令的回写结果就说明这些指令都已完成执行，这就可以交割了。在得到执行单元的回写之前，Rob 并不知道执行结果，对到来的指令也干不了什么事。但是也有例外。有些指令，其实是与计算结果无关，也没有数据依赖的。其一是 wfi 指令，其二是自陷指令 ecall 和 ebreak，这些指令都没有源操作数，所以不可能有数据依赖。虽然这些指令在 CSR 单元中得到执行，但那只是为程序跳转进行了准备，实际的跳转在何时发生还得听 Rob 的，其执行的时序既不能抢先也不能落后。从这个意义上说，这些指令的执行只能放在 Rob 中，而不是在 CSR 中，只是也需要等待 CSR 和其它执行单元的回写。另外，异常的发起也并不都是因为自陷指令，更多的倒是因为操作异常，实际上最容易引起操作异常的倒是在前端，对内存的访问就可以引起好几种异常，但前端只是报告了异常情况的出现，但因此而导致 CPU 发起异常这个动作则要由 Rob 进行（异常条件的出现并非指令）。所以这里为 wfi 和异常的发起进行了一些准备，电路中的 hasWFI 和 enqHasException 都是为此而设的。这里也包括对断点触发的准备 enqHasTriggerHit，但那只是用于调试目的。另外，与异常类似的还有中断，中断的发起（对中断请求的反应）也与异常相似，那也是由 CSR 检测到中断请求后要在 Rob 中发起的，因为这里也有个时机的问题，这个下面就会讲到。

我们继续往下看 RobImp 的代码，看代码实际上就是读电路：

```
[XSCore > XSCoreBase > CtrlBlock > Rob > RobImp]   续 2
  val writebackNum = PopCount(exuWriteback.map(_.valid))
  XSInfo(writebackNum =/= 0.U, "writebacked %d insts\n", writebackNum)
  /**
    * RedirectOut: Interrupt and Exceptions        ///中断和异常必然导致指令流转向，下面是对中断和异常的发起：
    */
  val deqDispatchData = dispatchDataRead(0)

  val intrBitSetReg = RegNext(io.csr.intrBitSet)            ///中断请求来自 CSR
  val intrEnable = intrBitSetReg && !hasNoSpecExec && interrupt_safe(deqPtr.value)        ///注意这并非开中控制
        ///interrupt_safe 是长度为 RobSize 的位图，每一位表示该位置上的指令是否允许中断（有些指令不可以），见后。
  val deqHasExceptionOrFlush = exceptionDataRead.valid && exceptionDataRead.bits.robIdx === deqPtr
        ///exceptionDataRead 是 ExceptionGen 输出的 state，来自捎带着异常信息的指令。
  val deqHasException = deqHasExceptionOrFlush && (exceptionDataRead.bits.exceptionVec.asUInt.orR ||
                                    exceptionDataRead.bits.singleStep || exceptionDataRead.bits.trigger.hit)
  val deqHasFlushPipe = deqHasExceptionOrFlush && exceptionDataRead.bits.flushPipe
  val deqHasReplayInst = deqHasExceptionOrFlush && exceptionDataRead.bits.replayInst
  val exceptionEnable = writebacked(deqPtr.value) && deqHasException
```

```
    ///异常的发生与中断不同，它必须等到自陷指令或载有异常信息的指令已经由执行单元回写且可以交割的时候。
  val isFlushPipe = writebacked(deqPtr.value) && (deqHasFlushPipe || deqHasReplayInst)

  // io.flushOut will trigger redirect at the next cycle.
  // Block any redirect or commit at the next cycle.
  val lastCycleFlush = RegNext (io.flushOut.valid)              ///io.flushOut 是由 Rob 因异常或中断而产生的 Redirect
  io.flushOut.valid :=(state === s_idle) && valid(deqPtr.value) && (intrEnable || exceptionEnable || isFlushPipe) && !lastCycleFlush
                  /// state === s_idle 说明处于 Commit 状态（而不是 Walk 状态）
  io.flushOut.bits := DontCare
  io.flushOut.bits.robIdx := deqPtr                              ///借用正要离队的那条指令的 robIdx
  io.flushOut.bits.ftqIdx := deqDispatchData.ftqIdx              ///及其 ftqIdx 和 ftqOffset
  io.flushOut.bits.ftqOffset := deqDispatchData.ftqOffset
  io.flushOut.bits.level := Mux(deqHasReplayInst || intrEnable || exceptionEnable, RedirectLevel.flush, RedirectLevel.flushAfter)
                          // TODO use this to implement "exception next"
  io.flushOut.bits.interrupt := true.B      ///本次转向指示是因中断而来，不过注意这里并未设置 io.flushOut.bits.cfiUpdate。
          ///以上是对中断的发起，io.flushOut 通往 CtrlBlock 和那里的 RedirectGen。下面是异常：
  val exceptionHappen = (state === s_idle) && valid(deqPtr.value) && (intrEnable || exceptionEnable) && !lastCycleFlush
                                      ///实际发生异常的条件，也是只能发生于 state === s_idle 即 Commit 状态。
  io.exception.valid := RegNext(exceptionHappen)          ///io.exception 是个 ExceptionInfo，去向 CSR 和 CtrlBlock。
  io.exception.bits.uop := RegEnable(debug_deqUop, exceptionHappen)
  io.exception.bits.uop.ctrl.commitType := RegEnable(deqDispatchData.commitType, exceptionHappen)
  io.exception.bits.uop.cf.exceptionVec := RegEnable(exceptionDataRead.bits.exceptionVec, exceptionHappen)   ///异常的原因
  io.exception.bits.uop.ctrl.singleStep := RegEnable(exceptionDataRead.bits.singleStep, exceptionHappen)        ///单步执行
  io.exception.bits.uop.cf.crossPageIPFFix := RegEnable(exceptionDataRead.bits.crossPageIPFFix, exceptionHappen)
  io.exception.bits.isInterrupt := RegEnable(intrEnable, exceptionHappen)              ///是中断，不是一般的异常。
  io.exception.bits.uop.cf.trigger := RegEnable(exceptionDataRead.bits.trigger, exceptionHappen)              ///断点触发
///class RobImp，续 2，待续
```

Rob 有个 redirect 输入，那是来自指令执行单元的转向指示，但经过 RedirectGen 的过滤和综合，后面我们会看到，每当有 redirect 到来 Rob 就脱离 Commit 状态而进入 Walk 状态。但是 Rob 也有 Redirect 输出，那是因为 Rob 发起的中断或异常。中断和异常当然会引起指令流转向，io.flushOut 就是个 Redirect。此外，指令执行单元在执行指令的过程中会发现有异常的存在，但指令执行单元对此不作处理，而把异常的发起留给 Rob。所以 Rob 的输出 io.exception 是个 ExceptionInfo，这是对 XSBundleWithMicroOp 的扩充。但是中断也被视作一种特殊的异常，所以在 ExceptionInfo 中有个字段 isInterrupt，说明这是中断，而不是一般意义上的异常。

对异常和中断的发起也是 Rob 的重要职能之一，注意这不是指对于异常或中断的响应，那是软件的事，而是根据 CSR 执行单元的报告产生异常、发起异常。按理说，一般而言异常的发起应该是执行单元（实际上更多的是访存单元，例如访问地址没有对齐）的事，是因为某种原因使当前的指令执行不下去了才要发起异常，但是它们都不直接发起异常，而要把事情交给 CSR 和 Rob。因为这里有个发起异常的时序问题，本应在这条指令前面得到执行的指令也许还在 ReservationStation 中等待，所以执行单元不能立刻就贸然发起异常。一条指令之是否会引起异常，其实在执行之前就知道了。例如访存发生的错误，非法指令，这些都是很早就知道了，在运算中会引起异常的只有除数为 0，这也是在执行之前就可知道的，所以只需在其 CtrlFlow 的 16 位 exceptionVec 位图中设置一个标志位、做个标记即可。然后 CSR 会据以总结有否异常要求，并结合机器当前所处状态确定本次异常的向量地址，最后由 Rob 在轮到要交割这条指令的执行结果的时候才实际发起异常。之所以把这个 16 位的 exceptionVec 位图放在 CtrlFlow 中，而不是放在 CtrlSignals 或更后的 MicroOp 甚至 ExuInput 中，就是因为发生异常的条件可能早在取指的阶段就存在了。

当然，光是检测到发起异常的要求并不解决问题，重要的是根据这个要求发起异常。异常和中断一样，实际上只相当于一次强制的 call，只是所 call 的目标地址是特定的异常或中断“向量地址”，最终要进入事先安排好的软件子程序中，并且还可能伴随着 CPU 运行状态的提升，一般是从用户态提升到系统态。而返回地址，则异常和中断有所不同：中断的返回地址就是下一条指令，这与 call 一样；而异常的返回地址则就是发生异常的同一条指令。意思是：你上一次执行不下去了，现在异常处理软件已经做了纠正和补救，你再试试。所以异常（和中断）的发生必然伴随着指令流的转向 Redirect 和（对已经进入流水线甚至已被执行的指令的）冲刷 flush。为此 Rob 中还有个异常生成模块 exceptionGen（前面有引用，但主要在后面的代码中），这是个 ExceptionGen 类对象：

```
[XSCore > XSCoreBase > CtrlBlock > Rob > RobImp > ExceptionGen]
class ExceptionGen(implicit p: Parameters) extends XSModule with HasCircularQueuePtrHelper {
  val io = IO(new Bundle {
    val redirect = Input(Valid(new Redirect))            ///输入，来自RobImp的io.redirect。RobImp的Redirect输出是flushOut。
    val flush = Input(Bool())
    val enq = Vec(RenameWidth, Flipped(ValidIO(new RobExceptionInfo)))    ///这是个长度为6的向量，源自Dispatch，见后。
    val wb = Vec(1 + LoadPipelineWidth + StorePipelineWidth, Flipped(ValidIO(new RobExceptionInfo)))
                                                         ///来自CSR和访存指令执行单元的回写，之所以+1就是因为有CSR。
    val out = ValidIO(new RobExceptionInfo)
    val state = ValidIO(new RobExceptionInfo)            ///表示是否可以发起异常
  })  ///end val io

  def getOldest (valid: Seq[Bool], bits: Seq[RobExceptionInfo]): (Seq[Bool], Seq[RobExceptionInfo]) = {  ///找出其中最老的：
    assert(valid.length == bits.length)
    assert(isPow2(valid.length))
    if (valid.length == 1) {                                        ///如果一共就只有一个，那就不用比了：
      (valid, bits)
    } else if (valid.length == 2) {                                 ///如果有两个：
      val res = Seq.fill(2)(Wire(ValidIO(chiselTypeOf(bits(0)))))
      for (i <- res.indices) {
        res(i).valid := valid(i)
        res(i).bits := bits(i)
      }
      val oldest = Mux(!valid(1) || valid(0) && isAfter(bits(1).robIdx, bits(0).robIdx), res(0), res(1))  ///比较robIdx的先后
      (Seq(oldest.valid), Seq(oldest.bits))
    } else {                                                        ///如有更多就分左右两半再归并
      val left = getOldest(valid.take(valid.length / 2), bits.take(valid.length / 2))          ///递归
      val right = getOldest(valid.takeRight(valid.length / 2), bits.takeRight(valid.length / 2))
      getOldest(left._1 ++ right._1, left._2 ++ right._2)                                      ///递归
    }
  }  ///end getOldest()，从一个RobExceptionInfo系列中找出其中最老的。

        /// ExceptionGen的初始化程序从这里开始：
  val currentValid = RegInit(false.B)                     /// currentValid的处置为false，表示没有当前异常信息。
  val current = Reg(new RobExceptionInfo)                 ///当前异常信息

  // orR the exceptionVec
```

```
val lastCycleFlush = RegNext (io.flush)
val in_enq_valid = VecInit(io.enq.map(e => e.valid && e.bits.has_exception && !lastCycleFlush))
            ///e是enq向量中的一个元素，即RobExceptionInfo，has_exception()是其提供的函数，in_enq_valid是个位图。
            ///注意这里的io.enq是ExceptionGen的io.enq，不是RobImp的io.enq。
val in_wb_valid = io.wb.map(w => w.valid && w.bits.has_exception && !lastCycleFlush)
            ///w则是wb向量中的一个元素，也是RobExceptionInfo，in_wb_valid也是个位图。

// s0: compare wb(1)~wb(LoadPipelineWidth) and wb(1 + LoadPipelineWidth)~wb(LoadPipelineWidth + StorePipelineWidth)
val wb_valid = in_wb_valid.zip(io.wb.map(_.bits)).map{ case (v, bits) => v && !(bits.robIdx.needFlush(io.redirect) || io.flush) }
val csr_wb_bits = io.wb(0).bits                ///向量io.wb中的第一个元素就是来自CSR
val load_wb_bits = getOldest (in_wb_valid.slice(1, 1 + LoadPipelineWidth), io.wb.map(_.bits).slice(1, 1 + LoadPipelineWidth))._2(0)
val store_wb_bits = getOldest (in_wb_valid.slice(1 + LoadPipelineWidth, 1 + LoadPipelineWidth + StorePipelineWidth),
                io.wb.map(_.bits).slice(1 + LoadPipelineWidth, 1 + LoadPipelineWidth + StorePipelineWidth))._2(0)
                ///源自Load指令执行单元和Store指令执行单元回写的RobExceptionInfo，从其中找出发生最早的。
val s0_out_valid = RegNext(VecInit(Seq(wb_valid(0), wb_valid.slice(1, 1 + LoadPipelineWidth).reduce(_ || _),
                wb_valid.slice(1 + LoadPipelineWidth, 1 + LoadPipelineWidth + StorePipelineWidth).reduce(_ || _))))
val s0_out_bits = RegNext(VecInit(Seq(csr_wb_bits, load_wb_bits, store_wb_bits)))
                /// csr_wb_bits等均系RobExceptionInfo，按此顺序排好，与s0_out_valid相应。

// s1: compare last four and current flush
val s1_valid = VecInit(s0_out_valid.zip(s0_out_bits).map{ case (v, b) => v && !(b.robIdx.needFlush(io.redirect) || io.flush) })
val compare_01_valid = s0_out_valid(0) || s0_out_valid(1)
val compare_01_bits = Mux(!s0_out_valid(0) || s0_out_valid(1) && isAfter(s0_out_bits(0).robIdx,
                                            s0_out_bits(1).robIdx), s0_out_bits(1), s0_out_bits(0))
val compare_bits = Mux(!s0_out_valid(2) || compare_01_valid && isAfter(s0_out_bits(2).robIdx,
                                            compare_01_bits.robIdx), compare_01_bits, s0_out_bits(2))
val s1_out_bits = RegNext(compare_bits)
val s1_out_valid = RegNext(s1_valid.asUInt.orR)                    ///只要位图s1_valid中有一位是1

val enq_valid = RegNext(in_enq_valid.asUInt.orR && !io.redirect.valid && !io.flush)
val enq_bits = RegNext(ParallelPriorityMux(in_enq_valid, io.enq.map(_.bits)))

// s2: compare the input exception with the current one
// priorities:
// (1) system reset
// (2) current is valid: flush, remain, merge, update
// (3) current is not valid: s1 or enq
val current_flush = current.robIdx.needFlush(io.redirect) || io.flush
val s1_flush = s1_out_bits.robIdx.needFlush(io.redirect) || io.flush

when (currentValid) {
  when (current_flush) {
    currentValid := Mux(s1_flush, false.B, s1_out_valid)
  }
  when (s1_out_valid && !s1_flush) {
    when (isAfter(current.robIdx, s1_out_bits.robIdx)) {
```

```
        current := s1_out_bits
      }.elsewhen (current.robIdx === s1_out_bits.robIdx) {
        current.exceptionVec := (s1_out_bits.exceptionVec.asUInt | current.exceptionVec.asUInt).asTypeOf(ExceptionVec())
        current.flushPipe := s1_out_bits.flushPipe || current.flushPipe
        current.replayInst := s1_out_bits.replayInst || current.replayInst
        current.singleStep := s1_out_bits.singleStep || current.singleStep
        current.trigger := (s1_out_bits.trigger.asUInt | current.trigger.asUInt).asTypeOf(new TriggerCf)
      }
    }                                         ///将s1_out_bits（来自compare_bits）中的信息复制到当前异常信息中
  }.elsewhen (s1_out_valid && !s1_flush) {
    currentValid := true.B
    current := s1_out_bits                    ///将s1_out_bits（来自compare_bits）设置成当前异常信息
  }.elsewhen (enq_valid && !(io.redirect.valid || io.flush)) {
    currentValid := true.B
    current := enq_bits                       ///将enq_bits设置成当前异常信息
  }  ///end when (currentValid){…}.elsewhen …

  io.out.valid     := s1_out_valid || enq_valid && enq_bits.can_writeback
  io.out.bits      := Mux(s1_out_valid, s1_out_bits, enq_bits)           ///io.out是个RobExceptionInfo
  io.state.valid   := currentValid
  io.state.bits    := current                                            ///io.state也是个RobExceptionInfo
}  ///end class ExceptionGen
```

ExceptionGen 的输入 enq 和输出 out 与 state 接口上的信号都是 RobExceptionInfo；还有接口 wb 上的信号也是 RobExceptionInfo，源自 CSR 和访存指令执行单元的回写。ExceptionGen 监视着其输入端口 wb 和 enq，结合 redirect 的输入，如果有的话就选择其中之一作为当前的 RobExceptionInfo：

```
[XSCore > XSCoreBase > CtrlBlock > Rob > RobImp > ExceptionGen > RobExceptionInfo]
class RobExceptionInfo(implicit p: Parameters) extends XSBundle {
  val robIdx = new RobPtr                                      ///指向Rob中的这条指令
  val exceptionVec = ExceptionVec()                            ///前述的16位位图，Vec(16, Bool())。
  val flushPipe = Bool()
  val replayInst = Bool()     // redirect to that inst itself  ///异常处理后是否要再次执行这条指令
  val singleStep = Bool()     // TODO add frontend hit beneath ///这是用于调试的
  val crossPageIPFFix = Bool()
  val trigger = new TriggerCf                                  ///满足触发条件时就发起一次异常

  def has_exception = exceptionVec.asUInt.orR || flushPipe || singleStep || replayInst || trigger.hit
  def not_commit = exceptionVec.asUInt.orR || singleStep || replayInst || trigger.hit
  // only exceptions are allowed to writeback when enqueue
  def can_writeback = exceptionVec.asUInt.orR || singleStep || trigger.hit
}
```

RobExceptionInfo 中的信息基本上都来自 RobImp 的写入，后面我们会看到代码中把 RobImp 的 io.enq 中各种信息写入 exceptionGen.io.enq 和 exceptionGen.io.wb。

显然，exceptionGen 的作用只是决定异常何时可以发起，而并未实际发起异常。那么所谓发起异常究竟意味着什么，要进行一些什么操作呢？其实也不复杂，所谓发起异常（包括中断）其实就是做两件事，就是发两个通知。其一是通知 CSR，把运行状态从用户态提升到系统态，或者从系统态提升到机器态；其二是通知前端和整个流水线，取指转向并冲刷已经进入流水线的指令。这就是上面 class RobImp 的代码中对 io.exception 和 io.flushOut 的填写。RobImp 的 io.exception 是个 ExceptionInfo，实际上就是 MicroOp：

```
class ExceptionInfo(implicit p: Parameters) extends XSBundleWithMicroOp {
  val isInterrupt = Bool()                    ///只是在MicroOp的基础上添加了一个标志位，说明是否中断，中断是特殊的异常。
}

class XSBundleWithMicroOp(implicit p: Parameters) extends XSBundle {
  val uop = new MicroOp
}
```

所以，对 ExceptionInfo 的填写实际上就是对其 uop 的填写。

至于 RobImp 的 io.flushOut，那就是一个 Redirect。

此外就是 wfi 指令的处理，wfi 指令的作用是让 CPU 暂时停机转入省电模式，并关掉一些外设，直至有中断请求到来或超时。按理对 wfi 指令的执行应该在 CSR 执行单元，因为 wfi 指令属于 fuType.csr。然而对 wfi 指令的执行同样也有指令次序的问题，不能让 wfi 指令被提前执行了（wfi 指令没有数据依赖，不必等待），所以 wfi 指令的生效得要放在 Rob 中。不过目前作者所用的香山代码中似乎尚未完全实现这个功能。

我们继续往下看 RobImp 的代码，这才进入了 Rob 的主题，Rob 的 Commit 和 Walk 两种状态。如前所述，Rob 不是处于 Commit 状态就是处于 Walk 状态：

- Commit 状态：正常的恢复指令次序状态，所谓交割主要是向 Rename 机制确认，这条指令已被执行并与程序中的次序对齐。既然如此，那么这条指令之前的指令肯定都已被执行，所以在本条指令之前为同一逻辑目标寄存器建立的映射已经没有作用，所映射的物理寄存器号（old_pdest）应予释放。至于该指令本身所建立的映射（pdest）则还得留着，因为后面还可能会有指令要使用其执行结果。一直到有别的指令为同一逻辑目标寄存器建立新的映射，本指令的映射（pdest）就会变成那条指令的 old_pdest，到那条指令被 Commit 时就会将其释放。
- Walk 状态：由于指令的执行发生了转向，Rob 中凡在引起转向的这条指令后面（可根据 robIdx 计算）的那些指令应被冲刷。这些指令已被执行，但按理应该不让交割，但是这些指令可能已在 Rename 模块中建立了寄存器映射，占用了物理寄存器号，应该归还所占用的物理寄存器号（pdest），以消除其影响。所以 Walk 就是 Rob 中消除应被冲刷的指令所生影响，以恢复正常交割的过程，对于物理寄存器号的分配使用就好像“回滚（rollback）”一样。

所以，Rob 平时处于 s_idle 状态，即正常的交割状态，但是一有 Redirect 到来就转入 s_walk 状态，并根据 Rob 中应被冲刷的指令数量设置计数器 walkCounter，然后同样也是每个节拍向 Rename 机制交付最多 6 条排好序的指令，以消除其影响，同时从计数器中减去这个数量，直至计数器为 0 就又转回 s_idle 状态。代码中并没有把有关 Walk 的语句尽量集中在一起，这对于硬件描述代码本身毫无影响，但是在阅读代码时难免会有点看到后面忘了前面的感觉，需要加以注意。

```
[XSCore > XSCoreBase > CtrlBlock > Rob > RobImp]  续 3
  /**
   * Commits (and walk)
   * They share the same width.
   */
  val walkCounter = Reg(UInt(log2Up(RobSize + 1).W))             ///计数器的大小，要能容纳 RobSize 的数值。
  val shouldWalkVec = VecInit((0 until CommitWidth).map(_.U < walkCounter))  /// CommitWidth=6
  val walkFinished = walkCounter <= CommitWidth.U    ///当 walkCounter 的计数降到 6 以下时，就可以进入交割状态了。
```

```
require(RenameWidth <= CommitWidth)                    /// RenameWidth 也是 6
// wiring to csr                ///准备把来自浮点执行单元的 fflags 即浮点运算出错标志位提交给 CSR
val (wflags, fpWen) = (0 until CommitWidth).map(i => {
        val v = io.commits.commitValid(i)         ///io.commits 的类型是 RobCommitIO，其定义见前。
        val info = io.commits.info(i)
        (v & info.wflags, v & info.fpWen) }).unzip
val fflags = Wire(Valid(UInt(5.W)))            ///用于浮点指令，fflags 共 5 位，即 NV/DZ/OF/UF/NX（见 Atlas 第五章）。
fflags.valid := io.commits.isCommit && VecInit(wflags).asUInt.orR
fflags.bits := wflags.zip(fflagsDataRead).map({ case (w, f) => Mux(w, f, 0.U) }).reduce(_|_)
                                              ///数据 fflagsDataRead 来自 fflagsDataModule（见后）
val dirty_fs = io.commits.isCommit && VecInit(fpWen).asUInt.orR

// when mispredict branches writeback, stop commit in the next 2 cycles
// TODO: don't check all exu write back
val misPredWb = Cat(VecInit(exuWriteback.map(wb => wb.bits.redirect.cfiUpdate.isMisPred && wb.bits.redirectValid ))).orR
    ///Redirect 有效，并且 isMisPred 为 true，就意味着应暂停提交执行结果，因为后面的指令都是错误取入并执行的。
    ///这是防止错误取入的指令被执行并生效的最后一关，最后一个冲刷点。
val misPredBlockCounter = Reg(UInt(3.W))                 ///计数器，实际上是移位寄存器。
misPredBlockCounter := Mux(misPredWb, "b111".U, misPredBlockCounter >> 1.U)  ///把 3 个 1 都移出寄存器就够了。
val misPredBlock = misPredBlockCounter(0)                ///因为是右移，所以其最低位连续 3 个节拍都是 1。
val blockCommit = misPredBlock || isReplaying || lastCycleFlush || hasWFI    ///阻塞执行结果的提交，因为后面的指令无效。

io.commits.isWalk := state === s_walk                     ///state 不是 s_idle 就是 s_walk，state 为 s_walk 就 isWalk
io.commits.isCommit := state === s_idle && !blockCommit   ///s_idle 意味着 Commit，s_walk 就是在消耗转向的后果。
                                                          /// state 变成 s_idle，就转入了 Commit 状态，除非被阻塞。

val walk_v = VecInit(walkPtrVec.map(ptr => valid(ptr.value)))     ///walkPtrVec = Reg(Vec(CommitWidth, new RobPtr))
val commit_v = VecInit(deqPtrVec.map(ptr => valid(ptr.value)))
                          ///deqPtrVec = RegInit(VecInit((0 until CommitWidth).map(_.U.asTypeOf(new RobPtr))))
                          ///deqPtrVec 是个长度为 CommitWidth 即 6 的 RobPtr 向量，指向 Rob 中的最前 6 条指令；
                          ///commit_v 也是个 RobPtr 向量，含有队列最前面（最多）6 条指令的 robIdx。
                            // store will be commited iff both sta & std have been writebacked
val commit_w = VecInit(deqPtrVec.map(ptr => writebacked(ptr.value) && store_data_writebacked(ptr.value)))
                          ///位图 commit_w 则表示其中各条指令的执行结果是否都已回写。
                          ///其中的 store_data_writebacked 只对类型为 FuType.stu 的指令有作用（对别的指令都是 true）。
val commit_exception = exceptionDataRead.valid && !isAfter(exceptionDataRead.bits.robIdx, deqPtrVec.last)
val commit_block = VecInit((0 until CommitWidth).map(i => !commit_w(i)))       ///这也是个位图，是 commit_w 的反相。
val allowOnlyOneCommit = commit_exception || intrBitSetReg     ///如果是异常或中断就只允许交割一条指令，别的得要暂缓。

  ///指令的交割：从 dispatchData 读出的信息 dispatchDataRead 放在 io.commits.info 上，这是个 RobCommitIO；
  ///             并使 io.commits.commitValid 为 true，就提交出去了。RobCommitIO 的核心是 RobCommitInfo。
  ///提交的对方是 Rename，class Rename 的 io 中有个成分 robCommits，其类型就是 RobCommitIO。
// for instructions that may block others, we don't allow them to commit
for (i <- 0 until CommitWidth) {       ///提醒：程序的执行是串行的，过程性的；但由此而生成的电路却是并行的组合电路。
  // defaults: state === s_idle and instructions commit
  // when intrBitSetReg, allow only one instruction to commit at each clock cycle
```

```
    val isBlocked = if (i != 0) Cat(commit_block.take(i)).orR || allowOnlyOneCommit
                    else intrEnable || deqHasException || deqHasReplayInst
    io.commits.commitValid(i) := commit_v(i) && commit_w(i) && !isBlocked
                                                    ///这条指令有效且已回写，如果不被阻塞就可以 commit 了。
                                                    /// isBlocked 即阻塞的原因之一是有些指令（例如 Ecall）只能单独 commit
    io.commits.info(i) := dispatchDataRead(i)      ///从 dispatchData 读出该指令的整个 RobDispatchData 即 RobCommitInfo
    when (state === s_walk) {                      ///如果是在 walk 状态：
      io.commits.walkValid(i) := shouldWalkVec(i)  ///shouldWalkVec=VecInit((0 until CommitWidth).map(_.U < walkCounter))
                                                    ///只要 i < walkCounter，io.commits.walkValid(i)就是 true。
      when (io.commits.isWalk && state === s_walk && shouldWalkVec(i)) { XSError(!walk_v(i), s"why not $i???\n") }
    }
  }   ///end for (i <- 0 until CommitWidth)

  // sync fflags/dirty_fs to csr
  io.csr.fflags := RegNext(fflags)                 ///把浮点单元回写过来的 fflags 提交给 CSR
  io.csr.dirty_fs := RegNext(dirty_fs)

  // commit load/store to lsq
  val ldCommitVec = VecInit((0 until CommitWidth).map(i =>
                          io.commits.commitValid(i) && io.commits.info(i).commitType === CommitType.LOAD))
           ///其中 CommitType 为 LOAD 的指令位图，见 class Dispatch 中对 updatedCommitType 的设置。以下类推：
  val stCommitVec = VecInit((0 until CommitWidth).map(i =>
                          io.commits.commitValid(i) && io.commits.info(i).commitType === CommitType.STORE))
  io.lsq.lcommit := RegNext(Mux(io.commits.isCommit, PopCount(ldCommitVec), 0.U))     ///RobImp 的 io.lsq 是个 RobLsqIO
  io.lsq.scommit := RegNext(Mux(io.commits.isCommit, PopCount(stCommitVec), 0.U))
  // indicate a pending load or store
  io.lsq.pendingld := RegNext(io.commits.isCommit &&
                   io.commits.info(0).commitType === CommitType.LOAD && valid(deqPtr.value))    ///尚未完成的 ld 指令
  io.lsq.pendingst := RegNext(io.commits.isCommit &&
                   io.commits.info(0).commitType === CommitType.STORE && valid(deqPtr.value))   ///尚未完成的 st 指令
  io.lsq.commit := RegNext(io.commits.isCommit && io.commits.commitValid(0))
                    ///io.commits 就是 RobCommitIO，位图 commitValid 的 bit0 为 true 表示排在最前面的指令可以交割。

  /**
   * state changes
   * (1) redirect: switch to s_walk                  ///有 Redirect 就转入 s_walk 状态
   * (2) walk: when walking comes to the end, switch to s_idle
   */
  val state_next = Mux(io.redirect.valid, s_walk, Mux(state === s_walk && walkFinished, s_idle, state))
        ///一旦有 Redirect 到来就转入 s_walk 状态，并根据 Rob 中应被废弃的指令数量设置计数器 walkCounter；
        ///然后每个节拍从 walkCounter 减去本节拍中被废弃的指令数，减至小于等于 CommitWidth 即为 walkFinished；
        ///减到 walkFinished 即计数值小于等于 CommitWidth 后，下个节拍就又回到 s_idle 即 Commit 状态。
  state := state_next      ///如果没有 Redirect，那么一旦 walkFinished，下个节拍就转入 s_idle 状态，即交割状态。
        ///一旦进入 s_idle 状态，就一直要到有 redirect 到来才又变到 s_walk 状态。
  /**
   * pointers and counters      ///前缀 enq 表示指令从 Dispatch 进入 Rob，deq 表示向 Rename 提交执行结果并从 Rob 消失；
```

```
  */
 val deqPtrGenModule = Module(new RobDeqPtrWrapper)                    ///见后
 deqPtrGenModule.io.state := state
 deqPtrGenModule.io.deq_v := commit_v
 deqPtrGenModule.io.deq_w := commit_w   ///见前面的 io.commits.commitValid(i) := commit_v(i) && commit_w(i) && !isBlocked
 deqPtrGenModule.io.exception_state := exceptionDataRead
 deqPtrGenModule.io.intrBitSetReg := intrBitSetReg
 deqPtrGenModule.io.hasNoSpecExec := hasNoSpecExec
 deqPtrGenModule.io.interrupt_safe := interrupt_safe(deqPtr.value)
 deqPtrGenModule.io.blockCommit := blockCommit
 deqPtrVec := deqPtrGenModule.io.out                    ///deq 指针向量 deqPtrVec（见前）是 RobDeqPtrWrapper 的输出
 val deqPtrVec_next = deqPtrGenModule.io.next_out       ///指令从 Rob 的 deq 一定是顺序的，前面的不走后面都不能走。

 val enqPtrGenModule = Module(new RobEnqPtrWrapper)  ///见后，指令 enq 进入 Rob 也一定是顺序的，由 Dispatch 保证。
 enqPtrGenModule.io.redirect := io.redirect
 enqPtrGenModule.io.allowEnqueue := allowEnqueue
 enqPtrGenModule.io.hasBlockBackward := hasBlockBackward
 enqPtrGenModule.io.enq := VecInit(io.enq.req.map(_.valid))
 enqPtrVec := enqPtrGenModule.io.out                    ///enq 指针向量 enqPtrVec（见前）是 RobEnqPtrWrapper 的输出

 val thisCycleWalkCount = Mux(walkFinished, walkCounter, CommitWidth.U)
                              ///如果 walkFinished 就来自 walkCounter，否则就是初值 CommitWidth。
 // next walkPtrVec:
 // (1) redirect occurs: update according to state
 // (2) walk: move forwards
 val walkPtrVec_next = Mux(io.redirect.valid, deqPtrVec_next,
                              Mux(state === s_walk, VecInit(walkPtrVec.map(_ + CommitWidth.U)), walkPtrVec))
 walkPtrVec := walkPtrVec_next

 val numValidEntries = distanceBetween (enqPtr, deqPtr)          ///Rob 中尚未 commit、还得留在 Rob 中的指令条数
 val commitCnt = PopCount(io.commits.commitValid)

 allowEnqueue := numValidEntries + dispatchNum <= (RobSize - RenameWidth).U   ///尚可容纳至少 6 条指令，RenameWidth=6。

 val currentWalkPtr = Mux(state === s_walk, walkPtr, deqPtrVec_next(0))
 val redirectWalkDistance = distanceBetween (io.redirect.bits.robIdx, deqPtrVec_next(0))
              ///计算 Rob 中有多少指令是在转向指示之后，这些指令都是应该被 Walk 掉的。
 when (io.redirect.valid) {         ///如果有转向指示到来，Rob 就转入 Walk 状态（见前）：
   // full condition:
   // +& is used here because: When rob is full and the tail instruction causes a misprediction, In this case, redirectWalkDistance
   // is RobSize - 1. Since misprediction does not flush the instruction itself, flushItSelf is false.B.
   // Previously we use `+` to count the walk distance and it causes overflows when RobSize is power of 2.
   // We change it to `+&` to allow walkCounter to be RobSize. The width of walkCounter also needs to be changed.
   // empty condition:
   // When the last instruction in ROB commits and causes a flush, a redirect will be raised later. In such circumstances,
   // the redirect robIdx is before the deqPtrVec_next(0) and will cause underflow.
```

```
  walkCounter := Mux(isBefore(io.redirect.bits.robIdx, deqPtrVec_next(0)),     ///walkCounter 在满足这个条件时被清 0
                                                        0.U, redirectWalkDistance +& !io.redirect.bits.flushItself())
                ///redirectWalkDistance 是个 UInt，+&()是定义于 UInt 的加法算符，代表有宽度扩充（可容纳进位）的加法器。
                ///如果 Rob 中需要有被 Walk 掉的指令，就把计数器设置成 redirectWalkDistance 或 redirectWalkDistance+1。
}.elsewhen (state === s_walk) {        ///没有转向指示，但 Rob 已经处于 Walk 状态：
  walkCounter := walkCounter – thisCycleWalkCount
                ///从计数器中减去本节拍 Walk 掉的指令数，减至小于 CommitWidth 即为 walkFinished
  XSInfo(p"rolling back: $enqPtr $deqPtr walk $walkPtr walkcnt $walkCounter\n")
}

/**
  * States
  * We put all the stage bits changes here.
  * All events: (1) enqueue (dispatch); (2) writeback; (3) cancel; (4) dequeue (commit);
  * All states: (1) valid; (2) writebacked; (3) flagBkup
  */
val commitReadAddr = Mux(state === s_idle, VecInit(deqPtrVec.map(_.value)), VecInit(walkPtrVec.map(_.value)))

// redirect logic writes 6 valid            ///转向指示的到来所引起的状态变化：
val redirectHeadVec = Reg(Vec(RenameWidth, new RobPtr))
val redirectTail = Reg(new RobPtr)
val redirectIdle :: redirectBusy :: Nil = Enum(2)
val redirectState = RegInit(redirectIdle)
val invMask = redirectHeadVec.map(redirectHead => isBefore(redirectHead, redirectTail))   ///这是个位图
                /// redirectHead 和 redirectTail 都是 RobPtr，都有个 robIdx，可以分出前后。但是二者的赋值都在下面。

when(redirectState === redirectBusy) {      ///如果当前状态是 redirectBusy，改变 redirectHeadVec 的值：
  redirectHeadVec.foreach(redirectHead => redirectHead := redirectHead + RenameWidth.U)   ///将指针向前推进 RenameWidth
  redirectHeadVec zip invMask foreach {
    case (redirectHead, inv) => when(inv) { valid(redirectHead.value) := false.B }
  }
  when(!invMask.last) {
    redirectState := redirectIdle
  }
}    ///end when(redirectState === redirectBusy)

when(io.redirect.valid) {                          ///如果有 Redirect 请求到来：
  redirectState := redirectBusy                         ///下个节拍进入 redirectBusy 状态
  when(redirectState === redirectIdle) {                ///如果当前为 redirectIdle 状态就将 enqPtr 写入寄存器 redirectTail
    redirectTail := enqPtr                              ///由下一个时钟脉冲打入，这是 redirectTail 的赋值。
  }
  redirectHeadVec.zipWithIndex.foreach { case (redirectHead, i) =>
    redirectHead := Mux(io.redirect.bits.flushItself(), io.redirect.bits.robIdx + i.U, io.redirect.bits.robIdx + (i + 1).U)
  }        ///redirectHeadVec 的原始赋值。
}  ///end when(io.redirect.valid)，把 when(io.redirect.valid)放在 when(redirectState === redirectBusy)之前也许可读性更好。
```

```
// enqueue logic writes 6 valid            ///指令从 Dispatch 到来所引起的变化：
for (i <- 0 until RenameWidth) {    ///将向量 allocatePtrVec（见前）中 6 个元素的 valid 位都设成 true
  when (canEnqueue(i) && !io.redirect.valid) {   ///条件是该“槽位”canEnqueue，且无 Redirect 请求
    valid(allocatePtrVec(i).value) := true.B
  }
}
// dequeue logic writes 6 valid            ///指令交割后离开 Rob（从 Rob“退休”）时的处理：
for (i <- 0 until CommitWidth) {    ///将向量 commitReadAddr（见前）中 6 个元素的 valid 位都设成 false
  val commitValid = io.commits.isCommit && io.commits.commitValid(i)
  when (commitValid) {                              ///条件是这个“槽位”上的指令可以 commit
    valid(commitReadAddr(i)) := false.B             ///将其设置成无效
  }
}

// status field: writebacked
// enqueue logic set 6 writebacked to false
for (i <- 0 until RenameWidth) {
  when (canEnqueue(i)) {
    val enqHasException = ExceptionNO.selectFrontend(io.enq.req(i).bits.cf.exceptionVec).asUInt.orR
    val enqHasTriggerHit = io.enq.req(i).bits.cf.trigger.getHitFrontend
    val enqIsWritebacked = io.enq.req(i).bits.eliminatedMove
    writebacked(allocatePtrVec(i).value) := enqIsWritebacked && !enqHasException && !enqHasTriggerHit
    val isStu = io.enq.req(i).bits.ctrl.fuType === FuType.stu            ///类型为 FuType.stu 的指令都是存储指令
    store_data_writebacked (allocatePtrVec(i).value) := !isStu          ///不是 Stu 就固定设成 true
  }  ///end when
}  ///end for
when (exceptionGen.io.out.valid) {    /// ExceptionGen 的输出是 RobExceptionInfo
  val wbIdx = exceptionGen.io.out.bits.robIdx.value
  writebacked (wbIdx) := true.B
  store_data_writebacked(wbIdx) := true.B
}

// writeback logic set numWbPorts writebacked to true            ///执行单元回写信息到来时所作的处理：
for ((wb, cfgs) <- exuWriteback.zip(wbExuConfigs(exeWbSel))) {   ///wb 来自 exuWriteback，是 ExuOutput：
  when (wb.valid) {
    val wbIdx = wb.bits.uop.robIdx.value                  ///所回写槽位的下标就是 MicroOp 中的 robIdx，所谓“对号入座”。
    val wbHasException = ExceptionNO.selectByExu(wb.bits.uop.cf.exceptionVec, cfgs).asUInt.orR
    val wbHasTriggerHit = wb.bits.uop.cf.trigger.getHitBackend
    val wbHasFlushPipe = cfgs.exists(_.flushPipe).B && wb.bits.uop.ctrl.flushPipe
    val wbHasReplayInst = cfgs.exists(_.replayInst).B && wb.bits.uop.ctrl.replayInst
    val block_wb = wbHasException || wbHasFlushPipe || wbHasReplayInst || wbHasTriggerHit   ///如果有异常就要阻止
    writebacked (wbIdx) := !block_wb                      ///设置位图中的标志位，只要没有被堵塞，这就算已经回写了。
  }
}  ///end for ((wb, cfgs) <- exuWriteback…

// store data writeback logic mark store as data_writebacked
```

```
for (wb <- stdWriteback) {                      ///来自存储子系统对于 st 指令的回写：
  when(RegNext(wb.valid)) {
    store_data_writebacked (RegNext (wb.bits.uop.robIdx.value)) := true.B
  }  /// store_data_writebacked 是个位图，表示某个槽位中的指令已有回写数据。
}

// flagBkup
// enqueue logic set 6 flagBkup at most
for (i <- 0 until RenameWidth) {
  when (canEnqueue(i)) {
    flagBkup(allocatePtrVec(i).value) := allocatePtrVec(i).flag
  }
}

// interrupt_safe      ///val interrupt_safe = Mem(RobSize, Bool())，对于位图 interrupt_safe 的赋值：
for (i <- 0 until RenameWidth) {
  // We RegNext the updates for better timing.
  // Note that instructions won't change the system's states in this cycle.
  when (RegNext(canEnqueue(i))) {
    // For now, we allow non-load-store instructions to trigger interrupts
    // For MMIO instructions, they should not trigger interrupts since they may be sent to lower level before it writes back.
    // However, we cannot determine whether a load/store instruction is MMIO.
    // Thus, we don't allow load/store instructions to trigger an interrupt.
    // TODO: support non-MMIO load-store instructions to trigger interrupts
    val allow_interrupts = !CommitType.isLoadStore (io.enq.req(i).bits.ctrl.commitType)  ///不是 load/store 指令才允许中断
    interrupt_safe (RegNext(allocatePtrVec(i).value)) := RegNext(allow_interrupts)        ///将 allow_interrupts 写入 interrupt_safe
  }
}  //位图 interrupt_safe 的内容当然得要随 Rob 中指令的变化而变化

/**
  * read and write of data modules     ///对 dispatchData 的写入来自 Dispatch 的 enq：
  */
val commitReadAddr_next = Mux(state_next === s_idle,
                              VecInit(deqPtrVec_next.map(_.value)), VecInit(walkPtrVec_next.map(_.value)))
// NOTE: dispatch info will record the uop of inst
dispatchData.io.wen := canEnqueue                  ///将来自 Dispatch 的 MicroOp 信息写入 dispatchData 中所分配的槽位
dispatchData.io.waddr := allocatePtrVec.map(_.value)          ///这是所分配槽位的指针向量
dispatchData.io.wdata.zip(io.enq.req.map(_.bits)).foreach{ case (wdata, req) =>   ///io.enq=RobEnqIO，io.enq.req 是 MicroOp 向量。
  wdata.ldest := req.ctrl.ldest                    ///目标寄存器的逻辑寄存器号，req.ctrl 是 MicroOp 中的 CtrlSignals。
  wdata.rfWen := req.ctrl.rfWen
  wdata.fpWen := req.ctrl.fpWen
  wdata.wflags := req.ctrl.fpu.wflags
  wdata.commitType := req.ctrl.commitType
  wdata.pdest := req.pdest                         ///目标寄存器的物理寄存器号
  wdata.old_pdest := req.old_pdest
  wdata.ftqIdx := req.cf.ftqPtr
```

```
    wdata.ftqOffset := req.cf.ftqOffset
    wdata.isMove := req.eliminatedMove
    wdata.pc := req.cf.pc
  }  ///这里才把来自 Dispatch 的一排 6 个 MicroOp 都写入了 dispatchData 缓冲区
     ///注意来自执行单元的回写数据无需写入 dispatchData 阵列，那已经写入了物理寄存器组和 RS 中相关指令的 src 向量。

  dispatchData.io.raddr := commitReadAddr_next

  exceptionGen.io.redirect <> io.redirect
  exceptionGen.io.flush := io.flushOut.valid
  for (i <- 0 until RenameWidth) {                    ///设置 ExceptionGen 的 enq 输入：
    exceptionGen.io.enq(i).valid := canEnqueue(i)            ///exceptionGen.io.enq 是长度为 RenameWidth 的 RobExceptionInfo 向量
    exceptionGen.io.enq(i).bits.robIdx := io.enq.req(i).bits.robIdx    ///io.enq=RobEnqIO，req 是来自 Dispatch 的 MicroOp 向量。
    exceptionGen.io.enq(i).bits.exceptionVec := ExceptionNO.selectFrontend(io.enq.req(i).bits.cf.exceptionVec)
    exceptionGen.io.enq(i).bits.flushPipe := io.enq.req(i).bits.ctrl.flushPipe
    exceptionGen.io.enq(i).bits.replayInst := false.B
    XSError(canEnqueue(i) && io.enq.req(i).bits.ctrl.replayInst, "enq should not set replayInst")
    exceptionGen.io.enq(i).bits.singleStep := io.enq.req(i).bits.ctrl.singleStep
    exceptionGen.io.enq(i).bits.crossPageIPFFix := io.enq.req(i).bits.cf.crossPageIPFFix
    exceptionGen.io.enq(i).bits.trigger.clear()
    exceptionGen.io.enq(i).bits.trigger.frontendHit := io.enq.req(i).bits.cf.trigger.frontendHit
  }  /// exceptionGen 的输出有 2，二者都是 RobExceptionInfo。其中 exceptionGen.io.state 代表着 current 异常信息；
     ///另一个输出 exceptionGen.io.out 来自 s1_out_bits 或 enq_bits，见前。

  println(s"ExceptionGen:")
  val exceptionCases = exceptionPorts.map(_._1.flatMap(_.exceptionOut).distinct.sorted)
  require(exceptionCases.length == exceptionGen.io.wb.length)
  for ((((configs, wb), exc_wb), i) <- exceptionPorts.zip(exceptionGen.io.wb).zipWithIndex) {        ///设置 ExceptionGen 的 wb 输入：
    ///exceptionGen.io.wb 是 Vec(1 + LoadPipelineWidth + StorePipelineWidth, Flipped(ValidIO(new RobExceptionInfo)))
    ///这里的 exc_wb 是其中的一个元素，即一个 RobExceptionInfo
    exc_wb.valid                    := wb.valid          ///对 exceptionGen.io.wb 的写入，信息来自 exceptionPorts。
    exc_wb.bits.robIdx              := wb.bits.uop.robIdx
    exc_wb.bits.exceptionVec        := ExceptionNO.selectByExu(wb.bits.uop.cf.exceptionVec, configs)
    exc_wb.bits.flushPipe           := configs.exists(_.flushPipe).B && wb.bits.uop.ctrl.flushPipe
    exc_wb.bits.replayInst          := configs.exists(_.replayInst).B && wb.bits.uop.ctrl.replayInst
    exc_wb.bits.singleStep          := false.B
    exc_wb.bits.crossPageIPFFix     := false.B
    // TODO: make trigger configurable
    exc_wb.bits.trigger.clear()
    exc_wb.bits.trigger.backendHit := wb.bits.uop.cf.trigger.backendHit
  }

  val fflags_wb = fflagsPorts.map(_._2)                ///浮点执行单元所回写的 fflags
  val fflagsDataModule = Module(new SyncDataModuleTemplate(UInt(5.W), RobSize, CommitWidth, fflags_wb.size))
                                                       ///这个存储器专门用来存放回写的 fflags
  for(i <- fflags_wb.indices){        ///对 fflagsDataModule 的写入：
```

```
    fflagsDataModule.io.wen    (i) := fflags_wb(i).valid
    fflagsDataModule.io.waddr(i) := fflags_wb(i).bits.uop.robIdx.value
    fflagsDataModule.io.wdata(i) := fflags_wb(i).bits.fflags
  }
  fflagsDataModule.io.raddr := VecInit(deqPtrVec_next.map(_.value))
  fflagsDataRead := fflagsDataModule.io.rdata         ///对 fflagsDataModule 的读出，写入前面的 fflags。

  val instrCntReg = RegInit(0.U(64.W))
  val fuseCommitCnt = PopCount(io.commits.commitValid.zip(io.commits.info).map{ case (v, i) =>
     RegNext(v && CommitType.isFused(i.commitType)) })    ///融合指令的提交
  val trueCommitCnt = RegNext(commitCnt) +& fuseCommitCnt
  val retireCounter = Mux(RegNext(io.commits.isCommit), trueCommitCnt, 0.U)
  val instrCnt = instrCntReg + retireCounter
  instrCntReg := instrCnt
  io.csr.perfinfo.retiredInstr := retireCounter
  io.robFull := !allowEnqueue

  /** debug info */     ///调试及统计从略
}   ///end class RobImp
```

这 class RobImp 的代码充分体现了对电路的功能性描述与对信号的过程性描述的区别。如果是过程性描述，理应从指令的 enq 并写入 dispatchData 缓冲区开始，并把有关 dispatchData 缓冲区的代码尽量都集中在一起，然后是回写数据和转向指示的到来，再是 Walk 和 Commit；与 exception 有关的描述则可以作为特殊处理放在最后。但是这里却不是这样，所以读者一定要牢记，硬件描述与语句的次序无关，甚至也不一定遵守“先申明后引用”这样的规矩。另外，不要把这些代码想象成一个很大的循环，实际上其中的每一个语句都是独立的，都代表着一小块电路。

注意关于指令执行结果的交割是在前面对 io.commits 的“写入”，实际上是对 io.commits 的电路连接，这个电路通向 Rename。电路连接的类型，即其连接格式则是 RobCommitIO，这我们在前面已经看到过了。RobCommitIO 的核心是一个 RobCommitInfo 向量，向量的长度就是 CommitWidth 即 6。每个 RobCommitInfo 就是对一条指令的说明，包括其逻辑目标寄存器号 ldest 和物理目标寄存器号 pdest/old_pdest，还有指令所在的地址 pc 等信息。但是除 RobCommitInfo 以外 RobCommitIO 中还包含着一些控制信息，例如 isCommit/isWalk 就是向 Rename 说明 Rob 当前所处的状态，而 commitValid/walkValid 两个布尔向量（位图）则向 Rename 说明哪些指令已经可以（而且就此加以）交割，或者当前还缺哪几条指令尚未得到回写，所以这条指令及其之后的指令都还不能提交。

如前所述，被称为 Rob 的这个缓冲区实际上是 dispatchData，写入这个缓冲区即 enqueue 进入 Rob 这个队列的指令来自 Dispatch，而得到执行单元回写之后 dequeue 离开这个缓冲区则是在交割之后。这就涉及对缓冲区的管理。由于指令的入列和出列都是成批的，这就要有个入列指针向量 enqPtrVec 和出列指针向量 deqPtrVec。RobImp 代码中的 enqPtrGenModule 和 deqPtrGenModule 两个模块就是对 enqPtrVec 和 deqPtrVec 的管理，前者是个 RobEnqPtrWrapper，后者是个 RobDeqPtrWrapper。我们先看 RobEnqPtrWrapper：

```
[XSCore > XSCoreBase > CtrlBlock > Rob > RobImp > RobEnqPtrWrapper]
class RobEnqPtrWrapper(implicit p: Parameters) extends XSModule with HasCircularQueuePtrHelper {
  val io = IO(new Bundle {
    // for input redirect
    val redirect = Input(Valid(new Redirect))
    // for enqueue
```

```
    val allowEnqueue = Input(Bool())
    val hasBlockBackward = Input(Bool())
    val enq = Vec(RenameWidth, Input(Bool()))                ///输入请求位图
    val out = Output(Vec(RenameWidth, new RobPtr))           ///输出RobPtr向量，这就是新的入列指针向量enqPtrVec
  })

  val enqPtrVec = RegInit(VecInit.tabulate(RenameWidth)(_.U.asTypeOf(new RobPtr)))   /// RobPtr向量

  // enqueue
  val canAccept = io.allowEnqueue && !io.hasBlockBackward        ///如果hasBlockBackward，那还是不能接收。
  val dispatchNum = Mux(canAccept, PopCount(io.enq), 0.U)        ///数一下，要输入几条指令（占几个槽位）。

  for ((ptr, i) <- enqPtrVec.zipWithIndex) {    ///ptr是指针向量enqPtrVec中的一个元素
    when(io.redirect.valid) {        ///如果有Redirect：
      ptr := Mux(io.redirect.bits.flushItself(), io.redirect.bits.robIdx + i.U, io.redirect.bits.robIdx + (i + 1).U)
        ///如果引起转向的指令所在位置是robIdx，那么原则上此后的槽位都是可用的，唯一的考虑在于是否flushItself。
    }.otherwise {                    ///如果没有Redirect，那就是向前平稳推进：
      ptr := ptr + dispatchNum           /// dispatchNum就是此次需要入列的指令条数
    }
  }

  io.out := enqPtrVec              ///模块的输出就是enqPtrVec
}  ///end class RobEnqPtrWrapper
```

可见，RobEnqPtrWrapper 对入列指针向量的管理其实并不全面，因为 allowEnqueue 是从 Rob 输入的，如果 allowEnqueue 为 true 就说明 Rob 已经判定可以接受要求入列的这几条指令。

再看 RobDeqPtrWrapper：

```
[XSCore > XSCoreBase > CtrlBlock > Rob > RobImp > RobDeqPtrWrapper]
class RobDeqPtrWrapper(implicit p: Parameters) extends XSModule with HasCircularQueuePtrHelper {
  val io = IO(new Bundle {
    // for commits/flush
    val state = Input(UInt(2.W))  ///来自RobImp中的val state_next
    ///见RobImp中的val state_next = Mux(io.redirect.valid, s_walk, Mux(state === s_walk && walkFinished, s_idle, state))
    val deq_v = Vec(CommitWidth, Input(Bool()))         ///来自RobImp中的commit_v，表示指令有效。
    val deq_w = Vec(CommitWidth, Input(Bool()))         ///来自RobImp中的commit_w，表示指令已被回写。
    val exception_state = Flipped(ValidIO(new RobExceptionInfo))
    // for flush: when exception occurs, reset deqPtrs to range(0, CommitWidth)
    val intrBitSetReg = Input(Bool())
    val hasNoSpecExec = Input(Bool())
    val interrupt_safe = Input(Bool())
    val blockCommit = Input(Bool())
    // output: the CommitWidth deqPtr
    val out = Vec(CommitWidth, Output(new RobPtr))
    val next_out = Vec(CommitWidth, Output(new RobPtr))
  })
```

```
  val deqPtrVec = RegInit(VecInit((0 until CommitWidth).map(_.U.asTypeOf(new RobPtr))))   /// RobPtr向量
  // for exceptions (flushPipe included) and interrupts:
  // only consider the first instruction
  val intrEnable = io.intrBitSetReg && !io.hasNoSpecExec && io.interrupt_safe
  val exceptionEnable = io.deq_w(0) && io.exception_state.valid &&
                        io.exception_state.bits.not_commit && io.exception_state.bits.robIdx === deqPtrVec(0)
  val redirectOutValid = io.state === 0.U && io.deq_v(0) && (intrEnable || exceptionEnable)   ///io.state为0即s_idle，可以交割。

  // for normal commits: only to consider when there're no exceptions
  // we don't need to consider whether the first instruction has exceptions since it wil trigger exceptions.
  val commit_exception = io.exception_state.valid && !isAfter(io.exception_state.bits.robIdx, deqPtrVec.last)
  val canCommit = VecInit((0 until CommitWidth).map(i => io.deq_v(i) && io.deq_w(i)))   ///可以提交的条件是指令有效并已回写
  val normalCommitCnt = PriorityEncoder(canCommit.map(c => !c) :+ true.B)
  // when io.intrBitSetReg or there're possible exceptions in these instructions, only one instruction is allowed to commit
  val allowOnlyOne = commit_exception || io.intrBitSetReg          ///异常或中断只能单独提交，不能和别的指令混在一起。
  val commitCnt = Mux(allowOnlyOne, canCommit(0), normalCommitCnt)   ///本次可以提交的指令数量

  val commitDeqPtrVec = VecInit(deqPtrVec.map(_ + commitCnt))   ///向量中的每个指针都向前推进commitCnt个槽位
  val deqPtrVec_next = Mux(io.state === 0.U && !redirectOutValid && !io.blockCommit, commitDeqPtrVec, deqPtrVec)
          /// io.state为0表示s_idle，处于可以提交的状态，此时选取commitDeqPtrVec，否则仍是原来的deqPtrVec。

  deqPtrVec := deqPtrVec_next

  io.next_out := deqPtrVec_next
  io.out := deqPtrVec
}   ///end class RobDeqPtrWrapper
```

注意指令的入列 enq 和出列 deq 都是成块的，所以指令从 Dispatch 进入 Rob 时都存放在连续的槽位中，中间不会有跳空；出列的时候，则由于有异常指令和中断的存在，并且来自执行单元的回写有先有后而未必每次都能交割和出列相同数量的指令，但肯定是按进入 Rob 时的次序交割和出列，中间不会有空洞或颠倒。

26.4 Rob 输出的去向和作用

Rob 的主要作用就是重整指令最后“交割”的次序，把因为允许脱序执行而带来的指令完成执行的时序错乱校正过来。即使没有脱序执行，在宽度大于 1 的超标量流水线中，由于是多执行单元、“多发”的批量执行，指令的执行长度又有不同（例如乘法指令），也会造成这样的时序错乱。但是，有了 Rob，就把完成执行的时序又理顺了。

把时序理顺的这个作用，其实也不是 Rob 单独实现的，Rename 机制也起了重要的作用，因为是 Rename 的具体方法保证了有数据依赖的指令之间的先后顺序（这里面也有 Reservation Station 的作用，即使在不允许脱序执行的流水线中也得有个称为 Scoreboard 的机制，关键是指令的源操作数没有全部到位就不能交付执行）。具体的映射方法是让凡是要用到逻辑目标寄存器 dest 的指令都为之分配一个物理寄存器，建立从逻辑目标寄存器号 ldest 到物理寄存器号 pdest 的映射，此后凡是以该逻辑寄存器为源寄存器的指令就都从其所映射的物理寄存器读取操作数，直到指令流中有另一条以同一逻辑寄存器为目标寄存器的指令到来，从而改变其映射。但是映射的改变并不释放其原先所映射的物理寄存器号，因为可能还有此前需要从该物理寄存器读取操作数的指令尚未从中读出。现在 Rob 发现后面改变了映射的那条指令已可交割，这说明此前依赖于老的映射的那

些指令必定都已完成执行，从而可以把老的那个物理寄存器 old_pdest 释放掉了，要不然物理寄存器组会被耗尽。所以 Rob 必须将所发生的情况告知 Rename 模块。

另外，在流水线前端，主要是在 Ftq 中，还保留着关于所取入指令块的记录，以备如果后端有转向指示到来就可以结合其 CFI 指令所在的记录（以 ftqIdx 为键）供 BPU 修正其历史记录之用，现在 CFI 指令已经交割，完成了使命，Ftq 中就不必再保留这个记录了，要不然 Ftq 中用于这个队列的缓冲区早晚会被耗尽，所以也要有个闭环的控制使前端得以及时释放所占的空间。更重要的是，既然指令都已经完成了使命，转移指令究竟转没转，转到了哪里，也都有了结论，那就要根据实际发生的结果去更新 BPU 中关于转移的历史记录。

所以，所谓 Rob 的交割，就是向 Rename 和 Ftq 二者的交割（包括 Walk，那可以被认为是特殊的交割）。

先看 Rob 对 Rename 的输出。Rename 模块有个输入接口 robCommits，其类型为 RobCommitIO，这就是用来与 Rob 的输出对接的：

```
class Rename(implicit p: Parameters) extends XSModule with HasCircularQueuePtrHelper with HasPerfEvents {
  val io = IO(new Bundle() {
    val robCommits = Input(new RobCommitIO)
  })
}
```

我们在前面看过 RobCommitIO 的结构定义，里面包含 isCommit 和 isWalk 等字段，还有个宽度为 CommitWidth 即 6 的 RobCommitInfo 向量，里面包含具体指令的 ldest、pdest、old_dest 等信息。

Rename 的性质和作用就像寄存器映射机制的总控，寄存器号映射表是其关键和核心，这个映射表被包装在一个 RenameTableWrapper 对象 rat 中，RenameTableWrapper 的外部接口上也有一个 robCommits：

```
class RenameTableWrapper(implicit p: Parameters) extends XSModule {
  val io = IO(new Bundle() {
    val redirect = Input(Bool())
    val robCommits = Input(new RobCommitIO)
  })
}
```

控制块 CtrlBlock 在其初始化过程中创建了 RenameTableWrapper 对象 rat 和 Rename 对象 rename，并将二者的 robCommits 都连接到 Rob 的 commits 输出接口上：

```
  rat.io.robCommits := rob.io.commits
  rename.io.robCommits <> rob.io.commits
```

至于在 Rename 和 RenameTableWrapper 中对来自 Rob 的信息究竟如何作出反应，读者可以回头去看前面的有关章节。但是，说到底，要做的事情无非就是释放已经可以释放的物理寄存器号。

所谓“释放”一个物理寄存器号，就是将此物理寄存器号放到所在物理寄存器组的“空闲列表”freelist 中，使其又可以被分配使用。整数物理寄存器组和浮点物理寄存器组各有自己的空闲列表，抽象类 BaseFreeList 则是二者共同的基础，下面是其摘要：

```
abstract class BaseFreeList(size: Int)(implicit p: Parameters) extends XSModule with HasCircularQueuePtrHelper {
  val io = IO(new Bundle {
   val commit = Input(new RobCommitIO)            ///这是个输入接口，应该被连接到Rob的输出。
  })
}
```

用来实现整数物理寄存器空闲表的 MEFreeList 类和用于浮点物理寄存器的 StdFreeList 类都是对抽象类 BaseFreeList 的扩充，而 intFreeList 和 fpFreeList 则分别是所创建的具体对象。所以这两个物理寄存器空闲表中都有个 commit 输入，其类型为 RobCommitIO，

```
intFreeList.io.commit <> io.robCommits        ///intFreeList是整数物理寄存器的空闲列表
fpFreeList.io.commit <> io.robCommits         ///fpFreeList是浮点物理寄存器的空闲列表
```

可见，二者的 commit 输入都被连接到 Rename 模块的输入接口 robCommits，而后者则来自 Rob 的输出。至于 intFreeList（和 fpFreeList）怎样从 Rob 的输出中获取信息，从而将已经可以释放的 old_pdest 放到空闲列表中，读者可以回到前面讲寄存器 rename 的章节中细看，此处不再重复。

再看对于前端 Ftq 的反馈。不过对 Ftq 的反馈与对 Rename 的反馈有所不同。对 Rename 的反馈是整个 RobCommitIO，这反映的是 Rob 的全局，包括当前是处于 Commit 还是 Walk 状态，同时也包括一个宽度为 6 的 RobCommitInfo 向量。而对 Ftq 的反馈，则只是其中的 RobCommitInfo 向量，并不包含是否 Commit/Walk 的信息，因为只有 Commit 的信息才往 Ftq 送（见后）。

Rob 在 CtrlBlock 中，而 Ftq 在 FrontEnd，需要建立跨模块的连接，所以先定义了一个名为 CtrlToFtqIO 的 Bundle：

```
class CtrlToFtqIO(implicit p: Parameters) extends XSBundle {
  def numRedirect = exuParameters.JmpCnt + exuParameters.AluCnt
  val rob_commits = Vec(CommitWidth, Valid(new RobCommitInfo))
  val redirect = Valid(new Redirect)
}
```

并以此作为前端和控制块之间连接的一部分：

```
class FrontendToCtrlIO(implicit p: Parameters) extends XSBundle {
  // to backend end
  val cfVec = Vec(DecodeWidth, DecoupledIO(new CtrlFlow))
  val fromFtq = new FtqToCtrlIO
  // from backend
  val toFtq = Flipped(new CtrlToFtqIO)
}
```

显然 FrontendToCtrlIO 是双向的，里面既有 FtqToCtrlIO 又有 CtrlToFtqIO，这样，包括 rob_commits 在内的 CtrlToFtqIO 就被连到了前端的 Ftq。

在 Ftq 这一边，则在其外部接口上提供一个 fromBackend 输入，作为 FtqToCtrlIO 这个 Bundle 的另一端：

```
class Ftq(implicit p: Parameters) extends XSModule with HasCircularQueuePtrHelper
            with HasBackendRedirectInfo with BPUUtils with HasBPUConst with HasPerfEvents with HasICacheParameters{
  val io = IO(new Bundle {
    val fromBackend = Flipped(new CtrlToFtqIO)
  }
  …
}

  ftq.io.fromBackend <> io.backend.toFtq
```

这样，就连通了 CtrlBlock 与 Ftq 之间关于 rob_commits 的电路，但是还需要与 Rob 的输出挂上，所以在 CtrlBlock 的代码中就来连接 Rob 的输出：

```
// When ROB commits an instruction with a flush, we notify the frontend of the flush without the commit.
// Flushes to frontend may be delayed by some cycles and commit before flush causes errors.
// Thus, we make all flush reasons to behave the same as exceptions for frontend.
for (i <- 0 until CommitWidth) {          ///这是在CtrlBlock中：
  // why flushOut: instructions with flushPipe are not commited to frontend
  // If we commit them to frontend, it will cause flush after commit, which is not acceptable by frontend.
  val is_commit = rob.io.commits.commitValid(i) && rob.io.commits.isCommit && !rob.io.flushOut.valid
  io.frontend.toFtq.rob_commits(i).valid := RegNext(is_commit)      ///仅在isCommit时才把Rob的io.commits.info连到Ftq
  io.frontend.toFtq.rob_commits(i).bits :=RegEnable(rob.io.commits.info(i), is_commit)   ///向量中属于Commit的RobCommitInfo
}
```

注意这里只把 Commit 传过来了，而 Walk 没有传过来。这是因为：Walk 是由来自指令执行单元的 Redirect 引起的，但是指令执行单元的 Redirect 不仅被送到了 Rob，也被送到了前端，那就是 Ftq 中的 backendRedirect。而 backendRedirect，则一来会被发送给 BPU，二来会引起 Ftq 中诸多指针的变动，从而使 Ftq 队列中该被冲刷的表项都被废弃。

于是，被送达 Ftq 的就只是 Rob 中得到正常 Commit 的那些指令的 RobCommitInfo，在 Ftq 中被写入其 commitStateQueue：

```
// commit                                   ///这是在Ftq中：
for (c <- io.fromBackend.rob_commits) {     /// fromBackend是CtrlToFtqIO，里面的rob_commits是RobCommitInfo：
  when(c.valid) {
    commitStateQueue(c.bits.ftqIdx.value)(c.bits.ftqOffset) := c_commited
    // TODO: remove this
    // For instruction fusions, we also update the next instruction
    when (c.bits.commitType === 4.U) { commitStateQueue(c.bits.ftqIdx.value)(c.bits.ftqOffset + 1.U) := c_commited }
    .elsewhen(c.bits.commitType === 5.U) { commitStateQueue(c.bits.ftqIdx.value)(c.bits.ftqOffset + 2.U) := c_commited }
    .elsewhen(c.bits.commitType === 6.U) { val index = (c.bits.ftqIdx + 1.U).value; commitStateQueue(index)(0) := c_commited}
    .elsewhen(c.bits.commitType === 7.U) { val index = (c.bits.ftqIdx + 1.U).value; commitStateQueue(index)(1) := c_commited}
  }  ///commitType为4/5/6/7的都是融合指令
}
```

这 commitStateQueue 是个二维数组，内含 FtSize 即 64 行，每一行的长度是 PredictWidth，读写时以 ftqIdx 为行号，以 ftqOffset 为列号，每个单元的内容为交割状态，即 c_invalid/c_valid/c_commited。由于 Rob 一次可以交割 6 条指令，而一个 ftqIdx 所代表的只是指令块中的开头那一小片，所以很可能只要一个节拍就把属于同一个 ftqIdx 的那些指令的交割状态都写进了 commitStateQueue。然后就是 Ftq 对 canCommit 的检查：

```
canCommit := commPtr =/= ifuWbPtr && !may_have_stall_from_bpu &&
                    Cat(commitStateQueue(commPtr.value).map(s => { s === c_invalid || s === c_commited })).andR()
```

这里的所谓 canCommit，是指可以向 BPU 提交关于历史记录的更新。至于具体怎么更新，那就要回到 Ftq 的代码中去细看了。另外，每向 BPU 提交一次转移历史更新，指针 commPtr 就向前推进一个槽位，或者说一行：

```
commPtr := commPtr_write                            ///commPtr随commPtr_write的推进而推进
when (canCommit) {
  commPtr_write := commPtrPlus1                     ///每当canCommit时，commPtr_write就推进加1。
  commPtrPlus1_write := commPtrPlus1 + 1.U          ///commPtrPlus1也推进加1
}
```

显然，从 BPU 根据历史记录作出转移预测，从而取指，一直到指令被执行，到被 Rob 交割，交割信息回到 Ftq，再向 BPU 提交对于历史信息的更新，这又是一个很大的闭环。

谨以此书纪念我的恩师

浙江大学计算机系创始人何志均教授

RISC-V CPU芯片设计

香山源代码剖析

第三卷

毛德操◎著

ZHEJIANG UNIVERSITY PRESS
浙江大学出版社
·杭州·

第 27 章

香山 SoC 的 MemBlock

在计算机系统结构中，除 CPU 之外最重要的成分就是“内存”（相对于磁盘等外部存储设备而言，也称“主存”）即存储器了。“内存”，或者“存储器”，并不是专指起着存储作用的存储单元阵列，而是泛指整个存储子系统，包括存储阵列及其控制器，尤其还包括为使 CPU 能达到更高运行速度和更高效率而设的高速缓存，以及在多处理器环境下为保证存储一致性和协同性而采取的措施和电路。处于最底层、实际起着存储作用的存储单元阵列一般采用速度较低但价格便宜的动态 RAM 即 DRAM 技术和器件，而上层最靠近 CPU、直接与 CPU 相连的电路和器件则采用速度与 CPU 相称（比 DRAM 快数十倍）但价格较贵的静态 RAM 即 SRAM（作为高速缓存）和 CMOS 电路技术（用于控制）。SRAM 所采用的技术与 CPU 中的逻辑电路是一样的，如果缓存的规模较大就占用资源十分可观。一般而言，在 SoC 芯片上 SRAM 所占用面积的比例会远远超过 CPU 本身。

存储子系统的结构样式有点像金字塔，更准确地说是像个上窄下宽的梯形平台。处于最底层的是速度最慢但规模最大（可达数十 GB 甚至更大）的 DRAM，那是在专门的 DRAM 存储芯片上。最顶端的是速度最高但规模最小（一般是数十 KB）的 SRAM 加上控制电路，一般称为“一级缓存”，一级缓存是集成在 SoC 或 CPU 芯片上的。在这两层之间，则一般有二级缓存，甚至也许还有三级缓存，二级缓存是否与 CPU 集成在同一芯片上就取决于具体的设计了。一般而言，随着集成密度的提高，现在都倾向于集成在同一芯片上。

在多处理器或称“多核”的系统中，一级缓存是与 CPU 紧密结合在一起的，每个 CPU 或“Core”都有自己的一级缓存，二级缓存一般也是属于具体 CPU 的，三级缓存就是公共的了。不过也有的系统其实没有二级缓存但有三级缓存，所以三级缓存实际上就成了公共的二级缓存。总之，在多核系统中需要有一层公共的缓存。从专用的一级缓存到公用的三级缓存，这里明显有个转折，存储的“协同性”问题也就随之而生，这在本书第一卷中已经讲过。当然，像 ICache 那样的只读存储器是不存在（跨 CPU）协同性问题的，也不存在（同一 CPU 上不同进程间的）一致性问题，所以 ICache 的结构就相对要简单得多。然而我们后面会看到，可读可写的 DCache 就有协同性的问题，因而就复杂多了。

在采用流水线结构的处理器中，尤其是采用超标量结构的处理器中，内存读写指令的执行一直是个问题，因为对内存的读写速度存在着相当大的不确定性。一般而言，对一级缓存的读写速度与 CPU 本身的速度是匹配的，如果所读写对象能在一级缓存中命中就不会造成延迟，可是如果在一级缓存不命中而得要临时去存储子系统后方“批发”，那延迟就大了。这时候，最简单的办法是让指令流水线暂时停顿（stall）下来等待。可是，对于流水线，尤其是对于超标量流水线，这个损失可就不小了。比较好的办法是在电路中有个代理机制，遇有访内指令就把对内存的读写委托给代理，而流水线本身并不停下前进的脚步。对于写内存操作，代理只需要向 CPU 作出一个坚决完成任务的承诺，并按接受委托的先后写入内存就行；对于从内存读出，则代理得要保证按次序从内存读出，并将读出的数据直接写入所指定的目标寄存器。当然，如果后面有指令依赖于从内存读入的数据还得停下等待，这也是为什么要有脱序（Out-of-Order）执行的主要原因。这样还有个好处，就是如果代理发现对目标地址的读出之前恰好有对同一目标地址的写入，那就可以抄近路把需要写入的内容立即就交给流水线，而无需等待对内存的写入完成。沿着这个访内代理的思路，结合超标量流水线中多执行单元、多发执行的现实，很容易就会想到：访内指令应该有独立的执行单元，直接就起着访内代理的作用，并与存储子系统有紧密的结合。事实上也正是这样，香山流水线中有个“存储模块”即 MemBlock，里面专门有访内指令 ld（从内存加载，即读入）和 st（向内存存储，即写入）的执行单元。访内指令有个特殊性，就是对内存的读写很可能会有较大的延迟，但是另一方面对内存的读写一般而言又都不是持续的存在，而是多少有些阵发性，所以需要有队列加以平滑，而且读入和写出需要各有一个队列。实际上读入队列就是读入代理，写出队列就是写出代理；执行单元只需把读写的操作要求挂入相应的队列，下面就是两个队列的事了。

进一步，如果处理器的指令系统支持对内存单元的“原子操作（Atomic Operation）”（一般都会支持），即在一条指令内对一内存单元实施不可被中断、不会被干扰的“读-改-写”操作，那么既然对内存的读写各有互相独立的执行单元，这种“AMO 指令”的执行就理应另有专门的执行单元，而且这个执行单元应该与存储子系统靠得越近越好，最好就是直接做在存储子系统内部。事实上也正是这样，香山的 AMO 指令执行单元就是在数据缓存 DCache 内部。当然，要不是把数据缓存与 CPU 集成在同一块芯片上，想要这样做也并不容易。

从功能和逻辑上说，CPU 的一级缓存现在大多都将指令和数据分开，指令有指令缓存 ICache，数据有数据缓存 DCache，这就是所谓“非冯”的“哈佛结构”，因为在冯诺伊曼的结构中是不分指令和数据的。事实上指令和数据在计算机的运行中确实各有不同的鲜明特色，至少 ICache 是只读的而 DCache 则有回写的问题，只读的 ICache 不存在（对于多 CPU 的）存储协同性问题。另外，指令和数据的局域性也不同，这又影响访问的命中率。实践下来的结果是以分开为好。但是在二级缓存就不一样了，二级缓存一般都是不分指令与数据的，那就又成了冯诺伊曼的结构。比之一级缓存，二级缓存不只是规模扩大了（速度比一级缓存低但比内存高，造价比一级缓存低），更重要的是要保证存储的（多处理器）协同性，因为二级缓存通常都是由多个 CPU 核公用的，这是个相当复杂的问题。事实上，二级缓存的复杂性主要就来自对存储协同性的处理。

在香山的设计中，一级缓存采用哈佛结构，分成指令缓存 ICache 和数据缓存 DCache 两个模块。其中 ICache 我们已经在前面结合指令流水线前端看过了，数据缓存 DCache 则又与 ld/st 指令的执行密切相关，所以香山把 DCache 和 ld/st 指令的执行单元结合在一起，再加 AMO 指令执行单元，成为一个 MemBlock 模块。

另外，就 RISC-V 的存储协同性解决方案 Tile Link 而言，DCache 处于其顶端，DCache 才是一次内存访问的 Trunk Tip（见本书第十一章关于 TileLink 的介绍），所以 DCache 必须得支持 TL-C 规程，而不像 ICache 那样只需支持 TL-U 规程就行。在整个 SoC 芯片的结构中，我们以 CPU 为上层，MemBlock 处于 CPU 之下，而 MemBlock 内部的顶层则是其一级缓存，下面是二级缓存，真正的内存处于最底层。

二级缓存则是个相对独立的模块，名为 HuanCun（缓存），事实上 HuanCun 的代码是个独立的开源软件包。因而 MemBlock 模块仅包含一级缓存中的 DCache 和 ld/st 指令执行单元，而 HuanCun 模块则是对二级缓存的实现。所谓香山的存储子系统则既包括一级缓存也包括二级缓存，既包括 MemBlock 也包括 HuanCun，一级缓存既包括 DCache 也包括 ICache。本章的内容着重于对 MemBlock 的介绍，但不包括 ICache，那已经放在流水线前端中加以介绍。

MemBlock 是在抽象类 XSCoreBase 中（从而也是在 XSCore 中）创建的，下面是 class MemBlock 的代码：

```
[XSTop > XSTile > XSCore > XSCoreBase > MemBlock]
class MemBlock()(implicit p: Parameters) extends LazyModule with HasXSParameter with HasWritebackSource {
  val dcache = LazyModule(new DCacheWrapper())                ///DCache 的外层包装
  val uncache = LazyModule(new Uncache())                     ///访问外设的接口
  val pf_sender_opt = coreParams.prefetcher.map(_ => BundleBridgeSource(() => new PrefetchRecv))  ///数据预取（可选）

  lazy val module = new MemBlockImp(this)                     ///MemBlock 的硬件实现

  override val writebackSourceParams: Seq[WritebackSourceParams] = {      ///MemBlock 也是指令执行结果回写的源头之一
    val params = new WritebackSourceParams
    params.exuConfigs = (loadExuConfigs ++ storeExuConfigs).map(cfg => Seq(cfg))
    Seq(params)
  }
  override lazy val writebackSourceImp: HasWritebackSourceImp = module
}  ///end class MemBlock
```

在抽象类 XSCoreBase 中只创建了一个 MemBlock 模块，而扩充了抽象类 XSCoreBase 的具体类只有一个，那就是 XSCore，创建 XSCore 的则是 XSTile，然而一个 SoC 芯片上却可以有多个 XSTile。所以，SoC 芯片上有几个 XSTile，即几个 XSCore，就有几个 MemBlock 模块，但是一个 XSCore 只有一个 MemBlock。

MemBlock 对 DCacheWrapper 的创建是不言而喻的，因为 MemBlock 的主体就是 DCache。此外，由于在 RISC-V 的系统结构中把外设看成存储子系统的一部分，这里还创建了一个 Uncache 模块，这与我们在前端中看到的 InstrUncache 是一样的道理。至于 PrefetchRecv，那是对数据的"预取"，其实就是让 DCache 提前从内存将某一块数据装载到缓存中。这里还提供了一个名叫 writebackSourceParams 的 val，这是对 trait HasWritebackSource 中同名 val 的覆盖。对于 val 的"赋值"来自其"赋值函数"，但这是在创建 MemBlock 对象的初始化过程中就要执行的，普通的函数则仅在被调用时才执行。凡是继承了 trait HasWritebackSource 的某类对象，都有可能被回写，而 writebackSourceParams 则说明了回写的来源，这里说是 loadExuConfigs ++ storeExuConfigs，那就是 ld/st 指令的执行单元。

我们先看 DCacheWrapper：

```
[XSCoreBase > MemBlock > DCacheWrapper]
class DCacheWrapper()(implicit p: Parameters) extends LazyModule with HasXSParameter {
  val useDcache = coreParams.dcacheParametersOpt.nonEmpty        ///DCache也可以不用，一些嵌入式应用中无需数据缓存。
  val clientNode = if (useDcache) TLIdentityNode() else null
  val dcache = if (useDcache) LazyModule(new DCache()) else null        ///如果真要创建Dcache
  if (useDcache) {
    clientNode := dcache.clientNode
  }

  lazy val module = new LazyModuleImp(this) with HasPerfEvents {        /// DCacheWrapper的硬件实现
    val io = IO(new DCacheIO)
    val perfEvents = if (!useDcache) {
      // a fake dcache which uses dpi-c to access memory, only for debug usage!
      val fake_dcache = Module(new FakeDCache())        ///可以只是个摆摆样子的FakeDCache
      io <> fake_dcache.io
      Seq()
    }
    else {
      io <> dcache.module.io        ///要不然就将io连接到上面创建的Dcache上
      dcache.module.getPerfEvents
    }
    generatePerfEvent()
  }
}
```

注意 Lazy 模块 DCacheWrapper 是在 MemBlock 的 Diplomacy 部分创建的，而且这里确实有了参与参数一致化的 node，这是个 TLIdentityNode，事实上 DCache 与二级缓存 HuanCun 之间就有参数一致化的问题，而且二者之间的连接就是通过 TileLink。我们在第一卷中讲过，TileLink 提供了保证存储协同性所需的手段。

另外，MemBlock 之是否采用 DCache 是可选的。在一些简单的嵌入式应用中也可以不用 DCache，但 MemBlock 仍旧是 MemBlock，表面上也仍有 DCache，然而那却是个 FakeDCache，假的、摆摆样子的 DCache。当然，一般而言是真要有 DCache 的，那也是在这里创建。

再看 Uncache，由于可读可写，这就比 InstrUncache 复杂一些，我们先把这个分支解决掉，然后再回到 DCache 这个正题。

27.1　外设接口 Uncache

Uncache 就是 MemBlock 的 MMIO 接口，这也是个 Lazy 模块：

```
[XSCoreBase > MemBlock > Uncache]
// convert DCacheIO to TileLink. for Now, we only deal with TL-UL          ///既然是Uncache即无缓存，当然只需支持TL-U规程。
class Uncache()(implicit p: Parameters) extends LazyModule with HasXSParameter {
  def idRange: Int = UncacheBufferSize
  val clientParameters = TLMasterPortParameters.v1(
    clients = Seq(TLMasterParameters.v1( "uncache", sourceId = IdRange(0, idRange) ))
  )
  val clientNode = TLClientNode(Seq(clientParameters))                ///Client相当于Master

  lazy val module = new UncacheImp(this)
}
```

Uncache 模块也要参与参数一致化的协调，协调的对方就是具体的外设模块。而 Uncache 模块自身的硬件描述则在 UncacheImp 中：

```
[XSCoreBase > MemBlock > Uncache > UncacheImp]
class UncacheImp(outer: Uncache)extends LazyModuleImp(outer) with HasTLDump with HasXSParameter with HasPerfEvents{
  val io = IO(new UncacheIO)            ///见后

  val (bus, edge) = outer.clientNode.out.head         ///这是通过与下层绑定获得的连接

  val req = io.lsq.req
  val resp = io.lsq.resp
  val mem_acquire = bus.a              ///TLBundle中的A通道，注意在A通道上既可发出读命令也可发出写命令。
  val mem_grant = bus.d                ///TLBundle中的D通道，读出的数据在D通道上。

  val req_ready = WireInit(false.B)
  val need_fence = WireInit(false.B)

  // assign default values to output signals
  bus.b.ready := false.B               ///对B通道的设置，Uncache无需使用B通道，因为外设数据不可缓存。
  bus.c.valid := false.B               ///Uncache也无需使用C通道。
  bus.c.bits   := DontCare
  bus.d.ready := false.B               ///D通道不会从上层接收，故将其ready信号设成false。
  bus.e.valid := false.B               ///Uncache无需使用E通道
  bus.e.bits   := DontCare

  val enqPtr = RegInit(0.U.asTypeOf(new UncachePtr))          ///将下面创建的多个MMIOEntry模块看成一个队列，轮流使用。
  val issPtr = RegInit(0.U.asTypeOf(new UncachePtr))
  val deqPtr = RegInit(0.U.asTypeOf(new UncachePtr))
```

```
  val fence = RegInit(Bool(), false.B)

  io.lsq.resp.valid := false.B
  io.lsq.resp.bits := DontCare

  val entries = Seq.fill(UncacheBufferSize) { Module(new MMIOEntry(edge)) }  ///创建一串4个MMIOEntry模块
///class UncacheImp， 待续。
```

首先，既然是与外设的接口，是 Uncache 即无缓存，当然只需支持 TL-U 规程。所以只需要支持 A 和 D 两个通道就够了，因而这里把 B/C/E 三个通道都封了。

Uncache 的外部接口是 UncacheIO：

```
class UncacheIO(implicit p: Parameters) extends DCacheBundle {
  val hartId = Input(UInt())                          ///Uncache也是与CPU绑定在一起的，所以有个hartId。
  val enableOutstanding = Input(Bool())
  val flush = Flipped(new UncacheFlushBundle)         ///如果指令流转向。
  val lsq = Flipped(new UncacheWordIO)                ///来自LoadQueue和StoreQueue，是Uncache的上层。
}
```

UncacheIO 主要是对 lsq，即 LoadQueue 和 StoreQueue 的接口，通过 UncacheWordIO 从这两个队列接受请求和作出回应。这里有个看似奇怪的问题，Uncache 不应该是个终端节点，有输入必有输出，可为什么在 UncacheIO 中只有来自 lsq 的输入，却没有看到有输出。这是因为 Uncache 在参数协调阶段被绑定到了底层的外设接口，这就蕴含着 Uncache 与底层外设接口既有参数协调又有 TLBundle 的连接。我们看一下 class XSTile 中的相关代码：

```
class XSTile()(implicit p: Parameters) extends LazyModule with HasXSParameter with HasSoCParameter {
  …
  misc.d_mmio_port := core.memBlock.uncache.clientNode
  lazy val module = new LazyModuleImp(this){…}
}
```

如前所述，MemBlock 模块是在 XSCore 中创建的，而 XSCore 又是在 XSTile 中创建的，所以 XSTile 中的 core.memBlock.uncache.clientNode 就是前面 class Uncache 中的那个 clientNode，XSTile 把它绑定到了 misc.d_mmio_port，这就是外部设备的接口。这样，一方面是 Uncache 与外设接口之间需要有参数一致化，另一方面也蕴含着二者之间有个 TileLink 连接，因为 Uncache 的 clientNode 是个 TLClientNode。这样，在 Uncache 的外部接口 UncacheIO 上就只要有个对上的连接就可以了。

不过因为 Uncache 的底层是外设接口，而外设的数据是不缓存的，所以 B/C/E 通道对其没有意义，只要使用 A/D 两个通道就行。

回到 UncacheImp 的代码，下面就是创建若干 MMIOEntry 模块，具体个数取决于参数 UncacheBufferSize；这个参数定义为 4，所以就是一排 4 个 MMIOEntry 模块，一个 MMIOEntry 模块就是一个通往作为 MMIO（Memory Mapped IO）的外设接口：

```
[XSCoreBase > MemBlock > Uncache > UncacheImp > MMIOEntry]
// One miss entry deals with one mmio request
class MMIOEntry(edge: TLEdgeOut)(implicit p: Parameters) extends DCacheModule {
  val io = IO(new Bundle {
```

```
    //  MSHR ID    ///MSHR就是Miss Status Holding Register
    val hartId = Input(UInt())
    //  Control IO
    val enableOutstanding = Input(Bool())

    //  Client requests
    val req = Flipped(DecoupledIO(new UncacheWordReq))                 ///来自上层(即Uncache)的读/写请求
    val resp = DecoupledIO(new DCacheWordRespWithError)                ///向上层的回应

    //  TileLink
    val mem_acquire = DecoupledIO(new TLBundleA(edge.bundle))          /// mem_acquire在A通道上，这是向下的请求。
    val mem_grant = Flipped(DecoupledIO(new TLBundleD(edge.bundle)))   /// mem_grant在D通道上，这是来自下层的回应。
                                                                       ///注意所说的mem实际上是MMIO即外设
    //  This entry is selected.
    val select = Input(Bool())
    val atomic = Output(Bool())                                        ///表示这是原子操作
  })  ///end val io

  //  ===========================================
  //  FSM state description:
  //  s_invalid       : Entry is invalid.
  //  s_refill_req    : Send Acquire request.
  //  s_refill_resp   : Wait for Grant response.
  //  s_send_resp     : Send Uncache response.
  val s_invalid :: s_refill_req :: s_refill_resp :: s_send_resp :: Nil = Enum(4)
  val state = RegInit(s_invalid)                                ///状态机的初始状态是s_invalid

  val req = Reg(new UncacheWordReq)                             ///寄存器，保存来自上层的读/写请求
  val resp_data = Reg(UInt(DataBits.W))                         ///寄存器，保存要向上层发送的单项数据
  def storeReq = req.cmd === MemoryOpConstants.M_XWR            ///存储请求的操作码是M_XWR即写入

  //  Assign default values to output signals.
  io.req.ready := false.B                                       ///向上层即Uncache表示准备接受读/写请求
  io.resp.valid := false.B                                      ///暂无数据向上发送
  io.resp.bits := DontCare

  io.mem_acquire.valid := false.B                               ///暂无向下层即外设的读/写请求
  io.mem_acquire.bits := DontCare
  io.mem_grant.ready := false.B                                 ///没有准备从下层接收

  io.atomic := req.atomic
  //  Receive request
  when (state === s_invalid) {                                  ///当状态机处于s_invalid状态时：
    io.req.ready := true.B                                          ///准备从上层接受请求
    when (io.req.fire) {                                            ///如有请求到来，就：
      req := io.req.bits                                                ///将请求的内容打入寄存器req
```

```
      req.addr := io.req.bits.addr
      state := s_refill_req                                    ///转入s_refill_req状态
    }
  }

  //  Refill          ///Refill就是从下层(外设)读入或向下层写出
  //  TODO: determine 'lgSize' in memend
  val size = PopCount(req.mask)                          ///req.mask中的1位代表一个字节
  val (lgSize, legal) = PriorityMuxWithFlag(Seq(1.U -> 0.U, 2.U -> 1.U, 4.U -> 2.U, 8.U -> 3.U).map(m => (size === m._1) -> m._2))
  assert(!(io.mem_acquire.valid && !legal))

  val load = edge.Get(fromSource = io.hartId, toAddress = req.addr, lgSize = lgSize)._2
  val store = edge.Put(fromSource = io.hartId, toAddress = req.addr, lgSize = lgSize, data = req.data, mask = req.mask)._2

  XSDebug("entry: %d state: %d\n", io.hartId, state)

  when (state === s_refill_req) {                        ///当状态机处于s_invalid状态时：
    io.mem_acquire.valid := true.B && io.select            ///在A通道上向下层发送
    io.mem_acquire.bits := Mux(storeReq, store, load)      ///根据请求中的操作码决定是发送store还是load

    when (io.mem_acquire.fire) {                         ///发送出去（取决于下层是否ready）以后就：
      state := s_refill_resp                               ///转入s_refill_resp状态
    }
  }

  val (_, _, refill_done, _) = edge.addr_inc(io.mem_grant)
  when (state === s_refill_resp) {                       ///当状态机处于s_refill_resp状态时：
    io.mem_grant.ready := true.B                           ///准备在D通道上接收

    when (io.mem_grant.fire) {                             ///当下层的回应到来时：
      resp_data := io.mem_grant.bits.data                    ///在D通道上接收回应数据
      assert(refill_done, "Uncache response should be one beat only!")
      state := Mux(storeReq && io.enableOutstanding, s_invalid, s_send_resp)
              ///如果操作请求是M_XWR即写入，而且又允许Outstanding，就转入s_invalid，否则转入s_send_resp。
    }
  }

  //  Response
  when (state === s_send_resp) {                 ///当状态机处于s_send_resp状态时：
    io.resp.valid := true.B
    io.resp.bits.data     := resp_data           ///向上的回应数据就是从D通道上接收到的下层数据
    // meta data should go with the response
    io.resp.bits.id       := req.id              ///回应的编号与请求的编号相同
    io.resp.bits.miss     := false.B
    io.resp.bits.replay   := false.B
    io.resp.bits.tag_error := false.B
```

```
        io.resp.bits.error   := false.B

        when (io.resp.fire()) {                    ///向上的回应发出以后（取决于上层是否ready），就：
          state := s_invalid                         ///转入s_invalid状态
        }
      }
    // End
  }  ///end class MMIOEntry
```

可见，MMIOEntry 就好比是 Uncache 读写 MMIO 即外设寄存器的中介，或者说读写“引擎”。Uncache 通过 MMIOEntry 访问外设。

前面说过，Uncache 中有多个 MMIOEntry 模块，具体数量取决于参数 UncacheBufferSize（定义为 4），这 4 个 MMIOEntry 模块就构成一个队列，轮流使用。之所以如此，是因为下层对外设的操作比较慢，占用 MMIOEntry 的时间比较长，如果只用一个 MMIOEntry 就排不过来，如果被下层拖住就不能再从上层接收请求，从而造成阻塞。另一方面，这样还能把 Uncache 通往下层的 A 和 D 两个通道的使用，以及 Uncache 从上层的请求接收，在时间上错开，加以流水线化。

我们回到 Uncache，看看 Uncache 是怎样使用这些 MMIOEntry 的：

```
[XSCoreBase > MemBlock > Uncache > UncacheImp]      续：
  for ((entry, i) <- entries.zipWithIndex) {                    ///对于entries中的每个MMIOEntry：
    entry.io.hartId := io.hartId
    entry.io.enableOutstanding := io.enableOutstanding

   // Enqueue
    entry.io.req.valid := (i.U === enqPtr.value) && req.valid          ///所谓enqPtr，所指向的就是当前轮到使用的MMIOEntry。
    entry.io.req.bits := req.bits
    when (i.U === enqPtr.value) { req_ready := entry.io.req.ready }
                                                   ///这个MMIOEntry的ready信号就作为Uncache向其上层(lsq)发送的ready

    // Acquire        ///所谓issPtr，所指向的就是当前可以向下层发送请求的那个MMIOEntry（相当于流水线的第2步）
    entry.io.select := (i.U === issPtr.value) && Mux(entry.io.atomic, issPtr.value === deqPtr.value, !fence)
    when (i.U === issPtr.value) { need_fence := entry.io.atomic }

    // Grant          ///所谓deqPtr，所指向的就是当前可以接受来自下层回应的那个MMIOEntry（相当于流水线的第3步）
    entry.io.mem_grant.valid := false.B
    entry.io.mem_grant.bits := DontCare
    when (i.U === deqPtr.value) { entry.io.mem_grant <> mem_grant }

    entry.io.resp.ready := false.B
    when (i.U === deqPtr.value) { io.lsq.resp <> entry.io.resp }
  }  ///这样，就把对于A和D两个通道的使用，以及从上层的接受，一起流水线化了。

  io.lsq.req.ready := req_ready              ///向上层即lsq发出的ready信号来自req_ready
  when (io.enableOutstanding) {              ///代码中原有的注释说明了对MMIOEntry队列和A/D通道使用的流水线化：
    // Uncache Buffer is a circular queue, which contains UncacheBufferSize entries.
    // Description:
```

```
//      enqPtr: Point to an invalid (means that the entry is free) entry.
//      issPtr: Point to a ready entry, the entry is ready to issue.
//      deqPtr: Point to the oldest entry, which was issued but has not accepted response (used to keep order with the program order).
//
//   When outstanding disabled, only one read/write request can be accepted at a time.
//   Example (Enable outstanding):
//      1. enqPtr:
//         1) Before enqueue
//            enqPtr --
//                    |
//                    V
//            +--+--+--+--+
//            |  |  |  |  |
//            +--+--+--+--+
//
//       2) After
//            enqPtr+1 ---
//                       |
//                       V
//            +--+--+--+--+
//            |  |  |  |  |
//            +--+--+--+--+
//
//      2. issPtr:
//       1) Before issue
//            issPtr --
//                    |
//                    V
//            +--+--+--+--+
//            |  |  |  |  |
//            +--+--+--+--+
//
//       2) After issue
//            issPtr+1 --
//                      |
//                      V
//            +--+--+--+--+
//            |  |  |  |  |
//            +--+--+--+--+
//
//     3. deqPtr:
//       1) Before dequeue
//            deqPtr --
//                    |
//                    V
//            +--+--+--+--+
```

```
    //          |  |  |  |  |
    //          +--+--+--+--+
    //
    //      2) After dequeue
    //          deqPtr --                deqPtr+1 --
    //                 |                          |
    //                 V                          V
    //          +--+--+--+--+        or     +--+--+--+--+
    //          |  |  |  |  |               |  |  |  |  |
    //          +--+--+--+--+               +--+--+--+--+
    //              (load)                     (store)
    //
    //      3) After response
    //          deqPtr+1 ---                  deqPtr--
    //                    |                          |
    //                    V                          V
    //          +--+--+--+--+        or     +--+--+--+--+
    //          |  |  |  |  |               |  |  |  |  |
    //          +--+--+--+--+               +--+--+--+--+
    //              (load)                     (store)
    //

    when (req.fire) { enqPtr := enqPtr + 1.U }                  //  Enqueue

    when (mem_acquire.fire) { issPtr := issPtr + 1.U }        //  Issue
    when (mem_acquire.fire) { fence := need_fence }

    //  Dequeue
    when (mem_grant.fire) { deqPtr := Mux(edge.hasData(mem_grant.bits), deqPtr /* Load */, deqPtr + 1.U /* Store */) }
    .elsewhen (io.lsq.resp.fire /* Load */) { deqPtr := deqPtr + 1.U }

    when (mem_grant.fire && fence) { fence := false.B }
  }  ///end when (io.enableOutstanding)
  .otherwise {   /// ! io.enableOutstanding
    when (io.lsq.resp.fire) { enqPtr := enqPtr + 1.U, issPtr := issPtr + 1.U, deqPtr := deqPtr + 1.U }
  }  ///end when (io.enableOutstanding){…}.otherwise …

  TLArbiter.lowestFromSeq(edge, mem_acquire, entries.map(_.io.mem_acquire))        ///A通道
  io.flush.empty := deqPtr === enqPtr

  ///Debug与性能统计从略
}  ///end class Uncache
```

把 TileLink 的 A/D 通道和 Uncache 与其上层(实际上是 LoadQueue 和 StoreQueue)的接口加以流水线化，这个设计还是挺巧妙的。

至此我们已经明白，MemBlock 中的 Uncache，其上方是 LoadQueue 和 StoreQueue，其下方则通过一组 MMIOEntry 通向外设。由于 Uncache 与其下方即外设端口有参数协调的绑定，这就蕴含着有个 TLBundle 通向其下方，所以它的外部接口上只要有通向上方的 lsq 就行。这样，我们就把 MemBlock 对外设的访问途径搞清了，下面就可以把注意力集中在通过 DCache 对存储器的访问。

27.2　MemBlock 的总体结构

Uncache 所处的环境和位置给了我们启示，因为对外设即 MMIO 的访问与对内存的访问是平行的。对于存储地址空间的访问，只要目标存在，就要么是通过 Uncache 进行，要么就是通过始于 DCache、实际上是 DCacheWrapper、一直向下的各层模块进行，只不过后者比前者要复杂得多。但是访问的来源却是一样的，对 Uncache 的访问来自 lsq 即 LsqWrappper，那么对 DCacheWrapper 的访问也来自 LsqWrappper。同样的情况我们在 Frontend 中也看到过，在那里是 ICache 与 InstrUncache 并立。

那么对 LsqWrappper 的访问又来自哪里呢？那就是 Load 指令和 Store 指令的执行，来自这两种指令的执行单元 LoadUnit 和 StoreUnit，其实还有 AMO 指令的执行单元 AtomicsUnit，总之就是访内指令的执行单元。我们在本书第二卷中看到访内指令的执行单元不在 ExuBlock 中，是另有安排的，实际上就是安排在 MemBlock 中。而访内指令执行单元的输入，则同样来自指令调度，来自 ReservationStation。需要指出的是，对访内指令的执行同样也可以是脱序（Out-of-Order）的，这种执行次序上的改变不仅可以发生在访内指令与非访内指令之间，也可以发生在访内指令与访内指令之间。显然，如果两条改变了执行次序的访内指令所访问的是不同的内存单元，那就实际上不会有冲突，但如果访问的是同一内存单元，那就可能有冲突了，所以在 MemBlock 内部得要有消除此种冲突的机制。

```
MemBlock
    dcache = LazyModule(new DCacheWrapper())
    uncache = LazyModule(new Uncache())
    MemBlockImp
        loadUnits = Seq.fill(exuParameters.LduCnt)(Module(new LoadUnit))
        storeUnits = Seq.fill(exuParameters.StuCnt)(Module(new StoreUnit))
        stdExeUnits = Seq.fill(exuParameters.StuCnt)(Module(new StdExeUnit))
        atomicsUnit = Module(new AtomicsUnit)
        lsq = Module(new LsqWrappper)
            loadQueue = Module(new LoadQueue)
            storeQueue = Module(new StoreQueue)
        sbuffer = Module(new Sbuffer)
```

MemBlock 的作用，就是把这些执行单元和结构成分创建出来，并做好这些成分之间的互相连接，也做好这些结构成分与作为一个整体的 MemBlock 的外部接口键的连接。在这些连接中，有些是输入端对输出端之间的对接，这都发生在内部结构成分互连；有些则是输入对输入，输出对输出的连接，这些都是内部成分与 MemBlock 外部接口之间的连接。比方说，MemBlock 有个外部接口 issue，这是个输入向量：

```
val issue = Vec(exuParameters.LsExuCnt + exuParameters.StuCnt, Flipped(DecoupledIO(new ExuInput)))
```

这个向量中的元素是 Flipped(DecoupledIO(new ExuInput))，都是来自 ExuBlock 的输入，更确切地说是来自 ExuBlock 中的 Scheduler，是 Scheduler 调度了访内指令投入执行，这才把相应的 ExuInput 发到了 MemBlock，因为访内指令的执行单元都在 MemBlock 中。向量的宽度是 LsExuCnt + StuCnt，其中 LsExuCnt = LduCnt + StuCnt。也就是说 MemBlock 中访内指令的执行单元总数是 LduCnt 加上 2 倍的 StuCnt。这是因为，对于存储指令，MemBlock 中既有 sta 执行单元又有 std 执行单元。后面我们会看到，MemBlock 中的 LduCnt 个 ld 指令执行单元其实就是 LduCnt 个 LoadUnit；StuCnt 个 sta 指令执行单元就是 StuCnt 个 StoreUnit；而 StuCnt 个 std 执行单元，则是同样数量的 StdExeUnit。在建立连接的时候，我们看到有下列的这些语句：

```
memBlock.io.issue <> exuBlocks(0).io.issue.get

val loadUnits = Seq.fill(exuParameters.LduCnt)(Module(new LoadUnit))
loadUnits(i).io.ldin <> io.issue(i)
loadUnits(i).io.dcache <> dcache.io.lsu.load(i)

val storeUnits = Seq.fill(exuParameters.StuCnt)(Module(new StoreUnit))
val stu = storeUnits(i)
stu.io.stin <> io.issue(exuParameters.LduCnt + i)        ///stu 就是 storeUnits，即 Seq.fill(StuCnt)(Module(new StoreUnit))
sbuffer.io.dcache <> dcache.io.lsu.store                 ///sbuffer 在 DCache 的上方，处于 StoreQueue 与 Dcache 之间。
```

这里的 io.issue 就是 MemBlock 的外部输入接口 issue，这个接口被连接到 loadUnits(i).io.ldin，这就是其中一个 LoadUnit 的 ldin 输入端。这是输入对输入的连接，原因就是：LoadUnit 的 ldin 输入实际上就是 MemBlock 的 issue 输入之一。同样，io.issue 也被连接到 stu.io.stin，因为 StoreUnit 的 stin 输入也是 MemBlock 的 issue 输入之一。

总之，Ld 指令/St 指令/AMO 指令的执行单元和 LsqWrappper（连同其下的 LoadQueue 和 StoreQueue），当然还有从 DCacheWrapper，一直向下，包括二级缓存乃至三级缓存在内的存储子系统，除采用 DRAM 的内存本身之外都可以集成在同一块芯片上，而 MemBlock 模块就是整个存储子系统的顶层。下面是个示意图：

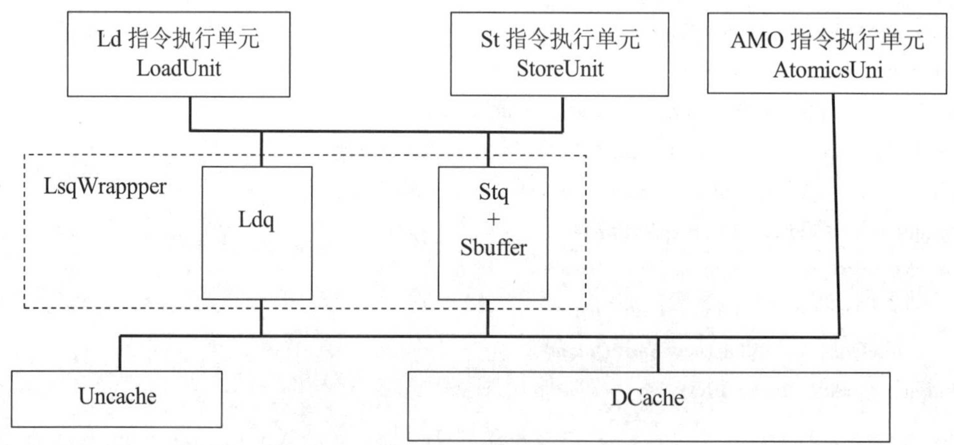

存储子系统的这个顶层中有三个指令执行单元，即 LoadUnit、StoreUnit、t。前面二者不言而喻，因为从内存加载和写入的指令都需要涉及对内存的访问。后者 AtomicsUnit 所执行的 AMO 指令则是对内存单元的“读-改-写”，这个“读”不是路远迢迢进入某个通用寄存器，再进入 ALU 中进行计算，那就不是“原子”操作，那就不能保证一气呵成不受干扰了；而应该是在存储子系统中“就地办公”，在现场解决，后面我们将看到，DCache 中有个 AMOALU，就是 AMO 指令最终的执行地。

在 package object xiangshan 中，除有我们在本书第二卷中看到的 aluCfg、jmpCfg 这些 FuConfig 和相应的 ExuConfig 外，其实还另有几个有关访内指令执行单元的 FuConfig 和 ExuConfig：

```
package object xiangshan {
  …
  val lduCfg = FuConfig("ldu", null /* DontCare */, (uop: MicroOp) => FuType.loadCanAccept(uop.ctrl.fuType),
                 FuType.ldu, 1, 0, writeIntRf = true, writeFpRf = true, latency = UncertainLatency(),
                 exceptionOut = Seq(loadAddrMisaligned, loadAccessFault, loadPageFault),
                 flushPipe = true, replayInst = true, hasLoadError = true)

  val staCfg = FuConfig("sta", null, (uop: MicroOp) => FuType.storeCanAccept(uop.ctrl.fuType),
                 FuType.stu, 1, 0, writeIntRf = false, writeFpRf = false, latency = UncertainLatency(),
                 exceptionOut = Seq(storeAddrMisaligned, storeAccessFault, storePageFault))

  val stdCfg = FuConfig("std", fuGen = stdGen, fuSel = (uop: MicroOp) => FuType.storeCanAccept(uop.ctrl.fuType),
                 FuType.stu, 1, 1, writeIntRf = false, writeFpRf = false, latency = CertainLatency(1))

  val mouCfg = FuConfig("mou", null, (uop: MicroOp) => FuType.storeCanAccept(uop.ctrl.fuType),
                 FuType.mou, 1, 0, writeIntRf = false, writeFpRf = false,
                 latency = UncertainLatency(), exceptionOut = lduCfg.exceptionOut ++ staCfg.exceptionOut)

  val mouDataCfg = FuConfig("mou", mouDataGen, (uop: MicroOp) => FuType.storeCanAccept(uop.ctrl.fuType),
                 FuType.mou, 1, 0, writeIntRf = false, writeFpRf = false, latency = UncertainLatency())

  val LdExeUnitCfg = ExuConfig("LoadExu", "Mem", Seq(lduCfg), wbIntPriority = 0, wbFpPriority = 0, extendsExu = false)
  val StaExeUnitCfg = ExuConfig("StaExu", "Mem", Seq(staCfg, mouCfg),
                         wbIntPriority = Int.MaxValue, wbFpPriority = Int.MaxValue, extendsExu = false)
  val StdExeUnitCfg = ExuConfig("StdExu", "Mem", Seq(stdCfg, mouDataCfg),
                         wbIntPriority = Int.MaxValue, wbFpPriority = Int.MaxValue, extendsExu = false)
}
```

这里 lduCfg、staCfg 和 mouCfg 都没有功能单元生成函数（都是 null），但是 stdCfg 和 mouDataCfg 有，一个是 stdGen()，另一个是 mouDataGen()：

```
  def stdGen(p: Parameters) = new Std()(p)                ///这个std对象名叫“std”
  def mouDataGen(p: Parameters) = new Std()(p)            ///这个std对象名叫“mou”
```

这两个生成函数都是创建一个 Std 对象，但当然是两个独立的 Std 对象，一个名叫“std”，另一个名叫“mou”：

```
class Std(implicit p: Parameters) extends FunctionUnit {
  io.in.ready := true.B
  io.out.valid := io.in.valid
  io.out.bits.uop := io.in.bits.uop             ///把指令的MicroOP下传
  io.out.bits.data := io.in.bits.src(0)         ///把操作数rs1下传
}
```

显然，Std 执行单元什么事也不干，只是把输入指令的 MicroOp 和操作数 rs1 下传，起个占位和桥梁的作用。但是注意这里的 io.in 和 io.out 是从抽象类 FunctionUnit 继承的，io.in 的类型是 FunctionUnitInput，其内部包含一个 uop 即 MicroOp 加上一个（长度为 3 的）源操作数向量；io.out 则是 FuOutput，其内部包含一个 uop 即 MicroOp 加上 data 即指令的执行结果，就是要写入目标寄存器的数据，这里是照抄第一个源操作数 rs1。凡是 FunctionUnit，不管具体是什么，其输出要回写到物理寄存器和 ReservationStation，还要回写到 Rob。不过 Std 对物理寄存器和 ReservationStation 的回写实际上不会起什么作用，因为 st 指令压根就没有目标寄存器，但是对 Rob 就有作用了。这是因为，如果 Rob 非得要等待存储指令有了结果才能交割，那就可能需要等待很长时间，拖累排在存储指令后面的那些指令也得干等着，但是其实存储指令之是否完成对于指令流的继续执行是并无关系，存储指令的完成其实只有通知的意义。现在有了 Std 执行单元，就把存储指令的交割与存储操作的实际完成分离开来了。意思是：我已经把任务交给我的合作伙伴，保证完成任务，它完成任务以后会把读取的数值直接回写到 RS 和物理寄存器组（如果是 load 指令），这并不影响你释放老的物理目标寄存器（old_pdest）。与此类似的还有 AMO 指令，AMO 指令是对存储单元的“读-改-写”，其中读的部分等同于 ld，而写的部分就等同于 st，所以 AMO 指令的执行也需要这样一个 Std 执行单元。至于 ld 指令，那是正儿八经有数据回写的，所读的数据不到位，依赖于这个数据的指令就不能往下执行，所以 ld 指令并不需要有个 Std 执行单元，就是要等待 LoadUnit 有数据回写才算数。

而不提供功能单元生成函数的那几个 FuConfig，即 lduCfg、staCfg、mouCfg，则要另外加以创建，并不属于执行模块，而属于存储模块 MemBlock。上面示意图中的“Ld 指令执行单元”就是指 LoadUnit，“St 指令执行单元”就是指 StoreUnit，还有一个就是“AMO 指令执行单元”AtomicsUnit，这几个执行单元都是在 MemBlock 中另行创建并且真正起实质作用的。这些单元是 CPU 读写内存（不包括取指）时进入存储子系统的几扇大门。注意 LoadUnit 和 StoreUnit 都并非只有一个，这里只是示意，但 AtomicsUnit 只有一个。

在 StoreUnit 和 LoadUnit 两个指令执行单元的下面，是两个队列，即 LoadQueue 和 StoreQueue。三个指令执行单元的输入即程序中的 ld/st 指令和 AMO 指令，那都不在 ExuBlock 中执行，而在 MemBlock 中执行。这两执行单元的指令到来不像 ExuBlock 中哪些执行单元那样密集，指令的执行也不像那些执行单元一样总是那么紧凑。如果所访问的存储单元（所在的缓存块）恰好缓存在 DCache 中，对 DCache 的访问命中，那也是很快的，但要是不命中就难说了，因为不只是要从次级缓存或内存调入目标缓存块，也许还得先腾出地方，而这又可能需要先把已经写脏的某个缓存块回写到内存中。所以，在指令执行单元与 DCache 之间必须得有队列加以缓冲。

Load 和 Store 两个方向都需要有队列缓冲，但二者又有些不一样。对于从 DCache 的读出，LoadUnit 所发出的具体读出请求/命令进入 LoadQueue，并按先后次序转发给 DCache，然后就在队列中等待。但是从 DCache 读出并返回（refill）的数据未必就按原先的次序，因为可能有的命中，有的不命中，因而天生就是“脱序（Out-of-Order）”的，每当返回一项数据时就由 LoadUnit“回写”到 Rob 和物理寄存器组。除此之外就没有什么了。但是对 DCache 的写入却有点不同。如果对 DCache 的写入不命中，因而要到次级缓存或内存调入目标缓存块，如前所述这可能是个较长的过程，那在此过程中把需要写入的数据放在何处？显然总得有个地方保存，而且需要保存的写入内容也许不是一个两个，因为可能有很多个这样的操作处在悬而未决的状态。所以，在 StoreQueue 的下面还需要有个 Sbuffer，即 Store Buffer，用来保存因为访问不命中而暂时未能完成写入操作的数据。这样，DCache 就不必记住每次需要写入的数据，而只需在目标缓冲块调入到位后向 Sbuffer 要，请其重发一下就行，这样的重发称为 replay，本质上相当于 Store 指令的重新执行。StoreQueue 中正在等待写入的请求，一旦转发给了 DCache，就进入了 SBuffer。所以 StoreQueue 中尚未转发的请求加上 Sbuffer 中已经转发的请求加在一起才是全部尚未完成的写入请求。

还有个特殊的问题，是在支持脱序执行的流水线中，尤其是在宽度大于 1 的超标量流水线中，Store 指令和 Load 指令到来的次序很可能是乱的，本应在先的 Store 指令可能倒落在了 Load 指令的后面。如果 Store 指令和 Load 指令所欲访问的目标地址不同，这倒也没有什么关系，但如果目标地址相同就有问题了。这是因为：Store 指令与 Load 指令之间的数据依赖并不表现在寄存器依赖，而是表现在存储单元依赖，然而保留站 ReservationStation 只检查寄存器依赖，所以起不了调度的作用。显然，这就是另一种形式的 RAW（Read-After-Write）冲突。

另外，既然需要写入的数据和读出的请求都在各自的队列以及 Sbuffer 中等待，那就有可能某些需要写入的数据就是需要读出的数据，二者的目标地址相同，从而可以让待写入数据“抄近路”、“短路”到达读出队列。这就是数据的“转交（forward）”。所以 StoreQueue（包括 Sbuffer）和 LoadQueue 之间还有个数据转交（说数据短路也许更贴切一些）的机制。在香山的代码中，尤其是在有关存储的代码中，我们常常可以看到 bupass 和 forward，这二者都有“抄近路”的意思，但是略有不同。先说 bypass，这一般是指本来就是短距离的“旁路”，例如一方正要往一个数组中写，另一个正好要读，而且读写的地址都一样，那就直接“旁路”过去了，所节省的也就是一两个节拍。而 forward，则是指原本距离较远的两点间的抄近路，写入队列与读出队列之间就是这样。另一个例子是在读出不命中以后，当 DCache 下面的 MSHR 从 D 通道收到来自次级缓存的 cacheline 时，一方面当然是要将其写入数据阵列，还要准备好元数据队列等等，然后再让 LoadQueue 再向 DCache 重发读出请求；但是另一方面这个 cacheline 既然是因访问不命中而来，那就说明 LoadQueue 中一定有指令在等待，那就直接向 LoadQueue 转交一个副本，让 LoadQueue 中正在等待的指令自己认领，这个近路的跨度就大了。所以 bypass 和 forward 都有抄近路的意思，但是跨度不同。

我们在前面已经看了 MemBlock 的 Diplomacy 部分，下面就是它的硬件描述即 MemBlockImp 了：

```
[XSCoreBae > MemBlock > MemBlockImp]
class MemBlockImp(outer: MemBlock) extends LazyModuleImp(outer)
                      with HasXSParameter with HasFPUParameters with HasWritebackSourceImp with HasPerfEvents {
  val io = IO(new Bundle {
    val hartId = Input(UInt(8.W))
    val redirect = Flipped(ValidIO(new Redirect))                    ///发生指令转向，不用白费力气了。
    // in
    val issue = Vec(exuParameters.LsExuCnt + exuParameters.StuCnt, Flipped(DecoupledIO(new ExuInput)))   ///ld 指令输入
        ///这是 ld/st 指令的输入，来自指令调度，MemBlock 中有这么一些指令执行单元，其中 LsExuCnt = LduCnt + StuCnt。
    val loadFastMatch = Vec(exuParameters.LduCnt, Input(UInt(exuParameters.LduCnt.W)))      ///LduCnt=2 是 LoadUnit 的数量
    val loadFastImm = Vec(exuParameters.LduCnt, Input(UInt(12.W)))
    val rsfeedback = Vec(exuParameters.StuCnt, new MemRSFeedbackIO) ///StuCnt=2 是 StoreUnit 的数量，rs 指 ReservationStation。
    val loadPc = Vec(exuParameters.LduCnt, Input(UInt(VAddrBits.W)))          // for hw prefetch
    val stIssuePtr = Output(new SqPtr())
    val int2vlsu = Flipped(new Int2VLSUIO)                   ///Intblock 到 DummyVectorLsq 的接口，我们不予关心。
    val vec2vlsu = Flipped(new Vec2VLSUIO)
    // out
    val writeback = Vec(exuParameters.LsExuCnt + exuParameters.StuCnt, DecoupledIO(new ExuOutput))
                                                                                       ///ld/st 执行单元的回写输出
    val s3_delayed_load_error = Vec(exuParameters.LduCnt, Output(Bool()))
    val otherFastWakeup = Vec(exuParameters.LduCnt + 2 * exuParameters.StuCnt, ValidIO(new MicroOp))
    val vlsu2vec = new VLSU2VecIO                      ///从 VLSU 到 Vecblock 的 IO，VLSU 指 DummyVectorLsq。
    val vlsu2int = new VLSU2IntIO                      ///从 VLSU 到 Intblock 的 IO
    val vlsu2ctrl = new VLSU2CtrlIO                    ///从 VLSU 到 Ctrlblock 的 IO
    // prefetch to l1 req
    val prefetch_req = Flipped(DecoupledIO(new L1PrefetchReq))
    // misc
    val stIn = Vec(exuParameters.StuCnt, ValidIO(new ExuInput))           ///这是针对 st 执行单元的指令输入。
    val memoryViolation = ValidIO(new Redirect)
    val ptw = new VectorTlbPtwIO(exuParameters.LduCnt + exuParameters.StuCnt + 1)   // load + store + hw prefetch
                                                                  ///ptw 和 tlb 一起实现从虚存地址到物理地址的映射
```

```
    val sfence = Input(new SfenceBundle)                              ///sfence 也与 tlb 有关
    val tlbCsr = Input(new TlbCsrBundle)
    val fenceToSbuffer = Flipped(new FenceToSbuffer)

    val enqLsq = new LsqEnqIO         ///进入 Ld/St 队列，LsqEnqIO 内含 req 和 resp 两个方向的 Bundle，req 是 MicroOp 向量。
    val lsqio = new Bundle {
      val exceptionAddr = new ExceptionAddrIO          // to csr
      val rob = Flipped(new RobLsqIO)                  // rob to lsq
    }
    val csrCtrl = Flipped(new CustomCSRCtrlIO)
    val csrUpdate = new DistributedCSRUpdateReq
    val error = new L1CacheErrorInfo
    val memInfo = new Bundle {
      val sqFull = Output(Bool())                                      ///St 队列满
      val lqFull = Output(Bool())                                      ///Ld 队列满
      val dcacheMSHRFull = Output(Bool())                              ///Dcache 内部要求从下层调入缓存块的队列满
    }
    val sqFull = Output(Bool())
    val lqFull = Output(Bool())
    …    ///用于性能统计和调试的信号从略
})  ///end val io
override def writebackSource1: Option[Seq[Seq[DecoupledIO[ExuOutput]]]] = Some(Seq(io.writeback))

val redirect = RegNextWithEnable(io.redirect)
val dcache = outer.dcache.module              ///DcacheWrappe 是在外层即 class MemBlock 中创建的，其 lazy module 即为 dcache。
val uncache = outer.uncache.module            ///Uncache 也是一样
val delayedDcacheRefill = RegNext(dcache.io.lsu.lsq)

val csrCtrl = DelayN(io.csrCtrl, 2)
dcache.io.csr.distribute_csr <> csrCtrl.distribute_csr                          ///Dcache 受控制/状态寄存器 CSR 控制
dcache.io.l2_pf_store_only := RegNext(io.csrCtrl.l2_pf_store_only, false.B)     ///Dcache 也与二层缓存的 prefetch 有关
io.csrUpdate := RegNext(dcache.io.csr.update)
io.error <> RegNext(RegNext(dcache.io.error))
when(!csrCtrl.cache_error_enable){
  io.error.report_to_beu := false.B
  io.error.valid := false.B
}

val loadUnits = Seq.fill(exuParameters.LduCnt)(Module(new LoadUnit))            ///创建若干个 load 指令执行单元
val storeUnits = Seq.fill(exuParameters.StuCnt)(Module(new StoreUnit))          ///创建若干个 store 指令执行单元
val stdExeUnits = Seq.fill(exuParameters.StuCnt)(Module(new StdExeUnit))
                        /// StdExeUnit 是个 ExeUnit，它所创建的是（StuCnt=2）Std 执行单元“StdExu”。
                        ///见 val StdExeUnitCfg = ExuConfig("StdExu", "Mem", Seq(stdCfg, mouDataCfg), …)
val stData = stdExeUnits.map(_.io.out)                     ///注意这 stData，来自各 StdExeUnit 即 Std 执行单元的输出。
```

```
                                                         ///而Std执行单元的输出就是其rs1。后面用作AtomicsUnit的输入。
  val exeUnits = loadUnits ++ storeUnits                 ///二者合在一起就是所有的访内指令执行单元（不含 AMO）
  val l1_pf_req = Wire(Decoupled(new L1PrefetchReq()))   ///一级缓存的数据预读，pf 意为 prefetch。
  val prefetcherOpt: Option[BasePrefecher] = coreParams.prefetcher.map {
    case _: SMSParams =>
      val sms = Module(new SMSPrefetcher())              ///SMS 意为 Spatial Memory Streaming，一种预测方法，见后。
      sms.io_agt_en := RegNextN (io.csrCtrl.l1D_pf_enable_agt, 2, Some(false.B))
      sms.io_pht_en := RegNextN (io.csrCtrl.l1D_pf_enable_pht, 2, Some(false.B))
      sms.io_act_threshold := RegNextN (io.csrCtrl.l1D_pf_active_threshold, 2, Some(12.U))
      sms.io_act_stride := RegNextN (io.csrCtrl.l1D_pf_active_stride, 2, Some(30.U))
      sms.io_stride_en := RegNextN (io.csrCtrl.l1D_pf_enable_stride, 2, Some(true.B))
      sms                                                ///以 SMSPrefetcher 对象 sms 为 prefetcherOpt
  }  ///end val prefetcherOpt
  prefetcherOpt.foreach(pf => {                          ///按 SMSPrefetcher 的配置按时发出数据预读请求
    val pf_to_l2 = ValidIODelay(pf.io.pf_addr, 2)
    outer.pf_sender_opt.get.out.head._1.addr_valid := pf_to_l2.valid
    outer.pf_sender_opt.get.out.head._1.addr := pf_to_l2.bits
    outer.pf_sender_opt.get.out.head._1.l2_pf_en := RegNextN (io.csrCtrl.l2_pf_enable, 2, Some(true.B))
    pf.io.enable := RegNextN (io.csrCtrl.l1D_pf_enable, 2, Some(false.B))
  })
  prefetcherOpt match {
    case Some(pf) => l1_pf_req <> pf.io.l1_req           ///将 SMSPrefetcher 的 L1 数据预读请求连接到 l1_pf_req
    case None =>
      l1_pf_req.valid := false.B
      l1_pf_req.bits := DontCare
  }
  val pf_train_on_hit = RegNextN (io.csrCtrl.l1D_pf_train_on_hit, 2, Some(true.B))

  loadUnits.zipWithIndex.map(x => x._1.suggestName("LoadUnit_"+x._2))      ///各个 LoadUnit 的命名
  storeUnits.zipWithIndex.map(x => x._1.suggestName("StoreUnit_"+x._2))    ///各个 StoreUnit 的命名
/// class MemBlockImp，待续
```

先看一下它的外部接口 io。其中的主要输入 issue 是个 ExuInput 向量，这显然来自指令调度器 Schaeduler（更确切地说是 ReservationStation）或其之后，因为在此之前是没有 ExuInput 的。这个向量的长度则为 LsExuCnt + StuCnt，即两种执行单元的个数之和。而 MemBlockImp 的主要输出 writeback，则是个 ExuOutput 向量，这和别的指令执行单元一样；向量的长度也是 LsExuCnt。不过夹在 ExuInput 向量与 ExuOutput 之间的，却不只是指令执行单元，实际上也包括 Load 和 Store 的队列 lsq。这是因为，以 Load 指令的执行单元为例，它的输出不是计算出来的，而是要从存储子系统读出的，期间很可能需要等待。

下面就是 LoadUnit 和 StoreUnit 两种指令执行单元的创建，数量分别是 LduCnt 和 StuCnt，二者之和就是 LsExuCnt。注意每个 StoreUnit 还有个与之配套的 StdExeUnit，前面讲过这与存储操作并无联系，而只是为了让 Rob 可以及时交割 store 指令而不会陷入无尽的等待。也就是说，对于 store 指令和 AMO 指令，除实际的执行单元 StoreUnit 以外，还需要有个摆摆样子的“执行单元”Std，让其产生虚假的执行结果，骗一下 Rob，说这个 store 指令（或“读-改-写”的 AMO 指令）已经完成了，别因此而阻碍此后那些指令的提交。这条涉及 store 的指令逻辑上已经完成，至于实际的存储操作则也许需要过一阵才能完成，但肯定会完成。

此外还有些关于“预读”即 prefetch 的处理，这里就不多作解释了，但是后面会讲，我们继续往下看：

[XSCoreBae > MemBlock > MemBlockImp] 续 1

```
val atomicsUnit = Module(new AtomicsUnit)                ///AMO 指令即“读-改-写”原子操作指令，是在 DCache 中执行的。
// Atom inst comes from sta/std, then its result will be writebacked using load writeback port
// However, atom exception will be writebacked to rob using store writeback port
  ///原子操作即 AMO 指令是“读-改-写”，其有待回写到目标寄存器的执行结果就是读出的内容，所以这与 Load 指令相同。
  ///但是如果产生异常，那就要与 Store 指令产生的异常一样（因为对内存的写入并未成功），经过 Store 回写端口回写到 Rob。

val loadWritebackOverride = Mux(atomicsUnit.io.out.valid, atomicsUnit.io.out.bits, loadUnits.head.io.ldout.bits)
  ///通过 Mux 二选一。如果 AMO 执行单元 atomicsUnit 有输出就将其用作 Load 的回写，否则就采用 loadUnits 的输出。
val ldOut0 = Wire(Decoupled(new ExuOutput))                          ///Mux 的输出为 ExuOutpu，即指令执行单元的输出。
ldOut0.valid := atomicsUnit.io.out.valid || loadUnits.head.io.ldout.valid    ///只要二者之一 valid 即为 valid
ldOut0.bits   := loadWritebackOverride                               ///加载输出来自上述的 MUX
atomicsUnit.io.out.ready := ldOut0.ready                             ///允许接受下一条 AMO 指令
loadUnits.head.io.ldout.ready := ldOut0.ready                        ///允许接受下一条 Load 指令
when(atomicsUnit.io.out.valid){
  ldOut0.bits.uop.cf.exceptionVec := 0.U(16.W).asBools        // exception will be writebacked via store wb port
}  ///如果 atomicsUnit 有正常输出，就把 ldOut0 这个 ExuOutpu 中 MicroOp 内 CtrlFlow 的 exceptionVec 设成全 0。

val ldExeWbReqs = ldOut0 +: loadUnits.tail.map(_.io.ldout)   ///这是 loadUnits 中所有 LoadUnit 的输出
io.writeback <> ldExeWbReqs ++ VecInit(storeUnits.map(_.io.stout)) ++ VecInit(stdExeUnits.map(_.io.out))
        ///把所有 LoadUnit 的输出，加上所有 StoreUnit 和 StdExeUnit 的输出都连接到 io.writeback 这个向量。
io.otherFastWakeup := DontCare
io.otherFastWakeup.take(2).zip(loadUnits.map(_.io.fastUop)).foreach{case(a,b)=> a := b}
val stOut = io.writeback.drop(exuParameters.LduCnt).dropRight(exuParameters.StuCnt)
        ///从向量 io.writeback 中扣除（drop）LoadUnit 的输出和 StdExeUnit 的输出，剩下的就是 StoreUnit 的输出。

// prefetch to l1 req
loadUnits.foreach(load_unit => {
  load_unit.io.prefetch_req.valid <> l1_pf_req.valid        ///将 L1PrefetchReq 连接到各个 LoadUnit 的 prefetch_req
  load_unit.io.prefetch_req.bits <> l1_pf_req.bits
})
// when loadUnits(0) stage 0 is busy, hw prefetch will never use that pipeline
loadUnits(0).io.prefetch_req.bits.confidence := 0.U        ///但是其中第一个 LoadUnit 的 prefetch_req 的置信度永远设置成 0

l1_pf_req.ready := (l1_pf_req.bits.confidence > 0.U) || loadUnits.map(!_.io.ldin.valid).reduce(_ || _)
...      ///Debug 相关代码从略

// TODO: fast load wakeup
val lsq      = Module(new LsqWrappper)                ///创建 LsqWrappper
val vlsq     = Module(new DummyVectorLsq)             ///再创建一个虚设的 Lsq
val sbuffer  = Module(new Sbuffer)                    ///创建 Sbuffer，Sbuffer 意为 StoreBuffer。
io.stIssuePtr := lsq.io.issuePtrExt

dcache.io.hartId := io.hartId
lsq.io.hartId := io.hartId
```

```
sbuffer.io.hartId := io.hartId
atomicsUnit.io.hartId := io.hartId                    ///四个模块的 hartId 均来自 io.hartId

// dtlb        ///用于 DCache 的虚存地址映射 TLB（与前端中用于 ICache 的 itlb 相对应）
val sfence = RegNext (RegNext (io.sfence))            ///输入的 SfenceBundle，内含 sfence.vma 指令的几个要素
val tlbcsr = RegNext (RegNext (io.tlbCsr))            ///TLB 与控制/状态寄存器密切相关

val dtlb_ld = VecInit(Seq.fill(1){                    ///这是用于 Load 一侧的 TLB：
  val tlb_ld = Module(new TLBNonBlock(exuParameters.LduCnt, 2, ldtlbParams))   ///TLBNonBlock 是对 TLB 的简单扩充
  tlb_ld.io     // let the module have name in waveform
})  ///end val dtlb_ld

val dtlb_st = VecInit(Seq.fill(1){                    ///这是用于 Store 一侧的 TLB：
  val tlb_st = Module(new TLBNonBlock(exuParameters.StuCnt, 1, sttlbParams))
  tlb_st.io     // let the module have name in waveform
})  ///end val dtlb_st

val dtlb_prefetch = VecInit(Seq.fill(1){              ///这是用于预读地址的 TLB：
  val tlb_prefetch = Module(new TLBNonBlock(1, 2, sttlbParams))
  tlb_prefetch.io     // let the module have name in waveform
})  ///end val dtlb_prefetch

val dtlb = dtlb_ld ++ dtlb_st ++ dtlb_prefetch        ///逻辑上的整个数据 TLB 即 dtlb 由三个 TLB 构成
val dtlb_reqs = dtlb.map(_.requestor).flatten
val dtlb_pmps = dtlb.map(_.pmp).flatten
dtlb.map(_.sfence := sfence)                          ///将三个 TLB 的 sfence 都连接到寄存器 sfence 的输出
dtlb.map(_.csr := tlbcsr)                             ///将三个 TLB 的 sfence 都连接到寄存器 tlbcsr 的输出
dtlb.map(_.flushPipe.map(a => a := false.B))          // non-block doesn't need
if (refillBothTlb) {          /// dtlb_ld 和 dtlb_st 一起 Replace，refillBothTlb 定义为 false
  require(ldtlbParams.outReplace == sttlbParams.outReplace)
  require(ldtlbParams.outReplace)
  val replace = Module(new TlbReplace (exuParameters.LduCnt + exuParameters.StuCnt + 1, ldtlbParams))
  replace.io.apply_sep(dtlb_ld.map(_.replace) ++ dtlb_st.map(_.replace), io.ptw.resp.bits.data.entry.tag)
} else {                      /// dtlb_ld 和 dtlb_st 分开 Replace
  if (ldtlbParams.outReplace) {          /// ldtlbParams.outReplace 定义为 false
    val replace_ld = Module(new TlbReplace(exuParameters.LduCnt, ldtlbParams))
    replace_ld.io.apply_sep(dtlb_ld.map(_.replace), io.ptw.resp.bits.data.entry.tag)
  }
  if (sttlbParams.outReplace) {          /// sttlbParams.outReplace 定义为 false
    val replace_st = Module(new TlbReplace(exuParameters.StuCnt, sttlbParams))
    replace_st.io.apply_sep(dtlb_st.map(_.replace), io.ptw.resp.bits.data.entry.tag)
  }
}        ///如果 refillBothTlb，就只有一个综合的 replace 模块，否则就可以分别选择有否 replace_ld 和 replace_st。
         ///TlbReplace 的作用是更换 TLB 中的页面映射表项，腾出好久不用的槽位用于新的表项。

val ptw_resp_next = RegEnable (io.ptw.resp.bits, io.ptw.resp.valid)      ///PTW 回应的主体是个 PtwSectorRespwithMemIdx
```

```
val ptw_resp_v = RegNext (io.ptw.resp.valid && !(sfence.valid && tlbcsr.satp.changed), init = false.B)
                    ///satp 指 Supervisor Address Translation and Protection 寄存器，见 RISC-V 指令手册第 2 卷。
io.ptw.resp.ready := true.B        ///ptw 指 Page Table Walker，用来装载 TLB，见本书第 32 章。

dtlb.flatMap(a => a.ptw.req).zipWithIndex.foreach{ case (tlb, i) =>
  tlb <> io.ptw.req(i)            ///将 IO 端口上的 ptw.req 与 tlb 相连
  val vector_hit = if (refillBothTlb) Cat(ptw_resp_next.vector).orR
    else if (i < exuParameters.LduCnt) Cat(ptw_resp_next.vector.take(exuParameters.LduCnt)).orR
    else Cat(ptw_resp_next.vector.drop(exuParameters.LduCnt)).orR
  io.ptw.req(i).valid := tlb.valid && !(ptw_resp_v && vector_hit &&
                    ptw_resp_next.data.entry.hit(tlb.bits.vpn, tlbcsr.satp.asid, allType = true, ignoreAsid = true))
}  ///dtlb 中的三个 TLB 都可以向 PTW 发出请求
dtlb.foreach(_.ptw.resp.bits := ptw_resp_next.data)     ///PTW 的回应经寄存器 ptw_resp_next 连接到三个 TLB 的 ptw.resp 输入
if (refillBothTlb) {
  dtlb.foreach(_.ptw.resp.valid := ptw_resp_v && Cat(ptw_resp_next.vector).orR)
} else {
  dtlb_ld.foreach(_.ptw.resp.valid := ptw_resp_v && Cat(ptw_resp_next.vector.take(exuParameters.LduCnt)).orR)
  dtlb_st.foreach(_.ptw.resp.valid := ptw_resp_v &&
                Cat(ptw_resp_next.vector.drop(exuParameters.LduCnt).take(exuParameters.StuCnt)).orR)
  dtlb_prefetch.foreach(_.ptw.resp.valid := ptw_resp_v &&
                Cat(ptw_resp_next.vector.drop(exuParameters.LduCnt + exuParameters.StuCnt)).orR)
}

// pmp
val pmp = Module(new PMP())                 ///对 PMP 已有专章介绍，故对 PMP 相关的硬件描述不再解释。
pmp.io.distribute_csr <> csrCtrl.distribute_csr

val pmp_check = VecInit(Seq.fill(exuParameters.LduCnt + exuParameters.StuCnt + 1)(Module(new PMPChecker(3)).io))
for ((p, d) <- pmp_check zip dtlb_pmps) {
  p.apply(tlbcsr.priv.dmode, pmp.io.pmp, pmp.io.pma, d)
  require(p.req.bits.size.getWidth == d.bits.size.getWidth)
}
val pmp_check_ptw = Module(new PMPCheckerv2(lgMaxSize = 3, sameCycle = false, leaveHitMux = true))
pmp_check_ptw.io.apply(tlbcsr.priv.dmode, pmp.io.pmp, pmp.io.pma, io.ptw.resp.valid,
                         Cat(io.ptw.resp.bits.data.entry.ppn, 0.U(12.W)).asUInt)
dtlb.map(_.ptw_replenish := pmp_check_ptw.io.resp)

val tdata = RegInit(VecInit(Seq.fill(6)(0.U.asTypeOf(new MatchTriggerIO))))   ///为调试提供的断点触发
val tEnable = RegInit(VecInit(Seq.fill(6)(false.B)))
val en = csrCtrl.trigger_enable
tEnable := VecInit(en(2), en (3), en(4), en(5), en(7), en(9))
when(csrCtrl.mem_trigger.t.valid) {
  tdata(csrCtrl.mem_trigger.t.bits.addr) := csrCtrl.mem_trigger.t.bits.tdata
}
…      ///测试与统计从略
///class MemBlockImp，续 1，待续。
```

首先是安排对 AMO 指令即“读-改-写”原子操作指令的执行。原子操作指令既要从内存读出，又要把经过运算的结果写回内存，所以这里既有 Load 又有 Store，而作为指令执行结果写入目标寄存器的却是从内读入、未加运算之前的数据。从返回结果的角度看，则原子操作执行单元 AtomicsUnit 的输出与 Load 指令执行单元 LoadUnit 的输出是等价的，所以需要从中二选一。对于 AtomicsUnit 后面还要专门加以介绍。

下面就是数据缓存 DCache 通道上的 TLB 的问题了。我们知道，在采用虚存的操作系统中，软件即指令中所用的地址都是虚存地址，而实际对内存的访问则需要用物理地址，所以需要有个从虚存地址到物理地址的映射，这就是虚存地址映射，基本上就是通过查表的方法实现，实现这个机制的硬件模块就称为 TLB，即“Translation lookaside buffer”。每个进程都有自己的虚存/物理地址映射。两个进程的同一虚存地址可以映射到不同的物理地址上。从这个意义上说，每个进程都有自己的（虚存）地址空间。在操作系统的管理下，一般而言，当前在运行哪一个进程，就在 TLB 里装上这个进程的映射。每个进程在内存中都维持着自己的地址映射表，操作系统调度哪个进程运行，就把哪个进程的地址映射表装载到 TLB 中，原则上就是这样。在早期的计算机微结构中，不管是取指令还是数据读写都共用一个 TLB。但是，随着计算机的地址空间变得越来越大（例如虚存地址从 32 位变到 39 位），以及计算机微结构的变化（例如 ICache 与 DCache 的分离），共用一个 TLB 的方案就变得不合适了。首先，一个进程实际上不可能把这么大一个虚存空间都用满，即使都用满也不可能在一个不大的时间窗口中四处访问把整个空间都跑遍。所以作为地址映射/对照表的 TLB 肯定是稀疏的。另外不同进程的地址空间也并非完全独立，一个进程的地址空间分两部分，一部分是“用户空间”，另一部分是“系统空间”即操作系统内核所占的空间。进程之间不同的只是用户空间，而系统空间是共同的。其次，对于 TLB 的使用，如果计算机微结构的并行度较高，那就会产生冲突，例如取指和读数都需要访问内存，都需要进行地址转换，那就应该分成两个较小的 TLB。再说，现代软件中的指令都在其代码段中，数据则都在数据段中，指令段与数据段本来就是（基本上）井水不犯河水，没有理由硬要拧在一起。所以，现代计算机的微结构中都是 ICache 有 itlb，DCache 有 dtlb。在香山的设计中，则进一步把 dtlb 分成三个 TLB，即 dtlb_ld、dtlb_st、dtlb_prefetch，这应该主要是考虑操作的并行度，也使电路的设计得以简化。关于 TLB 和 PTW 后面专门有一章加以介绍。

至于 PMP，前面已有专章加以介绍，这里就不重复了。

我们继续往下看 MemBlockImp 的代码：

[XSCoreBae > MemBlock > MemBlockImp]　续 2

```
// LoadUnit
for (i <- 0 until exuParameters.LduCnt) {      //exuParameters.LduCnt 定义为 2，这就是 Load 指令执行单元 LoadUnit 的个数。
  loadUnits(i).io.redirect <> redirect
  loadUnits(i).io.rsIdx := io.rsfeedback(i).rsIdx          // DontCare      /// rsIdx 是在 ReservationStation 中的位置（下标）
  loadUnits(i).io.isFirstIssue := true.B
  // get input form dispatch
  loadUnits(i).io.ldin <> io.issue(i)                ///将 MemBlockImp 的 issue 输入连接到 LoadUnit 的输入端。
  // dcache access
  loadUnits(i).io.dcache <> dcache.io.lsu.load(i)     ///将 LoadUnit 的输出 dcache 连到 DCache 的 lsu 输入端
  // forward
  loadUnits(i).io.lsq.forward <> lsq.io.forward(i)                    ///LoadUnit 与 Lsq 的 forward 连接
  loadUnits(i).io.sbuffer <> sbuffer.io.forward(i)                    ///LoadUnit 与 Sbuffer 的 forward 连接
  loadUnits(i).io.tlDchannel := dcache.io.lsu.forward_D(i)            ///LoadUnit 与 DCache 接口上的 forward 连接。
  loadUnits(i).io.forward_mshr <> dcache.io.lsu.forward_mshr(i)       ///LoadUnit 与 DCache 内部 MissQueue 的 forward 连接
  // ld-ld violation check         ///防止读-读（ld-ld 冲突）
  loadUnits(i).io.lsq.loadViolationQuery <> lsq.io.loadViolationQuery(i)   ///连接 LoadUnit 和 Lsq 两边的 loadViolationQuery
  loadUnits(i).io.csrCtrl <> csrCtrl                                  ///LoadUnit 与 CSR 的连接
```

```
// dcache refill req
loadUnits(i).io.refill <> delayedDcacheRefill
// dtlb
loadUnits(i).io.tlb <> dtlb_reqs.take(exuParameters.LduCnt)(i)              ///LoadUnit 与 TLB 的连接
// pmp
loadUnits(i).io.pmp <> pmp_check(i).resp                                     ///LoadUnit 与 PMP 的连接
// st-ld violation query        ///防止存-取（st-ld）冲突
for (s <- 0 until StorePipelineWidth) {                                      ///对接 LoadUnit 和 StoreUnit 两边的 reExecuteQuery
  loadUnits(i).io.reExecuteQuery(s) := storeUnits(s).io.reExecuteQuery      ///之所以有 reExecute 是因为可能需要发起异常
}
// prefetch
prefetcherOpt.foreach(pf => {        /// Prefetcher 的预读也是来自 LoadUnit
  pf.io.ld_in(i).valid := Mux(pf_train_on_hit, loadUnits(i).io.prefetch_train.valid,
                  loadUnits(i).io.prefetch_train.valid && loadUnits(i).io.prefetch_train.bits.isFirstIssue &&
                         (loadUnits(i).io.prefetch_train.bits.miss || loadUnits(i).io.prefetch_train.bits.meta_prefetch))
  pf.io.ld_in(i).bits := loadUnits(i).io.prefetch_train.bits
  pf.io.ld_in(i).bits.uop.cf.pc := Mux(loadUnits(i).io.s2IsPointerChasing, io.loadPc(i), RegNext(io.loadPc(i)))
})   ///end prefetcherOpt.foreach

// load to load fast forward: load(i) prefers data(i)
val fastPriority = (i until exuParameters.LduCnt) ++ (0 until i)
val fastValidVec = fastPriority.map(j => loadUnits(j).io.fastpathOut.valid)      ///位图
val fastDataVec = fastPriority.map(j => loadUnits(j).io.fastpathOut.data)        ///数据向量
val fastMatchVec = fastPriority.map(j => io.loadFastMatch(i)(j))
loadUnits(i).io.fastpathIn.valid := VecInit(fastValidVec).asUInt.orR
loadUnits(i).io.fastpathIn.data := ParallelPriorityMux(fastValidVec, fastDataVec)

val fastMatch = ParallelPriorityMux(fastValidVec, fastMatchVec)
loadUnits(i).io.loadFastMatch := fastMatch
loadUnits(i).io.loadFastImm := io.loadFastImm(i)

// Lsq to load unit's rs
// passdown to lsq (load s1)    ///后面会看到，LoadUnit 内部有 s0/s1/s2/s3 等阶段
lsq.io.loadPaddrIn(i) <> loadUnits(i).io.lsq.loadPaddrIn              ///LoadUnit 与 Lsq 的物理地址互连
lsq.io.loadVaddrIn(i) <> loadUnits(i).io.lsq.loadVaddrIn              ///LoadUnit 与 Lsq 的虚存地址互连

lsq.io.replayFast(i) := loadUnits(i).io.lsq.replayFast                ///LoadUnit 与 Lsq 的 replay（指令重新执行）连接
lsq.io.replaySlow(i) := loadUnits(i).io.lsq.replaySlow

loadUnits(i).io.lsqOut <> lsq.io.loadOut(i)                           ///将 LsqWrappper 的输出连接到 LoadUnit 的输入
        /// loadUnits(i).io.lsqOut 是 LoadUnit 的输入，来自 Lsq 的输出。lsq.io.loadOut(i)则是LsqWrappper 的输出。
        /// LsqWrappper 在 LoadUnit 的下方，来自 DCache 的数据先进入 LoadQueue，然后才进入 LoadUnit。
// passdown to lsq (load s2)
lsq.io.loadIn(i) <> loadUnits(i).io.lsq.loadIn                        ///这个接口上传输的并非数据
lsq.io.ldout(i) <> loadUnits(i).io.lsq.ldout
lsq.io.ldRawDataOut(i) <> loadUnits(i).io.lsq.ldRawData
```

```
lsq.io.s2_load_data_forwarded(i) <> loadUnits(i).io.lsq.s2_load_data_forwarded       ///这又是个 forward 连接
lsq.io.trigger(i) <> loadUnits(i).io.lsq.trigger                    ///从某个地址的数据读入可以成为触发断点的条件

// passdown to lsq (load s3)
lsq.io.s2_dcache_require_replay(i) <> loadUnits(i).io.lsq.s2_dcache_require_replay
lsq.io.s3_replay_from_fetch(i) <> loadUnits(i).io.lsq.s3_replay_from_fetch
lsq.io.s3_delayed_load_error(i) <> loadUnits(i).io.s3_delayed_load_error

// alter writeback exception info
io.s3_delayed_load_error(i) := loadUnits(i).io.lsq.s3_delayed_load_error

// --------------------------------
// Load Triggers    ///程序调试中可以利用触发机制设置断点，例如当从某个地址读入的数据等于某个值的时候就发生异常。
// --------------------------------
val hit = Wire(Vec(3, Bool()))
for (j <- 0 until 3) {
  loadUnits(i).io.trigger(j).tdata2 := tdata(lTriggerMapping(j)).tdata2
  loadUnits(i).io.trigger(j).matchType := tdata(lTriggerMapping(j)).matchType
  loadUnits(i).io.trigger(j).tEnable := tEnable(lTriggerMapping(j))
  // Just let load triggers that match data unavailable
  hit(j) := loadUnits(i).io.trigger(j).addrHit && !tdata(lTriggerMapping(j)).select
                        // Mux(tdata(j + 3).select, loadUnits(i).io.trigger(j).lastDataHit, loadUnits(i).io.trigger(j).addrHit)
  io.writeback(i).bits.uop.cf.trigger.backendHit(lTriggerMapping(j)) := hit(j)        ///CSR 执行单元会因此而发起一次异常
}  ///end for (j <- 0 until 3)
when(tdata(2).chain) {
  io.writeback(i).bits.uop.cf.trigger.backendHit(2) := hit(0) && hit(1)
  io.writeback(i).bits.uop.cf.trigger.backendHit(3) := hit(0) && hit(1)
}
when(!io.writeback(i).bits.uop.cf.trigger.backendEn(1)) {
  io.writeback(i).bits.uop.cf.trigger.backendHit(5) := false.B
}

XSDebug(io.writeback(i).bits.uop.cf.trigger.getHitBackend && io.writeback(i).valid, p"Debug Mode: Load Inst No.${i}" +
p"has trigger hit vec ${io.writeback(i).bits.uop.cf.trigger.backendHit}\n")
}  ///end for (i <- 0 until exuParameters.LduCnt)

// Prefetcher
val PrefetcherDTLBPortIndex = exuParameters.LduCnt + exuParameters.StuCnt
dtlb_reqs (PrefetcherDTLBPortIndex) := DontCare
dtlb_reqs (PrefetcherDTLBPortIndex).req.valid := false.B
dtlb_reqs (PrefetcherDTLBPortIndex).resp.ready := true.B
prefetcherOpt.foreach(pf => { dtlb_reqs (PrefetcherDTLBPortIndex) <> pf.io.tlb_req })
///class MemBlockImp，续 2，待续。
```

这里主要是处理 LoadUnit 的外部连接，“正宗”的连接当然是 LoadUnit 与其下层 Lsq 即 Load/Store 队列的连接，因为 Lsq 通向 DCache，而 LoadUnit 所加载的数据理应来自 DCache。但是有个特殊的情况，就是这里的 forward 连接。所谓 forward 连接，其实就是“抄近路”的连接。不妨以发生在 Lsq 内部的 forward 为例说明这个问题：假定 LoadUnit 需要从 DCache 装载某项地址为 addr 的数据，但是发现 Lsq 的写入队列中正好有数据是要写入到这个地址的。如果死板地按常规等待，那就要等写入队列中的这个数据写入 DCache 以后才从 DCache 读出，那可能就得等待好几个节拍。可是情况也许更坏，将这个数据写入 DCache 有可能不命中，缓存块不在 DCache 中，那就得从内存或次级缓存装载，然而那可能又得将 DCache 中的某个缓存块回写出去，腾出空间才能装载。如果碰上那样的情况，这就简直遥遥无期了。可是，既然这个数据就在写入队列中，那为什么不抄一下近路，直接就拿来用呢？这就是 forward，或者说就近取数吧。像这样的就近取数，不仅可以发生在 Lsq，还可以发生在写入缓冲区 SBuffer（稍为远一点），DCache 内部的 MissQueue（虽然很远，但也能抄不少近路），甚至也可以发生在 LoadUnit 内部。显然，forward 是一项重要的优化。这里有四个为实现 forward 而进行的连接。

再看 LoadUnit 与 Lsq 即 LsqWrappper 之间的连接。从结构的层次看 LsqWrappper 处于 LoadUnit 的下方（更接近 DCache），而 LsqWrappper 内部又有 Load 和 Store 两个队列。所以，如果从加载请求这个控制信息的角度看是将 LoadUnit 的输出连到 LsqWrappper 的输入，但是从数据的角度看却是从 Lsq 的输出连到 LoadUnit 的输入。此外，Load Triggers 即（内存）加载触发机制是用来帮助软件调试的。软件调试中人们常常需要在程序中设置断点，即当从某个内存单元（程序中的变量）读出时如果等于某个给定的值、或满足某种条件的时候就发起一次异常，让程序进入断点。同样的断点也可以设置在取指令的时候，当程序执行到某个地址，要从该地址取指的时候就满足了进入断点的条件。不过断点的触发并非往指令流中插入 trap 指令（如果 CPU 不提供断点触发机制，确实也有一种方法是把目标指令替换成 trap 指令的，但那需要指令缓存可写，这个牵涉面就大了），而只是在 MicroOp 的 CtrlFlow 中记下一笔，后面 CSR 指令执行单元看到这个就会发起异常。

由于指令的脱序（Out-of-Order）执行，指令被调度进入 LoadUnit 和 StoreUnit 的先后次序未必与程序中编定的次序相同，这样就可能产生时序上的冲突，本该排在前面的指令反倒落在了后面。这样的冲突有两种，一种是“存-取冲突”，即“st-ld violation”；另一种是“读-读冲突”，即“ld-ld violation”。所以 StoreUnit 与 LoadUnit 之间，以及 LoadUnit 下面的各个队列之间，需要密切注意是否有冲突发生，这里 loadViolationQuery 和 reExecuteQuery 这两种 Bundle 就是为此而设的，所以都要把它们对接起来。这个问题后面还要结合代码加以说明。

我们继续往下看 MemBlockImp 的代码，下面是关于 StoreUnit 的连接：

[XSCoreBae > MemBlock > MemBlockImp]　续 3

```
  // StoreUnit
  for (i <- 0 until exuParameters.StuCnt) {
    val stu = storeUnits(i)             ///这是 StoreUnit。
        ///注意 StoreUnits 与 StdExeUnits 的区别，前者处理存储操作，后者是 st 指令名义上的执行单元。

    stdExeUnits(i).io.redirect <> redirect                        ///StdExeUnits 只对 Rob 的指令交割有作用。
    stdExeUnits(i).io.fromInt <> io.issue(i + exuParameters.LduCnt + exuParameters.StuCnt)   ///将 StdExeUnits 连接到外部接口
    stdExeUnits(i).io.fromFp := DontCare                          ///StdExeUnits 不接受浮点指令
    stdExeUnits(i).io.out := DontCare

    stu.io.redirect <> redirect
    stu.io.feedbackSlow <> io.rsfeedback(i).feedbackSlow
    stu.io.rsIdx <> io.rsfeedback(i).rsIdx                        ///正在 ReservationStation 中等待此项数据的指令所在位置
    // NOTE: just for dtlb's perf cnt
    stu.io.isFirstIssue <> io.rsfeedback(i).isFirstIssue          ///这与数据预读有关
    stu.io.stin <> io.issue(exuParameters.LduCnt + i)             ///StoreUnits 的输入来自 MemBlockImp 外部接口上 issue 的一部分
    stu.io.lsq <> lsq.io.storeIn(i)                               ///StoreUnits 与 Lsq 之间是上下串接的关系
    stu.io.lsq_replenish <> lsq.io.storeInRe(i)
```

```
    // dtlb
    stu.io.tlb <> dtlb_reqs.drop(exuParameters.LduCnt)(i)         ///StoreUnits 与 TLB 的连接
    stu.io.pmp <> pmp_check(i+exuParameters.LduCnt).resp    ///StoreUnits 与 PMP 的连接
    // store unit does not need fast feedback
    io.rsfeedback(i).feedbackFast := DontCare
    // Lsq to sta unit
    lsq.io.storeMaskIn(i) <> stu.io.storeMaskOut
    // Lsq to std unit's rs
    lsq.io.storeDataIn(i) := stData(i)                        /// stData 来自 StdExeUnits 个单元的输出

    // 1. sync issue info to store set LFST                   ///LFST 是 Last Fetched Store Table
    // 2. when store issue, broadcast issued sqPtr to wake up the following insts
    io.stIn(i).valid := stu.io.issue.valid          ///MemBlockImp 的 stIn 输入来自 StoreUnits 的 issue 输入
    io.stIn(i).bits := stu.io.issue.bits            ///StoreUnits 的 issue 输入与 MemBlockImp 的 stIn 输入均为 ExuInput

    stu.io.stout.ready := true.B
    // -------------------------
    // Store Triggers                    ///Store 指令也可以触发断点：
    // -------------------------
    when(stOut(i).fire()){
      val hit = Wire(Vec(3, Bool()))
      for (j <- 0 until 3) {
        hit(j) := !tdata(sTriggerMapping(j)).select && TriggerCmp(stOut(i).bits.debug.vaddr, tdata(sTriggerMapping(j)).tdata2,
                                                    tdata(sTriggerMapping(j)).matchType, tEnable(sTriggerMapping(j)))
        stOut(i).bits.uop.cf.trigger.backendHit(sTriggerMapping(j)) := hit(j)
      }
      when(tdata(0).chain) {
        io.writeback(i).bits.uop.cf.trigger.backendHit(0) := hit(0) && hit(1)
        io.writeback(i).bits.uop.cf.trigger.backendHit(1) := hit(0) && hit(1)
      }
      when(!stOut(i).bits.uop.cf.trigger.backendEn(0)) { stOut(i).bits.uop.cf.trigger.backendHit(4) := false.B }
    }  ///end when(stOut(i).fire())
  }  ///end for (i <- 0 until exuParameters.StuCnt)

  // mmio store writeback will use store writeback port 0
  lsq.io.mmioStout.ready := false.B
  when (lsq.io.mmioStout.valid && !storeUnits(0).io.stout.valid) {
    stOut(0).valid := true.B
    stOut(0).bits := lsq.io.mmioStout.bits
    lsq.io.mmioStout.ready := true.B
  }  ///end when (lsq.io.mmioStout.valid && !storeUnits(0).io.stout.valid)

  // atomic exception / trigger writeback
  when (atomicsUnit.io.out.valid) {        ///如果 AtomicsUnit 有输出，则 stOut 来自 AtomicsUnit 的输出，用于断点触发。
    // atom inst will use store writeback port 0 to writeback exception info
    stOut(0).valid := true.B
```

```
    stOut(0).bits := atomicsUnit.io.out.bits
    assert(!lsq.io.mmioStout.valid && !storeUnits(0).io.stout.valid)

    // when atom inst writeback, surpress normal load trigger
    (0 until exuParameters.LduCnt).map(i => {
      io.writeback(i).bits.uop.cf.trigger.backendHit := VecInit(Seq.fill(6)(false.B))
    })
  }
///class MemBlockImp，续 3，待续。
```

这块代码所描述对 StoreUnits 的连接并无特殊之处，StoreUnits 与 lsq 即 LsqWrappper 之间前后（上下）相串的关系是"顺"的，写入请求和数据都是同一方向，即自上而下。

我们继续往下看：

```
[XSCoreBae > MemBlock > MemBlockImp]  续 4
  // Uncahce
  uncache.io.enableOutstanding := io.csrCtrl.uncache_write_outstanding_enable        ///Uncache 受 CSR 控制
  uncache.io.hartId := io.hartId
  lsq.io.uncacheOutstanding := io.csrCtrl.uncache_write_outstanding_enable           ///lsq 同样也受 CSR 的控制

  // Lsq
  lsq.io.rob            <> io.lsqio.rob        ///LsqWrappper 与 Rob 有关系，要接收来自 Rob 的信息。
  lsq.io.enq            <> io.enqLsq           ///LsqWrappper 的 enq 输入来自 MemBlockImp 外部接口上的 enqLsq 输入
  lsq.io.brqRedirect    <> redirect
  io.memoryViolation    <> lsq.io.rollback

  AddPipelineReg(lsq.io.uncache.req, uncache.io.lsq.req, false.B)      ///Uncache 在 Lsq 的下方，其输入 req 来自上方的 Lsq。
  AddPipelineReg(uncache.io.lsq.resp, lsq.io.uncache.resp, false.B)    ///Uncache 向上方的 Lsq 发回其回应
  // delay dcache refill for 1 cycle for better timing
  lsq.io.refill := delayedDcacheRefill
  lsq.io.release := dcache.io.lsu.release
  lsq.io.lqCancelCnt <> io.lqCancelCnt
  lsq.io.sqCancelCnt <> io.sqCancelCnt
  lsq.io.sqDeq <> io.sqDeq

  // LSQ to store buffer
  lsq.io.sbuffer   <> sbuffer.io.in              ///Sbuffer 的输入来自 lsq 的输出，实际上是 StoreQueue 的输出。
  lsq.io.sqempty <> sbuffer.io.sqempty           ///lsq 向 Sbuffer 表明队列已空，Sbuffer 的 sqempty 是输入。
  // Sbuffer
  sbuffer.io.csrCtrl <> csrCtrl                  ///Sbuffer 受 CSR 控制
  sbuffer.io.dcache <> dcache.io.lsu.store       ///Sbuffer 的输出连接到 DCache 的 lsu.store，这是个 DcacheToSbufferIO。
                                                 ///所以 Sbuffer 在 StoreQueue 与 DCache 之间。
  // flush sbuffer
  val fenceFlush = io.fenceToSbuffer.flushSb              ///fence 指令引起 Sbuffer 的冲刷（等待其将所有内容写入 DCache）
  val atomicsFlush = atomicsUnit.io.flush_sbuffer.valid   ///AMO 指令也会引起 Sbuffer 的冲刷
  val stIsEmpty = sbuffer.io.flush.empty && uncache.io.flush.empty
```

```
io.fenceToSbuffer.sbIsEmpty := RegNext (stIsEmpty)

// if both of them tries to flush sbuffer at the same time
// something must have gone wrong
assert(!(fenceFlush && atomicsFlush))
sbuffer.io.flush.valid := RegNext (fenceFlush || atomicsFlush)
uncache.io.flush.valid := sbuffer.io.flush.valid

// Vector Load/Store Queue
vlsq.io.int2vlsu <> io.int2vlsu                    ///vlsq 是个 DummyVectorLsq，似乎暂无用处，我们不予关心。
vlsq.io.vec2vlsu <> io.vec2vlsu
vlsq.io.vlsu2vec <> io.vlsu2vec
vlsq.io.vlsu2int <> io.vlsu2int
vlsq.io.vlsu2ctrl <> io.vlsu2ctrl

// AtomicsUnit: AtomicsUnit will override other control signials, as atomics insts (LR/SC/AMO) will block the pipeline
val s_normal +: s_atomics = Enum(exuParameters.StuCnt + 1)     ///这里定义了两个 val，其中 s_atomics 是个序列。
val state = RegInit(s_normal)                     ///由 s_normal 和 s_atomics(i)等状态构成一个状态机

val atomic_rs = (0 until exuParameters.StuCnt).map(exuParameters.LduCnt + _)   ///AMO 指令的原子操作既涉及 Stu 又涉及 Ldu
val atomic_replay_port_idx = (0 until exuParameters.StuCnt)
val st_atomics = Seq.tabulate(exuParameters.StuCnt)(i =>
                        io.issue(atomic_rs(i)).valid && FuType.storeIsAMO((io.issue(atomic_rs(i)).bits.uop.ctrl.fuType)) )
                                                  ///st_atomics 是个位图，表明要求哪些 Stu 执行 AMO 指令。

val st_data_atomics = Seq.tabulate(exuParameters.StuCnt)(i =>
                                    stData(i).valid && FuType.storeIsAMO(stData(i).bits.uop.ctrl.fuType) )

for (i <- 0 until exuParameters.StuCnt) when(st_atomics(i)) {     ///如果位图 st_atomics 中的这个标志位为 true：
  io.issue(atomic_rs(i)).ready := atomicsUnit.io.in.ready
  storeUnits(i).io.stin.valid := false.B                   ///AMO 指令所存储数据是内生的，并非外来。
  state := s_atomics(i)                                    ///把 sate 设置成 s_atomics(i)
  if (exuParameters.StuCnt > 1) assert(!st_atomics.zipWithIndex.filterNot(_._2 == i).unzip._1.reduce(_ || _))
}
when (atomicsUnit.io.out.valid) {                           ///atomicsUnit 创建于前，其代码见后，如 atomicsUnit 有输出：
  assert((0 until exuParameters.StuCnt).map(state === s_atomics(_)).reduce(_ || _))
  state := s_normal                                        ///把 sate 设置成 s_normal
}

  ///MemBlock 中有 StuCnt 个 StorageUnit，但只有一个 AtomicsUnit，其输入通过一个 Mux1H 来自 StuCnt 个 StorageUnit。
  ///因为 AMO 指令相对发生较少，也并不指望 AMO 指令能在一个时钟节拍中完成（因为对存储单元的读出有不确定性）。
atomicsUnit.io.in.valid := st_atomics.reduce(_ || _)        ///当前的 st_atomics 位图表明有 AMO 指令。
atomicsUnit.io.in.bits := Mux1H(Seq.tabulate(exuParameters.StuCnt)(i => st_atomics(i) -> io.issue(atomic_rs(i)).bits))
      ///如果 st_atomics(i)为 true，就以 io.issue(atomic_rs(i)).bits 为 atomicsUnit 的输入。符号“->”表示“映射（map to）”。
atomicsUnit.io.storeDataIn.valid := st_data_atomics.reduce(_ || _)
atomicsUnit.io.storeDataIn.bits := Mux1H(Seq.tabulate(exuParameters.StuCnt)(i => st_data_atomics(i) -> stData(i).bits))
```

```
    ///见前面 stData 的来源，来自各 StdExeUnit 即 Std 执行单元的输出，即 AMO 指令中的 rs1。
atomicsUnit.io.rsIdx := Mux1H(Seq.tabulate(exuParameters.StuCnt)(i =>
                                    st_atomics(i) -> io.rsfeedback(atomic_replay_port_idx(i)).rsIdx))
atomicsUnit.io.redirect <> redirect

// TODO: complete amo's pmp support
val amoTlb = dtlb_ld(0).requestor(0)                    ///amoTlb 就是对 dtlb_ld 的请求
atomicsUnit.io.dtlb.resp.valid := false.B
atomicsUnit.io.dtlb.resp.bits := DontCare
atomicsUnit.io.dtlb.req.ready := amoTlb.req.ready
atomicsUnit.io.pmpResp := pmp_check(0).resp

atomicsUnit.io.dcache <> dcache.io.lsu.atomics           ///DCache 的输入来自 lsu，其中包括 AtomicsUnit 的输出。
                                                        ///从 AtomicsUnit 的输出到 DCache 的输入不经过 Lsq。
atomicsUnit.io.flush_sbuffer.empty := stIsEmpty
atomicsUnit.io.csrCtrl := csrCtrl

// for atomicsUnit, it uses loadUnit(0)'s TLB port
when (state =/= s_normal) {                               ///state 不为 s_normal，必为某个 s_atomics(i)：
  // use store wb port instead of load
  loadUnits(0).io.ldout.ready := false.B
  // use load_0's TLB
  atomicsUnit.io.dtlb <> amoTlb                ///amoTlb 见上，把 atomicsUnit 的 dtlb 接口连到 dtlb_ld(0).requestor(0)。
  // hw prefetch should be disabled while executing atomic insts
  loadUnits.map(i => i.io.prefetch_req.valid := false.B)
  // make sure there's no in-flight uops in load unit
  assert(!loadUnits(0).io.ldout.valid)
}   ///end when (state =/= s_normal)

for (i <- 0 until exuParameters.StuCnt) when (state === s_atomics(i)) {
  atomicsUnit.io.feedbackSlow <> io.rsfeedback(atomic_replay_port_idx(i)).feedbackSlow
  assert(!storeUnits(i).io.feedbackSlow.valid)
}

lsq.io.exceptionAddr.isStore := io.lsqio.exceptionAddr.isStore
// Exception address is used several cycles after flush. We delay it by 10 cycles to ensure its flush safety.
val atomicsException = RegInit(false.B)                    ///如果在执行 AMO 指令的过程中发生异常
when (DelayN(redirect.valid, 10) && atomicsException) { atomicsException := false.B }
.elsewhen (atomicsUnit.io.exceptionAddr.valid) { atomicsException := true.B }

val atomicsExceptionAddress = RegEnable (atomicsUnit.io.exceptionAddr.bits, atomicsUnit.io.exceptionAddr.valid)
io.lsqio.exceptionAddr.vaddr := RegNext(Mux(atomicsException, atomicsExceptionAddress, lsq.io.exceptionAddr.vaddr))
XSError(atomicsException && atomicsUnit.io.in.valid, "new instruction before exception triggers\n")

io.memInfo.sqFull := RegNext (lsq.io.sqFull)               ///StoreQueue 满
io.memInfo.lqFull := RegNext (lsq.io.lqFull)               ///LoadQueue 满
```

```
  io.memInfo.dcacheMSHRFull := RegNext (dcache.io.mshrFull)      ///MSHR 满

  io.lqFull := lsq.io.lqFull
  io.sqFull := lsq.io.sqFull
}  ///end class MemBlockImp
```

这块代码主要在于AtomicsUnit的连接。我们说MemBlock内有LoadUnit和StoreUnit两种指令执行单元，两种执行单元的数量分别是 LduCnt 和 StuCnt。但是实际上还有个专门执行 AMO 指令（包括 lr 和 sc）的 AtomicsUnit，前面 MemBlockImp 的代码中就创建了 AtomicsUnit。不过 AtomicsUnit 并不对外出面，而是作为 StoreUnit 的一种特例而存在的。事实上 AMO 指令也是按 st 指令的特例对待的，因为 AMO 指令都有个回写阶段（当然也有个读出阶段），指令流中的 st 指令会有一部分是 AMO 指令，但总是只有很小一部分，所以没有必要把 AMO 指令提到与 st/ld 指令同样的级别对待。所以，MemBlock 中只有一个 AtomicsUnit，如果派发给某个 StoreUnit 的指令中有 AMO 指令，就通过一个 MUX1H 把本应进入该 StoreUnit 的指令转接到这个 AtomicsUnit 的输入，而 AtomicsUnit 的输出则接到 DCache。事实上 DCache 的输入接口，即 DCache 与 Lsu 之间的接口上就有来自 AtomicsUnit 的输入：

```
class DCacheToLsuIO(implicit p: Parameters) extends DCacheBundle {
  val load   = Vec(LoadPipelineWidth, Flipped(new DCacheLoadIO))          // for speculative load
  val lsq = ValidIO(new Refill)                                            // refill to load queue, wake up load misses
  val store = new DCacheToSbufferIO                                        // for sbuffer
  val atomics   = Flipped(new AtomicWordIO)                                // atomics reqs
  val release = ValidIO(new Release) // cacheline release hint for load-load violation check:
  val forward_D = Output(Vec(LoadPipelineWidth, new DcacheToLduForwardIO))
  val forward_mshr = Vec(LoadPipelineWidth, new LduToMissqueueForwardIO)
}
```

这里的 load 来自 LoadUnit，store 来自 StoreUnit，而 atomics 就来自 AtomicsUnit。至于 lsq 则是从 DCache 输送数据进入 LsqWrappper 的通道，forward_D 和 forward_mshr 是从 DCache 到 Lsu 的 forward 通道。

27.3 原子操作执行单元 AtomicsUnit

MemBlock 的这三个执行单元中，AtomicsUnit 相对最为简单，所以我们先看一下 AtomicsUnit，然后重点看 LoadUnit 和 StoreUnit。

```
[XSCoreBase > MemBlock > MemBlockImp > AtomicsUnit]
class AtomicsUnit(implicit p: Parameters) extends XSModule with MemoryOpConstants with HasDCacheParameters{
  val io = IO(new Bundle() {
    val hartId = Input(UInt(8.W))
    val in            = Flipped(Decoupled(new ExuInput))                  ///AMO 指令执行单元的输入
    val storeDataIn   = Flipped(Valid(new ExuOutput))      // src2 from rs   ///来自 Std 执行单元的输出，其实是 rs1。
    val out           = Decoupled(new ExuOutput)                           ///AMO 指令执行单元的输出
    val dcache        = new AtomicWordIO                                   ///通向 DCache，注意这是直接的连接。
    val dtlb          = new TlbRequestIO(2)                                ///通向 TLB
    val pmpResp       = Flipped(new PMPRespBundle())                       ///来自 PMP 的验证结果
    val rsIdx         = Input(UInt(log2Up(IssQueSize).W))                  ///AMO 指令在 Rob 中的位置
```

```
    val flush_sbuffer  = new SbufferFlushBundle
    val feedbackSlow  = ValidIO(new RSFeedback)                              ///对 ReservationStation 的回写
    val redirect        = Flipped(ValidIO(new Redirect))
    val exceptionAddr = ValidIO(UInt(VAddrBits.W))
    val csrCtrl         = Flipped(new CustomCSRCtrlIO)
})  ///end val io

//-------------------------------------------------------
// Atomics Memory Accsess FSM
//-------------------------------------------------------
val s_invalid :: s_tlb_and_flush_sbuffer_req :: s_pm :: s_wait_flush_sbuffer_resp ::
                              s_cache_req :: s_cache_resp :: s_cache_resp_latch :: s_finish :: Nil = Enum(8)
val state = RegInit(s_invalid)                                        ///AMO 状态机，8 个状态。
val out_valid = RegInit(false.B)
val data_valid = RegInit(false.B)
val in = Reg(new ExuInput())                                          ///输入是 AMO 指令的 ExuInput
val exceptionVec = RegInit(0.U.asTypeOf(ExceptionVec()))
val atom_override_xtval = RegInit(false.B)
val have_sent_first_tlb_req = RegInit(false.B)
val isLr = in.uop.ctrl.fuOpType === LSUOpType.lr_w || in.uop.ctrl.fuOpType === LSUOpType.lr_d    ///是 lr 指令(加载并锁定)
// paddr after translation
val paddr = Reg(UInt())
val vaddr = in.src(0)
val is_mmio = Reg(Bool())                                             ///如果目标地址在外设中，不可缓存。
// pmp check
val static_pm = Reg(Valid(Bool()))     // valid for static, bits for mmio
// dcache response data
val resp_data = Reg(UInt())
val resp_data_wire = WireInit(0.U)
val is_lrsc_valid = Reg(Bool())
// sbuffer is empty or not
val sbuffer_empty = io.flush_sbuffer.empty

io.exceptionAddr.valid := atom_override_xtval
io.exceptionAddr.bits   := in.src(0)

// assign default value to output signals
io.in.ready              := false.B
io.dcache.req.valid   := false.B
io.dcache.req.bits     := DontCare

io.dtlb.req.valid      := false.B
io.dtlb.req.bits       := DontCare
io.dtlb.req_kill       := false.B
io.dtlb.resp.ready    := true.B
```

```
io.flush_sbuffer.valid := false.B

when (state === s_invalid) {                          ///起始阶段：
  io.in.ready := true.B
  when (io.in.fire) {
    in := io.in.bits
    in.src(1) := in.src(1)                     // leave src2 unchanged
    state := s_tlb_and_flush_sbuffer_req
    have_sent_first_tlb_req := false.B
  }
}   ///end when (state === s_invalid)

when (io.storeDataIn.fire) {
  in.src(1) := io.storeDataIn.bits.data
  data_valid := true.B
}

assert(!(io.storeDataIn.fire && data_valid), "atomic unit re-receive data")

// Send TLB feedback to store issue queue
// we send feedback right after we receives request
// also, we always treat amo as tlb hit
// since we will continue polling tlb all by ourself
io.feedbackSlow.valid                  := RegNext(RegNext(io.in.valid))
io.feedbackSlow.bits.hit               := true.B
io.feedbackSlow.bits.rsIdx             := RegEnable(io.rsIdx, io.in.valid)
io.feedbackSlow.bits.flushState        := DontCare
io.feedbackSlow.bits.sourceType        := DontCare
io.feedbackSlow.bits.dataInvalidSqIdx := DontCare

// tlb translation, manipulating signals && deal with exception at the same time, flush sbuffer
when (state === s_tlb_and_flush_sbuffer_req) {                     ///虚存地址映射阶段：
  // send req to dtlb
  // keep firing until tlb hit
  io.dtlb.req.valid           := true.B                          ///请求 TLB 进行虚存地址映射
  io.dtlb.req.bits.vaddr      := in.src(0)
  io.dtlb.resp.ready          := true.B
  io.dtlb.req.bits.cmd        := Mux(isLr, TlbCmd.atom_read, TlbCmd.atom_write)
  io.dtlb.req.bits.debug.pc := in.uop.cf.pc
  io.dtlb.req.bits.debug.isFirstIssue := false.B
  io.out.bits.uop.debugInfo.tlbFirstReqTime := GTimer()       // FIXME lyq: it will be always assigned

  // send req to sbuffer to flush it if it is not empty
  io.flush_sbuffer.valid := Mux(sbuffer_empty, false.B, true.B)

  // do not accept tlb resp in the first cycle
```

```
    // this limition is for hw prefetcher
    // when !have_sent_first_tlb_req, tlb resp may come from hw prefetch
    have_sent_first_tlb_req := true.B

    when(io.dtlb.resp.fire && have_sent_first_tlb_req){
      paddr := io.dtlb.resp.bits.paddr(0)                              ///由 TLB 发回的物理地址
      // exception handling
      val addrAligned = LookupTree(in.uop.ctrl.fuOpType(1,0), List(
        "b00".U    -> true.B,                       //b       ///8 位的字节，字节对齐是一定的，所以是 true。
        "b01".U    -> (in.src(0)(0) === 0.U),       //h       ///16 位的“半字”，16 位地址对齐就得地址的最低位是 0 才行。
        "b10".U    -> (in.src(0)(1,0) === 0.U),     //w       ///32 位的“字”，32 位地址对齐得要最后两位都是 0
        "b11".U    -> (in.src(0)(2,0) === 0.U)      //d       ///64 位的“双字”，64 位对齐得要最后 3 位都是 0
      ))
      exceptionVec(loadAddrMisaligned)    := !addrAligned && isLr          ///各种需要发起异常的情况：
      exceptionVec(storeAddrMisaligned)   := !addrAligned && !isLr
      exceptionVec(storePageFault)        := io.dtlb.resp.bits.excp(0).pf.st
      exceptionVec(loadPageFault)         := io.dtlb.resp.bits.excp(0).pf.ld
      exceptionVec(storeAccessFault)      := io.dtlb.resp.bits.excp(0).af.st
      exceptionVec(loadAccessFault)       := io.dtlb.resp.bits.excp(0).af.ld
      static_pm := io.dtlb.resp.bits.static_pm

      when (!io.dtlb.resp.bits.miss) {
        io.out.bits.uop.debugInfo.tlbRespTime := GTimer()
        when (!addrAligned) {
          // NOTE: when addrAligned, do not need to wait tlb actually
          // check for miss aligned exceptions, tlb exception are checked next cycle for timing
          // if there are exceptions, no need to execute it
          state := s_finish
          out_valid := true.B
          atom_override_xtval := true.B
        } .otherwise {
          state := s_pm
        }
      }   /// when (!io.dtlb.resp.bits.miss)
    }   ///end when(io.dtlb.resp.fire && have_sent_first_tlb_req)
  }   ///end when (state === s_tlb_and_flush_sbuffer_req)

  when (state === s_pm) {                         ///等待 PMP 回应阶段
    val pmp = WireInit(io.pmpResp)
    when (static_pm.valid) {
      pmp.ld := false.B
      pmp.st := false.B
      pmp.instr := false.B
      pmp.mmio := static_pm.bits
    }
    is_mmio := pmp.mmio
```

```
    // NOTE: only handle load/store exception here, if other exception happens, don't send here
    val exception_va = exceptionVec(storePageFault) || exceptionVec(loadPageFault) ||
                                          exceptionVec(storeAccessFault) || exceptionVec(loadAccessFault)
    val exception_pa = pmp.st || pmp.ld
    when (exception_va || exception_pa) {
      state := s_finish
      out_valid := true.B
      atom_override_xtval := true.B
    }.otherwise {
      // if sbuffer has been flushed, go to query dcache, otherwise wait for sbuffer.
      state := Mux(sbuffer_empty, s_cache_req, s_wait_flush_sbuffer_resp);
    }
    // update storeAccessFault bit
    exceptionVec(loadAccessFault) := exceptionVec(loadAccessFault) || pmp.ld && isLr
    exceptionVec(storeAccessFault) := exceptionVec(storeAccessFault) || pmp.st || pmp.ld && !isLr
  }   ///end when (state === s_pm)

  when (state === s_wait_flush_sbuffer_resp) { when (sbuffer_empty) { state := s_cache_req } }

  when (state === s_cache_req) {                    ///向 DCache 发送执行请求：
    val pipe_req = io.dcache.req.bits                      /// pipe_req 就是要向 DCache 发送的内容：
    pipe_req := DontCare

    pipe_req.cmd := LookupTree(in.uop.ctrl.fuOpType, List(          ///不同的命令码代表不同的 AMO 指令，转化成操作码：
      LSUOpType.lr_w          -> M_XLR,
      LSUOpType.sc_w          -> M_XSC,
      LSUOpType.amoswap_w     -> M_XA_SWAP,
      LSUOpType.amoadd_w      -> M_XA_ADD,
      LSUOpType.amoxor_w      -> M_XA_XOR,
      LSUOpType.amoand_w      -> M_XA_AND,
      LSUOpType.amoor_w       -> M_XA_OR,
      LSUOpType.amomin_w      -> M_XA_MIN,
      LSUOpType.amomax_w      -> M_XA_MAX,
      LSUOpType.amominu_w     -> M_XA_MINU,
      LSUOpType.amomaxu_w     -> M_XA_MAXU,

      LSUOpType.lr_d          -> M_XLR,
      LSUOpType.sc_d          -> M_XSC,
      LSUOpType.amoswap_d     -> M_XA_SWAP,
      LSUOpType.amoadd_d      -> M_XA_ADD,
      LSUOpType.amoxor_d      -> M_XA_XOR,
      LSUOpType.amoand_d      -> M_XA_AND,
      LSUOpType.amoor_d       -> M_XA_OR,
      LSUOpType.amomin_d      -> M_XA_MIN,
      LSUOpType.amomax_d      -> M_XA_MAX,
      LSUOpType.amominu_d     -> M_XA_MINU,
```

```
    LSUOpType.amomaxu_d    -> M_XA_MAXU
  ))  ///end pipe_req.cmd，这就像一个个的“键-值”对。给定一个键，例如 LSUOpType.lr_d，就返回一个值 M_XLR。

  pipe_req.miss := false.B
  pipe_req.probe := false.B
  pipe_req.probe_need_data := false.B
  pipe_req.source := AMO_SOURCE.U
  pipe_req.addr     := get_block_addr(paddr)
  pipe_req.vaddr    := get_block_addr(in.src(0)) // vaddr
  pipe_req.word_idx    := get_word(paddr)
  pipe_req.amo_data    := genWdata(in.src(1), in.uop.ctrl.fuOpType(1,0))
  pipe_req.amo_mask    := genWmask(paddr, in.uop.ctrl.fuOpType(1,0))

  io.dcache.req.valid := Mux(io.dcache.req.bits.cmd === M_XLR,            ///向 DCache 发送执行请求（不经过 Lsq）
                     !io.dcache.block_lr /* block lr to survive in lr storm */, data_valid /* wait until src(1) is ready */)
  when(io.dcache.req.fire){
    state := s_cache_resp
    paddr_reg := paddr
    data_reg := io.dcache.req.bits.amo_data
    mask_reg := io.dcache.req.bits.amo_mask
    fuop_reg := in.uop.ctrl.fuOpType
  }
}  ///end when (state === s_cache_req)

val dcache_resp_data    = Reg(UInt())                    ///用于存放由 DCache 发回的执行结果
val dcache_resp_id      = Reg(UInt())
val dcache_resp_error   = Reg(Bool())

when (state === s_cache_resp) {                          ///等待 DCache 发回 AMO 指令执行结果：
  // when not miss everything is OK, simply send response back to sbuffer when miss and not replay wait for missQueue
  // to handling miss and replaying our request when miss and replay req missed and fail to enter missQueue, manually replay it later
  // TODO: add assertions:
  // 1. add a replay delay counter?
  // 2. when req gets into MissQueue, it should not miss any more
  when(io.dcache.resp.fire()) {
    when(io.dcache.resp.bits.miss) {
      when(io.dcache.resp.bits.replay) { state := s_cache_req }
    } .otherwise {
      dcache_resp_data := io.dcache.resp.bits.data          ///DCache 发回的执行结果
      dcache_resp_id := io.dcache.resp.bits.id
      dcache_resp_error := io.dcache.resp.bits.error
      state := s_cache_resp_latch                           ///状态机转入下一状态
    }
  }  ///end when(io.dcache.resp.fire())
}  ///end when (state === s_cache_resp)
```

```
when (state === s_cache_resp_latch) {                                ///锁存 DCache 发回的执行结果
  is_lrsc_valid :=   dcache_resp_id
  val rdataSel = LookupTree(paddr(2, 0), List(
    "b000".U -> dcache_resp_data(63, 0),
    "b001".U -> dcache_resp_data(63, 8),
    "b010".U -> dcache_resp_data(63, 16),
    "b011".U -> dcache_resp_data(63, 24),
    "b100".U -> dcache_resp_data(63, 32),
    "b101".U -> dcache_resp_data(63, 40),
    "b110".U -> dcache_resp_data(63, 48),
    "b111".U -> dcache_resp_data(63, 56)
  ))

  resp_data_wire := LookupTree(in.uop.ctrl.fuOpType, List(
    LSUOpType.lr_w          -> SignExt(rdataSel(31, 0), XLEN),
    LSUOpType.sc_w          -> dcache_resp_data,
    LSUOpType.amoswap_w     -> SignExt(rdataSel(31, 0), XLEN),
    LSUOpType.amoadd_w      -> SignExt(rdataSel(31, 0), XLEN),
    LSUOpType.amoxor_w      -> SignExt(rdataSel(31, 0), XLEN),
    LSUOpType.amoand_w      -> SignExt(rdataSel(31, 0), XLEN),
    LSUOpType.amoor_w       -> SignExt(rdataSel(31, 0), XLEN),
    LSUOpType.amomin_w      -> SignExt(rdataSel(31, 0), XLEN),
    LSUOpType.amomax_w      -> SignExt(rdataSel(31, 0), XLEN),
    LSUOpType.amominu_w     -> SignExt(rdataSel(31, 0), XLEN),
    LSUOpType.amomaxu_w     -> SignExt(rdataSel(31, 0), XLEN),

    LSUOpType.lr_d          -> SignExt(rdataSel(63, 0), XLEN),
    LSUOpType.sc_d          -> dcache_resp_data,
    LSUOpType.amoswap_d     -> SignExt(rdataSel(63, 0), XLEN),
    LSUOpType.amoadd_d      -> SignExt(rdataSel(63, 0), XLEN),
    LSUOpType.amoxor_d      -> SignExt(rdataSel(63, 0), XLEN),
    LSUOpType.amoand_d      -> SignExt(rdataSel(63, 0), XLEN),
    LSUOpType.amoor_d       -> SignExt(rdataSel(63, 0), XLEN),
    LSUOpType.amomin_d      -> SignExt(rdataSel(63, 0), XLEN),
    LSUOpType.amomax_d      -> SignExt(rdataSel(63, 0), XLEN),
    LSUOpType.amominu_d     -> SignExt(rdataSel(63, 0), XLEN),
    LSUOpType.amomaxu_d     -> SignExt(rdataSel(63, 0), XLEN)
  ))  ///end resp_data_wire

  when (dcache_resp_error && io.csrCtrl.cache_error_enable) {
    exceptionVec(loadAccessFault)    := isLr
    exceptionVec(storeAccessFault)   := !isLr
    assert(!exceptionVec(loadAccessFault))
    assert(!exceptionVec(storeAccessFault))
  }
```

```
    resp_data := resp_data_wire
    state := s_finish                                    ///状态机转入完成状态
    out_valid := true.B
  }  ///end when (state === s_cache_resp_latch)

  io.out.valid := out_valid
  io.out.bits := DontCare
  io.out.bits.uop := in.uop
  io.out.bits.uop.cf.exceptionVec := exceptionVec
  io.out.bits.data := resp_data
  io.out.bits.redirectValid := false.B
  io.out.bits.debug.isMMIO := is_mmio
  io.out.bits.debug.paddr := paddr
  when (io.out.fire) {                                   ///已经向上层输出执行结果
    state := s_invalid                                   ///状态机回到初始状态
    out_valid := false.B
  }
  when (state === s_finish) { data_valid := false.B }
  when (io.redirect.valid) { atom_override_xtval := false.B }

  // atomic trigger
  val csrCtrl = io.csrCtrl
  val tdata = Reg(Vec(6, new MatchTriggerIO))
  val tEnable = RegInit(VecInit(Seq.fill(6)(false.B)))
  val en = csrCtrl.trigger_enable
  tEnable := VecInit(en(2), en (3), en(7), en(4), en(5), en(9))
  when(csrCtrl.mem_trigger.t.valid) { tdata(csrCtrl.mem_trigger.t.bits.addr) := csrCtrl.mem_trigger.t.bits.tdata }
  val lTriggerMapping = Map(0 -> 2, 1 -> 3, 2 -> 5)
  val sTriggerMapping = Map(0 -> 0, 1 -> 1, 2 -> 4)

  val backendTriggerHitReg = Reg(Vec(6, Bool()))
  backendTriggerHitReg := VecInit(Seq.fill(6)(false.B))

  when(state === s_cache_req){
    // store trigger
    val store_hit = Wire(Vec(3, Bool()))
    for (j <- 0 until 3) {
        store_hit(j) := !tdata(sTriggerMapping(j)).select && TriggerCmp(vaddr, tdata(sTriggerMapping(j)).tdata2,
                                                 tdata(sTriggerMapping(j)).matchType, tEnable(sTriggerMapping(j)))
        backendTriggerHitReg(sTriggerMapping(j)) := store_hit(j)
    }  ///end for (j <- 0 until 3)

    when(tdata(0).chain) {
      backendTriggerHitReg(0) := store_hit(0) && store_hit(1)
      backendTriggerHitReg(1) := store_hit(0) && store_hit(1)
    }
```

```
    when(!in.uop.cf.trigger.backendEn(0)) { backendTriggerHitReg(4) := false.B }

    // load trigger
    val load_hit = Wire(Vec(3, Bool()))
    for (j <- 0 until 3) {
      val addrHit = TriggerCmp(vaddr, tdata(lTriggerMapping(j)).tdata2,
                                        tdata(lTriggerMapping(j)).matchType, tEnable(lTriggerMapping(j)) )
      load_hit(j) := addrHit && !tdata(lTriggerMapping(j)).select
      backendTriggerHitReg(lTriggerMapping(j)) := load_hit(j)
    }  ///end for (j <- 0 until 3)
    when(tdata(2).chain) {
      backendTriggerHitReg(2) := load_hit(0) && load_hit(1)
      backendTriggerHitReg(3) := load_hit(0) && load_hit(1)
    }
    when(!in.uop.cf.trigger.backendEn(1)) { backendTriggerHitReg(5) := false.B }
  }  ///end when(state === s_cache_req)

  // addr trigger do cmp at s_cache_req
  // trigger result is used at s_finish
  // thus we can delay it safely
  io.out.bits.uop.cf.trigger.backendHit := VecInit(Seq.fill(6)(false.B))
  when(isLr){
    // enable load trigger
    io.out.bits.uop.cf.trigger.backendHit(2) := backendTriggerHitReg(2)
    io.out.bits.uop.cf.trigger.backendHit(3) := backendTriggerHitReg(3)
    io.out.bits.uop.cf.trigger.backendHit(5) := backendTriggerHitReg(5)
  }.otherwise{
    // enable store trigger
    io.out.bits.uop.cf.trigger.backendHit(0) := backendTriggerHitReg(0)
    io.out.bits.uop.cf.trigger.backendHit(1) := backendTriggerHitReg(1)
    io.out.bits.uop.cf.trigger.backendHit(4) := backendTriggerHitReg(4)
  }
  ///性能统计从略
}  ///end class AtomicsUnit
```

显而易见，所谓 AtomicsUnit 其实并没有真的执行 AMO 指令，而只是做了一些准备以后，就转交给了 DCache，然后只是等待 DCache 返回执行结果。后面我们将看到，DCache 中的 MainPipe 内部有个 AMOALU，那才是真正执行 AMO 指令的地方。这是很合理的安排，因为 AMO 指令（除 lr/sc 之外）是对存储单元的“读-改-写”，这里既有读又有写，那么很自然的结论就是这个操作越贴近源头越好，否则路远迢迢把数据读进来，稍加处理又要写回去；而且路程越远就越难保证操作的原子性。所以，把 AMOALU 放在 DCache 内部是合理的选择。

注意 AtomicsUnit 与 DCache 是直接相连，不经过 Lsq 的。

回到 MemBlockImp 的代码，后面就是关于断点的触发，那在某种程度上属于细枝末节（尽管代码量不小），我们无意深入。

MemBlock 中的 LoadUnit、StoreUnit、AtomicsUnit 都是指令执行单元，它们的输入 ldin、stin，还有 AtomicsUnit 的 in，都是 ExuInput；他们的输出 ldout、stout，还有 AtomicsUnit 的 out，则都是 ExuOutput。这

与别的指令执行单元是一样的。可想而知，LoadUnit 和 AtomicsUni 的输出也一定和其它执行单元的输出一样，应该是去向两个地方，一是去向保留站 ReservationStation，唤醒正在那里等待数据用作其源操作数之一的指令，而是将数据写入物理寄存器组。至于 StoreUnit，那是没有数据输出的，其输出只是一种确认。下面我们就要看一下，这些执行单元的输出数据是怎么到达其目的地的：

```
class MemBlockImp(outer: MemBlock) extends LazyModuleImp(outer) with HasXSParameter … {
  …
  val loadWritebackOverride = Mux(atomicsUnit.io.out.valid, atomicsUnit.io.out.bits, loadUnits.head.io.ldout.bits)
                                  ///如果atomicsUnit有输出就以其为优先，没有就取第一个loadUnit的输出。
  val ldOut0 = Wire(Decoupled(new ExuOutput))
  ldOut0.valid := atomicsUnit.io.out.valid || loadUnits.head.io.ldout.valid      ///只要这二者之一有输出，MemBlock就有输出。
  ldOut0.bits  := loadWritebackOverride                                          ///atomicsUnit或第一个loadUnit的输出
  …
  val ldExeWbReqs = ldOut0 +: loadUnits.tail.map(_.io.ldout)                     ///拼接上其余 loadUnits 的输出
  io.writeback <> ldExeWbReqs ++ VecInit(storeUnits.map(_.io.stout)) ++ VecInit(stdExeUnits.map(_.io.out))
                                  ///这样，io.writeback 上输出的就是包含所有访存指令执行单元输出的向量。
  io.otherFastWakeup.take(2).zip(loadUnits.map(_.io.fastUop)).foreach{case(a, b)=> a := b}
                                  ///另外 io.otherFastWakeup 上则是来自 loadUnits 的 fastUop
  …
}
```

访存指令执行单元都在 MemBlock 中，而保留站 RS 和物理寄存器组在具体的执行模块中，这涉及跨模块的连接，所以得要有上一层的 XSCore 来建立连接：

```
class XSCoreImp(outer: XSCoreBase) extends LazyModuleImp(outer) with HasXSParameter with HasSoCParameter {
  …
  val allWriteback = exuBlocks.flatMap(_.io.fuWriteback) ++ memBlock.io.writeback       ///汇集所有执行单元的ExuOutput
                                                   ///io.fuWriteback是来自其它执行单元的ExuOutput输出
  outer.wbArbiter.module.io.in <> allWriteback     ///把执行单元的输出都接到仲裁器wbArbiter的输入端

  val rfWriteback = outer.wbArbiter.module.io.out  ///仲裁器wbArbiter的输出就是rfWriteback，rf意为Register File。
  exuBlocks.map(_.io).foreach { exu =>
    …
    exu.rfWriteback <> rfWriteback                 ///把 rfWriteback 连接到各个 ExuBlock 的 rfWriteback 输入端
  }
}
```

香山 SoC 的每个 Core 中可以有多个 ExuBlock，每个执行块中都有调度器（保留站 RS 是调度器的核心），调度器 Scheduler 的接口上有个输入 writeback，ExuBlock 把它的 rfWriteback 连到 Scheduler 的 writeback。这样，包括 LoadUnit 和 AtomicsUnit 在内各种指令执行单元的输出就来到了 Scheduler：

```
class SchedulerImp(outer: Scheduler) extends LazyModuleImp(outer) with HasXSParameter with HasPerfEvents {
  ...
  for (((node, cfg), i) <- rs_all.zip(outer.configs.map(_._1)).zipWithIndex) {
    …
    val intWriteback = io.writeback.take(intRfWritePorts)
```

```
    val fpWriteback = io.writeback.drop(intRfWritePorts)
    (cfg.intSrcCnt > 0, cfg.fpSrcCnt > 0) match {
      case (true, false) => rs.io.slowPorts := intWriteback                    ///有整数来源，无浮点来源。
      case (false, true) => rs.io.slowPorts := fpWriteback                     ///无整数来源，有浮点来源。
      // delay fp for extra one cycle
      case (true, true) => rs.io.slowPorts := intWriteback ++ RegNext(VecInit(fpWriteback))    ///二者都有
      case _ => throw new RuntimeException("unknown wakeup source")
    }
  }  ///end for
}
```

这里的 rs.io.slowPorts 是 ReservationStation 的 io.slowPorts，这是个 ExuOutput 向量，我们再看一下保留站的内部：

```
class ReservationStation(params: RSParams)(implicit p: Parameters) extends XSModule with HasPerfEvents … {
  …
  // Wakeup: uop from fastPort and exuOutput from slowPorts
  val wakeupValid = io.fastUopsIn.map(_.valid) ++ io.slowPorts.map(_.valid)
  val wakeupDest = io.fastUopsIn.map(_.bits) ++ io.slowPorts.map(_.bits.uop)
  for ((wakeup, (valid, dest)) <- statusArray.io.wakeup.zip(wakeupValid.zip(wakeupDest))) {
    wakeup.valid := valid
    wakeup.bits := dest
  }
}
```

这里的 wakeupValid 是唤醒信号，可以唤醒正在保留站中等待执行的指令。唤醒信号可以来自 io.fastUopsIn，也可以来自 io.slowPorts，LoadUnit 的输出正是通过 slowPorts 进入保留站的；wakeupDest 则是要唤醒对象正在等到的条件，表面上是整个 uop，实际上起作用的是 MicroOp 中的物理寄存器号 pdest，这是个 MicroOp 序列。然后把保留站中 statusArray 的 wakeup 向量与(wakeupValid，wakeupDest)配对扣合，把信号输入到 statusArray 的各个 wakeup 端口，就可以把符合条件的指令唤醒了。

搞清了 MemBlock 中访存指令执行单元输出的去向，下面我们要回到 MemBlock，看看 MemBlock 中的几个主要成分，包括 Load/Store 指令的执行单元 LoadUnit 和 StoreUnit，以及 LsqWrappper、Sbuffer 等模块。

LoadUnit 和 StoreUnit，加上 Lsq，Lsq 又分 LoadQueue 和 StoreQueue，合在一起体量相当大，代码中常要用到一些存储子系统中专用的概念和术语，需要先作些介绍作为铺垫：

- Writeback，回写，常缩写成 Wb 并与其它单词结合在一起。这个词在不同的地方有不同的含义，在缓存中这是指把写脏了的缓存块即 cacheline 写回内存，但是在上层的 LoadUnit 和 LoadQueue 中则是指作为指令执行单元的输出结果向保留站 RS 和物理寄存器组的回写，与其它指令执行单元输出的回写一样，回写的内容是 ExuOutput。这我们在上面已经看到了。
- Forward，转交，是指信息流程中的“抄近路”。一般短程/极短程的抄近路叫 bypass，即从旁边绕过去，那只是可以节省一两个时钟节拍的事；距离远一点的就叫 forward 了。最典型的就是从 StoreQueue 到 LoadQueue 的 forward，一个要往缓存中写，一个要从同一个存储单元读，那就可以一方面继续往缓存中写，但是另一方面及早转交，让读出方不必等待，这就不是一两个时钟节拍的事了，因为对目标 cacheline 的写入可能不命中，原本是要两家一起等，现在是执行 load 指令这一家提前了上百个时钟节拍就拿到了结果。至于写入，那就让它慢慢等吧，反正也没有别的指令依赖于本次写入的完成。

- Refill，补值，充值，返回。要从下一级获取数据时，立即就能拿到的一般就称“读出”，但如果要等待一段时间才能拿到的就称 refill。从 LoadUnit 的角度，要从 DCache 中读回数据往往是需要等待片刻的，所以在代码中有时候就称为 refill。
- Replay，对缓存进行读写时，如果命中那就很快，即刻就能完成；如果不命中就得等待了。到了从次级缓存或内存调入了目标 cacheline 的时候，DCache 自身并不记忆是谁曾经要求对此 cacheline 进行读写，所以如果不命中就要让请求者 replay，即过一会儿再试一次。相比之下，读出（即“加载”，因为指令是 load）请求比较简单，只需要记住读出地址，所以读出请求就停留在 LoadQueue 中；但是写入（即“存储”，因为指令是 store）就不仅要记住目标地址还要记住有待写入的数据，所以另外搞了个 Sbuffer，用来记忆写入请求。显然，replay 的机制是一定要有的，不是放在 LoadQueue 和 Sbuffer 中，就是放在 DCache 中，你总得记住是谁、要对这 cacheline 干什么。
- Violation，访存违规。访存指令本身无所谓违规，只要目标地址所指的存储单元存在、并符合访问权限就行。所谓违规，是指因指令的脱序（Out-of-Order）执行而来的特殊情况。我们知道，指令被调度执行的条件是其源操作数全部到位。对于 load 指令，其全部源操作数就是一个目标地址，这个目标地址就是在一个基地址上加一个作为立即数的偏移量，一般而言这个基地址是在某个寄存器中现成的，所以 load 指令的源操作数到位这个条件很容易满足。但是 store 指令就不一样了，除同样要给出目标地址外，还有需要写入的数据，这个数据往往又是来自其它指令的输出。所以，store 指令的源操作数到位常常比 load 指令晚。这就来问题了，假定一条 store 指令后面有一条 load 指令，目标地址相同，在正常情况下应该是先写入后读出。但是很可能本应执行在前的 store 指令姗姗来迟，load 指令已经读出了数据，但那却是写入前的数据，这当然错了，这时候就有了 st-ld 违规，即 store 与 load 的次序颠倒。这样的问题，就叫“存储依赖（memory dependency）”，其实应该说是“存储单元依赖”，因为所依赖的是具体的存储单元，只有在读写同一个存储单元时才有问题。本质上存储依赖与寄存器依赖是同样性质的问题，但是寄存器依赖可以通过寄存器改名的方法解决，而存储依赖却没有这么好的解决方案。与 st-ld 违规类似，也有 ld-ld 违规，但一般而言危害没有 st-ld 违规严重。
- Rollback，“回滚”，如果发生 st-ld 违规，那么解决的办法就只能是让 ld 指令（及其后面的指令）全都作废，重新执行，就是让指令流回到那条 ld 指令再来一遍，所以叫“回滚”。所以，rollback 就是 LoadQueue 发出的转向指示，转向的由来就是 st-ld 违规。所以这个信号在 MemBlock 的接口上叫 memoryViolation，到 CtrlBlock 中成为 loadReplay（这可不是上面说的那个 replay），到了 RedirectGenerator 的接口上也是 loadReplay，反正都是 Redirect。后面我们还将回到这个话题。

知道了这些，下面在看到具体代码时就可以对注释少些依赖了。

27.4 数据加载单元 LoadUnit

我们先看 Load 指令的执行单元 LoadUnit：

```
[XSCoreBae > MemBlock > MemBlockImp > LoadUnit]
class LoadUnit(implicit p: Parameters) extends XSModule with HasLoadHelper with HasPerfEvents with HasDCacheParameters{
  val io = IO(new Bundle() {
    val ldin = Flipped(Decoupled(new ExuInput))                    ///代表着 Load 指令的 ExuInput 输入
    val ldout = Decoupled(new ExuOutput)                           ///含有读入数据的 ExuOutput 输出
    val redirect = Flipped(ValidIO(new Redirect))
    val feedbackSlow = ValidIO(new RSFeedback)                     ///向 ReservationStation 的反馈
    val feedbackFast = ValidIO(new RSFeedback)
    val rsIdx = Input(UInt(log2Up(IssQueSize).W))                  ///ld 指令在 ReservationStation 中的位置
```

```
    val isFirstIssue = Input(Bool())
    val dcache = new DCacheLoadIO                                    ///与 DCache 之间的接口
    val sbuffer = new LoadForwardQueryIO                             ///与 Sbuffer 之间的接口
                        ///在 Sbuffer 中等待写入的某些数据也许可以抄近路 forward 给 LoadUnit
    val lsq = new LoadToLsqIO                                        ///LoadUnit 与 LsqWrappper 之间的接口
    val tlDchannel = Input(new DcacheToLduForwardIO)                 ///从 DCache 到 LoadUnit 也可以有 forward
    val forward_mshr = Flipped(new LduToMissqueueForwardIO)          ///LoadUnit 与(DCache 内)MSHR 之间也可以有 forward
    val refill = Flipped(ValidIO(new Refill))
    val fastUop = ValidIO(new MicroOp)          // early wakeup signal generated in load_s1, send to RS in load_s2
    val trigger = Vec(3, new LoadUnitTriggerIO)

    val tlb = new TlbRequestIO(2)                                    ///与 TLB 之间的接口
    val pmp = Flipped(new PMPRespBundle())      // arrive same to tlb now
    // provide prefetch info
    val prefetch_train = ValidIO(new LdPrefetchTrainBundle())        ///用来向 prefetch 机制提供所读的地址，作为线索。
    // hardware prefetch to l1 cache req
    val prefetch_req = Flipped(ValidIO(new L1PrefetchReq))           ///根据回应发出数据预读请求 prefetch_req

    // load to load fast path
    val fastpathOut = Output(new LoadToLoadIO)                       ///多个 LoadUnit 之间可以互通数据
    val fastpathIn = Input(new LoadToLoadIO)
    val loadFastMatch = Input(Bool())
    val loadFastImm = Input(UInt(12.W))

    // load ecc
    val s3_delayed_load_error = Output(Bool())      // load ecc error
    // Note that io.s3_delayed_load_error and io.lsq.s3_delayed_load_error is different load unit ctrl
    val csrCtrl = Flipped(new CustomCSRCtrlIO)                       ///LoadUnit 受 CSR 控制

    val reExecuteQuery = Flipped(Vec(StorePipelineWidth, Valid(new LoadReExecuteQueryIO)))    // load replay
            ///这是来自 StoreUnit 的询问，在给定的地址上是否存在 st-ld 违规，如果存在就要 reExecute 即 rollback。
    val lsqOut = Flipped(Decoupled(new LsPipelineBundle))            ///接收来自 Lsq 的 loadReplay 逆向请求。
    val debug_ls = Output(new DebugLsInfoBundle)
    val s2IsPointerChasing = Output(Bool())         // provide right pc for hw prefetch
  })    ///end val io

  val load_s0 = Module(new LoadUnit_S0)        ///LoadUnit 有三个子模块，其中 s1 和 s2 代表着 Load 流水线的两个阶段。
  val load_s1 = Module(new LoadUnit_S1)
  val load_s2 = Module(new LoadUnit_S2)

  load_s0.io.lsqOut <> io.lsqOut               ///LoadUnit 接口上的 lsqOut 是输入，来自 Lsq 的 loadReplay 请求。
                                               ///LoadUnit 在上而 Lsq 在下，loadReplay 是因存储冲突而引起的逆向请求。
  // load s0
  load_s0.io.in <> io.ldin                     ///LoadUnit 外部接口上的 ldin 请求即 ld 指令输入以 load_s0 为第一站
  load_s0.io.dtlbReq <> io.tlb.req             /// load_s0 与 TLB 之间的连接
  load_s0.io.dcacheReq <> io.dcache.req        /// load_s0 与 DCache 之间的连接
```

```
load_s0.io.rsIdx := io.rsIdx                          ///ld 指令的执行结果要回写到 ReservationStation
load_s0.io.isFirstIssue := io.isFirstIssue            ///本条 ld 指令是否第一次到来（而不是 Replay）
load_s0.io.s0_kill := false.B

// we try pointerchasing if lfsrc_l2lForward_select condition is satisfied
val s0_tryPointerChasing = load_s0.io.l2lForward_select          ///这是 LoadUnit_S0 的输出，一个布尔量。
val s0_pointerChasingVAddr = io.fastpathIn.data(5, 0) +& io.loadFastImm(5, 0)
load_s0.io.fastpath.valid := io.fastpathIn.valid
load_s0.io.fastpath.data := Cat(io.fastpathIn.data(XLEN-1, 6), s0_pointerChasingVAddr(5,0))

val s1_data = PipelineConnect(load_s0.io.out, load_s1.io.in, true.B,
                         load_s0.io.out.bits.uop.robIdx.needFlush(io.redirect) && !s0_tryPointerChasing).get
    ///s1_data 是将 load_s0.io.out 连接到 load_s1.io.in 的管道，但是可以因后面这个条件 needFlush 而阻断。
// load s1
// update s1_kill when any source has valid request
load_s1.io.s1_kill := RegEnable(load_s0.io.s0_kill, false.B, io.ldin.valid || io.lsqOut.valid || io.fastpathIn.valid)
                                       ///object RegEnable 可以有三个参数，即 next、init 和 enable。
io.tlb.req_kill := load_s1.io.s1_kill                            ///req_kill 就是取消本次请求
load_s1.io.dtlbResp <> io.tlb.resp                               ///来自 TLB 的虚存地址转换结果
io.dcache.s1_paddr_dup_lsu <> load_s1.io.lsuPAddr
io.dcache.s1_paddr_dup_dcache <> load_s1.io.dcachePAddr
io.dcache.s1_kill := load_s1.io.dcacheKill                       ///取消对 DCache 的请求
load_s1.io.sbuffer <> io.sbuffer
load_s1.io.lsq <> io.lsq.forward
load_s1.io.loadViolationQueryReq <> io.lsq.loadViolationQuery.req    ///用于 ld-ld 存储冲突的检测
load_s1.io.dcacheBankConflict <> io.dcache.s1_bank_conflict
load_s1.io.csrCtrl <> io.csrCtrl
load_s1.io.reExecuteQuery := io.reExecuteQuery                   ///用于 st-ld 存储冲突的检测
// provide paddr and vaddr for lq
io.lsq.loadPaddrIn.valid := load_s1.io.out.valid && !load_s1.io.out.bits.isHWPrefetch
io.lsq.loadPaddrIn.bits.lqIdx := load_s1.io.out.bits.uop.lqIdx
io.lsq.loadPaddrIn.bits.paddr := load_s1.io.lsuPAddr             ///进入 Lsq 的已是物理地址

io.lsq.loadVaddrIn.valid := load_s1.io.in.valid && !load_s1.io.s1_kill && !load_s1.io.out.bits.isHWPrefetch
io.lsq.loadVaddrIn.bits.lqIdx := load_s1.io.out.bits.uop.lqIdx
io.lsq.loadVaddrIn.bits.vaddr := load_s1.io.out.bits.vaddr

// when S0 has opportunity to try pointerchasing, make sure it truely goes to S1
// which is S0's out is ready and dcache is ready
val s0_doTryPointerChasing = s0_tryPointerChasing && load_s0.io.out.ready && load_s0.io.dcacheReq.ready
val s1_tryPointerChasing = RegNext(s0_doTryPointerChasing, false.B)
val s1_pointerChasingVAddr = RegEnable(s0_pointerChasingVAddr, s0_doTryPointerChasing)
val cancelPointerChasing = WireInit(false.B)

if (EnableLoadToLoadForward) {         ///不光 st 与 ld 之间有 Forward（类似于 bypass），ld 与 ld 之间也可以有：
  // Sometimes, we need to cancel the load-load forwarding.
```

```
  // These can be put at S0 if timing is bad at S1.
  // Case 0: CACHE_SET(base + offset) != CACHE_SET(base) (lowest 6-bit addition has an overflow)
  val addressMisMatch = s1_pointerChasingVAddr(6) || RegEnable(io.loadFastImm(11, 6).orR, s0_doTryPointerChasing)
  // Case 1: the address is not 64-bit aligned or the fuOpType is not LD
  val addressNotAligned = s1_pointerChasingVAddr(2, 0).orR
  val fuOpTypeIsNotLd = io.ldin.bits.uop.ctrl.fuOpType =/= LSUOpType.ld
  // Case 2: this is not a valid load-load pair
  val notFastMatch = RegEnable(!io.loadFastMatch, s0_tryPointerChasing)
  // Case 3: this load-load uop is cancelled
  val isCancelled = !io.ldin.valid
  when (s1_tryPointerChasing) {
    cancelPointerChasing := addressMisMatch || addressNotAligned || fuOpTypeIsNotLd || notFastMatch || isCancelled
    load_s1.io.in.bits.uop := io.ldin.bits.uop
    val spec_vaddr = s1_data.vaddr                    /// s1_data 就是上面那个从 load_s0.io.out 到 load_s1.io.in 的管道
    val vaddr = Cat(spec_vaddr(VAddrBits - 1, 6), s1_pointerChasingVAddr(5, 3), 0.U(3.W))
    load_s1.io.in.bits.vaddr := vaddr
    load_s1.io.in.bits.rsIdx := io.rsIdx
    load_s1.io.in.bits.isFirstIssue := io.isFirstIssue
    // We need to replace vaddr(5, 3).
    val spec_paddr = io.tlb.resp.bits.paddr(0)
    load_s1.io.dtlbResp.bits.paddr.foreach(_ := Cat(spec_paddr(PAddrBits - 1, 6), s1_pointerChasingVAddr(5, 3), 0.U(3.W)))
    // recored tlb time when get the data to ensure the correctness of the latency calculation
    // (although it should not record in here, because it does not use tlb)
    load_s1.io.in.bits.uop.debugInfo.tlbFirstReqTime := GTimer()
    load_s1.io.in.bits.uop.debugInfo.tlbRespTime := GTimer()
  }
  when (cancelPointerChasing) {
    load_s1.io.s1_kill := true.B
  }.otherwise {
    load_s0.io.s0_kill := s1_tryPointerChasing && !io.lsqOut.valid
    when (s1_tryPointerChasing) {
      io.ldin.ready := true.B
    }
  }
  ///性能统计从略
}   ///end if (EnableLoadToLoadForward)

PipelineConnect(load_s1.io.out, load_s2.io.in, true.B, load_s1.io.out.bits.uop.robIdx.needFlush(io.redirect) || cancelPointerChasing)
                                    ///将 load_s1.io.out 连到 load_s2.io.in 的管道，可以因 needFlush 等条件而阻断。
val (forward_D, forwardData_D) = io.tlDchannel.forward(load_s1.io.out.valid && load_s1.io.out.bits.forward_tlDchannel,
                                                                     load_s1.io.out.bits.mshrid, load_s1.io.out.bits.paddr)
  ///调用 DcacheToLduForwardIO（来自 DCache）中的 forward()函数，从 io.tlDchannel 中挑选自己所需的 forward 数据。
  /// D 通道是在 DCache 与 L2 Cache 之间，由 DCache 转送到 LoadUnit（forward tilelink channel D's data to ldu）。

io.forward_mshr.valid := load_s1.io.out.valid && load_s1.io.out.bits.forward_tlDchannel     ///来自 DCache 中的 MissQueue
io.forward_mshr.mshrid := load_s1.io.out.bits.mshrid
```

```
io.forward_mshr.paddr := load_s1.io.out.bits.paddr
val (forward_result_valid, forward_mshr, forwardData_mshr) = io.forward_mshr.forward()
            ///调用 LduToMissqueueForwardIO 的 forward()函数，返回来自 MissQueue 的 forward 数据(如果符合要求)。
            /// forwardData_mshr 和 forwardData_D 这二者都来自 DCache，这是抄近路。

// load s2        ///对子模块 load_s2 的外部接口直接加以连接引用：
load_s2.io.forward_D := forward_D
load_s2.io.forwardData_D := forwardData_D                    ///来自 io.tlDchannel 的 forward 数据
load_s2.io.forward_result_valid := forward_result_valid
load_s2.io.forward_mshr := forward_mshr
load_s2.io.forwardData_mshr := forwardData_mshr              ///来自 io.forward_mshr 的 forward 数据
io.s2IsPointerChasing := RegEnable(s1_tryPointerChasing && !cancelPointerChasing, load_s1.io.out.fire)

io.prefetch_train.bits.fromLsPipelineBundle(load_s2.io.in.bits)    /// prefetch_train 是向 prefetch 机制提供的访内信息
// override miss bit
io.prefetch_train.bits.miss := io.dcache.resp.bits.miss
io.prefetch_train.bits.meta_prefetch := io.dcache.resp.bits.meta_prefetch
io.prefetch_train.bits.meta_access := io.dcache.resp.bits.meta_access
io.prefetch_train.valid := load_s2.io.in.fire && !load_s2.io.out.bits.mmio && !load_s2.io.in.bits.tlbMiss

io.dcache.s2_kill := load_s2.io.dcache_kill          // to kill mmio resp which are redirected
if (env.FPGAPlatform)
  io.dcache.s2_pc := DontCare
else
  io.dcache.s2_pc := load_s2.io.out.bits.uop.cf.pc
load_s2.io.dcacheResp <> io.dcache.resp                           ///将来自 DCache 的回应连接到 LoadUnit_S2
load_s2.io.pmpResp <> io.pmp
load_s2.io.static_pm := RegNext(io.tlb.resp.bits.static_pm)
load_s2.io.lsq.forwardData <> io.lsq.forward.forwardData          ///来自 Lsq 的 forward 数据
load_s2.io.lsq.forwardMask <> io.lsq.forward.forwardMask
load_s2.io.lsq.forwardMaskFast <> io.lsq.forward.forwardMaskFast    // should not be used in load_s2
load_s2.io.lsq.dataInvalid <> io.lsq.forward.dataInvalid
load_s2.io.lsq.matchInvalid <> io.lsq.forward.matchInvalid
load_s2.io.sbuffer.forwardData <> io.sbuffer.forwardData          ///来自 Sbuffer 的 forward 数据
load_s2.io.sbuffer.forwardMask <> io.sbuffer.forwardMask
load_s2.io.sbuffer.forwardMaskFast <> io.sbuffer.forwardMaskFast    // should not be used in load_s2
load_s2.io.sbuffer.dataInvalid <> io.sbuffer.dataInvalid          // always false
load_s2.io.sbuffer.matchInvalid <> io.sbuffer.matchInvalid
load_s2.io.dataForwarded <> io.lsq.s2_load_data_forwarded         ///也是来自 Lsq 的 forward 数据
load_s2.io.dataInvalidSqIdx := io.lsq.forward.dataInvalidSqIdx    // provide dataInvalidSqIdx to make wakeup faster
load_s2.io.loadViolationQueryResp <> io.lsq.loadViolationQuery.resp
load_s2.io.csrCtrl <> io.csrCtrl
load_s2.io.sentFastUop := io.fastUop.valid
load_s2.io.reExecuteQuery := io.reExecuteQuery
// feedback bank conflict / ld-vio check struct hazard to rs
io.feedbackFast.bits := RegNext(load_s1.io.rsFeedback.bits)
```

```
io.feedbackFast.valid := RegNext(load_s1.io.rsFeedback.valid && !load_s1.io.out.bits.uop.robIdx.needFlush(io.redirect))

// pre-calcuate sqIdx mask in s0, then send it to lsq in s1 for forwarding
val sqIdxMaskReg = RegNext(UIntToMask(load_s0.io.s0_sqIdx.value, StoreQueueSize))
// to enable load-load, sqIdxMask must be calculated based on ldin.uop
// If the timing here is not OK, load-load forwarding has to be disabled.
// Or we calculate sqIdxMask at RS??
io.lsq.forward.sqIdxMask := sqIdxMaskReg
if (EnableLoadToLoadForward) {
  when (s1_tryPointerChasing) { io.lsq.forward.sqIdxMask := UIntToMask(io.ldin.bits.uop.sqIdx.value, StoreQueueSize) }
}

// // use s2_hit_way to select data received in s1

// now io.fastUop.valid is sent to RS in load_s2
val forward_D_or_mshr_valid = forward_result_valid && (forward_D || forward_mshr)
val s2_dcache_hit = io.dcache.s2_hit || forward_D_or_mshr_valid          // dcache hit dup in lsu side
             ///对 DCache 的访问命中。要么是来自 DCache 的回应说是命中，要么就是有 forward 的数据满足条件。
io.fastUop.valid := RegNext(
    !io.dcache.s1_disable_fast_wakeup &&        // load fast wakeup should be disabled when dcache data read is not ready
    load_s1.io.in.valid &&                      // valid load request
    !load_s1.io.in.bits.isHWPrefetch &&         // is not hardware prefetch req
    !load_s1.io.s1_kill &&                      // killed by load-load forwarding
    !load_s1.io.dtlbResp.bits.fast_miss &&      // not mmio or tlb miss, pf / af not included here
    !io.lsq.forward.dataInvalidFast             // forward failed
  ) && !RegNext (load_s1.io.needLdVioCheckRedo) &&          // load-load violation check: load paddr cam struct hazard
      !RegNext (load_s1.io.needReExecute) &&
      !RegNext (load_s1.io.out.bits.uop.robIdx.needFlush(io.redirect)) &&
      (load_s2.io.in.valid && !load_s2.io.needReExecute && s2_dcache_hit)       // dcache hit in lsu side

io.fastUop.bits := RegNext (load_s1.io.out.bits.uop)
// writeback to LSQ
// Current dcache use MSHR
// Load queue will be updated at s2 for both hit/miss int/fp load
io.lsq.loadIn.valid := load_s2.io.out.valid && !load_s2.io.out.bits.isHWPrefetch    ///向 Lsq 输出
// generate LqWriteBundle from LsPipelineBundle
io.lsq.loadIn.bits.fromLsPipelineBundle(load_s2.io.out.bits)                  ///输出的内容来自 LoadUnit_S2

io.lsq.replayFast := load_s1.io.replayFast
io.lsq.replaySlow := load_s2.io.replaySlow
io.lsq.replaySlow.valid := load_s2.io.replaySlow.valid && !load_s2.io.out.bits.uop.robIdx.needFlush(io.redirect)

// generate duplicated load queue data wen
val load_s2_valid_vec = RegInit(0.U(6.W))
val load_s2_leftFire = load_s1.io.out.valid && load_s2.io.in.ready
load_s2_valid_vec := 0x0.U(6.W)
```

```
when (load_s2_leftFire && !load_s1.io.out.bits.isHWPrefetch) { load_s2_valid_vec := 0x3f.U(6.W)}    // TODO: refactor me
when (load_s1.io.out.bits.uop.robIdx.needFlush(io.redirect)) { load_s2_valid_vec := 0x0.U(6.W) }
assert(RegNext((load_s2.io.in.valid === load_s2_valid_vec(0)) || RegNext(load_s1.io.out.bits.isHWPrefetch)))
io.lsq.loadIn.bits.lq_data_wen_dup := load_s2_valid_vec.asBools()

// s2_dcache_require_replay signal will be RegNexted, then used in s3
io.lsq.s2_dcache_require_replay := load_s2.io.s2_dcache_require_replay    ///将 replay 请求转达给 Lsq

// write to rob and writeback bus
val s2_wb_valid = load_s2.io.out.valid && !load_s2.io.out.bits.miss && !load_s2.io.out.bits.mmio

// Int load, if hit, will be writebacked at s2
val hitLoadOut = Wire(Valid(new ExuOutput))                ///一个空白的 ExuOutput
hitLoadOut.valid := s2_wb_valid                            /// hitLoadOut.valid 来自 s2_wb_valid
hitLoadOut.bits.uop := load_s2.io.out.bits.uop
hitLoadOut.bits.data := load_s2.io.out.bits.data           ///对 ExuOutput 的填写
hitLoadOut.bits.redirectValid := false.B
hitLoadOut.bits.redirect := DontCare
hitLoadOut.bits.fflags := DontCare
load_s2.io.out.ready := true.B

// load s3        ///注意并不存在 LoadUnit_S3
val s3_load_wb_meta_reg = RegNext(Mux(hitLoadOut.valid, hitLoadOut.bits, io.lsq.ldout.bits))
   ///注意这里的 wb 是指 LoadUnit 向其上层的回写，这与 DCache 内部向下的回写没有关系，hitLoadOut 是个 ExuOutput。
// data from load queue refill
val s3_loadDataFromLQ = RegEnable (io.lsq.ldRawData, io.lsq.ldout.valid)    ///从下层 LoadQueue 读入的数据
val s3_rdataLQ = s3_loadDataFromLQ.mergedData()
val s3_rdataSelLQ = LookupTree(s3_loadDataFromLQ.addrOffset, List(
   "b000".U -> s3_rdataLQ(63, 0),
   "b001".U -> s3_rdataLQ(63, 8),
   "b010".U -> s3_rdataLQ(63, 16),
   "b011".U -> s3_rdataLQ(63, 24),
   "b100".U -> s3_rdataLQ(63, 32),
   "b101".U -> s3_rdataLQ(63, 40),
   "b110".U -> s3_rdataLQ(63, 48),
   "b111".U -> s3_rdataLQ(63, 56)
))
val s3_rdataPartialLoadLQ = rdataHelper(s3_loadDataFromLQ.uop, s3_rdataSelLQ)

// data from dcache hit
val s3_loadDataFromDcache = load_s2.io.loadDataFromDcache                   ///从 DCache 读入的数据
val s3_rdataDcache = s3_loadDataFromDcache.mergedData()
val s3_rdataSelDcache = LookupTree(s3_loadDataFromDcache.addrOffset, List(
   "b000".U -> s3_rdataDcache(63, 0),           ///全部 8 个字节
   "b001".U -> s3_rdataDcache(63, 8),           ///最高 7 个字节
   "b010".U -> s3_rdataDcache(63, 16),          ///最高 6 个字节
```

```
    "b011".U -> s3_rdataDcache(63, 24),         ///最高 5 个字节
    "b100".U -> s3_rdataDcache(63, 32),         ///最高 4 个字节
    "b101".U -> s3_rdataDcache(63, 40),         ///最高 3 个字节
    "b110".U -> s3_rdataDcache(63, 48),         ///最高 2 个字节
    "b111".U -> s3_rdataDcache(63, 56)          ///最高 1 个字节
  ))  ///end val s3_rdataSelDcache
  val s3_rdataPartialLoadDcache = rdataHelper(s3_loadDataFromDcache.uop, s3_rdataSelDcache)

  io.ldout.bits := s3_load_wb_meta_reg        ///整个 LoadUnit 的 ldout 输出来自 s3_load_wb_meta_reg（见上）
  io.ldout.bits.data := Mux(RegNext(hitLoadOut.valid), s3_rdataPartialLoadDcache, s3_rdataPartialLoadLQ)
                                              ///LoadUnit 的 ldout 输出数据的来源
  io.ldout.valid := RegNext(hitLoadOut.valid) && !RegNext(load_s2.io.out.bits.uop.robIdx.needFlush(io.redirect)) ||
    RegNext(io.lsq.ldout.valid) && !RegNext(io.lsq.ldout.bits.uop.robIdx.needFlush(io.redirect)) && !RegNext(hitLoadOut.valid)
        ///io.ldout 有输出的基本条件是：hitLoadOut.valid 或 io.lsq.ldout.valid，hitLoadOut.valid 来自 s2_wb_valid，见上。

  io.ldout.bits.uop.cf.exceptionVec(loadAccessFault) := s3_load_wb_meta_reg.uop.cf.exceptionVec(loadAccessFault) ||
                                              RegNext(hitLoadOut.valid) && load_s2.io.s3_delayed_load_error

  // fast load to load forward
  io.fastpathOut.valid := RegNext(load_s2.io.out.valid)          // for debug only
  io.fastpathOut.data := s3_loadDataFromDcache.mergedData()      // fastpath is for ld only

  // feedback tlb miss / dcache miss queue full
  io.feedbackSlow.bits := RegNext(load_s2.io.rsFeedback.bits)
  io.feedbackSlow.valid := RegNext(load_s2.io.rsFeedback.valid && !load_s2.io.out.bits.uop.robIdx.needFlush(io.redirect))
  // If replay is reported at load_s1, inst will be canceled (will not enter load_s2), in that case:
  // * replay should not be reported twice
  assert(!(RegNext(io.feedbackFast.valid) && io.feedbackSlow.valid))
  // * io.fastUop.valid should not be reported
  assert(!RegNext(io.feedbackFast.valid && !io.feedbackFast.bits.hit && io.fastUop.valid))

  // load forward_fail/ldld_violation check
  // check for inst in load pipeline
  val s3_forward_fail = RegNext(io.lsq.forward.matchInvalid || io.sbuffer.matchInvalid)
  val s3_ldld_violation = RegNext(io.lsq.loadViolationQuery.resp.valid &&
                                  io.lsq.loadViolationQuery.resp.bits.have_violation &&
                                  RegNext(io.csrCtrl.ldld_vio_check_enable))
  val s3_need_replay_from_fetch = s3_forward_fail || s3_ldld_violation
  val s3_can_replay_from_fetch = RegEnable(load_s2.io.s2_can_replay_from_fetch, load_s2.io.out.valid)
  // 1) use load pipe check result generated in load_s3 iff load_hit
  when (RegNext(hitLoadOut.valid)) {                   ///hitLoadOut 就是前面创建的那个 ExuOutput
    io.ldout.bits.uop.ctrl.replayInst := s3_need_replay_from_fetch
  }
  // 2) otherwise, write check result to load queue
  io.lsq.s3_replay_from_fetch := s3_need_replay_from_fetch && s3_can_replay_from_fetch
```

```
  // s3_delayed_load_error path is not used for now, as we writeback load result in load_s3
  // but we keep this path for future use
  io.s3_delayed_load_error := false.B
  io.lsq.s3_delayed_load_error := false.B          //load_s2.io.s3_delayed_load_error
  io.lsq.ldout.ready := !hitLoadOut.valid

  when(io.feedbackSlow.valid && !io.feedbackSlow.bits.hit){
    // when need replay from rs, inst should not be writebacked to rob
    assert(RegNext(!hitLoadOut.valid))
    assert(RegNext(!io.lsq.loadIn.valid) || RegNext(load_s2.io.s2_dcache_require_replay))
  }

  // hareware prefetch to l1
  io.prefetch_req <> load_s0.io.prefetch_in

  // trigger
  val lastValidData = RegEnable(io.ldout.bits.data, io.ldout.fire)
  val hitLoadAddrTriggerHitVec = Wire(Vec(3, Bool()))
  val lqLoadAddrTriggerHitVec = io.lsq.trigger.lqLoadAddrTriggerHitVec
  (0 until 3).map{i => {
    val tdata2 = io.trigger(i).tdata2
    val matchType = io.trigger(i).matchType
    val tEnable = io.trigger(i).tEnable

    hitLoadAddrTriggerHitVec(i) := TriggerCmp(load_s2.io.out.bits.vaddr, tdata2, matchType, tEnable)
    io.trigger(i).addrHit := Mux(hitLoadOut.valid, hitLoadAddrTriggerHitVec(i), lqLoadAddrTriggerHitVec(i))
    io.trigger(i).lastDataHit := TriggerCmp(lastValidData, tdata2, matchType, tEnable)
  }}
  io.lsq.trigger.hitLoadAddrTriggerHitVec := hitLoadAddrTriggerHitVec

  ///Debug 与性能统计从略
}  ///end class LoadUnit
```

虽然 LoadUnit 分成 S0、S1、S2 三个阶段，但是其逻辑本身并不复杂，就是因为 forward 即就近取数这个优化给带来了一些复杂性。LoadUnit 的接口上有个 tlDchannel 通道，就是来自 DCache 的 forward 数据，其类型为 DcacheToLduForwardIO：

```
[XSCoreBae > MemBlock > MemBlockImp > LoadUnit > DcacheToLduForwardIO]
// forward tilelink channel D's data to ldu
class DcacheToLduForwardIO(implicit p: Parameters) extends DCacheBundle {
  val valid = Bool()
  val data = UInt(l1BusDataWidth.W)                        /// l1BusDataWidth=256
  val mshrid = UInt(log2Up(cfg.nMissEntries).W)            /// nMissEntries=16
  val last = Bool()

  def apply(req_valid : Bool, req_data : UInt, req_mshrid : UInt, req_last : Bool) = {
```

```
    valid := req_valid
    data := req_data
    mshrid := req_mshrid
    last := req_last
  }

  def dontCare() = {
    valid := false.B
    data := DontCare
    mshrid := DontCare
    last := DontCare
  }

  def forward (req_valid : Bool, req_mshr_id : UInt, req_paddr : UInt) = {
    val all_match = req_valid && valid && req_mshr_id === mshrid && req_paddr(log2Up(refillBytes)) === last

    val forward_D = RegInit(false.B)
    val forwardData = RegInit(VecInit(List.fill(8)(0.U(8.W))))        ///字节向量，8个字节。

    val block_idx = req_paddr(log2Up(refillBytes) - 1, 3)
    val block_data = Wire(Vec(l1BusDataWidth / 64, UInt(64.W)))
    (0 until l1BusDataWidth / 64).map(i => { block_data(i) := data(64 * i + 63, 64 * i) })
    val selected_data = block_data(block_idx)

    forward_D := all_match
    for (i <- 0 until 8) { forwardData(i) := selected_data(8 * i + 7, 8 * i) }
    (forward_D, forwardData)
  }
}   ///end class DcacheToLduForwardIO
```

显然，DcacheToLduForwardIO 本身是不带地址信息的，DCache 只是把一些数据呈现给你，但是告诉你这些数据属于哪个 mshrid，你自己看看里面有没有你要的数据，如果有就可以省点事。

LoadUnit 的接口上另有个 forward_mshr，也是来自 DCache 的 forward 数据，只是来自 DCache 的不同部位和阶段，其类型为 LduToMissqueueForwardIO：

```
[XSCoreBae > MemBlock > MemBlockImp > LoadUnit > LduToMissqueueForwardIO]
// forward mshr's data to ldu
class LduToMissqueueForwardIO(implicit p: Parameters) extends DCacheBundle {
  // req
  val valid = Input(Bool())
  val mshrid = Input(UInt(log2Up(cfg.nMissEntries).W))
  val paddr = Input(UInt(PAddrBits.W))
  // resp
  val forward_mshr = Output(Bool())
  val forwardData = Output(Vec(8, UInt(8.W)))
  val forward_result_valid = Output(Bool())
```

```
    def connect (sink: LduToMissqueueForwardIO) = {
        sink.valid := valid
        sink.mshrid := mshrid
        sink.paddr := paddr
        forward_mshr := sink.forward_mshr
        forwardData := sink.forwardData
        forward_result_valid := sink.forward_result_valid
    }

    def forward() = { (forward_result_valid, forward_mshr, forwardData) }
}   ///end class LduToMissqueueForwardIO
```

这里也有个 forward()函数，用来获取 DCache 所提供的 forward 数据。通道/Bundle 的名称叫 LduToMissqueueForwardIO，其实是从 MissQueue 向 Ldu 的 forward。另一个通道 DcacheToLduForwardIO 则是从 TLBundle 的 D 通道向 Ldu 的 forward，那已经是从内存或 L2 缓存载入缓存块的时候了，这个时候的 forward 能抄的近路已经很小了。但是 LoadUnit 还有更重要的 forward，那就是从 Lsq 和 Sbuffer 的 forwad，就是代码中的 io.lsq.forward.forwardData 和 io.sbuffer.forwardData，还有 io.lsq.s2_load_data_forwarded。另外，如果选择开通 EnableLoadToLoadForward，则还有一种因 s1_tryPointerChasing 而形成的 forward。

LoadUnit 的操作分成 S0、S1、S2 三个阶段，这三个阶段构成一个流水线，这三个阶段的代码中都没有寄存器，都是组合电路；但是我们会看到，在三个阶段之间都有寄存器，这就把三块组合电路变成了流水线中的三个工位。

三个阶段各有自己输入输出，LoadUnit 这一层为三个阶段搭建好外部环境，连接好它们的输入输出。原则上这三个阶段是连成一个流水线的，但并非都只有 in 和 out，每个阶段同时又都有许多局部的对外连接，这些连接需要结合每个阶段的代码一起看才能明白。

下面是 LoadUnit 的第一个阶段 S0，实现其逻辑的电路模块是 LoadUnit_S0，这是个组合电路：

```
[XSCoreBae > MemBlock > MemBlockImp > LoadUnit > LoadUnit_S0]
// Load Pipeline Stage 0
// Generate addr, use addr to query DCache and DTLB
class LoadUnit_S0(implicit p: Parameters) extends XSModule with HasDCacheParameters{
    val io = IO(new Bundle() {
        val in = Flipped(Decoupled(new ExuInput))                  /// LoadUnit_S0 的输入是待执行指令的 ExuInput，来自 Load_Unit
        val out = Decoupled(new LsPipelineBundle)                  /// LoadUnit_S0 的输出连接到 LoadUnit_S1
        val prefetch_in = Flipped(ValidIO(new L1PrefetchReq))
        val dtlbReq = DecoupledIO(new TlbReq)                      ///向 TLB 发出的请求
        val dcacheReq = DecoupledIO(new DCacheWordReq)             ///向 DCache 发出的请求
        val rsIdx = Input(UInt(log2Up(IssQueSize).W))              ///向 ReservationStation 回写的位置
        val isFirstIssue = Input(Bool())
        val fastpath = Input(new LoadToLoadIO)
        val s0_kill = Input(Bool())
        // wire from lq to load pipeline
        val lsqOut = Flipped(Decoupled(new LsPipelineBundle))      ///来自 Lsq，承载着所读出的数据。
        val s0_sqIdx = Output(new SqPtr)
        // l2l
```

```
    val l2lForward_select = Output(Bool())
  })  ///end val io

  require(LoadPipelineWidth == exuParameters.LduCnt)
  val s0_vaddr = Wire(UInt(VAddrBits.W))              ///要求从中读出的目标地址（虚存地址）
  val s0_mask = Wire(UInt(8.W))
  val s0_uop = Wire(new MicroOp)                      ///ld 指令的 MicroOp
  val s0_isFirstIssue = Wire(Bool())
  val s0_rsIdx = Wire(UInt(log2Up(IssQueSize).W))     ///向 ReservationStation 回写的位置
  val s0_sqIdx = Wire(new SqPtr)
  val s0_replayCarry = Wire(new ReplayCarry)    // way info for way predict related logic
                  ///以上这些都只是信号的类型定义，内容是空白的，还需要赋值。
  // default value
  s0_replayCarry.valid := false.B
  s0_replayCarry.real_way_en := 0.U

  io.s0_sqIdx := s0_sqIdx

  val tryFastpath = WireInit(false.B)
  // load flow select/gen
  // src0: load replayed by LSQ (io.lsqOut)
  // src1: hardware prefetch from prefetchor (high confidence) (io.prefetch)
  // src2: int read / software prefetch first issue from RS (io.in)
  // src3: vec read first issue from RS (TODO)
  // src4: load try pointchaising when no issued or replayed load (io.fastpath)
  // src5: hardware prefetch from prefetchor (high confidence) (io.prefetch)

  // load flow source valid         ///LoadUnit 输入的 6 个来源（见上面的原文注释）：
  val lfsrc0_loadReplay_valid = io.lsqOut.valid
  val lfsrc1_highconfhwPrefetch_valid = io.prefetch_in.valid && io.prefetch_in.bits.confidence > 0.U
  val lfsrc2_intloadFirstIssue_valid = io.in.valid               // int flow first issue or software prefetch
  val lfsrc3_vecloadFirstIssue_valid = WireInit(false.B)          // TODO
  val lfsrc4_l2lForward_valid = io.fastpath.valid
  val lfsrc5_lowconfhwPrefetch_valid = io.prefetch_in.valid && io.prefetch_in.bits.confidence === 0.U
  dontTouch(lfsrc0_loadReplay_valid)                    ///这是对 Chisel 编译的告知，不要因优化而去除这个信号。
  dontTouch(lfsrc1_highconfhwPrefetch_valid)
  dontTouch(lfsrc2_intloadFirstIssue_valid)
  dontTouch(lfsrc3_vecloadFirstIssue_valid)
  dontTouch(lfsrc4_l2lForward_valid)
  dontTouch(lfsrc5_lowconfhwPrefetch_valid)

  // load flow source ready
  val lfsrc_loadReplay_ready = WireInit(true.B)
  val lfsrc_highconfhwPrefetch_ready = !lfsrc0_loadReplay_valid
  val lfsrc_intloadFirstIssue_ready = !lfsrc0_loadReplay_valid && !lfsrc1_highconfhwPrefetch_valid
  val lfsrc_vecloadFirstIssue_ready = !lfsrc0_loadReplay_valid && !lfsrc1_highconfhwPrefetch_valid &&
```

```
                                                     !lfsrc2_intloadFirstIssue_valid
val lfsrc_l2lForward_ready = !lfsrc0_loadReplay_valid && !lfsrc1_highconfhwPrefetch_valid &&
                                 !lfsrc2_intloadFirstIssue_valid && !lfsrc3_vecloadFirstIssue_valid
val lfsrc_lowconfhwPrefetch_ready = !lfsrc0_loadReplay_valid && !lfsrc1_highconfhwPrefetch_valid &&
         !lfsrc2_intloadFirstIssue_valid && !lfsrc3_vecloadFirstIssue_valid && !lfsrc4_l2lForward_valid
dontTouch(lfsrc_loadReplay_ready)
dontTouch(lfsrc_highconfhwPrefetch_ready)
dontTouch(lfsrc_intloadFirstIssue_ready)
dontTouch(lfsrc_vecloadFirstIssue_ready)
dontTouch(lfsrc_l2lForward_ready)
dontTouch(lfsrc_lowconfhwPrefetch_ready)

// load flow source select (OH)
val lfsrc_loadReplay_select = lfsrc0_loadReplay_valid && lfsrc_loadReplay_ready
val lfsrc_hwprefetch_select = lfsrc_highconfhwPrefetch_ready && lfsrc1_highconfhwPrefetch_valid ||
                              lfsrc_lowconfhwPrefetch_ready && lfsrc5_lowconfhwPrefetch_valid
val lfsrc_intloadFirstIssue_select = lfsrc_intloadFirstIssue_ready && lfsrc2_intloadFirstIssue_valid
val lfsrc_vecloadFirstIssue_select = lfsrc_vecloadFirstIssue_ready && lfsrc3_vecloadFirstIssue_valid
val lfsrc_l2lForward_select = lfsrc_l2lForward_ready && lfsrc4_l2lForward_valid
assert(!lfsrc_vecloadFirstIssue_select)        // to be added
dontTouch(lfsrc_loadReplay_select)
dontTouch(lfsrc_hwprefetch_select)
dontTouch(lfsrc_intloadFirstIssue_select)
dontTouch(lfsrc_vecloadFirstIssue_select)
dontTouch(lfsrc_l2lForward_select)

io.l2lForward_select := lfsrc_l2lForward_select

// s0_valid == ture iff there is a valid load flow in load_s0      ///上述 5 个来源中有任一有效即为 s0_valid：
val s0_valid = lfsrc0_loadReplay_valid || lfsrc1_highconfhwPrefetch_valid || lfsrc2_intloadFirstIssue_valid ||
               lfsrc3_vecloadFirstIssue_valid || lfsrc4_l2lForward_valid || lfsrc5_lowconfhwPrefetch_valid

// prefetch related ctrl signal   ///见 class CtrlSignals 中的函数 isSoftPrefetch()
        ///fuType===FuType.alu && fuOpType===ALUOpType.or && selImm === SelImm.IMM_I && ldest === 0.U
        ///如果是一条以寄存器 r0 为目标寄存器的 ori 指令，即与一个 12 位的直接数相或，就将该指令用作 Hint 指令。
        ///这要由编译器和 ALU 共同加以保证。
val isPrefetch = WireInit(false.B)
val isPrefetchRead = WireInit(s0_uop.ctrl.fuOpType === LSUOpType.prefetch_r)        ///software prefetch
val isPrefetchWrite = WireInit(s0_uop.ctrl.fuOpType === LSUOpType.prefetch_w)       ///software prefetch
val isHWPrefetch = lfsrc_hwprefetch_select

// query DTLB
io.dtlbReq.valid := s0_valid
// hw prefetch addr does not need to be translated, give tlb paddr
io.dtlbReq.bits.vaddr := Mux(lfsrc_hwprefetch_select, io.prefetch_in.bits.paddr, s0_vaddr)
io.dtlbReq.bits.cmd := Mux(isPrefetch, Mux(isPrefetchWrite, TlbCmd.write, TlbCmd.read), TlbCmd.read)
```

```
io.dtlbReq.bits.size := LSUOpType.size(s0_uop.ctrl.fuOpType)
io.dtlbReq.bits.kill := DontCare
io.dtlbReq.bits.memidx.is_ld := true.B
io.dtlbReq.bits.memidx.is_st := false.B
io.dtlbReq.bits.memidx.idx := s0_uop.lqIdx.value  /// LoadUnit_S0 只是向 TLB 发出请求，但 TLB 的回应不由 LoadUnit_S0 接收。

// query DCache
io.dcacheReq.valid := s0_valid                              ///向 DCache 发出请求
when (isPrefetchRead) {
  io.dcacheReq.bits.cmd  := MemoryOpConstants.M_PFR         ///见 trait MemoryOpConstants，这是预读。
}.elsewhen (isPrefetchWrite) {
  io.dcacheReq.bits.cmd  := MemoryOpConstants.M_PFW         ///也可以是意在写入的预读
}.otherwise {
  io.dcacheReq.bits.cmd  := MemoryOpConstants.M_XRD         ///也可以是一般的读入
}
io.dcacheReq.bits.addr := s0_vaddr                          ///从 DCache 读入时用虚存地址，s0_vaddr 的来源见后。
io.dcacheReq.bits.mask := s0_mask
io.dcacheReq.bits.data := DontCare
when(isPrefetch) {
  io.dcacheReq.bits.instrtype := DCACHE_PREFETCH_SOURCE.U   ///来自软件的 prefetch
}.otherwise {
  io.dcacheReq.bits.instrtype := LOAD_SOURCE.U              ///一般读写的“指令”为 LOAD_SOURCE
}
io.dcacheReq.bits.replayCarry := s0_replayCarry
// TODO: update cache meta
io.dcacheReq.bits.id := DontCare
// assign default value
s0_uop := DontCare
  ///不同来源的读出请求，其读出地址 s0_addr，MicroOp 等等参数的来源也就不同，lfsrc 意为 load-flow source：
  // load flow priority mux
when(lfsrc_loadReplay_select) {                        ///来自 Lsq 的 Replay 请求优先级最高
  s0_vaddr := io.lsqOut.bits.vaddr
  s0_mask := io.lsqOut.bits.mask
  s0_uop := io.lsqOut.bits.uop
  s0_isFirstIssue := io.lsqOut.bits.isFirstIssue
  s0_rsIdx := io.lsqOut.bits.rsIdx
  s0_sqIdx := io.lsqOut.bits.uop.sqIdx
  s0_replayCarry := io.lsqOut.bits.replayCarry
  val replayUopIsPrefetch = WireInit(LSUOpType.isPrefetch(io.lsqOut.bits.uop.ctrl.fuOpType))
  when (replayUopIsPrefetch) {
    isPrefetch := true.B
  }
}.elsewhen(lfsrc_hwprefetch_select) {                  ///来自硬件预取（hardware prefetch）的优先级次之
  // vaddr based index for dcache
  s0_vaddr := io.prefetch_in.bits.getVaddr()
  s0_mask := 0.U
```

```
    s0_uop := DontCare
    s0_isFirstIssue := false.B
    s0_rsIdx := DontCare
    s0_sqIdx := DontCare
    s0_replayCarry := DontCare
    // ctrl signal
    isPrefetch := true.B
    isPrefetchRead := !io.prefetch_in.bits.is_store
    isPrefetchWrite := io.prefetch_in.bits.is_store
  }.elsewhen(lfsrc_intloadFirstIssue_select) {        ///来自指令分派执行（ld/st 指令和 AMO 指令，也包括 software prefetch）
    val imm12 = io.in.bits.uop.ctrl.imm(11, 0)
    s0_vaddr := io.in.bits.src(0) + SignExt(imm12, VAddrBits)
    s0_mask := genWmask(s0_vaddr, io.in.bits.uop.ctrl.fuOpType(1,0))
    s0_uop := io.in.bits.uop
    s0_isFirstIssue := io.isFirstIssue
    s0_rsIdx := io.rsIdx
    s0_sqIdx := io.in.bits.uop.sqIdx
    val issueUopIsPrefetch = WireInit(LSUOpType.isPrefetch(io.in.bits.uop.ctrl.fuOpType))
    when (issueUopIsPrefetch) {
      isPrefetch := true.B
    }
  }.otherwise {                                       ///再往下（forward 和软件预取）就是优先级最低的了：
    if (EnableLoadToLoadForward) {
      tryFastpath := lfsrc_l2lForward_select
      // When there's no valid instruction from RS and LSQ, we try the load-to-load forwarding.
      s0_vaddr := io.fastpath.data
      // Assume the pointer chasing is always ld.
      s0_uop.ctrl.fuOpType := LSUOpType.ld
      s0_mask := genWmask(0.U, LSUOpType.ld)
      // we dont care s0_isFirstIssue and s0_rsIdx and s0_sqIdx in S0 when trying pointchasing
      // because these signals will be updated in S1
      s0_isFirstIssue := true.B
      s0_rsIdx := DontCare
      s0_sqIdx := DontCare
    }
  }

  // address align check
  val addrAligned = LookupTree(s0_uop.ctrl.fuOpType(1, 0), List(
    "b00".U   -> true.B,                          //b
    "b01".U   -> (s0_vaddr(0) === 0.U),           //h        ///最后 1 位是 0，与 16 位 Half Word 边界对齐。
    "b10".U   -> (s0_vaddr(1, 0) === 0.U),        //w        ///最后 2 位是 0，与 32 位 Word 边界对齐。
    "b11".U   -> (s0_vaddr(2, 0) === 0.U)         //d        ///最后 3 位是 0，与 64 位 Double Word 边界对齐。
  ))

  // accept load flow if dcache ready (dtlb is always ready)
```

```
io.out.valid := s0_valid && io.dcacheReq.ready && !io.s0_kill            /// LoadUnit_S0 的 io.out 通向 LoadUnit_S1 的 io.in
io.out.bits := DontCare
io.out.bits.vaddr := s0_vaddr
io.out.bits.mask := s0_mask
io.out.bits.uop := s0_uop
io.out.bits.uop.cf.exceptionVec(loadAddrMisaligned) := !addrAligned      ///边界不对齐，要求发起异常。
io.out.bits.rsIdx := s0_rsIdx
io.out.bits.isFirstIssue := s0_isFirstIssue
io.out.bits.isPrefetch := isPrefetch
io.out.bits.isHWPrefetch := isHWPrefetch
io.out.bits.isLoadReplay := io.lsqOut.valid
io.out.bits.mshrid := io.lsqOut.bits.mshrid
io.out.bits.forward_tlDchannel := io.lsqOut.valid && io.lsqOut.bits.forward_tlDchannel

// load flow source ready
// always accept load flow from load replay queue
// io.lsqOut has highest priority
io.lsqOut.ready := (io.out.ready && io.dcacheReq.ready && lfsrc_loadReplay_ready)

// accept load flow from rs when:
// 1) there is no lsq-replayed load
// 2) there is no high confidence prefetch request
io.in.ready := (io.out.ready && io.dcacheReq.ready && lfsrc_intloadFirstIssue_select)

// for hw prefetch load flow feedback, to be added later
// io.prefetch_in.ready := lfsrc_hwprefetch_select
///Debug 与性能统计从略
}   ///end class LoadUnit_S0
```

表面上 LoadUnit_S0 的输入输出端口都不带寄存器，里面也没有寄存器，所以整个 LoadUnit_S0 就是哥组合电路，从输入的变化到输出的变化是瞬间的、实时的。但是后面我们会看到实际上 LoadUnit_S0 和 LoadUnit_S1 之间使有寄存器的。

LoadUnit_S0，从而 LoadUnit，其输入是一个 ExuInput，即一条指令。但是这个 ExuInput 有 6 个（实际上是 5 个）可能的来源，即 lfsrc0 到 lfsrc5（lf 意为 load flow），而并不都是来自指令调度。其中 lfsrc0 来自 Lsq，即接口上的 io.lsqOut，这相当于是 Lsq 回程对 LoadUnit 的唤醒；lfsrc1 和 lfsrc5 是硬件实现的 prefetch 输入，这又分高确信（high confidence）和低确信(low confidence)两种，二者均来自接口上的 io.prefetch_in。然后 lfsrc4 是 forward 输入，所以称为 lfsrc4_l2lForward（l2l 应是 load-to-load 之意），来自接口上的 io.fastpath；想必是因为抄了近路所以称之为 fastpath。还有 lfsrc3 是 vecloadFirstIssue，这在代码中尚无具体实现，所以实际上不构成输入。最后 lfsrc2 名为 intloadFirstIssue，这里的 int 估计是 instruction 的意思，这就是需要由 LoadUnit 加以执行的指令，包括 ld/st 指令和 AMO 指令，也包括 software prefetch，来自接口上的 io.in。

而 LoadUnit_S0 的操作，则是对不同来源的输入进行不同的初步处理，包括向 TLB 发出虚存地址映射请求（但不等其回复），向 DCache 发出访问请求（也不等其回复），然后就把信息组装在其 io.out 即 LsPipelineBundle 中。我们在前面看到，LoadUnit_S0 的这个 out 在 LoadUnit 中被连接到 LoadUnit_S1 的 in（见 LoadUnit 中的 val s1_data），但是后面我们会知道在这个连接中隐藏着寄存器。

注意 LoadUnit_S0 的输入 in 是 ExuInput，这是指令调度模块 Scheduler 交付执行的指令，而输出 out 则是 LsPipelineBundle，这是向通 LoadUnit_S1 的输出。

下面就是 LoadUnit_S1 的事了：

```
[XSCoreBae > MemBlock > MemBlockImp > LoadUnit > LoadUnit_S1]
// Load Pipeline Stage 1
// TLB resp (send paddr to dcache)
class LoadUnit_S1(implicit p: Parameters) extends XSModule with HasCircularQueuePtrHelper {
  val io = IO(new Bundle() {
    val in = Flipped(Decoupled(new LsPipelineBundle))                ///来自LoadUnit_S0的输出
    val s1_kill = Input(Bool())
    val out = Decoupled(new LsPipelineBundle)                        ///去向LoadUnit_S2的输入
    val dtlbResp = Flipped(DecoupledIO(new TlbResp(2)))              ///来自TLB的回应（请求由LoadUnit_S0发出）
    val lsuPAddr = Output(UInt(PAddrBits.W))                         ///去向Lsq的物理地址
    val dcachePAddr = Output(UInt(PAddrBits.W))                      ///去向DCache的物理地址
    val dcacheKill = Output(Bool())
    val dcacheBankConflict = Input(Bool())
    val fullForwardFast = Output(Bool())
    val sbuffer = new LoadForwardQueryIO                             ///与Sbuffer间的forward通道
    val lsq = new PipeLoadForwardQueryIO                             ///与Lsq间的forward通道
    val loadViolationQueryReq = Decoupled(new LoadViolationQueryReq)
    val reExecuteQuery = Flipped(Vec(StorePipelineWidth, Valid(new LoadReExecuteQueryIO)))
    val rsFeedback = ValidIO(new RSFeedback)
    val replayFast = new LoadToLsqFastIO
    val csrCtrl = Flipped(new CustomCSRCtrlIO)
    val needLdVioCheckRedo = Output(Bool())
    val needReExecute = Output(Bool())
  })  ///end val io

  val s1_uop = io.in.bits.uop                                        ///ld指令的MicroOp
  val s1_paddr_dup_lsu = io.dtlbResp.bits.paddr(0)                   ///来自TLB回应的物理地址，准备用于Lsq。
  val s1_paddr_dup_dcache = io.dtlbResp.bits.paddr(1)                ///来自TLB回应的物理地址，准备用于DCache。
  // af & pf exception were modified below.
  val s1_exception = ExceptionNO.selectByFu(io.out.bits.uop.cf.exceptionVec, lduCfg).asUInt.orR
  val s1_tlb_miss = io.dtlbResp.bits.miss                            ///如果在TLB中无匹配表项
  val s1_mask = io.in.bits.mask
  val s1_is_prefetch = io.in.bits.isPrefetch                         ///根据Load_S0的不同输入来源，见前。
  val s1_is_hw_prefetch = io.in.bits.isHWPrefetch
  val s1_is_sw_prefetch = s1_is_prefetch && !s1_is_hw_prefetch
  val s1_bank_conflict = io.dcacheBankConflict

  io.out.bits := io.in.bits    // forwardXX field will be updated in s1
  val s1_tlb_memidx = io.dtlbResp.bits.memidx
  io.dtlbResp.ready := true.B
  io.lsuPAddr := s1_paddr_dup_lsu
  io.dcachePAddr := s1_paddr_dup_dcache
  io.dcacheKill := s1_tlb_miss || s1_exception || io.s1_kill
```

```
// load forward query datapath
  io.sbuffer.valid := io.in.valid && !(s1_exception || s1_tlb_miss || io.s1_kill || s1_is_prefetch)
  io.sbuffer.vaddr := io.in.bits.vaddr
  io.sbuffer.paddr := s1_paddr_dup_lsu                    ///把虚存地址和物理地址发送给Sbuffer，看能否找到合适的forward。
  io.sbuffer.uop := s1_uop
  io.sbuffer.sqIdx := s1_uop.sqIdx
  io.sbuffer.mask := s1_mask
  io.sbuffer.pc := s1_uop.cf.pc      // FIXME: remove it

  io.lsq.valid := io.in.valid && !(s1_exception || s1_tlb_miss || io.s1_kill || s1_is_prefetch)
  io.lsq.vaddr := io.in.bits.vaddr
  io.lsq.paddr := s1_paddr_dup_lsu                        ///把虚存地址和物理地址发送给Lsq，看能否找到合适的forward。
  io.lsq.uop := s1_uop
  io.lsq.sqIdx := s1_uop.sqIdx
  io.lsq.sqIdxMask := DontCare    // will be overwritten by sqIdxMask pre-generated in s0
  io.lsq.mask := s1_mask
  io.lsq.pc := s1_uop.cf.pc         // FIXME: remove it

  // ld-ld violation query              ///向Lsq询问有否ld-ld冲突，LoadUnit与Lsq之间可能有冲突。
  io.loadViolationQueryReq.valid := io.in.valid && !(s1_exception || s1_tlb_miss || io.s1_kill || s1_is_prefetch)
  io.loadViolationQueryReq.bits.paddr := s1_paddr_dup_lsu
  io.loadViolationQueryReq.bits.uop := s1_uop

  // st-ld violation query              ///接受来自StoreUnit的询问，确定有否st-ld冲突。
  val needReExecuteVec = Wire(Vec(StorePipelineWidth, Bool()))          ///这是个宽度为StorePipelineWidth（=2）的位图
  val needReExecute = Wire(Bool())

  for (w <- 0 until StorePipelineWidth) {   /// io.reExecuteQuery是从StoreUnit发来的询问，目的是防止发生st-ld冲突。
    //   needReExecute valid when
    //   1. ReExecute query request valid.                                    ///有来自下层的reExecuteQuery
    //   2. Load instruction is younger than requestors(store instructions).  ///ld指令在st指令之后
    //   3. Physical address match.                                           ///并且物理地址相同
    //   4. Data contains.                                                    ///数据是要求读出的（取决于s1_mask）
    needReExecuteVec(w) := io.reExecuteQuery(w).valid &&
                           isAfter(io.in.bits.uop.robIdx, io.reExecuteQuery(w).bits.robIdx) && !s1_tlb_miss &&
                           (s1_paddr_dup_lsu(PAddrBits-1, 3) === io.reExecuteQuery(w).bits.paddr(PAddrBits-1, 3)) &&
                           (s1_mask & io.reExecuteQuery(w).bits.mask).orR
  }  ///end for (w <- 0 until StorePipelineWidth)，所得needReExecuteVec是个位图，宽度为2。注意这里是所有条件相与。

  needReExecute := needReExecuteVec.asUInt.orR              ///只要位图中有一位是1即为true
  io.needReExecute := needReExecute                         ///对（来自StoreUnit的）io.reExecuteQuery的回答

  // Generate forwardMaskFast to wake up insts earlier
  val forwardMaskFast = io.lsq.forwardMaskFast.asUInt | io.sbuffer.forwardMaskFast.asUInt
  io.fullForwardFast := ((~forwardMaskFast).asUInt & s1_mask) === 0.U
  // Generate feedback signal caused by:
```

```
  // * dcache bank conflict
  // * need redo ld-ld violation check
  val needLdVioCheckRedo = io.loadViolationQueryReq.valid && !io.loadViolationQueryReq.ready &&
                                                RegNext (io.csrCtrl.ldld_vio_check_enable)
  io.needLdVioCheckRedo := needLdVioCheckRedo

  // make nanhu rs feedback port happy              ///nanhu应该是"南湖"，那是香山的版本之一。
  // if a load flow comes from rs, always feedback hit (no need to replay from rs)   ///不是Replay才有反馈：
  io.rsFeedback.valid := Mux(io.in.bits.isLoadReplay, false.B, io.in.valid && !io.s1_kill && !s1_is_hw_prefetch)
  io.rsFeedback.bits.hit := true.B          // we have found s1_bank_conflict / re do ld-ld violation check
  io.rsFeedback.bits.rsIdx := io.in.bits.rsIdx
  io.rsFeedback.bits.flushState := io.in.bits.ptwBack
  io.rsFeedback.bits.sourceType := Mux(s1_bank_conflict, RSFeedbackType.bankConflict, RSFeedbackType.ldVioCheckRedo)
  io.rsFeedback.bits.dataInvalidSqIdx := DontCare

  // request replay from load replay queue, fast port
  io.replayFast.valid := io.in.valid && !io.s1_kill && !s1_is_hw_prefetch                ///io.replayFast去向Lsq
  io.replayFast.ld_ld_check_ok := !needLdVioCheckRedo || s1_is_sw_prefetch
  io.replayFast.st_ld_check_ok := !needReExecute || s1_is_sw_prefetch
  io.replayFast.cache_bank_no_conflict := !s1_bank_conflict || s1_is_sw_prefetch
  io.replayFast.ld_idx := io.in.bits.uop.lqIdx.value
  io.replayFast.debug := io.in.bits.uop.debugInfo

  // if replay is detected in load_s1, load inst will be canceled immediately
  io.out.valid := io.in.valid && (!needLdVioCheckRedo && !s1_bank_conflict && !needReExecute || s1_is_sw_prefetch)
                                                                                          && !io.s1_kill
  io.out.bits.paddr := s1_paddr_dup_lsu                          /// LoadUnit_S1的io.out去向LoadUnit_S2.io.in
  io.out.bits.tlbMiss := s1_tlb_miss
  // current ori test will cause the case of ldest == 0, below will be modifeid in the future. af & pf exception were modified
  io.out.bits.uop.cf.exceptionVec(loadPageFault) := io.dtlbResp.bits.excp(0).pf.ld          /// pf意为Page Fault
  io.out.bits.uop.cf.exceptionVec(loadAccessFault) := io.dtlbResp.bits.excp(0).af.ld        /// af意为Access Fault
  io.out.bits.ptwBack := io.dtlbResp.bits.ptwBack                  ///表示PTW已发回响应，这与虚存地址映射有关。
  io.out.bits.rsIdx := io.in.bits.rsIdx
  io.in.ready := !io.in.valid || io.out.ready
}  ///end class LoadUnit_S1
```

同样，LoadUnit_S1 的代码中没有寄存器，也是组合电路，但是实际上在其输入和输出两端都有寄存器。

从这里开始，我们看到代码中有些逻辑信号（变量）名中带有 dup 字样，这是因为：一个/一组逻辑信号来自一个/一组逻辑门的输出，而门的负载能力是有限的，一个门的负载能力称为这个门的"扇出（fanout）"。另一方面，一个门的输出会被用作若干个门的输入，其实际的数量也被称作该输出门的"扇出"即其实际负载。如果实际负载超过了输出门的负载能力，信号的波形就会变坏。所以，当一个门的输出要被用于很多门的输入（例如很多比较器的输入）时，就需要先把输出门的信号复制几份，再由这些复制的信号去驱动更多的门。但是，复制也不是简单地以这个门的输出为蓝本加以复制，而是要从这个门的输入着手，并行地另外生成一个信号出来，这样一方面是减小一个门的延迟。另一方面是这些重复生成（这里的 dup 应该理解成"重复"而不是"复制"）的多个信号都有相同的时序。这样的问题，在只关心逻辑的软件中是不存在的，但是在硬件中就不仅仅是逻辑的问题，而还有驱动能力和时序的问题。

在 S1 阶段，LoadUnit_S1 收到了 TLB 的回应，从而有了目标存储单元的物理地址，于是就将其发送给 Lsq 和 Sbuffer，看能否找到对口的 forward。此外 LoadUnit_S1 还有两个事情要做，一是要看与 Lsq 之间是否有 ld-ld 冲突，二是接受 StoreUnit 的询问，看是否有 st-ld 冲突。

然后就将信息组装在其 io.out 中，这同样是个 LsPipelineBundle，将其转递给 LoadUnit_S2（见 LoadUnit 代码中的 PipelineConnect 连接）。下面是 LoadUnit_S2 的代码：

```
[XSCoreBae > MemBlock > MemBlockImp > LoadUnit > LoadUnit_S2]
// Load Pipeline Stage 2
// DCache resp
class LoadUnit_S2(implicit p: Parameters) extends XSModule
                                with HasLoadHelper with HasCircularQueuePtrHelper with HasDCacheParameters {
  val io = IO(new Bundle() {
    val in = Flipped(Decoupled(new LsPipelineBundle))                    ///来自 LoadUnit_S1
    val out = Decoupled(new LsPipelineBundle)                            ///连到 Lsq 的输入端
    val rsFeedback = ValidIO(new RSFeedback)
    val replaySlow = new LoadToLsqSlowIO
    val dcacheResp = Flipped(DecoupledIO(new DCacheWordResp))           ///来自 DCache 的回应
    val pmpResp = Flipped(new PMPRespBundle())
    val lsq = new LoadForwardQueryIO
    val dataInvalidSqIdx = Input(UInt())
    val sbuffer = new LoadForwardQueryIO
    val dataForwarded = Output(Bool())
    val s2_dcache_require_replay = Output(Bool())
    val fullForward = Output(Bool())
    val dcache_kill = Output(Bool())
    val s3_delayed_load_error = Output(Bool())
    val loadViolationQueryResp = Flipped(Valid(new LoadViolationQueryResp))
    val csrCtrl = Flipped(new CustomCSRCtrlIO)
    val sentFastUop = Input(Bool())
    val static_pm = Input(Valid(Bool())) // valid for static, bits for mmio
    val s2_can_replay_from_fetch = Output(Bool())        // dirty code
    val loadDataFromDcache = Output(new LoadDataFromDcacheBundle)      ///在 LoadUnit 中连接到 s3_loadDataFromDcache
    val reExecuteQuery = Flipped(Vec(StorePipelineWidth, Valid(new LoadReExecuteQueryIO)))
    val needReExecute = Output(Bool())
    // forward tilelink D channel
    val forward_D = Input(Bool())
    val forwardData_D = Input(Vec(8, UInt(8.W)))

    // forward mshr data
    val forward_mshr = Input(Bool())
    val forwardData_mshr = Input(Vec(8, UInt(8.W)))

    // indicate whether forward tilelink D channel or mshr data is valid
    val forward_result_valid = Input(Bool())

    val s2_forward_fail = Output(Bool())
```

```
}) ///end val io

val pmp = WireInit(io.pmpResp)                          ///来自 PMP 的回应
when (io.static_pm.valid) {
  pmp.ld := false.B
  pmp.st := false.B
  pmp.instr := false.B
  pmp.mmio := io.static_pm.bits
}

val s2_is_prefetch = io.in.bits.isPrefetch
val s2_is_hw_prefetch = io.in.bits.isHWPrefetch

val forward_D_or_mshr_valid = io.forward_result_valid && (io.forward_D || io.forward_mshr)

// exception that may cause load addr to be invalid / illegal
// if such exception happen, that inst and its exception info will be force writebacked to rob
val s2_exception_vec = WireInit(io.in.bits.uop.cf.exceptionVec)
s2_exception_vec(loadAccessFault) := io.in.bits.uop.cf.exceptionVec(loadAccessFault) || pmp.ld
// soft prefetch will not trigger any exception (but ecc error interrupt may be triggered)
when (s2_is_prefetch) { s2_exception_vec := 0.U.asTypeOf(s2_exception_vec.cloneType) }
val s2_exception = ExceptionNO.selectByFu(s2_exception_vec, lduCfg).asUInt.orR && !io.in.bits.tlbMiss

// writeback access fault caused by ecc error / bus error
// * ecc data error is slow to generate, so we will not use it until load stage 3 in load stage 3, an extra signal io.load_error will be used to
// now cache ecc error will raise an access fault at the same time, error info (including error paddr) will be write to
// an customized CSR "CACHE_ERROR"
if (EnableAccurateLoadError) {
  io.s3_delayed_load_error := io.dcacheResp.bits.error_delayed && io.csrCtrl.cache_error_enable && RegNext(io.out.valid)
} else {
  io.s3_delayed_load_error := false.B
}

val actually_mmio = pmp.mmio
val s2_uop = io.in.bits.uop
val s2_mask = io.in.bits.mask
val s2_paddr = io.in.bits.paddr
val s2_tlb_miss = io.in.bits.tlbMiss
val s2_mmio = !s2_is_prefetch && actually_mmio && !s2_exception
val s2_cache_miss = io.dcacheResp.bits.miss && !forward_D_or_mshr_valid
val s2_cache_replay = io.dcacheResp.bits.replay && !forward_D_or_mshr_valid
val s2_cache_tag_error = io.dcacheResp.bits.tag_error
val s2_forward_fail = io.lsq.matchInvalid || io.sbuffer.matchInvalid
val s2_ldld_violation = io.loadViolationQueryResp.valid &&
                        io.loadViolationQueryResp.bits.have_violation && RegNext(io.csrCtrl.ldld_vio_check_enable)
val s2_data_invalid = io.lsq.dataInvalid && !s2_ldld_violation && !s2_exception
```

```
io.s2_forward_fail := s2_forward_fail
io.dcache_kill := pmp.ld || pmp.mmio            // move pmp resp kill to outside
io.dcacheResp.ready := true.B
val dcacheShouldResp = !(s2_tlb_miss || s2_exception || s2_mmio || s2_is_prefetch)
assert(!(io.in.valid && (dcacheShouldResp && !io.dcacheResp.valid)), "DCache response got lost")

// merge forward result
// lsq has higher priority than sbuffer
val forwardMask = Wire(Vec(8, Bool()))
val forwardData = Wire(Vec(8, UInt(8.W)))

val fullForward = ((~forwardMask.asUInt).asUInt & s2_mask) === 0.U && !io.lsq.dataInvalid
io.lsq := DontCare
io.sbuffer := DontCare
io.fullForward := fullForward

// generate XLEN/8 Muxs
for (i <- 0 until XLEN / 8) {       ///获取来自 Lsq 或 Sbuffer 的 forward 数据：
  forwardMask(i) := io.lsq.forwardMask(i) || io.sbuffer.forwardMask(i)
  forwardData(i) := Mux(io.lsq.forwardMask(i), io.lsq.forwardData(i), io.sbuffer.forwardData(i))
}  ///如果 forwardMask(i)为 true 则 forwardData(i)有效

io.out.valid := io.in.valid &&
  !s2_tlb_miss &&                                             // always request replay and cancel current flow if tlb miss
  (!s2_data_invalid && !io.needReExecute || s2_is_prefetch) &&   // prefetch does not care about ld-st dependency
  !s2_is_hw_prefetch                                          // hardware prefetch flow should not be writebacked
   ///LoadUnit_S2 的 io.out 去向 LoadUnit 的 io.lsq.loadIn，即 LqWriteBundle，这是对 LsPipelineBundle 的扩充。
// Inst will be canceled in store queue / lsq, so we do not need to care about flush in load / store unit's out.valid
io.out.bits := io.in.bits                                    ///先照抄 io.in，然后再加以修改补充。
io.out.bits.data := 0.U       // data will be generated in load_s3
// when exception occurs, set it to not miss and let it write back to rob (via int port)
if (EnableFastForward) {
  io.out.bits.miss := s2_cache_miss && !s2_exception && !fullForward && !s2_is_prefetch
} else {
  io.out.bits.miss := s2_cache_miss && !s2_exception && !s2_is_prefetch
}
io.out.bits.uop.ctrl.fpWen := io.in.bits.uop.ctrl.fpWen && !s2_exception

io.loadDataFromDcache.respDcacheData := io.dcacheResp.bits.data_delayed
io.loadDataFromDcache.forwardMask := RegEnable (forwardMask, io.in.valid)
io.loadDataFromDcache.forwardData := RegEnable (forwardData, io.in.valid)
io.loadDataFromDcache.uop := RegEnable(io.out.bits.uop, io.in.valid)
io.loadDataFromDcache.addrOffset := RegEnable(s2_paddr(2, 0), io.in.valid)
// forward D or mshr
io.loadDataFromDcache.forward_D := RegEnable(io.forward_D, io.in.valid)
```

```
io.loadDataFromDcache.forwardData_D := RegEnable(io.forwardData_D, io.in.valid)
io.loadDataFromDcache.forward_mshr := RegEnable(io.forward_mshr, io.in.valid)
io.loadDataFromDcache.forwardData_mshr := RegEnable(io.forwardData_mshr, io.in.valid)
io.loadDataFromDcache.forward_result_valid := RegEnable(io.forward_result_valid, io.in.valid)

io.s2_can_replay_from_fetch := !s2_mmio && !s2_is_prefetch && !s2_tlb_miss

io.out.bits.mmio := s2_mmio
io.out.bits.uop.ctrl.flushPipe := s2_mmio && io.sentFastUop
io.out.bits.uop.cf.exceptionVec := s2_exception_vec        // cache error not included

// For timing reasons, sometimes we can not let
// io.out.bits.miss := s2_cache_miss && !s2_exception && !fullForward
// We use io.dataForwarded instead. It means:
// 1. Forward logic have prepared all data needed, and dcache query is no longer needed.
// 2. ... or data cache tag error is detected, this kind of inst will not update miss queue. That is to say, if miss, that inst may not be refilled
// Such inst will be writebacked from load queue.
io.dataForwarded := s2_cache_miss && !s2_exception && (fullForward || io.csrCtrl.cache_error_enable && s2_cache_tag_error)
// io.out.bits.forwardX will be send to lq
io.out.bits.forwardMask := forwardMask
// data from dcache is not included in io.out.bits.forwardData
io.out.bits.forwardData := forwardData

io.in.ready := io.out.ready || !io.in.valid

// st-ld violation query
val needReExecuteVec = Wire(Vec(StorePipelineWidth, Bool()))
val needReExecute = Wire(Bool())

for (i <- 0 until StorePipelineWidth) {
  //   NeedFastRecovery Valid when
  //   1. Fast recovery query request Valid.                                   ///有来自下层的reExecuteQuery
  //   2. Load instruction is younger than requestors(store instructions).     ///ld 指令在 st 指令之后
  //   3. Physical address match.                                              ///并且物理地址相同
  //   4. Data contains.                                                       ///数据是要求读出的（取决于 s2_mask）
  needReExecuteVec(i) := io.reExecuteQuery(i).valid &&
                          isAfter(io.in.bits.uop.robIdx, io.reExecuteQuery(i).bits.robIdx) && !s2_tlb_miss &&
                          (s2_paddr(PAddrBits-1,3) === io.reExecuteQuery(i).bits.paddr(PAddrBits-1, 3)) &&
                          (s2_mask & io.reExecuteQuery(i).bits.mask).orR
}   ///end for，与前面 LoadUnit_S1 中的 needReExecuteVec 几乎相同，但这里是 s2_paddr 和 s2_mask。
needReExecute := needReExecuteVec.asUInt.orR
io.needReExecute := needReExecute

// rs slow feedback port in nanhu is not used for now
io.rsFeedback.valid := false.B
io.rsFeedback.bits := DontCare
```

```
// request replay from load replay queue, fast port                    ///LoadUnit_S2 的 io.replaySlow 是个 LoadToLsqSlowIO
io.replaySlow.valid := io.in.valid && !s2_is_hw_prefetch      // hardware prefetch flow should not be reported to load replay queue
io.replaySlow.tlb_hited := !s2_tlb_miss
io.replaySlow.st_ld_check_ok := !needReExecute || s2_is_prefetch          // Note: soft prefetch does not care about ld-st dependency
if (EnableFastForward) {
  io.replaySlow.cache_no_replay := !s2_cache_replay || s2_is_prefetch || s2_mmio || s2_exception || fullForward
}else {
  io.replaySlow.cache_no_replay := !s2_cache_replay || s2_is_prefetch || s2_mmio || s2_exception || io.dataForwarded
}
io.replaySlow.forward_data_valid := !s2_data_invalid || s2_is_prefetch      // Note: soft prefetch does not care about ld-st dependency
io.replaySlow.cache_hited := !io.out.bits.miss || io.out.bits.mmio
io.replaySlow.can_forward_full_data := io.dataForwarded
io.replaySlow.ld_idx := io.in.bits.uop.lqIdx.value
io.replaySlow.data_invalid_sq_idx := io.dataInvalidSqIdx
io.replaySlow.replayCarry := io.dcacheResp.bits.replayCarry
io.replaySlow.miss_mshr_id := io.dcacheResp.bits.mshr_id
io.replaySlow.data_in_last_beat := io.in.bits.paddr(log2Up(refillBytes))
io.replaySlow.debug := io.in.bits.uop.debugInfo

// To be removed
val s2_need_replay_from_rs = Wire(Bool())
if (EnableFastForward) {
  s2_need_replay_from_rs := needReExecute ||
    s2_tlb_miss ||                                          // replay if dtlb miss
    s2_cache_replay && !s2_is_prefetch && !s2_mmio && !s2_exception && !fullForward ||
                                                            // replay if dcache miss queue full / busy
    s2_data_invalid && !s2_is_prefetch                      // replay if store to load forward data is not ready
} else {
  // Note that if all parts of data are available in sq / sbuffer, replay required by dcache will not be scheduled
  s2_need_replay_from_rs := needReExecute ||
    s2_tlb_miss || // replay if dtlb miss
    s2_cache_replay && !s2_is_prefetch && !s2_mmio && !s2_exception && !io.dataForwarded ||
                                                            // replay if dcache miss queue full / busy
    s2_data_invalid && !s2_is_prefetch                      // replay if store to load forward data is not ready
}

// s2_cache_replay is quite slow to generate, send it separately to LQ
if (EnableFastForward) {
  io.s2_dcache_require_replay := s2_cache_replay && !fullForward
} else {
  io.s2_dcache_require_replay := s2_cache_replay && s2_need_replay_from_rs &&
                                    !io.dataForwarded && !s2_is_prefetch && io.out.bits.miss
}
///性能统计从略
}   ///end class LoadUnit_S2
```

又是这样，LoadUnit_S2 的输入/输出端口也不带寄存器，内部也没有寄存器，所以是组合电路。

LoadUnit 在 S2 阶段的一项重要工作就是 forward 数据的收集，主要是从 Lsq 和 Sbuffer，也包括来自 DCache 的 forward 数据，后者包括来自 D 通道和 MissQueue。收集自 Lsq 和 Sbuffer 的 forward 意味着更强的优化，因为所抄的近路比较大，收集来的 forwardMask 和 forwardData 在输出 io.out 中，而来自 DCache 的 forward 数据则在 io.loadDataFromDcache 中。

LoadUnit_S2 的输出，就不是像 S0、S1 那样逐级下传了，因为 S2 已是 LoadUnit 的最后阶段。从前面 LoadUnit 的代码中我们可以看到，load_s2.io.out 经 hitLoadOut 连到了 LoadUnit 的外部接口 io.ldout 上，这就是作为指令执行单元的输出结果。另外，load_s2.io.out 也被连接到 LoadUnit 的 io.lsq.loadIn。LoadUnit_S2 的 out 接口，其类型为 LsPipelineBundle；而 LoadUnit 中 hitLoadOut 的类型就是 ExuOutput 了。当然，LoadUnit 的 io.ldout 也是 ExuOutput。至于 LsqWrappper 的 loadIn 接口，则其类型为 LqWriteBundle。

前面 MemBlock 的代码中有这么几个语句：

```
for (i <- 0 until exuParameters.LduCnt) {
  …
  lsq.io.loadIn(i) <> loadUnits(i).io.lsq.loadIn                    ///LqWriteBundle向量，这是对LsPipelineBundle的扩充，见前。
  lsq.io.ldout(i) <> loadUnits(i).io.lsq.ldout                      ///ExuOutput向量，LoadUnit的输出也是ExuOutput。
  lsq.io.ldRawDataOut(i) <> loadUnits(i).io.lsq.ldRawData           ///ldRawDataOut是Lsq的输出，在LoadUnit这一边是输入
  lsq.io.s2_load_data_forwarded(i) <> loadUnits(i).io.lsq.s2_load_data_forwarded    ///LoadUnit都有个s2_load_data_forwarded输出
  lsq.io.trigger(i) <> loadUnits(i).io.lsq.trigger
}
```

这说明 Lsq 的 loadIn 和 ldout 都与 LoadUnit 的 lsq 接口对接。从 LoadUnit 到 Lsq 已经不是 ExuInput，但是从 Lsq 回到 LoadUnit 的已经是 ExuOutput。

前面说过，LoadUnit 中的 load_s0、load_s1、load_s2 是三块组合电路，这三块电路串联在一起就构成了 LoadUnit 的主体。这里我们再从 LoadUnit 的 io.in 开始看一下，这三块电路是如何串联，一直通到 Lsq 的：

```
load_s0.io.in <> io.ldin                                            ///LoadUnit的io.ldin直接连到load_s0.io.in
val s1_data = PipelineConnect (load_s0.io.out, load_s1.io.in, true.B,
                   load_s0.io.out.bits.uop.robIdx.needFlush(io.redirect) && !s0_tryPointerChasing).get
PipelineConnect (load_s1.io.out, load_s2.io.in, true.B,
                   load_s1.io.out.bits.uop.robIdx.needFlush(io.redirect) || cancelPointerChasing)
           ///load_s0.io.out通过PipelineConnect连到load_s1.io.in，load_s1.io.out又通过PipelineConnect连到load_s2.io.in。
// writeback to LSQ
// Current dcache use MSHR
// Load queue will be updated at s2 for both hit/miss int/fp load
io.lsq.loadIn.valid := load_s2.io.out.valid && !load_s2.io.out.bits.isHWPrefetch       ///load_s2.io.out连到io.lsq.loadIn
io.lsq.loadIn.bits.fromLsPipelineBundle(load_s2.io.out.bits)
```

这就是从 LoadUnit 输入端到 Lsq 输入端的“主航道”，其间也有些支流，但那都不是主要的。

从 load_s0 到 load_s1，再从 load_s1 到 load_s2，都是通过 object PipelineConnect 相连的，这个名称容易使人联想到流水线，其实这个所谓“管道”与流水线并无关系，只是一个可控的单向连接而已，但是在这个连接中有寄存器。下面是这个 object 的代码：

```
object PipelineConnect {
  def connect[T <: Data]( left: DecoupledIO[T], right: DecoupledIO[T], rightOutFire: Bool, isFlush: Bool, block: Bool ): T = {
    val valid = RegInit(false.B)                          ///这是一个寄存器，在控制通路上
    val leftFire = left.valid && right.ready && !block
    when (rightOutFire) { valid := false.B }
    when (leftFire) { valid := true.B }
    when (isFlush) { valid := false.B }                   ///有Flush就不让输出

    left.ready := right.ready && !block                   ///通过block可以阻止上游方向信号的到来
    val data = RegEnable(left.bits, leftFire)             ///这是另一个寄存器，在数据通路上。
    right.bits := data                                    ///下游方向的输出来自两个寄存器
    right.valid := valid
    data
  }  ///end connect()，参数left和right是连接的两端，left在上游方向。

  def apply[T <: Data]( left: DecoupledIO[T], right: DecoupledIO[T], rightOutFire: Bool, isFlush: Bool,
                                  block: Bool = false.B, moduleName: Option[String] = None ): Option[T] = {
    if (moduleName.isDefined) {
      val pipeline = Module(new PipelineConnectPipe(left.bits))                  ///调用PipelineConnectPipe()
      pipeline.suggestName(moduleName.get)
      pipeline.io.in <> left
      pipeline.io.rightOutFire := rightOutFire
      pipeline.io.isFlush := isFlush
      pipeline.io.out <> right
      pipeline.io.out.ready := right.ready && !block
      None
    }
    else {
      // do not use module here to please DCE
      Some(connect(left, right, rightOutFire, isFlush, block))        ///调用上面的connect()函数
    }
  }  ///如果调用时至少给了4个参数，而且第3个和4个参数都是Bool，那就是调用这个apply()。

  def apply[T <: Data, FlushT <: Data]( left: DecoupledIO[T], right: DecoupledIO[T], flushFunc: (T, FlushT) => Bool,
                                          flush: FlushT, moduleName: Option[String] ): Unit = {
    val pipe_buffer = Module(new PipelineConnectBuffer(left.bits, flush, flushFunc))     ///调用PipelineConnectBuffer()
    if(moduleName.nonEmpty) pipe_buffer.suggestName(moduleName.get)
    pipe_buffer.io.in <> left
    pipe_buffer.io.out <> right
    pipe_buffer.io.flush := flush
  }  ///如果调用时至少给了4个参数，而且第3个参数是个函数，那就可能是调用这个apply()。

  def apply[T <: Data, FlushT <: Data, ExtraT <: Data]( left: DecoupledIO[T], right: DecoupledIO[T], flushFunc: (T, FlushT) => Bool,
             flush: FlushT, extraGen: ExtraT, extraLatency: Int): PipelineConnectBufferWithExtraData[T, FlushT, ExtraT] = {
    val pipe_buffer = Module(new PipelineConnectBufferWithExtraData(left.bits, flush, flushFunc, extraGen, extraLatency))
    pipe_buffer.io.in <> left
```

```
    pipe_buffer.io.out <> right
    pipe_buffer.io.flush := flush
    pipe_buffer
  }  ///如果调用时给了6个参数，那就是调用这个apply()。
}  ///end object PipelineConnect
```

这个 object PipelineConnect，最简单的情况就是在调用时给了 4 个参数，而且第 3 个和 4 个参数都是 Bool，那就是调用上面的第一个 apply()，而且 moduleName.isDefined 为 false（参数 moduleName 默认为 None）。前面对 PipelineConnect 恰好就是这样。在这种最简单的情况下，实际上就是在上游 left 与下游 right 之间插入了一个寄存器。如果给定的参数不是这样，则情况稍为复杂一些，例如可能会创建一个 PipelineConnectPipe 对象，把这个 PipelineConnectPipe 串接在上下游之间，但 PipelineConnectPipe 最终还是会调用 PipelineConnect.connect()。所以逻辑上是等价的。或者，更复杂一些的是把 PipelineConnectBuffer 或者 PipelineConnectBufferWithExtraData 串接在上下游之间，但是最终逻辑上还是一样的，反正就是在上下游之间插入了寄存器。由于寄存器的插入，尽管 load_s1 和 load_s2 本身都是组合电路，但他们的输入端有了寄存器，那就变成流水线中的工位，使 load_s0/load_s1/load_s2 变成了流水线。于是 LoadUnit 就是个三阶段的流水线。

27.5 数据存储单元 StoreUnit

看完 LoadUnit，下面是 st 指令的执行单元 StoreUnit。同样，StoreUnit 分 S0/S1/S2/S3 四个阶段，而且前后阶段之间是通过 PipelineConnect 连接的，里面藏着寄存器，所以这 4 个阶段构成了 StoreUnit 的流水线：

```
[XSCoreBae > MemBlock > MemBlockImp > StoreUnit]
class StoreUnit(implicit p: Parameters) extends XSModule {
  val io = IO(new Bundle() {
    val stin = Flipped(Decoupled(new ExuInput))                    ///代表着输入待执行指令的ExuInput
    val redirect = Flipped(ValidIO(new Redirect))
    val feedbackSlow = ValidIO(new RSFeedback)                      ///去向ReservationStation
    val tlb = new TlbRequestIO()                                    ///去向TLB
    val pmp = Flipped(new PMPRespBundle())                          ///来自PMP的回应
    val rsIdx = Input(UInt(log2Up(IssQueSize).W))
    val isFirstIssue = Input(Bool())
    val lsq = ValidIO(new LsPipelineBundle)                         ///去向Lsq
    val lsq_replenish = Output(new LsPipelineBundle())
    val stout = DecoupledIO(new ExuOutput)      // writeback store  ///整个StoreUnit执行单元的输出，ExuOutput。
    // store mask, send to sq in store_s0
    val storeMaskOut = Valid(new StoreMaskBundle)
    val reExecuteQuery = Valid(new LoadReExecuteQueryIO)
    val issue = Valid(new ExuInput)                                 ///连到MemBlock外部接口上的stIn，源自指令调度。
    val debug_ls = Output(new DebugLsInfoBundle)
  })  ///end val io

  val store_s0 = Module(new StoreUnit_S0)
  val store_s1 = Module(new StoreUnit_S1)
  val store_s2 = Module(new StoreUnit_S2)
  val store_s3 = Module(new StoreUnit_S3)
```

```
  store_s0.io.in <> io.stin                                          /// store_s0是输入ExuInput的第一站
  store_s0.io.dtlbReq <> io.tlb.req                                  ///将store_s0连到TLB
  io.tlb.req_kill := false.B
  store_s0.io.rsIdx := io.rsIdx
  store_s0.io.isFirstIssue := io.isFirstIssue

  io.storeMaskOut.valid := store_s0.io.in.valid
  io.storeMaskOut.bits.mask := store_s0.io.out.bits.mask
  io.storeMaskOut.bits.sqIdx := store_s0.io.out.bits.uop.sqIdx

  PipelineConnect(store_s0.io.out, store_s1.io.in, true.B, store_s0.io.out.bits.uop.robIdx.needFlush(io.redirect))
                                                                     ///建立从store_s0输出到store_s1输入的管道
  io.issue.valid := store_s1.io.in.valid && !store_s1.io.dtlbResp.bits.miss
  io.issue.bits := RegEnable(store_s0.io.in.bits, store_s0.io.in.valid)   ///把store_s0.io.in连到StoreUnit的issue输入。

  store_s1.io.dtlbResp <> io.tlb.resp                                ///把TLB的回应连接到store_s1
  io.lsq <> store_s1.io.lsq
  io.reExecuteQuery := store_s1.io.reExecuteQuery

  PipelineConnect(store_s1.io.out, store_s2.io.in, true.B, store_s1.io.out.bits.uop.robIdx.needFlush(io.redirect))
                                                                     ///建立从store_s1输出到store_s2输入的管道
  // feedback tlb miss to RS in store_s2
  io.feedbackSlow.bits := RegNext(store_s1.io.rsFeedback.bits)
  io.feedbackSlow.valid := RegNext(store_s1.io.rsFeedback.valid && !store_s1.io.out.bits.uop.robIdx.needFlush(io.redirect))

  store_s2.io.pmpResp <> io.pmp                                      ///把PMP的回应连接到store_s2
  store_s2.io.static_pm := RegNext(io.tlb.resp.bits.static_pm)
  io.lsq_replenish := store_s2.io.out.bits                 // mmio and exception

  PipelineConnect(store_s2.io.out, store_s3.io.in, true.B, store_s2.io.out.bits.uop.robIdx.needFlush(io.redirect))
                                                                     ///建立从store_s2输出到store_s3输入的管道
  store_s3.io.stout <> io.stout                                      /// store_s3的输出就是整个StoreUnit的输出

  ///Debug从略
}  ///end class StoreUnit
```

StoreUnit 其实没有什么事情要干（具体要进行的操作都在 DCache 中），可是它的流水线却比 LoadUnit 还长，分 S0 到 S3 四个阶段、四个模块，StoreUnit 本身的作用就是将这四个模块串联起来。这里有三个 PipelineConnect，分别将 StoreUnit_S0 连到 StoreUnit_S1，StoreUnit_S1 连到 StoreUnit_S2，StoreUnit_S2 连到 StoreUnit_S3，形成一个四阶段的流水线。

```
PipelineConnect(store_s0.io.out, store_s1.io.in, true.B, store_s0.io.out.bits.uop.robIdx.needFlush(io.redirect))
PipelineConnect(store_s1.io.out, store_s2.io.in, true.B, store_s1.io.out.bits.uop.robIdx.needFlush(io.redirect))
PipelineConnect(store_s2.io.out, store_s3.io.in, true.B, store_s2.io.out.bits.uop.robIdx.needFlush(io.redirect))
```

如前所述，调用 object PipelineConnect 时的第三、第四两个参数都是布尔量，属于最简单的 PipelineConnect，但是里面同样有寄存器，这三个 PipelineConnect 把四个组合电路分隔成流水线的四个工位。

我们从 StoreUnit_S0 开始：

```
[XSCoreBae > MemBlock > MemBlockImp > StoreUnit > StoreUnit_S0]
// Store Pipeline Stage 0
// Generate addr, use addr to query DCache and DTLB
class StoreUnit_S0(implicit p: Parameters) extends XSModule {
  val io = IO(new Bundle() {
    val in = Flipped(Decoupled(new ExuInput))                    /// StoreUnit_S0的输入就是整个StoreUnit的输入
    val rsIdx = Input(UInt(log2Up(IssQueSize).W))
    val isFirstIssue = Input(Bool())
    val out = Decoupled(new LsPipelineBundle)                    ///通向StoreUnit_S1
    val dtlbReq = DecoupledIO(new TlbReq)
  })  ///end val io

  // send req to dtlb
  // val saddr = io.in.bits.src(0) + SignExt(io.in.bits.uop.ctrl.imm(11,0), VAddrBits)
  val imm12 = WireInit(io.in.bits.uop.ctrl.imm(11,0))
  val saddr_lo = io.in.bits.src(0)(11,0) + Cat(0.U(1.W), imm12)
  val saddr_hi = Mux(saddr_lo(12), Mux(imm12(11), io.in.bits.src(0)(VAddrBits-1, 12), io.in.bits.src(0)(VAddrBits-1, 12)+1.U),
           Mux(imm12(11), io.in.bits.src(0)(VAddrBits-1, 12)+SignExt(1.U, VAddrBits-12), io.in.bits.src(0)(VAddrBits-1, 12)),)
  val saddr = Cat(saddr_hi, saddr_lo(11,0))

  io.dtlbReq.bits.vaddr := saddr
  io.dtlbReq.valid := io.in.valid                                ///一有输入到来，立即就向TLB发出请求。
  io.dtlbReq.bits.cmd := TlbCmd.write
  io.dtlbReq.bits.size := LSUOpType.size(io.in.bits.uop.ctrl.fuOpType)
  io.dtlbReq.bits.kill := DontCare
  io.dtlbReq.bits.memidx.is_ld := false.B
  io.dtlbReq.bits.memidx.is_st := true.B
  io.dtlbReq.bits.memidx.idx := io.in.bits.uop.sqIdx.value
  io.dtlbReq.bits.debug.robIdx := io.in.bits.uop.robIdx
  io.dtlbReq.bits.no_translate := false.B
  io.dtlbReq.bits.debug.pc := io.in.bits.uop.cf.pc
  io.dtlbReq.bits.debug.isFirstIssue := io.isFirstIssue

  io.out.bits := DontCare
  io.out.bits.vaddr := saddr

  // Now data use its own io
  io.out.bits.data := io.in.bits.src(1)        // FIXME: remove data from pipeline
  io.out.bits.uop := io.in.bits.uop
  io.out.bits.miss := DontCare
  io.out.bits.rsIdx := io.rsIdx
  io.out.bits.mask := genWmask(io.out.bits.vaddr, io.in.bits.uop.ctrl.fuOpType(1,0))
```

```
  io.out.bits.isFirstIssue := io.isFirstIssue
  io.out.bits.wlineflag := io.in.bits.uop.ctrl.fuOpType === LSUOpType.cbo_zero
  io.out.valid := io.in.valid                                              ///一有输入立即就有输出
  io.in.ready := io.out.ready
  when(io.in.valid && io.isFirstIssue) { io.out.bits.uop.debugInfo.tlbFirstReqTime := GTimer() }

  // exception check
  val addrAligned = LookupTree(io.in.bits.uop.ctrl.fuOpType(1,0), List(
    "b00".U    -> true.B,                              //b    ///8位
    "b01".U    -> (io.out.bits.vaddr(0) === 0.U),      //h    ///16位
    "b10".U    -> (io.out.bits.vaddr(1,0) === 0.U),    //w    ///32位
    "b11".U    -> (io.out.bits.vaddr(2,0) === 0.U)     //d    ///64位
  ))

  io.out.bits.uop.cf.exceptionVec(storeAddrMisaligned) := !addrAligned     ///地址未与边界对齐就要求发起AddrMisaligned异常

  ///性能统计从略
}  ///end class StoreUnit_S0，主要是发出对dtlb的地址映射请求，并将输入ExuInput转化成输出LsPipelineBundle。
```

StoreUnit_S0 的操作就只是向 TLB 发出地址转换请求。然后就是从 io.in 这个 ExuInput 把信息转到 io.in 这个 LsPipelineBundle 中，然后就往下传，下一步就是 StoreUnit_S1：

```
[XSCoreBase > MemBlock > MemBlockImp > LsqWrappper > LsPipelineBundle]
class LsPipelineBundle(implicit p: Parameters) extends XSBundleWithMicroOp with HasDCacheParameters{
  val vaddr = UInt(VAddrBits.W)                    ///有待写入的目标地址（虚存地址）
  val paddr = UInt(PAddrBits.W)                    ///有待写入的目标地址（物理地址）
  val mask = UInt(8.W)
  val data = UInt((XLEN+1).W)                      ///有待写入的数据
  val wlineflag = Bool()          // store write the whole cache line

  val miss = Bool()
  val tlbMiss = Bool()                             ///在TLB中不命中
  val ptwBack = Bool()
  val mmio = Bool()
  val atomic = Bool()                              ///这是条AMO指令
  val rsIdx = UInt(log2Up(IssQueSize).W)

  val forwardMask = Vec(8, Bool())
  val forwardData = Vec(8, UInt(8.W))

  // prefetch
  val isPrefetch = Bool()
  val isHWPrefetch = Bool()
  def isSWPrefetch = isPrefetch && !isHWPrefetch

  // For debug usage
```

```
    val isFirstIssue = Bool()

    // For load replay
    val isLoadReplay = Bool()
    val replayCarry = new ReplayCarry

    // For dcache miss load
    val mshrid = UInt(log2Up(cfg.nMissEntries).W)

    val forward_tlDchannel = Bool()
}   ///end class LsPipelineBundle
```

注意这是对 XSBundleWithMicroOp 的扩充，说明指令本身的 MicroOp 也需要下传，但是当然对于内存写入而言最关键的还是目标地址和数据，即这里的 vaddr/paddr 和 data。其中有些字段的值此刻还不知道，所以还是空白。

所以，在内存写入这个流程中，从 StoreUnit_S0 的输出开始，所流通的对象已经变成了 LsPipelineBundle 上的信号，从 StoreUnit_S0 到 StoreUnit_S1 并一致向下，主流程上的连接都是 LsPipelineBundle。

下面就是 StoreUnit_S1：

```
[XSCoreBae > MemBlock > MemBlockImp > StoreUnit > StoreUnit_S1]
// Store Pipeline Stage 1
// TLB resp (send paddr to dcache)
class StoreUnit_S1(implicit p: Parameters) extends XSModule {
    val io = IO(new Bundle() {
        val in = Flipped(Decoupled(new LsPipelineBundle))
        val out = Decoupled(new LsPipelineBundle)
        val lsq = ValidIO(new LsPipelineBundle())
        val dtlbResp = Flipped(DecoupledIO(new TlbResp()))
        val rsFeedback = ValidIO(new RSFeedback)
        val reExecuteQuery = Valid(new LoadReExecuteQueryIO)             ///通往LoadUnit，见那里needReExecuteVec的计算
    })  ///end val io

    // mmio cbo decoder
    val is_mmio_cbo = io.in.bits.uop.ctrl.fuOpType === LSUOpType.cbo_clean ||
                              its.uop.ctrl.fuOpType === LSUOpType.cbo_flush || ts.uop.ctrl.fuOpType === LSUOpType.cbo_inval
    val s1_paddr = io.dtlbResp.bits.paddr(0)                              ///来自TLB的物理地址已经到位
    val s1_tlb_miss = io.dtlbResp.bits.miss                               ///如果TLB中无匹配表项
    val s1_mmio = is_mmio_cbo
    val s1_exception = ExceptionNO.selectByFu(io.out.bits.uop.cf.exceptionVec, staCfg).asUInt.orR
    io.in.ready := true.B
    io.dtlbResp.ready := true.B              // TODO: why dtlbResp needs a ready?

    // st-ld violation dectect request.
    io.reExecuteQuery.valid := io.in.valid && !s1_tlb_miss                ///向LoadUnit发出reExecuteQuery，见LoadUnit_S2。
    io.reExecuteQuery.bits.robIdx := io.in.bits.uop.robIdx
    io.reExecuteQuery.bits.paddr := s1_paddr
```

```
    io.reExecuteQuery.bits.mask := io.in.bits.mask

    // Send TLB feedback to store issue queue
    // Store feedback is generated in store_s1, sent to RS in store_s2
    io.rsFeedback.valid := io.in.valid
    io.rsFeedback.bits.hit := !s1_tlb_miss
    io.rsFeedback.bits.flushState := io.dtlbResp.bits.ptwBack
    io.rsFeedback.bits.rsIdx := io.in.bits.rsIdx
    io.rsFeedback.bits.sourceType := RSFeedbackType.tlbMiss        ///tlbMiss/mshrFull/dataInvalid/bankConflict/...
    io.rsFeedback.bits.dataInvalidSqIdx := DontCare

    // get paddr from dtlb, check if rollback is needed, writeback store inst to lsq
    io.out.valid := io.in.valid && !s1_tlb_miss                    ///将StoreUnit_S1的输出发送给StoreUnit_S2
    io.out.bits := io.in.bits
    io.out.bits.paddr := s1_paddr
    io.out.bits.miss := false.B
    io.out.bits.mmio := s1_mmio
    io.out.bits.atomic := s1_mmio
    io.out.bits.uop.cf.exceptionVec(storePageFault) := io.dtlbResp.bits.excp(0).pf.st        ///TLB可能要求发起Page Fault异常
    io.out.bits.uop.cf.exceptionVec(storeAccessFault) := io.dtlbResp.bits.excp(0).af.st      ///也可能要求发起Access Fault异常

    io.lsq.valid := io.in.valid                    ///只要有输入就有向Lsq的输出
    io.lsq.bits := io.out.bits                     ///将StoreUnit_S1的输出发送给Lsq，把写入的任务交了下去。
    io.lsq.bits.miss := s1_tlb_miss

    // mmio inst with exception will be writebacked immediately
    // io.out.valid := io.in.valid && (!io.out.bits.mmio || s1_exception) && !s1_tlb_miss

    // write below io.out.bits assign sentence to prevent overwriting values
    val s1_tlb_memidx = io.dtlbResp.bits.memidx
    ///Debug与性能统计从略
}    ///end class StoreUnit_S1。从dtlb接收所映射的物理地址；向LoadUnit发送reExecuteQuery以防止st-ld冲突；
     ///暂时将io.rsFeedback.bits.sourceType设置成RSFeedbackType.tlbMiss；向Lsq发送StoreUnit_S1阶段的输出。
```

前面 StoreUnit_S0 阶段向 TLB 发送的虚存地址映射请求，TLB 的回应在 StoreUnit_S1 阶段已经到位。下面就用物理地址向 LoadUnit 发送 reExecuteQuery，以防止 st-ld 冲突。我们在前面看到，LoadUnit 这一边是在 LoadUnit_S2 接收并处理这个询问的。此外这里还向 ReservationStation 发出 rsFeedback。

然后就准备好 StoreUnit_S1 的 io.out，一方面将其发送给了 Lsq，把写入的任务交了下去；一方面就将其发送给 StoreUnit_S2。所以，StoreUnit 的流水线在 StoreUnit_S1 的输出端有了分叉，一个分叉通往 Lsq，另一个分叉经 StoreUnit_S2 和 StoreUnit_S3 最后形成了 ExuOutput 即指令的执行结果。不过存储指令 st 的执行结果其实只是个通知，说这条指令已经执行了，因为存储指令并没有目标寄存器，没有返回数据。所以，从操作流程的角度，其实 Lsq 才是在 Store 操作的主航道上，在流水线的主干上；而 StoreUnit_S2 只是流水线上的一个尾巴：

```
[XSCoreBae > MemBlock > MemBlockImp > StoreUnit > StoreUnit_S2]
class StoreUnit_S2(implicit p: Parameters) extends XSModule {
```

```
  val io = IO(new Bundle() {
    val in = Flipped(Decoupled(new LsPipelineBundle))          ///来自StoreUnit_S1的输出，但StoreUnit_S2不在流水线主干上。
    val pmpResp = Flipped(new PMPRespBundle)                   ///来自PMP的查询回应
    val static_pm = Input(Valid(Bool()))
    val out = Decoupled(new LsPipelineBundle)                  ///通往StoreUnit_S3
  })  ///end val io

  val pmp = WireInit(io.pmpResp)
  when (io.static_pm.valid) {
    pmp.ld := false.B
    pmp.st := false.B
    pmp.instr := false.B
    pmp.mmio := io.static_pm.bits
  }

  val s2_exception = ExceptionNO.selectByFu(io.out.bits.uop.cf.exceptionVec, staCfg).asUInt.orR
  val is_mmio = io.in.bits.mmio || pmp.mmio

  io.in.ready := true.B
  io.out.bits := io.in.bits                                      /// StoreUnit_S2的io.out通向StoreUnit_S3
  io.out.bits.mmio := is_mmio && !s2_exception
  io.out.bits.atomic := io.in.bits.atomic || pmp.atomic
  io.out.bits.uop.cf.exceptionVec(storeAccessFault) := io.in.bits.uop.cf.exceptionVec(storeAccessFault) || pmp.st
  io.out.valid := io.in.valid && (!is_mmio || s2_exception)             ///将StoreUnit_S2的输出发送给StoreUnit_S3
}  ///end class StoreUnit_S2，从 PMP 接收回应。
```

StoreUnit_S2 阶段除可从 PMP 模块接收回应以外别的就没有什么了，但是注意 StoreUnit_S2 的 out，我们往下看 StoreUnit_S3：

```
[XSCoreBae > MemBlock > MemBlockImp > StoreUnit > StoreUnit_S3]
class StoreUnit_S3(implicit p: Parameters) extends XSModule {               ///注意StoreUnit_S3不在主流程上
  val io = IO(new Bundle() {
    val in = Flipped(Decoupled(new LsPipelineBundle))                         ///输入是来自StoreUnit_S2的LsPipelineBundle
    val stout = DecoupledIO(new ExuOutput)             // writeback stor      ///输出是ExuOutput即存储指令的执行结果
  })

  io.in.ready := true.B

  io.stout.valid := io.in.valid
  io.stout.bits.uop := io.in.bits.uop
  io.stout.bits.data := DontCare                                 ///store指令没有对目标寄存器的写入
  io.stout.bits.redirectValid := false.B
  io.stout.bits.redirect := DontCare
  io.stout.bits.fflags := DontCare
}  ///end class StoreUnit_S3
```

最后的 io.stout 的类型是 ExuOutput，这也是整个 StoreUnit 的输出。

值得注意的是，StoreUnit 在 S2 阶段将输出 io.out 交给了 Lsq，但是在走完其四个阶段并返回之前并没有得到 Lsq 或 DCache 的确认，说数据已被写入其目标缓冲块；而只是确信：既然把任务交给了 Lsq，就一定会被写入目标缓存块，事实上真正的写入可能是在较长的时间之后，因为目标缓存块也许不在 DCache 中。

LoadUnit 和 StoreUnit 是在所谓 Lsu 这一层，这一层的下面就是以 LsqWrappper 为代表的 Lsq 这一层，实际上 LsqWrappper 里面有 LoadQueue 和 StoreQueue 两个队列这两个队列在 Lsu 与 DCache 之间起着缓冲和等待的作用，因为 DCache 在访问不命中的时候可能会有比较大的延迟。另外，在 StoreQueue 与 DCache 之间还有个 Sbuffer，用来暂存需要写入的数据。

同样，StoreUnit 流水线中的信息流通也是单向的，不过这里并不需要有反向的信息流通，StoreUnit_S1 的输出端有了分叉以后，其实 StoreUnit_S2 和 StoreUnit_S3 中的信息流通实质上就是反向的。

27.6　访存队列 LSQ

后面我们会看到，实际上 LoadUnit 和 StoreUnit 各有自己的队列 LoadQueue 和 StoreQueue，但是两个队列处于并列的地位，两个队列之间还是有一些共性，而且互相之间还有互动（主要是数据的 forward，即把待写入数据抄近路传给恰好要从同一地址读出的加载指令 ld）。更重要的是，在 RISC-V 的系统结构中，对“存储器”的读写实际上包含了对外设的读写，对外设的读写并不需要通过这两个队列，但是向上的接口还是一样。所以就把 LoadQueue 和 StoreQueue，连同对 MMIO 的读写，都封装在一起，称为 LsqWrappper，这里的 Ls 表示 Load 和 Store：

```
[XSCoreBase > MemBlock > MemBlockImp > LsqWrappper]
// Load / Store Queue Wrapper for XiangShan Out of Order LSU
class LsqWrappper(implicit p: Parameters) extends XSModule with HasDCacheParameters with HasPerfEvents {
  val io = IO(new Bundle() {
    val hartId = Input(UInt(8.W))
    val enq = new LsqEnqIO                                                          ///来自MemBlock中的enqLsq
    val brqRedirect = Flipped(ValidIO(new Redirect))
    val loadPaddrIn = Vec(LoadPipelineWidth, Flipped(Valid(new LqPaddrWriteBundle)))   /// LoadPipelineWidth=2
    val loadVaddrIn = Vec(LoadPipelineWidth, Flipped(Valid(new LqVaddrWriteBundle)))
    val replayFast = Vec(LoadPipelineWidth, Flipped(new LoadToLsqFastIO))
    val replaySlow = Vec(LoadPipelineWidth, Flipped(new LoadToLsqSlowIO))
    val loadOut = Vec(LoadPipelineWidth, Decoupled(new LsPipelineBundle))          ///与loadUnits(i).io.lsqOut相接
    val loadIn = Vec(LoadPipelineWidth, Flipped(Valid(new LqWriteBundle)))          ///与loadUnits(i).io.lsq.loadIn相接
    val storeIn = Vec(StorePipelineWidth, Flipped(Valid(new LsPipelineBundle)))     ///与具体执行单元的stu.io.lsq相接
    val storeInRe = Vec(StorePipelineWidth, Input(new LsPipelineBundle()))
    val storeDataIn = Vec(StorePipelineWidth, Flipped(Valid(new ExuOutput)))        // store data, send to sq from rs
    val storeMaskIn = Vec(StorePipelineWidth, Flipped(Valid(new StoreMaskBundle)))  // store mask, send to sq from rs
    val s2_load_data_forwarded = Vec(LoadPipelineWidth, Input(Bool()))
    val s3_delayed_load_error = Vec(LoadPipelineWidth, Input(Bool()))
    val s2_dcache_require_replay = Vec(LoadPipelineWidth, Input(Bool()))
    val s3_replay_from_fetch = Vec(LoadPipelineWidth, Input(Bool()))
    val sbuffer = Vec(EnsbufferWidth, Decoupled(new DCacheWordReqWithVaddr))             ///连接到Sbuffer
    val ldout = Vec(LoadPipelineWidth, DecoupledIO(new ExuOutput))   // writeback int load   ///连接到loadUnits(i).io.lsq.ldout
    val ldRawDataOut = Vec(LoadPipelineWidth, Output(new LoadDataFromLQBundle))
```

```
  val uncacheOutstanding = Input(Bool())
  val mmioStout = DecoupledIO(new ExuOutput)          // writeback uncached store
  val forward = Vec(LoadPipelineWidth, Flipped(new PipeLoadForwardQueryIO))
  val loadViolationQuery = Vec(LoadPipelineWidth, Flipped(new LoadViolationQueryIO))
  val rob = Flipped(new RobLsqIO)
  val rollback = Output(Valid(new Redirect))
  val refill = Flipped(ValidIO(new Refill))
  val release = Flipped(ValidIO(new Release))
  val uncache = new UncacheWordIO
  val exceptionAddr = new ExceptionAddrIO
  val sqempty = Output(Bool())                                  /// StoreQueue空
  val issuePtrExt = Output(new SqPtr)
  val sqFull = Output(Bool())                                   /// StoreQueue已满
  val lqFull = Output(Bool())                                   /// LoadQueue已满
  val lqCancelCnt = Output(UInt(log2Up(LoadQueueSize + 1).W))
  val sqCancelCnt = Output(UInt(log2Up(StoreQueueSize + 1).W))
  val sqDeq = Output(UInt(log2Ceil(EnsbufferWidth + 1).W))
  val trigger = Vec(LoadPipelineWidth, new LqTriggerIO)
})  ///end val io

val loadQueue = Module(new LoadQueue)            ///创建（读内存）加载队列LoadQueue
val storeQueue = Module(new StoreQueue)          ///创建（写内存）存储队列StoreQueue

storeQueue.io.hartId := io.hartId
storeQueue.io.uncacheOutstanding := io.uncacheOutstanding          ///Uncache的位置是在Lsq之下，与Dcache并立。

loadQueue.io.storeDataValidVec := storeQueue.io.storeDataValidVec
dontTouch(loadQueue.io.tlbReplayDelayCycleCtrl)
val tlbReplayDelayCycleCtrl = WireInit(VecInit(Seq(15.U(ReSelectLen.W), 0.U(ReSelectLen.W), 126.U(ReSelectLen.W),
                                                                                        0.U(ReSelectLen.W))))
loadQueue.io.tlbReplayDelayCycleCtrl := tlbReplayDelayCycleCtrl

// io.enq logic
// LSQ: send out canAccept when both load queue and store queue are ready
// Dispatch: send instructions to LSQ only when they are ready
io.enq.canAccept := loadQueue.io.enq.canAccept && storeQueue.io.enq.canAccept   ///两个队列都能接受才行
loadQueue.io.enq.sqCanAccept := storeQueue.io.enq.canAccept              ///loadQueue需要了解storeQueue能否接受
storeQueue.io.enq.lqCanAccept := loadQueue.io.enq.canAccept              ///两个队列需要互相知道对方的情况

for (i <- io.enq.req.indices) {     ///io.enq是个LsqEnqIO，io.enq.req是个MicroOp向量，向量长度为LsExuCnt:
  loadQueue.io.enq.needAlloc(i)        := io.enq.needAlloc(i)(0)                   ///io.enq.needAlloc是个向量
  loadQueue.io.enq.req(i).valid        := io.enq.needAlloc(i)(0) && io.enq.req(i).valid
  loadQueue.io.enq.req(i).bits         := io.enq.req(i).bits                       ///让io.enq.req进入loadQueue.io.enq.req
  loadQueue.io.enq.req(i).bits.sqIdx   := storeQueue.io.enq.resp(i)                ///还要知道其在storeQueue中的位置

  storeQueue.io.enq.needAlloc(i)       := io.enq.needAlloc(i)(1)
```

```
  storeQueue.io.enq.req(i).valid        := io.enq.needAlloc(i)(1) && io.enq.req(i).valid
  storeQueue.io.enq.req(i).bits         := io.enq.req(i).bits
  storeQueue.io.enq.req(i).bits         := io.enq.req(i).bits                   ///让io.enq.req进入storeQueue.io.enq.req
  storeQueue.io.enq.req(i).bits.lqIdx := loadQueue.io.enq.resp(i)               ///还要知道其在loadQueue中的位置

  io.enq.resp(i).lqIdx := loadQueue.io.enq.resp(i)
  io.enq.resp(i).sqIdx := storeQueue.io.enq.resp(i)
}  ///这说明，io.enq.req是同时进入loadQueue和storeQueue，尽管在两个队列中的位置可能不同。

// load queue wiring        ///LoadQueue与LsqWrappper外部接口的电路连接，都是同名信号连接：
loadQueue.io.brqRedirect <> io.brqRedirect
loadQueue.io.loadPaddrIn <> io.loadPaddrIn
loadQueue.io.loadOut <> io.loadOut
loadQueue.io.loadVaddrIn <> io.loadVaddrIn
loadQueue.io.replayFast <> io.replayFast
loadQueue.io.replaySlow <> io.replaySlow
loadQueue.io.loadIn <> io.loadIn
loadQueue.io.storeIn <> io.storeIn
loadQueue.io.s2_load_data_forwarded <> io.s2_load_data_forwarded
loadQueue.io.s3_delayed_load_error <> io.s3_delayed_load_error
loadQueue.io.s2_dcache_require_replay <> io.s2_dcache_require_replay
loadQueue.io.s3_replay_from_fetch <> io.s3_replay_from_fetch
loadQueue.io.ldout <> io.ldout
loadQueue.io.ldRawDataOut <> io.ldRawDataOut
loadQueue.io.rob <> io.rob
loadQueue.io.rollback <> io.rollback
loadQueue.io.refill <> io.refill
loadQueue.io.release <> io.release
loadQueue.io.trigger <> io.trigger
loadQueue.io.exceptionAddr.isStore := DontCare
loadQueue.io.lqCancelCnt <> io.lqCancelCnt

// store queue wiring            ///StoreQueue与LsqWrappper外部接口的电路连接，也都是同名信号连接：
storeQueue.io.brqRedirect <> io.brqRedirect
storeQueue.io.storeIn <> io.storeIn
storeQueue.io.storeInRe <> io.storeInRe
storeQueue.io.storeDataIn <> io.storeDataIn
storeQueue.io.storeMaskIn <> io.storeMaskIn
storeQueue.io.sbuffer <> io.sbuffer
storeQueue.io.mmioStout <> io.mmioStout
storeQueue.io.rob <> io.rob
storeQueue.io.exceptionAddr.isStore := DontCare
storeQueue.io.issuePtrExt <> io.issuePtrExt
storeQueue.io.sqCancelCnt <> io.sqCancelCnt
storeQueue.io.sqDeq <> io.sqDeq
```

```
loadQueue.io.load_s1 <> io.forward                    ///forward信号的连接，PipeLoadForwardQueryIO。
storeQueue.io.forward <> io.forward          // overlap forwardMask & forwardData, DO NOT CHANGE SEQUENCE

loadQueue.io.loadViolationQuery <> io.loadViolationQuery
storeQueue.io.sqempty <> io.sqempty

// rob commits for lsq is delayed for two cycles, which causes the delayed update for deqPtr in lq/sq
// s0: commit
// s1:                    exception find
// s2:                    exception triggered
// s3: ptr updated & new address
// address will be used at the next cycle after exception is triggered
io.exceptionAddr.vaddr := Mux(RegNext(io.exceptionAddr.isStore),
                              storeQueue.io.exceptionAddr.vaddr, loadQueue.io.exceptionAddr.vaddr)

// naive uncache arbiter
val s_idle :: s_load :: s_store :: Nil = Enum(3)
val pendingstate = RegInit(s_idle)                  /// pendingstate状态机，其实应该说是uncache操作状态机

switch(pendingstate){
  is(s_idle){
    when(io.uncache.req.fire() && !io.uncacheOutstanding){
      pendingstate := Mux(loadQueue.io.uncache.req.valid, s_load, Mux(io.uncacheOutstanding, s_idle, s_store))
    }  ///向uncache发送请求时，如果请求来自loadQueue就转入s_load，要不就转入s_store，除非uncacheOutstanding。
  }
  is(s_load){        ///等待，直至uncache发来回应。
    when(io.uncache.resp.fire()){ pendingstate := s_idle }
  }
  is(s_store){       ///也是等待直至uncache发来回应。
    when(io.uncache.resp.fire()){ pendingstate := s_idle }
  }
}  ///end switch(pendingstate)，不是从s_idle -> s_load -> s_idle，就是s_idle -> s_ store -> s_idle；s_load和s_ store间不会互转。

loadQueue.io.uncache := DontCare
storeQueue.io.uncache := DontCare
loadQueue.io.uncache.resp.valid := false.B
storeQueue.io.uncache.resp.valid := false.B

when(loadQueue.io.uncache.req.valid){ io.uncache.req <> loadQueue.io.uncache.req }
.otherwise{ io.uncache.req <> storeQueue.io.uncache.req }   /// io.uncache.req不是针对Load就是针对Store

when (io.uncacheOutstanding) { io.uncache.resp <> loadQueue.io.uncache.resp }
.otherwise {
  when(pendingstate === s_load){ io.uncache.resp <> loadQueue.io.uncache.resp }
  .otherwise{ io.uncache.resp <> storeQueue.io.uncache.resp }
}  /// io.uncache.resp不是来自loadQueue就是来自storeQueue
```

```
  assert(!(loadQueue.io.uncache.req.valid && storeQueue.io.uncache.req.valid))
  assert(!(loadQueue.io.uncache.resp.valid && storeQueue.io.uncache.resp.valid))
  when (!io.uncacheOutstanding) {
    assert(!((loadQueue.io.uncache.resp.valid || storeQueue.io.uncache.resp.valid) && pendingstate === s_idle))
  }

  io.lqFull := loadQueue.io.lqFull
  io.sqFull := storeQueue.io.sqFull

  val perfEvents = Seq(loadQueue, storeQueue).flatMap(_.getPerfEvents)
  generatePerfEvent()
}  ///end class LsqWrappper
```

LsqWrappper 所起的作用，除创建 Load 和 Store 两个队列，并建立这两个队列的外部连接以及极少几个互相连接之外，主要就是实现了对 Uncache 的存取。对 Uncache 的存取逻辑上等同于对内存的存取，但是不经过 LoadQueue 和 StoreQueue，更不经过 DCache，把读写 Uncache 的状态机放在 LsqWrappper 这个统一的包装中是合适的。但是实际上 LsqWrappper 的外部接口上的许多信号都是独立的，LoadQueue、StoreQueue、Uncache 各走各的道，井水不犯河水。下面是 MemBlock 中对 LsqWrappper 几个关键外部接口所建立的连接：

```
loadIn:        lsq.io.loadIn(i) <> loadUnits(i).io.lsq.loadIn      /// LsqWrappper 接口上的 loadIn 与 LoadUnit 相接
loadOut:       loadUnits(i).io.lsqOut <> lsq.io.loadOut(i)         /// LsqWrappper 接口上的 loadOut 与 LoadUnit 相接
storeIn:       stu.io.lsq <> lsq.io.storeIn(i)                     /// LsqWrappper 接口上的 loadIn 与 StoreUnit 相接
storeDataIn:   lsq.io.storeDataIn(i) := stData(i)                  /// LsqWrappper 接口上的 storeDataIn 来自 AMO 指令
sbuffer:       lsq.io.sbuffer <> sbuffer.io.in                     /// LsqWrappper 接口上的 sbuffer 与 Sbuffer 相接
ldout:         lsq.io.ldout(i) <> loadUnits(i).io.lsq.ldout        /// LsqWrappper 接口上的 ldout 与 LoadUnit 的 ldout 相接
uncache：      AddPipelineReg(lsq.io.uncache.req, uncache.io.lsq.req, false.B)   ///LsqWrappper 接口上的 uncache 通向 Uncache
enq:           lsq.io.enq <> io.enqLsq
                          ///LsqWrappper 的 enq 与 MemBlock 的 enqLsq 相接，后者来自 exuBlocks 和 ctrlBlock。
```

LsqWrappper 接口上的 enq 是公共的，既对 LoadQueue 也对 StoreQueue，其类型为 LsqEnqIO：

```
[XSCoreBase > MemBlock > MemBlockImp > LsqWrappper > LsqEnqIO]
class LsqEnqIO(implicit p: Parameters) extends XSBundle {
  val canAccept = Output(Bool())
  val needAlloc = Vec(RenameWidth, Input(UInt(2.W)))
  val req = Vec(RenameWidth, Flipped(ValidIO(new MicroOp)))
  val resp = Vec(RenameWidth, Output(new LSIdx))
}
```

其 req 成分是个 MicroOp 的向量，这说明进入 LsqWrappper 的输入也是成排的。可是我们知道 MicroOp 中并不包含源操作数（有物理寄存器号），连目标单元的虚存地址/物理地址也没有，这当然不行。所以光凭 MicroOp 不足以构成执行指令的条件，还得再补充一些信息，但是需要补充的信息就有所不同了。对于 StoreQueue，显然既要提供地址也要提供数据，而对 LoadQueue 则只需要有目标地址。前面我们看到 LsPipelineBundle 的定义，这个 Bundle 把 Store 和 Load 两个队列的要求糅合在了一起，读者可以回头看一下。

按说对于 LoadQueue 似乎可以只提供地址而无需提供数据，可是 LoadQueue 并不只是用于 Load 指令的执行，也用于 AMO 指令的执行，而 AMO 指令显然是有数据的。所以 LsqWrappper 中 io.loadIn 的类型不是 LsPipelineBundle 而是 LqWriteBundle（听着好像很奇怪，其实这里的 Lq 表示 LoadQueue，而 Write 表示"进入"队列），后者是对前者的扩充（从而也是对 XSBundleWithMicroOp 的扩充）：

```
class LqWriteBundle(implicit p: Parameters) extends LsPipelineBundle {
  // queue entry data, except flag bits, will be updated if writeQueue is true, valid bit in LqWriteBundle will be ignored
  val lq_data_wen_dup = Vec(6, Bool())          // dirty reg dup

  def fromLsPipelineBundle(input: LsPipelineBundle) = {
    vaddr := input.vaddr
    paddr := input.paddr
    mask := input.mask
    data := input.data
    uop := input.uop
    wlineflag := input.wlineflag
    …
    forward_tlDchannel := input.forward_tlDchannel
    replayCarry := input.replayCarry

    lq_data_wen_dup := DontCare
  }
}   ///end class LqWriteBundle
```

上面说的是 LsqWrappper 的输入接口，至于它的输出则主要就是对 LoadQueue 和 StoreQueue，我们在前面 LsqWrappper 的代码中看到已经直接将各种具体的信号连接到了 loadQueue 和 storeQueue，基本上都是同名信号的连接。

27.6.1 加载队列 LoadQueue

下面我们就可以看 LoadQueue 的代码了。LoadQueue 的外部接口是 LoadQueueIOBundle，我们不妨先看一下：

```
class LoadQueueIOBundle(implicit p: Parameters) extends XSBundle {
  val enq = new LqEnqIO
  val brqRedirect = Flipped(ValidIO(new Redirect))
  val loadOut = Vec(LoadPipelineWidth, Decoupled(new LsPipelineBundle))          // select load from lq to load pipeline
  val loadPaddrIn = Vec(LoadPipelineWidth, Flipped(Valid(new LqPaddrWriteBundle)))
  val loadVaddrIn = Vec(LoadPipelineWidth, Flipped(Valid(new LqVaddrWriteBundle)))
  val loadIn = Vec(LoadPipelineWidth, Flipped(Valid(new LqWriteBundle)))
  val storeIn = Vec(StorePipelineWidth, Flipped(Valid(new LsPipelineBundle)))          ///LoadQueueIOBundle中有storeIn
  val s2_load_data_forwarded = Vec(LoadPipelineWidth, Input(Bool()))
  val s3_delayed_load_error = Vec(LoadPipelineWidth, Input(Bool()))
  val s2_dcache_require_replay = Vec(LoadPipelineWidth, Input(Bool()))
  val s3_replay_from_fetch = Vec(LoadPipelineWidth, Input(Bool()))
  val ldout = Vec(2, DecoupledIO(new ExuOutput))          // writeback int load
  val ldRawDataOut = Vec(2, Output(new LoadDataFromLQBundle))
```

```
  val load_s1 = Vec(LoadPipelineWidth, Flipped(new PipeLoadForwardQueryIO))     // TODO: to be renamed
  val loadViolationQuery = Vec(LoadPipelineWidth, Flipped(new LoadViolationQueryIO))
  val rob = Flipped(new RobLsqIO)
  val rollback = Output(Valid(new Redirect))               // replay now starts from load instead of store
  val refill = Flipped(ValidIO(new Refill))                // TODO: to be renamed
  val release = Flipped(ValidIO(new Release))
  val uncache = new UncacheWordIO
  val exceptionAddr = new ExceptionAddrIO
  val lqFull = Output(Bool())
  val lqCancelCnt = Output(UInt(log2Up(LoadQueueSize + 1).W))
  val trigger = Vec(LoadPipelineWidth, new LqTriggerIO)

  // for load replay (recieve feedback from load pipe line)
  val replayFast = Vec(LoadPipelineWidth, Flipped(new LoadToLsqFastIO))
  val replaySlow = Vec(LoadPipelineWidth, Flipped(new LoadToLsqSlowIO))

  val storeDataValidVec = Vec(StoreQueueSize, Input(Bool()))
  val tlbReplayDelayCycleCtrl = Vec(4, Input(UInt(ReSelectLen.W)))
}
```

如上所述，LsqWrappper 的代码中已经将对于 LoadQueue 有用的信号都连接到了它的外部接口上。

LoadQueue 是个体量相当大的 class，其源代码有 1000 行之多，所以要需要分成很多段阅读，前面对于代码中使用的几个术语已经有过一些介绍和铺垫。

下面就是 LoadQueue 的代码：

```
[XSCoreBase > MemBlock > MemBlockImp > LsqWrappper > LoadQueue]
// Load Queue
class LoadQueue(implicit p: Parameters) extends XSModule
                    with HasDCacheParameters with HasCircularQueuePtrHelper with HasLoadHelper with HasPerfEvents{
  val io = IO(new LoadQueueIOBundle())

  val uop = Reg(Vec(LoadQueueSize, new MicroOp))          /// MicroOp 向量，向量长度 LoadQueueSize=80。
  val replayCarryReg = RegInit(VecInit(List.fill(LoadQueueSize)(ReplayCarry(0.U, false.B))))     ///LoadQueueSize=80

  val dataModule = Module(new LoadQueueDataWrapper (LoadQueueSize, wbNumWrite = LoadPipelineWidth))
        ///这就是用作数据队列的循环缓冲区，LoadPipelineWidth=2，LoadQueueSize=80。
  dataModule.io := DontCare
        ///创建 dataModule，LoadQueueDataWrapper 内部有 paddrModule 和 maskModule，用于存放物理地址
        /// LoadQueueDataWrapper 内部 paddrModule 和 maskModule 的大小都是 LoadQueueSize，即 80。

  // vaddrModule's read port 0 for exception addr, port 1 for uncache vaddr read, port {2, 3} for load replay
  val vaddrModule = Module(new SyncDataModuleTemplate(UInt(VAddrBits.W),
                                     LoadQueueSize, numRead = 1 + 1 + LoadPipelineWidth, numWrite = LoadPipelineWidth))
        ///创建 vaddrModule，其大小也是 LoadQueueSize，用来存放虚存地址。
  vaddrModule.io := DontCare
```

```
val vaddrTriggerResultModule = Module(new SyncDataModuleTemplate(Vec(3, Bool()), LoadQueueSize,
                                          numRead = LoadPipelineWidth, numWrite = LoadPipelineWidth))
        ///创建 vaddrTriggerResultModule，用来存放断点地址，断点地址用于软件的程序调试。
vaddrTriggerResultModule.io := DontCare
        ///创建 vaddrTriggerResultModule，用于存放触发位图。以上三个存储模块的大小均为 LoadQueueSize。
        ///加上寄存器 uop，这是个 MicroOp 向量，向量长度也是 LoadQueueSize。

val allocated = RegInit(VecInit(List.fill(LoadQueueSize)(false.B)))       // lq entry has been allocated
val datavalid = RegInit(VecInit(List.fill(LoadQueueSize)(false.B)))       // data is valid
val writebacked = RegInit(VecInit(List.fill(LoadQueueSize)(false.B)))     // inst has been writebacked to CDB
val released = RegInit(VecInit(List.fill(LoadQueueSize)(false.B)))        // load data has been released by dcache
val error = RegInit(VecInit(List.fill(LoadQueueSize)(false.B)))           // load data has been corrupted
val miss = Reg(Vec(LoadQueueSize, Bool()))            // load inst missed, waiting for miss queue to accept miss request
val pending = Reg(Vec(LoadQueueSize, Bool()))         ///仅用于 MMIO
                      // mmio pending: inst is an mmio inst, it will not be executed until it reachs the end of rob
val refilling = WireInit(VecInit(List.fill(LoadQueueSize)(false.B)))     // inst has been writebacked to CDB
        ///以上 8 个均为位图，宽度都是 LoadQueueSize，与数据/虚存地址缓冲区的长度相同。

/** used for load replay control */
val tlb_hited = RegInit(VecInit(List.fill(LoadQueueSize)(true.B)))                  /// LoadQueueSize=80
val ld_ld_check_ok = RegInit(VecInit(List.fill(LoadQueueSize)(true.B)))
val st_ld_check_ok = RegInit(VecInit(List.fill(LoadQueueSize)(true.B)))
val cache_bank_no_conflict = RegInit(VecInit(List.fill(LoadQueueSize)(true.B)))
val cache_no_replay = RegInit(VecInit(List.fill(LoadQueueSize)(true.B)))
val forward_data_valid = RegInit(VecInit(List.fill(LoadQueueSize)(true.B)))
val cache_hited = RegInit(VecInit(List.fill(LoadQueueSize)(true.B)))
                                                          ///这 7 个也都是宽度为 LoadQueueSize 的位图
/// class LoadQueue，待续
```

这里创建了三个存储模块，即 dataModule、vaddrModule、vaddrTriggerResultModule，其中 dataModule 可以说是 LoadQueue 的核心，vaddrModule 顾名思义就是用来存放虚存地址，vaddrTriggerResultModule 则用来存放断点地址，三个模块的容量都一样，都是 LoadQueueSize，即 80，只是所存储的信息单元不一样。与之平行的还有个 MicroOp 的向量，长度也是 LoadQueueSize 即 80。还有个 ReplayCarry 对象的向量，向量的长度也是 LoadQueueSize。

此外还有一些同样宽度的位图，包括 allocated、datavalid 等等，也包括 tlb_hited、ld_ld_check_ok、st_ld_check_ok 等等，总数有 15 个之多。所有这些，合在一起可以看成是一个相当大的综合数据结构，我们不妨称之为“加载项”，整个 LoadQueue 就是加载项的队列，队列的容量就是 80。当然，加载项中的内容是双向的，有些是从上而下，有些是从下而上，有些则反映某些方面的中间状态（例如 cache_hited）。

而且，其中的所谓 dataModule，实际上又是由两个存储阵列所构成，一个是 paddrModule，另一个是 maskModule，所以 LoadQueue 的“data”就是物理地址 paddr 加掩膜 mask。这个 dataModule 的类型为 LoadQueueDataWrapper：

```
[XSCoreBase > MemBlock > MemBlockImp > LsqWrappper > LoadQueue > LoadQueueDataWrapper]
// LoadQueueDataWrapper wraps: * load queue paddrModule; * load queue maskModule; and their interconnect
class LoadQueueDataWrapper (size: Int, wbNumWrite: Int)(implicit p: Parameters) extends XSModule
```

```
                                        with HasDCacheParameters with HasCircularQueuePtrHelper {
  val io = IO(new Bundle() {
    val paddr = new Bundle() {                                  ///物理地址
      val wen = Vec(wbNumWrite, Input(Bool()))
      val waddr = Input(Vec(wbNumWrite, UInt(log2Up(size).W)))  ///waddr是指存储阵列内部的地址(序号)，并非内存地址。
      val wdata = Input(Vec(wbNumWrite, UInt(PAddrBits.W)))     ///要写入存储阵列的内容才是物理地址
    }
    val wb = new Bundle() {                                     ///wb意为write back
      val wen = Vec(wbNumWrite, Input(Bool()))
      val waddr = Input(Vec(wbNumWrite, UInt(log2Up(size).W)))
      val wdata = Input(Vec(wbNumWrite, UInt(8.W)))
    }
    val uncache = new Bundle() {                                ///对外设的访问
      val raddr = Input(UInt(log2Up(size).W))                   ///raddr是指存储阵列内部的地址(序号)，并非内存地址。
      val rdata = Output(new LQDataEntry)
    }
    // st-ld violation query, word level cam
    val violation = Vec(StorePipelineWidth, new Bundle() {      ///这是个向量，向量长度StorePipelineWidth=2。
      val paddr = Input(UInt(PAddrBits.W))             ///这是输入的访问目标物理地址
      val mask = Input(UInt(8.W))                      ///这是输入的掩模
      val violationMask = Output(Vec(size, Bool()))    ///给定物理地址和写入掩膜，就返回冲突位图。其宽度也是size即80。
    })    ///其意图是：输入的物理地址是一条st指令的目标地址，在整个paddrModule中比对，返回相符位图，即冲突位图。
    // ld-ld violation query, cache line level cam
    val release_violation = Vec(LoadPipelineWidth, new Bundle() {    ///这也是个向量，向量长度LoadPipelineWidth=2。
      val paddr = Input(UInt(PAddrBits.W))                           ///这是输入的访问目标物理地址
      val match_mask = Output(Vec(size, Bool()))                     ///这是输出的释放冲突的位图
      // if ld-ld violation does happened, we replay from the elder load
    })
    val debug = Output(Vec(size, new LQDataEntry))

    def wbWrite(channel: Int, waddr: UInt, wdata: UInt): Unit = {
      require(channel < wbNumWrite && wbNumWrite >= 0)
      // need extra "this.wb(channel).wen := true.B"
      this.wb.waddr(channel) := waddr
      this.wb.wdata(channel) := wdata
    }
  })  ///end val io

  // data module
  val paddrModule = Module(new LQPaddrModule(size, numRead = 1,
                                 numWrite = LoadPipelineWidth, numWBanks = LoadQueueNWriteBanks))
  val maskModule = Module(new LQMaskModule(size, numRead = 1, numWrite = LoadPipelineWidth))

  // read port for uncache
  paddrModule.io.raddr(0) := io.uncache.raddr           ///对paddrModule的读出地址来自io.uncache
  maskModule.io.raddr(0) := io.uncache.raddr            ///对maskModule的读出地址来自io.uncache
```

```
  io.uncache.rdata.paddr := paddrModule.io.rdata(0)          ///io.uncache读出数据中的paddr来自paddrModule
  io.uncache.rdata.mask := maskModule.io.rdata(0)            ///io.uncache读出数据中的mask自maskModule
  io.uncache.rdata.data := DontCare
  io.uncache.rdata.fwdMask := DontCare

  // write mask and paddr
  // write port 0 -> wbNumWrite-1
  (0 until wbNumWrite).map(i => {                            ///wbNumWrite是构造参数，创建对象时给定的实参为2。
    paddrModule.io.wen(i) := false.B
    maskModule.io.wen(i) := false.B

    maskModule.io.waddr(i) := io.wb.waddr(i)
    maskModule.io.wdata(i) := io.wb.wdata(i)                 ///写入maskModule的内容来自io.wb

    when(io.wb.wen(i)){ maskModule.io.wen(i) := true.B }     /// io.wb.wen(i)为true时就启动对maskModule的写入

    paddrModule.io.wen(i) := io.paddr.wen(i)                 ///写入paddrModule的内容来自io.paddr
    paddrModule.io.waddr(i) := io.paddr.waddr(i)
    paddrModule.io.wdata(i) := io.paddr.wdata(i)
  })  ///end (0 until wbNumWrite).map

  // st-ld mem access violation check, gen violationMask
  (0 until StorePipelineWidth).map(i => {                    ///检查Load队列中的物理地址与Store队列中有否冲突
    paddrModule.io.violationMdata(i) := io.violation(i).paddr
    maskModule.io.violationMdata(i) := io.violation(i).mask
    io.violation(i).violationMask := (paddrModule.io.violationMmask(i).asUInt & maskModule.io.violationMmask(i).asUInt).asBools
  })  ///st-ld冲突比对的功能是由paddrModule即LQPaddrModule提供的。

  // ld-ld mem access violation check, gen violationMask (cam match mask)
  (0 until LoadPipelineWidth).map(i => {                     ///检查Load队列中的物理地址互相有否冲突
    paddrModule.io.releaseMdata(i) := io.release_violation(i).paddr
    io.release_violation(i).match_mask := paddrModule.io.releaseMmask(i)
  })  ///对于ld-ld，要检测的并非存储单元的冲突，而是共处同一cacheline，走的是paddrModule的另一个接口releaseMdata。

  // debug data read
  io.debug := DontCare
}  ///end class LoadQueueDataWrapper
```

这个存储模块内部有 paddr 和 mask 两个同样大小的阵列，这没有关系，就将两个并立的阵列看成一个数据结构的队列就行。但是这里有个特殊的需要，就是判断物理地址的冲突，更确切地说是对存储单元的访问依赖，包括 st-ld 和 ld-ld，即 Store-Load 和 Load-Load 两种冲突。

这里创建的 paddrModule 和 maskModule，类型分别是 LQPaddrModule 和 LQMaskModule，先看前者：

```
[MemBlock > MemBlockImp > LsqWrappper > LoadQueue > LoadQueueDataWrapper > LQPaddrModule]
// load queue paddr module. It supports 2 cam sources: * st-ld violation addr cam; * data release addr cam.
class LQPaddrModule (numEntries: Int, numRead: Int, numWrite: Int, numWBanks: Int)
```

```
                                          (implicit p: Parameters) extends XSModule with HasDCacheParameters {
  val io = IO(new Bundle {
    // normal read/write ports
    val raddr = Input(Vec(numRead, UInt(log2Up(numEntries).W)))                ///这个addr其实就是缓冲区下标
    val rdata = Output(Vec(numRead, UInt((PAddrBits).W)))                      ///这里的所谓data就是物理地址
    val wen = Input(Vec(numWrite, Bool()))
    val waddr = Input(Vec(numWrite, UInt(log2Up(numEntries).W)))               ///同样也是缓冲区下标
    val wdata = Input(Vec(numWrite, UInt((PAddrBits).W)))                      ///所谓data就是物理地址
    // violation cam: hit if addr is in the same word
    val violationMdata = Input(Vec(StorePipelineWidth, UInt((PAddrBits).W)))        // addr           ///物理地址向量
    val violationMmask = Output(Vec(StorePipelineWidth, Vec(numEntries, Bool())))   // cam result mask     ///二维位图
    // release cam: hit if addr is in the same cacheline
    val releaseMdata = Input(Vec(LoadPipelineWidth, UInt((PAddrBits).W)))       ///物理地址向量，LoadPipelineWidth=2。
    val releaseMmask = Output(Vec(LoadPipelineWidth, Vec(numEntries, Bool())))   ///LoadPipelineWidth×numEntries位图
  })  ///end val io。这里的violationMdata/violationMmask和releaseMdata/releaseMmask是两组不同的接口，用于不同的检测。

  require(isPow2(numWBanks))
  require(numWBanks >= 2)
  val numEntryPerBank = numEntries / numWBanks

  val data = Reg(Vec(numEntries, UInt((PAddrBits).W)))                  ///这才是终极的存储阵列所在，data就是物理地址。
  // read ports
  for (i <- 0 until numRead) { io.rdata(i) := data(RegNext(io.raddr(i))) }       ///可以通过两个读出端口分别从data阵列读出
  // write ports
  val waddr_dec = io.waddr.map(a => UIntToOH(a))
  def selectBankMask (in: UInt, bank: Int): UInt = { in((bank + 1) * numEntryPerBank - 1, bank * numEntryPerBank) }
                      ///numEntryPerBank = numEntries / numWBanks，numEntries和numWBanks见构造参数。
  for (bank <- 0 until numWBanks) {              /// numWBanks=2
    // write ports
    // s0: write to bank level buffer
    val s0_bank_waddr_dec = waddr_dec.map(a => selectBankMask(a, bank))
    val s0_bank_write_en = io.wen.zip(s0_bank_waddr_dec).map(w => w._1 && w._2.orR)
    // s1: write data to entries
    val s1_bank_waddr_dec = s0_bank_waddr_dec.zip(s0_bank_write_en).map(w => RegEnable(w._1, w._2))
    val s1_bank_wen = RegNext(VecInit(s0_bank_write_en))
    val s1_wdata = io.wdata.zip(s0_bank_write_en).map(w => RegEnable(w._1, w._2))

    // entry write
    for (entry <- 0 until numEntryPerBank) {
      // write ports
      val s1_entry_write_en_vec = s1_bank_wen.zip(s1_bank_waddr_dec).map(w => w._1 && w._2(entry))
      val s1_entry_write_en = VecInit(s1_entry_write_en_vec).asUInt.orR
      val s1_entry_write_data = Mux1H(s1_entry_write_en_vec, s1_wdata)
      when (s1_entry_write_en) { data (bank * numEntryPerBank + entry) := s1_entry_write_data }   ///写入data阵列
    }  ///end for (entry <- 0 until numEntryPerBank)
  }  ///end for (bank <- 0 until numWBanks)
```

```
// content addressed match    ///注意这是在LoadUnit内部，向量data中都是load目标地址。所谓content就是物理地址。
for (i <- 0 until StorePipelineWidth) {  ///StorePipelineWidth=2，这是与Store那边的目标地址比对，所以检测的是st-ld冲突。
  for (j <- 0 until numEntries) {     /// numEntries为构造参数
    io.violationMmask(i)(j) := io.violationMdata(i)(PAddrBits-1, DCacheWordOffset)     /// DCacheWordOffset=3
                                  === data(j)(PAddrBits-1, DCacheWordOffset)
  } ///io.violationMmask是StorePipelineWidth×numEntries二维位图，图中的每一位表示有否冲突(paddr相同)。
}   ///拿data向量（见上）中的每个元素去存储队列中比对，比对上了就表示这两个元素间存在冲突（物理地址相同）。
    ///这个扫描比对并非顺序串行，而是并行的比对，因此需要StorePipelineWidth * numEntries个比较器。
    ///这就是前面所说的word level cam。内容content就是物理地址。
for (i <- 0 until LoadPipelineWidth) {  ///LoadPipelineWidth=2，这是与自己这边的目标地址比对，所以检测的是ld-ld冲突。
  for (j <- 0 until numEntries) {
    io.releaseMmask(i)(j) := io.releaseMdata(i)(PAddrBits-1, DCacheLineOffset) === data(j)(PAddrBits-1, DCacheLineOffset)
  } ///io.releaseMmask是LoadPipelineWidth×numEntries二维位图，每一位表示有否冲突(两个paddr在同一cacheline)。
}   ///再在加载队列中比对
    ///同样，这个扫描比对也不是顺序串行，而是并行的比对，因此需要LoadPipelineWidth * numEntries个比较器
    ///这就是前面所说的cache line level cam。
  ///与Store的一组比对中地址低位被截尾的长度是DCacheWordOffset，即末尾的3个0，所以是以64位存储单元为单位；
  ///与Load这边的一组比对中地址低位被截掉的长度是DCacheLineOffset，那是末尾6位，所以是以cacheline为单位。
// DataModuleTemplate should not be used when there're any write conflicts
for (i <- 0 until numWrite) {
  for (j <- i+1 until numWrite) { assert(!(io.wen(i) && io.wen(j) && io.waddr(i) === io.waddr(j))) }
}
} ///end class LQPaddrModule
```

以 io.violationMmask 为例，这是个 StorePipelineWidth × numEntries 二维位图，图中的每一位即 io.violationMmask(i)(j)表示 StoreQueue(i)与 LoadQueue(j)某两个单元中的物理地址是否有冲突，即两个物理地址相同。注意这里的二层嵌套 for 循环，从程序执行的角度将是执行了里面那个“赋值”语句 StorePipelineWidth × numEntries 遍，每执行一遍就有一次（相等）比较操作；但是从硬件描述的角度，从程序执行过程中所 pushCommand()的角度，却是生成了 StorePipelineWidth×numEntries 个比较器，实际运行时在那么多个比较器中进行的比较是同时（在同一个时钟节拍中）发生的。这就是软件执行的过程性和硬件电路的功能性之间的区别，io.violationMmask 是这样，io.releaseMmask 也是这样。只不过后者用于检测 LoadQueue 内部的冲突，所以矩阵的大小是 LoadPipelineWidth×numEntries；并且所检测的不是两个 paddr 相同，而是两个 paddr 在同一个缓存块即 cacheline 中。这就是前面注释中讲到的两个 CAM，一个是 word level cam，检测的是 st-ld 冲突；另一个是 cache line level cam，检测的是 ld-ld 冲突。

如果往同一存储单元既要写又要读（但是次序不对），这是冲突（violation）；如果要从同一 cacheline 中读出多次，这与对此 cacheline 的释放（release）有关。

再看 LQMaskModule：

```
[MemBlock > MemBlockImp > LsqWrappper > LoadQueue > LoadQueueDataWrapper > LQMaskModule]
// load queue load mask module
class LQMaskModule (numEntries: Int, numRead: Int, numWrite: Int)(implicit p: Parameters) extends XSModule {
  val io = IO(new Bundle {
    val raddr = Input(Vec(numRead, UInt(log2Up(numEntries).W)))   ///这是从队列中读出，不是从内存单元中读出。
    val rdata = Output(Vec(numRead, UInt(8.W)))
    val wen = Input(Vec(numWrite, Bool()))
```

```
    val waddr = Input(Vec(numWrite, UInt(log2Up(numEntries).W)))   ///注意这是对队列元素的写入，不是对内存单元的写入。
    val wdata = Input(Vec(numWrite, UInt(8.W)))
    // st-ld violation check wmask compare
    val violationMdata = Input(Vec(StorePipelineWidth, UInt(8.W)))        // input 8-bit wmask
    val violationMmask = Output(Vec(StorePipelineWidth, Vec(numEntries, Bool())))   // output wmask overlap vector
  })

  val data = Reg(Vec(numEntries, UInt(8.W)))                          ///data是个寄存器，其内容是个8位的位图。
  // read ports
  for (i <- 0 until numRead) { io.rdata(i) := data(RegNext(io.raddr(i))) }

  // write ports
  val waddr_dec = io.waddr.map(a => UIntToOH(a))
  for (j <- 0 until numEntries) {
    val write_wen = io.wen.zip(waddr_dec).map(w => w._1 && w._2(j))
    when (VecInit(write_wen).asUInt.orR) {
      data(j) := Mux1H(write_wen, io.wdata)
    }
  }

  // st-ld violation check wmask compare
  for (i <- 0 until StorePipelineWidth) {
    for (j <- 0 until numEntries) { io.violationMmask(i)(j) := (io.violationMdata(i) & data(j)).orR }
  }   ///从io.violationMdata中剔除位图LQMask中为0的那些标志位

  // DataModuleTemplate should not be used when there're any write conflicts
  for (i <- 0 until numWrite) {
    for (j <- i+1 until numWrite) { assert(!(io.wen(i) && io.wen(j) && io.waddr(i) === io.waddr(j))) }
  }
}   ///end class LQMaskModule
```

顾名思义，LQMaskModule 中所存储的是 LQMask，每个 LQMask 都是 8 位的位图，表示 LoadQueue 中哪些单元的读出请求有效。

LQPaddrModule 和 LQMaskModule 中关于冲突即 violation 的信息，都是通过实际扫描比对而取得的，这些信息被归纳到 LoadQueueDataWrapper 外部接口上的 violation 和 release_violation，后面 LoadQueue 将利用这些信息判断是否存在 Store-Load 和 Load-Load 冲突。不过从 violation 位图中应剔除哪些本来就无效的单元。

我们回到 LoadQueue 往下看：

```
[XSCoreBase > MemBlock > MemBlockImp > LsqWrappper > LoadQueue]　续 1
  /** used for re-select control */
  val credit = RegInit(VecInit(List.fill(LoadQueueSize)(0.U(ReSelectLen.W))))         ///长度为 LoadQueueSize=80 的向量

  // ptrs to control which cycle to choose
  val block_ptr_tlb = RegInit(VecInit(List.fill(LoadQueueSize)(0.U(2.W))))
  val block_ptr_cache = RegInit(VecInit(List.fill(LoadQueueSize)(0.U(2.W))))
```

```
val block_ptr_others = RegInit(VecInit(List.fill(LoadQueueSize)(0.U(2.W))))            ///LoadQueueSize=80，StoreQueueSize=64

// specific cycles to block
val block_cycles_tlb = Reg(Vec(4, UInt(ReSelectLen.W)))                               /// ReSelectLen = 7
block_cycles_tlb := io.tlbReplayDelayCycleCtrl
val block_cycles_cache = RegInit(VecInit(Seq(11.U(ReSelectLen.W), 18.U(ReSelectLen.W),
                                             127.U(ReSelectLen.W), 17.U(ReSelectLen.W))))
val block_cycles_others = RegInit(VecInit(Seq(0.U(ReSelectLen.W), 0.U(ReSelectLen.W),
                                             0.U(ReSelectLen.W), 0.U(ReSelectLen.W))))
val sel_blocked = RegInit(VecInit(List.fill(LoadQueueSize)(false.B)))                 ///位图

// data forward block          ///block 意为阻塞：
val block_sq_idx = RegInit(VecInit(List.fill(LoadQueueSize)(0.U((log2Ceil(StoreQueueSize).W)))))
            ///LoadQueue 中的哪一项可以来自 StoreQueue 中哪一项，0 表示没有。内容来源见后。
val block_by_data_forward_fail = RegInit(VecInit(List.fill(LoadQueueSize)(false.B)))        ///forward 失败位图
// dcache miss block
val miss_mshr_id = RegInit(VecInit(List.fill(LoadQueueSize)(0.U((log2Up(cfg.nMissEntries).W)))))    /// nMissEntries=16
                                        ///LoadQueue 中的哪一项来自 mshr 的哪一项。
val block_by_cache_miss = RegInit(VecInit(List.fill(LoadQueueSize)(false.B)))        ///80 位的 cache_miss 位图
    ///一个槽位中的读出请求，既得不到 forward，又不命中，这个槽位就被（长期）占住，后面的就进不来了。

val true_cache_miss_replay = WireInit(VecInit(List.fill(LoadQueueSize)(false.B)))    ///80 位的 miss_replay 位图
(0 until LoadQueueSize).map{i => {
  true_cache_miss_replay(i) := tlb_hited(i) && ld_ld_check_ok(i) && st_ld_check_ok(i) && cache_bank_no_conflict(i) &&
                               cache_no_replay(i) && forward_data_valid(i) && !cache_hited(i)
}}  ///代码中未见对 true_cache_miss_replay 位图的利用。

val creditUpdate = WireInit(VecInit(List.fill(LoadQueueSize)(0.U(ReSelectLen.W))))
credit := creditUpdate
(0 until LoadQueueSize).map(i => {
  creditUpdate(i) := Mux(credit(i) > 0.U(ReSelectLen.W), credit(i) - 1.U(ReSelectLen.W), credit(i))
  sel_blocked(i) := creditUpdate(i) =/= 0.U(ReSelectLen.W)
})

(0 until LoadQueueSize).map(i => {
  block_by_data_forward_fail(i) :=              ///根据情况，或改成 false，或维持不变。
      Mux(block_by_data_forward_fail(i) === true.B && io.storeDataValidVec (block_sq_idx(i)) === true.B ,
                                                     false.B, block_by_data_forward_fail(i))
})

(0 until LoadQueueSize).map(i => {
  block_by_cache_miss(i) :=                     ///也是或改成 false，或维持不变。
      Mux(block_by_cache_miss(i) === true.B && io.refill.valid && io.refill.bits.id === miss_mshr_id(i),
                                                     false.B, block_by_cache_miss(i))
  when(creditUpdate(i) === 0.U && block_by_cache_miss(i) === true.B) { block_by_cache_miss(i) := false.B }
  when(block_by_cache_miss(i) === true.B && io.refill.valid && io.refill.bits.id === miss_mshr_id(i)) {
```

```
      creditUpdate(i) := 0.U
    }
  })

  val enqPtrExt = RegInit(VecInit((0 until io.enq.req.length).map(_.U.asTypeOf(new LqPtr))))
  val deqPtrExt = RegInit(0.U.asTypeOf(new LqPtr))
  val deqPtrExtNext = Wire(new LqPtr)

  val enqPtr = enqPtrExt(0).value                    ///入队指针
  val deqPtr = deqPtrExt.value                       ///出队指针

  val validCount = distanceBetween(enqPtrExt(0), deqPtrExt)          ///LoadQueue 中已被占用的槽位数
  val allowEnqueue = validCount <= (LoadQueueSize - LoadPipelineWidth).U    ///尚有可以分配使用的空闲槽位

  val deqMask = UIntToMask(deqPtr, LoadQueueSize)        ///将离队指针转换成位图
  val enqMask = UIntToMask(enqPtr, LoadQueueSize)        ///将进队指针转换成位图

  val commitCount = RegNext (io.rob.lcommit)

  val release1cycle = io.release
  val release2cycle = RegNext(io.release)
  val release2cycle_dup_lsu = RegNext(io.release)
/// class LoadQueue，续 1，待续
```

这一段主要是对指令进入进入 LoadQueue 的处理。有指令要进入队列时，首先要请求分配空闲的槽位，分配到槽位后首先把指令的 MicroOp 写入所分配的槽位，同时还要在同一位置上设置许多位图，有的设置成 true，有的设置成 false。不过这里没有涉及 dataModule 和 vaddrModule。注意所谓 LoadQueue 实际上是个缓冲区、一个数组，只是因使用的方式才构成循环队列。

我们继续往下看 LoadQueue：

```
[XSCoreBase > MemBlock > MemBlockImp > LsqWrappper > LoadQueue]　续 2
  /**
    * Enqueue at dispatch       ///这里讲的“at dispatch”，是指从 LoadUnit 进入 LoadQueue，并非指令流水线中的 Dispatch。
    * Currently, LoadQueue only allows enqueue when #emptyEntries > EnqWidth
    */
  io.enq.canAccept := allowEnqueue                          ///有可以分配使用的空闲槽位就输出 canAccept

  val canEnqueue = io.enq.req.map(_.valid)                                  ///要求进队的指令
  val enqCancel = io.enq.req.map(_.bits.robIdx.needFlush(io.brqRedirect))  ///如有转向指示即予取消
  for (i <- 0 until io.enq.req.length) {                                    ///对于要求进入 LoadQueue 的每条指令：
    val offset = if (i == 0) 0.U else PopCount(io.enq.needAlloc.take(i))
    val lqIdx = enqPtrExt(offset)
    val index = io.enq.req(i).bits.lqIdx.value
    when (canEnqueue(i) && !enqCancel(i)) {
      uop(index) := io.enq.req(i).bits      // NOTE: the index will be used when replay     ///uop 是 LoadQueue 中最主要的向量
      uop(index).lqIdx := lqIdx
```

```
      allocated(index) := true.B
      datavalid(index) := false.B
      writebacked(index) := false.B
      released(index) := false.B
      miss(index) := false.B
      pending(index) := false.B
      error(index) := false.B

      /** used for load replay control */
      tlb_hited(index) := true.B
      ld_ld_check_ok(index) := true.B
      st_ld_check_ok(index) := true.B
      cache_bank_no_conflict(index) := true.B
      cache_no_replay(index) := true.B
      forward_data_valid(index) := true.B
      cache_hited(index) := true.B

      /** used for delaying load(block-ptr to control how many cycles to block) */
      credit(index) := 0.U(ReSelectLen.W)
      block_ptr_tlb(index) := 0.U(2.W)
      block_ptr_cache(index) := 0.U(2.W)
      block_ptr_others(index) := 0.U(2.W)/

      block_by_data_forward_fail(index) := false.B
      block_by_cache_miss(index) := false.B
    }  ///进队时除把指令的 MicroOp 写入 uop 数组外还需设置许多位图。但是这里并未涉及 dataModule 和 vaddrModule。
    io.enq.resp(i) := lqIdx
  }  ///end for (i <- 0 until io.enq.req.length)，接受请求进入 LoadQueue 的指令进队。

  val lastCycleRedirect = RegNext(io.brqRedirect)
  val lastlastCycleRedirect = RegNext(lastCycleRedirect)

  // replay logic
  // replay is splited into 2 stages

  // stage1: select 2 entries and read their vaddr
  val s0_block_load_mask = WireInit(VecInit((0 until LoadQueueSize).map(x=>false.B)))
  val s1_block_load_mask = RegNext(s0_block_load_mask)
  val s2_block_load_mask = RegNext(s1_block_load_mask)

  val loadReplaySel = Wire(Vec(LoadPipelineWidth, UInt(log2Up(LoadQueueSize).W)))     // index selected last cycle
  val loadReplaySelV = Wire(Vec(LoadPipelineWidth, Bool()))                          // index selected in last cycle is valid
                              /// LoadPipelineWidth=2，注意 LoadPipelineWidth 与 LoadQueueSize 的区别。
  val loadReplaySelVec = VecInit((0 until LoadQueueSize).map(i => {
    val blocked = s1_block_load_mask(i) || s2_block_load_mask(i) || sel_blocked(i) ||
                                                        block_by_data_forward_fail(i) || block_by_cache_miss(i)
```

```
    allocated(i) && (!tlb_hited(i) || !ld_ld_check_ok(i) || !st_ld_check_ok(i) || !cache_bank_no_conflict(i) ||
                                    !cache_no_replay(i) || !forward_data_valid(i) || !cache_hited(i)) && !blocked}
)).asUInt()    // use uint instead vec to reduce verilog lines
  ///loadReplaySelVec 是个长度为 LoadQueueSize 的位图，位图中的每个标志位来自 allocated(i) 并且满足所列条件的槽位。
  ///因种种原因被阻塞（blocked）的槽位不能被用于 loadReplaySelVec

val remReplayDeqMask = Seq.tabulate(LoadPipelineWidth)(getRemBits(deqMask)(_))
  ///getRemBits()=VecInit((0 until LoadQueueSize/LoadPipelineWidth).map(i => {input(LoadPipelineWidth*i + rem)})).asUInt
// generate lastCycleSelect mask
val remReplayFireMask = Seq.tabulate(LoadPipelineWidth)(rem => getRemBits(UIntToOH(loadReplaySel(rem)))(rem))
val loadReplayRemSelVecFire = Seq.tabulate(LoadPipelineWidth)(rem =>
                                            getRemBits(loadReplaySelVec)(rem) & ~remReplayFireMask(rem))
val loadReplayRemSelVecNotFire = Seq.tabulate(LoadPipelineWidth)(getRemBits(loadReplaySelVec)(_))
val replayRemFire = Seq.tabulate(LoadPipelineWidth)(rem => WireInit(false.B))
val loadReplayRemSel = Seq.tabulate(LoadPipelineWidth)(rem => Mux(replayRemFire(rem),
                                    getFirstOne(toVec(loadReplayRemSelVecFire(rem)), remReplayDeqMask(rem)),
                                    getFirstOne(toVec(loadReplayRemSelVecNotFire(rem)), remReplayDeqMask(rem)) ))

val loadReplaySelGen = Wire(Vec(LoadPipelineWidth, UInt(log2Up(LoadQueueSize).W)))
val loadReplaySelVGen = Wire(Vec(LoadPipelineWidth, Bool()))

(0 until LoadPipelineWidth).foreach(index => {
  loadReplaySelGen(index) := (
    if (LoadPipelineWidth > 1) Cat(loadReplayRemSel(index), index.U(log2Ceil(LoadPipelineWidth).W))
    else loadReplayRemSel(index)
  )
  loadReplaySelVGen(index) := Mux(replayRemFire(index),
                        loadReplayRemSelVecFire(index).asUInt.orR, loadReplayRemSelVecNotFire(index).asUInt.orR)
})

(0 until LoadPipelineWidth).map(i => { vaddrModule.io.raddr(2 + i) := loadReplaySelGen(i) })
                                                 // vaddrModule rport 0 and 1 is used by exception and mmio
(0 until LoadPipelineWidth).map(i => {
  loadReplaySel(i) := RegNext(loadReplaySelGen(i))
  loadReplaySelV(i) := RegNext(loadReplaySelVGen(i), init = false.B)
})

// stage2: replay to load pipeline (if no load in S0)
(0 until LoadPipelineWidth).map(i => { when(replayRemFire(i)) { s0_block_load_mask (loadReplaySel(i)) := true.B } })
// init
(0 until LoadPipelineWidth).map(i => { replayRemFire(i) := false.B })
for(i <- 0 until LoadPipelineWidth) {
  val replayIdx = loadReplaySel(i)
  val notRedirectLastCycle = !uop(replayIdx).robIdx.needFlush(RegNext(io.brqRedirect))

  io.loadOut(i).valid := loadReplaySelV(i) && notRedirectLastCycle
```

```
    io.loadOut(i).bits := DontCare
    io.loadOut(i).bits.uop := uop (replayIdx)                    /// io.loadOut(i)是个 LsPipelineBundle
    io.loadOut(i).bits.vaddr := vaddrModule.io.rdata(LoadPipelineWidth + i)      ///对 vaddrModule 的写入在后面
    io.loadOut(i).bits.mask := genWmask(vaddrModule.io.rdata(LoadPipelineWidth + i), uop(replayIdx).ctrl.fuOpType(1,0))
    io.loadOut(i).bits.isFirstIssue := false.B
    io.loadOut(i).bits.isLoadReplay := true.B
    io.loadOut(i).bits.replayCarry := replayCarryReg(replayIdx)
    io.loadOut(i).bits.mshrid := miss_mshr_id(replayIdx)
    io.loadOut(i).bits.forward_tlDchannel := !cache_hited(replayIdx)
    when(io.loadOut(i).fire) { replayRemFire(i) := true.B }
  }   ///end for(i <- 0 until LoadPipelineWidth)
/// class LoadQueue，续 2，待续
```

这一段是讲 ld 指令如何 enqueue，即进入 LoadQueue。前面原文注释中说这是“at dispatch”，可别以为这是来自流水线中的 Dispatch 阶段，这与流水线中的 Dispatch 无关。

我们继续往下看，下面是说数据的回写：

```
[XSCoreBase > MemBlock > MemBlockImp > LsqWrappper > LoadQueue]   续 3
  /**
    * Writeback load from load units
    * Most load instructions writeback to regfile at the same time. However,
    *     (1) For an mmio instruction with exceptions, it writes back to ROB immediately.
    *     (2) For an mmio instruction without exceptions, it does not write back.
    * The mmio instruction will be sent to lower level when it reaches ROB's head.
    * After uncache response, it will write back through arbiter with loadUnit.
    *     (3) For cache misses, it is marked miss and sent to dcache later.
    * After cache refills, it will write back through arbiter with loadUnit.
    */
  for (i <- 0 until LoadPipelineWidth) {                    ///这是个很大的 for 循环：
    dataModule.io.wb.wen(i) := false.B
    dataModule.io.paddr.wen(i) := false.B
    vaddrModule.io.wen(i) := false.B
    vaddrTriggerResultModule.io.wen(i) := false.B
    val loadWbIndex = io.loadIn(i).bits.uop.lqIdx.value                    ///采用相同的 lqIdx

    // most lq status need to be updated immediately after load writeback to lq
    // flag bits in lq needs to be updated accurately
    when(io.loadIn(i).fire()) {
      if(EnableFastForward){
        datavalid(loadWbIndex) := !io.loadIn(i).bits.miss &&
                          !io.loadIn(i).bits.mmio &&          // mmio data is not valid until we finished uncache access
                          !io.s2_dcache_require_replay(i)     // do not writeback if that inst will be resend from rs
      } else {
        datavalid(loadWbIndex) := !io.loadIn(i).bits.miss && !io.loadIn(i).bits.mmio
                                                              // mmio data is not valid until we finished uncache access
      }
```

```
    writebacked(loadWbIndex) := !io.loadIn(i).bits.miss && !io.loadIn(i).bits.mmio          ///对位图 writebacked 的写入
    val dcacheMissed = io.loadIn(i).bits.miss && !io.loadIn(i).bits.mmio                     ///并非 MMIO，在 DCache 不命中。
    if(EnableFastForward){
      miss(loadWbIndex) := dcacheMissed && !io.s2_load_data_forwarded(i) && !io.s2_dcache_require_replay(i)
    } else {
      miss(loadWbIndex) := dcacheMissed && !io.s2_load_data_forwarded(i)
    }
    pending(loadWbIndex) := io.loadIn(i).bits.mmio                      /// pending 仅用于 MMIO
    released(loadWbIndex) := release2cycle.valid &&
      io.loadIn(i).bits.paddr(PAddrBits-1, DCacheLineOffset) === release2cycle.bits.paddr(PAddrBits-1, DCacheLineOffset)
        || release1cycle.valid &&
          io.loadIn(i).bits.paddr(PAddrBits-1, DCacheLineOffset) === release1cycle.bits.paddr(PAddrBits-1, DCacheLineOffset)
  }   ///end when(io.loadIn(i).fire())

  // data bit in lq can be updated when load_s2 valid
  ///此处有若干语句在源码中已被注释掉

  // dirty code to reduce load_s2.valid fanout
  when(io.loadIn(i).bits.lq_data_wen_dup(0)){
    dataModule.io.wbWrite(i, loadWbIndex, io.loadIn(i).bits.mask)
    dataModule.io.wb.wen(i) := true.B
  }
  // dirty code for load instr
  when(io.loadIn(i).bits.lq_data_wen_dup(1)){ uop(loadWbIndex).pdest := io.loadIn(i).bits.uop.pdest }
  when(io.loadIn(i).bits.lq_data_wen_dup(2)){ uop(loadWbIndex).cf := io.loadIn(i).bits.uop.cf }
  when(io.loadIn(i).bits.lq_data_wen_dup(3)){ uop(loadWbIndex).ctrl := io.loadIn(i).bits.uop.ctrl }
  when(io.loadIn(i).bits.lq_data_wen_dup(4)){ uop(loadWbIndex).debugInfo := io.loadIn(i).bits.uop.debugInfo }
  when(io.loadIn(i).bits.lq_data_wen_dup(5)){
    vaddrTriggerResultModule.io.waddr(i) := loadWbIndex
    vaddrTriggerResultModule.io.wdata(i) := io.trigger(i).hitLoadAddrTriggerHitVec
    vaddrTriggerResultModule.io.wen(i) := true.B
  }

  when(io.loadPaddrIn(i).valid) {                     ///对 dataModule 的写入：
    dataModule.io.paddr.wen(i) := true.B
    dataModule.io.paddr.waddr(i) := io.loadPaddrIn(i).bits.lqIdx.value
    dataModule.io.paddr.wdata(i) := io.loadPaddrIn(i).bits.paddr
  }

  // update vaddr in load S1
  when(io.loadVaddrIn(i).valid) {                     ///对 vaddrModule 的写入：
    vaddrModule.io.wen(i) := true.B
    vaddrModule.io.waddr(i) := io.loadVaddrIn(i).bits.lqIdx.value
    vaddrModule.io.wdata(i) := io.loadVaddrIn(i).bits.vaddr
  }
```

```
/** used for feedback and replay */
when(io.replayFast(i).valid){
  val idx = io.replayFast(i).ld_idx
  ld_ld_check_ok(idx) := io.replayFast(i).ld_ld_check_ok
  st_ld_check_ok(idx) := io.replayFast(i).st_ld_check_ok
  cache_bank_no_conflict(idx) := io.replayFast(i).cache_bank_no_conflict

  when(io.replayFast(i).needreplay) {
    creditUpdate(idx) := block_cycles_others(block_ptr_others(idx))
    block_ptr_others(idx) := Mux(block_ptr_others(idx) === 3.U(2.W), block_ptr_others(idx), block_ptr_others(idx) + 1.U(2.W))
    // try to replay this load in next cycle
    s1_block_load_mask(idx) := false.B
    s2_block_load_mask(idx) := false.B

    // replay this load in next cycle
    loadReplaySelGen(idx(log2Ceil(LoadPipelineWidth) - 1, 0)) := idx
    loadReplaySelVGen(idx(log2Ceil(LoadPipelineWidth) - 1, 0)) := true.B
  }  ///end when(io.replayFast(i).needreplay)
}  ///end when(io.replayFast(i).valid)

when(io.replaySlow(i).valid){
  val idx = io.replaySlow(i).ld_idx
  tlb_hited(idx) := io.replaySlow(i).tlb_hited
  st_ld_check_ok(idx) := io.replaySlow(i).st_ld_check_ok
  cache_no_replay(idx) := io.replaySlow(i).cache_no_replay
  forward_data_valid(idx) := io.replaySlow(i).forward_data_valid
  replayCarryReg(idx) := io.replaySlow(i).replayCarry
  cache_hited(idx) := io.replaySlow(i).cache_hited

  val invalid_sq_idx = io.replaySlow(i).data_invalid_sq_idx
  when(io.replaySlow(i).needreplay) {
    // update credit and ptr
    val data_in_last_beat = io.replaySlow(i).data_in_last_beat
    creditUpdate(idx) := Mux( !io.replaySlow(i).tlb_hited, block_cycles_tlb(block_ptr_tlb(idx)),
                              Mux(!io.replaySlow(i).cache_no_replay || !io.replaySlow(i).st_ld_check_ok,
                                  block_cycles_others(block_ptr_others(idx)),
                                  Mux(!io.replaySlow(i).cache_hited,
                                          block_cycles_cache(block_ptr_cache(idx)) + data_in_last_beat, 0.U)))
    when(!io.replaySlow(i).tlb_hited) {
      block_ptr_tlb(idx) := Mux(block_ptr_tlb(idx) === 3.U(2.W), block_ptr_tlb(idx), block_ptr_tlb(idx) + 1.U(2.W))
    }.elsewhen(!io.replaySlow(i).cache_no_replay || !io.replaySlow(i).st_ld_check_ok) {
      block_ptr_others(idx) := Mux(block_ptr_others(idx) === 3.U(2.W),
                                          block_ptr_others(idx), block_ptr_others(idx) + 1.U(2.W))
    }.elsewhen(!io.replaySlow(i).cache_hited) {
      block_ptr_cache(idx) := Mux(block_ptr_cache(idx) === 3.U(2.W),
                                          block_ptr_cache(idx), block_ptr_cache(idx) + 1.U(2.W))
```

```
      }  /// block_ptr_tlb、block_ptr_others、block_ptr_cache 三者都不超过 3，小于 3 就加 1，加到了 3 就不再增加。
    }  ///end when(io.replaySlow(i).needreplay)

    // special case: data forward fail
    block_by_data_forward_fail(idx) := false.B

    when(!io.replaySlow(i).forward_data_valid && io.replaySlow(i).tlb_hited) {
      when(!io.storeDataValidVec(invalid_sq_idx)) {
        block_by_data_forward_fail(idx) := true.B
        block_sq_idx(idx) := invalid_sq_idx
      }
    }
    // special case: cache miss
    val true_cache_miss = io.replaySlow(i).tlb_hited && io.replaySlow(i).cache_no_replay &&
                          io.replaySlow(i).st_ld_check_ok && !io.replaySlow(i).cache_hited &&
                                   !io.replaySlow(i).can_forward_full_data
    when(true_cache_miss) { miss_mshr_id(idx) := io.replaySlow(i).miss_mshr_id }
    block_by_cache_miss(idx) := true_cache_miss &&                                        //cache miss
                  !(io.refill.valid && io.refill.bits.id === io.replaySlow(i).miss_mshr_id) &&  // no refill in this cycle
                  creditUpdate(idx) =/= 0.U                                                 // credit is not zero
  }  ///end when(io.replaySlow(i).valid)
}  ///end for (i <- 0 until LoadPipelineWidth)

// NOTE: we don't refill data from dcache now!
val s2_dcache_require_replay = WireInit(VecInit((0 until LoadPipelineWidth).map(i =>{
                         RegNext (io.loadIn(i).fire()) && RegNext (io.s2_dcache_require_replay(i)) })))
dontTouch(s2_dcache_require_replay)

for (i <- 0 until LoadPipelineWidth) {
  val loadWbIndex = io.loadIn(i).bits.uop.lqIdx.value
  val lastCycleLoadWbIndex = RegNext(loadWbIndex)
  // update miss state in load s3
  if(!EnableFastForward){
    // s2_dcache_require_replay will be used to update lq flag 1 cycle after for better timing
    // io.s2_dcache_require_replay comes from dcache miss req reject, which is quite slow to generate
    when(s2_dcache_require_replay(i)) {
      // do not writeback if that inst will be resend from rs, rob writeback will not be triggered by a refill before inst replay
      miss(lastCycleLoadWbIndex) := false.B           // disable refill listening
      datavalid(lastCycleLoadWbIndex) := false.B      // disable refill listening
      assert(!datavalid(lastCycleLoadWbIndex))
    }
  }  ///end if(!EnableFastForward)
  // update load error state in load s3
  when(RegNext (io.loadIn(i).fire()) && io.s3_delayed_load_error(i)){
    uop(lastCycleLoadWbIndex).cf.exceptionVec(loadAccessFault) := true.B
  }
```

```
    // update inst replay from fetch flag in s3
    when(RegNext (io.loadIn(i).fire()) && io.s3_replay_from_fetch(i)){
      uop(lastCycleLoadWbIndex).ctrl.replayInst := true.B
    }
  }  ///end for (i <- 0 until LoadPipelineWidth)

  /** Load commits. When load commited, mark it as !allocated and move deqPtrExt forward. */
  (0 until CommitWidth).map(i => { when(commitCount > i.U){ allocated((deqPtrExt+i.U).value) := false.B } })
                ///Load commits，表示 ld 指令的执行已经交割，不再在 LoadQueue 中了。
                ///这里的 commitCount 来自 io.rob.lcommit，Rob 在交割 ld 指令时会向 MemBlock 发送 lcommit。
/// class LoadQueue，续 3，待续
```

这段代码是讲LoadQueue中ld指令对RS和物理寄存器组的回写，以及最后得到交割时就退出LoadQueue。从这里看出，ld 指令在 LoadQueue 中的“生命周期”大体上分三个阶段：首先是 Enqueue，即进入 LoadQueue，更具体地说是进入 LoadQueue 中的 dataModule 和 vaddrModule；然后是 Writeback 即回写阶段，当然此前已经从 DCache 获取了读入的数据；最后是 Commit 即交割阶段，Rob 将 ld 指令一交割，LoadQueue 中就将此 ld 指令出队废除了。

下面是对于 st-ld 和 ld-ld 冲突的检测，我们继续往下看：

```
[XSCoreBase > MemBlock > MemBlockImp > LsqWrappper > LoadQueue]   续 4
  def toVec(a: UInt): Vec[Bool] = { VecInit(a.asBools) }          ///将位图 a 转换成一个布尔向量，逻辑上这二者是一回事。
  def getRemBits (input: UInt)(rem: Int): UInt = {
    VecInit((0 until LoadQueueSize / LoadPipelineWidth).map(i => { input(LoadPipelineWidth * i + rem) })).asUInt
  }  ///LoadQueue 的总容量是 LoadQueueSize，每次可以齐头并进的是 LoadPipelineWidth，这是剩下的零头。

  def getFirstOne (mask: Vec[Bool], startMask: UInt) = {        ///mask 是个位图，另一个位图 startMask 表示起点以后的有效位：
    val length = mask.length
    val highBits = (0 until length).map(i => mask(i) & ~startMask(i))
    val highBitsUint = Cat(highBits.reverse)
    PriorityEncoder( Mux(highBitsUint.orR(), highBitsUint, mask.asUInt) )       ///返回其中最早有效位的下标
  }
  def getOldest[T <: XSBundleWithMicroOp](valid: Seq[Bool], bits: Seq[T]): (Seq[Bool], Seq[T]) = {
    assert(valid.length == bits.length)
    assert(isPow2(valid.length))
    if (valid.length == 1) { (valid, bits) }        ///只有一个，那就不用找了。
    else if (valid.length == 2) {    ///长度为 2，比较二者的 robIdx 找出其中的 Oldest:
      val res = Seq.fill(2)(Wire(ValidIO(chiselTypeOf(bits(0)))))
      for (i <- res.indices) {
        res(i).valid := valid(i)
        res(i).bits := bits(i)
      }
      val oldest = Mux(valid(0) && valid(1), Mux(isAfter(bits(0).uop.robIdx, bits(1).uop.robIdx), res(1), res(0)),
                                              Mux(valid(0) && !valid(1), res(0), res(1)))
      (Seq(oldest.valid), Seq(oldest.bits))              ///返回时间上较早的那条指令所在的 XSBundleWithMicroOp
    } else {    ///如果长度大于 2 就对分搜索：
      val left = getOldest(valid.take(valid.length / 2), bits.take(valid.length / 2))              ///递归找出左半边的 Oldest
```

```
      val right = getOldest(valid.takeRight(valid.length / 2), bits.takeRight(valid.length / 2))   ///递归找出右半边的 Oldest
      getOldest(left._1 ++ right._1, left._2 ++ right._2)                                          ///再比较左右两个 Oldest
    }
  }  ///end getOldest()，给定一串 XSBundleWithMicroOp（内含 MicroOp），根据 robIdx 找出其中最早的那条指令所在。

  def getAfterMask (valid: Seq[Bool], uop: Seq[MicroOp]) = {
    assert(valid.length == uop.length)
    val length = valid.length              ///位图长度，也是 Seq[MicroOp]的长度
    (0 until length).map(i => {
      (0 until length).map(j => { Mux(valid(i) && valid(j), isAfter(uop(i).robIdx, uop(j).robIdx), Mux(!valid(i), true.B, false.B)) })
    })
  }  ///end getAfterMask()，给定一串 MicroOp 和一个有效位图，产生一个二维位图，表示每一条指令晚于哪一些指令。
/// class LoadQueue，续 4，待续
```

这里都是一些函数，后面要用到，之所以另成一段是因为下面的代码有其功能上的独立性。我们继续往下看：

```
[XSCoreBase > MemBlock > MemBlockImp > LsqWrappper > LoadQueue]  续 5
  /**
    * Store-Load Memory violation detection                    ///对 st-ld 冲突的检测：
    * When store writes back, it searches LoadQueue for younger load instructions with the same load physical address.
    * They loaded wrong data and need re-execution.
    * Cycle 0: Store Writeback
    *    Generate match vector for store address with rangeMask(stPtr, enqPtr).
    * Cycle 1: Redirect Generation
    *    There're up to 2 possible redirect requests.
    *    Choose the oldest load (part 1).
    * Cycle 2: Redirect Fire
    *    Choose the oldest load (part 2).
    *    Prepare redirect request according to the detected violation.
    *    Fire redirect request (if valid)
    */
  // stage 0:        lq                  lq
  //                 |                   |  (paddr match)
  // stage 1:        lq                  lq
  //                 |                   |
  // stage 2:        lq                  lq
  //                 |                   |
  //                 --------------------
  //                          |
  //                      rollback req          ///这张图可能有误，左边的那一支似乎应该是 Sq。
io.load_s1 := DontCare

def detectRollback (i: Int) = {              ///检查是否需要回滚，返回一个二元组（有否冲突，发生冲突的那条指令）：
    val startIndex = io.storeIn(i).bits.uop.lqIdx.value
    val lqIdxMask = UIntToMask(startIndex, LoadQueueSize)                 ///将序号变换成单热（One Hot）位图
```

```
    val xorMask = lqIdxMask ^ enqMask
    val sameFlag = io.storeIn(i).bits.uop.lqIdx.flag === enqPtrExt(0).flag
    val stToEnqPtrMask = Mux(sameFlag, xorMask, ~xorMask)

    // check if load already in lq needs to be rolledback      ///dataModule 是 LoasQueue 中的，io.storeIn 来自 RS：
    dataModule.io.violation(i).paddr := io.storeIn(i).bits.paddr
    dataModule.io.violation(i).mask := io.storeIn(i).bits.mask
    val addrMaskMatch = RegNext(dataModule.io.violation(i).violationMask)       ///从 dataModule 读回地址相符位图
    val entryNeedCheck = RegNext(VecInit((0 until LoadQueueSize).map(j =>
                                    { allocated(j) && stToEnqPtrMask(j) && datavalid(j) })))  ///但其中有些是无效的
    val lqViolationVec = VecInit((0 until LoadQueueSize).map(j => { addrMaskMatch(j) && entryNeedCheck(j) })) ///这是冲突位图
    val lqViolation = lqViolationVec.asUInt().orR() && RegNext(!io.storeIn(i).bits.miss)     ///冲突并且 st 指令在 DCache 命中。
    val lqViolationIndex = getFirstOne(lqViolationVec, RegNext(lqIdxMask))
    val lqViolationUop = uop(lqViolationIndex)                      ///这就是发生 st-ld 冲突的那条指令的 MicroOp
    (lqViolation, lqViolationUop)                                   ///返回需要回滚的 ld 指令的 MicroOp
  }  ///end detectRollback()，注意这里的 io.storeIn 这并非来自 StoreQueue 内部，而是来自其入口，这是刚到来的 st 指令。

  def rollbackSel (a: Valid[MicroOpRbExt], b: Valid[MicroOpRbExt]): ValidIO[MicroOpRbExt] = {      ///二中选一：
    Mux(a.valid, Mux(b.valid, Mux(isAfter(a.bits.uop.robIdx, b.bits.uop.robIdx), b, a) /* a,b both valid, sel oldest */, a /* sel a */),
                                                                                                                  b /* sel b */)
  }  ///end rollbackSel()，从 a、b 两个 MicroOp 中选择其中较早者。

  // S2: select rollback (part1) and generate rollback request
  // rollback check
  // Lq rollback seq check is done in s3 (next stage), as getting rollbackLq MicroOp is slow
  val rollbackLq = Wire(Vec(StorePipelineWidth, Valid(new MicroOpRbExt)))     ///长度为 StorePipelineWidth 的向量
                                        ///MicroOpRbExt 是对 XSBundleWithMicroOp 的扩充，添加了一个 flag 字段。
  // store ftq index for store set update
  val stFtqIdxS2 = Wire(Vec(StorePipelineWidth, new FtqPtr))
  val stFtqOffsetS2 = Wire(Vec(StorePipelineWidth, UInt(log2Up(PredictWidth).W)))
  for (i <- 0 until StorePipelineWidth) {
    val detectedRollback = detectRollback(i)            ///函数 detectRollback()见上，返回二元组(lqViolation, lqViolationUop)
    rollbackLq(i).valid := detectedRollback._1 && RegNext(io.storeIn(i).valid)   ///如果 lqViolation 为 true
    rollbackLq(i).bits.uop := detectedRollback._2         ///如果 lqViolation 为 true，则此为 lqViolationUop。
    rollbackLq(i).bits.flag := i.U                        ///这就是所添加 flag 字段的用途
    stFtqIdxS2(i) := RegNext(io.storeIn(i).bits.uop.cf.ftqPtr)           ///引起回滚的 st 指令所在的 ftqPtr
    stFtqOffsetS2(i) := RegNext(io.storeIn(i).bits.uop.cf.ftqOffset)     ///引起回滚的 st 指令所在的 ftqOffset
  }  ///end for

  val rollbackLqVReg = rollbackLq.map(x => RegNext(x.valid))
  val rollbackLqReg = rollbackLq.map(x => RegEnable(x.bits, x.valid))

  // S3: select rollback (part2), generate rollback request, then fire rollback request
  // Note that we use robIdx - 1.U to flush the load instruction itself.
  // Thus, here if last cycle's robIdx equals to this cycle's robIdx, it still triggers the redirect.
```

```
  // select uop in parallel
  val lqs = getOldest(rollbackLqVReg, rollbackLqReg)            ///调用前面的函数 getOldest()
  val rollbackUopExt = lqs._2(0)                                ///需要重新执行的那条指令的 Uop
  val stFtqIdxS3 = RegNext(stFtqIdxS2)                          ///ftqPtr
  val stFtqOffsetS3 = RegNext(stFtqOffsetS2)                    ///ftqOffset
  val rollbackUop = rollbackUopExt.uop                          ///需要重新执行的指令
  val rollbackStFtqIdx = stFtqIdxS3(rollbackUopExt.flag)
  val rollbackStFtqOffset = stFtqOffsetS3(rollbackUopExt.flag)

  // check if rollback request is still valid in parallel
  io.rollback.bits.robIdx := rollbackUop.robIdx                 ///LoadQueue 的 io.rollback 是 Redirect 输出
  io.rollback.bits.ftqIdx := rollbackUop.cf.ftqPtr              /// rollbackUop 是需要重新执行的那条 ld 指令的 Uop
  io.rollback.bits.stFtqIdx := rollbackStFtqIdx
  io.rollback.bits.ftqOffset := rollbackUop.cf.ftqOffset
  io.rollback.bits.stFtqOffset := rollbackStFtqOffset
  io.rollback.bits.level := RedirectLevel.flush
  io.rollback.bits.interrupt := DontCare
  io.rollback.bits.cfiUpdate := DontCare
  io.rollback.bits.cfiUpdate.target := rollbackUop.cf.pc        ///回滚的目标就是重新执行这条指令

  io.rollback.valid := rollbackLqVReg.reduce(_|_) &&
                  (!lastCycleRedirect.valid || isBefore(rollbackUop.robIdx, lastCycleRedirect.bits.robIdx)) &&
                  (!lastlastCycleRedirect.valid || isBefore(rollbackUop.robIdx, lastlastCycleRedirect.bits.robIdx))
                                                                ///发出转向指示
/// class LoadQueue，续 5，待续
```

只要检测到 LoadQueue 中的 ld 指令与刚到达 StoreQueue 的 st 指令目标地址相符，且其 robIdx 表明比对应的 st 指令年轻，就认为这条 ld 指令已经读取了错误的数据，所以需要回滚。

代码中的 io.storeIn 需要特别加以说明，LoadQueue 的 istoreIn 输入其实并非来自 StoreQueue，而是直接来自 LSQWrapper，LoadQueue 和 StoreQueue 是同时得到刚到来的 st 指令的。

```
stu.io.lsq <> lsq.io.storeIn(i)             ///这是 MemBlock 中建立的 StoreUnit/LSQWrapper 连接
loadQueue.io.storeIn <> io.storeIn          ///这是 LSQWrapper 将其 storeIn 连到 LoadQueue 的 storeIn
storeQueue.io.storeIn <> io.storeIn         ///这是 LSQWrapper 将其 storeIn 连到 StoreQueue 的 storeIn
```

所以，LoadQueue 和 StoreQueue 同时得到刚到来的 st 指令，而此时如果访问同一物理地址的 ld 指令已经在 LoadQueue，并且已经回写读出的数据，只是尚未交割（交割不了，因为此前还有 st 指令尚未完成），那就说明错误已经铸成，当然就得回滚了。

然后是对 Load/Load 冲突，即加载队列内部冲突的检测与对策。Store/Load 冲突发生于对相同物理地址的写入与读出，而 Load/Load 冲突则发生于两个物理地址存在于同一缓存块即 cacheline 之中的情况下。

```
[XSCoreBase > MemBlock > MemBlockImp > LsqWrappper > LoadQueue]　续 6
  /**
   * Load-Load Memory violation detection
   * When load arrives load_s1, it searches LoadQueue for younger load instructions with the same load physical address.
   * If younger load has been released (or observed), the younger load needs to be re-execed.
```

```
* For now, if re-exec it found to be needed in load_s1, we mark the older load as replayInst,
* the two loads will be replayed if the older load becomes the head of rob.
* When dcache releases a line, mark all writebacked entrys in load queue with the same line paddr as released.
*/
// Load-Load Memory violation query
val deqRightMask = UIntToMask.rightmask(deqPtr, LoadQueueSize)
(0 until LoadPipelineWidth).map(i => {
  dataModule.io.release_violation(i).paddr := io.loadViolationQuery(i).req.bits.paddr
  io.loadViolationQuery(i).req.ready := true.B              ///LoadQueue 的 io.loadViolationQuery 是输入，来自 LoadUnit。
  io.loadViolationQuery(i).resp.valid := RegNext(io.loadViolationQuery(i).req.fire())
  // Generate real violation mask. Note that we use UIntToMask.rightmask here
  val startIndex = io.loadViolationQuery(i).req.bits.uop.lqIdx.value
  val lqIdxMask = UIntToMask(startIndex, LoadQueueSize)
  val xorMask = lqIdxMask ^ enqMask
  val sameFlag = io.loadViolationQuery(i).req.bits.uop.lqIdx.flag === enqPtrExt(0).flag
  val ldToEnqPtrMask = Mux(sameFlag, xorMask, ~xorMask)
  val ldld_violation_mask_gen_1 = WireInit(VecInit((0 until LoadQueueSize).map(j => {
    ldToEnqPtrMask(j) &&          // the load is younger than current load
    allocated(j) &&               // entry is valid
    released(j) &&                // cacheline is released
    (datavalid(j) || miss(j))     // paddr is valid
  })))
  val ldld_violation_mask_gen_2 = WireInit(VecInit((0 until LoadQueueSize).map(j => {
    dataModule.io.release_violation(i).match_mask(j)     // addr match
    // addr match result is slow to generate, we RegNext() it
  })))
  val ldld_violation_mask = RegNext(ldld_violation_mask_gen_1).asUInt & RegNext(ldld_violation_mask_gen_2).asUInt
                                      ///两个 mask 位图按位相与，找出既满足第一个条件又满足第二个条件的表项。
  dontTouch(ldld_violation_mask)
  io.loadViolationQuery(i).resp.bits.have_violation := ldld_violation_mask.orR
})  ///end (0 until LoadPipelineWidth).map

// "released" flag update
// When io.release.valid (release1cycle.valid), it uses the last ld-ld paddr cam port to update release flag in 1 cycle
when(release1cycle.valid){
  // Take over ld-ld paddr cam port
  dataModule.io.release_violation.takeRight(1)(0).paddr := release1cycle.bits.paddr
  io.loadViolationQuery.takeRight(1)(0).req.ready := false.B
}
when(release2cycle.valid){
  // If a load comes in that cycle, we can not judge if it has ld-ld violation. We replay that load inst from RS
  io.loadViolationQuery.map(i => i.req.ready :=
    // use lsu side release2cycle_dup_lsu paddr for better timing
    !i.req.bits.paddr(PAddrBits-1, DCacheLineOffset) === release2cycle_dup_lsu.bits.paddr(PAddrBits-1, DCacheLineOffset)
  )
}
```

```
  (0 until LoadQueueSize).map(i => {
    when(RegNext(dataModule.io.release_violation.takeRight(1)(0).match_mask(i) &&
                                                allocated(i) && datavalid(i) && release1cycle.valid )){
      // Note: if a load has missed in dcache and is waiting for refill in load queue,
      // its released flag still needs to be set as true if addr matches.
      released(i) := true.B
    }
  })
/// class LoadQueue，续 6，待续
```

这里是对“Load-Load Memory violation”的检测，其中的 io.loadViolationQuery 是来自 LoadUnit 的查询，LoadUnit 的 lsq 接口是个 LoadToLsqIO，那里边的 loadViolationQuery 是个 LoadViolationQueryIO：

```
class LoadViolationQueryIO(implicit p: Parameters) extends XSBundle {
  val req = Decoupled(new LoadViolationQueryReq)                    ///见下
  val resp = Flipped(Valid(new LoadViolationQueryResp))             ///见下
}

class LoadReExecuteQueryIO(implicit p: Parameters) extends XSBundle {
  val robIdx = new RobPtr                // robIdx: Requestor's (a store instruction) rob index for match logic.
  val paddr = UInt(PAddrBits.W)          // paddr: requestor's (a store instruction) physical address for match logic.
  val mask = UInt(8.W)                   // mask: requestor's (a store instruction) data width mask for match logic.
}

class LoadViolationQueryResp(implicit p: Parameters) extends XSBundle {
  val have_violation = Bool()
}
```

LoadQueue 这一边接口上的 io.loadViolationQuery 与其对接，LoadQueue 是接受询问的一方。

每当有新的 ld 指令来到 LoadUnit 时都要对 LoadQueue 发出是否冲突的查询，这是在其 LoadUnit_S1 阶段发出的：

```
  // ld-ld violation query
  io.loadViolationQueryReq.valid := io.in.valid && !(s1_exception || s1_tlb_miss || io.s1_kill || s1_is_prefetch)
  io.loadViolationQueryReq.bits.paddr := s1_paddr_dup_lsu
  io.loadViolationQueryReq.bits.uop := s1_uop
```

LoadQueue 回复 io.loadViolationQueryResp 的到来是在 LoadUnit_S2 阶段，对回复的处理主要在 LoadUnit 中：

```
  // load forward_fail/ldld_violation check, check for inst in load pipeline
  val s3_forward_fail = RegNext(io.lsq.forward.matchInvalid || io.sbuffer.matchInvalid)
  val s3_ldld_violation = RegNext( io.lsq.loadViolationQuery.resp.valid &&
                          io.lsq.loadViolationQuery.resp.bits.have_violation && RegNext(io.csrCtrl.ldld_vio_check_enable))
  val s3_need_replay_from_fetch = s3_forward_fail || s3_ldld_violation
  val s3_can_replay_from_fetch = RegEnable(load_s2.io.s2_can_replay_from_fetch, load_s2.io.out.valid)
  // 1) use load pipe check result generated in load_s3 iff load_hit
```

```
when (RegNext (hitLoadOut.valid)) {          ///如果命中，hitLoadOut就是要通过io.loadout返回的ExuOutput
  io.ldout.bits.uop.ctrl.replayInst := s3_need_replay_from_fetch          ///LoadUnit的io.ldout是ExuOutput
}
// 2) otherwise, write check result to load queue
io.lsq.s3_replay_from_fetch := s3_need_replay_from_fetch && s3_can_replay_from_fetch   ///回到Lsq
```

相比之下，ld-ld 冲突不是个大事情，所以是否要有所反映是可以通过 CSR 的设置加以控制的。LoadUnit 中的 s3_ldld_violation 是否受 lsq.loadViolationQuery.resp 受控于 CSR 中的控制位 ldld_vio_check_enable，如果没有 enable 就等于没有发生。

我们继续往下看 LoadQueue 的代码：

[XSCoreBase > MemBlock > MemBlockImp > LsqWrappper > LoadQueue] 续 7

```
/**
  * Memory mapped IO / other uncached operations          ///LoadQueue 的 io.uncache 经总线连到外部设备
  * States:
  * (1) writeback from store units: mark as pending
  * (2) when they reach ROB's head, they can be sent to uncache channel
  * (3) response from uncache channel: mark as datavalid
  * (4) writeback to ROB (and other units): mark as writebacked
  * (5) ROB commits the instruction: same as normal instructions
  */
//(2) when they reach ROB's head, they can be sent to uncache channel
val lqTailMmioPending = WireInit(pending(deqPtr))
val lqTailAllocated = WireInit(allocated(deqPtr))
val s_idle :: s_req :: s_resp :: s_wait :: Nil = Enum(4)
val uncacheState = RegInit(s_idle)                  ///uncache 状态机
switch(uncacheState) {
  is(s_idle) {
    when(RegNext(io.rob.pendingld && lqTailMmioPending && lqTailAllocated)) { uncacheState := s_req }
                                                                    /// s_idle => s_req
  }
  is(s_req) { when(io.uncache.req.fire()) { uncacheState := s_resp } }                 /// s_req => s_resp
  is(s_resp) { when(io.uncache.resp.fire()) { uncacheState := s_wait } }               /// s_resp => s_wait
  is(s_wait) { when(RegNext(io.rob.commit)) { uncacheState := s_idle }} // ready for next mmio  /// s_wait => s_idle
}  ///end switch

// used for uncache commit
val uncacheData = RegInit(0.U(XLEN.W))
val uncacheCommitFired = RegInit(false.B)

when(uncacheState === s_req) { uncacheCommitFired := false.B }
io.uncache.req.valid := uncacheState === s_req              ///状态机处于 s_req 状态时发出请求
dataModule.io.uncache.raddr := deqPtrExtNext.value

io.uncache.req.bits := DontCare
io.uncache.req.bits.cmd := MemoryOpConstants.M_XRD          ///要求读出
```

```
io.uncache.req.bits.addr := dataModule.io.uncache.rdata.paddr          ///目标单元的物理地址（读自 dataModule）
io.uncache.req.bits.data := DontCare
io.uncache.req.bits.mask := dataModule.io.uncache.rdata.mask          ///掩模
io.uncache.req.bits.id := RegNext(deqPtrExtNext.value)
io.uncache.req.bits.instrtype := DontCare
io.uncache.req.bits.replayCarry := DontCare
io.uncache.req.bits.atomic := true.B                                   ///原子操作
io.uncache.resp.ready := true.B
when (io.uncache.req.fire()) { pending(deqPtr) := false.B }

// (3) response from uncache channel: mark as datavalid
when(io.uncache.resp.fire()){
  datavalid(deqPtr) := true.B
  uncacheData := io.uncache.resp.bits.data(XLEN-1, 0)                 ///将 uncache 返回的数据打入寄存器 uncacheData
}
// writeback mmio load, Note: only use ldout(0) to write back
// Int load writeback will finish (if not blocked) in one cycle
io.ldout(0).bits.uop := uop(deqPtr)
io.ldout(0).bits.uop.lqIdx := deqPtr.asTypeOf(new LqPtr)
io.ldout(0).bits.data := DontCare                 // not used
io.ldout(0).bits.redirectValid := false.B
io.ldout(0).bits.redirect := DontCare
io.ldout(0).bits.debug.isMMIO := true.B
io.ldout(0).bits.debug.isPerfCnt := false.B
io.ldout(0).bits.debug.paddr := debug_paddr(deqPtr)
io.ldout(0).bits.debug.vaddr := vaddrModule.io.rdata(1)
io.ldout(0).bits.fflags := DontCare

io.ldout(0).valid := (uncacheState === s_wait) && !uncacheCommitFired
io.ldout(1).bits := DontCare
io.ldout(1).valid := false.B                                           ///从 Uncache 只是每次读入一个数据

// merged data, uop and offset for data sel in load_s3
io.ldRawDataOut(0).lqData := uncacheData
io.ldRawDataOut(0).uop := io.ldout(0).bits.uop
io.ldRawDataOut(0).addrOffset := dataModule.io.uncache.rdata.paddr
io.ldRawDataOut(1) := DontCare

when(io.ldout(0).fire()){ uncacheCommitFired := true.B }

// Read vaddr for mem exception
// no inst will be commited 1 cycle before tval update
vaddrModule.io.raddr(0) := (deqPtrExt + commitCount).value
io.exceptionAddr.vaddr := vaddrModule.io.rdata(0)                      ///如果发起异常，那么引起异常的地址就是 vaddr

// read vaddr for mmio, and only port {1} is used
```

```
vaddrModule.io.raddr(1) := deqPtr
(0 until LoadPipelineWidth).map(i => {
  if(i == 0) {
    vaddrTriggerResultModule.io.raddr(i) := deqPtr
    io.trigger(i).lqLoadAddrTriggerHitVec := Mux(io.ldout(i).valid, vaddrTriggerResultModule.io.rdata(i),
                                                                   VecInit(Seq.fill(3)(false.B)))
  }else {
    vaddrTriggerResultModule.io.raddr(i) := DontCare
    io.trigger(i).lqLoadAddrTriggerHitVec := VecInit(Seq.fill(3)(false.B))
  }
})  ///断点触发

// misprediction recovery / exception redirect，invalidate lq term using robIdx
val needCancel = Wire(Vec(LoadQueueSize, Bool()))
for (i <- 0 until LoadQueueSize) {
  needCancel(i) := uop(i).robIdx.needFlush(io.brqRedirect) && allocated(i)
  when (needCancel(i)) { allocated(i) := false.B }
}

/**
  * update pointers                  ///更新 LoadQueue 的入队/出队指针：
  */
val lastEnqCancel = PopCount(RegNext(VecInit(canEnqueue.zip(enqCancel).map(x => x._1 && x._2))))
val lastCycleCancelCount = PopCount(RegNext(needCancel))
val enqNumber = Mux(io.enq.canAccept && io.enq.sqCanAccept, PopCount(io.enq.req.map(_.valid)), 0.U)
when (lastCycleRedirect.valid) {
  // we recover the pointers in the next cycle after redirect
  enqPtrExt := VecInit(enqPtrExt.map(_ - (lastCycleCancelCount + lastEnqCancel)))
}.otherwise {
  enqPtrExt := VecInit(enqPtrExt.map(_ + enqNumber))       ///在正常无转向的情况下，进队了几个就向前推进几个位置。
}
deqPtrExtNext := deqPtrExt + commitCount                    ///出队指针是交割了几个就像前推进几个位置
deqPtrExt := deqPtrExtNext

io.lqCancelCnt := RegNext (lastCycleCancelCount + lastEnqCancel)

///Debug 与性能统计从略
}  ///end class LoadQueue
```

这主要是从 uncache 即通过 MMIO 从外部设备读取，逻辑相对简单，这就留给读者了。

27.6.2 存储队列 StoreQueue

看完了 LoadQueue，我们再来看 StoreQueue。

```
[XSCoreBase > MemBlock > MemBlockImp > LsqWrappper > StoreQueue]
class StoreQueue(implicit p: Parameters) extends XSModule
```

```
                                with HasDCacheParameters with HasCircularQueuePtrHelper with HasPerfEvents {
  val io = IO(new Bundle() {
    val hartId = Input(UInt(8.W))
    val enq = new SqEnqIO                       /// SqEnqIO 见后，其 req 的主要成分为 MicroOp 向量
    val brqRedirect = Flipped(ValidIO(new Redirect))
    val storeIn = Vec(StorePipelineWidth, Flipped(Valid(new LsPipelineBundle)))     // store addr, data is not included
    val storeInRe = Vec(StorePipelineWidth, Input(new LsPipelineBundle()))     // store more mmio and exception
    val storeDataIn = Vec(StorePipelineWidth, Flipped(Valid(new ExuOutput)))     // store data, send to sq from rs
    val storeMaskIn = Vec(StorePipelineWidth, Flipped(Valid(new StoreMaskBundle))) // store mask, send to sq from rs
    val sbuffer = Vec(EnsbufferWidth, Decoupled(new DCacheWordReqWithVaddr))  // write committed store to sbuffer
    val uncacheOutstanding = Input(Bool())
    val mmioStout = DecoupledIO(new ExuOutput)                           // writeback uncached store
    val forward = Vec(LoadPipelineWidth, Flipped(new PipeLoadForwardQueryIO))
    val rob = Flipped(new RobLsqIO)
    val uncache = new UncacheWordIO
    // val refill = Flipped(Valid(new DCacheLineReq ))
    val exceptionAddr = new ExceptionAddrIO
    val sqempty = Output(Bool())
    val issuePtrExt = Output(new SqPtr)                                  // used to wake up delayed load/store
    val sqFull = Output(Bool())
    val sqCancelCnt = Output(UInt(log2Up(StoreQueueSize + 1).W))
    val sqDeq = Output(UInt(log2Ceil(EnsbufferWidth + 1).W))
    val storeDataValidVec = Vec(StoreQueueSize, Output(Bool()))
  })  ///end val io

  println("StoreQueue: size:" + StoreQueueSize)
  // data modules
  val uop = Reg(Vec(StoreQueueSize, new MicroOp))          /// StoreQueueSize=64
  val dataModule = Module(new SQDataModule(numEntries = StoreQueueSize, numRead = EnsbufferWidth,
                                      numWrite = StorePipelineWidth, numForward = StorePipelineWidth))
                        ///这是 StoreQueue 用来存放写入数据的存储空间
  dataModule.io := DontCare
  val paddrModule = Module(new SQAddrModule(dataWidth = PAddrBits, numEntries = StoreQueueSize,
                          numRead = EnsbufferWidth, numWrite = StorePipelineWidth, numForward = StorePipelineWidth))
                        ///这是 StoreQueue 用来存放物理地址的存储空间
  paddrModule.io := DontCare
  val vaddrModule = Module(new SQAddrModule(dataWidth = VAddrBits, numEntries = StoreQueueSize,
                                      numRead = EnsbufferWidth + 1,    // sbuffer + badvaddr 1 (TODO)
                                      numWrite = StorePipelineWidth, numForward = StorePipelineWidth))
                        ///这是 StoreQueue 用来存放虚存地址的存储空间
  vaddrModule.io := DontCare

  val dataBuffer = Module(new DatamoduleResultBuffer(new DataBufferEntry))
  // state & misc
  val allocated = RegInit(VecInit(List.fill(StoreQueueSize)(false.B)))        // sq entry has been allocated
  val addrvalid = RegInit(VecInit(List.fill(StoreQueueSize)(false.B)))        // non-mmio addr is valid
```

```
  val datavalid = RegInit(VecInit(List.fill(StoreQueueSize)(false.B)))            // non-mmio data is valid
  val allvalid   = VecInit((0 until StoreQueueSize).map(i => addrvalid(i) && datavalid(i)))        // non-mmio data & addr is valid
  val committed = Reg(Vec(StoreQueueSize, Bool()))                                  // inst has been committed by rob
  val pending = Reg(Vec(StoreQueueSize, Bool()))
                              // mmio pending: inst is an mmio inst, it will not be executed until it reachs the end of rob
  val mmio = Reg(Vec(StoreQueueSize, Bool()))                                       // mmio: inst is an mmio inst
  val atomic = Reg(Vec(StoreQueueSize, Bool()))

  // ptr
  val enqPtrExt = RegInit(VecInit((0 until io.enq.req.length).map(_.U.asTypeOf(new SqPtr))))
  val rdataPtrExt = RegInit(VecInit((0 until EnsbufferWidth).map(_.U.asTypeOf(new SqPtr))))
  val deqPtrExt = RegInit(VecInit((0 until EnsbufferWidth).map(_.U.asTypeOf(new SqPtr))))
  val cmtPtrExt = RegInit(VecInit((0 until CommitWidth).map(_.U.asTypeOf(new SqPtr))))
  val issuePtrExt = RegInit(0.U.asTypeOf(new SqPtr))
  val validCounter = RegInit(0.U(log2Ceil(LoadQueueSize + 1).W))

  val enqPtr = enqPtrExt(0).value
  val deqPtr = deqPtrExt(0).value
  val cmtPtr = cmtPtrExt(0).value

  val validCount = distanceBetween(enqPtrExt(0), deqPtrExt(0))                      ///StoreQueue 中已被占用的槽位数量
  val allowEnqueue = validCount <= (StoreQueueSize - StorePipelineWidth).U          ///StoreQueue 中尚有空闲槽位可供分配

  val deqMask = UIntToMask(deqPtr, StoreQueueSize)                                  ///将离队指针转化成位图
  val enqMask = UIntToMask(enqPtr, StoreQueueSize)                                  ///将进队指针转化成位图
  val commitCount = RegNext(io.rob.scommit)

  (0 until StoreQueueSize).map{i => { io.storeDataValidVec(i) := datavalid(i) }}
/// class StoreQueue，待续
```

先看 StoreUnit 的外部接口。接口上的 enq 所连接的 Bundle 是 SqEnqIO（相比之下，LoadQueue 的 enq 是 LqEnqIO）：

```
class SqEnqIO(implicit p: Parameters) extends XSBundle {
  val canAccept = Output(Bool())
  val lqCanAccept = Input(Bool())
  val needAlloc = Vec(exuParameters.LsExuCnt, Input(Bool()))
  val req = Vec(exuParameters.LsExuCnt, Flipped(ValidIO(new MicroOp)))
  val resp = Vec(exuParameters.LsExuCnt, Output(new SqPtr))
}
```

这与前面 LsqWrappper 接口上 enq 的 LsqEnqIO 极为相似，就是多了一个 lqCanAccept。事实上 SqEnqIO 中的这些成分基本上都是连接到 LsqEnqIO，尤其是 req，是个 MicroOp 向量，向量长度是 RenameWidth，这就是从 LsqWrappper 接口上的 enq 连过来的。存储指令是要提供数据的，所以与此配套还有个 storeDataIn，是个 ExuOutput 向量，来自 LsqWrappper 接口上的 storeDataIn，向量长度为 StorePipelineWidth 即 2。注意之所以是 ExuOutput 向量，之所以是 ExuOutput，是因为与 StoreUnit 配套有 Std 指令执行单元，Std 把寄存器 rs1

的内容照抄到它输出 ExuOutput 的 data 字段中，所以这里才是 ExuOutput。

同时还有个 storeIn，这是个 LsPipelineBundle 向量，显然这就是来自 StoreUnit 的那个流水线。向量宽度也是 StorePipelineWidth。StoreQueue 的 storeIn 与 LoadQueue 的 storeIn 是并立的关系，有相同的来源，都是来自 Lsq，最终来自 StoreUnit。所以当一条 st 指令到达 StoreQueue 时也就到达了 LoadQueue，并在那里接受 st-ld 冲突的检测。

另外 StoreQueue 的 sbuffer 接口来自 LsqWrappper 接口上的 sbuffer。

如前所述，StoreQueue 与 LoadUnit 之间有个数据 forward 的机制，LoadUnit 的 io.lsq.forward 是输出，这个输出去向 Lsq 的 forward 输入，同时又连到 StoreQueue 的 forward 输入（实际上还又连到 LoadQueue 的 load_s1），通过一个 PipeLoadForwardQueryIO 相连：

```
// LoadForwardQueryIO used in load pipeline
// Difference between PipeLoadForwardQueryIO and LoadForwardQueryIO:
// PipeIO use predecoded sqIdxMask for better forward timing
class PipeLoadForwardQueryIO(implicit p: Parameters) extends LoadForwardQueryIO {
  // sqIdxMask is calcuated in earlier stage for better timing
  val sqIdxMask = Output(UInt(StoreQueueSize.W))

  // dataInvalid: addr match, but data is not valid for now
  val dataInvalidFast = Input(Bool())      // resp to load_s1
  // val dataInvalid = Input(Bool())        // resp to load_s2
  val dataInvalidSqIdx = Input(UInt(log2Up(StoreQueueSize).W)) // resp to load_s2, sqIdx value
}
```

注意这是对 LoadForwardQueryIO（见下）的扩充，在 LoadForwardQueryIO 中既有作为查询条件的地址，也有作为查询结果的数据。LoadUnit 是查询的发起者，而 StoreQueue 是查询的接收者和 forward 数据的提供者。所以 PipeLoadForwardQueryIO 的核心是 LoadForwardQueryIO：

```
class LoadForwardQueryIO(implicit p: Parameters) extends XSBundleWithMicroOp {
  val vaddr = Output(UInt(VAddrBits.W))
  val paddr = Output(UInt(PAddrBits.W))
  val mask = Output(UInt(8.W))
  override val uop = Output(new MicroOp)   // for replay
  val pc = Output(UInt(VAddrBits.W))   //for debug
  val valid = Output(Bool())

  val forwardMaskFast = Input(Vec(8, Bool()))   // resp to load_s1
  val forwardMask = Input(Vec(8, Bool()))   // resp to load_s2
  val forwardData = Input(Vec(8, UInt(8.W)))   // resp to load_s2

  val sqIdx = Output(new SqPtr)

  // dataInvalid suggests store to load forward found forward should happen,
  // but data is not available for now. If dataInvalid, load inst should
  // be replayed from RS. Feedback type should be RSFeedbackType.dataInvalid
  val dataInvalid = Input(Bool()) // Addr match, but data is not valid for now
```

```
  // matchInvalid suggests in store to load forward logic, paddr cam result does
  // to equal to vaddr cam result. If matchInvalid, a microarchitectural exception
  // should be raised to flush SQ and committed sbuffer.
  val matchInvalid = Input(Bool()) // resp to load_s2
}   ///end class LoadForwardQueryIO
```

这样，一个是 PipeLoadForwardQueryIO，另一个是 LoadForwardQueryIO，前者是对后者的扩充，所以都叫 QueryIO。PipeLoadForwardQueryIO 用在 LoadUnit 与 StoreQueue 之间；LoadForwardQueryIO 则用在 LoadUnit 与 Sbuffer 之间，因为 Sbuffer 可能也有一些写入正在等待。Sbuffer 的输入 forward 是个 PipeLoadForwardQueryIO 向量，接受询问并提供 forward 数据。而 LoadUnit 中的 Sbuffer，及其 LoadUnit_S1 阶段的 sbuffer，LoadUnit_S2 阶段的 lsq 和 sbuffer，则都是向 Sbuffer 询问（其实可以说是请求）的发起者和 forwardData/forwardMask 的接收者。不过其中 LoadUnit_S1 接受的是 forwardMaskFast，这个信号的到来比 forwardMask 造一个节拍，所以说是 Fast。

至于 StoreQueue 内部，则也有 uop、dataModule 等数组和队列，还有许多位图，这与 LoadQueue 是相似的，只是数量上要少一些。其中 dataModule 是个 SQDataModule：

```
[XSCoreBase > MemBlock > MemBlockImp > LsqWrappper > StoreQueue > SQDataModule]
// SQDataModule is a wrapper of SQData8Modules
class SQDataModule (numEntries: Int, numRead: Int, numWrite: Int, numForward: Int)
                    (implicit p: Parameters) extends XSModule with HasDCacheParameters with HasCircularQueuePtrHelper {
  val io = IO(new Bundle() {
    // sync read port
    val raddr = Vec(numRead,   Input(UInt(log2Up(numEntries).W)))       /// numRead是参数，地址为阵列内下标
    val rdata = Vec(numRead,   Output(new SQDataEntry))                 ///通过读出端口从dataModule读出SQDataEntry
    // data write port
    val data = new Bundle() {
      val wen    = Vec(numWrite, Input(Bool()))
      val waddr = Vec(numWrite, Input(UInt(log2Up(numEntries).W)))      /// numWrite是参数
      val wdata = Vec(numWrite, Input(UInt(XLEN.W)))                    ///通过写入端口向dataModule写入的是64位数据
    }
    // mask (data valid) write port
    val mask = new Bundle() {                                           ///向dataModule写入时使用的掩模
      val wen    = Vec(numWrite, Input(Bool()))
      val waddr = Vec(numWrite, Input(UInt(log2Up(numEntries).W)))
      val wdata = Vec(numWrite, Input(UInt(8.W)))
    }       ///以上rdata、data、mash均为向量

    // st-ld forward addr cam result input, used to select forward data
    val needForward = Input(Vec(numForward, Vec(2, UInt(numEntries.W))))
    // forward result valid bit generated in current cycle
    val forwardMaskFast = Vec(numForward, Output(Vec(8, Bool())))
    // forward result generated in the next cycle
    val forwardMask = Vec(numForward, Output(Vec(8, Bool())))
    val forwardData = Vec(numForward, Output(Vec(8, UInt(8.W))))
  })  ///end val io
```

```
  val data8 = Seq.fill(8)(Module(new SQData8Module(numEntries, numRead, numWrite, numForward)))
                              ///data8是8份平行的SQData8Module存储阵列，每一份是一个Bank。
  // writeback to lq/sq
  for (i <- 0 until numWrite) {      // write to data8                ///将输入的data向量写入data8阵列，同样的数据写8份。
    for (j <- 0 until 8) {
      data8(j).io.mask.waddr(i) := io.mask.waddr(i)
      data8(j).io.mask.wdata(i) := io.mask.wdata(i)(j)
      data8(j).io.mask.wen(i) := io.mask.wen(i)
      data8(j).io.data.waddr(i) := io.data.waddr(i)
      data8(j).io.data.wdata(i) := io.data.wdata(i)(8*(j+1)-1, 8*j)
      data8(j).io.data.wen(i) := io.data.wen(i)
    }
  }
  // destorequeue read data
  for (i <- 0 until numRead) {                                         ///从data8读出也是8份
    for (j <- 0 until 8) {
      data8(j).io.raddr(i) := io.raddr(i)
    }
    io.rdata(i).mask := VecInit((0 until 8).map(j => data8(j).io.rdata(i).valid)).asUInt
    io.rdata(i).data := VecInit((0 until 8).map(j => data8(j).io.rdata(i).data)).asUInt
  }

  // DataModuleTemplate should not be used when there're any write conflicts
  for (i <- 0 until numWrite) {      ///numWrite个写入地址都必须是唯一的，不得有相同：
    for (j <- i+1 until numWrite) { assert(!(io.data.wen(i) && io.data.wen(j) && io.data.waddr(i) === io.data.waddr(j))) }
  }
  for (i <- 0 until numWrite) {      ///写入所使用的numWrite个mask，其地址也都必须是唯一的，不得有相同：
    for (j <- i+1 until numWrite) { assert(!(io.mask.wen(i) && io.mask.wen(j) && io.mask.waddr(i) === io.mask.waddr(j))) }
  }
  (0 until numForward).map(i => {   // parallel fwd logic
    for (j <- 0 until 8) {
      data8(j).io.needForward(i) <> io.needForward(i)
      io.forwardMaskFast(i) := VecInit((0 until 8).map(j => data8(j).io.forwardValidFast(i)))
      io.forwardMask(i) := VecInit((0 until 8).map(j => data8(j).io.forwardValid(i)))
      io.forwardData(i) := VecInit((0 until 8).map(j => data8(j).io.forwardData(i)))
    }
  })
}   ///end class SQDataModule
```

存储阵列 SQDataModule 的核心是 data8，之所以叫 data8 是因为对这个阵列的写入一共要写 8 份，但是其中每一份所存储的数据宽度只是 XLEN/8，即一个字节。其中的每一份是一个 Bank。之所以如此，是因为作为写入对象的存储单元最大也就是 64 位（在 64 位芯片上），把存储分成 64 位的 Bank 就可以使同一 cacheline 中各存储单元的读写互相独立。

这个阵列中各元素的类型，则是 SQData8Module：

```
[MemBlock > MemBlockImp > LsqWrappper > StoreQueue > SQDataModule > SQData8Module]
class SQData8Module (numEntries: Int, numRead: Int, numWrite: Int, numForward: Int)
        (implicit p: Parameters) extends XSModule with HasDCacheParameters with HasCircularQueuePtrHelper {
  val io = IO(new Bundle() {
    // sync read port
    val raddr = Vec(numRead, Input(UInt(log2Up(numEntries).W)))
    val rdata = Vec(numRead, Output(new SQData8Entry))
    // data write port
    val data = new Bundle() {
      val wen    = Vec(numWrite, Input(Bool()))
      val waddr = Vec(numWrite, Input(UInt(log2Up(numEntries).W)))
      val wdata = Vec(numWrite, Input(UInt((XLEN/8).W)))              ///所存储数据的长度为XLEN/8，一个字节。
    }
    // mask (data valid) write port
    val mask = new Bundle() {
      val wen    = Vec(numWrite, Input(Bool()))
      val waddr = Vec(numWrite, Input(UInt(log2Up(numEntries).W)))
      val wdata = Vec(numWrite, Input(Bool()))
    }

    // st-ld forward addr cam result input, used to select forward data
    val needForward = Input(Vec(numForward, Vec(2, UInt(numEntries.W))))
    // forward result valid bit generated in current cycle
    val forwardValidFast = Vec(numForward, Output(Bool()))
    // forward result generated in the next cycle
    val forwardValid = Vec(numForward, Output(Bool())) // forwardValid = RegNext(forwardValidFast)
    val forwardData = Vec(numForward, Output(UInt(8.W)))
  })  ///end val io

  io := DontCare

  val data = Reg(Vec(numEntries, new SQData8Entry))  ///实际存放数据的是个寄存器向量，SQData8Entry= 8位data+valid位。
  require(isPow2(StoreQueueNWriteBanks))           /// StoreQueueNWriteBanks=8
  require(StoreQueueNWriteBanks > 1)
  def get_bank (in: UInt): UInt = in(log2Up(StoreQueueNWriteBanks) -1, 0)       ///参数in是个阵列内地址，其最低3位为bank号。
  def get_bank_index (in: UInt): UInt = in >> log2Up(StoreQueueNWriteBanks)   ///阵列内地址右移3位后为bank_index
  def get_vec_index(index: Int, bank: Int): Int = { (index << log2Up(StoreQueueNWriteBanks)) + bank }
                                                        ///bank_index左移3位，再拼接上bank号，即为阵列内地址。
  // writeback to sq
  // store queue data write takes 2 cycles
  (0 until numWrite).map(i => {          ///对SQDataModule中各SQData8Entry的data字段写入：
    (0 until StoreQueueNWriteBanks).map(bank => {     /// StoreQueueNWriteBanks=8
      val s0_wen = io.data.wen(i) && get_bank(io.data.waddr(i)) === bank.U
      val s1_wen = RegNext (s0_wen)
      val s1_wdata = RegEnable(io.data.wdata(i), s0_wen)
      val s1_waddr = RegEnable(get_bank_index(io.data.waddr(i)), s0_wen)
```

```
      val numRegsPerBank = StoreQueueSize / StoreQueueNWriteBanks
      (0 until numRegsPerBank).map(index => {
        when(s1_wen && s1_waddr === index.U){ data(get_vec_index(index, bank)).data := s1_wdata }
                    ///这里的data(get_vec_index(index, bank))是data阵列中的一个SQData8Entry，写入的目标是其data字段。
      })  ///end (0 until numRegsPerBank).map(index =>
    })  ///end (0 until StoreQueueNWriteBanks).map(bank =>
  })  ///end (0 until numWrite).map(i =>

  (0 until numWrite).map(i => {           ///对SQDataModule中各SQData8Entry的valid位写入：
    (0 until StoreQueueNWriteBanks).map(bank => {
      val s0_wen = io.mask.wen(i) && get_bank(io.mask.waddr(i)) === bank.U
      val s1_wen = RegNext(s0_wen)
      val s1_wdata = RegEnable(io.mask.wdata(i), s0_wen)
      val s1_waddr = RegEnable(get_bank_index(io.mask.waddr(i)), s0_wen)
      val numRegsPerBank = StoreQueueSize / StoreQueueNWriteBanks
      (0 until numRegsPerBank).map(index => {
        when(s1_wen && s1_waddr === index.U){ data(get_vec_index(index, bank)).valid := s1_wdata }
      })  ///end (0 until numRegsPerBank).map(index =>
    })  ///end (0 until StoreQueueNWriteBanks).map(bank =>
  })  ///end (0 until numWrite).map(i =>

  // destorequeue read data
  (0 until numRead).map(i => { io.rdata(i) := data(RegNext(io.raddr(i))) })        ///从data阵列中读出

  // DataModuleTemplate should not be used when there're any write conflicts
  for (i <- 0 until numWrite) {           ///data地址不得有冲突
    for (j <- i+1 until numWrite) { assert(!(io.data.wen(i) && io.data.wen(j) && io.data.waddr(i) === io.data.waddr(j))) }
  }
  for (i <- 0 until numWrite) {           ///mask地址不得有冲突
    for (j <- i+1 until numWrite) { assert(!(io.mask.wen(i) && io.mask.wen(j) && io.mask.waddr(i) === io.mask.waddr(j))) }
  }

  // forwarding                ///数据转交，抄近路。
  // Compare ringBufferTail (deqPtr) and forward.sqIdx, we have two cases:
  // (1) if they have the same flag, we need to check range(tail, sqIdx)
  // (2) if they have different flags, we need to check range(tail, LoadQueueSize) and range(0, sqIdx)
  // Forward1: Mux(same_flag, range(tail, sqIdx), range(tail, LoadQueueSize))
  // Forward2: Mux(same_flag, 0.U, range(0, sqIdx))
  // i.e. forward1 is the target entries with the same flag bits and forward2 otherwise

  // entry with larger index should have higher priority since it's data is younger     ///所处槽位号码更高者到来更晚，因而更加新。

  (0 until numForward).map(i => {         ///numForward = StorePipelineWidth = 2
    // parallel fwd logic
    val matchResultVec = Wire(Vec(numEntries * 2, new FwdEntry))          /// numEntries是构造参数，实参为64。
```

```
    def parallelFwd (xs: Seq[Data]): Data = {
      ParallelOperation(xs, (a: Data, b: Data) => {          ///object ParallelOperation的第2个参数是函数func的动态定义
        val l = a.asTypeOf(new FwdEntry)
        val r = b.asTypeOf(new FwdEntry)
        val res = Wire(new FwdEntry)
        res.validFast := l.validFast || r.validFast
        res.valid := l.valid || r.valid                       ///l和r表示left和right
        res.data := Mux(r.valid, r.data, l.data)              ///以r为优先，如果r.valid就采用r.data，否则就l.data。
        res
      })  ///实施ParallelOperation，其第2个参数func是 (a: Data, b: Data) => {…}，对xs这个序列实施函数func。见下。
    }  ///end parallelFwd()

    for (j <- 0 until numEntries) {                           /// numEntries是构造参数，其实参为64。
      val needCheck0 = io.needForward(i)(0)(j)
      val needCheck1 = io.needForward(i)(1)(j)
      val needCheck0Reg = RegNext(needCheck0)        /// needCheck0Reg比needCheck0晚一个时钟脉冲（但未必差一个节拍）
      val needCheck1Reg = RegNext(needCheck1)        /// needCheck1Reg也比needCheck1晚一个时钟脉冲（未必差一个节拍）
      (0 until XLEN / 8).foreach(k => {
        matchResultVec(j).validFast := needCheck0 && data(j).valid
        matchResultVec(j).valid := needCheck0Reg && data(j).valid                ///validFast与valid隔一个时钟脉冲
        matchResultVec(j).data := data(j).data
        matchResultVec(numEntries + j).validFast := needCheck1 && data(j).valid
        matchResultVec(numEntries + j).valid := needCheck1Reg && data(j).valid   ///validFast与valid隔一个时钟脉冲
        matchResultVec(numEntries + j).data := data(j).data
      })
    }  ///end for (j <- 0 until numEntries)

    val parallelFwdResult = parallelFwd (matchResultVec).asTypeOf(new FwdEntry)   ///matchResultVec就是参数xs
                ///注意matchResultVec是Vec(numEntries * 2, new FwdEntry)，成对的两个FwdEntry就是(a, b)。
    // validFast is generated the same cycle with query
    io.forwardValidFast(i) := parallelFwdResult.validFast
    // valid is generated 1 cycle after query request
    io.forwardValid(i) := parallelFwdResult.valid
    // data is generated 1 cycle after query request
    io.forwardData(i) := parallelFwdResult.data
  })  ///end (0 until numForward).map                          ///从data阵列中选取数据用于forward
}  ///end class SQData8Module
```

这里 SQData8Module 的输出 io.forwardData 在 StoreQueue 中在其 forward 接口上作为询问的回应送回 LoadUnit 和 LoadQueue。

上面引用的 ParallelOperation 是指 object ParallelOperation:

```
object ParallelOperation {
  def apply[T](xs: Seq[T], func: (T, T) => T): T = {
    require(xs.nonEmpty)
    xs match {
```

```
        case Seq(a) => a
        case Seq(a, b) => func(a, b)
        case _ => apply(Seq(apply(xs.take(xs.size / 2), func), apply(xs.drop(xs.size / 2), func)), func)   ///对分
      }
    }
}
```

由 SQData8Module 产生的 parallelFwdResult 是个 FwdEntry 向量：

```
class FwdEntry extends Bundle {
  val validFast = Bool()      // validFast is generated the same cycle with query
  val valid = Bool()          // valid is generated 1 cycle after query request
  val data = UInt(8.W)        // data is generated 1 cycle after query request          ///注意这是8位数据
}
```

这个向量作为 SQData8Module 的 forwardData 在 StoreQueue 中被用作其 io.forward 中的 forwardData。

回到 StoreQueue 的代码，那里还创建了 paddrModule 和 vaddrModule 两个 SQAddrModule：

```
[XSCoreBase > MemBlock > MemBlockImp > LsqWrappper > StoreQueue > SQAddrModule]
// Data module define
// These data modules are like SyncDataModuleTemplate, but support cam-like ops
class SQAddrModule (dataWidth: Int, numEntries: Int, numRead: Int, numWrite: Int, numForward: Int)
                                        (implicit p: Parameters) extends XSModule with HasDCacheParameters {
  val io = IO(new Bundle {
    // sync read
    val raddr = Input(Vec(numRead, UInt(log2Up(numEntries).W)))
    val rdata = Output(Vec(numRead, UInt(dataWidth.W)))                    // rdata: store addr
    val rlineflag = Output(Vec(numRead, Bool()))                           // rdata: line op flag
    // write
    val wen      = Input(Vec(numWrite, Bool()))
    val waddr    = Input(Vec(numWrite, UInt(log2Up(numEntries).W)))
    val wdata    = Input(Vec(numWrite, UInt(dataWidth.W)))                 // wdata: store addr
    val wlineflag = Input(Vec(numWrite, Bool()))                           // wdata: line op flag
    // forward addr cam
    val forwardMdata = Input(Vec(numForward, UInt(dataWidth.W)))           // addr
    val forwardMmask = Output(Vec(numForward, Vec(numEntries, Bool())))    // cam result mask
    // debug
    val debug_data = Output(Vec(numEntries, UInt(dataWidth.W)))
  })  ///end val io

  val data = Reg(Vec(numEntries, UInt(dataWidth.W)))          /// dataWidth是构造参数，实参为PaddrBits或VAddrBits
  val lineflag = Reg(Vec(numEntries, Bool()))        // cache line match flag
  // read ports
  for (i <- 0 until numRead) {
    io.rdata(i) := data(RegNext(io.raddr(i)))
```

```
      io.rlineflag(i) := lineflag(RegNext(io.raddr(i)))
    }
    // below is the write ports (with priorities)
    for (i <- 0 until numWrite) {
      when (io.wen(i)) {
        data(io.waddr(i)) := io.wdata(i)
        lineflag(io.waddr(i)) := io.wlineflag(i)
      }
    }
    // content addressed match
    for (i <- 0 until numForward) {
      for (j <- 0 until numEntries) {
        val linehit = io.forwardMdata(i)(dataWidth-1, DCacheLineOffset) === data(j)(dataWidth-1, DCacheLineOffset)
        val wordhit = io.forwardMdata(i)(DCacheLineOffset-1, DCacheWordOffset) ===
                                                       data(j)(DCacheLineOffset-1, DCacheWordOffset)
                ///linehit是在同一个cacheline中，wordhit是在同一个存储单元中。
        io.forwardMmask(i)(j) := linehit && (wordhit || lineflag(j))
      }   /// linehit和wordhit都需要通过比对产生，这里的===代表着比较器
    }
    // DataModuleTemplate should not be used when there're any write conflicts
    for (i <- 0 until numWrite) {
      for (j <- i+1 until numWrite) {
        assert(!(io.wen(i) && io.wen(j) && io.waddr(i) === io.waddr(j)))
      }
    }
}   ///end class SQAddrModule
```

这与 LoadQueue 中很相似，这里就不多作解释了。

此外 StoreQueue 中还有个 DatamoduleResultBuffer 模块 dataBuffer，其存储类型为 DataBufferEntry：

```
[XSCoreBase > MemBlock > MemBlockImp > LsqWrappper > StoreQueue > DatamoduleResultBuffer]
class DatamoduleResultBuffer[T <: Data] (gen: T,)(implicit p: Parameters) extends XSModule {
  val genType = if (compileOptions.declaredTypeMustBeUnbound) {
    requireIsChiselType(gen)
    gen
  } else {
    if (DataMirror.internal.isSynthesizable(gen)) {
      chiselTypeOf(gen)
    } else {
      gen
    }
  }

  val io = IO(new DatamoduleResultBufferIO[T](gen))              ///里面就是enq和deq两个宽度为EnsbufferWidth的向量

  val data = Reg(Vec(EnsbufferWidth, genType))                   ///实际的数据存放地
```

```
  val valids = RegInit(VecInit(Seq.fill(EnsbufferWidth)(false.B)))
  val enq_flag = RegInit(0.U(log2Up(EnsbufferWidth).W))     // head is entry 0     ///注意enq_flag并非标志位，而是数组下标。
  val deq_flag = RegInit(0.U(log2Up(EnsbufferWidth).W))     // tail is entry 0     ///deqq_flag也并非标志位，而是数组下标

  val entry_allowin = Wire(Vec(EnsbufferWidth, Bool()))

  (0 until EnsbufferWidth).foreach(index => {
    io.deq(index).valid := valids(deq_flag + index.U) && (if (index == 0) 1.B else io.deq(index - 1).valid)
    io.deq(index).bits := data(deq_flag + index.U)
  }) ///从data数组中读出
  (1 until EnsbufferWidth).foreach(i => {
    assert(!(io.deq(i).valid && !io.deq(i - 1).valid))        ///相邻两个单元不得同时valid
    assert(!(io.deq(i).ready && !io.deq(i - 1).ready))
  })
  (0 until EnsbufferWidth).foreach(
    index => entry_allowin(index) := !valids(index) ||
                    (0 until EnsbufferWidth).map(i => io.deq(i).fire && deq_flag + i.U === index.U).reduce(_ || _)
  )  /// entry_allowin(index)的来源

  (0 until EnsbufferWidth).foreach(
    index => io.enq(index).ready := entry_allowin(enq_flag + index.U) && (if (index == 0) 1.B else io.enq(index - 1).ready)
  )  /// io.enq(index).ready的来源
  (1 until EnsbufferWidth).foreach(i => {
    assert(!(io.enq(i).ready && !io.enq(i - 1).ready))
    assert(!(io.enq(i).valid && !io.enq(i - 1).valid))
  })
  (0 until EnsbufferWidth).foreach(index =>
    when(io.deq(index).fire) {
      valids(deq_flag + index.U) := 0.B
      if (EnsbufferWidth > 1) deq_flag := deq_flag + index.U + 1.U
    }
  )  ///deq时对valids向量和deq_flag的操作
  (0 until EnsbufferWidth).foreach(index =>
    when(io.enq(index).fire) {
      valids(enq_flag + index.U) := 1.B
      data(enq_flag + index.U) := io.enq(index).bits
      if (EnsbufferWidth > 1) enq_flag := enq_flag + index.U + 1.U
    }
  )  ///enq时对valids向量、enq_flag的操作，以及对data阵列的写入。
}  ///end class DatamoduleResultBuffer
```

这才是真正的数据，就是 st 指令要写入存储器的数据，其 DataBufferEntry 的类型定义是这样：

```
class DataBufferEntry (implicit p: Parameters)  extends DCacheBundle {
  val addr = UInt(PAddrBits.W)         ///物理地址
  val vaddr = UInt(VAddrBits.W)        ///虚存地址
```

```
    val data = UInt(DataBits.W)              ///数据，数据宽度DataBits = XLEN = 64。
    val mask = UInt((DataBits/8).W)          ///8位掩模位图
    val wline = Bool()
    val sqPtr = new SqPtr                    ///在StoreQueue中的位置
}
```

这里有数据，也有目标地址。还有个 mask，允许对具体的字节（而不是整个 64 位数据）进行写入。

看了 StoreQueue 中的这几个存储阵列，我们回到 StoreQueue 本身的代码：

```
[MemBlock > MemBlockImp > LsqWrappper > StoreQueue]    续 1
  // Read dataModule
  assert(EnsbufferWidth <= 2)
  // rdataPtrExtNext and rdataPtrExtNext+1 entry will be read from dataModule
  val rdataPtrExtNext = WireInit(Mux(dataBuffer.io.enq(1).fire(), VecInit(rdataPtrExt.map(_ + 2.U)),
                        Mux(dataBuffer.io.enq(0).fire() || io.mmioStout.fire(), VecInit(rdataPtrExt.map(_ + 1.U)), rdataPtrExt)))
    ///如果 dataBuffer.io.enq(1).fire()，就是使 rdataPtrExt 中的每个元素加 2，作为 rdataPtrExtNext；
    ///否则进一步看 dataBuffer.io.enq(0).fire() || io.mmioStout.fire()，满足就使 rdataPtrExt 中的每个元素加 1，要不然就不变。
    ///根据不同的情况得到不同的 rdataPtrExtNext 向量。
  // deqPtrExtNext traces which inst is about to leave store queue
  //
  // io.sbuffer(i).fire() is RegNexted, as sbuffer data write takes 2 cycles.
  // Before data write finish, sbuffer is unable to provide store to load
  // forward data. As an workaround, deqPtrExt and allocated flag update is delayed so that load can get the right data from store queue.
  // Modify deqPtrExtNext and io.sqDeq with care!
  val deqPtrExtNext = Mux(RegNext(io.sbuffer(1).fire()),VecInit(deqPtrExt.map(_ + 2.U)),
                      Mux(RegNext(io.sbuffer(0).fire()) || io.mmioStout.fire(), VecInit(deqPtrExt.map(_ + 1.U)), deqPtrExt) )
        /// deqPtrExtNext 根据不同情况取 deqPtrExt+2，deqPtrExt+1，或 deqPtrExt。
  io.sqDeq := RegNext(Mux(RegNext(io.sbuffer(1).fire()), 2.U, Mux(RegNext(io.sbuffer(0).fire()) || io.mmioStout.fire(), 1.U, 0.U)))
        ///io.sqDeq 去向 lsq，然后去向 MemBlock，再去向 Scheduler 和 CtrlBlock。
  assert(!RegNext(RegNext(io.sbuffer(0).fire()) && io.mmioStout.fire()))

  for (i <- 0 until EnsbufferWidth) {
    dataModule.io.raddr(i)  := rdataPtrExtNext(i).value        ///从三个存储模块读出时采用同样的下标
    paddrModule.io.raddr(i) := rdataPtrExtNext(i).value
    vaddrModule.io.raddr(i) := rdataPtrExtNext(i).value
  }

  // no inst will be committed 1 cycle before tval update
  vaddrModule.io.raddr(EnsbufferWidth) := (cmtPtrExt(0) + commitCount).value
  /**
    * Enqueue at dispatch              ///从 StoreUnit 进入 StoreQueue，这与指令流水线中的 Dispatch 无关：
    * Currently, StoreQueue only allows enqueue when #emptyEntries > EnqWidth
    */
  io.enq.canAccept := allowEnqueue
  val canEnqueue = io.enq.req.map(_.valid)
```

```
val enqCancel = io.enq.req.map(_.bits.robIdx.needFlush(io.brqRedirect))  ///有转向指示就取消进队
for (i <- 0 until io.enq.req.length) {      ///io.enq 来自 lsq，lsq.io.enq 来自 MemBlock 的 enqLsq，后者来自 Scheduler。
  val offset = if (i == 0) 0.U else PopCount(io.enq.needAlloc.take(i))
  val sqIdx = enqPtrExt(offset)
  val index = io.enq.req(i).bits.sqIdx.value
  when (canEnqueue(i) && !enqCancel(i)) {
    uop(index) := io.enq.req(i).bits                  ///写入 uop 阵列
    // NOTE: the index will be used when replay
    uop(index).sqIdx := sqIdx
    allocated(index) := true.B                        ///修改 allocated 位图
    datavalid(index) := false.B                       ///修改 datavalid 位图
    addrvalid(index) := false.B                       ///修改 addrvalid 位图
    committed(index) := false.B                       ///修改 committed 位图
    pending(index) := false.B                         ///修改 pending 位图
  }
  io.enq.resp(i) := sqIdx
}   ///end for
/**
  * Update issuePtr when issue from rs            ///st 指令来自 ReservationStation
  */
// update issuePtr
val IssuePtrMoveStride = 4
require(IssuePtrMoveStride >= 2)
val issueLookupVec = (0 until IssuePtrMoveStride).map(issuePtrExt + _.U)
val issueLookup = issueLookupVec.map(ptr => allocated(ptr.value) && addrvalid(ptr.value) &&
                                          datavalid(ptr.value) && ptr =/= enqPtrExt(0))
val nextIssuePtr = issuePtrExt + PriorityEncoder(VecInit(issueLookup.map(!_) :+ true.B))
issuePtrExt := nextIssuePtr
when (io.brqRedirect.valid) {issuePtrExt := Mux(isAfter(cmtPtrExt(0), deqPtrExt(0)), cmtPtrExt(0), deqPtrExtNext(0) ) }
                                          // for mmio insts, deqPtr may be ahead of cmtPtr
  // send issuePtrExt to rs               ///将 issuePtrExt 发送给 ReservationStation
io.issuePtrExt := issuePtrExt
/**
  * Writeback store from store units
  *
  * Most store instructions writeback to regfile in the previous cycle.
  * However,
  *   (1) For an mmio instruction with exceptions, we need to mark it as addrvalid (in this way it will trigger an exception
  * when it reaches ROB's head) instead of pending to avoid sending them to lower level.
  *   (2) For an mmio instruction without exceptions, we mark it as pending.
  * When the instruction reaches ROB's head, StoreQueue sends it to uncache channel. Upon receiving the response,
  * StoreQueue writes back the instruction through arbiter with store units. It will later commit as normal.
  */
// Write addr to sq                         ///把目标地址写入 StoreQueue：
for (i <- 0 until StorePipelineWidth) {
  paddrModule.io.wen(i) := false.B
```

```
    vaddrModule.io.wen(i) := false.B
    dataModule.io.mask.wen(i) := false.B
    val stWbIndex = io.storeIn(i).bits.uop.sqIdx.value
    when (io.storeIn(i).fire()) {     ///io.storeIn 来自 lsq，而 stu.io.lsq <> lsq.io.storeIn(i)，来自 StoreUnit。
      val addr_valid = !io.storeIn(i).bits.miss
      addrvalid(stWbIndex) := addr_valid     //!io.storeIn(i).bits.mmio

      paddrModule.io.waddr(i) := stWbIndex
      paddrModule.io.wdata(i) := io.storeIn(i).bits.paddr                    ///写入 paddrModule 的数据就是物理地址
      paddrModule.io.wlineflag(i) := io.storeIn(i).bits.wlineflag
      paddrModule.io.wen(i) := true.B

      vaddrModule.io.waddr(i) := stWbIndex
      vaddrModule.io.wdata(i) := io.storeIn(i).bits.vaddr                    ///写入 vaddrModule 的数据就是虚存地址
      vaddrModule.io.wlineflag(i) := io.storeIn(i).bits.wlineflag
      vaddrModule.io.wen(i) := true.B

      uop(stWbIndex).ctrl := io.storeIn(i).bits.uop.ctrl
    }   ///end when (io.storeIn(i).fire())

    // re-replinish mmio, for pma/pmp will get mmio one cycle later
    val storeInFireReg = RegNext (io.storeIn(i).fire() && !io.storeIn(i).bits.miss)
    val stWbIndexReg = RegNext (stWbIndex)
    when (storeInFireReg) {      ///io.storeInR 来自 lsq，而 stu.io.lsq_replenish <> lsq.io.storeInRe(i)，来自 StoreUnit。
      pending(stWbIndexReg) := io.storeInRe(i).mmio                          /// io.storeInRe(i)的类型是 LsPipelineBundle
      mmio(stWbIndexReg) := io.storeInRe(i).mmio
      atomic(stWbIndexReg) := io.storeInRe(i).atomic
    }
  }   ///end for (i <- 0 until StorePipelineWidth)

  // Write data to sq                                                        ///把数据写入 StoreQueue：
  // Now store data pipeline is actually 2 stages
  for (i <- 0 until StorePipelineWidth) {
    dataModule.io.data.wen(i) := false.B
    val stWbIndex = io.storeDataIn(i).bits.uop.sqIdx.value
    // sq data write takes 2 cycles:
    // sq data write s0
    when (io.storeDataIn(i).fire()) {     ///io.storeDataIn 来自 lsq，而 lsq.io.storeDataIn(i) := stData(i)，即 stdExeUnits 的 io.out。
      // send data write req to data module
      dataModule.io.data.waddr(i) := stWbIndex
      dataModule.io.data.wdata(i) := Mux(io.storeDataIn(i).bits.uop.ctrl.fuOpType === LSUOpType.cbo_zero,
                         0.U, genWdata (io.storeDataIn(i).bits.data, io.storeDataIn(i).bits.uop.ctrl.fuOpType(1,0)))
        ///写入 dataModule 数据分两种情况，一种是 0，一种是来自 io.storeDataIn(i)；fuOpType(1,0)表明数据长度。
      dataModule.io.data.wen(i) := true.B
    }   ///end when (io.storeDataIn(i).fire())
    // sq data write s1
```

```
    when (RegNext(io.storeDataIn(i).fire())) {
      datavalid(RegNext(stWbIndex)) := true.B         ///有 io.storeDataIn(i).fire()就将向量 datavalid 中的相应标志位设成 true
    }
  }  ///end for

  // Write mask to sq
  for (i <- 0 until StorePipelineWidth) {
    // sq mask write s0
    when (io.storeMaskIn(i).fire()) {    /// io.storeMaskIn 来自 lsq，而 lsq.io.storeMaskIn(i) <> stu.io.storeMaskOut
      // send data write req to data module
      dataModule.io.mask.waddr(i) := io.storeMaskIn(i).bits.sqIdx.value
      dataModule.io.mask.wdata(i) := io.storeMaskIn(i).bits.mask
      dataModule.io.mask.wen(i) := true.B
    }
  }  ///end for
/// class StoreQueue，续 1，待续
```

这里主要是对 StoreQueue 中各个存储阵列和位图设置，对此主要是要了解各种信息的来源和去向，代码中加了一些注释。例如 io.storeDataIn 就是来自 LSQWrapper 外部的同名接口，而后者的 storeDataIn(i)则连接到 MemBlock 中的 stData(i)，那就是 stdExeUnits 的 io.out，stdExeUnits 就是与 StoreUnit 配套的 Std 执行单元。

另外，上面在确定对 dataModule 的写入数据时调用了 object genWdata，

```
object genWdata {
  def apply (data: UInt, sizeEncode: UInt): UInt = {
    LookupTree(sizeEncode, List(
      "b00".U -> Fill(8, data(7, 0)),          ///只写入一个字节
      "b01".U -> Fill(4, data(15, 0)),         ///写入16位半字。
      "b10".U -> Fill(2, data(31, 0)),         ///写入32位字
      "b11".U -> data                          ///写入64位长字
    ))
  }
}
```

所以，调用参数 sizeEncode 来自 fuOpType(1,0)，即 fuOpType 的最低两位。

继续往下看 StoreQueue 下面是对 forward 的处理：

```
[MemBlock > MemBlockImp > LsqWrappper > StoreQueue]    续 2
  /**
    * load forward query
    * Check store queue for instructions that is older than the load.
    * The response will be valid at the next cycle after req.
    */
  // check over all lq entries and forward data from the first matched store
  for (i <- 0 until LoadPipelineWidth) {
    // Compare deqPtr (deqPtr) and forward.sqIdx, we have two cases:
    // (1) if they have the same flag, we need to check range(tail, sqIdx)
```

```
// (2) if they have different flags, we need to check range(tail, LoadQueueSize) and range(0, sqIdx)
// Forward1: Mux(same_flag, range(tail, sqIdx), range(tail, LoadQueueSize))
// Forward2: Mux(same_flag, 0.U,                   range(0, sqIdx)      )
// i.e. forward1 is the target entries with the same flag bits and forward2 otherwise

val differentFlag = deqPtrExt(0).flag =/= io.forward(i).sqIdx.flag   ///io.forward 是个 PipeLoadForwardQueryIO，这是查询。
val forwardMask = io.forward(i).sqIdxMask
// all addrvalid terms need to be checked
val addrValidVec = WireInit(VecInit((0 until StoreQueueSize).map(i => addrvalid(i) && allocated(i))))
val dataValidVec = WireInit(VecInit((0 until StoreQueueSize).map(i => datavalid(i))))
val allValidVec = WireInit(VecInit((0 until StoreQueueSize).map(i => addrvalid(i) && datavalid(i) && allocated(i))))

val canForward1 = Mux(differentFlag,   ~deqMask,   deqMask ^ forwardMask) & allValidVec.asUInt
val canForward2 = Mux(differentFlag,   forwardMask,   0.U(StoreQueueSize.W)) & allValidVec.asUInt
                                                       ///处理 forward 的两种情况，见上面原文注释。
val needForward = Mux(differentFlag,   ~deqMask | forwardMask,   deqMask ^ forwardMask)

// do real fwd query (cam lookup in load_s1)
dataModule.io.needForward(i)(0) := canForward1 & vaddrModule.io.forwardMmask(i).asUInt
dataModule.io.needForward(i)(1) := canForward2 & vaddrModule.io.forwardMmask(i).asUInt

vaddrModule.io.forwardMdata(i) := io.forward(i).vaddr
paddrModule.io.forwardMdata(i) := io.forward(i).paddr

// vaddr cam result does not equal to paddr cam result
// replay needed
val vpmaskNotEqual = (
  (RegNext(paddrModule.io.forwardMmask(i).asUInt) ^ RegNext(vaddrModule.io.forwardMmask(i).asUInt)) &
                                          RegNext(needForward) & RegNext(addrValidVec.asUInt)) =/= 0.U
val vaddrMatchFailed = vpmaskNotEqual && RegNext(io.forward(i).valid)

// Fast forward mask will be generated immediately (load_s1)
io.forward(i).forwardMaskFast := dataModule.io.forwardMaskFast(i)       /// io.forward 是双向的，这是对查询的答复。

// Forward result will be generated 1 cycle later (load_s2)
io.forward(i).forwardMask := dataModule.io.forwardMask(i)
io.forward(i).forwardData := dataModule.io.forwardData(i)

// If addr match, data not ready, mark it as dataInvalid
// load_s1: generate dataInvalid in load_s1 to set fastUop
val dataInvalidMask = (addrValidVec.asUInt & ~dataValidVec.asUInt &
                                          vaddrModule.io.forwardMmask(i).asUInt & needForward.asUInt)
io.forward(i).dataInvalidFast := dataInvalidMask.orR
val dataInvalidMaskReg = RegNext(dataInvalidMask)
// load_s2
io.forward(i).dataInvalid := RegNext(io.forward(i).dataInvalidFast)
```

```
      // check if vaddr forward mismatched
      io.forward(i).matchInvalid := vaddrMatchFailed
      val dataInvalidMaskRegWire = Wire(UInt(StoreQueueSize.W))
      dataInvalidMaskRegWire := dataInvalidMaskReg      // make chisel happy
      io.forward(i).dataInvalidSqIdx := PriorityEncoder(dataInvalidMaskRegWire)
   }  ///end for (i <- 0 until LoadPipelineWidth) {
/// class StoreQueue，续 2，待续
```

对 forward 的处理就是回复查询的结果，是否有数据可以 forward 取决于 dataModule 的 forwardData 和 forwardMask/forwardMaskFast 输出。

下面是对 MMIO 的处理，这个我们就不关心了，但还是照录于下，供读者参考：

```
[MemBlock > MemBlockImp > LsqWrappper > StoreQueue]      续 3
  /**
    * Memory mapped IO / other uncached operations
    * States:
    * (1) writeback from store units: mark as pending
    * (2) when they reach ROB's head, they can be sent to uncache channel
    * (3) response from uncache channel: mark as datavalidmask.wen
    * (4) writeback to ROB (and other units): mark as writebacked
    * (5) ROB commits the instruction: same as normal instructions
    */
  //(2) when they reach ROB's head, they can be sent to uncache channel
  val s_idle :: s_req :: s_resp :: s_wb :: s_wait :: Nil = Enum(5)
  val uncacheState = RegInit(s_idle)                    ///Uncache 写入状态机
  switch(uncacheState) {
    is(s_idle) {
      when(RegNext(io.rob.pendingst && pending(deqPtr) && allocated(deqPtr) && datavalid(deqPtr) && addrvalid(deqPtr))) {
        uncacheState := s_req
      }
    }
    is(s_req) {
      when (io.uncache.req.fire) {
        when (io.uncacheOutstanding) { uncacheState := s_wb }
        .otherwise { uncacheState := s_resp }
      }
    }
    is(s_resp) { when(io.uncache.resp.fire()) { uncacheState := s_wb } }
    is(s_wb) { when (io.mmioStout.fire()) { uncacheState := s_wait } }
    is(s_wait) { when(commitCount > 0.U) { uncacheState := s_idle } }       // ready for next mmio
  }  ///end switch

  io.uncache.req.valid := uncacheState === s_req
  io.uncache.req.bits := DontCare
  io.uncache.req.bits.cmd := MemoryOpConstants.M_XWR                                  ///操作命令是写入
  io.uncache.req.bits.addr := paddrModule.io.rdata(0)           // data(deqPtr) -> rdata(0)      ///从 paddrModule 读出物理地址
```

```
io.uncache.req.bits.data := dataModule.io.rdata(0).data                    ///从 dataModule 读出待写数据
io.uncache.req.bits.mask := dataModule.io.rdata(0).mask                    ///还有掩模

// CBO op type check can be delayed for 1 cycle, as uncache op will not start in s_idle     ///Cache Block Operations 扩充指令
val cbo_mmio_addr = paddrModule.io.rdata(0) >> 2 << 2      // clear lowest 2 bits for op
val cbo_mmio_op = 0.U                                      //TODO
val cbo_mmio_data = cbo_mmio_addr | cbo_mmio_op
when(RegNext(LSUOpType.isCbo(uop(deqPtr).ctrl.fuOpType))){
  io.uncache.req.bits.addr := DontCare                     // TODO
  io.uncache.req.bits.data := paddrModule.io.rdata(0)
  io.uncache.req.bits.mask := DontCare                     // TODO
}

io.uncache.req.bits.atomic := atomic(RegNext(rdataPtrExtNext(0)).value)

when(io.uncache.req.fire()){ pending(deqPtr) := false.B }      //mmio store should not be committed until uncache req is sent

// (3) response from uncache channel: mark as datavalid
io.uncache.resp.ready := true.B

// (4) writeback to ROB (and other units): mark as writebacked
io.mmioStout.valid := uncacheState === s_wb
io.mmioStout.bits.uop := uop(deqPtr)
io.mmioStout.bits.uop.sqIdx := deqPtrExt(0)
io.mmioStout.bits.data := dataModule.io.rdata(0).data      // dataModule.io.rdata.read(deqPtr)
io.mmioStout.bits.redirectValid := false.B
io.mmioStout.bits.redirect := DontCare
io.mmioStout.bits.debug.isMMIO := true.B
io.mmioStout.bits.debug.paddr := DontCare
io.mmioStout.bits.debug.isPerfCnt := false.B
io.mmioStout.bits.fflags := DontCare
io.mmioStout.bits.debug.vaddr := DontCare
// Remove MMIO inst from store queue after MMIO request is being sent
// That inst will be traced by uncache state machine
when (io.mmioStout.fire()) { allocated(deqPtr) := false.B }
/// class StoreQueue，续 3，待续
```

前面说过，ld 指令在 LoadQueue 中的“生命周期”大体上是入队/回写/交割这么个三部曲，StoreQueue 也是类似，只是把回写改成了转交，即 forward。所以 st 指令在 StoreQueue 中的逗留也要到指令被交割才结束，为此 StoreQueue 也有个 rob 接口。

下面是 StoreQueue 与 Rob 之间的交互，前面的代码中有一行“val commitCount = RegNext(io.rob.scommit)”，这就是来自 Rob 的信息。

[MemBlock > MemBlockImp > LsqWrappper > StoreQueue]　　续 4

```
/**
  * ROB commits store instructions (mark them as committed)
```

```
  * (1) When store commits, mark it as committed.
  * (2) They will not be cancelled and can be sent to lower level.
  */
for (i <- 0 until CommitWidth) {
  when (commitCount > i.U) {          // MMIO inst is not in progress
    if(i == 0){ when(uncacheState === s_idle){ committed(cmtPtrExt(0).value) := true.B } }
                    // MMIO inst should not update committed flag. Note that commit count has been delayed for 1 cycle
    else { committed(cmtPtrExt(i).value) := true.B }
  }
}
cmtPtrExt := cmtPtrExt.map(_ + commitCount)

// committed stores will not be cancelled and can be sent to lower level.
// remove retired insts from sq, add retired store to sbuffer

// Read data from data module
// As store queue grows larger and larger, time needed to read data from data
// module keeps growing higher. Now we give data read a whole cycle.

val mmioStall = mmio(rdataPtrExt(0).value)
for (i <- 0 until EnsbufferWidth) {
  val ptr = rdataPtrExt(i).value
  dataBuffer.io.enq(i).valid := allocated(ptr) && committed(ptr) && !mmioStall       ///写入 dataBuffer
  // Note that store data/addr should both be valid after store's commit
  assert(!dataBuffer.io.enq(i).valid || allvalid(ptr))
  dataBuffer.io.enq(i).bits.addr := paddrModule.io.rdata(i)                ///物理地址读自 paddrModule
  dataBuffer.io.enq(i).bits.vaddr := vaddrModule.io.rdata(i)               ///虚存地址读自 vaddrModule
  dataBuffer.io.enq(i).bits.data := dataModule.io.rdata(i).data            ///数据读自 dataModule
  dataBuffer.io.enq(i).bits.mask := dataModule.io.rdata(i).mask            ///掩模也读自 dataModule
  dataBuffer.io.enq(i).bits.wline := paddrModule.io.rlineflag(i)           /// rlineflag 读自 paddrModule
  dataBuffer.io.enq(i).bits.sqPtr := rdataPtrExt(i)
}

// Send data stored in sbufferReqBitsReg to sbuffer   ///io.sbuffer 通过一个 DcacheWordReqWithVaddr 向量与 Sbuffer 对接
for (i <- 0 until EnsbufferWidth) {                                          /// EnsbufferWidth=2
  io.sbuffer(i).valid := dataBuffer.io.deq(i).valid                          ///将 dataBuffer 的内容写入 Sbuffer
  dataBuffer.io.deq(i).ready := io.sbuffer(i).ready
  // Write line request should have all 1 mask
  assert(!(io.sbuffer(i).valid && io.sbuffer(i).bits.wline && !io.sbuffer(i).bits.mask.andR))
  io.sbuffer(i).bits := DontCare
  io.sbuffer(i).bits.cmd := MemoryOpConstants.M_XWR          ///io.sbuffer 是长度为 2 的 DCacheWordReqWithVaddr 向量
  io.sbuffer(i).bits.addr := dataBuffer.io.deq(i).bits.addr                  ///物理地址
  io.sbuffer(i).bits.vaddr := dataBuffer.io.deq(i).bits.vaddr                ///虚存地址
  io.sbuffer(i).bits.data := dataBuffer.io.deq(i).bits.data                  ///数据
  io.sbuffer(i).bits.mask := dataBuffer.io.deq(i).bits.mask                  ///掩模
```

```
    io.sbuffer(i).bits.wline := dataBuffer.io.deq(i).bits.wline              ///wline（写整个 cacheline）标志

    // io.sbuffer(i).fire() is RegNexted, as sbuffer data write takes 2 cycles.
    // Before data write finish, sbuffer is unable to provide store to load
    // forward data. As an workaround, deqPtrExt and allocated flag update
    // is delayed so that load can get the right data from store queue.
    val ptr = dataBuffer.io.deq(i).bits.sqPtr.value
    when (RegNext(io.sbuffer(i).fire())) { allocated(RegEnable(ptr, io.sbuffer(i).fire())) := false.B }
  }   ///end for (i <- 0 until EnsbufferWidth)

  (1 until EnsbufferWidth).foreach(i => when(io.sbuffer(i).fire) { assert(io.sbuffer(i - 1).fire) })
  if (coreParams.dcacheParametersOpt.isEmpty) {
    for (i <- 0 until EnsbufferWidth) {
      val ptr = deqPtrExt(i).value
      val fakeRAM = Module(new RAMHelper(64L * 1024 * 1024 * 1024))
      fakeRAM.clk          := clock
      fakeRAM.en           := allocated(ptr) && committed(ptr) && !mmio(ptr)
      fakeRAM.rIdx         := 0.U
      fakeRAM.wIdx         := (paddrModule.io.rdata(i) - "h80000000".U) >> 3
      fakeRAM.wdata        := dataModule.io.rdata(i).data
      fakeRAM.wmask        := MaskExpand(dataModule.io.rdata(i).mask)
      fakeRAM.wen          := allocated(ptr) && committed(ptr) && !mmio(ptr)
    }
  }   ///end if (coreParams.dcacheParametersOpt.isEmpty)

  // Read vaddr for mem exception
  io.exceptionAddr.vaddr := vaddrModule.io.rdata(EnsbufferWidth)          ///发生异常处的虚存地址（如果发生）

  // misprediction recovery / exception redirect, invalidate sq term using robIdx
  val needCancel = Wire(Vec(StoreQueueSize, Bool()))
  for (i <- 0 until StoreQueueSize) {
    needCancel(i) := uop(i).robIdx.needFlush(io.brqRedirect) && allocated(i) && !committed(i)
    when (needCancel(i)) { allocated(i) := false.B }
  }

  /**
    * update pointers
    */
  val lastEnqCancel = PopCount(RegNext(VecInit(canEnqueue.zip(enqCancel).map(x => x._1 && x._2))))
  val lastCycleRedirect = RegNext(io.brqRedirect.valid)
  val lastCycleCancelCount = PopCount(RegNext(needCancel))
  val enqNumber = Mux(io.enq.canAccept && io.enq.lqCanAccept, PopCount(io.enq.req.map(_.valid)), 0.U)
  when (lastCycleRedirect) {
    // we recover the pointers in the next cycle after redirect
    enqPtrExt := VecInit(enqPtrExt.map(_ - (lastCycleCancelCount + lastEnqCancel)))
  }.otherwise {
```

```
    enqPtrExt := VecInit(enqPtrExt.map(_ + enqNumber))
  }

  deqPtrExt := deqPtrExtNext
  rdataPtrExt := rdataPtrExtNext

  // If redirect at T0, sqCancelCnt is at T2
  io.sqCancelCnt := RegNext(lastCycleCancelCount + lastEnqCancel)

  // io.sqempty will be used by sbuffer
  // We delay it for 1 cycle for better timing
  // When sbuffer need to check if it is empty, the pipeline is blocked, which means delay io.sqempty
  // for 1 cycle will also promise that sq is empty in that cycle
  io.sqempty := RegNext(enqPtrExt(0).value === deqPtrExt(0).value &&   enqPtrExt(0).flag === deqPtrExt(0).flag)

  ///Debug 与性能统计从略
}   ///end class StoreQueue
```

如前所述，StoreQueue 与 DCache 之间还应有个缓冲区，这是因为：对缓存的写入不一定命中，如果不命中就得等待较长的时间才能有目标 cacheline 到位。然而 DCache 中并无记忆对哪一个 cacheline 中的哪一个单元要写入什么数据的机制；当然也可以到 StoreQueue 的几个阵列中搜索，但那就太费事了；所以比较合理的方案是另搞一个写入缓冲区，这就是 Sbuffer。

StoreQueue 通过其 sbuffer 接口与一个 Sbuffer 模块对接，连接二者的是一个 DcacheWordReqWithVaddr 向量。StoreQueue 可以向 Sbuffer 模块发出 M_XRD（从内存读出）、M_XWR（写入内存）等命令，此外还有 M_PFR（意欲读出的 Prefetch）、M_PFW（意欲写入的 Prefetch），以及 M_XA_SWAP/M_XA_ADD/M_XA_XOR 等等用于 AMO 操作的命令。

在 MemBlock 中，Sbuffer 对象 sbuffer 是独立创建的，它不属于 StoreQueue，也不属于 StoreUnit，是个独立的模块，实际的位置则处于 StoreQueue 与 DCache 之间：

```
[MemBlock > MemBlockImp > Sbuffer]
class Sbuffer(implicit p: Parameters) extends DCacheModule with HasSbufferConst with HasPerfEvents {
  val io = IO(new Bundle() {
    val hartId = Input(UInt(8.W))
    val in = Vec(EnsbufferWidth, Flipped(Decoupled(new DCacheWordReqWithVaddr)))   ///来自 StoreQueue 的 io.sbuffer
                                                    //Todo: store logic only support Width == 2 now
    val dcache = Flipped(new DCacheToSbufferIO)                         ///与 DCache 的 lsu.store 对接
    val forward = Vec(LoadPipelineWidth, Flipped(new LoadForwardQueryIO))   ///来自 LoadUnit
    val sqempty = Input(Bool())
    val flush = Flipped(new SbufferFlushBundle)
    val csrCtrl = Flipped(new CustomCSRCtrlIO)
  })  ///end val io

  val dataModule = Module(new SbufferData)                  ///Sbuffer 的存储阵列，包括 data 和 mask 两个寄存器组。
  dataModule.io.writeReq <> DontCare
  val writeReq = dataModule.io.writeReq                     ///向 dataModule 的写入请求
```

```
  val ptag = Reg(Vec(StoreBufferSize, UInt(PTagWidth.W)))        ///StoreBufferSize=16     ///物理地址标签
  val vtag = Reg(Vec(StoreBufferSize, UInt(VTagWidth.W)))                                  ///虚存地址标签
  val waitInflightMask = Reg(Vec(StoreBufferSize, UInt(StoreBufferSize.W)))
  val data = dataModule.io.dataOut                               ///从 dataModule 读出的数据（整个 cacheline）
  val mask = dataModule.io.maskOut                               ///从 dataModule 读出的数据掩模（位图）

  val stateVec = RegInit(VecInit(Seq.fill(StoreBufferSize)(0.U.asTypeOf(new SbufferEntryState))))
                                        ///长度为 StoreBufferSize 的 SbufferEntryState 向量，记录着具体表项的状态。
  val cohCount = RegInit(VecInit(Seq.fill(StoreBufferSize)(0.U(EvictCountBits.W))))      /// EvictCountBits=20
  val missqReplayCount = RegInit(VecInit(Seq.fill(StoreBufferSize)(0.U(MissqReplayCountBits.W))))
                                        ///各个表项的重发计数，计数满了（16）就不再重发，MissqReplayCountBits=5。

  val sbuffer_out_s0_fire = Wire(Bool())

  /*   idle --[flush] --> drain --[buf empty]--> idle --[buf full]--> replace --[dcache resp]--> idle    */
  // x_drain_all: drain store queue and sbuffer
  // x_drain_sbuffer: drain sbuffer only, block store queue to sbuffer write
  val x_idle :: x_replace :: x_drain_all :: x_drain_sbuffer :: Nil = Enum(4)
  def needDrain(state: UInt): Bool = state(1)
  val sbuffer_state = RegInit(x_idle)                  /// sbuffer 状态机，对状态机的使用见后。
/// class Sbuffer，待续。
```

先看 Sbuffer 的外部接口。其输入 in 实际来自 StoreQueue 的 sbuffer 接口，不过形式上对接的是 LSQWrapper 的 sbuffer 接口，而 LSQWrapper 的 sbuffer 在其内部连接到 StoreQueue 的 sbuffer 接口。实际上 Sbuffer 位于 StoreQueue 与 DCache 之间。

Sbuffer 的输入 in 是个 DcacheWordReqWithVaddr 向量，向量长度 EnsbufferWidth 定义为 2，这说明每个时钟节拍最多可以有两个 DcacheWordReqWithVaddr，即两项写入请求可以到达：

```
class DCacheWordReqWithVaddr(implicit p: Parameters) extends DCacheWordReq {
  val vaddr = UInt(VAddrBits.W)              ///别入目标的虚存地址
  val wline = Bool()                         ///表示对DCache的写入是整个缓存块级cacheline的写入
}
```

注意 DcacheWordReqWithVaddr 是对 DcacheWordReq 的扩充，有更多的字段是在 DcacheWordReq 中：

```
// memory request in word granularity(load, mmio, lr/sc, atomics)
class DCacheWordReq(implicit p: Parameters)   extends DCacheBundle {
  val cmd      = UInt(M_SZ.W)              ///操作命令（如读/写）
  val addr     = UInt(PAddrBits.W)         ///物理地址
  val data     = UInt(DataBits.W)          ///数据本身，DataBits=XLEN，即32/64，4字节或8字节。
  val mask     = UInt((DataBits/8).W)      ///要写入的也可以只是其中的一两个字节
  val id       = UInt(reqIdWidth.W)        ///表明其来源
}
```

Sbuffer 与 DCache 之间的接口，则是 DCacheToSbufferIO：

```
class DCacheToSbufferIO(implicit p: Parameters) extends DCacheBundle {   ///DCache与Sbuffer之间的接口
  // sbuffer will directly send request to dcache main pipe
  val req = Flipped(Decoupled(new DCacheLineReq))                         ///SBuffer向DCache的写入请求
  val main_pipe_hit_resp = ValidIO(new DCacheLineResp)                    ///DCache对Sbuffer的第一种回应
  val refill_hit_resp = ValidIO(new DCacheLineResp)                       /// DCache对Sbuffer的第二种回应
  val replay_resp = ValidIO(new DCacheLineResp)                           /// DCache对Sbuffer的第三种回应

  def hit_resps: Seq[ValidIO[DCacheLineResp]] = Seq(main_pipe_hit_resp, refill_hit_resp)   ///第一二两种合在一起是hit_resps
}
```

首先是 StoreQueue 通过 Sbuffer 向 DCache 发出的请求，从 DcacheWordReqWithVaddr（在 Sbuffer 中）转化成了 DCacheLineReq，就是这里的 req。每当 Sbuffer 的输入接口有请求到来时，其数据结构是 DcacheWordReqWithVaddre，数据的长度 DataBits 是 XLEN 即 64 位；而当 Sbuffer 向 Dcache 写入的时候，数据的长度就是整个缓存块即 cacheline 的长度了：

```
// memory request in word granularity(store)
class DCacheLineReq(implicit p: Parameters) extends DCacheBundle {
  val cmd      = UInt(M_SZ.W)
  val vaddr    = UInt(VAddrBits.W)
  val addr     = UInt(PAddrBits.W)
  val data     = UInt((cfg.blockBytes * 8).W)      /// blockBytes=64，即data长度为64字节，512位。
  val mask     = UInt(cfg.blockBytes.W)            ///64位的写入掩模（位图）
  val id       = UInt(reqIdWidth.W)
  def idx: UInt = get_idx(vaddr)                   ///getidx()定义于trait HasL1CacheParameters，其实是摘取地址中的Set号。
}
```

所以中间一定有个转换，Sbuffer 把需要写入的单项数据整合到了一个 cacheline 中。

Dcache 向 Sbuffer 发出的回应则有三种，当然其中只有一种有效：第一种是 main_pipe_hit_resp，表示所要求写入的缓冲块就在 DCache 中，所以此次访问命中，已经将数据写入目标缓冲块中；第二种是 refill_hit_resp，表示目标缓存块不在 DCache 中，但是已经从次级缓存或主存 refill 进来（refill 这个词不妨理解为“调入”、“填补”）。这两种回应合在一起就是 hit_resp，这是个函数，返回 Seq(main_pipe_hit_resp, refill_hit_resp)，只要所返回序列非空就表示命中并且操作已经完成。第三种就是 replay_resp，表示 Sbuffer 需要再次向 DCache 发出请求（所以叫 replay）。之所以在不命中的时候要 Sbuffer 改期重发，而不是由 DCache 包下来，是因为：如果不命中，下面的事情就是一个过程，这就相当于需要为每次不命中的写入请求都建立一个线程，以记住这次具体写入请求及其所处状态，后面我们会看到，在 DCache 下层即 MSHR 这一层上确实要为已经向次级缓存或内存发出的请求建立线程，可是数量有限，这就有了“瓶颈”，当写入请求密集到来时 DCache 可能一时反应不过来。在这种情况下，与其层层创建线程，还不如让 Sbuffer 等一下再来重试，所以要有个 Sbuffer 把这个情况记录下来。另一方面，对存储器的读写都是“幂等（idempotent）”的，意思是说对存储器读/写一次与多次所得结果一样，所以也不怕（万一）有重复操作。其实，换个角度，从本质上说，Sbuffer 中的记录就相当于由 DCache 高层建立的线程，Sbuffer 这个模块也正是为此而设计。

三种回应的数据结构是一样的，都是 DcacheLineResp：

```
class DCacheLineResp(implicit p: Parameters) extends DCacheBundle {
  val data     = UInt((cfg.blockBytes * 8).W)                  ///所返回的是整个缓存块即cacheline，blockBytes=64。
```

```
  val miss     = Bool()      // cache req missed, send it to miss queue       ///表示没有命中
  val replay   = Bool()      // cache req nacked, replay it later             ///过一会儿重试
  val id       = UInt(reqIdWidth.W)                                           ///本次写入请求的序号
}
```

当然，三种回应的内容不一样，如果 miss 为 false 就是 main_pipe_hit_resp；如果 miss 为 true 但 replay 为 false 则为 refill_hit_resp，表示虽然不命中但经过 refill 即从内存或次级缓存调入目标缓存块之后已解决问题；如果 miss 和 replay 都是 true，那就说明需要 replay 即过一会儿再试试了。

再看 Sbuffer 的内部。Sbuffer 的核心是其 dataModule，这是个 SbufferData 存储阵列，内有 data 和 mask 两个同样大小的寄存器组。SbufferData 大小是 StoreBufferSize，定义为 16。换言之，SbufferData 中可以容纳 16 项有待写入 DCache 的数据，不过 SbufferData 中 data 阵列的存储单元（槽位）不是单项的 32/64 位数据，而是整个 cacheline 即缓存块的大小（64 字节，512 位），尽管需要写入 DCache 的也许只是其中的一个 32 位数据，所以才需要有个 mask 以指明其在两个 cacheline 中的位置。

对 Sbuffer 的写入也可能不是单项的 32/64 位数据，而是一个数据块，而且对其 dataModule 的写入可能跨两个 cacheline，这是因为所欲写入的数据块可能跨 cacheline 边界，这与取指的时候要读取前后两个 cacheline 是一样的道理。与此相反，不同的写入要求也有可能被合并（Merge）在同一个表项/槽位中。对 SbufferData 的写入应通过其 writeReq 端口进行，代码中的 val writeReq 就是 dataModule.io.writeReq。

```
[MemBlock > MemBlockImp > Sbuffer > SbufferData]
class SbufferData(implicit p: Parameters) extends XSModule with HasSbufferConst {
  val io = IO(new Bundle(){
    // update data and mask when alloc or merge
    val writeReq = Vec(EnsbufferWidth, Flipped(ValidIO(new DataWriteReq)))          ///写入，EnsbufferWidth=2。
    // clean mask when deq
    val maskFlushReq = Vec(NumDcacheWriteResp, Flipped(ValidIO(new MaskFlushReq)))
    val dataOut = Output(Vec(StoreBufferSize, Vec(CacheLineWords, Vec(DataBytes, UInt(8.W)))))    ///读出
    val maskOut = Output(Vec(StoreBufferSize, Vec(CacheLineWords, Vec(DataBytes, Bool()))))
  })  从SbufferData读出的是个三维字节向量，StoreBufferSize=16，CacheLineWords * DataBytes= 8 *8 = 64。

  val data = Reg(Vec(StoreBufferSize, Vec(CacheLineWords, Vec(DataBytes, UInt(8.W)))))       ///一个很大的寄存器
        ///SbufferData是个三维字节向量，总的容量是16*8*8=1024字节，8192位。单个槽位的容量是64字节，512位。
        ///如果将SbufferData看成有StoreBufferSize即16个槽位，则每个槽位的容量是64字节，512位，即一个cacheline。
        ///注意这16个cacheline并非从内存读入的缓存块，而是用来合并整理写入内容的地方。
  val mask = RegInit(VecInit(Seq.fill(StoreBufferSize)( VecInit(Seq.fill(CacheLineWords)(
                                                        VecInit(Seq.fill(DataBytes)(false.B)) )) )) )
        ///data寄存器中是要写入DCache中对应cacheline的数据，但是数据中会有许多空洞，所以要用mask标志有效数据。
  // 2 cycle line mask clean
  for(line <- 0 until StoreBufferSize){
    val line_mask_clean_flag = RegNext(io.maskFlushReq.map(a => a.valid && a.bits.wvec(line)).reduce(_ || _) )
    line_mask_clean_flag.suggestName("line_mask_clean_flag_"+line)
    when(line_mask_clean_flag){
      for(word <- 0 until CacheLineWords){
        for(byte <- 0 until DataBytes){ mask(line)(word)(byte) := false.B }
      }
```

```
    }
  }   ///end for(line <- 0 until StoreBufferSize)

  // 2 cycle data / mask update
  for(i <- 0 until EnsbufferWidth) {
    val req = io.writeReq(i)
    for(line <- 0 until StoreBufferSize){
      val sbuffer_in_s1_line_wen = req.valid && req.bits.wvec(line)
      val sbuffer_in_s2_line_wen = RegNext(sbuffer_in_s1_line_wen)
      val line_write_buffer_data = RegEnable (req.bits.data, sbuffer_in_s1_line_wen)

      val line_write_buffer_wline = RegEnable(req.bits.wline, sbuffer_in_s1_line_wen)
      val line_write_buffer_mask = RegEnable(req.bits.mask, sbuffer_in_s1_line_wen)
      val line_write_buffer_offset = RegEnable (req.bits.wordOffset(WordsWidth-1, 0), sbuffer_in_s1_line_wen)

      sbuffer_in_s1_line_wen.suggestName("sbuffer_in_s1_line_wen_"+line)
      …                                                ///与命名有关，不在我们关心之列。
      for(word <- 0 until CacheLineWords){
        for(byte <- 0 until DataBytes){
          val write_byte = sbuffer_in_s2_line_wen &&
                          ( line_write_buffer_mask(byte) && (line_write_buffer_offset === word.U) || line_write_buffer_wline )
          when(write_byte){
            data(line)(word)(byte) := line_write_buffer_data(byte*8+7, byte*8)
            mask(line)(word)(byte) := true.B
          }
        }   ///end for(byte <- 0 until DataBytes)
      }   ///end for(word <- 0 until CacheLineWords)
    }   ///end for(line <- 0 until StoreBufferSize)
  }   ///end for(i <- 0 until EnsbufferWidth)

  io.dataOut := data                ///SbufferData在其输出端口dataOut上所呈现的是整个data寄存器的内容，16个cacheline。
  io.maskOut := mask                ///mask标志着其中有效的数据。
}   ///end class SbufferData
```

注意对 SbufferData 的写入请求是

```
class DataWriteReq(implicit p: Parameters) extends SbufferBundle {
  // univerisal writemask
  val wvec = UInt(StoreBufferSize.W)                    /// StoreBufferSize=16，这是对16个64位data的掩模位图
  // 2 cycle update
  val mask = UInt((DataBits/8).W)                       ///mask中的一位代表一个字节，这是对64位data内部的掩模
  val data = UInt(DataBits.W)                           /// DataBits=XLEN=64，要求写入的只是单项64位数据
  val wordOffset = UInt(WordOffsetWidth.W)
  val wline = Bool()          // write full cacheline   ///wline意为whole line
}
```

可见，Sbuffer 中的 dataModule 即 SbufferData 是个相当大的寄存器，这个寄存器有 16 个槽位，每个槽位一个 cacheline，所以共有 16 个 cacheline。注意这 16 个 cacheline 的空间与 DCache 有本质的不同，这不是用来缓存的，而是用来整理和合并，准备以 cacheline 为单位写入 DCache 的所在。这与取指的时候以 cacheline 为单位从 ICache 读出是一样的道理。

回到前面 Sbuffer 的代码。与 dataModule 平行，Sbuffer 中还有几个同样长度（StoreBufferSize，16）的寄存器向量，包括 ptag、vtag、stateVec、cohCount、missqReplayCount 等。其中 stateVec 起着特别重要的作用，这个寄存器向量的每个单元都记载着 dataModule 中对应数据元素的状态，每个单元都是个 SbufferEntryState 对象：

```
class SbufferEntryState (implicit p: Parameters) extends SbufferBundle {
  val state_valid = Bool()           // this entry is active                                    ///本项有效
  val state_inflight = Bool()        // sbuffer is trying to write this entry to dcache          ///已发送给DCache，等待结果。
  val w_timeout = Bool()             // with timeout resp, waiting for resend store pipeline req timeout  ///DCache报告超时，需重发。
  val w_sameblock_inflight = Bool()  // same cache block dcache req is inflight                  ///与已发送的某项处于同一缓存块中

  def isInvalid(): Bool = !state_valid
  def isValid(): Bool = state_valid
  def isActive(): Bool = state_valid && !state_inflight                                          ///本项有效，且尚未发送给DCache。
  def isInflight(): Bool = state_inflight
  def isDcacheReqCandidate(): Bool = state_valid && !state_inflight && !w_sameblock_inflight     ///本项需要被发送给DCache
}   ///end class SbufferEntryState
```

这里有 4 个状态标志位，其中 state_valid 表示 dataModule 中对应单元的数据是否有效，state_inflight 则表示此项数据（以一个缓存块的格式）连同掩模已被发送给 DCache，正在等待 DCache 的回应。还有个标志位 w_sameblock_inflight，则表示另外有个表项的数据也在同一缓存块中，并已发送给 DCache。

标志位 w_timeout 起着特殊的作用，但是把这个状态位设成 true 的并非某个定时器的到点，而是来自 DCache 的 replay_resp。

当 Sbuffer 收到 DCache 的 replay_resp，说下标为 id，即 replay_resp_id 的表项需要重新发送的时候，就在 stateVec 中与此表项相对应的 SbufferEntryState 中将其 w_timeout 设成 true；这会使代表着这个表项的标志位进入 missqReplayTimeOutMask，而这又会使 missqReplayHasTimeOut 变成 true（如果此前不是 true），使 sbuffer_out_s0_evictionIdx 指向该表项，从而就会在下一个节拍将此表项再次被发送给 DCache。

此外，Sbuffer 与 LoadUnit 之间存在着 forward 的接口，就看实际有没有满足条件的数据可以 forword。Sbuffer 的 io.forward 是个长度为 LoadPipelineWidth 即 2 的 LoadForwardQueryIO 向量，Sbuffer 这一头是这个 Bundle 输入端，输出端是 LoadUnit 的 sbuffer，实际上则来自 LoanUnit_S1 的 sbuffer 和 LoadUnit_S2 的 sbuffer。LoadUnit_S2 另有一个 LoadForwardQueryIO 输出是 lsq，这是通往 LoadQueue 的。Sbuffer 中的数据是要写入内存的，如果 LoadQueue 中恰好有 ld 指令要从同一地址读出，当然就可以抄上近路。下面就是 class LoadForwardQueryIO 的定义，注意这里的 Input/Output 是就 LoadUnit 这一边而言，在 Sbuffer 这一边就是反过来了：

```
class LoadForwardQueryIO(implicit p: Parameters) extends XSBundleWithMicroOp {
  val vaddr = Output(UInt(VAddrBits.W))                ///从LoadUnit发到Sbuffer的虚存地址
  val paddr = Output(UInt(PAddrBits.W))                ///从LoadUnit发到Sbuffer的物理地址，看看是否有匹配。
  val mask = Output(UInt(8.W))
  override val uop = Output(new MicroOp)     // for replay
  val pc = Output(UInt(VAddrBits.W))         //for debug
```

```
  val valid = Output(Bool())
  val forwardMaskFast = Input(Vec(8, Bool()))      // resp to load_s1
  val forwardMask = Input(Vec(8, Bool()))    // resp to load_s2         ///从Sbuffer发往LoadUnit的位图，说明哪几个字节有效。
  val forwardData = Input(Vec(8, UInt(8.W))) // resp to load_s2         ///从Sbuffer发往LoadUnit的数据，最多8个字节(64位)。

  val sqIdx = Output(new SqPtr)
  // dataInvalid suggests store to load forward found forward should happen, but data is not available for now.
  // If dataInvalid, load inst should be replayed from RS. Feedback type should be RSFeedbackType.dataInvalid
  val dataInvalid = Input(Bool())              // Addr match, but data is not valid for now

  // matchInvalid suggests in store to load forward logic, paddr cam result does to equal to vaddr cam result.
  // If matchInvalid, a microarchitectural exception should be raised to flush SQ and committed sbuffer.
  val matchInvalid = Input(Bool())             // resp to load_s2
}
```

LoadUnit 向 Sbuffer 发送 LoadForwardQueryIO，给出所欲读取的数据的虚存地址和物理地址，询问有否地址相符的数据可以 forward。Sbuffer 就在本地进行比对，如果对上了就把数据填写在 LoadForwardQueryIO 的相关字段中。简而言之这个过程就是这样，代码中加了注释，读者应该可以看懂。

这里需要对 widthMap()作些解释，这个函数的定义是“def widthMap[T <: Data](f: Int => T) = (0 until StoreBufferSize) map f”，要对之实施 map 操作的是“0 until StoreBufferSize”，那只是一个整数的数列，所实施的操作是个动态定义的函数 f()。以代码中的“widthMap(w => vtag(w) === getVTag(forward.vaddr))”为例，这就是依次扫描 vtag 这个寄存器向量中的每个元素，将其与通过 getVTag()从 forward.vaddr 即 LoadUnit 所给定虚存地址获取的 tag 相比较，如果相等就满足条件。由于这本身就是在一个 for 循环中，并且所谓“依次”在硬件中是并行的，所以这个比较符“===”意味着一大堆比较器。原注释中讲到 cam，就是说这个寄存器向量实际上是按内容寻址的。

顺便提一下，除 LoadForwardQueryIO 是用来询问是否有数据可以 forward 以外，还有个 PipeLoadForwardQueryIO 也是用于这个目的，后者是对前者的扩充：

```
// LoadForwardQueryIO used in load pipeline. Difference between PipeLoadForwardQueryIO and LoadForwardQueryIO:
// PipeIO use predecoded sqIdxMask for better forward timing
class PipeLoadForwardQueryIO(implicit p: Parameters) extends LoadForwardQueryIO {
  val sqIdxMask = Output(UInt(StoreQueueSize.W))      // sqIdxMask is calcuated in earlier stage for better timing
  // dataInvalid: addr match, but data is not valid for now
  val dataInvalidFast = Input(Bool())                          // resp to load_s1
  val dataInvalidSqIdx = Input(UInt(log2Up(StoreQueueSize).W))      // resp to load_s2, sqIdx value
}
```

那只是用于 LoadUnit 与 StoreQueue 之间，区别就在于询问方主动提供了 sqIdxMask。LoadQueue 的接口上虽然也有个 load_s1 也是 PipeLoadForwardQueryIO，但实际上并未使用。

回到 Sbuffer 的代码，我们继续往下看

```
[MemBlock > MemBlockImp > Sbuffer]              ///续 1
  // ---------------------- Store Enq Sbuffer ---------------------

  def getPTag(pa: UInt): UInt = pa(PAddrBits - 1, PAddrBits - PTagWidth)          ///物理地址的高位是物理地址 tag
```

```
def getVTag(va: UInt): UInt = va(VAddrBits - 1, VAddrBits - VTagWidth)          ///虚存地址的高位是虚存地址 tag
def getWord(pa: UInt): UInt = pa(PAddrBits-1, 3)
def getWordOffset(pa: UInt): UInt = pa(OffsetWidth-1, 3)
def getAddr(ptag: UInt): UInt = Cat(ptag, 0.U((PAddrBits - PTagWidth).W))
def getByteOffset(offect: UInt): UInt = Cat(offect(OffsetWidth - 1, 3), 0.U(3.W))
def isOneOf(key: UInt, seq: Seq[UInt]): Bool = if(seq.isEmpty) false.B else Cat(seq.map(_===key)).orR()
def widthMap[T <: Data](f: Int => T) = (0 until StoreBufferSize) map f

// sbuffer entry count
val plru = new PseudoLRU(StoreBufferSize)          ///伪 LRU 调度算法
val accessIdx = Wire(Vec(EnsbufferWidth + 1, Valid(UInt(SbufferIndexWidth.W))))

val replaceIdx = plru.way
val replaceIdxOH = UIntToOH(plru.way)
plru.access(accessIdx)

//------------------------cohCount----------------------------- ///coh 表示 coherence，有关协同性的信息。
// insert and merge: cohCount=0
// every cycle cohCount+=1
// if cohCount(EvictCountBits-1)==1, evict
val cohTimeOutMask = VecInit(widthMap(i => cohCount(i)(EvictCountBits - 1) && stateVec(i).isActive()))   ///val cohCount 见前
val (cohTimeOutIdx, cohHasTimeOut) = PriorityEncoderWithFlag(cohTimeOutMask)
val cohTimeOutOH = PriorityEncoderOH(cohTimeOutMask)
val missqReplayTimeOutMask = VecInit(widthMap(i => missqReplayCount(i)(MissqReplayCountBits - 1) &&
                                                                                   stateVec(i).w_timeout))
val (missqReplayTimeOutIdxGen, missqReplayHasTimeOutGen) = PriorityEncoderWithFlag(missqReplayTimeOutMask)
val missqReplayHasTimeOut = RegNext(missqReplayHasTimeOutGen) && !RegNext(sbuffer_out_s0_fire)
val missqReplayTimeOutIdx = RegEnable(missqReplayTimeOutIdxGen, missqReplayHasTimeOutGen)

//------------------------sbuffer enqueue-----------------------------
// Now sbuffer enq logic is divided into 3 stages:
// sbuffer_in_s0:
// * read data and meta from store queue
// * store them in 2 entry fifo queue
// sbuffer_in_s1:
// * read data and meta from fifo queue
// * update sbuffer meta (vtag, ptag, flag)
// * prevert that line from being sent to dcache (add a block condition)
// * prepare cacheline level write enable signal, RegNext() data and mask
// sbuffer_in_s2:
// * use cacheline level buffer to update sbuffer data and mask
// * remove dcache write block (if there is)

val activeMask = VecInit(stateVec.map(s => s.isActive()))
val drainIdx = PriorityEncoder(activeMask)
val inflightMask = VecInit(stateVec.map(s => s.isInflight()))
```

```
val inptags = io.in.map(in => getPTag (in.bits.addr))          ///io.in 是长度为 2 的 DCacheWordReqWithVaddr 向量
val invtags = io.in.map(in => getVTag (in.bits.vaddr))
val sameTag = inptags(0) === inptags(1)                         ///两个输入具有相同 tag
val firstWord = getWord(io.in(0).bits.addr)
val secondWord = getWord(io.in(1).bits.addr)
val sameWord = firstWord === secondWord

// merge condition
val mergeMask = Wire(Vec(EnsbufferWidth, Vec(StoreBufferSize, Bool())))          ///用来承载（两个）合并位图
val mergeIdx = mergeMask.map(PriorityEncoder(_))  // avoid using mergeIdx for better timing   ///位图中最高位的下标
val canMerge = mergeMask.map(ParallelOR(_))                                       ///合并位图非空
val mergeVec = mergeMask.map(_.asUInt)                                            ///合并位图作为 UNnt

for(i <- 0 until EnsbufferWidth){               /// EnsbufferWidth=2
  mergeMask(i) := widthMap(j => inptags(i) === ptag(j) && activeMask(j) )        ///填写合并位图
  assert(!(PopCount(mergeMask(i).asUInt) > 1.U && io.in(i).fire()))
}

// insert condition
// firstInsert: the first invalid entry
// if first entry canMerge or second entry has the same ptag with the first entry,
// secondInsert equal the first invalid entry, otherwise, the second invalid entry
val invalidMask = VecInit(stateVec.map(s => s.isInvalid()))                 /// stateVec 中无效表项的位图
val evenInvalidMask = GetEvenBits(invalidMask.asUInt)                       /// invalidMask 中处于偶数位的位图
val oddInvalidMask = GetOddBits(invalidMask.asUInt)                         /// invalidMask 中处于奇数位的位图

def getFirstOneOH (input: UInt): UInt = {
  assert(input.getWidth > 1)
  val output = WireInit(VecInit(input.asBools))
  (1 until input.getWidth).map(i => { output(i) := !input(i - 1, 0).orR && input(i) })   /// input(i)为 true，且 i 位以下非空
  output.asUInt
}

val evenRawInsertVec = getFirstOneOH(evenInvalidMask)
val oddRawInsertVec = getFirstOneOH(oddInvalidMask)
val (evenRawInsertIdx, evenCanInsert) = PriorityEncoderWithFlag(evenInvalidMask)
val (oddRawInsertIdx, oddCanInsert) = PriorityEncoderWithFlag(oddInvalidMask)
val evenInsertVec = GetEvenBits.reverse(evenRawInsertVec)
val oddInsertVec = GetOddBits.reverse(oddRawInsertVec)

val enbufferSelReg = RegInit(false.B)                          ///D 触发器
when(io.in(0).valid) { enbufferSelReg := ~enbufferSelReg }     ///每次 io.in 有输入就使触发器翻转一下，以选择奇偶。

val firstCanInsert = sbuffer_state =/= x_drain_sbuffer && Mux(enbufferSelReg, evenCanInsert, oddCanInsert)   ///奇偶二选其一
val secondCanInsert = sbuffer_state =/= x_drain_sbuffer && Mux(sameTag, firstCanInsert,
```

```
                              Mux(~enbufferSelReg, evenCanInsert, oddCanInsert) ) && (EnsbufferWidth >= 1).B
val forward_need_uarch_drain = WireInit(false.B)
val merge_need_uarch_drain = WireInit(false.B)
val do_uarch_drain = RegNext(forward_need_uarch_drain) || RegNext(RegNext(merge_need_uarch_drain))

io.in(0).ready := firstCanInsert                              ///io.in(0)和 io.in(0)都是 DCacheWordReqWithVaddr
io.in(1).ready := secondCanInsert && !sameWord && io.in(0).ready

def wordReqToBufLine (req: DCacheWordReq, reqptag: UInt, reqvtag: UInt,
                      insertIdx: UInt, insertVec: UInt, wordOffset: UInt ): Unit = {   // allocate a new line in sbuffer
  assert(UIntToOH(insertIdx) === insertVec)
  val sameBlockInflightMask = genSameBlockInflightMask (reqptag)
  (0 until StoreBufferSize).map(entryIdx => {      /// StoreBufferSize=16
    when(insertVec(entryIdx)){      ///insertVec 为调用参数，应为一单热位图；entryIdx 则为 0 到 15。扫描该单热位图：
      stateVec(entryIdx).state_valid := true.B
      stateVec(entryIdx).w_sameblock_inflight := sameBlockInflightMask.orR
                                                  // set w_sameblock_inflight when a line is first allocated
      when(sameBlockInflightMask.orR){ waitInflightMask(entryIdx) := sameBlockInflightMask }
      cohCount(entryIdx) := 0.U
      ptag(entryIdx) := reqptag
      vtag(entryIdx) := reqvtag                   // update vtag iff a new sbuffer line is allocated
    }  ///end when
  })  ///end (0 until StoreBufferSize).map
}  ///end wordReqToBufLine()，扫描单热位图 insertVec，返回可以 insert 的那个槽位。注意有几个参数并未用上。

def mergeWordReq (req: DCacheWordReq, reqptag: UInt, reqvtag: UInt,
                  mergeIdx: UInt, mergeVec: UInt, wordOffset: UInt ): Unit = {   // merge write req into an existing line
  assert(UIntToOH(mergeIdx) === mergeVec)                 /// mergeVec 是个单热位图
  (0 until StoreBufferSize).map(entryIdx => {             /// entryIdx 依次等于 0 到 15
    when(mergeVec(entryIdx)) {                            ///扫描该单热位图
      cohCount(entryIdx) := 0.U
      // check if vtag is the same, if not, trigger sbuffer flush
      when(reqvtag =/= vtag(entryIdx)) { merge_need_uarch_drain := true.B }
    }  ///end when(mergeVec(entryIdx))
  })  ///end (0 until StoreBufferSize).map
}  ///end mergeWordReq()，返回单热位图 mergeVec 所指向的那个槽位

for(((in, wordOffset), i) <- io.in.zip(Seq(firstWord, secondWord)).zipWithIndex){  ///对输入 io.in 中的每一项：
  writeReq(i).valid := in.fire()                          ///写入 dataModule
  writeReq(i).bits.wordOffset := wordOffset               ///由于 dataModule 中是按缓存行存放数据，所以得要给个 wordOffset。
  writeReq(i).bits.mask := in.bits.mask
          ///in.bits.mask 只是在一个 CacheLineWord 内部的掩模，会按 wordOffset 被整合到整个 CacheLine 的 mask 中。
  writeReq(i).bits.data := in.bits.data                   ///会按 wordOffset 整合到整个 CacheLine 中(其余 CacheLineWord 可以是 0)
  writeReq(i).bits.wline := in.bits.wline
  val insertVec = if(i == 0) firstInsertVec else secondInsertVec      ///二者交替
  assert(!((PopCount(insertVec) > 1.U) && in.fire()))                 /// insertVec 必须是单热位图
```

```
    val insertIdx = OHToUInt(insertVec)                          ///插入位置按单热位图所指
    accessIdx(i).valid := RegNext(in.fire())
    accessIdx(i).bits := RegNext(Mux(canMerge(i), mergeIdx(i), insertIdx))
    when(in.fire()){
      when(canMerge(i)){        ///如果本次输入可以并入已经存在的某个 cacheline：
        writeReq(i).bits.wvec := mergeVec(i)
        mergeWordReq (in.bits, inptags(i), invtags(i), mergeIdx(i), mergeVec(i), wordOffset)      ///调用 mergeWordReq()
      }.otherwise({             ///不能合并就占用一个空闲的槽位
        writeReq(i).bits.wvec := insertVec
        wordReqToBufLine (in.bits, inptags(i), invtags(i), insertIdx, insertVec, wordOffset)      ///调用 wordReqToBufLine()
      })  /// mergeWordReq()和 wordReqToBufLine()两个函数见前面定义
    }  ///end when(in.fire())
  }  ///end for(((in, wordOffset), i)
///class Sbuffer，续 1，待续。
```

对 Sbuffer 的输入是两个 DCacheWordReqWithVaddr，这两个 Bundle 是交替使用的，这次用这个下次就用那个，相当于“双缓冲”的方式。到来的写入请求都是 WordReq，是单项数据的写入，而 Sbuffer 对 DCache 的写入是按 cacheline 进行的，当然到实际写入时会在 cacheline 中有很多空洞，所以需要有写入掩模。但是既然是以 cacheline 为单位的写入就说明对 DCache 的写入不是立即执行的，而是要在 Sbuffer 的槽位中等待一段时间，看看还有没有对同一 cacheline 的写入可以合并。当然，如果不能合并就得在 Sbuffer 中新占一个槽位。不管是可以合并还是新占，目标槽位总只有一个，所以 mergeVec 和 insertVec 都是单热位图。

我们继续往下看 Sbuffer 的代码：

```
[MemBlock > MemBlockImp > Sbuffer]                ///续 2
  // --------------------- Send Dcache Req ---------------------
  val sbuffer_empty = Cat(invalidMask).andR()
  val sq_empty = !Cat(io.in.map(_.valid)).orR()                    ///如果输入全空就说明 StoreQueue 已空
  val empty = sbuffer_empty && sq_empty                            ///Sbuffer 和 StoreQueue 均空
  val threshold = RegNext(io.csrCtrl.sbuffer_threshold +& 1.U)     ///通过 CSR 设置的门槛值
  val validCount = PopCount(activeMask)
  val do_eviction = RegNext(validCount >= threshold || validCount === (StoreBufferSize-1).U, init = false.B)
                                                                   ///Sbuffer 将满，需要替换若干槽位。
  require((StoreBufferThreshold + 1) <= StoreBufferSize)

  io.flush.empty := RegNext (empty && io.sqempty)
  switch(sbuffer_state){                                           ///sbuffer 状态机
    is(x_idle){
      when(io.flush.valid){ sbuffer_state := x_drain_all }         ///如有转向指示就转入排空所有的写入请求
      .elsewhen(do_uarch_drain){ sbuffer_state := x_drain_sbuffer }
      .elsewhen(do_eviction){ sbuffer_state := x_replace }         ///如有替换要求就转入替换某个槽位
    }
    is(x_drain_all){   ///所谓 drain 就是将槽位中的 cacheline 发送给 DCache，完成写入，以释放所占槽位。
      when(empty){ sbuffer_state := x_idle }                       ///如果已经排空就转入 x_idle，否则就静待排空。
    }
    is(x_drain_sbuffer){
      when(io.flush.valid){ sbuffer_state := x_drain_all }         ///如有转向指示就转入排空所有的写入请求
```

```
      .elsewhen(sbuffer_empty){ sbuffer_state := x_idle }                    ///如果已空就转入 x_idle 状态
    }
    is(x_replace){
      when(io.flush.valid){ sbuffer_state := x_drain_all }
      .elsewhen(do_uarch_drain){ sbuffer_state := x_drain_sbuffer }
      .elsewhen(!do_eviction){ sbuffer_state := x_idle }
    }
  }  ///end switch(sbuffer_state)

  def noSameBlockInflight(idx: UInt): Bool = { !Cat(widthMap(i => inflightMask(i) && ptag(idx) === ptag(i))).orR() }
                                                                    // stateVec(idx) itself must not be s_inflight
  def genSameBlockInflightMask(ptag_in: UInt): UInt = {
    val mask = VecInit(widthMap(i => inflightMask(i) && ptag_in === ptag(i))).asUInt      // quite slow, use it with care
    assert(!(PopCount(mask) > 1.U))
    mask
  }

  def haveSameBlockInflight(ptag_in: UInt): Bool = { genSameBlockInflightMask(ptag_in).orR }
///class Sbuffer，续 2，待续。
```

Sbuffer 模块中有个状态机，这个状态机有 x_idle、x_replace、x_drain_all、x_drain_sbuffer 等 4 种状态。其中 x_idle 表示处于 Sbuffer 空闲状态，其所有槽位都已空闲；x_replace 表示已占用的槽位已经过多，但又有新的输入到来，所以需要替换掉其中的一个两个槽位；x_drain_all 表示需要“排空”所有的槽位，例如当有转向只是到来时就是如此；x_drain_sbuffer 则表示需要排空其中的某几个槽位（即使并无信的输入到来）。

所谓 drain 就是将槽位中的 cacheline 发送给 DCache，以完成写入，这样就可以把所占的槽位释放出来。

我们继续往下看：

```
[MemBlock > MemBlockImp > Sbuffer]                ///续 3
  // ---------------------------------------------------------------------------
  // sbuffer to dcache pipeline         ///从 Sbuffer 到 DCache
  // ---------------------------------------------------------------------------
  // Now sbuffer deq logic is divided into 2 stages:
  // sbuffer_out_s0:
  // * read data and meta from sbuffer
  // * RegNext() them
  // * set line state to inflight
  // sbuffer_out_s1:
  // * send write req to dcache
  // sbuffer_out_extra:
  // * receive write result from dcache
  // * update line state

  val sbuffer_out_s1_ready = Wire(Bool())
  // ---------------------------------------------------------------------------
  // sbuffer_out_s0
  // ---------------------------------------------------------------------------
```

```
val need_drain = needDrain(sbuffer_state)          ///函数 needDrain()定义见前，状态为 x_drain_all/x_drain_sbuffer 时返回 true。
val need_replace = do_eviction || (sbuffer_state === x_replace)
val sbuffer_out_s0_evictionIdx = Mux(missqReplayHasTimeOut, missqReplayTimeOutIdx,
                                 Mux(need_drain, drainIdx, Mux(cohHasTimeOut, cohTimeOutIdx, replaceIdx)))
        ///这是下一个节拍要向 DCache 发送的写入请求所在的位置 index。
        ///如果有超时，发送的就是 missqReplayTimeOutIdx；否则可能是 drainIdx、cohTimeOutIdx、replaceIdx。

// If there is a inflight dcache req which has same ptag with sbuffer_out_s0_evictionIdx's ptag,
// current eviction should be blocked.
val sbuffer_out_s0_valid = missqReplayHasTimeOut ||
          stateVec(sbuffer_out_s0_evictionIdx).isDcacheReqCandidate() && (need_drain || cohHasTimeOut || need_replace)
assert(!(stateVec(sbuffer_out_s0_evictionIdx).isDcacheReqCandidate &&!noSameBlockInflight(sbuffer_out_s0_evictionIdx)))
val sbuffer_out_s0_cango = sbuffer_out_s1_ready
sbuffer_out_s0_fire := sbuffer_out_s0_valid && sbuffer_out_s0_cango

// ---------------------------------------------------------------------------
// sbuffer_out_s1
// ---------------------------------------------------------------------------
// TODO: use EnsbufferWidth
val shouldWaitWriteFinish = RegNext(VecInit((0 until EnsbufferWidth).map{i =>
        (writeReq(i).bits.wvec.asUInt & UIntToOH(sbuffer_out_s0_evictionIdx).asUInt).orR && writeReq(i).valid}).asUInt.orR)
// block dcache write if read / write hazard
val blockDcacheWrite = shouldWaitWriteFinish          ///如果要等待当前的写入完成，就得阻塞别的写入。

val sbuffer_out_s1_valid = RegInit(false.B)
sbuffer_out_s1_ready := io.dcache.req.ready && !blockDcacheWrite || !sbuffer_out_s1_valid
val sbuffer_out_s1_fire = io.dcache.req.fire()

// when sbuffer_out_s1_fire, send dcache req stored in pipeline reg to dcache
when(sbuffer_out_s1_fire){ sbuffer_out_s1_valid := false.B }
// when sbuffer_out_s0_fire, read dcache req data and store them in a pipeline reg
when(sbuffer_out_s0_cango){ sbuffer_out_s1_valid := sbuffer_out_s0_valid }
when(sbuffer_out_s0_fire){
  stateVec(sbuffer_out_s0_evictionIdx).state_inflight := true.B
  stateVec(sbuffer_out_s0_evictionIdx).w_timeout := false.B
}

// Note: if other dcache req in the same block are inflight, the lru update may not accurate
accessIdx(EnsbufferWidth).valid := invalidMask(replaceIdx) || (need_replace && !need_drain &&
                      !cohHasTimeOut && !missqReplayHasTimeOut && sbuffer_out_s0_cango && activeMask(replaceIdx))
accessIdx(EnsbufferWidth).bits := replaceIdx
val sbuffer_out_s1_evictionIdx = RegEnable(sbuffer_out_s0_evictionIdx, enable = sbuffer_out_s0_fire)
val sbuffer_out_s1_evictionPTag = RegEnable(ptag(sbuffer_out_s0_evictionIdx), enable = sbuffer_out_s0_fire)
val sbuffer_out_s1_evictionVTag = RegEnable(vtag(sbuffer_out_s0_evictionIdx), enable = sbuffer_out_s0_fire)
        ///sbuffer_out_s1_evictionIdx 来自 sbuffer_out_s0_evictionIdx，但晚一时钟脉冲。
```

```
io.dcache.req.valid := sbuffer_out_s1_valid && !blockDcacheWrite          ///向 DCache 发送的是 DcacheToSbufferIO 中的 req
io.dcache.req.bits := DontCare                                             /// io.dcache.req 是个 DCacheLineReq
io.dcache.req.bits.cmd := MemoryOpConstants.M_XWR
io.dcache.req.bits.addr := getAddr(sbuffer_out_s1_evictionPTag)            ///要发送的是 sbuffer_out_s1_evictionIdx 所指表项
io.dcache.req.bits.vaddr := getAddr(sbuffer_out_s1_evictionVTag)
io.dcache.req.bits.data := data(sbuffer_out_s1_evictionIdx).asUInt         ///读自 dataModule，这是一个 cacheline。
io.dcache.req.bits.mask := mask(sbuffer_out_s1_evictionIdx).asUInt         ///读自 dataModule，这是对 cacheline 的写入掩模。
io.dcache.req.bits.id := sbuffer_out_s1_evictionIdx

  ///以上对 DCache 发出写入请求的电路，下面是对来自 DCache 的回应进行处理的电路。
// update sbuffer status according to dcache resp source

def id_to_sbuffer_id(id: UInt): UInt = {
  require(id.getWidth >= log2Up(StoreBufferSize))
  id(log2Up(StoreBufferSize)-1, 0)
}

// hit resp
io.dcache.hit_resps.map(resp => {              ///DcacheToSbufferIO 中的 hit_resps 是 Seq(main_pipe_hit_resp, refill_hit_resp)
  val dcache_resp_id = resp.bits.id
  when (resp.fire()) {
    stateVec(dcache_resp_id).state_inflight := false.B                     ///已经落地
    stateVec(dcache_resp_id).state_valid := false.B                        ///不再有效（已经释放）
    assert(!resp.bits.replay)
    assert(!resp.bits.miss)                                   // not need to resp if miss, to be opted
    assert(stateVec(dcache_resp_id).state_inflight === true.B)
  }

  // Update w_sameblock_inflight flag is delayed for 1 cycle
  //
  // When a new req allocate a new line in sbuffer, sameblock_inflight check will ignore current dcache.hit_resps.
  // Then, in the next cycle, we have plenty of time to check if the same block is still inflight
  (0 until StoreBufferSize).map(i => {
    when(stateVec(i).w_sameblock_inflight && stateVec(i).state_valid && RegNext(resp.fire()) &&
                    waitInflightMask(i) === UIntToOH(RegNext (id_to_sbuffer_id (dcache_resp_id))) ){
      stateVec(i).w_sameblock_inflight := false.B
    }
  })  ///end (0 until StoreBufferSize).map
})  ///end io.dcache.hit_resps.map

io.dcache.hit_resps.zip(dataModule.io.maskFlushReq).map{case (resp, maskFlush) => {
  maskFlush.valid := resp.fire()
  maskFlush.bits.wvec := UIntToOH(resp.bits.id)
}}
```

```
  // replay resp          ///以上是对 hit_resps 的处理，下面是对 replay_resp 的处理：
  val replay_resp_id = io.dcache.replay_resp.bits.id        ///DCache 的 replay_resp 每次只报告一个表项的超时
  when (io.dcache.replay_resp.fire()) {
    missqReplayCount(replay_resp_id) := 0.U
    stateVec(replay_resp_id).w_timeout := true.B
    // waiting for timeout
    assert(io.dcache.replay_resp.bits.replay)
    assert(stateVec(replay_resp_id).state_inflight === true.B)
  }  ///由于该表项的 w_timeout 被设成了 true，就会进入 missqReplayTimeOutMask；
    ///而这又会使 missqReplayHasTimeOut 变成 true（如果此前不是 true），使 sbuffer_out_s0_evictionIdx 指向该表项。
    ///这样就会在下一个节拍将此表项再次被发送给 DCache。

  // TODO: reuse cohCount
  (0 until StoreBufferSize).map(i => {
    when(stateVec(i).w_timeout && stateVec(i).state_inflight && !missqReplayCount(i)(MissqReplayCountBits-1)) {
      missqReplayCount(i) := missqReplayCount(i) + 1.U        ///重发计数增加了一次
    }
    when(activeMask(i) && !cohTimeOutMask(i)){ cohCount(i) := cohCount(i)+1.U }
  })
///class Sbuffer，续 3，待续。
```

以上代码所描述的是在 Sbuffer 的槽位中聚集起对同一 cachliane 的写入，并将其发送给 DCache 的电路，以及从 DCache 接受回应的电路。如前所述，从 DCache 发来的回应有三种可能，但是总而言之就是两种情形：一种是完成了对目标 cacheline 的写入，不管是直接命中（main_pipe_hit_resp）还是经过调度之后的命中（refill_hit_resp）；另一种是不命中而且等待时间过长而暂时不能写入，可以重试。

但是 Sbuffer 还有一种功能，就是实现对 LoadQueue 的数据 forward。下面就是对 forward 的描述。不过我们在深入到这块电路之前先要看一下在这段代码中反复受到调用的一个函数 widthMap()，这个函数的定义在前面，这里重复一下，就一行代码：

```
def widthMap[T <: Data](f: Int => T) = (0 until StoreBufferSize) map f
```

这个函数的参数是一个函数 f，调用 widthMap()时加以动态定义，widthMap()就将此函数作用于 Sbuffer 的 StoreBufferSize 即 16 个槽位。以 vtag_matches = VecInit(widthMap(w => vtag(w) === getVTag(forward.vaddr))) 这个语句为例，调用 widthMap()时给定的函数就是 vtag 的比对，即 vtag(w) === getVTag(forward.vaddr)，这个函数被作用于 Sbuffer 的 16 个槽位，也就是将从输入 forward 的 vaddr 归纳的 vtag 与向量 vtag 中的 16 个元素逐一比对（所谓“逐一”是指电路的生成，实际的比对是平行的），最后得到的是个布尔向量，其实就是个位图，这个向量就是 vtag_matches。知道了这个，下面代码中遇到 widthMap()时就不作解释了。

我们继续看 Sbuffer 的代码：

```
[MemBlock > MemBlockImp > Sbuffer]                ///续 4
  // --------------------- Load Data Forward ---------------------
  val mismatch = Wire(Vec(LoadPipelineWidth, Bool()))
  for ((forward, i) <- io.forward.zipWithIndex) {    ///io.forward 是个长度为 LoadPipelineWidth 即 2 的 LoadForwardQueryIO 向量
    val vtag_matches = VecInit(widthMap(w => vtag(w) === getVTag(forward.vaddr)))     ///forward 来自 io.forward
    ///从输入 forward 中抽取其 vaddr 的 tag 即 vtag，以此为目标对 Sbuffer 的 16 个槽位的 vtag 同时进行比对，
```

```
///比对结果就是 vtag_matches，这是个宽度为 StoreBufferSize 的位图。
// ptag_matches uses paddr from dtlb, which is far from sbuffer
val ptag_matches = VecInit(widthMap(w => RegEnable(ptag(w), forward.valid) ===
                                    RegEnable(getPTag(forward.paddr), forward.valid)))
    ///ptag_matches 也是宽度为 StoreBufferSize 的位图，这次比对的是物理地址。
val tag_matches = vtag_matches
val tag_mismatch = RegNext(forward.valid) && VecInit(widthMap(w =>
                              RegNext(vtag_matches(w)) =/= ptag_matches(w) &&
                                    RegNext((activeMask(w) || inflightMask(w))))).asUInt.orR
            /// tag_mismatch 是个位图，表示那些 vtag 与 ptag 相符情况不一致的表项，这理应不会发生。
mismatch(i) := tag_mismatch
when (tag_mismatch) { forward_need_uarch_drain := true.B }

val valid_tag_matches = widthMap(w => tag_matches(w) && activeMask(w))      ///虚存地址 tag 相符但尚未发给 DCache
val inflight_tag_matches = widthMap(w => tag_matches(w) && inflightMask(w))   ///虚存地址 tag 相符并已发给 DCache

val line_offset_mask = UIntToOH(getWordOffset (forward.paddr))

val valid_tag_match_reg = valid_tag_matches.map(RegNext(_))
        ///因为这只是(forward, i)，只给定了一个地址 tag，所以 valid_tag_match_reg 只能是单热（OH）位图。
        ///注意这是在 for ((forward, i) <- io.forward.zipWithIndex)循环内部。
val inflight_tag_match_reg = inflight_tag_matches.map(RegNext(_))
val line_offset_reg = RegNext(line_offset_mask)
val forward_mask_candidate_reg = RegEnable(VecInit(mask.map(entry =>        ///mask 来自 dataModule.io.maskOut
                                    entry(getWordOffset(forward.paddr)))), forward.valid)
val forward_data_candidate_reg = RegEnable(VecInit(data.map(entry =>        ///data 来自 dataModule.io.dataOut
                                    entry(getWordOffset(forward.paddr)))), forward.valid)
        ///从 dataModule 中读出整个 mask 向量和整个 data 向量至两个寄存器(在 forward.valid 的条件下)。
        ///其中 data 向量即 forward_data_candidate_reg 所承载的是一个 cacheline

val selectedValidMask = Mux1H(valid_tag_match_reg, forward_mask_candidate_reg)
val selectedValidData = Mux1H(valid_tag_match_reg, forward_data_candidate_reg)
        ///以表项有效(valid)为条件从两个寄存器中选取当前表项的 mask 和 data，作为候选。
val selectedInflightMask = Mux1H(inflight_tag_match_reg, forward_mask_candidate_reg)
val selectedInflightData = Mux1H(inflight_tag_match_reg, forward_data_candidate_reg)
        ///再以已经交付 DCache（inflight）为条件从两个寄存器中选取当前表项的 mask 和 data，作为候选。
// currently not being used
val selectedInflightMaskFast = Mux1H(line_offset_mask,
                    Mux1H(inflight_tag_matches, mask).asTypeOf(Vec(CacheLineWords, Vec(DataBytes, Bool()))))
val selectedValidMaskFast = Mux1H(line_offset_mask,
                    Mux1H(valid_tag_matches, mask).asTypeOf(Vec(CacheLineWords, Vec(DataBytes, Bool()))))
            ///按原文注释，这二者当前并未使用。

    ///填写 forward 即 LoadForwardQueryIO 中的相关字段，准备向 LoadQueue 发送：
forward.dataInvalid := false.B              // data in store line merge buffer is always ready
forward.matchInvalid := tag_mismatch        // paddr / vaddr cam result does not match
```

```
    for (j <- 0 until DataBytes) {
      forward.forwardMask(j) := false.B
      forward.forwardData(j) := DontCare

      // valid entries have higher priority than inflight entries
      when(selectedInflightMask(j)) {                          ///如果 selectedInflightMask 中的这一位是 1:
        forward.forwardMask(j) := true.B
        forward.forwardData(j) := selectedInflightData(j)      ///把 selectedInflightData 中的数据填写到 LoadForwardQueryIO 中
      }
      when(selectedValidMask(j)) {                             ///如果 selectedValidMask 中的这一位是 1:
        forward.forwardMask(j) := true.B
        forward.forwardData(j) := selectedValidData(j)         ///把 selectedValidData 中的数据填写到 LoadForwardQueryIO 中
      }         ///注意 LoadForwardQueryIO 中的 forwardData 字段只是 64 位即 8 个字节，是从 selectedValidData 中摘选的；
                ///而 selectedValidData 来自所选取 dataModule 槽位中的 cacheline。
      forward.forwardMaskFast(j) := selectedInflightMaskFast(j) || selectedValidMaskFast(j)      ///当前并未使用
    }  ///end for (j <- 0 until DataBytes)
  }  ///end for ((forward, i) <- io.forward.zipWithIndex)          ///对 io.forward 即 LoadForwardQueryIO 的循环结束
  ///Debug 与性能统计从略
}  ///end class Sbuffer
```

这就是从接受来自 LoadQueue 的 forward 查询，到在 Sbuffer 中进行比对，到把比对上的数据（如果有的话）发回给 LoadQueue 这个过程中所涉及的电路。注意 forward 电路即 LoadForwardQueryIO 中的回复并没有 valid 控制位，只要掩模 forwardMask 中的某一位为 true，forwardData 中对应的数据即为有效。

最后，读者也许会问，Sbuffer 完成了对 Dcache 的写入，其所占的槽位被释放以后，是否要对 StoreUnit 有个回应？其实 StoreUnit 的回应已经有了。我们在前面看到，StoreUnit 的流水线在其 StoreUnit_S1 阶段的输出端有了分叉，其中一个分支进入了 lsq，而另一个分支进入了 StoreUnit_S2，然后在 StoreUnit_S3 阶段就有了对 Rob 的回写。由于 st 指令并无目标寄存器，并不存在输出，所以实际上并无对于物理寄存器和 RS 的回写，对 Rob 的“回写”只是让其可以交割指令流中的 st 指令而已。

至此，我们已经从 Load/Store/Atomic 指令执行单元开始向下，看了 LsqWrappper（应该是 LsqWrapper），即其下面的 LoadQueue 和 StoreQueue/Sbuffer，再往下就是 DCache 了。我们先重温一下 MemBlock 中对 DCache 的创建：

```
[XSCoreBase > MemBlock]
class MemBlock(val fastWakeUpIn: Seq[ExuConfig], val slowWakeUpIn: Seq[ExuConfig],
  val fastWakeUpOut: Seq[ExuConfig], val slowWakeUpOut: Seq[ExuConfig], val numIntWakeUpFp: Int)
                                                   (implicit p: Parameters) extends LazyModule {
  val dcache = LazyModule(new DCacheWrapper())
  val uncache = LazyModule(new Uncache())

  lazy val module = new MemBlockImp(this)
}
```

显然，MemBlock 在 diplomacy 阶段创建了其内部的 dcache，但这是个 DCacheWrapper。之所以如此，是因为这个“包装”里面既可以是真的 DCache，也可以是冒牌的 FakeDCache。FakeDCache 只是给人一种与

DCache 相似的外观，里面却基本上是空的，但是也得让芯片能运行，只是性能下降而已。事实上，有些要求不高的嵌入式应用，确实没有数据缓存也能满足要求，那就可以不要真实的 DCache。DCacheWrapper 的代码是这样：

```
[XSCoreBase > MemBlock > DCacheWrapper]
class DCacheWrapper()(implicit p: Parameters) extends LazyModule with HasDCacheParameters {
  val clientNode = if (!useFakeDCache) TLIdentityNode() else null
  val dcache = if (!useFakeDCache) LazyModule(new DCache()) else null
  if (!useFakeDCache) {
    clientNode := dcache.clientNode
  }

  lazy val module = new LazyModuleImp(this) {
    val io = IO(new DCacheIO)
    if (useFakeDCache) {
      val fake_dcache = Module(new FakeDCache())
      io <> fake_dcache.io
    }
    else {
      io <> dcache.module.io
    }
  }
}
```

如果参数 useFakeDCache 为 true，就在其硬件实现部分即 module 内部创建一个 FakeDCache，用来冒充 DCache，具体的代码我们就不看了，反正我们在下一章中要看真 DCache 的代码，而假 DCache 的代码倒也并非三言两语就能说清。

不过，无论是真 DCache 还是假 DCache，其外部接口都是 DcacheIO，这个需要看一下：

```
[XSCoreBase > MemBlock > DCacheWrapper > DCacheIO]
class DCacheIO(implicit p: Parameters) extends DCacheBundle {
  val hartId = Input(UInt(8.W))                  ///属于哪一个CPU核，DCache/ICache是跟着CPU的。
  val l2_pf_store_only = Input(Bool())           ///pf意为prefetch
  val lsu = new DCacheToLsuIO                    ///与Lsu/Lsq之间的接口
  val csr = new L1CacheToCsrIO                   ///与控制状态寄存器CSR间的接口
  val error = new L1CacheErrorInfo
  val mshrFull = Output(Bool())                  ///mshr是Miss Status Holding Register的缩写
}

abstract class DCacheBundle(implicit p: Parameters) extends L1CacheBundle with HasDCacheParameters
```

显见 DCache 的输入来自 Lsu，实际上也包括 Lsq 和 Sbuffer。DcacheToLsuIO 的定义是这样：

```
[MemBlock > DCacheWrapper > DCacheIO > DCacheToLsuIO]
class DCacheToLsuIO(implicit p: Parameters) extends DCacheBundle {
  val load = Vec(LoadPipelineWidth, Flipped(new DCacheLoadIO))          // for speculative load
```

```
  val lsq = ValidIO(new Refill)                                      // refill to load queue, wake up load misses
  val store = new DCacheToSbufferIO                                  // for sbuffer
  val atomics = Flipped(new AtomicWordIO)                            // atomics reqs
  val release = ValidIO(new Release)                                 // cacheline release hint for ld-ld violation check
  val forward_D = Output(Vec(LoadPipelineWidth, new DcacheToLduForwardIO))
  val forward_mshr = Vec(LoadPipelineWidth, new LduToMissqueueForwardIO)
}
```

这里的 load/store/atomics 都是对 DCache 的操作请求。但是三者的请求有相当显著的区别，首先是来自 LoadQueue 的 load，这是个 DCacheLoadIO 向量，向量的长度 LoadPipelineWidth 为 2。

```
[MemBlock > DCacheWrapper > DCacheIO > DCacheToLsuIO > DCacheLoadIO]
// used by load unit
class DCacheLoadIO(implicit p: Parameters) extends DCacheWordIO{
  // kill previous cycle's req
  val s1_kill   = Output(Bool())                    ///对于LoadUnit和LoadQueue是输出，对于DCache中的LoadPipe就是输入。
  val s2_kill   = Output(Bool())
  val s2_pc = Output(UInt(VAddrBits.W))
  // cycle 0: virtual address: req.addr
  // cycle 1: physical address: s1_paddr
  val s1_paddr_dup_lsu = Output(UInt(PAddrBits.W))          // lsu side paddr
  val s1_paddr_dup_dcache = Output(UInt(PAddrBits.W))       // dcache side paddr
  val s1_disable_fast_wakeup = Input(Bool())
  val s1_bank_conflict = Input(Bool())
  // cycle 2: hit signal
  val s2_hit = Input(Bool())          // hit signal for lsu,
  val s2_first_hit = Input(Bool())
}  ///end class DCacheLoadIO
```

显然，在 LoadUnit（通过 LoadQueue）对 DCache 的读入请求中并无数据而只有地址，因为数据还有待从 DCache 读入。而 DCache 对读入请求的回应（DcacheToLsuIO 中的 lsq）则是个 Refill 对象：

```
[MemBlock > DCacheWrapper > DCacheIO > DCacheToLsuIO > Refill]
class Refill(implicit p: Parameters) extends DCacheBundle {
  val addr = UInt(PAddrBits.W)
  val data  = UInt(l1BusDataWidth.W)          /// l1BusDataWidth=256，32字节。
  val error  = Bool()                    // refilled data has been corrupted
  ///用于debug的信号从略
}
```

这就是 DCache 对 Load 即读出请求的回应，从 addr 这个物理地址读出的就是 data。注意这是 256 位，32 字节，这是半个 cacheline 的大小；物理地址 addr 所指的只是这半个 cacheline 的起点。我们回顾一下前端的取指，IFU 从 ICache 读入的是两个 cacheline，再从中切割出半个 cacheline。而这里是从 DCache 读入半个 cacheline，再从中抽取所需的数据。

还有个 Release，那只是一个物理地址，意为这个物理地址可以释放了。

```
[MemBlock > DCacheWrapper > DCacheIO > DCacheToLsuIO > Release]
class Release(implicit p: Parameters) extends DCacheBundle {
  val paddr    = UInt(PAddrBits.W)
}
```

再看 DcacheToLsuIO 中的 store，则是来自 Sbuffer 的写入请求（和来自 DCache 的回应），Bundle 的类型是 DCacheToSbufferIO，我们在前面已经看过它的定义，这里不妨再重温一下：

```
[MemBlock > DCacheWrapper > DCacheIO > DCacheToLsuIO > DCacheToSbufferIO]
class DCacheToSbufferIO(implicit p: Parameters) extends DCacheBundle {
  val req = Flipped(Decoupled(new DCacheLineReq))            ///这里面的data是整个cacheline，但有空洞，由mask加以标注。
  val main_pipe_hit_resp = ValidIO(new DCacheLineResp)
  val refill_hit_resp = ValidIO(new DCacheLineResp)
  val replay_resp = ValidIO(new DCacheLineResp)
  def hit_resps: Seq[ValidIO[DCacheLineResp]] = Seq(main_pipe_hit_resp, refill_hit_resp)
}    ///end class DCacheToSbufferIO
```

对 DCache 的 req 即 DCacheLineReq，其中的 data 字段在形式上是整个 cacheline 的大小，承载着需要对目标 cacheline 写入的数据，但是会有许多空洞，所以还需要有个掩模 mask 来标志哪些位段是有效的，需要写入目标 cacheline。DCache 对 Sbuffer 的回应则也在 DCacheToSbufferIO 中，这我们在前面已经看过了。

DcacheToLsuIO 中还有个请求 atomics，其类型为 AtomicWordIO：

```
[MemBlock > DCacheWrapper > DCacheIO > DCacheToLsuIO > AtomicWordIO]
class AtomicWordIO(implicit p: Parameters) extends DCacheBundle {
  val req = DecoupledIO(new MainPipeReq)
  val resp = Flipped(ValidIO(new AtomicsResp))
  val block_lr = Input(Bool())
}
```

这个 Bundle 直接来自前述的 AtomicsUnit，不经过 LSQWrapper，里面也是既有 req 也有 resp。

注意 DcacheToLsuIO 中还有两个与 forward 有关的字段，即 forward_D 和 forward_mshr。这与我们在前面看过的 Sbuffer 与 LoadUnit 之间的 forward 毫无关系；其中 forward_D 是来自 DCache 的 forward，属于 DCache 中“急事急办”式的、不走正规流程的抄近路；而 forward_mshr 则来自 DCache 中 MSHR 这一层的抄近路数据传递。

了解了 DCache 对上层之间的接口，下一章我们就可以深入到 DCache 的代码中去了。

27.7 存储依赖预测与 SSIT

我们在本书第二卷 CtrlBlock 的那一章中看到，控制块在创建寄存器重命名模块 rat 和 rename 的同时还创建了一个 SSIT 模块 ssit 和一个 WaitTable 模块 waittable。那时候一方面我们得要把注意力集中在“主旋律”，另一方面这二者都与访存有关，可以推迟到讲存储的时候再来介绍（事实上这二者的代码也是在香山的 mem 目录下而不是 backend 目录下），所以就把这二者跳过了，但是并不表示这就无关紧要。对于可以脱序（Out-of-Order）执行的 CPU，尤其是对于宽度大于 1 的超标量流水线，这其实和寄存器重名命名与

ReservationStation 同样重要。

寄存器重名命名与 ReservationStation（其实还要加上 Rob），要解决的是因“寄存器依赖”而来的数据冲突。假定程序中有两条指令：一条指令 I_a 在先，并以例如寄存器 r6 为其目标寄存器；另一条指令 I_b 在后，以 r6 为其源寄存器之一。在这样的情况下，指令 I_b 对指令 I_a 就有了寄存器依赖，既然程序中规定的次序是指令 I_a 对寄存器 r6 的写入在先，那么如果指令 I_b 执行在先就从寄存器 r6 读入了错误的数据。

同样的道理，也可以有“存储器依赖（memory dependency）”的问题，所不同的只是把寄存器号换成一个存储地址。然而存储器依赖比寄存器依赖更难检测，甚至也可以说无法检测。这是因为：指令的源寄存器是哪几个，目标寄存器是哪一个，这都是“明码实价”编码在指令中的，所以在译码阶段就可以知道寄存器间的依赖，然后就可以通过寄存器重命名与 ReservationStation 加以解决。可是存储器依赖取决于存储地址，而访存的目标地址在译码阶段是不知道的，这一定要到具体执行的时候才知道。ReservationStation 对此也帮不上忙，因为 ReservationStation 所依据的就是寄存器依赖，而 Load 指令相对少有寄存器依赖，只要目标地址到位就行；但是 Store 指令倒比较多有寄存器依赖，因为不仅涉及地址还涉及需要写入的数据，数据的到位本身就可能有寄存器依赖。所以 ReservationStation 调度本应在后的 Load 指令执行在 Store 指令之先是很有可能发生的。所以，从原理上说，存储器依赖问题的解决只能放在存储子系统内部，即使把它放在外面，那也只是把存储子系统的边界往外推了一点而已。

当然，办法也不是没有，那就是让 Load 指令严格按程序中编定的次序执行，但那就不是“脱序”执行，不是“Out-of-Order”，而是“In-Order”了。所以这样就过于保守了。

但是 load 指令与 Store 指令的次序颠倒所带来的损失也不小。我们在前面看到，那就是 st-ld 违规，带来的后果是要“回滚（rollback）”，实际上就是指令流转向，转到出错的那条 Load 指令，从这里开始重新执行一遍。所以，所谓回滚就是发出转向指示 Redirect，只不过后端的转向指示都要经过 RedirectGenerator 的综合协调才能正式发出。

这里的问题是：每当有新的 Store 指令到达 StoreQueue 的时候，都要向 LoadQueue 询问一下：我来了，我的 RobIdx 是几号，LoadQueue 中有没有理应比我晚的 Load 指令已经先到了？于是 LoadQueue 就来检查，如果发现有，并且已经读到了数据，那就麻烦了，因为既然已经读到了数据，这条 Load 指令就已经把数据回写到了 ReservationStation 和物理寄存器组，之所以这条 Load 指令还在 LoadQueue 中只是因为在等待 Rob 的交割（Commit）。显然，错误已经造成，唯一的办法就是回滚了。

不用说，一次 st-ld 违规就引来一次回滚，一次指令流转向，这个损失确实不小。那么有没有办法避免发生 st-ld 违规呢？这里的困难在于对存储依赖的检测。如果知道一条 ld 指令前面有条 st 指令，并且目标地址相同，那就可以让 RS 推迟调度 ld 指令的执行，直到前面的 st 指令被派发执行。注意并不需要等待 st 指令的执行完成，而是只要先把 st 指令送入 StoreUnit 就行，因为一旦 st 指令进入 StoreQueue，后面有 ld 指令到来并且目标地址相同就可以 forward，让 ld 指令立刻就得到应有的结果。

然而问题在于无论是 st 指令还是 ld 指令，其目标地址都要到交付执行以后才能知道。以 ld 指令为例，其汇编指令格式是“ld rd, offset(rs1)”，目标地址“offset(rs1)”要到指令开始执行后才知道。存储指令也是如此，以 64 位的 sd 指令（Store Doubleword）为例，其汇编指令格式是“sd rs2, offset(re1)”，其目标地址也是“offset(rs1)”。相比之下，寄存器依赖就简单多了，源寄存器号和目标寄存器号都直接编码在指令中，译码的时候就知道这条指令的目标寄存器是什么，那条指令的源寄存器是什么。对于 st 指令和 ld 指令，一直到投入执行的那一刻还是不知道目标地址是什么，只知道指令所在的地址 pc 是什么，可那与目标地址无关。那么假定我们不问目标地址是否相符，只要 ld 指令前面有 st 指令就让其等待，等到前面的 st 指令先被交付执行，这样行不行？这在逻辑上并没有错，但是那样一来程序的执行就要慢下来了，这是一种“格杀勿论”式的措施，实际的效果还不如碰碰运气，运气不好就回滚。

于是人们就想，能不能借鉴对指令流的转移预测，因为就某一对具体的 st 指令和 ld 指令而言，第一次执行时的回滚看来是无法避免的，其实偶尔发生一次也尚可接受，怕就怕反复发生；例如在一个循环中，或者在一个反复受到调用的函数中的一对 st/ld 指令，那就不知要发生多少次，引来多少次回滚。这样，既然是要防止反复发生，那就是与历史有关，那就与转移预测有共同之处了。于是，按这个思路得出的解决方案与转移预测相似，搞个“存储依赖预测（Memory-dependency Prediction）”，简称 MDP。具体就是拿 ld 指令所在的地址 pc 为"键-值对"中的键，而"值"只需要是个布尔量，告知（历史上）有还是没有依赖就行。如果有依赖就告知 ReservationStation，这条 ld 指令的交付执行得要在那条 st 指令以后。当然，这样的预测带有猜测的成分，因为指令的 pc 与访存目标地址之间没有必然联系，要是寄存器 rs1 的内容变了，目标地址也就变了。所以这是一种 speculative，即猜测性的方法。如果猜测错了，发生了"假阳性"，那无非就是这一条具体的 ld 指令多等待了一会儿，比一次回滚所造成的损失小很多。那么历史信息从哪来呢？这也容易，每当发生一次回滚的时候就可以知道这是因为存储依赖，不管它实际的存储地址是什么，知道两条指令的 pc 地址就像，因为是这两个地址上的指令导致了回滚的发生。

显然，我们需要一个类似于转移预测中的 FTB 或 FauFTB 那样的历史记录表，但可以比那简单得多，因为存储与读出的"碰撞"毕竟不是很频繁。SSIT 就是这样一种历史记录表，SSIT 是"Store-Set ID Table"的缩写。其基本思路就是，以 load 指令的 pc 的 Hash 值（因为 pc 值太大）为键在一个表里查询，看有没有已知与其有过冲突（从而有过回滚）的 store 指令，如果有就要提高警惕，没有就可放心前行。与一条具体 load 指令有过冲突的 store 指令可能不止一条，所以可能是一个 store 指令的集合，所以称为"Store Set"，这个集合被赋予一个 ssid，只要知道具体的 load 指令曾经是这个集合的受害者就行。

上面所讲的只是基本思路，具体的实现当然更复杂一些。事实上，不仅需要用 load 指令的 pc（经过 Hash）作为下标访问 SSIT，也需要用 store 指令的 pc（经过同样的 Hash）作为下标访问 SSIT。如果两条指令因存储依赖而有过回滚，就读出同一个 ssid。这样，如果程序中的一对 st/ld 指令曾经发生冲突，以后每当要分派这两条指令进入调度、进入保留站之前就可以知道对这两条指令要特别加以注意。

在具体的实现上，整个 MDP 机制也不只是一个 SSIT，而是由 SSIT、LFST、WaitTable 三个模块构成，其中 SSIT 是从 pc（经过 Hash）到 ssid 的便查表，程序中遇到 st 指令或 ld 指令就查一下，如果命中就返回一个 ssid，说明属于某个 store Set，那就要注意了。这个 ssid 所代表的集合（都是 st 指令），则记录在 LFST 这个表中。LFST 意为"最近访问过的 Store 集合记录表（Last Fetched Store Table）"，表中记录着每个具体 Store 集合的成员，最多 4 条 st 指令（实际使用中很少有这么大的 Store 集合）。至于 ld 指令，则并不记录在 LFST 这个表中，因为 ld 指令其实只是这些 st 指令的受害者。而 ssid 的来源，则基本上来自各自 pc 的 Hash 值，但是有一条：如果 st 指令和 ld 指令原来就已经在表内，则以较早者（通过 RobIdx 比对）的 ssid 为自己所属的 ssid。这样，如果一条 ld 指令的前面有一条 st 指令，并曾因此而发生过回滚，那么这条 ld 指令就属于 st 指令的集合，采用 st 指令的 ssid。除 SSIT 和 LFST 外，还有个与 SSIT 平行的 WaitTable，是一组对于发生回滚的 2 位饱和计数器，这个主意显然来自转移预测中使用的饱和计数器。

这个方法及其实现最早见于 Geoge Z 等人 1998 年的论文《Memory Dependence Prediction using Store Sets》，香山源码的注释中也提到了这篇论文。下面我们就来考察这个 MDP 机制在香山核中的具体实现。

对存储单元依赖进行预测的这套机制，即以 SSIT 为核心的 MDP 机制，需要指令流水线中各个阶段的配合，事实上指令流水线沿途的数据结构中都有了相应的安排，只是我们以前没有留意而已。

首次是 class CtrlFlow，下面我们只列出其中与 MDP 有关的字段：

```
class CtrlFlow(implicit p: Parameters) extends XSBundle {
  val storeSetHit = Bool()   // inst has been allocated an store set
  val waitForRobIdx = new RobPtr   // store set predicted previous store robIdx
  // Load wait is needed, load inst will not be executed until former store (predicted by mdp) addr calcuated
  val loadWaitBit = Bool()                    ///load指令的交付执行需要等待前面的st指令先被交付
  // If (loadWaitBit && loadWaitStrict), strict load wait is needed,
  // load inst will not be executed until ALL former store addr calcuated
  val loadWaitStrict = Bool()                 ///见上面的原文注释，load指令的执行需要等待此前所有st指令的交付。
  val ssid = UInt(SSIDWidth.W)
}
```

可见，在 CtrlFlow 这个类的设计中就把 st-ld 违规的问题考虑进去了，译码器从 Ibuffer 取出 IbufEntry 时要将其转换成 CtrlFlow，但那时把 storeSetHit、waitForRobIdx、loadWaitBit、loadWaitStrict、ssid 这 5 个字段都设置成 DontCare，因为那时候还没有这方面的信息，这些信息要在后面加以补充。

指令被译码以后，就进入寄存器改名，即 Rename 阶段。同样，我们在这里只列出与 MDP 有关的片段：

```
class Rename(implicit p: Parameters) extends XSModule with HasCircularQueuePtrHelper with HasPerfEvents {
  val io = IO(new Bundle() {
    // from decode
    val in = Vec(RenameWidth, Flipped(DecoupledIO(new CfCtrl)))        ///CfCtrl内含CtrlFlow和CtrlSignals两大成分
      ///CtrlSignals中有个replayInst标志位，其值来自各种指令的FuConfig，唯独lduCfg中的replayInst是true，表示可以回滚。
    …
    // ssit read result
    val ssit = Flipped(Vec(RenameWidth, Output(new SSITEntry)))        ///读自SSIT
    // waittable read result
    val waittable = Flipped(Vec(RenameWidth, Output(Bool())))          ///读自WaitTable
    // to dispatch1
    val out = Vec(RenameWidth, DecoupledIO(new MicroOp))               ///Rename的输出去向Dispatch
  })
  /** Rename: allocate free physical register and update rename table */
  val uops = Wire(Vec(RenameWidth, new MicroOp))                       ///这是个空白的 MicroOp

  // uop calculation
  for (i <- 0 until RenameWidth) {
    uops(i).cf := io.in(i).bits.cf                                     ///设置uop中的CtrlFlow
    uops(i).ctrl := io.in(i).bits.ctrl                                 ///设置 uop 中的 CtrlSignals
    // update cf according to ssit result          ///补上CtrlFlow中与MDP相关的5个字段中的4个（独缺waitForRobIdx）：
    uops(i).cf.storeSetHit := io.ssit(i).valid                         ///读自SSIT，SSIT也是一排6个读出口。
    uops(i).cf.loadWaitStrict := io.ssit(i).strict && io.ssit(i).valid
    uops(i).cf.ssid := io.ssit(i).ssid
    // update cf according to waittable result
    uops(i).cf.loadWaitBit := io.waittable(i)                          ///读自WaitTable，那也是一排6个读出口。
    …
    io.out(i).bits := uops(i)
    …
  }
}
```

显然，Rename 阶段在完成其“正业”之余用从 SSIT 和 WaitTable 读出的数据补上了 CtrlFlow（现已成为 MicroOp 中的一部分，后者是对 CfCtrl 的扩充）中 5 个与 MDP 相关的字段中的 4 个，独缺 waitForRobIdx，那要到 Dispatch 阶段再来补充，因为要到那时候才知道指令在 Rob 中的位置。Rename 与 SSIT/WaitTable 间的连接是在 CtrlBlock 中建立的，我们正好也看一下 SSIT 和 WaitTable 的创建：

```
class CtrlBlockImp(outer: CtrlBlock)(implicit p: Parameters) extends LazyModuleImp(outer) with HasXSParameter … {
  …
  val ssit = Module(new SSIT)
  val waittable = Module(new WaitTable)
  val rename = Module(new Rename)
```

```
  …
  // memory dependency predict
  // when decode, send fold pc to mdp
  for (i <- 0 until DecodeWidth) {
    val mdp_foldpc = Mux(decode.io.out(i).fire, decode.io.in(i).bits.foldpc, rename.io.in(i).bits.cf.foldpc)
    ssit.io.raddr(i) := mdp_foldpc                           ///用mdp_foldpc为下标，从SSIT读出
    waittable.io.raddr(i) := mdp_foldpc                      ///同时从WaitTable读出
  }
  // currently, we only update mdp info when isReplay
  ssit.io.update <> RegNext(redirectGen.io.memPredUpdate)                ///对SSIT的更新来自redirectGen
  ssit.io.csrCtrl := RegNext(io.csrCtrl)
  waittable.io.update <> RegNext(redirectGen.io.memPredUpdate)           ///对WaitTable也是一样
  waittable.io.csrCtrl := RegNext(io.csrCtrl)
  …
  rename.io.ssit <> ssit.io.rdata                                        ///从SSIT读出的信息被送入rename的ssit接口
} ///end class CtrlBlockImp
```

可见，每当译码阶段有输出时，其 foldpc 即 pc 的 Hash 值就被用作从 SSIT 读出的下标。从 SSIT 读出的信息被送入 rename 的 ssit 接口，rename 就把信息写入当前指令的 CtrlFlow 中。

然后，到了 Dispatch 阶段，则不仅补上了 waitForRobIdx，还与 LFST 有了交互：

```
class Dispatch(implicit p: Parameters) extends XSModule with HasPerfEvents {  // read rob and enqueue
  …
  val updatedUop = Wire(Vec(RenameWidth, new MicroOp))
  for (i <- 0 until RenameWidth) {
    updatedUop(i) := io.fromRename(i).bits

    io.lfst.req(i).valid := io.fromRename(i).fire() && updatedUop(i).cf.storeSetHit      ///Dispatch的lfst上有输出req也有输入resp
    io.lfst.req(i).bits.isstore := isStore(i)                                           ///本指令是否store指令
    io.lfst.req(i).bits.ssid := updatedUop(i).cf.ssid
    io.lfst.req(i).bits.robIdx := updatedUop(i).robIdx  // speculatively assigned in rename   ///此时已经知道指令在 Rob 中的位置

    // override load delay ctrl signal with store set result
    if(StoreSetEnable) {            ///如果启用了StoreSet机制：
      updatedUop(i).cf.loadWaitBit := io.lfst.resp(i).bits.shouldWait          ///从LFST读回的信息
      updatedUop(i).cf.waitForRobIdx := io.lfst.resp(i).bits.robIdx            ///补上waitForRobIdx
    } else {                        ///如果不启用StoreSet机制：
      updatedUop(i).cf.loadWaitBit := isLs(i) && !isStore(i) && io.fromRename(i).bits.cf.loadWaitBit
    }
  } ///end for (i <- 0 until RenameWidth)
}
```

这是因为，从 SSIT 表中只能知道本指令属于哪一个存储（指令）集合，却不知道这个集合中有哪些存储指令，这个信息在 LFST 中，所以要向 LFST 询问。得到 LFST 的回复之后，就知道了需要等待的是哪一条 st 指令，它的 RobIdx 是什么。CtrlFlow 中的 shouldWait 只是说需不需要等待，waitForRobIdx 则是所等待目标的 RobIdx，这个号码就是指令进入 Rob 的先后，也就是指令在程序中的先后次序，Dispatch 以后每条指

令的 MicroOp 中都带有这个信息。有了这些信息，保留站 ReservationStation 就可以暂时扣发 ld 指令，直到它所依赖的 st 指令被发送执行以后了。但是 RS 中的相关流程比较复杂，限于篇幅这里就不看了，简而言之就是指令的 CyrlFlow 中的 loadWaitBit 和 waitForRobIdx 使 RS 中 StatusEntry 的 blocked 和 canIssue()发挥作用，使 ld 指令被在世扣发，直到其所依赖的 st 指令被派发之后。

下一个问题是历史信息从哪来。前面说过，这就是 LoadQueue 的回滚, LoadQueue 的输出接口 rollback 是个 Redirect。实际上 class Redirect 的设计就已经为 rollback 的实施留下了伏笔：

```
class Redirect(implicit p: Parameters) extends XSBundle {
  val robIdx = new RobPtr
  val ftqIdx = new FtqPtr
  val ftqOffset = UInt(log2Up(PredictWidth).W)
  val level = RedirectLevel()
  val interrupt = Bool()
  val cfiUpdate = new CfiUpdateInfo

  val stFtqIdx = new FtqPtr              // for load violation predict              ///st-ld冲突中st指令的FtqIdx
  val stFtqOffset = UInt(log2Up(PredictWidth).W)                                     /// st-ld冲突中st指令的FtqOffset
}
```

Redirect 中的 stFtqIdx 和 stFtqOffset，就是专为 rollback 准备的，这两个字段对别的 Redirect 都不起作用。但是对于 rollback 却很重要。有了这两个字段就可以在前端的 ftq_pc_mem 或后端的 pcMem 读出那条 st 指令的相关信息。

LoadQueue 发出的转向指示 rollback 在 MemBlock 这一层上变成其 io.memoryViolation，并与 CtrlBlock 的 io.memoryViolation 对接，然后到达 CtrlBlock 中的 RedirectGenerator，成为其 io.loadReplay，进而成为向量 allRedirect 中的最后一项。RedirectGenerator 从中选出发生时间最早，因而最紧迫的一项，作为正式的 Redirect 向外发布。与此同时，如果这是来自 LoadQueue 的回滚请求，即 s1_isReplay，就在发布转向指示之余创建一个 MemPredUpdateReq 对象，并通过其 io.memPredUpdate 向外发出 MemPredUpdateReq：

```
class RedirectGenerator(implicit p: Parameters) extends XSModule with HasCircularQueuePtrHelper {
  class RedirectGeneratorIO(implicit p: Parameters) extends XSBundle {
    def numRedirect = exuParameters.JmpCnt + exuParameters.AluCnt
    val loadReplay = Flipped(ValidIO(new Redirect))                    ///源自LoadQueue的rollback输出
    val redirectPcRead = new FtqRead(UInt(VAddrBits.W))                ///从pcMem读入，pcMem是前端ftq_pc_mem的镜像。
    …
    val memPredUpdate = Output(new MemPredUpdateReq)
    val memPredPcRead = new FtqRead(UInt(VAddrBits.W))     // read req send form stage 2
  }
  val io = IO(new RedirectGeneratorIO)
  …
  val allRedirect = VecInit(io.exuMispredict.map(x => getRedirect(x)) :+ io.loadReplay)
  val oldestRedirect = Mux1H(oldestOneHot, allRedirect)
  val s1_redirect_bits_reg = RegNext(oldestRedirect.bits)                 ///这就是最早到达，时间最紧迫的那个Redirect。

  val s1_isReplay = s1_redirect_onehot.last
  val real_pc = io.redirectPcRead.data
```

```
  val brTarget = real_pc + SignExt(ImmUnion.B.toImm32(s1_imm12_reg), XLEN)
  val snpc = real_pc + Mux(s1_pd.isRVC, 2.U, 4.U)
  val target = Mux(s1_isReplay, real_pc, // replay from itself
                              Mux(s1_redirect_bits_reg.cfiUpdate.taken, Mux(s1_isJump, s1_jumpTarget, brTarget), snpc))
  // get pc from ftq
  // valid only if redirect is caused by load violation
  // store_pc is used to update store set
  val store_pc = io.memPredPcRead(s1_redirect_bits_reg.stFtqIdx, s1_redirect_bits_reg.stFtqOffset)

  // update load violation predictor if load violation redirect triggered
  io.memPredUpdate.valid := RegNext(s1_isReplay && s1_redirect_valid_reg, init = false.B)
  // update wait table
  io.memPredUpdate.waddr := RegNext(XORFold(real_pc(VAddrBits-1, 1), MemPredPCWidth))
  io.memPredUpdate.wdata := true.B
  // update store set
  io.memPredUpdate.ldpc := RegNext(XORFold(real_pc(VAddrBits-1, 1), MemPredPCWidth))
  // store pc is ready 1 cycle after s1_isReplay is judged
  io.memPredUpdate.stpc := XORFold(store_pc(VAddrBits-1, 1), MemPredPCWidth)
  …
}
```

所以，对于因回滚而生的 Redirect，RedirectGenerator 一方面会正式发出转向指示，同时也会在其 memPredUpdate 接口上发出一个 MemPredUpdateReq：

```
// Bundle for load violation predictor updating
class MemPredUpdateReq(implicit p: Parameters) extends XSBundle    {
  val valid = Bool()
  // wait table update
  val waddr = UInt(MemPredPCWidth.W)
  val wdata = Bool() // true.B by default
  // store set update
  // by default, ldpc/stpc should be xor folded
  val ldpc = UInt(MemPredPCWidth.W)
  val stpc = UInt(MemPredPCWidth.W)
}
```

这个请求就被用于 SSIT 和 WaitTable 二者的记录更新或创建。

```
  ssit.io.update <> RegNext(redirectGen.io.memPredUpdate)
  waittable.io.update <> RegNext(redirectGen.io.memPredUpdate)
```

现在是深入考察 SSIT 本身的时候了：

```
[XSCore > XSCoreBase > CtrlBlock > CtrlBlockImp > SSIT]
// Store Set Identifier Table
class SSIT(implicit p: Parameters) extends XSModule {
```

```
val io = IO(new Bundle {
  // to decode
  val raddr = Vec(DecodeWidth, Input(UInt(MemPredPCWidth.W)))       // xor hashed decode pc(VaddrBits-1, 1) ///来自 decode
  // to rename                                                      /// MemPredPCWidth=10，pc 地址 Hash 成 10 位。
  val rdata = Vec(RenameWidth, Output(new SSITEntry))               ///去向 Rename
  // misc
  val update = Input(new MemPredUpdateReq)   // RegNext should be added outside   ///生成 SSITEntry 并写入 SSIT
  val csrCtrl = Input(new CustomCSRCtrlIO)
})

// raddrs are sent to ssit in decode, rdata will be send to rename
require(DecodeWidth == RenameWidth)

// data sram read port allocate
// SSIT update logic will reuse decode ssit read port.
// If io.update.valid, a redirect will be send to frontend, then decode will not need to read SSIT
val SSIT_DECODE_READ_PORT_BASE = 0
val SSIT_UPDATE_LOAD_READ_PORT = 0
val SSIT_UPDATE_STORE_READ_PORT = 1
val SSIT_READ_PORT_NUM = DecodeWidth                  ///DecodeWidth=6

// data sram write port allocate
// load update and flush uses the same write port
val SSIT_MISC_WRITE_PORT = 0
val SSIT_UPDATE_LOAD_WRITE_PORT = 0
val SSIT_UPDATE_STORE_WRITE_PORT = 1
val SSIT_WRITE_PORT_NUM = 2

val valid_array = Module(new SyncDataModuleTemplate( Bool(), SSITSize,
                                          SSIT_READ_PORT_NUM, SSIT_WRITE_PORT_NUM))
val data_array = Module(new SyncDataModuleTemplate( new SSITDataEntry, SSITSize,
                                          SSIT_READ_PORT_NUM, SSIT_WRITE_PORT_NUM))
  ///两个大小一样的 array，SSITSize=1024，其中 valid_array 是个 valid 位图，data_array 则存放着数据即 SSITDataEntry。
  ///SSITDataEntry 的内容是 ssid 和布尔量 strict。对 valid_array 和 data_array 的访问都是以（Hash 成 10 位的）pc 为下标。

// TODO: use SRAM or not?
(0 until SSIT_WRITE_PORT_NUM).map(i => {   ///两个 array 的初始化，DecodeWidth=6:
    valid_array.io.wen(i) := false.B, valid_array.io.waddr(i) := 0.U, valid_array.io.wdata(i) := false.B,
    data_array.io.wen(i) := false.B, data_array.io.waddr(i) := 0.U, data_array.io.wdata(i) := 0.U.asTypeOf(new SSITDataEntry) })

val resetCounter = RegInit(0.U(ResetTimeMax2Pow.W))
resetCounter := resetCounter + 1.U                    ///每个时钟节拍加 1

for (i <- 0 until DecodeWidth) {
  // read SSIT in decode stage
  valid_array.io.raddr(i) := io.raddr(i)              ///要求从 valid_array 读出的地址
```

```
    data_array.io.raddr(i) := io.raddr(i)                          ///从 data_array 读出的地址相同

    // gen result in rename stage
    io.rdata(i).valid := valid_array.io.rdata(i)                   ///从 valid_array 读出的信息
    io.rdata(i).ssid := data_array.io.rdata(i).ssid                ///从 data_array 读出的信息
    io.rdata(i).strict := data_array.io.rdata(i).strict            ///同上
  }   ///end for

  // flush SSIT
  // reset period: ResetTimeMax2Pow
  val resetStepCounter = RegInit(0.U(log2Up(SSITSize + 1).W))     /// resetStepCounter 的最大计数值就是表的大小
  val s_idle :: s_flush :: Nil = Enum(2)
  val state = RegInit(s_flush)                    ///flush 状态机

  switch (state) {                                ///flush 状态机的运行：
    is(s_idle) {
      when(resetCounter(ResetTimeMax2Pow - 1, ResetTimeMin2Pow)(RegNext(io.csrCtrl.lvpred_timeout))) {
        state := s_flush                          ///进入 flush 状态
        resetCounter := 0.U                       ///复位计数器清 0
      }
    }
    is(s_flush) {                                 ///在 flush 状态下，每个节拍清除一个表项
      when(resetStepCounter === (SSITSize - 1).U) {          ///要是所有表项都已被清除：
        state := s_idle     // reset finished                 ///就又转入 idle 状态
        resetStepCounter := 0.U                               ///并使 resetStepCounter 清 0
      }.otherwise{
        resetStepCounter := resetStepCounter + 1.U           ///要是尚未完成所有表项的清除就递增加 1
      }
      valid_array.io.wen(SSIT_MISC_WRITE_PORT) := true.B
      valid_array.io.waddr(SSIT_MISC_WRITE_PORT) := resetStepCounter   ///以 resetStepCounter 当前值位地址
      valid_array.io.wdata(SSIT_MISC_WRITE_PORT) := false.B            ///将 valid_array 中的这一 valid 位清 0
      debug_valid(resetStepCounter) := false.B
    }
  }   ///end switch (state)
  XSPerfAccumulate("reset_timeout", state === s_flush && resetCounter === 0.U)

  // update SSIT if load violation redirect is detected

  // update stage 0: read ssit
  val s1_mempred_update_req_valid = RegNext (io.update.valid)
  val s1_mempred_update_req = RegEnable (io.update, io.update.valid)

  // when io.update.valid, take over ssit read port
  when (io.update.valid) {    ///设置两个不同 Port 上的读出地址：
    valid_array.io.raddr(SSIT_UPDATE_LOAD_READ_PORT) := io.update.ldpc      ///ldpc 是 load 指令所在地址
    valid_array.io.raddr(SSIT_UPDATE_STORE_READ_PORT) := io.update.stpc     ///stpc 是 store 指令所在地址
```

```
  data_array.io.raddr(SSIT_UPDATE_LOAD_READ_PORT) := io.update.ldpc        ///同上
  data_array.io.raddr(SSIT_UPDATE_STORE_READ_PORT) := io.update.stpc       ///同上

// update stage 1: get ssit read result
// Read result
// load has already been assigned with a store set    ///从两个不同 Port 读出信息:
val s1_loadAssigned = valid_array.io.rdata(SSIT_UPDATE_LOAD_READ_PORT)
val s1_loadOldSSID= data_array.io.rdata(SSIT_UPDATE_LOAD_READ_PORT).ssid    ///这是从 data_array 读出的原有 ssid
val s1_loadStrict      = data_array.io.rdata(SSIT_UPDATE_LOAD_READ_PORT).strict

// store has already been assigned with a store set
val s1_storeAssigned = valid_array.io.rdata(SSIT_UPDATE_STORE_READ_PORT)
val s1_storeOldSSID = data_array.io.rdata(SSIT_UPDATE_STORE_READ_PORT).ssid ///这是从 data_array 读出的原有 ssid
val s1_storeStrict      = data_array.io.rdata(SSIT_UPDATE_STORE_READ_PORT).strict

// update stage 2, update ssit data_array
val s2_mempred_update_req_valid = RegNext (s1_mempred_update_req_valid)
val s2_mempred_update_req = RegEnable (s1_mempred_update_req, s1_mempred_update_req_valid)
val s2_loadAssigned= RegEnable (s1_loadAssigned, s1_mempred_update_req_valid)
val s2_storeAssigned = RegEnable (s1_storeAssigned, s1_mempred_update_req_valid)
val s2_loadOldSSID = RegEnable (s1_loadOldSSID, s1_mempred_update_req_valid)
val s2_storeOldSSID= RegEnable (s1_storeOldSSID, s1_mempred_update_req_valid)
val s2_loadStrict = RegEnable (s1_loadStrict, s1_mempred_update_req_valid)

val s2_ssidIsSame = s2_loadOldSSID === s2_storeOldSSID
// for now we just use lowest bits of ldpc as store set id
val s2_ldSsidAllocate = XORFold (s1_mempred_update_req.ldpc, SSIDWidth)       ///从 ldpc 经 Hash 计算生成一个新的 ssid
val s2_stSsidAllocate = XORFold (s1_mempred_update_req.stpc, SSIDWidth)       ///从 stpc 经 Hash 计算生成一个新的 ssid
// both the load and the store have already been assigned store sets
// but load's store set ID is smaller
val s2_winnerSSID = Mux(s2_loadOldSSID < s2_storeOldSSID, s2_loadOldSSID, s2_storeOldSSID)

def update_ld_ssit_entry (pc: UInt, valid: Bool, ssid: UInt, strict: Bool) = {
  valid_array.io.wen(SSIT_UPDATE_LOAD_WRITE_PORT) := true.B
  valid_array.io.waddr(SSIT_UPDATE_LOAD_WRITE_PORT) := pc
  valid_array.io.wdata(SSIT_UPDATE_LOAD_WRITE_PORT) := valid

  data_array.io.wen(SSIT_UPDATE_LOAD_WRITE_PORT) := true.B
  data_array.io.waddr(SSIT_UPDATE_LOAD_WRITE_PORT) := pc
  data_array.io.wdata(SSIT_UPDATE_LOAD_WRITE_PORT).ssid := ssid
  data_array.io.wdata(SSIT_UPDATE_LOAD_WRITE_PORT).strict := strict
}  //end update_ld_ssit_entry()

def update_st_ssit_entry (pc: UInt, valid: Bool, ssid: UInt, strict: Bool) = {
  valid_array.io.wen(SSIT_UPDATE_STORE_WRITE_PORT) := true.B
  valid_array.io.waddr(SSIT_UPDATE_STORE_WRITE_PORT) := pc                   ///以 pc 为地址写入 valid_array
```

```
    valid_array.io.wdata(SSIT_UPDATE_STORE_WRITE_PORT):= valid

    data_array.io.wen(SSIT_UPDATE_STORE_WRITE_PORT) := true.B
    data_array.io.waddr(SSIT_UPDATE_STORE_WRITE_PORT) := pc                    ///以 pc 为地址写入 data_array
    data_array.io.wdata(SSIT_UPDATE_STORE_WRITE_PORT).ssid := ssid
    data_array.io.wdata(SSIT_UPDATE_STORE_WRITE_PORT).strict := strict
  }  //end update_st_ssit_entry()

  when(s2_mempred_update_req_valid){      ///所谓 update，就是向已经存在的 Store Set 中增添成员，或者创建新的 Store Set:
    switch (Cat(s2_loadAssigned, s2_storeAssigned)) {
      // 1. "If neither the load nor the store has been assigned a store set, two are allocated and assigned to each instruction."
      is ("b00".U(2.W)) {
        update_ld_ssit_entry (pc = s2_mempred_update_req.ldpc, valid = true.B, ssid = s2_ldSsidAllocate, strict = false.B)
        update_st_ssit_entry (pc = s2_mempred_update_req.stpc, valid = true.B, ssid = s2_stSsidAllocate, strict = false.B)
      }  ///计算出来的 loadAssigned 和 storeAssigned 都是新的
      // 2. "If the load has been assigned a store set, but the store has not, one is allocated and assigned to the store instructions."
      is ("b10".U(2.W)) {
        update_st_ssit_entry (pc = s2_mempred_update_req.stpc, valid = true.B, ssid = s2_stSsidAllocate, strict = false.B)
      }  ///计算出来的 loadAssigned 原来就存在，但 storeAssigned 是新的。
      // 3. "If the store has been assigned a store set, but the load has not, one is allocated and assigned to the load instructions."
      is ("b01".U(2.W)) {
        update_ld_ssit_entry (pc = s2_mempred_update_req.ldpc, valid = true.B, ssid = s2_ldSsidAllocate, strict = false.B)
      }  ///计算出来的 loadAssigned 是新的，但 storeAssigned 原来就存在。
      // 4. "If both the load and the store have already been assigned store sets, one of the two store sets is declared the "winner".
      // The instruction belonging to the loser's store set is assigned the winner's store set."
      is ("b11".U(2.W)) {
        update_ld_ssit_entry (pc = s2_mempred_update_req.ldpc, valid = true.B, ssid = s2_winnerSSID, strict = false.B)
        update_st_ssit_entry (pc = s2_mempred_update_req.stpc, valid = true.B, ssid = s2_winnerSSID, strict = false.B)
        when(s2_ssidIsSame){ data_array.io.wdata(SSIT_UPDATE_LOAD_READ_PORT).strict := true.B }
      }  ///计算出来的 loadAssigned 和 storeAssigned 都是原来就存在。
    }  ///end switch
  }  ///end when(s2_mempred_update_req_valid)

  // make SyncDataModuleTemplate happy
  when(valid_array.io.waddr(SSIT_UPDATE_LOAD_WRITE_PORT) ===
                                          valid_array.io.waddr(SSIT_UPDATE_STORE_WRITE_PORT)){
    valid_array.io.wen(SSIT_UPDATE_STORE_WRITE_PORT) := false.B
  }

  when(data_array.io.waddr(SSIT_UPDATE_LOAD_WRITE_PORT) ===
                                          data_array.io.waddr(SSIT_UPDATE_STORE_WRITE_PORT)){
    data_array.io.wen(SSIT_UPDATE_STORE_WRITE_PORT) := false.B
  }

  ///Debug 和性能统计从略
}  ///end class SSIT
```

代码中已经加了很多注释，读者应该不会有困难。SSIT 是个表，其表项是 SSITDataEntry：

```
// Store Set Identifier Table Entry
class SSITDataEntry(implicit p: Parameters) extends XSBundle {
  val ssid = UInt(SSIDWidth.W)   // store set identifier
  val strict = Bool()   // strict load wait is needed
}
```

这是存储在 SSIT 内部 data_array 中的表项。从 SSIT 读出时以 pc 的 Hash 值为地址，Hash 值得长度为 10 位，所以 SSIT 中有 1024 个表项。

但是从 SSIT 读出的时候，输出的却是 SSITEntry：

```
[XSCore > XSCoreBase > CtrlBlock > CtrlBlockImp > SSIT > SSITEntry]
// store set load violation predictor
// See "Memory Dependence Prediction using Store Sets" for details
// Store Set Identifier Table Entry
class SSITEntry(implicit p: Parameters) extends XSBundle {
  val valid = Bool()
  val ssid = UInt(SSIDWidth.W)   // store set identifier
  val strict = Bool()   // strict load wait is needed
}
```

只是多了一个 valid 字段。

从 SSIT 读出的只是 ssid，即一个存储（指令）集合的 ID，要知道这个集合中有些什么成员，即有些什么存储指令就要去 LFST，LFST 是“Last Fetched Store Table”的缩写：

```
[XSCore > XSCoreBase > CtrlBlock > CtrlBlockImp > LFST]
// Last Fetched Store Table
class LFST(implicit p: Parameters) extends XSModule {
  val io = IO(new Bundle {
    // when redirect, mark canceled store as invalid
    val redirect = Input(Valid(new Redirect))                    ///来自后端的转向指示
    val dispatch = Flipped(new DispatchLFSTIO)                   ///来自Dispatch的io.lfst，包括req/resp。
    // when store issued, mark store as invalid
    val storeIssue = Vec(exuParameters.StuCnt, Flipped(Valid(new ExuInput)))   ///StuCnt=2，有2个存储指令执行单元。
    val csrCtrl = Input(new CustomCSRCtrlIO)
  })

  val validVec = RegInit(VecInit(Seq.fill(LFSTSize)(VecInit(Seq.fill(LFSTWidth)(false.B)))))   /// LFSTSize=32, LFSTWidth=4。
  val robIdxVec = Reg(Vec(LFSTSize, Vec(LFSTWidth, new RobPtr)))          ///32*4二维向量
  val allocPtr = RegInit(VecInit(Seq.fill(LFSTSize)(0.U(log2Up(LFSTWidth).W))))
  val valid = Wire(Vec(LFSTSize, Bool()))                                ///valid位图
  (0 until LFSTSize).map(i => { valid(i) := validVec(i).asUInt.orR })

  // read LFST in rename stage
  for (i <- 0 until RenameWidth) {
```

```
    io.dispatch.resp(i).valid := io.dispatch.req(i).valid          /// io.dispatch的req一旦valid，resp也随之valid。
    // If store-load pair is in the same dispatch bundle, loadWaitBit should also be set for load
    val hitInDispatchBundleVec = if (i > 0){
      WireInit(VecInit((0 until i).map (j =>
        io.dispatch.req(j).valid && io.dispatch.req(j).bits.isstore && io.dispatch.req(j).bits.ssid === io.dispatch.req(i).bits.ssid )))
    } else {
      WireInit(VecInit(Seq(false.B)))    // DontCare
    }
    val hitInDispatchBundle = hitInDispatchBundleVec.asUInt.orR          ///只要位图中有一位是1
    // Check if store set is valid in LFST
    io.dispatch.resp(i).bits.shouldWait := ((valid(io.dispatch.req(i).bits.ssid) || hitInDispatchBundle) &&
        io.dispatch.req(i).valid && (!io.dispatch.req(i).bits.isstore || io.csrCtrl.storeset_wait_store)) && !io.csrCtrl.lvpred_disable
                                                                                     || io.csrCtrl.no_spec_load
    io.dispatch.resp(i).bits.robIdx := robIdxVec(io.dispatch.req(i).bits.ssid)(allocPtr(io.dispatch.req(i).bits.ssid)-1.U)
    if(i > 0){
      (0 until i).map(j => when(hitInDispatchBundleVec(j)){ io.dispatch.resp(i).bits.robIdx := io.dispatch.req(j).bits.robIdx})
    }
  }   ///end for (i <- 0 until RenameWidth)

  // when store is issued, mark it as invalid
  (0 until exuParameters.StuCnt).map(i => {
    // TODO: opt timing
    (0 until LFSTWidth).map(j => {
      when(io.storeIssue(i).valid && io.storeIssue(i).bits.uop.cf.storeSetHit &&
                     io.storeIssue(i).bits.uop.robIdx.value === robIdxVec(io.storeIssue(i).bits.uop.cf.ssid)(j).value){
        validVec(io.storeIssue(i).bits.uop.cf.ssid)(j) := false.B              /// validVec是二维位图
      }
    })
  })

  // when store is dispatched, mark it as valid
  (0 until RenameWidth).map(i => {
    when(io.dispatch.req(i).valid && io.dispatch.req(i).bits.isstore){
      val waddr = io.dispatch.req(i).bits.ssid                       ///以ssid为写入地址
      val wptr = allocPtr(waddr)
      allocPtr(waddr) := allocPtr(waddr) + 1.U                       ///allocPtr(ssid) 递增加1
      validVec(waddr)(wptr) := true.B                                ///把validVec中的标志位设成true
      robIdxVec(waddr)(wptr) := io.dispatch.req(i).bits.robIdx        ///把robIdx写入robIdxVec
    }   ///每个Store Set最多可有4个store指令成员，waddr即ssid指向一个Store Set，wptr指向其中的具体成员。
  })

  // when redirect, cancel store influenced
  (0 until LFSTSize).map(i => {
    (0 until LFSTWidth).map(j => {
      when(validVec(i)(j) && robIdxVec(i)(j).needFlush(io.redirect)){ validVec(i)(j) := false.B }
    })
```

```
  })

  // recover robIdx after squash behavior model, to be refactored later
  when(RegNext(io.redirect.fire())) {
    (0 until LFSTSize).map(i => {
      (0 until LFSTWidth).map(j => {
        val check_position = WireInit(allocPtr(i) + (j+1).U)
        when(!validVec(i)(check_position)){ allocPtr(i) := check_position }
      })
    })
  }
}  ///end class LFST
```

LFST 存储的是每个存储集合的成员，最多 4 个。当然，这里面都是 st 指令，而没有 ld 指令，ld 指令只是受害者。

LFST 的外部接口主要是 DispatchLFSTIO：

```
class DispatchLFSTIO(implicit p: Parameters) extends XSBundle {
  val req = Vec(RenameWidth, Valid(new LFSTReq))
  val resp = Vec(RenameWidth, Flipped(Valid(new LFSTResp)))
}
```

LFSTReq 和 LFSTResp 是这样：

```
class LFSTReq(implicit p: Parameters) extends XSBundle {
  val isstore = Bool()
  val ssid = UInt(SSIDWidth.W)          // use ssid to lookup LFST
  val robIdx = new RobPtr
}

class LFSTResp(implicit p: Parameters) extends XSBundle {
  val shouldWait = Bool()
  val robIdx = new RobPtr
}
```

LFSTResp 中 shouldWait 和 robIdx 的作用我们在前面已经看到过了。

此外还有个 WaitTable，这个表的大小与 SSIT 一样，里面的表项是 2 位计数器：

```
[XSCore > XSCoreBase > CtrlBlock > CtrlBlockImp > WaitTable]
// 21264-like wait table, uses 2-bit counter
class WaitTable(implicit p: Parameters) extends XSModule {
  val io = IO(new Bundle {
    // to decode
    val raddr = Vec(DecodeWidth, Input(UInt(MemPredPCWidth.W)))   // decode pc(VaddrBits-1, 1)   ///MemPredPCWidth=10
    val rdata = Vec(DecodeWidth, Output(Bool()))          // loadWaitBit
    val update = Input(new MemPredUpdateReq)   // RegNext should be added outside
```

```
    val csrCtrl = Input(new CustomCSRCtrlIO)
  })

  require(DecodeWidth == RenameWidth)

  val data = RegInit(VecInit(Seq.fill(WaitTableSize)(0.U(2.W))))            ///2位计数器，WaitTableSize=1024。
  val resetCounter = RegInit(0.U(ResetTimeMax2Pow.W))                       /// ResetTimeMax2Pow=20，可计数至1M。
  resetCounter := resetCounter + 1.U

  // read ports
  for (i <- 0 until DecodeWidth) {    /// DecodeWidth=6
    io.rdata(i) := (data(io.raddr(i))(LWTUse2BitCounter.B.asUInt) || io.csrCtrl.no_spec_load) && !io.csrCtrl.lvpred_disable
  }   ///从data数组中读出一排6个2位计数

  // write port
  when(io.update.valid){
    data(io.update.waddr) := Cat(data(io.update.waddr)(0), true.B)
  }   ///写入data数组中的二位计数器

  // reset period: ResetTimeMax2Pow
  when (resetCounter(ResetTimeMax2Pow-1, ResetTimeMin2Pow)(RegNext(io.csrCtrl.lvpred_timeout))) {
    for (j <- 0 until WaitTableSize) { data(j) := 0.U }                ///超时就把所有单元全都清0，ResetTimeMin2Pow=10
    resetCounter:= 0.U
  }

  // debug
  when (io.update.valid) {
    XSDebug("%d: waittable update: pc %x data: %x\n", GTimer(), io.update.waddr, io.update.wdata)
  }
  XSPerfAccumulate("wait_table_bit_set", PopCount(data.map(d => d(1))))
}   ///end class WaitTable
```

这里的更新请求即 MemPredUpdateReq 与前面 SSIT 所用是一样的。

相对而言，这个表不像 SSIT 和 LFST 那么重要。

27.8 SMS 数据预读

在结束本章之前，我们还要考察一下数据预读这个问题。如果没有条件转移指令、也没有 jalr 指令，取指的目标在很大程度上是可以预知的。没有转移指令就是一直往前；有 jal 指令也不要紧，因为 jal 指令的转移目标在预译码阶段就很容易算得；只是因为有 jalr 和条件转移指令才使指令流的方向有了不确定性。所以指令流水线前端的取指令在很大程度上依赖于转移预测，前端的预取指令就是以转移预测为基础的。那么对于数据的读写是否也可以有类似的方向预测呢？稍作思考就可知道很难，因为程序对数据的读写有很大的随机性，也与程序所实现的算法有关。不过我们也不指望能有一种万灵妙药，能对某种典型情况下的数据读写规律即模式（pattern）对症下药，使读写命中率有所提高，那也很好；当然能有适应面更广的方法就更好。再说，即使预测不准也不会使性能下降，只是没有提高，白白增加了一点功耗而已。

在这个思路的指导下，最简单的预测就是假定对数据的读写地址是按一定的跨度一直跳步向前，称为 stride。这也并非凭空瞎想，在实际的计算中确实也属常见。设想有一个很大的表（例如在数据库里），每一行有若干列，如果要对这个表进行扫描，逐行读写其某一列，那就是跳步前进，跳进的跨度取决于其它各列的字段长度。按这个方案预读，在恰好碰上这样的情景时就可以使缓存命中率有所提高。

可是，同样是对这个表，如果要做的不是顺序扫描，而是按某个列上的字段数值进行排序，那访问的模式（样式），或者说目标地址的变化规律，就不一样了，这时候就不是按固定的跨度向前跳进。再进一步，还是对这个表，假定已经按某列上的数值排好了序，现在要进行对分搜索，那么访问的模式又不一样了。当然，如果是通过矩阵运算对视频信息进行压缩，那又是另一种访问模式。这使我们明白，光按数据所在的地址进行预测，准确度是不高的，需要结合对数据所作的计算、所实施的算法进行预测，才能提高预测的准确率。然而怎样才可以知道是在执行什么样的算法呢？其实也不必知道是在实行什么算法，只要观察到指令的地址（pc）在一段时间里老是在某个区域打转，而对数据的访问（读写地址的变化，以 cacheline 计）呈现某种特点，就可以预测：只要 pc 还在这个区域打转，对数据访问的这种特色、这种规律就还会继续。那怎么知道预测对不对？所谓 pc 老是在一个区域打转，这个区域是多大呢？所访问的数据所占的区域又有多大呢？其实也没有别的办法，就看实际效果，看预读进来的 cacheline 是否真的受到了读写。要是读进来以后一直坐冷板凳，过上一会就被采用 LRU（最近最少使用）算法的缓存给踢出去（evict，replace）了，就知道目前这个访问模式已经走了尽头，访问数据的模式变了。

总而言之，是要把数据访问的（cacheline 地址）序列与 pc 所在的位置结合起来进行预测，数据在空域上的相关性，即“Spatial Correlation”并不只是体现在数据与数据之间，也体现在数据与程序，即数据与 pc 所在的位置之间。以 pc+数据地址的结合为依据的数据访问预测才能提高准确率。不过这只有在存储子系统的高层才能办到，因为到了 DCache 及以下就只知道访问的目标而不知道访问的来源了。

SMS 就是按这个思路发展起来的一种方法，SMS 意为 Spatial Memory Streaming，所谓 Streaming 是指最后对主存的读写体现为一个线性的序列。对 SMS 最好的阐述就是 Stephen Somogyi 等人的论文《Spatial Memory Streaming》，2011 年发表在 Journal of Instruction-Level Parallelism 上（此前在 2006 年也在 Proceedings of Annual International Symposium on Computer Architecture 上发表过一篇同名的论文）。

Stephen Somogyi 等人把 pc 所在位置与当时的数据访问所呈现特点（pattern，或“模式”）二者的结合称为所访问空域的一个“世代”，即 generation。以前述的几种典型计算为例，程序在进行线性搜索的时候对数据的 stride 访问属于一个世代；对数据进行排序时又是一个世代；对数据进行对分搜索时又是一个世代。对数据读写的预测只有在同一代中才能有一定的准确性。这就好比在不同的历史时期有不同的政策，一个 generation 就是一个阶段。这样，如果发现 pc 转到了一个新的地方，开始对某个 cacheline 的访问，这就有可能是一个新阶段中的第一次访问，称为“触发（trigger）”访问。光凭触发访问当然无法预测，所以还要继续观察，接连观察到几次访问以后就可以开始有所预测了，慢慢地准确性会逐渐提高。如上所述，当观察到根据预测读进来的 cacheline 都被缓存剔除出去的时候，就知道一个阶段（generation）已经过去了，或者本来就不成其为一个 generation。另外，原则上是根据 pc+数据地址进行预测，但是在试验中发现以 pc+访问跨度进行预测的效果或许更好。

按 SMS 的设计，系统中应该有个“活跃阶段表”即 Active Generation Table，简称 AGT，用来记录当前所处阶段内的数据访问。与此相联系的还有一个“过滤表”Filter Table。如果把 AGT 看成“本科”，那 Filter Table 就是“预科”。疑似的触发访问先进入“预科”，在观察到后续（对同一 pc+数据组合）的访问时才升入“本科”，从 Filter Table 转入 AGT。如果在一段时间内没有后续访问就被“过滤”撤掉了。AGT 中的表项中记载的信息大体上分三个部分：一是所访问数据地址的 tag 和 offset，即数据地址的高低两个位段；二是访内指令所在 pc 的 tag 和 offset 两个位段；三是所观察到的访问模式即 pattern，这是一个位图，表示这个地址区间中的哪些 cacheline 已受访问。除此之外，还要有个“历史记录表”Pattern History Table，简称 PHT。当一个阶段已经不再活跃（读入的 cacheline 被缓存剔除）的时候，这个 generation 的记录就要被从 AGT 中剔除，移入 PHT。但也不要丢弃，因为以后可能又要回到这个 generation。

这样，每当观察到一次对数据内存的访问时：

- 先看 AGT 中有没有属于同一 pc+数据组合的记载，如果有就是在同一 generation 中的后续访问，只是可能需要更新一下相应 AGT 表项中的记录。

- 如果 AGT 中没有，就看过滤表 Filter Table，如果过滤表中已有记载，就将其移入 AGT，一个新的阶段开始了。
- 如果 AGT 和 Filter Table 都没有，那就是一次 trigger 访问，将其记入过滤表 Filter Table。同时检查 PHT，看以前是否有过相关的记录，如果有的话立即就可以作出预测。
- 如果根据一个 generation 中所作预测读入的 cacheline 被缓存剔除，就说明这个 generation 已经不活跃，将其记录从 AGT 中撤除，转入 PHT。

凭直觉就可知道，按这个办法进行对数据访问的预测并据以预读，数据缓存的命中率一定会有比较显著的提高。当然，有些程序对数据的访问也许过于随机，对这样的程序运行进行预测也许不能提高数据缓存的命中率，但是对多数程序的运行应该是可以提高数据缓存命中率的。

不过，在香山对 SMS 的具体实现中则有所变通，与 SMS 论文中所述有些不同，具体表现在以下几个方面：

- ◆ 首先香山的 SMS 取消了过滤表 Filter Table，没有“预科”，直接就进入“本科”。
- ◆ 增加了一个与 AGT 平行的 StridePF 模块，这个模块同样以具有相同 pc+数据组合特征的内存访问为一个 generation，但根据先前的访问跨度（而不是地址）进行预测。
- ◆ 最后添加了一个过滤模块 PrefetchFilter，对 AGT 等模块提出的预读建议进行“过滤”，最后正式提出一个具体的预读地址。

下面我们就可以看香山对 SMS 的具体实现了，先看 MemBlock 中对 SMSPrefetcher 的创建和外部连接：

```
class MemBlockImp(outer: MemBlock) extends LazyModuleImp(outer) with HasXSParameter with HasFPUParameters … {
  …
  val prefetcherOpt: Option[BasePrefecher] = coreParams.prefetcher.map {
    case _: SMSParams =>
      val sms = Module(new SMSPrefetcher())                                                   ///创建一个SMSPrefetcher模块
      sms.io_agt_en := RegNextN(io.csrCtrl.l1D_pf_enable_agt, 2, Some(false.B))               ///启用SMS中的AGT
      sms.io_pht_en := RegNextN(io.csrCtrl.l1D_pf_enable_pht, 2, Some(false.B))               ///启用SMS中的PHT
      sms.io_act_threshold := RegNextN(io.csrCtrl.l1D_pf_active_threshold, 2, Some(12.U))
      sms.io_act_stride := RegNextN(io.csrCtrl.l1D_pf_active_stride, 2, Some(30.U))
      sms.io_stride_en := RegNextN(io.csrCtrl.l1D_pf_enable_stride, 2, Some(true.B))          ///也启用SMS中的stride预测机制
      sms                                                               ///返回所创建的sms，所以prefetcherOpt是个序列
  }  ///只有这么一个case，说明在MemBlock这一层上唯一可用的数据预读机制就是SMSPrefetcher。
  prefetcherOpt.foreach (pf => {                                        ///对于prefetcherOpt序列中的每一个sms：
    val pf_to_l2 = ValidIODelay(pf.io.pf_addr, 2)                       ///sms的pf_addr输出就是为二级缓存提供的预读地址
    outer.pf_sender_opt.get.out.head._1.addr_valid := pf_to_l2.valid
    outer.pf_sender_opt.get.out.head._1.addr := pf_to_l2.bits           ///输出预读地址
    outer.pf_sender_opt.get.out.head._1.l2_pf_en := RegNextN(io.csrCtrl.l2_pf_enable, 2, Some(true.B))
    pf.io.enable := RegNextN(io.csrCtrl.l1D_pf_enable, 2, Some(false.B))  ///具体sms的启用与否受CSR控制
  })
  prefetcherOpt match {
    case Some(pf) => l1_pf_req <> pf.io.l1_req                          ///sms的l1_req输出是为DCache提供的预读地址
    case None =>                   ///要是没有sms：
      l1_pf_req.valid := false.B
      l1_pf_req.bits := DontCare
  }
  val pf_train_on_hit = RegNextN(io.csrCtrl.l1D_pf_train_on_hit, 2, Some(true.B))     ///来自CSR中的一个控制位
  …
}
```

这里的 pf_addr 和 l1_req 都是 SMSPrefetcher 的输出，前者是对 L2 即二级缓存的，可见 SMSPrefetcher 对一级缓存即 DCache 和二级缓存可以有不同的输出。SMSPrefetcher 是对抽象类 BasePrefecher 的扩充，这个抽象类定义了一个外部接口 PrefetcherIO，那里面就有 pf_addr 和 l1_req：

```
class PrefetcherIO()(implicit p: Parameters) extends XSBundle {
  val ld_in = Flipped(Vec(exuParameters.LduCnt, ValidIO(new LdPrefetchTrainBundle())))      ///来自LoadUnit的输入
  val tlb_req = new TlbRequestIO(nRespDups = 2)                ///与TLB之间的接口
  val pf_addr = ValidIO(UInt(PAddrBits.W))                     ///Prefetcher对2级缓存的输出
  val l1_req = DecoupledIO(new L1PrefetchReq())                /// Prefetcher对1级缓存的输出
  val enable = Input(Bool())
}
```

其中的 ld_in 是来自 LoadUnit 的输入，也是 Prefetcher 的主要输入、关键输入。这里面就包含了访问目标的虚存地址和物理地址，以及许多相关的信息；尤其重要的是：这里面也有访内指令的 uop，即 MicroOp，而 MicroOp 中就有指令所在的地址 pc。

SMSPrefetcher 一方面是对抽象类 BasePrefecher 的扩充，另一方面还 with HasSMSModuleHelper。这个 trait 中提供了一些常数的定义，还提供了几个在 SMS 中常用的函数，我们看一下这几个函数：

```
trait HasSMSModuleHelper extends HasCircularQueuePtrHelper with HasDCacheParameters { this: HasXSParameter =>
  val smsParams = coreParams.prefetcher.get.asInstanceOf[SMSParams]
  val BLK_ADDR_WIDTH = VAddrBits - log2Up(dcacheParameters.blockBytes)
  …
  val STRIDE_BLK_ADDR_BITS = log2Up(smsParams.max_stride)

  def block_addr (x: UInt): UInt = {                  ///给定一个地址x，取其高位即以block（cacheline）为单位的地址：
    val offset = log2Up(dcacheParameters.blockBytes)  ///block的大小的64个字节，所以offset是6位。
    x (x.getWidth - 1, offset)                        ///截去末尾的6位
  }

  def region_addr (x: UInt): UInt = {                 ///给定一个地址，取其高位即以region为单位的地址：
    val offset = log2Up(REGION_SIZE)                  /// REGION_SIZE=1024，所以offset为10位。
    x (x.getWidth - 1, offset)                        ///截去末尾的10位
  }

  def region_offset_to_bits (off: UInt): UInt = {     ///给定一个offset，生成一个首位为1，后面offset个0位的数值。
    (1.U << off).asUInt
  }

  def region_hash_tag (rg_addr: UInt): UInt = {       ///给定一个region地址（见上），将其Hash成一个tag:
    val low = rg_addr(REGION_ADDR_RAW_WIDTH - 1, 0)               ///将给定的region地址分成高低两段，这是低段。
    val high = rg_addr(REGION_ADDR_RAW_WIDTH + 3 * VADDR_HASH_WIDTH - 1, REGION_ADDR_RAW_WIDTH)
    val high_hash = vaddr_hash(high)                              ///对地址高段进行Hash
    Cat (high_hash, low)                                          ///再行拼接，高段已经过Hash，但低段不变。
  }

  def page_bit (region_addr: UInt): UInt = {                      ///给定一个region地址，取其页面号的末位：
```

```
    region_addr(log2Up(dcacheParameters.pageSize/REGION_SIZE))      ///页面的大小为4KB，是region的4倍。
  }                                                                 ///返回的只是页面号的末尾，一个bit。

  def block_hash_tag (x: UInt): UInt = {                            ///给定一个地址，取其block号的tag
    val blk_addr = block_addr(x)                                    ///先取该地址的block地址（block号）
    val low = blk_addr(BLK_ADDR_RAW_WIDTH - 1, 0)                   ///再将此block地址分成高低两段，这是低段。
    val high = blk_addr(BLK_ADDR_RAW_WIDTH - 1 + 3 * VADDR_HASH_WIDTH, BLK_ADDR_RAW_WIDTH)
    val high_hash = vaddr_hash(high)                                ///对高段进行Hash
    Cat (high_hash, low)                                            ///再行拼接，高段已经过Hash，低段不变。
  }

  def vaddr_hash (x: UInt): UInt = {                                ///对虚存地址x进行Hash：
    val width = VADDR_HASH_WIDTH                                    ///按虚存地址的宽度
    val low = x(width - 1, 0)                                       ///把虚存地址分成三段，这是低段。
    val mid = x(2 * width - 1, width)                               ///这是中段
    val high = x(3 * width - 1, 2 * width)                          ///这是高段
    low ^ mid ^ high                                                ///将三段异或在一起，长度是原来的三分之一。
  }

  def pht_index (pc: UInt): UInt = {                                ///给定一个pc地址，将其转换成访问PHT表的下标：
    val low_bits = pc(PHT_INDEX_BITS, 2)              ///PHT_INDEX_BITS= log2Up(pht_size/pht_ways) = log2Up(32) =5。
    val hi_bit = pc(1) ^ pc(PHT_INDEX_BITS+1)                       ///在pc地址中取高低两位进行异或，得到hi_bit。
    Cat (hi_bit, low_bits)                                          ///拼接，拼接后的长度为PHT_INDEX_BITS即5位。
  }

  def pht_tag (pc: UInt): UInt = {                                  ///给定一个pc地址，取其用于PHT中的tag：
    pc(PHT_INDEX_BITS + 2 + PHT_TAG_BITS - 1, PHT_INDEX_BITS + 2)
  }

  def get_alias_bits(region_vaddr: UInt): UInt = region_vaddr(7, 6)
}   ///end trait HasSMSModuleHelper
```

这里定义的几个函数下面常会用到。下面我们就来看 SMSPrefetcher 的代码：

```
[MemBlockImp > SMSPrefetcher]
class SMSPrefetcher()(implicit p: Parameters) extends BasePrefecher with HasSMSModuleHelper {
  require(exuParameters.LduCnt == 2)
  val io_agt_en = IO(Input(Bool()))
  val io_stride_en = IO(Input(Bool()))
  val io_pht_en = IO(Input(Bool()))
  val io_act_threshold = IO(Input(UInt(REGION_OFFSET.W)))
  val io_act_stride = IO(Input(UInt(6.W)))                          ///以上五项均见前面与CSR的外部连接

  val ld_curr = io.ld_in.map(_.bits)                                ///把输入ld_in中的信息称为ld_curr，即当前输入。
  val ld_curr_block_tag = ld_curr.map(x => block_hash_tag(x.vaddr)) ///从访问目标的虚存地址中摘取其tag位段
```

```
// block filter
val ld_prev = io.ld_in.map(ld => RegEnable(ld.bits, ld.valid))                ///这是先前的有效ld_in输入
val ld_prev_block_tag = ld_curr_block_tag.zip(io.ld_in.map(_.valid)).map({case (tag, v) => RegEnable(tag, v) })
                                                                              ///这是先前有效ld_in输入中的tag位段
val ld_prev_vld = io.ld_in.map(ld => RegNext(ld.valid, false.B))              ///当前ld_in输入有效

val ld_curr_match_prev = ld_curr_block_tag.map (cur_tag =>
  Cat(ld_prev_block_tag.zip(ld_prev_vld).map({ case (prev_tag, prev_vld) => prev_vld && prev_tag === cur_tag })).orR
)  ///当前访问地址的tag与先前相同，即高位地址相同。
val ld0_match_ld1 = io.ld_in.head.valid && io.ld_in.last.valid && ld_curr_block_tag.head === ld_curr_block_tag.last
  ///当前输入ld_in中的两个访问地址ld0和ld1的tag相同，即高位相同。
val ld_curr_vld = Seq(
  io.ld_in.head.valid && !ld_curr_match_prev.head,
  io.ld_in.last.valid && !ld_curr_match_prev.last && !ld0_match_ld1
)  ///当前的两个输入是否与先前不同且互相不同。其中的ld0与先前不同即为有效，ld1则还须与ld0不同。
val ld0_older_than_ld1 = Cat(ld_curr_vld).andR && isBefore(ld_curr.head.uop.robIdx, ld_curr.last.uop.robIdx)   ///ld0先于ld1
val pending_vld = RegNext(Cat(ld_curr_vld).andR, false.B)
val pending_sel_ld0 = RegNext(Mux(pending_vld, ld0_older_than_ld1, !ld0_older_than_ld1))
val pending_ld = Mux(pending_sel_ld0, ld_prev.head, ld_prev.last)
val pending_ld_block_tag = Mux(pending_sel_ld0, ld_prev_block_tag.head, ld_prev_block_tag.last)
val oldest_ld = Mux(pending_vld, pending_ld, Mux(ld0_older_than_ld1 || !ld_curr_vld.last, ld_curr.head, ld_curr.last))

val train_ld = RegEnable(oldest_ld, pending_vld || Cat(ld_curr_vld).orR)     ///train_ld指已进入sms的最早那个装载地址

val train_block_tag = block_hash_tag(train_ld.vaddr)                          ///已进入sms的最早那个装载地址的tag位段
val train_region_tag = train_block_tag.head(REGION_TAG_WIDTH)                 ///取其11位
        ///REGION_TAG_WIDTH = REGION_ADDR_RAW_WIDTH + VADDR_HASH_WIDTH = 6+5 =11
        ///REGION_ADDR_RAW_WIDTH = BLK_ADDR_RAW_WIDTH - REGION_OFFSET = 10 – 4 = 6
val train_region_addr_raw = region_addr (train_ld.vaddr)(REGION_TAG_WIDTH + 2 * VADDR_HASH_WIDTH - 1, 0)
        ///一个虚存地址的region_addr是以region为单位的地址，即把虚存地址的最低10位去掉，因为region的大小是1024。
        ///再取region地址的最低(REGION_TAG_WIDTH + 2 * VADDR_HASH_WIDTH)位，即11+10=21位。
 val train_region_addr_p1 = Cat(0.U(1.W), train_region_addr_raw) + 1.U         ///加1，高一个region。
val train_region_addr_m1 = Cat(0.U(1.W), train_region_addr_raw) - 1.U          ///减1，低一个region。
// addr_p1 or addr_m1 is valid?
val train_allow_cross_region_p1 = !train_region_addr_p1.head(1).asBool         ///前面本是一个0，但加1以后可能有进位变成1。
val train_allow_cross_region_m1 = !train_region_addr_m1.head(1).asBool

val train_region_p1_tag = region_hash_tag(train_region_addr_p1.tail(1))
val train_region_m1_tag = region_hash_tag(train_region_addr_m1.tail(1))

val train_region_p1_cross_page = page_bit(train_region_addr_p1) ^ page_bit(train_region_addr_raw)    ///region上方跨物理页面
val train_region_m1_cross_page = page_bit(train_region_addr_m1) ^ page_bit(train_region_addr_raw)    ///region下方跨物理页面

val train_region_paddr = region_addr (train_ld.paddr)
                                    ///注意这是物理地址。不同进程中的虚存地址可能相同，但物理地址是不同的。
val train_region_vaddr = region_addr (train_ld.vaddr)
```

```
  val train_region_offset = train_block_tag(REGION_OFFSET - 1, 0)
                              ///REGION_OFFSET=4，因1024/64=16，一个region中有16个block即cacheline。
  val train_vld = RegNext(pending_vld || Cat(ld_curr_vld).orR, false.B)          ///valid

  // prefetch stage0
  val active_gen_table = Module(new ActiveGenerationTable())           ///AGT表
  val stride = Module(new StridePF())                                  ///StridePF意为stride prefetch
  val pht = Module(new PatternHistoryTable())                          ///历史记录表PHT
  val pf_filter = Module(new PrefetchFilter())                         ///过滤表Filter Table

  val train_vld_s0 = RegNext (train_vld, false.B)
  val train_s0 = RegEnable(train_ld, train_vld)
  val train_region_tag_s0 = RegEnable(train_region_tag, train_vld)
  val train_region_p1_tag_s0 = RegEnable(train_region_p1_tag, train_vld)
  val train_region_m1_tag_s0 = RegEnable(train_region_m1_tag, train_vld)
  val train_allow_cross_region_p1_s0 = RegEnable(train_allow_cross_region_p1, train_vld)
  val train_allow_cross_region_m1_s0 = RegEnable(train_allow_cross_region_m1, train_vld)

  val train_pht_tag_s0 = RegEnable(pht_tag(train_ld.uop.cf.pc), train_vld)
  val train_pht_index_s0 = RegEnable(pht_index(train_ld.uop.cf.pc), train_vld)

/// class SMSPrefetcher，待续
```

把已经进入 SMSPrefetcher 但尚未得到处理的读数请求比作火车，那 train 就是最早进站但尚未开走的那一列，新的列车 ld_in 从接口上到来，但是车站内可能还有 pending_ld，而车站 SMSPrefetcher 的原则是先来先服务，所以这里的 train_ld 是时间上最早的那一个。这个所谓“最早”是按访内指令在 Rob 中的 robIdx 计算的。这个 ld_in，是从 Load_Unit 分支而来，只是对所流经读数请求的抄送，SMSPrefetcher 不在读取数据的关键路径（critical path）中，所以对读数操作本身毫无影响。

对 train_ld 处理，首先就是要知道所读数据位于什么 region，即什么区段；以及这个区段的 tag，即从其起始地址高位经 hash 而来的特征位段。一个 region 的大小即 REGION_SIZE 是 1024 字节，即 16 个 cacheline。所谓“pc+数据”，就是访内指令所在的地址 pc 加访内目标所在的区段，只要 pc 还在一起不远，访内目标也停留在同一个区段中，就认为是在同一个 generation 中。这里的 region_addr 是以 region 为单位的地址，或者说 region 序号。

不过这里还要考虑一种情况，就是所访问的地址可能靠近其所在 region 的上沿或下沿，从这个地址起算稍有偏移就进入了其上邻或下邻的 region，这时候按 region 的边界一刀切显然也不合理，所以在处理一个具体的 region 时应该将其上邻和下邻也考虑进去，这就是这里的 train_region_addr_p1 和 train_region_m1_tag，p1 表示 plus 1，m1 表示 minus 1。另外，一个 region 的上下两个边界也许恰好与物理页面的边界对齐，因而在进入其上邻或下邻时就跨越了页面的边界。

最后，train_pht_tag_s0 和 train_pht_index_s0 是访内指令所在地址 pc 的 tag 和 offset，虽然 tag 中有 hash 计算，但是 tag 和 offset 二者的结合在一个并非极大的地址空间中还是能唯一地确定一个地址。每个 pht_tag 代表着一个 64 字节的区间，正好是一个 cacheline。只要 pc 还在同一个 cacheline 中就认为还在实现同一个算法的程序中。注意尽管名叫 train_pht_tag_s0 和 train_pht_index_s0，其使用却并不限于 PHT，也用在 AGT。

SMSPrefetcher 中创建的部件有 4 个：

- ActiveGenerationTable。即 AGT，以“pc+访问地址”为一个“世代”即 generation，根据访问地址所处地址区段即 region 中的 cacheline 是否受到访问提出预读建议（称为预读请求，PfGenReq）。表中记录着 16 个当前活跃 generation 的信息。

- StridePF。与 AGT 类似，但根据一个 generation 中的先前访问跨度提出预读建议。表中也是记录着 16 个当前活跃 generation 的信息。
- PatternHistoryTable。记录着当前已经不活跃，但历史上曾经发生过的 generation 的信息，也像 AGT 一样提出预读建议。
- PrefetchFilter。这个所谓“Filter”并非 SMS 论文中所说的那个 Filter Table，而是根据 AGT 等所生成预读建议中的信息“过滤”出一个具体的预读地址。之所以说是“过滤”，是因为预读建议中只是说这个 region 中的哪些 cacheline 应该在缓存中，但是还应扣除已经在缓存中的那些 cacheline，这就是“过滤”。

知道了这些，下面的代码阅读和理解就容易一些了，我们继续往下看：

```
[MemBlockImp > SMSPrefetcher]          续
  val train_region_offset_s0 = RegEnable(train_region_offset, train_vld)
  val train_region_p1_cross_page_s0 = RegEnable(train_region_p1_cross_page, train_vld)
  val train_region_m1_cross_page_s0 = RegEnable(train_region_m1_cross_page, train_vld)
  val train_region_paddr_s0 = RegEnable(train_region_paddr, train_vld)
  val train_region_vaddr_s0 = RegEnable(train_region_vaddr, train_vld)

  active_gen_table.io.agt_en := io_agt_en
  active_gen_table.io.act_threshold := io_act_threshold
  active_gen_table.io.act_stride := io_act_stride

    ///以下的s0_lookup用于AGT和StridePF，既是查询的条件，又是用于记录更新的信息：
  active_gen_table.io.s0_lookup.valid := train_vld_s0
  active_gen_table.io.s0_lookup.bits.region_tag := train_region_tag_s0
  active_gen_table.io.s0_lookup.bits.region_p1_tag := train_region_p1_tag_s0
  active_gen_table.io.s0_lookup.bits.region_m1_tag := train_region_m1_tag_s0
  active_gen_table.io.s0_lookup.bits.region_offset := train_region_offset_s0

  active_gen_table.io.s0_lookup.bits.pht_index := train_pht_index_s0        ///pht_index源自访内指令所在的地址pc
  active_gen_table.io.s0_lookup.bits.pht_tag := train_pht_tag_s0            ///pht_tag源自访内指令所在的地址pc

  active_gen_table.io.s0_lookup.bits.allow_cross_region_p1 := train_allow_cross_region_p1_s0
  active_gen_table.io.s0_lookup.bits.allow_cross_region_m1 := train_allow_cross_region_m1_s0
  active_gen_table.io.s0_lookup.bits.region_p1_cross_page := train_region_p1_cross_page_s0
  active_gen_table.io.s0_lookup.bits.region_m1_cross_page := train_region_m1_cross_page_s0
  active_gen_table.io.s0_lookup.bits.region_paddr := train_region_paddr_s0      ///查询条件中有物理地址
  active_gen_table.io.s0_lookup.bits.region_vaddr := train_region_vaddr_s0      ///也有虚存地址

  active_gen_table.io.s2_stride_hit := stride.io.s2_gen_req.valid
  stride.io.stride_en := io_stride_en
  stride.io.s0_lookup.valid := train_vld_s0
  stride.io.s0_lookup.bits.pc := train_s0.uop.cf.pc(STRIDE_PC_BITS - 1, 0)      ///ld指令所在的地址pc
  stride.io.s0_lookup.bits.vaddr := Cat(train_region_vaddr_s0, train_region_offset_s0, 0.U(log2Up(dcacheParameters.blockBytes).W) )
  stride.io.s0_lookup.bits.paddr := Cat(train_region_paddr_s0, train_region_offset_s0, 0.U(log2Up(dcacheParameters.blockBytes).W) )
  stride.io.s1_valid := active_gen_table.io.s1_sel_stride                ///AGT的输出之一，用来驱动stride。
```

```
    ///对PHT的查询和更新则来自AGT：
  pht.io.s2_agt_lookup := active_gen_table.io.s2_pht_lookup            ///由AGT启动在PHT中的查找
  pht.io.agt_update := active_gen_table.io.s2_evict                    ///由AGT启动对PHT的内容更新

  val pht_gen_valid = pht.io.pf_gen_req.valid && io_pht_en             ///PHT产生了预读请求
  val agt_gen_valid = active_gen_table.io.s2_pf_gen_req.valid          ///AGT产生了预读请求
  val stride_gen_valid = stride.io.s2_gen_req.valid                    ///StridePF产生了预读请求
  val pf_gen_req = Mux(agt_gen_valid || stride_gen_valid,
    Mux1H(Seq(agt_gen_valid -> active_gen_table.io.s2_pf_gen_req.bits, stride_gen_valid -> stride.io.s2_gen_req.bits)),
                                                                                    pht.io.pf_gen_req.bits)
    ///agt_gen_valid和stride_gen_valid中有一为真，就选AGT或StridePF的s2_pf_gen_req，否则就选PHT的s2_pf_gen_req。
    ///sms的pf_addr输出源自这三者之一，即AGT，StridePF，或PHT的s2_pf_gen_req
  assert(!(agt_gen_valid && stride_gen_valid))       ///agt_gen_valid和stride_gen_valid不得同时为真

  pf_filter.io.gen_req.valid := pht_gen_valid || agt_gen_valid || stride_gen_valid    ///三者任一为真就启动pf_filter
  pf_filter.io.gen_req.bits := pf_gen_req                                             ///将pf_gen_req作为pf_filter模块的输入
  io.tlb_req <> pf_filter.io.tlb_req
  val is_valid_address = pf_filter.io.l2_pf_addr.bits > 0x80000000L.U                 ///0x80000000以下是外设地址空间

    ///SMSPrefetcher的输出，即由SMSPrefetcher提供的Prefetch地址pf_addr，是来自PrefetchFilter的输出：
  io.pf_addr.valid := pf_filter.io.l2_pf_addr.valid && io.enable && is_valid_address
  io.pf_addr.bits := pf_filter.io.l2_pf_addr.bits                ///sms输出的预读地址pf_addr来自pf_filter的l2_pf_addr

  io.l1_req.bits.paddr := pf_filter.io.l2_pf_addr.bits           ///sms输出的l1_req同样也来自pf_filter的l2_pf_addr，只是格式不同。
  io.l1_req.bits.alias := pf_filter.io.pf_alias_bits
  io.l1_req.bits.is_store := true.B
  io.l1_req.bits.confidence := 1.U
  io.l1_req.valid := false.B                                     ///sms输出的l1_req无效

  XSPerfAccumulate("sms_pf_gen_conflict", pht_gen_valid && agt_gen_valid )
  …         ///性能统计从略
}   ///end class SMSPrefetcher
```

以上是整个 SMSPrefetcher 这一层上的代码，有了具体的 train_ld 就要到 AGT 中查询。

AGT，即 ActiveGenerationTable，是 SMS 的核心：

```
[MemBlockImp > SMSPrefetcher > ActiveGenerationTable]
class ActiveGenerationTable()(implicit p: Parameters) extends XSModule with HasSMSModuleHelper {
  val io = IO(new Bundle() {
    val agt_en = Input(Bool())
    val s0_lookup = Flipped(ValidIO(new Bundle() {
      val region_tag = UInt(REGION_TAG_WIDTH.W)          ///目标所在region地址的tag，REGION_TAG_WIDTH=11
      val region_p1_tag = UInt(REGION_TAG_WIDTH.W)
      val region_m1_tag = UInt(REGION_TAG_WIDTH.W)
      val region_offset = UInt(REGION_OFFSET.W)          ///目标所在region地址的offset，REGION_OFFSET=4
      val pht_index = UInt(PHT_INDEX_BITS.W)             ///源自访内指令所在的地址pc，PHT_INDEX_BITS=5
```

```
                /// PHT_INDEX_BITS = log2Up(smsParams.pht_size/smsParams.pht_ways) = log2Up(64/2) = 5。
    val pht_tag = UInt(PHT_TAG_BITS.W)                    ///源自访内指令所在的地址pc，PHT_TAG_BITS=13
    val allow_cross_region_p1 = Bool()
    val allow_cross_region_m1 = Bool()
    val region_p1_cross_page = Bool()
    val region_m1_cross_page = Bool()
    val region_paddr = UInt(REGION_ADDR_BITS.W)      ///REGION_ADDR_BITS = VAddrBits - log2Up(REGION_SIZE)
    val region_vaddr = UInt(REGION_ADDR_BITS.W)      ///36位物理地址，减10位，REGION_ADDR_BITS=26
                                    ///查询条件中既有物理地址也有虚存地址
  }))  ///end val s0_lookup
  val s1_sel_stride = Output(Bool())
  val s2_stride_hit = Input(Bool())
  // if agt/stride missed, try lookup pht                  ///如果在AGT中没有，StrideP中也没有，就要在PHT中查找。
  val s2_pht_lookup = ValidIO(new PhtLookup())              ///对PHT的查找条件
  // evict entry to pht
  val s2_evict = ValidIO(new AGTEntry())                    ///AGT的表项被剔除，该表项所代表的generation已经过时。
  val s2_pf_gen_req = ValidIO(new PfGenReq())               ///AGT所产生的预测地址输出
  val act_threshold = Input(UInt(REGION_OFFSET.W))
  val act_stride = Input(UInt(6.W))
})  ///end val io

val entries = Seq.fill(smsParams.active_gen_table_size){ Reg(new AGTEntry()) }        ///active_gen_table_size=16，16个表项。
val valids = Seq.fill(smsParams.active_gen_table_size){ RegInit(false.B) }
val replacement = ReplacementPolicy.fromString("plru", smsParams.active_gen_table_size)    ///替换策略为“伪LRU”
val s1_replace_mask_w = Wire(UInt(smsParams.active_gen_table_size.W))                  ///表项替换位图

val s0_lookup = io.s0_lookup.bits                                    ///来自sms的查找条件
val s0_lookup_valid = io.s0_lookup.valid

val prev_lookup = RegEnable(s0_lookup, s0_lookup_valid)              ///将s0_lookup打入寄存器，到下一次就成prev_lookup了。
val prev_lookup_valid = RegNext(s0_lookup_valid, false.B)

val s0_match_prev = prev_lookup_valid && s0_lookup.region_tag === prev_lookup.region_tag    ///与上一次的region_tag相同

def gen_match_vec (region_tag: UInt): Seq[Bool] = {
  entries.zip(valids).map({ case (ent, v) => v && ent.region_tag === region_tag })
}  ///将给定的region_tag与AGT中的表项比对，形成一个region_tag相符位图。

val region_match_vec_s0 = gen_match_vec(s0_lookup.region_tag)                  ///本region的region_tag相符位图
val region_p1_match_vec_s0 = gen_match_vec(s0_lookup.region_p1_tag)            ///上位相邻region的相符位图
val region_m1_match_vec_s0 = gen_match_vec(s0_lookup.region_m1_tag)            ///下位相邻region的相符位图

val any_region_match = Cat(region_match_vec_s0).orR                            ///至少有一项相符
val any_region_p1_match = Cat(region_p1_match_vec_s0).orR && s0_lookup.allow_cross_region_p1
val any_region_m1_match = Cat(region_m1_match_vec_s0).orR && s0_lookup.allow_cross_region_m1
```

```
val s0_region_hit = any_region_match                                    ///有一项相符即为命中
val s0_cross_region_hit = any_region_m1_match || any_region_p1_match
val s0_alloc = s0_lookup_valid && !s0_region_hit && !s0_match_prev      ///不命中就得分配一个表项
val s0_pf_gen_match_vec = valids.indices.map(i => {
                    Mux(any_region_match, region_match_vec_s0(i),
                         Mux(any_region_m1_match, region_m1_match_vec_s0(i), region_p1_match_vec_s0(i)))
}) ///本region的region_tag相符位图优先

val s0_agt_entry = Wire(new AGTEntry())                      ///空白AGT表项
s0_agt_entry.pht_index := s0_lookup.pht_index
s0_agt_entry.pht_tag := s0_lookup.pht_tag
s0_agt_entry.region_bits := region_offset_to_bits (s0_lookup.region_offset)     ///将s0_lookup中的region_offset转化成位图
s0_agt_entry.region_tag := s0_lookup.region_tag
s0_agt_entry.region_offset := s0_lookup.region_offset
s0_agt_entry.access_cnt := 1.U
s0_agt_entry.decr_mode := !s0_region_hit && !any_region_m1_match && any_region_p1_match
                                              ///如果命中的是上位相邻region，decr_mode即为true。
val s0_replace_way = replacement.way
val s0_replace_mask = UIntToOH(s0_replace_way)
// s0 hit a entry that may be replaced in s1
val s0_update_conflict = Cat(VecInit(region_match_vec_s0).asUInt & s1_replace_mask_w).orR
val s0_update = s0_lookup_valid && s0_region_hit && !s0_update_conflict          ///满足更新AGT表项的条件

val s0_access_way = Mux1H(Seq (s0_update, s0_alloc), Seq(OHToUInt(region_match_vec_s0), s0_replace_way))
                          ///要更新的也许是个已经存在的表项，也许是个要把原先内容替换掉的表项。
when(s0_update || s0_alloc) { replacement.access(s0_access_way) }

// stage1: update/alloc
// region hit, update entry
val s1_update = RegNext(s0_update, false.B)
val s1_update_mask = RegEnable(VecInit(region_match_vec_s0), s0_lookup_valid)
val s1_agt_entry = RegEnable (s0_agt_entry, s0_lookup_valid)
val s1_cross_region_match = RegNext(s0_lookup_valid && s0_cross_region_hit, false.B)
val s1_alloc = RegNext(s0_alloc, false.B)
val s1_alloc_entry = s1_agt_entry
val s1_replace_mask = RegEnable(s0_replace_mask, s0_lookup_valid)
s1_replace_mask_w := s1_replace_mask & Fill(smsParams.active_gen_table_size, s1_alloc)
val s1_evict_entry = Mux1H(s1_replace_mask, entries)                    ///这是要从AGT表中剔除的表项
val s1_evict_valid = Mux1H(s1_replace_mask, valids)
// pf gen
val s1_pf_gen_match_vec = RegEnable(VecInit(s0_pf_gen_match_vec), s0_lookup_valid)
val s1_region_paddr = RegEnable(s0_lookup.region_paddr, s0_lookup_valid)
val s1_region_vaddr = RegEnable(s0_lookup.region_vaddr, s0_lookup_valid)
val s1_region_offset = RegEnable(s0_lookup.region_offset, s0_lookup_valid)
for(i <- entries.indices){
  val alloc = s1_replace_mask(i) && s1_alloc
```

```
    val update = s1_update_mask(i) && s1_update
    val update_entry = WireInit(entries(i))
    update_entry.region_bits := entries(i).region_bits | s1_agt_entry.region_bits
                                          ///将位图s1_agt_entry.region_bits通过or并入该表项的.region_bits位图中
    update_entry.access_cnt := Mux(entries(i).access_cnt === (REGION_BLKS - 1).U, entries(i).access_cnt,
                  entries(i).access_cnt + (s1_agt_entry.region_bits & (~entries(i).region_bits).asUInt).orR)
                                          ///如果访问计数已经饱和就维持不变，要不然就增加访问计数。
    valids(i) := valids(i) || alloc
    entries(i) := Mux(alloc, s1_alloc_entry, Mux(update, update_entry, entries(i)))
  }  ///AGT中的表项在每次对AGT的搜索中或者被替换覆盖，或者被刷新，或者保持原样不变。

  when(s1_update){ assert(PopCount(s1_update_mask) === 1.U, "multi-agt-update") }      ///每次只有一个表项可以被刷新
  when(s1_alloc){ assert(PopCount(s1_replace_mask) === 1.U, "multi-agt-alloc") }       ///每次只有一个表项可以被替换
/// class ActiveGenerationTable，待续
```

存储在 AGT 的存储阵列 entries 中的是 16 个 AGTEntry，代表着 16 个 generation，即程序执行的 16 个不同阶段：

```
[MemBlockImp > SMSPrefetcher > ActiveGenerationTable > AGTEntry]
class AGTEntry()(implicit p: Parameters) extends XSBundle with HasSMSModuleHelper {
  val pht_index = UInt(PHT_INDEX_BITS.W)           ///PHT_INDEX_BITS = log2Up(pht_size/pht_ways)=64/2=32。
  val pht_tag = UInt(PHT_TAG_BITS.W)               ///PHT_TAG_BITS = smsParams.pht_tag_bits，pht_tag_bits=13。
  val region_bits = UInt(REGION_BLKS.W)            ///REGION_BLKS= region_size/blockBytes=1024/64=16。
  val region_tag = UInt(REGION_TAG_WIDTH.W)        ///REGION_ADDR_RAW_WIDTH + VADDR_HASH_WIDTH
  val region_offset = UInt(REGION_OFFSET.W)        ///REGION_OFFSET = log2Up(REGION_BLKS)
  val access_cnt = UInt((REGION_BLKS-1).U.getWidth.W)
  val decr_mode = Bool()
}
```

首先当然是在 AGT 的这些表项中查询。

读者或许会有个疑问，不同进程的虚存地址可能相同，如果发生了进程调度和切换，会不会引起混淆？下面我们会看到，许多 tag 中都带有物理地址的成分，要预读的地址也是物理地址，即使两个进程的数据段地址相近，经映射后的物理地址也是不同的，所以不会引起混淆。但是 pc 地址确实都是虚存地址，但是这也不要紧，因为不同进程的物理空间肯定不同，即便在同一进程中因物理地址区间不同也会被认为是两个 generation，在 AGT 中属于不同表项，所以实际上不会有影响。另外，在实际的运行中无论 AGT 还是 PHT 的内容变化都是很快的，所谓一个“世代”即 generation 所存在的时间往往都很短暂，generation 的建立也快，消失也快。最后，即使偶有误判，也不会造成多大后果，只是没有能提高性能而已。我们继续往下看：

```
[MemBlockImp > SMSPrefetcher > ActiveGenerationTable]     续
  // pf_addr
  // 1.hit => pf_addr = lookup_addr + (decr ? -1 : 1)
  // 2.lookup region - 1 hit => lookup_addr + 1 (incr mode)
  // 3.lookup region + 1 hit => lookup_addr - 1 (decr mode)
  val s1_hited_entry_decr = Mux1H(s1_update_mask, entries.map(_.decr_mode))
  val s1_pf_gen_decr_mode = Mux( s1_update, s1_hited_entry_decr, s1_agt_entry.decr_mode )
```

```
val s1_pf_gen_vaddr_inc = Cat(0.U, s1_region_vaddr(REGION_TAG_WIDTH - 1, 0), s1_region_offset) + io.act_stride
val s1_pf_gen_vaddr_dec = Cat(0.U, s1_region_vaddr(REGION_TAG_WIDTH - 1, 0), s1_region_offset) - io.act_stride
val s1_vaddr_inc_cross_page =
                    s1_pf_gen_vaddr_inc(BLOCK_ADDR_PAGE_BIT) =/= s1_region_vaddr(REGION_ADDR_PAGE_BIT)
val s1_vaddr_dec_cross_page =
                    s1_pf_gen_vaddr_dec(BLOCK_ADDR_PAGE_BIT) =/= s1_region_vaddr(REGION_ADDR_PAGE_BIT)
val s1_vaddr_inc_cross_max_lim = s1_pf_gen_vaddr_inc.head(1).asBool
val s1_vaddr_dec_cross_max_lim = s1_pf_gen_vaddr_dec.head(1).asBool

val s1_pf_gen_vaddr = Cat( s1_region_vaddr(REGION_ADDR_BITS - 1, REGION_TAG_WIDTH),
                        Mux(s1_pf_gen_decr_mode, s1_pf_gen_vaddr_dec.tail(1).head(REGION_TAG_WIDTH),
                                                s1_pf_gen_vaddr_inc.tail(1).head(REGION_TAG_WIDTH)))
val s1_pf_gen_offset = Mux(s1_pf_gen_decr_mode, s1_pf_gen_vaddr_dec(REGION_OFFSET - 1, 0),
                                                s1_pf_gen_vaddr_inc(REGION_OFFSET - 1, 0))
val s1_pf_gen_offset_mask = UIntToOH(s1_pf_gen_offset)
val s1_pf_gen_access_cnt = Mux1H(s1_pf_gen_match_vec, entries.map(_.access_cnt))
val s1_in_active_page = s1_pf_gen_access_cnt > io.act_threshold
val s1_pf_gen_valid = prev_lookup_valid && (s1_alloc && s1_cross_region_match || s1_update) &&
                    Mux(s1_pf_gen_decr_mode, !s1_vaddr_dec_cross_max_lim, !s1_vaddr_inc_cross_max_lim) &&
                                                                s1_in_active_page && io.agt_en
val s1_pf_gen_paddr_valid = Mux(s1_pf_gen_decr_mode, !s1_vaddr_dec_cross_page, !s1_vaddr_inc_cross_page)
val s1_pf_gen_region_addr = Mux(s1_pf_gen_paddr_valid,
                        Cat(s1_region_paddr(REGION_ADDR_BITS - 1, REGION_ADDR_PAGE_BIT),
                                                s1_pf_gen_vaddr(REGION_ADDR_PAGE_BIT - 1, 0)),
                        s1_pf_gen_vaddr)
            ///如果1_pf_gen_paddr_valid，Mux的输出就是拼接而成的地址，其高位来自s1_region_paddr即物理地址。
val s1_pf_gen_region_tag = region_hash_tag (s1_pf_gen_vaddr)

val s1_pf_gen_incr_region_bits = VecInit((0 until REGION_BLKS).map(i => {
                                        if(i == 0) true.B else !s1_pf_gen_offset_mask(i - 1, 0).orR })).asUInt
val s1_pf_gen_decr_region_bits = VecInit((0 until REGION_BLKS).map(i => {
                    if(i == REGION_BLKS - 1) true.B else !s1_pf_gen_offset_mask(REGION_BLKS - 1, i + 1).orR })).asUInt

val s1_pf_gen_region_bits = Mux(s1_pf_gen_decr_mode, s1_pf_gen_decr_region_bits, s1_pf_gen_incr_region_bits )
val s1_pht_lookup_valid = Wire(Bool())
val s1_pht_lookup = Wire(new PhtLookup())

s1_pht_lookup_valid := !s1_pf_gen_valid && prev_lookup_valid
s1_pht_lookup.pht_index := s1_agt_entry.pht_index          ///源自访内指令所在的地址pc
s1_pht_lookup.pht_tag := s1_agt_entry.pht_tag              ///源自访内指令所在的地址pc
s1_pht_lookup.region_vaddr := s1_region_vaddr              ///所访问的目标地址
s1_pht_lookup.region_paddr := s1_region_paddr
s1_pht_lookup.region_offset := s1_region_offset

io.s1_sel_stride := prev_lookup_valid && (s1_alloc && s1_cross_region_match || s1_update) && !s1_in_active_page
```

```
  // stage2: gen pf reg / evict entry to pht
  val s2_evict_entry = RegEnable (s1_evict_entry, s1_alloc)
  val s2_evict_valid = RegNext(s1_alloc && s1_evict_valid, false.B)                ///需要转移一个表项去PHT
  val s2_paddr_valid = RegEnable(s1_pf_gen_paddr_valid, s1_pf_gen_valid)
  val s2_pf_gen_region_tag = RegEnable(s1_pf_gen_region_tag, s1_pf_gen_valid)
  val s2_pf_gen_decr_mode = RegEnable(s1_pf_gen_decr_mode, s1_pf_gen_valid)
  val s2_pf_gen_region_paddr = RegEnable(s1_pf_gen_region_addr, s1_pf_gen_valid)
  val s2_pf_gen_alias_bits = RegEnable(get_alias_bits(s1_pf_gen_vaddr), s1_pf_gen_valid)
  val s2_pf_gen_region_bits = RegEnable(s1_pf_gen_region_bits, s1_pf_gen_valid)
  val s2_pf_gen_valid = RegNext(s1_pf_gen_valid, false.B)                          ///可以生成预读请求
  val s2_pht_lookup_valid = RegNext(s1_pht_lookup_valid, false.B) && !io.s2_stride_hit    ///须去PHT查询
  val s2_pht_lookup = RegEnable (s1_pht_lookup, s1_pht_lookup_valid)

  io.s2_evict.valid := s2_evict_valid
  io.s2_evict.bits := s2_evict_entry

  io.s2_pf_gen_req.bits.region_tag := s2_pf_gen_region_tag
  io.s2_pf_gen_req.bits.region_addr := s2_pf_gen_region_paddr
  io.s2_pf_gen_req.bits.alias_bits := s2_pf_gen_alias_bits
  io.s2_pf_gen_req.bits.region_bits := s2_pf_gen_region_bits
  io.s2_pf_gen_req.bits.paddr_valid := s2_paddr_valid
  io.s2_pf_gen_req.bits.decr_mode := s2_pf_gen_decr_mode
  io.s2_pf_gen_req.valid := s2_pf_gen_valid                     ///预读请求仅当s2_pf_gen_valid时有效
  io.s2_pf_gen_req.bits.debug_source_type := HW_PREFETCH_AGT.U

  io.s2_pht_lookup.valid := s2_pht_lookup_valid                 ///进一步去PHT查询
  io.s2_pht_lookup.bits := s2_pht_lookup
  …      ///性能统计从略
}  ///end class ActiveGenerationTable
```

代码中已加了注释，这里就不多作说明了

AGT 发出的预读请求中只是提供了一些相关的信息，并没有明确说应该预读哪一个缓存块即 cacheline，需要由后面的 PrefetchFilter 根据预读请求中的信息提出一个明确的预读地址。另外，后面我们会看到，发出预读请求的也不只是 AGT 一家，还有 StridePF 和 PHT。预读请求的结构是这样：

```
class PfGenReq()(implicit p: Parameters) extends XSBundle with HasSMSModuleHelper {
  val region_tag = UInt(REGION_TAG_WIDTH.W)
  val region_addr = UInt(REGION_ADDR_BITS.W)
  val region_bits = UInt(REGION_BLKS.W)                 ///1024/64=16
  val paddr_valid = Bool()
  val decr_mode = Bool()
  val alias_bits = UInt(2.W)
  val debug_source_type = UInt(log2Up(nSourceType).W)
}
```

这里的region_tag和region_addr是本次预读请求的由来，是对这个region的访问引起了本次预读的发起。下面的region_bits才是关键，这是个位图，表示这个region中的哪些block即cacheline已经受到过访问。而PrefetchFilter则要根据这些信息提出一个具体的预读地址，把哪一个cacheline预读进来。

如上所说，会发出预读请求的不只AGT一家，另一个重要的模块就是StridePF。

StridePF的作用是按先前观察到的跨度提出预读请求，stride就是跨度。不过这也是在SMS意义上的按跨度预读，因为也已经把pc考虑进去。意思是，既然你上次在执行这一块程序的时候按这个跨度访问内存读取数据，而你的程序仍在这附近活动，或者又回到了这附近，那就假定你仍会按以前的跨度读取数据。SMS论文中说pc+offset的效果似乎比pc+address的效果更好一些，说的就是这个。StridePF中也有16个表项，每个表项对应一个pc活动区，所以要根据访内指令的pc找到所对应的表项（找不到就要把太老的表项替换掉），每个表项中记载着上一次的访问地址和跨度。于是根据本次的访问地址就可以算出本次的跨度，把本次的跨度和访问地址都写入该表项，这就是对表项的更新。跨度可以是正的也可以是负的，所以访问地址可以前进也可以后退。显然，除pc首次进入一个新的区域时的第一次访问即trigger访问以外，只要前后两次的访问地址之间有个不为0的差值，就总可以产生一个预读请求。下面是StridePF的代码：

```
[MemBlockImp > SMSPrefetcher > StridePF]
class StridePF()(implicit p: Parameters) extends XSModule with HasSMSModuleHelper {
  val io = IO(new Bundle() {
    val stride_en = Input(Bool())
    val s0_lookup = Flipped(new ValidIO(new Bundle() {                    ///StridePF的输入请求
      val pc = UInt(STRIDE_PC_BITS.W)                                        ///访内指令的pc
      val vaddr = UInt(VAddrBits.W)                                          ///访内目标的虚存地址
      val paddr = UInt(PAddrBits.W)                                          ///访内目标的物理地址
    }))
    val s1_valid = Input(Bool())
    val s2_gen_req = ValidIO(new PfGenReq())                              ///由StridePF产生的预读请求
  })

  val prev_valid = RegNext(io.s0_lookup.valid, false.B)
  val prev_pc = RegEnable (io.s0_lookup.bits.pc, io.s0_lookup.valid)     ///将pc保存在寄存器中，就成为先前pc。

  val s0_valid = io.s0_lookup.valid && !(prev_valid && prev_pc === io.s0_lookup.bits.pc)   ///与先前记录的pc不同才有效

  def entry_map[T](fn: Int => T) = (0 until smsParams.stride_entries).map(fn)      ///stride_entries=16，对每一项都实施fn()

  val replacement = ReplacementPolicy.fromString("plru", smsParams.stride_entries)   ///也是采用“伪LRU”策略
  val valids = entry_map(_ => RegInit(false.B))
  val entries_pc = entry_map(_ => Reg(UInt(STRIDE_PC_BITS.W)) )                ///STRIDE_PC_BITS=10
  val entries_conf = entry_map(_ => RegInit(1.U(2.W)))                          ///conf是对前后两次跨度相同的饱和计数
  val entries_last_addr = entry_map(_ => Reg(UInt(STRIDE_BLK_ADDR_BITS.W)) )   /// STRIDE_BLK_ADDR_BITS=10
  val entries_stride = entry_map(_ => Reg(SInt((STRIDE_BLK_ADDR_BITS+1).W)))    ///跨度，带符号说明可以后退。
      ///创建16个寄存器为entries_pc，16个寄存器为entries_conf，等等。实际上就是16个stride_entry。

  val s0_match_vec = valids.zip(entries_pc).map({ case (v, pc) => v && pc === io.s0_lookup.bits.pc })   ///相符表项位图

  val s0_hit = s0_valid && Cat(s0_match_vec).orR                      ///只要位图中有一位是1
  val s0_miss = s0_valid && !s0_hit                                    ///没有一位是1，就是不命中。
```

```
val s0_matched_conf = Mux1H(s0_match_vec, entries_conf)
val s0_matched_last_addr = Mux1H(s0_match_vec, entries_last_addr)
val s0_matched_last_stride = Mux1H(s0_match_vec, entries_stride)        ///这是pc命中项中的stride记录

val s1_vaddr = RegEnable(io.s0_lookup.bits.vaddr, s0_valid)
val s1_paddr = RegEnable(io.s0_lookup.bits.paddr, s0_valid)
val s1_hit = RegNext (s0_hit) && io.s1_valid
val s1_alloc = RegNext (s0_miss) && io.s1_valid              ///不命中，是新的pc+数据组合，需要为其分配一个表项。
val s1_conf = RegNext(s0_matched_conf)
val s1_last_addr = RegNext(s0_matched_last_addr)
val s1_last_stride = RegNext(s0_matched_last_stride)
val s1_match_vec = RegNext(VecInit(s0_match_vec))

val BLOCK_OFFSET = log2Up(dcacheParameters.blockBytes)              ///blockBytes=64，就是一个cacheline的大小。
val s1_new_stride_vaddr = s1_vaddr(BLOCK_OFFSET + STRIDE_BLK_ADDR_BITS - 1, BLOCK_OFFSET)
val s1_new_stride = (0.U(1.W) ## s1_new_stride_vaddr).asSInt - (0.U(1.W) ## s1_last_addr).asSInt            ///计算新的跨度
            ///##表示拼接，见抽象类Bits中的def ##，在这里是在s1_new_stride_vaddr拼上一位0，使其变成带符号整数。
val s1_stride_non_zero = s1_last_stride =/= 0.S
val s1_stride_match = s1_new_stride === s1_last_stride && s1_stride_non_zero
val s1_replace_idx = replacement.way

for(i <- 0 until smsParams.stride_entries){
  val alloc = s1_alloc && i.U === s1_replace_idx
  val update = s1_hit && s1_match_vec(i)
  when(update){
    assert(valids(i))
    entries_conf(i) := Mux(s1_stride_match, Mux(s1_conf === 3.U, 3.U, s1_conf + 1.U),
                                                             Mux(s1_conf === 0.U, 0.U, s1_conf - 1.U) )
                             ///写入entries_conf(i)，这是对前后两次跨度相同的饱和计数，不大于3，不小于0。
    entries_last_addr(i) := s1_new_stride_vaddr             ///写入entries_last_addr(i)
    when(!s1_conf(1)){ entries_stride(i) := s1_new_stride }  ///修改该表项的跨度stride
  }
  when(alloc){
    valids(i) := true.B
    entries_pc(i) := prev_pc                                ///写入entries_pc(i)
    entries_conf(i) := 0.U
    entries_last_addr(i) := s1_new_stride_vaddr             ///写入entries_last_addr(i)
    entries_stride(i) := 0.S
  }
  assert(!(update && alloc))
}
when(s1_hit){ replacement.access(OHToUInt(s1_match_vec.asUInt)) }
.elsewhen(s1_alloc){ replacement.access (s1_replace_idx) }

val s1_block_vaddr = block_addr (s1_vaddr)
val s1_pf_block_vaddr = (s1_block_vaddr.asSInt + s1_last_stride).asUInt
```

```
  val s1_pf_cross_page = s1_pf_block_vaddr(BLOCK_ADDR_PAGE_BIT) =/= s1_block_vaddr(BLOCK_ADDR_PAGE_BIT)
  val s2_pf_gen_valid = RegNext(s1_hit && s1_stride_match, false.B)
  val s2_pf_gen_paddr_valid = RegEnable(!s1_pf_cross_page, s1_hit && s1_stride_match)
  val s2_pf_block_vaddr = RegEnable(s1_pf_block_vaddr, s1_hit && s1_stride_match)
  val s2_block_paddr = RegEnable (block_addr(s1_paddr), s1_hit && s1_stride_match)

  val s2_pf_block_addr = Mux(s2_pf_gen_paddr_valid,
                          Cat(s2_block_paddr(PAddrBits - BLOCK_OFFSET - 1, BLOCK_ADDR_PAGE_BIT),
                                                  s2_pf_block_vaddr(BLOCK_ADDR_PAGE_BIT - 1, 0)),
                          s2_pf_block_vaddr)
          ///如果取物理地址，那就要由s2_block_paddr的高段与s2_pf_block_vaddr的低段拼接而成。
  val s2_pf_full_addr = Wire(UInt(VAddrBits.W))
  s2_pf_full_addr := s2_pf_block_addr ## 0.U(BLOCK_OFFSET.W)        ///在s2_pf_block_addr后面拼上BLOCK_OFFSET位全0
  val s2_pf_region_addr = region_addr (s2_pf_full_addr)
  val s2_pf_region_offset = s2_pf_block_addr(REGION_OFFSET - 1, 0)   ///s2_pf_block_addr的低4位为region内offset

  val s2_full_vaddr = Wire(UInt(VAddrBits.W))
  s2_full_vaddr := s2_pf_block_vaddr ## 0.U(BLOCK_OFFSET.W)             ///由StridePF建议预读的虚存地址
  val s2_region_tag = region_hash_tag( region_addr(s2_full_vaddr) )     ///该地址的所在region的tag

    ///StridePF的输出是s2_gen_req，这是个PfGenReq，是由StridePF产生的预读请求：
  io.s2_gen_req.valid := s2_pf_gen_valid && io.stride_en
  io.s2_gen_req.bits.region_tag := s2_region_tag                         ///建议预读region的tag
  io.s2_gen_req.bits.region_addr := s2_pf_region_addr                    ///建议预读的region地址
  io.s2_gen_req.bits.alias_bits := get_alias_bits(region_addr(s2_full_vaddr))
  io.s2_gen_req.bits.region_bits := region_offset_to_bits (s2_pf_region_offset)   ///将s2_pf_region_offset转化成标志位
  io.s2_gen_req.bits.paddr_valid := s2_pf_gen_paddr_valid
  io.s2_gen_req.bits.decr_mode := false.B
  io.s2_gen_req.bits.debug_source_type := HW_PREFETCH_STRIDE.U
}   ///end class StridePF
```

可见，StridePF 的算法是相对简单的；缺点是只记录最后那次访问的跨度，那就是假定每次都按相同的跨度前进或后退，这似乎有点简单化，但实际上也没有更好的办法。

在由 StridePF 产生的预读请求中，位图 region_bits 实际上是个单热位图（只有 1 位为 1），标志着需要预读的 block 即 cacheline。

由 StridePF 产生的 s2_gen_req 在 SMSPrefetcher 中被作为其 pf_gen_req 的三个候选预读请求之一，优先级在 AGT 的 s2_pf_gen_req 之后，PHT 的 pf_gen_req 之前，经选取后送入 PrefetchFilter 进行过滤。

预读请求的第三个来源是 PHT，即 PatternHistoryTable。如前所述，AGT 表中被替换下来的记录就被转入 PHT，不过 PHT 倒也并不只是 AGT 的扩展和后备。PHT 中有个容量为 pht_size 即 64 的存储模块，可以容纳 64 个 PhtEntry，可是 PhtEntry 不同于 AGTEntry：

```
class PhtEntry()(implicit p: Parameters) extends XSBundle with HasSMSModuleHelper {
  val hist = Vec(2 * (REGION_BLKS - 1), UInt(PHT_HIST_BITS.W))      /// REGION_BLKS=16，PHT_HIST_BITS=2
  val tag = UInt(PHT_TAG_BITS.W)                                     ///这是pht_tag
  val decr_mode = Bool()
}
```

PatternHistoryTable 中的表项都是从 AGT 剔除（evict）出来的，原则上应保留 AGTEntry 中的信息。但是 PhtEntry 中进行了压缩和优化。首先是这里的 hist 字段，这是将 AGTEntry 中的 region_offset 和 region_bits 组装在了一起。这样还缺一个 region_tag，然而 region_tag 是可以从作为查询条件之一的 region_vaddr 中再生出来的。

再看这里有个 tag，这就是 pht_tag，但是却没有 pht_index。这是因为：在 PHT 的存储阵列中是以 pht_index 为地址（下标）存储的，以 pht_index 为 set 号，每个 set 号有两个 way，即两个 PhtEntry，再通过 tag 字段的比对确定目标。AGTEntry 中的 pht_index 的宽度是 PHT_INDEX_BITS，定义为 5；这意味着，根据访内指令 pc 的最低 6 位（末位一定是 0），每个地址都有两个 generation 记录在案，超出两个就只好把较老的那个覆盖掉了。结合查询时的 PhtLookup，可以看得更明白一些：

```
class PhtLookup()(implicit p: Parameters) extends XSBundle with HasSMSModuleHelper {
  val pht_index = UInt(PHT_INDEX_BITS.W)
  val pht_tag = UInt(PHT_TAG_BITS.W)
  val region_paddr = UInt(REGION_ADDR_BITS.W)
  val region_vaddr = UInt(REGION_ADDR_BITS.W)
  val region_offset = UInt(REGION_OFFSET.W)
}
```

这里的 pht_tag 存储在 PhtEntry 中，可以用来比对；pht_index 用来从存储阵列 pht_ram 中找到所在的位置，每个位置上有两个 PhtEntry。所以，对于 pht_index 的 32 个不同的值，可以但是只可以保留两个记录。至于 region_tag，那是可以用包含在 PhtLookup 中的 region_vaddr 生成出来的。查询的目标则是该条记录即 generation 的 region_bits，那可以从 PhtEntry 中的 hist 字段恢复出来。

明白了这些，看 PatternHistoryTable 的代码就没有困难了：

```
[MemBlockImp > SMSPrefetcher > PatternHistoryTable]
class PatternHistoryTable()(implicit p: Parameters) extends XSModule with HasSMSModuleHelper {
  val io = IO(new Bundle() {
    // receive agt evicted entry
    val agt_update = Flipped(ValidIO(new AGTEntry()))              ///被AGT剔除的记录项
    // at stage2, if we know agt missed, lookup pht
    val s2_agt_lookup = Flipped(ValidIO(new PhtLookup()))          ///来自AGT的查找请求
    // pht-generated prefetch req
    val pf_gen_req = ValidIO(new PfGenReq())                       ///由PHT产生的预读请求，去向PrefetchFilter
  })

  val pht_ram = Module(new SRAMTemplate[PhtEntry](new PhtEntry,
                      set = smsParams.pht_size/smsParams.pht_ways, way =smsParams.pht_ways, singlePort = true))
                ///pht_ram是以pht_index为地址读写的，pht_size=64，pht_ways=2。PatternHistoryTable内部的存储模块。
  def PHT_SETS = smsParams.pht_size/smsParams.pht_ways           /// pht_size=64，pht_ways=2，  set=32
  val pht_valids = Seq.fill(smsParams.pht_ways){ RegInit(VecInit(Seq.fill(PHT_SETS){false.B})) }
  val replacement = Seq.fill(PHT_SETS) { ReplacementPolicy.fromString("plru", smsParams.pht_ways) }

  val lookup_queue = Module(new OverrideableQueue(new PhtLookup, smsParams.pht_lookup_queue_size))
  lookup_queue.io.in := io.s2_agt_lookup                          /// lookup_queue的输入来自AGT的s2阶段
  val lookup = lookup_queue.io.out                               ///ookup_queue的输出就是下面的lookup
```

```
val evict_queue = Module(new OverrideableQueue(new AGTEntry, smsParams.pht_lookup_queue_size))
evict_queue.io.in := io.agt_update                          ///evict_queue的输入来自AGT
val evict = evict_queue.io.out                              ///evict_queue的输出就是下面的evict

val s3_ram_en = Wire(Bool())
val s1_valid = Wire(Bool())
// if s1.raddr == s2.waddr or s3 is using ram port, block s1
val s1_wait = Wire(Bool())
// pipe s0: select an op from [lookup, update], generate ram read addr
val s0_valid = lookup.valid || evict.valid

evict.ready := !s1_valid || !s1_wait
lookup.ready := evict.ready && !evict.valid

val s0_ram_raddr = Mux(evict.valid, evict.bits.pht_index, lookup.bits.pht_index)     ///pht_ram以pht_index为地址。
val s0_tag = Mux(evict.valid, evict.bits.pht_tag, lookup.bits.pht_tag)               ///以pht_tag为比对目标。
val s0_region_offset = Mux(evict.valid, evict.bits.region_offset, lookup.bits.region_offset)   ///evict中的region_offset
val s0_region_paddr = lookup.bits.region_paddr
val s0_region_vaddr = lookup.bits.region_vaddr
val s0_region_bits = evict.bits.region_bits                                          ///evict中的region_bits
val s0_decr_mode = evict.bits.decr_mode
val s0_evict = evict.valid

// pipe s1: send addr to ram
val s1_valid_r = RegInit(false.B)
s1_valid_r := Mux(s1_valid && s1_wait, true.B, s0_valid)
s1_valid := s1_valid_r
val s1_reg_en = s0_valid && (!s1_wait || !s1_valid)
val s1_ram_raddr = RegEnable(s0_ram_raddr, s1_reg_en)                   ///来自evict或lookup的pht_index
val s1_tag = RegEnable(s0_tag, s1_reg_en)                               ///这是evict或lookup的pht_tag
val s1_region_bits = RegEnable(s0_region_bits, s1_reg_en)
val s1_decr_mode = RegEnable(s0_decr_mode, s1_reg_en)
val s1_region_paddr = RegEnable(s0_region_paddr, s1_reg_en)
val s1_region_vaddr = RegEnable(s0_region_vaddr, s1_reg_en)
val s1_region_offset = RegEnable(s0_region_offset, s1_reg_en)
val s1_pht_valids = pht_valids.map(way => Mux1H((0 until PHT_SETS).map(i => i.U === s1_ram_raddr), way ))
val s1_evict = RegEnable(s0_evict, s1_reg_en)
val s1_replace_way = Mux1H((0 until PHT_SETS).map(i => i.U === s1_ram_raddr), replacement.map(_.way) )
val s1_hist_update_mask = Cat(Fill(REGION_BLKS - 1, true.B), 0.U((REGION_BLKS - 1).W)) >> s1_region_offset
val s1_hist_bits = Cat(s1_region_bits.head(REGION_BLKS - 1) >> s1_region_offset,
                    (Cat(s1_region_bits.tail(1), 0.U((REGION_BLKS - 1).W)) >> s1_region_offset)(REGION_BLKS - 2, 0))
                                                            ///这是PhtEntry中hist字段的来历和组成。

// pipe s2: generate ram write addr/data                    ///生成写入存储阵列pht_ram的地址和内容：
val s2_valid = RegNext(s1_valid && !s1_wait, false.B)
val s2_reg_en = s1_valid && !s1_wait
```

```
  val s2_hist_update_mask = RegEnable(s1_hist_update_mask, s2_reg_en)
  val s2_hist_bits = RegEnable(s1_hist_bits, s2_reg_en)
  val s2_tag = RegEnable(s1_tag, s2_reg_en)
  val s2_region_bits = RegEnable(s1_region_bits, s2_reg_en)
  val s2_decr_mode = RegEnable(s1_decr_mode, s2_reg_en)
  val s2_region_paddr = RegEnable(s1_region_paddr, s2_reg_en)
  val s2_region_vaddr = RegEnable(s1_region_vaddr, s2_reg_en)
  val s2_region_offset = RegEnable(s1_region_offset, s2_reg_en)
  val s2_region_offset_mask = region_offset_to_bits(s2_region_offset)
  val s2_evict = RegEnable(s1_evict, s2_reg_en)
  val s2_pht_valids = s1_pht_valids.map(v => RegEnable(v, s2_reg_en))
  val s2_replace_way = RegEnable(s1_replace_way, s2_reg_en)
  val s2_ram_waddr = RegEnable(s1_ram_raddr, s2_reg_en)

  val s2_ram_rdata = pht_ram.io.r.resp.data                    ///按地址s1_ram_raddr即pht_index从存储阵列pht_ram读出
  val s2_ram_rtags = s2_ram_rdata.map(_.tag)                   ///从pht_ram读出的是两个way，从中抽取各自的tag字段
  val s2_tag_match_vec = s2_ram_rtags.map(t => t === s2_tag)   ///与s2_tag即给定的pht_tag比对，得位图s2_tag_match_vec。
  val s2_hit_vec = s2_tag_match_vec.zip(s2_pht_valids).map({case (tag_match, v) => v && tag_match})   ///tag相符并且valid
/// class PatternHistoryTable，待续。
```

至此，根据给定的 pht_index 在 pht_ram 中读出，并与给定的 pht_tag 比对，我们得到了一个匹配位图 s2_tag_match_vec，并进而加上 valid 的条件得到命中位图 s2_hit_vec。

下面就是对 PHT 中的记录进行更新并提出预读建议/请求的事了：

```
[MemBlockImp > SMSPrefetcher > PatternHistoryTable]　续
  val s2_hist_update = s2_ram_rdata.map(way => VecInit(way.hist.zipWithIndex.map({
    case (h, i) =>
      val do_update = s2_hist_update_mask(i)
      val hist_updated = Mux(s2_hist_bits(i), Mux(h.andR, h, h + 1.U), Mux(h === 0.U, 0.U, h - 1.U))
      Mux(do_update, hist_updated, h)
  })))  ///end val s2_hist_update
  val s2_hist_pf_gen = Mux1H(s2_hit_vec, s2_ram_rdata.map(way => VecInit(way.hist.map(_.head(1))).asUInt))
  val s2_new_hist = VecInit(s2_hist_bits.asBools.map(b => Cat(0.U((PHT_HIST_BITS - 1).W), b)))
  val s2_pht_hit = Cat(s2_hit_vec).orR
  val s2_hist = Mux(s2_pht_hit, Mux1H(s2_hit_vec, s2_hist_update), s2_new_hist)
                              ///s2_hist可以是来自s2_hist_update，也可以来自表项替换的s2_new_hist
  val s2_repl_way_mask = UIntToOH(s2_replace_way)

  // pipe s3: send addr/data to ram, gen pf_req               ///写入存储阵列pht_ram，并生成预读请求：
  val s3_valid = RegNext(s2_valid, false.B)
  val s3_evict = RegEnable(s2_evict, s2_valid)
  val s3_hist = RegEnable(s2_hist, s2_valid)
  val s3_hist_pf_gen = RegEnable(s2_hist_pf_gen, s2_valid)
  val s3_hist_update_mask = RegEnable(s2_hist_update_mask.asUInt, s2_valid)
  val s3_region_offset = RegEnable(s2_region_offset, s2_valid)
  val s3_region_offset_mask = RegEnable(s2_region_offset_mask, s2_valid)
```

```
val s3_decr_mode = RegEnable(s2_decr_mode, s2_valid)
val s3_region_paddr = RegEnable(s2_region_paddr, s2_valid)
val s3_region_vaddr = RegEnable(s2_region_vaddr, s2_valid)
val s3_pht_tag = RegEnable(s2_tag, s2_valid)
val s3_hit_vec = s2_hit_vec.map(h => RegEnable(h, s2_valid))
val s3_hit = Cat(s3_hit_vec).orR
val s3_hit_way = OHToUInt(s3_hit_vec)
val s3_repl_way = RegEnable(s2_replace_way, s2_valid)
val s3_repl_way_mask = RegEnable(s2_repl_way_mask, s2_valid)
val s3_repl_update_mask = RegEnable(VecInit((0 until PHT_SETS).map(i => i.U === s2_ram_waddr)), s2_valid)

   ///写入数据的准备，写入的数据可以源自hit，也可以源自replace：
val s3_ram_waddr = RegEnable(s2_ram_waddr, s2_valid)
s3_ram_en := s3_valid && s3_evict
val s3_ram_wdata = Wire(new PhtEntry())                      ///要写入存储阵列pht_ram的是个PhtEntry
s3_ram_wdata.hist := s3_hist                                 ///填写该PhtEntry
s3_ram_wdata.tag := s3_pht_tag
s3_ram_wdata.decr_mode := s3_decr_mode

s1_wait := (s2_valid && s2_evict && s2_ram_waddr === s1_ram_raddr) || s3_ram_en

for((valids, way_idx) <- pht_valids.zipWithIndex){
  val update_way = s3_repl_way_mask(way_idx)
  for((v, set_idx) <- valids.zipWithIndex){
    val update_set = s3_repl_update_mask(set_idx)
    when(s3_valid && s3_evict && !s3_hit && update_set && update_way){ v := true.B }
  }   ///所设置的是pht_valids中的标志位
}
for((r, i) <- replacement.zipWithIndex){
  when(s3_valid && s3_repl_update_mask(i)){ when(s3_hit){ r.access(s3_hit_way) }.elsewhen(s3_evict){ r.access(s3_repl_way) }}
}   ///告诉轮换策略，s3_hit_way或s3_repl_way得到了访问。

val s3_way_mask = Mux(s3_hit, VecInit(s3_hit_vec).asUInt, s3_repl_way_mask,).asUInt

pht_ram.io.r (s1_valid, s1_ram_raddr)                                          ///接通从存储阵列pht_ram读出的电路
pht_ram.io.w (s3_ram_en, s3_ram_wdata, s3_ram_waddr, s3_way_mask )            ///写入存储阵列pht_ram
                    ///将s3_ram_wdata写入pht_ram中set= s3_ram_waddr, way= s3_way_mask所指的单元。

when(s3_valid && s3_hit){ assert(!Cat(s3_hit_vec).andR, "sms_pht: multi-hit!") }

// generate pf req if hit                                       ///如果命中就生成预读请求：
val s3_hist_hi = s3_hist_pf_gen.head(REGION_BLKS - 1)
val s3_hist_lo = s3_hist_pf_gen.tail(REGION_BLKS - 1)
val s3_hist_hi_shifted = (Cat(0.U((REGION_BLKS - 1).W), s3_hist_hi) << s3_region_offset)(2 * (REGION_BLKS - 1) - 1, 0)
val s3_hist_lo_shifted = (Cat(0.U((REGION_BLKS - 1).W), s3_hist_lo) << s3_region_offset)(2 * (REGION_BLKS - 1) - 1, 0)
val s3_cur_region_bits = Cat(s3_hist_hi_shifted.tail(REGION_BLKS - 1), 0.U(1.W)) |
```

```
                                                Cat(0.U(1.W), s3_hist_lo_shifted.head(REGION_BLKS - 1))
                                                          ///从PhtEntry的hist字段中恢复出region_bits
val s3_incr_region_bits = Cat(0.U(1.W), s3_hist_hi_shifted.head(REGION_BLKS - 1))
val s3_decr_region_bits = Cat(s3_hist_lo_shifted.tail(REGION_BLKS - 1), 0.U(1.W))
val s3_pf_gen_valid = s3_valid && s3_hit && !s3_evict          ///是命中而不是剔除，这才有预读请求的产生。
val s3_cur_region_valid =   s3_pf_gen_valid && (s3_hist_pf_gen & s3_hist_update_mask).orR
val s3_incr_region_valid = s3_pf_gen_valid && (s3_hist_hi & (~s3_hist_update_mask.head(REGION_BLKS - 1)).asUInt).orR
val s3_decr_region_valid = s3_pf_gen_valid && (s3_hist_lo & (~s3_hist_update_mask.tail(REGION_BLKS - 1)).asUInt).orR
val s3_incr_region_vaddr = s3_region_vaddr + 1.U
val s3_incr_alias_bits = get_alias_bits(s3_incr_region_vaddr)
val s3_decr_region_vaddr = s3_region_vaddr - 1.U
val s3_decr_alias_bits = get_alias_bits(s3_decr_region_vaddr)
val s3_incr_region_paddr = Cat(s3_region_paddr(REGION_ADDR_BITS - 1, REGION_ADDR_PAGE_BIT),
                                                s3_incr_region_vaddr(REGION_ADDR_PAGE_BIT - 1, 0))
val s3_decr_region_paddr = Cat(s3_region_paddr(REGION_ADDR_BITS - 1, REGION_ADDR_PAGE_BIT),
                                                s3_decr_region_vaddr(REGION_ADDR_PAGE_BIT - 1, 0))
val s3_incr_crosspage = s3_incr_region_vaddr(REGION_ADDR_PAGE_BIT) =/= s3_region_vaddr(REGION_ADDR_PAGE_BIT)
val s3_decr_crosspage = s3_decr_region_vaddr(REGION_ADDR_PAGE_BIT) =/= s3_region_vaddr(REGION_ADDR_PAGE_BIT)
val s3_cur_region_tag = region_hash_tag(s3_region_vaddr)            ///s3_region_vaddr来自s2_region_vaddr，见前
                                                                    ///从s3_region_vaddr生成其region_tag
val s3_incr_region_tag = region_hash_tag(s3_incr_region_vaddr)      ///从s3_incr_region_vaddr生成其region_tag
val s3_decr_region_tag = region_hash_tag(s3_decr_region_vaddr)      ///从s3_decr_region_vaddr生成其region_tag

val pf_gen_req_arb = Module(new Arbiter(new PfGenReq, 3))           ///预读请求仲裁器，因为要从三个预读请求中选一：
val s4_pf_gen_cur_region_valid = RegInit(false.B)
val s4_pf_gen_cur_region = Reg(new PfGenReq)                        ///预读请求1：s4_pf_gen_cur_region
val s4_pf_gen_incr_region_valid = RegInit(false.B)
val s4_pf_gen_incr_region = Reg(new PfGenReq)                       ///预读请求2：s4_pf_gen_incr_region
val s4_pf_gen_decr_region_valid = RegInit(false.B)
val s4_pf_gen_decr_region = Reg(new PfGenReq)                       ///预读请求3：s4_pf_gen_decr_region

s4_pf_gen_cur_region_valid := s3_cur_region_valid
when(s3_cur_region_valid){                                ///如果s3_cur_region_valid就填写s4_pf_gen_cur_region：
  s4_pf_gen_cur_region.region_addr := s3_region_paddr
  s4_pf_gen_cur_region.alias_bits := get_alias_bits(s3_region_vaddr)
  s4_pf_gen_cur_region.region_tag := s3_cur_region_tag
  s4_pf_gen_cur_region.region_bits := s3_cur_region_bits
  s4_pf_gen_cur_region.paddr_valid := true.B
  s4_pf_gen_cur_region.decr_mode := false.B
}
s4_pf_gen_incr_region_valid := s3_incr_region_valid || (!pf_gen_req_arb.io.in(1).ready && s4_pf_gen_incr_region_valid)
when(s3_incr_region_valid){                               ///如果s3_incr_region_valid就填写s4_pf_gen_incr_region：
  s4_pf_gen_incr_region.region_addr := Mux(s3_incr_crosspage, s3_incr_region_vaddr, s3_incr_region_paddr)
  s4_pf_gen_incr_region.alias_bits := s3_incr_alias_bits
  s4_pf_gen_incr_region.region_tag := s3_incr_region_tag
  s4_pf_gen_incr_region.region_bits := s3_incr_region_bits
```

```
    s4_pf_gen_incr_region.paddr_valid := !s3_incr_crosspage
    s4_pf_gen_incr_region.decr_mode := false.B
  }
  s4_pf_gen_decr_region_valid := s3_decr_region_valid || (!pf_gen_req_arb.io.in(2).ready && s4_pf_gen_decr_region_valid)
  when(s3_decr_region_valid){                       ///如果s3_decr_region_valid就填写s4_pf_gen_decr_region：
    s4_pf_gen_decr_region.region_addr := Mux(s3_decr_crosspage, s3_decr_region_vaddr, s3_decr_region_paddr)
    s4_pf_gen_decr_region.alias_bits := s3_decr_alias_bits
    s4_pf_gen_decr_region.region_tag := s3_decr_region_tag
    s4_pf_gen_decr_region.region_bits := s3_decr_region_bits
    s4_pf_gen_decr_region.paddr_valid := !s3_decr_crosspage
    s4_pf_gen_decr_region.decr_mode := true.B
  }

  pf_gen_req_arb.io.in.head.valid := s4_pf_gen_cur_region_valid
  pf_gen_req_arb.io.in.head.bits := s4_pf_gen_cur_region                  ///将s4_pf_gen_cur_region接到仲裁器输入
  pf_gen_req_arb.io.in.head.bits.debug_source_type := HW_PREFETCH_PHT_CUR.U
  pf_gen_req_arb.io.in(1).valid := s4_pf_gen_incr_region_valid
  pf_gen_req_arb.io.in(1).bits := s4_pf_gen_incr_region                   ///将s4_pf_gen_incr_region接到仲裁器输入
  pf_gen_req_arb.io.in(1).bits.debug_source_type := HW_PREFETCH_PHT_INC.U
  pf_gen_req_arb.io.in(2).valid := s4_pf_gen_decr_region_valid
  pf_gen_req_arb.io.in(2).bits := s4_pf_gen_decr_region                   ///将s4_pf_gen_decr_region接到仲裁器输入
  pf_gen_req_arb.io.in(2).bits.debug_source_type := HW_PREFETCH_PHT_DEC.U
  pf_gen_req_arb.io.out.ready := true.B

  io.pf_gen_req.valid := pf_gen_req_arb.io.out.valid
  io.pf_gen_req.bits := pf_gen_req_arb.io.out.bits                        ///将仲裁器输出接到io.pf_gen_req
  …       ///性能统计从略
}  ///end class PatternHistoryTable
```

不管是 AGT、StridePF，还是 PHT，所提出的预读建议/请求都是“理想化”的，都没有考虑到有些 cacheline 其实已经在缓存中。所以需要对它们提出的建议进行一下过滤，把已经在缓存中的 cacheline 从预读建议中剔除掉，这就是 PrefetchFilter 的作用：

```
[MemBlockImp > SMSPrefetcher > PrefetchFilter]
class PrefetchFilter()(implicit p: Parameters) extends XSModule with HasSMSModuleHelper {
  val io = IO(new Bundle() {
    val gen_req = Flipped(ValidIO(new PfGenReq()))                 ///来自AGT，Stride PF，或PHT的预读请求
    val tlb_req = new TlbRequestIO(2)
    val l2_pf_addr = ValidIO(UInt(PAddrBits.W))                    ///最终提供给SMSPrefetcher的预读地址
    val pf_alias_bits = Output(UInt(2.W))
    val debug_source_type = Output(UInt(log2Up(nSourceType).W))
  })
  val entries = Seq.fill(smsParams.pf_filter_size){ Reg(new PrefetchFilterEntry()) }      ///pf_filter_size=16，这是个存储阵列。
  val valids = Seq.fill(smsParams.pf_filter_size){ RegInit(false.B) }
  val replacement = ReplacementPolicy.fromString("plru", smsParams.pf_filter_size)        ///还是采用“伪LRU”替换策略
  val prev_valid = RegNext(io.gen_req.valid, false.B)
```

```
val prev_gen_req = RegEnable(io.gen_req.bits, io.gen_req.valid)   ///把io.gen_req保存在寄存器中，到下一次就成了先前请求。
val tlb_req_arb = Module(new RRArbiterInit(new TlbReq, smsParams.pf_filter_size))       ///实行Round-Robin的仲裁器
val pf_req_arb = Module(new RRArbiterInit(UInt(PAddrBits.W), smsParams.pf_filter_size))

io.tlb_req.req <> tlb_req_arb.io.out
io.tlb_req.resp.ready := true.B
io.tlb_req.req_kill := false.B
io.l2_pf_addr.valid := pf_req_arb.io.out.valid
io.l2_pf_addr.bits := pf_req_arb.io.out.bits                          ///最终的预读地址来自仲裁器pf_req_arb的输出
io.pf_alias_bits := Mux1H(entries.zipWithIndex.map({case (entry, i) => (i.U === pf_req_arb.io.chosen) -> entry.alias_bits }))
pf_req_arb.io.out.ready := true.B

io.debug_source_type := VecInit(entries.map(_.debug_source_type))(pf_req_arb.io.chosen)

val s1_valid = Wire(Bool())
val s1_hit = Wire(Bool())
val s1_replace_vec = Wire(UInt(smsParams.pf_filter_size.W))
val s1_tlb_fire_vec = Wire(UInt(smsParams.pf_filter_size.W))

// s0: entries lookup
val s0_gen_req = io.gen_req.bits
val s0_match_prev = prev_valid && (s0_gen_req.region_tag === prev_gen_req.region_tag)
                                         ///将当前预读请求中的region_tag与先前请求中的相比
val s0_gen_req_valid = io.gen_req.valid && !s0_match_prev                ///与先前不同（不重复方为有效）
val s0_match_vec = valids.indices.map(i => {
  valids(i) && entries(i).region_tag === s0_gen_req.region_tag && !(s1_valid && !s1_hit && s1_replace_vec(i))
})                          ///将当前预读请求中的region_tag与entries中的各个entry比较。所以entries是个CAM。
val s0_any_matched = Cat(s0_match_vec).orR
val s0_replace_vec = UIntToOH(replacement.way)
val s0_hit = s0_gen_req_valid && s0_any_matched

for(((v, ent), i) <- valids.zip(entries).zipWithIndex){
  val is_evicted = s1_valid && s1_replace_vec(i)
  tlb_req_arb.io.in(i).valid := v && !s1_tlb_fire_vec(i) && !ent.paddr_valid && !is_evicted
  tlb_req_arb.io.in(i).bits.vaddr := Cat(ent.region_addr, 0.U(log2Up(REGION_SIZE).W))
  tlb_req_arb.io.in(i).bits.cmd := TlbCmd.read
  tlb_req_arb.io.in(i).bits.size := 3.U
  tlb_req_arb.io.in(i).bits.kill := false.B
  tlb_req_arb.io.in(i).bits.no_translate := false.B
  tlb_req_arb.io.in(i).bits.memidx := DontCare
  tlb_req_arb.io.in(i).bits.debug := DontCare

  val pending_req_vec = ent.region_bits & (~ent.filter_bits).asUInt        ///从ent.region_bits这个集合中剔除已经读入的。
  val first_one_offset = PriorityMux(pending_req_vec.asBools, (0 until smsParams.pf_filter_size).map(_.U(REGION_OFFSET.W)))
  val last_one_offset = PriorityMux(pending_req_vec.asBools.reverse,
                        (0 until smsParams.pf_filter_size).reverse.map(_.U(REGION_OFFSET.W)))   ///pf_filter_size=16
```

```
    val pf_addr = Cat(ent.region_addr, Mux(ent.decr_mode, last_one_offset, first_one_offset),
                                                       0.U(log2Up(dcacheParameters.blockBytes).W) )
              ///预取地址的拼接：最高位段是ent.region_addr，然后是last_one_offset或first_one_offset，最后是6个0。
    pf_req_arb.io.in(i).valid := v && Cat(pending_req_vec).orR && ent.paddr_valid && !is_evicted
    pf_req_arb.io.in(i).bits := pf_addr                          ///将此预读地址pf_addr连到仲裁器pf_req_arb的输入端
  }  ///end for

  val s0_tlb_fire_vec = VecInit(tlb_req_arb.io.in.map(_.fire))
  val s0_pf_fire_vec = VecInit(pf_req_arb.io.in.map(_.fire))        ///仲裁器pf_req_arb的这几个输入端上有输入
                                                                   ///仲裁器的输出连到io.l2_pf_addr，见前。
  val s0_update_way = OHToUInt(s0_match_vec)
  val s0_replace_way = replacement.way
  val s0_access_way = Mux(s0_any_matched, s0_update_way, s0_replace_way)
  when(s0_gen_req_valid){ replacement.access(s0_access_way) }    ///调用替换策略的access()函数，这个cacheline受到访问。
/// class PrefetchFilter，待续
```

PrefetchFilter 中有个小小的存储阵列 entries，其大小 pf_filter_size 为 16，这就是过滤表，其中的每个表项都是一个 PrefetchFilterEntry：

```
[MemBlockImp > SMSPrefetcher > PrefetchFilter > PrefetchFilterEntry]
class PrefetchFilterEntry()(implicit p: Parameters) extends XSBundle with HasSMSModuleHelper {
  val region_tag = UInt(REGION_TAG_WIDTH.W)        ///REGION_TAG_WIDTH=11
          ///REGION_TAG_WIDTH = REGION_ADDR_RAW_WIDTH + VADDR_HASH_WIDTH = 6+5 = 11
          ///REGION_ADDR_RAW_WIDTH = BLK_ADDR_RAW_WIDTH - REGION_OFFSET=10-4=6
          ///VADDR_HASH_WIDTH = 5
  val region_addr = UInt(REGION_ADDR_BITS.W)       ///REGION_ADDR_BITS = VAddrBits - log2Up(REGION_SIZE) = 36-10
  val region_bits = UInt(REGION_BLKS.W)            /// REGION_BLKS= region_size/blockBytes = 1024/64 = 16
  val filter_bits = UInt(REGION_BLKS.W)            ///这是本region中已经读入的cacheline位图
  val alias_bits = UInt(2.W)
  val paddr_valid = Bool()
  val decr_mode = Bool()
  val debug_source_type = UInt(log2Up(nSourceType).W)
}  ///end class PrefetchFilterEntry
```

PrefetchFilterEntry 中的位图 region_bits 来自预读请求，另一个位图 filter_bits 则是该 region 中已经读入的 cacheline。上面代码中的“val pending_req_vec = ent.region_bits & (~ent.filter_bits).asUInt”这一行就把已经在 filter_bits 中的标志位都剔除了。这样，pending_req_vec 就是本 region 中建议预读的 cacheline 位图。这个位图及其所代表的地址被送入仲裁器 pf_req_arb。仲裁器的输出则连到 io.l2_pf_addr，这就是建议预读的地址。

下面就只是 PrefetchFilter 的内务了：

```
[MemBlockImp > SMSPrefetcher > PrefetchFilter]    续
  // s1: update or alloc
  val s1_valid_r = RegNext(s0_gen_req_valid, false.B)
  val s1_hit_r = RegEnable(s0_hit, false.B, s0_gen_req_valid)
  val s1_gen_req = RegEnable(s0_gen_req, s0_gen_req_valid)
  val s1_replace_vec_r = RegEnable(s0_replace_vec, s0_gen_req_valid && !s0_hit)
```

```
  val s1_update_vec = RegEnable(VecInit(s0_match_vec).asUInt, s0_gen_req_valid && s0_hit)
  val s1_tlb_fire_vec_r = RegNext(s0_tlb_fire_vec, 0.U.asTypeOf(s0_tlb_fire_vec))
  val s1_alloc_entry = Wire(new PrefetchFilterEntry())
  s1_valid := s1_valid_r
  s1_hit := s1_hit_r
  s1_replace_vec := s1_replace_vec_r
  s1_tlb_fire_vec := s1_tlb_fire_vec_r.asUInt
  s1_alloc_entry.region_tag := s1_gen_req.region_tag
  s1_alloc_entry.region_addr := s1_gen_req.region_addr
  s1_alloc_entry.region_bits := s1_gen_req.region_bits          ///来自预读请求，本region中曾经被访问的cacheline位图。
  s1_alloc_entry.paddr_valid := s1_gen_req.paddr_valid
  s1_alloc_entry.decr_mode := s1_gen_req.decr_mode
  s1_alloc_entry.filter_bits := 0.U                              ///一开始时这个region中还没有cacheline已被读入
  s1_alloc_entry.alias_bits := s1_gen_req.alias_bits
  s1_alloc_entry.debug_source_type := s1_gen_req.debug_source_type
  for(((v, ent), i) <- valids.zip(entries).zipWithIndex){
    val alloc = s1_valid && !s1_hit && s1_replace_vec(i)
    val update = s1_valid && s1_hit && s1_update_vec(i)
    // for pf: use s0 data
    val pf_fired = s0_pf_fire_vec(i)
    val tlb_fired = s1_tlb_fire_vec(i) && !io.tlb_req.resp.bits.miss
    when(tlb_fired){
      ent.paddr_valid := !io.tlb_req.resp.bits.miss
      ent.region_addr := region_addr(io.tlb_req.resp.bits.paddr.head)
    }
    when(update){ ent.region_bits := ent.region_bits | s1_gen_req.region_bits }   ///表项中的region_bits来自预读请求。
    when(pf_fired){
      val curr_bit = UIntToOH(block_addr (pf_req_arb.io.in(i).bits)(REGION_OFFSET - 1, 0))
      ent.filter_bits := ent.filter_bits | curr_bit          ///将curr_bit添进目标表项的filter_bits，表示这个cacheline已经读入。
    }
    when(alloc){
      ent := s1_alloc_entry
      v := true.B
    }
  }  ///end for
  when(s1_valid && s1_hit){ assert(PopCount(s1_update_vec) === 1.U, "sms_pf_filter: multi-hit") }
  …        ///性能统计从略
}  ///end class PrefetchFilter
```

这样，每当有 ld 指令来到 MemBlock 时，他都会抄送一份给 SMS，SMS 就以该 ld 指令所在的地址 pc 加访存目标地址二者的组合在其 AGT 和 StridePF 两个表中搜索，如果都不命中就再去 PHT 搜索，如果都不命中就是一个新 generation 的触发访问，需要在 AGT 中新建一个表项。如果命中，那就要更新表项中对当前 region 的访问位图，并据此进行预测，提出预读建议。最后预读建议还要经过 PrefetchFilter 的过滤，把已经在缓存中的 cacheline 滤掉。

第 28 章

香山 SoC 的数据缓存 DCache

我们在前面已经了解到，作为 LazyModule 的 MemBlock 在其参数协调阶段创建了 DCacheWrapper，里面既可以是真的 DCache，也可以是假的 FakeDCache，目的是让具体芯片的设计人员可以选择是否真的使用 DCache。实际上除要求不高的某些嵌入式应用外，数据缓存总还是要的，尽管这意味着芯片上的相当大一部分资源要被用于数据缓存。采用 RISC 结构的 CPU，好处之一就是可以节省下芯片上大量的资源，转用于高速缓存，包括指令缓存 ICache 和数据缓存 DCache。

在香山的代码中，DCache 是作为一个 LazyModule 创建的，但是关于硬件的描述当然是在其 module 中：

```
[XSCoreBase > MemBlock > DCacheWrapper > DCache]
class DCache()(implicit p: Parameters) extends LazyModule with HasDCacheParameters {
  val clientParameters = TLMasterPortParameters.v1(
    Seq(TLMasterParameters.v1(
      name = "dcache",
      sourceId = IdRange(0, nEntries + 1),
      supportsProbe = TransferSizes(cfg.blockBytes)
    )),
    requestFields = cacheParams.reqFields,
    echoFields = cacheParams.echoFields
  )
  val clientNode = TLClientNode(Seq(clientParameters))
  lazy val module = new DCacheImp(this)
}
```

我们在本书第 2 卷中看过 ICache 的代码。相比于 ICache，DCache 要复杂得多，这是因为：ICache 是只读的，而 DCache 则可读可写。因为可写，就有了存储协同性的问题。尽管 DCache 本身是从属于单个 CPU 核，供单个 CPU 专用的，但底层的内存，或者说主存，却是可以由多个 CPU 公用的，可写而又可以为多个设备公用，就有了存储协同性的问题。所以 ICache 可以只支持 TileLink 的无缓存规程 TL-UL，只要使用 A 和 D 两个通道就够了，也根本不需要有 AMO 操作；而 DCache 就得支持 TL-C 规程，需要支持 A/D/B/C/E 五个通道的使用。显然，支持 TL-C 比只支持 TL-UL 复杂多了。

在具体的操作上，以缓存槽位的调度使用为例，当需要把一个 cacheline 加载到缓存中，但是却发现所有的缓存槽位都已占满的时候，在 ICache 中只要找个“牺牲者”，把它锁着的槽位覆盖掉就行；可是在 DCache 中就有了脏块回写的问题，这当然就复杂了许多。至于存储协同性的保证，那就更复杂了。

所以，可想而知，凡是 ICache 中有的成分和部件，DCache 中都会有；然后 DCache 中还会有一些 ICache 中没有的成分和部件。

不言而喻，DCache 的核心应该是为缓存而提供的存储空间，这是一个以 cacheline 为存储单元的存储阵列。但是光有这样一个存储阵列是不够的，因为伴随着每个缓存块的还有很多管理信息。这些信息的存放有两个方案，一个方案是将关于同一缓存块的全部信息都组合在一个数据结构中，成为一个复合信息的类，而以这个类的对象为单一阵列的存储单元；另一个方案是将信息分别存放在多个结构相同但性质不同的阵列中，这些不同的存储阵列是平行的，所有存储阵列同一位置（相同下标）上的信息都属于同一缓存块。香山采用的是后一方案，所以 DCache 中首先是有若干存储阵列：

- 数据阵列 bankedDataArray，这是个 BankedDataArray 模块
- 标签阵列 tagArray，这是个 DuplicatedTagArray 模块
- 元状态阵列 metaArray，这是个 L1CohMetaArray 模块
- 预读阵列 prefetchArray，这是个 L1FlagMetaArra 模块
- 出错信息阵列 errorArray，这也是个 L1FlagMetaArra 模块
- 访问状态阵列 accessArray，这也是个 L1FlagMetaArra 模块

其次是为提供某种服务而对存放在这些阵列中的信息进行操作处理的行为主体，这些行为主体所进行的操作往往不是在一个时钟节拍中就能完成，因而就以流水线的方式加以实现，于是就有了几个不同的流水线：

- ◆ 加载流水线 ldu，这是一排 N 个 LoadPipe 模块，N 的大小取决于参数 LoadPipelineWidth，这个参数定义为 2。LoadPipe 模块提供对缓存块的读出操作，即 Load 操作。
- ◆ 主流水线 mainPipe，这是个 MainPipe 模块，用来实现对缓存块的写入操作，即 Store 操作。
- ◆ 充填流水线 refillPipe，或者说（缓存块）“调入”流水线，是个 RefillPipe 模块。如果对 DCache 的访问不命中，就得从次级缓存或内存把缺失的缓冲块调入 DCache，并将相关的信息“充填（refill）”到各个存储阵列中，这个模块所起的作用就是向下层发出（对某个 cacheline 的）调入要求，然后将已经调入（已从 D 通道上到来）的缓冲块及其相关信息写入各个存储阵列。

然而并非所有作为行为主体的服务模块都是以流水线的方式实现，有些是以服务队列的方式实现的：

- ✧ 缺块队列 missQueue，这是个 MissQueue 模块，其作用就是向下层的次级缓存或内存发起调入所缺失的缓存块。对 DCache 的访问可以接连不断到来，因为不命中而需要调入缓存块的要求（在一段时期内）也可能密集发生，但是缓冲块的读入却可能是个比较缓慢的过程，所以就需要有个队列加以平滑。
- ✧ Probe 操作队列。为保证缓存的协同性，底层存储节点（如内存，或 3 级缓存）常有需要通知上层节点，让其改变对某个缓存块的访问/使用权限，这样的操作称为 Probe。Probe 这个词有“探索”、“刺激”的意思，用在这里似乎有用针刺激你一下，让你警觉并有所反应的意思。Probe 操作是在 B 通道自下向上发起的，但是上层受到刺激以后需要进行的操作却也可能并非瞬间就能完成，例如如果一个缓存块原先是在可写状态并已写脏，现在要将其转入只读状态，可是既然已经写脏就得先把它回写到内存中，这就费时间了。所以，因 Probe 而引起的操作可能并非一时就能完成，而后面的 Probe 可能又接着来了。显然，Probe 操作也需要有个队列加以平滑。
- ✧ 回写队列 wb，这是个 WritebackQueue 模块。从 StoreUnit 向下写入 DCache 的数据，只是写入了正在 DCache 中的缓存块，并未到达其最终的目的地即内存。所以，DCache 中已被写脏的缓存块终将被“写回（write back）”内存。这样的回写既有主动的也有被动的，主动的回写容易理解，因为缓存块被写脏超过了一定的时间（这个时间可以是 0，那就是所谓“穿透写入（write through）”）；或者需要为调入别的缓存块腾出地方，就得主动释放现有的缓存块，包括已被写脏的缓存块，此时就需要回写。被动的回写则是 Probe 操作的结果，下层存储节点要求上层节点降低对某个缓存块的访问权限，从可写降低到只读（即 T-to-B），如果该缓存块已被写脏就得先作回写。

另外，DCache 的外部接口是 DCacheIO，这我们在前面已经看过了，其定义是这样：

```
class DCacheIO(implicit p: Parameters) extends DCacheBundle {
  val hartId = Input(UInt(8.W))                ///所在XSCore的序号
  val l2_pf_store_only = Input(Bool())         ///用于数据预读，Prefetch。
  val lsu = new DCacheToLsuIO                  ///与Lsu即LoadUnit/LoadQueue、StoreUnit/Sbuffer、AtomicsUnit的接口
```

```
  val csr = new L1CacheToCsrIO                    ///与CSR的接口，DCache受CSR控制。
  val error = new L1CacheErrorInfo
  val mshrFull = Output(Bool())                   ///向上报告MSHR已经用满
}
```

DcacheIO 的复杂性都在其内部成分 lsu 这个 DcacheToLsuIO，这个我们也在前面看过了，这里不再重复。

DCache 中有那么多的部件，其机制和逻辑当然就比较复杂，下面我们就一步步看 DcacheImp 的代码：

```
[XSCoreBase > MemBlock > DCacheWrapper > DCache > DCacheImp]
class DCacheImp(outer: DCache) extends LazyModuleImp(outer) with HasDCacheParameters with HasPerfEvents {
  val io = IO(new DCacheIO)                       ///见上，详见前一章。
  val (bus, edge) = outer.clientNode.out.head     ///bus 就是 DCache 通向 L2 缓存的 TLBundle
  require(bus.d.bits.data.getWidth == l1BusDataWidth, "DCache: tilelink width does not match")
                                    ///要求 TLBundle 上 D 通道的数据宽度必须是 l1BusDataWidth 即 256 位
  //----------------------------------------
  // core data structures
  val bankedDataArray = Module(new BankedDataArray)                ///缓存块本身的存放地
  val metaArray = Module(new L1CohMetaArray(readPorts = LoadPipelineWidth + 1, writePorts = 2))  ///缓存块协同信息的存放地
  val errorArray = Module(new L1FlagMetaArray(readPorts = LoadPipelineWidth + 1, writePorts = 2))  ///缓存块出错信息的存放地
  val prefetchArray = Module(new L1FlagMetaArray(readPorts = LoadPipelineWidth + 1, writePorts = 2))    // prefetch flag array
                                                  ///存放有关预读的信息，与 metaArray 配合。
  val accessArray = Module(new L1FlagMetaArray(readPorts = LoadPipelineWidth + 1, writePorts = LoadPipelineWidth + 2))
                                                  ///记载对缓存块的读写，相对不那么重要。
  val tagArray = Module(new DuplicatedTagArray(readPorts = LoadPipelineWidth + 1))     ///用于地址比对，tag 就是地址高位。

  //----------------------------------------
  // core modules
  val ldu = Seq.tabulate(LoadPipelineWidth)({ i => Module(new LoadPipe(i))})  ///为 LoadUnit 提供的专用通道，宽度为 2。
  val mainPipe      = Module(new MainPipe)            ///主管道处理缓存写入/AMO 指令/Probe/内存回写
  val refillPipe    = Module(new RefillPipe)          ///将来自下层的缓存块写入各个 Array
  val missQueue     = Module(new MissQueue(edge))     ///从事缓存缺块(不命中)时的处理(从下层加载)
  val probeQueue    = Module(new ProbeQueue(edge))    ///处理来自下层的缓存块权限改变请求
  val wb            = Module(new WritebackQueue(edge))  ///处理对内存(或下层缓存)的回写

  missQueue.io.hartId := io.hartId
  missQueue.io.l2_pf_store_only := RegNext(io.l2_pf_store_only, false.B)

  val errors = ldu.map(_.io.error) ++             // load error
               Seq(mainPipe.io.error)             // store / misc error
  io.error <> RegNext(Mux1H(errors.map(e => RegNext(e.valid) -> RegNext(e))))
///class DCacheImp，待续。
```

这段代码创建了 DCache 内部的基础设施，撑起了 DCache 的结构框架。这里创建了 6 个存储阵列（Array），逻辑上就是 6 个数组。这六个数组的大小是一样的，都含有 nSets×nWays 即 64×8 = 512 个单元，这六个数组是平行的，数组之间的单元互相对应，同一个位置上的信息都属于同一个缓存块，反映着同一个缓存块的方方面面，但是各个数组中存储单元的数据类型不同，所存储信息的性质不同。此外这 6 个存储阵列的物理

实现也可以不同，有的是以 SRAM 实现，有的就是寄存器。

可想而知，DCache 之所以称为“数据缓存”，首先得要能缓存数据，即内存中属于数据而不是指令的那部分内容，这种缓存是以“缓存块（cacheline）”为单位的，因为内存芯片的结构就是这样，所支持的是以 cacheline 为单位的成块“阵发”读写，而不是以个别存储单元为单位的个别读写。所以 DCache 中首先就得有个“缓存块”的存储阵列，这是一个 BankedDataArray，即这里的 bankedDataArray，这是最大的。之所以是 Banked，是因为存储空间太大就得分成“板块（Bank）”。

可是光是缓存块的存储还不够，还要有许多与之配套的信息。首先就是每个缓存块的协同性信息，这个缓存块在拓扑图中是处于 Trunk 还是 Branch 状态；或者只是处于 Nothing 状态，逻辑上已经不在缓存中。还有，如果这个缓存块处于 Trunk 状态、因而可写，那么是否已被写“脏（Dirty）”。这就是 metaArray，是个 L1CohMetaArray。此外，在对具体缓存块的操作过程中，是否需要标志某种出错？这就是这里的 errorArray，是个 L1FlagMetaArray。还有，香山的 DCache 支持“预读（prefetch）”，所以也要有个标志着预读状态的 prefetchArray，那也是个 L1FlagMetaArray；还有个 accessArray，那也是 L1FlagMetaArray。

最后，访问 DCache 时当然需要用目标地址去（与每个缓存块的起点地址）比对，看“命中（hit）”的是哪一个缓存块，或者压根就没有命中。但是比对不是全地址的比对，因为一个缓存块有 64 字节，所以要比对的只是地址的高位，称为 tag。逻辑上 BankedDataArray 应该既有缓存块的 tag 又有缓存块的数据，但实现时往往做成 tag 和 data 两个配套对应的阵列；你在 tag 阵列中比对上了，data 阵列中对应的位置上就是这个缓存块的数据。所以这个阵列就叫 tagArray，这是一个 DuplicatedTagArray。

在 BankedDataArray（bankedDataArray）、L1CohMetaArray（metaArray）、三个 L1FlagMetaArray（errorArray、prefetchArray、accessArray），还有 DuplicatedTagArray（tagArray）这些存储阵列的基础上，DCache 构筑起三种服务，就是对 Load 即内存读出的服务，主要（Main）服务（其实是内存写入服务），还有（访问不命中时）对缓存块的调入（Refill）服务。实现这三种服务的机制和模块是 LoadPipe、MainPipe、RefillPipe 等三个“管道”，实际上就是三条流水线（Pipeline），因为那里面的操作都不是一步（一个时钟节拍）就能完成的。本来对 DCache 的 Load 操作即读操作也应放在 MainPipe 中，但是因为读操作相对简单（也频繁）就专门为其开辟了一个“绿色通道”，这就是 LoadPipe，留在 MainPipe 中的则是相对比较复杂的操作。

我们在前面看到 ICache 中也有个 MainPipe，但是相比之下 ICache 的 MainPipe 是很简单的，因为对 ICache 是只读不写，取指只相当于 DCache 的 Load 操作，因为不可写也就不存在存储协同性的问题。可以说，DCache 的复杂性全都来自可写。所以，在 DCache 的 MainPipe 中本应包含 Load 操作，但是因为 Load 操作简单，就将其剥离了出去专门设一 LoadPipe，这就相当于 ICache 中的 MainPipe。

最后，为实现对内存中信息的缓存和读写，并维护存储子系统的协同性，DCache 中还有三个队列，即 MissQueue、ProbeQueue、WritebackQueue。其中 MissQueue 用来维持当对 DCache 的访问不命中时对缓存块调入的排队（试想接连访问三个变量，在三个不同的缓存块中，全都不命中）。WritebackQueue 则用于已被写“脏”的缓存块向内存的“回写”（注意缓存块的回写与指令执行结果的回写毫无共同之处）。最后，存储子系统中的下层节点可能会向上层节点发出 Probe 命令，要其改变对某个缓存块的访问权限，可是访问权限的改变可能隐含着回写的需要，所以并非一时就能完成，所以对 Probe 也需要有个队列。

DCache 的外部接口是 DcacheIO，里面对上的接口是 DCacheToLsuIO，这我们在前一章的末尾已经看到过了，不过这并不包括 DCache 与其下层即 L2 缓存的接口，那就是因 Diplomacy 绑定而来的 TLBundle。后面我们将对 DCache 内部这些基础设施和所提供的基本服务逐一做些介绍，现在先往下看 DCacheImp 的代码：

[XSCoreBase > MemBlock > DCacheWrapper > DCache > DCacheImp]　续 1

```
//----------------------------------------
// meta array
// read / write coh meta
val meta_read_ports = ldu.map(_.io.meta_read) ++ Seq(mainPipe.io.meta_read)      ///ldu 是 LoadPipe
val meta_resp_ports = ldu.map(_.io.meta_resp) ++ Seq(mainPipe.io.meta_resp)
val meta_write_ports = Seq(mainPipe.io.meta_write, refillPipe.io.meta_write)
```

```
meta_read_ports.zip(metaArray.io.read).foreach { case (p, r) => r <> p }          ///将 meta_read_ports 与 metaArray 的读出口相接
meta_resp_ports.zip(metaArray.io.resp).foreach { case (p, r) => p := r }          ///将 metaArray 的 resp 输出接到 meta_resp_ports
meta_write_ports.zip(metaArray.io.write).foreach { case (p, w) => w <> p }        ///将 meta_write_ports 与 metaArray 的写入口相接

// read extra meta
meta_read_ports.zip(errorArray.io.read).foreach { case (p, r) => r <> p }
meta_read_ports.zip(prefetchArray.io.read).foreach { case (p, r) => r <> p }   ///prefetchArray 的读出口也与 meta_read_ports 相接
meta_read_ports.zip(accessArray.io.read).foreach { case (p, r) => r <> p }
val extra_meta_resp_ports = ldu.map(_.io.extra_meta_resp) ++ Seq(mainPipe.io.extra_meta_resp)
extra_meta_resp_ports.zip(errorArray.io.resp).foreach { case (p, r) => { (0 until nWays).map(i => { p(i).error := r(i) }) }}
extra_meta_resp_ports.zip(prefetchArray.io.resp).foreach { case (p, r) => { (0 until nWays).map(i => { p(i).prefetch := r(i) }) }}
extra_meta_resp_ports.zip(accessArray.io.resp).foreach { case (p, r) => { (0 until nWays).map(i => { p(i).access := r(i) }) }}

// write extra meta
val error_flag_write_ports = Seq(mainPipe.io.error_flag_write,        // error flag generated by corrupted store
                                 refillPipe.io.error_flag_write       // corrupted signal from l2
                                 )
error_flag_write_ports.zip(errorArray.io.write).foreach { case (p, w) => w <> p }

val prefetch_flag_write_ports = Seq(mainPipe.io.prefetch_flag_write,    // set prefetch_flag to false if coh is set to Nothing
                                    refillPipe.io.prefetch_flag_write   // refill required by prefetch will set prefetch_flag
                                    )
prefetch_flag_write_ports.zip(prefetchArray.io.write).foreach { case (p, w) => w <> p }

val access_flag_write_ports = ldu.map(_.io.access_flag_write)++Seq(mainPipe.io.access_flag_write, refillPipe.io.access_flag_write)
access_flag_write_ports.zip(accessArray.io.write).foreach { case (p, w) => w <> p }

//----------------------------------------
// tag array        ///tagArray 是访问 DCache 的必经之途，地址比对命中才能读写，不命中就得等待。
require(tagArray.io.read.size == (ldu.size + 1))
val tag_write_intend = missQueue.io.refill_pipe_req.valid || mainPipe.io.tag_write_intend
                                          ///对 tagArray 的写入不是来自 mainPipe 就是来自 missQueue
assert(!RegNext(!tag_write_intend && tagArray.io.write.valid))
ldu.zipWithIndex.foreach {                              ///ldu 是个 LoadPipe 向量，建立各 LoadPipe 与 tagArray 的连接：
  case (ld, i) =>
    tagArray.io.read(i) <> ld.io.tag_read                ///LoadPipe 需要从 tagArray 读出
    ld.io.tag_resp := tagArray.io.resp(i)                ///LoadPipe 需要从 tagArray 接收回应
    ld.io.tag_read.ready := !tag_write_intend
}
tagArray.io.read.last <> mainPipe.io.tag_read            ///建立 MainPipe 与 tagArray 的连接
mainPipe.io.tag_resp := tagArray.io.resp.last

val fake_tag_read_conflict_this_cycle = PopCount(ldu.map(ld=> ld.io.tag_read.valid))

val tag_write_arb = Module(new Arbiter(new TagWriteReq, 2))                ///对 tagArray 的写入来自多方，需要仲裁：
tag_write_arb.io.in(0) <> refillPipe.io.tag_write                          ///来自 RefillPipe
```

```
tag_write_arb.io.in(1) <> mainPipe.io.tag_write                    ///来自 MaiPipe
tagArray.io.write <> tag_write_arb.io.out                          ///仲裁器输出与 tagArray 相连

//----------------------------------------
// data array
val dataWriteArb = Module(new Arbiter(new L1BankedDataWriteReq, 2))  ///对 DataArray 的写入也来自多方，需要仲裁：
dataWriteArb.io.in(0) <> refillPipe.io.data_write                  ///来自 RefillPipe
dataWriteArb.io.in(1) <> mainPipe.io.data_write                    ///来自 MaiPipe
bankedDataArray.io.write <> dataWriteArb.io.out                    ///仲裁器输出与 DataArray 相连

for (bank <- 0 until DCacheBanks) {          /// DCacheBanks = 8
  val dataWriteArb_dup = Module(new Arbiter(new L1BankedDataWriteReqCtrl, 2))   ///仲裁器还得有复份，以分担负载。
  dataWriteArb_dup.io.in(0).valid := refillPipe.io.data_write_dup(bank).valid
  dataWriteArb_dup.io.in(0).bits := refillPipe.io.data_write_dup(bank).bits
  dataWriteArb_dup.io.in(1).valid := mainPipe.io.data_write_dup(bank).valid
  dataWriteArb_dup.io.in(1).bits := mainPipe.io.data_write_dup(bank).bits
  bankedDataArray.io.write_dup(bank) <> dataWriteArb_dup.io.out
}  ///end for (bank <- 0 until DCacheBanks)

bankedDataArray.io.readline <> mainPipe.io.data_read                ///MaiPipe 从 DataArray 的读出
bankedDataArray.io.readline_intend := mainPipe.io.data_read_intend
mainPipe.io.readline_error_delayed := bankedDataArray.io.readline_error_delayed
mainPipe.io.data_resp := bankedDataArray.io.readline_resp

(0 until LoadPipelineWidth).map(i => {          /// LoadPipelineWidth=2        ///LoadPipe 从 DataArray 的读出
  bankedDataArray.io.read(i) <> ldu(i).io.banked_data_read
  bankedDataArray.io.read_error_delayed(i) <> ldu(i).io.read_error_delayed

  ldu(i).io.banked_data_resp := bankedDataArray.io.read_resp_delayed(i)         ///ldu 就是 LoadPipe

  ldu(i).io.bank_conflict_fast := bankedDataArray.io.bank_conflict_fast(i)
  ldu(i).io.bank_conflict_slow := bankedDataArray.io.bank_conflict_slow(i)
})  ///end (0 until LoadPipelineWidth).map

(0 until LoadPipelineWidth).map(i => {
  val (_, _, done, _) = edge.count(bus.d)
  when(bus.d.bits.opcode === TLMessages.GrantData) {
    io.lsu.forward_D(i).apply(bus.d.valid, bus.d.bits.data, bus.d.bits.source, done)   ///只要有数据从 D 通道到来就 forward
  }.otherwise {
    io.lsu.forward_D(i).dontCare()
  }
})  ///end (0 until LoadPipelineWidth).map
///class DCacheImp，续 1，待续。
```

这都是一些读写端口(port)与各个存储阵列的互连，也有 MainPipe 和 LoadPipe 与各个存储阵列的互连。对 TagArray 的写入既可来自 MainPipe 也可来自 RefillPipe，所以在 TagArray 的写入口上需要有个仲裁器。同样，对 DataArray 的写入也是既可来自 MainPipe 也可来自 RefillPipe，所以在 DataArray 的写入口上也需要有个仲裁器。

DCache 的下方是二级缓存（如果没有二级缓存就是三级缓存），二者之间的连接是个 TLBundle。其中的 D 通道是 DCache 从二级缓存或内存载入（refill）缓存块的必经之路。之所以会有缓存块在 D 通道上到来，一定是因为有对 DCache 的访问不命中，这访问也许是 Load 访问，也许是 Store 访问，以 Load 访问居多。这就是说，每当 D 通道上有缓存块到来的时候，LoadQueue 大概率是在等待其中的一项或几项数据。如果确实在等待的话，按正常的流程需要先把这个缓存块在 DataArray、TagArray 等地安顿下来，才把所需的数据 refill 给 LoadQueue；但既然数据已经到了，何不把它抄近路 forward 给 LoadQueue？所以这里就通过 io.lsu.forward_D 这个通道提前先 forward。不过这个 forward 是整个缓冲块的 forward，里面有没有你所需的数据你自己去看。

我们继续往下看 DcacheImp 的代码：

```
[XSCoreBase > MemBlock > DCacheWrapper > DCache > DCacheImp]  续 2
  //----------------------------------------
  // load pipe
  // the s1 kill signal
  // only lsu uses this, replay never kills
  for (w <- 0 until LoadPipelineWidth) {          /// LoadPipelineWidth=2
    ldu(w).io.lsu <> io.lsu.load(w)              ///ldu 是一排 2 个 LoadPipe，每个 LoadPipe 均对接 Lsu 中的一路 load 接口。
    // replay and nack not needed anymore
    // TODO: remove replay and nack
    ldu(w).io.nack := false.B

    ldu(w).io.disable_ld_fast_wakeup := bankedDataArray.io.disable_ld_fast_wakeup(w)
               // load pipe fast wake up should be disabled when bank conflict   ///LoadPipe 的这个信号来自 bankedDataArray
  }   ///end for (w <- 0 until LoadPipelineWidth)
  //----------------------------------------
  // atomics
  // atomics not finished yet
  // io.lsu.atomics <> atomicsReplayUnit.io.lsu
  io.lsu.atomics.resp := RegNext (mainPipe.io.atomic_resp)     ///向上层的 atomics.resp 来自 MainPipe
  io.lsu.atomics.block_lr := mainPipe.io.block_lr              /// block_lr 表示因 lr 指令所加的锁尚未解除
  //----------------------------------------
  // miss queue
  val MissReqPortCount = LoadPipelineWidth + 1
  val MainPipeMissReqPort = 0
  // Request
  val missReqArb = Module(new Arbiter(new MissReq, MissReqPortCount))
                                              ///MissQueue 的输入 MissReq 可以来自多方，需要仲裁。
  missReqArb.io.in(MainPipeMissReqPort) <> mainPipe.io.miss_req                          ///仲裁器的输入可以来自 MainPipe
  for (w <- 0 until LoadPipelineWidth) { missReqArb.io.in(w + 1) <> ldu(w).io.miss_req }     ///也可以来自各个 LoadPipe
  for (w <- 0 until LoadPipelineWidth) { ldu(w).io.miss_resp.id := missQueue.io.resp.id }

  wb.io.miss_req.valid := missReqArb.io.out.valid                                        ///仲裁器的输出 MissReq 也连到回写队列
  wb.io.miss_req.bits := missReqArb.io.out.bits.addr

  // block_decoupled(missReqArb.io.out, missQueue.io.req, wb.io.block_miss_req)
```

```
missReqArb.io.out <> missQueue.io.req                                 ///仲裁器的输出 MissReq 连到 MissQueue
when(wb.io.block_miss_req) {                      ///回写队列可以被阻塞（block）
  missQueue.io.req.bits.cancel := true.B
  missReqArb.io.out.ready := false.B
}

// forward missqueue
(0 until LoadPipelineWidth).map(i => io.lsu.forward_mshr(i).connect(missQueue.io.forward(i)))
                                                  ///MissQueue 的转发(forward)通路直接连到上层 Lsu。
// refill to load queue
io.lsu.lsq <> missQueue.io.refill_to_ldq          ///MissQueue 的 refill_to_ldq 接口直接连到上层的 Lsq

// tilelink stuff       ///MissQueue 的下面就是 L2 缓存，通过 TLBundle 相连
bus.a <> missQueue.io.mem_acquire                 ///MissQueue 与 A 通道的连接，在 A 通道上发布缓存块请求。
bus.e <> missQueue.io.mem_finish                  ///MissQueue 与 E 通道的连接，在 E 通道上发布缓存块装载确认。
missQueue.io.probe_addr := bus.b.bits.address     ///L2 缓存可通过 B 通道将 Probe 地址发送给 MissQueue

missQueue.io.main_pipe_resp := RegNext (mainPipe.io.atomic_resp)      ///MainPipe 可能向 MissQueue 发出 atomic_resp

//----------------------------------------
// probe
// probeQueue.io.mem_probe <> bus.b
block_decoupled(bus.b, probeQueue.io.mem_probe, missQueue.io.probe_block)      ///Probe 是自下而上的，走 B 通道。
probeQueue.io.lrsc_locked_block <> mainPipe.io.lrsc_locked_block
probeQueue.io.update_resv_set <> mainPipe.io.update_resv_set                   ///MainPipe 与 probeQueue 相接

//----------------------------------------
// mainPipe
// when a req enters main pipe, if it is set-conflict with replace pipe or refill pipe, block the req in main pipe
block_decoupled (probeQueue.io.pipe_req, mainPipe.io.probe_req, missQueue.io.refill_pipe_req.valid)
block_decoupled (io.lsu.store.req, mainPipe.io.store_req, refillPipe.io.req.valid)
                    ///MainPipe 的输入既可以来自上层 Lsu（写入），也可以来自下层的 Probe（改变权限）。

io.lsu.store.replay_resp := RegNext (mainPipe.io.store_replay_resp)      ///MainPipe 对上层 Lsu 关于 store_replay 的回应
io.lsu.store.main_pipe_hit_resp := mainPipe.io.store_hit_resp            ///MainPipe 对上层 Lsu 关于是否命中的回应

arbiter_with_pipereg(                                                    ///AMO 操作仲裁器
  in = Seq(missQueue.io.main_pipe_req, io.lsu.atomics.req),              ///仲裁器的输入来自 MissQueue 和上层 Lsu
  out = mainPipe.io.atomic_req,                                          ///仲裁器的输出就是 AMO 操作请求
  name = Some("main_pipe_atomic_req")
)

mainPipe.io.invalid_resv_set := RegNext (wb.io.req.fire && wb.io.req.bits.addr === mainPipe.io.lrsc_locked_block.bits)
                        ///如果需要回写的缓存块中含有被 lr 指令锁定的地址就暂不回写
//----------------------------------------
// replace (main pipe)
```

```
val mpStatus = mainPipe.io.status                ///mp 就是 mainPipe
mainPipe.io.replace_req <> missQueue.io.replace_pipe_req          ///MainPipe 与 MissQueue 之间的 replace 对接
missQueue.io.replace_pipe_resp := mainPipe.io.replace_resp        ///实际上并不存在 replace_pipe，那就是 MissQueue。
//----------------------------------------
// refill pipe   ///以下都是 refillPipe 与 MainPipe/MissQueue 的互连，二者需通过 refillPipe 将数据写入各个 Array：
val refillShouldBeBlocked = (mpStatus.s1.valid && mpStatus.s1.bits.set === missQueue.io.refill_pipe_req.bits.idx) ||
                          Cat(Seq(mpStatus.s2, mpStatus.s3).map(s => s.valid &&
                              s.bits.set === missQueue.io.refill_pipe_req.bits.idx &&
                                  s.bits.way_en === missQueue.io.refill_pipe_req.bits.way_en)).orR
block_decoupled (missQueue.io.refill_pipe_req, refillPipe.io.req, refillShouldBeBlocked)
                   ///MissQueue 与 RefillPipe 相连，但可以因 refillShouldBeBlocked 而阻断。

val mpStatus_dup = mainPipe.io.status_dup
val mq_refill_dup = missQueue.io.refill_pipe_req_dup         ///mq 就是 missQueue
val refillShouldBeBlocked_dup = VecInit((0 until nDupStatus).map { case i =>
        mpStatus_dup(i).s1.valid && mpStatus_dup(i).s1.bits.set === mq_refill_dup(i).bits.idx ||
            Cat(Seq(mpStatus_dup(i).s2, mpStatus_dup(i).s3).map(s => s.valid &&
                s.bits.set === mq_refill_dup(i).bits.idx &&s.bits.way_en === mq_refill_dup(i).bits.way_en)).orR })
dontTouch(refillShouldBeBlocked_dup)

refillPipe.io.req_dup_for_data_w.zipWithIndex.foreach { case (r, i) =>
                          r.bits := (mq_refill_dup.drop(dataWritePort).take(DCacheBanks))(i).bits }
refillPipe.io.req_dup_for_meta_w.bits := mq_refill_dup(metaWritePort).bits
refillPipe.io.req_dup_for_tag_w.bits := mq_refill_dup(tagWritePort).bits
refillPipe.io.req_dup_for_err_w.bits := mq_refill_dup(errWritePort).bits
refillPipe.io.req_dup_for_data_w.zipWithIndex.foreach { case (r, i) =>
                r.valid := (mq_refill_dup.drop(dataWritePort).take(DCacheBanks))(i).valid &&
                          !(refillShouldBeBlocked_dup.drop(dataWritePort).take(DCacheBanks))(i)
}
refillPipe.io.req_dup_for_meta_w.valid := mq_refill_dup(metaWritePort).valid && !refillShouldBeBlocked_dup(metaWritePort)
refillPipe.io.req_dup_for_tag_w.valid := mq_refill_dup(tagWritePort).valid && !refillShouldBeBlocked_dup(tagWritePort)
refillPipe.io.req_dup_for_err_w.valid := mq_refill_dup(errWritePort).valid && !refillShouldBeBlocked_dup(errWritePort)

val refillPipe_io_req_valid_dup = VecInit(mq_refill_dup.zip(refillShouldBeBlocked_dup).map(x => x._1.valid && !x._2))
val refillPipe_io_data_write_valid_dup = VecInit(refillPipe_io_req_valid_dup.slice(0, nDupDataWriteReady))
val refillPipe_io_tag_write_valid_dup = VecInit(refillPipe_io_req_valid_dup.slice(nDupDataWriteReady, nDupStatus))
dontTouch(refillPipe_io_req_valid_dup)
dontTouch(refillPipe_io_data_write_valid_dup)
dontTouch(refillPipe_io_tag_write_valid_dup)

mainPipe.io.data_write_ready_dup := VecInit(refillPipe_io_data_write_valid_dup.map(v => !v))
mainPipe.io.tag_write_ready_dup := VecInit(refillPipe_io_tag_write_valid_dup.map(v => !v))
mainPipe.io.wb_ready_dup := wb.io.req_ready_dup

mq_refill_dup.zip(refillShouldBeBlocked_dup).foreach { case (r, block) => r.ready := refillPipe.io.req.ready && !block }
```

```
missQueue.io.refill_pipe_resp := refillPipe.io.resp

io.lsu.store.refill_hit_resp := RegNext (refillPipe.io.store_resp)        /// refillPipe 向上层 Lsu 的回应
///class DCacheImp，续 2，待续。
```

这里有些信号带有后缀_dup，表示复份（duplicate），这是为了要减轻信号的负载（fan-out）。在 DCache 这一层上，除创建各种部件之外就是建立部件之间的电路连接。代码中已经加了些注释，但是真要理解恐怕得要看了后面的介绍再回头来看。

DCacheImp 的下方通过 TLBundle 连到二层缓存，下面的代码就是 DCacheImp 内 MissQueue 和 WritebackQueue 与 TLBundle 中 D 通道的连接，以及 WritebackQueue 与 C 通道的连接。

```
[XSCoreBase > MemBlock > DCacheWrapper > DCache > DCacheImp]　续 3
  //----------------------------------------
  // wb
  // add a queue between MainPipe and WritebackUnit to reduce MainPipe stalls due to WritebackUnit busy

  wb.io.req <> mainPipe.io.wb                                      ///WritebackQueue 与 MainPipe 对接
  bus.c <> wb.io.mem_release                                       ///WritebackQueue 与 TLBundle 的 C 通道相连
  wb.io.release_wakeup := refillPipe.io.release_wakeup             ///将 RefillPipe 的 release_wakeup 输出接到 WritebackQueue
  wb.io.release_update := mainPipe.io.release_update               ///将 MainPipe 的 release_update 输出接到 WritebackQueue
  wb.io.probe_ttob_check_req <> mainPipe.io.probe_ttob_check_req        ///将 MainPipe 的 Probe 信号与 WritebackQueue 对接
  wb.io.probe_ttob_check_resp <> mainPipe.io.probe_ttob_check_resp      ///WritebackQueue 向 MainPipe 的回应

  io.lsu.release.valid := RegNext (wb.io.req.fire())               ///io.lsu.release 来自 wb.io.req
  io.lsu.release.bits.paddr := RegNext (wb.io.req.bits.addr)       ///WritebackQueue 向上层 Lsu 发出通知，该缓存块已被释放。
  // Note: RegNext() is required by:
  // * load queue released flag update logic
  // * load / load violation check logic
  // * and timing requirements
  // CHANGE IT WITH CARE

  // connect bus d              ///D 通道视 opcode 的不同而动态连接到 MissQueue 或 WritebackQueue：
  missQueue.io.mem_grant.valid := false.B
  missQueue.io.mem_grant.bits   := DontCare

  wb.io.mem_grant.valid := false.B
  wb.io.mem_grant.bits   := DontCare

  // in L1DCache, we ony expect Grant[Data] and ReleaseAck
  bus.d.ready := false.B                                           ///TLBundle 上的 D 通道
  when (bus.d.bits.opcode === TLMessages.Grant || bus.d.bits.opcode === TLMessages.GrantData) {
    missQueue.io.mem_grant <> bus.d                  ///当 D 通道上的操作码是 Grant/GrantData 将其连到 MissQueue
  } .elsewhen (bus.d.bits.opcode === TLMessages.ReleaseAck) {
    wb.io.mem_grant <> bus.d                         ///当 D 通道上的操作码是 ReleaseAck 时将其连到 WritebackQueue
  } .otherwise {
    assert (!bus.d.fire())
```

```
}
//-----------------------------------------
// replacement algorithm
val replacer = ReplacementPolicy.fromString(cacheParams.replacer, nWays, nSets)    ///replacer 是个 ReplacementPolicy
                                             ///可供选择使用的替换策略有 random/lru/plru（随机/LRU/伪 LRU）
val replWayReqs = ldu.map(_.io.replace_way) ++ Seq(mainPipe.io.replace_way)   ///替换缓冲块的请求来自 ldu 和 mainPipe
replWayReqs.foreach{ case req =>            ///replWayReqs 是个 ReplacementWayReqIO 序列:
                          req.way := DontCare
                          when (req.set.valid) { req.way := replacer.way(req.set.bits) }}
val replAccessReqs = ldu.map(_.io.replace_access) ++ Seq(mainPipe.io.replace_access)
                                             /// replAccessReqs 是个 ReplacementAccessBundle 序列
val touchWays = Seq.fill(replAccessReqs.size)(Wire(ValidIO(UInt(log2Up(nWays).W))))
touchWays.zip(replAccessReqs).foreach { case (w, req) =>
                                                 w.valid := req.valid
                                                 w.bits := req.bits.way }
val touchSets = replAccessReqs.map(_.bits.set)
replacer.access(touchSets, touchWays)                   ///所 touch 的集合和 way
//-----------------------------------------
// assertions
// dcache should only deal with DRAM addresses   ///DRAM 即内存的地址空间在 0x80000000L 以上
when (bus.a.fire()) { assert(bus.a.bits.address >= 0x80000000L.U) }
when (bus.b.fire()) { assert(bus.b.bits.address >= 0x80000000L.U) }
when (bus.c.fire()) { assert(bus.c.bits.address >= 0x80000000L.U) }
//-----------------------------------------
// utility functions
def block_decoupled[T <: Data](source: DecoupledIO[T], sink: DecoupledIO[T], block_signal: Bool) = {
  sink.valid    := source.valid && !block_signal
  source.ready := sink.ready && !block_signal
  sink.bits     := source.bits
}
//-----------------------------------------
// Customized csr cache op support              ///CSR 对 DCache 的控制，作用于 dataAray 和 tagArray:
val cacheOpDecoder = Module(new CSRCacheOpDecoder("dcache", CacheInstrucion.COP_ID_DCACHE))
cacheOpDecoder.io.csr <> io.csr
bankedDataArray.io.cacheOp.req := cacheOpDecoder.io.cache.req
// dup cacheOp_req_valid
bankedDataArray.io.cacheOp_req_dup.zipWithIndex.map{ case(dup, i) => dup := cacheOpDecoder.io.cache_req_dup(i) }
// dup cacheOp_req_bits_opCode
bankedDataArray.io.cacheOp_req_bits_opCode_dup.zipWithIndex.map{ case (dup, i) =>
                                                         dup := cacheOpDecoder.io.cacheOp_req_bits_opCode_dup(i) }

tagArray.io.cacheOp.req := cacheOpDecoder.io.cache.req
// dup cacheOp_req_valid
tagArray.io.cacheOp_req_dup.zipWithIndex.map{ case(dup, i) => dup := cacheOpDecoder.io.cache_req_dup(i) }
// dup cacheOp_req_bits_opCode
tagArray.io.cacheOp_req_bits_opCode_dup.zipWithIndex.map{ case (dup, i) =>
```

```
                                                    dup := cacheOpDecoder.io.cacheOp_req_bits_opCode_dup(i) }

  cacheOpDecoder.io.cache.resp.valid := bankedDataArray.io.cacheOp.resp.valid || tagArray.io.cacheOp.resp.valid
  cacheOpDecoder.io.cache.resp.bits := Mux1H(List(
                                   bankedDataArray.io.cacheOp.resp.valid -> bankedDataArray.io.cacheOp.resp.bits,
                                   tagArray.io.cacheOp.resp.valid -> tagArray.io.cacheOp.resp.bits, ))
  cacheOpDecoder.io.error := io.error
  assert(!((bankedDataArray.io.cacheOp.resp.valid +& tagArray.io.cacheOp.resp.valid) > 1.U))

  ///性能统计从略
  io.mshrFull := missQueue.io.full                    /// io.mshrFull 来自 MissQueue
}  ///end class DCacheImp
```

这样，DcacheImp 就撑起了一级（L1）数据缓存的框架，一方面创建了作为其部件的各个模块，另一方面建立了这些模块与外部接口之间的连接，以及模块之间的连接，下面就是各个模块各司其职的事了。

28.1　DCache 中的存储模块

DCache 中有三个重要的存储模块：

- bankedDataArray，这 BankedDataArray
- tagArray，这是个 DuplicatedTagArray
- metaArray，这是个 L1CohMetaArray

这三个存储模块是 DCache 的核心。顾名思义，BankedDataArray 是用来缓存 cacheline 的，这是整个 DCache 的核心，其内部又分两个存储阵列，其一是 data_banks，其二是 ecc_banks，后者的内容是前者内容的 ECC 交错码，是为前者“保驾护航”的。DuplicatedTagArray 则用来存储 cacheline 的地址标签，用于地址比对，访问之是否命中就在于在这个阵列中的比对是否成功。最后 L1CohMetaArray 是用来记载每个在位 cacheline 的协同性信息，例如 Trunk、Branch、Dirty 等等。

这三个阵列的代码占相当大的篇幅，如果放在这里就冲淡了主题；另一方面，大致知道了这三个阵列的作用，即使不知道其内部的细节，大体上并不影响下面的代码阅读，所以我们把三个阵列的内部结构推迟到后面第三十章中再来补叙，那一章中将集中介绍各种存储模块。

28.2　加载流水线 LoadPipe

大体知道了 DCache 中作为基础设施的三个 Array 的作用，我们就可以看建立在这些基础设施之上的各种服务。首先就是 LoadPipe 模块，这是加载操作，即读存操作的实施者，也是最终实现 ld 指令的地方。实际上 AMO 指令也是在这里实现的，因为 AMO 指令也要返回从内存读出的原始数据（修改和回写之前的数据）。

```
[XSCoreBase > MemBlock > DCacheWrapper > DCache > DCacheImp > LoadPipe]
class LoadPipe(id: Int)(implicit p: Parameters) extends DCacheModule with HasPerfEvents {
  val io = IO(new DCacheBundle {
    val lsu = Flipped(new DCacheLoadIO)    // incoming requests          ///来自 LoadUnit 的请求，见前。
    val nack = Input(Bool())               // req got nacked in stage 0?
    // meta and data array read port
```

```
    val meta_read = DecoupledIO(new MetaReadReq)                          ///通向 metaArray
    val meta_resp = Input(Vec(nWays, new Meta))
    val extra_meta_resp = Input(Vec(nWays, new DCacheExtraMeta))
    val tag_read = DecoupledIO(new TagReadReq)                            ///通向 tagArray
    val tag_resp = Input(Vec(nWays, UInt(encTagBits.W)))
    val banked_data_read = DecoupledIO(new L1BankedDataReadReq)           ///通向 BankedDataArray
    val banked_data_resp = Input(new L1BankedDataReadResult())
    val read_error_delayed = Input(Bool())

    // access bit update
    val access_flag_write = DecoupledIO(new FlagMetaWriteReq)             ///通向 accessArray
    // banked data read conflict
    val bank_conflict_slow = Input(Bool())
    val bank_conflict_fast = Input(Bool())
    // send miss request to miss queue
    val miss_req = DecoupledIO(new MissReq)                               ///通向 MissQueue
    val miss_resp = Input(new MissResp)
    // update state vec in replacement algo
    val replace_access = ValidIO(new ReplacementAccessBundle)             ///通向 MainPipe，内含 set 和 way 两个成分。
    // find the way to be replaced
    val replace_way = new ReplacementWayReqIO                             ///也是内含 set 和 way 两个成分
    // load fast wakeup should be disabled when data read is not ready
    val disable_ld_fast_wakeup = Input(Bool())
    val error = Output(new L1CacheErrorInfo())       // ecc error
  })  ///end val io

  assert(RegNext(io.meta_read.ready))

  val s1_ready = Wire(Bool())
  val s2_ready = Wire(Bool())
  // LSU requests
  // it you got nacked, you can directly passdown
  val not_nacked_ready = io.meta_read.ready && io.tag_read.ready && s1_ready
  val nacked_ready = true.B

  // ready can wait for valid
  io.lsu.req.ready := (!io.nack && not_nacked_ready) || (io.nack && nacked_ready)
  io.meta_read.valid := io.lsu.req.fire() && !io.nack      ///只要有来自 LoadUnit 的请求，就启动对 metaArray 的读出
  io.tag_read.valid := io.lsu.req.fire() && !io.nack       ///只要有来自 LoadUnit 的请求，就启动对 tagArray 的读出

  val meta_read = io.meta_read.bits                        /// meta_read 就是 io.meta_read
  val tag_read = io.tag_read.bits                          /// tag_read 就是 io.tag_read

  // Tag read for new requests
  meta_read.idx := get_idx(io.lsu.req.bits.addr)           ///读出 metaArray 时所用的 Set 号来自访问请求中的地址
        ///getidx()这个函数定义于 HasL1CacheParameters，所获取的 idx 其实是地址中的集合选择位段，即 Set 号。
```

```
  meta_read.way_en := ~0.U(nWays.W)              ///读出 metaArray 时所用的 way_en 位图为全 1（所有的 Way 都要）

  tag_read.idx := get_idx(io.lsu.req.bits.addr)   ///读出 tagArray 时所用的 idx 来自访问请求中的地址
  tag_read.way_en := ~0.U(nWays.W)               ///读出 tagArray 时所用的 way_en 位图为全 1（所有的 Way 都要）
///class LoadPipe，待续。
```

显然，LoadPipe 起着一个枢纽、一个中心的作用。它的上方是 Lsu，即 LoadUnit 和 LoadQueue，它从 Lsu 接受操作请求，而操作的完成需要依靠 meta_read、tag_read、banked_data_read、miss_req，还可能涉及 ReplacementWayReqIO。而 meta 信息的存放、tag 信息的存放、缓存块的存放，以及 miss 队理的存在，则都在 LoadPipe 模块的外面。对 LoadPipe 的读出要求，如果不命中，就会引起目标缓存块的装载，而这又可能需要替换（replace）某个槽位中的缓存块。这里把通向这些外部模块的电路先搭建好。接口上还有个控制位 nack，但是在 DcacheImp 中已经将其固定成 false，因而可以忽略。

LoadPipe 中也是个流水线，其 s0_valid 和 s0_req 只是组合电路的输出，并无寄存器，但 s1、s2、s3 三个阶段都是有寄存器的，所以实际上是个 3 阶段的流水线。

我们往下看：

```
[XSCoreBase > MemBlock > DCacheWrapper > DCache > DCacheImp > LoadPipe]　续 1
  // Pipeline
  // --------------------------------------------------------------------------------
  // stage 0
  // --------------------------------------------------------------------------------
  // read tag
  val s0_valid = io.lsu.req.fire()                ///有请求自 LoadUnit 到来
  val s0_req = io.lsu.req.bits                    ///来自 LoadUnit 的请求
  val s0_fire = s0_valid && s1_ready
  val s0_vaddr = s0_req.addr                      ///请求中的地址 addr 为虚存地址(请求中也有物理地址)
  val s0_replayCarry = s0_req.replayCarry         ///其作用见后述
  assert(RegNext(!(s0_valid && (s0_req.cmd =/= MemoryOpConstants.M_XRD &&
                 s0_req.cmd =/= MemoryOpConstants.M_PFR && s0_req.cmd =/= MemoryOpConstants.M_PFW))),
                                        "LoadPipe only accepts load req / softprefetch read or write!")
                                        ///来自 LoadUnit 的操作请求必须是 M_XRD/ M_PFR/ M_PFW 三者之一
  // --------------------------------------------------------------------------------
  // stage 1
  // --------------------------------------------------------------------------------
  // tag match, read data
  val s1_valid = RegInit(false.B)
  val s1_req = RegEnable(s0_req, s0_fire)          ///s1_req 就是 s0_req，但晚一节拍。

  // in stage 1, load unit gets the physical address
  val s1_paddr_dup_lsu = io.lsu.s1_paddr_dup_lsu      ///请求中的物理地址
  val s1_paddr_dup_dcache = io.lsu.s1_paddr_dup_dcache
  // LSU may update the address from io.lsu.s1_paddr, which affects the bank read enable only.
  val s1_vaddr = Cat(s1_req.addr(PAddrBits - 1, blockOffBits), io.lsu.s1_paddr_dup_lsu(blockOffBits - 1, 0))
                         ///不管是虚存地址还是物理地址，其低端 blockOffBits 位是一样的，这是块内位移。
  val s1_bank_oh = UIntToOH(addr_to_dcache_bank (s1_vaddr))   ///将 s1_vaddr 所在 Bank 号码转换成一个单热位图
```

```
val s1_nack = RegNext(io.nack)
val s1_nack_data = !io.banked_data_read.ready
val s1_fire = s1_valid && s2_ready
s1_ready := !s1_valid || s1_fire

when (s0_fire) { s1_valid := true.B }
.elsewhen (s1_fire) { s1_valid := false.B }

// tag check
val meta_resp = io.meta_resp                          ///meta_resp 就是 io.meta_resp
val tag_resp = io.tag_resp.map(r => r(tagBits - 1, 0))    ///tag_resp 就是从 tagArray 读出的向量，每个 Way 都只取其 tag 部分。

def wayMap[T <: Data](f: Int => T) = VecInit((0 until nWays).map(f))   ///将给定的函数 f 作用于数列(0 until nWays)

// dcache side tag match
// real wpu
val wpu = Module(new DCacheWPU)                       ///创建 DCacheWPU 模块，然后将其各个信号连接到相关输入，
// req in s0
wpu.io.req.bits.vaddr := s0_vaddr                     ///设置 WPUIO 中的 req
wpu.io.req.bits.replayCarry := s0_replayCarry
wpu.io.req.valid := s0_valid
// check in s1
wpu.io.check.bits.s1_tag_resp := tag_resp             ///设置 WPUIO 中的 check
wpu.io.check.bits.s1_meta_resp := meta_resp
wpu.io.check.bits.s1_real_tag := get_tag(s1_paddr_dup_dcache)
wpu.io.check.valid := s1_valid
// correct in s2
val s2_wpu_pred_fail = wpu.io.s2_pred_fail            ///从 WPUIO 中读回 s2_pred_fail（WPU 是组合电路）
val s2_real_way_en = wpu.io.s2_real_way_en            ///从 WPUIO 中读回 s2_real_way_en

// resp in s1
val s1_tag_match_way_dup_dc = Wire(UInt(nWays.W))          ///宽度为 nWays 的位图
val s1_tag_match_way_dup_lsu = Wire(UInt(nWays.W))         ///也是宽度为 nWays 的位图
when (wpu.io.resp.valid){        ///如果选用了 EnableDCacheWPU，并且 DCacheWPU 有预测回应：
  s1_tag_match_way_dup_dc  := wpu.io.resp.bits.predict_way_en      ///来自 DCacheWPU 的回应
  s1_tag_match_way_dup_lsu := wpu.io.resp.bits.predict_way_en
}.otherwise {                    ///否则：就不理睬 WPU，采用来自 wayMap()的结果
  val s1_tag_eq_way_dup_dc = wayMap((w: Int) => tag_resp(w) === (get_tag(s1_paddr_dup_dcache))).asUInt   ///位图
      ///函数 wayMap()见上面定义，将动态定义的函数 f()（在这里就是 tag 的比对）作用于数列(0 until nWays)。
  s1_tag_match_way_dup_dc := wayMap((w: Int) => s1_tag_eq_way_dup_dc(w) && meta_resp(w).coh.isValid()).asUInt
      ///位图 s1_tag_match_way_dup_dc 中的标志位为 1 表示该 Way 地址相符并且 meta 信息表明有效
  // lsu side tag match
  val s1_tag_eq_way_dup_lsu = wayMap((w: Int) => tag_resp(w) === (get_tag(s1_paddr_dup_lsu))).asUInt
  s1_tag_match_way_dup_lsu := wayMap((w: Int) => s1_tag_eq_way_dup_lsu(w) && meta_resp(w).coh.isValid()).asUInt   ///同上
}   ///end when (wpu.io.resp.valid){}.otherwise
```

```
val s1_tag_match_dup_dc = s1_tag_match_way_dup_dc.orR          ///地址命中！位图中至少有一位为 1。
val s1_tag_match_dup_lsu = s1_tag_match_way_dup_lsu.orR        ///同上。
assert(RegNext(!s1_valid || PopCount(s1_tag_match_way_dup_dc) <= 1.U), "tag should not match with more than 1 way")

val s1_fake_meta = Wire(new Meta)
s1_fake_meta.coh := ClientMetadata.onReset
val s1_fake_tag = get_tag(s1_paddr_dup_dcache)

// when there are no tag match, we give it a Fake Meta this simplifies our logic in s2 stage
val s1_hit_meta = Mux(s1_tag_match_dup_dc,
                      Mux1H(s1_tag_match_way_dup_dc, wayMap((w: Int) => meta_resp(w))), s1_fake_meta)
        ///如果命中就从 metaArray 的回应中读取所命中的那个 Way 的数据，否则就用 s1_fake_meta。下面三条类推：
val s1_hit_coh = s1_hit_meta.coh
val s1_hit_error     = Mux(s1_tag_match_dup_dc,
                      Mux1H(s1_tag_match_way_dup_dc, wayMap((w: Int) => io.extra_meta_resp(w).error)), false.B)
val s1_hit_prefetch  = Mux(s1_tag_match_dup_dc,
                      Mux1H(s1_tag_match_way_dup_dc, wayMap((w: Int) => io.extra_meta_resp(w).prefetch)), false.B)
val s1_hit_access    = Mux(s1_tag_match_dup_dc,
                      Mux1H(s1_tag_match_way_dup_dc, wayMap((w: Int) => io.extra_meta_resp(w).access)), false.B)

io.replace_way.set.valid := RegNext(s0_fire)
io.replace_way.set.bits := get_idx(s1_vaddr)                  ///把输出 replace_way.set 设置成从 s1_vaddr 摘取的 Set 号

val s1_repl_way_en = UIntToOH(io.replace_way.way)              ///将 io.replace_way.way 转换成单热(One Hot)位图
val s1_repl_tag = Mux1H(s1_repl_way_en, wayMap(w => tag_resp(w)))
val s1_repl_coh = Mux1H(s1_repl_way_en, wayMap(w => meta_resp(w).coh))
val s1_repl_extra_meta = Mux1H(s1_repl_way_en, wayMap(w => io.extra_meta_resp(w)))

val s1_need_replacement = !s1_tag_match_dup_dc                 ///不命中就得 replace，将其中的某个 way 替换掉。
val s1_way_en = Mux(s1_need_replacement, s1_repl_way_en, s1_tag_match_way_dup_dc)
val s1_coh = Mux(s1_need_replacement, s1_repl_coh, s1_hit_coh)
val s1_tag = Mux(s1_need_replacement, s1_repl_tag, get_tag(s1_paddr_dup_dcache))

// data read
io.banked_data_read.valid := s1_fire && !s1_nack
io.banked_data_read.bits.addr := s1_vaddr                      ///用这个地址从 dataArray 读出
io.banked_data_read.bits.way_en := s1_tag_match_way_dup_dc     ///从中取这个 way

// get s1_will_send_miss_req in lpad_s1
val s1_has_permission = s1_hit_coh.onAccess(s1_req.cmd)._1
val s1_new_hit_coh = s1_hit_coh.onAccess(s1_req.cmd)._3
val s1_hit = s1_tag_match_dup_dc && s1_has_permission && s1_hit_coh === s1_new_hit_coh
           ///真正的命中不只是 tag 相符，还须满足其它条件，包括缓存块是否有效并满足访问权限。
val s1_will_send_miss_req = s1_valid && !s1_nack && !s1_nack_data && !s1_hit
           ///有访问要求但不命中，就得向 MissQueue 发送请求（但是尚未发出请求）。
```

```
  // check ecc error
  val s1_encTag = Mux1H(s1_tag_match_way_dup_dc, wayMap((w: Int) => io.tag_resp(w)))
  val s1_flag_error = Mux(s1_need_replacement, false.B, s1_hit_error)      // error reported by exist dcache error bit
/// class LoadPipe，待续。
```

我们对几个 Array 有所了解，代码中又加了注释，读者只要仔细阅读就不会感到太困难。不过对这里创建的 wpu 即 DCacheWPU 需要有点介绍。WPU 应该是“Way Predict Unit”的意思。

```
[XSCoreBase > MemBlock > DCacheWrapper > DCache > DCacheImp > LoadPipe > DCacheWPU]
class DCacheWPU (implicit p:Parameters) extends WPUModule{        ///way predict unit
  val io = IO(new WPUIO)
    // deploy
  val predict_regs = RegInit(VecInit(Seq.fill(nSets)(0.U(wayBits.W))))      ///其内容是个长度为nSets的槽位号向量，初值为全0。
  // predict in s0
  io.req.ready := true.B
  val idx = addr_to_dcache_set (io.req.bits.vaddr)                          ///从目标的虚存地址中摘取集合选择位段即Set号
  val pred_way_en = Wire(UInt(nWays.W))                                     /// nWays=8，这是个8位的位图
  when (io.req.bits.replayCarry.valid){ pred_way_en := io.req.bits.replayCarry.real_way_en }        ///位图real_way_en
  .otherwise{ pred_way_en := predict_regs(idx) }                            ///如果请求中没有replayCarry就从predict_regs中读取

  // resp in s1
  val s1_pred_way_en = Reg(chiselTypeOf(pred_way_en))
  s1_pred_way_en := pred_way_en                                             ///位图
  io.resp.bits.predict_way := OHToUInt(s1_pred_way_en)                      ///所预测的槽位号way
  io.resp.bits.predict_way_en := s1_pred_way_en                             ///预测有效
  if(EnableDCacheWPU){ io.resp.valid := true.B }else{ io.resp.valid := false.B }   ///如果不选用EnableDCacheWPU就不会有输出
                                                                            ///EnableDCacheWPU在XSCoreParameters中设置成false
  assert(RegNext(PopCount(io.resp.bits.predict_way_en) <= 1.U), "tag should not match with more than 1 way")

  // check and update in s1
  val real_way_en = VecInit((0 until nWays).map(x =>                        ///tag比对，得一位图real_way_en：
    io.check.bits.s1_tag_resp(x.U) === io.check.bits.s1_real_tag && io.check.bits.s1_meta_resp(x.U).coh.isValid())).asUInt
                ///比对双方仅来自io.check，所以所谓预测其实只是帮助比对
  when(io.check.valid) {
    when(real_way_en.orR){ predict_regs(RegNext(idx)) := real_way_en }    // not cache miss
  }   /// predict_regs中的内容来自这里，是这样积累起来的。

  // correct in s2 (not in s1 due to meeting the timing requirements)
  val s2_pred_fail = RegNext(s1_pred_way_en =/= real_way_en && io.resp.valid)
  val s2_real_way_en = Reg(chiselTypeOf(real_way_en))
  s2_real_way_en := real_way_en

  // wire out
  io.s2_pred_fail := s2_pred_fail                                           ///s2阶段的预测与s1阶段的不同
  io.s2_real_way_en := s2_real_way_en                                       ///s2阶段的预测
}   ///end class DCacheWPU
```

预测的依据就是预测请求中的 vaddr 和 replayCarry，所作预测是通过 io.resp 发送的预测回应中的 predict_way 和 predict_way_en 两个字段。但这是 s1 阶段所作的预测，WPUIO 接口上另有两个字段 s2_pred_fail 和 s2_real_way_en，前者是个标志位，如果为 true 就说明 s1 和 s2 两个阶段的预测不同，此时 s2_real_way_en 是 s2 阶段的预测。WPUIO 的整个外部接口是这样：

```
class WPUIO(implicit p:Parameters) extends WPUBuddle{
  val req = Flipped(Decoupled(new WPUReq))
  val resp = ValidIO(new WPUResp)
  val check = Flipped(ValidIO(new WPUCheck))
  val s2_pred_fail = Output(Bool())
  val s2_real_way_en = Output(UInt(nWays.W))
}
```

其中的 WPUReq 和 WPUResp 是这样：

```
class WPUReq(implicit p: Parameters) extends WPUBuddle {
  val vaddr = UInt(PAddrBits.W)
  val replayCarry = new ReplayCarry                    ///内含位图real_way_en
}

class WPUResp(implicit p:Parameters) extends WPUBuddle{
  val predict_way = UInt(wayBits.W)                    ///这是槽位号
  val predict_way_en = UInt(nWays.W)                   ///这是位图
}
```

WPUCheck 才是关键。其中的 s1_tag_resp 是一个集合现有 nWays 个 tag 的向量，s1_real_tag 是目标的 tag：

```
class WPUCheck(implicit p: Parameters) extends WPUBuddle{
  val s1_tag_resp = Input(Vec(nWays, UInt(encTagBits.W)))          ///tag向量
  val s1_meta_resp = Input(Vec(nWays, new Meta))
  val s1_real_tag = Input(UInt(encTagBits.W))                      ///目标tag
}
```

如果 WPUCheck 有效，WPU 就只是帮助比对；只有在 WPUCheck 无效的条件下才是根据历史记录判断。

我们继续往下看 LoadPipe 的代码，这是流水线的 s2 和 s3 阶段：

[XSCoreBase > MemBlock > DCacheWrapper > DCache > DCacheImp > LoadPipe]　续 2

```
  // --------------------------------------------------------------------------------
  // stage 2        ///LoadPipe 流水线的 s2 阶段
  // --------------------------------------------------------------------------------
  // return data
  val s2_valid = RegInit(false.B)
  val s2_req = RegEnable(s1_req, s1_fire)
  val s2_paddr = RegEnable(s1_paddr_dup_dcache, s1_fire)
  val s2_vaddr = RegEnable(s1_vaddr, s1_fire)
  val s2_bank_oh = RegEnable(s1_bank_oh, s1_fire)
```

```
val s2_bank_oh_dup_0 = RegEnable(s1_bank_oh, s1_fire)
s2_ready := true.B
                    ///以上这些寄存器构成 s2 阶段的输入
val s2_fire = s2_valid

when (s1_fire) { s2_valid := !io.lsu.s1_kill }                ///LoadPipe 外部接口上的 lsy 是个 DCacheLoadIO
.elsewhen(io.lsu.resp.fire()) { s2_valid := false.B }

// hit, miss, nack, permission checking, dcache side tag match
val s2_tag_match_way = RegEnable(s1_tag_match_way_dup_dc, s1_fire)
val s2_tag_match = RegEnable(s1_tag_match_dup_dc, s1_fire)

// lsu side tag match
val s2_hit_dup_lsu = RegNext(s1_tag_match_dup_lsu)

io.lsu.s2_hit := s2_hit_dup_lsu && !s2_wpu_pred_fail

val s2_hit_meta = RegEnable(s1_hit_meta, s1_fire)
val s2_hit_coh = RegEnable(s1_hit_coh, s1_fire)
val s2_has_permission = s2_hit_coh.onAccess(s2_req.cmd)._1       // for write prefetch
val s2_new_hit_coh = s2_hit_coh.onAccess(s2_req.cmd)._3          // for write prefetch

val s2_way_en = RegEnable(s1_way_en, s1_fire)                    /// s2_way_en 来自 s1_way_en，是需要被 replace 的 way。
val s2_repl_coh = RegEnable(s1_repl_coh, s1_fire)
val s2_repl_tag = RegEnable(s1_repl_tag, s1_fire)
val s2_repl_extra_meta = RegEnable(s1_repl_extra_meta, s1_fire)  // not used for now
val s2_encTag = RegEnable(s1_encTag, s1_fire)

// when req got nacked, upper levels should replay this request nacked or not
val s2_nack_hit = RegEnable(s1_nack, s1_fire)
// can no allocate mshr for load miss
val s2_nack_no_mshr = io.miss_req.valid && !io.miss_req.ready
// Bank conflict on data arrays
val s2_nack_data = RegEnable(!io.banked_data_read.ready, s1_fire)
val s2_nack = s2_nack_hit || s2_nack_no_mshr || s2_nack_data
// s2 miss merged
val s2_miss_merged = io.miss_req.valid && io.miss_resp.merged

val s2_bank_addr = addr_to_dcache_bank(s2_paddr)
dontTouch(s2_bank_addr)

val s2_instrtype = s2_req.instrtype

val s2_tag_error = dcacheParameters.tagCode.decode(s2_encTag).error      // error reported by tag ecc check
val s2_flag_error = RegEnable(s1_flag_error, s1_fire)
```

```
val s2_hit_prefetch = RegEnable(s1_hit_prefetch, s1_fire)
val s2_hit_access = RegEnable(s1_hit_access, s1_fire)

val s2_hit = s2_tag_match && s2_has_permission && s2_hit_coh === s2_new_hit_coh && !s2_wpu_pred_fail

val s2_can_send_miss_req = RegEnable(s1_will_send_miss_req, s1_fire)    ///来自 s1_will_send_miss_req，晚一节拍。

// send load miss to miss queue
io.miss_req.valid := s2_valid && s2_can_send_miss_req && !s2_wpu_pred_fail        ///向 MissQueue 发出请求
io.miss_req.bits := DontCare
io.miss_req.bits.source := s2_instrtype
io.miss_req.bits.cmd := s2_req.cmd
io.miss_req.bits.addr := get_block_addr(s2_paddr)
io.miss_req.bits.vaddr := s2_vaddr
io.miss_req.bits.way_en := s2_way_en
io.miss_req.bits.req_coh := s2_hit_coh
io.miss_req.bits.replace_coh := s2_repl_coh
io.miss_req.bits.replace_tag := s2_repl_tag
io.miss_req.bits.cancel := io.lsu.s2_kill || s2_tag_error
io.miss_req.bits.pc := io.lsu.s2_pc

// send back response
val resp = Wire(ValidIO(new DCacheWordResp))          ///准备向 LoadUnit 发出回应
resp.valid := s2_valid                                ///这是 S2 阶段发出的回应
resp.bits := DontCare
// resp.bits.data := s2_word_decoded
// resp.bits.data := banked_data_resp_word.raw_data
        ///原文中被注释掉，但是这一行好像还是应该要的，只是 banked_data_resp_word 应为 io.banked_data_resp

// * on miss or nack, upper level should replay request, but if we successfully sent the request to miss queue
// upper level does not need to replay request they can sit in load queue and wait for refill
// * report a miss if bank conflict is detected
val real_miss = Wire(Bool())
when (wpu.io.resp.valid){ real_miss := !s2_real_way_en.orR }.otherwise{ real_miss := !s2_hit_dup_lsu }
resp.bits.miss := real_miss || io.bank_conflict_slow || s2_wpu_pred_fail     ///是否 miss，此位为 false 表示访问命中。
io.lsu.s2_first_hit := s2_req.isFirstIssue && s2_hit

// load pipe need replay when there is a bank conflict or wpu predict fail
resp.bits.replay := (resp.bits.miss && (!io.miss_req.fire() || s2_nack)) || io.bank_conflict_slow || s2_wpu_pred_fail
            ///要求 LoadUnit 重发请求(replay)的条件是：不命中，但未成功发送 MissQueue 请求。
            ///或者 io.bank_conflict_slow 或 s2_wpu_pred_fail。
resp.bits.replayCarry.valid := resp.bits.miss                  ///只要不命中就有 replayCarry
resp.bits.replayCarry.real_way_en := s2_real_way_en            ///调入目标缓冲块时会进入这个 way
resp.bits.meta_prefetch := s2_hit_prefetch
resp.bits.meta_access := s2_hit_access
resp.bits.tag_error := s2_tag_error                   // report tag_error in load s2
```

```
resp.bits.mshr_id := io.miss_resp.id

io.lsu.resp.valid := resp.valid                              ///把 resp 回送给 LoadUnit
io.lsu.resp.bits := resp.bits                                ///将 resp 连接到 io.lsu.resp
assert(RegNext(!(resp.valid && !io.lsu.resp.ready)), "lsu should be ready in s2")

io.lsu.s1_disable_fast_wakeup := io.disable_ld_fast_wakeup
io.lsu.s1_bank_conflict := io.bank_conflict_fast
assert(RegNext(s1_ready && s2_ready), "load pipeline should never be blocked")

// --------------------------------------------------------------------------------
// stage 3          ///LoadPipe 流水线的 s3 阶段
// --------------------------------------------------------------------------------
// report ecc error and get selected dcache data

val s3_valid = RegNext(s2_valid)
val s3_vaddr = RegEnable(s2_vaddr, s2_fire)
val s3_paddr = RegEnable(s2_paddr, s2_fire)
val s3_hit = RegEnable(s2_hit, s2_fire)
val s3_tag_match_way = RegEnable(s2_tag_match_way, s2_fire)

val s3_banked_data_resp_word = io.banked_data_resp.raw_data         ///从 dataArray 读出的数据
val s3_data_error = io.read_error_delayed && s3_hit            // banked_data_resp_word.error && !bank_conflict
val s3_tag_error = RegEnable(s2_tag_error, s2_fire)
val s3_flag_error = RegEnable(s2_flag_error, s2_fire)
val s3_error = s3_tag_error || s3_flag_error || s3_data_error

// error_delayed signal will be used to update uop.exception 1 cycle after load writeback
resp.bits.error_delayed := s3_error && (s3_hit || s3_tag_error) && s3_valid
resp.bits.data_delayed := s3_banked_data_resp_word             ///到了 S3 阶段才有数据，所以是 data_delayed。

// report tag / data / l2 error (with paddr) to bus error unit
io.error := 0.U.asTypeOf(new L1CacheErrorInfo())
io.error.report_to_beu := (s3_tag_error || s3_data_error) && s3_valid
io.error.paddr := s3_paddr
io.error.source.tag := s3_tag_error
io.error.source.data := s3_data_error
io.error.source.l2 := s3_flag_error
io.error.opType.load := true.B
// report tag error / l2 corrupted to CACHE_ERROR csr
io.error.valid := s3_error && s3_valid

// update plru in s3          ///缓存块 replace 的调度策略是 plru 即伪 LRU
if (!cfg.updateReplaceOn2ndmiss) {
  // replacement is only updated on 1st miss
  io.replace_access.valid := RegNext(RegNext(RegNext(io.meta_read.fire()) && s1_valid && !io.lsu.s1_kill) &&
```

```
                                                    !s2_nack_no_mshr && !s2_miss_merged)
    io.replace_access.bits.set := RegNext(RegNext(get_idx(s1_req.addr)))
    io.replace_access.bits.way := RegNext(RegNext(Mux(s1_tag_match_dup_dc,
                                       OHToUInt(s1_tag_match_way_dup_dc), io.replace_way.way)))
  } else {
    // replacement is updated on both 1st and 2nd miss timing is worse than !cfg.updateReplaceOn2ndmiss
    io.replace_access.valid := RegNext(RegNext(RegNext(io.meta_read.fire()) && s1_valid &&
                                                    !io.lsu.s1_kill) && !s2_nack_no_mshr)
    io.replace_access.bits.set := RegNext(RegNext (get_idx(s1_req.addr)))        ///从目标地址中摘取 Set 号位段
    io.replace_access.bits.way := RegNext(Mux(RegNext(s1_tag_match_dup_dc),
        RegNext(OHToUInt(s1_tag_match_way_dup_dc)),   // if hit, access hit way in plru
        Mux( !s2_miss_merged,                          // if miss
          RegNext(io.replace_way.way),                 // 1st fire: access new selected replace way
          OHToUInt(io.miss_resp.repl_way_en)           // 2nd fire: access replace way selected at miss queue allocate time
        )
      )
    )  ///end io.replace_access.bits.way，这是 io.replace_access.bits.way 的来源
  }  //end if (!cfg.updateReplaceOn2ndmiss){} else …

  // update access bit
  io.access_flag_write.valid := s3_valid && s3_hit
  io.access_flag_write.bits.idx := get_idx(s3_vaddr)
  io.access_flag_write.bits.way_en := s3_tag_match_way
  io.access_flag_write.bits.flag := true.B

  ///Debug 与性能统计从略
}  ///end class LoadPipe
```

从 LoadPipe 发回 LoadUnit/LoadQueue 的回应，是 DcacheWordResp：

```
class DCacheWordResp(implicit p: Parameters) extends BaseDCacheWordResp {
  val meta_prefetch = Bool()
  val meta_access = Bool()
  // 1 cycle after data resp
  val error_delayed = Bool() // all kinds of errors, include tag error
}
```

这是对 BaseDCacheWordResp 的扩充，那里含有更多的信息：

```
class BaseDCacheWordResp(implicit p: Parameters) extends DCacheBundle {
  // read in s2
  val data             = UInt(DataBits.W)          /// DataBits = XLEN = 64
  // select in s3
  val data_delayed     = UInt(DataBits.W)
  val id               = UInt(reqIdWidth.W)
  // cache req missed, send it to miss queue
```

```
    val miss              = Bool()
    // cache miss, and failed to enter the missqueue, replay from RS is needed
    val replay            = Bool()
    val replayCarry       = new ReplayCarry          /// ReplayCarry中有real_way_en
    // data has been corrupted
    val tag_error         = Bool() // tag error
    val mshr_id           = UInt(log2Up(cfg.nMissEntries).W)
    val debug_robIdx      = UInt(log2Ceil(RobSize).W)
}
```

这里有个 replay 标志位，还有个 ReplayCarry 数据结构，都是在访问不命中的时候用到。从代码中（S2 阶段）可以看到，只要访问不命中，就会将 ReplayCarry 的 valid 位设成 true，并将 ReplayCarry 的 real_way_en 设成 s2_real_way_en。而 replay 标志位的设置则还有些附加条件，例如不命中并且未能向 MissQueue 发出调入目标缓冲块的请求。

可想而知，只要命中，后面的事情就是一帆风顺，问题出在不命中的时候。如果不命中，首先就是通过 io.miss_req 接口向 MissQueue 发出请求，请求其从次级缓存或内存调入所缺失的目标缓存块，同时也向 LoadUnit/LoadQueue 报告访问未命中，并视情况发出或不发出 replay 的要求。另一方面 LoadPipe 也并不因此而停下来等待所缺失缓冲块的到来，那就交给 MissQueue 和 RefillPipe 了。

另外，这里 data 字段的大小是 DataBits，即 64 位，这是单项 64 位数据，而不是整个 cacheline。

28.3　主流水线 MainPipe

主流水线 MaiPipe 主要是实施对缓存块的写入，对 Store 指令的执行最终就是在这里完成的。此外还有 AMO 指令，其职能是“读-改-写”，最后一步也是写入，所以 AMO 指令的执行也是在 MainPipe 中完成的。按理说，既然是 Main，那 Load 指令也应在这里完成，但由于读内操作远比写内操作频繁，逻辑上也相对独立并且相对简单，就把它剥离出去专门成为一个 LoadPipe。不过二者还是有共同之处，那就是无论读内还是写内都是从 tagArray（以及 metaArray）开始以确定本次访问是否命中、是否允许继续向前执行。

MainPipe 也是个 3 阶段流水线，下面我们就来看 MaiPipe 的代码：

```
[XSCoreBase > MemBlock > DCacheWrapper > DCache > DCacheImp > MainPipe]
class MainPipe(implicit p: Parameters) extends DCacheModule with HasPerfEvents {
  val io = IO(new Bundle() {        ///MianPipe 的外部接口很大：
    // probe queue
    val probe_req = Flipped(DecoupledIO(new MainPipeReq))                    ///来自 ProbeQueue
    // store miss go to miss queue
    val miss_req = DecoupledIO(new MissReq)                                  ///经仲裁器通向 MissQueue
    val miss_resp = Input(new MissResp)      // miss resp is used to support plru update   ///来自 MissQueue
    // store buffer
    val store_req = Flipped(DecoupledIO(new DCacheLineReq))                  ///来自上层的 SBuffer
    val store_replay_resp = ValidIO(new DCacheLineResp)                      ///对上层 SBuffer 的回应
    val store_hit_resp = ValidIO(new DCacheLineResp)
    val release_update = ValidIO(new ReleaseUpdate)                          ///去向 WritebackQueue
    // atmoics
    val atomic_req = Flipped(DecoupledIO(new MainPipeReq))                   ///来自 Lsu
    val atomic_resp = ValidIO(new AtomicsResp)                               ///去向 Lsu
```

```
// replace
val replace_req = Flipped(DecoupledIO(new MainPipeReq))                    ///来自 MissQueue
val replace_resp = ValidIO(UInt(log2Up(cfg.nMissEntries).W))               ///去向 MissQueue
// write-back queue
val wb = DecoupledIO(new WritebackReq)                                     ///去向 WritebackQueue
val wb_ready_dup = Vec(nDupWbReady, Input(Bool()))
val probe_ttob_check_req = ValidIO(new ProbeToBCheckReq)                   ///去向 WritebackQueue
val probe_ttob_check_resp = Flipped(ValidIO(new ProbeToBCheckResp))        ///来自 WritebackQueue

// data sram
val data_read_intend = Output(Bool())
val data_read = DecoupledIO(new L1BankedDataReadLineReq)                       ///去向 DataArray
val data_resp = Input(Vec(DCacheBanks, new L1BankedDataReadResult()))          ///来自 DataArray
val readline_error_delayed = Input(Bool())
val data_write = DecoupledIO(new L1BankedDataWriteReq)                         ///去向 DataArray
val data_write_dup = Vec(DCacheBanks, Valid(new L1BankedDataWriteReqCtrl))
val data_write_ready_dup = Vec(nDupDataWriteReady, Input(Bool()))

// meta array
val meta_read = DecoupledIO(new MetaReadReq)                        ///对 MetaArray 的读出请求是 MetaReadReq
val meta_resp = Input(Vec(nWays, new Meta))                         ///从 MetaArray 读出的是 Meta
val meta_write = DecoupledIO(new CohMetaWriteReq)                   ///对 MetaArray 的写入请求是 CohMetaWriteReq
val extra_meta_resp = Input(Vec(nWays, new DCacheExtraMeta))
val error_flag_write = DecoupledIO(new FlagMetaWriteReq)            ///对其余三个 Array 的写入请求：
val prefetch_flag_write = DecoupledIO(new FlagMetaWriteReq)
val access_flag_write = DecoupledIO(new FlagMetaWriteReq)

// tag sram
val tag_read = DecoupledIO(new TagReadReq)                          ///对 TagArray 的读出请求是 TagReadReq
val tag_resp = Input(Vec(nWays, UInt(encTagBits.W)))                ///从 TagArray 的读出是个向量
val tag_write = DecoupledIO(new TagWriteReq)                        ///对 TagArray 的读出请求是 TagWriteReq
val tag_write_ready_dup = Vec(nDupTagWriteReady, Input(Bool()))     /// tag_write_ready_dup 是个位图
val tag_write_intend = Output(new Bool())

// update state vec in replacement algo
val replace_access = ValidIO(new ReplacementAccessBundle)           ///缓存块的替换对 LoadPipe 有影响，应该互通。
// find the way to be replaced
val replace_way = new ReplacementWayReqIO                           ///被替换的那个 way 的号码

val status = new Bundle() {
  val s0_set = ValidIO(UInt(idxBits.W))
  val s1, s2, s3 = ValidIO(new MainPipeStatus)
}
val status_dup = Vec(nDupStatus, new Bundle() {
  val s1, s2, s3 = ValidIO(new MainPipeStatus)
})
```

```
    // lrsc locked block should block probe
    val lrsc_locked_block = Output(Valid(UInt(PAddrBits.W)))
    val invalid_resv_set = Input(Bool())
    val update_resv_set = Output(Bool())
    val block_lr = Output(Bool())

    // ecc error
    val error = Output(new L1CacheErrorInfo())
  })    ///end val io

  // meta array is made of regs, so meta write or read should always be ready
  assert(RegNext(io.meta_read.ready))
  assert(RegNext(io.meta_write.ready))

  val s1_s0_set_conflict, s2_s0_set_conlict, s3_s0_set_conflict = Wire(Bool())        ///这些信号的来源见后
  val set_conflict = s1_s0_set_conflict || s2_s0_set_conlict || s3_s0_set_conflict      ///只要其中有一成立，set_conflict 就成立。
  // check sbuffer store req set_conflict in parallel with req arbiter
  // it will speed up the generation of store_req.ready, which is in crit. path
  val s1_s0_set_conflict_store, s2_s0_set_conlict_store, s3_s0_set_conflict_store = Wire(Bool())
  val store_set_conflict = s1_s0_set_conflict_store || s2_s0_set_conlict_store || s3_s0_set_conflict_store    ///同上
  val s1_ready, s2_ready, s3_ready = Wire(Bool())

  // convert store req to main pipe req, and select a req from store and probe
  val store_req = Wire(DecoupledIO(new MainPipeReq))                  ///须将来自上层的 DcacheLineReq 转换成 MainPipeReq
  store_req.bits := (new MainPipeReq).convertStoreReq(io.store_req.bits)   ///store_req 是从 io.store_req 转换而来
  store_req.valid := io.store_req.valid
  io.store_req.ready := store_req.ready

  // s0: read meta and tag
  val req = Wire(DecoupledIO(new MainPipeReq))
  arbiter(
    in = Seq(io.probe_req, io.replace_req, store_req, io.atomic_req), // Note: store_req.ready is now manually assigned for better timing
    out = req,          ///仲裁器有 4 个输入，输出是 req。所以 req 可来自 probe_req/ replace_req/store_req/atomic_req 之一。
    name = Some("main_pipe_req")            ///但是注意这里不包括 load_req，load 请求直接进入 LoadPipe。
  )

  val store_idx = get_idx (io.store_req.bits.vaddr)
  // manually assign store_req.ready for better timing now store_req set conflict check is done in parallel with req arbiter
  store_req.ready := io.meta_read.ready && io.tag_read.ready &&     ///如果不能读 MetaArray/TagArray，就不能接收 store_req。
                                    s1_ready && !store_set_conflict && !io.probe_req.valid && !io.replace_req.valid
  val s0_req = req.bits                         ///源自 probe_req/ replace_req/store_req/atomic_req 这 4 者之一
  val s0_idx = get_idx (s0_req.vaddr)           ///从所给的虚存地址获取 index
  val s0_need_tag = io.tag_read.valid           ///有读出 tag 的要求
  val s0_can_go = io.meta_read.ready && io.tag_read.ready && s1_ready && !set_conflict
  val s0_fire = req.valid && s0_can_go          ///如果 metaArray 或 tagArray 尚未准备好，或所访问 set 有冲突就须等待。
```

```
  val bank_write = VecInit((0 until DCacheBanks).map(i => get_mask_of_bank (i, s0_req.store_mask).orR)).asUInt
  val bank_full_write = VecInit((0 until DCacheBanks).map(i => get_mask_of_bank (i, s0_req.store_mask).andR)).asUInt
  val banks_full_overwrite = bank_full_write.andR

  val banked_store_rmask = bank_write & ~bank_full_write
  val banked_full_rmask = ~0.U(DCacheBanks.W)
  val banked_none_rmask = 0.U(DCacheBanks.W)

  val store_need_data = !s0_req.probe && s0_req.isStore && banked_store_rmask.orR   ///需要向 BankedDataArray 写入数据
  val probe_need_data = s0_req.probe
  val amo_need_data = !s0_req.probe && s0_req.isAMO
  val miss_need_data = s0_req.miss
  val replace_need_data = s0_req.replace
        ///s0_req 的四个来源中并不包含 MissQueue，但是除 io.store_req 以外其余三个都含有 miss 标志位。

  val banked_need_data = store_need_data || probe_need_data || amo_need_data || miss_need_data || replace_need_data
        /// banked_need_data 所表示的是需要向 BankedDataArray 写入数据

  val s0_banked_rmask = Mux(store_need_data, banked_store_rmask,
      Mux(probe_need_data || amo_need_data || miss_need_data || replace_need_data, banked_full_rmask, banked_none_rmask))

  // generate wmask here and use it in stage 2
  val banked_store_wmask = bank_write
  val banked_full_wmask = ~0.U(DCacheBanks.W)
  val banked_none_wmask = 0.U(DCacheBanks.W)

///class MainPipe，待续。
```

与 LoadPipe 一样，MainPipe 也是个枢纽和中心，它向上接受写内操作请求 DCacheLineReq，操作的完成则依赖于 tag_read/tag_write，data_read/data_write，meta_read/meta_write；如果不命中，目标缓存块不在 DCache 中，就得依靠 miss_req/miss_resp。如果所有的缓存块槽位都已占满，就还得依靠 replace_req/replace_resp；对已被写脏的缓存块则要通过 WritebackReq 回写。此外，为保证存储的协同性，MainPipe 还得时刻注意来自底层的 probe_req。最后，AMO 指令的最终执行是在 MainPipe 中（AMO 指令需要写入），所以 MainPipe 中还有个 AMOALU。

MainPipe 外部接口上 io.probe_req、io.atomic_req、io.replace_req 三者的类型都是 MainPipeReq，而与上层 Sbuffer 对接的 io.store_req 却是 DCacheLineReq。所以内部要有个同为 MainPipeReq 的 val store_req，其内容通过 convertStoreReq()从 io.store_req 转换而来。这样，io.probe_req、io.atomic_req、io.replace_req 和 val store_req 这四者的类型就都是 MainPipeReq。这四个 MainPipeReq 经过一个仲裁器 arbiter 汇合到 val req 这个 MainPipeReq 上。换言之，在任何一个时间点上，req 可以来自这四个 MainPipeReq 之一，其结构定义是：

```
class MainPipeReq(implicit p: Parameters) extends DCacheBundle {
  val miss = Bool()      // only amo miss will refill in main pipe    ///MainPipeReq有多种来源，来自io.store_req时是不会有miss的。
  val miss_id = UInt(log2Up(cfg.nMissEntries).W)
  val miss_param = UInt(TLPermissions.bdWidth.W)
  val miss_dirty = Bool()
```

```
val miss_way_en = UInt(DCacheWays.W)

val probe = Bool()
val probe_param = UInt(TLPermissions.bdWidth.W)
val probe_need_data = Bool()

// request info, reqs from Store, AMO use this, probe does not use this
val source = UInt(sourceTypeWidth.W)
val cmd = UInt(M_SZ.W)
// if dcache size > 32KB, vaddr is also needed for store vaddr is used to get extra index bits
val vaddr    = UInt(VAddrBits.W)              ///虚存地址
// must be aligned to block
val addr     = UInt(PAddrBits.W)              ///物理地址

// store
val store_data = UInt((cfg.blockBytes * 8).W)          ///有待存储的数据在形式上是整个cacheline，blockBytes=64。
val store_mask = UInt(cfg.blockBytes.W)                ///但实际写入的未必是整个cacheline，所以要有写入掩模。
// which word does amo work on?
val word_idx = UInt(log2Up(cfg.blockBytes * 8 / DataBits).W)
val amo_data   = UInt(DataBits.W)                      ///用于AMO指令的数据是64位的单项数据。
val amo_mask = UInt((DataBits / 8).W)
// error
val error = Bool()
// replace
val replace = Bool()
val replace_way_en = UInt(DCacheWays.W)

val id = UInt(reqIdWidth.W)

def isLoad: Bool = source === LOAD_SOURCE.U
def isStore: Bool = source === STORE_SOURCE.U
def isAMO: Bool = source === AMO_SOURCE.U

def convertStoreReq (store: DCacheLineReq): MainPipeReq = {
  val req = Wire(new MainPipeReq)
  req := DontCare
  req.miss := false.B                    ///来自io.store_req的请求DCacheLineReq中不可能有miss
  req.miss_dirty := false.B
  req.probe := false.B                   ///也不是probe
  req.probe_need_data := false.B
  req.source := STORE_SOURCE.U
  req.cmd := store.cmd                   ///来自DCacheLineReq
  req.addr := store.addr
  req.vaddr := store.vaddr
  req.store_data := store.data
  req.store_mask := store.mask
```

```
    req.replace := false.B                    ///也不会有replace
    req.error := false.B
    req.id := store.id
    req
  }
} ///end class MainPipeReq
```

但是注意仲裁器的 4 个输入中并不包含 Load 请求，Load 请求是直接发送给 LoadPipe 的。在这四个来源中，io.store_req 显然是来自对 Store 指令的执行；io.atomic_req 来自 AMO 指令，AMO 指令最终就是在 MainPipe 中得到执行的；io.probe_req 则来自存储子系统下层对上层节点的 Probe 操作，要求上层节点降低其某个缓存块的操作权限，例如 TtoB、BtoN 等（一旦 TtoB，这个缓存块就成了只读）；还有 io.replace_req，那是来自对缓存块的替换要求。这样，MainPipe 的功能就是要满足这四种要求，这四种要求的满足成为四个脉络，这四个脉络交织在 MainPipe 的代码中。

不管具体的请求来自何方，这四者（除 Probe 以外）都可能要求写入 DataArray，无论是来自上层的主动写入、如 Store 和 Atomic，还是来自 DCache 内部因访问不命中而引起的缓存块替换（装载）。

其余就留给读者自己细看了，我们继续往下看 MainPipe 的代码：

```
[XSCoreBase > MemBlock > DCacheWrapper > DCache > DCacheImp > MainPipe]    续 1
  // s1: read data        ///MainPipe 的 s1 阶段:
  val s1_valid = RegInit(false.B)                              ///寄存器的初值为 false
  val s1_need_data = RegEnable(banked_need_data, s0_fire)
  val s1_req = RegEnable(s0_req, s0_fire)                      ///s0_req 的值打入该寄存器就成了 s1_req，条件是 s0_fire。
  val s1_banked_rmask = RegEnable (s0_banked_rmask, s0_fire)
  val s1_banked_store_wmask = RegEnable(banked_store_wmask, s0_fire)
  val s1_need_tag = RegEnable(s0_need_tag, s0_fire)
          ///上面这些都是 s1 阶段的寄存器
  val s1_can_go = s2_ready && (io.data_read.ready || !s1_need_data)
  val s1_fire = s1_valid && s1_can_go
  val s1_idx = get_idx(s1_req.vaddr)                           ///名为 idx，实际上是虚存地址中的集合选择位段即 Set 号。

  // duplicate regs to reduce fanout
  val s1_valid_dup = RegInit(VecInit(Seq.fill(6)(false.B)))
  val s1_req_vaddr_dup_for_data_read = RegEnable (s0_req.vaddr, s0_fire)
  val s1_idx_dup_for_replace_way = RegEnable (get_idx (s0_req.vaddr), s0_fire)

  val s1_valid_dup_for_status = RegInit (VecInit(Seq.fill(nDupStatus)(false.B)))

  when (s0_fire) {
    s1_valid := true.B
    s1_valid_dup.foreach(_ := true.B)
    s1_valid_dup_for_status.foreach(_ := true.B)
  }.elsewhen (s1_fire) {
    s1_valid := false.B
    s1_valid_dup.foreach(_ := false.B)
    s1_valid_dup_for_status.foreach(_ := false.B)
  }
```

```
s1_ready := !s1_valid_dup(0) || s1_can_go
s1_s0_set_conflict := s1_valid_dup(1) && s0_idx === s1_idx
s1_s0_set_conflict_store := s1_valid_dup(2) && store_idx === s1_idx

val meta_resp = Wire(Vec(nWays, (new Meta).asUInt()))            /// meta_resp 就是从 metaArray 读出的回应
val tag_resp = Wire(Vec(nWays, UInt(tagBits.W)))                 /// tag_resp 是从 tagArray 读出回应中的 tag 部分
val ecc_resp = Wire(Vec(nWays, UInt(eccTagBits.W)))              /// ecc_resp 是从 tagArray 读出回应中的 ECC 编码部分
meta_resp := Mux(RegNext(s0_fire), VecInit(io.meta_resp.map(_.asUInt)), RegNext(meta_resp))
tag_resp := Mux(RegNext(s0_fire), VecInit(io.tag_resp.map(r => r(tagBits - 1, 0))), RegNext(tag_resp))
ecc_resp := Mux(RegNext(s0_fire), VecInit(io.tag_resp.map(r => r(encTagBits - 1, tagBits))), RegNext(ecc_resp))

val enc_tag_resp = Wire(io.tag_resp.cloneType)
enc_tag_resp := Mux(RegNext(s0_fire), io.tag_resp, RegNext(enc_tag_resp))

def wayMap[T <: Data](f: Int => T) = VecInit((0 until nWays).map(f))    ///函数 wayMap()相当于 map，其参数 f 是个函数。
val s1_tag_eq_way = wayMap((w: Int) => tag_resp(w) === get_tag (s1_req.addr)).asUInt    ///Tag 比对相符
val s1_tag_match_way = wayMap((w: Int) => s1_tag_eq_way(w) && Meta(meta_resp(w)).coh.isValid()).asUInt
                                                    ///Tag 比对相符，并且协同性控制码 meta 有效。
val s1_tag_match = s1_tag_match_way.orR             ///为 true 表示有 Tag 比对相符

val s1_hit_tag = Mux(s1_tag_match, Mux1H(s1_tag_match_way, wayMap(w => tag_resp(w))), get_tag(s1_req.addr))
                        ///如果命中则 s1_hit_tag 来自所命中的 tag，否则来自所请求（需要写入的）的地址。
val s1_hit_coh = ClientMetadata(Mux(s1_tag_match, Mux1H(s1_tag_match_way, wayMap(w => meta_resp(w))), 0.U))
                        ///如果命中则 s1_hit_coh 来自所命中缓冲块的协同性控制码 meta，否则为 0。
val s1_encTag = Mux1H(s1_tag_match_way, wayMap((w: Int) => enc_tag_resp(w)))
val s1_flag_error = Mux(s1_tag_match, Mux1H(s1_tag_match_way, wayMap(w => io.extra_meta_resp(w).error)), false.B)
val s1_extra_meta = Mux1H(s1_tag_match_way, wayMap(w => io.extra_meta_resp(w)))
val s1_l2_error = s1_req.error

// replacement policy        ///如果不命中，就要做好需要缓冲块替换的准备
val s1_repl_way_en = WireInit(0.U(nWays.W))         ///这是个位图
s1_repl_way_en := Mux(RegNext(s0_fire), UIntToOH(io.replace_way.way), RegNext(s1_repl_way_en))
                        ///可被替换的 way 的号码在 s0_fire 时读自 io.replace_way，见 LoadPipe。
val s1_repl_tag = Mux1H(s1_repl_way_en, wayMap(w => tag_resp(w)))
val s1_repl_coh = Mux1H(s1_repl_way_en, wayMap(w => meta_resp(w))).asTypeOf(new ClientMetadata)
val s1_miss_tag = Mux1H(s1_req.miss_way_en, wayMap(w => tag_resp(w)))
val s1_miss_coh = Mux1H(s1_req.miss_way_en, wayMap(w => meta_resp(w))).asTypeOf(new ClientMetadata)
                ///对于来自 io.store_req 的 s1_req 这些信号都是无意义的，因为此时 s1_req 中的 miss_way_en 无意义。

val s1_repl_way_raw = WireInit(0.U(log2Up(nWays).W))            ///可被替换的 way 的号码
s1_repl_way_raw := Mux(RegNext(s0_fire), io.replace_way.way, RegNext(s1_repl_way_raw))   ///s0_fire 时读自 io.replace_way

val s1_need_replacement = (s1_req.miss || s1_req.isStore && !s1_req.probe) && !s1_tag_match       ///关键是 tag 比对不符
val s1_way_en = Mux(s1_req.replace, s1_req.replace_way_en,
                    Mux(s1_req.miss, s1_req.miss_way_en, Mux(s1_need_replacement, s1_repl_way_en, s1_tag_match_way)))
assert(!RegNext(s1_fire && PopCount(s1_way_en) > 1.U))
```

```
val s1_tag = Mux(s1_req.replace, get_tag(s1_req.addr),
                    Mux(s1_req.miss, s1_miss_tag, Mux(s1_need_replacement, s1_repl_tag, s1_hit_tag)))
val s1_coh = Mux(s1_req.replace, Mux1H(s1_req.replace_way_en, meta_resp.map(ClientMetadata(_))),
                    Mux(s1_req.miss, s1_miss_coh, Mux(s1_need_replacement, s1_repl_coh, s1_hit_coh)) )

val s1_has_permission = s1_hit_coh.onAccess(s1_req.cmd)._1
val s1_hit = s1_tag_match && s1_has_permission       ///s1_hit 表示 Tag 比对相符，而且协同性控制码相容。
val s1_pregen_can_go_to_mq = !s1_req.replace && !s1_req.probe && !s1_req.miss &&
                                   (s1_req.isStore || s1_req.isAMO) && !s1_hit

val s1_ttob_probe = s1_valid && s1_req.probe && s1_req.probe_param === TLPermissions.toB   ///是 Probe 请求，且为 toB。
io.probe_ttob_check_req.valid := s1_ttob_probe         ///如有这样的请求就向 WritebackQueue 发送检查请求
io.probe_ttob_check_req.bits.addr := get_block_addr(Cat(s1_tag, get_untag(s1_req.vaddr)))      ///所欲改变权限的缓存块地址
///class MainPipe，续 1，待续。
```

在这 S1 阶段，核心就是 tag 的比对和访问权限的检验，s1_hit 表示 Tag 比对相符，并且协同性控制相容即访问权限允许。注意光是 s1_tag_match 还不能算 s1_hit，还得 s1_has_permission 才行，可是我们在叙述时一般 tag 比对上了就说“命中”，代码中对 hit 这个字眼的使用也并不严格，读者在阅读代码时须注意区分。

还要注意，s0_req、从而 s1_req，有多种来源，并非只有 io.store_req 一种。来自 io.store_req 的 s1_req 中的 miss 肯定是 false，因为 io.store_req 到来时还不知道是否 miss。所以这里凡是用到 s1_req.miss 或 s1_req.miss_way_en 的都是针对其它来源，即 io.probe_req，io.atomic_req，或 io.replace_req。

如果 s1_tag_match 为非，即 tag 比对不上，并且请求来自 io.store_req 或 s1_req.miss 为真，那就有 s1_need_replacement 需要把 DataArray 中某个 way 内的缓存块替换掉。指明这个 way 的位图来自 io.replace_way，当然只能是在同一个集合中。

下面就进入 S2 阶段了。下面的代码中有许多信号的复份，这些复份的名称中都带有_dup 后缀，例如 s2_idx_dup_for_replace_access，就是 s2_idx 的复份，_dup_for_replace_access 是后缀，后缀中 dup 以后的 for_replace_access 表示这个复份信号是为了驱动 replace_access 才有的（实际上是用于 io.replace_access 的驱动）。不过我们只是关心电路的逻辑，只是关心信号的逻辑意义，所以实际上代码的体积没有表面上那么大。

[XSCoreBase > MemBlock > DCacheWrapper > DCache > DCacheImp > MainPipe]　　续 2

```
// s2: select data, return resp if this is a store miss    ///MainPipe 的 s2 阶段：
val s2_valid = RegInit(false.B)
val s2_req = RegEnable(s1_req, s1_fire)
val s2_tag_match = RegEnable(s1_tag_match, s1_fire)
val s2_tag_match_way = RegEnable(s1_tag_match_way, s1_fire)
val s2_hit_coh = RegEnable(s1_hit_coh, s1_fire)
val (s2_has_permission, _, s2_new_hit_coh) = s2_hit_coh.onAccess(s2_req.cmd)

val s2_repl_tag = RegEnable (s1_repl_tag, s1_fire)
val s2_repl_coh = RegEnable (s1_repl_coh, s1_fire)
val s2_repl_way_en = RegEnable(s1_repl_way_en, s1_fire)
val s2_need_replacement = RegEnable(s1_need_replacement, s1_fire)    ///来自 s1_need_replacement
val s2_need_data = RegEnable(s1_need_data, s1_fire)
val s2_need_tag = RegEnable(s1_need_tag, s1_fire)
val s2_encTag = RegEnable(s1_encTag, s1_fire)
```

```
val s2_idx = get_idx(s2_req.vaddr)

// duplicate regs to reduce fanout
val s2_valid_dup = RegInit(VecInit(Seq.fill(8)(false.B)))
val s2_valid_dup_for_status = RegInit(VecInit(Seq.fill(nDupStatus)(false.B)))
val s2_req_vaddr_dup_for_miss_req = RegEnable(s1_req.vaddr, s1_fire)
val s2_idx_dup_for_status = RegEnable(get_idx(s1_req.vaddr), s1_fire)          ///这个复份用来驱动 io.status.s2.bits.set
val s2_idx_dup_for_replace_access = RegEnable(get_idx(s1_req.vaddr), s1_fire)
        /// s2_idx_dup_for_replace_access 逻辑上等同于 s2_idx，用来驱动 io.replace_access。余类推。

val s2_req_replace_dup_1, s2_req_replace_dup_2 = RegEnable(s1_req.replace, s1_fire)

val s2_can_go_to_mq_dup = (0 until 3).map(_ => RegEnable(s1_pregen_can_go_to_mq, s1_fire))

val s2_way_en = RegEnable(s1_way_en, s1_fire)
val s2_tag = RegEnable (s1_tag, s1_fire)
val s2_coh = RegEnable (s1_coh, s1_fire)      ///s1_coh 是个 ClientMetadata，内含 ClientStat：Nothing/Branch/Trunk/Dirty
val s2_banked_store_wmask = RegEnable(s1_banked_store_wmask, s1_fire)
val s2_flag_error = RegEnable(s1_flag_error, s1_fire)
val s2_tag_error = dcacheParameters.tagCode.decode(s2_encTag).error && s2_need_tag
val s2_l2_error = s2_req.error
val s2_error = s2_flag_error || s2_tag_error || s2_l2_error          // data_error not included

val s2_may_report_data_error = s2_need_data && s2_coh.state =/= ClientStates.Nothing

val s2_hit = s2_tag_match && s2_has_permission                                  ///时间上比 s1_hit 晚一个节拍
val s2_amo_hit = s2_hit && !s2_req.probe && !s2_req.miss && s2_req.isAMO        ///这是来自 AMO 请求的命中
val s2_store_hit = s2_hit && !s2_req.probe && !s2_req.miss && s2_req.isStore    ///这是来自 Store 请求的命中

s2_s0_set_conlict := s2_valid_dup(0) && s0_idx === s2_idx
s2_s0_set_conlict_store := s2_valid_dup(1) && store_idx === s2_idx

// For a store req, it either hits and goes to s3, or miss and enter miss queue immediately
val s2_can_go_to_s3 = (s2_req_replace_dup_1 || s2_req.probe || s2_req.miss ||
                                          (s2_req.isStore || s2_req.isAMO) && s2_hit) && s3_ready
        ///可以进入 S3 阶段，以完成对 Store 请求的操作（完成对目标缓存块的写入）
val s2_can_go_to_mq = RegEnable(s1_pregen_can_go_to_mq, s1_fire)
        ///或者可以向 MissQueue 发出请求
assert(RegNext(!(s2_valid && s2_can_go_to_s3 && s2_can_go_to_mq)))
val s2_can_go = s2_can_go_to_s3 || s2_can_go_to_mq                              ///二者居其一
val s2_fire = s2_valid && s2_can_go
val s2_fire_to_s3 = s2_valid_dup(2) && s2_can_go_to_s3
when (s1_fire) {
  s2_valid := true.B
  s2_valid_dup.foreach(_ := true.B)
  s2_valid_dup_for_status.foreach(_ := true.B)
```

```
  }.elsewhen (s2_fire) {
    s2_valid := false.B
    s2_valid_dup.foreach(_ := false.B)
    s2_valid_dup_for_status.foreach(_ := false.B)
  }
  s2_ready := !s2_valid_dup(3) || s2_can_go
  val replay = !io.miss_req.ready                    ///MissQueue 尚未准备好，需稍后重试。

  val data_resp = Wire(io.data_resp.cloneType)
  data_resp := Mux(RegNext(s1_fire), io.data_resp, RegNext(data_resp))        ///s1_fire 时读入数据，其余时间保持不变。
  val s2_store_data_merged = Wire(Vec(DCacheBanks, UInt(DCacheSRAMRowBits.W)))   /// DCacheSRAMRowBits=64
      ///长度为 DcacheBanks 的向量，用作将写入数据并入已有数据时的草稿。注意这不是寄存器。

  def mergePutData (old_data: UInt, new_data: UInt, wmask: UInt): UInt = {
    val full_wmask = FillInterleaved(8, wmask)
    ((~full_wmask & old_data) | (full_wmask & new_data))
  }

  val s2_data = WireInit(VecInit((0 until DCacheBanks).map(i => { data_resp(i).raw_data })))      ///各个 Bank 中的数据

  for (i <- 0 until DCacheBanks) {
    val old_data = s2_data(i)                                ///这是各 Bank（在给定 Set 和 Way 中）原有的数据
    val new_data = get_data_of_bank(i, s2_req.store_data)    ///从写入请求中摘出对具体 Bank 的写入数据
    // for amo hit, we should use read out SRAM data
    // do not merge with store data
    val wmask = Mux(s2_amo_hit, 0.U(wordBytes.W), get_mask_of_bank(i, s2_req.store_mask))
                          ///对 AMO 请求暂时将写入掩模设为 0，即暂不写入。
    s2_store_data_merged(i) := mergePutData(old_data, new_data, wmask)      ///通过 mergePutData()合并到老数据中。
  }  ///将需要写入的数据合并到原有的数据中，s2_store_data_merged 就好比一个草稿纸。

  val s2_data_word = s2_store_data_merged(s2_req.word_idx)

  val s2_probe_ttob_check_resp = Wire(io.probe_ttob_check_resp.cloneType)   ///来自 WritebackQueue 对于检查请求的回应
  s2_probe_ttob_check_resp := Mux(RegNext(s1_fire), io.probe_ttob_check_resp, RegNext(s2_probe_ttob_check_resp))
///class MainPipe，续 2，待续。
```

进入 S2 阶段之后，下面只有两条路，一条是继续往前进入 S3 完成对目标缓存块的写入，或者对访问权限的变更（如果请求来自 Probe）等等。另一条就是进入对 MissQueue 的请求发送。

如果要继续完成写入，就得把数据先准备好。对 DataArray 的写入是各个 Bank 同时进行的，所以需要先从各个 Bank 读出数据到一个用作草稿的 s2_store_data_merged 中，再把要写入的新数据按掩模合并进去，以后再把草稿的内容写回 DataArray。当然，草稿上的结果应该放在寄存器中，后面我们会看见确实就是这样。

另外这里还有个特殊情况。如果请求来自 Probe，并且 Probe 操作命令是对某缓存块的 TtoB 改变，则前面在 S1 阶段向 WritebackQueue 发送了检查请求 io.probe_ttob_check_req，即 ProbeToBCheckReq，让它检查该缓存块是否已经处于等待释放的状态，如果是就应将此命令改成 ToN。现在 WritebackQueue 应该已有回应 io.probe_ttob_check_resp，要将其通过 s2_probe_ttob_check_resp 打入寄存器 s3_probe_ttob_check_resp 备用。这二者的结构定义如下：

```
// When a probe TtoB req enter dcache main pipe, check if that cacheline is waiting for release.
// If it is so, change TtoB to TtoN, set dcache coh to N.
class ProbeToBCheckReq(implicit p: Parameters) extends DCacheBundle {
  val addr = UInt(PAddrBits.W)    // paddr from mainpipe s1
}

class ProbeToBCheckResp(implicit p: Parameters) extends DCacheBundle {
  val toN = Bool()                // need to set dcache coh to N
}
```

从缓存数据协同性的角度，缓存在每个存储节点上的每个具体存储块（缓存行）可以处于 None、Branch、Trunk 三种状态之一，而 toN、toB、toT 就是要让一个节点把所缓存某个存储块的状态变成 N/B/T 三个状态之一的命令。如果一个缓存块的状态变成了 T，那就是可写，变成 B 就是只读，变成 N 则要废弃这个存储块，这个存储块在逻辑上就不存在于该节点了。这样的协同性命令是由下层节点通过 Probe 操作向上发出的，由于 DCache 处于存储子系统的最上层，就只是接收协同命令并作出回应。而 ProbeToBCheckReq，则是对某个缓冲块的 toB 命令，要将其转入 Branch 状态。

下面就是 MainPipe 的 S3 阶段了。再次提醒读者，对 MainPipe 的操作请求有多个来源，所以是一种面面俱到式的实现：

[XSCoreBase > MemBlock > DCacheWrapper > DCache > DCacheImp > MainPipe]　　续 3

```
  // s3: write data, meta and tag                ///MainPipe 的 s3 阶段：
  val s3_valid = RegInit(false.B)
  val s3_req = RegEnable(s2_req, s2_fire_to_s3)
  val s3_tag = RegEnable(s2_tag, s2_fire_to_s3)
  val s3_tag_match = RegEnable(s2_tag_match, s2_fire_to_s3)
  val s3_coh = RegEnable(s2_coh, s2_fire_to_s3)
  val s3_hit = RegEnable(s2_hit, s2_fire_to_s3)
  val s3_amo_hit = RegEnable(s2_amo_hit, s2_fire_to_s3)
  val s3_store_hit = RegEnable(s2_store_hit, s2_fire_to_s3)
  val s3_hit_coh = RegEnable(s2_hit_coh, s2_fire_to_s3)
  val s3_new_hit_coh = RegEnable(s2_new_hit_coh, s2_fire_to_s3)
  val s3_way_en = RegEnable(s2_way_en, s2_fire_to_s3)
  val s3_banked_store_wmask = RegEnable(s2_banked_store_wmask, s2_fire_to_s3)
  val s3_store_data_merged = RegEnable(s2_store_data_merged, s2_fire_to_s3)
  val s3_data_word = RegEnable(s2_data_word, s2_fire_to_s3)
  val s3_data = RegEnable(s2_data, s2_fire_to_s3)
  val s3_l2_error = s3_req.error
  // data_error will be reported by data array 1 cycle after data read resp
  val s3_data_error = Wire(Bool())
  s3_data_error := Mux(RegNext(RegNext(s1_fire)),                 // ecc check result is generated 2 cycle after read req
    io.readline_error_delayed && RegNext(s2_may_report_data_error),
    RegNext(s3_data_error)                                        // do not update s3_data_error if !s1_fire
  )
  // error signal for amo inst
```

```
val s3_error = RegEnable(s2_error, s2_fire_to_s3) || s3_data_error
val (_, _, probe_new_coh) = s3_coh.onProbe(s3_req.probe_param)
val s3_need_replacement = RegEnable(s2_need_replacement, s2_fire_to_s3)
val s3_probe_ttob_check_resp = RegEnable(s2_probe_ttob_check_resp, s2_fire_to_s3)

// duplicate regs to reduce fanout          ///下面凡带有 dup 字样的信号都是为减小扇出负载而创建的副本，逻辑上与正本相同：
val s3_valid_dup = RegInit(VecInit(Seq.fill(14)(false.B)))
val s3_valid_dup_for_status = RegInit(VecInit(Seq.fill(nDupStatus)(false.B)))
val s3_way_en_dup = (0 until 4).map(_ => RegEnable(s2_way_en, s2_fire_to_s3))
val s3_coh_dup = (0 until 6).map(_ => RegEnable(s2_coh, s2_fire_to_s3))
val s3_tag_match_dup = RegEnable(s2_tag_match, s2_fire_to_s3)

val s3_req_vaddr_dup_for_wb, s3_req_vaddr_dup_for_data_write = RegEnable (s2_req.vaddr, s2_fire_to_s3)

val s3_idx_dup = (0 until 6).map(_ => RegEnable(get_idx(s2_req.vaddr), s2_fire_to_s3))

val s3_req_replace_dup = (0 until 8).map(_ => RegEnable (s2_req.replace, s2_fire_to_s3))
val s3_req_cmd_dup = (0 until 6).map(_ => RegEnable (s2_req.cmd, s2_fire_to_s3))
val s3_req_source_dup_1, s3_req_source_dup_2 = RegEnable (s2_req.source, s2_fire_to_s3)
val s3_req_addr_dup = (0 until 5).map(_ => RegEnable (s2_req.addr, s2_fire_to_s3))
val s3_req_probe_dup = (0 until 10).map(_ => RegEnable (s2_req.probe, s2_fire_to_s3))
val s3_req_miss_dup = (0 until 10).map(_ => RegEnable (s2_req.miss, s2_fire_to_s3))
val s3_req_word_idx_dup = (0 until DCacheBanks).map(_ => RegEnable (s2_req.word_idx, s2_fire_to_s3))

val s3_need_replacement_dup = RegEnable(s2_need_replacement, s2_fire_to_s3)

val s3_s_amoalu_dup = RegInit(VecInit(Seq.fill(3)(false.B)))

val s3_hit_coh_dup = RegEnable (s2_hit_coh, s2_fire_to_s3)
val s3_new_hit_coh_dup = (0 until 2).map(_ => RegEnable (s2_new_hit_coh, s2_fire_to_s3))
val s3_amo_hit_dup = RegEnable (s2_amo_hit, s2_fire_to_s3)
val s3_store_hit_dup = (0 until 2).map(_ => RegEnable (s2_store_hit, s2_fire_to_s3))

val lrsc_count_dup = RegInit(VecInit(Seq.fill(3)(0.U(log2Ceil(LRSCCycles).W))))
val lrsc_valid_dup = lrsc_count_dup.map { case cnt => cnt > LRSCBackOff.U }
val lrsc_addr_dup = Reg(UInt())

val s3_req_probe_param_dup = RegEnable (s2_req.probe_param, s2_fire_to_s3)

val (_, probe_shrink_param, _) = s3_coh.onProbe(s3_req_probe_param_dup)

val miss_update_meta = s3_req.miss
val probe_update_meta = s3_req_probe_dup(0) && s3_tag_match_dup && s3_coh_dup(0) =/= probe_new_coh
val store_update_meta = s3_req.isStore && !s3_req_probe_dup(1) && s3_hit_coh =/= s3_new_hit_coh_dup(0)
val amo_update_meta = s3_req.isAMO && !s3_req_probe_dup(2) && s3_hit_coh_dup =/= s3_new_hit_coh_dup(1)
val amo_wait_amoalu = s3_req.isAMO && s3_req_cmd_dup(0) =/= M_XLR && s3_req_cmd_dup(1) =/= M_XSC
```

```
  val update_meta = (miss_update_meta || probe_update_meta || store_update_meta || amo_update_meta) && !s3_req_replace_dup(0)

  def missCohGen (cmd: UInt, param: UInt, dirty: Bool) = {
    val c = categorize(cmd)                    /// categorize()返回 rd/wi/wr，wi 表示“Write Intent”，有写入意向。
    MuxLookup(Cat(c, param, dirty), Nothing, Seq(
      //(effect param) -> (next)
      Cat(rd, toB, false.B)  -> Branch,
      Cat(rd, toB, true.B)   -> Branch,
      Cat(rd, toT, false.B)  -> Trunk,
      Cat(rd, toT, true.B)   -> Dirty,
      Cat(wi, toT, false.B)  -> Trunk,        ///如果命令是有写入意向，参数是 toT，并未写脏，那就转入 Trunk 状态。
      Cat(wi, toT, true.B)   -> Dirty,
      Cat(wr, toT, false.B)  -> Dirty,
      Cat(wr, toT, true.B)   -> Dirty))       ///如果命令是写入，参数是 toT，并已写脏，那就转入 Dirty 状态。
  }
  val miss_new_coh = ClientMetadata(missCohGen(s3_req_cmd_dup(2), s3_req.miss_param, s3_req.miss_dirty))
                      ///调用函数 missCohGen()，以获目标缓存块新的协同状态，miss_new_coh 的值可为 Branch/Trunk/Dirty。
///class MainPipe，续 3，待续
```

这段代码主要是为减轻扇出负载而为许多信号创建了副本，凡是带有 dup 字样的都是，这些副本在逻辑上与其原本完全相同。所以这块代码虽然也不小，但只是为后面的操作进行一些准备，实质性的操作还在后面。这里有许多对 s3_req 内部成分的复份，例如 s3_req_addr_dup 理应就是对 s3_req.addr 的复份，然而实际上却是从 s2_req.addr 而来。这在逻辑上和时序上是一样的，因为 s3_req.addr 也是从 s2_req.addr 过来的，同样的 enable 条件，同一个时钟脉冲打入；但是这涉及对 s2_req 和 s3_req 的负载孰大孰小的分析，应该是经过精打细算的。

最后的 miss_new_coh，定义为 object ClientMetadata：

```
/** Factories for ClientMetadata, including on reset */
object ClientMetadata {
  def apply(perm: UInt) = {
    val meta = Wire(new ClientMetadata)
    meta.state := perm
    meta
  }
  def onReset = ClientMetadata(ClientStates.Nothing)
  def maximum = ClientMetadata(ClientStates.Dirty)
}  ///end object ClientMetadata

/** Stores the client-side coherence information,
  * such as permissions on the data and whether the data is dirty.
  * Its API can be used to make TileLink messages in response to
  * memory operations, cache control oeprations, or Probe messages.
  */
class ClientMetadata extends Bundle {
  /** Actual state information stored in this bundle */
  val state = UInt(width = ClientStates.width)
```

```
/** Metadata equality */
def ===(rhs: UInt): Bool = state === rhs
def ===(rhs: ClientMetadata): Bool = state === rhs.state
def =/=(rhs: ClientMetadata): Bool = !this.===(rhs)

/** Is the block's data present in this cache */
def isValid(dummy: Int = 0): Bool = state > ClientStates.Nothing

/** Determine whether this cmd misses, and the new state (on hit) or param to be sent (on miss) */
private def growStarter(cmd: UInt): (Bool, UInt) = {
  import MemoryOpCategories._
  import TLPermissions._
  import ClientStates._
  val c = categorize(cmd)
  MuxTLookup(Cat(c, state), (Bool(false), UInt(0)), Seq(
  //(effect, am now) -> (was a hit,     next)
    Cat(rd, Dirty)    -> (Bool(true),   Dirty),        ///默认返回(false, 0)，如果c==rd且stete==Dirty，就返回(true，Dirty)。余类推。
    Cat(rd, Trunk)    -> (Bool(true),   Trunk),
    Cat(rd, Branch)   -> (Bool(true),   Branch),
    Cat(wi, Dirty)    -> (Bool(true),   Dirty),
    Cat(wi, Trunk)    -> (Bool(true),   Trunk),
    Cat(wr, Dirty)    -> (Bool(true),   Dirty),
    Cat(wr, Trunk)    -> (Bool(true),   Dirty),
  //(effect, am now) -> (was a miss,   param)
    Cat(rd, Nothing) -> (Bool(false), NtoB),
    Cat(wi, Branch)  -> (Bool(false), BtoT),
    Cat(wi, Nothing) -> (Bool(false), NtoT),
    Cat(wr, Branch)  -> (Bool(false), BtoT),
    Cat(wr, Nothing) -> (Bool(false), NtoT)))
}   ///end growStarter()

/** Determine what state to go to after miss based on Grant param
  * For now, doesn't depend on state (which may have been Probed).
  */
private def growFinisher(cmd: UInt, param: UInt): UInt = {
  import MemoryOpCategories._
  import TLPermissions._
  import ClientStates._
  val c = categorize(cmd)
  MuxLookup(Cat(c, param), Nothing, Seq(
    Cat(rd, toB)    -> Branch,
    Cat(rd, toT)    -> Trunk,
    Cat(wi, toT)    -> Trunk,
    Cat(wr, toT)    -> Dirty))
}   ///end growFinisher()
```

```
/** Does this cache have permissions on this block sufficient to perform op,
  * and what to do next (Acquire message param or updated metadata). */
def onAccess(cmd: UInt): (Bool, UInt, ClientMetadata) = {
  val r = growStarter(cmd)
  (r._1, r._2, ClientMetadata(r._2))
}   ///end onAccess()

/** Does a secondary miss on the block require another Acquire message */
def onSecondaryAccess(first_cmd: UInt, second_cmd: UInt): (Bool, Bool, UInt, ClientMetadata, UInt) = {
  import MemoryOpCategories._
  val r1 = growStarter(first_cmd)
  val r2 = growStarter(second_cmd)
  val needs_second_acq = isWriteIntent(second_cmd) && !isWriteIntent(first_cmd)
  val hit_again = r1._1 && r2._1
  val dirties = categorize(second_cmd) === wr
  val biggest_grow_param = Mux(dirties, r2._2, r1._2)
  val dirtiest_state = ClientMetadata(biggest_grow_param)
  val dirtiest_cmd = Mux(dirties, second_cmd, first_cmd)
  (needs_second_acq, hit_again, biggest_grow_param, dirtiest_state, dirtiest_cmd)
}   ///end onSecondaryAccess()

/** Metadata change on a returned Grant */
def onGrant(cmd: UInt, param: UInt): ClientMetadata = ClientMetadata(growFinisher(cmd, param))

/** Determine what state to go to based on Probe param */
private def shrinkHelper(param: UInt): (Bool, UInt, UInt) = {
  import ClientStates._
  import TLPermissions._
  MuxTLookup(Cat(param, state), (Bool(false), UInt(0), UInt(0)), Seq(    ///默认返回(false, 0, 0)
  //(wanted, am now)  -> (hasDirtyData resp, next)
    Cat(toT, Dirty)   -> (Bool(true),  TtoT, Trunk),      ///如果param==toT且state==Dirty就返回(true, TtoT, Trunk)，余类推。
    Cat(toT, Trunk)   -> (Bool(false), TtoT, Trunk),
    Cat(toT, Branch)  -> (Bool(false), BtoB, Branch),
    Cat(toT, Nothing) -> (Bool(false), NtoN, Nothing),
    Cat(toB, Dirty)   -> (Bool(true),  TtoB, Branch),
    Cat(toB, Trunk)   -> (Bool(false), TtoB, Branch),   // Policy: Don't notify on clean downgrade
    Cat(toB, Branch)  -> (Bool(false), BtoB, Branch),
    Cat(toB, Nothing) -> (Bool(false), NtoN, Nothing),
    Cat(toN, Dirty)   -> (Bool(true),  TtoN, Nothing),
    Cat(toN, Trunk)   -> (Bool(false), TtoN, Nothing), // Policy: Don't notify on clean downgrade
    Cat(toN, Branch)  -> (Bool(false), BtoN, Nothing), // Policy: Don't notify on clean downgrade
    Cat(toN, Nothing) -> (Bool(false), NtoN, Nothing)))
}   ///end shrinkHelper()

/** Translate cache control cmds into Probe param */
```

```
  private def cmdToPermCap(cmd: UInt): UInt = {
    import MemoryOpCategories._
    import TLPermissions._
    MuxLookup(cmd, toN, Seq(
      M_FLUSH   -> toN,
      M_PRODUCE -> toB,
      M_CLEAN   -> toT))
  }

  def onCacheControl(cmd: UInt): (Bool, UInt, ClientMetadata) = {
    val r = shrinkHelper(cmdToPermCap(cmd))
    (r._1, r._2, ClientMetadata(r._3))
  }

  def onProbe(param: UInt): (Bool, UInt, ClientMetadata) = {
    val r = shrinkHelper(param)
    (r._1, r._2, ClientMetadata(r._3))
  }
}   ///end class ClientMetadata
```

对 AMO 指令的执行是 MainPipe 的作用之一，操作请求 s0_req 的来源之一就是 AMO 指令的执行，现在变成了 s3_req。下面这段代码针对 AMO 指令的执行：

[XSCoreBase > MemBlock > DCacheWrapper > DCache > DCacheImp > MainPipe]　　续 4

```
  // LR, SC and AMO                ///Load Reserved/Store Conditional 指令和 AMO 指令
  val lrsc_count = RegInit(0.U(log2Ceil(LRSCCycles).W))          /// LRSCCycles=64，锁定时间长度的极限。
  val lrsc_addr = Reg(UInt())
  val s3_lr = !s3_req_probe_dup(3) && s3_req.isAMO && s3_req_cmd_dup(3) === M_XLR
  val s3_sc = !s3_req_probe_dup(4) && s3_req.isAMO && s3_req_cmd_dup(4) === M_XSC
  val s3_lrsc_addr_match = lrsc_valid_dup(0) && lrsc_addr === get_block_addr (s3_req.addr)
  val s3_sc_fail = s3_sc && !s3_lrsc_addr_match
  val debug_s3_sc_fail_addr_match = s3_sc && lrsc_addr === get_block_addr (s3_req.addr) && !lrsc_valid_dup(0)
  val s3_sc_resp = Mux(s3_sc_fail, 1.U, 0.U)

  val s3_can_do_amo = (s3_req_miss_dup(0) && !s3_req_probe_dup(5) && s3_req.isAMO) || s3_amo_hit
  val s3_can_do_amo_write = s3_can_do_amo && isWrite(s3_req_cmd_dup(5)) && !s3_sc_fail

  when (s3_valid_dup(0) && (s3_lr || s3_sc)) {          ///是 lr 指令或 sc 指令：
    when (s3_can_do_amo && s3_lr) {                      ///是 lr 指令：
      lrsc_count := (LRSCCycles - 1).U                   ///锁定的时间长度
      lrsc_count_dup.foreach(_ := (LRSCCycles - 1).U)
      lrsc_addr := get_block_addr (s3_req_addr_dup(0))
      lrsc_addr_dup := get_block_addr (s3_req_addr_dup(0))
    } .otherwise {                                       ///是 sc 指令：
      lrsc_count := 0.U8
      lrsc_count_dup.foreach(_ := 0.U)
```

```
  }
}.elsewhen (io.invalid_resv_set) {                             ///不是 lr 指令或 sc 指令，并且 io.invalid_resv_set:
  // when we release this block, we invalidate this reservation set
  lrsc_count := 0.U
  lrsc_count_dup.foreach(_ := 0.U)
}.elsewhen (lrsc_count > 0.U) {                                ///不是 lr 指令或 sc 指令，但正常:
  lrsc_count := lrsc_count - 1.U                                            ///递减 lrsc 长度计数
  lrsc_count_dup.foreach({case cnt =>
    cnt := cnt - 1.U
  })
}

io.lrsc_locked_block.valid := lrsc_valid_dup(1)
io.lrsc_locked_block.bits := lrsc_addr_dup
io.block_lr := RegNext(lrsc_count > 0.U)

// When we update update_resv_set, block all probe req in the next cycle
// It should give Probe reservation set addr compare an independent cycle, which will lead to better timing
io.update_resv_set := s3_valid_dup(1) && s3_lr && s3_can_do_amo

val banked_amo_wmask = UIntToOH(s3_req.word_idx)
val update_data = s3_req_miss_dup(2) || s3_store_hit_dup(0) || s3_can_do_amo_write

// generate write data
// AMO hits
val s3_s_amoalu = RegInit(false.B)
val do_amoalu = amo_wait_amoalu && s3_valid_dup(3) && !s3_s_amoalu
val amoalu     = Module(new AMOALU(wordBits))           ///创建 AMO 指令的执行单元，并连接好 AMOALU 的输入:
amoalu.io.mask      := s3_req.amo_mask
amoalu.io.cmd       := s3_req.cmd                       ///AMO 计算的操作码
amoalu.io.lhs       := s3_data_word                     ///AMO 计算的左边操作数
amoalu.io.rhs       := s3_req.amo_data                  ///AMO 计算的右边操作数

// merge amo write data
val s3_amo_data_merged = Wire(Vec(DCacheBanks, UInt(DCacheSRAMRowBits.W)))
val s3_sc_data_merged = Wire(Vec(DCacheBanks, UInt(DCacheSRAMRowBits.W)))
for (i <- 0 until DCacheBanks) {
  val old_data = s3_store_data_merged(i)
  val new_data = amoalu.io.out                   ///AMOALU 输出的运算结果，AMOALU 是组合电路，立即就有结果。
  val wmask = Mux(s3_req_word_idx_dup(i) === i.U, ~0.U(wordBytes.W), 0.U(wordBytes.W) )
  s3_amo_data_merged(i) := mergePutData(old_data, new_data, wmask)
  s3_sc_data_merged(i) := mergePutData(old_data, s3_req.amo_data,
                              Mux(s3_req_word_idx_dup(i) === i.U && !s3_sc_fail, s3_req.amo_mask, 0.U(wordBytes.W)))
}   ///end for (i <- 0 until DCacheBanks)
val s3_amo_data_merged_reg = RegEnable(s3_amo_data_merged, do_amoalu)   ///把 AMO 指令的执行结果放在这里
when(do_amoalu){
```

```
    s3_s_amoalu := true.B
    s3_s_amoalu_dup.foreach(_ := true.B)
  }
///class MainPipe，续 4，待续。
```

AMO 指令的实际执行是在 AMOALU，这里创建 AMOALU 模块并为其连接好外围的电路。这样，AMOALU 输出的运算结果通过这里的 new_data 合并到 s3_amo_data_merged，盛放在 s3_amo_data_merged_reg 中。最后会被连接到 io.data_write.bits.data。不过 AMO 指令并非都得通过 AMPALU 计算，lr/sc 指令就只是对数据加锁，那就不经 AMOALU 计算。

MainPipe 执行的是对内存的写入，AMO 指令也涉及对内存单元的写入，所以也由 MainPipe 处理。既然是写入，那就有如何把写脏了的 cacheline 回写到内存中的问题，所以回写是 MainPipe 的工作重心，下面就是 MainPipe 对回写的处理：

```
[XSCoreBase > MemBlock > DCacheWrapper > DCache > DCacheImp > MainPipe]    续 5
  val miss_wb = s3_req_miss_dup(3) && s3_need_replacement && s3_coh_dup(1).state =/= ClientStates.Nothing
  val miss_wb_dup = s3_req_miss_dup(3) && s3_need_replacement_dup && s3_coh_dup(1).state =/= ClientStates.Nothing
  val probe_wb = s3_req.probe
  val replace_wb = s3_req.replace
  val need_wb = miss_wb_dup || probe_wb || replace_wb                ///这三种原因均会引起回写的需要

  val (_, miss_shrink_param, _) = s3_coh_dup(2).onCacheControl(M_FLUSH)
  val writeback_param = Mux(probe_wb, probe_shrink_param, miss_shrink_param)
  val writeback_data = if (dcacheParameters.alwaysReleaseData) {
    s3_tag_match && s3_req_probe_dup(6) && s3_req.probe_need_data ||
      s3_coh_dup(3) === ClientStates.Dirty || (miss_wb || replace_wb) && s3_coh_dup(3).state =/= ClientStates.Nothing
  } else {
    s3_tag_match && s3_req_probe_dup(6) && s3_req.probe_need_data || s3_coh_dup(3) === ClientStates.Dirty
  }   ///end val writeback_data

  val s3_probe_can_go = s3_req_probe_dup(7) && io.wb.ready && (io.meta_write.ready || !probe_update_meta)
  val s3_store_can_go = s3_req_source_dup_1 === STORE_SOURCE.U && !s3_req_probe_dup(8) &&
                          (io.meta_write.ready || !store_update_meta) && (io.data_write.ready || !update_data)
  val s3_amo_can_go = s3_amo_hit_dup && (io.meta_write.ready || !amo_update_meta) &&
                          (io.data_write.ready || !update_data) && (s3_s_amoalu_dup(0) || !amo_wait_amoalu)
  val s3_miss_can_go = s3_req_miss_dup(4) && (io.meta_write.ready ||
                      !amo_update_meta) && (io.data_write.ready || !update_data) && (s3_s_amoalu_dup(1) ||
                              !amo_wait_amoalu) && io.tag_write.ready && io.wb.ready
        ///对 MainPipe 的操作请求有 4 个来源，即 store/amo/probe/miss，这里是 4 种情况下可以前进的条件。

  val s3_replace_nothing = s3_req_replace_dup(1) && s3_coh_dup(4).state === ClientStates.Nothing
  val s3_replace_can_go = s3_req_replace_dup(2) && (s3_replace_nothing || io.wb.ready)
  val s3_can_go = s3_probe_can_go || s3_store_can_go || s3_amo_can_go || s3_miss_can_go || s3_replace_can_go
  val s3_update_data_cango = s3_store_can_go || s3_amo_can_go || s3_miss_can_go         // used to speed up data_write gen

  // ---------------- duplicate regs for meta_write.valid to solve fanout ----------------        ///又要为减小负载而创建许多信号的副本：
  val s3_req_miss_dup_for_meta_w_valid = RegEnable(s2_req.miss, s2_fire_to_s3)
```

```
val s3_req_probe_dup_for_meta_w_valid = RegEnable(s2_req.probe, s2_fire_to_s3)
val s3_tag_match_dup_for_meta_w_valid = RegEnable(s2_tag_match, s2_fire_to_s3)
val s3_coh_dup_for_meta_w_valid = RegEnable(s2_coh, s2_fire_to_s3)
val s3_req_probe_param_dup_for_meta_w_valid = RegEnable(s2_req.probe_param, s2_fire_to_s3)
val (_, _, probe_new_coh_dup_for_meta_w_valid) =
                    s3_coh_dup_for_meta_w_valid.onProbe(s3_req_probe_param_dup_for_meta_w_valid)
val s3_req_source_dup_for_meta_w_valid = RegEnable(s2_req.source, s2_fire_to_s3)
val s3_req_cmd_dup_for_meta_w_valid = RegEnable(s2_req.cmd, s2_fire_to_s3)
val s3_req_replace_dup_for_meta_w_valid = RegEnable(s2_req.replace, s2_fire_to_s3)
val s3_hit_coh_dup_for_meta_w_valid = RegEnable(s2_hit_coh, s2_fire_to_s3)
val s3_new_hit_coh_dup_for_meta_w_valid = RegEnable(s2_new_hit_coh, s2_fire_to_s3)

val miss_update_meta_dup_for_meta_w_valid = s3_req_miss_dup_for_meta_w_valid
val probe_update_meta_dup_for_meta_w_valid = WireInit(s3_req_probe_dup_for_meta_w_valid &&
        s3_tag_match_dup_for_meta_w_valid && s3_coh_dup_for_meta_w_valid =/= probe_new_coh_dup_for_meta_w_valid)
val store_update_meta_dup_for_meta_w_valid = s3_req_source_dup_for_meta_w_valid === STORE_SOURCE.U &&
        !s3_req_probe_dup_for_meta_w_valid && s3_hit_coh_dup_for_meta_w_valid =/= s3_new_hit_coh_dup_for_meta_w_valid
val amo_update_meta_dup_for_meta_w_valid = s3_req_source_dup_for_meta_w_valid === AMO_SOURCE.U &&
        !s3_req_probe_dup_for_meta_w_valid && s3_hit_coh_dup_for_meta_w_valid =/= s3_new_hit_coh_dup_for_meta_w_valid
val update_meta_dup_for_meta_w_valid = (miss_update_meta_dup_for_meta_w_valid ||
        probe_update_meta_dup_for_meta_w_valid || store_update_meta_dup_for_meta_w_valid ||
                    amo_update_meta_dup_for_meta_w_valid) && !s3_req_replace_dup_for_meta_w_valid

val s3_valid_dup_for_meta_w_valid = RegInit(false.B)
val s3_amo_hit_dup_for_meta_w_valid = RegEnable(s2_amo_hit, s2_fire_to_s3)
val s3_s_amoalu_dup_for_meta_w_valid = RegInit(false.B)
val amo_wait_amoalu_dup_for_meta_w_valid = s3_req_source_dup_for_meta_w_valid === AMO_SOURCE.U &&
            s3_req_cmd_dup_for_meta_w_valid =/= M_XLR && s3_req_cmd_dup_for_meta_w_valid =/= M_XSC
                                                                    ///是 AMO 但不是 lr 和 sc
val do_amoalu_dup_for_meta_w_valid = amo_wait_amoalu_dup_for_meta_w_valid &&
                    s3_valid_dup_for_meta_w_valid && !s3_s_amoalu_dup_for_meta_w_valid

val s3_store_hit_dup_for_meta_w_valid = RegEnable(s2_store_hit, s2_fire_to_s3)
val s3_req_addr_dup_for_meta_w_valid = RegEnable(s2_req.addr, s2_fire_to_s3)
val s3_can_do_amo_dup_for_meta_w_valid = (s3_req_miss_dup_for_meta_w_valid &&
        !s3_req_probe_dup_for_meta_w_valid && s3_req_source_dup_for_meta_w_valid === AMO_SOURCE.U) ||
                                                                    s3_amo_hit_dup_for_meta_w_valid

val s3_lr_dup_for_meta_w_valid = !s3_req_probe_dup_for_meta_w_valid &&
        s3_req_source_dup_for_meta_w_valid === AMO_SOURCE.U && s3_req_cmd_dup_for_meta_w_valid === M_XLR
val s3_sc_dup_for_meta_w_valid = !s3_req_probe_dup_for_meta_w_valid &&
        s3_req_source_dup_for_meta_w_valid === AMO_SOURCE.U && s3_req_cmd_dup_for_meta_w_valid === M_XSC
val lrsc_addr_dup_for_meta_w_valid = Reg(UInt())
val lrsc_count_dup_for_meta_w_valid = RegInit(0.U(log2Ceil(LRSCCycles).W))

when (s3_valid_dup_for_meta_w_valid && (s3_lr_dup_for_meta_w_valid || s3_sc_dup_for_meta_w_valid)) {
```

```
    when (s3_can_do_amo_dup_for_meta_w_valid && s3_lr_dup_for_meta_w_valid) {
      lrsc_count_dup_for_meta_w_valid := (LRSCCycles - 1).U
      lrsc_addr_dup_for_meta_w_valid := get_block_addr(s3_req_addr_dup_for_meta_w_valid)
    }.otherwise {
      lrsc_count_dup_for_meta_w_valid := 0.U
    }  ///end when (s3_can_do_amo_dup_for_meta_w_valid &&…){…}.otherwise
  }.elsewhen (io.invalid_resv_set) {
    lrsc_count_dup_for_meta_w_valid := 0.U
  }.elsewhen (lrsc_count_dup_for_meta_w_valid > 0.U) {
    lrsc_count_dup_for_meta_w_valid := lrsc_count_dup_for_meta_w_valid - 1.U
  }  ///end when (s3_valid_dup_for_meta_w_valid …                ///这些副本的使用与其原本一样

  val lrsc_valid_dup_for_meta_w_valid = lrsc_count_dup_for_meta_w_valid > LRSCBackOff.U          ///LRSCBackOff=8
  val s3_lrsc_addr_match_dup_for_meta_w_valid = lrsc_valid_dup_for_meta_w_valid &&
                                   lrsc_addr_dup_for_meta_w_valid === get_block_addr(s3_req_addr_dup_for_meta_w_valid)
  val s3_sc_fail_dup_for_meta_w_valid = s3_sc_dup_for_meta_w_valid && !s3_lrsc_addr_match_dup_for_meta_w_valid
  val s3_can_do_amo_write_dup_for_meta_w_valid = s3_can_do_amo_dup_for_meta_w_valid &&
                                   isWrite(s3_req_cmd_dup_for_meta_w_valid) && !s3_sc_fail_dup_for_meta_w_valid
  val update_data_dup_for_meta_w_valid = s3_req_miss_dup_for_meta_w_valid ||
                                   s3_store_hit_dup_for_meta_w_valid || s3_can_do_amo_write_dup_for_meta_w_valid

  val s3_probe_can_go_dup_for_meta_w_valid = s3_req_probe_dup_for_meta_w_valid &&
                      io.wb_ready_dup(metaWritePort) && (io.meta_write.ready || !probe_update_meta_dup_for_meta_w_valid)
  val s3_store_can_go_dup_for_meta_w_valid = s3_req_source_dup_for_meta_w_valid === STORE_SOURCE.U &&
                      !s3_req_probe_dup_for_meta_w_valid &&
                      (io.meta_write.ready || !store_update_meta_dup_for_meta_w_valid) &&
                                  (io.data_write_ready_dup(metaWritePort) || !update_data_dup_for_meta_w_valid)
  val s3_amo_can_go_dup_for_meta_w_valid = s3_amo_hit_dup_for_meta_w_valid &&
                      (io.meta_write.ready || !amo_update_meta_dup_for_meta_w_valid) &&
                      (io.data_write_ready_dup(metaWritePort) || !update_data_dup_for_meta_w_valid) &&
                      (s3_s_amoalu_dup_for_meta_w_valid || !amo_wait_amoalu_dup_for_meta_w_valid)
  val s3_miss_can_go_dup_for_meta_w_valid = s3_req_miss_dup_for_meta_w_valid &&
                      (io.meta_write.ready || !amo_update_meta_dup_for_meta_w_valid) &&
                      (io.data_write_ready_dup(metaWritePort) || !update_data_dup_for_meta_w_valid) &&
                      (s3_s_amoalu_dup_for_meta_w_valid || !amo_wait_amoalu_dup_for_meta_w_valid) &&
                      io.tag_write_ready_dup(metaWritePort) && io.wb_ready_dup(metaWritePort)
  val s3_replace_can_go_dup_for_meta_w_valid = s3_req_replace_dup_for_meta_w_valid &&
                      (s3_coh_dup_for_meta_w_valid.state === ClientStates.Nothing || io.wb_ready_dup(metaWritePort))
  val s3_can_go_dup_for_meta_w_valid = s3_probe_can_go_dup_for_meta_w_valid ||
                      s3_store_can_go_dup_for_meta_w_valid || s3_amo_can_go_dup_for_meta_w_valid ||
                      s3_miss_can_go_dup_for_meta_w_valid || s3_replace_can_go_dup_for_meta_w_valid

  val s3_fire_dup_for_meta_w_valid = s3_valid_dup_for_meta_w_valid && s3_can_go_dup_for_meta_w_valid
  when (do_amoalu_dup_for_meta_w_valid) { s3_s_amoalu_dup_for_meta_w_valid := true.B }
  when (s3_fire_dup_for_meta_w_valid) { s3_s_amoalu_dup_for_meta_w_valid := false.B }
```

```
// fix probe meta change
val s3_probe_ttob_override = s3_valid && s3_probe_ttob_check_resp.bits.toN && s3_coh_dup_for_meta_w_valid === Trunk
  ///s3_probe_ttob_check_resp 是来自 WritebackQueue 的回应，见前面对 ProbeToBCheckReq/ProbeToBCheckResp 的说明
val s3_probe_new_coh = Mux(s3_probe_ttob_override, ClientMetadata(Nothing), probe_new_coh_dup_for_meta_w_valid)
when(s3_probe_ttob_override) { probe_update_meta_dup_for_meta_w_valid := true.B}

val new_coh = Mux(miss_update_meta_dup_for_meta_w_valid, miss_new_coh,
                  Mux(probe_update_meta, s3_probe_new_coh,
                      Mux(store_update_meta_dup_for_meta_w_valid || amo_update_meta_dup_for_meta_w_valid,
                                s3_new_hit_coh_dup_for_meta_w_valid, ClientMetadata.onReset)) )

when (s2_fire_to_s3) { s3_valid_dup_for_meta_w_valid := true.B }
.elsewhen (s3_fire_dup_for_meta_w_valid) { s3_valid_dup_for_meta_w_valid := false.B }
// ---------------------------------------------------------------------------------------
///class MainPipe，续 5，待续。
```

如前所述，代码中有些逻辑信号（变量）名中带有 dup 字样，也有注释说是为了要“solve fanout”，因为当一个门的输出要被用于很多门的输入（例如很多比较器的输入）时，就需要先把输出门的信号复制几份，再由这些复制的信号去驱动更多的门。而复制也并非简单地以这个门的输出为蓝本加以复制，而是要从这个门的输入着手，并行地另外生成一个信号出来，使得同一个逻辑信号的不同副本都有相同的时序。这里就有很多这样的情况。以其中的 s3_miss_can_go_dup_for_meta_w_valid 为例，这是 s3_miss_can_go 的副本，创建这个副本的原因是要用于对 meta_w_valid 的驱动；如果直接用 s3_miss_can_go 驱动则其负载太重了。之所以不是直接拿 s3_miss_can_go 复制，而要像 s3_miss_can_go 的形成一样再来构造一次，是为了在时序上也与 s3_miss_can_go 一致。代码中对这些副本信号的引用与直接引用其原本在逻辑上是一样的，但是不同的目标得要引用不同副本的输出，这样一来代码的大小就显著变大了，看似相同的语句会在代码中反复出现，尽管实际上因此而增加的逻辑电路倒也不多。

读者也许要问，写代码的人怎么知道需要有这些副本？大致上是出于三种可能。其一是根据计算，在所采用制程工艺（例如 5 纳米）下每个门的驱动能力（fanout）是有资料可查的，而所设计的电路中具体的信号要用来驱动几个门当然也可以知道，两相比较就可知道负载是否太重。其二是根据经验，估计这个信号的负载有点重了，就为其创建副本。其三，最可靠的，当然是根据 EDA 软件的提示，用 EDA 软件综合（Synthesize）硬件描述时会发出警告，然后就按警告修改代码。由此也可见 EDA 软件之重要。

前面我们已经看到 AMOALU 的创建，以及对 AMOALU 输入输出的连接。原子操作指令主要是指在同一条指令内实现“读-改-写”的指令，这在 RISC 指令系统中是一种例外。因为把“读-改-写”合在一条指令中似乎有违 RISC 把指令做到最简的宗旨，但是 AMO 指令对于存储的一致性其实是必须的，没有 AMO 指令就难以实现进程间的互斥和同步。与 AMO 指令相类似的，是对于内存单元的“预订/加锁”后的写入，即 Load Reservation/Store conditional 指令，这实际上是跨指令的原子操作，先通过一条 lr（Load and Reservation）指令读入一个存储单元的内容，并将此存储单元锁定，然后对这个存储单元的写入就只有“预订者”、“加锁者”通过 sc（Store Conditional）才能进行。显然，这是对 AMO 指令的执行条件有所放宽的“原子操作”，因为 AMO 指令的操作是在同一条指令内，是不可中断的，而 lr/sc 则是两条指令，中间可以被中断。但是虽然可以被中断，但对所预订存储单元的写入却是独占的。

AMOALU 的运算是瞬间的，因为 AMOALU 纯粹是以组合电路实现，所以立刻就能得到输出。但是 AMOALU 的输出必须写回到从中读出的缓存块中的同一单元，这就与 Store 请求合流了。

不过也不是一有页面被写脏就要回写，那样的回写过于频繁（“穿透写”即 Write-Through 就是这样），所以 MainPipe 的回写是与条件的，代码中有个语句“need_wb = miss_wb_dup || probe_wb || replace_wb”就说明在三种情况下需要回写。第一是有写入请求不命中，需要从下层补块的时候；第二是受到下位 B 通道上的

Probe 命令，要降低对一个缓存块的读写权限、而这个缓存块恰好已经写脏的时候；第三是因为从下层补块需要替换掉某个缓存块、但发现这个缓存块已经被写脏的时候。上面的代码就是在处理这些情况。

继续看 MainPipe 的代码：

[XSCoreBase > MemBlock > DCacheWrapper > DCache > DCacheImp > MainPipe]　续 6

```
// ---------------- duplicate regs for err_write.valid to solve fanout -----------------    ///又创建许多副本：
val s3_req_miss_dup_for_err_w_valid = RegEnable (s2_req.miss, s2_fire_to_s3)
val s3_req_probe_dup_for_err_w_valid = RegEnable (s2_req.probe, s2_fire_to_s3)
val s3_tag_match_dup_for_err_w_valid = RegEnable (s2_tag_match, s2_fire_to_s3)
val s3_coh_dup_for_err_w_valid = RegEnable (s2_coh, s2_fire_to_s3)
val s3_req_probe_param_dup_for_err_w_valid = RegEnable (s2_req.probe_param, s2_fire_to_s3)
val (_, _, probe_new_coh_dup_for_err_w_valid) = s3_coh_dup_for_err_w_valid.onProbe(s3_req_probe_param_dup_for_err_w_valid)
val s3_req_source_dup_for_err_w_valid = RegEnable (s2_req.source, s2_fire_to_s3)
val s3_req_cmd_dup_for_err_w_valid = RegEnable (s2_req.cmd, s2_fire_to_s3)
val s3_req_replace_dup_for_err_w_valid = RegEnable (s2_req.replace, s2_fire_to_s3)
val s3_hit_coh_dup_for_err_w_valid = RegEnable (s2_hit_coh, s2_fire_to_s3)
val s3_new_hit_coh_dup_for_err_w_valid = RegEnable (s2_new_hit_coh, s2_fire_to_s3)

val miss_update_meta_dup_for_err_w_valid = s3_req_miss_dup_for_err_w_valid
val probe_update_meta_dup_for_err_w_valid = s3_req_probe_dup_for_err_w_valid &&
            s3_tag_match_dup_for_err_w_valid && s3_coh_dup_for_err_w_valid =/= probe_new_coh_dup_for_err_w_valid
val store_update_meta_dup_for_err_w_valid = s3_req_source_dup_for_err_w_valid === STORE_SOURCE.U &&
            !s3_req_probe_dup_for_err_w_valid && s3_hit_coh_dup_for_err_w_valid =/= s3_new_hit_coh_dup_for_err_w_valid
val amo_update_meta_dup_for_err_w_valid = s3_req_source_dup_for_err_w_valid === AMO_SOURCE.U &&
            !s3_req_probe_dup_for_err_w_valid && s3_hit_coh_dup_for_err_w_valid =/= s3_new_hit_coh_dup_for_err_w_valid
val update_meta_dup_for_err_w_valid = (miss_update_meta_dup_for_err_w_valid || probe_update_meta_dup_for_err_w_valid ||
            store_update_meta_dup_for_err_w_valid || amo_update_meta_dup_for_err_w_valid) &&
                                                            !s3_req_replace_dup_for_err_w_valid

val s3_valid_dup_for_err_w_valid = RegInit(false.B)
val s3_amo_hit_dup_for_err_w_valid = RegEnable(s2_amo_hit, s2_fire_to_s3)
val s3_s_amoalu_dup_for_err_w_valid = RegInit(false.B)
val amo_wait_amoalu_dup_for_err_w_valid = s3_req_source_dup_for_err_w_valid === AMO_SOURCE.U &&
                    s3_req_cmd_dup_for_err_w_valid =/= M_XLR && s3_req_cmd_dup_for_err_w_valid =/= M_XSC
val do_amoalu_dup_for_err_w_valid = amo_wait_amoalu_dup_for_err_w_valid &&
                    s3_valid_dup_for_err_w_valid && !s3_s_amoalu_dup_for_err_w_valid

val s3_store_hit_dup_for_err_w_valid = RegEnable (s2_store_hit, s2_fire_to_s3)
val s3_req_addr_dup_for_err_w_valid = RegEnable (s2_req.addr, s2_fire_to_s3)
val s3_can_do_amo_dup_for_err_w_valid = (s3_req_miss_dup_for_err_w_valid && !s3_req_probe_dup_for_err_w_valid &&
                    s3_req_source_dup_for_err_w_valid === AMO_SOURCE.U) || s3_amo_hit_dup_for_err_w_valid

val s3_lr_dup_for_err_w_valid = !s3_req_probe_dup_for_err_w_valid &&
            s3_req_source_dup_for_err_w_valid === AMO_SOURCE.U && s3_req_cmd_dup_for_err_w_valid === M_XLR
val s3_sc_dup_for_err_w_valid = !s3_req_probe_dup_for_err_w_valid &&
            s3_req_source_dup_for_err_w_valid === AMO_SOURCE.U && s3_req_cmd_dup_for_err_w_valid === M_XSC
```

```
val lrsc_addr_dup_for_err_w_valid = Reg(UInt())
val lrsc_count_dup_for_err_w_valid = RegInit(0.U(log2Ceil(LRSCCycles).W))

when (s3_valid_dup_for_err_w_valid && (s3_lr_dup_for_err_w_valid || s3_sc_dup_for_err_w_valid)) {
  when (s3_can_do_amo_dup_for_err_w_valid && s3_lr_dup_for_err_w_valid) {
    lrsc_count_dup_for_err_w_valid := (LRSCCycles - 1).U
    lrsc_addr_dup_for_err_w_valid := get_block_addr(s3_req_addr_dup_for_err_w_valid)
  }.otherwise {
    lrsc_count_dup_for_err_w_valid := 0.U
  }
}.elsewhen (io.invalid_resv_set) {
  lrsc_count_dup_for_err_w_valid := 0.U
}.elsewhen (lrsc_count_dup_for_err_w_valid > 0.U) {
  lrsc_count_dup_for_err_w_valid := lrsc_count_dup_for_err_w_valid - 1.U
}

val lrsc_valid_dup_for_err_w_valid = lrsc_count_dup_for_err_w_valid > LRSCBackOff.U
val s3_lrsc_addr_match_dup_for_err_w_valid = lrsc_valid_dup_for_err_w_valid &&
                                    lrsc_addr_dup_for_err_w_valid === get_block_addr(s3_req_addr_dup_for_err_w_valid)
val s3_sc_fail_dup_for_err_w_valid = s3_sc_dup_for_err_w_valid && !s3_lrsc_addr_match_dup_for_err_w_valid
val s3_can_do_amo_write_dup_for_err_w_valid = s3_can_do_amo_dup_for_err_w_valid &&
                                    isWrite(s3_req_cmd_dup_for_err_w_valid) && !s3_sc_fail_dup_for_err_w_valid
val update_data_dup_for_err_w_valid = s3_req_miss_dup_for_err_w_valid ||
                                    s3_store_hit_dup_for_err_w_valid || s3_can_do_amo_write_dup_for_err_w_valid

val s3_probe_can_go_dup_for_err_w_valid = s3_req_probe_dup_for_err_w_valid &&
                    io.wb_ready_dup(errWritePort) && (io.meta_write.ready || !probe_update_meta_dup_for_err_w_valid)
val s3_store_can_go_dup_for_err_w_valid = s3_req_source_dup_for_err_w_valid === STORE_SOURCE.U &&
                    !s3_req_probe_dup_for_err_w_valid && (io.meta_write.ready || !store_update_meta_dup_for_err_w_valid) &&
                                        (io.data_write_ready_dup(errWritePort) || !update_data_dup_for_err_w_valid)
val s3_amo_can_go_dup_for_err_w_valid = s3_amo_hit_dup_for_err_w_valid &&
                    (io.meta_write.ready || !amo_update_meta_dup_for_err_w_valid) &&
                    (io.data_write_ready_dup(errWritePort) || !update_data_dup_for_err_w_valid) &&
                                        (s3_s_amoalu_dup_for_err_w_valid || !amo_wait_amoalu_dup_for_err_w_valid)
val s3_miss_can_go_dup_for_err_w_valid = s3_req_miss_dup_for_err_w_valid &&
                    (io.meta_write.ready || !amo_update_meta_dup_for_err_w_valid) &&
                    (io.data_write_ready_dup(errWritePort) || !update_data_dup_for_err_w_valid) &&
                    (s3_s_amoalu_dup_for_err_w_valid || !amo_wait_amoalu_dup_for_err_w_valid) &&
                                        io.tag_write_ready_dup(errWritePort) && io.wb_ready_dup(errWritePort)
val s3_replace_can_go_dup_for_err_w_valid = s3_req_replace_dup_for_err_w_valid &&
                    (s3_coh_dup_for_err_w_valid.state === ClientStates.Nothing || io.wb_ready_dup(errWritePort))
val s3_can_go_dup_for_err_w_valid = s3_probe_can_go_dup_for_err_w_valid ||
                    s3_store_can_go_dup_for_err_w_valid || s3_amo_can_go_dup_for_err_w_valid ||
                                        s3_miss_can_go_dup_for_err_w_valid || s3_replace_can_go_dup_for_err_w_valid

val s3_fire_dup_for_err_w_valid = s3_valid_dup_for_err_w_valid && s3_can_go_dup_for_err_w_valid
```

```
  when (do_amoalu_dup_for_err_w_valid) { s3_s_amoalu_dup_for_err_w_valid := true.B }
  when (s3_fire_dup_for_err_w_valid) { s3_s_amoalu_dup_for_err_w_valid := false.B }

  when (s2_fire_to_s3) { s3_valid_dup_for_err_w_valid := true.B }
  .elsewhen (s3_fire_dup_for_err_w_valid) { s3_valid_dup_for_err_w_valid := false.B }
///class MainPipe，续 6，待续。
```

上面还是在处理三种情况下的回写准备，这只好留给读者自己慢慢看了。我们继续向下。

[XSCoreBase > MemBlock > DCacheWrapper > DCache > DCacheImp > MainPipe]　　续 7

```
  // -----------------------------------------------------------------------------------
  // ---------------- duplicate regs for tag_write.valid to solve fanout -----------------
  val s3_req_miss_dup_for_tag_w_valid = RegEnable (s2_req.miss, s2_fire_to_s3)
  val s3_req_probe_dup_for_tag_w_valid = RegEnable (s2_req.probe, s2_fire_to_s3)
  val s3_tag_match_dup_for_tag_w_valid = RegEnable (s2_tag_match, s2_fire_to_s3)
  val s3_coh_dup_for_tag_w_valid = RegEnable (s2_coh, s2_fire_to_s3)
  val s3_req_probe_param_dup_for_tag_w_valid = RegEnable (s2_req.probe_param, s2_fire_to_s3)
  val (_, _, probe_new_coh_dup_for_tag_w_valid) =
                         s3_coh_dup_for_tag_w_valid.onProbe(s3_req_probe_param_dup_for_tag_w_valid)
  val s3_req_source_dup_for_tag_w_valid = RegEnable (s2_req.source, s2_fire_to_s3)
  val s3_req_cmd_dup_for_tag_w_valid = RegEnable (s2_req.cmd, s2_fire_to_s3)
  val s3_req_replace_dup_for_tag_w_valid = RegEnable (s2_req.replace, s2_fire_to_s3)
  val s3_hit_coh_dup_for_tag_w_valid = RegEnable (s2_hit_coh, s2_fire_to_s3)
  val s3_new_hit_coh_dup_for_tag_w_valid = RegEnable (s2_new_hit_coh, s2_fire_to_s3)

  val miss_update_meta_dup_for_tag_w_valid = s3_req_miss_dup_for_tag_w_valid
  val probe_update_meta_dup_for_tag_w_valid = s3_req_probe_dup_for_tag_w_valid &&
       s3_tag_match_dup_for_tag_w_valid && s3_coh_dup_for_tag_w_valid =/= probe_new_coh_dup_for_tag_w_valid
  val store_update_meta_dup_for_tag_w_valid = s3_req_source_dup_for_tag_w_valid === STORE_SOURCE.U &&
       !s3_req_probe_dup_for_tag_w_valid && s3_hit_coh_dup_for_tag_w_valid =/= s3_new_hit_coh_dup_for_tag_w_valid
  val amo_update_meta_dup_for_tag_w_valid = s3_req_source_dup_for_tag_w_valid === AMO_SOURCE.U &&
       !s3_req_probe_dup_for_tag_w_valid && s3_hit_coh_dup_for_tag_w_valid =/= s3_new_hit_coh_dup_for_tag_w_valid
  val update_meta_dup_for_tag_w_valid = (miss_update_meta_dup_for_tag_w_valid || probe_update_meta_dup_for_tag_w_valid ||
       store_update_meta_dup_for_tag_w_valid || amo_update_meta_dup_for_tag_w_valid) &&
                                                         !s3_req_replace_dup_for_tag_w_valid

  val s3_valid_dup_for_tag_w_valid = RegInit(false.B)
  val s3_amo_hit_dup_for_tag_w_valid = RegEnable(s2_amo_hit, s2_fire_to_s3)
  val s3_s_amoalu_dup_for_tag_w_valid = RegInit(false.B)
  val amo_wait_amoalu_dup_for_tag_w_valid = s3_req_source_dup_for_tag_w_valid === AMO_SOURCE.U &&
                   s3_req_cmd_dup_for_tag_w_valid =/= M_XLR && s3_req_cmd_dup_for_tag_w_valid =/= M_XSC
  val do_amoalu_dup_for_tag_w_valid = amo_wait_amoalu_dup_for_tag_w_valid && s3_valid_dup_for_tag_w_valid &&
                                                                    !s3_s_amoalu_dup_for_tag_w_valid

  val s3_store_hit_dup_for_tag_w_valid = RegEnable (s2_store_hit, s2_fire_to_s3)
  val s3_req_addr_dup_for_tag_w_valid = RegEnable (s2_req.addr, s2_fire_to_s3)
```

```
val s3_can_do_amo_dup_for_tag_w_valid = (s3_req_miss_dup_for_tag_w_valid && !s3_req_probe_dup_for_tag_w_valid &&
                        s3_req_source_dup_for_tag_w_valid === AMO_SOURCE.U) || s3_amo_hit_dup_for_tag_w_valid

val s3_lr_dup_for_tag_w_valid = !s3_req_probe_dup_for_tag_w_valid &&
            s3_req_source_dup_for_tag_w_valid === AMO_SOURCE.U && s3_req_cmd_dup_for_tag_w_valid === M_XLR
val s3_sc_dup_for_tag_w_valid = !s3_req_probe_dup_for_tag_w_valid &&
            s3_req_source_dup_for_tag_w_valid === AMO_SOURCE.U && s3_req_cmd_dup_for_tag_w_valid === M_XSC
val lrsc_addr_dup_for_tag_w_valid = Reg(UInt())
val lrsc_count_dup_for_tag_w_valid = RegInit(0.U(log2Ceil(LRSCCycles).W))

when (s3_valid_dup_for_tag_w_valid && (s3_lr_dup_for_tag_w_valid || s3_sc_dup_for_tag_w_valid)) {
  when (s3_can_do_amo_dup_for_tag_w_valid && s3_lr_dup_for_tag_w_valid) {
    lrsc_count_dup_for_tag_w_valid := (LRSCCycles - 1).U
    lrsc_addr_dup_for_tag_w_valid := get_block_addr(s3_req_addr_dup_for_tag_w_valid)
  }.otherwise { lrsc_count_dup_for_tag_w_valid := 0.U }
}.elsewhen (io.invalid_resv_set) { lrsc_count_dup_for_tag_w_valid := 0.U }
.elsewhen (lrsc_count_dup_for_tag_w_valid > 0.U) { lrsc_count_dup_for_tag_w_valid := lrsc_count_dup_for_tag_w_valid - 1.U }

val lrsc_valid_dup_for_tag_w_valid = lrsc_count_dup_for_tag_w_valid > LRSCBackOff.U
val s3_lrsc_addr_match_dup_for_tag_w_valid = lrsc_valid_dup_for_tag_w_valid &&
                              lrsc_addr_dup_for_tag_w_valid === get_block_addr(s3_req_addr_dup_for_tag_w_valid)
val s3_sc_fail_dup_for_tag_w_valid = s3_sc_dup_for_tag_w_valid && !s3_lrsc_addr_match_dup_for_tag_w_valid
val s3_can_do_amo_write_dup_for_tag_w_valid = s3_can_do_amo_dup_for_tag_w_valid &&
                              isWrite(s3_req_cmd_dup_for_tag_w_valid) && !s3_sc_fail_dup_for_tag_w_valid
val update_data_dup_for_tag_w_valid = s3_req_miss_dup_for_tag_w_valid || s3_store_hit_dup_for_tag_w_valid ||
                                                      s3_can_do_amo_write_dup_for_tag_w_valid


val s3_probe_can_go_dup_for_tag_w_valid = s3_req_probe_dup_for_tag_w_valid &&
                 io.wb_ready_dup(tagWritePort) && (io.meta_write.ready || !probe_update_meta_dup_for_tag_w_valid)
val s3_store_can_go_dup_for_tag_w_valid = s3_req_source_dup_for_tag_w_valid === STORE_SOURCE.U &&
                 !s3_req_probe_dup_for_tag_w_valid && (io.meta_write.ready || !store_update_meta_dup_for_tag_w_valid) &&
                              (io.data_write_ready_dup(tagWritePort) || !update_data_dup_for_tag_w_valid)
val s3_amo_can_go_dup_for_tag_w_valid = s3_amo_hit_dup_for_tag_w_valid &&
                     (io.meta_write.ready || !amo_update_meta_dup_for_tag_w_valid) &&
                     (io.data_write_ready_dup(tagWritePort) || !update_data_dup_for_tag_w_valid) &&
                              (s3_s_amoalu_dup_for_tag_w_valid || !amo_wait_amoalu_dup_for_tag_w_valid)
val s3_miss_can_go_dup_for_tag_w_valid = s3_req_miss_dup_for_tag_w_valid &&
                     (io.meta_write.ready || !amo_update_meta_dup_for_tag_w_valid) &&
                     (io.data_write_ready_dup(tagWritePort) || !update_data_dup_for_tag_w_valid) &&
                     (s3_s_amoalu_dup_for_tag_w_valid || !amo_wait_amoalu_dup_for_tag_w_valid) &&
                              io.tag_write_ready_dup(tagWritePort) && io.wb_ready_dup(tagWritePort)
val s3_replace_can_go_dup_for_tag_w_valid = s3_req_replace_dup_for_tag_w_valid &&
                 (s3_coh_dup_for_tag_w_valid.state === ClientStates.Nothing || io.wb_ready_dup(tagWritePort))
val s3_can_go_dup_for_tag_w_valid = s3_probe_can_go_dup_for_tag_w_valid ||
                 s3_store_can_go_dup_for_tag_w_valid || s3_amo_can_go_dup_for_tag_w_valid ||
                              s3_miss_can_go_dup_for_tag_w_valid || s3_replace_can_go_dup_for_tag_w_valid
```

```
val s3_fire_dup_for_tag_w_valid = s3_valid_dup_for_tag_w_valid && s3_can_go_dup_for_tag_w_valid
when (do_amoalu_dup_for_tag_w_valid) { s3_s_amoalu_dup_for_tag_w_valid := true.B }
when (s3_fire_dup_for_tag_w_valid) { s3_s_amoalu_dup_for_tag_w_valid := false.B }

when (s2_fire_to_s3) { s3_valid_dup_for_tag_w_valid := true.B }
.elsewhen (s3_fire_dup_for_tag_w_valid) { s3_valid_dup_for_tag_w_valid := false.B }
// -----------------------------------------------------------------------------------
// ---------------- duplicate regs for data_write.valid to solve fanout ----------------
val s3_req_miss_dup_for_data_w_valid = RegEnable (s2_req.miss, s2_fire_to_s3)
val s3_req_probe_dup_for_data_w_valid = RegEnable (s2_req.probe, s2_fire_to_s3)
val s3_tag_match_dup_for_data_w_valid = RegEnable (s2_tag_match, s2_fire_to_s3)
val s3_coh_dup_for_data_w_valid = RegEnable (s2_coh, s2_fire_to_s3)
val s3_req_probe_param_dup_for_data_w_valid = RegEnable (s2_req.probe_param, s2_fire_to_s3)
val (_, _, probe_new_coh_dup_for_data_w_valid) =
                         s3_coh_dup_for_data_w_valid.onProbe(s3_req_probe_param_dup_for_data_w_valid)
val s3_req_source_dup_for_data_w_valid = RegEnable (s2_req.source, s2_fire_to_s3)
val s3_req_cmd_dup_for_data_w_valid = RegEnable (s2_req.cmd, s2_fire_to_s3)
val s3_req_replace_dup_for_data_w_valid = RegEnable (s2_req.replace, s2_fire_to_s3)
val s3_hit_coh_dup_for_data_w_valid = RegEnable (s2_hit_coh, s2_fire_to_s3)
val s3_new_hit_coh_dup_for_data_w_valid = RegEnable (s2_new_hit_coh, s2_fire_to_s3)

val miss_update_meta_dup_for_data_w_valid = s3_req_miss_dup_for_data_w_valid
val probe_update_meta_dup_for_data_w_valid = s3_req_probe_dup_for_data_w_valid &&
      s3_tag_match_dup_for_data_w_valid && s3_coh_dup_for_data_w_valid =/= probe_new_coh_dup_for_data_w_valid
val store_update_meta_dup_for_data_w_valid = s3_req_source_dup_for_data_w_valid === STORE_SOURCE.U &&
      !s3_req_probe_dup_for_data_w_valid && s3_hit_coh_dup_for_data_w_valid =/= s3_new_hit_coh_dup_for_data_w_valid
val amo_update_meta_dup_for_data_w_valid = s3_req_source_dup_for_data_w_valid === AMO_SOURCE.U &&
      !s3_req_probe_dup_for_data_w_valid && s3_hit_coh_dup_for_data_w_valid =/= s3_new_hit_coh_dup_for_data_w_valid
val update_meta_dup_for_data_w_valid = (miss_update_meta_dup_for_data_w_valid || probe_update_meta_dup_for_data_w_valid ||
      store_update_meta_dup_for_data_w_valid || amo_update_meta_dup_for_data_w_valid) &&
                                                                  !s3_req_replace_dup_for_data_w_valid

val s3_valid_dup_for_data_w_valid = RegInit(false.B)
val s3_amo_hit_dup_for_data_w_valid = RegEnable(s2_amo_hit, s2_fire_to_s3)
val s3_s_amoalu_dup_for_data_w_valid = RegInit(false.B)
val amo_wait_amoalu_dup_for_data_w_valid = s3_req_source_dup_for_data_w_valid === AMO_SOURCE.U &&
            s3_req_cmd_dup_for_data_w_valid =/= M_XLR && s3_req_cmd_dup_for_data_w_valid =/= M_XSC
      ///AMO 请求并非 lr 或 sc，需要经过 AMOALU 的运算。
val do_amoalu_dup_for_data_w_valid = amo_wait_amoalu_dup_for_data_w_valid &&
                        s3_valid_dup_for_data_w_valid && !s3_s_amoalu_dup_for_data_w_valid

val s3_store_hit_dup_for_data_w_valid = RegEnable (s2_store_hit, s2_fire_to_s3)
val s3_req_addr_dup_for_data_w_valid = RegEnable (s2_req.addr, s2_fire_to_s3)
val s3_can_do_amo_dup_for_data_w_valid = (s3_req_miss_dup_for_data_w_valid && !s3_req_probe_dup_for_data_w_valid &&
            s3_req_source_dup_for_data_w_valid === AMO_SOURCE.U) || s3_amo_hit_dup_for_data_w_valid
```

```
val s3_lr_dup_for_data_w_valid = !s3_req_probe_dup_for_data_w_valid &&
        s3_req_source_dup_for_data_w_valid === AMO_SOURCE.U && s3_req_cmd_dup_for_data_w_valid === M_XLR
val s3_sc_dup_for_data_w_valid = !s3_req_probe_dup_for_data_w_valid &&
        s3_req_source_dup_for_data_w_valid === AMO_SOURCE.U && s3_req_cmd_dup_for_data_w_valid === M_XSC
val lrsc_addr_dup_for_data_w_valid = Reg(UInt())
val lrsc_count_dup_for_data_w_valid = RegInit(0.U(log2Ceil(LRSCCycles).W))

when (s3_valid_dup_for_data_w_valid && (s3_lr_dup_for_data_w_valid || s3_sc_dup_for_data_w_valid)) {
  when (s3_can_do_amo_dup_for_data_w_valid && s3_lr_dup_for_data_w_valid) {
    lrsc_count_dup_for_data_w_valid := (LRSCCycles - 1).U
    lrsc_addr_dup_for_data_w_valid := get_block_addr(s3_req_addr_dup_for_data_w_valid)
  }.otherwise {
    lrsc_count_dup_for_data_w_valid := 0.U
  }
}.elsewhen (io.invalid_resv_set) {
  lrsc_count_dup_for_data_w_valid := 0.U
}.elsewhen (lrsc_count_dup_for_data_w_valid > 0.U) {
  lrsc_count_dup_for_data_w_valid := lrsc_count_dup_for_data_w_valid - 1.U
}

val lrsc_valid_dup_for_data_w_valid = lrsc_count_dup_for_data_w_valid > LRSCBackOff.U
val s3_lrsc_addr_match_dup_for_data_w_valid = lrsc_valid_dup_for_data_w_valid &&
                              lrsc_addr_dup_for_data_w_valid === get_block_addr(s3_req_addr_dup_for_data_w_valid)
          ///sc 指令的地址与 lr 指令相符
val s3_sc_fail_dup_for_data_w_valid = s3_sc_dup_for_data_w_valid && !s3_lrsc_addr_match_dup_for_data_w_valid
val s3_can_do_amo_write_dup_for_data_w_valid = s3_can_do_amo_dup_for_data_w_valid &&
                              isWrite(s3_req_cmd_dup_for_data_w_valid) && !s3_sc_fail_dup_for_data_w_valid
val update_data_dup_for_data_w_valid = s3_req_miss_dup_for_data_w_valid ||
                              s3_store_hit_dup_for_data_w_valid || s3_can_do_amo_write_dup_for_data_w_valid

val s3_probe_can_go_dup_for_data_w_valid = s3_req_probe_dup_for_data_w_valid &&
                 io.wb_ready_dup(dataWritePort) && (io.meta_write.ready || !probe_update_meta_dup_for_data_w_valid)
val s3_store_can_go_dup_for_data_w_valid = s3_req_source_dup_for_data_w_valid === STORE_SOURCE.U &&
            !s3_req_probe_dup_for_data_w_valid && (io.meta_write.ready || !store_update_meta_dup_for_data_w_valid) &&
                                   (io.data_write_ready_dup(dataWritePort) || !update_data_dup_for_data_w_valid)
val s3_amo_can_go_dup_for_data_w_valid = s3_amo_hit_dup_for_data_w_valid &&
            (io.meta_write.ready || !amo_update_meta_dup_for_data_w_valid) &&
            (io.data_write_ready_dup(dataWritePort) || !update_data_dup_for_data_w_valid) &&
                              (s3_s_amoalu_dup_for_data_w_valid || !amo_wait_amoalu_dup_for_data_w_valid)
val s3_miss_can_go_dup_for_data_w_valid = s3_req_miss_dup_for_data_w_valid &&
            (io.meta_write.ready || !amo_update_meta_dup_for_data_w_valid) &&
            (io.data_write_ready_dup(dataWritePort) || !update_data_dup_for_data_w_valid) &&
            (s3_s_amoalu_dup_for_data_w_valid || !amo_wait_amoalu_dup_for_data_w_valid) &&
                                   io.tag_write_ready_dup(dataWritePort) && io.wb_ready_dup(dataWritePort)
val s3_replace_can_go_dup_for_data_w_valid = s3_req_replace_dup_for_data_w_valid &&
```

```
                    (s3_coh_dup_for_data_w_valid.state === ClientStates.Nothing || io.wb_ready_dup(dataWritePort))
val s3_can_go_dup_for_data_w_valid = s3_probe_can_go_dup_for_data_w_valid ||
                    s3_store_can_go_dup_for_data_w_valid || s3_amo_can_go_dup_for_data_w_valid ||
                    s3_miss_can_go_dup_for_data_w_valid || s3_replace_can_go_dup_for_data_w_valid
val s3_update_data_cango_dup_for_data_w_valid = s3_store_can_go_dup_for_data_w_valid ||
                    s3_amo_can_go_dup_for_data_w_valid || s3_miss_can_go_dup_for_data_w_valid

val s3_fire_dup_for_data_w_valid = s3_valid_dup_for_data_w_valid && s3_can_go_dup_for_data_w_valid
when (do_amoalu_dup_for_data_w_valid) { s3_s_amoalu_dup_for_data_w_valid := true.B }
when (s3_fire_dup_for_data_w_valid) { s3_s_amoalu_dup_for_data_w_valid := false.B }

val s3_banked_store_wmask_dup_for_data_w_valid = RegEnable (s2_banked_store_wmask, s2_fire_to_s3)
val s3_req_word_idx_dup_for_data_w_valid = RegEnable (s2_req.word_idx, s2_fire_to_s3)
val banked_wmask = Mux(s3_req_miss_dup_for_data_w_valid, banked_full_wmask,
                        Mux(s3_store_hit_dup_for_data_w_valid, s3_banked_store_wmask_dup_for_data_w_valid,
                              Mux(s3_can_do_amo_write_dup_for_data_w_valid,
                                 UIntToOH(s3_req_word_idx_dup_for_data_w_valid), banked_none_wmask) ))
assert(!(s3_valid && banked_wmask.orR && !update_data))

val s3_sc_data_merged_dup_for_data_w_valid = Wire(Vec(DCacheBanks, UInt(DCacheSRAMRowBits.W)))
val s3_req_amo_data_dup_for_data_w_valid = RegEnable(s2_req.amo_data, s2_fire_to_s3)
val s3_req_amo_mask_dup_for_data_w_valid = RegEnable(s2_req.amo_mask, s2_fire_to_s3)
for (i <- 0 until DCacheBanks) {
  val old_data = s3_store_data_merged(i)
  s3_sc_data_merged_dup_for_data_w_valid(i) := mergePutData(old_data, s3_req_amo_data_dup_for_data_w_valid,
          Mux(s3_req_word_idx_dup_for_data_w_valid === i.U && !s3_sc_fail_dup_for_data_w_valid,
                                        s3_req_amo_mask_dup_for_data_w_valid, 0.U(wordBytes.W)))
}   ///end for (i <- 0 until DCacheBanks)

when (s2_fire_to_s3) { s3_valid_dup_for_data_w_valid := true.B }
.elsewhen (s3_fire_dup_for_data_w_valid) { s3_valid_dup_for_data_w_valid := false.B }

val s3_valid_dup_for_data_w_bank = RegInit(VecInit(Seq.fill(DCacheBanks)(false.B)))      // TODO
val data_write_ready_dup_for_data_w_bank = io.data_write_ready_dup.drop(dataWritePort).take(DCacheBanks)
val tag_write_ready_dup_for_data_w_bank = io.tag_write_ready_dup.drop(dataWritePort).take(DCacheBanks)
val wb_ready_dup_for_data_w_bank = io.wb_ready_dup.drop(dataWritePort).take(DCacheBanks)

for (i <- 0 until DCacheBanks) {
  val s3_req_miss_dup_for_data_w_bank = RegEnable (s2_req.miss, s2_fire_to_s3)
  val s3_req_probe_dup_for_data_w_bank = RegEnable (s2_req.probe, s2_fire_to_s3)
  val s3_tag_match_dup_for_data_w_bank = RegEnable (s2_tag_match, s2_fire_to_s3)
  val s3_coh_dup_for_data_w_bank = RegEnable (s2_coh, s2_fire_to_s3)
  val s3_req_probe_param_dup_for_data_w_bank = RegEnable (s2_req.probe_param, s2_fire_to_s3)
  val (_, _, probe_new_coh_dup_for_data_w_bank) =
                        s3_coh_dup_for_data_w_bank.onProbe(s3_req_probe_param_dup_for_data_w_bank)
  val s3_req_source_dup_for_data_w_bank = RegEnable (s2_req.source, s2_fire_to_s3)
```

```
val s3_req_cmd_dup_for_data_w_bank = RegEnable (s2_req.cmd, s2_fire_to_s3)
val s3_req_replace_dup_for_data_w_bank = RegEnable (s2_req.replace, s2_fire_to_s3)
val s3_hit_coh_dup_for_data_w_bank = RegEnable (s2_hit_coh, s2_fire_to_s3)
val s3_new_hit_coh_dup_for_data_w_bank = RegEnable (s2_new_hit_coh, s2_fire_to_s3)

val miss_update_meta_dup_for_data_w_bank = s3_req_miss_dup_for_data_w_bank
val probe_update_meta_dup_for_data_w_bank = s3_req_probe_dup_for_data_w_bank &&
                s3_tag_match_dup_for_data_w_bank && s3_coh_dup_for_data_w_bank =/= probe_new_coh_dup_for_data_w_bank
val store_update_meta_dup_for_data_w_bank = s3_req_source_dup_for_data_w_bank === STORE_SOURCE.U &&
        !s3_req_probe_dup_for_data_w_bank && s3_hit_coh_dup_for_data_w_bank =/= s3_new_hit_coh_dup_for_data_w_bank
val amo_update_meta_dup_for_data_w_bank = s3_req_source_dup_for_data_w_bank === AMO_SOURCE.U &&
        !s3_req_probe_dup_for_data_w_bank && s3_hit_coh_dup_for_data_w_bank =/= s3_new_hit_coh_dup_for_data_w_bank
val update_meta_dup_for_data_w_bank = (miss_update_meta_dup_for_data_w_bank ||
        probe_update_meta_dup_for_data_w_bank || store_update_meta_dup_for_data_w_bank ||
                        amo_update_meta_dup_for_data_w_bank) && !s3_req_replace_dup_for_data_w_bank

val s3_amo_hit_dup_for_data_w_bank = RegEnable (s2_amo_hit, s2_fire_to_s3)
val s3_s_amoalu_dup_for_data_w_bank = RegInit(false.B)
val amo_wait_amoalu_dup_for_data_w_bank = s3_req_source_dup_for_data_w_bank === AMO_SOURCE.U &&
                s3_req_cmd_dup_for_data_w_bank =/= M_XLR && s3_req_cmd_dup_for_data_w_bank =/= M_XSC
val do_amoalu_dup_for_data_w_bank = amo_wait_amoalu_dup_for_data_w_bank &&
                        s3_valid_dup_for_data_w_bank(i) && !s3_s_amoalu_dup_for_data_w_bank

val s3_store_hit_dup_for_data_w_bank = RegEnable (s2_store_hit, s2_fire_to_s3)
val s3_req_addr_dup_for_data_w_bank = RegEnable (s2_req.addr, s2_fire_to_s3)
val s3_can_do_amo_dup_for_data_w_bank = (s3_req_miss_dup_for_data_w_bank && !s3_req_probe_dup_for_data_w_bank &&
                s3_req_source_dup_for_data_w_bank === AMO_SOURCE.U) || s3_amo_hit_dup_for_data_w_bank

val s3_lr_dup_for_data_w_bank = !s3_req_probe_dup_for_data_w_bank &&
        s3_req_source_dup_for_data_w_bank === AMO_SOURCE.U && s3_req_cmd_dup_for_data_w_bank === M_XLR
val s3_sc_dup_for_data_w_bank = !s3_req_probe_dup_for_data_w_bank &&
        s3_req_source_dup_for_data_w_bank === AMO_SOURCE.U && s3_req_cmd_dup_for_data_w_bank === M_XSC
val lrsc_addr_dup_for_data_w_bank = Reg(UInt())
val lrsc_count_dup_for_data_w_bank = RegInit(0.U(log2Ceil(LRSCCycles).W))

when (s3_valid_dup_for_data_w_bank(i) && (s3_lr_dup_for_data_w_bank || s3_sc_dup_for_data_w_bank)) {
  when (s3_can_do_amo_dup_for_data_w_bank && s3_lr_dup_for_data_w_bank) {
    lrsc_count_dup_for_data_w_bank := (LRSCCycles - 1).U
    lrsc_addr_dup_for_data_w_bank := get_block_addr(s3_req_addr_dup_for_data_w_bank)
  }.otherwise {
    lrsc_count_dup_for_data_w_bank := 0.U
  }
}.elsewhen (io.invalid_resv_set) {
  lrsc_count_dup_for_data_w_bank := 0.U
}.elsewhen (lrsc_count_dup_for_data_w_bank > 0.U) {
  lrsc_count_dup_for_data_w_bank := lrsc_count_dup_for_data_w_bank - 1.U
```

```
    }

    val lrsc_valid_dup_for_data_w_bank = lrsc_count_dup_for_data_w_bank > LRSCBackOff.U
    val s3_lrsc_addr_match_dup_for_data_w_bank = lrsc_valid_dup_for_data_w_bank &&
                                    lrsc_addr_dup_for_data_w_bank === get_block_addr(s3_req_addr_dup_for_data_w_bank)
    val s3_sc_fail_dup_for_data_w_bank = s3_sc_dup_for_data_w_bank && !s3_lrsc_addr_match_dup_for_data_w_bank
    val s3_can_do_amo_write_dup_for_data_w_bank = s3_can_do_amo_dup_for_data_w_bank &&
                                    isWrite(s3_req_cmd_dup_for_data_w_bank) && !s3_sc_fail_dup_for_data_w_bank
    val update_data_dup_for_data_w_bank = s3_req_miss_dup_for_data_w_bank || s3_store_hit_dup_for_data_w_bank ||
                                                        s3_can_do_amo_write_dup_for_data_w_bank

    val s3_probe_can_go_dup_for_data_w_bank = s3_req_probe_dup_for_data_w_bank &&
                wb_ready_dup_for_data_w_bank(i) && (io.meta_write.ready || !probe_update_meta_dup_for_data_w_bank)
    val s3_store_can_go_dup_for_data_w_bank = s3_req_source_dup_for_data_w_bank === STORE_SOURCE.U &&
            !s3_req_probe_dup_for_data_w_bank && (io.meta_write.ready || !store_update_meta_dup_for_data_w_bank) &&
                                    (data_write_ready_dup_for_data_w_bank(i) || !update_data_dup_for_data_w_bank)
    val s3_amo_can_go_dup_for_data_w_bank = s3_amo_hit_dup_for_data_w_bank &&
            (io.meta_write.ready || !amo_update_meta_dup_for_data_w_bank) &&
            (data_write_ready_dup_for_data_w_bank(i) || !update_data_dup_for_data_w_bank) &&
                                    (s3_s_amoalu_dup_for_data_w_bank || !amo_wait_amoalu_dup_for_data_w_bank)
    val s3_miss_can_go_dup_for_data_w_bank = s3_req_miss_dup_for_data_w_bank &&
            (io.meta_write.ready || !amo_update_meta_dup_for_data_w_bank) &&
            (data_write_ready_dup_for_data_w_bank(i) || !update_data_dup_for_data_w_bank) &&
            (s3_s_amoalu_dup_for_data_w_bank || !amo_wait_amoalu_dup_for_data_w_bank) &&
                                    tag_write_ready_dup_for_data_w_bank(i) && wb_ready_dup_for_data_w_bank(i)
    val s3_replace_can_go_dup_for_data_w_bank = s3_req_replace_dup_for_data_w_bank &&
            (s3_coh_dup_for_data_w_bank.state === ClientStates.Nothing || wb_ready_dup_for_data_w_bank(i))
    val s3_can_go_dup_for_data_w_bank = s3_probe_can_go_dup_for_data_w_bank || s3_store_can_go_dup_for_data_w_bank ||
            s3_amo_can_go_dup_for_data_w_bank || s3_miss_can_go_dup_for_data_w_bank ||
                                                        s3_replace_can_go_dup_for_data_w_bank
    val s3_update_data_cango_dup_for_data_w_bank = s3_store_can_go_dup_for_data_w_bank ||
                                    s3_amo_can_go_dup_for_data_w_bank || s3_miss_can_go_dup_for_data_w_bank

    val s3_fire_dup_for_data_w_bank = s3_valid_dup_for_data_w_bank(i) && s3_can_go_dup_for_data_w_bank

    when (do_amoalu_dup_for_data_w_bank) { s3_s_amoalu_dup_for_data_w_bank := true.B }
    when (s3_fire_dup_for_data_w_bank) { s3_s_amoalu_dup_for_data_w_bank := false.B }

    when (s2_fire_to_s3) { s3_valid_dup_for_data_w_bank(i) := true.B }
    .elsewhen (s3_fire_dup_for_data_w_bank) { s3_valid_dup_for_data_w_bank(i) := false.B }

    io.data_write_dup(i).valid := s3_valid_dup_for_data_w_bank(i) &&
                                    s3_update_data_cango_dup_for_data_w_bank && update_data_dup_for_data_w_bank
    io.data_write_dup(i).bits.way_en := RegEnable (s2_way_en, s2_fire_to_s3)
    io.data_write_dup(i).bits.addr := RegEnable (s2_req.vaddr, s2_fire_to_s3)
  }   ///end for (i <- 0 until DCacheBanks)
```

```
// ---------------- duplicate regs for wb.valid to solve fanout ----------------
val s3_req_miss_dup_for_wb_valid = RegEnable (s2_req.miss, s2_fire_to_s3)
val s3_req_probe_dup_for_wb_valid = RegEnable (s2_req.probe, s2_fire_to_s3)
val s3_tag_match_dup_for_wb_valid = RegEnable (s2_tag_match, s2_fire_to_s3)
val s3_coh_dup_for_wb_valid = RegEnable (s2_coh, s2_fire_to_s3)
val s3_req_probe_param_dup_for_wb_valid = RegEnable (s2_req.probe_param, s2_fire_to_s3)
val (_, _, probe_new_coh_dup_for_wb_valid) = s3_coh_dup_for_wb_valid.onProbe(s3_req_probe_param_dup_for_wb_valid)
val s3_req_source_dup_for_wb_valid = RegEnable (s2_req.source, s2_fire_to_s3)
val s3_req_cmd_dup_for_wb_valid = RegEnable (s2_req.cmd, s2_fire_to_s3)
val s3_req_replace_dup_for_wb_valid = RegEnable (s2_req.replace, s2_fire_to_s3)
val s3_hit_coh_dup_for_wb_valid = RegEnable (s2_hit_coh, s2_fire_to_s3)
val s3_new_hit_coh_dup_for_wb_valid = RegEnable (s2_new_hit_coh, s2_fire_to_s3)

val miss_update_meta_dup_for_wb_valid = s3_req_miss_dup_for_wb_valid
val probe_update_meta_dup_for_wb_valid = s3_req_probe_dup_for_wb_valid &&
                    s3_tag_match_dup_for_wb_valid && s3_coh_dup_for_wb_valid =/= probe_new_coh_dup_for_wb_valid
val store_update_meta_dup_for_wb_valid = s3_req_source_dup_for_wb_valid === STORE_SOURCE.U &&
                    !s3_req_probe_dup_for_wb_valid && s3_hit_coh_dup_for_wb_valid =/= s3_new_hit_coh_dup_for_wb_valid
val amo_update_meta_dup_for_wb_valid = s3_req_source_dup_for_wb_valid === AMO_SOURCE.U &&
                    !s3_req_probe_dup_for_wb_valid && s3_hit_coh_dup_for_wb_valid =/= s3_new_hit_coh_dup_for_wb_valid
val update_meta_dup_for_wb_valid = (miss_update_meta_dup_for_wb_valid || probe_update_meta_dup_for_wb_valid ||
        store_update_meta_dup_for_wb_valid || amo_update_meta_dup_for_wb_valid) && !s3_req_replace_dup_for_wb_valid

val s3_valid_dup_for_wb_valid = RegInit(false.B)
val s3_amo_hit_dup_for_wb_valid = RegEnable(s2_amo_hit, s2_fire_to_s3)
val s3_s_amoalu_dup_for_wb_valid = RegInit(false.B)
val amo_wait_amoalu_dup_for_wb_valid = s3_req_source_dup_for_wb_valid === AMO_SOURCE.U &&
                                s3_req_cmd_dup_for_wb_valid =/= M_XLR && s3_req_cmd_dup_for_wb_valid =/= M_XSC
val do_amoalu_dup_for_wb_valid = amo_wait_amoalu_dup_for_wb_valid &&
                                s3_valid_dup_for_wb_valid && !s3_s_amoalu_dup_for_wb_valid

val s3_store_hit_dup_for_wb_valid = RegEnable (s2_store_hit, s2_fire_to_s3)
val s3_req_addr_dup_for_wb_valid = RegEnable (s2_req.addr, s2_fire_to_s3)
val s3_can_do_amo_dup_for_wb_valid = (s3_req_miss_dup_for_wb_valid && !s3_req_probe_dup_for_wb_valid &&
                                s3_req_source_dup_for_wb_valid === AMO_SOURCE.U) || s3_amo_hit_dup_for_wb_valid

val s3_lr_dup_for_wb_valid = !s3_req_probe_dup_for_wb_valid &&
            s3_req_source_dup_for_wb_valid === AMO_SOURCE.U && s3_req_cmd_dup_for_wb_valid === M_XLR
val s3_sc_dup_for_wb_valid = !s3_req_probe_dup_for_wb_valid &&
            s3_req_source_dup_for_wb_valid === AMO_SOURCE.U && s3_req_cmd_dup_for_wb_valid === M_XSC
val lrsc_addr_dup_for_wb_valid = Reg(UInt())
val lrsc_count_dup_for_wb_valid = RegInit(0.U(log2Ceil(LRSCCycles).W))

when (s3_valid_dup_for_wb_valid && (s3_lr_dup_for_wb_valid || s3_sc_dup_for_wb_valid)) {
  when (s3_can_do_amo_dup_for_wb_valid && s3_lr_dup_for_wb_valid) {
```

```
      lrsc_count_dup_for_wb_valid := (LRSCCycles - 1).U
      lrsc_addr_dup_for_wb_valid := get_block_addr(s3_req_addr_dup_for_wb_valid)
    }.otherwise {
      lrsc_count_dup_for_wb_valid := 0.U
    }
  }.elsewhen (io.invalid_resv_set) {
    lrsc_count_dup_for_wb_valid := 0.U
  }.elsewhen (lrsc_count_dup_for_wb_valid > 0.U) {
    lrsc_count_dup_for_wb_valid := lrsc_count_dup_for_wb_valid - 1.U
  }

  val lrsc_valid_dup_for_wb_valid = lrsc_count_dup_for_wb_valid > LRSCBackOff.U
  val s3_lrsc_addr_match_dup_for_wb_valid = lrsc_valid_dup_for_wb_valid &&
                              lrsc_addr_dup_for_wb_valid === get_block_addr(s3_req_addr_dup_for_wb_valid)
  val s3_sc_fail_dup_for_wb_valid = s3_sc_dup_for_wb_valid && !s3_lrsc_addr_match_dup_for_wb_valid
  val s3_can_do_amo_write_dup_for_wb_valid = s3_can_do_amo_dup_for_wb_valid &&
                              isWrite(s3_req_cmd_dup_for_wb_valid) && !s3_sc_fail_dup_for_wb_valid
  val update_data_dup_for_wb_valid = s3_req_miss_dup_for_wb_valid ||
                              s3_store_hit_dup_for_wb_valid || s3_can_do_amo_write_dup_for_wb_valid

  val s3_probe_can_go_dup_for_wb_valid = s3_req_probe_dup_for_wb_valid &&
                  io.wb_ready_dup(wbPort) && (io.meta_write.ready || !probe_update_meta_dup_for_wb_valid)
  val s3_store_can_go_dup_for_wb_valid = s3_req_source_dup_for_wb_valid === STORE_SOURCE.U &&
          !s3_req_probe_dup_for_wb_valid && (io.meta_write.ready || !store_update_meta_dup_for_wb_valid) &&
                              (io.data_write_ready_dup(wbPort) || !update_data_dup_for_wb_valid)
  val s3_amo_can_go_dup_for_wb_valid = s3_amo_hit_dup_for_wb_valid &&
          (io.meta_write.ready || !amo_update_meta_dup_for_wb_valid) &&
          (io.data_write_ready_dup(wbPort) || !update_data_dup_for_wb_valid) &&
                              (s3_s_amoalu_dup_for_wb_valid || !amo_wait_amoalu_dup_for_wb_valid)
  val s3_miss_can_go_dup_for_wb_valid = s3_req_miss_dup_for_wb_valid &&
          (io.meta_write.ready || !amo_update_meta_dup_for_wb_valid) &&
          (io.data_write_ready_dup(wbPort) || !update_data_dup_for_wb_valid) &&
          (s3_s_amoalu_dup_for_wb_valid || !amo_wait_amoalu_dup_for_wb_valid) &&
                              io.tag_write_ready_dup(wbPort) && io.wb_ready_dup(wbPort)
  val s3_replace_can_go_dup_for_wb_valid = s3_req_replace_dup_for_wb_valid &&
                  (s3_coh_dup_for_wb_valid.state === ClientStates.Nothing || io.wb_ready_dup(wbPort))
  val s3_can_go_dup_for_wb_valid = s3_probe_can_go_dup_for_wb_valid ||
          s3_store_can_go_dup_for_wb_valid || s3_amo_can_go_dup_for_wb_valid ||
                              s3_miss_can_go_dup_for_wb_valid || s3_replace_can_go_dup_for_wb_valid
  val s3_update_data_cango_dup_for_wb_valid = s3_store_can_go_dup_for_wb_valid ||
                              s3_amo_can_go_dup_for_wb_valid || s3_miss_can_go_dup_for_wb_valid

  val s3_fire_dup_for_wb_valid = s3_valid_dup_for_wb_valid && s3_can_go_dup_for_wb_valid
  when (do_amoalu_dup_for_wb_valid) { s3_s_amoalu_dup_for_wb_valid := true.B }
  when (s3_fire_dup_for_wb_valid) { s3_s_amoalu_dup_for_wb_valid := false.B }
```

```
val s3_banked_store_wmask_dup_for_wb_valid = RegEnable (s2_banked_store_wmask, s2_fire_to_s3)
val s3_req_word_idx_dup_for_wb_valid = RegEnable (s2_req.word_idx, s2_fire_to_s3)
val s3_replace_nothing_dup_for_wb_valid = s3_req_replace_dup_for_wb_valid &&
                                          s3_coh_dup_for_wb_valid.state === ClientStates.Nothing

val s3_sc_data_merged_dup_for_wb_valid = Wire(Vec(DCacheBanks, UInt(DCacheSRAMRowBits.W)))
val s3_req_amo_data_dup_for_wb_valid = RegEnable (s2_req.amo_data, s2_fire_to_s3)
val s3_req_amo_mask_dup_for_wb_valid = RegEnable (s2_req.amo_mask, s2_fire_to_s3)
for (i <- 0 until DCacheBanks) {
  val old_data = s3_store_data_merged(i)
  s3_sc_data_merged_dup_for_wb_valid(i) := mergePutData(old_data, s3_req_amo_data_dup_for_wb_valid,
    Mux(s3_req_word_idx_dup_for_wb_valid === i.U && !s3_sc_fail_dup_for_wb_valid,
                                          s3_req_amo_mask_dup_for_wb_valid, 0.U(wordBytes.W)) ) }

val s3_need_replacement_dup_for_wb_valid = RegEnable(s2_need_replacement, s2_fire_to_s3)
val miss_wb_dup_for_wb_valid = s3_req_miss_dup_for_wb_valid && s3_need_replacement_dup_for_wb_valid &&
                                          s3_coh_dup_for_wb_valid.state =/= ClientStates.Nothing
val need_wb_dup_for_wb_valid = miss_wb_dup_for_wb_valid || s3_req_probe_dup_for_wb_valid ||
                                                  s3_req_replace_dup_for_wb_valid

val s3_tag_dup_for_wb_valid = RegEnable (s2_tag, s2_fire_to_s3)

val (_, probe_shrink_param_dup_for_wb_valid, _) = s3_coh_dup_for_wb_valid.onProbe(s3_req_probe_param_dup_for_wb_valid)
val (_, miss_shrink_param_dup_for_wb_valid, _) = s3_coh_dup_for_wb_valid.onCacheControl(M_FLUSH)
val writeback_param_dup_for_wb_valid = Mux(s3_req_probe_dup_for_wb_valid,
                            probe_shrink_param_dup_for_wb_valid, miss_shrink_param_dup_for_wb_valid)
val writeback_data_dup_for_wb_valid = if (dcacheParameters.alwaysReleaseData) {
  s3_tag_match_dup_for_wb_valid && s3_req_probe_dup_for_wb_valid && RegEnable(s2_req.probe_need_data, s2_fire_to_s3) ||
                    s3_coh_dup_for_wb_valid === ClientStates.Dirty || (miss_wb_dup_for_wb_valid ||
                    s3_req_replace_dup_for_wb_valid) && s3_coh_dup_for_wb_valid.state =/= ClientStates.Nothing
} else {
  s3_tag_match_dup_for_wb_valid && s3_req_probe_dup_for_wb_valid && RegEnable(s2_req.probe_need_data, s2_fire_to_s3) ||
                                                  s3_coh_dup_for_wb_valid === ClientStates.Dirty
}   ///end val writeback_data_dup_for_wb_valid

when (s2_fire_to_s3) { s3_valid_dup_for_wb_valid := true.B }
.elsewhen (s3_fire_dup_for_wb_valid) { s3_valid_dup_for_wb_valid := false.B }

// -------------------------------------------------------------------------------------------

val s3_fire = s3_valid_dup(4) && s3_can_go
when (s2_fire_to_s3) {
  s3_valid := true.B
  s3_valid_dup.foreach(_ := true.B)
  s3_valid_dup_for_status.foreach(_ := true.B)
}.elsewhen (s3_fire) {
```

```
    s3_valid := false.B
    s3_valid_dup.foreach(_ := false.B)
    s3_valid_dup_for_status.foreach(_ := false.B)
  }
  s3_ready := !s3_valid_dup(5) || s3_can_go
  s3_s0_set_conflict := s3_valid_dup(6) && s3_idx_dup(0) === s0_idx
  s3_s0_set_conflict_store := s3_valid_dup(7) && s3_idx_dup(1) === store_idx
  assert(RegNext(!s3_valid || !(s3_req_source_dup_2 === STORE_SOURCE.U && !s3_req.probe) || s3_hit))
                                                                   // miss store should never come to s3
  when(s3_fire) {
    s3_s_amoalu := false.B
    s3_s_amoalu_dup.foreach(_ := false.B)
  }

  req.ready := s0_can_go

    ///从 metaArray 读出
  io.meta_read.valid := req.valid && s1_ready && !set_conflict                    ///S1 时发起从 metaArray 读出
  io.meta_read.bits.idx := get_idx(s0_req.vaddr)
  io.meta_read.bits.way_en := Mux(s0_req.replace, s0_req.replace_way_en, ~0.U(nWays.W))
    ///从 tagArray 读出
  io.tag_read.valid := req.valid && s1_ready && !set_conflict && !s0_req.replace     ///S1 时发起从 tagArray 读出
  io.tag_read.bits.idx := get_idx(s0_req.vaddr)
  io.tag_read.bits.way_en := ~0.U(nWays.W)
    ///从 dataArray 读出
  io.data_read_intend := s1_valid_dup(3) && s1_need_data
  io.data_read.valid := s1_valid_dup(4) && s1_need_data                          ///S1 时发起从 bankedDataArray 读出
  io.data_read.bits.rmask := s1_banked_rmask
  io.data_read.bits.way_en := s1_way_en
  io.data_read.bits.addr := s1_req_vaddr_dup_for_data_read

    ///向 missQueue 发出请求
  io.miss_req.valid := s2_valid_dup(4) && s2_can_go_to_mq_dup(0)                  ///S2 时发起向 missQueue 的请求
  val miss_req = io.miss_req.bits
  miss_req := DontCare
  miss_req.source := s2_req.source
  miss_req.cmd := s2_req.cmd
  miss_req.addr := s2_req.addr
  miss_req.vaddr := s2_req_vaddr_dup_for_miss_req
  miss_req.way_en := Mux(s2_tag_match, s2_tag_match_way, s2_repl_way_en)
  miss_req.store_data := s2_req.store_data
  miss_req.store_mask := s2_req.store_mask
  miss_req.word_idx := s2_req.word_idx
  miss_req.amo_data := s2_req.amo_data
  miss_req.amo_mask := s2_req.amo_mask
  miss_req.req_coh := s2_hit_coh
```

```
miss_req.replace_coh := s2_repl_coh
miss_req.replace_tag := s2_repl_tag
miss_req.id := s2_req.id
miss_req.cancel := false.B
miss_req.pc := DontCare
    ///S2 时，若不命中而要向 MissQueue 发出请求，就向 StoreQueue 发回 io.store_replay_resp，
    ///这是个 DCacheLineResp：
io.store_replay_resp.valid := s2_valid_dup(5) && s2_can_go_to_mq_dup(1) && replay && s2_req.isStore
io.store_replay_resp.bits.data := DontCare                    ///Store 操作不返回数据
io.store_replay_resp.bits.miss := true.B                      ///目标缓冲块缺失
io.store_replay_resp.bits.replay := true.B                    ///表示应该过一会儿以后重试
io.store_replay_resp.bits.id := s2_req.id                     ///所涉及的请求号
    ///S3 时，如果命中就向 StoreQueue 发回 io.store_hit_resp，这同样是个 DCacheLineResp：
io.store_hit_resp.valid := s3_valid_dup(8) && s3_store_can_go    /// io.store_hit_resp 是在 S3 的时候发出的
io.store_hit_resp.bits.data := DontCare                       ///Store 操作不返回数据
io.store_hit_resp.bits.miss := false.B                        ///目标缓冲块并未缺失，命中。
io.store_hit_resp.bits.replay := false.B                      ///无需重试
io.store_hit_resp.bits.id := s3_req.id                        ///所涉及的请求号
    ///也是在 S3 时，如果都顺利，就向 WritebackQueue 发出 io.release_update，这是个 ReleaseUpdate：
io.release_update.valid := s3_valid_dup(9) && (s3_store_can_go || s3_amo_can_go) && s3_hit && update_data
io.release_update.bits.addr := s3_req_addr_dup(3)             ///通知释放的缓存块地址
io.release_update.bits.mask := Mux(s3_store_hit_dup(1), s3_banked_store_wmask, banked_amo_wmask)
io.release_update.bits.data := Mux(amo_wait_amoalu, s3_amo_data_merged_reg,
                                   Mux(s3_sc, s3_sc_data_merged, s3_store_data_merged)).asUInt
    ///准备一份对 AMO 指令执行请求的正面回应：
val atomic_hit_resp = Wire(new AtomicsResp)                   ///正面回应是个 AtomicsResp：
atomic_hit_resp.data := Mux(s3_sc, s3_sc_resp, s3_data_word)  ///data 字段可以是 lr/sc 指令或 AMO 指令的返回值
atomic_hit_resp.miss := false.B                               ///目标缓冲块并未缺失，命中。
atomic_hit_resp.miss_id := s3_req.miss_id
atomic_hit_resp.error := s3_error
atomic_hit_resp.replay := false.B                             ///无需重试
atomic_hit_resp.ack_miss_queue := s3_req_miss_dup(5)
atomic_hit_resp.id := lrsc_valid_dup(2)
    ///也准备一份对 AMO 指令执行请求的负面回应：
val atomic_replay_resp = Wire(new AtomicsResp)                ///负面回应也是个 AtomicsResp：
atomic_replay_resp.data := DontCare                           ///负面回应中无数据
atomic_replay_resp.miss := true.B                             ///目标缓冲块缺失，不命中。
atomic_replay_resp.miss_id := DontCare
atomic_replay_resp.error := false.B
atomic_replay_resp.replay := true.B                           ///需要重试
atomic_replay_resp.ack_miss_queue := false.B
atomic_replay_resp.id := DontCare
    ///究竟发回哪一份 AtomicsResp，就看条件了：
val atomic_replay_resp_valid = s2_valid_dup(6) && s2_can_go_to_mq_dup(2) && replay && s2_req.isAMO
val atomic_hit_resp_valid = s3_valid_dup(10) && (s3_amo_can_go || s3_miss_can_go && s3_req.isAMO)
io.atomic_resp.valid := atomic_replay_resp_valid || atomic_hit_resp_valid        ///只要有二者之一就发送
```

```
io.atomic_resp.bits := Mux(atomic_replay_resp_valid, atomic_replay_resp, atomic_hit_resp)
                    ///io.atomic_resp 的内容或是负面的 atomic_replay_resp（S2 时），或是正面的 atomic_hit_resp（S3 时）。
        ///如果符合条件就向 MissQueue 发回 replace_resp：
io.replace_resp.valid := s3_fire && s3_req_replace_dup(3)        ///如果收到了 replace 请求（MianPipeReq 中的 replace 位）
io.replace_resp.bits := s3_req.miss_id                           ///miss_id 是所述缓存块在 MissQueue 中的位置
        ///对 metaArray 的修改：
io.meta_write.valid := s3_fire_dup_for_meta_w_valid && update_meta_dup_for_meta_w_valid   ///对 metaArray 的写入是在 S3
io.meta_write.bits.idx := s3_idx_dup(2)
io.meta_write.bits.way_en := s3_way_en_dup(0)
io.meta_write.bits.meta.coh := new_coh
        ///对 errorArray 的写入（有 s3_l2_error 才写）：
io.error_flag_write.valid := s3_fire_dup_for_err_w_valid && update_meta_dup_for_err_w_valid && s3_l2_error
io.error_flag_write.bits.idx := s3_idx_dup(3)
io.error_flag_write.bits.way_en := s3_way_en_dup(1)
io.error_flag_write.bits.flag := s3_l2_error
        ///对 prefetchArray 无写入：
// if we use (prefetch_flag && meta =/= ClientStates.Nothing) for prefetch check prefetch_flag_write can be omited
io.prefetch_flag_write.valid := false.B                          ///io.prefetch_flag_write 永远不会有
io.prefetch_flag_write.bits := DontCare
        ///对 accessArray 仅在 Store 请求和 AMO 请求时才有写入：
// probe / replace will not update access bit
io.access_flag_write.valid := s3_fire_dup_for_meta_w_valid && !s3_req.probe && !s3_req.replace
io.access_flag_write.bits.idx := s3_idx_dup(3)
io.access_flag_write.bits.way_en := s3_way_en_dup(1)
io.access_flag_write.bits.flag := true.B
        ///对 tagArray 仅在访问不命中，目标缓存块缺失时才有写入：
io.tag_write.valid := s3_fire_dup_for_tag_w_valid && s3_req_miss_dup_for_tag_w_valid
io.tag_write.bits.idx := s3_idx_dup(4)
io.tag_write.bits.way_en := s3_way_en_dup(2)
io.tag_write.bits.tag := get_tag (s3_req_addr_dup(4))

io.tag_write_intend := s3_req_miss_dup(7) && s3_valid_dup(11)    ///表示准备要写 tagArray，来自 MissQueue、
assert(!RegNext(io.tag_write.valid && !io.tag_write_intend))
        ///对 DataArray 的写入（所写内容可来自 Store/AMO/SC 指令）：
io.data_write.valid := s3_valid_dup_for_data_w_valid &&
                    s3_update_data_cango_dup_for_data_w_valid && update_data_dup_for_data_w_valid
io.data_write.bits.way_en := s3_way_en_dup(3)
io.data_write.bits.addr := s3_req_vaddr_dup_for_data_write
io.data_write.bits.wmask := banked_wmask
io.data_write.bits.data := Mux(amo_wait_amoalu_dup_for_data_w_valid, s3_amo_data_merged_reg,
                    Mux(s3_sc_dup_for_data_w_valid, s3_sc_data_merged_dup_for_data_w_valid, s3_store_data_merged))
                    ///写入 bankedDataArray 的内容可来自 Store 指令，AMO 指令，或 SC 指令
assert(RegNext(!io.meta_write.valid || !s3_req.replace))
assert(RegNext(!io.tag_write.valid || !s3_req.replace))
assert(RegNext(!io.data_write.valid || !s3_req.replace))         ///因 replace 所需的写入不在这里
///class MainPipe，续 7，待续。
```

终于差不多了，MainPipe 已经在向 IO 接口上输出信息，包括 io.store_replay_resp、io.store_hit_resp、io.release_update、io.atomic_resp、io.replace_resp，这些都是对操作请求者的回应。另外还有 io.meta_write、io.tag_write、io.data_write，这些显然是对本地几个存储阵列的写入。下面就是通过 io.wb 进行的回写了：

[XSCoreBase > MemBlock > DCacheWrapper > DCache > DCacheImp > MainPipe]　　续 8

```
      ///对回写队列的请求：
  io.wb.valid := s3_valid_dup_for_wb_valid && (    ///对回写队列的写入请求发生在 S3，引起回写的原因有多种：
    // replace
    s3_req_replace_dup_for_wb_valid && !s3_replace_nothing_dup_for_wb_valid ||             ///需要 replace
    // probe can go to wbq
    s3_req_probe_dup_for_wb_valid && (io.meta_write.ready || !probe_update_meta_dup_for_wb_valid) ||    ///有 Probe 请求
      // amo miss can go to wbq
      s3_req_miss_dup_for_wb_valid && (io.meta_write.ready || !amo_update_meta_dup_for_wb_valid) &&   ///目标缓存块缺失
        (io.data_write_ready_dup(wbPort) || !update_data_dup_for_wb_valid) &&
        (s3_s_amoalu_dup_for_wb_valid || !amo_wait_amoalu_dup_for_wb_valid) && io.tag_write_ready_dup(wbPort)
  ) && need_wb_dup_for_wb_valid                                                            ///写脏后需要回写
  io.wb.bits.addr := get_block_addr(Cat(s3_tag_dup_for_wb_valid, get_untag(s3_req.vaddr)))       ///回写的 cachline 地址
  io.wb.bits.param := writeback_param_dup_for_wb_valid
  io.wb.bits.voluntary := s3_req_miss_dup_for_wb_valid || s3_req_replace_dup_for_wb_valid
  io.wb.bits.hasData := writeback_data_dup_for_wb_valid
  io.wb.bits.dirty := s3_coh_dup_for_wb_valid === ClientStates.Dirty
  io.wb.bits.data := s3_data.asUInt()                                                      ///cacheline 的内容
  io.wb.bits.delay_release := s3_req_replace_dup_for_wb_valid
  io.wb.bits.miss_id := s3_req.miss_id

  // update plru in main pipe s3      ///缓存块的调度由实施 plru 调度策略的 replacer 负责，需要让其了解最近的访问情况：
  if (!cfg.updateReplaceOn2ndmiss) {     ///replace_access 的发起有两种选择，一种是仅在首次不命中，另一种是两次均不命中。
    // replacement is only updated on 1st miss
    io.replace_access.valid := RegNext(
      /* generated in mainpipe s1 */ RegNext(s1_fire && (s1_req.isAMO || s1_req.isStore) && !s1_req.probe) &&
      /* generated in mainpipe s2 */ Mux(io.miss_req.valid,
                        !io.miss_resp.merged && io.miss_req.ready,    // if store miss, only update plru for the first miss
                        true.B /* normal store access */ ))
    io.replace_access.bits.set := RegNext(s2_idx_dup_for_replace_access)
    io.replace_access.bits.way := RegNext(RegNext(OHToUInt(s1_way_en)))
  } else {         /// updateReplaceOn2ndmiss 定义为 true：
    // replacement is updated on both 1st and 2nd miss, timing is worse than !cfg.updateReplaceOn2ndmiss
    io.replace_access.valid := RegNext(
      /* generated in mainpipe s1 */ RegNext(s1_fire && (s1_req.isAMO || s1_req.isStore) && !s1_req.probe) &&
      /* generated in mainpipe s2 */ Mux(io.miss_req.valid,
                                  io.miss_req.ready,   // if store miss, do not update plru if that req needs to be replayed
                                  true.B          /* normal store access */    )
    )  ///end io.replace_access.valid
    io.replace_access.bits.set := RegNext(s2_idx_dup_for_replace_access)
    io.replace_access.bits.way := RegNext(
      Mux(io.miss_req.valid && io.miss_resp.merged,
```

```
        // miss queue 2nd fire: access replace way selected at miss queue allocate time
        OHToUInt(io.miss_resp.repl_way_en),
        // new selected replace way or hit way
        RegNext(OHToUInt(s1_way_en))
      )
    ) ///end io.replace_access.bits.way
  } ///end if (!cfg.updateReplaceOn2ndmiss){}else…

  io.replace_way.set.valid := RegNext(s0_fire)              /// io.replace_way 是在 S1 时就定下的
  io.replace_way.set.bits := s1_idx_dup_for_replace_way

  // TODO: consider block policy of a finer granularity
  io.status.s0_set.valid := req.valid
  io.status.s0_set.bits := get_idx(s0_req.vaddr)
  io.status.s1.valid := s1_valid_dup(5)
  io.status.s1.bits.set := s1_idx
  io.status.s1.bits.way_en := s1_way_en
  io.status.s2.valid := s2_valid_dup(7) && !s2_req_replace_dup_2
  io.status.s2.bits.set := s2_idx_dup_for_status
  io.status.s2.bits.way_en := s2_way_en
  io.status.s3.valid := s3_valid && !s3_req_replace_dup(7)
  io.status.s3.bits.set := s3_idx_dup(5)
  io.status.s3.bits.way_en := s3_way_en

  for ((s, i) <- io.status_dup.zipWithIndex) {
    s.s1.valid := s1_valid_dup_for_status(i)
    s.s1.bits.set := RegEnable(get_idx(s0_req.vaddr), s0_fire)
    s.s1.bits.way_en := s1_way_en
    s.s2.valid := s2_valid_dup_for_status(i) && !RegEnable(s1_req.replace, s1_fire)
    s.s2.bits.set := RegEnable(get_idx(s1_req.vaddr), s1_fire)
    s.s2.bits.way_en := RegEnable(s1_way_en, s1_fire)
    s.s3.valid := s3_valid_dup_for_status(i) && !RegEnable(s2_req.replace, s2_fire_to_s3)
    s.s3.bits.set := RegEnable(get_idx(s2_req.vaddr), s2_fire_to_s3)
    s.s3.bits.way_en := RegEnable(s2_way_en, s2_fire_to_s3)
  }
  dontTouch(io.status_dup)

  // report error to beu and csr, 1 cycle after read data resp  ///向 CSR 报告出错（如果有的话）
  io.error := 0.U.asTypeOf(new L1CacheErrorInfo())
  // report error, update error csr
  io.error.valid := s3_error && RegNext(s2_fire)          ///是否报告取决于 s3_error，如果报告即使在 S3（s2_fire 以后）。
  // only tag_error and data_error will be reported to beu, l2_error should not be reported (l2 will report that)
  io.error.report_to_beu := (RegEnable(s2_tag_error, s2_fire) || s3_data_error) && RegNext(s2_fire)
  io.error.paddr := RegEnable(s2_req.addr, s2_fire)
  io.error.source.tag := RegEnable(s2_tag_error, s2_fire)
  io.error.source.data := s3_data_error
```

```
    io.error.source.l2 := RegEnable(s2_flag_error || s2_l2_error, s2_fire)
    io.error.opType.store := RegEnable(s2_req.isStore && !s2_req.probe, s2_fire)
    io.error.opType.probe := RegEnable(s2_req.probe, s2_fire)
    io.error.opType.release := RegEnable(s2_req.replace, s2_fire)
    io.error.opType.atom := RegEnable(s2_req.isAMO && !s2_req.probe, s2_fire)
}   /// end class MainPipe
```

由于代码中用了大量的信号副本，使代码的体积看上去很大，但是实际的逻辑也并没有表面上那么复杂。读者只要细心辨认（例如 s3_tag_dup_for_wb_valid 其实就是 s3_tag），再参考我加的一些注释，应该还是可以理解。要说复杂，那是因为对 MainPipe 的操作请求 s0_req 有 4 个不同来源（store/atomic/replace/probe），因而代码中有 4 个脉络，需要照顾到种种不同的情况。但是要逐一加以详述又实在太费口舌，所以就留给读者自己慢慢细看了。另外，在阅读时要牢记硬件描述与过程性软件的不同。以这里最后一段中的语句“io.error.valid := s3_error && RegNext(s2_fire)”为例，这个语句和此后对 io.error 中其它字段的设置（其实是连接）并无先后，当 io.error.valid 的状态发生变化的时候，其它字段的状态也同时发生变化，或者在此之前已经变化并且早已稳定下来。而 io.error.valid 与这个与门之间的连接，也一直都存在，并非到了 S3 阶段才有这个连接。但是这个与门的输出仅在 s3_error 和以 s2_fire 为输入的触发器的输出同为 true 的时候才是 true，仅在这个时候才发起对 io.error 的写入。再如前面的三个语句：

```
    val atomic_replay_resp_valid = s2_valid_dup(6) && s2_can_go_to_mq_dup(2) && replay && s2_req.isAMO
    val atomic_hit_resp_valid = s3_valid_dup(10) && (s3_amo_can_go || s3_miss_can_go && s3_req.isAMO)
    io.atomic_resp.valid := atomic_replay_resp_valid || atomic_hit_resp_valid
```

这里 atomic_replay_resp_valid 和 atomic_hit_resp_valid 是两个不同组合电路的输出。这两个输出不会同时为true，因为s2_can_go_to_mq、replay不会与s3_amo_can_go || s3_miss_can_go 同时发生；而且一个仅在s2_valid 的时候才可能是 true，另一个仅在 s3_valid 时才可能是 true。而对 io.atomic_resp 的写入，则只有在其 valid 信号为 true 时才发生，这个信号不是来自前者就是来自后者，这就向 io.atomic_resp 写入了或正面（后者）或负面（前者）的回应。读者也许会问，为什么不把这二者放在一个 if{}else{}语句中呢？这就是硬件描述的功能性与一般软件的过程性之间的不同了。硬件描述所描述的是电路器件的存在与它们之间的连接，而不是信号的流通过程，更不是在某种特定条件下这电路是否真被用上了，那都是隐含在电路及其输入/输出中的。一块电路，只要在某种条件下用上一次，它就必须存在。但是，如果读者问的是为什么这里不用 when{}.otherwise{}，这是有道理的，事实上用 when{}.elsewhen{}当然也可以实现同样的逻辑，而且对初学者而言也许可读性更好一些。实际上，经 EDA 软件加以综合之后，所得电路基本上是一样的。

28.4 AMO 指令执行单元

前面我们看到，MainPipe 在其 S3 阶段的代码中（而并非在其 S3 阶段）创建了 AMOALU，并连接好了它的输入，包括用于运算的掩模，运算的操作码（如 M_XA_ADD/ M_XA_OR 等等），参与运算的左边操作数和右边操作数。而 AMOALU 就是对这些输入进行逻辑运算：

```
[XSCoreBase > MemBlock > DCacheWrapper > DCache > DCacheImp > MainPipe > AMOALU]
class AMOALU(operandBits: Int) extends Module with MemoryOpConstants {
  val minXLen = 32
  val widths = (0 to log2Ceil(operandBits / minXLen)).map(minXLen << _)
  val io = IO(new Bundle {
    val mask = Input(UInt((operandBits/8).W))
```

```
    val cmd = Input(Bits(M_SZ.W))                     ///运算的算符，如M_XA_ADD/ M_XA_OR等等。
    val lhs = Input(Bits(operandBits.W))              ///参与运算的左边操作数
    val rhs = Input(Bits(operandBits.W))              ///参与运算的右边操作数
    val out = Output(Bits(operandBits.W))             ///运算结果
    val out_unmasked = Output(Bits(operandBits.W))
  })  ///end val io

  val max = io.cmd === M_XA_MAX || io.cmd === M_XA_MAXU
  val min = io.cmd === M_XA_MIN || io.cmd === M_XA_MINU
  val add = io.cmd === M_XA_ADD
  val logic_and = io.cmd === M_XA_OR || io.cmd === M_XA_AND
  val logic_xor = io.cmd === M_XA_XOR || io.cmd === M_XA_OR
    ///上面这些是AMO指令所允许进行的运算，下面是进行这些运算的两块电路，adder_out和less：
  val adder_out = {
    // partition the carry chain to support sub-xLen addition
    val mask = ~(0.U(operandBits.W) +: widths.init.map(w => !io.mask(w/8-1) << (w-1))).reduce(_|_)
    (io.lhs & mask) + (io.rhs & mask)
  }  ///end val adder_out

  val less = {
    // break up the comparator so the lower parts will be CSE'd
    def isLessUnsigned (x: UInt, y: UInt, n: Int): Bool = {
      if (n == minXLen) x(n-1, 0) < y(n-1, 0)
      else x(n-1, n/2) < y(n-1, n/2) || x(n-1, n/2) === y(n-1, n/2) && isLessUnsigned(x, y, n/2)
    }

    def isLess(x: UInt, y: UInt, n: Int): Bool = {
      val signed = {
        val mask = M_XA_MIN ^ M_XA_MINU
        (io.cmd & mask) === (M_XA_MIN & mask)
      }
      Mux(x(n-1) === y(n-1), isLessUnsigned(x, y, n), Mux(signed, x(n-1), y(n-1)))
    }

    PriorityMux(widths.reverse.map(w => (io.mask(w/8/2), isLess(io.lhs, io.rhs, w))))
  }  ///end val less

  val minmax = Mux(Mux(less, min, max), io.lhs, io.rhs)                ///根据less电路的输出选取io.lhs或io.rhs
  val logic = Mux(logic_and, io.lhs & io.rhs, 0.U) | Mux(logic_xor, io.lhs ^ io.rhs, 0.U)  ///根据操作类型选取logic_and或logic_xor
  val out = Mux(add, adder_out, Mux(logic_and || logic_xor, logic, minmax))
                                                          ///AMOALU的输出来自adder_out，logic，或minmax。
  val wmask = FillInterleaved(8, io.mask)
  io.out := wmask & out | ~wmask & io.lhs
  io.out_unmasked := out
}  ///end class AMOALU
```

显然，AMOALU 比正式的 ALU 要简单得多。和 ALU 一样，AMOALU 中的各种运算都以组合电路实现，因而能在瞬间完成（略有电路延迟，但与时钟节拍的长度相比可以忽略）。

28.5 补块流水线 RefillPipe

DCache 中的另一个“Pipe”是 RefillPipe。不过，名为 Pipe，其实与 Pipeline 不沾边，RefillPipe 只是将来自 MissQueue 的 Refill 信息，包括来自次级缓存或内存的缓存块，写入 DCache 的那几个存储 Array 而已，所有的操作都在同一个时钟节拍中完成，只要下一个时钟脉冲到来即可打入。下面是 RefillPipe 的代码：

```
[XSCoreBase > MemBlock > DCacheWrapper > DCache > DCacheImp > RefillPipe]
class RefillPipe(implicit p: Parameters) extends DCacheModule {
  val io = IO(new Bundle() {
    val req = Flipped(DecoupledIO(new RefillPipeReq))                           ///来自MissQueue
    val req_dup_for_data_w = Vec(DCacheBanks, Input(Valid(new RefillPipeReqCtrl)))
    val req_dup_for_meta_w = Input(Valid(new RefillPipeReqCtrl))
    val req_dup_for_tag_w = Input(Valid(new RefillPipeReqCtrl))
    val req_dup_for_err_w = Input(Valid(new RefillPipeReqCtrl))
    val resp = ValidIO(UInt(log2Up(cfg.nMissEntries).W))

    val data_write = DecoupledIO(new L1BankedDataWriteReq)                      ///写入DataArray
    val data_write_dup = Vec(DCacheBanks, Valid(new L1BankedDataWriteReqCtrl))
    val meta_write = DecoupledIO(new CohMetaWriteReq)                           ///写入metaArray
    val error_flag_write = DecoupledIO(new FlagMetaWriteReq)                    ///写入errorArray
    val prefetch_flag_write = DecoupledIO(new FlagMetaWriteReq)
    val access_flag_write = DecoupledIO(new FlagMetaWriteReq)
    val tag_write = DecoupledIO(new TagWriteReq)                                ///写入tagArray
    val store_resp = ValidIO(new DCacheLineResp)          ///去向DCacheWrapper接口上的lsu.store.refill_hit_resp
    val release_wakeup = ValidIO(UInt(log2Up(cfg.nMissEntries).W))       ///去向回写队列WritebackQueue
  })  ///end val io

  // Assume that write in refill pipe is always ready
  assert(RegNext(io.data_write.ready))
  assert(RegNext(io.meta_write.ready))
  assert(RegNext(io.tag_write.ready))

  val refill_w_valid = io.req.valid
  val refill_w_req = io.req.bits

  val req_dup_for_meta_w = io.req_dup_for_meta_w.bits
  val req_dup_for_err_w = io.req_dup_for_err_w.bits
  val req_dup_for_tag_w = io.req_dup_for_tag_w.bits

  io.req.ready := true.B
  io.resp.valid := io.req.fire()                                                ///一有请求就立即发送回应
  io.resp.bits := refill_w_req.miss_id                                          /// refill_w_req即为io.req
```

```
val idx = refill_w_req.idx
val tag = get_tag(refill_w_req.addr)                  ///(paddr >> pgUntagBits).asUInt()，取物理地址高位。

io.data_write.valid := io.req_dup_for_data_w(0).valid                  ///写入bankedDataArray
io.data_write.bits.addr := io.req_dup_for_data_w(0).bits.paddrWithVirtualAlias
io.data_write.bits.way_en := io.req_dup_for_data_w(0).bits.way_en
io.data_write.bits.wmask := refill_w_req.wmask
io.data_write.bits.data := refill_w_req.data

io.data_write_dup.zipWithIndex.foreach { case (w, bank) =>             ///bank来自序号
  w.valid := io.req_dup_for_data_w (bank).valid
  w.bits.addr := io.req_dup_for_data_w (bank).bits.paddrWithVirtualAlias
  w.bits.way_en := io.req_dup_for_data_w (bank).bits.way_en
}

io.meta_write.valid := io.req_dup_for_meta_w.valid                     ///写入metaArray
io.meta_write.bits.idx := req_dup_for_meta_w.idx          /// req_dup_for_meta_w即为io.req_dup_for_meta_w，余类推。
io.meta_write.bits.way_en := req_dup_for_meta_w.way_en
io.meta_write.bits.meta := refill_w_req.meta

io.error_flag_write.valid := io.req_dup_for_err_w.valid
io.error_flag_write.bits.idx := req_dup_for_err_w.idx
io.error_flag_write.bits.way_en := req_dup_for_err_w.way_en
io.error_flag_write.bits.flag := refill_w_req.error

io.prefetch_flag_write.valid := io.req_dup_for_err_w.valid
io.prefetch_flag_write.bits.idx := req_dup_for_err_w.idx
io.prefetch_flag_write.bits.way_en := req_dup_for_err_w.way_en
io.prefetch_flag_write.bits.flag := refill_w_req.prefetch

io.access_flag_write.valid := io.req_dup_for_err_w.valid
io.access_flag_write.bits.idx := req_dup_for_err_w.idx
io.access_flag_write.bits.way_en := req_dup_for_err_w.way_en
io.access_flag_write.bits.flag := refill_w_req.access

io.tag_write.valid := io.req_dup_for_tag_w.valid                       ///写入tagArray
io.tag_write.bits.idx := req_dup_for_tag_w.idx
io.tag_write.bits.way_en := req_dup_for_tag_w.way_en
io.tag_write.bits.tag := tag

io.store_resp.valid := refill_w_valid && refill_w_req.source === STORE_SOURCE.U
io.store_resp.bits := DontCare               /// io.store_resp去向DCacheWrapper接口上的lsu.store.refill_hit_resp
io.store_resp.bits.miss := false.B           ///告知经过refill已经命中
io.store_resp.bits.replay := false.B         ///无需重试
io.store_resp.bits.id := refill_w_req.id     ///所指的请求id
```

```
  io.release_wakeup.valid := refill_w_valid                    ///告知WritebackQueue，此项请求已可释放。
  io.release_wakeup.bits := refill_w_req.miss_id
}  ///end class RefillPipe
```

这里的关键是 refill_w_req，实际上就是来自 MissQueue 的 io.req，将其所承载的信息分头写入 bankedDataArray、tagArray、metaArray 和 errorArray、prefetchArray、accessArray，并向上层发回 io.store_resp。此外还要向回写队列 WritebackQueue 发送 io.release_wakeup，告知此项请求已可释放。

向 RefillPipe 的请求来自 MissQueue，请求中含有在 D 通道到来的缓存块及其相关信息，需要由 RefillPipe 写入 DCache 的各个 Array，以补上缺失的缓存块：

```
class RefillPipeReq(implicit p: Parameters) extends RefillPipeReqCtrl {
  val wmask = UInt(DCacheBanks.W)                                   ///DCacheBanks=8
  val data = Vec(DCacheBanks, UInt(DCacheSRAMRowBits.W))       ///长度为DCacheBanks的向量，DCacheSRAMRowBits=64。
  val meta = new Meta

  def getCtrl = {
    val ctrl = Wire(new RefillPipeReqCtrl)
    ctrl.source := source
    ctrl.addr := addr
    ctrl.way_en := way_en
    ctrl.alias := alias
    ctrl.miss_id := miss_id
    ctrl.id := id
    ctrl.error := error
    ctrl.prefetch := prefetch
    ctrl.access := access
    ctrl
  }
}
```

RefillPipeReq 是对 RefillPipeReqCtrl 的扩充，在 RefillPipeReqCtrl 中还有一些关于所缺失缓存块的基本信息：

```
class RefillPipeReqCtrl(implicit p: Parameters) extends DCacheBundle {
  val source = UInt(sourceTypeWidth.W)
  val addr = UInt(PAddrBits.W)
  val way_en = UInt(DCacheWays.W)
  val alias = UInt(2.W)                              // TODO: parameterize
  val miss_id = UInt(log2Up(cfg.nMissEntries).W)
  val id = UInt(reqIdWidth.W)
  val error = Bool()
  val prefetch = Bool()
  val access = Bool()
  def paddrWithVirtualAlias: UInt = { Cat(alias, addr(DCacheSameVPAddrLength - 1, 0)) }
  def idx: UInt = get_idx(paddrWithVirtualAlias)
}
```

至于这些信息的来源，下面看了缺块队列 MissQueue 的代码就会明白。当然，最关键的信息还是在扩充以后的 RefillPipeReq 中，核心就是那里面的 data，这是个长度为 DCacheBanks 的向量，向量中的每个元素都是一个长度为 DCacheSRAMRowBits 即 64 位的数据，而 DCacheBanks 定义位 8，所以一个 RefillPipeReq 中的数据就是 8 * 64 = 512 位，即 64 字节，这就是一个 chacheline 或者说一个缓冲块的大小。

28.6　缺块队列 MissQueue

不管是 Load 指令还是 Store 指令，或者 AMO 指令，既然涉及内存访问，那么第一个问题就是目标缓存块在不在 DCache 中。如果在（命中），那就相对简单，下一个问题是目标缓存块的访问权限是否支持所要求的操作，如果支持就一帆风顺了。可是，如果目标缓存块不在 DCache 中，那就得把它调度进来，具体就是向次级缓存或内存发出请求，把目标缓存块读进来。但是从内存读入缓冲块是个相对缓慢的过程，因访问不命中而产生的调入缓冲块的要求却可能在一段时间里很密集，所以就需要有个队列加以缓冲平滑，这就是缺块队列 MissQueue 的作用：

```
[XSCoreBase > MemBlock > DCacheWrapper > DCache > DCacheImp > MissQueue]
class MissQueue(edge: TLEdgeOut)(implicit p: Parameters) extends DCacheModule with HasPerfEvents {
  val io = IO(new Bundle {
    val hartId = Input(UInt(8.W))
    val req = Flipped(DecoupledIO(new MissReq))                    ///来自MainPipe/LoadPipe的缺块请求
    val resp = Output(new MissResp)                                ///对缺块请求MissReq的回应
    val refill_to_ldq = ValidIO(new Refill)

    val mem_acquire = DecoupledIO(new TLBundleA(edge.bundle))      ///TLBundle上的A通道
    val mem_grant = Flipped(DecoupledIO(new TLBundleD(edge.bundle)))  ///TLBundle上的D通道
    val mem_finish = DecoupledIO(new TLBundleE(edge.bundle))       ///TLBundle上的E通道

    val refill_pipe_req = DecoupledIO(new RefillPipeReq)           ///请求RefillPipe将一缓存块写入各个Array
    val refill_pipe_req_dup = Vec(nDupStatus, DecoupledIO(new RefillPipeReqCtrl))
    val refill_pipe_resp = Flipped(ValidIO(UInt(log2Up(cfg.nMissEntries).W)))  ///来自RefillPipe的回应

    val replace_pipe_req = DecoupledIO(new MainPipeReq)            ///通向MainPipe，与replace_req对接。
    val replace_pipe_resp = Flipped(ValidIO(UInt(log2Up(cfg.nMissEntries).W)))  ///来自MainPipe的replace_resp
              ///但是注意并不存在一个replace_pipe
    val main_pipe_req = DecoupledIO(new MainPipeReq)               ///通向MainPipe
    val main_pipe_resp = Flipped(ValidIO(new AtomicsResp))         ///来自MainPipe的回应

    // block probe
    val probe_addr = Input(UInt(PAddrBits.W))
    val probe_block = Output(Bool())

    val full = Output(Bool())

    // only for performance counter
    // This is valid when an mshr has finished replacing a block (w_replace_resp), but hasn't received Grant from L2 (!w_grantlast)
    val debug_early_replace = Vec(cfg.nMissEntries, ValidIO(new Bundle() {
```

```
      // info about the block that has been replaced
      val idx = UInt(idxBits.W) // vaddr
      val tag = UInt(tagBits.W) // paddr
    }))

    // forward missqueue
    val forward = Vec(LoadPipelineWidth, new LduToMissqueueForwardIO)          ///通往LoadUnit
    val l2_pf_store_only = Input(Bool())                                        ///pf表示prefetch
  })  ///end val io

  // 128KBL1: FIXME: provide vaddr for l2

  val entries = Seq.fill(cfg.nMissEntries)(Module(new MissEntry(edge)))         /// 队列长度nMissEntries=16

  val req_data_gen = io.req.bits.toMissReqStoreData()
  val req_data_buffer = RegEnable(req_data_gen, io.req.valid)

  val primary_ready_vec = entries.map(_.io.primary_ready)
  val secondary_ready_vec = entries.map(_.io.secondary_ready)
  val secondary_reject_vec = entries.map(_.io.secondary_reject)
  val probe_block_vec = entries.map { case e => e.io.block_addr.valid && e.io.block_addr.bits === io.probe_addr }

  val merge = Cat(secondary_ready_vec).orR
  val reject = Cat(secondary_reject_vec).orR
  val alloc = !reject && !merge && Cat(primary_ready_vec).orR
  val accept = alloc || merge

  val req_handled_vec = entries.map(_.io.req_handled_by_this_entry)
  assert(PopCount(req_handled_vec) <= 1.U, "Only one mshr can handle a req")
  io.resp.id := OHToUInt(req_handled_vec)

  val forwardInfo_vec = VecInit(entries.map(_.io.forwardInfo))
  (0 until LoadPipelineWidth).map(i => {              /// LoadPipelineWidth=2
    val id = io.forward(i).mshrid
    val req_valid = io.forward(i).valid
    val paddr = io.forward(i).paddr

    val (forward_mshr, forwardData) = forwardInfo_vec(id).forward(req_valid, paddr)      ///对函数forward()的调用
    io.forward(i).forward_result_valid := forwardInfo_vec(id).check(req_valid, paddr)    ///向LoadUnit发送io.forward
    io.forward(i).forward_mshr := forward_mshr
    io.forward(i).forwardData := forwardData
  })

  assert(RegNext(PopCount(secondary_ready_vec) <= 1.U))
  // It is possible that one mshr wants to merge a req, while another mshr wants to reject it.
  // That is, a coming req has the same paddr as that of mshr_0 (merge), while it has the same set and the same way as mshr_1 (reject).
```

```
// In this situation, the coming req should be merged by mshr_0.

def select_valid_one[T <: Bundle](in: Seq[DecoupledIO[T]], out: DecoupledIO[T], name: Option[String] = None): Unit = {
  if (name.nonEmpty) { out.suggestName(s"${name.get}_select") }
  out.valid := Cat(in.map(_.valid)).orR
  out.bits := ParallelMux(in.map(_.valid) zip in.map(_.bits))
  in.map(_.ready := out.ready)
  assert(!RegNext(out.valid && PopCount(Cat(in.map(_.valid))) > 1.U))
}

io.mem_grant.ready := false.B

entries.zipWithIndex.foreach { case (e, i) =>
    val former_primary_ready = if(i == 0) false.B else Cat((0 until i).map(j => entries(j).io.primary_ready)).orR
    e.io.hartId := io.hartId
    e.io.id := i.U
    e.io.l2_pf_store_only := io.l2_pf_store_only
    e.io.req.valid := io.req.valid
    e.io.primary_valid := io.req.valid && !merge && !reject && !former_primary_ready && e.io.primary_ready
    e.io.req.bits := io.req.bits.toMissReqWoStoreData()
    e.io.req_data := req_data_buffer

    e.io.mem_grant.valid := false.B
    e.io.mem_grant.bits := DontCare
    when (io.mem_grant.bits.source === i.U) { e.io.mem_grant <> io.mem_grant }        ///如果source相符就将其连到D通道上

    e.io.refill_pipe_resp := io.refill_pipe_resp.valid && io.refill_pipe_resp.bits === i.U        ///来自RefillPipe的回应
    e.io.replace_pipe_resp := io.replace_pipe_resp.valid && io.replace_pipe_resp.bits === i.U  ///来自MainPipe的replace_resp
    e.io.main_pipe_resp := io.main_pipe_resp.valid &&                                          ///也是来自MainPipe
                        io.main_pipe_resp.bits.ack_miss_queue && io.main_pipe_resp.bits.miss_id === i.U
    io.debug_early_replace(i) := e.io.debug_early_replace
}  ///end entries.zipWithIndex.foreach

io.req.ready := accept
io.refill_to_ldq.valid := Cat(entries.map(_.io.refill_to_ldq.valid)).orR
io.refill_to_ldq.bits := ParallelMux(entries.map(_.io.refill_to_ldq.valid) zip entries.map(_.io.refill_to_ldq.bits))

TLArbiter.lowest(edge, io.mem_acquire, entries.map(_.io.mem_acquire):_*)        ///进入A通道的仲裁器
TLArbiter.lowest(edge, io.mem_finish, entries.map(_.io.mem_finish):_*)          ///进入E通道的仲裁器

// arbiter_with_pipereg_N_dup(entries.map(_.io.refill_pipe_req), io.refill_pipe_req, io.refill_pipe_req_dup, Some("refill_pipe_req"))
val out_refill_pipe_req = Wire(Decoupled(new RefillPipeReq))                    ///去向RefillPipe
val out_refill_pipe_req_ctrl = Wire(Decoupled(new RefillPipeReqCtrl))
out_refill_pipe_req_ctrl.valid := out_refill_pipe_req.valid                     ///向RefillPipe发送
out_refill_pipe_req_ctrl.bits := out_refill_pipe_req.bits.getCtrl
out_refill_pipe_req.ready := out_refill_pipe_req_ctrl.ready
```

```
  arbiter (entries.map(_.io.refill_pipe_req), out_refill_pipe_req, Some("refill_pipe_req"))    ///以out_refill_pipe_req为输出的仲裁器
  for (dup <- io.refill_pipe_req_dup) { AddPipelineReg (out_refill_pipe_req_ctrl, dup, false.B) }    ///object AddPipelineReg，见后。
  AddPipelineReg (out_refill_pipe_req, io.refill_pipe_req, false.B)

  arbiter_with_pipereg (entries.map(_.io.replace_pipe_req), io.replace_pipe_req, Some("replace_pipe_req"))
                                                     ///函数arbiter_with_pipereg()，间接调用object AddPipelineReg。
  fastArbiter (entries.map(_.io.main_pipe_req), io.main_pipe_req, Some("main_pipe_req"))    ///函数fastArbiter()
  io.probe_block := Cat(probe_block_vec).orR
  io.full := ~Cat(entries.map(_.io.primary_ready)).andR
  ///Debug和性能统计从略
}  ///end class MissQueue
```

缺块队列 MissQueue 的核心是一个 MissEntry 数组 entries。这就是队列所在的存储空间。每个 MissEntry 代表着一项需要在 A 通道向下发送的缺块请求，每个 MissEntry 都是直接与下层交互。MissQueue 的 io.mem_acquire 就是 TLBundleA，io.mem_grant 就是 TLBundleD，io.mem_finish 就是 TLBundleE。香山是个多核的 SoC 芯片，因为多核就有存储协同性的问题，所以支持的是 TL-C 规程而不是 TL-UH/TL-UL 规程，因而向下的缺块请求是 Acquire 而不是 Get/Put。在发出缺块请求这个层次上并不涉及通道 B 和 C：

```
[XSCoreBase > MemBlock > DCacheWrapper > DCache > DCacheImp > MissQueue > MissEntry]
class MissEntry(edge: TLEdgeOut)(implicit p: Parameters) extends DCacheModule {
  val io = IO(new Bundle() {
    val hartId = Input(UInt(8.W))
    // MSHR ID
    val id = Input(UInt(log2Up(cfg.nMissEntries).W))
    // client requests
    // MSHR update request, MSHR state and addr will be updated when req.fire()
    val req = Flipped(ValidIO(new MissReqWoStoreData))
    // store data and mask will be write to miss queue entry 1 cycle after req.fire()
    val req_data = Input(new MissReqStoreData)
    // allocate this entry for new req
    val primary_valid = Input(Bool())
    // this entry is free and can be allocated to new reqs
    val primary_ready = Output(Bool())
    // this entry is busy, but it can merge the new req
    val secondary_ready = Output(Bool())
    // this entry is busy and it can not merge the new req
    val secondary_reject = Output(Bool())
    // way selected for replacing, used to support plru update
    val repl_way_en = Output(UInt(DCacheWays.W))

    // bus
    val mem_acquire = DecoupledIO(new TLBundleA(edge.bundle))    ///缺块请求在A通道发送，mem_acquire就是TLBundleA。
    val mem_grant = Flipped(DecoupledIO(new TLBundleD(edge.bundle)))    ///读入的缓存块（cacheline）在D通道上到来
    val mem_finish = DecoupledIO(new TLBundleE(edge.bundle))    ///对读入缓存块的确认在E通道上发送

    // send refill info to load queue
```

```
    val refill_to_ldq = ValidIO(new Refill)
    // refill pipe
    val refill_pipe_req = DecoupledIO(new RefillPipeReq)
    val refill_pipe_resp = Input(Bool())
    // replace pipe
    val replace_pipe_req = DecoupledIO(new MainPipeReq)
    val replace_pipe_resp = Input(Bool())
    // main pipe: amo miss
    val main_pipe_req = DecoupledIO(new MainPipeReq)
    val main_pipe_resp = Input(Bool())

    val block_addr = ValidIO(UInt(PAddrBits.W))
    val req_handled_by_this_entry = Output(Bool())
    val forwardInfo = Output(new MissEntryForwardIO)
    val l2_pf_store_only = Input(Bool())
  })   //end val io
  assert(!RegNext (io.primary_valid && !io.primary_ready))

  val req = Reg(new MissReqWoStoreData)
  val req_store_mask = Reg(UInt(cfg.blockBytes.W))
  val req_valid = RegInit(false.B)
  val set = addr_to_dcache_set(req.vaddr)                  ///addr(DCacheAboveIndexOffset-1, DCacheSetOffset)

  val input_req_is_prefetch = isPrefetch (io.req.bits.cmd)

  val s_acquire = RegInit(true.B)
  val s_grantack = RegInit(true.B)
  val s_replace_req = RegInit(true.B)
  val s_refill = RegInit(true.B)
  val s_mainpipe_req = RegInit(true.B)
  val s_write_storedata = RegInit(true.B)

  val w_grantfirst = RegInit(true.B)
  val w_grantlast = RegInit(true.B)
  val w_replace_resp = RegInit(true.B)
  val w_refill_resp = RegInit(true.B)
  val w_mainpipe_resp = RegInit(true.B)

  val release_entry = s_grantack && w_refill_resp && w_mainpipe_resp

  val acquire_not_sent = !s_acquire && !io.mem_acquire.ready
  val data_not_refilled = !w_grantfirst

  val error = RegInit(false.B)
  val prefetch = RegInit(false.B)
  val access = RegInit(false.B)
```

```
val should_refill_data_reg = Reg(Bool())
val should_refill_data = WireInit(should_refill_data_reg)

// val full_overwrite = req.isFromStore && req_store_mask.andR
val full_overwrite = Reg(Bool())

val (_, _, refill_done, refill_count) = edge.count(io.mem_grant)
val grant_param = Reg(UInt(TLPermissions.bdWidth.W))

// refill data with store data, this reg will be used to store:
// 1. store data (if needed), before l2 refill data
// 2. store data and l2 refill data merged result (i.e. new cacheline taht will be write to data array)
val refill_and_store_data = Reg(Vec(blockRows, UInt(rowBits.W)))
// raw data refilled to l1 by l2
val refill_data_raw = Reg(Vec(blockBytes/beatBytes, UInt(beatBits.W)))

// allocate current miss queue entry for a miss req
val primary_fire = WireInit(io.req.valid && io.primary_ready && io.primary_valid && !io.req.bits.cancel)
// merge miss req to current miss queue entry
val secondary_fire = WireInit(io.req.valid && io.secondary_ready && !io.req.bits.cancel)

val req_handled_by_this_entry = primary_fire || secondary_fire

io.req_handled_by_this_entry := req_handled_by_this_entry

when (release_entry && req_valid) { req_valid := false.B }
when (!s_write_storedata && req_valid) {
  // store data will be write to miss queue entry 1 cycle after req.fire()
  s_write_storedata := true.B
  assert(RegNext(primary_fire || secondary_fire))
}
when (primary_fire) {
  req_valid := true.B
  req := io.req.bits
  req.addr := get_block_addr (io.req.bits.addr)

  s_acquire := false.B
  s_grantack := false.B
  w_grantfirst := false.B
  w_grantlast := false.B
  s_write_storedata := !io.req.bits.isFromStore             // only store need to wait for data
  full_overwrite := io.req.bits.isFromStore && io.req.bits.full_overwrite
  when (!io.req.bits.isFromAMO) {
    s_refill := false.B
    w_refill_resp := false.B
  }
```

```
    when (!io.req.bits.hit && io.req.bits.replace_coh.isValid() && !io.req.bits.isFromAMO) {
      s_replace_req := false.B
      w_replace_resp := false.B
    }
    when (io.req.bits.isFromAMO) {
      s_mainpipe_req := false.B
      w_mainpipe_resp := false.B
    }
    should_refill_data_reg := io.req.bits.isFromLoad
    error := false.B
    prefetch := input_req_is_prefetch
    access := false.B
  }

  when (secondary_fire) {
    assert(io.req.bits.req_coh.state <= req.req_coh.state || (prefetch && !access))
    assert(!(io.req.bits.isFromAMO || req.isFromAMO))
    // use the most uptodate meta
    req.req_coh := io.req.bits.req_coh

    when (io.req.bits.isFromStore) {
      req := io.req.bits
      req.addr := get_block_addr (io.req.bits.addr)
      req.way_en := req.way_en
      req.replace_coh := req.replace_coh
      req.replace_tag := req.replace_tag
      s_write_storedata := false.B                    // only store need to wait for data
      full_overwrite := io.req.bits.isFromStore && io.req.bits.full_overwrite
    }

    should_refill_data := should_refill_data_reg || io.req.bits.isFromLoad
    should_refill_data_reg := should_refill_data
    when (!input_req_is_prefetch) { access := true.B }    // when merge non-prefetch req, set access bit
  }

  when (io.mem_acquire.fire()) { s_acquire := true.B }

  // store data and mask write
  when (!s_write_storedata && req_valid) {
    req_store_mask := io.req_data.store_mask
    for (i <- 0 until blockRows) {
      refill_and_store_data(i) := io.req_data.store_data(rowBits * (i + 1) - 1, rowBits * i)
    }
  }

  // merge data refilled by l2 and store data, update miss queue entry, gen refill_req
```

```
val new_data = Wire(Vec(blockRows, UInt(rowBits.W)))
val new_mask = Wire(Vec(blockRows, UInt(rowBytes.W)))
// merge refilled data and store data (if needed)
def mergePutData(old_data: UInt, new_data: UInt, wmask: UInt): UInt = {
  val full_wmask = FillInterleaved(8, wmask)
  (~full_wmask & old_data | full_wmask & new_data)
}
for (i <- 0 until blockRows) {
  // new_data(i) := req.store_data(rowBits * (i + 1) - 1, rowBits * i)
  new_data(i) := refill_and_store_data(i)
  // we only need to merge data for Store
  new_mask(i) := Mux(req.isFromStore, req_store_mask(rowBytes * (i + 1) - 1, rowBytes * i), 0.U)
}

val hasData = RegInit(true.B)
val isDirty = RegInit(false.B)
when (io.mem_grant.fire()) {                                              ///D 通道上有数据到来
  w_grantfirst := true.B
  grant_param := io.mem_grant.bits.param
  when (edge.hasData(io.mem_grant.bits)) {
    // GrantData
    for (i <- 0 until beatRows) {
      val idx = (refill_count << log2Floor(beatRows)) + i.U
      val grant_row = io.mem_grant.bits.data(rowBits * (i + 1) - 1, rowBits * i)
      refill_and_store_data(idx) := mergePutData(grant_row, new_data(idx), new_mask(idx))
    }
    w_grantlast := w_grantlast || refill_done
    hasData := true.B
  }.otherwise {
    // Grant
    assert(full_overwrite)
    for (i <- 0 until blockRows) { refill_and_store_data(i) := new_data(i) }
    w_grantlast := true.B
    hasData := false.B
  }
  error := io.mem_grant.bits.denied || io.mem_grant.bits.corrupt || error

  refill_data_raw(refill_count) := io.mem_grant.bits.data
  isDirty := io.mem_grant.bits.echo.lift(DirtyKey).getOrElse(false.B)
}

when (io.mem_finish.fire()) { s_grantack := true.B }
when (io.replace_pipe_req.fire()) { s_replace_req := true.B }
when (io.replace_pipe_resp) { w_replace_resp := true.B }
when (io.refill_pipe_req.fire()) { s_refill := true.B }
when (io.refill_pipe_resp) { w_refill_resp := true.B }
```

```
when (io.main_pipe_req.fire()) { s_mainpipe_req := true.B }
when (io.main_pipe_resp) { w_mainpipe_resp := true.B }

def before_req_sent_can_merge(new_req: MissReqWoStoreData): Bool = {
  acquire_not_sent && (req.isFromLoad || req.isFromPrefetch) && (new_req.isFromLoad || new_req.isFromStore)
}

def before_data_refill_can_merge(new_req: MissReqWoStoreData): Bool = {
  data_not_refilled && (req.isFromLoad || req.isFromStore || req.isFromPrefetch) && new_req.isFromLoad
}

// Note that late prefetch will be ignored

def should_merge (new_req: MissReqWoStoreData): Bool = {
  val block_match = get_block(req.addr) === get_block(new_req.addr)
  block_match && (before_req_sent_can_merge(new_req) || before_data_refill_can_merge(new_req))
}

// store can be merged before io.mem_acquire.fire()
// store can not be merged the cycle that io.mem_acquire.fire()
// load can be merged before io.mem_grant.fire()
// TODO: merge store if possible? mem_acquire may need to be re-issued, but sbuffer entry can be freed
def should_reject (new_req: MissReqWoStoreData): Bool = {
  val block_match = get_block(req.addr) === get_block(new_req.addr)
  val set_match = set === addr_to_dcache_set (new_req.vaddr)
  req_valid && Mux (block_match, !before_req_sent_can_merge(new_req) && !before_data_refill_can_merge(new_req),
                                                              set_match && new_req.way_en === req.way_en )
}   ///end should_reject()

io.primary_ready := !req_valid
io.secondary_ready := should_merge (io.req.bits)
io.secondary_reject := should_reject (io.req.bits)
io.repl_way_en := req.way_en

// should not allocate, merge or reject at the same time
assert(RegNext(PopCount(Seq(io.primary_ready, io.secondary_ready, io.secondary_reject)) <= 1.U))

val refill_data_splited = WireInit(VecInit(Seq.tabulate(cfg.blockBytes * 8 / l1BusDataWidth)(i => {
                                                    val data = refill_and_store_data.asUInt
                                                    data((i + 1) * l1BusDataWidth - 1, i * l1BusDataWidth) })))
        ///向 LsqWrappper/LoadQueue 发送 refill_to_ldq
// when granted data is all ready, wakeup lq's miss load
io.refill_to_ldq.valid := RegNext(!w_grantlast && io.mem_grant.fire()) && should_refill_data_reg
io.refill_to_ldq.bits.addr := RegNext(req.addr + (refill_count << refillOffBits))
io.refill_to_ldq.bits.data := refill_data_splited(RegNext(refill_count))
io.refill_to_ldq.bits.error := RegNext (io.mem_grant.bits.corrupt || io.mem_grant.bits.denied)
```

```
io.refill_to_ldq.bits.refill_done := RegNext(refill_done && io.mem_grant.fire())
io.refill_to_ldq.bits.hasdata := hasData
io.refill_to_ldq.bits.data_raw := refill_data_raw.asUInt
io.refill_to_ldq.bits.id := io.id

        ///在 A 通道上发送 AcquireBlock 或 AcquirePerm：
io.mem_acquire.valid := !s_acquire
val grow_param = req.req_coh.onAccess(req.cmd)._2
val acquireBlock = edge.AcquireBlock (fromSource = io.id, toAddress = req.addr,
                              lgSize = (log2Up(cfg.blockBytes)).U, growPermissions = grow_param )._2
                                                   ///生成通过 MSHR 向下层发送的 AcquireBlock
val acquirePerm = edge.AcquirePerm(fromSource = io.id, toAddress = req.addr,
                              lgSize = (log2Up(cfg.blockBytes)).U, growPermissions = grow_param )._2
                                                   ///生成通过 MSHR 向下层发送的 AcquirePerm
io.mem_acquire.bits := Mux(full_overwrite, acquirePerm, acquireBlock)     ///根据情况发送 AcquirePerm 或 AcquireBlock
// resolve cache alias by L2
io.mem_acquire.bits.user.lift(AliasKey).foreach( _ := req.vaddr(13, 12))
// trigger prefetch
io.mem_acquire.bits.user.lift(PrefetchKey).foreach(_ := Mux(io.l2_pf_store_only, req.isFromStore, true.B))
// prefer not to cache data in L2 by default
io.mem_acquire.bits.user.lift(PreferCacheKey).foreach(_ := false.B)
require(nSets <= 256)

io.mem_grant.ready := !w_grantlast && s_acquire                  ///准备在 D 通道上接收 Grant

val grantack = RegEnable(edge.GrantAck (io.mem_grant.bits), io.mem_grant.fire())
assert(RegNext(!io.mem_grant.fire() || edge.isRequest(io.mem_grant.bits)))
io.mem_finish.valid := !s_grantack && w_grantfirst
io.mem_finish.bits := grantack                                   ///在通道 E 上发送 GrantAck

        ///向 MainPipe 发送 replace_pipe_req 请求：
io.replace_pipe_req.valid := !s_replace_req
val replace = io.replace_pipe_req.bits                           ///以下代码中以 replace 代表 io.replace_pipe_req：
replace := DontCare
replace.miss := false.B
replace.miss_id := io.id
replace.miss_dirty := false.B
replace.probe := false.B
replace.probe_need_data := false.B
replace.source := LOAD_SOURCE.U
replace.vaddr := req.vaddr                                  // only untag bits are needed
replace.addr := Cat(req.replace_tag, 0.U(pgUntagBits.W))    // only tag bits are needed
replace.store_mask := 0.U
replace.replace := true.B
replace.replace_way_en := req.way_en
replace.error := false.B
```

```
        ///向 Dcache 发送 refill_pipe_req 请求：
io.refill_pipe_req.valid := !s_refill && w_replace_resp && w_grantlast          ///发出 io.refill_pipe_req 的条件
val refill = io.refill_pipe_req.bits                                            ///下面代码中 refill 就代表 io.refill_pipe_req
refill.source := req.source
refill.addr := req.addr
refill.way_en := req.way_en
refill.wmask := Mux(hasData || req.isFromLoad, ~0.U(DCacheBanks.W),
                    VecInit((0 until DCacheBanks).map(i => get_mask_of_bank(i, req_store_mask).orR)).asUInt )
refill.data := refill_and_store_data.asTypeOf((new RefillPipeReq).data)
refill.miss_id := io.id
refill.id := req.id                                                             ///向 Dcache 发出的 refill_pipe_req，下面还有：

def missCohGen (cmd: UInt, param: UInt, dirty: Bool) = {
  val c = categorize(cmd)
  MuxLookup(Cat(c, param, dirty), Nothing, Seq(
    //(effect param) -> (next)
    Cat(rd, toB, false.B)  -> Branch,        ///如果 cmd=rd，param=toB，dirty=false，就返回 Branch。余类推。
    Cat(rd, toB, true.B)   -> Branch,
    Cat(rd, toT, false.B)  -> Trunk,
    Cat(rd, toT, true.B)   -> Dirty,
    Cat(wi, toT, false.B)  -> Trunk,
    Cat(wi, toT, true.B)   -> Dirty,
    Cat(wr, toT, false.B)  -> Dirty,
    Cat(wr, toT, true.B)   -> Dirty))
}
refill.meta.coh := ClientMetadata(missCohGen(req.cmd, grant_param, isDirty))
                    ///根据 req.cmd、grant_param、isDirty 确定这个 cacheline 的协同状态
refill.error := error
refill.prefetch := prefetch
refill.access := access
refill.alias := req.vaddr(13, 12)         // TODO                  ///向 Dcache 发出的 refill_pipe_req，全部信息。

        ///向 MainPipe 发送 main_pipe_req 请求：
io.main_pipe_req.valid := !s_mainpipe_req && w_grantlast          ///向 MainPipe 发出请求的条件
io.main_pipe_req.bits := DontCare
io.main_pipe_req.bits.miss := true.B
io.main_pipe_req.bits.miss_id := io.id
io.main_pipe_req.bits.miss_param := grant_param
io.main_pipe_req.bits.miss_dirty := isDirty
io.main_pipe_req.bits.miss_way_en := req.way_en
io.main_pipe_req.bits.probe := false.B
io.main_pipe_req.bits.source := req.source
io.main_pipe_req.bits.cmd := req.cmd
io.main_pipe_req.bits.vaddr := req.vaddr
io.main_pipe_req.bits.addr := req.addr
```

```
    io.main_pipe_req.bits.store_data := refill_and_store_data.asUInt
    io.main_pipe_req.bits.store_mask := ~0.U(blockBytes.W)
    io.main_pipe_req.bits.word_idx := req.word_idx
    io.main_pipe_req.bits.amo_data := req.amo_data
    io.main_pipe_req.bits.amo_mask := req.amo_mask
    io.main_pipe_req.bits.error := error
    io.main_pipe_req.bits.id := req.id

    io.block_addr.valid := req_valid && w_grantlast && !w_refill_resp
    io.block_addr.bits := req.addr

    io.forwardInfo.apply(req_valid, req.addr, refill_data_raw, w_grantfirst, w_grantlast)
}   ///end class MissEntry
```

对于每一项缺块请求，都要在 A 通道上向下层缓存或内存发送 AcquireBlock 请求。另外，当需要提升对一个缓存块的访问权限时，也得向下层发送 AcquirePerm 请求。虽然这其实并不属于缺块而只是访问权限的提升，但也放在一起处理。

发出 AcquireBlock 请求以后，如果 D 通道上有数据到来，那就是所缺失的缓存块即 cacheline。收到了读回的 cacheline 之后，一方面要通过 io.refill_pipe_req 将其发送给 Dcache 的 MainPipe，另一方面就要通过 io.refill_to_ldq 将其发送给 LsqWrappper/LoadQueue，这也是抄近路。

但是注意这里并不涉及通道 B 和 C。下面我们就会看到，缓存块的回写和来自 B 通道的 Probe，那就是发生在通道 B 和 C 上的了，不过对于 DCache 调入缺块这个过程而言这是不可见的。对于缺块的调入，DCache 在 A 通道向下发出缺块请求 Acquire 后就等待 D 通道上的 Grant 到来，得到 Grant 之后就在 E 通道上发出 GrantAck。至于在这中间还发生了什么，那就不是它所关心的了。

别的就留给读者自己慢慢抠了。

28.7　缓存块回写队列 WritebackQueue

DCache 中的缓存块，如果已被写脏，就需要回写到内存中；或者如果没有写脏但要 Release 一个缓存块；再或者收到了来自下层的 Probe 命令而要作出 ProbeAck/ProbeAckData 回应，就要在 C 通道上向下发送。但是有时候发送可能很密集而一时来不及响应，这就需要有个缓冲，需要有个回写队列，其实也可以说是 C 通道的发送队列：

```
[XSCoreBase > MemBlock > DCacheWrapper > DCache > DCacheImp > WritebackQueue]
class WritebackQueue(edge: TLEdgeOut)(implicit p: Parameters) extends DCacheModule with HasTLDump with HasPerfEvents {
  val io = IO(new Bundle {
    val req = Flipped(DecoupledIO(new WritebackReq))
    val req_ready_dup = Vec(nDupWbReady, Output(Bool()))
    val mem_release = DecoupledIO(new TLBundleC(edge.bundle))              ///缓冲块的释放是在C通道上进行的
    val mem_grant = Flipped(DecoupledIO(new TLBundleD(edge.bundle)))       ///来自D通道的（下层）回应

    val release_wakeup = Flipped(ValidIO(UInt(log2Up(cfg.nMissEntries).W)))  ///要求释放队列中的某个队员，输入。
    val release_update = Flipped(ValidIO(new ReleaseUpdate))               ///释放的情况，输入。

    val probe_ttob_check_req = Flipped(ValidIO(new ProbeToBCheckReq))      ///来自下层（对于某个缓冲块）的toB请求
```

```
    val probe_ttob_check_resp = ValidIO(new ProbeToBCheckResp)          ///对下层toB请求的回应，输出。

    val miss_req = Flipped(Valid(UInt()))                               ///来自DCacheWrapper的missReqArb仲裁器输出
    val block_miss_req = Output(Bool())                                 ///去向DCacheWrapper
  })  ///end val io

  require(cfg.nReleaseEntries > cfg.nMissEntries)

  val primary_ready_vec = Wire(Vec(cfg.nReleaseEntries, Bool()))       /// nReleaseEntries=18
  val secondary_ready_vec = Wire(Vec(cfg.nReleaseEntries, Bool()))
  val accept = Cat(primary_ready_vec).orR
  val merge = Cat(secondary_ready_vec).orR
  val alloc = accept && !merge
  // When there are empty entries, merge or allocate a new entry. When there is no empty entry, reject it even if it can be merged.
  io.req.ready := accept

  // assign default values to output signals
  io.mem_release.valid := false.B                  ///暂无需要在C通道上发送的信号
  io.mem_release.bits := DontCare
  io.mem_grant.ready := false.B                    ///暂不在D通道上接收信号

  // dalay data write in miss queue release update for 1 cycle
  val release_update_bits_for_entry = Wire(new WBQEntryReleaseUpdate)
  release_update_bits_for_entry.addr := io.release_update.bits.addr
  release_update_bits_for_entry.mask_delayed := RegEnable (io.release_update.bits.mask, io.release_update.valid)
  release_update_bits_for_entry.data_delayed := RegEnable (io.release_update.bits.data, io.release_update.valid)
  release_update_bits_for_entry.mask_orr := io.release_update.bits.mask.orR

  // delay data write in writeback req for 1 cycle
  val req_data = RegEnable (io.req.bits.toWritebackReqData(), io.req.valid)      ///返回WritebackReqData，取缓冲块的64字节。

  require(isPow2(cfg.nMissEntries))
  val grant_source = io.mem_grant.bits.source
  val entries = Seq.fill(cfg.nReleaseEntries)(Module(new WritebackEntry(edge)))   ///队列entries是一个WritebackEntry序列
  entries.zipWithIndex.foreach {
    case (entry, i) =>          ///对于队列中的每一个WritebackEntry：
      val former_primary_ready = if(i == 0) false.B else Cat((0 until i).map(j => entries(j).io.primary_ready)).orR
      val entry_id = (i + releaseIdBase).U                          /// nMissEntries = 16
      entry.io.id := entry_id

      // entry req
      entry.io.req.valid := io.req.valid                           /// io.req是个WritebackReq
      primary_ready_vec(i) := entry.io.primary_ready
      secondary_ready_vec(i) := entry.io.secondary_ready
      entry.io.req.bits := io.req.bits                             ///其中包括一个缓冲块的64个字节
      entry.io.req_data := req_data                                ///见上，从io.req中摘取其数据部分即64个字节。
```

```
        entry.io.primary_valid := alloc && !former_primary_ready && entry.io.primary_ready
        entry.io.secondary_valid := io.req.valid && accept

        entry.io.mem_grant.valid := (entry_id === grant_source) && io.mem_grant.valid        ///D通道有信息到来，且来源相符。
        entry.io.mem_grant.bits := io.mem_grant.bits                                         ///从D通道接收

        entry.io.release_wakeup := io.release_wakeup                                ///接受外部接口上的release_wakeup输入
        entry.io.release_update.valid := io.release_update.valid                    ///接受外部接口上的release_update输入
        entry.io.release_update.bits := release_update_bits_for_entry      // data write delayed
        entry.io.probe_ttob_check_req := io.probe_ttob_check_req                    ///接受外部接口上的Probe命令
    }   ///end entries.zipWithIndex.foreach

    io.req_ready_dup.zipWithIndex.foreach { case (rdy, i) => rdy := Cat(entries.map(_.io.primary_ready_dup(i))).orR }

    io.probe_ttob_check_resp.valid := RegNext (io.probe_ttob_check_req.valid)      // for debug only
    io.probe_ttob_check_resp.bits.toN := VecInit(entries.map(e => e.io.probe_ttob_check_resp.bits.toN)).asUInt.orR    ///发出回应

    assert(RegNext(!(io.mem_grant.valid && !io.mem_grant.ready)))
    io.mem_grant.ready := true.B                                                    ///准备从D通道接收

    val miss_req_conflict = VecInit(entries.map(e => e.io.block_addr.valid && e.io.block_addr.bits === io.miss_req.bits)).asUInt.orR
    io.block_miss_req := io.miss_req.valid && miss_req_conflict

    TLArbiter.robin(edge, io.mem_release, entries.map(_.io.mem_release):_*)       ///让仲裁器把io.mem_release轮流接通各个队员

    ///Debug与性能统计从略
}   ///end class WritebackQueue
```

WritebackQueue 的输入 req 来自 DCache 的 MainPipe（只有 MainPipe 才有写入），这是一个 WritebackReq，其主要成分 data 就是一个 cacheline。所谓回写是整个 cacheline 的回写：

```
class WritebackReq(implicit p: Parameters) extends WritebackReqWodata {
    val data = UInt((cfg.blockBytes * 8).W)                       /// blockBytes=64，这就是一个cacheline。

    def toWritebackReqWodata(): WritebackReqWodata = {
        val out = Wire(new WritebackReqWodata)        ///这是WritebackReq-without-Data，不含data字段：
        out.addr := addr
        out.param := param
        out.voluntary := voluntary
        out.hasData := hasData
        out.dirty := dirty
        out.delay_release := delay_release
        out.miss_id := miss_id
        out
    }
```

```
  def toWritebackReqCtrl(): WritebackReqCtrl = {
    val out = Wire(new WritebackReqCtrl)        ///这是对控制信息的WritebackReq，既不含data也不含addr：
    out.param := param
    out.voluntary := voluntary
    out.hasData := hasData
    out.dirty := dirty
    out.delay_release := delay_release
    out.miss_id := miss_id
    out
  }

  def toWritebackReqData(): WritebackReqData = {
    val out = Wire(new WritebackReqData)        ///只含data，既不含addr也不含控制信息
    out.data := data
    out
  }
}  ///end class WritebackReq
```

WritebackReq 是对 WritebackReqWodata 的扩充，后者意为 WritebackReq-without-Data，不含 data 字段，只含 addr 和控制信息：

```
class WritebackReqWodata(implicit p: Parameters) extends WritebackReqCtrl {
  val addr = UInt(PAddrBits.W)
}
```

WritebackReqWodata 又是对 WritebackReqCtrl 的扩充，后者只含控制信息，既不含 data 也不含 addr：

```
class WritebackReqCtrl(implicit p: Parameters) extends DCacheBundle {
  val param    = UInt(cWidth.W)
  val voluntary = Bool()
  val hasData = Bool()
  val dirty = Bool()
  val delay_release = Bool()
  val miss_id = UInt(log2Up(cfg.nMissEntries).W)
}
```

此外还有个 WritebackReqData，那就是只含 data，既不含 addr 也不含控制信息。

之所以要分这么好几种不同的“回写请求”（其实不一定真的回写），是因为在 C 通道上发送的既有主动发送的Release/ReleaseData，也有作为对Probe的回应被动发送的ProbeAck/ProbeAckData。所以有的带Data，有的不带，有的带地址，有的不带。

前面我们看到，WritebackQueue 的主体就是一个大小为 nReleaseEntries（=18）的数组 entries，数组中的元素是 WritebackEntry：

```
[MemBlock > DCacheWrapper > DCache > DCacheImp > WritebackQueue > WritebackEntry]
class WritebackEntry(edge: TLEdgeOut)(implicit p: Parameters) extends DCacheModule with HasTLDump{
```

```
val io = IO(new Bundle {
  val id = Input(UInt())
  // allocate this entry for new req
  val primary_valid = Input(Bool())
  // this entry is free and can be allocated to new reqs
  val primary_ready = Output(Bool())
  val primary_ready_dup = Vec(nDupWbReady, Output(Bool()))
  // this entry is busy, but it can merge the new req
  val secondary_valid = Input(Bool())
  val secondary_ready = Output(Bool())
  val req = Flipped(DecoupledIO(new WritebackReqWodata))          ///输入请求，不含数据
  val req_data = Input(new WritebackReqData)                      ///输入数据（cacheline），无 addr 和控制信息。

  val mem_release = DecoupledIO(new TLBundleC(edge.bundle))       ///TileLink 上的 C 通道，输出。
  val mem_grant = Flipped(DecoupledIO(new TLBundleD(edge.bundle)))   /// TileLink 上的 D 通道，输出。

  val block_addr    = Output(Valid(UInt()))                       ///需要回写的 cacheline 地址

  val release_wakeup = Flipped(ValidIO(UInt(log2Up(cfg.nMissEntries).W)))
  val release_update = Flipped(ValidIO(new WBQEntryReleaseUpdate))   ///来自 WritebackQueue

  val probe_ttob_check_req = Flipped(ValidIO(new ProbeToBCheckReq))  ///来自 MainPipe 的 probe_ttob_check_req
  val probe_ttob_check_resp = ValidIO(new ProbeToBCheckResp)         ///去向 MainPipe 的 probe_ttob_check_resp
})  ///end val io

val s_invalid :: s_sleep :: s_release_req :: s_release_resp :: Nil = Enum(4)
// ProbeAck:                  s_invalid ->                s_release_req
// ProbeAck merge Release:    s_invalid ->                s_release_req
// Release:                   s_invalid -> s_sleep -> s_release_req -> s_release_resp
// Release merge ProbeAck:    s_invalid -> s_sleep -> s_release_req
//                                  (change Release into ProbeAck when Release is not fired)
//                       or:  s_invalid -> s_sleep -> s_release_req -> s_release_resp -> s_release_req
//                                  (send a ProbeAck after Release transaction is over)
val state = RegInit(s_invalid)                        ///回写队列成员（即有待回写的缓存块）状态机
val state_dup_0 = RegInit(s_invalid)
val state_dup_1 = RegInit(s_invalid)
val state_dup_for_mp = RegInit(VecInit(Seq.fill(nDupWbReady)(s_invalid)))   /// nDupWbReady = DCacheBanks + 4 = (8 + 4)

// internal regs
// remaining beats
val remain = RegInit(0.U(refillCycles.W))                ///位图，refillCycles = blockBytes / beatBytes = 64/8 = 8。
val remain_dup_0 = RegInit(0.U(refillCycles.W))          ///位图
val remain_dup_1 = RegInit(0.U(refillCycles.W))          ///位图
val remain_set = WireInit(0.U(refillCycles.W))           ///位图
val remain_clr = WireInit(0.U(refillCycles.W))           ///位图
remain := (remain | remain_set) & ~remain_clr
```

```
remain_dup_0 := (remain_dup_0 | remain_set) & ~remain_clr
remain_dup_1 := (remain_dup_1 | remain_set) & ~remain_clr

// writeback queue data
val data = Reg(UInt((cfg.blockBytes * 8).W))                ///整个缓存块即 cacheline 的数据，64 字节，512 位。

// writeback queue paddr
val paddr_dup_0 = Reg(UInt(PAddrBits.W))
val paddr_dup_1 = Reg(UInt(PAddrBits.W))
val paddr_dup_2 = Reg(UInt(PAddrBits.W))

// pending data write
// !s_data_override means there is an in-progress data write
val s_data_override = RegInit(true.B)
// !s_data_merge means there is an in-progress data merge
val s_data_merge = RegInit(true.B)

// there are valid request that can be sent to release bus
val busy = remain.orR && s_data_override && s_data_merge      // have remain beats and data write finished

val req    = Reg(new WritebackReqCtrl)                          ///这个请求只含控制信息，不含 dada 和 addr。

// assign default signals to output signals
io.req.ready := false.B
io.mem_release.valid      := false.B                            ///暂时关闭 C 通道
io.mem_release.bits       := DontCare
io.mem_grant.ready        := false.B                            ///暂时关闭 D 通道
io.block_addr.valid       := state =/= s_invalid                ///状态不为 s_invalid 时发送 block_addr
io.block_addr.bits        := paddr_dup_0

s_data_override := true.B        // data_override takes only 1 cycle
s_data_merge := true.B           // data_merge takes only 1 cycle

def mergeData(old_data: UInt, new_data: UInt, wmask: UInt): UInt = {       /// old_data 和 new_data 都是位图
   val full_wmask = FillInterleaved(64, wmask)                    ///表示有了变化的那些位段
   (~full_wmask & old_data | full_wmask & new_data)
}  ///根据 wmask 的选择，把位图 new_data 合并到 old_data 中（new_data 是有了变化的数据）。

// ----------------------------------------------------------------------------
// s_invalid: receive requests
// new req entering
when (io.req.valid && io.primary_valid && io.primary_ready) {           ///有输入请求（不含数据）到来
   assert (remain === 0.U)
   req := io.req.bits
   s_data_override := false.B
   // only update paddr when allocate a new missqueue entry
```

```
    paddr_dup_0 := io.req.bits.addr                                    ///输入请求中有地址
    paddr_dup_1 := io.req.bits.addr
    paddr_dup_2 := io.req.bits.addr
    when (io.req.bits.delay_release) {
      state := s_sleep                                                 ///状态机转入 s_sleep
      state_dup_0 := s_sleep
      state_dup_1 := s_sleep
      state_dup_for_mp.foreach(_ := s_sleep)
    }.otherwise {
      state := s_release_req                                           ///状态机转入 s_release_req
      state_dup_0 := s_release_req
      state_dup_1 := s_release_req
      state_dup_for_mp.foreach(_ := s_release_req)
      remain_set := Mux(io.req.bits.hasData, ~0.U(refillCycles.W), 1.U(refillCycles.W))
    }
  }   //end when (io.req.valid && io.primary_valid && io.primary_ready)

  // -----------------------------------------------------------------------------
  // s_sleep: wait for refill pipe to inform me that I can keep releasing
  val merge = io.secondary_valid && io.secondary_ready
  when (state === s_sleep) {
    assert(remain === 0.U)
    // There shouldn't be a new Release with the same addr in sleep state
    assert(!(merge && io.req.bits.voluntary))
    val update = io.release_update.valid && io.release_update.bits.addr === paddr_dup_0   ///来自 WritebackQueue 的要求
    when (update) {                                                    ///按 WritebackQueue 的要求更新 req
      req.hasData := req.hasData || io.release_update.bits.mask_orr
      req.dirty := req.dirty || io.release_update.bits.mask_orr
      s_data_merge := false.B
    }.elsewhen (merge) {                                               ///把 WritebackQueue 的要求合并进 req
      state := s_release_req                                           ///状态机转入 s_release_req 状态
      state_dup_0 := s_release_req
      state_dup_1 := s_release_req
      state_dup_for_mp.foreach(_ := s_release_req)
      req.voluntary := false.B
      req.param := req.param
      req.hasData := req.hasData || io.req.bits.hasData
      req.dirty := req.dirty || io.req.bits.dirty
      s_data_override := !io.req.bits.hasData                  // update data when io.req.bits.hasData
      req.delay_release := false.B
      remain_set := Mux(req.hasData || io.req.bits.hasData, ~0.U(refillCycles.W), 1.U(refillCycles.W))
    }

    when (io.release_wakeup.valid && io.release_wakeup.bits === req.miss_id) {
      state := s_release_req                                           ///状态机转入 s_release_req 状态
      state_dup_0 := s_release_req
```

```
        state_dup_1 := s_release_req
        state_dup_for_mp.foreach(_ := s_release_req)
        req.delay_release := false.B
        remain_set := Mux(req.hasData || update && io.release_update.bits.mask_orr || merge && io.req.bits.hasData,
                                                                        ~0.U(refillCycles.W), 1.U(refillCycles.W))
    }   ///end when (io.release_wakeup.valid && io.release_wakeup.bits === req.miss_id)
}   ///end when (state === s_sleep)

// -------------------------------------------------------------------------------
// while there beats remaining to be sent, we keep sending
// which beat to send in this cycle?
val beat = PriorityEncoder(remain_dup_0)

val beat_data = Wire(Vec(refillCycles, UInt(beatBits.W)))
for (i <- 0 until refillCycles) {
  beat_data(i) := data((i + 1) * beatBits - 1, i * beatBits)
}  ///将 data 即 cacheline 拆分成 refillCycles 个节拍
        ///准备在 C 通道上发送：
val probeResponse = edge.ProbeAck(fromSource = io.id, toAddress = paddr_dup_1,
                                        lgSize = log2Ceil(cfg.blockBytes).U, reportPermissions = req.param)
                                                        ///生成需要在 C 通道发送的 ProbeAck，不带数据。
val probeResponseData = edge.ProbeAck(fromSource = io.id, toAddress = paddr_dup_1,
                        lgSize = log2Ceil(cfg.blockBytes).U, reportPermissions = req.param, data = beat_data(beat))
                                                        ///生成需要在 C 通道发送的 ProbeAck，带数据。
val voluntaryRelease = edge.Release(fromSource = io.id, toAddress = paddr_dup_2,
                        lgSize = log2Ceil(cfg.blockBytes).U, shrinkPermissions = req.param )._2
                                                        ///生成需要在 C 通道发送的 Release，不带数据。
val voluntaryReleaseData = edge.Release(fromSource = io.id, toAddress = paddr_dup_2,
                        lgSize = log2Ceil(cfg.blockBytes).U, shrinkPermissions = req.param, data = beat_data(beat) )._2
                                                        ///生成需要在 C 通道发送的 Release，带数据。
voluntaryReleaseData.echo.lift(DirtyKey).foreach(_ := req.dirty)
                        ///ProbeAck 的发送一定是被动的，是出于对 Probe 的反应。
                        ///但是 Release 的发送是“自愿（voluntary）”的，实际上可以是主动的，也可以是被动的。
when(busy) { assert(!req.dirty || req.hasData) }

io.mem_release.valid := busy        ///在 C 通道上发送给下一层（次级缓存），io.mem_release 已连接到 bus.c。
io.mem_release.bits := Mux(req.voluntary, Mux(req.hasData, voluntaryReleaseData, voluntaryRelease),
                                              Mux(req.hasData, probeResponseData, probeResponse))
        ///如果 req.voluntary，发送的是 voluntaryReleaseData 或 voluntaryRelease，取决于 req.hasData。
        ///否则是 probeResponseData 或 probeResponse，同样也是取决于 req.hasData。
when (io.mem_release.fire()) { remain_clr := PriorityEncoderOH(remain_dup_1) }

val (_, _, release_done, _) = edge.count(io.mem_release)                ///发送完毕时 release_done 为 true

// Because now wbq merges a same-addr req unconditionally, when the req to be merged comes too late, the previous req might not
// be able to merge. Thus we have to handle the new req later after the previous one finishes. TODO: initiate these
```

```
  val release_later = RegInit(false.B)
  val c_already_sent = RegInit(false.B)
  def tmp_req() = new Bundle {
    val param = UInt(cWidth.W)
    val voluntary = Bool()
    val hasData = Bool()
    val dirty = Bool()
    val delay_release = Bool()
    val miss_id = UInt(log2Up(cfg.nMissEntries).W)

    def toWritebackReqCtrl = {
      val r = Wire(new WritebackReqCtrl())
      r.param := param
      r.voluntary := voluntary
      r.hasData := hasData
      r.dirty := dirty
      r.delay_release := delay_release
      r.miss_id := miss_id
      r
    }  ///end toWritebackReqCtrl()
  }  ///end tmp_req()
  val req_later = Reg(tmp_req())
/// class WritebackEntry，待续。
```

相比于缺块（以及权限）请求 Acquire，缓存块的回写要略为复杂一些，因为缓存块的回写有主动与被动之分。所谓主动，就是 DCache 自己决定某个已经写脏的缓存块需要回写，或者要把一个缓存块释放/替换掉（以腾出空间）可是该缓存块已被写脏，此时 DCache 向下发出的是 Release，可以带数据，也可以不带数据，如果不带数据就只是访问权限的下降。而所谓被动，则是因为在 B 通道上接收到了 Probe 命令而作出的反应，即 ProbeAck，也是可以带数据也可以不带数据。Release 和 ProbeAck 二者都是在 C 通道上发送的，不过回写流程并不只是局限在通道 B 和 C，因为在 C 通道上发出 Release 后下层需要在 D 通道上发出 ReleaseAck。后面我们会看到，Probe 的过程一般是“嵌套”在 Acquire 过程之中的。

我们继续往下看：

```
[MemBlock > DCacheWrapper > DCache > DCacheImp > WritebackQueue > WritebackEntry]  续
  when (state_dup_0 === s_release_req) {
    when (io.mem_release.fire()) { c_already_sent := !release_done }

    when (req.voluntary) {
      // The previous req is Release
      when (release_done) {
        state := s_release_resp
        state_dup_0 := s_release_resp
        state_dup_1 := s_release_resp
        state_dup_for_mp.foreach(_ := s_release_resp)
      }
      // merge a ProbeAck
      when (merge) {                                          ///来不及合并了，需要另发一个 ProbeAck
```

```
      when (io.mem_release.fire() || c_already_sent) {
        // too late to merge, handle the ProbeAck later
        release_later := true.B
        req_later.param := io.req.bits.param
        req_later.voluntary := io.req.bits.voluntary
        req_later.hasData := io.req.bits.hasData
        req_later.dirty := io.req.bits.dirty
        req_later.delay_release := io.req.bits.delay_release
        req_later.miss_id := io.req.bits.miss_id
      }.otherwise {
        // Release hasn't been sent out yet, change Release to ProbeAck
        req.voluntary := false.B
        req.hasData := req.hasData || io.req.bits.hasData
        req.dirty := req.dirty || io.req.bits.dirty
        // s_data_override := false.B
        req.delay_release := false.B
        remain_set := Mux(req.hasData || io.req.bits.hasData, ~0.U(refillCycles.W), 1.U(refillCycles.W))
      }
    }   ///end when (merge)
  }.otherwise {       ///! merge
    // The previous req is ProbeAck
    when (merge) {
      release_later := true.B
      req_later.param := io.req.bits.param
      req_later.voluntary := io.req.bits.voluntary
      req_later.hasData := io.req.bits.hasData
      req_later.dirty := io.req.bits.dirty
      req_later.delay_release := io.req.bits.delay_release
      req_later.miss_id := io.req.bits.miss_id
    }   ///end when (merge)

    when (release_done) {                                    ///已经在 C 通道上发送完毕：
      when (merge) {
        // Send the Release after ProbeAck
        state := s_sleep                                     ///状态机转入 s_sleep 状态
        state_dup_0 := s_sleep
        state_dup_1 := s_sleep
        state_dup_for_mp.foreach(_ := s_sleep)
        req := io.req.bits
        release_later := false.B
      }.elsewhen (release_later) {
        state := Mux(io.release_wakeup.valid && io.release_wakeup.bits === req_later.miss_id || !req_later.delay_release,
                                                                           s_release_req, s_sleep)
                                                ///状态机根据情况转入 s_release_req 或 s_sleep 状态
        state_dup_0 := Mux(io.release_wakeup.valid && io.release_wakeup.bits === req_later.miss_id || !req_later.delay_release,
                                                                           s_release_req, s_sleep)
```

```
        state_dup_1 := Mux(io.release_wakeup.valid && io.release_wakeup.bits === req_later.miss_id || !req_later.delay_release,
                                                                                                        s_release_req, s_sleep)
        state_dup_for_mp.foreach(_ := Mux(
                        io.release_wakeup.valid && io.release_wakeup.bits === req_later.miss_id || !req_later.delay_release,
                                                                                                        s_release_req, s_sleep))
        req := req_later.toWritebackReqCtrl
        when (io.release_wakeup.valid && io.release_wakeup.bits === req_later.miss_id) { req.delay_release := false.B }
        release_later := false.B
      }.otherwise {                          ///既不 merge，也不 release_later：
        state := s_invalid
        state_dup_0 := s_invalid
        state_dup_1 := s_invalid
        state_dup_for_mp.foreach(_ := s_invalid)
        release_later := false.B
      }   ///end when (merge){}.elsewhen (release_later){}.otherwise…
    }   /// when (release_done)

    when (io.release_wakeup.valid && io.release_wakeup.bits === req_later.miss_id) { req_later.delay_release := false.B }
  }   ///end when (req.voluntary){}.otherwise…
}   ///end when (state_dup_0 === s_release_req)

// ------------------------------------------------------------------------------------
// receive ReleaseAck for Releases
when (state_dup_0 === s_release_resp) {                                  ///状态机 state_dup_0 处于 s_release_resp 状态
  io.mem_grant.ready := true.B                                           ///准备在 D 通道上接收
  when (merge) {
    release_later := true.B
    req_later.param := io.req.bits.param
    req_later.voluntary := io.req.bits.voluntary
    req_later.hasData := io.req.bits.hasData
    req_later.dirty := io.req.bits.dirty
    req_later.delay_release := io.req.bits.delay_release
    req_later.miss_id := io.req.bits.miss_id
  }
  when (io.mem_grant.fire()) {        ///D 通道上有信号到来，不是 Grant 就是 ReleaseAck，ReleaseAck 并不携带数据。
    when (merge) {
      state := s_release_req                                             ///状态机转入 s_release_req 状态
      state_dup_0 := s_release_req
      state_dup_1 := s_release_req
      state_dup_for_mp.foreach(_ := s_release_req)
      req := io.req.bits
      remain_set := Mux(io.req.bits.hasData, ~0.U(refillCycles.W), 1.U(refillCycles.W))
      release_later := false.B
    }.elsewhen(release_later) {
      state := s_release_req                                             ///状态机转入 s_release_req 状态
      state_dup_0 := s_release_req
```

```
        state_dup_1 := s_release_req
        state_dup_for_mp.foreach(_ := s_release_req)
        req := req_later.toWritebackReqCtrl
        remain_set := Mux(req_later.hasData, ~0.U(refillCycles.W), 1.U(refillCycles.W))
        release_later := false.B
      }.otherwise {
        state := s_invalid                                          ///状态机转入 s_invalid 状态
        state_dup_0 := s_invalid
        state_dup_1 := s_invalid
        state_dup_for_mp.foreach(_ := s_invalid)
        release_later := false.B
      }
    }  ///end when (io.mem_grant.fire())
  }  ///end when (state_dup_0 === s_release_resp)

  // When does this entry merge a new req?
  // 1. When this entry is free
  // 2. When this entry wants to release while still waiting for release_wakeup signal,
  //     and a probe req with the same addr comes. In this case we merge probe with release,
  //     handle this probe, so we don't need another release.
  io.primary_ready := state_dup_1 === s_invalid
  io.primary_ready_dup.zip(state_dup_for_mp).foreach { case (rdy, st) => rdy := st === s_invalid }
  io.secondary_ready := state_dup_1 =/= s_invalid && io.req.bits.addr === paddr_dup_0

  io.probe_ttob_check_resp.valid := RegNext(io.probe_ttob_check_req.valid)      // for debug only
  io.probe_ttob_check_resp.bits.toN := state_dup_1 === s_sleep &&
                                  RegNext(io.probe_ttob_check_req.bits.addr) === paddr_dup_0 &&
                                                       RegNext(io.probe_ttob_check_req.valid)
  // data update logic
  when (!s_data_merge) { data := mergeData(data, io.release_update.bits.data_delayed, io.release_update.bits.mask_delayed) }
  when (!s_data_override && req.hasData) { data := io.req_data.data }
  assert(!RegNext(!s_data_merge && !s_data_override))

  ///性能统计从略
}  ///end class WritebackEntry
```

每个 WritebackEntry 都是一个需要在 C 通道上向下发送的回应，区别一来在于发送的是主动的 Release 还是被动的 ProbeAck，二来在于带不带数据。如果带数据，那就是 ReleaseData/ProbeAckData。来自 WritebackQueue 的 req.voluntary，就表示这是主动的还是被动的。所以当 req.voluntary 为 true 时发送的是 voluntaryReleaseData 或 voluntaryRelease，而 req.voluntary 为 false 时则是 probeResponseData 或 probeResponse。别的就留给读者自己琢磨了。

28.8　Probe 队列

我们在前面看到，DcacheImp 中创建了一个 ProbeQueue 对象 probeQueue，用来接受下层通过 B 通道发来的 Probe 命令。

Probe 命令来自下位 B 通道，作用是使缓存降低对某一缓存块（cacheline）的访问权限甚至废弃该缓存块。在 TileLink 规程中，凡是要提高对某个缓存块的访问权限或使其从无到有（refill）的命令都来自上位的 A 通道，反之则来自下位的 B 通道。但是来自 B 通道的 Probe 命令未必都能立即就得到执行，所以就需要有个 Probe 队列加以缓冲：

```
[XSCoreBase > MemBlock > DCacheWrapper > DCache > DCacheImp > ProbeQueue]
class ProbeQueue(edge: TLEdgeOut)(implicit p: Parameters) extends DCacheModule with HasTLDump with HasPerfEvents {
  val io = IO(new Bundle {
    val mem_probe = Flipped(Decoupled(new TLBundleB(edge.bundle)))            ///TileLink上的B通道
    val pipe_req   = DecoupledIO(new MainPipeReq)                              ///去向MainPipe的请求
    val lrsc_locked_block = Input(Valid(UInt()))
    val update_resv_set = Input(Bool())
  })

  val pipe_req_arb = Module(new Arbiter(new MainPipeReq, cfg.nProbeEntries))      ///仲裁器pipe_req_arb
                                               ///注意这个仲裁器的数据类型是MainPipeReq，而不是ProbeEntry。
  // allocate a free entry for incoming request
  val primary_ready = Wire(Vec(cfg.nProbeEntries, Bool()))
  val allocate = primary_ready.asUInt.orR
  val alloc_idx = PriorityEncoder(primary_ready)                               ///分配一个当前空闲的表项

  // translate to inner req
  val req = Wire(new ProbeReq)
  val alias_addr_frag = io.mem_probe.bits.data(2, 1)                  // add extra 2 bits from vaddr to get vindex
  req.source := io.mem_probe.bits.source                                       ///从B通道上分项读入数据至本地的req中
  req.opcode := io.mem_probe.bits.opcode
  req.addr := io.mem_probe.bits.address
  if(DCacheAboveIndexOffset > DCacheTagOffset) {
    // have alias problem, extra alias bits needed for index
    req.vaddr := Cat(
      io.mem_probe.bits.address(PAddrBits - 1, DCacheAboveIndexOffset),       // dontcare
      alias_addr_frag(DCacheAboveIndexOffset - DCacheTagOffset - 1, 0),       // index
      io.mem_probe.bits.address(DCacheTagOffset - 1, 0)                       // index & others
    )
  } else { // no alias problem
    req.vaddr := io.mem_probe.bits.address                                     ///从B通道读入虚存地址
  }
  req.param := io.mem_probe.bits.param
  req.needData := io.mem_probe.bits.data(0)
  req.id := DontCare
          ///至此已经从B通道读入了全部信息至ProbeReq对象req中
  io.mem_probe.ready := allocate

  val entries = (0 until cfg.nProbeEntries) map { i =>
    val entry = Module(new ProbeEntry)
```

```
    entry.io.id := i.U
    // entry req
    entry.io.req.valid := (i.U === alloc_idx) && allocate && io.mem_probe.valid    ///只有本项被分配时才有效
    primary_ready(i) := entry.io.req.ready
    entry.io.req.bits := req                        ///把ProbeReq通过entry.io.req连到本表项的req输入端
    // pipe_req
    pipe_req_arb.io.in(i) <> entry.io.pipe_req      ///将本表项连到仲裁器pipe_req_arb的输入端
                                                    ///注意pipe_req_arb数据类型为MainPipeReq，entry的io.pipe_req也是。

    // pipe_resp
    entry.io.pipe_resp.valid := io.pipe_req.fire()        ///entry.io.pipe_resp来自ProbeQueue的io.pipe_req。
    entry.io.pipe_resp.bits.id := io.pipe_req.bits.id     ///pipe_resp中就只有一个字段id，来自发往MainPipe的MainPipeReq。
    entry.io.lrsc_locked_block := io.lrsc_locked_block
    entry
  }  ///end val entries，这是ProbeQueue中的缓冲区。

  // delay probe req for 1 cycle
  val selected_req_valid = RegInit (false.B)
  val selected_req_bits = RegEnable (pipe_req_arb.io.out.bits, pipe_req_arb.io.out.fire())    ///仲裁器pipe_req_arb的输出
  val selected_lrsc_blocked = Mux(pipe_req_arb.io.out.fire(),
    io.lrsc_locked_block.valid && get_block(io.lrsc_locked_block.bits) === get_block(pipe_req_arb.io.out.bits.addr),
    io.lrsc_locked_block.valid && get_block(io.lrsc_locked_block.bits) === get_block(selected_req_bits.addr) && selected_req_valid
  )
  val resvsetProbeBlock = RegNext (io.update_resv_set || selected_lrsc_blocked)
  // When we update update_resv_set, block all probe req in the next cycle
  // It should give Probe reservation set addr compare an independent cycle,
  // which will lead to better timing
  pipe_req_arb.io.out.ready := !selected_req_valid || io.pipe_req.fire()
  io.pipe_req.valid := selected_req_valid && !resvsetProbeBlock
  io.pipe_req.bits := selected_req_bits                          ///来自仲裁器pipe_req_arb的输出
  when(io.pipe_req.fire()){ selected_req_valid := false.B }
  when(pipe_req_arb.io.out.fire()){ selected_req_valid := true.B }

  // print all input/output requests for debug purpose
  when (io.mem_probe.valid) {
    // before a probe finishes, L2 should not further issue probes on this block
    val probe_conflict = VecInit(entries.map(e => e.io.block_addr.valid &&
                          get_block(e.io.block_addr.bits) === get_block (io.mem_probe.bits.address))).asUInt.orR
    assert (!probe_conflict)
    // for now, we can only deal with ProbeBlock
    assert (io.mem_probe.bits.opcode === TLMessages.Probe)
  }
}  ///end class ProbeQueue
```

从 B 通道到来的信息是按 B 通道的格式划分字段的，作为 B 通道的接收端这里定义了一个 ProbeReq 与之对应，从 B 通道上把各个字段写入到这个 ProbeReq 中：

```
class ProbeReq(implicit p: Parameters) extends DCacheBundle {
  val source = UInt()
  val opcode = UInt()                                              ///实际上只能是ProbeBlock或ProbePerm
  val addr     = UInt(PAddrBits.W)
  val vaddr    = UInt(VAddrBits.W) // l2 uses vaddr index to probe l1
  val param    = UInt(TLPermissions.bdWidth.W)
  val needData = Bool()
  // probe queue entry ID
  val id = UInt(log2Up(cfg.nProbeEntries).W)
}
```

ProbeQueue 中有个缓冲表 entries，每个表项都是一个 ProbeEntry：

```
[XSCoreBase > MemBlock > DCacheWrapper > DCache > DCacheImp > ProbeQueue > ProbeEntry]
class ProbeEntry(implicit p: Parameters) extends DCacheModule {
  val io = IO(new Bundle {
    val req = Flipped(Decoupled(new ProbeReq))
    val pipe_req   = DecoupledIO(new MainPipeReq)                  /// pipe_req是向外的，是ProbeEntry的输出。
    val pipe_resp = Input(Valid(new ProbeResp))                   /// pipe_req是向内的，是ProbeEntry的输入。
    val lrsc_locked_block = Input(Valid(UInt()))
    val id = Input(UInt(log2Up(cfg.nProbeEntries).W))
    // the block we are probing
    val block_addr   = Output(Valid(UInt()))
  })

  val s_invalid :: s_pipe_req :: s_wait_resp :: Nil = Enum(3)
  val state = RegInit(s_invalid)
  val req = Reg(new ProbeReq)

  // assign default values to signals
  io.req.ready := false.B
  io.pipe_req.valid := false.B
  io.pipe_req.bits := DontCare
  io.block_addr.valid := state =/= s_invalid
  io.block_addr.bits    := req.addr

  when (state === s_invalid) {
    io.req.ready := true.B
    when (io.req.fire()) {
      req := io.req.bits
      state := s_pipe_req
    }
  }

  val lrsc_blocked = Mux(io.req.fire(),
    io.lrsc_locked_block.valid && get_block(io.lrsc_locked_block.bits) === get_block(io.req.bits.addr),
```

```
    io.lrsc_locked_block.valid && get_block(io.lrsc_locked_block.bits) === get_block(req.addr)
  )
  when (state === s_pipe_req) {
    // Note that probe req will be blocked in the next cycle if a lr updates lrsc_locked_block addr
    // in this way, we can RegNext(lrsc_blocked) for better timing
    io.pipe_req.valid := !RegNext(lrsc_blocked)

    val pipe_req = io.pipe_req.bits                         ///这是MainPipeReq
    pipe_req := DontCare
    pipe_req.miss := false.B
    pipe_req.probe := true.B
    pipe_req.probe_param := req.param                       ///将ProbeReq中的信息转移到MainPipeReq中
    pipe_req.addr      := req.addr
    pipe_req.vaddr     := req.vaddr
    pipe_req.probe_need_data := req.needData
    pipe_req.error := false.B
    pipe_req.id := io.id
    when (io.pipe_req.fire()) { state := s_wait_resp }
  }   ///end when (state === s_pipe_req)
  when (state === s_wait_resp) { when (io.pipe_resp.valid && io.id === io.pipe_resp.bits.id) { state := s_invalid } }
                                                            ///一旦io.pipe_resp上有回应到来并且id相符就转入s_invalid状态
}   ///end class ProbeEntry
```

ProbeEntry 中有个成分 pipe_resp，这是个 ProbeResp，显然这是与 ProbeReq 相对应的，但是当然 ProbeResp 不是来自 B 通道，这其实就是来自发往 MainPipe 的 MainPipeReq。ProbeResp 中只有一个字段，就是 id，即其所在 ProbeEntry 的下标：

```
class ProbeResp(implicit p: Parameters) extends DCacheBundle {
  val id = UInt(log2Up(cfg.nProbeEntries).W)        // probe queue entry ID
}
```

从前面代码中可见，ProbeResp 中的 id 来自发往 MainPipe 的 MainPipeReq，请求与回应就靠 id 号码匹配。对于 ProbeEntry 这 ProbeResp 是输入，但 pipe_req 是输出。

从 B 通道接收到的 Probe 命令 ProbeReq 会被写入缓冲表中的某个表项（根据 alloc_idx）。所有表项都连到一个仲裁器 pipe_req_arb 的输入，仲裁器的输出则经由 selected_req_bits 连到 ProbeQueue 的 io.pipe_req，这是通向 MainPipe 的接口，连接的对方就是 MainPipe 的 io.probe_req。

这样，ProbeQueue 就靠仲裁器 pipe_req_arb 的作用把来自 B 通道的 Probe 命令一个个发往 MainPipe。

第 29 章

香山 SoC 的次级缓存 HuanCun

计算机或 SoC 中的一级缓存通常是用速度最高的 SRAM 构成，其存取速度与 CPU 中的数字电路是一样的，所以现在也都与 CPU 集成在同一芯片上。但是因为成本高，所以通常容量很小，一般都在几十 KB 这个量级上。但是这还不够，一级缓存与内存的速度相去太远，所以人们就在一级缓存与内存之间加上二级缓存乃至三级缓存，形成一个缓存梯队。除一级缓存外，其余的就统称次级缓存。以前的次级缓存都是外接的，采用速度较低一些的芯片，或者采用批量生产的芯片，以降低成本。不过由于集成度的大幅提高，现在人们把次级缓存也与 CPU 集成在同一块芯片上。既然是集成在同一块芯片上，那就有个问题，就是把片上所有的存储容量都用于一级缓存，还是继续分级形成一个梯队？从结构模块化的角度看，尤其从对内存的“预读”这个机制看，是分级形成梯队比较好。所以现在虽然都集成在同一块芯片上，却还是分一级缓存和次级缓存。在多核的芯片上，一般二级缓存和一级缓存一样专属于某一个核，而三级缓存则为多核所公用。有些机器（芯片）没有二级缓存，一级缓存下面直接就是三级缓存；但多核的系统中一般不会有二级缓存而没有三级缓存，因为那样存储协同性的问题就不好解决。

香山 SoC 所实现的次级缓存来自另一个开源软件包，名为 HuanCun，明显就是中文的“缓存”。在 HuanCun 的代码中，顶级的模块就是 class HuanCun，一个 HuanCun 对象就是一个次级缓存。香山 SoC 上的二级缓存和三级缓存都是在 XSTop 中创建的：

```
class XSTop()(implicit p: Parameters) extends BaseXSSoc() with HasSoCParameter {
  …
  val core_with_l2 = tiles.map(coreParams =>          ///根据tiles，为该List中所配置的每一项都创建一个XSTile。
    LazyModule(new XSTile()(p.alterPartial({ case XSCoreParamsKey => coreParams })))
  )  /// core_with_l2 是个 XSTile 的 List，一个香山 Soc 芯片上可以有多个 XSTile。
  val l3cacheOpt = soc.L3CacheParamsOpt.map(l3param =>   ///根据L3CacheParamsOpt，创建若干L3级HuanCun：
    LazyModule(new HuanCun() (new Config((_, _, _) => {
      case HCCacheParamsKey => l3param.copy(enableTopDown = debugOpts.EnableTopDown)
    })))
  )  ///L3即三级缓存是在XSTile之外，与XSTile未必配对（实际上通常都只有一个），可以为多个XSTile所共用的。
  …
  l3cacheOpt.map(_.ctlnode.map(_ := misc.peripheralXbar))
  for (i <- 0 until NumCores) {
    …
    misc.core_to_l3_ports(i) :=* core_with_l2(i).memory_port   ///每个XSTile都有个memory_port。将其连到core_to_l3_ports。
  }
  …
}
```

XSTop 首先创建若干 XSTile，每个 XSTile 中都有个 CPU 核，也有个二级缓存内 HuanCun。所以二级缓存的创建在 XSTile 中。这里创建的 HuanCun 模块是三级缓存，三级缓存是公用的。二级缓存因为专属于具体的处理器核，所以是在各个 XSTile 中创建的。

```
class XSTile()(implicit p: Parameters) extends LazyModule with HasXSParameterwith HasSoCParameter{
  private val core = LazyModule(new XSCore())                          ///一个XSTile中有一个XSCore
  private val misc = LazyModule(new XSTileMisc())                      ///加上与之配套的XSTileMisc
  private val l2cache = coreParams.L2CacheParamsOpt.map(l2param =>      ///并可以有一个二级缓存HuanCun
    LazyModule(new HuanCun() (new Config((_, _, _) => {
      case HCCacheParamsKey => l2param.copy(enableTopDown = env.EnableTopDown)
    })))
  )
  …
  l2cache match {
    case Some(l2) =>          ///如果l2cache非空：
      misc.l2_binder.get :*= l2.node :*= TLBuffer() :*= TLBuffer() :*= misc.l1_xbar
      l2.pf_recv_node.map(recv => {
        println("Connecting L1 prefetcher to L2!")
        recv := core.memBlock.pf_sender_opt.get
      })
    case None =>
  }
  …
}
```

一个 SoC 芯片上可以有多个 CPU 核，所以就有多个 XSTile，也就有了多个二级缓存。

下面我们就来看 HuanCun 的代码：

```
[TopMain > XSTop > HuanCun]
class HuanCun(implicit p: Parameters) extends LazyModule with HasHuanCunParameters {   /// non-blocking cache
  val xfer = TransferSizes(blockBytes, blockBytes)
  val atom = TransferSizes(1, cacheParams.channelBytes.d.get)
  val access = TransferSizes(1, blockBytes)

  val clientPortParams = TLMasterPortParameters.v2(
    Seq( TLMasterParameters.v2(name = cacheParams.name, supports = TLSlaveToMasterTransferSizes( probe = xfer ),
        sourceId = IdRange(0, mshrsAll)) ), channelBytes = cacheParams.channelBytes, minLatency = 1,
        echoFields = cacheParams.echoField, requestFields = cacheParams.reqField, responseKeys = cacheParams.respKey)

  val node = TLAdapterNode(      ///HuanCun 在参数协调拓扑图中是个 TLAdapterNode 节点，其上下两边 TLBundle 数量相同。
    clientFn = { _ => clientPortParams },            /// TLMasterPortParameters.v2
    managerFn = { m => TLSlavePortParameters.v1(
        m.managers.map { m =>
          m.v2copy(
            regionType = if (m.regionType >= RegionType.UNCACHED) RegionType.CACHED else m.regionType,
            supports = TLMasterToSlaveTransferSizes(
              acquireB = xfer,
              acquireT = if (m.supportsAcquireT) xfer else TransferSizes.none,
```

```
                arithmetic = if (m.supportsAcquireT) atom else TransferSizes.none,
                logical = if (m.supportsAcquireT) atom else TransferSizes.none,
                get = access,
                putFull = if (m.supportsAcquireT) access else TransferSizes.none,
                putPartial = if (m.supportsAcquireT) access else TransferSizes.none,
                hint = access
            ),
            fifoId = None
          )
        },
        beatBytes = 32, minLatency = 2, responseFields = cacheParams.respField,
        requestKeys = cacheParams.reqKey, endSinkId = mshrsAll
      )
    }  ///end managerFn
  )  ///end val node

  val ctrl_unit = cacheParams.ctrl.map(_ => LazyModule(new CtrlUnit (node)))   ///class HCCacheParameters 中默认 ctrl 为 None
  val ctlnode = ctrl_unit.map(_.ctlnode)
  val rst_nodes = ctrl_unit.map(_.core_reset_nodes)
  val intnode = ctrl_unit.map(_.intnode)

  val pf_recv_node: Option[BundleBridgeSink[PrefetchRecv]] = prefetchOpt match {
    case Some(_: PrefetchReceiverParams) => Some(BundleBridgeSink(Some(() => new PrefetchRecv)))
    case _ => None
  }
/// class HuanCun，待续
```

HuanCun 模块在参数协调的 Diplomacy 拓扑图中表现为一个 TLAdapterNode，所以输入边数等于输出边数，实际上就是一个输入边和一个输出边，HuanCun 在上侧的输入边上是 Slave，在下侧的输出边上则是 Master。除此之外，HuanCun 模块上还可以有个（也可以没有）控制单元 CtrlUnit，如果有就是这里的 ctlnode，下面我们会看到这是个 TLRegisterNode，所以其外部接口也是个 TileLink 接口。CtrlUnit 也可以是个中断源，所以还有个 IntSourceNode，这 IntSourceNode 就与 TileLink 无关了。CtrlUnit 也是个 Lazy 模块：

```
[TopMain > XSTop > HuanCun > CtrlUnit]
class CtrlUnit (val node: TLAdapterNode)(implicit p: Parameters) extends LazyModule with HasHuanCunParameters {
  val ctlnode = TLRegisterNode(
    address = Seq(AddressSet(cacheParams.ctrl.get.address, 0xffff)),
    device = new SimpleDevice("cache-controller", Nil),
    concurrency = 1,
    beatBytes = cacheParams.ctrl.get.beatBytes
  )
  val device = new SimpleDevice("L3CacheCtrl", Seq("xiangshan,cache_ctrl"))
  val intnode = IntSourceNode(IntSourcePortSimple(resources = device.int))          ///中断机制中的SourceNode
  val num_cores = cacheParams.ctrl.get.numCores
  val core_reset_nodes = (0 until num_cores) map(_ => BundleBridgeSource(() => Bool()))
```

```
  lazy val module = new CtrlUnitImp(this)                    ///对CtrlUnit的硬件描述（见下）
}
```

HuanCun 模块的控制单元 CtrlUnit，在 Diplomacy 的参数协商中表现为一个 TLRegisterNode，是个寄存器节点，这是对 SinkNode 的扩充，其外部连接也是个 TLBundle。另外，CtrlUnit 又是个 IntSourceNode，是中断机制中的一个 SourceNode，是可以发起中断请求的，不过这就与 TileLink 无关。这个模块的作用是与 Huancun 中的 Slice（见后）交互，对 Slice 进行监控。如果将 HuanCun 中的 Slice 看成外设，那 CtrlUnit 就是外设上的控制/状态寄存器：

```
[TopMain > XSTop > HuanCun > CtrlUnit > CtrlUnitImp]
class CtrlUnitImp (wrapper: CtrlUnit) extends LazyModuleImp(wrapper) {
  val cacheParams = wrapper.p(HCCacheParamsKey)

  val req = IO(DecoupledIO(new CtrlReq()))                   ///通向Slice（见后）
  val resp = IO(Flipped(DecoupledIO(new CtrlResp())))        ///来自Slice（见后）
  val ecc = IO(Flipped(DecoupledIO(new EccInfo())))          ///来自Slice（见后）

  val node = wrapper.node                                    ///外层class CtrlUni的构造参数node，这是个TLAdapterNode。
  val ctlnode = wrapper.ctlnode                              ///外层class CtrlUni中的ctlnode，这是个TLRegisterNode

  val banksR = RegField.r(8, node.edges.in.size.U,
                    RegFieldDesc("Banks", "Number of banks in the cache", reset=Some(node.edges.in.size)) )
  val waysR = RegField.r(8, cacheParams.ways.U,
                    RegFieldDesc("Ways", "Number of ways per bank", reset=Some(cacheParams.ways)) )
  val lgSetsR = RegField.r(8, log2Ceil(cacheParams.sets).U,
                    RegFieldDesc("lgSets", "Base-2 logarithm of the sets per bank", reset=Some(log2Ceil(cacheParams.sets))))
  val selfInfo = Seq(banksR, waysR, lgSetsR)

  val clientInfo = if(cacheParams.inclusive) Seq() else {    /// clientInfo仅对non-inclusive的次级缓存才有意义
    val clientDirWays = RegField.r(8, cacheParams.clientCaches.head.ways.U,
        RegFieldDesc("ClientDirWays", "Number of client dir ways per bank", reset = Some(cacheParams.clientCaches.head.ways)))
    val clientDirLgSets = RegField.r(8, cacheParams.clientCaches.head.sets.U,
        RegFieldDesc("ClientDirLgSets", "Base-2 logarithm of the client dir sets per bank",
                                                        reset = Some(cacheParams.clientCaches.head.ways)))
    Seq(clientDirWays, clientDirLgSets)
  }

  val ctl_tag = RegInit(0.U(64.W))
  val ctl_set = RegInit(0.U(64.W))
  val ctl_way = RegInit(0.U(64.W))
  val ctl_dir = RegInit(0.U(64.W))
  val ctl_data = Seq.fill(cacheParams.blockBytes / 8){ RegInit(0.U(64.W)) }    /// blockBytes=64，所以ctl_data为512位
  val ctl_cmd = RegInit(0.U(64.W))

  val ecc_code = RegInit(0.U(64.W))    // assume non-zero as ECC error
  // for data error: ecc_addr = {set, way, beat}
```

```
// for tag error: ecc_addr = physical address
val ecc_addr = RegInit(0.U(64.W))

val core_reset = RegInit(0.U(64.W)) +:Seq.fill(wrapper.num_cores-1){ RegInit(1.U(64.W)) }

val reset_regs = core_reset.zipWithIndex.map{ case (r, i) =>
  RegField(64, r, RegWriteFn((valid, data) => {
    when(valid){ r := data(0) }
    true.B
  }), RegFieldDesc(s"CoreReset_$i", s"soft reset of core #[$i]"))
}

wrapper.core_reset_nodes.zip(core_reset).foreach{
  case (node, reg) => node.out.head._1 := reg(0)
}

val cmd_in_valid = RegInit(false.B)          ///cmd_in_valid是外来的
val cmd_in_ready = WireInit(false.B)         ///cmd_in_read是向外输出的
val cmd_out_valid = RegInit(false.B)         ///cmd_out_valid是向外输出的
val cmd_out_ready = WireInit(false.B)        ///cmd_out_ready是外来的

when(cmd_out_ready){ cmd_out_valid := false.B }
when(cmd_in_ready){ cmd_in_valid := false.B }

val ctl_config_regs = (Seq(ctl_tag, ctl_set, ctl_way) ++ ctl_data ++ Seq(ctl_dir) ++ Seq(ecc_code, ecc_addr)).map(reg =>
                                                                        RegField(64, reg, RegWriteFn(reg)))

ctlnode.regmap(0x0000 -> RegFieldGroup("Config", Some("Information about cache configuration"), selfInfo ++ clientInfo),
  0x0100 -> RegFieldGroup("Ctrl", None, ctl_config_regs),
  0x0200 -> Seq(RegField.w(64, RegWriteFn((ivalid, oready, data) => {
    when(oready){ cmd_out_ready := true.B }
    when(ivalid){ cmd_in_valid := true.B }
    when(ivalid && !cmd_in_valid){ ctl_cmd := data }
    (!cmd_in_valid, cmd_out_valid) }))),
  0x1000 -> RegFieldGroup("CoreReset", desc = Some("core reset registers"), regs = reset_regs )
)  ///通过这些寄存器可以通过软件读/写Slice中的信息。

cmd_in_ready := req.ready
when(resp.fire()){ cmd_out_valid := true.B }              ///resp来自Slice
resp.ready := !cmd_out_valid
ecc.ready := ecc_code === 0.U            // Block multiple ecc req
req.valid := cmd_in_valid                                 ///向Slice发出CtrlReq，发起对Slice的读写：
req.bits.cmd := ctl_cmd                                   ///发往Slice的信息来自各个寄存器，由软件写入。
req.bits.data.zip(ctl_data).foreach(x => x._1 := x._2)
req.bits.tag := ctl_tag
req.bits.set := ctl_set
```

```
  req.bits.way := ctl_way
  req.bits.dir := ctl_dir

  when(resp.fire()) {                        ///收到了Slice发回的回应CtrlResp：
    switch(resp.bits.cmd){
      is(CacheCMD.CMD_R_S_TAG){ ctl_tag := resp.bits.data(0) }
      is(CacheCMD.CMD_R_C_TAG){ ctl_tag := resp.bits.data(0) }
      is(CacheCMD.CMD_R_DATA){ ctl_data.zip(resp.bits.data).foreach(x => x._1 := x._2) }
      is(CacheCMD.CMD_R_S_DIR){ ctl_dir := resp.bits.data(0) }
      is(CacheCMD.CMD_R_C_DIR){ ctl_dir := resp.bits.data(0) }
    }  ///将Slice发回的回应CtrlResp中的信息打入各个寄存器，就可以在软件中读出。
  }
  when(ecc.fire()) {                         ///收到了Slice发回的EccInfo
    ecc_code := ecc.bits.errCode
    ecc_addr := ecc.bits.addr
  }
  wrapper.intnode.out.head._1.head := ecc_code =/= 0.U        ///如果ECC出错码ecc_code不为0就发出中断请求
}  ///end class CtrlUnitImp
```

总之，CtrlUnit 的作用就是让用户可以通过软件对 HuanCun 进行监视和控制。Slice 中与 CtrlUnit 配套呼应的是 SliceCtrl，这二者“里应外合”使 Slice 内部的一些参数可以被外部所改变。不过纵然如此，CtrlUni 还是不在 HuanCun 的关键路径（Critical Path）上。事实上，CtrlUnit 的存在是个可选项，可以有也可以没有，而且这个可选项的有无对于 HuanCun 的功能和性能其实并无多大影响。

知道了 CtrlUnit 的作用及其实现，我们接着看 HuanCun 的硬件实现，就是 Lazy 模块 HuanCun 中的 module：

```
[TopMain > XSTop > HuanCun]　续 1
  lazy val module = new LazyModuleImp(this) {
    val banks = node.in.size
    val io = IO(new Bundle {
      val perfEvents = Vec(banks, Vec(numPCntHc,Output(UInt(6.W))))
      val ecc_error = Valid(UInt(64.W))
    })    ///这个 io 不起主要作用，主要的外部接口在于上下两个方向上的 TLBundle。

    val sizeBytes = cacheParams.toCacheParams.capacity.toDouble    ///capacity = sets * ways * blockBytes，见 WithNKBL2。
    def sizeBytesToStr(sizeBytes: Double): String = sizeBytes match {
      case _ if sizeBytes >= 1024 * 1024      => (sizeBytes / 1024 / 1024) + "MB"
      case _ if sizeBytes >= 1024             => (sizeBytes / 1024) + "KB"
      case _                                  => "B"
    }
    val sizeStr = sizeBytesToStr(sizeBytes)
    val bankBits = if(banks == 1) 0 else log2Up(banks)
    val inclusion = if (cacheParams.inclusive) "Inclusive" else "Non-inclusive"
    val prefetch = "prefetch: " + cacheParams.prefetch

    def arbTasks[T <: Bundle](out: DecoupledIO[T], in: Seq[DecoupledIO[T]], name: Option[String] = None) = {
```

```
    val arbiter = Module(new FastArbiter[T](chiselTypeOf(out.bits), in.size))
    if (name.nonEmpty) { arbiter.suggestName(s"${name.get}_arb") }
    for ((arb, req) <- arbiter.io.in.zip(in)) { arb <> req }        ///这个 req 就是来自输入 in 中的请求
    out <> arbiter.io.out                                           ///输入 in 经过 FastArbiter 的仲裁到达输出 out
  }
  val prefetcher = prefetchOpt.map(_ => Module(new Prefetcher()(pftParams)))      ///数据预读模块
  val prefetchTrains = prefetchOpt.map(_ => Wire(Vec(banks, DecoupledIO(new PrefetchTrain()(pftParams)))))
  val prefetchResps = prefetchOpt.map(_ => Wire(Vec(banks, DecoupledIO(new PrefetchResp()(pftParams)))))
  val prefetchReqsReady = WireInit(VecInit(Seq.fill(banks)(false.B)))
  prefetchOpt.foreach {             ///数据预读机制正反两个方向上的仲裁器：
    _ =>
      arbTasks(prefetcher.get.io.train, prefetchTrains.get, Some("prefetch_train"))   ///以 prefetchTrains.get 为正向仲裁器输入
      prefetcher.get.io.req.ready := Cat(prefetchReqsReady).orR
      arbTasks(prefetcher.get.io.resp, prefetchResps.get, Some("prefetch_resp"))      ///以 prefetchResps.get 为逆向仲裁器输入
  }
  pf_recv_node match {
    case Some(x) =>
      prefetcher.get.io.recv_addr.valid := x.in.head._1.addr_valid
      prefetcher.get.io.recv_addr.bits := x.in.head._1.addr
      prefetcher.get.io_l2_pf_en := x.in.head._1.l2_pf_en
    case None =>
      prefetcher.foreach(_.io.recv_addr := DontCare)
      prefetcher.foreach(_.io_l2_pf_en := DontCare)
  }

  def bank_eq(set: UInt, bankId: Int, bankBits: Int): Bool = {
    if(bankBits == 0) true.B else set(bankBits - 1, 0) === bankId.U
  }
///class HuanCun，续 1，待续
```

我们在前面看到，DCache 中是有数据预读的。二级、三级缓存中也可以有数据预读即 prefetch。所以这里页创建了 Prefetch 模块，本章后面会讲次级缓存中的数据预读，在这里只要知道有这么回事就行。

我们继续往下看 HuanCun 的代码：

```
[TopMain > XSTop > HuanCun]   续 2
  def restoreAddress (x: UInt, idx: Int) = {
    restoreAddressUInt(x, idx.U)
  }
  def restoreAddressUInt (x: UInt, idx: UInt) = {
    if(bankBits == 0){
      x
    } else {
      val high = x >> offsetBits
      val low = x(offsetBits - 1, 0)
      Cat(high, idx(bankBits - 1, 0), low)
    }
```

```
    }

    val slices = node.in.zip(node.out).zipWithIndex.map {
      case (((in, edgeIn), (out, edgeOut)), i) =>             ///为节点的每一对 in/out 创建一个 Slice
        require(in.params.dataBits == out.params.dataBits)
        val rst = if(cacheParams.level == 3 && !cacheParams.simulation) { ResetGen() } else reset
        val slice = withReset(rst){ Module(new Slice()(p.alterPartial {
          case EdgeInKey        => edgeIn
          case EdgeOutKey       => edgeOut
          case BankBitsKey      => bankBits
        })) }   ///创建 Slice 模块

        slice.io.in <> in                                    ///把 HuanCun 的这一对 in/out 中的 in 连接到这个 slice 的 in
        in.b.bits.address := restoreAddress(slice.io.in.b.bits.address, i)     ///输入 TLBundle 中 B 通道的地址
        out <> slice.io.out                                  ///将这个 slice 的 out 连接到一对 in/out 中的 out
         ///把 HuanCun 节点的一对 in/out 分别连接到一个 Slice 的输入和输出，这是关键，有几对 io/out 就有几个 Slice。
         ///由于 HuanCun 是个 TLAdapterNode，它的 in/out 就都是 TLBundle，Slice 的 in/out 也是。
        out.a.bits.address := restoreAddress(slice.io.out.a.bits.address, i)   ///输入 TLBundle 中 A 通道的地址
        out.c.bits.address := restoreAddress(slice.io.out.c.bits.address, i)   ///输入 TLBundle 中 C 通道的地址

        slice.io.prefetch.zip(prefetcher).foreach {          ///根据 prefetchOpt，将本 Slice 的 prefetch 与 prefetcher 扣合成对：
          case (s, p) =>
            s.req.valid := p.io.req.valid && bank_eq (p.io.req.bits.set, i, bankBits)
            s.req.bits := p.io.req.bits
            prefetchReqsReady(i) := s.req.ready && bank_eq(p.io.req.bits.set, i, bankBits)
            val train = Pipeline(s.train)
            val resp = Pipeline(s.resp)
            prefetchTrains.get(i) <> train                   ///对数据预读机制的提示
            prefetchResps.get(i) <> resp                     ///数据预读机制的回应，这是对预读的建议
            // restore to full address
            if(bankBits != 0){
              val train_full_addr = Cat( train.bits.tag, train.bits.set, i.U(bankBits.W), 0.U(offsetBits.W) )
              val (train_tag, train_set, _) = s.parseFullAddress(train_full_addr)
              val resp_full_addr = Cat( resp.bits.tag, resp.bits.set, i.U(bankBits.W), 0.U(offsetBits.W) )
              val (resp_tag, resp_set, _) = s.parseFullAddress (resp_full_addr)
              prefetchTrains.get(i).bits.tag := train_tag    ///对数据预读机制的提示
              prefetchTrains.get(i).bits.set := train_set
              prefetchResps.get(i).bits.tag := resp_tag      ///数据预读机制的回应（建议）
              prefetchResps.get(i).bits.set := resp_set
            }   ///end if(bankBits != 0)
        }   ///end slice.io.prefetch.zip(prefetcher).foreach
        io.perfEvents(i) := slice.perfinfo
        slice
}   ///end val slices
/// class HuanCun，续 2，待续
```

这里的重点就是 slices 的创建，每个 slice 都是个 Slice 对象。具体数量取决于前面 diplomacy 阶段的绑定。HuanCun 在拓扑图中所呈现的是个 TLAdapterNode，是个 AdapterNode，所以输入和输出两边的 TLBundle 数量相同。所谓输入就是其上位连接，上方是 DCache 或上一级的缓存；输出则是下位的 TLBundle，下方是更次一级的缓存或直接就是内存接口，但总归都是以 TLBundle 连接。所以，Slice 总是夹在上下两个 TLBundle 之间。二级缓存是专属一个 CPU 核的，所以整个二级缓存通常就只有一个 Slice。HuanCun 所提供的缓存功能，其实是由 Slice 提供的。

如果 prefetchOpt 中没有配备 prefetch，那么光是 HuanCun 对 Slice 的连接就是很简单的，就是把输入 Bundle 逐个连到相应 Slice 的输入，再把该 Slice 的输出连到 HuanCun 的相应输出接口上。各个 Slice 之间互不相干。如果配备了 prefetch，那就要稍为复杂一些。

Slice 其实是 HuanCun 的主体，对缓存块的二级缓存/三级缓存也是在 Slice 内部实现，所以我们把 Slice 模块的代码留到后面，现在先往下看完 HuanCun 模块的代码：

```
[TopMain > XSTop > HuanCun]   续 3
    val ecc_arb = Module(new Arbiter(new EccInfo, slices.size))
    val slices_ecc = slices.zipWithIndex.map {
      case (s, i) => Pipeline (s.io.ctl_ecc, depth = 2, pipe = false, name = Some(s"ecc_buffer_$i"))
    }
    ecc_arb.io.in <> VecInit(slices_ecc)
    io.ecc_error.valid := ecc_arb.io.out.fire()
    io.ecc_error.bits := restoreAddressUInt(ecc_arb.io.out.bits.addr, ecc_arb.io.chosen)
    ctrl_unit.foreach { c =>                                    ///如果有，则对每个 ctrl_unit:
      val ctl_reqs = slices.zipWithIndex.map {
        case (s, i) => Pipeline.pipeTo(s.io.ctl_req, depth = 2, pipe = false, name = Some(s"req_buffer_$i"))
      }  ///每个 Slice 的 ctl_req 都通过一个缓冲队列连到 ctrl_unit。
      val ctl_resps = slices.zipWithIndex.map {
        case (s, i) => Pipeline(s.io.ctl_resp, depth = 2, pipe = false, name = Some(s"resp_buffer_$i"))
      }  ///每个 Slice 的 ctl_resp 都通过一个缓冲队列连到 ctrl_unit。
      val bank_match = slices.map(_ => Wire(Bool()))
      c.module.io_req.ready := Mux1H(bank_match, ctl_reqs.map(_.ready))
      for((s, i) <- ctl_reqs.zipWithIndex){
        bank_match(i) := bank_eq (c.module.io_req.bits.set, i, bankBits)
        s.valid := c.module.io_req.valid && bank_match(i)
        s.bits := c.module.io_req.bits
      }
      val arb = Module(new Arbiter(new CtrlResp, slices.size))
      arb.io.in <> ctl_resps       ///每个 Slice 的 ctl_resps 输出连接到仲裁器的输入端
      c.module.io_resp <> arb.io.out                ///仲裁器的输出连到 ctrl_unit 的 io_resp
      c.module.io_ecc <> ecc_arb.io.out             ///ecc 仲裁器的输出连到 ctrl_unit 的 io_ecc
      c.module.io_ecc.bits.addr := io.ecc_error.bits   ///本 Slice 的 ecc_error 连到 ctrl_unit 的 io_ecc 中的 addr
    }  ///end ctrl_unit.foreach

    if (ctrl_unit.isEmpty) {                              ///如果没有配置 ctrl_unit:
      slices.foreach(_.io.ctl_req <> DontCare)            ///每个 Slice 的 ctl_req 输入端都不予连接
      slices.foreach(_.io.ctl_req.valid := false.B)       ///每个 Slice 的 ctl_req.valid 固定接成 false
      slices.foreach(_.io.ctl_resp.ready := false.B)      ///把每个 Slice 的 ctl_resp.ready 固定成 false
      ecc_arb.io.out.ready := true.B                      ///把 ecc 仲裁器输出端的 ready 固定成 true，但仲裁器的输出被丢弃。
```

```
    }
    ///Debug 与性能统计从略
} ///end class HuanCun
```

可见，如果把 Slice 看成黑盒子，那 HuanCun 的顶层就很简单，实际的功能都是由 Slice 提供的，HuanCun 的复杂性都在 Slice 中。但是我们在钻进 Slice 内部之前先要看一下 Slice 的上下两个 TLBundle。从代码中可见，Slice 是夹在 HuanCun 的一对 edgeIn 和 edgeOut 两个 TLBundle（因为 HuanCun 是个 TLAdapterNode）之间。原理上 HuanCun 节点可以有多对 edgeIn/edgeOut，从而有多个 Slice，但是在典型的结构中一般也就是一对 edgeIn/edgeOut，即一对 TLBundle。从参数协调的角度说，这两个 TLBundle 一个是 edgeIn，一个是 edgeOut，但我们知道一个 TLBundle 中有 5 个通道其中 D 通道和 B 通道的方向就是和别的通道相反，所以说输入/输出有时候容易混淆，还不如说“上位”/“下位”更清晰。上位 TLBundle 就是从 HuanCun 节点通向其上位节点（如 DCache）的那个 TileLink 连接，下位 TLBundle 就是从 HuanCun 节点通向其下一层节点（如 L3 的 HuanCun 或内存）的 Tile Link 连接。下面我们对 Slice 的上位/下位 TLBundle 的 5 个通道先作一些考察。

29.1　Slice 中的五个上位通道

在 Slice 的上位 TLBundle 中，A/C/E 三个通道上的信息是流入的，Slice 对于这三个通道而言是 Sink；而 D/B 两个逆向通道上的信息则是流出的，所以是 Source。Slice 模块中对于这五个通道都得有个接口，就好像车站一样，所以 Slice 模块对于其上位 TLBundle 就有 SinkA/SinkC/SinkE 和 SourceD/SourceB 这么五个“车站”。我们先看 SinkA:

```
class SinkA(implicit p: Parameters) extends HuanCunModule {
  val io = IO(new Bundle() {
    val a = Flipped(DecoupledIO(new TLBundleA(edgeIn.bundle)))     ///上位内向A通道的端点
    val alloc = DecoupledIO(new MSHRRequest)                        ///通向Slice内部的MSHRAlloc模块
    val task = Flipped(DecoupledIO(new SinkAReq))                   ///由Slice内部某个MSHR下达的操作任务
                                                                    ///但是对于SinkA其实并无任务下达
    // SourceD
    val d_pb_pop = Flipped(DecoupledIO(new PutBufferPop))           ///来自上位D通道SourceD中的pb_pop
    val d_pb_beat = Output(new PutBufferBeatEntry)                  ///向对方发送putBuffer中的数据
    // SourceA
    val a_pb_pop = Flipped(DecoupledIO(new PutBufferPop))           ///来自下位A通道SourceA中的pb_pop
    val a_pb_beat = Output(new PutBufferBeatEntry)                  ///向对方发送putBuffer中的数据
  })

  // TODO: Does task for SinkA necessary?   ///实际上MSHR并无向SinkA下达的任务
  io.task.ready := false.B                  ///把io.task.ready设成false，就是拒绝接受任务。

  val a = io.a                                                ///称上方TLBundle中的A通道io.a为a
  val (first, last, done, count) = edgeIn.count(a)            ///对于通道a上信息传输脉搏的计数
  val hasData = edgeIn.hasData(a.bits)                        ///为true表示a上有数据（实际上是有请求到来）

  val beats = blockBytes / beatBytes                          ///在A通道上的传输每个“脉搏”只能传beatBytes个字节
  val putBuffer = Reg(Vec(bufBlocks, Vec(beats, new PutBufferBeatEntry())))     ///这是接口上的寄存器
  val beatVals = RegInit(VecInit(Seq.fill(bufBlocks) { VecInit(Seq.fill(beats) { false.B }) }))
```

```
val bufVals = VecInit(beatVals.map(_.asUInt().orR())).asUInt()
val full = bufVals.andR()
val noSpace = full && hasData
val insertIdx = PriorityEncoder(~bufVals)
val insertIdxReg = RegEnable(insertIdx, a.fire() && first)

when(a.fire() && hasData) {                              ///如果通道a上有数据（实际上是请求）到来：
  when(first) {
    putBuffer(insertIdx)(count).data := a.bits.data              ///第一个脉搏时以insertIdx为下标写入putBuffer
    putBuffer(insertIdx)(count).mask := a.bits.mask
    putBuffer(insertIdx)(count).corrupt := a.bits.corrupt
    beatVals(insertIdx)(count) := true.B
  }.otherwise({
    putBuffer(insertIdxReg)(count).data := a.bits.data           ///随后的脉搏中以insertIdxReg的输出为下标写入putBuffer
    putBuffer(insertIdxReg)(count).mask := a.bits.mask
    putBuffer(insertIdxReg)(count).corrupt := a.bits.corrupt
    beatVals(insertIdxReg)(count) := true.B
  })    ///第一个脉搏时insertIdx尚未打入寄存器insertIdxReg，所以直接以其为下标，后面就已打入了寄存器insertIdxReg。
        ///其实是用的同一个下标，只是count在变，count()是由TLEdge提供的一个函数，见前面对edgeIn.count(a)的调用。
}  ///end when(a.fire() && hasData)

val (tag, set, offset) = parseAddress(a.bits.address)          ///将输入请求中的地址分成三截

io.alloc.valid := a.valid && first && !noSpace
a.ready := Mux(first, io.alloc.ready && !noSpace, true.B)

val allocInfo = io.alloc.bits                  /// io.alloc是个MSHRRequest，填写之后发给Slice内部的MSHRAlloc模块。
allocInfo.channel := 1.U(3.W)                  /// channel是个3位的位图，最低位为1表示分配请求来自通道A
allocInfo.opcode := a.bits.opcode
allocInfo.param := a.bits.param
allocInfo.size := a.bits.size
allocInfo.source := a.bits.source
allocInfo.set := set
allocInfo.tag := tag
allocInfo.off := offset
allocInfo.bufIdx := insertIdx
allocInfo.needHint.foreach(_ := a.bits.user.lift(PrefetchKey).getOrElse(false.B))
allocInfo.isPrefetch.foreach(_ := a.bits.opcode === TLMessages.Hint)          ///Hint就是prefetch请求
allocInfo.alias.foreach(_ := a.bits.user.lift(AliasKey).getOrElse(0.U))
allocInfo.preferCache := a.bits.user.lift(PreferCacheKey).getOrElse(true.B)
allocInfo.dirty := false.B                     // ignored
allocInfo.fromProbeHelper := false.B
allocInfo.fromCmoHelper := false.B
allocInfo.needProbeAckData.foreach(_ := false.B)

io.d_pb_pop.ready := beatVals(io.d_pb_pop.bits.bufIdx)(io.d_pb_pop.bits.count)
```

```
  io.d_pb_beat := RegEnable(putBuffer(io.d_pb_pop.bits.bufIdx)(io.d_pb_pop.bits.count), io.d_pb_pop.fire())
                    ///向上位D通道SourceD发送读自putBuffer的数据，bufIdx由对方提供。
  when(io.d_pb_pop.fire() && io.d_pb_pop.bits.last) {
    beatVals(io.d_pb_pop.bits.bufIdx).foreach(_ := false.B)
  }

  io.a_pb_pop.ready := beatVals(io.a_pb_pop.bits.bufIdx)(io.a_pb_pop.bits.count)
  io.a_pb_beat := RegEnable (putBuffer(io.a_pb_pop.bits.bufIdx)(io.a_pb_pop.bits.count), io.a_pb_pop.fire())
                    ///向下位A通道SourceA发送读自putBuffer的数据，bufIdx由对方提供。
  when(io.a_pb_pop.fire() && io.a_pb_pop.bits.last) {
    beatVals(io.a_pb_pop.bits.bufIdx).foreach(_ := false.B)
  }
}
```

如果把 SinkA 比作一个车站，那么其外部接口上的 a 是个 TLBundleA 的端点，这就好比车站内的站台，就 Slice 而言这是唯一的上位对外接口，其余的都是 Slice 内部的交通，虽然对 SinkA 而言也是外部接口，就像车站可以有好几个门和好几条进出道路一样。我们先看一下这个站台 TLBundleA 的结构：

```
final class TLBundleA(params: TLBundleParameters) extends TLBundleBase(params) with TLAddrChannel {
  val channelName = "'A' channel"
  // fixed fields during multibeat:
  val opcode = UInt(width = 3)                                    ///实际上是TLMessages
  val param = UInt(width = List(TLAtomics.width, TLPermissions.aWidth, TLHints.width).max)   //amo_opcode || grow perms || hint
  val size      = UInt(width = params.sizeBits)
  val source    = UInt(width = params.sourceBits)      // from
  val address   = UInt(width = params.addressBits)     // to
  val user      = BundleMap(params.requestFields)
  val echo      = BundleMap(params.echoFields)
  // variable fields during multibeat:
  val mask      = UInt(width = params.dataBits/8)
  val data      = UInt(width = params.dataBits)
  val corrupt   = Bool()            // only applies to *Data messages
}
```

中间的 opcode 是操作码，或者说请求、命令代码；param 是相关参数，如果有数据（例如写入）就是在 data 字段。然后这里有个 val hasData，定义为 edgeIn.hasData(a.bits)，这是很关键的一个语句，所调用的是 TLEdge 类所提供的 hasData()函数：

```
class TLEdge(client: TLClientPortParameters, manager: TLManagerPortParameters,
             params: Parameters, sourceInfo: SourceInfo) extends TLEdgeParameters(client, manager, params, sourceInfo) {
  …
  def hasData(x: TLChannel): Bool = {
    val opdata = x match {
      case a: TLBundleA => !a.opcode(2)
        //     opcode === TLMessages.PutFullData     ||
        //     opcode === TLMessages.PutPartialData ||
```

```
        //      opcode === TLMessages.ArithmeticData ||
        //      opcode === TLMessages.LogicalData
      case b: TLBundleB => !b.opcode(2)
        //      opcode === TLMessages.PutFullData ||
        //      opcode === TLMessages.PutPartialData ||
        //      opcode === TLMessages.ArithmeticData ||
        //      opcode === TLMessages.LogicalData
      case c: TLBundleC => c.opcode(0)
        //      opcode === TLMessages.AccessAckData ||
        //      opcode === TLMessages.ProbeAckData    ||
        //      opcode === TLMessages.ReleaseData
      case d: TLBundleD => d.opcode(0)
        //      opcode === TLMessages.AccessAckData ||
        //      opcode === TLMessages.GrantData
      case e: TLBundleE => Bool(false)
  }
  …
}
```

显然，对于 A 通道这个函数返回 true 的条件是 3 位 opcode 中的 bit2 不是 1，下面的注释中说了合法的 opcode 就是 PutFullData 等四种，除此以外就不算 hasData，从而就不认为 A 通道上有数据到来了。如果有数据到来，就把它保存在 SinkA 内部的一个缓冲区 putBuffer 中。

每从上位 A 通道收到一个请求，就要通过 alloc 接口向 Slice 内部的 MSHRAlloc 模块发送一个 allocInfo，这实际上是个 MSHRRequest，请求对方给分配一个 MSHR，后面我们还要回到这个话题。

这里要说一下 opcode。我们现在是在 TLBundleA 中看到其 opcode 的类型是 3 位无符号整数，其实在相应请求和回应中对于 opcode 的定义也是一样。然而我们又看到例如 opcode === TLMessages.PutFullData，所以 opcode 的类型其实应该是 TLMessages，这比用 UInt(width = 3)的可读性要好。TLMessages 是从 rocket-chip 继承过来的，我们在本书第一卷中就曾看到过，为方便计这里再重列一下，因为后面的代码中频繁要用到：

```
object TLMessages{
  //                                    A    B    C    D    E    ///例如PutFullData可出现在A通道和B通道，余类推：
  def PutFullData      = UInt(0) //     .    .                   => AccessAck
  def PutPartialData   = UInt(1) //     .    .                   => AccessAck
  def ArithmeticData   = UInt(2) //     .    .                   => AccessAckData
  def LogicalData      = UInt(3) //     .    .                   => AccessAckData
  def Get              = UInt(4) //     .    .                   => AccessAckData
  def Hint             = UInt(5) //     .    .                   => HintAck
  def AcquireBlock     = UInt(6) //     .                        => Grant[Data]
  def AcquirePerm      = UInt(7) //     .                        => Grant[Data]
  def Probe            = UInt(6) //          .                   => ProbeAck[Data]
  def AccessAck        = UInt(0) //               .    .
  def AccessAckData    = UInt(1) //               .    .
  def HintAck          = UInt(2) //               .    .
  def ProbeAck         = UInt(4) //               .
  def ProbeAckData     = UInt(5) //               .
```

```
  def Release        = UInt(6) //              .              => ReleaseAck
  def ReleaseData    = UInt(7) //              .              => ReleaseAck
  def Grant          = UInt(4) //                  .          => GrantAck
  def GrantData      = UInt(5) //                  .          => GrantAck
  def ReleaseAck     = UInt(6) //                  .
  def GrantAck       = UInt(0) //                      .

  def isA(x: UInt) = x <= AcquirePerm
  def isB(x: UInt) = x <= Probe
  def isC(x: UInt) = x <= ReleaseData
  def isD(x: UInt) = x <= ReleaseAck

  def adResponse = Vec(AccessAck, AccessAck, AccessAckData, AccessAckData, AccessAckData, HintAck, Grant, Grant)
  def bcResponse = Vec(AccessAck, AccessAck, AccessAckData, AccessAckData, AccessAckData, HintAck, ProbeAck, ProbeAck)

  def a = Seq( ("PutFullData",TLPermissions.PermMsgReserved), ("PutPartialData",TLPermissions.PermMsgReserved),
             ("ArithmeticData",TLAtomics.ArithMsg), ("LogicalData",TLAtomics.LogicMsg),
             ("Get",TLPermissions.PermMsgReserved), ("Hint",TLHints.HintsMsg),
             ("AcquireBlock",TLPermissions.PermMsgGrow), ("AcquirePerm",TLPermissions.PermMsgGrow))

  def b = Seq( ("PutFullData",TLPermissions.PermMsgReserved), ("PutPartialData",TLPermissions.PermMsgReserved),
             ("ArithmeticData",TLAtomics.ArithMsg), ("LogicalData",TLAtomics.LogicMsg),
             ("Get",TLPermissions.PermMsgReserved), ("Hint",TLHints.HintsMsg), ("Probe",TLPermissions.PermMsgCap))

  def c = Seq( ("AccessAck",TLPermissions.PermMsgReserved), ("AccessAckData",TLPermissions.PermMsgReserved),
             ("HintAck",TLPermissions.PermMsgReserved), ("Invalid Opcode",TLPermissions.PermMsgReserved),
             ("ProbeAck",TLPermissions.PermMsgReport), ("ProbeAckData",TLPermissions.PermMsgReport),
             ("Release",TLPermissions.PermMsgReport), ("ReleaseData",TLPermissions.PermMsgReport))

  def d = Seq( ("AccessAck",TLPermissions.PermMsgReserved), ("AccessAckData",TLPermissions.PermMsgReserved),
             ("HintAck",TLPermissions.PermMsgReserved), ("Invalid Opcode",TLPermissions.PermMsgReserved),
             ("Grant",TLPermissions.PermMsgCap), ("GrantData",TLPermissions.PermMsgCap),
             ("ReleaseAck",TLPermissions.PermMsgReserved))
}  ///end object TLMessages
```

这样，以上面代码中的“case a: TLBundleA => !a.opcode(2)”为例，就表示如果是通道 A 则 opcode 中的 bit2 为 0，那就是小于 4，所以是 PutFullData/PutPartialData/ArithmeticData/LogicalData，这 4 种都符合 hasData() 的条件。以后我们还会多处遇到类似的代码。

与 opcode 类似的还有 param，其字段宽度为 TLAtomics.width/TLPermissions.aWidth/TLHints.width 三者中的最大值，事实上这三者的宽度为 3/2/1，所以最终的宽度为 3。这也说明，param 这个字段的值在不同情况下可以是这三者之一。其中 TLAtomics 表示对 Atomic 运算的算符，例如 ADD/AND/XOR/MIN/MAX 等等。香山的 Atomic 运算放在 DCache 这一层，不会跑到下面来，所以实际不会发生。TLHints 用于软件实现的数据预读，取值为 PREFETCH_READ 或 PREFETCH_WRITE，表示预读的意图。而 TLPermissions 就是最重要的，表示本缓存节点对具体缓存块即 cacheline 的访问权限：

```
/**
 * The three primary TileLink permissions are:
 *   (T)runk: the agent is (or is on inwards path to) the global point of serialization.
 *   (B)ranch: the agent is on an outwards path to
 *   (N)one:
 * These permissions are permuted by transfer operations in various ways.
 * Operations can cap permissions, request for them to be grown or shrunk, or for a report on their current status.
 */
object TLPermissions{
  val aWidth = 2
  val bdWidth = 2
  val cWidth = 3

  // Cap types (Grant = new permissions, Probe = permisions <= target)
  def toT = UInt(0, bdWidth)
  def toB = UInt(1, bdWidth)
  def toN = UInt(2, bdWidth)
  def isCap(x: UInt) = x <= toN

  // Grow types (Acquire = permissions >= target)
  def NtoB = UInt(0, aWidth)
  def NtoT = UInt(1, aWidth)
  def BtoT = UInt(2, aWidth)
  def isGrow(x: UInt) = x <= BtoT

  // Shrink types (ProbeAck, Release)
  def TtoB = UInt(0, cWidth)
  def TtoN = UInt(1, cWidth)
  def BtoN = UInt(2, cWidth)
  def isShrink(x: UInt) = x <= BtoN

  // Report types (ProbeAck, Release)
  def TtoT = UInt(3, cWidth)
  def BtoB = UInt(4, cWidth)
  def NtoN = UInt(5, cWidth)
  def isReport(x: UInt) = x <= NtoN

  def PermMsgGrow:Seq[String] = Seq("Grow NtoB", "Grow NtoT", "Grow BtoT")
  def PermMsgCap:Seq[String] = Seq("Cap toT", "Cap toB", "Cap toN")
  def PermMsgReport:Seq[String] = Seq("Shrink TtoB", "Shrink TtoN", "Shrink BtoN", "Report TotT", "Report BtoB", "Report NtoN")
  def PermMsgReserved:Seq[String] = Seq("Reserved")
}
```

显然，没有这些信息，存储协同性就无从谈起了。

回到正题。与 A 通道相对的是 D 通道，但 D 通道的方向与 A 通道是相反的，所以上位 TLBundle 中 D 通道的接口是 SourceD，是向外发送的。上位 D 通道是供发送即输出用的，从上位 D 通道上不会有输入，所以对 SourceD 的输入就只是来自由 MSHR 下达的任务，而下达的任务中就可以是在上位 D 通道上的发送：

```
class SourceD(implicit p: Parameters) extends HuanCunModule {
  /*
     Message          Operation         Channel          Data
     -------------|---------------|------------|-------------
     AccessAck        Put                 A            Y/N       TODO: put may be done in SinkA?
     AccessAckData    Get/Atomic          A             Y                  ///AccessAck是对A通道上Put/Get的回应
     HintAck          Hint                A             N
     Grant            Acquire             A             N                  ///Grant是对A通道上Acquire的回应
     GrantData        Acquire             A             Y
     ReleaseAck       Release             C             N                  ///ReleaseAck是对C通道上Release的回应
   */
  val io = IO(new Bundle() {
    val d = DecoupledIO(new TLBundleD(edgeIn.bundle))          ///上位外向D通道的端点
    val task = Flipped(DecoupledIO(new SourceDReq))            ///由Slice内部某个MSHR下达的操作任务
    val bs_raddr = DecoupledIO(new DSAddress)                  ///读地址
    val bs_rdata = Input(new DSData)                           ///读数据
    val bypass_read = Flipped(new SourceDBufferRead)           ///短路数据（来自RefillBuffer，尚未写入缓存块存储的数据）
    val bs_waddr = DecoupledIO(new DSAddress)                  ///写地址，写入Slice的dataStorage。
    val bs_wdata = Output(new DSData)                          ///写数据，写入Slice的dataStorage。
    // data hazards
    val sourceD_r_hazard = ValidIO(new SourceDHazard)          ///通向下位TLBundle中的D通道即SinkD
    // putbuffer interface
    val pb_pop = DecoupledIO(new PutBufferPop)                 ///从SinkA中putBuffer的一次读出，其bufIdx、count/last。
    val pb_beat = Input(new PutBufferBeatEntry)                ///来自SinkA中的putBuffer，可在一个脉搏中发送的数据输入。
  })  ///end val io

  val d = io.d                                  ///称io.d为d
  val s1_valid = Wire(Bool())
  val s2_valid, s2_ready = Wire(Bool())
  val s3_valid, s3_ready = Wire(Bool())
  val s4_ready = Wire(Bool())

  def needData (req: SourceDReq): Bool = {
    req.fromA && (req.opcode === TLMessages.GrantData || req.opcode === TLMessages.AccessAckData ||
                                                      req.opcode === TLMessages.AccessAck && !req.bypassPut)
        /// SourceDReq是MSHR下达的任务，但任务的源头可以在通道A，对于来自A通道上的这三种请求需要发回数据
  }

  // stage1
  val busy = RegInit(false.B)
  val s1_block_r = RegInit(false.B)
  val s1_req_reg = RegEnable(io.task.bits, io.task.fire())          ///来自Slice内部MSHR的任务
```

```
val s1_req = Mux(busy, s1_req_reg, io.task.bits)                  /// s1_req可以直接就是io.task，也可是保存在寄存器中的io.task。
                                                                   ///总之s1_req的内容来自io.task，即来自MSHR下达的任务。
val s1_needData = needData(s1_req)        ///见上面的def needData,来自A通道且是GrantData等三种请求之一才需要发送数据
val s1_need_pb = s1_req.fromA && (s1_req.opcode === TLMessages.AccessAck && !s1_req.bypassPut)
                                          ///函数fromA()定义于trait HasChannelBits，SourceDReq带有这个trait。
val s1_counter = RegInit(0.U(beatBits.W))          // how many beats have been sent   ///发送时的传输脉搏计数器
val s1_total_beats = Mux(s1_needData, totalBeats(s1_req.size), 0.U(beatBits.W))
val s1_beat = startBeat(s1_req.off) | s1_counter
val s1_valid_r = (busy || (io.task.valid && io.task.bits.opcode =/= TLMessages.PutPartialData)) && s1_needData && !s1_block_r
val s1_last = s1_counter === s1_total_beats                       ///当计数值达到s1_total_beats时就是最后一个脉搏了
val s1_bypass_hit = io.bypass_read.valid && io.bypass_read.ready                ///命中短路数据即尚在RefillBuffer的缓存块
val s1_bypass_data = io.bypass_read.buffer_data                                 ///短路数据，即读自RefillBuffer的数据。

val s1_queue = Module(new Queue(new DSData, 2, flow = false, pipe = false))     ///短路数据的发送队列
s1_queue.io.enq.valid := s1_bypass_hit                                          ///如命中短路数据就将其挂入这个队列
s1_queue.io.enq.bits := s1_bypass_data                                          /// s1_queue仅用于短路数据
assert(!s1_queue.io.enq.valid || s1_queue.io.enq.ready)

io.bs_raddr.valid := s1_valid_r && !s1_req.useBypass                            ///需要从缓存块阵列dataStorage读出的地址
io.bs_raddr.bits.way := s1_req.way
io.bs_raddr.bits.set := s1_req.set
io.bs_raddr.bits.beat := s1_beat                 // TODO: support unaligned address
io.bs_raddr.bits.write := false.B                                               ///是读出不是写入
io.bs_raddr.bits.noop := false.B

io.bypass_read.valid := s1_valid_r && s1_req.useBypass        ///可以从refillBuffer读取数据即bypass的条件，即useBypass。
io.bypass_read.id := s1_req.bufIdx                            ///如能从refillBuffer读取数据则更快，refillBuffer就好比快车道。
io.bypass_read.beat := s1_beat
io.bypass_read.last := s1_last

when(io.task.fire()) { busy := true.B }
when(Mux(s1_req.useBypass, s1_bypass_hit, io.bs_raddr.fire())){ s1_block_r := true.B }    /// s1_block_r表示开始读出一个缓存块
when(s1_valid && s2_ready) {
  s1_counter := s1_counter + 1.U            ///每次s1_valid就使脉搏计数器递增加1
  s1_block_r := false.B
  when(s1_last) {                           ///到达了最后一个脉搏就使计数器归0并结束busy状态
    s1_counter := 0.U
    busy := false.B
  }
}
io.task.ready := !busy
s1_valid := (busy || (io.task.valid && io.task.bits.opcode =/= TLMessages.PutPartialData)) &&
                    (!s1_valid_r || Mux(s1_req.useBypass, s1_bypass_hit /* wait data from refill buffer */,
                                                                   io.bs_raddr.ready /* wait data from bankedstore */))
// stage2
val s2_latch = s1_valid && s2_ready
```

```
val s2_req = RegEnable(s1_req, s2_latch)
val s2_needData = RegEnable(s1_needData, s2_latch)
val s2_beat = RegEnable(s1_beat, s2_latch)
val s2_last = RegEnable(s1_last, s2_latch)
val s2_counter = RegEnable(s1_counter, s2_latch)
val s2_full = RegInit(false.B)
val s2_releaseAck = s2_req.opcode === ReleaseAck
val s2_d = Wire(io.d.cloneType)                    ///s2_d的类型就是TLBundleD，SourceD中的io.d是输出。
val s2_need_pb = RegEnable(s1_need_pb, s2_latch)
val s2_need_d = RegEnable(!s1_need_pb || s1_counter === 0.U, s2_latch)     // AccessAck for Put should only be fired once
val s2_valid_pb = RegInit(false.B)     // put buffer is valid, wait put buffer fire
val pb_ready = io.pb_pop.ready

io.pb_pop.valid := s2_valid_pb && s2_req.fromA
io.pb_pop.bits.bufIdx := s2_req.bufIdx
io.pb_pop.bits.count := s2_counter
io.pb_pop.bits.last := s2_last

val pbQueue = Module(new Queue(new PutBufferBeatEntry, beatSize, flow = false, pipe = false))
        ///前面的s1_queue只是发送队列，这个pbQueue是另一个队列，PutBufferBeatEntry是需要在一个脉搏中发送的数据。
pbQueue.io.enq.bits := io.pb_beat                        ///将来自PutBuffer的数据连接到这个队列
pbQueue.io.enq.valid := RegNext(io.pb_pop.fire(), false.B)     ///对此队列发动一次挂入操作
pbQueue.io.deq.ready := s3_valid

when (pb_ready) { s2_valid_pb := false.B }
when (s2_latch) { s2_valid_pb := s1_need_pb }

s1_queue.io.deq.ready := s2_full && s2_req.useBypass && s2_needData && s2_d.ready
s2_d.valid := s2_full && ((s1_queue.io.deq.valid && s2_req.useBypass && s2_needData) || !s2_needData)
s2_d.bits.opcode := s2_req.opcode          /// s2_d的类型是TLBundleD，准备好s1_queue中的短路数据在D通道上的发送：
s2_d.bits.param := Mux(s2_releaseAck, 0.U, s2_req.param)
s2_d.bits.sink := s2_req.sinkId
s2_d.bits.size := s2_req.size
s2_d.bits.source := s2_req.sourceId
s2_d.bits.denied := s2_req.denied
s2_d.bits.data := s1_queue.io.deq.bits.data              ///要在上位D通道发送的数据来自前面的s1_queue
s2_d.bits.corrupt := s2_d.bits.denied
s2_d.bits.echo.lift(DirtyKey).foreach(_ := s2_req.dirty)

val s2_can_go = Mux(s2_d.valid, s2_d.ready, s3_ready && (!s2_valid_pb || pb_ready))   ///允许发送的条件
when(s2_full && s2_can_go) { s2_full := false.B }
when(s2_latch) { s2_full := true.B }    ///一旦s2_full变成true，且s1_queue有合适的短路数据可供发送，就启动s2_d的发送。

s2_valid := s2_full && !s2_d.valid && (!s2_valid_pb || pb_ready)
s2_ready := !s2_full || s2_can_go
```

```
class PipeInfo extends Bundle {
  val counter = UInt(beatBits.W)
  val beat = UInt(beatBits.W)
  val needPb = Bool()
  val need_d = Bool()
  val isReleaseAck = Bool()
  val req = new SourceDReq
}  ///end class PipeInfo

// we read data at s1, -1 here because s2 is hard-written
val pipe = Module(new Pipeline(new PipeInfo, sramLatency - 1))    ///创建一个PipeInfo对象的管道（队列）

pipe.io.in.valid := s2_valid                      ///pipe的输入：
pipe.io.in.bits.counter := s2_counter
pipe.io.in.bits.beat := s2_beat
pipe.io.in.bits.needPb := s2_need_pb
pipe.io.in.bits.need_d := s2_need_d
pipe.io.in.bits.isReleaseAck := s2_releaseAck
pipe.io.in.bits.req := s2_req
s3_ready := pipe.io.in.ready

// stage3
val s3_regs = pipe.io.out.bits                    ///pipe的输出就是s3_regs（但是注意这可能是队列中的另一个PipeInfo）
val s3_req = s3_regs.req
val s3_counter = s3_regs.counter
val s3_beat = s3_regs.beat
val s3_pbdata = pbQueue.io.deq.bits               /// s3_pbdata来自上面的pbQueue
val s3_need_pb = s3_regs.needPb
val s3_releaseAck = s3_regs.isReleaseAck
val s3_d = Wire(io.d.cloneType)                   ///s3_d的类型也是TLBundleD，这是s3阶段在D通道上的发送。
// stage1 may read two beats, so +1 here
val s3_queue = Module(new Queue(new DSData, sramLatency + 1, flow = true))    /// stage3的队列
                 ///又创建一个DSData的队列，其数据来自io.bs_rdata，即来自SinkA中的putBuffer。
assert(!s3_valid || needData(s3_regs.req), "Only data task can go to stage3!")

val s3_rdata = s3_queue.io.deq.bits.data
s3_d.valid := s3_valid && (!s3_need_pb || s3_counter === 0.U)     ///启动s3阶段在D通道上的发送，所发送数据来自s3_queue。
s3_d.bits.opcode := s3_req.opcode
s3_d.bits.param := Mux(s3_releaseAck, 0.U, s3_req.param)
s3_d.bits.sink := s3_req.sinkId
s3_d.bits.size := s3_req.size
s3_d.bits.source := s3_req.sourceId
s3_d.bits.denied := s3_req.denied
s3_d.bits.data := s3_rdata                                        ///来自s3_queue
s3_d.bits.corrupt := s3_req.denied || s3_queue.io.deq.bits.corrupt
s3_d.bits.echo.lift(DirtyKey).foreach(_ := s3_req.dirty)
```

```
  s3_queue.io.enq.valid := RegNextN(io.bs_raddr.fire(), n = sramLatency, Some(false.B))
  s3_queue.io.enq.bits := io.bs_rdata                  ///s3_queue中的数据来自io.bs_rdata，即SinkA中的putBuffer。
  assert(!s3_queue.io.enq.valid || s3_queue.io.enq.ready)
  s3_queue.io.deq.ready := s3_d.ready && s3_valid

  pipe.io.out.ready := !s3_valid || s3_d.ready
  s3_valid := pipe.io.out.valid

  // stage4
  val s4_latch = s3_valid && s4_ready
  val s4_req = RegEnable(s3_req, s4_latch)
  val s4_rdata = RegEnable(s3_rdata, s4_latch)         /// s3_rdata来自s3_queue，其源头在SinkA中的putBuffer。
  val s4_pbdata = RegEnable(s3_pbdata, s4_latch)       /// s3_pbdata来自pbQueue，源自io.pb_beat。
  val s4_need_pb = RegEnable(s3_need_pb, s4_latch)
  val s4_beat = RegEnable(s3_beat, s4_latch)
  val s4_full = RegInit(false.B)

  when (io.bs_waddr.ready || !s4_need_pb) { s4_full := false.B }
  when (s4_latch) { s4_full := true.B }

  val selects = s4_pbdata.mask.asBools
  val mergedData = Cat(selects.zipWithIndex.map { case (s, i) =>
            VecInit(Seq(s4_rdata, s4_pbdata.data).map(_((i + 1) * 8 - 1, i * 8)))(s) }.reverse)   // merge data according to mask

  io.bs_waddr.valid := s4_full && s4_need_pb           ///通过io.bs_waddr写入Slice中的dataStorage
  io.bs_waddr.bits.noop := false.B
  io.bs_waddr.bits.way := s4_req.way
  io.bs_waddr.bits.set := s4_req.set
  io.bs_waddr.bits.beat := s4_beat
  io.bs_waddr.bits.write := true.B
  io.bs_wdata.data := mergedData
  io.bs_wdata.corrupt := false.B

  s4_ready := !s4_full || io.bs_waddr.ready || !s4_need_pb

  TLArbiter.lowest(edgeIn, io.d, s3_d, s2_d)         ///仲裁策略为lowest，即输入序号最低优先。
         ///关于TLBundle通道的仲裁器，输入来自io.d/s3_d/s2_d，输出去向edgeIn，即上位D通道。
  io.sourceD_r_hazard.valid := busy && s1_needData     ///通向下位D通道，即SinkD
  io.sourceD_r_hazard.bits.set := s1_req_reg.set
  io.sourceD_r_hazard.bits.way := s1_req_reg.way
}  ///end class SourceD
```

注意 SourceD 并未提出分配 MSHR 的请求（因为并无输入），而只是执行由 MSHR 下达的缓存块发送任务。不过这个任务并不只是限于在上位 D 通道上的发送，也包括把缓存块写入 Slice 中的 dataStorage。而任务的起源，则主要来自上位 A 通道上的 Acquire 请求。

看完A和D两个通道，我们再看B通道，这是用来向上层节点发送Probe请求的：

```
class SourceB(implicit p: Parameters) extends HuanCunModule {
  val io = IO(new Bundle() {
    val b = DecoupledIO(new TLBundleB(edgeIn.bundle))          ///上位TLBundle中的B通道端点，用于发送。
    val task = Flipped(DecoupledIO(new SourceBReq))           ///由Slice内部某个MSHR下达的操作任务
  })

  /* Resolve task */
  val workVec = RegInit(0.U(clientBits.W))
  when(io.task.fire) { workVec := io.task.bits.clients }
  val busy = workVec.orR
  io.task.ready := !busy
  val pendingClient = Mux(busy, workVec, io.task.bits.clients)      ///位图，workVec也是来自io.task.bits.clients。
  val chosenClient = ParallelPriorityMux(pendingClient.asBools.zipWithIndex.map {   ///单热(One Hot)位图：
                                    case (sel, i) => sel -> UIntToOH(i.U, width = clientBits) })
  when(io.b.fire) { workVec := pendingClient & ~chosenClient }

  /* Handle B channel */
  val taskLatch = Mux(!busy, io.task.bits, RegEnable(io.task.bits, io.task.fire))
  val probe_alias = taskLatch.alias.map(alias_vec => Mux1H(chosenClient, alias_vec))
  io.b.valid := busy || io.task.valid                         ///启动在上位B通道上的发送
  io.b.bits.opcode := TLMessages.Probe                        ///B通道上的操作码一定是Probe
  io.b.bits.param := taskLatch.param                          ///参数param给定了Probe的目标，例如toB。
  io.b.bits.size := offsetBits.U
  io.b.bits.source := getSourceId(chosenClient)
  io.b.bits.address := Cat(taskLatch.tag, taskLatch.set, 0.U(offsetBits.W))   ///目标缓存块的地址
  io.b.bits.mask := ~0.U(beatBytes.W)
  io.b.bits.data := Cat(probe_alias.getOrElse(0.U(clientBits.W)), taskLatch.needData.getOrElse(false.B).asUInt )
  io.b.bits.corrupt := 0.U
}  ///end class SourceB
```

对上位B通道下达的任务是SourceBReq，这是SourceB的输入task：

```
class SourceBReq(implicit p: Parameters) extends HuanCunBundle {
  val set = UInt(setBits.W)
  val tag = UInt(tagBits.W)
  val param = UInt(3.W)
  val clients = UInt(clientBits.W)
  val alias = aliasBitsOpt.map(w => Vec(clientBits, UInt(w.W)))
  val needData = if (cacheParams.inclusive) None else Some(Bool())
}
```

同样，上位B通道只是向上发送Probe请求，没有接收，所以也不会发出分配MSHR的请求。

上层节点收到B通道上的Probe请求后，会在C通道上发回一个回应，对于发出Probe请求的节点这是来自其上位C通道，所以这个接口是SinkC。既然SinkC有输入，就会发出要求分配MSHR的请求。而task

则限于缓存块的释放。SinkC 类是对抽象类 BaseSinkC 的扩充，所以我们先要看一下 BaseSinkC：

```
abstract class BaseSinkC(implicit p: Parameters) extends HuanCunModule {
  val io = IO(new Bundle() {
    val c = Flipped(DecoupledIO(new TLBundleC (edgeIn.bundle)))       ///上位C通道的端点，用于接收。
    val way = Input(UInt(wayBits.W))
    val alloc = DecoupledIO(new MSHRRequest)                           ///去向Slice内部的MSHRAlloc
    val resp = ValidIO(new SinkCResp)                                  ///去向Slice内部的MSHR，这是对task的回应。
    val task = Flipped(DecoupledIO(new SinkCReq))                      ///由Slice内部某个MSHR下达的操作任务
    val bs_waddr = DecoupledIO(new DSAddress)                          ///通向Slice内部的dataStorage
    val bs_wdata = Output(new DSData)                                  ///同上
    val sourceD_r_hazard = Flipped(ValidIO(new SourceDHazard))
    // directly release inner data to next level
    val release = DecoupledIO(new TLBundleC(edgeOut.bundle))           ///通向下位C通道
  })
  io.alloc.bits.isPrefetch.foreach(_ := false.B)
  when (io.c.fire()) { assert(io.c.bits.opcode =/= 3.U) }      // opcode 3 is reserved for C channel
}  ///end class BaseSinkC
```

显然，BaseSinkC 只是定义了一个外部接口，而 SinkC 就从 BaseSinkC 继承了这个外部接口。香山的代码中定义了两个 class SinkC，分别用于 inclusive 和 noninclusive 的 HuanCun，我们在这里采用的是 inclusive 的 class SinkC：

```
class SinkC(implicit p: Parameters) extends BaseSinkC {        ///来自huancun/inclusive/SinkC.scala
  /* Release/ReleaseData，ProbeAck/ProbeAckData */                ///从C通道上下来的就是这么四种信息
  val releaseBuf = Reg(Vec(bufBlocks, Vec(blockBytes / beatBytes, UInt((beatBytes * 8).W))))
                    ///寄存器releaseBuf构成释放请求的缓冲区，这是个长度为bufBlocks的向量，每个元素本身又是个向量。
  val beatValids = RegInit(VecInit(Seq.fill(bufBlocks) { VecInit(Seq.fill(blockBytes / beatBytes)(false.B)) }))
  val bufValids = RegInit(VecInit(Seq.fill(bufBlocks)(false.B)))
  val bufFull = Cat(bufValids).andR()
  val insertIdx = PriorityEncoder(bufValids.map(b => !b))

  val c = io.c                                                  ///称io.c为c，这是输入。
  val isRelease = c.bits.opcode === TLMessages.Release
  val isReleaseData = c.bits.opcode === TLMessages.ReleaseData
  val isProbeAck = c.bits.opcode === TLMessages.ProbeAck
  val isProbeAckData = c.bits.opcode === TLMessages.ProbeAckData
  val isResp = isProbeAck || isProbeAckData
  val isReq = isRelease || isReleaseData
  val (first, last, done, count) = edgeIn.count(c)
  val hasData = edgeIn.hasData(c.bits)

  // bankedstore w counter
  val w_counter = RegInit(0.U(beatBits.W))
  val w_done = (w_counter === ((blockBytes / beatBytes) - 1).U) && (io.bs_waddr.ready && !io.bs_waddr.bits.noop)
```

```
val task_r = RegEnable(io.task.bits, io.task.fire())          ///task_r的后缀r代表release，这里的io.task是SinkCReq，见前。
val busy_r = RegInit(false.B)
val do_release = io.task.fire() || busy_r                      ///来自task的要求是do_release
when(w_done) { busy_r := false.B }.elsewhen(io.task.fire()) { busy_r := true.B }
val noSpace = hasData && bufFull
val can_recv_req = Mux(first, io.alloc.ready && !noSpace, !noSpace)
val can_recv_resp = Mux(do_release, false.B, !hasData || io.bs_waddr.ready)
c.ready := Mux(isResp, can_recv_resp, can_recv_req)
val (tag, set, off) = parseAddress(c.bits.address)             ///把输入地址分解成三截
assert(!c.valid || (c.bits.size === log2Up(blockBytes).U && off === 0.U), "SinkC must receive aligned message!")

        ///下面的io.alloc是MSHRRequest，向MSHR发出分配请求：
io.alloc.valid := c.valid && !noSpace && isReq && first        ///向Slice内部的MSHRAlloc发出alloc请求的条件
io.alloc.bits.channel := "b100".U                              /// channel是个3位的位图，最高位为1表示分配请求来自通道C。
io.alloc.bits.opcode := c.bits.opcode                          ///分配请求的内容来自（上位）C通道输入
io.alloc.bits.param := c.bits.param
io.alloc.bits.size := c.bits.size
io.alloc.bits.source := c.bits.source
io.alloc.bits.tag := tag
io.alloc.bits.set := set
io.alloc.bits.off := off
io.alloc.bits.bufIdx := insertIdx
io.alloc.bits.needHint.foreach(_ := false.B)
io.alloc.bits.alias.foreach(_ := 0.U)
io.alloc.bits.preferCache := true.B
io.alloc.bits.dirty := c.bits.echo.lift(DirtyKey).getOrElse(true.B)
io.alloc.bits.fromProbeHelper := false.B
io.alloc.bits.fromCmoHelper := false.B

val insertIdxReg = RegEnable(insertIdx, c.fire() && isReleaseData && first)
when(c.fire() && isReleaseData) {              ///如果是个释放通知，就将其写入releaseBuf:
  when(first) {
    releaseBuf(insertIdx)(count) := c.bits.data            ///第一个脉搏时尚未打入insertIdxReg，就直接以insertIdx为下标。
    beatValids(insertIdx)(count) := true.B
  }.otherwise({
    releaseBuf(insertIdxReg)(count) := c.bits.data         ///后面的脉搏已经打入insertIdxReg，就以insertIdxReg为下标。
    beatValids(insertIdxReg)(count) := true.B
  })
  when(last) { bufValids(insertIdxReg) := true.B }
}
when((w_done || task_r.drop) && busy_r) {          // release data write done
  bufValids(task_r.bufIdx) := false.B
  beatValids(task_r.bufIdx).foreach(_ := false.B)
}
```

```
  when(io.bs_waddr.fire() && !io.bs_waddr.bits.noop || io.release.fire()) { w_counter := w_counter + 1.U }
  when(w_done) { w_counter := 0.U }

  val bs_w_task = Mux(busy_r, task_r, io.task.bits)                    ///来自task的要求
  val task_w_safe = !(io.sourceD_r_hazard.valid && io.sourceD_r_hazard.bits.safe(io.task.bits.set, io.task.bits.way))

  val isProbeAckDataReg = RegEnable(isProbeAckData, io.c.fire())
  val resp_way = Mux(io.c.valid, io.way, RegEnable(io.way, io.c.fire()))
  val resp_set = Mux(io.c.valid, set, RegEnable(set, io.c.fire()))
  val resp_w_valid = (io.c.valid && can_recv_resp && isProbeAckData) || (!first && isProbeAckDataReg)      // ProbeAckData
  val req_w_valid = (io.task.fire() && io.task.bits.save) || (busy_r && task_r.save)

  io.task.ready := first && !busy_r && task_w_safe          // TODO: flow here

  io.bs_waddr.valid := req_w_valid || resp_w_valid           ///按task或上位C通道输入要求，将releaseBuf的内容写入dataStorage。
  io.bs_waddr.bits.way := Mux(do_release, bs_w_task.way, resp_way)                              ///来自task
  io.bs_waddr.bits.set := Mux(do_release, bs_w_task.set, resp_set)     // TODO: do we need io.set?     ///来自task
  io.bs_waddr.bits.beat := w_counter
  io.bs_waddr.bits.write := true.B
  io.bs_waddr.bits.noop := Mux(do_release, !beatValids(bs_w_task.bufIdx)(w_counter), !c.valid)
  io.bs_wdata.data := Mux(do_release, releaseBuf(bs_w_task.bufIdx)(w_counter), c.bits.data)
  io.bs_wdata.corrupt := false.B

  io.release.valid := busy_r && task_r.release                       ///按task要求将releaseBuf的内容转发到下位C通道
  io.release.bits.address := Cat(task_r.tag, task_r.set, task_r.off)
  io.release.bits.data := releaseBuf(task_r.bufIdx)(w_counter)        ///数据来自releaseBuf
  io.release.bits.opcode := task_r.opcode
  io.release.bits.param := task_r.param
  io.release.bits.source := task_r.source
  io.release.bits.size := task_r.size
  io.release.bits.corrupt := false.B
  io.release.bits.user.lift(PreferCacheKey).foreach(_ := true.B)
  io.release.bits.echo.lift(DirtyKey).foreach(_ := true.B)    // this is useless

  io.resp.valid := c.valid && isResp && can_recv_resp                ///去向Slice内部的MSHR，这是对task的回应。
  io.resp.bits.hasData := hasData
  io.resp.bits.param := c.bits.param
  io.resp.bits.source := c.bits.source
  io.resp.bits.last := last
  io.resp.bits.set := set
  io.resp.bits.bufIdx := DontCare          // not used in inclusive cache
}  ///end class SinkC
```

来自上位 C 通道的命令就是 ProbeAck/Release，SinkC 的反应就是一方面将其写入 dataStorage，一方面请求分配 MSHR。到 MSHR 发来任务 task 的时候，就按所下达任务再写入 dataStorage，并向下位 C 通道转发。

上位 TLBundle 中还有个 SinkE，这就只是用于确认（GrantAck），那就很简单了：

```
class SinkE(implicit p: Parameters) extends HuanCunModule {
  val io = IO(new Bundle() {
    val e = Flipped(DecoupledIO(new TLBundleE(edgeIn.bundle)))     ///上位TLBundle中E通道的端点
    val resp = ValidIO(new SinkEResp)                              ///发给Slice内部的MSHR
  })
  val e = io.e
  e.ready := true.B
  io.resp.valid := e.fire()
  io.resp.bits.sink := e.bits.sink
}
```

SinkE 虽然有输入，但并不要求分配 MSHR，而只是将输入 GrantAck 中所含的信息转发给 MSHR：

```
class SinkEResp(implicit p: Parameters) extends HuanCunBundle {
  // GrantAck
  val sink = UInt(mshrBits.W)      // The slave sink id accepting this resp
}
```

至此，我们已经看了 Slice 的上位 TLBundle 中的五个通道。下面就是下位的 TLBundle 了。

29.2 Slice 中的五个下位通道

看完了上位 TLBundle 中的五个通道，我们再看下位 TLBundle 中的五个通道，这五个通道与上位的五个通道方向相反。所以，以 A 通道为例，下位的 A 通道是向外发送的，所以是 SourceA：

```
[TopMain > XSTop > HuanCun > Slice > SourceA]
class SourceA(edge: TLEdgeOut)(implicit p: Parameters) extends HuanCunModule {   ///下方TLBundle的A通道
  val io = IO(new Bundle() {
    val a = DecoupledIO(new TLBundleA(edge.bundle))          ///下位TLBundle中A通道的端点
    val task = Flipped(DecoupledIO(new SourceAReq))           ///由MSHR向其下达的操作任务是SourceAReq
    // putbuffer interface
    val pb_pop = DecoupledIO(new PutBufferPop)                ///这是SourceA的输出
    val pb_beat = Input(new PutBufferBeatEntry)               ///上位A通道SinkA中的putBuffer可在一个脉搏中传输的数据。
  })

  val a = io.a                                                ///称下位TLBundle中的A通道io.a为a
  val a_acquire = Wire(a.cloneType)                           ///要在A通道上向外发送的命令为a_acquire
  val a_put = Wire(a.cloneType)                               ///也可以是a_put，即PutFullData/PutPartialData等。
  val beats = blockBytes / beatBytes                          ///在A通道上的传输每个“脉搏”只能传beatBytes个字节
  val busy = RegInit(false.B)

  io.task.ready := Mux(io.task.bits.putData, !busy, a_acquire.ready)   // TODO: not ready until all beats of Put fire
```

```
when (io.task.fire() && io.task.bits.putData) { busy := true.B }        ///一旦开始向A通道写入，通道的状态即为busy。

a_acquire.bits.opcode := io.task.bits.opcode                            ///发送的信息来自Slice中的MSHR的task
a_acquire.bits.param := io.task.bits.param
a_acquire.bits.size := offsetBits.U
a_acquire.bits.source := io.task.bits.source
a_acquire.bits.address := Cat(io.task.bits.tag, io.task.bits.set, 0.U(offsetBits.W))      ///地址是tag加set号码，后面再加两个0。
a_acquire.bits.mask := Fill(edgeOut.manager.beatBytes, 1.U(1.W))        ///掩模式每个字节1位
a_acquire.bits.data := DontCare                                         /// acquire请求没有数据
a_acquire.bits.corrupt := false.B
a_acquire.bits.user.lift(PreferCacheKey).foreach(_ := false.B)
a_acquire.bits.echo.lift(DirtyKey).foreach(_ := true.B)
a_acquire.valid := io.task.valid && !io.task.bits.putData      ///启动a的发送，acquire与putData互斥，后者要通过a_put发送。

val s1_ready = Wire(Bool())
val s1_full = RegInit(false.B)

// S0: read putBuffer
val s0_task = RegEnable(io.task.bits, io.task.fire() && io.task.bits.putData)      ///寄存器s0_task的内容来自io.task中的putData
val s0_count = RegInit (0.U(beatBits.W))                                ///传输时的脉搏计数器，初值为0。
// TODO: make beat calculation configurable
require(blockBytes / beatBytes == 2)
val s0_last = Mux(s0_task.size === log2Ceil(blockBytes).U, s0_count === (beats-1).U, s0_count === (1-1).U)
                ///传输时计数器s0_count从0开始计数，到计数值为s0_task.size-1时就是最后一个脉搏。
val s0_valid = io.pb_pop.fire()

io.pb_pop.valid := busy && s1_ready
io.pb_pop.bits.bufIdx := s0_task.bufIdx
io.pb_pop.bits.count := s0_count
io.pb_pop.bits.last := s0_last

when (io.pb_pop.fire()) {
  s0_count := s0_count + 1.U          ///每次io.pb_pop.fire使（脉搏数）s0_count递增加1
  when (s0_last) {                    ///到达了最后一个脉搏时就使s0_count归0，并结束busy状态。
    busy := false.B
    s0_count := 0.U
  }
}

// S1: get putBuffer and transfer to outer A
val s1_latch = s0_valid && s1_ready
val s1_count = RegEnable(s0_count, s1_latch)
val s1_task = RegEnable(s0_task, s1_latch)                       /// s1_task来自s0_task，但晚一个节拍。
val s1_cango = Mux(a_put.valid, a_put.ready, false.B)
val s1_pb_latch = HoldUnless(io.pb_beat, RegNext(s1_latch))      ///将需要在一次脉搏中传输的内容锁存在s1_pb_latch中
```

```
  s1_ready := s1_cango || !s1_full

  when(s1_full && s1_cango) { s1_full := false.B }
  when(s1_latch) { s1_full := true.B }

  a_put.bits.opcode := s1_task.opcode                          ///a_put也是下位A通道上的发送，但发送的是putData
  a_put.bits.param := s1_task.param
  a_put.bits.size := s1_task.size
  a_put.bits.source := s1_task.source
  a_put.bits.address := Cat(s1_task.tag, s1_task.set, s1_task.off)   ///地址是tag加set号码，后面再加s1_task.off。
  a_put.bits.mask := s1_pb_latch.mask                          ///发送的掩模来自锁存器s1_pb_latch中的mask部分
  a_put.bits.data := s1_pb_latch.data                          ///发送的数据来自锁存器s1_pb_latch中的data部分
  a_put.bits.corrupt := false.B
  a_put.bits.user.lift(PreferCacheKey).foreach(_ := false.B)
  a_put.bits.echo.lift(DirtyKey).foreach(_ := true.B)
  a_put.valid := s1_full

  TLArbiter.lowest(edgeIn, io.a, a_put, a_acquire)       ///TLBundle仲裁器，仲裁策略为（序号）低者优先。
        ///仲裁器的输入为io.a，a_put，a_acquire，仲裁器输出为下位A通道。
}  ///end class SourceA
```

注意 SourceA 不会发出分配 MSHR 的请求，因为它并不从通道上接收，但是当然会有 MSHR 下达的任务到来，这个任务就是 SourceAReq：

```
class SourceAReq(implicit p: Parameters) extends HuanCunBundle {
  val tag = UInt(tagBits.W)              ///目标地址的tag
  val set = UInt(setBits.W)              ///目标缓存块所属的集合
  val off = UInt(offsetBits.W)           /// offsetBits=6，off是目标单元在cacheline中的下标
  val opcode = UInt(3.W)                 ///AcquireBlock/AcquirePerm/Get/PutFullData等等
  val param = UInt(3.W)                  /// TLPermissions，如toB，toN等等。
  val source = UInt(mshrBits.W)          ///有哪个MSHR下达
  val bufIdx = UInt(bufIdxBits.W)        ///在缓冲区中的位置
  val size = UInt(msgSizeBits.W)         ///发送长度
  val needData = Bool()                  ///需要数据（Get/Acquire）
  val putData = Bool()                   ///提供数据（Put）
}  ///end class SourceAReq
```

由 MSHR 下达的任务 SourceAReq 中并不包含需要发送的数据，要发送的数据来自 SourceA 的 io.pb_beat 输入，pb 意为 put buffer，从 pb_beat 接口上到来的 PutBufferBeatEntry 是可以在一个节拍中发送的数据：

```
class PutBufferBeatEntry(implicit p: Parameters) extends HuanCunBundle {
  val data = UInt((beatBytes * 8).W)
  val mask = UInt(beatBytes.W)
  val corrupt = Bool()
}
```

这个数据被锁存在 s1_pb_latch 中，然后就通过 a.put 发送出去。一个节拍以后，新的 PutBufferBeatEntry 又来了，又在 a.put 发送出去，直到不再有数据到来。

另一个接口 io.pb_pop，则是 SourceA 的输出，这个输出在 Slice 这一层中被连接到上位的 SinkA：

```
sinkA.io.a_pb_pop <> sourceA.io.pb_pop
```

发送的内容是 PutBufferPop：

```
class PutBufferPop(implicit p: Parameters) extends HuanCunBundle {
  val bufIdx = UInt(bufIdxBits.W)
  val count = UInt(beatBits.W)              ///已经发了多少
  val last = Bool()
}
```

显然这是下位的 SourceA 在向上位的 SinkA 通报发送的情况。这也说明，下位 A 通道向下的发送一定来自上位 A 通道。

再看下位 D 通道接口即 SinkD，由下层节点发来的缓存块就来自这个接口。按理说 SinkD 既然有输入就要请求分配一个 MSHR，让 MSHR 指挥下达任务，不过从下位 D 通道进来的只能是来自下层节点的缓存块，这是在 A 通道上请求得来的，而对于由下层节点上传的缓存块的处理其实很机械也很简单，就是将其写入本节点上的 dataStorage 和 RefillBuffer，所以就不必请求分配 MSHR，也不必等待 MSHR 下达任务了，但是要向 MSHR 报告一下，有这么一个缓冲块进来了，这样 MSHR 自会向上位 D 通道既 SourceD 下达转发的任务。所以 SinkD 的代码是这样：

```
[TopMain > XSTop > HuanCun > Slice > SinkD]
class SinkD(edge: TLEdgeOut)(implicit p: Parameters) extends HuanCunModule {
  val io = IO(new Bundle() {
    val d = Flipped(DecoupledIO(new TLBundleD(edge.bundle)))          ///下位TLBundle中的通道D
    val bs_waddr = DecoupledIO(new DSAddress)                         ///去向Slice中的dataStorage
    val bs_wdata = Output(new DSData)                                 ///同上
    val bypass_write = Flipped(new SinkDBufferWrite)                  ///来自Slice中的RefillBuffer
    val way = Input(UInt(wayBits.W))
    val set = Input(UInt(setBits.W))
    val inner_grant = Input(Bool())                                   ///来自sinkD_status
    val save_data_in_bs = Input(Bool())                               ///同上
    val resp = ValidIO(new SinkDResp)                                 ///去向Slice中的MSHR
    val sourceD_r_hazard = Flipped(ValidIO(new SourceDHazard))        ///来自上位D通道，即SourceD。
  })  ///end val io，这里既没有alloc也没有task，但是却有去向MSHR的resp。

  assert(!io.d.valid || io.d.bits.size === log2Up(blockBytes).U, "SinkD must receive aligned message")

  val (first, last, _, beat) = edge.count(io.d)
  val cache = io.save_data_in_bs
  val needData = io.d.bits.opcode(0)                     ///opcode的bit0为1表示需要有数据
  val w_safe = !(io.sourceD_r_hazard.valid && io.sourceD_r_hazard.bits.safe(io.set, io.way))
```

```
  val bypass_ready = io.inner_grant && needData && io.bypass_write.ready          ///可以从RefillBuffer短路数据
  val bs_ready = (needData && w_safe || !first) && cache && io.bs_waddr.ready && (bypass_ready || !io.inner_grant)

  io.d.ready := !needData || bs_ready || bypass_ready || (!cache && !io.inner_grant)

  // Generate resp            ///去向Slice中MSHR的回应，所谓回应（resp）其实更多的是通知/报告：
  io.resp.valid := (first || last) && io.d.fire()     // MSHR need to be notified when both first & last
  io.resp.bits.last := last
  io.resp.bits.opcode := io.d.bits.opcode
  io.resp.bits.param := io.d.bits.param
  io.resp.bits.source := Mux(io.d.valid, io.d.bits.source, RegEnable(io.d.bits.source, io.d.valid))
  io.resp.bits.sink := io.d.bits.sink
  io.resp.bits.denied := io.d.bits.denied
  io.resp.bits.dirty := io.d.bits.echo.lift(DirtyKey).getOrElse(false.B)
  io.resp.bits.bufIdx := io.bypass_write.id

  // Save data to Datastorage
  io.bs_waddr.valid := io.d.valid && bs_ready              ///写入Slice中的dataStorage
  io.bs_waddr.bits.way := io.way
  io.bs_waddr.bits.set := io.set
  io.bs_waddr.bits.beat := Mux(io.d.valid, beat, RegEnable(beat + io.bs_waddr.ready.asUInt(), io.d.valid))
  io.bs_waddr.bits.write := true.B
  io.bs_waddr.bits.noop := !io.d.valid
  io.bs_wdata.data := io.d.bits.data                       ///从下位D通道进来的是缺失的缓存块，写入Slice中的dataStorage
  io.bs_wdata.corrupt := false.B

  io.bypass_write.valid := io.d.valid && bypass_ready      ///写入Slice中的RefillBuffer
  io.bypass_write.beat := beat
  io.bypass_write.data := io.bs_wdata
}  ///end class SinkD
```

可见，SinkD 的操作倒是相对简单的，他无需要求分配 MSHR，因为原先由上位 A 通道 SinkA 所要求分配的 MSHR 还在。但是 SinkD 需要向 MSHR 发一个报告，就是这里的 resp，这是一个 SinkDResp：

```
class SinkDResp(implicit p: Parameters) extends HuanCunBundle {
  // Grant / AccessAck / ReleaseAck              ///下位D通道上到来的报文就只有这么几种
  val opcode = UInt(3.W)                         ///来自下位D通道的opcode，包括Grant/GrantData/AccessAck/ReleaseAck
  val param = UInt(3.W)                          ///TLPermissions
  val source = UInt(mshrBits.W)        // The master source id receiving the resp
  val sink = UInt(outerSinkBits.W)
  val last = Bool()                    // last beat
  val denied = Bool()
  val dirty = Bool()
  val bufIdx = UInt(bufIdxBits.W)
}
```

实际上 SinkD 发的这个 resp 就是对于由 SinkA 所引起过程的回应和终结。MSHR 的接口上有个 MSHRResps，里面就有专门从 sink_c、sink_d、sink_e 接收回应的接口：

```
class MSHRResps(implicit p: Parameters) extends HuanCunBundle {
  val sink_c = ValidIO(new SinkCResp)        ///BaseSinkC的接口上有alloc也有resp
  val sink_d = ValidIO(new SinkDResp)        ///SinkD的resp是由SinkA的MSHR所下达任务引起，SinkA的接口上有alloc无resp。
  val sink_e = ValidIO(new SinkEResp)        ///SinkE的resp是由SinkB的MSHR所下达任务引起，SinkB的接口上有alloc无resp。
}
```

所以，下位 D 通道虽然重要（向下读入的数据都来自这里），但是通道上的处理倒并不复杂，这是因为：向 MSHR 发出 MSHRResps 以后，下面的事情就由 MSHR 去处理了。应上位 A 通道 SinkA 的请求而分配的这个 MSHR，当然需要将向上位 D 通道即 SourceD 下达任务，让其向上转发数据；同时还要将接收到的数据写入本地的存储模块中，并记入数据目录。

下位 B 通道上进来的是来自下层节点的 Probe。这是维持存储数据协同性的关键。通道 B、C、E 都是为数据协同性而设的。下位 B 通道上到来的 Probe，目的在于让从本缓存节点向上的所有缓存都降低对一特定缓存块的访问权限（可以至 N 即不存在），因为别的主节点要求写这个缓存块：

```
class SinkB (edge: TLEdgeOut)(implicit p: Parameters) extends HuanCunModule {
  val io = IO(new Bundle() {
    val b = Flipped(DecoupledIO(new TLBundleB(edge.bundle)))     ///下位TLBundle中的B通道
    val alloc = DecoupledIO(new MSHRRequest)                     ///向Slice中MSHR模块的alloc请求
  })

  io.b.ready := io.alloc.ready
  io.alloc.valid := io.b.valid                    ///向MSHR发送alloc请求

  val (tag, set, off) = parseAddress(io.b.bits.address)          ///将输入的地址分解成三截
  io.alloc.bits.opcode := io.b.bits.opcode                       ///根据来自下位B通道的输入，请求分配一个MSHR。
  io.alloc.bits.param := io.b.bits.param
  io.alloc.bits.channel := "b010".U
  io.alloc.bits.size := io.b.bits.size
  io.alloc.bits.source := io.b.bits.source
  io.alloc.bits.set := set
  io.alloc.bits.tag := tag
  io.alloc.bits.off := off
  io.alloc.bits.bufIdx := 0.U
  io.alloc.bits.needHint.foreach(_ := false.B)
  io.alloc.bits.isPrefetch.foreach(_ := false.B)
  io.alloc.bits.alias.foreach(_ := 0.U)
  io.alloc.bits.preferCache := true.B
  io.alloc.bits.dirty := false.B              // ignored
  io.alloc.bits.fromProbeHelper := false.B
  io.alloc.bits.fromCmoHelper := false.B
  io.alloc.bits.needProbeAckData.foreach(_ := io.b.bits.data(0))
}  ///end class SinkB
```

也是看似很简单，但实际上对 Probe 命令的响应并不简单，但分配了一个 MSHR 以后就是那个 MSHR 的事了。

MSHR 对 Probe 的处理，一方面是下情上报，要向上位 B 通道即 SourceB 下达转发的任务，另一方面还要对本地的数据目录进行操作，记载更改以后的存储权限，然后向下位 C 通道即 SourceC 下达任务，在下位 C 通道上发送 ProbeAck/ProbeAckData/Release 报文：

```
class SourceC (edge: TLEdgeOut)(implicit p: Parameters) extends HuanCunModule {
  val io = IO(new Bundle() {
    val c = DecoupledIO(new TLBundleC (edge.bundle))           ///下位TLBundle中的C通道
    val bs_raddr = DecoupledIO(new DSAddress)                  ///去向Slice中的dataStorage
    val bs_rdata = Input(new DSData)                           ///来自Slice中的dataStorage
    val task = Flipped(DecoupledIO(new SourceCReq))            ///由Slice内部某个MSHR下达的操作任务
  })

  val queue_size = 4 + sramLatency
  val queue_flow = true

  val bs_busy = RegInit(false.B)
  val back_pressure = RegInit(false.B)
  val queue = Module(new Queue(chiselTypeOf(io.c.bits), entries = queue_size, flow = queue_flow))   ///C通道上的队列
                                       ///注意这个队列的数据类型来自io.c.bits，而io.c是TLBundleC。
  back_pressure := queue.io.count >= (queue_size - sramLatency - beatSize).U      // 2 in pipeline and beatSize in pending

  // Handle task
  val beat = RegInit(0.U(beatBits.W))                                  ///传输脉搏计数器
  when(io.bs_raddr.fire()) { beat := beat + 1.U }                      ///每当io.bs_raddr.fire就使计数器递增加1
  val task_latch = RegEnable(io.task.bits, !bs_busy && io.task.valid)
  val task = Mux(!bs_busy, io.task.bits, task_latch)
  val taskWithData = io.task.valid && !back_pressure && io.task.bits.opcode(0)
  when(taskWithData) { bs_busy := true.B }
  when(io.bs_raddr.fire() && beat === ~0.U(beatBits.W)) { bs_busy := false.B }
  io.task.ready := !bs_busy && !back_pressure

  // Read Datastorage
  val has_data = taskWithData || bs_busy
  io.bs_raddr.valid := has_data                          ///启动从dataStorage读出
  io.bs_raddr.bits.way := task.way                       ///读出的目标地址
  io.bs_raddr.bits.set := task.set
  io.bs_raddr.bits.beat := beat
  io.bs_raddr.bits.write := false.B
  io.bs_raddr.bits.noop := false.B

  // Stage 0 => Stage 1
  val task_handled = Mux(has_data, io.bs_raddr.ready, io.task.fire())
  val s1_task = RegInit(io.task.bits)
  val s1_beat = RegInit(0.U(beatBits.W))
```

```
  val s1_valid = RegInit(false.B)
  when(s1_valid){ s1_valid := false.B }
  when(task_handled) {
    s1_valid := true.B
    s1_task := task
    s1_beat := beat
  }

  val s1_info = Wire(Valid(new SourceCPipe))                    ///创建一个空白SourceCPipe
  s1_info.valid := s1_valid
  s1_info.bits.apply(s1_task, s1_beat)                          ///s1_info的部分内容来自s1_task，即来自MSHR的io.task。

  val pipeOut = Pipe(s1_info, sramLatency-1)                    ///pipe的输入来自s1_info

  queue.io.enq.valid := pipeOut.valid                           ///pipe的输出进入队列
  queue.io.enq.bits.opcode := pipeOut.bits.task.opcode
  queue.io.enq.bits.param := pipeOut.bits.task.param
  queue.io.enq.bits.size := offsetBits.U
  queue.io.enq.bits.source := pipeOut.bits.task.source
  queue.io.enq.bits.address := Cat(pipeOut.bits.task.tag, pipeOut.bits.task.set, 0.U(offsetBits.W))
  queue.io.enq.bits.data := io.bs_rdata.data                    ///从dataStorage读出的数据，见上面对io.bs_raddr的设置。
  queue.io.enq.bits.corrupt := io.bs_rdata.corrupt
  queue.io.enq.bits.user.lift(PreferCacheKey).foreach(_ := true.B)
  queue.io.enq.bits.echo.lift(DirtyKey).foreach(_ := pipeOut.bits.task.dirty)

  io.c <> queue.io.deq                                          ///队列的输出连接到下位C通道的发送端口
}  ///end class SourceC
```

不管 MSHR 进行了一些处理，它交给下位 C 通道的任务是 SourceCReq：

```
class SourceCReq(implicit p: Parameters) extends HuanCunBundle {
  val opcode = UInt(3.W)
  val tag = UInt(tagBits.W)
  val set = UInt(setBits.W)
  val param = UInt(3.W)
  val source = UInt(mshrBits.W)
  val way = UInt(wayBits.W)
  val dirty = Bool()
}
```

这就是代码中的 io.task。在下位 C 通道上的发送可以是主动的 Release，也可以是被动的、Probe 的回应。如果向下的发送需要带有数据，就通过 io.bs_raddr 从数据存储模块读出，读出的结果 io.bs_rdata.data 就成为向下发送的报文中的数据部分。不过向下的发送也需要有个队列调节缓冲一下。注意这个队列的数据类型来自 io.c.bits，而 io.c 是 TLBundleC，所以需要对 queue.io.enq.bits 逐个字段地填入，其中的 data 字段来自 io.bs_rdata.data，即从本 Slice 的 DataStorage 中读出的数据。

还有下位通道 E，这就简单了：

```
class SourceE (edge: TLEdgeOut)(implicit p: Parameters) extends HuanCunModule {
  val io = IO(new Bundle() {
    val e = DecoupledIO(new TLBundleE(edge.bundle))              ///下位TLBundle中的E通道
    val task = Flipped(DecoupledIO(new SourceEReq))              ///由Slice内部某个MSHR下达的操作任务
  })
  val e = io.e
  e.valid := io.task.valid
  e.bits.sink := io.task.bits.sink                               ///下位E通道上发送的信息来自Slice内部的MSHR
  io.task.ready := e.ready
}
```

MSHR 下达给 SourceE 的任务是 SourceEReq，事实上唯一要在 E 通道上发送的就是 GrantAck，那是对下位 D 通道输入的确认：

```
class SourceEReq(implicit p: Parameters) extends HuanCunBundle {
  val sink = UInt(outerSinkBits.W)
}
```

对上位和下位两个 TLBundle 上的接口有了比较清晰的了解，下面就可以进一步考察夹在这二者之间的 Slice 了。

29.3 HuanCun 中的 Slice

HuanCun 的主体，就是夹在一对 TLBundle 之间的 Slice 模块，这是真正起着二级缓存或三级缓存作用的实体。作为二级缓存，Slice 内部首先得要有比一级缓存即 DCache/ICache 更大的缓存阵列，这是毫无疑问的。我们考察的是 inclusive 的二级缓存，凡是缓存在 DCache/ICache 中的缓存块在二级缓存中也必须有个副本，但是二级缓存中可以也应该还有更多的缓存块。之所以有更多缓存块，是因为一来 DCache/ICache 可能因空间不够而“释放”了一些原先缓存着并且未被写脏（或者虽已写脏但已回写）的“干净”缓存块，但是二级缓存并未将其释放；二来是二级缓存对于“预读（prefetch）”可能更为积极。

从代码的角度说，HuanCun 就是 Slice，Slice 就是 HuanCun。不过一个用作二级缓存或三级缓存的 HuanCun 模块中可以有多个 Slice，所以从结构上说是一个或几个 Slice 叠在一起就是 HuanCun。

Slice 模块一定是夹在一对 TileLink 的 TLBundle 之间，其上位 TLBundle 来自上一层缓存，下位 TLBundle 则去向下一层缓存或内存接口。Slice 的下位 TLBundle 必须支持 TL-C 规程，即支持缓存协同性的规程，因而 TLBundle 一定是有 A/B/C/D/E 五个通道的；上位 TLBundle 则可以视上一层缓存是否可写而定，例如 ICache 是只读的，既然只读就不存在协同性的问题。不过，虽然 Slice 是夹在上下两个 TLBundle 之间，但这并不意味着它的上方只能有一个上层缓存，因为多个上层缓存可以通过仲裁器汇聚到一个 Slice 的上位 TLBundle 上。

显而易见，Slice 模块得有自己的存储模块，没有存储模块就谈不上缓存了。

同样显而易见的是，Slice 必须有处理能力，必须实现 TL-C 规程所规定的种种操作，特别是对各种命令的响应。比方说，当有个 Probe 命令从下位 B 通道到来时，就得对 Probe 命令作出响应，按给定的参数改变对于指定缓存块（cacheline）的访问权限。

所以，我们不妨把一个 Slice 看成一台独立的计算机：

- 这台计算机的外设就是上下两个 TLBundle。
- 这台计算机的存储器是一个叫 DataStorage 的模块，以及与之配套的 Directory 模块。数据的存储以

cacheline 为单位。其中的 DataStorage 类似于 ICache 中的 IcacheDataArray，Directory 有如 ICache 中的 ICacheMetaArray。

- 这台计算机的“处理器”是一组 MSHR（Miss Status Holding Register），一个 MSHR 池，这就好比是一台“多核”的机器，但是 Slice 得要管理这些“核”的分配调度。

在这样的一台“计算机”里，输入来自上下两个 TLBundle 中作为 Sink 的通道接口，这我们在前面已经看到了，因为只有 Sink 才是输入，每当有外部输入需要加以处理和响应时，Slice 就得为其分配一个 MSHR 专职进行处理，我们在前面看到，这样的输入来自 SinkA、SinkB、SinkC，当然 SinkD 上也有输入，但那是因 SinkA 上的输入所引起的，并不具有主动性。这就好比计算机上的磁盘，当然也产生输入，但那是因为你在键盘上操作才引起的，这是内生的输入。还有 SinkE，那上面也有输入，但是太简单了，不需要惊动 MSHR 加以解决。

所以，我们实际上已经考察了这台机器的外设，下面我们先考察它的存储器，然后考察它的处理器即 MSHR，最后再看 Slice 对这些部件的组织与调度，尤其是对 MSHR 的申请与分配。

29.3.1　Slice 中的数据存储

不言而喻，Slice 内部必须要有个容量不小的存储模块，这个存储模块就是 DataStorage，这就是用来实现次级缓存的存储阵列。

按理说，DataStorage 中的存储单元就是缓存块，即 cacheline。不过由于 Slice 中的数据输入输出都要靠 TLBundle，就受到 TileLink 的限制，所以 DataStorage 中的存储单元是一个时钟节拍即一个 beat 内所能传输的数据（64 位）加上一个标志位，合在一起称为一个 DSData：

```
class DSData(implicit p: Parameters) extends HuanCunBundle {
  val data = UInt((beatBytes * 8).W)          /// beatBytes=8
  val corrupt = Bool()
}
```

当次级缓存要上传或下传一个缓存块时，并非整个缓存块的一次性传输，而是分多个“脉搏（beat）”传输的，每个脉搏的数据大小是 beatBytes，定义为 8，也就是说每个节拍只传 64 位，但一定是连续多个节拍把整个缓存块传完。之所以如此是因为：如果要求一个节拍就传输整个 cacheline 即 512 位数据则数据 Bundle 就太宽了，实际上，从 DRAM 内存的“阵发”读写本来就是通过“一阵心跳”而不是一次心跳就完成的。但是当然应该把属于同一 cacheline 的数据连续存放在一起，所以 DSData 的地址就是这样：

```
class DSAddress(implicit p: Parameters) extends HuanCunBundle {
  val way = UInt(width = wayBits.W)          /// nWays = 8，所以wayBits=3
  val set = UInt(width = setBits.W)          ///数据所属的集合，setBits取决于所给定的参数。
  val beat = UInt(width = beatBits.W)        /// beatBits=3，一个缓存块要分8个脉搏传输，所以内含8个beat。
  val write = Bool()                         ///是写还是读
  val noop = Bool()
}
```

所以，对于 DataStorage 的寻址是根据 set+way 找到目标缓存块，再按 beat 找到其各个节拍的数据。注意这里并不包含数据地址中的 tag 位段，因为这是假定已经在索引信息阵列**即 Directory 中**确认命中并知道了目标缓存块所在的 way（槽位）。

Directory 模块则，记载着所缓存着的各个缓存块的状态，Directory 中的存储单元是 DirectoryEntry，每个 DirectoryEntry 记载着一个缓存块的当前状态：

```
class DirectoryEntry(implicit p: Parameters) extends HuanCunBundle {
  val dirty = Bool()                          ///缓存块是否已被写脏
  val state = UInt(stateBits.W)               ///stateBits=2，INVALID/ BRANCH/ TRUNK/TIP，见object MeteData的定义。
  val clients = UInt(clientBits.W)            ///“货主”是谁，是谁要这个缓存块。
  val prefetch = if (hasPrefetchBit) Some(Bool()) else None    // whether the block is prefetched    ///是否预读的缓存块
}
```

Directory 中 DirectoryEntry 的存储与缓存块在 DataStorage 中的存储是对应的。DataStorage 中的每一个缓存块在 Directory 中都有个 DirectoryEntry 与其配对。所以 DirectoryEntry 在 Directory 中的位置天然就决定了缓存块在 DataStorage 中的位置，而 DirectoryEntry 无需说明目标缓存块在 DataStorage 中的存储位置。

缓存块状态 state 是个 2 位的字段，对其数值的解释定义于 object MetaData，我们把完整的 object MetaData 留到后面，这里先摘要说一下：这个 object 中的 val stateBits 定义为 2，与所以 class DirectoryEntry 中的 state 就是个 2 位的字段。这样，就一共有 4 种不同的状态：

```
object MetaData {
  val stateBits = 2
  def INVALID: UInt  = 0.U(stateBits.W)      // way is empty
  def BRANCH: UInt  = 1.U(stateBits.W)       // outer slave cache is trunk
  def TRUNK: UInt   = 2.U(stateBits.W)       // unique inner master cache is trunk
  def TIP: UInt     = 3.U(stateBits.W)       // we are trunk, inner masters are branch
  …
}  ///end object MetaData
```

所以，DataStorage 中某个 set 的某个 way，如果其状态值为 0 就表示这个 way 是空的，即使里面有数据也是无效。如果状态值不是 0，就表示这个 way 中缓存着一个有效的缓存块，其状态可以是 BRANCH、TRUNK、TIP 这三者之一。

实际上，Directory 所存储的内容不仅仅是 DirectoryEntry，后面我们将看到，Directory 还存储着缓存块地址的 tag 部分，因为 Directory 模块内部又分 tagArray 和 metaArray，其中 metaArray 的内容是 DirectoryEntry，而 tagArray 的内容则是缓存块地址中的 tag 位段。查询时先以目标地址所属的集合 set 在 tagArray 中寻址到这个集合所在，再以 tag 位段为键比对，如果命中就知道这是在哪一个 way。知道了目标的 set 和 way，就可以在 metaArray 中读出其 DirectoryEntry，也可以在 DirectoryEntry 找到目标缓存块了。所以，一个缓存块的 tag 和 DirectoryEntry 是分头写入 Directory 的，前者 TagWrite 是对 tagArray 的写入，后者 DirWrite 是对 metaArray 的写入。我们看一下 DirWrite 和 TagWrite 这两个 class 就可明白：

```
class TagWrite(implicit p: Parameters) extends BaseTagWrite {        ///对Directory的tag写入请求
  val set = UInt(setBits.W)
  val way = UInt(wayBits.W)            ///写入时以set+way为地址。
  val tag = UInt(tagBits.W)            ///写入的内容是tag。因为把新的tag写入这个set+way占用了这个set+way。
}

class DirWrite(implicit p: Parameters) extends BaseDirWrite {        ///对Directory的DirectoryEntry写入请求
  val set = UInt(setBits.W)
  val way = UInt(wayBits.W)            ///同样以set+way为地址，此前已通过目标地址的set和tag知道了它的set+way。
  val data = new DirectoryEntry        ///但写入的内容是DirectoryEntry
}
```

其实，我们在后面会看到，TagWrite 和 DirWrite 正是 MSHR 对 Directory 下达的两种“任务（task）”。

至于从目录的读出，则读出请求 DirRead 和读出结果 DirResult 分别是这样：

```
class DirRead(implicit p: Parameters) extends HuanCunBundle {      ///对Directory的读出请求
  val idOH = UInt(mshrsAll.W)
  val tag = UInt(tagBits.W)
  val set = UInt(setBits.W)
  val replacerInfo = new ReplacerInfo()
  val source = UInt(sourceIdBits.W)
  val wayMode = Bool()
  val way = UInt(log2Ceil(maxWays).W)
}
```

显然，寻址时先根据目标地址的集合号位段在 tagArray 找到所在的集合，再以 tag 进行比对，比对上了就是命中，此时所在的 way 即槽位号就是数据在 metaArray 和 DataStorage 中的槽位号，所以从 Directory 读出的结果是这样：

```
class DirResult(implicit p: Parameters) extends DirectoryEntry with BaseDirResult {
  val hit = Bool()                   ///是否命中
  val way = UInt(wayBits.W)          ///所在的way
  val tag = UInt(tagBits.W)          ///目标地址中的tag位段
  val error = Bool()
}
```

注意这里不提供集合号 set，因为那可以从目标地址中摘取。

可见，虽然 DirectoryEntry 和 tag 信息是分别写入的，但是读出时却是一起读出。事实上，Directory 的外部接口是这样：

```
class DirectoryIO(implicit p: Parameters) extends BaseDirectoryIO[DirResult, DirWrite, TagWrite] {
  val read = Flipped(DecoupledIO(new DirRead))          ///对Directory的读出请求（输入）
  val result = ValidIO(new DirResult)                   ///Directory的读出结果
  val dirWReq = Flipped(DecoupledIO(new DirWrite))      ///对Directory的DirectoryEntry写入请求
  val tagWReq = Flipped(DecoupledIO(new TagWrite))      ///对Directory的tag写入请求
}
```

宏观上我们可将 Directory 看成一个简单的黑盒子。这样，DataStorage 和 Directory 就是 Slice 内部的两大基础设施。

但是当然，inclusive 和 non-inclusive 缓存的目录 Directory 一定是不同的，前者的缓存块目录比较简单，因为需要提供的信息比较少。我们在这里不关心 non-inclusive 缓存，而 inclusive 缓存的目录是这样：

```
[HuanCun > Slice > inclusive.Directory]
class Directory(implicit p: Parameters) extends BaseDirectory[DirResult, DirWrite, TagWrite] {
  val io = IO(new DirectoryIO())

  def invalid_way_sel (metaVec: Seq[DirectoryEntry], repl: UInt) = {
    val invalid_vec = metaVec.map(_.state === MetaData.INVALID)
```

```
  val has_invalid_way = Cat(invalid_vec).orR()
  val way = ParallelPriorityMux(invalid_vec.zipWithIndex.map(x => x._1 -> x._2.U(wayBits.W)))
  (has_invalid_way, way)
}

val dir = Module(new SubDirectoryDoUpdate[DirectoryEntry]( wports = mshrsAll, sets = cacheParams.sets,
                                  ways = cacheParams.ways, tagBits = tagBits,
                                  dir_init_fn = () => {                    ///函数dir_init_fn的动态定义：
                                      val init = Wire(new DirectoryEntry())
                                      init := DontCare                     ///init的类型是DirectoryEntry，其内容是空白。
                                      init.state := MetaData.INVALID       ///其状态是INVALID
                                      init                                 ///返回一个空白DirectoryEntry对象的输出
                                  },
                                  dir_hit_fn = x => x.state =/= MetaData.INVALID, invalid_way_sel = invalid_way_sel,
                                  replacement = cacheParams.replacement) with UpdateOnAcquire )
          ///这是对抽象类SubDirectoryDoUpdate的动态扩充
val rport = dir.io.read
val req = io.read
rport.valid := req.valid
rport.bits.set := req.bits.set
rport.bits.tag := req.bits.tag
rport.bits.replacerInfo := req.bits.replacerInfo
rport.bits.wayMode := false.B
rport.bits.way := DontCare
req.ready := rport.ready
val reqIdOHReg = RegEnable(req.bits.idOH, req.fire())

val resp = io.result                          ///resp是指整个目录的查询结果
val selfResp = dir.io.resp                    /// selfResp就是来自SubDirectoryDoUpdate目录模块的回应
resp.valid := selfResp.valid
resp.bits.idOH := reqIdOHReg
resp.bits.hit := selfResp.bits.hit            ///是否在目录内命中
resp.bits.way := selfResp.bits.way
resp.bits.tag := selfResp.bits.tag
resp.bits.dirty := selfResp.bits.dir.dirty    ///目标缓存块是否已经写脏
resp.bits.state := selfResp.bits.dir.state
resp.bits.clients := selfResp.bits.dir.clients
resp.bits.prefetch.foreach(p => p := selfResp.bits.dir.prefetch.get)
resp.bits.error := selfResp.bits.error

// Self Tag Write
dir.io.tag_w.valid := io.tagWReq.valid        ///对目录项的写入
dir.io.tag_w.bits.tag := io.tagWReq.bits.tag
dir.io.tag_w.bits.set := io.tagWReq.bits.set
dir.io.tag_w.bits.way := io.tagWReq.bits.way
io.tagWReq.ready := dir.io.tag_w.ready
```

```
  // Self Dir Write
  dir.io.dir_w.valid := io.dirWReq.valid
  dir.io.dir_w.bits.set := io.dirWReq.bits.set
  dir.io.dir_w.bits.way := io.dirWReq.bits.way
  dir.io.dir_w.bits.dir := io.dirWReq.bits.data                    ///data提供了目标缓存块在DataStorage中的位置
  io.dirWReq.ready := dir.io.dir_w.ready
}  ///end class inclusive.Directory
```

显然，Directory 的核心是个 SubDirectoryDoUpdate 对象。由于 SubDirectoryDoUpdate 是个抽象类，这里创建的是对此抽象类的动态扩充。抽象类 SubDirectoryDoUpdate 的定义是这样：

```
[HuanCun > Slice > inclusive.Directory > SubDirectoryDoUpdate]
abstract class SubDirectoryDoUpdate[T <: Data](wports: Int, sets: Int, ways: Int, tagBits: Int, dir_init_fn: () => T,
            dir_hit_fn: T => Bool, invalid_way_sel: (Seq[T], UInt) => (Bool, UInt), replacement: String) (implicit p: Parameters)
                    extends SubDirectory[T]( wports, sets, ways, tagBits, dir_init_fn, dir_hit_fn, invalid_way_sel, replacement)
                                                                                                    with HasUpdate{
  val update = doUpdate(reqReg.replacerInfo)       ///函数doUpdate()是trait HasUpdate中的一个抽象函数，
         ///但是前面创建对SubDirectoryDoUpdate的动态扩充时给定的是with UpdateOnAcquire，这是对HasUpdate的扩充。
  when(reqValidReg && update){ replacer_wen := true.B }   ///如果是AcquirePerm或AcquireBlock就把replacer_wen设成true。
}  ///end abstract class SubDirectoryDoUpdate
```

SubDirectoryDoUpdate 是对 SubDirectory 的扩充，但扩充不大，其主体还是在 SubDirectory，所作扩充主要就是 val update，即对函数 doUpdate()的调用。这个函数是定义于 trait HasUpdate 中的一个抽象函数。然而前面创建对 SubDirectoryDoUpdate 动态扩充而来的对象时给定的是 with UpdateOnAcquire，这是对 trait HasUpdate 的扩充，而 trait UpdateOnAcquire 中对这个函数的落实是这样：

```
trait UpdateOnAcquire extends HasUpdate {
  override def doUpdate(info: ReplacerInfo) = {
    info.channel(0) && (info.opcode === TLMessages.AcquirePerm || info.opcode === TLMessages.AcquireBlock)
  }  ///返回一个布尔值
}
```

如果 reqValidReg 为 true 并且 reqReg.replacerInfo 中的操作码是 AcquirePerm 或 AcquireBlock，就把 replacer_wen 设成 true。

而 SubDirectoryDoUpdate 的主体，则是在 class SubDirectory 中：

```
[HuanCun > Slice > inclusive.Directory > SubDirectoryDoUpdate > SubDirectory]
class SubDirectory[T <: Data]( wports: Int, sets: Int, ways: Int, tagBits: Int, dir_init_fn: () => T, dir_hit_fn: T => Bool,
                                        invalid_way_sel: (Seq[T], UInt) => (Bool, UInt), replacement: String)
                                                                    (implicit p: Parameters) extends MultiIOModule {
  val setBits = log2Ceil(sets)
  val wayBits = log2Ceil(ways)
  val dir_init = dir_init_fn()                ///dir_init_fn见参数，是个() => T，返回一个空白DirectoryEntry对象的输出。

  val io = IO(new Bundle() {
    val read = Flipped(DecoupledIO(new Bundle() {val tag = UInt(tagBits.W), val set = UInt(setBits.W),
```

```
                    val replacerInfo = new ReplacerInfo(), val wayMode = Bool(),val way = UInt(wayBits.W) }))
  val resp = ValidIO(new Bundle() {val hit = Bool(), val way = UInt(wayBits.W), val tag = UInt(tagBits.W),
                                          val dir = dir_init.cloneType, val error = Bool()})
                                          ///如果命中，则其way、tag和DirectoryEntry。
  val tag_w = Flipped(DecoupledIO(new Bundle() {val tag = UInt(tagBits.W), val set = UInt(setBits.W),
                                          val way = UInt(wayBits.W) }))
                                          ///要求将一tag写入目录中的指定位置，取决于set和way。
  val dir_w = Flipped(DecoupledIO(new Bundle() {val set = UInt(setBits.W), val way = UInt(wayBits.W),
                                          val dir = dir_init.cloneType}))
                                          ///要求将一DirectoryEntry写入目录，其位置决定于set和way。
})  ///end val io

val resetFinish = RegInit(false.B)
val resetIdx = RegInit((sets - 1).U)
val metaArray = Module(new SRAMTemplate(chiselTypeOf(dir_init), sets, ways, singlePort = true))
                              /// SubDirectory的核心是metaArray，其存储单元类型是DirectoryEntry。
val tag_wen = io.tag_w.valid
val dir_wen = io.dir_w.valid
val replacer_wen = WireInit(false.B)
io.tag_w.ready := true.B
io.dir_w.ready := true.B
io.read.ready := !tag_wen && !dir_wen && !replacer_wen && resetFinish        ///读出与写入不能同时进行

def tagCode: Code = Code.fromString(p(HCCacheParamsKey).tagECC)

val eccTagBits = tagCode.width(tagBits)
val eccBits = eccTagBits - tagBits
val tagRead = Wire(Vec(ways, UInt(tagBits.W)))
val eccRead = Wire(Vec(ways, UInt(eccBits.W)))

val tagArray = Module(new SRAMTemplate(UInt(tagBits.W), sets, ways, singlePort = true))     ///创建一个tagArray
                              /// tagArray与metaArray是平行的

if(eccBits > 0){                       ///如果采用ECC纠错码就再创建一个eccArray
  val eccArray = Module(new SRAMTemplate(UInt(eccBits.W), sets, ways, singlePort = true))
  eccArray.io.w(io.tag_w.fire(), tagCode.encode(io.tag_w.bits.tag).head(eccBits), io.tag_w.bits.set, UIntToOH(io.tag_w.bits.way))
  eccRead := eccArray.io.r(io.read.fire(), io.read.bits.set).resp.data
} else {
  eccRead.foreach(_ := 0.U)
}

tagArray.io.w(io.tag_w.fire(), io.tag_w.bits.tag, io.tag_w.bits.set, UIntToOH(io.tag_w.bits.way))
tagRead := tagArray.io.r(io.read.fire(), io.read.bits.set).resp.data          ///从tagArray中读出属于给定set的所有tag

val reqReg = RegEnable(io.read.bits, enable = io.read.fire())
val reqValidReg = RegNext(io.read.fire(), false.B)
```

```
  val repl = ReplacementPolicy.fromString(replacement, ways)
  val repl_state = if(replacement == "random"){
    when(io.tag_w.fire()){ repl.miss }
    0.U
  } else {
    val replacer_sram = Module(new SRAMTemplate(UInt(repl.nBits.W), sets, singlePort = true))
    val repl_state = replacer_sram.io.r(io.read.fire(), io.read.bits.set).resp.data(0)
    val next_state = repl.get_next_state(repl_state, io.resp.bits.way)
    replacer_sram.io.w(replacer_wen, next_state, reqReg.set, 1.U)
    repl_state
  }   ///end val repl_state

  io.resp.valid := reqValidReg
  val metas = metaArray.io.r(io.read.fire(), io.read.bits.set).resp.data
  val tagMatchVec = tagRead.map(_(tagBits - 1, 0) === reqReg.tag)          ///tag比对
  val metaValidVec = metas.map(dir_hit_fn)                                 ///对metas实施dir_hit_fn()
  val hitVec = tagMatchVec.zip(metaValidVec).map(x => x._1 && x._2)        ///比对相符并且meta有效才是命中
  val hitWay = OHToUInt(hitVec)                                            ///命中的槽位号
  val replaceWay = repl.get_replace_way(repl_state)                        ///如果不命中就牺牲这个槽位中的内容
  val (inv, invalidWay) = invalid_way_sel(metas, replaceWay)
  val chosenWay = Mux(inv, invalidWay, replaceWay)
  val meta = metas(io.resp.bits.way)
  val tag_decode = tagCode.decode(eccRead(io.resp.bits.way) ## tagRead(io.resp.bits.way))
  val tag = tagRead(io.resp.bits.way)
  io.resp.bits.hit := Cat(hitVec).orR()
  io.resp.bits.way := Mux(reqReg.wayMode, reqReg.way, Mux(io.resp.bits.hit, hitWay, chosenWay))
  io.resp.bits.dir := meta
  io.resp.bits.tag := tag
  io.resp.bits.error := io.resp.bits.hit && tag_decode.error

  metaArray.io.w(!resetFinish || dir_wen, Mux(resetFinish, io.dir_w.bits.dir, dir_init), Mux(resetFinish, io.dir_w.bits.set, resetIdx),
                                                  Mux(resetFinish, UIntToOH(io.dir_w.bits.way), Fill(ways, true.B)))
  when(resetIdx === 0.U) { resetFinish := true.B }
  when(!resetFinish) { resetIdx := resetIdx - 1.U }
}   ///end class SubDirectory
```

真正的查询是在 SubDirectory 中进行的。首先从 tagArray 中读出属于给定集合号 set 的所有 tag，所得的 tagRead 显然是个向量，向量长度取决于同一集合中被缓存的 Way 即槽位的个数。然后对这个 tagRead 实施比对：tagRead.map(_(tagBits - 1, 0) === reqReg.tag)，这是对向量 tagRead 中的每一个元素的 tag 与 reqReg.tag 即目标地址的 tag 进行比对，在所生成的电路中这是对 tagArray 中一个 set 的所有槽位同时的比对，集合有几个槽位就是几个比较器。这样，如果命中，就得到了目标缓存块地址所在的槽位号 way。

缓存块的存放地 DataStorage 与缓存块目录 Directory 是平行的，有了目标地址所属的集合 set，也有了在这个集合中的槽位 way，从 DataStorage 中读取数据就是直截了当的了。但是我们现在暂且将其当成一个黑盒子，把它放到后面专讲存储模块的时候再来介绍，以免冲淡了现在的主题。

至于 ProbeHelper 则只存在于 non-inclusive 的次级缓存中，这里就不看了。

29.3.2 MSHR

如上所述，Slice 中有一组 MSHR，构成一个 MSHR 池，就好像一台多核的机器一样，一个 MSHR 就好比一个 CPU 核。实际上 MSHR 是“Miss Status Holding Registers”的缩写，但是其功能和作用已经远远不是“Holding Registers”的事了。同样，inclusive 与 non-inclusive 的 MSHR 也不一样，所以香山的代码中 MSHR 有两个版本，一个用于 inclusive 缓存，另一个用于 noninclusive 缓存，前者相对简单一些，500 多行；后者的代码有 1300 多行。这里采用的是 inclusive 的版本，读者搞懂了这个版本以后可以自己再去研究 noninclusive 的版本。二者的对外接口是一样的。

不管是 inclusive 还是 noninclusive，其 MSHR 都是对抽象类 BaseMSHR 的扩充。不过抽象类 BaseMSHR 中也只是定义了 MSHR 的外部接口：

```
abstract class BaseMSHR[T_RESULT <: BaseDirResult, T_DIR_W <: BaseDirWrite,
                         T_TAG_W <: BaseTagWrite]( implicit p: Parameters) extends HuanCunModule {
  val io: BaseMSHRIO[T_RESULT, T_DIR_W, T_TAG_W]          ///凡是MSHR，其外部接口都是BaseMSHRIO。
}
```

这个 BaseMSHRIO 也是个抽象类，后面在实际创建时会动态加以扩充：

```
abstract class BaseMSHRIO [T_RESULT <: BaseDirResult, T_DIR_W <: BaseDirWrite,
                           T_TAG_W <: BaseTagWrite](implicit p: Parameters) extends HuanCunBundle {
  val id = Input(UInt(mshrBits.W))
  val enable = Input(Bool())
  val alloc = Flipped(ValidIO(new MSHRRequest))                                   ///来自MSHRAlloc的分配请求
  val status = ValidIO(new MSHRStatus)                                            ///去往MSHRAlloc的MSHR状态
  val tasks: MSHRTasks[T_DIR_W, T_TAG_W]      //= new MSHRTasks                   ///去向上/下位TLBundle的各个通道
  val dirResult: Valid[T_RESULT]              // = Flipped(ValidIO(new DirResult)) ///从Directory读出的结果来了这里
  val resps = Flipped(new MSHRResps)                                              ///来自SinkD和SinkC/SincE
  val nestedwb = Input(new NestedWriteback)
  val ecc = Valid(new EccInfo)
}
```

这里对 tasks 的定义就是抽象的，只是说它的类型是 MSHRTasks，而并未为其创建一个实体。事实上 MSHRTasks 本身就是一个抽象类，需要通过扩充加以落实。

抽象类 BaseMSHR 只是为 inclusive 和 noninclusive 两个版本提供了一个共同的 BaseMSHRIO。

进入 MSHR 的代码之前，我们有必要先重温一下 DCache 内部的相关设施，因为次级缓存中的 MSHR 起着承上启下的作用，二级缓存的上方就是作为一级缓存的 DCache。DCache 中并没有 MSHR，因为 DCache 已经到了顶层，再没有上位 TileLink 了，但是 DCache 中的例如 missQueue、probe Queue、wb 实际上起着相当于 MSHR 一部分的作用。

```
class DCacheImp(outer: DCache) extends LazyModuleImp(outer) with HasDCacheParameters with HasPerfEvents {
  val ldu = Seq.tabulate(LoadPipelineWidth)({ i => Module(new LoadPipe(i))})   ///这是与上方Ldu的接口和处理
  val mainPipe   = Module(new MainPipe)                                        ///这是与上方Stu的接口和处理
  val refillPipe = Module(new RefillPipe)                                      ///这是与下方D通道缓存块读入机制的接口
  val missQueue  = Module(new MissQueue(edge))                                 ///这是向下方A通道要求读入的接口
  val probeQueue = Module(new ProbeQueue(edge))                                ///处理来自下方B通道逆向的访问权限更改
  val wb         = Module(new WritebackQueue(edge))                            ///这是与下方C通道进行回写的接口
}
```

可见，DCache 就是上对“主设备”的读出和写入，下对次级缓存或内存；以 DCache 中的 missQueue 为例，这个队列中的表项就直接在 A 通道上发送，在 D 通道上接收。但在次级缓存中就不一样了，次级缓存中的 MSHR 控制着上下两个方向上的输入输出。

更重要的是，MSHR 就是 TileLink 的 TL-C 规程的具体实现者。在像香山 SoC 这样支持多核的系统中，缓存有存储协同性的问题，所以必须支持 TileLink 的 TL-C 规程（而不是 TL-UL 和 TL-UH 规程），这个 C 表示 Cached，但是实际上更贴切地说应该是表示 Coherence，因为在单核的系统中也可以有缓存，但却无需考虑协同的问题。这在本书第一卷中已有介绍。

在 TL-UH/TL-UL 规程中，要从下层读入一个缓存块的命令/请求就是（A 通道上的）Get，要写出就是 Put，包括 PutPartialData 和 PutFullData，这比较符合人们的“常识”。

可是在 TL-C 规程中就不是这样了，TL-C 中不使用 Get/Put；不管是要读入还是写出，首先就要在 A 通道上向下层发出 AcquirePerm 或者 AcquireBlock 请求，先要求把目标缓存块的数据或者对目标缓存块的访问权限拿到手，然后会在 D 通道上接收到含有目标缓存块的 GrantData 或者对目标缓存块的访问许可 Grant，而本级缓存则须在 E 通道上发出一个 GrantAck 加以确认。然而，在发出 AcquireBlock 之后，可能发现本地的存储已经满了，没有地方可以存放即将在 D 通道上到来的缓存块，这时就要把缓存中的某个缓存块替换（replace）掉，如果这个缓存块是写脏的就要把它“回写（writeback）”到次级缓存或内存中。可是这却不是通过 A 通道写出了，此时要通过 C 通道上的 ReleaseData 写出。或者，如果只是降低对该缓存块的访问权限，那就是 Release。而下层的次级缓存或内存则须在 D 通道上发回 ReleaseAck 加以确认。在这样的情况下，我们就说在 C 通道上发起的 Release 是“嵌套（nested）”在 A 通道的 AcquireBlock 中（在 SiFive 的文档中称为 recursive）。

在多核系统中的嵌套就更复杂了。假定 L3 缓存是公用的，上面有两套不同的 L1/L2 缓存堆叠，我们假定其为堆叠 1 和堆叠 2，并假定有个 Block1 在两个堆叠中都有缓存，现在堆叠 2 发起了对 Block 的 AcquirePerm，要求写入。于是 L3 缓存就会在堆叠 1 中自下往上发送 ProbePerm，要求下降对 Block1 的访问权限到只读，这个要求会被一直往上传到该堆叠的 L1 缓存即 DCache 为止。于是 DCache 就得在 C 通道上发出 ProbeAck 加以确认，表示我这里不会往这个缓存块中写入了。这显然又是一种嵌套，即把（堆叠 1 上的）Probe 嵌套在（堆叠 2 上的）Acquire 中。还有更复杂的，就是堆叠 1 中要降低访问权限的那个 Block1 恰好是已被写脏的，那就得先在 C 通道上发送 ProbeDataAck，把写脏的的缓存块先行回写。这当然更是嵌套，即在 B 通道上的 Probe 中嵌套了 C 通道上的 ProbeDataAck。可想而知，L3 缓存在得到由堆叠 1 回写的（写脏了的）Block1 之后，还得在 D 通道上对堆叠 2 发出 GrandData，这是对 Acquire 的回应，意思是你现在可以写了，但是得要写在这个新的版本中，而堆叠 2 则必须通过 GrantAck 加以确认。这个过程在堆叠 2 中看不到嵌套，但是在 L3 缓存中无疑是嵌套的。

从以上说明中也可以看出：

- D 通道主要用于 Grant，其中 GrantData 是缓存块的上传，Grant 是关于 Permition 即访问权限的升级。除此之外也用于确认信息 ReleaseAck 的上传。但是对于 Grant 的反应只是确认信息 GrantAck 的下发，中间不可能再有嵌套。Grant 或 ReleaseAck 的到来实际上意味着一个过程的终结。
- E 通道唯一的用处就是 GrantAck 的下发，但下层对 GrantAck 就再无别的反应了。
- A 通道上的交互一定是在外层，一定是以 Acquire 始，以 Grant 终（尽管还需要在 E 通道上发一个 GrantAck）。除来自上层的读/写请求和本节点的预读请求外，Acquire 不可能来自别的交互过程，不可能嵌套在别的交互过程内部。
- 凡是嵌套在内层的交互过程都发生在 B 和 C 两个通道上。如果嵌套在内层的交互过程不能结束，外层的 Acquire 过程就也被拖住不能结束；所以让嵌套在内层的过程能尽快结束就是关键，这意味着 B、C 两个通道上的活动应该有高于 A 通道的优先级。
- B 和 C 两个通道，则又以 C 通道上的活动应有更高的优先级。B 通道上的活动是 Probe，C 通道上的活动是 ProbeAck 和 Release。

更详细的说明可以参阅网上的文档《SiFive TileLink Specification》。

如果把次级缓存，更确切地说是把次级缓存中的一个 Slice，当成一台计算机，那么显然仅当在有输入的时候才需要处理，由此而导致的输出/响应也属于处理的内容之一。所以 Slice 的处理肯定源自在某个 Sink 上接收到了 TileLink 规程中所定义的某个报文。不过在 SinkE 上接收到的只能是 GrantAck，标志着一个交互过程的终结，所以对此（在宏观上）可以忽略不计。其次，来自 SinkD 上的 Grant 和 ReleaseAck 实际上也意味着一个交互过程（例如 Acquire 过程）的终结，虽然也需要有些处理，例如将其数据写入本地的存储模块，在 SourceD 上加以转发等等，但这也已经临近一个交互过程的末尾，已经可以视作是无状态、无上下文的处理了。除此二者之外，来自 SinkA/SinkB/SinkC 的处理就都是有状态、有上下文的。以其中最接近末尾的 SinkC 上到来的报文 Release 为例，在将其向下转发之后就得等待下层（在 D 通道上）发来 ReleaseAck 才能终结，这就是有上下文，有状态的。从原理上说，这就需要为之创建一个线程，或者分配一个处理器核加以处理，在 Slice 中则是分配一个 MSHR，所以 MSHR 的作用就相当于一个线程或者一个处理器核。事实上，后面我们就会看到，Slice 中维持着一个“MSHR 池”，每当有 TileLink 的报文从 SinkA/SinkB/SinkC 进来就为其分配一个 MSHR 加以处理。

但是现在我们先看 MSHR 本身，假定已经分配了一个 MSHR，看其进行何种操作和处理。下面就是 inclusive.MSHR 的代码，这是在 huancun.inclusive 这个 package 中：

```
[HuanCun > Slice > inclusive.MSHR]
class MSHR()(implicit p: Parameters) extends BaseMSHR[DirResult, DirWrite, TagWrite] {
  val io = IO(new BaseMSHRIO[DirResult, DirWrite, TagWrite] {   ///对抽象类BaseMSHRIO进行动态扩充，添加了两个字段：
     override val tasks = new MSHRTasks[DirWrite, TagWrite] {        ///对抽象类MSHRTasks的动态扩充：
        override val dir_write: DecoupledIO[DirWrite] = DecoupledIO(new DirWrite())
        override val tag_write: DecoupledIO[TagWrite] = DecoupledIO(new TagWrite())
     }
     override val dirResult = Flipped(ValidIO(new DirResult()))          ///来自Directory的查询结果
  })   ///end val io，这里对抽象类BaseMSHRIO进行了动态扩充。注意在抽象类BaseMSHRIO中还有不少io字段。

  val req = Reg(new MSHRRequest)                    ///req的内容来自io.alloc，代码见前，每当io.alloc.valid时，req := io.alloc.bits。
  val req_valid = RegInit(false.B)
  val meta_reg = Reg(new DirResult)                 ///来自Directory，对Directory的查询是在MSHRAlloc中发起的。
  val meta = Wire(new DirResult)                    ///来自Directory，尚未打入寄存器之前。
  val meta_valid = RegInit(false.B)

  // Get directory result                           ///从Directory的读出请求是由MSHRAlloc发出的，读出的结果却来了这儿：
  assert(RegNext(!io.dirResult.valid || req_valid && !meta_valid, true.B),
             "Directory result was sent to mismatch MSHR(mshrId:%d, resultId:%d)", io.id, OHToUInt(io.dirResult.bits.idOH) )
  assert(!req_valid || !req.fromCmoHelper, "TODO: Inclusive cache support CMO operation")
  when(io.dirResult.valid) {                        ///有来自Directory的有效读出
    meta_valid := true.B
    meta_reg := io.dirResult.bits                   /// meta_reg的内容来自io.dirResult，是否命中就看及hit标志位。
  }
  meta := Mux(io.dirResult.valid, io.dirResult.bits, meta_reg)        ///如果没有新的Directory读出就采用已打入寄存器的
  dontTouch(meta)                                   ///meta总是反映着本MSHR所处理请求中的目标地址是否命中

  // Final meta to be written
  val new_meta = WireInit(meta)                     ///来自A/B/C通道的请求会使目标缓存块的元状态发生变化
  val req_acquire = req.opcode===AcquireBlock || req.opcode===AcquirePerm   ///如果req即io.alloc是来自上位A通道的请求。
  val req_needT = needT(req.opcode, req.param)          ///见前面的object MetaData，有些请求需要目标缓存块处于Trunk状态。
  val gotT = RegInit(false.B)                     // L3 might return T even though L2 wants B
```

```
val meta_no_client = !meta.clients.orR
val req_promoteT = req_acquire && Mux(meta.hit,    meta_no_client && meta.state === TIP,    gotT)
val req_realBtoT = meta.hit && (meta.clients & getClientBitOH(req.source)).orR
val prefetch_miss = hintMiss(meta.state, req.param)        ///见前面的object MetaData
val probes_toN = RegInit(0.U(clientBits.W))
val probes_done = RegInit(0.U(clientBits.W))
val probe_exclude = Mux(req.fromA && meta.hit && skipProbeN(req.opcode), getClientBitOH(req.source), 0.U )
                                                     // Client acquiring the block does not need to be probed
val probe_next_state = Mux(isT(meta.state) && req.param === toT, meta.state,
                           Mux(meta.state =/= INVALID && req.param =/= toN, BRANCH, INVALID))
      ///如果目标缓存块原先的状态就是T，并且所请求的变更也是toT，那就维持原状不变。
      ///否则，如果原先的状态不是INVALID并且所请求的变更不是toN，那就转入BRANCH;
      ///再否则，如果原先就是INVALID，或者所请求的变更是toN，那就转入INVALID。
when(req.fromC) {                          ///如果alloc请求来自上位通道C，即SinkC：
  // Release / ReleaseData
  new_meta.dirty := meta.dirty || req.opcode(0)
  new_meta.state := Mux(req.param === TtoB || req.param === TtoN, TIP, meta.state)
      ///来自C通道的Release请求可以使目标缓存块升级变更到TIP状态，或维持原状不变。
  new_meta.clients := meta.clients & ~Mux(isToN(req.param), getClientBitOH(req.source), 0.U)
  new_meta.hit := true.B
}.elsewhen(req.fromB) {                    ///如果alloc请求来自下位通道B，即SinkB：
  new_meta.dirty := req.param === toT && meta.dirty
  new_meta.state := probe_next_state       ///见上。
     ///来自B通道的Probe只能使目标缓存块停留在（而不是变更到）T状态，或者降级变更到BRANCH或INVALID状态。
  new_meta.clients := Mux(req.param === toN, 0.U, meta.clients)
  // TODO: if a TIP/TRUNK is probed to be BRANCH, do we need to probe clients to INVALID?
  new_meta.hit := false.B
}.otherwise {          ///不是来自通道C，也不是来自通道B，那就是来自通道A，因为通道D和E不会发出请求：
  // Acquire / Intent / Put / Get / Atomics                ///这5种操作都是在通道A上：
  new_meta.dirty := meta.hit && meta.dirty || !req.opcode(2)  // Put / Atomics    ///opcode的bit2为0，那就是Put或Atomics。
  new_meta.state := Mux(req_needT,       ///如果需要Trunk的权限就来自下面的第一个Mux，否则就来自第二个Mux：
    Mux(req_acquire || req.opcode === Hint && meta.state === TRUNK,           ///req_needT：
      TRUNK,           // Acquire (NtoT/BtoT) / Intent (PrefetchWrite) on a TRUNK
      TIP
    ),                 // Intent (PrefetchWrite) on un-TRUNK / Put / Atomics
    Mux(!meta.hit,            // The rest are Acquire (NtoB) / Intent (PrefetchRead) / Get          ///!req_needT：
      // If tag miss, new state depends on what L3 grants
      Mux(gotT, Mux(req_acquire, TRUNK, TIP), BRANCH),          ///如果不命中
      MuxLookup(meta.state, BRANCH,
        Seq(INVALID -> BRANCH,   BRANCH -> BRANCH,   TRUNK -> Mux(req.opcode === Hint, TRUNK, TIP),
                                 TIP -> Mux(meta_no_client && req_acquire, TRUNK, TIP)))   ///如果命中
    )
  )  ///对new_meta.state的赋值视是否req_needT而来自两个Mux。第二个Mux中又有嵌套的Mux。
  new_meta.clients := Mux(meta.hit, meta.clients & ~probes_toN, 0.U) | Mux(req_acquire, getClientBitOH(req.source), 0.U)
  new_meta.hit := true.B
}   ///end when(req.fromC) {}.otherwise
```

```
val new_dir = Wire(new DirectoryEntry)          ///注意这不是个新的目录，而是个新的目录项，准备写入目录，见后。
new_dir.dirty := new_meta.dirty                 ///将new_meta的字段连到new_dir，准备写入Directory：
new_dir.state := new_meta.state
new_dir.clients := new_meta.clients
new_dir.prefetch.foreach(_ := prefetch_miss && req.opcode === Hint || meta.prefetch.get)

val sink = Reg(UInt(edgeOut.bundle.sinkBits.W))        /// sinkBits见class TLBundleParameters的构造参数

val bad_grant = Reg(Bool())
when(bad_grant) {
  new_meta.dirty := false.B
  new_meta.state := Mux(meta.hit, BRANCH, INVALID)
  new_meta.clients := Mux(meta.hit, meta.clients & ~probes_toN, 0.U)
  new_meta.hit := meta.hit
}
assert(RegNext(!meta_valid || !req.fromC || meta.hit, true.B))          // Release should always hit
val change_meta = meta_valid && meta_reg.state =/= INVALID &&
                      (io.nestedwb.set === req.set && io.nestedwb.tag === meta.tag)    ///表示meta信息有变化
when(change_meta) {                    ///如果meta信息有变化
  when(io.nestedwb.b_clr_dirty) { meta_reg.dirty := false.B }
  when(io.nestedwb.c_set_dirty) { meta_reg.dirty := true.B }
  when(io.nestedwb.b_toB) { meta_reg.state := BRANCH }
  when(io.nestedwb.b_toN) { meta_reg.hit := false.B }
}   ///end when(change_meta)

// Set tasks to be scheduled and resps to wait for     ///以下都是一些操作控制位，这些控制位的组合决定了需要有些什么操作：
val s_acquire = RegInit(true.B)          // source_a         ///前缀s表示send。这些send标志位有优先级，见后面的原注。
val s_rprobe = RegInit(true.B)           // source_b
val s_pprobe = RegInit(true.B)
val s_release = RegInit(true.B)          // source_c         ///例如：io.tasks.source_b.valid := io.enable && !s_probe && s_release
val s_probeack = RegInit(true.B)
val s_execute = RegInit(true.B)          // source_d
val s_grantack = RegInit(true.B)         // source_e
val s_writebacktag = RegInit(true.B)     // tag_write
val s_writebackdir = RegInit(true.B)     // dir_write
val s_transferput = RegInit(true.B)      // writeput to source_a
val s_writerelease = RegInit(true.B)     // sink_c
val s_triggerprefetch = prefetchOpt.map(_ => RegInit(true.B))        // trigger a prefetch training to prefetcher
val s_prefetchack = prefetchOpt.map(_ => RegInit(true.B))            // resp to prefetcher

val w_rprobeackfirst = RegInit(true.B)                  ///前缀w表示wait
val w_rprobeacklast = RegInit(true.B)
val w_pprobeackfirst = RegInit(true.B)
val w_pprobeacklast = RegInit(true.B)
val w_pprobeack = RegInit(true.B)
```

```
val w_grantfirst = RegInit(true.B)
val w_grantlast = RegInit(true.B)
val w_grant = RegInit(true.B)                    ///例如：io.tasks.source_d.valid := !s_execute && w_grant && w_pprobeack
val w_releaseack = RegInit(true.B)
val w_grantack = RegInit(true.B)

when(io.dirResult.valid) {              ///如果从Directory读出的数据有效，注意valid不等于hit。
  // Default value
  s_acquire := true.B
  s_rprobe := true.B
  s_pprobe := true.B
  s_release := true.B
  s_probeack := true.B
  s_execute := true.B
  s_grantack := true.B
  s_writebacktag := true.B
  s_writebackdir := true.B
  s_transferput := true.B
  s_writerelease := true.B
  s_triggerprefetch.foreach(_ := true.B)
  s_prefetchack.foreach(_ := true.B)
  w_rprobeackfirst := true.B
  w_rprobeacklast := true.B
  w_pprobeackfirst := true.B
  w_pprobeacklast := true.B
  w_pprobeack := true.B
  w_grantfirst := true.B
  w_grantlast := true.B
  w_grant := true.B
  w_releaseack := true.B
  w_grantack := true.B                                ///所有这些信号的默认值全是true

  gotT := false.B
  probes_toN := 0.U
  probes_done := 0.U
  bad_grant := false.B
  assert(!io.dirResult.bits.hit || !io.dirResult.bits.error)

  ///根据MSHR请求的不同来源作出不同反应：
  when(req.fromC) {           // Release          ///如果分配MSHR的请求来自（上位）C通道
    s_execute := false.B
    when(!meta.dirty && req.opcode(0) ||          // from clean to dirty
        (req.param === TtoB || req.param === TtoN) && meta.state === TRUNK ||     // from TRUNK to TIP
        isToN (req.param) ) {  // change clients s_writebackdir := false.B }
    when(req.opcode(0)) { s_writerelease := false.B }    // has data
  }.elsewhen(req.fromB) {        // Probe           ///如果请求来自（下位）B通道：
```

```
  s_probeack := false.B
  when(meta.hit) {                                    ///如果命中
    when(isT (meta.state) && req.param =/= toT || meta.state === BRANCH && req.param === toN) { // state demotion
      s_writebackdir := false.B
      when(!meta_no_client) {
        s_pprobe := false.B
        w_pprobeackfirst := false.B
        w_pprobeacklast := false.B
        w_pprobeack := false.B
      }
    }
  }
}.elsewhen(req.opcode(2,1) === 0.U) {   // Put        ///alloc请求既非来自C通道，也非来自B通道，必是来自(上位)A通道：
  // need pprobe
  when(meta.hit && meta.state === TRUNK) {      ///如果命中，而且协同状态是TRUNL：
    s_pprobe := false.B
    w_pprobeackfirst := false.B
    w_pprobeacklast := false.B
    w_pprobeack := false.B
    s_writebackdir := false.B
  }
  // Put and Atomics need to write
  when(meta.hit && meta.state === TIP) { s_writebackdir := false.B }       ///如果命中并且协同状态为TIP
  // need to transfer exactly the request to sourceA when Put miss
  when(!meta.hit || meta.state === BRANCH) { s_transferput := false.B }    // Put[Full/Partial]Data
}.otherwise {                                         ///来自（上位）A通道，但req.opcode(2,1) 不是 0：
  // A channel requests
  // TODO: consider parameterized write-through policy for put/atomics
  // Since prefetch uses inner interface, Hint does not need a HintAck
  s_execute := req.opcode === Hint
  // need replacement
  when(!meta.hit && meta.state =/= INVALID) {    ///不命中，但协同状态又不是INVALID：
    s_release := false.B
    w_releaseack := false.B
    // need rprobe for release
    when(!meta_no_client) {
      s_rprobe := false.B
      w_rprobeackfirst := false.B
      w_rprobeacklast := false.B
    }
  }
  // need Acquire downwards
  when(!meta.hit || meta.state === BRANCH && req_needT) {        ///如果不命中，或者权限不够：
    s_acquire := false.B
    s_grantack := false.B
    s_writebackdir := false.B
```

```
        w_grantfirst := false.B
        w_grantlast := false.B
        w_grant := false.B
      }
      // need pprobe
      when(meta.hit && (req_needT || meta.state === TRUNK) && req.opcode =/= Hint &&
                    (meta.clients & (~Mux(skipProbeN(req.opcode), getClientBitOH(req.source), 0.U)).asUInt()).orR()) {
        s_pprobe := false.B
        w_pprobeackfirst := false.B
        w_pprobeacklast := false.B
        w_pprobeack := false.B
        s_writebackdir := false.B
      }   ///end when(meta.hit && …
      // need grantack
      when(req_acquire) {
        w_grantack := false.B
        s_writebackdir := false.B
      }
      // need write tag
      when(!meta.hit) { s_writebacktag := false.B }                          ///不命中
      // trigger a prefetch when req is from DCache, and miss / prefetched hit in L2
      prefetchOpt.map(_ => {
        when(req.opcode =/= Hint && getClientBitOH(req.source).orR && (!meta.hit || meta.prefetch.get)) {
          s_triggerprefetch.map(_ := false.B)
        }
        when(req.opcode === Hint) { s_prefetchack.map(_ := false.B) }
      })
    }   ///end when(req.fromC){…}.otherwise …
  }   ///end when(io.dirResult.valid)
///class MSHR，待续
```

可见，MSHR 就像个处理器，对来自 SinkA、SinkB、SinkC 的输入作出反应。从这些端口上到来的都是请求或命令，都要为其向 Slice 请求分配一个 MSHR，分配以后就对这个请求/命令负责到底，就好像委派专人为其服务一样。MSHR 的代码与 MSHR 的分配无关，是假定分配了以后所作的处理。输入的这些请求/命令都是带有目标地址的，有些也许还带着数据。Slice 在为其申请分配 MSHR 的同时还要用其所携带的地址去 Directory 查询，查询的结果就直接发给所分配的 MSHR。所以，为一个具体的请求/命令而分配的 MSHR 总是可以拿到查询的结果（不管是否命中），这个结果就成为这里代码中的 meta。这个 meta 很重要，因为 meta.hit 表示是否命中，而 meta.state 则是目标 cacheline 的协同状态，即本节点对目标所指 cacheline 的读写权限。因具体请求/命令的来源（哪一个通道）不同，种类不同（例如 Get/Put），命中与否，以及目标缓存块当前的协同状态这四者的不同组合，MSHR 就有不同的处理。

代码中定义了许多控制位，根据种种不同的情况设置这些控制位的 true/false，最后这些控制位决定了具体要进行什么操作。但是要讲解具体的处理实在太费口舌，具体就留给读者自己去细看了。

我们继续往下看 MSHR 的代码：

```
[TopMain > XSTop > HuanCun > Slice > inclusive.MSHR]        续
  // 5. Send out tasks and mark the s_* state regs
```

```
/* Consider a partial order as follows:         ///这个图表明各种操作的调度优先级，例如s_pprobe(B)高于s_probeack(C)
 *
 *          s_rprobe(B)
 *                   \
 *            s_release(C)      s_pprobe(B)
 *                     \         /      \
 *                     s_acquire(A)       s_probeack(C)
 *                     /      |      \
 *       s_grantack(E) s_execute(D) s_writeput
 *                     or s_prefetchack
 *
 * The edges between s_* state regs from top to bottom indicate the scheduling priority.
 * For example, s_release > s_acquire and s_pprobe > s_acquire mean that before sending an Acquire, make sure Release and
 * PProbe have been sent out. Some edges in this diagram need the prerequisite task to be issued while the others need
 * the prerequisite to be issued and also acknowledged (e.g. s_acquire > s_execute).
 * Assume that in data array, sinkA > sinkC > sourceC > sinkD > sourceDw > sourceDr
 */  ///这些发送控制位是有优先级的，这个图说明了优先次序（从上到下表示从高到低）。
val no_wait = w_rprobeacklast && w_pprobeacklast && w_grantlast && w_releaseack && w_grantack
io.tasks.source_a.valid := (!s_acquire || !s_transferput) && s_release && s_pprobe   ///在io.tasks上发布下位A通道操作任务的条件
io.tasks.source_b.valid := !s_rprobe || !s_pprobe                          ///在io.tasks上发布对上位B通道操作任务的条件
io.tasks.source_c.valid := !s_release && w_rprobeackfirst || !s_probeack && w_pprobeackfirst    ///类推
io.tasks.source_d.valid := !s_execute && w_grant && w_pprobeack             ///在io.tasks上发布对上位D通道操作任务的条件
io.tasks.source_e.valid := !s_grantack && w_grantfirst
io.tasks.dir_write.valid := !s_writebackdir && no_wait || !s_release && w_rprobeackfirst    // TODO: Is the latter clause necessary?
io.tasks.tag_write.valid := !s_writebacktag && no_wait
io.tasks.sink_a.valid := false.B                                           ///对上位A通道永远不会有操作任务
io.tasks.sink_c.valid := !s_writerelease        // && w_grant && w_pprobeack
io.tasks.prefetch_train.foreach(_.valid := !s_triggerprefetch.get)
io.tasks.prefetch_resp.foreach(_.valid := !s_prefetchack.get && w_grantfirst)

val oa = io.tasks.source_a.bits          ///oa就是发给A通道输出口的任务io.tasks.source_a，这是下位A通道。
val ob = io.tasks.source_b.bits          ///ob就是发给B通道输出口的任务io.tasks.source_b，这是上位B通道。
val oc = io.tasks.source_c.bits          ///oc就是发给C通道输出口的任务io.tasks.source_c，这是下位C通道。
val od = io.tasks.source_d.bits          ///od就是发给D通道输出口的任务io.tasks.source_d，这是上位D通道。
val oe = io.tasks.source_e.bits          ///oe就是发给E通道输出口的任务io.tasks.source_e，这是下位E通道。
val ia = io.tasks.sink_a.bits            ///ia就是发给A通道输入口的任务io.tasks.sink_a，这是上位A通道。
val ic = io.tasks.sink_c.bits            ///ic就是发给C通道输入口的任务io.tasks.sink_c，这是上位C通道。

oa.tag := req.tag
oa.set := req.set
oa.off := req.off
oa.opcode := Mux(!s_transferput, req.opcode, Mux(meta.hit, TLMessages.AcquirePerm, TLMessages.AcquireBlock))
oa.param := Mux(!s_transferput, req.param, Mux(req_needT, Mux(meta.hit, BtoT, NtoT), NtoB))
oa.source := io.id
oa.needData := !(req.opcode === AcquirePerm) || req.size =/= offsetBits.U
oa.bufIdx := req.bufIdx
```

```
oa.putData := req.opcode(2,1) === 0.U
oa.size := req.size
        ///oa上的发送条件见上面的io.tasks.source_a.valid，下面ob、oc、od类推：

ob.tag := Mux(!s_rprobe, meta.tag, req.tag)
ob.set := req.set
ob.param := Mux(!s_rprobe, toN, Mux(req.fromB, req.param, Mux(req_needT, toN, toB)))
ob.clients := meta.clients & ~probe_exclude          // TODO: Provides all clients needing probe

oc.opcode := Mux(req.fromB, Cat(ProbeAck(2,1), meta.dirty.asUInt),
                    if (alwaysReleaseData) ReleaseData else Cat(Release(2, 1), meta.dirty.asUInt))
oc.tag := meta.tag
oc.set := req.set
oc.param := Mux(req.fromB,                                ///如果请求来自B通道，oc.param就是MuxLookup的输出：
  MuxLookup( Cat(meta.state, probe_next_state), NtoN,       ///返回值默认为NtoN，但视meta.state和probe_next_state而变：
    Seq(      // TODO: optimize this
      Cat(TRUNK, TRUNK)        -> TtoT,                     ///如果meta.state和probe_next_state均为TRUNK则返回TtoT
      Cat(TIP, TIP)            -> TtoT,
      Cat(TRUNK, BRANCH)       -> TtoB,
      Cat(TIP, BRANCH)         -> TtoB,                     ///如meta.state为TIP而probe_next_state为BRANCH则TtoB
      Cat(TRUNK, INVALID)      -> TtoN,
      Cat(TIP, INVALID)        -> TtoN,
      Cat(BRANCH, BRANCH)      -> BtoB,
      Cat(BRANCH, INVALID)     -> BtoN,
      Cat(INVALID, INVALID)    -> NtoN
    )
  ),  ///end MuxLookup
  Mux(meta.state === BRANCH, BtoN, TtoN)                    ///否则就视当前的meta是否为BRANCH而为BtoN或TtoN。
)
oc.source := io.id
oc.way := meta.way
oc.dirty := meta.dirty

od.sinkId := io.id
od.sourceId := req.source
od.set := req.set
od.tag := req.tag
od.channel := Cat(req.fromC.asUInt, 0.U(1.W), req.fromA.asUInt)

def odOpGen (r: MSHRRequest) = {
  val grantOp = GrantData                                   ///操作码为GrantData
  val opSeq = Seq(AccessAck, AccessAck, AccessAckData, AccessAckData, AccessAckData, HintAck, grantOp, Grant)
  val opToA = VecInit(opSeq)(r.opcode)                      ///opToA是opSeq中所列之一，具体取决于r.opcode。
  Mux(r.fromA, opToA, ReleaseAck)                           ///返回opToA或ReleaseAck，视请求r是否来自通道A而定。
   ///如果请求来自通道A，odOpGen()的返回值就是下面这个Seq中之一：
   /// Seq(AccessAck, AccessAck, AccessAckData, AccessAckData, AccessAckData, HintAck, GrantData, Grant)
```

```
    ///否则（不是来自通道A）就是ReleaseAck。
} ///end odOpGen()

od.opcode := odOpGen(req)                              ///D通道上输出的操作码为
od.param := Mux(!req_acquire, req.param,
          MuxLookup(req.param, req.param, Seq(NtoB -> Mux(req_promoteT, toT, toB), BtoT -> toT, NtoT -> toT)))

od.size := req.size
od.way := meta.way
od.off := req.off
od.denied := bad_grant
od.dirty := false.B          // TODO
od.useBypass := false.B
od.bufIdx := req.bufIdx
od.bypassPut := false.B

oe.sink := sink              /// oe是发给下位E通道输出口的任务io.tasks.source_e即SourceEReq，里面只有一个字段sink。
                             ///sink则见前：sink = Reg(UInt(edgeOut.bundle.sinkBits.W))。
ia.sourceId := req.source
ia.set := req.set
ia.tag := req.tag
ia.size := req.size
ia.off := req.off                       ///ia是对上位A通道的操作任务

ic.sourceId := DontCare      //req.source
ic.source := io.id
ic.set := req.set
ic.tag := req.tag
ic.size := req.size
ic.off := req.off
ic.way := meta.way
ic.bufIdx := req.bufIdx
ic.opcode := req.opcode
ic.param := req.param
ic.save := true.B            // inclusive always save
ic.drop := false.B
ic.release := false.B
ic.dirty := false.B          // ignored

io.tasks.dir_write.bits.set := req.set                 ///这是对Directory的写入任务
io.tasks.dir_write.bits.way := meta.way
io.tasks.dir_write.bits.data := new_dir                ////将new_dir的内容（见前）转入io.tasks.dir_write

io.tasks.tag_write.bits.set := req.set
io.tasks.tag_write.bits.way := meta.way
io.tasks.tag_write.bits.tag := req.tag
```

```
io.tasks.prefetch_train.foreach { train =>
  train.bits.tag := req.tag
  train.bits.set := req.set
  train.bits.needT := req_needT
  train.bits.source := io.id
}

io.tasks.prefetch_resp.foreach { resp => resp.bits.tag := req.tag, resp.bits.set := req.set}

dontTouch(io.tasks)
when(io.tasks.source_a.fire()) { s_acquire := true.B, s_transferput := true.B }
when(io.tasks.source_b.fire()) { s_rprobe := true.B, s_pprobe := true.B }
when(io.tasks.source_c.fire()) { s_release := true.B, s_probeack := true.B}
when(io.tasks.source_d.fire()) { s_execute := true.B }
when(io.tasks.source_e.fire()) { s_grantack := true.B }
when(no_wait && !s_writebackdir && io.tasks.dir_write.ready) { s_writebackdir := true.B }
when(io.tasks.tag_write.fire()) { s_writebacktag := true.B }
when(io.tasks.sink_c.fire()) { s_writerelease := true.B }
if (prefetchOpt.nonEmpty) {
  when(io.tasks.prefetch_train.get.fire()) { s_triggerprefetch.get := true.B }
  when(io.tasks.prefetch_resp.get.fire()) { s_prefetchack.get := true.B }
}

// Monitor resps and mark the w_* state regs
val probeack_bit = getClientBitOH(io.resps.sink_c.bits.source)
val probeack_last = (probes_done | probeack_bit) === (meta.clients & ~probe_exclude)
when(io.resps.sink_c.valid) {   // ProbeAck in resp to rprobe/pprobe
  val resp = io.resps.sink_c.bits
  probes_done := probes_done | probeack_bit
  probes_toN := probes_toN | Mux(isToN(resp.param), probeack_bit, 0.U)
  w_rprobeackfirst := w_rprobeackfirst || probeack_last                    // ProbeAck from the last client
  w_rprobeacklast := w_rprobeacklast || probeack_last && resp.last         // the last beat of the last ProbeAck
  w_pprobeackfirst := w_pprobeackfirst || probeack_last
  w_pprobeacklast := w_pprobeacklast || probeack_last && resp.last
  w_pprobeack := w_pprobeack || (resp.last || req.off === 0.U) && probeack_last

  // TODO: is the following logic correct?
  // When ProbeAck for pprobe writes back dirty data, set dirty bit
  when((req.fromB && req.param === toT || req.fromA && meta.hit) && resp.hasData) { new_meta.dirty := true.B }
  // When ProbeAck for rprobe writes back dirty data, set dirty bit immediately for release
  when(meta.state =/= INVALID && resp.hasData) { meta_reg.dirty := true.B }
}   ///end when(io.resps.sink_c.valid)

when(io.resps.sink_d.valid) {
  when(io.resps.sink_d.bits.opcode === Grant || io.resps.sink_d.bits.opcode === GrantData) {
    w_grantfirst := true.B
```

```
        w_grantlast := io.resps.sink_d.bits.last
        w_grant := req.off === 0.U || io.resps.sink_d.bits.last
        bad_grant := io.resps.sink_d.bits.denied
        gotT := io.resps.sink_d.bits.param === toT
        sink := io.resps.sink_d.bits.sink
      }
      when(io.resps.sink_d.bits.opcode === ReleaseAck) { w_releaseack := true.B }
    }   ///end when(io.resps.sink_d.valid)
    when(io.resps.sink_e.valid) { w_grantack := true.B }

    // Release MSHR
    val no_schedule = s_execute && s_probeack && meta_valid && s_writebacktag &&
                    s_writebackdir && s_writerelease && s_triggerprefetch.getOrElse(true.B) &&
                                     s_prefetchack.getOrElse(true.B) && s_grantack && s_transferput
    when(no_wait && no_schedule) {      // TODO: remove s_writebackdir to improve perf
      req_valid := false.B
      meta_valid := false.B
    }
    io.status.bits.will_free := no_wait && no_schedule

    // Alloc MSHR (alloc has higher priority than release)
    assert(RegNext(!req_valid || !io.alloc.valid, true.B))        // TODO: support fully-pipelined
    when(io.alloc.valid) {
      req_valid := true.B                       ///req_valid来自io.alloc.valid
      req := io.alloc.bits                      ///req的内容来自io.alloc，所以req就是MSHR分配请求。
    }
    // Status
    io.status.valid := req_valid
    io.status.bits.set := req.set
    io.status.bits.tag := req.tag
    io.status.bits.reload := false.B                  // TODO
    io.status.bits.way := meta.way
    io.status.bits.will_grant_data := false.B         //req.fromA && od.opcode(0)
    io.status.bits.will_save_data := true.B
    io.status.bits.is_prefetch := req.isPrefetch.getOrElse(false.B)
    io.status.bits.blockB := !meta_valid || ((!w_releaseack || !w_rprobeacklast || !w_pprobeacklast) && !w_grantfirst)
    // B nest A
    io.status.bits.nestB := meta_valid && w_releaseack && w_rprobeacklast && w_pprobeacklast && !w_grantfirst
    io.status.bits.blockC := !meta_valid
    // C nest B | C nest A
    io.status.bits.nestC := meta_valid && (!w_rprobeackfirst || !w_pprobeackfirst || !w_grantfirst)

    io.ecc := DontCare
    io.ecc.valid := false.B
  }   ///end class MSHR     huancun/inclusive
```

虽说 MSHR 就像是 Slice 中的处理器，但是处理器也不能包办一切。拿磁盘打个比方，读写时需要先把磁头移到准确的位置上，这就得靠磁盘自己完成操作了，CPU 只能给它下达一个任务（task），让它去完成。MSHR 对于 Slice 的"外设"即上下两个 TLBundle 中的那些通道也是一样，需要在通道端口例如 SinkA、SinkB 等的协助下才能完成所需的操作。所以 MSHR 在处理的过程中需要向不同的"外设"，包括 Directory，发送各种各样的 task，让它们去完成。上面的代码就是 MSHR 根据种种不同的情况和条件，向不同的端口（例如 SourceA、SourceC 等）下达不同的任务，具体代码就留给读者去慢慢细抠了。

香山的代码中有个抽象类 MSHRTasks，把 MSHR 的任务请求都列举在一起：

```
abstract class MSHRTasks[T_DIR_W <: BaseDirWrite, T_TAG_W<: BaseTagWrite](implicit p:Parameters)extends HuanCunBundle {
  // inner
  val sink_a = DecoupledIO(new SinkAReq)          // put
  val source_b = DecoupledIO(new SourceBReq)      // probe
  val sink_c = DecoupledIO(new SinkCReq)          // inner release
  val source_d = DecoupledIO(new SourceDReq)      // grant & atomics
  // outer
  val source_a = DecoupledIO(new SourceAReq)      // acquire
  val source_c = DecoupledIO(new SourceCReq)      // outer release & probe ack
  val source_e = DecoupledIO(new SourceEReq)      // grant ack
  // direcotry & tag write
  val dir_write: DecoupledIO[T_DIR_W]             // = DecoupledIO(new DirWrite)
  val tag_write: DecoupledIO[T_TAG_W]             // = DecoupledIO(new TagWrite)
  // prefetcher
  val prefetch_train = prefetchOpt.map(_ => DecoupledIO(new PrefetchTrain))
  val prefetch_resp = prefetchOpt.map(_ => DecoupledIO(new PrefetchResp))
}   ///end abstract class MSHRTasks
```

不过这里的 dir_write 和 tag_write 只是抽象定义，然后在创建 MSHR 对象时通过动态扩充加以具体化，补上了 DirWrite 和 TagWrite，这就是 MSHR 所能下达的所有任务了。

其中有几个任务称为 inner 任务，代码中其这几个任务定义了一个抽象类 InnerTask：

```
abstract class InnerTask(implicit p: Parameters) extends HuanCunBundle {
  val sourceId = UInt(sourceIdBits.W)
  val set = UInt(setBits.W)
  val tag = UInt(tagBits.W)
}
```

由 InnerTask 派生的任务有 SinkAReq、SinkCReq、SourceDReq，我们在前面都看到过了。别的任务都不是基于 InnerTask，但那也没有关系，只是在 class 定义中多写上几个字段而已。

对于 MSHR 的分配请求，则只有三个来源，即：

```
val a_req = Flipped(DecoupledIO(new MSHRRequest))       ///来自SinkA
val b_req = Flipped(DecoupledIO(new MSHRRequest))       ///来自SinkB
val c_req = Flipped(DecoupledIO(new MSHRRequest))       ///来自SinkC
```

这是因为，只有 Sink，即 TileLink 通道的接收端才因为有信息到来而需要请求分配 MSHR。虽然下位 D 通道上也会有报文到来，如 Grant/GrantData，但那是对下位 A 通道所发请求的回应，根源还在上位 A 通道上到来的操作请求，是因此而分配的 MSHR 在等待下位 D 通道上的数据到来并进行处理，所以 SinkD 不需要发出分配 MSHR 的请求。

反过来，从上面抽象类 MSHRTasks 的定义中可以看出，MSHR 的任务主要是对 Source 端口的，因为那些端口需要向外发送。

至于各个端口在接到由 MSHR 下达的任务时会干些什么，那就看具体通道了。以 class SourceC 为例，其 io.task 是个 SourceCReq，这我们在前面讲五个下位通道时已经看到过。SourceC 的任务很简单，就是将任务中带来的参数都复制到一个 TLBundleC 中，将其挂入一个队列发送出去。可是下达给 SourceD 的任务就要复杂许多，SourceD 的 io.task 在程序中成为 s1_req，然后又成为 s2_req。

最后还要讲一下与 SinkD 密切相关的 RefillBuffer。顾名思义，RefillBuffer 就是从下层节点调入缓存块时的缓冲区。每当访问不命中，目标缓存块缺失时，DCache/ICache 会在 TLBundle 的 A 通道上向下层发出 AcquireBlock 请求，次级缓存中如果有这个缓存块存在就会向上层发回这个缓存块，这就叫 refill。如果没有就要将这个请求传达给下一层，让下层节点帮助 refill。当 refill 的缓存块从下位 D 通道上到来时，就要先将其写入 RefillBuffer：

```
[TopMain > XSTop > HuanCun > Slice > RefillBuffer]
/**
  * RefillBuffer is used to reduce outer grant -> inner grant latency, refill data can be bypassed to inner cache without go through SRAM.
  */
class RefillBuffer(implicit p: Parameters) extends HuanCunModule {
  val io = IO(new Bundle() {
    val r = new SourceDBufferRead()              ///与上位D通道即SourceD的bypass_read对接，供SourceD读出。
    val w = new SinkDBufferWrite()               ///与下位D通道即SinkD的bypass_write对接，接受SinkD写入。
  })

  val buffer = Mem(bufBlocks, Vec(beatSize, new DSData()))          /// RefillBuffer的存储阵列，bufBlocks = mshrs/2。
  val valids = RegInit(VecInit(Seq.fill(bufBlocks){ VecInit(Seq.fill(beatSize){false.B}) }))   ///二维valid位图

  val (r, w) = (io.r, io.w)               ///分别称io.r/io.w为r和w，r通向SourceD的bypass_read，w通向SinkD的bypass_write。
  val rlast = r.last
  val wlast = w.beat.andR()
  val wfirst = w.beat === 0.U

  r.buffer_data := buffer(r.id)(r.beat)    ///读出数据来自buffer，以r.id和r.beat作为二维数组的下标
  r.ready := valids(r.id)(r.beat)          ///如果二维位图valids中相应的标志位为1，SourceDBufferRead即为ready。

  when(r.valid && r.beat === 0.U){ assert(r.ready, "[%d] first beat must hit!", r.id) }
  when(r.valid && r.ready && rlast){    // last beat
    assert(valids(r.id).asUInt().andR(), "[%d] attempt to invalidate a invalid entry", r.id)
    valids(r.id).foreach(_ := false.B)         ///已是最后一个节拍，把valids位图中属于该缓存块的所有节拍都标志为false。
  }

  val validMask = VecInit(valids.map(vec => vec.asUInt().orR())).asUInt()
  val freeIdx = PriorityEncoder(~validMask)

  w.ready := Mux(wfirst, RegNext(!validMask.andR(), true.B), true.B)
```

```
  w.id := Mux(wfirst, RegNext(freeIdx, 0.U), RegEnable(w.id, w.valid && w.ready && wfirst) )

  when(w.valid && w.ready){
    assert(!valids(w.id)(w.beat), "[%d] attempt to write a valid entry", w.id)
    valids(w.id)(w.beat) := true.B
    buffer(w.id)(w.beat) := w.data        ///写入buffer的数据来自SinkD，以r.id和r.beat作为二维数组的下标。
  }
}  ///end class RefillBuffer
```

从下位 D 通道进来的 refill 缓存块，本来是应该写入 DataStorage 并在上位 D 通道上转发的，但是对 DataStorage 的写入相对比较复杂费时，所以就搞个简单的缓冲区先暂存一下，并向上层节点转发，以减小其延迟，然后再来对 DataStorage 写入，这就不影响上层的等待时间了。这就是设立 RefillBuffer 的目的所在。这也是抄近路，但绕过的距离很短，所以不算 forward，而只是 bypass，所以是 bypass_write/bypass_read。

29.3.3　Slice 及其对 MSHR 的调度

上面我们把 Slice 比作一台计算机，上下两个 TLBundle 就像它的外设接口，DataStorage 和 Directory 就像它的存储子系统，MSHR 就像它的 CPU 核。因为 Slice 中有多个 MSHR，所以就像个多核的系统。现在我们需要看一下 Slice 这台“整机”是什么样的了。尤其是，这台整机怎样为从“外设”上到来的输入分配 MSHR。

注意虽然一个 Slice 是夹在上下两个 TLBundle 之间，但这并不意味着它的上方只能有一个上层缓存，因为多个上层缓存可以通过仲裁器 TLArbiter 或总线 TLXbar 汇聚到某个具体 Slice 的上位 TLBundle 上，此时各个通道中的 source/sink 字段表明具体报文的来源或去向。

下面就是 class Slice 的代码：

```
[TopMain > XSTop > HuanCun > Slice]
class Slice()(implicit p: Parameters) extends HuanCunModule {
  val io = IO(new Bundle {
    val in = Flipped(TLBundle(edgeIn.bundle))                    ///来自上位的 TLBundle，上方是 L1 缓存。
    val out = TLBundle(edgeOut.bundle)                           ///去向下位的 TLBundle，下方是 L3 缓存或内存。
    val prefetch = prefetchOpt.map(_ => Flipped(new PrefetchIO))
    val ctl_req = Flipped(DecoupledIO(new CtrlReq()))            ///来自 CtrlUnit
    val ctl_resp = DecoupledIO(new CtrlResp())                   ///去向 CtrlUnit
    val ctl_ecc = DecoupledIO(new EccInfo())                     ///去向 CtrlUnit
  })

  val ctrl = cacheParams.ctrl.map(_ => Module(new SliceCtrl()))     ///Slice 内部有个 SliceCtrl，对接 HuanCun 中的 CtrlUnit。

  def ctrl_arb[T <: Data](source: DecoupledIO[T], ctrl: Option[DecoupledIO[T]]): DecoupledIO[T] ={
    if(ctrl.nonEmpty){                               ///如果配备了 SliceCtrl：
      val arbiter = Module(new Arbiter(chiselTypeOf(source.bits), 2))   ///创建一个 2 输入仲裁器
      arbiter.io.in(0) <> ctrl.get                                 ///将 SliceCtrl 的输出连接到仲裁器的第一个输入
      arbiter.io.in(1) <> source                                   ///将 source 连接到仲裁器的第二个输入
      arbiter.io.out                                               ///仲裁器的输出就是 ctrl_arb 的输出
    } else {
      source                                         ///如未配备 SliceCtrl 则无需仲裁器，直接以 source 为 ctrl_arb 的输出。
    }
  }  ///end ctrl_arb()
```

```
// Inner channels              ///Source 是信号的流出端，向外发送信号；Sink 是信号的流入端，接收外来信号：
val sinkA = Module(new SinkA)              ///对于上位 TLBundle 中的 A 通道而言，Slice 中的电路是其 Sink。
val sourceB = Module(new SourceB)          ///对于上位 TLBundle 中的 B 通道(逆向)而言，Slice 中的电路是其 Source。
val sinkC = Module(if (cacheParams.inclusive) new inclusive.SinkC else new noninclusive.SinkC)
val sourceD = Module(new SourceD)          ///对于上位 TLBundle 中的 D 通道(逆向)而言，Slice 中的电路是其 Source。
val sinkE = Module(new SinkE)              ///对于上位 TLBundle 中的 E 通道而言，Slice 中的电路是其 Sink。

val inBuf = cacheParams.innerBuf           ///定义于 class HCCacheParameters，innerBuf: TLBufferParams = TLBufferParams()
sinkA.io.a <> inBuf.a(io.in.a)             ///将上位 TLBundle 中的 A 通道输入加缓冲后连接到 SinkA 中的 A 通道
io.in.b <> inBuf.b(sourceB.io.b)           ///将 SourceB 的通道 B 输出加缓冲后连接到上位 TLBundle 中的 B 通道
sinkC.io.c <> inBuf.c(io.in.c)             ///将上位 TLBundle 中的 C 通道输入加缓冲后连接到 SinkC 中的 C 通道
io.in.d <> inBuf.d(sourceD.io.d)           ///将 SourceD 的通道 D 输出加缓冲后连接到上位 TLBundle 中的 D 通道
sinkE.io.e <> inBuf.e(io.in.e)             ///将上位 TLBundle 中的 E 通道输入加缓冲后连接到 SinkE 中的 E 通道

// Outer channles
val sourceA = Module(new SourceA(edgeOut))    ///对于下位 TLBundle 中的 A 通道而言，Slice 中的电路是其 Source。
val sinkB = Module(new SinkB(edgeOut))        ///对于下位 TLBundle 中的 B 通道而言，Slice 中的电路是其 Sink。
val sourceC = Module(new SourceC(edgeOut))    ///对于下位 TLBundle 中的 C 通道而言，Slice 中的电路是其 Source。
val sinkD = Module(new SinkD(edgeOut))        ///对于下位 TLBundle 中的 D 通道而言，Slice 中的电路是其 Sink。
val sourceE = Module(new SourceE(edgeOut))    ///对于下位 TLBundle 中的 E 通道而言，Slice 中的电路是其 Source。
        ///以上方的 SinkA 这块电路为例，其主体是通道 A 的末端（始端在 L1 缓存中），此外还有些别的端口，余类推。

val refillBuffer = Module(new RefillBuffer)   ///创建一个用于缓存块 bupass 的 refill 缓冲区

refillBuffer.io.r <> sourceD.io.bypass_read      ///将上位 D 通道的 bypass_read 连到 RefillBuffer 的读出端
refillBuffer.io.w <> sinkD.io.bypass_write       ///将下位 D 通道的 bypass_write 连到 RefillBuffer 的写入端
                              ///这样，下位 D 通道即 sinkD 上到来的数据就可抄近路让上位 D 通道即 sourceD 读取。

val outBuf = cacheParams.outerBuf             ///与 innerBuf 类似，也是定义于 class HCCacheParameters
io.out.a <> outBuf.a(sourceA.io.a)            ///将 SourceA 中的通道 A 输出加缓冲后连接到下位 TLBundle 中的 A 通道
sinkB.io.b <> outBuf.b(io.out.b)              ///将下位 TLBundle 中的 B 通道输入加缓冲后连到 SinkB 中的 B 通道
val out_c = Wire(io.out.c.cloneType)          ///out_c 的类型是 SourceC。
TLArbiter.lowest(edgeOut, out_c, sinkC.io.release, sourceC.io.c)  ///创建一个仲裁器，其输出就是 out_c；
        ///仲裁器的两个输入分别来自上位的 sinkC.io.release 和下位的 sourceC.io.c。这样上下两个 C 通道可以直通。
io.out.c <> outBuf.c(out_c)                   ///将仲裁器的输出 out_c 加缓冲后连到下位 TLBundle 中的 C 通道
sinkD.io.d <> outBuf.d(io.out.d)              ///将下位 TLBundle 中的 D 通道输入加缓冲后连到 SinkD 中的 D 通道
                                              ///io.out 就是下位 TLBundle，将其中的 d 通道与 SinkD 的 d 通道对接。
io.out.e <> outBuf.e(sourceE.io.e)            ///将 SourceE 中的 E 通道输出加缓冲后连接到下位 TLBundle 中的 E 通道

// MSHRs
val ms = Seq.fill(mshrsAll) {                 ///创建若干 MSHR 模块，inclusive 与 noninclusive 二者的 MSHR 不一样：
  if (cacheParams.inclusive) Module(new inclusive.MSHR())       ///本书采用 inclusive
  else Module(new noninclusive.MSHR())        ///所谓 noninclusive 的意思是：在上级缓存中的缓存块可以不在次级缓存中。
}  ///ms 就是全部 MSHR 模块的集合，相当于一个处理器池（MSHR 模块池）。
require(mshrsAll == mshrs + 2)         ///mshrs=14，定义于 class HCCacheParameters 中。
```

```
val ms_abc = ms.init.init            ///ms 是个 MSHR 模块的序列，init 表示序列中除最后一个之外其余那一部分。
val ms_bc = ms.init.last             ///last 表示序列中的最后那个元素，所以 ms_bc 是倒数第二个，专用于 B/C 两个通道。
val ms_c = ms.last                   ///ms_c 是倒数第一个，这是专用于 C 通道的。

val dataStorage = Module(new DataStorage())                    ///创建用来存放缓存块的 DataStorage，见前。

dataStorage.io.sinkD_wdata := sinkD.io.bs_wdata                ///dataStorage 中的数据来自下位 D 通道
dataStorage.io.sinkD_waddr <> sinkD.io.bs_waddr                ///下位 D 通道到达数据的地址
                  ///因为是 inclusive，来自上位 A 通道的写入只是对既有缓存块的更新，而不会是新建。
sourceC.io.bs_rdata := dataStorage.io.sourceC_rdata            ///下方 C 通道发送的信息读自 dataStorage
if(ctrl.nonEmpty){ ctrl.get.io.bs_r_data := dataStorage.io.sourceC_rdata }  ///如果配备 SliceCtrl，也是从 dataStorage 读出。
sourceD.io.bs_rdata := dataStorage.io.sourceD_rdata            ///在上位 D 通道发送的数据读自 dataStorage
dataStorage.io.sourceD_raddr <> sourceD.io.bs_raddr
dataStorage.io.sourceD_waddr <> sourceD.io.bs_waddr
dataStorage.io.sourceD_wdata <> sourceD.io.bs_wdata        ///上位 D 通道发送的数据也可直接来自 dataStorage 的写入端
dataStorage.io.sourceC_raddr <> ctrl_arb(sourceC.io.bs_raddr, ctrl.map(_.io.bs_r_addr)) ///下位 C 通道的读出地址来自仲裁器输出
dataStorage.io.sinkC_waddr <> ctrl_arb(sinkC.io.bs_waddr, ctrl.map(_.io.bs_w_addr))  ///上位 C 通道的写入地址来自仲裁器输出
dataStorage.io.sinkC_wdata <> (if(ctrl.nonEmpty){
  Mux(ctrl.get.io.bs_w_addr.valid, ctrl.get.io.bs_w_data, sinkC.io.bs_wdata)    ///写入数据可以来自 SliceCtrl 或 SinkC
} else sinkC.io.bs_wdata)                                                        ///如未配备 SliceCtrl 则直接来自 sinkC

val mshrAlloc = Module(new MSHRAlloc)                  ///创建 MSHRAlloc 模块，这个模块料理 MSHR 的分配。
val a_req_buffer = Module(new RequestBuffer(entries = 4))   ///还要在 MSHRAlloc 模块前面创建一个 RequestBuffer
val probeHelperOpt = if(cacheParams.inclusive) None else {
  Some(Module(new ProbeHelper(enqDelay = if(cacheParams.dirReg) 1 else   2)))
}                        ///如果是 noninclusive 的次级缓存，就还要创建一个 ProbeHelper；如是 inclusive 就不必。

val a_req = Wire(DecoupledIO(new MSHRRequest()))       /// A 通道对 MSHR 的分配请求
if(cacheParams.inclusive){              ///在 inclusive 的 HuanCun 中，A 通道和 B 通道是互相独立的：
  a_req <> sinkA.io.alloc                       ///将此 MSHRRequest 连接到(上方)sinkA 的 alloc 请求
  mshrAlloc.io.b_req <> sinkB.io.alloc          ///将 MSHRAlloc 模块的 b_req 连接到（下方）sinkB 的 alloc 请求
} else { … }                            ///在 noninclusive 的 HuanCun 中，我们不予关心，故从略。

if(prefetchOpt.nonEmpty){                       ///如果配备了 prefetcher：
  val alloc_A_arb = Module(new Arbiter(new MSHRRequest, 2))
                                                ///再创建一个关于 MSHRRequest 的 2 输入仲裁器 alloc_A_arb
  alloc_A_arb.io.in(0) <> a_req                                 ///将 a_req 连到仲裁器的第一个输入
  alloc_A_arb.io.in(1) <> pftReqToMSHRReq(io.prefetch.get.req)  ///将来自 prefetcher 的请求连到仲裁器的第二个输入
  a_req_buffer.io.in <> alloc_A_arb.io.out                      ///将仲裁器的输出连到 RequestBuffer 的输入
} else {                                        ///如未配备 prefetcher：
  a_req_buffer.io.in <> a_req                                   ///那就将 a_req 直接连到 RequestBuffer 的输入
}  ///end if{…}else，来自上位 A 通道的请求可能很多很密集，所以 a_req 要先进 RequestBuffe 缓冲一下。

mshrAlloc.io.a_req <> a_req_buffer.io.out       ///将 RequestBuffer 的输出连到 MSHRAlloc 的 a_req 输入

if(ctrl.nonEmpty) {                    // LLC          ///如果配备了 SliceCtrl：
```

```
    val alloc_C_arb = Module(new Arbiter(new MSHRRequest, 2))  ///再创建一个关于 MSHRRequest 的 2 输入仲裁器
    alloc_C_arb.io.in(0) <> sinkC.io.alloc                    ///仲裁器的输入之一来自上方 C 通道的 alloc
    alloc_C_arb.io.in(1) <> ctrl.get.io.cmo_req               ///仲裁器的另一个输入来自 SliceCtrl
    mshrAlloc.io.c_req <> alloc_C_arb.io.out                  ///仲裁器的输出连接到 MSHRAlloc 的 c_req 输入
  } else {                                                    ///如未配备 SliceCtrl:
    mshrAlloc.io.c_req <> sinkC.io.alloc                      ///将上方 C 通道的 alloc 直接连到 MSHRAlloc 的 c_req 输入
  }

  ms.zipWithIndex.foreach {                                   ///对于序列 ms 中的每一个 MSHR 模块:
    case (mshr, i) =>
      mshr.io.id := i.U
      mshr.io.alloc := mshrAlloc.io.alloc(i)                  ///将 MSHRAlloc 的对应 alloc 请求连接到该 MSHR 模块的 alloc 输入
      mshrAlloc.io.status(i) := mshr.io.status                ///将 MSHR 模块的 status 反馈到相应 MSHRAlloc（二者的数量相等）
  }  ///end ms.zipWithIndex.foreach

  val c_mshr = ms.last               ///ms 序列中的倒数第一个 MSHR 模块，这是专为 SinkC 保留的。
  val bc_mshr = ms.init.last         ///ms 序列中的倒数第二个 MSHR 模块，这是专为 SinkB/SinkC 保留的。
  val abc_mshr = ms.init.init        ///ms 序列中的其余 MSHR 模块，这也是一个序列，SinkA/SinkB/SinkC 均可申请。

  abc_mshr.zipWithIndex.foreach{                              ///对于 abc_mshr 序列中的每一个 MSHR 模块:
    case (mshr, i) => a_req_buffer.io.mshr_status(i) := mshr.io.status    ///将该模块的状态信息 status 馈送给 RequestBuffer
  }

  val block_bc = c_mshr.io.status.valid                       ///最后那个 MSHR 有 status.valid 就阻塞倒数第二个 MSHR
  val block_abc = block_bc || bc_mshr.io.status.valid         ///最后两个 MSHR 中只要有 status.valid 就阻塞其余 MSHR
                                                              ///这说明，来自 C 通道的请求优先级最高，B 通道次之，A 通道较低。
  val select_c = c_mshr.io.status.valid                       ///只要 c_mshr 即最后一个 MSHR 是 valid，就有 select_c。
  val select_bc = bc_mshr.io.status.valid                     ///只要 bc_mshr 即倒数第二个 MSHR 是 valid，就有 select_bc。

  val bc_mask_latch = RegInit (0.U.asTypeOf(mshrAlloc.io.bc_mask.bits))
  val c_mask_latch = RegInit (0.U.asTypeOf(mshrAlloc.io.c_mask.bits))
  when(mshrAlloc.io.bc_mask.valid) { bc_mask_latch := mshrAlloc.io.bc_mask.bits }
  when(mshrAlloc.io.c_mask.valid) { c_mask_latch := mshrAlloc.io.c_mask.bits }
  abc_mshr.zipWithIndex.foreach {                             ///对于 abc_mshr 序列中的每一个 MSHR 模块:
    case (mshr, i) =>
      val bc_disable = bc_mask_latch(i) && select_bc          ///因为 bc_mshr 即倒数第二个 MSHR 而 disable
      val c_disable = c_mask_latch(i) && select_c             ///因为 c_mshr 即最后一个 MSHR 而 disable
      mshr.io.enable := !(bc_disable || c_disable)            ///只有最后两个 MSHR 上没有请求才开通别的那些 MSHR
  }
  bc_mshr.io.enable := !(c_mask_latch(mshrsAll-2) && select_c)    ///开通倒数第二个 MSHR 的条件之一是没有 select_c
  c_mshr.io.enable := true.B                                  ///最后那个 MSHR 总是开通的，但只有 C 通道可用。
///class Slice，待续。
```

读者已经看过前面关于上位五个 TileLink 通道和下位五个 TileLink 通道的介绍，所以这里前面那部分代码不用再怎么说了。我们在这里主要关心两件事，一是 MSHR 池 ms 的创建和 MSHR 分配器 MSHRAlloc 的创建及其作用。

先看 MSHR 池的创建，这里创建的是一个 MSHR 的序列，一共 16 个。在这 16 个 MSHR 中，前 14 个是通用的，但是最后第二个专为 SinkB 和 SonkC 保留，而最后一个则专为 SinkC 保留。之所以如此，是为防止因并发和嵌套导致死锁。

如前所述，TL-C 规程中的交互过程（Transaction）是可以嵌套的，最典型的就是在 Acquire 过程中嵌套 Probe 过程或 Release 过程。另外，实际上更重要的是，不同过程之间是可以并发的，而并非必须串行。假定 DCache 为 block1 向下发出了一个 Acquire 请求，它无需等待下层为此发来 Grant 就可以为 block2 发出另一个 Acquire，这两个 Acquire 过程就是并发的。现在，假定 DCache 一口气发出了 16 个 Acquire，这就把二级缓存的 Slice 中所有 16 个 MSHR 都占住了，而下层则可能因种种原因不能直接向上发 Grant，一个也没有（对 SinkD 上的 Grant 无需分配 MSHR），但是却发来了 Probe，然而此时却没有空闲的 MSHR 可以被分配来处理 Probe，于是就形成了死锁。再例如，DCache 向下发了 15 个 Acquire，下面也向上发了一个 Probe，分配剩下的那个 MSHR 处理这 Probe 以后，上层 DCache 在 C 通道上发来了 ProbeAck，然而此时却已没有空闲的 MSHR 可以被分配来处理 ProbeAck，于是就也死锁了。

解决的方案其实也很简单，就是只允许自由分配 16 个 MSHR 中的 14 个，保留第 15 个只允许用于 B 通道或 C 通道，最后一个则只允许用于 C 通道。这样，当 16 个 MSHR 中有多个空闲时就自由分配，SinkA、SinkB、SinkC 均可随时要求分配，但是当只剩下最后两个 MSHR 时就不允许被分配给 SinkA 了，只剩下最后一个的时候则连 SinkB 也不允许而只能用于 SinkC。这就保证了至少有一个 MSHR 可以被用于 SinkC，即用于 Release 或 ProbeAck，而 Release 或 ProbeAck 无需等待其它过程的完成，从而一定能在有限的时间内完成，这就排除了死锁的可能。另一方面，C 通道上的交互过程都属于嵌套在内层的过程，而内层过程的终结不仅使其本身所占用的 MSHR 得到释放，还会进一步引起引起外层过程的终结，使被其占用的 MSHR 也得到释放，这就形成了“解套”的过程。

MSHR 的分配是由一个 MSHRAlloc 模块加以管理的：

```
[HuanCun > Slice > MSHRAlloc]
class MSHRAlloc(implicit p: Parameters) extends HuanCunModule {
  val io = IO(new Bundle() {
    // requests
    val a_req = Flipped(DecoupledIO(new MSHRRequest))          ///来自SinkA的请求
    val b_req = Flipped(DecoupledIO(new MSHRRequest))          ///来自SinkB的请求
    val c_req = Flipped(DecoupledIO(new MSHRRequest))          ///来自SinkC-的请求
    // From MSHRs
    val status = Vec(mshrsAll, Flipped(ValidIO(new MSHRStatus)))     ///来自所有MSHR的状态信息，见后。
    // To MSHRs
    val alloc = Vec(mshrsAll, ValidIO(new MSHRRequest))        ///请求分配一个MSHR
    // To directory
    val dirRead = DecoupledIO(new DirRead)                     ///通往Directory
    val bc_mask = ValidIO(Vec(mshrsAll, Bool()))
    val c_mask = ValidIO(Vec(mshrsAll, Bool()))
  })  ///end val io

  // Allocate one MSHR per cycle
  assert(PopCount(io.alloc.map(_.valid)) <= 1.U)              ///同时存在的请求不能多于一个

  /* case1: selected request matches set of pending MSHR => stall
   * case2: selected request needs new MSHR but no room left => stall
   * case3: selected request needs new MSHR but dir not ready => stall
   * case4: selected request needs new MSHR and dir ready => good!
```

```
  */
/* Select one request from a_req/b_req/c_req */
val request = Wire(ValidIO(new MSHRRequest()))                    ///可以动态连接到a_req、b_req、c_req

/* Whether selected request can be accepted */
def get_match_vec (req: MSHRRequest, granularity: Int = setBits): Vec[Bool] = {
  VecInit(io.status.map(s => s.valid && s.bits.set(granularity - 1, 0) === req.set(granularity - 1, 0)))
}   ///返回一个位图，io.status是长度为mshrsAll的向量。

val c_match_vec = get_match_vec (io.c_req.bits, block_granularity)        ///与C通道上请求的匹配位图，函数定义见上。
val b_match_vec = get_match_vec (io.b_req.bits, block_granularity)        ///与B通道上请求的匹配位图
val a_match_vec = get_match_vec (io.a_req.bits, block_granularity)        ///与A通道上请求的匹配位图

val nestC_vec = VecInit(io.status.map(s => s.valid && s.bits.nestC).init :+ false.B )            ///位图的最后一位换成0
val nestB_vec = VecInit(io.status.map(s => s.valid && s.bits.nestB).init.init ++ Seq(false.B, false.B) )   ///位图的最后两位换成00

val conflict_c = c_match_vec.asUInt().orR()                       ///只要位图c_match_vec中有一位是1
val conflict_b = b_match_vec.asUInt().orR()                       ///只要位图b_match_vec中有一位是1
val conflict_a = a_match_vec.asUInt().orR()                       ///只要位图a_match_vec中有一位是1

val may_nestC = (c_match_vec.asUInt() & nestC_vec.asUInt()).orR()
val may_nestB = (b_match_vec.asUInt() & nestB_vec.asUInt()).orR()

val abc_mshr_alloc = io.alloc.init.init                 ///称io.alloc中除最后两个以外所有请求的序列为abc_mshr_alloc
val bc_mshr_alloc = io.alloc.init.last                  ///称io.alloc中对于倒数第二个MSHR的请求为bc_mshr_alloc
val c_mshr_alloc = io.alloc.last                        ///称io.alloc中对于最后一个MSHR的请求为c_mshr_alloc

val abc_mshr_status = io.status.init.init               /// io. status中除最后两个MSHR以外的所有状态
val bc_mshr_status = io.status.init.last                /// io. status中的最后第二个MSHR的状态
val c_mshr_status = io.status.last                      /// io. status中的最后一个MSHR的状态

val nestC = may_nestC && !c_mshr_status.valid
val nestB = may_nestB && !bc_mshr_status.valid && !c_mshr_status.valid

val dirRead = io.dirRead                                          ///称io.dirRead为dirRead，这是从Directory读出的接口。
val mshrFree = Cat(abc_mshr_status.map(s => !s.valid)).orR()      ///除最后两个MSHR外，当前是否有空闲的MSHR。

val can_accept_c = (mshrFree && !conflict_c) || nestC
val accept_c = io.c_req.valid && can_accept_c                     ///可以接受来自C通道的分配请求

val can_accept_b = ((mshrFree && !conflict_b) || nestB) && !io.c_req.valid
val accept_b = io.b_req.valid && can_accept_b                     ///可以接受来自B通道的分配请求

val can_accept_a = mshrFree && !conflict_a && !io.c_req.valid && !io.b_req.valid
val accept_a = io.a_req.valid && can_accept_a                     ///可以接受来自A通道的分配请求
```

```
request.valid := io.c_req.valid || io.b_req.valid || io.a_req.valid
request.bits := Mux(io.c_req.valid, io.c_req.bits, Mux(io.b_req.valid, io.b_req.bits, io.a_req.bits))
                ///request的内容可以来自通道C/B/A，来自通道C的最优先，通道B次之。

/* Provide signals for outer components*/
io.c_req.ready := dirRead.ready && can_accept_c
io.b_req.ready := dirRead.ready && can_accept_b
io.a_req.ready := dirRead.ready && can_accept_a

val mshrSelector = Module(new MSHRSelector())           ///创建一个MSHR选择电路，见后。
mshrSelector.io.idle := abc_mshr_status.map(s => !s.valid)  ///通过abc_mshr_status选择空闲的MSHR，形成一个空闲位图。
val selectedMSHROH = mshrSelector.io.out.bits           ///选择电路的输出是个单热位图
for ((mshr, i) <- abc_mshr_alloc.zipWithIndex) {        ///对于abc_mshr_alloc即io.alloc.init.init中各项：
  mshr.valid := (mshrFree && dirRead.ready && (
                       io.c_req.valid && !conflict_c ||
                       io.b_req.valid && !conflict_b && !io.c_req.valid ||
                       io.a_req.valid && !conflict_a && !io.b_req.valid && !io.c_req.valid )) && selectedMSHROH(i)
   /// io.c_req/io.b_req/io.a_req各有被接收并予以分配MSHR的条件，并且只能分给由mshrSelector所选取的那个MSHR。
  mshr.bits := request.bits        ///将request的内容打入所分配的MSHR，注意这不包括mshrAll中的最后两个MSHR。
}  ///发出对于除最后两个MSHR以外所有MSHR的分配请求，
   ///由于selectedMSHROH是单热位图，所以实际上只是其中一个MSHR。

val nestB_valid = io.b_req.valid && nestB && !io.c_req.valid     ///mshrAll中的倒数第二个MSHR
val nestC_valid = io.c_req.valid && nestC                        ///mshrAll中的最后一个MSHR

bc_mshr_alloc.valid := nestB_valid && dirRead.ready             ///发出对于倒数第二个MSHR的请求
bc_mshr_alloc.bits := io.b_req.bits
c_mshr_alloc.valid := nestC_valid && dirRead.ready              ///发出对于最后一个MSHR的请求
c_mshr_alloc.bits := io.c_req.bits

io.bc_mask.valid := bc_mshr_alloc.valid                         ///输出io.bc_mask取决于bc_mshr_alloc
io.bc_mask.bits := b_match_vec                                  ///其内容来自b_match_vec
io.c_mask.valid := c_mshr_alloc.valid                           ///输出io.c_mask取决于c_mshr_alloc
io.c_mask.bits := c_match_vec                                   ///其内容来自c_match_vec

dirRead.valid := request.valid && Cat(accept_c, accept_b, accept_a).orR() && dirRead.ready   ///启动从Directory读出
dirRead.bits.source := request.bits.source                                                    ///设置读出条件
dirRead.bits.tag := request.bits.tag
dirRead.bits.set := request.bits.set
dirRead.bits.idOH := Cat(nestC_valid, nestB_valid, Mux(nestC_valid || nestB_valid, 0.U(mshrs.W), selectedMSHROH))
dirRead.bits.replacerInfo.channel := request.bits.channel
dirRead.bits.replacerInfo.opcode := request.bits.opcode
dirRead.bits.wayMode := false.B
dirRead.bits.way := DontCare
///性能统计从略
}  ///end class MSHRAlloc
```

MSHR 的外部接口上有 a_req、b_req、c_req 三个输入，分别接受来自 SinkA、SinkB、SinkC 的分配请求 MSHRRequest：

```
[HuanCun > Slice > MSHRAlloc > MSHRRequest]
class MSHRRequest(implicit p: Parameters) extends HuanCunBundle with HasChannelBits {
  val opcode = UInt(3.W)                                          ///到来的请求/命令的类型，例如Get。
  val param = UInt(3.W)                                           ///例如NtoB、BtoN等等
  val size = UInt(msgSizeBits.W)
  val source = UInt(sourceIdBits.W)      // 0 when this req is a Hint
  val set = UInt(setBits.W)                                       ///所涉数据地址所属的集合
  val tag = UInt(tagBits.W)                                       ///所涉数据地址的tag
  val off = UInt(offsetBits.W)                                    ///所涉数据地址的块内位移（下标）
  val bufIdx = UInt(bufIdxBits.W)
  val needHint = prefetchOpt.map(_ => Bool())
  val isPrefetch = prefetchOpt.map(_ => Bool())
  val alias = aliasBitsOpt.map(_ => UInt(aliasBitsOpt.get.W))
  val preferCache = Bool()
  val dirty = Bool()
  val fromProbeHelper = Bool()
  val fromCmoHelper = Bool()
  val needProbeAckData = if (cacheParams.inclusive) None else Some(Bool())
}
```

MSHRAlloc 管理着整个 MSHR 池，每个 MSHR 都有个 MSHRStatus，记录着这个 MSHR 的当前状态：

```
[HuanCun > Slice > MSHRAlloc > MSHRStatus]
class MSHRStatus(implicit p: Parameters) extends HuanCunBundle {
  val set = UInt(setBits.W)
  val tag = UInt(tagBits.W)
  val way = UInt(wayBits.W)
  val reload = Bool()
  val blockB, blockC = Bool()
  val nestB, nestC = Bool()
  /**
    *    for missed acquire, if 'will_grant_data' is true:
    *       sinkD must write refill buffer
    *       soruceD must read data from refill buffer
    */
  val will_grant_data = Bool()
  /**
    *    for missed acquire/get, if 'will_save_data' is true:
    *       sinkD must write bankedstore to keep it in cache
    *    else:
    *       sinkD just write to refill buffer,
    *       and the data will be bypassed to inner cache
    */
```

```
  val will_save_data = Bool()
  // the mshr will be free at next cycle
  val will_free = Bool()
  // for debug usage now
  val is_prefetch = Bool()
}  ///end class MSHRStatus
```

分配 MSHR 的时候，MSHRAlloc 通过一个 MSHRSelector 从输入的当前空闲 MSHR 位图中选择分配一个空闲的 HSMR：

```
[HuanCun > Slice > MSHRAlloc > MSHRSelector]
class MSHRSelector(implicit p: Parameters) extends HuanCunModule {
  val io = IO(new Bundle() {
    val idle = Input(Vec(mshrs, Bool()))           ///宽度为mshrs的空闲位图
    val out = ValidIO(UInt(mshrs.W))               ///也是宽度为mshrs的选中位图
  })
  io.out.valid := ParallelOR(io.idle)
  io.out.bits := ParallelPriorityMux(io.idle.zipWithIndex.map { case (b, i) => (b, (1 << i).U) })
}
```

MSHRSelector 的逻辑很简单，就是维持一个空闲 MSHR 位图（严格说是 Bool 向量，本书对 Bool 向量与位图不作区分，一律视作位图），需要从中选取时就从空闲位图中选取位置最高者，输出一个单热位图。

可想而知，对补充缺失缓存块的请求都是来自上位 A 通道。有时候到来的请求可能过于密集，会超过 Slice 中所提供 MSHR 的容量，所以对于这样的请求需要有个缓冲区暂时缓冲一下，RequestBuffer 就是用于这个目的：

```
[TopMain > XSTop > HuanCun > Slice > RequestBuffer]
class RequestBuffer (flow: Boolean = true, entries: Int = 16) (implicit p: Parameters) extends HuanCunModule {
  val io = IO(new Bundle() {
    val in = Flipped(DecoupledIO(new MSHRRequest))
    val out = DecoupledIO(new MSHRRequest)                    ///进出都是MSHRRequest，这只是个Buffer。
    val mshr_status = Vec(mshrs, Flipped(ValidIO(new MSHRStatus)))
  })

  val buffer = Mem(entries, new MSHRRequest)                  ///关于MSHRRequest的存储阵列
  val valids = RegInit(VecInit(Seq.fill(entries){ false.B }))  ///valid位图
  // which mshr the entry is waiting for
  val wait_table = Reg(Vec(entries, UInt(mshrs.W)))           ///长度为entries的向量，单元的宽度为mshrs。

  // buffer_dep_mask[i][j] => entry i should wait entry j, this is used to make sure that same set requests will be sent to MSHR in order
  val buffer_dep_mask = Reg(Vec(entries, Vec(entries, Bool())))  ///依赖矩阵，是个二维向量。
  val rdys = RegInit(VecInit(Seq.fill(entries){ false.B }))   ///ready位图

  val issue_arb = Module(new FastArbiter(new MSHRRequest, entries))  ///关于MSHRRequest的仲裁器
  for (i <- 0 until entries){
```

```
    issue_arb.io.in(i).valid := valids(i) && rdys(i)
    issue_arb.io.in(i).bits := buffer(i)                                        ///仲裁器的输入来自buffer
    when(issue_arb.io.in(i).fire()){ valids(i) := false.B }
  }   ///end for (i <- 0 until entries)

  val output_pipe = Queue(issue_arb.io.out, entries = 1, pipe = true, flow = false)       ///仲裁器的输出进入这个output_pipe队列
  output_pipe.ready := io.out.ready

  val full = Cat(valids).andR()
  val no_ready_entry = !output_pipe.valid
  io.out.bits := Mux(no_ready_entry && flow.B, io.in.bits, output_pipe.bits)       ///io.out的内容或来自io.in，或来自output_pipe。
  // TODO: flow new request even buffer is full
  io.out.valid := (flow.B && no_ready_entry && io.in.valid && !full) | output_pipe.valid

  io.in.ready := !full
  val in_set = io.in.bits.set
  def set_conflict(set_a: UInt, set_b: UInt): Bool = { set_a(block_granularity - 1, 0) === set_b(block_granularity - 1, 0) }
  val conflict_mask = (0 until mshrs) map { i =>
    val s = io.mshr_status(i)
    val s_conflict = s.valid && set_conflict(s.bits.set, in_set) && !s.bits.will_free
    s_conflict
  }
  val conflict = Cat(conflict_mask).orR()
  // filter out duplicated prefetch requests
  val dup_mask = (0 until entries) map { i => valids(i) && (Cat(buffer(i).tag, buffer(i).set) === Cat(io.in.bits.tag, io.in.bits.set)) }
  val dup = io.in.valid && io.in.bits.isPrefetch.getOrElse(false.B) && Cat(dup_mask).orR()
  val req_deps = (0 until entries) map { i => valids(i) && set_conflict(buffer(i).set, in_set) }
  val insert_idx = PriorityEncoder(~valids.asUInt())
  val alloc = !full && io.in.valid && !(flow.B && no_ready_entry && io.out.ready) && !dup
  when(alloc){
    buffer(insert_idx) := io.in.bits
    valids(insert_idx) := true.B
    wait_table(insert_idx) := VecInit(conflict_mask).asUInt()
    buffer_dep_mask(insert_idx) := VecInit(req_deps)
    assert(PopCount(conflict_mask) <= 1.U)
    rdys(insert_idx) := !conflict && !Cat(req_deps).orR()
  }

  val free_mask = VecInit(io.mshr_status.map(s => s.valid && s.bits.will_free)).asUInt()
  for (i <- 0 until entries){
    when(valids(i)){
      val wait_next = WireInit(wait_table(i))
      val dep_mask_next = WireInit(buffer_dep_mask(i))
      wait_next := wait_table(i).asUInt() & (~free_mask.asUInt()).asUInt()
      when(issue_arb.io.out.fire()){ dep_mask_next (issue_arb.io.chosen) := false.B }
      wait_table(i) := wait_next
```

```
      rdys(i) := !wait_next.orR() && !Cat(dep_mask_next).orR()
    }
    when(issue_arb.io.out.fire()){ buffer_dep_mask(i)(issue_arb.io.chosen) := false.B }
  }
  ///性能统计从略
}   ///end class RequestBuffer
```

当然，RequestBuffer 也好，MSHRAlloc 也好，最终目的总是在于要求 MSHR。如前所述，MSHR 是“Miss Status Holding Registers”的缩写，但实际的作用却好像是 Slice 中的处理器。

回到 Slice 的代码，我们继续往下看：

```
[TopMain > XSTop > HuanCun > Slice]        续 1
  def non_inclusive[T <: RawModule](m: T): noninclusive.MSHR = { m.asInstanceOf[noninclusive.MSHR] }
                                                        ///将模块 m 当成一个 noninclusive.MSHR

  abc_mshr.foreach {                                    ///对于 abc_mshr 序列中的每个 MSHR:
    case mshr: noninclusive.MSHR =>                         ///如果是在 noninclusive 的 MSHR 中:
      mshr.io_c_status.set := c_mshr.io.status.bits.set
      …
      mshr.io_probeAckDataThrough := false.B
    case _: inclusive.MSHR =>                               ///如果是在 inclusive 的 MSHR 中就跳过
  }

  bc_mshr match {                                       ///对于倒数第二个 MSHR:
    case mshr: noninclusive.MSHR =>                         ///如果是在 noninclusive 的 MSHR 中:
      mshr.io_c_status.set := c_mshr.io.status.bits.set
      …
      mshr.io_b_status.probeHelperFinish := false.B
    case _: inclusive.MSHR =>                               ///如果是在 inclusive 的 MSHR 中就跳过
  }

  c_mshr match {                                        ///对于最后那个 MSHR:
    case mshr: noninclusive.MSHR =>                         ///如果是在 noninclusive 的 MSHR 中:
      mshr.io_c_status.set := 0.U
      …
      mshr.io_b_status.probeHelperFinish := false.B
    case _: inclusive.MSHR =>                               ///如果是在 inclusive 的 MSHR 中就跳过
  }

  val nestedWb = Wire(new NestedWriteback)                          ///嵌套回写
  nestedWb := DontCare
  nestedWb.set := Mux(select_c, c_mshr.io.status.bits.set, bc_mshr.io.status.bits.set)  ///回写的 set 号来自倒数第一或第二个 MSHR
  nestedWb.tag := Mux(select_c, c_mshr.io.status.bits.tag, bc_mshr.io.status.bits.tag)  ///回写的 tag 来自倒数第一或第二个 MSHR

  val bc_wb_state = bc_mshr match {
```

```
    case mshr: inclusive.MSHR =>      mshr.io.tasks.dir_write.bits.data.state        ///INVALID/BRANCH 等等
    case mshr: noninclusive.MSHR => mshr.io.tasks.dir_write.bits.data.state
  }
  val bc_wb_dirty = bc_mshr match {
    case mshr: inclusive.MSHR =>      mshr.io.tasks.dir_write.bits.data.dirty
    case mshr: noninclusive.MSHR => mshr.io.tasks.dir_write.bits.data.dirty
  }
  val c_wb_dirty = c_mshr match {
    case mshr: inclusive.MSHR =>      mshr.io.tasks.dir_write.bits.data.dirty
    case mshr: noninclusive.MSHR => mshr.io.tasks.dir_write.bits.data.dirty
  }
  nestedWb.b_toN := select_bc && !select_c && bc_mshr.io.tasks.dir_write.valid && bc_wb_state === MetaData.INVALID
  nestedWb.b_toB := select_bc && !select_c && bc_mshr.io.tasks.dir_write.valid && bc_wb_state === MetaData.BRANCH
  nestedWb.b_clr_dirty := select_bc && !select_c && bc_mshr.io.tasks.dir_write.valid && !MetaData.isT(bc_wb_state)
  nestedWb.b_set_dirty := select_bc && !select_c && bc_mshr.io.tasks.dir_write.valid && bc_wb_dirty
  nestedWb.c_set_dirty := select_c && c_mshr.io.tasks.dir_write.valid && c_wb_dirty

  val nestedWb_c_set_hit = c_mshr match {
    case c: inclusive.MSHR =>
      ms.map { m => select_c && c.io.tasks.tag_write.valid && c.io.tasks.tag_write.bits.tag === m.io.status.bits.tag }
    case c: noninclusive.MSHR =>
      ms.map { m => select_c && c.io.tasks.tag_write.valid && c.io.tasks.tag_write.bits.tag === m.io.status.bits.tag }
  }

  // nested client dir write
  (bc_mshr, c_mshr) match {
    case (bc_mshr: noninclusive.MSHR, c_mshr: noninclusive.MSHR) =>
      nestedWb.clients.get.zipWithIndex.foreach {
        case (n, i) =>
          n.isToN := Mux(select_c,
            c_mshr.io.tasks.client_dir_write.valid && c_mshr.io.tasks.client_dir_write.bits.data(i).state === MetaData.INVALID,
            bc_mshr.io.tasks.client_dir_write.valid && bc_mshr.io.tasks.client_dir_write.bits.data(i).state === MetaData.INVALID)
          n.isToB := Mux(select_c,
            c_mshr.io.tasks.client_dir_write.valid && c_mshr.io.tasks.client_dir_write.bits.data(i).state === MetaData.BRANCH,
            bc_mshr.io.tasks.client_dir_write.valid && bc_mshr.io.tasks.client_dir_write.bits.data(i).state === MetaData.BRANCH)
      }   ///end nestedWb.clients.get.zipWithIndex.foreach
    case (bc_mshr: inclusive.MSHR, c_mshr: inclusive.MSHR) =>      // skip      ///如是 inclusive 的 MSHR 就跳过
    case _ => assert(false)
  }   ///end   (bc_mshr, c_mshr) match

  abc_mshr.foreach(_.io.nestedwb := nestedWb)                    ///把 nestedWb 连到其余每个 MSHR 的 nestedwb 输入端
  abc_mshr.zip(nestedWb_c_set_hit.init.init).foreach { case (m, set_hit) => m.io.nestedwb.c_set_hit := set_hit }

  bc_mshr.io.nestedwb := 0.U.asTypeOf(nestedWb)
  bc_mshr.io.nestedwb.set := c_mshr.io.status.bits.set
  bc_mshr.io.nestedwb.tag := c_mshr.io.status.bits.tag
```

```
bc_mshr.io.nestedwb.c_set_dirty := nestedWb.c_set_dirty
bc_mshr.io.nestedwb.c_set_hit := nestedWb_c_set_hit.init.last
bc_mshr match {
  case mshr: noninclusive.MSHR =>
    mshr.io_releaseThrough := false.B
    mshr.io_probeAckDataThrough := Cat(abc_mshr.map(non_inclusive).map(_.io_b_status.probeAckDataThrough)).orR()
  case _ =>   // skip                              ///不是 noninclusive 的 MSHR 就跳过
}

when(select_c) { bc_mshr.io.nestedwb.clients.zip(nestedWb.clients).map { case (m, n) => m := n } }

c_mshr.io.nestedwb := 0.U.asTypeOf(nestedWb)
c_mshr match {
  case mshr: noninclusive.MSHR =>
    mshr.io_probeAckDataThrough := false.B
    mshr.io_releaseThrough := Cat((abc_mshr :+ bc_mshr).map(non_inclusive).map(_.io_c_status.releaseThrough)).orR()
  case _: inclusive.MSHR =>                        ///不是 noninclusive 的 MSHR 就跳过
}
///class Slice，续 1，待续。
```

[TopMain > XSTop > HuanCun > Slice]　　续 2

```
val directory = Module({if (cacheParams.inclusive) new inclusive.Directory() else new noninclusive.Directory()})
                              ///创建本 Slice 的数据目录 Directory
directory.io.read <> ctrl_arb(mshrAlloc.io.dirRead, ctrl.map(_.io.dir_read))
                              ///再创建一个仲裁器，输入来自 MSHRAlloc 或 SliceCtrl，仲裁器的输出连到 Directory 的 read。
ctrl.map(c => {      ///如果配备了 SliceCtrl：
  c.io.dir_result.valid := directory.io.result.valid && directory.io.result.bits.idOH(1, 0) === "b11".U
  c.io.dir_result.bits := directory.io.result.bits          /// Directory 的输出连接到 SliceCtrl 的 dir_result 输入
})

// Send tasks
def is_blocked (idx: Int): Bool = { if (idx < mshrs) block_abc else if (idx < mshrsAll - 1) block_bc else false.B }
def block_decoupled[T <: Data](sink: DecoupledIO[T], source: DecoupledIO[T], block: Bool) = {
  sink.valid := !block && source.valid                ///从 source 到 sink 的传输可以被封堵
  sink.bits := source.bits
  source.ready := !block && sink.ready
}

def block_decoupled[T <: Data](sinks: Seq[DecoupledIO[T]], sources: Seq[DecoupledIO[T]]): Unit = {
  require(sinks.size == sources.size)
  for (((x, y), i) <- sinks.zip(sources).zipWithIndex) {
    block_decoupled(x, y, is_blocked(i))              ///函数 is_blocked()见上
  }
}
```

```
def block_b_c[T <: Data] (sink: DecoupledIO[T], sources: Seq[DecoupledIO[T]]): Unit = {
  val c_src = sources.last                                   /// sources 中的最后一个
  val b_src = sources.init.last                              /// sources 中的倒数第二个
  val abc_src = sources.init.init                            /// sources 中的其余元素，这是个序列。
  val arbiter = Module(new FastArbiter[T](chiselTypeOf(sink.bits), sources.size))
                                                             ///创建一个仲裁器，输入个数同 sources 序列。
  arbiter.io.in.init.init.zip(abc_src).foreach(x => x._1 <> x._2)  ///将序列 abc_src 中的各个元素连到仲裁器的输入
  block_decoupled(arbiter.io.in.init.last, b_src, select_c)   ///倒数第二个也是，但可以被 select_c 阻断
  arbiter.io.in.last <> c_src                                ///倒数第一个也连到仲裁器的输入
  sink <> arbiter.io.out                                     ///仲裁器的输出连到 sink
}

def add_ctrl[T <: Data](xs: Seq[DecoupledIO[T]], ctrl: Option[DecoupledIO[T]]): Seq[DecoupledIO[T]] = {
  val last = if(ctrl.nonEmpty) ctrl_arb(xs.last, ctrl) else xs.last      ///如有配备就在 xs 序列中增添一个仲裁器
  xs.init :+ last
}

// don't allow b write back when c is valid to simplify 'NestedWriteBack'
block_b_c(Pipeline.pipeTo(directory.io.dirWReq), add_ctrl(ms.map(_.io.tasks.dir_write), ctrl.map(_.io.s_dir_w)))
                    ///在 Directory 的写入请求端前面加一个仲裁器，其输入来自 ms 这个 MSHR 序列。

arbTasks (sourceA.io.task, ms.map(_.io.tasks.source_a), Some("sourceA"))      ///函数 arbTasks()见下面
arbTasks (sourceB.io.task, ms.map(_.io.tasks.source_b), Some("sourceB"))
arbTasks (sourceC.io.task, ms.map(_.io.tasks.source_c), Some("sourceC"))
arbTasks (sourceD.io.task, ms.map(_.io.tasks.source_d), Some("sourceD"))
arbTasks (sourceE.io.task, ms.map(_.io.tasks.source_e), Some("sourceE"))
arbTasks (sinkA.io.task, ms.map(_.io.tasks.sink_a), Some("sinkA"))
arbTasks (sinkC.io.task, ms.map(_.io.tasks.sink_c), Some("sinkC"))
arbTasks (Pipeline.pipeTo(directory.io.tagWReq), add_ctrl(ms.map(_.io.tasks.tag_write), ctrl.map(_.io.s_tag_w)), Some("tagWrite"))
(directory, ms) match {
  case (dir: noninclusive.Directory, ms: Seq[noninclusive.MSHR]) =>
    block_b_c(Pipeline.pipeTo(dir.io.clientDirWReq), add_ctrl(ms.map(_.io.tasks.client_dir_write), ctrl.map(_.io.c_dir_w)) )
    arbTasks(Pipeline.pipeTo(dir.io.clientTagWreq), add_ctrl(ms.map(_.io.tasks.client_tag_write), ctrl.map(_.io.c_tag_w)) )
  case (_: inclusive.Directory, _: Seq[inclusive.MSHR]) => // skip      ///如果是 inclusive 的 Directory 就跳过
  case _ => assert(false)
}

def arbTasks[T <: Bundle](out: DecoupledIO[T], in: Seq[DecoupledIO[T]], name: Option[String] = None, strict: Boolean = false) = {
  require(!strict || in.size == mshrsAll)
  if (in.size == mshrsAll) {
    val abc = in.init.init
    val bc = in.init.last
    val c = in.last
    val arbiter = Module(new FastArbiter[T](chiselTypeOf(out.bits), abc.size))       ///创建一个仲裁器
    if (name.nonEmpty) arbiter.suggestName(s"${name.get}_task_arb")              ///参数 name 就用在这里，我们不关心。
    for ((arb, req) <- arbiter.io.in.zip(abc)) { arb <> req }                    ///连接仲裁器的各个输入
```

```
    if (strict) {
      out.valid := c.valid || !block_bc && bc.valid || !block_abc && arbiter.io.out.valid
      out.bits := Mux(c.valid, c.bits, Mux(bc.valid, bc.bits, arbiter.io.out.bits))
      c.ready := out.ready
      bc.ready := out.ready && !block_bc
      arbiter.io.out.ready := out.ready && !block_abc
    } else {    /// !strict
      out.valid := c.valid || bc.valid || arbiter.io.out.valid
      out.bits := Mux(c.valid, c.bits, Mux(bc.valid, bc.bits, arbiter.io.out.bits))
      c.ready := out.ready
      bc.ready := out.ready && !c.valid
      arbiter.io.out.ready := out.ready && !c.valid && !bc.valid
    }
  } else {       /// if (!( in.size == mshrsAll))
    val arbiter = Module(new FastArbiter[T](chiselTypeOf(out.bits), in.size))          ///创建一个仲裁器
    if (name.nonEmpty) arbiter.suggestName(s"${name.get}_task_arb")                    ///参数 name 用在这里，我们不关心。
    for ((arb, req) <- arbiter.io.in.zip(in)) { arb <> req }
    out <> arbiter.io.out
  }
}   ///end arbTasks()

io.prefetch.foreach { pft =>
  // connect abc mshrs to prefetcher
  arbTasks (pft.train, abc_mshr.map(_.io.tasks.prefetch_train.get), Some("prefetchTrain"))
  arbTasks(pft.resp, abc_mshr.map(_.io.tasks.prefetch_resp.get), Some("prefetchResp"))
  for (mshr <- Seq(bc_mshr, c_mshr)) {
    mshr.io.tasks.prefetch_train.foreach(_.ready := true.B)
    mshr.io.tasks.prefetch_resp.foreach(_.ready := true.B)
  }
}   ///end io.prefetch.foreach

// Resps to MSHRs
ms.zipWithIndex.foreach {
  case (mshr, i) =>
    mshr.io.resps.sink_c.valid := sinkC.io.resp.valid && sinkC.io.resp.bits.set === mshr.io.status.bits.set
    mshr.io.resps.sink_d.valid := sinkD.io.resp.valid && sinkD.io.resp.bits.source === i.U
    mshr.io.resps.sink_e.valid := sinkE.io.resp.valid && sinkE.io.resp.bits.sink === i.U
    mshr.io.resps.sink_c.bits := sinkC.io.resp.bits
    mshr.io.resps.sink_d.bits := sinkD.io.resp.bits
    mshr.io.resps.sink_e.bits := sinkE.io.resp.bits
}   ///end ms.zipWithIndex.foreach
c_mshr.io.resps.sink_c.valid := false.B

// Directory read results to MSHRs
def regFn[T <: Data](x: Valid[T]): Valid[T] = {
  if (cacheParams.dirReg) {
```

```
            val v = RegNext(x.valid, false.B)
            val bits = RegEnable(x.bits, x.valid)
            val ret = Wire(x.cloneType)
            ret.valid := v
            ret.bits := bits
            ret
        } else x
    }   ///end regFn()

    val is_ctrl_dir_res = directory.io.result.bits.idOH(1, 0) === "b11".U
    val dirReg = regFn(directory.io.result)
    ms.zipWithIndex.foreach {
        case (mshr, i) =>
            val dirResultMatch = !is_ctrl_dir_res && directory.io.result.valid && directory.io.result.bits.idOH(i)
            mshr.io.dirResult.bits := dirReg.bits
            mshr.io.dirResult.valid := RegNext(dirResultMatch, false.B)
    }   ///end ms.zipWithIndex.foreach

    probeHelperOpt.foreach(h => { h.io.dirResult := dirReg })

    // Provide MSHR info for sinkC, sinkD
    sinkC.io.way := Mux(bc_mshr.io.status.valid && bc_mshr.io.status.bits.set === sinkC.io.resp.bits.set,
                bc_mshr.io.status.bits.way,
                Mux1H(abc_mshr.map(m => m.io.status.valid && m.io.status.bits.set === sinkC.io.resp.bits.set),
                                                                    abc_mshr.map(m => m.io.status.bits.way)))

    // there must be 1 match so we can use Mux1H
    val sinkD_status = Mux1H(ms.map(_.io.status).zipWithIndex.map{ case (s, i) => (i.U === sinkD.io.resp.bits.source) -> s })
    sinkD.io.way := sinkD_status.bits.way
    sinkD.io.set := sinkD_status.bits.set
    sinkD.io.inner_grant := sinkD_status.bits.will_grant_data
    sinkD.io.save_data_in_bs := sinkD_status.bits.will_save_data

    sinkC.io.sourceD_r_hazard <> sourceD.io.sourceD_r_hazard
    sinkD.io.sourceD_r_hazard <> sourceD.io.sourceD_r_hazard

    sinkA.io.d_pb_pop <> sourceD.io.pb_pop
    sinkA.io.d_pb_beat <> sourceD.io.pb_beat

    sinkA.io.a_pb_pop <> sourceA.io.pb_pop
    sinkA.io.a_pb_beat <> sourceA.io.pb_beat

    val tag_err = RegNext(Cat(ms.map(m => m.io.ecc.valid)).orR, false.B)
    val tag_err_info = RegNext(MuxCase(ms.head.io.ecc.bits, ms.map(m => (m.io.status.valid && m.io.ecc.valid, m.io.ecc.bits)) ))
    val data_err = RegNext(dataStorage.io.ecc.valid, false.B)
    val data_err_info = RegNext(dataStorage.io.ecc.bits)
```

```
  io.ctl_ecc.bits := Mux(tag_err, tag_err_info, data_err_info)
  io.ctl_ecc.valid := tag_err | data_err
  if (ctrl.nonEmpty) {
    ctrl.get.io.req <> io.ctl_req
    io.ctl_resp <> ctrl.get.io.resp
  } else {
    io.ctl_req <> DontCare
    io.ctl_resp <> DontCare
    io.ctl_req.ready := false.B
    io.ctl_resp.valid := false.B
  }

  def pftReqToMSHRReq (pftReq: DecoupledIO[PrefetchReq]): DecoupledIO[MSHRRequest] = {
    val mshrReq = Wire(DecoupledIO(new MSHRRequest()))                 ///对 MSHR 的预读数据请求：
    val address = Cat(pftReq.bits.tag, pftReq.bits.set, 0.U(offsetBits.W))   ///预读的地址来自 pftReq
    val (tag, set, off) = parseAddress(address)
    mshrReq.valid := pftReq.valid                                   ///请求的发出取决于 pftReq.valid
    mshrReq.bits.opcode := TLMessages.Hint
    mshrReq.bits.param := Mux(pftReq.bits.needT, TLHints.PREFETCH_WRITE, TLHints.PREFETCH_READ)
    mshrReq.bits.size := log2Up(blockBytes).U
    mshrReq.bits.source := pftReq.bits.source
    mshrReq.bits.tag := tag
    mshrReq.bits.set := set
    mshrReq.bits.off := off
    mshrReq.bits.channel := "b001".U
    mshrReq.bits.needHint.foreach(_ := false.B)
    mshrReq.bits.isPrefetch.foreach(_ := true.B)
    mshrReq.bits.alias.foreach(_ := DontCare)
    mshrReq.bits.preferCache := true.B
    mshrReq.bits.fromProbeHelper := false.B
    mshrReq.bits.fromCmoHelper := false.B
    mshrReq.bits.bufIdx := DontCare
    mshrReq.bits.dirty := false.B
    mshrReq.bits.needProbeAckData.foreach(_ := false.B)
    pftReq.ready := mshrReq.ready
    mshrReq
  }  ///end pftReqToMSHRReq()，向 MSHR 发出预读数据请求，
     ///见 alloc_A_arb.io.in(1) <> pftReqToMSHRReq(io.prefetch.get.req)。
  ///性能统计从略
}  ///end class Slice
```

代码中加了不少注释，结合前面对交互过程嵌套和 MSHR 分配使用的讲解，读者应该不会有困难。

此外，前面我们看到 HuanCun 中有个 CtrlUnit，用来提供在程序中通过若干寄存器读写 Slice 内部状态的手段；在 Slice 内部则有个 SliceCtrl 作为 CtrlUnit 安插在 Slice 内部的代理，接受 CtrlUnit 的请求读写 Slice 内部的信息：

```
[HuanCun > Slice > SliceCtrl]
class SliceCtrl()(implicit p: Parameters) extends HuanCunModule {
  val io = IO(new Bundle() {
    val req = Flipped(DecoupledIO(new CtrlReq))                ///来自CtrlUnit
    val resp = DecoupledIO(new CtrlResp)                       ///去向CtrlUnit

    val s_dir_w = DecoupledIO(new SelfDirWrite())              ///去向Directory
    val c_dir_w = DecoupledIO(new ClientDirWrite())            ///去向Directory
    val s_tag_w = DecoupledIO(new SelfTagWrite())              ///去向Directory
    val c_tag_w = DecoupledIO(new ClientTagWrite())            ///去向Directory
    val bs_w_addr = DecoupledIO(new DSAddress())               ///去向DataStorage
    val bs_w_data = Output(new DSData())                       ///去向DataStorage
    val dir_read = DecoupledIO(new DirRead())                  ///去向Directory
    val dir_result = Flipped(ValidIO(new DirResult()))         ///来自Directory
    val bs_r_addr = DecoupledIO(new DSAddress())               ///去向DataStorage
    val bs_r_data = Input(new DSData())                        ///来自DataStorage
    val cmo_req = DecoupledIO(new MSHRRequest())               ///去向MSHRAlloc，cmo意为“Cache Maintenance Operations”。
  })  ///end val io

  val req_reg = Reg(new CtrlReq)
  val busy = RegInit(false.B)
  val done = RegInit(false.B)

  val full_address = Cat(io.req.bits.tag(fullTagBits - 1, 0), io.req.bits.set(setBits - 1, 0), 0.U(offsetBits.W))  ///来自io.req
  val (tag, set, _) = parseAddress(full_address)       ///再将其分解成tag和set
  when(io.req.fire()){
    req_reg := io.req.bits
    req_reg.set := set
    req_reg.tag := tag
  }

  val data_beats = Wire(Vec(beatSize, UInt((8 * beatBytes).W)))
  data_beats := req_reg.data.asTypeOf(data_beats)                 ///data_beats来自req_reg.data

  when(io.req.fire()){ busy := true.B }
  when(io.resp.fire()){
    busy := false.B
    done := false.B
  }

  val s_wb_self_dir = RegInit(false.B)
  val s_wb_client_dir = RegInit(false.B)
  val s_wb_self_tag = RegInit(false.B)
  val s_wb_client_tag = RegInit(false.B)
```

```
val s_data_write = RegInit(beatSize.U)
val s_data_read = RegInit(beatSize.U)
val s_dir_read = RegInit(false.B)
val s_cmo = RegInit(false.B)

when(io.req.fire()){
  switch(io.req.bits.cmd){        ///根据到来请求中的cmd字段决定需要做什么：
    is(CacheCMD.CMD_R_S_DIR){ s_dir_read := true.B }
    is(CacheCMD.CMD_R_C_DIR){ s_dir_read := true.B }
    is(CacheCMD.CMD_R_S_TAG){ s_dir_read := true.B }
    is(CacheCMD.CMD_R_C_TAG){ s_dir_read := true.B }          ///这四种都是s_dir_read，需要从Directory读出。
    is(CacheCMD.CMD_R_DATA){ s_data_read := 0.U }             ///这是要求读出数据，0表示要求读出第0个脉搏。

    is(CacheCMD.CMD_W_S_DIR){ s_wb_self_dir := true.B }
    is(CacheCMD.CMD_W_C_DIR){ s_wb_client_dir := true.B }
    is(CacheCMD.CMD_W_S_TAG){ s_wb_self_tag := true.B }
    is(CacheCMD.CMD_W_C_TAG){ s_wb_client_tag := true.B }     ///四种不同的写入
    is(CacheCMD.CMD_W_DATA){ s_data_write := 0.U }            ///这是要求写入数据，0表示要求写入第0个脉搏。

    is(CacheCMD.CMD_CMO_INV){ s_cmo := true.B }               ///CMO意为Cache Maintenance Operations
    is(CacheCMD.CMD_CMO_CLEAN){ s_cmo := true.B }
    is(CacheCMD.CMD_CMO_FLUSH){ s_cmo := true.B }
  }
}

io.dir_read.valid := s_dir_read                               ///如果是s_dir_read就启动从Directory读出
io.dir_read.bits.idOH := Cat(req_reg.way, "b11".U)
io.dir_read.bits.tag := req_reg.tag
io.dir_read.bits.set := req_reg.set
io.dir_read.bits.way := req_reg.way
io.dir_read.bits.wayMode := false.B            // TODO: it seems incorrect
io.dir_read.bits.replacerInfo := DontCare
io.dir_read.bits.source := DontCare

when(io.dir_result.fire()){                    ///从Directory读回了结果
  switch(req_reg.cmd){
    is(CacheCMD.CMD_R_S_DIR){ req_reg.data(0) := io.dir_result.bits.self.asTypeOf(new SelfDirEntry()).asUInt()}
    is(CacheCMD.CMD_R_C_DIR){ req_reg.data(0) := io.dir_result.bits.clients.states.asUInt() }
    is(CacheCMD.CMD_R_S_TAG){ req_reg.data(0) := io.dir_result.bits.self.tag }
    is(CacheCMD.CMD_R_C_TAG){ req_reg.data(0) := io.dir_result.bits.clients.tag }
  }
  s_dir_read := false.B
  done := true.B
}
io.s_dir_w.valid := s_wb_self_dir                             ///四种不同的写入：
io.c_dir_w.valid := s_wb_client_dir
```

```
io.s_tag_w.valid := s_wb_self_tag
io.c_tag_w.valid := s_wb_client_tag

io.s_dir_w.bits.set := req_reg.set
io.s_dir_w.bits.way := req_reg.way
io.s_dir_w.bits.data := req_reg.dir.asTypeOf(io.s_dir_w.bits.data)

io.c_dir_w.bits.set := req_reg.set                                   ///注意io.c_dir_w与上面三行中io.s_dir_w的区别
io.c_dir_w.bits.way := req_reg.way
io.c_dir_w.bits.data := req_reg.dir.asTypeOf(io.c_dir_w.bits.data)

io.s_tag_w.bits.set := req_reg.set
io.s_tag_w.bits.way := req_reg.way
io.s_tag_w.bits.tag := req_reg.tag

io.c_tag_w.bits.set := req_reg.set                                   ///注意io.c_dir_w与上面三行中io.s_dir_w的区别
io.c_tag_w.bits.way := req_reg.way
io.c_tag_w.bits.tag := req_reg.tag

io.bs_r_addr.valid := s_data_read =/= beatSize.U                     ///启动从DataStorage读出
io.bs_r_addr.bits.way := req_reg.way
io.bs_r_addr.bits.set := req_reg.set
io.bs_r_addr.bits.beat := s_data_read                                /// s_data_read的数值表示要求读出第几个脉搏的数据
io.bs_r_addr.bits.noop := false.B
io.bs_r_addr.bits.write := false.B
when(io.bs_r_addr.fire()){ s_data_read := s_data_read + 1.U }        ///每读出一个脉搏的数据就准备好读出下一个脉搏

val data_wen = RegNextN (io.bs_r_addr.fire(), n = sramLatency, initOpt = Some(false.B))   ///这个wen实际上是ren
val w_counter = RegInit(0.U(log2Ceil(beatSize).W))
when(data_wen){                                                      ///如果启动了对DataStorage的读出
  w_counter := w_counter + 1.U                                       ///脉搏计数加1
  for(i <- req_reg.data.indices){                                    ///依次读出该缓存块的各个脉搏
    val beatId = i / (beatBytes / 8)
    val wdata = io.bs_r_data.data.asTypeOf(Vec(beatBytes / 8, UInt(64.W)))   ///wdata是待读出的位置
    when(beatId.U === w_counter){ req_reg.data(i) := wdata(i - beatId * beatBytes / 8) }   ///读出该位置上的内容
  }
  when(w_counter === (beatSize - 1).U){                              ///已经读出了所有的脉搏，就结束读出并使计数器清0。
    done := true.B
    w_counter := 0.U
  }
}

io.bs_w_addr.valid := s_data_write =/= beatSize.U                    ///启动对DataStorage的写入
io.bs_w_addr.bits.way := req_reg.way
io.bs_w_addr.bits.set := req_reg.set
io.bs_w_addr.bits.beat := s_data_write                               /// s_data_write表示第几个脉搏
```

```
  io.bs_w_addr.bits.write := true.B
  io.bs_w_addr.bits.noop := false.B
  io.bs_w_data.data := data_beats(s_data_write)                    ///见前面val data_beats的定义
  io.bs_w_data.corrupt := false.B
  when(io.bs_w_addr.fire()){ s_data_write := s_data_write + 1.U }  ///每次写入后就递增脉搏计数

  when(io.s_dir_w.fire()){s_wb_self_dir := false.B, done := true.B}   ///操作后就将控制位清0，并将done设成true。
  when(io.c_dir_w.fire()){s_wb_client_dir := false.B, done := true.B}
  when(io.s_tag_w.fire()){s_wb_self_tag := false.B, done := true.B}
  when(io.c_tag_w.fire()){s_wb_client_tag := false.B, done := true.B}

  io.cmo_req.bits.channel := 4.U                    ///cmo是“Cache Maintenance Operations”的缩写
  io.cmo_req.bits.opcode := 0.U         // DontCare  ///cmo_req是个MSHRReques
  io.cmo_req.bits.param := io.req.bits.cmd(1, 0)
  io.cmo_req.bits.size := log2Up(blockBytes).U
  io.cmo_req.bits.source := 0.U         // DontCare
  io.cmo_req.bits.set := io.req.bits.set
  io.cmo_req.bits.tag := io.req.bits.tag
  io.cmo_req.bits.off := 0.U            // DontCare
  io.cmo_req.bits.bufIdx := 0.U         // DontCare
  io.cmo_req.bits.needHint.foreach(_ := false.B)
  io.cmo_req.bits.isPrefetch.foreach(_ := false.B)
  io.cmo_req.bits.alias.foreach(_ := false.B)
  io.cmo_req.bits.preferCache := false.B
  io.cmo_req.bits.dirty := false.B
  io.cmo_req.bits.fromProbeHelper := false.B
  io.cmo_req.bits.fromCmoHelper := true.B
  io.cmo_req.bits.needProbeAckData.foreach(_ := false.B)

  io.cmo_req.valid := s_cmo
  when(io.cmo_req.fire()){s_cmo := false.B, done := true.B}    ///操作后就将控制位清0，并将done设成true。

  io.req.ready := !busy
  io.resp.valid := done
  io.resp.bits.cmd := req_reg.cmd
  io.resp.bits.data := req_reg.data
}   ///end class SliceCtrl
```

当然，SliceCtrl 只是辅助性的，工具性的，是对 HuanCun 这一层上 Ctrl 模块的延伸。别的那些模块才是实质性的。

29.4　HuanCun 的数据预读机制 BOP

我们在前面看到在 MemBlock 这一层有个数据预读机制 SMS，其特点是以 ld 指令所在的地址 pc 加数据所在的目标地址二者的结合作为预测的依据。这是因为在 MemBlock 这一层可以知道 ld 指令的来源，这是个有利条件。

现在，到了次级缓存，已经无从知道是谁要读取，而只知道要读取的目标。那么，到了次级缓存，即 HuanCun 这一层，纯粹从硬件的角度，是否还可以在通过预读帮助提高缓存命中率方面有所作为呢？这里还要说明，对于底层数据预读的准确性其实要求不是很高，预读进来的 cacheline 如果真被用上了固然很好，即便用不上损失也不大，因为只要缓存中能维持一定程度的命中率，次级缓存与内存之间就是相对空闲的，闲着也是闲着，能通过预读帮上一点忙也是好的，所付的代价（除电路成本外）主要是一点功耗。

所以这也是有人在研究的一个方向。采取的措施大体上就是基于观察加经验和猜测（似乎也没有别的可能），其中之一就是称为"Best Offset Prefetch"的方案。这里的所谓 Offset，是指地址增量，即往前加载缓存块的跨度，就是前面所说的 Stride。假定在二级缓存中看到要加载某个地址为 addr 的 cacheline（这就是观察，addr 是以 cacheline 为单位的地址，即把物理地址中最低的 6 位去掉），后来又看到加载它的下一个 cacheline，即地址为 addr+1 的 cacheline，于是 Offest 是 1；然后又看到加载 addr+2，增量 Offset 又是 1，就猜测可能都是以 1 为步长往前读取，这就可以试着发出预读请求了。但是在次级缓存中看到的步长不大可能全是 1，也有别的跨度；所以就搞一个表，把不同跨度的发生次数记录下来，为不同的跨度打分，每发生一次就加一分。这样，在一小段时间之后，就会发现有个跨度是发生次数最多的，那就是最佳跨度"Best Offset"，于是就猜测这个趋势还会继续，就按这个步长往前预取，这就是"最佳跨度预读"。当然，这个趋势不会长久继续，所以过一段时间就要把记录清零，从头开始新一轮的统计和猜测。如此周而复始。

为此，香山的代码中定义了一个 offsetList：

```
offsetList: Seq[Int] = Seq( 1, 2, 3, 4, 5, 6, 8, 9, 10, 12, 15, 16 )
```

其中的第一项表示 cacheline 地址增量为 1，第二项为 2，余类推，当然这个列表还可以更长，但是太长了也没有实际意义。这个列表本来就是带有猜测甚至是随机的成分，为什么 12 之后就是 15 了呢？前面为什么又缺了 7 呢？这恐怕也说不出个理由。

这个 List 是固定不变的，但是用来打分的"跨度打分表"OffsetScoreTable 就根据统计在变了，这个打分表中的表项是 ScoreTableEntry：

```
class ScoreTableEntry(implicit p: Parameters) extends PrefetchBundle {
  val offset = UInt(bopParams.offsetWidth.W)
  val score = UInt(bopParams.scoreBits.W)

  def apply(offset: UInt, score: UInt) = {
    val entry = Wire(new ScoreTableEntry)
    entry.offset := offset
    entry.score := score
    entry
  }
}
```

打分表项中只有跨度 offset 和得分 score 两个字段。比方说，如果观察到上层要求加载地址为 addr 的缓存块即 cacheline，然后又看到加载 addr+2，但是中间跳过了 addr+1，就在 offset 为 2 的那个表项中使得分 score 加 1。然后与至此刻为止的 bestOffset 相比，如果得分高于 bestOffset 就将其替换掉，所以 bestOffset 中总是记载着得分最高的跨度。

除"跨度打分表"以外，还要有个 RecentRequestTable，即 rrTable，记录着最近发生过的（缓存块）加载请求，这就是加载地址 addr 的来源，跨度 offset 就是根据这个表中的表项统计出来的。这个 rrTable 的创建是与"打分表"并立的，但作用上却好像是"打分表"下面的附庸。

这样，经过一段时间的"学习"，即统计打分和比较，就可以按最佳跨度 bestOffset 发出预读请求了。这个方案就称为“最佳跨度预读”即 Best Offset Prefetch，香山代码中的 class BestOffsetPrefetch 就是对此方案的实现。香山和 HuanCun 的代码中都有对这个方案的实现，都是些同名的 class，但有细微的差别，我们这里以香山的代码为准。

我们先看一下“跨度打分表”OffsetScoreTable 的实现：

```
class OffsetScoreTable(implicit p: Parameters) extends PrefetchModule {
  val io = IO(new Bundle {
    val req = Flipped(DecoupledIO(UInt(PAddrBits.W)))        // req addr from L1      ///该地址被转手发给RecentRequestTable
    val prefetchOffset = Output(UInt(bopParams.offsetWidth.W))                        ///OffsetScoreTable建议预读的前进步长
    val test = new TestOffsetBundle                      ///连接到RecentRequestTable即rrTable，见后。
  })

  def offsetWidth = bopParams.offsetWidth
  def offsetList = bopParams.offsetList                    /// Seq( 1, 2, 3, 4, 5, 6, 8, 9, 10, 12, 15, 16 )
  def scores = bopParams.scores                            ///返回offsetList.length
  def roundBits = bopParams.roundBits
  def roundMax = bopParams.roundMax
  def scoreMax = bopParams.scoreMax
  def badScore = bopParams.badScore

  val prefetchOffset = RegInit (2.U(offsetWidth.W))    // best offset is 1, that is, a next-line prefetcher as initialization
  val st = RegInit(VecInit(offsetList.map(off => (new ScoreTableEntry).apply(off.U, 0.U))))
                           ///为offsetList中的每一项都创建一个打分表项ScoreTableEntry，st就是整个打分表的数据部分。
  val ptr = RegInit(0.U(log2Up(scores).W))                          ///指向offsetList中的某一项
  val round = RegInit(0.U(roundBits.W))                             ///这是第几轮统计打分

  val bestOffset = RegInit((new ScoreTableEntry).apply(2.U, 0.U))   //the entry with the highest score while traversing
                                                                    ///至此为止的最佳跨度，初值为：offset=2，score=0。
  val testOffset = WireInit(st(ptr).offset)          ///打分表st中指针ptr所指某项的offset字段，ptr来自状态机的推进，见下。
  def winner (e1: ScoreTableEntry, e2: ScoreTableEntry): ScoreTableEntry = {   ///比较两个ScoreTableEntry的得分高低
    val w = Wire(new ScoreTableEntry)
    w := Mux(e1.score > e2.score, e1, e2)            ///score高者胜出
    w                                                ///返回得分高者
  }

  val s_idle :: s_learn :: Nil = Enum(2)             ///s_idle是复位状态，s_learn是学习即统计打分阶段。
  val state = RegInit(s_idle)                        ///统计打分状态机

  // 1. At the start of a learning phase
  // All the scores are reset to 0.
  // At the end of every learning phase, the prefetch offset is updated as the one with the highest score.
  when (state === s_idle) {                          ///处于s_idle状态：
    st.foreach(_.score := 0.U)                       ///将打分表全部清零
    ptr := 0.U                                       ///offsetList指针清零，从头开始。
    round := 0.U
    bestOffset.score := badScore.U                   ///将bestOffset的得分设置成最坏的分数
```

```
    prefetchOffset := bestOffset.offset                  ///将prefetchOffset设置成bestOffset的offset字段
    state := s_learn                                      ///然后转入学习（即统计打分）阶段
  }

  // 2. During a learning phase
  // On every eligible L2 read access (miss or prefetched hit), we test an offset d_i from the list.
  // If X-d_i hits in the RR table, the score of offset d_i is incremented. During a round, each offset in the list is test once.
  //When all the offsets in the list have been tested, the current round is finished, and a new round begins from offset d_1 again.
  // The current learning phase finishes at the end of a round when:
  // (1) one of the score equals SCOREMAX, or (2) the number of rounds equals ROUNDMAX.
  when (state === s_learn) {                               ///学习（即统计打分）阶段：
    when (io.test.req.fire()) {                            ///在io.test.req接口上观察到有（加载）请求（从上层缓存）到来
      val roundFinish = ptr === (scores - 1).U             ///scores就是offsetList.length，当指针推进到最后一项时本轮学习结束，
      ptr := Mux(roundFinish, 0.U, ptr + 1.U)              ///如果本轮扫描尚未结束就把指针向前推进一项，要不就清零。
      round := Mux(roundFinish, round + 1.U, round)        ///如果本轮学习结束就使计数器round加1
    }
    // (2) the number of rounds equals ROUNDMAX.
    when (round >= roundMax.U) { state := s_idle }         ///如果计数器round的计数已经达到roundMax就回到s_idle状态

    when (io.test.resp.fire() && io.test.resp.bits.hit) {  ///在io.test.resp接口上观察到RecentRequestTable的回应并且命中：
      val oldEntry = st(io.test.resp.bits.ptr)             ///rrTable中使用同一offsetList，所以test.resp的ptr指向offsetList中某项。
      val oldScore = oldEntry.score                        ///从rrTable所返回指针可知其检测到的地址增量，st中找到打分表项。
      val newScore = oldScore + 1.U                        ///因rrTable检测到发生该地址增量，就使其打分加1。
      val offset = oldEntry.offset                         ///这就是rrTable所报告的加载地址前进步长。
      st(io.test.resp.bits.ptr).score := newScore          ///把加了1的打分写回打分表st的相应表项中
      bestOffset := winner((new ScoreTableEntry).apply(offset, newScore), bestOffset)    ///可能会刷新bestOffset
      // (1) one of the score equals SCOREMAX
      when (newScore >= scoreMax.U) { state := s_idle }      ///如果得分碰了天花板就无需继续统计了，回到idle状态
    }
  }  ///end when (state === s_learn)

  io.req.ready := true.B
  io.prefetchOffset := prefetchOffset                        ///输出建议采用的步长（来自bestOffset，见前）
  io.test.req.valid := state === s_learn && io.req.fire()
  io.test.req.bits.addr := io.req.bits                       ///对rrTable的请求地址就是从OffsetScoreTable的输入接过去的
  io.test.req.bits.testOffset := testOffset                  ///当前ptr所指的跨度
  io.test.req.bits.ptr := ptr
  io.test.resp.ready := true.B
}  ///end class OffsetScoreTable
```

打分表 OffsetScoreTable 模块中并未提供检测加载地址前进步长的功能，这个功能是由它的附件 rrTable 即 RecentRequestTable 提供的。OffsetScoreTable 将接收到的（作为加载目标的）物理地址转给 RecentRequestTable，后者就根据其记载的先前加载目标计算前进的步长，然后将结果发回 OffsetScoreTable 供其用于打分。二者之间通过 TestOffsetBundle 相连，注意这个 Test 并非指我们平时所说的“测试”，而是

“试试看”的意思。这是因为，给定一个物理地址，状态机就向前推进一步，用 offsetList 中的下一个跨度试一下：

```
class TestOffsetBundle(implicit p: Parameters) extends BOPBundle {
  val req = DecoupledIO(new TestOffsetReq)
  val resp = Flipped(DecoupledIO(new TestOffsetResp))
}

class TestOffsetReq(implicit p: Parameters) extends BOPBundle {     // find whether (X-d) is in recent request table
  val addr = UInt(fullAddressBits.W)                ///这是从OffsetScoreTable转过来的加载物理地址
  val testOffset = UInt(offsetWidth.W)              ///见前面的io.test.req.bits.testOffset := testOffset
  val ptr = UInt(scoreTableIdxBits.W)               ///见前面的io.test.req.bits.ptr := ptr
}

class TestOffsetResp(implicit p: Parameters) extends PrefetchBundle {
  val testOffset = UInt(bopParams.offsetWidth.W)
  val ptr = UInt(log2Up(bopParams.scores).W)        ///见前面的io.test.resp.bits.ptr
  val hit = Bool()                                  ///见前面的io.test.resp.bits.hit
}
```

但是注意并非给定一个地址就扫描一遍 offsetList，一个个跨度都试一下，而是这次来的地址用这个跨度试一下，下次来的地址就用下一个跨度。这样当然就有了随机性，因为很可能这次的地址比先前地址的跨度是 2 可是试的跨度却是 5，那当然就不能命中，所以这有点像是随机碰撞。随机碰撞也不要紧，因为预读本来就有随机性。另外，跨度的比对也不只是前后两个地址的比对，下面就可以看到，给定一个跨度之后，在 RecentRequestTable 中查询的是：与新来到的这个地址相差这个跨度的地址最近有没有发生过，能不能命中，而不只是与前一次的地址相比。

下面是 RecentRequestTable 的代码：

```
class RecentRequestTable(implicit p: Parameters) extends PrefetchModule {     ///最近发出过的加载请求历史记录
  val io = IO(new Bundle {
    val w = Flipped(DecoupledIO(UInt(PAddrBits.W)))         ///OffsetScoreTable转过来的加载物理地址
    val r = Flipped(new TestOffsetBundle)                   ///接到OffsetScoreTable的test接口，那里面也有个物理地址。
  })
  def rrIdxBits = bopParams.rrIdxBits
  def rrTagBits = bopParams.rrTagBits
  def rrTableEntries = bopParams.rrTableEntries
  def blockBytes = bopParams.blockBytes
  // RR table is direct mapped, accessed through a hash function, each entry holding a partial tag.
  //        +----------+---------------+---------------+----------------------+
  // paddr: |  ......  |  8-bit hash2  |  8-bit hash1  |  6-bit cache offset  |
  //        +----------+---------------+---------------+----------------------+
  //        +-------+------------------+---------------+----------------------+
  //    or: |  ...  |    12-bit tag    |  8-bit hash1  |  6-bit cache offset  |
  //        +-------+------------------+---------------+----------------------+
  def lineAddr(addr: UInt) = addr(PAddrBits - 1, log2Up(blockBytes))          ///从物理地址截尾低位的block位段就是lineAddr
  def hash1(addr: UInt) = lineAddr(addr)(rrIdxBits - 1, 0)                    ///lineAddr中的低位段
```

```
def hash2(addr: UInt) = lineAddr(addr)(2 * rrIdxBits - 1, rrIdxBits)          ///lineAddr中的次低位段
def idx(addr: UInt) = hash1(addr) ^ hash2(addr)                              ///setIdx的来源，两个位段hash。
def tag(addr: UInt) = lineAddr(addr)(rrTagBits + rrIdxBits - 1, rrIdxBits)    ///lineAddr中最高的rrTagBits位段
def rrTableEntry() = new Bundle {       ///
  val valid = Bool()
  val tag = UInt(rrTagBits.W)
}  ///rrTableEntry中只有一个tag字段

val rrTable = Module(new SRAMTemplate (rrTableEntry(), set = rrTableEntries, way = 1, shouldReset = true, singlePort = true))
       ///注意这个rrTable是在RecentRequestTable的内部，RecentRequestTable在其上层模块中也叫rrTable。

val wAddr = io.w.bits                                                          ///来自高层BestOffsetPrefetch，见后。
rrTable.io.w.req.valid := io.w.valid && !io.r.req.valid
rrTable.io.w.req.bits.setIdx := idx (wAddr)                                    ///从来自io.w的wAddr中截取其setIdx位段
rrTable.io.w.req.bits.data(0).valid := true.B
rrTable.io.w.req.bits.data(0).tag := tag (wAddr)                               ///将来自io.w的wAddr的tag位段写入rrTabl

val rAddr = io.r.req.bits.addr - (io.r.req.bits.testOffset << log2Up(blockBytes))     ///这是由OffsetScoreTable转过来的物理地址
     ///testOffset是向前预读的跨度，这个跨度是以cacheline为单位的，所以要左移6位才是物理地址.
     ///目的是要知道rrTable中是否存在比给定物理地址小上跨度testOffset的记录存在（所记录的只是那个地址的tag）
val rData = Wire(rrTableEntry())
rrTable.io.r.req.valid := io.r.req.fire()
rrTable.io.r.req.bits.setIdx := idx(rAddr)              ///获取rAddr的setIdx，看rrTable中是否有这个地址的记录存在
rData := rrTable.io.r.resp.data(0)                      ///从rrTable读出，所读出的data实际上是所记录某个地址的tag

val rwConflict = io.w.fire() && io.r.req.fire()   // && idx(wAddr) === idx(rAddr)   ///接口上不可以同时有w和r的到来。

io.w.ready := rrTable.io.w.req.ready && !io.r.req.valid
io.r.req.ready := true.B
io.r.resp.valid := RegNext (rrTable.io.r.req.fire())                              ///io.r.resp是去向OffsetScoreTable的
io.r.resp.bits.testOffset := RegNext (io.r.req.bits.testOffset)
io.r.resp.bits.ptr := RegNext (io.r.req.bits.ptr)
io.r.resp.bits.hit := rData.valid && rData.tag === RegNext (tag(rAddr))         ///rData是个rrTableEntry，rAddr源自io.r.req。
     ///如果命中，就说明最近有过与给定地址io.r.req.bits.addr相差给定跨度的地址（其中有的也许是很久以前了）。
assert(!RegNext(rwConflict), "single port SRAM should not read and write at the same time")
}  ///end class RecentRequestTable
```

就这样，来自 io.w 接口上的地址是实际发生的装载地址，来自 Slice 的 cacheline 加载，这是要写入 rrTable 的；来自 io.r 的地址源头也在 Slice，但却是由 scoreTable 交办，要与记录在 rrTable 中的地址（实际上是其 tag）比对跨度的。跨度的比对带有随机碰撞的性质，但随机就随机。另外，这里假定预读的地址只是向前，而没有向后，实际发生的加载当然也有向后，但是发生了以后这个后退的地址就会在 rrTable 中留下记录。所以预读本身就是一种猜测性的即 speculative 的过程，与取指是的转移预测是同样的性质。

这两个表，即 OffsetScoreTable 和 RecentRequestTable，构成了“Best Offset Prefetch”的基石，在此基础上建立起 BestOffsetPrefetch 模块。从功能上说，现在还缺一个环节，就是根据 scoreTable 建议的跨度和实际发生的加载地址计算出预读地址，并发出预读请求。事实上 BestOffsetPrefetch 模块中除 scoreTable 和 rrTable

外还有若干 BestOffsetPrefetchEntry 即 bopEntry，每个 bopEntry 都可以接受指派，为到来的加载地址计算并发起一次预读请求（其实是建议）。

整个 BestOffsetPrefetch 模块的外部接口是 BestOffsetPrefetchIO：

```
class BestOffsetPrefetchIO(implicit p: Parameters) extends PrefetchBundle {
  val train = Flipped(ValidIO(new PrefetchTrain))             ///来自HuanCun的prefetchTrains和MSHRTasks的prefetch_train
  val req = DecoupledIO(new BestOffsetPrefetchReq)            ///本模块中仲裁器reqArb的输出
  val resp = Flipped(DecoupledIO(new BestOffsetPrefetchResp))
  val finish = DecoupledIO(new BestOffsetPrefetchFinish)      ///本模块中仲裁器finishArb的输出
}

class PrefetchTrain(implicit p: Parameters) extends PrefetchBundle {     /// BestOffsetPrefetchIO中的train:
  val addr = UInt(PAddrBits.W)                                /// PrefetchTrain的内容基本上就只是个物理地址
  val write = Bool()
  val miss = Bool()          // TODO: delete this
}
```

外部接口 BestOffsetPrefetchIO 中的 train 基本上就只是个物理地址，这就是来自 HuanCun 和 MSHRTasks 的 prefetch_train，旨在让 Prefetch 机制有个依据，有个参考。接口上的 req/resp 和 finish 只是与内部 bopEntry 之间的接口，其中 req 和 finish 是向 bopEntry 的输出；resp 则是回应，这倒反而是输入。

下面我们就来看 BestOffsetPrefetch 本身的代码：

```
class BestOffsetPrefetch(implicit p: Parameters) extends PrefetchModule {
  val io = IO(new BestOffsetPrefetchIO)

  def nEntries = bopParams.nEntries
  def blockBytes = bopParams.blockBytes
  def getBlockAddr (addr: UInt) = Cat(addr(PAddrBits - 1, log2Up(blockBytes)), 0.U(log2Up(blockBytes).W))
    ///把一个物理地址的最后6位清零，就是BlockAddr，就是block即cacheline的起始地址；blockBytes=64，所以是6位。

  val scoreTable = Module(new OffsetScoreTable)                                         ///创建跨度打分表OffsetScoreTable
  val rrTable = Module(new RecentRequestTable)                                          ///创建最近装载记录表RecentRequestTable
  val reqArb = Module(new Arbiter(new BestOffsetPrefetchReq, nEntries))                 ///请求仲裁器reqArb，其输出连到io.req。
  val finishArb = Module(new Arbiter(new BestOffsetPrefetchFinish, nEntries))           ///完成仲裁器finishArb
  val writeRRTableArb = Module(new Arbiter(UInt(PAddrBits.W), nEntries))                ///rrTable写入仲裁器

  val entryReadyIdx = Wire(UInt(log2Up(nEntries).W))
  val inflightMatchVec = Wire(Vec(nEntries, Bool()))

  val bopEntries = (0 until nEntries).map { i =>                                ///按预设的大小nEntries创建bopEntries:
    val bopEntry = Module(new BestOffsetPrefetchEntry)                          ///创建BestOffsetPrefetchEntry表项
    bopEntry.io.id := i.U
    bopEntry.io.prefetchOffset := scoreTable.io.prefetchOffset                  ///来自打分表scoreTable的建议
    bopEntry.io.pft.train.valid := io.train.valid && i.U === entryReadyIdx && !inflightMatchVec.asUInt.orR   ///向其指派任务
        ///该bopEntry的id与entryReadyIdx相符，即空闲，来自io.train的物理地址又尚无bopEntry进行处理，即指派给它。
    bopEntry.io.pft.train.bits := io.train.bits                                 ///来自io.train的物理地址
```

```
    reqArb.io.in(i) <> bopEntry.io.pft.req                              /// reqArb的输入来自bopEntry的io.pft.req
    bopEntry.io.pft.resp.valid := io.resp.valid && i.U === io.resp.bits.id
    bopEntry.io.pft.resp.bits := io.resp.bits                           ///本模块的io.resp去向bopEntry的io.pft.resp
    finishArb.io.in(i) <> bopEntry.io.pft.finish                        ///finishArb的输入来自bopEntry的io.pft.finish

    writeRRTableArb.io.in(i) <> bopEntry.io.writeRRTable     ///writeRRTableArb的输入来自各个bopEntry的io.writeRRTable
    bopEntry
  }  ///end val bopEntries

  entryReadyIdx := PriorityEncoder(bopEntries.map { e => !e.io.inflight.valid })      ///排在最前面且不在“飞行”中的bopEntry
            ///所谓“飞行中”即inflight，是指一个bopEntry正在处理的过程中，因为bopEntry内部也有个状态机。
            /// entryReadyIdx就是当前处于空闲状态，可以向其指派任务（见前），排在最前面的bopEntry的id
  (0 until nEntries).foreach(i =>
    inflightMatchVec(i) := bopEntries(i).io.inflight.valid && bopEntries(i).io.inflight.bits === getBlockAddr(io.train.bits.addr)
  )  ///位图inflightMatchVec，标志相应bopEntry有inflight输出且其地址与输入train中的物理地址相符。

  io.req <> reqArb.io.out                                   ///将仲裁器reqArb的输出连到本模块的req接口
  io.resp.ready := VecInit(bopEntries.zipWithIndex.map { case (e, i) => i.U === io.resp.bits.id && e.io.pft.resp.ready }).asUInt.orR
  io.finish <> finishArb.io.out                             ///将仲裁器finishArb的输出连到本模块的finish接口
  rrTable.io.w <> writeRRTableArb.io.out                    ///将仲裁器writeRRTableArb的输出连到rrTable的w写入端
  rrTable.io.r <> scoreTable.io.test                        ///将scoreTable的test与rrTable的r端对接
  scoreTable.io.req.valid := io.train.valid                 ///scoreTable的req来自本模块的train输入
  scoreTable.io.req.bits := getBlockAddr(io.train.bits.addr)  ///出现在scoreTable的req接口上的物理地址是block地址
}  ///end class BestOffsetPrefetch
```

显然，BestOffsetPrefetch 模块只是创建了一排 BestOffsetPrefetchEntry，并建立好了对这些 bopEntry 的外部连接，包括三个仲裁器的使用。

至于各个 bopEntry 的作用，则体现在 class BestOffsetPrefetchEntry 的代码中：

```
class BestOffsetPrefetchEntry(implicit p: Parameters) extends PrefetchModule with HasTlbConst {
  val io = IO(new Bundle {
    val id = Input(UInt(bopParams.totalWidth.W))
    val prefetchOffset = Input(UInt(bopParams.offsetWidth.W))
    val pft = new BestOffsetPrefetchIO          ///来自BestOffsetPrefetch的对外接口，pft是prefetch的缩写。
    val inflight = ValidIO(UInt(PAddrBits.W))
    val writeRRTable = DecoupledIO(UInt(PAddrBits.W))的
  })

  def blockBytes = bopParams.blockBytes
  def getBlock (addr: UInt) = addr(PAddrBits - 1, log2Up(blockBytes))              ///物理地址的高位段（去除低位block位段）
  def getBlockAddr (addr: UInt) = Cat(getBlock(addr), 0.U(log2Up(blockBytes).W))   ///所在block即cacheline的起点地址
  def getPageNum(addr: UInt) = addr(PAddrBits - 1, offLen)                         ///取物理地址所属的物理页面号

  val s_idle :: s_req :: s_resp :: s_write_recent_req :: s_finish :: Nil = Enum(5)     ///bopEntry的状态机有5种状态
  val state = RegInit(s_idle)                                                         ///bopEntry的状态机
```

```
  val req = RegInit(0.U.asTypeOf(new PrefetchReq))                    ///准备要发给下层的预读请求
  val baseAddr = RegInit(0.U(PAddrBits.W))

  val baseBlock = getBlock(io.pft.train.bits.addr)      ///这是来自BestOffsetPrefetch的train地址，源自Slice内部的prefetch。
  val nextBlock = baseBlock + io.prefetchOffset        ///在基地址上加上打分表所建议的（向前预读）跨度
  val nextAddr = Cat(nextBlock, 0.U(log2Up(blockBytes).W))                ///形成目标cacheline的起点地址
  val crossPage = getPageNum(nextAddr) =/= getPageNum(io.pft.train.bits.addr)    ///加上预读跨度以后是否跨物理页面
                                                                        ///一个物理页面中有4096/64=64个cacheline
  when (state === s_idle) {
    when (io.pft.train.valid) {                        ///有新的io.pft.train地址到来：
      state := Mux(crossPage, s_idle, s_req)           ///新来的io.pft.train加预读跨度prefetchOffset后不跨页才会转入s_req
      req.addr := nextAddr                             ///将产生的预读地址写入预读请求
      req.write := io.pft.train.bits.write             ///预读的目的是要写入
      baseAddr := getBlockAddr(io.pft.train.bits.addr)
    }
  }
  when (state === s_req) { when (io.pft.req.fire()) { state := s_resp } }
  when (state === s_resp) { when (io.pft.resp.fire()) { state := s_write_recent_req } }
  when (state === s_write_recent_req) { when (io.writeRRTable.fire()) { state := s_finish }}
  when (state === s_finish) { when (io.pft.finish.fire()) { state := s_idle } }

  io.pft.req.valid := state === s_req
  io.pft.req.bits.addr := req.addr                                  ///在io.pft.req接口上输出预读请求
  io.pft.req.bits.write := req.write
  io.pft.req.bits.id := io.id                                       ///在io.pft.req上发送信息

  io.pft.resp.ready := state === s_resp                             ///准备接受回应
  io.pft.finish.valid := state === s_finish
  io.pft.finish.bits.id := io.id
  io.inflight.valid := state =/= s_idle                             ///io.inflight表示bopEntry正在处理中
  io.inflight.bits := req.addr                                      ///正在处理的地址
  io.writeRRTable.valid := state === s_write_recent_req             ///将baseAddr写入rrTable中
  io.writeRRTable.bits := baseAddr     // write this into recent request table
}  ///end class BestOffsetPrefetchEntry
```

显然，BestOffsetPrefetchEntry 的作用就是：接受 BestOffsetPrefetch 模块指派的（加载目标）物理地址，在上面加上 scoreTable 所建议的跨度，作为预读的目标地址，并为此生成一个目标请求 PrefetchReq，并将其信息写入其 io 接口上的 pft.req。另外，既然作为预读目标，那也是 cacheline 的装载，所以也要将此地址记入 rrTable。BestOffsetPrefetchEntry 在这整个处理过程中都处于忙碌状态，就称为 inflight。

当然，BestOffsetPrefetch 模块中有多个 Entry，可能同时有输出，所以就要用仲裁器实现先后排队。

从原理上说，BestOffsetPrefetch 只是“预读”即 cacheline 装载预测机制的一种，是 cacheline 装载预测的一种具体实现，所以预读请求生成机制的顶层是 Prefetcher，就像 Predictor 是整个 BPU 机制的顶层一样。Prefetcher 的外部接口是 PrefetchIO：

```
class PrefetchIO(implicit p: Parameters) extends PrefetchBundle {
  val train = Flipped(DecoupledIO(new PrefetchTrain))          ///来自Slice中MSHRTasks的prefetch_train
```

```
  val req = DecoupledIO(new PrefetchReq)                  ///注意这是输出，去向Slice的prefetch，这就是预读请求。
  val resp = Flipped(DecoupledIO(new PrefetchResp))       ///这是来自Slice在的MSHRTasks的确认
}
```

这里的 train 是来自 Slice 的既有装载请求地址，是实际在装载的 cacheline 地址；req 是为此而生成的预读请求，；resp 则是来自 Slice 的确认。

Prefetcher 是对抽象类 PrefetchModule 的扩充，但 PrefetchModule 只是带上 PrefetchParameters 的 Module：

```
abstract class PrefetchModule(implicit val p: Parameters) extends Module with HasPrefetchParameters

[TopMain > XSTop > HuanCun > Prefetcher]
class Prefetcher(implicit p: Parameters) extends PrefetchModule {
  val io = IO(new PrefetchIO)

  prefetchOpt.get match {
    case bop: BOPParameters =>                          ///BOP意为Best Offse tPrefetch，眼下就只支持这么一种：
      val pft = Module(new BestOffsetPrefetch)                  ///创建BestOffsetPrefetch模块
      val pftQueue = Module(new PrefetchQueue)                  ///创建一个PrefetchQueue队列
      val pipe = Module(new Pipeline(io.req.bits.cloneType, 1)) ///创建一个管道
      pft.io.train <> io.train                                  ///将本模块的train输入连到BestOffsetPrefetch的train输入端
      pft.io.resp <> io.resp                                    ///将本模块的resp输入连到BestOffsetPrefetch的resp输入端
      pftQueue.io.enq <> pft.io.req                             ///将BestOffsetPrefetch的req输出连到pftQueue队列的入口
      pipe.io.in <> pftQueue.io.deq                             ///将pftQueue队列的出口连到管道pipe的入口
      io.req <> pipe.io.out                                     ///将管道pipe的出口连到本模块的req输出
    case _ => assert(cond = false, "Unknown prefetcher")
  }
}   ///end class Prefetcher
```

这样，作为代表着整个预读机制的顶层模块，Prefetcher 的输入是 train，即 Slice 中实际装载 cacheline 的地址，来自 Slice 中 MSHRTasks 的 prefetch_train；输出则是所生成的预读请求，去向 Slice 中的 prefetch。这与 BPU 所起的作用相似，实际上 Prefetcher 是个 LPU，即装载（load）预测单元。

实际上香山的代码中还提供了另一个 Prefetcher 叫 StreamPrefetch，但还游离在香山 SoC 的代码之外，还没有挂上，有兴趣的读者可以自己看看，那比 BestOffsetPrefetch 要简单一些。

最后，我们看一下 Prefetcher 在整个 HuanCun 大环境中所处的位置，下面是 HuanCun、Slice、MSHRTasks 三个 class 中有关代码的摘要，代码中凡是 prefetchTrain 都是对数据预读机制的提示，prefetchResp 则都是数据预读机制的回应，即对于预读地址的建议：

```
class HuanCun(implicit p: Parameters) extends LazyModule with HasHuanCunParameters {
  …
  lazy val module = new LazyModuleImp(this) {
    …
    val prefetcher = prefetchOpt.map(_ => Module(new Prefetcher()(pftParams)))     ///根据系统配置创建Prefetcher
    val prefetchTrains = prefetchOpt.map(_ => Wire(Vec(banks, DecoupledIO(new PrefetchTrain()(pftParams)))))
                    ///见前面Prefetcher和BestOffsetPrefetch模块外部接口PrefetchIO/BestOffsetPrefetchIO中的train
    val prefetchResps = prefetchOpt.map(_ => Wire(Vec(banks, DecoupledIO(new PrefetchResp()(pftParams)))))
```

```
    val prefetchReqsReady = WireInit(VecInit(Seq.fill(banks)(false.B)))
    prefetchOpt.foreach {
      case _ =>
        arbTasks(prefetcher.get.io.train, prefetchTrains.get, Some("prefetch_train"))   ///将prefetchTrains.get连到Prefetcher
        prefetcher.get.io.req.ready := Cat(prefetchReqsReady).orR
        arbTasks(prefetcher.get.io.resp, prefetchResps.get, Some("prefetch_resp"))      ///将prefetchResps.get连到Prefetcher
    }
    ///以上只是 Prefetcher 模块的创建与外部连接。HuanCun 中可以有多个 Prefetcher 模块。
    …
    val slices = node.in.zip(node.out).zipWithIndex.map {
      case (((in, edgeIn), (out, edgeOut)), i) =>
        val slice = Module(new Slice()(p.alterPartial {
          case EdgeInKey    => edgeIn
          case EdgeOutKey => edgeOut
          case BankBitsKey => bankBits
        }))
        …
        slice.io.prefetch.zip(prefetcher).foreach {
          case (s, p) =>               ///s来自slice.io.prefetch，p来自prefetcher：
            s.req.valid := p.io.req.valid && bank_eq(p.io.req.bits.set, i, bankBits)
            s.req.bits := p.io.req.bits
            prefetchReqsReady(i) := s.req.ready && bank_eq (p.io.req.bits.set, i, bankBits)
            val train = Pipeline(s.train)                    ///管道train的源头是s.train，即Slice的外部接口io.prefetch中的train
            val resp = Pipeline(s.resp)
            prefetchTrains.get(i) <> train                   ///prefetchTrains的内容来自管道train
            prefetchResps.get(i) <> resp
            …
        }   ///end foreach
        slice
      } ///end val slices
    } ///end val slices
    …
  }   ///end lazy val module
}   ///end class HuanCun

class Slice()(implicit p: Parameters) extends HuanCunModule {
  …
  io.prefetch.foreach { pft =>
    // connect abc mshrs to prefetcher
    arbTasks(pft.train, abc_mshr.map(_.io.tasks.prefetch_train.get), Some("prefetchTrain"))    ///pft.train即io.prefetch.train
                                                                                                ///前面管道train的源头就在这里
    arbTasks(pft.resp, abc_mshr.map(_.io.tasks.prefetch_resp.get), Some("prefetchResp"))
            ///arbTasks(out，in)的参数in是个序列，arbTasks内部有个仲裁器，out是仲裁器的输出，in是输入信号序列。
    for (mshr <- Seq(bc_mshr, c_mshr)) {
      mshr.io.tasks.prefetch_train.foreach(_.ready := true.B)
      mshr.io.tasks.prefetch_resp.foreach(_.ready := true.B)
```

```
        }
    }
    …
}  ///end class Slice

abstract class MSHRTasks[T_DIR_W <: BaseDirWrite, T_TAG_W <: BaseTagWrite](implicit p:Parameters)extends HuanCunBundle{
    …
    // prefetcher
    val prefetch_train = prefetchOpt.map(_ => DecoupledIO(new PrefetchTrain))
    val prefetch_resp = prefetchOpt.map(_ => DecoupledIO(new PrefetchResp))
}
```

PrefetchTrain 的主要内容就是一个物理地址，这是实际从下层 Refill 的地址，以此作为预读的提示，预读（预测）机制则发回 PrefetchResp，提出预读建议。从这里也可看出，预读机制也是 MSHR 下达任务的目标之一。

代码本身并不复杂，又加了一些注释，这就留给读者自己细看了。

第 30 章

香山 SoC 的片上存储器

我们在以前各章的代码中常常看到创建香山 SoC 芯片上的存储模块，例如通过 object Mem 创建的存储模块：

```
val writebacked = Mem(RobSize, Bool())                                  ///在 class RobImp 中
val stack = Mem(RasSize, new RASEntry)                                  ///BPU 中的 class RASStack
val mem = Mem(memByte / beatBytes, Vec(beatBytes, UInt(8.W)))           ///在 class class AXI4RAM 中
```

既然出现在香山的代码中，就说明这个 Mem 所描述的硬件/电路是要被集成在香山 SoC 芯片上的，那就应该是某种 SRAM；而 SRAM 的基本单元其实就是触发器。静态存储器 SRAM 的基本元素是门，是由门连接构成的时序电路，只要不断电且没有新的输入触发，触发器的状态就维持不变，所以是“静态”的；而动态存储器 DRAM 的基本元素是电容，电容中的电荷会慢慢消失，所以才需要“刷新”，那就是再次充电，所以是“动态”的。

同样是在香山的代码中，另有一些存储模块，例如前端 ftq 中的几个队列，则是基于 Reg 的：

```
val mem = Module(new SyncDataModuleTemplate(new Ftq_RF_Components, FtqSize, num_pc_read, 1, "FtqPC"))      ///基于Reg
val ftb_entry_mem = Module(new SyncDataModuleTemplate(new FTBEntry, FtqSize, 1+1+1, 1))                    ///基于 Reg
```

表面上这都好像是挺复杂的存储模块，但是后面我们会看到，其底层的存储单元其实是 Reg，那就是寄存器，就是触发器，事实上一位的 Reg 就是个 D 触发器。当然，寄存器也是静态的存储器件，也是 SRAM。

总之，集成在香山 SoC 芯片上的这些存储模块，不管是用作一般的缓冲区/队列，还是用作高速缓存，其基本的存储单元都是寄存器，都是触发器。

本书第一卷中介绍过 object Reg，也介绍过 object Mem，还介绍过与 object Mem 紧密相关的 object SyncReadMem，并且知道：Chisel 在解析的过程中如遇对 Reg 的调用就会向底层推送一道 DefReg 命令；

```
object Reg {
  /** Construct a [[Reg]] from a type template with no initialization value (reset is ignored).
    * Value will not change unless the [[Reg]] is given a connection.
    * @param t The template from which to construct this wire
    */
  def apply[T <: Data](t: T)(implicit sourceInfo: SourceInfo, compileOptions: CompileOptions): T = {
    if (compileOptions.declaredTypeMustBeUnbound) { requireIsChiselType(t, "reg type") }
    val reg = t.cloneTypeFull
    val clock = Node(Builder.forcedClock)

    reg.bind(RegBinding(Builder.forcedUserModule, Builder.currentWhen()))
    pushCommand (DefReg(sourceInfo, reg, clock))                        ///push的命令是DefReg，带clock。
```

```
    reg
  }
}
```

遇到对 object Mem 的调用就会推送一条。

```
object Mem {
  /** Creates a combinational/asynchronous-read, sequential/synchronous-write [[Mem]].
    * @param size number of elements in the memory
    * @param t data type of memory element
    */
  def apply[T <: Data](size: BigInt, t: T): Mem[T] = macro MemTransform.apply[T]
  /** Creates a combinational/asynchronous-read, sequential/synchronous-write [[Mem]].
    * @param size number of elements in the memory
    * @param t data type of memory element
    */
  def apply[T <: Data](size: Int, t: T): Mem[T] = macro MemTransform.apply[T]

  /** @group SourceInfoTransformMacro */
  def do_apply[T <: Data](size: BigInt, t: T)(implicit sourceInfo: SourceInfo, compileOptions: CompileOptions): Mem[T] = {
    if (compileOptions.declaredTypeMustBeUnbound) { requireIsChiselType(t, "memory type") }
    val mt = t.cloneTypeFull
    val mem = new Mem(mt, size)
    mt.bind(MemTypeBinding(mem))
    pushCommand (DefMemory(sourceInfo, mem, mt, size))                    ///push的命令是DefMemory，无clock。
    mem
  }
  /** @group SourceInfoTransformMacro */
  def do_apply[T <: Data](size: Int, t: T)(implicit sourceInfo: SourceInfo, compileOptions: CompileOptions): Mem[T] =
    do_apply (BigInt(size), t)(sourceInfo, compileOptions)
}
```

两相比较就可知道，Req 只是一位寄存器，就是个 D 触发器。用 Rg 构筑的存储模块都是规模比较小的。另外很重要的是：D 触发器 Reg 是有时钟输入的，数据只有在时钟 clock 的上升沿到来时才能被“打入”寄存器，在下个时钟脉冲到来前其输入端的内容怎么变也不会影响寄存器当前的内容，所以是与时钟同步的。而 Mem，则首先是规模较大的一维（线性）存储阵列，其参数 size 的类型甚至可以是 BigInt，那就是可以大到甚至连一般整数都不能表达的程度。另外，更重要的是，Mem 不接入时钟信号，其内容的变动不需要由时钟信号打入，输入一变，其内容就变，所以其基本存储单元并非 D 触发器，并非寄存器，而是锁存器。

还有 object SyncReadMem，那基本上就是 Mem，只是可以多给定一个参数，规定在读出和写入请求同时到来时以何者为先，是先读后写还是先写后读：

```
object SyncReadMem {
  type ReadUnderWrite = fir.ReadUnderWrite.Value            /// Undefined /Old（ReadFirst）/New（WriteFirst）
  /** Creates a sequential/synchronous-read, sequential/synchronous-write [[SyncReadMem]].
    * @param size number of elements in the memory              //这是对 BigInt
    * @param t data type of memory element
```

```
  */
def apply[T <: Data](size: BigInt, t: T): SyncReadMem[T] = macro MemTransform.apply[T]
def apply[T <: Data](size: BigInt, t: T, ruw: ReadUnderWrite) : SyncReadMem[T] = macro MemTransform.apply_ruw[T]
    //第三个参数 ruw 的类型就是 ReadUnderWrite
/** Creates a sequential/synchronous-read, sequential/synchronous-write [[SyncReadMem]].
  * @param size number of elements in the memory              //这是对 Int
  * @param t data type of memory element
  */
def apply[T <: Data](size: Int, t: T): SyncReadMem[T] = macro MemTransform.apply[T]
def apply[T <: Data](size: Int, t: T, ruw: ReadUnderWrite) : SyncReadMem[T] = macro MemTransform.apply_ruw[T]
                                                      //第三个参数 ruw 的类型就是 ReadUnderWrite
/** @group SourceInfoTransformMacro */
def do_apply[T <: Data](size: BigInt, t: T, ruw: ReadUnderWrite = Undefined)
            (implicit sourceInfo: SourceInfo, compileOptions: CompileOptions): SyncReadMem[T] = {
  if (compileOptions.declaredTypeMustBeUnbound) { requireIsChiselType(t, "memory type") }
  val mt = t.cloneTypeFull
  val mem = new SyncReadMem(mt, size, ruw)           //创建 SyncReadMem 对象
  mt.bind(MemTypeBinding(mem))                        //并将其绑定为 MemTypeBinding
  pushCommand (DefSeqMemory(sourceInfo, mem, mt, size, ruw))   //推送 DefSeqMemory 命令，命令中有 ruw 这个参数。
  mem          //返回所创建的 SyncReadMem 对象
}
…        ///不同参数的 do_apply()函数，最后都转化成上面这个。
}  //end object SyncReadMem
```

至于向底层推送不同的命令之后会生成出怎样不同的 Verilog 代码，最后经 EDA 软件综合以后会生成怎样的版图，那就不是 Chisel 这一层的问题了，但是显然有没有 clock 是个本质的区别，而规模的大小对于电路的综合当然也是个很重要的因素。

但是，从逻辑的角度和功能的角度，我们关心的主要还是在底层存储单元的基础上如何搭建出不同的功能部件。SoC 芯片上的存储模块大体上就是两种用途：

一种是被用作简单存储阵列，就是普通的缓冲区，从而又被用作队列（一般是循环队列），前端 ftq 中的几个队列，包括 ftq_pc_mem、ftb_entry_mem、ftq_pd_mem，都是这样的简单存储阵列，这种存储阵列逻辑上相当于数组（向量），规模一般也不大，所以都是基于 Reg 的。其中又有一种特殊情况，就是在这样的阵列中全部都加上比较器，数组中有多少个元素就加上多少个比较器，那就成了“按内容寻址”的存储器 CAM（content addressable memory），也称“相关存储器（associative memory）”，此时存储着的每个数组元素就是一个“键-值对”，所谓“按内容寻址”其实就是“按键的内容检索”，而所谓“相关”就是指键与值之间的相关。当然，比较器所比较的只是其中用作键的那一段，而不管作为值的那一段。不言而喻，这样的 CAM 都是很小的，要不然那么多比较器的成本就太高了。

另一种是被用作高速缓存。既然是存储容量远远小于内存的“缓存”，那与内存当然不可能是一对一的存储，与内存之间肯定是一对多的关系，就是用缓存中的一个单元在不同的时间窗口暂时存储内存中不同地址上的内容。可是如何把内存中的内容对应到缓存中，内存中什么地址上的内容进入缓存后在器什么位置上，在哪一个单元内，就成了问题。换言之，给定一个内存中的目标地址，如何在缓存中发现这个地址上的内容是否在缓存中，即是否“命中（hit）”，又在什么位置上，这就是问题。解决这个问题的办法有三种：

- 完全采用相关存储器（Fully Associative），就是用上述的 CAM 来构筑高速缓存。这样，不管是来自内存中的哪一个地址，只要将其地址和内容做成一个“键-值”对，就可以存放在缓存中的任何位置上。任意给定一个目标地址，缓存就拿这个地址同时与其每一个单元中的“键”即内存地址比对，

比对上了就是命中，同时也找到了它的内容。这样的方案称为“全相关（fully associative）”，这个办法好是好，可是当缓存的容量较大时显然是不现实的，因为成本太高，如果缓存的容量是 N 就需要有 N 个比较器。

- 直接映射（Direct Map），内存中某个地址上的内容按其地址中某个位段的数值为下标，仍以“键-值”对的形式进入缓存中的指定位置，不过此时的“键”不一定是整个地址，而是扣除被用作下标的那一个位段后剩下的部分，称为“标签（tag）”。例如，如果缓存的容量是 2^{12}，那就从存储地址中划出一个 12 位的位段，以此位段的内容作为缓存中的位置下标。这样，当给定一个目标地址时，只要同样以此位段为下标，或者说以此为（缓存内）地址，直接就可找到缓存中的这个位置，然后将其目标地址中的 tag 位段与此位置上的“键值”相比，就可知道是否命中。在此过程中仍须使用比较器，但是只需一个比较器就行，比较器的数量从 N 降到了 1。这个方案的缺点是比对的范围太窄，是“单打一”，使得命中率太低。这是因为，符合映射条件的地址太多，如果缓存的容量是 2^{12}，所划出的位段就是 12 位，而 32 位地址空间的大小是 2^{32}，所以有 2^{20} 个内存地址都对应着缓存中的同一个单元，这里没有把访问内存的局域性（locality）考虑进去加以利用。
- 成组相关（Group Associative），又称集合相关（Set Associative）。这就是我们在本书第二卷 ICache 这一章中看到的方案。其特点是，把内存地址分成三段，一段是在中间某个位置上的 Set 号位段，其余两段拼接在一起就是标签 tag。这个 Set 号将整个地址空间划分成许多个不同集合，来自每个集合的“键-值”对在缓存中的位置是固定的，但是可以同时有多个来自同一集合的“键-值”对存在。仍以容量为 2^{12} 的缓存为例，在这个大小的缓存中我们可能把 Set 位段定为 7 位，即将整个存储空间划分成 2^7 即 128 个集合，或者说 128 组。当然，整个缓存也被划分成 128 个区间，由于缓存的大小是 2^{12}，每个区间的大小就是 2^5 即 32，即 32 个 way，我们不妨理解成 32 个槽位。然后就为整个缓存配上 32 个比较器，选上了哪个集合就把这个集合的 32 个槽位连到 32 个比较器的输入端。另外，对于 Set 位段在整个内存地址中的位置也要精心选择，使得因为访问局域性而导致的访问目标大多都落在同一个集合内，或同几个集合内。比方说，假定我们在上述这个分成 127 个集合的缓存中，把内存地址中 addr(22,16)这 7 位用作集合号，那就是每个起始地址与 64KB 边界对齐的 64KB 地址窗口都在同一个集合内。当然这里面有 2^{16-6} 个 2^6 即 64 字节的 cacheline，但是如果缓存中的每个集合有 32 个 way，那就是这个集合中总有 32 个 cacheline 是在缓存中，这 32 个 cacheline 的高位地址连集合号都一样。与其上下相邻的两个集合也是一样。这样，就把访内目标的局域性利用起来了。只要精心设计 Set 位段在地址中的位置，和缓存中每个集合可以缓存的槽位即 way 的数量，就可以使其更适合于某种特定的访内样式（pattern，取指和数据读写的样式就有区别）。对于给定的目标地址而言，这是按地址寻址与按 tag 比对相结合的方式，因为给定一个目标地址之后总是先以其 Set 位段位下标在缓存中找到该集合在缓存中的位置，这与按地址（下标）访问是一样的；然后就是与 32 个 way 的同时比对，这是在一个集合内部的按内容寻访。事实上，全关联和直接映射二者都只是集合相关的极端特例。全关联就是只有 1 个集合，整个地址空间都属于同一个集合，而 way 的数量与缓存的容量相同；而直接映射的方案，则是集合的数量与缓存的容量相同，但每个集合只有 1 个 way。集合相关则处于全关联和直接映射这两个极端之间。

这样，说是大体上两种用途，实际上就有了三种，即简单存储阵列，相关存储器，高速缓存。在用作高速缓存时则又有不同的相关方案，即不同的 associativity，一般都是采用集合相关。下面分别加以介绍。

30.1 简单存储阵列

用作简单存储阵列的模块大多是基于 Reg 的，因为容量一般都不大，具体有 RawDataModuleTemplate 和 SyncDataModuleTemplate，还有别的几种。前者又有同步 Sync 和异步 Async 两个不同的版本。

先看 RawDataModuleTemplate，SyncRawDataModuleTemplate 和 AsyncRawDataModuleTemplate 都是对 RawDataModuleTemplate 的扩充：

```
class SyncRawDataModuleTemplate[T <: Data](gen: T, numEntries: Int, numRead: Int, numWrite: Int)
                                extends RawDataModuleTemplate(gen, numEntries, numRead, numWrite, true)
class AsyncRawDataModuleTemplate[T <: Data](gen: T, numEntries: Int, numRead: Int, numWrite: Int)
                                extends RawDataModuleTemplate(gen, numEntries, numRead, numWrite, false)
```

每个 RawDataModuleTemplate 都可以有多个读出端口和多个写入端口，模块的容量为 numEntries，存储单元类型取决于构造参数 gen。每当创建 SyncRawDataModuleTemplate 或 AsyncRawDataModuleTemplate 对象的时候，实际创建的都是 RawDataModuleTemplate 对象，只是其最后一个实参为 true 或 false 就决定了所创建的是同步还是异步的数据模块：

```
class RawDataModuleTemplate[T <: Data](gen: T, numEntries: Int, numRead: Int, numWrite: Int, isSync: Boolean)
                                                                        extends Module {
  val io = IO(new Bundle {
    val rvec    = Vec(numRead, Input(UInt(numEntries.W)))     ///需要读取的单元号向量，一次可读numRead项数据。
    val rdata   = Vec(numRead, Output(gen))                   ///读出的（numRead项）数据（内容）向量
    val wen     = Vec(numWrite, Input(Bool()))                ///允许写入的位图，位图宽度为numWrite。
    val wvec    = Vec(numWrite, Input(UInt(numEntries.W)))    ///待写入的单元号向量，一次可写numWrite项数据。
    val wdata   = Vec(numWrite, Input(gen))                   ///待写入的数据向量，具体的写入受wen位图控制。
  })

  val data = Reg(Vec(numEntries, gen))                  /// RawDataModuleTemplate是基于寄存器的
  // read ports
  val rvec = if (isSync) RegNext(io.rvec) else io.rvec   ///对于读出，是否同步的区别在于io.vec用寄存器与时钟脉冲对齐
  for (i <- 0 until numRead) {
    assert(PopCount(rvec(i)) <= 1.U)
    io.rdata(i) := Mux1H(rvec(i), data)
  }
  // write ports
  for (i <- 0 until numEntries) {                       ///对于写入，同步与否并无不同。
    val w = VecInit((0 until numWrite).map(j => io.wen(j) && io.wvec(j)(i)))
    assert(PopCount(w) <= 1.U)
    when (w.asUInt.orR) {
      data(i) := Mux1H(w, io.wdata)                     ///因为是寄存器，数据要由时钟脉冲打入（都是同一个脉冲）。
    }
  }
}   ///end class RawDataModuleTemplate
```

实际上 SyncRawDataModuleTemplate 在香山的代码中未见使用，但是 AsyncRawDataModuleTemplate 用在后端 ReservationStation 中的 DataArray。这很好理解，因为 ReservationStation 中的这个 DataArray 容量无需很大；另一方面也需要与周围的环境保持同步，需要有 clock 的驱动，尽管称为 AsyncRawDataModuleTemplate。

用得比较多的是 SyncDataModuleTemplate，比方说前端 ftq 中的 ftq_pc_mem、ftb_entry_mem、ftq_pd_mem 等队列就是由 SyncDataModuleTemplate 构成的。这也是基于 Reg 的，其代码如下。

```
[FrontendImp > Ftq > ftb_entry_mem > SyncDataModuleTemplate]
class SyncDataModuleTemplate[T <: Data]( gen: T, numEntries: Int, numRead: Int, numWrite: Int,
        parentModule: String = "", concatData: Boolean = false, perReadPortBypassEnable: Option[Seq[Boolean]] = None )
```

```
                                                          extends Module {
  val io = IO(new Bundle {
    val raddr = Vec(numRead,   Input(UInt(log2Ceil(numEntries).W)))
    val rdata = Vec(numRead,   Output(gen))
    val wen    = Vec(numWrite, Input(Bool()))
    val waddr = Vec(numWrite, Input(UInt(log2Ceil(numEntries).W)))
    val wdata = Vec(numWrite, Input(gen))
  })

  override def desiredName: String = s"SyncDataModuleTemplate_${parentModule}_${numEntries}entry"
  val dataType = if (concatData) UInt(gen.getWidth.W) else gen

  val maxBankEntries = if (numEntries >= 2 * 64) 64 else 16            ///每个bank内最多可有64或16个entry
  val numBanks = (numEntries + maxBankEntries - 1) / maxBankEntries    ///根据numEntries确定分几个板块
  def bankOffset (address: UInt): UInt = {                             ///以address的低位为bank内位移
    if (numBanks > 1) address(log2Ceil(maxBankEntries) - 1, 0)        ///bankOffset位段的长度为6位或4位
    else address
  }
  def bankIndex(address: UInt): UInt = {                               ///以address的中间段位bank号
    if (numBanks > 1) address(log2Ceil(numEntries) - 1, log2Ceil(maxBankEntries))
    else 0.U
  }  ///地址的分段：高位 | bankIndex | bankOffset。BankIndex位段的长度取决于numEntries。

  // if use bypassEnable to control bypass of each port,
  // then we should have a separate bit for each read port
  perReadPortBypassEnable.map(en_vec => require(en_vec.length == numRead))

  val dataBanks = Seq.tabulate(numBanks)(i => {     ///创建果敢个存储板块
    val bankEntries = if (i < numBanks - 1) maxBankEntries else numEntries - (i * maxBankEntries)
    val dataBank = Module(new NegedgeDataModuleTemplate(dataType,
                              bankEntries, numRead, numWrite, parentModule, perReadPortBypassEnable))
                  ///每个板块都是个NegedgeDataModuleTemplate模块，其容量为bankEntries。
    // delay one clock
    val raddr_dup = RegNext (io.raddr)
    val wen_dup = RegNext (io.wen)
    val waddr_dup = io.wen.zip(io.waddr).map(w => RegEnable(w._2, w._1))

    // input
    dataBank.io.raddr := raddr_dup.map(bankOffset)
    dataBank.io.wen := wen_dup.zip(waddr_dup).map{ case (en, addr) => en && bankIndex(addr) === i.U }
    dataBank.io.waddr := waddr_dup.map(bankOffset)
    if (concatData) {
      val wdata_dup = io.wen.zip(io.wdata).map(w => RegEnable(w._2.asTypeOf(dataType), w._1))
      dataBank.io.wdata := wdata_dup
    }
    else {
```

```
        dataBank.io.wdata := io.wen.zip(io.wdata).map(w => RegEnable(w._2, w._1))    ///w._2是wdata，w._1是io_wen
      }
      dataBank
    })  ///end val dataBanks

    // output
    val rdata = if (concatData) dataBanks.map(_.io.rdata.map(_.asTypeOf(gen))) else dataBanks.map(_.io.rdata)
    for (j <- 0 until numRead) {
      val raddr_dup = RegNext(io.raddr(j))
      val index_dec = UIntToOH(bankIndex(raddr_dup), numBanks)
      io.rdata(j) := Mux1H(index_dec, rdata.map(_(j)))
    }
}   ///end class SyncDataModuleTemplate
```

整个 SyncDataModuleTemplate 根据其容量分成若干板块（Bank），将存储模块细分成板块的好处是可以只让写入目标所在的板块活跃，这样可以降低一些功耗。每个板块都是个 NegedgeDataModuleTemplate；这里的前缀 Negedge 似乎意为“Negative Edge”，应该是指在时钟脉冲的负（下降）沿读出或写入（不过作者并未看出这是如何实现）：

```
[FrontendImp > Ftq > ftb_entry_mem > SyncDataModuleTemplate > NegedgeDataModuleTemplate]
class NegedgeDataModuleTemplate[T <: Data](gen: T, numEntries: Int, numRead: Int, numWrite: Int,
                          parentModule: String, perReadPortBypassEnable: Option[Seq[Boolean]] = None) extends Module {
  val io = IO(new Bundle {
    val raddr   = Vec(numRead, Input(UInt(log2Ceil(numEntries).W)))
    val rdata   = Vec(numRead, Output(gen))
    val wen     = Vec(numWrite, Input(Bool()))
    val waddr   = Vec(numWrite, Input(UInt(log2Ceil(numEntries).W)))
    val wdata   = Vec(numWrite, Input(gen))
  })

  override def desiredName: String = s"NegedgeDataModule_${parentModule}_${numEntries}entry"
  val data = Reg(Vec(numEntries, gen))                          ///这就是本板块的数据存储，是基于Reg的。

  // if use bypassEnable to control bypass of each port, then we should have a separate bit for each read port
  perReadPortBypassEnable.map(en_vec => require(en_vec.length == numRead))
  // read ports
  for (i <- 0 until numRead) {
    val bypass_en = perReadPortBypassEnable.map(_(i)).getOrElse(true)                 ///没有指定是否byppass就按true对待
    val read_by = io.wen.zip(io.waddr).map(w => w._1 && w._2 === io.raddr(i) && bypass_en.B)
    val addr_dec = UIntToOH(io.raddr(i), numEntries)                   /// addr_dec是宽度为numEntries的位图
    when (VecInit(read_by).asUInt.orR) { io.rdata(i) := Mux1H(read_by, io.wdata) }          ///如果有bypass就从写入口上获取数据
    .otherwise { io.rdata(i) := Mux1H(addr_dec, data) }                         ///没有bypass就按位图从本版块读出
  }  ///end for

  // write ports
  val waddr_dec = io.waddr.map(a => UIntToOH(a))
```

```
    for (j <- 0 until numEntries) {
      val write_wen = io.wen.zip(waddr_dec).map(w => w._1 && w._2(j))
      when (VecInit(write_wen).asUInt.orR) { data(j) := Mux1H(write_wen, io.wdata) }          ///按写入位图写入数据
    }
} ///end class NegedgeDataModuleTemplate
```

除把整个 SyncDataModuleTemplate 分成若干板块，并可在写入口与读出口之间实现抄近路 bypass 以外，这也没有什么特别之处。实际上，作为简单存储阵列，也确实没有什么可以特殊的。

注意在 HuanCun 的代码中也有 SyncDataModuleTemplate 和 AsyncDataModuleTemplate 的定义，二者都是对 DataModuleTemplate 的扩充，但那是用来实现 HuanCun-non-inclusive 的（而且也未见使用），与上面定义于 package utility 中的不是一回事。

香山的代码中还提供了一种 Folded1WDataModuleTemplate，用在 BPU 的 ITTageTable 中，这倒是基于 Mem 的。

```
[Composer > getBPDComponents() > ITTage > ITTageTable > Folded1WDataModuleTemplate]
class Folded1WDataModuleTemplate[T <: Data](gen: T, numEntries: Int, numRead: Int, isSync: Boolean, width: Int)extends Module{
  val io = IO(new Bundle {
    val raddr = Vec(numRead,    Input(UInt(log2Up(numEntries).W)))
    val rdata = Vec(numRead,    Output(gen))
    val wen      = Input(Bool())
    val waddr = Input(UInt(log2Up(numEntries).W))
    val wdata = Input(gen)
  })
  require(width > 0 && isPow2(width))
  require(numEntries % width == 0)

  val nRows = numEntries / width
  val data = Mem (nRows, Vec(width, gen))                          /// Folded1WdataModuleTemplate是基于Mem的二维阵列

  val doing_reset = RegInit(true.B)
  val resetRow = RegInit(0.U(log2Ceil(nRows).W))
  resetRow := resetRow + doing_reset
  when (resetRow === (nRows-1).U) { doing_reset := false.B }

  val raddr = if (isSync) RegNext(io.raddr) else io.raddr
  for (i <- 0 until numRead) {
    val addr = raddr(i) >> log2Ceil(width)                          ///右移width位，addr就指向阵列中的某一行。
    val idx = raddr(i)(log2Ceil(width)-1, 0)                        ///addr是行号，idx是列号。
    io.rdata(i) := Mux(doing_reset, 0.U.asTypeOf(gen), data(addr)(idx))   ///从二维存储阵列data中读出，某行某列。
  }

  val waddr = io.waddr >> log2Ceil(width)
  val wmask = UIntToOH(io.waddr(log2Ceil(width)-1, 0))
  val wdata = VecInit(Seq.fill(width)(io.wdata))
```

```
  when(doing_reset) {
    data.write(resetRow, 0.U.asTypeOf(Vec(width, gen)))          ///reset时写全0
  }.elsewhen(io.wen) {
    data.write(waddr, wdata, wmask.asBools)                      ///平时就按写入位图wmask将wdata写入waddr所指的行中。
  }
}  ///end class Folded1WDataModuleTemplate
```

显然，逻辑也很简单。之所以是基于 Mem，可能是因为 ITTageTable 中的内容随时间的推移可能变得挺大，所以要给它多留点空间。总而言之，简单存储阵列的逻辑都是比较简单的，复杂不到哪里去。

最后是 SRAMTemplate，这是个基于 SyncReadMem（与 Mem 大体相同）的基本构件。在香山的代码中，凡是用来实现缓存，即实现了某种集合相关的上层模块都采用 SRAMTemplate 为其基本的存储阵列，例如 ICache 中的 ICacheDataArray、ICacheMetaArray，DCache 中的 tag_array、ecc_array 等等都是。前面我们看到 L2 缓存 HuanCun 的核心 DataStorage，其基本的存储阵列也是 SRAMTemplate。原因在于 SRAMTemplate 乃是基于 SyncReadMem，而不只是简单的 Mem。我们在 object SyncReadMem 中看到，对于 SyncReadMem 可以明确指定在读和写有冲突的时候是先读后写还是先写后读，但在 Mem 中那就是随机的了。另外，object Mem 创建的是 class Mem 对象，而 object SyncReadMem 创建的是 class SyncReadMem 对象：

```
[SRAMTemplate > SyncReadMem]
/** A sequential/synchronous-read, sequential/synchronous-write memory.
  * Writes take effect on the rising clock edge after the request. Reads return data on the rising edge after the request.
  * Read-after-write behavior (when a read and write to the same address are requested on the same cycle) is undefined.
  * @note when multiple conflicting writes are performed on a Mem element, the result is undefined
  * (unlike Vec, where the last assignment wins)
  */
sealed class SyncReadMem[T <: Data] private (t: T, n: BigInt, val readUnderWrite: SyncReadMem.ReadUnderWrite)
                                                                                  extends MemBase[T](t, n) {
  def read(x: UInt, en: Bool): T = macro SourceInfoTransform.xEnArg
  /** @group SourceInfoTransformMacro */
  def do_read (addr: UInt, enable: Bool)(implicit sourceInfo: SourceInfo, compileOptions: CompileOptions): T = {
    val a = Wire(UInt())
    a := DontCare
    var port: Option[T] = None
    when (enable) {                     ///addr是否作用于底层存储模块是有控制的
      a := addr                         ///addr只模块内的index，相当于数组下标
      port = Some(read(a))              ///read()是从MemBase继承的
    }
    port.get
  }
}
```

在 SyncReadMem 中，是否将地址（数组下标）作用于底层的存储阵列，是有控制的，只有在 enable 为 true 时才读出，这就比 Mem 多了一分控制。此外，在 object SyncReadMem 中也对读-写冲突采取了措施，因为底层的存储模块是 DefSeqMemory 而不只是 DefMemory。所以这里的原文注释中说“when multiple conflicting writes are performed on a Mem element, the result is undefined”。这当然至关重要。

SyncReadMem 的这种优点，恰恰是进一步建立缓存模块所需要的，所以缓存模块都以 SyncReadMem 为

其终极的存储模块，而 class SRAMTemplate 就是这中间的一层：

```
class SRAMTemplate[T <: Data](gen: T, set: Int, way: Int = 1, shouldReset: Boolean = false,
                    holdRead: Boolean = false, singlePort: Boolean = false, bypassWrite: Boolean = false) extends Module {
  val io = IO(new Bundle {
    val r = Flipped(new SRAMReadBus (gen, set, way))
    val w = Flipped(new SRAMWriteBus (gen, set, way))
  })
  val wordType = UInt(gen.getWidth.W)                    ///gen 的类型可能是二维/三维的，需要将其线性化成 UInt。
  val array = SyncReadMem (set, Vec(way, wordType))      ///object SyncReadMem，基于 SyncReadMem，见前。
        ///这是个二维阵列，set 决定了阵列中有几行，way 决定了一行中有几列。但是读写都是整行的读写。
  val (resetState, resetSet) = (WireInit(false.B), WireInit(0.U))

  if (shouldReset) {
    val _resetState = RegInit(true.B)
    val (_resetSet, resetFinish) = Counter(_resetState, set)
    when (resetFinish) { _resetState := false.B }
    resetState := _resetState
    resetSet := _resetSet
  }

  val (ren, wen) = (io.r.req.valid, io.w.req.valid || resetState)
  val realRen = (if (singlePort) ren && !wen else ren)   ///如果是单口就不能既读又写；如果是多口就不受限制。

  val setIdx = Mux(resetState, resetSet, io.w.req.bits.setIdx)          ///目标地址所在的集合
  val wdata = VecInit(Mux(resetState, 0.U.asTypeOf(Vec(way, gen)), io.w.req.bits.data).map(_.asTypeOf(wordType)))
  val waymask = Mux(resetState, Fill(way, "b1".U), io.w.req.bits.waymask.getOrElse("b1".U))      ///写入掩模位图，默认为全 1。
                                          ///写入是整行的写入，但可以用 waymask 这个掩模把某些单元屏蔽掉。
  when (wen) { array.write (setIdx, wdata, waymask.asBools) }        ///将数据 wdata 写入阵列中指定的集合

  val raw_rdata = array.read(io.r.req.bits.setIdx, realRen)          ///从阵列读出数据，注意这只是整行的读出。

  // bypass for dual-port SRAMs
  require(!bypassWrite || bypassWrite && !singlePort)
  def need_bypass(wen: Bool, waddr: UInt, wmask: UInt, ren: Bool, raddr: UInt) : UInt = {
    val need_check = RegNext(ren && wen)
    val waddr_reg = RegNext(waddr)
    val raddr_reg = RegNext(raddr)
    require(wmask.getWidth == way)
    val bypass = Fill(way, need_check && waddr_reg === raddr_reg) & RegNext(wmask)
    bypass.asTypeOf(UInt(way.W))
  }
  val bypass_wdata = if (bypassWrite) VecInit(RegNext(io.w.req.bits.data).map(_.asTypeOf(wordType)))
    else VecInit((0 until way).map(_ => LFSR64().asTypeOf(wordType)))
  val bypass_mask = need_bypass(io.w.req.valid, io.w.req.bits.setIdx,
                        io.w.req.bits.waymask.getOrElse("b1".U), io.r.req.valid, io.r.req.bits.setIdx)
```

```
  val mem_rdata = {
    if (singlePort) raw_rdata
    else VecInit(bypass_mask.asBools.zip(raw_rdata).zip(bypass_wdata).map { case ((m, r), w) => Mux(m, w, r) })
  }

  // hold read data for SRAMs
  val rdata = (if (holdRead) HoldUnless(mem_rdata, RegNext(realRen)) else mem_rdata).map(_.asTypeOf(gen))

  io.r.resp.data := VecInit(rdata)
  io.r.req.ready := !resetState && (if (singlePort) !wen else true.B)
  io.w.req.ready := true.B
}    ///end class SRAMTemplate
```

显然，这里的存储阵列 array 是个 object SyncReadMem，而不是 object Mem。所以，我们说某个存储模块是基于 Mem 时只是一种模糊的、近似的说法，反正都是由 EDA 提供的 SRAM 模块，但实际上 Chisel 在解析时为 Mem 向底层推送的命令是 DefMemory，为 SyncReadMem 推送的则是 DefSeqMemory。后面我们会看到，用于缓存的模块都以 SRAMTemplate 为其基本的存储模块，他们并不知道也无需关心 SyncReadMem 的存在，更不知道还有 DefSeqMemory 与 DefMemory 的区别。

从存储模块的组织看，这是个二维阵列，set 决定了阵列中有几行，way 决定了一行中有几列。但是读写都是整行的读写，虽然在写入时可以使用写入掩模。不过这里并没有提供例如怎么实现集合相关，怎么比较匹配，怎么实现缓存，所有这些都要在更高层的缓存模块中加以实现。当然，SRAMTemplate 也可以被当成普通的存储模块使用，只要把 way 设成 1，它就是个普通的、容量为 set 的（SyncRead）存储模块了，此时仍可以用 SetIdx 为地址（下标）读写，但读写的只是单项数据。

其实以 SRAMTemplate 为基本存储模块的也确实并不只是各种缓存模块，前端 Ftq 中的 ftq_redirect_sram 与 ftq_meta_1r_sram 两个队列都是 FtqNRSRAM 模块，而 FtqNRSRAM 就是建立在 SRAMTemplate 基础上的。当然这也不会是拍脑袋的决定，具体选择使用何种基本存储模块得要对实际的需求和各种模块的性质有深入的分析。

最后还要说明，我们在说的 SRAMTemplate 是定义于 package utility 中的 class SRAMTemplate，所以在引用 SRAMTemplate 的代码文件前面都要 import utility.{SRAMTemplate}。事实上在 HuanCun-non-inclusive 的代码中也有个 class SRAMTemplate 的定义，那个 SRAMTemplate 要更复杂一些，特别是增加了一个参数 clk_div_by_2，因为在 L2/L3 缓存中可能需要降低时钟频率。读者在阅读代码时要注意区分。

30.2　相关存储器 CAMTemplate

如前所述，在简单存储阵列中加上比较器，就成了相关存储器即 CAM。香山的代码中有个 CAMTemplate，用在 WrBypass 中，而 WrBypass 则用在 Tage、ITTage 等转移预测单元中。

```
// multi-read && single-write
// input is data, output is hot-code(not one-hot)
class CAMTemplate[T <: Data](val gen: T, val set: Int, val readWidth: Int)(implicit p: Parameters) extends TlbModule {
  val io = IO(new Bundle {
    val r = new Bundle {
      val req = Input(Vec(readWidth, gen))                  ///读出请求是个长度为readWidth的数据（内容）向量
      val resp = Output(Vec(readWidth, Vec(set, Bool())))   ///读出的结果是个长度为readWidth的位图向量，位图宽度为set。
    }
```

```
    val w = Input(new Bundle {
      val valid = Bool()
      val bits = new Bundle {
        val index = UInt(log2Up(set).W)                       ///写入位置
        val data = gen                                        ///写入内容
      }
    })
  }) ///end val io

  val wordType = UInt(gen.getWidth.W)                         ///将存储单元的类型gen平展成无符号整数
  val array = Reg(Vec(set, wordType))                         /// array就是个寄存器，其内容是个长度为set的向量。

  io.r.resp.zipWithIndex.map{ case (a, i) => a := array.map(io.r.req(i).asUInt === _) }    ///读出是按全范围内容比对
  when (io.w.valid) { array(io.w.bits.index) := io.w.bits.data.asUInt }                   ///写入仍是按地址（index）
} ///end class CAMTemplate
```

首先不要为参数名 set 迷惑，这个 set 只是阵列 array 的容量，相当于 entries。另外，这个阵列所存储的并非“键-值”对，而只是键，即数据 gen。从 array 读出时，所返回的只是个位图，表示是否命中，在哪一个位置上命中。一次可以进行 readWidth 项数据的查询，返回 readWidth 个位图，位图的宽度为 set，即 array 的容量。读出时进行的比对是在 array.map()中的比对，所以 array 的容量是 set，就有这么多个比较器，即每项数据都有一个比较器。

对这个 array 的写入则是按地址（index）进行的。先从 array 读出，即查询，就知道了目标在那个位置上，然后就向那个位置写入，这就改变了 array 中一个单元的内容。

CAMTemplate 用于 WrBypass，顾名思义 WrBypass 就是对于写入的 bypass。其用途是这样：假定有个较大较复杂的存储模块（例如 Tage 表、ITTAGE 表等）在运行中需要频繁接受小幅的、“键-值”对形式的信息更新，但是由于数据结构较大较复杂就不太适合采用 CAM，而不采用 CAM 又会显著影响效率。于是就在这个存储模块外面另外放上一个较小也相对简单，从而适合采用 CAM 的存储模块，就是 WrBypass，用来汇聚小幅的信息更新，然后把汇总了的信息写入那个较大较复杂的存储模块。所以，说是 Bypass 其实不是很贴切，但也没有大错，因为被绕过的是每次为一点小小的更新就在不受 CAM 支持的存储模块中根据内容寻址。

```
[ITTageTable > WrBypass]
class WrBypass[T <: Data](gen: T, val numEntries: Int, val idxWidth: Int, val numWays: Int = 1, val tagWidth: Int = 0)
                                                                   (implicit p: Parameters) extends XSModule {
  require(numEntries >= 0)
  require(idxWidth > 0)
  require(numWays >= 1)
  require(tagWidth >= 0)

  def hasTag = tagWidth > 0
  def multipleWays = numWays > 1
  val io = IO(new Bundle {
    val wen = Input(Bool())
    val write_idx = Input(UInt(idxWidth.W))
    val write_tag = if (hasTag) Some(Input(UInt(tagWidth.W))) else None
    val write_data = Input(Vec(numWays, gen))
    val write_way_mask = if (multipleWays) Some(Input(Vec(numWays, Bool()))) else None
```

```
  val hit = Output(Bool())
  val hit_data = Vec(numWays, Valid(gen))
})  ///end val io

class WrBypassPtr extends CircularQueuePtr[WrBypassPtr](numEntries){ }

class Idx_Tag extends Bundle {
  val idx = UInt(idxWidth.W)
  val tag = if (hasTag) Some(UInt(tagWidth.W)) else None
  def apply(idx: UInt, tag: UInt) = {
    this.idx := idx
    this.tag.map(_ := tag)
  }
}  ///end class Idx_Tag

val idx_tag_cam = Module(new CAMTemplate(new Idx_Tag, numEntries, 1))
                        ///以Idx_Tag为数据gen，以numEntries为set，readWidth=1。
val data_mem = Mem (numEntries, Vec(numWays, gen))                    ///另有一个基于Mem的二维阵列data_mem

val valids = RegInit(0.U.asTypeOf(Vec(numEntries, Vec(numWays, Bool()))))    ///valid是个二维位图
val ever_written = RegInit(0.U.asTypeOf(Vec(numEntries, Bool())))            ///这是个一维位图

val enq_ptr = RegInit(0.U.asTypeOf(new WrBypassPtr))                  ///指针enq_ptr的值就是enq_idx
val enq_idx = enq_ptr.value

idx_tag_cam.io.r.req(0)(io.write_idx, io.write_tag.getOrElse(0.U))
        ///在CAMTemplate中查询，readWidth= io.write_idx，gen= io.write_tag。
val hits_oh = idx_tag_cam.io.r.resp(0).zip(ever_written).map {case (h, ew) => h && ew}       ///表示命中且有效的位图
val hit_idx = OHToUInt(hits_oh)
val hit = hits_oh.reduce(_||_)                                        ///至少有一项命中

io.hit := hit
for (i <- 0 until numWays) {
  io.hit_data(i).valid := Mux1H(hits_oh, valids)(i)
  io.hit_data(i).bits  := data_mem.read(hit_idx)(i)                   ///命中的数据是从data_mem阵列读出的
}

val full_mask = Fill(numWays, 1.U(1.W)).asTypeOf(Vec(numWays, Bool()))
val update_way_mask = io.write_way_mask.getOrElse(full_mask)

// write data on every request
when (io.wen) {
  val data_write_idx = Mux(hit, hit_idx, enq_idx)
  data_mem.write(data_write_idx, io.write_data, update_way_mask)    ///将数据写入data_mem中由data_write_idx所指的位置
}
```

```
  // update valids
  for (i <- 0 until numWays) {
    when (io.wen) {
      when (hit) { when (update_way_mask(i)) { valids(hit_idx)(i) := true.B } }
      .otherwise {
        ever_written(enq_idx) := true.B
        valids(enq_idx)(i) := false.B
        when (update_way_mask(i)) { valids(enq_idx)(i) := true.B }
      }
    }  ///end when (io.wen)
  }  ///end for   (i <- 0 until numWays)

  val enq_en = io.wen && !hit                                                    ///不命中才写入CAMTemplate
  idx_tag_cam.io.w.valid := enq_en
  idx_tag_cam.io.w.bits.index := enq_idx                                         ///写入的位置
  idx_tag_cam.io.w.bits.data(io.write_idx, io.write_tag.getOrElse(0.U))          ///写入的数据就是tag
  enq_ptr := enq_ptr + enq_en
  …        ///性能统计从略
}  ///end class WrBypass
```

如果把 WrBypass 看成一个“键-值”对的存储阵列，那么其内部对于键和值是分开存储的，其中所有的键即tag都存储在一个基于寄存器的CAMTemplate中，所有的值则另行存储在一个基于Mem的阵列data_mem中，两个阵列的大小相同，键与值的存储位置是对应的。需要存储时先按 tag 找到目标所在的位置，然后就按相同的位置写入 data_mem 中，这与缓存的原理是一样的。

30.3 缓存与集合关联

就存储模块而言，逻辑上最复杂的莫过于可被用作缓存的模块，因为那得要实现某种形式的分组关联，或者说集合关联。这样的模块都以前述的 SRAMTemplate 为其基本存储模块，因而都是基于 SyncReadMem 的。在 SRAMTemplate 的基础上进一步构筑各种不同的缓存，共同之处是都要在此上面实现某种形式的集合关联（Set Associative），但具体怎样实现就各不相同了。

30.3.1 DCache 中的缓存

前面讲 DCache 的那一章中我们看到，DCache 内部有 bankedDataArray，metaArray，errorArray，prefetchArray，accessArray，tagArray 等六个存储阵列：

```
class DCacheImp(outer: DCache) extends LazyModuleImp(outer) with HasDCacheParameters with HasPerfEvents {
  val bankedDataArray = Module(new BankedDataArray)
  val metaArray = Module(new L1CohMetaArray(readPorts = LoadPipelineWidth + 1, writePorts = 2))
  val errorArray = Module(new L1FlagMetaArray(readPorts = LoadPipelineWidth + 1, writePorts = 2))
  val prefetchArray = Module(new L1FlagMetaArray(readPorts = LoadPipelineWidth + 1, writePorts = 2)) // prefetch flag array
  val accessArray = Module(new L1FlagMetaArray(readPorts = LoadPipelineWidth + 1, writePorts = LoadPipelineWidth + 2))
  val tagArray = Module(new DuplicatedTagArray(readPorts = LoadPipelineWidth + 1))
}
```

这六个存储阵列配套在一起，通过集合相关（Set Associative）实现了对内存中数据的缓存。但是前面我们没有深入到这些模块的内部实现，因为 DCache 所涉及的范围太广，那时候如果一头扎进这些模块的内部实现就冲淡了 DCache 的其它方面，现在则到了可以深入探究这些模块的内部构造的时候。

如前所述，可以被用作缓存的存储模块或多或少都得要用到相关存储，也就是 CAM 存储，但是完全的 CAM 代价太高，所以一般总是采用某种形式的分组关联，或者说集合关联。具体到 DCache，我们可以从两个地方先看出个大概，一个是抽象类 AbstractBankedDataArray 前面的一个注释：

```
//                      Banked DCache Data
// -----------------------------------------------------------------
// | Bank0 | Bank1 | Bank2 | Bank3 | Bank4 | Bank5 | Bank6 | Bank7 |
// -----------------------------------------------------------------
// | Way0  | Way0  | Way0  | Way0  | Way0  | Way0  | Way0  | Way0  |
// | Way1  | Way1  | Way1  | Way1  | Way1  | Way1  | Way1  | Way1  |
// | ....  | ....  | ....  | ....  | ....  | ....  | ....  | ....  |
// -----------------------------------------------------------------
```

这个注释告诉我们，DCache 中的存储模块是分板块（Bank）的。所缓存的数据分 8 个板块，每个板块都有若干个 Way。后面我们会看到，这个图中的每个 way0、way1 等等都是一个 data_bank 加一个 ecc_bank。整个数据缓存即 data_banks 是一组（8*8 个）DataSRAM，定义于 class BankedDataArray 内部，其核心是 SRAMTemplate；与之配套的 ecc_banks 则是同样数量的 SRAMTemplate。纠错码 ECC 存储板块中的内容与数据板块中的内容对应，是专为数据服务，附属于数据的，所以在逻辑上可以认为这就是 8 个板块的数据存储，每个板块内含 8 个 Way，所以是 64 个 DataSRAM 存储模块。至于 Set，此刻我们尚未见到。

另一个地方是 trait HasDCacheParameters，从这里我们可以看出一些更详细更确切的信息：

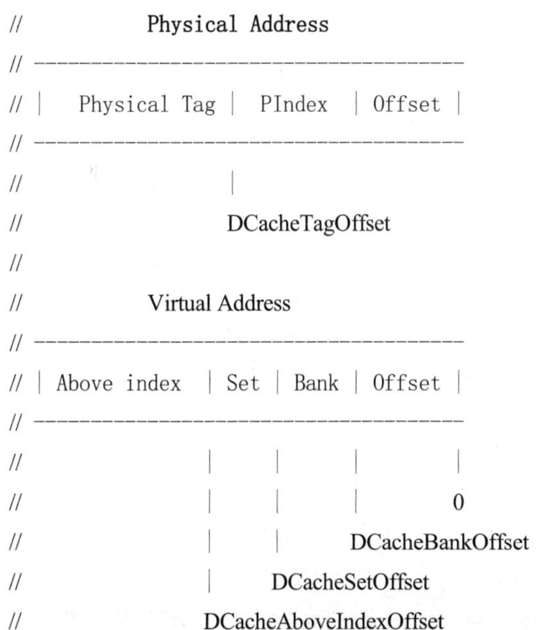

```
//          Physical Address
// --------------------------------------
// |   Physical Tag |  PIndex  | Offset |
// --------------------------------------
//                  |
//                  DCacheTagOffset
//
//          Virtual Address
// --------------------------------------
// | Above index  | Set | Bank | Offset |
// --------------------------------------
//                |     |      |        |
//                |     |      |        0
//                |     |      DCacheBankOffset
//                |     DCacheSetOffset
//                DCacheAboveIndexOffset
```

```
// Default DCache size = 64 sets * 8 ways * 8 banks * 8 Byte = 32K Byte

trait HasDCacheParameters extends HasL1CacheParameters {
  val cacheParams = dcacheParameters
  val cfg = cacheParams
```

```
…
// non-prefetch source < 3
def LOAD_SOURCE = 0
def STORE_SOURCE = 1
def AMO_SOURCE = 2
…
// banked dcache support
val DCacheSets = cacheParams.nSets                                    /// nSets=256
val DCacheWays = cacheParams.nWays                                    /// nWays=8
val DCacheBanks = 8                              // hardcoded
val DCacheDupNum = 16
val DCacheSRAMRowBits = cacheParams.rowBits      // hardcoded         /// rowBits=64
val DCacheWordBits = 64                          // hardcoded
val DCacheWordBytes = DCacheWordBits / 8
require(DCacheSRAMRowBits == 64)

val DCacheSizeBits = DCacheSRAMRowBits * DCacheBanks * DCacheWays * DCacheSets
val DCacheSizeBytes = DCacheSizeBits / 8
val DCacheSizeWords = DCacheSizeBits / 64 // TODO

val DCacheSameVPAddrLength = 12

val DCacheSRAMRowBytes = DCacheSRAMRowBits / 8                     ///64/8 = 8
val DCacheWordOffset = log2Up(DCacheWordBytes)

val DCacheBankOffset = log2Up(DCacheSRAMRowBytes)                  /// DCacheSRAMRowBytes=8，DcacheBankOffset=3。
val DCacheSetOffset = DCacheBankOffset + log2Up(DCacheBanks)             /// DCacheSetOffset = 3+3 = 6
val DCacheAboveIndexOffset = DCacheSetOffset + log2Up(DCacheSets)        /// DCacheAboveIndexOffset = 6+8 =14
val DCacheTagOffset = DCacheAboveIndexOffset min DCacheSameVPAddrLength   /// 12 < 14，DCacheTagOffset = 12。
val DCacheLineOffset = DCacheSetOffset
…
def addr_to_dcache_bank (addr: UInt) = {                           ///给定一个地址，要知道其属于哪一个Bank：
  require(addr.getWidth >= DCacheSetOffset)
  addr (DCacheSetOffset-1, DCacheBankOffset)                       ///bank位段是addr(5,3)，3位
}
def addr_to_dcache_set (addr: UInt) = {                            ///给定一个地址，要知道其属于哪一个Set：
  require(addr.getWidth >= DCacheAboveIndexOffset)
  addr(DCacheAboveIndexOffset-1, DCacheSetOffset)                  ///setIdx位段是addr(13,6)，8位
}
def get_data_of_bank (bank: Int, data: UInt) = {                   ///给定一个data，从中摘取属于某个bank的位段
  require(data.getWidth >= (bank+1)*DCacheSRAMRowBits)             /// DCacheSRAMRowBits=8
  data(DCacheSRAMRowBits * (bank + 1) - 1, DCacheSRAMRowBits * bank)     ///一个Bank是8位
}
def get_mask_of_bank (bank: Int, data: UInt) = {
  require(data.getWidth >= (bank+1)*DCacheSRAMRowBytes)            /// DCacheSRAMRowBytes=8
```

```
    data(DCacheSRAMRowBytes * (bank + 1) - 1, DCacheSRAMRowBytes * bank)
  }
  …
}  ///end trait HasDCacheParameters
```

从上面这些常数的定义，以及 addr_to_dcache_set()这些函数的代码可以看出，DCache 所实现的这个方案对存储地址的位段划分是这样：

Above index（bit14 以上）| Set（addr(13,6)，8 位）| Bank（addr(5, 3)，3 位）| Offset（addr(2,0），3 位)

整个空间分 256 个集合，集合内的空间大小是 2^6，即 64 字节，正好是一个 cacheline 的大小。既然每个集合元素的大小只是一个 cacheline，就没有 Way 这个概念了，换言之实际上只有一个 Way，尽管参数 nWays 仍是定义为 8，但实际上不起作用。另一方面，Set 号以上，即 Above Index 是 bit14 以上，即使按 32 位虚存地址算也还有 18 位，说明集合的个数是 2^{18}，由于每个集合在存储模块中只有一个 Way，那就是 2^{18} 比 1（如果没有访内局域性的话）。另外，对于作为一个集合元素的 64 字节 cacheline，又分在 8 个板块中，那就是每个板块对于一个 cacheline 只存储 1 个字节。这样，我们就知道，前面那个 8 bank * 8Way 的图中，一个 Way 实际上指的是一个集合，但是缓存中的一个 Way 并不是固定用于哪一个集合（那样就是 Dirrect Map），这样的相关是“全相关”即 Fully Associative，好处是只需用 8 个比较器就行。也就是说，当一个地址到来时，通过 addr_to_dcache_set()计算其 SetIdx，然后以此为下标找到这个集合的所在，然后进行比对。

有了这个大致的概念，我们先看 tagArray，因为访问缓存时首先得要进行 tag 的比对，这是个 DuplicatedTagArray。显然它的核心是 TagArray，但因为是 Duplicated，所以称为 DuplicatedTagArray。所以 tagArray 首先是 TagArray，我们先得了解 TagArray：

```
[XSCoreBase > MemBlock > DCacheWrapper > DCache > DCacheImp > DuplicatedTagArray > TagArray]
class TagArray(implicit p: Parameters) extends DCacheModule {
  val io = IO(new Bundle() {
    val read = Flipped(DecoupledIO(new TagReadReq))        ///内含idx和way_en，idx指定一个bank，way_en是个位图。
    val resp = Output(Vec(nWays, UInt(tagBits.W)))
    val write = Flipped(DecoupledIO(new TagWriteReq))      ///比TagReadReq多一项，就是待写入的tag。
    // ecc
    val ecc_read = Flipped(DecoupledIO(new TagReadReq))        ///同上
    val ecc_resp = Output(Vec(nWays, UInt(eccTagBits.W)))
    val ecc_write = Flipped(DecoupledIO(new TagEccWriteReq))   ///与TagWriteReq类似，只是待写入的是ecc码而不是tag。
  })
  // TODO: reset is unnecessary?
  val rst_cnt = RegInit(0.U(log2Up(nSets + 1).W))
  val rst = rst_cnt < nSets.U
  val rstVal = 0.U
  val waddr = Mux(rst, rst_cnt, io.write.bits.idx)                 ///以SetIdx为写入地址
  val wdata = Mux(rst, rstVal, io.write.bits.tag)
  val wmask = Mux(rst || (nWays == 1).B, (-1).asSInt, io.write.bits.way_en.asSInt).asBools    ///TagWriteReq中的way_en位图
  val rmask = Mux(rst || (nWays == 1).B, (-1).asSInt, io.read.bits.way_en.asSInt).asBools     ///TagReadReq中的way_en位图
  when (rst) { rst_cnt := rst_cnt + 1.U }

  val tag_array = Module(new SRAMTemplate(UInt(tagBits.W), set = nSets, way = nWays,          ///nSets=256，nWays=8。
                                   shouldReset = false, holdRead = false, singlePort = true))
  val ecc_array = Module(new SRAMTemplate(UInt(eccTagBits.W), set = nSets, way = nWays,
                                   shouldReset = false, holdRead = false, singlePort = true))
```

```
  val wen = rst || io.write.valid
  tag_array.io.w.req.valid := wen
  tag_array.io.w.req.bits.apply(setIdx = waddr, data = wdata, waymask = VecInit(wmask).asUInt())    ///以waddr为setIdx写入tag_array

  val ecc_wen = rst || io.ecc_write.valid
  val ecc_waddr = Mux(rst, rst_cnt, io.ecc_write.bits.idx)
  val ecc_wdata = Mux(rst, rstVal, io.ecc_write.bits.ecc)
  val ecc_wmask = Mux(rst || (nWays == 1).B, (-1).asSInt, io.ecc_write.bits.way_en.asSInt).asBools
  ecc_array.io.w.req.valid := ecc_wen
  ecc_array.io.w.req.bits.apply(setIdx = ecc_waddr, data = ecc_wdata, waymask = VecInit(ecc_wmask).asUInt())

  // tag read
  val ren = io.read.fire()

  tag_array.io.r.req.valid := ren
  tag_array.io.r.req.bits.apply(setIdx = io.read.bits.idx)
  io.resp := tag_array.io.r.resp.data                    ///从tag_array读出的是Vec(nWays, UInt(tagBits.W))，见上。

  val ecc_ren = io.ecc_read.fire()
  ecc_array.io.r.req.valid := ecc_ren
  ecc_array.io.r.req.bits.apply(setIdx = io.ecc_read.bits.idx)
  io.ecc_resp := ecc_array.io.r.resp.data                ///从ecc_array读出的是Vec(nWays, UInt(eccTagBits.W))

  io.write.ready := !rst                                 /// tag_array复位期间不允许写入
  io.read.ready := !wen                                  ///正在写入的时候不允许读出
  io.ecc_write.ready := !rst                             /// ecc_array也是一样
  io.ecc_read.ready := !ecc_wen
}   ///end class TagArray
```

所谓 TagArray，其实里面有 tag_array 和 ecc_array 两个存储阵列，二者的大小和结构相同，只是一个用来存储 tag 本身，另一个用来存储 tag 的 ECC（纠错）编码。ECC 编码只是为 tag 的存储保驾护航，可以看作是 tag 的附件。对 tag 和 ECC 编码的读写是分开进行的，这样你可以用 ECC 编码，也可以不用。所以，代码中的读写操作都有两份，一份针对 tag，另一份针对 ECC 编码。如果只看对于其中之一的读写，那就很简单了。

从 TagArray 读写 tag 时的请求分别是 TagReadReq 和 TagWriteReq，后者是对前者的扩充。

```
class TagReadReq(implicit p: Parameters) extends DCacheBundle {
  val idx = UInt(idxBits.W)                              ///idxBits = log2Up(cacheParams.nSets)，这就是SetIdx。
  val way_en = UInt(nWays.W)                             ///Way位图
}

class TagWriteReq(implicit p: Parameters) extends TagReadReq {
  val tag = UInt(tagBits.W)
}
```

从 TagArray 读出 tag 的回应则是 Vec(nWays, UInt(tagBits.W))，这是个向量，读出的是存储阵列中属于所指定集合的所有 8 个 Way 中的 tag。这里没有关于 tag 的比对，那是在 DCache 的 LoadPipe 和 MainPipe 中进行的，但是 tag_array 和 ecc_array 二者都是 SRAMTemplate，我们在前面看过，SRAMTemplate 的设计是面向集合关联的，虽然使用不同的构造参数也可以使其适用于直接映射（Direct Map）和全关联（Fully Associative）。从代码中采用的参数看，我们有理由相信对于 TagArray 的访问所采用的是集合关联（Set Associative）。

不过 DCache 中的 tagArray 实际上是 DuplicatedTagArray，这是在 TagArray 的外面又包了一层（并非对 TagArray 的扩充）：

```
[DCacheImp > DuplicatedTagArray]
class DuplicatedTagArray (readPorts: Int)(implicit p: Parameters) extends DCacheModule {
  val io = IO(new Bundle() {
    val read = Vec(readPorts, Flipped(DecoupledIO(new TagReadReq)))  ///向量长度为readPorts
    val resp = Output(Vec(readPorts, Vec(nWays, UInt(encTagBits.W))))  ///这是readPorts×nWays二维向量
    val write = Flipped(DecoupledIO(new TagWriteReq))
    // customized cache op port
    val cacheOp = Flipped(new L1CacheInnerOpIO)
    val cacheOp_req_dup = Vec(DCacheDupNum, Flipped(Valid(new CacheCtrlReqInfo)))   /// DCacheDupNum=16
    val cacheOp_req_bits_opCode_dup = Input(Vec(DCacheDupNum, UInt(XLEN.W)))
  })  ///end val io

  val array = Seq.fill(readPorts) { Module(new TagArray) }      /// DuplicatedTagArray的内层是TagArray

  def getECCFromEncTag (encTag: UInt) = {   ///encTag是把数据连同其ECC码拼接在一起，ECC码在高位，数据在低位。
    require(encTag.getWidth == encTagBits)        ///encTagBits = cacheParams.tagCode.width(tagBits)
    encTag(encTagBits - 1, tagBits)                ///tagBits = PAddrBits – pgUntagBits，tagBits往上属于ECC码。
  }

  for (i <- 0 until readPorts) {      ///虽然说是readPorts，实际上可读可写。
    // normal read / write
    array(i).io.write.valid := io.write.valid
    array(i).io.write.bits := io.write.bits
    array(i).io.ecc_write.valid := io.write.valid
    array(i).io.ecc_write.bits.idx := io.write.bits.idx
    array(i).io.ecc_write.bits.way_en := io.write.bits.way_en
    val ecc = getECCFromEncTag(cacheParams.tagCode.encode(io.write.bits.tag))  ///对tag进行ECC编码，获取其ECC码。
    array(i).io.ecc_write.bits.ecc := ecc                        ///对TagArray的写入

    array(i).io.read <> io.read(i)                               ///io.read是个TagReadReq，内含idx和way_en。
    array(i).io.ecc_read.valid := io.read(i).valid
    array(i).io.ecc_read.bits := io.read(i).bits                 ///从TagArray读出
    io.resp(i) := (array(i).io.ecc_resp zip array(i).io.resp).map { case (e, r) => Cat(e, r) }  ///将从array读出的ecc码和数据相拼接
            ///从每个readPort读出的都是个Vec(nWays, UInt(encTagBits.W))，encTagBits= eccTagBits+ tagBits。
    // extra ports for cache op
    io.read(i).ready := array(i).io.read.ready && array(i).io.ecc_read.ready
  }
  io.write.ready := true.B
```

```
require(nWays <= 32)
io.cacheOp.resp.bits := DontCare
val cacheOpShouldResp = WireInit(false.B)

// DCacheDupNum is 16                    ///如果io接口上有cacheOp_req_dup的请求就得复制：
// vec: the dupIdx for every bank and every group
val rdata_dup_vec = Seq(0, 1, 2)              ///对于tag的读出要复制三份，副本0/1/2。
val rdataEcc_dup_vec = Seq(3, 4, 5)           ///对于ECC码的读出要复制三份，副本3/4/5。
val wdata_dup_vec = Seq(6, 7, 8)              ///对于tag的写入也要复制三份，副本6/7/8。
val wdataEcc_dup_vec = Seq(9, 10, 11)         ///对于ECC码的写入也要复制三份，副本9/10/11。

for(dupIdx <- rdata_dup_vec) {           ///对于tag的读出，复制的副本是第0/1/2号副本：
  for(idx <- 0 until readPorts){
    when(io.cacheOp_req_dup(dupIdx).valid && isReadTag(io.cacheOp_req_bits_opCode_dup(dupIdx))) {
      array(idx).io.read.valid := true.B
      array(idx).io.read.bits.idx := io.cacheOp.req.bits.index
      array(idx).io.read.bits.way_en := UIntToOH(io.cacheOp.req.bits.wayNum(4, 0))
      cacheOpShouldResp := true.B
    }  ///end when
  }  ///end for(idx <- 0 until readPorts)
}  ///end for(dupIdx <- rdata_dup_vec)

for (dupIdx <- rdataEcc_dup_vec) {       ///对于ECC码的读出，复制的副本是第3/4/5号副本：
  for (idx <- 0 until readPorts) {
    when(io.cacheOp_req_dup(dupIdx).valid && isReadTagECC(io.cacheOp_req_bits_opCode_dup(dupIdx))) {
      array(idx).io.ecc_read.valid := true.B
      array(idx).io.ecc_read.bits.idx := io.cacheOp.req.bits.index
      array(idx).io.ecc_read.bits.way_en := UIntToOH(io.cacheOp.req.bits.wayNum(4, 0))
      cacheOpShouldResp := true.B
    }
  }
}

for (dupIdx <- wdata_dup_vec) {          ///对于tag的写入，复制的副本是第6/7/8号副本：
  for (idx <- 0 until readPorts) {
    when(io.cacheOp_req_dup(dupIdx).valid && isWriteTag(io.cacheOp_req_bits_opCode_dup(dupIdx))) {
      array(idx).io.write.valid := true.B
      array(idx).io.write.bits.idx := io.cacheOp.req.bits.index
      array(idx).io.write.bits.way_en := UIntToOH(io.cacheOp.req.bits.wayNum(4, 0))
      array(idx).io.write.bits.tag := io.cacheOp.req.bits.write_tag_low
      cacheOpShouldResp := true.B
    }
  }
}
```

```
  for (dupIdx <- wdataEcc_dup_vec) {            ///对于ECC码的写入，复制的副本是第9/10/11号副本：
    for (idx <- 0 until readPorts) {
      when(io.cacheOp_req_dup(dupIdx).valid && isWriteTagECC(io.cacheOp_req_bits_opCode_dup(dupIdx))) {
        array(idx).io.ecc_write.valid := true.B
        array(idx).io.ecc_write.bits.idx := io.cacheOp.req.bits.index
        array(idx).io.ecc_write.bits.way_en := UIntToOH(io.cacheOp.req.bits.wayNum(4, 0))
        array(idx).io.ecc_write.bits.ecc := io.cacheOp.req.bits.write_tag_ecc
        cacheOpShouldResp := true.B
      }  ///end when
    }  ///end for (idx <- 0 until readPorts)
  }  ///end for (dupIdx <- wdataEcc_dup_vec)

  io.cacheOp.resp.valid := RegNext(io.cacheOp.req.valid && cacheOpShouldResp)
  io.cacheOp.resp.bits.read_tag_low := Mux(io.cacheOp.resp.valid,
                                   array(0).io.resp(RegNext(io.cacheOp.req.bits.wayNum)),   0.U)
  io.cacheOp.resp.bits.read_tag_ecc := Mux(io.cacheOp.resp.valid,
                                   array(0).io.ecc_resp(RegNext(io.cacheOp.req.bits.wayNum)),   0.U)
}  ///end class DuplicatedTagArray
```

DuplicatedTagArray 可以有多个读出口（写入口只有一个），从每个 readPort 读出的都是个 Vec(nWays, UInt(encTagBits.W))，encTagBits= eccTagBits+ tagBits。这就是说，每一路 io.resp 所输出的内容是个长度为 nWays 的向量，也就是属于同一个 Set 的 8 个 Way 的 Tag 加 ECC 纠错码，只要从所要读写的目标地址截取的 Tag 与其中之一相符就是命中了。如果命中，则此时的 idx 与 way_en 的组合就唯一确定了一个缓存块，用这个组合去 BankedDataArray 读出就可以获取目标单元所在的缓存块，去别的 Array 读出就可得到目标缓存块的其它属性。

除常规的读写外，DuplicatedTagArray 还提供信息复制的功能，其外部接口上有个 cacheOp_req_dup 输入，可以要求对某个集合中某个 Way 的信息加以复制。

再看 DCache 中的 metaArray，这是个 L1CohMetaArray。

上面的 DuplicatedTagArray 只是为 tag 比对（以确定是否命中）而存在，它本身并不存储缓存块的数据或属性。缓存块（cacheline）最重要的属性就是其协同性，这决定了所缓存着的具体缓存块在存储子系统的拓扑图中处于什么地位（Trunk/Branch/Nothing），从而是否可写，此外还要有是否已经写脏等信息。

所以，在 DCache 中缓存着的每个 cacheline 都要有一份“元数据”即 Meta 数据：

```
class Meta(implicit p: Parameters) extends DCacheBundle {
  val coh = new ClientMetadata                    ///内含Trunk/Branch/Dirty等等
}

object Meta {
  def apply(meta: UInt)(implicit p: Parameters) = {
    val m = Wire(new Meta)
    m.coh := meta.asTypeOf(new ClientMetadata)
    m
  }
}
```

“元数据”意味着基本数据、结构数据、关键数据。这个 Meta 是专门针对协同性数据的，其内部只有一个成分 coh（意为 coherence 即协同性），其类型为 ClientMetadata，所以我们需要看一下这 ClientMetadata：

```
/** Stores the client-side coherence information, such as permissions on the data and whether the data is dirty.
  * Its API can be used to make TileLink messages in response to memory operations, cache control oeprations, or Probe messages.
  */
class ClientMetadata extends Bundle {
  /** Actual state information stored in this bundle */
  val state = UInt(width = ClientStates.width)                    ///2位字段：Nothing=0，Branch=1，Trunk=2，Dirty=3

  /** Metadata equality */
  def ===(rhs: UInt): Bool = state === rhs
  def ===(rhs: ClientMetadata): Bool = state === rhs.state
  def =/=(rhs: ClientMetadata): Bool = !this.===(rhs)

  /** Is the block's data present in this cache */
  def isValid(dummy: Int = 0): Bool = state > ClientStates.Nothing

  /** Determine whether this cmd misses, and the new state (on hit) or param to be sent (on miss) */
  private def growStarter (cmd: UInt): (Bool, UInt) = {
    import MemoryOpCategories._
    import TLPermissions._
    import ClientStates._
    val c = categorize(cmd)
    MuxTLookup(Cat(c, state), (Bool(false), UInt(0)), Seq(
     //(effect, am now)       -> (was a hit,     next)
      Cat(rd, Dirty)          -> (Bool(true),    Dirty),        ///effect是rd，现在是Dirty -> 曾经命中，下一步仍是Dirty。
      Cat(rd, Trunk)          -> (Bool(true),    Trunk),
      Cat(rd, Branch)         -> (Bool(true),    Branch),
      Cat(wi, Dirty)          -> (Bool(true),    Dirty),
      Cat(wi, Trunk)          -> (Bool(true),    Trunk),
      Cat(wr, Dirty)          -> (Bool(true),    Dirty),
      Cat(wr, Trunk)          -> (Bool(true),    Dirty),
     //(effect, am now)       -> (was a miss,    param)
      Cat(rd, Nothing)        -> (Bool(false), NtoB),           /// effect是rd，现在是Nothing -> 未曾命中，下一步是NtoB
      Cat(wi, Branch)         -> (Bool(false), BtoT),
      Cat(wi, Nothing)        -> (Bool(false), NtoT),
      Cat(wr, Branch)         -> (Bool(false), BtoT),
      Cat(wr, Nothing) -      > (Bool(false), NtoT)))    ///end MuxTLookup()
  }   ///end growStarter()

  /** Determine what state to go to after miss based on Grant param
    * For now, doesn't depend on state (which may have been Probed).
    */
  private def growFinisher (cmd: UInt, param: UInt): UInt = {
    import MemoryOpCategories._
```

```
    import TLPermissions._
    import ClientStates._
    val c = categorize(cmd)
    //assert(c === rd || param === toT, "Client was expecting trunk permissions.")
    MuxLookup(Cat(c, param), Nothing, Seq(         ///默认返回Nothing
     //(effect param) -> (next)
      Cat(rd, toB)     -> Branch,                  ///如果c=rd, param=toB，则返回Branch。
      Cat(rd, toT)     -> Trunk,
      Cat(wi, toT)     -> Trunk,
      Cat(wr, toT)     -> Dirty))
  }

  /** Does this cache have permissions on this block sufficient to perform op,
    * and what to do next (Acquire message param or updated metadata). */
  def onAccess(cmd: UInt): (Bool, UInt, ClientMetadata) = {
    val r = growStarter(cmd)
    (r._1, r._2, ClientMetadata(r._2))
  }

  /** Does a secondary miss on the block require another Acquire message */
  def onSecondaryAccess (first_cmd: UInt, second_cmd: UInt): (Bool, Bool, UInt, ClientMetadata, UInt) = {
    import MemoryOpCategories._
    val r1 = growStarter(first_cmd)
    val r2 = growStarter(second_cmd)
    val needs_second_acq = isWriteIntent(second_cmd) && !isWriteIntent(first_cmd)
    val hit_again = r1._1 && r2._1
    val dirties = categorize(second_cmd) === wr
    val biggest_grow_param = Mux(dirties, r2._2, r1._2)
    val dirtiest_state = ClientMetadata(biggest_grow_param)
    val dirtiest_cmd = Mux(dirties, second_cmd, first_cmd)
    (needs_second_acq, hit_again, biggest_grow_param, dirtiest_state, dirtiest_cmd)
  }

  /** Metadata change on a returned Grant */
  def onGrant(cmd: UInt, param: UInt): ClientMetadata = ClientMetadata(growFinisher(cmd, param))

  /** Determine what state to go to based on Probe param */
  private def shrinkHelper (param: UInt): (Bool, UInt, UInt) = {
    import ClientStates._
    import TLPermissions._
    MuxTLookup(Cat(param, state), (Bool(false), UInt(0), UInt(0)), Seq(     ///默认返回值为(false, 0, 0)
     //(wanted, am now)   -> (hasDirtyData resp, next)
      Cat(toT, Dirty)     -> (Bool(true),  TtoT, Trunk),          ///如果param==toT且state==Dirty，则返回值为(true, TtoT,Trunk)
      Cat(toT, Trunk)     -> (Bool(false), TtoT, Trunk),
      Cat(toT, Branch)    -> (Bool(false), BtoB, Branch),
      Cat(toT, Nothing) -> (Bool(false), NtoN, Nothing),
```

```
        Cat(toB, Dirty)     -> (Bool(true),   TtoB, Branch),
        Cat(toB, Trunk)     -> (Bool(false), TtoB, Branch),   // Policy: Don't notify on clean downgrade
        Cat(toB, Branch)    -> (Bool(false), BtoB, Branch),
        Cat(toB, Nothing) -> (Bool(false), NtoN, Nothing),
        Cat(toN, Dirty)     -> (Bool(true),   TtoN, Nothing),
        Cat(toN, Trunk)     -> (Bool(false), TtoN, Nothing), // Policy: Don't notify on clean downgrade
        Cat(toN, Branch)    -> (Bool(false), BtoN, Nothing), // Policy: Don't notify on clean downgrade
        Cat(toN, Nothing) -> (Bool(false), NtoN, Nothing)))
  }

  /** Translate cache control cmds into Probe param */
  private def cmdToPermCap(cmd: UInt): UInt = {
    import MemoryOpCategories._
    import TLPermissions._
    MuxLookup(cmd, toN, Seq(            ///默认返回toN
      M_FLUSH     -> toN,
      M_PRODUCE  -> toB,                ///如果cmd= M_PRODUCE则返回toB
      M_CLEAN     -> toT))
  }   ///end cmdToPermCap()

  def onCacheControl(cmd: UInt): (Bool, UInt, ClientMetadata) = {
    val r = shrinkHelper(cmdToPermCap(cmd))
    (r._1, r._2, ClientMetadata(r._3))
  }

  def onProbe (param: UInt): (Bool, UInt, ClientMetadata) = {
    val r = shrinkHelper(param)
    (r._1, r._2, ClientMetadata(r._3))
  }
}   ///end class ClientMetadata
```

ClientMetadata 中的数据成分只有一个 state，表示 cachline 当前所处的状态，但却提供了好几个函数，一些函数中调用了 object MuxLookup，这是个很灵活的查表匹配功能，其 apply()函数的调用界面（之一）是：

apply(key: S, default: (T, U), mapping: Seq[(S, (T, U))])

我们先以上面最简单的 cmdToPermCap()为例作一说明。这个 MuxLookup 以 cmd 为 key，在 mapping 这个 Seq()中查找，如果发现匹配就返回所给定的值，例如假定 cmd 为 M_CLEAN，那就返回 toT；如果找不到匹配，就返回 default，在这里是 toN。再看前面的 growFinisher()，那就比较复杂了。在这个例子中，key 是 Cat(c, param)，即 cmd 与 param 的拼接；default 是 Nothing；mapping 这个 Seq()中的第一项是“Cat(rd, toB) -> Branch”，表示如果 cmd 是 rd 并且 param 是 toB，就返回 Branch。

可见，ClientMetadata 中的这些函数就是为实现 TileLink 而设计的。

缓存块的协同性信息单独存放在 L1CohMetaArray 中，但与别的存储阵列中的信息对应配套：

```
[XSCoreBase > MemBlock > DCacheWrapper > DCache > DCacheImp > L1CohMetaArray]
class L1CohMetaArray (readPorts: Int, writePorts: Int)(implicit p: Parameters) extends DCacheModule {
  val io = IO(new Bundle() {
    val read = Vec(readPorts, Flipped(DecoupledIO(new MetaReadReq)))          ///MetaReadReq中含有读出目标所在的idx
```

```
    val resp = Output(Vec(readPorts, Vec(nWays, new Meta)))                    ///从每个端口读出一长度为nWays的Meta向量
    val write = Vec(writePorts, Flipped(DecoupledIO(new CohMetaWriteReq)))  ///CohMetaWriteReq是对MetaReadReq的扩充
  })

  val meta_array = RegInit (VecInit(Seq.fill(nSets)(VecInit(Seq.fill(nWays)(0.U.asTypeOf(new Meta))) )))
                          ///meta_array以寄存器方式实现，其内容是个nSets×nWays（256×8）二维向量。

  val s0_way_wen = Wire(Vec(nWays, Vec(writePorts, Bool())))
  val s1_way_wen = Wire(Vec(nWays, Vec(writePorts, Bool())))
  val s1_way_waddr = Wire(Vec(nWays, Vec(writePorts, UInt(idxBits.W))))      ///用来盛放最近写入时的地址
  val s1_way_wdata = Wire(Vec(nWays, Vec(writePorts, new Meta)))              ///用来盛放最近写入的Meta数据

  (io.read.zip(io.resp)).zipWithIndex.foreach {          ///io.read是长度为readPorts的MetaReadReq向量，io.resp则为二维向量。
    case ((read, resp), i) =>                             ///每个read是个MetaReadReq，resp则是Vec(nWays, new Meta)
      read.ready := true.B
      (0 until nWays).map(way => {
        val read_way_bypass = WireInit(false.B)
        val bypass_data = Wire(new Meta)
        bypass_data := DontCare
        (0 until writePorts).map(wport =>
          when(s1_way_wen(way)(wport) && s1_way_waddr(way)(wport) === read.bits.idx){
            read_way_bypass := true.B       ///读出的目标与最近的写入相同，就可以抄一点近路，不必从meta_array读出。
            bypass_data := s1_way_wdata(way)(wport)
          }
        )
        resp(way) := Mux(RegEnable(read_way_bypass, read.valid),
                        RegEnable(bypass_data, read_way_bypass), RegEnable(meta_array(read.bits.idx)(way), read.valid)) })
        ///只有在read_way_bypass为false时才从meta_array读出；否则返回最近写入的bypass_data，提高一些效率。
  }  ///end (io.read.zip(io.resp)).zipWithIndex.foreach

  io.write.zipWithIndex.foreach {
    case (write, wport) =>
      write.ready := true.B
      write.bits.way_en.asBools.zipWithIndex.foreach {
        case (wen, way) =>
          s0_way_wen(way)(wport) := write.valid && wen
          s1_way_wen(way)(wport) := RegNext(s0_way_wen(way)(wport))
          s1_way_waddr(way)(wport) := RegEnable(write.bits.idx, s0_way_wen(way)(wport))     ///在s1_way_waddr中留一个副本
          s1_way_wdata(way)(wport) := RegEnable(write.bits.meta, s0_way_wen(way)(wport))  ///在s1_way_wdata中留一个副本
          when (s1_way_wen(way)(wport)) {
            meta_array(s1_way_waddr(way)(wport))(way) := s1_way_wdata(way)(wport)        ///将此副本写入meta_array
          }
      }
  }  ///end io.write.zipWithIndex.foreach
}  ///end class L1CohMetaArray
```

对 L1CohMetaArray 的读出请求 req 是 MetaReadReq：

```
class MetaReadReq(implicit p: Parameters) extends DCacheBundle {
  val idx = UInt(idxBits.W)              ///idx指明了所属的Set
  val way_en = UInt(nWays.W)             ///way_en是个位图，指明目标单元是这个Set中的哪一个Way。
}
```

请求中给定的是一个 idx，就是一个集合的号码，加上对这个集合中 n 个 Way 的查询位图。而查询的结果则是 Vec(readPorts, Vec(nWays, new Meta)，即 Meta 对象的二维向量。就一个具体的读出端口而言就是一个长度为 nWays 的 Meta 向量。这样，L1CohMetaArray 中的 meta_array 是个 nSets×nWays 的 Meta 二维向量，从中读出时就是读出一个集合的 nWays 个 Meta 对象，即：Vec(readPorts, Vec(nWays, new Meta))。

L1CohMetaArray 的存储阵列 meta_array 是用寄存器自行搭建的，并未使用 SRAMTemplate（那是基于 SyncReadMem）的，但是二者的组织一样，都是 nSets×nWays（256×8）的二维向量。当然这里并不提供比对的功能，读写之前必须知道这是在目标 Set 的哪一个 Way 中。另外，meta_array 所存储的信息单元实际上只是一个 2 位的 state，所以 meta_array 所占的空间其实是很小的。

除 meta_array 之外，DCache 中还有 3 个类型为 L1FlagMetaArray 的存储阵列，即 errorArray、prefetchArray、accessArray，也是用来存放与具体缓存块有关的信息，并且也号称 Meta，不过毕竟不像 meta_array 那么重要。L1FlagMetaArray 的代码几乎就是 L1CohMetaArray 的翻版，但所存储的信息单元只是个布尔量，所以实际上是个二维位图：

```
[XSCoreBase > MemBlock > DCacheWrapper > DCache > DCacheImp > L1FlagMetaArray]
class L1FlagMetaArray (readPorts: Int, writePorts: Int)(implicit p: Parameters) extends DCacheModule {
  val io = IO(new Bundle() {
    val read = Vec(readPorts, Flipped(DecoupledIO(new MetaReadReq)))            ///长度为writePorts的MetaReadReq向量
    val resp = Output(Vec(readPorts, Vec(nWays, Bool())))                        ///是readPorts个长度为nWays的位图
    val write = Vec(writePorts, Flipped(DecoupledIO(new FlagMetaWriteReq)))      ///长度为writePorts的FlagMetaWriteReq向量
  })

  val meta_array = RegInit (VecInit(Seq.fill(nSets)( VecInit(Seq.fill(nWays)(0.U.asTypeOf(false.B))) )))

  val s0_way_wen = Wire(Vec(nWays, Vec(writePorts, Bool())))
  val s1_way_wen = Wire(Vec(nWays, Vec(writePorts, Bool())))
  val s1_way_waddr = Wire(Vec(nWays, Vec(writePorts, UInt(idxBits.W))))
  val s1_way_wdata = Wire(Vec(nWays, Vec(writePorts, Bool())))

  (io.read.zip(io.resp)).zipWithIndex.foreach {
    case ((read, resp), i) =>
      read.ready := true.B
      (0 until nWays).map(way => {
        val read_way_bypass = WireInit(false.B)
        val bypass_data = Wire(Bool())
        bypass_data := DontCare
        (0 until writePorts).map(wport =>
          when(s1_way_wen(way)(wport) && s1_way_waddr(way)(wport) === read.bits.idx){
            read_way_bypass := true.B
```

```
          bypass_data := s1_way_wdata(way)(wport)
        }
      )
      resp(way) := Mux(RegEnable(read_way_bypass, read.valid),
                  RegEnable(bypass_data, read_way_bypass), meta_array(RegEnable(read.bits.idx, read.valid))(way)) })
  }  ///end (io.read.zip(io.resp)).zipWithIndex.foreach

  io.write.zipWithIndex.foreach {
    case (write, wport) =>
      write.ready := true.B
      write.bits.way_en.asBools.zipWithIndex.foreach {
        case (wen, way) =>
          s0_way_wen(way)(wport) := write.valid && wen
          s1_way_wen(way)(wport) := RegNext(s0_way_wen(way)(wport))
          s1_way_waddr(way)(wport) := RegEnable(write.bits.idx, s0_way_wen(way)(wport))
          s1_way_wdata(way)(wport) := RegEnable(write.bits.flag, s0_way_wen(way)(wport))
          when (s1_way_wen(way)(wport)) { meta_array(s1_way_waddr(way)(wport))(way) := s1_way_wdata(way)(wport) }
      }
  }  ///end io.write.zipWithIndex.foreach
}  ///end class L1FlagMetaArray

class FlagMetaWriteReq(implicit p: Parameters) extends MetaReadReq {
  val flag = Bool()     /// FlagMetaWriteReq只是在MetaReadReq的基础上添加了所需写入的标志位flag
}
```

因为与 L1CohMetaArray 实际上完全一样，这里就不加注释也不作解释了。这里所谓的 Meta 什么什么，只是从 L1CohMetaArray 的代码中借用而已，并不说明这里的信息也具有 Meta 的重要性。

下面就是 bankedDataArray 本身了。Dcache 所缓存的是内存中的 cacheline，一个 cachliane 有 64 字节，所以就存储量而言显然这是最有“重量”的（其次是 tagArray，别的都很小）。

BankedDataArray 是对抽象类 AbstractBankedDataArray 的扩充。我们先看这个抽象类的代码（摘要）。

```
abstract class AbstractBankedDataArray(implicit p: Parameters) extends DCacheModule {
  val ReadlinePortErrorIndex = LoadPipelineWidth
  val io = IO(new DCacheBundle {
    // load pipeline read word req
    val read = Vec(LoadPipelineWidth, Flipped(DecoupledIO(new L1BankedDataReadReq)))   /// LoadPipelineWidth=2
                                                    ///给定一个way位图way_en和一个物理地址addr，要求读出。
    // main pipeline read / write line req
    val readline_intend = Input(Bool())
    val readline = Flipped(DecoupledIO(new L1BankedDataReadLineReq))     ///给定一个way位图rmask，要求读出。
    val write = Flipped(DecoupledIO(new L1BankedDataWriteReq))      ///给定一个way位图和一个64位数据向量，要求写入。
    val write_dup = Vec(DCacheBanks, Flipped(Decoupled(new L1BankedDataWriteReqCtrl)))        /// DCacheBanks=8
                            /// L1BankedDataWriteReqCtrl是对L1BankedDataReadReq的扩充，说明复制的数据来源。
    // data for readline and loadpipe
    val readline_resp = Output(Vec(DCacheBanks, new L1BankedDataReadResult()))       /// L1BankedDataReadResult见后
```

```
    val readline_error_delayed = Output(Bool())
    val read_resp_delayed = Output(Vec(LoadPipelineWidth, new L1BankedDataReadResult()))
    val read_error_delayed = Output(Vec(LoadPipelineWidth, Bool()))
    // when bank_conflict, read (1) port should be ignored
    val bank_conflict_slow = Output(Vec(LoadPipelineWidth, Bool()))
    val bank_conflict_fast = Output(Vec(LoadPipelineWidth, Bool()))
    val disable_ld_fast_wakeup = Output(Vec(LoadPipelineWidth, Bool()))
    // customized cache op port
    val cacheOp = Flipped(new L1CacheInnerOpIO)
    val cacheOp_req_dup = Vec(DCacheDupNum, Flipped(Valid(new CacheCtrlReqInfo)))    ///DCacheDupNum=16
    val cacheOp_req_bits_opCode_dup = Input(Vec(DCacheDupNum, UInt(XLEN.W)))
  })   ///end val io

  def pipeMap[T <: Data](f: Int => T) = VecInit((0 until LoadPipelineWidth).map(f))
}   ///end class AbstractBankedDataArray
```

抽象类 AbstractBankedDataArray 定义了所有具体 BankedDataArray 类的外部接口。要从 BankedDataArray 读出时，在其 read 这个 Bundle 上向其发出 L1BankedDataReadReq：

```
class L1BankedDataReadReq(implicit p: Parameters) extends DCacheBundle{
  val way_en = Bits(DCacheWays.W)          ///way_en是个way选择位图，DCacheWays = cacheParams.nWays = 8
  val addr = Bits(PAddrBits.W)             ///目标的物理地址
}
```

可见，在读出之前需要已经知道目标在哪个 Way 中，所以在访问 BankedDataArray 之前应该已通过对 tagArray 的访问和比对得知命中并以知道目标所在的 Way 才来 BankedDataArray（以及别的几个 array）访问。

从 BankedDataArray 读出的内容，则是个 L1BankedDataReadResult：

```
class L1BankedDataReadResult(implicit p: Parameters) extends DCacheBundle{
  // you can choose which bank to read to save power
  val ecc = Bits(eccBits.W)                        ///数据的纠错码
  val raw_data = Bits(DCacheSRAMRowBits.W)          /// DCacheSRAMRowBits=64
  val error_delayed = Bool() // 1 cycle later than data resp
  def asECCData() = { Cat(ecc, raw_data) }
}
```

显然，读出的时候是原始数据和纠错码一起读出的。

除 read 外还有个 readline，L1BankedDataReadLineReq 是对 L1BankedDataReadReq 的扩充，只是在后者基础上增添了一个位图 rmask，指明只从那几个 Bank 中读出：

```
class L1BankedDataReadLineReq(implicit p: Parameters) extends L1BankedDataReadReq{
  val rmask = Bits(DCacheBanks.W)
}
```

对 readline 的回应和 read 一样，也是 L1BankedDataReadResult，只不过其中有几个 Bank 的数据是空白。

除读和写以外，对 BankedDataArray 还可以有别的操作请求，cacheOp 的类型是 L1CacheInnerOpIO：

```
class L1CacheInnerOpIO(implicit p: Parameters) extends DCacheBundle {
  val req    = Valid(new CacheCtrlReqInfo)
  val resp   = Flipped(Valid(new CacheCtrlRespInfo))
}
```

其中的请求 req 是个 CacheCtrlReqInfo：

```
class CacheCtrlReqInfo(implicit p: Parameters) extends XSBundle with CacheControlConst {
  val level             = UInt(XLEN.W)        // op target id
  val wayNum            = UInt(XLEN.W)
  val index             = UInt(XLEN.W)
  val opCode            = UInt(XLEN.W)               ///isReadTagECC/isReadDataECC/.../isWriteData/isFlush
  val write_tag_high    = UInt(XLEN.W)
  val write_tag_low     = UInt(XLEN.W)
  val write_tag_ecc     = UInt(XLEN.W)
  val write_data_vec    = Vec(maxDataRowSupport, UInt(XLEN.W))
  val write_data_ecc    = UInt(XLEN.W)
  val bank_num          = UInt(XLEN.W)
}   ///end class CacheCtrlReqInfo
```

其实也不只是 BankedDataArray，别的阵列，例如 tagArray 也有这个接口。

抽象类 AbstractBankedDataArray 只是为其子类定义了一个公共的外部接口，而 BankedDataArray 既然是对这个抽象类的扩充，就继承了它的这个外部接口：

```
[DCacheImp > BankedDataArray]
class BankedDataArray(implicit p: Parameters) extends AbstractBankedDataArray {
  def getECCFromEncWord(encWord: UInt) = {
    require(encWord.getWidth == encWordBits)
    encWord(encWordBits - 1, wordBits)
  }

  val ReduceReadlineConflict = false

  io.write.ready := true.B                                   ///io 是从 AbstractBankedDataArray 继承下来的
  io.write_dup.foreach(_.ready := true.B)

  // wrap a sram
  class DataSRAM(bankIdx:Int, wayIdx:Int) extends Module {
    val io = IO(new Bundle() {
      val w = new Bundle() {
        val en = Input(Bool())
        val addr = Input(UInt())
        val data = Input(UInt(DCacheSRAMRowBits.W))          /// DCacheSRAMRowBits=64
```

```
    }
    val r = new Bundle() {
      val en = Input(Bool())
      val addr = Input(UInt())
      val data = Output(UInt(DCacheSRAMRowBits.W))
    }
  })  ///end val io
  // data sram
  val data_sram = Module(new SRAMTemplate(Bits(DCacheSRAMRowBits.W), set = DCacheSets, way = 1,
                                  shouldReset = false, holdRead = false, singlePort = true))
        /// DCacheSRAMRowBits=64，DcacheSets256。每个 DataSRAM 就是一个 way=1 的 SRAMTemplate。
        /// DCacheSRAMRowBits 是 64 位即 8 字节，8 * 256 = 2048 字节。
        ///data_sram 是按 DcacheSets（而不是按 Bank）组织的，这样就把地址空间划分得更细小。
  val wenReg = RegNext(io.w.en)
  val waddrReg = RegNext(io.w.addr)
  val wdataReg = RegNext(io.w.data)
  data_sram.io.w.req.valid := wenReg
  data_sram.io.w.req.bits.apply(setIdx = waddrReg, data = wdataReg, waymask = 1.U)
  data_sram.io.r.req.valid := io.r.en
  data_sram.io.r.req.bits.apply(setIdx = io.r.addr)
  io.r.data := data_sram.io.r.resp.data(0)
}  ///end class DataSRAM
        ///创建 DCacheBanks* DCacheWays 即 8*8 个 DataSRAM 用于数据；还有也是 8*8 个 SRAMTemplate 用于纠错码。
val data_banks = List.tabulate(DCacheBanks)(i => List.tabulate(DCacheWays)(j => Module(new DataSRAM(i,j))))
        /// DCacheBanks=8，DCacheWays=8，所以 data_banks 中共有 8 * 8 = 64 个 DataSRAM，也即 64 个 SRAMTemplate。
        ///实质上就是把一个 way 分成了 8 个 Bank。每个 Bank 的数据宽度是 64 位，而一个 way 的宽度为 512 位。
// ecc_banks also needs to be changed to two-dimensional to align with data_banks
val ecc_banks = List.tabulate(DCacheBanks)(i => List.tabulate(DCacheWays)(j =>
           Module(new SRAMTemplate(Bits(eccBits.W), set = DCacheSets, way = 1,
                                  shouldReset = false, holdRead = false, singlePort = true ))))
        /// 与 data_banks 平行的 ecc_banks 中也有 64 个 way=1 的 SRAMTemplate。

val way_en = Wire(Vec(LoadPipelineWidth, io.read(0).bits.way_en.cloneType))        /// LoadPipelineWidth=2
                              /// DCacheDataReq 中的 way_en 是 8 位的 way 选择位图，因为 nWays=8。
val way_en_reg = RegNext(way_en)
val set_addrs = Wire(Vec(LoadPipelineWidth, UInt()))                    ///目标地址中的 Set 选择位段
val bank_addrs = Wire(Vec(LoadPipelineWidth, UInt()))                   ///目标地址中的 Bank 选择位段
///class BankedDataArray，待续
```

与 TagArray 相似，BankedDataArray 中也有两个存储阵列，一个是 data_banks，另一个是 ecc_banks。同样，ecc_banks 中的内容是 data_banks 的配套附件，实际上是具体 cacheline 的 ECC 编码。二者都是基本存储模块的 DcacheBanks* DcacheWays 即 8*8 二维阵列，所以实际上都有 64 个基本存储模块。但是其中 ecc_banks 的基本存储模块是 SRAMTemplate，而 data_banks 的基本存储模块则是 DataSRAM，那是这儿定义的一种对 SRAMTemplate 的包装，其核心 data_sram 仍是 SRAMTemplate。然而不管是这里的 SRAMTemplate 还是 DataSRAM，创建时的参数 way 都是 1。这样，每个基本存储模块中都有 DcacheSets=256 个单元，对应于 256 个集合，DataSRAM 中的存储单元大小为 DCacheSRAMRowBits=64 位，即 8 字节。注意一个 cacheline 的大

小是 64 字节，所以要 8 个 DataSRAM 并列才是一个 cacheline 的宽度。注意 data_banks 是个 8*8 的阵列，其每一列都属于一个 Bank，每一行都属于一个 Way，一个 DataSRAM 模块就属于某个 Way 中的某个 Bank；但是每个模块中有 256 个存储单元，分属 256 个集合。

在这样的组织方式下，假定我们知道某个 cacheline 属于集合 190，要将其写入 data_banks 中 SetIdx=s，Way=2 的位置上，就要把内容写入 data_banks(2)这一行的 8 个 Bank 即 8 个 DataSRAM 模块中，每个 Bank 写 8 个字节，一共是 64 个字节。对于每个具体的 DataSRAM 模块，则将 8 个字节写入其 data_sram(190)这个单元中。显然，这仍是一种集合相关的缓存方案，只是存储阵列的组织有所不同。之所以是这样的组织，是因为对于 DCache 的读写一般是针对个别 64 位单元的；按这样的组织，假定需要读写的目标在 Bank 3，则通过掩模的作用可以不扰动其余 7 个 Bank（这 7 个 Bank 中没有信号变动），这样就可以降低能耗。另外，如果一个读出口在读出 Bank 3，另一个在读出 Bank 4，就可以做到互不干扰。对 data_banks 是这样，对 ecc_banks 也是一样。相比之下，从 ICache 读出则是成块的，那就不宜采用这样的组织方式了。注意这只是 BankedDataArray 的组织方式，对 TagArray 就不是这样，那还是标准的 nSets*nWay 组织方式。

明白了 BankedDataArray 的这种独特的组织方式，下面的代码就比较好理解了，我们往下看代码：

```
[DCacheImp > BankedDataArray]                续 1
  // read data_banks and ecc_banks
  // for single port SRAM, do not allow read and write in the same cycle
  val rwhazard = RegNext(io.write.valid)
  val rrhazard = false.B              // io.readline.valid
  (0 until LoadPipelineWidth).map(rport_index => {
    set_addrs(rport_index) := addr_to_dcache_set(io.read(rport_index).bits.addr)        ///从目标地址中截取 Set 选择位段
    bank_addrs(rport_index) := addr_to_dcache_bank(io.read(rport_index).bits.addr)      ///从目标地址中截取 Bank 选择位段
    io.read(rport_index).ready := !(rwhazard || rrhazard)     /// io.write.valid 和 io.readline.valid 均为 false 时 io.read 方为 ready
    // use way_en to select a way after data read out
    assert(!(RegNext(io.read(rport_index).fire() && PopCount(io.read(rport_index).bits.way_en) > 1.U)))
    way_en(rport_index) := io.read(rport_index).bits.way_en                             ///读出请求中的 way 选择位图
  })  ///end (0 until LoadPipelineWidth).map
  io.readline.ready := !(rwhazard)                          /// io.write.valid 为 false 时 io.readline 方为 ready

  // read conflict
  val rr_bank_conflict = Seq.tabulate(LoadPipelineWidth)(x => Seq.tabulate(LoadPipelineWidth)(y =>
                          bank_addrs(x) === bank_addrs(y) && io.read(x).valid && io.read(y).valid &&
                              io.read(x).bits.way_en === io.read(y).bits.way_en && set_addrs(x) =/= set_addrs(y)
  )) ///两个要求从中读出的目标地址，如果 Bank 号相同，way_en 相同，但 Set 号不同，即为读-读 Bank 冲突。
  val rrl_bank_conflict = Wire(Vec(LoadPipelineWidth, Bool()))      ///rrl 意为“read – read line”
  if (ReduceReadlineConflict) {     /// ReduceReadlineConflict 在前面代码中设定为 false
    (0 until LoadPipelineWidth).foreach(i => rrl_bank_conflict(i) := io.read(i).valid && io.readline.valid &&
                                                              io.readline.bits.rmask(bank_addrs(i)))
  } else {
    (0 until LoadPipelineWidth).foreach(i => rrl_bank_conflict(i) := io.read(i).valid && io.readline.valid &&
                    io.readline.bits.way_en === way_en(i) && addr_to_dcache_set(io.readline.bits.addr) =/= set_addrs(i))
  }  ///如果 io.read(i).valid 和 io.readline.valid 同为 true，读出的 way 相同，但 set 不同，即为 rrl_bank_conflict。

  val rrl_bank_conflict_intend = Wire(Vec(LoadPipelineWidth, Bool()))
  if (ReduceReadlineConflict) {     /// ReduceReadlineConflict 在前面代码中设定为 false
    (0 until LoadPipelineWidth).foreach(i => rrl_bank_conflict_intend(i) := io.read(i).valid &&
```

```
                                                        io.readline_intend && io.readline.bits.rmask(bank_addrs(i)))
} else {
  (0 until LoadPipelineWidth).foreach(i => rrl_bank_conflict_intend(i) := io.read(i).valid && io.readline_intend &&
                    io.readline.bits.way_en === way_en(i) && addr_to_dcache_set(io.readline.bits.addr) =/= set_addrs(i))
}  ///如果 io.read(i).valid 和 io.readline_intend.valid 同为 true，读出的 way 相同，但 set 不同，即为 rrl_bank_conflict_intend。

val rw_bank_conflict = VecInit(Seq.tabulate(LoadPipelineWidth)(io.read(_).valid && rwhazard))        ///读-写 Bank 冲突
val perf_multi_read = PopCount(io.read.map(_.valid)) >= 2.U
(0 until LoadPipelineWidth).foreach(i => {
  io.bank_conflict_fast(i) := rw_bank_conflict(i) || rrl_bank_conflict(i) ||
                                            (if (i == 0) 0.B else (0 until i).map(rr_bank_conflict(_)(i)).reduce(_ || _))
  io.bank_conflict_slow(i) :=RegNext(io.bank_conflict_fast(i))   ///bank_conflict_slow 是与时钟脉冲对齐后的 bank_conflict_fast
  io.disable_ld_fast_wakeup(i) := rw_bank_conflict(i) || rrl_bank_conflict_intend(i) ||
                                        (if (i == 0) 0.B else (0 until i).map(rr_bank_conflict(_)(i)).reduce(_ || _))})
…        ///性能统计从略
val read_result = Wire(Vec(DCacheBanks, Vec(DCacheWays, new L1BankedDataReadResult())))
              ///这是个 L1BankedDataReadResult 的二维向量，用来积累从 BankedDataArray 读出的结果。
              ///这是 L1BankedDataReadResult 的 8*8 二维向量，实际上就是属于同一集合的 nWays 即 8 条 cacheline。
val read_error_delayed_result = Wire(Vec(DCacheBanks, Vec(DCacheWays, Bool())))   ///二维位图
dontTouch(read_result)
dontTouch(read_error_delayed_result)
for (bank_index <- 0 until DCacheBanks) {          ///对于每一个 Bank：
  for (way_index <- 0 until DCacheWays) {              ///对于每一个 Way：
    //      Set Addr & Read Way Mask
    //
    //    Pipe 0    ....   Pipe (n-1)
    //       +        ....      +
    //       |        ....      |
    // +----+---------------+-----+
    //  X                          X
    //   X                    +------+ Bank Addr Match
    //     +---------+----------+
    //               |
    //       +--------+--------+
    //       |    Data Bank    |
    //       +-----------------+
    val loadpipe_en = WireInit(VecInit(List.tabulate(LoadPipelineWidth)(i => {           /// LoadPipelineWidth=2
                              bank_addrs(i) === bank_index.U && io.read(i).valid && way_en(i)(way_index) })))
                              ///位图。Bank 相符，Way 相符，且 io.read(i).valid，则 loadpipe_en(i)为 1。
    val readline_en = Wire(Bool())
    if (ReduceReadlineConflict) {     /// ReduceReadlineConflict 在前面代码中设定为 false
      readline_en := io.readline.valid && io.readline.bits.rmask(bank_index) && io.readline.bits.way_en(way_index)
    } else {
      readline_en := io.readline.valid && io.readline.bits.way_en(way_index)        /// io.readline.valid，且所指 way 被选取。
    }
    val sram_set_addr = Mux(readline_en, addr_to_dcache_set(io.readline.bits.addr),
```

```
                    PriorityMux(Seq.tabulate(LoadPipelineWidth)(i => loadpipe_en(i) -> set_addrs(i))))
            ///从目标地址中摘取 set_addr 即 Set 号，对 readline 和 read 二者目标地址的处理有所不同。
    val read_en = loadpipe_en.asUInt.orR || readline_en        /// loadpipe_en 和 readline_en 有任何一位为 true
    // read raw data
    val data_bank = data_banks(bank_index)(way_index)        ///目标 way 中的目标 bank
    data_bank.io.r.en := read_en
    data_bank.io.r.addr := sram_set_addr
    val ecc_bank = ecc_banks(bank_index)(way_index)
    ecc_bank.io.r.req.valid := read_en
    ecc_bank.io.r.req.bits.apply(setIdx = sram_set_addr)

    read_result(bank_index)(way_index).raw_data := data_bank.io.r.data     ///按指定的 way 和 bank，从 data_bank 中读出。
    read_result(bank_index)(way_index).ecc := ecc_bank.io.r.resp.data(0)    ///按指定的 way 和 bank，从 ecc_bank 中读出。
          /// read_result(bank_index)(way_index)是个 L1BankedDataReadResult，内含 ecc、raw_data 等字段。

    // use ECC to check error
    val ecc_data = read_result(bank_index)(way_index).asECCData()    ///将 L1BankedDataReadResult 摘取 ECCData
    val ecc_data_delayed = RegEnable(ecc_data, RegNext(read_en))
    read_result(bank_index)(way_index).error_delayed := dcacheParameters.dataCode.decode(ecc_data_delayed).error
                                                              ///用 ECCData 中的 ecc 码对 raw_data 进行译码
    read_error_delayed_result(bank_index)(way_index) := read_result(bank_index)(way_index).error_delayed
      /// read_error_delayed_result 是个二维位图，见前面的 val read_error_delayed_result。
  }  ///end for (way_index <- 0 until DCacheWays)
}  ///end for (bank_index <- 0 until DCacheBanks)

// read result: expose banked read result
val read_result_delayed = RegNext(read_result)
(0 until LoadPipelineWidth).map(i => {
  io.read_resp_delayed(i) := read_result_delayed(RegNext(RegNext(bank_addrs(i))))(RegNext(RegNext(OHToUInt(way_en(i)))))
                                              ///从 io.read_resp_delayed 返回的是一个 64 位数据
})
(0 until DCacheBanks).map(i => {
  io.readline_resp(i) := read_result(i)(RegNext(OHToUInt(io.readline.bits.way_en)))   ///io.readline_resp 返回的是整个 cacheline
})

// error detection
// normal read ports
(0 until LoadPipelineWidth).map(rport_index => {
  io.read_error_delayed(rport_index) := RegNext(RegNext(io.read(rport_index).fire())) &&
    read_error_delayed_result(RegNext(RegNext(bank_addrs(rport_index))))(RegNext(RegNext(OHToUInt(way_en(rport_index)))))
                                                  && !RegNext(io.bank_conflict_slow(rport_index)) })
// readline port
io.readline_error_delayed := RegNext(RegNext(io.readline.fire())) &&
                              VecInit((0 until DCacheBanks).map(i => io.readline_resp(i).error_delayed)).asUInt().orR
///class BankedDataArray，续 1，待续
```

以上是从 BankedDataArray 读出，读者已经明白了 BankedDataArray 的组织方式，代码中也加了不少注释，这里就不多作解释了。下面是 BankedDataArray 的写入和副本创建：

```
[DCacheImp > BankedDataArray]                续 2
  // write data_banks & ecc_banks              ///对 BankedDataArray 的写入：
  val sram_waddr = addr_to_dcache_set(io.write.bits.addr)        ///从目标地址中摘取 Set 选择位段，sram_waddr 是 Set 号。
  val sram_waddr_dup = io.write_dup.map(x => addr_to_dcache_set(x.bits.addr))
  for (bank_index <- 0 until DCacheBanks) {          ///对于每个 Bank:
    for (way_index <- 0 until DCacheWays) {              ///对于每个 Way:
      // data write
      val data_bank = data_banks(bank_index)(way_index)          /// data_bank 是特定槽位中的特定 Bank
      data_bank.io.w.en := io.write_dup(bank_index).valid && io.write.bits.wmask(bank_index) &&
                                                          io.write_dup(bank_index).bits.way_en(way_index)
                                                ///如果这个 way 中的这个 Bank 在位图中被选取
      data_bank.io.w.addr := sram_waddr_dup(bank_index)
      data_bank.io.w.data := io.write.bits.data(bank_index)          ///如果这个槽位的这个 Bank 被选取，就写入数据。
      // ecc write
      val ecc_bank = ecc_banks(bank_index)(way_index)              ///准备写入 ecc_banks
      ecc_bank.io.w.req.valid := RegNext(io.write_dup(bank_index).valid && io.write.bits.wmask(bank_index) &&
                                                          io.write_dup(bank_index).bits.way_en(way_index))
      ecc_bank.io.w.req.bits.apply(
        setIdx = RegNext(sram_waddr_dup(bank_index)),
        data = RegNext (getECCFromEncWord(cacheParams.dataCode.encode((io.write.bits.data(bank_index))))),
        waymask = 1.U
      )
    }  ///end for (way_index <- 0 until DCacheWays)
  }  ///end for (bank_index <- 0 until DCacheBanks)       ///把选取的数据写入 data_banks，并生成 ECC 码写入 ecc_banks。

  require(nWays <= 32)
  io.cacheOp.resp.bits := DontCare
  val cacheOpShouldResp = WireInit(false.B)
  val eccReadResult = Wire(Vec(DCacheBanks, UInt(eccBits.W)))

  // DCacheDupNum is 16
  // vec: the dupIdx for every bank and every group
  val rdata_dup_vec = Seq(0,0,1,1,2,2,3,3)
  val rdataEcc_dup_vec = Seq(4,4,5,5,6,6,7,7)
  val wdata_dup_vec = Seq(8,8,9,9,10,10,11,11)
  val wdataEcc_dup_vec = Seq(12,12,13,13,14,14,15,15)
  for(dupIdx <- rdata_dup_vec){                       ///这个序列是 Seq(0,0,1,1,2,2,3,3)
    for(bankIdx <- 0 until DCacheBanks){
      for (wayIdx <- 0 until DCacheWays){
        when(io.cacheOp_req_dup(dupIdx).valid && CacheInstrucion.isReadData(io.cacheOp_req_bits_opCode_dup(dupIdx))) {
          val data_bank = data_banks(bankIdx)(wayIdx)
          data_bank.io.r.en := UIntToOH(io.cacheOp.req.bits.wayNum(4, 0))(wayIdx)
          data_bank.io.r.addr := io.cacheOp.req.bits.index
```

```
        cacheOpShouldResp := true.B
      }  ///end when(io.cacheOp_req_dup(dupIdx).valid …
    }  ///end for (wayIdx <- 0 until DCacheWays)
  }  ///end for(bankIdx <- 0 until DCacheBanks)
}  ///end for(dupIdx <- rdata_dup_vec)

for(dupIdx <- rdataEcc_dup_vec){
  for(bankIdx <- 0 until DCacheBanks){
    for (wayIdx <- 0 until DCacheWays){
      when(io.cacheOp_req_dup(dupIdx).valid &&
                          CacheInstrucion.isReadDataECC(io.cacheOp_req_bits_opCode_dup(dupIdx))) {
        val ecc_bank = ecc_banks(bankIdx)(wayIdx)
        ecc_bank.io.r.req.valid := true.B
        ecc_bank.io.r.req.bits.setIdx := io.cacheOp.req.bits.index
        cacheOpShouldResp := true.B
      }   ///end when(io.cacheOp_req_dup(dupIdx).valid …
    }   ///end for (wayIdx <- 0 until DCacheWays)
  }  ///end for(bankIdx <- 0 until DCacheBanks)
}  ///end for(dupIdx <- rdataEcc_dup_vec)

for(dupIdx <- wdata_dup_vec){
  for(bankIdx <- 0 until DCacheBanks){
    for (wayIdx <- 0 until DCacheWays){
      when(io.cacheOp_req_dup(dupIdx).valid && CacheInstrucion.isWriteData(io.cacheOp_req_bits_opCode_dup(dupIdx))) {
        val data_bank = data_banks(bankIdx)(wayIdx)
        data_bank.io.w.en := UIntToOH(io.cacheOp.req.bits.wayNum(4, 0))(wayIdx)
        data_bank.io.w.addr := io.cacheOp.req.bits.index
        data_bank.io.w.data := io.cacheOp.req.bits.write_data_vec(bankIdx)
        cacheOpShouldResp := true.B
      }  ///end when(io.cacheOp_req_dup(dupIdx).valid …
    }  ///end for (wayIdx <- 0 until DCacheWays)
  }  ///end for(bankIdx <- 0 until DCacheBanks)
}  ///end for(dupIdx <- wdata_dup_vec)

for(dupIdx <- wdataEcc_dup_vec){
  for(bankIdx <- 0 until DCacheBanks){
    for (wayIdx <- 0 until DCacheWays){
      when(io.cacheOp_req_dup(dupIdx).valid &&
                          CacheInstrucion.isWriteDataECC(io.cacheOp_req_bits_opCode_dup(dupIdx))) {
        val ecc_bank = ecc_banks(bankIdx)(wayIdx)
        ecc_bank.io.w.req.valid := UIntToOH(io.cacheOp.req.bits.wayNum(4, 0))(wayIdx)
        ecc_bank.io.w.req.bits.apply(setIdx = io.cacheOp.req.bits.index, data = io.cacheOp.req.bits.write_data_ecc, waymask = 1.U)
        cacheOpShouldResp := true.B
      }  ///end when(io.cacheOp_req_dup(dupIdx).valid
    }  ///end for (wayIdx <- 0 until DCacheWays)
  }  ///end for(bankIdx <- 0 until DCacheBanks)
```

```
  } ///end for(dupIdx <- wdataEcc_dup_vec)

  io.cacheOp.resp.valid := RegNext(io.cacheOp.req.valid && cacheOpShouldResp)
  for (bank_index <- 0 until DCacheBanks) {
    io.cacheOp.resp.bits.read_data_vec(bank_index) :=
                                    read_result(bank_index)(RegNext(io.cacheOp.req.bits.wayNum(4, 0))).raw_data
      eccReadResult(bank_index) := read_result(bank_index)(RegNext(io.cacheOp.req.bits.wayNum(4, 0))).ecc
  }
  io.cacheOp.resp.bits.read_data_ecc := Mux(io.cacheOp.resp.valid,
    eccReadResult(RegNext(io.cacheOp.req.bits.bank_num)),
    0.U
  )
  ///性能统计从略
} ///end class BankedDataArray
```

同样，既然已经明白了 BankedDataArray 的独特组织，这些代码就留给读者自己细看了。

我们说“集合相关（Set Associative）”，主要是指内存的内容怎么缓存，给定一个地址怎么确定是否命中，如果命中是在哪一个集合的哪一个 Way。对于把 tag 单独存放在 tagArray 中的方案，集合相关主要体现在 tagArray，其余模块的组织还是有较大灵活性的。比方说，我们也可以把实际缓存的内容放在一个线性的大表中，而把具体的下标作为“键-值”对的值放在 tagArray 中。原理上是一样的，但是也许要多费一些空间，也需要多一些功耗，这就导致具体实现的不同。

30.3.2 次级缓存中的存储模块

二级/三级缓存中当然也有缓存，而且容量更大。对于 inclusive 的次级缓存，则上级缓存中有的内容次级缓存中也有，则就更加重了次级缓存的负担。但是 incusive 也有好处，所以实际在使用的大多是 inclusive 的缓存。

在 HuanCun 的设计和实现中，整个次级缓存分成若干个 Slice，每个 Slice 中都有个 DataStorage，这个 DataStorage 就是缓存模块。DataStorage 中也有一个 bankedData 模块和一个 dataEccArray 模块，这二者都是 SRAMWrapper。SRAMWrapper 当然是对于 class SRAMTemplate 的包装，但是如前所述这是定义于 package huancun.utils 中的另一个 SRAMTemplate。

```
class SRAMTemplate[T <: Data] (gen: T, set: Int, way: Int = 1, shouldReset: Boolean = false, holdRead: Boolean = false,
                    singlePort: Boolean = false, bypassWrite: Boolean = false, clk_div_by_2: Boolean = false) extends Module {
  val io = IO(new Bundle {
    val r = Flipped(new SRAMReadBus(gen, set, way))
    val w = Flipped(new SRAMWriteBus(gen, set, way))
  })

  val wordType = UInt(gen.getWidth.W)
  val array = SyncReadMem (set, Vec(way, wordType))
  val (resetState, resetSet) = (WireInit(false.B), WireInit(0.U))

  if (shouldReset) {
    val _resetState = RegInit(true.B)
    val (_resetSet, resetFinish) = Counter(_resetState, set)
    when (resetFinish) { _resetState := false.B }
```

```
    resetState := _resetState
    resetSet := _resetSet
  }

  val (ren, wen) = (io.r.req.valid, io.w.req.valid || resetState)
  val realRen = (if (singlePort) ren && !wen else ren)

  val setIdx = Mux(resetState, resetSet, io.w.req.bits.setIdx)
  val wdata = VecInit(Mux(resetState, 0.U.asTypeOf(Vec(way, gen)), io.w.req.bits.data).map(_.asTypeOf(wordType)))
  val waymask = Mux(resetState, Fill(way, "b1".U), io.w.req.bits.waymask.getOrElse("b1".U))
  when (wen) { array.write (setIdx, wdata, waymask.asBools) }

  val raw_rdata = array.read (io.r.req.bits.setIdx, realRen)

  // bypass for dual-port SRAMs
  require(!bypassWrite || bypassWrite && !singlePort)
  def need_bypass(wen: Bool, waddr: UInt, wmask: UInt, ren: Bool, raddr: UInt) : UInt = {
    val need_check = RegNext(ren && wen)
    val waddr_reg = RegNext(waddr)
    val raddr_reg = RegNext(raddr)
    require(wmask.getWidth == way)
    val bypass = Fill(way, need_check && waddr_reg === raddr_reg) & RegNext(wmask)
    bypass.asTypeOf(UInt(way.W))
  }
  val bypass_wdata = if (bypassWrite) VecInit(RegNext(io.w.req.bits.data).map(_.asTypeOf(wordType)))
  else VecInit((0 until way).map(_ => LFSR64().asTypeOf(wordType)))
  val bypass_mask = need_bypass(io.w.req.valid, io.w.req.bits.setIdx,
                                 io.w.req.bits.waymask.getOrElse("b1".U), io.r.req.valid, io.r.req.bits.setIdx)
  val mem_rdata = {
    if (singlePort) raw_rdata
    else VecInit(bypass_mask.asBools.zip(raw_rdata).zip(bypass_wdata).map {
      case ((m, r), w) => Mux(m, w, r)
    })
  }

  // hold read data for SRAMs
  val rdata = ( if(clk_div_by_2){ DelayTwoCycle (mem_rdata, realRen) }
              else if (holdRead) { HoldUnless(mem_rdata, RegNext(realRen)) }
              else { mem_rdata }).map(_.asTypeOf(gen))
  if(clk_div_by_2){ CustomAnnotations.annotateClkDivBy2(this) }
  if(!isPow2(set)){ CustomAnnotations.annotateSpecialDepth(this) }

  io.r.resp.data := VecInit(rdata)
  io.r.req.ready := !resetState && (if (singlePort) !wen else true.B)
  io.w.req.ready := true.B
}   ///end class SRAMTemplate（定义于package huancun.utils中的SRAMTemplate）
```

与定义于 package utility 中的 SRAMTemplate 相比，这里的区别在于多了个参数 clk_div_by_2，从而可以把时钟频率降低一半。我们知道，与 1 级缓存如 ICache 和 DCache 相比，次级缓存的容量更大而速度更慢。对于外接的次级缓存这意味着可以采用速度较低的 SRAM 芯片，使成本降低。但是对于把次级缓存集成在同一芯片上的 SoC 芯片而言这并无意义，然而把时钟频率降低可以降低功耗，所以从功耗的意义上降低次级缓存的时钟频率仍是有意义的。这里把 clk_div_by_2 作为 SRAMTemplate 构造参数之一，就可以让设计人员自行选择。而 class SRAMWrapper，则是对这个 SRAMTemplate 的包装：

```
[HuanCun > Slice > DataStorage > SRAMWrapper]
class SRAMWrapper[T <: Data] (gen: T, set: Int, n: Int = 1, clk_div_by_2: Boolean = false) extends Module {
  val io = IO(new Bundle() {
    val r = Flipped(new SRAMReadBus(gen, set, 1))
    val w = Flipped(new SRAMWriteBus(gen, set, 1))
  })

  val innerSet = set / n
  val selBits = log2Ceil(n)
  val innerSetBits = log2Up(set) - selBits
  val r_setIdx = io.r.req.bits.setIdx.head(innerSetBits)
  val r_sel = if(n == 1) 0.U else io.r.req.bits.setIdx(selBits - 1, 0)
  val w_setIdx = io.w.req.bits.setIdx.head(innerSetBits)
  val w_sel = if(n == 1) 0.U else io.w.req.bits.setIdx(selBits - 1, 0)

  val banks = (0 until n).map{ i =>                    ///通过构造参数n可以让整个阵列分成若干Bank
    val ren = if(n == 1) true.B else i.U === r_sel
    val wen = if(n == 1) true.B else i.U === w_sel
    val sram = Module(new SRAMTemplate[T]( gen, innerSet, 1, singlePort = true, clk_div_by_2 = clk_div_by_2))
    sram.io.r.req.valid := io.r.req.valid && ren
    sram.io.r.req.bits.apply(r_setIdx)
    sram.io.w.req.valid := io.w.req.valid && wen
    sram.io.w.req.bits.apply(io.w.req.bits.data(0), w_setIdx, 1.U)
    sram
  }
  val ren_vec_0 = VecInit(banks.map(_.io.r.req.fire()))
  val ren_vec_1 = RegNext(ren_vec_0, 0.U.asTypeOf(ren_vec_0))
  val ren_vec = if(clk_div_by_2){ RegNext(ren_vec_1, 0.U.asTypeOf(ren_vec_0)) } else ren_vec_1

  io.r.req.ready := Cat(banks.map(_.io.r.req.ready)).andR()
  io.r.resp.data := Mux1H(ren_vec, banks.map(_.io.r.resp.data))
  io.w.req.ready := Cat(banks.map(_.io.w.req.ready)).andR()
}  /// end class SRAMWrapper
```

别的没有什么特殊，就是这里有个构造参数 n，这个参数默认为 1，但是如果给定一个具体的 n 就可以把整个 SRAM 分成 n 个 Bank，所以这里的存储阵列是 banks。

如前所述，次级缓存的核心是 Slice，每个 Slice 中都有 dataStorage 和 directory 两个存储模块（实际上在 directory 内部又分 metaArray 和 tagArray），二者都是直接或间接地基于 SRAMTemplate：

```
class Slice()(implicit p: Parameters) extends HuanCunModule {
  val io = IO(new Bundle {
    val in = Flipped(TLBundle(edgeIn.bundle))
    val out = TLBundle(edgeOut.bundle)
    val prefetch = prefetchOpt.map(_ => Flipped(new PrefetchIO))
    …
  })
  val dataStorage = Module(new DataStorage())
  val directory = Module({ if (cacheParams.inclusive) new inclusive.Directory() else new noninclusive.Directory() })
  …
}
```

Slice 的 dataStorage 纯粹就是个 cacheline 的存储模块，directory 则既是 tag 的存储模块，又是从目标 tag 到所在槽位号即 Way 的比对器，实际上就是实现集合关联的关键所在。这二者，即 dataStorage 和 directory，所采用的存储模块则分别是 SRAMWrapper 和 SRAMTemplate。当然，这 SRAMTemplate 是定义于 package huancun.utils 中的那个 SRAMTemplate，即带有构造参数 clk_div_by_2 的那个 SRAMTemplate。

Slice 中的 directry 是个 Directory 对象，对此前面关于 HuanCun 这一章中已有介绍，这里再简单重温一下：

```
class Directory(implicit p: Parameters) extends BaseDirectory[DirResult, DirWrite, TagWrite] {
  val io = IO(new DirectoryIO())
  …
  val dir = Module(new SubDirectoryDoUpdate[DirectoryEntry]( wports = mshrsAll, sets = cacheParams.sets,
                                                ways = cacheParams.ways, tagBits = tagBits,
                                                dir_init_fn = () => {…},                  ///函数dir_init_fn的动态定义：
                                                dir_hit_fn = x => x.state =/= MetaData.INVALID,
                                                invalid_way_sel = invalid_way_sel,
                                                replacement = cacheParams.replacement) with UpdateOnAcquire )
  …
}   ///end class inclusive.Directory
```

显然，Directory 的核心 dir 是个 SubDirectoryDoUpdate 对象。由于 SubDirectoryDoUpdate 是个抽象类，这里创建的是对此抽象类的动态扩充。抽象类 SubDirectoryDoUpdate 的定义是这样：

```
[HuanCun > Slice > inclusive.Directory > SubDirectoryDoUpdate]
abstract class SubDirectoryDoUpdate[T <: Data](wports: Int, sets: Int, ways: Int, tagBits: Int, dir_init_fn: () => T,
          dir_hit_fn: T => Bool, invalid_way_sel: (Seq[T], UInt) => (Bool, UInt), replacement: String) (implicit p: Parameters)
      extends SubDirectory[T]( wports, sets, ways, tagBits, dir_init_fn, dir_hit_fn, invalid_way_sel, replacement) with HasUpdate{
  val update = doUpdate(reqReg.replacerInfo)
  when(reqValidReg && update){ replacer_wen := true.B }
}   ///end abstract class SubDirectoryDoUpdate
```

抽象类 SubDirectoryDoUpdate 是对 SubDirectory 的扩充，其主体还是在 SubDirectory，所作扩充主要就是 val update，即对函数 doUpdate()的调用，我们在这里并不关心。

而 SubDirectoryDoUpdate 的主体，则是在 class SubDirectory 中：

```
class SubDirectory[T <: Data]( wports: Int, sets: Int, ways: Int, tagBits: Int, dir_init_fn: () => T, dir_hit_fn: T => Bool,
```

```
                                          invalid_way_sel: (Seq[T], UInt) => (Bool, UInt), replacement: String)
                                                             (implicit p: Parameters) extends MultiIOModule {
  val dir_init = dir_init_fn()            /// dir_init_fn见参数，是个() => T，返回一个空白DirectoryEntry对象。

  val io = IO(new Bundle() {
    val read = Flipped(DecoupledIO(new Bundle() {val tag = UInt(tagBits.W), val set = UInt(setBits.W),
                           val replacerInfo = new ReplacerInfo(), val wayMode = Bool(),val way = UInt(wayBits.W) }))
    val resp = ValidIO(new Bundle() {val hit = Bool(), val way = UInt(wayBits.W), val tag = UInt(tagBits.W),
                           val dir = dir_init.cloneType, val error = Bool()})   ///如果命中，则其way、tag和DirectoryEntry。
    …
  })  ///end val io

  …
  val metaArray = Module(new SRAMTemplate(chiselTypeOf(dir_init), sets, ways, singlePort = true))
                                          /// SubDirectory的核心是metaArray，其存储单元类型是DirectoryEntry。
  …
  val tagArray = Module(new SRAMTemplate(UInt(tagBits.W), sets, ways, singlePort = true))      ///创建一个tagArray
                                          /// tagArray与metaArray是平行的
  tagRead := tagArray.io.r(io.read.fire(), io.read.bits.set).resp.data           ///从tagArray中读出属于目标set的所有tag
  val repl = ReplacementPolicy.fromString(replacement, ways)                     ///选择好在不命中条件下的牺牲目标
  val metas = metaArray.io.r(io.read.fire(), io.read.bits.set).resp.data         ///从metaArray读出目标set的所有meta信息

  val tagMatchVec = tagRead.map(_(tagBits - 1, 0) === reqReg.tag)                ///tag比对

  val metaValidVec = metas.map(dir_hit_fn)                                       ///对metas实施dir_hit_fn()
  val hitVec = tagMatchVec.zip(metaValidVec).map(x => x._1 && x._2)              ///比对相符并且meta有效才是命中
  val hitWay = OHToUInt(hitVec)                                                  ///命中的槽位号
  val replaceWay = repl.get_replace_way(repl_state)                              ///如果不命中就牺牲这个槽位中的内容
  val (inv, invalidWay) = invalid_way_sel(metas, replaceWay)                     ///最好有无效槽位存在，这样就不用牺牲了。
  val chosenWay = Mux(inv, invalidWay, replaceWay)                               ///不命中时无奈用作牺牲目标的槽位号
  val meta = metas(io.resp.bits.way)                                             ///命中目标的meta信息
  val tag_decode = tagCode.decode(eccRead(io.resp.bits.way) ## tagRead(io.resp.bits.way))
  val tag = tagRead(io.resp.bits.way)

  io.resp.bits.hit := Cat(hitVec).orR()
  io.resp.bits.way := Mux(reqReg.wayMode, reqReg.way, Mux(io.resp.bits.hit, hitWay, chosenWay))   ///返回hitWay或chosenWay
  io.resp.bits.dir := meta                                                       ///内含dirty/state/clients/prefetch等信息
  io.resp.bits.tag := tag
  io.resp.bits.error := io.resp.bits.hit && tag_decode.error
  …
}  ///end class SubDirectory
```

可见，SubDirectory 中的 tagArray 和 metaArray 都是 SRAMTemplate。

真正的查询比对就是在 SubDirectory 中进行的。首先从 tagArray 中读出属于给定集合 set 的所有 tag，所得的 tagRead 是个向量，向量长度取决于 tagArray 中为每个集合提供的槽位个数 way。然后对这个 tagRead 中的每个元素同时进行比对，当然要使用相同数量的比较器。这个同时比对就是“集合关联（SetAssociative）”

的关键所在。如果命中，就得到了目标缓存块地址所在的槽位，不命中则得到了用作牺牲目标（或本来就空闲）的槽位号。

这样，当需要进一步从 dataStorage 读取目标 cacheline 时，就可以用 set 加 way 的组合为地址了。事实上对 DataStorage 的读写地址都是 DSAddress：

```
class DSAddress(implicit p: Parameters) extends HuanCunBundle {
  val way = UInt(width = wayBits.W)         /// nWays = 8，所以wayBits=3
  val set = UInt(width = setBits.W)         ///数据所属的集合，setBits取决于所给定的参数。
  val beat = UInt(width = beatBits.W)       /// beatBits=3，一个缓存块在TileLink的通道上要分8个脉搏传输。
  val write = Bool()                        ///是写还是读
  val noop = Bool()
}
```

从 DataStorage 读写的数据则都是 DSData：

```
class DSData(implicit p: Parameters) extends HuanCunBundle {
  val data = UInt((beatBytes * 8).W)        /// beatBytes=8，所以一次读出64位，DSAddress中的beat决定了这是哪8个字节。
  val corrupt = Bool()
}
```

缓存在一个 Slice 中的 cacheline 都在其 dataStorag 中，这是个 DataStorage，建立在 SRAMWrapper 的基础上。注意每次从 DataStorage 读写的只是 64 位，即 8 个字节，一个 cacheline 则有 64 个字节，要分 8 次读写，这是因为 TileLink 的通道宽度只有 64 位；读写地址 DSAddress 中的 beat 字段指明了读写的目标是 cacheline 中的哪一个 64 位数据。下面是 DataStorage 的定义：

```
[HuanCun > Slice > DataStorage]
class DataStorage(implicit p: Parameters) extends HuanCunModule {
  val io = IO(new Bundle() {
    val sourceC_raddr = Flipped(DecoupledIO(new DSAddress))     ///下位C通道对DataStorage的读出请求
    val sourceC_rdata = Output(new DSData)                      ///下位C通道对DataStorage的读出

    val sinkD_waddr = Flipped(DecoupledIO(new DSAddress))       ///下位D通道对DataStorage的写入请求
    val sinkD_wdata = Input(new DSData)                         ///下位D通道对DataStorage的写入

    val sourceD_raddr = Flipped(DecoupledIO(new DSAddress))     ///上位D通道对DataStorage的读出请求
    val sourceD_rdata = Output(new DSData)                      ///上位D通道对DataStorage的读出
    val sourceD_waddr = Flipped(DecoupledIO(new DSAddress))     ///上位D通道对DataStorage的写入请求
    val sourceD_wdata = Input(new DSData)                       ///上位D通道对DataStorage的写入

    val sinkC_waddr = Flipped(DecoupledIO(new DSAddress))       ///上位C通道对DataStorage的写入请求
    val sinkC_wdata = Input(new DSData)                         ///上位C通道对DataStorage的写入
    val ecc = Valid(new EccInfo)
  })      ///上位C通道写入，下位C通道读出；下位D通道写入，上位D通道读出，但是上位D通道也有写入。

  /* Define some internal parameters */
  val nrStacks = 2
```

```
val stackBits = log2Ceil(nrStacks)                ///因为nrStacks是2，stackBits就是1。
val bankBytes = 8                                 ///bankBytes为8，这也就是对DataStorage每次读写的宽度。
val rowBytes = nrStacks * beatBytes               ///beatBytes=8。所以rowBytes = 2 * 8 = 16。
val nrRows = sizeBytes / rowBytes                 ///sizeBytes = blocks * blockBytes，blockBytes=64
val nrBanks = rowBytes / bankBytes                /// nrBanks = 16/8 = 2
val rowBits = log2Ceil(nrRows)
val stackSize = nrBanks / nrStacks                ///2/2 = 1
val sramSinglePort = true

// Suppose * as one bank
// All banks can be grouped by nrStacks. We call such group as stack
//      one row ==> ******** ******** ******** ********
// If there's no conflict, one row can be accessed in parallel by nrStacks

def dataCode: Code = Code.fromString(p(HCCacheParamsKey).dataECC)
val eccBits = dataCode.width(8 * bankBytes) - 8 * bankBytes

val bankedData = Seq.fill(nrBanks) { Module(new SRAMWrapper (gen = UInt((8 * bankBytes).W),
                  set = nrRows, n = cacheParams.sramDepthDiv, clk_div_by_2 = cacheParams.sramClkDivBy2 ) ) }
        ///为每个Bank（nrBanks=2）创建一个SRAM存储阵列，用来存放缓存块，缓存块大小为64字节（bankBytes=8）。
        ///所以bankedData是一排nrBanks个SRAMWrapper，一个SRAMWrapper就是一个Bank。
val dataEccArray = if (eccBits > 0) {Seq.fill(nrStacks) { Module(new SRAMWrapper(gen = UInt((eccBits * stackSize).W),
                  set = nrRows, n = cacheParams.sramDepthDiv, clk_div_by_2 = cacheParams.sramClkDivBy2)) }} else null
        ///如果要用ECC码，则还要再创建另一组SRAM存储阵列（nrStacks=2），用来存放缓存块的ECC码。
        /// dataEccArray也是一排SRAMWrapper，但个数是nrStacks（而不是nrBanks）。
val stackRdy = if (cacheParams.sramClkDivBy2) { RegInit(VecInit(Seq.fill(nrStacks) { true.B })) }
              else VecInit(Seq.fill(nrStacks) { true.B})
/* Convert to internal request signals */
class DSRequest extends HuanCunBundle {          /// DSRequest意为DataStorage Request
  val wen = Bool()
  val index = UInt((rowBytes * 8).W)                  ///rowBytes = nrStacks * beatBytes    rowBytes=16
  val bankSel = UInt(nrBanks.W)                       ///宽度为nrBanks的位图，nrBanks=2。
  val bankSum = UInt(nrBanks.W)                       ///宽度为nrBanks的位图
  val bankEn = UInt(nrBanks.W)                        ///宽度为nrBanks的位图，表示那些bank被enable。
  val data = Vec(nrBanks, UInt((8 * bankBytes).W))    ///长度为nrBanks的向量，每个元素都是8*8=64位的数据
}   ///end class DSRequest

def req (wen: Boolean, addr: DecoupledIO[DSAddress], data: DSData) = {    ///根据给定参数生成一个DSRequest请求：
  // Remap address
  // [beat, set, way, block] => [way, set, beat, block]
  //                     [index, stack, block]
  val innerAddr = Cat(addr.bits.way, addr.bits.set, addr.bits.beat)        ///把addr的三个成分拼接在一起成为innerAddr
  val innerIndex = innerAddr >> stackBits                                   ///innerAddr右移1位，就是innerIndex。
  val stackIdx = innerAddr(stackBits - 1, 0)                                ///innerAddr的最低位就是stackIdx（stackBits=1）
  val stackSel = UIntToOH(stackIdx, stackSize)        // Select which stack to access
```

```
    val out = Wire(new DSRequest)                                          ///创建一个空白的DSRequest
    val accessVec = Cat(Seq.tabulate(nrStacks) { i => !out.bankSum((i + 1) * stackSize - 1, i * stackSize).orR}.reverse)
    addr.ready := accessVec(stackIdx) && stackRdy(stackIdx)
    out.wen := wen.B                                                        ///如果参数wen是true就发起写入
    out.index := innerIndex
    // FillInterleaved: 0010 => 00000000 00000000 11111111 00000000
    out.bankSel := Mux(addr.valid, FillInterleaved(stackSize, stackSel), 0.U)     // TODO: consider mask
    out.bankEn := Mux(addr.bits.noop || !stackRdy(stackIdx), 0.U, out.bankSel & FillInterleaved(stackSize, accessVec))
    out.data := Cat(Seq.fill(nrStacks)(data.data)).asTypeOf(out.data.cloneType)
    out                                                      ///返回out，这是个DSRequest
  }  ///end req()

  /* Arbitrates r&w by bank according to priority */
  val sourceC_req = req(wen = false, io.sourceC_raddr, io.sourceC_rdata)        ///下位C通道读请求，所涉地址为DSAddress。
  val sourceD_rreq = req(wen = false, io.sourceD_raddr, io.sourceD_rdata)       ///上位D通道读请求，所涉地址为DSAddress。
  val sourceD_wreq = req(wen = true, io.sourceD_waddr, io.sourceD_wdata)        ///上位D通道写请求，所涉地址为DSAddress。
  val sinkD_wreq = req(wen = true, io.sinkD_waddr, io.sinkD_wdata)              ///下位D通道写请求，所涉地址为DSAddress。
  val sinkC_req = req(wen = true, io.sinkC_waddr, io.sinkC_wdata)               ///上位C通道写请求，所涉地址为DSAddress。

  val reqs = Seq(sourceC_req, sinkC_req, sinkD_wreq, sourceD_wreq, sourceD_rreq)
                                                           // TODO: add more requests with priority carefully
  reqs.foldLeft(0.U(nrBanks.W)) {
    case (sum, req) =>
      req.bankSum := sum
      req.bankSel | sum
  }
/// class DataStorage，待续。
```

DataStorage 是在 Slice 内部，Slice 的上下两沿都是 TileLink 的通道，但通道的方向不一样。对于由下而上的 D 通道，下位的 D 通道是输入 sinkD 而上位是输出 sourceD。DataStorage 夹在上下位之间，它的外部接口要分别与上下位的 D 通道相接。由于 D 通道上的数据来自下位，所以下位的 sinkD 对 DataStorage 只有写入请求而没有读出请求。但是上位的 sourceD 既需要从 DataStorage 读出又有可能需要向 DataStorage 写入。C 通道的情况就比较简单，上位的 sinkC 只会向 DataStorage 写入；而下位的 sourceC 只会从 DataStorage 读出。至于 A/B/E 三个通道则都不涉及对 DataStorage 的读写。

不管是 D 通道还是 C 通道，对 DataStorage 的读写地址都是 DSAddress，里面的 beat 字段指明了读写目标是一个 cacheline 中的哪一个 64 位长字，而读出的数据则是 DSData，里面的 data 字段是个 64 位长字。

从外部接口上到来的读写请求都表现为分立的 DSAddress 和 DSData，但是到了 DataStorage 内部之后需要将其整合成 sourceD_rreq、sourceD_wreq、sinkD_wreq 等 DSRequest 对象，所以这里提供了一个函数 req()，将接口上到来的操作请求组装成统一格式的 DSRequest（一个函数经综合之后就是一块电路）。

在生成 DSRequest 的 bankSel 和 bankEn 成分时要用到 object FillInterleaved，这个 object 的定义是这样：

```
/** Creates repetitions of each bit of the input in order.
  * @example {{{
  * FillInterleaved(2, "b1 0 0 0".U)   // equivalent to "b11 00 00 00".U     ///FillInterleaved(2, "b1 0 0 0".U)的结果是"b11 00 00 00".U
  * FillInterleaved(2, "b1 0 0 1".U)   // equivalent to "b11 00 00 11".U
```

```
 * FillInterleaved(2, myUIntWire)   // dynamic interleaved fill
 *
 * FillInterleaved(2, Seq(true.B, false.B, false.B, false.B))   // equivalent to "b11 00 00 00".U
 * FillInterleaved(2, Seq(true.B, false.B, false.B, true.B))   // equivalent to "b11 00 00 11".U
 * }}}
 */
object FillInterleaved {
  /** Creates n repetitions of each bit of x in order.
    * Output data-equivalent to in(size(in)-1) (n times) ## ... ## in(1) (n times) ## in(0) (n times)
    */
  def apply(n: Int, in: UInt): UInt = apply(n, in.asBools)

  /** Creates n repetitions of each bit of x in order.
    * Output data-equivalent to in(size(in)-1) (n times) ## ... ## in(1) (n times) ## in(0) (n times)
    */
  def apply(n: Int, in: Seq[Bool]): UInt = Cat(in.map(Fill(n, _)).reverse)
}
```

这里调用 FillInterleaved.apply()时第一个参数 n 的实参是 stackSize，stackSize=1。

我们继续往下看 DataStorage 的代码：

```
[HuanCun > Slice > DataStorage]        续
  val outData = Wire(Vec(nrBanks, UInt((8 * bankBytes).W)))
  val error = Wire(Vec(nrBanks, Bool()))
  val bank_en = Wire(Vec(nrBanks, Bool()))                    ///bank enable位图
  val sel_req = Wire(Vec(nrBanks, new DSRequest))             ///向量，一排8个DSRequest。
  dontTouch(bank_en)
  dontTouch(sel_req)
  // mark accessed banks as busy
  if (cacheParams.sramClkDivBy2) {
    bank_en.grouped(stackSize).toList.map(banks => Cat(banks).orR()).zip(stackRdy).foreach { case (accessed, rdy) =>
                                                                          rdy := !accessed }
  }

  for (i <- 0 until nrBanks) {   ///将reqs序列中wen为true的DSRequest写入bankedData阵列，wen为false的则从该阵列读出：
    val en = reqs.map(_.bankEn(i)).reduce(_ || _)     ///只要其中有一个bank被enable
    val selectedReq = PriorityMux(reqs.map(_.bankSel(i)), reqs)     ///res就是Seq(sourceC_req, sinkC_req, sinkD_wreq, …)
                                                      ///根据bankSel(i)的值从reqs中选取需要对此bank进行的操作
    bank_en(i) := en                                  ///只要被enable，就非读即写。
    sel_req(i) := selectedReq                         ///将所得的selectedReq填写到sel_req(i)中
    // Write
    val wen = en && selectedReq.wen                   ///如果是写入：
    bankedData(i).io.w.req.valid := wen               ///要求写入bankedData阵列
    bankedData(i).io.w.req.bits.apply(setIdx = selectedReq.index, data = selectedReq.data(i), waymask = 1.U)
                                                      ///将data写入bankedData阵列的这个bank中下标为setIdx处
    // Read
```

```
    val ren = en && !selectedReq.wen                 ///如果是读出
    bankedData(i).io.r.req.valid := ren              ///要求从bankedData阵列读出
    bankedData(i).io.r.req.bits.apply(setIdx = selectedReq.index)
                                                     ///从bankedData阵列的这个bank中下标为setIdx处读出
    // Ecc
    outData(i) := bankedData(i).io.r.resp.data(0)    ///把从bankedData阵列各个bank读出的内容拼接在outData中
  }  ///end for (i <- 0 until nrBanks)，在程序的执行中这是个循环，但是在所生成的电路中这是平行的电路，每个bank一份。

  if (eccBits > 0) {
    for (((banks, err), eccArray) <- bankedData.grouped(stackSize).toList.zip(error.grouped(stackSize).toList).zip(dataEccArray)) {
      eccArray.io.w.req.valid := banks.head.io.w.req.valid         ///对eccArray阵列的写入取决于对bankedData的写入
      eccArray.io.w.req.bits.apply(
        setIdx = banks.head.io.w.req.bits.setIdx,                  ///跟着bankedData走
        data = VecInit(banks.map(b => dataCode.encode(b.io.w.req.bits.data(0)).head(eccBits) )).asUInt(),
        waymask = 1.U
      )
      eccArray.io.r.req.valid := banks.head.io.r.req.valid         ///从eccArray阵列的读出也是跟着bankedData走
      eccArray.io.r.req.bits.apply(setIdx = banks.head.io.r.req.bits.setIdx)
      val eccInfo = eccArray.io.r.resp.data(0).asTypeOf(Vec(stackSize, UInt(eccBits.W)))    ///读出的内容
      for(i <- 0 until stackSize){
        err(i) := dataCode.decode(eccInfo(i) ## banks(i).io.r.resp.data(0)).error
      }
    }
  } else {
    if (!eccBits > 0) error.foreach(_ := false.B)
  }  ///end if (eccBits > 0){…} else …

  val dataSelModules = Array.fill(stackSize) { Module(new DataSel(nrStacks, 2, bankBytes * 8)) }  ///创建一组DataSel对象
  val data_grps = outData.grouped(stackSize).toList.transpose
  val err_grps = error.grouped(stackSize).toList.transpose
  val d_sel = sourceD_rreq.bankEn.asBools().grouped(stackSize).toList.transpose        ///上位D通道读出请求
  val c_sel = sourceC_req.bankEn.asBools().grouped(stackSize).toList.transpose         ///下位C通道读出请求
  for (i <- 0 until stackSize) {
    val dataSel = dataSelModules(i)                  ///填写dataSelModules中的第i个DataSel
    dataSel.io.in := VecInit(data_grps(i))           ///以data_grps(i)作为该DataSel的输入
    dataSel.io.err_in := VecInit(err_grps(i))
    dataSel.io.sel(0) := Cat(d_sel(i).reverse)
    dataSel.io.sel(1) := Cat(c_sel(i).reverse)
    dataSel.io.en(0) := io.sourceD_raddr.fire()
    dataSel.io.en(1) := io.sourceC_raddr.fire()
  }  ///end for (i <- 0 until stackSize)

  io.sourceD_rdata.data := Cat(dataSelModules.map(_.io.out(0)).reverse)
                                        ///把各个DataSel的.out(0)拼接起来，作为sourceD_rdata的data字段即读出数据。
  io.sourceD_rdata.corrupt := Cat(dataSelModules.map(_.io.err_out(0))).orR()
  io.sourceC_rdata.data := Cat(dataSelModules.map(_.io.out(1)).reverse)
```

```
                        ///把各个DataSel的.out(1)拼接起来，作为sourceC_rdata的data字段即读出数据。
  io.sourceC_rdata.corrupt := Cat(dataSelModules.map(_.io.err_out(1))).orR()

  val d_addr_reg = RegNextN(io.sourceD_raddr.bits, sramLatency)
  val c_addr_reg = RegNextN(io.sourceC_raddr.bits, sramLatency)

  io.ecc.valid := io.sourceD_rdata.corrupt || io.sourceC_rdata.corrupt
  io.ecc.bits.errCode := EccInfo.ERR_DATA
  io.ecc.bits.addr := Mux(io.sourceD_rdata.corrupt, Cat(d_addr_reg.set, d_addr_reg.way, d_addr_reg.beat),
                                              Cat(c_addr_reg.set, c_addr_reg.way, c_addr_reg.beat))
}   ///end class DataStorage
```

DataStorage 中为每个 stack 都创建了一个 DataSel 对象：

```
[HuanCun > Slice > DataStorage > DataSel]
class DataSel (inNum: Int, outNum: Int, width: Int)(implicit p: Parameters) extends HuanCunModule {
  val io = IO(new Bundle() {
    val err_in = Input(Vec(inNum, Bool()))
    val in = Input(Vec(inNum, UInt(width.W)))                              ///输入数据向量
    val sel = Input(Vec(outNum, UInt(inNum.W)))   // one-hot sel mask      ///outNum * inNum二维位图
    val en = Input(Vec(outNum, Bool()))                                     ///输出位图
    val out = Output(Vec(outNum, UInt(width.W)))                           ///输出数据向量
    val err_out = Output(Vec(outNum, Bool()))
  })

  for (i <- 0 until outNum) {
    val sel_r = RegNextN (io.sel(i), sramLatency - 2)
    val odata = Mux1H(sel_r, io.in)
    val oerrs = Mux1H(sel_r, io.err_in)
    val en = RegNextN(io.en(i), sramLatency - 2)
    io.out(i) := RegNext(RegEnable(odata, en))
    io.err_out(i) := RegNext(RegEnable(oerrs.orR(), false.B, en), false.B)
  }
}
```

创建时的实参是这样：new DataSel(nrStacks, 2, bankBytes * 8)，所以这里的参数 inNum 就是 nrStacks；outNum 是 2；width 是 bankBytes*8 即 64 位，这也正是 DSData 中 data 字段的宽度。

DataSel 的作用是从长度为 inNum 即 nrStacks 的输入数据向量中选取其中的 outNum 即 2 个数据元素作为输出。

30.3.3 ICache 中的存储模块

再看 ICache 中的存储模块。本书第二卷中对此已有介绍，但是现在我们不妨在专题讨论用于缓存的存储模块这个背景下再来简要重温一下。ICache 当然也采用集合关联，即用 set 与 way 相结合的缓存方式。但是 ICache 有个特殊的问题，就是一次取指可能会跨两个 cacheline，分属两个集合，所以要同时对两个 cacheline 进行关联存取。

ICache 中也有 metaArray 和 dataArray 两个模块，也要先用从目标地址中抽取的 setIdx 和 tag 在 metaArray 中通过 tag 比对解决是否命中、以及如果命中是在哪一个槽位即 way 的问题；知道了在哪一个 way，就可以根据集合号 setIdx 和槽位号 way 在 dataArray 中读取缓存着的内容，这就是标准的集合关联存取方法。

ICache 中的 metaArray 和 dataArray 都是基于 SRAMTemplate 的存储模块。注意这是定义于 packege utility，不带参数 clk_div_by_2 的那个 SRAMTemplate：

```
class ICacheImp(outer: ICache) extends LazyModuleImp(outer) with HasICacheParameters with HasPerfEvents{
  …
  val metaArray = Module(new ICacheMetaArray)
  val dataArray = Module(new ICacheDataArray)
  …
}
```

先看 metaArray 即 ICacheMetaArray。我们在这里只是想简要回顾一下 ICache 对集合相关的实现，所以在以下的讨论中将只关心从 ICache 的读出，因为一来那就够了，二来这样可以集中我们的视野。

对 ICacheMetaArray 的读出请求是个 ICacheReadBundle，其主要成分就是从目标地址中摘取的集合号位段 vSetIdx，之所以有个前缀 v 是因为这是从虚存地址中摘取的集合号位段。不过集合号位段的选择是在最低 12 位的页面地址之内，所以集合的划分在虚存地址空间和物理地址空间是一样的。正是这个集合号位段，使我们得以在 metaArray 中采用按地址（下标）寻访的方式找到目标集合值所在，大大缩小了下一步进行 tag 比对的范围。这种按地址寻访与 tag 比对相结合的方式就称为“集合相关（Set Associative）”。

不过这里 ICacheReadBundle 中的 vSetIdx 是个长度为 2 的向量，也就是说有两个 vSetIdx。这是因为取指是成块的，虽然一个指令块只是半个 cacheline 的大小，但是其起点可以是随机的，所以有可能跨两个 cacheline，前后两个 cacheline 可能属于不同的集合：

```
[ICacheImp > ICacheMetaArray > ICacheReadBundle]
class ICacheReadBundle(implicit p: Parameters) extends ICacheBundle {
  val isDoubleLine   = Bool()                                    ///是否跨cacheline
  val vSetIdx        = Vec(2, UInt(log2Ceil(nSets).W))           ///两个cacheline的集合号

  def port_0_read_0 =  !vSetIdx(0)(0)
  def port_0_read_1 =   vSetIdx(0)(0)
  def port_1_read_0 =  !vSetIdx(1)(0) && isDoubleLine
  def port_1_read_1 =   vSetIdx(1)(0) && isDoubleLine

  def read_bank_0 = port_0_read_0 || port_1_read_0
  def read_bank_1 =   port_0_read_1 || port_1_read_1
}
```

因为可能跨 cacheline，就可能需要从两个不同 cacheline 读出，所以需要有两个读出 port。同时，metaArray 又分两个板块，一个用于集合号为奇数的集合，另一个用于集合号为偶数的集合，这样前后两个 cacheline 就必定落在不同的板块中，让两个 port 分别在两个不同的板块中读出，以免冲突。两个 port，从两个板块读出，这样就有 4 种组合，这就是 port_0_read_0、port_0_read_1 等等，这里 port_0_read_0 表示是 port_0 从 bank_0 读出，余可类推。

与此相应，从 ICacheMetaArray 读出时的回应是一个 ICacheMetaRespBundle。这个 Bundle 中的 metaData 是个二维向量，其 2 行对应着两个 port，每个 port 一行，然后每一列对应着一个 way。这样，合在一起就是

一个 set 的所有的 way；每个 way 的内容是一个 ICacheMetadata，实际上就是一个 tag。

```
[ICacheImp > ICacheMetaArray > ICacheMetaRespBundle]
class ICacheMetaRespBundle(implicit p: Parameters) extends ICacheBundle{
  val metaData    = Vec(2, Vec(nWays, new ICacheMetadata))          /// ICacheMetadata中唯一的成分就是tag
  val errors      = Vec(2, Vec(nWays ,Bool() ))
  val entryValid = Vec(2, Vec(nWays, Bool()))

  def tags = VecInit(metaData.map(port => VecInit(port.map( way=> way.tag ))))
}
```

这样，我们通过 ICacheMetaArray 的对外接口有了一点了解，下面我们深入到 ICacheMetaArray 的内部：

```
[ICacheImp > ICacheMetaArray]
class ICacheMetaArray()(implicit p: Parameters) extends ICacheArray{
  val metaEntryBits = cacheParams.tagCode.width(metaBits)

  val io=IO{new Bundle{
    val read = Flipped(DecoupledIO(new ICacheReadBundle))
    val readResp = Output(new ICacheMetaRespBundle)
  }}

  val port_0_read_0 = io.read.valid   && !io.read.bits.vSetIdx(0)(0)
  val port_0_read_1 = io.read.valid   &&  io.read.bits.vSetIdx(0)(0)
  val port_1_read_1  = io.read.valid &&  io.read.bits.vSetIdx(1)(0) && io.read.bits.isDoubleLine
  val port_1_read_0  = io.read.valid && !io.read.bits.vSetIdx(1)(0) && io.read.bits.isDoubleLine

  val bank_0_idx = Mux(port_0_read_0, io.read.bits.vSetIdx(0), io.read.bits.vSetIdx(1))
  val bank_1_idx = Mux(port_0_read_1, io.read.bits.vSetIdx(0), io.read.bits.vSetIdx(1))
  val bank_idx = Seq(bank_0_idx, bank_1_idx)

  val tagArrays = (0 until 2) map { bank =>
    val tagArray = Module(new SRAMTemplate (UInt(metaEntryBits.W), set=nSets/2, way=nWays,
                                              shouldReset = true, holdRead = true, singlePort = true))
        ///创建两个SRAMTemplate模块，作为tagArrays的两个板块，一个用于奇数号集合，另一个用于偶数号集合。
    //meta connection
    if(bank == 0) {          ///bank 0用于偶数号集合：
      tagArray.io.r.req.valid := port_0_read_0 || port_1_read_0
      tagArray.io.r.req.bits.apply(setIdx=bank_0_idx(highestIdxBit,1))
    }
    else {                   ///bank 1用于奇数号集合：
      tagArray.io.r.req.valid := port_0_read_1 || port_1_read_1
      tagArray.io.r.req.bits.apply(setIdx=bank_1_idx(highestIdxBit,1))
    }
    tagArray
  } ///end val tagArrays
```

```
  val read_set_idx_next = RegEnable(next = io.read.bits.vSetIdx, enable = io.read.fire)
  val valid_array = RegInit(VecInit(Seq.fill(nWays)(0.U(nSets.W))))
  val valid_metas = Wire(Vec(PortNumber, Vec(nWays, Bool())))
  // valid read
  (0 until PortNumber).foreach( i => (0 until nWays).foreach( way => valid_metas(i)(way) := valid_array(way)(read_set_idx_next(i)) ))
  io.readResp.entryValid := valid_metas
  io.read.ready := !io.write.valid && !io.fencei && tagArrays.map(_.io.r.req.ready).reduce(_&&_)

  //Parity Decode
  val read_metas = Wire(Vec(2,Vec(nWays, new ICacheMetadata())))
  for((tagArray,i) <- tagArrays.zipWithIndex){
    val read_meta_bits = tagArray.io.r.resp.asTypeOf(Vec(nWays,UInt(metaEntryBits.W)))
    val read_meta_decoded = read_meta_bits.map{ way_bits => cacheParams.tagCode.decode(way_bits)}
    val read_meta_wrong = read_meta_decoded.map{ way_bits_decoded => way_bits_decoded.error}
    val read_meta_corrected = VecInit(read_meta_decoded.map{ way_bits_decoded => way_bits_decoded.corrected})
    read_metas(i) := read_meta_corrected.asTypeOf(Vec(nWays, new ICacheMetadata()))
    (0 until nWays).map{ w => io.readResp.errors(i)(w) := RegNext(read_meta_wrong(w)) && RegNext(RegNext(io.read.fire))}
  } ///逻辑上tagArray中存放的信息是tag，但实际上是tag的ECC编码，所以在读出时要经过解码和纠错，写入时则要编码。
    ///数据的ECC编码由data+code两部分构成，二者可以作为一个整体保存，也可以分开保存；在tagArray中是整体保存的。
    ///但这只是一个插曲，并不影响读写tagArray的逻辑，而且对ECC码的解码和纠错都由组合电路在同一时钟节拍中完成。
  …
  io.readResp.metaData <> DontCare
  when(port_0_read_0_reg){ io.readResp.metaData(0) := read_metas(0) }
  .elsewhen(port_0_read_1_reg){ io.readResp.metaData(0) := read_metas(1) }

  when(port_1_read_0_reg){ io.readResp.metaData(1) := read_metas(0) }
  .elsewhen(port_1_read_1_reg){ io.readResp.metaData(1) := read_metas(1) }
} ///end class ICacheMetaArray
```

简而言之，就是给定相继的两个集合号（必定一为奇数一为偶数），由两个端口分别从 tagArrays 的奇偶两个板块读出，读出的是个长度为 nWays 的向量，包含 tagArrays 为每个集合提供的所有槽位的内容。

但是显然这里并不包含tag的比对。对tag的比对在ICacheImp中。由于是两个集合，所以就需要有2*nWays个比较器同时进行比对。如果命中，我们就知道了目标 cacheline 所在的槽位号。

知道了目标所在的槽位号，就可以用集合号从 dataArray 读出整个集合的所有槽位，再从中切割出目标槽位中的信息，即目标 cacheline。

对 dataArray 即 ICacheDataArray 的读出请求仍是 ICacheReadBundle，里面是两个集合号。读出的结果则是个 ICacheDataRespBundle：

```
class ICacheDataRespBundle(implicit p: Parameters) extends ICacheBundle{
  val datas = Vec(2, Vec(nWays, UInt(blockBits.W)))              ///两个长度为nWays的cacheline向量
  val codes = Vec(2, Vec(nWays , UInt(dataCodeEntryBits.W)))     ///两个长度为nWays的ECC码向量
}
```

这里有两个向量，其中 datas 是 cacheline 的二维向量。一个 cacheline 的长度即 blockBits 就是 512 位，再乘以 2*nWays 即 16，那就是 8192 位。所以 ICacheDataArray 的外部接口可以说是个其宽无比的接口。这在

采用分立元件即外接模块的时代是不可思议的，但现在是集成在同一块 SoC 芯片上，那就是现实可行的了。事实上，放在内部切割与引出外面切割并无什么不同，因为这个边界本身就是模糊的。

下面是 ICacheDataArray 的代码：

```
[ICacheImp > ICacheDataArray]
class ICacheDataArray(implicit p: Parameters) extends ICacheArray{
  val io=IO{new Bundle{
    val read = Flipped(DecoupledIO(Vec(partWayNum, new ICacheReadBundle)))
    val readResp = Output(new ICacheDataRespBundle)
  }}

  val port_0_read_0_reg = RegEnable(next = io.read.valid && io.read.bits.head.port_0_read_0, enable = io.read.fire())
  val port_0_read_1_reg = RegEnable(next = io.read.valid && io.read.bits.head.port_0_read_1, enable = io.read.fire())
  val port_1_read_1_reg = RegEnable(next = io.read.valid && io.read.bits.head.port_1_read_1, enable = io.read.fire())
  val port_1_read_0_reg = RegEnable(next = io.read.valid && io.read.bits.head.port_1_read_0, enable = io.read.fire())

  val bank_0_idx_vec = io.read.bits.map(copy =>   Mux(io.read.valid && copy.port_0_read_0, copy.vSetIdx(0), copy.vSetIdx(1)))
  val bank_1_idx_vec = io.read.bits.map(copy =>   Mux(io.read.valid && copy.port_0_read_1, copy.vSetIdx(0), copy.vSetIdx(1)))

  val dataArrays = (0 until partWayNum).map{ i =>              ///partWayNum=4，dataArrays是按Way组织的
    val dataArray = Module(new ICachePartWayArray(UInt(blockBits.W), pWay,))   ///每个dataArray是个ICachePartWayArray
    dataArray.io.read.req(0).valid :=   io.read.bits(i).read_bank_0 && io.read.valid       ///每个ICachePartWayArray内含两个bank
    dataArray.io.read.req(0).bits.ridx := bank_0_idx_vec(i)(highestIdxBit,1)       ///按vSetIdx从dataArray的两个bank中读出
    dataArray.io.read.req(1).valid := io.read.bits(i).read_bank_1 && io.read.valid
    dataArray.io.read.req(1).bits.ridx := bank_1_idx_vec(i)(highestIdxBit,1)
    dataArray
  }  ///end val dataArrays，dataArrays有4个ICachePartWayArray模块，每个内含2个板块，所以一共是8个板块。

  val read_datas = Wire(Vec(2,Vec(nWays,UInt(blockBits.W) )))          ///读出的数据是2个长度为nWays的cacheline向量

  (0 until PortNumber).map { port =>     /// PortNumber=2
    (0 until nWays).map { w =>          /// nWays=8，pWay = nWays/partWayNum，partWayNum = 4，所以pWay=2。
      read_datas(port)(w) := dataArrays(w / pWay).io.read.resp.rdata(port).asTypeOf(Vec(pWay, UInt(blockBits.W)))(w % pWay)
    }  ///从dataArrays的4个ICachePartWayArray中读出，ICachePartWayArray中有两个板块，又是由两个端口同时读出。
  }  ///两个循环嵌套，共循环16次，所创建的是16路并行的读出电路。每个bank都有两个端口同时从中读出。

  io.readResp.datas(0) := Mux( port_0_read_1_reg, read_datas(1) , read_datas(0))
  io.readResp.datas(1) := Mux( port_1_read_0_reg, read_datas(0) , read_datas(1))

  val bank_0_idx = bank_0_idx_vec.last
  val bank_1_idx = bank_1_idx_vec.last

  val codeArrays = (0 until 2) map { i =>      ///两个codeArray，用来保存cacheline的ECC码，仍分奇数集合和偶数集合：
    val codeArray = Module(new SRAMTemplate (UInt(dataCodeEntryBits.W), set=nSets/2, way=nWays,
                                        shouldReset = true, holdRead = true, singlePort = true ))
    if(i == 0) {       ///bank 0
```

```
      codeArray.io.r.req.valid := io.read.valid && io.read.bits.last.read_bank_0
      codeArray.io.r.req.bits.apply(setIdx=bank_0_idx(highestIdxBit,1))        ///注意vSetIdx已被除2（末位已被去除）
    }
    else {            ///bank 1
      codeArray.io.r.req.valid := io.read.valid && io.read.bits.last.read_bank_1
      codeArray.io.r.req.bits.apply(setIdx=bank_1_idx(highestIdxBit,1))        ///注意vSetIdx已被除2（末位已被去除）
    }
    codeArray
  }  ///end val codeArrays，cacheline的data和code是分开保存的，data在dataArray，code在codeArray。

  io.read.ready := !io.write.valid && dataArrays.map(_.io.read.req.map(_.ready).reduce(_&&_)).reduce(_&&_) &&
                                                   codeArrays.map(_.io.r.req.ready).reduce(_ && _)
  //Parity Decode
  val read_codes = Wire(Vec(2,Vec(nWays,UInt(dataCodeEntryBits.W) )))
  for(((dataArray, codeArray),i) <- dataArrays.zip(codeArrays).zipWithIndex){
    read_codes(i) := codeArray.io.r.resp.asTypeOf(Vec(nWays,UInt(dataCodeEntryBits.W)))
  }

  io.readResp.codes(0) := Mux( port_0_read_1_reg, read_codes(1) , read_codes(0))
  io.readResp.codes(1) := Mux( port_1_read_0_reg, read_codes(0) , read_codes(1))
    ///ICacheDataArray内部未作ECC校验/纠错的计算，只是把data和code都返回给用户，由用户自行决定是否进行计算。
}  ///end class ICacheDataArray
```

ICacheDataArray 中的 dataArray 是 ICachePartWayArray。每个 ICachePartWayArray 中只存储（所有集合的）四分之一个 Way 即两个槽位的数据，所以称为 PartWay。实际上 ICacheDataArray 内部还要分两个板块，分两个 SRAMTemplat 存放，所以每个板块其实只是存放 nSets/2 集合（奇数号集合或偶数号集合）的两个槽位，这样 4*2=8，整个 ICacheDataArray 一共有 256 个集合的 8 个槽位。其实这样的一个板块也不小了，因为 ICacheDataArray 中存放的是 cacheline，一个 cacheline 是 64 字节（512 位），128 个集合的两个槽位就是 64*128*2=16KB。整个 ICacheDataArray 有 8 个板块，那就是 128KB 的指令缓存：

```
class ICachePartWayArray[T <: Data](gen: T, pWay: Int)(implicit p: Parameters) extends ICacheArray{
  //including part way data
  val io = IO{new Bundle {
    val read = new ICachePartWayReadBundle(gen, pWay)
    val write = Flipped(ValidIO(new ICacheWriteBundle(gen, pWay)))
  }}
  io.read.req.map(_.ready := !io.write.valid)

  val srams = (0 until PortNumber) map { bank =>        /// PortNumber=2，所以是两个Bank，即奇数号集合和偶数号集合：
    val sramBank = Module(new SRAMTemplate(gen, set=nSets/2, way=pWay,
                                    shouldReset = true, holdRead = true, singlePort = true))
    sramBank.io.r.req.valid := io.read.req(bank).valid
    sramBank.io.r.req.bits.apply(setIdx= io.read.req(bank).bits.ridx)        ///以ridx为地址（下标）寻址
    sramBank
  }  ///end val srams
  io.read.req.map(_.ready := !io.write.valid && srams.map(_.io.r.req.ready).reduce(_&&_))
```

```
  io.read.resp.rdata := VecInit(srams.map(bank => bank.io.r.resp.asTypeOf(Vec(pWay, gen))))
}   ///end class ICachePartWayArray
```

这样，以 ridx 即 setIdx 为地址（下标）从一个 ICachePartWayArray 读出的是两个槽位；ICacheDataArray 中有 4 个 ICachePartWayArray，所以从 ICacheDataArray 读出的是一个集合的 8 个槽位，即 8 个 Way。把这 8 个槽位中的 cacheline 与前面 tag 比对的结果（一个位图）放在一起，就可以从 ICacheDataArray 的读出结果中切割出所需的 cacheline，即集合号相符且 tag 相符的 cacheline。

30.3.4 TLB 中的存储模块

最后，在虚存映射机制中也要用到缓存，所谓虚存映射是指从虚存页面到物理页面的映射，实际表现为虚存页面号到物理页面号的映射。不管虚存页面还是物理页面，大小都是 4KB，一个虚存地址的最低 12 位是页面内位移（对页面起点的偏移，Offset），这个位移在映射中保持不变，变的是页面号。所以，将变换所得的物理页面号和 12 位的 Offset 拼接在一起，就是完整的物理地址，就是虚存地址所映射的物理地址。现代计算机（除一些简单的嵌入式系统外）中的每一个进程都需要有自己的地址映射，因为每个进程在其所执行的程序中都使用虚存地址，而物理内存中使用的却是物理地址。为实现这样的映射，就得有映射（对照）表。从原理上说映射表就是一个长度极大的物理页面号向量，这个向量的长度，如果是 32 位虚存地址，就是 $2^{32-12}=2^{20}$，即一百多万；如果是 36 位虚存地址就还要乘以 16。所谓映射就是以虚存页面号为 Index（下标）在这向量中读取物理页面号。可是，在实际的应用中，这个向量一般都是极其稀疏的，因为很少有进程会把整个虚存空间都用足，所以这样的映射方法极不经济。为此，所有的虚存映射都采用二层或三层的地址映射，即把虚存地址的最高一段作为访问一层映射表的下标，得到指向某个二层映射表的指针（实际上是其所在的物理页面号），然后以此类推，最低一层页面表中的表项就是目标所在的物理页面号，所以这样的映射表又称页面表。不管是一层映射表还是哪一层的映射表，其大小都是一个 4KB 的物理页面。这样的映射方案就称为“页式映射”。这就在极大程度上排除了因稀疏而来的浪费，如果某个地址区间在程序中没有得到使用，就不需要有相应的二层映射表或三层映射表。从原理上说，这种映射机制的实现就是一棵以一层映射表为树根、以二层/三层映射表（均占一个物理页面）为节点的映射树，但是这棵通常都是很稀疏的，许多应有的节点上其实是空的。实际上，以 32 位虚存地址为例，一个 4KB 的映射表中可以有 1024 个表项。32 位地址映射只需要使用二层映射，地址的位段划分为 10 位+10 位+12 位，即两层映射的 Index 加 12 位的 Offset。这意味着一层映射表下面可以有 1024 个二层映射表，可是实际上也许只用了十分之一，因为 32 位虚存空间的大小是 4GB，十分之一就是 400MB，对于许多应用而言 400MB（程序代码段加上数据段）已经足够。

本书第一卷中介绍 RISC-V 指令系统结构时曾提及，CSR 寄存器组中有个寄存器叫 satp，这个寄存器中有个位段 ppn，这就是当前进程的一层映射表所在的物理页面号。换一个进程运行就在这个 satp 寄存器中换上一个 ppn（实际上还有个位段 asid，就是进程号）。

当前进程的整棵映射树，即其一层/二层/三层映射表都在物理内存中。然而每要访问一次内存，从而要进行地址映射时，首先就得访问内存实现地址映射，这显然是无法忍受的。而如果要把整棵映射树都放在 SRAM 中也不现实，因为即使只是 100 个页面表，那也是 400KB 的容量。唯一的解决方案就是使用缓存，即把当前最频繁使用的映射表项放在缓存中。这样的缓存就称为 TLB，即“Translation Look-aside Buffer”。这里的 Buffer 就是指缓存，Translation Look-aside 则是指查表爬树的过程。

后面我们会看到，香山的虚存地址映射机制中有个 TlbStorage，这显然就是 TLB 的存储模块，而 TlbStorage 又有 TLBFA 和 TLBSA 之分。这里的 FA 意为“Fully Associative”，SA 意为“Set Associative”。其中 TLBSA 的存储模块是 BankedAsyncDataModuleTemplateWithDup，这是基于 Mem 的存储模块：

```
[TLB > TlbStorageWrapper > TlbStorage > TLBSA > BankedAsyncDataModuleTemplateWithDup]
class BankedAsyncDataModuleTemplateWithDup[T <: Data](gen: T, numEntries: Int, numRead: Int,
                                                       numDup: Int, numBanks: Int ) extends Module {
  val io = IO(new Bundle {
    val raddr = Vec(numRead, Input(UInt(log2Ceil(numEntries).W)))        ///模块内的访问下标，numRead为读出端口数量。
```

```
    val rdata = Vec(numRead, Vec(numDup, Output(gen)))           ///读出端口数量numRead，复制numDup份。
    val wen = Input(Bool())
    val waddr = Input(UInt(log2Ceil(numEntries).W))
    val wdata = Input(gen)
  })  ///end val io
  require(numBanks > 1)                                    /// numBanks是构造参数之一
  require(numEntries > numBanks)
  val numBankEntries = numEntries / numBanks

  def bankOffset (address: UInt): UInt = { address(log2Ceil(numBankEntries) - 1, 0) }          ///给定地址的最低几位
  def bankIndex (address: UInt): UInt = { address(log2Ceil(numEntries) - 1, log2Ceil(numBankEntries)) } ///给定地址的次低几位

  val dataBanks = Seq.tabulate(numBanks)(i => {
    val bankEntries = if (i < numBanks - 1) numBankEntries else (numEntries - (i * numBankEntries))   ///bank的大小
    Mem(bankEntries, gen)        /// BankedAsyncDataModuleTemplateWithDup是基于Mem的，分numBanks个bank。
  })

  // async read, but regnext
  for (i <- 0 until numRead) {        ///对于每个读出端口：
    val data_read = Reg(Vec(numDup, Vec(numBanks, gen)))
    val bank_index = Reg(Vec(numDup, UInt(numBanks.W)))
    for (j <- 0 until numDup) {
      bank_index(j) := UIntToOH(bankIndex(io.raddr(i)))                    ///从读出地址中摘取bank_index（见上）
      for (k <- 0 until numBanks) {
        data_read(j)(k) := Mux(io.wen && (io.waddr === io.raddr(i)), io.wdata, dataBanks(k)(bankOffset(io.raddr(i))))
      }  ///如果正好有写入，并且写入地址等于读出地址，就返回io.wdata；要不然就从dataBanks(k)读出。
    }
    // next cycle
    for (j <- 0 until numDup) { io.rdata(i)(j) := Mux1H(bank_index(j), data_read(j)) }   ///根据bank_index从中选择
  }  ///end for (i <- 0 until numRead)

  // write
  for (i <- 0 until numBanks) {
    when (io.wen && (bankIndex(io.waddr) === i.U)) { dataBanks(i)(bankOffset(io.waddr)) := io.wdata }
  }
}  ///end class BankedAsyncDataModuleTemplateWithDup
```

显然这只是对基本存储模块的访问，除可能的 bypass 外就是给定地址读出内容，并不包括内容的比对。内容的比对是在其上一层 TLBSA 中。为此我们先看一下 TLBSA 的外部接口（摘要，仅数据成分）：

```
class TlbStorageIO(nSets: Int, nWays: Int, ports: Int, nDups: Int = 1)(implicit p: Parameters) extends MMUIOBaseBundle {
  val r = new Bundle {
    val req = Vec(ports, Flipped(DecoupledIO(new Bundle { val vpn = Output(UInt(vpnLen.W)) })))     ///读出请求

    val resp = Vec(ports, ValidIO(new Bundle{
      val hit = Output(Bool())                                  ///是否命中
```

```
      val ppn = Vec(nDups, Output(UInt(ppnLen.W)))                    ///所映射的物理页面号
      val perm = Vec(nDups, Output(new TlbSectorPermBundle()))       ///对该物理页面的访问权限
    }))     ///读出回应
  }
  val w = Flipped(ValidIO(new Bundle {
    val wayIdx = Output(UInt(log2Up(nWays).W))                         ///待写入的目标槽位（way）
    val data = Output(new PtwSectorResp)                               ///写入的内容，主要是物理页面号ppn
    val data_replenish = Vec(tlbcontiguous, Output(new PMPConfig))    ///对该物理页面的物理访问权限，如只读等等。
  }))  ///写入请求
  val victim = new Bundle {
    val out = ValidIO(Output(new Bundle { val entry = new TlbEntry(pageNormal = true, pageSuper = false) }))
    val in = Flipped(ValidIO(Output(new Bundle { val entry = new TlbEntry(pageNormal = true, pageSuper = false) })))
  }  ///在访问不命中时用输入TlbEntry取代现有的某个TlbEntry，并返回被取代的那个TlbEntry。
  val access = Vec(ports, new ReplaceAccessBundle(nSets, nWays))
}  ///end class TlbStorageIO
```

当然，我们在这里只关心读出，即从作为读出条件（地址）的虚存页面号 vpn 到作为读出结果的物理页面号 ppn 的映射：

```
[TLB > TlbStorageWrapper > TlbStorage > TLBSA]
class TLBSA(parentName: String, ports: Int, nDups: Int, nSets: Int, nWays: Int, normalPage: Boolean, superPage: Boolean)
                                                          (implicit p: Parameters) extends TlbModule {
  require(!superPage, "super page should use reg/fa")               ///不适用于superPage，超大页面的大小是2MB甚至1GB。
  require(nWays == 1, "nWays larger than 1 causes bad timing")      ///规定nWays只能是1
    ///注意在TLBSA内部的nSets和nWays都只是局部的构造参数，而并非定义于DCacheParameters中的256。
    ///事实上，对用于数据段地址映射的dtlb，nSets=64，定义于ldtlbParameters/sttlbParameters中的normalNSets。
  // timing optimization to divide v select into two cycles.
  val VPRE_SELECT = min(8, nSets)
  val VPOST_SELECT = nSets / VPRE_SELECT
  val nBanks = 8

  val io = IO(new TlbStorageIO (nSets, nWays, ports, nDups))

  io.r.req.map(_.ready :=   true.B)
  val v = RegInit(VecInit(Seq.fill(nSets)(VecInit(Seq.fill(nWays)(false.B)))))
  val entries = Module(new BankedAsyncDataModuleTemplateWithDup(new TlbEntry(normalPage, superPage),
                                                      nSets, ports, nDups, nBanks))   ///创建前述的存储模块
  for (i <- 0 until ports) {   // duplicate sram
    val req = io.r.req(i)
    val resp = io.r.resp(i)
    val access = io.access(i)

    val vpn = req.bits.vpn                          ///读出请求中的虚存页面号vpn
    val vpn_reg = RegEnable(vpn, req.fire())

    val ridx = get_set_idx(vpn, nSets)              ///从vpn中摘取集合号位段setId
```

```
    val v_resize = v.asTypeOf(Vec(VPRE_SELECT, Vec(VPOST_SELECT, UInt(nWays.W))))
    val vidx_resize = RegNext(v_resize(get_set_idx(drop_set_idx(vpn, VPOST_SELECT), VPRE_SELECT)))
    val vidx = vidx_resize(get_set_idx(vpn_reg, VPOST_SELECT)).asBools.map(_ && RegNext(req.fire()))
    val vidx_bypass = RegNext((entries.io.waddr === ridx) && entries.io.wen)          ///我们在这里不关心bypass
    entries.io.raddr(i) := ridx                                ///以setId为从entries读出的下标（只有一个way）

    val data = entries.io.rdata(i)                                            ///data是一个TlbEntry的nDups个副本
    val hit = data(0).hit(vpn_reg, io.csr.satp.asid, nSets) && (vidx(0) || vidx_bypass)   ///调用TlbEntry的hit()函数，见后。
    resp.bits.hit := hit                                                      ///hit()函数的作用就是比对
    for (d <- 0 until nDups) {
      resp.bits.ppn(d) := data(d).genPPN()(vpn_reg)                  ///从返回的TlbEntry副本中摘取物理页面号ppn
      …
    }

    access.sets := get_set_idx(vpn_reg, nSets) // no use
    access.touch_ways.valid := resp.valid && hit
    access.touch_ways.bits := 1.U // TODO: set-assoc need no replacer when nset is 1
  }
  …
}
```

显然，存储在 BankedAsyncDataModuleTemplateWithDup 即 entries 中的内容是 TlbEntry，物理页面号 ppn 只是其中的一部分，前面调用了 TlbEntry 提供的两个函数，hit()和 genPPN()：

```
class TlbEntry (pageNormal: Boolean, pageSuper: Boolean)(implicit p: Parameters) extends TlbBundle {
  require(pageNormal || pageSuper)
  val tag = if (!pageNormal) UInt((vpnLen - vpnnLen).W) else UInt(vpnLen.W)        ///对于 4KB 的常规页面，tag 就是整个 vpn。
  val asid = UInt(asidLen.W)                                                  ///这个 TlbEntry 属于哪个进程
  val level = if (!pageNormal) Some(UInt(1.W)) else if (!pageSuper) None else Some(UInt(2.W))   ///所属的层次，0/1/2。
  val ppn = if (!pageNormal) UInt((ppnLen - vpnnLen).W) else UInt(ppnLen.W)       /// 4KB 常规页面的 ppn 就是整个物理页面号
  val perm = new TlbPermBundle
  /** level usage:
    *   !PageSuper: page is only normal, level is None, match all the tag
    *   !PageNormal: page is only super, level is a Bool(), match high 9*2 parts
    *   bits0    0: need mid 9bits,    1: no need mid 9bits
    *   PageSuper && PageNormal: page hold all the three type,
    *   bits0    0: need low 9bits
    *   bits1    0: need mid 9bits
    */
  def hit(vpn: UInt, asid: UInt, nSets: Int = 1, ignoreAsid: Boolean = false): Bool = {
    val asid_hit = if (ignoreAsid) true.B else (this.asid === asid)     ///用于 asid 比对的比较器，首先必须确认是本进程的映射。
    // NOTE: for timing, dont care low set index bits at hit check
    //           do not need store the low bits actually
    if (!pageSuper) asid_hit && drop_set_equal (vpn, tag, nSets)      ///单层映射，drop_set_equal()定义于 trait HasTlbConst
    else if (!pageNormal) {   ///二层映射：目标页面命中或节点命中（命中的是个 2 层映射表，而并非最终的目标页面命中）
      val tag_match_hi = tag(vpnnLen*2-1, vpnnLen) === vpn(vpnnLen*3-1, vpnnLen*2)        ///虚存地址的最高位段相符
```

```
        val tag_match_mi = tag(vpnnLen-1, 0) === vpn(vpnnLen*2-1, vpnnLen)              ///虚存地址的中间位段相符
        val tag_match = tag_match_hi && (level.get.asBool() || tag_match_mi)   ///两个位段都相符是命中，或者是中间节点命中。
        asid_hit && tag_match
      }
      else {        /// pageNormal，三层映射：目标页面命中或节点命中（命中的是个中层映射表，而并非最终的目标页面命中）
        val tmp_level = level.get
        val tag_match_hi = tag(vpnnLen*3-1, vpnnLen*2) === vpn(vpnnLen*3-1, vpnnLen*2)          ///虚存地址的最高位段相符
        val tag_match_mi = tag(vpnnLen*2-1, vpnnLen) === vpn(vpnnLen*2-1, vpnnLen)              ///虚存地址的中间位段相符
        val tag_match_lo = tag(vpnnLen-1, 0) === vpn(vpnnLen-1, 0) // if pageNormal is false, this will always be false ///低位段相符
        val tag_match = tag_match_hi && (tmp_level(1) || tag_match_mi) && (tmp_level(0) || tag_match_lo)
                    ///命中的条件是最高层必须相符；然后中间层相符，或者是个节点；最后底层相符或者是个节点。
        asid_hit && tag_match
      }
    }
  def genPPN (saveLevel: Boolean = false, valid: Bool = false.B)(vpn: UInt) : UInt = {   ///给定一个 vpn，获取其对应的 ppn：
    val inner_level = level.getOrElse(0.U)
    val ppn_res = if (!pageSuper) ppn
                  else if (!pageNormal) Cat(ppn(ppnLen-vpnnLen-1, vpnnLen),
                                Mux(inner_level(0), vpn(vpnnLen*2-1, vpnnLen), ppn(vpnnLen-1,0)),
                                vpn(vpnnLen-1, 0))
                  else Cat(ppn(ppnLen-1, vpnnLen*2),
                                Mux(inner_level(1), vpn(vpnnLen*2-1, vpnnLen), ppn(vpnnLen*2-1, vpnnLen)),
                                Mux(inner_level(0), vpn(vpnnLen-1, 0), ppn(vpnnLen-1, 0)))
          ///除单层映射外，ppn 都是要拼接的。
    if (saveLevel) Cat(ppn(ppn.getWidth-1, vpnnLen*2), RegEnable(ppn_res(vpnnLen*2-1, 0), valid)) else ppn_res
  }
}   ///end class TlbEntry
```

对于单层映射，命中的条件显然就是assid相符并且vpn相符，这里对vpn的比对是通过由trait HasTlbConst提供的函数 drop_set_equal()进行的，这个函数的代码是这样：

```
def drop_set_equal (vpn1: UInt, vpn2: UInt, nSets: Int): Bool = {
  require(nSets >= 1)
  require(vpn1.getWidth == vpn2.getWidth)
  if (vpn1.getWidth <= log2Ceil(nSets)) { true.B } else { drop_set_idx(vpn1, nSets) === drop_set_idx(vpn2, nSets) }
}   ///把两个 vpn 中的集合号位段都排除掉，然后再来比对（vpn 中本来就不包括 Offset）。

def drop_set_idx (vpn: UInt, nSets: Int): UInt = {   ///把vpn中的集合号位段排除掉（集合号是vpn中的最低位段）
  require(nSets >= 1)
  require(vpn.getWidth > log2Ceil(nSets))
  vpn (vpn.getWidth-1, log2Ceil(nSets))            ///取vpn中集合号以上的位段
}
```

除单层映射外，ppn 都是由映射过程中所用的各个位段拼接而成的。多层映射时所返回的 ppn 未必就是最终的目标物理页面号，也可能是中间节点（中间映射表）所在的物理页面号。

至于最终的物理地址，那还得在 ppn 后面再拼接上（页面内的）Offset。

第 31 章

香山 SoC 的外部接口与中断

所谓外部接口，并不只是与外设的接口，其实也包括与内存的接口。

在早期的计算机中，“内存”就是一块或几块板卡，板卡上就相当于一个特殊的大型“动态存储”单元阵列，一个大型数组，之所以特殊是因为板卡上的“动态存储”是“易失”的，存储着的内容需要频繁“刷新”，不刷新就“挥发”了。之所以要采用动态存储技术，是因为“内存”的规模很大，因而单项成本十分重要。用现在的眼光回头看从前的内存规模，也许觉着小得可怜，但是实际上在计算机技术发展的每一个阶段中内存的规模在当时看来都是很大的，即使采用动态存储也仍占整台计算机成本的不小一块。想要让存储着的内容变成“静态”而无需刷新，就得采用静态存储器即 SRAM，那成本就高了。至于那时候的 CPU，则通过存储地址直接读写内存，就像通过下标读写一个数组，或者一个寄存器阵列一样。那时候是谈不上什么存储子系统的。但是，尽管 CPU 直接读写内存，但是“内存”却是外接的，因为不可能与 CPU 做在一起。

现在不一样了，由于高速缓存、流水线和多核结构的采用，及其所带来的种种问题（以协同性为主），虽然逻辑上 CPU 所面对的仍是“内存（或称主存）”，但实际上已经离物理上的“内存”很远了，所以才有了“存储子系统”的存在。这个存储子系统分很多层，最上层是 CPU 中的存储指令执行单元 LoadUnit 和 StoreUnit，还有 AMO 指令的执行单元 Std。依次下面是 LoadQueue/StoreQueue，DCache，2 级缓存，3 级缓存，最后才是作为存储底层的“内存”。不过，尽管有了这样的变化，有一条仍旧没变，就是“内存”仍采用动态存储器（不过也已今非昔比）。正因为如此，一般而言就无法将内存与 CPU 集成在同一块芯片上。在这个意义上，对于 CPU 所在的芯片而言，“内存”仍然是外接的，之所以说“内”是就整台计算机而言，是相对于从前（大如洗衣机）的磁盘甚至磁鼓而言的。

所以，香山 SoC 的内存显然也只能是外接的，香山 SoC 芯片上不会有“内存”，但是要留下与内存的接口。另一方面，既然是外接，那就应该是与现时比较通行、比较“大路”的商品内存模块的对接。接口的宽度不会很大（因为不是在同一芯片上），但得要是比较“标准化”的。这样的模块，现在大都采用 ARM 公司的 AXI4 标准。所以香山 SoC 必须准备与 AXI4 内存模块对接。不仅如此，现在许多供外接的外部设备模块或其 IP（知识产权）也都是采用 AXI 接口标准，所以也要准备与这些模块对接，实际上也只需要与 AXI4 模块对接。事实上也正是这样，为此我们不妨看一下 class SoCMisc()的定义：

```
class SoCMisc()(implicit p: Parameters) extends BaseSoC with HaveAXI4MemPort with HaveAXI4PeripheralPort
                                                              with PMAConst with HaveSlaveAXI4Port {…}
```

我们知道，SoCMisc 对象是在 XSTop 这一层上创建的，是整个 SoC 芯片的对外接口；而 SoCMis 就是带有 HaveAXI4MemPort、HaveAXI4PeripheralPort、HaveSlaveAXI4Port 这么三个 trait。我们在本书第 2 卷中看过一下 SoCMisc 的代码，但那时候刚开始接触香山的代码，就像刚到一个地方摸不着头脑，说也说不清；现在就可以看得比较清楚一些了。我们先从 trait HaveAXI4MemPort 开始：

```
trait HaveAXI4MemPort { this: BaseXSSoc =>  这个 trait 是专为抽象类 BaseXSSoc 定义的，XSTop 就是对 BaseXSSoc 的扩充。
  val device = new MemoryDevice        /// MemoryDevice 是对抽象类 Device 的扩充，用于片上资源的命名和简述，可以忽略。
  // 40-bit physical address
  val memRange = AddressSet(0x00000000L, 0xffffffffffL).subtract(AddressSet(0x0L, 0x7fffffffL))
```

```
                                          ///扣除用于外设的(0x0L, 0x7fffffffL)后，内存的地址范围是(0x80000000L，0xfffffffffL)。
  val memAXI4SlaveNode = AXI4SlaveNode(Seq(
    AXI4SlavePortParameters(
      slaves = Seq(
        AXI4SlaveParameters(
          address = memRange,                            ///内存的地址范围
          regionType = RegionType.UNCACHED,              ///到了内存，就不再有缓存了。
          executable = true,
          supportsRead = TransferSizes(1, L3BlockSize),  ///读出的大小是 L3BlockSize，L3BlockSize=64 字节。
          supportsWrite = TransferSizes(1, L3BlockSize), ///写入也是一样，64 字节是一个 cacheline 的大小。
          interleavedId = Some(0),
          resources = device.reg("mem")
        )
      ),
      beatBytes = L3OuterBusWidth / 8                    /// L3OuterBusWidth=256，接口上的每个节拍传输 32 字节。
    )
  ))

  val mem_xbar = TLXbar()                                ///片上的内存总线（十字开关）
  mem_xbar :=* TLBuffer() :=* TLCacheCork() :=* bankedNode    ///mem_xbar 的输入来自诸多 bankedNode
  memAXI4SlaveNode := AXI4UserYanker() := AXI4Deinterleaver(L3BlockSize) := TLToAXI4() :=
                                          TLWidthWidget(L3OuterBusWidth / 8) := mem_xbar
                                                         ///mem_xbar 的输出通往 memAXI4SlaveNode
  val memory = InModuleBody { memAXI4SlaveNode.makeIOs() }  ///按 memAXI4SlaveNode 的参数创建外部接口 memory
}  ///end trait HaveAXI4MemPort
```

这主要是片上存储总线 mem_xbar 的创建，这是个 TLXbar 即十字开关阵列。十字开关的输入来自片上的诸多 bankedNode，所以 mem_xbar 的输入端是一对多绑定（:=*），而输出端则是一对一绑定。存储总线 mem_xbar 的输出经 TLToAXI4 转换一直通往 memAXI4SlaveNode；到了 memAXI4SlaveNode 就到了香山 SoC 芯片的边缘，在芯片上就到头了。这里通过 makeIOs()把 memAXI4SlaveNode 做成了外部接口，这个接口就是用来与内存模块对接的，那就不在香山源代码的覆盖范围之内了。

再看 trait HaveAXI4PeripheralPort：

```
trait HaveAXI4PeripheralPort { this: BaseXSSoc =>
  // on-chip devices: 0x3800_000 - 0x3fff_ffff
  val onChipPeripheralRange = AddressSet(0x38000000L, 0x07ffffffL)   ///这个地址范围保留用于片上外设（片上实现的外设）
  val uartRange = AddressSet(0x40600000, 0xf)                        ///16 个字节的范围保留用于 Uart，即串行异步接口。
  val uartDevice = new SimpleDevice("serial", Seq("xilinx,uartlite"))  ///这只是用于设备命名和简述，可以忽略。
  val uartParams = AXI4SlaveParameters(
    address = Seq(uartRange),
    regionType = RegionType.UNCACHED,
    supportsRead = TransferSizes(1, 8),
    supportsWrite = TransferSizes(1, 8),
    resources = uartDevice.reg
  )  ///就像 Uart 一样，外部设备都应该有一组 AXI4SlaveParameters。Uart 是“Universal Asynchronous Receiver/Transceiver”
  val peripheralRange = AddressSet(0x0, 0x7fffffff).subtract(onChipPeripheralRange).flatMap(x => x.subtract(uartRange))
```

```
                                                            ///这是整个外设地址空间的范围
  val peripheralNode = AXI4SlaveNode(Seq(AXI4SlavePortParameters(
    Seq(AXI4SlaveParameters(
      address = peripheralRange,
      regionType = RegionType.UNCACHED,
      supportsRead = TransferSizes(1, 8),
      supportsWrite = TransferSizes(1, 8),
      interleavedId = Some(0)
    ), uartParams),
    beatBytes = 8
  )))
  peripheralNode := AXI4UserYanker() := AXI4Deinterleaver(8) := TLToAXI4() := peripheralXbar
  val peripheral = InModuleBody { peripheralNode.makeIOs() }
}     ///end trait HaveAXI4PeripheralPort
```

除内存总线 mem_xbar 以外，香山 SoC 上还有个外设总线 peripheralXbar。不过那是在抽象类 BaseSoC 中创建的，其输出经 TLToAXI4 在这里连接到 peripheralNode。同样，到 peripheralNode 就到头了，peripheralNode 通过 makeIOs()将其做成外部接口 peripheral。

这样，SoCMisc 模块就有了 memory 和 peripheral 两个外部接口，不过这还不是整个香山 SoC 的外部接口，所以在 XSTop 这一层上将其连到整个 SoC 的外部接口 memory 和 peripheral：

```
class XSTop()(implicit p: Parameters) extends BaseXSSoc() with HasSoCParameter {
  …
  lazy val module = new LazyRawModuleImp(this) {
    …
    val dma = IO(Flipped(misc.dma.cloneType))               ///见后
    val peripheral = IO(misc.peripheral.cloneType)
    val memory = IO(misc.memory.cloneType)

    misc.dma <> dma
    peripheral <> misc.peripheral                          ///将 SoCMisc 的 peripheral 连到 XSTop 的 peripheral
    memory <> misc.memory                                  ///将 SoCMisc 的 memory 连到 XSTop 的 memory
    …
  }
}
```

于是香山 SoC 就有了 memory 和 peripheral 两个外部接口，分别用来连接外部的动态存储器和各种外设。

再看一下 trait HaveSlaveAXI4Port。

```
trait HaveSlaveAXI4Port { this: BaseSoC =>
  val idBits = 14
  val l3FrontendAXI4Node = AXI4MasterNode(Seq(AXI4MasterPortParameters(
    Seq(AXI4MasterParameters(
      name = "dma",
      id = IdRange(0, 1 << idBits)
    ))
```

```
)))
private val errorDevice = LazyModule(new TLError(
  params = DevNullParams(
    address = Seq(AddressSet(0x0, 0x7fffffffL)),
    maxAtomic = 8,
    maxTransfer = 64),
  beatBytes = L3InnerBusWidth / 8
)) ///这是个用来即在和报告出错信息的设备，我们对此并不关心。
private val error_xbar = TLXbar()                    ///还有个出错信息总线

l3_xbar := TLFIFOFixer() := TLWidthWidget(32) := AXI4ToTL() := AXI4UserYanker(Some(1)) := AXI4Fragmenter() :=
                              AXI4Buffer() := AXI4Buffer() := AXI4IdIndexer(1) := l3FrontendAXI4Node
                                                            /// l3_xbar的输入来自l3FrontendAXI4Node
errorDevice.node := l3_xbar

val dma = InModuleBody { l3FrontendAXI4Node.makeIOs() }
}   ///end trait HaveSlaveAXI4Port
```

既然前面已经有了 trait HaveAXI4PeripheralPort，在里面也创建了 peripheralNode 并将其实体化成外部接口 peripheral，为什么又要有个 trait HaveSlaveAXI4Port 呢？这是因为，这里所创建并将其实体化成外部接口的是 l3FrontendAXI4Node，这是个 AXI4MasterNode，而不像前面 HaveAXI4PeripheralPort 中的 peripheralNode 那样是 AXI4SlaveNode。事实上，l3FrontendAXI4Node 所对接的是可以主动发起存储的 DMA 设备，所以创建的对外接口叫 dma，而不是一般意义上被动接受访问的 peripheral。注意别因为这里的 Frontend 这个字眼而联想到了指令流水线的 Frontend，这里的意思是，当 DMA 设备发起直接访问内存（不经过 CPU）时，这个 DMA 设备就是处于整个系统的“前端”。与此相应，把 l3FrontendAXI4Node 连接到 3 级缓存总线 l3_xbar 的是 AXI4ToTL 而不是 TLToAXI4。

至于这里创建的 errorDevice 和 error_xbar，那与逻辑和原理并无关系，所以我们不予关心。

不过，虽说香山 SoC 通过其 memory 和 peripheral 连接的都是外来的设备，但是其中有些（主要是外设）也是可以集成在 SoC 芯片上的，因为那些设备的提供形式有可能就是知识产权。另一方面，即使不是集成在同一块芯片上，也不是产品级的实现，能提供一些简单的参考设计当然也很有价值。为此香山的代码中定义了一个抽象类 AXI4SlaveModule 存储器模块还是外设模块（DMA 设备除外），原则上都应该是对 AXI4SlaveModule 的扩充：

```
abstract class AXI4SlaveModule[T <: Data] (address: Seq[AddressSet], executable: Boolean = true,
                        beatBytes: Int = 8, burstLen: Int = 1, val _extra: T = null)(implicit p: Parameters) extends LazyModule {
  val node = AXI4SlaveNode(Seq(AXI4SlavePortParameters(
    Seq(AXI4SlaveParameters(
      address,
      regionType = RegionType.UNCACHED,
      executable = executable,
      supportsWrite = TransferSizes(1, beatBytes * burstLen),
      supportsRead = TransferSizes(1, beatBytes * burstLen),
      interleavedId = Some(0)
    )),
    beatBytes = beatBytes
  )))
```

```
  lazy val module = new AXI4SlaveModuleImp[T](this)
}
```

这个抽象类是个 LazyModule，不过如果不是集合在同一个 SoC 上就不能参与自动的参数协调。不过 node 是个 AXI4SlaveNode，这是对 SinkNode(AXI4Imp)的扩充，所以其 in 和 out（见抽象类 MixedNode 中的 def in 和 def out）一定是个 AXI4Bundle：

```
class AXI4Bundle(params: AXI4BundleParameters) extends AXI4BundleBase(params){
  val aw    = Irrevocable(new AXI4BundleAW(params))          ///给定写入地址的通道
  val w     = Irrevocable(new AXI4BundleW (params))          ///给定写入内容的通道
  val b     = Irrevocable(new AXI4BundleB (params)).flip     ///用于握手和回应的通道
  val ar    = Irrevocable(new AXI4BundleAR(params))          ///给定读出地址的通道
  val r     = Irrevocable(new AXI4BundleR (params)).flip     ///用来读出内容的通道

  def tieoff(): Unit = {
    ar.ready.dir match {
      case INPUT =>                  ///在输入方向上封闭ar/aw/w通道的ready，还有r/b通道的valid。
        ar.ready := Bool(false)
        aw.ready := Bool(false)
        w.ready   := Bool(false)
        r.valid   := Bool(false)
        r.bits    := DontCare
        b.valid   := Bool(false)
        b.bits    := DontCare
      case OUTPUT =>                 ///在输出方向上封闭ar/aw/w通道的valid，还有r/b通道的ready。
        ar.valid := Bool(false)
        ar.bits   := DontCare
        aw.valid := Bool(false)
        aw.bits   := DontCare
        w.valid   := Bool(false)
        w.bits    := DontCare
        r.ready   := Bool(false)
        b.ready   := Bool(false)
      case _ =>
    }
  }
}  ///end class AXI4Bundle
```

注意 AXI4Bundle 不同于 TLBundle，那里面的通道是 AR/R、AW/W 和 B，其中 AR/AW 表示所欲读写的地址，R/W 表示读写的内容。

抽象类 AXI4SlaveModuleImp 的硬件描述部分是 AXI4SlaveModuleImp：

```
class AXI4SlaveModuleImp[T<:Data](outer: AXI4SlaveModule[T]) extends LazyModuleImp(outer) {
  val io = IO(new Bundle {
    val extra = if(outer._extra == null) None else Some(outer._extra.cloneType)
  })
```

```
val (in, edge) = outer.node.in.head
// do not let MMIO AXI signals optimized out
chisel3.dontTouch(in)
///这里略去了一些调试语句

val s_idle :: s_rdata :: s_wdata :: s_wresp :: Nil = Enum(4)
val state = RegInit(s_idle)                                    ///AXI4 设备的状态机
switch(state){
  is(s_idle){
    when(in.ar.fire()){ state := s_rdata }
    when(in.aw.fire()){ state := s_wdata }
  }
  is(s_rdata){
    when(in.r.fire() && in.r.bits.last){ state := s_idle }
  }
  is(s_wdata){
    when(in.w.fire() && in.w.bits.last){ state := s_wresp }
  }
  is(s_wresp){
    when(in.b.fire()){ state := s_idle }
  }
}

val fullMask = MaskExpand(in.w.bits.strb)
def genWdata(originData: UInt) = (originData & (~fullMask).asUInt()) | (in.w.bits.data & fullMask)

val raddr = Wire(UInt())
val (readBeatCnt, rLast) = {
  val c = Counter(256)
  val len = HoldUnless(in.ar.bits.len, in.ar.fire())          ///保持 in.ar.bits.len，直到有新的 in.ar 到来。
  raddr := HoldUnless(in.ar.bits.addr, in.ar.fire())          ///保持 in.ar.bits.addr，直到有新的 in.ar 到来。
  in.r.bits.last := (c.value === len)
  when(in.r.fire()) {
    c.inc()
    when(in.r.bits.last) { c.value := 0.U }
  }
  when(in.ar.fire()) {
    assert(in.ar.bits.len === 0.U || in.ar.bits.len === 1.U || in.ar.bits.len === 3.U || in.ar.bits.len === 7.U || in.ar.bits.len === 15.U)
  }
  (c.value, in.r.bits.last)
}  ///end val (readBeatCnt, rLast)
in.ar.ready := state === s_idle
in.r.bits.resp := AXI4Parameters.RESP_OKAY
in.r.valid := state === s_rdata
```

```
  val waddr = Wire(UInt())
  val (writeBeatCnt, wLast) = {
    val c = Counter(256)
    waddr := HoldUnless(in.aw.bits.addr, in.aw.fire())
    when(in.w.fire()) {
      c.inc()
      when(in.w.bits.last) { c.value := 0.U }
    }
    (c.value, in.w.bits.last)
  }
  in.aw.ready := state === s_idle && !in.ar.valid
  in.w.ready := state === s_wdata

  in.b.bits.resp := AXI4Parameters.RESP_OKAY
  in.b.valid := state===s_wresp

  in.b.bits.id := RegEnable(in.aw.bits.id, in.aw.fire())
  in.b.bits.user := RegEnable(in.aw.bits.user, in.aw.fire())
  in.r.bits.id := RegEnable(in.ar.bits.id, in.ar.fire())
  in.r.bits.user := RegEnable(in.ar.bits.user, in.ar.fire())
}    ///end class AXI4SlaveModuleImp
```

注意这只是用于从 AXI4 设备读出和写入的电路，这是所有 AXI4 设备所共同的，读出/写入地址对于存储器是内存地址，对于外设是 MMIO 地址。电路的逻辑很简单，所以也没有加注释。至于所读的内容究竟来自哪里，所写的内容究竟去了哪里，这就要看扩充了抽象类 AXI4SlaveModuleImp 的具体类了。

31.1　香山 SoC 的内存接口

如前所述，香山 SoC 需要外接内存模块，而实际上现在可供外接的都是 AXI4 的内存模块，其中有些可能是黑盒子，有些可能是知识产权 IP。但是不管怎样，能提供一点参考设计总是好的。所以在香山的代码中就提供了这样的参考设计，尽管这与香山的代码主体并未连成一片，香山 SoC 的代码中并未实际创建这些模块，但香山的代码中还是提供了一个 object AXI4MemorySlave：

```
object AXI4MemorySlave {
  def apply (slave: AXI4SlaveNode, memByte: Long, useBlackBox: Boolean = false, dynamicLatency: Boolean = false )
                                                        (implicit p: Parameters): AXI4MemorySlave = {
    val memory = if (dynamicLatency) {
      LazyModule(new AXI4MemoryWrapper(slave, memByte, useBlackBox))
    } else {
      LazyModule(new AXI4RAMWrapper(slave, memByte, useBlackBox))
    }
    memory
  }
}
```

这里按参数 dynamicLatency 是否为 true 而或者创建 AXI4MemoryWrapper 或 AXI4RAMWrapper 对象，这个参数又默认为 false，显然更倾向于采用 Latency 即访问延迟固定的 AXI4RAMWrapper，所以我们也以此为例：

```
[AXI4MemorySlave > AXI4RAMWrapper]
class AXI4RAMWrapper (slave: AXI4SlaveNode, memByte: Long, useBlackBox: Boolean = false)
                     (implicit p: Parameters) extends AXI4MemorySlave(slave, memByte, useBlackBox) {
  val ram = LazyModule(new AXI4RAM(slaveParam.address, memByte, useBlackBox,
                                   slaveParam.executable, portParam.beatBytes, burstLen))
  ram.node := master
}
```

这是对 AXI4MemorySlave 的扩充，而抽象类 AXI4MemorySlave 是个 LazyModule，所以 AXI4RAMWrapper 也是个 LazyModule。

```
abstract class AXI4MemorySlave (slave: AXI4SlaveNode, memByte: Long, useBlackBox: Boolean = false)
                                (implicit p: Parameters) extends LazyModule {
  val master = AXI4MasterNode(List(slave.in.head._2.master))
  val portParam = slave.portParams.head
  val slaveParam = portParam.slaves.head
  val burstLen = portParam.maxTransfer / portParam.beatBytes
  val io_axi4 = InModuleBody{ master.makeIOs() }

  lazy val module = new LazyModuleImp(this) { }          ///花括号中是空，没有硬件描述。
}
```

注意这个 LazyModule 的硬件描述部分是空，而 AXI4RAMWrapper 中则没有 lazy module，但是在其 Diplomacy 部分创建了也是 LazyModule 的 AXI4RAM，后者却只有硬件描述部分 lazy module 而 Diplomacy 部分是空白，这应该是出于时序上的要求：

```
[AXI4MemorySlave > AXI4RAMWrapper > AXI4RAM]
class AXI4RAM (address: Seq[AddressSet], memByte: Long, useBlackBox: Boolean = false,
               executable: Boolean = true, beatBytes: Int = 8, burstLen: Int = 16,)(implicit p: Parameters)
               extends AXI4SlaveModule(address, executable, beatBytes, burstLen) {
  override lazy val module = new AXI4SlaveModuleImp(this){
    val split = beatBytes / 8
    val bankByte = memByte / split
    val offsetBits = log2Up(memByte)

    require(address.length >= 1)
    val baseAddress = address(0).base

    def index(addr: UInt) = ((addr - baseAddress.U)(offsetBits - 1, 0) >> log2Ceil(beatBytes)).asUInt()
    def inRange(idx: UInt) = idx < (memByte / beatBytes).U

    val wIdx = index(waddr) + writeBeatCnt
```

```
    val rIdx = index(raddr) + readBeatCnt
    val wen = in.w.fire() && inRange(wIdx)
    require(beatBytes >= 8)

    val rdata = if (useBlackBox) {        ///如果是 BlockBox，那么存储阵列本身在黑盒子中。
      val mems = (0 until split).map {_ => Module(new RAMHelper(bankByte))}
      mems.zipWithIndex map { case (mem, i) =>                     ///对 mems 的写入
        mem.io.clk        := clock
        mem.io.en         := !reset.asBool() && ((state === s_rdata) || (state === s_wdata))
        mem.io.rIdx       := (rIdx << log2Up(split)) + i.U
        mem.io.wIdx       := (wIdx << log2Up(split)) + i.U
        mem.io.wdata      := in.w.bits.data((i + 1) * 64 - 1, i * 64)
        mem.io.wmask      := MaskExpand(in.w.bits.strb((i + 1) * 8 - 1, i * 8))
        mem.io.wen        := wen
      }
      val rdata = mems.map {mem => mem.io.rdata}                   ///从 mems 的读出
      Cat(rdata.reverse)                                           ///返回读出的数据（写入操作无返回值）
    } else {        ///不是黑盒子，所以要创建一个 Mem 阵列，但是注意这个阵列内部的存储单元阵列就不是 SRAM 了。
      val mem = Mem(memByte / beatBytes, Vec(beatBytes, UInt(8.W)))
      val wdata = VecInit.tabulate(beatBytes) { i => in.w.bits.data(8 * (i + 1) - 1, 8 * i) }
      when(wen) { mem.write(wIdx, wdata, in.w.bits.strb.asBools()) }   ///对 mem 的写入
      Cat(mem.read(rIdx).reverse)                                  ///从 mem 读出
    }
    in.r.bits.data := rdata                                        ///返回读出的数据（写入操作无返回值）
  }    ///end val module
}  ///end class AXI4RAM
```

这里的 RAMHelper 就是引入的黑盒子模块，这个模块有下述这么一些引线：

```
[AXI4MemorySlave > AXI4RAMWrapper > AXI4RAM > RAMHelper]
class RAMHelper(memByte: BigInt) extends ExtModule {
  val DataBits = 64
  val clk        = IO(Input(Clock()))                  ///时钟脉冲
  val en         = IO(Input(Bool()))                   ///模块使能
  val rIdx       = IO(Input(UInt(DataBits.W)))         /// rIdx就是读出地址
  val rdata      = IO(Output(UInt(DataBits.W)))        ///读出的数据
  val wIdx       = IO(Input(UInt(DataBits.W)))         /// wIdx就是写入地址
  val wdata      = IO(Input(UInt(DataBits.W)))         ///待写入数据
  val wmask      = IO(Input(UInt(DataBits.W)))         ///写入掩模
  val wen        = IO(Input(Bool()))                   ///写入控制信号
}
```

注意无论是黑盒子还是明盒子，其核心的存储阵列都是采用动态存储技术的模块，就像 RAMHelper 那样，但是在其外围包上了一层采用 CMOS 技术的电路，代码中描述的其实是其外围电路。

如果允许采用 dynamicLatency，即存储阵列的速度不能稳恒，那就得考虑异步的信号适配，那当然要复杂一些，这里就不深入探讨了，读者可以自行阅读香山代码中的 class AXI4Memory。

这里倒是要提一下，香山的代码中还有个 class AXI4Flash 的代码：

```
class AXI4Flash (address: Seq[AddressSet])(implicit p: Parameters) extends AXI4SlaveModule(address, executable = false) {
  override lazy val module = new AXI4SlaveModuleImp(this){
    def getOffset(addr: UInt) = addr(15,0)                   ///只取地址的最多 16 位

    val flash = Module(new FlashHelper)                      ///flash 是个 FlashHelper 模块
    flash.io.clk := clock
    flash.io.ren := in.ar.fire()
    flash.io.addr := Cat(0.U(16.W), getOffset(raddr))        ///以高位上的 16 个 0 和 16 个地址低位拼接成 flash 地址
    in.r.bits.data := flash.io.data                          ///从 flash 读出，in 是从 AXI4SlaveModule 继承下来的。
  }
}
```

这次 AXI4Flash 的核心 FlashHelper 是个知识产权，有 verilog 代码，

```
class FlashHelper extends ExtModule with HasExtModuleInline {
  val clk = IO(Input(Clock()))
  val ren = IO(Input(Bool()))
  val data = IO(Output(UInt(64.W)))
  val addr = IO(Input(UInt(32.W)))

  setInline("FlashHelper.v",
    s"""
       |import "DPI-C" function void flash_read
       |(
       |  input int addr,
       |  output longint data
       |);
       |
       |module FlashHelper (
       |  input clk,
       |  input [31:0] addr,
       |  input ren,
       |  output reg [63:0] data
       |);
       |
       |  always @(posedge clk) begin
       |    if (ren) flash_read(addr, data);
       |  end
       |
       |endmodule
     """.stripMargin)          ///setInline()是定义于trait HasExtModuleInline中的一个函数。
                               ///这里的"FlashHelper.v"是blackBoxName，后面这个字符串是blackBoxInline。
}  /// class FlashHelper
```

读者也许惊讶于怎么 FlashMemory 怎么如此简单，那上面不是还要有文件目录吗？其实那是软件的事，硬件提供的只是基本的存储功能（这里还不包括写入而只是读出）就像一个缓冲区一样，怎么把它组织成文件系统就是软件的事了。与此类似的还有个 class AXI4DummySD，SD 应是 Solid Disk 的缩写，但是 Dummy 又说这是假的，但是总而言之是可以给读者提供一些启示，这里就不看了。

其实在 rocket-chip 的代码中也定义了一个 class TLRAM（而不是 AXI4RAM），那就可以直接连到存储总线 mem_xbar 上了，有兴趣的读者可以自己看一下。

31.2　香山 SoC 的外设接口

我们在前面看到，香山 SoC 有两个外部接口，一个是 memory，另一个是 peripheral（其实还有一个 dma），原则上 memory 和 peripheral 两个接口上的外接模块都应是对抽象类 AXI4SlaveModule 的扩充。

香山的代码中扩充了抽象类 AXI4SlaveModule 的具体类倒是有一些，但看下来都不适合放在这里讲解，所以这里只是选了 AXI4UART 和 AXI4VGA，让读者有点概念：

```
class AXI4UART ( address: Seq[AddressSet] )(implicit p: Parameters)
                                    extends AXI4SlaveModule(address, executable = false, _extra = new UARTIO) {
  override lazy val module = new AXI4SlaveModuleImp[UARTIO](this){
    val rxfifo = RegInit(0.U(32.W))
    val txfifo = Reg(UInt(32.W))
    val stat = RegInit(1.U(32.W))
    val ctrl = RegInit(0.U(32.W))

    io.extra.get.out.valid := (waddr(3,0) === 4.U && in.w.fire())
    io.extra.get.out.ch := in.w.bits.data(7,0)
    io.extra.get.in.valid := (raddr(3,0) === 0.U && in.r.fire())

    val mapping = Map(
      RegMap(0x0, io.extra.get.in.ch, RegMap.Unwritable),
      RegMap(0x4, txfifo),
      RegMap(0x8, stat),
      RegMap(0xc, ctrl)
    )

    RegMap.generate(mapping, raddr(3,0), in.r.bits.data,
      waddr(3,0), in.w.fire(), in.w.bits.data, MaskExpand(in.w.bits.strb >> waddr(2,0))
    )
  }
}
```

UART 是异步串行接口，这里的 rxfifo 和 txfifo 是收发两个方向上的寄存器。这个 AXI4UART 的 module 即硬件描述部分是对 AXI4SlaveModuleImp 的扩充，后者的代码是这样：

```
class AXI4SlaveModuleImp[T<:Data](outer: AXI4SlaveModule[T]) extends LazyModuleImp(outer) {
  val io = IO(new Bundle { val extra = if(outer._extra == null) None else Some(outer._extra.cloneType) })
```

```
val (in, edge) = outer.node.in.head
// do not let MMIO AXI signals optimized out
chisel3.dontTouch(in)
when(in.aw.fire()){ assert(in.aw.bits.burst === AXI4Parameters.BURST_INCR, "only support busrt ince!") }
when(in.ar.fire()){ assert(in.ar.bits.burst === AXI4Parameters.BURST_INCR, "only support busrt ince!") }

val s_idle :: s_rdata :: s_wdata :: s_wresp :: Nil = Enum(4)
val state = RegInit(s_idle)          ///串行接口状态机
switch(state){
  is(s_idle){
    when(in.ar.fire()){ state := s_rdata }
    when(in.aw.fire()){state := s_wdata }
  }
  is(s_rdata){ when(in.r.fire() && in.r.bits.last){ state := s_idle } }
  is(s_wdata){ when(in.w.fire() && in.w.bits.last){ state := s_wresp } }
  is(s_wresp){ when(in.b.fire()){ state := s_idle } }
}   ///end switch(state)

val fullMask = MaskExpand(in.w.bits.strb)
def genWdata(originData: UInt) = (originData & (~fullMask).asUInt()) | (in.w.bits.data & fullMask)

val raddr = Wire(UInt())
val (readBeatCnt, rLast) = {
  val c = Counter(256)
  val len = HoldUnless(in.ar.bits.len, in.ar.fire())
  raddr := HoldUnless(in.ar.bits.addr, in.ar.fire())
  in.r.bits.last := (c.value === len)
  when(in.r.fire()) {
    c.inc()
    when(in.r.bits.last) { c.value := 0.U }
  }
  when(in.ar.fire()) {
    assert( in.ar.bits.len === 0.U || in.ar.bits.len === 1.U || in.ar.bits.len === 3.U || in.ar.bits.len === 7.U || in.ar.bits.len === 15.U )
  }
  (c.value, in.r.bits.last)
}   ///end val (readBeatCnt, rLast)

in.ar.ready := state === s_idle
in.r.bits.resp := AXI4Parameters.RESP_OKAY
in.r.valid := state === s_rdata

val waddr = Wire(UInt())
val (writeBeatCnt, wLast) = {
  val c = Counter(256)
  waddr := HoldUnless(in.aw.bits.addr, in.aw.fire())
```

```
    when(in.w.fire()) {
      c.inc()
      when(in.w.bits.last) { c.value := 0.U }
    }
    (c.value, in.w.bits.last)
  }  ///end val (writeBeatCnt, wLast)

  in.aw.ready := state === s_idle && !in.ar.valid
  in.w.ready := state === s_wdata

  in.b.bits.resp := AXI4Parameters.RESP_OKAY
  in.b.valid := state===s_wresp

  in.b.bits.id := RegEnable(in.aw.bits.id, in.aw.fire())
  in.b.bits.user := RegEnable(in.aw.bits.user, in.aw.fire())
  in.r.bits.id := RegEnable(in.ar.bits.id, in.ar.fire())
  in.r.bits.user := RegEnable(in.ar.bits.user, in.ar.fire())
}  ///end class AXI4SlaveModuleImp
```

要在本书中讲解串行异步接口的原理是不现实的，学过计算机硬件的读者应该能自己读懂这段代码。

香山代码中提供的另一种外设是 AXI4VGA。如果要将香山 SoC 用在手机上，手机当然得有显示屏，显示屏是一种特殊的 LED 器件，其每个像素的显示都来自“帧缓冲区”frame buffer，就是下面代码中的 fb。CPU 通过外设总线看到的就是这个 fb，其每个存储单元都代表着画面上的一个像素，包括三个原色的发光强度。另外还要有个控制寄存器 ctrl，从中读出可以知道使用者是否点击了平面上的某个位置，或者手指是否压住了现实屏上的某个区间：

```
class AXI4VGA (sim: Boolean = false, fbAddress: Seq[AddressSet], ctrlAddress: Seq[AddressSet] )(implicit p: Parameters)
                                                              extends LazyModule with HasVGAParameter {
  private val fb = LazyModule(new AXI4RAM (fbAddress, memByte= FBPixels * 4, sim, executable = false ))
                                                              ///fb，即 frame buffer，是一块 AXI4RAM。
  private val ctrl = LazyModule(new VGACtrl (ctrlAddress))

  val node = AXI4IdentityNode()
  fb.node := node
  ctrl.node := node

  lazy val module = new LazyModuleImp(this) {
    val io = IO(new Bundle() { val vga = new VGABundle })

    val out_fb = node.out.head._1
    val out_ctrl = node.out.last._1
    val in_fb = node.in.head._1
    val in_ctrl = node.in.last._1
    in_fb.ar.ready := true.B
    in_fb.r.bits.data := 0.U
    in_fb.r.bits.resp := AXI4Parameters.RESP_OKAY
```

```
  in_fb.r.valid := BoolStopWatch(in_fb.ar.fire(), in_fb.r.fire(), startHighPriority = true)

  def inRange(x: UInt, start: Int, end: Int) = (x >= start.U) && (x < end.U)

  val (hCounter, hFinish) = Counter(true.B, HTotal)                   ///水平方向
  val (vCounter, vFinish) = Counter(hFinish, VTotal)                  ///垂直方向
  io.vga.hsync := hCounter >= HFrontPorch.U
  io.vga.vsync := vCounter >= VFrontPorch.U

  val hInRange = inRange(hCounter, HActive, HBackPorch)
  val vInRange = inRange(vCounter, VActive, VBackPorch)
  io.vga.valid := hInRange && vInRange

  val hCounterIsOdd = hCounter(0)
  val hCounterIs2 = hCounter(1, 0) === 2.U
  val vCounterIsOdd = vCounter(0)
  // there is 2 cycle latency to read block memory, so we should issue the read request 2 cycle eariler
  val nextPixel = inRange(hCounter, HActive - 1, HBackPorch - 1) && vInRange && hCounterIsOdd
  val fbPixelAddrV0 = Counter(nextPixel && !vCounterIsOdd, FBPixels)._1
  val fbPixelAddrV1 = Counter(nextPixel && vCounterIsOdd, FBPixels)._1

  //    each pixel is 4 bytes              ///每个像素占 4 个字节
  out_fb.ar.bits.prot := 0.U
  out_fb.ar.bits.addr := Cat(Mux(vCounterIsOdd, fbPixelAddrV1, fbPixelAddrV0), 0.U(2.W))
  out_fb.ar.valid := RegNext(nextPixel) && hCounterIs2

  out_fb.r.ready := true.B
  val data = HoldUnless(out_fb.r.bits.data, out_fb.r.fire())
  val color = Mux(hCounter(1), data(63, 32), data(31, 0))
  io.vga.rgb := Mux(io.vga.valid, color(23, 0), 0.U)

  if (sim) {
    val fbHelper = Module(new FBHelper)
    fbHelper.io.clk := clock
    fbHelper.io.valid := io.vga.valid
    fbHelper.io.pixel := color
    fbHelper.io.sync := ctrl.module.io.extra.get.sync
  }
}

//  val AXIidBits = 2
//  val io = IO(new Bundle {
//    val in = new Bundle {
//      val fb = Flipped(new AXI4Lite)
//      val ctrl = Flipped(new AXI4Lite)
//    }
```

```
//     val vga = new VGABundle
//  })
//
//  val ctrl = Module(new VGACtrl)
//  io.in.ctrl <> ctrl.io.in
//  val fb = Module(new AXI4RAM(new AXI4Lite, memByte = FBPixels * 4))
//  // writable by axi4lite
//  // but it only readable by the internel controller
//  fb.io.in.aw <> io.in.fb.aw
//  fb.io.in.w <> io.in.fb.w
//  io.in.fb.b <> fb.io.in.b
//  io.in.fb.ar.ready := true.B
//  io.in.fb.r.bits.data := 0.U
//  io.in.fb.r.bits.resp := AXI4Parameters.RESP_OKAY
//  io.in.fb.r.valid := BoolStopWatch(io.in.fb.ar.fire(), io.in.fb.r.fire(), startHighPriority = true)
//
//  def inRange(x: UInt, start: Int, end: Int) = (x >= start.U) && (x < end.U)
//
//  val (hCounter, hFinish) = Counter(true.B, HTotal)
//  val (vCounter, vFinish) = Counter(hFinish, VTotal)
//
//  io.vga.hsync := hCounter >= HFrontPorch.U
//  io.vga.vsync := vCounter >= VFrontPorch.U
//
//  val hInRange = inRange(hCounter, HActive, HBackPorch)
//  val vInRange = inRange(vCounter, VActive, VBackPorch)
//  io.vga.valid := hInRange && vInRange
//
//  val hCounterIsOdd = hCounter(0)
//  val hCounterIs2 = hCounter(1,0) === 2.U
//  val vCounterIsOdd = vCounter(0)
//  // there is 2 cycle latency to read block memory,
//  // so we should issue the read request 2 cycle eariler
//  val nextPixel = inRange(hCounter, HActive - 1, HBackPorch - 1) && vInRange && hCounterIsOdd
//  val fbPixelAddrV0 = Counter(nextPixel && !vCounterIsOdd, FBPixels)._1
//  val fbPixelAddrV1 = Counter(nextPixel &&  vCounterIsOdd, FBPixels)._1
//
//  // each pixel is 4 bytes
//  fb.io.in.ar.bits.prot := 0.U
//  fb.io.in.ar.bits.addr := Cat(Mux(vCounterIsOdd, fbPixelAddrV1, fbPixelAddrV0), 0.U(2.W))
//  fb.io.in.ar.valid := RegNext(nextPixel) && hCounterIs2
//
//  fb.io.in.r.ready := true.B
//  val data = HoldUnless(fb.io.in.r.bits.data, fb.io.in.r.fire())
//  val color = Mux(hCounter(1), data(63, 32), data(31, 0))
//  io.vga.rgb := Mux(io.vga.valid, color(23, 0), 0.U)
```

```
//
//  if (sim) {
//      val fbHelper = Module(new FBHelper)
//      fbHelper.io.clk := clock
//      fbHelper.io.valid := io.vga.valid
//      fbHelper.io.pixel := color
//      fbHelper.io.sync := ctrl.io.extra.get.sync
//  }
}  ///end class AXI4VGA
```

这个 class 的代码后半段被注释掉了，估计是暂时的，以后还会回来，所以也保留在这里，让有兴趣的读者可以多了解一点，作为参考。同样，要在本书中深入讲解显示屏的原理和实现是不现实的，之所以把这个 class 的代码放在这里只是为让读者有点概念，作个参考。

31.3 香山 SoC 的中断机制

CPU 的中断机制属于系统结构的核心部分，所以要理解香山 SoC 的中断机制就必须对 RISC-V 的系统结构有更深入的了解。虽然 Atlas 一书的第 10 章对此也有所介绍，但是对 RISC-V（特权）系统结构的最全面最完整的介绍无疑是在其指令手册的第二卷，即《Volume II: Privileged Architecture》中。本书第二卷中 CSR 一章对 RISC-V 的系统结构作过一些介绍，但是那时候的介绍只能是宏观的，这么宽的视野一时也介绍不过来，虽然在代码中加了一些注释，终究也很难深入。但是现在可以（也必须）聚焦于中断机制，对此作一专题的介绍了。不过对于 RISC-V 的 Privileged Architecture 还是不可能有很深入的介绍，读者仍需参阅指令手册第二卷。

RISC-V 的系统结构规定，所有的 RISC-V 都必须支持一种拥有全权、可以执行所有指令的运行模式，称为机器模式，即 Machine Mode，并必须提供若干 CSR 寄存器。其中之一是“机器架构寄存器”即 misa，这个寄存器的内容对于软件是只读的，其内容是“硬连接”的，在电路的实现中就接死了。这个寄存器中的各种字段除表明 CPU 的字长（32 位或 64 位）以外就是列举所支持的选项，其中包括选项 C 即是否支持“Compressed”指令，即 16 位指令。再如选项 A，那就是对 AMO 指令的支持。值得注意的是，选项 U 是对“用户模式”即 User Mode 的支持。如果 CPU 支持用户模式，就有了两种不同的运行模式，CPU 运行于两种不同模式是具有不同的“特权（privilege）”。有了两种模式，就可以用机器模式作为“系统态”而用户模式为“用户态”，这样才能支持现代操作系统的运行。在此基础上，如果 CPU 支持 S 选项，就又支持一种称为“监管模式”即 Supervisor Mode 的运行模式，这是从机器模式细分出来的，也属于“特权”模式，但是运行权限比机器模式略低，主要是不能执行个别专为机器模式设计的指令。有了监管模式之后，现代操作系统的内核就都在监管模式中运行，因而一般就把监管模式称为“系统态”。后来有了支持虚拟机的需要，就又增添了一个 H 选项，就是对“高管模式”即 Hypervisor Mode 的支持，H 模式介于 M 模式与 S 模式之间。

为此，机器模式还提供一个“机器状态寄存器“mstatus，这个寄存器中有各种各样的字段（位段），例如中断总控 MIE/MPIE，其中 MIE 是 Machine Mode 的总开关，而 MPIE 这记录着进入机器模式前的中断总开关是开着还是关着。与此相应还有 SIE/SPIE，这是关于监管模式的控制/状态位段。特别值得指出的是：机器状态寄存器 mstatus 中还有个 2 位的位段 MPP，这是 Machine Mode 的“previous privilige”，即（从较低特权）进入机器模式之前的运行模式，从 0 到 3 分别表示 U/S/H/M 即用户模式/监管模式/高管模式/机器模式。与此对应还有个 SPP 位段，即进入监管模式之前的运行模式，但比监管模式更低的只有用户模式，所以 SPP 只有 1 位。奇怪的是，mstatus 中并没有表示当前运行模式的位段（不知为什么），所以后面我们会看到，class CSR 的代码中另有一个变量 priviledgeMode（也是两位），用来记载当前运行模式，但这不在 mstatus 中，也不在别的 CSR 寄存器中，对于软件而言是不可见的。

监管模式和高管模式都是从机器模式分化出来的，具有基本相同的结构，所以机器模式拥有的寄存器（除 misa 等少数几个之外）这两个模式都有，而且高管模式因为需要支持虚拟机的运行而还要更复杂一些。

回到前面香山 SoC 外接设备的问题。可以接在 SoC 上的外设多得很，总体上说都是 MMIO，一般而言外设总是通过一组控制寄存器加数据寄存器呈现在 SoC 的外设总线上，接受 CPU 的访问，从这个意义上说外设总是被动的。但是外设也可以通过“中断”主动引起 CPU 的注意。举个例子，CPU 要从磁盘上读出，向磁盘发了一个命令，把磁头移到哪一个磁道的哪一个扇区。可是磁头的移动是个机械动作，速度很慢（相对于 CPU 的计算速度而言），CPU 不能干等着。于是 CPU 就去干别的事，让磁盘在磁头到位的时候就向 CPU 发出“中断请求”，让 CPU 暂时放下手头的工作来对付磁盘的读出，把读入的数据先放在一个缓冲区中，又回到手头的工作，然后再回头来处理从磁盘读入的数据。在这个过程中，磁盘向 CPU 发出中断请求，这个举措是主动的，可这是因为 CPU 要从磁盘读出，并且允许被中断的前提下才有这个主动，从整个过程来看磁盘仍是处于被动的地位。在这个例子中。我们可以看出这样的中断机制有几个要素：

- 作为外设的磁盘有提起中断请求的能力，这体现在具体外设的设计与实现中。
- CPU 允许接受来自磁盘的中断（不把它“拉黑”），CPU 需要有这样的能力与手段。
- 外设的中断请求能到达 CPU，为 CPU 所感知，这体现在 SoC 的设计与实现中。
- CPU 接受中断请求并中断手头的工作，意味着升到了更高一级、更紧迫的运行状态，并需根据“中断向量”转入预定的子程序入口，可能还需要一些附加的操作，CPU 必须提供这样的机制和功能。

这里的第二点，即允许中断的发生，需要把决定权交给软件，因为同一个 CPU，有的时候需要允许来自这个外设的中断，有的时候需要允许来自那个外设的中断，有的时候需要关闭所有的中断，这是硬件决定不了的，需要由软件根据实际情况决定，需要将其授权给软件。然而这既是计算机运行所必需，又要防止被滥用，这意味着对软件的授权必须内外有别。一般而言，来自第三方的应用软件，哪怕是商品软件，也是不能完全相信的，能相信的就是操作系统（特别是其“内核”），内外有别的“内”就是操作系统内核，只有操作系统内核才让打开/关闭中断。

所以上面的第二个要素实际上意味着需要把 CPU 的运行分成至少两个状态：一个是“用户态（user mode）”，所有的应用软件都运行于用户态，在用户态是不能“开中”或“关中”，即允许或禁止中断的，另外也不能执行某些只有在拥有特权的时候才能执行的“特权指令（privileged instructions）”。另一个是“系统态（supervisor mode）”，操作系统内核运行于系统态，在系统态就能“开中”或“关中”，CPU 一进入系统态就拥有了特权。显然，这与上面的第四个要素又正好是吻合的。但是 CPU 怎样在用户态与系统态之间转换呢？那就是中断（以及异常）。CPU 平时运行于用户态，发生中断时就自动进入系统态，就好像自动执行了一条 call 指令进入子程序一样，但却提高了运行规格，进入了系统态。然后，当 CPU 执行一条 sret，即 supervisor-mode return 指令的时候，就又回到了用户模式。除有经允许的中断请求到来时 CPU 会自动进入系统态外，在用户态的软件中也可以通过执行一条主动的异常指令（一般称为 trap 指令）即 ecall（environment call）指令进入系统态，这条指令就被用来实现对内核的“系统调用”。所以，从用户态的程序进入系统态有两种途径，一种是中断的发生，另一种是系统调用，注意系统调用与是否允许中断是无关的。

另外，既然因发生中断而进入系统态，相当于执行了一条 call 指令（实际上是相当于 ecall），那么所 call 的（系统态）子程序又在哪里呢？中断不像 call 指令，可以任意给定一个目标地址，但是可以预先设置好一组“中断向量（interrupt vector）”，每个向量是个地址，然后根据“中断号”从中选择一个地址作为子程序的入口。而中断号，则看你的中断请求线接在哪一个中断请求输入。

实际上，RISC-V 的系统结构中不仅有用户态和系统态，还有特权级别更高的“机器态（machine mode）”，后来又在机器态与系统态之间增添了一个“高管态（hypervisor mode）”，那主要是用来支持虚拟机的实现，因为在虚拟机中不只是一个操作系统，还要考虑不同虚拟机之间切换的问题。但是核心的问题就在用户态和系统态这两个模式，有了这两种运行模式就可以支持 Linux 一类的现代操作系统，所以我们把目光集中在这两个状态。不过，尽管一般而言系统态就是 Supervisor 模式，但实际上也可以是 Machine 模式，关键在于必须有两种不同的模式。所以，在 RISC-V 的系统结构中机器模式和用户模式是必须要有的，而 Supervisor 模式倒是个可选项。CPU 的运行模式反映在机器模式的状态寄存器 mstatus

如上所述，要打开或关闭中断只能在系统态进行，所以 CSR 寄存器组中有个“开中寄存器”sie，即 Supervisor Interrupt Enable 寄存器，其低 16 位对应着 16 个可能的“中断源”，为 1 就表示开启这个中断源的中断请求，或者说开启这个中断源的中断，为 0 就表示关闭。与 sie 相平行，是一个（对于软件而言）只读或只能写 0 的“中断请求寄存器”sip，即 Supervisor Interrupt Pending 寄存器，其低 16 位对应着来自 16 个中断源的请求，为 1 表示有中断请求，为 0 表示没有，如果某一个中断源即外设有中断请求并被允许，中断就会自动发生，但中断只能发生于两条指令之间，而不会在执行一条指令的中途发生。另外，还有个用来提供中断向量的寄存器 stvec，即 Supervisor Trap Vector Base Address Register，即自陷向量基地址寄存器。说是“自陷向量”，实际上也包括中断向量。这个寄存器的最低两位表示向量模式：为 0 表示所有的中断和异常都公用同一个地址，即这个寄存器中的高位地址（最低两位为 0），到了同一个子程序中再自己去分别调用不同子程序；为 1 则表示自动计算向量地址，把这个寄存器中的向量 BASE 看成一个 32 位地址数组的起点，用中断号作为下标，以读取实际的中断向量。RISC-V 指令手册第 2 卷中举了个例：系统态定时器 timer 的中断号是 5（见手册上的 Table 5.5），所以它的向量就在 BASE+0x14 的地方。

当 CPU 从用户态（因中断或异常）进入系统态时，其返回地址被保存在 CSR 寄存器 sepc 里，而进入的原因被保存在 CSR 寄存器 scause 中。寄存器 sepc 意为 Supervisor Exception Program Counter，其作用有点像堆栈，但是从用户态进入系统态是不会嵌套的，除非在系统态又通过中断或异常（包括 ecall 指令的执行）又进入高管态或机器态，但那样的话返回地址会被保存在 hepc 或 mepc 中，保存在 sepc 中的返回地址仍不会受影响。另外，如果是因异常进入系统态，则异常的原因被保存在寄存器 stval 中。

实际上 CSR 中还有更多的系统态寄存器也是与中断有关，这里就不说太多了，读者可以参考 RISC-V 指令手册第 2 卷。

可想而知，机器模式和高管模式也同样有这些寄存器，只要把例如寄存器名 sepc 中的前缀 s 换成 m，那就是机器态的返回地址寄存器 mepc。但是机器态还有一对 CSR 寄存器 medeleg 和 mideleg，意为 Machine Exception/Interrupt Delegation。所谓 Delegation，以其中的 mideleg 为例是这样：前面说 CPU 在用户态运行时如发生中断就转入系统态，指的是 Supervisor 模式，但实际上这是简化了的说法，实际上进入的是 Machine 模式，但是如果 CPU 实现了 Supervisor（或 Hypervisor）模式就要将运行模式降格到 Supervisor（或 Hypervisor）模式，否则后者的存在就没有意义了。运行模式的降格可以在机器模式的相应程序中使用 mret 指令实现，或者 mret 指令再加 hret 指令，可是那样效率就低了。所以 RISC-V 的系统结构中就定义了一个寄存器 mideleg，可以通过设置这个寄存器规定一旦发生中断就直接降格到例如 Supervisor 模式。但是，如果具体的芯片不支持 Supervisor 这个选项，那 mideleg 这个寄存器的存在就没有意义了，所以就不必实现。对于中断是这样，对于异常也是一样，只不过相应的寄存器是 medeleg。同样，高管态也有 hedeleg/hideleg 寄存器。

另一个问题是将外设的中断请求送到 CPU，这个机制的实现称为中断控制器。其实 CSR 中的那些寄存器传统上是放在中断控制器中的，现在将其剥离出来放在了 CSR 中，但中断控制器原理上仍旧是存在的。

下面我们要看的是香山所实现的 RISC-V 中断机制。

香山是一款多核或者说多 Tile 的 SoC 芯片，就其中的每一个核而言，中断请求可以来自外设，也可以来自别的核。CLINT 是 Core Local Interrupt 的缩写，与之的相对的是 PLIC，即 Platform Lavel Interrup Controler。在 SoCMisc 中既创建了 CLINT 也创建了 PLIC：

```
[XSTop > BaseXSSoC > SoCMisc]
class SoCMisc()(implicit p: Parameters) extends BaseSoC …{
  val peripheral_ports = Array.fill(NumCores) { TLTempNode() }      ///SoC中有几个核，peripheral_ports中就有几个port。
  …
  val clint = LazyModule(new CLINT(CLINTParams(0x38000000L), 8))           ///Core Local Interrupt，是对于特定核的中断。
  clint.node := peripheralXbar           ///peripheralXbar的输出绑定到中断控制器clint，意味着每个核都可以产生中断请求。

  class IntSourceNodeToModule (val num: Int)(implicit p: Parameters) extends LazyModule {
```

```
    val sourceNode = IntSourceNode(IntSourcePortSimple(num, ports = 1, sources = 1))
    lazy val module = new LazyModuleImp(this){
      val in = IO(Input(Vec(num, Bool())))
      in.zip(sourceNode.out.head._1).foreach{ case (i, s) => s := i }
    }
  }
  val plic = LazyModule(new TLPLIC (PLICParams(0x3c000000L), 8))          ///创建TLPLIC对象
  val plicSource = LazyModule(new IntSourceNodeToModule(NrExtIntr))       ///创建中断源模块，见上

  plic.intnode := plicSource.sourceNode                  ///将此TLPLIC对象的intnode绑定到中断源
  plic.node := peripheralXbar                            ///将此 TLPLIC 对象的 node 绑定到外设总线
  …
  lazy val module = new LazyModuleImp(this){
    …
    val ext_intrs = IO(Input(UInt(NrExtIntr.W)))         ///外部中断请求，NrExtIntr = soc.extIntrs，extIntrs=64
    val rtc_clock = IO(Input(Bool()))                    ///实时时钟中断请求
    val pll0_lock = IO(Input(Bool()))                    ///锁相环锁定中断请求
    val pll0_ctrl = IO(Output(Vec(6, UInt(32.W))))       ///锁相环控制中断请求
    val cacheable_check = IO(new TLPMAIO)
    // sync external interrupts
    require(plicSource.module.in.length == ext_intrs.getWidth)
    for ((plic_in, interrupt) <- plicSource.module.in.zip(ext_intrs.asBools)) {
      val ext_intr_sync = RegInit(0.U(3.W))
      ext_intr_sync := Cat(ext_intr_sync(1, 0), interrupt)
      plic_in := ext_intr_sync(2)                        ///外部中断请求经同步后连到PLIC的输入
    }
    pma.module.io <> cacheable_check
    // positive edge sampling of the lower-speed rtc_clock
    val rtcTick = RegInit(0.U(3.W))
    rtcTick := Cat(rtcTick(1, 0), rtc_clock)
    clint.module.io.rtcTick := rtcTick(1) && !rtcTick(2)  ///实时时钟计数引起的中断请求连到CLINT
    …
    val freq = 100
    val cnt = RegInit(freq.U)
    val tick = cnt === 0.U
    cnt := Mux(tick, freq.U, cnt - 1.U)
    clint.module.io.rtcTick := tick

  }  ///end lazy val module
}  ///end class SoCMisc
```

这里创建了 CLINT 和 PLIC。前者是“Core Local”，后者是“Platform Lavel”覆盖的范围不一样。芯片上的实时时钟 rtc（reai-time clock）是任何 CPU 都固有的中断源，没有这个中断源的驱动操作系统就动不了。

限于本书的篇幅和作者的精力，这里就不深入到 CLINT 和 PLIC 的内部细节中去了，大体上就是“中断请求寄存器”和“中断允许寄存器”的实现，有兴趣的读者可以结合 RISC-V 指令手册第二卷自己深入阅读。

我们“快进”到 XSCoreImp 中对相关 CSR 寄存器的连接：

```
[XSTop > XSTile > XSCore > XSCoreImp]
class XSCoreImp(outer: XSCoreBase) extends LazyModuleImp(outer) with HasXSParameter with HasSoCParameter {
  …
  csrioIn.interrupt <> ctrlBlock.io.robio.toCSR.intrBitSet          ///最终的中断请求是在Rob中提起的
  csrioIn.wfi_event <> ctrlBlock.io.robio.toCSR.wfiEvent           ///对wfi（等待中断发生）指令的最终执行也是在Rob
  csrioIn.memExceptionVAddr <> memBlock.io.lsqio.exceptionAddr.vaddr      ///因访存引起的异常则来自MemBlock
    ///msip/mtip/meip/seip都是CSR寄存器mip即机器模式中断请求（interrupt/exception pending）寄存器中的状态位：
  csrioIn.externalInterrupt.msip := outer.clint_int_sink.in.head._1(0)     ///监管级软件中断请求，s表示software。
  csrioIn.externalInterrupt.mtip := outer.clint_int_sink.in.head._1(1)     ///机器级异常请求，t表示timer。
  csrioIn.externalInterrupt.meip := outer.plic_int_sink.in.head._1(0)      ///机器级外部中断请求，e表示external。
  csrioIn.externalInterrupt.seip := outer.plic_int_sink.in.last._1(0)      ///监管级外部中断请求。
  csrioIn.externalInterrupt.debug := outer.debug_int_sink.in.head._1(0)
  …
}
```

这里的 ip 表示“interrupt pending”，就是我们说的“中断（请求）寄存器”。其中 meip 和 seip 是来自外部的中断请求，所以都来自 PLIC；而 msip 和 mtip 都来自 CPU 内部，所以都来自 CLINT。

CSR 在中断机制中起着关键的作用，名义上好像只是一个（或一批）寄存器的实现，其实却是 CPU 的中枢所在：

```
class CSR(implicit p: Parameters) extends FunctionUnit with HasCSRConst with PMPMethod with PMAMethod with HasTriggerConst{
  …
  class MstatusStruct extends Bundle {        ///寄存器mstatus的位段结构，见指令手册第2卷3.1.6节
    val sd = Output(UInt(1.W))
    …
    val mprv = Output(UInt(1.W))              ///modify privilege，与访问内存有关。
    val mpp = Output(UInt(2.W))               ///M模式的pre-exception privilege mode，发生M级中断/异常前的运行模式。
    val hpp = Output(UInt(2.W))               ///H模式的pre-exception privilege mode，发生H级中断/异常前的运行模式。
    val spp = Output(UInt(1.W))               ///S模式的pre-exception privilege mode，发生S级中断/异常前的运行模式。
    val pie = new Priv                        ///（通过ecall指令）进入M模式前中断是否打开，previous ie。
    val ie = new Priv                         ///机器模式的中断总开关
  } ///end class MstatusStruct

  class Interrupt extends Bundle {
    val e = new Priv        ///外部中断，e表示external。
    val t = new Priv        ///时钟中断，t表示timer。
    val s = new Priv        ///软件中断，e表示software。
  }
  …
  val mie = RegInit(0.U(XLEN.W))                                 ///机器态的开中寄存器，interrupt enable register。
  val mipWire = WireInit(0.U.asTypeOf(new Interrupt))
  val mipReg  = RegInit(0.U(XLEN.W))
  val mipFixMask = ZeroExt(GenMask(9) | GenMask(5) | GenMask(1), XLEN)
  val mip = (mipWire.asUInt | mipReg).asTypeOf(new Interrupt)    ///机器态的中断请求寄存器，interrupt pending register。
```

```
…
val mstatus = RegInit("ha00002000".U(XLEN.W))                ///机器状态寄存器
val mstatusStruct = mstatus.asTypeOf(new MstatusStruct)      ///这个寄存器的位段结构见MstatusStruct
val medeleg = RegInit(UInt(XLEN.W), 0.U)                      ///机器模式的异常委派（delegation）
val mideleg = RegInit(UInt(XLEN.W), 0.U)                      ///机器模式的中断委派（delegation）
…
// Hart Priviledge Mode
val priviledgeMode = RegInit(UInt(2.W), ModeM)        ///CPU 的当前运行模式，mstatus 寄存器中没有当前模式位段。
…
val retTarget = Wire(UInt(VAddrBits.W))               ///中断/异常的目标地址，或从中断/异常返回的目标地址。
…
when (valid && isMret && !illegalMret) {        ///如果这是mret指令，isMret是前面从指令编码中获取的（略）。
  val mstatusOld = WireInit(mstatus.asTypeOf(new MstatusStruct))      /// mstatusOld来自当前mstatus
  val mstatusNew = WireInit(mstatus.asTypeOf(new MstatusStruct))      /// mstatusNew去向mstatus
  mstatusNew.ie.m := mstatusOld.pie.m                                 ///新的ie来自保存着的先前ie，即pie。
  priviledgeMode := mstatusOld.mpp                                    ///CPU新的运行模式来自保存着的先前运行模式
  mstatusNew.pie.m := true.B                                          ///将先前ie设成true
  mstatusNew.mpp := ModeU                                             ///将先前运行模式设成ModeU
  when (mstatusOld.mpp =/= ModeM) { mstatusNew.mprv := 0.U }          ///如果原先不在ModeM就将mprv设成0
  mstatus := mstatusNew.asUInt
  // lr := false.B
  retTarget := mepc(VAddrBits-1, 0)                                   ///以保存在寄存器mepc中的地址为返回地址
}

when (valid && isSret && !illegalSret && !illegalSModeSret) {     ///如果这是sret指令，isSret是从指令编码中获取的（略）。
  ///与上面isMret时的处理基本相同（只是把例如mpp改成spp，mepc改成sepc）
}

when (valid && isUret) {        ///如果这是uret指令，uret指令是后来加的，见指令手册第2卷3.3.2节中的说明。
  ///也与上面isMret时的处理基本相同（只是把例如mepc改成uepc）

}
///对于从中断/异常返回，retTarget 就是返回地址。
…
/**
  * Exception and Intr      ///下面是中断/异常的发生：
  */
val ideleg =   (mideleg & mip.asUInt)
def priviledgedEnableDetect(x: Bool): Bool = Mux(x,
                    ((priviledgeMode === ModeS) && mstatusStruct.ie.s) || (priviledgeMode < ModeS),
                    ((priviledgeMode === ModeM) && mstatusStruct.ie.m) || (priviledgeMode < ModeM))

// send interrupt information to ROB
val intrVecEnable = Wire(Vec(12, Bool()))
intrVecEnable.zip(ideleg.asBools).map{case(x,y) => x := priviledgedEnableDetect(y) && !disableInterrupt}
```

```
val intrVec = Cat(debugIntr && !debugMode, (mie(11,0) & mip.asUInt & intrVecEnable.asUInt))
val intrBitSet = intrVec.orR
csrio.interrupt := intrBitSet      ///发往Rob，csrioIn.interrupt <> ctrlBlock.io.robio.toCSR.intrBitSet。

// Page 45 in RISC-V Privileged Specification
// The WFI instruction can also be executed when interrupts are disabled. The operation of WFI
// must be unaffected by the global interrupt bits in mstatus (MIE and SIE) and the delegation
// register mideleg, but should honor the individual interrupt enables (e.g, MTIE).
csrio.wfi_event := debugIntr || (mie(11, 0) & mip.asUInt).orR
mipWire.t.m := csrio.externalInterrupt.mtip         ///机器级定时器（timer）中断请求
mipWire.s.m := csrio.externalInterrupt.msip         ///机器级软件（software）中断请求
mipWire.e.m := csrio.externalInterrupt.meip         ///机器级外部（external）中断请求
mipWire.e.s := csrio.externalInterrupt.seip         ///监管级外部（external）中断请求

// interrupts
val intrNO = IntPriority.foldRight(0.U)((i: Int, sum: UInt) => Mux(intrVec(i), i.U, sum))    ///中断请求号
val raiseIntr = csrio.exception.valid && csrio.exception.bits.isInterrupt
val ivmEnable = tlbBundle.priv.imode < ModeM && satp.asTypeOf(new SatpStruct).mode === 8.U
val iexceptionPC = Mux(ivmEnable, SignExt(csrio.exception.bits.uop.cf.pc, XLEN), csrio.exception.bits.uop.cf.pc)
val dvmEnable = tlbBundle.priv.dmode < ModeM && satp.asTypeOf(new SatpStruct).mode === 8.U
val dexceptionPC = Mux(dvmEnable, SignExt(csrio.exception.bits.uop.cf.pc, XLEN), csrio.exception.bits.uop.cf.pc)
XSDebug(raiseIntr, "interrupt: pc=0x%x, %d\n", dexceptionPC, intrNO)
    ///satp是Supervisor Address Translation and Protection寄存器，仅与虚存地址映射有关，此处可以忽略。
    ///iexceptionPC是因取指发生异常的所在地址，dexceptionPC是因读写数据发生异常的指令所在地址。
…

val raiseExceptionVec = csrio.exception.bits.uop.cf.exceptionVec
val regularExceptionNO = ExceptionNO.priorities.foldRight(0.U)((i: Int, sum: UInt) => Mux(raiseExceptionVec(i), i.U, sum))
val exceptionNO = Mux(hasSingleStep || hasTriggerHit, 3.U, regularExceptionNO)
val causeNO = (raiseIntr << (XLEN-1)).asUInt | Mux(raiseIntr, intrNO, exceptionNO)   ///如果是中断就用中断号，否则异常号。
        ///从寄存器tvecBase获取中断/异常向量时，需要以causeNO为偏移量。
val raiseExceptionIntr = csrio.exception.valid

// mtval write logic
// Due to timing reasons of memExceptionVAddr, we delay the write of mtval and stval
val memExceptionAddr = SignExt(csrio.memExceptionVAddr, XLEN)
val updateTval = VecInit(Seq(hasInstrPageFault, hasLoadPageFault, hasStorePageFault, hasInstrAccessFault, hasLoadAccessFault,
                    hasStoreAccessFault, hasLoadAddrMisaligned, hasStoreAddrMisaligned)).asUInt.orR
when (RegNext(RegNext(updateTval))) {
    val tval = Mux(RegNext(RegNext(hasInstrPageFault || hasInstrAccessFault)),
        RegNext(RegNext(Mux(csrio.exception.bits.uop.cf.crossPageIPFFix,
                    SignExt(csrio.exception.bits.uop.cf.pc + 2.U, XLEN), iexceptionPC ))),
        memExceptionAddr)
  when (RegNext(priviledgeMode === ModeM)) { mtval := tval }
  .otherwise { stval := tval }
}  ///end when，发生异常时，要把发生异常的原因写入寄存器mtval或stval，见指令手册第2卷3.1.16节和4.1.9节。
```

```
…
val deleg = Mux(raiseIntr, mideleg , medeleg)        ///如果要发起的是中断就选用mideleg，是异常就选用medeleg。
val delegS = deleg(causeNO(3,0)) && (priviledgeMode < ModeM)  ///根据所选用deleg寄存器的内容决定所用的模式
val clearTval = !updateTval || raiseIntr
val isXRet = io.in.valid && func === CSROpType.jmp && !isEcall && !isEbreak    ///这是sret或mret指令

// ctrl block will use theses later for flush
val isXRetFlag = RegInit(false.B)
when (DelayN(io.redirectIn.valid, 5)) {
  isXRetFlag := false.B
}.elsewhen (isXRet) {
  isXRetFlag := true.B
}
csrio.isXRet := isXRetFlag
val retTargetReg = RegEnable (retTarget, isXRet)        ///对于从中断/异常返回，retTargetReg就是返回地址。
   ///发起中断/异常的时候要从寄存器mtvec或stvec（见指令手册第2卷3.1.7节/3.1.8节/4.1.2节）获取向量地址：
val tvec = Mux(delegS, stvec, mtvec)                ///根据delegS的值选用系统态的向量表stvec或机器态的向量表mtvec
val tvecBase = tvec(VAddrBits - 1, 2)               ///向量的基地址（去掉末尾2位）
// XRet sends redirect instead of Flush and isXRetFlag is true.B before redirect.valid.
// ROB sends exception at T0 while CSR receives at T2.
// We add a RegNext here and trapTarget is valid at T3.
csrio.trapTarget := RegEnable(Mux(isXRetFlag, retTargetReg,               ///如果是sret/mret就采用保存着的返回地址
  Mux(raiseDebugExceptionIntr || ebreakEnterParkLoop, debugTrapTarget,
    // When MODE=Vectored, all synchronous exceptions into M/S mode cause the pc to be set to the address in the BASE field,
    // whereas interrupts cause the pc to be set to the address in the BASE field plus four times the interrupt cause number.
          Cat(tvecBase + Mux(tvec(0) && raiseIntr, causeNO(3, 0), 0.U), 0.U(2.W)))),   ///end Mux
      isXRetFlag || csrio.exception.valid)   ///end RegEnable，这是RegEnable的enable信号
  ///当需要读取中断/异常向量地址时：以tvecBase为基数，在上面加4位的causeNO或0，再在末尾添两位0（相当于乘4）
  ///究竟是加4位的causeNO还是加0，看tvec即向量基地址寄存器的末尾，为0表示统一向量，为1表示分列向量。

when (raiseExceptionIntr) {
  val mstatusOld = WireInit(mstatus.asTypeOf(new MstatusStruct))
  val mstatusNew = WireInit(mstatus.asTypeOf(new MstatusStruct))

  when (raiseDebugExceptionIntr) { … }
  .elsewhen (debugMode) { //do nothing }
  .elsewhen (delegS) {
    scause := causeNO
    sepc := Mux(hasInstrPageFault || hasInstrAccessFault, iexceptionPC, dexceptionPC)
    mstatusNew.spp := priviledgeMode            ///将当前运行模式保存在spp位段中，spp为S状态的previous priviledge。
    mstatusNew.pie.s := mstatusOld.ie.s         ///pie意为previous interrupt enable
    mstatusNew.ie.s := false.B
    priviledgeMode := ModeS                     ///CPU进入监管模式ModeS
    when (clearTval) { stval := 0.U }
  }.otherwise {
    mcause := causeNO
```

```
        mepc := Mux(hasInstrPageFault || hasInstrAccessFault, iexceptionPC, dexceptionPC)
        mstatusNew.mpp := priviledgeMode            ///将当前运行模式保存在mpp位段中，mpp为M状态的previous priviledge。
        mstatusNew.pie.m := mstatusOld.ie.m          ///pie意为previous interrupt enable
        mstatusNew.ie.m := false.B
        priviledgeMode := ModeM                      ///CPU进入机器模式ModeS
        when (clearTval) { mtval := 0.U }
      }
      mstatus := mstatusNew.asUInt
    }
    …
    // Distributed CSR update req
    // For now we use it to implement customized cache op
    // It can be delayed if necessary

    val delayedUpdate0 = DelayN(csrio.distributedUpdate(0), 2)
    val delayedUpdate1 = DelayN(csrio.distributedUpdate(1), 2)
    val distributedUpdateValid = delayedUpdate0.w.valid || delayedUpdate1.w.valid
    val distributedUpdateAddr = Mux(delayedUpdate0.w.valid, delayedUpdate0.w.bits.addr, delayedUpdate1.w.bits.addr)
    val distributedUpdateData = Mux(delayedUpdate0.w.valid, delayedUpdate0.w.bits.data, delayedUpdate1.w.bits.data)

    assert(!(delayedUpdate0.w.valid && delayedUpdate1.w.valid))

    // Implicit add reset values for mepc[0] and sepc[0]
    // TODO: rewrite mepc and sepc using a struct-like style with the LSB always being 0
    when (RegNext(RegNext(reset.asBool) && !reset.asBool)) {
      mepc := Cat(mepc(XLEN - 1, 1), 0.U(1.W))             ///将mepc的末尾设置成0
      sepc := Cat(sepc(XLEN - 1, 1), 0.U(1.W))
    }
    …
} ///end class CSR
```

这些代码我们在前面 CSR 那一章中也见到过，但那时候是“泛泛而谈”，现在是专门针对中断机制的专题调研。

不管是中断或异常的发起，还是从中断或异常的返回，无非就是两个动作，一个是 CPU 运行模式的改变，另一个就是指令流的方向改变。先看运行模式/状态的改变：按理发生中断或异常时会一律进入机器模式即 ModeM，但是可以通过寄存器 mideleg 或 medeleg 的设置将其“委派、下放”给监管模式 ModeS。所以代码中如 delegS 为 true 就转入 ModeS，要不然就转入 ModeM；同时还要将现时的运行状态保存在“先前运行模式”位段 spp 或 mpp 中，把当前的 ie 也写入先前 ie 位段；并将因取指发生异常的地址或读写数据发生异常的指令所在地址写入 sepc 或 mepc 中。每当因中断或异常进入监管态或机器态时，都要将其 ie 设置成 false，以禁止进一步的中断。当然，在软件中还可以再开中，那是另一回事。

再看指令流的转向。这里的关键在于转向的目标，不管是中断还是异常都要从中断/异常向量表获得向量地址，这个向量表所在的地址取决于寄存器监管态向量寄存器 stvec 或机器态向量寄存器 mtvec 的内容。以寄存器 mtvec 为例，其最低两位的值表示向量的使用模式，00 表示 Direct，即统一使用同一个向量，这个向量就是 mtvec 的内容，只是把最低两位固定改为 0；01 则表示 Vectored，按中断/向量号的不同而有不同的向量，实际上此时有个以中断/向量号 causeNO 为下标的向量数组，数组的起点就在 mtvec 所给定的向量基地址上（最低两位固定改为 0）。

代码中 csrio.trapTarget 的获取就是。

```
csrio.trapTarget := RegEnable(Mux(isXRetFlag, retTargetReg,          ///如果是sret/mret指令就采用retTargetReg中的返回地址
   Mux(raiseDebugExceptionIntr || ebreakEnterParkLoop, debugTrapTarget,
    // When MODE=Vectored, all synchronous exceptions into M/S mode cause the pc to be set to the address in the BASE field,
    // whereas interrupts cause the pc to be set to the address in the BASE field plus four times the interrupt cause number.
          Cat(tvecBase + Mux(tvec(0) && raiseIntr, causeNO(3, 0), 0.U), 0.U(2.W)))),   ///end Mux
       isXRetFlag || csrio.exception.valid)   ///end RegEnable，这是RegEnable的enable信号
  ///当需要读取中断/异常向量地址时：以tvecBase为基数，在上面加4位的causeNO或0，再在末尾添两位0（相当于乘4）
  ///究竟是加4位的causeNO还是加0，看tvec即向量基地址寄存器的末尾，为0表示统一向量，为1表示分列向量。
```

如果是执行 sret/mret 指令就采用 retTargetReg（见前）中的返回地址，否则就是中断/异常的发起，此时的转向地址由两部分拼接而成，前面一部分是 tvecBase + Mux(tvec(0) && raiseIntr, causeNO(3, 0), 0.U)，后面一部分就是最后的两个 0 位。如果寄存器 tvec（stvec 或 mtvec）的 bit0 是 1，就在 tvecBase 上加 causeNO，实际上就是以 causeNO 位偏量；有不然就在 tvecBase 上加 0，这就是统一的向量。

那么，有了这个转向目标，是否直接就发出转向指示呢？不是的。因为异常指令的执行结果需要在 Rob 中恢复次序，而中断的发起也要由 Rob 选择合适的时机，所以转向指示的发出，即中断/异常的正式发起，要由 Rob 说了算，这是由 class XSCoreImp 中的下列这几个语句保证的：

```
val csrFenceMod = exuBlocks.filter(_.fuConfigs.map(_._1).contains(JumpCSRExeUnitCfg)).head      ///来自CSR执行单元
val csrioIn = csrFenceMod.io.fuExtra.csrio.get                                                   ///从中摘取 csrio
  ///XSCoreImp 把来自 CSR 执行单元的输入连到了 Rob 的相应接口上，CtrlBlockImp 的 robio.toCSR 是个 RobCSRIO：
csrioIn.exception <> ctrlBlock.io.robio.exception              /// csrioIn.trapTarget是异常的向量地址
csrioIn.isXRet <> ctrlBlock.io.robio.toCSR.isXRet              /// csrioIn.trapTarget是sret/mret指令的返回地址
csrioIn.trapTarget <> ctrlBlock.io.robio.toCSR.trapTarget      ///这就是转向目标
csrioIn.interrupt <> ctrlBlock.io.robio.toCSR.intrBitSet       /// csrioIn.trapTarget 是中断的向量地址
```

这就把球踢到了 Rob 这一边，我们接着看 Rob 这一边对此所作的处理：

```
class RobImp(outer: Rob)(implicit p: Parameters) extends LazyModuleImp(outer)
                                with HasXSParameter with HasCircularQueuePtrHelper with HasPerfEvents {
  val io = IO(new Bundle() {
    val hartId = Input(UInt(8.W))
    val redirect = Input(Valid(new Redirect))          ///这是Rob的Redirect输入，不是我们此刻所关心的。
    val flushOut = ValidIO(new Redirect)               ///这是Rob的Redirect输出，这正是我们此刻所关心的。
    val exception = ValidIO(new ExceptionInfo)
    val csr = new RobCSRIO                             ///来自CSR
  })

  // some instructions are not allowed to trigger interrupts. They have side effects on the states of the processor before they write back.
  val interrupt_safe = Mem(RobSize, Bool())            ///表示 Rob 当前每个槽位中的指令前面是否允许发生中断

  val hasNoSpecExec = RegInit(false.B)
  when (io.commits.hasWalkInstr || io.commits.hasCommitInstr) { hasNoSpecExec:= false.B }
  for (i <- 0 until RenameWidth) {
    when (canEnqueue(i)) {
```

```
    when (enqUop.ctrl.noSpecExec) { hasNoSpecExec := true.B }
    …
  }
}

/**
 * RedirectOut: Interrupt and Exceptions
 */
val deqDispatchData = dispatchDataRead(0)

val intrBitSetReg = RegNext(io.csr.intrBitSet)
val intrEnable = intrBitSetReg && !hasNoSpecExec && interrupt_safe(deqPtr.value)
      ///注意这个intrEnable与CSR中的ie没有关系，这是表示Rob可否在当前正在deqPtr这个位置上的指令之前发起中断。
val deqHasExceptionOrFlush = exceptionDataRead.valid && exceptionDataRead.bits.robIdx === deqPtr
val deqHasException = deqHasExceptionOrFlush && (exceptionDataRead.bits.exceptionVec.asUInt.orR ||
                        exceptionDataRead.bits.singleStep || exceptionDataRead.bits.trigger.hit)
val deqHasFlushPipe = deqHasExceptionOrFlush && exceptionDataRead.bits.flushPipe
val deqHasReplayInst = deqHasExceptionOrFlush && exceptionDataRead.bits.replayInst
val exceptionEnable = writebacked(deqPtr.value) && deqHasException
      ///异常本来就不存在是否enable的问题，这是指是否允许Rob在这个时候发起异常。

io.flushOut.valid := (state === s_idle)&& valid(deqPtr.value) && (intrEnable || exceptionEnable || isFlushPipe)&& !lastCycleFlush
io.flushOut.bits := DontCare
io.flushOut.bits.robIdx := deqPtr                ///io.flushOut什么时候变成valid，robIdx就采用当时的deqPtr。
io.flushOut.bits.ftqIdx := deqDispatchData.ftqIdx
io.flushOut.bits.ftqOffset := deqDispatchData.ftqOffset      ///和当时的deqDispatchData.ftqOffset
io.flushOut.bits.level := Mux(deqHasReplayInst || intrEnable || exceptionEnable, RedirectLevel.flush, RedirectLevel.flushAfter)
                                        // TODO use this to implement "exception next"
io.flushOut.bits.interrupt := true.B   ///io.flushout是个Redirect, 这是里面的interrupt，表示本次转向是由于中断而引起。

val exceptionHappen = (state === s_idle) && valid(deqPtr.value) && (intrEnable || exceptionEnable) && !lastCycleFlush
io.exception.valid := RegNext(exceptionHappen)
io.exception.bits.uop := RegEnable(debug_deqUop, exceptionHappen)
io.exception.bits.uop.ctrl.commitType := RegEnable(deqDispatchData.commitType, exceptionHappen)
io.exception.bits.uop.cf.exceptionVec := RegEnable(exceptionDataRead.bits.exceptionVec, exceptionHappen)
io.exception.bits.uop.ctrl.singleStep := RegEnable(exceptionDataRead.bits.singleStep, exceptionHappen)
io.exception.bits.uop.cf.crossPageIPFFix := RegEnable(exceptionDataRead.bits.crossPageIPFFix, exceptionHappen)
io.exception.bits.isInterrupt := RegEnable(intrEnable, exceptionHappen)
io.exception.bits.uop.cf.trigger := RegEnable(exceptionDataRead.bits.trigger, exceptionHappen)
…
// interrupt_safe
for (i <- 0 until RenameWidth) {
  // We RegNext the updates for better timing. Note that instructions won't change the system's states in this cycle.
  when (RegNext(canEnqueue(i))) {
    // For now, we allow non-load-store instructions to trigger interrupts
    // For MMIO instructions, they should not trigger interrupts since they may be sent to lower level before it writes back.
```

```
        // However, we cannot determine whether a load/store instruction is MMIO.
        // Thus, we don't allow load/store instructions to trigger an interrupt.
        // TODO: support non-MMIO load-store instructions to trigger interrupts
        val allow_interrupts = !CommitType.isLoadStore(io.enq.req(i).bits.ctrl.commitType)
        interrupt_safe(RegNext(allocatePtrVec(i).value)) := RegNext(allow_interrupts)
      }
    }
    …
}   ///end class RobImp
```

异常是与特定指令相联系的，这条指令满足了可以交割的条件就发起异常，这是没有什么变动余地的。但是 Rob 对于发起中断的时机却还是有一点自由裁量权，按说 Rob 一旦接到 CSR 的通知立即就应发起中断；因为既然有了中断请求，延迟就越小越好。可是这里有几种特殊的情况，其中之一是在访内指令之前不宜发起中断，所以 Rob 需要对已经进入其每个槽位的指令都进行检查，如果 isLoadStore 就在位图 interrupt_safe 中打上标记。这样，如果 CSR 的中断通知刚到时恰好当前 deqPtr 所指的指令是访内指令就让它先走，等下个节拍如果 deqPtr 所指不是访内指令，又符合其他条件，就立即把 intrEnable 设成 true，允许把 io.flushOut.valid 变成 true（还有别的条件）。

可是注意这里对 io.flushOut 的设置，代码中设置了这个 Redirect 中的 robIdx 等等字段，却偏偏没有设置其 cfiUpdate，这就没有了转向目标。事实上转向目标的设置不在 Rob，而是在 CtrlBlock 中，后端的转向指示最终是由那里发出的。CtrlBlock 中的 RedirectGenerator 所处理的是源自转移指令的 Redirect，其输出是 stage2Redirect，现在 CtrlBlock 又把来自 Rob 的 Redirect 即 flushOut 整合进来，并且 flushOut 优先于源自转移指令的 Redirect。

```
class CtrlBlockImp(outer: CtrlBlock)(implicit p: Parameters) extends LazyModuleImp(outer)
                with HasXSParameter with HasCircularQueuePtrHelper with HasWritebackSourceImp with HasPerfEvents{
  …
    ///Rob 是 CtrlBlock 中的一个部件，可以直接从 rob.io.flushOut 读出：
  pcMem.io.raddr.last := rob.io.flushOut.bits.ftqIdx.value                          ///发生异常的指令属于这个指令块
  val flushPC = pcMem.io.rdata.last.getPc(RegNext(rob.io.flushOut.bits.ftqOffset))  ///从pcMem读出保存着的指令

  val flushRedirect = Wire(Valid(new Redirect))
  flushRedirect.valid := RegNext(rob.io.flushOut.valid)
  flushRedirect.bits := RegEnable(rob.io.flushOut.bits, rob.io.flushOut.valid)      // flushRedirect来自Rob

  val flushRedirectReg = Wire(Valid(new Redirect))
  flushRedirectReg.valid := RegNext(flushRedirect.valid, init = false.B)
  flushRedirectReg.bits := RegEnable(flushRedirect.bits, flushRedirect.valid)

  val stage2Redirect = Mux(flushRedirect.valid, flushRedirect, redirectGen.io.stage2Redirect)
    ///CtrlBlock的stage2Redirect有两个来源，一个是来自Rob的flushRedirect，另一个是源自转移指令执行的redirectGen。
  …
  val frontendFlushValid = DelayN(flushRedirect.valid, 5)
  val frontendFlushBits = RegEnable(flushRedirect.bits, flushRedirect.valid)
  io.frontend.toFtq.redirect.valid := frontendFlushValid || redirectGen.io.stage2Redirect.valid
  io.frontend.toFtq.redirect.bits := Mux(frontendFlushValid,  frontendFlushBits,  redirectGen.io.stage2Redirect.bits)
        ///发往前端Ftq的Redirect不是来自Rob的frontendFlushBits就是来自redirectGen的stage2Redirect，后者源自转移指令。
```

```
  // Be careful here:
  // T0: flushRedirect.valid, exception.valid
  // T1: csr.redirect.valid
  // T2: csr.exception.valid
  // T3: csr.trapTarget
  // T4: ctrlBlock.trapTarget
  // T5: io.frontend.toFtq.stage2Redirect.valid
  val pc_from_csr = io.robio.toCSR.isXRet || DelayN(rob.io.exception.valid, 4)
          ///isXRet是CSR的输出，所以其实是fromCSR而不是toCSR。
  val rob_flush_pc = RegEnable(Mux(flushRedirect.bits.flushItself(),
                                   flushPC /* replay inst */, flushPC + 4.U /* flush pipe */), flushRedirect.valid)
          ///flushPC是根据ftqIdx和ftqOffset从pcMem中读出的，但是实际上当isXret时trapTarget就是返回地址。
  val flushTarget = Mux(pc_from_csr, io.robio.toCSR.trapTarget, rob_flush_pc)
          ///Redirect的目标地址可能是个中断/异常向量地址，也可能是个从中断/异常返回的地址。
          ///但是CSR中的csrio.trapTarget已经通过Mux包含了retTargetReg的值，不知此处为何不用。
  when (frontendFlushValid) {
    io.frontend.toFtq.redirect.bits.level := RedirectLevel.flush
    io.frontend.toFtq.redirect.bits.cfiUpdate.target := RegNext(flushTarget)
  }  ///将flushTarget填写到io.frontend.toFtq.redirec的cfiUpdate.target，转向就有了目标。
  …
}
```

至此由 Rob 为中断/异常（包括从中断/异常返回）而发出的转向指示中终于有了转向目标，即其 cfiUpdate.target。CSR、Rob、CtrlBlock 三个模块合作才实现了中断/异常。

下面就是软件的事了。一般而言，中断/异常使 CPU 进入监管态，即系统态，但是中断/异常既可以发生在用户态也可以发生在监管态。如果发生在用户态就使 CPU 从用户态进入系统态，从而进入了内核，所有中断/异常的响应/服务程序都在内核中。如果发生在监管态，那么 CPU 本来就在监管态，现在也在监管态，这就发生了监管态中也就是内核中的中断/异常嵌套，如何应对内核中的中断/异常嵌套是操作系统的事。或者，如果是用户态软件通过自陷（Trap）指令即 ecall 指令主动发起异常，从而进入内核，这就构成了用户软件对内核的“系统调用（system call）”。到 CPU 执行完了内核对中断/异常的响应和服务，或执行完了用来实现系统调用的程序之后，就通过 sret 指令返回，这就又回到了用户态，或者说用户空间，继续执行被（主动或被动）中断了的用户程序。

第 32 章

香山 SoC 的虚存与 MMU

现代计算机（除一些简单的嵌入式系统外）中的应用程序都采用虚存地址（而不是物理地址），每个“进程”，即应用程序的一次运行，都有自己（地址范围相同的）的虚存地址空间。这样才可以让计算机灵活而动态地运行各种不同的应用程序，每个应用程序所占的地址空间才可以在物理空间中动态“浮动”，而不需要把一个固定选用的应用程序集合静态地“连接（Link）”进物理地址空间。

但是实际对内存的访问还得使用物理地址，这就需要有个将程序中使用的虚存地址转换成物理地址的机制。注意这种转换是每一条指令的执行都需要、每一次对数据的读写都需要进行的，因为程序中的“代码段”和“数据段”、“堆栈段”全都使用虚存地址，而内存只能采用物理地址。这就决定了，从虚存地址到物理地址的转换只能由组合电路实现。要不然每次取指、每次数据读写哪怕只是延迟一个节拍也受不了。

如果从虚存地址到物理地址的转换可以通过一个数组实现，例如以虚存地址为下标从转换数组中读出物理地址，那当然可以仅用组合电路实现，然而这却是不现实的。以 32 位虚存地址为例，这个数组的容量是 4G，然后每个表项又是 32 位即 4 字节的物理地址，那这个表的大小就是 16GB。这还只是一个进程，换一个进程就得换一个转换数组，因为每个进程都有自己的地址映射，而计算机中也许有上百个进程在并发运行。所以这绝对不现实。另一方面这也是不必要的，因为虽说一个进程的 32 位虚存空间有 4GB，但是实际使用的也许只是百分之一乃至千分之一（但地址未必连续），所以这个转换数组实际上几乎肯定是极其稀疏的，所以是极大的浪费。

所以，现代计算机中都采用“页式”虚存地址映射的方法，即地址的映射是以“页面（page）”为单位进行，页面的大小一般是 4KB（一个 4KB 的页面内含 64 个 64 字节的 cacheline）。这样，一个 32 位的地址就分成两段，高 20 位为页面地址或页面号，低 12 位为页内位移 offset；转换时只转换页面号，把虚存页面号转换成物理页面号后再与 offset 拼接，就把虚存地址“映射”成了物理地址。而“映射表”则是一个大小为一个 4KB 页面的缓存，以虚存页面号为下标。这样，以 32 位虚存地址/物理地址为例，4KB 的映射中就有 1024 个表项，每个表项代表着一个 4KB 的物理页面。然而 1024 个表项只是 10 位下标的寻址范围，而虚存页面号有 20 位，所以只好把 20 位的虚存地址分成两段，实现二层地址变换。这样，通过 20 位虚存页面号（Virtual Page Number）中的前 10 位 vpn1 在一层映射中找到的只是一个二层映射表所在的物理页面号，再用虚存页面号的低 10 位 vpn2 为下标到具体的二层映射表中读出，这才是目标物理页面号。由于进程在虚存空间中实际占用的稀疏性，实际需要存在的二层映射表往往是寥寥无几。进一步，由于内存访问的局域性，在一段时间里的访问一般都集中在一个不大的区间，而一个页面映射表所覆盖的范围是 1024 个 4KB 的页面，那就是 4MB 的空间，这就已经不小了。所以，一般而言，一个进程的虚存地址映射有望在为数不多的页面映射表中解决。或者说，虚存地址的映射有望在一棵不大的“页面映射树”中解决。其中每一步的查表都是通过数组下标进行，都以组合电路实现，两层查表，加上地址的拼接，都可以在几乎是瞬间完成。当然，如果采用相关存储器即 CAM，那就可以不是通过使用下标而是通过 vpn 位段比对实现，那也是瞬间的，但是当然成本就高了，在早期的计算机中也没有这个必要。

但是查表的过程当然不能在内存中进行，内存的访问速度太慢了，所以得要将当前在活跃使用中的页面缓存在 SRAM 中，这就是 TLB，即“Translation Lookaside Buffer”，所谓 Buffer 就是 cache，就是缓存。

CPU 的虚存地址映射机制，包括在映射过程中实现的页面管理和访问权限保护机制，加 TLB 本身即一块 SRAM 存储器，就称为 CPU 的 MMU，即“存储管理单元（Memory Management Unit）”，后来还加上了 PTW，即硬件实现的 TLB 表项加载机制（早期都是用软件实现的）。有的 CPU 不支持虚存，但仍需支持对存储页面的访问权限保护，那样的就称“存储保护单元（Memory Protection Unit）”，即 MPU。

当然，不能有很多的 SRAM 空间被用作 TLB，所以实际上 TLB 应该是“集合相关（Set Associate）”的缓存，例如用虚存页面号的高位 vpn1 为 tag，低位 vpn2 为集合号。这样，从原理上说只要有一个 TLB 就行了。如果给定的虚存地址在 TLB 中不命中，以前传统的方法是发起一次异常，让操作系统将新的映射更新到 TLB 的表项中，替换原有的（tag 不同的）映射；现在则往往采用硬件方法，称为 PTW（Page Table Walk），其原理与 DCache 访问不命中时的 Refill 其实是一样的。运行中调度另一个进程运行时就把 TLB 中原有的内容都废除掉，让新来的进程从零开始积累 TLB 中的内容，当然也可以把原先的 TLB 内容保存在内存中，一旦被调度运行就予以恢复。

上面的叙述是以 32 位的虚存空间和物理空间为例的，更大的地址空间当然会有所不同，尤其是 2 层映射可能得改成 3 层映射，即把虚存页面号分成 vpn1、vpn2、vpn3 三段；要不就扩大页面的大小，例如把页面的大小从 4KB 扩大到 2MB。但是页面映射的原理和基本方法是一样的。

虚存地址不是全局的，而是属于具体进程的，所以每个进程都有自己的地址映射。在操作系统的管理下，调度哪一个进程运行，就得把 TLB 的内容换上这个进程的映射表，如果是单层映射就得知道这个映射表在内存中的地址，如果是多层映射就得知道这个进程的“根映射表”的地址。这当然要靠软件设置，但也得有硬件的支持。在 RISC-V 的系统结构中，其控制/状态寄存器组中有个寄存器叫 satp，意为“Supervisor Address Translation and Protection”，这个寄存器的结构在 32 位和 64 位处理器中是这样：

32 位 satp:　　MODE(1 位) | ASID(9 位) | PPN(22 位)

64 位 satp:　　MODE(4 位) | ASID(16 位) | PPN(44 位)

这里的 ASID 意为“Address Space ID”，也可以把它理解成进程号。32 位 CPU 上的 ASID 是 9 位，那就最多只有 512 个（虚存）地址空间，即 512 个进程。PPN 则为物理页面号（Physical Page Number），一般每个页面都是 4KB，页面表的大小也是 4KB，其边界都与页面边界对齐，所以最低 12 位都是 0。这样，在 32 位的 CPU 中物理页面号是 22 位，所以实际上允许 34 位的物理地址空间。在 64 位的 CPU 中则 ASID 是 16 位，那就允许有 65536 个地址空间了；而物理页面号 PPN 是 44 位，那样就允许 56 位的物理地址空间。当然，对 satp 寄存器的设置必须在系统态进行，一般是在操作系统内核中，在用户空间的程序中是不能读写 satp 寄存器的。

RISC-V 的指令系统中定义了寄存器 satp，每个进程的虚存地址映射都是以此为起点，原则上可以构造例如这样一种机制与结构：

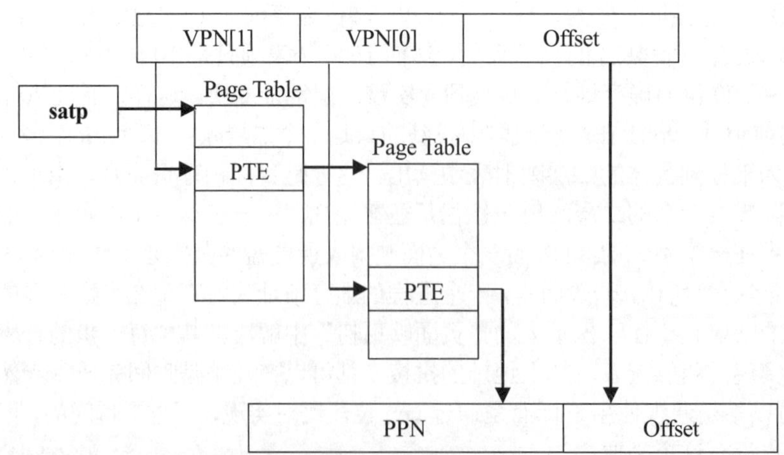

这是一种二层地址映射，实际上也可以是三层地址映射，RISC-V 的指令系统结构对此（在硬件上）不作硬性规定，但是建议采用 Sv32 和 Sv39 等几种映射方案。

图中的 VPN 为虚存页面号 Virtual Page Number，PPN 为物理页面号 Physical Page Number。图中的虚存页面号分 VPN[1]和 VPN[0]两个位段，所以是二层地址映射。图中的这个映射机制是个页面表的二层树形结构，树上的节点是页面表 Page Table；CSR 寄存器 satp 指向树根，即顶层页面表的起点。以 32 位虚存地址的映射为例，每个页面表中有 1024 个 PTE，即页面表项（Page Table Entry）。这棵树理论上可以有 1+1024 共 1025 个节点，即 1025 个页面表，二层的 1024 个页面表都是“叶节点”，都指向实际的物理页面，所以整个存储空间的大小可达 1024*1024*4KB 即 4GB；但实际上顶层页面表或底层页面表中的许多 PTE 都是空的，实际需要的页面表大大少于 1025 个。

查询/转换时先以虚存地址的最高 10 位即 VPN[1]位段为下标在顶层页面表中读出 1024 个 PTE 之一；然后如果这个 PTE 有效，即指向一个二层页面表，就再以虚存地址的次高 10 位即 VPN[0]位段为下标在这个二层页面表中读出 1024 个 PTE 之一，这就是查询的终点。如果这个 PTE 有效，就含有目标物理页面的 12 位 PPN[1]和 10 位 PPN[0]两个位段，把这两个位段与虚存地址中的最后 12 位即页内位移 Page Offset 拼接在一起，就是一个 34 位的物理地址。

我们先从最简单的 Sv32 着手：

```
Sv32 虚存地址:    VPN[1](10 位) | VPN[0](10 位) | Page Offset(12 位)                  ///共 32 位
Sv32 物理地址:    PPN[1](12 位) | PPN[0](10 位) | Page Offset(12 位)                  ///共 34 位
Sv32 PTE:         PPN[1](12 位) | PPN[0](10 位) | RSW(2 位) | d a g u x w r v（8 位）  ///共 32 位
```

每个 PTE 中除 PPN[1]和 PPN[0]两个位段外还有 8 个标志位。其中标志位 v 表示 valid，说明本 PTE 有效。标志位 r/w/x 分别表示页面可读/可写/可执行，如果三位同时为 0 就表示本 PTE 是指向某下一层页面表的指针，只要其中有一位不是 0 就表示本 PTE 已是最终的叶节点。注意这可读/可写/可执行指的是 PTE 所指的存储页面，而不是指 PTE 本身。

标志位 u 表示本 PTE 所指的页面是否可在 User 模式下访问，或者说是否属于“用户空间”。对于 u 标志位为 1 的页面，用户模式当然可以访问，那么监管模式是否可以访问呢？不一定。那要看 mstatus 中的一个控制位 SUM 是否为 1，如果 SUM 为 1 就可以访问，但即使 SUM 为 1 也是只可读写而不可执行，所以在操作系统内核里不可以直接执行用户空间的代码。SUM 意为“permit Supervisor User Memory access”，即允许在监管态访问用户态的存储空间，但只限于读写，不包括执行。

标志位 g 表示 global mapping，即全局映射，这意味着地址的映射与具体的“地址空间”即 asid 无关，实际上一个 asid 就代表着操作系统中的一个进程，每一个进程都有自己的地址空间，从而自己的 asid；但是内核是所有进程共享的，不管调度那个进程运行，内核还是那个内核。

还有标志位 a 和 d。其中 a 表示 accessed，即受到过访问；d 表示 dirty，即已被写脏。当然，已被写脏的页面必须是已受访问的页面。

至于 2 位的 RSW 位段，那是保留给操作系统使用的，硬件上不起什么作用。

Sv32 方案中的一个 PTE 指向一个 4KB 的普通页面，但是 Sv32 方案也可以用来支持所谓 megapage 映射，一个 megapage 是 4MB，当然，那意味着页面内位移 Page Offset 得要从 12 位上升到 22 位，虚存页面号则只剩下 10 位。那就是说，只要一层地址映射就够了。

注意这里所说虚存地址映射机制的两层页面表，以及两个 VPN 位段（从而两个 PPN 位段）的地址划分，只是 Sv32 方案的安排，在别的方案中不一定是两层，VPN/PPN 位段也不一定是两个。另外，以 4KB 为页面大小（也是页面表大小，一个页面表占一个物理页面）也只是一种约定俗成的安排。另外，虽然是 2 层映射，两次查表，但都由组合电路实现，两次读表串在一起也是瞬间完成，只是逻辑路径稍长了一点。即使是 3 层映射，三次读表串在一起也是瞬间完成，只是逻辑路径更长了一点。

显然，Sv32 是适用于 32 位 CPU 的虚存地址映射方案，并不适用于 64 位 CPU，不过在 64 位 CPU 中倒也无需使用（也不存在）一种 Sv64 的方案，就 64 位 RISC-V 而言，采用的是一种称为 Sv39 的方案：

```
Sv39 虚存地址:    VPN[2] (9 位) | VPN[1](9 位) | VPN[0](9 位) | page offset(12 位)                          ///共 39 位
Sv39 物理地址:    PPN[2] (26 位) | PPN[1](9 位) | PPN[0](9 位) | page offset(12 位)                         ///共 56 位
Sv39 PTE:         保留(10 位) | PPN[2](26 位) | PPN[1](9 位) | PPN[0](9 位) | RSW(2 位) | d a g u x w r v    ///共 64 位
```

这就是 3 层映射的方案了，虚存页面号分成了 VPN[2]、VPN[1]、VPN[0]三段。Sv39 的每个页面表内含 2^9 即 512 个 PTE（在 Sv32 中是 1024 个 PTE），每个 PTE 变成 8 个字节（在 Sv32 中是 4 个字节），这样正好也是 4KB 即 4096 字节，页面的大小仍是 4KB。从虚存地址到物理地址需要经过 3 层页面表的映射，整个地址空间的大小是 2^{39}，即 128*4GB=512GB。这也说明，64 位虚存地址中只有低 39 位有效，bit38 以上均无效，物理地址则只有低 56 位有效，bit55 以上均无效。

上面所述 Sv32 和 Sv39 两个方案中都是物理地址空间大于虚存地址空间，实际上也可以是倒过来，即物理空间小于虚存空间。因为虚存空间的大小可以理解成“理论上有那么大”，而物理空间则“实际上只有这么大”。当然，物理空间也仍然很大，实际的物理内存远远没有那么大，物理内存中容纳不下的页面内容就由操作系统转存到“外存”例如磁盘上，需要时再交换进来，称为“swap”，即存储页面的换入换出。有句俗语很形象：“八个瓶子七个盖”，实际上有可能只是八个瓶子三个盖。

在早期的虚存地址映射中，遇有进程切换就一刀切，整个 TLB 所有的表项全都换成新进程的映射表项，但是后来觉得这样也有缺点，尤其在超标量流水线中，进程切换的时候往往还有许多对内存的读写还在队列中等待，所以后来又发展起一种称为“页面着色（Page Coloring）”的方法，让属于不同地址空间的页面映射可以共处于一个 TLB 中，具体就是把 ASID 也纳入 TLB，查表时就既比对虚存页面号（如果采用下标寻址就无需比对）也比对 ASID。一般而言，不同进程的虚存映射共存只是发生在进程切换之后不长的一段时间里，老进程的映射慢慢就会被替换掉，过一阵之后 TLB 就又会变成清一色的了。但是当然，要在查表的同时比对 ASID，又得在瞬间完成，就得采用 CAM。

按 RISC-V 指令手册第二卷所述，把一个虚拟地址 va 转换成物理地址 pa 的过程如下：

1) 令地址 a 为 satp.ppn×PAGESIZE，i = LEVELS-1 （对于 Sv32，PAGESIZE=2^{12} 即 4KB，LEVELS=2）。这就是第一层映射表的起点。注意 a 与 va 是两码事。

2) 令 pte 为地址 a+va.vpn[i]×PTESIZE 上的 PTE 的值 (对于 Sv32, PTESIZE=4.)。如果对 pte 的访问违犯 PMA 和 PMP 检查就发起相应的 access-fault 异常

3) 如果 pte.v = 0, 或 pte.r = 0 但 pte.w = 1, 就发起 page-fault 异常（页面必须有效，可写的页面必须可读）。

4) 否则该 PTE 有效。如果 pte.r = 1 或 pte.x = 1 就转入第 5 步；否则该 PTE 是个指向下一层页面表的指针。 令 i = i−1，若 i < 0 就发起 page-fault 异常，否则令 a = pte.ppn×PAGESIZE，并转至第 2 步。

5) 到了这一步，就是已经到达了作为叶节点的 PTE，即 leaf PTE。检查所要求的访问模式在 mstatus 寄存器当前的 SUM 和 MXR 字段的作用下是否为 pte.r, pte.w, pte.x, and pte.u 等控制位所允许。如果不被允许就发起 page-fault 异常。

6) 如果 i > 0 但 pte.ppn[i − 1 : 0]非 0, 此为没有对好位的 superpage（即大小为 4MB 或 2MB 的页面），发起 page-fault 异常。

7) 如果 pte.a = 0，或者对内存的访问是 store 且 pte.d = 0, 此时可以有两种不同的处理：一种是发起 page-fault 异常；另一种则是：

- 将 pte.a 设成 1，如果是 store 即写访问就将 pte.d 也设成 1。
- 如果此次访问违反 PMA 或 PMP 检查，就发起 access-fault 异常。
- 所作更新和第 2 步所述 pte 值的设定必须是原子的，尤其是其间不得穿插对该 PTE 的写入。

8) 至此，地址转换已经成功，所得物理地址如下述：

- pa.pgoff = va.pgoff（物理地址与虚存地址二者的页内位移相同）。
- 若 i > 0 即为 superpage，此时 pa.ppn[i − 1 : 0] = va.vpn[i − 1 : 0]（注意第一步中 i = LEVELS-1，然后在第 4 步中又减 1，并且循环）。
- pa.ppn[LEVELS − 1 : i] = pte.ppn[LEVELS − 1 : i]（物理地址的页面号 ppn 是最底层 PTE 中的 ppn）。

如果所有的物理页面大小都是 4KB，在 64 位芯片中就得采用三层映射。可是在现代的一些计算机应用中觉得 4KB 的页面划得太小了，这样 TLB 中表项的更替就过于频繁，不妨把页面划得大一些。那划得多大

呢？底层页面映射表的大小是 4KB，在 64 位芯片中可以容纳 512 个表项（4096/8=512），代表着 512 个 4KB 的页面，把这些页面合并在一起，就是 2MB 的页面，这样的页面称为“超大页面（superpage）”。在隐射的过程中，在中间层的表项中如果发现 r/w/x 三位同时为 0，那就是指针，还需要往下一层，所映射的是 4KB 页面；但是如果其中至少有一位是 1，那就说明已经到了头，所映射的是超大页面。当然，超大页面的页面号比普通页面的页面号短了 9 位。

如前所述，虚存空间是属于具体进程的，不同的进程有不同的地址映射，所以 CPU 中需要有个机制，表明 TLB 中当前的内容所实现的是哪一个地址空间，即哪一个进程的地址映射；这就是 CSR 寄存器 satp 中 ASID 字段的作用。实际上寄存器 satp 中有三个位段，首先是 MODE 位段，表明当前的映射模式是什么，例如无映射或 Sv32，如果是 64 位 CPU 则还可以是 Sv39、Sv48 等等；第二个位段就是 ASID，即 Address Space ID，实际上就是进程号；第三个位段是 PPN，即被用作顶层页面表的那个物理页面的页面号号（Physical Page Number，物理地址扣除低位 Offset 后的高位），PPN 的长度对于 32 位 CPU 是 22 位，对于 64 位 CPU 是 44 位。这样，当操作系统调度一个进程运行并切换到这个进程时，就把该进程的号码作为 asid 写入寄存器 satp，把此进程的顶层页面表所在物理页面的页面号也写入 satp 的 PPN 字段，并把 TLB 中的内容换成这个进程的地址映射。

但是显然，完整的映射机制，即整个地址映射树，只能存在于内存中，因为在极端的情况下也许真得有上千个页面映射表；然而访问速度又不容许去内存中进行这样的地址转换。于是就只有一种解决方案，就是在 SRAM 中实现对映射树中部分内容的缓存，这就是前述的 TLB。不过 TLB 也不只是简单的 SRAM 缓存模块，例如前述对页面访问权限的管理，比方说访问权限不符就得发起访问异常，如果一个页面没有映射就得发起缺页异常，那些也得在 TLB 中实现，所以 TLB 不只是个简单的映射表，而是个基于 SRAM 的功能模块。在不同的背景下 TLB 的结构也会不同，例如前面提到的“页面着色”，要不要这个功能对 TLB 的结构有很大影响，但是对于超标量流水线而言这个功能实属必需。另外，如果对 TLB 的查询不命中，那就得有硬件支持的 Refill（早期的虚存映射都采用软件手段），所以 TLB 与 PTW 是配套的。

香山代码中对于 TLB 和 PTW 的实现，要从 HasTlbConst 和 HasPtwConst 这两个 trait 说起。先看 HasTlbConst，下面所说的 vpn 为虚存页面号（virtual page number），ppn 为物理页面号（physical page number）：

```
trait HasTlbConst extends HasXSParameter {
  val Level = 3                                         ///是3层的TLB
  val offLen  = 12                                      ///页面内位移即offset的长度是12位，所以页面的大小是4KB。
  val ppnLen  = PAddrBits – offLen                      ///物理地址长度PAddrBits是36位，所以整个物理页面号的长度是24位。
  val vpnnLen = 9                                       ///虚存页面号的最高段是9位
  val vpnLen  = VAddrBits – offLen                      ///虚存地址长度VAddrBits是39位，所以虚存页面号的长度是27位，分三段。
                        ///在香山所实现的TLB映射方案中，VAddrBits=39，PAddrBits=36，物理空间小于虚存空间。
  val flagLen = 8
  val pteResLen = XLEN - 44 - 2 – flagLen               ///在64位的芯片上，64-44-2-8=10，所以pteResLen = 10。
  val ppnHignLen = 44 - ppnLen                          ///44-24=20

  val tlbcontiguous = 8
  val sectortlbwidth = log2Up(tlbcontiguous)            /// sectortlbwidth=3
  val sectorppnLen = ppnLen – sectortlbwidth            /// sectorppnLen=21
  val sectorvpnLen = vpnLen – sectortlbwidth            /// sectorvpnLen=24

  val sramSinglePort = true
  val timeOutThreshold = 10000

  def get_pn(addr: UInt) = {                            ///取一个地址的页面号
```

```
    require(addr.getWidth > offLen)
    addr(addr.getWidth-1, offLen)                  ///页面号（不管是vpn还是ppn）就是其最低12位以上的部分
  }
  def get_off(addr: UInt) = {                      ///取一个地址的页面内偏移量offset
    require(addr.getWidth > offLen)
    addr(offLen-1, 0)                              ///就是其最低12位
  }

  def get_set_idx (vpn: UInt, nSets: Int): UInt = {   ///取一个vpn所属的集合号
    require(nSets >= 1)
    vpn (log2Up(nSets)-1, 0)                       ///假设nSets=8，那么虚存页面号的最低3位（bit0~bit2）就是集合号。
  }

  def drop_set_idx (vpn: UInt, nSets: Int): UInt = {     ///去掉一个vpn末尾的集合号，取其高位。
    require(nSets >= 1)
    require(vpn.getWidth > log2Ceil(nSets))
    vpn (vpn.getWidth-1, log2Ceil(nSets))                ///假设vpn的长度为27位，nSets为8，则所得结果为vpn(26, 3)，24位。
  }

  def drop_set_equal (vpn1: UInt, vpn2: UInt, nSets: Int): Bool = {     //给定vpn1和vpn2，如果不考虑集合号，二者是否相等：
    require(nSets >= 1)
    require(vpn1.getWidth == vpn2.getWidth)
    if (vpn1.getWidth <= log2Ceil(nSets)) { true.B }
    else { drop_set_idx(vpn1, nSets) === drop_set_idx(vpn2, nSets) }
  }

  def replaceWrapper (v: UInt, lruIdx: UInt): UInt = {   ///给定一个位图v和一个（强制的）序号lruIdx：
    val width = v.getWidth
    val emptyIdx = ParallelPriorityMux((0 until width).map( i => (!v(i), i.U(log2Up(width).W))))   ///找出位图中最低空闲位的位号
    val full = Cat(v).andR                               ///如果位图中所有各位均为1就表示已满
    Mux(full, lruIdx, emptyIdx)                          ///如果已满就采用给定的lruIdx，要不就采用最低空闲位号。
  }

  def replaceWrapper (v: Seq[Bool], lruIdx: UInt): UInt = {
    replaceWrapper(VecInit(v).asUInt, lruIdx)            ///将参数v从Bool序列转换成位图，再调用上面那个replaceWrapper()。
  }

  implicit def ptwresp_to_tlbperm (ptwResp: PtwSectorRespwithMemIdx): TlbPermBundle = {
    val tp = Wire(new TlbPermBundle)
    val ptePerm = ptwResp.entry.perm.get.asTypeOf(new PtePermBundle().cloneType)
    tp.pf := ptwResp.pf           ///PageFault，页面异常，例如页面无映射。
    tp.af := ptwResp.af           ///AccessFault，访问异常，例如权限不符。
    tp.d := ptePerm.d             ///dirty，页面已被写脏。
    tp.a := ptePerm.a             ///accessed，页面曾被访问。
    tp.g := ptePerm.g             ///global，全局（不分asid的）映射。
    tp.u := ptePerm.u             ///user，用户空间映射。
```

```
    tp.x := ptePerm.x             ///页面内容可执行
    tp.w := ptePerm.w             ///页面可写
    tp.r := ptePerm.r             ///页面内容可读
    tp.pm := DontCare
    tp
  } ///来自Ptw的回应PtwSectorRespwithMemIdx内含PtePermBundle，从中摘取访问权限信息，生成一个TlbPermBundle。
} ///end trait HasTlbConst
```

注意虚存地址的长度是 39 位，减去尾部 12 位的 Offset，即页面内位移（所以页面大小是 2^{12} 即 4KB），剩下 27 位是虚存页面号。这 27 位的 vpn 均分成 3 段（Level=3，3 层映射），每段的长度是 9 位（vpnnLen=9），说明每个 4KB 的页面中有 2^{9} 即 512 个（而不是 1024 个）PTE，因而每个 PTE 的长度是 64 位而不是 32 位。

在 HasTlbConst 的基础上，trait HasPtwConst 又添加了一些结构成分和处理方法：

```
trait HasPtwConst extends HasTlbConst with MemoryOpConstants{
  val PtwWidth = 2
  val sourceWidth = { if (l2tlbParams.enablePrefetch) PtwWidth + 1 else PtwWidth }
  val prefetchID = PtwWidth
  val blockBits = l2tlbParams.blockBytes * 8                    /// blockBytes=64
  val bPtwWidth = log2Up(PtwWidth)
  val bSourceWidth = log2Up(sourceWidth)
  // ptwl1: fully-associated
  val PtwL1TagLen = vpnnLen                                     /// 9位
  /* +----------+------------+-----------------+
   * | Tag      | SetIdx     | SectorIdx       |
   * +-------- -+------------+-----------------+
   */
  // ptwl2: 8-way group-associated
  val l2tlbParams.l2nWays = l2tlbParams.l2nWays                 /// l2nWays=2
  val PtwL2SetNum = l2tlbParams.l2nSets                         /// l2nSets=32
  val PtwL2SectorSize = blockBits /XLEN                         /// 512/64 = 8
  val PtwL2IdxLen = log2Up(PtwL2SetNum * PtwL2SectorSize)       /// log2Up(32*8) = 8
  val PtwL2SectorIdxLen = log2Up(PtwL2SectorSize)
  val PtwL2SetIdxLen = log2Up(PtwL2SetNum)
  val PtwL2TagLen = vpnnLen * 2 - PtwL2IdxLen                   ///9*2 – 8 = 10

  // ptwl3: 16-way group-associated
  val l2tlbParams.l3nWays = l2tlbParams.l3nWays                 /// l3nWays=4
  val PtwL3SetNum = l2tlbParams.l3nSets                         /// l3nSets=128
  val PtwL3SectorSize =   blockBits / XLEN                      /// 512/64 = 8
  val PtwL3IdxLen = log2Up(PtwL3SetNum * PtwL3SectorSize)       /// log2Up(128*8) = 10
  val PtwL3SectorIdxLen = log2Up(PtwL3SectorSize)
  val PtwL3SetIdxLen = log2Up(PtwL3SetNum)
  val PtwL3TagLen = vpnnLen * 3 - PtwL3IdxLen                   ///9*3 – 10 = 17

  // super page, including 1GB and 2MB page
  val SPTagLen = vpnnLen * 2                                    /// SPTagLen=18，2^18=256K，4KB*256K=1024MB=1GB
```

```
  // miss queue
  val MissQueueSize = l2tlbParams.ifilterSize + l2tlbParams.dfilterSize        /// ifilterSize=4，dfilterSize=8
  val MemReqWidth = l2tlbParams.llptwsize + 1                                  /// llptwsize=6
  val FsmReqID = l2tlbParams.llptwsize
  val bMemID = log2Up(MemReqWidth)

  def genPtwL2Idx (vpn: UInt) = { (vpn(vpnLen - 1, vpnnLen))(PtwL2IdxLen - 1, 0) }
  def genPtwL2SectorIdx (vpn: UInt) = { genPtwL2Idx(vpn)(PtwL2SectorIdxLen - 1, 0) }
  def genPtwL2SetIdx (vpn: UInt) = { genPtwL2Idx(vpn)(PtwL2SetIdxLen + PtwL2SectorIdxLen - 1, PtwL2SectorIdxLen) }
  def genPtwL3Idx (vpn: UInt) = { vpn(PtwL3IdxLen - 1, 0) }
  def genPtwL3SectorIdx ( vpn: UInt) = { genPtwL3Idx(vpn)(PtwL3SectorIdxLen - 1, 0) }
  def dropL3SectorBits (vpn: UInt) = { vpn (vpn.getWidth-1, PtwL3SectorIdxLen) }
  def genPtwL3SetIdx (vpn: UInt) = { genPtwL3Idx(vpn)(PtwL3SetIdxLen + PtwL3SectorIdxLen - 1, PtwL3SectorIdxLen) }
  def MakeAddr (ppn: UInt, off: UInt) = {
    require(off.getWidth == 9)
    Cat(ppn, off, 0.U(log2Up(XLEN/8).W))(PAddrBits-1, 0)      ///拼接虚存页面号ppn和9位的off，末尾添3个0，再截取低36位。
  }
  def getVpnn (vpn: UInt, idx: Int): UInt = { vpn(vpnnLen*(idx+1)-1, vpnnLen*idx) }
  def getVpnClip (vpn: UInt, level: Int) = {
    // level 0   /* vpnn2 */
    // level 1   /* vpnn2 * vpnn1 */
    // level 2   /* vpnn2 * vpnn1 * vpnn0*/
    vpn(vpnLen - 1, (2 - level) * vpnnLen)
  }
  def get_next_line (vpn: UInt) = { Cat(dropL3SectorBits(vpn) + 1.U, 0.U(PtwL3SectorIdxLen.W)) }
  def same_l2entry (vpn1: UInt, vpn2: UInt) = { vpn1(vpnLen-1, vpnnLen) === vpn2(vpnLen-1, vpnnLen) }
  def from_pre (source: UInt) = { (source === prefetchID.U) }
  def sel_data (data: UInt, index: UInt): UInt = {
    val inner_data = data.asTypeOf(Vec(data.getWidth / XLEN, UInt(XLEN.W)))
    inner_data(index)
  }
  // vpn1 and vpn2 is at same cacheline
  def dup (vpn1: UInt, vpn2: UInt): Bool = { dropL3SectorBits(vpn1) === dropL3SectorBits(vpn2) }
}   ///end trait HasPtwConst

abstract class PtwBundle(implicit p: Parameters) extends XSBundle with HasPtwConst
```

注意抽象类 PtwBundle 是 with HasPtwConst，而 HasPtwConst 是对 HasTlbConst 的扩充，所以 PtwBundle 继承了上面定义的所有常数和方法。在此基础上，页面表项 PTE 即 PteBundle 的定义是这样：

```
class PteBundle(implicit p: Parameters) extends PtwBundle{      ///64位的PTE
  val reserved = UInt(pteResLen.W)              ///在64位的芯片上，64-44-2-8=10，所以pteResLen = 10，即保留10位。
  val ppn_high = UInt(ppnHignLen.W)             ///44-24=20位，这是用于第一层映射的物理页面号，即PPN[1]。
  val ppn = UInt(ppnLen.W)                      ///24位，这是目标物理页面号或下一层映射表所在的物理页面号。
  val rsw = UInt(2.W)                           ///2位，留给操作系统使用
```

```
  val perm = new Bundle {  ///8位
    val d  = Bool()          ///Dity位，表示本PTE所指页面(或次层页面表)已经被写脏。
    val a  = Bool()          ///Access位，表示本PTE所指页面(或次层页面表)曾经被访问
    val g  = Bool()          ///表示本PTE所指页面(或次层页面表)属于公共，而不是属于具体地址空间，故与asid无关。
    val u  = Bool()          ///表示本PTE可在User模式下访问
    val x  = Bool()          ///本PTE所指页面可执行。如果x/w/r三位均为0，则表示本PTE指向下一层页面表，而非页面。
    val w  = Bool()          ///本PTE所指页面可写
    val r  = Bool()          ///本PTE所指页面可读
    val v  = Bool()          ///Valid位，表示本PTE有效
  }  ///以上10+20+24+2+8=64位，这就是一个PTE，但与Sv39有所不同，把PPN的三段26+9+9改成了两段20+24。

  def unaligned (level: UInt) = {
    isLeaf() && !(level === 2.U || level === 1.U &&
                  ppn(vpnnLen-1, 0) === 0.U || level === 0.U && ppn(vpnnLen*2-1, 0) === 0.U)
  }

  def isPf(level: UInt) = { !perm.v || (!perm.r && perm.w) || unaligned(level) }

  // paddr of Xiangshan is 36 bits but ppn of sv39 is 44 bits
  // access fault will be raised when ppn >> ppnLen is not zero
  def isAf() = { !(ppn_high === 0.U) }

  def isLeaf() = { perm.r || perm.x || perm.w }        ///三者全为0表示是中间节点，有一位非0即为叶节点。

  def getPerm() = {
    val pm = Wire(new PtePermBundle)       ///就是perm中除v以外的7位
    pm.d := perm.d
    pm.a := perm.a
    pm.g := perm.g
    pm.u := perm.u
    pm.x := perm.x
    pm.w := perm.w
    pm.r := perm.r
    pm
  }
}  ///end class PteBundle
```

PteBundle 就是 64 位 TLB 中的表项 PTE，PtwEntry 则是 PTW 中的表项：

```
class PtwEntry (tagLen: Int, hasPerm: Boolean = false, hasLevel: Boolean = false)(implicit p: Parameters) extends PtwBundle {
  val tag = UInt(tagLen.W)                                         ///这是用来比对的，tagLen为构造参数。
  val asid = UInt(asidLen.W)                                       ///这是所属的地址空间（即进程）号
  val ppn = UInt(ppnLen.W)                                         ///所在物理页面
  val perm = if (hasPerm) Some(new PtePermBundle) else None        ///访问权限，g/a/d/u/x/w/r
    ///PteBundle中的核心信息就是其ppn和perm，其余reserved保留不用，ppn_high基本无用，rsw留给操作系统使用；
    ///所以PtwEntry内部实质上含有PteBundle的信息，从PtwEntry可以生成出PteBundle。
```

```
val level = if (hasLevel) Some(UInt(log2Up(Level).W)) else None          ///PTE分三层，PTW也一样。
val prefetch = Bool()
val v = Bool()                                                           ///本项有效（valid）

def is_normalentry(): Bool = { if (!hasLevel) true.B else level.get === 2.U }

def genPPN (vpn: UInt): UInt = {             ///获取虚存页面号所映射的物理页面号
  if (!hasLevel) ppn
  else MuxLookup (level.get, 0.U, Seq(
        0.U -> Cat(ppn (ppn.getWidth-1, vpnnLen*2), vpn(vpnnLen*2-1, 0)),       ///顶层
        1.U -> Cat(ppn (ppn.getWidth-1, vpnnLen), vpn(vpnnLen-1, 0)),           ///中间层
        2.U -> ppn)                                                             .///底层
  )
}

def hit (vpn: UInt, asid: UInt, allType: Boolean = false, ignoreAsid: Boolean = false) = {   ///给定vpn是否与本PtwEntry相符
  require(vpn.getWidth == vpnLen)
  val asid_hit = if (ignoreAsid) true.B else (this.asid === asid)                ///asid相符
  if (allType) {   ///如果调用参数allType指定须全面相符：
    require(hasLevel)
    val hit0 = tag(tagLen - 1, vpnnLen*2) === vpn(tagLen - 1, vpnnLen*2)          ///顶层命中（相符）
    val hit1 = tag(vpnnLen*2 - 1, vpnnLen) === vpn(vpnnLen*2 - 1, vpnnLen)        ///中间层命中
    val hit2 = tag(vpnnLen - 1, 0) === vpn(vpnnLen - 1, 0)                        ///底层命中

    asid_hit && Mux(level.getOrElse(0.U) === 2.U, hit2 && hit1 && hit0,
                                                  Mux(level.getOrElse(0.U) === 1.U, hit1 && hit0, hit0))
  } else if (hasLevel) {   ///如果未指定全面相符，但PTW分层：
    val hit0 = tag(tagLen - 1, tagLen - vpnnLen) === vpn(vpnLen - 1, vpnLen - vpnnLen)
    val hit1 = tag(tagLen - vpnnLen - 1, tagLen - vpnnLen * 2) === vpn(vpnLen - vpnnLen - 1, vpnLen - vpnnLen * 2)

    asid_hit && Mux(level.getOrElse(0.U) === 0.U, hit0, hit0 && hit1)
  } else {
    asid_hit && tag === vpn(vpnLen - 1, vpnLen - tagLen)          ///如果不分层，那就是asid相符且vpn相符
  }
}  ///end hit()

def refill (vpn: UInt, asid: UInt, pte: UInt, level: UInt = 0.U, prefetch: Bool, valid: Bool = false.B) {    ///填写本PtwEntry各个字段
  require(this.asid.getWidth <= asid.getWidth)              // maybe equal is better, but ugly outside

  tag := vpn(vpnLen - 1, vpnLen - tagLen)                   ///以给定vpn的最高tagLen位作为tag，写入本PtwEntry。
  ppn := pte.asTypeOf(new PteBundle().cloneType).ppn        ///将给定pte这个UInt看成一个PteBundle，取其ppn位段。
  perm.map(_ := pte.asTypeOf(new PteBundle().cloneType).perm) ///取其perm字段，写入本PtwEntry的perm字段。
      ///PteBundle中的核心信息就是其ppn和perm，所以PtwEntry实质上含有PteBundle的信息。
  this.asid := asid                                         ///将给定的参数asid写入本PtwEntry的asid字段
  this.prefetch := prefetch
  this.v := valid                                           ///将给定的参数valid写入本PtwEntry的v标志位
```

```
    this.level.map(_ := level)
  }  ///end refill()，以vpn的最高位段为tag，将给定pte（64位的PteBundle）的内容写入本PtwEntry。

  def genPtwEntry (vpn: UInt, asid: UInt, pte: UInt, level: UInt = 0.U, prefetch: Bool, valid: Bool = false.B) = {
    val e = Wire(new PtwEntry(tagLen, hasPerm, hasLevel))   ///按给定参数创建一个空白的PtwEntry
    e.refill(vpn, asid, pte, level, prefetch, valid)          ///填写这个空白的PtwEntry，见上。
    e                                                         ///返回填写好的PtwEntry
  }  ///根据给定的PTE和别的参数生成一个PtwEntry。但是这个函数未见受到调用。
}  ///end class PtwEntry
```

PteBundle 和 PtwEntry 是 TLB 和 PTW 中的基本信息单元，现在这里提一下，后面用到时就不再解释了。

在 PteBundle 和 PtwEntry 的基础上，香山的代码中为 TLB 和 PTW 的外部接口定义了许多不同的 Bundle 和 class，这些 Bundle 或 class 各不相同，实际上互相之间只有细微的差别，看了也记不住。所以这里把 TLB 和 PTW 中用到的这些 Bundle 和 class 逐层展开列在一起，让读者有个总体上的感觉。

先看 TLB：

```
TLB
  io = TlbIO
    requestor = Vec(Width, Flipped(new TlbRequestIO(nRespDups)))
      req = DecoupledIO(new TlbReq)
        vaddr = Output(UInt(VAddrBits.W))
        cmd = Output(TlbCmd())
        memidx = Output(new MemBlockidxBundle)
          is_ld，is_st，idx
      resp = Flipped(DecoupledIO(new TlbResp(nRespDups)))
        paddr = Vec(nDups, Output(UInt(PAddrBits.W)))
        excp = Vec(nDups, TlbExceptionBundle())
    ptw = new TlbPtwIOwithMemIdx(Width)
        req = Vec(Width, DecoupledIO(new PtwReqwithMemIdx))
          extends PtwReq
            vpn = UInt(vpnLen.W)
          memidx = new MemBlockidxBundle
        resp = Flipped(DecoupledIO(new PtwSectorRespwithMemIdx))
          extends PtwSectorResp
            entry = new PtwSectorEntry(tagLen = sectorvpnLen, hasPerm = true, hasLevel = true)
              extends PtwEntry
              override val ppn = UInt(sectorppnLen.W)
          memidx = new MemBlockidxBundle
    refill_to_mem = Output(new TlbRefilltoMemIO())
      memidx = new MemBlockidxBundle
    ptw_replenish = Vec(tlbcontiguous, Input(new PMPConfig()))
    replace = if (q.outReplace) Flipped(new TlbReplaceIO(Width, q)) else null
      normalPage = new ReplaceIO(Width, q.normalNSets, q.normalNWays)
        access = Vec(Width, Flipped(new ReplaceAccessBundle(nSets, nWays)))
          sets = Output(UInt(log2Up(nSets).W))
          touch_ways = ValidIO(Output(UInt(log2Up(nWays).W)))
```

```
    superPage = new ReplaceIO(Width, q.superNSets, q.superNWays)
  pmp = Vec(Width, ValidIO(new PMPReqBundle()))
```

这里 TlbIO 中最重要的就是 requestor 这个 Bundle，这就是 TlbRequestIO：

```
abstract class TlbBundle(implicit p: Parameters) extends XSBundle with HasTlbConst
abstract class TlbModule(implicit p: Parameters) extends XSModule with HasTlbConst

class TlbRequestIO(nRespDups: Int = 1)(implicit p: Parameters) extends TlbBundle {
  val req = DecoupledIO(new TlbReq)                                  ///对TLB的地址转换请求
  val req_kill = Output(Bool())
  val resp = Flipped(DecoupledIO(new TlbResp(nRespDups)))            ///TLB的转换结果
}
```

这里的关键当然是 req 和 resp：

```
class TlbReq(implicit p: Parameters) extends TlbBundle {
  val vaddr = Output(UInt(VAddrBits.W))                              ///给定的虚存地址
  val cmd = Output(TlbCmd())                                         ///read/write/exec/atom_read/atom_write
  val size = Output(UInt(log2Ceil(log2Ceil(XLEN/8)+1).W))
  val kill = Output(Bool())                    // Use for blocked tlb that need sync with other module like icache
  val memidx = Output(new MemBlockidxBundle)
  // do not translate, but still do pmp/pma check
  val no_translate = Output(Bool())
}

class TlbResp(nDups: Int = 1)(implicit p: Parameters) extends TlbBundle {
  val paddr = Vec(nDups, Output(UInt(PAddrBits.W)))          ///所映射的物理地址
  val miss = Output(Bool())                                  ///无映射
  val fast_miss = Output(Bool())          // without sram part for timing optimization
  val excp = Vec(nDups, new Bundle {                         ///映射过程中发生异常
    val pf = new TlbExceptionBundle()
    val af = new TlbExceptionBundle()
  })
  val static_pm = Output(Valid(Bool()))   // valid for static, bits for mmio result from normal entries
  val ptwBack = Output(Bool())            // when ptw back, wake up replay rs's state
  val memidx = Output(new MemBlockidxBundle)
}
```

再看 PTW：

```
PTW
  io = IO(new PTWIO)
    req
      req_info = new L2TlbInnerBundle()
        extends PtwReq
```

```
            vpn = UInt(vpnLen.W)
        l1Hit = Bool()
        ppn = UInt(ppnLen.W)
    resp
        source = UInt(bSourceWidth.W)
        resp = new PtwMergeResp
            entry = Vec(tlbcontiguous, new PtwMergeEntry(tagLen = sectorvpnLen, hasPerm = true, hasLevel = true))
                extends PtwSectorEntry(tagLen, hasPerm, hasLevel)
                    extends PtwEntry(tagLen, hasPerm, hasLevel)
            pteidx = Vec(tlbcontiguous, Bool())
    llptw = DecoupledIO(new LLPTWInBundle())
        req_info = Output(new L2TlbInnerBundle())
            extends PtwReq
        ppn = Output(UInt(PAddrBits.W))
    mem
        req = DecoupledIO(new L2TlbMemReqBundle())
            addr = UInt(PAddrBits.W)
            id = UInt(bMemID.W)
        resp = Flipped(ValidIO(UInt(XLEN.W)))
        mask = Input(Bool())}
    refill
        req_info = new L2TlbInnerBundle()
            extends PtwReq
        level = UInt(log2Up(Level).W) })
```

除 TLB 和 PTW 之外，还有个模块 L2TLB，这是 PTE 的二级缓存，对于一级缓存 TLB 而言就是 PTW：

```
L2TLBImp
  Io = L2TLBIO
    tlb = Vec(PtwWidth, Flipped(new TlbPtwIO))
      req = Vec(Width, DecoupledIO(new PtwReq))
        vpn = UInt(vpnLen.W)
      resp = Flipped(DecoupledIO(new PtwSectorResp))
        entry = new PtwSectorEntry(tagLen = sectorvpnLen, hasPerm = true, hasLevel = true)
          extends PtwEntry(tagLen, hasPerm, hasLevel)
          override val ppn = UInt(sectorppnLen.W)
    sfence = Input(new SfenceBundle)
```

L2TLB 的外部接口上有个 tlb，但是既然对这个 tlb 的 req 是 PtwReq，其回应 resp 又最终是 PtwEntry，那它就是个 PTW 了。事实上，L2TLB 是 TLB 与 PTW 之间的中间层，所以从 TLB 看来这就是 PTW，而从 PTW 看来这又是 TLB。如果说 TLB 是一级缓存，L2TLB 就是二级缓存，所以说是 L2。

对 PTW 而言，最关键的外部接口当然是 PtwReq 和 PtwResp：

```
abstract class PtwBundle(implicit p: Parameters) extends XSBundle with HasPtwConst
abstract class PtwModule(outer: L2TLB) extends LazyModuleImp(outer) with HasXSParameter with HasPtwConst
```

```
class PtwReq(implicit p: Parameters) extends PtwBundle {
  val vpn = UInt(vpnLen.W)
}

class PtwResp(implicit p: Parameters) extends PtwBundle {
  val entry = new PtwEntry(tagLen = vpnLen, hasPerm = true, hasLevel = true)          ///对于给定的vpn，返回一个PtwEntry。
  val pf = Bool()
  val af = Bool()

  def apply(pf: Bool, af: Bool, level: UInt, pte: PteBundle, vpn: UInt, asid: UInt) = {
    this.entry.level.map(_ := level)
    this.entry.tag := vpn
    this.entry.perm.map(_ := pte.getPerm())
    this.entry.ppn := pte.ppn
    this.entry.prefetch := DontCare
    this.entry.asid := asid
    this.entry.v := !pf
    this.pf := pf
    this.af := af
  }
}  ///end class PtwResp
```

上面的有些 Bundle 就是对前述 PtwEntry 直接或间接的扩充。

32.1 TLB 的实现

如前所述，是个以缓存为核心的硬件模块，这个模块原则上需要实现 RISC-V 指令手册第二卷中对于 PTE 作用的规定。

香山 SoC 上不是只有一个 TLB，而是取指令有 itlb，数据读写有 dtlb，而且 dtlb 又分 dtlb_ld 和 dtlb_st，还专门有个 dtlb_prefetch。其中 itlb 的类型就是 class TLB，dtlb 的类型则是 class TLBNonBlock，这是对 TLB 的扩充。TLB 和 TLBNonBlock（其实还有 TLBBlock）的类型说明是这样：

```
class TLB (Width: Int, nRespDups: Int = 1, Block: Seq[Boolean], q: TLBParameters)
                              (implicit p: Parameters) extends TlbModule with HasCSRConst with HasPerfEvents
class TLBNonBlock(Width: Int, nRespDups: Int = 1, q: TLBParameters)(implicit p: Parameters)
                                        extends TLB(Width, nRespDups, Seq.fill(Width)(false), q)
class TLBBLock(Width: Int, nRespDups: Int = 1, q: TLBParameters)(implicit p: Parameters)
                                        extends TLB(Width, nRespDups, Seq.fill(Width)(true), q)
```

在 class TLB 的定义中，构造参数 Width 表示 TLB 的宽度，即同时可以进行几路并行的地址映射；构造参数 Block 是个 Seq[Boolean]，实际上就是个位图，其中的每一位表示其中的一路地址映射是阻塞（Block）的还是不阻塞（NonBlock）的。从类型定义中可见，TLBBLock 和 TLBNonBlock 的唯一差别就是对参数 Block 所给的实参不同，前者是 Seq.fill(Width)(true)而后者是 Seq.fill(Width)(false)，所以前者是 Block 而后者是 NonBlock。

所谓阻塞就是如果在地址映射过程中发生缺页时就得等待把缺失的物理页面读进来之后再继续；不阻塞

则不等待，而是发起一次“缺页”异常。传统的 TLB 都是不阻塞的，如果缺页或无映射就发起缺页异常，由操作系统内核从内存读入所缺失的物理页面，或者如果尚无映射就为其分配一个物理页面并建立映射。显然，阻塞的 TLB 需要有复杂的硬件支持，而且也只能对付缺页，如果是无映射就仍只好能把问题上交给操作系统，因为要为一个虚存页面分配物理页面并建立映射这个处理太复杂了，并非硬件电路所能胜任。比无映射更麻烦的是：物理页面的内容不在内存中，而是已经被 swap 到了磁盘上，现在需要为其重新分配一个物理页面，再从磁盘读入这个页面的内容到所分配的物理页面中，并重新建立映射。

实际上，即使硬件能在页面缺失的情况下能从内存读入所缺失的物理页面，也不宜让其阻塞，因为阻塞就意味着流水线得要停下来等待，还不如不阻塞而发起一次缺页异常，虽然硬件能自动从内存调入缺失的页面映射，补上缺失的 PTE，因而操作系统不必处理从内存调入 PTE 的操作，但是如果碰上缺页甚至页面已被 swap 出去就无能为力了。

在香山的设计中，前端有前端的 TLB，那是用于取指的指令 TLB，即 itlb；数据读写有数据读写的 TLB，即 dtlb。前端 itlb 的创建是这样：

```
class FrontendImp (outer: Frontend) extends LazyModuleImp(outer) with HasXSParameter with HasPerfEvents {
  val io = IO(new Bundle() {
    …
    val ptw = new VectorTlbPtwIO(4)                    ///经过PTWRepeater或PTWFilter，最终通向L2TLB。
  }
  …

  val itlb = Module(new TLB(4, nRespDups = 1, Seq(true, true, false, true), itlbParams))
  itlb.io.requestor.take(3) zip icache.io.itlb foreach {case (a,b) => a <> b}
  itlb.io.requestor(3) <> ifu.io.iTLBInter              // mmio may need re-tlb, blocked
  itlb.io.base_connect(io.sfence, tlbCsr)
  io.ptw.connect (itlb.io.ptw)                          ///将itlb的ptw接口连到FrontendImp的ptw接口上，最终通向L2TLB。
  itlb.io.ptw_replenish <> DontCare
  itlb.io.flushPipe.map(_ := needFlush)
  …
}
```

用于数据读写的 TLB 则有多个，几个 dtlb 的创建是在 MemBlock 中：

```
class MemBlockImp(outer: MemBlock) extends LazyModuleImp(outer) with HasXSParameter … {
  …
  // dtlb
  val sfence = RegNext(RegNext(io.sfence))
  val tlbcsr = RegNext(RegNext(io.tlbCsr))
  val dtlb_ld = VecInit(Seq.fill(1){
    val tlb_ld = Module(new TLBNonBlock(exuParameters.LduCnt, 2, ldtlbParams))
    tlb_ld.io    // let the module have name in waveform
  })
  val dtlb_st = VecInit(Seq.fill(1){
    val tlb_st = Module(new TLBNonBlock(exuParameters.StuCnt, 1, sttlbParams))
    tlb_st.io    // let the module have name in waveform
  })
```

```
val dtlb_prefetch = VecInit(Seq.fill(1){
  val tlb_prefetch = Module(new TLBNonBlock(1, 2, pftlbParams))
  tlb_prefetch.io     // let the module have name in waveform
})
val dtlb = dtlb_ld ++ dtlb_st ++ dtlb_prefetch
val dtlb_reqs = dtlb.map(_.requestor).flatten
val dtlb_pmps = dtlb.map(_.pmp).flatten
dtlb.map(_.sfence := sfence)
dtlb.map(_.csr := tlbcsr)
dtlb.map(_.flushPipe.map(a => a := false.B)) // non-block doesn't need
if (refillBothTlb) {
  require(ldtlbParams.outReplace == sttlbParams.outReplace)
  require(ldtlbParams.outReplace)
  val replace = Module(new TlbReplace(exuParameters.LduCnt + exuParameters.StuCnt + 1, ldtlbParams))
  replace.io.apply_sep(dtlb_ld.map(_.replace) ++ dtlb_st.map(_.replace), io.ptw.resp.bits.data.entry.tag)
} else {
  if (ldtlbParams.outReplace) {
    val replace_ld = Module(new TlbReplace(exuParameters.LduCnt, ldtlbParams))
    replace_ld.io.apply_sep(dtlb_ld.map(_.replace), io.ptw.resp.bits.data.entry.tag)
  }
  if (sttlbParams.outReplace) {
    val replace_st = Module(new TlbReplace(exuParameters.StuCnt, sttlbParams))
    replace_st.io.apply_sep(dtlb_st.map(_.replace), io.ptw.resp.bits.data.entry.tag)
  }
}

val ptw_resp_next = RegEnable(io.ptw.resp.bits, io.ptw.resp.valid)
val ptw_resp_v = RegNext(io.ptw.resp.valid && !(sfence.valid && tlbcsr.satp.changed), init = false.B)
io.ptw.resp.ready := true.B

dtlb.flatMap(a => a.ptw.req).zipWithIndex.foreach{ case (tlb, i) =>
  tlb <> io.ptw.req(i)
  val vector_hit = if (refillBothTlb) Cat(ptw_resp_next.vector).orR
    else if (i < exuParameters.LduCnt) Cat(ptw_resp_next.vector.take(exuParameters.LduCnt)).orR
    else Cat(ptw_resp_next.vector.drop(exuParameters.LduCnt)).orR
  io.ptw.req(i).valid := tlb.valid && !(ptw_resp_v && vector_hit &&
                         ptw_resp_next.data.hit (tlb.bits.vpn, tlbcsr.satp.asid, allType = true, ignoreAsid = true))
}
dtlb.foreach(_.ptw.resp.bits := ptw_resp_next.data)
if (refillBothTlb) {
  dtlb.foreach(_.ptw.resp.valid := ptw_resp_v && Cat(ptw_resp_next.vector).orR)
} else {
  dtlb_ld.foreach(_.ptw.resp.valid := ptw_resp_v && Cat(ptw_resp_next.vector.take(exuParameters.LduCnt)).orR)
  dtlb_st.foreach(_.ptw.resp.valid := ptw_resp_v &&
                         Cat(ptw_resp_next.vector.drop(exuParameters.LduCnt).take(exuParameters.StuCnt)).orR)
```

```
    dtlb_prefetch.foreach(_.ptw.resp.valid := ptw_resp_v &&
                                          Cat(ptw_resp_next.vector.drop(exuParameters.LduCnt + exuParameters.StuCnt)).orR)
  }
  …
}
```

所以，dtlb 不是一个单一的 tlb，而是由 dtlb_ld、dtlb_st、dtlb_prefetch 等 3 个 tlb 共同组成的这三者都是 TLBNonBlock。

之所以要分成三个 TLB，应该是既要考虑时间上的冲突，又要考虑进程切换。试想，假定进程 P1 要往内存写一些数据，这些数据已经在存储队列中等待，但是此时发生了进程切换，当前进程换成了 P2。我们知道，每个进程都有自己的虚存地址空间和自己的虚存地址映射，既然发生了进程切换就得把 TLB 中的内容换成自己的虚存地址映射，然而还在存储队列中等待的数据怎么办？那些数据的虚存地址映射还是 P1 的。所以虚存地址的切换不可以立即发生，而要等待已经在队列中的数据都写出去了以后才可切换。可是新的当前进程 P2 可能也要存储自己的数据，也要向存储队列挂入自己的数据，那怎么办呢？这时候就要使用 fence 指令，先让已经在队列中的数据排空，然后切换 TLB 中的页面映射，这才可以把自己的数据挂入存储队列。对于存储队列是这样，对加载队列和预读队列也是这样；对内存是这样，对外设也是一样（因为是 MMIO，按内存统一编址）。进程的切换是在操作系统内核中进行的，内核会进行这些操作，而无需用户程序介入，fence 指令的定义和编码是这样：

```
fence pred, succ                                    # Fence(pred, succ)
0000 | pred | succ | 00000 | 000 | 00000 | 0001111
```

这里的 pred 和 succ 表示前后两个操作集合，表示这道“篱笆”是为什么操作而设。两个位段都是 4 位，即 iorw，分别表示外设的输入、输出，和内存的读、写。汇编程序中要是光说 fence，不给后面的操作集合代码，就表示 4 位全 1，那就是说本道“篱笆”既针对外设的输入和输出又针对内存的读和写。

但是对内存和外设的读、写、预读未必是在同一个时间点上完成的，有可能加载队列早已经是空的了，但存储队列中却还有好多数据在等待，这时候把三种情况下的 TLB 内容切换分开，就可以达到更精细的控制，使性能得到进一步的优化，尽管从原理上说把这三者合在同一个 TLB 中也是可以的。

不过虽然为三种情况下 TLB 内容的分开更换提供了条件，却也并不非得要分开，所以芯片参数中有一项 refillBothTlb，让设计者选择设置。

在深入到 TLB 的代码前，我们先看一下它的外部接口 TlbIO：

```
class TlbIO(Width: Int, nRespDups: Int = 1, q: TLBParameters)(implicit p: Parameters) extends MMUIOBaseBundle {
  val requestor = Vec(Width, Flipped(new TlbRequestIO(nRespDups)))                ///与地址映射请求者之间的接口
  val flushPipe = Vec(Width, Input(Bool()))
  val ptw = new TlbPtwIOwithMemIdx(Width)                                          ///与下层PTW之间的接口
  val refill_to_mem = Output(new TlbRefilltoMemIO())
  val ptw_replenish = Input(new PMPConfig())
  val replace = if (q.outReplace) Flipped(new TlbReplaceIO(Width, q)) else null    ///需要更换PTE表项
  val pmp = Vec(Width, ValidIO(new PMPReqBundle()))
}
```

其中的 requestor 表示是与请求者之间的接口，其类型为 TlbRequestIO：

```
class TlbRequestIO(nRespDups: Int = 1)(implicit p: Parameters) extends TlbBundle {
  val req = DecoupledIO(new TlbReq)
  val req_kill = Output(Bool())                                    ///请求作废
  val resp = Flipped(DecoupledIO(new TlbResp(nRespDups)))
}
```

下面就是 TLB 本身的代码：

```
[XSCoreBase > Frontend > FrontendImp > TLB]
/** TLB module
  * support block request and non-block request io at the same time
  * return paddr at next cycle, then go for pmp/pma check
  * @param Width: The number of requestors
  * @param Block: Blocked or not for each requestor ports
  * @param q: TLB Parameters, like entry number, each TLB has its own parameters
  * @param p: XiangShan Paramemters, like XLEN
  */
@chiselName
class TLB (Width: Int, nRespDups: Int = 1, Block: Seq[Boolean], q: TLBParameters)
                    (implicit p: Parameters) extends TlbModule with HasCSRConst with HasPerfEvents{
  val io = IO(new TlbIO(Width, nRespDups, q))
  val req = io.requestor.map(_.req)                 ///io.requestor 是个向量，所以 req 也是向量。
  val resp = io.requestor.map(_.resp)               ///resp 也是一样
  val ptw = io.ptw
  val pmp = io.pmp
  val refill_to_mem = io.refill_to_mem

  /** Sfence.vma & Svinval
    * Sfence.vma will 1. flush old entries 2. flush inflight 3. flush pipe
    * Svinval will 1. flush old entries 2. flush inflight
    * So, Svinval will not flush pipe, which means it should not drop reqs from pipe and should return right resp
    */
  val sfence = DelayN(io.sfence, q.fenceDelay)
  val csr = io.csr
  val satp = DelayN(io.csr.satp, q.fenceDelay)      ///CSR 中的寄存器 satp，Supervisor Address Translation and Protection。
  val flush_mmu = DelayN(sfence.valid || csr.satp.changed, q.fenceDelay)
                                                    ///在两种情况下要 flush_mmu，即 sfence.valid 和 csr.satp.changed。
  val mmu_flush_pipe = DelayN(sfence.valid && sfence.bits.flushPipe, q.fenceDelay)   // for svinval, won't flush pipe
  val flush_pipe = io.flushPipe

  // ATTENTION: csr and flush from backend are delayed. csr should not be later than flush.
  // because, csr will influence tlb behavior.
  val ifecth = if (q.fetchi) true.B else false.B
  val mode = if (q.useDmode) csr.priv.dmode else csr.priv.imode
  val vmEnable = if (EnbaleTlbDebug) (satp.mode === 8.U) else (satp.mode === 8.U && (mode < ModeM))
          ///satp.mode === 8, Sv39: Page-based 39-bit virtual addressing，在机器模式 ModeM 下不采用虚存。
```

```
val portTranslateEnable = (0 until Width).map(i => vmEnable && !req(i).bits.no_translate)

val req_in = req
val req_out = req.map(a => RegEnable(a.bits, a.fire()))                ///req_out 其实是 req 输入，只不过是寄存器输出。
val req_out_v = (0 until Width).map(i => ValidHold(req_in(i).fire && !req_in(i).bits.kill, resp(i).fire, flush_pipe(i)))

val refill = ptw.resp.fire() && !flush_mmu && vmEnable                 ///TLB 的 refill 请求源自 ptw
refill_to_mem.valid := refill                                          ///对 MemBlock 提出 refill 请求
refill_to_mem.memidx := ptw.resp.bits.memidx                           ///memidx 由 ptw 提供

val entries = Module(new TlbStorageWrapper(Width, q, nRespDups))      ///entries 是个宽度为 width 的 TlbStorageWrapper
entries.io.base_connect(sfence, csr, satp)                             ///连接好 TlbStorageWrapper 的外部接口
                                                                       ///缓存模块 entries 是 TLB 的核心
if (q.outReplace) { io.replace <> entries.io.replace }                 ///将 TLB 的 replace 连到 TlbStorageWrapper 的 replace
for (i <- 0 until Width) {
  entries.io.r_req_apply(io.requestor(i).req.valid, get_pn(req_in(i).bits.vaddr), i)    ///把来自 req 的 vpn 连接到 entries 的接口
  entries.io.w_apply(refill, ptw.resp.bits, io.ptw_replenish)                           ///对 TlbStorageWrapper 的写入来自 ptw
}

// read TLB, get hit/miss, paddr, perm bits
val readResult = (0 until Width).map(TLBRead(_))        /// TLBRead()见后，多路同时从缓存模块 entries 读出。
val hitVec = readResult.map(_._1)                       ///hit，宽度为 Width 的 hit 位图。
val missVec = readResult.map(_._2)                      ///miss
val pmp_addr = readResult.map(_._3)                     ///pmp_paddr，长度为 Width 的物理地址向量。
val static_pm = readResult.map(_._4)                    ///static_pm
val static_pm_v = readResult.map(_._5)                  ///static_pm_valid
val perm = readResult.map(_._6)                         ///perm，长度为 Width 的 perm 向量。
                                                              ///映射结果已在 TLBRead()中返回

// check pmp use paddr (for timing optization, use pmp_addr here)
// check permisson
(0 until Width).foreach{i =>
  pmp_check(pmp_addr(i), req_out(i).size, req_out(i).cmd, i)                  /// pmp_addr 是 entries 发回的物理地址
  for (d <- 0 until nRespDups) {
    perm_check (perm(i)(d), req_out(i).cmd, static_pm(i), static_pm_v(i), i, d)          ///检查对页面的访问权限
  }
}  ///对每一路映射所得的物理区间都要进行硬件存储权限检验即 pmp_check；
   ///同时对每一路地址转换都要进行 RISC-V 指令手册第 2 卷中规定的访问权限检验 perm_check。

// handle block or non-block io
// for non-block io, just return the above result, send miss to ptw                       ///见 handle_nonblock()
// for block io, hold the request, send miss to ptw, when ptw back, return the result      ///见 handle_block()
(0 until Width) foreach {i => if (Block(i)) handle_block(i) else handle_nonblock(i) }       ///handle_block()或 handle_nonblock()
      ///根据构造参数 Block，对 TLB 的每一路分别调用 handle_block()或 handle_nonblock()。
io.ptw.resp.ready := true.B
```

```
/*********************** main body above | method/log/perf below ***************************/
def TLBRead (i: Int) = {          ///首先是从 entries 中读出地址映射，参数 i 表示这是 Width 路 TlbStorageWrapper 中的哪一路
  val (e_hit, e_ppn, e_perm, e_super_hit, e_super_ppn, static_pm) = entries.io.r_resp_apply(i)    ///前缀 e 表示来自 entries
              ///从 entries 中读出，这是走的"大路"。这里 e_super_hit 和 e_super_ppn 是针对超大页面 supperpage 的。
  val (p_hit, p_ppn, p_perm) = ptw_resp_bypass(get_pn(req_in(i).bits.vaddr))   ///也可能从 ptw 抄近路，前缀 p 表示来自 ptw。
              ///或许 entries 正在从 ptw 装载这个表项，那就可以抄一下近路。
  val enable = portTranslateEnable(i)

  val hit = e_hit || p_hit
  val miss = !hit && enable
  val fast_miss = !(e_super_hit || p_hit) && enable
  hit.suggestName(s"hit_read_${i}")
  miss.suggestName(s"miss_read_${i}")

  val vaddr = SignExt(req_out(i).vaddr, PAddrBits)          ///将映射请求中的虚存地址 vaddr 扩展到物理地址的长度
  resp(i).bits.miss := miss                                 ///这是在 io.requestor 接口上通过 TlbResp 发出的回应
  resp(i).bits.fast_miss := fast_miss                       ///resp 就是 TLB 在 io.requestor 接口上的 resp 输出
  resp(i).bits.ptwBack := ptw.resp.fire()
  resp(i).bits.memidx := RegNext (req_in(i).bits.memidx)

  val ppn = WireInit(VecInit(Seq.fill(nRespDups)(0.U(ppnLen.W))))
  val perm = WireInit(VecInit(Seq.fill(nRespDups)(0.U.asTypeOf(new TlbPermBundle))))
  for (d <- 0 until nRespDups) {
    ppn(d) := Mux(p_hit, p_ppn, e_ppn(d))                   ///物理页面号可以来自 entries，也可以来自 ptw，有一即可。
    perm(d) := Mux(p_hit, p_perm, e_perm(d))                ///访问权限 perm 也是一样，ppn+perm 就是 PTE 的核心内容
    val paddr = Cat(ppn(d), get_off(req_out(i).vaddr))      ///物理地址由 ppn 和 offset 两部分拼接而成
    resp(i).bits.paddr(d) := Mux(enable, paddr, vaddr)      ///在 io.requestor 接口上返回所映射的物理地址或原样返回 vaddr。
  }
  val pmp_paddr = Mux(enable,  Cat(Mux(p_hit,  p_ppn,  e_super_ppn),  get_off(req_out(i).vaddr)),  vaddr)
      ///如果 enable，pmp_paddr 就是拼接而成的物理地址，否则就是虚存地址。拼接时的 ppn 可以来自 ptw 或 entries。
  // pmp_paddr seems same to paddr functionally. It abandons normal_ppn for timing optimization.
  val static_pm_valid = !(e_super_hit || p_hit) && enable && q.partialStaticPMP.B
  (hit, miss, pmp_paddr, static_pm, static_pm_valid, perm)          ///函数的返回值
}  ///end TLBRead()，这就是把虚存地址映射成物理地址的过程；
  ///主要由 entries 即 TlbStorageWrapper 完成，但或许可以从 ptw 抄近路（bypass）。

def pmp_check(addr: UInt, size: UInt, cmd: UInt, idx: Int): Unit = {
  pmp(idx).valid := resp(idx).valid
  pmp(idx).bits.addr := addr
  pmp(idx).bits.size := size
  pmp(idx).bits.cmd := cmd
}
  ///PTE 的内容就是物理页面号加访问权限，所以对访问权限的检验是重要的一环：
def perm_check (perm: TlbPermBundle, cmd: UInt, spm: TlbPMBundle, spm_v: Bool, idx: Int, nDups: Int) = {
  // for timing optimization, pmp check is divided into dynamic and static
  // dynamic: superpage (or full-connected reg entries) -> check pmp when translation done
```

```
// static: 4K pages (or sram entries) -> check pmp with pre-checked results
val af = perm.af
val pf = perm.pf
val ldUpdate = !perm.a && TlbCmd.isRead(cmd) && !TlbCmd.isAmo(cmd)              // update A/D through exception
val stUpdate = (!perm.a || !perm.d) && (TlbCmd.isWrite(cmd) || TlbCmd.isAmo(cmd))  // update A/D through exception
    ///perm.a 表示 accesed，perm.d 表示 dirty；!perm.a 说明这是第一次访问这个页面。
val instrUpdate = !perm.a && TlbCmd.isExec(cmd)                               // update A/D through exception
val modeCheck = !(mode === ModeU && !perm.u || mode === ModeS && perm.u && (!io.csr.priv.sum || ifecth))
    ///csr.priv.sum 就是 mstatus 中的 SUM 控制位，在 ModeS 访问用户空间须经 SUM 位允许。
val ldPermFail = !(modeCheck && (perm.r || io.csr.priv.mxr && perm.x))
    ///mstatus 中的 MXR 控制位意为“Make eXecutable Readable”，把可执行的页面视同可读页面。
val stPermFail = !(modeCheck && perm.w)
val instrPermFail = !(modeCheck && perm.x)
val ldPf = (ldPermFail || pf) && (TlbCmd.isRead(cmd) && !TlbCmd.isAmo(cmd))
val stPf = (stPermFail || pf) && (TlbCmd.isWrite(cmd) || TlbCmd.isAmo(cmd))
val instrPf = (instrPermFail || pf) && TlbCmd.isExec(cmd)
val fault_valid = portTranslateEnable(idx)
resp(idx).bits.excp(nDups).pf.ld := (ldPf || ldUpdate) && fault_valid && !af          ///提出发起异常的请求
resp(idx).bits.excp(nDups).pf.st := (stPf || stUpdate) && fault_valid && !af
resp(idx).bits.excp(nDups).pf.instr := (instrPf || instrUpdate) && fault_valid && !af
// NOTE: pf need && with !af, page fault has higher priority than access fault but ptw may also have access fault,
// then af happens, the translation is wrong. In this case, pf has lower priority than af

resp(idx).bits.excp(nDups).af.ld := (af || (spm_v && !spm.r)) && TlbCmd.isRead(cmd) && fault_valid
resp(idx).bits.excp(nDups).af.st := (af || (spm_v && !spm.w)) && TlbCmd.isWrite(cmd) && fault_valid
resp(idx).bits.excp(nDups).af.instr := (af || (spm_v && !spm.x)) && TlbCmd.isExec(cmd) && fault_valid
resp(idx).bits.static_pm.valid := spm_v && fault_valid          // ls/st unit should use this mmio, not the result from pmp
resp(idx).bits.static_pm.bits := !spm.c
} ///end perm_check()，检查访问权限，如有冲突就报告异常；发起本次映射的模块会将其记入本指令的异常向量。
  ///这就是 RISC-V 指令手册第 2 卷中所述由 TLB 硬件保证的访问权限控制，如有冲突即发起异常。

def handle_nonblock(idx: Int): Unit = {      ///nonblock 表示在不命中时先发出回应，向 ptw 发出请求，但不等待其完成操作。
  io.requestor(idx).resp.valid := req_out_v(idx)
  io.requestor(idx).req.ready := io.requestor(idx).resp.ready     // should always be true
  XSError(!io.requestor(idx).resp.ready, s"${q.name} port ${idx} is non-block, resp.ready must be true.B")

  val ptw_just_back = ptw.resp.fire && ptw.resp.bits.entry.hit (get_pn(req_out(idx).vaddr), asid = io.csr.satp.asid, allType = true)
                                                     ///恰好有符合命中要求的结果从 ptw 发回
  io.ptw.req(idx).valid := RegNext(req_out_v(idx) && missVec(idx) && !ptw_just_back, false.B)  ///因不命中而向 ptw 发请求。
                                                     // TODO: remove the regnext, timing
  when (RegEnable(io.requestor(idx).req_kill, RegNext(io.requestor(idx).req.fire))) { io.ptw.req(idx).valid := false.B }
                                                     ///既然要撤回转换要求，就终止对 ptw 的请求
  io.ptw.req(idx).bits.vpn := RegNext (get_pn(req_out(idx).vaddr))          ///只是向 ptw 发送请求，但不等待其返回。
  io.ptw.req(idx).bits.memidx := RegNext(req_out(idx).memidx)              ///向 ptw 发送请求的内容就是 vpn+ memidx
} ///end handle_nonblock()，non-block 就是 TLB 中有什么返回什么，不命中就向 ptw 发出请求，但不等待其返回。
```

```
def handle_block(idx: Int): Unit = {              ///block 表示在不命中时暂不发出回应，把信息发给 ptw，并等待 ptw 完成操作。
  // three valid: 1.if exist a entry; 2.if sent to ptw; 3.unset resp.valid
  io.requestor(idx).req.ready := !req_out_v(idx) || io.requestor(idx).resp.fire()
  // req_out_v for if there is a request, may long latency, fixme

  // miss request entries
  val miss_req_vpn = get_pn(req_out(idx).vaddr)                    ///从虚存地址中摘取虚存页面号 vpn
  val miss_req_memidx = req_out(idx).memidx
  val hit = io.ptw.resp.bits.entry.hit (miss_req_vpn, io.csr.satp.asid, allType = true) && io.ptw.resp.valid

  val new_coming = RegNext(req_in(idx).fire && !req_in(idx).bits.kill && !flush_pipe(idx), false.B)
  val miss_wire = new_coming && missVec(idx)
  val miss_v = ValidHoldBypass (miss_wire, resp(idx).fire(), flush_pipe(idx))
  val miss_req_v = ValidHoldBypass (miss_wire || (miss_v && flush_mmu && !mmu_flush_pipe),
                                    io.ptw.req(idx).fire() || resp(idx).fire(), flush_pipe(idx))

  // when ptw resp, check if hit, reset miss_v, resp to lsu/ifu
  resp(idx).valid := req_out_v(idx) && !(miss_v && portTranslateEnable(idx))      ///resp 是 TLB 外部接口上的 requestor.resp
                                                                                  ///没有 miss，那就是命中，那就有输出。
  when (io.ptw.resp.fire() && hit && req_out_v(idx) && portTranslateEnable(idx)) {       ///从 pew 返回的结果命中：
    val pte = io.ptw.resp.bits                                  ///由 ptw 返回的内容就是一个 PTE
    resp(idx).valid := true.B
    resp(idx).bits.miss := false.B          // for blocked tlb, this is useless
    for (d <- 0 until nRespDups) {                              ///在 TLB 的 requestor 接口上返回所映射的物理地址：
      resp(idx).bits.paddr(d) := Cat(pte.entry.genPPN(get_pn(req_out(idx).vaddr)), get_off(req_out(idx).vaddr))
      perm_check(pte, req_out(idx).cmd, 0.U.asTypeOf(new TlbPMBundle), false.B, idx, d)      ///进行访问权限检验
    }
    pmp_check(resp(idx).bits.paddr(0), req_out(idx).size, req_out(idx).cmd, idx)                ///并进行硬件存储权限检验
    // NOTE: the unfiltered req would be handled by Repeater
  }  ///end when，这是从 ptw 发回结果并且命中时的处理
  assert(RegNext(!resp(idx).valid || resp(idx).ready, true.B), "when tlb resp valid, ready should be true, must")
  assert(RegNext(req_out_v(idx) || !(miss_v || miss_req_v), true.B), "when not req_out_v, should not set miss_v/miss_req_v")

  val ptw_req = io.ptw.req(idx)                               ///准备向 ptw 发出表项加载请求：
  ptw_req.valid := miss_req_v                                 /// miss_req_v 为 true 时向 ptw 发出请求
  ptw_req.bits.vpn := miss_req_vpn                            ///要求装载实现虚存页面号 vpn 映射的 PTE
  ptw_req.bits.memidx := miss_req_memidx

  // NOTE: when flush pipe, tlb should abandon last req
  // however, some outside modules like icache, dont care flushPipe, and still waiting for tlb resp
  // just resp valid and raise page fault to go through. The pipe(ifu) will abandon it.
  if (!q.outsideRecvFlush) {      ///q.outsideRecvFlush 是定义于 TLBParameters 中的一个参数，默认为 false：
    when (req_out_v(idx) && flush_pipe(idx) && portTranslateEnable(idx)) {   ///TlbIO 中的 flushPipe 是个 Bool 向量
      resp(idx).valid := true.B                               ///在 TLB 的 requestor 接口上发出回应
      for (d <- 0 until nRespDups) {
        resp(idx).bits.excp(d).pf.ld := true.B          // sfence happened, pf for not to use this addr
```

```
            resp(idx).bits.excp(d).pf.st := true.B
            resp(idx).bits.excp(d).pf.instr := true.B
          }
        }  ///end when
      }  ///end if
    }  ///end handle_block()，阻塞式的映射，就是映射不成功就一直等到成功才发回响应。不命中就向 ptw 发请求并等待返回。
      ///这里使 resp(idx).valid 变成 true 即发送回应的条件是：从 ptw 返回命中目标的结果，或者有 flushPipe 的要求。

    // when ptw resp, tlb at refill_idx maybe set to miss by force.
    // Bypass ptw resp to check.
    def ptw_resp_bypass(vpn: UInt) = {
      val p_hit = RegNext (ptw.resp.bits.entry.hit (vpn, io.csr.satp.asid, allType = true) && io.ptw.resp.fire)
      val p_ppn = RegEnable (ptw.resp.bits.entry.genPPN(vpn), io.ptw.resp.fire)
      val p_perm = RegEnable (ptwresp_to_tlbperm(ptw.resp.bits), io.ptw.resp.fire)
      (p_hit, p_ppn, p_perm)
    }  ///试图从 ptw 的回应中抽取信息，不等 ptw 返回的结果写入 TLB 的表项就抄近路先用起来。

    // assert
    for(i <- 0 until Width) {
      TimeOutAssert (req_out_v(i) && !resp(i).valid, timeOutThreshold, s"{q.name} port{i} long time no resp valid.")
    }
    ...        ///性能统计从略
  }  ///end class TLB
```

其实逻辑一点不复杂。根据输入虚存地址的 vpn，先从存储模块 entries 中读出并进行比对，如果相符就命中了。如果不命中，那就要向 ptw 发出加载请求，ptw 之于 TLB，就像 MSHR 和次层缓存之于 DCache。但是向 ptw 发出加载请求之余有两种选择，一种是不阻塞，立即就发出回应说不命中，让上层去想办法；另一种是阻塞，就是先不发出回应，等 ptw 解决了问题再发，除非上层要求 flushPipe。

但是显然 TLB 的虚存地址映射实际上是通过 entries 即 TlbStorageWrapper 实现的，这 entries 就是个实现着某种相关（associative）存储的缓存。不过在深入到 TlbStorageWrapper 的代码中之前先要看一下他的外部接口 TlbStorageWrapperIO：

```
class TlbStorageWrapperIO(ports: Int, q: TLBParameters, nDups: Int = 1)(implicit p: Parameters) extends MMUIOBaseBundle {
  val r = new Bundle {
    val req = Vec(ports, Flipped(DecoupledIO(new Bundle {
      val vpn = Output(UInt(vpnLen.W))
    })))                                          ///对TlbStorageWrapper即TLB的请求就是一个虚存页面号
    val resp = Vec(ports, ValidIO(new Bundle{
      val hit = Output(Bool())                          ///是否命中
      val ppn = Vec(nDups, Output(UInt(ppnLen.W)))      ///如果命中，则所映射的物理页面号。
      val perm = Vec(nDups, Output(new TlbPermBundle()))   ///以及对该物理页面的访问权限
      // below are dirty code for timing optimization
      val super_hit = Output(Bool())
      val super_ppn = Output(UInt(ppnLen.W))
      val spm = Output(new TlbPMBundle)
```

```
    }))                                                    ///TlbStorageWrapper的回应主要是hit和物理页面号ppn，及访问权限。
  }
  val w = Flipped(ValidIO(new Bundle {
    val data = Output(new PtwSectorResp)                   ///对TLB的写入就是来自PTW的PTE
    val data_replenish = Vec(tlbcontiguous, Output(new PMPConfig))
  }))
  val replace = if (q.outReplace) Flipped(new TlbReplaceIO(ports, q)) else null    ///对PTE的替换

  def r_req_apply (valid: Bool, vpn: UInt, i: Int): Unit = {                      ///把输入信号连接到这个模块上
    this.r.req(i).valid := valid
    this.r.req(i).bits.vpn := vpn
  }

  def r_resp_apply (i: Int) = {                                                   ///返回映射的结果
    (this.r.resp(i).bits.hit, this.r.resp(i).bits.ppn, this.r.resp(i).bits.perm,
                       this.r.resp(i).bits.super_hit, this.r.resp(i).bits.super_ppn, this.r.resp(i).bits.spm)
  }

  def w_apply (valid: Bool, data: PtwSectorResp, data_replenish: Seq[PMPConfig]): Unit = {
    this.w.valid := valid
    this.w.bits.data := data                                                      ///连接来自ptw的PtwSectorResp
    this.w.bits.data_replenish := data_replenish
  }                                                                               ///将来自PTW的PTE写入TLB
}  ///end class TlbStorageWrapperIO
```

我们在前面已经看到过一些被用作缓存的存储模块，对这个接口应该觉得并无什么特殊之处。接口上的 r 就是用于查询的接口，内含 req 和 resp；w 则是写入接口，用于对缓存表项的更新。而 replace 则是对整个表项的替换。另外这是对 MMUIOBaseBundle 的扩充：

```
class MMUIOBaseBundle(implicit p: Parameters) extends TlbBundle {
  val sfence = Input(new SfenceBundle)
  val csr = Input(new TlbCsrBundle)

  def base_connect(sfence: SfenceBundle, csr: TlbCsrBundle): Unit = {
    this.sfence <> sfence
    this.csr <> csr
  }

  // overwrite satp. write satp will cause flushpipe but csr.priv won't, satp will be dealyed several cycles from writing,
  // but csr.priv won't so inside mmu, these two signals should be divided
  def base_connect(sfence: SfenceBundle, csr: TlbCsrBundle, satp: TlbSatpBundle) = {
    this.sfence <> sfence
    this.csr <> csr
    this.csr.satp := satp
  }
}
```

这里提供的是对 sfence 和 csr 两个接口的连接。

下面就是 TlbStorageWrapper 的代码了：

```
[TLB > TlbStorageWrapper]
class TlbStorageWrapper (ports: Int, q: TLBParameters, nDups: Int = 1)(implicit p: Parameters) extends TlbModule {
  val io = IO(new TlbStorageWrapperIO(ports, q, nDups))                                    ///见前

// TODO: wrap Normal page and super page together, wrap the declare & refill dirty codes
  val normalPage = TlbStorage (parentName = q.name + "_np_storage", associative = q.normalAssociative,
                       ports = ports, nDups = nDups, nSets = q.normalNSets, nWays = q.normalNWays,
                       saveLevel = q.saveLevel, normalPage = true, superPage = false, useDmode = q.useDmode,
                       SoftTLB = coreParams.softTLB )             ///用于普通的4KB页面，以下称“普通页面表”。
  val superPage = TlbStorage (parentName = q.name + "_sp_storage", associative = q.superAssociative,
                       ports = ports, nSets = q.superNSets, nWays = q.superNWays, normalPage = q.normalAsVictim,
                       superPage = true, useDmode = q.useDmode, SoftTLB = coreParams.softTLB )   ///用于超大页面
        ///在TLBParameters中，normalNSets和superNSets都是1，但normalNWays=8而superNWays=2。
        ///可以用作TLB存储模块的不止一种，所以二者都通过object TlbStorage选定具体的TLB存储模块。
        ///以下称此二者为“普通页面表”和“超大页面表”，实际上是页面缓存表，注意区分真正的页面映射表。

  for (i <- 0 until ports) {
    normalPage.r_req_apply(valid = io.r.req(i).valid, vpn = io.r.req(i).bits.vpn, i = i )    ///建立对普通页面表的输入信号连接
    superPage.r_req_apply(valid = io.r.req(i).valid, vpn = io.r.req(i).bits.vpn, i = i )     ///建立对超大页面表的输入信号连接
  }   ///通过r_req_apply()实施映射，实际上就是连接好进行映射的电路。

  for (i <- 0 until ports) {
    val nq = normalPage.r.req(i)
    val np = normalPage.r.resp(i)
    val sq = superPage.r.req(i)
    val sp = superPage.r.resp(i)
    val rq = io.r.req(i)
    val rp = io.r.resp(i)
    rq.ready := nq.ready && sq.ready    // actually, not used
    rp.valid := np.valid && sp.valid     // actually, not used
    rp.bits.hit := np.bits.hit || sp.bits.hit                                   ///普通页面表命中或超大页面表命中
    for (d <- 0 until nDups) {
      rp.bits.ppn(d) := Mux(sp.bits.hit, sp.bits.ppn(0), np.bits.ppn(d))        ///超大页面表的输出superPage.r.resp优先
      rp.bits.perm(d) := Mux(sp.bits.hit, sp.bits.perm(0), np.bits.perm(d))
    }
    rp.bits.super_hit := sp.bits.hit
    rp.bits.super_ppn := sp.bits.ppn(0)
    rp.bits.spm := np.bits.perm(0).pm
    assert(!np.bits.hit || !sp.bits.hit || !rp.valid, s"${q.name} storage ports${i} normal and super multi-hit")
  }   ///end for

  normalPage.victim.in <> superPage.victim.out          ///对于因不命中而引起表项替换的victim，两个页面表是互通的。
  normalPage.victim.out <> superPage.victim.in
```

```
normalPage.sfence <> io.sfence
superPage.sfence <> io.sfence
normalPage.csr <> io.csr
superPage.csr <> io.csr

val normal_refill_idx = if (q.outReplace) {                    ///参数outReplace定义为false
  io.replace.normalPage.access <> normalPage.access
  io.replace.normalPage.chosen_set := get_set_idx (io.w.bits.data.entry.tag, q.normalNSets)
  io.replace.normalPage.refillIdx                    /// normal_refill_idx就是io.replace.normalPage.refillIdx
} else if (q.normalAssociative == "fa") {   ///如果普通页面表的相关方式是full associative（实际定义的是“sa”）：
  val re = ReplacementPolicy.fromString(q.normalReplacer, q.normalNWays)
  re.access(normalPage.access.map(_.touch_ways))
  re.way                                             /// normal_refill_idx就是re.way
} else {  // set-acco && plru          ///不是“fa”就是“sa”，即set associative：
  val re = ReplacementPolicy.fromString(q.normalReplacer, q.normalNSets, q.normalNWays)
  re.access(normalPage.access.map(_.sets), normalPage.access.map(_.touch_ways))
  re.way(get_set_idx(io.w.bits.data.entry.tag, q.normalNSets))          /// normal_refill_idx就是这个
}  ///end val normal_refill_idx

val super_refill_idx = if (q.outReplace) {
  io.replace.superPage.access <> superPage.access
  io.replace.superPage.chosen_set := DontCare
  io.replace.superPage.refillIdx
} else {
  val re = ReplacementPolicy.fromString(q.superReplacer, q.superNWays)
  re.access(superPage.access.map(_.touch_ways))
  re.way
}  ///end val super_refill_idx

normalPage.w_apply(
  valid = { if (q.normalAsVictim) false.B else io.w.valid && io.w.bits.data.entry.level.get === 2.U },
  wayIdx = normal_refill_idx,
  data = io.w.bits.data,
  data_replenish = io.w.bits.data_replenish
)                                          ///对普通页面表的外部连接，注意这是对函数的调用而不是定义。
superPage.w_apply(
  valid = { if (q.normalAsVictim) io.w.valid else io.w.valid && io.w.bits.data.entry.level.get =/= 2.U },
  wayIdx = super_refill_idx,
  data = io.w.bits.data,
  data_replenish = io.w.bits.data_replenish
)                                          ///对超大页面表的外部连接，注意这是对函数的调用而不是定义。

  // replacement
def get_access(one_hot: UInt, valid: Bool): Valid[UInt] = {
  val res = Wire(Valid(UInt(log2Up(one_hot.getWidth).W)))
  res.valid := Cat(one_hot).orR && valid
```

```
    res.bits := OHToUInt(one_hot)
    res
  }
}  ///end class TlbStorageWrapper
```

显然，所谓 Wrapper，是对 normalPage 和 superPage 这两个 TlbStorage 的包装。不过 TlbStorage 只是个总称，由 object TlbStorage 根据给定的参数创建出不同的具体类对象。如果给定的参数表示要创建的是 softTLB，即软件实现的 TLB，则创建的是 TLBFakeSP 和 TLBFakeNP，这里 SP 表示 superPage，NP 表示 normalPage。如果要创建的是硬件 TLB，那么不管是 normalPage 还是 superPage，创建的都是 TLBFA 或 TLBSA，这里 FA 意为 full associative，SA 意为 set associative。

下面是 object TlbStorage 的代码：

```
[TLB > TlbStorageWrapper > TlbStorage]
object TlbStorage {
  def apply (parentName: String, associative: String, ports: Int, nDups: Int = 1, nSets: Int, nWays: Int, saveLevel: Boolean = false,
              normalPage: Boolean, superPage: Boolean, useDmode: Boolean, SoftTLB: Boolean)(implicit p: Parameters) = {
    if (SoftTLB) {      ///软件TLB：
      if (superPage == true) {
        val storage = Module(new TLBFakeSP(ports, nSets, nWays, useDmode))
        storage.suggestName(s"${parentName}_fakesp")
        storage.io
      } else {
        val storage = Module(new TLBFakeNP(ports, nDups, nSets, nWays))
        storage.suggestName(s"${parentName}_fakenp")
        storage.io
      }
    } else {      ///硬件TLB:
      if (associative == "fa") {
        val storage = Module(new TLBFA(parentName, ports, nSets, nWays, saveLevel, normalPage, superPage))
        storage.suggestName(s"${parentName}_fa")          ///fa意为full associative
        storage.io
      } else {
        val storage = Module(new TLBSA(parentName, ports, nDups, nSets, nWays, normalPage, superPage))
        storage.suggestName(s"${parentName}_sa")          ///sa意为set associative
        storage.io
      }
    }
  }
}  ///end object TlbStorage
```

根据配置参数 SoftTLB 和调用参数 associative 的不同，每调用 object TlbStorage 一次就创建其中 4 种 storge 模块之一。从前面调用 object TlbStorage 的地方可以看到，创建 normalPage 时 associative 的实参是 q.normalAssociative，而创建 superPage 时的实参是 q.superAssociative。事实上，在 TLBParameters 中定义前者为“sa”而后者为“fa”。这是因为，超大页面因为很大，页面的数量就较少，可以采用 full associative；而普通页面数量庞大，就只好采用 set associative。

尽管这 4 种 storage 模块的内部结构有很大不同，但他们的外部接口是一样的，都是 TlbStorageIO，这与前面的 TlbStorageWrapperIO 挺接近（虽然构造界面不同），这里就不看了。

在相同的外部接口下面，四种不同 storage 有不同的构造。其中 TLBFakeSP 和 TLBFakeNP 用于 SoftTLB，即以软件实现的 TLB。从这两个名称上也可以看出这是 Fake，是虚假的 TLB，因为实际的 TLB 机制是硬件实现的。实际的应用中当然不会用软件实现地址映射，那样的效率根本无法接受，所以只能用于模拟，我们就不看了。这样还剩下 TLBFA 和 TLBSA，我们先看 TLBFA：

```
[XSCoreBase > Frontend > FrontendImp > TLB > TlbStorageWrapper > TlbStorage > TLBFA]
class TLBFA(parentName: String, ports: Int, nSets: Int, nWays: Int, saveLevel: Boolean = false,
                    normalPage: Boolean, superPage: Boolean)(implicit p: Parameters) extends TlbModule with HasPerfEvents {
  val io = IO(new TlbStorageIO (nSets, nWays, ports))                          ///与TlbStorageWrapperIO挺接近
  io.r.req.map(_.ready := true.B)

  val v = RegInit(VecInit(Seq.fill(nWays)(false.B)))                           ///v是个宽度为nWays的位图
  val entries = Reg(Vec(nWays, new TlbSectorEntry(normalPage, superPage)))     ///TlbSectorEntry向量，向量长度为nWays。
  val g = entries.map(_.perm.g)                                                ///g表示global

  for (i <- 0 until ports) {
    val req = io.r.req(i)                                                      ///外来的请求
    val resp = io.r.resp(i)                                                    ///对外的回应
    val access = io.access(i)

    val vpn = req.bits.vpn                                                     ///外来请求中的虚存页面号
    val vpn_reg = RegEnable (vpn, req.fire())
    val vpn_gen_ppn = if(saveLevel) vpn else vpn_reg

    val refill_mask = Mux(io.w.valid, UIntToOH(io.w.bits.wayIdx), 0.U(nWays.W))
    val hitVec = VecInit((entries.zipWithIndex).zip(v zip refill_mask.asBools).map{case (e, m) =>
                                                     e._1.hit(vpn, io.csr.satp.asid) && m._1 && !m._2 })
        ///e是个(entry, index)二元组，m是个(v, refill_mask)二元组，v是宽度为nWays的位图。所以e._1.hit()就是entry.hit()。
        ///是否命中取决于TlbSectorEntry的hit()函数，涉及tag和asid的比对。表项e必须在v位图中但不在refill_mask位图中。
        ///调用entries中表项TlbSectorEntry的hit()函数。所得hitVec是个位图，说明在哪些（实际上至多一个）entry中命中。
    hitVec.suggestName("hitVec")

    val hitVecReg = RegEnable (hitVec, req.fire())
    // Sector tlb may trigger multi-hit, see def "wbhit"
    XSPerfAccumulate(s"port${i}_multi_hit", !(!resp.valid || (PopCount(hitVecReg) === 0.U || PopCount(hitVecReg) === 1.U)))
    // assert(!resp.valid || (PopCount(hitVecReg) === 0.U || PopCount(hitVecReg) === 1.U), s"${parentName} fa port${i} multi-hit")

    resp.valid := RegNext(req.valid)
    resp.bits.hit := Cat(hitVecReg).orR                                        ///如为true就说明至少有一个hit
    if (nWays == 1) {
      resp.bits.ppn(0) := entries(0).genPPN(saveLevel, req.valid)(vpn_gen_ppn)  ///vpn_gen_ppn源自req.bits.vpn
      resp.bits.perm(0) := entries(0).perm                                     ///ppn+perm就相当于一个PteBundle
    } else {
      resp.bits.ppn(0) := ParallelMux(hitVecReg zip entries.map(_.genPPN(saveLevel, req.valid)(vpn_gen_ppn)))
      resp.bits.perm(0) := ParallelMux(hitVecReg zip entries.map(_.perm))
```

```
    }

    access.sets := get_set_idx(vpn_reg(vpn_reg.getWidth - 1, sectortlbwidth), nSets)   // no use
    access.touch_ways.valid := resp.valid && Cat(hitVecReg).orR
    access.touch_ways.bits := OHToUInt(hitVecReg)

    resp.bits.hit.suggestName("hit")
    resp.bits.ppn.suggestName("ppn")
    resp.bits.perm.suggestName("perm")
  }

  when (io.w.valid) {
    v (io.w.bits.wayIdx) := true.B                                     ///曾经写入的单元，就将其v标志位设成true。
    entries (io.w.bits.wayIdx).apply (io.w.bits.data, io.csr.satp.asid, io.w.bits.data_replenish)   ///调用TlbEntry的apply()函数写入。
  }
  // write assert, should not duplicate with the existing entries
  val w_hit_vec = VecInit(entries.zip(v).map{case (e, vi) => e.wbhit(io.w.bits.data, io.csr.satp.asid) && vi })
  XSError(io.w.valid && Cat(w_hit_vec).orR, s"${parentName} refill, duplicate with existing entries")   ///不应有重复

  val refill_vpn_reg = RegNext(io.w.bits.data.entry.tag)
  val refill_wayIdx_reg = RegNext(io.w.bits.wayIdx)
  when (RegNext (io.w.valid)) {
    io.access.map { access =>
      access.sets := get_set_idx (refill_vpn_reg, nSets)
      access.touch_ways.valid := true.B
      access.touch_ways.bits := refill_wayIdx_reg
    }
  }

  val sfence = io.sfence
  val sfence_vpn = sfence.bits.addr.asTypeOf(new VaBundle().cloneType).vpn
  val sfenceHit = entries.map(_.hit (sfence_vpn, sfence.bits.asid))
  val sfenceHit_noasid = entries.map(_.hit (sfence_vpn, sfence.bits.asid, ignoreAsid = true))
  // Sfence will flush all sectors of an entry when hit
  when (io.sfence.valid) {
    when (sfence.bits.rs1) {                // virtual address *.rs1 <- (rs1===0.U)
      when (sfence.bits.rs2) {     // asid, but i do not want to support asid, *.rs2 <- (rs2===0.U)
        // all addr and all asid
        v.map(_ := false.B)
      }.otherwise {
        // all addr but specific asid
        v.zipWithIndex.map{ case (a,i) => a := a & (g(i) | !(entries(i).asid === sfence.bits.asid)) }
      }
    }.otherwise {
      when (sfence.bits.rs2) {
        // specific addr but all asid
```

```
            v.zipWithIndex.map{ case (a,i) => a := a & !sfenceHit_noasid(i) }
        }.otherwise {
            // specific addr and specific asid
            v.zipWithIndex.map{ case (a,i) => a := a & !(sfenceHit(i) && !g(i)) }
        }
    }
}

val victim_idx = io.w.bits.wayIdx
io.victim.out.valid := v(victim_idx) && io.w.valid && entries(victim_idx).is_normalentry()
io.victim.out.bits.entry := ns_to_n(entries(victim_idx))

def ns_to_n(ns: TlbSectorEntry): TlbEntry = {                        ///将TlbSectorEntry转换成TlbEntry：
    val n = Wire(new TlbEntry(pageNormal = true, pageSuper = false))
    n.perm.af := ns.perm.af
    n.perm.pf := ns.perm.pf
    n.perm.d := ns.perm.d
    n.perm.a := ns.perm.a
    n.perm.g := ns.perm.g
    n.perm.u := ns.perm.u
    n.perm.x := ns.perm.x
    n.perm.w := ns.perm.w
    n.perm.r := ns.perm.r
    n.perm.pm := ns.perm.pm(OHToUInt(ns.pteidx))
    n.ppn := Cat(ns.ppn, ns.ppn_low(OHToUInt(ns.pteidx)))
    n.tag := Cat(ns.tag, OHToUInt(ns.pteidx))
    n.asid := ns.asid
    n
}
///性能统计从略
} ///end TLBFA
```

TLBFA 中的 entries 是个长度为 nWays 的 TlbSectorEntry 向量。这就是对页面映射表内容的缓存。由于是 full associative，这里没有 Set 的概念。TLBFA 用于超大页面，所以页面的数量不是很多，用“全相关”即不划分集合就可以。TLBFA 这个存储模块中的表项即存储单元是 TlbSectorEntry：

```
[XSCoreBase > Frontend > FrontendImp > TLB > TlbStorageWrapper > TlbStorage > TLBFA > TlbSectorEntry]
class TlbSectorEntry (pageNormal: Boolean, pageSuper: Boolean)(implicit p: Parameters) extends TlbBundle {
    require(pageNormal || pageSuper)
    val tag = if (!pageNormal) UInt((vpnLen - vpnnLen).W) else UInt(sectorvpnLen.W)    ///sectorvpnLen = vpnLen - sectortlbwidth
    val asid = UInt(asidLen.W)
    val level = if (!pageNormal) Some(UInt(1.W)) else if (!pageSuper) None else Some(UInt(2.W))  ///该映射表项在映射树中的层次
    val ppn = if (!pageNormal) UInt((ppnLen - vpnnLen).W) else UInt(sectorppnLen.W)
    val perm = new TlbSectorPermBundle
            ///ppn和perm两项是PTE即PteBundle的基本信息，所以TlbSectorEntry实质上含有PteBundle。
    val valididx = Vec(tlbcontiguous, Bool())                          /// tlbcontiguous=8
```

```
val pteidx = Vec(tlbcontiguous, Bool())
val ppn_low = Vec(tlbcontiguous, UInt(sectortlbwidth.W))

/** level usage:
  *  !PageSuper: page is only normal, level is None, match all the tag
  *  !PageNormal: page is only super, level is a Bool(), match high 9*2 parts
  *  bits0   0: need mid 9bits
  *          1: no need mid 9bits
  *  PageSuper && PageNormal: page hold all the three type,
  *  bits0   0: need low 9bits
  *  bits1   0: need mid 9bits
  */

def hit (vpn: UInt, asid: UInt, nSets: Int = 1, ignoreAsid: Boolean = false): Bool = {   /// TlbSectorEntry的hit()函数：
  val asid_hit = if (ignoreAsid) true.B else (this.asid === asid)
  val addr_low_hit = valididx(vpn(2, 0))      ///以vpn的最低3位为下标读取addr_low_hit位图中的这一位。

  // NOTE: for timing, dont care low set index bits at hit check
  //           do not need store the low bits actually
  if (!pageSuper) asid_hit && drop_set_equal (vpn(vpn.getWidth - 1, sectortlbwidth), tag, nSets) && addr_low_hit
  else if (!pageNormal) {
    val tag_match_hi = tag(vpnnLen * 2 - 1, vpnnLen) === vpn(vpnnLen * 3 - 1, vpnnLen * 2)        /// vpnnLen = 9
    val tag_match_mi = tag(vpnnLen - 1, 0) === vpn(vpnnLen * 2 - 1, vpnnLen)
    val tag_match = tag_match_hi && (level.get.asBool() || tag_match_mi)
    asid_hit && tag_match && addr_low_hit
  }      ///!pageSuper表示没有超大页面映射的缓存，!pageNormal表示没有普通页面映射的缓存，事实上二者都有。
  else {        ///既有pageSuper，也有pageNormal：
    val tmp_level = level.get
    val tag_match_hi = tag(vpnnLen * 3 - sectortlbwidth - 1, vpnnLen * 2 - sectortlbwidth) === vpn(vpnnLen * 3 - 1, vpnnLen * 2)
    val tag_match_mi = tag(vpnnLen * 2 - sectortlbwidth - 1, vpnnLen - sectortlbwidth) === vpn(vpnnLen * 2 - 1, vpnnLen)
    val tag_match_lo = tag(vpnnLen - sectortlbwidth - 1, 0) === vpn(vpnnLen - 1, sectortlbwidth)
                                                                  // if pageNormal is false, this will always be false
    val tag_match = tag_match_hi && (tmp_level(1) || tag_match_mi) && (tmp_level(0) || tag_match_lo)
    asid_hit && tag_match && addr_low_hit                 ///既有asid相符，又有tag（可分三段）相符，这才是命中。
  }
}

def wbhit (data: PtwSectorResp, asid: UInt, nSets: Int = 1, ignoreAsid: Boolean = false): Bool = {
  val vpn = Cat(data.entry.tag, 0.U(sectortlbwidth.W))                  /// sectortlbwidth=3
  val asid_hit = if (ignoreAsid) true.B else (this.asid === asid)
  val vpn_hit = Wire(Bool())
  val index_hit = Wire(Vec(tlbcontiguous, Bool()))                      /// tlbcontiguous=8

  // NOTE: for timing, dont care low set index bits at hit check
  //           do not need store the low bits actually
  if (!pageSuper) {                  ///那就一定是普通页面映射（缓存）表：
```

```
    vpn_hit := asid_hit && drop_set_equal( vpn (vpn.getWidth - 1, sectortlbwidth), tag, nSets)
                ///drop_set_equal()定义于trait HasTlbConst，就是在比较时忽略集合号。
  }
  else if (!pageNormal) {        ///普通页面映射（缓存）表不存在，那就一定是超大页面映射（缓存）表：
    val tag_match_hi = tag(vpnnLen * 2 - 1, vpnnLen - sectortlbwidth) === vpn(vpnnLen * 3 - 1, vpnnLen * 2)
    val tag_match_mi = tag(vpnnLen - 1, 0) === vpn(vpnnLen * 2 - 1, vpnnLen)
    val tag_match = tag_match_hi && (level.get.asBool() || tag_match_mi)
    vpn_hit := asid_hit && tag_match
  }
  else {                         ///是超大页面映射（缓存）表，但普通页面映射（缓存）表也存在：
    val tmp_level = level.get
    val tag_match_hi = tag(vpnnLen * 3 - sectortlbwidth - 1, vpnnLen * 2 - sectortlbwidth) === vpn(vpnnLen * 3 - 1, vpnnLen * 2)
    val tag_match_mi = tag(vpnnLen * 2 - sectortlbwidth - 1, vpnnLen - sectortlbwidth) === vpn(vpnnLen * 2 - 1, vpnnLen)
    val tag_match_lo = tag(vpnnLen - sectortlbwidth - 1, 0) === vpn(vpnnLen - 1, sectortlbwidth)
                                                   // if pageNormal is false, this will always be false
    val tag_match = tag_match_hi && (tmp_level(1) || tag_match_mi) && (tmp_level(0) || tag_match_lo)
    vpn_hit := asid_hit && tag_match
  }   ///end if

  for (i <- 0 until tlbcontiguous) {       /// tlbcontiguous=8
    index_hit(i) := data.valididx(i) && valididx(i)
  }

  // For example, tlb req to page cache with vpn 0x10
  // At this time, 0x13 has not been paged, so page cache only resp 0x10
  // When 0x13 refill to page cache, previous item will be flushed
  // Now 0x10 and 0x13 are both valid in page cache
  // However, when 0x13 refill to tlb, will trigger multi hit
  // So will only trigger multi-hit when PopCount(data.valididx) = 1
  vpn_hit && index_hit.reduce(_ || _) && PopCount(data.valididx) === 1.U
}   ///end wbhit()，意write-back hit，

def apply (item: PtwSectorResp, asid: UInt, pm: Seq[PMPConfig]): TlbSectorEntry = {
  this.tag := {if (pageNormal) item.entry.tag else item.entry.tag(sectorvpnLen - 1, vpnnLen - sectortlbwidth)}
  this.asid := asid
  val inner_level = item.entry.level.getOrElse(0.U)
  this.level.map(_ := { if (pageNormal && pageSuper) MuxLookup(inner_level, 0.U, Seq(0.U -> 3.U, 1.U -> 1.U, 2.U -> 0.U ))
                        else if (pageSuper) ~inner_level(0) else 0.U })
  this.ppn := { if (!pageNormal) item.entry.ppn(sectorppnLen - 1, vpnnLen - sectortlbwidth)
                else item.entry.ppn }
  this.perm.apply(item, pm)
  this.ppn_low := item.ppn_low
  this.valididx := item.valididx
  this.pteidx := item.pteidx
  this
}   ///end apply()，建立本模块的对外连接。
```

```
  // 4KB is normal entry, 2MB/1GB is considered as super entry
  def is_normalentry(): Bool = {
    if (!pageSuper) { true.B }              ///不存在pageSuper，那当然就是normal entry
    else if (!pageNormal) { false.B }       ///不存在pageNormal，那就不是normal entry
    else { level.get === 0.U }              ///既然到了最底层，那就一定是普通页面（superPage超大，不会到达映射树底层）
  } ///end is_normalentry()

  def genPPN (saveLevel: Boolean = false, valid: Bool = false.B)(vpn: UInt) : UInt = {   ///给定一个vpn，获取其所映射的ppn：
    val inner_level = level.getOrElse(0.U)
    val ppn_res = if (!pageSuper) Cat(ppn, ppn_low(vpn(sectortlbwidth - 1, 0)))
      else if (!pageNormal) Cat(ppn(ppnLen - vpnnLen - 1, vpnnLen),
                       Mux(inner_level(0), vpn(vpnnLen * 2 - 1, vpnnLen), ppn(vpnnLen - 1,0)), vpn(vpnnLen - 1, 0))
      else Cat(ppn(sectorppnLen - 1, vpnnLen * 2 - sectortlbwidth),
        Mux(inner_level(1), vpn(vpnnLen * 2 - 1, vpnnLen), ppn(vpnnLen * 2 - sectortlbwidth - 1, vpnnLen - sectortlbwidth)),
        Mux(inner_level(0), vpn(vpnnLen - 1, 0), Cat(ppn(vpnnLen - sectortlbwidth - 1, 0), ppn_low(vpn(sectortlbwidth - 1, 0)))))

    if (saveLevel) {
      if (ppn.getWidth == ppnLen - vpnnLen) {
        Cat(ppn(ppn.getWidth - 1, vpnnLen * 2), RegEnable(ppn_res(vpnnLen * 2 - 1, 0), valid))
      } else {
        require(ppn.getWidth == sectorppnLen)
        Cat(ppn(ppn.getWidth - 1, vpnnLen * 2 - sectortlbwidth), RegEnable(ppn_res(vpnnLen * 2 - 1, 0), valid))
      }
    }
    else ppn_res
  }
} ///end class TlbSectorEntry
```

注意 TlbSectorEntry 其实并非供 full associative 所专用，也并非供普通页面映射或超大页面映射所专用，所以这里还要考虑各自不同的情况，但是实际上在这里只是用于 TLBFA，并且普通页面表和超大页面表二者都有。相比之下，TLBSA 所实现的就是集合相关即 set associative 而不是 full associative：

```
[TLB > TlbStorageWrapper > TlbStorage > TLBSA]
class TLBSA (parentName: String, ports: Int, nDups: Int, nSets: Int, nWays: Int,
                    normalPage: Boolean, superPage: Boolean)(implicit p: Parameters) extends TlbModule {
  require(!superPage, "super page should use reg/fa")                ///superPage应该用TLBFA
  require(nWays == 1, "nWays larger than 1 causes bad timing")       ///参数nWays应该是1

  // timing optimization to divide v select into two cycles.
  val VPRE_SELECT = min(8, nSets)                                    ///如果nSets大于8则VPRE_SELECT为8
  val VPOST_SELECT = nSets / VPRE_SELECT
  val nBanks = 8

  val io = IO(new TlbStorageIO(nSets, nWays, ports, nDups))
  io.r.req.map(_.ready := true.B)
  val v = RegInit(VecInit(Seq.fill(nSets)(VecInit(Seq.fill(nWays)(false.B)))))     ///v是个二维位图
```

```
val entries = Module(new BankedAsyncDataModuleTemplateWithDup(
                                        new TlbEntry(normalPage, superPage), nSets, ports, nDups, nBanks))
      ///前面TLBFA的entries是个TlbSectorEntry向量，现在这个是TlbEntry。
      ///TLBSA的entries是个以TlbEntry为存储单元的BankedAsyncDataModuleTemplateWithDup，见前面第三十章。
for (i <- 0 until ports) {    // duplicate sram        ///分两个端口读出：
  val req = io.r.req(i)
  val resp = io.r.resp(i)
  val access = io.access(i)

  val vpn = req.bits.vpn
  val vpn_reg = RegEnable(vpn, req.fire())

  val ridx = get_set_idx (vpn, nSets)                ///根据vpn和nSets可得目标TlbEntry在entries中的位置
  val v_resize = v.asTypeOf(Vec(VPRE_SELECT, Vec(VPOST_SELECT, UInt(nWays.W))))
  val vidx_resize = RegNext(v_resize(get_set_idx(drop_set_idx(vpn, VPOST_SELECT), VPRE_SELECT)))
  val vidx = vidx_resize (get_set_idx(vpn_reg, VPOST_SELECT)).asBools.map(_ && RegNext(req.fire()))
  val vidx_bypass = RegNext((entries.io.waddr === ridx) && entries.io.wen)   ///倘若正要向此地址写入，就可抄近路。

  entries.io.raddr(i) := ridx              ///以ridx为地址从entries读出
  val data = entries.io.rdata(i)           ///entries.io.data的类型是Vec(numRead, Vec(numDup, Output(gen)))，而gen就是TlbEntry。

  val hit = data(0).hit(vpn_reg, io.csr.satp.asid, nSets) && (vidx(0) || vidx_bypass)    ///仍是调用TlbEntry的hit()函数
  resp.bits.hit := hit
  for (d <- 0 until nDups) {
    resp.bits.ppn(d) := data(d).genPPN()(vpn_reg)      ///给定虚存页面号vpn_reg，获取其所映射的物理页面号。
    resp.bits.perm(d) := data(d).perm
  }

  resp.valid := { RegNext (req.valid) }
  resp.bits.hit.suggestName("hit")
  resp.bits.ppn.suggestName("ppn")
  resp.bits.perm.suggestName("perm")

  access.sets := get_set_idx (vpn_reg, nSets)        // no use
  access.touch_ways.valid := resp.valid && hit
  access.touch_ways.bits := 1.U                      // TODO: set-assoc need no replacer when nset is 1
}   ///end for

// W ports should be 1, or, check at above will be wrong.
entries.io.wen := io.w.valid || io.victim.in.valid
entries.io.waddr := Mux(io.w.valid,   get_set_idx(io.w.bits.data.entry.tag, nSets),   get_set_idx(io.victim.in.bits.entry.tag, nSets))
entries.io.wdata := Mux(io.w.valid,
                (Wire(new TlbEntry(normalPage, superPage)).apply(io.w.bits.data, io.csr.satp.asid, io.w.bits.data_replenish)),
                io.victim.in.bits.entry)
when (io.victim.in.valid) { v (get_set_idx(io.victim.in.bits.entry.tag, nSets))(io.w.bits.wayIdx) := true.B }
// w has higher priority than victim
```

```
  when (io.w.valid) { v (get_set_idx(io.w.bits.data.entry.tag, nSets))(io.w.bits.wayIdx) := true.B }

  val refill_vpn_reg = RegNext(Mux(io.victim.in.valid, io.victim.in.bits.entry.tag, io.w.bits.data.entry.tag))
  val refill_wayIdx_reg = RegNext (io.w.bits.wayIdx)
  when (RegNext(io.w.valid || io.victim.in.valid)) {
    io.access.map { access =>
      access.sets := get_set_idx (refill_vpn_reg, nSets)
      access.touch_ways.valid := true.B
      access.touch_ways.bits := refill_wayIdx_reg
    }
  }   ///end when

  val sfence = io.sfence
  val sfence_vpn = sfence.bits.addr.asTypeOf(new VaBundle().cloneType).vpn
  when (io.sfence.valid) {
    when (sfence.bits.rs1) {          // virtual address *.rs1 <- (rs1 === 0.U)
        v.map(a => a.map(b => b := false.B))
    }.otherwise {
        // specific addr but all asid
        v (get_set_idx (sfence_vpn, nSets)).map(_ := false.B)
    }
  }   ///end when (io.sfence.valid)

  io.victim.out := DontCare
  io.victim.out.valid := false.B

  ///性能统计从略
}   ///end class TLBSA
```

TLBSA 的存储就是分集合的（所以是 set associative），这里有个语句"val ridx = get_set_idx (vpn, nSets)"，说明表项在 entries 这个模块中的位置（地址）是与 vpn 所属集合有关的。TLBSA 的 entries 这个模块中的表项是 TlbEntry（相比之下 TLBFA 中是 TlbSectorEntry）：

```
[TLB > TlbStorageWrapper > TlbStorage > TLBSA > TlbEntry]
class TlbEntry (pageNormal: Boolean, pageSuper: Boolean)(implicit p: Parameters) extends TlbBundle {
  require(pageNormal || pageSuper)                                              ///二者必居其一

  val tag = if (!pageNormal) UInt((vpnLen - vpnnLen).W) else UInt(vpnLen.W)    ///vpnLen = VAddrBits - offLen
        ///对于normalPage，tag的宽度就是vpnLen；对于superPage则tag的长度为vpnLen – vpnnLen，vpnnLen=9
  val asid = UInt(asidLen.W)
  val level = if (!pageNormal) Some(UInt(1.W)) else if (!pageSuper) None else Some(UInt(2.W))
  val ppn = if (!pageNormal) UInt((ppnLen - vpnnLen).W) else UInt(ppnLen.W)    ///对于normalPage，ppn的宽度就是ppnLen
  val perm = new TlbPermBundle                                                  ///对具体页面的访问权限
                                                    ///同样，只要有ppn+perm，就相当于包含着一个PteBundle。
  /** level usage:
   *   !PageSuper: page is only normal, level is None, match all the tag
```

```
 *   !PageNormal: page is only super, level is a Bool(), match high 9*2 parts
 *   bits0   0: need mid 9bits
 *           1: no need mid 9bits
 *   PageSuper && PageNormal: page hold all the three type,
 *   bits0   0: need low 9bits
 *   bits1   0: need mid 9bits
 */

def hit (vpn: UInt, asid: UInt, nSets: Int = 1, ignoreAsid: Boolean = false): Bool = {
  val asid_hit = if (ignoreAsid) true.B else (this.asid === asid)          ///asid相符

  // NOTE: for timing, dont care low set index bits at hit check
  //          do not need store the low bits actually
  if (!pageSuper) asid_hit && drop_set_equal(vpn, tag, nSets)   ///不存在pageSuper就得asid_hit并且drop_set_equal才算命中。
  else if (!pageNormal) {          ///不存在pageNormal，那就一定是超大页面映射：
    val tag_match_hi = tag(vpnnLen*2-1, vpnnLen) === vpn(vpnnLen*3-1, vpnnLen*2)
    val tag_match_mi = tag(vpnnLen-1, 0) === vpn(vpnnLen*2-1, vpnnLen)
    val tag_match = tag_match_hi && (level.get.asBool() || tag_match_mi)
    asid_hit && tag_match                          ///pageSuper但不是pageNormal，得要asid_hit并且tag_match才算命中。
  }
  else {                           ///是pageNormal但pageSuper存在：
    val tmp_level = level.get
    val tag_match_hi = tag(vpnnLen*3-1, vpnnLen*2) === vpn(vpnnLen*3-1, vpnnLen*2)
    val tag_match_mi = tag(vpnnLen*2-1, vpnnLen) === vpn(vpnnLen*2-1, vpnnLen)
    val tag_match_lo = tag(vpnnLen-1, 0) === vpn(vpnnLen-1, 0)
                                               // if pageNormal is false, this will always be false
    val tag_match = tag_match_hi && (tmp_level(1) || tag_match_mi) && (tmp_level(0) || tag_match_lo)
    asid_hit && tag_match          /// pageSuper并且pageNormal，也是asid_hit并且tag_match，但tag_match的要求更严格。
  }  ///end if
}  ///end hit()

def apply (item: PtwResp, asid: UInt, pm: PMPConfig): TlbEntry = {      ///构造一个TlbEntry
  this.tag := {if (pageNormal) item.entry.tag else item.entry.tag(vpnLen-1, vpnnLen)}
  this.asid := asid
  val inner_level = item.entry.level.getOrElse(0.U)
  this.level.map(_ := { if (pageNormal && pageSuper) MuxLookup(inner_level, 0.U, Seq(0.U -> 3.U, 1.U -> 1.U, 2.U -> 0.U ))
                        else if (pageSuper) ~inner_level(0) else 0.U })
  this.ppn := { if (!pageNormal) item.entry.ppn(ppnLen-1, vpnnLen) else item.entry.ppn }
  this.perm.apply(item, pm)
  this
}  ///end apply()

// 4KB is normal entry, 2MB/1GB is considered as super entry
def is_normalentry(): Bool = {                          ///判断TLB表项为常规表项的条件：
  if (!pageSuper) { true.B } else if (!pageNormal) { false.B } else { level.get === 0.U }
}
```

```
  def genPPN (saveLevel: Boolean = false, valid: Bool = false.B)(vpn: UInt) : UInt = { ///给定一个vpn，获取其ppn:
    val inner_level = level.getOrElse(0.U)
    val ppn_res = if (!pageSuper) ppn
      else if (!pageNormal) Cat(ppn(ppnLen-vpnnLen-1, vpnnLen),
                    Mux(inner_level(0), vpn(vpnnLen*2-1, vpnnLen), ppn(vpnnLen-1,0)), vpn(vpnnLen-1, 0))
      else Cat(ppn(ppnLen-1, vpnnLen*2),
                    Mux(inner_level(1), vpn(vpnnLen*2-1, vpnnLen), ppn(vpnnLen*2-1, vpnnLen)),
                    Mux(inner_level(0), vpn(vpnnLen-1, 0), ppn(vpnnLen-1, 0)))

    if (saveLevel) Cat(ppn(ppn.getWidth-1, vpnnLen*2), RegEnable(ppn_res(vpnnLen*2-1, 0), valid))
    else ppn_res
  }  ///end genPPN()
}  ///end class TlbEntry
```

读者不妨细抠一下 TlbEntry 与 TlbSectorEntry 的差别。差别应该是不大的，因为是否划分集合，是否分级和存储，是 set associative 还是 full associative，那是在存储模块这个层次上的问题，到了表项这一层就区别不大了。

但是显然 TlbEntry 不同于概念中的 PTE，香山的代码中也没有 class PTE 的定义，TlbEntry 中的数据成分有 tag、asid、level、ppn 和 perm；其中 tag、asid、level 都是 PTE 中没有的，但是没有 tag 就无以实现缓存，而 asid 的加入使 TLB 的适用范围扩大了。前面 TlbSectorEntry 中也是类似。那么 TlbEntry 的内容是从哪来的呢？这无疑是来自 PTW，事实上 PtwResp 的主体是 PtwEntry（见前），那里面就有这些成分。另外，PtwSectorResp 的主题是 PtwSectorEntry，那是对 PtwEntry 的扩充，那当然也有这些成分。

如前所述，PTW 之于 TLB，就像 MSHR 之于 DCache。但是 PTW 是在 L2TLB 中创建的，是 L2TLB 的一部分，所以我们还得从 L2TLB 说起，暂时先把 PTW 看成一个黑盒子，对 PTW 的请求 PtwReq 中就是一个虚存页面号 vpn，PTW 的输出 PtwResp 或 PtwSectorEntry 则包含 TlbEntry 或 TlbSectorEntry 所需的全部信息。

32.2　L2TLB

所谓 L2TLB，就是二级 TLB。TLB 本质上就是个缓存，是虚存映射信息的缓存，是以 PTE 为单位的缓存。如果把 TLB 比作一级缓存，那么 L2TLB 就是二级缓存。下面我们将看到，L2TLB 的核心是 PtwCache，那就好比二级缓存中的存储模块。

L2TLB 是在 L2TLBWrapper 中创建的，而后者则是在抽象类 XSCoreBase 中、实际上是在 XSCore 中创建的：

```
abstract class XSCoreBase()(implicit p: config.Parameters) extends LazyModule with HasXSParameter with HasExuWbHelper{
  val ptw = LazyModule(new L2TLBWrapper())
  val ptw_to_l2_buffer = if (!coreParams.softPTW) LazyModule(new TLBuffer) else null
  val csrOut = BundleBridgeSource(Some(() => new DistributedCSRIO()))

  if (!coreParams.softPTW) { ptw_to_l2_buffer.node := ptw.node }
  …
}
```

所创建的是个 TLB 的 wrapper，但是创建的对象又名叫 ptw，这是因为从 TLB 的角度看整个 L2TLB 就处在 PTW 的地位，这就好像从 DCache 的角度看二级缓存就是内存一样。

这里把 ptw 绑定/连接到了 ptw_to_l2_buffer，然而 ptw_to_l2_buffer 又去了哪里？

```
class XSTile()(implicit p: Parameters) extends LazyModule with HasXSParameter with HasSoCParameter {
  val ptw_to_l2_buffers = if (!coreParams.softPTW) {
    val (buffers, buf_node) = chainBuffer(5, "ptw_to_l2_buffer")
    misc.busPMU := TLLogger(s"L2_PTW_${coreParams.HartId}", !debugOpts.FPGAPlatform) :=
                                                                      buf_node := core.ptw_to_l2_buffer.node
    buffers
  } else Seq()
}
```

可见，在每个 XSTile 上，XSCore 的 ptw_to_l2_buffer 被绑定/连接到 misc.busPMU，这似乎就是用于性能监测的，因为 PMU 就是 BusPerfMonitor，但是不要被迷惑了，这个 misc.busPMU 又被绑定/连接到一级缓存的总线 l1_xbar，而 l1_xbar 又通到 memory_port：

```
class XSTileMisc()(implicit p: Parameters) extends LazyModule with HasXSParameter with HasSoCParameter {
  …
  l1_xbar :=* busPMU
  l2_binder match {
    case Some(binder) => memory_port := TLBuffer.chainNode(2) := TLClientsMerger() := TLXbar() :=* binder
                                                          ///即使采用bindcr，l1_xbar最终也绑定/连接到binder上。
    case None => memory_port := l1_xbar                   ///不采用binder，l1_xbar就直接绑定/连接到memory_port。
  }
}
```

这就是说，L2TLBWrapper 上接 TLB，下面是它的二级 TLB 缓存机制，同时还有个接口是通到内存的。这个接口，即 ptw.node 所代表的接口，通过 l1_xbar 连接到内存。这一点很重要，因为：虚存映射表是在内存中，无论 TLB 合适二级 TLB，所缓存的都只是缓存表中的表项，最终总是来自内存，所以 L2TLBWrapper、其实是所包装的 L2TLB、必须有通向内存的接口。实际上 L2TLB 就是介于 TLB 与内存中间的模块。

读者也许会问：那么内存中的映射表项又是怎么来的呢？这就是操作系统通过对内存的读写建立的。当用户程序首次访问一个虚存页面时，在 TLB 中会发生一次缺页异常，因为此时这个虚存页面的映射尚未建立。于是操作系统中的缺页异常处理程序就会为这进程的这个虚存页面分配一个物理页面，并把二者间的这个（单向的）对照关系即“映射”填写到内存中的映射表中。当然，这个映射表项一定是在底层页面表中，如果中间缺失二层映射表就得补上一个二层映射表。不管是哪一级的映射表，对于内存而言就只是普通的存储而已。不过实际的情况可以比这更复杂，因为一个虚存页面的内容可能已经换出到磁盘上，发生缺页异常时也许要为其另行分配一个物理页面，并从磁盘将内容读入这个物理页面，再建立映射。当然，这个过程与硬件无关，硬件只是提供支持。传统上操作系统内核对内存的读写采用的地址是物理地址，所以无需经过 TLB 的映射。但是现在采用虚拟机技术后也得通过 TLB，即便如此，对映射表的访问当然不同于对其中具体 PTE 所映射地址的访问。

其实 TLB 就是缓存，与 DCache 相比，区别在于 DCache 是以 cacheline 为单位的缓存，而 TLB 是对 PTE 的缓存。

下面是 L2TLBWrapper 的代码：

```
[XSCoreBase > L2TLBWrapper]            ///在 XSCoreBase 中创建的 L2TLBWrapper 对象是作为其 ptw 的
class L2TLBWrapper()(implicit p: Parameters) extends LazyModule with HasXSParameter {
```

```
  val useSoftPTW = coreParams.softPTW
  val node = if (!useSoftPTW) TLIdentityNode() else null
  val ptw = if (!useSoftPTW) LazyModule(new L2TLB()) else null              ///以L2TLB对象作为其ptw
  if (!useSoftPTW) {
    node := ptw.node
  }

  lazy val module = new LazyModuleImp(this) with HasPerfEvents {
    val io = IO(new L2TLBIO)
    val perfEvents = if (useSoftPTW) {
                          val fake_ptw = Module(new FakePTW())          ///FakePTW是假的PTW
                          io <> fake_ptw.io
                          Seq()
                     } else {
                          io <> ptw.module.io                           ///L2TLB对象ptw是真的PTW
                          ptw.module.getPerfEvents
                     }
    generatePerfEvent()
  }
}
```

显然，这个所谓“包装”也很简单，只是里面被包裹的对象根据是否 useSoftPTW 而为 FakePTW 或 L2TLB，如此而已。我们当然不关心假的 FakePTW，而只关心真的 L2TLB：

```
[XSCoreBase > L2TLBWrapper > L2TLB]
class L2TLB()(implicit p: Parameters) extends LazyModule with HasPtwConst {
  val node = TLClientNode(Seq(TLMasterPortParameters.v1(
    clients = Seq(TLMasterParameters.v1("ptw", sourceId = IdRange(0, MemReqWidth) ))
  )))
  lazy val module = new L2TLBImp(this)
}
```

先看一下 L2TLB（实际上是 L2TLBImp）的对外界面 L2TLBIO：

```
class L2TLBIO(implicit p: Parameters) extends PtwBundle {
  val tlb = Vec(PtwWidth, Flipped(new TlbPtwIO))                 ///来自TLB
  val sfence = Input(new SfenceBundle)                           ///源自ExeUnit
  val csr = new Bundle {
    val tlb = Input(new TlbCsrBundle)                            ///来自CSR
    val distribute_csr = Flipped(new DistributedCSRIO)
  }
}
```

其 tlb 输入显然来自 TLB，这是个 TlbPtwIO 的向量，向量长度为 PtwWidth，即 PTW 同时可以处理几路的 TLB 请求：

```
class TlbPtwIO(Width: Int = 1)(implicit p: Parameters) extends TlbBundle {
  val req = Vec(Width, DecoupledIO(new PtwReq))                    /// PtwReq中就是一个vpn
  val resp = Flipped(DecoupledIO(new PtwSectorResp))              /// PtwSectorResp中含有PtwSectorEntry/PtwEntry所需的全部信息
}
```

注意这不包括 L2TLB 与内存间的接口，那是由 Diplomacy 机制加以绑定和连接的。

下面是 L2TLBImp 的代码：

```
[XSCoreBase > L2TLBWrapper > L2TLB > L2TLBImp]
class L2TLBImp(outer: L2TLB)(implicit p: Parameters) extends PtwModule(outer) with HasCSRConst with HasPerfEvents {
  val (mem, edge) = outer.node.out.head                          ///mem 就是由 Diplomacy 机制建立的内存接口
  val io = IO(new L2TLBIO)
  …
  /* Ptw processes multiple requests
   * Divide Ptw procedure into two stages: cache access ; mem access if cache miss
   *           miss queue    itlb      dtlb
   *               |          |         |
   *               --------arbiter-------
   *                          |
   *                    l1 - l2 - l3 - sp                    ///sp 表示 super page
   *                          |
   *          -------------------------------------------
   *    miss  |  queue                                  | hit
   *    [][][][][][]                                    |
   *          |                                         |
   *    state machine accessing mem                     |
   *          |                                         |
   *          ---------------arbiter---------------------
   *               |                    |
   *              itlb                 dtlb
   */

  val sfence_tmp = DelayN(io.sfence, 1)
  val csr_tmp    = DelayN(io.csr.tlb, 1)                        ///CSR 的 csrio 接口上有个 tlb，这是个 TlbCsrBundle。
  val sfence_dup = Seq.fill(8)(RegNext(sfence_tmp))
  val csr_dup    = Seq.fill(7)(RegNext(csr_tmp))
  val satp       = csr_dup(0).satp                               ///CSR 中的 satp 寄存器
  val priv       = csr_dup(0).priv                               ///CSR 中的当前 Privilege 位段，即 U/S/H/M。
  val flush      = sfence_dup(0).valid || satp.changed

  val pmp = Module(new PMP())
  val pmp_check = VecInit(Seq.fill(2)(Module(new PMPChecker(lgMaxSize = 3, sameCycle = true)).io))
  pmp.io.distribute_csr := io.csr.distribute_csr
  pmp_check.foreach(_.check_env.apply(ModeS, pmp.io.pmp, pmp.io.pma))
```

```
val missQueue = Module(new L2TlbMissQueue)                   ///L2TLB 有自己的 MissQueue
val cache = Module(new PtwCache)                             ///L2TLB 中还有个 PtwCache
val ptw = Module(new PTW)                                    ///PTW 也在 L2TLB 中
val llptw = Module(new LLPTW)                                ///还有个 LLPTW，即 Last Level PTW。
val blockmq = Module(new BlockHelper(3))                     ///block missqueue，可以阻塞 missQueue 的输出。
val arb1 = Module(new Arbiter(new PtwReq, PtwWidth))         ///arb1 是对多路 PtwReq 输入的仲裁器
val arb2 = Module(new Arbiter(new Bundle {                   ///arb2 是对 4 路（如果包含 prefetch）或 3 路 vpn 输入的仲裁器
  val vpn = UInt(vpnLen.W)
  val source = UInt(bSourceWidth.W)
}, if (l2tlbParams.enablePrefetch) 4 else 3))
val outArb = (0 until PtwWidth).map(i => Module(new Arbiter(new PtwSectorResp, 1)).io)
val mergeArb = (0 until PtwWidth).map(i => Module(new Arbiter(new PtwMergeResp, 3)).io)
val outArbCachePort = 0          ///仲裁器 mergeArb 的三个输入口编号，这个输入来自 PtwCache。
val outArbFsmPort = 1                                        ///这个输入来自 PTW
val outArbMqPort = 2                                         ///这个输入来自 LLPTW

// arb2 input port
val InArbPTWPort = 0             ///仲裁器 arb2 的四个输入口编号，这个输入来自 PTW。
val InArbMissQueuePort = 1                                   ///这个输入来自 MissQueue
val InArbTlbPort = 2                                         ///这个输入来自 arb1
val InArbPrefetchPort = 3                                    ///这个输入来自 L2TlbPrefetch
// NOTE: when cache out but miss and ptw doesnt accept,
arb1.io.in <> VecInit(io.tlb.map(_.req(0)))                  ///arb1 的输入来自外部接口上的 tlb 输入
arb1.io.out.ready := arb2.io.in(InArbTlbPort).ready          ///arb1 的输出接到 arb2 的输入之一

arb2.io.in(InArbPTWPort).valid := ptw.io.llptw.valid         ///arb2 的这个输入来自 PTW
    ///PTW 不处理（三层映射中的）底层映射，所以如果发现需要进行底层映射就得把它转交给 LLPTW。
arb2.io.in(InArbPTWPort).bits.vpn := ptw.io.llptw.bits.req_info.vpn
arb2.io.in(InArbPTWPort).bits.source := ptw.io.llptw.bits.req_info.source
ptw.io.llptw.ready := arb2.io.in(InArbPTWPort).ready
block_decoupled(missQueue.io.out, arb2.io.in(InArbMissQueuePort), !ptw.io.req.ready)
    ///用 ptw.io.req.ready 阻断 missQueue.io.out 和 arb2.io.in(InArbMissQueuePort)二者之间的 valid/ready

arb2.io.in(InArbTlbPort).valid := arb1.io.out.valid
arb2.io.in(InArbTlbPort).bits.vpn := arb1.io.out.bits.vpn
arb2.io.in(InArbTlbPort).bits.source := arb1.io.chosen
if (l2tlbParams.enablePrefetch) {                            ///如果 L2TLB 有 prefetch：
  val prefetch = Module(new L2TlbPrefetch())                 ///创建 L2TlbPrefetch
  val recv = cache.io.resp                                   ///来自 PtwCache
  // NOTE: 1. prefetch doesn't gen prefetch 2. req from mq doesn't gen prefetch
  // NOTE: 1. miss req gen prefetch 2. hit but prefetched gen prefetch
  prefetch.io.in.valid := recv.fire() && !from_pre(recv.bits.req_info.source) && (!recv.bits.hit || recv.bits.prefetch) && recv.bits.isFirst
  prefetch.io.in.bits.vpn := recv.bits.req_info.vpn
  prefetch.io.sfence := sfence_dup(0)
  prefetch.io.csr := csr_dup(0)
  arb2.io.in(InArbPrefetchPort) <> prefetch.io.out           ///arb2 的输入之一来自 PtwCache
```

```
    …    ///性能统计从略
  }  ///end if (l2tlbParams.enablePrefetch)
  arb2.io.out.ready := cache.io.req.ready

  val mq_arb = Module(new Arbiter(new L2TlbInnerBundle, 2))          ///仲裁器 mq_arb 用于 Miss Queue。
  mq_arb.io.in(0).valid := cache.io.resp.valid && !cache.io.resp.bits.hit &&
                          (!cache.io.resp.bits.toFsm.l2Hit || cache.io.resp.bits.bypassed) &&
                          !from_pre (cache.io.resp.bits.req_info.source) &&
                          (cache.io.resp.bits.bypassed || cache.io.resp.bits.isFirst || !ptw.io.req.ready)
  mq_arb.io.in(0).bits := cache.io.resp.bits.req_info               ///mq_arb 的第一个输入来自 PtwCache
  mq_arb.io.in(1) <> llptw.io.cache                                  ///mq_arb 的第一个输入来自 LLPTW
  missQueue.io.in <> mq_arb.io.out                                   ///mq_arb 的输出连到 missQueue 的输入
  missQueue.io.sfence := sfence_dup(6)
  missQueue.io.csr := csr_dup(5)

  blockmq.io.start := missQueue.io.out.fire                          ///missQueue 的输出启动 blockmq
  blockmq.io.enable := ptw.io.req.fire()                             ///blockmq 就像控制 missQueue 输出的阀门
///class L2TLBImp，待续。
```

如前所述，L2TLB 的上层是 TLB，L2TLB 外部接口上的 tlb 就是来自 TLB 的 page-table-walk 请求，也可以说是对 TLB 的 refill 请求。这与 DCache 对二级缓存的请求是类似的，不同之处在于：DCache 对二级缓存的请求是以 cacheline 为单位的，而 TLB 对 L2TLB 的请求则以 TLB 表项所需的信息为单位，其中包括例如 tag，asid 等等信息，这并不直接就是页面（映射）表中的表项 PTE，但其核心就是 PTE。

在 L2TLB 内部，则创建了一些用来实现二级 TLB 的模块，其中最重要的是 PtwCache，顾名思义这就是 PTW 的 Cache。显然，这是因为从内存读写的速度太慢，需要把页面表中的一些表项预先缓存在 Cache 中。PtwCache 的下面理应就是 PTW 了，事实上也缺失是这样，只不过 L2LTB 把概念上的 PTW 拆除了并排两块，一块是 PTW，另一块是 LLPTW。之所以如此，是因为对虚存映射树上的中间节点即中间映射表的处理与对底层映射表的处理很不相同，需要分开处理。所谓 LLPTW，就是 Last-Level PTW 的意思。按理说物理页面号 ppn 的获取都是在底层页面表，但是如果是超大页面 super page 的 ppn 就是在中间层的页面表中。当然，不管是 PTW 还是 LLPTW，最终都要从内存读取，所以都要用到 L2TLB 与内存的接口，就是这里的 mem。

除 PtwCache 和 PTW/LLPTW 之外，还有个 L2TlbMissQueue，那与 DCache 中的 MissQueue 是一样的道理。至于 PMP，那当然就是为了硬件存储访问权限的检验。

此外，L2TLB 中还有好几个仲裁器：

```
val arb1 = Module(new Arbiter(new PtwReq, PtwWidth))                                   ///关于 PtwReq 的仲裁器
val arb2 = Module(new Arbiter(new Bundle {...})                                        ///关于 vpn+source 的仲裁器
val outArb = (0 until PtwWidth).map(i => Module(new Arbiter(new PtwSectorResp, 1)).io)  ///L2TLB 输出的仲裁器
val mergeArb = (0 until PtwWidth).map(i => Module(new Arbiter(new PtwMergeResp, 3)).io) ///用来合并 PTW 输出的仲裁器
val mq_arb = Module(new Arbiter(new L2TlbInnerBundle, 2))                              ///MissQueue 入口上的仲裁器
val mem_arb = Module(new Arbiter(new L2TlbMemReqBundle(), 2))                          ///通往内存的仲裁器
```

其中的 mergeArb 和 outArb 都是向量，都是一排 PtwWidth 个。注意 L2TLB 的 tlb 接口就是同样宽度的向量。L2TLB 就像是一块接线板，通过种种仲裁器把各个部件和 IO 接口连接起来，实际的连接是这样：

- TLB 接口上 io.tlb 的各路 req 连到 arb1.io.in，arb1.io.out 则连到 arb2.io.in(InArbTlbPort)，这是 arb2 的输入之一。
- MissQueue 的输出 missQueue.io.out 连到 arb2.io.in(InArbMissQueuePort)，这是 arb2 的另一路输入。

- arb2 的输出连到 cache.io.req。
- MissQueue 的输入来自 mq_arb.io.out，而 mq_arb.io.in 则来自 cache.io.resp 或 llptw.io.cache。
- 输出仲裁器 outArb 输入来自合并仲裁器 mergeArb，其输出则连到 io.tlb 接口上的各个 resp 端口。
- 合并仲裁器 mergeArb 的输入来自 cache.io.resp + ptw.io.resp + llptw_out。
- mem_arb 的输入来自 ptw.io.mem.req 或 llptw_mem.req，输出则去往内存接口 mem。

这样，假定从 TLB 有 PTW 请求到来，就从 io.tlb 上的某一路 req 进来，经过 arb1 和 arb2，就到了 cache.io.req，向 PtwCache 提出请求。然后：

- ◆ 如果在 PtwCache 命中，cache.io.resp 就会通过合并仲裁器 mergeArb 到达 outArb，再到达 io.tlb 接口上的 resp 端口。
- ◆ 如果不命中，则 cache.io.resp 通过 mq_arb 进入 MissQueue。另外，代码中的 cache.io.resp.valid && !cache.io.resp.bits.hit 就满足了向 PTW 和 LLPTW 发出请求的必要条件，这就是：

```
ptw.io.req.valid := cache.io.resp.valid && !cache.io.resp.bits.hit && !cache.io.resp.bits.toFsm.l2Hit &&
                                        !cache.io.resp.bits.bypassed && !cache.io.resp.bits.isFirst
llptw.io.in.valid := cache.io.resp.valid && !cache.io.resp.bits.hit && cache.io.resp.bits.toFsm.l2Hit && !cache.io.resp.bits.bypassed
```

注意这二者的分界是 cache.io.resp 中的 toFsm.l2Hit，如果 toFsm.l2Hit 为 true 就去向 LLPTW，否则就去向 PTW。这是因为：页面映射表分三层（是三层映射），PTW 只管上面两层的查询，LLPTW 则只管最底层的查询。如果 l2Hit，那就说明已经在第 2 层命中，剩下的就是底层了，所以应去 LLPTW；否则就应去 PTW。至于别的条件，那只是没有发生 bypass（一般都满足）。

PTW 和 LLPTW 都只是 page-table walk 这个机制的实现者，其功能是在内存中的虚存映射树上各层页面表间“Walk”，找到给定 vpn 所对应的 ppn；其自身并不起缓存的作用（LLPTW 中有 6 个表项）。所以一定得要从内存读出，于是：

从 PTW 或 LLPTW 发出的 ptw.io.mem.req 或 llptw_mem.req 通过 mem_arb 到达内存接口 mem。

当从内存读出的内容返回时，一方面返回给 PTW 或 LLPTW，同时也直接给 PtwCache 的 cache.io.refill。而 PTW 或 LLPTW，和 PtwCache 的输出，则依次通过合并仲裁器 mergeArb 和输出仲裁器 outArb 到达 L2TLB 的 tlb 接口上，作为对 TLB 的 resp。

知道了这些，L2TLBImp 后面这些代码应该不难理解了：

[XSCoreBase > L2TLBWrapper > L2TLB > L2TLBImp]　续 1

```
llptw.io.in.valid := cache.io.resp.valid && !cache.io.resp.bits.hit && cache.io.resp.bits.toFsm.l2Hit && !cache.io.resp.bits.bypassed
llptw.io.in.bits.req_info := cache.io.resp.bits.req_info                         ///来自 LLPTW 的回应
llptw.io.in.bits.ppn := cache.io.resp.bits.toFsm.ppn
llptw.io.sfence := sfence_dup(1)
llptw.io.csr := csr_dup(1)

cache.io.req.valid := arb2.io.out.valid                                          ///对 PtwCache 的请求来自仲裁器 arb2 的输出
cache.io.req.bits.req_info.vpn := arb2.io.out.bits.vpn
cache.io.req.bits.req_info.source := arb2.io.out.bits.source
cache.io.req.bits.isFirst := arb2.io.chosen =/= InArbMissQueuePort.U
cache.io.req.bits.bypassed.map(_ := false.B)
cache.io.sfence := sfence_dup(2)
cache.io.csr := csr_dup(2)
cache.io.sfence_dup.zip(sfence_dup.drop(2).take(4)).map(s => s._1 := s._2)
cache.io.csr_dup.zip(csr_dup.drop(2).take(3)).map(c => c._1 := c._2)
cache.io.resp.ready := Mux(cache.io.resp.bits.hit, outReady(cache.io.resp.bits.req_info.source, outArbCachePort),
```

```
    Mux(cache.io.resp.bits.toFsm.l2Hit && !cache.io.resp.bits.bypassed, llptw.io.in.ready,
    Mux(cache.io.resp.bits.bypassed || cache.io.resp.bits.isFirst, mq_arb.io.in(0).ready,   mq_arb.io.in(0).ready || ptw.io.req.ready)))

  // NOTE: missQueue req has higher priority                    ///这是向 PTW 的请求：
  ptw.io.req.valid := cache.io.resp.valid && !cache.io.resp.bits.hit && !cache.io.resp.bits.toFsm.l2Hit &&
                                                              !cache.io.resp.bits.bypassed && !cache.io.resp.bits.isFirst
  ptw.io.req.bits.req_info := cache.io.resp.bits.req_info                       ///PTW 的输入请求来自 PtwCache 的回应输出
  ptw.io.req.bits.l1Hit := cache.io.resp.bits.toFsm.l1Hit
  ptw.io.req.bits.ppn := cache.io.resp.bits.toFsm.ppn
  ptw.io.sfence := sfence_dup(7)
  ptw.io.csr := csr_dup(6)
  ptw.io.resp.ready := outReady(ptw.io.resp.bits.source, outArbFsmPort)

  // mem req
  def blockBytes_align(addr: UInt) = {
    Cat(addr(PAddrBits - 1, log2Up(l2tlbParams.blockBytes)), 0.U(log2Up(l2tlbParams.blockBytes).W))
  }
  def addr_low_from_vpn(vpn: UInt) = { vpn (log2Ceil(l2tlbParams.blockBytes)-log2Ceil(XLEN/8)-1, 0) }
  def addr_low_from_paddr(paddr: UInt) = { paddr (log2Up(l2tlbParams.blockBytes)-1, log2Up(XLEN/8)) }
  def from_missqueue(id: UInt) = { (id =/= l2tlbParams.llptwsize.U) }
  val waiting_resp = RegInit(VecInit(Seq.fill(MemReqWidth)(false.B)))
  val flush_latch = RegInit(VecInit(Seq.fill(MemReqWidth)(false.B)))
  for (i <- waiting_resp.indices) { assert(!flush_latch(i) || waiting_resp(i)) }
                                  // when sfence_latch wait for mem resp, waiting_resp should be true

  val llptw_out = llptw.io.out                                                  ///通向 LLPTW 的请求
  val llptw_mem = llptw.io.mem                                                  ///通向 LLPTW 的访内请求
  llptw_mem.req_mask := waiting_resp.take (l2tlbParams.llptwsize)
  ptw.io.mem.mask := waiting_resp.last

  val mem_arb = Module(new Arbiter(new L2TlbMemReqBundle(), 2))                 ///访问内存的仲裁器 mem_arb
  mem_arb.io.in(0) <> ptw.io.mem.req                                            ///mem_arb 的第一个输入来自 ptw.io.mem.req
  mem_arb.io.in(1) <> llptw_mem.req                                             ///mem_arb 的第二个输入来自 llptw_mem.req
  mem_arb.io.out.ready := mem.a.ready && !flush

  // assert, should not send mem access at same addr for twice.
  val last_resp_vpn = RegEnable(cache.io.refill.bits.req_info_dup(0).vpn, cache.io.refill.valid)
  val last_resp_level = RegEnable(cache.io.refill.bits.level_dup(0), cache.io.refill.valid)
  val last_resp_v = RegInit(false.B)
  val last_has_invalid = !Cat(cache.io.refill.bits.ptes.asTypeOf(Vec(blockBits/XLEN, UInt(XLEN.W))).map(a => a(0))).andR ||
                                                              cache.io.refill.bits.sel_pte_dup(0).asTypeOf(new PteBundle).isAf()
  when (cache.io.refill.valid) { last_resp_v := !last_has_invalid}
  when (flush) { last_resp_v := false.B }
  XSError(last_resp_v && cache.io.refill.valid && (cache.io.refill.bits.req_info_dup(0).vpn === last_resp_vpn) &&
                  (cache.io.refill.bits.level_dup(0) === last_resp_level), "l2tlb should not access mem at same addr for twice")
  // ATTENTION: this may wronngly assert when: a ptes is l2, last part is valid, but the current part is invalid,
```

```
  // so one more mem access happened. If this happened, remove the assert.

  val req_addr_low = Reg(Vec(MemReqWidth, UInt((log2Up(l2tlbParams.blockBytes)-log2Up(XLEN/8)).W)))   ///6-3 = 3 位

  when (llptw.io.in.fire()) { req_addr_low(llptw_mem.enq_ptr) := addr_low_from_vpn(llptw.io.in.bits.req_info.vpn) }
                                          // when enq miss queue, set the req_addr_low to receive the mem resp data part
  when (mem_arb.io.out.fire()) {
    req_addr_low(mem_arb.io.out.bits.id) := addr_low_from_paddr(mem_arb.io.out.bits.addr)
    waiting_resp(mem_arb.io.out.bits.id) := true.B
  }
  // mem read
  val memRead = edge.Get(fromSource = mem_arb.io.out.bits.id, toAddress = blockBytes_align(mem_arb.io.out.bits.addr),
                                                                         lgSize = log2Up(l2tlbParams.blockBytes).U)._2
     ///从内存读取的是 cacheline，所以得要通过 blockBytes_align()将地址与 block 边界对齐，读取大小为 blockBytes。
  mem.a.bits := memRead                                             ///在 A 通道上发送请求，要求从目标地址读出
  mem.a.valid := mem_arb.io.out.valid && !flush
  mem.d.ready := true.B                                             ///准备从 D 通道上接收
///class L2TLBImp，续 1，待续。
```

L2TLB 的内存接口 mem 是个 TileLink 的 Bundle，这里只用其 A 和 D 两个通道（因为只有读出没有写入），在 A 通道上发送请求，从 D 通道读回数据。PTW 和 LLPTW 要从内存读取的是一个 PTE，那只是一个 64 位数据，因为 64 位页面表中的 PTE 就是一个 64 位无符号整数。然而从内存读取是以 cacheline 为单位的，所以读出地址须与 cacheline 边界对齐，读回后则须从 cacheline 中截取所需的目标。

我们继续往下看代码：

```
[XSCoreBase > L2TLBWrapper > L2TLB > L2TLBImp]　续 2
  // mem -> data buffer
  val refill_data = Reg(Vec(blockBits / l1BusDataWidth, UInt(l1BusDataWidth.W)))   ///从 mem 读回的是个 cacheline
  val refill_helper = edge.firstlastHelper(mem.d.bits, mem.d.fire())               ///这个函数返回(first, last, done, count)
  val mem_resp_done = refill_helper._3
  val mem_resp_from_mq = from_missqueue(mem.d.bits.source)        ///source 是否出自 MissQueue
  when (mem.d.valid) {
    assert(mem.d.bits.source <= l2tlbParams.llptwsize.U)
    refill_data(refill_helper._4) := mem.d.bits.data               ///将 D 通道上的数据逐个脉搏打入寄存器 refill_data
  }
  // refill_data_tmp is the wire fork of refill_data, but one cycle earlier
  val refill_data_tmp = WireInit(refill_data)
  refill_data_tmp(refill_helper._4) := mem.d.bits.data

  // save only one pte for each id
  // (miss queue may can't resp to tlb with low latency, it should have highest priority, but diffcult to design cache)
  val resp_pte = VecInit((0 until MemReqWidth).map(i =>
          if (i == l2tlbParams.llptwsize) {
                    RegEnable(get_part(refill_data_tmp, req_addr_low(i)), mem_resp_done && !mem_resp_from_mq) }
          else { DataHoldBypass(get_part (refill_data, req_addr_low(i)), llptw_mem.buffer_it(i)) }
   // llptw could not use refill_data_tmp, because enq bypass's result works at next cycle
```

```
))  ///从 cacheline 中截取所需的 64 位数据，req_addr_low 就是地址低位即 cacheline 内部下标。这就是从内存读回的 PTE。

// save eight ptes for each id when sector tlb
// (miss queue may can't resp to tlb with low latency, it should have highest priority, but diffcult to design cache)
val resp_pte_sector = VecInit((0 until MemReqWidth).map(i =>
  if (i == l2tlbParams.llptwsize) {RegEnable(refill_data_tmp, mem_resp_done && !mem_resp_from_mq) }
  else { DataHoldBypass(refill_data, llptw_mem.buffer_it(i)) }
  // llptw could not use refill_data_tmp, because enq bypass's result works at next cycle
))

// mem -> miss queue
llptw_mem.resp.valid := mem_resp_done && mem_resp_from_mq
llptw_mem.resp.bits.id := DataHoldBypass(mem.d.bits.source, mem.d.valid)
// mem -> ptw
ptw.io.mem.req.ready := mem.a.ready
ptw.io.mem.resp.valid := mem_resp_done && !mem_resp_from_mq
ptw.io.mem.resp.bits := resp_pte.last                              ///ptw.io.mem.resp 就是读自内存的 resp_pte
// mem -> cache
val refill_from_mq = mem_resp_from_mq
val refill_level = Mux(refill_from_mq, 2.U, RegEnable(ptw.io.refill.level, init = 0.U, ptw.io.mem.req.fire()))
val refill_valid = mem_resp_done && !flush && !flush_latch(mem.d.bits.source)

cache.io.refill.valid := RegNext(refill_valid, false.B)
cache.io.refill.bits.ptes := refill_data.asUInt
cache.io.refill.bits.req_info_dup.map(_ := RegEnable(Mux(refill_from_mq, llptw_mem.refill, ptw.io.refill.req_info), refill_valid))
cache.io.refill.bits.level_dup.map(_ := RegEnable(refill_level, refill_valid))
cache.io.refill.bits.levelOH(refill_level, refill_valid)
cache.io.refill.bits.sel_pte_dup.map(_ := RegNext(sel_data (refill_data_tmp.asUInt, req_addr_low(mem.d.bits.source))))
...         ///测试与性能统计从略

// pmp
pmp_check(0).req <> ptw.io.pmp.req
ptw.io.pmp.resp <> pmp_check(0).resp
pmp_check(1).req <> llptw.io.pmp.req
llptw.io.pmp.resp <> pmp_check(1).resp

llptw_out.ready := outReady(llptw_out.bits.req_info.source, outArbMqPort)

// Timing: Maybe need to do some optimization or even add one more cycle
for (i <- 0 until PtwWidth) {
  mergeArb(i).in(outArbCachePort).valid :=
                                cache.io.resp.valid && cache.io.resp.bits.hit && cache.io.resp.bits.req_info.source===i.U
  mergeArb(i).in(outArbCachePort).bits := cache.io.resp.bits.toTlb
  mergeArb(i).in(outArbFsmPort).valid := ptw.io.resp.valid && ptw.io.resp.bits.source===i.U
  mergeArb(i).in(outArbFsmPort).bits := ptw.io.resp.bits.resp
  mergeArb(i).in(outArbMqPort).valid := llptw_out.valid && llptw_out.bits.req_info.source===i.U
```

```
  mergeArb(i).in(outArbMqPort).bits := contiguous_pte_to_merge_ptwResp (
                               resp_pte_sector(llptw_out.bits.id).asUInt, llptw_out.bits.req_info.vpn, llptw_out.bits.af, true)
  mergeArb(i).out.ready := outArb(i).in(0).ready
}

for (i <- 0 until PtwWidth) {     ///经mergeArb输出作为outArb的输入
  outArb(i).in(0).valid := mergeArb(i).out.valid
  outArb(i).in(0).bits := merge_ptwResp_to_sector_ptwResp (mergeArb(i).out.bits)
}

io.tlb.map(_.resp).zip(outArb.map(_.out)).map{ case (resp, out) => resp <> out }   ///outArb 的输出连到接口上的 io.tlb.resp

// sfence
when (flush) { for (i <- 0 until MemReqWidth) { when (waiting_resp(i)) { flush_latch(i) := true.B } } }
// mem -> control signal
// waiting_resp and sfence_latch will be reset when mem_resp_done
when (mem_resp_done) {
  waiting_resp(mem.d.bits.source) := false.B
  flush_latch(mem.d.bits.source) := false.B
}

def block_decoupled[T <: Data](source: DecoupledIO[T], sink: DecoupledIO[T], block_signal: Bool) = {
  sink.valid     := source.valid && !block_signal
  source.ready := sink.ready     && !block_signal
  sink.bits      := source.bits
}

def get_part (data: Vec[UInt], index: UInt): UInt = {
  val inner_data = data.asTypeOf(Vec(data.getWidth / XLEN, UInt(XLEN.W)))
  inner_data (index)
}

def pte_to_ptwResp (pte: UInt, vpn: UInt, af: Bool, af_first: Boolean) : PtwResp = {   ///将一个 PteBundle 转化成 PtwResp:
  val pte_in = pte.asTypeOf(new PteBundle())                    ///输入的 PteBundle，就是一个 PTE，见前。
  val ptw_resp = Wire(new PtwResp())                            ///输出的 PtwResp
  ptw_resp.entry.ppn := pte_in.ppn
  ptw_resp.entry.level.map(_ := 2.U)
  ptw_resp.entry.perm.map(_ := pte_in.getPerm())
  ptw_resp.entry.tag := vpn
  ptw_resp.pf := (if (af_first) !af else true.B) && pte_in.isPf(2.U)
  ptw_resp.af := (if (!af_first) pte_in.isPf(2.U) else true.B) && (af || pte_in.isAf())
  ptw_resp.entry.v := !ptw_resp.pf
  ptw_resp.entry.prefetch := DontCare
  ptw_resp.entry.asid := satp.asid
  ptw_resp                                                      ///返回转换所得的 PtwResp
}
```

```
    def outReady (source: UInt, port: Int): Bool = {
      MuxLookup(source, true.B, (0 until PtwWidth).map(i => i.U -> outArb(i).in(port).ready))
    }

    // time out assert
    for (i <- 0 until MemReqWidth) {
      TimeOutAssert(waiting_resp(i), timeOutThreshold, s"ptw mem resp time out wait_resp${i}")
      TimeOutAssert(flush_latch(i), timeOutThreshold, s"ptw mem resp time out flush_latch${i}")
    }
}   ///end class L2TLBImp
```

这些代码就无需解释了。

L2TLB 的核心是 PtwCache。如前所述，如果把 TLB 比作虚存映射信息的一级缓存，那么 L2TLB 就好比是二级缓存，而 PtwCache 是二级缓存的核心。TLB 与 L2TLB 间的接口是 TlbPtwIO：

```
class TlbPtwIO(Width: Int = 1)(implicit p: Parameters) extends TlbBundle {
  val req = Vec(Width, DecoupledIO(new PtwReq))
  val resp = Flipped(DecoupledIO(new PtwSectorResp))
}
```

从 L2TLB 到 PtwCache 的 refill 请求 cache.io.req 则是 PtwCacheReq：

```
class PtwCacheReq(implicit p: Parameters) extends PtwBundle {
  val req_info = new L2TlbInnerBundle()
  val isFirst = Bool()
  val bypassed = Vec(3, Bool())
}
```

其中的 req_info 即 L2TlbInnerBundle 显然是关键，这是对 PtwReq 的扩充：

```
class L2TlbInnerBundle(implicit p: Parameters) extends PtwReq {
  val source = UInt(bSourceWidth.W)
}
```

这样一看就清楚了。TLB 对 L2TLB 的请求是 PtwReq，而 L2TLB 向下发给 PtwCache 的请求是 L2TlbInnerBundle，其实这只是在 PtwReq 的基础上增加了一个字段 source，以表明是谁发出了对 PtwCache 的请求；另外就是在 req_info 外添加了 isFirst 和 bypassed 两个字段。在 L2TLB 的代码中我们看到，对 isFirst 的设置是“cache.io.req.bits.isFirst := arb2.io.chosen =/= InArbMissQueuePort.U”，即只要不是来自 MissQueue 即为 true；bypass 字段则 3 位均设成 false。

然后，这整个 PtwCacheReq 就是 PtwCache 外部接口上的 req:

```
[L2TLB > L2TLBImp > PtwCache > PtwCacheIO]
class PtwCacheIO()(implicit p: Parameters) extends MMUIOBaseBundle with HasPtwConst {
  val req = Flipped(DecoupledIO(new PtwCacheReq()))                ///对PtwCache的查询/refill请求
  val resp = DecoupledIO(new Bundle {                              ///PtwCache对L2TLB的回应
    val req_info = new L2TlbInnerBundle()
```

```
    val isFirst = Bool()
    val hit = Bool()
    val prefetch = Bool()      // is the entry fetched by prefetch
    val bypassed = Bool()
    val toFsm = new Bundle {
      val l1Hit = Bool()
      val l2Hit = Bool()
      val ppn = UInt(ppnLen.W)
    }
    val toTlb = new PtwEntry(tagLen = vpnLen, hasPerm = true, hasLevel = true)        ///toTlb是resp的一部分
  })  ///end val resp
  val refill = Flipped(ValidIO(new Bundle {                                   ///refill源自从内存读回的cacheline
    val ptes = UInt(blockBits.W)                                                ///宽度是blockBits，一个cacheline。
    val levelOH = new Bundle {
      // NOTE: levelOH has (Level+1) bits, each stands for page cache entries
      val sp = Bool()                                                           ///PTE是对超大物理页面的映射
      val l3 = Bool()                                                           ///PTE来自3层映射表
      val l2 = Bool()                                                           ///PTE来自2层映射表
      val l1 = Bool()                                                           ///PTE来自1层映射表
      def apply(levelUInt: UInt, valid: Bool) = {
        sp := RegNext((levelUInt === 0.U || levelUInt === 1.U) && valid, false.B)
        l3 := RegNext((levelUInt === 2.U) & valid, false.B)
        l2 := RegNext((levelUInt === 1.U) & valid, false.B)
        l1 := RegNext((levelUInt === 0.U) & valid, false.B)
      }
    }  ///end val levelOH
    // duplicate level and sel_pte for each page caches, for better fanout
    val req_info_dup = Vec(3, new L2TlbInnerBundle())
    val level_dup = Vec(3, UInt(log2Up(Level).W))
    val sel_pte_dup = Vec(3, UInt(XLEN.W))
  }))  ///end val refill
  val sfence_dup = Vec(4, Input(new SfenceBundle()))
  val csr_dup = Vec(3, Input(new TlbCsrBundle()))
}  ///end class PtwCacheIO
```

知道了 PtwCache 的对外接口，我们看它的代码：

```
[XSCoreBase > L2TLBWrapper > L2TLB > L2TLBImp > PtwCache]
class PtwCache()(implicit p: Parameters) extends XSModule with HasPtwConst with HasPerfEvents {
  val io = IO(new PtwCacheIO)

  val ecc = Code.fromString(l2tlbParams.ecc)
  val l2EntryType = new PTWEntriesWithEcc(ecc, num = PtwL2SectorSize, tagLen = PtwL2TagLen, level = 1, hasPerm = false)
  val l3EntryType = new PTWEntriesWithEcc(ecc, num = PtwL3SectorSize, tagLen = PtwL3TagLen, level = 2, hasPerm = true)
    ///二者都是带有 ECC 码的 PTWEntry，PtwL2SectorSize 和 PtwL3SectorSize 都定义为 blockBits / XLEN，blockBits=512
```

```
// TODO: four caches make the codes dirty, think about how to deal with it
val sfence_dup = io.sfence_dup
val refill = io.refill.bits
val refill_prefetch_dup = io.refill.bits.req_info_dup.map(a => from_pre(a.source))
val flush_dup = sfence_dup.zip(io.csr_dup).map(f => f._1.valid || f._2.satp.changed)
val flush = flush_dup(0)

// when refill, refuce to accept new req
val rwHarzad = if (sramSinglePort) io.refill.valid else false.B

// handle hand signal and req_info
// TODO: replace with FlushableQueue
val stageReq = Wire(Decoupled(new PtwCacheReq()))                    // enq stage & read page cache valid
val stageDelay = Wire(Vec(2, Decoupled(new PtwCacheReq())))          // page cache resp
val stageCheck = Wire(Vec(2, Decoupled(new PtwCacheReq())))          // check hit & check ecc
val stageResp = Wire(Decoupled(new PtwCacheReq()))                   // deq stage

val stageDelay_valid_1cycle = OneCycleValid(stageReq.fire, flush)        // catch ram data
val stageCheck_valid_1cycle = OneCycleValid(stageDelay(1).fire, flush) // replace & perf counter
val stageResp_valid_1cycle_dup = Wire(Vec(2, Bool()))
stageResp_valid_1cycle_dup.map(_ := OneCycleValid(stageCheck(1).fire, flush))   // ecc flush

stageReq <> io.req
PipelineConnect(stageReq, stageDelay(0), stageDelay(1).ready, flush, rwHarzad)
InsideStageConnect(stageDelay(0), stageDelay(1), stageDelay_valid_1cycle)
PipelineConnect(stageDelay(1), stageCheck(0), stageCheck(1).ready, flush)
InsideStageConnect(stageCheck(0), stageCheck(1), stageCheck_valid_1cycle)
PipelineConnect(stageCheck(1), stageResp, io.resp.ready, flush)
stageResp.ready := !stageResp.valid || io.resp.ready

// l1: level 0 non-leaf pte
val l1 = Reg(Vec(l2tlbParams.l1Size, new PtwEntry(tagLen = PtwL1TagLen)))       /// PtwL1TagLen = vpnnLen
val l1v = RegInit(0.U(l2tlbParams.l1Size.W))                                    /// l2tlbParams.l1Size=16
val l1g = Reg(UInt(l2tlbParams.l1Size.W))
val l1asids = l1.map(_.asid)

// l2: level 1 non-leaf pte                /// l2nSets = 32，l2nWays = 2。
val l2 = Module(new SRAMTemplate (l2EntryType, set = l2tlbParams.l2nSets,
                              way = l2tlbParams.l2nWays, singlePort = sramSinglePort ))
val l2v = RegInit(0.U((l2tlbParams.l2nSets * l2tlbParams.l2nWays).W))
val l2g = Reg(UInt((l2tlbParams.l2nSets * l2tlbParams.l2nWays).W))
val l2asids = Reg(Vec(l2tlbParams.l2nSets, Vec(l2tlbParams.l2nWays, UInt(AsidLength.W))))

def getl2vSet (vpn: UInt) = {
  require(log2Up(l2tlbParams.l2nWays) == log2Down(l2tlbParams.l2nWays))
  val set = genPtwL2SetIdx (vpn)
```

```
    require(set.getWidth == log2Up(l2tlbParams.l2nSets))
    val l2vVec = l2v.asTypeOf(Vec(l2tlbParams.l2nSets, UInt(l2tlbParams.l2nWays.W)))
    l2vVec(set)
  }
  def getl2asidSet (vpn: UInt) = {
    require(log2Up(l2tlbParams.l2nWays) == log2Down(l2tlbParams.l2nWays))
    val set = genPtwL2SetIdx(vpn)
    require(set.getWidth == log2Up(l2tlbParams.l2nSets))
    l2asids(set)
  }

  // l3: level 2 leaf pte of 4KB pages        /// l3nSets = 128，l3nWays = 4。
  val l3 = Module(new SRAMTemplate (l3EntryType, set = l2tlbParams.l3nSets,
                                      way = l2tlbParams.l3nWays, singlePort = sramSinglePort ))
  val l3v = RegInit(0.U((l2tlbParams.l3nSets * l2tlbParams.l3nWays).W))
  val l3g = Reg(UInt((l2tlbParams.l3nSets * l2tlbParams.l3nWays).W))
  val l3asids = Reg(Vec(l2tlbParams.l3nSets, Vec(l2tlbParams.l3nWays, UInt(AsidLength.W))))

  def getl3vSet (vpn: UInt) = {
    require(log2Up(l2tlbParams.l3nWays) == log2Down(l2tlbParams.l3nWays))
    val set = genPtwL3SetIdx(vpn)
    require(set.getWidth == log2Up(l2tlbParams.l3nSets))
    val l3vVec = l3v.asTypeOf(Vec(l2tlbParams.l3nSets, UInt(l2tlbParams.l3nWays.W)))
    l3vVec(set)
  }
  def getl3asidSet (vpn: UInt) = {
    require(log2Up(l2tlbParams.l3nWays) == log2Down(l2tlbParams.l3nWays))
    val set = genPtwL3SetIdx(vpn)
    require(set.getWidth == log2Up(l2tlbParams.l3nSets))
    l3asids(set)
  }

  // sp: level 0/1 leaf pte of 1GB/2MB super pages        /// spSize = 16,   SPTagLen = vpnnLen * 2 = 9*2 = 18
  val sp = Reg(Vec(l2tlbParams.spSize, new PtwEntry(tagLen = SPTagLen, hasPerm = true, hasLevel = true)))
  val spv = RegInit(0.U(l2tlbParams.spSize.W))
  val spg = Reg(UInt(l2tlbParams.spSize.W))
  val spasids = sp.map(_.asid)

  // Access Perf        ///性能统计从略

  def vpn_match (vpn1: UInt, vpn2: UInt, level: Int) = {
    vpn1(vpnnLen*3-1, vpnnLen*(2-level)+3) === vpn2(vpnnLen*3-1, vpnnLen*(2-level)+3)
  }
  // NOTE: not actually bypassed, just check if hit, re-access the page cache
  def refill_bypass (vpn: UInt, level: Int) = {
    io.refill.valid && (level.U === io.refill.bits.level_dup(0)) && vpn_match(io.refill.bits.req_info_dup(0).vpn, vpn, level),
```

```
}

// l1
val ptwl1replace = ReplacementPolicy.fromString(l2tlbParams.l1Replacer, l2tlbParams.l1Size)   /// l2tlbParams.l1Size=16
val (l1Hit, l1HitPPN, l1Pre) = {                ///l1Pre 表示 L1 Prefetch
  val hitVecT = l1.zipWithIndex.map { case (e, i) => e.hit(stageReq.bits.req_info.vpn, io.csr_dup(0).satp.asid) && l1v(i) }
  val hitVec = hitVecT.map(RegEnable(_, stageReq.fire))
  // stageDelay, but check for l1
  val hitPPN = DataHoldBypass(ParallelPriorityMux(hitVec zip l1.map(_.ppn)), stageDelay_valid_1cycle)
  val hitPre = DataHoldBypass(ParallelPriorityMux(hitVec zip l1.map(_.prefetch)), stageDelay_valid_1cycle)
  val hit = DataHoldBypass(ParallelOR(hitVec), stageDelay_valid_1cycle)

  when (hit && stageDelay_valid_1cycle) { ptwl1replace.access(OHToUInt(hitVec)) }   ///让轮换策略知道这个向量受到了访问
  // synchronize with other entries with RegEnable
  (RegEnable(hit, stageDelay(1).fire), RegEnable(hitPPN, stageDelay(1).fire), RegEnable(hitPre, stageDelay(1).fire))
}   ///end val (l1Hit, l1HitPPN, l1Pre)

// l2
val ptwl2replace = ReplacementPolicy.fromString(l2tlbParams.l2Replacer,l2tlbParams.l2nWays,l2tlbParams.l2nSets)
val (l2Hit, l2HitPPN, l2Pre, l2eccError) = {
  val ridx = genPtwL2SetIdx(stageReq.bits.req_info.vpn)
  l2.io.r.req.valid := stageReq.fire
  l2.io.r.req.bits.apply(setIdx = ridx)
  val vVec_req = getl2vSet(stageReq.bits.req_info.vpn)

  // delay one cycle after sram read
  val delay_vpn = stageDelay(0).bits.req_info.vpn
  val data_resp = DataHoldBypass(l2.io.r.resp.data, stageDelay_valid_1cycle)
  val vVec_delay = RegEnable(vVec_req, stageReq.fire)
  val hitVec_delay = VecInit(data_resp.zip(vVec_delay.asBools).map { case (wayData, v) =>
                                      wayData.entries.hit (delay_vpn, io.csr_dup(1).satp.asid) && v })

  // check hit and ecc
  val check_vpn = stageCheck(0).bits.req_info.vpn
  val ramDatas = RegEnable(data_resp, stageDelay(1).fire)
  val vVec = RegEnable(vVec_delay, stageDelay(1).fire).asBools()

  val hitVec = RegEnable(hitVec_delay, stageDelay(1).fire)
  val hitWayEntry = ParallelPriorityMux(hitVec zip ramDatas)
  val hitWayData = hitWayEntry.entries
  val hit = ParallelOR(hitVec)
  val hitWay = ParallelPriorityMux(hitVec zip (0 until l2tlbParams.l2nWays).map(_.U(log2Up(l2tlbParams.l2nWays).W)))
  val eccError = hitWayEntry.decode()

  when (hit && stageCheck_valid_1cycle) { ptwl2replace.access(genPtwL2SetIdx(check_vpn), hitWay) }   ///让轮换策略知道
```

```
    (hit, hitWayData.ppns(genPtwL2SectorIdx(check_vpn)), hitWayData.prefetch, eccError)
  }  ///end val (l2Hit, l2HitPPN, l2Pre, l2eccError)

  // l3
  val ptwl3replace = ReplacementPolicy.fromString(l2tlbParams.l3Replacer,l2tlbParams.l3nWays,l2tlbParams.l3nSets)
  val (l3Hit, l3HitData, l3Pre, l3eccError) = {
    val ridx = genPtwL3SetIdx(stageReq.bits.req_info.vpn)
    l3.io.r.req.valid := stageReq.fire
    l3.io.r.req.bits.apply(setIdx = ridx)
    val vVec_req = getl3vSet(stageReq.bits.req_info.vpn)

    // delay one cycle after sram read
    val delay_vpn = stageDelay(0).bits.req_info.vpn
    val data_resp = DataHoldBypass(l3.io.r.resp.data, stageDelay_valid_1cycle)
    val vVec_delay = RegEnable(vVec_req, stageReq.fire)
    val hitVec_delay = VecInit(data_resp.zip(vVec_delay.asBools).map { case (wayData, v) =>
                                   wayData.entries.hit (delay_vpn, io.csr_dup(2).satp.asid) && v })

    // check hit and ecc
    val check_vpn = stageCheck(0).bits.req_info.vpn
    val ramDatas = RegEnable(data_resp, stageDelay(1).fire)
    val vVec = RegEnable(vVec_delay, stageDelay(1).fire).asBools()

    val hitVec = RegEnable(hitVec_delay, stageDelay(1).fire)
    val hitWayEntry = ParallelPriorityMux(hitVec zip ramDatas)
    val hitWayData = hitWayEntry.entries
    val hitWayEcc = hitWayEntry.ecc
    val hit = ParallelOR(hitVec)
    val hitWay = ParallelPriorityMux(hitVec zip (0 until l2tlbParams.l3nWays).map(_.U(log2Up(l2tlbParams.l3nWays).W)))
    val eccError = hitWayEntry.decode()
    when (hit && stageCheck_valid_1cycle) { ptwl3replace.access(genPtwL3SetIdx(check_vpn), hitWay) }   ///让轮换策略知道
    (hit, hitWayData, hitWayData.prefetch, eccError)
  }  ///end val (l3Hit, l3HitData, l3Pre, l3eccError)

  val l3HitPPN = l3HitData.ppns
  val l3HitPerm = l3HitData.perms.getOrElse(0.U.asTypeOf(Vec(PtwL3SectorSize, new PtePermBundle)))
  val l3HitValid = l3HitData.vs

  // super page
  val spreplace = ReplacementPolicy.fromString(l2tlbParams.spReplacer, l2tlbParams.spSize)
  val (spHit, spHitData, spPre, spValid) = {
    val hitVecT = sp.zipWithIndex.map { case (e, i) => e.hit(stageReq.bits.req_info.vpn, io.csr_dup(0).satp.asid) && spv(i) }   ///位图
    val hitVec = hitVecT.map(RegEnable(_, stageReq.fire))
    val hitData = ParallelPriorityMux(hitVec zip sp)
    val hit = ParallelOR(hitVec)
    when (hit && stageDelay_valid_1cycle) { spreplace.access(OHToUInt(hitVec)) }
```

```
    (RegEnable (hit, stageDelay(1).fire), RegEnable(hitData, stageDelay(1).fire),
                                    RegEnable(hitData.prefetch, stageDelay(1).fire), RegEnable(hitData.v, stageDelay(1).fire()))
  }   ///end val (spHit, spHitData, spPre, spValid)

  val spHitPerm = spHitData.perm.getOrElse(0.U.asTypeOf(new PtePermBundle))
  val spHitLevel = spHitData.level.getOrElse(0.U)

  val check_res = Wire(new PageCacheRespBundle)
  check_res.l1.apply(l1Hit, l1Pre, l1HitPPN)
  check_res.l2.apply(l2Hit, l2Pre, l2HitPPN, ecc = l2eccError)
  check_res.l3.apply(l3Hit, l3Pre, l3HitPPN, l3HitPerm, l3eccError, valid = l3HitValid)
  check_res.sp.apply(spHit, spPre, spHitData.ppn, spHitPerm, false.B, spHitLevel, spValid)

  val resp_res = Reg(new PageCacheRespBundle)
  when (stageCheck(1).fire) { resp_res := check_res }

  // stageResp bypass
  val bypassed = Wire(Vec(3, Bool()))
  bypassed.indices.foreach(i =>
    bypassed(i) := stageResp.bits.bypassed(i) ||
      ValidHoldBypass(refill_bypass(stageResp.bits.req_info.vpn, i), OneCycleValid(stageCheck(1).fire, false.B) || io.refill.valid)
  )
    ///生成 PtwCache 的回应 resp：
  io.resp.bits.req_info          := stageResp.bits.req_info
  io.resp.bits.isFirst           := stageResp.bits.isFirst
  io.resp.bits.hit               := resp_res.l3.hit || resp_res.sp.hit
  io.resp.bits.bypassed          := bypassed(2) || (bypassed(1) && !resp_res.l2.hit) || (bypassed(0) && !resp_res.l1.hit)
  io.resp.bits.prefetch          := resp_res.l3.pre && resp_res.l3.hit || resp_res.sp.pre && resp_res.sp.hit
  io.resp.bits.toFsm.l1Hit       := resp_res.l1.hit
  io.resp.bits.toFsm.l2Hit       := resp_res.l2.hit
  io.resp.bits.toFsm.ppn         := Mux(resp_res.l2.hit, resp_res.l2.ppn, resp_res.l1.ppn)
  io.resp.bits.toTlb.entry.map(_.tag := stageResp.bits.req_info.vpn(vpnLen - 1, 3))
  io.resp.bits.toTlb.entry.map(_.asid := io.csr_dup(0).satp.asid) // DontCare
  io.resp.bits.toTlb.entry.map(_.level.map(_ := Mux(resp_res.l3.hit, 2.U, resp_res.sp.level)))
  io.resp.bits.toTlb.entry.map(_.prefetch := from_pre(stageResp.bits.req_info.source))
  for (i <- 0 until tlbcontiguous) {
    io.resp.bits.toTlb.entry(i).ppn := Mux(resp_res.l3.hit,
                                    resp_res.l3.ppn(i)(ppnLen - 1, sectortlbwidth), resp_res.sp.ppn(ppnLen - 1, sectortlbwidth))
    io.resp.bits.toTlb.entry(i).ppn_low := Mux(resp_res.l3.hit,
                                    resp_res.l3.ppn(i)(sectortlbwidth - 1, 0), resp_res.sp.ppn(sectortlbwidth - 1, 0))
    io.resp.bits.toTlb.entry(i).perm.map(_ := Mux(resp_res.l3.hit, resp_res.l3.perm(i), resp_res.sp.perm))
    io.resp.bits.toTlb.entry(i).v := Mux(resp_res.l3.hit, resp_res.l3.v(i), resp_res.sp.v)
    io.resp.bits.toTlb.entry(i).pf := !io.resp.bits.toTlb.entry(i).v
    io.resp.bits.toTlb.entry(i).af := false.B
  }
```

```
io.resp.bits.toTlb.pteidx := UIntToOH(stageResp.bits.req_info.vpn(2, 0)).asBools
io.resp.bits.toTlb.not_super := Mux(resp_res.l3.hit, true.B, false.B)
io.resp.valid := stageResp.valid

// refill    ///以下是处理 PtwCache 的 refill：
l2.io.w.req <> DontCare
l3.io.w.req <> DontCare
l2.io.w.req.valid := false.B
l3.io.w.req.valid := false.B

val memRdata = refill.ptes
val memPtes = (0 until (l2tlbParams.blockBytes/(XLEN/8))).map(i =>
                                        memRdata((i+1)*XLEN-1, i*XLEN).asTypeOf(new PteBundle))
val memSelData = io.refill.bits.sel_pte_dup
val memPte = memSelData.map(a => a.asTypeOf(new PteBundle))

// TODO: handle sfenceLatch outsize
when (!flush_dup(0) && refill.levelOH.l1 && !memPte(0).isLeaf() && !memPte(0).isPf(refill.level_dup(0)) && !memPte(0).isAf()) {
  val refillIdx = replaceWrapper(l1v, ptwl1replace.way)
  refillIdx.suggestName(s"PtwL1RefillIdx")
  val rfOH = UIntToOH(refillIdx)
  l1(refillIdx).refill (refill.req_info_dup(0).vpn, io.csr_dup(0).satp.asid, memSelData(0), 0.U, refill_prefetch_dup(0) )
  ptwl1replace.access(refillIdx)                              ///让轮换策略知道 refillIdx 这个表项受到了访问
  l1v := l1v | rfOH
  l1g := (l1g & ~rfOH) | Mux(memPte(0).perm.g, rfOH, 0.U)
}

when (!flush_dup(1) && refill.levelOH.l2 && !memPte(1).isLeaf() && !memPte(1).isPf(refill.level_dup(1)) && !memPte(1).isAf()) {
  val refillIdx = genPtwL2SetIdx(refill.req_info_dup(1).vpn)
  val victimWay = replaceWrapper(getl2vSet(refill.req_info_dup(1).vpn), ptwl2replace.way(refillIdx))
  val victimWayOH = UIntToOH(victimWay)
  val rfvOH = UIntToOH(Cat(refillIdx, victimWay))
  val wdata = Wire(l2EntryType)
  wdata.gen(vpn = refill.req_info_dup(1).vpn, asid = io.csr_dup(1).satp.asid, data = memRdata,
                                                        levelUInt = 1.U, refill_prefetch_dup(1))
  l2.io.w.apply(valid = true.B, setIdx = refillIdx, data = wdata, waymask = victimWayOH)
  ptwl2replace.access(refillIdx, victimWay)                   ///让轮换策略知道 refillIdx 这个表项受到了访问
  l2v := l2v | rfvOH
  l2g := l2g & ~rfvOH | Mux(Cat(memPtes.map(_.perm.g)).andR, rfvOH, 0.U)
  ...    ///性能统计与调试从略
}  ///end when

when (!flush_dup(2) && refill.levelOH.l3 && !memPte(2).isAf()) {
  val refillIdx = genPtwL3SetIdx(refill.req_info_dup(2).vpn)
  val victimWay = replaceWrapper(getl3vSet(refill.req_info_dup(2).vpn), ptwl3replace.way(refillIdx))
  val victimWayOH = UIntToOH(victimWay)
```

```
    val rfvOH = UIntToOH(Cat(refillIdx, victimWay))
    val wdata = Wire(l3EntryType)
    wdata.gen(vpn = refill.req_info_dup(2).vpn, asid = io.csr_dup(2).satp.asid,
                                        data = memRdata, levelUInt = 2.U, refill_prefetch_dup(2))
    l3.io.w.apply(valid = true.B, setIdx = refillIdx, data = wdata, waymask = victimWayOH)
    ptwl3replace.access(refillIdx, victimWay)
    l3v := l3v | rfvOH
    l3g := l3g & ~rfvOH | Mux(Cat(memPtes.map(_.perm.g)).andR, rfvOH, 0.U)
    …     ///性能统计与调试从略
  }  ///end when (!flush_dup(2) && refill.levelOH.l3 && !memPte(2).isAf())

  // misc entries: super & invalid
  when (!flush_dup(0) && refill.levelOH.sp && (memPte(0).isLeaf() || memPte(0).isPf(refill.level_dup(0))) && !memPte(0).isAf()) {
    val refillIdx = spreplace.way// LFSR64()(log2Up(l2tlbParams.spSize)-1,0) // TODO: may be LRU
    val rfOH = UIntToOH(refillIdx)
    sp(refillIdx).refill(refill.req_info_dup(0).vpn, io.csr_dup(0).satp.asid, memSelData(0),
                            refill.level_dup(2), refill_prefetch_dup(0), !memPte(0).isPf(refill.level_dup(0)),)
    spreplace.access(refillIdx)                ///让轮换策略知道 refillIdx 这个表项受到了访问
    spv := spv | rfOH
    spg := spg & ~rfOH | Mux(memPte(0).perm.g, rfOH, 0.U)
  }  ///end when (!flush_dup(0) && refill.levelOH.sp …

  val l2eccFlush = resp_res.l2.ecc && stageResp_valid_1cycle_dup(0)      // RegNext(l2eccError, init = false.B)
  val l3eccFlush = resp_res.l3.ecc && stageResp_valid_1cycle_dup(1)      // RegNext(l3eccError, init = false.B)
  val eccVpn = stageResp.bits.req_info.vpn

  when (l2eccFlush) {
    val flushSetIdxOH = UIntToOH(genPtwL2SetIdx(eccVpn))
    val flushMask = VecInit(flushSetIdxOH.asBools.map { a => Fill(l2tlbParams.l2nWays, a.asUInt) }).asUInt
    l2v := l2v & ~flushMask
    l2g := l2g & ~flushMask
  }  ///end when (l2eccFlush)

  when (l3eccFlush) {
    val flushSetIdxOH = UIntToOH(genPtwL3SetIdx(eccVpn))
    val flushMask = VecInit(flushSetIdxOH.asBools.map { a => Fill(l2tlbParams.l3nWays, a.asUInt) }).asUInt
    l3v := l3v & ~flushMask
    l3g := l3g & ~flushMask
  }  ///end when (l3eccFlush)

  // sfence
  when (sfence_dup(3).valid) {
    val sfence_vpn = sfence_dup(3).bits.addr(sfence_dup(3).bits.addr.getWidth-1, offLen)

    when (sfence_dup(3).bits.rs1/*va*/) {
      when (sfence_dup(3).bits.rs2) { l3v := 0.U }   // all va && all asid
```

```
      .otherwise { l3v := l3v & l3g }     // all va && specific asid except global
    } .otherwise {
      val flushSetIdxOH = UIntToOH(genPtwL3SetIdx(sfence_vpn))
      val flushMask = VecInit(flushSetIdxOH.asBools.map { a => Fill(l2tlbParams.l3nWays, a.asUInt) }).asUInt
      flushSetIdxOH.suggestName(s"sfence_nrs1_flushSetIdxOH")
      flushMask.suggestName(s"sfence_nrs1_flushMask")

      when (sfence_dup(3).bits.rs2) { l3v := l3v & ~flushMask }     // specific leaf of addr && all asid
      .otherwise { l3v := l3v & (~flushMask | l3g) }     // specific leaf of addr && specific asid
    }
  }   ///end when (sfence_dup(3).valid)

  when (sfence_dup(0).valid) {
    val l1asidhit = VecInit(l1asids.map(_ === sfence_dup(0).bits.asid)).asUInt
    val spasidhit = VecInit(spasids.map(_ === sfence_dup(0).bits.asid)).asUInt
    val sfence_vpn = sfence_dup(0).bits.addr(sfence_dup(0).bits.addr.getWidth-1, offLen)

    when (sfence_dup(0).bits.rs1/*va*/) {
      when (sfence_dup(0).bits.rs2) {
        // all va && all asid
        l1v := 0.U
        l2v := 0.U
        spv := 0.U
      } .otherwise {
        // all va && specific asid except global
        l1v := l1v & (~l1asidhit | l1g)
        l2v := l2v & l2g
        spv := spv & (~spasidhit | spg)
      }
    } .otherwise {
      // val flushMask = UIntToOH(genTlbL2Idx(sfence.bits.addr(sfence.bits.addr.getWidth-1, offLen)))
      val flushSetIdxOH = UIntToOH(genPtwL3SetIdx(sfence_vpn))
      // val flushMask = VecInit(flushSetIdxOH.asBools.map(Fill(l2tlbParams.l3nWays, _.asUInt))).asUInt
      val flushMask = VecInit(flushSetIdxOH.asBools.map { a => Fill(l2tlbParams.l3nWays, a.asUInt) }).asUInt
      flushSetIdxOH.suggestName(s"sfence_nrs1_flushSetIdxOH")
      flushMask.suggestName(s"sfence_nrs1_flushMask")

      when (sfence_dup(0).bits.rs2) {
        // specific leaf of addr && all asid
        spv := spv & (~VecInit(sp.map(_.hit(sfence_vpn, sfence_dup(0).bits.asid, ignoreAsid = true))).asUInt)
      } .otherwise {
        // specific leaf of addr && specific asid
        spv := spv & (~VecInit(sp.map(_.hit(sfence_vpn, sfence_dup(0).bits.asid))).asUInt | spg)
      }
    }
  }   ///end when (sfence_dup(0).valid)
```

```
  def InsideStageConnect(in: DecoupledIO[PtwCacheReq], out: DecoupledIO[PtwCacheReq], inFire: Bool): Unit = {
    in.ready := !in.valid || out.ready
    out.valid := in.valid
    out.bits := in.bits
    out.bits.bypassed.zip(in.bits.bypassed).zipWithIndex.map{ case (b, i) =>
      val bypassed_reg = Reg(Bool())
      val bypassed_wire = refill_bypass(in.bits.req_info.vpn, i) && io.refill.valid
      when (inFire) { bypassed_reg := bypassed_wire }
      .elsewhen (io.refill.valid) { bypassed_reg := bypassed_reg || bypassed_wire }

      b._1 := b._2 || (bypassed_wire || (bypassed_reg && !inFire))
    }
  }  ///end InsideStageConnect()
  ///性能统计从略
}  ///end class PtwCache
```

PtwCache 就只是个中间缓存，代码并不复杂，就把它留给读者了。其中 l2EntryType 和 l2EntryType 都是带有 ECC 码的 PTWEntry，实质上就是 PTWEntry，其类型定义如下：

```
[L2TLBImp > PtwCache > PTWEntriesWithEcc > PtwEntries]
class PtwEntries (num: Int, tagLen: Int, level: Int, hasPerm: Boolean)(implicit p: Parameters) extends PtwBundle {
  require(log2Up(num)==log2Down(num))
  // NOTE: hasPerm means that is leaf or not.

  val tag    = UInt(tagLen.W)
  val asid = UInt(asidLen.W)
  val ppns = Vec(num, UInt(ppnLen.W))
  val vs     = Vec(num, Bool())
  val perms = if (hasPerm) Some(Vec(num, new PtePermBundle)) else None
  val prefetch = Bool()

  // NOTE: vs is used for different usage:
  // for l3, which store the leaf(leaves), vs is page fault or not.
  // for l2, which shoule not store leaf, vs is valid or not, that will anticipate in hit check
  // Because, l2 should not store leaf(no perm), it doesn't store perm.
  // If l2 hit a leaf, the perm is still unavailble. Should still page walk. Complex but nothing helpful.
  // TODO: divide vs into validVec and pfVec
  // for l2: may valid but pf, so no need for page walk, return random pte with pf.

  def tagClip(vpn: UInt) = {
    require(vpn.getWidth == vpnLen)
    vpn(vpnLen - 1, vpnLen - tagLen)
  }
```

```
  def sectorIdxClip(vpn: UInt, level: Int) = {
    getVpnClip(vpn, level)(log2Up(num) - 1, 0)
  }

  def hit (vpn: UInt, asid: UInt, ignoreAsid: Boolean = false) = {
    val asid_hit = if (ignoreAsid) true.B else (this.asid === asid)
    asid_hit && tag === tagClip(vpn) && (if (hasPerm) true.B else vs(sectorIdxClip(vpn, level)))
  }

  def genEntries (vpn: UInt, asid: UInt, data: UInt, levelUInt: UInt, prefetch: Bool) = {
    require((data.getWidth / XLEN) == num,
              s"input data length must be multiple of pte length: data.length:${data.getWidth} num:${num}")

    val ps = Wire(new PtwEntries(num, tagLen, level, hasPerm))
    ps.tag := tagClip(vpn)
    ps.asid := asid
    ps.prefetch := prefetch
    for (i <- 0 until num) {
      val pte = data((i+1)*XLEN-1, i*XLEN).asTypeOf(new PteBundle)
      ps.ppns(i) := pte.ppn
      ps.vs(i) := !pte.isPf(levelUInt) && (if (hasPerm) pte.isLeaf() else !pte.isLeaf())
      ps.perms.map(_(i) := pte.perm)
    }
    ps
  } ///end genEntries()
}  ///end class PtwEntries
```

显然，PtwEntries 中既有 tag 又有 asid，所以 hit()的条件是 asid_hiting 且 tag 相符。总而言之，PtwCache 就是个 2 级缓存的存储模块，没有什么特殊之处。

此外在 L2TLB 这一层上还有 PTWRepeater 和 PTWFilter，但是那都没有实质性的影响，我们就跳过了。

32.3　PTW 与 LLPTW

如前所述，PTW 实际上分成两块，一块是 PTW，另一块是 LLPTW。

在 L2TLB 的代码中我们看到，当对 PtwCache 的请求不命中的时候，是向下把处理的请求发给 LLPTW 还是 PTW，只取决于一个条件，就是 PtwCache 的回应中的 toFsm.l2Hit 是 true 还是 false。尽管向 PTW 发送请求还多一个条件就是!cache.io.resp.bits.isFirst，但那只决定发与不发，而不是发给谁：

```
llptw.io.in.valid := cache.io.resp.valid && !cache.io.resp.bits.hit && cache.io.resp.bits.toFsm.l2Hit && !cache.io.resp.bits.bypassed
ptw.io.req.valid := cache.io.resp.valid && !cache.io.resp.bits.hit && !cache.io.resp.bits.toFsm.l2Hit &&!cache.io.resp.bits.bypassed
                                                                                 && !cache.io.resp.bits.isFirst
```

之所以 l2Hit 就要用 LLPTW，否则就要用 PTW，是因为 PTW 只管三层映射中的上面两层，而 LLPTW 只管最下面一层。

PTW 的外部接口是 PTWIO，而 LLPTW 的外部接口是 LLPTWIO，这反映了对二者的使用条件就不一样，我们先看 PTW 的接口 PTWIO：

```
/** PTW : page table walker
  * a finite state machine only take 1GB and 2MB page walks or in other words, except the last level(leaf)
  **/
class PTWIO()(implicit p: Parameters) extends MMUIOBaseBundle with HasPtwConst {   ///PTWIO中的成分各自来自四方：
  val req = Flipped(DecoupledIO(new Bundle {
    val req_info = new L2TlbInnerBundle()                              ///来自L2TLB，见前。
    val l1Hit = Bool()
    val ppn = UInt(ppnLen.W)
  }))
  val resp = DecoupledIO(new Bundle {
    val source = UInt(bSourceWidth.W)
    val resp = new PtwMergeResp                                        ///去向L2TLB中的mergeArb
  })

  val llptw = DecoupledIO(new LLPTWInBundle())                         ///如需底层映射就通过这里经L2TLB中的arb2转交LLPTW
  // NOTE: llptw change from "connect to llptw" to "connect to page cache" to avoid corner case that caused duplicate entries

  val mem = new Bundle {
    val req = DecoupledIO(new L2TlbMemReqBundle())                     ///来自L2TLB中mem_arb的输出
    val resp = Flipped(ValidIO(UInt(XLEN.W)))                          ///读出的只是一个64位数据，实际上是个PTE。
    val mask = Input(Bool())
  }
  val pmp = new Bundle {
    val req = ValidIO(new PMPReqBundle())
    val resp = Flipped(new PMPRespBundle())
  }

  val refill = Output(new Bundle {
    val req_info = new L2TlbInnerBundle()
    val level = UInt(log2Up(Level).W)
  })
}   ///end class PTWIO
```

注意在 PTWIO 中有个通向 LLPTW 的接口 llptw，这是个 LLPTWInBundle：

```
class LLPTWInBundle(implicit p: Parameters) extends XSBundle with HasPtwConst {
  val req_info = Output(new L2TlbInnerBundle())
  val ppn = Output(UInt(PAddrBits.W))
}
```

PTW 只处理三层映射机制中的上面两层，所以超大页面在 PTW 的处理范围之中。如果发现所得的 PTE 仍是指向另一个页面映射表（而不是指向一个超大存储页面），需要继续实施底层映射，就通过这个接口经 L2TLB 中的 arb2 转交 LLPTW，让其继续映射。

再看 LLPTWIO，这是针对 4KB 存储页面的：

```
class LLPTWIO(implicit p: Parameters) extends MMUIOBaseBundle with HasPtwConst {
  val in = Flipped(DecoupledIO(new LLPTWInBundle()))
  val out = DecoupledIO(new Bundle {
    val req_info = Output(new L2TlbInnerBundle())                ///实际上就是PtwReq
    val id = Output(UInt(bMemID.W))
    val af = Output(Bool())
  })
  val mem = new Bundle {
    val req = DecoupledIO(new L2TlbMemReqBundle())               ///addr + id，这是 LLPTW 的输出，在 L2TLB 中去向 Mem
    val resp = Flipped(Valid(new Bundle {
      val id = Output(UInt(log2Up(l2tlbParams.llptwsize).W))
    }))
    val enq_ptr = Output(UInt(log2Ceil(l2tlbParams.llptwsize).W))
    val buffer_it = Output(Vec(l2tlbParams.llptwsize, Bool()))
    val refill = Output(new L2TlbInnerBundle())
    val req_mask = Input(Vec(l2tlbParams.llptwsize, Bool()))
  }
  val cache = DecoupledIO(new L2TlbInnerBundle())
  val pmp = new Bundle {
    val req = Valid(new PMPReqBundle())
    val resp = Flipped(new PMPRespBundle())
  }
}
```

下面我们先看 PTW 的代码，实际上 PTW 处理的是超大页面即 Super Page 的映射。前面 class PTWIO 的前面有个注释，说 PTW 是“only take 1GB and 2MB page walks”，超大页面的大小是 1GB 和 2MB，这是根据 Sv39 来的。在 Sv39 这个映射方案中，虚存地址是 39 位（虽然地址的长度是 64 位，但 Bit39 以上读不用），其位段的划分是“VPN[2] (9 位) | VPN[1](9 位) | VPN[0](9 位) | PageOffset(12 位) ”。最低位段 PageOffset 是 12 位，因为页面的大小是 4KB，即 2^{12} 字节。前面三个 VPN 位段，每个 9 位，这样一共是 27+12=39 位。三个 VPN 位段决定了这是三层映射，之所以 VPN 是 9 位，是因为一个页面映射表正好占一个页面，32 位映射表中的 PTE 是 32 位，所以一个 4KB 的页面可以容纳 1024 即 2^{10} 个 PTE；但是在 64 位的映射表中 PTE 的大小是 64 位，4KB 的页面只能容纳 512 即 2^9 个 PTE 了。 RISC-V 指令手册第 2 卷中所述的三个 VPN，最高位的是 VPN[2]，所以最高层的是 2 层映射，但在代码实现中往往把最高层称为 0 层或 1 层，这样就有些混乱，所以我们在叙述中还是称最高层、中层、底层，有时候把其中最高层和中层统称为“中间层”，因为那两层上的 PTE 都不是作为“叶节点”的 PTE（如果没有超大页面）。

可是，如果允许有超大页面，那么在中层映射表中的 PTE 就可以直接指向一个存储页面（只要 r/w/x 三位不全为 0 即可）而不是映射表页面，那样的页面大小就不是 2^{12} 而是 $2^{9+12=21}$ 字节了，2^{21} 字节就是 2MB，此时的映射就只是 2 层映射了。再进一步，如果允许最高层的 PTE 也直接指向存储页面，那样页面的大小就是 $2^{18+12=30}$ 字节，2^{30} 字节就是 1GB，此时的映射就只是 1 层映射。但 4KB 的页面还是存在（实际上超大页面只是少数，甚至没有），所以整个映射机制还得是 3 层。但是当然，得要考虑到中层映射表中的 PTE 不是指向页面映射表而是直接指向存储页面的可能，这就是划分 PTW 和 LLPTE 的理由。这里还要说明，所谓普通页面、超大页面，都只是存储子系统上层 MMU 的概念，体现在其处理方法中，至于存储器（内存）本身根本不知道有这样的存在，它只知道按 caheline 读写，一个 4KB 的页面其实就是地址连续并且起点与 2^{12} 字节边界对齐的 64 个 cacheline。

PTW 就是处理超大页面映射的。或者，如果发现在中层映射表中得到的 PTE 仍是指向映射表而不是存储页面，就通过 llptw 接口（经 L2TLB）把它转交给 LLPTW，让它继续完成最后一层的映射：

```
[XSCoreBase > L2TLBWrapper > L2TLB > L2TLBImp > PTW]
class PTW()(implicit p: Parameters) extends XSModule with HasPtwConst with HasPerfEvents {
  val io = IO(new PTWIO)          /// PTW 是 L2TLBImp 中创建的部件，后者通过 ptw.io 与 PTW 交互。
  val sfence = io.sfence
  val mem = io.mem
  val satp = io.csr.satp                                ///读自 CSR 寄存器 satp
  val flush = io.sfence.valid || io.csr.satp.changed

  val level = RegInit(0.U(log2Up(Level).W))
  val af_level = RegInit(0.U(log2Up(Level).W))     // access fault return this level
  val ppn = Reg(UInt(ppnLen.W))
  val vpn = Reg(UInt(vpnLen.W))
  val levelNext = level + 1.U
  val l1Hit = Reg(Bool())
  val memPte = mem.resp.bits.asTypeOf(new PteBundle().cloneType)   ///mem.resp 是个 64 位数据，实际上是个 PteBundle。
        ///以 mem_addr 为地址，把 mem.req 经 L2TLB 向 mem 发出请求，在 mem.resp 上的回应就是这个 memPte。
  // s/w register
  val s_pmp_check = RegInit(true.B)
  val s_mem_req = RegInit(true.B)
  val s_llptw_req = RegInit(true.B)
  val w_mem_resp = RegInit(true.B)
  // for updating "level"
  val mem_addr_update = RegInit(false.B)


  val idle = RegInit(true.B)
  val finish = WireInit(false.B)
  val sent_to_pmp = idle === false.B && (s_pmp_check === false.B || mem_addr_update) && !finish

  val pageFault = memPte.isPf(level)                                  ///访内过程中发生页面异常
  val accessFault = RegEnable(io.pmp.resp.ld || io.pmp.resp.mmio, sent_to_pmp)     ///访内过程中发生访问权限异常

  val ppn_af = memPte.isAf()
  val find_pte = memPte.isLeaf() || ppn_af || pageFault            ///PTE 是叶节点，或者发生了异常，总之可以结束了。
  val to_find_pte = level === 1.U && find_pte === false.B          ///尚未到达底层，还没有找到作为叶节点的 PTE。
  val source = RegEnable(io.req.bits.req_info.source, io.req.fire())

  val l1addr = MakeAddr(satp.ppn, getVpnn(vpn, 2))          ///satp 提供顶层（L1）页面表所在的物理页面号
        /// l1addr 是目标 vpn 所对应的 PTE 在顶层页面表中的位置，这个 PTE 不是超大页面的 PTE 就是中间节点的 PTE。
        /// def getVpnn(vpn: UInt, idx: Int): UInt = {vpn(vpnnLen*(idx+1)-1, vpnnLen*idx)}，vpnn 意为“vpn N”
        /// def MakeAddr(ppn: UInt, off: UInt) = { Cat(ppn, off, 0.U(log2Up(XLEN/8).W))(PAddrBits-1, 0) }
        ///注意地址末尾 0 的个数是 log2Up(XLEN/8)，XLEN 为 64 就是 3，后面添 3 个 0。
        ///所以这里拼接的地址就是 ppn#vpn2（不算末尾的 3 个 0），这个地址在 ppn 这个物理页面内，下标为 vpn2。
  val l2addr = MakeAddr(Mux(l1Hit, ppn, memPte.ppn), getVpnn(vpn, 1))   ///目标 vpn 所对应的 PTE 在 2 层页面表中的位置
```

```
val mem_addr = Mux(af_level === 0.U, l1addr, l2addr)        ///以此地址从内存读出（见下），读回的就是上面的 memPte。
        ///注意 l1addr 与 memPte 无关，但是 l2addr 可能取决于用 l1addr 读回的 memPte（如果!l1Hit）。
        ///如果 l1Hit，l2addr 来自 ppn，其来源为：ppn := Mux(req.l1Hit, io.req.bits.ppn, satp.ppn)，
        ///而 l1Hit 的来源则是 l1Hit := req.l1Hit。注意这个 req 是 io.req，而不是 mem.req。
io.req.ready := idle
io.resp.valid := idle === false.B && mem_addr_update && ((w_mem_resp && find_pte) || (s_pmp_check && accessFault))
        ///在正常情况下使 io.resp.valid 为 true 的条件之一是 mem_addr_update，其设置见后。
io.resp.bits.source := source
io.resp.bits.resp.apply(pageFault && !accessFault && !ppn_af, accessFault || ppn_af, Mux(accessFault, af_level, level),
                                    memPte, vpn, satp.asid, vpn(sectortlbwidth - 1, 0), not_super = false)
        ///io.resp.bits.resp 是个 PtwMergeResp，将各项信息填写到 resp 中。注意 not_super = false，因而必定是 super page。
  ///find_pte 表示已经走到了头，而 to_find_pte 表示尚未走到头，所以要请请 LLPTW 协助。
io.llptw.valid := s_llptw_req === false.B && to_find_pte && !accessFault        ///io.llptw 是个 LLPTWInBundle
io.llptw.bits.req_info.source := source
io.llptw.bits.req_info.vpn := vpn                                                //llptw 意为 last level ptw
io.llptw.bits.ppn := memPte.ppn                                                  ///因为 to_find_pte，请 LLPTW 协助。

io.pmp.req.valid := DontCare                // samecycle, do not use valid
io.pmp.req.bits.addr := mem_addr
io.pmp.req.bits.size := 3.U                 // TODO: fix it
io.pmp.req.bits.cmd := TlbCmd.read

mem.req.valid := s_mem_req === false.B && !mem.mask && !accessFault && s_pmp_check
mem.req.bits.addr := mem_addr                    ///这是通过 io.mem 发出的读入请求，而 mem.resp 就是 memPte。
mem.req.bits.id := FsmReqID.U(bMemID.W)

io.refill.req_info.vpn := vpn
io.refill.level := level
io.refill.req_info.source := source

when (io.req.fire()){                            ///注意这是 io.req 而不是 mem.req，io.req 是 PTWIO 中的 req：
  val req = io.req.bits
  level := Mux(req.l1Hit, 1.U, 0.U)
  af_level := Mux(req.l1Hit, 1.U, 0.U)
  ppn := Mux(req.l1Hit, io.req.bits.ppn, satp.ppn)
  vpn := io.req.bits.req_info.vpn
  l1Hit := req.l1Hit
  accessFault := false.B
  s_pmp_check := false.B
  idle := false.B
}  ///end when (io.req.fire())

when(sent_to_pmp && mem_addr_update === false.B){
  s_mem_req := false.B
  s_pmp_check := true.B
}
```

```
when(accessFault && idle === false.B){
  s_pmp_check := true.B
  s_mem_req := true.B
  w_mem_resp := true.B
  s_llptw_req := true.B
  mem_addr_update := true.B
}

when (mem.req.fire()){
  s_mem_req := true.B
  w_mem_resp := false.B
}

when(mem.resp.fire() && w_mem_resp === false.B){
  w_mem_resp := true.B
  af_level := af_level + 1.U
  s_llptw_req := false.B
  mem_addr_update := true.B
}

when(mem_addr_update){
  when(level === 0.U && !(find_pte || accessFault)){
    level := levelNext                    ///level 加 1
    s_mem_req := false.B
    s_llptw_req := true.B
    mem_addr_update := false.B
  }.elsewhen(io.llptw.valid){
    when(io.llptw.fire()) {
      idle := true.B
      s_llptw_req := true.B
      mem_addr_update := false.B
    }
    finish := true.B
  }.elsewhen(io.resp.valid){
    when(io.resp.fire()) {
      idle := true.B
      s_llptw_req := true.B
      mem_addr_update := false.B
      accessFault := false.B
    }
    finish := true.B
  }
}  ///end when(mem_addr_update)

when (sfence.valid) {
```

```
    idle := true.B
    s_pmp_check := true.B
    s_mem_req := true.B
    s_llptw_req := true.B
    w_mem_resp := true.B
    accessFault := false.B
    mem_addr_update := false.B
  }

  ...        ///Debug 和性能统计从略
}  ///end class PTW
```

有了对三层映射和超大页面的了解，代码中又加了注释，应该不难理解。值得注意的是：如果发现在 PTW 中走不到底，到不了作为叶节点的 PTE，PTW 就会通过 llptw 接口让 L2TLB 将任务转交给 LLPTW，让它继续完成最后一层的映射，而不是直接返回说映射不对，你另找 LLPTW。另外就是对内存的读取，在 PTW 这一层上是拿具体 64 位 PTE 的地址读取的，在 L2TLB 中才将其转化成 cacheline 地址。

下面是 LLPTW 的代码，这就是专门针对底层映射表的了：

```
[XSCoreBase > L2TLBWrapper > L2TLB > L2TLBImp > LLPTW]
/** LLPTW : Last Level Page Table Walker
  * the page walker that only takes 4KB(last level) page walk.
  **/
class LLPTW(implicit p: Parameters) extends XSModule with HasPtwConst with HasPerfEvents {
  val io = IO(new LLPTWIO())        ///LLPTWIO 见前，L2TLB 通过 llptw.io.in 向 LLPTW 发送请求。

  val flush = io.sfence.valid || io.csr.satp.changed
  val entries = Reg(Vec(l2tlbParams.llptwsize, new LLPTWEntry()))        /// llptwsize 定义为 6
  val state_idle :: state_addr_check :: state_mem_req :: state_mem_waiting :: state_mem_out :: state_cache :: Nil = Enum(6)
  val state = RegInit(VecInit(Seq.fill(l2tlbParams.llptwsize)(state_idle)))   ///LLPTW 状态机，一排 6 个。

  val is_emptys = state.map(_ === state_idle)            ///状态机 empty 位图，哪几个状态机处于 idle 状态。
  val is_mems = state.map(_ === state_mem_req)           ///状态机 mem_req 位图，哪几个状态机是 req 状态。
  val is_waiting = state.map(_ === state_mem_waiting)    ///状态机 waiting 位图
  val is_having = state.map(_ === state_mem_out)         ///状态机 mem_out 位图
  val is_cache = state.map(_ === state_cache)            ///状态机 cache 位图，哪几个状态机是在 cache 状态。

  val full = !ParallelOR(is_emptys).asBool()             ///没有任何一个 empty 标志
  val enq_ptr = ParallelPriorityEncoder(is_emptys)       ///既然有空位，就可以挂入。

  val mem_ptr = ParallelPriorityEncoder(is_having)       // TODO: optimize timing, bad: entries -> ptr -> entry
  val mem_arb = Module(new RRArbiter(new LLPTWEntry(), l2tlbParams.llptwsize))     ///仲裁器 mem_arb
  for (i <- 0 until l2tlbParams.llptwsize) {             /// llptwsize 定义为 6，所以仲裁器有 6 个输入
    mem_arb.io.in(i).bits := entries(i)                  ///仲裁器 mem_arb 的输入分别来自 6 个 LLPTWEntry
    mem_arb.io.in(i).valid := is_mems(i) && !io.mem.req_mask(i)
  }
```

```
val cache_ptr = ParallelMux(is_cache, (0 until l2tlbParams.llptwsize).map(_.U(log2Up(l2tlbParams.llptwsize).W)))

// duplicate req
// to_wait: wait for the last to access mem, set to mem_resp
// to_cache: the last is back just right now, set to mem_cache
val dup_vec = state.indices.map(i => dup(io.in.bits.req_info.vpn, entries(i).req_info.vpn) )    ///io.in 来自 L2TLB
                        ///这是按所处状态划分的向量，每个状态有哪些 vpn（处于这个状态中）。
val dup_req_fire = mem_arb.io.out.fire() && dup(io.in.bits.req_info.vpn, mem_arb.io.out.bits.req_info.vpn)
                                                                        // dup with the req fire entry
val dup_vec_wait = dup_vec.zip(is_waiting).map{case (d, w) => d && w}
                                                    // dup with "mem_waiting" entres, sending mem req already
val dup_vec_having = dup_vec.zipWithIndex.map{case (d, i) => d && is_having(i)}
                                                    // dup with the "mem_out" entry recv the data just now
val wait_id = Mux(dup_req_fire, mem_arb.io.chosen, ParallelMux(dup_vec_wait zip entries.map(_.wait_id)))
val dup_wait_resp = io.mem.resp.fire() && VecInit(dup_vec_wait)(io.mem.resp.bits.id)
                                                    // dup with the entry that data coming next cycle
val to_wait = Cat(dup_vec_wait).orR || dup_req_fire
val to_mem_out = dup_wait_resp
val to_cache = Cat(dup_vec_having).orR
XSError(RegNext(dup_req_fire && Cat(dup_vec_wait).orR, init = false.B),
                                                    "mem req but some entries already waiting, should not happed")
XSError(io.in.fire() && ((to_mem_out && to_cache) || (to_wait && to_cache)), "llptw enq, to cache conflict with to mem")

val mem_resp_hit = RegInit(VecInit(Seq.fill(l2tlbParams.llptwsize)(false.B)))
val enq_state_normal = Mux(to_mem_out, state_mem_out,      // same to the blew, but the mem resp now
                              Mux(to_wait, state_mem_waiting, Mux(to_cache, state_cache, state_addr_check)))
val enq_state = Mux(from_pre(io.in.bits.req_info.source) && enq_state_normal =/= state_addr_check, state_idle, enq_state_normal)
when (io.in.fire()) {          ///io.in 来自 L2TLB
  // if prefetch req does not need mem access, just give it up.
  // so there will be at most 1 + FilterSize entries that needs re-access page cache
  // so 2 + FilterSize is enough to avoid dead-lock
  state(enq_ptr) := enq_state
  entries(enq_ptr).req_info := io.in.bits.req_info                          ///这里面就有 vpn
  entries(enq_ptr).ppn := io.in.bits.ppn                                    ///这是给定页面映射表所处物理页面的 ppn
  entries(enq_ptr).wait_id := Mux(to_wait, wait_id, enq_ptr)
  entries(enq_ptr).af := false.B
  mem_resp_hit(enq_ptr) := to_mem_out
}  ///有输入从 io.in 到来时，就将其写入 enq_ptr 当时所指的单元。

val enq_ptr_reg = RegNext(enq_ptr)
val need_addr_check = RegNext(enq_state === state_addr_check && io.in.fire() && !flush)
val last_enq_vpn = RegEnable (io.in.bits.req_info.vpn, io.in.fire())

io.pmp.req.valid := need_addr_check                        ///如果 need_addr_check，就进行硬件存储权限检验：
io.pmp.req.bits.addr := RegEnable(MakeAddr(io.in.bits.ppn, getVpnn(io.in.bits.req_info.vpn, 0)), io.in.fire())
io.pmp.req.bits.cmd := TlbCmd.read
```

```
  io.pmp.req.bits.size := 3.U                       // TODO: fix it
  val pmp_resp_valid = io.pmp.req.valid             // same cycle
  when (pmp_resp_valid) {
    // NOTE: when pmp resp but state is not addr check, then the entry is dup with other entry, the state was changed before
    //           when dup with the req-ing entry, set to mem_waiting (above codes), and the ld must be false, so dontcare
    val accessFault = io.pmp.resp.ld || io.pmp.resp.mmio
    entries(enq_ptr_reg).af := accessFault
    state(enq_ptr_reg) := Mux(accessFault, state_mem_out, state_mem_req)
  }  ///PTE 中有访问权限，但那只是对所指存储页面的，并不涉及页面映射表本身。

  when (mem_arb.io.out.fire()) {          ///仲裁器 mem_arb 的 LLPTWEntry 输出：
    for (i <- state.indices) {
      when (state(i) =/= state_idle && dup(entries(i).req_info.vpn, mem_arb.io.out.bits.req_info.vpn)) {
        // NOTE: "dup enq set state to mem_wait" -> "sending req set other dup entries to mem_wait"
        state(i) := state_mem_waiting
        entries(i).wait_id := mem_arb.io.chosen
      }
    }  ///end for
  }  ///end when (mem_arb.io.out.fire())
  when (io.mem.resp.fire()) {              ///如果内存有了回应：
    state.indices.map{i =>
      when (state(i) === state_mem_waiting && io.mem.resp.bits.id === entries(i).wait_id) {  ///如果该单元正在等待且 id 相符
        state(i) := state_mem_out                  ///将其状态从 state_mem_waiting 改成 state_mem_out
        mem_resp_hit(i) := true.B                  ///并且命中
      }
    }
  }  ///end when (io.mem.resp.fire())
  when (io.out.fire()) {                   ///如果已将内存返回的 PTE 发送出去（见后）：
    assert(state(mem_ptr) === state_mem_out)
    state(mem_ptr) := state_idle                   ///状态回到 state_idle
  }
  mem_resp_hit.map(a => when (a) { a := false.B } )        ///清除命中标志

  when (io.cache.fire) { state(cache_ptr) := state_idle }    ///如果向 PtwCache 发出了 PTE（见后），就将状态改成 state_idle。
  XSError(io.out.fire && io.cache.fire && (mem_ptr === cache_ptr), "mem resp and cache fire at the same time at same entry")

  when (flush) { state.map(_ := state_idle) }

  io.in.ready := !full
  io.out.valid := ParallelOR(is_having).asBool()           ///只要有任一单元处于 state_mem_out 状态，就将其发送出去：
  io.out.bits.req_info := entries(mem_ptr).req_info
  io.out.bits.id := mem_ptr
  io.out.bits.af := entries(mem_ptr).af

  io.mem.req.valid := mem_arb.io.out.valid && !flush       ///只要仲裁器 mem_arb 有输出，就向内存发出读出请求：
  io.mem.req.bits.addr := MakeAddr(mem_arb.io.out.bits.ppn, getVpnn(mem_arb.io.out.bits.req_info.vpn, 0))
```

```
    ///从内存读出的目标地址是拼接的，ppn 就是映射表所在的物理页面号，vpn 是用于底层映射表的那一段 VPN。
  io.mem.req.bits.id := mem_arb.io.chosen
  mem_arb.io.out.ready := io.mem.req.ready
  io.mem.refill := entries(RegNext(io.mem.resp.bits.id(log2Up(l2tlbParams.llptwsize)-1, 0))).req_info
  io.mem.buffer_it := mem_resp_hit
  io.mem.enq_ptr := enq_ptr

  io.cache.valid := Cat(is_cache).orR                    ///只要有任一单元处于 state_cache 状态，就将其发送给 PtwCache:
  io.cache.bits := ParallelMux(is_cache, entries.map(_.req_info))

  ///性能统计从略
}   ///end class LLPTW
```

LLPTW 可以同时进行 6 个 vpn 即 6 个 PTE 的读出，所以有个 6 单元的寄存器组 entries。每个 entry 读配有一个状态机，表明该 vpn 的最后一层映射处于什么状态。状态机有 state_idle、state_addr_check、state_mem_req、state_mem_waiting、state_mem_out、state_cache 等 6 个状态，分别表示这些单元所处的状态：

- state_idle，表示该单元空白，可以写入所要求的 LLPTWEntry。
- state_addr_check，表示对 ppn 即页面映射表所在之处进行物理地址访问权限检验 PMP 的阶段。PTE 中确实有访问权限，但那只是对所指存储页面而言，并不涉及页面映射表本身所在，所以在访问具体页面映射表之前应该检验该地址所在的存储区域存在并且可以访问。
- state_mem_req，这是对内存发出读出请求的阶段，对内存的读出请求经 L2TLB 中转。
- state_mem_waiting，对内存的请求已经发出，正在等待。
- state_mem_out，从内存读出的内容已经返回，可以（在 io.out 接口上）向外发出。
- state_cache，可以在 io.cache 接口上向 PtwCache 发出从内存读出的 PTE。

可见，LLPTW 其实是最简单的，它不涉及在三层映射机制中的“爬树”，而只是从给定的页面映射表中读出，所给定的一定是个底层页面表。要说有那么点复杂性的话，那就是有 6 个 PTE 的读出可以并发进行。寄存器组 entries 中的每个单元都是个 LLPTWEntry：

```
[XSCoreBase > L2TLBWrapper > L2TLB > L2TLBImp > LLPTW > LLPTWEntry]
class LLPTWEntry(implicit p: Parameters) extends XSBundle with HasPtwConst {
  val req_info = new L2TlbInnerBundle()               ///这是对 PtwReq 的扩充，那里面就有 vpn
  val ppn = UInt(ppnLen.W)                            ///这是目标 PTE 所在映射表所处的物理页面号
  val wait_id = UInt(log2Up(l2tlbParams.llptwsize).W)
  val af = Bool()
}
```

给定了映射表所处的物理页面号 ppn 和目标页面的 vpn，其实是三段 vpn 中的最后一段，就可以拼接出目标 PTE 所在的物理地址。其实就是在 ppn 所指的页面表中以 vpn 为下标读出。

所以，虽说整个 PTW 机制还是有点复杂，但是真到了 PTW 尤其是 LLPTW 这一层就没有什么复杂的了。

至于 PtwCache 那一层，或者 TLB 那一层，在拿到来自底层的 PTE 之后怎么填写进去，即怎么 Refill 或者 Replace，那就又要回到 PtwCache 和 TLB 的代码中去细看了，但是逻辑和电路都不复杂。